SIEBENBÜRGISCH-SÄCHSISCHES
WÖRTERBUCH.

MIT BENÜTZUNG DER SAMMLUNGEN JOHANN WOLFFS

HERAUSGEGEBEN VOM

AUSSCHUSS DES VEREINS FÜR SIEBENBÜRGISCHE LANDESKUNDE.

ZWEITER BAND.

BEARBEITET VON

GEORG KEINTZEL (D), ADOLF SCHULLERUS (E) und FRIEDRICH HOFSTÄDTER (F)

(D — F).

BERLIN UND LEIPZIG.

WALTER DE GRUYTER & CO.

vormals G. J. Göschen'sche Verlagshandlung — J. Guttentag, Verlagsbuchhandlung — Georg Reimer — Karl J. Trübner — Veit & Comp.

DRUCK VON W. KRAFFT, HERMANNSTADT.

Lesezeichen.

† nicht mehr gebraucht.
* vor einem Wort bedeutet eine nur erschlossene, nicht bezeugte Form.
ʼ Hauptakzent, ˎ Nebenakzent.
⟩ geworden zu, ⟨ entstanden aus.
[ ] sprachliche Bemerkungen.
( ) inhaltliche Erläuterungen.
, ʻ neuhochdeutsche Umschreibung.
» « Zitate aus gedruckten Quellen.
Kursiv mundartliche Redewendungen *(ǫ̂lt)*.
Kursivschrift bei Ortsnamen bezeichnet den Ortsnamen als nösnisch *(Bistritz)*.

Verzeichnis häufig gebrauchter Abkürzungen.

a. H. (bei Ortsnamen) am Harbach.

Adelung, Versuch eines vollständig grammatisch-kritischen Wörterbuches der hochdeutschen Mundart 1774.

Arbet. De Arbet, Hochzetbeld än enem Afzach von Anna Schullerus. Hermannstadt 1901.

Arch. Bistr. Archiv der Stadt und des ehemaligen Distriktes Bistritz.

B. Capesius. Bernhard Capesius, Die Vertreter des alten *î, û, ǘ* im Siebenb.-Sächs. Dissert. Berlin 1912 (Sonderabdruck aus dem Archiv des Vereins für siebenb. Landesk., 38. Bd.).

Bartal. Glossarium mediae et infimae latinitatis regni Hungariae. Leipzig 1901.

Benigni. Handbuch der Statistik und Geographie des Grossfürstentums Siebenbürgen, von J. H. v. B. Hermannstadt 1837.

Berneker. Slavisches etymologisches Wörterbuch. Heidelberg 1908.

Bertleff, Kl.-Bistr. Ma. Beiträge zur Kenntnis der Klein-Bistritzer Mundart, von A. B. Programm Bistritz 1888.

Binder Coll. Handschriftliche (hochdeutsch aufgezeichnete) Sammlung von siebenb.-sächs. Redensarten und Wendungen, von Georg B.

Birth. Birthälm.

Bistr. *Bistritz*.

Bistr. Festg. Festgabe der Stadt Bistritz zur 49. Generalversammlung des Vereins für siebenb. Landeskunde 1867.

Borcia. Deutsche Sprachelemente im Rumänischen, von Joh. B. Leipzig 1903.

Brenndorfer. Román (oláh) elemek az erdélyi szász nyelvben, irta B. János. Budapest 1902.

B. M. Urkundensammlung (enthaltend zugleich die Seivert'schen Abschriften) im Brukenthalischen Museum in Hermannstadt.

Buck. Oberdeutsches Flurnamenbuch, von M. R. B. Stuttgart 1880.

Cap. Bog. Zeugenverhör 1671—1697 aus dem Bogeschdorfer Kapitelsbuch im Landeskonsistorial-Archiv.

Cap. Cib. Protokolle des Hermannstädter Kapitels aus dem 17.—18. Jahrh. (enthaltend zugleich Protokolle des Ehegerichts).

Crezel. Oberhessisches Wörterbuch von W. C. Darmstadt 1890 ff.

Dä Ôlden. Saxesch Vûlksstäck mät Gesong vun Anna Schullerus. Hermannstadt 1908.

Dam. Dürr. Damasus Dürr, Predigten (ca. 1570).

Aml. Auszug von A. Amlacher. Hermannstadt 1883. — Hdschr. Handschrift.

Diefenbach. Glossarium latino-germanicum mediae et infimae aetatis. Frankfurt 1857.

Diefenbach-Wülcker Hoch- und niederdeutsches Wörterbuch der mittleren und neueren Zeit von L. D. und Ernst W. Basel 1885.

Doornkaat-Koolman. Wörterbuch der ostfriesischen Sprache. Norden 1879.

Dronke. Die Eifel, dargestellt von D. Köln 1899.

Du Cange. Glossarium mediae et infimae latinitatis. Paris 1840.

DWB. Deutsches Wörterbuch von Jacob Grimm und Wilhelm Grimm. Leipzig.

Echte Ma. Echte Mundart.

eifl. Eifelmundart.

Els. Wb. Wörterbuch der elsässischen Mundarten, bearbeitet von G. Martin und H. Lienhart. Strassburg. Trübner.

E. L. R. Der Sachssen inn Siebenbürgen Statuta Oder eygen Landtrecht. Durch Matthiam Fronium (Kronstadt) 1583.

Engelmann, Viandener Ma. Der Vokalismus der Viandener Mundart von René Engelmann. Diekirch 1910.

Ethnographia, a magyar néprajzi társaság és a m. nemzeti múzeum értesítője. Budapest.

Ethnol. Mit. Ethnologische Mitteilungen aus Ungarn, herausgegeben von Anton Herrmann. Budapest.

f. fehlt im SS.

F. N. Familienname.

Felmer. Martin Felmers aus Hermannstadt in Siebenbürgen abhandlung von dem Ursprung der Sächsischen Nation in . . . Siebenbürgen. Handschrift (1764).

Fl. N. Flurname.

Follm. M. F. Follmann. Wörterbuch der deutsch-lothringischen Mundarten. Leipzig 1909.

Fontaine. Luxemburger Sitten und Bräuche von Ed. de la F. Luxemburg 1883.

Förstemann. Altdeutsches Namenbuch von E. F. 1. Bd., 2. Aufl. Bonn 1901. 2. Bd., 2. Aufl. Nordhausen 1872.

Franck, J. Franck, Altfränkische Grammatik. Göttingen 1909.

Franck. Etymologisch Woordenboek der Nederlandsche taal, door Johannes F. 'S-Gravenhage 1892.

Frisch, Joh. Leonh. Frisch, Teutsch-Lateinisches Wörter-Buch 1741.

Fromm. Die deutschen Mundarten, Vierteljahrschrift für Dichtung, Forschung und Kritik, herausg. von K. Frommann.

Fronius[2]. Bilder aus dem sächsischen Bauernleben in Siebenbürgen von Friedr. Franz F. 3. Aufl. Wien, Gräser 1885.

Fronius, Flora. Flora von Schässburg. Ein Beitrag zur Flora von Siebenbürgen, von Friedr. Fronius, Programm des ev. Gymnasiums in Schässburg. Kronstadt 1858.

Gangler. Lexikon der Luxemburger Umgangssprache von J. F. G. Luxemburg 1847.

Gassner. Aus Brauch und Sitte der Mettersdorfer von J. M. G. Programm Bistritz 1902.

Geh. Spr. Gehobene Sprache.

Ger.-Prot. Gerichtsprotokolle des 17. und 18. Jahrh. (Zivil- und Kriminal-) im Brukenthalischen Museum und im National-Archiv.

Gr.-Sch. Gross-Schenk.

Gr. Weist. Weistümer, gesammelt von Jacob Grimm.

Grigorovitza. Dial. Dialectul așa numit săsesc al Germanilor din Transilvania și elementele române cuprinse in el. București 1900.

Gusinde, Sprachinsel. Konrad Gusinde, Eine vergessene deutsche Sprachinsel im polnischen Oberschlesien. (Die Mundart von Schönwald bei Gleiwitz.) Breslau 1911.

Haltrich, Neg. Id., Negative Idiotismen der siebenb.-sächs. Volkssprache von Josef H. Programm Schässburg 1866.

Haltrich, Plan, Plan zu Vorarbeiten für ein Idiotikon der siebenb.-sächs. Volkssprache. Kronstadt 1865.

Haltrich, M. Josef Haltrich. Deutsche Volksmärchen aus dem Sachsenlande in Siebenbürgen, 4. Aufl., Hermannstadt 1885.

Hardt. Luxemburger Weistümer, gesammelt von H. Luxemburg 1879.

Hausenblas, Adolf Hausenblas, Grammatik der nordwestböhmischen Mundart. (Beiträge zur Kenntnis der deutsch-böhmischen Mundarten. Herausg. von H. Lambel. II.) Prag 1914.

Hecking. Die Eifel in ihrer Mundart von H. Prüm 1890.

Heinrich. Agrarische Sitten und Gebräuche unter den Sachsen Siebenbürgens von G. A. H. Programm S.-Reen 1880.

Heinzerling. Probe eines Wörterbuchs der Siegerländer Mundart von Jacob H. Leipzig 1891.

Heyne Wb. Deutsches Wörterbuch von M. H. Leipzig.

Heyne, Hausaltertümer. Fünf Bücher deutscher Hausaltertümer. Leipzig 1899 ff.

Hstdt., Hermannstadt.

Hīmw. Hīmwih. Kleine sächs. Erzählungen von Anna Schullerus. Hermannstadt, W. Krafft.

Holzm. Holzmengen.

Honterus, Schriften Johannes Honterus ausgewählte Schriften, herausg. von O. Netoliczka. Hermannstadt 1898.

Höhr. Siebenbürgisch-sächsische Kinderreime und Kinderspiele. Gesammelt und erläutert von Adolf H. Programm Schässburg 1903.

Höhr, L. E. Vu[e]r lą̈nk Êwent. Lą̈stich Geschichten ä sachsesche Reimen. Hermannstadt 1906.

Hönig. Wörterbuch der Kölner Mundart. Neue Ausgabe. Köln 1905.

H.-W. Zur Volkskunde der Siebenbürger Sachsen. Kleinere Schriften von J. Haltrich, in neuer Bearbeitung herausg. von J. Wolff. Wien 1885.

i. B. (bei Ortsnamen) im Burzenland.

Jacobi. Magyarische Lehnworte im Siebenbürgisch-Sächsischen von Julius J. Programm Schässburg 1895.

Käst. V. Kästner, Gedichte in siebenb.-sächs. Mundart. 2. Aufl. Hermannstadt 1895.

Kbl. Korrespondenzblatt des Vereins für siebenbürgische Landeskunde.

Keintzel, Nösn. Id. Nösner Idiotismen von Georg K. Bistritz. Festgabe 1897.

Keintzel, Herkunft. Über die Herkunft der Siebenbürger Sachsen von Georg K. Programm Bistritz 1887.

Kemény, F. Graf Joseph Kemény. Deutsche Fundgruben der Geschichte Siebenbürgens. Klausenburg 1839.

Kirchhoff, Volkskunde Beiträge zur Siedlungs- und Volkskunde der Siebenbürger Sachsen. Sonderabdruck aus den Forschungen zur deutschen Landes- und Volkskunde, herausg. von A. Kirchhoff. 9. Bd.

Kisch, N. W. u. W. Nösner Wörter und Wendungen. Ein Beitrag zum siebenb.-sächs. Wörterbuch. Programm Bistritz 1900.

Kisch, F. N. Bistritzer Familiennamen von Gust K. (Festgabe, Bistritz 1897).

Klein, Flora. Die Flora der Heimat von E. J. K. Diekirch 1897.

Kluge Etymologisches Wörterbuch der deutschen Sprache von Friedrich K. 6. Aufl. Strassburg. Trübner.

Kl.-Schelk. Böttch. (Schuster) Z. Schriften aus dem Archiv der Klein-Schelker Böttcher- (bzw. Schuster-)Zunft. Mskpt.

Kl.-Sch. Klein-Schenk.

Körting. Lateinisch-romanisches Wörterbuch. 3. Aufl. Paderborn 1907.

Kothg. Kal. Kothgi[e]sser Nôberschufts-Kaländer fi[u]r det Johr 1896. Mediasch.

Kramer. Idiotismen des Bistritzer Dialektes von Friedrich K. Programm Bistritz 1876 u. 1877.

Kraus, Chron. Siebenbürgische Chronik des Schässburger Stadtschreibers Georg K. 1608 bis 1665. Wien 1862.

Kronst. Kronstadt.

Landw. Bl. Landwirtschaftliche Blätter für Siebenbürgen. Hermannstadt.

Lautt. Lauttafel.

Leitener, Cronenberger Wb. Erich Leitener, Cronenberger Wörterbuch. Marburg 1908 (Deutsche Dialektgeographie, herausgegeben von F. Wrede, Heft 2).

Lexer. Mittelhochdeutsches Handwörterbuch von Matthias L. Leipzig. Hirzel. 3 Bde.

Lhrdt. Idiotismensammlung von Leonhardt (in J. Wolffs Nachlass).

Litschel, Kom. En vereitelt Kommassation. Bistritz 1889.

— Val. Greff. Valentinus Greff. E Beld ois Birthalms Vergongenhît. Bistritz 1889.

Litschel, Lisi. E Beld ois dem Liewen. Hermannstadt 1899.

L. K. A. Akten aus dem Landeskonsistorialarchiv.

Lumtzer-Melich. Deutsche Ortsnamen und Lehnwörter des Ungarischen Sprachschatzes. Innsbruck 1900.

Lux. Wb. Wörterbuch der luxemburgischen Mundart. Luxemburg 1906.

lux. luxemburgisch.

M. Tájsz. Magyar tájszótár, a m. tud. akadémia megbizásából, szerkesztette Szinnyei József. 2 Bde. Budapest 1893.

magy. magyarisch.

Markgraf. Das moselländische Volk in seinen Weistümern. Gotha 1907.

Marienburg, Geogr. Geographie des Grossfürstentums Siebenbürgen von L. J. M. Hermannstadt 1813.

Mätz, Abergl. Handschriftliche Sammlung zum ss. Aberglauben von J. Mätz († 1901).

Mätz. Die siebenb.-sächsische Bauernhochzeit von Joh M. Programm Schässburg 1860.

Med. Mediasch.

Melich, Deutsche Ortsnamen und Lehnwörter des ungarischen Sprachschatzes. Innsbruck 1900.

Meyer-Lübke, Rom. Wb. W. Meyer-Lübke. Romanisches etymologisches Wörterbuch, Heidelberg 1911 ff.

Meyndt, Gemien. Äuss aser Gemien. Hermannstadt 1901.

— Sangtich. Sangtich äm Æ̂ren. Ebenda.

Mhd. Wb. Mittelhochdeutsches Wörterbuch von Benecke, Müller, Zarncke.

mhd. mittelhochdeutsch.

mittelfr. mittelfränkisch.

mlat. mittellateinisch.

mndl. mittelniederländisch.

moselfr. moselfränkisch.

Müller, Gottesdienst. Gottesdienst in einer ev. sächs. Kirche in Siebenbürgen im Jahre 1555, von Fr. M. Hermannstadt 1884. (Sonderabdruck aus der Zeitschr. für prakt. Theologie 1884.)

Müller, Hosp. Geschichte der siebenbürgischen Hospitäler bis zum Jahre 1625. (Programm Schässburg 1855/56.)

Müller, Sagen². Siebenbürgische Sagen, gesammelt und herausg. von Fr. M. 2. Aufl. Wien 1885.

Müller, Sprdm. Deutsche Sprachdenkmäler aus Siebenbürgen. Gesammelt von Friedrich M. Hermannstadt 1864.

Münch, Grammatik der ripuarisch-fränkischen Mundart von Ferdinand Münch. Bonn 1904.

Nat.-A. Archiv der Sächsischen Nation und der Stadt Hermannstadt.

N. Volkskal. Neuer Volkskalender. Hermannstadt, W. Krafft.

Nachbarsch.-O. Nachbarschaftsordnung.

nhd. neuhochdeutsch.

nndl. neuniederländisch.

nösn. nösnisch.

Nyelvt. szót. Magyar nyelvtörténeti szótár, szerkesztették Szarvas Gábor és Simonyi Zsigmond. Budapest.

O. N. Ortsname.

Paul, Wb. Deutsches Wörterbuch von H. P. Halle 1897.

P. B. Beiträge zur Geschichte der deutschen Sprache und Literatur, herausgegeben von H. Paul und W. Braune.

P. N. Personenname (Taufname).

Plattd. Kr. Ra. Plattdeutsche Cronstädtische Redensarten und Sprichwörter (Handschriftliche Sammlung Kronstädter Idiotismen aus dem 18. Jahrh.).

Puşcariu, S. Dr. Etymologisches Wörterbuch der rumänischen Sprache. I. Lateinisches Element. Heidelberg 1905.

Qu. Gesch. S. Quellen zur Geschichte Siebenbürgens aus sächsischen Archiven. I. Bd. Hermannstadt 1880.

Qu. Kr. Quellen zur Geschichte der Stadt Kronstadt. Herausgegeben auf Kosten der Stadt Kronstadt. Kronstadt. 5 Bde. 1886 ff.

R. A. Redensart.

Regestr. Varad. Regestrum Varadinense examinum ferri candentis, curis et laboribus J. Karácsonyi et S. Borovszky editum 1903. Budapest.

ripuar. ripuarisch.

Roth, Altäre, Victor Roth, Siebenbürgische Altäre (Studien zur deutschen Kunstgeschichte 192.). Strassburg 1916.

rum. rumänisch.

Sächs. Burzenland. Das sächsische Burzenland. Zur Honterusfeier herausgegeben. Kronstadt 1898.

Şain. Dictionar universal al limbei române de Lazar Şaineanu. Craiova (1896).

SALZER, Birthälm. Der kgl. freie Markt Birthälm. Wien 1881.

SALZER, Volksschule. Michael Salzer. Zur Geschichte der sächs. Volksschule in Siebenbürgen. Mediasch, Gymn.-Progr. 1861 und 1862.

SAUL. Ein Beitrag zum Hessischen Idiotikon von D. S. Marburg 1901.

SCHAMB. Wörterbuch der niederdeutschen Mundart der Fürstentümer Göttingen und Grubenhagen von Georg Schambach. Hannover 1858.

Schbg. Schönberg.

Schässbg. Schässburg.

Schatzkästl. Aus dem Schatzkästlein der Kothgässer Nachbarschaft. Mediasch 1909.

SCHEINER, Ma. SS. Die Mundart der Siebenbürger Sachsen von Andreas Sch. Forschungen zur deutschen Landes- und Volkskunde von Alfr. Kirchhoff. Bd. 9.

SCHM.[2] J. A. Schmeller, Bayrisches Wörterbuch. 2. Ausgabe. München 1877.

SCHMITZ. Sitten und Sagen, Lieder, Sprüchwörter und Rätsel des Eifler Volkes nebst einem Idiotikon von J. H. Sch. Trier 1856.

SCHMOECKEL. Hermann Schmoeckel, Das Siegerländische Bauernhaus. Bonn 1912.

SCHOTSCH, Deutsche Familiennamen aus den Matrikeln der ev. Kirche A. B. in Segesvár (Schässburg). Progr. Schässbg. 1909.

SCHRÖER 25, 27 usw., Julius Schröer in Sitz.-Ber. der phil. hist. Klasse d. kais. Akad. d. W. in Wien, Bd. 25, 27 usw.

Sch. T. Schämmel Titz-Erzählungen im Kalender des Siebenbürger Volksfreundes.

SCHULER-LIBL. Mat. Materialien zur siebenbürgischen Rechtsgeschichte von Fr. Sch. v. Libloy Hermannstadt 1862.

SCHULER-LIBL. R. G. Siebenbürgische Rechtsgeschichte von Fr. Sch. v. L. Hermannstadt 1858. 2 Bde.

SCHULLER, Landw. Aus der Vergangenheit der siebenb.-sächs. Landwirtschaft von G. A. Sch. Hermannstadt 1895.

SCHULLER, Beitr. Beiträge zu einem Wörterbuch der siebenb.-sächs. Mundart von J. K. Sch. Prag 1865.

SCHULLER J. G. Wb. Handschriftliche Idiotismensammlung von J. G. Schuller († 1830 als Pfarrer von Grosscheuern).

SCHULLER, Herkunft. Zur Frage der Herkunft der Sachsen in Siebenbürgen von J. K. Sch. 2. Aufl. Prag 1866.

SCHULLER, Ged. Gedichte in siebenb.-sächs. Mundart. Gesammelt und erläutert von J. K. Sch. Hermannstadt 1840.

SCHULLER, Tod u. Begr. I, II. Volkstümlicher Glaube und Brauch bei Tod und Begräbnis im Siebenbürger Sachsenlande von Georg Sch. Programm Schässburg 1863 und 1865.

SCHUSTER, Volksl. Siebenb.-sächs. Volkslieder, Sprichwörter, Rätsel, Zauberformeln und Kinderdichtungen von Fr. W. Sch. Hermannstadt 1865.

SCHUSTER CHRISTINE. Küche und Haushalt. Kronstadt 1905.

schw. schwach.

Schwäb. Wb. Schwäbisches Wörterbuch, bearbeitet von Hermann Fischer. Tübingen.

Schweiz. Id. Schweizerisches Idiotikon. Wörterbuch der schweizerdeutschen Sprache. Frauenfeld 1881 ff.

SEIV., Lok.-St. Hermannstädter Lokalstatuten, Festgabe von Gustav Seivert. Hermannstadt 1869.

SEIV., St. H. Die Stadt Hermannstadt, eine historische Skizze von Gust. Seivert. Hermannstadt 1859.

SEMP, R. M. Semp. Der Regrut Hermannstadt 1903.

— Bezu°lt. Hermannstadt 1908.

Sprw. Sprichwort.

ss. siebenbürgisch-sächsisch.

Städt. Halbma. Städtische Halbmundart.

st. stark.

süds. südsiebenbürgisch-sächsisch.

S. Volksfr. Der siebenbürgische Volksfreund. Ein Sonntagsblatt für Stadt und Land. Kronstadt 1886—1892. Hermannstadt 1892—1895.

Syn. Synonim.

TEUTSCH, Sachsengesch. Geschichte der Siebenbürger Sachsen für das sächsische Volk. 1. Bd. von G. D. Teutsch. 2. und 3. Bd. von Fr. Teutsch. Hermannstadt.

TEUTSCH, Sch. O. Die siebenb.-sächs. Schulordnungen, herausgegeben von Friedrich T. 2 Bde. [Mon. Germ. Paed. VI und XIII]. Berlin 1888 und 1892.

TOCKERT, Lehnw. Romanische Lehnwörter in der luxemb. Mundart. Etymologische und kulturhistorische Beiträge zum luxemb. Wörterbuch von Prof. J. Tockert. Luxemburg 1910.

TRAUSCHENFELS, Fundgr. Deutsche Fundgruben zur Geschichte Siebenbürgens. Neue Folge. Herausg. von E v. T. Kronstadt 1860.

TRAUSCHENFELS, Magaz. Magazin für Geschichte, Literatur und alle Denk- und Merkwürdigkeiten Siebenbürgens, herausg. von E. v. T. Kronstadt 1859 ff.

THULLNER, K. Bä der Kalefök. Geschichten uch Lîdcher vun Ernst Th. Hermannstadt 1898.

THULLNER, R. Ous der Rökestuw. Lastich Geschichten ä saksesche Reimen vun Ernst Th. Hermannstadt 1892.

TRÖSTER. Das Alt und Neu Teutsche Dacia . . . von Johanne T. Nürnberg 1666.

Urkb. Urkundenbuch zur Geschichte der Deutschen in Siebenbürgen. Von Franz Zimmermann, Carl Werner und Georg Müller. Hermannstadt. 3 Bde.

V.-A. Archiv des Vereins für siebenb. Landeskunde. Neue Folge.

Volksfr. Kal. Kalender des Siebenbürger Volksfreundes. Hermannstadt.

Wedm. De Wedmêd. Eine Erzählung aus dem sächsischen Volksleben, von Adolf Schullerus. Beilage zum »Siebenbürgischen Volksfreund« 1891.

Weigand[5]. Deutsches Wörterbuch von Fr. L. K. W., 5. Aufl. Neu bearbeitet von K. v. Bahder, H. Hirt, K. Kant. Giessen 1908.

Werner, Generalsynode. Die Generalsynode der ev. Kirche A. B. in Siebenbürgen vom Jahr 1708. Festschrift von C. W. Hermannstadt 1883.

westgerm. westgermanisch.

Wiener S.-B. Sitzungsberichte der k. k. Akademie der Wissenschaften in Wien. Phil.-hist. Klasse.

Wittstock. Volkstümliches der Siebenbürger Sachsen von O. W. Forschungen zur d. Landes- und Volkskunde von A. Kirchhoff. Bd. 9.

Wlislocki. Volksglaube und Volksbrauch der Siebenbürger Sachsen von H. v. W. Berlin 1893.

Woeste. Fr. Woeste, Wörterbuch der westfäl. Mundart. Norden u. Leipzig 1882.

Wolff, Agrargesch. J. Wolff, Beiträge zur siebenbürgisch-deutschen Agrargeschichte. Programm Mühlbach 1885.

Wolff, Kons. Der Konsonantismus des Siebenbürgisch-Sächsischen mit Rücksicht auf die Lautverhältnisse verwandter Mundarten von J. W. Programm Mühlbach 1873.

Wolff, Nat. d. V. Über die Natur der Vokale im siebenb.-sächs. Dialekt von J. W. Programm Mühlbach 1875.

Wolff, Ortsn. 1—3. Die deutschen Ortsnamen in Siebenbürgen von J. W. Programm Mühlbach 1879 bis 1881.

Wolff, D. u. St. N. Deutsche Dorf- und Stadtnamen in Siebenbürgen von J. W. Programm Mühlbach 1891.

Z. f. d. A. Zeitschrift für deutsches Altertum.

Z. f. d. Ma. Zeitschrift für deutsche Mundarten.

Z. f. d. Wf. Zeitschrift für deutsche Wortforschung.

Z. rhein. Volksk. Zeitschrift des Vereins für rheinische und westfälische Volkskunde. Elberfeld.

Zwīn Krez. Äm zwien Krezer. Lastspäll mät Gesong än zwien Afzäjen vunn —nn— (Anna Schullerus).

D.

d, d. 1. Als Buchstabenname *Dê* n., im Volksmund fem. nösn. n. *det grûss Dê.* — 2. In Kinder-, zumal Auszählreimen oft als Anlaut zur Bildung des zweiten Reimwortes verwendet: Ene, dene. Ennege, dennege. Endel, dendel. Anna, danna. Önche, dönche. Unebe, dunebe. Uneme, duneme. Unichi, dunichi. Unerchen, dunerchen. Obra, dobra. Ubbe, dubbe. (Kbl. 23, 75, Höhr 39 ff.).

da, dô, nösn. *dô.* Lokales Adv. 1. Hinweisend: ‚dort'. *E äs dô; ich wôr dô* ‚ich war dort' (zugegen). Nösn. *e äs schu dô* ‚er ist schon dort' (anwesend). *Dô äs heier Brôch* ‚dort ist heuer Brachfeld'. *Dô eräm* ‚in der Gegend'. *E huet dô Îr* ‚er ist dort (bei den Leuten) geachtet'. *Ich hun dô* (dort, in der Gegend) *e Lǫnd, en Guerten.* Sprw. *Det Gläck äs dô, gǫng em nor nô!* — 2. Mit abgeschwächter lokaler Bedeutung. *Dô hued em et nâ! Nämm, dô hueste det Bâch* (Buch; nösn.). *Dô kännste mich nät* ‚in dem Falle, unter solchen Umständen kennst du mich nicht'. (nösn.) *Dô hueste nät rêcht.* Bei Imperativen gebraucht, um die Aufmerksamkeit zu erregen. *Säch dô, e kit* ‚sieh da, er kommt'. *Säch dô, det rênt* (regnet). — 3. Verstärkend, gewöhnlich nach dem Relativpron., meist mit tonlos gewordenem Vokal: *de (də)* 〈 *dô.* (Vgl. ahd. dër dâ.)

De schwarz Rîs bedekt (bedeutet) *Læ̂f,*
dæ̂ de trouert,
Blô Vǭl (Veilchen) *bedekt Trǭ, dæ̂*
de douert. Käst. 8.

Wier de Gâdet vu mer riet, diem sǭl Gott lûnen, wier de Lichtet vu mer riet, diem sǭl de Zang esu rût wärde, wæ̂ deser Kûlen. (Zauberspruch, Schuster 312). *Weo äs denj înich hârx Voater denj, dîde(n) hâe ǫf denjer Hochzet Vuier-gonjer sûl senj?* (Aus einem Hochzeitsliede in Schönbg., Kbl. 14, 69). Sprw. *Wier-de lǭt än de Wegden, kǭ laicht Flûre* (Weidenflöten) *schnegden.* »*Et sôl sich Sanjdich* (Sonntag) *hôlden, doi-de wiäll*«. (Dä Ôlden, 38). Auch mit Fortfall des anlaut. **d**: *Wier-e sôt,* ‚wer (da) sagt'; *dier-e dǭt dît* ‚der (da) das tut'. Urk. »Dy d o hawbtleytt sein gewest yn der herfartt. Czu der schlacht, dy d o yst gescheen« (1527, Qu. Kr. 2, 51). »Es sein vil . . . leütt, die d a denken« (Dam. Dürr, Aml. 69). »D e r d o geholffen hat py dem newen paw« (1503, Qu. Gesch. S. 1, 363). »Am tag Urbani, der d o ist der 25tag May« (1568, Nat.-A.). — 4. Relativ. »Kompt ungefahr an ein Orth, d a man im die strick hat bestelt« (Dam. Dürr, Aml. 64). »Das doch mög ein unterscheid zwischen dem haus gottes, d a mir gotts wort hören, d a mir beten . . ., und zwischen unsern heüsern, d a mir schlemmen, fluchen« (Ebda. 59). »Lesset sich nicht gern an den enden finden, d a die leüt klagen, d a sie trauern« (Ebda. 65). »Nay haws, d o nyemand ein wond« (1541, Qu. Kr. 3, 134). »Bis auf den graben, d a das wasser in den waier herein fallt« (1569, Nat.-A.). — 5. In Zusammensetzungen mit erhaltenem ursprünglichem -r (ahd. dâr, thâr): *derbæ̂, derdurch, derhängder, dermät, dervîr, dertäschen, derwedder, derzâ* (wie mhd. derbî, derfür).

da, als tempor. Adv. und Konj. (ahd. mhd. dô, dâ), **dâ,** *dân,* nösn. *dâ.* 1. Als Adv. ‚damals'. *Mer wunden dâ* (damals) *noch dô* (dort). *Ich wôr dâ e Kängt. Der Vueter sôt dâ, mer werde jô sæ̂n* (sehen). — 2. Als Konj. vertritt *dâ,* auch *dân,* nhd. ‚als', das in der Ma. als Konj. nicht gebraucht wird. *Dâ se kǭmen* ‚als sie kamen'. *Dâ e dǭt sôt. Dân hie awer de Dîr afmǭcht. Dân de Flî de Wuegen zuch, dân de Mäck den Torn ämfluch, dǭt wôre lastich Zegden* (Schuster, Volksl. 369; 377). *Dân der Blôch de Blêchä schlach, schlach e se mät dem Ieessichkrach. — Des Ôwest äm nenj, äm hälle Mônschenj, dân der Hannes Muoler zer Nôberä geng* (Schuster, Volksl. 141; 60). Urk.: »D o dy thyrkysche gieter vorkaufft sein worden«. — »D o der Her der Richter ken Mermburck ist geczogen« (1542, Qu. Kr. 3, 137, 138). »D w her yn daz gasthaus is gecogen« (1507, Qu. Kr. 1, 184).

dabei, derbæ̂, nösn. *derbai,* wie älteres mhd. darbei mit erhaltenem -r, mit dem Hochton immer auf der zweiten Silbe. 1. Als lokales Adv. *E štît derbæ̂. De Konne se gefą̂ljt mät kąilem säissem Wenj, dobæ̂ hôfe mer rêcht frîlich ze senj.* (Aus einer Brautrede bei SCHUSTER, Volksl. 81). *Ich bän uch derbæ̂ gewiest* ,ich war dabei auch zugegen'. — 2. Die örtliche Bedeutung tritt zurück in Wendungen, wie: *Et bleift derbæ̂,* (als Bestätigung eines abgeschlossenen Geschäftes, Kaufvertrages). *Bäste derbæ̂?* ,Willst du an einem Geschäfte, einem Spiel teilnehmen?' *Ich bleiwen derbæ̂!* ,ich verharre auf meiner Ansicht'. *Ich wanjtschen ich — iren Hôf vôl Væ̂h, Gottes Sê̜jen uch derbæ̂!* (Neujahrswunsch der Kinder in Reussen). *Dier mess uch senj Nues iwerą̂l derbæ̂ hun.* »Wer sindt mehr derbey gewesen«? (Frage in einem Hexenprozesse in Mühlbach 1718). »Wolt ihr dabei stehen (bei der Aussage bleiben) oder nicht«? (1677, Cap. Bog.). »Da sagten sie alle drey zu ihm: ja sie wolten dobey stehen« (Ebda.).

Dach, Dą̂ch n. pl. *Dæ̂jer,* nösn. *Dą̂ch, Dâjer,* Dim. *Dâgeltchi.* 1. Das Dach eines Gebäudes, oder Gebäudeteiles, ursprünglich auch in unseren Gemeinden, wie noch jetzt zumeist in Niederdeutschland ein Strohdach, *Štrîdą̂ch.* (Meist ist das Bestimmungswort in der Form des Adjektivs gebraucht: *štrîän Dą̂ch* ,strohenes Dach', ,Dach von Stroh'; auch in den spätern Beispielen: *Zäjelndą̂ch, Schängdelndą̂ch,* besser *zäjelän, schängdelän Dą̂ch).* Die zahlreichen Feuersbrünste haben an Stelle desselben zumeist das *Zäjelndą̂ch* treten lassen, welches jetzt die sächs. Gemeinde zumal auf ehemaligem Königsboden gegenüber den magy. und rum., wo Stroh- und Schindeldächer vorherrschen, kennzeichnet. Schon 1660 schreibt der Chronist (KRAUS 2, 50): »Zerstörten derweill die schöne gemauerte vndt mit Ziegeln gedeckte Dörfer« (in der Nähe von Hstdt.). Von dieser Stadt berichtet TRÖSTER (1666, p. 374): »Inwendig ist diese / der siebenbürg. Städte Zier / mit stattlichen Häusern dermassen geziert / dass von weitem die gantze Stadt / wegen Menge der hohen Ziegel-Dâcher roht aussiehet / daher sie die Türken die Rohte-Stadt heissen«; von Klausenbg. dagegen (p. 451): »Es sind dieser Stadt Häuser meistentheils mit Schindel-Dächern gedecket«. Doch verordnen auch Hermannst. Nachbarsch.-Art. 1652: »Zur Zeit des Windes soll niemand beichen oder gross Feuer machen. Sonderlich in welchen Nachbarschafften viel Schindelen Tächer seyn« (SCHULER-LIBL., Mat. 101). Gleiches Verbot 1696 für Nachbarschaften, »in welchen viel böhlene Stuben und Schindlen Dächer sein«. — Das Aufsetzen und Eindecken des Daches erscheint als vorläufiger Abschluss des Hausbaues, den man als *angder det Dą̂ch brängen* bezeichnet. *Wärd er heier angder det Dą̂ch kun?* — DAM. DÜRR tadelt seine Gemeindeglieder: »Euer veter haben so gewaltig heüser gebauet, ir könnet die dächer nicht erhalten« (AML. 17). — 2. R. A. *Se wunen angder enem Dą̂ch* ,in einem und demselben Hause'. *Mät diem wîl ich ned angder enem Dą̂ch wunen* ,mit dem möchte ich nicht nähere Gemeinschaft haben'. *Net riet, wo Schängdeln af dem Dą̂ch sen* sagt man, wenn unberufene Zuhörer, besonders Kinder, bei einem Gespräch vertraulicher Art zugegen sind. *Af det Dą̂ch klôpen* ,durch leise Andeutung erfahren wollen, ob man auf Erfüllung einer Bitte rechnen darf'. *Kôrn, Hą̂i ą̂nder det Dą̂ch brângen* ,Korn und Heu ins Trockne bringen' (nösn.). Auch übertragen: *Mer hun et* (eine schwierige Angelegenheit) *gläcklij angder't Dą̂ch brôcht. Det Dą̂ch räcken* ,das Ziegeldach ausbessern'. *Læ̂wer en Mäsch* (Sperling) *än der Hą̂nt, wæ̂ en Douw af dem Dą̂ch,* »Frauen und Junkfrauen sollen nicht die schindeln auf den dachern zeelen« ,nicht müssig gehen'. (DAM. DÜRR, AML. 25). »Sobald er (Petrus) aber zu hoff gehet, so fichtet yn der teufel an, dass er auffs dach wirft (das gegebene Versprechen nicht achtet, nicht hält) und den hern verleugnet« (Ebda. Hdschr. 798). Sprw.: *Wun det Dą̂ch drej äs* (trocken ist), *wæ̂ są̂l et trepsen?* (tropfen). *Wier angder dem glæ̂seränen Dą̂ch wunt, terf aw ą̂ndere net mät Štîne wierfen.* Rätsel: *Det štîd a Mentsch ąw âsem Dą̂ch, e pipt* (raucht) *ône Tubôk* (Rätsch). Ähnlich: *Et štuid af dem Dauch ent bleust änj Reuch et huet awer nichen Feif.* Der Rauchfang (Gr.-Alisch). — *Îwendês* (bevor) *dat der Vater gebuere wid, sätzt der Są̂n ą̂fm Dą̂ch* (Feuer und Rauch). *Wą̂t fiur en Dą̂ch hot der Härr Farr hekt?* (Antwort: ein Ziegeldach, Gr.-Scheuern. In der Frage ist *Dą̂ch* ,Tag', in der Antwort *Dą̂ch* ,Dach' gemeint.) Was ist das überflüssigste in der Kirche? Das Dach der Kanzel, denn es regnet in der Kirche nicht (Rohrbach). — In Draas singen die Kinder das Spottlied:

Schinker, Binker, Housendrinker,
Fei de Vį̂jel ą̂fm Dą̂ch,
Sê der Mêter en gêden Dą̂ch.

Kbl. 17, 107.

In Sitte und Brauch: Brot und Salz oder Sauerteig auf dem Hausdache ist ein Schutz gegen Blitz, ebenso das Donnerkraut (SCHUSTER V.-A. 9, 428). Früher bestand in *Mettersdf.* die Sitte, dass die aus dem Nachbardorf ankommende Braut nach dem Verlassen des Wagens im Hofe den Jochstecken über das Dach schleuderte. Zur Heilung der ‚hinfallenden Krankheit' (Epilepsie) wird das Hemd des Erkrankten zerrissen und über das Dach geworfen. Wo es niederfällt, begräbt man die eine Hälfte, die andere verbrennt man und gibt dem Kranken davon *Fuᵉmesch* (Asche) ein (GASSNER 64, 77). Gegen das ‚Berufen' wird als Mittel angewendet: man gibt in einen Topf kochenden Wassers ein glühend gemachtes Hufeisen oder ein Stückchen desselben; aus den vier Ecken des Hausdaches wird ein Stroh- oder Rohrhalm, oder wenn das Haus mit Schindeln gedeckt ist, ein Stückchen Schindel von jeder Dachecke dazugenommen (H.-W. 261). Kränze aus dem blühenden gelben Labkraut *(Gehonnesblom)* werden am Johannistage den Namenstagkindern auf das Dach geworfen (Kl.-Schenk Kbl. 26, 99). — 3. Allgemein bildlich als ‚Bedeckung': *Et rouscht und et rouscht ous der Millebǭch, ous erläne Nêstcheren* (Ästchen) *hadd-et en Dǭch* (KÄST. 1). — 4. In übertragenem Sinne auch ‚der Kopf': *Ech gien der înt af't Dǭch!* (THULLNER, R. 17). — 5. Als F. N. † Merthen Dach (1486, Qu. Gesch. S. 1, 36). — 6. Das auf dem Zaun aus Ruten geflochtene, mit Stroh, Reben oder Dornen überdeckte Dach des Zaunes heisst *Fäx* fem. anderwärts auch *Fäxel* und *Gefätz-sel* (Schaas); dem Zaun ein Dach aufsetzen: *fäxen;* auch: *de Dauchfîršt äs mät Štrî gefäxt* (Bekokten) ‚der Dachfirst ist mit Stroh gedeckt'. — Lautt. 3. Mhd. dach.

Dachbalken, fehlt. Dafür im einzelnen: das untere auf dem Dachboden aufliegende Gestell des Dachstuhles besteht aus *Buntrêm* Plur. (nösn.); die Dachsparren *(Kèfer,* nösn. *Kâfer)* werden verbunden durch die *Kêlbǭlken,* auch bloss *Bǭlken* (bei der Scheune in Scholten) oder *Hunnebǭlken* (weil der Hahn dort seinen nächtlichen Sitz nimmt), gestützt durch die auf den *Buntrêm* befestigten *Štâlsauln* (nösn.). *Wǭnträt* f., ‚auf der Wand aufruhender, das Dach tragender, grosser Balken'. Bezeichnungen in Birth.: *Špubôlken,* ‚Querbalken', *Kēfer, Hunebûnd.* In Hohendf.: *Huneboinjder.* s. *Bǭnt* (Band). — Aberglaube: Wolfshaare ist es gut in einen Dachbalken zu stecken, um das Gebäude vor Feuer zu sichern. (Burzenl. WLISLOCKI, 165).

Dachboden, fehlt. Dafür *Hemelx* n. in der Schässbg. und Med. Gegend, sonst *Afštuf* fem. oder *af der Štuf. Ąf det Hemelx, ąf de Štuf gôn. E äs ąf dem Hemelx, ąf der Stuf. E kit vun der Štuf* ‚er kommt vom Aufboden'. »Dachgebinn« (1732, SALZER, 138). Das Nähere s. unter *Afštuf* (Aufstube), *Hemelx* und Stube.

(**dachen**), *Et dǭcht sich gât* ‚das Dach bekommt eine gehörige Gestalt' (BINDER Koll.).

Dachfirst, Fîršt fem. s. *First.*

(**Dachflicker**), † »Dachflycker« ‚Dachausbesserer' (1541 Qu. Kr. 2, 646). »Dachflecker« (1547, Qu. Kr. 3, 423).

Dachlucke, fehlt. Dafür *Kąpfenster* n., nösn. *Kąpluᵃdn* m. s. auch *Ârker.*

Dachrinne, Dǭchränn fem., nösn. *Dǭchränn* f. Die zur Abführung des Wassers in dem zwischen zwei zusammenstossenden Dachflächen entstehenden Winkel gebildete Dachrinne heisst *Eisselt.* m. (Hstdt.), *Æsselt* (Schässbg.). s. *Eisselt.*

Dachs, Tuᵉst m., nösn. *Hąntes* n. Es lassen sich drei Gruppen von Bezeichnungen unterscheiden. Im mittleren und südlichen Gebiete der Mundart überwiegt die Form *Tôst* m. mit epithet. t (der Stammvokal wechselnd nach Lautt. 9, Flachs); in der Nösner und Reener Gruppe das Neutr. *Hąntes, Hântes (St.-Georgen), Handiᵒs (Zepling),* als Komp. aus Hund und Dachs; endlich im Burzenl. umgekehrt *Tôsthant* m. (Petersbg.), *Tuᵉshant* (Rohrb.), *Dosthant* (Heldsdf.). Daneben vereinzelt auch anderwärts: *Dôstheangt* (Girelsau), *Hanjdstost* (Streitfort), *Iᵉrthangt* (Neudf.). 1. Benennung des im Lande sehr verbreiteten Tieres. In einer Bauernregel: *Kid um Mariendǭch der Tuᵉst vîr se Lôch en sekt senje Schæde* (Schatten) *ned, esi gît-e noch emôl ąf fǭf Wôchen änen* (SCHUSTER Volksl. 149). — 2. In übertragenem Sinne als Bezeichnung für einen dummen, beschränkten Menschen gebraucht: *Te bäst en (tum) Tuᵉst, alber wæ en Tuᵉst.* — 3. R. A. *E sätzt ängden derhîm wæ en Dôstheangt* ‚von einem Stubenhocker' (Girelsau). Ähnlich: *E liᵉft wæ en Tuᵉst* ‚lebt einsam, zurückgezogen' (Rumes). *Grǭm wæ en Tuᵉst* ‚mürrisch, zuwider'. — 4. Fl. N. *Duᵃs (Passbusch).* — Zu mhd. dahs. Das anlautende t in *Tuᵉst* weist zurück auf germ. th in der Wurzel thēhs = idg. teks ‚bauen', ähnlich wie *Teisselt* Deichsel auf die germ. Grdf. thîhslô zurückgeht (KLUGE[6], 70, 74). Der Fortfall des h vor s (vgl. *Fluᵉs* ‚Flachs') ist ebenso lautgesetzlich wie das epith. t nach s (Kbl. 4, 13 ff.). In der zweiten Silbe der Nösner Wortform *Hąntes* < *Hund-dahs ist Assimilation der anlautenden Dentalis an vorhergehendes d und Abschwächung des Stammvokales a zu e infolge der Unbetontheit eingetreten.

Dachschmid F. N. Dochsmedth (1508, Qu. Gesch. S. 1, 554).

Dachsfett, Tuestfätt, nösn. **Hąntesfąttet** n. Als beliebtes Heilmittel bei Verrenkungen und sonst gebraucht; auch gegen die Pest zum Einreiben des Leibes (WLISLOCKI, 100).

Dachshund, fehlt. Dafür Entlehnungen: *Dakel, Daks* m.

Dachsparren, fehlt. Dafür *Kêfer* m.; nösn. *Kâfer*. Zwei *Kêfer* miteinander verbunden heissen im Haferland *e Gesparr* (nämlich *Kêfer)*. Die Schwalbe singt:

Wonn ich dervun (zân)
Leossen ich Štall och Schaier fôl,
Wonn ich weder kun
Fąngden ich nor't Gešparr. (Agnetheln).

Dachspitze, Dąchschor fem.

—, **Dąchštälp** fem. ,Hohlziegel', ,Firstenziegel'. s. *Štälp.*

Dachstuhl, Dąchštąl m., nösn. *Dąchštâl* m. Die Bestandteile desselben s. unter Dachbalken. Bei dem Aufsetzen des Dachstuhles half auf den Dörfern zumeist ein männliches Mitglied aus jedem Hause der betreffenden Nachbarschaft mit. Ist der Dachstuhl fertig gestellt, so wird er gewöhnlich mit einem auf die Spitze aufgesteckten Blumenstrauss geziert, und der Bauherr bewirtet die Zimmerleute und sonstige Mithelfer.

Dacht, s. Docht.

Dachtel, Tachtel fem., nösn. *Tąchtel* fem. [Städt. Halbma.] ,Ohrfeige'. *E hued en Tachtel bekun. Ich gien der en Tąchtel.* Syn. *Îrfaich, Hauf, Schmäss.* — Zu mhd. dachtel ,Dattel'. Zur Bedeutungsentwicklung vgl. Ohrfeige, Kopfnuss. (S. KLUGE[6], 70). Auch moselfr. Tachtel f.

Dächtelmächtel, Tächtelmächtel n., gewöhnlich *Tächtelmächtel mąchen.* ,Ausflüchte machen, im Geheimen unerlaubte Dinge treiben'. Sprw. *Mät Tächteln uch mächteln kid em doch net fär.* (SCHUSTER, Volksl. 212). Auch *Tächtelmächtelą̂en* Plur. ,leere Ausflüchte, Spiegelfechtereien'. Im schwäb. dächtel-mächtel miteinander haben, ,Heimlichkeit, Geflüster'. bair. dächtelmächtel ,das Wirrwarr, Durcheinander' (SCHM. 1, 354) Es liegt Wortdopplung vor mit Wechsel des anl. Kons. (Z. f. d. W. 2, 21).

Dachtraufe, Dąchträp fem., nösn. *Dąchtrôf* fem. burzenl. *Dôchtrap. Hueste de Schąffer anjder de Dôchträp gediun?* (Rohrb.). *E kid anjder de Dąchtrap* ,er kommt in Unannehmlichkeiten'. *Ois dem Rân anjder de Dochträp* ,aus dem Regen in die Traufe' (Alzen). — Gegen Warzen nimmt man Stroh, bestreicht damit dieselben kreuzweise, vergräbt dann das Stroh unter die Dachtraufe; wenn es dort verfault ist, verschwinden auch die Warzen. Oder es wird mit einem Zwirnfaden über jede Warze eine Schlinge zugezogen und der Faden unter der Dachtraufe vergraben (WLISLOCKI 105).

Dachziegel, Dąchzäjel fem. nösn. *Dąchzâigel* fem. Im Haferland: *Dâkzäjel* ,Deckziegel'. In Birth. und sonst auch *Schepzäjel.* Urk. Dachczygelen (Qu. Gesch. S. 358). Tagczigelnn (1554 Qu. Kr. 3, 317). »Werden die breite Dach-Zieglen Schuppzieglen geheissen« (TRÖSTER, 233).

Dacia, mit Beziehung auf die einstige römische Provinz Dacia in älterer Sprache Bezeichnung Siebenbürgens: So: »Das bedrängte Dacia. Das ist Siebenbürgische Geschichten etc.« Ferner: »Das Alt und Neu Teutsche Dacia. Das ist: Neue Beschreibung des Landes Siebenbůrgen« (J. TRÖSTER, Nürnberg 1666).

—, **Dądą** n. das Ei [Kinderspr.]; dim. *de Dądącher* Plur.

—, **dadda,** in der Kindersprache niedlich, sauber, nett.

—, **Dâde** O. N. s. Déda.

—, **Dâdrich,** *Dâidrich* F. N. s. Dietrich.

dadroben, s. droben.

dadurch, derdurch, nösn. *derdurich.* 1. Örtlich: Rätsel: *Ed äs en klîn Dir, awer de gąnz Wält kąn derdurch gôn.* (Das Auge). »Das es (das Wasser) nicht auf ir dorf zu arbeit und dadorch flusse« (1589, *Bistr.* Rat, Kbl. 5, 87). Auch bildlich: »Herr Michael (Weiss) ... eilete mit dem Haupt dadurch« ,war halsstarrig'. (1612, Qu. Kr. 4, 30). — 2. Instrum. *Ed äs derdurch kun, geschân.* »Er thw goten dyenst dordurch« (1536, MÜLLER, Sprdm. 192). Betont auch: *durch dąt!* — 3. Relativ ,wodurch'. »Der himlische Vater hat uns etwas heimgesucht mit pestilentz, dadurch er etliche unser mitbrüder und schwestern davon genommen hat.« (DAM. DÜRR, AML. 11). »So haben mir alle ein Evangelium, dadurch die ewig selikeit angeboten wirdt, alle ein tauf, dadurch mir von sünden gewaschen werden und haben einen geist, dadurch mir geheiliget werden« (Ebda., 62). »Von Falschheit / vnnd Sachen / dardurch man vnehrlich wird« (E. L. R., 180). »Ackerzeug ... / dadurch er sich auch seiner notturff halben genehren mus« (Ebda., 46). — Auch lux. derdurech.

—, **dâeseln** schw. ,dünn, fein regnen' (Rode). Vgl. *dâsten* fein sieben, wie auch nösn. *zimesen* 1. sieben, 2. fein regnen.

—, **Däft,** *däften* s. Duft, düften.

dafür, derfîr, nösn. *derfor;* Schässbg. *derfuer*. *Ich känn net (näst) derfuer* ‚ich bin nicht schuld daran'. *Ich bän derfîr* ‚ich stimme dem bei'; *ich bän net derfîr* ‚bin dagegen'. *Wat giste mer derfîr? Wier kǫn derfîr?* Antwort: *der Trandafîr* (rum. Rose) d. h. niemand (Mühlb.). *Et štêt nät derfor* ‚es ist nicht der Mühe wert'. (nösn.). Antwort bei dem Gevatterbitten: *Mer bedǫnkn es derfoer, ded er es net hǫt verschatzt ǫnt verǭcht (Kl.-Bistritz).* In den Urkunden wechselt, wie im älteren Nhd. dafür und da(r)vor. »Darvor (dafür) hat her czw phant gesatzt« (1511, Qu. Kr. 1, 193). »Der vor hab ich geben« (1528, Ebda. 2, 90). »Das ich kein gelt mer dorvor fodern sol« (1524, Arch. *Bistr.).* »Werde ich nicht dafür kennen« (1652, Hstdt. Ger.-Prot.). »Auch halte ich davor, dass . .« (1715, V.-A. 27, 458). Relat. »Darvor er dann auch seinen Lohn emphahen« (1546, Qu. Kr. 4, 506).

dagegen, derkên, adv. nösn. *derkê* adv. 1. Seltener lokal: *e štätzt, štaiert sich derkê.* — 2. Gewöhnlich einen Gegensatz andeutend: *ich bän derkên* ‚bin dagegen'; *derkê rieden, štämmen.* — 3. Als Konj. *Hie derkê awer sôt de Wôrhît (S.-Reen).* »Wie vil reicher leütt, . die zu betleren werden, dargegen wachsen etliche armen, die aus betlern zu gewaltigen hern werden« (Dam. Dürr). — Mhd. dâ gegen, dergegene.

daheim, derhîm, *dehîm,* nösn. *derhêm* adv. 1. Gewöhnlich in der eigentlichen Bedeutung ‚zu Hause', welch letzteren Ausdruck unsere Ma. nicht kennt: »*E iäs änj dehoim iän der Êsch gehôchen*« (Dä Ôlden 37). »*Dehîm mess em de Medscher kenne lîren*« (Zwîn Krezer 8). *U sollen hîsche Plätzen wæ fæld em sich derhîm* (Käst. 124). *Înijet Schatzken gäf mer uch e Matzken, me Mǫn äs net derhîm* (Schuster, Volksl. 18). *Äss, nät laid Hǫnger, wäi derhêm* sagt man scherzweise den Gast zum Essen aufmunternd (nösn.), auch: *dâ nor, wæ wenn te derhîm wêrst. E hôt det Mell derhîm vergêssen* sagt man besonders von kleinen Kindern, die vor fremden Leuten nicht sprechen wollen. *Derhîm brædijen* ‚zu Hause sitzen, Stubenhocker sein'. Sprw.: *Wenn de Katz net derhîm äs, hun de Meis Hochzet. Ed äs iwerǭl gât, awer um biesten derhîm,* oder *ed äs nîrenst biesser wæ derhîm.* »Das er vns das edel liecht hie daheymen lesset scheynen« (Dam. Dürr, Aml. 96). »Ein Gesell soll sich auch stetz derheim lassen finden und ohne willen und wyssen des meysters nyndert gehen« (1562, Artikel der Chirurgen). »Hat 2 Ochsen geben für sein erbtheil derheim (1599, B. M.). »Das ich nicht damals deheim war« (Ebda). — 2. Mit speziellerer Bedeutung: *Dæ derhîm, menj Lejt derhîm* ‚die Hausgenossen, die Familienangehörigen'; *det Lǫnt, der Wängerd äs nor hæ derhîm* ‚ganz in der Nähe'. *E äs dô derhîm* ‚er ist dort zuständig'.

Taisendgêrij Oicheboim
Štænden hâ äm Bäsch zesummen,
Krioe (Krähen) *wôren drǭf dehoim*
(hausten dort),
Diohär hoet det Rêch den Numen.

Schuller, Ged. 75.

— 3. In übertragenem Sinne: *Nâ äs e derhîm* ‚jetzt kommt er zur Besinnung'; *nea bän ich derhîm* ‚jetzt ist mir die Sache klar geworden'. — 4. Vereinzelt: *Derhîm bleiwen* ‚niederkommen' (Neustadt a. H.). — 5. *Derhîmhär* ‚von Hause weg'. *Dæ derhîmhär* ‚die aus der Heimat, aus dem Vaterhause'; *änjde ferder derhîmhär* ‚immer weiter von Hause, von der Heimat weg'. »*Zem îrštemôl sǫl ed ellîn derhîmhär ewêch*« ‚aus der Heimat fort' (Hîmw. 65). *Derhîmhär kun,* ‚Geschenke (namentlich Nahrungsmittel) mitbringen'. *Em sekt, dad er derhîmhär ku set* ‚was habt ihr doch für reiche Geschenke mitgebracht!'

Daheimwesen, n. † »Hoth dorzu auch über die veriärung in seynem daheymwesen geschwiegen« (1564, B. M.).

daher, dôhär, (⏊⏑) *duerter* adv., nösn. *dohär, doger* [ʒ]. 1. Gewöhnlich als lokales Adv. gebraucht. *Wohär?* Antwort: *dohär! E kit dohär. Geung mer dohär ewêch!* (Rohrb.). *Ǫnt taher* (aus der Kirche) *wan mer* (wollen wir) *ent Hochzethous.* (Aus der Ansprache des Hochzeitvaters, *Kl.-Bistritz).*

Deser Wenj äs vun der Hill,
Dohär drängkt em vil.
Drǭ Âpel, sês Näss
Siwe Vîrel Hasselnäss,
Dohär wiršte nichen iessen,
Bäs te net me Lefke bäst.

Schuster, Volksl. 109.

»Manch einen wurden ursach daher (von dort) nemen zu sündigen« (Dam. Dürr, Aml. 64). »Ich habe freundschaft daher zu gewarten« (1690, Nat.-A.) »Als er daher (von dort) heim kommen« (1619, Qu. Kr. 4, 39). Auch relativ »Doher er byrtich ist« (1549, *Bistr.* Zunftart.). — 2. Mitunter auch temporal: *Dohär ämen* ‚seit damals'. *Dohär wekter,* nösn. *doger* [ʒ] *waiter* ‚von da angefangen'. *Daher waidder zer krestlichen*

Schôel ô (hǫt) gehǫldn (Bertleff 14). »Hat ein ehrsam gericht erkant, das die Frau Martin Dobreker aus dem Haus nicht sol ziehen, darin sie daher (bis zu der Zeit) gewohnt hat« (1598, B. M.). — 3. Seltener kausal.: *Dǫt kit dohär, wänn em ze vil drängkt, ze foul äs.* »Dahero allerlei Arbeit, so nicht den Zunftsiegel hat, soll die Arbeit verlieren (1724, V.-A. 27, 551). — 4. † »Undt (Gott) doch letzlig zu seiner Zeit Uhr plötzlig mit seiner Straff daher ist« (Kraus, Chron. 1, 10). — Mhd. dâher.

dahin, 1. Das Adv. wird in der Mundart vertreten durch: *duer*, nösn. *duar* (illuc.). Die Verwendung desselben s. unter dem Stichworte dar. — 2. »Dahinwärts« (istorsum, illac versum) *dohennen*, nösn. *dohi, dogi* [-ʒ-], in Kelling *donjen*. *Ich giun donjen zâ* ‚ich gehe in der Richtung hin'; *et lǫt* (liegt) *mî donjen. E nind-et dohennen* ‚er schlägt seinen Weg in der Richtung ein'. *Dohennen af Medwesch zâ rênd et* (regnet es). *Hie ritt dohene mät fräschem Mât* (Schuster, Volksl. 60). *Hun oft mät zuertem Flijjel sich dohänne gewǫndt* (Käst. 73). »Eileten demnach dahinzu« (Kraus, Chron. 1,39). — 3. Urk. dahin als ‚dort'. »Den Knecht Hanns Czimmer betreffend hab ich viel gehört, dass er sich gern auff den Pfarrhoff einfinde, hab ihn aber selber nicht gesehen, weil ich zu haus bleib und dahin sonderlich zu Nacht nichts zu thun hab.« (1695, Cap. Cib.). — 4. In relativer Verwendung. »Es soll auch kein Gesell gezwungen werden zu diesem oder jenem Meister zu gehen, sondern dahin der Gesell Lust hat« (1724, V.-A. 27, 540). »Dahin denn auch die drei Status regni erfordert wurden« (Kraus, Chron. 1, 40). »Zoch er kegen Megyes, dahin er einen Landtag beruffen thet« (Ebda. 43). »Gebt die ladt, dahin die gehört« (1615, Nat.-A.). — 5. ‚Dahin raten' in älterer Sprache einen Rat in einer bestimmten Richtung geben. »Wie ihm denn dahin gerahten wurde« (Kraus, Chron.1, 65). »Haben sie dahin gerathen, dass .« (Ebda. 340). — Vgl. dar.

dahinten, dohängden, nösn. *dôhän*. 1. Lokales Adv. *Dohängden äm Guerten.* — 2. F. N. Dahinten (Broos, *Bistr.).*

dahinter, derhängder, nösn. *derhänder*. 1. Als lokales Adv. *Derhängder kid en Hargutz, e Faff* (Käst. 152). — 2. In übertragenem Sinne: *Em mǫcht esufel draus (em dêt grûss) und et štächt näst derhänder* (nösn.). *Et štächt äst derhängder* ‚es ist etwas an der Sache'. *Hî äs (stächt) derhängder* ‚er ist der eigentliche Urheber, er betreibt es eifrig'. »Aus furcht es mögte etwass mehr dahinter verborgen sein« (Kraus, Chron. 1, 85). *Dô mess emest derhängder štôn* ‚da muss jemand sein, der zu etwas aneifert'. *Ich wäll schîn derhängder sen* ‚ich will die Sache schon betreiben'. *Ich bän derhängder kun* ‚ich bin der Sache auf die Spur gekommen'. *Ech kon netj derhandjer kun* (Kronst.). »Alss aber Carolus darhinter kommen« (Kraus, Chron. 1, 251).

Dahlmann F. N. (1650).

Daichend F. N. s. Dechant.

—, **Daika** fem. ‚Amme' *(S.-Reen,* Kl.-Schenk), aus dem Magy. dajka, zum Teil auch aus dem Rum. entlehnt: *Doiku* (Blutrot); mit weiblicher Endung (nach mhd. -inne): *Doikenân* (Zendresch), *Doitchan* (Meebg.). Syn. s. unter Amme.

—, **dâjeln** schw. etwas langsam machen, langsam arbeiten, eine Arbeit durch mehrere Tage hinziehen (Bekokten, Halvelagen, Gr.-Alisch u. s.). *Net dâjel esi lǫng! Nemi dâjel esefelt! Amen dæ̂jeln* ‚eine Arbeit von einem Tage zum andern verschieben'. *Eräm dæ̂jeln* (Hstdt.). *E huet mich fuert gedâjelt,* ‚die Erfüllung eines mir gegebenen Versprechens hinausgeschoben' (Heltau). Für das nur in einem Teil des Gebietes unserer Mundart gebräuchliche Wort finden sich anderwärts als Syn. *tueseln. toiseln, tǫkeln, tândeln, trǫkesen, trandeln, êrzen, dänscheln, dândscheln.* Lautliche Form und Bedeutung des Wortes *dâjeln* ‚eine Arbeit von einem Tag zum andern hinziehen' legt nahe an eine Ableitung von Plur. *Dâch, Dæ̂ch* (dâχ, dæ̂χ) ‚Tage' zu denken, mit der auch bei den Synonymen angewendeten Bildungssilbe *-eln*.

—, **dâisem** nösn. s. deihen.

—, **Dâisselt** m. Fl. N. *äm Dâisselt* ‚Wald bei *Tekendf.*' auch *Dâisseltbäsch.* Zu vgl. altköln. O. N. und F. N. Dassel (Kisch, V.-A. 34, 151).

Daken, eine Bezeichnung für dieses einst Siebenbürgen bewohnende Volk kennt die echte Ma. nicht. Müller führt mehrere auf die Daken und ihre Könige, zumal Decebalus, bezügliche Sagen an (S. 183 ff.).

Dalerth F. N. (1598 Nat.-A.).

Dalhaymer F. N. s. Thalheim.

—, **dǫlich** adj. ‚nährend', ‚gut bekömmlich' von Speisen, Syn. *doahaft,* zu *dǫn* deihen.

—, **Dalischâgen**, Plur. eine Art niedriger ungarischer Schuhe, die nur bis an die Knöchel reichen.

—, **dǫll**, s. toll.

Dalle, fem., **Dall** fem. 1. Vertiefung auf dem Felde oder im Hofe (Petersbg., Tartlau). — 2. In Fl. N. Vertiefungen, Einsenkungen andeutend. *Dall* als Fl. N. in Bulkesch, Kastenholz, Bogeschd. *En der lungken Doll* (Waldtal, Urwegen). *Dôl* (Radeln). *Af den Dâlen* (Reussen). *Dål*, Dim. *Dallchen* (Zuckmantel). *Dällchen* (Nadesch). *Dallebârch* (Seiburg). *Die grosse Dall* (Zeiden). Plur. *Dallen* (Blutrot). *Dallen* (Arkeden). »In den sog. Dallen Weinbergen« (1822, Kl.-Probstdf.). »Im langen Dall« (1680, Maldf.). »Auf der Dall« (1827, Bonnesdf.). »Unter dem Dellenweg« (1680, Gr.-Alisch). *Dollbauch* (Galt). In den neuen, alten *Dallen;* über den *Dallensteg* (Gr.-Alisch). In der *Dall* (Felsendf.). Im *Dallchen* (Waldhütten, Irmesch). *Än den Dallen* (Eibesdf.). *Um Dallenrêch* (Reussdf.). *Dallenkaule* (Gr.-Alisch). *Än der Dall* (Kastenholz). *Îwerŝt, nederŝt deff Dall* (Meschen). *Än der wourmer Dall* (Wolkendorf i. B.). — 3. In O. N. *Dal*, magy. Dál, rum. Dolu (bei Mühlb.), ferner in † Dallendf. und Denndf. (s. daselbst); urk. Dalheim (1327), jetzt *Duelmen, Dôlmen*, magy. Dolmány (Thalheim). — Das Wort gehört zu as. ndl. dal Vertiefung. henneberg. hess. dälle, telle, schwäb. dalle, dälle f., elsäss. dell(e) f. Vertiefung durch Eindruck, Niederung, lux. delt. f. Vertiefung, Eifel. dalt. Ndrh. O. N. Dahl. Vgl. DWB. 2, 699. Kisch, V.-A. 33, 52. Wolff, O. N. 1, 28f.

dallen, schw. zum vorigen Worte gehöriges Verbum. *Der Ierdbodem dallt no deser Setj* ‚der Boden neigt sich nach dieser Seite hin' (Petersbg.). *Wohenen et dallt, dohenen zocht sich det Wausser. De Wis dallt kên de Bôch* ‚die Wiese wird gegen den Fluss hin niedriger' (Ebda.). Das Wort aus anderen Ortsdialekten nicht bezeugt.

† Dallendorf, O. N., magy. Oláh-Dályа, rum. Daia, nördl. von Mühlb. Sandor von Dallendorf (1410, Urkb. 499). Der O. N. gehört zu dem obigen Dall. Zu vgl. auch der magy. O. N. Dál, rum. Dolu (bei Hidalmás im nordwestl. Siebenb.). s. Wolff, O. N. 1, 28.

Däller, F. N. (1564, Kelling. B. M.), wahrscheinlich vom obigen O. N. abgeleitet.

—, **Dåller** m. Tölpel. *Tea Dåller!* In einem Spottvers auf die Neithäuser: *Nethäuser Dåller, mach dech zea em Tåller.* Zu asächs. ndl. dol ‚töricht', got. dwals.

Dalmen s. Thalheim.

—, **dälpen** schw., nösn. *dälpm* schw., burzenl. *dalpen.* Vereinzelt werden auch starke Formen gebraucht; so: *ich dålp un em* ‚ich beruhigte seinen Zorn' *(Weisskirch). Gedålpm (Wallendf.).* Im ganzen Gebiete der Mundart verbreitet, mit der Bedeutung: ‚dämpfen, löschen, niederdrücken, beschwichtigen'. 1. Das Feuer, die Hitze. *Det Feier dälpen. Em hat det Fir äm entŝtô gedälpt* (Kronst.). Auch reflex. *Det Feier dälpt sich* ‚ist im Erlöschen begriffen'. *Der Rêin huet de Hatzt gedalpt* ‚der Regen hat die Hitze herabgesetzt' (Draas). *Der Rên dälpt de Ŝtûf* ‚drückt den Staub nieder' (Med.). *Det Fäwer, de Hätzt* (die Fieberhitze) *dälpen. De Hätzt mät kôlden Ämschliejen dälpen.* — 2. Auch vom Herabmindern der Kälte. *De Kälden huet sich gedälpt* ‚hat nachgegeben'. Man *dälpt* im Winter kalten Wein und Wasser, um sie ohne Schaden geniessen zu können (Urwegen). Aber auch umgekehrt heisst Wasser *dälpen* ‚zu heftig kochendes oder zu heisses Wasser durch Zugiessen von kaltem abkühlen' (Heltau). — 3. Leidenschaftliche Erregung, Zorn. Streit, Übermut dämpfen. *E äs gedälpt* ‚er ist beschwichtigt'. *Der Ziuren huet sij em gedälpt* ‚sein Zorn hat nachgelassen' (Durles). *Dälp der denje gloinijen* (glühenden) *Zouren* (Heldsdf.). *Ich hun em den Iwermât îrengklich gedälpt. De Ŝtret, den Huimaut dälpen* (Stein).

Huet dir der feirich Wenj det
Blât gekôcht,
Si wäll ij et schîn dälpen
Thullner, R. 81.

Iert, dâ wit de Kommer dälpen
Kist. 32.

— 4. In übertragenem Sinne: ‚ein unehrenhaftes Gerücht im Entstehen unterdrücken', ‚etwas zum Schweigen bringen', ‚verheimlichen'. »Sie hatte zwar ein gemurwel mit einem schuler, aber es wardt gedülbt« (1605, Nat.-A.). *E hued e gât gedälpt* ‚hat ihn mit treffender Antwort zum Schweigen gebracht' (Rumes). *Dälp et läwer!* ‚verkleinere, verheimliche es lieber' (Neppendf.). »Denn solches berewen vnd buss / delpet weder die begangene That (macht sie nicht ungeschehen, löscht sie nicht aus) / noch leschet die verschuldung« (E. L. R. 165). Die Grundbedeutung des Wortes ist wohl ‚niederdrücken' (vgl. *dälpich* ‚drückend heiss'); damit berührt sich chatt. delpen mit den Händen drücken, ferner das DWB. 2, 1509 angeführte dülpen, tülpen schlagen. Kisch vglt. auch das moselfr. dölken ‚Feuer löschen, zum Schweigen bringen'. Vgl. auch Kramer, 17.

—, **dälpich,** nösn. *dälpich*, burzenl. *dalpich*, nicht so allgemein gebräuchlich wie *dälpen;* so ist das Wort in Hstdt. und umliegenden Gemeinden, auch in Törnen, Rumes und sonst nicht bekannt. Dagegen im mittleren, nördlichen und südöstlichen Gebiete der Ma. allgemein verwendet in der Bedeutung: ‚drückend schwül'. Gewöhnlich *det Wädder äs dälpich. Wonn et dälpich äs, kid e Rên. Ed äs dälpich zem Erstäcken* (Heldsdf.). Insbesondere feuchtwarme Witterung ohne Sonnenschein, zumal vor einem ausgiebigen Regen oder Gewitter bezeichnet man als *dälpich Wädder*. Syn. *det Wädder äs dräckän* (drückend), *dimpich*.

damalig, fehlt in der lebenden Ma. »Von der ersten Frau als ein damaliger Junge weiss ich nicht« (1785, L. K. A.).

damals, nur als nhd. Entlehnung: *dâmôls;* dafür gewöhnlich: *dâ, dâzemôl, än dier Zekt.* »Die Fraw pfarrerin, die damahlen tantzet und solches sahe« (1687, Cap. Cib.). Das Wort auch im älteren Nhd. nicht vorkommend.

Damascener Pflaume, s. *Mâtsch.*

Damast, Damast m. (◡◡́), geblümtes, gemustertes Leinen-, Seiden- und Wollzeug, früher auch durch Handwerker der Kronst. Weberzunft erzeugt. Die urk. Benennungen des früher sehr beliebten Stoffes sind sehr wechselnd: Damaslya (1503, Qu. Kr. 1, 38). Domoslia, (1536, Ebda. 2, 449), Damascat (1545, Ebda. 3, 268), Dumslya, Thumszlya (Ebda.). Auch das davon abgeleitete Adj. ist häufig: »Tamaschket (damastener) Frauen Rock« (1539, Birth. Schneiderzunftart.). »Aus der roten damasket schauben« ‚langes Überkleid' (1599, Cap. *Bistr.*). »3 Messgewenter, zwey roth sammetin und ein weiss Tamaschket« (1680, Cap. Bog.). »Ein braun Tamasketin Dolmann« (1607, aus Huets Nachlass, Kbl. 12, 114). »Ein roth Tamaskettin ... mente« (Ebda. 113). — Zu älterem nhd. Damask, adj. damasken.

† Damasus P. N. Damasus Dürr, ev. Pfarrer in Klein-Pold 1570—1585; auch sonst kehrt dieser P. N. im 16. Jahrh. wieder: Damasus (1530, Qu. Kr. 2, 200, 689), Damasius Krwsz (1532, Ebda., 281; 1546, 639), s. auch Qu. Kr. 3, 862.

Dame, Dâm fem. Zumeist nur in städt. Halbma., als nhd. (indirekt frz.) Entlehnung gebraucht. 1. Bezeichnung einer vornehmen, oder als solche sich gebärdenden Frau, im letzteren Falle spöttisch und ironisch. *Dǫd äs en Dâm, en grîss Dâm. Dǫt špillt de Dâm; kǫ̂n nâ de Dâm špilln* von einer Frau, die auf einmal in bedeutend bessere Verhältnisse gelangt ist. — 2. In der Gesellschaft, beim Tanz: *Härrn* und *Dâmen*; *Dâmewâl* (aus dem Nhd.). *Dâmenschnaider* nösn.

† Damel F. N. (1478, Qu. Gesch. S. 1, 50).

—, nösn. **dâmern** schw. Das Wort nur in der Nösner und *S.-Reener* Dialektgruppe verbreitet; *dǣmern (S.-Reen)*, *dêmern (Botsch)*, *dîmern (Burghalle)*, häufig auch als Komp. *zedǣmern*. Bloss vereinzelt in Malmkrog und Werd *domern.* 1. ‚Mit den Füssen herumtreten, zerstampfen, dadurch Geräusch machen'. *Mer hu nau hâi gedâmert. Net dǣmer esufel!* Trans. gewöhnlich *zedǣmern. Mir hu nâ det Grǭs zedâmert* ‚wir haben nun das Gras zertreten'. — 2. Gebräuchlich ist auch das Komp. *erämdâmern* ‚hin und hertreten'. — Zu mhd. temeren, schlagen, klopfen; westerwäld. dammern, lärmend auftreten, stampfen. Moselfr. dammern, dâmern, mit den Füssen stampfen. Auch in der Schweiz dammern, dämmern, laut ertönen, mit den Füssen stossen; schwäb. dammeren, den Boden festtreten, geräuschvoll gehen. Der Stammvokal â entspricht umgelautetem a [vgl. nösn. *kâmen* (kämmen), *Schwâm* (Schwämme)]. DWB. 2, 710 zu dämmern. Im Süds. syn. *tąpeschen (-ž-). tappeln, štumpen, trąmpeln, dąmmen.*

Damhirsch, fehlt. Urk. dama Hirschkuh (1530, Qu. Kr. 2, 196).

Damianus, urk. öfters vorkommender P. N. Damianus Rot (1525, Qu. Kr. 1, 593), Damianus Doliator (1533, Ebda. 2, 326), Damianus Egiptius (1533, Ebda. 291 und öfter), Damianus Schneider (1599, Nat.-A.), auch in die Ma. eingelautet: Demgyen Schnayder (Kl.-Scheuern, 1605).

dämisch, tâmesch adj. adv., nösn. *tâmesch.* 1. ‚Betäubt, schwindlich'. *Ich bän tâmesch, gąnz tâmesch.* — 2. Zur Verstärkung dienend: ‚sehr, überaus'. *Tâmesch hîsch, rech, deier. Der Jut kǫ̂n tâmesch lûfen* (Höhr, L. E. 37). Vgl. bair.-nordböhm. tâmisch, schles. tǣmisch, zu germ. Wrz. thêm skr. tam (tâmyati) ‚ermatten, ausser Atem kommen' Kluge[6], 70. Syn. Zu 1. *drängliçh, tâsich, tämmelich.*

damit. Als Konj. *dômät* nicht volkstümlich. Es wird dafür meist: *dat* (s. dass) gebraucht. 1. Dagegen findet es seine Verwendung in geh. Spr., besonders in feststehenden, formelhaften Redewendungen: *Wîl deô Gott, deômäd er det nǭ kuä Geôhr ... än em Friden uch Gesangd vôlände mêcht. Ǭser Härrgod erhǭld ich, deômäd er de Krästdǭch (Numensdǭch) neôch vill Geôhr ä Gesangd uch Zefridenhîd erlêeft.* (Glückwunsch, Reussen). *Dąmat mer vum Reich Gottes näd äugeschêt mechten wiern.* (Aus einer Taufpatenredeformel, *Weisskirch).* Auch in städt. Halbma. *Se sîlen morren zâ der längst geplânder Bäschpartie dân, domät de gât ǭlt Gewunhît viler Jôr ned uefkêm* (Hîmw. 11).

Dômät, wänn zem Frǭen
Der Frǣjôhrsmąn kit,
Se äre Getrǭen,
Äm Hochzetklît nit. Käst. 18.

Dômäd et kênt lǭen (liegen)
Äm Wängter wǣ dît. Ebda. 16.

— 2. In Vertretung von ‚dass‘ gebraucht in der älteren Sprache. »Halten mit demutiger bit an, damit (dass) seine F. G. ihrer Burg.. schonen wolte« (KRAUS, Chron. 1, 123). »Helt mit bitt bei dem Stadtvolk an, damit sich jederman zur Ruhe gebe« (Ebda. 2, 76). »Mit Bericht.. anzukündigen, damit die Stadt standhaftig verbleiben möge« (Ebda. 2, 233). »Der Perceptor soll Acht haben, damit der Weinschreiber sein Amt fleissig thue« (1698, SCHULER-LIBL., Mat. 132). Auch in sächsisch-deutschem Bauernwunsch: »Ich wünsche, damit der hochwürdige Herr noch lange lebe!« — 3. Die echte Ma. reiht die Sätze oft ohne die Konj. an einander: *E mąecht sich ąf de Wąnderschąft, e sell sei Sästern sâiken (Tekendf.)*, oder sie wendet Umschreibung an: *Der Jirku nêhert sich noch mî, äm der Schinker sîl et net hîrn* (LITSCHEL, Gemêschreiwer 7). — 4. Als Adv. *dermät*, wie auch im älteren Nhd. darmit. *E wäll näst dermät ze dân hun. E äs nâ dermät* ‚da hat er es nun‘ (etwas Schlimmes, Unangenehmes). *Bäste dermät zefridden? Ich bän dermät fiertich* (nösn.). »Was er aber weitter vor einen Zustanden darmit gehabt, ist mir nicht bekannt« (1609, Nat.-A.). »Wie es aber darnach weiter dormit gegangen, ist mir nit bekannt« (Ebda.). — 5. Relativ. »Die Frau, damit er sich vertrauet hatte« (1641, Cap. Kronst.). »Suchen ander freud, damit sie die fassnacht heiligen« (DAM. DÜRR. AML. 20). »Dieses ist des Bapsts gepreng, damit er wie ein gifftig wurm alle land gefressen und verderbt hat« (Ebda. 32). »Das handwerckzeug / damit der man sein Handwerk treibet« (E. L. R. 46). — 6. † Im Sinne von ‚hierauf‘. »Damit reisete ich fort« (1677, Cap. Prot.); in der lebenden Ma.: *mät diem*.

Damm, Damm m. *Domm* m., nösn. *Tąm*, Plur. *Tâm. Tuem* m. *(Baierdf.)* 1. ‚Befestigungsdamm‘. Die an der Nordwestseite der Stadt *Bistr.* parallel mit dem alten Stadtgraben sich hinziehende Fleischerallee befand sich *ąf em Tąm.* Die an alte Befestigungsdämme in der Nähe dieser ‚Allee‘ angrenzenden Zunftgärten, früher städt. Fischteiche, heissen *Kîrschner- (-rž-), Schnaider-, Schâster-, Wêbertąm.* In diesen Gärten fanden aus Anlass der Verpachtung *(Verarändîrungk)* derselben früher Zunftfestlichkeiten statt. — 2. *Domm* m. ‚kleine Erderhöhung, Erdaufwurf, Bergplatte‘; dim. *Dömmchen* (Med.). — 3. Nhd. Entlehnung *Damm, Bândamm* ‚Bahndamm‘. — 4. Städt. Halbma. *af dem Damm senj* ‚wohlauf sein‘, d. i. aus den Gefahren des Sumpfes, Teiches, durch welche der Damm führt, entrückt sein. — 5. In Zusammensetzungen. *Tąmtigel* aus *Tąmtigel (Lechnitz).* a) Unförmlich grosses Möbel; b) grosse, unbeholfene Person (vgl. nhd. Dammtiegel Brummkreisel, hohle, von den Kindern zum Kreiseln gebrauchte Kugel; die ursprüngliche Bedeutung könnte sein: ‚ein auf dem Damm zu Verteidigungszwecken dienender Schmelztiegel‘ KISCH N. W. u. W. 153). Vgl. auch *Tâmelpräntz.* — 6. Fl. N. in *Wallendf.: Ålder Tąm. Af em Domm, äm Barteschdomm* (Grossau). — 7. F. N. Demner. — Mhd. tam, auch bei Luther Tham. Die Nösn. Form mit altem md. *t* und lautgesetzlichem Stammvokal *ą̂* Plur. *â* ist altes Sprachgut. Zur Bedeutungsentwicklung des nösn. *Tąm* ‚Damm‘ und ‚Fischteich‘ ist zu vgl. ndd. Deich ‚Damm‘, und das hd. Teich (beide ursprünglich ein und dasselbe Wort) als ‚Fischteich‘; bei Herstellung des Dammes entsteht gleichzeitig Erhöhung und Vertiefung.

—, **dämmeln** schw., fehlt nösn. Gewöhnlich nur im Part. *gedämmelt* ‚verwünscht‘. *Ir gedammelt, gedammeldich Känjd!*

Se wûl et veraffen
Mäd ärer gedämmelder Zang!
KÄST., 98.

Gûldkiewer gedämmelt,
Dier drîmt schîn und noppt.
Ebda.,

Uch dą̂d ą̂lt, dą̂t bîs Špektakel,
Dǽ gedämmelt Frǽ de Kakel,
Sachsesch tueft se und ramult.
Ebda., 62.

S. auch *verdämeln* (nösn.) taumeln, ohnmächtig hinfallen. Zu vgl. *dämeln, dammelen* ‚albern, unklug sich benehmen‘ DWB. 2, 703.

dammen, dämmen, dommen schw., nösn. *dąmmen* schw. 1. † Die ursprüngliche Bedeutung einen Damm errichten, befestigen, ist urk. erhalten: »Ne aqua ad piscinam intraret, gedampt« (1525, Qu. Kr. 1, 607). »Pro reclusione aggeris parvæ piscinœ — gedampt« (1520, Ebda. 233). »Pro tribus vecturis argilla (für drei Fuhren Thonerde) ad piscinam extra portam — zw dammen« (1525, ebda. 613). — 2. Gewöhnlich hat das Wort in der lebenden Ma. die Bedeutung: ‚vollstopfen, dass nichts mehr hineingeht‘. *Der Štrîsack äs iurentlich vuel gedomt* (Med.) ‚der Strohsack ist voll gefüllt, dass kein Stroh mehr hineingeht‘. *De Schäpper vôl dommen* ‚die Taschen anfüllen‘. *Dî Plątz wôr gedomt vôl* ‚dicht mit Menschen angefüllt‘ (Schässbg.). *Domm det Miel äm Sack* ‚stampfe das Mehl im Sack fest‘. *Gedamt vôl (Reen)* ‚voll gefüllt‘, nösn. *ängedąmt vôl.*

Feng u mer men Sachen ze rommen
Än't Bindel se ännen ze dommen
KÄST. 8.

— 3. In speziellerer Bedeutung: ‚den Magen anfüllen', ‚viel essen'. In diesem Sinne berührt es sich mit dämmen = schwelgen, md. ndd. domen, dömen. *E domt, dąt-e nemi ką̂n* ‚er packt bei dem Essen ein, dass er nicht mehr kann'. *E domt sich de Muͤgen* ‚isst sehr viel' (Gergeschdf.) »*Glat der Hermann domt nedïwel*« ‚ass viel' (Hîmw. 16). *Domd-er, domd-er?* ‚schmeckts?' (Med.). Substantivisch: *Ded äs e Gedomm* von einer Schar gierig, eifrig essender Kinder gebraucht. (Med.). — 4. ‚Jemanden unter sich kriegen, durchhauen, auch niederdrücken, niedertreten, festtreten': *Domd-en!* ‚haut ihn durch!' (Med.) *Ich domd-en än de Sekt* ‚ich gab ihm einen Stoss in die Seite' (Mühlb.). *Ech dommen dich neder* ‚ich drücke, trete dich nieder' (Neppendf.) *Na, dên hu se gedemt!* ‚der hat Schläge bekommen!' (Streitfort). *Demmen* ‚die Erde festtreten'. (Girelsau, Streitfort). *De Iert geat fiest dommen*, z. B. wenn man einen Baum gepflanzt hat. *Enen wedder de Meor dommen* ‚jemanden an die Mauer drücken' (Med.). — 5. ‚Demütigen'. *Den Iwermekt dommen* (Kronst.). *Ich hu mer en eist gedomt* ‚ich habe seinen Übermut gedämpft' (Alzen). Vgl. schwäb. Der ist gedämmt worden ‚gedemütigt worden'. — 6. ‚In Unannehmlichkeiten bringen': *Dæ huet mich anjem äne gedomt* (Alzen). — 7. Das Comp. *afdąmmen* ‚einen Verweis geben' (Med.). Syn. zu 2. *prąmpen, ännen, vôl štąppen.* Die Bedeutungen unter 2 und 3, zum Teil auch 4 gehen offenbar auf die zumal früher bei Herstellung der Verteidigungsdämme oft vorkommenden Arbeiten des Ausfüllens und Feststampfens zurück.

dämmerig, fehlt. Dafür nösn. *schimerich; ed äs schimerich.*

dämmern, fehlt. Dafür *däistern, zâdäistern* (Gr.-Sch.), *zâdästern*, nösn. *schimern, zâschimern, beschimern.* Bildlich: *et demmert mer* ‚die Sache fängt mir an klar zu werden' [Städt. Halbma.].

Dämmerung, fehlt. Gewöhnlich umschrieben: *Et wit dangkel, dunster (D.-Budak), et dästert, schimert zâ.*

Dampf, Dą̂mpf m., nösn. *Dą̂mpf* m. Unverschobene Formen sind im Süds. häufiger als im Nösn. *Dump*, plur. *Dimp* (Alzen, Birthälm), *Dą̂mp*, daneben verschobenes p: *Dą̂mpf* (Mühlbach). 1. ‚Sichtbarer Dunst, Wasserdampf'. *Aus dem Däppn kid e gruis Dômf (Reen).* »Alda er den Dampf vndt Flamme der brennenden Dörfer mit schmertzen sehen muste« (KRAUS, Chron. 2, 160). »Der Martius gehet an, welcher alle böse Dämpf aus der Erden erfürgeben soll« (1663, Qu. Kr. 4, 277). — 2. ‚Engbrüstigkeit, Asthma, besonders von Pferden'. *Et hôt den Dąmpf* (Neppendf.), *den Dömp* (Wolkendf.). — 3. *Ed äs, wæ won der Dąmpf draf wêr* (Med.) ‚es will sich kein Leben, keine Bewegung zeigen, es ist alles gedrückt'. *Et gît mät Dąmpf* ‚es geht mit Macht, mit Eile' — 4. Kollektivbildung: *Gedimp* n.

Ich geng fräsch Laft ze fängden
Ous stiedteschem Gedimp. KÄST. 122.

— 5. Die Zusammensetzungen: *Dą̂mpfkiessel, -maschîn, -mill, -schäff* sind nhd. Lehnwörter. Die unverschobenen Formen sind altes Sprachgut unserer Ma. — Mhd. dampf.

dämpfen, dimpen schw., nösn. *dimpm* schw. 1. Unsere Ma. hat die ursprüngliche Bedeutung des Wortes, das ein Faktitivum zu mhd. dimpfen st. ‚rauchen' ist, erhalten; es heisst ‚dampfend rauchen, Tabakrauch ausströmen lassen'. *Mir schenjt, ir huet hæ weder gedimpt* ‚wieder geraucht' (Med.). *E dimpt wæ en Tirk.*

Dimpt und pippt zem Schabernack
Un dem Häffelsîmchen. KÄST. 52.

2. In der älteren Sprache ‚dempfen' in der Bedeutung mässigen, mildern, unterdrücken, beseitigen. »Den Gift — dämpfen« ‚die Wirkung des Giftes beseitigen, mildern' (1656, Qu. Kr. 4, 241). »Als die Szymener vernehmen, dass der Siebenbürger Fürst und der Moldner sein ankommen, sie zu denfen« ‚unterdrücken, (Ebda. 240). »Vntter welcher Zeit er seine feinde dempfen wolt« (KRAUS, Chron. 1, 271). »Mutwillen zu demffen ., den sie untereinander vormals getrieben haben« (1548, Art. der Schneiderknechte Hstdt.). »Haben gedacht solchen zwettracht zweschen beiden portheyen niderzudreken und zu demffen« (1450, Heltauer Hattertbr.). »Weillen nun Fürst Kemeny gedempfet vndt vmbkommen were« (KRAUS, Chron. 2, 249).

Wer trotzig ist und schnaubet
Wer tödtet und beraubet,
Den kanstu dempffen Herr.
(1655, aus einem Gedichte des Petrus Mederus. V.-A. 23, 205).

Mhd. dempfen schw. Lautt. 13; 29.

dämpfig, dämpich, nösn. *dâmfich, dämpfich*, im Burzenl. *dömpech* (Zeiden) ‚kurzatmig, asthmatisch' spez. von Pferden, humoristisch hie und da auch von Menschen. Ausser dieser aus dem Nhd. entlehnten Bezeichnung gibt es echt ma. Ausdrücke: *riefschlegich* (Kreisch), *rieschlogich* (Neithausen), *kechich* (Seiden), *et huet de Kêch* (Rothbg.), *et huet den Dömp* (Wolkendf.), *ed äs hähäschich (N.-Eidisch).* Vgl. *dimpich* (dumpfig).

danach, darnach, dernô, *dernôden,* abgekürzt auch *nôden, drô, drôden,* nösn. *dernô* adv. 1. Die Zeitfolge andeutend: *dernô kąm e duer.* Rätsel:

> *Ded îršt weiss wæ Schnîe,*
> *Derneide græn wæ Klîe,*
> *Derneide rout wæ Blêt,*
> *Dou schmąckt et gêt.*
>
> (Draas). Die Erdbeere.

Sprw. *Em sąl de Wîrt kąn, dernô ousšpąn* ,überlegen, bevor man ein Wort ausspricht'. »Dornoch von denselben Wolochen hab ich entpfangen« (1492, Qu. Gesch. S. I, 132); 1567 »nicht lang dornoch«. Auf die Reihenfolge hinweisend: *der Härr vîrous, dernô kit det gąnz Hous.* — 2. Als Objekt zu Verben: *e verlangt dernô; sich dernô richten, dernô gehąlden.* — 3. Zum Ausdruck der Geringschätzung: *de Wuer äs dernô* ,die Ware ist darnach, schlecht'. *De Nues štîd em net dernô* ,er sieht nicht aus, als ob er das verstünde'. — 4. ,In dem Falle, wenn das der Fall ist', wie mhd. darnâch = dann. wenn das der Fall ist. vgl. Walther von der Vogelweide: darnâch hân ich gesläfen und enweiz es niht. »*Ed äs dich geat, ech wäll jô drôden* (in dem Falle) *uch ône Nume mich begôn*« (Höhr, L. Ê. 2). *Wat mochen ich dernô? Dernô geade Nôcht Schêsprich!* ,In dem Falle ist alles aus'. *Ną dernô frander dich!* ,heirate, wenn dir das Warten zu lange dauert' (nösn.). Der Mann klagt, dass die Frau ihm keinen ordentlichen Paluckes kochen könne; die Frau antwortet gereizt: *Wî huedn dernô friessen? — Kännst de dernô net rieden?* ,kannst du dich unter solchen Umständen nicht rechtfertigen'? »*Hîr, dąt wêr grässlich, drô læwer sąl et noch rênen*« (Hîmw. 10). »*Wô tâ qwer nätch oushaltchst und nôseckst, wąt dran as, dernô gist tâ zâ, dat tâ noigîrich bäst*« (Semp, Verspillt 12). »*Wonn nor ąser Härrgott wäll, driu sol et (menj Bretj* ,Braut') *warden*« (Zwîn Krezer 7). Drohend: *Wô te det dîst, dernô net kamm mer vîr de Ûgen, — dernô plætschen ich dich, — dernô hên ich dich af, — dernô wis ich net, wad ich der dân!* — Mhd. darnâch.

~, Dandel F. N. (1822, Michelsdf.).

daneben, derlängst, *derniewen* adv., nösn. (städt.) *dernebben* (⏑ ⏑́ ⏑), in *S.-Reen derlangst, Wallendf. derlängst;* Kl.-Schenk *derlonjst,* Schässbg. *derlqngst.* 1. ,Gewöhnlich lokal, mit Bezug auf etwas, was in der Nähe liegt oder geschieht': *E štît, sätzt derlängst. Sorch, te trittst derlängst. E huet derlängst geschuessen.* »Ein Pfielzech (Polsterüberzug) mett schwarzen Burttlen derlangst genehtt«. (Mitte 17. Jahrh. Teilgsprot.). — 2. Im Sinne von ,überdies, ausserdem'. *Gesangdhîd uch Îr, uch derlängst e wenich vil Gielt kąn em sich schî gefalle lossèn.* — Das Wort entstanden aus dar-längs(t).

~, **Dangel.** F. N. s. Daniel.

danieder s. darnieder.

Daniel, Daniel. 1. Früher, wie auch sonst die biblischen Namen, beliebter P. N. in städt. Bürgerkreisen, aber auch auf manchen Landgemeinden. Koseformen: *Dann, Danni, Danx, Danitx;* für ältere Personen: *Dänjel, Dunjel.* Spottreim: *Hanni* (Johann), *Danni, schirl de Hôsen, môrn sin mer Knerl blôsen* (nösn.). *Wô et net der Hanni äs, äs et der Danni,* im Sinne von: ein Drittes gibt es nicht. Urk. Daniel (1291, Urkb. 1, 179), Danyel (1302, ebd. 225), Danyell (Qu. Kr. 3, 5), auch sonst sehr oft bezeugt. — 2. Als F. N. zum Teil in die Ma. eingelautet: Jorg Daniel (1480, Qu. Gesch. S. 1, 73), Daniel (1808, Rosenau, Marienbg., Weidenb.), jetzt in *Burghalle.* Danielis (1764, Homorod); † Dangjel (Scharosch), Dunyel (1808 Marienbg.), Dangel (1765, *Bistr.* 1599, *St.-Georgen),* entstanden aus *Danjel, auch jetzt in Rosenau Danjel, in Brenndf. Dänjel. (s. Kisch, F. N. 22); Dantz (1780, L. K. A.).

~, **dänjän** (Heltau und sonst) ,viel, eine Menge'. *En dänjä Kîrschen* ,eine Menge Kirschen'. In Michelsbg. *danje. Er hut en danje Fill* ,ihr habt viele Kopfkissen' (Kbl. 7, 58, 69). Das Wort könnte zu mhd. donen, aufschwellen, strotzen, hess. dûne, donne ,dicht gedrängt' gehören.

Dank, Dąngk m., nösn. *Dąngk* m. 1. Wie nhd. Dank, für empfangene Wohltat, besonders häufig in der formelhaften Wendung: *Gott są Dąngk. Gott soi Dûngk!* — 2. Euphem. für Undank, *Des Teiwels Dąngk. Geštąnk fuer Dąngk.* »Lukas Seiller bekompt der Welt Dank, nemlig zu seinem schaden den spot«. (Kraus, Chron. 1, 19). *Hąfdąnk* m. nösn. (wie mhd. habedanc m.). ,Undank'. *Nâ hu mer den Hąfdąngk* (⏑ ⏊).

> *Hanz štipitzt zem hîschen Dąngk*
> *Der Frâ Tant en Hîbes* (Kuchen)
>
> Käst.

— 3. Häufig in Grussformeln. Als Erwiderung auf einen Gruss sagen zumal ältere Leute:

Griussen Dǫ̂ngk! — *Schîne Gross!* Antwort: *Fräntlichen Dǫ̂ngk* oder *hîschen Dungk!* (Birth.). *Geǭde Morjen! Gott hälw ich* [◡ ⊥ ◡] (am Tage). Antwort: *Haf Deungk!* (Reussen). *Häff Dungk!* [◡⊥] *(Mettersdf.)*. Plur. *Haft Dungk!* (Reichesdf.). Diese Formeln sind jedenfalls uraltes Sprachgut. Auch mslfrk. Gott hälw ich! Antwort: Haf Deunk! (Kbl. 31, 70). — Mhd. danc. Lautt. 2.

dankbar, dąngkber, nösn. *dǫ̂ngkbr.* Nhd. Lehnwort, zumeist nur in städt. Halbma. gebraucht: *ich bä sîr dąngkber. En dąngkber Kängt.* Mhd. dancbære.

Dankbarkeit, Dąngkberget f. nhd. Lehnwort. *E hued ed ous Dąngkberget gedôn.* »Und also sag ich grosse dankperkeit« (1488, Nat.-A.). »Wenn man dem Schulmeister die Schul zusagt, ist er den Herren zur Danckbahrkeit schuldig ein brodt, einen bratten und $^4/_8$ Wein« (1593, Teutsch, Sch.-O. 37).

danken, dąngken schw. nösn. *dǫ̂ngkn* schw. 1. ‚Dank sagen, danken'. a) In gewöhnlicher Rede. *Mer dongken am de Harbrich, am de Bewirtungk* (burzenl.). *Ich dąngken der Erännerungk, der Nôfrôch*, Erwiderung auf die Erkundigung nach dem eigenen Befinden oder dem von nahestehenden Personen. Mit dem Dat. *Gott sǭ gedǫ̂ngkt! Dǫ̂ngk et Gott dem Härrn, dąd ed esu kun äs. De kännst et dîr dǫ̂ngken* ‚du kannst es dir selbst zuschreiben' (nösn.). b) In geh. Spr. bei festlichen Anlässen. Stehende Redeformel beim ‚Gevatterbitten'. Der Vater mit dem Kirchenkleide angetan beginnt mit dem üblichen Morgengruss eintretend: *Hǭelt ze gǭet, dąd ich mich och hu anderšt̂üen erän zem ku! Îrštlich sai mer ąnserem Härrgott schäldich ze dungken äm ąlle dôet, wąt es zǭeschäckt (Mettersdf.)*. Aus der Ansprache beim Freien: *Ba deser feierlicher Geliejenhît wäll ech uch îrštlich Gott dungken vur senj vaterlich Gâd uch Barmherzeget, dąd hie äes hued erhąlden bäs af de kêgewartich Štanjt* (Reichesdf.). Die zum Mehlsieben in das Hochzeitshaus gerufenen Frauen sagen beim Eintreten: *Ech dungken fuir de Îr och Frängscheft.* Erwiderung des Nachbarvaters an die ihr Beileid aussprechenden Trauergäste: *Mer dûngken ąlle giade Leiden, dien et lîd äs; ed äs uch âs lîd* (Reussdf.). Dank für die beim Leichenbegängnis Erschienenen am Grabe: *Ich dąngkn ich ier gäut Frend*(-è-). *ded er mainem Vǭter sainne latztn Eerndäinst hąt helfen däu bes hear of dissen Gottesącker. Ich dąngkn ich och zem ąndernmall, ich dąngkn ich och zem drettenmall (Kl.-Bistritz).* Der Altknecht eröffnet den ‚Zugang': *Um Ufang wälle mir dem lǽwe Gott dungken* (Kirtsch).

Aus einem Neujahrswunsch: *Wîl der lǽwe Gott es sêjnen ... deômät mer dem lǽwe Gott haffen ze dǫ̂ngken fiur dæ solche Gneôd uch Glacksêleget* (Reussen). — 2. Sehr gebräuchlich ist unser Wort in Grussformeln. A: *Gott hälw ich!* B: *Gott deungk ich!* Oder *Gott gress ich!* Antw.: *Gott deungk ich! Ich dêd en schîne Gross, se dǫ̂ngkte mer net* (Schuster, Volksl. 29). *Ech gresst se îst* (einmal), *et dąngkt mer zwîr* (zweimal) (Ebda. 75). Bei der Aussaat: *Mer wänsche Gläck!* Antw.: *Mer dongken, mer wänschen ä glechen!* (Zied). Dem für eine erwiesene Gefälligkeit, eine Bewirtung Dankenden erwidert man: *Ed äs net ze dąngken; de huest net ze dąngken.* — 3. Häufiger als das Simplex wird das reflex. *ich bedąngken mich* verwendet. s. bedanken. — Mhd. danken, Lautt. 2.

Danken, n. **Dąngken,** n. nösn. *Dǫ̂ngkn* n. 1. *Det Dǫ̂ngkn fallt den Kändern schwêr* (nösn.). Sprichwörtl.:

Gressen äs en Hefleget
Dąngken äs en Schäldeget.

— 2. *Dungkn* n. heisst in *Mettersdf.* die Verlobung, weil sich bei dieser Gelegenheit die Eltern der Brautleute gegenseitig in die ‚Freundschaft' aufnehmen und dabei für die Auf- und Annahme den Dank aussprechen. Vom *Dungkn* an isst der Bräutigam jeden Abend bei der Braut (Gassner, 56 f.).

Dankfest, Dąngkfäst n. [Geh. Spr.]. ‚Das kirchliche Erntedankfest', in unseren Landgemeinden am *Dąngksangtich* gewöhnlich gegen Ende des Kirchenjahres gefeiert; daran schliesst sich die ‚Dankwoche' mit entsprechendem Frühgottesdienste an.

Danksagung. 1. In lebender Ma. nur in geh. Spr., als nhd. Entlehnung. Bei der Verlobungsfeier sagt der Wortmann *(Wôertmung)* des Bräutigams nach dem Eintritt in das Brauthaus: *Su sai mer jo nau och erschinn än diser Ômtštąnd hâe än aires Fränt sainer Behausungk, äm e faster Verbändnes ze mąchen, en Îrnbǭechert* (Ehrenbecher) *ze drängkn, en Huendschlǭch ze hǭeldn, en Dungksǭegunk, wǭe et der Gemîne Brauch äs och wǭe ed aus Krästn zǭestêt (Mettersdf.*, Gassner, 57). — 2. In älterer Spr. »Disen vorbestimpten wain haben mein Herren des Rods czu einer danksagung vnd fraintschaft gegeben« (1544, Qu. Kr. 3, 218). »Mitt der Schenck kann hat es diese Beschaffenheit, dass sie schuldig sein den Zehenden einzuführen dem H. Pastori, dafür (er) zur Danksagung der Gemein schuldig ist zu geben Urnas vini 4« (1680, Cap. Bog.).

dann, dận adv., *dûn* (Birth.), *donn* (Gr.-Sch.), nösn. *dậ*. 1. Als temporales Adv. den Zeitpunkt nach einem eingetretenen Ereignis, nach einer erfüllten Bedingung, aber auch die Reihenfolge des Geschehens andeutend, a) durch *dernô, drô* vertreten: *ze îršt kit hî, dernô tâ. — Mêtche! Wêilte de Geböure nien? Cha, Moter, cha! Em hîsst mich drô* (man heisst mich dann) *Gebö^u^eran* etc. — *Wun der Hu^e^s am Fi^e^fer lật, nor dernô* (nur dann) *hu^e^t e Râ* (Schuster, Volksl. 161). — b) Doch wird auch *dận, dûn* temporal gebraucht. *Won ech des Zader* (Fetzen) *weder nien, dû(n) sạl de schwe^i^r Kringkt weder kun.* (Aus einer Besprechungsformel gegen Epilepsie). *Wänn e kit, dậ said em Wạnder* (nösn.). *Bäs dận* (bis zu der Zeit) *wirt noch vill Wạsser än der Bôch ôweflessen.* »*Donn kậmen de Ousdäch*« (Frühling, Hîmw. 22). *Nor dûn* ‚nur dann'. Pleonastisch: *drô kist te dận?* (sc. nach der erfüllten Bedingung). *Drô bäst te dận net zornich?* »Schlecht d e n n (= dann) das unglück darzu« (Dam. Dürr, Aml. 9). »Nur d e n n und wenn« (‚dann und wann'; 1715, V.-A. 27, 459). — 2. Mit Zurücktreten des zeitlichen Momentes: *Cha wạt dận!* ‚ja freilich!' *Nạ nê dạ!* ‚doch, im Gegenteil!' *Wâi do, wänn ich et doch dêt?* ‚wie wäre es (dann), wenn ich es doch täte?' (nösn.). *Na dận* ‚nun dann'. *Donnet?* ‚nicht wahr?' *Ech ku jü^e^ dûn* (dann, in dem Falle) *uch wu^e^rden* (Reichesdf.). Bei der Ausfahrt zur Ernte: A. *Wälld er uch ^e^össen?* (hinaus). B. *Wat de^i^ûn?* (Reussen). Auf der Gasse: A. *Sed er uch e wenij af de Gass kun?* B. *Uch e wenich. Wat d^e^ûn?* — 3. *Net dận* wird gebraucht im Sinne von ‚geschweige denn'. *Em sậch sich net de Fänger, net dận de Wi^e^ch* (Schuster, Volksl. 371). *Er wärd uch ned en Fech* (Feige) *bekun, net dận än Kîpekrazer* (Rauchfangkehrer). (Aus einem Mediascher Weihnachtsliede Kbl. 8, 95). — Zu mhd. Nbf. dan, nicht danne, vgl. *Mận*, nösn. *Mậ* man, *kận*, nösn. *kậ* kan.

D a n n e l, D o n n e l F. N. *(Passbusch)*, in *Ober-Eidisch* auch als Übername. s. Daniel.

dannen, fehlt. † »Da mir von d a n n e n zum Stu^e^lsrichter gangen« (1565, B. M.). »Von d a n n genn Schespurg, von d a n Genn Miduessz . . . geschickt« (1561, Qu. Kr. 3, 536).

D a n n e s b ü c h l e r F. N. (1785, Cap. Cib.).

D a n r y s s F. N. (1549, B. M.)

—, dänšcheln schw. (-nže-) ‚saumselig sein, langsam arbeiten, eine Arbeit hinziehen' (Kronst.); auch sonst burzenl. *däntscheln* (Heldsdf.), *dänšcheln* (Petersbg.), *dangscheln* (Rothbach), *dänjeln* (Honigbg.), *danjelen* (Tartlau). — Sonst syn. *dậjeln, trakesen, trandeln, tu^e^seln, takeln, êrzen.* — Das Wort ist eine Iterativform und verwandt mit hess. dandern ‚tändeln'. Vgl. auch mhd. tant m. leeres Geschwätz, Possen.

—, Däppen s. D ü p p e n.

dar, du^e^r, nösn. *du^a^r*, Schässbg. *dôr*. Das Adv. hat in unserer Ma. noch die Bedeutung des mhd. dar, dare ‚dorthin, dahin'. 1. Auf einen Ort hindeutend: *E gît du^e^r. Ech gôn hi^e^r, hi^e^ gît du^e^r. E äs du^e^r ungelạngkt, e äs du^a^r uku* ‚er ist d o r t angekommen' (Saxonismus: ‚dorthin'). Sprw. *Wu^e^r der Hammel gît, du^e^r gôn uch de Schôf. Wohär der Flach ousgît, du^e^r e uch zeräckkîrt* (Schuster, Volksl. 166, 214). *Der în zecht hi^e^r, der ậnder du^e^r* ‚sie sind untereinander uneinig'. Auch in der älteren Sprache: »Manch hausmutter tregt ein virtl hanffsam d a r« ‚dahin' [auf den Markt] (Dam. Dürr, Aml. 21). »Die Königin aber ist nit d a r (dorthin) kommen« (1551, Qu. Kr. 4, 511). »Er ist auch nehlig d a r kommen« (1609, Cap. Cib.). »So sein mir auch d a r gangen« (1565, B. M.). »Warumb sie es d a r hat gethan« (1609, Nat.-A.). »Byn ich wider d a r geczogen« (1543, Nat.-A.). — 2. Auf eine Richtung, ein Ziel hindeutend. *E zilt du^e^r* ‚deutet darauf hin'. *E hu^e^d et du^e^r bru^e^cht* ‚hat es dahin gebracht', dass er z. B. vor Gericht gekommen, zugrunde gegangen ist. *Et kit du^e^r* ‚es erreicht den Preis, das Mass'. *Dậd äs du^e^r gât,* ‚für den Zweck geeignet'. *Em zilt se du^e^r* ‚man rechnet sie dazu'. *Det Mêtchen äs än Wu^e^r, gäf se du^e^r* ‚wähle nicht zu viel unter den Freiern'. *Et känn noch du^e^r kun, dạt . .* ‚es kann noch dahin kommen, dass . .' — 3. † »V o n d a r ‚von dorther'. »V o n d a r auf die Schessburg gezogen« (1551, Qu. Kr. 4, 513). »V o n d a r auf Mellembach« (1529, Ebda. 499). »V o n d a r under die Hermannstadt gezogen« (1532, Ebda.). — 4. Relativ. D o r (wohin) ym (man) das Mel hat gethann«. »D o r man dy Kranken yn gelogt hat« (1551, Qu. Kr. 3, 310). A. *Wu^e^r gîst te?* B. *Dôr em mich hôt geschackt* (Schaal). — 5. In Zusammensetzungen. »Wenn er die Hand nicht hette d a r g e h a l t e n« ‚schützend vor sich gehalten' (1598, Hstdt. Ger.-Prot.). D a r - r u f e n ‚dorthin rufen' (1609, Nat.-A.) »Wo sie ihm die Ring d a r g e b e« ‚übergebe' (1689, Cap. Cib.). Mhd. dare, dar. Lautt. 5.

daran, drun, nösn. *dru*. 1. Örtlich: *Der Gu^e^rte lật glech drun* ‚am Hause' *E gêt dru vorif* (nösn.) *Stoppten ännär Hîftcher drun* (Käst., 34). — 2. Von mehr innerlicher Beziehung. *Et lậd em vill drun. E hêt* (hängt) *štu^e^rk dru. E hu^e^t grîss Last drun. E gehalt* *sich dru* (nösn.). — 3. Gewöhnlich in Verbindung mit Verben, die dadurch eigentümliche, uneigentliche Bedeutung erhalten. *Ich wîss net, wæ ich mäd em dru bän* ‚in welcher Beziehung, welchem Verhältnis ich zu ihm stehe'. *Ed äs äst drun* ‚es ist etwas an der Sache, der Verdacht ist nicht unbegründet'.

Se Präzäpter wôr îst drun,
Tichtich en ze kniweln. Käst. 49.

Nâ se mer gât drun ‚wir haben es schlecht getroffen'. *E äs licht drun. Em hu^{e}d en drun beku* ‚man hat ihn betrogen'. *E hu^{e}t sich dru beku, wæ der Tǫter* (Zeiden).

Ald îst en Konzipisten
En Rôt beku se drun. Käst. 93.

»*Hekt sǫ̂l ich dich nâ îst dru beku*« (Thullner, K. 37). *Sich dru drê* (nösn.) ‚sich beeilen, sputen'. *E mess nâ dru glîwen* ‚er muss sich nun an eine (unangenehme) Arbeit machen, sich einer Aufgabe unterziehen'. *E mǫ̂cht sich drun* ‚an eine Arbeit'. *Nâ ku mîr drun* ‚jetzt sind wir an der Reihe'. »Endlich musst du doch dran« ‚es doch tun' (1682, Qu. Kr. 4, 210). »Damit wir — nicht dran kommen solten« (1579, B. M.). »Da will niemand dran, das man sollt flicken und bessern« (Dam. Dürr, Aml. 17). »Drumb sollte er wacker daran setzen vnd das glück wagen« (Kraus, Chron. 2, 119). »Würde ein vrtheil also gefället / das beyde Partheyen dran beschweret weren« (E. L. R., 43).

~, **Däräsch** m. (*S.-Reen, Zepling,* burzenl. und sonst). *Därresch* m. (Arkeden, Schaas) ‚mausfarbiges, dunkelgraues Pferd'; auch adjektivisch gebraucht: mausfarbig, doch nur von Pferden (zu magy. dial. deres).

darauf, draf Adv., nösn. *drǫf.* 1. Seltener temporal: *En Stangd, en Dǫ̂ch, e Jôr draf.* »Darauff grosse Platzregen und grosse windt erfolget« (Kraus, Chron. I, 130). — 2. Gewöhnlich die Richtung auf etwas andeutend: *Draf lu^{e}s! E hîrt draf. E äs štûlz, huferdich draf. E äss nät benût drǫf* (nösn.) ‚er ist nicht darauf angewiesen'. *Ed äs niche Fæder Hǫ̂ esi hî geladen, dat net noch en Gaffel vôl draf gît* Sprw. (Schuster, Volksl. 177). »Ess wurde auch genaw darauf inquiriret« ‚darauf hin untersucht' (Kraus, Chron. I, 129). »Drumb mus der / so auff anleyhung oder borg nimpt / zu gewissen zaltågen vnd fristen / so darauff bestimmet vnnd gegeben sein / bezalen« (E. L. R., 103). — 3. In Verbindung mit Verben, die dadurch einen speziellen Bedeutungsinhalt gewinnen. *Draf gôn* derber, verächtlicher Ausdruck für ‚sterben', und zwar nicht nur von Tieren, sondern auch von Menschen: *e äs draf gangen.* »Ich besorge mich, ich werd auch drauff gehen« (1692, Cap. Cib.); auch ‚zugrunde gehen'; ferner verbraucht werden von Sachen: *De Waimerštêk sai drǫf gǫngen* (nösn.). »Mehr ist zu wissen, das tag (Dach) zieglen . und Stroy auf das tag ist draufgegangen« ‚verbraucht worden' (1668, Nat.-A.). *Ich gin näst draf,* trivialer: *ich flîten, flûren, scheissen draf* ‚von einer Sache gar nichts halten'. *Gäf nôch äst draf* ‚setze zu dem gebotenen Preise noch etwas hinzu'. »Und hab auch einen gulden drauf (als Angeld) geben« (1609, Nat.-A.). *E hu^{e}t tousend Gälden draf* ‚er hat (z. B. auf seinem Hause) eine Hypothekarschuld von 1000 Gulden'. »Das haws ist geschätzt gewesen fl. 300; darauff hat gehabt Petrus Kelp 5 fl. 33« (1650, Hstdt.). »Dem rechten Erben, so sein geldt darauff stehen hat« (1586, Hstdt. Mag.-Prot.). *E äs draf, wæ der Teiwel af en Sîl* ‚es liegt ihm sehr viel daran'. »Solche leüt, die sich darauff begeben haben« ‚die sich darauf verlegt haben' (Dam. Dürr, Aml. 37). »Und er ist auch darauff gelernet worden« ‚darauf hin beeinflusst worden' (1598, Ger.-Prot.). »Er wollte ess darauff (darauf hin, auf die Gefahr hin) wagen, vndt inss landt ziehen, ess mögte ihm schädlich oder nützlich sein« (Kraus, Chron. 2, 214). — 4. Relativ: »Schöne Grabsteine draufgedachte Bischöffe / nach Lebensgrösse künstlich ausgehauen gesehen werden« (Tröster, 411).

daraus, draus, drous, nösn. *draus.* 1. Lokal. *Et ·kit Wǫsser drous erous.* Rätsel. *Ämerängk Hôr, drous rênd et* ‚regnet es' (das Auge). — 2. Auf Stoff, Ursprung des Entstehens, Geschehens hindeutend: *Et wid e Bûm, gât Wenj drous. Ed äs ä Gezärr* (Zank) *draus gewûrn (Reen).* »Findet jemand was frembdes vnnd hebts auff behelts, sich daraus zu reicheren« (E. L. R., 165). — 3. Von mehr innerlicher, kausaler Verbindung. *Wat sǫ̂l drous wärde, won der U^{e}s* (Ochse) *bæm Iesel än de Lîr gît* (Schuster, Volksl. 164). *E mǫ̂cht sich näst drous. Et wit näst drous.* »Ist aber nicht darauss worden« (Kraus, Chron. 2, 88). — 4. Relativ. »Daraus man abnemen mag« (E. L. R., 177). »Sol umb sechs Gůlden gestrafft werden / daraus widerumb dem Kasten drey Gůlden gebůhren sollen« (Ebda., 168).

darben, darwen schw., wohl nur aus dem Nhd. entlehnt; nösn. *dǫrbm* schw. *Darwan Hîbes* ‚Kuchen ohne Fett' (Alzen). *Ech bronjen der Fra*

Motter desen Hîbes, ed äs dich nor en darwaner, ech hat net Fat. Zu vgl. bei Dam. Dürr »dürr Hîbes« (Hdschr. 523). Vgl. auch derb. »Lassen unterdes die Kirch desselbigen darben« (Dam. Dürr, Aml. 57). »Wenn einer in der jugendt reich ist vndt ihm alter darven muss« (Kraus, Chron. 1, 129). »Welches wegen mancher gutte man vill Jahr darffen vndt noth leiden müssen« (Ebda., 165). — Syn. *Nît, Hanger legden.* Mhd. darben.

~, † Darda m. und fem. ‚Lanze, Speer'. »Als der Jüngling mitt einer Darda gestochen war worden« (1598, B. M.). »Der eingefaste darda« (1567, Nat.-A.). Entlehnt von magy. dárda. Doch auch ahd. tart, ags. daradh. DWB. 2, 769.

darein, drein, drän, nösn. *drän.* Zumeist in besonderen Verbindungen. *Dat det Donnerwedder drän sell schlô!* (nösn.). *Dô huet mer guer neimest dran ze rieden* (burzenl.). *E ergit, e fänt sich drän* (nösn.). *Mer gien âse Wâllen drän* ‚fügen uns darein'. »Wird einer zum Altknecht erwählet und er will sich nicht drein geben« ‚die Wahl nicht annehmen' (Bruderschaftsart. Scharosch). »Mussten doch aus furcht ihren Willen drein geben« ‚sich fügen' (Kraus, Chron. 2, 36). »Und sie auch ihren willen zum meisten teil darein geben haben« (1574, Nat.-A.). »Wir haben auch drein bewilliget« (1520, Schusterzunftart. *Bistr.).* »Es hat mich schier berajet, dass ich mich drein gemacht (drein gemengt) habe« (1650, Nat.-A.).

Riet und lås em nor en Zell,
Mosst uch hî drän tscharksen (dreinplappern) Käst. 52.

Und gîd et schwêr, sï schlit e drän.
Ebda. 81.

»Dieweil der Emrich Burghelner dem Georg also aus dem Wald herausgeruffen hat, wie er ihnen drein geruffen hat« (1598, Hstdt. Ger.-Prot.). »Soll und muss es denn seyn, so wird Gott drein sehen« ‚ein Einsehen haben, dafür Sorge tragen' (1732, Cap. Cib.). »Dass sie solch gottloses widerwertiges .. Leben verführt, dass nur Gott in dem Himmel möchte drein sehen« (1632, Ebda.). »Begehren wir, ein ehrliches geistl. gericht solt darein sehen (zusehen), ob es recht geschehen« (1677, Cap. Bog.).

darin, darinnen, dertän, nösn. *durtän,* zumeist als lokales Adv. gebraucht. *E äs dertän, mätten, bäs iwer de Îren dertän. E äs nâ dertän ersôfen,* z. B. auch in Schulden. *E mess senj Nues iwerål dertän hun* ‚muss überall dabei sein'. *Ich bän nâ dertän* ‚ich bin nun im Unglück, in der Not, Verlegenheit'. Bei manchen Spielen, z. B. beim Ballspiel ist die das Spiel beginnende Partei *dertän,* die andere *dertous. Und gid et Kängd äm Hous dertän* (Käst. 81). »Wenn sie (die Sünde) dortynnen ist« (Dam. Dürr, Aml. 65). »Weill das landt kein wissen darinnen gehabt« (Kraus, Chron. 1, 302). »Schluge der Fürst des Landes Georgius Rakoczi seine klawen darinn« ‚mischte sich in die Sache' (Ebda., 162). »Haben zween mündige Erben / einen Erbfal zu teilen / dem eltesten gebûhret zu teilen / dem jûngeren aber drein zu wehlen« (E. L. R., 87). Auch relativ: »Das die fraw aus dem Haus nicht soll ziehen, darin sie daher gewohnet hat« (1598, Hstdt. Ger.-Prot.). »Nu ist aber der ehestanden warhaftig ein standen des Creûzes, darinnen mir (wir) mehr gallen, denn zucker verzeeren, darinnen mir mehr bekümmernus als freûd erleben« (Dam. Dürr, Aml. 13). »In eygenen teidigssachen aber / darein in der eydschwur wird entweder angemuttet oder aufferlegt« (E. L. R., 19). »Gibt der Schuldiger seinem Schuldtherren eine Handschrifft oder Schuldbrieff / darein er die Schulden bekennen thut« (Ebda. 27). Adjektivische Bildung: »drinnigte Leute« ‚die Leute im Lande drinnen' (1715, V.-A. 27, 458).

Darius. Einer Sage nach liegen bei Hamlesch im Unterwalde die Schätze, welche der Perserkönig Darius auf seinem Scythenzuge vergraben hat; andere erzählen, die Schätze seien in der Burg Sascsor, oder in einer Höhle der Thorenburger Kluft verborgen worden (Müller, Sagen[1], 64; 183).

Darlehen, Duerlån n., nösn. *Duarlåin* n., nur in geh. Spr. als nhd. Entlehnung, zumeist in städt. Halbma. gebraucht. *En Duerlån afnin.* In der echten Ma. *Gield afnin,* auch *ze låin nî* (nösn.).

~, Darlócz s. Durles.

Darm, Duerem m., nösn. *Duarem* m. Plur. *Dârem,* in Zusammensetzungen: *Blänndduerem, Mastduerem.* Statt des Plur. gewöhnlich das Koll. *Gedärm (Reen), Gedarm* (Petersbg.), auch *Ägewîd.* Volkstümliche, wenn auch in der Stadt als trivialer empfundene Bezeichnung ist *Bêl* f. Plur. *Bêlen* (zu magy. bél) s. d. — Mhd. darm. Lautt. 8.

~, **Darmreisser** m. Bezeichnung für einen schlechten, sauren Wein (Trausch, Mscr. 11).

darnach s. danach.

darnieder, derneder [Städt. Halbma.] adv. nösn. *dernider.*

darob s. darüber.

Darre, Darr fem., nösn. *Duar* fem. 1. ‚Vorrichtung zum Dörren, besonders des Obstes'. In unseren Gemeinden spielt das Dörren des Obstes, zumal der Zwetschken, eine grosse Rolle. Zu diesem Zweck werden teils selbstgefertigte primitive, teils in den letzten Jahren auch durch staatliche Unterstützung kunstgerecht hergestellte Darren benützt. Doch wird das Wort auch für Dörrvorrichtungen zu anderen Zwecken gebraucht: »Sampt ihrer — allda gehabter Dar, so sie zu den Schertzen (Eichenrinde) dürr machen gebraucht« (1616, B. M.). Von neugeborenen Kindern sagt man: sie kommen *ius der Pelsendarr* (Gr.-Alisch); *än der Darr hü mer e fanjden* (Nadesch). Dem wiederholt fragenden Kinde: *Wat selle mer iessen?* antwortet die Mutter ungeduldig: *Pelsen af der Darr gebacken.* Auf die Frage des Kindes: *Wuar?* (wohin?) antwortet man: *Än de Gehąnneser* (O. N.) *Duar!* (nösn.). — 2. Dim. *Diärche* n. ‚Brettchen mit Seitenleisten zum Dörren von Obst und Gemüse' *(Heidendf.)*. — 3. Fl. N. *Bâe der Dąrr* (Felmern). *Un, af der Darr* (Reussdf.). *Bâ der Darr* (Klosdf.). *Af der Darr* (Schirkonjen). *Darr* (Brenndf.). — 4. † Bezeichnung einer Krankheit (Schwindsucht): Die Hexen — »verdorren die leüt, sehen den leüten nach wohin sie gehen, graben dieselbigen trappen aus, hangen sie in den Rauch, thun inen die darr damit an, das ein armer mensch nicht kann essen, trinken noch deien, biss er gar auff den füssen verdort« (Dam. Dürr, Aml. 37). »Eine die da will einen menschen die darr thun, kann die trappen nicht ausgraben und in den Rauch henken, sie nennet den namen Jhesus« (Ebda. 38). Gegen Darre bei Kindern wird folgendes Mittel angewendet: eine Handmühle wird auf den *Dirpel* (Türschwelle) gestellt. Auf den Stein der Mühle setzt die Mutter das kranke Kind, während sie den Stein langsam dreht, ruft die Patin des Kindes zum Fenster herein: »Was mahlst du, Frau des Pilatus?« Die Mutter antwortet: »die Gerechtigkeit der Juden«. Die Patin fragt: »was machst du damit?« — »Ich gebe sie der Darre.« Nun erwidert die Patin: »Mahl', mahl', damit die Darre verrecke und das Christenblut sich strecke« (wachse). Aus Gr.-Sch. (Wlislocki, 88). Zu mhd. darre.

darren, dörren, 1. **darren** schw., nösn. *diärn* schw. *Houste vill Pielse* (Zwetschken) *gedarrt?* (Alzen). *Gediärt Pelsen* (nösn.). Aufforderung zur Totenklage an den Enkelsohn: *Mika, klea de Grues* (Grossmutter), *se wirt der nichen mî gedarrt Pelse gean* (Schuller, Tod u. Begr. II, 34). — 2. *Backen. Gebackä Bire, Pelsen.* Mhd. darren, derren. Das Nösn. weist die umgelautete Form auf.

darstellen, dueržtällen schw., nösn. *duaržtalln* schw. 1. ‚Etwas an einen Ort hinstellen': *Žtäll den Däsch duer.* — 2. In städt. Halbma. auch vom Darstellen bei Werken bildender Kunst gebraucht: *det Bild žtällt dąt duer.* — 3. † »Aber die Frecker worden bürge dafür, das sie in, wen der Porkolab werde innen begeren, darstellen (übergeben, preisgeben) wolten, aber sie haben in keinmahl dargestelt« (1600, Ger.-Prot.). — 4. In den gehörigen Stand setzen: *ech wäll me Kängt schîn dueržtälle wâ't sich gehîrt* ‚ein Kind bei der Heirat ausstatten'.

dartun, duerdân st., nösn. *duardâ* st. 1. ‚An einen Ort tun, legen'. *Ich hun et duar gedő* (nösn.). — 2. *Duerdân* heisst in Gr.-Sch. speziell: ‚Wäsche zum Überbrühen mit Lauge einlegen'. — 3. ‚Beweisen': »Wird etwas dargethan werden wieder meinen Sohn« (1677, Cap. Bog.). »Es würde ihm auch niemand dergleichen darthun können« (1752, Cap. Cib.).

darüber, drif, driwer adv., nösn. *drif, driber.* 1. Örtlich. *E zecht det Klît drif.*

Dier (der Wängter) huet
Se Lengdach drif gežprît. Käst. 27.

Dew angden vil gât Sachse ląn,
Blô Blemmcher driwer blähen.
Ebda. 182.

— 2. ‚Darüber hinaus, hinweg'. *E äs driw iwern* ‚er ist über etwas hinweg, er hat es überstanden' (auch von einem Gestorbenen). *En half Žtangd drif. Gô mer driw iwern,* ‚gehn wir darüber hinweg!' »Wer drüber sizt (scil. über die 8. Abendstunde), soll gestrafft werden umb ein Marck silbers« (1582, B. M.). — 3. Mit Zurücktreten des örtlichen oder zeitlichen Momentes in Verbindung mit Verben, die dadurch eine besondere Bedeutung gewinnen. *E mącht sich drif* ‚er macht sich an eine Arbeit'. *De Kängt sen drif kun* ‚die Kinder sind darüber geraten' (z. B. über die Äpfel und haben sie verzehrt). *De Mäsche sen drif gewiest* ‚die Spatzen' (über die Kirschen). *De kännst det Krez drif mąchen* ‚du kannst darauf verzichten'. *Et sîl nor näst drif kun* (irgend eine Gefahr, ein Unglück). *Se dêde sich drif* ‚sie nahmen die Sache in Angriff'. *E mącht e ląngk Lâwent drif* ‚er macht daraus ein grosses Gewäsche'. »So sachte ich ihr, das Rosmarin richet stark, wer ist drüber gewesen?« (1650, Nat.-A.). »Müssten sie haar drüber lassen«

‚dafür büssen‘ (Kraus, Chron. 1, 242). »Und pegern mir die straff d a r ü b e r« (1569, Nat.-A.). — 4. Relativ †. »Keiner thut was aus fürsatzt oder gerrn / d a r ü b e r er nicht zuuoren mit bösem fürnemen bedacht gewest ist« (E. L. R., 161). — 5. In Verbindung mit andern Adv. *Drangder und driwer; driw iwern.*

darum, drum, doräm (◡◡), **dräm,** nösn. *dąräm* (◡◡), *dräm.* 1. Adv., seltener mit lokaler Bedeutung: *E gît dräm eräm, e drêt sich dräm ämentäm.* »Ist eine anmuthige Gelegenheit d a r u m« ‚eine anmutige Umgebung‘ (Tröster, 406). — 2. Gewöhnlich in kausaler Verwendung. Kurz abfertigend auf die Frage: *Woräm? Doräm!* Sprw. *E jêt Woräm huet senj Doräm.* Kindern, die immer nach dem Grunde fragen, gilt die unwillige, neckende Antwort:

Woräm? Doräm!
Woräm, doräm?
Äm't Rûchlôch eräm,
Frôch nôch ämetäm!
Schuster, Volksl. 335.

Als Beginn einer Begründung oft: *Dräm woräm huet e dąt gedôn? Ich bän net kun, dräm wąräm, ich hąt nät Zait* (nösn.). Sprw. *Wel der Iesel schîn sänjt, mess em en doräm zem Kąnter mąchen?* (Schuster, 163).

Nit doräm ir schatzich Lekt
Un em en Exämpel. Käst. 56.

Un em Dąch ąss hî ellîn
Siwe Vîrel Krumpen (Kartoffeln)
Doräm kangt e Milleštîn
Än der Hąnt zegrumpen. Ebda., 6.

Auch als den Satz einleitende kausale Partikel gebraucht.

Dräm blæn dem Mierzeblemmche klîn
Gor munch Gešpillcher wiert,
Dräm huet det Härzeremmche rîn
Munch Frąden af der Iert. Ebda.,

Urk. »D r u m sollen billich alle Recht und teidig sachen mit rechtlicher citation — angefangen werden« (E. L. R., 6). — 3. Im Sinne von ‚dafür, zu dem Zwecke‘. »*Ech hun qwer och gewarbet dram*« ‚dafür, um das zu erreichen‘ (Dä Ôlden, 24). »*Ich hun dich uch dram gescheoft*« (‚geschabt‘, ‚gehackt‘) ‚es behäufelt‘ (Zw. Krez., 10). »*Denj Vâter hun är Bleqt dram gegin*« (Ebda., 26). *E huet dräm* (dafür, um den Lohn) *gedænt.* »Hat er den lohn, d r u m b er gedient, in dieser welt entpfangen« (Kraus, Chron. I, 263). *Wat giste dräm?* ‚Was gibst du dafür?‘ »Geben all ir gütter d a r u m b, wenn sie nur nicht sterben sollten« (Dam. Dürr, Aml. 67). »So jemand was mehr d r u m b (dafür) bieten würde« (E. L. R., 50). »Das pfand sol dem / so am meisten d r u m gibt / gegeben werden« (Ebda., 111). »Er mus seinen Hals d r u m b geben« (Ebda., 186). — 4. In einzelnen Redewendungen. *E äs dräm kun* ‚hat es verloren, eingebüsst‘. »Mir seyn d r u m komen« (1568, Nat.-A.). *Ed äs em štuerk dräm* ‚es ist ihm sehr daran gelegen‘. »Ich weiss das ihm d r u m b ist« (1650, Nat.-A.). »Wo jnen d r u m b were« (E. L. R., 136). *De Fræ mosst Îre-Schąnden halwer klôn* (klagen), *mêr ed er net dräm wôr* (von erzwungener Totenklage der Frau. Schuller, Tod u. Begr. II, 37). — 5. Bei einzelnen Verben abweichend vom Nhd. gebraucht: »*Ech hu schu vill Letch* (Leute) *dram* (darnach) *gefrôcht*« (Neuer Volkskal. 1909, 107). »Den fürsten d r u m zu fragen« (Kraus, Chron. 1, 302). »Er ist d r u m b ausgeredet« ‚aus dem Grunde entschuldigt‘ (E. L. R., 9). »Wird er d r u m b für Gericht angeklaget« (Ebda., 27). »So doch nichts d r u m b wüssten« (Kraus, Chron. 2, 245). »Es ist ein hyrth damit nit aussgeredt, so der wolff die schaff frist, vnd er nichts d a r u m b weyss« (Hont., K. O. 17). — 6. Oft wird darum umschrieben durch *äm dąt. E äs äm dąt* (darum) *net kun.* »U m b d a s« (1599, Ger.-Prot.). — 7. Als Konj. ‚denn‘. *Ich hu dräm dô ze dân* ‚denn ich habe dort zu tun‘. *E hât dräm näst mî ze iessen. E gît duer giern, e träft dräm dô vill Lait (S.-Reen).*

Dräm wekt uch brîd af deser Wält
Mer niche Bûm wæ sæ gefällt. Käst., 39.

Zu ahd. dâr umbi. So ist auch die umgelautete Form *dräm, doräm* zu erklären, wie auch bei Luther darümb neben darumb.

darunten s. drunten.

darunter, drangder Adv., nösn. *drąnder.* 1. Demonstrat. Das Weilen unter einem bestimmten Raum oder die Bewegung unter einem solchen andeutend. *E huet sich drangder verkrôchen; e mącht Feier drangder.*

Und äm Kämpel ląt det Ritzken (Entlein)
Dad et drangder plotscht und ratzt (schnattert).
Käst., 37.

Und kâft em uch en Mąnkel,
Doroinjder geng et döunzen
Wai en Somerdôk. Schuster, Volksl. 13.

Oder:

Drangder geng ech schôkelen,
Wæ en gäldän Dôk. Ebda. 14.

Glückwunsch für die junge Frau beim Darreichen der Gaben am Hochzeitstisch: *Ich wänschen ich Gläck och Sêgn mäd eirem waissen Bôertn. Gott well gêi, er sit guer ôelt wiern drǫnder (Mettersdf.,* GASSNER, 73). »Lagen etlige tag darunter« ‚Hermannstadt belagernd' (KRAUS, Chron. 1, 260). — 2. ‚Dazwischen'. *Et se licht Lekt drangder. Ed äs fǫ̂ltsch Gielt drangder.* »Bleiben zwei Heuser im erbfal zu teilen / die Kinder sollen die wahl haben / darunter zu kiesen / welches sie wollen / als dan gebûhret der Mutter das ander« (E. L. R., 78). — 3. ‚Geringer, weniger, billiger mit Bezug auf Mass und Zahl'. *E gid et net drangder* ‚gibt es nicht billiger her'. s. auch darüber. — Mhd. dârunder.

das, s. der.

—, Däsbet m. ‚schwacher, unansehnlicher Mensch'. Das Wort zumeist in der Schässburger Umgebung (Arkeden, Schaas, Denndf., Halvelagen usw.) verbreitet; in Schweischer *Täsbet. Ed äs nor esi en Däsbet.* Syn *Âbätzijer, Hänsper, Genep, Paleoks, klêber Mäntsch, Mihêgri, Krepîrel.*

Dasein, fehlt.

daselbst, s. da, dort.

—, dâsen s. dinsen.

dasig, nur als nhd. Entlehnung: **dôsich,** *en Dôsijer.* »Mit den dasigten Filzmachern« (1740, V.-A. 27, 464).

däsig, tâsich Adj. und Adv., nösn. *tâsich, dâsich.* 1. ‚Kleinlaut, eingeschüchtert, nach früher hochfahrendem Benehmen ruhig, still, mürbe gemacht'. *Woräm bäst te esi tâsich? E wirt schiun tâsich werden.* »*Nor nätch sôi esu tâsich*« (Burzenl. SEMP, Regrut 40). — 2. ‚Von gedrückter Stimmung', auch infolge von Krankheit, Missgeschick. *E äs haid esu tâsich* (nösn.). — Vgl. schwäb. däsig (Wb. 2, 91), bair. dasi ‚kleinlaut', ndd. düsig, dösig ‚taumelig, trüb'. Vgl. auch mhd. tûzen ‚sich still verhalten'. s. tûzich. — Mhd. dæsic.

—, Dâskel m. (⏊⏑) Lehrer, ausschliesslich rum. Lehrer (zu rum. dascăl). 1761 werden in Siebenbürgen gezählt »2719 Dascul« ‚rum. Lehrer' (Qu. Kr. 4, 486).

dass, dat, Konj., nösn. *dǫt,* von dem Neutr. des Artikels *dət* und des Demonstr. *dǫ̂t* deutlich geschieden. 1. Wie nhd. gebraucht als Konj. bei Nebensätzen, die ein Subj. oder Obj., eine Folgerung, Wirkung, Absicht enthalten. *Ed äs gât, dat te kist. Ich sæn, dat e dô äs. E äs uerem, dat e kerzelt.* Doch wird der abhängige Satz oft auch ohne *dat* an den Hauptsatz gereiht: *ich glêbm, e äs hemen kun* (nösn.). *E nit sich de Ackes, e sall de Bûm euhaon. E geng duer, e sell em sô.* — 2. In Finalsätzen vertritt es die Stelle des nicht volkstümlichen damit: *Kut schniel, net dat mer ze špêd ukun. Ich sôn der et, dat-tet [tᵉ et] glîfst.* »Aber er nahm es nicht an, nicht dass das Land noch mehr verwüstet werde« (ca. 1612, Qu. Kr. 4, 26). »Darum machte man lange kein Thor auf, nicht dass die Leute hinausgingen« (Ebda. 27). »Weingartner schickte mich wegen seiner Kühe zur Wesprichin, weil sie nicht Milch geben, dass ichs ihr sagte, und die Kühe gaben hierauff Milch genug« (1696, Cap. Bog.). — 3. Häufig ist die Verwendung von *dat* in elliptischen Sätzen: *Dat dich! Dat dich der Kukuk, der Teiwel! Nät dǫt dich!* (nösn.) ‚ja freilich!' (verneinend). *Na net dat gêlich! Dad ich net vergiessen!* als Einleitung für eine Mitteilung. *Net dat te fällst!* als Warnungsruf. *Dat te mer ed awer weder zeräckgist!* beim Ausleihen eines Gegenstandes. — 4. Nach Verben der Aussage, der Mitteilung wird der Konj. *dat* oft pleonastisch das Wörtchen ‚wie' vorangestellt. *Et wirt bekǫ̂nt sai, wâi dǫt Gott der Härr ǫnser Känder erhǫ̂ldn huet* (nösn.). »Indem so kommt das Geschrei, wie dass die Haiduken — vorhanden wären« (1612, Qu. Kr. 4, 30). »Es hatt sich begeben — wie dass vor wnsz in radt erschienen ist« (1581, Kbl. 8, 38). »Hatt wns angezeigtt, wie das ihm von nötten wer« (Ebda). »Kommt die Post, wie dass unser alter Herr — gestorben sei« (1677, Qu. Kr. 4, 197). »Das er anzeigt, wie das irer beider vatter« — (1586, Prot. Cib.). »Gab dem Landt solches für, wie dass er — gewarnet worden« (KRAUS, Chron. 1, 92). Vgl. »Antwort, wie das die herrn einen hoff ... gehapt hetten« (Weistum zu Piesport, untere Mosel 1607, GR. Weist. 2, 346). — 5. *Dat* wird oft pleonastisch angewendet a) beim Komparativ: *jê ǫlder dǫt e wirt* ‚je älter er wird' (nösn.). — b) Nach Relat. *Äm welich Zekt dad et wêr. De glêfst nät, wâi schwêr dǫd ed äs* (nösn.). »Beredten mir uns, wohin das mir mit dem gedeis sollten« (1609, Nat.-A.). — c) Nach Konj. *Bäs dat e kêm.* »Alldieweil er vermeinet, wenn dass er die Arme zur Ehe nehme, werde sein Reichtumb abnehmen« (1662, Qu. Kr. 4, 273). »In dem dass von den Ständen des Landes entschlossen ist« (Ebda. 279). »Kuken so offt yn die achtels Kandel, bis — dass die Zung stummelt« (DAM. DÜRR, Hdschr. 178). »Ehe dass ich den Jungen hab angenommen« (1599, B. M.). Vgl. »Wen dass der arme man sein haus hat gebauet« (1517, Weistum von Schweich an der Untermosel). — 6. † darum, dass = ‚darum, weil': »Drum das er durch solche einreden / kläger wird« (E. L. R. 14). »Drumb das dem beding noch nicht ist ein gnügen geschehen« (Ebda. 31). »Darum dass ich damals das noch nicht hatte« (1689, Cap. Cib.). — 7. In Verbindung mit vorangestelltem ‚nicht' einen adversativen Nachsatz bedingend: »Nicht dass der Tyran — die Stadt hette eingeraumet, sondern fing erst recht zu rumoren« (KRAUS, Chron. I, 21). »Nicht dass er ihnen auff dem fuss nachgejaget hette, sondern« — (Ebda. I, 264).

—, **Dǽsselt,** *Dâsselt, Dâstel* s. Dechsel.

—, **dǽsten** schw., nösn. *dąnstn* schw. ‚Mehl fein sieben'. Neben den zumeist verbreiteten Formen mit *t* kommen auch einige ohne dasselbe vor, so *dǽsen* (Hammersdf., Urwegen), *daussen* (Stolzenbg.), *deissen* (N.-Eidisch), *dâssen* (Törnen); mit Gutturalnasal *dungesten* in *Burghalle*. Zumeist wird das Part. *gedǽst, gedeist, gedoist,* in einzelnen Gemeinden nur diese Form benützt. Das Wort ist mit Ausnahme einzelner Gemeinden des Burzenlandes (Heldsdf., Rothbach) im ganzen Gebiete unserer Ma. bekannt. — 1. Das Wort bezeichnet das Sieben des Mehles, und spez. des Weizenmehles mit einem feinen Sieb: mit der *Dǽst-*, nösn. *Dąnstzimes*, nachdem die Kleie mit einem gröberen Siebe entfernt ist. *Sąll em det Miel nur durich ê Zemmes schleo, ąber ąch dąnstn?* Das grobe Sieb heisst auch *Tirkeschkeorn-Zemmes,* das feine *Dąnszemmes* oder *de Seiden (Wallendf.)*. In bäuerlichen Haushaltungen wird das *gedǽst Miel* meist nur zur Herstellung von Nudeln, Hanklich u. dgl., zu Brot nur bei festlichen Anlässen verwendet. *Zem geschnidden Doich* (geschnittenen Teig) *breecht em gedeest Mêil* (Draas). *Hungklich eus geduastem Miel* (Durles). *Gedoist Bruit* ‚aus fein gesiebtem Mehl hergestelltes Brot' (Malmkrog). *Gedąestbrît* (Heltau). In die fürstliche Küche wird 1628 geliefert: »*gedeist, gedost meel*« (SALZER, Birth. 168). Von einem feinen Sieb:

Nemm versêk neą komm mät diêser,
Net wiur, wǽ gedäst? Zw. Krez. 44.

— 2. Bildlich: *Ir set de Kląen* (Kleie), *mir sen't Gedǽst* ‚wir sind die Auserwählten' (Schellenbg.). *De Gedǽsten* ‚die Auserwählten' (Schässbg.). *Dąd äs e Gedąester* ‚ein Mensch mit gemessenem, pathetischem Wesen' (Heltau). *Et schirrelt* (schüttelt) *sich, wǽ won et gląt dǽse wiert* Spott über den zimperlichen Gang einer Frau (Kl.-Schenk). Syn. *fatcheln* (Neithausen). — Das Wort gehört zu ndd. ags. engl. dust Staub, das von KLUGE, Wb.[6] 86, wie das entsprechende mhd. nhd. dunst von der idg. Wurzel dhwens, skr. dhvans ‚zerstieben' abgeleitet wird. Dust ist demnach das Zerstobene, der Staub. Die speziellere Bedeutung ‚feines Mehl, Mehlstaub', welche unserem *dǽsten* zugrunde liegt, hat das Wort im dän. dyst, im andfrk. und nndl. duyest Staubmehl, in der Altmark dûst ganz feines Mehl, wie es beim ersten Durchgehen des Kornes durch die Mühle entsteht. Formen mit dem Nasal, wie im Nösn. finden sich in der ndd. Glosse dunst für similago semelmel, im Nordbrabant. dons ‚das feinste Mehl, die blom van meel', in der Zips dunst ‚Gerstenmehl', dunstbrot ‚das Brot aus solchem Mehl' (SCHRÖER, Wb. 47). Auf oberd. Gebiete scheint das Wort zu fehlen und es ist jedenfalls ein altes Erbgut aus der Stammesheimat. Vgl. auch Duft und Dunst.

—, **Dǽstzîms** fem., nösn. *Dąnstzimes* f. ‚feines Sieb zum Sieben des Weizenmehles', dafür in Schässbg. und sonst auch *Fatchelzîmes, Fâtchelzems* (Birth.), [zu magy. fátyol Schleier]. *Zemsen mät der Duaszems* (Durles). *Dâszims* (Kl.-Scheuren). »1 nay daust zims ins Backhaus« (1598, Nat.-A.). »Ein Daus czims« (1615, Nat.-A.). Als Zeichen grosser Üppigkeit wird eine Zeit prophezeit, da in jedem Haus eine Uhr und eine *Däistziemes* sein wird (Katzendf., Kbl. 21, 67; vgl. auch unter Backofen).

Dattel s. Dachtel.

—, **datten-watten.** In der deutschen Ausgabe der Kosmographie von Sebastian Münster aus dem Jahre 1550 heisst es schon von den Siebenb. Sachsen: »Sie datten und watten, wie die Niderteutschen« (Kbl. 6, 63). Schon damals ist das neutrale *dat,* *:at* (gegenüber sonst nach hochd. Weise verschobenem t) als charakteristisches Kennzeichen unserer Ma. erschienen.

—, Datul n. (aus dem Rum.). Eine aus alter Zeit herrührende Abgabe der Stadt Kronstadt an die dortige Kirche, bestehend in einem gewissen Quantum Brennholz. Unter den 1733 gewählten städt. Beamten von Kronstadt wird auch erwähnt: »Samuel Herbert, Gebirg- und Datulsbesorger« (Qu. Kr. 4, 137).

Datum, Dâtum n. u. m. [In städt. Halbma.]. *Hueste det Dâtum geschriwen? Te huest den Dâtum vergiessen. Bäs dâto* ‚bis jetzt, bis zum jetzigen Zeitpunkt'. »Biss dato« (KRAUS, Chron. 225). »Von dato an« ‚von jetzt an' (1631, SCHULER-LIBL., Mat. 91). »Wenn sich mancher vmb alle sein Datum (Vermögen) gelöst« (aus der Gefangenschaft) [KRAUS, Chron. 1, 380].

—, **Dâtzen** n. ‚Holz, welches bei den Schustern auf dem Leisten geschlagen wird' (TRAUSCH, Mscr.).

Daube, Doch f. (dox), Plur. *Dogen,* nösn. *Dauch* f., Plur. *Daugn,* burzenl. *Dech* f. (dėx), Plur. *Degen* (dėγən). Die Formen mit dem Guttural sind weitaus überwiegend, doch finden sich in einigen Gemeinden auch Bildungen mit Labialen, (so in *Botsch, Dürrbach*) *Däuf,* Plur. *Däubm; Dauf, Daubm (Pintak, Waltersdf.).* In älterer Sprache: »Dwgen« (1526, Qu. Kr. 1, 654). »Daugen holtz« (1562, Nat.-A.). »Dougen« (1659, V.-A. 10, 49). »14 Dogen eingezogen d. 84« (Hstdt., Binderrechnung 1753). — 1. ‚Fassdaube', aus weichem und hartem, zumeist Eichenholz, von den in sächs. Städten und Märkten, zumal in den Weingegenden, seit jeher guten Absatz findenden Fassbindern verarbeitet. — 2 R. A. *Et fêld em en Dech* ‚es ist mit ihm nicht ganz richtig' (Kronst.-Barth.). — Mhd. dûge f. Unsere Ma. hat, abweichend vom Nhd., den alten Guttural des romanischen Wortes (mlat. ital. doga) zumeist erhalten, wie übrigens auch das schwäb. douge, das ndl. duig, mndl. dyghe. Parallelen zu unseren Nösner Formen mit dem Labial bieten lux. (Rallingen, Ettelbrück) dauf, Plur. dauwen. — Lautt. 104.

Daubner, F. N. (Gr.-Lasseln).

dauen, däuen, †. »Weil sie (die Juden in der Wüste) noch an den wachtelln gekeyet vnd gedewet haben, ist der zorn gottes kommen« (Dam. Dürr, Hdschr. 451). s. undäuen, verdauen.

Dauer, Douer fem., nösn. *Dauer* fem. *Ed äs net vun Douer, ned af de Douer* ‚nicht von Bestand'. *Wänn et nâ nor vu Douer wêr! Af de Douer gêt dât nät* (nösn.). *Et wôr nor vu kurzer Douer.*

dauerhaft, douerhaft, nösn. *dauerhaft.*

dauern, douren schw., nösn. *tauern* schw., *S.-Reen dauern,* Med. *döoren.* 1. ‚Fortbestehen, in einem Zustande beharren'. *Et douert näst îwich. Et douert alles nor en Zekt. Det douert nâ en Îweket. De Frâd douert net lâng. God erhâlt de Fränjtschaft, se douert net lang. Et wit nämi lang mäd em dauern (S.-Reen)* ‚es geht mit ihm — einem Schwerkranken — bald zu Ende'. *Wot ze gê kit, daiert net long* (von jäh hereinbrechendem Wetter, leidenschaftlicher Liebe usw., Agnetheln). — 2. † ‚Ausharren, aushalten'. »In welcher Ehe sie nicht länger dauern könne« (1769, Cap. Cib.). »Da ich sie fragete, wie sie im Schnee baarfuss dauern könne« (1773, L. K. A.). — 3. ‚Dauern, leid tun, Mitleid haben'. Selten und nur unpersönlich gebraucht: *Et dêiert mich* (Zeiden); dafür meist *bedouern.* s. bedauern. — 1 und 2 zu mhd. tûren, dûren, frühnhd. (1691) wie nösn. mit anlaut. *t:* tauren, 3 zu mhd. tûren.

Daum F. N. (1505). »Mechel Daüm« (1646, *Bistritz),* »Gregorius Daum« (1561, Ebda.), »Petrus Daumen« (Ende 16. Jahrh. Klausenbg.), jetzt Daum in *Kl.-Bistr.*

Daume, Daumen, Dommen m., nösn. *Dummen* m. 1. Der Daumen gilt volkstümlich als der wichtigste und stärkste der Finger, wie ja auch die Grundbedeutung des Wortes »der starke« (Finger) ist (Kluge⁶, 72). Derselbe wird für sich von den übrigen Fingern unterschieden. So in einem Kinderkanon: *Der Fänjer, der Dommen, der Ielebîjen* (Schuster, 397 und 7). Die Wichtigkeit des Daumens gegenüber den andern Fingern findet ihre Würdigung auch in den Strafbestimmungen des E. L. R. »Ein abgeschlagener oder ein gelahmeter Daumen wird mit zehen Gulden und der andern Finger oder Zähen mit fünff Gulden gesühnet« (Schuler-Libl., R. G. 323). In ähnlichem Sinne erzählt eines unserer Märchen, wie die vier Finger ausgehen ohne den älteren Bruder, den Daumen und gegen seinen Willen. Als sie in Gefahr geraten, ruft der kleine Finger den Daumen herbei, der ihnen mit einer Keule zu Hilfe kommt. Von da an zogen die vier Finger nie ohne den starken, dicken *Toki* (Daumen) aus (Haltr., Märchen 332 ff.). Wie der Daumen zu seiner Stärke gegenüber den andern vier Fingern gekommen, macht man kleinen Kindern klar, indem man der Reihe nach die Finger, vom kleinen beginnend, nach dem Bade auch die Zehen, anfasst und dazu spricht:

Det (Klîn) wôr än de Bäsch gegângen,
Det hâdden Hâske gefângen,
Det hâddet hîme brôcht,
Det hâddet gebrôden,
Der däck Buta (Dommen) hâdd-et
Alles gepappt. Höhr, 9.

Oder heisst es am Schlusse:

Det frâes et händerräck (det frâss
et guer, guer),
Äm dôed äs ed esu däck.
Gassner, 40; Schuster, 325.

In der Kindersprache führt der Daumen den Namen *Toki,* die andern Finger der Reihe nach: *Piki, Tschiki, Miki, Liki;* in Med. wird er auch *Domenits* (◡ ◡ ◡́) genannt. — 2. In R. A.: *Enem den Dommen aft Ûch dräcken* ‚jemandem arg zusetzen, ihn durch Drohungen zu etwas zwingen wollen'. *Enem den Dommen hâlden* ‚jemanden bei einer schwierigen Sache, z. B. beim Ablegen einer Prüfung dadurch unterstutzen'; auch einem Spielenden bringt es Glück, wenn man ihm den ‚Daumen hält'. Dafür in Hstdt. auch: den *Dommen änzên*, den Daumen in die Handhöhlung ziehend mit den übrigen Fingern umfassen, wenn man einem lieben Menschen Angst, Misslingen fernhalten will. *Ech hun de Dommen awer uch îrengklich ägezîjen* sagt die Mutter zu dem das glückliche Bestehen der Prüfung meldenden Kinde. *Iwer den Domme schläcken* ‚den Daumen zwischen den Zähnen an den Gaumen anlegen und schlucken' (als Mittel gegen das Schluchzen angewendet). *Iber den Dummen pischen* (um Glück zu haben) (nösn.). Sich auf die Daumen stellen, ‚sich auf den Kopf stellen' (FRONIUS[1], 208). Wenn jemand nicht schreiben kann, so macht man mit Dinte ein Kreuz und sagt ihm: *dâ den Dommen draf!* Auch als Mass wird der Daumen benützt: *Dummen brêt* (nösn.); *dommelongk; esu däck, wê der Dommen.* Aberglaube: Eine alte Frau leckt den Daumen ihrer rechten Hand, macht damit dem »berufenen« Kinde ein Kreuz auf die Stirne und spricht die Zauberformel. Aderlass am Daumen nach Anweisung eines alten Hermannst. Kalenders pro 1703: »Behalt dein Blut, doch so die noth dich wollte treiben, so lass am Daumen gehn« (Kbl. 5, 114). — Der erste Grad der Tortur im Mittelalter war z. B. auch in Hermannstadt die Anwendung der Daumenschrauben (SCHULER-LIBL. R. G. III, 243). — 3. Daumen wird auch gebraucht als Bezeichnung für eine Umhüllung aus Leder oder Leinwand zum Schutz eines verletzten Fingers, besonders des Daumens. — 4. Die oben angeführte Stelle aus dem E. L R. lässt vermuten, dass auch für die grosse Zehe die Bezeichnung Daumen üblich war. — 5. Obscön: *Wuer sal ich näa sätzen?* Antw.: *Wô de Bräokt sqss. Na wuer?* Antw.: *Af den Dommen* ‚penis'? (Med.). — 6. Benennung für schräge, hölzerne Nägel, um Bänder an der Scheune besser festzuhalten (BINDER, Coll.). 7. *Dommen af der Ues* ‚Eisenstab, der zur Befestigung der Wagenleiter auf der Achse dient; durch diesen *Dommen* ist ein Loch gebohrt, um ihn mit einem Eisendraht zu befestigen. — Zu mhd. dûme. Das Wort hat in den meisten Ortsdialekten *n*-Auslaut; nur in der *Recner* Gruppe: *Domme, Demme, Damme, Dumme* (s. Lautt. 106); auch in der Eifel Dumme. Die Form mit auslaut. *l* in *Petersdf.* bei Bistritz: *Dummel* hat ihre Analogie in nord. thumal-, dän. tommelfinger.

Daumenring. 1. † ‚Ring, der am Daumen getragen wurde'. »Eyn dwmenryng« (1529, Hstdt. Ger.-Prot.). »Ein silberen dawmenring« (1575, Cap. *Bistr.*). — 2. *Dummenrängk* m. (nösn.) ‚Ring aus hartem Leder', den der Schuster beim Nähen starker Sohlen am rechten Daumen trägt, um den Draht darum zu schlingen und festzuziehen.

(daumig), †. »Daumige Handschue«. Dieselben heissen in der lebenden Ma. *Faustlängk* m. Plur. *Faistlängk* (nösn.), wie im mhd. viustelinc ‚Fausthandschuh'. Zum Unterschiede davon: *Fängerhintschn (Heidendf.)* mit Einzelumhüllung nicht nur des Daumens, sondern aller einzelnen Finger.

Däumling, Dommlengk m. 1. Der den Daumen bekleidende Teil des Handschuhes, besonders auch im Falle der Verletzung des Daumens getragen: »Hinschen (Handschuhe) mitt einem .. Demling« (1629, Med. Schneiderzunftbuch, Kbl. 10, 128). Vgl. *Fängerlengk* m. Fingerumhüllung beim Handschuh. — 2. ‚Kleiner, verwachsener Mensch, Zwerg' als Märchengestalt auch *Dommenhanz, Dommelqnk (-Hanz)* genannt.

Bäst te fromm, erzieln ich der
Än de Wängter Mêren:
Vun dem Mqnchen Dommelqnk,
Dqt mêr wôr et klinzich,
Hadd e Bärtchen iellelqnk,
Ûge wê är zwinzich.
Wê ed angd'r e Birrebliet
Îst sich hat verstôchen,
Und dem Îssen än ded Îr
Änne wôr gekrôchen. KÄST. 5.

Vgl. auch SCHUSTER, Volksl. 507; V.-A. 10, 107.

Daune, fehlt. Dafür *Plomm, Plommefedder;* nösn. *Plaum.* s. Flaum(feder).

, **Dauru** m. Ochsenname in *Weilau* und sonst (zu rum. tauru ‚Stier'). Vgl. auch magy. daru ‚Kranich', darvas ‚Ochs mit weit abstehenden Hörnern'.

David, Dâwit. 1. Als P. N. früher zumal auf dem Lande verbreiteter als jetzt. Koseform *Dabili (Billak).* — 2. Als F. N. David (1636, Hstdt.; 1808, Nussbach, Honigberg; 1822, Bulkesch; 1825, Kl.-Alisch; 1764, Galt); »Davidis« (1551). Gegenwärtig in Marpod. — 3. Wenn es gegen Neujahr schneit, sagt man mit Rücksicht auf den auf den 30. Dezember fallenden Davidstag:

Der Dâwit gîd äm Hôw eräm
En hôd en waisse Kôzen äm. (Schässbg.)

In einem Kinderreim:

David ist in Garten gangen
Wieviel Vögel hat gefangen
Eins, zwei, drei, du bist frei.

davon, dervun, nösn. *dervu* adv. 1. Von räumlicher Trennung, Entfernung, vom Abschiede gebraucht: *net fär dervun; marsch dervun! De Gâes se mer dervu geleufen. »Adjê krîsch et nôch îst und wôr dervun«* (Hîmw. 6). *Dervu gôn* ‚fortgehen'. *Der Wängter mess dervun* ‚der Winter muss sich auf und davon machen' (Käst., 18). In einem Auszählreim der Kinder: *Tâ bäst Kîser* usf. *Tâ bäst Zegun, marsch dervun!* Sprw. *Half Zegun kit dervun!* ‚Mit zudringlichem Wesen kommt man vorwärts'. Vom Abschiede: *Tâ štîst aw unt gîst dervun, wonî wiršt tâ weder kun?* In einem Brautliede:

Ech sâl ewêj, ech mess dervun,
Der lâf Gôt wîss, won ich weder kun.
Schuster, Volksl. 22, 76.

E äs dervun ‚hat Abschied genommen'; *der Knîecht äs em* (ihm, dem Dienstherren) *dervun*, ‚ist vor der Zeit aus dem Dienst gelaufen'; die Beziehung auf den Dienstherren will andeuten, dass dieser selbst das Entweichen des Knechtes verschuldet, auch wenn nicht ausdrücklich hinzu gefügt wird: *Et bleift dô nicher.* »Als man es aber sollt messen, so war das Korn mit den Säcken d a r v o n« (1650, Nat.-A.). *E äs aw unt dervun.* Zur R. A. *E äs frâ dervun, wâ Abraham vun Zendresch,* s. Abraham. — 2. In Verbindung mit Verben, die dadurch eine spezielle Bedeutung erhalten: *e äs dervu kun* ‚er ist entkommen, ist von einer Krankheit genesen'. *E huet sich dervu gemâcht* ‚hat sich auf und davon gemacht'. *Ich bän dervun uefkun* ‚ich habe etwas verloren, besitze eine früher gehabte Sorte, Blume etc. nicht mehr'. *Ich bän mäd äm blônen Ôch dervu ku* ‚mit einem blauen Auge' (nösn.). *Et kit dervun* ‚wird gestohlen' (Binder, Coll.). »Befand aber, das aller Vorrat — ganz d a r v o n war« ‚ganz aufgezehrt war' (1584, Nat.-A.). »Es ist bei eurem Gedechtnis ein grosser hauffen von kirchengutt d a v o n kommen« ‚verloren gegangen' (Dam. Dürr, Aml. 16). »Des morjest macht er sich wider auff und d a r v o n (Ebda., 68). »Nur dass ich d a v o n käm, sonsten hätt man mich in Turm gethan« (1664, Cap. Bog.). »Darnach die erbschaft hat des Petru sein Weib so d a r v o n geben, wie sie hat gewust« (1609, Nat.-A.). »Pestilentz, dadurch er (Gott) etliche unser mitbrüder und schwestern d a v o n (hinweg) genommen hat« (Dam. Dürr, Aml. 11). »Jezt sterben die liebwerd kinder d a r v o n« ‚hinweg' (Ebda., 13). »Darauff vmb den Herbst auch die Pest folgete vndt vill menschen d a v o n nahm« (Kraus, Chron. 2, 106). »D a r v o n schaffen« ‚fortschaffen' (Ebda., 9). »Weill sie gar nichts d a v o n bringen kennen« ‚fortschaffen konnten' (Ebda., 202). — 3. Als Objekt Ursache, Grund andeutend: *E äs dervu krąngk worden. Dât kit dervun. Ich hâldn näst dervun. Wat hueste nâ dervun?* ‚Was nützt dir nun die Sache'? *E huet näst dervun* ‚hat keinen Vorteil davon'. — 4. In relativer Verwendung: »Damit erlangt man etwas, d a v o n einer sich, sein weib und kindt kann erneeren« (Dam. Dürr, Aml. 42). »Es soll aber ein Richter gut achtung auff das geben / was inn den fällen / d a r u o n die recht ausdrücklich reden / verordnet ist« (E. L. R., 5).

davor, dervîr adv., nösn. *dervor,* lautlich übereinstimmend mit *derfîr, derfor* ‚dafür'. 1. Örtlich: *E sätzt dervîr.*

Ze Krînen, ze Krîne, vîr em Borjerdîr,
Dô štând en hîsch grân Länjt dervîr.
Schuster, Volksl. 6.

In einer Brautrede:

Wonn ir neâ kut bäs vuer det Duer
Wart ir sân lojter Fremden dervuer.
Ebda., 81.

— 2. Uneigentlich: *de messt dich dervîr en Uecht nien* ‚musst dich davor in Acht nehmen', dich dagegen wehren. Der Abwehrende tritt v o r, gegen den Feind, f ü r den Geschützten, so ist *dervîr* trotz der Bedeutung von dafür geradezu ‚dagegen'. *Ed äs gât derfîr* ‚ein gutes Heilmittel gegen eine bestimmte Krankheit; *ed äs niche Krokt derfîr gewuessen. E äs angest dervur* ‚fürchtet sich davor' *(S.-Reen).* — 3. Zeitlich †. »Als hetten sie im nechsten Herbest, aber (oder) etwas d a r f f ü r (vorher) baien (Bienen) und Pelszen (Zwetschken) verstollen«. — Wie das ältere Nhd. dafür und davor abwechselnd und stellvertretend gebraucht, so auch unsere Urkunden und die lebende Ma., welche für die beiden Adv. auch den lautlichen Unterschied aufgehoben hat. Vgl. dafür. Auch ndl. daarvor = dafür und davor. Mhd. dar vor.

dawider, derwedder adv., nösn. *derwidder.* Wie *derkên* (dagegen) einen Gegensatz andeutend. 1. Eigentlich. *Derwedder lûfen, štîssen, fuern.* — 2. Uneigentlich. *Ich hun näst derwedder.* »Wie mir d a w i d e r redeten« (1599, B. M.). »Etliche so d a r w i d e r redeten« (Kraus, Chron. 1, 36). »Welcher d a r w i d e r thun (dagegen handeln) wird, soll D. 20 verfallen« (1724, V.-A. 27, 549). R. A. »D a w i d e r schnarchen« ‚sich widersetzen' (Dam. Dürr, Aml. 15). — Lux. derwidder. Mhd. dâr wider, älteres Nhd. darwider.

dazu, derzâ, nösn. *derzâ* Adv. In älterer Sprache d e r c z u, d o r c z w (1527, Qu. Kr. 2, 48), d a r c z u (1547, ebda. 3, 765). 1. Bewegung, Richtung auf ein bestimmtes Ziel andeutend. *Kut derzâ!* oder *mer bidden derzâ* sagt man zu Eintretenden, welche die Hausbewohner beim Essen antreffen und mit den Worten *Gott gesêen ich det Fræštäkeln (Öwendämmes)!* guten Appetit gewünscht haben (Reussen). *Ich kąm gruat derzâ* ‚ich kam gerade (gerecht) dazu‘ (nösn.). »Hat ein Lederermeister einige Ochsenhäute im Kauf, er ist der Nächste d a r z u« ‚hat das Vorkaufsrecht‘ (1714, V.-A. 27, 484). — 2. Vermehrung durch Hinzufügen bezeichnend: *Ich iessen Brît derzâ. Em schitt Wasser derzâ.* Sprw. *Em wid ąlt wæ en Kâ und lîrd ängde mî derzâ* (Schuster, Volksl. 24), *Jê alder de Kâ, se lîrd âne mî derzâ* (nösn.). *Mer drôn är* (tragen der Braut) *änt Hous vil Îr und Gläck, derzâ en Rôken Honef* (Ebda., 89) *E äs ąlt, derzâ uch krąngk.* »D o r t z u (über dies) ist er ein gelerter Mann« (1609, Cap. Cib.). »Er mus seinen Hals drumb geben / d a r z u auch alle die / so zu solchem nothzwang geholffen haben« (E. L. R., 186). — 3. Auch sonst als Objekt zu Verben: *Wat mînste derzâ? Et passt derzea, wæ der Ijel zem Örschwäsch* oder etwas weniger drastisch: *wæ en Foust af't Ûch* ‚es passt schlecht dazu‘ (Schässbg.). *Et gehîrt derzâ, wæ der Schwąnz zem Heangd* ‚ist notwendig damit verbunden‘. *Ich hun net Last derzea.* »Die werden sampt allen denen / so jhnen d a r z u geholffen / oder wissentlich jre behausung d a r z u geliehen gestrafft« (E. L. R., 183). — 4. Einzelne Verben erhalten dadurch eine speziellere Bedeutung. *Derzâ dân* ‚eine Sache in Angriff nehmen, sich damit beeilen‘. *Em mess derzâ dân.* »Niemant hat d a r z u thuen wollen« (nämlich wüstes Land zu roden; 1549, Hstdt. Ger.-Prot.). »Dass wenn man gesonnen eine neue Hannen-Wahl vorzunehmen, nicht eher d a r z u thun« (1717, Agnethler Statuten). »Wo sie innerhalb 8 Tagen nit d a r z u wollten thuen« (1650, Nat.-A.). »Welcher Meister auf der Strass sich mit Wein überladen und einer den andern schmähen oder mit Schlägen d a r z u thun wird« (1682, Schässbg. Schneiderzunftart.). *E äs net derzâ* ‚ist dazu nicht geeignet, hat nicht die Fähigkeit‘. »Die Katechisation nach der Vesper findet hier nicht statt, weil die Kinder nicht d a z u (nicht genügend vorgebildet) sind« (1765, V.-A. 23, 230). *Ich bän em gât genach derzâ* ‚zu dem Zwecke bin ich ihm gut genug‘. *Derzâ kun* ‚zu einer Gesellschaft, zu einem Ereignis (zufällig) kommen‘; *ich bän derzâ* (in den Besitz einer Sache) *kun, ich wîss net wæ. Ich bän nôch net derzâ kun* ‚ich habe noch nicht die Zeit gefunden, etwas zu tun‘. »So soll der decanus mit sampt dem richter desselben orts d a r z u sehen« ‚darauf achten‘ (1559, Nat.-A.). »So sollen Burgermeister mit samt dem gantzen Rath mit recht d a r z u sehen« (1541, Statut. Hstdt.). »Bitt E. W. wolle mitt straaff d a r z u sehen« (1584, B. M.). »Es ist yzunder d a z u komen, das« ‚dahingekommen, dass‘ (Dam. Dürr, Aml. 49). »Worüber sie nicht nur mit Worten, sondern auch mit schlägen d a r z u gegriffen« (1696, Cap. Bog.). »Was kommet ihr her und redet mich an fur eine Zäuberin; ich will sehen, wer mich d a z u machen will« (1677, Cap. Cib.). »Wo der Vater nicht d a r z u lassen (zulassen) wolte, sie in Ehren zu heyrathen« (1676, Cap. Cib.). — 5. In relat. Verwendung: »Das er seinem ampt treulich fürstehe, d a z u er von einer gemein beruffen ist« (Dam. Dürr, Aml. 25). »Auf dieses Schloss-Berges Ober-Spitzen (in Schässbg.) lieget das Gymnasium und die Haupt-Kirche / d a r z u man eine grosse / neulich bedeckte Treppen / hinaufsteigen muss« (Tröster, 404).

dazumal, dâzemôl adv., nösn. *dâzemôl.* Selten gebraucht, dafür meist *dâ, dân.* »D a c z w m a l l« (1599, B. M.). »Das hat er mir d a z u m a h l e n selbst gesagt« (1689, Cap. Cib.). »Ich bin d a z u m a l gewesen« (1599, Hstdt. Ger.-Prot.).

dazwischen, derzwäschen, älter *dertäschen* adv., auch nösn. *derzwäschen* und *dertäschen;* dafür auch *äntäschen, änzwäschen.* 1. Räumlich. *Et ląd* (liegt) *e Guertn dertäschen.* Sprw. *Wier af zwîn Štæl sätze wäll, sätzt derzwäschen.* »So schlug ich mit der flacher Akes d a r z w i s c h e n« (1583, Nat.-A.). *Ed äs fąltsch Giolt derzwäschen.* — 2. Relativ. »Es mögen sein anderthalbhundert personen und etwas drüber, d a r z w i s c h e n der samen des göttlichen worts ausgeseet wird« (Dam. Dürr, Aml. 16). — 3. Unerwartetes Dazwischentreten, störendes Einmischen andeutend. *Et kid äst derzwäschen.* »*Der Sanjdich kit mer licht äntäschen*« (Dä Ôlden, 24). »Allein es wäre eine Sache d a r z w i s c h e n kommen« (E. L. R. 172, Schuler-Libl. R. G., 248). Mhd. dâ zwischen; älteres Nhd. darzwischen. S. auch zwischen.

—, de s. der und du.

Deak, D e a c k s. Diak.

—, debbeln schw. nösn. ‚schwatzen‘. Davon gebildet *Gedebbel* n. 1. ‚Geschwätz‘. — 2. *En ąlt Gedebbel* ‚ein alter Schwätzer‘. Das Wort fehlt Südş. Dafür an Syn. *bruetscheln, flättern, kuesen,* *prîpeln, prorlen, šchabern* (ž-), *schnadern, tu*ᵃ*keln.* — Zu vgl. sind schles. dêibern, wetterau. döbern einen durch grossen Wortschwall zum Schweigen bringen, auch nösn. *iberdebern* ‚beschwatzen‘, elsäss. deberen schwatzen, plaudern, moselfr. (lux.) debeln. Der Wandel von *debbern* 〉 *debbeln* findet seine Erklärung durch den im Nösn. auch sonst häufigen Übergang von *r* in *l*: *balbîrn* rasieren, *timpeln* 〈 mhd. tempern, *Mêržel* 〈 ahd. morsâri, *Lurbel* 〈 ahd. lôrberi, *landeln* 〈 mhd. lendern. Das Wort ist wohl als Iter. zu mhd. touben taub machen, betäuben, zu fassen; zu derselben Sippe gehörig auch toben, lärmend rasen. Vgl. Kluge⁶, 390, 394; Kisch, N. W. u. W. 32.

Decan, Decani s. Dechant.

Dechant, Dekânus, [in städt. Halbma.]. *Dechant* (◡ ◡́) m. *Dêchent* (Schässbg.), nösn. *Dâ*ⁱ*chnt* m. 1. Der erste geistliche Würdenträger eines Kirchenbezirkes, mit vierjähriger von der Bezirkskirchenversammlung durch Wahl übertragener Mandatsdauer, Vorsitzer dieser Körperschaft und des Bezirkskonsistoriums. — 2. Vorsteher eines Kapitels. — Als wichtige Obliegenheit ist den Dechanten schon in der Kirchenordnung des Honterus die Visitation ihres Bezirkes zugewiesen: »Zu bestendiger erhaltung einer christlichen Kirchenordnung ist von nöten, das die Dechent in einem ieden Capitel alle iar einmal — alle ire zugehörende kirchen und gmeine heimsuchen und besehen« (K. O. 53). »Ist unns czugleich für gutt angesehen, das auch nach guttdüncken der herrn decanorum dieselbe (die Visitation) soll gehalten werden« (1574, Nat.-A.). — 3. Als F. N. Dekani (1599, *Bistritz)*, Deichend (1646), Dechentt (1650), Dechend (1700), Dachent und Daechend (1763), Daichendt (1800). — 4. Fl. N. Im Dechents-Hold (Dechantshalde?) [1720, Nimesch]. — 5. In Zusammensetzungen: *Dâ*ⁱ*chentštâl* f. ‚eine gut dotierte Pfarrstelle‘ (nösn.). — † Dechenttrytter (1480, Qu. Gesch. S. I, 48, 76) wahrscheinlich der Kapitelsdiener, auch cursor genannt. Decanthümer Bezeichnung der Kapitel (Tröster, 203). s. auch ‚Walddechant‘.

Dechsel fem. **Dæsselt** m. (Med.). *Dâsselt* m. (Birth., Bogeschdf., Denndf. u. s.); nösn. *Dâstel* m. *Dâskel (St. Georgen,* Kreisch), *Testel* (Zeiden), *Tæsselt* (Honigbg.). *Tąsselt* (Heltau). 1. ‚Ein gekrümmtes, kurzstieliges Zimmermannsbeil mit gekrümmten Flächen, dessen Schneide mit dem Stiel einen rechten Winkel bildet, zum Ausarbeiten von Vertiefungen in Holz‘, zum Aushöhlen von Wassertrögen. — 2. Ebenso ‚kurzstielige Krummaxt der Fassbinder und Wagner‘, ebenfalls zum Aushöhlen von Holz verwendet. — Mhd. dëhsel f., ahd. dëhsala f., ndd. dessel, nndl. dissel. Der Fortfall des *ch* vor *s* ist in unseren Ma. lautgesetzlich *(Flu*ᵉ*s* 〈 Flachs, *U*ᵉ*ssel* 〈 Achsel), ebenso das epith. *t* im Süds. Auch das epenthet. *t* im Nösn. hat seine Parallelen *(nâ*ⁱ*stn* 〈 niesen, *Brâ*ⁱ*nâstel* 〈 Brennessel s. Kbl. 15, 73). Die im Burzenl. und sonst mit *t* anlautenden Formen weisen auf eine alte germ. Stammform mit *th-*, Wurzel thëhs ‚bauen‘ — (lit. taszyti ‚mit dem Beile behauen, zimmern‘) hin. Vgl. Kluge⁶, 74. Das Wort ist auch im schwäb., schweiz. und bair. Masc. Lautt. 38.

Deckbett, † »Deckbette« n. (1505, Müller, Sprdm. 156).

Decke, Dæk fem., nösn. *Dâk* fem. 1. ‚Decke, Bedeckung für Menschen und Tiere‘: *Bi*ᵉ*tdæk* ‚Bettdecke‘, *Rôss-* oder *Fârtsdæk* ‚Pferdedecke‘. »Die köstlich gülden decken« ‚Pferdedecke‘ (Dam. Dürr, Aml. 30). »Wy vill ellen taffat zw eyner deck wber ein Ross« (1499, Hstdt. Schneiderzunftart.). »Satteldeck« (Ebda.). Über das Bett ist im sächs. Bauernhaus eine weisse mit Börteln durchsetzte, im Winter eine aus dicker Schafwolle gefertigte Decke *(Loslengk)* gebreitet; das sog. ‚Himmelbett‘ hat eine Leinendecke mit schön gemusterter Handstickerei. — 2. Eine spezielle Bedeutung hat *Têk* f., *Ri*ᵘ*rtêk* f. (Med.), *Rûrtêk* f. (nösn.) ‚Rohrdecke, die über den Wagen auf ein Holzgestell gelegt wird, um gegen Wind und Wetter Schutz zu gewähren‘, auch zu andern Zwecken als weiche, warme Unterlage oder Schutzdecke benützt. Das Dim. *Têkeltchi* n. (nösn.) Rohrgeflecht, welches vor die Türen gelegt wird, um die Schuhe vor dem Eintreten zu reinigen. In älterer Sprache: »Pro una tecken« (1529, Qu. Kr. 2, 160). »Ein Kober vndt ein Thek« ‚Wagendecke‘ (1549, Qu. Kr. 3, 510). — 3. Bildlich:

Doch wänn en Ängt der Wängter nit,
Deng Häffel (Hügel) *en græn Dæk bekit.*
Kast. 96.

R. A. *Se senj (štêchen) angder ener [ènər] Dæk* ‚sie machen insgeheim gemeinsame Sache‘. *Em miess sich nio der Dâk štrâken* (Alzen). *Štre*ⁱ*k dech nor esu far de De*ⁱ*k longt!* ‚richte deinen Aufwand nach deinen Mitteln ein!‘ (Draas). *Nô den Dæken mes em sich štræken! Hängder der Dæk* ‚im Verborgenen‘. — 4. Die Decke des Zimmers hat die spez. Bezeichnung *Gebin* n. (◡ ◡́), nösn. auch *Bî* f. — Mhd. decke f. Bei *Têk* könnte auch an Entlehnung aus mlat. thēca

Hülle gedacht werden (Vgl. Kbl. 31, 83). — Lautt. 22.

Deckel, Dækel m. nösn. *Dâkel* m. 1. ‚Bedeckung eines Gefässes, eines Behälters', überhaupt eines Dinges, das eines Schutzes bedarf. a) ‚Deckel eines Topfes': *Drǭi Däptcher, drǭi Dâkeltcher* (nösn.), Vexiervers, möglichst oft rasch zu wiederholen, bis man statt *Dâ- Drâ-* sagt. Sprw. *E jêt Däpchen fängt sich seng Dækeltchen,* ähnlich wie: *E jêt Sąck fanjt senje Banjdel* ‚jedes Mädchen findet schliesslich seinen Freier'. *Schwejen äs det Dækelchen aw em Däpchen.* Hochzeitsbrauch: Beim Mahle schickt der Bräutigam der Braut einen zugedeckten *Kôp* (Trinkkanne). Sobald sie den D e c k e l aufhebt, springt, weil der *Kôp* bis oben mit Wasser angefüllt ist, ein angebrannter Maisstrunk hervor. Mit einem lauten Ruf der Überraschung drückt sie den Deckel wieder darauf und gibt das Gefäss anderen neugierigen Gästen weiter (Gassner 69). Strittigen jungen Eheleuten gibt der Pfarrer die väterliche Weisung: *Gôt hîm, ir jang Lekt, en verkud ich, en verzǭd ich, dänn înt von ech huet det Däpchen zebrôchen, gent det Dækelchen. Gôt hîm en mǭcht allebîdet weder gǭnz!* — b) Mit spezieller Bedeutung: ‚Sargdeckel'. »Item den D e k e l zur Ladenn (Sarg) soll der jüngste Nachbar nach tragen« (16. Jahrh. Hstdt. Nachbarsch.-Art., Kbl. 29, 103). Man soll ihm auf den D e c k e l klopfen ‚er wird sterben' (Schuller, Tod I, 14). Mancherorts werden auf die Deckel von Kindersärgen Blumen gemalt, meist Tulpen oder Rosen, anderwärts pflegt man die Anfangsbuchstaben vom Namen jüngerer Verstorbener nebst Geburts- und Todesdaten mit in den Deckel eingeschlagenen, breitköpfigen, meist gelben Nägeln darzustellen. Die schönste Verzierung ist die Bekränzung mit natürlichen Blumen (Ebda. 55). — c) ‚Deckel der Nachbarschaftslade': »Hat nach vorausgegangener Aufforderung des Nachbarvaters niemand weiter etwas zu klagen, so wird der D e c k e l der Lade zugeschlagen und in derselben Sitzung kann keine später eingebrachte Klage verhandelt werden« (Nachbarsch.-Art., Fronius, 115). — d) ‚Deckel als Schutzvorrichtung, Scheuklappe bei Pferden': *Schêchdâkel* (nösn.). *Ûchdækel* ‚Augenlied'. *Dækel,* auch *Pappdækel* ‚Einbanddecke eines Buches'. *Schabbesdækel* spöttische Bezeichnung für einen schlechten Hut. In den Maingegenden nennt man den Hut, den die Juden am Sabbath tragen, Schabbesdeckel (DWB. 2, 887). *Bronnediekel* ‚Brunnendeckel' *(S.-Reen).* — 2. † Bildlich: ‚Deckmantel, Vorwand zur Beschönigung'. »Dass ich ihres unzüchtigen Lebens und frühzeitigen geborenen Kindes ein D e c k e l seyn solte« (1696, Cap. Cib.). — 3. ‚Hirnschale des Kopfes' (Rumes). — 4. Rätsel:

En helzerän Däppen
Uch e flîscherän Dækel (Abort).

— 5. Im Kinderspiel. Die stehenden Kinder sind die D e c k e l, die sitzenden die Töpfe. Ein ‚Deckel' hat kein Töpfchen und geht darum zu irgend einem andern Deckel und fragt: »*Wæ deier verkîfst te mer denj Däppchen?* Antwort: *Äm en Krezer*«. Nun laufen beide nach entgegengesetzten Richtungen und wer zuerst zum Töpfchen gelangt, wird dessen Deckel (Höhr, 102). — Lautt. 22.

(Deck[el]tuch), Dækeldach n., nösn. *Dâkeldoch* n. Plur. *Dâkeldâicher.* ‚Die Bettdecke, die auf dem weissen Linnentuche liegt, zum Zudecken während des Schlafens bestimmt'; nach der Jahreszeit *Sommer-, Wänterdâk(eldoch)* nösn. Grobe wollene Bettdecke: *Pokerôx* (zu magy. pokróc) nösn. auch sonst verwendet. Urk. »Sie verderbten die messgewandt — und machten d e c k e l t ü c h e r drauss«. (Dam. Dürr, Aml. 29). »Ein blo d e c k e l t u c h« (1575, *Bistr.* Arch.). »1 d e c k e l t h u c h awff dy hochczeyt« (1507, Qu. Kr. 1, 184); »2 d e c k e l t h ẅ c h e r (1513, Ebda. 200), t h e c k e l t u c h (1546, Ebda. 3, 368). Plur. D e c k e l t h i c h e r (1545, Ebda. 148). Dieselben früher öfters als Geschenk verehrt. Auch im Weistum von Piesport an der untern Mosel 1575: »ein schön leiltuch vnd daruff als dan ein d e c k e l t u c h« (Gr. Weist. 2, 345).

decken, dæken schw. nösn. *dâkn* schw. 1. ‚Das Dach decken': *Det Dǭch äs mät Štrî, mät Zäjeln gedækt. Än Allendâch-Sanktich senj de Heiser mät Platschinta* (mit Pfannkuchen) *gedækt* (H.-W. 344). — 2. ‚Den Tisch decken'. *Dæk af! Bäs de Brokt den Dasch gedâkt, hat der Brejum det Dape* (den Topf) *gelâkt.* (Aus einem Jungfrauentagsliede, Schuster, Volksl. 123).

Renlich dâkten ären Däsch
Ârtich Frâe fuir Prälâten.
Schuller, Ged. 78.

Auch vom Tisch des Herrn: *De Kirch wôr gekiert, der Ielter wôr gediekt* (Ebda. 361). — 3. ‚Schützen, schirmen, sicherstellen'. So in einem Abendgebete der Kinder:

Des Ôbest sin mer schlôfe giû.
Sibn Angel sin mäd es ku,
Zwê zen Hêbn, zwê zen Saiten
Zwê zen Fâessen,
Der sibnt sǭl es dâken.
Schuster, Volksl. 359; vgl. Gassner 41.

Ich bä gedækt ‚durch eine Hypothek, einen Wechsel sichergestellt'. *Sich de Räck dæken.* — 4. ‚Zudecken, überdecken'.

Är (der jungen Frau) *Nacke sa̧l er net blæken* (nicht entblösst sein).
Är Schlîjer sa̧l är en dæken.
SCHUSTER, Volksl. 90.

Ded Iwerklîd dækt alle Härzelîd.

— 5. ‚Etwas vertuschen' (BINDER Coll.). — Mhd. decken. Lautt. 22.

Deckentisch F. N. (1708). Imperativname: ‚decke den Tisch!'

—, †Decknegel Plur. ‚Nägel, zum Decken des Daches mit Schindeln verwendet'. »Decknegell« (1527, Qu. Kr. 2, 34). »Decknegel« (1496, Senndorfer Kirchenbuch). »Deknegel« (1593, Roselner Kirchenbuch). »Pro clavis lacz et deck« (1505, Qu. Kr. 1, 100).

Deckziegel, Dækzägel f., nösn. *Dâkzäigel* f. Dafür auch *Štälp* f. ‚Hohlziegel'. Urk. »deckziglen« (1496); »deckczechlin« (1528, Qu. Kr. 2, 60). Im ‚Haferland' heissen die flachen Dachziegeln *Dâkzäjeln,* die Hohlziegeln *Štra̧en* und *Štälpen.* (Vgl. V.-A. 17, 57).

Déda magy. O. N., sächs. *Dâde* f. Oberhalb *S.-Reen* am Mieresch gelegener Ort.

—, **Dederchen** in einem Kindertanzreim:

Et scheppelt (rollt) *en Dederchen äm den Hiert,*
Te bäst mer tousend Gälde wiert.
SCHUSTER, Volksl. 106.

—, **dedern** schw. (◡́ ◡) [mit hellem ė in der Stammsilbe], dazu das Iter. *dederzen* schw., nösn. *dedern* schw. 1. ‚Zittern, beben'. *De Fenster dedern* (THULLNER, R. 9). — 2. Gewöhnlich: ‚vor Angst, vor Kälte zittern, zähneklappernd frösteln'. *E freist* (friert), *dat e dederzt,* besonders auch von dem Frösteln während und nach dem Baden. *Ich dederzen viur Ongst, Kalden* (Med.). *Mer fruren, dat mer dederzten. Nea äs e derhîm, en freist mät der Frîr, dat e dederzt.* Spöttelnd: *Te huest e Gläck mät dem dederzen, sonst erfrirst te.* 3. *Dedern,* gewöhnlicher *sich bededern* (nösn.) ‚cacare von Kindern, zumal infolge von Angst': *et huet sich vor Angst bededert.*

Wänn et rènxelt, wänn et schna̧sselt,
Dodderst te um ga̧nze Leif. KÄST., 59.

— Das mit zittern, anord. titra, urgerm. *titrômi verwandte Wort hat lautmalende Präsensreduplikation. Es sind damit zu vergleichen: ta̧dern zittern (aachen.), schwäb. dadere, datteren ‚zittern, vor Frost oder Angst' (Schwäb. Wb. 2, 98), elsäss. datteren ‚beben vor Angst'. Lux. Dadder m. Angst, Zittern. Vgl. auch DWB. unter dattern, dodern, dottern, dudern. s. ferner *doderzen, Taterich.*

Dedrad O. N. s. *Zepling.*

Dedrich, Deidrich, s. Dietrich.

Deeff F. N. (1564, Kelling, B. M.).

Deés, O. N. urk. Deeswar (1236, Urkb. 1, 65), magy. Dés (gesprochen Dêsch), rum. Deşu, uralte deutsche Niederlassung am Zusammenfluss des grossen und kleinen Szamos, jetzt zumeist von Magyaren bewohnter Vorort des Szolnok-Dobokaer Komitates. Das magy. -vár (Burg) der urk. Benennung kehrt auch in dem deutschen Namen des Ortes Burgloz (1534, Honteruskarte), Burgless (1568, Kemény F. 90) wieder. Den deutschen Ansiedlern von Dees bestätigte König Bela IV. schon 1236 die von seinem Vater Andreas II. verliehenen Rechte, darunter Befreiung von der Komitatsgerichtsbarkeit und Gleichstellung mit den Rechten der deutschen Kolonisten in Szatmár-Németi. Die Hauptbeschäftigung der Deutschen in Dees bildete damals die Überführung der in der nahen königlichen Salzgrube zu Deesakna gewonnenen Salzsteine nach Oberungarn, und zwar zumeist auf dem Wasserlaufe des vereinigten Szamos. B. v. Bedeus deutet den O. N. Deés nach dak. dava Burg. Doch kann auch auf den rhein. O. N. Deesen (bei Selters), ferner Deesbach (O. N. in Schwarzburg-Rudolstadt) hingewiesen werden; der Übergang von auslaut. *-s* 〉 *-š (sch)* im magy. ist auch sonst Regel: Thomas 〉 Tamás. (Vgl. KISCH, V.-A. 33, 54; 34, 28). Über die Namengebung erzählt die Sage: Als die sieben magy. Heerführer ins Land gekommen, hätten sie Erde, Gras und Wasser aus Ungarn mitgebracht und als ihnen die Gegend von Deés wohl gefallen, gen Himmel geworfen zum Zeichen der Besitznahme des Landes. Dabei hätten sie dreimal in lat. Sprache ‚deus' (Gott) gerufen und davon sei dem Orte der Name geblieben (MÜLLER, Sagen 197).

Deés-Akna, O. N. sächs. (nösn.) *Okne* fem. aus rum. ocnă f. ‚Salzgrube', magy. akna; ebenfalls, wie Deés eine deutsche Ortsgründung, die wahrscheinlich noch vor Geisa II. erfolgt war, zum Betriebe des dortigen königl. Salzbergwerkes.

Degen, fehlt, s. Säbel, Schwert.

dehnen, dînen schw., nösn. *dên* schw., *dienen* (Med.). 1. In eigentlichem Sinne: *Den Gummi dînen.* Im Kinderreim:

Schuster, Buster, dîn det Ledder
Sech det kid ä dongkel Wedder. (S.-Reen)

oder:

Säch, wol dræf kit det Wädder. (Med.).

Drohung: *Pass af, ich dienen dich!* (Med.); *ich dên der de Ûrn* (nösn.). *Än de Lingk dînen.* — 2. Uneigentlich. *De Supp. det Lâbet, de Mälich dên* ‚Suppe, Milch durch Zugiessen von Wasser vermehren' (nösn.). — 3. Reflex. *Der Wiech dînt sich* (auch *zecht sich*) ‚zieht sich in die Länge'. *Der Gong dînt sich zâsæents* ‚dieser Junge wächst sehr schnell'. *Ich hu mich gedînt (en Flaks, de Muege gedînt)* als häufige Erklärung eines innerlichen Leidens.

Se (die Herbstfäden) *dînen und se šprîden*
Sij ous iwer't Field. Käst. 16.

s. ausdehnen, *erdînen.* — Mhd. denen.

Deibler F. N. (1776, Cap. Cib.).

Deich, fehlt, s. Damm, Teich.

Deichsel, Teisselt fem. nösn. *Taisselt* fem. Das Genus ist schwankend neben fem. (Kronst., Med., Draas) auch *det Taisselt* n. (in *S.-Reen*, Birth. Leschkirch), ferner *der Teisselt* (Mühlb., Rumes, Neudf. bei Hstdt); bemerkenswert auch die Formen mit nasalem Stammvokal *Tĩssel (Treppen), Tĩesselt (Mettersdf.), Tãinselt (Schönbirk, Dürrbach)*; mit Triphthong: *Taoysselt* (in Felldf.). Urk. »Tysselt« (1537, Qu. Kr. 2, 495), »Teyssel« (Qu. Gesch. S. 1, 351), »Teisselt« (Kraus, Chron. 2, 151). »So zerbrach die Wagens-Stange oder vulgo Deisselt« (1792, L. K. A.). »Sagt zu mir, mir solten ein Nagel in die teisselt lassen machen« (1615, Nat.-A.). 1. ‚Deichsel am Wagen und Schlitten', *Schliddenteisselt.* — 2. R. A. *Der Hemelswôge štîd af der Teisselt* ‚es wird Morgen' (H.-W. 393). *En Gîs uch e Schliddenteisselt sæ grued ous än de Wärlt. E sejt wæ en Schliddenteisselt* ‚er sieht garstig' (Med.). *Net mạch e Gesicht wæ en Schliddenteisselt* (nämlich ein langes; die Deichsel des Schlittens ist wesentlich länger als die des Wagens). *Mer wallen de Teisselt hîmenzâ štallen* ‚uns auf den Heimweg machen' (Semp, Regrut 30). *Nâ wîs ich, wuer tâ den Teisselt richst* ‚nun weiss ich, worauf du deine Gedanken hinlenkst'. *Se äs widder de Taisselt gelûfn* ‚sie ist schwanger geworden' (nösn.). Auch: *wedder de Teisselt rennen.* Eine Schwangere darf nicht über eine Deichsel springen, sonst wickelt sich bei der Geburt dem Kinde die Nabelschnur um den Hals. — Zu mhd. dîhsel fem. Moselfr. Teissel fem. Das anlaut. *t* unserer Ma. weist zurück auf westgerm. *th* in der vorauszusetzenden Grdf. thîhslô — aus älterem thĕnhslô —, ähnlich wie anlaut. *t* in *Tuest* (Dachs). Der Fortfall von *h* vor *s* ist ebenso wie das epith. *t* nach *l* in den Lautgesetzen der Ma. begründet (s. Kluge[6], 74). Vgl. Lautt. 89.

Deidel, Fl. N. »am Deidel Graben« (1681, Halvelagen, Cap. Bog.).

Deidrich F. N. s. Dietrich.

deihen, dận schw., nösn. *dą̂in.* 1. Das selten gebrauchte Wort hat die Bedeutung ‚dienlich, zuträglich, gedeihlich sein, gut bekommen': *kận — dận* ‚Kauen (der Speise) bekommt gut', auch: *Špận* (speien) — *dận.* Mütter, deren Säuglinge die Milch öfters erbrechen, tröstet man: *Špą̂ikänder — Dą̂ikänder* (nösn.), auch *de Spqaänen — de Dqaänen* (Med.). (Vgl. moselfr. Špâ'könner — Dâ'könner.) *Det dqat de Känjde gor geat* ‚bekommt ihnen gut'. *E ässt dich genach, 'lîn et dqad em net; et wid-em net dqan. Wæ sậl enem det Iessen dqan, won em net häangrij äs. Diem dqat alles* ‚dem bekommt alles gut'. *Esi sậl ed em dqaen!* sagt man z. B. von einem Menschen, der sich etwas auf unrechte Weise erworben hat (Med.). *Et wid-em nessn dận (Wallendf.).* Sprw. *Wier net folcht de Senjen, dem dậd-et mät de Schwenjen* (Schuster, 163). *Det Wuerden, dật wûl mer net dận* (Käst., 10). *De Færklen drän, dä losse sij et dận* ‚gut bekommen' (Ebda., 145). »Nu beweist der himlisch vater seine Gewalt, das er manchmal einem armen sein weniges besser lest deien, als einem reichen sein viles« (Dam. Dürr, Aml. 23). »Der teuffel und der tod werden sich zwar mit ym beissen, aber die speise soll ynen seer ubell deien« ‚übel bekommen' (1567, Dam. Dürr). »Welches ihm doch mögte gedeyet haben, wie dem Hundt dass grass« (Kraus, Chron. I, 11, 285). »Dayet ihnen aber nicht lang« (Ebda., 13). »Ess mögte aber manchem gedeyet haben wie dem Teufel« (Ebda., 74). »Hat ihm — nicht so gut deien wollen« (Ebda., 380). Das Nicht-deien fasst die Ma. als un-deien, *ondận* in transit. Sinn: ‚speien, erbrechen' (unverdaut ausgeben). — 2. Von dem Zeitwort abgeleitetes Adj. *doahaft. Det Grậs un de Štreasseschinzen äs gor doahaft* ‚das Gras an den Strassengräben gewährt ein gedeihliches, ausgiebig nährendes Futter' (Trappold). Nösn. *dą̂isem* ‚zuträglich, Gedeihen bringend'. — Zu mhd. dîhen. Lautt. 92.

—, **deimen, dâimen** s. aufdämmen und *doimen.*

—, **deimich** s. dich.

dein, deng, nösn. *dai,* Med. und sonst *denj.* Die Flexion, abweichend vom Adj. nur stark:

denges, dengem, dengen, neutr. *denget;* nösn. *daines, dainem, dainen,* neutr *dainet.* Urk. »dey geloff« dein Glaube. »dyn fraw« (1536, MÜLLER, Sprdm. 188, 185). 1. Attrib. *Dâ denj Kukeltcher xâ* (HÖHR, L. Ê. 4). *Dai Mqtter,* verstärkt *dai êgen Mqtter, dai êgen Känt* (nösn.). Süds. schwindet auslaut. *-ng, -nj* im Zusammenhang der Rede im Masc. und Neutr. (ausser vor Vokal *h, d, t,* wo es erhalten bleibt): *de Kängd, de Vôter,* dagegen fem. *denj Motter,* weil es hier ursprünglich durch Vokal gedeckt war (SCHEINER, Ma. SS. 161). Für alle Geschlechter nösn. im Nom. Sing. *dai (Vqter, Mqtter, Känt).* — 2. Prädikativ: *Det Bâch* (ss. *Bach) äs deng (denj),* nösn. *dai;* unflektiert gebraucht, auch im Plur. — 3. Subst. *Et gêt nät vu Dainem* ‚nicht von deinem Besitze, Vermögen'. *Aich wêss Maint, dau wêsst Daint* (nösn.). *Tâ sängst (sôst, klôst) ängden nor Dengt. Hu^e st te weder Denges?* (Genit. partit.). *Dengt* (deine Frau) *hu^e d en Zang wâ e Schwi^e rt, e licht Mel, äs dem Deiwel, hu^e t de Hîsen un.* Mhd. dîn. Lautt. 87.

deinetwegen, dengetwi^e jen, nösn. *dain(e)t-wêgn; wêgn dener, denethqlbm (Jaad).*

deinig, dengich, nösn. *dainich.* Nur substant. und in bestimmter (adjekt.) Deklinationsform: *det Dengich* (das Deinige, Vermögen) *blei^e ft der jô, et nit der't Nemest. De hu^e st det Dengich gelossen* ‚deine Arbeit (um einer Gefälligkeit willen) unterbrochen'. *De hu^e st det Dainich gedô* ‚deine Pflicht erfüllt' (nösn.).

Deisam m. älteres Nhd. (DWB. 2, 913), **Dîssem** m., nösn. *Dêssem* m. 1. ‚Sauerteig'. Derselbe wird gewöhnlich am Vorabend mit lauwarmem Wasser aufgelöst *(den Duissem äwîchen,* Peschendf.); der dadurch entstehende dünne Brei durch ein Sieb in eine Ecke des Backtroges gegossen und mit ein wenig Mehl zu einem Teig gerührt *(gedîssemt).* Dabei wird mitunter der Spruch gesagt: *äm Numme Gottes dad ed qfgo^i t!* Ist der Sauerteig bis zum andern Morgen nicht gestiegen, dann heisst es: *Der Dîssem wäll mer ned afgôn;* im andern Falle: *Der Doissem äs af[gegqngen]* (Gr.-Sch.). Wenn der fertige, geformte Teig in den Backofen geschoben ist, wird der im Backtrog klebende Teig zusammengekratzt und als *Dîssem* für das nächste Backen aufbewahrt. — 2. In übertragenem Sinne: *Ed as esu e Dêssem (Weisskirch)* ‚es ist ein langsamer Mensch'. *E hocht wai en Dîssem* (Hohendf.). — 3. R. A. *Der Nôberän äs der Dîssem licht afgegangen* ‚die Nachbarin ist schlecht aufgelegt' (Mühlb.). — 4. In Zusammensetzungen: *Dîssemkrazewez* ‚Sauerteiggurke'. *Dîssemlâfel* ‚Löffel zum Anrühren des Sauerteiges' (nösn.). *Dîssemzwacken* ‚Querholz, über den im Backtrog angerichteten Sauerteig gelegt', damit derselbe nicht an die darüber gelegte Leinwanddecke anklebe. — Mhd. deisme m. Das Wort ist auch in unserem Stammlande verbreitet: in der Eifel und moselfr. lux. dêssem, auch elsäss. deismen. Das scharfe *s* weist auf die alte Lautverbindung *-sm-* (ahd. deismo) hin; vgl. *biessem,* nösn. *bâssm* ‚Besen' zu mhd. bësme, ags. bësma (got. *bisma). Lautt. 118, 119.

deisamen, **dîssemen** schw., nösn. *dêssemen* schw. 1. ‚den Vorteig, gewöhnlich am Vorabend des Brotbackens, mit Sauerteig *(Dîssem)* anrichten'. *Em deissemt des iowest* (Alzen). Das Zurichten des Gärteiges mit Hefe, Mehl und warmen Wasser heisst *timpeln* (nösn). *Mer wiern dêsseme, mer sin môrn Bruid backen (Tekendf.).* — 2. In übertragenem Sinne. a) ‚Langsam arbeiten, handeln, umständlich reden': *E dêssemt e su lqng* ‚er kommt mit seiner Arbeit langsam vorwärts', insbesondere ‚er hält sich bei den Vorbereitungen *(dêssemen)* zu lange auf' (nösn.). — b) *Se dîssmen äst* ‚sie beraten über etwas heimlich' (Gergeschdorf). — c) *E hu^e t weder gedîssemt* Witzwort über den Pfarrer, der in der Osterpredigt über die Epistel (1 Cor. 5, 6—8) zu oft vom Sauerteig spricht. — 3. Obscön: ‚cacare'. *E hu^e t gedäissmt. Dêssemste widder än dqt Nu^e chtsgeschirr? (Tekendf.).* — Mhd. deismen. Lux. dêssemen. Vgl. zu 2 a) *Gedêssem* n. ‚unnötig lange Rede, Langweilerei' (nösn.).

—, dêkeln schw., nösn. *têkeln* schw. zu *Dôk, Tôk* s. Docke. ‚Ein Mädchen schön anziehen, schön putzen' wie eine *Dôk, Tôk* (Puppe).

deklamieren, deklamîren schw., nösn. *deklamîrn* schw. auswendig gelerntes ausdrucksvoll, schön vortragen (Schulausdruck).

Delch F. N. (1825, Rumes; Neudorf, Thalheim, Delg gesprochen Deltch).

Deli F. N. (1822, Schönau, Seiden). »Dely« (1641, Birth.).

delikat, delikât, nur in städt. Halbma. *Et schmackt delikât.*

Delischanz s. Dilischanz.

Dellendorf s. Denndorf.

Dellendorfer F. N. (1615, Birth.). »Dellendorffer« (1495, Qu. Gesch. S. I, 201; 1521, V.-A. 10, 179). S. Denndorfer.

Demetrius, öfters urk., in der Form Demeter heute noch in Hermannstadt vorkommender P. N. und F. N. »Demetrius« (1228, Urkb. 1, 48; 1270, Ebda., 106), »Demetrius« Brekaer

(1569, Nat.-A.), »Dymetter« (1478, Hstdt. Steuerregister), »Demeter« (1762, Kelling), »Demetter« (1820, Petersdf. b. Mühlb.), mit durch Unbetontheit der ersten Silbe bedingtem Fortfalle derselben: »Metter« (1825, Gieshübel, 1844, nösn.). Hierher gehört auch der O. N. Mettersdorf, ma. *Mätteršdrqf*, »villa Demetrii« (ca. 1317, Urkb. 1, 327), »Noghdemeter« (1366), »Metterschdorff« (Honteruskarte 1551). Vgl. auch Waltersdorf, magy. Kis-Demeter, rum. Dumitriza.

demnach, **di^e^mnô**, nösn. *diämnô*, zumeist nur folgernd: *di^e^mnô wêr dąt net wôr.*

Demner F. N. (1526, Honigbg., Marienbg., Qu. Kr. 2, 18, 19; 1641, Birth.; 1810, Kelling), gegenwärtig in Reussdf. (Kbl. 10, 131). Das Wort etwa zu erklären aus Dämmner ‚Dämmemacher'. Das Herstellen von Verteidigungsdämmen war früher von grosser Wichtigkeit, wiewohl daraus nicht ein besonderes Gewerbe sich gebildet, vielmehr das ganze Volk sich daran beteiligte. Auch weist der Agnethler Name Demner, Dömdner, Deumdner, Deuldner, Deuldner, Douldner mehr auf eine Form Doldner (Duldner wird der Name geschrieben, gesprochen aber mit allen genannten Vokalfärbungen). Das wäre ein Doldenmacher, Doldensammler, einer der armen Volksklasse, deren Recht am Gemeindewald nur im Sammeln von Abfällen, von Dolden, bestand. — Der Damm-Macher würde, analog dem Kamm-Macher (Kommner) in der Ma. eher Domner lauten.

Demut, fehlt; dafür *Beschîdenhît* [Geh. Spr.]. F. N. Demuth (Bulkesch).

demütig, als nhd. Entlehnung **dîmædich**, nösn. *dîmâ^i^dich.* Echte Ma. *beschîden*, nösn. *beschêden.*

demütigen, nhd. Entlehnung **dîmædijen** schw., nösn. *dîmâ^i^dijen* schw. Auf dem Lande in geh. Spr. vom kurzen Gebet vor dem Niedersitzen in der Kirche. Beim Zugang der Gesellenbruderschaft: *Ech bä wallens, de Bre^e^der N. N. afzekle^o^n, dat e sich net gedoimâdicht* (nicht demütig geneigt hat) *anjder'm hemlije Gebe^e^t* (Agnetheln, V.-A. 21, 101). Syn. *dälpen, dommen.*

~, Denar, urk. oft wiederkehrende Bezeichnung einer kleinen Geldmünze; 100 Denar = 1 Goldgulden.

Denczer F. N. (1478, 1500 Qu. Gesch. S. 1, 262, 264).

† Dendel F. N. *(Gr.-Schogen).*

Dendler F. N. Wie Dendel neben Denjel, Dendjel, so Dendler neben Dengler. Pfarrer *Dendler* in Gr.-Scheuern, *Dendler*-Stiftung im Hstdt. Kapitel.

~, **dene** in Auszählreimen des Kinderspiels ‚zwei'. Ene, dene, drei.

Dengel, gespr. *Dünjel*, 1. F. N. vielfach bezeugt und heute noch vorhanden (1506, Qu. Gesch. S. I, 421, 424; 1609. Hammersdf.; 1641, Birth.; 1722, Heltau, Burzenl. Auch die moullierte Form kommt häufig vor: »Dengyel« (1763, Med.), »Dengyel« (1825, Busd), »Denjel« (1641, Birth.), »Denjiel« (1810, Petersdf., Unterw.). Vgl. Daniel 2. — 2. O. N. Dengel (Szász-Dányán, Kl.-Kokler Kom.). Hievon gebildet Dengler, s. dies.

dengeln, nur als nhd. Entlehnung **dängeln** schw., nösn. *dängeln* schw., in Kronst. *dongeln.* Die echte Ma. gebraucht dafür *hârn, hâren*, auch *de Sênz kloppen, schlôn, tschoken.*

Dengler F. N. (1763, *Bistr., Heidendf.).* Als Fl. N. »über Dengler rech« (1680, Belleschdf., Cap. Bog.). Unsere Namenbildung gehört, abgesehen von lautlichen Gründen, nicht zu dem in der echten Ma. ungebräuchlichen dengeln, sondern zum O. N. Dengel (Szász-Dányán, Kl.-Kokler Kom.). Vgl. lux F. N. Dengler. s. Kisch, F. N. 26.

~, **Denie**, nächtlicher Gottesdienst in der Osterzeit (zu rum. denie). S. Brenndörfer, 15.

Denk (Adam) F. N. (1615, Hstdt. Ger.-Prot.).

denken, **dingken** schw., nösn. *dingkn* schw., vereinzelt *dintchen* (Martinsberg, Meeburg). Prät. *ich du^e^cht*, nösn. *du^a^cht.* 1. ‚Denken, nachdenken, überlegen, gesinnt sein'. *Wat dingkst-te?* ‚Welchen Gedanken hängst du nach?' Auch: ‚was hast du für eine (merkwürdige) Meinung!' *Dingk nor emôl!* So beginnt man oft den Bericht über ein auffallendes, überraschendes Ereignis. *E dingkt net bäs vur de Nu^e^s (S.-Reen), nät, wâ^i^ wait sai Nu^a^s rècht* (nösn.) sagt man von einem beschränkten, unüberlegten Menschen. *Ich dingkn mer mai Dêl* ‚ich schweige dazu, behalte meine Meinung für mich' (nösn.). *Dingk, wat te ri^e^tst!* ‚überlege dir, was du redest!' *Wat hu^e^t-e gedu^e^cht?* So fragt man, wenn man sich über das Tun, die Handlungsweise jemandes wundert. *Wi^e^r wiss, wat de dernô dingken wirst* ‚wer weiss, wie du dann gesinnt sein wirst'. *Net ze dingken; net ze doingken dru* (Gr.-Sch.) ‚keine Rede davon, mit nichten'. Von gedankenlosen Kindern sagt man scherzend: *E dingkt weder un de Mäschen qf dem Dąch.*

Wæ, ich sîl net sachsesch ri^e^den,
sachsesch dingken?
— Wäll, wæ sæ zâ allen Zegden,
Sachsesch dingken ‚gesinnt sein'.

Käst. 60, 61.

R. A. *Âmen äst ąnder de Ôgn dingkn* ‚jemanden durch Blicke merken lassen, dass man von ihm etwas schlechtes denkt' (nösn.). — 2. Mit refl. Dativ: *Dingk der nor emôl, wat e sôt! Ich ką̂ mer et net dingken* ‚ich kann mir es nicht vorstellen'. *Wat dingkt sich dî?* ‚Was bildet sich der ein? — 3. ‚Sich erinnern, jemandes oder einer Sache gedenken'. *De wirst noch u mich dingken* ‚du wirst dich noch meiner erinnern' (z. B. wie viel Gutes ich dir getan). Aber auch in drohendem Sinne: *de są̂lst noch u mich dingken!* ‚ich werde es dir heimzahlen!' *Mer wänn u se dingken* ‚wir wollen ihrer nicht vergessen'. *Ich känn net dru dingken* ‚es ist schon lange her'. Auch: *ech ką̂ net drun dingken* ‚der Gedanke daran schmerzt mich'. *E hu*ᵉ*d u mich gedu*ᵉ*cht* ‚er hat sich meiner, etwa durch Absendung eines Geschenkes, erinnert'. Kindern ruft man drohend zu: *ich verbrǣn der înt, dat te u mich dingkst* (Scharosch). *Hîmen dingken* ‚mit den Gedanken zu Hause weilen'; *e dingkt vill hemen* ‚erinnert sich sehnsüchtig der Heimat' (nösn.). »So lange er d e n k e n (sich zurückerinnern) kan« (1567, Nat.-A.). *Römlichst deses Kenengs ze dingken* (SCHULLER, Ged. 72). *Dingk der Zekt, als Sangkt Stephan äs e krästlich Keneng worden* (Ebda., 75).

Dingk alt zeräck un't Sachselą̂nd,
Dingk un't Geberch,
*Dingk un de Brünncher e*ⁱ*sich ką̂lt.*
KÄST., 85.

»D e n k e t doch, dass der Halb-Hund den Wein hat verwület« (1761, L. K. A.). — 4. ‚Glauben, meinen, auch in einem falschen Wahn sich befinden'. *Wat dingkst te derzâ?* ‚Was meinst du dazu?' *Ich dingken!* ‚Das will ich meinen!' *Em dingkt, e kênt ned-af înt (zwê, drą̂) zi*ᵉ*len* heisst es von beschränkten Menschen. *Dǣ dingken ne*ᵃ *Wanjder, wat (wi*ᵉ*r) se wêirn* ‚die leiden am Grössenwahn' (Kl.-Schenk). Ähnlich: *E dingkt, hî wêr et. E dingkt, e hâd äsen Härrgott un der däcken Zîn. E dingkt sich ze gât derzâ* ‚hält sich für zu gut dazu'. *Et kit vilme*ᵒ*ls gąnz undersch, als wâi em dingkt (Wallendf.)*. Sprw. *En jêt Krô dingkt, se (är Dûchter) wêr en Pô* (Pfau) *En jêt Krô dingkt, ir Krôchi wêr äm heschten* ‚am schönsten' (nösn.). Ähnlich: *se dingkt, ir Ą̂er hädn zwê Dodder* (nösn.). *De Frâ*ᵉⁿ *dingken, se wêren schîn trą̂, wu se ene lǣwen uch noch zwîn derzâ* (SCHUSTER, Volksl. 183). *Kam nor äm det Dûr geschwänjt, se dingkt me Vu*ᵒ*ter, et wêr der Wänjt* (Ebda., 17). Die Eltern klagen am Sarge des Kindes: *Ich dôcht äm Ą̂lder en Štätz ze hun und näo zechst tä esu schnêl dervun* (SCHUSTER, T. u. B. II, 31). »So hot sie gefragt: Hörstu, wie d e n k e s t u, habt ihr etwass .?« (1761, Cap. Bog.). — 5. † ‚Erwähnen'. »Da haben g e d a c h t e (erwähnte) Kinder«; »am g e d a c h t e n Haus« (1564, Hstdt. Ger.-Prot.). »G e d a c h t e Katharina« (1782, Ebda.). »Oft g e d a c h t« ‚oft erwähnt' (1586, Ebda.). »G e d a c h t e s Rechtsbuch« (1569, E. L. R.). »Wie oben g e d a c h t« ‚erwähnt' (KRAUS, Chron. I, 116). »G e d a c h t e n seinen bruder« (Ebda. II, 43). — 6. †. ‚Sein Augenmerk auf jemanden richten'. »Ich hatt g e d a c h t auff Herr Georgium zu Schellenberg oder auf H. Valentinum zum Rottenberg« (1609, Zeugenaussage die strittige Grossauer Pfarrerwahl betreffend). — 7. *dingk-ich* s. dich. Lautt. 29.

Denken, Dingken n., nösn. *Dingkn* n. Sprw. *Vum wennich Dingken bekid em rît Hôr, vum allzevill Dingken bekid em grô Hôr (en Glatz).*

Und der Mänjtsch mät senjem Dingken
Kûn et doch ned oundersch lingken.
SCHUSTER, Volksl. 82.

*Der Iesel, mêr hôt hi*ᵉ *det Dingken ned erdôcht, se let' înt munchäst lîren* (FROMM. 4, 280).

Denkmal, Dingkmôl n., nösn. *Dingkmôl* n.

denn, dänn, gekürzt **dä,** nösn. *dänn.* Die Verwendung der Partikel ist in der Mundart beschränkter, als im Nhd. 1. Das begründende denn, lat. nam, wird, wenn auch oft durch *wel* weil, *dräm* (s. darum, 7) vertreten, vereinzelt gebraucht: *Dänn ed äs jô he*ⁱ*er ąlles ąlles de*ⁱ*er* (SCHUSTER, Volksl. 98). *Dä wîsste* ‚denn weisst du' (Hîmw. 12).

Gäf der Dûchter bǣ Zegt en Mą̂n,
Dä se äs en Oppes, dą̂t sich net hą̂lde ką̂n.

Sprw.:

Gôd und lot mich doch äm Fridden,
Dänn e Sachs drêd ich de Räck. KÄST., 64.

*Dä wi*ᵉ*r ich nid än Härz uch Hous,*
*Di*ᵉ*m gît der Sêjen näkend ous.* Ebda., 70.

In älterer Sprache ‚dann': »D a n n wer im rechten selbst einbekent / wird als ein selbst verurtheilter Mensch gerechnet« (E. L. R., 38). — 2. Bei Fragen, besonders um Dringlichkeit oder Zweifel anzudeuten: *Na wǣ są̂l em dä sôn?* (sagen). *Wat hu*ᵉ*t e der dä gedôn? Wêr et der dänn nät recht gewêst?* (nösn.). »Darauf der Rector gefragt, was es d ä n n wer gewesen, das er mit ihm im sihn gehabt?« (1671, Cap. Bog.). — 3. Folgernd ‚mithin, also': *Se kamm mer dänn nô! »Driu wäll donn ech ich oin (Mêr) erze*ᵉ*len«* (Zw. Krez., 24). *Na, hi donn!* (Ebda., 9).

— 4. †. Denn ,weil'. »1603 fallen die Kroner Herren ohne Vorwissen der Gemeine vom Basta ab, denn er nicht im Lande war« (Qu. Kr. 4, 18). »Wollte er alle Früchte auf dem Felde, denn es gleich um die Erntezeit war, verderben« (1600, Ebda. 18). »Haben die drei Fähndlein Knecht nit ins Läger wollen, denn sie sich vor den Zekeln geforcht« (1552, Ebda. 514). — 5. †. Nach Komparativen und nach Verneinungen denn ,als'. »Es ist nichts verderblichers, denn vneinigkeit des glaubens« (Hont., K. O. 7). »Kein ander mittel, denn allein die wahrhafftige Busse« (Dam. Dürr, Aml. 68). »Das Velten bessere gerechtigkeit dan Martinus zu solchem halben hoff hatte« (1586, Hstdt. Mag.-Prot.). »Die Richter sollen . mehr auff des rechts billigkeit vnd linderung desselben sehen, dan auffs schärffe und strenge recht« (E. L. R., 37). »Den es ja besser ist, die vbelthat bleib biss auff eine zeitlangk vngestrafft / den das ein vnschuldiger verdampt werde« (Ebda., 157). — 6. Bedingend: denn ,es sei denn, ausser dass'. »In lastertaten / sol der verbrecher am ort der begangener that / mit recht werden fürgenohmen / er were dann vorflüchtig« (Ebda., 12). »Sie würden dann billicher und notwendiger vrsachen wegen zu kohmen verhindert« (Ebda., 17). »So wird keiner Partheyen für demselben gericht / weiter zeugen einzustellen / nit zugelassen / es werde dann die sache und teidig appelliert« (Ebda., 22). In der lebenden Ma. hie und da: *ze dänn* ,es sei denn'. *Ze dänn e hæf näst* ,es sei denn er habe nichts' (Gr.-Sch.); *'t soa dänn* (Reichesdf.). *Zô (et sô .) dänn e hât näst* (Agnetheln). *Soa dänn em wêr vun Haus aus e Mellôfen* ,Maulaffe' (Höhr, Landw. Bl. 1909, 572).

Denndorf, **Dändref,** sächs. Dorf unweit Schässburg, magy. Szász-Dálya, rum. Daia. Die ältesten urk. Benennungen weisen ebenso wie die magy. stammhaftes *a* und *l* auf: »Dalia« (1280, Urkb. 1, 141), »Dala« (1309, Ebda. 240), »Dalya« (1329, Ebda. 426). Auch die ältesten deutschen Bezeichnungen haben *l*: »Dellendorf« (1522, V.-A. 5, 25; 1532, Qu. Kr. 2, 283), »Dellendorff« (1523, Ebda. 1, 521; 1567, Nat.-A.). Daraus ergibt sich als unzweifelhaft richtig die Ableitung von *Dall(e)* (s. d.), *Delle* ,Vertiefung'. Zur Lautwandlung *Dellendorf* 〉 Denndorf ist zu vergleichen O. N. Sellendorf, Selndorf 〉 Senndorf; Milnarken 〉 Minuªrkn; *wän* 〈 mhd. wellen; *sin* 〈 mhd. süln. Vgl. Wolff, Ortsn. 1, 28.

Denndorffer F. N. (1722), »Dendörffer« (1763 Med., 1822 Langenthal), »Dendorfer« (1824, Baassen). Vgl. Dellendorfer. Die Denndorfer haben im Volksmund den Spitznamen *Baschkräcber* ,Buschkriecher' (H.-W. 133).

dennoch, dennich, nösn. *dännich.* 1. Seltener im Sinne des nhd. ,dennoch, gleichwohl'. *Wennich, qwer dennich,* ,wenig, gleichwohl genug'. Rätsel: *Em kôcht et, em brêd et, em ässt et dennich net* (Das Hölzchen am Ende der Leberwurst). — 2. Gewöhnlich ,doch'. *Dąd äs dennich* (doch) *ze vill. E gäkt Hârz huᵉt e dannich* (burzenl.). *Wâ hôt der hemmlesch Vôter a menjem Jôrten* (Garten) *esu en höᵃsch Bleᵃm donnich ᵒᵃpläcken kannen?* (Totenklage um ein Kind, Zendrisch). »*Wä gâd äs et dennich, wonn em ed esi bekwêm hu kąn*« (Hîmw. 16). »*Et gloiwt* (glaubt) *dennich niᵉmest. Villicht gefallt se ich dennich*« (Zw. Krez. 24). »*Liut* (lasst) *da Feif dennich äm Schinder*« (Ebda. 9). »*Âs Fiche bekit e dennich net*« (Semp, Verspillt 19). — 3. In Fragen ,denn'. *Wat sôt e dennich?* ,Was sagte er doch?' *Dennich wæ?* ,Und zwar: wie?' (im Sinne von ausgezeichnet, in vollem Mass). *Huᵉt e de Præfunyk gemącht?* Antw. *Na dennich wæ?! Esi gâd em se nor mące' kąn. Wat hun ich dennich gediᵘn, dąt mich ded Êlänt betrêfe sąl?* »*Wei kênd ij et dannich um bèste mochen?*« (Verspillt 9).

—, **de norok** (◡/◡◡́), aus dem Rumänischen. Wahrsagerinnen unter den Wanderzigeunern bieten ihre Weisheit an mit den Worten: Să spui de noroc la domnu! ,ich will dem Herrn (vom Glück) wahrsagen'. Sächs. meist in übertragener Bedeutung: ,jemandem die Wahrheit derb sagen', ,ihn zurecht weisen'. *Ech sôd em de norok, e wid et net vergiᵉsse, mêr wert e wæ ąlt.*

—, **deotchân** schw. (◡ ◡ ⊥) ,berufen'. *Em huᵉd et deotchat.* (Zu rum. deochiu, a deochia, Brenndörfer, 15).

—, **Dêpchen** n. in Kronst., auch sonst burzenl., so in Rothbach. *Dapchen* (Tartlau), *Daipchen* (Zeiden), *Depchen* (Heldsdf., Petersberg.), vereinzelt auch *Dêpchen* in Streitfort, Malmkrog. ,Die Spitze des Ellenbogens'. Vgl. in der Werdener Ma. Doppe ,das Becken, in welchem die Glieder am Arm und Bein sich drehen': De Arm es uttem Doppe gegangen.

Depner, F. N. s. Düppen, Düppner.

Deputat, »Und solchen (den Bauherren der Stadt) mit willen der ehrlich gemein ein gewisses deputat gemachet werden« (1631, Nat.-A.). *E huᵉt senj Deputât bekun* ,hat einen festgesetzten Naturalbezug erhalten'.

Deputierter, Deputîrt m. ,Reichstagsabgeordneter'.

der, die, das. I. Als einfaches Demonstrativum: **dier, dæ, dąt,** Plur. *dæ.* Im Süds. ist sehr verbreitet *dî* ‚der', zurückweisend auf altes *thê* (s. Braune, ahd. Gramm. 200). Nösn. *diär, dâi, dąt,* Plur. *dâi.* Nur die *Jaader* Ma. hat ebenfalls *dî* ‚der'. 1. Die echte Ma. wendet gewöhnlich dieses einfache, im Zusammenhang der Rede in der Regel hochbetonte Demonstr., seltener das zusammengesetzte an. *Dî hôd et gesôt* (⊥ – ⌣ ⌣ ⊥). *Dæ hun et gedôn. Dæ* (die, von der Partei) *verštôn et. Dąt se licht Lekt.* — 2. Oft im Sinne: ‚der Betreffende, Bekannte'. *Dąd äs dî* (der bekannte) *licht Mäntsch. Dî hanjder der Bąch.* (Übername in Arkeden) *Dąd äs dæ gât Fræ. Ich hu dien* (euch bekannten) *ængen Hôf (S.-Reen). Won ir dî* (den bewussten) *ferchterliche Fond.* (Aufruf aus 1809.) In diesem Falle trägt das Demonstr. immer den Hochton. — 3. Soll ein Substant. hervorgehoben werden, so wird es besonders in behaglicher, breiter Rede mit dem Artikel oder einem Possessiv vorangestellt und mit dem einfachen Demonstr. wieder aufgenommen. *Der Vueter, dier sôt (S.-Reen). De Wenj, dien dränkt e net giern. Der Härwest, dier kit* (Käst. 22). *Ire Mąn, dien sellt ir læwen* (sagt man in einem Hochzeitsliede der jungen Frau). *Senj Fræ, dæ sôt.* — 4. Abweichend vom Nhd. wird unser Demonstr. gern im part. Genitiv verwendet. *Aich ässn diär Appel; aich dränkn diäs Wai* (nösn.). *Et hengen dier rîder Appeltcher drun* (Schuster, Volksl. 9). *Hie brängt dier weisser Blomme gor vill* (Ebda. 27). *Wæ dier î lichter î Schatertzegun* ‚wie einer von den schlechten Zeltzigeunern' (Ebda. 5, 7). *Hie bekt* (bietet) *dir jô dier gâder Dæch* (Ebda. 6). *Tea wirst dier rechster în Wîrtän. Dier în* ‚einer von denen'. *Dier în heschet Mêtchen. Dier înt* ‚ein derartiges'. *Nemi prädich mer esefelt dier ąlder Mêren.* »Da ergrieff sie d e r e r einer und tantzet mit derselben ein wenig« (1699, Cap. Cib.). »Es würde nach seiner reden mancher Ehrlicher Mensch d e r einer (ein Schelm) sein« (1700, Ebda.). »Sie wisse nicht, ob dieser auch d e r e i n e r sey oder nicht« (1599, B. M.). Auch vor dem Possessivpron. *Angder dies senjem Hous. Mät dies senjer Dûchter.* — 5. In besondern adverb. Verwendungen. *Mät diem,* oder *än diem geng e fort* (wie magy. azzal elment) ‚darauf ging er fort'. *Af dąt* (magy. arra) *sôte. E kid af dąd* (darauf) *erous. Ed äs nôch ned u diem* ‚es ist noch nicht so weit' *(S.-Reen). Net kąm mer mät diem* ‚gebrauche nicht diese Ausrede'. *E äs af diem* ‚er besteht darauf'. *E äs än diem* ‚er ist der Meinung'. *E kąm noch dien Dąch* ‚noch an dem Tage'. *Äm dąt* ‚darum, deshalb'. *Nô diäs* ‚nachher'; *vordiäs* ‚vorher' (nösn.). *Ed äs uch diäs* ‚es ist auch von dem, von der Sache, von der Sorte'.

II. Als Relativum. Das Demonstr. wird oft als Ersatz für das Relat. verwendet. *Diere (dier de) hôt, dî kąn,* ironisch von solchen, die über ihre Verhältnisse leben. Rätsel:

Dî et mącht, dî brocht et net,
Dî et kîft, diem äs et net
Dî et brocht, dî wîs et net. (Der Sarg).

Der Deiwel än dên, dîde (welcher) *niche Riudet u sich hôt.* (Aus einem Kinderspiel, Höhr 139). Nach dem Baden singen die Kinder: *Fræsen, Fræsen* (Fieber) *net kamm iwer mech, kamm iwer dên, dî wate nôch äm Wôsser äs* ‚welcher noch im Wasser ist'. *Dîden ded errôde kąn, dî sąl henjt bæ mir schlôfen.* (Aus einem Rätsel).

III. Der bestimmte Artikel hat stummen Vokal: *dər, də, dət;* Gen. *dəs, der;* Dat. *dəm, dər;* Acc. *dən.* Plur. *də.* Nach Præpos. schwindet von den Formen *dəm, dən* gewöhnlich auch das anlautende *d: Iwerm Hous* ‚über dem Hause'; *angdern Däsch* ‚unter den Tisch'. *Afm Rêch* ‚auf dem Berge'. Im Folgenden werden hauptsächlich vom Nhd. abweichende Verwendungen des bestimmten Artikels hervorgehoben. — 1. Den F. N. und Taufnamen wird gewöhnlich der Artikel vorgesetzt: *Der Dâdrich;* bei weiblichen Personen mit der Endung *-än* (⟨ mhd. -inne) *de Schulleràn. Der Hants, der Miertchi* (nösn.). *Kit der Gerich, kit det Grąs; kit der Mächel, kid et net. Der Kirscher, der Drêssler* ‚der Drechsler (namens) Kirscher'. Auch von Dorfnamen: *Der Pâlen-Tumes.* Mit Genitivendung des F. N. *Der Farnonjels-Misch, der Rôdn-Titz.* »Was hat d e r Jesus gethan?« (Frage des Pilatus bei Dam. Dürr, Hdschr. 829). — 2. Einzelnen Ortsnamen wird ebenfalls, und zwar zumeist der weibliche Artikel vorgesetzt. So von Nösner O. N. *De Burgô* (⌣ ⊥), *de Dorne, de Læchntz, de Naszôd* (⌣ ⊥), *de Rodne* (5 Marktflecken), aber auch *de Bästerz (Kl.-Bistritz)* und *de Wände* (Windau). Ferner *de Härmeštat, de Schêsprich, de Bekotch.* Auch urk. »In d i e hermestat« (1528, Qu. Kr. 2, 102). »In d e r Hermannstadt« (1603, Ebda. 4, 160). »Auf d i e Schaessburg« (1551, Ebda. 4, 511). »D i e Weydenbach« (1658, Ebda. 248). »D i e Szamos-Ujvár, d i e Gyalu« (Kraus, Chron. 1, 244). »D i e Lippa« (Ebda. 49). »D i e Litaw« ‚Lithauen' (Ebda. 252). »In d e r Rodna« (1568, Kemény F. 89). »Ihn d e m Geörgeny« (Kraus, Chron. 2, 245).

— 3. Bei einem Besitzverhältnis wird abweichend vom Nhd. (übereinstimmend mit dem Magy.). der possess. Gen. oder Dat. voran-, und das Beziehungswort mit dem possess. Pronomen nachgestellt: *Dem Vôter senj Hous* (magy. az atyának a háza). *Des Pâle Mächel se Sann, senj Duechter. Des Grêbm îren* (nösn.). ‚die Angehörigen des Ortsrichters'. *Der ǫlder Frâ îr Sǫnn* (nösn.). ‚der Sohn der alten Frau', wobei bemerkenswert ist, dass das Adjekt. fem. abweichend vom Nhd auch nach dem Artikel (wie auch sonst fränkisch) stark flektiert wird. »Die zogen in Polen in des Koretzki sein Land« (1616, Qu. Kr. 4, 38). — 4. Abweichend vom Nhd. wird der Artikel auch gesetzt bei den adverbialen Genitivformen: *des morjest, des ôwest, des nuechts. Des morjest Gäft, des ôwest Arzenǭ* (der Rettig). *Wǣ en Rîs äm Guerten, dǣ des morjest afblǣt und des ôwest zâblǣt* (SCHUSTER, Volksl. 42). *Des ôwest wänn ich schlôfe gôn; des morjest won ich frǣ afštôn* (Volksl.). »Des morgest macht er sich wider auff« (DAM. DÜRR, AML. 68). »Das mir nicht wissen, will uns Got des morgenst von der welt ruffenn, aber des abendts« (DAM. DÜRR, Hdschr. 39). »Des Nachts« (1718, Mühlbach, Hexenprozess). Vgl. »Des abents« (1548, Casel an der Mosel, GR. Weist. 2, 300). »Des morgens, des nachts« (Ebda. 302). Auch bei andern Adverbien. *Ded îršt* ‚zuerst'. »Als her ist komen . . . das erst in das lant« (1528, Qu. Kr. 2, 98). *Det mîst*, nösn. *det mêst* ‚zumeist'. »Vntter welchen das meiste teutsche Czipser waren« (KRAUS, Chron. 1, 15). *Det nênst* ‚am nächsten'. »Das nehest« (DAM. DÜRR, Hdschr. 733). Auch in Sätzen wie: *dǭd äs de drǭ Gälden wiert* ‚du hast mit recht drei Gulden dafür gegeben'. Dagegen fehlt der Artikel in »*ze Kirchen gô*« (nösn.) vom Gang der jungen Mutter mit dem getauften Kinde zur Einsegnung in die Kirche (vgl. mhd. ze kirchen). Die in der Ma. nur in dieser Wendung schwach flektierte Form des Wortes ‚Kirche', das nösn. *Kirich* st. heisst (sonst: *ich gô zer Kirich*) deutet auf das hohe Alter derselben hin. — 5. Entsprechend dem ndl. mîn her der graf; ält. nhd. »Her, der bürgermeister« wird im Süds. als feststehende Anrede und Bezeichnung des Ortsrichters auf dem Lande gebraucht: *Der Härr der Hann.* Auch in ält. Spr.: »Der Herr der Hann« (1593, TEUTSCH, Sch.-O. 1, 37). Ähnlich: »Dem herenn dem richter« (1528, Qu. Kr. 2, 113). »Dy herren dy richter« (1541, Nat.-A.). »Der Her der Königsrichter« (1515, B. M.). Auch: »die Herren die purger« ‚Amtsgeschworene' (1541, SCHULER-LIBL., Mat. 71). »Den weisen Herrn den Wortmann« (1631, Ebda. 91). Eine ähnliche Verwendung des Artikels finden wir in:

Hîrt hier ir Mǭn, der Bredjem (Bräutigam),
Hîrt hier ir Frǣ, de Brotj (Braut).

(Aus einem Rockenliede bei SCHUSTER, Volksl. 85).

— 6. Alte Wendungen mit part. Genitiv sind z. B.: *Wat mǭchste?* Scherzhafte Antwort: *Ängden des Âgemǭchten! Weles mǭcht er?* Erwiderung: *dês Sätzänes!* (‚des Sitzenden' Reussen). *E dît niche Gâdes (Reen).* Bei Kinderspielen: *Des Wunnenes špilln* (HÖHR, 71), auch *des Fênes, Durchkrechenes, Rôsses, Verkräches, Verštêches; der ze redaner Gorr,* (Agnetheln), *der lûfaner* (laufender), *der feoraner* (fangender, nämlich *Oärt* ‚Art'). Ballspiel bei dem es gilt, die Spielaufgabe durch Laufen zu lösen, ohne vom Ball des Gegners getroffen zu werden, oder wo die Aufgabe des Spieles einfach im Fangen *(fôrn, feoren)* des geschlagenen Balles besteht. — 7. Einzelne Substantivbildungen: *Der Nâmest* ‚Niemand' (nösn.). *Bäs ǫf den Hait, den Môrn* (nösn.). *Der Gesangd* ‚die Gesundheit'. — 8. Vielfach werden in unserer Ma. Substantiva mit vom Nhd. abweichendem Genus gebraucht. Es folgt hier eine auf Vollständigkeit nicht Anspruch erhebende Aufzählung. *Adwänt* fem., *Ǣren* m. die Ernte (vgl. der eren; 1517, Schweich Untermosel, GR. Weist. 2, 316), *Arräst* n. (nösn.), *Âker* m. die Ecker, *Bǭch* fem. der Bach, in der Bach (DAM. DÜRR, AML. 42), Befehl n. (KRAUS, Chron. 2, 276), *Blǭištäft* n. (nösn.) der Bleistift, *Bǣr* m. das Bier, *Bommel* m. (nösn. Landma.) die Baumwolle, *Brǫsslatz* fem. der Brustlatz, *Buarbm* m. (nösn.) die Barbe, *Dach* m. grobe Hanfleinwand zum Unterschiede von *Dach* n. wollenes Tuch, *Däppen* n. der Topf, *Dâtum* m., *Dîl*, nösn. *Dêl* n., das theil (E. L. R., 34), *Dill(en)* m. die Diele, *Dodder* n. (nösn.) der Dotter, *Eis* m. (Wolkendf. und sonst), *Îes* m. *(Mettersdf.)* das Eis, auch urk. der Eiss (KRAUS, Chron. 1, 140), *Fagott* fem. (nösn.) das Fagott, Fahn n. (KRAUS, Chron. 1, 255) die Fahne, *Fǫngk* fem. der Funken, *Fängk* fem. der Finke (nösn.), *Faschink* fem. der Fasching, *Fäschôter* fem. der (die) Fischotter, Feiler, Feller n. der Pfeiler (1655, Qu. Kr. 4, 241, 243), *Fenster* fem. (wie lat. fenestra) das Fenster (Gr.-Sch., Agnetheln), *Fîršt* fem. der First, *Flîtz* fem., die Flötz (KRAUS, Chron. 1, 67) das Floss, *Flû* fem. (nösn.) der Floh, *Flues* n. der Flachs, *Fraile* fem. (nösn.) das Fräulein, Frewel n. (KRAUS, Chron. 1, 46), *Furm* m. die

(Hut)-form, *Güft* m. das Gift, auch urk. der Gifft (Ebda. 2, 63), der Gift (1656, Qu. Kr. 4, 241; vgl. auch Z. f. d. W. 7, 52), *Gieršt* m. die Gerste, *Grâmet* fem. das Grummet, *Hąlfter* m. die Halfter, *Hąntes* n. (nösn.) der Dachs, *Hîmet*, nösn. *Hêmet* n. neben fem. die Heimat, *Hingk* fem. der Henkel, *Hîrn* fem. (nösn.) das Hirn, *Hobel* fem. der Hobel, *Hontch* n., nösn. *Hunich* n. der Honig; das Honig (Kraus, Chron. 1, 38, auch sonst im älteren Nhd. Z. f. d. W. 7, 57), *Hôrn* m. (nösn.) das Horn, *der Kâhôrn* das Kuhhorn, *Huech* fem. der Hag, *Huewer* fem. der Hafer; auch die Haber (Kraus, Chron. 1, 377; in einem Weistum von der untern Mosel 1561: die Haber, Gr. Weist. 2, 414), *Huarz* m. (nösn.) das Harz, *Huffert* m. die Hoffart, *Igel* fem. (nösn.) der Igel, *Ingkel* n., der Enkel und die Enkelin, *Iwegeljen* m. (Gr.-Lasseln) das Evangelium, *Kadrill* m. die Quadrille, *Kielter* m. die Kelter (auch in einem Weistum von der untern Mosel 1632 der Kelter, Gr. Weist. 2, 384), *Knôch* fem. der Knochen, *Komitât* n. der Komitat, *Körn* m. die Weinbeere, *Kreach* fem. (Gr.-Sch.) der Krug, *Kuer* fem. der Karren, der Lager (1612, Qu. Kr. 4, 29), der Leger (Kraus, Chron. 2, 5) das Lager, *Laist* fem. (nösn.) der Leisten, Last m. (Ebda. 1, 370) die Last, *Lotiärn* m. (nösn.) die Laterne, *Lû* m. (nösn.) die Gerberlohe, Luft m. die Luft (Tröster, 375), *Mènet* n. der Monat, *Môr* fem., nösn. *Muar*, der Morast, *Môss* fem. *(de Môss nin* z. B. zu einem Kleidungsstück) das Mass, *Ôrt* n. (nösn.), das Ohrt (Kraus, Chron. 1, 19; 2, 220), *Piersch* fem. *(Reen)* der Pfirsich, *Pîps* fem. der Pips, Hühnerkrankheit, Pulver m. (1612, Qu. Kr. 4, 23) auch jetzt *Pqlwer* m. (nösn.) das Pulver, Pöbel n. (1660, Qu. Kr. 4, 256) der Pöbel, *Rôm* fem. der Rahm, *Ruaf* fem. (nösn.) der Rabe, *Rum* fem. (nösn.) der Rahmen, *Sâmel* m. (nösn.) die Semmel, *Schąnz* m. der Schantz (Kraus, Chron. 1, 30; 1660, Qu. Kr. 4, 256) die Schanze, *Schiber* fem. (nösn.) der Schiefer (Splitter). *Schliech* fem., nösn. *Schlêch* fem. (Sing.) = nhd. Plur. die Schläge, *Schlätz* fem. der Schlitz, *Schöder* n. (nösn.) der Schotter, Schrecken n. (1612, Qu. Kr. 4, 31, 154) der Schrecken, Seiden m. (Dam. Dürr, Aml. 29) die Seide, *Šplitter* fem. (nösn.) der Splitter, Sterb m. (1600, Qu. Kr. 4, 155) das Sterben, *Špôr* n. (nösn.) die Spur, *Štîrn* m. und fem. die Stirne, *Štrigel* fem. der Striegel, *Schunk* fem., die Schunk (1603, Qu. Kr. 4, 14) der Schinken, *Teisselt* fem., m. und n. die Deichsel, Trübsal n. (Kraus, Chron. 1, 378), *Uermet* n., urk. oft das Armuth, *Uert* m. neben n. u. fem. die Art, *Verên* n. der Verein (Nösner Landgem.), *Verštônd* n. (burzenl.) der Verstand, *Wäckel* fem. der Wickel, *Zægel* fem., nösn. *Zâigel* fem. der Ziegel, Zeichen m. (E. L. R., 8; 1720, Gr.-Sch. Nachbarsch.-Art.), *Zelât* fem. (nösn.) der Salat, *Zwibel* m. die Zwiebel. — Zu bemerken ist ferner, dass weibliche P. N., so lange sie noch als jung bezeichnet werden, den sächlichen Artikel erhalten: *ded Anna, det Bertha;* auch wenn der F. N. davorsteht: *det Berger Maritzi.* Auch sonst erhalten Gattin, Freundin, ferner jüngere oder gesellschaftlich tiefer stehende Frauenzimmer das Neutr. des Art. und Pronomens: *ed äs derhîm* ‚sie ist zu Hause'; die Mutter, ältere, ferner stehende Frauen dagegen das Fem. *se äs fortgąngen* (nösn.), süds. *de Trenj, de Mai* ‚die (alte) Katharina, Marie'. (Vgl. den übereinstimmenden moselfr. Sprachgebrauch nach Kisch, V.-A. 33, 29). — **9.** In Sätzen mit unpersönlichen Verben wird das den Satz einleitende Subjektswort es gewöhnlich durch das Neutr. des Art. *det* vertreten: *Det rênt* ‚es regnet', *det blätzt* ‚es blitzt', *det dannert* ‚es donnert', *det schnât* (nösn.) ‚es schneit'; auch *det wirt dąngkel, Ôbmt, det kit der Summer, der Wänter (Reen).* — Mhd. der, diu, daʒ. Das süds. Masc. *dî* weist in nördlicheres mfrk. Sprachgebiet, als nösn. *diär.* Es stimmt zu altsächs. thie < *thê und zur mhd. md. Nebenform dê = dër. Das Neutr. des Art. und des Demonstr. hat im ganzen Gebiete der Ma. unverschobenes *t* und bietet im Zusammenhang mit dem sonst zumeist verschobenen westgerm. *t* ein wichtiges Kriterium zur Lokalisierung derselben auf mittelfrk. Sprachgebiet.

derart, dieruert, nösn. *diäruart; dieruert licht* (schlecht), *dieruert grîss; ich hun en dieruert geschlôn.*

derartig. dierærtich, nösn. *diärârtich.*

derb, fehlt; dafür *grôf, prostich, fiest.*

dereinst, fehlt; s. *îst* ‚einmal'.

Derft F. N. (1598, Nat.-A.).

dergleichen, fehlt; dafür *dierærtich.* »Wenn ich dergleichen ein man oder solcher Übelteter gewest wer« (1569, Kronst.).

derhalben, †. »Derhalben wir auch vns beflissen haben« (Hont., K. O. 7). »Würde derhalben ein Vormund aus rechter vrsachen verdacht« (E. L. R., 73).

derjenige, fehlt in der echten Ma. s. der.

dermaleins, †. »Trifft man sie nu dermal eins« (Dam. Dürr, Aml. 34). »Dermahl eins« (1644, Cap. Bog.).

dermaßen, †. »Da werden mancheinen dermassen ubermütig«. »Dermassen gehts mit uns menschen« (DAM. DÜRR, AML. 34, 68).

—, **Derrleng** m., magerer, abgezehrter Mensch' (Reps), *Derrleg* (burzenl.). Zu dürr, derr + Bildungssilbe -ling 〉 -leng 〉 -leg, welche in diesem Falle verächtlichen Nebensinn verleiht (Z. f. d. W. 2, 187).

—, **dersängt**, *dersedder* s. seither, seitdem.

derselbe, dersälf, *desälf, detsälf*, nösn. *der-, de-, detsalf. E äs dersälf bliwen.* In geh. Spr. *Êch well ich q̂* (auch) *datsalbich Kent sei, wäi beshear; êch well der q̂ dersalbich Vq̂ter sei, wäi beshear (Kl.-Bistritz,* Ansprachen vor dem Gang der Konfirmanden zum heil. Abendmahl, BERTLEFF, 14). *Esu sei mer ja q̂lx krestlich Aldern verflicht, dnsalbijen (detsalbich) ned em Hâedntum ofwq̂ssen ze läussn* (Ansprache beim Patenbitten, Ebda. 11).

derweil, derwel adv., nösn. *derwail.* 1. ‚so lange als'. Sprw. *Derwel te mich sekst, bäst te net blängt. Em schmit ded Eisen, derwel et wuerem äs. Äss, derwel te hôst, î der Brîtšpôrer* (der Tod) *iwer dich kit* (Schässbg.). *Det wäll ich äm Sänn hq̂lden, derwel ich liewen.* — 2. ‚Unterdessen, indessen'. »*Am munkat un pæschte*« (ich habe einen Fisch gegessen) *sôt der Blöch, derwel heng em der Paloks un der Grun* ‚am Schnurrbart' (SCHUSTER, Volksl. 240). *E sôt, e wêr krq̂nk, derwail gêt e q̂f det Fielt uarbedn* (nösn.). — 3. *Bäs derwel,* nösn. *bäs derwail* ‚bis zu der Zeit'. *Bäs derwel kun ich hîmen.*

—, **dêscheln** (dēžəln) schw. (nösn.) ‚lärmen, Getöse, Geräusch machen'. *Net dêscheld esufel, em dingkt, em wêr än der Judnschûl.* Davon abgeleitet Subst. *Gedêšchel* [ž] n. ‚Lärm, Getöse'. Auch moselfr. däˈschelen, dischelen, deischelen ‚Geräusch machen'. Iterativbildung zu mhd. diezen ‚laut schallen', dôȥ m. ‚Schall, Geräusch', vgl. auch dôsen ‚tosen'.

desertieren, desertîrn schw. Durch den Militärdienst ist das Wort auch in die Volkssprache eingedrungen, aber meist in der entstellten Form *desäntîren. Dî äs äm Štockhous, e wôr desäntîrt,* offenbar nach dem Kommandowort: Präsentiert! gebildet. So auch das Subst. *Desäntær* ‚Deserteur'.

desgleichen, diesglechen, nösn. *diäsglaichen. Diesglechen äs mer net vîrkun.* »Mit dem pharher nicht gnug, sondern die arme schuler finden desgleichen solch treu am volck« (DAM. DÜRR, AML. 18).

deshalb, fehlt; dafür *äm dq̂t.*

—, **deskintân** schw. (⏑ ⏑ ⏊) ‚eine Zauberformel gegen eine Krankheit hersagen', besonders von rum. Frauen besorgt. (Aus dem rum. descînt.) BRENNDÖRFER, 15.

desperat, deschperât. In städt. Halbma. *Ich bä gq̂nx deschperât* ‚ganz verzweifelt'.

—, **Dêssem,** *dêssemen* s. deisam, deisamen.

desto, dieste, nösn. *diäste,* wie nhd. vor Comp. *dieste lichter, dieste mî,* auch mit überflüssigen *äm* (um): *äm dieste gresser.* »Das einer dest getürstiger im sündlichen leben soll verharren« (DAM. DÜRR, AML. 70). »Das menschen destbas glauben mögen« (Ebda., Hdschr. 153). »Damit sie sich desterbas erneren mögen« (1486, Zunft-Art. Hstdt.). Im Volksmund vielfach durch *ä* je' ersetzt: *Ä mî em't verbekt, ä mî dâ se't* ‚je mehr man's verbietet, je mehr tun sie's'.

deswegen, fehlt in der echten Ma. Dafür *äm dq̂t.*

—, **detot** (⏑ ⏊) ‚ganz und gar'. *E äs detot e licht Mäntsch* (rum. de tot).

Detschelt F. N. (1600, Nat.-A.; 1797, Heltau), »Detsell« (1762, Ebda.), »Deczelt« (1609, Girelsau, Nat.-A.).

Deubel F. N. (1822, Michelsdf.).

Dewnagel † F. N., daneben »Deynagel, Daynagel, Dewnagill« (1485—1496, Qu. Gesch. S. I, 115, 128).

deuten, dæden schw., nösn. *dâidn* schw. 1. ‚etwas auslegen, erklären, bedeuten'. *Den Drûm dæden* ‚den Traum auslegen'. *E kont sij et net dâidn* (nösn.). *Wæ sq̂l em sich dq̂t dæden?* ‚wie soll man sich das erklären'.

Und de Thrênen, dæ de flessen,
Dæde Lîd und Kommer dræf. KÄST., 32.

Und wel Natûr gor sangderbôr
Q̂s flichtich Liewen dekt (deutet). Ebda

Doch wî äs Schûld um Weif, me Krüst,
Daut wäll ech klêrlich dödjen (deuten).
SCHULLER, Ged. 68.

— 2. ‚ankündigen, andeuten, anzeigen'. *Ded Ôbntrût daid q̂f hesch Wedder* (nösn.). »Der Strasse Stand deut't Volk und Land« (Hausinschrift). »Was sie damit deuten (andeuten) wollen, giebet die Vernunft« (KRAUS, Chron. 2, 52). »Aber in seines kleides vntertheill brieff eingenehet gewessen, so dass contrarium gedeutet« (Ebda., 137). »Papier, so den friden vnd auch Krieg gedeutet hat« (Ebda. 2, 270). »Auf wen sie es aber gedeutet (gemeint), weiss ich nicht« (1654, Nat.-A.). Vgl. bedeuten. Mhd. diuten. Lautt. 143.

deutlich, dektlich, nösn. *daitlich. Ich hun em et dektlich gesôt, dektlich menj Minungk* *gesôt.* »Wolte aber die Ursach zur Zeit der Noth deutlich machen und sagen« (1671, Cap. Bog.).

deutsch, detsch, nösn. *daitsch.* Urkundlich wechselt anlautendes *d* mit *t.* 1. Deutsch ist in unsern Urkunden und zum Teil auch in der lebenden Ma. Bezeichnung für ‚sächsisch‘, ‚sächsische Nationalität‘. Die Ausdrücke *Sąks, sąksesch* sind nicht ursprüngliches aus der Urheimat stammendes Sprachgut, sie sind vielmehr in dieser, den Lautgesetzen der Ma. durchaus nicht entsprechenden Form (vgl. lux. *Suessem* ‚Sachsenheim‘) erst in der siebenb. Heimat auf unsern fränkischen Volksstamm als Kolonistenbezeichnung übertragen und von demselben übernommen worden. a) Urkundlich deutsch für ‚sächsisch‘, Deutsche ‚Siebenb. Sachsen‘. »Die schulen der Deutschen in Sybembürgen« (1547, HONT. K. O.). Die drei ständischen Nationen Siebenbürgens heissen: »ungerisch, teutsch und zäcklisch« (1721, V.-A. 27, 554). »Di pesamlong der Edel leut vnd der czekel vnd der teutser« auf dem Landtage in Neumarkt (1528, Qu. Kr. 2, 87). »Für der Deutschen Uniuersitet« (E. L. R., 39). »Ist auf Supplicieren der ganzen deutschen Nation freigelassen worden« (1556, Qu. Kr. 4, 518). »Die Herren von der deutschen Nation« (1565, Nat.-A.). »Unter dem landtsigel der Teutschen herrn« (1546, Kbl. 21, 49). »Von der ganzen Universität der Teutschen in Siebenbürgen« (1580, Kbl. 8, 39). »Ist den teuschen Pfarrherrn ein Quart Zehnden abgezogen worden« (1580, Qu. Kr. 4, 219). »Burgermeister, Geschwornen der sieben teuscher stüell« (1546, Gr.-Scheuern, Kirchenlade). »Die zu den Teutschen Städten gehörigen Dörffer werden auch alle von Teutschen bewohnet« (1666, TRÖSTER, 209). »In allen Teutschen Orten des Landes« (Ebda., 202). »Der siebenbürgische Teutsche Bischoff« (Ebda., 410). »Saxonico idiomate« der lateinischen Ausgabe des E. L. R. wird in dem deutschen Texte (1583, 1721) übersetzt: »in deutscher Sprache«. »1610, den 17. Dec. gab Gabriel Bathori seine Tyrannei — gegen die Deutschen in Siebenbürgen genugsam an den Tag« (Qu. Kr. 4, 15). »1614 bekamen die Deutschen wiederum ihre Hauptstadt« (Hstdt., Ebda., 47). In dem D.-Kreuzer Schulrecht (1593) wird den Schulkindern das Teutsch-reden (gemeint ist das Reden in der Ma.) verboten. — b) Auch die lebende Ma. kennt die Verwendung deutsch als ‚sächsisch‘. Hochdeutsch im Gegensatz zum sächsischen Idiom wird volkstümlich als *mueseresch,* nösn. *muasersch,* eigentlich ‚soldatisch‘ (von *Mueser* ‚Soldat‘) bezeichnet mit Beziehung auf die hochdeutsche Sprache der Armee. So im Kinderreim: Kannst du misrisch, kannst du deutsch? Kommt der Vater mit der Peitsch. »*Ich ką̂ net môseresch* (hd. Schriftsprache) *lèsen, ech lêsen nor dötsch*« (in sächs. Ma.) sagte einer, welcher nach der in unseren Volksschulen bis zum 19. Jahrh. üblichen Gepflogenheit den hd. Bibel- und Katechismustext in sächs. Ma. las. »Wahr ists / das sie (die Sachsen in Siebenbürgen) alle dahin kommenden Teutschen Moaser heissen« (TRÖSTER, 237). Der Schweischerer, der nur an die *dötsch Prädich* (die Predigt in sächs. Ma.) gewohnt war, sagte, als er zum ersten Male einen jungen Kandidaten in hochdeutscher Sprache predigen hörte: »*det Môseresch gîd em gewaddert*«. *Wo se dich nor dîtsch* (‚sächsisch‘) *mäd ienem reiten, qawer se reiden änj meoseresch* ‚hochdeutsch‘ (Äusserung einer alten Frau in Kl.-Schenk). In Neppendf. und Kl.-Scheuern bezeichnet *detsch* die Städter Ma. (eigentlich die ‚Landler‘ s. d.). Vgl. hiezu auch die Einleitung dieses Wb. XLI, ferner F. BINDER, Quartalschrift 1795. Bei dem Reihen in Nadesch bittet noch jetzt der Altknecht um Herberge für seine deutsche Schar, d. i. die ‚sächsische‘ Bruderschaft (Kbl. 15, 138). Der sächs. *Passbuscher* Bauer sagt zu seinesgleichen: *Mîr sai Daitschen, mîr riede daitsch; än auser Gemäi sai mî Daitsche wâi Blôke* ‚mehr Sachsen als Rumänen‘. Auch der Gegensatz von Sächs. und Magy. bzw. Rum. wird bei Ortsnamen durch Voranstellen der näheren Bestimmung ‚deutsch‘ (nicht sächsisch) gekennzeichnet. So *Dojtsch-Krojx, Detsch-Kreix* (magy. Szász-Keresztúr), zum Unterschiede von *Ąnjersch Krex* (Székely-Keresztúr). Szász-Péntek bei Tekendf. heisst in der Ma. *Daitsch-Pantek.* Das sächs. *Daitsch-Ząaplengk* wird unterschieden vom benachbarten *Ąngersch-Ząaplengk,* magy. Széplak. (S. KISCH, V.-A. 33, 263.) — 2. In städt. Halbma. und in geh. Spr. dagegen wird deutsch als hoch- und schriftdeutsch dem sächs. Idiom gegenübergestellt. (Vgl. über das Verhältnis der hochd. Schriftsprache zur Ma. die Ausführungen in der Einleitung zum Wb. XXXIX ff.) Im Gegensatze zu den einheimischen sächs. Handwerkern wurden die mit dem österr. Militär nach Siebenbürgen gekommenen Gewerbsleute teutsche Schneider, Schuster usw. genannt (1711, V.-A. 27, 468). »Diejenige teutsche Handwerker, welche bloss und allein die Miliz bedienen« (Ebda., 467). So ist wohl auch die nösn. Bezeichnung ‚*daitsch Schâster*‘ für den modernen Herren- und

Damenschuster gegenüber dem ein älteres echt sächs. Gewerbe ausübenden Bauernschuster und *Schisemąnmącher* (Stiefelmacher) entstanden. Auch sonst galt und gilt dieser Unterschied und sind z. B. in Hermannstadt die beiden Arten von Schustern auch in abgesonderten Zünften geordnet gewesen und sind deren Genossenschaften bis auf die Verkaufsstellen auf dem Markt heute noch gesondert. Von TRÖSTER werden (p. 200) »Teutsche Niederschuhe« zum Unterschiede von ‚Tschismen‘ und ‚Ungarischen Stiefeln‘ erwähnt. Zugewanderte aus Österreich werden mit dem Kollektivnamen ‚deutsch‘ bezeichnet. »Kompt ihn die Hermanstadt vndt vereheliget sich mit einem teutschen Bürger, so auch ein Wiener wahr« (KRAUS, Chron. 1, 48). Kaiserliche Truppen nennt der Chronist »teutsche Völker«; auch »Keysserische t. V.« (Ebda. 2, 188; 264). Den Gegensatz zur vorreformatorisch ausschliesslichen Verwendung des Lateinischen in der kirchlichen Liturgie betont Honterus, wenn er in seiner Kirchenordnung die Anweisung gibt: »An feyrtagen nach dem ersten lauten wird die deutsch Litaney gesungen«. »Weiter nach der Collecten lieset man die deutsche Epistel kegen dem Volck. Das euangelion liset man auch deutsch. Darnach wird gelesen vom anfang des newen Testaments bis zum ende nach der ordnung allweg ein deutsch Capitel«. — Neben den Lateinklassen bestand früher in unsern Städten (und zum Teil auch Märkten) die sog. deutsche Klasse, deren »Absicht war, dass die Kinder, welche sich dem bürgerlichen Leben gewidmet haben und nicht gesonnen sind, die lateinische Sprache zu lernen, in denjenigen Dingen mögen unterrichtet werden, welche sie als gute Bürger zu wissen nöthig haben und als Christen ausüben müssen« (TEUTSCH, Sch.-O. 2, 8). — 3. † deutsch ‚klar, verständlich‘. »Der liebe Petrus thut in dem heutigen Evangelium seinen mund erstlich auff und redet im namen aller Apostel teutsch und klerlich gnug« (DAM. DÜRR, Hdschr. 1099). Heutige R. A.: *Ich hun der't detsch gesôt, wot hirscht te net?* Im Sinne von ‚unzweideutig‘: *Dąt hîsst em detsch geriet.* — 4. Fl. N. »Im deutschen loch« (1567, Nat.-A.). *Teitsche Lôch* (Kreisch). — Mhd. diutsch, tiutsch. Lautt. 133, 134.

Deutsch, »Deutsch« F. N. (1822, Seiden), »Deusch« (1579, Stolzenbg.), »Teutsch« (1612, Schässbg., 1764, Streitfort, Stein; 1765, Honigbg., Marienbg.), auch gegenwärtig vielfach vorkommend, so die ev. Bischöfe G. D. Teutsch († 1893) und Fr. Teutsch, gewählt 1906.

Deutsch-Budak, -Kreuz, -Pien, -Tekes, -Weisskirch, -Zepling O. N. s. das betreffende Grundwort.

Deutschländer F. N. (1764 und jetzt in Trappold), daneben auch die Schreibungen: »Dewtsch-, Dewsch-, Deucz-, Dotsch-, Dôts-, Dôtsch-, Dutsch-, Dwtschlender, Dyeschlander« (16. Jahrh., Qu. Kr. 3, 865). Teutschländer F. N. in Halvelagen und sonst. Teutschmann F. N. (1830).

Déva O. N. s. *Diemrich*.

Dezember, Dezämbär m., nösn. *Dezämber* m., dafür auch *Krästmênet*. Über Volksbräuche in diesem Monate s. V.-A. 10, 142 ff.

—, † Diack, Deack, Deak. 1. Bezeichnung eines Studierten, »Litteratus«, auch eines Studierenden, aber mit Beschränkung auf die Seminaristen des gr.-orient. Seminars: De^a^k (⏑ ⏒) Plur. De^a^ken (Hstdt.). »Fürsten-Diacken« ‚fürstliche Beamte‘ (1681, Qu. Kr. 4, 205). »Deaken oder Kanzelisten« (1632, Ebda., 296). »Fürstliche Diaken« (1749, Ebda., 413).

2. F. N. »Dyack« (1478, Qu. Gesch. S. I, 50), »Daniel Deak« (1598, Hstdt.), »Peter Deak« (1569, Kronst.), »Michael Deak« (1609, Nat.-A.). Zu magy. diák, deák ‚Student‘.

Diamant, Diamant m. (⏑⏑⏒).

—, **Diamâssa**, ein Kinderspiel. Jeder von zwei Spielern hat einen Stab. Einer derselben legt seinen Stab quer vor den andern Spieler. Dieser sucht seinen Stab möglichst weit zu werfen, muss aber beim Werfen den quergelegten Stab berühren. Der Eigentümer des letzteren muss nun seinen Stab an das äusserste Ende des geschleuderten Stabes legen und dem Werfenden den Stab zurückbringen. Dieser wirft nun wieder. Trifft er aber nicht, so wirft der andere Spieler (Petersdf. bei Mühlbach, Grossau; Kbl. 20, 78). — Wohl aus dem Rum.

Diarrhöe, Diarê n. in städt. Halbma. In der echten Ma. *U^a^wechen, dänn Boch, Bochkringkt, schnäll Gongk, det Lûfen;* derber: *Schwudder, Schwutz, schni^e^l Katrenj, Sche^i^ss, Raita, Futâsch.*

Diät, Diêt fem., in der Wendung: *Diêt hąlden* ‚bei Auswahl und Genuss von Speisen und Getränken sich von gesundheitlichen Rücksichten leiten lassen‘. Vom Volksmund, der die heutige bessere Gesundheitspflege ebenfalls zum Ausdruck bringen will, sogar zum Adj. und Adv. umgebildet: *Te messt diêt li^e^we', sonst wirst te net gesangt!*

dich, Pron. s. du.

—, **dich**, auch nösn. und allgemein ss. *dich*, vereinzelt auf dem Lande *(Treppen, Ludwigsdf.)*

dik, eine unserer Ma. eigentümliche Partikel, stets unbetont gebraucht, mit der Bedeutung des deutschen ‚ja, doch, so so, freilich‘. Dieselbe dient mitunter als blosses Füllwort, wird aber auch zu feinen sprachlichen Nüancierungen verwendet. 1. *dich* dient im Zusammenhange der Rede zur Abschwächung einer Behauptung, zur Mässigung einer gegebenen Zustimmung, zur Andeutung von Zweifeln und Bedenken, öfters auch mit ironischer Färbung. Auf die Frage: *wȧ gîd-et?* antwortet man oft: *et gît dich,* ‚es geht ja‘ (sc. könnte aber auch besser gehen). *Ed äs dich e Gefrett!* ‚ein Elend‘. *Ed äs dich, dad em glat lieft* ‚man hat noch zur Not sein Auskommen‘. Auf die Frage: *gefälld et der?* kann die Antwort lauten: *et gefällt mer dich!* (sc. aber nur halb und halb). *Ed äs dich gât, dat e kit* ‚es ist ja gut, dass er kommt‘ (er hätte aber auch ausbleiben können). *Et wit dich senj* ‚es wird zur Not angehen‘. *De kąst dich* ‚du kannst deine Lektion‘ (hättest sie aber auch besser lernen können). *Et wôr dich nor Špâss. Se geng dich, awer net gärn. Ich wîs et dich* ‚ich weiss es ja‘ (es ist mir aber doch nicht recht). *Em mess dich uch äst rieden, e dingkt säs* (sonst), *em wêr štûlz. Et wit dich och en Ibergąngk hu* (nösn.) sagt man von einer unangenehmen Sache, die man gerne überwunden haben möchte. *E äs dich nor eangderm Zeong* (Zaun) *här* ‚er ist ja nur von geringer Herkunft‘. Mit Hindeutung auf einen einschränkenden, zu ergänzenden Nachsatz: *E wêr dich giern mätgange* (aber es war ihm nicht möglich, *S.-Reen). Ich bän dich kun* (aber ich wäre lieber ausgeblieben). *Et häd en dich giern genu* ‚sie hätte ihn ja gern zum Manne genommen‘ (aber er hat von ihr nichts wissen wollen). Als echter Saxonismus vom Landmann gerne auch ins Hochdeutsche übernommen: »*Es ist dich auch eine Gemein*« (Thullner, R.) mit dem Ausdruck der Geringschätzung. Die Anekdote erzählt von dem Bauern, welcher von dem durch das Land reisenden Kaiser Josef II. nach seinem Befinden befragt, antwortete: »*Es geht dich, Herr Kaiser*«. — 2. *dich* wird aber auch gebraucht, um eine Versicherung zu bekräftigen, ihr grösseren Nachdruck zu verleihen, etwa vorhandene Zweifel abzuweisen, wie nhd. ‚ja, doch, freilich‘. *Ich bän dij uch net vum Mästtuppes* (Misthaufen) ‚behandle mich doch nicht so geringschätzig!‘. *Aich sai dij och äm Präsmiterium. Dąd äs dich dennich hîsch* (schön) *vun em. E äs dij ąlt, geschekt genach derzâ. E äs dich des Teiwels.* Oft in Verbindung mit *doch, dennich: e wit dich doch (dich dennich) kun.* — 3. Öfters dient *dich* als blosses Füllwort ohne weitere Beeinflussung des Satzinhaltes, der vom Redenden als selbstverständlich gemeint und vom Angeredeten so genommen werden soll. *Wo se longen, kąst de der dich uch är nin* (Hîmw. 44).

Frälich munch î Mąn ką lärmen,
Dat mir dich der Appetit
Uch zem Frängdre guer net kit.

Schuller, Ged. 10.

Mitunter wird das nach seinem ursprünglichen Bedeutungsinhalt nicht mehr verstandene Wörtchen verstärkt durch das synonyme: *hąldich, hąlich* (halt ich, meine ich). *Ich bän dich hąlich och dô gewêst* (nösn.) *De bäst dich hąldich net tîrich, verąft. Te bäst dich hąldich ąlt genach.* — Die Partikel ist entstanden aus *dink-ich* ‚denke ich‘; so sagt man auch vereinzelt; *Der Farr sôl dingkich anjem mäd em gebêrt hun* ‚ihn arg ausgezankt haben‘. Die Tonlosigkeit des oft gebrauchten *dingk ich* hat schliesslich die Zusammenziehung in *dich* bewirkt, wie nösn. *halich, hôldich* (Birth.), schles. hallich, hach aus halt' ich, thür. obers. mêch aus mên (meine) ich, schles. glêch aus glaub' ich gekürzt ist. Das in Mergeln mit ähnlicher Verwendung wie *dich* vorkommende *dîmich,* ferner das von Trausch als burzenl. erwähnte *deimich* könnte vielleicht aus *(et) dinkt mich* ‚es dünkt mich‘ zusammengezogen sein. Ähnliche Zusammenziehungen besonders häufig in Grussformeln: *Gan Ôwend* ‚guten Abend‘, *Kirscheme Dȧner* ‚gehorsamer Diener‘, *Tälfich* ‚Gott helfe Euch‘, *a Gôtsn* ‚in Gottes Namen‘ *(Kl.-Bistr.). Godrolze* ‚Gott erhalte sie‘, *Felmign* [´ ◡ ◡] (städt. nösn.) ‚ich empfehle mich Ihnen‘. Vgl. Wolff, V.-A. 27, 599.

dicht, dafür in der echten Ma. *däck,* s. dick; *nô,* s. nahe: *vôl,* s. voll.

dichten, dichten schw. als Bildung von ‚dicht‘ aus der Sprachschöpfung jüngerer Zeit im Sinne von ‚luftdicht schliessen machen‘. Wenn Metall und Metall nicht luftdicht genug schliessen, muss man den Zwischenraum etwa mit Hanf *dichten.* Ebenso bei Maschinen.

dichten, dichten schw. 1. Aus dem Nhd. in die Sprache der gebildeten Kreise übernommen, in dem Sinne des dichterischen Schaffens und weiter der schönen Gestaltung überhaupt: *Wâ hoet âs Härr Farr dennich dên hîsche Goärte kennen dîchten!* sprach bewundernd über den vom Pfarrer F. F. Fronius angelegten Agnethler Schulgarten ein alter Mann. — 2. In der älteren Sprache meist im Sinne: ‚erdichten, erfinden, was nicht wirklich, nicht wahr ist' »Getichte meinungen« (HONT. K. O. 65). »New getichte weyse« (Ebda. 7). »Dieweil man vormals geticht hat, des herrn Abentmal sey ein opffer, das man Gott schenck« (Ebda., 27). »Warzu sollen vns getichte bedeutnis der vnchristlicher myssbreuch« (Ebda., 29).

Was fleisch darwider tichtet,
Zu nichts muss werden gar.
(1655, Gedicht des Petrus Mederus, V.-A. 23, 205).

Auch subst. »Tichten und trachten« (DAM. DÜRR, AML. 67). »Vorauss die weiber mit ihrem vnvernünftigem tichten und trachten« (KRAUS, Chron. 2, 223). — Mhd. tichten.

Dichter, Dichter m. Als nhd. Entlehnung in städt. Halbma.

dick, däck, nösn. *däck.* 1. Gegensatz zu dünn: *e däck Briet, e däck Bûm, däck Schnî; et dîd en däcke Schnî* (von dicker Schneedecke). *Anno neng, dea dî däck Schnî fæl* ‚vor langer Zeit'. — 2. Von vollem, grossem Umfang: *Em laut mät der däcker Klôk* ‚man läutet mit der grossen Glocke' (nösn.). *Et kit däck* (von Schwangeren). Von fetten, dicken Kindern sagt man: *en däck Butta, e däck Dobesch, däck zem scheppeln, deik wei e Falpeske* ‚wie ein Korb'; sie werden auch als *däckesch, däckešchich* (Mühlb.) bezeichnet. »Dicker Hagel« (öfters urk. so 1664, Qu. Kr. 284 und sonst). »Sehr dicker Hagel« (KRAUS, Chron. I. 380). *Däck Ackes* ‚die grosse Axt'. *Däck ugeschwąllen. Kurz unt däck äs e fränjklich Ūgebläck.* Gemeiner Schimpf: *Em schaiss der än' Hąlz en däcken Drâk. — Grîss wôss! En ląngk Nôs, kurz Foss, en däck Scherl, äs dąt ned-e lastich Kärl?* (SCHUSTER, Volksl. 180, 333). — 3. ‚Dicht', besonders von Flüssigkeiten: *däck Mältch, däck Supp, däck Muer* (Morast); *durch Däck unt Dänn. Äm Tritscher, äm Špirkel durch Däck uch durch Dänn, durchzuch ich die Längder mät hîderem Sänn* (KÄST. 9). »Wenn sie ire dienstboten mit der erbeit übertriben, durch dick und dünn auf und nider geiagt haben« (DAM. DÜRR. AML. 49). *Um nêchsten Ôwend štânden de Legt kên Æchten däck vîr'm Zirkus* (Volksfr. Kal. 1902, 109). »So wurden die Wein im geringsten nicht dück, sondern hielten sich frisch« (1641, Kbl. 29, 37). — 4. Im Sinne von ‚stark, lästig, drückend': *Ded äs mer ze däck!* ‚das ist mir zu arg!' *En däck Lijen* ‚eine starke, grobe Lüge'. *Kit det Gläck, kid-et däck; kit ded Âgläck, kid-et weder däck* (SCHUSTER, Volksl. 222). — 5. In übertragenem Sinne: *Ich schackt se of de Frithôf, se sîl dô dân den däcke* (den tiefen) *Schlôf* (SCHUSTER, Volksl. 49). *Det Hîft äs mer däck* ‚der Kopf ist mir schwer belegt'. *E hued-en däck Fiel* ‚er kann viele Grobheiten vertragen'. *E hued-et däck, foustdäck hängder den Îren* (Ohren). *Däck dân* ‚prahlen'; *däck dân äs nichen Konst* (SCHUSTER, Volksl. 240). *Dô môcht e sich patzich und dêt däck* (KÄST. 140). *Däckdâer* ‚Prahler'. *Däck Wirt* auf dem Lande ‚wohlhabender Landwirt'; *däck Fränjt, däck Fränjtscheft* ‚innige Freundschaft'. *Det däck Flîsch* ‚das Fleisch am Oberschenkel'. *Det Mêsser wit däck* (stumpf). *Däckhîwdich* (burzenl.), Bezeichnung hochgestellter, besonders militärischer Persönlichkeiten. — 6. R. A.: *E dingkt, e hâd âsen Härrgott un der däcker Zîn* sagt man von hochmütigen Menschen. *Af den dacke Matwich* ‚auf den Nimmermehrtag'. *Det Krêpche wid-em däck* ‚es kommt ihm zu weinen'. In einem Kinderreim: *Zîno ląngk, Fossô gąngk, Näo näck, Pudro däck, däck, däck* (SCHUSTER, Volksl. 324). — 7. *däck Nąss,* in einem Wort *Däcknąss* (◡ ◡́) ‚die Nuss' (Schässbg.). *Mer hun Däcknäss gelit* (geschält); in Med. ‚welsche Nuss'. — 8. Ebenso *däck Rif, Däckrif* (◡ ◡́) Rindfleisch von der ‚dicken Rippe'; d. h. von der Stelle der Rippen, wo das Fleisch ‚dick' wächst, zum Unterschiede von *Dännrif. Rif* zu mhd. Nbf. ribe, ndl. rif. Anord. rif ‚Rippe'. Beim Schwein dagegen: *Däckräpp* n. (◡ ◡́). — 9. F. N. »Dyck« (1480, Hstdt.). »Dyk« (1526, Neust. Qu. Kr. 2, 19). »Dick« in Weidenbach (Qu. Kr. 4, 152), ferner »Dück« in Kronstadt. »Dükstephes; Dük« (1808, Neust., Burzenl.). »Dick« (1808, Weidenbach, Honigbg.). »Dicksteffes« (jetzt burzenl.). »Däck Miki« (Übername in *Baierdf.*); »der Däck« (Übername in Hammersdf., Thalheim u. sonst). Die sächsische Namensform: »Deck, Dek« (1492, Qu. Kr. 3, 710, 863), »Deek« (1584, Nat.-A.). Fl. N. *Däck Biärich, ąf-m däcken Biärich* in *Petersdf. Däck Rêch* (Girelsau); *bäm däcke Rîn* (Hetzeldf.). — Mhd. dicke, dic.

dickbackig, däckbąckich. *En däckbąckich Kängd.* Kosend: *tâ däckbackijet!*

dickbäuchig, däckbechich. *Dî däckbechich,* zur Bezeichnung eines wohlbeleibten Genussmenschen.

Dickdarm, Däckduerem m., nösn. *Däckduarem* m.

Dicke, Däckt fem., nösn. *Däckt* fem. »Der Hagel war ihn der Dickt, wie Wälische nüss« (KRAUS, Chron. 1, 117). Auch lux. moselfr. Deckt. Das auslautende *t* ein Rest der alten Bildungssilbe -ida, wie in *Hicht, (Hît, Hî)* ‚Höhe', *Linkt* ‚Länge'.

—, **dickepatsch,** Die Mutter, der Reihe nach Stirne, Nase, Mund, Bauch und Hände des kleinen Kindes berührend sagt dabei:

Sterebantchen, Rôxkâmerchen,
Brîtfêsserchen, Bochabundri
Gribli, grabli, dickepatsch. H.-W. 176.

—, **Dickesch** m. (nösn.). Ein von den Tschismenmachern zum Beschneiden des Leders gebrauchtes Messer.

Dickicht fehlt; dafür *Gebäsch, Geštripp, Rea* n. (das Rauhe).

dickleibig, däckleⁱwich, nösn. *däcklaiwich.* Auch von Schwangeren gebraucht.

—, **Däckpatzich,** adj. 1. ‚Pausbackig', zumal von Kindern. — 2. ‚Prahlend, aufgeblasen'.

Däckpatzich wæ e Semmel
Und murrsich (mürrisch) *štîd um*
Hemmel
Der Môn (Mond). Käst. 41.

Dickschädel, Däckschärel m. *(-schäddel),* nösn. *Däckscherl* m. ‚Trotzkopf, Starrkopf', als Scheltwort gebraucht.

dickschädelig, däckschärlich, *(-schäddelich),* nösn. *däckscherlich.* 1. ‚Starrköpfig'. »Dornoch sprycht er. es sein grobe dyck schödlich boestien« (1605, B. M.). »Dickschädliche Hundt«, Scheltworte (1637, Cap. Cib.). Georg Beer in Petersdorf bei Mühlb. wird mit 7 fl bestraft »weil er den Pfarrer ein grob dickschädlich Knaist geheissen« (Mühlb. Progr. 1890, 11). — 2. *Der däckscharlich Kruennenjmierder* ‚der Sperber' (Birthälm).

Dictum n. In früherer Zeit die allsonn- und festtäglich in unseren evang. Kirchen im liturgischen Teil des Hauptgottesdienstes vor der Predigt, später in der Vesper vorkommende musikalische Andacht, bestehend aus den von den Turnern *(Adjuwanten)* vorgetragenen Chören, Solis und Recitativen, sowie dem Wechselgesang der Gemeinde. Stolz des mitgeigenden Pfarrersjungen: *Ich hun äm Diktum mätgehalfen.* Zu lat. dictum.

—, **Dîdenhîfen** Fl. N. (bei Gross-Scheuern).

—, **Dîde-** s. Toten-.

Diding F. N. (1700, *Kl.-Bistritz*).

die, s. **der.**

Dieb, Dæf m., Plur. *Dæwen,* nösn. *Dâif* m. Das Wort wird im ganzen Gebiete der Ma. selten und nur als nhd. Entlehnung gebraucht. Allgemein wird dafür *Rîwer, Rêwer* m. ‚Räuber' verwendet und der nhd. Unterschied zwischen diesen beiden Wörtern und Begriffen nicht gemacht. Doch sagt man nur: *Hausdâif,* nicht *-rêwer. Dęchdâif* ‚Tagedieb' (nösn.). Auch Umschreibungen mit *štielen* werden verwendet: *e huet geštolen* ‚ist ein Dieb'; oder *e huet lęngk Fänger.* In städt. Halbma.:

Diem wôr det Konststäck îst gelangen,
Dat hî zwîn Dæwen hat gefangen.
Thullner K. 13.

In älterer Sprache: dy diff (1536, Müller, Sprdm. 197). »Werden dieben in gottes und des fürstens gütern« (Dam. Dürr, Aml. 18). »Daraus erfolget, dass er mich zum Diebe mache« (1676, Cap. Cib.). Diebe wurden nach sächs. Statutarrecht sehr strenge bestraft. »Gemeine recht vnnd Landsbeschlüsse halten ein / das die dieben / so in dieberey begrieffen / oder derselben vberweiset werden / mit dem strang gerichtet werden. Jene aber / so geweihete oder Kirchengůtter aus den Kirchen verstelen / werden mit dem Fewer gestrafft« (E. L. R. 168). Auch Dam. Dürr sagt nach der strengen Auffassung seiner Zeit: »Will ein dib das diebisch handwerk nicht aufflassen, so heng man in an den liechten galgen« (Aml. 35). Vgl. »Statt des galgens gebrucht man sich zweyer beum, uber welche man ein groiss starck holtz legt, vnd wird also der dieb daran gehangen« (1568, Weistum von Ürzig, untere Mosel. Gr. Weist. 2, 366). Zur Beschwörung eines Diebes wendet man Diebssegen an; so in Draas: »O Dieb, ich bind und gebiete dir bey dem ersten Nagel, den ich dir in dein Hirn und Stirn thue schlagen, es soll dir so weh werden nach den Menschen und nach dem Orth, wo du es genohmen hast, wie es dem Jünger Judas war, wie er den Herrn Jesum Christum verrathen hatte« u. s. f. (Kbl. 17, 76, Andere Diebssegen s. H.-W. 274 f.). Gewöhnlich geschieht das Segnen, auch »binden« genannt, um 12 Uhr in der Nacht, oder vor Aufgang, oder nach Untergang der Sonne. Man geht um die Sache, die man binden will, dreimal herum, spricht bei jedem Umgang die Beschwörungsformel und nun kann der Dieb in den umgangenen Kreis hinein-, aber nicht mehr aus ihm hinausgehen. Man soll nach dem Volksglauben am Morgen oft Diebe dort gefunden haben, ohne dass sie sich regen konnten. So hatte ein Bauer einen Dieb, der ihm im Garten Birnen gestohlen, durch einen Zauberspruch festgebannt, dass er sich nicht von der Stelle rühren konnte, bis er das geraubte Gut wieder hergegeben hatte (Grossau, Kbl. 20, 69). Zu mhd. diep. Vgl. Lautt. 143.

dieben, † dieben in der älteren Rechtssprache ‚stehlen‘: »das gediebte gut« (E. L. R. 163).

Dieberei, Dæwerą̂. [Städt. Halbma.], dem nhd. nachgebildet. Dafür lieber *Štieleră̂, Rîwerą̂ det Geštiel.* »Solche Personen / so vmb dieberey werden angeklaget« (E. L. R. 42). »Dyberay« (MÜLLER, Sprdm. 197). »Weil er aber solches than hat, kan mans mitt nichten ein Dieberay heissen« (1579, Stolzenburg). »Denn ich sie an der dieberej befunden hab« (1600, Ger.-Prot.). »Ich hab auch gehöret, dass er auff der Dieberej sej gewesenn« (1600, Nat.-A.).

diebisch, † »Darnach im herbst, wie wird (bei der Zehentabgabe) der most verfelscht, wie wird der Brunnenschwindell (!) mit diebischen henden auff und niedergezogen« (DAM. DÜRR, AML. 18). »Der Rektor ist ein diebisch Zigeuner, denn er hat ein Fuder Obs heimgeschabt« (Klage eines Bauern in Nadesch, 17. Jahrh.). »Diebesch Ziganer«. »Das maydelein wer ein diebesch hur« (1598, Ger.-Prot.). »Ich hab gehört, das die verstorbene Hannes Leschen die meydt ein diebisch hur gescholten hat« (1600, Nat.-A.). »Rector sagt: Georgius Bell sei ein diebisch Czygun« (1676, Cap. Bog.).

Dieblich, † In älterer Rechtssprache ‚nach Diebes Art‘. ‚auf diebische Weise‘. »Findet jemand sein gut inn frembder gewehr (Verwahrung) vnnd klaget es sey jm Dieblich entspônet (entwendet) worden« (E. L. R. 36). »Der herr dem es (ein Gut) dieblich ist entspônct« (Ebda. 167).

Diebstahl, Dæfštôl und **-štą̂l** m., nösn. *Dâifštôl*, burzenl. *Deifštôl*. Nach siebenb. Landtagsbeschluss soll der Diebstahl über einen Gulden Wert mit dem Tode bestraft werden. Von einem 1653 gegen Peter Remner gefällten Todesurteil heisst es: »es soll ihm Diebesrecht widerfahren« (SCHULER-LIBL. R. G. 3, 242). »Einem Meister, der Diebstahl. begeht, soll das Handwerk geleget sein« (1724, V.-A. 27, 550).

† Diebstücklein. »Das diebstücklein hab ich auch noch bej meinem bruder gemerkett« (1600, Hstdt. Ger.-Prot.).

Diele, Dillen und **Dill** m., Plur. wie Sing. in beiden Formen. Nur im Plur. im Sinne von nhd. Diele, als einem Bretterboden. Nösn. *(S.-Reen) Dill* m. In der älteren Sprache »dyl, dyll, diell« (1527, Qu. Kr. II, 30, 47, 126), »Düll« (1680, Nat.-A.). 1. Gewöhnlich hat *Dillen,* im Südsiebenb. und in *S.-Reen Dill,* die Bedeutung ‚Brett‘, und zwar ist in der Regel das aus weichem Tannen- oder Fichtenholz durch Sägen hergestellte Brett gemeint. Nösn. wird *Dill* in diesem Sinne nicht gebraucht, sondern bloss: *Bret.* Der mit Brettern handelnde Szekler wird *Dillenzækel, Dillzækel,* genannt; dies ist zugleich ein Spottname für die Schässburger. »Czeklyschdyl« (1543, Nat.-A.). »Im Fall . Dillen aus dem Zekler-Land eingebracht werden« (1707, SCHULER-LIBL. Mat. 139). »Dyllfyerer« ‚Bretterfuhrmann‘ (1528, Qu. Kr. 2, 118). »Dylschneider, -schnidder« (Qu. Kr. 3, 24, 71, 73). Doch werden auch von den Kronstädtern in der Törzburger Sägemühle schon im 16 Jahrh. viele »Dyl« erzeugt (Qu. Kr. 3, 70 ff.). In jedem Kreis werden die *Dill* nach andern Bezugsquellen benannt: *Oltæner Dill, Reschinârer Ɖill* u. ä. Der Unterschied von *Dillen* und *Briet* n. wird Kbl. 29, 168 darin gefunden, dass der *Dillen* den Rohstoff, *Briet* dagegen den zu einem gebrauchten Gegenstand schon verarbeiteten, oder dafür in Aussicht genommenen *Dillen* bezeichnet. Doch bezeichnet sonst auch *Dill* wie *Briet* die durch Bearbeitung aus Holz hergestellte Fläche. *Der Dillenzækel bronjt Dillen af den Muert* (Markt) *Et fêld um Scheiernduir e Briet, uch zwie um Blongken äm Guerten. Ech ką̂n esu bällij en Brädder-Verschlâch net mą̂chen, de Dille sen ze däier,* aber auch: *de Brädder sen ze deier.* »Wir sahen den dillen vom brettern Verschlag offen und abgelöset« (1762, L. K. A.). Auch urk. »5 dyl, darawhs hat man gemacht 3 benck« (1543, Nat.-A.). »Die junge Nachbar Vatter sollen geflissen seyn, starcke Dill auff das Grab zu schaffen« (1720, Gr.-Sch. Nachbarschaftsart.). Die böse Schwiegermutter gibt der jungen Frau nichts als: *zwîn ną̂ Dillen zem Bæt* (SCHUSTER, Volksl. 52). In einem Hochzeitsliede heisst es: *Ech hu gesæn en Dill, ich hôfen, ir Motter wird och güôwen e Schlîejerdach uch en Pill* ‚Polster‘ (Ebda. 81). — 2. Die ursprüngliche Bedeutung ‚Brett zum Belegen des Fussbodens‘ (in Haus, Stall, Schiff) findet sich noch in der Zusammensetzung *Bräckendill[en];* gemeint sind damit starke, gewöhnlich eichene Bohlen zur Herstellung von Brücken und von Fussböden in Stallungen. Auch urk. »Vor einen ôchenyn Breckendyl« (1536, Qu. Kr. 4, 444), auch »Bryckendyl« (1538, Qu. Kr. 3, 71). Bretter zur Herstellung der Zimmerdecke heissen »Gebyndyl« (Ebda.). »Di dill vom gebin« (1609, Nat.-A.). — 3. Einzelne Redewendungen: *Em hued-e mät Dille geführt* (Med.) ‚er ist gestorben‘. Von einem Gestorbenen sagt man auch: *E zecht mät Dillen* (SCHUSTER, Tod u. B. I, 14). Der Geliebte gräbt in einem Volksliede im Grabe der verstorbenen

Braut nach: *bäs dat hie kûm aw en gehobbelden Dill* ‚bis zum Sarge'. *E äs wǣ en Dillen* ‚er ist mager, wie ein Brett' (Gergeschdorf). *Te bäst wǣ en Dillenzǣkel* ‚du bist ein grober, ungeschlachter Mensch'. Rätsel: *Zwäschen zwî Dill lą̂ vill Pill* ‚Polster' (das Buch). »In der niedersten Stuben ein Banck, Dilszlang (in der Länge eines Brettes) schwarz angestrichen« (1680, Cap. Bog.). »Zweier Dillen lang vndt Dilles breit« (Kraus, Chron. I, 54). — Zu mhd. dil mit schwankendem Genus, st. schw. f. und schw. m. Während im Nhd. das weibliche Geschlecht herrschend geworden ist, hat unsere Ma. *Dillen* als schw. m. und *Dill* als st. m., ebenso wie moselfr. und lux. Dill männliches Geschlecht zeigt, während südd. fem. und zum Teil auch n. häufiger ist als m.

dielen, nösn. **dilln** schw. ‚mit Brettern belegen'. Moselfr. dillen. Im Süds. dafür: *bedemen* für das Legen des Fussbodens und *binnen* die Herstellung der Decke.

(**dielen**), † dillen, adj. ‚aus Brettern bestehend'. »Es soll auch in der stadt kein zaun geduldet, sondern dillene fridden (bretterne Umfriedigungen) gehalten werden« (1631, Nat.-A.). Heute heisst der *dillä Fridden* lieber *Blą̂ngken* und *Geschätz*. s. d.

—, **Diemrich** fem., sächsische Benennung für Déva, Stadt mit Burgruine, Vorort des Hunyader Komitates. Ältere urk. Benennungen »Dewa castrum« (1269, 1273), »Deua« (1307, 1309 usw. Urkb.), doch auch deutsche Bezeichnungen: »Demburg« (1551, Qu. Kr. 4, 513). »Dimrich« (1614, *Bistr.* Arch.). »Duimburg« (Tröster, 465). »Dwinrig (1568, Kemény F., 90). Nach der Sage unternahmen drei Jungfrauen den Bau dreier Burgen im Hunyader Komitat; die eine baute mit Gottes Hilfe die »eiserne« Burg von Hunyad in drei Wochen, die zweite die »silberne« Burg von Déva in drei Tagen. Die dritte vermass sich ohne Gottes Beistand eine goldene Burg in einem Augenblick zu bauen, aber der Sturm und die Fluten des Mieresch und der Strell zerstörten das kaum begonnene Werk (Müller, Sagen[2] 147). Von jener silbernen singt der Dichter:

E Sälwerschlues, ä Stregden
Beremt, de Dîmrich štît,
Et sängd ous ą̂lden Zegden
Är Schäcksą̂l munch î Lîd. Käst., 129.

Andere Sagen erzählen, die Devaer Burg sei von Zwergen erbaut, die noch jetzt alle sieben Jahre dort erscheinen; auch Decebalus, der Dakenkönig, wird als Gründer genannt; er sei auch hier umgekommen, sein Rumpf in der Burg begraben und der Kopf nach Rom geschickt worden (Müller, Ebda., 147). *Diemrich* als an der Grenze sächsischen Gebietes (nach Westen hin) gedacht: *Nôch vörder, wǣ de Dîmrich äs* (Schuller, Ged. 23). Kindern droht man in Martinsberg: *Gą̂ngk än de Dîmerich!* In *Mettersdf.* ist volkstümlich das Lied: »Deva, Deva, ich muss dich meiden« (Gassner, 50). — Die sächsische Benennung *Dîmrich* ist entstanden aus *Dêwenburg (vgl. oben Dewa castrum und Demburg) 〉 Dîwnbrich 〉 Dîmrich. Vgl. Kisch, Kbl. 28, 141; Bedeus, Ebda. 28, 157).

dienen, dǣnen schw., nösn. *dâin* schw. 1. Im eigentlichen Sinne ‚in einem Dienstverhältnis dienen', a) als Knecht oder Magd: *dǣne gôn. Et dǣnt än der Štą̂dt* ‚sie dient (als Magd) in der Stadt'. — b) Als Beamte, als Soldat, *dem Kîser,* (noch immer volkstümlicher als) *dem Kinek, Kenengk dǣnen. E huet zwê, drą̂ Jôr bǣ de Muesern* (Soldaten) *gedǣnt.* Sprw. *Wier dǣnt, äs nichen Härr.* — c) Als Lehrjunge die Lehrzeit mitmachen, *de Lîrjôr dǣnen:* »Welcher in die czech (in die Zunft als Lehrjunge) auffgenommen will werden, soll — nicht weniger dienen, als 4 ganczer Jar« (1580, Nat.-A.). »Wenn er das Handwerk lernen will, soll er einem Meister 3 lehr Jahr dienen« (1759, Birth. Schuhmacherz.-Art.). »Hat der Zech nichts gedient«, von einem, der nicht in die Zunft aufgenommen war (1615, Nat.-A.). Auch von Gesellen: »Ein Gesellenknecht, so bei der Stadt gedienet« (1721, Kürschner-Zunftart.). »Ein jeder soll wenigstens ein Jahr als Geselle — dem Meister zu dienen schuldig sein« (1724, Zunftart., V.-A. 27, 547). — 2. ‚Ausserhalb eines Dienstverhältnisses irgend einen Dienst, eine Gefälligkeit leisten', besonders in höflicher Redewendung in geh. Spr.: *Mät wat ką̂n ich dǣnen?* »Wenn sich ein Schniermacher Gesell wirdt verheyrathen, so soll er auff seinen Hochzeit Tag den Gesellen zu Geschenk geben in die Bruderschaff d. 16 vor dasselbe, dass sie ihme zu ehren seiner Hochzeit Gästen zu Tisch dienen« (1678, Brudersch.-Art. der Schnürmacher). — 3. ‚nützen, zum Vorteile gereichen, zuträglich sein, Erfolg haben'. *Det Fuertzǣn dǣnt, det Štôbleiwen hą̂ld af* ‚das Fortziehen, Vorwärtskommen ist nützlich, das Stehenbleiben hält auf' (Schaas). *Et dǣnt ned än de Wirtscheft* ‚es ist nicht zu-, nicht einträglich'. *Et wit schwêr ammen dǣnen* ‚wird schwer einen Erfolg haben, hinüber helfen' (Dä Ôlden, 46). *Det (Gield, Kiurn) wid dich nea weder e Štäck ämen dǣnen*

‚das Geld, Korn wird nun wieder für eine Zeit ausreichen'. *Det dânt näa e räkeltchen ämen* ‚dieser Vorrat reicht noch eine Zeit lang', ‚dieses Mittelchen verlängert den bisherigen Zustand noch eine Weile'. *Mät diem (mäd esefelt) äs mer net gedânt* ‚damit ist mir nicht geholfen'.

E segd und hîrt doch gent uch det
Wad äm zer Beldungk dâne kǫ̂n.
THULLNER, K. 18.

»Wenn die Fortun dienet« ‚wenn das Glück günstig ist' (ca. 1660, KEMÉNY, Fundgr. 285). »Solchs dienet nichts zur christlichen Zucht« (DAM. DÜRR, AML. 22). »Was zum heil dienet« (HONT., K. O. 7). »Etliche zusatzung, die zum wesen dieses sacraments gar nichts dienen« (Ebda., 19). »Wenn jährlich .. in denen Ecclesiis einige Eleemosynæ gesammlet würden, damit denen Waysen und anderer blutarmer Leute Kindern gedienet werde« (1772, TEUTSCH, Sch.-O. 1, 132). »Wird die Appelation gebilliget / sie dienet auch jehnem / so schon daruon ist abgestanden / vnnd nicht appellirt hat« (E. L. R., 44). »Das Glück aber dienet dem Ali Passa dermassen« (KRAUS, Chron. 2, 35). »Selbiges schloss solte seine residens sein, zu welcher gleichwoll Eörmenyes vnd Sz. Petter dienen solten« (Ebda., 133). »Weingärten, die an die Kirche dienen« ‚dazu gehören' (TRAUSCHENFELS, Mag. 1, 192). — 4. In höflicher Frage wendet man sich an Vorgesetzte: *Wuer dâindet?* (nösn.) ‚wohin sind Sie im Begriffe zu gehen?' *Wohene* (‿ ́‿) *sǫl et näa dânen?* fragt man bei einem Scheidewege, oder bei einer Beschlussfassung von zweifelhaftem Werte mit dem Gefühlston des Spottes oder Ärgers. *Et dânt bäs duer* ‚es reicht bis dorthin, bis an die Stelle'. *Dis Trâp dâint duar ǫfn* ‚diese Treppe führt dorthin hinauf' (nösn.). — 5. R. A. *E dânt wâ Hǫller äm Waisskirch* heisst ‚schlechte, untreue Dienste leisten, sein Hab und Gut auf unrechte Weise erwerben'. In Weisskirch, eine Stunde von Schässbg. entfernt, war die gräflich Hallersche Familie begütert. Eine Schässburger Sage erzählt, der erste Besitzer des Gutes, Haller, habe als Abgeordneter der Stadt diesen Ort vom siebenb. Fürsten als Geschenk für Schässburg erbitten sollen; er habe aber in treuloser Weise die Besitzung für sich selbst erbeten und erhalten (MÜLLER, Sagen¹ 265; FROMM. 5, 176, 179). — »Dem Saufftteuffell mit vleis dienen« ‚sich dem Trunke ergeben' (DAM. DÜRR, AML. 19). *De Fess, de Ûgen wänn nemî dânen* ‚die Füsse, die Augen versagen den Dienst'. — Mhd. dienen, Lautt. 140.

Diener, Dâner m., nösn. *Dâiner* m. 1. Zumeist Bezeichnung für solche, die in untergeordneter Stellung für eine bestimmte Zeit gegen Lohn Dienste leisten, gewöhnlich in Zusammensetzungen: *Kirchen-, Schîl-, Gerichts-, Verîns-, Štadt-, Amtsdâner*, letzterer auf dem Lande *Borjer*, nösn. *Hâider*. »Mechil dyenir, famulus villici« ‚des Hannen' (1536, Qu. Kr. 3, 22). »Martinus, ein deiner (Diener) Marcelli Bidtmersz« (1567, Gr.-Sch.). — 2. Auch von denen, die ein öffentliches, kirchliches, staatliches oder Gemeindeamt verwalten. Von solchen kann es z. B. heissen: *en trǫ̂, fleissich Dâner*. »Ir begert ierlich von euerem armen diener (dem Schullehrer) das mall« (DAM. DÜRR, AML. 18). »Kirchendiener sollen sich in der euangelischen leer vnd sacrament reichen getrewlich muhen«. »Den dienern (den Geistlichen) aber, die ires ampts fleissig auswarten, sol vberal verordnet werden ein zimliche besoldung«. »So aber ein Pfarherr sein ampt nit wolt oder nit künd aussrichten, sol er an seiner stat einen andern diener halten« (HONT., K. O. 17). — 3. In der städt. Grussformel: *Kirscheme, kirschemster* (⟨ *gehîrseme, gehîrsemster) Dâner*, in dieser den Lautgesetzen der Nösner und Reener Mundart nicht entsprechenden Form durch Handwerksburschen und Schüler aus Hermannstadt mitgebracht und auch in diesen beiden Städten eingebürgert. — 4. F. N. »Diener« (1808, Heldsdf., Honigbg., Wolkendf., auch gegenwärtig in Tartlau). — Mhd. dienære. Lautt. 140.

Dienesch F. N. »Dinesch« (1559, Alzen, Nat.-A.; 1808, Tartlau), »Dinnes und Dines« (1609, Nat.-A.), »Dynesch« (1521, Qu. Kr. 1, 347), »Dienesch«, jetzt in *Birk*. Der Name entstanden aus magy. Dénes (Dênesch, ê lautgesetzl. ⟩ î), dieses aus dem urk. oft vorkommenden Dionysius (Urkb. 1, 48, 49, 69 und öfter im 13. Jahrh.).

—, **Dînesdref** O. N., sächs. Benennung von Sajó-Udvarhely im Szolnok-Dobokaer Komitat, urk. Dyenuswduarhely (1375). Die sächs. Ortsbezeichnung *(Dînes-* ⟨ *Dênes-* ⟨ Dionysius-) stammt wahrscheinlich von dem als Gründer des Ortes bezeichneten Obergespan des Szolnoker Komitates Dionysius (Erste Hälfte des 13. Jahrh., s. Szolnok-Doboka monographiája VI, 47). Vgl. auch Urkb. 1, 69; KISCH, V.-A. 34, 29. Moselfr. F. N. Dienes, lux. Denis.

Dinges F. N. *(D.-Zepling;* im 18. Jahrh. zwei Bistritzer Oberrichter dieses Namens). Moselfr. F. N. Dinges.

dienlich, dânlich, nösn. *dâinlich* in städt. Halbma.

dienſam, dâinsem nösn. ‚zuträglich, dienlich'. *Et wid em nät dâinsem sai.* »Als findet eine gesambte löbliche Universität diensamb und gut« (1724, V.-A. 27, 545).

Dienſt, Dænst st. m., nösn. *Dâinst* m. 1. Gewöhnlich vom Dienst als Knecht, Magd: *äas Hants (Fichi) äs äm Dænst. E (et) gêd än Dâinst* (nösn) *Det Mêtchen hun ech ąf den Dänjst gedôn* (SEMP, Regrut 37). — 2. Auch von der Dienstleistung in Ausübung des Amtes als Lehrer, Geistlicher, Soldat usw. *E äs fleissij äm Dænst. E äs nemi äm Dænst. Dænst dân* ‚amtliche Funktionen ausüben'. In der Ansprache beim ‚Ausheischen' der Leiche heisst es in geh. Spr.: *Em dât nâme se ier Zäufluécht eerštlich bei onderen Foare* (unseren Pfarrer) *ąnt bei de Schôelleerer ąnt bâden se, se son en ą̂* (auch) *mid-iern gæstlichen Däinsten beistâu (Kl.-Bistritz).* »Nebens seinen schuldigen und fleissigen Diensten in der Schul und Kirche soll der Rector .« (1676, Meeburger Schullohnstatut). — 3. Auch von sonstigen durch Zugehörigkeit zu seiner Körperschaft bedingten Leistungen. Bei der Aufnahme in die Bruderschaft versprechen die neueintretenden Knechte: *Se verhîssen gehiursemen Dainst ze lîsten esi wiul um Dąch esi uch bâ der Noicht* (Gr.-Scheuern, Kbl. 23, 54). Ebenso verheissen die in die Nachbarschaft aufzunehmenden jungen Frauen: *gehiursemen Dainst hälfen ze lîsten* (Ebda.). — 4. In geh. Spr. ‚Liebes- und Ehrendienst'.

> *Wat gist tâ mer na fuer menjen*
> *Dainst allîn*
> *Ach înijet Harzke menj?*
>
> SCHUSTER, Volksl. 24.

In Schässburg wurde in früheren Zeiten von den Schülern der zweiten Gymnasial- und ersten Realschulklasse in Abteilungen von je 4 Knaben »auf die Leiche gerufen«. Dieselben kamen zunächst ins Leichenhaus mit den Worten: *Mer senj ôfgeschäckt wąrden vun âsem Härr Lîrer, mer sîle sæn, dąt mer uch än desem Trauerfąl ze Dænste štôn.* Dann gingen sie von Haus zu Haus mit der Bitte: *Se sîle vun der Gæt senj und mąrn* (morgen) *äm zwê (droa) dem verštorwänen de lêtzten Îrendænst hälfe lîsten.* Darauf antwortet man ihnen: *Soa bedąnykt der Mæ; mer wîle læwer än em ą̂ndere Fąl ze Dænste štôn* (SCHULLER, T. u. B. I, 50 ff.). In Reussdorf fordert der Nachbarvater die (gewöhnlich vier) jüngsten Nachbarschaftsmitglieder auf, den Sarg aus dem Hause zu holen, und zwar mit den Worten: *Ir vær benumt Nêber, wêrt gebäden, dead âsem Niober de lêtzten Dænst.* Bei dem ‚Ausheischen' der Leiche heisst es von dem Trauergefolge: *Se son disem krestlichen Mêtbräuder den latzten Eerendäinst helfen däu bes of den Gottesacker (Kl.-Bistritz).* Auch urk. in höflicher Anrede: »Fürsichtige Ersame weyse Hern, unsern Gruss und willigen Dinst sampt Wünschung alles Glückes und Heil« (1568, B. M.). — 5. † »Jemanden auf den Dienst lauern, warten, merken« ‚jemandem in feindseliger Absicht aufpassen, auflauern' (Qu. Kr. 4, 21, 26, 36). »Dem Scultheto auff den Dienst wartendt« ‚ihm auflauernd, um ihn umzubringen' (KRAUS, Chron. I, 85). »Welche mit eingemachten Senzen ihnen in den engen Pässen auf den Dienst warten« (Ebda., 202). — 6. R. A. *Täa sąlt mer en piulneschen Dænst däan* ‚du sollst mir eine Gefälligkeit erweisen' (auch ironisch, Med.). *Pôlesch Däinst* (nösn.) ‚unentgeltliche Dienstleistung' (wie sie die polnischen, untertänigen Bauern leisten mussten). — 7. In Zusammensetzungen: *Dænstkniecht, Dænstmêt.* »dienst met« (1553, Qu. Kr. 3, 314). In städt. Halbma. *Dænstąlder, -här, -jôr, -zekt.* — Mhd. dienest. Lautt. 140.

Dienſtag, Dąstich m., nösn. *Dänztoch* m. Das Süds. zeigt allenthalben Ausfall des *n* vor *s;* nur im Nösn. ist *n* erhalten; *Denstich (Kl.-Bistritz), Dinstoch (Petersdf.), Dainstoch (Dürrbach).* Über den mannigfach wechselnden Stammvokal der ersten Silbe vgl. Lautt. 43; der Vokal der zweiten Silbe -tag infolge der Unbetontheit meist zu *i, e* geschwächt. Urk. »Deystag« (1527, Qu. Kr. 2, 51, 52). 1. Der Wochentag, an einzelnen Orten, wie *Bistritz,* Hstdt. zugleich Wochenmarkttag. Derselbe gilt als glückverheissend. Kein Hirte treibt z. B. in *D.-Zepling* zum ersten Male das Vieh an einem andern Tage als am Dienstag auf die Weide; an demselben ist's gut eine Reise anzutreten. »Dienstagskinder — reiche Kinder« (burzenl.). Am Dienstag der letzten Faschingswoche tritt die Nachbarschaft zum Sittag oder Gerichtstag zusammen (FRONIUS [1], 113). Sprw.: *Môntich blô* (am Montag nicht gearbeitet, dann) *Dąstich Hangshôr* oder *Dąstich Hanger, Dąstich net dô* (nicht bei der Arbeit; SCHUSTER, Volksl. 196). — 2. *Der grûss Dänztoch* (nösn.), so genannt nach dem vorangegangenen »grossen Sonntag«, dem ersten Fastensonntag, Invocavit, ist zugleich Name des auf diesen Dienstag fallenden Jahrmarkts in *Bistr.* In einem Zeugenverhöre der Rodnaer Geschworenen 1527: »das ist geschen zu dem grossen Dinstag« (MÜLLER, Sprdm. 179). Auch in Hstdt.: »Am grossen dynstag« (1487, ebda. 111). »Geschehen am grossen dinstag anno 1555« (Nat.-A.). »Auf den grossen dienstag zu bringen« (1582, Nat.-A.). — Die süds. Formen decken sich lautlich mit der schon im 13. Jahrh. vorkommenden ndd. Form dinstag (vgl. *zą̂s* 〈 zins, *dą̂sen* 〈 dinsen). Die Nösner Formen mit erhaltenem *n* haben ihre Analogie in nösn. *Änxelt* Unschlitt (süds. *Ą̂sselt)*, lux. enzelt; *ąnts* uns (süds. *âs); Läntschen* Linsen (süds. *Lą̂sen)*. Auch moselfr. Den(t)stich, dagegen eifel. Dâstich, Dôstich.

dienstbar, dǣnstbôr *(-ber)*, nösn. *dâinstber* [in städt. Halbma.]. *Hued er schiun en dǣnstpre Gîst?* (Med.) ‚einen Dienstboten'.

Dienstbote, fehlt, nösn. dafür: *Kniecht, Mêt, Gesänd[er]*. Süds. meist nur plur. *Dǣnstbodden*, auch nur *Bodden*, selten sing. *Dǣnstbodd, Bott*. »Darumb sol man aus dem gebot der lieb verbunden sein, das alle vierteil des iars eine Woche, die stund so der Catechismus gepredigt wird, den dienstboten zu lernen frey gelassen sol werden« (Hont. K. O. 51).

(**dienstgeflissen**) † »Gehorsamste dienstgeflissene Richter und Rath des Marktes Schenckh« (1578, B. M.). »Dienstgeflissene Geschworene Markts- und Stu^e^ls Schenk« (1580, B. M.).

Dienstjahr, Dǣnstjôr n., nösn. *Dâinstjôr* n. *E huet nôch ze winich Dǣnstjôr* ‚zu wenig Dienstjahre', etwa zur Bewerbung um eine Pfarre.

Dienstmensch, † »Dass sie den allzu vertrauten und verdächtigen Umgang mit den Dienstmenschen verhüten solle« (1765, Cap. Cib.).

—, dierf adj. und adv., in Birth. nicht umgelautet, *darf*. Das Wort hat eine sehr beschränkte Verbreitung (Denndorf, Keisd, Neithausen, Gr.-Schenk, Tartlau). 1. ‚Schwach, übel, ohnmächtig'. *Et wid em dierf* ‚es wird ihm übel', oder *ed äs em dierf* (Streitfort). *Et wuert mer dierf* ‚ich wurde ohnmächtig' (Keisd). — 2. ‚Von üblem, widrigem Geschmack'. *Ed äs mer esi dierf* (Gr.-Schenk); ‚ich habe Hungergefühl und es schmeckt mir nicht'; *dierf* ‚bitter im Munde' (Rothbach). — 3. Von unangenehmer Leere bei verdorbenem Magen: *Ed üs mer darw äm Muegen* (Birth.). *Ech mess na bąld äst iessen, ed äs mer esi dierf* (Gr.-Schenk). Syn. *bedarft* (Malmkrog, Trappold). — Das Wort gehört wahrscheinlich zu der in *darben* ‚entbehren, ermangeln', dürfen, in ält. Sprache ‚Mangel haben', bedürftig enthaltenen Wurzel *thrf ‚entbehren, mangeln'. Dazu stimmen besonders die Bedeutungen unter 3. — Schwäche, Übelkeit (Bed. 1) können wieder eine Folge leeren und verdorbenen Magens sein.

dieser, deser [dêzr], *derr, des, det* [è], ohne nachfolgendes Substantiv auch: *deten;* nösn. *diser* [dizr], *dis, det*. 1. Das zusammengesetzte Demonstrativum wird seltener gebraucht als das einfache. (s. der). *Dêser Mäntsch, det Mètchen. Nô disem Rè ką̂n em noch näd ąckern* (nösn.). — 2. Oft im Sinne ‚diese Bekannten, Verwandten', auch substantiv. gebraucht; also auf naheliegendes hindeutend. *Des wôren uch dô* ‚diese (Bekannte, Verwandte) waren auch dort zugegen'. *Aich bün nät wâi dis. Sai dis schu fortgąngen?* (nösn.). *Wô sîlen des sen?* (So fragt man, auch wenn die Bewohner eines Hauses abwesend sind). *Diser (Waltersdf.)* geradezu: ‚mein Mann, mein Gatte'. Vgl. den abweichenden Gebrauch im Schwäb. Ich bin nicht wie diese ‚wie die andern Leute' (Schwäb. Wb. 2, 229). — 3. Allein stehend und mit nachfolgendem Substantiv zum Ausdruck von adv. Bestimmungen. *Vor disem* (nösn.). ‚vor dieser Zeit, früher'. »Petrus Kapp Hutter, welcher vor diesem zu Millembach gewohnt« (1651, Ger.-Prot.). *Ąf det wit e nâ dennich schreiwen* ‚bei diesem Anlass wird er nun doch schreiben'. Im Genitiv: *Deser Dǣch, deser Jôr* in diesen ‚letztvergangenen' Tagen, Jahren. Nösn. *diser* (gen. plur.) *än Dą̂ch* (acc. sgl.), süds. *deser enen Dą̂ch* ‚an einem der letztvergangenen Tage'. *Ich kun des Wôch* ‚in dieser Woche'. *Und esi wôr jô uch deten* ‚und so verhielt es sich auch hiemit'.

diesjährig, fehlt. Dafür ausschliesslich *heirich*, nösn *hairich* ‚heurig'.

diesmal, detmôl, adv., nösn. *dätmôl. Fîr detmôl äs et genach.* »Und darume ehrbar Meister ytzund zu diesem mal euch nicht mehr vorschreiben von unserer Zechen Gerechtigkeit« (1469, B. M.). »Lauren und wollen ihn umbbringen, auff diesmahl muss er sterben« (1644, Bap. Bog.).

diesseits, däst (Draas, Reps), nösn. *hǣdäst* (auf dem Lande), *hadiest (Heidendorf)*. Præp. mit dem Dativ. *Mer hun däst dem Grafken* (diesseits des Grabens) *noch e Stäck ze schnedjen* (Draas). *E wunt hǣdäst der Bräck (S.-Reen). Däst-genst* (Reps) ‚diesseits-jenseits'; nösn. *hǣdäst-gintst*. Im Süds. nur wenig verbreitet, doch z. B. Schönbg. Sowie in *genst, gintst* 〈 mhd. jënsît der nicht hochbetonte Vokal der zweiten Silbe ausgefallen ist (vgl. *hîsch, hesch* 〈 mhd. hübesch; hent, haint 〈 mhd. hînaht), so entspricht auch *däst* mhd. dis-sît.

Dietrich. Schon in früheren Jahrh. häufig vorkommender P. N. und F. N. 1. Formen mit unverschobenem inlautenden *d* gelten in der echten Mundart: Dedrich (1505). Deidrich (1580, Denndorf; 1593, Scharosch; 1642, Cap. Bog.). Daidrich (1763, *Heidendf.). Diedrich* (1808, Blumenau); jetzt: *Dâidrich (Heidendf., Windau). Däderich* (Mühlbach). — 2. Verschobene Formen: Detricus (1268). Maister Dietrich von Siebenbûrgen (1296); daneben finden sich mannigfach wechselnde Schreibungen: Dittrich, Theytrich, Thyttrich, Deittrich, Dytrich, Dettrich, Diterich (Qu. Kr. 3, 795; Qu. Gesch. S. 1, 605). Diedtrich (1599, B. M.) Dietrich (1810 und jetzt Reussmarkt). *Ditrich (Birk),* in den beiden letzten Formen auch sonst. Den Lautgesetzen unserer Ma. entsprechen die unverschobenen Formen, so nösn. *Dâidrich;* unter den übrigen sind vielfache Entlehnungen zu finden. — 3. Auch in der Bedeutung: ‚allgemeiner Schlüssel‘, dem Hochdeutschen nachgebildet: *Dâdrich, Dædrich* in der Sprache der Schlosser. — 4. Zusammensetzung in Fl. N. *Äm Dædrichwängkel* (Med.).

dieweil, † Conj. 1. Kausal. »Dieweil man sich aber . . lest vberreden« (Hont. K. O. 3). — 2. Temporal. »Mann soll kauffen, dieweil der iarmarck weret« (Dam. Dürr, Aml. 70). »Dieweil er noch bey vernunfft war« (1579, Nat.-A.). — Adv. ‚Unterdessen‘: »Mancher Radtherr ist dieweill ein schinner, ein unterdrücker der armen« (Dam. Dürr, Aml. 34). Vgl. derweil.

—, diglich, *dijlich,* s. tauglich.

—, dîjer, nösn. *dêjich,* s. Teig, teigig.

Dilg, Dylg F. N. (1565, Felmern). Dylge (1536, Brenndf.), Dilgen (1475, Kronst.), daneben auch die Schreibungen Dylch, Thilge, Thylgen (Qu. Kr. 3, 866). Heute mit echtmundartl. Wurzelvokal.: *Deltch, Delch, Delg* (Neudorf, Thalheim).

—, Dilischanz (-iža-) fem., nösn. *Delischanz* fem. *Deleschanz (S.-Reen)* ‚Posteilwagen‘. Aussterbendes Wort: »1817 am 20 Juni ist zum erstenmale ein Postwagen — die Deligence — von Kronstadt abgefahren« (Qu. Kr. 4, 330). Zu frz. diligence f. Eilwagen.

Dill, Däll m., nösn. *Däll* m. (Anethum graveolens); daneben wird auch *Dällkrokt* n. burzenl. *Dällkrekt,* entsprechend nhd. Dillkraut gebraucht. Sächsische Frauen benützen den *Däll* bei dem Einsäuren von Kraut und Gurken, sowie bei dem Krautkochen als beliebtes, unentbehrliches Gewürz: *Däll bæ de Kampest uch bæ de Krazewez. Däll und Êsebet, Eisebet,* nösn. *Aisbet* (Isop) gelten zusammen als unerlässliche Zutat zum Kraut, um demselben den entsprechenden Geschmack zu verleihen. Urk. werden »Kym et dell« zusammengestellt (1522, Qu. Kr. 1, 573; 2, 481). Dillkraut spielt auch im Volksbrauch eine Rolle. In Rosenau legte man in früheren Zeiten der Gebärenden einen Silberzwanziger und etwas Dillkraut ins Bett und dieselbe sagte dann: *Ech lâin* (liege) *qf Sülwer och Däll, me Känjd sol seng, wä ech wäll* (Hillner, 15). Auch in *Mettersdorf* legt man der gebärenden Frau unter den Polster *Viruen* (Nepeta nuda), Dillkraut und Weihrauch, damit ihr der Böse nichts anhaben kann. Dem Kinde gibt man zum Schutze gegen böse Geister in die Wiege Dillkraut, Besenkraut und Knoblauch (Gassner, 13, 19). Der Samen vom Dillkraut, in Alzen auch *Wirz,* sonst *Wirz* genannt, wird zum Teekochen gegen Schluchzen und zum Stillen des Erbrechens benützt (Kbl. 21, 30); auch als Mittel gegen Husten: »Nimm Fintzel (Fenchel)-Som und Dell-Som und wailt (wilden) Kimm-Som, koch es in Wein und ein wenig Hontg dazu und nimm Melthg (Milch) und geiss es durgenander und trink dovon. Es hilft«. (Rezept um 1600, Kbl. 31, 96). Im Volksliede: *Vor irem* (des Mädchens) *Haus štând e Štängel Däll* (Schuster, 12). — Mhd. tille m. f. Die ins Nhd. aus dem Ndd. übernommene anlautende Media d ist in unserer Ma. lautgesetzlich erhalten geblieben. Lautt. 40.

Dillmann F. N. (Kronst. 1758, Qu. Kr. 4, 477).

—, dimpen s. dämpfen.

—, dimpich s. dumpfig.

—, Dindopp m. (Hstdt). 1. ‚Einfaltspinsel, Tölpel‘. — 2. ‚Langsamer Mensch‘, der nichts zuwege bringt. Vgl. schwäb. Dilledapp (Wb. 2, 207), bair. Dilltapp einfältiger, täppischer Mensch.

Ding, Däng n., nösn. *Däng* n. 1. Die ursprüngliche Bedeutung: ‚gerichtliche Verhandlung‘ ist nur noch erhalten in *Têdich* fem., urk. Teidig (E. L. R. 40 u. s.). ‚Streit, Prozess‘, auch *Getêdich* n. ‚Streitigkeit‘, zu mhd. tagedinc, teidinc m. und f., davon das Verbum *têdijen* schw. ‚streiten‘, mhd. tagedingen, teidingen. s. d. — 2. Gewöhnlich, wie nhd. ‚Sache, Gegenstand, Angelegenheit‘. Sprw. *Môss än allen Dänjen led alle Dänj gelänjen* (Schuster, Volksl. 241). *Gât Däng brocht Zekt* (Thullner, R. 60). *Et gît net mät riechten Dängen zâ. Aller gâder Däng senj drq. Jêt Däng huet zwô Saiten* (nösn.). *En Hochzet awer äs en Däng, dqt frî* (froh) *em sql genessen* (Schuller, Ged. 50). *Der Štädder ir Hqntrek äs guer e hesch Däng, se verkêfen ir Haiser iwer en*

Weil mät der Bąng ‚Trommel‘ (SCHUSTER, 198). *Äm dạ̊d äs nichen Däng* ‚das ist kein Fehler, daran stösst sich niemand‘ (Med., Gr.-Schenk). »Doch da sehen mir, wie ein elendes d i n g es ist umb die menschliche Klugheitt« (DAM. DÜRR, AML. 65). »Und der Kleger heth auch zu der Zeyth etlich D i n g seynen Freunden verschenkth« (1564, Mühlb.). »Und haben scheffer gepunden und ander d i n g« (1563, Qu. Gesch. S. 1, 367). »Das der Vater sich des Jünglings in keinem kleinen D i n g angenommen hab«. — »Er hab auch furmals ein D i n g in der Nachbarschaft gehandelt, das ihme einen Verdacht mache« (1599, Hstdt. Ger.-Prot.). — 3. Auch von Personen, namentlich Kindern, insbesondere Mädchen. *E klîn, hiesch, lastich Däng;* auch dim. *Dängelchen,* nösn. *Dängeltchi. Ed äs guer e hesch Dängelchen.* Der Plur., von Personen gebraucht: *Dänger; dạ̊t sai guer špâsich Dänger* (nösn.). — 4. *Däng* wird auch verwendet, wenn man den Ausdruck für eine Person oder Sache nicht gleich findet oder ihn nicht gebrauchen will; dabei erhält *Däng* das Genus jenes Wortes, für welches es stellvertretend gebraucht wird; also auch *der, de Däng.* »So ghet solch wnflettich d i n g von ir« (1581, Kbl. 8, 38). — 5. *Ding* ‚Amt‘. *Hannendäng, Orjenistendäng* (BINDER, Coll.). — 6. Häufige Redewendungen: *Vìr allen Dängen. E äs gâder Däng* ‚gut gelaunt‘. (Doch nach Z. f. d. W. 7, 306 zu guot gedinge ‚gute Zuversicht‘ gehörig). »Gehts den Kindern woll, so sein die arme elter auch frölich und g u t e r d i n g« (DAM. DÜRR, AML. 9). »Der gebaurisch Mann — wogt sich ungenöter d i n g (unnötigerweise) in den Krieg« (Ebda. 19). »V n g e n ô t i g t e r d i n g e« (E. L. R. 172). — Mhd. dinc n. Lautt. 41.

dingen, dängen st. und schw., ebenso nösn. *dängen.* 1. Die ursprüngliche Bedeutung des Wortes: ‚unterhandeln, einen Vertrag abschliessen‘ findet sich abgesehen vom Kompos. *têdijen* ‚mit Worten streiten, verhandeln‘, mhd. tagedingen, teidingen zunächst in der Verwendung: ‚für einen bestimmten, vertragsmässig festgesetzten Lohn eine Person in den Dienst nehmen, zu seiner Verfügung gewinnen‘. a) *En Kniecht, en Mêt dängen.* Bei diesem Dingen wird nach getroffener Vereinbarung des Lohnes und der Pflichten gewöhnlich der Handschlag geleistet, ein Handgeld gegeben und der *Almesch* (s. dies) getrunken. »Gabriel Bethlen den Horvath György begert von der Universitet als seinen g e d i n g t e n Diener« (1615, Hstdt. Mag.-Prot.) — b) Auch *Arbeder,* nösn. *Uareder dängen; ąf den Dạ̊ch* oder *iwerhîft dängen* gegen Taglohn oder ‚in Akkordarbeit nehmen‘. — c) Eine besondere Rolle spielt auf dem Lande das H i r t e n d i n g e n, welches in Nösner Gemeinden gewöhnlich am dritten Christtage (für das nächste Jahr), sonst wohl auch zu einem späteren Termine durch die Ortskommunität erfolgt. Dabei mussten die Hirten, zumeist Romänen, früher, hie und da wohl noch jetzt, einen *Almesch* geben. Ähnlich werden auch Weingartenhüter und niedere Dorfbedienstete (wie z. B *Borjer, Dạ̊ch-* und *Nuechthâider* nösn.) gedungen, und zwar immer nur für ein Jahr. »Sollten sie (die Marktrichter) Sorge tragen, dass zu Zeit C h r i s t t a g s die Hirten g e d i n g e t werden mögen« (1707, SCHULER-LIBL., Mat. 142). — d) Auch die Lehrjungen wurden g e d u n g e n. »Welicher Mester eynen Jungen (Lehrling) wil d i n g e n« (1520, Zunftart.). »Wenn man eyn leer Jungen d y n g t« (1508, Birth. Weberzunftart.). »Ein Lehrjung soll einge d i n g e t werden nach Zechgewohnheit« (1539, Birth. Schusterzunftart.). Bei dem »Dingen« oder »Aufdingen« musste der Lehrjunge, in mancher Zunft auch der betreffende Meister, einen bestimmten Geldbetrag 3—12 fl. an die Zunftlade entrichten und sie hatten überdies meist auch die Kosten eines Mahles zu tragen (V.-A. 27, 495 f.). — e) Auch für die Anstellung der Volksschullehrer wurde früher der Ausdruck ‚d i n g e n‘ gebraucht. Schon HONT. gibt in seiner Kirchenordnung 1547 die Anweisung: »Der Schulmeister (Schulrektor) sol fleissig vnd getrew mithelffer d i n g e n«. Auch die Anstellung der Schulmeister erfolgte bis zum Jahre 1823 immer nur auf e i n Jahr, bis 1851 auf vier Jahre, seither auf Lebenszeit. Derjenige, der ein Schulrektorat erhalten wollte, musste sich um das Bartholomäusfest (24. Aug.) bei dem Pfarrer und der Gemeinde darum bewerben. Hatte er die Stelle erhalten, so musste er die Kirchenväter und die Gemeindevorstehung mit einem Mahle bewirten. Nun ‚d a n g‘ er sich den oder die Lehrergehilfen, natürlich auch nur auf ein Jahr. Auch die Diskantisten (s. das.) wurden vom Schulmeister ‚g e d u n g e n‘. — 2. R. A. *E arbet wȇ gedangen* ‚er arbeitet freiwillig fleissig, wie einer der durch Vertrag zu einer Arbeitsleistung verpflichtet ist‘. — 3. Reflex. *Sich dängen,* auch *sich ündängen* ‚in den Dienst treten‘ — 4. ‚Unterhandeln, durch Verhandlungen bestimmen, etwas ausmachen‘: *Dȇ danje long. Net danj esefelt* ‚unterhandle nicht so viel‘. *Et donjt anj mät mer* ‚sie sucht immer durch Unterhandeln etwas von mir zu erreichen‘. »*Det Hedwig hat langhär änj ge-*

dangen, em sîl em senj gât Fränjdän mêr nor aw en puer Dâch iwern zû änne lossen« (Hîmw. 66). *Äs ded e Gedanj,* sagt man von Kindern, die ihren Eltern etwas abdringen wollen. *Ded äs en iwich Gedanj* ‚das ist ein fortwährendes Stellen von Bedingungen, es werden immer Einwendungen gemacht'. *Det danjen ich mer awer äᵒs* ‚das bedinge ich mir aus' (Med.). — 5. Einen Kaufvertrag machen, insbesondere eine Arbeit bei einem Handwerker bestellen: *Ich sol mer e Puer Scheᵒgen doinjen* ‚ich soll (will) mir ein Paar Schuhe bestellen' (Schönbg.). *Mer hu nichen Schâgn kånn kêfen, mir hu se mâssen dängen* ‚wir haben keine passenden (fertigen) Schuhe kaufen können, sondern wir haben solche nach Mass bestellen müssen' (nösn.). *Sij en Piᵉlz dängen* ‚sich einen Pelz (bei dem Kürschner) bestellen'. »Der Mayster merten Schlosser an den pyxen, dy der Herr Peter haller hat g e d i n g t, hat bezahlt fl 53« (1545, Hstdt.). »Der Markus Bidner rief uns mitt zum Gabor Barbierer, daselbs d i n g e t er mitt ihme, das er den Piter Kastenhölczer binden solt und heilen« (1598, Nat.-A.). »Es hat dieser am nechsten .. tag Morgens mich g e d i n g e t zu einem Fuhrmann, ihn und sein Weib auf Midwisch zum Jahrmark zu führen« (1652, Nat.-A.). »Ein Arbeit d i n g e n« ‚eine Arbeit vertragsmässig übernehmen' (1520, Hstdt. Zunftart.). »D i n g e t jemand ein Arbeit zu machen / und zalet den macherlon nit / wird das gericht drum ersucht / es sol dem Verdinger den dritten Tag pfand geben vnd zalen lassen« (E. L. R. 112). — 6. † Dingen hat in der älteren Sprache auch die Bedeutung: ‚vertragsmässig mieten, pachten'. »Die g e d i n g t e herberg« ‚die gemietete Wohnung' (E. L. R. 123). »D i n g e t einer ein Haus, Acker oder was anders / und geschicht keine Auszug im Geding / er kan es widerumb andern weiter verdingen« ‚verpachten' (Ebda. 123). »Allda (in Regensburg) hab ich mir ein enges Schiff g e d i n g e t, und auff der Donau hinab gefahren« (1619, KEMENY, Fundgr. 283). — 7. Als einzelne besondere reflex. Verwendungen sind anzumerken: *e danjt sich* ‚er geniert sich' (D.-Tekesch); *sich dänjen* ‚sich Sorge machen' (Agnetheln). — Mhd. dingen schw. Während auch in unseren Urkunden, wie im älteren Nhd. die schwach flektierten Formen ausschliesslich vorkommen, wird in der lebenden Ma., wie im Nhd. die starke und schwache Form nebeneinander, doch mit Überwiegen der ersteren gebraucht: *Danjen, dong, gedäᵃngen* (Med.). *Danjen, mer danjden, hü gedanjt* (Denndorf); *gedängt* neben *gedonge (S.-Regen).* Lautt. 48.

D i n g e s F. N. *D.-Zepling;* 1792, *Bistritz).*

(dingig), dängich, adj. (nösn., *S.-Reen).* 1. Gewöhnlich in der Wendung: *ed äs mer (em) dängich* ‚es liegt mir (ihm) viel daran' (etwas zu erreichen). *Ed äs mer dängich dräm.* — 2. ‚Es ist mir bange' (wie etwa vor einer Gerichtsverhandlung) (ding). — 3. ‚Es tut mir leid darum' (Gr.-Schogen).

—, **Dîngrês** n. ‚Vogelknöterich' (Polygonum aviculare) Hstdt.

Dinkel, fehlt. Dafür *Uᵉlengk* m., nösn. *Uᵃlängk* m. (zu rum. alac). a vor l 〉 *uᵉ, uᵃ;* ebenso -lak 〉 *-lengk, längk,* vgl. Széplak 〉 *Zâⁱplängk,* magy. maszlag 〉 *mąsslengk* entspricht den Regeln der Ma. s. unter Alant.

dinsen, dâsen stv., nösn. *dâⁱsen* schw., *daisten (Jaad).* Das Zeitwort wird süds. vorwiegend stark flektiert: *doᵃsen, dîs, gedâsen* (Schässbg.); ebenso in Birth., Pretai und sonst, auch burzenl. *doisen, gedâsen.* Doch kommen (so in Mühlbach, Marktschelken u. s.) auch schwach flektierte Formen vor, die im Nösn. vorherrschend sind. 1. ‚Ziehen, und zwar mühsam, anhaltend, schwer ziehen', besonders von grossen Lasten. a) Zumal von Zugtieren: *De Ruᵉs (de Iᵘssen* ‚Ochsen') *doᵃsen um Wuᵉgen, um Pleach. Ed äs e gât dauⁱsa Fård* ‚ein Pferd zum Ziehen von Lasten gut zu verwenden' (Marienbg.). *Der Hâst äm Sillen* (im ‚Geschirr'), *dô hî dâst* (SCHUSTER, Volksl. 102). *Der Hâst, dieᵉ sonst um Plach* (Pflug), *mess dâsen* (KÄST., 88).

> *Et dâste se än de Gemîn*
> *Allkomm sieᵉs štattlich Îssen.* KÄST., 145.

— b) Vom Menschen. *Ich dâse mer de Sîl ereᵘs* ‚ich ziehe aus Leibeskräften' (Rohrbach). *E dâst de Karr det Rêch* (Berg) *affen* (Mühlbach). *E dâⁱst den gânzen Dâch, wâⁱ e Rôs* ‚zieht, arbeitet den ganzen Tag angestrengt wie ein Pferd'.

> *Und sæ dîsen, dat se schwîsten.*
> THULLNER, K. 12.

> *Hun ich mij äm schwêre Jôch*
> *Mæt gedâst, gerackert.* KÄST., 119.

— 2. ‚Ziehen' auch in anderem, übertragenem Sinne: *Net dâs esi erôf!* rief der Rektor beim Singen dem Diskantisten zu. *Hî, dâs emôl!* ‚Nimm einen Zug' (aus meiner Pfeife, meiner Zigarette, Med.). *Wî doᵃst mich um Hôr* ‚wer zieht mich am Haar?' *Won e (der Tramîterᵗᵘrn) kierzegrôt gedâse štît* (HÖHR, L. Ê. 31). *Grimpes* (Holzklötze) *doisen* ‚schnarchen' (burzenl., Galt u. s.) Bauernregel:

Kit der Gerich, kit det Grâs,
Und schlîd em et mät dem Humpes.
Kit der Mächel, kid et net,
Mêr dǫ̂st em et mät der Pätsch-
zang (Beisszange).
SCHUSTER, Volksl. 149.

— 3. In Zusammensetzungen: *De Štrimp, de Schagen un-, ousdauisen* ‚Strümpfe, Schuhe an-, ausziehen' (Marienbg.). *Se weälln ned undoasen. Se kennen en ned erdoasen. Dǫt dech de Hangd verdǫ̂sen sulen* ‚dass dich die Hunde verschleppen sollten'. *Zedǫ̂sen* ‚auseinanderziehen'. *Nâ mes ich mich nôch bäm Gericht erämerdǫ̂sen* (THULLNER, R. 27). — Zu mhd. dinsen. Sowohl der Fortfall des *n* vor *s*, als die Verdumpfung des ursprünglichen stammhaften *i* ist lautgesetzlich. Im Nösn. tritt in mehreren Landgemeinden, so *Mettersdf.*, *Treppen* u. s. auch Nasalierung des Stammvokales ein. Das Wort ist in Hessen, ferner in unserem Stammlande — moselfr. dâsen, siegerl. dease — noch gebräuchlich. Lautt. 42. DWB. 2, 1179.

Dinte, s. Tinte.

Diohl F. N. (1822, Gr.-Probstdf.).

Dionysius, s. Dienesch.

~, **Diple** fem. (◡́◡) ‚Geige'. *E štrich de Diple ǫf dem Dǫnz* (HÖHR, L. Ê. 4). Zu rum. dipla.

Dipse O. N., s. Dürrbach.

~, **Diptam** m., auch Dictam m. ‚weisser Diptam, Äscherwurz'. (Dictamnus albus.)

direkt, direkt (◡◡́) in städt. Halbma.

Direktor fehlt; s. Rektor.

~, **dirkel** adj. ‚dünn'; *det Kuern štît dirkel* ‚der Weizen steht dünn, schütter' (Umgegend von Schässbg.). Sonst dafür meist: *dänn, lächt.* Zu mhd. dürkel ‚durchlöchert'.

Dirne, Dîrn fem., nösn. *Dîrn* fem. In der nösner Ma. selten und nur in üblem Sinne gebraucht. 1. Süds. noch ohne Nebensinn ‚Jungfrau, Mädchen'. *En fleissich, lastich, hîsch, štattlich Dîrn. Ed äs en rêklich Dîren* ‚eine schmucke, nette Jungfrau'. Die jungen Hochzeitbitter sagen in Michelsberg: *Mer senj ôfgescheakt worden vum Kärl dem Bregem und der Dîrn der Breokt.* »Ein Eheman / so er eine ledige Dirrn geschwechet hat« (E. L. R., 184). »Weren ihm schloss 11 schöne Dirnen, Bugeren (Bojaren) tögter« (KRAUS, Chron. 1, 215). »Die übrige Dirnen und Jungfern« (1689 Cap. Cib.). »Eine Dürne cognomine Sophia« (1671, Cap. Bog.). »Denn es ist yzunder dazukommen, das es die junge dirnen fur ein sonderlich redlichkeit achten, wenn sie sich an junge gesellen hangen« (DAM. DÜRR, AML. 51). »Eine dirn von 15 iaren« (Ebda., 51). Bei einer Verlobung: »Darnach rief man auch die Dirn herein« (1677, Kbl. 30, 81). Syn. *Mêt*, (auf dem Lande Bezeichnung der in die ‚Schwesterschaft' aufgenommenen Jungfrau, nösn. ausschliesslich gebraucht). — 2. ‚Bezeichnung für ein feiles, liederliches Weib', gewöhnlich: *en licht, en annätz Dîrn.* Dafür zahlreiche Syn. *Heär, Hurl, licht, annätz Fiel, liderlich Volk, Ludder, Kurwa, Sâlädder, Mueserníkel, Zadder, Zauk, Zumpel, Schämpes.* — 3. Die ursprüngl. Bed. ‚Dienerin' findet sich in unserer Ma. nicht. »Eben wie es auch bei den dienstmagden schier zum recht worden ist, das nirchen dirn so schlecht, so einfeltig ist, sie will gros magdt sein« (DAM. DÜRR, AML. 48). Mhd. dierne.

~, **Dirpel** m., nösn. *Dirpel* m. In dieser Form ziemlich allgemein ss., auch im Burzenlande; vereinzelt *Derpel* (Schaas, Malmkrog, Trappold). 1. Die gewöhnliche Bedeutung: ‚Türschwelle', und zwar wie auch die unten folgenden R. A. andeuten, in der Regel die Schwelle der Eingangstüre ins Haus. Diese hölzerne Schwelle war in alten Holzhäusern nicht selten fussdick, daher der Scherzreim:

Wun en ǫ̂lt Mǫ̂n
Iwern Dirpel schregde kǫ̂n,
As em anjde nôch net ze trân.
SCHUSTER, Volksl. 201.

Das Wort in obiger Form und Bedeutung ist auch aus der älteren Sprache bezeugt: 1523 wird in Kronstadt ein Geldbetrag verrechnet: »pro duabus ianuis ad balneam stubam inferiorem et dyrpell novum inducenti«, ferner für Nägel: »ad dyrpel præfatum« (Qu. Kr. 1, 499, 500). »Die untere Thûrschwelle heisst .. Siebenbûrgisch Dûrpall« (TRÖSTER, 231). Der *Dirpel* an der Eingangstüre des Hauses ist ein beliebter Sitz für die Hausbewohner: »Da sass die Frau auf dem Dirpell« (1615, Nat.-A.). »So ging ich aussen und sass auf einen stuben dürpel nieder« (1657, Nat.-A.). Ein- und Austritt aus dem Hause erfolgt über den *Dirpel*, der damit die Grenze des Raumes innerhalb und ausserhalb desselben andeutet. DAM. DÜRR erzählt in einer Predigt »die Historia von dem Son, der seynen vater mit den haaren bis auf den dürpl geschlept hatt, der da sprach: Halt still, lieber Son, denn bis so ferr schlept ich deynen grosvater auch« (1573, Hdschr. 298). »Maria lieff vom Dirpel biss auff die Gass und wiederumb zurück auff den Dirpel, sahe nach dem Hauptmann und lachete« (1697,

Cap. Cib.). »Dornach am dritten tag war es so —, das es nit uber den Dirpell kundt kommen« (1609. Nat.-A.). »Er hätte mit seiner Frau vollmacht zu thun, was er wolle, mehr wolle er ihr den Kopf auf dem Dirpel abhauen« (1744, L. K. A.). — 2. Spezielle Bedeutungen hat das Wort in Tartlau und sonst im Burzenl. als ‚Schwelle der Treppe', so auch in Draas. In Gr.-Lasseln, Malmkrog unterscheidet man: *Hoisendirpel* ‚Schwelle der Vorhaustüre' und *Štuwendirpel* ‚Schwelle der Stubentüre'. In Meschen, Gr.-Alisch und sonst bezeichnet *Dirpel* auch die ‚Stalltürschwelle'. — 3. R. A. Da der Eintritt ins Haus über den *Dirpel* erfolgt, so knüpfen daran verschiedene Wendungen an: *Emestern iwer den Dirpel gôn* ‚jemanden besuchen'. *Dier kit mer nemi iwer den Dirpel* ‚der betritt mein Haus nicht mehr' (Mühlb.). *Ech wall em netj iwer den Dirpel gôn* (Kronst., Barthol.). *Ech wäll der sächer nemi iwer den Dirpel traden* (Birth., Schlatt). Den Besuch abweisend: *Net mi kam mer iwer den Dirpel! Net mî begreff mer den Dirpel* (Waldhütten). Die Wiederkehr in ein Haus lehnt man heftig ab mit den Worten: *Der Dirpel saul ich verfolen* (verfaulen), *bäs ich weder kun. Ech well em net den Dirpel uewâzen* (Durles). Noch schärfer, geradezu fluchend: *Et sąl der Grâs vur dem Dirpel woussen* (Urwegen). *Et keun der Grâs ąf dem Dirpel weussen, bes ech ze dir kun* (Gr.-Alisch und sonst). Auch vom Austritt aus dem Hause: *Se äs ned iwern Dirpel kun* ‚sie hat das Haus — z. B. wegen Krankheit — nicht verlassen'. — 4. In Sitte, Brauch, Aberglaube spielt der *Dirpel* eine grosse Rolle. Hat sich eine Schwangere versehen, und kommt das Kind mit den Merkmalen des ‚Versehens' auf die Welt, so kann man es davon befreien, wenn die Mutter während der Kindbettzeit an drei aufeinander folgenden Sonntagen während des Gottesdienstes mit dem Kinde auf dem Arme auf dem *Dirpel* sitzt, jedesmal dreimal das Vaterunser betet und intensiv an die Ursache des ‚Versehens' denkt (Gassner, 8). In Rätsch muss die Wöchnerin in solchem Falle am Freitag auf dem *Dirpel* sitzen, mit den Füssen auf einen Besen tretend; anderwärts am Sonntag während des Glockenläutens, mit abgenommenem Kopftuch und herabhängenden Zöpfen (Hillner, 12). Bei dem ‚*Ieschcherchen*'-kochen gegen das Berufen der Kinder nimmt man u. a. auch 9 Späne vom *Dirpel*. — Erde vom *Dirpel* als Heilmittel: »Also hat er erdt von ihrem (der Nachbarin) Dürpel genommen und ihr bracht, also hat sie ihm auch geholffen, dass ihm das Gehör wieder war kommen« (1657, Nat.-A.). In Johannisdorf empfangen Bräutigam und Braut, wenn sie von der Trauung heimkommen ein Glas Wein und ein Stück Brot auf dem *Dirpel* zu gemeinschaftlichem Genuss; auf dem *Dirpel* werden ihre Hände zusammengebunden. Auf dem *Dirpel* führt der Bräutigam nach der Rückkehr von der Trauung den Eltern die Braut auf (Mätz 67, 70). Wenn eine Henne kräht, so bedeutet das den Tod. Um ihm zu entgehen, misst man die Zimmerlänge mit der Henne bis zum *Dirpel*, kommt der Kopf auf den *Dirpel* zu liegen, haut man diesen ab, reicht der Schwanz auf den *Dirpel*, so wird er mit einem Beile abgehauen und so der Tod gebannt (Gassner, 80). Selbstmörder wurden noch zu Beginn des vorigen Jahrh. an einigen Orten nicht über den *Dirpel* getragen, sondern durch das Fenster oder ein unter dem *Dirpel* gegrabenes Loch hinausgeschoben. Kästner (p. 147) sagt von Mädchen in der Neujahrsnacht: »*Rîd Appelschuele schmeisse se kêm Dirpel, dad et patzt*«, um aus den niedergefallenen Apfelschalen den Anfangsbuchstaben des zukünftigen Geliebten herauszubekommen. Knöchelchen von Spanferkeln werden unter den *Dirpel* eingegraben, dann hat man im ganzen Jahre Glück (nösn.). In den »Zwölften«, den 12 Tagen von Weihnachten bis zum Dreikönigstag, soll man nicht kauend über den *Dirpel* gehen, sonst bekommt das Vieh Maden (V.-A. 9, 475). Den Kehricht darf man nicht über den *Dirpel* hinüberfegen, sonst kehrt man das Glück hinaus. Ein Knöchelchen eines Erhängten unter dem *Dirpel* begraben schafft Glück in jeder Beziehung. Von Zauberinnen sagt Dam. Dürr in einer Predigt: »Es kann ein verfluchtig verdampte hu^e^r krotenknochen, menschenbein, haarlepen, zwibelschalen, fischgräten und ander unfletigs ding nicht in einen knoten binden und irgends unter den Dürpll legen, onen den namen gotts« (Aml., 38) — *Dirpel* ist abzuleiten von ‚Türpfahl'; sowohl die anlautende Media *d*, als die unverschobene Tenuis *p* der zweiten Wortsilbe entspricht den Lautgesetzen der Mundart; mit Bezug auf die Vokalkürzung *-pel* ⟨ pâl, vgl. das mundartliche *Leimet* ⟨ lînwât, *Huntsem* ⟨ hanafsâmo, *Grâmet* ⟨ gruonmât. Schon die Lex salica kennt durpalus als Schwelle; in fränkischem Sprachgebiete ist das Wort vielfach verbreitet; mndl. und nndl. dorpel, ndrhein. dürpel, moselfr. dirpel, auch in der Zips türpel. Vgl. auch die ältere nhd. R. A. »über den tölpel (dörpel) werfen« ‚über die Türschwelle hinauswerfen, übervorteilen' (Z. f. d. W. 2, 295 f.). WOLFF (V.-A. 27, 602) vermutet wohl mit Recht, dass das Wort zur Zeit der Römerherrschaft auf fränkischem Sprachgebiete zugleich mit andern auf den Hausbau bezüglichen technischen Benennungen (wie Ziegel aus têgula, Mauer aus mûrus, Pfosten aus postis, so *-pel* aus pâlus Pfahl) aus dem Lateinischen entlehnt worden sei. Man hat das Wort schon seit langer Zeit als wertvollen Hinweis auf unsere mittelfränkische Stammesheimat erkannt. Vgl. DWB. 2, 1301; KLUGE,[6] 294.

Dirste, O. N. bei Kronstadt.

—, **Dîrstet**, s. Dorstadt.

—, **disch.** In einem »*Par wel disch?*« [sonst dafür: *par vel impar* entstellt zu: *par par impar* (Agnetheln)], d. h. par vel dispar? (gerade oder ungerade) genannten Kinderspiel, wobei erraten werden soll, ob jemand in die zusammengeballte Hand Bohnen, Knöpfe oder dgl. in gerader oder ungerader Zahl genommen hat. Für das richtige Erraten erhält man die betreffenden Gegenstände als Gewinnst. s. HÖHR, 127.

—, **dischkulâren** (⏑ ⏑ ⏑ ⏑) schw. ,Zwecklos herumgehen und Nötiges, besonders die Schule versäumen', auch *dischkolâren.*

Än de Schîl geng e net gärn,
Dischkolâre läwer. KÄST. 49.

Zu lat. discurrere, mit dem auch sonst häufigen Wechsel von *r* 〉 *l:* Vgl. Grigôri 〉 *Glîgôri,* mlat. mortarium 〉 miržəl. Aus der Schulsprache, wohl in Anlehnung an schola umgebildet.

Diskantist, Dischkantist m. (⏑ ⏑ ⏑) 1. In früheren Zeiten Bezeichnung der für den Volksschullehrerberuf sich vorbereitenden Knaben. Dieselben traten bei einem Schulmeister für geringen Jahreslohn, gewöhnlich in Kost, Kleidung und etwas Geld bestehend, in Dienst, wurden zusammen mit den übrigen Schulkindern, nur in der Musik und dem Gesang abgesondert, unterrichtet, weil sie ihren Lehrherren als Sopransänger in der Kirche unterstützen mussten. Daneben hatten sie auch andere Dienste in Kirche und Schule zu versehen. Das Verhältnis war analog dem eines Lehrjungen zu seinem Meister. Allmählich konnte der Diskantist zur Stelle eines Campanators (Glöckners), Collaborators, Cantors emporsteigen. (Vgl. TEUTSCH, Sch. O. 1, 41, 103; 2, 197). — 2. Von sonstiger musikalischer Dienstleistung. »Ich diente bei der Fürstin (der Gemahlin Siegmund Rakotzis) in der Musik als Diskantist« (1607, V.-A. 17, 56).

(**diskurieren**), **dischkurîrn** (⏑ ⏑ ⏑) schw. ,ausführlich, umständlich reden', ein oft gebrauchtes, aus dem franz. discourir entlehntes Wort: *Se dischkurîrn vil eräm.* »Wardt... Pro et Contra vill discuriret« (KRAUS, Chron. 2, 232).

Diskurs, Dischkurs (⏑ ⏑) m. ,Unterredung, Gespräch', Verhandlung. [Städt. Halbma.]. *E grîss, e lãngk Dischkurs.* »Nach villem Discurs« (KRAUS, Chron. 1, 93). »Allerlei Discurs gehalten« (Ebda. 339). Selbst in den Sitzungen der sächs. Nationsuniversität geht dem Beschluss der »Diskurs« über eine Sache voraus. Aus dem franz. discours.

—, **Dispût** (⏑ ⏑) m. ,Wortstreit'. *Äm Dišpût entschloppt enem dij ald uch ned e gât Wîrt.*

disputieren, dišputîren (⏑ ⏑ ⏑ ⏑) schw. ,in Wechselrede mit einander streiten'. *E mâs âne dišputîrn* (nösn.). *Emestern äst afdišputîren* ,jemandem durch Überredung etwas unrichtiges, unwahres glaubhaft machen, eine schlechte Ware aufhalsen'. Zu lat. disputare.

, **Dišputîrer** (⏑ ⏑ ⏑ ⏑) m. ,Wortstreiter', im Sinne von ,Rechthaber'. *Dôd äs gor en anjem Dišputîrer; dî hoed âne Rêcht* (Agnetheln).

—, **Dîssem** s. Deisam; **dîssemen,** deisamen.

Distel, Dästel fem., nösn. *Dästel* fem., *Dästelx (Wallendf.), Testelt (Kl.-Bistritz),* auch sonst vielfach mit *t* anlautend *Tästel,* mit Fortfall des inlaut. *t: Tässel (Tekendf.), Dâssel (Passbusch).* 1. ,Ackerkratzdistel' (Cnicus arvensis), aber auch von sonstigen Distelarten gebraucht. Sprw. »*Näst gîd iwer de Dästle*«, *šprächt der Iesel* (SCHUSTER, Volksl. 163).

Wat sql af senjem Grâf (auf Liebchens Grab) *wôssen?*
Wol Dästeln uch Ruisekrokt.
SCHUSTER, Volksl. 39.

Nor hæ uch dîrt štîd än der Läft
Ën Dästelknûp (Distelköpfchen) *vum Reif bedäft.* KÄST. 79.

DAM. DÜRR beklagt sich: »An Korn und habern geben etliche leüttnichts guts, lassen disteln fur Koren garben« (sc. bei der Abgabe des Zehntens, AML. 18). »Fygen von den destlen« (1536, MÜLLER, Sprdm. 196). — 2. *Blio Tästel* (Alzen) ,Silberdistel' (carlina acaulis) als magenstärkendes Mittel und gegen Verschleimung verwendet; die Wurzel in Essig gekocht gegen Zahnweh; die Wurzel in Wein gekocht reinigt und heilt Wunden und Geschwüre (Kbl. 21, 15). Der Saft der *Widästel* (Mariendistel) mit Milch vermischt, hilft gegen *Nôchtgebräd* (Ausschlag um den Mund), gegen *Bîs Ôrt* (Rotlauf) und gegen *Allesgeblês* (Ausschlag mit Schwären am Leib, FRONIUS[4], 34). Regenwasser, das sich am Distelstamm, gehalten von breiten Blättern, sammelt, heilt Sommersprossen. *Russesch Tüstel,* soll sich nur seit 1849 im Lande befinden und damals von den russischen Truppen (im Heu) eingeschleppt worden sein (Marktschelken u. s.). *Dästelblomen* (Echium vulgare L.) ‚Natterkopf' (Kl. und Gr.-Schenk). — 3. In Fl. N. *Af de Dästeln* Petersbg.). *Dästellânder* Ackerland *(Heidendf.).* D i s t e l b e r g (1563 bei Grossau), auch d e s t e l b e r g und bloss »am D i s t e l« (1563, Nat.-A.). *Dästelseifen* (Grossau); *Dästelbärch* (Gr.-Scheuern). — Mhd. distel. Die ziemlich häufigen Formen mit anlautendem *t* finden ihre Analogie im Nord. So schwed.-norw. tistel, dän. tidsel, die Formen ohne inlaut. *t* in ags. tæsel, engl. teasel.

Distelfink, Dästelfängk m. gewöhnlich *Štiglitz* (s. das.).

D i s z n a j ó, O. N. s. Gassen.

—, **Dita, Ditat** m. In der Kindersprache: ‚Grossvater'. Daneben auch *Dedô.*

—, **Dîtdernäst** s. tun.

D i t z, F. N. (1825, Blutroth).

—, **ditzen,** schw. küssen (Schönau). Kinderspr.

—, **diunlêch** s. *düenlech.*

—, **Djebe** ‚grober Bauernkittel, grober Mantel'. (Zu rum. gheba). — Nur vereinzelt.

—, **djebossich** (◡ ◡́ ◡) ‚buckelig'. (Zu rum. ghebos).

—, **Djerle** und **Gierla** fem. Szamos-Ujvár. *E äs än der Djerle gewiest* ‚er ist im Zuchthaus (zu Szamos-Ujvár) gesessen'. Zu rum. Gherla, dial. D'erla.

—, **djî, djü.** Interjektion. Ruf zum Antreiben der Pferde, auch lux. djü. Huss vergleicht damit (Kbl. 31, 81) frz. hue (hü!), djü, ferner ss. jitata in der Kindersprache Pferdchen; doch kann auch magy. gyí! herangezogen werden. Syn. *je!* verstärkt *je hi (hü)!*

—, **Dob.** 1. Ein sogenanntes *Piziknôchen*-Spiel. Jedes der mitspielenden Kinder, höchstens fünf, steuert einen *Piziknôchen* (kleiner Knochen an den Hinterbeinen der Lämmer und Ziegen, das Sprungbein, talus astragalus) bei. Des Spielers Aufgabe ist, sämtliche Knochen, die er in die hohle Hand nimmt, in zwei oder mehr Würfen in ein Erdloch zu werfen. Gelingt dies, so hat er *Dob* gemacht und die Knochen gewonnen. Bleiben beim Wurf alle draussen, oder fallen alle hinein, oder übersteigt beim sukzessiven Werfen die Zahl der ins Loch gelangenden Knochen deren Gesamtsumme, so ist der Spieler *Kox,* d. h. er hat verloren. (s. HÖHR, 130, der das Wort von magy. dob ‚er wirft' ableitet). — 2. *Dob, Dopp* heisst auch der Fehlwurf beim Werfen von Knöpfen in ein Loch. Daher die bildliche Redewendung: *En Dopp dean* ‚einen unglücklichen Wurf tun, sich verrechnen, täuschen' (Med.). Vgl. jedoch die ähnliche Wendung unter *Däppen* (Topf). — 3. Als Interjektion *Dopp!* Gefehlt!

—, **dobbern** schw., nösn. (vereinzelt auf dem Lande) *dubbern* schw. *(S.-Reen),* auch südს. *dubbern* (Stolzenburg, Seiden, Trappold) neben *dobbern.* 1. ‚poltern, dröhnen, pochen'. *Der Wuagen dobbert än det Dîr erän* ‚der Wagen rasselt zum Tor herein'. *Der Wuagen dobbert iwer de Strôss* ‚fährt geräuschvoll über die Strasse'; auch *e dobbert iwer de Bräck, iwer de Štîn* (Hstdt.). *Ech dobbert un der Dîr* (ich pochte an der Türe), *em sîl mer afmâchen. Se dobbern* (poltern) *än der Schuil wâ de Zeygunen* (Werd).

Dâ fueren ônen Dobbern —
Vill tousend Melle färr.
(Vom grossen und kleinen Wagen — Bären am Himmel) KÄST. 41.

— 2. Von dem eigentümlichen ‚rasselnden Geräusch im Ofen', besonders Blechofen, in der Ofenröhre und im brennenden Rauchfang gebraucht. *Det Feier dubbert äm Îwen* ‚Ofen' (Rumes). *Et dubbert än der Rîr, än der Käp* ‚Rauchfang'. *Et dubbert mer äm Hîft* ‚Kopfweh mit Ohrensausen'. »Und in solchem zelen hören ich, das es im hoff d o b e r t« (nämlich das Feuer; 1609, Nat.-A.). — 3. Substantivbildung: *Gedobber* n. *Gedubber* n. ‚Gepolter, Getöse'. — Syn. *dremmern, drimmern, rampeln.* Zu vgl. lux. dubberen, poltern. Das Wort könnte eine onomatop. Bildung sein.

—, **dobesch.** 1. Als Adj. ‚kurz und dick'. — 2. Als Subst. gewöhnlich Bezeichnung für dicke, plumpe Kinder: *ed äs en däck Dobesch.* — 3. ‚Pferdename' im Burzenland (Kbl. 5, 103). — 4. F. N. »D o b e s c h« (1764, Reps). Fl. N. *Dobbesch Zäppen* (Girelsau). JACOBI leitet das Wort ab von magy. dobos, gross-, dickbäuchig. Zu vgl. ist auch Dop ‚dickes Frauenzimmer'.

—, **Dobôsi** (◡ ◡́ ◡) m. 1. Sprichwörtlich: *ed äs en Dobôsi* ‚er ist ein reicher Mann'. »D o b o s i« († 1759) aus Pressburg nach Hermannstadt eingewandert, mit Familienbeziehungen nach Memmingen, war ein reicher Kaufmann und zuletzt Besitzer eines einträglichen Bankhauses. Er hatte ein Vermächtnis zur Unterstützung von Studierenden auf der Universität hinterlassen; dieses »D o b o s i s c h e« Stipendium zu 100 Rfl. bezog drei Jahre hindurch ein Siebenbürger Sachse, drei Jahre hindurch ein Schwabe. — 2. *Dąd der Dobôsi* ‚der gibt den Ausschlag, der ist die Hauptperson' (Schässbg.); mit humoristischem Beigeschmack, wie z. B. Prinz *Schnûri (Schnûdi)*. s. Teutsch, G. d. S. S. 2, 234 und Sch.-O. 1, 346, 408.

—, **dobrich** adj. und adv. *Det wôr en dobrich Êssen* ‚das war eine gute Mahlzeit'. *Dî hôt net dobrich gelądn* ‚der hat (z. B. bei einer Fuhr Heu) nicht sehr viel geladen' (Schässbg.).

Dobring, sächs. **Dobrengk** (◡́◡) O. N., sächs. Dorf im ehemaligen Reussmärkter Stuhl, magy. Doborka, rum. Dobârca. Die ältesten urk. Formen »Drobrica« (1309, Urkb. 1, 291), »Duburka« (1330, Ebda., 433), später »Dobraka« (1532, Qu. Kr. 2, 283), »Doborka« (1569), »Dobroka« (1680). Die Endung des wohl slaw. Wortes (zum Namen dobra, ‚gut') ist der Ma. entsprechend umgestaltet worden; -ik, -ak > -ing, -engk, wie *Källengk* < Kelnuk, *Zaaplengk* < Széplak. Vgl. auch *Audrängk* < magy. ugorka; analog. *Dobrengk* < Doborka.

Dobringer, F. N. (1584; 1824 Rätsch, 1825 Blutrot). Daneben: »Dobrinker« (1609, Nat.-A.), »Dobriker« (1500, 1569 Hamlesch), »Dobraker« (1510), »Dobreker« (1598, 1615 Hamlesch), »Döbreker« (1599, B. M.), »Doberker« (1543), »Dobreger« (1672). Die F. N. haben zum Teil die ursprüngliche Endung des O. N. erhalten.

—, **Dobunde** fem. (◡◡́◡) ‚Nutzen, Reinertrag eines Geschäftes'. *Äs dąd ir gą̊nz Dobunde?* (Zu rum. dobânda).

doch, doch adv. und konj. nösn. *doch*. 1. ‚Dennoch, ungeachtet, nichtsdestoweniger, trotzdem'. *E äs doch hîme kun. E hued et doch vergiessen. Et hued-en doch genu* (nösn.) ‚sie hat ihn doch geheiratet'. *E mess et doch dân. Ech wäll et doch versäcken.* — 2. Bei Imperativen grösseren Nachdruck verleihend: *Kamm doch! Nämm et doch! Los et doch senj!* — 3. Verwunderung oder Entrüstung andeutend: *Ded äs doch ze arch, ze däck. Ded äs doch e Wangder!* — 4. Den einfachen Gegensatz des Nachsatzes ausdrückend: *E äs krąngk, e wôr doch giestern gesangt!*

Der Wängter vergît, doch ich bleiwe
bekrit. Käst. 22.

— 5. Vertreten durch *dennich* s. dennoch. — Mhd. doch.

Docht, Duecht m., nösn. *Duacht* m., in beiden Fällen *-xt* auslautend; doch finden sich auch in zahlreichen Ortsmaa. Formen mit *-χt*. *Dueχt* (Meschen, Pretai, Birth). *Dôχt* (Felldf.). *Doiχt* (Reps. Weitere Beispiele für gutturale und palatale Spirans s. Lautt. 81. Urk. Doch, Plur. Deecht (1542, Qu. Kr. 3, 54, 65) ‚Docht für Kerzen'. Ursprünglich Bezeichnung für ‚Kerzen-, später auch Lampendocht'. *Schnetz den Duecht mät der Læchtschêr!* ‚putze den Docht mit der Lichtschere' *(S.-Reen)*. — Das Wort geht zurück auf mhd. tâht, dâht, doch mit vorheriger Kürzung des *a* (wie im älteren Nhd. Dacht); dasselbe wird in unserer Ma. ebenso behandelt wie das *a* in achten. Vgl. Lautt. 9, 10.

Döchtert F. N. (1705, *Bistritz*, 1763 und gegenwärtig *Heidendorf)*. Dechtert (1599, *Wallendf.)*. Zu vgl. lux. F. N. Deichtert. Von Kisch (F. N. 33 und V.-A. 33, 51) wohl mit Recht abgeleitet von altmoselfr. diechter, mhd. diehter ‚Enkel'; zum epith. ausl. *t* nach *r* vgl. *Lichtert, Trichtert.*

Dock F. N. (1483, 1486), Lucas Dock (1567, Arkeden). Docka (1764).

Docke, Dôk, fem. Dim. *Dêkelchen*, nösn. *Tôk, Tèkeltchi*, in *S.-Reen Buba*, in *Heidendf.*, *Billak*, u. sonst *Papusche* (◡◡́◡) (aus dem Rum.). 1. ‚Spielpuppe' für kleine Mädchen, zumeist Christtagsgeschenk. *De Mètcher špiln mät der Dôk.* »Dieses medlein hat den Knecht vom bett angekrischen und gebeten: Lieber Paul, lass mich leben, ich will dir alle meine docken geben« (1573, Dam. Dürr, Hdschr. 816). — 2. ‚schön geputztes, hübsch gekleidetes, zierliches Mädchen'. *Det Mètchi äs hesch wâi en Tòk* (nösn.), *hiesch wâi en Deôk* (Klosdf.), *wâ en Tèk (Birk)*. In Agnetheln und sonst im Haferland: *Deok, Deoka*, meist *Deokan* (′ ‵), als fem. empfunden, als Dock-in. (Über die Form s. unter Amme.)

Mät Gesong gô s' än de Kirch,
Guer gepützt, hiesch wæ de Dôken.
Schuller Ged. 19.

Bei dem Abschiede aus dem Elternhause sagt die Braut (in *Mettersdf.)* unter anderem: *(De Mątter) huet mich geklet wäe en hesch Tôk vum Scherl bäs ąf de Zingen* (Zehen) Gassner, 66.

Und štô gepîtzt wæ Dêkelcher
Gor înich hærz unt feng. Käst. 19.

Gepîtzter wæ en Glidderdôk. Ebda. 87.

Em kîft mer en Mąngkel zâ er Morjegôf,
Drangder gôn ech schôkelän
Wæ en gäldän Dôk. Schuster, Volksl. 14.

Auch als Kosename für kleine Kinder gebraucht. *Tea schatzich menj Diökelschen* (Rosch). Von einem sauberen Kinde: *en înich Dôk* (Meeburg). Auch im Kinderreim:

Rît Rôk, Weimere Štôk,
Âs Mêdi äs en înich Dôk.

Von kalter, ausdrucksloser Mädchenschönheit: *Et huet e Gesicht wâi en Tôk, e Tôkngesicht* (nösn.). Zu einem Mädchen, das zu leicht, nicht warm genug gekleidet ist, sagt man: *De gêst wâi en Sumertôk, e Sumertêkeltchi* (nösn.). Auch im Volksliede:

Se kouften em och en gräne Rouk,
Dąd et ganj wä en Soumerdouk.
(Draas, Kbl. 17, 103).

Doroinjder geng et döunzen
Wai en Somerdôk. Schuster, Volksl. 13.

— 3. Ein putzsüchtiges Frauenzimmer wird spöttisch *en Putzdôk,* nösn. *Putztôk* genannt. — 4. *(Kêlter-)Dôk,* nösn. *-Tôk* heisst die ‚Säule, welche die Kelterschraubenmutter stützt'. — 5. In der Mühle sind die *Tôken* (nösn.) ‚senkrecht stehende vierseitige Säulen' aus Eichenholz, die paarweise mit einem *Kraizštêch* verbunden werden und zum Tragen der auf dem Steg liegenden vorderen und hinteren *Mêlbąngk* dienen (Kbl. 14, 73). Auch urk. D o k e n ‚stützende Säulen in der Mühle' (1547, Qu. Kr. 3, 417). Dim. *Dôkcher* Plur. ‚spindelartig geformte Stäbe, um welche beim Abspulen das Hanfgarn geschlungen wird' (Kbl. 7, 19). — Mhd. tocke f. Nösn. anlautendes *t* ist auffallend gegenüber bair., österr., schweiz. docke und natürlich auch ndd. dokke. Zu 4 und 5 liesse sich vergleichen mlat. docarium trabs bei Ducange. Lautt. 57. Vgl. *dêkeln, têkeln.*

—, **doderzen** schw. 1. Gleichbedeutend mit *dederzen* (s. *dedern)* ‚zittern', zumal vor Angst oder Kälte.

Wänn et rênzelt, wänn et
schnąselt (schneit),
Doderzt te um gąnze Leif. Käst., 59.

— 2. ‚stammeln, stottern'. Zur Erklärung s. *dedern.*

Dogge, fehlt. Als grosse Hunde gelten *Flîscherhangt, Schôfshangt.*

Dohl Fl. N. »Beim Dohl Brunnen«. »Weingarten im Dohl« (1825, Gr.-Alisch).

Dohle, fehlt; s. *Tschûka.*

Dohler F. N. (1822, Kl.-Probstdf.).

—, **Dohot** s. *Duhut.*

—, **doimen** schw. ‚verschwenderisch vorgehen'; eine verschwenderische Frau *doimt,* man nennt sie auch *Doimsąk* (Tartlau). Zu demmen ‚schwelgen, prassen'. s. DWB. 2, 709. Vgl. aufdämmen, *afdeimen.*

—, **Doinästel** s. *Dounästel.*

—, **Dôka.** In einem Kinderspiel (Kbl. 20, 90) singen die Kinder: *Bürchen, Bürchen Dôka, küd erdürch gekrôchen, Palêkes walle mer schläcken, det hanjderscht walle mer präcken.* Zwei Mädchen, welche dies singen, reichen sich die Hände und die übrigen mitspielenden Mädchen gehen unter diesem künstlichen Tore durch; das letzte wird eingefangen.

Doktor, Dokter m., nösn. *Doktor* m. 1. Gewöhnliche Bezeichnung für den Arzt. *Mir messe bai den Dokter, äs Tinni äs ąf den Dît krungk* (Hohndf.). Der Arzt wurde früher auf dem Lande und noch jetzt auf abgelegenen Gemeinden nur in Fällen lebensgefährlicher Erkrankung zu Rate gezogen. *Netj de Kronkhît hod en špach* (schwach) *gemocht, awer der Dokter uch de Medizîn* (Neustadt, Burzenl.). *Ech hu vum Dokter Arznoi, en't hälft mer näst* (Schönbg.). *Dier brauch nichen mî Dokter* ‚der ist verloren' *(Wallendf.). E sal Dokter wiärn* oder *e študîrt Dokter* ‚widmet sich dem medizinischen Studium'. »Christus der himmlisch D o k t o r« (Dam. Dürr, Aml. 66). — 2. R. A. *Ich wäll em schu Dokter senj* ‚ich will ihn schon zur Vernunft bringen, zum Gehorsam zwingen'. Rätsel. *Am wat jön de Advokâten uch de Doktôren anjden schwarz jeklîet? (De Advokâten trouren, well se de Loit am det Vermögen ünd de Doktôren, well se de Loit am det Liewen brôcht hün,* Schaas). — Syn. *Uerzt* (geh. Spr.). Vgl. auch *Rôsdokter.*

(**doktorn**), **doktern** schw., nösn. *doktorn* schw. 1. Refl. ‚durch Kurpfuscherei, durch Unachtsamkeit oder Unmässigkeit im Essen und Trinken, durch Erkältung, durch körperliche Verletzung sich eine Krankheit zuziehen'. *E huet sich gedoktert. Dier huet sich hîsch gedoktert* ‚der hat sich übel zugerichtet'. — 2. ‚etwas ruinieren, zerbrechen'. *Na det hæde mer (hîsch) gedoktert,* wenn man z. B. eine Uhr, ein Spielzeug u. dgl. zerbrochen, gebrauchsunfähig gemacht hat. — 3. *Erämdoktern* ‚quacksalbern, kurpfuschern', *em hued un em erämgedoktert.* — 4. Aber auch in ernstem Sinn ‚einen Arzt zu Rate ziehen', *te messt doktern, säs widd et net hîlen, mêr sîlt t' uch än't Špidôl* (Neudf.).

D o l, F. N. »Laurentius D o l« (1559, Gr.-Probstdf.). Vgl. ndrhein. F. N. Doll.

Dolch, fehlt. Dafür *Mêsser, grîss Mêsser.* † »Auf den T o l c h herausrufen« (1664, Qu. Kr. 4, 286) ‚zum Zweikampfe herausfordern'.

Dolde, Dûlden Plur., nösn. *Doll* f. *(Kl.-Bistritz).* 1. Die ursprüngliche Bedeutung des Wortes: ‚Wipfel oder Krone einer Pflanze, besonders eines Baumes' ist in mehreren Ortsma. noch erhalten. a) *Dûlden* ‚die Spitze bei dem Hanf' (FRONIUS[1], 142). — b) ‚Die obersten Zweige und Äste von Bäumen, Zweigholz' (Arbegen). *Mer hun e Fæder Dûlde brôcht* ‚wir haben eine Fuhr Astholz gebracht' (Gr.-Sch.). ‚Reisigabfälle beim Abhauen von Bäumen' (Med.). ‚Von grösseren Bäumen herrührende stärkere Äste und Spitzen, welche als Scheit-, Nutz- und Werkholz zu schwach, aber als minderes Brennholz und für kleinere Pfähle verwendet werden können' (Mühlb.). ‚Das obere Geäst des Baumes mit dem Wipfel' (Rumes). — c) *Doll* f. in *Kl.-Bistritz* ‚Baumwipfel'. Übereinstimmend damit Doll(n) f. Baumwipfel im moselfr., Dollen in der Eifel, mit dem Wandel von *-ld* 〉 *-l*, wie Frau Holda 〉 Holle, nösn. moselfr. soll 〈 sollte; wol (woul) 〈 wollte. — 2. *Dolbrich*, Fl. N. (in Hohndorf, *Mettersdorf)* ‚Doldenberg'. »Weingarten im Doll« (1680, Kl.-Alisch), jetzt *Dôl*. Mhd. tolde.

Dolf, *Dolfi* s. Adolf.

—, **dolgesen,** schw. ‚knuffen, schlagen'. SCHULLER, Beitr. 15, weist vergleichend hin auf ndd. dolsken stossen, klopfen, westerw. Tolges ‚eine Tracht Schläge'. JACOBI 14 erinnert auch an magy. (szeklerisch) megdógozni, megdolgozni ‚schlagen, prügeln'.

Dollert, F. N. (1581, Hstdt. Nat.-A.), »Dollertt« (1590, B. M.), »Dolert« (1599, B. M.). Der Name zu erklären aus Doll-hart; Doll s. oben Dolde, -hart = ‚stark, kühn' oder ‚Wald'.

Dolman m., **Dalemân** (⏑ ⏑ ⏑) fem., nösn. *Dqlemâ* m. 1. ‚Ein von sächs. Bauern in einzelnen Gemeinden getragener Sommerkirchen- und Festrock', bis über die Kniee reichend, blau mit rotem Aufschlag, mit Hefteln und Gürtel; im Winter tritt an dessen Stelle der Kirchenpelz. Auch vom Hochzeitsrock sächsischer Bauern heisst es in einem Brautliede:

> *Se hun uch bliioe Dalmûnen un*
> *Unt hu vuer Knîfel drun.*
> SCHUSTER, Volksl. 79.

2. ‚Schwarzer Sommeramtsrock der sächsischen evang. Geistlichen, auf der Brust mit silbernen Hefteln'.

> *Lêft mir nor me klêber* (schmächtig)
> *Mânchen*
> *Mät dem schwarzen Dalemânchen!*

— 3. Früher auch ‚bürgerliches Festkleid sächsischer Patrizier', vom magy. Adel entlehnt. »Der Rock / den die Siebenbürgisch Teutschen mit den Ungarn tragen / heisset Ungrisch Dolomany / Teutsch Dolman. Solche (Dolman) tragen die Teutschen in Siebenbürgen alle / bis unter die Knie / doch den Kragen auf etwas Teutsch gemacht / dass man die Spitzen heraus schlagen kan und hefften dieselben auf der Brust mit Eisernen und Silbernen Hefftlein / oder Seiden und Silbernen Knöpfen« (1666, TRÖSTER 217, 219). »Zu einer Doleman grosse silberne Knöpffe« (1677, SCHULER-LIBL. R. G. 3, 136). »Eine Dolleman« (1682, Qu. Kr. 4, 208); als besondere Arten werden angeführt: »die Granat Dollman, die kurta (kurze) Dolman« (1703, Hstdt. Schneiderzunftbuch). — Unser Wort ist samt dem damit bezeichneten Kleidungsstück von den Magyaren entlehnt: dolmány ‚Überrock von magy. Zuschnitt', der sich vom ‚Mente' (s. d.) hauptsächlich dadurch unterscheidet, dass er keine Verbrämung hat. Aus dem Magy. ist das Wort auch in das Böhm., Poln., Slov., sowie ins Nhd. aufgenommen. Das Wort stammt übrigens wahrscheinlich aus dem Türkischen dolama. — Vgl. Einleit. XXXVIII. JACOBI 14.

Dolmer F. N. (1609, Heltau), »Dolmir« (1490), »Dolmert« (1650). Wahrscheinlich abzuleiten vom O. N. *Duelmen* ‚Thalheim'.

Dolmetsch, fehlt. † »Tolmätsch, Tolmatsch« (KRAUS, Chron. 1, 367). »Tolmetsch« (Ebda. 2, 252).

Dollner, F. N. (1763, *Bistritz)*.

Dom, fehlt.

—, **Domenhanz** s. Däumling.

—, **domern** schw. ‚poltern, klopfen, pochen'; auch vom Geräusch der Flamme im Ofen gebraucht (BINDER, Coll., Gr.-Sch.). Syn. *dobbern, dubbern*. — Das Wort gehört zu mhd. temeren ‚schlagen, klopfen'. Vgl. auch *dâmern*.

(Domina), 1. **Domniân** fem. ‚Die Frau Cantorin' in einem Kinderliede:

> *Häsch an de Basch!*
> *Häsch bai de Domniân.*
> *De Domniân wqs netj dehîm*
> *De Kqtze lâgen˘af'm Štîn.*
> Galt; Kbl. 3, 123.

Var. in Draas:

> *Der Domine wqs net dehoim*
> *De Kqtze leijen qfm Štoin.*
> Kbl. 17, 106.

Zur Erklärung wird (Kbl. 3, 123) bemerkt: »Harr Domni (aus Domine) hiess im Gegensatz zum Harr Rector früher bei den Kindern der Cantor«. Die beiden obigen Relationen miteinander verglichen berechtigen zur Annahme, dass mit *Domniân* 〈 Domina die Frau Kantorin gemeint ist. (Zur Bildung vgl. *Dôkan;* die Bildung s. unter Amme). In einem andern Kinderliede (SCHUSTER, Volksl. 383):

De Domenǫ̂ wôr net derhîm
De Gîs lǫ̂g ǫw em Štîn.

Den Anfang dieses Liedchens:

Se sûle regde frǫ̂en (sie sollten reiten, um zu freien)
Kên der Domenǫ̂en

erklärt Schuster als Kinderritt ins Land der Däumlinge oder Elben (Ebda., 507); WLISLOCKI p. 16 erklärt *Domenǫ̂en* als entstanden aus lat. dominium ‚Herrensitz, Herrschaftsgut'. — 2. *Domnia* in einem Auszählreim der Kinder:

Eker, beker, Zuker bê
Abel, fabel, Domnia mê. HÖHR, 40.

(Domine), Vocat. zu Dominus. 1. **Dominê** (⏑́ ⏑ ⏑̀), besonders in Auszählreimen der Kinder beliebt:

Äketi, päketi, Zuketimê,
Abel, fabel, Dominê.
Unichi, dunichi, Tipeltê,
Tibel, tabel, Dominê.
Weitere Beisp. bei HÖHR, 39 f.

— 2. *Domine, Domni* als Bezeichnung für den Kantor, (s. unter Domina) aus der Zeit stammend, wo auch auf dem Lande Latein gelernt wurde.

Doming, † F. N. (1822, Langenthal); Fl. N. Domig, auf dem Domig (Kl.-Schenk), beide wohl zu Dominicus [auch Domig Hiᵉlt (Magarei)], *af dem Dommich* (Alzen, D.-Weisskirch, Meeburg).

Domino. In städt. Halbma. 1. ‚Das Dominospiel'. *Kut mer špillen Domino!* — 2. ‚Das Maskenkleid'.

~, **dommen** s. dammen.

Domner, † F. N. (1500), daneben auch Dompner, Domppner (1479). Heute: *Dömner.*

~, **Donâteblädder** (⏑ ⏑́ ⏑ ⏑̀ ⏑). Plur. ‚Grosswurzeliger Storchschnabel' (Geranium macrorhizum L.). V.-A., A. F. 3, 191.

Donath, F. N. (1808, Tartlau), auch gegenw.

Donau, Deanen fem. (BINDER, Coll.). »Dunau« (1595, Qu. Kr. 4, 158), »Dunaue« (1660, Ebda., 255). »Wenn es möglich were, dass die Tonau mit goldt solt fliessen vndt sie der Rakoczi auff Buda (Ofen) solt weisen, so were es doch vnmöglich, dass er widerumb zum Regiment solte komen« (KRAUS, Chron. 1, 373). »Sein vngewaschen maul von dem Ochssenstaub so verschleimet worden, dass es ihm bisher die Donaw nicht abwaschen können« (Ebda., 91). Echt mundartlich tritt in ähnlichen Wendungen der *Âlt* (Altfluss) ein.

~, **donlêch,** *donläge* s. *duenlech.*

Donner, Danner m., nösn. *Dǫnner* m.; in Landgemeinden ist häufig die Form mit epenthetischem *d: Donder.* 1. Im gewöhnlichen Sinne: *Nô dem Blätx kit der Dǫnner.* — 2. ‚Blitz'. »1664 ein armer Gebauersmann — aufm Weg vom Danner getroffen wird« (Qu. Kr. 3, 285). »Ein Wallach — wird also plötzlich vom Donner erschlagen« (1664, Qu. Kr. 4, 286). »Fallen zur erden, als wenn sie der dünner niderschlüg« (1573, DAM. DÜRR, Hdschr. 766). Doch auch in der lebenden Ma.:

Ach tę̂ lœwer Fousnechdǫ̂ch (Fastnachtstag)
Kis mer wedjer än de Neit (Nähe),
Fanjs mech nouch en Meit.
De Bourten mêss ech drên,
Der Dǫnner soul der Kneicht erschlên.
(Lied heiratsfähiger Mädchen in Draas, Kbl. 17, 91.)

Ähnlich:

Wô ich nôch e Jôr de Bôrten sǫl drô,
Sǫl der Dǫnner de Knêcht erschlô.
SCHUSTER, Volksl. 103.

— 3. Sehr gebräuchlich in Schelten und Flüchen: *Dat dich der Dǫnder sel ärschlû! (Passbusch). Dat dich der Dǫnder hîle sûl!* Auch kürzer: *Ai zem Dǫnner ännen! Dat dich der Dǫnner! Wat der Dǫnner!* »Und sprach zuletzt: was der Donner, es ist ihr ja nichts« (1687, Cap. Cib.). »Darauf solt ich sie schlagen, sie aber sagt, nicht schlagt, dass euch der Donner erschlage« (1696, Cap. Bog.). »Ich hab oft gehört, das ehr mit hooll (Hölle) und Donner auf sein Weib hat geflucht« (1609, Nat.-A.). »Habe auch — gehöret, dass einmahl er besoffener gewesen, geschrieben: bring wein, dass dich der heiterlicht Donner zudonnern solt!« (1713, Cap. Cib.). »Ich weis, das die Peter Krecherin immer mit danner, mit notern, mit blick (Blitz) fluchet« (1599, B. M.). »Auch erschreckliche Läster- und Donnerworte ohne eintzig gegebene Ursach über sie gescholten« (1762, Cap. Cib). »Auff diese schreckliche Donner- und Dräuworte« (1650, Oltharius). »1652, 6 Octobris aus Fürstlich Gnaden Mandat ist mit einer harten Straf das Schelden — ernstlich verboten von Hagel und Donner« (Qu. Kr. 4, 236). »Würden die Pastores, Diaconi, Rectores oder ihre Weiber mit Hagel, Blitz, Donner — fluchen und lästern, sollen sie toties quoties verfallen haben fl. 12«

(1664, Cap. Unterwald). »Die Nachbarn sollen sich einander christlich lieben und nicht Eins dem Andern Böses wünschen, als mit Blitz, Hagel und Donner und dgl. Scheltworte mehr« (1838, Arkeder Nachbarschaftsart.). — 4. R. A. Sitte und Brauch. *Di mącht gärn de Furz zem Dąnner* ‚der übertreibt, ist ein Aufschneider'. Bauernregel: *Fræ Dąnner, špêt Hąnger; špêt Dąnner, fræ Hąnger.* Wenn es früh, bald nach Beginn des Jahres donnert, folgt wohlfeile Zeit; donnert es spät in den Herbst hinein, so folgt Teuerung. (s. auch unter *Bąchen* und *Bąflîsch* ‚Bachfleisch'.) Vor Kopfweh schützt man sich dadurch, dass man sich bei dem ersten Donner des Jahres mit einem eisernen Gegenstande auf den Kopf klopft (Gassner, 54). Bei dem ersten Donner werden die Bäume mit der Axt geklopft, dass sie reichlich tragen (Ebda. 54). Hat jemand Rückenweh, so soll er sich bei dem ersten Donner des Jahres dreimal auf den Rücken werfen (Draas). Legt die Mutter beim ersten Donner, den sie nach der Geburt des Kindes hört, den Säugling auf die Erde, so wird derselbe stark. Bei einem Gewitter ist Gott erzürnt und gibt dies den Menschen durch den Donner kund *(Birk,* Draas). — 5. In übertragenem Sinne (mit altmythischem Hintergrund): *En uᵉrem Dąnner* ‚armer Teufel', armer, geplagter, bedauernswerter Mensch (Med., Gr.-Schenk, Draas und sonst). *Der uᵉrem Dąnner äs gepleᵒcht und heᵘd uch näst ze bäissen. Tä dûwer Dąnner!* schilt man jemanden, der nicht gleich hört oder versteht. *Dî uᵉrem Dąnner* (Thullner R. 71). *Ed äs e veraft Dąnner* ‚er ist nicht ernst zu nehmen' (Schönbg.). F. W. Schuster erwähnt (V.-A. 9, 429) als scherzweise Bezeichnung für einen kleinen gewandten Burschen: *Klener Dannerhangt.* »Sie hab auch einsmahls gehöret, dass H. Johannes trunkenerweise in seinen Hoff geschryen, schweig still, du alter Donner, weiss aber nicht, ob er seine Fr. Mutter gescholten oder sonst jemanden« (1698, Cap. Cib.). »Sehet den alten, er hatt eine axt, schlaget ihn nieder, den alten Donner!« (1687, Ebda.). »Darauf sagten die Knecht, du alter Donner, was suchestu hier?« (Ebda.) — 6. F. N. Simon Doner (1479, Qu. Gesch. S. I, 38). Paul Donner (Ebda. 383). Michel Donar, Dwnner (1515, Ebda. 564). Fl. N. *Um Dąnderhäffel (Wallendorf); Dannergruᵉwen* (Michelsberg). *Dunnerkäop* (Zeiden). »Donnerkaulen« (1780, Kaisd). *Än der Dannerkell* (Gr.-Scheuern). — Mhd. doner m. Die in den Landgemeinden häufig vorkommenden Formen mit inlautendem *d: Donder* haben ihre Analogie an dem ndl. donder, engl. thunder, dän. dunder; doch auch auf hd. Gebiete im Schwäb., Bair. donder und dunder neben Formen ohne inneres *d* (DWB. 2, 1237). Vokalisch entspricht *Danner,* nösn. *Dąnner* dem ndrh. dunnir im Annoliede. Lautt. 63.

Donnerbüchse, Dannerbis fem. ‚grobes Geschütz'.

(**donnerig**), **dannerich,** nösn. *dąnnerich.* 1. ‚Zornig, aufbrausend, heftig, aufgebracht': *E äs dannerich. En dąnnerich Mäntsch.*

Nichen Deᵉiwel äs net ärjer,
Wæ en dannrich Mächelsbärjer.

Schuster, Volksl. 143.

»Ich kann bei dem donnerigen Menschen nicht leben« (1761, L. K. A.). — 2. *Dannrich Kiel* ‚falsche Kehle, Luftröhre', nösn. *de ąnrecht Kêl. Ed äs em äst än de dannrich Kiᵉl kun.* Die Ausdrucksweise könnte entweder durch volksetymologische Umbildung der synonymen Bezeichnungen: *de anriᵉcht Kiᵉl,* und *de anrich Kiᵉl* (innerliche Kehle) oder durch den beim Eindringen eines Gegenstandes in die Luftröhre eintretenden heftigen Husten veranlasst sein. R. A. *Diᵉm hôt der Wenj än de dannerich Kiᵉl geschlôn* ‚er hat sich betrunken'. Syn. zu 1. *tirmich, bikich.*

Donnerkeil. In dem sächs. Märchen: »die drei Schwestern bei dem Menschenfresser« (Haltr., 162) schleudert der Hüne drei mächtige ‚Donnerkeile' von hoher Bergesspitze den fliehenden Mädchen nach, aber sie fielen an der Grenze des Hünenlandes wirkungslos nieder. »Er hett yn auch woll mit einem dunnerkail neun loffter yn die erd geschlagen« (Jesus den Knecht) [Dam. Dürr, Hdschr. 790]. Vgl. Donnerstein.

Donnerkraut, Dannerkrokt n., nösn. *Dąnnerkraut* n. 1. ‚Hauswurz' (Sempervivum tectorum L.). Man sieht dasselbe häufig auf Strohdächern. Nach dem Volksglauben soll es dieselben gegen Blitzschlag schützen. Auch Heilwirkung wird demselben zugeschrieben, so gegen Bauchschmerzen (in Kl.-Schenk, Kbl. 26, 138), gegen Ohrenweh (in Alzen, Kbl. 21, 36). Zu diesem Zwecke steckt man ein Blatt vom Donnerkraut ins Ohr und spricht:

Christus fuhr über das Meer,
Da kam der Sturm daher,
Dich Kraut steckte er ins Ohr
Und war unversehrt. Im Namen usw.

Wlislocki, 100.

— 2. *Dąnnergekraidich* n. nösn., (zu mhd. gekriute). a) ‚Hauswurz', — b) scherzhaft: ‚die Bohnen'.

donnern, dannern schw., nösn. *dannern* schw., auf dem Lande *dondern.* 1. ‚donnern'. Wenn es donnert, sagt man den Kindern: *Hîrt, âser Härrgodd äs zornich!* Oder: *Âser Härrgott fiert mät senjem Wuegen iwer de Wûlken* (Schuster, V.-A. 9, 410). Oder es heisst, Petrus fahre mit leeren Fässern ins Weinland. Wenn es zuerst im Frühjahr donnert, muss man sich dreimal über den Kopf überschlagen, das ist gut gegen Rückenweh (H.-W. 301). Donnert es über dem Sarge, so ist bald wieder eine Leiche (Schuller T. u. B. I, 29). Bauernregel:

Won et dannert iwer'm derre Bûm,
Dernô wî dem ôrmen Akermûn.

Den frischen Speck soll man erst anschneiden, wenn es im Frühjahre zuerst gedonnert hat. *Bevîr et net gedannert huet, terf em det Bâflîsch ned uschnegden,* denn: *det Bâflîsch schmackt net gùt, bäs et drif gedannert huet.* R. A. *E setj än ìn Ställ, wæ de Gîs, won et dannert* (Alzen). 2. ‚Fluchen, wettern, dröhnen'. »Welcher so viel früer ausgespeyet und gedonnert« (1650, Oltharius). — 3. Das Part *gedannert,* ebenso wie das Adj. *gedannerdich* wird gebraucht in der Bedeutung: ‚verflucht, verwünscht', doch gewöhnlich mit dem Nebensinn der Anerkennung, der Be- oder Verwunderung. *E gedannert, e gedannerdich Kärl* ‚ein verfluchter Kerl, ein schneidiger Bursche'. *Dâd äs e gedannert Mäntsch* ‚ein Mensch, mit dem nicht zu spassen'. *E gedannert hîsch Mêtchen* ‚ein überaus hübsches Mädchen'. *Tea gedannerdet Wiesen!* ‚verfluchtes Zeug!' (Med.). *Ta gedannerdijer Fratzen, gedannerded(t) Uert!* Scheltworte für unartige Kinder. *Se sule gedannert senj* ‚sie sollten verwünscht sein' (Draas). *En hîder gedannert Sach* (Thullner R. 34). Auch zur blossen Verstärkung: *ich bä gedannert mæt* ‚sehr müde'. Vgl. aufdonnern und zerdonnern. — Zur mhd. Nebenform dunren. Lautt. 63.

~, dannerschlæchtich, nösn. *dannerschlâichtich.* 1. In demselben Sinne wie *gedannert: e dannerschlâichtich Kärl.* — 2. Als Fluch. »Und sagt zu seinem Weib: du alt donnerschlechtig Krot« (1609, Nat.-A.). »Einen donnerschlägtigen Pfaffen« (1668, Cap. Cib.). — 3. ‚Ungeschlachter Mensch'. Spottname für die Schässburger: *de dannerschlâchtich Schèsprijer,* auch *de Dannerschlâchtigen.* Zu vgl. schwäb. donderschlechtig, elsäss. dunderschlächtig. Sinn: ‚die mit dem Donner drein schlagen'.

Donnerschlag, †. »Derhalben sollen mir den spruch stets im sinn halten und uns fürnemlich darumb deste lieber lassen sein, weil er ist ein scharffer Dunnerschlag wider mancherlei irthum« (Dam. Dürr, Hdschr. 1066). »Wie sie hinein kommt, setzet er ihr ein Schüssel voll Milch vor und Brod darein, zwingt sie zu essen, stehet hinter ihr und spricht: friss du Donnerschlag, was du dir eingebrocket hast« (1692, Cap. Cib.). In der lebenden Ma.: *Dâd äs en Dannerschlâch!* Von einem Ereignis, das dem davon Betroffenen ernste Pläne vereitelt. *Dât kâm mer wæ en Dannerschlâch.*

Donnersmarkt, Dannerschmuert, (⏑ ⏑ ⏑́) O. N. eines sächs. Dorfes in der Nähe von Blasendorf (Unterweissenburger Kom.), magy. Monora. Älteste urk. Benennungen Monerad, Monorad (1306), Munerad (1320, 1336). Erst später erscheint die deutsche Namensform: »Laufen dahin gegen dem Donnerstag Mark« (1609, Nat.-A.). »Georgius von Donnerstag Mark« (1615, Nat.-A.). »Donerst-Marckt« (1713).

Donnerstag, Dannerštich (⏑́ ⏑ ⏑) m., nösn. *Dannerštoch,* auf dem Lande auch *Danderštoch.* Auch urk. donderstag (1534, Qu. Kr. 2, 383), daneben dwnerstag (1542, Qu. Kr. 3, 221), Donnarstag (Qu. Gesch. S. 1, 362, 373). Der Donnerstag war seit alter Zeit beliebt als Wochenmarkttag. In *S.-Reen,* Schässbg., Med. wird mit *Donnerštuch* nicht nur der Wochentag, sondern auch der an demselben stattfindende Wochenmarkt bezeichnet. Der Volksmund erzählt witzig, die Birthälmer seien in ihrer Eifersucht auf das aufstrebende Mediasch bei Maria Theresia bittlich um einen »Donnerstag« (Wochenmarkt, der in Med. am Donnerstag abgehalten wird) eingeschritten. Sie seien glücklich mit dem Bescheide heimgekehrt, dass fortan auch in Birthälm auf jeden Mittwoch ein ‚Donnerstag' folgen solle. Auch das Weistum von Neumogen an der untern Mosel gibt zum Jahre 1315 an, dass an jedem Donnerstag ein freier Wochenmarkt (»alle donnerstags ein frieher wochenmart«) stattfinden solle (Gr. Weist. II, 325). Früher war in manchen Gemeinden Donnerstag der eigentliche Hochzeitstag; darum heisst es im Bruchstücke einer alten Ballade:

Mättich word se zâgesôt,
Dannerštich wôr se kopulîrt.

Gegenwärtig findet die Trauung auf dem Lande zumeist am Mittwoch statt und Donnerstag ist der Jungfrauentag, an welchem die Gäste von den Eltern der jungen Frau bewirtet werden. Donnerstagkinder sind nach dem Volksglauben Zornkinder. An dem auf den Donnerstag fallenden

Himmelfahrtsfeste darf nicht Wäsche mit dem Bleuel geklopft werden, sonst schlägt der Hagel, soweit dies auf dem Felde gehört wird. Der Gründonnerstag heisst der *grǣn Dannerštich; um grǣnen Dannerštich* (nicht als Kompos.). Zu mhd. dunrestac.

Donnerstein, Dannerštîn m. Ein Donnerstein sieht nach dem Volksglauben aus wie ein Keil mit einem runden Loch in der Mitte. Bei jedem einschlagenden und nicht zündenden Blitz fährt ein solcher Stein dermassen tief in die Erde, dass er erst im neunten Jahre darauf wieder an die Oberfläche kommt (Müller, Sagen², 25). Solche ‚Donnersteine' sind ohne Zweifel Werkzeuge aus der Steinzeit; dem Volk erscheinen sie aber nicht als Erzeugnisse von Menschenhand, sondern als Boten des Himmels. »Darum können sie nicht in der Erde Schoss bleiben; als Boten des Lichtes rücken sie, nach oben strebend, jedes Jahr eine gewisse Strecke aufwärts« (H.-W., 268). Wenn jemand den Urin nicht halten kann, so lässt man ihn denselben zum Zwecke der Heilung durch einen Donnerstein abschlagen. In einem Zauberspruche gegen die Kolik, *Fierich*, heisst es:

> *Fierich, Fierich,* geh in die Erd,
> Zu einem Donnerstein werd'.
>
> Wlislocki, 98.

Manche meinen, wenn man Donnersteine in ein Gebäude einmauere, so sei dasselbe gegen Blitzschlag gesichert (Ebda., 114). In dem in *Birk* gebräuchlichen Fluch: *dat dich det Stênchi rêren sûl!* vermutet Schuster (V.-A. 9, 408) wohl mit Recht einen Hinweis auf solch einen Donnerstein oder -keil (wie bei Nîthart: so slahe mich ein donerstein). Auch nösn. *dąt dich det Štêntchi sel rârn!* Vgl. ähnlichen Volksglauben den Donnerstein betreffend in Schwaben im Schwäb. Wb. 2, 264. Ferner DWB. 2, 1253.

Donnerstrahl, †. »1654, 11 Julii zu Nacht erreget sich ein schrecklich Ungewetter mit Blitzen, Donnerschlägen und von diesen Donnerstrahlen wird ein grosser Stein an der kleiner Zennen zuschmettert« (Qu. Kr. 4, 238).

Donnerwetter, Dannerwädder n., nösn. *Dąnnerwedder* n. 1. Im eigentlichen Sinne: *Der blêsch Elias,* auch: *der sfuntu Iliĕ* (griech. Feiertag der Rumänen am 20. Juli a. St.) *kit mät dem Dannerwädder* (Schuster, Volksl. 156).

> *Und sälfst äm Dannerwädder*
> *Wänn't rênt und štermt und hôlt* (hagelt).
>
> Käst., 28.

— 2. ‚Blitz' †. 1731, »27 Mai schlug zu Mittag das Donnerwetter in einen Strohschopfen, dadurch 20 Höfe in die Asche gesetzt wurden«. Hünen schleudern in ihrem Zorne »Blitze und Donnerwetter« (Müller, Sagen², 6). — 3. Sehr häufig in Flüchen, Verwünschungen verwendet: *Dat dech det hîderlächt (det krezich, det puelesch) Dannerwadder erschlô sûl!* In *hîderlächt*, nösn. *hêderlâicht Dannerwedder* (mhd. heiter ‚hell, glänzend'; *lächt* ‚licht, leuchtend') ist noch die Bed. 2. ‚Donner und Blitz' erhalten. *Wunn doch âser Härgott mät senjem helijen Dannerwadder drä schlô sîl! Dat dech det Danner lächt Wadder zeschlüe sûl!* (Marpod). *Wo ich noch e Gôr* (ein Jahr) *den Bôerten* (Kopfbedeckung der Jungfrauen) *sąll drung, soll det Dąnderwedder de Knêcht zeschlung (Mettersdf.).* — 4. R. A. *Ald îst* (manchmal) *hälft în Dannerwädder mî, wǣ zǣ Vueteräser* (Schuster, Volksl. 226). *Âser Härrgott kit ned üngde mät dem Dannerwädder. E setj grąss* (‚sieht mürrisch') *wǣ en Dannerwadder.*

Dootz F. N. (1764, Stein).

—, **Dopp**, als m. 1. ‚Schlag'. *Ech gien der en Dopp* (Schässbg.). *Af Dupp špillen* ‚auf Püffe spielen' (Grossau). — 2. ‚Kreisel', womit auf dem Eise gespielt wird (Burzenl.). — 3. *Dopp* als fem. a) ‚Stöpsel, Stopfen für ein Fass' (Gr.-Schenk, Schässbg.). — b) ‚Dickes rundes Frauenzimmer'. — Zur Bedeutungsentwicklung *Dopp* ‚Kreisel' 〉 *Dopp* ‚dickes Frauenzimmer' vergleicht Kisch (V.-A. 33, 58) nösn. *Durre* fem., das ebenfalls in denselben beiden Bedeutungen vorkommt. — *Dopp* ‚Schlag' gehört zu doppen schlagen. *Dopp* ‚Stöpsel', ‚Kreisel' ist roman. Lehnwort. Altfranz. toupon Stöpsel, neufranz. toupie Kreisel, rum. dop Stöpsel, auch engl. top, mhd. topf Kreisel. Zu vgl. moselfr. mndl. dop Kreisel, in der Eifel topp.

doppel, doppelt, toppelt, auch nösn. *toppelt.* 1. ‚zwiefach'. *Toppelt zeräckgien* ‚zwiefach zurückgeben'. *Näm det Dach* (das Tuch) *toppelt. Toppeltbrêt* heisst die in der Mitte zusammengefaltene Leinwand, oder Kleiderstoff (nösn.). *Toppelkruegn* ‚zwiefacher Kragen'. *Toppelflint* ‚Gewehr mit doppeltem Lauf'. »Zu einem Mannsleibel mit debelder brust« (1703, Hstdt. Schneiderzunftbuch). Geldstrafen wurden nach altem sächsischem Brauch im Falle der Wiederholung eines Vergehens doppelt gezahlt. »Thuet er es dan zum andermal, sol er toppelt gestrafft werden« (1592, Nat.-A.). Amtspersonen der Bruderschaft zahlen im Falle der Übertretung der Bruderschaftsartikel, ferner im Falle geflissentlicher Nachsicht oder Verheimlichung eines Versäumnisses oder einer Übertretung von Seite eines anderen ‚Bruders' die doppelte Strafe. »Ebenso will der Nachbarvater einen, der gesündigt hat, nicht anklagen, sondern ihm durch die Finger sehen, so soll er die Strafe, die jener verwirkt, doppelt erlegen« (1838, Arkeder Nachbarsch.-Art.). »Da er dann nach Erkenntnis des Raths soll dippel gestraft werden« (1729, Reichesdf. Nachbarsch.-Art.). — 2. ‚gefüllt' bei Blumen. *Toppelt Vąltchen* ‚gefülltes Veilchen'. *Lelje štôn und toppelt Vąlen* (Käst. 58). In *Dürrbach: Toppelvâltchi* n. ‚Märzveilchen'. *Toppelt Schnîklêkeltchi* ‚Frühlingsknotenblume' (nösn.). — 3. Bei Kleiderstoffen die besondere Stärke und gleiche Beschaffenheit auf beiden Seiten andeutend. *Toppelbarchet*, Toppeltaffent, Toppelkerntuch (1629, Mediascher Schneiderzunftbuch). — 4. R. A. *Dî sekt* (sieht) *alles toppelt* ‚der ist betrunken'. *Toppelt genêt halt basser* (nösn.). *Îfach ze kurz, toppelt langd et* (der Arm, wenn er die Speise zum Munde führt). Wenn das Kind klagt: *De Zegd äs mer esi lqngk*, antwortet man neckend: *Nämm se toppelt!* »Verspruch auff doppelt« (E. L. R. 104). ‚Versprechen eine Schuldsumme doppelt zurückzuzahlen'. — 5. *Doppelt Glider* ‚englische Krankheit' (Schässbg.). — Aus frz. double durch Vermittlung des Nhd. entlehnt.

Doppeladler, Toppeladler m. Gewöhnlich der *Toppeladler*, (auch *toppeld Adler* ◡ ◡ / ◡́ ◡) des österr. Staatswappens gemeint. *En Toppeladler mąchen* sagt man, wenn zwei mit dem Rücken gegen einander liegen oder stehen.

Doppeler, † »Den toplern (Spielern) bildet der böse feind ein« (Dam. Dürr, Hdschr. 820). Mhd. topelære ‚Würfelspieler'.

Doppelfenster, Toppelfenster, auch (nösn.) *Wänterfinster*, an dessen Stelle im Sommer gewöhnlich Jalousieen angebracht sind.

Doch blæt durch 't Toppelfenster
Kê Schnî uch Eis geschätzt
E wälesch Blemmchen (Hyazinte) *enster.*
Käst., 26.

doppeln, toppeln schw., nösn. *toppeln* schw. 1. Zumeist als term. techn. ‚Stiefel, Schuhe neu besohlen'. *Hued em der de Schagen getoppelt? Ich mauss de Sûlen doppeln lassen* (Kronst.). *Getoppelt Schagen (-ʒ-)* ‚frisch besohlte Schuhe' — 2. † »Hat mir auch selbst getoppelt alle Zeyt gelohnet« (1600, Nat.-A.). »So sollen dieselben auch von der Altschaft mit gedoppelter Strafe angesehen werden« (1729, Bogátser Waldstat.). »Dass sie wachten (Wachen) allenthalben doppelten« (‚verdoppelten' Kraus, Chron. 2, 302). — 3. † ‚Würfel, Karten spielen'. »Toplen, schlemmen und verprassen die wenig gütlein« (Dam. Dürr, Aml. 54). »Hans — kann toplen, spilen und mit dem halben achtel trinken« (Ebda.). »Mancher hausvater ist zum toplenn geneygt, der sich offt uber der Bibell mit den 4 Königen (bei dem Kartenspiel) lest finden« (Dam. Dürr, Hdschr. 180). — Zu 3. mhd. topelen, toppeln würfeln.

—, **doppen** schw. ‚schlagen, klopfen', mit beschränktem Verbreitungsgebiet (Denndf., Rätsch, Rumes, Törnen), nösn. *duppen* schw. *(Mettersdorf)*. Mit anlaut. Tenuis: *toppen* (Arbegen), *tuppen* (Birth.). In Streitfort, Zuckmantel *deppen*. *Ich hun dich nor gedeppt, net geštuissen* (Streitfort). *E hued-n um Hîft gedoppt* (Rumes). *E hued mich gedoppt* ‚er hat mich überwunden, unterdrückt' (Durles). »Item sagt Paul Frank, das sein Weib den Georg Wenrig auf den Kopf hätt gedoppt, das das blut wer herausgegangen« (1609, Nat.-A.). Vielerorts nur in der Verbindung: *untoppen* ‚anrühren'. *em mess dąt Ruess nor untoppe mät dem Gîsselštaf, glech gîd et gât.* Das Wort gehört zu tupfen, ahd. tupfan ‚leise stossen'. Vgl. *Dopp*, 1.

—, **Dor** m. ‚Verlangen nach etwas'. *E hued än grûssen Dor* (nösn.), besonders beim Verlangen nach einer Speise, aber auch im Verhältnis der Menschen zu einander. *Ich hun net Dor nô em* ‚ich habe kein Verlangen nach ihm', ‚will ihn nicht sehen'. (Zu rum. dor ‚Sehnsucht').

Dorf, Dorf n., auch nösn. *Dorf, Kl.-Bistr.* ohne *r: Doef.* Plur. *Derfer.* In Zusammensetzungen *-derf, -dref, -terf, -tref;* urk. -dorph, -drof, -trof, -troph; Plur. derffer (1543, Nat.-A.). 1. Bezeichnung für eine gemeinsame, geschlossene Ansiedlung mit unmittelbar benachbarten Bauernhöfen. Die sächs. Niederlassungen in Siebenbürgen sind dorfweise erfolgt; deshalb auch das verhältnismässig sehr zahlreiche Vorkommen des zweiten Kompositionsgliedes *-dorf* in den sächs. Ortsnamen. Nicht der Einzelne ist in die Einöde und Wildnis vorgedrungen, um sich hier nach niederdeutscher Bauernart auf einem Einzelgehöfte niederzulassen, sondern eine Anzahl von Familien hat von Anfang an das Dorf begründet. Dabei erhielt jeder eine gleich grosse Hofstelle und bestimmte gleiche Lose auf der Gemarkung angewiesen, sowie Anteil an der allen gemeinsamen Hutweide und dem Wald. Diese dorfweise Ansiedlung entspricht auch der fränkischen Gepflogenheit in unserer Stammesheimat, während in dem benachbarten Westfalen und auf niederfränk. Gebiete das Hofsystem vorherrschend war (Vgl. TEUTSCH, Beitr. zur Siedlungs- und Volksk. der S. S. 8). Eine andere Ansiedlungsweise, als die nach dem geschlossenen Dorfsystem, war in diesem von so vielen äusseren und inneren Feinden bedrohten Lande nicht recht möglich. Weil durch die dorfweise Ansiedlung naturgemäss eine Gemeinsamkeit von Rechten und Pflichten, von Sitte und Brauch, von Besitz und Anteil an der gemeinsamen Feldmark, von Arbeiten auf dem Felde und im Dorfe bedingt war, so ist die Folge davon gewesen, dass die Bezeichnung ‚Dorf' unter unserer Landbevölkerung nicht volkstümlich geworden, sondern dafür die jene Gemeinsamkeit der Interessen andeutende Bezeichnung: *Gemîn* fem., nösn. *Gemê* weit gebräuchlicher ist. Darum spricht unser Bauer von dem *Gemînbäsch* (Wald), *-bika, der Gemînwîd;* nösn. *Gemêuarbet, -wis, -štąl, -schaier, -schraiwer.* Er redet von *âser Gemîn,* nennt die umliegenden Dörfer: *de Ämgemînen.* Doch findet auch ‚Dorf' seine Verwendung in der Ma. So in dem Rätsel:

Än dem Bäsch schneid em et,
Än dem Dorf klängd et. (Die Flöte.)

Der Ortsrichter heisst *Doefgrâef* (in *Kl.-Bistr.).* Besonders häufig in Fl. N. *Obm um Dorf (Heidendf., Wallendf., Csepan). Uewen um Dorf* (Reussen bei Hstdt.). »Oben dem Dorffe ein Erdoch Land« (1661, Roseln). *Onderm Dorf,* auch *on* (unten) *um Dorf (Dürrbach, Weisskirch, Senndorf, Baierdorf). Angden um Dorf* (Kl.-Scheuern). *Händerm Dorf (Treppen). Dorfsait (Mönchsdf.), Dorfzet* (Schaas). *Doerfstet* (Zeiden). *Danderf* (Peschendorf). »Dorf Bach, Dorfstat« (Wiesengrund zum Törzburger Dominium gehörig, 1550, Qu. Kr. 3, 31, 471). *Ängersch Derfken* (dim.) (Waldname bei *Petersdf.).* »In der Dorffzeit ein Wiss« (1680, Cap. Bog.). *Fukesdorf* (Meschen). *Fukeschderf* (Med.). *Än Nederderf* (Kastenholz). *Taschen dem Dorf* (Rosenau). Auch sonst urk. »Etliche schulmeister in dörffern« (1547, K. O.). »Was die gebauren belangt auff dörfern. Schier ein itzliches dorff« (DAM. DÜRR, AML. 39). »Ein Haus ist czu Klein-schewren schier mitten im dorff gelegen« (1654, Ger.-Prot.). »Unten am Dorff ein Wiss. Oben am Dorff längst dem Graben« (1680, Cap. Bog.). »Im Feld unterwärts dem Dorf« (1822, Kl.-Probstdf.). »Ober dem Dorfe« (1825, Kl.-Alisch). — 2. Die mhd. vereinzelt vorkommende Bedeutung von Dorf ‚Gehöft' (auch anord. thorp ‚kleineres Gehöft') kehrt in einzelnen Benennungen für ursprünglich kleine Ansiedlungen mit vereinzelten, wenigen Gehöften wieder. So *Nässeldref,* ein zwischen Malmkrog und Kreisch gelegener, aus zwei oder drei Höfen bestehender Weiler. *Fątndref,* jetzt Fl. N. auf *Mettersdorfer, Zigndref,* Fl. N. auf *Treppener* Gemarkung, früher kleine Ansiedlungen auf adligem Boden, urk. Fatateleke und Chegeteleke (s. Kbl. 18, 105 f.). Auch die von WOLFF Ortsn. angeführten Flurnamen: *Arls-, Bâjen-, Eis-, Feten-, Ôschen-, Toin-, Weissdorf* deuten auf einstige kleine untergegangene Niederlassungen hin. — 3. Mit dem schwäb. schweiz. ins Dorf gehen ‚jemanden besuchen' (vgl. ss. *än de Gąss gôn* ‚der Geliebten einen Besuch abstatten') berührt sich nösn. *än det Dorf (hêschen) gô* von den ortsansässigen Zigeunern, die den einzelnen Hauswirten zumal im Winter Lebensmittel erbettelnd Besuche abstatten. — 4. Die got. und in nordischen Sprachen vorkommende Bedeutung von thaurp, torp ‚Acker, gerodetes Land' scheint in dem in Schässburg und Umgebung gebräuchlichen *Torbesvôter* ‚Feldhüter, Feldbesorger' erhalten zu sein. — 5. R. A. In städt. Halbma. *Ed äs em e bîmesch Dorf* wie nhd. ‚er versteht davon nichts'. *Det gąnz Dorf kit zesumen* ‚die gesamte Bevölkerung des Dorfes versammelt sich'. — 6. Die grosse Vorliebe für Ortsnamen auf *-dorf* hat unser Volk offenbar aus der fränkischen Stammesheimat mitgebracht, während Ortsbenennungen auf -heim, -hausen, -weiler nur in den vereinzelten Fällen: Thalheim, Neithausen, Braller vorkommen. O. N. auf *-dorf* mit gegenwärtiger sächsischer Bevölkerung: *Apes-, Attels-, Bąe-, Belesch-, Bodden-, Bôgesch-, Bonnes-, Bronj-, Dän-,* (urk. *Dellen-), Dunnes-, Eibes-, Eppesch-, Fel-, Fälsen-, Frâen-, Gerjesch-, Häls-, Hąmmesch-, Hæzel-, Hên-, Hen-, Hîn-, Jokes-, Kalles-, Kątzen-, Kluis-, Ludes-, Mächels-, Mąll-, Mättesch-, Mêschen-, Miertes-, Minz-, Mortes-, Næpen-, Nąen-, Pêschen-, Pâtersch-, Pitersch-, Pruis-, Pûschen-, Reches-, Rêtesch-, Reiss-, Sän-, Têken-, Toppes-, Tschippen-, Wue(l)n-, Wąidersch-, Wûlkendref; det nąi Dorf* sächs. Bezeichnung für Kuschma, weil erst im 18. Jahrh. mit Sachsen besiedelt. Ortsnamen auf -dorf mit erloschenem Deutschtum: *Bæjen-, † Büren-,* (urk. 1486, Beerdorf), *Bîrl-, Bluesen-, Bödes-, Bräts-, Eis-, † Eppen-, † Fäjen-, Fatten-, † Firsten-, Fläps-, Frâisen-, Furkes-, Gallen-, † Gindus-, Grûssen-, Gugen-, Härwes-, Hieres-, Gehannes-, Ietsch-, Kenes-, Keln-, Krapun-, Lanken-, Lêres-, Mächels-, Maken-, Mättel-, Mąttes-, Matz-, Maus-, Minder-, Präntz-, Ruarl-, Râipn-, Schôrpen-, Saimes-, Uen-, Wôl-, Zâign- Zûltendref.* (Vgl.

Wolff, Ortsn.; Kisch, V.-A. 34, 7 ff.). — Zu mhd. dorf. In älteren Urkunden findet sich vereinzelt die Form mit unverschobenem *p:* 1280 Probstrop, 1309 Poschedorp (Müller, Sprdm. 9, 14); ferner die Schreibung -dorph (1206, Urkb. I, 10), -dorpf (1238, Ebda., 67). Dem ss. allgem. bei Ortsnamen ausschliesslich üblichen *-dref* entspricht auch im Lux. -dref; so O. N. Bêrdref, Hêsdref, Reissdref (Kisch, V.-A. 33, 264).

Dorffmes F. N. (1487, Qu. Kr. 3, 638), daneben auch Dorffmas, -mans, -mers, -mis.

Dorfi F. N. Dorffi (1763, *Schönbirk),* auch in *Bistritz* und sonst. Genitivbildung zu *Dorfius, mhd. dorfære (vgl. Filkeni, Graffi, Schulleri).

Dorfschaft, † »Weilen sie (die Hannen ‚Ortsrichter') die Dorffschaften versehen sollen« (1699, Cap. Cib.).

Dorfsmann, † »Wolt iemand / er wäre gleich ein stadtman / oder Fremder / einen Dorffsman für Gericht laden« (E. L. R., 8). F. N. »Dorffmann« (ca. 1503, Qu. Kr. 1, 22).

Dörling, F. N. (1825, Törnen).

Dorn, Dîrn m., nösn. *Dôrn,* (Med.) *Diurn,* Plur. *Dern* und *Derner,* nösn. *Dêrn.* 1. ‚Stachel an einer Pflanze, stachliger Stengel oder Zweig'. *De Krô mącht det Näst ous Därn.* Im Kinderreim:

Bika, Bika, Bombolom,
Nom mij af der Herner (nösn. *Hêrn),*
Schmeiss mij än de Derner (nösn. *Dêrn).*
Schuster, Volksl. 344.

Beim sogenannten Rösschentanz sagt der Oberst: ‚Heute sind wir grosse Herrn, morgen fahren wir um Därn' (Fronius[1], 89) Ein alter Kasten im siebenb. Karpathenmuseum trägt die Aufschrift:

Dornen und Disteln stechen sehr,
Falsche Czungen noch mehr.
Liber in Dorn und Distlen baden,
Als mit falschen Czungen schaden.

Urk. »Von den dernen, mit stachligen Dörren« (1536, Müller, Sprdm. 196). »Unter viel stichlichten Dörnen« (1653, Qu. Kr. 4, 237). »Sie werffen ym gross knorren dreyn, dörner und balken« (Dam. Dürr, Hdschr. 78). »Jesus mit dörnenn gekrönt« (Ebda., 168). »Sie (die Christen) sein wie die röslein unter den dörnern, sie müssen sich von der welt zwacken, beissen und reissen lassen« (Ebda., 706). — 2. ‚Die ganze Stachelpflanze'. *Dôrn* (nösn.) heisst speziell auch der ‚wilde Rosenstrauch' im Gegensatz zur veredelten Rose *(Heidendf.). Duiren* heisst in Birthälm der Schlehenstrauch, der *weiss Duiren* auch *Keppenduiren* ‚Hagebuttenstrauch' in Agnetheln. *Heonduiren* ‚Hagedorn'. *Kaipendaueren* ‚wilde Rose' (Rosenau). In einem Kinderliede:

Der Kukuk flug qw en Käppendûrn,
Der Kanter hat sich de Gatch verlûrn.
Schuster, Volksl. 378.

Hudôrn m. ‚Weissdorn' *(Schönbirk* u. s.). ***Wîdôern*** (Rhamnus catharica L.), in der Oster- und Georginacht in den Stall gelegt, verhindert den bösen Einfluss der Hexen auf das Vieh (Gassner, 54). — 3. Im Plur. *Dern,* nösn. *Dêrn* ‚Dorngebüsch, Dorngestrüpp'. Sprw. *Vôl Dîren, niche Kîren.* »Es wechst allweg neben dem reynen samen schedlich unkraut, dornn und disteln dazwischen« (Dam. Dürr, Hdschr. 375). »Ein gross Wiss — welche aber meistentheils mit Dörnen und unnützem Gehöltz überwachsen« (1680, Cap. Bog.). »Do etlich beim (Bäume) stehen, welche heissen kepchen dern« (16. Jahrh., Helt. Hattertbrief). Dorngestrüpp zum Verbrennen der Hexen verwendet: »Ich hab ein ross und ein karr, ich wil selbst derren führen, das man sie verbrenne« (1599, B. M.). »Item habe sie gesagt, vom brunnen fort bis zum end seyen alle truden (Hexen), sie wolt selbst dirren mit ihrer karr führen, das man sie verbrenne« (Ebda.). — 4. In R. A. *Wâi qf Dêrn štô* sagt man von einer unangenehmen Lage, in der man sich befindet (nösn.). *Dǭd äs em en Dîrn äm Ûch* (im Auge) wie nhd. »Welches ihm ein Dorn in den Augen war« (Kraus, Chron. 2, 59). »Getrost und frisch durch die dörner kriechen« ‚sich durch Unannehmlichkeiten hindurcharbeiten' (Dam. Dürr, Aml. 26). Brauch: Um das Alfkind *(Ålfskängt)* wieder umzutauschen, setzt man dasselbe auf die Dornen eines Zaunes und schlägt es so lange mit einem Dorn, bis das Blut fliesst. Dann kommt der Alf herbei, wirft das geraubte Kind hin und nimmt das seine zurück (Leschkirch, Hillner, 24). — 5. An die Rodungen von Dorngebüschen erinnern zahlreiche Flurnamen: *Än den Dêrn* in mehreren Nösner Gemeinden; *Fauldêrn* Ackerland *(Heidendf.). Veur und honjder dem hiuen Deiuren* (Stein). *Hudeorn (Schönbirk). Schätze Deren* (Weingärten in *Botsch). Än der Dûregewûnd* (Petersbg.). In den Dornen, Dörnersham, Dörnerkeulen (Keisd). *Än den êweršten Kirchendêern (O.-Neudf.). Milldêarn (St. Georgen).* »Bei den obersten Dörnlein« (1808, Wolkendf.). »Zurück auf dem Berg in den Dornen« (1827, Blasendf.). »Beim grossen Dorn« (1808, Rosenau); *anjder de Dernen* (Alzen), *än den Dernen* (Arkeden), *um Huidûrn* (Bodendf.). — 6. † ‚Stift inwendig im Schlosse', welcher in das Loch eines Hohlschlüssels dringt: »Ein schloss, do ein dorren anzumachen ist« (1540, Nat.-A.). »Ein schloss, da ein Dorn in cze machen ist« (1587, Birth. Schlosserzunft-Art.). 7. ‚Nadel an einer Brosche'. *Der Dôrn vu der Brosch äs mer uagebrôchen* (nösn.). Zu welch weitem Rückblick auf die Kultur der Menschheit veranlasst dies Wort, bis in die Zeit, da ein Dorn das Kleidungsstück auf der Brust oder Schulter zusammen hielt! — Mhd. dorn. Lautt. 52.

dornen, dornig, dernich, dernän, nösn. *dêrnich*. *Dernän Zong* ‚Dornenzaun' zum Unterschiede vom *gefäzt Zong* ‚aus Ruten geflochtener Zaun'. — (Im Haferland ist der Ausdruck *gefätzt, fätzen, Gefätz* und *Gefätzel* nur vom wagrecht liegenden am obern Ende des eigentlichen, senkrechten Zaungeflechtes zu beiden Seiten angebrachten Deckzaun gebraucht, auf den dann Stroh und Dornen als eigentliche Decke und Wehre fest gelegt und getreten werden). — Rätsel:

Ech hun en grôen Zôp,
Ech schlôn en durch vil dernä Nêst
Und bänjden en un en Kläppel fêst.
(Hanf bei dem Kämmen und am Rocken.)

»Er (Christus) trug eine dörne Cron« (Dam. Dürr, Aml. 32). »Darbei lage ein dörnen klippel« ‚Stock' (1598, Hstdt. Ger.-Prot.). Fl. N. *Än den Dêrnijer (Mönchsdf.).*

dornen, dernen schw. ‚Einen Zaun mit Dornen bedecken' (Binder, Coll.).

Dörnen, O. N. Tövis am Mieresch (Übersetzung des magy. tövis ‚Dorn'; 1540, Qu. Kr. 2, 684).

Dörner, F. N. (1763 Radeln, Arkeden, 1764 Schweischer, Stein, 1762 Hstdt.). »Dörrner« (1762 Klosdf., 1810 Petersdf. bei Mühlbach), »Derner« (1722), auch gegenw. Dörner, Dörnerth und Derner in mehreren Gemeinden (Kbl. 10, 113). Auch moselfr. Dörner F. N. Zu Dorn.

Dornhecke, Dîrnhâk fem. In einem Volksliede (bei Schuster, 10):

Em bât (man bettet) *de Mêden an*
e füderä Bât,
De Knêchten an en Dornenhâk
(für *dornän Hâk).*

Begrueft mech äm Fritef (Friedhof)
am îwersten Âk,
End flunzt am det Graf mir
en Dernerhâk,
Dat won îst (einmal) *e Pursch drüe*
ze nüe (zu nahe) *mir tritt,*
En Düren ä krqtzt, dqt det Bläet
äm kit. :YNDT, 6.

»Haben unns zu erkennen geben, wie sie einträchtiklich mit bewilligung der ganczen gemein etlich dorenhecken auff irem hatterdt liegend auszurotten und baumgärten daraus zu machen angefangen« (1567, Hammersdf., Kbl. 15, 11). »Bey einer grosser dorrenheck« (1593, Nat.-A.). — Fl. N. »An der Schönauer Hatterbrücke vulgo in der Dornheke« (1822, Bolkatsch). *Än der Därrenhêk* (Stein).

Dornschwamm (agaricus muceron), **Därreschwâm** m. (Schässbg.), nösn. *Dôrnschwâmtchi* n., auch *Dörnschwqm.*

Dornynk, F. N. (1394).

Dorothea. Dieser weibliche P. N. zeigt keine grosse Verbreitung. Von 66 Gemeinden, aus denen ein Bericht vorliegt, ist er nur in 21 als gebräuchlich angegeben. 1. Gewöhnliche (neutrale) Koseformen dafür *Dôri* (Schaas, Arbegen, Gr.-Alisch u. s.), *Dor* (Gr.-Sch.), *Dorchen* (Rumes, Birth.), *Deorchen* (Werd), *Tôri(chi) (Bistritz), Drekt* (burzenl.), *Droit* (Nadesch), *Dretchen, Dret* (Keisd), *Torti (Billak), Dritzken, Thèchen;* städt. *Dôra.* — 2. Neckreime: *Dor, Dor regd af der Gor* (Stute). *Dor, de büst en Gor.*

Dörr, F. N. (1708 Cap. Bog., 1762 Hstdt., 1764 Schweischer, 1825 Kl.-Alisch), »Dör« (1810, Mühlb.). Auch gegenwärtig Dörr (Durles u. s.), ebenso moselfr. F. N.

Dörre, s. Darre.

dörren, s. darren.

Dörrling, F. N. (Törnen).

Dôrschelt, fem. Fl. N. in *Tekendf.*, auch *Dôrscheltbäsch, -râich* (Berg), *-wiss.* »In der Dorschel« (Schmiegen). *Duorschelt* (bei Schässbg.).

Dorstadt O. N., sächs. *Dirstet*, rum. Dorstat, Dostat, magy. Hosszutelke, jetzt rein rumänisches Dorf, nördlich von Reussmarkt. »Äcker an den Dorstädter Hattert grenzend« (1825, Busd, Unterwald). Wolff, Progr. Mühlb. 1891, 21 leitet das Bestimmungswort *Dor-* ab von md. ndd. dorre, dor ‚dürr'. Vgl. Dorstadt, Dorf in Hannover, Dorstat, Dorstet O. N. in der Provinz Utrecht.

Dorstling Fl. N. »In der Dorstling« (1680, Hohndf., Cap. Bog.).

Dort, Durt, Durt m., nösn. *Dûrt* m. 1. ‚Roggentrespe' (bromus secalinus), Unkraut im Getreide. *Mer hu det Jôr vill Dûrt em*

Kôrn (Wallendf.). Mer hun de Råden och den Durt eus dem Kueren eusgesifft (Katzendorf). »Es wechst allweg neben dem reynen samenn schedlich unkraut, rade, durtt — darzwischen« (DAM. DÜRR, Hdschr. 375). — 2. *Flessän Dûrt* (Hstdt.). ‚Kornblume'. — 3. *Duert* m. ‚rote Kornblume' (Gr.-Schenk, Reps). — 4. Fl. N. Weingarten am Durth (1822, Seiden). — 5. *Durtkripes* m. ‚unansehnlicher Mensch oder Tier' (Rohrbach). — Alts. durth.

dort, dîrt, *dîrten* adv., nösn. *durt.* 1. Auf einen Ort hinweisend, nachdrucksvoller als *dô* und immer im Gegensatz zu *hê: E äs dîrt, net hê. Dîrt hängden* ‚dort hinten'. *Der Iwermât štît dîrten und hê det Gottverträen* (KÄST. 134). 2. Häufig mit näher bestimmenden Præp. und Adv. verbunden und infolge Tonverlustes im Ss. meist mit tonlosem Wurzelvokal *dertän, dertous,* (◡ ⊥) hie und da auch *duirtän* (– ◡́, Bekokten), nösn. *durtän, durtaus* ‚drinnen, draussen'; *dertif, durtif* ‚drüben'; *dîrthennen, durthi(xâ)* ‚dorthinwärts'; *dertnedden, durtniddn* ‚drunten'; *durtäm* (mhd. dort umbe) ‚neben an, beim Nachbar'; *durtäst* ‚jenseits'; *durtobm* ‚droben'.

Dôschelt Fl. N. *(Tekendf.).* Vgl. Dosche m. dim. Döschel ‚Busch' (DWB. 2, 1309).

Dose, Dûs fem. *Tabaksdûs;* dagegen *Zackerbis* ‚Zuckerbüchse, -dose'.

† Dosem m. Moos. Das Wort findet sich in zwei Zaubersprüchen gegen das Verrenken, die Verwandtschaft mit dem berühmten Merseburger Spruch haben:

Gott der Herr und der liebe St. Märten
Sie ritten über einen grünen Wasen
Über einen harten Dosem, etc.

Die andere Version:

Gott der Herr und St. Pitter
Gingen über einen grünen Wasem
Über einen dürren Dosem etc.

SCHUSTER, Volksl. 317.

Zur Vergleichung könnte herangezogen werden nordfrk. henneb. Dost m. Moos.

Doss m. Fl. N. *äm Doss (Schönbirk).* Zu rum. dos n. Rücken, lat. dorsum.

~, dossig adj. ‚aufgedunsen, krankhaft fett'. Zu vgl. dostig aufgeschwollen (DWB. 2, 1311).

~, Dotche fem. (nösn.), gewöhnlich: *än däck Dotche* ‚ein dickes, rundes Weibsbild' (Zum rum. P. N. Dochia. s. Kbl. 24, 69). Vgl. auch unter *Bâbe.*

Dôteln, *Deoteln* m. *äm Deoteln* Fl. N. in *Wermesch* und *Lechnitz.* »In den Dotteln« *(Wermesch,* Cap. *Bistritz). En Dotlendealn (Wermesch). Deotelnder Brunn* m. Quelle, *Dotelder Râech* Wald, *Doteldn* Ackerland bei *Lechnitz; (-eln, -eldn* ⟨ -halden).

Dotter, Dodder m. nösn. *Dodder* n. auf dem Lande auch m. Auch in Zuckmantel *Dǫdder* n. Mit inlautendem *t: Dueter* (Alzen), *Doter (D.-Zepling), Têter (Kl.-Bistritz).* Die letztere Form und *Dîder* in *Jaad* deuten auf Umlaut des Stammvokales hin. 1. ‚Dotter, das Eigelb'. — 2. Bildlich: *Enem den Dodder ousblôsen* ‚jemandem das beste vorweg nehmen, ihn überlisten'. *E äs giel wê en Dodder* ‚er ist (vor Furcht) gelb'. *Dier äs wâ en Dodder* ‚der ist ein weicher, energieloser Mensch' *(Heidendf.). E huet den Doder noch ned ousgeschässen* wie: ‚er ist nur eben aus dem Ei ausgekrochen, noch nicht trocken hinter den Ohren'. Auch von Früchten: *Se hu kom den Dodder oisgeschässen, esi frässt em se* (Früchte, z. B. Gurken, die man verzehrt, ehe sie ganz vollkommen sind, Dunesdorf). Wohl in gleichem Sinn der Spottvers über ein um nichtiger Ursache willen weinendes Kind:

Piss! Piss!
Mâxkǫdder
Hînendadder!

Sai Âer hu zwê Dodder (nösn.), so sagt man von jemandem, der besser sein und alles besser haben will, als andere. — 3. Brauch: Schwachen Säuglingen gibt man, um sie zu stärken ins Badewasser Eidotter (HILLNER, 16). Ebenso wird ein *Bânt* (Band) aus Eidotter und Mehl um das Handgelenk des Kindes gebunden gegen *Hätzt* (Fieber) angewendet (Schönbg.) — 4. Dim. *Dǫdderchen, Dodderchi.* In einem Kinderreim: *Mameschken* (weibliche Brust), *Dodderchi* (SCHUSTER, Volksl. 324). — Mhd. toter m. und n. Unser Wort steht auf ndd. Lautstufe, altsächs. dodro, mndl. doder, auch moselfr. doder. Das im Nösn. und sonst vereinzelt neben m. vorkommende neutrale Genus findet sich übrigens auch im älteren Nhd., wie noch jetzt in Sachsen und Thüringen. Die umgelauteten Formen haben ihre Analogie in ndd. dötte ‚Eigelb'. — Lautt. 54.

Dotterblume, Dodderblom fem., nösn. *Dodderblâm* fem. 1. ‚Die dottergelb blühende Caltha palustris'. In Alzen heisst die Blume *Guiseblamchen.* Kraut und Blumen davon in Wein gekocht, mehrere Tage getrunken, beseitigen die Gelbsucht. Der Saft aus frischem Kraut und Blumen mit Wachs gibt ein Pflaster gegen Auswüchse auf der Haut, die Blumen mit Alaun gelbe Farbe (Alzen, Kbl. 21, 16).

Kindern die fragen: *Wu^e^r sal ich gô?* antwortet man neckend: *Gang händern Obm* (Ofen) *nô Dodderblâmen!* — 2. *Dodderblom* ‚Trollblume' (Trollius europäus), wird fürs Blumengärtchen vom Felde geholt (Kl.-Schenk, Kbl. 26, 148).

dottergelb, doddergi^e^l adj., nösn. *doddergêl.*

Dotz, F. N. (1764 Reps, Stein, *Weisskirch*, 1762 Alzen), »Docz« (1593 Seibg.). Dotz als P. N. s. Adolf.

—, **Dounnästel** fem. (Alzen), *Doinæstel* (Zeiden) ‚Bienensaug' (Lamium album), gegen Katarrh und Skropheln verwendet.

—, **Dowenames** (burzenl.), s. *Bawendämes.*

—, **Dowrengk,** s. Tagewerk.

—, **Dozekolwen** m., fehlt; nösn. ‚Kolben am Schilfrohr' *Totzekolwen* (Homorod), *Tutzekälfken* n. (Med.), *Titeskolwen.* Zur Erklärung von *Dotze-, Totze-, Tutze-, Tites-* könnte *Tut* fem. ‚hohler Zwiebelstengel', ndd. tûte herangezogen werden; das Rohr ebenfalls ein hohler Stengel. Verschiebung des inlaut. ndd. t wäre lautgesetzlich.

—, **Dôzen** m., nösn. *Tôzen* m. Dim. *Dêzken, Têzken. Dæzen* (Felldf.), *Diu^z^en* (Malmkrog). 1. ‚Auswuchs, der sich beim Backen am Brodlaib bildet'. *Mer âssen ze îršt den Tôzen* (nösn.). Sprw. *Læwer en Dôtzen, wæ en Flôzen* ‚lieber ein Brot mit Auswuchs, als solches aus klebrigem, zerfliessendem Teig, das nicht steigt, sondern zusammensinkt und speckig wird'. In einem Kinderreim:

Tiderlider Lêzken
De Motter git der en Dêzken.
SCHUSTER, Volksl. 326.

2. ‚Bezeichnung eines kleinen Menschen, eines Kindes'. *E äs nor en Dôzen* (Kronst., Barthol.). Zu Kindern sagt man scherzend:

Ditzi, Ditzi, Dôtzen, fräss 200 Grôtzen.

— 3. ‚Haarknoten', besonders falscher Haarknoten (nösn.). — 4. Eine Zumutung, eine Forderung abweisend: *än Tôzen!* ‚ja freilich! warum nicht gar!' Stärker: *cha, än Tôzen mäd är Hingk!* (nösn.). 5. Adj. *têzich; têzich Brût* ‚Brot mit einem oder mehreren Auswüchsen' (nösn.)

—, **Dôzi.** In einem Kinderreim:

Mischkôzi, kram Dôzi, kram Flôzi!
Kram Däppen. More sǫ̂l em dich knäppen.
SCHUSTER, Volksl. 354.

Var.: *Krǫmm Däppen,*
Krǫmm Hâ
More bekist te en gang Frâ.

D r a a s, **Drâs** O. N., magy. Darócz, rum. Drașu. Das an der Ostgrenze sächs. Gebietes gelegene Dorf, schon im ‚Andreanum' 1224 D a r a u s genannt. Dem entspricht auch die zweisilbige magy. Form des Namens Darócz. Auf der Honteruskarte D r a u s, sonst D r a w s (1475, Qu. Kr. 3, 627), D r a u s (1567, Nat.-A.), D r a u s s (1597, B. M.). Die exponierte Lage an der Grenze des Szeklergebietes deutet der Volksmund in seiner anschaulichen Weise an: *Bæ Drâs hîrt det saksesch Vu^e^terâser af* (SCHUSTER, Volksl. 199). Über das berühmte Draaser Schwert erzählt die Sage: Als die Sachsen auf der Ebene am Zibin erschienen, dort, wo jetzt Hermannstadt steht, und sie Besitz nehmen wollten von dem durch König Geisa II. ihnen geschenkten Boden von Broos bis Draas (»a Waras usque — terra Daraus«, Urkb. 1, 34), zückten ihre zwei Anführer die Schwerter, steckten sie kreuzweis in die Erde und leisteten darauf den Schwur. Dann trugen sie eines der Schwerter nach Broos, das andere nach Draas. Die Brooser haben ihr Schwert im Sturm der gefahrvollen Zeiten verloren; das andere befindet sich noch in der Kirche von Draas. Es ist manneslang und deutet auf den kraftvollen Wuchs unserer Vorfahren hin (MÜLLER, Sagen[1] 204). Darum singt der Dichter:

Doch det Detschtum afgeriwen
Hæ bæ Broos erlǫ̂ch;
Awer Draas äs sachsesch bliwen
Bäs af desen Dǫ̂ch.

Draaser! Selld ich gât bewôren
Ir gehelicht Schwi^e^rt,
Dat nô villen hangdert Jôren
Sachsesch bleift ir Hi^e^rt. KÄST., 126 f.

Auch das Draaser Brot erfreut sich guten Rufes:

Drâser Brît, Hêltner Kre^o^kt,
Strekferder Bǫ̂flîsch, Bûlkescher Wenj
Schêspurjer Frân, bæ di^e^n äs et ge^a^t senj.
SCHUSTER, Volksl. 175.

Die weite Entfernung des Ortes vom mittleren Teile des Sachsenlandes kennzeichnet wohl der Anfang eines Halvelagener Volksliedes:

Wol fläje, wol fläjen de Wûlken!
Kên Drâs iwer de Mauren.

— Fl. N. *Um Drǫ̂ser Wêch* (Arkeden). — Unweit von Bonn und in der Eifel findet sich der O. N. Drees; in Bonn auch der F. N. Dreeser.

D r a a s e r, D r a s e r F. N., »D r a s s e r« (1764, Reps). »D r a s e r« (1765 Kl.-Schelk, 1792 Marktschelken). »D r a a s e r« (1764, Streitfort). Auch mosel-rheinfr. vorkommender F. N.

~, Drabanten, s. Trabant.

~, Drabber, Draber, s. Tragbahre.

Drache, Drachen m., nösn. *Drǫchn* m. 1. Fabelhaftes Untier. a) In unseren Volksmärchen gewöhnlich ein vielköpfiges, feuerschnaubendes Ungetüm, eine Jungfrau in einem Schlosse (der ‚Drachenburg') bewachend (HALTR. 15, 25, 35 ff.). Demselben müssen mit dem Schwerte alle Häupter auf einen Streich abgehauen werden. Im Märchen vom Rosenmädchen (Ebda., 96 ff.) hält der Drache einen Jahresschlaf in einem mächtigen Fasse mit drei eisernen Reifen; seine Mutter ist eine Hexe. Auch als Hüter grosser Schätze erscheinen die Drachen (Ebda., 68). In dem Märchen ‚Goldhaar' wird ein Kupfer-, Silber- und Golddrachen erwähnt. — b) Eine besondere Rolle spielt der Drache im agrarischen Aberglauben. Hebt jemand beim Dreschen besonders viel Korn auf, so sagt man in Henndorf: er hat sich in der Nacht von den Drachen Korn schütten lassen. In Arkeden hört man den Drachen über der Scheune fragen: *Sǫl ich schüdden?* Erwidert man darauf: *Schütt, bäs te gedǫnnert bäst,* dann schüttet er Korn fort und fort, bis es zum Scheunentor hinausfliesst (HEINRICH, 32). — c) Von fliegenden, feurigen Drachen von der Länge eines Heubaumes erzählen die Kinder in Wurmloch. Manchmal kehrt der Drache durch den Schornstein in ein Haus ein und lässt entweder Geld oder Feuer zurück. Viele glauben, bisweilen sei ein feuriger Drache in Gestalt eines langen Sackes, der ganz mit gestohlenem Korn angefüllt gewesen, gekommen und habe das Korn einzelnen bevorzugten Menschen zugeführt. Wenn bei Nacht der feurige Drache jemandem erscheint, so stecke man schnell eine Gabel in die Erde, dann kann er einem nichts antun (H.-W., 310 f.). — 2. In übertragenem Sinne: *E bîs Drǫchen,* auch *Housdrǫchen* von einem bösen, zänkischen Weibe gebraucht. — 3. Bezeichnung des ‚Papierdrachens', der ein beliebtes Spielzeug von Knaben ist (HÖHR, 85). — 4. Fl. N. *Äm Drǫchengru^am* (-graben) in *Pintak.* — Mhd. trache.

~, **Drachekriokt** n. ‚Eisenkraut' (Verbena off.). Als Arzneimittel für Tiere gebraucht (Alzen, Kbl. 21, 36).

Drachenblut, Dracheblât n. ‚Der eingetrocknete harzartige Saft der Frucht der Pflanze Dämorops Draco'.

~, **Dräft** m., *dräften* s. Trift.

~, **Dragokles** s. Theriak.

Dragoner, Dragôner m. 1. Wie nhd. berittener Soldat der betreffenden Truppengattung. »Fürstlich Dragoner und Katner« (1663, Qu. Kr. 4, 277). — 2. Bildlich von einer starken, kräftigen Person, auch von plump auftretenden Frauenzimmern. *Diär (dâi) trid ǫf wâ^i e Dragôner* (nösn.). — 3. In Zusammensetzungen: *Dragônerknärl* m. eine Art Speckknödel, *Mu^esersch Knerl (S.-Reen). Schlätzdragôner* ‚Knabe, dem die Hosen hinten offen stehn' (Med.). *Dragônerwacht,* Ortsbezeichnung in Hstdt.

Draht, Drôt m., nösn. *Drôt* m., Plur. *Drêt,* auch urk. Dred (1532, Qu. Kr. 2, 245). 1. Aus zwei-, drei- und vierfachem Hanf- oder Flachsgarn ‚gedrehter' Nähfaden, von den Schuhmachern (und Riemern) mit Pech steif gemacht, darum auch *Schosterdrôt, Bêchdrôt* genannt. Spottend nennt man die *»Schosterän, de ẑwich Drôtšpännerän«,* weil sie das Garn zum Draht in früheren Zeiten spann, an kleineren Orten heute noch spinnt (SCHUSTER, Volksl. 451). — 2. ‚Aus Metall, gewöhnlich aus Eisen gezogene Fäden'. Darum: »Eiserenn, eyseren Drot« (1528, Qu. Kr. 2, 124. 1546, 3. 357; 1530, Nat.-A.). Das Herstellen desselben wurde früher in sächsischen Städten von den ‚Drahtziehern' gewerbsmässig betrieben (1774, SALZER, 724). — 3. Mit dem *Drêholz* (s. das.) ‚ausgedrehter' Nudelteich (nösn.). *Aus wafel Drêt hu^este den geschnidn Dêch gemǫcht?* — 4. In Zusammensetzungen: *Dri^ut^špäll* (Rohrbach), Spindel, die zum Zusammendrehen des Pech- oder Schusterdrahtes dient, sonst auch *Zwernaisen* (zwei Fäden zu Zwirn zusammendrehen heisst *zwernen;* das genannte Eisen ist das Werkzeug dazu) und *Dreotaisen* (Agnetheln) genannt. *Drôtnôlt* ‚Drahtnadel' (wohl im Gegensatz zu der aus anderem Stoff z. B. der aus Holz). »Arbeit (der Strumpfwirker), die mit Drahtnadeln gestrickt wird« (1724, V.-A. 27, 548). *Drôtnu^egel* und *-štäft,* beide dem neuen und nhd. ‚Drahtstift' nachgebildet, aber allgemein giltig; *Drôtgädder* ‚Drahtgitter', *Drôtsäf* und *Drôtrekter* ‚Drahtsiebreuter' im Gegensatz zum Sieb aus Schweinsleder oder anderem Stoff. *Drôtbängder* ‚Drahtbinder', statt dessen auch meist das magy. oder rumänische *Drôtosch* (⊥◡) und *Drotâr* (◡⊥). *Drôtsîl* ‚Drahtseil'. *Drôträspel* fem. ‚zugespitztes Ende des Nähdrahtes, von den Riemern auch *Drôtšpätzt* genannt. — Zusammensetzungen mit *Drôt* als Grundwort: *Mîsseldrôt,* nösn. *Mêsseldrôt* m. ein falscher Draht, eine Drehung, die sich von selbst bildet, wenn das Garn zu stark gesponnen oder ein aus mehr Fäden schon hergestellter Draht zu stark gedreht worden ist; davon das adj. *mîsseldrêdich,* nösn. *mêsseldrêtich* (KISCH, N. W. u. W. 37). *Štacheldrôt* m.

dem nhd. nachgebildet, aber auch bei uns schon in Wort und Verwendung. — Mhd. drât. Lautt. 78.

drähtig, drêdich adj. in Zusammensetzungen: *zwie-, drę̂-, vêr-drêdich.* Bauernjungen setzen einen gewissen Ehrgeiz darein, mehrdrähtige Peitschen (Geisseln) sich selbst drehen zu können. Dabei war jeder Draht (Drähtchen) aus zwei Fäden gedreht. *Ech hun en Goissel mät dreo Drêtschern* (Agnetheln). Dieser Ruhm ward übertrumpft, wenn einer sagen konnte: *Wod äs dôt? Ech hun oin mät vâren* (Ebda.).

(Drahtlauf), Drôtlûf m. ‚Flintenlauf aus gewundenem Draht'.

(Drahtlüning), Drôtlenengk(chen), *Drôtbîrer(chen)* m. (n.) ‚Bohrer engen Kalibers' (durch dessen Loch ein Eisendraht durchgeht).

—, **draich** s. dröge, **draign** s. drögen.

drall, fehlt. Dafür *fiest, šturk, rond.* Trausch (Msc. 12) führt an: Druller ‚dralles Mädchen'. Dralten F. N. (1619, Freck).

—, **Drämbäsch** m. ‚Feister, fauler, plumper, unbeholfener Mensch', von Männern als Scheltwort gebraucht (Med., *Wallendf.).*

—, **drammeln,** *drommeln, drummeln* s. trommeln.

dran s. daran.

Drang, fehlt in der echten Ma. [In städt. Halbma.] *Drqng* m. *Drong* m., nösn. *Drę̂ng* m. »Der sol freywillig thun on Drang und Zwang« (1600, Hstdt. Ger.-Prot.).

—, **Drängel** m., nösn. *Trändel* n. Die erstere Form erscheint in den meisten ss. Ma. mouilliert. *Dronjel* (Med., Halvelagen, Radeln, Stolzenbg.), *Drqnjel* (Schässbg.), *Dranjelt* (Schaas), *Dranjel* (Rumes, Girelsau). Die von einer andern Wurzel abzuleitenden Nösner Formen sind neben *Trändel (Bistritz, Wallendf., Waltersdf.), Dründel (St.-Georgen), Trandel (Baierdf., Dürrbach).* Doch auch in Rode *Draondl,* Felldorf *Dreoinjdel.* Eine dritte Wortbildung weist das Burzenland auf: *Drêleg* m. (Kronst.), *Dreileg* (Tartlau), *Dreerleg* (Rohrbach), *Dräilek* (Petersbg.), *Draedlek* (Neustadt). 1. ‚Wasserwirbel, gefährlicher Wasserstrudel'. *Net gôt duer buoden, dô äs en Dronjel! E äs än den Dranjel kun und ersôfen* ‚ertrunken' (Rumes). *E weor än en Drounjel gereoden* (Werd).

Me Bredjem šprqng ze Hälf — ellîn
Der Drängel hued en mätgenîn. Käst. 3.

En âverdrǣjlich Pängel
Äs sälfst der klîn Zabeng,
Zerreisst mät wäldem Drängel
De Bräcke, Blinken, Zeng (Zäune).
Ebda., 72.

Bildlich: *Nâ huet e'n just erdînd* (erreicht) *äm gressten Tirkendrängel* (Ebda. 136). — 2. ‚Wirbelwind'. *Än der Štrôss dertif mqcht der Drängel all špilän âgeheier Trichtert aus dem weisse Štûf* ‚Staub' (Landwirtsch. Blätter 1909, 18). Gewöhnlich: *Dränjelwänt* (Rumes), *Drängelwänt (S.-Reen), Drongelwänjd* (Neppendf.). — 3. ‚Schwindel'. *E huet den Dränjel* ‚er leidet am Schwindel' (Leschkirch). — 4. ‚Drehkrankheit der Schafe'. — 5. *Dronjel* ist auch Bezeichnung für ein Ballspiel, wobei von mehreren sich fortwährend abwechselnden Knaben der eine den Ball zuwirft (aufgibt), der andere ihn schlägt, damit er von den Mitspielern aufgefangen werde (Höhr, 112). — *Drängel, Dronjel* gehört zum folgenden Wort: sich *drängeln, dronjeln* ‚hin und her bewegen', ‚drehen', als Iterativbildung zu dringen ‚sich heftig bewegen'. Das Nösn. *Trändel* n. ist mhd. trendel ‚Kreisel'; dazu spätmhd. trendeln ‚sich drehen', von einer germ. Wurzel trand ‚sich kreisförmig bewegen' (Kluge[6], 398). Die burzenl. Formen sind gebildet aus der Wurzel von drehen mit der Bildungssilbe -ling 〉 *leg, lek;* vgl. ss. *Dreschleng* und burzenl. *Dreischerlek.* An Syn. zu erwähnen: *Drêssel, Drêkempel, Drängelkell* ‚tiefe Stelle mit Wasserwirbel'.

—, **drängelich,** adj. fehlt nösn. doch *dränglich* in *S.-Reen, drqnjlich* (Schässbg.), *draondlich* (Rode), ‚schwindlig', besonders zur Bezeichnung des Zustandes, wenn sich alles mit einem zu drehen scheint. *Et wit mer drqnjlich* ‚ich werde schwindlig'. Auch: *ich wiern dränglich* ‚ich bekomme den Schwindel' *(S.-Reen). Mîr schentj, ir setj uch ône Dônz schun e winich dronjelich am Hîft* (Semp, R. 18). Drohung: *Ich gien der înt, dat te ämerängk lîfst, wǣ en drqnjelich Gę̂es* (Kbl. 25, 65). Das Wort gehört zu *Drängel, Dronjel* 3. — Syn. *tâsich, tâmesch.*

—, **drängeln** *sich,* schw., fehlt nösn., doch *sich drängeln* in *S.-Reen; sich dronjeln* (Med.) 1. ‚Drehend sich hin und her bewegen, sich hin und her drehen'. *Net drängel dij esefel hǣ eräm. Net dronjeld ich, er wärt dronjlich* (schwindlich).

Äm Härwest zǣn de Šterch
Und drängle sich all flejän
Hî iwert Schnîgeberch. Käst. 73.

Dier drängeld af'm Schimmel sich schneller wǣ der Blätz (Ebda. 135). — 2. Gewöhnlich: *erämdrängeln* ‚jemanden verwirrt machen, durch Geschwätz betäuben, um etwas zu erreichen oder zu hintertreiben' (Mühlbach). *Mer hun dich dä Mêt hetj esefeld erämgedronjelt* ‚herumgedreht' beim Tanzen. Auch refl. *sich eräm-*

dronjeln ‚sich herumtreiben, sich herumdrehen‘. *Sich iwerdrängeln* ‚in den Schwindel verfallen, schwindlig werden‘. — *Drängeln* ist Iterativbildung zu dringen ‚sich heftig bewegen‘. Syn. *sich drên*, nösn. *drê*.

drängen, dränjen schw., nösn. *drângen; dronjen* (Med.). 1. Trans. ‚nötigen, mit Gewalt forttreiben‘. *E huet mich derzâ gedrângt. E huet mich fort gedrângt* (nösn.). — 2. Reflex. *Em terf sich net viuren druonjen* ‚man darf sich nicht vorandrängen‘ (Alzen). *Se dronje sich*, nösn. *se drângen sich* ‚es ist ein Gedränge‘ bei grossen Menschenansammlungen. — 3. Unpersönl. *Et dronjt mich ze kun* ‚zu kommen‘ (Alzen). — Mhd. drengen.

Drängen n.

En Drängen uch en Dreiwen
Zecht mich vu Lânt ze Lânt.
Käst. 70.

Gornesch Dränj mâcht de Käller änj (Gr.-Schenk) mit Bezug auf den gewöhnlich reichen Ertrag der Gornischen Weintrauben. Auch *Gornesch Gedräng mâcht de Käller äng* (Mühlbach).

—, **Dranits** f. ‚Grosse Schindel‘. (Zu rum. draniţa).

—, **Dräsch** s. Driesch.

—, **drâsen** schw. ‚durch Anschwellung der Drüsen erkranken‘, von einer Halskrankheit der Tiere (meist der Füllen) gesagt. *Âs Fellchen drâst, et wid es verräcken.* Syn. *krêpen* ‚Kropfkrankheit haben‘.

—, **drâsen** *sich* schw., nösn. *drâisn sich* schw. Von dem ziemlich allgemein verbreiteten, überall refl. gebrauchten Zeitwort erwähnen wir noch einzelne Formen: *dreunsen* (Bekokten), *drongesen (D.-Zepling), druisen* (Törnen, Michelsberg), *druesen* (Malmkrog), *droisen* (Kronst.), *dreöisen* (Zeiden), *drauisen* (Petersbg.). Die Bedeutung ist überall dieselbe: ‚Nach dem Schlafe, nach dem Ausruhen sich gähnend dehnen, Arme, Hände und Füsse, den Körper recken und strecken‘, oft auch mit dem Nebensinn ‚sich aus Faulheit, Langeweile dehnen und recken‘. *Ich hu mij esi geat gedroast* ‚nach langem Schlafe, (langem Sitzen) habe ich mich gut gestreckt und gedehnt‘ (Med., Gr.-Schenk). *Net drois dij esi vil! E drâst sich.*

Se drâse sij und štræken
Und êdme sessen Duft.
Käst. 27.

Der Hâst, dier sonst um Plach mess
dâsen (ziehen),
Kâ sich derhîm all schnuerchän drâsen.
Ebda. 88.

Auch in unserem Stammesgebiete sagt man *sich drâsen* ‚sich strecken, besonders beim Gähnen‘ (moselfr. und in der Eifel), chatt. dreisen. Unser Wort geht zurück auf ein vorauszusetzendes westgerm. *drinsan; hess. drensen. Crez. 294. — Die Behandlung des Stammvokales ist dieselbe wie bei dinsan 〉 *dâsen*. Zu vgl. auch Lautt. 42.

—, **Dräst** fem., nösn. dafür *Schôber* m., *Štûss* m., *Buarn* m. Das auch burz. nicht gebräuchliche Wort findet sich vorzugsweise im Gebiete der ehemaligen sieben und zwei Stühle. 1. ‚Länglich geschichteter Stroh- oder Heuschober von 10—20 Fuhren‘, deshalb auch näher bezeichnet als *Štrî-* oder *Hoidräst* (Neithausen). Dieselben finden ihren Platz häufig hinter der Scheune im *Scheiregôrten*. — 2. ‚Eine Menge, ein Haufen‘, verallgemeinert. *E nit sich en Dräst* ‚er nimmt sich (beim Essen) eine Menge, viel auf den Teller‘ (Heltau).

Wonn te härz uch înich bäst
Näckent mich wirst kwielen,
Kênd ich nôch en gânzen Dräst
Mêren der erzielen.
Käst. 6.

— 3. ‚Breites, golddurchwirktes Band‘ (Med.). Syn. *Štûss* (nösn.), *Štuiss (D.-Zepling, Nieder-Eidisch), Štrîbuern* (Honigbg.), *Hûfen, Schâiwer, Kläng.* — *Dräst* entspricht schwäb. drište ‚im Freien aufgeschichteter Haufe Heu, Stroh‘, auch bair. und schweiz. Triste (Schwäb. Wb. 2, 391).

Drątzendä‘ln Fl. N. *Än Drątzendäiln (Heidendf.).*

Draudt F. N. (Kronst.). Die älteren Formen haben noch den Stammvokal *û*: Drud (1529, Qu. Kr. 2, 155), Drwd (1535, Ebda. 422), Druden (1522, Ebda. 1, 444), dann auch die Schreibung Drued, Druyd; im 17. und 18. Jahrh. Draud (1656), Drauth (1659), Draudt (1762), Draut (1615, Hstdt.). — Der Name gehört zu mhd. trût ‚Geliebter, Gemahl‘, mit dem den Lautgesetzen unserer Ma. entsprechenden anlaut. *d*. So ist das Wort auch in das Roman. übergegangen, ital. drudo ‚Geliebter‘.

dräuen, drohen, drâen schw., nösn. *drâin* schw. Wie nhd. ‚ein Übel in Aussicht stellen, die Absicht andeuten, dass man strafen, etwas feindliches, nachteiliges zufügen wolle‘. *E huet mer dermät gedrât. Woräm drâste mer mät diem? E drâit mät dem Fänger, mät der Faust.* (nösn.).

Dæ es drât, de Wädderwûlk. Käst.

Und wänn de Wängter drâen.
Ebda. 66.

In der älteren Sprache drewen, dreuen, drayen, dreien, draien, dreyen, dräuen. Gedreyt (1536, MÜLLER, Sprdm. 77). »Die Wort brachten die Juden yns harnisch — sie drewen (dem Pilatus) öffentlich« (DAM. DÜRR, Hdschr. 857). »Mit welchem herzen will eyner dem geyzigen, den wucherern drewen und des hern gericht verkündigen, der selbst eyn geitziger karger filtz ist« (Ebda. 549). »Und zuffor hat dieser immerzu mit brennen gedrewet« (1567, B. M.). »Der uns mit Fewr gedreuet hat« (1567, Ebda.). »Ist dem man gedraieth worden, das ehr in will lassen schlagen« (1547, Nat.-A.). »Han die bloch (Walachen) gedrayet, das sie auch das ander theill verbrennen wolten« (Ebda.). »Ess wurde der Stadt umb solches frewel hart gedreiet« (KRAUS, Chron. 1, 46). »Haben offt dem Horvath Istvan den thodt gedreiet« (Ebda. 257). »Schicket.. schrecklige, dreyende schreiben« (Ebda. 2, 80). »Item hette der schwarze Franz ihnen den fischeren gedreyet« (1599, Hstdt. Ger.-Prot.). Visitationsfrage 1617: »Ob auch mutwillige Leute sind, die dem Pastori dräuen und dem Diacono?« »Ich sprach zu im: nicht drei! ‚drohe nicht'« (DAM. DÜRR). Mhd. dröuwen.

Dräuen n. † »Drauff nahmen sie abschied von einander mit Drewen, Zorn und Zanck« (1678, Cap. Cib.). »Hat.. mit treffligem Dreien dem landt Trutz gebotten« (KRAUS, Chron. 1, 378). »Es kund in niemand vom Evangelio abwenden, weder mit dreuen, weder mit verheissen« (DAM. DÜRR, AML. 56).

drauf, s. darauf.

Drawenseifen, Fl. N. »Im obersten Drawenseüffent« (1680, Gr.-Alisch).

† Dreyschreiben. »Sintemall starcke Dreyschreiben von der Port vndt Tatar Cham kommen waren« (KRAUS, Chron. 1, 309). »Ein starckes ermahnungs- vndt dreiungsschreiben« (Ebda. 384).

Drauss, F. N. (1615, Kleinpold; 1609, Nat.-A.).

drauß, draußen, dertous, (⏑ ⏗) nösn. *durtaus*, burzenl. *dûrtous* Adv. 1. ‚ausserhalb eines Ortes': *E äs net hæ̂, e äs dertous. De Känjt senj dertous* ‚nicht im Hause drinnen'. *Læwer än em geschlôänen Hous* (in einem Hause, wo Fussboden und Wände aus gestampfter Erde, Lehm bestehen), *wæ̂ gậnz dertous* (SCHUSTER, Volksl. 188). Unfolgsame, unaufmerksame, faule Kinder lässt man in der Schule: *dertous štôn* ‚ausserhalb ihres Sitzplatzes in der Bank'. — 2. ‚Draussen im Freien, auf dem Felde':

Dertous wæ̂ kǫ̂lt, wæ̂ irkel
Gôn doch de Wängtersläft. KÄST. 26.

Dertous dô hîrd em't rampelen,
Der Wängter mess dervun. Ebda. 18.

De Leit wîlen dertais (auf dem Felde) *gäre wiajen* (arbeiten), *awer ed äs ze nǫss* (Gross-Scheuern). *Und wat vu Männre štîd ä Kraft, dǫ̂d äs dertous* (im Felde, im Kriege). »Waren walachen dartauszen mit schweinen« (1567, B. M.). »Aber könt ir keins (Pferd) hie finden, so nempt darthausen eins, wo irs findt« (1600, Nat.-A.). — 3. ‚In der Fremde, im Auslande': *Dertous eräm. Nia wôr der Tine Johann en wefel Giur dertous eram* (Dä Ôlden, 42). Besonders vom Studium in Deutschland gebraucht. *E wôr drậ Jôr dertous* ‚war drei Jahre auf deutschen Universitäten'. In einem Waisenliede: *Me geât Vôter äs än der Wärlt dertous. Bekist te der e Schatzken dertous eräm* (KÄST., 88). »Seiner Schwester, so draussen (im Auslande) lebet« (1652, Nat.-A.). — 4. Bei dem Ballspiel ist diejenige Partei, welche das Spiel mit dem Werfen oder Schlagen des Balles beginnt, ‚drinnen', die andere, welche den Ball auffängt, ‚draussen', *dertous*. Auch im Auszählreim der Kinder:

Eker, beker, zukerbè,
Abel, fabel, domnia mè,
Elz, pelz, berla, buff,
Du bist druss. HÖHR, 40.

Oder:

Eins, zwei, drei, vier.
Knecht hol Bier,
Herr trink aus,
Du bist drauss. Ebda., 46.

— 5. † »Weil A schwere, dass Sie mit niemanden anders umgegangen, wolle er sich nicht draus geben« ‚sich nicht darein fügen' (1747, Cap. Cib.).

Dräuung. † »Bald mit guten vermahnungen, bald auch mit harten Drewungen« (1683, Cap. Cib.).

† Dreywort ‚Drohworte' (KRAUS, Chron. 1, 240; 2, 37, 221). »Wird er eintzige Tyraney mit draywortem oder schlagen an Ihr verüben, soll Er von Ihr gescheiden seyn« (1690, Hstdt. Ger.-Prot.).

—, drech, s. dröge.

Drechselbank, Drêsselbąngk fem., nösn. ebenso. *Drêsselbûngk* (Birth.), neben dem hd. nachgebildeten *Drêbąnk*.

drechseln, drêsseln schw., nösn. *drêsseln*. 1. Wie nhd. ‚an der Drechselbank abrunden'.

— 2. Auch von sonstiger drehender Bewegung: *E drêsselt sij en Zigarr.* Auch das Werg (vom Hanf) wird *gedrêsselt.* — 3. Bildlich. ‚Etwas zierlich, künstlich ausarbeiten'. *E drêsseld un er Ried* ‚an einer Rede' (Mühlb.). — 4. *Gedrêsselt* ‚rund gedreht'.

Af der Štern hêt (hängt) *dir e Schnirkel* (Ringellöckchen),
Rond gedrêsselt, wa en Zirkel.
Meyndt, 12.

— 5. *Erämdrêsseln. E drêsselt vil eräm* ‚er macht viele Umstände, wickelt viel herum'. *Et drêsseld ind änen* ‚man gerät in einen Wasserwirbel' (Streitfort). — Ableitung zu mhd. dræhsel mit lautgesetzlichem Wandel des *h* vor *s*. Lautt. 80.

Drechsler, Drêssler m., nösn. *Drêssler* m. 1. Der das früher auch zünftig betriebene Drechslergewerbe (V.-A. 17, 263) ausübende Handwerker. »D r e s l e r turrn« ‚von der Drechslerzunft zu verteidigender Befestigungsturm' (1575, Nat.-A.). »Dem d r e s l e r und dem schmit gegeben fl. 1« (1503, Qu. Gesch. S. I, 381). — 2. *Flaschendrêssler* ‚der hölzerne Feldflaschen erzeugende Drechsler' *(S.-Regen). Pillendrêssler* spöttische Benennung des Apothekers. »D r e s l e r h o l z« (1597). — 3. F. N. D r e s l e r (1505), D r e s s l e r (1503), D r e s s e l l e r (1480), D r e g s l e r (1494), D r e s l e r (1526 Rosenau, Weidenb., Wolkendf., 1724 Homorod, Katzendf.), D r e c h s l e r (1826 Marienbg., 1847 *S.-Reen).* — Fl. N. *Drêssler Gäpel (S.-Reen).* Mhd. dræhseler.

Dreck, Dräk st. m., nösn. *Drâk.* Das Wort wird gewöhnlich nur in derber Rede gebraucht; es gilt für unfein und unanständig, dasselbe in besserer Gesellschaft anzuwenden. 1. Der Grund liegt darin, weil *Dräk* in unserer Mundart, abweichend vom Nhd. und anderen deutschen Dialekten ausschliesslich die wohl ursprüngliche Bedeutung: ‚excrementum, Leibeskot' besitzt; als Bezeichnung für Strassenkot und sonstigen Schmutz wird das Wort nicht verwendet. *Dräk* ist zumeist Benennung für menschliche Excremente; bei tierischen wird der Name des betreffenden Tieres vorangestellt: *Häangsdräk, Hienendräk, Mäschendräk, Schnäpendräk;* bei Kühen *Kâbesch, Kâdrich* (Agneth.), von Pferden *Goreknedel* (Med.), *Rössknerl, Gorekättel* (Agneth., Kastenholz); scherzhaft von Katzen *Katzebir.* — 2. *Dräk* wird weiter gebraucht als Bezeichnung für etwas wertloses, verächtliches, zugleich zum Ausdruck des Unwillens und der Geringschätzung: *Ed äs ned en Dräk, en Häangsdräk wiert;* es kann damit auch eine derbe Verneinung oder Abweisung ausgedrückt werden: *en Dräk!* ‚o nein!' *En Hangsdräk! Cha, en Hangsdräk!* ‚warum nicht gar!' *Dǫt gêt dij en Drâk u* ‚das geht dich gar nichts an' (nösn.). »So hatt er gesagt, ein h u n d t d r a c k soll inen drumb dancken« (1547, Nat.-A.). »Nun thädige er umb den D r ä c k« (1650, Nat.-A.). — 3. Das Wort wird in verschiedenen derben Redensarten gebraucht: *Äm Dräk erämdǫsen* ‚jemanden auf das schimpflichste verleumden' (Birth.). *Ä êländer der Dräk, ä arjer stängkt e* sagt man von anmassenden Emporkömmlingen; ähnlich *de klîn Dräkeltcher stängken ärjer, wä de grîssen. De wiršt dem Dräk en Îrfech* (Ohrfeige) *gien* sagt man verächtlich von solchen, die sich mit etwas wichtig machen wollen, etwas verkehrt anfangen, ähnlich lux.: dem Dreck eng O^u^rfei gin. *Em mâiss nät jêdem Drâk de Ôgn austrêdn* (nösn.), oder ähnlich: *Em mess ned en jêden Hongsdräk rächen, sich de Nues ned än jêden Hongsdräk stêchen* ‚man muss nicht überall — unbefugterweise — dabei sein wollen'. »Welches (ein unangenehmer Auftrag) ihm denn in der nassen als ein h u n d s d r e c k e reverenter steckete vndt kunte es nicht verbeissen« (Kraus, Chron. 2, 290). *Iwer den Gǫisdrâk fârn* (nösn.) ‚jemanden übertölpeln, überlisten', wie elsäss. üwer den Gansdreck füeren. *Ed äs dem leicht en däcken Dräk scheissen, dì en wegden Uersch huet* ‚wer viele Mittel hat, kann leicht etwas durchführen'. »Dass ihm unsere Perschon zu gering sein will, ist dem gemeinen Sprichwort zuzumessen, dass ein O c h s e n d r e c k nichts nütze, wenn er nicht nach der Herbrig schmäcket« (Kraus, Chron. 1, 91). Hoffärtigen Leuten ruft man zu: *Hiufertschess, lâk de Špess, wun e vul Dreck äs* (Hetzeldf.). Mit Bezug auf die Farbe: *Giel* (gelb) *wä der Dräk,* besonders wenn jemand infolge plötzlichen Schreckens bleich wird. Aber auch: *Dä Hǫngklich* (Kuchen) *äs hîsch giel, wä der Dräk* (Marktschelken). Rätsel. *Wat glecht aw en Hôr dem Kâdräk?* Antwort: *Der Uessendräk* (Ochsendreck). In einem Kinderspottvers heisst es:

Makskader! Hînendader!
Angderm Bät zâgedäkt
Mät der Nues äm Hînendräk.
Schuster, Volksl. 351.

Wer unversehens in den *Dräk* tritt, hat nach dem Volksglauben Glück in seinem Unternehmen. Gegen die Gicht legt man stark mit Salz vermengten Kuhmist auf den leidenden Körperteil. In der Zauberformel, die man dann hersagt, heisst es zum Schlusse: »Gicht verreck in diesem Dreck« (Wlislocki, 92). — 4. Euphemistische Bezeichnungen: *Hâider* m. städt., *Nuachtswâichter* (nösn.). Sonst auch *Schiltwach. Dô štôn alles Schiltwachen;* auch *Wąichter,* dim. *Waichterchi (Wallendf.).* Diese Bezeichnungen stammen von der Verwendung als Abwehr gegen Diebe bei Zaunlücken u. sonst. Der Sinn ist der, dass ein durch solchen ‚Hüter' oder ‚Wächter' beschützter Ort sicher ist, nicht betreten zu werden (Kbl. 29, 30). — 5. Komp. *Bierendrǣk* ‚Bärenzucker, Lakritze'. — Zu mhd. drec. Lautt. 38.

—, **Drâkmil** fem., auch *Drâkschlauder* fem. (nösn.) verächtliche Bezeichnungen für den Mund: *det Maul gêd em wâi en Drâkmil.*

—, **Drǣkpupeser** m., auch *Drâkpupes* (Agnetheln), *Drǣkfreisser* (Schlatt), *Drǣkpintsch* m. (Tartlau) ‚der gemeine Wiedehopf', in Deutschland auch Dreckhahn genannt, weil er sein Nest aus Kot baut (DWB. 2, 1358).

—, **Drǣkštîssel** m. (Dreckstössel) Schimpfwort für jemanden, der sich zu anrüchigen Dingen gebrauchen lässt.

—, **Dref,** *Dräf, Drif* m. ‚Handhabe, Griff, Treiber am Bohrer'. Vgl. schwäb. Drîbl, Tribl ‚Handgriff' zum Umtreiben des Rades, des Schleifsteines. Vgl. *Driwel* ‚Stab, auf den beim Antreiben der Fassreife geschlagen wird'.

—, **Dregâne** m., auch *Dragâna* (⏑ ⏊ ⏑) Büffelname (zu rum. drăgana).

—, **dregutzn** (⏑ ⏑ ⏑́) schw. ‚liebkosen' (zu rum. draguţa ‚Liebchen').

Drehbank, Drêbąngk fem., nösn. *Drèbąngk.*

drehen, drên schw., nösn. *drê* schw. 1. Trans. ‚drehen, wenden': *Det Gläck drêt de Räck äm Ûgebläck* (Schuster, Volksl. 216). *Det Rêcht hued en Nues ous Wuess, em drêt se, wǣ em wäll* (Ebda., 224). *E drêd em de Räck* ‚kehrt ihm (verächtlich) den Rücken'. *Drê ed ąf de ąnder Sait!* ‚wende es auf die andere Seite!' (nösn.). *Et drê sij ännär Grunnen* (Schnurrbärte) *de ängeresch Magnâten* (Käst., 140). *E drèt sich de Zigarr* ‚macht sich eine Zigarette'. *Gedrêt Hûlz* ‚Holz mit den Fasern nach Art eines Strickes gedreht'. »1 Löffel mit 1 gedröheten Stiell« (1647, B. M.). »Ein silbern leffel mit einem gedreden stil« (1604, Nat.-A.). Drohung: »Ich will dir bis morgen das maul auf die achseln drehen« (1583, Nat.-A.). — 2. Refl. a) *Det Rąt drêt sich. E drêt sich wǣ e Schnurrchen* sagt man von einem flinken Menschen. *E wąst net, wôr e sij än îršt drê šûl* ‚wohin er sich zuerst wenden sollte'. *E drêt sich drun* ‚er macht sich an die Arbeit, beeilt sich'. *Em mess sich hurtich drên* ‚man muss bei der Arbeit flink sein'. *Et drêt sich kê mir* ‚wendet sich zu mir'. *E drêt sij änjden hǣ eräm* sagt man von einem jungen Mann, der sich um ein Mädchen bewirbt. Auch allgemein *sij äm emesten drên* ‚sich um ihn bemühn'.

Et wôr emôl en rèklich Mêt,
Äm dǣ sich munch î Kniecht gärn drèt.
Thullner.

Dò drèt sij en wangderschîn Mèd erfuir,
Und drêt sich bäs fuir äres Lefke (Liebchen)
senj Duir. Schuster, Volksl. 331.

Scherzrätsel: *Ąfm Gîtzembrich štîd e Štîn; wenn der Kąkesch* (Hahn) *krêt, drêt e sich* (der Hahn dreht sich beim Krähen, nicht der Stein). Wenn der Habicht im Hühnerhof Schaden tut, singen die Kinder:

Hienevuegel drê dij eräm,
Drê dij iwer de Grôwen,
Dat dich de Hąnjd zeknôgen.

»Da sich der flus begunde zu drehen und wenden« (1589, Schreiben des Bistritzer Rates, Kbl. 5, 86). — b) Besonders häufig mit der Bedeutung: ‚tanzen'. *Nâ wêr et fenj, wunn e Gejer hei wêr, dat mer es e winich drêe* (tanzen) *kënten* (Verspillt, 4). *Äm Drên* (während des Tanzens) *sąng se dem Kniecht änt Îr* (Ohr): *drêd ich ir menj lǣw Fess!* (Haltr., Märchen 207).

Kamm Mêtchen, špräng än de Rąen
Und drê mät mir dij äm Frąen.
(Neuer Volkskal. 1909, 101.)

Drè dich Mètchen af de Latzen,
Gäre wîl ich dij îst matzen (küssen),
Drè dich Mètchen af den Dillen,
Kam entzôwent, dat mer špillen.
(Holzmengen, Kbl. 24, 5.)

Ech bän denj, tâ bäst menj,
Tà gûldijet Mêtchen
Drè dich fenj.
(Mühlbach.) Schuster, Volksl. 109.

Drê dich Mètchen äm den Hiert,
Bäst mer täusend Galde wiert.
(Busd.) Ebda. 106.

Der alte Drehreigen wird auf der Hochzeit von den älteren Leuten getanzt, und dabei werden Tanzreime gesungen:

Drê dich Gritche qw-ender Zî
(auf einer Zehe)
Dąd aich duenzen mät dîr mî.

Oder: *Drê dich Mètche aw-ender Zî*
Ich wall mich dring (drehen), *ich*
sai ze kling (klein).
(Mettersdf.) GASSNER, 71.

Tâ înijet Lini drê dich
Duina, Maruina
Drê dich, Mêtchen, drê dich
Plutsch neder. SCHUSTER, Volksl. 388.

Hued-em dich gedrêt? fragt man ein Mädchen. *Et huet sich vil gedrèt* ‚es hat viel getanzt'. — c) Bei Reigenspielen der Kinder:

Et sâsse siwe Maiseltcher
Än enem anje (engem) *Kärfken*
Sess Hûlz, sauer Hûlz,
Tea înijet Kathi, drê dich äm,
Wâ de Krûner Mächelän!

Oder:

Zizi mizi maira,
Än em onje Kärfken
Seur Hûlz dram
Tenni, drè dich am.

Oder:

Schêrum schârum,
Anna drê dich um. HÖHR, 91.

— d) ‚Ändern, sich ändern'. *Det Wedder drêt sich* ‚das Wetter ändert sich'. *E drêt sich det Mel* (Med.) ‚er behauptet heute das Gegenteil von dem, was er gestern (früher) gesagt hat'. *E drêt sich de Mînungk, det Wîrt. Net drê weder!* ‚drehe und deutle deine Worte nicht!' *E drêd änjden* (Med.) ‚er weicht mit seinen Worten aus'. *Det Špäll drêt sich* ‚die Sache bekommt eine andere Wendung'. *E drêt sich špèter* ‚er änderte später seine Meinung'. *Nô der Hochzet drèt sich det Blât* ‚änderte sich die Sache' (Verspillt, 4). *Det Blet huet sich gedrêt* (nösn.). »So drehet es sich in einem Nun!« ‚es trat eine plötzliche Änderung, Wendung ein' (1612, Qu. Kr. 4, 31). »Aber wenn sich das wetter dreet, das vervolgungen angehen« (1572, DAM. DÜRR, Hdschr. 417). »Wenn sich aber das wetter dreet, das eyner auss eynem hernn zum armen gesellen wirdt« (Ebda., 171). »Aber das bleet dreet sich vil anders, denn sie (die Jünger) verhoffen« (1572, Ebda., 434). »Aber er drehet sich darnach mit seinem verheiss« ‚hielt sein Versprechen nicht' (1600, Hstdt. Ger.-Prot.). — 3. R. A. *Der Muegen drêt sich mer* sagt man, wenn man mit einer widerwärtigen Sache zu tun hat. *E drêt sich det Mel, wâ der Blôch* (Walache) *de Werbes* (Bundschuhe) ‚er ändert seine Meinung' (Med.). »So dreet Simeon das maul« (DAM. DÜRR, Hdschr. 164). Einem Kinde, das sich nicht will kämmen lassen, sagt man: *De Leisker drên der Seler* (Seile) *ous'm Hôr ent zân dŷ än de Bäsch* (Med.). *Ich drên der den Hâlz äm!* sagt man in der Entrüstung zu Kindern, auch wohl: *Ich drên der de Fierschen hanj* (Klosdf.). *Ich drên der det Hîft zwäschen de Uiren. E drêt sich de Mânkel* (Mantel) *nô dem Wänjt,* wie nhd. »Also neigen sich die menschen nach dem glück und drehen den Rock nach dem Windt« (DAM. DÜRR, Hdschr. 850). »Die Richter — drehen der gerechtigkeit ein wexen nasen, welch sie bald auff diss, bald auff iene seiten können drehen« (Ebda., AML. 33). »Drehet dass förderst dass hinterst« ‚verdreht die Sache' (KRAUS, Chron. 1, 17). *Gungk, wô et sich drêt* sagt in Marktschelken die Mutter im Ärger zu ihrem Kinde. *E äs schu durti gedrèt ki den Duiden* heisst es in *Mettersdf.* von einem Schwerkranken (GASSNER, 82). — 4. Sprw.: *Uch en Vîrgesatzten ous Štrî* (Stroh) *gedrèt mes em îren* (ehren). *En Mêt mèr ous Štrî gedrêt äs bêsser wâ nichen.* Neckreim:

E Knècht nor ous Štrî gedrèt
Äs mî wiert wâ än gäldä Mêt.
SCHUSTER, Volksl. 184.

Wun de Kof (Weinfass) *lädij äs, drèd em ämsonst un der Pip* (Ebda., 101). *Wier bâ der Pip äs, brocht nor afzedrên, esi kid et* (Ebda., 232). *De Mänjtsche se guer ous enem Lâm gedrêt* (Ebda., 256). Brauch: In Urwegen drehen in der Christnacht die Burschen in den Turmfenstern brennende Pechschwänze, dass sie wie feurige Räder aussehen (WITTSTOCK, 107). — 5. Vgl. die Zusammensetzungen: *afdrên, bedrèn, iwerdrèn, verdrèn.* — Zu mhd. dræjen. Lautt. 80.

—, **Drêhilzken** n. 1. ‚Wendehals' (Jynx torquilla). — 2. Ein ungefähr 3 cm dickes, 60 cm langes rundes Stäbchen, beim Baumwollspinnen zum ‚Zallendrehen' für das Spinnrad verwendet.

—, **Drêhûlz** n., nösn. *Drêholz* n. ‚Nudelwalze', zum Ausdrehen des Nudelteiges verwendet.

—, **Drêkämpel** m. ‚Tiefe Stelle mit Wasserwirbel' (Malmkrog). s. *Drängel.*

Drehkrankheit, Drêkringket fem. bei den Schafen. s. auch *Drängel,* 4.

Drehorgel, s. *Flaschinettel.*

—, **Drêleg** m. ‚Wasserwirbel' (Kronst.), *Drêleg* (Tartlau). s. *Drängel.*

—, **Drêssel** m. ‚Wasserstrudel' (Schweischer). s. *Drängel.*

—, **Drêwâlt** m. Fl. N. *(Tatsch).*

—, **Drêwängt** m. ‚Wirbelwind'. *Drêwänjd* (Kl.-Kopisch); *Drongelwänjd* (Neppendf.). In einer

Mettersdorfer Sage schleudert ein Mann zornig seine Axt gegen den Wirbelwind und wird zur Strafe dafür vom Geisterkönig (Schuster, V.-A. 9, 270 vermutet darin Wodan, der im Wirbelwinde einherbraust), dessen Wagen er getroffen, in einen hundertjährigen Schlaf versenkt. — Im Drehwinde pflegt auch der ‚Alf‘ einherzufliegen (Scharosch, Hillner, 24).

drei, drę̂, nösn. *drę̂i*. Bei dem Zahlwort drei werden in unseren Mundarten die drei Geschlechter zumeist nicht mehr unterschieden, während dies bei zwei noch allgemein der Fall ist. Nur die *j*-Gemeinden haben die drei Genera bewahrt. Rode: *dröi, drao, drę̂e*. Felldorf: *dräi dreoi, dröe*. Zendresch: *drææ̂e, drôe, drææ̈e*. Sonstige Spuren noch in der Schässburg-Repser Gegend, so in D.-Kreuz: *drêi, drâ, drąi*. Bodendorf (m. *dræ̂*, fem. *drâ)*. *Jaad* (nösn.) unterscheidet *drâ* m. und n., *drę̂e* fem. Drei zeigt nur im Dativ flektierte Form: *Än drę̂en Dæ̂jen. Ed äs nô drę̂en. Et gehîrd ąnts drę̂en* (nösn.). Isoliert erhalten ist im Dat. auch eine alte Kollektivform: *Se gôn ze drännen* ‚je drei‘. *Un drännn Êwenden* ‚an (je) drei Abenden‘. *Än drännn Dæ̂jen* ‚an (je zusammen) 3 Tagen‘. Dagegen: *un drę̂ Dæ̂jen* ‚an 3 (einzeln für sich betrachteten) Tagen‘. (Vgl. lat. trini, altnord. thrennr.) »Stirbt innerhalb d r e i e n Tagen« (Kraus, Chron. 1, 48). Vereinzelt auch im Genit. »Der d r e y e r hattert« (Ebda. 1, 172). »Auss raht d r e i e r Boiren« ‚Bojaren‘ (Ebda. 2, 138). 1. Drei, für sich allein, dient gewöhnlich zur Bezeichnung der Stundenzahl auf der Uhr. *Ed äs äm drę̂. Et gîd af drę̂. Ed äs hąlwer drę̂. Em laud* (man läutet) *äm drę̂i* (nösn.). — 2. Drei bezeichnet bei Dingen und Handlungen das Abgeschlossene, Vollständige, es gilt als heilige Zahl. Es spielt eine grosse Rolle: a) Bei Auszählreimen der Kinder, wo gewöhnlich bis auf drei gezählt wird:

Eint, spê, droi, der Ząppe geit froi.

Ene, dene, drai, koz, kere, mai.

Eins, zwei, drei, pike, pake nei.

Ìnt, zwie, droę̂, krej än't Hoę̂. Höhr, 43 f.

In einem Kinderreim: *Drę̂e, drę̂e Diejel (?), gäldän äs der Siejel* (Girelsau). Kinderlied:

Drę̂ Nanne (drei Nornen?) *kun äm*
Rûr eraf
Se branjen e Känjt gefangen.
Wlislocki, 137.

— b) In Zaubersprüchen und -Formeln gegen Krankheiten und Gebrechen. So gegen das *Gebrêch* (Katarrh kleiner Kinder): *Et gengen drę̂ Moun iwer e Raich* (Berg). *Et ritten drę̂ Ritter iwer't Rêch. Et wôren drę̂ helich Frâen.* Zum Blutstillen: *Et wôren drę̂ Boterfrâen.* Gegen Blutharnen der Kühe: *Et gengen drę̂e Frâen än den Dau* (Tau). Gegen Gelbsucht: D r e i gelbe Frauen nahmen ihre drei gelben Äxte; sie gingen auf drei gelben Wegen, sie kamen in drei gelbe Wälder, hackten drei gelbe Bäume etc. (Rätsch). s. Kbl. 7, 7; Schuster, Volksl. 314 f., Wlislocki 91. Die Zauberformeln werden, wenn sie wirksam sein sollen, oft dreimal gesagt, so die gegen Flechten *(Zäter)* dreimal früh morgens und dreimal abends (Kbl. 7, 7). Gegen Gicht verwendet man drei dünne Scheibchen von der Zauberpflanze *Matregune* (Tollkirsche) in Wein gekocht und bei abnehmendem Lichte auf dreimal getrunken (Gassner 79). Zum Schutze gegen Vogelfrass wirft der Sämann, bevor er die Aussaat des Weizens beginnt, dreimal eine Handvoll davon über sich und sagt: »Im Namen Gottes usw., soviel sollt ihr fressen, das andere soll mir bleiben« (Zied, Kbl. 22, 10). c) Auch bei dem *Ïescherchen* (s. *Äscher)* gegen das ‚Berufen‘ der kleinen Kinder ist die Dreizahl von Wichtigkeit; ebenso im Volksmärchen. Drei Brüder ziehen aus eine Aufgabe zu lösen; dies gelingt dem Jüngsten. Auch im Volksliede:

Et gengen drę̂ Mêtcher aw enen Dę̂nx,
Dæ̂ în, dæ̂ hąd en pärläne Krę̂nz,
De ę̂nder, dæ̂ hąd en Rîseštraus,
De drätt, dæ̂ hąt nor e rîn weiss Dąch.
De ôrem Wîs (Waise) *wôr de hescht än*
der Gemîn. Schuster, Volksl. 19.

Im Aberglauben des Volkes: In dem Hause in oder vor dem nachts ein Hund schrecklich heult, stirbt binnen drei Tagen jemand (Schuller, Tod u. Begr. I, 31). Wenn die Türe dreimal von selbst aufgeht, stirbt jemand im Hause (Ebda. 34). In die Wiege des neugeborenen Kindes gibt man, bevor man dasselbe hineinlegt, drei Knoblauchzwiebel, drei Teilchen Weihrauch und drei Pfefferkörner, in ein Tüchlein geknüpft (Wittstock, 75). — d) Im alten Zunftrecht. Zur Errichtung einer Zunft gehörten mindestens drei Meister des betreffenden Gewerbes. »Das conclusum almæ universitatis in vigore zu erhalten, vermöge dessen ihrer d r e i zu Aufrichtung einer Zech nothwendig gehören müssen; folglich, wenn sich d r e i Meister in einer Stadt befinden, sollen sie sich incorporieren und in die Union zu treten schuldig sein« (1724, V.-A. 27, 545). »An welchem Ort sich aber drei oder mehr Hutmachermeister — befinden, die können — eine eigene Zunft vor sich ausmachen« (1740, Ebda. 466). — e) Im Gerichtsverfahren: »Doch sollen inn allen sachen drey oder zween vnverworffene Zeugen zum wenigsten sein« (E. L. R. 22). »Uber drey auffschub oder tagzeiten zeugnus zu stellen / sol keiner Partheien / — der vierdte nicht gegeben werden« (Ebda. 23). »Es soll aber keine teidig vber drey jar lang — / auffgeschuben noch verlengert werden« (Ebda. 32). — f) In sonstigem Brauch: Bei dem Tode des Pfarrers, des Bürgermeisters oder Ortsrichters wird in manchen Gemeinden bis zur Beerdigung dreimal täglich mit allen Glocken geläutet (SCHULLER, Tod u. Begr. I, 50). Verlobte werden vor der Trauung in der Kirche während des Hauptgottesdienstes dreimal an aufeinanderfolgenden Sonntagen ‚ausgerufen'. Von den Vorbereitungen zum Hochzeitsmahle auf dem Dorfe heisst es in einem Hochzeitsgedichte:

Drą̂ Dǣch brängd em nâ mät backen
Und drą̂ Dǣch mät kôchen zâ.

SCHULLER, Ged. 9.

Das dreimalige Anschlagen der Glocken beim Abendgeläute s. *uschlôn* (anschlagen). — 3. R. A.: *E ką̂n net bäs af drą̂ zielen* als Zeichen grosser Beschränktheit; ferner wie nhd. *Aller gâder Däng sai drą̂i* (nösn.). Sprw. *Ì Špuerer, drą̂ Zierer.* In Sprachscherzen der Kinder, so zur Erprobung der Zungengeläufigkeit: *Drą̂ Däpcher, drą̂ Dǣkeltcher. Drą̂ Deren, drą̂ Dillen. Drą̂ rît brît Bireblädder. En drą̂âkich klîknîpich špätz Käpp.* (Alle diese rasch nacheinander herzusagen, damit ein ‚Versprechen' erfolge). Auch in Zählreimen: *Drą̂, krech än't Hą̂! Drą̂môl drą̂ äs nenj, bäst en ą̂lt Schwenj* (HÖHR, 33 f.). — Zu mhd. drî. Die dumpfen Vokale in unserem Zahlwort *drą̂* und die häufigen Diphthonge und Triphthonge in demselben (s. Lautt. 91, 92) weisen zurück auf alte Lautverbindung -îh-, urgerm. *thrijiz, idg. tréjes: vgl. *verzą̂n*, mhd. verzîhen, *dą̂n* ⟨ dîhen, *lą̂n* ⟨ lîhen.

dreiblättrig. † »11 flessen (flächsene) drey bletrig (aus drei zusammengenähten Stücken bestehende) leintücher« (1575, Cap. *Bistritz).*

~, drêich s. *drîch.*

dreieckig, drą̂ǣkich, adj. nösn. *drą̂iâkich.* 1. Wie nhd. »Hinter dem Tisch eine dreyeckicht allmerey« (Pintak, Cap. *Bistr.)*. — 2. *E drą̂ǣkich Mäntsch* ‚ein unbeholfener, plumper Mensch'.

Dreieinigkeit. *Drą̂îneget.* »Im Nahmen der Hochgelobten Dreyeinigkeit, Gottes des Vaters etc.« (Agnethler Marktstat. SCHULER-LIBL., Mat. 158). Die Segen- und Zauberformeln werden meist im Namen des dreieinigen Gottes gesprochen (SCHUSTER, Volksl. 285 ff.).

(Dreientenfuß), Drą̂intefoss m. In einem Märchen wird einem Mädchen von der bösen Stiefmutter eine übermässige Menge Flachs zum Spinnen in einer Nacht aufgegeben. Da plötzlich erscheint in dem verschlossenen Zimmer eine Frau mit einem *Drą̂intefoss* (so breit, als dreier Enten Füsse) zur Rettung und tritt damit das Rädchen so schnell, dass der Flachs bis zum Morgen gesponnen ist (SCHUSTER, V.-A. 10, 79).

Dreier, Drą̂er m., nösn. *Drą̂ier* m. 1. ‚Die Zahl drei und das Zifferzeichen' dafür. Dies gilt mehr in den Städten, als auf dem Land, dessen Mundarten häufiger das Fem. *de Drą̂* brauchen. — 2. † ‚Eine kleine Geldmünze, Groschen'. Spottvers auf die Michelsberger:

Nichen Deiwel äs ned ärjer,
Wǣ en danrich Mächelsbärjer;
Hie verkift senj štängkich Ą̂r,
Guer dem Štäder äm en Drą̂r.

SCHUSTER, Volksl. 143.

Wun der Zǣkel drą̂ Pelsebîm huet, dingkt hie, e wêr äm en Drą̂er mî wiert, wǣ en ą̂nder Mäntsch (Ebda. 200). »Will eine Magd mit dem ihr angeführten Knecht nicht tanzen, so soll er derselben mit Erlegung eines Dreyers den ganzen Tanz verbiethen« (Scharoscher Bruderschafts-Art., SCHULER-LIBL., Mat. 183). »Die armere Witwer und Wittfrauen sollen für die Präbend (Essen für die Schullehrer), wenn sie sie nicht kochen können oder wollen, einen Dreyer geben« (1720, Gr.-Sch. Nachbarschaftsstat., Kbl. 29, 140). »Ihn diessem Jahr (1619) liesse Bethlen Gabor dreyer Groschen müntzen« (KRAUS, Chron. 1, 58). »Liessen dreier, so man Croner (Kronstädter) Dreyer nennet, vndt ander klein geldt müntzen« (Ebda. 33). »Werden die Croner Dreier, Taller und Dukaten geschlagen« (1612, Qu. Kr. 4, 220). — 3. Zu etwas seinen Dreier geben ‚eine überflüssige Bemerkung machen' (BINDER, Coll.). — 4. Scherzhaft der ‚Hintere'. *Mir schentj, te wällst weder e puer bekun af den Droier* (Kronst.). Vgl. nhd. ‚auf deine 3 Buchstaben'.

dreierlei, drą̂erlą̂, nösn. *drą̂ierlą̂i,* burzenl. *droierloi.*

dreifach, drą̂fach(ich), echte Mundart: *drą̂fêchich* (dreifächig), nösn. *drą̂ifą̂ch(ich). E mes et drą̂fach(ich) bezuelen.* »Sein (des Papstes) haupt ist gekrönet mit einer dreifacher guldener Cron« (DAM. DÜRR, AML. 32). »Ein gürtel mit drafachigen spangen« (1619, Nat.-A.). »5 dreifechige Schlayer« (17. Jahrh. Teilungsschrift). »Die dreyfachige breteren« (1662, V.-A. 17, 270). *Drâfach-Schnäᵒʳ* ‚eine besondere Art breiter Bindschnur' (Med.). *Drâifachsêltchi, -schnârchi* n. (nösn.) ‚dreifach zusammengesetzte Rebschnur'.

Dreifaltigkeit, †. 1. Im Sinne ‚Dreieinigkeit Gottes'. »Heilige dreyfelticheit« (HONT., K. O. 19). »Ich N. N. schwere auff Gott Vatter Sohn, Heyl. Geist, die heyl. Dreyfaltigkeit« (1614, Beginn einer Eidesformel, SCHULER-LIBL., Mat. 88). »An der heyliger dreyfeltykayt« ‚am Trinitatissonntage' (1529, Qu. Kr. 2, 164). »Am ersten suntag nach der heiliger dreyfeldigkeit« (1542, Ebda. 3, 221), »dreifeldigkeitag« (Ebda., 224). 2. *Faltesrûs* fem. (nösn.) Pæonia vulgaris, zu erklären als ‚(Drei)falt(igkeit)srose', weil um die Zeit des Trinitatissonntages blühend (KISCH, N. W. u. W., 128). Syn. *Trinitâtesker*. Vgl. Dreifaltigkeitsblume (viola tricolor). — Fl. N. *Faltesgrängdchen* (Gross-Scheuern. Doch eher zum P. N. Falten ‚Valentin'). Mhd. driveltecheit.

Dreifelderwirtschaft, Drâfielderwirtscheft fem., nösn. *Drâifiälderwirtschef* fem., mit Winter-, Sommer- und Brachfeld, bis vor wenigen Jahrzehnten in den sächs. Gemeinden fast allgemein üblich, jetzt durch die überhandnehmende Kommassation immer mehr zurückgedrängt. Vgl. SCHULLER, Landw. 46 ff.

—, drâflîrich adj., nösn. *drâiflêrich* ‚dreifach geflochten'. *En drâflîrich Gîssel* ‚eine dreiflechtige Peitsche', *en drâflîrich Zôp* ‚ein dreifach geflochtener Zopf', überhaupt: je drei in einer Reihe': *se štôn, se gôn drâflîrich, -flîrich, -flêrich* zu *Flûr, Flôr* ‚Flöte, Orgelpfeife'.

Dreifuß, Drâfoss m., dim. *Drâfessken* n., nösn. *Drâifäss* m., burzenl. *Droifaus*, dim. *Droifaisken*. 1. ‚Dreifüssige Bratpfanne', jetzt gewöhnlich eisern, früher auch aus Kupfer. »Einen kepfernen dray fues« (1548, Qu. Kr. 3, 461). »Ein kupferinn dick dreyfuess« (1607, Nachlass Huets, Kbl. 12, 119). Sodann auch ‚runde Pfanne' (auch ohne Füsse). *Flîsch äm Drǣfoss gebrôden* (Schässbg.). — 2. ‚Eiserner Dreifuss', Gestell, auf welches Töpfe über Kohlenfeuer, besonders im Freien und am offenen Herde gesetzt werden. — 3. ‚Dreifüssiger Schemel der Schuhmacher'. Rätsel: *Zwîfoss sätzt aw em Drâfoss, hält den Îfoss* (der Schuhmacher auf seinem Schemel sitzend und an einem Schuh arbeitend). Adj. *drâfessich. Der drâfessich Schostersiᵉssel.* In einer humoristischen Hochzeitsrede erhält jemand als Hochzeitsgeschenk u. a. *de Štimpel* (Füsse) *vun er drâfessijer Fann* (SCHUSTER, Volksl. 132). — 4. Fl. N. *Dräfessken* (Hetzeldf.).

Dreikönigstag, helijer Drâkenengsdâch m., nösn. *der helijer Drâikineksdâch* m., wörtlich ‚der heiligen (in der Ma. stark flektiert *helijer*) drei Könige Tag'. An diesem Tage gehen Kinder als heil. drei Könige verkleidet und einen ‚Stern' tragend von Haus zu Haus, um eine Gabe singend. Dieser Brauch wurde am Ende des 17. Jahrh. den Kronstädter Gymnasiasten untersagt (TEUTSCH, Sch.-O. 1, 352). In den zwölf Tagen von Weihnachten bis zum Dreikönigstag darf man nicht spinnen; in dieser Zeit auch keine Hülsenfrüchte essen, weil man sonst am Munde einen unheilbaren Ausschlag bekommt (Stolzenbg., Schaas). In diesen ‚Zwölften' drischt man in Martinsdf. den Hafer, weil ihn dann im kommenden Jahre nach der Aussaat die Erdflöhe nicht fressen. Wie das Wetter in diesen 12 Tagen ist, so nachher in den 12 Monaten des Jahres. In dieser Zeit nimmt der Tag *äm en Kokeschschrätt* (Hahnenschritt) zu. Vgl. H.-W., 282.

Dreiling, †. »Dreylinck« ein Hohlmass, für Getreide, Wein. Pro uno vase dreylinck« (1522, Qu. Kr. 1, 377). Vgl. DWB. 2, 1386.

dreimal, drâmôl, in schneller Rede häufiger: *drâmel*, nösn. *drâimôl*. Sprw. *Drâmôl akern äs îmôl mästen* (düngen). Verweisend zu Dummen oder Unfolgsamen: *Dir mes em allent drâmel sôn.* Das dreimalige Anschlagen der Glocke nach dem Abendläuten heisst in Felldf. *Drôschlǣn* n., in Zuckmantel *Dröᵉschleᵃⁿ* n.

drein, s. **darein**.

dreißig, treissich, nösn. *traissich*. 1. Die Zahl 30. Frage auf dem Felde: *Sed er fleissich?* Scherzhafte Antw.: *Wǣ är treissich* (Reussen). — 2. Elliptisch für das Alter von 30 und die Zeit zwischen 30—40 Jahren. *E äs e Treissijer. E äs štuᵉrk än de Treissijen. Bäs kên de Treissich de Bîrten* (Kopfbedeckung der Jungfrau auf dem Lande) *ze drôn dîd uch em štarken Hîft wî.* — 3. † ‚Eine Zollabgabe': »Solte demselben seinem Sohn (Franz Rakoczi) vita durante, so doch keinem ihrer Könige geschehen, alle Handel, ohne eintzige Maut vnd Dreyssig durch dass gantze landt frey stehn« (KRAUS, Chron. 1, 262). »Dreissigstgebühr« als Zoll bei der Einfuhr nach Ungarn (TEUTSCH S. G. 2, 52). — Dreissiger und Dreissigster war der Beamte, der die Dreissigstgebühr einhob. Dreissigstamt staatl. errichtetes Zollamt, das die Einhebung der Dreissigstgebühr bei der Einfuhr von gewissen Waren nach Ungarn durchzuführen hatte. Mhd. drîzec. Der Übergang des anlautenden *d* 〉 *t* ist wahrscheinlich durch die häufige Verbindung mit vorangestelltem *-ent-* (und) bewirkt worden: *drą̂-ent-dreissich* 〉 *-treissich*.

dreiſt, fehlt in der echten Ma. Dafür *getrîst, getîrschtich, âverschǽmt; e fläck Mel.* In städt. Halbma. *dreᵉst* (Mühlbach) als nhd. Entlehnung.

—, † d r e i s t ü c k i g. »Ein d r e i s t ü c k i g flessen leindoch« ‚ein aus drei Stücken zusammengenähtes flächsenes Leintuch' (1573, Teilungsurk.). s. auch dreiblättrig.

—, † D r e i S t ü h l e. 1. ‚Háromszék', Szeklergebiet im südöstlichen Siebenbürgen. »Vnter di czekel als in di d r e y s t y e l« (1528, Qu. Kr. 2, 103). »Die d r e i s t ü l l e r — Zekel« (KRAUS, Chron. 2, 191, 212). — 2. ‚Die drei Stühle Hermannstadt, Leschkirch und Schenk', das Gebiet der »priores Flandrenses« (Urkb. 1, 3), zugleich der kirchliche Sprengel der nicht dem siebenb. Bischof, sondern unmittelbar dem Papste, bzw. dem Erzbischof von Gran untergeordneten Hermannstädter Propstei. *Drą̂stǽler* ‚Angehöriger des Gebietes der drei Stühle'.

dreizehn, drezǽn (◡́ ⏑), nösn. *draize* (⏑́ ◡). 1. Die Zahl dreizehn. Von den 13 sächs. Landgemeinden des Burzenlandes singt der Dichter:

> *Drezǽhn sachsesch hieᵉsch Gemînen*
> *Loien štattlich än der Fläch,*
> *Wei e Krônz vun Ädelštînen*
> *Ugeroit um Sälwerbäsch.* TR. TEUTSCH.

Die sog. ‚dreizehn Dörfer' waren halbfreie sächsische Gemeinden im ehemaligen Kokelburger Komitate. Über die schweren Bedrückungen und Misshandlungen derselben durch den Komitatsadel s. TEUTSCH, S. G. 2, 198, 414 ff. — Vom Kuckuck singt das sächsische Volkslied:

> *Kuku hat dier kröᵘser Hôr,*
> *Drezâ Breᵒkten* (Bräute) *än enem*
> *Gôr* (Jahr). SCHUSTER, Volksl. 133.

— 2. Aberglaube. 13 ist eine ominöse Zahl. Sitzen dreizehn Personen bei einander zu Tisch, so glaubt man, es werde eine von ihnen binnen Jahresfrist sterben. Am 13. eines Monates, der überhaupt ein Unglückstag ist, soll man keine Reise antreten. Hochzeiten finden nie an diesem Tage statt (GASSNER, 53). Mhd. drîzehen.

—, **drejen** s. drögen.

(**drellen**), **drällen** schw. ‚Wolle (grob) spinnen' (Girelsau); *drallen* ‚dick spinnen' (Streitfort). Sprw.:

> *Drellen, drellen — Hemder drôn*
> *Zäinjzeln, zäinjzeln* (faul sein?) —
> *naktich gôn.* SCHUSTER, Volksl. 192.

— Mhd. drillen. Zu einer germ. Wurzel threl ‚drehen' (KLUGE[6], 83). Vgl. DWB. 2, 1399 unter drell, drellen. Els. trille, trelle ‚drehen, spinnen', schwäb. (Wb. 2, 382) drillen ‚drehen' (den Faden).

—, **Dremmel** neben Remmel nösn. *Drimmel* s. dies!

—, **dremmern** schw., nösn. *drimmern* schw. 1. ‚Poltern, an eine Tür, ein Tor schlagend oder sonstwie lärmendes Geräusch machen'. *Um Diᵘr, un der Dir dremmern* (Med.). *Net mi dremmerd esefelt! Af dem Klawîr dremmern* ‚lärmend spielen'.

> *Doch Ôwents, wänn em gît zer Râ*
> *Wänn näst mî tuᵉft und kreischt und*
> *dremmert.* KÄST. 80.

> *Ötzt äs zem Dremmern Zekt uch Uᵉrt.*
> SCHULLER, Ged. 49.

»Komt einer unhöflich mit d r ü m m e r n (mit Gepolter) . in die Kirche, er soll zahlen Den. 3« (Scharoscher Brudersch.-Art. SCHULLER-LIBL., Mat. 175). »Und wie ich an der Thür d r u m m e r t« (1689, Cap. Cib.). Wenn beim Begräbnis der Sarg von den ersten ins Grab geworfenen Schollen dumpf klingt, wenn es *rampelt, dremmert, dubbert,* so folgt in dem betreffenden Hause bald wieder ein Todesfall nach (Keisd, *Senndf.*). — Syn. *rampeln, dobbern.* — 2. Subst. *Gedremmer* n., *Gedrimmer* n. ‚Gepolter, Lärm'. *Net macht e sutche Gedrimmer! (Tekendf.). Ed äs en ą̂lt Gedremmer* sagt man von einem alten Menschen, dem nichts mehr recht ist; auch von einem alten, rumpligen Gegenstande (Rumes). Vgl. die Composita: *af-, äm-, ous-, ver-, zedremmern.* »Sprang vom Wagen herab und fiel auf ihn und d r ü m m e r t e denselben nieder auf die Erden« (1780, L. K. A.). — Zu vgl. moselfr. dremmeren ‚poltern'. Unser Wort gehört zu ahd. drumôn, mhd. drumen in Stücke brechen, wie *zedremmern;* von dem dabei entstehenden Geräusch hat unser Simplex wohl die Bedeutung ‚poltern' erhalten.

—, **Dreᵉgen** schw. m., meist im Plur. gebraucht; daneben auch *Drogen* (Zied), *Drioᵍen* (Rohrb.), *Drögen* (Rätsch); das Wort ist nösn. unbekannt, ebenso burzenl. nicht gebräuchlich. Dafür *Drîsen* (Kronst.), *Druᵃsen* (Tartlau), *Drâⁱsn* (nösn.). 1. ‚Halsdrüse'. *De Dreᵒgen hu sij em eröf gelossen* ‚er hat eine Halsdrüsengeschwulst bekommen'; so sagt man auch wenn jemand heiser redet (Girelsau). *E host nôm Dreogen* ‚er hustet infolge einer Halsgeschwulst' (Bogeschdf., Burgbg.). *De Dreoge senj em ero kun* (Neppendf.), *eruofgefąllen* (Urwegen) ‚er hat eine Halsentzündung bekommen'. In einem Zauberspruch gegen diese Krankheit heisst es: Hebe dich auf du ohnreicher (?) D r o g e n ! (Schuster, Volksl. 306), als Gegenmittel gegen das ‚Herunterlassen' desselben. Als Volksheilmittel wird weiter empfohlen: Man stehle ein Stückchen Speck, binde es mit einem Fusslappen über Nacht um den Hals und hänge den Verband am nächsten Tage an einen Baum und spreche: ‚Baum du hast viele Knoten, nimm mir weg auch meine Knoten!' *Knedden* (plur. von *Knodden) neben Knerren, e huet de Knerren* ‚hat geschwollene Drüsen', s. unten *Knerren* (Wlislocki, 95). Oder: *De Drîsen dänj der wî? Kamm ich soll der Bôflîsch mät Pâli* (Schnaps) *afbanjdjen* (Kronst.). 2. ‚Das Zäpfchen am Schlund'. Syn. zu *Dreogen* ‚Halsdrüsen': *Drîsen, Drewen, Uirapel;* geschwollene Halsdrüse: *Halsknoddern, Knerren.*

, **Dresch** s. *Driesch.*

—, **dreschakeln,** *dreschaken* s. *drischaken.*

dreschen, drieschen st., nösn. *dräschen* st., *drêschen* (Birth.), flect. *drąsch, gedrieschen,* nösn. *gedräschen,* in falscher Analogie zu *gewieschen,* statt *gedröschen.* 1. ‚Die Körner der Feldfrüchte aus den Ähren schlagen', früher mit dem Dreschflegel, jetzt nahezu ausschliesslich mit der Dreschmaschine; der Dreschflegel zumeist nur noch beim Ausdreschen der Bohnen benützt. Früher wurde das Getreide gern in den 12 Tagen zwischen Weihnachten bis zum Dreikönigstag gedroschen, weil dann das Ungeziefer die Saat nicht fresse (V.-A. 9, 475). Das gedroschene Korn soll man nicht über Sonntag in der Tenne lassen, sonst nehmen es einem die Truden (Tarteln, Kbl. 4, 29). Die letzte Garbe ward besonders stark gedroschen, oder ans Scheunentor genagelt oder von den Dreschern auf den First der Scheune oder des Strohschobers aufgestellt (Heinrich 32). Auch von Hanf gebraucht: »Ich und mein man d r a s c h e n den Honff am abent« (1567, Schönberg). »Dieweil solch personen (Schullehrer, Prediger) nicht haben lernen d r ö s c h e n noch graben« (Dam. Dürr, Aml. 7). »Hab es (das Korn) g e d r e s c h e n (1598, Hstdt. Ger. - Prot.). — 2. ‚Schlagen, prügeln'. Drohend: *Ich drieschen dich! Ech drieschen dich, bäs te Wasser hîscht* (Med.), *bäs der't Fêl afreisst* (Jakobsdf.), *bäs dat te krechst!* (Birth.), *bäs dad em der de Knôche mät dem Lenjdich afklaift* (Agnetheln). *Hôste weder net gefolcht? Liuss, dad ich dich nea drêschen!* (Klosdf.). *Se driesche sij änjden.*

Der Gebouer schackt de Kläppel af't Fiald
Hie sîl de Knêcht drieschen
Der Kläppel dräscht de Knêcht net.
Schuster, Volksl. 374.

Štadd et mät Mälch ze wieschen,
Nǫm sæ en Birkerât
Und feng ed un ze drieschen. Käst. 100.

Woräm huest tǎ den Honz gedrieschen?
Thullner, K. 23.

»Denn der teufel, wenn der schlecht (schlägt), so d r ö s c h t er trefflich hart, das mans auff der hautt und vnter der hautt fület« (Dam. Dürr, Hdschr. 727). »Denn da es zur noth kam und die Juden uber Jesum kamen, war Petrus der erst, der vom ledder zoch und d r a s c h getrost in den hauffen« (Ebda. 860). — Mhd. dreschen. Vgl. Lautt. 35.

Dreschen n. 1. **Drieschen** n. nösn. *Dräschen* n.. *Wäni fêd er mät dem Dräschen u?* (nösn.). — 2. *Driesch* fem., nösn. *Dräsch* fem. ‚Schläge, Prügel'. *E huet Driesch bekun.*

Drescher, Driescher m., nösn. *Dräscher* m. Der früher in der bäuerlichen Wirtschaft eine grosse Rolle spielende Drescher (fast ausschliesslich Szekler) hat seit Einführung der Maschinen seine Bedeutung verloren. Vom sächs. Bauern sagt Tröster, 209: »der hat seine Kasten voller Waitzen / seine Scheuren voller Frûcht / den Keller voller Wein / hat seine D r e s c h e r in der Tenne«. Noch sagt man sprichwörtlich: *E ässt wæ en Driescher,* von einem Vielesser. »Doch mir zureyssen den leib Christi nicht mit den zeenen, wie ein d r ö s c h e r ein stuck bachfleisch (Speck) zureisst« (Dam. Dürr, Hdschr. 603).

Dreschflegel, Drêsch-, Drieschfliejel, *Drêschkleppel* m. (Birth.), nösn. *Dräschflegel* m. In Drohungen: *Wo ich der mät disem Dräschflegel end äm de Uirn brâi, wirste alle Ângel sängen hìrn! (Wallendf.).* Unter den Belustigungen beim Taufschmaus in *Mettersdf.* wird das Springen der Frauen über einen Dreschflegel erwähnt (Gassner, 35) Zum Schutze gegen das Wiesel stellt man einen Dreschflegel und einen Spinnrocken in die Stallecke und spricht die Formel:

Wote (wenn du) *e Frąche bäst, se nom unt*
špänn, oder enträtnn!
Wote e Mąntche bäst, se nom unt dräsch,
oder entwäsch! Schuster, V.-A. 9, 310.

Dresnand F. N. (burzenl.), auch Dressnand, Dresnandt (Qu. Kr. 4, 374, 394, 18. Jahrh. und öfters), Dresnant (1808, Wolkendf.), jetzt Dressnandt.

~, **Drêssel** m. ‚Wasserwirbel' (Schweischer), *Drêsselkuol* f. (Streitfort). Zu *drêsseln*. S. *Drängel*.

Dresser, F. N. (1762, Reps, Seiburg), weibl. dy Dresseren (1478, Qu. Gesch. 1, S. 56).

~, **Drêssler** s. Drechsler.

Dressman, F. N. (1822, Bulkesch, Schönau), Dresman (1599, B. M.).

Dresspling, F. N. (1822, Langenthal, jetzt in Bulkesch).

~, **Dribel** m. (nösn.). Nebenform zu *Drimmel* m. ‚Ein grosses Stück' (z. B. Brot). *E Dribel Brût.* Zum Wechsel von *m* 〈 *b* vor *l* vgl. nösn. *Iarbel* m. = mhd. ermel ‚Ärmel'. s. *Drimmel* und *Driwel*.

~, **drîch** adj., fehlt. nösn., doch *drîch (S.-Reen), dreich (Heidendf.)*. 1. ‚Seicht' (Schässbg., Hstdt., Gr.-Sch., Birth.). *Des Bąch äs drîch, et ką mêr wier durche gôn. Dier Porl* (Pfütze) *äs nôch drîjer. De Keakel äs dô drîch* (Med.). *De Krader haulde sich lǽwer äm drîje Wasser, wǽ äm defen.* Auch sonst: ‚nicht tief, obenhin': *drîch ąckern* ‚nicht tief ackern' (Schönbg., Kronst.). — 2. ‚Flach, eben'. *Än drîch Schässel* ‚eine flache Schüssel' *(S.-Reen).* — 3. ‚Abschüssig'. *Der Grangd (Bądem) äs šturk drîch.*

Driesch, Dresch m., nösn. *Drâisch* m., burzenl. *Dreisch* m. (Heldsdf.), *Drîsch* m. (Reps). 1. ‚Unangebautes, brachliegendes Land, ungepflügter Acker'. Dräisch (1756, Kbl. 22, 24) ‚Land das nicht geackert ist'. — 2. ‚Grasboden', besonders am Waldrande, an Berglehnen, der nicht zum Mähen, sondern als Weide benützt wird, Waldblösse (Birth., Leschkirch), auch Grasstücke am Ende der Weingärten (Rumes). »Ein Dresch ober den Weingarten« (1810, Rumes). *E hot Dresch afgerässen* ‚er hat ein Grasland aufgeackert' (Girelsau). *Mer mâissen den Drâisch noch emôl ąfraissen (Wallendf.).* Daher: *det Ląnd äs verdrescht* ‚der Acker ist zur Wiese geworden'. — 3. R. A. *Äangder den Dresch kun* ‚ins Grab sinken, sterben' (Med.). *E äs nea uch anjderem Dresch* ‚er ist nun auch begraben' (Trappold). *E loat schiun angder dem Dresch* (Alzen). — 4. Häufig in Flurnamen vorkommend. *Afm Drąsch* Fl. N. *(Petersdorf)* früher Hutweide, nun Ackerland; *brêt Drâisch (Wallendf.); af em breden Dräsch* (Galt, Bekokten); »bei dem viereckigen Dreisch« (1808, Heldsdf.); *afem breaden Dräsch* (Zeiden); *af dem brîden Dresch* (Schönbg.); *brît Dresch* (Girelsau, Rothbg.); *hängderem Dresch, Dreschdîlungen* (Neudorf bei Hstdt.); *beim špatzen Dreisch* (Rosenau). *Fattndrǽsch (Treppen).* — 5. *Dreschierper* f. ‚dicke (Gras-)Erdbeere' (Radeln). — Zu mndd. und nndd. dreesch, ndl. westerw. driesch; auch in der Eifel driesch ‚ein Stück Wildland', lux. dreisch f. ‚unangebautes, mit einer Grasnarbe bedecktes Ackerland'; hess. driesch, dresch (Crez. 296).

driesch, dresch adj., nösn. *drâisch* adj., burzenl. *dreisch* ‚brach, unangebaut'. *Det Lą̂nt lą̂it drâisch.* »Diejenige Länder, so von 1738 bis 1753 dreisch gelegen« (1755, Qu. Kr. 4, 456). Vgl. »driesch vngehandhabt lygen layssen« (1477, Remich in Luxembg., Gr. Weist. 2, 242); »Wan man driesch last liegen« (1686, Ürzig, untere Mosel, Ebda. 368); dresch (Aachen) ‚brach, unbebaut'; ndd. dreesch, westerw. dreisch.

Drieschling, Dreschleng m. (Med., Birth.), nösn. *Drâischlängk* m., burzenl. *Drǽscherlek* m. (Wolkendf.), *Dreischerlek* m. (Heldsdf.) ‚Champignon' (agaricus campestris). Der Name mit der Bildungssilbe *-leng* von *Dresch, Drâisch* gebildet, weil solche Pilze auf demselben wachsen. »Des Tyes schmidt sein Enklen kham zu mir und sagt es wachsen draschling in unser stuben, welche mein gruesen (Grossmutter) dem grussvater zu essen gibt« (1619, Nat.-A.). Vgl. moselfr. Dreischleng, lux. Dreischel fem. Vgl. zahlreiche sonstige Pilznamen auf -ling Z. f. d. W. 4, 172.

drillen, drillen schw., nösn. *drilln* schw. 1. In städt. Halbma. ‚einüben', bes. Soldaten. Echte Ma. *uerichten* s. abrichten. — 2. ‚scherzen, tändeln, spielen' (Reps). Vgl. drillen 7, 8 im DWB. 2, 1411 in der Bedeutung necken, spielen.

Drillich, Drillich m., nösn. *Drillich* m. Mit drei Fäden gewebtes starkes Leinenzeug mit Muster auf beiden Seiten. *Drillich ze Wängtergatchen* ‚Winterunterhosen'.

Drilling, Drällengk m., nösn. *Drällängk* m.

~, **Drim**, s. *Drimštaf.*

~, **Drimbel** fem. ‚schlechte Klassifikationsnote' in der Studentensprache (zu rum. drîmba brummen?). Vgl. *Drimpel.*

~, **Drimmel** m. (nösn.). ‚Ein grosses Stück' z. B. *e Drimmel Brût.* Nbf. *Dribel.* Zu vgl. moselfr. Dremmel m. E Dremmel Brût; holl. Drommel m. Haufe, Klumpen; schwäb. Trumm Brot ‚grosses Stück Brot' (Wb. 2, 423). Zu mhd. drum n. Stück. s. *Dribel.*

~, **Drimpel** m. ‚ein grosses Stück, aber nur vom menschlichen Exkrement gebraucht'. *E hadd em, mäd Erleif ze reeden, en däcken*

Drimpel vuir de Dir geschässen (Agnetheln). s. d. vorige Wort.

—, **Drimštǫf** m. ‚Weberwerkzeug' (Schässbg.). ‚Stab, an dem die ungewebt bleibenden Enden des »Wirfes« befestigt sind'. Diese Enden heissen: *der Drim.*

dringen, drängen st. *(drong, gedrangen)*, nösn. *drängn* st., *dranjen* (Med.), *dronjen* (weit verbreitet). Das Wort wird in der lebenden Ma. als Simplex wenig, öfters in Zusammensetzungen (s. auf-, durch-, hineindringen) gebraucht, in der älteren Sprache vielfach verwendet. 1. Intrans. *E drängt än de Štadt, e drängt draf* ‚dringt darauf'. »Kan auff nichts weiters gedrungen werden« (E. L. R., 142). Auch ohne ‚auf': »Der Schuldiger / mag seinen Schuldherrn / so die bezalung dringet / damit abweisen« (Ebda., 118). — 2. Trans. a) ‚Bedrängen'. »Der Moldner hat von Stund an Tartlen belägert und die Bauren hart getrungen«. — b) ‚Zwingen, nötigen'. »Wůrde der testierer testament zu machen / von jemanden vnzimlicherweis gedrungen« (E. L. R., 91). »Beweiset der Klåger nit sein anklag / der beklagte wird frey gesprochen / vnnd kan jn der klåger auff keine kegen beweisung nit dringen« (Ebda., 14). »Wider sein angeborne Freund . . / sol niemand zeugnůs zu geben / gedrungen werden« (Ebda., 26). »Saget denselben frey, vngeczwungen vnd vngedrungen« (1571, Hstdt. Mag.-Prot.). »Derhalben der vatter durch nott dahin gedrungen sei worden geldt zu entlehnen« (1586, Ebda.). »So kompt mit der zeit das armut uber sie, das sie letzlich vom hunger gedrungen werden« (Dam. Dürr, Kbl. 6, 127). »Nössen (Bistritz) wird von den Türcken auff élés (magy.) gedrungen« ‚zur Proviantlieferung gezwungen' (Kraus, Chron. 2, 265). »Damahls wurden die armen Sachsen gedrungen, bei den zwey Kaisern Hülfe zu senden« (1612, Kemény, Fundgr. 264). »Dass gleichwoll endtlig der Bathori die Flucht zu nehmen gedrungen wardt« (Ebda., 139). »Wurde letzlig gedrungen« ‚gezwungen' (Ebda., 165). »Gedrungen mit des löblichen gerichts zwang« (1609, Nat.-A.). »Es dringet uns die äusserste Noth unserer Zunft« (1740, V.-A. 27, 463). — 3. Refl. ‚sich drängen'. »Dringen sich umbsunst zum sacrament« (Hont., K. O. 37). »Aber wie sich das Volk hett gedrungen für des Steffen Wettners haus« (1556, Seiv. Urk.). »Nu will sich der schwager auch darein mitt gewaldt dringen« (1600, Nat.-A.). »Drang sich mitten im Steig durch die Frauen« (1750, Qu. Kr. 4, 418). — Mhd. dringen. Lautt. 48.

drinnen, s. **darin, darinnen.**

Drinopel † O. N. (◡◡́◡) Adrianopel (1679, Qu. Kr. 4, 200). Vgl. magy. Drinápoly.

Drippsdrill (DWB. 2, 1420), s. *Trippstrill.*

drischaken, drischâkeln schw. (Schönbg.), *dreschakeln* (Rohrb.), nösn. *trǫschâkn* schw.; *dreschaken* (Birth.). Das Wort hat nur die Bedeutung: ‚prügeln, durchprügeln'. *Ech dreschaken dich!* Zu vgl. moselfr. traschâken, lux. trijâken, elsäss. dreschaken. Ursprünglich einem im ‚Treschak'spiele (zu ital. i tre sciacchi), einem im 18. Jahrh. beliebten Hazardspiele das Geld abnehmen, zugleich mit volksetymologischer Anlehnung an dreschen 2. — DWB. 2, 1420.

, **Drischke**, s. *Trischke.*

—, **driseln** schw., nösn. *driseln* schw., in Schaas *druseln.* Das wenig verbreitete Wort heisst (in der Gegend von Med., Schässbg., Kronst. u. s.): ‚zwei Teile eines Kleidungsstückes, die durch eine feste Naht miteinander verbunden werden sollen, mittelst weiter Stiche — *Driselštäch* — zusammenheften'. Dies geschieht gewöhnlich mittelst weisser Baumwollfäden, um eine Verschiebung der beiden Teile beim Festnähen zu verhindern; ist dieses erfolgt, so werden die Fäden herausgezogen. s. *afdriseln.* Die Fäden heissen: *Driselfadem* m. *De verwâlst* (verbrauchst) *ze vill Driselfädem.* In Agnetheln, wo für *driseln* *‚hêften'* gesagt wird, ist die Erinnerung an den aussterbenden sächsischen Ausdruck erhalten in der Bezeichnung für eine Naht mit weiten unregelmässigen Stichen: *ed äs gedriselt;* in Kronst. *ed äs nor gedriselt mät wetche Štächen.* — Syn. *hêften, mät Huaberštäch nê (Baierdf.), Husârenštäch mąchen* (Zuckmantel), *Pištoštäch* (wie das Pferd *Pišta) dân* (Reussen), *mät wetj Štäch nê.* — *Driseln* zu drieseln, dröseln, drüseln ‚Fäden drehen, auseinanderziehen, auflösen', DWB. 2, 1408, 1434; vgl. aufdröseln ‚in Fäden auflösen' (Goethe). s. auch *af-, undriseln.*

—, **Drîss, Drîsst** fem., nösn. *Druissen* n. *(Kallesdf.), Druissn* n. *(Burghalle).* 1. ‚Das zweite Ackern des Brachfeldes'. Das erste Pflügen des für die Weizenaussaat bestimmten Ackers, *brôchen* genannt, erfolgt grobschollig, gewöhnlich etwa eine Woche vor, bis eine Woche nach dem Johannistage. Die *Drîss, Drîsst* oder das *Druissen, Drûssen,* das zweitmalige, feinschollige Pflügen wird gegen Ende August, etwa drei Wochen vor der Aussaat vorgenommen; manche bevorzugen als Termin den Bartholomäustag (24. Aug.). Doch heisst es in Agnetheln gerade von diesem Tage: *Barthelmîs verbejt* (verbietet) *de Drîs* (HEINRICH, 7). Wenns beim *drîssen* sehr trocken ist, sagt man, es werde Brand im Weizen geben. »Item auch wird des vielen Regens wegen zur Winterfrucht nur zweimal geackert und in die Drusse Korn gesäet« (1837, Qu. Kr. 4, 339), mit Rücksicht darauf, dass bei der Aussaat meist zum drittenmal geackert wird. — 2. *Kukeruzdrîst, Ierdnässdrîst* (Schaas) ‚das Behäufeln von Mais und Kartoffeln'. — Unser Wort gehört zum folgenden *drîssen.*

~, **drîssen** schw., nösn. *druissen* (auf dem Lande); burzenl. *drûssen,* in Med. *driussen,* in Draas *drou̇ssen,* in Zied *drüssen.* 1. ‚Für die Weizenaussaat das Brachfeld zum zweiten Male ackern', s. *Drîss. Zem Kiure sên mes em dedîršt brôchen, drô driussen* (Med.).

Af dem kǫlde Bodem driussen
Brocht em gor zwîn štark Iussen
Uch Monsknôch net Weiwer,
Uch en gâde Plachdreiwer. (Holzm.)

Mer hun es lang gerackert,
Gedrîsst, geiecht, geackert. KÄST., 39.

Und wê se brôchen, drîssen, ackren.
Ebda., 87.

»Eyn mall akern, zum andern mall die weingarten graben, zum dritten drüssen, erndten, dreschen« (DAM. DÜRR, Hdschr. 527). — 2. Von dem zweiten und dritten leichteren Graben oder Hacken (Jäten) in den Weingärten gebraucht, wobei zumeist das Unkraut vertilgt wird, während die erste tiefere Bodenbearbeitung *gruewen* heisst (*S.-Reen,* Schaas u. a.). »Dy wengerten zu druessen hab ich geben 4 fl. 14« (1552). — 3. Das Behäufeln, Behacken von Mais, Kartoffeln wird ebenfalls *drûssen* (Schaas), *drüssen* (Rode), *druissen* (Gergeschdf.) genannt; sonst vielfach *schuewen. Det Kukerutz äs ze drûssen. Won em Kukurutz drîsst* (Schässbg.), Bezeichnung der Sommerszeit. — 4. Auch das ‚zweite Jäten des Gemüsegartens' heisst *drîssen* (Bulkesch). In einem Kinderspiel heisst es: *Ech sôl mer de Reppen drîssen* ‚ich soll mir die Rüben behacken' (Kbl. 20, 90). — Syn. zu 2—4 *schuewen, schörn* (nösn.). Als gemeinsamen Bedeutungsinhalt des Wortes *drîssen* in den verschiedenen Verwendungen finden wir: ‚zweitmalige Bodenbearbeitung mit Pflug oder Hacke'.

dritte, drätt, nösn. *drätt.* 1. Als Ordinalzahl. *E äs drätter* ‚hat die dritte Stelle' z. B. in der Schule. Sprw. *Wänn zwî sich zärrn* (zanken), *frǫt sich der drätt. Ârêoht Gât kit ned un drätten Härrn. Zwê Jôr äm Haus, äm drätten nor eraus* (mit Bezug auf Dienstboten). *Ous drätter Hǫnd erfuern* ‚die Nachricht von einem Unbeteiligten erhalten'; *ous drätter Hǫnt kâfen* ‚nicht vom ersten Käufer oder Verkäufer kaufen'. *Ded äs hegt der drätt* ‚der dritte Tag des Monates'. *E jêt drätt Wîrt äs en Lign.* — 2. Adv. *Zem îršten* ., *zem drätten!* bei öffentlichen Versteigerungen vor dem Zuschlag. *Em schlît de Bietklôk zem drättemôl un. Det Rât krêzt ist* (das Rad krächzt einmal), *zwiemôl, zem drättemôl brächt et.* 3. ‚Den dritten Mann abschlagen', bei Mädchen: ‚dritte abschlagen', ein Bewegungsspiel. — 4. *Af den drätt Dêln* Fl. N. (*Minarken*).

Drittel, Drättel n., dafür auch *drätt Dîl* nösn. *Drättel,* n. *drätt Dêl.* 1. ‚Drittel'. *Zwê Drättel. Äm det drätt Dîl arbeden* ‚um den dritten Teil des Ertrages arbeiten', z. B. wenn der Eigentümer des Grundes denselben selbst gepflügt und besäet hat. Bei der Heuernte erhält der Teilarbeiter gewöhnlich: *en Drättel.* Bei Ackerteilungen: »Ein 3theil und auss dem andern 3theil ein 3theilchen« (1684, Trappold, Kbl. 4, 64). — 2. Weil nach sächsischem Erbrecht der Frau ein Drittel vom Vermögen des Mannes zukam, so wird die Frau humoristisch *Drättel* genannt. »Bey den Sachsen aber ist es in brauch kommen / das aus allen Gütteren / so sie beide haben zusamengebracht / dem man das zweiteil (ss. *Zwêtel* ‚zwei Drittel') und der Frawen das dritte teil gebühren sol« (E. L. R., 75). »Item ist vorhanden gewesen etlich gelt, golt und geschmeydt, auss welchem dy fraw Anna ir Dryttheyl empffangen hatt und die kynder das czweytteyll czwischen eynander getheylt« (1529, Hstdt. Ger.-Prot.). »Item das ander Drytteyl ist die oberst stuben mitsampt dem halben vorhawss. Dyses Dritteyl ist der Hawssfrawen Anna«. (Die beiden andern Drittel aus der Erbschaft erhalten die Kinder; SCHULER-LIBL., Privatrecht 349). Wenn in Stein der Hochzeitszug aus der Kirche in die Wohnung des Bräutigams gekommen und drei Reigen getanzt sind, so legen die Burschen ihre Röcke, die Mädchen ihre *Buerten* (Kopfbedeckung) ab und der Brautknecht bittet die Verwandtschaft der Braut bei dem Vater des Bräutigams mit folgenden Worten ein: »zum dritten halten die Drittelsfreunde (die Verwandten der Braut) an durch mich gegen Erweist Zweitelsfreunde. Erweist sollen sie auf- und annehmen« (MÄTZ 70). Wenn die »Bittknechte« auf einem Wagen in das Hochzeithaus Mehl, Fleisch und andere

Lebensmittel führen, so spricht der begleitende »Hochzeitvater« den andern im Hause ihn erwartenden Hochzeitvater an: *Ąwer nemu diem sai mer och ku än diser Ômtstąnt mät dem Zwîerl bâet Drättel — oder mät dem Drättel bâet Zwîerl* — mit Rücksicht darauf, dass der Bräutigam zwei Drittel, die Braut ein Drittel zu den Kosten des Hochzeitsschmauses beiträgt (Gassner 61). — 3. Aus dem oben angeführten Grunde wird das Wohnen der Witwe, der Witwensitz bezeichnet als *ąf dem Drättel wunen.* »Bleibt aber nur eine behausung zu teilen im Erbfal / es sol der Mutter inn derselben / ein dritteil werden abgescheiden / in welcher sie bleiben mag jr lebenlang / sie bleibe eine Wittib / oder begebe sich zur andrer ehe« (E. L. R., 79). »Sie wonet nur auf dem 3theyl« (1600, Ger.-Prot.). »Die sich unter dem Vorwand auf ihrem Drittheil wohnen zu wollen unmöglich von ihrem Manne und dessen eignen Behausung verfügen wollte« (1792, Cap. Cib.). »Alte, verlebte und schwache Personen, so auff dem Drittheil wohnen« (1680, Cap. Bog.). »Eine Witwe, die ihr eigenes Drittel hat, wenn sie auch nichts auf dem Felde säet, ist sie schuldig dem Rectori halben Lohn zu geben« (Salzer, Volksschule 46). — 4. Wurden für Vergehen Strafen in Geld oder Natura eingehoben, so erhielt nach altem Recht der Richter davon gewöhnlich ein Drittel. (E. L. R., 194; Schuler-Libl., Mat. 137). — 5. ‚Das dritte Pferd am Wagen'. — 6. Fl. N. *Drättdêeln* in *Minarken.* — 7. *Mêl-drättel* (nösn.), Wurfschaufel ohne Stiel, zur Aufnahme von Kehricht, in der Mühle gebraucht.

—, † »Dritteils-Mann oder Sedler« (1681, Kbl. 18, 96) ‚der in Mietwohnung lebende Ortsinsasse gegenüber dem vollberechtigten Hauswirte'. *De Drättdîler* ‚der um den dritten Teil des Ertrages das Feldstück bearbeitet'. Vgl. Teutsch, Sachsengesch. 2, 257.

(**dritteln**), **drätteln** schw. (Gr.-Scheuern), ‚den Weingarten zum dritten Male vom Unkraut reinigen'; die erste Bodenbearbeitung: *gruewen,* die zweite *dreissen,* s. *drissen.*

Drittelsbehausung, Drittelhaus †. Nach sächs. Erbrecht wurde früher der Witwe, wenn nach Ableben des Mannes den Kindern oder sonstigen Erben desselben ein Haus hinterlassen wurde, ein Dritteil desselben zur lebenslänglichen Wohnung ausgeschieden, selbst für den Fall, als sie wieder heiraten sollte. »Desgleichen soll auch observiret werden in den Drittheils Behausungen, wenn sie vom Zweytheil abgerissen und anders wohin verkauft werden« (1631, Schuler-Libl., Mat. 96). »Wenn von einem Hause die Zweitheile dem Sohne und das Eindrittheil der Wittwe des verstorbenen Eigenthümers zugetheilt werden, so ist dasselbe auch im Grundbuche also zu umschreiben, damit nicht der Zweitheilsbesitzer zum Nachteil der Wittwe das ganze Haus verkaufen, vertauschen oder belasten könne; und auch die Wittwe, welche nur als Nutzniesserin des Drittels Hauses, jedoch Eigentümerin dessen Schätzungswertes zu betrachten ist, das Drittelhaus zum Nachtheil des eigentlichen Zweidrittheilbesitzers nicht verkaufen, vertauschen oder für mehr als jenen Schätzungswerth verpfänden könne« (1845, Instruktion für Grundbuchsämter in der sächs. Nation, Schuler-Libl., R. G. 2, 254).

dritthalb, †. »Ein pollakisch mentye (Mantel) mit drithalben goller« (Dam. Dürr, Aml. 41). »In die dritthalb Jahr« (1771, Cap. Cib.).

—, Dritz, s. Andreas.

—, Dritzken, s. Dorothea.

—, **Driwel** m., nösn. *Dribel* m. ‚Hölzerner oder eiserner keilförmiger Klotz', durch welchen die Fassbinder, mit dem Schlägel darauf schlagend, die Fassreife antreiben. Vgl. schwäb. gleichbedeutendes Drîbl, Tribl, fläm. Drewel m. eiserne Zwecke zum Eintreiben der Nägel. Das Wort gehört zu *dreiwen* ‚treiben'. s. auch *Dribel.*

droben, dertîwen, durtîwen, nösn. *durtobm; durtuewen* (Schässbg.). Nur lokal verwendetes Adv. *E wunt dertîwen. Dertîwen af em Rêch* ‚Berg' (Käst., 46).

Dertuiwen, dertuiwen ä genem Dôl,
Dô štând î Boimtche ruid Âpel gor vôl.
(Agnetheln). Schuster, Volksl. 10.

In Wiegenliedchen:

Si, si, Sigelchen
Dertuewe flecht e Vijelchen.

oder: *Sau, sau, Sonnen,*
Dertuiwe kun de Nonnen. Höhr, 4.

»Zum waldorff dertoben« ‚in Oberwallendorf' (1556, Nat.-A.). Fl. N. *Äm Wąr duirteüwen* (D.-Kreuz). »Als man den Kalk geladen hot dertowen« (1559, B. M.).

—, **Drobm** m. (nösn.) ‚grosses Stück, Haufen, Klumpen'. *Diär schnait sij än Drobm Brût.* (Vom Brot auch süds. *Dremmel* neben *Remmel*). *Se ku mät-tm Drobm* ‚haufenweise'. *E Drobm Blâitn* ‚ein Haufen von Blüten'. *Dô flaicht e gąnz Drobm Meschn* ‚ein Haufen von Spatzen' *(Wallendf.). Wiem gehîrt dier Drobm Schôf?*

Trobben m. (Birth.) ‚ein Büschel, ein Häuflein'. (Zu rum. drob, magy. darab Stück.)

—, † Drodfferd F. N. (1657, Nat.-A.).

drög, (DWB. 2, 1426), **drech,** nösn. *draich.* 1. ‚Trocken' im Gegensatz zu nass, feucht. *Drej Iert, Boddem, Käller, Gruewen. En drech Sommer. Ed äs nichen drech Faddem un em* (wenn jemand ganz durchnässt ist). *Det Känt draich lêgn* ‚die nassen Windeln entfernen und das Kind in trockne legen' (nösn.). *Et brocht noch Drejes* ‚es bedarf noch des Trocknens'. »Von dem an fort ist es gut dreich in dem graben« (1650, Nat.-A.). — 2. In übertragenem Sinne: *Det Hous än det Drech brängen* ‚unter Dach bringen'. *Äst än det Drech brängen* ‚etwas in Sicherheit bringen'. *Kamm hier än't Drech* ‚aus dem Regen unter ein Obdach'. *Kanzlist äs af'm Drejen* (Käst., 93) ‚auf dem Trocknen, aller Mittel entblösst'; in diesem Sinne auch: *af dem Dreje sätzen.* Sprw. *E äs nôch net drech hängder den Îren* (verächtlich von einem naseweisen, grünen Jungen). *E huet se Schêfken äm Drejen,* wie nhd. ‚sein Schäfchen im Trocknen haben'. Bauernregel:

Äs der Mierz hîss uch drech,
Se mächt hie de Geboure rech.
Schuster, Volksl. 148.

— 3. ‚Ohne Zutat, Zukost, Beimischung'. *Det drech Brît. E huet kom (nor) det drech Brît* von jemandem, der ein sehr kärgliches Einkommen hat; auch *drech Paloks.* »Man gibt inn (den Dienstboten) schwerlich das treüg brodt zu essen« (Dam. Dürr, Aml. 49). »Einem gemeinen mann bekompt sein treug brodt besser, denn manchem herrn sein edell Wein« etc. (Ebda.). »Das solt ir nit tuen, ir möchts noch an drucknen brot essen« (1580, B. M.). Sprw. *Wiem det drech Brît ze licht äs, wird îst frî sen äm verdrocht Krasten* ‚um vertrocknete Brotrinde'. Dem mit trocknem Brote unzufriedenen Kinde sagt man: *Wô der det drech Brît net schmackt, se sqlx der't!* Wenn man jemand seiner Liebe versichern will, sagt man: *ich hun dich zem dreje Brît gärn. Uch äm en drech Schangk beisse sich de Hangt* (Schuster, Volksl. 161). *Hie drängkt de Wenj nor drech* ‚er trinkt den Wein ungemischt' (Med.). *E drech Hâst* ‚Husten ohne Schleimauswurf' (nösn.). *Drech Kech* ‚Keuchhusten'. Scherzwort: A. *Ech hun näckest drech Bruit gêssen.* B. *Na, dernô segd ir dij en däck Wirt.* A. *Oifôlt, ed äs mer dij ânen nqss worden äm Mel* (Agnetheln). — 4. Vom Gefühlston der Rede. *Drech de Wôrhît sôn* (Burgberg). *Ich hun em et draich gesôt* (nösn.). — 5. Fl. N. *Bâm dreje Brannen. Af der drejer Bâch* (Freck). *Drech Wisen* (Grossau). *Droech Hongklech* (Wolkendf.). Die Sage erzählt, dass einst die Zeidner gelegentlich einer Hungersnot die betreffenden Äcker um eine *droech Hongklech* (Kuchen) verkauft hätten; *det Droch* (das Trockne) Fl. N. in Petersbg. — Zu ndd. dreuge dröge, ndl. droog, ags. dryge (germ. Wz. drŭg); vgl. moselfr. drei, dreich, ripuar. drüch, drich, drech. Auch dieses Wort ist für unsere Herkunftsfrage von Wichtigkeit. s. *undrech, Zunder.*

—, **Drogen,** s. *Dreogen.*

drögen (DWB. 2, 1426), **drejen** schw., nösn. (auch in *S.-Reen* und sonst hie und da) wird unterschieden intrans. *draugn* schw. und trans. *draign* schw. Rode: *droichen.* 1. Intrans. ‚trocken werden'. *Det Hemt, det Hq drecht, äs gedrecht,* nösn. *det Himt, det Hqi draucht, äs gedraucht. Gedraucht Brût* ‚trocken gewordenes Brot'. 2. Trans. ‚trocken machen'. *Mer selen Hôe drejen* (Draas). *Gedraicht Faibun* ‚trocken gemachte, gedörrte Bohnen' (nösn.); dem gegenüber *gedraucht Faibun,* ohne menschliches Zutun an dem Standort trocken gewordene Bohnen' (nösn.). *Um Sonôwent mess de Sann uch nor en Zänjke* (ein bisschen) *schengen, dat sich der Kanter uch de werem Wîsen är Hemder drejen* (Schuster, Volksl. 72). Aus einem Brautliede: *U wat selle mer âs drejen? Un e segdän Dacheltchen* (Ebda. 72). — Nösn. *draugn* entspricht lautgesetzlich einem vorauszusetzenden westgerm. *drûgan trocken werden; *draign,* mit umgelautetem Stammvokal westgerm. *drûgjan trocken machen, ags. drúgian. Im Süds. ist in *drejen* trans. und intrans. Form meist zusammengefallen. Moselfr. dreien, ripuar. drijen (trans.), westerw. dreu[j]en, part. gedreucht. s. *Ue-, verdrejen.*

—, **Drecht** fem., nösn. *Draicht* fem. ‚Trockenheit, Dürre'. *Ed äs en grîss Drecht.* »Entstehet ein grosse Dricht, also dass es etzlichen Wochen nicht regnet« (1662, Qu. Kr. 4, 273). — Das auslautende *t* in *Drecht* entspricht der alten Bildungssilbe -ida (vgl. *Hicht* < hôhida). Auch moselfr. Drei(ch)t, Drecht, Drücht fem. Trockenheit, ndd. drögt, fläm. droogte. Kisch, V.-A. 33, 60.

—, **Drechdach** n., nösn. *Draidoch* n. Plur. *Draidächer, Drechdeach* (Med.), vielfach auch *Drêdach,* burzenl. *Dreidich* (Barthol.), Plur. *Dreidächer. Dredich* Plur. *Dredächer* (Agnetheln). 1. ‚Handtuch zum Abtrocknen'. *Wäsch dich un't Drechdach. Na wûl hie sich un't Drêdach wäschen* (Schuster, Volksl. 369). Vielfach urkundlich bezeugt. »Pro uno manutergio drichdwch« (1510, Qu. Kr. 144). »Czwe (zwei) drich diecher« (1528, Ebda. 2, 97). »Ein neu flächsinn draigtuch rott gestreifft« (1570, Nat.-A.). »14 schlecht (einfache) dreychtücher« (1575, Cap. *Bistr.)*. »Zwo wircken Drüchtücher«. »Ein hemfen rothgestreift Dreigtuch« (1573, 1581, B. M.). »Dreichtuch« (1662, Qu. Kr. 4, 273). »Baumwollen Drechtuch met Sternen« (1647, Teilungsprot.). — 2. Dim. *Drèdächeltchen* n. ‚kleines buntstreifiges Tüchlein', welches sächs. Bauernmädchen (Umgebung von Hstdt.) um den Hals zu nehmen pflegen. *Et hôt gor en hîsch Drechdach.* »Ein schien Drechduchelgen« (17. Jahrh.). »Sie hat mir ein Dreuttüchel gegeben« (1766, L. K. A.). Vgl. moselfr. (eifel.) Dreidôch, Drechdôch n., ndl. Droogdoek n., oberhess. Dregndǫuch.

drohen, s. **dräuen**.

Drohne, Drîn fem.; *Drun (ŭ)* fem. Plur. *Drunnen* (Mühlb., Med.), nösn. *Druⁱⁿ* fem. *(Heidendf., Wallendf.), Druⁱ (Weisskirch), Drûn* (Draas), *Drün* (Rode). 1. ‚Drohne'. — 2. *Drunekeᵃ* fem. ‚ungeschlachtes Frauenzimmer' (Med.). Mhd. tren m. Unser Wort entspricht in der Form *Drun* lautlich altsächs., ags. dran; *ă* vor *n* 〉 *ŭ* (vgl. *hunef* 〈 hanaf, *grun* 〈 grana).

dröhnen, fehlt; s. *dobbern, dremmern, rampeln.*

—, **droisen**, s. *drǫ̂sen.*

—, **drokeschen**, s. drucksen.

—, **drôl**, s. *druᵒl.*

drollig, fehlt; dafür *špâsich, lastich.*

—, **Drommelden** Fl. N. (Gr.-Kopisch).

Drossel, fehlt; dafür *Leister* fem., *grô, schwarx, Gûldleister,* s. *Leister.*

drosseln, fehlt; dafür *wirjen, erwirjen.*

—, **Drotâr** m. (◡—́), *Drôtǫsch* m. (—́◡) ‚der (zumeist slowakische) Rastelbinder', das erstere rum., das letztere zu magy. drótos; magy. drót Draht. Die Hauptbeschäftigung derselben ist Herstellung von Drahtgeflechten, zumal für Gefässe mit Rissen.

—, Drotleff F. N., Drodloff (1559, Kirchbg., Holzm.), Drottleff (1568, Martinsbg.), Drotleff (1569, 1778 Kirchbg.), Drotlaaben (1705, Nat.-A.), Drottleff (1729, Reichesdf.), Drotleff (1609, Schellenbg.), Dradlaff (Ende 16. Jahrh. Cap. Leschkirch), jetzt in Hstdt., Holzm., Rosenau u. sonst: Drotleff. Die erste Silbe könnte aus mhd. drâte adv. schnell, ahd. drâti adj. schnell, kühn, die zweite *-loff, -leff* aus wolf 〉 olf 〉 lof 〉 lef entstanden sein; also der ‚geschwinde Wolf'.

—, Drotler F. N. (1598, Holzm.), Drothler (1857, Gr.-Scheuern).

drüben, dertif adv., nösn. *durtif.* 1. Auf jener Seite, zum Gegensatz von *hê̂ if,* nösn. *hâ if* ‚auf dieser Seite'. Gewöhnlich jenseits von Strasse, Grenze, Fluss, Berg, Meer. *E äs dertif* kann auch heissen im Nachbarlande, jenseits des Meeres (in Amerika). *Wat flecht dertif* (drüben, im andern Heereslager) *erämmer af ruᵉweschwarxem Rappen?* (Käst., 134). *Der Bäsch wid gêl dertiw um Rêch* ‚drüben am Berge' (Zwîn Krezer, 27). — 2. ‚Das Jenseits, das zukünftige Leben'. *Et huᵉt noch nemest erzǫ̂lt, wê̂ et dertiw äs.* — *Dertif, durtif* entstanden aus dort-üb(en), wie *hê̂ if* aus hier-üb(en); *f* als Entsprechung für hd. *b* ist lautgesetzlich. — 3. *Dertifhär,* nösn. *durtifhär* ‚von drüben her'; *e kit dertifhär.*

(**drübig**), †. Zeugenaussage: »Wie nicht weniger, wenn der Gesell in der drübigen Stube arbeitete, so war die Volffin auch da« (1763, Cap. Cib.).

Druck, Drack m., nösn. *Drǫck* m., *Dräᵃk* (Med.). 1. Wie nhd. ‚Druck der Luft, des Wassers, der Hand'. — 2. Bei Krankheitserscheinungen: *Drack af dem Hîft, af der Brast, äm Muᵉgen.* — 3. ‚Druck mit Lettern, Bücherdruck'. — 4. Bildlich. *Der Drǫck der Lait* ‚die grosse Menge der Leute, die breite Bevölkerungsschichte' (nösn.). *Se ku mät dem Dräᵃck* (Med.) ‚sie kommen haufenweise, in grosser Menge'. »Alss sich der Druck (die Menge) des koszakischen Volckes mitten in das Wasser gelassen« (Kraus, Chron. 1, 216). Mhd. druc. Lautt. 62, 66.

drucken, dräcken, nösn. *dräckn.* 1. ‚Mit Lettern ein Buch, eine Zeitung u. dgl. drucken'. *E lecht* (lügt) *wê̂ gedräᵃckt. Ech wôr äm Liᵉsebeᵃch nor bäs un't Gedreᵃckt* (bis zu den Lesestücken mit Druckbuchstaben) *kun* (Zw. Krez. 9). — 2. ‚Muster auf Leinenzeug und sonstigen Stoff drucken'. »Jedem .. 10 ellen gedruckten Atlass verehret« (Kraus, Chron. 1, 370). s. vordrucken. Unsere Ma. hat die vom oberd. Gebiete aus verbreitete unumgelautete Wortform nicht übernommen.

drücken, dräcken schw., part. *gedrackt;* nösn. *dräckn,* schw. *gedrǫckt.* 1. Im eigentlichen Sinne: *Der schwêr Sack dräckt. E dräckt det Sijel draf. Härzlefke wê̂ drackt ich deng summedän Hǫ̂nt* (Käst., 23). *Dräcken der deng Brâderhǫ̂nt* (Ebda., 84). Sprw. *Nǫ̂ Schagen dräcken înt. Jêder wêss, wô en der Schâch* (Schuh) *dräckt* (nösn.). *Dî wîss net, wô ed en (wô en der Schach) dräckt,* auch von einem Betrunkenen. »Gott hangt einem jeden seine Kletten und schellen an den hals, er lesset keinem den Schuch so gerecht sein, das sie yn nicht etwa drücken sollten« (DAM. DÜRR, Hdschr. 643). »Wie ich hineinging, wollt mich die frau nicht hinein lassen, ich aber truket sie bei Seid, ging hinein« (1598, Ger.-Prot. Hstdt.). »Also drucket der Andreas Schuster den Orben Weber zur erden« (Ebda.). In Zauberformeln. Gegen Verrenken:

Ich räcken der det Gebîn,
Ich räcken der se, ich dräcken der se,
Dat se der glech aw är Îrd uch Štäll kun.
(Kbl. 16, 68).

Gegen das Gerstenkorn *(Warr)* des Auges. Man muss den Zeigefinger auf der äusseren Seite des Bodens eines gewöhnlichen Wasserkruges anfeuchten, damit das Auge drücken und sagen:

Esi wai ech dech dräcken
Sqlt tea erštäcken. Äm Nume Gottes etc.
(Kl.-Scheuern, Kbl. 23, 146).

Rätsel: *Et dräckt Bleât, et drît* (trägt) *Bleât, ed äs dennich net Bleât* (Der Sattel). — 2. In übertragener Bedeutung. Von der Wirkung des Reifes auf die Pflanzen: *Der Reif, de Kaldn huet de Plqnzen, de Weimern gedrackt.*

Gqngk tâ eruow äm defen Duof (Tal)
Der Reif wird dej uch dräcken.
Dräckt mech der Reif, der Reiw äs kqlt,
Frq Sann wirt mech erkwäcken.
SCHUSTER, Volksl. 4.

De Hätzt äs dräckän, ed äs hait dräckän (S.-Reen). Der Preis äs gedrackt. Der Sannôwent drackt et sächer wedder uewen (Hîmw. 3) ‚auf einen niedrigeren Platz in der Schule'. — 3. ‚Belästigen, bedrängen, Schmerzen verursachen'. *De Nît, der Kqmmer dräckt. Et dräckt mich* ‚eine Sorge, ein Kummer belästigt mich'. *Sô* (sagen) *wall ech dir dannich, wat mech drackt* (SEMP, Regrut 10). *Ech wois et dich, wot dich dräckt* (Dä Ôlden 41). *E äs gedrackt* ‚in gedrückter Stimmung'. *E äs vum Âlder gedrackt. Et dräckt mij äm Muagn, qf det Hêft* (nösn.). Jemanden *dräcken* heisst auch ihn ungerecht gewalttätig behandeln, durch Geschäftskonkurrenz ihm hart zusetzen; auch: ‚ihn an Begabung, Fleiss, Leistung übertreffen' (in der Schule, wie im Leben). *De Štaiern, de Ämlâgn dräcken* (nösn.). — 4. ‚Cacare' von Kindern. — 5. Reflex. *Sich dräcken. E hôt sich gedräackt.* a) ‚Er hat sich davon gemacht'. *Dî drackt sich nor schniel zer Dir oussen* (Hîmw. 28). *Sij äm d' Arbed erämdräcken* ‚der Arbeit ausweichen'. — b) derb: ‚er ist gestorben'. — *De Lekt dräcken sich* sagt man von Menschengedränge. *De Letch werde sich net glat äm en dräcken*, ‚werden sich nicht viel um ihn kümmern'. *Ich dräcken mich ned äm en* ‚ich dränge mich nicht (schmeichelnd) an ihn heran'. *Der Wiech dräckt sich* ‚der früher holprige Weg wird wieder eben'. Daneben: *gedräft, wiech* ‚viel betriebener, getretener Weg'. *En Mouer dräckt sich* ‚senkt sich'. *Wu sich Bärj uch Bqch dräcken.* Sprw. von etwas, was niemals geschehen wird. — Mhd. drücken. Lautt. 69.

Drucker, Dräcker m., nösn. *Dräcker* m. gewöhnlich *Bâchdräcker*. »Das druckerpapier« (1574, Nat.-A.).

Druckerei, Dräckerâ fem., nösn. *Dräckerqi* fem. »Er (Honterus) hat — die Truckerei aufbracht« (1549, Qu. Kr. 4, 508).

drucksen, 1. drokešchen (-əžə-), schw., nösn. *druckešchn* (-ž-) schw., *dreokešchen* (Mediasch). ‚umhalsen, umarmen' (zärtlich, liebkosend). a) Trans. *E dreokescht se Lefken* ‚er umarmt, drückt zärtlich an sich sein Liebchen'.

Mosst se (die Mädchen) *alle nô der Rq̂*
Drokešchen und härtzen. KÄST, 54.

E hued er gepespert vu Lâw uch Troa,
E huet se gedreokescht, gematzt. MEYNDT, 14.

— b) Reflex. *Sich drokešchen* ‚sich umhalsen, umarmen', *Se hu sich gedrukescht (S.-Reen).* »Ich hab gesehen, das sie sich mit dem Schneiderknecht hat gedruckelt und gematzt« (1609, Nat.-A.). — *Drokešchen* ist Iterativbildung zu drücken in der Bedeutung ‚umarmen'; s. DWB. 2, 1443; drokəžən, drukəžən ⟨ drucksen, wie nösn. und sonstiges *grqpežn* ⟨ thür. grapsn. — Hieher auch 2. *trackesen* schw., nösn. *trqcksen* schw. a) ‚Mit der Sprache nicht herauswollen oder können, stottern, sich schwerfällig ausdrücken'. — b) ‚Zögern, etwas zögernd verrichten, zaudern, in der Arbeit langsam sein'. — Iterativbildung zu drücken mit der Bedeutung: ‚zaudern, zögern, mit der Sprache nicht herauswollen oder können', s. drücken 7, e) DWB. 2, 1447. Vgl. gleichbedeutendes moselfr. chatt. trocksen, trucksen; schles. drocksen, westerw. druckse, henneb. drucksen, elsäss. drücksen, drucksen. Anlautendes *t* für hochd. *d* ist in unserer Ma. nicht selten. — c) Von dem Zeitwort abgeleitet das Subst. *Trqckeser* m. *Ed äs en Trqckeser* ‚er ist ein Stotterer, ein langweiliger Schwätzer'. s. auch *Getrackes* n.

Drude, Trut fem. Plur. *Truden*, nösn. ist das Wort erhalten in *Trudnwqr* ‚Drudenweiher', sonst *Häks* fem. Das Wort ist in der Med., Schässb., Repser Gegend, sowie im Burzenl.

verbreitet. 1. Es wird damit ein mit dem bösen Geist, dem Teufel im Bunde stehendes Weib, eine Hexe bezeichnet. Die Truden gehen auf einem Gänse- und einem Menschenfuss mit aufgeflochtenen Haaren und nackt einher; sie haben einen Schwanz und Haar auf dem ‚Kreuze‘; gewöhnlich tragen sie einen Besen unter dem Arme oder reiten darauf. ferner auf Katzen Kühen, Büffeln, ja selbst Menschen (Hillner, 25). Man kann sie am Georgtage sehen, wenn man vor dieser Zeit eine Natter erschlägt, in deren Haupt eine Knoblauchspalte legt, beides unter die Dachrinne legt und damit in der Hand abends die Truden erwartet; sie werden auch für den sichtbar, der ein vierblättriges Kleeblatt in der Kirche anschaut (H.-W., 312); ferner wer einen Toten wäscht und wer am Himmelfahrtstage morgens, wenn der Hirt die Herde austreibt, auf einen hohen Baum steigt, kann sie auf Kühen einherreiten sehen. Sie suchen besonders kleinen Kindern zu schaden; deshalb lässt man in manchen Gemeinden das Licht im Zimmer der Wöchnerin aus dem Grunde brennen, damit das Kind vor den Truden, welche demselben das Herz aussaugen wollen, gesichert ist (Hillner, 25). Nachts soll man nicht barhäuptig aus dem Zimmer gehen, sonst verknüpfen die Truden die Haare und zerzausen sie (Malmkrog). Wenn man nachts gegen 11 bis 12 Uhr in ein fremdes Dorf kommt, führen einen die Truden irre. Auch auf das Korn haben es dieselben abgesehen. Einem Bauern in Gr.-Schenk stahl eine Trude in Gestalt einer Kröte das Korn aus dem Kasten. »Wir haben das Eisenkraut ins Korn gezettelt, nicht dass es die Thruden hinweg sollten führen« (1657, Nat.-A.). Nur vereinzelt wirken sie auch wohltätig. Ein Bauer sieht auf einem Rasenplatz bei der Mühle Truden tanzen. Er grüsst sie: *Gott (v)ermîr ij iren Dąnz! Gott (v)ermîr ij ire Krąnz!* Sie antworten: *Gott (v)ermîr ij ire Sąck, dąte näckest lädich wirt.* Und wirklich wurde der Sack nie mehr leer (Müller, Sagen[1], 382). Die Truden schaden auch dem Vieh. Sie stehlen in der Nacht den Kühen die Milch. Daher die Bezeichnung: *Bąttertrut* (Butterdrude). Wenn die Kuh gekalbt hat. ist es gut sie über eine Kehrrute zu treiben, die man ins Gassentürchen gelegt; dann können ihr die Truden die Milch nicht nehmen (Kbl. 4, 30). »Ich hat ein jung Kalb, welches krank; da kamen die hirten zu mir und sagten, die truden haben ihms maul gebunden«. Sie treiben auch sonstigen Hexenspuck. »Da khamen des Nachts die trutten mit einem grossen getümmel in die stuben und bliesen ins feur, das mir schier vergingen« (1619, Nat.-A.). »Gedenket als ich klein war, wass habe ich von den Kindern gehört, dass die Truhden einen seihdfaden an den Hermannstädter Kirchenturn und an den Midwischer Turn knepten, nehmen einen fiertzigen Wein und etlige hammel und weren frölich dabei« (1657, Nat.-A.). Noch im Jahre 1732 strengt die Frau des Glöckners in Birthälm gegen eine andere Frau einen langwierigen Prozess an, weil diese sie beschuldigt: »du bist eine trudt, du hast meine Tochter getötet, du wirst auch eine trudt verbleiben« (Salzer, 137). Solche Verdächtigungen kehren auch sonst oft wieder. 1728 klagt eine Frau in Birthälm über die Anna Fultzin: »Es hat diese mich eine verfluchte Trudt gescholten« (Ebda., 136). »Und sagt, dass die Matthes Schunnin ein Truhdt were« (1657, Nat.-A.). Solche Anschuldigungen führten dann vielfach zu Hexenprozessen. Über solche s. Mühlbächer Programm 1883. Hexensagen s. Müller, Sagen[1], 101 ff. Kinderspiel. Die Kinder gehn hintereinander, sich scheu nach allen Seiten umblickend, und singen:

Ai wor hîsch schengt der Môn,
Nîrest nichen Trude gôn.

Ein verstecktes Kind springt hervor und die Kinder stieben schreiend auseinander. — 2. *Trut* wird auch als Bezeichnung für einen *Âlf* (s. Alp) gebraucht (V.-A. 10, 110). — 3. In der Stadt: *Trut, Trutchen* Koseform für P. N. Gertrud. — 4. In Fl. N. *Drudebrannen* (Seiburg). *Trudenîchen* (Halvelagen, Maldorf). *Of dem Trude Roan* (Alzen). *Bǣm Trudebûm* (Hahnbach). *Trudeplątz* (Schlatt). *Trudebäsch* (Maldf.). *Trudebarch* (Marienburg). *Trudegêssken* (Gr.-Sch.). Auch rheinfränk. trûd ‚Hexe, Alp‘. — Mhd. trut m. und für männl. und weibl. Alp; dän. drude. Vgl. auch Hexe.

—, trudeln (Trausch, Msc.), *trideln* schw. ‚zaubern, hexen, wie eine Trude‘ (Schässburg, Reps, Burzenland).

Drudenauge, in einer Beschwörungsformel gegen das Berufen der Kinder:

Dǣ bîs Trudenougen
Sollen sen bedrougen
Durch det Vuoterâser
Und det Kouleuwasser. Hillner, 23.

Drudenfuß, Trudefoss m. Eine aus zwei gleichseitigen, in einander verschränkten Dreiecken gebildete fünf- oder sechseckige Figur (Pentagramm) findet man an Stall- und Scheunentüren, an Türschwellen, Bänken und Wiegen, zuweilen auch am Hausgiebel (H.-W., 320). In einem Kinderreim:

Trudefoss! Dad et net gerôde moss.

— Fl. N. *Af dem Trudefoss* (Belleschdf.).

Drudengeiger, Trudegejer m. Mit dem fidelnden Trudengeiger an der Spitze ziehen in der Nacht die Truden aus und tanzen draussen im Felde um einen einzelnstehenden Baum (H.-W., 289). Vorzüglich in der Georgs- und Thomasnacht halten dieselben unter Lärmen und Singen mit dem *Trudegejer* an der Spitze ihren Umzug durch die Luft. Ein Bauer aus Bulkesch hat einmal diesen Zug mit dem *Trudegejer* unter Juhurufen über seinem Kopfe hinrauschen hören (V.-A. 9, 269). Die Trudengeiger haben ebenso, wie die Truden kein Männlein im Auge und keinen Schatten; der Teufel hat ihnen beides zum Pfand genommen (H.-W., 311). Über den Zusammenhang mit andern Felddämonen *(Klängesuir)* vgl. Kbl. 31, 100.

Drudenkönig, Trudekenengk m. Das Männchen vom Sperling.

Drudenmilch, Trudemälch fem. ‚Schöllkraut'.

Drudenschuß, Trudeschass m. ‚Hexenschuss, Kreuzweh', durch den Aberglauben der Einwirkung der Truden zugeschrieben.

Drudentanzplatz, Trudendânzplatz m. Runde Plätze auf der Weide, die durch das Lagern des Viehes während der Nacht entstehen, heissen *Trudendânzplatz.* Die Pilze, welche auf diesen Plätzen wachsen, werden von manchen aus abergläubischer Scheu nicht gegessen (V.-A. 10, 111). Fl. N. *Bäm Trudendounz* (Arkeden).

Drudenvöglein, Trudevijeltschen n. ‚der Schmetterling' (Weidenbach); in Zendersch *Trudemäschken* n.

Drudenwachs, Trudewues n. ‚Harz von Pflaumenbäumen' (Med., Malmkrog).

Drudenweiher, Trudnwâr m. Am nördlichen Ende von *Bistr.*, zwischen dem äusseren Dammweg und der Stadtmauer war früher der *Trudnwâr*, in welchem sich die Truden der Wasserprobe unterziehen mussten.

Drudenzopf, Trudenzôp m. Die durch abwechselnde Sommerhitze und Nässe zusammengerollten Mähnen sollen nichts anders als Drudenzöpfe sein, die man ohne grosse Gefahr für das Pferd nicht aufmachen darf (H.-W., 278).

—, **druel** s. *druol.*

—, **druewesen** schw. ‚mit grossen Schritten eilig gehen' (Med.). Davon abgeleitet: *än enem Druewes* ‚ununterbrochen, in einer Tour'. *Na ded äs hejt än enem Druewes gegangen.* s. traben.

—, **druggeln** schw. ‚eine Arbeit schnell aber schlecht verrichten' (Trausch, Mscr.), auch spinnen (Zeiden).

—, **druissen** s. *drîssen.*

—, **Drula** fem., nösn. *Trule* fem. Verächtliche Bezeichnung einer plumpen, schwerfälligen Weibsperson. *Kist te nâ emôl, tâ Drula? Te bäst däck, wê en Drula. Te bäst en âgelämpich* (unbeholfene) *Drula.* Vereinzelt wird auch *Drull* m. gebraucht. — Zu mhd. trolle, trol m. ‚ungeschlachter Mensch, Tölpel'. *-a* als weibl. Bildungssilbe s. Wb. 1, 1. Vgl. *Dotche.* S. V.-A. 10, 88. Bei Goethe: die Trulle; elsäss. Trulle f. ‚dicke Weibsperson'.

—, **Drum** m. ‚Weg, Strasse'. *Ech hun em den Drum gegien* ‚ich habe ihn fortgeschickt, entlassen'. (Zu rum. drum).

—, **drummeln** s. trommeln.

—, **drummen** schw. (nösn.) ‚ein Holz mit der Axt in Stücke hauen, einen Baumstamm mit der Axt zerspalten' *(Wallendorf).* Zu mhd. drumen, drümen, ‚in Stücke hauen'. Vgl. lux. drumm fem. ‚abgesägter, kurzer Holzklotz', drummen ‚einen Baumstamm entzweisägen', drimmen ‚etwas in der Mitte durchhauen'.

—, **Drummeschken** n. ‚Kosename für Kinder'. *Mei Drummeschken!* (Gr.-Schenk).

—, **Druna** fem. ‚plumpes, dickes Frauenzimmer'; auch *Druneke*a (Med.). Vgl. oben unter ‚Drohne'.

, **drunn** schw. (nösn.), *druin* ‚heraus-, hervorquellen' *(Heidendf.)*, *Det Wâsser drunt täschen Daugn* (Dauben) *eraus. Det Däppm drunt* ‚der Topf rinnt'.

drunten, dertneden Adv. (◡ ◡́ ◡), nösn. *durtnidn. Dertneden äm Käller, än der Iert.*

Und î e wasst, wad em geschâch,
Wôr e dertneden än der Bâch.

Thullner, K. 14.

Et sâs zemlich dertneden ‚sie sass (in der Schule) auf einem ziemlich niederen Platz'. Frage bei der Begegnung auf der Strasse: *Wohär kud er?* Antwort: *dertnedenhär* ‚von drunten her' (Reussen). — Zu mhd. dort nidene.

—, **druol**, *druel* Adv. (Gr.-Schenk, Busd), *drôl* (Schässbg., Denndf., Trappold), *dreuel* (Bekokten), *dreôl* (Schaas). 1. Das Wort bezeichnet zunächst das ‚unangenehme, unbehagliche Gefühl', welches aus der Entfremdung oder Entbehrung einer gewohnten Sache oder Person entsteht. *Ed äs mer esi druel äm et* ‚es ist mir gram, leid um dasselbe' z. B. das verstorbene Kind. *Et dît* *mer esi druel, sänjt me Fränjt dervun äs* (Gr.-Schenk). — 2. ‚Etwas ungern vermissen'. *Et wid em druel dân, dat hie net mî Hann äs* ‚es wird ihm schwer fallen, dass er nicht mehr Ortsrichter ist'. — 3. Besonders wird auch die unangenehme Empfindung des Fröstelns damit ausgedrückt. *Et dêt mer esi druel, wæ ich det kǫlt Hemd undêt* (anzog) (Gr.-Schenk). — 4. Überhaupt ‚unbehaglich, widrig, unangenehm'. Wind, Regen, eine Speise, ein Mensch kann sein *ze drôl* (Neithausen). *Ed äs mer esi dreuel* ‚es ist mir bange' (Bekokten). *Dąd äs en drôl Mäntsch* ‚ein zuwiderer Mensch' (Heltau, aussterbend). *De Arbed äs em ze drôl* (Streitfort). Häufig wird dafür *gedruel* (Seiden), *gedrôl* (Halvelagen) gebraucht. — Syn. *aklich, grǫlich, êstlich, zewedder*. Zu vgl. mhd. trolle, trol ‚unholdes Wesen'; Drol ‚elbisches Wesen, das Menschen plagt, neckt' DWB. 2, 1428.

Drusch, dafür **Drieschen** n. *Drêschen* n., nösn. *Drâschn* n.

—, **Druschken** n. Dim. Kosename für kleine Kinder (Gr.-Schenk). Vgl. schwäb. Trutscherle hübsches Kind (Wb. 2, 429).

Druse, Pferdekrankheit. Dafür *Krêpn, Krêpeln* Plur. *(S.-Reen* und Umgebung), burzenl. *Krêpen*.

Drüse, Drîs fem. Plur. *Drîsen*, nösn. *Drâis* fem. Plur. *Drâisn*. *Dræs* (Schässburg), *Drôs*, Plur. *Drôssen* (Heldsdorf, Rothbach), *Druas, Druasen* (Tartlau), *Druisn* (Radeln, *Mettersdf.). Drâs* (Harbachtal). 1. ‚Halsdrüse(n)'. Syn. *Dreoyen, Halsknoddern, Knerrn* (angeschwollen), *Krêpeln, Uirapel, Halsôdern*. — 2. Im 15. und 16. Jahrh. ‚pestartige Krankheit, Pestbeule'. »Aufs ander iar kompt ein sterben, das drüsen und blatern das volck mit vil tausenten unter die erd werffen« (Dam. Dürr, Aml. 15). »Flucht mit drüssen und blatern« (Ebda., 54). »1480 ist in Burzenland ein gross Drüsen-Sterb gewesen« (Qu. Kr. 4, 155). 1495 die Drüsen im Burzenland (Ebda.). »Syder (seit) dem grossen drüsen sterb« (1565, Nat.-A.). In dieser Bedeutung lebt das Wort noch im Fluch: *Dąt dech de Drâsen erštäke' soilen!* (Agnetheln). — Mhd. druose, moselfränk. Dre'is. Zur Bedeutung 2, s. DWB. 2, 1458.

—, **druseln**, schw. (nösn.) ‚schleuderhaft nähen, sticken'. *Ed äs nur esu e Gedrusel.* Vgl. nhd. dial. dröseln, drüseln. s. auch driseln.

(**drüsen**), **drâsen**, an der Krankheit des *Drâsens* leiden: *Âs Gorr drâst štąrk, ich greole, se wird verräcken* (Agnetheln).

—, **Drussa** m. ‚Namensvetter' *(S.-Reen)*. Zu magy. drusza.

—, **drutzich**, adj. ‚nett, zierlich, artig'. Zum folgenden.

—, **Drutzken** n., auch *Drutz* fem. (Schässbg., Med., Malmkrog). ‚Geliebte, Liebchen'. *Menj înich Drutzken, înijet Drutzken.* Die versuchte Ableitung von mhd. trût n. Geliebte begegnet sprachlichen Schwierigkeiten, da stammhaftes *û* vor Dentalen nicht zu *u* wird. Es könnte auch an Ableitung von dem in die Ma. übergegangenen rum. Lehnwort Dregutse (◡ ◡́ ◡) gedacht werden, mit dem auch sonst vorkommenden Fortfall des Vokales der nicht hochbetonten Silbe und des *g* zwischen Vokalen.

—, **Dschambasch** (◡ ◡́) m. ‚Pferdehändler, Rosskamm' (zu rum. geambas).

du, tâ, *däa, täa* (Med.), unbetont *de, te*, nösn. *dau*, auf dem Lande *djau*, flektiert (unbetont in Klammer): *denger, dîr (der), dech* [deχ] *(dich)*, nösn. *dainer, dîr (der), daich (dich)*. 1. Du wird bei Anreden auf dem Lande gebraucht unter gleichaltrigen Bekannten und von Älteren gegenüber den Jüngeren, von Vorgesetzten gegenüber Untergebenen. Dagegen reden jüngere Leute die älteren, gewöhnlich auch die Kinder ihre Eltern, Schwiegersohn und -Tochter die Schwiegereltern mit ‚Ihr' an. In früherer Zeit war das Ihrzen sogar unter Eheleuten auf dem Lande gebräuchlich; ebenso redeten jüngere Geschwister die bedeutend älteren Geschwister und reden noch jetzt die Landleute gleichalterige Mitglieder des Ortsamtes ‚Ihr' an. Wo man von der althergebrachten Sitte in bäuerlichen Kreisen abweicht, hat sich städtischer Einfluss geltend gemacht. Nur im Verkehr mit Städtern, sowie dem Pfarrer und Lehrern gegenüber gebraucht der Landmann ‚Sie'. Auch im städtischen Kernbürgerhause herrschte früher im Verkehre von jüngeren und älteren Leuten und zwischen Eltern und Kindern die gleiche Gepflogenheit, wie noch jetzt auf dem Dorfe. (Vgl. Schwäb. Wb. 2, 434). S. auch duzen. Diese Gepflogenheiten des Duzens und Ihrzens sind in unserem Volke jedenfalls uralt und wahrscheinlich schon aus dem Stammlande mitgebracht. Vgl. Z. f. d. Wf. 2, 145 f., 4, 217. — 2. Die betonte Form *tâ, däa, täa*, nösn. *dau* wird insbesondere gebraucht a) als Anrede vor Subst. und Adj. *Tâ fouler Štrąngk! Täa Lump! Tâ Gâder!* — b) Zur Hervorhebung des Gegensatzes: *Tâ bäst dô gewîst, net de Brâder. Dau bäst scholt, näd aich* (nösn.). — c) Bei Ausrufen, Interjektionen, oft mit Wiederholung des du am Schluss: *äm tau* um (Gottes willen), du! *Täa me Gott! Täa gerêchter Hemmel! Dâ Êlänt dâ! (S.-Reen). Tâ Îfôlt tâ! Bäst tâ et?* (◡ ◡́ ◡)

verwundernd bei der Ankunft eines Bekannten. — 3. Die unbetonten Formen werden überall angewendet, wo das Pers. Pron. im Satz an unbetonter Stelle steht, zumal in der Verbalflexion. Tritt dasselbe enklitisch hinter eine Verbalform, so wird der Anlaut stimmlos und assimiliert sich vorhergehendem, auslautendem *-t*: *bäste* ‚bist du', *wîsste, huͤeste gelîrt? wäll(s)te duͤer gôn?* In fliessender Rede auch mit Fortfall des auslaut. *e*: *gâst uͤefm?* ‚gehst du hinauf'? *(Jaad)*. An die Wörter ‚wie, wenn' tritt nösn. vor enklit. *-te* öfters ein unorganisches *s* ein: *wêste sôst* ‚wie du sagst', *wännste* ‚wenn du'. Nach stimmlosem Laut wird *d* 〉 *t*: *Liptich* fem. ‚Orakelblume' aus: ‚Liebt dich' (nösn.). — 4. Besondere Verwendungen. *Huͤeste der* (dir) *gelîrt?* ‚Hast du (deine Aufgabe) gelernt'? *Huͤeste der de Liͤetz* (Lektion) *gelîrt? (S.-Reen)*. *Et nätzt dich näst* ‚es nützt (hilft) dir nicht' (nösn.). *Gik der-n Wêch!* ‚Geh deines Weges' (nösn.). *Wî denger! Wî dainer!* ‚Wehe dir'! *Wê hîsst em dech?* ‚Wie heissest du'. (Saxonismus: wie heisst man dich?) *Ed äs der* (dir) *guͤer e gât Mäntsch; dǭd äs der e Brût!* ‚ein gutes Brot' (nösn.). Wenn man einem etwas gestatten, zugeben, etwas billiger verkaufen will, tut man es oft mit den Worten: *wel tâ et bäst* (◡ – ◡ ◡́). — Mhd. dǔ. Der Wechsel des westgerm. anlaut. *th* entsprechenden *d* und *t* in der Ma. hat seine Analogie in *derfen* neben *terfen*, *drǭ* neben *treissich*. Nösner ländliches *djau* findet sich auch in Westerburg, Westerwald (nach Kisch), nösn. *daich* (dich) in der Wetterau.

~, **Dubb** (Grossau). *Af Dubb špilln* ‚auf Püffe spielen'.

~, **Dubbegąss** fem. Gasse in Botsch. (Zu rum. dobă, dial. dubă f. Trommel, also Trommelgasse) Kisch, V.-A. 34, 30.

~, **dubbern**, s. *dobbern*.

Dück F. N., s. Dick.

ducken, tucken schw., nösn. *tuckn* schw., *tuckeln* (Birth., Med.), *tocken* (Mühlb.). 1. Trans. ‚niederdrücken, hinabbeugen'. *Ich tocken dich* ‚drücke dich im Wasser unter die Oberfläche desselben' (Mühlb.). *Tuckten vîr'm Wängd är Ugesicht* (Käst., 122). Auch bildl. ‚demütigen': *em mess en tucken*. — 2. Refl. ‚sich beugen, neigen'. *Tuck dich* ‚bücke dich'. Auch in übertragenem Sinne: ‚sich demütig zeigen, sich (wenn auch widerwillig und zum Scheine) fügen'. — Mhd. ducken, tucken. Moselfr. tucken.

Duckmäuser, Tuckmeiser m., nösn. *Tuckmaiser* m. (Städt. Halbma.).

~, **Dudâsch** m. ‚fauler Mensch' (Rosenau).

~, **duddern** schw. (nösn.) ‚schnell, viel und geistlos sprechen, schwatzen'. Subst. *Dau ǭldet Gedudder* ‚du alter Schwätzer, du alte Schwatzbase'. Auch schwäb. dudere ‚schnell, viel und inhaltlos schwatzen'. In der Eifel dudern vom Geräusch im Ofen. DWB. 2, 1499.

dudeln, dudeln schw. (Schässbg.), nösn. *durln* schw. 1. ‚In einem fort (schlecht, kunstlos) singen', meist in verächtlichem Sinne. Davon auch das Subst. *Gedurel* n. — 2. ‚Unnötig viel reden, schwatzen': *e durlt mer de Ûrn vôl* (nösn.). — 3. *Durln, uͤbm durln* ‚rollen, hinabrollen' (nösn.). Dieses letztere zu *Durra* fem. Kreisel. Zu 1 und 2 vgl. schwäb. dûdle schlecht singen, musizieren und unnütz reden. DWB. 2, 1498.

Dudelsack, Dudlsąck m., nösn. *Durlsąck* m., so auch in Schässbg. 1. ‚Sackpfeife'. — 2. Bildlich: kleines Kind in einem Wiegenlied.

> Heia, Popeia, der Sommer kommt im Maia.
> Wenn die Kinder spielen gehn,
> Muss ich bei der Wiege stehn.
> Wiege macht knick, knack (oder heiaback, heiaback)
> Schlaf, du kleiner Dudelsack. Höhr, 3, 4.

R. A. *Ed äs, wê än em Dudlsąck* ‚es ist unruhig, ein Getümmel'. *Ed äs e Durelsąck* ‚ein täppisches Ding' *(Weisskirch)*.

~, **Dudu**, *Dudju* fem. 1. In der Kindersprache ‚die Grossmutter' (Kbl. 25, 7). *Dudutata* m., *Dudjutati* m. ‚Grossvater'. Vgl. lux. Däddi fem. Grossmutter in der Kindersprache; elsäss. Dode, Dede Mutter. — 2. In einem Tanzreim: *Hoi dudu Lêntchen!* (Schuster, Volksl. 111). — 3. *Dudu* n., *Dudi* n. (Med.) in der Kindersprache ‚das Ei'.

~, **Duef**, s. *Duof*.

~, **Duelmen**, s. Thalheim.

~, **Dûen** m. Das Wort ist zumeist nur im mittleren Teile unseres Dialektgebietes, besonders in der Umgebung von Schässbg. (Schaas, Gr.-Alisch, Trappold, Wolkendf.) verbreitet; daneben *Düen* (Denndf.), *Duin* (Halvelagen), *Douin* (Streitf.). Doch auch burzenl. *Dôn* (Honigbg.), *Deom* (Zeiden), nösn. *Dûn (Mettersdf.)*. 1. Die gewöhnliche Bedeutung ist ‚Brückenbalken'. — 2. ‚Geländer auf Brücken und Wegen' (Trausch, Mscr.). — 3. In Heltau: *Gedûen* ‚der obere feste Balken am Tuchrahmen'. Term. techn. der Tuchweberei. — 4. In Agnetheln: *ze Geduin dân* ‚zur Anspannung gereichen', z. B. *et doid em ze Geduin* ‚es (eine schwere Arbeit) strengt seine ganze Kraft an'. Das Wort gehört zu mhd. don fem. Spannung, vgl. dehnen; also ‚der die Brückenspannung herstellende Balken'. Vgl. Donholz, Querholz in Bergwerksschachten und Schmelzhütten. DWB. 2, 1236.

~, **Duenegrüewen** (-graben) Fl. N. in Nussbach.

~, **duenlech** Adj. und Adv., nösn. *dualich, dûlich (Heidendf.), doulêch (Waltersdf.).* Das Wort erscheint unter ziemlich wechselnden Formen: burzenl. *dônlech* (Petersbg.), *dönlech* (Wolkendf.), *duenleicht* (Tartlau), *dînlägich* (Rumes), *dionlässich* (Girelsau), *dôläch* (Botsch), *dîenlich* (Zied, Törnen), *duinlich* (Radeln, Kreisch), *diunlêch* (Med.). 1. ‚Sanft an- oder absteigend', von Strassen. Böschungen. *Fuert hæ, hæ gîd et nor diunlêch affen. En dînlägich Rêch* ‚ein sanft ansteigender Berg' (Rumes). *En doulêch Sait* ‚ein sanfter Abhang' *(Waltersdf.). Hei geid et dounliech uewen* ‚sanft bergab' (Marienbg. i. B.). — 2. ‚Wagerecht, eben' (Petersbg.). — Unser Wort gehört zu ält. nhd. Danlag, Donlage ‚sanfter Abhang, abhängige Fläche'; davon abgeleitet donläge, donlägich, im Bergbau ‚abhängig, schief'; ein donlägiger Schacht, DWB. 2, 740, 1237; bair. läg, geläg, abläg sanft geneigt; anläg sanft aufwärts, übereinstimmend damit *ualêjich* ‚bergab', *ulêich* bergan *(Baierdf.).* Vgl. oben *Dûen.*

~, **Duewerâesch** fem. ‚Eberesche' (Zeiden).

~, **Duewrengk,** s. Tagewerk.

Duft, Däft m., fehlt nösn., dafür *Raif, Raim* m. Das Wort ist süds. ziemlich allgemein verbreitet; burzenl. *Daft* m. 1. ‚Reif, zumal Rauhreif an den Bäumen', während frostiger Niederschlag auf der Erde auch in der Mundart *Reif* heisst. — 2. ‚Der feine, staubartige Überzug der reifen Pflaumen und Weintrauben'. *Ed äs noch der Däft af de Pelsen.* — 3. Als nhd. Entlehnung in städt. Halbma. *Duft. Und êdme sessen Duft* (Käst., 27). — Zu mhd. tuft Tau, Reif. Vgl. schwäb. Duft ‚Rauhreif an den Bäumen'. DWB. 2, 1502 Duft 5: ‚Überzug der reifen Pflaumen', 6 ‚Reif an Zweigen'. Der vom nhd. abweichende Umlaut der Stammsilbe könnte durch das zugehörige Verbum *däften* ‚düften' veranlasst sein. Lautt. 65. Vgl. auch Dunst und *dæsten.* Gerade die Bedeutung *Däft* ‚feiner, staubartiger Überzug an Pflaumen' und das zu dust ‚Staub' gehörige *dæsten* (s. d.) bilden einen weiteren Beleg für die von Kluge (Z. f. d. W. 9, 130) angenommene sprachliche Gleichung von duft und dust (Dunst).

duften, düften, däften schw., nösn. *däftn* schw. 1. ‚Jemanden demütigen, mit Worten überwinden', zumeist nur in städt. Halbma. *E äs gedäft* ‚er ist niedergeschlagen, wie vom Reif gedrückt'. *Dien hu mer gedäft!* ‚den haben wir gedemütigt' (einen vorlauten, eingebildeten Menschen). 2. nösn. ‚rülpsen'. — 3. *De Bîm se bedäft* ‚die Bäume sind mit Rauhreif überzogen'. *Te bäst bedäft un de Grunnen* ‚du hast Eis am Schnurrbart' (Durles). *De Fenster se bedąft* ‚sind angelaufen' (Heltau). *Dî äs bedäft* ‚der ist betrunken'.

Vum Niewel uch vum Špirkel
Sen alle Bîm bedäft. Käst. 26.

Vîr mengem Fensterchen derhîm
Štôh gąnz bedäft meng Waichselbîm.
Ebda., 38.

— Mhd. tüften. Schwäb. duften ‚bereift sein'. Lautt. 65.

duftig, däftich, fehlt nösn. 1. ‚dunstig'. *Det Wädder äs däftich* (Streitfort). — 2. *duftich* in städt. Halbma. von leichten Sommer- und Ballkleidern gebraucht. Vgl. schwäb. düftig ‚dunstig'. DWB. 2, 1505.

~, **Duhut** m. (Schässbg.), nösn. *Dohot* m., *Duhat* m. *(S.-Regen)* ‚Bergteer', als Wagenschmiere gebraucht. (Zu magy. dohat, duhut, aus dem slaw., russ. degotĭ, böhm. dehet). Syn. *Pochert, Peochert.*

~, **Duhutschmierer** m. humoristische Bezeichnung der Riemer.

~, **Duina.** In dem Kinderreigenvers:

Duina! Maruina!
Drê dich, Mêtchen, drê dich,
Plutsch neder. Schuster, Volksl. 388.

Mädchen, sich an den Händen fassend, drehen sich im Kreise; bei den letzten Worten müssen alle sich niederducken, wobei manches der Mitspielenden zur Heiterkeit der andern umfällt. — Vielleicht im Anschluss an rum. doina ‚(schwermütiges) Lied'.

~, **Dujâne** (◡ ⏑́ ◡) fem. (nösn.) ‚Schenkbude auf dem Viehmarkte'. *Em dingkt, em wêr än der Dujâne* zur Bezeichnung grossen, wüsten Lärmes. (Zu rum. dugheana ‚Gewölbe, Laden').

~, **Dukas,** in der R. A.: *Gig än Dukas; än Dukas anjeli!* (lat. angeli) ‚geh zum Teufel' (nösn. städt.). *E äs en Dukas gągngen* ‚zugrunde gegangen'. Moselfr. En Dukas gôᵉn ‚zugrunde, verloren gehen'. Schwäb. Es geht in Dukas, in Duckes ‚verloren'. (Nach dem lat. Texte der 5 Bitte des Vaterunsers: Ne ducas etc.?) Kisch, V.-A. 33, 61. Schwäb. Wb. 2, 105. DWB. 2, 1496.

Dukaten, Tukâtn m., nösn. *Tukâtn* m., *Takôtn* m. *(S.-Reen).* 1. Die bekannte Goldmünze, im Werte von etwa 3 Talern, früher auch in sächs. Städten geprägt: (1612 liessen die Kronstädter) »Taller, Zehner Duckatten .. müntzen« (Kraus, Chron. 1, 33). Sonst auch »Tukaten« (1678, Qu. Kr. 4, 198). »Do hatt er ein grossen Hauffen gelts gesehen und auch etlich Dokaten« (1567, B. M.). »Fur der midwescher und croner ire turkischen dukaten, die man nicht nemen wolt« (1565, Nat.-A.). Auch »Topelt, dupelt Ducatenn« werden erwähnt, im Gewichte von zwei gewöhnlichen Dukaten. (Aus A. Huets Nachlass, Kbl. 12, 107). Der Dukaten war herkömmliche Taxe für verschiedene Funktionen, so für die Ordination, hie und da für Leichenpredigt des Stadtpfarrers, Botenlohn für denjenigen, der als erster die Nachricht von der Erwählung zum Pfarrer einer Gemeinde brachte. In einer Brautrede heisst es:

Hât hî (der Bräutigam) *nâ nor en Îgemôl,*
Tokâte fanjd em iwerǫl. Schuster, Volksl. 79.

Doch heisst es sprw.: *Et rênt näkest Tukâten* (Ebda., 193). Nur das Märchen weiss von einem Hahn zu erzählen, dem nach dem dritten Krähen eine Menge Dukaten aus dem Halse fielen (Kbl. 21, 61). Von einem reichen Manne heisst es in Med. *Dî hued en Tukâtescheisser.*

Dukatenwage, Tukâtewôch fem. »1 Ducaten wegelchen« (1650, Teilungsprotokoll). Sprw. *Em mess ned alles ǫf de Tukâtewôch liejen,* wie nhd. auf die ‚Goldwage legen'.

dulden, dûlden schw., nösn. *doldn* schw. 1. ‚Widerwärtiges mit Gleichmut, gelassen tragen'. *Ich dûlden* z. B. in einer unglücklichen Ehe, Krankheit. *Ich hu gedûlt* ‚mich gefügt, manches unangenehme über mich ergehen lassen'.

Motterharz täe Adelštîn,
Hart äm Drüen uch Dûlden.
Meyndt, 9.

Sprw. *Vill Schûlden, vill Dûlden.* »Wird Menschseligers nichts gehalten / als wenn Man vnnd Weib / so sich noch den rechten inn die Ehe zusammen begeben / Glůck und Vnglůck / lieb vnd leid miteinander dulden« (E. L. R., 54). — 2. ‚Mit Nachsicht ertragen, zulassen gestatten, leiden'. *De mâsst et dolden* ‚zulassen'. *Aich doldn dǫt nâ nami* (nösn.). »Sie kunnten sie nit dulden, das sie bei ihnen sollt leben« (1615, Nat.-A.). »Welches alles alhie zu erzehlen die Zeit nicht dulden will« (Kraus, Chron. 29). »Ja meine Frau sagte sogar gegen mich: ich kann dich nicht mehr lieben noch dulden« (1782, Cap. Cib.). »Als dann mögen sie (Blutsverwandte, die sich mit einander fleischlich vergangen haben, als Eheleute) vngescheiden geduldet werden« (E. L. R., 53). — Mhd. dulton, Lautt. 67. s. gedulden.

~, dûldijen schw. ‚mürbe, klein machen' (Stein). *Dulijen* (nösn.) ‚etwas geduldig ertragen'.

Duldner F. N. (1763, Denndf., Schässbg.; 1773, Heltau), Dultner (1713, Jakobsdf.).

Dules F. N. (1568, Keisd).

~, Dull m., s. Tüll.

Dull F. N. (1722), *Dull, Dullen Ditz* (Übername in Busd).

~, dullich adj. (nösn.) ‚sanft ansteigend' von Äckern. s. *Dalle, dallen.*

Dulner F. N. (1765, *Bistritz).* Vgl. F. N. Thullner.

~, Dultschâze (◡ ⊥ ◡) ‚mit Zucker eingekochter Fruchtsaft, Zuckerobst'. (Zu rum. dulceață ‚Süssigkeit').

dumm, tumm adj. adv., nösn. *tumm.* 1. Wie mhd. ‚wegen der Jugend ohne Erfahrung und Einsicht'. *Dǫd äs noch ze tumm derzâ* ‚das Kind ist dazu noch zu unerfahren'. (Ohne einen Tadel damit auszusprechen.) *Dǫd wêss näst dervu, ed äs nôch ze tumm* ‚zu naiv, unerfahren' (nösn.). *En tumm Gǫis* (nösn.), kann nicht nur von einem beschränkten, sondern auch einem naiven Mädchen gebraucht werden. — 2. ‚Beschränkten Verstandes', besonders in Verbindung mit Tiernamen: *tumm wâ en Kâ, en Ûs, e Röss, Schôf, Iesel;* auch *Schôf tummet, Röss tummet; tumm wâ de Nuecht, blätztumm.* — 3. ‚Unangenehm, widerwärtig'. *En tumm Geschicht, en tumm Sach. Ded äs mer nâ ze tumm! Et word em ze tumm,* ‚er mochte nicht länger warten, mittun usw.'. *Ed äs sîr tumm.* — 4. R. A. *Ed äs mer tumm äm Hîft* ‚wirr im Kopfe'. *Der Tumm huet det Gläck. E äs ned esi tumm, wâ e oussekt* (auch scherzhaft: *ech bän ned esi tumm, wâ tâ oussekst*). *Dâ tummer Kärl* gröber: *tummer Hangkt vu Fugresch.* Zur Erklärung wird Kbl. 24, 139 angeführt, in Fogarasch habe einmal ein Regiment Nachtquartier gehalten. Als es am nächsten Morgen in der Richtung gegen Kronstadt aufbrach, habe der Bürgermeister den Obersten darauf aufmerksam gemacht, dass im Wledenyer Walde sich Räuber herumtreiben, habe ihm aber angeboten, er wolle dem Regiment die beiden Polizeipanduren zum Schutze mitgeben. Wenn jene Redensart in Broos in Gegenwart eines Fogaraschers gebraucht wurde, pflegte man ihn damit zu trösten, dass es ja in Fogarasch zwei Gassen gebe, die Gasse der Dummen und der Gescheiten und der Anwesende stamme jedenfalls aus der letzteren (Kbl. 24, 148). In *S.-Reen* und sonst werden die Dummen *Rumeser* genannt. Syn. *Belesch, Dreidrumler, Gêpesch, Iesel, Mâku, Mutalô, Toaser, Tocki, Tulemuta.* — Mhd. tum, tump. Westgerm. anlaut. *d* erscheint (abweichend vom Nhd.) als *t* wie in (nösn.) *Tąm* ‚Damm'. Vgl. auch *toppeln, toppelt, Tukâtn, tucken.*

—, **dummeln** schw. (nösn.) ‚leise schlafen, schlummern'. *Ich hu e winich gedummelt.* Moselfr. dummelen im Halbschlummer murmeln (holl. dommelen). Vgl. auch Dummel m. Rausch, Schwindel. (DWB. 2, 1515.) s. *ändummeln.*

Dummerjan, Tumriân (◡́ ◡ –̱) m. *Tâ Tummriân klener, wat tuefste dänn hœ̂?* (Käst., 88). Lux. Dommerjan.

Dummheit, Tumhît fem., nösn. *Tummhêt* fem. 1. ‚Unerfahrenheit'. *E hued ed än sainer Tummhêt gedô* (nösn.). — 2. ‚Unsinn'. *E môcht ąllerlôi Tummhîten* (burzenl.).

—, **dummlich** adj. (nösn.) ‚schlaftrunken'. Moselfr. dummelich (holl. dommelijk).

—, **Tumpes** m., nösn. auch *Tumpes* m. ‚dummer Mensch, Dummkopf'.

> *Messt lîren, messt wąndern tâ*
> *Grumpes!* (Klotz)
> *Sonst bleifste deng Liefdœch en*
> *Tumpes.* Käst., 7.

dumpfig, dümpfig, dimpich, nösn. *dimpich.* 1. In der ursprüngl. Bedeutung ‚feucht, von moderigem Geruch und Geschmack'. *Dimpich Kîren* ‚durch Feuchtigkeit verdorbener, schimmelig riechender Weizen', *dimpich Miel. Det Brît schmąckt dimpich. Et recht än der Stuw, äm Käller dimpich* sagt man von feuchter, verdorbener Luft in schlecht gelüftetem Raume. *Det Hą̂ äs dimpich* ‚das Heu ist durch Feuchtigkeit verdorben'. — 2. Auch im Sinne von ‚schwül': *Wœ̂ dimpij äs et hotj* (Rohrb.) ‚wie schwül ists heute'. Ebenso in Agnetheln, Heltau und sonst *dimpich* ‚schwül'. Dafür auch das syn. *dälpich.* Zu vgl. ndd. dumpig, ndl. dompig, lux. dompech.

Dunckel F. N. (1528, Nat.-A.).

—, **Dunebe,** in Auszählreimen der Kinder: *Unebe, dunebe, doi.* In andern Variationen: *Une me, duna me doi. Una ba, duna ba doi. Unemi, dunemi. Unichi, dunichi. Unerchen, dunerchen. Anna, danna. Önche, dönche.* In allen diesen soll das erste Wort eins, das folgende zwei bedeuten, anklingend an lat. unus, duo, rum. doi (Höhr, 42 f.).

—, **Duneflitzker** Plur. Blumen im Brachfeld (Bekokten).

—, **Dunêsteln** Plur. ‚Natterkopf' (Echium vulgare), sonst auch *Dästelblomen* (Kl.-Sch. und Gr.-Sch.).

Dung, fehlt; dafür *Mäst, schwuerz Iert.*

düngen, dängen schw., nösn. *dängen* schw. (Städt. Halbma.). Bei Tröster, 436 stark flekt. »Darunter ist der mit so vielem Turcken-Blut gedungene Platz Kenyérmező oder Brod-Feld«. In der echten Ma. *mästen, bemästen, bewîrtn* (nösn.); *Mäst, schwuerz Iert fârn.*

Dünger, Dänger m., nösn. *Dänger.* Nhd. Entlehnung. Echte Ma. *Mäst; schwuerz Iert* (nösn. Landgemeinden).

Dunils F. N. (1808, Kronst.).

dunkel, dangkel Adj. und Adv., nösn. *dąngkel.* 1. ‚Nicht hell, finster, schwärzlich'. *Ed äs hekt dangkel dertous. En dangkel Štuf* (Stube). *Et kit dangkel* vom Heranziehen dunkler Wetterwolken. In einem Kinderreim:

> *Schuster, Buster dîn* (dehne) *der't Ledder,*
> *Sech det kid ä dongkel Wedder.* (S.-Reen).

De Kierx brœ̂t dangkel. Von Farben: *dangkelrît, -blô.* »Dieselbe mögen auch Englisch Tuch tragen, doch in eine Ehrbare tunkeln Farbe« (1689, Cap. Cib.). Adv. *äm Dangkeln* ‚in der Dunkelheit'. »Am Charfreyttag abends beim dunckeln war der Joh. Müller bei mir« (1792, L. K. A.). Verstärkungen: *štîndangkel, štockdangkel. De knäckschwarx dangklich Nôcht* (Käst., 80). *Ed äs dangkel wœ̂ äm Îssen, wœ̂ än er Kâ, wœ̂ än er Getter* (Rind). Vgl. elsäss. Do ist's dunkel wie in ere Kuh (Wb. 2, 693). Vgl. die Anekdote vom jungen Burschen, den der Herr in der Nacht hinausschickt, um zu sehen, was für Wetter sei und der in der Schlaftrunkenheit den Kopf statt zur Türe hinaus in die *Almerą̂* (Wandschrank) hineinsteckt und nun meldet: *Ed äs dangkel wœ̂ än er Kâ unt štängkt nô Kês.* Der Klang der mittleren Glocke wird nachgeahmt:

> *Štîndeangkel, kąld Ârbes.*

R. A.: *Ed äs esi dangkel, dad em sich ulene kąn. Dangkel wœ̂ än em Sąck. Esu dąngkel, dąd em de Fänger vor den Ôgn nät sait* (sieht) (nösn.). *Äst än det Dangkel brängen* ‚etwas ins Sichere bringen, auch eine Speise verzehren'. — 2. ‚Unklar, unverständlich'. *Ed äs mer dangkel. Dąd äs en dangkel Geschicht,* zugleich mit der Nebenbedeutung: ‚anrüchig, verdächtig'. — 3. ‚Eine Menge, sehr viel'. *Won ener än Amerika e wenich fleissich arbet, kąn e en dangkel Gielt mąchen.* — 4. Fl. N. »Auff der dunkel Kaulen« (1555, Nat.-A.). — Mhd. tunkel. Lautt. 66.

Dunkelheit, Dangkelhît fem., nösn. *Dąngkelhêt.*

dunkeln, dąngkeln schw. [städt. Halbma.]. *E äs dąngkelnd ku,* ‚er ist während des Dunkelns gekommen', auch *e äs bedqngkelt.* (Diese Verbalform hat sich wohl aus der Wendung *be Dangkelt* ,bei Dunkelheit' entwickelt z. B. *ich longt nor be Dangkelt hîm.* Nur so kann die aktive Verbalbildung *bedangkeln* passive Bedeutung erlangen ,vom Dunkel, Abend, befangen werden'. *Tummeld ich, mer bedangkeln hæ̂ af'm Fielt, wonnî selle mer hîme longen?* Mahnung an die Feldarbeiter zur letzten Kraftanstrengung vor einbrechender Nacht). Echte Ma. *dqngkel wiern, zâschemmern, zâdästern.* Vgl. *bedangkeln* (bedunkeln).

dünken, in der lebenden Ma. meist nur unpersönlich und im Präsens, 3. Person Sing. *et dingkt (mich)* gebraucht. *Woll geot dingkt înt dôt. Woll licht dingkt et mich* (Zw. Krez., 8, 24). *Dqt dingkt ene guer gât* ,das kommt einem gar gut vor' *(S.-Reen).* Sprw. *Geštîlä Gât dingkt muntch ene gât. Uch en Schämpesmat* (Abtrittsmade) *dinkt är Liewe gât* (Schuster, Volksl. 245, 171). In der älteren Sprache wird das Wort noch häufig verwendet. 1. ,Wähnen, meinen'. »Die Kirsner d ü n k e n in irem sinn, sie seien die fürnemsten, die edlesten, die besten«. »Arm heussler und Jacobsbrüder . . d ü n k e n sie seien all edelleut« (Dam. Dürr, Aml. 39 f.). »D u n k e t viel bei im selbst« (Hont. K. O. 29). »D a u c h t e n sie, sich nicht aufzusetzen« (1612, Qu. Kr. 4, 25). »Dass man nicht anders d a u c h t e« (1600, Ebda. 162). — 2. ,Scheinen, vorkommen', mit dem Accus. »Und d u c h t mich auch einmal, als käme die Hannes Ungarin mir vor« (1657, Hstdt. Ger.-Prot.). »Hat es in auch guet d u n k e n sein« (1567, Reichesdf.). »Welches uns den unbillich hatt d ü n k e n sein« (1569, Kl.-Schelken). »Mich d u n k e t auch also« (1599, B. M.). »Andere Sachen zu geschweigen, die uns als Eltern hart d u n c k e n« (1692, Cap. Cib.). — 3. Reflex. »Ein czech (Zunft) d ü n k t sich besser, denn die ander« (Dam. Dürr, Aml. 39). »Denn diese heilsame speis (das heil. Abendmahl) wird von denen, die sich selbs gerecht d ü n c k e n, zum gericht und verderben entfangen« (Hont. K. O. 23). »Weil er sich nun einen Herren des Landes d a u c h t e sein« (1610, Qu. Kr. 4, 16). Mhd. dunken.

dünn, dänn, Adj. Adv., nösn. *dänn,* vereinzelt *dân* (Rode, Meeburg), *dâen* (Zendresch). 1. Im Gegensatz zu dick ,schmal, fein'. *E dänn Briet, Drôt, Bliech, Klîd, Fadem. E äs dänn* ,mager'. *E hued en dänn Štämm* ,hohe Stimme'. — 2. Gegensatz von dicht. *Det Kiuren äs dänn, dänn gesêt* (Med.). *De Bîm štôn dänn; det Græs äs dänn. Det Kukerutz (Tirkesch Körn) dänn mqchen* ,die zu dicht stehenden Maisstengel aushauen'. »Kompt ungefahr ein warmer regen vndt windt, machten den schnee d i n n e« (Kraus, Chron. 1, 256). — 3. † ,Selten vorkommend, abnehmend'. »So ist darnach bei stedten die eintracht über diemassen d ü n n bei allen leuten« (Dam. Dürr, Aml. 39). »Basta . . . liess die Edelleute in Siebenbürgen mit Schwert und Strick d ü n n machen« ,räumte unter ihnen auf' (1604, Qu. Kr. 4, 14). »Die arme Zekel . . wurden sehr d ü n n e« ,nahmen ab' (1611, Ebda. 22). »Weil ihnen Gabor keinen Sold gab und sie auch sehr d ü n n e wurden« (1612, Ebda. 28). — 4. R. A. *De gât Wîrten än deser Gemîn sen dänn gesêt.* »Aber ser d ü n n e sind sie g e s e e t, die dasselbige theten« (Dam. Dürr, Hdschr. 350). Im sächsischen Hochdeutsch: »so haben mer gedenkt, auf dass uns ein guter Mensch mit etwas verhilflich wäre, aber mir scheint. die sein hier dünn gesät« (Zw. Krez. 11). *Dänn Boch, Beoch* ,Durchfall'; *um Bauch dänn sai* (nösn.). *Der Wenj kit dänn* ,das Fass geht zur Neige'. Sprw. *Wun em vill rutscht, wärden des Hîsen dänn. E huet ned än dänne Krezer* ,hat gar kein Geld' *(S.-Reen). Ed äs dänn, wâi e Rûsenblett* ,wie ein Rosenblatt' (nösn.), sonst auch: *wâ e Buineblât* ,wie ein Bohnenblatt'. Mhd. dünne. Lautt. 65.

Dünndarm, Dännduerem m., nösn. *Dännduarem* m.

Dünne, Dänn n., nösn. *Dänn* fem. Dim. *Däntchi* n. *Dann* n. (Pruden, Felldf.). 1. ,Die Flanke des Leibes unterhalb der Rippen, über den Hüften'. — 2. ,Das dünne Fleisch der Tiere an den Rippen'; nösn. *Däntchi* n. spez. die ,Dünne' bei Schafen. — Mhd. dünne n. die Weiche.

Dunnesdorf, Dunesdorf, Dunnesterf, O. N. einer sächs. Gemeinde im Grosskokler Komitat, magy. Dános, rum. Daneşu. Die ältesten Belege weisen das in den beiden andern Landessprachen erhaltene stammhafte *a,* daneben auch den Übergang in *o* auf: »D a n s d o r f f« (1393, Müller, Sprdm. 30), »D a n y s d o r f« (1508, Kbl. 2, 11), »D o n e s t o r f« (1343), »D o n o s d o r f« (1429, Nat.-A.), »D o n e s«-, »D o n y s d o r f« (1504). Seit dem 15. Jahrh. erscheint auch das lautgesetzlich aus *a* entstandene *u:* »D u n n o s s d o r f« (1432, Müller, Sprdm. 54), »D u n e s t o r f« (1592). »Bey D u n n e s d o r f f e r Müll« (1680, Cap. Bog.). »Auf D u n n e D ö r f f e r Hattert« (1681, Cap. Bog.). Wolff, Ortsn. 1, 30 hat den O. N. jedenfalls richtig erklärt als entstanden aus dem altd. P. N. Dano, Dan. Zu vgl. Danswilere, 11. 12. Jahrh. bei Köln, Danisdorf, Danissocz in der Zips.

∼, dänngehêpt adj. (Med.) ,schmalleibig, schlank, schwächlich'. (Wörtlich ,dünn gehippt, geschnitten', vgl. *Hêp* ,Hippe', Messer mit gebogener Spitze.)

—, **Dännrif** fem. ,dünnes' Rindfleisch an den Rippen samt denselben. Beim Schwein: *Dännräpp* fem. s. *Däckrif.*

—, **Dännschælich** fem. (zu erg. *Weimer* ,Weintraube'). Eine fruchtbare Art von Weintrauben, aber von geringer Güte, weisser Honigler, in Schässbg. *Fôl,* in *S.-Reen Fuel.* Wegen des reichen Ertrages sprw. *Dännschuel macht de Käller vuel* (Mediasch), aber weil sie minderwertigen Wein liefert: *Fuel äs de Kwuel* (Qual) *(S.-Reen);* darum auch zumeist ausgerottet und nicht mehr vermehrt.

—, **Dännschäss** m., auch *Dännschiss* m. ,Durchfall', s. Diarrhöe. Davon abgeleitet: *e Dännschässijer* (burzenl.) Bezeichnung für einen sehr mageren Menschen.

—, **Dännt** fem. (nösn.) ,Dünnheit'. Mhd. dünnede.

—, **Dännzopper** m. (Mediasch). Bezeichnung für einen auffallend hageren, klapperdürren Menschen. Vgl. zoppern, zuppern, einschrumpfen'.

Dunst, nur in nhd. Entlehnung **Dunst** m. 1. Im eigentlichen Sinne ,Wasserdampf, sichtbarer, meist auch durch den Geruch wahrnehmbarer Dunst'. *Äm Dunst kôchen* ,Obst (daher *Dunstoppes, -opst* nösn.), Gemüse in Wasserdampf kochend für den Winter konservieren'. *Ed äs e grûss Dunst än der Kuchel* (nösn.). — 2. In städt. Halbma. *e huet nichen Dunst, nichen blônen* (blauen) *Dunst dervun,* wie nhd. ,hat keine Vorstellung davon'. — 3. ,Vogelschrot', zum Schiessen kleiner Vögel. — 4. ,Feingesiebtes Mehl': *Dunstmiel (S.-Reen).* s. auch *dæsten, Dæstzîms.* — Mhd. dunst. In der echten Ma. sind erhalten die auf denselben Wortstamm zurückgehenden Wörter *Däft* (s. Duft), ferner *dæsten, Dæst(zims).* Vgl. Z. f. d. W. 9, 130, wo duft, dunst, dust auf eine gemeinsame germ. Grundform dumftu-z zurückgeführt werden.

dünsten, dinsten schw., nösn. *dinstn.* 1. ,Obst, Fleisch, Gemüse durch heissen Dunst mürbe machen, schmoren, dämpfen'. *Flîsch, Iertnäss dinsten. Der gedinst Äjresch* (Himw., 46). — 2. In städt. Halbma. auch a) ,in feuchter Hitze schwitzen'. — b) ,Auf der faulen Haut liegen, wachend im Bette liegen'. Mhd. dünsten.

—, † **Duof,** *Duef* m. (?). 1. ,Tal, Waldschlucht', in der lebenden Mundart nicht vorkommend, in einigen Volksliedern aus Mühlbach erhalten:

Gqngk tâ eruow äm defen Duof
Der Reif wirt dech uch dräcken.
SCHUSTER, Volksl. 4.

Et štând e Bîmtchen äm defen Duof
Et hengen dier rîder Apeltcher drun.
Et kqm e Wäntjchen und wêt se uof
Äm defen Duof.

— 2. Fl. N. *Afm Duef* (Gergeschdf.).

—, **dupm** schw. (nösn.) ,naschen, stehlen'. Vgl. rheinfränk. betuppen, betrügen, prellen (FROMM. 5, 520).

—, **Däppekucker** m. So heisst einer, der sich unbefugt beim Kochen, in der Küche zutun macht. »Er ist ein Töpfenkucker« (1653, Nat.-A.). Syn. *Kukta, Kupta (S.-Reen)* nach dem magy. kukta.

Düppen n. **Dippen** (Wetterau), **Däppen** n. Dim. *Däppchen* n., nösn. *Däppm* n. Dim. *Däppchi* n., burzenl. *Dappen* n. 1. ,Gefäss, Topf zum Aufbewahren und Kochen von Flüssigkeiten', je nach dem Material: *irden, käfferen, eiseren,* (ss. *ierdän*..) *Däppen,* oder nach der Bestimmung desselben: *Mälch-, Kreokt-, Schmqlz-,* auch *Hochzetdäppen,* das letztere ein besonders grosser Topf; *Rîssdäppm* (nösn.) ,weites, irdenes Gefäss, zum Kochen von Milch, Maisbrei' usf. Auch in älterer Sprache »ein kepferen deppen« (1548, Qu. Kr. 3, 461); »3 khuphere Thephen czwm khochenn« (1551, Ebda. 537). »Wirft den Zicker (Korb) sampt dem Deppen von sich zur erden« (KRAUS, Chron. 1, 29). »Die depcher an der Zeil (der Reihe nach) aufgedeckt« (1609, Nat.-A.). In einem Fastnachtsspruch:

Det Schmqlzdäppen äs lädich
Und em ässt det Brît nor drech.
SCHUSTER, Volksl. 97.

In einem Jungfrauentagsliede:

De Brokt dâi hat nor în Hîn (Henne)
Uch dæ mosst sai ant Dappe gien.
Ebda., 123.

Auch in Kinderreimen:

Hîme gôn, Däppe schlôn,
Scherwen af de Muort (Markt) *drôn.*
Ebda. 332.

Oder:

Heme gû, Dappn schlû,
Vueter, Mqter nassn sû. (Weisskirch.)

Mischkôzi, kram dôzi, kram flôzi,
kram Däppen,
More sql em dich knäppen.

Dem Kinde, das gelangweilt fragt: *Wat sal ich dân?* antwortet man neckend: *Mer sellen de Däppen zeschlôn* (Trappold). Spiele: *der Däppchen špilln* (Kbl. 20, 91); *des Däpptschen* (Kbl. 19, 103); auch *Däpchen* und *Dækeltchen* (SCHUSTER,

Volksl. 394). s. Deckel. Am dritten Ostertage wird *Däppe schlôn* gespielt. (Den Kindern werden die Augen verbunden, worauf sie die Aufgabe erhalten mit einem Stock einen Topf zu zerschlagen. Wer ihn trifft, ist Sieger.) In einer humoristischen Hochzeitsrede wird u. a. als Hochzeitsgeschenk ausgeteilt: *de Bodem vun em Däppen.* — 2. ,Grösseres zumeist kupfernes Gefäss, zum Branntweinbrennen und für andere Wirtschaftszwecke'. Früher, vor dem Jahre 1848, gab es z. B. in *S.-Reen* fast in jedem Hause ein *Pâlêdäppen* zum Erzeugen von Branntwein. Die Nachbarschaften besassen grosse, kupferne *Däppen,* die an die Mitglieder gegen eine kleine Taxe ausgeliehen wurden. »Item ein gross kupferinn Deppen, welcher das bedürffen würde, sol dem Nachbar Honnen (Nachbarvater) daruon geben d. 10« (16. Jahrh. Nachbarsch.-Art.). »Zum siebentten, wenn einer dass nober debpen über nacht zu Im hellt ..« (1587, Nachbarsch.-Art.). »Mir hoben ein deppen kauft zum pulwer halden« (1559, Hstdt. Schusterzunft). — 3. In R. A. *Äm Däppe bleiwen* ,in Verlegenheit geraten', *mer sen äm Däppen* ,in Verlegenheit'. *Se štît wæ̂ e Kre°ktdäppen* von einer Frau, welche die Hände in die Seiten stemmt (Med.). *E jêder scherrt de Kûle bei senj Dappen* ,jeder ist auf seinen Vorteil bedacht' (burzenl.); *e schiärt de Koln bai sai Däppchi* ,er will alles an sich raffen' (nösn.). *Klîn Däppcher lûfe (ke°chen) schniel iwer* ,kleine Leute werden leicht zornig'. Ähnlich: *det Däppchen äs em iwergelûfen, e hôd e klîn Däppchen* (Schässbg.). *Der în huet det Däppchen zerbrôchen, der q̂nder det Dæ̂ckelchen* sagt man von zwei Streitenden, die beide im Unrecht sind. *Än't Däppen dân* ,sich blamieren', ,zu kurz kommen'. (Gemeint ist hier der Nachttopf.) *Dier huet hîšch än't Däppe gedôn* ,der hat sich schön blamiert'. *De gebangdän Däppen hq̂lden um längsten. De Känjt štôn dô, wæ̂ de Däppcher un der Rum* (am Rahmen). *Se äs e zebrôchen Däppm* von einer an Frauenkrankheit Leidenden, Unfruchtbaren. *E zilt sainer Frq̂ de Faibun* (die Bohnen) *änt Däppm* ,er ist ein Erbsenzähler, Geizhals' (nösn.). *Ir mâsst det Hîrsch-, q̂ber det Rômdäppm gât gelâkt hu* sagt man solchen, denen es auf dem Hochzeitszuge regnet. Rätsel: *Zwelf Bræ̂der lûfen ameränjk, se schlôn un e miessengän Däppen, dad et durch Gassen und Strôsse klängt* (Die Turmuhr). Zungenübung zum scherzhaften Schnell- und Versprechen: *Drq̂ Däppcher, drq̂ Dâkelcher.* — 4. Fl. N. *Deppenkaulen* bei Hstdt. (Kraus, Chron. 2, 42). — Das Wort erscheint als Düppen, Dippen n. in Mitteldeutschland, Hessen, Thüringen, in der Wetterau; moselfr. Deppen n. lux. Döppen n., auch mhd. Nebenform tüpfen n. neben m.

(**Düppner**), **Däppner** m., nösn. *Têper* m., burzenl. *Dappner.* Urk. öfters bezeugt. Deppner tzech (Zunft), deoppner tzech (1574, Nat.-A.). Däpner-, Depnerthurn, ,Verteidigungsturm der Töpferzunft' (1562, Müller, Sprdm. 224), »düpnerin« (1350, Ebda. 19), »doppener« (1452, Ebda. 60), »depner« (1552, Qu. Kr. 3, 538), später auch: »den Töpern« (1740, V.-A. 27, 461), »Töpner, Töperzech« (1740, Ebda. 463). 1. Der das in unseren Städten früher zünftig organisierte Gewerbe der Töpferei betreibende Handwerker. — 2. R. A. *E lacht, wæ̂ der Däppner, won e ämgestälpt huet; wâi der Têper, wänn e iberschlêt* (nösn.) ,von erzwungenem Lachen bei einem Missgeschick'. Sprw. *De Mänjtsche se guer vun enem Däppner gemq̂cht* (Schuster, Volksl. 256). Spöttisch von der Töpfersfrau: *de Däpnerän, de îwich Lîmkniederän. E kit mer wæ̂ en Däppner vîr, dier un em Rînche kruepest.* Kästner vergleicht sich in einem ungedruckten Gedichte als Poet mit einem Töpfer, der am Raine herumsteigt, um sich den rechten Lehm für seine Formen zu suchen. *Däppner wiern* ,sterben'. Freundinnen der Braut erscheinen zum Glückwunsch mit Kränzen und *q̂lden Däppen* und singen:

Det Schessen nit noch nichen Onjd,
Näe kid âes Palver drun
Mir nien as Bissen än de Honjd
Da mir vum Dappner hun.
Schesst dad et kracht,
Ir Wirtscheft sq̂l gedoan
Esefelt Gälde selt er hun
Wa wot ha Scherwe loan. Meyndt, 21.

Dabei werden die alten *Däppen* zu Scherben zerschlagen. — 3. Fl. N. *Än der Depnerschkolj* (Galt), *Depnergruewen* (Dobring, Talmesch), *q̂fm Däpner* (Halvelagen). *Däppner Kellen* (Hstdt.). *Däppner,* Waldname (Rode). *Däppnersch Wisken* (Gr.-Kopisch). — 4. »Deppner« F. N. »Dupner« (1490, Qu. Gesch. S. 130), »Depner« (Müller, Sprdm. 224), »Deppner« (1599, Heltau, B. M.), »Däpner« (1808, Neustadt, Zeiden), »Döpfner« (1808, Kronst.), »Depner« (1764, Streitfort, *Weisskirch),* »Deptner« (Wolkendf., Urwegen), »Däpner« (Heldsdorf). Auch moselfr. F. N. Deppner.

durch, durch, nösn. *durich, duech (Klein-Bistritz).* Adv. und Präp. I. Adv. 1. Selbstständig. a) In einzelnen meist elliptischen Wendungen. *E äs durch* ‚er ist einer Gefahr entronnen, hat eine Prüfung überstanden, hat sich durchgedrängt‘. *Der Nuegel äs durch* ‚der Nagel ist durchgeschlagen‘. *De Hôsn, de Štrimp sai durich* ‚die Hosen, die Strümpfe sind zerrissen, durchgetreten‘ (nösn.). *Ich bän bǫlt durich* ‚ich bin bald fertig‘. *Mer messen dô durch. Em less mich net durch.* — b) Verstärkend wirkt die Wiederholung *durch und durch* ‚ganz und gar‘. *Ich bän durch und durch nǫss. Ich kann en durich ǫnd durich* ‚ich kenne ihn ganz genau‘ (nösn.). — c) In Verbindung mit *durchen* ⟨ durchhin. *E nid et durch de Gluesscheif durchen* (SEMP, Regrut 5). — 2. In Zusammensetzungen. A. Mit Verben. Bei unfesten Zusammensetzungen tritt *durch* in allen Formen, ausser Inf. und Part. hinter das Verb zurück. Bei Verwendung von Hilfsverben erhalten dieselben, abweichend vom Nhd. ihre Stellung zwischen *durch* und dem zugehörigen Verbum. *E huet net durch terfen fueren. E hued et nät durich känn (wänn) lêsen* ‚er hat es nicht durchlesen können (wollen)‘ (nösn.). Bei Verbalzusammensetzungen können etwa folgende Kategorien unterschieden werden. a) Infolge Komposition mit *durch*, das zum Stamme therh ‚durchbohren, durchdringen‘ gehört (KLUGE[6], 86), erhalten Verben in Verbindung mit einem Acc. die Bedeutung des Durchlöcherns, Durchbohrens, Durchdringens eines Widerstand leistenden Gegenstandes, der dadurch verletzt wird: durchbeissen, -bohren, -brechen, -fressen, -graben, -grübeln, -hauen, -hecheln, -löchern, *-knuegen, -päcken, -ropschen,* -sägen, -schiessen, -schneiden, *-špäcken,* -spalten, -stechen, -stossen, *-štuppm.* — b) Andere Verben erhalten die Bedeutung des freien Hindurchgehens, Durchdringens, Bewegens ohne einen merklichen Widerstand und ohne dass der bei trans. Verben im Acc. hinzugefügte Gegenstand verletzt wird. α) Intrans. (bei trennbarer Verwendung) durchfahren, -fallen, -fliegen, -fliessen, -gehen, -kommen, -kriechen, *-krapseln,* -laufen, *-plumptsen,* -reiten, -rennen, *-rîrn,* -schleichen, *-schloppen, -sîkern, -tripsen.* β) Trans. durchdringen, -drücken, *-kottern,* -reissen, -rühren, *-sînen,* -stöbern, -wirken, -wühlen, -ziehen. — c) Es wird bei intrans. Verben durch das Subjekt, bei trans. durch das Objekt des Satzes der Gegenstand angegeben, an dem die durch das Verb. ausgedrückte Tätigkeit vollständig durchgeführt wird. α) Intrans. durchfrieren, -räuchern. — β) Trans. -backen, -braten, -dreschen, -hauen, -lesen, *-murken,* -suchen, -weichen, -wärmen. — d) Es wird das Erreichen des Zieles einer Tätigkeit angedeutet: durchbringen, -denken, *-feckeln, -fretten,* -führen, -füttern, -helfen, -machen, -mustern, -setzen, -wintern. Zu bemerken ist, dass intrans. Verba infolge untrennbarer Zusammenfügung mit d u r c h trans. werden; in diesem Falle ist das Verbum hochbetont; sonst, wie auch bei B. Zusammensetzungen mit Subst. hat durch den Hauptton: ebenso in der Entsprechung für durchhin ⟨ *durchen* (⏑́ ⏑), ferner *derdúrch.* Dagegen auch in der Ma. *durjoús* (⏑ ⏑́), nur emphatisch *durchous* (⏑́ ⏑). — II. Präp. mit dem Acc. 1. Lokal. *E flecht durch de Laft; e schwämmt durch det Wasser. E ret durich de Nuas* ‚er redet näselnd‘ (nösn.). *Et gìt mer durch det Hîft.*

> *Frektich fâr e durj en Burch,*
> *Dô schin dǭt Gûlt zâ den Laden erdurch.*
>
> SCHUSTER, Volksl. 59.

Sprw. *Än Šträch durch de Riechnungk mǫchen. E ret durich den Gôchštâkn* (Jochstecken) ‚er macht Umschweife, wie die Katze um den Brei‘ (nösn.). *E sekt durch de Fänger* ‚ist nachsichtig‘. »Das ein armer mit seiner gerechtigkeit muss d u r c h den Korb fallen« ‚zu kurz kommen‘ (DAM. DÜRR, AML. 33). »Daher kompts, wenn der todt die gottlosen von fernst d u r c h einen zaum (Zaun) grüsset und anblickt, . . so wissen sie nicht, wo sie fur furcht bleiben sollen« (Ebda., 67). — 2. Temp. wird *durch* selten gebraucht. *Et rênt durch de gǫnz Nuecht. Durch zwê, drǭ Jôr.* — 3. Instrum. *Ich hun em durich den Knêcht sô lossn* (nösn.). »Auch wissen wir nicht, d u r c h was todt uns der himmlisch vater von dannen ruffen will« (DAM. DÜRR, AML. 70). »D u r c h des teufels kunst« (Ebda., 37). »Das mir d u r c h den zeitlichen todt wandern ins himlisch vaterland« (Ebda., 68). »Ander leut schweeren, lügen, betriegen einen d u r c h s maul« (DAM. DÜRR, Hdschr. 827). — 4. Causal. Sprw. *Durch Špuere wid em rech. Durch Schaden wid em klach. Dǭd äs durich dai Faulhêt ku* ‚deine Faulheit ist die Ursache davon‘ (nösn.). »Das d u r c h einikeit klein ding gewachsen sein d u r c h zwitracht grosse sachen gefallen sein« (DAM. DÜRR, AML. 38). »Dass er mir nicht schaden konnte d u r c h Christi des Herrn seine heiligen fünf Wunden« (1673, MÜLLER, Sagen[1], 60).

durcharbeiten, durcharbeden schw., nösn. *durichuarbedn.* 1. Wie nhd. ‚gehörig bearbeiten‘. — 2. Refl. *E huet sich durchgearbet* ‚er hat sich (mühsam) hindurchgeholfen‘. — 3. Übertragen: ‚prügeln‘. *E huad en ordentlich durichgeuarbet* (nösn.).

durchaus, durchous (◡◡), nösn. *durichaus*, wie nhd. *E wäll durchous net.* »Verwüsten Burzenland durchaus« ‚gänzlich' (1600, Qu. Kr. 4, 12).

durchbeuteln, durchbeggeln schw., nösn. *durichbaireln.* Gewöhnlich bildlich: *de Kaldjen fêit u mech ze durchbedjeln* (burzenl.); *et durichbairelt mich* ‚vom Schüttelfrost infolge grosser Kälte gebraucht' (nösn.).

—, **durchbläddern** schw., nösn. *durichbleddern* ‚durchprügeln'. Zu beledern, also eigentlich ‚das Leder durchgerben'.

durchbläuen, durchblǫ̂n schw., nösn. *durichblǫ̂in* ‚durchprügeln'. *Ich hun en durchgebloat* (Alzen).

durchbohren, durchbîrn schw., nösn. *durichbôrn.* 1. Wie nhd. ‚durchstechen'. *E hu̥ed en durchbîrt.* — 2. Bildlich. *E sǫ̂ch mich u, wâi wän e mich durichbôrn will* (nösn.).

durchbrechen, durchbrêchen st., nösn. *durichbrâchn.* 1. Wie nhd. *durch de Mouer, durch det Eis brêchen; de Zant* (Zähne) *brâchen durich* (nösn.). — 2. Part. *durchbrôchen Uarbet* ‚weibliche perforierte Handarbeit'.

durchbrennen, durchbræ̂n schw., nösn. *durichbrâi.* 1. Im eigentlichen Sinne: *det Dǫ̂ch bræ̂t durch.* — 2. Aus der Studentensprache übernommen: ‚entwischen, sich heimlich aus dem Staube machen': *e äs durchgebræ̂t.*

durchbringen, durchbrängen st., nösn. *durichbrângn.* 1. Gewöhnlich: ‚verschwenden, verprassen, vergeuden'. *Än em Gôr* (Jahr) *hat e all senj Haw uch Geât durchebrôcht* (Reussen). *E bruonjt ǫlles durch* (Alzen). Sprw. *E gât Wîrt kǫ̂n ned esi vill summeln, wæ̂ en licht Wîrtän durchbränjen* (Schuster, Volksl. 185). »Als heet er ym seyn gwt vmbrocht aber dwrchbrocht« (1536, Müller, Sprdm. 196). »Wer seine gesunde tag frisch durchbracht hat, wie Bruder rausch« (Dam. Dürr, Aml. 70). »Sondern auch das meiste davon verwahrloset und durchgebracht« (1780, Cap. Cib.). — 2. Refl. ‚sich durcharbeiten': *sich mät Fleiss durch det Liewen durchbränjen.*

—, Durchbringer † ‚Verschwender'. »Sehen aber und erfahren das contrarium, denn wir sehen, dass er nicht ein Haus Vatter, sondern vielmehr ein Durchbringer ist und nur Schulden auf Schulden häuffet« (1692, Cap. Cib.).

Durchbruch, Durchbrach m. (◡◡), nösn. *Durichbrǫch.* 1. Wie nhd. *Et kit zem Durchbrach* (Städt. Halbma.). — 2. *Durichbrǫchuarbet* fem. ‚durchbrochene' weibliche Handarbeit.

durchdreschen, durchdrieschen st., nösn. *durichdrâschn.* 1. ‚Durchprügeln'. — 2. ‚Eine Sache immer wieder besprechen, vorbringen': *Em huat dǫ̂t vil (genach) durichgedrâschn* (nösn.).

durchdringen, durchdrängen st., nösn. *durichdrängn.* 1. Getrennt: *E drängt mät senjer Mînungk durch.* — 2. Untrennbar. »Zu der Zeit fület sie (Maria) das zweischneidig schwert, welches ire seel durchdrenget« (Dam. Dürr, Hdschr. 891). »Welche Wort durchdrungen mein Herz, wie zweyschneidig Schwerdt« (Kemeny, Fundgr. 330). »Bekommen dies traurige und Herz durchdringende Mandat« (Ebda.).

durchdrücken, durchdräcken schw., nösn. *durichdräckn.* Gewöhnlich refl. gebraucht. 1. Im eigentlichen Sinne. *Hæ̂ messen mer es durchdräcken* z. B. durch eine grosse Menschenmenge. — 2. Bildlich. *Mer wänn es durch disen Wängter durchdräcken* ‚mit einem gewissen Quantum Heu, Getreide u. dgl. auszukommen suchen'. Sprw. *E lädrä Gesicht dräckt sich iwerǫ̂l durch* ‚mit Dreistigkeit kommt man über Schwierigkeiten hinüber'.

durcheinander, durchenǫ̂nder, nösn. *durichenǫ̂nder.* 1. Adv. *Et gîd alles durchenǫ̂nder* ‚es geht alles drunter und drüber'. »Bald gesteht er etwas, bald läugnet ers, mengt alles durcheinander« (1793, Cap. Cib.). — 2. Als Subst. *Ed äs hekt hæ̂ e grîss Durchenǫ̂nder* ‚eine grosse Unordnung'.

> *Ed äs en Durchenǫ̂nder*
> *Um Thrîn, wæ̂ äm den Hiert.*
>
> Käst., 47.

—, **durchen,** s. durchhin.

Durchfahrt, Durchfuert fem., nösn. *Durichfuart.* *Af der Durchfuert* ‚auf der Durchreise'. »Drumb sollen mir dieses leben nur fur ein durchfurt halten« (Dam. Dürr, Aml. 68).

Durchfall, s. Abweichen und Diarrhöe.

durchfallen, durchfǫllen st., nösn. *durichfǫlln.* 1. In eigentlichem Sinne. *E fǫllt durich det Lôch durich* (nösn.). — 2. Übertragen: ‚eine Prüfung nicht bestehen, nicht gewählt werden, mit seiner Meinung nicht durchdringen'.

—, **durchfiertich** *sen, wiern* ‚Durchfall bekommen' (Radeln). Zu *Durchfuert.*

—, **durichfretten** schw. (nösn.). 1. ‚Durchreiben, wund reiben'. — 2. Refl. in übertragenem Sinne: ‚sich abmühen, schinden, plagen'. *E huat sich mâisêlich durichgefrett* ‚hat sich mühselig durchgedrückt'. Das Simplex *fretten* ‚reiben' gehört zu franz. dial. fretter hecheln, prov. fretar, ital. frettare (von lat.

fricare) reiben. Auch mhd. vretten wundreiben, bildlich quälen, plagen.

durchfüttern, durchfittern schw., nösn. *durichfittern. Ich hun det Vê, det Gesängt durch de Wängter durchgefittert.* Syn. *wängtern, iwerwängtern, ouswängtern.*

durchgehen, durchgôn st., nösn. *durichgô.* 1. ‚Entfliehen, sich unerlaubterweise, heimlich aus dem Staube machen'. *E äs mät dem Gielt durchgegangen.* Syn. *durchbrên, durchlûfen.* Auch von Pferden: *De Fârt senj durchgegangen,* dafür auch: *de Röss sai flichtich* (nösn.), *vûrflichtich gewûrn (S.-Reen).* »Wobej er auch dieses soll gesagt haben: meine Meisterin will mit mir durchgehen« (1782, Cap. Cib.). »Wie des Andres Roth sein Vater von seiner Mutter, wie man pflegt zu reden, durchgegangen war« (1780, L. K. A.). Auch Subst. *Ed äs zem Durchgôn* ‚es ist nicht mehr zum Aushalten'. — 2. *Senj Mînungk gît durch* ‚seine Meinung dringt durch'. — 3. *Et durchgît mich* ‚eine Erzählung, ein Ereignis ergreift, erschüttert mich'. *Et huet mich durchgange (S.-Reen)* ‚es hat auf mich einen erschütternden Eindruck gemacht'. — 4. † ‚Durchdringen'. »Und mittler Zeit seind vil regen gefallen, welche durchgegangen sind« (1599, Hstdt. Ger.-Prot.).

durchgraben, durchgruewen st., nösn. *durichgruabm.* In spezieller Bedeutung ‚grabend durchsuchen'. *E huad alles durchgruabm* (nösn.). »Alle mauren vndt heimlige öhrter durchgegraben« (Kraus, Chron. I, 9).

durchgrübeln, durchgriweln schw., nösn. *durichgribeln.* Gewöhnlich im Part. *durchgriwelt* ‚durchtrieben, listig, verschlagen'. Auch der Fuchs hat die Bezeichnung: »*der Durchgriwelt*«. Syn. *durchwirkt,* nösn. *durichtribm.*

—, **durchhappesen** schw. ‚durchgehen, entschlüpfen' (Gürteln). s. d. Simplex.

durchhauen, durchhân st., nösn. *durichhân.* 1. ‚durchprügeln'. 2. Refl. ‚sich mühsam oder gewaltsam durcharbeiten, durchhelfen'.

durchhecheln, durchhecheln schw., nösn. *durichhâcheln.* 1. ‚Hanf, Flachs durch die Hechel ziehen'. — 2. ‚Mit Schärfe, Spott bekriteln, bis ins Einzelne tadeln'. *Äm hued en durichgehâchelt, dạt niche gât Fuadn un em geblibm äs* (nösn.).

durchhin, durchen, fehlt nösn. *Ed äs durche mäd em* ‚er ist verloren'. *E äs durchen* ‚er ist fertig', z. B. ganz verarmt, hat sein Vermögen angebracht. Syn. *E hôt brît.* »Ich wer zuvor nicht da mögen durchen, da das ros durchen kommen ist in dem wasserflut« (1599, B. M.). Vgl. auch schwäb. durche < durchhin.

—, **durchkiwern** schw., nösn. *durichkibern* ‚durchstöbern'. *E hued äm Kasten, äm Däsch alles durchkiwert* ‚durchstöbernd durchsucht'.

—, **durchkottern** schw., nösn. *durichkạtrạisn* ‚herumwühlen, so dass dadurch Unordnung entsteht'. *De Lêtcher äm Däsch durchkottern.*

—, **durchkrapseln** schw. durchkriechen.

durchkriechen, durchkrechen st., nösn. *durichkrâichn.* 1. Wie nhd. *E äs durch den Zong* (Zaun) *durchgekrôchen.* — 2. *Des Durchkrechenes špiln.* (Kinderspiel: Je zwei Kinder stehen einander gegenüber, erheben die Hände und bilden in dieser Stellung eine Reihe. Das letzte Paar kriecht unter den erhobenen Händen aller übrigen hindurch und stellt sich am andern Ende wieder auf; in dieser Art wird das Spiel beliebig lange fortgesetzt.)

Durchlaß, Durchloss m., nösn. *Durichlạss* m. Gewöhnliche Bed. ‚Öffnung in einem Strassenkörper zum Durchfliessen des Wassers'.

durchlassen, durchlossen, st., nösn. *durichlossn.* 1. ‚Den Durchgang gestatten'. Spez. ‚eine Prüfung überstehen, in eine höhere Klasse aufsteigen lassen'. *Em hued en durchgelossen.* — 2. ‚Durchfliessen, durchsickern lassen'. *Det Pupair let durich* ‚das Papier lässt (die Dinte) durch' (nösn.).

Durchlaucht, † »Kommen Fürstlicher Durchleucht Legaten« (1613, Qu. Kr. 3, 169).

Durchlauf, Durchlûf m. ‚flüssiger Stuhlgang, Diarrhöe'.

durchlaufen, durchlûfen st., nösn. *durichlûfn.* 1. ‚Eine Strecke durcheilen'. — 2. ‚Durchgehen, entschlüpfen'. *Det Küngt äs mer durchgelûfen;* auch: *de Röss sai em durichgelûfe (S.-Reen).* Syn. *flichtich gewûrn.*

durchleuchten, durchlichten schw., nösn. *durichlichtn,* gewöhnlich in der Bed. ‚durchscheinen'. *Et licht durch,* z. B. ein Unterkleid durch ein durchsichtiges Gewebe des Oberkleides.

durchmachen, durchmạchen schw., nösn. *durichmạchn.* Wie nhd. ‚Besondere, meist schwierige Verhältnisse durchleben'; *dier huet vil (genach, Schwêret, dạd alles) durchgemạcht.*

Durchmarsch, Durchmarsch m. 1. *Se wôren af'm Durchmarsch* (milit.). — 2. Diarrhöe. — 3. *En Durchmarsch mạchn* ‚die Nacht durchschwelgen'. — 4. Beim Kartenspiel ‚alle Stiche machen'.

† **durchmausen** ‚plündernd durchsuchen'. »Diese (Türken und Tartaren) durchmauseten ganz Siebenbürgen« (1613, Qu. Kr. 4, 34).

—, **durchmurken,** schw., nösn. *durichmurkn.* 1. Trans. ‚Den Teig gut verarbeiten'. *De mâsst den Dêch gât durichmurkn* (nösn.) — 2. Reflex.

'Sich durchzwingen, sich mühsam herausarbeiten, eine Krankheit, Prüfung mit Not überstehen'; auch: *sich kammerhêftich* (kämmerlich) *durchmurken* 'sich mühselig durcharbeiten'.

durchpassieren, durchpassîren schw., nösn. *durichpassîrn.* 1. Intrans. 'durchreisen' [Städt. Halbma.]. — 2. Trans. 'durch ein Sieb durchtreiben, durchreiben', z. B. Tomaten, Erbsen, Bohnen.

durchpelzen, durchpi^e^lzen schw. 'durchprügeln'.

~, durchplumpsen schw., nösn. *durichplumptsn* 'durchfallen', durch ein Loch, durch die Prüfung. Vgl. moselfr. plompsen 'fallen'.

Durchreise, Durchrîs fem., nösn. *Durichrês* fem. *E äs af der Durchrîs.*

durchreisen, durchrîsen, schw., nösn. *durichrêsen.* [Geh. Spr.]: *Dis hu sij q̂ entschlqssn, i^e^r Lêbnsrâ^e^s mid enqnder du^e^chzerâ^o^sen.* (Aus der Rede des Hochzeitsbeistandes, *Kl.-Bistritz).*

durchrennen, durchrännen, nösn. *durichrann.* Sprw. *Wun em mät dem Hîft durch de Mouer ränne wäll, zebrächt em sich de Schärl* 'Kopf' (Schuster, Volksl. 234). Auch sonst zur Kennzeichnung starrköpfigen Wesens: *Mät di^e^s senem Hêft kênd em Mauern durichrǽne (S.-Reen).*

~, durchropschen schw., nösn. *durichrupešchn* (-ž-) schw. 'durch vielfaches Reiben fadenscheinig machen, durchlöchern'. s. das Simplex.

durchrudern, durchrâdern, schw., nösn. *durichrâdern* schw., gewöhnlich nur mit der Bedeutung 'durchwühlen, herumrührend durchsuchen'. s. *râdern* (rudern).

durchrühren, durchrǽren schw., nösn. *durichrârn* schw. Spez. Umrührend durch einen Durchschlag, ein Sieb durchdrücken, durchtreiben, z. B. weichgekochte Bohnen, Erbsen. *Durchgerǽrt Fussoien* (Bohnen); *durichgerârt Ârbes* (nösn.). Dafür auch *durichgeriwän Bu^i^ne, Ǽrbes (S.-Reen).*

durchschießen, durchschessen st., nösn. *durichschâ^i^ssen* st. 1. Wie nhd. — 2. † »Die Fürstin ... selbiges ross alssobaldt durchschissen (erschiessen) liess« (Kraus, Chron. 2, 244). — 3. *E fenj Wallštoff mät sedjänen* (seidenen) *Štreifen durchschôssen* (Kronst.).

durchschimmern, durchschemmern, schw., nösn. *durichschimmern* schw. 1. *Et schimmert durich den Vôrhqng* (nösn.). — 2. Bildl. *E less durchschemmern* 'liess seine Absicht merken'.

Durchschlag, Durchschlq̂ch m., nösn. *Durichschlq̂ch* m. 1. 'Küchengerät zum Durchreiben von weichgekochten Bohnen, Erbsen, Zwetschken'. — 2. 'Hammer, mit dem in das Eisen Löcher geschlagen werden'.

durchschlagen, durchschlôn st., nösn. *durichschlô* st. Wie nhd. 1. Trans. *De Mouer durchschlôn.* — 2. Intrans. *De Tänt schlêt durch* 'die Dinte schlägt durch' (durch das Papier) (nösn.). — 3. Reflex. 'Sein Leben fristen, sein Fortkommen finden'. *E schlît sich schwêr, îrlich durich (S.-Reen).*

durchschlüpfen, durchschloppen schw., nösn. *durichschluppm* schw. *E äs mer durch det Lôch durchgeschloppt.* Bildl. *E äs noch e^i^st durchgeschlu^o^pt* 'er ist noch einmal (z. B. vom Militär) frei geworden' (Alzen).

~, durchschochern schw., nösn. *durichschauchern* schw. Gewöhnlich unpersönlich. *Et durchschauchert mich* 'Schreck, Grauen, Frost durchschauert mich' (nösn.).

durchseihen, durchsînen schw., nösn. *durichsîn. Ich hu de Mälich, de Supp durichgesînt* (nösn).

durchspicken, durchšpäcken schw., nösn. *durichšpäckn* schw. *Det Flîsch äs durchšpäckt* 'fettdurchwachsen'. Aber auch: *det Bqflêsch äs durichšpäckt* 'der Speck ist mit Fleisch durchwachsen' (nösn.).

durchstoßen, durchštîssen st., nösn. *durichštûssn* st. † »Welcher ihn nach seiner tyrannischen Art mit Pulver durchstossen lassen« 'erschiessen liess' (1612, Qu. Kr. 4, 23).

durchtreiben, durchdre^i^wen st., nösn. *durichdraibm* st. 1. Trennbar. *Em hu^e^t de Hi^e^rt durch det Wqsser gedriwen.* — 2. Untrennbar †. 'Etwas zu Ende führen'. »Hat ihm geraten, er sollt es durchtreiben und seine Ehr suchen« (1657, Nat.-A.). »Die sach durchtreiben« (1609, Ebda.). Im Part. *durchdriwen,* nösn. *durichdribm* 'listig, verschlagen'. *Dq̂d äs e Durchdriwäner.* Syn. *durchwirkt, durchgriwelt.*

durchtropfen, durchtrepsn schw., nösn. *durichtripsn* schw. *Det Wqsser tripst durich.*

~, durichtschussn schw., nösn. 'durchgleiten'. s. *tschussen.*

durchwichsen, durchwiksen schw., nösn. *durichwiksn* schw. 'durchprügeln'. *Em hu^e^d en durchgewikst.*

durchwirken, durchwirken schw., nösn. *durichwirkn* schw. 1. 'durchweben'. *Mät Gûlt durchwirkt.* — 2. 'den Teig durcharbeiten, durchkneten'. — 3. Part. *durchwirkt* 'listig, durchtrieben' *(S.-Reen, Gr.-Schogen).*

durchwühlen, durchwǽlen schw., nösn. *durichwâln* schw. *De Schwai hu den Gu^a^rtn durichwâlt* (nösn.). »Alle mauren vndt heimlige öhrter durchwiellet, wie die maden einen faullen Kaas« (Kraus, Chron. 1, 9).

Durchzug, Durchzach m., nösn. *Durichzqch.* »Wie gesagte Joana einmahl gesagt, das die hexen bei seinem haus einen Durchzug hetten« (1718, Mühlb. Progr. 1883, S. 13).

dürfen, terfen schw., nösn. *terfn* schw. Flektiert: *turft,* Konj. *tirft, geturft* (Mediasch); nösn. *torft, terft, getorft.* Mit Fortfall des stammauslautenden *f: teren, ich ter* (doch *ech turft)* in Martinsdf. mit Ausfall des stammhaften *r* in *Jaad: têfn, tôeft, getôeft;* in einzelnen Nösner und Burzenl. Landgemeinden *derfen.* 1. Die ursprüngliche Bedeutung: ‚nötig haben, benötigen, brauchen, bedürfen' ist zumal auf dem Lande und urk. erhalten. *Det* [dět] *Rôss derf nät vill Huaber* ‚dieses Pferd benötigt nicht viel Hafer' (nösn.). *De Waimern derfn noch wuarem Wedder* ‚die Trauben haben (zur Reife) noch warmes Wetter nötig'. *E tûrft net zuelen* ‚hatte nicht Not zu zahlen' (Gr.-Sch.). *Mer terfen* (brauchen) *es net mî bemâen, ed äs schì färtich. E terf net kun* ‚er braucht nicht zu kommen'. Sprw. *Špuer, wunn te huest, und nemm, wunn te dorfst* ‚wenn du not hast'. Ähnlich: »Wer da hellt, wenn er hat, der nimpt, wenn er darff« (Dam. Dürr, Kbl. 6, 123). *E terf* (braucht) *sich vîr mer ned erfêren* (Käst., 105). *Te terfst net grqlen. Em tueft sich net bekriden* ‚man brauchte sich keine Sorge zu machen'. Vgl. nhd. Wer den Schaden hat, darf für den Spott nicht sorgen. Urk. »Er ist des schadens one schuld / vnd darffs nicht zalen« (E. L. R., 128). »Welche Schuldiger aber erbschafften vermögen / dörffen keine Bürgen geben« (Ebda., 144). »Er darff (braucht) nicht drumb eyden / sonder wird on den Eid frey gesprochen« (Ebda., 35). »Das man nit zu spot dem glauben alle iar auff ein newes dürff besehen« (Hont., K. O. 7). »Dürff zetrennen«, im lat. Text: ‚opus sit interrumpere'. »Därff sich darumb des übrigen nit besorgen« (Ebda., 25). »Darff nicht des namens Jhesus dazu« (Dam. Dürr, Aml. 66). »Darfür darft ihr euch nicht fürchten« (1566, B. M.). »Sprach, das sie nun keine Zeugen mehr dorften des schlagens halben« (1595, B. M.). »Dieweilen H. Diaconus die Propositionem nicht leugnet, so durffe (benötige) man keinen .. Zeugen« (1671, Cap. Bog.). »Weil dann nun die erben erwachsen seyn, das sie es selbeu dürffen« (bedürfen); (1579, B. M.). »Ehr aber sagte, ich darff sein nicht, allein ich will es mit nehmen« (1609, Nat.-A.). »Welches alles hie zu erzellen vill Zeit' und schreibens dörffte« ‚erfordern würde' (Kraus, Chron. 1, 161). »Exempel darf man nicht« ‚hat man nicht not' (1633, Qu. Kr. 4, 221).

O selig der Mensch, den ich itzt meldt,
Der nichts schuldig ist vnd darff
(benötigt) kein geldt.
Auch niemanden darff (braucht) zu
Hoffe reiten.
Sinnspruch, Anfang 17. Jahrh. (Kbl. 15, 25).

— 2. Daneben wird, und zwar in städt. Halbma. überwiegend, die jetzige Hauptbedeutung im Nhd. ‚Erlaubnis, Recht, Befugnis haben' angewendet. *De terfst duer net gôn. De terfst noch ned afštôn. E terw et sôn* ‚er darf es sagen'. Auch in der älteren Sprache: »Die hausmütter aber, dieweill sie nicht durffen zum Wein gehen so suchen sie ander freud« (Dam. Dürr, Aml. 20). »Welche auch, da wo es kein ärgernis gibt, bey fürnehmen Hochzeiten und den 4 hohen Festtägen ein güldnes Kettlein anhangen dörffen« (1689, Cap. Cib.). — 3. Auch in ellipt. Sätzen: *Det Kängt terf ned oussen* (scil. *gôn). Et terw af de Gqss.* — Der Inf. *terfen, derfen* geht zurück auf das auch urk. bezeugte dörfen. Die 2 Pers. Sgl. endigt allgemein auf *-st* gegenüber mhd. darft und ma. *sqlt* (sollst). Zum Wechsel von anlaut. *d* und *t* vgl. *tâ* neben *dâ* (du), *treissich* neben *drq.* — Mhd. (be)dürfen, ält. Nhd. dörfen.

dürftig, fehlt. Dafür *bederft* (◡ ◡́) in Gr.-Alisch, *bedarft* (Malmkrog, Trappold), nösn. *bederft,* im Sinne von ‚bedürftig'. *E äs net bederft, duirftich* (Stolzenbg.). »Die Testament Brieff sollen auffs begeren solcher Personen / so damit zu schaffen vnd jrer dörfftig sein / eröffnet werden« (E. L. R., 95).

—, **Durha** m. Bezeichnung eines rohen, plumpen Menschen. (Wohl zu magy. durva ‚grob, roh' Jacobi, 14).

Düringer F. N. (1763, Med. Vis.-Prot.).

Durlacher. Im Jahre 1744 begann die Einwanderung von Baden-Durlachern in sächs. Städten, zumal Mühlbach, und Landgemeinden. s. darüber näheres Teutsch, Gesch. der S. S. 2, 190 f. — F. N. »Durlacher« (1763, *Petersdf.).* Fl. N. *Durlacher Wisen* (Burgbg.).

Durles. 1. O. N. einer sächs. Gemeinde im Kl.-Kokler Komitat, magy. Darlócz, rum. Durlesu, urk. »Darlaz« (1317, Urkb. 1, 321), »Dorlaz« (1325, Ebda. 394). — 2. Name einer Ortschaft bei Klausenburg, magy. Darlócz, rum. Daroțu. Zu vgl. O. N. Dürlsdorf in der Zips, Dürlsfeld (Rgbzk. Düsseldorf). — 3. Fl. N. Im »Durles Thal« (1720, Pretai), jetzt *äm Durlesduel.*

Durleser F. N. Vom vorigen O. N. 1. abgeleitet (1609, 1721, Nat.-A.; 1661, Cap. Bog.; 1680 und jetzt in Gr.-Alisch), »Durlesser« (1554, Nat.-A.), »Durleserin« (1615, Ebda.).

Durmes F. N. (1762, Weidenbach; 1778, Cap. Cib.; 1808, und gegenwärtig in Rosenau).

dürr, derr, nösn. *dîr*. 1. Im Gegensatz zu grün bei Holz, bei Pflanzen überhaupt ‚ausgetrocknet, verdorrt'. Bauernregel: *Wun et dannert iwerm derre Bûm, drô wî dem wrmen Ackersmûn.*

Ôwend äs et worden, hîme selle mer gôn,
Grǣn Nǣstcher (Ästchen) *brêchen, de derre*
losse štôn. Schuster, Volksl. 11.

Na štît de Allerschenst än enem grûsse Lît,
Sǣ štît wǣ dier în derrer î Bûm
Sǣ štît wǣ dier în derrer în Nǫst (Ast).
Ebda. 76.

Bezeichnung des Herbstes:

Wonn der Bäsch (Wald) *derr wirt.*

Rätsel:

Dirrer Härr Vatter, grâene Frâ Mǫtter
Müt den gäldän Kändertcher.
(*Mettersdf.*, Gassner, 30). Der Weinstock.

— 2. † dürr machen ‚trocknen'. »Dar (Darre), so sie zu den Schertzen (Eichenrinde) dürr machen gebraucht« (1616, Seiverts Urk.). — 3. † ‚Unfruchtbar, unproduktiv, wüst'. »Pals Mechel schimpfte hierauf und sagte, der Mechel Kloos solle seine dirre Frau ...« (1762, Cap. Cib.). »Ich hab ... einen halben erdoch landt auf dem dirren ebent kauffet« (1599). »Ein hinter dem sog. dörren Berg gelegener Berg, jetzt *Dorreberich*« (1808, Burzenl.). Fl. N. »Dürres Reeg« (1775, Kl.-Kopisch); *vuir den Därrbîmen* (Deutsch-Kreuz); *de dörr Îchen* ‚Eichen' (Zendersch); *äm darre Greowen* ‚Graben' (Arkeden); *Dirnbôm (Treppen)*. — 4. † Ohne Fett. »Es war alles auffgangen (sagt die Witwe zu Elias) yn der tewrung und hett noch kaum so vil meels yn yrem meelkasten, das sie kündt ein dürr hübesken (Kuchen, vgl. *darwan Hîbes* unter darben) backen« (Dam. Dürr Hdschr. 523). — 5. F. N. Dürr. Dessen hauptsächlichster Vertreter ist der in diesem Wb. oft genannte Kl.-Polder evang. Pfarrer Damasus (auch Damasius) Dürr, der aus 1570 ff. eine handschriftl. Sammlung seiner Predigten uns hinterlassen hat. (Vgl. Albert Amlacher, Damasus Dürr, Hermannstadt 1883.) — Mhd. dürre.

~, Durra fem. 1. ‚Kreisel'. — 2. ‚Plumpes, dickes Weibsbild'. *Schmutzen-Durr* als Schimpfwort (Reussen, Hstdt); nösn. *Durre* fem. ‚unordentliches Frauenzimmer', auch *Hurre-Durre*, das erstere Wort in Anlehnung an nösn. *hureln* ‚hudeln, leichtfertig, oberflächlich arbeiten'. *De Hurre-Durre had e Himt, de Zänze-Pänze nichet* im Sinne von: ‚lieber oberflächlich gearbeitet, als gar nicht'. Zur Bedeutungsentwicklung *Durra* 1 zu 2 vgl. *Dopp*, das ebenfalls in der Bedeutung Kreisel und dickes Frauenzimmer gebraucht wird. — 3. *durrâ!* (⏑ ⏑́) als Interjekt. beim Rollen eines runden Gegenstandes in der Kindersprache gebraucht. *Et schippelt durrâ!* (nösn.). Zu 2. vgl. Eine olde Turra ‚eine alte Vettel' (ndd.).

Dürrbach. 1. Ma. *Dirbǭch* O. N. einer sächs. Gemeinde im Nösner Gau, auf der Honteruskarte durrbach, von dem im Sommer austrocknenden, die Gemeinde der Länge nach durchschneidenden Bache so benannt; magy. Dipse, rum. Dypşa, urk. 1452, »Dypse, Dypze«; 1469, »Dipse«; 1472, »Dypsa«. Diese Benennungen aus dem griech. δίψα Durst, δίψιος trocken, aridus zunächst in das Rum. übernommen. (Vgl. Kisch, Kbl. 33, 101.) — 2. Bezeichnung einer Örtlichkeit östlich von Kronstadt. »Dyrr Bach« (1550, Qu. Kr. 3, 471); »Dyrrbach« (1549, Ebda. 506). Fl. N. Jenseits der Dürbach (1808, Rosenau); *Derbich*, in den Weidenbach mündend (Rosenau); *Dorreberich* (Neustadt, Burzenl.). Zu vgl. Dirbach, Ma. Dirbâch O. N. in Luxembg. (im Ösling), Dürrbach (Rgbzk. Trier, Kreis Prüm), Dürrenbach im nördl. Elsass.

Dürrbächer F. N. vom vorigen O. N. 1. abgeleitet; Ma. *Dirbâicher (Heidendf.)*, »Dyrbecher« (1599, B. M.), »Dirbecher« (1600, Wurmloch), »Derbecher« (1609, Nat.-A.), »Dörbecher« (1615, Hstdt. Ebda.).

~, dörrbâlich m. Bezeichnung des Todes (Zuckmantel). Zu dürr + bâl (Darm) ‚der dürre Eingeweide besitzende' (Schuller, T. u. B. 1, 10).

Dürschelt, Fl. N. *än der Dürschelt* (Hohndorf).

Durst, Duršt m., nösn. *Dûršt* m. 1. Im eigentlichen Sinne: *E hued en grâssen Dûršt* ‚ist sehr durstig'. *Dûršt laidn, den Duršt lâschen* (nösn.). *E äs erlêcht vor Duršt* ‚er ist vor Durst ausgetrocknet' *(erlêcht* zu mhd. erlëchen ‚austrocknen') (Kronst., Barth.). »Gott kann uns einen Hunger und Durst ins Land schicken« (1650, Oltharius). — 2. Bildlich: *Dî hôd ind iwer den Duršt gedrangken* ‚der hat sich betrunken' (Schässbg.). — 3. F. N. Durst (1763, Med.; 1822, Langenthal, † Meschen); 1527, Dursth. — Mhd. durst.

dürsten, duršten schw., nösn. *dîrštn* schw., in der Regel nur unpersönlich: *et dîršt mich,* z. B. nach einer Speise, die zum Trinken reizt. Sonst meist umschrieben: *ich bän durštich.*

durstig, durštich, nösn. *dûrštich;* auf dem Lande auch (wohl durch die Zusammenstellung mit *hangrich* veranlasst) *dûrštrich; duršterich* (Kl.-Sch.). Dem Kinde, welches klagt: *Motter, ich bän hąngrich!* gilt die neckende Antwort: *Leck Sǫlz, nô wirst te uch durštrich* (Kbl. 25, 21).

—, Durt s. Dort.

—, dûs, nösn. *dûs* Adj. und Adv. 1. ‚Dumpf, gedämpft klingend‘: *Wänn de dûs Bietklôke munen* (Käst., 57). *Wæ dremmert dûs nâ Schorr af Scherrn* ‚Scholle auf Schollen‘ (Ebda., 96). — 2. ‚Leise, sanft‘. *E riet dûs, ze dûs* (Birth.).

Und gît mät dûsem Pesperen
(mit leisem Flüstern)
Durch't Lǫnt der Mättǫchswängt.
Käst., 19.

Tâ hîscht mer nôch ze iessen,
Sôt sæ mät dûser Štämm. Ebda., 105.

— 3. ‚Kleinlaut‘ (Rohrbach). — Zu frz. douce-(ment), provenz. douz leise, leise verklingend, eines der zahlreichen altrom. Lehnwörter in unserer Ma. (s. Kisch, Kbl. 27, 1 f.). Auch moselfr. dûs leise; elsäss. dus still, friedlich; schwäb. still, eingeschüchtert.

—, Dus m. (-ü-), *den Dus nien* ‚sich davon machen‘; *den Dus gien* ‚den Laufpass‘ geben. (Zu rum. dus ‚gegangen‘).

Dusch F. N. (1763, Med.; 1822, Kl.-Probstdorf); »Dwsz« (ca. 1500, Qu. Gesch. S. 1, 589).

Dusche, Tusch fem., nösn. *Tusch* m. 1. ‚Giessbad, Sturzbad‘ (frz. douche). — 2. Bildlich: *E hued en Tusch beku* [städt. Halbma.] ‚er hat einen Verweis bekommen‘; in *Heidendf.* ‚er hat einen Schlag bekommen‘.

duschen, tuschen, nösn. *tuschn.* 1. Refl. *sich tuschen* und trans. ‚duschen‘. — 2. *Em hued-n getuscht* ‚man hat ihm einen Verweis gegeben‘. — Aus dem Nhd. entlehnt. (Ursprünglich zu frz. doucher).

Dusel, Tûsel m., nösn. *Tûsel* m. 1. ‚Schwindel, Betäubung, Eingenommenheit des Kopfes‘: *E lǫd äm Tûsel* (nösn.). — 2. ‚Betrunkenheit, leichter Rausch‘. *Dî äs äm Tûsel,* auch *hued än Tûsel.* (Aus dem Nhd.)

duselig, tûselich, nösn. ebenso ‚schwindlich, betäubt‘. Syn. *tâsich.* (Aus dem Nhd.)

duseln, dûseln schw. ‚schlummern, im Halbschlummer liegen‘. »*Det Maritzi kangt de gǫnz Nôcht näst schlôfen, et dûselt nor esi*« (Hîmw. 5).

Dust, s. Duft, Dunst und *dæsten.*

düster, däster, nösn. *dunster (D.-Budak), dauster (Wallendf.).* »*Anjden lǫch der Meort äm Diästern*« (Zw. Krez. 39). Das aus dem Ndd. stammende Wort entspricht in der nösn. Form *dauster* ndd. dûster, auch schwäb. schweiz. dûšter, elsäss. duster, lux. westerw. dauster.

düstern, dästern schw. (Reps), *däistern* (Gr.-Schenk), nösn. in der Regel *zådästern* schw.; ohne *t: döisern* (Zuckmantel). 1. ‚dunkel werden‘, besonders von der Abenddämmerung.

Et deistert hekt hîsch mêlich zâ
Vum Morje bäs entzôwent Käst., 146.

— 2. ‚Dumpf dahin brüten‘. *Wat deisteršte weder?* (Med.).

—, Dutche, *Dute* m. und Interjektion. 1. Als Subst. *E nit den Dutche* ‚er macht sich aus dem Staube‘. *Na nor nämm den Dutche!* ‚mach dich fort, sonst . . !‘

Nǫm ąf den Dutche hie sich glech.
Höhr, L. Ê. 5.

Esu nid-et den Dutche ‚läuft fort‘ (Semp, Regrut 27). — 2. Als Interj. *dutche!* ‚marsch, fort mit dir!‘ — Imperat. zu rum. a se duce.

Düte, fehlt. Dafür in städt. Halbma. das österr. *Štanitzel* (◡ ◡́ ◡) gebraucht. In der echten Ma. *Tupert,* Dim. *Tipertchi* (nösn.).

Dutte (DWB. 2, 1768), **Tut** fem., nösn. *Tut* (-ŭ-). 1. Die im DWB. a. a. O. angenommene ursprüngliche Bedeutung ‚Röhre‘ findet durch unsere Ma. ihre Bestätigung. a) *Tut* heisst nösn. (auch *S.-Reen)* der hohle, röhrenartige Stengel der Zwiebel, auch *Zwibeltut.* — b) ‚Röhrenartig zusammengebogene Baumrinde‘. — c) ‚Holzröhre, mit der die Fässer beim Transporte von Most am Spundloch versehen werden‘. — d) Bildlich: *E äs besôfen wæ en Tut. E saift wâi en Tut* von einem starken Trinker (nösn.). Ein solcher heisst auch *Sofftut* (Med.), *Sauftut* (nösn.). — 2. *Tuttel* fem. in der Kindersprache *Titti, Zizi* m. Brustwarze, Mutterbrust. s. auch Zitze. — Zu 1. *Tut* (Röhre) ist zu vgl. lux. Tût, moselfr. Tut, ndl. Tuit ‚die Pfeife, Röhrlein an der Pfeife‘; ndd. brem. Tute ‚hölzerner Trichter‘, fries. Tüt ‚Giessröhre‘. — Zu 2. Moselfrk. Dutt fem. ‚weibliche Brust‘, auch schwäb. Dutte, schon ahd. tutta f., tutto m., mhd. tutte.

dutteln, dafür *zuzeln* schw. (Kindersprache) ‚an der Brust saugen‘. s. dasselbe.

dutzen, tutzen schw. *dutzn* schw. *(S.-Reen),* burzenl. *totzen* (Petersberg), besonders in der Kindersprache gebraucht. 1. ‚anschlagen, anstossen, zumal den Kopf‘. *Hueste dich getutzt?* ‚hast du den Kopf angestossen?‘ *Se hu sich* *getutzt* ,sie haben die Köpfe gegenseitig aneinandergeschlagen'. Auch sonst ,kurz anschlagen'. *Totz de Baulke mät der Ackes!* ,schlag den Balken mit der Axt an!' *Wänn te det Glâs untotzt, se zebracht et* (Petersbg.).

Dê (die Wolken) *gûkeln înd äm'd ąnder*
Und tutzen unenąnder. KÄST. 40.

— 2. Speziell. ,Ostereier zusammenschlagen' als Kinderspiel. Einladung dazu: *Kiste tutzen?* (Rohrbach), oder: *Wier kit mät mir tutzen ąf Ôfgewännes?* Dabei wird die Härte der Eier geprüft, indem zwei Kinder dieselben gegeneinanderschlagen. Derjenige, dessen Ei dabei Schaden nimmt, muss dasselbe an den Besitzer des stärkeren als Gewinnst hergeben. Es wird dabei entweder Spitze gegen Spitze, oder Rücken gegen Rücken — *Špätzt ąf Špätzt,* oder *Ôrsch ąf Ôrsch getutzt.* Nösn. wird dafür *tschokonin* und *tschoken* gebraucht. — Zu vgl. schwäb. dutzen die Köpfe aneinander stossen; westerw. aneinanderstossen z. B. Gläser, henneb. zum Scherz mit seinem Kopf an den eines andern.

dutzig, (DWB. 2, 1774), *tûzich* nösn. ,matt, schläfrig, niedergeschlagen', wie vor dem Ausbruche einer Krankheit. Zu vgl. moselfr. tôzich ,matt'.

Duzbruder, Duzbrâder m., auch *Duzkamerât* m.

duzen, duzen schw., nösn. *duzn* schw., *daun* von *dau* (du) *(Heidendf.).* Mit bezug auf Duzen und Ihrzen herrschen bei unserer Landbevölkerung im wesentlichen noch immer dieselben Gepflogenheiten, wie zur Zeit der Auswanderung aus der Stammesheimat, und wie noch jetzt in schwäbischen bäuerlichen Kreisen (Vgl. Ehrismann, Duzen und Ihrzen im Mittelalter, Z. f. d. Wf. 2, 145 ff., schwäb. Wb. 2, 434). s. das Nähere unter du. Ungehöriges Duzen wird als Geringschätzung empfunden und früher als die Ehre verletzend bestraft. »Wofern ein Meister den andern aus Rachgier dutzen und spöttisch zureden würde, soll zur Strafe verfallen d. 50« (1658, Art. der Kronst. Fassbinder). »Wenn einer den andern Dutzet der soll Straff verfallen d. 2 (1820, Birth. Bruderschaftsart.).

Dyltt F. N. (Kl.-Scheuren).

Dymoth, Dymutyn F. N. Hstdt. (1485, 1494, Qu. Gesch. S. 1, 155).

Dynk F. N. (1510, 1515, Ebda. 574).

Dyringer F. N. (1763, L. K. A.).

Dyrner F. N. (ca. 1500, Qu. Gesch. S. 1, 268).

E.

e, e. Als Buchstabenname *Ê* fem. *De grîss, de klìn Ê.* In der Halbst. Ma. n. *mäd em grîssen, mäd em lǫngken Ê.*

~, e, *[ə]*, ‚er', in unbetonter Stellung. *E gît, sôt* usw. Wie die Erhaltung der Tenuis vor *e* beweist, aus *hî* (er) abgeschliffen. *Wat sôt-e?* [w·a·ts·ō·tə.], dagegen *Wat sôd em?* s. er.

~, e ‚ein'; s. d.

~, e-e *(e-he)*, je nach der Betonung (steigender oder fallender Intervall) und der begleitenden Kopfbewegung bejahende oder verneinende Interjektion. Mit steigendem Intervall bejahend [ə·hə·, ◡◡́, auch mit zusammengepressten Lippen m m· ◡◡́, immer stimmhaft]. Mit Kopfnicken begleitet: ‚gewiss'!, ‚ja ja'!. *Gefällt der det? Kist te mät?* Antwort: *e he!* ‚ja, gewiss'. Beim Anblick einer hübschen Sache, einer gelungenen Arbeit (namentlich Kindern gegenüber) mit Hinaufziehen der Augenbrauen: *e he!* [m m·] ‚ei, das ist schön!', ‚potztausend!'. ‚das hätt' ich nicht erwartet!'. Verstärkt: *tchî ha! Tat-echteräner!* — 2. Mit sinkendem Intervall und Geste des Kopfschüttelns. Interjektion der Verneinung. *Kist te mät?* Antw. *e e* [ə·ə·, m·m·, öfter auch nur stimmlose Kehlkopfexplosion], ‚nein'. (Die Antwort gilt als ungezogen. s. unter *a)*. Die Weite des Intervalles gibt den Grad der Bejahung oder Verneinung an. Normal ist ein geringer Intervall, vom Mittelton zum Hochton oder umgekehrt, bei grösserem Affekt rückt bei der Bejahung der (erste) Mittelton tiefer, sogar unter den gewöhnlichen Tiefton hinab [m.m·, verstärkt m̄.m·, der erste Ton schöpft gleichsam Atem; in der Verneinung verstärkt m·m., geärgert m·m̄., mit tief herabgedrücktem zweiten Ton ‚nein doch, wie kannst du mir nur so etwas zumuten?!'. Verstärkende Ausdrucksbewegung des Abscheues ist Rümpfen der Nase. ‚Pfui, nein!']. — Es ist sehr fraglich, ob die beiden Interjektionen etymologisch zusammen gehören. Die bejahende ist zweifellos Reduktion von aha, ehe, die verneinende scheint natürliche Neuschöpfung zu sein. s. aha. Syn. zu ‚nein' s. d. — Kbl. 29, 104.

~, -ê, Interjektion, angehängt an den Imperativ des Verbums oder an imperativisch gebrauchte Substantiva und Pronomina, seltener selbständig. ‚Du!', ‚Höre du!'. Gibt der Anrede oder dem Befehl einen persönlichen Nachdruck, etwa: ‚Ja, du bist gemeint'. *Hirê!* (◡́ ⊥́) ‚pass auf, was ich sagen will!' *Hirê, watîste? (wat dîst te)* ‚du, was tust du?' *Gǫng-ê!* ‚geh du!', ‚ja, d u sollst gehn!'. *Kam hi^er, ê!* nösn. *Kam hiär-ê! (Passbusch).* Besonders unter der Jugend, oder der Jugend gegenüber häufig gebraucht. — Vielfach als Verstärkung der Anrede mit Eigennamen verbunden. *Misch-é! Enno-ê!* ‚Michael! Anna — dich meine ich —'. Auch in der Antwort, um diese als genau an den Fragenden gerichtet zu bezeichnen. Auf die Frage: »Wo warst du?« wird geantwortet: *di^urt-ê* ‚dort, du!' »Was hast du gegessen?« Antwort: *Bri^ut-ê* ‚Brot, (wenn du es gerade wissen willst)' (Med., Kbl. 9, 38). — In selbständiger Verwendung, die Anrede vertretend: ‚du'. Einem Knaben oder jüngern Menschen gegenüber, dessen Namen einem nicht gleich einfällt, oder den man nicht kennt: *Ê, kam hi^er!* ‚du, komm her'. Darauf öfter die gekränkte Antwort: *Ich bän nichen ê* ‚ich bin nicht einer, über den man nur so, ohne ihn zu kennen, verfügen kann'. Keifend: *Na^q-ê!* ‚nun, du!' (Schaal). Der Hahn kräht, aufwärtsblickend: *Kut zeräck, ê!* (◡ ◡ ◡́ / ⊥́) (H.-W. 155). Wenn zwei Hähne zusammen kommen, reden sie also mit einander:

> Der Erste: *Nôber, wî erni^erd ech?*
> Der Andere: *Gott der Härr, ê.*
>
> Ebda. 155; Schuster, 348.

Beim ‚Reihen der Knechte' in Nadesch springen die Knechte über eine Bank und erhalten dabei mit Polster und *Plâk* einen Schlag. Die danebenstehenden Knechte rufen dazu *ê! ê!* Daher der Name des Spieles: *ê*-Schlagen (Kbl. 15, 139). — Syn. *hê! Lǫt es drängken, hê! Gong an denj*

Gruiss, hê (Galt, Kbl. 3, 99). *hai! Hai Woulwen Hanx hai, kam än de Schuil!* (Malmkrog, Kbl. 3, 99). *hei! Hîr hei, wê bäst(e) gewêst? Hei, wôr goist te?* (Draas. Wird insbesondere gebraucht, wenn einem Entfernten gerufen werden soll. *Hei, Pâle Mächel, hei!*, in Hstdt. nur zum Fragewort abgeschwächt. *Wuer gîste, häi?*). *lâ! la!* (s. unten). Von Scheiner (Kbl. 9, 38) zur mhd. Rufverstärkung *-â* gestellt, (der Umlaut nach dem Typus *hôrjâ!*; vgl. auch die ‚Notschreie' nach dem Typus mordio! Z. f. d. Wf. 2, 47, Kbl. 25, 9), doch, wie die angeführten Syn. erweisen, mit Wolff (Kbl. 9, 39) eher als Abschwächung der in allen deutschen Mundarten vertretenen Interjektion *he* (DWB. 2, 714) zu verstehen (Vgl. *hì* 〉 *e*). Vgl. auch nhd. eh! (Reiche Beispiele aus Goethes Jugenddichtungen DWB. 3, 35). — Zu denken wäre etwa auch an eine altrom. Lehnform aus lat. ecce! lux. elô ‚jetzt', ‚dort' (ecce illac?). Im Anruf ist der zweite Teil noch in der Repser Gegend (Leblang, Felmern) erhalten: *lâ! la Pâl! la Mik! la, Mîss, la!* ‚Du Paul! etc. *Wat dîste la? La, kut her! La, ir Härren!* (Felmern). Der erste Teil würde, falls diese Vermutung richtig ist, in der Interjektion *ê!* stecken.

E b e l, † F. N. Simon Ebel (*Bistritz* 1636, 1763), Augustus Ebel (1567, Gr.-Sch.). Vgl. lux. F. N. Ebel. — Zu ahd. Ebilo. Koseform zu Eber-. V.-A. 33, 63; 34, 30.

eben, iewen, nösn. *ebm; iewen* (Med.). Mit epithet. *t*. 1. *E heôt sich den Heôf iewent gemqcht* (Katzendf.). *Se wunn* (wohnen) *ze emner Iart* ‚zu ebner Erde' *(Wallendf.). Alles iewent mqchen* ‚zertrümmern' (Hausrat, Töpfe. Von zornigen Menschen gebraucht. Henndf., Binder, Coll.). Besonders von der geraden Feldfläche. *Menj Wise loinj allest qf'm Iawen* ‚auf der ebenen Fläche' (grösster Stolz des Bauern, Schönbg.). *Se Grqnjd äs gunx af dem Iewent* (Katzendf.). *E heôd alles iewent* ‚sein Grundbesitz ist alles Ebne' (Ebda.). *Net šponn vâer Rôs un, et gît dij änen qf'm Iawen* (Schönbg.). Bildlich: *Dei wirt nichen Bäirj iewent mqchen* ‚wird nichts ausrichten' (Katzendf.). Dagegen rühmte sich der Grossvater Michael Alberts, als er ins Ortsamt gewählt wurde: »Gebt nur acht, jetzt wollen wir die neun Büchel *iewent* machen« ‚wollen die Gemeindewirtschaft ins rechte Gleis bringen' (Trappold, Schullerus, Mich. Albert 7). »Da wird Jesus abermal nicht furflichtig, wie sonst einer, der durch wasser laufft, durch dornhecken, durch wald, über berg und e b e n d, nur das er lenger mög brodt essen« (Dam. Dürr, Hdschr. 744). Daher vielfach als Fl. N. (namentlich in Dörfern, zu deren Gemarkung grössere Flusstäler wie Alt, Zibin, Kokel, gehören). *Ded Iewent. Af'm Iewen* (Girelsau). *Êwent* n. ‚Tal' (Rode). »Auf dem bläschen E b e n d« (1680, Lasseln). »Auf dem e b e n t t« (1604, Klein-Scheuern). »Auf dem E b e n d« (1720, Almen). »Auf dem vordern (hintersten, kleinen, kurzen) E b e n d« (1822, Schönau). »*Niderscht Emt« (Bistr.)*. »Über dem E b e n d« (1810, Urwegen). — 2. Zeitlich. ‚eben vorhin'. *Der Härr Vuater* (Pfarrer) *äs iawen dervu gefuaren* (Schönbg.). Auch in der Bed. ‚neulich' (Zendrisch, Rode). — 3. Modal.: ‚passend', ‚entsprechend'. Das (der) ist dazu *iewen* ‚passend' (Binder, Coll.). »Die Bogner sollen dy Hőrner, dy ynnen e b e n seyn, kauffen« (16. Jahrh.). — 4. In Verbindung mit sehen, ‚gerade, genau sehen'. *Säch iewen!* ‚sieh doch vor dich!' (wenn ein Kind auf etwas tritt oder etwas zerbricht, Gr.-Sch.). *Dqt sejt gor iewen* ‚betrachtet alles gut' (Jakobsdf. a. H.). *Bäm Wirke* (weben) *mes em gor iawe saen* (Schässbg.). *Ich mqes iewe säen, wuon ich diet sä wiäll* (Katzendf.). »Darnach riehf mann auch die Dirn hinein, und ich sagt selbst zu ihr: No, liebes Kindt, sihe ihn e b e n an, ob du ihn lieben kanst oder nicht« (1677, Cap. Bog., Kbl. 30, 81). *E sejt nied iewen* (Katzendf.). Das nicht mehr *iewe* sehn können, gilt auch als Zeichen der Trunkenheit. *Dî kqn ned iewe säen* ‚ist beschwipst' (H.-W., 386). *Ich sä nemoi iewen* ‚es ist schon dämmrig' (Gr.-Sch.). *Ed äs mer esu licht, dqd ich ned iawe saen* ‚es ist mir so übel, dass mir vor den Augen alles schwankt' (Schönbg.). — Mhd. eben. Die Lautentsprechungen (so auch -ebn 〉 -emm) s. unter *liewen* (leben). Das epithetische *t* (Keintzel, Kbl. 15, 72) dürfte hier durch das Substant. *Iewent* (s. d.) verursacht sein.

Ebenbild, Iewebelt n. [Nur in geh. Spr.]. *Det Maichen* (Marie) *äs ded Iawebelt vu senjer uarmer* (gestorbenen) *Motter* (an Schönheit oder Tugenden, Schönbg.). Auch in gegenteiligem Sinn: *ed äs gûnx är (senj) Iawebelt* (Ebda.).

ebenbürtig, fehlt; s. *äs ned uštändich* (anständig, ‚steht nicht an'); *dôt klêkt merjer Duichter net* ‚ist meiner Tochter nicht ebenbürtig, steht unter ihr'.

Ebene, Iewent fem., nösn. *Ebmt, Iebmt, Emt* fem. Als Fl. N. (bei grösseren Flusstälern). *De Emt (Dürrbach, Lechnitz* usw.). *Af der Emt (Windau). Kurtsch Emt (Schönbirk).* »Vor (auf) der E b n e« (1822, Probstdf.). »Auf der kleinen (grossen) E b n e« (1825, Törnen). »Auf der E b e n d t« (1808, Marienbg. i. B.). »Ganz auf der E b e n d t« (Ebda.). »Auf der E b e n d« *(Wal-*

tersdf.). Än der lǫngker (mättelster, nederšter) Iewen (Kl.-Scheuern). *Kurz Iewen* (Burgberg). *Buserdueliewent* (Med.). *Af der Iewen* (Zeiden) — Mhd. ebene, ahd. ebanî. Die mundartliche Form *Iewent* entspricht der von der Mundart beliebten Substantivbildung aus Adjektiven. Vgl. u. a. *Däckt* (Dicke), *Gresst* (Grösse), *Hicht* (Höhe), *Lengt* (Länge). Wie *Krint, Kringkt, Kringket*, emphatisch *Krǫngkhît* beweist, ist es zum Teil nicht ein ursprüngliches *-ti*-Suffix sondern das zu *-et, -t* abgeschliffene Wort mhd. -heit, ss. *hît*, das mundartlich zur wortbildenden Ableitung geworden ist.

ebenen, iewnen schw., nösn. *emnen* schw. *(Wallendf.).*

ebenermaßen ‚ebenfalls', †. »14 Tag für dieser Tragoedi hat Er mich e b e n e r m a s s e n so erbärmlich zugerichtet, und mich umb ein wenig erwürget, wenn nicht die Stadt Köchin mich errettet hätt« (1689, Cap. Cib.). » . doch mit diesem beding, das Er Paulum e b e n e r m a s s e n, wie sein ander geschuester soll seiner portion vom hoff contentieren« (1637, Schuler-Libl. R. G. 2, 384).

ebenmäßig, †. Vielfach in der älteren Kanzleisprache in der Bedeutung ‚ziemlich', ‚gehörig', ‚üblich'. »Denn es ist christlichem glauben nit e b e n m e s s i g, das ein hyrt allein versorgt sey, vnd die gantz herd oder gemein versaumet werde« (Hont., 71). »Wenn die Gezeugen nhu aller bekant haben / so sol man jr zeugnůs (der zeugen Namen vnbestimpt) fůr Gericht aus sagen / vnd nach dem die Richter mercken / welcher zeugen bekäntnůs der Sachen gleichen / vnd der warheit e b e n m e s s i g e r sein / auff dieselben sollen sie vrtheilen« (E. L. R., 21). Darum in Gerichtsprotokollen: . . . dieweil durch zwen getzeigen eintrechtigem und e b e n m e s s i g e m Bekenntniss gnugsam beweiset wirdt, dass H. Mathes Pontzler auss dem Register ungefehr 3 Pletter in des Hannes Feirabentt und der zwen zeigen kegenwertikeit, doch wider des Hannes Feirabentt willen, ausgeschnitten .« (1565, B. M.). ». Klegern und Angeklagten e b e n m e s s i g e r weise verhöret, und die gezeige fleissig examiniret, haben darauss eintrechtet geredt und gehandelt« (1567, Gr.-Sch.). Adverbial: und begeren von unserem brueder, das er uns e b e n m ä s s i c h teil gebe an unser Muetter hinder Jr verlassenen Erbteill .« (1580, B. M.).

—, Iewentbrannen m. In Fl. N. *Onderm Emtbronn (Lechnitz)*; zu *Brannen* (Brunnen).

—, Iewentgruewen m. Fl. N. (Michelsberg). — Zu *Gruewen* (Graben).

—, Iewenthill n. Fl. N. Verdeutscht: »Unter der kleinen E b e n d t H ö h l e« (1808, Marienbg.). s. *Hill* ‚Bergeinschnitt'.

—, Iewentkel fem. Fl. N. »E b e n d k a u l« (1825, Gergeschdf.). — Zu *Kel* ‚Höhlung'. s. unter Kaule.

—, Pl. **Iewentländer** ‚Ackerstücke im Ebnen'. »Unter den E b e n d l ä n d e r n« (1856, Wölz).

—, Iewentrêch n., nösn. *Emträich* n. ‚Berg, Erhöhung inmitten der Ebne'. Als Fl. N. *(Baierdorf).* »Auf dem E b e n d r e g« (1825, Blutrot). s. *Rêch.*

—, nösn. **Emtwǫlt** m. ‚Wald in der Ebene'. Fl. N. *Händer'm* (hinterm) *Emtwǫlt (Petersdorf).* — Zu nösn. *Wǫlt* (Wald), gewöhnlich süds. *Bäsch.*

Eber, fehlt; — s. *Bîr* (Bär).

Eberesche, s. *Dueweräesch.*

Ebert, Iewert (Kaisd). F. N. nösn. vielfach. Ebert *(Senndf., Waltersdf., Botsch).* »Ebyrhardus, plebanus de Bistricia« (1332—1337). »Dy Ebertin« (Hstdt. 1485, Qu. Gesch. S. 1, 112). »Eberdt« (1763, *Bistritz).* »Ewert« (17. Jahrh., Kaisd). Gegenwärtig Ewerth *(Billak),* Ebert *(Gr.-Eidau, Treppen, Waltersdf.).* — 2. In Fl. N. *Ebertsrûr (Treppen).* — Zum ahd. P. N. Eberhart.

(Ebesdorf), Äppeschterf O. N. Mundartliche Bezeichnung für Elisabethstadt an der Kokel. Magy. Erzsébetváros, alt Ebesfalu, rum. Ibasfaleu. Der Ort ist vorwiegend von Armeniern bewohnt, doch wächst gegenwärtig durch Zuzug aus der Umgegend eine deutsche Bevölkerung heran. *Äppeschterf* ist der Markt für mehrere sächsische Gemeinden der grossen Kokel. Über seinen Schulmeister klagt der Pfarrer von Scharosch: »Er geht oft am Sonnabend auf Ebesdorf und kommt langsam (spät) heim, versäumt die Schule« (1765, V.-A. 23, 222). — Urk. 1331 Ebesfalva. 1441 villa Eppes, Eppesdorf. Von 1790 an erhält das zur kgl. Freistadt erhobene Dorf den gegenwärtigen offiziellen Namen. Von Wolff (O. N. 1, 34) zum P. N. Eppo, Eppe gestellt. (Vgl. dies und O. N. Neppendorf.). Die magy. -bb-Formen mögen nach magy. eb ‚Hund' umgedeutet sein.

E b n e r, F. N. s. Eibner.

Echo, Ächo n. (◡́ ◡) [Städt. Halbma.]. Kästner ermuntert die Knaben:

> *Zärrd ich* (zankt Euch) *mät dem*
> *Ächo lokt,*
> *Klabberd un de Rînchern!* Käst., 35.

Rätsel: *Wier kǫn ǫlle Šprôchen?* (Höhr, 59).

echt, ächt, nösn. *echt.* [Geh. Spr.]. In der Bedeutung ‚voll', ‚ganz', übergehend zu ‚tüchtig'. *Dawd äs en äicht Maintsch gewêst* (Hahnb.). *Dqd äs en ächt Schwenj* (Katzendf.). *Dæ Keä iäs ächt* ‚reinrassig' (Ebda.). *Dqd iäs en ächt Kuorzegânan* ‚Zelt-, Wanderzigeunerin' (Ebda.). Rühmend: *Dqd äs en ächt* (tüchtig) *Paitsch, Gang* (Junge, Knabe), *Plætsch* (Ohrfeige). — Ironisch. *Nq teo bäst mer och en ächt Mensch* ‚unzuverlässiger Freund' (Schönbg.). *Dôd äs mer och en Ächter* ‚einer, von dem allerlei gesagt werden kann, dem man nicht trauen darf' (Ebda.). — Aus dem Nhd. entlehnt und eingelautet.

~, **Echtentuel,** Fl. N. s. (Acht)².

Echtorf, s. Etschdorf.

echysch, ‚aus Aachen' (?). »von echychssen gewant« (1478, Hstdt., Schneiderzunft-Prot.). »von echischem gewant« (1485, Ebda.). »Echysch peciam« (1503, Qu. Kr. 1, 45).

Eck, Æk n., nösn. *Âk* n. 1. Der scharf herausragende Teil eines Gegenstandes, Gebäudes usw. (*äm Æk* bedeutet sodann den Innenwinkel des herausstossenden Ecks). a) »von dem bronnen herunter bis auffs stuben eck« (1567, Nat.-A.). »so mer der Emrich Bydner noch genst der bach, for des steffen wettners haus gestanden ein wenig genst (jenseits) dem eck« (1556, Nat.-A.). »von dem obgemelten hyndersten Schopseck byss auff das föderst eck des födersten leymerne Hawss« (1541, Schuler-Libl. R. G. 2, 349). *E weëtzt sij un em jêden 'Êk* (von schlimmen Jungen, die sich überall schmutzig machen, Katzendf.; vgl. auch *sij um Schîlæk wætzen).* — Als ‚Gasseneck'. *E wunt glej äm'd Æk, um Æk, nor (glad* ‚gerade') *um Æk.* — Von einem Tuch. *De vær Æker vun em Dach. Än em jêden Æk äs en Blom.* In technischen Ausdrücken des Tuchscherergewerbes: »von einem Harossya auff die Ecke zue Karttenn de 4« (1590, Nat.-A.). »vonn einem grossen tuch zue kartten auf die Eckhe« (Ebda.). »vom wirckhen auf die Eckke« (Ebda.). »vonn einem schney toch auff die eckhe zue Karttenn« (Ebda.). (Die Schur wollener Tücher muss in der Richtung des Längefadens geschehen, nur bei breiten Tüchern, deren Breite bei der Nutzung noch immer ein Längestück zulässt, kann die Schur auch nach dem Faden des Eintrags, der Breite, geschehen). Verfehlt ist die Schur, das Tuch also entwertet, wenn der Scherer den Scherkamm, oder die Scherkardel, *Kqrrel,* statt parallel mit dem Webefaden querüber, nach der Ecke hin, auf das Eck hin richtet. — ‚Tischecke'. Im Neujahrsspruch:

Ech wänschen ej e gäldän Däschken,
Aw em jêden Âk e gebackä Fäschken,
Än der Mättend en Âchtel Wenj,
Bq dem seld ir lastich senj.

Zied. Kbl. 21, 83.

— Als ‚Winkel' der Stube zur anschaulichen Bezeichnung des ganzen Raums: »Gebähret ein Ehefraw ein Kind / welches bald in der geburt stürbe / wirds bewehrlich / das es ein solch Kinds geschrey gethan hat / welches inn vier ecken des Gemachs hat mögen gehöret werden / vnnd stürbe drauff / es wird für einen lebendigen Menschen gerechnet / vnnd ist erbpfähig (E. L. R., 58). — b) In F. N. α) Übername als nähere lokale Bestimmung. Dabei wird *um* (am), *af'm* (auf dem) *Æk* ‚an dem in die Gasse hineinspringenden Eck' und *äm* (im) *Æk* ‚wo die Gasse einen Winkel bildet' unterschieden. *Der Braišch um Âk* ‚wo sich die (Haupt-) Gasse wendet' (Schönbg.). *Wî äs Hann worden?* Antw. *Na dî um Âk* ‚wer anders als . .' (Ebda.). *Der Kêpešcher äm Æk* ‚Georg Duldner aus Kopisch' (Agnetheln). *Dî Gerj äm Êk* (zum Unterschied von einem andern *Gerj af'm Êk* Arkeden). Ebenso: *Gerj af dem Âken* und *Gerj am* (im) *Âk* (Zied). *Dî äm Âk* ‚Andreas Schuller' (Kerz). *Mächel äm Âik* (F. N. ‚Grommes' Holzmengen). *Det Mišch um Âke Maichen* ‚Marie, die Tochter des Michael am Eck'. »Die Adamen am Eck« (1619, Grossau). »Michael am eck« (1452, B. M.). »Dy Michel am echen« (1480, Qu. Gesch. S. 1, 83; die feminine Bildung ist an die Lokalbestimmung angefügt. Eigentlich: die Frau des ‚Michael am Eck'). Vgl. auch unter an (oben 1, 104). — β) Übername übergehend zu F. N. *Palmack Tumes* (aus *Pâl um Âk,* Reussen). *Âtche Mochel* ‚der Michael am Eck' (Burgberg). *Êke Getz* ‚Georg Schnell' (D.-Kreuz). *Âik Gerch* (Radeln). Hieher (?) »dy Eckneren« (1480, Qu. Gesch. S. 1, 85) oder eher zum F. N. Ackner. — c) Übertragen: *Štônt denjem Âk!* ‚stell deinen Mann!' (Zendresch). — d) Aberglauben. *Hir-ê! Pass af um Æk! Un den Ækere sen, wæ em sôt, de Truden uch är Grîssvueter. Gäf Ôcht, wo te äm'd Æk bæm Fuss verbæ kist* (Plattner, De Messijen, Neuer Volkskal. 1909, 142). — 2. ‚Grundstück' (das in eckiger Form in den Wald oder sonst in den Gemeinbesitz hineinstösst). Vgl. in gleicher Bedeutung *Wängkel* (Winkel). »bey des herrn königsrichters ekh auf die bach« (1571 Hstdt., Stadtrechnung). Fl. N. *Um Huewerä̊k* (Zeiden, Kbl. 29, 66). — *Hiərd-, Schîl-, Schôpen-, Štuwenæk.* — [æ·.kᶜ]. Die mundartl. Formen s. Lautt. 22. mhd. ecke fem. (und n.).

Ecker, Êker schw. m. 1. ‚Eichel', *Aetcher* (Rode) ‚die Frucht der Eiche'. In der Ma. bei dem Reichtum an Eichenwaldungen wegen der Verwendung zur Schweinsmast vielfach gebraucht. Gemeint ist ausschliesslich die Eichenfrucht, dagegen *Bachäker [z]* ‚Buchecker'. *Än Ëker* (Sing.) *dreiwen. Mer hun de Schwaijn än den Âker gedriwen.* (Geschieht Anfang November, Gr.-Sch.). Gespannt wird die Rückkehr der Herde erwartet: *De Schwaijn se geat worden äm Âker* (Ebda.). *Mer hun heier zwê Schwenj äm Âker* (Schönbg.).

Dingk, wæ de Hirten tettle, plætschen,
Är Botschker än dem Ëker schmætschen.
KÄST. 85.

Ältere Belege: »Als mir unser schwein . . . aus dem Ekker von Neppendorf sollten heim hollen« (1615, Ger.-Prot.). »Wie die Reisner etlige schwein auf unserem hattert in dem ecker hatten« (1609, Ger.-Prot.). »Mer verkauft ich den wenigen ekher im bangerter wald« (Hstdt., 1571, Vill. Rechn.). »Als unsere Hirten die Schwein aus dem eker bracht hatten« (1598, Ger.-Prot.). (Syn. *Än den Îcheln* Gr.-Scheuern). *Se liewe wæ de Schweng äm Ëker* ‚in Hülle und Fülle' (Syn. *Wæ en Horgesch;* FROMM. 5, 147). *Dqd äs net senges Ëker* ‚das schmeckt, passt ihm nicht' (Hstdt.). Sprw. *Det Schweng drîmt gärn vum Âker* (H.-W., 99). *Geüng än Êker!* ‚geh zum Kuckuck!' (Katzendorf. · vgl. *Ëgresch*). Rätsel:

Ich får durch Kachelburich,
Durch än Bäsch durich,
Ech fônd ä klî Zämerche,
Det wôr klî wæ mai Fängerche.
Ech macht draus zwîn Trîch uch
zwîn Dill,
Uch än Liefel mäd äm Štill.
(sc. aus der gespaltenen Eichel zwei Tröge, zwei Bretter und einen Löffel mit langem Stiel; Kbl. 5, 44; 28, 76).

Bei der Wichtigkeit der Eichelmast namentlich in früheren Jahrhunderten (seit Anfang des 19. Jahrh. ist dafür die Maismast getreten, die festeren und schmackhafteren Speck erzeugt) findet sich eine Reihe statutarischer Bestimmungen darüber. »Auch bittet Eine l. Comm. dass doch deme erbährlichen (?) und unachtsamen Holtzfällen in deme Jungen Wald gesteuert . . . und auch in deme Eker eine gutte Anordnung möchte gemacht werden« (Hstdt., 1691, Postulata Communitatis). Vgl. auch unter ‚Eichel'. Vor dem *än Ëker dreiwen* wird die Eichelfechsung durch eine Kommission geschätzt *(den Ëker besæn)*, um festzustellen, wieviel Stück ein jeder Wirt treiben dürfe. »Eines zogen mir in den Walt den Ecker zu besehen, fehet der Mechel Wintzell an und spricht, ich hab grossen schaden am Bachfleisch in der Burg entpfangen etc.« (1609, Ger.-Prot.) (Vgl. GR. Weist. 2, 252). Der *Ëker* wurde früher ebenso wie gegenwärtig der Mais gegen die Wildschweine und gegen unberechtigte Schweinsmast reihum gehütet. »einsmals hautten (hüteten) wir den ecker im Pusch des nachts, da wurff dieser Christ. auf mich mit einem Klippel, schnel herzuer kam er, und heige mit dem spiess nach mir, het er mich gerüret, so het er mich als da ermordet« (1567, B. M.). — 2. ‚Eine Farbe im Kartenspiel' wird als fem. empfunden. *Wad äs Tronef?* Antw. *De Ëker.* Doch ursprünglich Plur. wie die nachfolgenden Zusammensetzungen erweisen. *Det Ëkern Zwêchen* (⏑⏑⏑⏑). *Der Ëkernkenengk.* In den meisten Spielen gilt *Ëker* als die mindere Farbe (es folgt *Sî* ‚Grün', *Schäll* ‚Schellen', *Härz* ‚Herz'). — Lautt. 22. mhd. ecker, eckern n. Dagegen bemerkenswert ndl. aker m. Zips. ecker. Ebenso die eingeschränkte (allerdings wie es scheint von der Buche auf die im Mittelland Siebenbürgens überwiegend vorkommende Eiche übertragene) Bed. wie der unverschobene Lautstand und das mit dem ndl. übereinstimmende Geschlecht sichern dem Wort ein vorsiebenb. Alter zu. (Im Nhd. erst aus dem Ndd. übernommen). Ob der Umlaut nur vom Plur. aus eingedrungen ist, lässt sich nicht entscheiden.

Eckerschwein, Ëkerschweng n. ‚Schwein das in den Ecker getrieben wird' ‚Mastschwein'. Der Natur nach meist im Plur. *de Ëkerschweng. E iäs wæ'n Êkerschwenj* (von einem mageren Menschen, Katzendf. Wohl im Gegensatz zu einem zu Hause mit Mais gemästeten. Sonst dient als Bild für etwas Mageres *Hielschweng* s. d.) »Es seind 6 Walachen sampt unserem Schweinehirten zu mir in der nacht gesessen, wie die ekerschwein heim waren bracht worden« (1598, Ger.-Prot.). DAM. DÜRR in der Predigt über die Speisung der Fünftausend: »Magistratus non contentantur suis reditibus sed querunt lucrum mit ochsen auss dem land treiben, mit schwein kauffen, eckerschwein einnemen und vermauten« (Kbl. 6, 125). In übertragener Bed. (verstärkt die in *Schweng* liegende Bed.): »Aber ser dünne sind sie geseet, die dasselbige theten, dargegenn findet mann alle winkell voll der gotlosenn epicurischenn eckerschweynn« (DAM. DÜRR, Hdschr. 350).

Eckert, 1. F. N. Simon Eckvarth (15. Jahrh. Qu. Gesch. S. 1, 35). Ebda.: Ech-arth, -artt,

-karth, Eckarth (1505). Bartholomeus (Bortmes) Ekkert (1619, Hammersdf.). Lörintz Äkert (1691, Reussen). Endres Eckertin (1609, Heltau). Velten Ekerdt (1578, Burgbg.). Joannes Eckert (1565, *Bistr.*). Gegenwärtig Eckard (Meschen). *Êkert, de Êkerdan* (Trappold). *Iekert (Tekendf.*, *S.-Reen), Eckert (Ober-Eidisch).* — 2. Als Fl. N. »im vordersten Eckers Thal« (Meschen). Zips. in O. N. Eckersdf. (1314, gegenwärtig Baldócz; Kbl. 27, 75). — Zu ahd. P. N. Agihart, mhd. Eckehart. V.-A. 34, 31.

eckig, äkich, nösn. *âkich. E mącht esuolen eêkich Gesicht* (z. B. beim Weinen, Katzendf.). »1 4 e c k e t e t stück bogassia« (1548, Qu. Kr. 3, 378). Bildlich: *Dôt senj qllent gor âkich Lejt* ,von unzugänglicher, unfreundlicher Art' (Schönbg.). Auch ,knorrig', ,grob', ,dickschädlig'. *Ed äs en âkich Kärl* (Schässbg.). Spottname der Schässburger: *de Âkijen* (vgl. »durus Schässburgensis«, *de Dannerschlâchtijen [χ], de Grêdijen*, H.-W. 137). *Woräm äs ir Maichen* (Marie) *vum Mûn dervun?* Antw. *E beschît ed ânen esu âkich* ,gibt ihr immer so grobe, unfreundliche Antworten' (Schönbg.). — *drą-, væræ̂kich, siwenæ̂kich* (z. B. s. *Brît* ,nicht rundes Brot'), *špesæ̂kich* (spiess-).

Eckstein, Êkštîn m., nösn. *Âkštê* m. ,Grund- und Eckstein'. *E wâtzt sij ânefurt u mer* (an mir) *wâe e Bäffel, wâe de Špai* (Schweine) *um Âkštê (Tekendf.).*

edel, ädel, nösn. *erl* ,von edler Art'. 1. Der physischen Abstammung nach: a) Von Menschen ,von adliger Abstammung'. α) *En ädel mąn, Ädelmąn* (noch durchaus als unzusammengesetzt gefühlt, daher ⏑́ ⏑ ⏊, aber doch als ein Wort flektiert: *Ich hun en Ädelmąn gesæ̂n*) ,der (ungarische) Adlige'. Pl. *de ädel Lekt (Ädellekt* ⏑́ ⏑ ⏑́). Urk. »Edelleut«. (Vielfach 16. und 17. Jahrh.). »Die E d e l l e w t t vom Altzenn« (1579, Ger.-Prot.). Namentlich auch als Bezeichnung des ersten Landstandes neben Szeklern und Sachsen. »alle edelleitt und czeckell. (1530, Brief des Mat. Armbruster an den Bürgermeister von Hermannstadt, dass der Woiwod auf gotzleichnamtag in torenburg sein werde, um zu fragen, wer dem Hanssen — Joh. Zápolya — treu sein wolle). »Denn da Adam grub und Eva spaan, wer war da der Edellmann?« (DAM. DÜRR, Hdschr. 505). Dem *Honnes Weiss* bietet Bathori nach seiner Heldentat in der Brotfeldschlacht an:

E huest gedôn än Îren, wat nor e Mängsch
gekąn,
Si sąl e sen vu nâ un en ängresch
Ädelmąn. KÄST., 141.

Arelmeân, Arelfrâ, Arelluotch (Katzendf.) nösn. *en erl Mą. Dąd iäs guor en gruis Arelfrâ* (wenn eine nicht viel arbeitet, Katzendf.). *Der Adelmôn, de Adellotch* (Petersberg). *De Edellait (Pintak). Der Erlmû* Pl. *de Erllait (Wallendf.). E fiert* (fährt) *wæ̂ en Arlmûn* (von einem Hoffartigen, Zendresch). *Ed äs dik ąch e Erlmû mät sibm Pelzbêm* ,mit sieben Zwetschkenbäumen', ,ein Adliger mit Titel ohne Mittel' *(Wallendorf* Vgl. *en Nâimestämber,* spottend für magy. nemesember ,Adliger'). *Dôd äs der Adelmân vu Rêteršdref* ,der Gutsbesitzer von Retersdorf' (Schönberg). — nösn. *Erltôk* fem. ,Edelfräulein' (KISCH, W. u. W. 156). Für *Ädelmąn* auch *Ädelhärr.* Im Zauberspruch gegen das *Gebrêch* auf Heilige übertragen:

Et zugen drą Adelharren iwer en hî Rêch
Unt nąmen deses Kängt se Gebrêch
Än är hiuwirdich Gešprêch
(Kleinscheuern; Kbl. 23, 146).

— β) Übertragen auch auf ,Hof, Erde der Edelleute'. *Der ädel Hôf, Ädelhôf* (⏑́ ⏑ ⏊) ,adliger Gutshof', ,Adelsgut'. nösn. *Erlhôf* m. *Et setch eus wæ̂ af'm Arelhôf* (vom Hof eines guten Wirten, Katzendf.). »und wer auf einen e d e l h o f f gewichen« (1609, Ger.-Prot.). *De ädel Iert* ,das Gebiet der (ungarischen) Adligen', ,Komitatsboden'. (Gegensatz: *der Kenengksbodem* ,Königsboden', ,das Gebiet der freien Sachsen'.) Für die Ma. kommt dabei hauptsächlich der Landstrich zwischen den beiden Kokeln in Betracht. Die auf ehemals adligem Boden erwachsenen sächsischen Ansiedlungen machen gegenwärtig mehr als ¹/₄ aller ss. Gemeinden aus. *Grûs Schôgn ląid ąf der Erliart, dąt sai qlles Derfer vu der Erliart (Wallendf.).* Aber auch: *af der ädler Iert.* »wir sind von E d l e r E r d aus Zeck-Mantel« (1752, Cap. Cib.). Davon: *De Ädelierder* (⏑́ ⏑ ⏊ ⏑) ,die Bewohner des Komitatsbodens'. (In Betracht kommen namentlich die des Kl.-Kokler Komitates. Sie waren bis 1848 untertänig, seit ihrer vollen Freiheit haben sich unter ihnen gerade die sächs. Dörfer durch Tüchtigkeit und Volksreichtum zu kräftiger Blüte entwickelt.) *Ener vun den Ädelierderen* (Kirtsch). »einem, so von e d l e r E r d t t bürtig ist« (1582, Nat.-A.). »und soll keiner von e d l e r E r d e n in der gemein gelitten werden« (1582, Nat.-A.). »Es soll auch keiner von E d l e r E r d e auf die letzte Johr angenomen werden bei Verlihrung der Zech fl. 64« (1614, Statuta der Böttcher. Kbl. 24, 99). Die Abwehr der Edel-Erder lag in dem Anspruch, den die Adligen, denen sie untertan blieben, auf sie machen und leicht weiter ausdehnen konnten, begründet. Freies Bürgerrecht konnte nur ein freier Sachse haben. (Über das Untertänigkeitsverhältnis vgl. *Ärf* ‚Erbe‘, *Gubijen* ‚Jobagyen‘, *Hôf* ‚Hof‘, *Rîs* ‚Reise‘, *Rußsch* ‚Kerbholz‘, sowie »Die Edelleut haben sehr viel leibeigne Unterthanen im Land / so daher Edel-Erder geheissen werden. Diese / můssen ihren Edelleuten umsonst ackern / säen / die Weingårten arbeiten / ja alles thun / was ihnen befohlen wird. Wer sich nicht auf bestimmten Termin, mit gnugsamer Kost einstellet / der krieget die Harompaltza, das ist / er wird mit drey Průgeln elendiglich abgeschmieret. Kurtz / der Edelmann hat ůber alles / was dem Jobagyen gehőret / zu gebieten / ohne die Religion, und das Leben« Tröster, 87). Die Edelleute suchten ihre auf der *ädler Iert* bestehenden Gerechtsame vielfach auch auf dem Königsboden auszudehnen. Daher der jahrhundertalte Kampf gegen diese Ansprüche in Beschlüssen und Klagen. »Im vall Edelleütt oder sonst grosse herren zu baw od. sonst arbeytt volck begeretten, soll in (ihnen) solches abgeschlagen werden, damit nochmolss solches nit möget in einen brauch gezogen werden« (1631, Nat.-A.). s. auch unter bebürden. Die Grenze der *ädel Iert* ist der *ädel Hattert* ‚Gemarkung‘. »dem wassergraben nach hinaus bis auff den berg und an den edlen hattert sich erstreckt« (1563, Nat.-A.). — Zur Bezeichnung der für Edelleute bestimmten Quartiere in der Stadt. »Wer eines Edelmannes frembden Wein schenkt, soll um fl. 10 gestraffet werden. Wer einen frembden Wein zum Thor herein oder aus einem Edel-Quartier in die Stadt in sein Haus prakticieret und schenkt, dessen Fass soll dem löbl. Magistrat verfallen« (1710, Nachbarschafts-Art. *Bistritz* Kbl. 14, 114). — γ) In Fl. N. *Of der edlesch Wis* (war an einen Adligen versetzt *Treppen)*. s. auch unter dem F. N. Edel. — δ) Die Gemeinfreiheit der »sächsischen Nation« duldete unter sich keinen privilegierten Adelsstand. (quia virtus nobilitat hominem, 1613, Articuli universitatis Saxonum). Dieselben Universitätsartikel bestimmten: »weil nun nicht schöner Freiheiten allhin sein können quam libertates Saxonum und die Sachsen wegen derselben rechte Edelleut sind . .« Die aus der Gemeinfreiheit hinauswachsenden, die »more nobilium se gerentes« (s. *Grêf* und Erbgräf), durften nur auf Adelsboden *(af der ädler Iert)* Adelsrechte ausüben. Den freien Bürgerstolz drückt *Hannes Weiss* in der Antwort an Bathori bei Kästner kernig aus:

Ich bä, šprächt Weiss, unt bleiwen mät
jêdem Blâdeströpen
E Sachs, wat nätzt mer alsi en ängresch
Adelswôpen?
Verzq̂t mer, dq̂t wet passen just wê
en Foust af't Üch.
De Häldentôt en Flomm äs, der Adel
nor der Rûch.
Et hun ed ousgešprôchen âs Âlden
ône Tadel,
De Tugend unt de Frq̂hît, dq̂t wêr der
Sachsenadel. Käst. 141.

Vgl. auch das Gedicht »Sachsenadel« von Fr. G. Marienburg. — b) Von Früchten, Tieren usw. ‚von edlem Schlag‘. *Dqd äs en arel °Ôrd Appel* (Katzendf.). *En arel Fârd* (Ebda.). — 2. ‚Von edler Gemütsart‘ [Geh. Spr.]. *E hôd en ärlen Zeach* ‚Zug‘ (Schässbg.)

D' ädelst, wad af Ierde bleet,
Unt der Hemmel äm Gemeet
Äs âs allebîden. Käst. 114.

Übertragen auf Gegenstände. *Der Wäinjter* (Winter) *mq̂cht de Ierd* (Erde) *ädel* ‚zum Anbau geeignet‘, ‚fruchtbar‘ (Schässbg.). Als Titulatur: »derowegen wir Johannes Bekes Honn, samptt einem Ehrsamen Ratth und der gantzer Altschafftt der edler Gemein Blassendorff« (1643, Cap. Bog.). — 3. Als F. N. *Erl*, geschrieben Edel (Keisd, Tobsdf.). Daraus in Fl. N. »vor dem Edels Thal« (1720, Tobsdf.). ‚Edelskaule‘ (*Erlskel* ⌣⌣, Keisd). — Lautt. 33. [ä·dl., ä·dl·m·â·.n.]. mhd. edele. Die *-rl*-Formen entsprechen auch sonstigem Übergang in der Lautverbindung *-dl-*. *Kerl* (Kittel) usw.

Edelfrau, Edelherr, s. *ädel* (edel).

edelgnädig, *adelgnêdich* (Kronst.) [städt. Halbma.], *adelgnêdijer Harr! Adelgnôden!* († Titulatur für geadelte öfter auch ungeadelte Senatoren, Gerichtsbeamte, Stadt- und Distriktsrichter.)

Edelhamm, nösn. *Erlhomm* Fl. N. *(Nieder-Eidisch)*. s. edel 3 und *Homm* (Hamm).

Edelmann, s. *ädel* (edel).

edelnamhaftweise, *adelnumhaftweiser Harr; Er Adelnumhaftweis!; Er Adelnumhaftweishît!* (Titulaturen wie oben ‚edelgnädig‘, Kronst.). Der offizielle Titel des sächs. Komes. Noch Bischof Teutsch redete bei seiner Erwählung zum Bischof 1867 den ihn begrüssenden Landeskirchenkurator Komes Konrad Schmidt mit »edelnamhaftweiser Herr, verehrter Herr Landeskirchenkurator« an.

Edelstein, Ädelstîn m. (Geh. Spr., daher ⌣⌣⌣). Der reiche sächs. Schmuck kennt Edelsteine namentlich in den *Bockelnôlden* (Buckelnadel) und in den *Hiefteln* (Heftel, Brustheftel). Im Märchen: *Ed äs vu Gûld uch Ädelštîn* (Schönbg.). *Et fqngkelt wä'n Arelštîn* (Katzendf.). Von der Jugendzeit singt Kästner:

Ôfwol se nor en Zängkelchen,
Glänzt se wä Dêmqnt rîn,
Äm färsten Härzenswängkelchen
Dô lqd är Ädelštîn. Käst., 21.

Auch in der Form *Ädelgeštîn:*

Dqt flingkerd unt flangkert
Wä Ädelgeštîn. Ebda.,

Tâ înijet Sachselqnt,
Bäst jô äm Vîlkerliewen
En fängkelän Ädelgeštîn. Ebda., 67.

~, nösn. **êdn** ‚eggen' s. d.

Eder, **Êder** F. N. »Eder« (1824, Grosspold). Gegenwärtig in Hstdt. (Im 18. Jahrh. aus Oberösterreich eingewandert.) Kisch (V.-A. 34, 63) verweist auch auf nösn. und moselfr. F. N. Eder. Zu ahd. P. N. Ether.

Ederholz, Klî Helzkn ‚kleines Holz' O. N., Verdeutschung für magy. Héderfája, rum. Hidrifăleu, bei Neumarkt (Marosvásárhely). V.-A. 34, 31.

~, **Edjenesch** (´ ˘ ˘), Übername *(Botsch).* — Aus magy. egyenes ‚gerade'.

edlerweise, im Volkslied von den Äpfeln, die der Wind vom Baum herabgeweht hat:

Et kqm e Mêtchen unt klouft se af
Än e schnîweiss Dach,
Unt drach se hîmen ädlerweiss
Unt schluss se än mäd allem Fleiss.
Schuster, Volksl. 9.

edlig, † »Die edeliche Schaar« (Schar der Adligen, 1608, Qu. Kr. 5, 595).

Edling, Adlengk m. ‚Junker', ‚(ungarischer) Adliger'. (In den 13 Dörfern zwischen den Kokeln.) Syn. *Ädelmqn* (Edelmann).

(**edlisch**), nösn. **erlesch.** *Erlesch Gäiter* ‚einem Edelmanne gehöriges Vieh' (Kisch, W. u. W. 39).

~, **edrijen** *(ödrijen)* schw., nösn. *idrign* ‚wiederkäuen' (Nadesch). Das Rind *edricht* (Kbl. 5, 68). Syn. nösn. *igerzen.* Fortbildung zu *ädern* (s. oben 1, 55; zu mhd. iterücken ‚wiederkäuen' vgl. dort auch die Belege aus verwandten Mundarten).

Eefeln, Fl. N. (Stolzenbg.). »Hynder der Eefeln« (1500). »Hinter denen Eefeln« (1514). Gegenwärtig: *Af der Uifel* (Stolzenbg.). *Af der eÎfel* (Reussen). s. d. folgende Wort.

Effler F. N. »Johannes Effler, hospes de Hanebach« (1409, Urkb. 3, 484). Vgl. lux. F. N. Effler, Eifeler, also ‚aus der Eifel stammend' (moselfr. Êfel, pagus effliensis). Der Name deutet unmittelbar an, dass der ursprüngliche Namenträger selbst aus der Eifel stammte, die Namensbezeichnung aber von einer Nicht-Eifler Volksumgebung erhielt. s. V.-A. 33, 63.

~, **êfresch** ‚auf der verkehrten Seite' (von einem Kleidungsstücke, Petersbg. i. B.). s. *êpesch.*

Egel, Êl fem. Pl. *de Êlen,* nösn. *Êl* fem. ‚Blutegel', ‚Leberegel der Schafe'. *Aiel (Weisskirch). Êl,* Pl. *de Êlen* (Kronst.). *Oel,* Pl. *Oeln* (Denndf.). Zum Aussaugen des Blutes bei Geschwülsten (Beinhautentzündung) vielfach angewendet. *Ich wiarn der nqch enwabel* (einige) *Êeln uhê (Wallendf.).* — *Blât-, Ruessêlen.* Mhd. egele. Verflüchtigung des *-g-* ist auch sonst in der Ma. üblich, vgl. *sôn* (sagen), *rênen* (regnen).

~, **Êlemôr** Fl. N. (Keisd). — Zum obigen.

Egge, Êt fem., Pl. *de Êten (Êden),* nösn. *Êt* fem., Pl. *Êgn (Wallendf.). Ait* fem., Pl. *de Aitn (Weisskirch). Eit* (Draas). *Aet* (Felldf.). *De Ät* fem., Pl. *de Ätn (O.-Neudf.). Aoet* (Zeiden). *Êet* (Kronst.). Dagegen: *Each* (Alzen). *Each, de Eachen* (Grossau). *De Iach* (Girelsau). *Iech (S.-Reen).* Unterschieden: die (alte) *Êt mät helzeränen* und die (neuere) *Êt mäd eiseränen Zängden.* 1. Die Egge wird beim Hinausfahren zum Ackern auf den Pflug gelegt, mit den Zähnen nach unten. Auf der Egge liegt der Sack mit dem Saatgut sowie etwas Futter für die Zugtiere. *Honz, deo de Êt qf* ‚gib die Egge auf den Pflug' (Schönbg.). Die Egge wird wie sonst dazu gebraucht, die im harten Lehmboden des Sachsenlandes besonders festen Schollen zu zerkleinern. Besondere Verwendung: Wenn der Mais *(Tirkeschkôrn)* heraus ist, wird oft noch einmal mit der Egge darüber gefahren, um das erste Behacken *(schôrn,* sonst *schuewen)* zu erleichtern (nösn., Kbl. 8, 95). — 2. Die alte, ganz aus Holz verfertigte Egge *(Êt)* bestand aus 4 etwa 8 cm starken Balken aus Buchenholz, die durch 2 oder auch 3 dünnere Querhölzer mit einander fest verbunden waren. Die Länge der Balken betrug etwa 140 cm, der Abstand zwischen ihnen etwa 40 cm. In den Balken waren je 8—10 starke Holznägel befestigt, die 12—15 cm herausragten. Bei einigen Eggen ging die Richtung der Nägel senkrecht abwärts, bei andern schief, und zwar abwechselnd nach der einen und der andern Seite, so dass auch die Zwischenräume zwischen den Zahnreihen einigermassen bestrichen werden konnten. Die Zugtiere wurden bloss mit Hülfe eines Strickes *(Štrqngk)* an der einen Breitseite angeschirrt und die Egge ihrer Breite nach über den Acker gezogen. Die Eggen wurden von den Bauern selbst angefertigt. Im Harbachtal waren bis vor etwa 30—40 Jahren fast ausschliesslich nur hölzerne Eggen im Gebrauche. Damals begannen dort einzelne Bauern auch eisenzahnige Eggen zu verwenden. Doch werden auch heute noch im Harbachtal vielfach holzzahnige Eggen verwendet, bei einzelnen Arbeiten, z. B. zum Ausebnen und Lockern des Ackerbodens vor dem ersten *Kukerutzschuewen*, ausschliesslich solche. Auch im Kokeltale findet man die holzzahnige Egge noch neben der eisenzahnigen. In der Hermannstädter Umgebung ist sie schon seit einem Menschenalter verschwunden (Hammersdorf), ebenso im Unterwald (Deutschpien). Die in der Hermannstädter Umgebung verwandte Egge ist etwas breiter (160—170 cm) als die alte holzzahnige; sie wird ganz von Zigeunern gefertigt, die Holzteile von den Boiäschen, die Nägel von den Dorfschmieden (meist Zigeuner). Diese Egge wird »über Eck« über den Acker gezogen. Zum Anschirren der Zugtiere ist an einem besondern, querüber gezogenen Eisenstab ein eiserner Ring befestigt, der aus einer Ecke beim Wenden in die andere rutscht. Es sind regelmässig je 8 Eisenzähne in den Balken eingesetzt, die etwas schief nach vorne gerichtet sind. — 3. Die Egge im Aberglauben. Wer in der *Gerjenuecht* (Georgsnacht) die *Truden* tanzen sehen will, muss sich, mit einem Besen bewaffnet, auf eine Egge, aus neunerlei Holz verfertigt, setzen. Schläft er dabei ein, so ist er unrettbar verloren (Belleschdorf). »Hoc addito: dass der würdige Herr gesacht, es were die eine Tochter des Actor nackich gewesen und hatte gesacht, sie sollten thodenknochen nemen und ein e t h und in das Wasser tragen, so würde es reynen« (Ger.-Prot. 1654). Lautt. 20. Entspricht lautrichtig kontrahiert mhd. egede, eide wie *Rên, begênen* zu nd. regen, begegenen. Der ursprünglich vorhandene Platzlaut (Reibelaut) hat seine Spur in der Verhärtung der Pl.-Formen *(Êten* statt zu erwartendem *Êden)* hinterlassen. Die Formen nach dem Typus *Iech, Iach* sind wohl Entlehnung aus dem Nhd. Vgl. eifl. Eidt.

—, eggel ‚lauter', ‚unvermischt' s. eitel.

eggen, iejen schw. *hu geiecht [χ]*, nösn. *êgn, geêcht (Wallendf.), êdn. Eijn* (Draas). *êejen* (Rosenau). *Bäs Mättôch qckre mer, derniu iaje mer* (Schönbg.). *Det Leûnt, de Wis iejen* (Katzendf.). *Iech mer det Lqnt klîn!* (Peschendf.). Zu nösn. *mer gô êdn; hê êt* vgl. moselfr. êden (V.-A. 33, 63). Mhd. egen (eggen), ahd. *agjan. Die nösn. Form ist durch das Subst. beeinflusst.

Eggezahn, Êtenzqnt m. meist im Pl. **Êtenzuointch* (Katzendf.). *Êtenzoinjt* (Birth.).

Egler F. N. Martinus Egler (1672, Ger.-Prot.).

—, êha! êinje! Interjektion (aus magy. ejha, ejnye) *S.-Reen.*

ehe, î, îer (⏊⏑), nösn. *î*. 1. Konjunktion. Alleinstehend seltener gebraucht, meist in Zusammensetzungen: *îdies* (ehedessen), *îwan* (ehe wenn). Temporal und modal. *Î ich mich versqch, lqch ich schîn äm Gruewen. Î gôn ich net dervun hähär; î rîren ich mich net vun der Štäll; î brängt mich nemest hähär e-wêch, î er mer net versprêcht, sôt, git. Î der Kæhirt ousdrif; î de Sann afgeng; î der Morje grôt, wôre mer af dem Lqnt, fenge mer de Arbed un, brqche mer af. Î e sij et versqch, wascht ech em înd eruef. Nôch î det Wädder ufeng, wôre mer schîn derhîm* ‚vor Ausbruch des Ungewitters'. *Ech štând î Duech af* ‚vor Tagesanbruch'. *Î mer nôch af'm Rêch* (Berg) *wôren, sqge [ʒ] mer't schî lichten* ‚sahen wir schon den Feuerschein'. *Tummel dich, dat te fîärtich biäs eî da' ch [χ] kun* (Katzendf.). *Î (înder) geng ich än't Wasser (dêd ich mer äst un), wæ dad ich de Misch nêm. Î dqt det Maichen den Honz nit, drên ij em laewer den Hqlz äm* (Schönbg.). »Ich weis das zu sagen, das man den Nependörffer auch vor dem, e h d e n der Darabant in vnser Nachparschafft kömpt gezogen, gestolen hat« (1605, Ger.-Prot.). »so aber einem leriungen der master styrbt, e e das er ausgedyent hatt« (1539 Schusterz., V.-A. 16, 400). »Das des Lux W. ire Schwester, e e er diese sein Fraw genommen hat, als ein leddiger gesel gefrayhet hab« (1569, B. M.). »so wil ich meinen Hoff verkauffen zu Agnetlen, und hieher gen Kellenck kommen gezogen, e e das ich den halben Hoff in frembde Hendth lass« (1564, B. M.).

Em riet sij înder nôch ze dît,
Als em sich fällt ze dît.
Schuster, Volksl. 141.

Verstärkt: *Î uch bevîr* ‚ehe' (Mühlbach). In der Brautwerbung: *Î ent bevîr ech awer zäe diesalwije Würte schregjden, kun ej et ned anjderlôssen, Gottes Gât ze preisen* (Meyndt, Gemîn 18). »wäre aber das Fass ausgeschenkt, e h e und bevor es kundt war« (1710, Nachb.-Art., Kbl. 14, 114). »Ich hab e h e d a s ich den Jungen hab angenommen auf meinen dinst seinen Vater gefraget, ob es mitt seyn Willen geschee das er dinet« (1599, Ger.-Prot.). Komp. *îer, înder*

(Gr.-Sch., Hstdt.). Temporal.: ».. aber hätte sich e h e n d e r nicht zufrieden geben wollen, biss ihn nicht die Wacht zu seinem H. Vatter geführet« (1699, Cap. Cib.). »so hat mich der H. Pfarr nicht e h e n d e r aussruffen wollen, biss Ihme nicht einen Gulden habe gegeben« (1713, Cap. Cib.). ». ich und meine Stief-Mutter wurden e h e n t e r fertig als er« (1768, Obereheger.). Modal.: »dass sie e h e n d e r den Todt, als Ihn wieder erwehlen wolle« (1699, Cap. Cib.). »dass sie sich lieber den Kopf will abhauen lassen, e h e n t e r dass sie zurück bei mich will kommen« (1756, Obereheger.). »Ich bitte dahero dass ich von diesem nichtswürdigen Manne i e e h e n d e r ie besser möge geschieden werden« (1759, Obereheger.). Die Ma. verwendet oft den Positiv für nhd. Komp. Scherzhafte Totenklage:

O wî, o wî
Woräm ned î!
SCHUSTER, Volksl. 140.

Ed äs î (eher) *mî wê wenijer drän. Ed äs î* (eher) *nôch äst deirer.* »Es ist noch guth (sagt er), das dieser gute man auch darzu kompt, für welchem ich frag, ob E. W. noch also sage auch noch also, das 1500 Heuff drinnen sein, auch noch e h e mehr« (1599, Ger.-Prot.). »Es sol niemand ... der Waisen gůtter e h e berůhren / er habe dann die Inuentari gantz fertig« (E. L. R., 69). »Alles ... kan e h e nicht bestehen / noch zur straff auffgemessen werden« (E. L. R., 177). — 2. Praep. *Î der Zekt* ‚vor der Zeit'. *De Blädder falle guer î der Zekt uef.* »von ersten als sie die fl. 200 heraus nomen e h der theilung« (1598, Ger.-Prot.). — Lautt. 122. mhd. ê. Zu *iender* vgl. SCHM. 1, 4 und unter ehnter.

Ehe, Î fem., Pl. *de Îen* (⏊⏑), nösn. *Î* [Geh. Spr.]. Echte Ma. ‚Eheschliessung': *Frängder* fem., *Froinjder.* ‚Eheliches Verhältnis', Umschreibungen: *won em (wi îst) frängdert äs; frängdert Lekt* ‚in der Ehe'. — In stehenden Formeln der Hochzeit. *Dô wôerdn sai gefröcht, of se sij ąngezwąngen ąnd ąngedrąngen ze diser Î begêbn (Mettersdf.,* GASSNER 57). »Als ich mich zum ersten mahl in die E h e begeben, und von Girelsau mein Weib habe holen sollen, so hat mich der H. Pfarr nicht ehender aussruffen wollen, biss Ihme nicht einen Gulden habe gegeben« (1713, Cap. Cib.). »Zue der E h e sich seczen« (1580, Kbl. 8, 40). »in die E h e setzen« ‚ausheiraten' (1555, Rechtsgesch. 2, 365). »(In das Forum des Bürgermeisters gehört), was unter den Wächtern im Thor oder Gassenhüttern (d. i. in der Zeit, als diese ihres Amtes walten) die E h e und Blutt betreffend geschicht« (1652, Rechtsgesch. 2, 382). »wie das des Christophori seine Mutter gestorben wer, so heth sein Vatter (seliger gedechtnus) zu der e h e genomen des Jacob Daellers Hauswirten« (1564, B. M.). *Än der Î mes e jêdet niugi* (nachgeben) *kennen* (Schönberg). *Licht gebącken och licht geweêschen wid uch vergeêssen, ąwer en licht Oi vergoit nemmermoi* (Gr.-Sch.). — Lautt. 122. mhd. ê (êwe).

Ehebett, Îbât n., nösn. *Îbât* n. [Geh. Spr.]. Formelhaft beim Gevatterbitten. *Sô hąt jo der Vueter äm Himmel och maich gesêgnt mät mainder Hauswîrtän än ausem Îbât mät Laiwesierbm, mäd em Singtche (mäd em Dêchterche), (Mettersdf.,* GASSNER 26). Strafrede des Pfarrers an ein gefallenes Mädchen: *Wîste net, dąt der Wiach än'd Îbât durch de Kirich gît* (Schönbg.). In der Formel für eheliche Geburt. »das er aus einem E h e b e t t geboren sei« *(Bistritz* 1455, Schusterartikel). Im Zeugnis für einen Böttchergesellen: »das der ehrbare Gesell Paullus Meisner aus einem rechten E h e b e t t herkommen vnd geboren sey, von rechter vnbeflekter Teuser (deutscher) Nation vndt artt« (1632, Schoresten).

Ehebrecher, fehlt. Dafür s. *Kuckuck* und Umschreibungen: *E huet sich mät der Mai* (Marie), *mät der Nôberä bekätxt.* In der Kanzleisprache: »Was hat er auff mich bekannt? quaerit Actor, wolt ihr wissen? Das: Ihr seyet ein 20jähriger E h e b r e c h e r« (1684, Cap. Cib.). »Gemeiner Lands gewonheit noch / wird der E h e b r å c h e r / mit dem schwerdt zum tode gericht: Die Ehebråcherin aber in einen sack gestossen / vnnd im Wasser ersaufft« (E. L. R., 183).

Ehebruch, Îbrach m. Darüber handelt Buch 4, Titel 7 des E. L. R. »vom E h e b r u c h«. »Begreifft ein man sein eheweib auff frischer that im e h e b r u c h« (E. L. R., 185). »Kinder . die so aus dem e h e b r u c h herkohmen« (Ebda., 59).

ehedes, Îdies, nösn. *îdias.* 1. Adv. *Îdias* (ehedem) *dräogen (z) de Mûn nechen Pantelôn* (lange Hosen, Schönbg.). *Îdies wôr ed en Schąnt, än't Wirtshous ze gôn. Îdies tûrft än der Adwäntzekt (än der Fastenzekt) nichen Hochzet gefeiert wärden.* — 2. Konj. Temporal und modal. *Îdies mer ąssen, mosste mer ängde bieden. Bevuer em niet geleîrt hôt, eidêss keûn em niet* (Katzendf.). *Îdies, dad ich dąt dêt, lef ich lêwer ewêch* ‚würde ich eher weglaufen' (Mühlbach). Drohung der jungen Frau: *Idias, dąt teo mech hae bešpôtst, giun ich hîmen ze âsen* ‚ehe ich abwarte, dass du mich schlecht behandelst, gehe ich zu meinen Eltern zurück'

(Schönbg.). *'Ideêss, dad ech em dąt gin, schliun ij e lǣwer duit* (Katzendf.).

Ehegenoß, fehlt; s. *me Mąn, meng Fræ; hî* (er), *ät* (es, sie). In Geh. Spr. und Kanzleispr. In der Brautwerbung. *Esu sai mer och hąe erschinn än disem Brauthaus ąnt mer verlągen dis îrber Braut disem îrbern Braijem ząe er Kierern* (Kehrerin), *ząe er Genierern* (Genäherin), *ząe em Îgenąss, wąe et Gott äm Paradais beschląss (Mettersdf.,* Gassner 65). »sein ehegenoss« (E. L. R., 191).

ehegestern, igiester[n] *igiestern,* (⊥⊥◡), nösn. *igâster; îgêstern* (Kronst.). ‚vorgestern' allgem. *Wonî segd er hîme kun?* Antw. *Îgiestern ze Mättąch. Igêstern hu mer ugefongen ze schuawen* (Kukuruz zu hacken), *hejt hu mer brît* (Schönberg). Scherzhaft-ärgerliche Abweisung: *Cha igiestern!* ‚damit hättest du früher kommen sollen' (vgl. *înæchent).* ‚vorgestern Abend' s. *înæchent* (ehenachten). — *Vîrîgiestern.* Lux. e'göschter. Eifl. îgestern.

Eheleute, fehlt; s. *Mąn uch Fræ.* Jedoch in Geh. Spr. und Kanzleispr. Sprw.:

Mät den Häinjde bäinjd em Îlekt,
Mät de Fesse lûfe se vun enąnder wekt.
Schuster, Volksl. 183.

»Auf die Uneinigkeit der Ehe Leüte, der Nachbar und Nachbarinnen sollen die Nachbar Vätter genau Achtung geben« (Gr.-Sch. 1720, Nachb.-Art., Kbl. 29, 155).

ehelich, fehlt; s. *îrlich* (ehrlich). In der Kanzleisprache: »ehelich Gemahl«, »eheliches Verbündnis«, »eheliche Verpflichtung« (Trauung), »ehelicher Hauswirt«. »Martha des Egidy Junk verlassen Wittib und itzt des Paul Scheb ehlich gemahl . .« (1565, B. M.). In der Ma. einfach: *Meng Mąn, Fræ* (Geh. Spr. *Meng Housîr*). Eheliche Geburt war Bedingung für die Aufnahme in eine Zunft. »Ittem zum ersten, welcher yn dy czech auffgenommen will werden, soll erlich geporen vnd frum seyn« (1539, Schusterz. V.-A. 16, 399). »es sey den das derselbige ehelig geboren werde« (*Bistr.,* 1491, Schusterzunftart.). ‚ehelich leben': »Ich habe schon dem H. Stadt-Pfahrer alles gestanden, dass Incta mit dem Gesellen fünffmahl schon ehlig gelebt hätte« (1782, Cap. Cib.). ‚ehelich kaufen' (trauen). »Beschemer der iungfrawen . . . . sollen nindert mit einer andern ehelich gekauft werden« (Hont. 105). »Die, so vmb vnziemliche sachen Eheweiber ansprechen / ihre verpflichtete liebe vnnd eheliche trew zu brechen« (E. L. R. 184).

ehelichen, îlichen schw. [Städt. Halbma. und Geh. Spr.]. Echte Ma. *frängdern.*

ehemals, îmôls [geh. Spr.]. *Imuels wôr alles ûndersch, et gereot mî Frucht [χ] uch Wenj* (Schönbg.). Echte Ma. *Vîr desem; än âlden Zegden.*

Ehemann, fehlt. Dafür: *Me Mąn, hî* (er), *me Tin* (Martin), *Gesch* (Georg) usw. Der junge Ehemann (Ehefrau): *der gang Mân (de gang Frû,* Schönbg.). *Der* (dieser) *Mân, des Frû* ‚mein Mann', ‚meine Frau' (Ebda.). Häufig in der Kanzleisprache. »Mein Ehe Mann und Peter B. hütteten einmahl bey dem Thor, zu abend alss die ehrliche Zehntschaft meinen EheMann nach Hauss begleiteten und davon giengen, hörete ich auss des P. B. munde diesse reden« (1689, Cap. Cib.).

(Ehemensch), fehlt. Dafür: *e frängdert Mąn, e Frängderder.* Im E. L. R. als n. »Würd ein ehemensch in ehbruch begriffen . welches zuuoren ein erbarlich leben verfüret« (191).

(ehenachten) înæchent, nösn. *inächin (Wallendf.).* Adv. ‚vorgestern Abend'. Mit Verkürzung: *inæchent* (Rumes). *Aich wôr înæchin äm Bąngert (Wallendorf).* Als scherzhafte (oder ärgerliche) Abweisung einer Bitte. *Cha, înæchent!* ‚da hättest du gestern, vorgestern damit kommen sollen, jetzt ist es schon viel zu spät'. Zu *næchent* (gestern Abend) s. d. Lux. êni'chter ‚vorgestern Abend'.

Ehepflänzchen, Îplinzken n. [Geh. Spr.]. In stehenden Formen bei Taufanzeigen, Gevatterbitten usw. *Auser Härrgêt huet mij uch begêft mad am Îflinzken* usw. *(Birk).*

Ehescheidung, fehlt. Dafür: *Schîdengk* und *det Schîden. Menj Duiehter äs än der Schîdengk* (Schönbg.). *Se lieuen ned mäd enąnder, se gôn af't Schîden.* »Würde einem Ehe genossen etwa solcher misshandlung halben / welche die Ehe scheidung nicht berühret / Wasser vnd Fewer versaget / jre Ehe wird dadurch nicht geschieden« (E. L. R., 56).

Ehestand, Îstąnt m. [Geh. Spr.]. In stehenden Formeln bei Verlobung und Trauung, oft mit dem Beiwort *helijer* (heiliger). *Nôdiem sich dis gąng Laiteher hu verwällicht, än den hellijn Îstôent ze trêdn* (*Mettersdorf,* Gassner, 56). Kirchliche Fürbitte: *Mer wälle na uch det nâ Puer mäd âsem Gebied än den helijen Îstąnt beglîden.* Parodistisch: *dat sich zwô Pärsône verwällicht hun, än de verštruwelden Îstąnt ze trieden* (Schuster, 127). Sprw. *Îstąnd äs Krinmät Huenck* (Honig). *Îstąnd äs der Frąden Ufąngk.* Schuster, 186. — Beliebt ist die reimende Zusammenstellung mit ‚Wehestand'. *Îstąnt, Wîstąnt.* In der Rede, mit der der Brautknecht die junge Frau dem Mann nach der Trauung anführt: *Gott wîl ich sêjnen än irem helijen Îštǭnt, domät e wêr der iršt uch der lietxt, domäd et net wêr en Îštǭnd e Wîštǭnt sangdern en Îštǭnd e Frǭdeštǭnt, e Sêlichštǭnt.* In der Brautwerbung: ». *Wejtersch wîs ech mij uch ze erännern, dǭt Godd ären Îštûnt huet walle sêjnen net nǭr mät zejtlichen uch vergingliche Gâdern, sanjdern uch mät geseanjden uch gruede Känjden«* (Meyndt, Gemîn 18). — *Än den helijen Îštǭnt sich begin, trieden.* »Ich bin von dem eltesten Brueder freien geschikt worden, das er sich in den Ehestandt begeben hat wollen (1571, B. M.). Wenn die junge Frau stirbt, legt ihr die Mutter den Schleier mit den Worten an: *Ich schlijert dich, deo te än den helijen Îštûnt trǭtst, neo schlijern ich dij ent schäcken* (bereite) *dich dem Hemmel* (Schönbg.). Bemerkenswerte (schw.) Formen: »Also hat die A. mich zu solchem Ehestanden betrogen, und sich vor eine züchtige Person, mit mir vor dem Altar und der christlichen Gemein zum Eheweib copuliren lassen« (1696, Cap. Cib.). ».. macht er es (das Meisterstück) aber im Ehestanden, so gibt er in die Czech zur Straff fl. 3« (1605, B. M.). »hat sie es endlich müssen selber öffenbahren, ehe der angefangene Ehestanden des Georgy Bells gantz vollzogen wordn« (1677, Cap. Bog.). »Als verbinde ich mich hiemit, hinführo meinen Ehestanden keusch und züchtig zu halten und alle gelegenheit solches verdachts zu fliehen und mich zu halten nach denen fürgeschriebenen Puncten« (1671, Cap. Bog.). In der Werberede: *End esü geducht hie uch, sij än den helijen Îštûnden ze begien* (Meyndt, Gemîn 19). »Der Ehestande / ist ein ordentliches Verbündnûs eines Manns vnd eines Weibs zusammen« (E. L. R. 51).

Eheſtörer, Îštîrer m. [Städt. Halbma. und Geh. Spr.]. »(Die Nachbarväter haben beim Pfarrer anzuklagen) wenn jemand ... ein Ehestörer wäre« (1777, Nachbarsch.-Art. Gr.-Scheuern).

(ehewann), Îwan. Verstärkt: *îwendiess* ‚vorher', ‚ehe'. Im Burzenl. allgem. sonst in Spuren. *Te souls îwan* (eher) *ku senj!* (Marienbg. i. B.). *Wueram bas te natch îwan kun?* (Ebda.). *Îwan schlôn ich dich dût, als dad ich der daut zǣlassen* (Ebda.). *Iwen dad ich giun, sǭl ech diet nôch mǭchen* (Katzendf.). *Iwendêss* ‚ehedess, vorher' (Schweischer, Katzendf.). *Dôt wôr nôch iwendias* (noch vor der Zeit), *dǭt sij âs Marx froinjdert hǭtt* (Schönbg.). Dieffenb. 392, ehewann. — s. *wonn* (wann).

Eheweib, fehlt. Dafür: *Frǣ, Housîr* (‚Hausehre', geh. Spr.), *des* (diese) *Frǣ.* »Solten Eheleute ein ärgerlich zänkisches Leben führen, so wird Er (der Nachbarvater) solches auch dem Herrn Pfarrer hinterbringen; denn einige Männer verfahren so hart mit ihren Eheweibern, dass sich diese nicht unterstehen auf dem Pfarrhof ihre Klage anzubringen« (1777, Nachbarsch.-Art. Gr.-Scheuern). Im E. L. R. »Eheweib«. — ». weil er mich ganz ohne ursach, alls sein ehelig eheweib gedenckt vom Leben gantz zum Thode zu bringen« (1652, Cap. Cib.).

Ehewerk, ‚eheliche Pflicht'. »Künde der Man vom tag seiner hochzeit an / bis auff zwey gantzer Jar lang / natürlicher vntüglichkeit halben / das ehewerk seinem Weib nicht thuen / das Weib kan von jhm geschieden vnd frey werden« (E. L. R. 55). ».. Dass eine solche junge Person, welche die Catechismus-Lehr versäumt hat, folgsam nicht weiss, was sie in ihrer Religion zu glauben und nicht zu glauben hat, bei ihren mannbaren Jahren und vorstehende Ehewerk keineswegs zur Publication und Copulation nicht zugelassen werden soll« (1710, *Bistritz*, Nachbarsch.-Art. Kbl. 14, 96).

Ehl, F. N. Ehl, Honigberg 1808.

Ehleff, F. N. Hamer Ehleff (16. Jahrh., V.-A. 16, 395).

(ehnter), înter, întern, nösn. *înter, inter* Adv. ‚(kurz) vorher', ‚soeben'. *înter* (Kronst.), *îenter* (Schässbg.). Verstärkt: *nor înter; nor înter nôch. Nor ointer weor der Zegun hǣ; wor* (wohin) *äm Eiländ äs e neą?* (Kl.-Schenk). *Wonnî sed er hîme kun?* Antw. *Nor înter* (oder *întern)* ‚nur zuvor, vor kurzem'. *Er sed awer long bliwen.* Antw. *Cha, mer worden (wôren) nor între färtich. Huet de Kirich (de Hochzet, der Dǭnz) esi lǭng gedouert?* Antw. *Bäs întern. Wô äs de Motter?* Antw. *Se wôr nor întern än der Štuf* ‚nur eben jetzt'. *Nor întern hun ich mät der gebêrt* (habe ich mit dir gezankt), *unt na dîst te 't weder.*

Flutter, dǣ um Blemmchen dîrt
Întern nor gesîjen. Käst. 34.

[ī·n.tern.] Ist von *înder,* hess. êhnder, lothr. ehnder, schwäb. ehn(d)er, wetterau. îender (Dieffenb., 392), komparative Nebenform zu *î* ‚ehe' (DWB. 3, 46), streng zu sondern. Vom Standpunkt des Ss. ist eine Zurückführung auf mhd. ent, ahd. enti (Weigand, 407) unstatthaft. Mit köln. ehter und ehnder (Hönig, 41) ist eine eigene auch sonst in der Ma. beliebte dentale Ableitung *-(n)ter, -n(tern)* (s. d.) anzunehmen. Vgl. *allester, äster, emester, esevelter, îrester* usw.

(ehntrig), întrich ‚(kurz) vorherig', ‚vorhergehend'. *Wat deng întrich Frôch beträfft* ‚die von dir vorher (vor dem soeben behandelten Gegenstande) angeregte Frage betreffend'. *Deng întrich Wîrt hu mer net gefallen.*

ehern, fehlt. s. *iᵉrzän* (erzen). *En iᵉrzän Däppen* ‚eherner Topf'.

ehrbar, îrber, nösn. *îrber.* [Geh. Spr.], drückt zurückgezogenes, solides Wesen aus. 1. *Dąd äs en îrber Knîᵉcht* ‚solider Bursche' (Katzendf.). »(Nach der Vesper) auch ein ehrbares Spatzierengehen in die Weinberge oder Gärten unverwehrt seyn wird« (1710, Kbl. 14, 95). Insbesonders höfliche und amtliche Titulatur einfacher (sonst titelloser) Bürger und Bauern. (Für Körperschaften s. *îrsem* ‚ehrsam' für Zeche, Zunft gilt *îrlich* ‚ehrlich'). Besonders auch in feierlicher Rede bei Hochzeiten, *de îrber Brokt, der îrber Bregdem.* Werbung: *Der îrber Mensch wîl, er sîld em ir Maiche* (Mariechen) *gin* (Schönbg.). In Verlobungsankündigungen vor dem Namen der zu Verkündigenden. In der parodistischen Hochzeitspredigt: *Hiᵉ nit zer Î de îrber Kontribution, dąt hîsst auf saksesch de trepnǣsich Muresâ* (SCHUSTER, 127). »vnd do pey yst gewest erberer her Marthinus Clockengysser villicus« (1485, Qu. Gesch. S. I, 100). »so seyn vor uns erschienen zwen erbar man« (1563, Nat.-U.). »dass Honnes Metthais sampt seinem Sohn Simon dem Ehrbahren Mann Türken Mechel de Hondorff sollen zu Hause gehen und ihn umb Verzeyung bitten« (1671, Cap. Bog.). »Der erbar Hans Scherer inwoner in der Hermanstatt bekenndt« (1595, B. M.). »nachdem die erbaren leutt vonn Ryussenn uns für E. W. fur gericht han geladenn« (1570, Nat.-U.). Besonders auch in Statuten: »ein Ehrbar Meister«, »ein Ehrbar gesel« (1614, Kbl. 24, 100). *Ich mess kên de Foistdôch* (Pfingsttag) *weissen, et kû säs ned en îrber Mensch zᵉôs* (zu uns) *kun* (Schönbg.). — Für Standespersonen: »Diesse gezeigen, beide dess klegers und Angeklagten, auch die widersacher bekennen, wie dass der ehrbar man der Hon in ihrer gemein öffentlig für der gantzer gemein, . . verbotten hett« (1567, Gr.-Sch.). »für den ehrbaren Emericus Rhott, alten Hannen« (1586, Reussen). — Für Behörden: »durch eyn erbarenn radt und dy gancze gemeyn(e) eyntrechtiklichenn beschlossen« (1541, Nat.-A.). — 2. Übertragen: »Bei dieser alten von unsern gottseligen Vorfahren hergebrachten ehrbaren Tracht sollen alle schuldig sein zu verbleiben«. (Im Gegensatz zu ‚neumodisch'; 1756, Kleiderordnung, Stein.) Tuch »in eine Ehrbare tunkeln Farbe« (Kbl. 31, 74).

Ehrbarkeit, Îrberget fem. [Geh. Spr.]. Vermahnung des ‚Knechtvaters' vor dem Tanz der Jugend: *Ainjderhôld ich 't än Zucht och Îrberget!* (Schönbg.).

ehrbarlich, fehlt. In der Kanzleisprache: »nicht anders den ehrbarlig, auffrichtig und frömblich sich verhalte« *(Bistr.* 1491, Schuster-Art.). »ein erbarlich leben verfûren« (E. L. R., 191).

Ehre, Îr fem. (n. *ded Oir* Gr.-Sch.), nösn. *Îr* fem. 1. In der Ma. und alten Sprache öfter im Plur. *(de Îren,* zum Teil aus ursprünglichem Dat. Sing. der schwachen Form umgedeutet). a) Subjektiv: ‚Gefühl für Ehre'. In der Wendung: *Îr äm Leᵉif. Wô e nôch Îr äm Leᵉif huᵉt, mess e et dân* ‚wenn er auch nur einen Funken Ehrgefühl noch besitzt'. Meist negativ, als Ausdruck höchster Verachtung: *Teᵒ huᵃst nechen Îr äm Leᵉif* (Schönbg.). *Îrenhalwer* ‚aus Ehrgefühl'. *E huᵉd et nor Îrenhalwer gedôn.* (Doch auch im objektiven Sinne: Zur Hochzeit werden viele, — die ganze Gemeinde in Arkeden — nur *Îrenhalwer* — um sich nichts zu vergeben, auch um dem andern *de Îr ze gin* — eingeladen, doch weiss ein jeder, ob er im Ernst oder nur *Îrenhalwer* geladen ist. MÄTZ, 43). *Dî mᵒǣss dǣ nᵉa îrhalwer nin* (Katzendf.). Verstärkt: *Îre-Schąndenhalwer. Îre-Schąndenhalwer messt te det nâ dân.* Sprw. *Îrenhalwer-Schąndenhalwer mes em munch înt dân* (auch objektiv: ‚um nicht anzustossen, nicht zu kränken'). »ruffen den gutten gesellen herauss, wo er from von ehren geboren wer, und wer nit ein hure, so solt er heraussen kommen« (1581, B. M.). »alls will ich ihn bei seinen ehren fragen, wass er für blutschand und dergleichen laster von mir weiss« (1636, Cap. Cib.). Verneinend: *Ąf dies senj Îr gien ech näst* (Hohndf.). — b) Objektiv: ‚Empfangene Ehre', ‚Ansehn, Achtung bei den Menschen'. *Aller Îre wiᵉrt* ‚wert der Ehre von allen Seiten'. *Wąt dâ Frâ un diᵃm Wîsken* (Waisenkind) *dît, äs ąller Îre wiᵃrt* (Schönbg.). Spruch beim Eintritt ins Taufhaus nach der Taufe:

Nid än (den Täufling) *af än ire Gîren*
(Schösse des Kirchenkleides)
Ent zǣd en af ä Gottes Îren. (Martinsbg.).

». . . dermassen, das sie es innen selbst vor grosse ehr auffmessen, das sie sollen im geschrey sein mit eines tapfern Mans Sunn« (1595, B. M.). »In schmach vnd lastertaten / so die ehr vnnd das haupt angehen / sol der verbrecher am ort der begangener tat / mit recht werden fûrgenohmen« (E. L. R., 12). »Das hab ich auch gehört, dass Inctus zu seiner Mutter sagt, wo Ihrs nicht zulasst, dass ich sie mit ehren nehme, will ich sie mit Schanden nehmen« (1672, Ger.-Prot.). »Damit er (der Teufel) nu mit seiner böser wahr mit ehren mög zum marck kommen gefaren, so deckt sich der schwarz Kauffmann mit dem Rock Christi« (Dam. Dürr, Hdschr. 883). Entschuldigende Einschränkung eines ungebührlichen Ausdrucks (Echte Ma. *Mät Verlûf, mät Rešpäkt ze sôn):* »Ja er soll kommen und gehen, der Hans Gürtler hat meinen Shon mit ehren (,ohne die Ehrerbietung verletzen zu wollen') zu reden, einen Scheschess geschulten« (1595, B. M.). Bittspruch:

Gid er es ned en Îmer Weng,
Esi gid es, wad âs Îre seng!

— c) Hinzugefügt, um einer Verstellung den Eindruck höherer Würde zu geben. Im Lobliede auf Kronstadt:

Ô Krîne, Štat der Îre Käst. 161.

Hochzeitsladung: »*Ech bän awer uch oisgesungt worde vun äsen Îren-Härren Hochzetvâtern ent Hockzetmettern ir siljt gebaddé senj ent siljt nüefoljen än det Îren-Hochzethois kên dâ Däsch ent Štailj, dâ dô gerackt worde senj aw en Îren-Êssen ent aw en Îren-Dreangk*« (Gr.-Lasseln). Vgl. die Zusammensetzungen in diesem Sinn: Ehrenhaus, -hochzeitshaus, -trunk. — 2. Formelhafte Verbindungen. a) ,Ehre und Lehre'. Abschied der Braut von den Eltern: *Ich bedunkn mij ock äm de Îr och Lîr, dâe er mich huet gelîrt (Mettersdf.,* Gassner, 66). ,Ehre und Tugend'. »Propositio der viel Ehr- und Tugend begabten Fr. Catharina Leonhardin gebohren Fleischerin« (1707, Cap. Cib.). ,Ehre und Freude'. *Emendem ze Îren uch ze Frąde kum* ,auf sein Hochzeitsmahl kommen' (Binder, Coll.). Hochzeitseinladung: *Ech bän eisgesûnt warde vun äse bîden Hochzetvâtern, dä hąlde bittlij un durch mech kên oech [χ], er sîld e maren um Hochzetdąch ärer Känder ock ze Îren och ze Frąde štiun* (Klosdf.). ,Ehre und Trauer'. Der Nachbarvater dankt der Leichenbegleitung im Namen der Hinterbliebenen: *Se wallen den laiwe Geaut bidden, dat sa uoich uch ze Îren uch ze Treuien keainjde nêfoljen* (Bekokten). ,Ehre und Speck'. Klage des ,Kanzlisten':

Meng Bąflîsch uch meng Îren
Se nôch äm wegde Fielt. Käst. 91.

Die Witwe klagt: wenn ihr Mann noch lebte,

Se dêt mir nôch emest hisch,
Ich håd Îr uch Bąflîsch.
Schuller, Ged. 85.

Vgl. auch unter Sprw. — b) ,Ehre geben, erweisen', ,in Ehren halten', ,gebührende Beachtung schenken'. *E hôd em gruis Îr erzîcht* (Katzendf.). *De Îr undân.* »Hellt sie mich nicht in ehren, wie es einem Ehrbaren Weib zustehet, allein wie ihren geringsten Dienstboten« (1636, Cap. Cib.). »Dem Altknecht sollen alle und jede Brüder gebührende Ehre geben« (1729, Brudersch.-Art., Kirtsch). Anrede der Altmagd beim Richttag zur Schwesterschaft: »*Vür det mol hu mer nast mî. Er kant jôn, en hôlt Jebôt, en jiet em Jieden de Îr. De Îr as net dom, dom em se jit, se as dom, die se jit*«. (Schaas). »Ir habt auch einem Hund Eur ehr geben« (1579, B. M.). Im Spruch zum ,Gevatter aufnehmen': *Ich nien dij qf zia'm krästliche Gevątter, qlle dê Dâch [χ], wąd es Gott let liewe, selle mer es Îr uch Fr?ndscheft erzejen* (Eibesdf.). — Besonders: ,Jemanden anerkennen', ,sich zu ihm in das rechtlich oder gesellschaftlich entsprechende Verhältnis setzen'. »giebt der Nachbarschaft nicht die Ehr« (d. i. fügt sich nicht unter sie; 1729, Nachbarsch.-Art. Med.). »Kommt ein Bruder zum andern und giebt Ihm seine gebührende Ehre nicht, verfällt Er den. 4« (1747, Brudersch.-Art. Kbl. 6, 114). Im Lied von der Bürgermiliz:

Sê (de Zêkel) wîlen alles Ląnd änien,
Dem Kîser net senj Îre gien. Schuster, 66.

,Jemandem die Ehre schenken' d. i. ,ihn besuchen', ,bei ihm anfragen'. Bei einem Arbeitsauftrag: *Em hêt mer mêr nor de Îr schingke sellen* ,man hätte wenigstens bei mir anfragen sollen'. »*Alle zesumme soile mer* (sollten wir) *giun und äsem Härrgott ded Oir schoingken* (d. h. in die Kirche gehen. Dä Ôlden, 31). Gruss der Goden im Taufhaus: *Mer bedungken es äm de Îr, dê er es nêchent* (durch das Zu-Gevatter bitten) *erzîcht huet* (Gr.-Scheuern, Kbl. 23, 55). ,Vorschriften, Lehren, Gebote beachten':

Sêt, dąt kit vu gâde Lîren,
Håld als Kängt se nôch än Îren.
Käst., 61.

Emestem de lietzt Îr gin ,an seinem Begräbnis teilnehmen'. — c) ,Ehre behalten, erwerben, haben', ,in Ansehen'. *Îr hun* ,geachtet, geschätzt werden'. *E huet bê dem Îr* ,er wird von ihm geschätzt, hat Einfluss bei ihm'. »Sie wolle Ihr eine Mutter seyn, und ihr H. würde Ihr ein Vater seyn. Wo sie aber auf Ihn bekennete, so wolle Sie am Pranger Sie lassen schlagen, Sie hätte Ehr (,habe Einfluss') auch bey dem Generalen« (1724, Cap. Cib). »wofern er sich mit ihm wird vergleichen, so soll er keine Ehre bei mir haben«

(1671, Cap. Bog.). *Ich kǫn em näst als Îr nôrieden* ‚muss ihn in allen Stücken rühmen'. Wer am Peter- und Paulstage die Krone vom Mast sich holt, ist der *Katner*, und von ihm heisst es: *e huet sich de Îre gepræft* (geprüft, Schlatt). *Mäd äst Îr afhiewen* ‚sich Ehre erwerben'. ‚Jungfräuliche Ehre'.

Hâst tâ mer't gesôt vîr em Jôr,
vîr zwie'n,
Dâ had ech nôch menj Îren.

Schuster, 4.

Ir Mêden, ir Mêde mät gielem Hôr,
Bewôrd ij ir Îre bäs iwer't Jôr!

Ebda., 5.

— d) ‚die Ehre verlieren'. *E hôt sich de Îr verschǫtt* (verschüttet), *e iäs am de Îr kun* (Katzendorf). — ‚Die Ehre nehmen'. *E huet mer un de Îr gegräffen* ‚mir böses nachgeredet'. *Dem hued em de Îr uefgeštutzt wæ dem Hangt de Schwǫnz* (Hstdt.). »dass Er der Studiosus . . . ihr Schelm sey, habe sie geschwängert und ihrer Ehren beraubet« (1579, Nat.-U.). »dem ehrwürdigen hern auff seine ehr geredet hatt« (1579, Nat.-A.). »dass sie Ihm nicht auf die Ehre gehen, und Ihm den krausen rock nicht wollen abnehmen, nur dass er ihr Pfarr nicht sein soll« (1671, Cap. Cib.). Besonders auch: ‚über Jemanden Ehrenrühriges oder Herabwürdigendes sprechen'.

Ai wun în lastich vîriwer gît,
Se schnegd er ned uef är Îren.

Schuster, 90.

— e) ‚Die Ehre wieder herstellen'. »und soll mich widerumb in mein Ehren sezen« (1595, B. M.). »und die Actrix soll im seine beraubte ehr widerumb geben« (1609, Ger.-Prot.). »(Der Überführte) sol der geschmehete Personen / jre ehr an dem ort / da sie verletzt worden / wider geben vnd allen vnmut ablegen« (E. L. R. 176). »dass sie durch zween ehrliche Männer mir soll seine Ehre nach Hause bringen lassen« (1777, Cap. Cib.). »schickte derwegen ich und vertigte ab zu der ehrbaren Schuster Zechen ehrliche Intercessores . . . liess ihr ihre gebierlige ehre (so sich gekränckt liess sehen) freydig anbieten« (Kl.-Schelken, Abbitte des Johannes Schmidt an die Schusterzunft, 1634). ‚Seine Ehre suchen'. »ich hab gehört, das die gustin des Retkerts seinen Kindern nach hat geschrien und gesagt, die zaubrisch, ziganisch orth (Art), wenn ir from werdt, so het ir langst ir ehr gesucht« (1615, Ger.-Prot.). — f) *Äm der Iri wällen!* Als Ausdruck der Bewunderung und Verwunderung (besonders freundlich erheuchelt Kindern gegenüber). *Äm der Iri wällen, wæ hîsch bäst te ugedôn!* (Hstdt.). *Hm, hm, äm der Îri wallen, wol e Klît!* Bestürzung und Verwunderung: *Äm der Îre wallen, wat huat dî dôt hu kennen deon?!* (Schönbg.). In Baassen wird die Wendung in vollerer Form gebraucht: *Am Christi Jesu Îri wallen!* (Kbl. 13, 2). — 3. Die Ehre in Spruch und Lied. Sprw. (vgl. Schuster, 147 ff.). *De Îr äs net dem, dem em se git, se äs dem, dî se git. Îr äs mî wæ Bǫflîsch* ‚mehr als Speck, d. i. als aller Besitz'. (Hinzugefügt wird sodann: *Awer Îr uch Bǫflîsch schuet net. Îr wæ Îr, uch det Bǫflîsch äs gât). De Îr as mî wei Boffliseh* (Kronst.). *All ze gemîn mǫcht de Îre klîn* ‚wer zu vertraulich mit Niedrerstehenden verkehrt, verliert das Ansehen bei ihnen'. *Nǫ Îren, nǫ Špîren* ‚neue Sporne'. *Ǫlt Frängdscheft hǫld än Îren! En Ǫlder ônen Îren äs lichter wæ der Dît. Jang Lekt sele bæ den Ǫlden de Îre brocken unt det Mel hǫlden. Frögen [ʒ] uch lîren brängt munchen ze Îren. Wier ǫndern de Îren uefschnekt, äs net wiert, dad em än usekt. Îre koste Gielt. Îr, dem Îr gebîrt!* — Vgl. Lautt. 121. Mhd. êre.

ehren, îren schw., nösn. *îrn* schw. [Geh. Spr.]. 1. Sprw. *Îr det Klît, dûn îrd et dich uch!* (Katzendf.). Besonders im Verhälnis von ‚Jugend' und ‚Alter'. *Ded Ǫlder sǫl em îren!* Trinkspruch:

Gott rejær de Jugent,
Dat se lîren de Tugent,
Ir Älder îren,
De Jange vun den Ǫlde lîren.

Irmesch. Schuster, 96.

Schluss des ‚Zugangs' durch den Altgesell: »Ehret Herr Vater, Frau Mutter, die Herrn Beysitzmeister, Ehre ein Bruder den andern« (1831, Kbl. 33, 5). — 2. Jemanden *oiren* ‚ihm zu essen und trinken aufwarten' (Kl.-Schenk). — Mhd. êren.

Ehrenamt, Îrenamt n. [Geh. Spr.]. ‚Ein Amt, das nichts einträgt, sondern nur der Ehre wegen übernommen wird'. In der älteren Sprache in besonderer technischer Bedeutung. »Dieweil aber die Recht lehren / das dem / so ein ehrenamt getragen / nicht sol hernachmals ein gescheфftig / oder bůrden ampt aufferlegt werden« (E. L. R. 2; gemeint sind das Amt des Königsrichters und Bürgermeisters).

Ehrenbecher. 1. In der Kronstädter Stadthannrechnung 1547. »villico bib(ales) hoc est pro poculis honoris vulgo Eer Becher 4 fl. (Qu. Kr. 3, 408. Der ‚Ehrenbecher' also in Geld abgelöst. Vgl. ‚Trinkgeld'). »Item dom. villico pro poculis honoris vulgo E e r b e c h e r per totum annum fl. 4« (1536, Ebda. 2, 465). Vgl. Ehrentrunk. — 2. In *Mettersdorf* wird die Werbung durch Handschlag und ‚Ehrenbecher' *(Îrnbq̂echert)* besiegelt. (Gassner, 55. Vgl. den *Wässbâcher* oben 1, 79 und ‚Ehrentrunk').

Ehrendieb, Îrendäif m. ‚Ehrabschneider' (Kronst.).

Ehrendienst, Îrendænst m. [Geh. Spr.], in der Bedeutung ‚Teilnahme am Leichenbegängnis'. Im Unterwald dankt nach dem Leichenbegängnis der Nachbarvater den Teilnehmern, dass sie dem Mitbruder den *lietzten Îrendænst* erwiesen haben, »mit Weinen, mit Singen und klagenden Glockentönen« (Schuller, T. u. B. 2, 21). In der Einladung wird gebeten, *de lietzten Îrendænst hälfe lîsten* (Allgem.).

Ehrenessen, Îreniessen n. [Geh. Spr.]. Dasselbe wie das gebräuchliche ‚Ehrenmahl'. In der Tischrede beim Taufschmaus: (Der Hausvater hat die Paten) *net mat lêrn Wûrtn gelesse, sangdern a huet hiergerîcht an Îrenêsse üch an Îrendrangk, wiera, wot a wit genâsse, auser Härrgett soll'mt zer Gesangthît gie (Birk).*

ehrenfest, îrefiest. [Städt. Halbma. und Geh. Spr.].

Wänn te iršt nôch gresser wiesst,
Wäll ich der Geschichten
Vun de Sachsen îrefiest
Ous q̂lder Zekt berichten. Käst. 6.

»Aus Genehm-Haltung und Guttbefinden so wohl einer ehrsamen Altschaft, als auch eines e h r e n v e s t e n Raths im konieglichen Marck Grosschenck Anno 1720« (Einleitung zu Nachbarsch.-Art. Gr.-Sch., Kbl. 29, 117). »Anno 1697 d. 17. Februarii habe ich meine Tochter Martha dem E h r e n f e s t e n Heren Georgio Dietrich vermählet« (Qu. Kr. 5, 619).

Ehrengroschen, †. »(Gefallene Mädchen müssen) vier Sonntag / vor der Kirchen Thûr stehend / mit einer brennenden Kertzen in der Lincken / und einem Besen in der Rechten / ihren verlornen E h r e n - G r o s c h e n öffentlich suchen / wornach sie wieder zu bussfertigen Gliedern der Kirchen aufgenommen ... werden« (Tröster, Dacia 205; bildlich nach dem Evangelium vom verlornen Groschen: ‚der verlorne Groschen der Ehre').

ehrenhaft, îrenhaft [Geh. Spr.]. *En îrenhaft Begræfnes* ‚gebührend'.

Ehrenhaus, Îrenhous n. ‚Haus, dessen Würde hervorgehoben werden soll'. In der Brautwerbung: *Esi* (so) *äs äm* (dem Burschen) *der Wiech gezîcht worde bäs än det Îrenheus* (Kirtsch). In der Bed. ‚Pfarrhof', als würdige Bezeichnung bei Binder, Coll.

Ehrenhochzeithaus, Îrenhochzethous n. *Mer sæn es hæ än desem Îrenhochzetheus versummelt* (Kirtsch).

Ehrenhochzeitstag, Îrenhochzetsdâch m. [Geh. Spr.]. Formelhafte Wertsteigerung für ‚Hochzeitstag'. In der Rede vor dem ‚Gaben' spricht der ‚Hochzeitsvater': Sie haben den *wiulâchtberwîrdich Härrn* (den Pfarrer) gebeten, *hê weäil änen en Îrenhochzetdeauch uiserzwäcken* (Bekokten).

Ehrenkleid, Îreklît m. [Geh. Spr.] ‚Festkleid'. »An hohen Festtagen soll keiner ohne mit seinem E h r e n k l e i d angethan auf der Gasse sich sehen lassen bis nach der Vesper« (Zied 1762, Brudersch.-Art.).

Ehrenkranz, Îrekrânz m. 1. ‚Brautkranz', auch ‚Jungfrauenschleier', mit dem die junge Frau am ‚Jungfrauentag' geschmückt wird. Im ‚Brautlied':

Hîr nor Trenchen, wot mir dir siun,
Lius et der nor ze Harze giun:
Wonn em dech liecht vuer den Êlterglûnz,
Sætzt em der af den Îrekrûnz. (Klosdf.)

Die Anverwandte *schlîjert* die junge Frau und spricht: *Godd erhôlt dich anjder denjem Îrekrönz ent loss dij ôlt wärden!* (Schönbg.). Am zweiten Hochzeitstage spricht der junge Ehemann zur eingeschleierten jungen Frau: *Ich wenschn der Gleg q̂nt Sâegn mit tainnem weissn Eernkrq̂nz. Der läip Gq̂t sall gê, det te'n gor viel Gâoer sallt trâo* (sollst tragen, *Kl.-Bistritz*, Bertleff, 17). — 2. In Rode pflegt Samstag vor dem ersten Aufgebot (vor der Vesper) der Bräutigam seiner Braut einen ‚Kranz aufzuehren' (‚Ehrenkranz', Mätz 36). Ebendort dankt der junge Mann nach dem ‚schleiern' der Frau (am zweiten Hochzeitstag) den beiden *Schlîjer*frauen, dass sie seiner jungen Frau einen ‚Ehrenkranz' abgenommen und den andern aufgetan haben (Mätz, 81). — 3. Übertragen: ‚Jungfräuliche Reinheit'. »Ich habe diesen Jnctum aus solcher Ursachen vor E. N. W. citieren lassen, die weil er meiner Tochter ihren E h r e n - k r a n z benommen und sie zu einer Huer gemacht« (1654, Ger.-Prot.). »Nachdem der H. Diaconus in seiner Predigt mit einführet dass Evang. von der Dina, wie sie auss spacieret und ihren e h r e n k r a n t z verloren, sprach er ...« (1671, Cap. Bog.). — Das Wort hält augenscheinlich die Vorstellung des alten ‚Brautkranzes' (‚Brautkrone') fest, der in Tracht und

Brauch selbst vom *Bîrten* (Borten), dem allgemeinen Sonntagsschmuck der Mädchen, verdrängt worden ist. Gegenwärtig wird die Braut an den meisten Orten im *Bîrten* getraut (doch kommt auch Verbindung von Borten und Brautkranz vor), und am Jungfrauentag *geschlijert* (mit der Schleierhaube geschmückt). Daher die nicht mehr sichre Verwendung des Ausdrucks in den stehenden Reden und Wendungen der Hochzeitsfeier.

Ehrenmahl, Îremôl n. ‚Festessen', gewöhnlich auf ‚Hochzeitmahl' eingeschränkt. Einladung: *Mer bidden Dîl ze nin un âsem Îremiul* (Schönbg.). Einladung des Brautführers zur Hochzeit: *Lêt âs* (lasst uns) *gät liewen Mättech af de Hochzet, er sild em* (dem Hochzeitvater) *hochzetlij Îremâl uch hälfe praisen* (Maldf.). Dim. als Ausdruck der Bescheidenheit. Braut und Bräutigam laden im Kirchenkleid Montags früh alle Hochzeitsgäste nochmals zu ihrem ‚Ehrenmählchen' ein (Bekokten). Vgl. ‚Ehrenessen'.

Ehrenmann, Îremân m., auch [noch halb nhd.] *Îremann* [Geh. Spr.], verwendet in etwas abgeschwächter Bed. ‚unbescholtener, in bürgerlicher Achtung stehender Mann, ohne hervorragende Geltung, aber verlässlich und schätzbar'. *Dâd äs en Îremân!*

Ehrenpfennig, Îrefännengk m. Im Spruch:

Hâlt der en Zierefännengk,
Hâlt der en Îrefännengk,
Hâlt der en Nîtfännengk.
SCHUSTER, 229.

Fännengk als Plur. Tant. hat sonst die Bed. ‚Geld' angenommen.

Ehrenpreis, Îrepreis m. (Veronica offic. L.) Gegen das ‚sich weh tun' wird *Îrepreis* und *Allerlauhîlkriokt* gekocht und getrunken (Eibesdf.). Syn. *Hîl-de Weangt,* oder *Weangtheil* (Alzen).

ehrenrührig, îrerârich [Geh. Spr.]. *Em kûn em näst Îrerârijet niuriaden* (Schönbg.). Echte Ma. *näst Lichtet* ‚schlechtes'.

Ehrenstelle, Îreštäll fem. [Geh. Spr.]. *Dî uin Âk huad alle Îreštallen än âser Gemîn* (Schönbg.).

Ehrentag, Îrendâch m., *Îrdâch* ‚Festtag' (namentlich hohe Familienfeste, Hochzeit, Taufe) [Geh. Spr.]. Zu den *Îrdâjen* zählt z. B. der Ostertag (Gr.-Scheuern). So kauft sich die Frau *esi en Keddel* für die *Îrdâch* [χ] (Ebda.). »Die Ermel sollen von Pons oder Weber Leinwandt seyn, an Ehren Tägen aber können sie von Leinwandt, aber doch die Elle nicht über den. 48 seyn« (Stein 1756, Kleiderordnung). »An Ehren Tägen« sollen den jungen Frauen auch »die rothen Flitschen« (Bänder) erlaubt sein (Ebda.).

Ehrentrunk, Îrendrângk m. »Item dem honnen vmb er drinck di 4 iôr iber fl. 16« (1528, Qu. Kr. 2, 120). »Item domino villico pro poculis honoris vulgo Eer trynck, per anni circulum fl. 4« (1532, Ebda. 2, 278; 378). Hier demnach Geldablösung für das ganze Jahr, die den Charakter eines Jahresgehaltes annimmt. Vgl. Ehrenbecher. Den Burschen *(Kniechten),* die das Grab eines Kindes zuscharren, gebührt ein ‚Ehrentrunk' (Bekokten), ebenso gebührt nach Hilfeleistungen den helfenden Nachbarn ein *Îrendrongk ond än Ommol* (Abendessen, *N.-Eidisch).* Verallgemeinert, Gruss, wenn man zu einer Tischgesellschaft tritt, wo auch getrunken wird: *Giat sêjen ich den Îrendreangk!* (Rosch). Spezialisiert: ‚der Trunk, den einer bei Übernahme eines Amtes gibt' (Katzendf.). Auch als Bezeichnung des Hochzeitmahles *(Îrendroangk och Špeistraktemänt,* Wolkendf. b. Kr.).

Ehrenweg, Îrewiech m. [Geh. Spr.]. Nur im Plur. *än, af Îrewiejen* ‚in Zucht und Ehre'.

Wor vil se mer madenûnder geliejen,
Ach, înijet Harzke meinj!
Än Trâ uch Îrewiejen —
Geschîde mes et seinj.
SCHUSTER, Volksl. 24.

»Nu lieber Freundt, weil ihr unser in Ehren wegen seidt begehren gewesen, und nu ein Ehrlich bescheyd von uns begehret, so wollen wir euch diss bescheyd geben, dass ihr hinfort euch drauff zu verlassen han werdet« (1671, Cap. Bog.).

ehrenwert, îrewiert [Geh. Spr.].

De gebeiresch Knêcht sai îrewiert,
Se känn guer heflich ried'n.
(*Passbusch,* Kbl. 26, 56.)

De gebairesch Knêicht sai îrewiert,
Se sai gor sîr beschêdn.
(*Weisskirch,* SCHUSTER, 117.)

Ehrenwort, Îrewîrt n. [Städt. Halbma. und Geh. Spr.]. *Ech hun em de Fienneng* (Pfennige, ‚Geld') *af ded Îrewuiert gegin* (Katzendf.). Echte Ma.: *Af me Wîrt.* In der Bed. ‚freundliche Bitte' in der Zunftspr.: »Stirbt ein Meister und bleibt ein Sohn, welcher das Handwerk begriffen hat von seinem Vater, derselbe, im fall er den Meistern ein Ehr-Wort gönnet, und bittet sich ein, soll jährlich geben . . .« (1621, Kronst. Art. der Fassbinder).

(**Ehrenzipf**), **Îrenzäppen** m. *Îrenzappen* (Kronst.). In der Wendung: *Emesten um Îren-*

zäppen erwäschen ‚jemanden bei seinem Ehrgefühl packen'. — s. *Zäppen* ‚Zipf'.

ehrerbietig, îrerbådich [Geh. Spr.]. *Kên ôliјder Lejt mes em îrerbådich senj* (Schönbg.).

Ehrgang, Errgangk (⏑⏑) O. N. Magy. Szász-Ernye bei Elisabethstadt, rum. Jernei. Seit Ende des 18. Jahrh. erstorbene sächsische Gemeinde (V.-A. 21, 174). Urk. Erney (1374), Ernye, Erneu, Ernew. »Georgius Sandfeirer Coronensis mortuus in parochia Irgang, quod oppidum ipse »den schlimmen Tritt« nominare consueverat (1574, Qu. Kr. 5, 9). Das (ehemals untertänige) Dorf ist gegenw. vollständig rumänisch. Die volkstüml. Erklärung sieht im Namen eine Andeutung des vielfach gewundenen Talweges, der zum Dorf führt.

Ehrgefühl, fehlt; dafür Umschreibungen s. *Îr* (Ehre), *Îrenzäppen. Te huᵉst nichen Îr äm Leif* ‚kein Ehrgefühl'.

Ehrgeiz, Îrgez m. (⏑⏑) [Städt. Halbma. und Geh. Spr.]. *Det lêt nied ôf vum Omt am den Îrgejz* (Katzendf.). Echte Ma. in Umschreibungen: *Di wäll än'd Amt. Dî wäll hî ousen. Et kekt* (sticht) *en.*

Ehrhardt, nösn. F. N. *(Bistr.)*. Zum ahd. P. N. Erhart.

ehrlich, îrlich, nösn. *îrlich*. Adj. und Adv. 1. ‚im Besitz der bürgerlichen Ehre'. (Gegensatz s. ‚ehrlos' und ‚unehrlich'; syn. *gât* ‚gut'), besonders ‚im Besitz des vollen Rechts, Zeugnis abzulegen', sodann überhaupt ‚zeugniskräftig'. »Ich hab zum herr Stuelsrichter in dem hauss gehöret, das der Merten Schuster zum Clusch Balbierer sagt, ihr seit nicht ehrlig und hat kein ehre« (1609, Ger.-Prot.). »Ein ehrliches Ehegemahl aber einem unehrlichen beyzuwohnen, kan und darf mann nicht zwingen« (1693, Cap. Cib.). »es geschehe für gericht oder für andern ehrlichen Leuten vnnd Zeugen« (E. L. R., 95). »so soll Bekl. auf offenem Markt widerrufen und dem Kläger mit zwei ehrlichen Männern allen unmuth abbitten« (1728, Salzer, Birth. 137). »wen ein ersam gesel kompt gewandertt ihn ein stad oder morck, so sol ehr seinen ehrligen pospertt oder gezeignis brieff mitt ihm bringen« (1589, Schusterzunft, V.-A. 16, 409). Abgeschwächt als Titulatur für Personen und Körperschaften. Besonders *Îrlich Brâderscheft, Sästerscheft*, wo doch auch eine Betonung der persönlichen Tüchtigkeit hineinspielt. »Georg Venrich, ehrlicher Fleischhackersbursche in Hermannstadt« (1794, Cap. Cib.). »wann er die ehrliche gemein ins rathhauss versammeln will« (1631, Nat.-A.). »hat mir ein ehrliches Dorff noch zugelassen« (*Waltersdf.*, Inventar). »Ich habe es in der ehrligen Zechen gehöret als der Mathes wegen der schmächreden ist befraget worden« (1652, Ger.-Prot.). Einladung zum Leichenbegängnis: *Ich sai äᵘsgeschackt gewäᵒrn äᵘs diäm îrlign Trauerhäᵘs (O.-Neudf.).* Endlich geradezu in Rangabstufung zu ‚vornehm', ‚Patrizier': Die Kleiderordnung 1689 fährt fort, nachdem sie die Kleidungsstücke der Ratsherrn- und Pfarrerstöchter bestimmt hat, »ander Ehrliche Bürgers Weiber sollen usw.« (Kbl. 31, 75). — 2. ‚Den Anforderungen entsprechend', ‚gebührend' (besonders in bezug auf althergebrachte Sitte und Anforderung). »Meine töchter habe ich ehrlich versorgt und ihnen gebührende Ausrichtung getan« (1676, Ger.-Prot.). »Und von diessem geld, sollen die so schrotten durchs Jar zu zweymahlen ein ehrlich mahlzeit halten« (Hstdt., 1652, Nachbarsch.-Art.). »dass demnach auch in demselben (insonderheit wenn auch sie sich gebührend verhalten) ihre Eltern und Gros Eltern respect empor bleibe, werden Ihnen keine Ehrliche Kleyder gewehret, auch zobeln hütte zu tragen« (1689, Kleiderordn.). »und noch alter erliger gewonheit einen Almusch zu einem gezeugnis darüber getrunken« (1569, Nat.-A.). »Das Begräbnüss (der Friedhof) soll ehrlich gehalten, wohl bewahret und versorget werden« (Gr.-Sch., 1720, Nachbarsch.-Art., Kbl. 29, 157). Dankrede nach dem Begräbnis: *en huᵒd äre wiert gewêsäne Vuᵒter îrlijer Wais zer Iert hälfe beštuᵉden* (Reussdf., Schuller, T. u. B. 2, 20). »welche es aber anders wollen haben und ihre Leichen ehrlicher wollen begraben lassen, die sollen davor zahlen, und sich mit dem H. Pastori vergleichen« (1680, Belleschdf. Cap. Bog.) Ebenso: *en îrlij Âlmesch* (Brautvertrinken, Bekokten). — Übergehend in die Bed. ‚in entsprechendem Masse', ‚reichlich'. *Dǫd äs en Îrlijet* ‚reichlich' (im Trunk, Essen, Arbeit). *Ded äs en îrlich Štäck Bǫflîsch, en îrlij Arbet, en îrlich Grumpes* (Baumklotz); *det sen îrlich däck Kneddel.* »als er aus der Moldau kam bracht er auch ein Ehrliges mit« (1615, Ger.-Prot.). »Darauf sagt er, wer hat mir in dem fahl zu gebietenn, meinem Stieff Son wierdt ohnen das ein ehrliches werden« (1604, Ger.-Prot.). »Die Stadt hat bemeldtem Szalonczky eine stattliche schriftliche Beweisung geben und ehrlich verehret dazu« (1613, Qu. Kr. 5, 461). — Im moralischen Sinne: ‚rechtschaffen', ‚treuherzig' ‚getreu'. *En îrlich Mängtsch, Wirt, Veršprêchen. Îrlich Gesängd* (Gesinde) *äs Gûldes wiert. Dêde šport, kid îrlij eᵘs* (Katzendf.). Sprw. *Îrlij Uᵉrmed äs nichen Schǫnt (fœrd än Hemmel).*

En îrlich Gesicht terf de Sann beschengen. Îrlich verdânt schmackt um biesten (SCHUSTER, 214 f). »Er ist 2 Jahr bei mich in die Gass kommen, als ein ehrlicher Pursch, hat aber niemals mit mir gespielt« (1772, Kl.-Schelken, Ober-Eheger.). »und wie erlich sie sich gehalten« (1567, Nat.-A.). »weil ihr unser in Ehren wegen seidt begehren gewesen, und nu ein Ehrlich bescheyd von uns begehret, so wollen wir euch diss bescheyd geben« (1671, Cap. Bog.). *En îrlich Lijen* (Lüge) *zer Nakâs* (rum. Verlegenheit) ‚Notlüge' (nicht nur im ethischen Sinn, sondern als ‚herauslügen' gemeint, Gr.-Schenk). *En îrlich Lije schuet näst* (schadet nichts, SCHUSTER, 975). Ironisch: »Auf des jungen Daweden Lux seiner Hochzeit. Da hat sich des Schaden Tyssen eines Ledrers Weib ehrlich gehalten bei dem Tisch hinder sich, also dass sie all zettelen ist mit wenig Ehren zur Stuben hinausgangen« (1613, Qu. Kr. 5, 463). — 3. *En îrlich Känjt* ‚von ehelicher Geburt' (Katzendf.). »welcher in der zech der fleischhaker will auffgenommen werden, soll von frommen eltern, ehrlig geboren, eines gutten nahmens und frum sein« (1570, Nat.-A.). — 4. ‚ehrerbietig'; ‚ehrenvoll'. »Dieses (sc. ein Ehrenbesuch) dem Turkeschen et cetera viel zu ehrlich, denn er war es nit wert« (1616, Qu. Kr. 5, 552). — 5. F. N. Ehrlich, in der Ma. *Îrlich,* nösn. *Îrlich.* Johann Ehrlich (1657). Gegenwärtig in Keisd (früher Errlig, Irlig), Arkeden, *(Der Îrlich haoinjder der Baoch, än der Schingkergąss),* Braller *(Mächel Êhrlich Honz).* Vgl. moselfr. F. N. Îrlich. — mhd. êrlich DWB. 3, 69.

Ehrling, F. N. »Georg Ehrling« (1693, Michelsbg.).

ehrlos, fehlt; gegenw. dafür: *E huet nichen Îr äm Leif.* »(Nachbarväter, die ihre Pflicht nicht tun, sollen) als untügtige und ehrlose Leute aus dem Amt gestossen werden« (1672 Gr.-Lasseln, Nachbarsch.-Art., Kbl. 27, 25). »(Falschmünzer) werden auff peen des falschen verhafft / vnd werden drum ehrloss vnd aus dem lande vertrieben« (E. L. R., 183).

Ehrmann, Êrman (⏑ ⏑), *Êrmen* (Keisd) F. N. »Chrestel Ehrmen« (1579, Rätsch). »Hannes Ermon« (1593, Leblang). »Daniel Ehrmann« (1644, Holzm.). »Michael Ermann« (1609, Stolzenburg und sonst Umgebung von Hstdt., Mortesdf., Taterloch, u. a.). »Ehrmen« (1822, Langenthal). Gegenwärtig in Keisd.

ehrsam, îrsem, nösn. *îrsem* [Geh. Spr.]. Förmliche Titulatur vor der Bezeichnung von (weltlichen) Behörden und Körperschaften der Gemeinde selbst, *Amt, Komunitêt, Âltscheft, Nôberscheft, Brâderscheft, Sästerscheft, Zêch.* Für höhere und geistliche Behörden gilt: *leplich* ‚löblich' *(Presbiterium, Štâlsgericht) hiwirdich (Kapitel),* für Einzelpersonen: *îrber* ‚ehrbar'. »Anno 1577 Bin ich zum Burger In den Ersamen w(eisen) Rath berufen vnnd gesezt worden« (Albrecht Huet, Kbl. 30, 37). »Am 17. tag Sept. hat ein ehrsam gericht erkant« (1598, Ger.-Prot.). »aus befehl eines ehrsamen weisen Raths« (1598, Nat.-U.). Übertragen als Kollektivbeifügung für die Mitglieder der Behörden usw. »Ehrsame N.W. Herren. Es hat sich begeben, dass man der Dörbecherin ihren Hanen geschlagen hatt ..« (1619, Ger.-Prot.). »wider die ersame leutt von Apestorff in weyssemburger stuel liegend« (1584, Nat.-U.). »die ehrenväste und ehrsame männer« *(Bistritz,* 1649). Einzelne Mitglieder: »das der ehrsame herr solches wolle lassen zugehen« *(Bistritz,* 1612). ‚Einwohner der Stadt': »So sejnt versammelt gewessen dy erssamen Merten mawrer, tonig kewn Zimmermann .. alle Inwoner der königklichen statt Hermannstatt« (1541, SCHULER-LIBL. R. G. 2, 349).

Ehrung, Îrungk fem. nösn. *Îrungk* fem. 1. In der Bed. ‚Geschenk an den Vorgesetzten', ‚Ehrengeschenk'. (In der »guten alten Zeit« förderlich und notwendig. Vgl. von einer Bachregulierung: *Em hatt sij uch bittlij un det Štâlsgericht gewǫnt; dem Härrn Inšpäkter hadde se zwiemôl äm Jôr vun ädrijenem Wǫergasshôf en fätt Hîn gedrôn,* Wedm. 4). »Sie hat mir auch ehrungen angeboten, ich sollt verhelfen, dass sie der Pursch sollte versichern (dass er sie nehme)« (1664, Ger.-Prot.). »Zwo lange Kannen da man ehrung in tregt von Zinn« *(Bistritz,* Inventar 1581). »Dem Heren eine Ireng ein Hecht von 9 ℔ thutt ₰ 36« (Hstdt., Ausgaben der Schusterzunft 1560). — 2. Zur Hochzeitsvorbereitung erscheint aus jedem Hause der Geladenen ein Kind oder eine Frau und bringt gegen ein Stück frischen Gebäckes oder gegen einen Ehrentrunk eine *Îrungk* (Eier, Milch, Speck, Butter, Geflügel usw.) ins Hochzeitshaus« (MÄTZ, 46). — 3. In *O.-Eidisch* wird unter ‚Ehrung' die am Jungfrauentag auf einem Ochsenwagen überführte Brautausstattung verstanden.

ehrvergessen, fehlt; gegenw. dafür: *Nichen Îr äm Leif.* »Die Bekin gab mir das meydlein in der theurer Zeit zu eigen, verschwor sich also, das wo sie das medlein hinweg wirdt nemen, solt sie ein ehrvergessin hur sein« (1605, Ger.-Prot.).

Ehrwen F. N. Übername dazu: *Liarenz* ‚Laurenzius' (Alzen).

ehrwürdig, îrwirdich nösn. *îrwirdich.* [Geh. Spr.]. 1. Auf dem Lande Titulatur des Dorfpredigers. *Der îrwirdich Härr Prädijer. Îrwirdijer Härr.* Echte Ma. *wirdich,* (ordiniert), *der wirdich Härr.* (Vgl. *e zecht zem wirdije kê Birthälm* ‚er geht zur Ordination nach Birthälm', dem alten Bischofsitz. — Für den Pfarrer gilt *Wîlerwirden, wîlerwirdijer Härr,* ebenso *wîlerwirdijer Härr Vueter* und *wîlachperwirden;* für ältere Pfarrer und Mitglieder kirchlicher Behörden: *Hîwîlerwirden;* für den Stadtpfarrer: *Grîsachperwirden.)* — 2. In ältern Aufzeichnungen verallgemeinert: »so sol der erwirdige herr pfarrer diser stadt sie fleissig befragen« (Hstdt., 1589). Die »Ehrwürdige Geistlichkeit« (1710, Kbl. 14, 96).

ei, ai Interj. [Geh. Spr.]. Selten allein, aber häufig in Verbindung mit ‚ja', ‚nein', ‚um'. *Gîste niet?* Antw. *Ai-jiä, ai-niä* (auch *a-jiä, a-niä,* Katzendf.). Im Sprw. *Ai wol fromm äs der Wûlf!* (Schuster, 159). *Ai wol äs der Bier en Dinzer!* (Tänzer, Ebda. 160). Den Hohndorfer Töpfer spricht die Zendrescherin radebrechend magyarisch an, da die Töpfer zumeist Szekler sind. Der Hohndorfer schüttelt als Zeichen des Nichtverstehens mehrmals den Kopf. Endlich spricht er: *Nemi pleacht ich Säster, et wid am sonst sen.* Worauf die Zendrescherin erfreut: *Ajam Christi Jesu wälln, sed ir warlich uch a Mänysch* (Kbl. 24, 134). Echte Ma. *Dat dich der Dąnner, teo bäst hejt härresch* ‚ei wie vornehm du angezogen bist!' (Schönbg.). *O Krî! Datechterännen! Moi, moi! Mê ha!*

Ei, Pl. **Ą̂er** (⏊⏑) und *Ą̂r,* nösn. *Ą̂i,* Dim. *Ą̂ichi.* Die Einzelnachweise s. Lautt. 123. Sing. nur Dim. *Ą̂chen* n., Pl. *Ą̂cher.* 1. Das (Hühner) Ei. a) *De Hîne liajen net, mer beku schâr nechen Ącher* (Schönberg). — *Fräsch, fräschgelôcht, brǣdich* (faule) *Ą̂er.* Dem Michelsberger sagt man nach:

Hie verkîft senj štängkij Ą̂r
Guor dem Štäder äm en Drą̂r.

Schuster, 143.

Auf dem Dorf beim Krämer *(Gewälwer, Jut)* als Bargeld verwendet. Daher:

De Fäsch sen äm Wą̂er,
Der Krêmer frässt de Ą̂er.

Schuster, 102.

— b) *De Ą̂r gelwen, schepeln, tschocken, tutzen* s. u. Die Verwendung der Eier im Haushalt geschieht, indem sie *gekôcht* oder *gebrôden (än Iesch gebrôden)* werden, insbesonders als *Ą̂refąngkich. Ded Ą̂che soppen* ‚ausschlürfen'. Als geizig geltende Dörfler werden damit gespottet, dass die Frau zum Mittagessen ein Ei ‚einsackt' *(äsackt)* und die Hälfte noch zum Abendessen aufbewahrt. Ebenso wird als Totenklage einer sparsamen Hausfrau scherzhaft überliefert: *Ą̂ch Honnes, Honnes, wol sopte mer, wo mer es en Oache breaden; îst sopt ir, îst sopt ech, mer wąrden allebît sąt; teąngkerleąngk hôt nea en Oinjt* (Schuller, T. u. B. 2, 36). — c) Einzelne Wendungen. *Dier ir Ą̂er hu zwäi Dodder* ‚eingebildet' *(Weisskirch),* allg. nösn. *Sai Ą̂r hu guar sibm Dodder.* Vgl. moselfr. Sein Âier hun zwê Dodder (V.-A. 33, 17). — *Vun âgelôchten Ą̂re rieden* ‚unnützes, grundloses Gerede'. *Nea erzilste uch iäst vun ągelôchten Ą̂ren* ‚Dinge, die sich noch nicht einmal zugetragen haben' (Katzendf.). *E verfrasst sij am âgeluocht Ojer* ‚kümmert sich um etwas, was ihn gar nichts angeht' (Kronst.). *Te hos vun âgeloichten Uare gedrîmt* ‚auf das darfst du nicht hoffen' (Trappold). *Dą̂t sen âgelôcht Ą̂r* ‚darüber zu reden hat noch keinen Wert'. »Denn der teuffl, wenn er will verechter des göttlichen worts machenn, so bildet er denn menschen vil selzam gedankenn eyn, bisweylenn von vngelegten eyernn« (Dam. Dürr, Hdschr. 385). Nösn. *Hê bekämmert sij äm ągeluacht Ą̂ier.* Vgl. moselfr. hê bekemmert sich em ongeluᵉcht Âⁱer (V.-A. 33, 17). — *Wîj* (weiche) *Ą̂r schielen* ‚jemanden verzärteln, weichlich behandeln'; nösn. *Âmen wêj Ą̂ier scheln* ‚verwöhnen'. *Em wit der dô niche wîj Ą̂ar schielen* (Med.). *Em mess mät dem ämgôn wǣ mäd em wîchen (štängkijen) Ą̂chen* ‚behutsam', ‚sanft anfassend' (von empfindlichen Leuten); nösn. *em mąass mäd em ämgeô, wą̂i mäd em ruidn Ą̂ichi (Wallendf.).* Vgl. moselfr. weⁱ e rût Âi behaneln (V.-A. 33, 17). — *E gît wǣ aw Ąaren* ‚vorsichtig' (Med.). — *Wonn de Katz en Ą̂che liecht* ‚nimmermehr' (H.-W., 395; Fromm. 5, 328). *Bäs de Katz en Ą̂che liecht* ‚lange Zeit, die noch bis zu einem Zeitpunkt verstreichen wird' (Binder, Coll.). Dagegen scherzhaft ‚sogleich': *î de Katz en Ą̂che liecht* (sc. komme ich zurück, ist das fertig usw. ‚sogleich'). *Ih de Katz en Ohchen lêgt* ‚sogleich' (Pl. Kr. Ra.). — *Vun Ą̂ren drîmen* ‚Schläge bekommen'. *Wô te mer dą̂t zebrächst, dernô hueste vun Ą̂re gedrîmt.* — Scherzhaft abwehrende Antwort. *Wot mąchste?* Antwort: *Ich tradden* (trete) *Ą̂r än em Sack* (Katzendf.). — *Ront (weiss), wǣ en Ą̂chen.* — d) Das Ei in Brauch und Sitte. Zu Ostern werden die Eier *gegelft* ‚gefärbt' (s. *gelwen),* meist mit Krapp, Rubia tinctoria (s. *Gelf* fem.). *Ą̂er gelwen, gegelft Ą̂er.* Die ursprüngliche Farbe ist rot.

Neuerdings daneben auch in anderer Weise (mit Zwiebelschalen). Die roten Eier werden den Kindern von Verwandten und Paten als Geschenk für den gereimten Glückwunsch, von den Mädchen den Knechten und Knaben als Belohnung für das Bespritzen *(begessen* s. d.) am zweiten Ostertag gegeben. Die den Patenkindern geschenkten roten Eier heissen in Heltau *Mingeloichen* (nösn. *Mângḁi* ‚Osterei'), wie im Bergischen die ‚Mengelsbrötchen' am Gründonnerstag (Z. f. rhein. Volksk. 1, 214). Eier mit Verschen Kbl. 17, 93. — (Über Eiersammeln zur Fastnachtzeit und zu Ostern im Stammlande s. Z. f. rhein. Volksk. 1, 120, 137 ff.) Die geschenkten Eier sind sodann Gegenstand des Wettspielens oder Tauschens. *Ḁr tutzen (tschocken, tschockenjiln)*, wobei die Härte der Eier durch aneinanderschlagen *(tutzen)* gemessen wird. Das zerschlagene Ei gehört dem Gewinner *(aw Uefgewännes tutzen;* listige Verschlagenheit benützt ein gefärbtes hölzernes Ei, wodurch der Erfolg gesichert ist — allerdings nur so lange bis der Betrug erkannt und mit üblicher Münze gestraft wird). Das Spiel gilt: *Špätzt af Špätzt* oder *Uerŝch aw Uersch* ‚Breitseite gegen Breitseite'. Das verletzte Ei heisst *Zadder* (Fetzen). Im Tauschgeschäft gelten zwei *Zaddern* gegen ein ganzes Ei (vgl. Höhr, 78). — Das Osterspiel des »Eieraufklaubens«, wobei in entgegengesetzter Richtung vom Tanzplatz 15 Paar Eier je 10 Meter von einander entfernt ins Gras gelegt werden und je zwei ‚Knechte' barfuss im Wettlauf die Eier ‚aufklauben' s. Kbl. 12, 52; V.-A. 10, 148. Vielfach auch im Einzelnen stimmt damit das Osterspiel der »Eierlage« zu Schönecken bei Prüm in der Eifel (Z. f. rhein. Volksk. 1, 138). Ebenda auch das Geschenk von Ostereiern an Patenkinder, Neffen und Nichten. — *Ḁer scheppeln* ‚rollen' am Ostertag. Eine aus zwei Latten zusammengeschlagene Rinne wird als schiefe Ebene aufgestellt und mündet auf weichem Sand- oder Grasboden. Darin rollt nun jeder ein Ei hinunter, und wer das eines andern trifft, hat dieses bzw. eine *Zḁdder* gewonnen (Schässbg., Höhr, 78). (Das völlig gleiche Wettspiel um Ostereier in der Eifel s. Z. f. rhein. Volksk. 1, 137). Als Neujahrsgeschenk werden Eier von den ‚Knechten' dem Pfarrer gebracht *(Mer broinjen dem Härr Vuater e weiss noi Gior,* Schönbg.). — e) Spruch und Spiel. Sprw. *De Hîn* (Henne) *lîft* (lobt) *är Ḁchen* (Schuster, 168). *Det Ḁchen äs net kläjer wê de Hîn* (Ebda., 205). *Ded Ôche soll netch kläjer se wälle wei de Hîn* (Kronst.). Die Henne sagt:

Kâkâ, kâkâ Ḁchen,
Ech hu gelôcht en Ḁchen,
Kut Nôberan en hift ed af.
(Neustadt a. H.)

Spottreim auf Minna:

Minna, Binna, Bḁchen,
Krej än e štängkich Ḁchen. Höhr, 21.

— Rätsel vom Ei: *Won em ed af't Dḁch schmeisst, äs et weiss, won et nederfällt, äs et giel* (gelb). Höhr 58. *Eangder âsem Kräppchen* (Krippe) *äs e Fässken und äs zwêerlae Sḁft drän* (Ebda., 59; Kbl. 23, 22). Var. *Ed äs en Koff, än dier äs zwêerloi Weng en moingt sich net zesummen* (Kbl. 23, 56). *Et load äm Štrî ent rauscht net* (Ebda., 63). Var. *Wat load äm Štroi ent râdert net* (Kbl. 23, 56).

Ech wîs e klîn Haus,
Et hôt nichen Fenstern, Dirren uch Duer,
Unt wäll der klî Wirt eraus,
Esi mess e de Wḁnt durchbueren.
Ebda., 64; H.-W. 404; Kbl. 5, 43.

Et lḁd äm Näst und êdemt net (Schuster, 267). — f) Das Ei im Aberglauben. Am Silvesterabend schlägt man für jede Person des Hauses ein Ei in ein Glas Wasser: wessen Ei schön klar oben bleibt, der bleibt am Leben, trübes, hinabsinkendes Ei bedeutet den Tod im kommenden Jahr. Ebenso wird ein Ei in Essig geschlagen. Die sich ergebenden Gestalten deutet man auf Tod, Unglück usw. (Umgebung von Schässbg., Schuller, T. u. B. 1, 20). In Draas holt man in einem Glas Wasser vom Brunnen. Dabei darf man nicht reden und sich nicht umkehren. In das Glas wird ein Ei geschlagen. Am Morgen werden die entstandenen Figuren gedeutet (Kbl. 16, 92). Drei Eier, jedes davon auf einen besondern Kreuzweg geworfen, ehe die Kühe zum erstenmal ausgetrieben werden, bewahren diese vor Behexung (H.-W., 277). — g) Verwendung in Fl. N. *Bêm Ôchen* (Schönbg.). *Ḁichi (Pintak). Äm Ḁichi (Petersdf.). Ḁiche-Kaul* (⏑ ⏑ ⏑ *Birk).* Syn. Kinderspr. *Dada, Tata, Dadachen.* — *Inten-, Gḁsen-, Hînen-, Kartschunen-, Vijelsḁr; Kolekwintenḁr; Mingeloichen.* — 2. ‚Hoden'. (Syn. *Gîlen, Koien* Pl.) Derber Fluch: *Dḁt te denjem Vôter än den Ḁren erštäckt se sûlt!* (Schässbg., H.-W., 397). — Lautt. 123. mhd. ei.

eia, aia, im Wiegenlied:

Aia, popaia,
Morjen kommt di Maia.

Daraus in der Kinderspr. auch als Bezeichnung des Schlafens: *aia mḁchen (haia mḁchen)*

‚schlafen‘. Ebenso als Bezeichnung der Wiege: *aia*, verstärkt *aia-buia* (H.-W., 171).

Eibe, Eiwebûm m. (Taxus baccata L.). Syn. *verbodä Bûm* (wegen Verwendung zur Fruchtabtreibung, Gr.-Sch., Kbl. 26, 138. Vgl. *Mät dem verbodäne Bûm mạcht em en Bâ* ‚eine Bähe‘. Ein Bad zu demselben Zwecke, Gr.-Scheuern, Kbl. 24, 102). O. N. s. *Eibesterf* (Eibesdf.). Zips. als Fl. N. Ober den Eiben. Eibengrund, Kbl. 27, 87. ahd. îwa.

Eiben, F. N. Eyben (1454), Ayben (1460), Gerig Eiben (1505, *Bistritz)*, Servatius Eyben (Ebda.), Eiff (1763, Ebda.), Eyff, Eiff; vgl. auch *Âif*. In Kronstädter Rechnungen des 16. Jahrh. Eywe, Eywyn. Moselfr. F. N. Eib, Eiff, Eiffen, Eiffe, Ewen; lux. Eiffen, Eiffens. Zum ahd. P. N. Ibo. Eiben, *Eiwen* ist gen. patronym. V.-A. 33, 68.

Eibesdorf, Eibesterf. O. N. 1. Gegenwärtig sächsisches Dorf im ehemaligen Mediascher Stuhl, magy. Szászivánfalva, rum. Ibisdorf, Igisdorf. Baromlak et Isontelke (1305, Urkb. 1, 230). Villa Isopis (1359, Ebda. 2, 158). Possess. Isyptellis (wohl -telke 1359, Ebda. 3, 217). Isipfalwa, Isop-, Iosop-, Isyptelke (Ebda.). Christianus in Isopis (1515, Med.). Ibesderff (1695, 10 Einw., 6 Südler, 23 wüste Höfe. Kbl. 21, 144). Simon von Ybessdorff (Ende des 15. Jahrh., V.-A. 16, 362). Inwoner zu Ibestorf (1570, Nat.-A.). Eibesdorf seit 17. Jahrh. (im Kirchenbuch). Fl. N. *De Eibesdìrfer Hil* (Med.). — 2. † Walachisch-Eibesdorf, magy. Oláh-Ivánfalva, rum. Ibis-Iigisdorf. Südl. v. Eibesdorf, n. von Leschkirch. Der Sage nach eine Tochtergemeinde von Eibesdorf. Doch wohl eine Adelsgründung. — Von Wolff O. N. 1, 30 zum ahd. P. N. Ibo (ss. F. N. Eiben, jedoch st. flektiert) und mit diesem zu ahd. îwa ‚Eibe‘ gestellt. Villa Isopis wird von ihm als fälschliche gelehrt-lat. Übertragung (nicht, was näher gelegen wäre, nach ibiscum ‚Eibisch‘ ss. *Eibesch)*, sondern nach ysop (mhd. îsebet, ss. *Eisbet)* gedeutet. Die älteren magy. Bezeichnungen geben offenbar die lat. urk. Form wieder (wie auch die rum., die die archaistische Schreibform des unverbreiteten Stammvokals beibehalten), die neuere lehnt sich an den bekannten magy. (ursprüngl. slav.) Namen Iván (Johann) an. Das Nähere s. Wolff a. a. O. — Vgl. auch Eisdorf und *Eibessel*. Aus der Stammheimat sind zu vergleichen: Eibelshausen (Ibeshûsen) in Nassau. Übergang eines (bilabialen) w > b ist auch sonst der Mundart geläufig. Der in der rum. Nebenform Igisdorf auftauchende Guttural erinnert an die ahd. Form îgo (schweiz. îche, îge). Sollte hier noch alte Differenzierung vorliegen?

Eibesdorfer, Eibestìrfer m. ‚Einwohner von Eibesdorf‘ (s. d.). Als Übername und F. N. verbreitet. Georgius Eibesdörffer (1578, Med.). Martin Eibestörffer (1581, *Bistr.*). Eybessdorffer (1699, Cap. Cib.). Gregor eybeschdorffer (1549).

—, **Eibessel** (⊥◡◡) Fl. N. (Reussen). — Zu F. N. Eiben (*Eibenstal; vgl. *Eibesterf)*.

Eibisch, Eibesch (Althaea officin. L.), nur in Zusammensetzungen, s. unten. — Fuss, 181. — mhd. îbesche, fem. aus lat. ibiscum.

Eibischblatt, Eibeschblädder Pl. (⊥◡◡◡) s. *Bliet* (Blatt). Gebraucht zu Bädern und Umschlägen auf Wunden.

Eibischsaft, Eibeschsaft m. (⊥◡◡).

Eibischsalbe, Eibeschsalf fem. (⊥◡◡).

Eibischtee, Eibeschtê m. (⊥◡⊥). Gebraucht bei Katarrhen und fieberigen Brustleiden. *Aibeschtê äs det vuirnêmst* (sc. gegen Husten, Gr.-Sch.).

Eibischwurzel, Eibeschwurzel fem. (⊥◡◡◡).

Eibischzeltchen, Eibeschzältchen n. Pl. -*er* (⊥◡◡◡).

Eibner, **Aibner** F. N., nösn. *Aimer*. Joh. Eibner (gespr. *Aimer Hanni, Petersdf.*). Endres Eybner (1495, Qu. Gesch. S. 1, 155; vgl. Ybener). Georg Eibner (17. Jahrh. Ebda.). Als Übername für Mösel *(Baierdf.)*. Endres Eybner (1494, Qu. Gesch. S. 1, 155). Simon Eybner (Ende des 15. Jahrh. V.-A. 16, 367). Eiffner (1763, *Baierdf.*). Moselfr. Eiffner. Zu ‚Eibe‘, mhd. îwe ‚Bogen aus Eibenholz‘, also der ‚Eibenmacher‘, ‚Bogenmacher‘, gebildet wie ‚Wagner‘, ‚Bogner‘. Vgl. auch schwäb. Eibler ‚Verfertiger der Armbrust‘ (Schwäb. Wb. 2, 555).

Eichapfel, Dim. **Îjâpeltchen** n. ‚Gallapfel‘ (Zuckmantel).

Eichbaum, Îchebûm m. Wird nur verwendet, wenn der abstraktere Begriff ‚Baum‘ hervorgehoben wird und die konkrete Bezeichnung als Eiche nur mitläuft. *Af'm Rêch* (Anhöhe) *štôn drậ Îchebîm* ‚drei Bäume (und zwar Eichbäume)‘. *Taisentgêrij Oicheboim* (auf dem *Kreonäst* bei Agnetheln). Dagegen: nur *Îch* ‚Eiche‘, wenn der besondere Charakter hervorgehoben wird. *Wad äs et fîr e Bûm?* Antw. *En Îch. Dật sen net Bachen, dật sen Îchen.* »aliae arbores eychbom« (vgl. kurz vorher im obigen Sinn »meta . . . in qua stat arbor quercina«, Urkb. 2, 396).

(**eichbuchen**), **îchbạchân** (⊥◡–), wird von jungem Eichenholz gesagt (das also wie Buchenholz behandelt d. i. noch jung gefällt wird, Katzendf.).

Eichbusch, Îchbäsch m., nösn. *Epesch* (aus *Êch-bäsch, Petersdorf*, Kisch, W. u. W., 39). Vgl. auch *Êchwậlt* ‚Eichenwald‘. Als Appellativum nicht eigentlich gebraucht, da die Wälder fast durchwegs Eichenwälder sind, also *e, der Bäsch.* (Dagegen besonders bezeichnet *Bachelz* ‚Buchholz', *än den Hasseln, Wegden, Birken* usw.). Vereinzelt: »Anno 1650 ist von den Maldorffern legiert worden ein Eych-Busch an die Kirch, welcher auch immerzu der Kirch Busch ist genandt worden, auff der Heeld« (Cap. Bog.). 1. Waldname: *Îchbiäsch* (Katzendf.) *Diu hainjden äm Îchbäsch* (Schönberg). *Af'm Îchbäschrîn* (Hamlesch). — 2. Fl. N. »Unter dem Eichbusch« (1720, Birthälm). »Für dem Eichbusch« (1681, Halvelagen, Durles).

Eichbuschgraben, Êbesebgruam m. Fl. N. *(St.-Georgen).*

Eiche, Îch fem., nösn. *Êch* fem. (Hierzulande quercus pedunculata und sessiliflora L.). Plur. *de Îchen,* nösn. *Êchn.* Dim. *de Êcheltcher.* Der knorrig-stämmige Baum der Wälder im siebenbürgischen Hügelland. 1. Die meilenweit aneinander anschliessenden Eichenwälder, einst der Schutz jetzt noch der Stolz und Reichtum der siebenb.-sächs. Gemeinden, bergen in sich noch einzelne Baumgreise, die bis in die Einwanderungszeit zurückreichen. (Gern bei Grenzmarkierungen eigens bezeichnet. s. u.). Das Holz dient neben der Feuerung als Bau und Werkholz namentlich zur Anfertigung von Dauben und Schwellen. Gegenwärtig hat mit der erschlossenen Möglichkeit der Ausfuhr ins Ausland sich der Handel dieses alten Stammvermögens bemächtigt. Allenthalben lichten sich die Wälder bedenklich. Neue Schul- und Gemeindehäuser sind das sichtbare Zeugnis der für sie erzielten höheren Verkaufspreise. — 2. In bildlichen Wendungen, für ‚gross', ‚stark'. *Dąd iäs iener wẻ'n Îch* (Katzendorf). *E wôr wae en Îch* (sc. ein im besten Mannesalter Gestorbener, Schönbg.). *Štark, fiest wẻ en Îch. E šteit wẻ en Eich* (Alzen). — ‚Von knorrigem, festem Charakter', auch ‚von steifem Wesen': *Ed äs ener wẻ ous er Îch gehẻn, (ed äs ener aus er Îch gehân,* H.-W., 350). Nösn. *wâi aus er Êch gehân.* Zur Bezeichnung der Rüstigkeit eines älteren Mannes: *E pischt nôch durch en Îch* (Med.). Vielfach zur Bildung von Fl. N. verwendet. a) Eichwälder s. *Îchelts, Îchert; Îchbäsch, -grôt, -räck, -wǫlt.* — b) Zur Bezeichnung von Rieden. (Zeugnis ehemaliger Rodungen). »Neben dem hatterweg, hinder dem kleterlin wmb ein gross eych ist gemacht der 24. hoffen« (Stolzenburg, 1514, B. M.). »Für den kalten Eichen anderthalb Erdoch, in solcher Condition« (Gr.-Alisch, Nadesch, 1680). »das man heist bey der hatterteychen« (Grossau, 1563). »längst denen Eichen« (Rosenau, 1808). »bey der Eichen« (Hetzeldf., 1720). Ebenso »in (unter, auf, vor, hinter) den Eichen« *Hainjder'n Îchen* (Mediasch). *Än Îchen* (Gierelsau). »beim kühlen Brunnen, unter der Eiche« (Birth., 1720). »in der grünen Eiche ein Weingarten« (Grossprobstdf., 1822). »Auf den Eichen« (Wiese, Keisd). »Unter den Eichen« (1720, Nimesch). *Aim Ächn* ‚in den Eichen. *(Kl.-Bistritz). Ąnderm Ąichi (Pintak). Än Êchn (Petersdf., Treppen). Ąndern Êchwängert (Petersdf.) Êcheltcher* (Ried, *Lechnitz*). *Händern Êchn (Schönbirk). Bai der kǫldn Äch (Kl.-Bistr.). Bai der kǫldn Êch (Heidendf.). Än der kǫldn Êch (Weisskirch). Zer kǫlder Îchen* (Gr.-Scheuern). *Än den fǫtnêchn (Mettersdf.). De Uasait mät dn lâichtn* (lichten) *Êchn (Minarken). De lâicht Êchn (O.-Neudf.).* »Auf den lichten Eichen« (Wölz, 1856). »neben den einleczigen (*îlätzich* ‚einzeln') Eichen« (Hstdt., 1584). *Bẻ de siwen Îchen* (Bulkesch). *Bẻ der däcker Îch* (Gierelsau). *Bẻ der kramer Îch* (Burgberg). Vgl. zips. *In Aichn* (Kbl. 27, 75). — s. auch die Zusammensetzungen unter Eichberg, -busch, -grat, -köpfchen, -reiser, -rücken, -wald. — c) Gassenname: *Îchgass* (Heltau). — 3. Die Eiche in Dichtung und Brauch. Im Waisenlied:

> *Wol goit der Wänt, wol schökeln*
> *de Oichen,*
> *Wol vil wär'n es de Fremde*
> *štroichen.* SCHUSTER, 35.

Im Kinderreim:

> *Zuzu, zuzu regden,*
> *De Fafen af de Wegden,*
> *De Schiler af den Îchen,*
> *Sûlen eruewer sîchen.* Ebda., 326. HÖHR, 12.

Rätsel:

> *Wegd* (Weide) *äm de Hassel,*
> *Hassel äm de Îch,*
> *Än der Îch sätzt e Mąn,*
> *Dî de Lekt* (Leute) *vernarre kąn.*
> (Weidenrute und Hasel als Reif; Fass; Wein. Kbl. 4, 57).

— In der Totenklage: *En eosgerässän Îch* (Reussen, Kbl. 31, 42). Klage der jungen Frau: *Täo mienj gäoder Haisvouter, mienj Eicheboum, anjder deam mer es verbarje soulen* (Alzen, s. unter *Bevîrgänger* ‚Bevorgänger'). — In der Volksmedizin wird die Lohe zu Bädern, hauptsächlich gegen ‚Vierziger' der kleinen Kinder verwendet. Blätter gelten als zusammenziehend bei Blutfluss (Kbl. 21, 15). — Die Frucht der Eiche s. *Æker* (Ecker) und *Îchel* (Eichel). Vgl. auch *Gallẻpel* (Galläpfel). — Lautt. 119. mhd. eich. Zips. Aich, pl. Aichn.

Eichel, Îchel fem. Süds. nur vereinzelt. *Än den Îcheln* (Gr.-Scheuern). Aber nösn. *Êchel* fem. 1. ‚Frucht der Eiche‘. Echte Ma. süds. *Äker* ‚Ecker‘. Fl. N. »Bei den Eicheln« (17. Jahrh., *Lechnitz*). — 2. ‚Trinkgefäss‘. »domino Caspari Wyz ratione cuiusdam cuppae eychel per dominum Georgium Hecht ab eodem receptae flor 4« (1496, Qu. Gesch. S. 1, 219). — 3. glans penis. *De Îchel* (Birth.).

Eichelhäher, fehlt. s. *Mâtchâsch, Zaiku, Tättel* (Zeiden).

Eichels, Îchelz n., nösn. *Êchelz* n. *(Wallendf.).* Waldname. *Äm Îchelts* (Schönbg.). »Im Eichels« (1822, Gr.-Probstdf.). — Zu mhd. holz ‚Wald‘.

eichen, îchän ‚aus Eichenholz‘, nösn. *êchen. Ed iäs îchan* ‚aus Eichenholz‘ (dagegen: *Îchenhûlz*, vom Pl. von *Îch* gebildet, Katzendf.). *Mer hu vil îchan Hûlz ze Rêmen* (für Rebpfähle, Schönbg.). »Zalt den blech schlepern für 12 Echen bretter zur brucken fl. 1 ₰ 44« (Hstdt. 1615, Vill.-Rechn.). »vom verkauffen der eychen dyl aus der Sagmüln« (1571, Ebda.). »post hoc magister solvit proprie suorten agen (‚Eichenschwarten‘, vgl. asseres quercinas, Ebda.) und auch dennen simul computatis in numero 300« (1501, Qu. Gesch. S. I, 360; achen, Ebda.). »ein eichnes fürtell« (‚Viertel‘, Fruchtmass, Hstdt. 1699). »pro duobus lignis vulgo Oechen feest (Pfosten) ad fallbrück« (1535, Qu. Kr. 2, 385; ebenso Tref ‚Pfosten‘, Legel ‚Fässchen‘ usw.). »vor einen ôchenyn Brecken dyl« (1536, Ebda. 2, 444). »pro sex vulgo ôchen donen ad fluvium Thymmes« ‚eichene Tannen‘, ‚schlanke Stämme aus Eichenholz‘ (für sonst zu gleichem Zwecke verwendete Tannenstämme; vgl. *îchbächän* ‚eichbuchen‘, Ebda. 2, 538). Nösn. *êchen Dil.* Im Bastlösereim:

Den îchane Kläppel (Knüttel),
De Mêdn iwer de Räpper. (Kbl. 19, 77.)

mhd. eichîn.

Eichenholz, Îchenhûlz n. *En Däsch* (Tisch) *ous Îchenhûlz.* Besser: *en îchän Däsch.*

Eichenklotz, Îcheklôtz m. *Wôr ech dann grued esu e Widerschlâchtijer?* Antw. *Wei en Îcheklôtz wôrst tâ* (Semp, Bezu^e^lt 42).

Eichenlaub, Îchelûf n.

Eichenschwamm, fehlt; s. *Zängder* (Zünder).

Eichenstumpf, Îcheštimpel m. Als Unterlage für einen Steintisch:

Än dem Bäsch
Štîd en Däsch
Ous em Sq̂ndštîn simpel,
Râd unt riest
Eisefiest
Aw em Îcheštimpel. Kast. 78.

Eichert. *Bluiss (klî) Eichert (Jaad). Af'm Eichert* (Ebda.). — Zu mhd. hart ‚Wald‘.

Eichgrat, Îchgrôt n. *Af'm Îchgrôt.* Vgl. *Îchräck.*

Eichhorn, Dim. **Îchherntchen** m. (⏊◡◡), Pl. *-cher*, nösn. *Îchhêrntchi*, Pl. *-cher (Weisskirch), Êchhêrntchi (Wallendf.), Îchhiärntschen* (Katzendf.), *Îchherntchen* (Kronst.). 1. Sciurus vulgaris. Das graue russische Eichhorn s. *Fifken.* »pro echhorren 22 asp. 11« (1522, Schaffnerrechnung, Qu. Kr. 1, 456). Den grossen Handel mit Eichhornfellen (für Verbrämungen) zeigt: »Pelles achorren 3000 pro fl. 15« (1503, Zwanzigstrechnung, Qu. Kr. 1, 38). Syn. *Îchkätzken* n. (-kätzchen), *Muckešken* (magyarisch mókus, Kronst.). — 2. F. N. »Christianus Eychorn, Ratsgeschworner in Kronst.« (1397, Urkb. 3, 175). »Greger Eichhorn« (Hstdt., 1581). »Peter Eichorn« (17. Jahrh. *Windau). Êchhôrn* nösn. Vgl. moselfr. Êchhorn. Als Übername für Eichner *Îchhuern* (Trappold). — 3. Pl. *de Aichherntscher* ‚Johannisbrod‘ (Helsdf.). — mhd. eichorn n.

Eichkätzchen, Îchkätzken n. *Îchkätzken* n. (Schönbg.).

~, Îchknerzker n. (Pl.) ‚Gallapfel‘, nösn. *Êchnknerzkn* n. Moselfr. Êchenknorz fem. s. *Knorz.* V.-A. 33, 63.

Eichköpfchen, Fl. N. Vor dem *scheiwlichen* (runden) *Oichkaipchen* (Zeiden, Kbl. 29, 67).

Eichner, Îchner (Pretai) ‚der bei der Eiche wohnt‘. Eichner (Trappold, Gr.-Lasseln 18. Jahrh., *Jakobsdf.).* F. N. »Dy Echnerin« (Hstdt. 1479, Qu. Gesch. S. I, 39). »Eichner« *(Bistritz,* 1765). Übernamen dazu *Îchhuern* (Eichhorn).

~, nösn. **Êchrâich** Fl. N. *Um Êchrâich (Petersdf.).* — Zu *Rêch* (Berg, Hügel).

(Eichreiser), Îchreiser Pl. *Af den Îchreisern* Fl. N. (Brenndf., Kbl. 8, 119).

Eichrücken, Îchräck m., nösn. *Êchräck* m. 1. Waldname. ‚Anhöhe des Eichwaldes‘. *Af'm Îchräck* (Hamlesch). *Af'm Äichreck (Kl.-Bistr.). Äm Êchräck (Windau). Îcherack (Botsch). Äm Êchrek (Pintak).* »Am Eich-Rück« (17. Jahrh., Ebda.). — 2. Fl. N. *Für'm Îchräck* (Michelsbg.). Syn. *Îchbäschrîn.*

(Eichscherze), Îcheschierz fem. ‚Rinde von jungen Eichbäumen‘, als Lohe zum Gerben verwendet. s. *Schierz* (Scherze).

(eichstarrig), îchštarrich ‚starr wie ein Eichenklotz‘, ‚dumm‘, ‚vernagelt‘. *Se senj îchštarrich wä de Klêtzer iäm Bäsch* (Katzendf.). — Die etwas künstlich anmutende Wortbildung mag vielleicht volkstüml. Umdeutung von *išterlich, îstedelich* (ein-) sein. s. d.

Eichstaude, nösn. **Êchštaudn** (Pl.). *Än Êchštaudn* Fl. N. *(Mettersdf.).*

Eichwald, nösn. **Êchwǭlt** m. Süds. dafür *-bäsch.* 1. Waldname. *Der gruiss Êchwǭlt (Wallendf.). Ǭld Êchwǭlt (Schönbirk). Äm ǭldn Êchwǭlt (Mettersdf.).* — 2. Fl. N. *U der Sǫnnsait (U^a^fsait) ǫnder'm Êchwǭlt (St.-Georgen).*

Eid, Ît m. *-des* nösn., *Ait* m. [Geh. Spr.]. Echte Ma. s. *schwieren.* Ausschliesslich der gerichtlich geforderte Eid: *E hu^a^d en Ît drǫf u^a messe li^e^jen. Angderm Ît sôn* ‚eine Aussage beeiden'. Auf den Treuschwur bezogen:

> *Unt wûlt te net wu^e^rden unt brǭchst dengen Ît,*
> *Si hu mer de Lǣf uch de Frängtscheft nâ brît.* KÄST. 10.

(Echte Ma. *Wat te mer geschwîren hu^e^st).* In der Kanzleisprache in verschiedenen sprachl. Wendungen. »hat diese fraw zum eidt nicht lassen wöllen« (1565). »Item hat der Vater zum Sohn gesprochen, leugne du nur starck, und so mans dir auff den Eyd lesset, so komme nur nach Hauss, ich will dich wohl erhalten« (1664, Cap. Bog.). »und der Kereszturi wollt auch die Wirtin auf ein Eyd zwingen, dass sie sagen sollt, wies mit dem brief, geschaffen war« (1619, Ger.-Prot.). »ob er über seine Schriften, so er uber die entpfangnen schuldt Georgy Theis gemacht hat, einen eid thuen wollt« (1600, Ger.-Prot.). »So habe ich Galles Schwler, hon zum Gesprenck, Chrestel Alyst, mit burger, gott vnd die gerechtigkeit angesehen vnd haben sie (die erschienen zeugen) eingenommen bey dem eydt« (1568, Kbl. 16, 49). Die bezügliche Hauptstelle der E. L. R. lautet: »So lang die teidigs Partheyen fůrhaben jre sachen zu beweisen / so gebůhret es sich nit vnd ist vnnőtig / weder eyde an zu mutten noch den Eyd auff zu legen / sondern wenn sie nun beyde jhre beweisungen / welche sie von beyden theilen haben kőnnen auffbringen / gestalt vnd gefůhret haben / darnach sol allererst / noch gelegenheit der sachen und der billigkeit / durch des Richters vrtheil / zu vőlliger beweisung / entweder dem klåger oder angeklagten der eyde werden aufferlegt / wenn nemlichen die sache nicht hat volkomlichen mőgen von einem theil beweisen werden« (E. L. R., 33). »(Der der Unzucht angeklagte Ehemann) sol mit seinem vnd seiner Frawen leiblichen eyden gefreyet werden« (E. L. R., 190). Der »fůrgethane Eyd« ‚Amtseid' (Ebda., 19). — Der Eid wird über einem in die Erde gestossenen Schwert abgelegt (1380, Kbl. 6, 49); der Eid wird barfuss, mit gelöster Leibbinde, das Haupt mit Erde bedeckt geleistet (1370, Ebda.). Sage vom Grenzabschwören durch den falschen Eid, dass der Schwörende auf eigener Erde stehe. s. MÜLLER[2], 270. — Lautt. 118, mhd. eit.

Eidam, Îdem m., nösn. *Êdn* m. ‚Tochtermann'. Allgemein gebräuchlich. *Îdem* (Kronst.). Ältere Aufzeichnungen. »Marko seyn edem« (1503, Qu. Gesch. S. 1, 381). »Endris zyn eydem« (1480, Ebda. 1, 92). »Steffen, der Neppendörferin ir Edem« (1556, B. M.). In einem Testament. »yrem lyben eydem und yrer lyeber tochter Anna . .« (1545, B. M.). »das hauss han darnach die 2 Eidome geschichtet wie es etzund auch ist« (1599, Bistr. Cap.). »Ittem des Johanni Weisses sein Eidem auch 3 Schritt« (Trappold, Kbl. 4, 75). »Tochtermann oder Eydem« (Hstdt., 1629). In Kronstädter Quellen des 16. Jahrh. (Qu. Kr. 3): Ődem, -dym, aidem, Eydem. Das Wort entfaltet seine soziale Bedeutung nur dort, wo der junge Mann nicht auf dem eignen Hof (im ererbten Geschäft) bleibt, sondern der Mann einer Erbtochter, also im eigentlichen Sinn ‚Tochtermann' wird. Die Bezeichnung wird hier zum Namen als nähere Bestimmung des Personennamens hinzugefügt, zumeist aber statt des Personennamens selbst verwandt. Der junge, in das Geschäft (in die Wirtschaft) einheiratende Mann, wird nach dem (bekannten) Schwiegervater oder dem Hof genannt, dessen Name sodann auch auf ihn und seine Kinder übertragen wird. Der auf den *Gebbelnhôf* einheiratende z. B., welch Namens er immer ist, heisst zunächst *des Gebbel seng Îdem,* sodann, wenn er der Bauer ist, *der Gebbel.* Über die anfangs recht untergeordnete Stellung des *Îdems* in diesem Falle vgl. die Bemerkung des Martinsberger Bauern über das anspruchsvolle Benehmen seines Eidams: Er habe 12 Jahre lang auf dem Stall schlafen müssen, da komme dieser nun und wolle schon im ersten Jahr in der Stube schlafen (Kbl. 25, 69. Vgl. auch Eidamsländer). Doch wird er als in den Verband des Hauses gehörig angesehen. Das Statutarrecht behandelt ihn bezüglich der Zeugnisbewertung wie einen Blutfreund. »Der Bruder kann auch fůr den bruder nit gezeugen desgleichen auch kein Blutfreund fůr den andern / vnnd auch der eydem nit fůr den Schwiger Vatter« (E. L. R., 25). In gleichem Sinne erlaubt noch die gegenwärtig bestehende Kirchenverfassung wohl, dass Schwäger, nicht aber, dass Schwiegervater und Eidam zu gleicher Zeit Mitglieder des Presbyteriums sind. Sprw. *Drę̂ Mêtscher broⁱnjen drę̂ Oidem än't Haus* (Gr.-Sch.). Rätsel: *En grên Motter, en gäldän Duᵉchter, e špesâkich Îdem* (Weinrebe, Traube, Weinpfahl, H.-W., 402). Syn. (mit wärmerem Gefühlston) *âs* (unser) *Oinjtz* (Andreas), *Martz* (Martin) usw. (In diesem Falle mit ‚unser Sohn Andreas' usw. gleichgestellt). — Lautt. 118. mhd. eidem, ahd. eidam, eidum. Zu den nösn. Formen auf *-n* (wie *Fuᵃdn, Bodn*, süds. *Fadem, Bodem*) vgl. moselfränk. (Echternach) êdem, chatt. Êden (V.-A. 33, 63), schles. êdn, tirol. oadn, frühnhd. eyden (Weigand 1, 411; Kluge, 90).

(**Eidamsländer**), **Îdemländer** Pl. ‚geringwertige, unfruchtbare Ackerstücke' (die man dem Eidam zu geben pflegt, damit er sich auch zuerst quälen lerne und nicht gleich *än't Vôl* ‚ins Volle' komme). *Oidemlę̂injder* (Gr.-Sch.). Vom Schwiegervater werden zu diesem Zwecke mit Vorliebe die an der Hattertgrenze liegenden und darum unbequemen Ackerstücke dem Eidam abgegeben. Die *Oidemlę̂injder* liegen darum zumeist, *dô der Daiwel den Hot verluiren heᵒt*, oder *dô de Huᵉse* (Hasen) *mästen* (sc. wohin nie ein andrer Dünger hingeführt worden ist, Gr.-Sch., Kbl. 25, 68). *Un der Hainjdertbächler Huᵃch* (d. i. im entlegensten Hattertgebiet) *senj de Oidemslę̂injder* (Ebda.). *Ed äs wê en Îdemslę̂nt* ‚geringwertiger Acker', übertragen ‚nicht viel wert', von einem Menschen ‚er sieht sehr dürftig aus' (H.-W. 377; Fromm. 6, 174). — s. oben unter Eidam.

Eidau, nösn. **Aide** O. N. Gross-Eidau bei *Tekendf.*, magy. Nagy-Ida, rum. Iuda mare, urk. Ida (1332—1337). Aus magy. Ida eingedeutscht, V.-A. 34, 49. Der Name selbst ist griechischen Ursprungs (Waldgebirg). Vgl. Kbl. 33, 102.

Eidauer Halde, nösn. **Aider Hiᵉlt**, Ried *(Tekendf.)*.

Eidechse, **Êdes** fem., Pl. *de Êdesen*, meist Dim. *det Êdesken;* nösn. *Êdes* fem. *(Êtes)*, Dim. *det Êdeski. Êides* (Rode), *Êdres* (Med., Heltau, Arbegen). *Aᵉtesoᵃchen [χ]* n. (Tartlau), *Êteskn* (Kronst.), *Êteske (S.-Reen)*. Syn. *Feîmiul* (Katzendf.). 1. *Âs Keᵒ huᵃd en Êdes un'd Ejder* (Euter) *gebässen* (Schönbg.). — 2. *De schniᵉl Êdes* ‚Hitzschlag'. Als Mittel dagegen wird Blut am Zungengrunde gelassen (Birthälm). *De Êdesnkringket* ‚Bräune' *(Wallendf.)*. Als Heilmittel dagegen wird *ded Êdesngekraidich* (Ehrenpreis, veronica spicata) verwendet (Ebda.). In ähnlichen Zusammenhang werden sonst geschwollene Halsdrüsen oder allgemeines Halsweh, Mandelgeschwulst usw. gesetzt. Als Heilmittel dagegen wird im Frühjahr *(än Eᵘsdâjen)* eine Eidechse am Hals ‚gezogen' *(geziᵘgen)*. Dadurch wird die Hand heilkräftig *(haⁱnjder mejner Hûnt hîld et; unt dien ech drô än dem Gôr zân, dem hîld et)*. Die Eidechse muss man vor dem Georgstag (24. April) fangen. *(Em mess se viᵘr'm Gerjendę̂ch fên, wo se nôch ned esi angem sen, nô'm Gerjendę̂ch kę̂n em se net mî fên*, Bogeschdf., Kbl. 27, 111). In den Dörfern der kleinen Kokel wird dabei folgender Vorgang geübt: Der Patient setzt sich auf einen Schemel (ein niedriges Stühlchen oder Bänkchen). Das Hemd des Patienten wird oben am Halse aufgeknöpft. Die Beschwörerin nässt die Finger ihrer beiden Hände mit Mundspeichel, Öl, oder auch etwas Schweinefett, spricht aufmunternd und ermutigend zu dem Patienten, fordert ihn auf, den Kopf hoch und etwas zurückgebogen zu halten und spricht, nachdem sie erst einige Male mit leisem Drucke vom mittleren Teile unterhalb des Kinnes, etwas über dem Kehlkopf unter dem Unterkiefer hinauf bis hinter die Ohren mit den Fingern gezogen, folgende Formel, indem sie den bisherigen Vorgang wiederholt, dabei aber immer kräftigeren Druck ausübt:

Kiᵉl Êdes wuᵒr gîst te?
Än des Hanni (Taufname des kranken
Kindes wird genannt) *seng Kiᵉl štêchen?*
Ai ned än des Hanni seng Kiᵉl štêchen!
Gongk än de grânje Woᵃlt,
Dô äs e Brännche koᵃlt,
Dô soᵃlt ta drängken,
Dô soᵃlt ta versängken!
Äm Numme Gottes des Vuᵉters etc.

Darauf wird dem Kranken ein Leinentüchlein um den Hals gewunden, oft auch nichts. Die Beschwörerin heisst das Kind zu Bett gehen und empfiehlt sich, sagt zu dem Kinde: *Schlôf geᵃt! und bäs moren äs der näst mî* (Kbl. 33, 6). — 3. »Des wegenn auch solch leütt die sich darauff begebenn habenn, Physici sein genent wordenn, aber erkenner der natur, die auss der Kunst habenn könnenn wissenn die eygenschafft der thier: das der lew von natur ist ein heiliges und starkes thier, das ein urteltaub keusch und züchtig lebe, nachdem ir genieskenn gestorbenn ist, die nachtal gern bey dem menschen ist, das die e y d e x denn menschen für der noter behütet, wenn er ligt und schlefft« (Dam. Dürr, Hdschr. 258). »Vor etligen tagen zu vor, so hab ich auch in der stell zwo e d e s s e n gefunden, welche mit brauner und griener seidt zusammengebunden waren und also thot lagen« (1601, Ger.-Prot.). Lied aus Meeburg:

Et schlach sij en Êdesken am den Heirt,
Ne frae dich, ne frae dich, te frascher Knecht.

— Aberglaube: Beim Aufladen zur Ernte darf man keine Maus oder Eidechse mit aufladen, sonst schlägt man um (HEINR. Agr. 23). — 4. F. N. (Übername). Edess hans (Weidenbach, 1526, Qu. Kr. 2, 27. Vgl. dagegen dort Odess Endres). [ē ·d.es ⊥⏑.] Lautt. 20. Entspricht lautrichtig mhd. egedehse. Kontraktion von -ege- zu ē wie in ‚Egge' und ‚regnen', doch zum Teil mit Verhärtung des Dentals. *-hs-* 〉 *s* wie auch sonst in der Ma., hier begünstigt durch Unbetontheit der Silbe. Zu den interessanten und wichtigen Formen mit eingeschobenem *-r-* vgl. lux. Eideres ‚Ameise' (Lux. Wb. 80), Eders ‚Mauereidechse', Edemes, Edermes ‚Molch' (Ebda., 79), eifel. Edres ‚Eidechse' (SCHMITZ 1, 224), lothr. èdres (FOLLM., 118), ferner henneberg. æderşe, èderş, êderş, ederess (FROMM. 6, 472), wo an Begriffsanlehnung an Eiter als ‚zorniges, giftiges Tier' gedacht wird, wozu für das Ss. lautlich eine Veranlassung nicht vorliegt. Das *-r-* muss stammhaft sein und könnte vielleicht zu der in nhd. drechseln noch erhaltenen Gutturalerweiterung des Stammes ‚drehen' gehören. Vom Standpunkt der ss. Ma. ist gegen die übliche Ableitung des ersten Wortteils von mhd. ege, got. agis ‚Furcht', ‚Schrecken' nichts einzuwenden. Etwa: ‚Schrecken-Dreherchen', das Tierchen, das in Schrecken gesetzt sich rasch durch das Gesträuch windet DIEFFENB., 400.

—, **Êdesengekraidich** n. (nösn.). Veronica spicata (KRAMER, 20).

Eidel F. N. »Clemens Eidl« (1597, *Baierdf.*). »Jacob Eydell« (1569, Kl.-Schelken).

eiden, îden schw. [Geh. Spr.]. ‚(vor Gericht) schwören', ‚einen Eid ablegen' *Ech mosst draf îden* (Schönbg.). *Aw äst* (eine Behauptung, eine Klage) *îden.* »(Wenn die Anklage keine Verdachtsgründe ergibt) / der angeklagte aber leugnet starck / er darff nicht drumb eyden / sonder wird on den Eid frey gesprochen« (E. L. R., 35). »herr Goachim aber nicht schuldig sei neben der tochter zu eiden« (1578). »ich hab euch nit unrecht heissen eiden« (1615, Ger.-Prot.). »Ich war im herbest zu Omlasch, alda hört ich das die leut sagten, es haben sich ihrer zwo der Blos Ieschertin halben gescholten und eine hat es der ander vorgehalten, das sie falsch auf die Ieschertin hat geeidt« (1615, Ger.-Prot.). Echte Ma. *schwieren.* — mhd. eiden. DWB. 3, 84.

—, **Êdeskel** Fl. N. »Wischen vor dem Edeskel« (1720, Tobsdf.). Zu ‚Eidechse' und *Kel* (Kaule).

Eidespflicht, †. »welche denn mir auff ire bitte bei gewonlicher rechtsordnung bei iren Eids Pflichten verhöret und ordentlich wie volgett, bekenntt han«. (1570).

Eidisch, Aidesch O. N. Sächsisches Dorf bei *S.-Reen.* Magy. Idécs, rum. Igișu. Urk. Idech (1393). Es gibt ein *Ôwer-* und ein *Nidder-* (Unter-) *Aidesch.* Im Volksmund bekannt wegen den dort gut wachsenden Kirschen. (Vgl. Heltau, Michelsberg.) Dem Namen liegt die magy. Form zugrunde. (V.-A. 34, 31.)

Eidischer, nösn. **Aidescher.** 1. ‚Einwohner von (Nieder)-Eidisch'. Im Volksmund gespottet als *Kirscheknatscher,* wegen den dort gezogenen und weithin verführten Kirschen. *De Aidescher Bǫch.* Magy. Idécspataka. — 2. F. N. Zunächst als Übername: *Aidescher (D.-Zepling, Dürrbach).* »Eydescher« (1505, *Bistritz).* »Andreas Eidescher« (1612, *Minarken).*

Eidner, F. N. »Andreas Eydner« (1597, *Pintak).* »Mattes Eidner« (Ebda.). »Veltin Eidner« (17. Jahrh., *Treppen).* (Vgl. »Eider Apfelbaum« 17. Jahrh., *Petersdf.).* — Zum O. N. Eidau.

Eierbüchse, Oirbiss fem. In Gr.-Scheuern Bezeichnung der Armbrust (Kbl. 24, 102).

Eierbusch, Ąerbäsch m. *(Mettersdorf).*

Eierdotter, Ârdodder m., gewöhnlich nur *Dodder* s. d. *Äoυösdǫdder* (Zeiden). *E ⁱäs gîᵉl wǣ'n Ąrdǫdder* (Katzendf.).

Eierhanklich, Ârhąngklich fem. Über den ausgewalkten Hanklichteig (s. *Hąngklich)* werden Eier geschlagen und verschmiert *(geschmiert).* Bei karger Verwendung von Eiern: *de Hąngklij äs net genach geschmiert,* (*äs schǣr fastich* oder auch rum. *schǣr de post* ‚halb fastig').

—, **Ârlæwent** n. ‚Eierbrühe'. *Oierlâwent* n. (Eier werden gebraten und in saure Suppe eingekocht; Bulkesch, Kbl. 23, 111). Oder: Heisses Wasser, mit Ei, Mehl und Essig verrührt *(ägeklôpt* s. *äklôpen* ‚einklopfen') und mit einer Knoblauchzugabe versehen wird über getrocknete Brotschnitten gegossen und darin zuweilen auch *Ąrefąngkich* eingeschlagen (Keisd).

Eierpfannkuchen, Ąrefąngkich m. (⊥⏑⊥⏑) nösn. *Fungkǫch* m. *(Wallendf.).* ‚Rührei', ‚Eierschmalz'. *Ąrefąngk* (Schässbg.). *Aoirefungkich* m. (Hahnbach). *Ąrefᵉüngkich* (Katzendorf). Syn. *Oerentettes, Paperâde* (rum.). Beliebtes, rasch fertig zu stellendes Essen für Erwachsene und Kinder. Eier werden in heisses Schmalz geschlagen, gesalzen und leicht gerührt. Ein besonderer Leckerbissen, wenn statt Schmalz Speckstückchen geschmort werden. Der *hart Ârefqngkich* wird ungerührt zu einem festen Kuchen ausgebacken und gilt sodann statt Fleischauflage zu einer (saueren) Brühe als beliebtes Mittags- und Abendessen im Sommer. *Ârefqngkich mät Zalâteldæwent (mät grǣner Zalât).* Der *Ârefangkich* gilt auf dem Dorf auch als Festspeise für grossen geselligen Schmaus, namentlich bei Zusammenkünften der Jugend. Vgl. der Schmaus nach dem Eieraufklauben Kbl. 12, 52. In die Genossenschaft der Nachbarinnen in Schässburg richtete sich in der Mitte des 18. Jahrh. die Hausbesitzerin mit einem »Eierfangkoch« ein, die Sedlerin mit einem »Sedler-Eierfangkoch« (Teutsch, Sächs. Gesch. 2, 446). Scherzhaft für unfreiwillig zerbrochene Eier: *Gäw Uacht, dqt der dqi Âer näd äntwiarn* (‚entwerden', ‚entfallen'), *de mqchst guar Fungkqch (Wallendf.).* Bildlich: *Te bäst wǣ der Fontschich* ‚gelb im Gesicht' (Rosch). — Christine Schuster, 276. — s. *Fqngkich* ‚Pfannkuchen'. Die damit verwandten Eierkuchen s. unter *Kletitten, Krappen* (Krapfen).

(**Eierpfarrer**), **Âerefarr** m. ‚ein Mensch, der immer unbedeutende Dinge spricht'. Vgl. *Klôtscheprädijer.* Etwa von den Eiern hergenommen, die dem Geistlichen für geistliche Funktionen gegeben wurden; also ‚der nur um das Eiergeschenk predigt'.

Eierschale, Âerschuel fem. *Ed iäs dann* (dünn) *wǣ'n Ârschôl, et zebrächt nônûnder* (Katzendf.).

~, Oerentettes m. (⏑⏑⏑⏑) ‚Eierspeise', ‚Eierschmalz' (Leschkirch).

Eifel, Fl. N. »fürder im bösch neben dem weg, der der hattertweg heist, hynder der Eyffel, umb ein Eych, da ist der 23. h(attert-haufe)« (1514 Stolzenburg, B. M.). s. Eefel.

Eifer, Ǣwer m. 1. Wie nhd. *Dqd iäs e gruis Aewer* (wenn Kinder eifrig etwas verrichten, Katzendf.). — 2. ‚Zorn', ‚Leidenschaft'. *Äm Ǣwer.* Entschuldigend: *äm Ǣwer, wat sôd em (dâd em) net?* ‚in leidenschaftlicher Erregung'. *Äm Aewer riat em muntch i Wuirt baehin* ‚manch unüberlegtes Wort' (Schönbg.).

eifern, ǣwern schw. In der Bedeutung ‚streiten', auch ‚eifersüchtig sein'. *Nq, nq, nor ned aewert mäd enûnder!* ‚beruhigt euch, fangt nicht Zank mit einander an' (Schönbg.). *Wod âwerscht tä?* ‚was ereiferst du dich?' (Birth.). *Se* (sc. junge Eheleute) *liawe gor licht, hie aewert* ‚ist immer eifersüchtig' (Schönbg.).

Eiffner, F. N. s. Eibner.

eifrig, ǣwrich [Geh. Spr.]. 1. *En ǣwrich Kängt, Lîrer. Ed üs gor en Ǣwrijer* ‚strebsamer Mensch'. *Wqt môchen de gang Lejt?* ‚Nun, wie geht es dem jungen Ehepaar?' Antwort: *Ich dûngken* (danke sc. der Nachfrage), *dae se gor aewrij un der Ârbet* ‚sind sehr fleissig in der Wirtschaft' (Schönbg.). Auch von Zugtieren ‚munter' (Binder, Coll.). — 2. *ǣwrich würden, rieden* ‚leidenschaftlich', ‚erregt', ‚heftig'. »Er antwortet mir ganz euwerig und sprach, wer ihm mit seinem Hauss was zu befelen häte« (1763, Obereheger.). Syn. *bemǣt* und *bemǣsem.*

eigen, îjän, nösn. *êjn* Adj. und Adv. 1. Flektiert. a) ‚zugehörig', sodann ‚im Besitz befindlich'. *Müd îjänen Ûge sǣn;* verstärkt: *Ich hun et mät mengen îjänen Hängde gemqcht.* Gesteigert: *des meng îjän Ûgen hun et gesǣn. Îjän Arbet, Verdǣnst, Kraft, Wällen, Gedqngken, Süngden* (Sünden). *Îjän Hängt, Fess, Glider. Meng îjä Vueter, Motter, Kängt* ‚rechter Vater' (im Gegensatz zum Schwiegervater). *Dô wôr e Gewodjel, dad em sich det îjä Wîrt net verštânt* (Sch. T. 1896, 109). Zornige Zurechtweisung, wenn man jemandem auf den Fuss getreten hat: *Tritt der af deng îjä Fess! Diu mes e jêded aus dem oijanen Tqser lêwen* ‚aus dem eigenen Brotsack essen' (Dä Ôlden, 20). »Eyn yglich Master soll sein aygen czeychen in der tzech abmalen lassen, auf das ein yglicher sein Czeychen in der tzech habe« (1539, Goldschm.-Art.). »Zum ersten sollen die Schneyder knecht ein eygen Herberg haben« (1548, Artikel der Schneiderknechte). »(Hirten müssen verloren gegangenes Vieh) einen Tag umsonst bey seynem eignen Brodt, die übrigen aber um die Zahlung suchen helfen« (Bogeschdf. 1772, Kbl. 23, 50).

Et schlôn ind äinjden
De îjä Säinjden. Schuster, 211.

Îjä Wäll fänjt nichen Štäll (brǣd än der Häll, Ebda., 235). *E hued en îjän Hîft* ‚eigensinnig, trotzköpfig'. *Wun ech mich frqindern, sêtzen ech menj îjan Hîft qf* (Semp, Bezuelt 28). *E hued îjänen Undrif* ‚er arbeitet auch ohne Nötigung'. »Welcher Schwerlich auss eigenem gutten gewissen, und wissen von richtigkeit oder unrichtigkeit meiner auss- und seiner einsetzung etwass gründliges zu sagen weiss« (1664, Cap. Cib.). »Wer für Gericht klagen wil / der sol eygen zeugnüss auff seine klage stellen« (E. L. R., 16). »In eygenen teidigs sachen« (Ebda., 19). »zu eygnem nutz vnnd fortheil« (Ebda., 72). »(Die Pfändung) sollen die Glaubiger nicht aus eygner gewalt / sonder mit des Gerichts wissen vnnd willen thuen« (Ebda., 114). »Der Sachsen in Siebenbürgen / Statuta, oder e y g e n Landt recht« (Ebda., 1). Sodann: *Îjän Hous, Hôf, Štuf, Hiert, Ärf, Bät, Düsch, Gielt, Vermêjen. Bäs tä nor un denjem îjanen Hiert kôchst* ‚bis du nur verheiratet bist' (SEMP, Bezuelt 27). Sprw. *Îjän Hiert, Gûlt wiert.* »Über das so het er das ander geschwestert auss seinem e i g e n gelt abgericht« (1563, B. M.). »Wo fern das Leinthuch und Dreichtuch der Inculpata e i g e n ist gewesen und sie es auf den Haufen geworfen, so erkennen wir es, das es kein Gewalt sein« (1652, Ger.-Prot.). — b) ‚eigenartig', ‚besonders' [Geh. Spr.]. *E hôt gor en eîjan Hîft, e iäs guor en eîja Mensch* (Katzendf.). Echte Ma.: *besangder* (besonders). —. Adverb. *E sąch mich îjän un. Ed äs mer hekt îjä gegąngen. Ich bän îjän* (eigens) *äm dąt kun. Ich bän îjän äm dąt net duer gegąngen.* — 2. Unflektiert. *Dąd äs menj îjän. Dem Dîd îjän* ‚dem Tode verfallen'. *Ich wor duidoijän* (totkrank); *em duicht* (dachte), *e wêr duidoijän* (Gr.-Sch.). »Derweil Inculpatus solches der freundin, so die weingart e i g e n gewesen sein, nit hat zu wissen gethan« (1609, Ger. Prot.). — Nösn. ‚selbst' ipse. *He êjen huad et gesôt* ‚er selbst hat es gesagt'. — 3. Das alte n. als ‚Eigentum'. *Ze îjä nin (gin)* ‚ins Eigentum übernehmen, übergeben', auch ‚verloben'. Nösn. *Zer êjn nëi* ‚adoptieren' *(Wallendf.). Ed äs deo nur zer êjen* ‚nur Adoptivtochter' (Ebda.). *E huat ded Arf nor äm Gebreoch, ed äs em net ze ijan* ‚er hat das Erbe nur im Gebrauche, es gehört nicht ihm' (Schönbg.). *Det Lând äs menj ze ijan* (Ebda.).

Säinj, Fijeltche klîn, wä tâ esi schîn,
Af't Jôr sąlt tâ menj îjä sen. SCHUSTER, 6.

Im Haferland (Obere Harbachgegend) heisst die förmliche Verlobung das ‚Eigenmachen' (FRONIUS, 70). In diesem Sinne wohl: »Ich bin in Kegenwarth gewesen, als die Beckin dem Stephano Balbierer das meydtlein vor e i g e n geben wolt« (1605, Ger.-Prot.). »darnach als es die freind mit rechten namen, zur selben Zeit ist's unterm freyem aldomasch zu e i g e n verkaufft worden« (1579). »und brauchens für e i g e n, haben es also für unsern augen verdunckelt, das mirs nie offenbar ist worden, bis in neuligen tagen« (1579). »also das es kein verpfändung solt sein, sondern für e i g e n s brauchen, so behalten wir dieselben auch itzt darbey« (1579). »das sie das landt e i g e n gemacht hetten« (1579). »Diesses Landt gibt Stephanus Bretz mir zu e i g e n, an einer gewissen Schuldt« (1684, Kbl. 4, 77). »wen jemand sein weingartten in 3 Jaren auflest vnd nicht arbeit, so mag in ein andrer zu e i g e n annehmen« (1581, Rechtsgesch. 2, 371). [ī ·j·.än. ⊥ ⌣]. Lautt. 119. mhd. eigen. DWB. 3, 91.

eigenhändig, îjenhängdich. [Geh. Spr.]. *E huad ed ijenhoinjdij ainjderschriwen* (Schönbg.). Besser mundartlich: *e hôd ed îjenhuonjdich gemącht* ‚die Schrift aufgesetzt' (Katzendf.); *mät senjer îjäner Hąnt.*

eigenmächtig, îjemächtich ‚selbstherrlich'. [Geh. Spr.). *Dî ąlt Hąnn* (Dorfrichter) *äs gor en ijemächtich [χ] Mensch* (Schönbg.).

eigenmündig. »Bey anfang der ersten Werbung hörete ich, dass J. den A. zu heyrathen keinen Unwillen hatte, worvon Sie aber den gefasset, weiss ich anders nichts, als dass Sie e ü g e n m ü n d i g gesagt, der A. sey unmannbahr« ‚mit eignem Mund' (1699, Cap. Cib.).

Eigennutz, Îjenatz m. Einer der am meisten gerügten Fehler der Volksseele. Besonders den Inhabern der Verwaltungsstellen wird er gern — und bei der früher oft sehr summarischen Rechnungslegung wohl nicht mit Unrecht — nachgesagt. *Dąt dît e (sôt e) nor ous Îjenatz. Cha dì, mät sengem däcken Îjenatz!*

eigennützig, îjenätzich. *ijeniätzich* (Katzendf.). *Wonn der Hąnn nor ned esu ijenätzich wêr.* (Schönbg.).

Eigenschaft, fehlt. ‚Schlechte Eigenschaft': *Terwen, Narâf. Dąd äs üst Gâdet, Lichtet (det Gât, Licht) un em.*

Eigensinn, Îjesänn m. meist in der Bedeutung ‚Starrköpfigkeit'. Syn. *Terren. Nor denj Ijesänn äs un ąllem Schûlt* (Schönbg.). Sprw. *Müt dem Îjesänn štîsst em nichen Terren* (Türme) *äm* (SCHUSTER, 234). *Teo Ijesänn!* ‚Trotzkopf' (Schönbg.). *Dì hôd en Îjesiänn wä en Biäffel (wä iär drâ,* Katzendf.).

eigentlich, îjentlich [Städt. Halbma.). Vielfach in der Kanzleisprache. 1. In der Bedeutung ‚genau', ‚Punkt für Punkt'. »Aus was wrsachen aber das czelen wnderlossen worden, ist mihr e i g e n t l i c h nicht bewust« (1599, Ger.-Prot.). »Weiss der citirte Zeuge, dass H. Johann mit seinem Eheweib grausam gehauset, geschlagen, an Ehren geschmähet, scharffen scheld- und fluchwort wider sie geredet, der Zeuge soll solche fluchreden e i g e n t l i c h anmelden« (1698, Cap. Cib.). »Auf das Jahr und den Tag kan mich so e i g e n t l i c h nicht besinnen, doch könnten etwa seit der Zeit 3 Jahr verflossen sein« (1774, Ebda.). »Da kam ein Teutscher, weiss aber e i g e n t l i c h nicht, wer er war, denn es schon was finster war« (1691, Ebda.).

»Ich hab des wagens Zahlung geben der Benedik Blase Titerin ich weiss nicht eigentlich fl. 7 oder siebenthalben« (1599, Ger.-Prot.). »Was aber der Schuelden austreiben anbelangt, möge er wöll gesagt und aufgenomen haben, solches zu thuen, aber mir es nicht eygentlich zu sinne ist« (1599, Ebda.). »Diess sein also die eigentlige fassiones der eigesteletten Zeugen« (1671, Cap. Bog.). — 2. Wie nhd. ‚in genauer Wirklichkeit' (im Gegensatz zur nur allgemeinen Annahme oder verallgemeinerten, übertragenen Bedeutung). *Îjentlich sîl ich derhîm bleiwen* [Städt. Halbma.]. »In dem heutigen Evangelio aber wird vns noch eygentlicher fürgebildet die gewallt des bösen feindts« (DAM. DÜRR, Hdschr. 466). Den Übergang bieten Wendungen wie: »und nimans weys eigentlig wo er izunt ist« (1567). »Den Mann aber hab ich eigentlich nicht gekennet; aber doch der Statur nach, wolte ich eher sagen, dass es der Steph. Rill gewesen, als dass er es nicht gewesen« (1754, Cap. Cib.). Echte Ma. *Wonn em't genâ nit. Bâ Lächt besân.*

Eigentum, Îjentum n. [Städt. Halbma. und Geh. Spr.]. *Ä menjem Ijentum huat mer nemest ze befielen* (Schönbg.). »Wer unnützlich und ohne dringende Noth durch die Früchte und das verbottene Eigenthumbs Graas reütet oder fähret, der soll den. 50 geben« (Gr.-Sch. 1720, Nachb.-Art., Kbl. 29, 158). Echte Ma.: *ijän* (eigen). *Em mess qf't Fremt bêsser sorje wâ qf't Oijan* (Agnetheln). Vgl. auch *Awâre.*

Eigenwillen, Îjewällen m. In der Bedeutung ‚Mutwille'. *Net bäs dianij esualjen Eijewallen!* ‚sei doch nicht ein solcher Mutwille!' (Rohrbach).

eigenwillig, † in der Bedeutung ‚böswillig'. »Dass sie vielmehr dasselbe in der Zeit ihrer langwierigen und eigenwilligen Abwesenheit von ihrem Manne begangen zu haben eingestanden« (1771, Cap. Cib.).

eignen, fehlt; s. *passen, sich gin, sich schäcken, sich štällen* oder vom Ding aus, zu dem sich einer eignet: *et git sij em;* ebenso negative Umschreibungen: *Der Gang sôl lîren* (studieren), *e štallt sich ned qlber* (Schönbg.).

Eile, El fem. [Vielfach mouilliert: e l'·l, Schönbg.]. *Än der Eijl hqdd ij et vergêssen* (Ebda.). *E hôd Elj* (Katzendf.). *Ich kainjd ed än der Eijl net fainjden* (Schönbg., Syn. *äm Nîdijen* sonst auch *äm Schnielen).* »auff das intimiert ich ihm, selbige in der Eil zu Eh zu nehmen, welcher mir auch versprach, gieng auch bald hin, und hatten auch Ringen zusammen gegeben« (1685, Cap. Cib.). Lautt. 88. mhd. île.

eilen, elen schw. [Das Wort ist im Aussterben. Dafür: *et drängt, äs nîdich*]. *Bleift nôch e wenich!* Antw. *Mer dungken, mer eijlen hîmen, de Getter* (Grossvieh) *kun* (Schönbg.).

Gott elt net,
Gott welt net,
Gott kit zâ seinjer Zekt
[Var. *E fäinjd ìnd awer denich*].
SCHUSTER, 207.

»offter hat der Salmen einbekandt, und in gegenwart meiner bath er die Meretrix, sie solte nur nicht eylen, er wolte sie in den Sünden nicht lassen, sondern sie nehmen« (1687, Cap. Cib.). ‚rasch gehn'. »und in solchem eilen felt sie in der thür mit allen flichten wider den thür stettell« (1609, Ger.-Prot.). ‚eilend' fehlt. Dafür: *nîdich.* »hat her in eylent geschickt ken mitvesch« (1528, Qu. Kr. 2, 107).

eilig, elich. [Städt. Halbma.]. Dafür: *nîdich. Ed äs mer nîdich; äm Nîdijen.*

Eimer, Îmer m., nösn. *Êmer* m. Dim. *ded Êmerchi* n. 1. ‚Eimer als Hohlmass für Flüssigkeiten, namentlich Wein'; noch gegenwärtig in Gebrauch. Von starken Trinkern lebt der Ruhm, dass sie einen ganzen *Îmer Weng* auf einem Sitz zu trinken vermochten. *En Îmer Weng* gilt als reichliche Gegengabe für Ständchen, Gratulation usw. Im *Hainôl:*

Neo hu mer och gesangen, gesange sôl
et seng,
Zweo Kleotschen och en Breoden, och en
Îmer Wenj. (Schönbg., Kbl. 14, 70).

Krästwirscht meng,
Uch en Îmer Weng,
Der Harr Voeter uch de Frq Motter
sql gesangt seng,
Dqt wid uch gât seng. (Neudf.)

Die Fässer werden nach dem Eimer-Gehalt bezeichnet: *En fqfzij Îmer Kof, en zwinzij Îmer Lêjeln.* Als spöttisches Mass für den Ertrag von Weingärten in der Hochzeitspredigt: Die Braut erhält als Mitgabe *Wäinjerd aw en Îmer, ouswändich der Huech* (SCHUSTER, 132. Sonst rechnet man *af zwie, drq Fass,* oder wenigstens *af zwinzich, treissich Batt vôl*). — 2. ‚Der Schöpfeimer am Zieh- oder Radbrunnen'. Rätsel vom Eimer. *Âser Niberan treppt der Ôrsch* (Katzendf.).

Et flecht äst iwer âse Brqnnen,
En hoed en zerlän (kleinweise ausgiessendes)
Oerschloech. (Draas).

— 3. Als ‚Wassereimer', am besten aus Leder, in früheren Zeiten ein unentbehrliches Gerät zum Feuerlöschen, deshalb zum eisernen Inventar der Nachbarschaften gehörig. (Vgl. Nachbarsch.-Art., Gr.-Sch., Kbl. 29, 157. *Bistritz*, Ebda., 14, 113). — 4. Der ‚Eimer' als grosses Hohlmass in Kindersprüchen.

Schnêkenhuiern,
Rèk de Hiären alle vǽr
Am en Îmer Bǽr!
Niet drängk en ellîn eus,
Giäf der gunzer Gemîn dreus
(Katzendf.).

Kist te wâten
[Var. *Kut mer wâten*]
Aw en Îmer Lâten.
Ech sǫ̂l schâpen,
Tea sǫ̂lt lâken,
Ech sǫ̂l mèssen,
Tea sǫ̂lt frèssen. Höhr,

Sprw. *Wier den Îmer huet, kǫ̂ schǽpen* (Schuster, 232). — Lautt. 120. mhd. eimber.

ein, în, nösn. *ê*. Das Wort wird flektiert: m. *în (ener), enes, enem, enen;* fem. *în, ener, ener, în;* n. *în (înt), enes, enem, în (înt).* In Jaad: m. *â, (êner),* fem. *ê,* n. *â (ânt).* Das *t* der neutralen flektierten Form ist überall der mittelfr. charakteristisch unverschobene Verschlusslaut, mhd. -ez. Kennzeichnend für die Ma. ist die aus den obliquen Kasus auch in dem Nom. m. (im Nösn. zumeist auch n.) vorgedrungene Kürzung des Stammvokals. Das Schluss-n der sog. unflektierten Form im Masc. und Neutr. wird in Süds. als Flexions-n behandelt: *în Appel, în Däsch, î Guerten, în Iwel, î Känjt,* aber fem. *în Ärbes, în Frǽ* (Vgl. Scheiner, Ma., 161). 1. Als Zahlwort. a) Reines Zahlwort. Im Zählen wird wie sonst das Neutr. *înt* verwendet, ebenso als Bezeichnung der Ziffer fem. *de Înt.* Beim Rechnen: *Zech na de Înd eruef! Zil nöch de Înt derzǫ̂!* (*Înser,* nösn. *Ênser* ‚Einser', nur als Bezeichnung der alten 1-Guldenbanknote österr. Währung und als Klassifikationsnote in Schulzeugnissen s. d.). Als Stundenbezeichnung: *Et schlît bǫ̂ld înt; halwer, e virtel aw înt; pungd înt.* Nösn. *nô enem* ‚nach ein Uhr'. *En Dǫ̂ch, Wôch, Jôr, Štangd äst dân, arbeden, wuerden,* ‚einen Tag (eine Woche, Stunde usw.) lang'. *Em dingkt, e kênt ned aw înt zielen* ‚stellt sich ungeschickt an'. *De Palokes äs qw înt, zwê fartich* (Semp, Bezu͏̈lt 26). *Î Lîd iäs niet der Warlt Lît* ‚um einen Menschen trauert nicht die ganze Welt' (Katzendf.). Sprw. *Alle fǫ̂f Jôr î Gôfjôr* (von Obst und Wein). *Alle neinj Jôr î Weinjjôr* Schuster, 153). »Der Hans Croner unterredet ihnen aber, und sagt, ihr müsset eins reden und nicht so mancherlei« (1599, Ger.-Prot.). »Dieses sagt er offt und zeittlich durcheinander. Da unterredet ihnen der Hannes Schuster und sagt, es könt nicht also bestehen, er solt eins reden, ob er den Freunden 45 gulden liesse und der Frawen die andere güter alle« (1599, Ger.-Prot.). Als Opposition (mhd. ich eine): *Ej int, ej êssen nichen Souermältch* (sagt eine Magd, Belleschdf.). In der Bedeutung ‚durchwegs'. *E äs în Muer* ‚ganz und gar mit Kot bedeckt'. *E wôr î Blât, (î Schwîss)* ‚ganz von Blut (Schweiss) übergossen'. *Enewiejen* (ein — Weg) ‚ohnehin' (Burzenl., Tartlau). *Mer hun enewèch nöch nichen Raiffaiseverîn* (Volksfr. Kal. 1899, 60). — Vgl. lux. ênewech ‚dennoch'. Köln. einigeweg ‚dennoch', ‚gleichwohl'.

b) Durch Formwörter verstärkt: *Mêr nor ener (înt)* ‚wenn auch nur ein einziger'. *Wo na mêr nor înt nô enem sêch! Ned ener (înt)* ‚keine Seele' (syn. *ned en Katz, ned e Foss). Ned înt sekt nö enem (kit hǽ zâ enem) wonn em krǫngk äs.* Verstärkt durch das verallgemeinernde *alt, äklich, ädrich: aldener, aldînt, äklij-, ädrijenes* ‚allerlei', ‚mancherlei'. *Wǫt huad er äm Groindschen* (Fl. N.) *ugebât?* Scherzhafte oder abweisende Antwort: *Âdrijenes (äklijenes,* Schönbg.). *Te kûst de Mächel Martz nin, diu äs âdrijenes* ‚dort ist Wohlhabenheit in allen Dingen zu finden' (Ebda.). Weitere Beispiele s. unter all (oben 1, 69) *ädrijenes* (oben 1, 55) und *äklich* (1, 63). — c) Selbständig im Neutr. zur Bezeichnung einer erst aus den näheren Umständen hinzuzudenkenden Satzergänzung. (Der Bedeutung nach im Acc. schon Übergang zum Pronomen). α) Nom. *Et blif mer ned înt,* (ein Gedanke, Funken Mut, Besinnung usw.) *wǽ ij et sǫ̂ch* (vor Schrecken, Verblüffung, Beschämung usw.). — β) Gen. (partitivus). *Mir kôchen nor enes* (nur einerlei Speise, nur ein Gericht, Schönbg.). Tadel über Verschwendung: *Dae kôchen näkest nor enes* (Ebda.). Rüge der Schwiegermutter: *Em kôcht nor enes* (Ebda.). *Dî riet* (redet), *dîd ängden nor enes.* (Vgl. *Mir sên ânen nor enes Uart* ‚nur einerlei Art der Frucht' Schönbg.). *Ech hu mät der Schwêjeran enes zem Pändel* ‚gleichen Stoff zum Frauenrock' (Ebda.). *Mai* (Marie), *broinj dese Mêtschern* (Mädchen) *af Schirzker, awer säch, dǫt te enes bekist* ‚aber Stoff von gleichem Muster' (Ebda.). — Erstarrt als Adverb. ‚in einem Zug'. *E lef enes bäs än de Wanjert* (Med.). Vgl. *enes Wiejes, enes Gôn* ‚eines Ganges', ‚ohne Aufenthalt'. *Ech geng enes Giun än't Moires* ‚ging in einem (ohne mich umzusehen) in die Molkerei' (Schönbg.). *Liske gungk enes Giun zer Gruiss* ‚geh', ohne dich aufzuhalten zur Grossmutter' (Ebda.). Vgl. lux. *êgângs* ‚sofort'. Els. eis Gangs. Köln. einesgangs ‚fortwährend'. — *enes (ens) sen* ‚eines Sinnes sein', ‚übereinkommen'. Syn. *înt sen. Dae Lichte sen ens mädenûnder* ‚Gauner verstehen sich untereinander gut' (Schönbg.). *Kîft er neo de Schoster-Hôf?* Antw. *Mer sen nôch ned ens mädenûnder* (Ebda.). *Se se sij ens drif worden, dat se* (Ebda.) Vgl. hess. âëñs ‚übereinstimmend', ‚übereingekommen' (Crez., 331). In der Kanzleisprache fälschlich als ‚eins' verhochdeutscht. »als ist meyn hausfraw agnetha mit yn eins worden am sant anna tag 1527 iar« (1545). »solches bauholtz halben (sollen sie) mit den frekern zuvor zu dingen und eins zu werden« (1581). »Sein schuldiger vnd Schuldherr / im Versetzen des pfandes / oder darnach dieses eins worden (E. L. R., 90). »Wir han vom h. Schulmeister geredet, und etlige Eltesten sein auch dessen eins« (1609, Cap. Cib.). »Wie der This Schuster und er der Thomas sollten eins werden umb die Ochsen« (1609, Ger.-Prot.). »Demnach wurden mir miteinander eins, das mir ihm solches Sigill schenkten« (1609, Ger.-Prot.). »Also ist die gemein mit einander eins worden, das man solches erb auf der Kantzell sollt verkündigen« (1609, Ger.-Prot.). Nhd. beeinflusst sodann: *Mer seng înts worden* ‚überein gekommen' *Segd er înts?* (Med.). — γ) Dat. *Än enem* ‚in einem (Zuge)'. *Gąng än enem!* ‚ohne Aufenthalt'.

Mer erren unt mer schwąngken
Än enem hin uch hier. Käst. 47.

Auch ins sächsische Hochdeutsch übertragen: »Der Baum trägt alle Jahr in Einem« ‚bringt jedes Jahr Frucht', ‚ohne Unterbrechung'. *Ängden* (immer) *än enem* ‚immer fort', ‚ohne Aufhören'. Im Rätsel von den Mühlrädern: *Et se vêr Mêt, zwô wêsche sij änjden än enem, zwô wêsche sich näckest* (Kbl. 23, 55). Gruss und Gegengruss auf dem Felde: *Sed er fleissich?* Antw. *Ängden än enem, wê gîd ed ech?* (Syn. scherzhaft: *wê är treissich.).* Gegenantw. *Uch mir plôgen es dij ängden. Angder enem* (unter einem) ‚zugleich', nösn. *ąnder enem. Gąngk angder enem uch zem Schoster* ‚bei diesem Gang'. *Zuel angder enem uch vir mech de Schagen.* Nösn. *Gig ąnder enem och duar! T gêd ąnder enem Uawâschn* (süds. *angder enem Uewieschen)* ‚es geht mit einem Mal (mit einer Unruhe, Arbeit) vorüber'. Etwas anders: »ubi sub ano, ut dicitur, vnter eins, consumptum est flor. 22« (1534, Qu. Kr. 2, 364). — δ) Acc. Als absolutes Objekt, dessen genauer Inhalt aus dem Zusammenhang entnommen werden muss. Zumeist n. »Item von der Weberin hab ich gehört, das sie sagt in der fast, das die Clara eines von ihr hett getrieben und in die bach verschafft« (1609, Ger.-Prot.). *Ich gin der înt* (sc. Schlag, Ohrfeige). *Ich gin der nor înt, dąt te dij iwerschlîst* (Schönbg.). *Bäs râch [χ], te bekist înt!* ‚sonst setzt's Hiebe'. Ebenso *înt versêtzen, versąlzen, wäschen. Aich zâi der ent eruaf (Bistritz). Ich plâtschn der ent (Bistritz). E wirt der înt* (auch *äst* ‚etwas') *hosten (môlen)* ‚es wird ihm nicht einfallen, deinen Wunsch zu erfüllen'. »Er hette in weder ein Handwerks schender, noch seine Fraw ein Cechzureisserin geheissen oder dergleichen eines, wie der Actor klagt« (1584). »Er wolle ihr eins geben, dass sie sich über dergleichen begehren wundern werde« (1766, Cap. Cib.). *Înt hąlden* ‚auf einem bestehn', ‚ein und dasselbe immer wieder sagen'. *Ta hältst ängden înt* ‚du kommst immer wieder mit demselben Einwand' (Hstdt.). Besonders bei prahlender, rühmender Erzählung. *Säch mir lachten, ąssen, drąngken, dąnzten, sąngen, lefen, krîschen înt!* ‚da haben wir einmal gut gelacht, gegessen usw.' (Eigentlich: ‚ein Besondres, Tüchtiges). Aus dem Nhd. sind Wendungen entlehnt wie: *Na, dier huet sich weder enen* (sc. Rausch) *ugehongen (gekûft).* Nösn. *Och [ʒ] ent nät sąl ich hîrn* ‚davon will ich nichts mehr hören'. Daraus eliptisch: *och [ʒ] ent!* ‚ja freilich!', ‚fällt mir gar nicht ein' (Kisch, W. u. W. 38). Ein Acc. steckt in der nösn. Wendung: *Ich gô ent duar* ‚direkt'. *Aw înt* ‚mit einem Mal', nösn. *ąw ent.* Hieher gehört auch *ängden înt,* nösn. *âne ent* ‚fortwährend', ‚in einem fort' (eigentlich ‚eins nach dem andern'). *Des Gange fletten* (pfeifen) *ängden înt* ‚ohne Aufhören'. *Em rew em* (rief ihm) *ängden înt.* Von körperlichen Funktionen: *E les ängden înt gôn. Et geng ängden înt vun em.* »nachdem aber die schulmeyster unter eins durch die gemein und pfarherr sollen aufgenomen werden« (1559). *Iwer în,* in der Wendung *iwer în kun* ‚überein kommen'. Noch als getrennt empfunden. *Se kąmen zelietzt denij iwer în.* ‚Vor allem', ‚auf jeden Fall': *Doär sôlt te iweroin(t) geon* ‚dahin sollst du auf jeden Fall (zum Besuch) gehen' (Agnetheln). *Hôld äm Sänn, dąt te mer iweroin dêr ene Lenengk broinjst* ‚halt im Gedächtnis, dass du mir unter allen Umständen einen solchen Bohrer bringst' (Ebda.). *Iverînt* ‚in einem', ‚noch' (Plattd. Kr. Ra.). — d) In der Verdopplung gilt *înt* adversativ (‚eines — das andre‘). *Et gîd ängden esi, înt wäll, înt wäll net. De jang Zaieschen* (das junge Ehepaar Zai) *verku sich net, înt zecht haiz* (links), *înt houz* (rechts). In der scherzhaften Witwenklage: *Ach teᵃ menj hârzer Siwenhemdijer, int* (sc. Hemd) *hôst te un, înd äs än der Trun* (Truhe), *nôch foᵃf sûl ich der mâchen* (H.-W. 150). — e) In Verbindung mit *ânder.* (Vgl. auch unter ‚ander‘ oben I, 110.) In der echten Ma. meist kopulativ. *Înd uch d'ânder, mät dem ândern, af't ânder, zem ândern.* Adversativ gilt *înt — înt* (s. oben). »Wie das Inculpati sein Mutter in dem Rathhauss gefangen lag, schickt uns der Inculpatus bei sie zu fragen, wo e i n e s das ander *(înt det ânder* ‚dies und jenes‘) wäre« (1615, Ger.-Prot.). *Înt kâm zem ândern (af't ânder). Înd äm'd ânder* ‚(unangenehme) Vergeltung‘, ‚Dienst um Dienst‘. Sprw. *Înd äm'd ânder, näst ämsonst. Înd uch d' ânder* ‚mancherlei‘. Frage beim Vorbeigehn: *Wat beriᵉt* (besprecht) *er ich?* Antw. *Na, mer riᵉden dij înd uch 'd ûnder* ‚dies und das‘, ‚mancherlei‘ (Schönbg.). *Mer riᵃten* (sprachen) *înd uch d' ûnder, en gewênden uch dôt* ‚und erwähnten dabei auch dessen‘ (Ebda.). *Diᵘ äs enes uch des ûndern* ‚dort ist eine reiche Wirtschaft, Geld, Vieh, Frucht genug‘ (Ebda.). Behäbig, protzige Gutmütigkeit: *Kut mir gin ich, mir hun enes uch des ûndern* ‚haben von allem genug‘ (Ebda.). *Înt mät dem ândern* ‚im Durchschnitt‘, ‚so wie die Dinge (beim Verkauf) eben in verschiedener Grösse und Güte sind‘. Z. B. beim Verkauf von Hühnchen *(Hengkeln)* verschiedener Grösse: *Wo Se se guᵉr* (alle) *nin, koste se înt mät dem ândern fâfzich Krezer.* »Weiss so viel zu sagen, dass in etlichen Stücken sie, in etlichen auch er zu beschuldigen ist, e i n s ist fast so wie das andere« (1691, Cap. Cib.). *Înt kâm zem ândern.* »Er der Hans gürtler verspielt e i n s zum andren« (1600, Ger.-Prot.). »Der Gürtler Knecht ist offtermahls zu mir khommen, so hab ich in gefraget, warumb das man in des Hans Gürtlers Haus liess arbeiten, weil der Hans Gürtler schon gestorben wer, antwort er ich soll e i n s zum andren verarbeiten« (1600, Ebda.). *Î Wîrt gâf ded ânder* (von einem Streit). *Wat goit mej ener uch der ender un?* (Gr.-Sch.). Nösn. *En mâᵉs ent vor d ânder hâln* ‚einen Unterschied zu machen wissen‘. »Also ists mit der Kleydung aufs hochst bey ynenn gestiegenn. Da will ein itzlicher betler Sammat, Fuchsenn schawbenn, krumm Madernn hütt vnd granat tragenn. Mann kent die leut schier nicht mehr e y n e n n für denn andernn für der prechtiger Kleydung, ist der Mann ein handwerker aber ein kaufherr, ist die fraw ein bürgerin, aber ein Schusterinn« (DAM. DÜRR).

f) In Verbindung mit andern Zahlwörtern drückt *en* das ‚Beiläufige‘, ‚Unbestimmte‘ der Zahlangabe aus. *En zwîn* ‚ungefähr zwei‘, ‚zwei oder drei‘. *Gäm mer en zwîn Æpel! Et wôren en treissich Mängtschen dô* ‚beiläufig dreissig‘. Nösn. *än virzich Mêtcher. An zâ, an traᵉssich (Jaad,* FRÜHM, 34). Auch in Verbindung mit unbestimmten Zahlwörtern *enwevel* (*ein-wie viele), nösn. *änwabel (Wallendf.)* ‚einige‘. *Gäf mer enwevel Krezer! Schmeᵉis enwevel Špên än't Feier. Wevel Giᵉlt huᵉst te nôch?* Antw. *Na, enwevel Siᵉsercher* ‚nur noch einige Zehnkreuzerstücke‘. *Dâ mer änwabel Pinesch* (Kartoffeln) *än det Taisterchi* (lederne Seitentasche, *Wallendf.). Än atlign* [ᴅ] ‚etliche‘ *(Bistr.).* Ähnlich verwendet auch: *enpuᵉr* (ein-Paar) ‚einige‘. *Hæ huᵉst t' enpuᵉr Krezer! Gäw em enpuᵉr hängder de Îren* (deutlich unterschieden von *e Puᵉr* ‚ein Paar‘ d. h. ‚je zwei‘, *e Puᵉr Schagen, Îssen* usw.). Das durchgängig erhaltene Schluss-*n* (nicht nur wie sonst vor Vokal, *h* und Dental) deutet in allen diesen Beispielen darauf, dass nicht der Nom.-Sing. sondern eine ursprünglich vokalisch gedeckte Form hier zugrunde liegt. (Eine Art Nom.-Plur. vgl. nhd. einige zwanzig oder eine Femininform, wobei etwa an ‚Zahl‘, ‚Menge‘ gedacht ist?) Vgl. moselfr. eᴅ tsvelef ‚ungefähr zwölf‘ (FRÜHM, 35). Fränkisch-henneberg. und im allgemeinen zur Frage s. FROMM. 2, 353. — Anders in folgenden Beispielen, in denen das süds. Auslautgesetz eingehalten wird, ohne dass dabei etwa an Zusammensetzung mit *al* (all-) gedacht zu werden braucht. *Ewenich* ‚ziemlich wenig‘, ‚klein wenig‘ nur adverbial gebraucht. *Dâd äs wenich,* aber: *dâd äs ewenich vil Giᵉlt, ewenich ze vil verlângt. Wuᵉrd ewenich! Kamm ewenich hiᵉr!* »bis erst jetz haben wir alle e w e n i g ein stercker herz entpfangen« (1545). *Eselen* (◡ ◡́ ◡), nösn. *esutchen* (ein solches). *Eselen Æpel hun ich meng Duᵉch net gesæn* ‚so grosse, schöne, vollkommene Äpfel‘. *Eselen Frêchhîd äs mer nôch net vîrkun. Bâtschu, ensenjen Hîschet hun ij all menj Duᵃch nemmi gesaᵉn* (Zw. Krez. 2). — (ein welches). »Darauf wird ihr geantwortet, es würde ihm Befehl gegeben werden, auch darinnen Maas und Ordnung zu halten, e i n welches ihm auch anbefohlen worden« (1793, Cap. Cib.). — *Esevelt, esevelter,* nösn. *esubel* (◡ ◡́ ◡ so viel). *Net mâch esevelt Štûf. Nemî kreiᵉsch esefelt! E mōcht mat der Hônd en Zîchen, dod esovelt hîsst: lass mij a Rau* (Burzenl. Volksfr. Kal. 1900, 78). *Et sen* *esevelter Äpel eruegefallen. Na esevelt!* (Gemässigter) Ausruf der ärgerlichen Überraschung (wenn man z. B. ein Geschirr fallen lässt oder sonst eine Ungeschicklichkeit begeht). *Ich hun em't dij eseveltmöl gesôt, e hîrt net.* — *Esi* (‚*ein-so‘), *esi äst* ‚so etwas‘, *esi ener* ‚so einer‘. *Ed äs esi, ned ǫndersch. Esi?!* Frage der Verwunderung: *Na esi! Te wält noch läjen?* Als Beendigung einer Gedankenreihe: *Ai esi!* ‚schon gut‘. Gespräch zweier Wortkargen (Verlegenheitspause): *Ai esi, Härr Kašpâri!* Antw. *Ai esi, Härr Ridêli* (Med.). Auch als Andeutung, dass man mit dem Besuch, Gespräch fertig zu sein wünscht: *Cha esi (ai esi, Härr Gevatter), mer wälle jo nôch sæn.* Attributiv: *Esi ener wäll înt nôch veršpôten!* Ärgerliches Staunen: *Na, esi äst! Na sǫl em esi äst erliewen!* Sprw. *Kist te mer esu, se kun ich der esu* (Kronst.). *Ei ja woll, et vergoit schuin och esu, nor mes em mäd esuäst gor anjem Eocht [χ] gin* (Dä Ôld., 46). Scherzhafte Aufforderung zur Unterhaltung in der Spinnstube: *Erzeêlt na, mêr äs ed uch ned esui* (Gr.-Sch.). Gern zur Verstärkung des Gefühlstons verwendet. *Ed äs mer esi grǭm (lît, licht). Ed äs mer esi, ich kǭn ed uch net sôn.* Stehende Reden werden gern mit *esi* begonnen und geschlossen. Anrede der in die Bruderschaft eintretenden jungen ‚Knechte‘: *Esi sienj mer befiur ausem leawen Härrgeaut schaldich ze däungken esi vil sienj mienj Wiurt* (Bekokten). Einladung der *Bidderkniecht* zur Hochzeit: *Asi se mir uch eusgeschackt worde vun den îrbere Männern, den Hochzetvâtern* etc. (Hammersdf.). [əsi ◡◡́, dagegen alsi ◡́◡ ‚also‘]. — Eifl. esu. — g) In der Bedeutung: ‚einerlei‘, ‚gleich‘. *De Ruess sen înt mäd enǭnder* ‚gehn, ziehn gleichmässig‘ (Binder, Coll.). »Sie hat es oft gegen mich gesagt: Wenn sie den Teufel leibhaftig sehe, oder den garstigen Czigainer-Schattert nemlich ihren Mann, so wäre es ihr e i n s« (1759, Oberebeger.). Verstärkt. *Alles înt. Ed äs mer alles înt* ‚gleich viel‘, ‚ohne Belang ob so oder so‘. Ärgerlich: *ed äs mer na alles înt (kǭ mer na alles înt sen)* ‚ich habe jetzt alles Interesse daran verloren‘, ‚macht jetzt wie ihr wollt‘. *Ed äs mer ned ǫllesînt, wǫt de Leijt riaden* (Schönbg.). *Ängden înt. Tâ sängst enem uch ängden înd uch det sälf.* Vom *bîsen Hanz:*

> *Doch, wänn e de Lætx sûl sôn,*
> *Ängden î Getrackes.* Käst., 49.

Als Bezeichnung gleicher Art, gleichen Bemühens usw. (s. Fromm. 6, 174). *Ed äs în Deiwel. Feddel enes Hûlz* (◡́◡◡́◡◡́) ‚aus gleichem Holz geschnitzt‘, ‚gleich (wenig) wert‘. *Niuber äs der Kniacht bêsser wae der zegiurich* (wie der vorjährige)? Antw. *Ed äs Feddel enes Hulz* (Schönbg.). *Ed äs enes Gehabbel* ‚sie sind von gleichem Gelichter, eines so minderwertig wie das andre‘ (Ebda.). *Se sen ous enem Dîch (ous enem Lîm). Se xæn un enem Štrǫngk* ‚halten zusammen‘. *Se blôsen än î Lôch.*

2. Als Pronomen: a) Den Übergang bilden Verwendungen in der Bed. ‚irgendeiner‘. *Gôd înt, unt brängt Wasser* (unbestimmt, Mann, Weib, oder Kind), dagegen: *gôd ener!* (nur auf Männer bezogen). *Ded äs na weder înt!* (ein unerwarteter Schrecken, unangenehmes Erlebnis, usw.). *Nǫ, dôd äs înt!* ‚merkwürdige, unpassende Zumutung‘ (Schönbg.). *Nǫ, det wôr înt!* (nach einer schweren Arbeit, Sorge usw. Ebda.). *Na, dǭt wêr înt!* ‚das wäre eine (unangenehme) Überraschung‘! *Säch, dǭt wêr înt!* ‚(angenehme) Überraschung‘. — b) Im partitiven Verhältnis wird ‚ein‘ nachgestellt. *Dier în, dier ener* ‚einer von denen‘. Besonders zu beachten: *Menger în, senger în Bräder (Kängt, Ruess).* »Damit mir aber kommen auff diss Evangelium, dasselbig ist mit der allerschönesten e i n s und verfasset vberdiemassen trefflich Artikell in sich« (Dam. Dürr, Hdschr. 1101). »aber er wisse nicht recht, hab ers vom Piter oder von seinen widersachern e i n e m gehört« (1566). »Es hat auch der Erben e y n e r Petrus Wagner solch Erb fürmals für ettligen Jaren angefangen und teurer verkaufft, denn es zuvor geben war« (1579). »Im ernden haben wir holtz gemacht im Wald wie ich derowegen einsmals mit meiner mittgeseln e i n e m Michaele Schebb aus dem Wald heimgehen wolt« (1598, Ger.-Prot.). »Ich hab die Ungrische Post geführet bis kegen Holtzmengen, und gesehen, das sie dem Jacob Theisen ein Ross namen und sagten es wer der e i n e m« (1600, Ger.-Prot.). — Ebenso auch: »weil es gegen seiner e i n e n nachbar unbefriedt ist« (1575). Zur Bezeichnung der Qualität: *dier ener, dier înt. Kîf mer dierîn Pip!* ‚eine solche Tabakpfeife‘; *ener* ‚einer von besonderem Schlag‘, je nach dem Zusammenhang und dem begleitenden Gebärden rühmend oder tadelnd. Rühmend: *Säch, dǭd äs ener!* [zä·χdǭ·dä·z·.enr. ◡́◡◡́◡́◡] ‚schau, das ist ein Prachtkerl, ein Held!‘. Kakophemisch: *Dǭd äs uch esi ener* [dǭ·däz·u·ʒ·.əzi·e.nr. ◡́◡◡́◡◡́◡◡] ‚auch so ein nicht recht verlässlicher Gesell, dunkler Ehrenmann‘, ‚einer von der Sorte‘. Nösn. *'t äs och (diär) ener.* Halb bewundernd, halb rügend: *Dǭd äs gor ener* [dǭ·dä·sgor·.enr. ◡◡́◡́◡]

‚der ist ein Schlauer, Geriebener'. *Dê (dât) dô äs uch dier în (dier înt)* ‚eine solche leichtfertige Person', ‚eine Dirne'.

Nana hun ij înt (ein solches Liebchen) *bekun,*
Dât huot giel Sed uch Ziren drun.
Înt mät hîsche bronjen Opern,
Ai wor koun et sij u mich xopern,
Nana hun ich înte weder,
Dâd äs gor e schatzich Läder.
SCHUSTER, 107.

— c) Vertritt das allgem. Pron. ‚man'. In Verwendung steht das Masc. *ener* und Neutr. *înt*. Letzteres ist echt mundartlich, während das Masc. nhd. beeinflusst aus dem obliquen Kasus rekonstruiert erscheint. (Syn. *em* s. d.). *Wat sâl înt dô dân.* »Stellt sich e i n e r nicht ein auf die Zeit, so der Altknecht bestimmt« (1727, Bruderschafts-Art.). »das e y n e r nicht weiss, soll man das angesicht vorn, aber ym nacken suchen« (DAM. DÜRR, Hdschr. 617). *Wad em dem Lânt dît, dîd ed enem weder. Dî kân enem lît dân. Ned en Hangt kämmert sij äm înt, frôcht (sekt) nô enem. Wol geot dingkt înt dôt* (Zw. Krez., 8). *Los înt doch ä Râ!* Verallgemeinernd für *loss mij ä Râ.* (Das zweite geht nur auf eine zufällige, einmalige, das erste auf eine oftmalige Störung). *Hê schännd* (schindet) *em înt gehîrich* ‚wird man gehörig gerupft'. *E sekt, wê won e înt friesse wîl* ‚sieht finster drein'. *Ed äs, dad et înt räckt* (vor Zorn). [*enen* ist städt. Halbma.].

3. Als Artikel. Flexion: m. *en (e) es em en,* fem. *en er er en,* n. *en (e) es em en (e).* a) Beispiele für Verwendung des Artikels, wo er im Nhd. fehlt. *E huet se en Wettfrê genun* ‚als Witwe'. »dass er nach solchem seinem gefengnuss ist in e i n krankheit gefallen und darinnen gestorben ist« (1565). »Nachdem aber des Kinds Mutter gestorben sei, hoben sie e i n einreth gethan« (1568). »Da sagt Stephan in e i m Zorn« (1580). »Item so iemandt in e i n e m Zorren auff den Tisch schlagen würde« (16. Jahrh. Nachbarsch.-Art., Kbl. 29, 102). »und in als e i n Übeltheter in eisen hette lassen schmiden« (1565). — b) In Titulaturen: »Artikel E i n e r Ehrlichen Rätscher Bruderschaft. 1747« (Kbl. 6, 113). Gegenwärtig: »E i n e s hochlöblichen Landeskonsistoriums ergebenster usw.«. — Lautt. 120. mhd. ein.

ein, än (vor Vokal, *h* und Dental), sonst *ä,* nösn. *än.* Adv. ‚hinein'. I. Selbständig nur in der Wendung *ous uch än. E wasst* (wusste) *ned ous uch än.* Sonst ersetzt durch die Zusammensetzung *änen* (einhin). An das Richtungsziel angehängt in *berjän* (⌣⌣) ‚berg-ein', ‚abwärts', mit Ortsadv. verbunden *erän* ‚herein', ‚hinein' s. *änen* (ein-hin). — II. In Zusammensetzung. A. Verbalzusammensetzungen. (Die allgem. Beziehungen s. unter ab-, an-, auf-, aus-, durch-). Es liegen dieselben Verhältnisse bezüglich Wortstellung und Akzent vor: *E hued et ned ä wälle geštôn. Ed äs gât, dat e'd än huet geštânden.* Von *än-* unterscheiden sich die Zusammensetzungen *änen-* (einhin-) durch Verstärkung des Richtungszieles nach innen und durch noch losere Verbindung (eigentlich nur Zusammenrückung). a) Das zweite Kompositionsglied ist ein Verbum der Bewegung oder einer besonderen Tätigkeit, die durch *än* die Richtung nach innen erhält. α) Die Vorstellung des Sammelns (aus der Zerstreuung) und Festlegens in einen geschlossenen, gedeckten Raum (aus einem freien, offenen Zustand) wiegt vor. Subjekt und eigentliches Objekt sind vom Zielobjekt unterschieden. Die Verstärkung dieser Vorstellung bietet *äne[n]-,* Verdeutlichung wird durch Präpositionalverbindung mit *än* (in) bewirkt. αα) Intrans. *dummeln,* -nicken, *-noppen* -schlafen, -sitzen 2, — ββ) Trans. -ackern, -äschern, -bedingen, *-bedmen,* -bilden, -binden, *-bîssnen, -brâsseln,* -braten, -bräuen, *-breddeln,* -brocken, (-brühen 1), *-buckeln, -buddern,* -decken, -dehnen, -dienen, -dingen, -drehn, -eggen, -fädeln, (-fädemen), (-fahen), -fassen, -freundschaften, -friedigen, -führen, -graben, -halten, -händigen, -kaufen 3, -klagen, -kleiden, -klopfen, -kneten, -knüpfen, -legen, -lösen, -machen, -mengen, -mummeln, -nähen, -nehmen 1 d), -plätschen, -rechnen, -regnen, -reihen, -rühren, -rütteln, -sacken, -säen, -salzen, -sauen, -schanzen, -schätzen, -schmieren, -schuhen, -schütteln, -schütten 2, -schweinzen, -segnen, -seligen, -setzen, -stechen, -stecken, -streuen, -stricken, -tragen, -treiben, -tun 2, -tunken, -weichen, -wickeln, -wühlen, -ziehn 1, -zäunen. β) Die Bewegung zielt auf das Innere des Subjektes (Intrans.) oder des Objektes (Trans.) selbst. Das Verbum erhält dadurch zumeist die Bed. ‚in sich zurückziehn', ‚geringer werden oder machen'. — αα) Intrans. -braten 1, -brechen 1, *-drejen,* -fallen 1 a), -gefrieren, -gehn 1, -kochen, -reissen 1, *-rîpeln,* -rumpeln, -ziehn 2. — ββ) Trans. -ackern 2, (-brühen 2), -büssen, -fallen 2, -mähen, -messen, -nähen, -reissen, -schlagen 2 a), -stossen, -wägen, -zählen. — γ) *än* wird allgem. Richtungsbezeichnung, wobei der Gegensatz von aussen gegen innen vorwiegt. — αα) Intr. -fallen 1 b, -fliessen, -heilen, -kommen, -laufen, -rücken,

-schiessen 1, -schlagen 1, -stehn. — ββ) Trans. -atmen, -backen, -bäumen, -bitten, -blasen, -brechen 2, -bringen, -dämmen, -finden, -flechten, -flicken, -flössen, -fressen, -füllen, -geben, -grüssen, -hauen, -heizen, -henken, -herbergen, -kaufen 1, -kehren, -kerben, -lassen, -läuten, -leiten, -nehmen, -nisteln, -predigen, -räumen, -schaffen, -schenken, -schiessen 2, -schlagen 2 b) c), *-schlîwern,* -schneiden 1, -schöpfen, -stellen, -tun 1, -werfen. — B. Bemerkenswerte Substantiv- und Adjektivzusammensetzungen. a) (-brühe), -falt, -gebindsel, *-gebrôksel,* (-gefieder), *-geklôpsel, -gekôchzel,* -gemachtes, *-gescherelzel,* -(gesacksel), -gruss, -schlag, -tage, -trag. — b) -dächtig.

einackern, änackern schw. 1. *Det Gekruotch* (Unkraut) *iänackern* (Katzendf.) — 2. *Det Štäck (Lânt) änackern,* in das (fremde) Ackerstück hineinackern und dadurch ein Stück abpflügen'. *E huet mer det Štäck ägeackert.* Geläufiger: *e huet mer än't Štäck änegeackert.* Besser: *uewackern* (ab-, s. d.). Und noch geläufiger und noch entsprechender dem Begriff des Abwendigmachens (Stehlens): *ue(f)ackern.*

einander, enânder nösn. *enânder, enûnder.* 1. Fehlt als Verschmelzung des Subj. mit dem obliquen Kasus in der echten Ma. Dafür getrennt *ener dem (den) ândern, înt ded ânder. Diu* (dort) *frässt înt ded ûnder* (Katzendf.). Zu Kindern: *Gid ich înt dem ândern înich de Hängtcher* ‚gebt einander die Hände'. — 2. Geläufiger in Präpositionalverbindungen, doch auch hier zieht die echte Ma. die richtig konstruierte Verbindung vor. *Bæenânder (înt bæm ândern). Na sed er bæenânder* ‚in guter Verfassung', aber: *Ed äs înt bæ'm ândern* ‚alles zusammen, parat'. »Wie der Mechell Weber und sein Frau von einander waren gewesen und wiederumb bey einander komen« (1609, Ger.-Prot.). *Durjenânder. Wat rietst te dô durjenânder* ‚was für verworrenes, unverständliches Zeug bringst du da vor'. *Längstenânder* ‚nebeneinander'. *Der Saimen* (Simon) *uch seng Fræ gô längst enânder (înt längst dem ândern) verbæ, wæ wo se sich net kênten. Mädenânder. Dæ liewe gewäss net lâng mädenânder (înt mät dem ândern)* ‚diese Ehe wird gewiss nicht lange dauern'. *Er sed ânätz Kärl* (Kerle) *alle mädenânder* ‚ohne Ausnahme'. *Wô hu mer de Schweng mäd enânder gehæt?* ‚oho, ich bin nicht deinesgleichen'. *Nôenânder. Nem der nor nôenânder (înt nôm ândern). Ousenânder. Na de jang Zaieschen* (das junge Ehepaar Zai) *se schîn ousenânder* ‚leben nicht mehr zusammen'. *Vunenânder. Dæ zwie lossen net vun enânder (înt vum ândern).*

De Sann schengt gedrangen,
Mäd ärem klôre Scheng,
Se schengt de Lefker zesummen,
Dæ färr vun enânder sen. Schuster, 4!.

einäschern, änieschern schw. 1. [Geh. Spr.] ‚in Asche legen'. *Wonn der Waint gegongc wêr, hâd et de gûnx Gemîn ägeëschert* (Schönbg.). »Durch dich ist auss gemein eingeaschert worden« (1664, Ger.-Prot.). Echte Ma.: vgl. *än Iesch bestôn.* — 2. Term. techn. ‚in Asche legen', ‚mit Asche versetzen' (Garn, Leder). *Mer siellen det Gôren iänêschern* (Katzendf. Das frisch gesponnene Garn wird vor dem Weben *iägeêschert,* sodann gewaschen). Vgl. *bechen* (bauchen). Weitere Beispiele, sowie das scherzhafte Einäschern der Mägde am Aschermittwoch s. unter *ieschern* (äschern) oben 1, 208.

einatmen, änêdmen schw. Neu gebildet als mundartliche Entsprechung für ‚inhalieren'. *De mqesst Gqlem* (Dampf) *iänêdemen* (gegen Heiserkeit. Katzendf.). *Der Dokter huat mer än em Flêschken zem änêdme gegin* (Schönbg.).

einäugig, fehlt s. *schiel* (scheel).

Einback, Îback m. [Städt. Halbma. (gebildet im Gegensatz zu *Zwiback*)], ein feines Milchbrot, an Festtagen in den Städten zum Kaffee gegessen. *Îback zem Kaffê* (◡ ⊥). *Îback uch Šträtzel* (Christine Schuster, 488). Die echte Ma. kennt dafür *Klôtsch, Šträtzel, Hqngklich.*

einbacken, äbacken st. *Et wid em nôch iäbacken* ‚es wird ihm übel bekommen' (Katzendorf).

einbäumen, nösn. **änbêmen** schw. ‚Das Garn um den Webebaum winden'. Vgl. *afbîmen* (auf-). *ämbîmen* (um-).

einbedingen, äbedängen st. ‚in einem Vertrag einen bestimmten Anspruch usw. festlegen'. *Te messt dôd äbedoinjen, dqt der Miurer* (Maurer) *de Hûntlonger git* (Schönbg.). *Der Kniacht* [χ] *huat sij e Färken äbedqngen* ‚hat ausser seinem Lohn noch den Anspruch auf ein Ferkel sich ausbedungen' (Ebda.).

—, äbedmen schw. ‚etwas in ein Fass dadurch fest einschliessen, dass man den (sonst offnen) Boden des Fasses fest einfügt'. *De Kampest äbedmen; ägebedemt Kampest.* (Saueres Kraut wird in ein kleines Fass fest eingeschlossen und bis zum Sommer aufbewahrt). Übertragen auf einen geschlossenen Raum. *Dæ se wæ ägebedemt* ‚viele Leute, dicht gedrängt in einem Raum', ‚eingepfercht'. *Mqch de Fenster* (fem.) *af, ed äs hæ esi en ägebedemt Laft* (dumpfe, eingetane Luft). — s. d. Simplex und *afbedmen* (auf-).

einbeißen, äbeissen st. Übertragen: *Dî mąess dor iäbeissen* (in eine unangenehme Sache, in eine Heirat. Katzendf.). *De Kommunitêt wäll ned äbeissen mät de 50 Gälden*, will auf die Zahlung der 50 Gulden nicht eingehen' (Rohrbach).

einbeizen, fehlt. s. *äpâtzen*. Doch s. das Simplex *bîssen* und das Subst. *Bîss*.

einbekennen, äbekennen schw., nösn. *änbekänn*. Term. techn. der Gerichtssprache. *E hued äbekąnt* ,hat (seine Schuld) eingestanden'. Sodann auch ,zugestehen', ,aussagen', besonders: ,Steuern einbekennen'. »Solche Personen / so ausserhalb der marter / mit eigenem mund / jre laster vnd missethat einbekant haben« (E. L. R., 42). »Dann wer im rechten selbst einbekent / wird als ein selbst verurtheilter Mensch gerechnet« (E. L. R., 38). »Der Thiess Hoetsch hatt mit eigenem Mund mir's einbekant, das der M. Lock ihme abkauffett hett etc.« (1599, Ger.-Prot.). »Item hat der Plotner laut eigener Stimm fur uns oftmals einbekant, das dieser Man sein nechster freund sei« (1598, Ger.-Prot.).

Einbekenntnis, n. »(Die Folter soll nicht angewendet werden) es sey dann der beklagte der missethat also verdacht / das allein nur sein eygen einbekentůs gebreche« (E. L. R., 160). In der Bedeutung ,Aussage': »Spůren die Richter falschheit vnd betrug inn der zeugen einbekåntnůs / sie mŏgen die falsche zeugen straffen« (E. L. R., 22).

einberichten, äberichten schw. [Geh. Spr.]. Term. techn. der Verwaltung, ,einen amtlichen Bericht an die höhere Behörde abstatten'. *Der Schreiwer* (Gemeindenotär) *sôl neo äberichten, wot hae geschaet äs* (Schönbg.).

einberufen, äberofen st. In der Wendung: *Em huet na de Regrutten (de Reservisten) äberofen.*

einbetteln, † »(Wie Konig Geysa die Sachsen für ihre Mithilfe mit dem Freitum begabt und Bela IV. dieses bestätigt hat) zu wissen wär hoch von nöten, befür (vor allem) allen Ambtleuten und sonderlich zu dieser Zeit wider den grossen Undank der Unger, so uns schier für eingebettelte Gäste halten« (d. h. für Fremdlinge, die als Bettler ins Land gekommen sind. 1610 Liber annalium des Michael Veyss Qu. Kr. 5, 214). »Die Fr. Pfarrerin habe zum Prediger gesagt: Er hätte sich in sein Ampt eingebettelt« (1709, Cap. Cib.). fränk. henneberg. eibetteln ,einschmeicheln'.

einbeugen, äbîjen schw. [Geh. Spr.]. Trans. *En Sûm* (bei einem Kleide) *äbîjen*. Echte Ma. s. *übrêchen* (-brechen).

einbewilligen, † »Das verlŏbnůs oder verspruch auff kůnfftige Heirat / kan ohn bemelter Personen (Eltern und Vormund) einbewilligen / von rechts wegen nicht bestehen« (E. L. R., 53).

einbezeugen, äbezejen schw., nösn. *änbezaign* schw. [Geh. Spr. Term. techn. der Rechtssprache]. *Äst äbezejen* ,dafür selbst Zeugnis ablegen', ,(vor Gericht) bezeugen'.

einbeziehn, äbezân st. [Geh. Spr.]. *Heost te dod ąlles äbezugen äm Bræf?* ,Hast du alles im Brief berührt?' (Gr.-Sch.). *Dod äs ąllend äbezugen* (bei Teilungen, Steuer usw., Ebda.). *Der Fąrr heod ed än der Prädij äbezugen* (Ebda.).

einbiegen, äbîjen schw. [Geh. Spr.]. 1. Intr. ,die Wegrichtung ändern'. *Dâ e bäs vuir de Leokes kąm, bîcht e än det Gêssken ännen* (Agnetheln). *Bæ der lągnker Bräck messt te af de riecht Hąnd äbîjen*. Echte Ma. *zirk af de riecht Hąnt; mąch haitz (houtz)*. — 2. Trans. ,ein Papier einbiegen' s. *äbrêchen* (-brechen).

einbilden, äbelden schw. Trans. 1. † ,einem Bild Gestalt geben', ,einen Gedanken einprägen'. »Item das sie (die Prediger) nit ausslassen die höchste vnd nötigiste gebot Gottes, vnd dem volck so streng einbilden alles was ihn wol gefelt« (Hont., 67). ». . so war meister hemmerlein (der Versucher) auch schon vorhanden mit anfechtungen, der bildet dem armen Mann einen gedanken nach dem andern ein, biss er im leidt gedacht« (Dam. Dürr, Kbl. 6, 126). — 2. ,sich ein Bild von etwas machen', ,in Gedanken vorstellen'. *Wî äs dąt?* Antw. *Nq, kąn ich mer'd äbelden?* ,keine Ahnung'. *Fichen: Driu wot kainjd et sen? Nikes Kemm* (kann) *ech mer't neq äbielden, wod ed iäs* ,weiss ichs?' (Zw. Krez. 19). *Ech kû mer't nemmi äbelden, wae e hîsst* ,kann mich auf seinen Namen nicht besinnen' (Schönbg.). *Siu mer, wae fêt dôt Lîtschen un?* Antw. *Na, kûn ich mer't neo äbelden?* ,zum Kuckuck, jetzt fällt es mir unmöglich ein' (Ebda.). *Ich hæt mer î den Dîd ägebelt* ,hätte mir eher den Tod vorgestellt, (d. h. das Gehörte, Gesehene erschien mir ganz unglaublich). *Âs Oinjx* (Andreas) *kid esu long ned ius der Mil, ich belde mer Gedungken än* ,ich fange an, mir Sorgen zu machen' (Schönbg.). »Ob inquisit keinen Verdacht gehabt, dass es gestohlene Pferde? negat; weil es Sächsische Knechte gewesen, und sein Nachbahr gesagt, Er habe mit dem Hannes im Macker-Post-Haus gedienet daher habe er sich dergleichen nicht einbilden mögen« (1752, Cap. Cib.). »Sie könne sich nicht einbilden, dass Steinhauser eines natürlichen Todes gestorben«

(1725, Cap. Cib.). »(Beklagter, der seine Frau geschlagen hatte, dass sie schwarze Strämen hatte) könne sich aber nicht einbilden, dass sie von den solte sein gestorben« (1728, SALZER, Birth. 128). »Er könne sichs nicht einbilden, dass Er seine Fr. Sara nicht sollte gesehen haben« (1763, Cap. Cib.). — 3. ‚sich eine falsche (trügerische) Vorstellung machen‘. Den Übergang bilden Wendungen wie: *Et* (ein Mädchen) *sôl sich ned äbelden, âs Martx sîl et nin, î giun ich alle Štîn ius dem Flaster eriûs* ‚soll sich nicht in den Kopf setzen‘, aber auch ‚soll sich nicht der trügerischen Hoffnung hingeben‘ (Schönbg.). *Nor net belt der än, ich sîl der hälfen, môch der't* (Ebda.). *Nor net belt der dôd än* ‚glaube nur nicht, dass du das erreichst‘ (Ebda.). »*Oinjx: Doi wit mer nôch oist de rècht Hemd* (Hand) *ä mener Wirtscheft warden. Lis: Dąt nemmel* (nicht einmal) *bielt der iän! Säch en nor un — sejt doi aus wæ e saksesch Gebauer*« (Dä Ôlden, 36). *E bielt sij iäst iän, e hôt sich nuor iäst iägebielt* (Katzendf.). — 4. ‚den Stolz auf (wirkliche oder vermeintliche) Vorzüge zur Schau tragen‘. Syn. *patzich. E belt sij en Patzen af sij än* ‚bildet sich etwas Besonderes ein, überschätzt sich‘. *Te huast det esu hîsch* (hübsch) *gemôcht, te kúst der äst draw äbelden* (Schönbg.). Auch ironisch: *Na, te kąst der äst draw äbelden* ‚da hast du keine Ursache darauf stolz zu sein‘. *Dî äs gor ägebelt, dî Mentsch* (Ebda.). *Ed äs en ägebelt Grąl* ‚Geck‘. — DWB. 3, 149.

(**einbilderisch**), **äbelderesch.** *Ed äs gor en abelderesch Schaujssel* ‚eine eingebildete Frau‘ (Marienbg. i. B.). *Dôd äs en äbelderesch Vûlk* ‚stolze Leute‘ (Gr.-Sch.).

Einbildung, Äbeldungk fem. 1. ‚(irrtümliche, falsche) Vorstellungen, Gedanken‘ (s. einbilden 2 und 3). *Dea hôs der ze vil 'Äbeldenge gemącht* ‚(unnötige) Gedanken, Sorgen‘ (Katzendf.). »es darff sich ein anderer die Einbildung nicht machen, dass er vor ihm in unseren Stuhl solte promovirt werden« (1698, Cap. Cib.). »Darauf baht ich ihn, umb gottes Willen, und sagt: Er solte ihm nicht solche Einbildung machen« (1689, Cap. Cib.). [Geh. Spr.]. ‚eingebildeter Stolz‘. *Dî huad en Äbeldungk wae en Getter* (Rindvieh) ‚ein dummstolzer Kerl‘ (Schönbg.).

einbilligen, äbällijen schw. *än äst äbällijen* ‚in etwas seine Einwilligung geben‘ (BINDER, Coll.). Auf dem *Sîchbächel* (Thalheim, Neudorf) ausschliesslich gültig für ‚einwilligen‘ (vgl. einbewilligen).

einbinden, äbängden st., nösn. *änbänn* st. 1. Trans. ‚durch Binden in einem anderen Gegenstand befestigen‘. a) Geld in ein Tuch usw. einbinden. *Em huad af der Dûf diam Käinjt vil Gêld ägebainjden* (Schönbg.). Die Paten pflegen als Taufgeschenk Geld in den Taufpolster einzubinden. *Dî kûn em* (dem Patenkind) *schîn uch zwîn Gälden äbanjden* (von einem Reichen, der zu Gevatter stehn sollte, Thalheim). Nösn. heisst das Beschenken der Wöchnerin *änbänn* (HILLNER, 36). (Allgemein wird das Geld von Frauen in einem Tuchzipfel usw. eingebunden verwahrt). (Vgl. DWB. 3, 153 einbinden 2. Eingebinde in der Bed. ‚Geschenk für einen Täufling‘ bei Goethe). Syn. *äknäppen* (einknüpfen). fränk.-henneberg. eibinden ‚zum Angedenken geben‘ (FROMM. 3, 139). Vgl. schwäb. einbinden (Schwäb. Wb. 2, 592). — b) ‚Den Hanf einbinden‘. Der frisch gepflückte Hanf wird in *Reisten* (so viel, als man auf 2—4 mal mit beiden Händen zusammen ausreissen kann) zusammengebunden, diese sodann zur Röste in grössere Bündel *ägebangden. Den Honew äbängden* (allgem.). *Huad er den Honef schuin ägebainjden?* (sc. zur Röste, Schönbg.). — c) ‚die Scheune einbinden‘ d. i. die ‚Bänder‘ anschlagen, die zwischen den Scheunenpfosten *(Scheirefôst)* und Riegel *(Rijel)* über Winkel geschlagen werden, um das Scheunengerüst festzuhalten. *De Schoier iäbanj* (Katzendf.). *Em bainjt de Schaier än.* (Das Scheunengerüst wird durch Anschlagen der Bänder auf der Erde zusammengestellt. Es folgt sodann das *afhiewen,* ‚aufheben der Scheune‘ s. d. Gr.-Sch.). — d) ‚ein Buch einbinden‘. *Det Beąch* [ʒ] *iäbanj* (Katzendf.). »dem hern dem Richter ist gegeben worden pelles rubeas 31, das man dy puecher der statt einpynden szall« (1541, Qu. Kr. 3, 138). Ebenso ‚einen Topf (Pfanne) einbinden‘. *Ed äs en Drôtosch* (Drahtflechter-Slovake) *hæ, heod er nechen Däppen zem äbainjden?* (Gr.-Sch.). — e) *Det Væ äbängden* ‚im Stall anbinden‘. »(Der Bauer) bindet sein Vieh anfangs November ein und widmet sich von nun an vorzüglich seiner Besorgung« (FRONIUS, 125). *De Bîm äbängden* (am Neujahrssonnabend werden während des Mittagsläutens die Obstbäume mit Stroh umbunden, damit sie reich tragen). *Moren äs Giurschsąnniuwent, âs Niuber wit weder de Bîm äbainjden* (Gr.-Sch.). — f) ‚umwinden‘. Dem Vöglein wird im Volkslied versprochen (nösn.):

Mir wän dir dai walt Federcher
Mat ruidem Gûlt änbänn. SCHUSTER, 4.

— g) Term. techn. des Schusterhandwerks. Das Zusammenheften des Oberleders mit der innern Sohle, der Brandsohle, heissen die Schuster

‚den Schuh einbinden‘ *de Schach* [ʒ] *äbängden*. (Die Brandsohle wird auf den Leist mit einigen Nägeln fest gemacht. Dann wird das untere Ende des Oberleders auf den Rand der Brandsohle vorläufig ebenfalls mit Nägeln — *Zwâk* — aufgezweckt. Schliesslich werden Oberleder und Brandsohle durch einfache Naht zusammengenäht, wobei beide Teile mit einer krummen Ahle durchstochen werden und in die Löcher dieser Stiche genäht wird, so dass die Zweck-Nägel allmählich entfernt werden können. Dies Zusammenheften des Oberleders mit der Brandsohle heisst den Schuh einbinden. Erst jetzt kann die äussere Sohle aufgenagelt werden, wobei die Nägel die beiden Sohlen und das zwischen ihnen liegende Oberleder durchdringen und alle drei fest- und zusammenhalten). ‚eingebundene Schuhe‘ (etwa: noch unfertige Schuhe, die nur bis zum Einbinden gediehen sind). »haben wir beschlossen, dass kein E i n g e b u n d e n Schuh auf Jarmark ahn der stangen soll feyll haben bei verlust der gutter« (1618, Kl.-Sch., Schuster-Art.). »e i n g e b u n d e n schuch wedder rothe noch schwartze einzeln sollen verkaufft werden, allein nur in fässern mit dem gwldenwerck« (1610, Schuster-Art.). — h) »pro carbonibus quibus Czigani unam bombardam fecerunt y n g e - b w n d e n« (1524, Qu. Kr. 1, 551). — i) Übertr.: ‚auf die Seele binden‘ *Boinjt dem Kniacht* [χ] *än, e sîl af de Getter sorjen* ‚schärfe ihm ein!, (Schönbg.). *Huast te dem Maichen* (Mariechen) *ägebainjden, et sîl af't Klî* (auf das kleine Kind) *sorjen?* (Ebda.). Nösn. *änbänn* ‚jemandem ernstlich etwas befehlen‘. — Vgl. DWB. 3, 153. einbinden 8. Moselfr. enbenn. — 2. refl. Term. techn. der Fassbinder. *E Fass (Lêjeln) bängt sij än* ‚wird durch festes Binden enger (kleiner)‘.

—, äbîssnen schw. Term. techn. der Hanfbereitung. 10 (oder 16) Bündel *(Reisten)* des gepflückten Hanfs werden, nachdem die Blätter und tauben Samenhüllen *(Femel)* getrocknet und abgeklopft sind, zu einem *Bîssen* mittelst einiger dickerer Hanfstengel (oder einem Strohband) zusammengebunden *(ägebîssent)*; *äbiussen* (Alzen), *äbuissen*, auch nur simpl. *buissen*, (Agnetheln). — Zu *Bîssen* ‚Hanfbündel‘ s. d.

e i n b i t t e n , äbidden st. Refl. 1. ‚feierlich um Aufnahme in eine Körperschaft (Zunft, Nachbarschaft, Bruderschaft, Sippe) bitten‘. Die Bitte geschieht öfter durch einen Dritten, daher *sij äbidde lossen*. (Dabei werden gewisse in Geld und Naturalien zu zahlende Aufnahmstaxen eingehoben, wofür genaue Vorschriften in den verschiedenen Statuten bestehen). — a) Die durch *äbidden* erfolgte Verwandtschaft heisst deshalb zum Unterschied von der Blutsverwandtschaft *ägebäddä Frängtscheft*. Vgl. auch *än de Frängtscheft afnin* (Mätz, 54). — b) Bruderschaft, Schwesterschaft. Der Akt der Aufnahme der neukonfirmierten Knechte heisst das *äbidden*. Der Wortknecht bittet für sie um Aufnahme. Rede und Gegenrede dabei s. Fronius, 49. In der Zunftbruderschaft. »Wenn ein lehr-knecht in die bruderschafft e i n g e b e t t e n wird, so soll er der bruderschafft zu gutt erlegen den. 6 vndt an die raumen, daran er seinen hutt anhenckt, den. 3« (1691, Schuster-Lehrknechtart., V.-A. 16, 420). »Wenn ein zugereister Gesell schon 14 Tag in Arbeit ist, bey den Zugang oder Quartal muss er sich E i n b i t t e n lassen durch den jungen Altgesellen« (1831, Weissbäcker-Bruderchaft, Kbl. 33, 4). — c) Nachbarschaft. Vgl. Fronius, 101. »Wenn sich einer e i n - b i t t e n hat lassen, soll er schuldig sein die Nachbarschaft zu halten, wenn es in der Ordnung an in kumpt« (1582, Nachbarsch.-Art.). »Der soll sich zuvor nach alter Löblichen Gewohnheit eingrüssen und e i n b i t t e n lassen« (1615, Nachbarsch.-Art.). »Welcher sich in eine Nachbarschaft e i n b i t t e t, soll auch seine Wohnung da haben« (1729, Reichesdf., Nachbarsch.-Art.). *Ded äbidden bai der Nauberschtref kost drai Gälden uch* [ʒ] *en Scharr* (Gebäck), *dai git de gang Frâ* (Hahnb.). »Bey versaumung des E i n - b i t t e n s ist auf dem Pfarrhof beschlossen worden, dass wenn ein Nachbar bey der ersten Versammlung der Nachbarschaft .. sich eigensinniger Weise nicht e i n b i t t e t, der muss zur Strafe erlegen Ufl. 1 und nach erlegter Strafe müssen Sie sich doch e i n b i t t e n« (Gr.-Scheuern, Nachbarsch.-Art. 1777). — d) Zunft. Nach den Zahlbestimmungen über die Einrichtung des Meisters in die Zeche: »sonder zum ersten e y n p i t t e n soll er auffs wenigst nider legen fl. 1« (1539, Schusterzunft, V.-A. 16, 400; 1580, Kbl. 8, 40). — 2. Wiederaufnahme in die Kirchengemeinschaft nach erfolgter Busse. »30. Okt. wird die Kirchenstrafe an den 4 Nussbächer Knechten vollzogen und zwar also, dass 2 baarfuss und im Hemde, 2 aber angeschuhet in den Sakeen (Wollmantel), alle aber einen Stein am Hals tragende, stehen müssen, hierauf e i n g e b e t e n und vom Pastore Loci, Herrn Petrum Roth, mit der Gemeine ausgesöhnet« (1763, Qu. Kr. 4, 364). »6. März wurde ein Beindrechsler in der grossen Kirche e i n g e - b e t e n, der sowohl ein Schelm als auch ein Ehebrecher geworden« (1744, Qu. Kr. 4, 149). »16. Aug. wird die abgeschiedene Honigberger Pfarrin, gewesene Froniusin, ... in der grossen

Kirche eingebeten und der Gemeine ausgesöhnet« (1750, Ebda. 4, 422). »11. Mai wird ein Seiler, der Gott gelästert hatte, desgleichen der Hannes Enz, der sich vorm Jahr die Finger an der rechten Hand abgehauen hatte, um sich zur Arbeit untüchtig zu machen, in der Kirche eingebeten« (1749, Ebda. 4, 412).

Einbittgeld, † Taxe, die beim ‚einbitten' in die Nachbarschaft usw. zu erlegen ist. »(Einer der früher schon in einer Nachbarschaft gewesen ist, gibt in der neuen Nachbarschaft) Einbittgeld nur 15 den.« (Gr.-Scheuern, Nachbarsch.-Art., 1777).

Einbittgulden, † der Gulden, der nach altem Zunftrecht als Anzahlung für die Aufnahmstaxe bei Gelegenheit des ‚einbittens' (s. d.) zu entrichten war. »Eines Meisters nachgelassener Sohn, Tochter oder Wittib haben jedes nur halbe Zunft; heirathen sie an einander, so haben sie ganze Zech und geben nichts, denn den Einbittgulden« (1721, Strumpfstrickerzunft, V.-A. 27, 549).

einblasen, äblôsen st. 1. In der Volksheilkunde. *Zeaker iäbliusen* (ins Auge, bei gewissen Augenkrankheiten, Katzendf.). *Em hôd em Iudem iägebliusen* (sc. einem Ohnmächtigen, Ebda.). — 2. Übertragen ‚einsagen', ‚einen Gedanken beibringen'. *Dôt huat dir weder di anätz Kärl ägebliusen* (Schönbg.). *Gewäss heot der dôt der Mišch ägebliusen* (Gr.-Sch.). *Wot dî deam äbliose sol!* ‚auf was der ihn bringen soll!' (Alzen).

einblättrig, îbläddrich ‚ein Kleidungsstück (Schurz), aus einem *Bliet* (Blatt, Stück) geschnitten'. *En îbladdrich Backschurz* (Schönbg.). Auch, und zwar richtiger: *îbliedich; oiblâdich* (Agnetheln).

einbläueln, äblą̂eln schw. Übertragen: ‚einem Schüler ein Gedicht, einem Erwachsenen die »Worte« für Hochzeit usw. wie mit einem *Blą̂el* (Bläuel) einpauken'. *E hued em de Wärschen ägeblą̂elt.* — s. d. Simplex.

Einblick, Äbläck m. [Geh. Spr.]. *Än dâ Rêchnungen* (des Ortsamtes) *kûn ned e Mensch en Äbläck gewannen* (Schönbg.). *Ech hun qld en Äbläck än diär är Wirtscheft gedôn (gehuat)* (Ebda.).

einblitzen, nösn. **anblatze** schw. *(Birk).* Fluch: *T soll anblatze an dich mat Fäier uch mat Flomm! (Birk).*

~, nösn. **änbo(n)drôšchn** schw. ‚sich (mit Kleidern) dick einhüllen'. Syn. *äbuddern.* — Vgl. magy. bondrus ‚Maskierter Knecht, Nikolaus' (M. Tájsz. 1, 160), zu bunda ‚Pelz', also ‚Vermummter'.

~, äbrąsseln schw. refl. ‚sich mit allerlei unreinem Zeug die Kleidung schmutzig machen'. Rüge an ein Kind: *Wâ huest te dich na weder ägebrąsselt?!* (mit Stroh, Blättern, Kleie, Hanfagen, Spänen usw.). Vom Rosenstock im Winter:

Gą̂nz vu Bläddern ägebrąsselt,
Štîst te dô, en uerem Schąsselt.
Käst., 59.

Äm Sommer štît beschnąsselt
Hâ nôch der Gitzembrich,
Vu Wûlken ägebrąsselt
Der Surul schouerlich. Ebda.

Wie das Simplex *brąsseln* (s. d.) zu *brąen*, so stellt *äbrąsseln* zu *äbrąen* einen geringern Grad des ‚sich unrein machens' dar. (Nicht eigentlich mit Unrat, sondern mit anklebenden Dingen, die leicht entfernt, bzw. abgebürstet werden können). Syn. *äwâlen* ‚einwühlen'.

einbraten, äbrôden st. 1. Intr. *Det Fätt, Flîsch äs štark ägebrôden* ‚ist durch das Braten ganz zusammengeschrumpft'. — 2. Trans. *Flîšch äbrôden.* Term. techn. der Hauswirtschaft. Das Schweinefleisch wird im Winter gebraten und mit Schmalz eingeseiht. So hält es sich das ganze Jahr hindurch geniessbar und gibt, schnell erwärmt, auch im Frühjahr und Sommer das hurtig bereitete Abendessen. *Des Däcken* (die ‚Dicken', reiche Hauswirte) *hun ägebriudä Flîsch bäs än Harwest* (Schönberg). *Det Wadder äs woich, mer messen det Floišch äbriuden* (Gr.-Sch.). — *Pelsen äbrôden* ‚Pflaumen zu Muss sieden'.

(einbräuen), äbrąen schw. ‚einschmieren', ‚einsudeln', besonders von Kindern gebraucht, wenn sie sich beim Spiel, beim *pantschen, brąen* in Wasser usw. schmutzig machen. *Dî iäs änj* (immer) *iägebrât* (Katzendf.). *Na huest te der de Schurz, det Klîtche gą̂nz ägebrąt.* »äbroien« heisst ‚besudeln, beflecken' (1756, Kronst., Kbl. 22, 24). Übertragen: »capiret denn Gegentheil dieses nicht, es ist ihm in voriger Schrift schon gnug eingebräuet worden« (1696, Cap. Cib.). — s. d. Simplex.

einbrechen, äbrêchen st. 1. Intr. ‚durchbrechen'. *Der Eis brächt än. Mer sen ägebrôchen* (sc. durch das Eis). »Lass ich im obersten Seelenhauss ein Stück gebin, welches eingebrochen gewest, machen« (1708, Almosenrechn.). — ‚hereinbrechen'. Im Spätherbst: *Det Wädder brächt än* ‚das Winterwetter (Schneien, Frost) tritt ein'. *De Rîwer brêchen än. Em äs heinjt baem Pitter ägebrôchen* (Schönbg.). *Schless zeo de Dir, em kûn ij îst äbrêchen* (Ebda.). »Wir trümerten (ss. *dremmerden* ‚polterten') und stellten uns an, als wolten wir mit Gewalt einbrechen« (1767, Oberehegor.). — 2. Trans. ‚einen Saum, ein Papier einbiegen'. *Te messt e wenij äbrêchen, ed äs ze brît.*

~, **äbreddeln, äbrerrlen** schw., nösn. *änbrerln* schw. ‚durch Drehen mit einem *Breddel* (Holzknüttel) zusammenschnüren'. (Es wird z. B. an Tür und Türpfosten ein Strick befestigt und zwar doppelt, dann ein Stäbchen durchgesteckt und so lange gedreht, bis der Strick ganz fest gespannt ist.) *Mer sⁱellen de Mêd ⁱäbrⁱerreln* (das tun die Burschen oft, wenn abends die Mädchen in der Spinnstube sind, Katzendf.). — s. d. Simplex *breddeln* (zu *Breddel*, mhd. wreitil).

Einbrenn, s. *Äbrǣ* (Einbrühe).

einbrennen, s. *äbrǣn* (einbrühen).

~, **äbriejeln** schw. Intrans. ‚durch *briejeln* (langsam sieden) allmählich weniger werden'. *Wat hud er gemǫcht, det Tangkes* (Bratenbrühe) *äs gǭnz ägebriejelt.* — s. d. Simplex.

einbringen, äbrängen schw. 1. ‚Frucht vom Felde einführen'. *De Fruicht äbruonjen* (Alzen). ‚ins Haus bringen': Sprw. *Der Mǭn sǫ̂l äbräinjen, de Frǣ sǫ̂l zesummenhǫ̂lden* (Schuster, 185). — 2. Übertragen: ‚als Ersatz beibringen'. *Mer messe neo äbroinjen, wat mer gen Wôch* (vergangene, wörtl. ‚jene' Woche) *vertruacht [χ] hun* (versäumt haben, Schönbg.). *Det Kukerutz sôl neo äbroinjen, wǫt dem Kuire gefêlt huat* ‚der Mais soll den Schaden gut machen, den der Fehlschlag der Kornernte uns gebracht hat' (Ebda.). *Mer wallen'd qw en emder Eord äbroinjen* (Zeit, Arbeit, Geld; Gr.-Sch.). *En verluiranen Dôch äm Âren kem em* (kann man) *schwêr äbroinjen* (Ebda.). »im pfall noch etwas wird einzubringen sein, solle nicht zu spät sein« (1677, Ger.-Prot.). — 3. ‚Vor Gericht bringen'. »allein es wer ein sach eingebracht, welche die ehre betreffen thet« (E. L. R., 15). Nösn. *änholn* (einholen).

einbrocken, äbrôken schw., nösn. *änbrôkn* schw. 1. ‚Brotstücke in die Suppe, Milch einbrocken', ebenso Kipfel, Striezel in den Kaffee. (Besonders Kindern wird auf diese Weise das harte Brot aufgeweicht). Freundliche Aufmunterung an die Kinder, mit dem Essen zu beginnen: *Brôkt icht än ir Kängd und iesst hîsch (înich)! Net brôk dem Kängd esevel Brîd än!* Dagegen: *Brôk vil Bruid än än de Mältsch, dat de Käinjt sǫtt warden* (Schönbg.). In ärmeren Häusern wird viel Brot eingebrockt, um die Sättigung der Kinder zu bestreiten. Auch lockt man die Kinder mit dem Versprechen, ihnen *Brîd ä Mältch äbrôken* zu wollen. Ebenso im Kinderreim:

Harrgôdîsken, fluoch [χ] ǫft hui Rêch,
Siu mer wuonn de Tattre kun,
Ich wiäll der Bruid ⁱä Miältsch ⁱäbrôken,
En wiä' dij och ⁱän e Štalltsche lôken.
(Katzendf. Vgl. auch Kbl. 17, 106.)

— Vgl. *Ägebrôksel* (Eingebrocksel). — 2. Übertragen, wie nhd. ‚sich eine Sache einbrocken'. (Noch völlig im sachlichen Zusammenhang mit dem wirklichen ‚einbrocken' empfunden.) *Nǫ, te huast der äst Hîsched ägebrôkt* ‚hast dir eine schöne Geschichte eingerührt' (Schönbg.). *Diem hu se äst Hîsched ägebrôkt.* Daher die auch sonst überall bekannte Redewendung: *E sǫl nau och [χ] auszurpm* (schlürfen), *wǫt e sich huad ängebrôkt (Bistritz).* »Friss du Donnerschlag, was du dir eingebrocket hast« (1692, Cap. Cib.). »wo ihr es gut eingebrockt hat, so werdt ir es auch gut ausessen« (1699, Ger.-Prot.). »Ich sagte: Wie Ihr eingebrocket hat, so werdet Ihr essen« (1728, Cap. Cib.). — Durch die Redewendung *emesten äntangken* ‚eintauchen' beeinflusst findet auch Objektverschiebung statt und es heisst: *emesten äbrôken* ‚jemandem eine schlimme Sache an den Hals schaffen'. *Em hôt dê geard (tichtij) ⁱägebrôkt* (Katzendf.). *E hôd och mej ⁱägebrôkt* (Ebda.). *Wǫt huast te mech duar ägebrôkt?* ‚in diese (unsaubre) Geschichte hineingezerrt?' (Schönbg.). *Mech net brôk duar än!* (Ebda.). Neben dem Kompositum gilt in gleicher Bedeutung 1 auch das Simplex *brôken* (s. d.). DWB. 3, 158. In gleicher Übertragung auch moselfr. enbrôken.

(**Einbrühe**), **Äbrǣ** fem., nösn. *Änbrâi* fem. und n., häufiger *Ängebrâissel* n. ‚Mehlschwitze'. Term. techn. der Küche. Mehl wird in Fett (Butter) gebraten und als Fettzusatz zum Verdicken in (Wasser-)Suppen, Sossen und Fleischbrühen *(Kächen, Lǣwent)* sowie zum Binden von Gemüse verrührt. Die *Äbrǣ* wird entweder in grösseren Mengen im Vorrat hergestellt oder von Fall zu Fall bereitet. *Äbrǣ mǫchen* gehört zu den ersten und einfachsten Arbeiten der häuslichen Kochkunst. Klage über eine untüchtige Hausfrau: *Se kǭ ned emôl Äbrǣ mǫchen* ‚sie versteht nichts vom Kochen'. Die einzige Kunst besteht in der Sorge, *net dat de Äbrǣ ubrǣt.* Mahnung der Hausfrau an die Magd oder mithelfende Tochter: *Sorj af de Äbrǣ!* — s. *brǣn* (brühen). — Chr. Schuster, 8.

(**einbrühen**), **äbrǣn** schw., nösn. *änbrâi* schw. Trans. (Für das Intrans. gilt *äne brǣn.)* Vertritt wie das Simplex nhd. ‚einbrennen'. 1. ‚hineinbrennen'. *E Lôch än't Dach äbrǣn. Des tumm Mêt heot mer det Gedaiss* (Wäsche) *ägebrǣt* ‚hat beim *bechen* (bauchen) die Wäsche mit zu heisser Lauge übergossen und den Schmutz in die Wäsche hineingebrannt' (Gr.-Sch.). Von einer faulen Wäscherin: *Se hôt de Kneist* (Schmutz) *iänt Gedois* (Wäsche) *iägebroæt* (Katzendf.). Übertragen: *Dî hôt dê geæd iägebroæt* ,vor Gericht eingetunkt' (Ebda.). — 2. Term. techn. der Küche. ,eine Wasserbrühe mit *Äbræ* (s. d.) versetzen'. (Gegensatz: *äklôpen*. Man unterscheidet *ägebræt* und *ägeklôpt Læwent* oder *Kächen*. *Ägebræt* werden in der Regel süsse *Kächen* wie *Murre-, Kalerâbe-, Krumpire-*, *ägeklôpt* dagegen saure *Kächen* wie *Æjresch-, Appel-, Biertrem-, Weimerekächen, souer Fussoien* usw.). *De Kqchen* [χ] *iäbroæn* (Katzendf.). *Ägebrât Fläckel* ,eingebrannte Fleckelsuppe' (Sommers und Winters beliebtes Frühstück, Hammersdf.). *Ägebrât Reppen* ,Kartoffelsuppe' (Gr.-Sch.). *Ägebrqit Bareboicher* ,Kartoffelsuppe' (Bekokten). Absolut: *Ägebræ̈det* ,Einbrennsuppe', meist ,Kümmelsuppe'. *Wqt kôcht er hejt?* Antw. *Äst Ägebraedet* (Schönbg.). *De agebroit Brôk* ,gebrannte Kümmelsuppe' (Heldsdf.). Schwiegermütterlicher Rat: *Em kîft ned allen Dqch Flîsch, em kôcht uch nor äst Ägebræ̈det.* s. d. Simplex *bræn* (brühen).

(**Einbucht**), **Äbucht** m. ,Alkoven' (Trausch, Leonh.).

(**einbuckeln**), **äbuckeln** schw. ,(den Kopf mit Tüchern) einmummen' (Schässbg.). *Ägebuckelt* ,eingemummt' *Doräm geng se un em Ôwend ägebuckelt vuer det Fenster der Kniecht* (Haltr., Märchen², 262). — s. *bockeln.*

—, **äbuddern** schw., (auch *äbubbern*), refl. ,sich (mit Kleidern) dick einhüllen' (mit mehreren Tüchern, Mänteln usw.). *Det Kängd äs esi ägebuddert, dad em em nemol det Næske sekt. Woram huast te dij esu ägebuddert?* ,warum hast du dir den Kopf so sehr mit Tüchern eingebunden?' (Schönbg.). Nikes: *Wqram äss e esui ägebuddert, qwer äss e kreongk?* (Zw. Krez. 18). Syn. *ämummeln*, nösn. *änbo(n)drôšchn.* Vgl. wetterau. sich einbutzeln ,sich vermummen, tief einhüllen'; ndd. inhuddern. DWB. 3, 160. s. d. Simplex.

Einbusse, Äboss fem. *Mer hun heier um Kuire gor en gruis Äboss* (sc. durch Misswachs, Schönbg.).

einbüssen, äbessen schw. Der gewöhnliche Ausdruck für ,verlieren', zumeist aber nicht auf zufälliges Verlieren, sondern auf Verlust durch Prozess, Geschäft usw. angewandt. *E hôt hanjdert Galden iägebeqsst* ,bei einem Geschäft verloren' (Katzendf.). *Pass af, te wiršt äbessen!* ,es wird mit dem Geschäft nicht gehn'. *E hued alles ägebosst* ,sein ganzes Vermögen verloren'. *Unt sîl ich qlles äbessen, ech liussen det (liusse mich) net* ,und sollte es mein ganzes Vermögen kosten, ich lasse es auf einen Prozess ankommen' (Schönbg.). *Neo huat e de Îr ägebesst* ,hat sein Ansehn verloren' (Ebda.). *Ich grqle, mer warden det Känjd äbessen* ,(durch den Tod) verlieren' (Gr.-Sch.). »ich hab bei fl. 200 da eingebusset« (1566). »Dass hatt (er) aber gesacht, dass wo feren ich dieses würde einbekennen, so würde ich mein 3 Ochsen einbüssen« (1650, Ger.-Prot.). Aber auch: *ich hu me Miesser ägebosst* ,verloren'. Syn. *äschostern* (einschustern). — s. d. Simplex *bessen* (büssen). DWB. 3, 160.

(**einbutscheln**), **äbutscheln** schw. ,den Kopf so mit Tüchern einwickeln, dass nur die Augen sichtbar bleiben' (Med.). — Iterativbildung zu *äbuckeln* (einbuckeln).

einbächtig, ändæchtich Adj. (Gegensatz: *ousdæchtich* s. d.) ,erinnerlich'. *Ed äs mer nôch* [ʒ] *ändæchtich.* Auch negativ: *Ed äs mer nemmî (ned) ändæchtich.* »dass aber ist mir noch eindächtig, dass ich den Pals Mechel in seinem Garthen habe fluchen und über sein Weib schimpfen hören« (1762, Cap. Cib.). DWB. 3, 160. Gebildet wie nhd. andächtig, verdächtig.

eindämmen, (richtig -dammen), **ändommen** schw., nösn. *ändqmmen* schw. ,(voll) hineinstopfen'. *Mer hun ägedommt än de Štrîsack, wat nor äne geng.* Namentlich vom Essen gebraucht: *Dî huet tichtij ägedommt. Nq̂, dî dommd îst än!* (Auch nur *dî dommt!* Gr.-Sch.). Besser mundartlich das Simplex *gedommt*, oder *äne* (hinein) *gedommt. Des Arbeder dommden än, wat se kangden.* Syn. *Nemmî domm esevelt Brîd än dich. Ägedommt* ,vollgepfropft', ,gefüllt'. *Ägedommt vôl* ,gedrückt voll'. Moselfr. endammen ,eindämmen'. Über die Entwicklung der Bed. s. d. Simplex. Die süds. Form *dommen* lehnt sich an *Domen* (Daumen) an, eigentlich ,mit der geballten Faust, (den Daumen voran) niederdrücken'. *Ich hun en gedommt* ,habe ihn nieder getan'. Vgl. auch nhd. ,den Daumen aufdrücken', ,unterm Daumen halten'.

eindecken, ändæken schw., nösn. *ändâkn* schw. *De Scheier ändæken.*

eindienen, ändænen schw. refl. ,sich durch liebedienerisches Benehmen bei Leuten einschmeicheln'. *Et wäll sich bæ die Legden ändænen.* Von auffallend freundlichem Gebaren der zukünftigen Schwiegertochter: *Sæt nor, wæ et sich bæ der zâkenftiger Schwijer ändæne wäll, et nit se vun alle Sekten* (Hstdt.).

eindingen, ändängen st. (schw.). 1. Allgem. term. techn. für das Eingehen eines Dienst- oder Lehrverhältnisses. Knecht oder Lehrling *dängt sij än;* Meister und Dienstherr *dängen de Kniecht* *oder Lîrgangen än.* Nur von Gesinde und Lehrjungen gebraucht, weil nur hier das bleibende Dienstverhältnis, das Einfügen in einen feststehenden Lebensrahmen, betont wird; von Hirten (und früher Lehrern) wird das Simplex gebraucht, weil hier das Vertragsverhältnis im Vordergrund steht. Das *än-* in dieser letzteren Verwendung klingt herabwürdigend, drückt z. B. den Lehrer zum Gesinde herab. (Vgl. »Honnes sagt gegen den schulmeister: du bist ein hochffertig auffgeblossen Kerl, du hast nirgendt keine Ehre gehabt, bissher hastu dich mit gewalt e i n g e d u n g e n« 1671, Cap. Bog.). »Johannes Birthalmer, e i n g e d i n g t e r Cantor bey der Gemeinde in Grwsau« (1804, Cap. Cib.). *Der Nikulai kit hejt zem ändoinjen* (Schönbg.). Aber: *Em sâl de Hirten dängen.* »und ein Lehrjung soll e i n g e d i n g e t werden nach Zech gewohnheit« (1539, Töpferzunft). »Wie der Jung e i n g e d i n g e t wurde, nam der Jung auf, das er alles thuen wolt, was ihme sein Herr gebietten würde« (1598, Ger.-Prot.). — 2. Im Besonderen bedeutet *ändängen* das Feststellen einzelner Ansprüche des Jahreslohnes neben der eigentlichen Geldsumme. Schuhe, Leinwand, Wolle, Kälber, Schweine, eine Anzahl Bund Hanf werden *ägedangen. Mer hu Scheqgen* [ʒ] *(Klîder) iägedanjt* (sc. dem Dienstknecht ausser seinem Jahreslohn in Geld, Katzendf.). — DWB. 3, 162.

eindrängen, ändrängen schw. Nur refl. ‚sich (unrechtmässig) hineindrängen'. *Net druonj dich hier iän!* (Katzendf.). *Der däck Martz* (Martin) *wall sij iwerql ändroinjen* ‚möchte sich in alle Ämter eindrängen' (Schönbg.).

eindrehen, ändrên st. 1. ‚hineindrehen'. Beim Spinnen warnt die Mutter das kleine Mädchen, das sie an der Arbeit hindert, scherzhaft-ärgerlich: *Net kam mer esu niu* (nahe), *ich warden der säs* (sonst) *det Zêpchen* (Zopf) *ändrên* (Schönbg.). *Baem Zwernen drê och dese Fqdem än!* (Ebda.). — ‚Die Hosen in die Schaftstiefel hineindrehn'. *Na nätch dad ich na wei all dei öndern an der Gemîn a longke Schâchten 'nd agedrêden Hûsen und an em longke Rôk an de Kirch gô* (Burzenl. — Volksfr. Kal. 1898, 127). — 2. Übertragen: ‚hineinschlingen'. *Mqch* [ʒ] *en grîss Palokes, de Driescher dä kennen înd ändrên.* Verwundernd sagt man vom Vielesser: *Säch, dî drêd än!*

eindringen, ändrängen st. [Geh. Spr.]. *Det Wqsser äs schuin än de Gârten ägedrangen* (Schönbg.). [Echte **Ma.** *kun, ägebröchen.]*

eindringlich, ändränglich Adj. und Adv. 1. Dem eigentlichen Wortsinn nach: *Det wôr en ändroinjlich Rên* ‚ein sanfter, tief in das Erdreich dringender Regen' (Schönberg). — 2. [Geh. Spr.]. *Der Härr Vueter* (der Pfarrer) *huad em't neo ändroinjlich gesiut, e sîl det sofe* (saufen) *liussen* (Ebda.).

Eindruck, Ändrack m. [Städt. Halbma.]. *Dî mqcht dij en geaden iÄndrack* (Katzendf.). *Dqt hatt glej en lichten Ändrack gemqcht.* Echte Ma. *et nit* (nimmt) *sij ous.*

eindrücken, ändräcken. Syn. *ändommen.* Term. techn. beim Füllen der Säcke und Messen von Früchten. *Dräck än, der Sqck gît säs net zeo!* (Schönbg.). *Et gehîrt sich, det Vîrel mät der Huewer änzedräcken.* (Bei den übrigen Fruchtarten wird beim Verkauf das Viertel glatt gestrichen, den Hafer muss man *ändräcken,* weil die Körner gespreizt und locker liegen und so der Käufer leicht betrogen werden kann, Schönbg.). *En ägedrackt vôl Sack.* Übertragen auf ein Zimmer, Saal: *De Štuf (de Kirch) wôr ägedrackt vôl.* (Syn. *patz vôl.)*

~, nösn. **ändummeln** schw. ‚einschlummern'. Moselfr. endommeln (V.-A. 33, 23).

eineggen, äniejen schw. *Roæpsim* (Rübensamen), *Honzem* (Hanfsame) usw. *iäniejen* (Katzendf.). Das Einscharren des Samens in die Erde geschieht meist nur so, dass die Saat auf das gepflügte Feld gestreut und durch Eggen die Schollen zerkleinert, die Furchen geebnet und dabei zugleich die Saatkörner untergebracht werden. *Mer hadden nôch äm Härwest geackert, mer kennen den Honzem* (Hanfsamen) *nor äniejen.*

einerlei, enerlâ. *Mer hun alles ienerlâ Êpel* (Katzendf.). *Ed äs nor enerloi Frucht* (Schönbg.). Syn. *inesch, enes, alles înt.*

einernten, änärnen schw. *Mer hun hoier gead iägeârnt* (Katzendf.). *Ed äs en triurich Giur, mer hu ned ägeârnt, wqt mer gesêt hun* (Schönbg.). *Wo mer ägeârnt hun, zae mer bae âsen Honz* ‚nach der Ernte besuchen wir unsern Hans' (Ebda.). *Ed äs nia qlles ägeârent, nôch nor de Kqmpest sôl em eohân* (Gr.-Sch.).

einfach, îfach Adj. und Adv. [Städt. Halbma. und Geh. Spr.]. *Ed iäs en îfach Klît.* Die roten Häubchen der grösseren Mädchen sind am Sonntag *toppelt,* am Werktag *îfach gekroingkt* (mit einer Rüsche versehen; Gr.-Scheuern, Kbl. 23, 54). Rätsel: *Ífach ze kurz, doppelt langd et* (der Arm, wenn er die Speise zum Mund führt, Schuster, 281).

einfächig, îfêchich, *îfêjich* ‚ungefalten'. *Hê ed îfêchij qf, siäs druocht [χ] et niet* (Katzendorf).

einfädeln, äfedeln schw. *Ech saen nemmî, ech kûn de Niult ned äfedlen* (Schönbg.). *Nq,* *dî huat dien îst geod ägefedelt* ‚gut dran bekommen, so dass er nicht mehr loskommen kann‘ (Ebda.). *Äferrlen* (Mühlb.). *Ich hun en ägeferrelt* ‚habe ihn zur Beteiligung an einem Unternehmen überredet‘ (Ebda.). *Ich hun ed ägeferrelt* ‚habe etwas eingeleitet, den Anfang dazu veranlasst‘ (Ebda.). — s. d. Simplex. Vgl. das folgende Wort.

(**einfädemen**), **äfedmen** schw., nösn. *änfidn(en), änfinnen* schw. *De Niult, den Zwirn iäfiedemen* (Katzendf.). *Ech sæn nemmoi, keste* (kannst du) *mer net de Niuld äfedmen?* (Gr.-Sch.). Übertragen: ‚eine Sache einleiten‘, ‚anzetteln‘. *Än det Rûr och än det Gezoich* (beim Weben) *äfedemen* (Trappold). Übertr.: *Di kemm* (kann) *ąlles gor geod äfedmen* ‚fein einfädeln, z. B. Heirat, Erbschaft‘ (Gr.-Sch.). Moselfr. enfidemen. — s. d. Simplex.

Einfahrt, Äfuert fem. ‚Weg zur Einfahrt‘, ‚Hofeinfahrt‘. *Woräm huad er mät dem Hôf gewêsselt?* Antw. *Ich hatt duirt gor en licht* (schlechte, steile) *Äfuard än de Scheier* (Schönbg.). Freie Einfahrt wird in ‚Teilungen‘ gesichert: »das dritte Dritteyll hat eyn fray eynfart als dy andern« (1541, Rechtsgesch. 2, 349).

Einfall, Äfall m. [Städt. Halbma.]. Echte Ma.: *Wî äs af dien tumme Gedąngke kun?* ‚Wer hatte diesen übeln Einfall?‘ *Wî huet det na weder ugegin?*

einfallen, äfallen st. 1. Intr. a) ‚zusammenfallen‘. *Det Hous, de Štuf, de Kîp* (Rauchfang), *de Scheier sąl* (will) *mer äfallen, äs mer ägefallen.* Scherzhaft: *Der Backîwen äs ägefallen* ‚die Frau ist niedergekommen‘. Syn. *ärampeln.* — b) Von Gedanken. *Wat fällt der än?* ‚wo denkst du hin?‘ *Et fällt mer ned än* ‚ich denke nicht daran‘. Ironisch: *Et wid em äfallen!* ‚davon ist keine Rede‘ (Gr.-Sch.). *Der Nume fällt mer ned än* ‚habe ihn vergessen‘. *Et fällt mer nor ned alles än* ‚ich kann mich leider auf die Einzelheiten nicht besinnen‘. *Et fällt mer näst än* ‚ich weiss nicht, was ich sprechen soll‘. Spöttisch: *Ed iäs dêm uch* [ʒ] *iäst iägefallen* (Katzendf.). »das eine solche lesterliche und schendliche gotteslesterung nie kein mall sein eingeffaln« (1579). »wie mirs darnach aber einfiell, schriebe ich fl. 2 auf« (1598, Ger.-Prot.). — 2. Trans. ‚durch Fallen zerbrechen‘. »Damals hab ich gesehen, das das Schetzbret (Staubrett) untter der rennen (Rinne) nicht da ist gewesen, aber sie sagen, das ros hette es eingefallen« (1599, Ger.-Prot.).

(**Einfalt**), **Îfąlt** m., nösn. *Êfąlt* m. ‚Tölpel‘. 1. Allgem. gebräuchl. Schmäh- und Strafwort für ungeschicktes, zweckwidriges Benehmen: ‚einfältiger Mensch‘. *Tâ Îfąlt! Tâ Îfąlt tâ, nor dir sąl em äst afdrôn!* Oder als Schluss: *Na kangst te net vîr dich sæn, huest te nichen Verštąnt? huest te nichen Ûgen? tâ Îfąlt tâ!* Verstärkt: *Grîs, ąld Îfąlt. Dôd äs gor e gruis Îfąlt* ‚dummer Kerl‘ (Schönbg.). *Gäw Ôcht, Sepp, der Verwąlder drêd uch dien ąlden Îfąlt, den Tîss, nôch äm* (Sch. T. 1896, 109). — 2. ‚Die personifizierte Einfalt‘. *Der Îfąlt huet dich gresse lossen,* nösn. *der Êfąlt huat dich gegrâisst* ‚hast dich ungeschickt benommen‘. *Net veršprijel dej änjde* (braus nicht auf) *wâ der Îfąlt dea!* (Rosch). — Lautt. 1. Mhd. einvalt. Die dumpfe Färbung (einfolt) schon bei Ottfried (Franck, § 62). Luxb. Êfalt! ‚Einfaltspinsel‘; eifl. Efalt m.

Einfalt, †. »welchen Bittworten ich geglaubt und hab auss Unverstand und Einfalt nicht den bösen Aussgang bedencken können« (1697, Cap. Cib.). Mhd. einvalte fem.

einfalten, äfąlden st. z. B. ein Tuch, Leinwand *iäfąlden* (Katzendf.).

einfältig, îfäldich, nösn. *êfäldich (Wallendf.).* Adj. und Adv. 1. ‚einfach, schlicht‘. »und sie, wie unsere einfältige Leute zu reden pflegen, rechtschaffen gemurcket und betastet« (1772, Obereheger.). »Ich bin ein einfältiges Weib, welches der Zeit Rechnung nicht verstehet, und es muss seyn, dass ich mich an denen bereiths erwähnten Orthen länger aufgehalten habe« (1764, Cap. Cib.). Term. techn. für eine besondre Art von Schlössern. »Es soll kein schlosser zu Schespurgk einfeltige schloss machen. — Wenn die Tischler aus andren Stätten oder Märtten laden auf unsren Jahrmarck bringen, und haben einfeltige schloss angeschlagen« (1643, Schässb. Schlosserzunft). »Wenn die Kroner einfeltig schloss bringen so sollen diese schlosser macht haben, dieselbe mit Richters gewalt weg zu nehmen« (1643, Schässb. Schlosserzunft). — 2. Allgemeine, geringschätzende Bezeichnung für ‚dumm‘, ‚begriffsstützig‘, ‚gedankenlos‘. (*îfäldich* bezeichnet mehr die angeborne Dummheit, *albern* das ungeschickte Benehmen, *tumm* ist nhd. Entlehnung und wird als leichtere, scherzhafte Schelte empfunden. Wesenhafter als *îfäldich* ist *Îfąlt,* darum die schwerere Schelte. *Net ried esi îfäldich!* bezeichnet die Urteilslosigkeit nur als eine vorübergehende Störung, dagegen: *te bäst en Îfąlt* ‚bist von Grund aus dumm und ungeschickt‘.) *Dąd iäs en îfaljdich Mensch* (Katzendf.). Syn. *Melôfen.* »ich kann es aber auch in der That nicht leugnen, dass er auch wirklich ein sehr einfältiger und tummer Mensch ist« (1772, Obereheger.). Vergröbert: *Net nem dôt, ed äs gor en îfoiljdich Gedaier* ‚eine über alle Massen dumme Frau' (Schönbg.). Von Dingen und Verrichtungen. *En îfaljdich Klît* („plump', ‚zu gross', Katzendf.). *En îfaljdij Arbet* ‚eine Dummheit' (Ebda.). »dass der Gottesdienst fürwar schlecht und einfältig verrichtet werde in ihrer Kirche, dass es zu erbarmen sey« (1697, Cap. Bog.). — mhd. einvaltec.

Einfältigkeit, Îfäldeget fem. [Städt. Halbma.] *Wad äs det weder vîr en Îfäldeget!* Echte Ma. *Wad äs det vîr äst Îfäldijet; vîr en alber Sach!*

Einfaltspinsel, fehlt; s. *Îfâlt, Tâser,* nösn. *Tâisder-mâcher, Zaiku.*

(einfahen), äfên st., nösn. *änfê* st. ‚(frei laufende) Tiere z. B. Hühner, Füllen einfangen, um sie in festen Gewahrsam zu bringen'. In früheren Zeiten wurden auch die Soldaten ‚eingefangen'. s. unten *Muoser* und *fên* (fangen).

einfangen, s. *äfên* (einfahen).

einfärbig, îfärwich [Städt. Halbma.]. *En îfärwich Trinitâtesken* ‚eine färbige Trinitatisblume'. *En îfärwich Masch* (Haarband, im Gegensatz zur *blomijer Masch).* In Agnetheln nicht umgelautet: *oifarwich,* (vgl. *vilfarwich).*

einfassen, äfassen schw. Als Term. techn. für verschiedene Gewerbe und Verrichtungen. 1. *E Klît* (Jacke), *en Keddel, en Ärmel äfassen* ‚an den (ausgefransten) Rand ein Band, eine Schnur annähen'. — 2. »und sollen die Stükh sein ein eingefasst Tisch und ein Bredspil« (1603, Tischlerz.). — 3. ‚einsetzen'. »Item Erasmo seratori quod tres pixides vulgo hocken in ladulas impegit vulgo hot eingefast fl. 1« (1532, Qu. Kr. 2, 244). »quod 11 pixides manuales ac duas barbatas, vulgo Zakalas, in ladulas iniunxit vulgo hot eingefast flor. 2 asp. 34« (1538, Ebda. 2, 542; 3, 68). In gleichem Sinn das Simplex *fassen.*

(einfatschen), äfätschen schw. ‚Den Säugling mit *Fâtschen* (Windelbändern) umwinden'. (Ebenso auch ein krankes Glied, Arm, Hand usw.). *Äfâtschen* nur im betonten Gegensatz zum losen, ungebundnen Zustand *(det Kängt lât âgefâtscht af'm Bæt, te messt et na äfâtschen; net verhudel der denge wie Fänger, fâtsch en än!),* sonst nur das Simplex *fâtschen* (s. d.). »ausser dass ohngefehr vor 1½ Jahr Exponentin zu sich rufen lassen und gebetten, sie möchte ihr das Kind einfaschen, sie (wäre) nicht im Stande solches zu vollziehen, wie sie ihr Mann zerschlagen« (1767, Obereheger.). — s. d. Simplex.

einfinden, äfängden st., nösn. *änfänn* st. [Geh. Spr.]. 1. Refl. Term. techn. bei förmlicher Einladung zur Hochzeit usw. Einladung zur Hochzeit durch die *Laderknicht:* »*Hê (der Härr Hochzetvôter) haljt bittlij un durch mech kæn ech, er sîlt gebade seng, en sîld ech Mättij uch Dannerstij än det Hochzetheus äfaînjden*« (Martinsbg.). In der Eröffnungsrede des Nachbarvaters am Sittag: *Esi hun ich den Neberzäichen am liasse schäcken, en hun ich liasse warnen, er säild ich hâ ä mienjem Huis äfeaînjden*« (Bekokten). Feierliche gegenseitige Begrüssung der Gäste bei Hochzeit, Taufe usw.: *Hôd er ij iäfanj?* (Katzendf.). Ebenso für förmliche, höfliche Zitation: *Er selld ich moren äm siwen bæm Hannen äfaînjden!* (Schönbg.). Vom Kirchenbesuch: »das man . zum Gottesdienst sich einfinde« (1710, Kbl. 14, 95). »sich in den heiligen Beicht Stuhl einfinden« ‚zum Abendmahl gehn' (1720, Kbl. 29, 140). »oder ist Susanna aussgegangen, und sich auff Täntzen, und Gastierungen in der Stadt hinn und wieder eingefunden und fertig gewesen« (1699, Cap. Cib.). »Weiss der Zeuge, dass M. Engels Frau Catharina sich nicht als es gebühret, verhalten, und dass sie offt, ja gar 5 Wochen sich nicht bey seinem Hause eingefunden?« (1703, Cap. Cib.). Verallgemeinert: »Nach der Hochzeit hat sich unser Unwillen gar bald eingefunden, denn meine junge Frau ging immer in die Schesetuere (rum. Spinnstube) wie sie als Magd gewohnt war und zur Abraham Maye« (1779, Obereheger.). — 2. Weil zu Besuchen, Festlichkeiten oft eine Gabe mitgebracht wird, heisst *sich mäd äst äfängden* ‚eine Gabe bringen'. *Ech wäll mich schuin uch mäd äst äfoînjden* ‚mich erkenntlich zeigen' (Schönbg.). Syn. *Mät krammem Arm (vun derhîm) kun.* Vgl. moselfr. sich enfenn; nösn. *Sai fänt sij än.* Vgl. moselfr. Sei fent sich en (V.-A. 33, 24).

einflechten, äflichten schw. Insbesondere: ‚ein Band *(Flietsch, Masch)* in das Zopfende einflechten'. *Motter-ê, sôl ich hejt de ruit Maschen äflichten?* (Schönbg. In der Trauer und zur Fastenzeit sowie an Busstagen werden dunkle Bänder eingeflochten). *En Zêpschnoærchen iäfluchten* [χ] (Katzendf.).

einflicken, äfläcken schw. Insbesondere: ‚ein (ausgelassenes) Wort, einen Gedanken in ein fertiges Schreiben einflicken'. *Te sôlt det nôch* [ʒ] *än de Brâef äfläcken* (Schönbg.). *Fläck ed iän!* (Katzendf.).

einfliessen, äflessen st. *Äflesse lossen* ‚in einer Rede, in einem Brief eine besonders beabsichtigte Wendung nebenbei aber doch merkbar einfliessen lassen'. Etwa: *Der Härr Vuater sôl äflesse liussen, dąd ich kąmmerhêftich* (in Mühe und Not) *liawen* ,der Herr Vater soll in dem Brief (an meinen Sohn in Amerika) andeuten, wie kümmerlich es mir geht' (Schönbg.). *E les ä senger Ried äflessen, wæ dat e gärn nôch äm Amt bliwe wêr.*

~, **îflîrich** ,aus einer Reihe bestehend'. »aber nur einflierig, zwiflirig Fronsen aber zu Halss aufzunehen soll verbotten sein« (1631, Schneider-Art.). Gegenw. nur *zwie-, drąflîrich* ,doppelt', ,dreifach' üblich. — s. *-flîrich.*

einflößen, äflîtzen schw., fehlt. nösn. *A(r)zenį äflîtzen* (Katzendf.). *E äs hart krangk, em kûn em kom e wenich Wenj äflîtzen* (Schönbg.). *Em flîtzt em mät dem Leêfel än* (Gr.-Sch.). *Ną, teo heost dich ägeflîtzt!* ,hast dich arg eingeschmiert' (Ebda.). — s. d. Simplex.

einfressen, äfriessen st., nösn. *änfrâssn* st. *Der Flâken heot sij äfrêssen* (Gr.-Sch.). *Der Gruaser* (Schafmilbe) *frässt sij än* (Ebda.). Nösn. in der Wendung: *e huat sij ängefrâssn* ,hat sich eine Krankheit durch Sorglosigkeit zugezogen'.

einfreundschaften, äfrängtschewen schw., nösn. *änfräntschewen* schw. Refl. 1. ,sich einen Menschen zum Freunde machen'. *E huet sich bæ em ägefrängtscheft.* — 2. ,sich in eine Familie (durch Heirat) einführen'. Moselfr. sich enfrentschewen; mer hun es engefrendscheft, V.-A. 33, 24. — Zu *Frängtschef(t)* (Freundschaft).

einfriedigen, äfridijen schw. ,mit einem Blanken oder Zaun *(Friden)* umgeben und verwahren'. *Me Štäck* (Grundstück) *äs ägefridicht. Nemol der Fritew äs ägefridicht. Ich hu mer de Georten ägefridicht* (Gr.-Sch.). *(Ämfridijen* bringt mehr die sinnliche Anschauung des umschlossenen Raumes, *ägefridicht* mehr den Gedanken des Schutzes vor Herden, Menschen usw. zum Ausdruck).

Einfriedigung, Äfridijungk fem. ,Umplankung, Umzäunung'. *Âs Niuberscheft sôl de Äfridijungk vum Fritef môchen* (Schönbg. Derartige ,Gemeindearbeiten' gehen in den Nachbarschaften reihum). Syn. *Ded äs des Niuber se Friden* ,dieses Stück hat der Nachbar einzufriedigen' (Schönbg.). — Zu *Friden* m. ,Blanken'.

einfrieren s. **ägefræsen** (eingefrieren).

einführen, äfæren schw., nösn. *änfâern (Wallendf.).* 1. Allgemein: *Hą, Kîrn äfæren. More wid em det Kîrn äfæren.* (Gedacht wird dabei an die Verwahrung in der Scheune. Aber: *Et wör glad äm Kîrefæren* ,zur Zeit als man die Ernte einbrachte'). *Det äfæren* ohne nähere Bestimmung bezeichnet das ,Kornführen'. Syn. *äbrängen.* Mit dem Auflassen der »Dreifelderwirtschaft« ist auch die alte Poesie des *Äfærens* geschwunden. In der vormärzlichen Zeit ging dem allgemeinen ,Einführen' die Einfuhr des ,Zehntens', das *Zæntfæren* (s. d.), voraus. Das Einführen selbst am bestimmten Tage gilt als Festtag, durch festliche Kleidung, Blumensträusse, reicheres Mahl ausgezeichnet. »Welch erhebender Anblick, wenn mit dem Klang der grossen Glocke sich alle Tore öffnen und unter dem Ausruf *Härr hälw es, der Härr są mäd es* die Erntewagen sich in Bewegung setzen oder wenn in langer, unabsehbarer Reihe die hochgetürmten, schwerbeladenen Wagen sich wieder dem Dorfe nähern! Bezeichnend für das rastlose Fahren in diesen 2—3 Tagen des Einführens ist der Volksspruch: *dô terf dem Fârt (Ruess) de Hâf net wuessen*« (Heinrich, Agr. 23). Beim Einführen des Korns in die Scheune nimmt der Leger die erste Garbe, stösst sie in die vier Ecken dreimal mit dem Schnittende mit den Worten: im Namen Gottes etc. zu Boden, legt sie dann an ihren Ort und spricht: »Hier bring ich Korn und Stroh für mich, mein Weib und Kind; dies ist mein täglich Brod und der Mäuse ihr bittrer Tod« (Braller, Kbl. 4, 29). Am Tage des ,Einführens' darf niemand vom Nachbarhof Wasser holen, sonst trägt er dem Nachbar das Glück mit fort. Auch andere Dinge werden nicht entlehnt (Draas, Kbl. 17, 96). Gegen Hexen werden in die erste Garbe beim Einführen zwei oder drei Knoblauchsköpfe gelegt (Girelsau, Kbl. 4, 29). Anderer Aberglaube beim Einführen s. unter ,Eck' und ,Eidechse'. — 2. ,in das Gefängnis führen', ,arretieren'. *Hejt hun de Šchandâren zwîn Zegunen ägefeort* (Schönbg.). »Wie man die magt hat eingeführet« (1609, Ger.-Prot.). »und wen sie uns hie erwischen, werden sie uns einfueren« (1568). — 3. In der älteren Rechtssprache: a) Zeugen einführen. »Derwegen als mir die eingefuerete zeugen von beyden theillen haben eingenommen, examiniert und verhöret, erfinden wihr auss derselben ihren bekentnissen, das die Actrix an ihr vielen *(är vil)* Knechten gehangen ist« (1595). »Nach diesem haben die angeklagten auch gezeugen eingefürt, wie hernach folgt« (1599). — b) ,Eine Klage angeben'. »Das sie aber in ihrer klag einfuren, wie das Schuldregister ingehalten hett fl. 1634 den. 43 das ist alzu grob gemacht« (1565). — c) ,Aussage abgeben', ,eine Andeutung einfliessen lassen'. »was sye weytter werden eynfürren, wirdt Eur weyshet von innen mündtlig ferstehen, wollen derhalben E. W. hiemitt Gott befelen« (1568). »Hat ihr gehöret, wass der W. H. am Sontag 8 Tag in der predigt eingeführet hat« (1669, Cap. Bog.). »Nach dem der H. Diaconus in seiner Predigt mit einführet dass Evang. von der Dina, wie sie auss spacieret und ihren ehren krantz verloren, sprach er: Es spacieren auch noch etlicher auss zu dingen arbeiter« (1671, Cap. Bog.). — 4. ‚Etwas neues einführen'. s. *ugin* (angeben) und *afbrängen* (aufbringen).

Einführung, † ‚rechtl. Besitzeinführung'. s. unter Einsatz 2.

einfüllen, äfällen schw. *Än de Flasch, de Krach* [3] *äfällen. Dem Kǫlf de Arzenǭ äfällen.* Auch auf Menschen angewendet. Ärgerlich-grob: *Wonn et* (die kränkliche, appetitlose Frau) *net wäll êssen, ich kûn em et ned äfällen* (Schönbg.). *Mer sellen hejt de Môst äfällen* (sc. aus der Kufe ins Fass, Schönbg.). *Huᵘᵈ er vil ägefällt?* ‚war der Weinsegen gross?' (Ebda.). Besonders fröhlich ist das *äfällen* des Mostes für den Fasching. Jeder *Knieᵉcht* muss ein bestimmtes Mass bringen, der Wein wird sodann beim ‚Knechtvater' aufbewahrt und beim Faschingstanz vertrunken (Eibesdf.). Übertragen auf das Lernen: *Mêr fäll em em* (man ihm) *ed än, se kǫn e dennich näst.*

Einfuß, Îfoss m. im bekannten Rätsel vom Schuster, seinem Stühlchen, Schuh und Hund.

Zwiᵉfoss sätzt af dem Drǭfoss,
Hält den Îfoss usw.
SCHUSTER, 261; HÖHR, 62.

Eingabe, Ägôf fem. [Geh. Spr.]. *Mer hun en Ägiᵘw un det Štaieromt gemôcht* (Schönbg.).

Eingang, Ägąngk m. ‚Hofeingang'. *Der Ägąngk äs vun der Gąss. Dê hun en fenjen* (guten, sanft ansteigenden etc.) *'Ägungk* (Katzendorf).

eingängig, îgängich, von einer Mühle ‚mit einem Gang'.

(eingattern), ägäddern schw. ‚einwirren'. *Det Giᵉld äs ägegaddert* ‚(gerichtlich) gesperrt' (Braller). — Zu *Gädder* (Gatter), nach *af- vergäddern* gebildet. s. oben 1, 245.

eingeben, ägin st., nösn. *ängê* st. 1. ‚Arzenei eingeben' *Arzenǭ ägin.* Auch nur *ägin. Huᵉst te em ägegin?* (Syn. *Hueᵗ e schîn ägenun?*). *Ed äs Zekt zem ägin.* — 2. In der alten Rechtssprache: ‚übergeben', ‚ausliefern'. »sollen sie auch die Geisfehl, so bey ihnen gefallen werden, den Lederern verpflicht sein einzugeben« (1649). »dasselbe auf gelt schlagen undt das gelt dem pharherrn eingebenn soll« (1556). ‚sich in Leibgeding übergeben'. »wie das sy yrer Schwachheit halben sich ganz und gar eyngeben hab mit allen iren gütteren .... dem Ersamen man Jacob pydner ... yrem lyben eydem und yrer lyeber tochter Anna« (1545). »Sintemmal wir bericht werden, das diser Brüeder Muetter verschinner Jaren schwachheit halben, sich dem Jüngsten Son Hannsen eingeben hat auf 10 Jar über zu versorgen« (1580). ‚ergeben'. »Ich konnte auf die letzt auch nicht vor ihm bestehn, bloss um dieser Ursache willen, weil ich meinen Willen in sein unzüchtiges begehren nicht eingab« (1799, Oberehegер.). Übertragen [Geh. Spr.]: — 3. ‚einen Gedanken eingeben'. *Et wôr waᵉ wo mer'd âser Härrgodd ägegin hât, ich sîl dôt net deᵒn* ‚es war wie eine Eingebung vom Himmel' (Schönbg.). »aus Eingeben seiner Räte« (1603, Qu. Kr. 4, 15).

Eingebindsel, Ägebängtsel n. ‚Eingebinde', ‚Patengeschenk'. — s. *äbängden* (einbinden).

eingeboren, fehlt. ‚Eingeborne': *Des Lekt sen alles hâ gebîren (hähär gebirtich).*

(Eingebrocksel), nösn. **Ängebrôksel** n. ‚das Eingebrokte in der Suppe'. Vgl. moselfr. Brôksel n. ‚das eingebrokte Brot im Branntwein', V.-A. 33, 24. — Vgl. *Ugedinksel, Ugedâssel.*

eingedenk, ägedingk. [Geh. Spr.]. Klage über einen undankbaren Sohn: *E sîl ägedingk diᵃs vile senj, dôt mer em gediᵘn hun* (Schönbg.). *Me Käinjt bleiw ägedingk deijner Oiljder* (Eltern) *och deijner Gesäster* (Ebda.). Beim ‚Gevatterbitten': *Et wid ij ägedingk sen, ä wąt viᵘr Ämštänden dąt mer sen, tia (ir) sîld esi giᵃt sen en* (und) *Pąt (Giᵘt) sen* (Eibesdf.).

Eingeding, † ‚Der feierliche Akt des Eindingens'. »Ein Lehr Jung soll eingedinget werden nach Zechgewonheit, und soll geben bey das Eingeding in die Zech fl. 4 und 4 ℔ wachs, und das Mahll mitsampt dem Meister« (1561, Goldschmied-Art.). »Und soll in die Zech bey dem eingeding niederlegen fl. 4« (1539, Töpferzunft). »Und soll geben das mhal zum engeding« (1540). — Echte Ma. *bâm Ändängen.*

(Eingefieder), Ägefeder n. (⏑⏑⏑⏑). ‚Inlet', ‚Überzug, Sack eines Federbettes und Federpolsters, in den die Federn eingefüllt werden'. Das *Ägefeder* wird, damit es steif und für die Federn undurchlässig wird, mit einer klebrigen Flüssigkeit (*Schlepp*, aus dem *Schleppkrokt* bereitet) eingeschmiert. Gegenwärtig vertritt ein Stärkebrei die *Schlepp*. Über das *Ägefeder* wird die *Pilzäch* (Polsterziche) gezogen. *Det Ägefeder schleppen.* — Scherzhaft derb von einer Frau mit stark entwickeltem Hinterteil: *Dâ hued e štark Ägefeder. Dâ hued en Ägefeder!*

LEONH. verzeichnet die Form *Egefederzel.* Vgl. bair. Ingefider in gleicher Bed. (SCHM. 1, 692).

eingefrieren, ägefræsen st. ‚durch Gefrieren sich schliessen'. *Der Brannen, de Pump äs ägefrîren.* Übertragen: *De Riet wôr em ägefrîren.*

eingehen, ägôn st., nösn. *ängô* st. 1. Fast ausschliesslich in der Bed. ‚an Grösse, Masse abnehmen'. *Des Leiwent wird aiɴjem ägiᵘn* ‚wird (durch das Waschen) an Länge viel verlieren' (Schönbg.). *Der Deᵃch* (die Leinwand) *gîd ⁱän* (Katzendf.). *Me Breᵒder äs aiɴjem ägegongen* ‚ist mager und hinfällig geworden' (Schönbg.). *E* (ein Kranker) *äs ägegangen wæ e licht Dach.* Scherzhaft: *E äs ägegangen wæ det Hieltner* (Heltauer) *Dach.* Übertragen auf geistige Werte: *Dôt Riᵃcht äs uch ägegongen* ‚diese alte Sitte hat sich auch verloren' (Schönbg.). *De Wirtscheft äs štark ägegongen* ‚geht rückwärts' (Gr.-Sch.). Von Meinungen, Behauptungen: *E geng êländ än mät senjem Undrąch* ‚fand keinen Anklang'. *Der Titz, dî änzwäschen uch ku wôr, nąm ellî Partą vîr de Kommassation, awer e geng êländ än* (Sch. T. 1902, 108). In der Schülersprache: *E äs ägegangen* ‚hat schwach geantwortet und eine schlechte Zensur erhalten'. — 2. ‚hineingehn'. Übertragen: ‚auf eine Sache, einen Antrag eingehn'. *Ech giᵘn ⁱän dąt nⁱed ⁱän* ‚willige nicht ein' (Katzendf.). »Welchen er, H. Johannes Gottsmeister zugesaget, so ferne sie in etlige von ihm gegebene Conditiones würden e i n g e h e n« (1650, Cap. Cib.). »auf die Wort g i n g e n wir auch darinnen e i n, dass uns die ehrlige Cech hat angenommen und dasselbe auch zugelassen lohn arbeit zu machen« (1650, Ger.-Prot.). »Was aber die lästerung wieder das heilige Predigampt anlanget, und auff die beschuldigung kein Zeuge ist e i n g e g a n g e n« (1671, Cap. Bog.).

—, Ägeklôpsel n. ‚Gemenge aus Mehl, Milchrahm, Ei, Wasser (und Essig), mit dem Fleischbrühen *(Kächen, Læwent)* und Sossen verdickt werden'. — s. *äklôpen* (einklopfen). Wortbildung wie *Ugedingksel* (An-), *Ugedâssel* (An-) usw.

—, Ägekôchtsel n. In der Stadt: ‚durch Zuckerzusatz und Sieden konservierte Beerenfrüchte'. Ein Leckerbissen im Winter zum Vesperbrot: *Ägeköchtsel af Brît.*

Eingemachtes, Ägemąchtet n. ‚Fleischbrühe'. — s. *ämąchen* (einmachen).

—, Ägeritt n. Fl. N. *Af'm Ägeritt* (Kastenholz). *Än den Ägerättern* ‚im Eingerutschten' (Martinsberg). *Äm Ägerätt* (Agnetheln). »Im Eingeritt« (1720, Pretai, Kreisch). — s. *Geritt.* Vgl. auch »im Eingerätschelen« Fl. N. (1827, Taterloch).

(**Eingesacksel**), **Ägesacksel** n., nösn. *Ängesąksel* n. ‚der auf eine Reise (zur Feldarbeit) mitgenommene Mundvorrat'. Auch das dem zu Hause bleibenden Kind zurückgelassene Essen (meist Speck oder Käse und Brot oder ein Stück *hart Årefąngkich*, FRONIUS, 34). — s. *äsacken.*

—, Ägeschereltsel n. ‚Heu und Stroh gemischt'. Syn. *Gemængtsel* n. — Zu *äschedeln (äscherln)* ‚einschütteln'. s. d.

—, ägeštäckt, in der Wendung *ägeštäckt* (auch nur *geštäckt) vôl* ‚gedruckt voll'. *Et wôr ägeštäckt vôl* (sc. in einer Kirche), *dat ned en Nôlt mî Platz hat.* — s. *štäcken* (stecken).

eingestehn, ägeštôn st. *E wäll et ned ägeštiᵘn* (Schönbg.). *Em šprächt, e hâd et neᵒ ägeštûnden* (Ebda.). *Dî moᵒæss dâd ⁱägeštiᵘn, dąt hî gefêlt hôt* (Katzendf.). Das Kompositum ist in diesem Sinne gebräuchlicher als das Simplex.

—, Ägeštrâssel n., nösn. *Ängeštrâissel* n. ‚Eingemengtes' (von minderw. Futter). Vgl. *äštrąᵉn.*

Eingeweide, Ägewît n. Nur vereinzelt. *Ich hu esu gehâst* (gehustet) *det gąnz Ängewêt tschoddert än mer* ‚ist in mir erschüttert' *(Tekendf.).* Sonst: *de Bælen* (Pl.), *de Därem.*

Eingiesser, F. N. Eingiesser Thomas, Prasmariensis, 1655 (Qu. Kr. 5, 20). — Nicht etwa verlesen für Zinngiesser?

—, ägoiseln schw. Burzenl. ‚einschmeicheln'. s. d. Simplex und *vergoiseln.*

eingraben, ägrueᵉwen st. z. B. vom Dünger beim Graben des Gemüsestückes. *Mⁱäst ⁱägrôwen* (Katzendf.). Term. techn. *de Štêk ägrueᵉwen* ‚die Weinstöcke im Herbst *nederliejen* und eingraben', (die letzte Herbstarbeit im Freien). *Mer hun nôch nor de Štêk änzegrueᵉwen, driᵘ se mer färtich* (Gr.-Sch.). *Getter ägrueᵉwen* ‚(verendetes) Vieh eingraben'. *Mer se verörmt, mer hu siwe Štäck Getter ägegreᵒwen* (Ebda.).

—, ägremmeln schw. ‚einbrocken' (Brot in die Milch), LEONH. — Zu *Gremmel* ‚Brotbrocken'.

Eingruss, Ägross m., nösn. *Ängrâiss* m. [Geh. Spr.]. 1. Die immer wiederkehrende Einleitung zu den förmlichen Reden, wenn man zur Taufanzeige (Einladung, Werbung usw.) in das Haus tritt. *Ich biddn äm Verzoᵉngk, soiɴjtemêel ich mich hun angderštûnden än des Wulerwirde senj (ir) Behousungk erän ze kun. Wêᵉ dad et wit senj, dad ich mij etwes af wären hąlden, se hoffen ich nor dąt ze dâᵉn, wat menjen Îren zämlich uch oᵉch e Gefalle mêcht senj, en bidden uch heflij am Verzoᵉngk.* (Darauf folgt dann das eigentliche Anliegen, Johannisdf.). — 2. Feierliche Aufnahme in eine Körperschaft (Nachbarschaft, Zunft, Bruderschaft). — 3. Übertragen auf die bei dieser

Aufnahme zu zahlende ‚Aufnahmstaxe oder Naturalgebühr'. »derowegen sollen sie die eingrüss und auflage nicht angreiffen sondern in Besondre Beutel legen und zusammen halten« (1759, Schuhmacher-Art., SALZER, Birth. 727). — 4. ‚Antrittspredigt eines neuen Geistlichen'. — Das Nähere sowie einzelne Belege s. unter *ägressen* (eingrüssen).

eingrüßen, ägressen schw., nösn. *ängräissn* schw. Refl. *sij ägressen.* 1. ‚(Mit feierlichem Gruss) in eine Körperschaft (in ein Amt usw.) eintreten'. Ein schönes, das Bedürfnis des Volksgemütes nach persönlichem Zusammenschluss festhaltendes Wort. Vor dem Eintritt in eine Gemeinschaft (des Lebens oder der Arbeit) muss zuerst durch feierlichen Wunsch und Gegenwunsch dieses persönliche Verhältnis des Neueintretenden zur betreffenden Gemeinschaft hergestellt werden. Je nach den verschiedenen Lebensgebieten besteht dieses *ägressen* nur in feierlicher Rede oder (bei Zunft, Nachbarschaft) in einem Mahl oder in einer Geldablösung desselben. Vgl. auch *afnin* (aufnehmen) und *äbidden* (einbitten). *Ägross, ägressen* geht auf den ganzen Akt der Aufnahme, namentlich auch auf den sich anschliessenden fröhlichen Schmaus, während *äbidden* (einbitten s. d.) mehr den Teilakt der Bitte um Aufnahme und *afnin* die offizielle Seite der Aufnahme bezeichnet. a) Nachbarschaft. Der junge Ehemann *(gang Mäun,* Bekokten) hat sich am ‚Sittage' (dritten Christtag) zur Aufnahme in die Nachbarschaft zu melden, welche ihm nach Entrichtung einer bestimmten Taxe (eine halbe Schweinsrippe, eine *Hungklich,* ein Striezel, 4 Mass Wein, eine Kerze) gewährt wird. Nachdem er gelobt hat, die Nachbarschaftsartikel zu halten und den in ihnen bestimmten Strafen sich zu unterwerfen, spricht der Nachbarvater einen beliebigen Nachbar an, den jungen Mann in die Nachbarschaft einzugrüssen. Dieser tut es nach einer allgemeinen Einleitung mit den Worten: . *Esi wässe mer dij oäwer uch, wa dier äus gang Nêber än den hielijen Îstoäund äs getreden, en hailt durch miech bittlij un, er säilt gebiade sienj, en säilt än uch uafnien än äus Nêberscheft, eanjder äus Flicht uch Rêcht, he wiert sich drä feäjen, wa e jêd eäunjder goat Nêber. Esi vil wiarden uch mienj Wiurt sienj* (Bekokten). Vgl. FRONIUS, 101. Die Aufnahmsgebühr (früher eine Hanklich und 2 Achtel Wein, gegenwärtig 50 Kreuzer) überreicht in Eibesdorf der junge Ehemann mit den Worten: *Hê erschenjen ich mät menjem îrlichen Ägross. E jêt Nôber, dîden dervu genesst, beschier em't Gott zer Gesiangthît.* (Darauf antworten die Nachbarn: *Wîwat, e sîl long liewen!* Der junge Mann steigt hierauf auf einen Stuhl und hebt einen Fuss auf die Lehne. Das Glas in der Hand haltend, spricht er: *Ich drängken en Gesiangthît des Härr Farr, en Gesiangthît des îrsemen Âmtes, en Gesiangthît der îrsemen Komunitêt, en Gesiangthît der îrsemen Nôberscheft, wîwat e sîl long liewen!* Hierauf trinkt er den Becher aus und springt über die Lehne.) *De gang Lejt* (das junge Ehepaar) *hu sich mät zwê Âchtel [χ] Wenj än äser Niuberscheft ägegrosst* (Schönbg.). »der soll sich zuvor nach alter Löblichen Gewohnheit eingrüssen und einbitten lassen« (1615, Nachb.-Art.). — b) Zunft. »(Die Kleinschelker Weber sind) von den Meistern den Webern in der Stadt Meggies wonenden schier gezwungen worden, sich bei sie in die czechn einzugrüssen« (Weberzunftproz.). »Wen ein Ehrbar gesel frendret (sich verheiratet) hat und sich eingressen wil, so sol ehr von den fl. 8 niderlegen auffs felst (aufs vielste, höchste) fl. 1 oder fl. 2« (1614, Kbl. 24, 100). »Der ehrlichen Zech soll ein Gesell, wenn er als Meister eingenommen wird, fl. 3 erlegen An den drei Gulden soll er bei dem Eingrüssen einen Gulden, den Rest terminweis, an jedem Zechtage fünfzig Pfennige abtragen« (1724 Strumpfwirkerzunft, V.-A. 27, 549). Im Verzeichnis der Meister der Kleinschelker Böttcherzunft (Mitte des 16.—18. Jahrh.) wechselt die Wendung ab: »Georgius Wagner, Georgius Wagners Sohn der Erbaren czeg mitt Bruder ist in genomen worden Im Jar 1631 d. 27 tag Januarij« und »Georig Galles der Erbar Zeig mitt Bruder es (ss. *äs* ‚ist') in grüsst (sonst in gegrüsst) worden Im 1635 den 11. Februarij«. 1713: »hat sich eingegrüsst und ein mit Bruder der ehrlichen Zech worden«. 1724: »hat sich der Ehrligen zechen einverleibet«. 1658: »ist eingerichtet«. 1665: »hat sich eingelassen«. 1795: ». . . hat seinen jüngsten Sohn in die Ehrliche Binder zunfft eingezeichnet«. s. auch unter *äschreiwen* (-schreiben) und *äställen* (-stellen). — c) Bruderschaft, Schwesterschaft: Bitte der jungen Knechte beim Eintritt in die Bruderschaft: . *hu mir es uch verwallicht, es än de framm Braederscheft änzegressen, dêe sîl em* (man) *gebädde senj en sîl es dat mätdîlen, wat štrêeflich, wat äeštrêeflich se wit* (Johannisdorf). »Wer sich in die Ehrliche Bruderschafft eingrüssen will, soll sich durch einen gutten Bruder einbitten lassen und 2 Maass Wein bezahlen« (1747 Brud.-Art. Rätsch, Kbl. 6, 115). »Welcher nicht mit dem Fuss in der Dachtrünste stehet vor dem Ältisten, wenn er sich eingrüsset, soll Straf geben Den. 6« (Bruderschafts-Art. 1761, Gr.-Sch.). — d) Von einem Geistlichen: ‚die Antrittspredigt in der Gemeinde halten'. *Af de Sangtich sǫ̂l sich der nǫ̂ Farr ägressen.* Ein bedeutsames, das Dorf in spannender Erwartung haltendes Ereignis. *Ǫf de Säinjdich xa^e^ mer dem Fǫrr vun N. än Ägross* (Schönbg., die Antrittsrede eines neuen Pfarrers ist für die Dorfbewohner, was dem Städter die Première eines Stückes; sie ziehn stundenweit, um sie zu hören). »6 Julius 1613 hat sich Herr Paulus Speckell in unser Farrkirchen eingegruesst. Gott lass ihn lang leben« (Qu. Kr. 5, 464). — e) ‚unter jemandes Gewalt eintreten', ‚sich ergeben'. »Die Bleschländer brenneten auch an etlichen Oertern; aber das war nur eine Vermahnung und Bedrohung, ob sie vielleicht wollten kommen und sich dem Wayda, als der das Land gewonnen hatte, eingrüssen; aber sie wollten nicht« (1611, Qu. Kr. 4, 20). »aber die verräterische Schelmen hielten Herrn Michaelem von Tag zu Tag mit Lügen auf, verhiessen, sie wollten dann und dann kommen und sich eingrüssen, aber dieses war nur Betrügerei« (1612, Ebda. 4, 29). — 2. Übertragen: ‚sich mit etwas in eine Gesellschaft usw. einführen'. Meist als scherzhaft-ärgerliche Vertretung eines derberen Ausdrucks. *Na ded äs en hîšch Ägross!* (wenn ein Familienmitglied plötzlich schimpfend eintritt). *E hu^e^t sich mät di^e^m* (mit einer Ungeschicklichkeit) *licht ägegrosst.* (Vgl. *Dǫ̂d äs der Ägross?!* ‚damit fängt also er an?!)

Eingrußpredigt, Ägrossprädich fem. ‚Antrittspredigt eines neuen Geistlichen'. — Zur Sache s. d. vorige Wort.

(**Eingurt**), **Ägurt** m., am Wagen die zwei gebogenen Stangen, mit denen die Enden der Stehwage mit den Enden der Axe verbunden (eingegürtet) sind. An allen Rosswägen in Verwendung. Erst der *Ägurt* macht es möglich, dass die Ziehstange *(Sillschekt)* der Pferde in die Mitte jeder Hälfte der Stehwage befestigt werden kann.

Einhack. Übername für F. N. Martin Hendel *(Kl.-Bistritz).*

einhacken, änhacken schw. In der Garten- und Feldarbeit: *Rǫ̂psim* (Rübensamen) *^i^änhacken* (Katzendf.).

—, înhaftich, s. einhüftig.

Einhalt † ‚Inhalt', ‚Summa'. »gebüret zu wissen, wie dass der Erwürdige Herr ietziger Zeit unser Seelen Sorger in diesem Jar 1665 den 2. tag Octob. für uns erschinen ist, bittlich anhaltendt, wir solten ihm beystehen und etliche Zeugen, nach einhalt des Rechts, nach gethanem Eyd verhören« (1665, Cap. Bog.). »sondern hatt die sache furder mitt rechten zu besehen für E. N. W. durch den weg der Appellation genomen, welchen mir mitt dem ganzen eynhalt der sachen für E. N. W. schicken« (1568). — DWB. 3, 194.

einhalten, änhǫ̂lden st. 1. Intr. ‚stehen bleiben', ‚still halten'. *Mer messe mät dem Schu^a^wen änhôlden, ed äs xe drech* ‚der Boden ist zu trocken' (Schönbg.). *Se messe mät der Hochxet änhôlden, de Schräfte* (Dokumente) *se net kun* (Ebda.). *Hôld än!* ‚hör auf!' (Alzen). — 2. Trans. a) ‚zurückhalten'. Mit ausgelassenem Objekt. Wenn der Wagen zu rasch bergab fährt: *Hǫ̂ld* (haltet) *än, Nôber, mer štälpen äm!* — b) ‚zurückbehalten' (besonders eine Forderung von einer Geldzahlung). *E hôd em senj Schûlt vum Luin ^i^ägehǫlden* (Katzendf.). *Det hǫ̂lden ich der vîr det zerbrôchä Fenster än.* »und ich will ihm aus dem Lohn die Schuld einhalten« (1619, Ger.-Prot.). »Darauf antwort sie uns und sagt, gedenckt, der Hon will mir die fl. 4 am Weinchen einhalten wegen des Stuckes erdt an unserem garten« (1615, Ger.-Prot). »welches ich einem Ersam. Rat eingehalten hab« (1616, Almosenrechnung). — Refl. † ‚sich zurückhalten'. »das weiss ich, dass man sie erinnert auch vor 2 Jahren sich einzuhalten, denn ich zu dem mahl gehört, sie hett dem Hannenbächer Prediger einen kuchen und einen Überschlag geschickt, der M. aber hette den kuchen selbst geessen und den Überschlag behalten« (1687, Cap. Cib.). »sieder (ss. *segder* ‚seit') der Zeit aber, das ihr man umbkomen ist, hatt sie sich sonst eingehalten, und ist nichts von ihr gehöret worden, bis dieses mitt diesem knecht iezt herfür komet« (1599). — c) † ‚enthalten'. »Dornach hat er Mandat von kön. Maj. bracht, hat mich dadurch im recht gefasst, wie seine klag selbst einhelt« (1569). »alles das, was das Register einhelltt, nit das allein, was nach da geschrieben oder mitt ausgethan ist« (1565). »wie dann mir eur N. W. anzeigen willen, das das Register eingehalten hat 1694 fl. 43 ₰« (1565). »Mer sol dar czu kummen vun Czwanczigest nach dem diser Czetel einhelt fl. 495« (1549, Qu. Kr. 3, 530).

einhandeln, fehlt; s. *kâfen* (kaufen), *jôrmerden* (jahrmarkten). »am Sonntag 14 Tag habe Er ein und sein nächster Nachbahr Michael Connerd auch ein Pferd eingehandelt, von welchen Er nun höre, dass es gestohlene Pferde gewesen« (1752, Cap. Cib.).

einhändig, înhängdich, nösn. *ê̂händich.* *Der ê̂händich Hanni, Miärtchi, Miki,* Übername für F. N. Kroner (einer ihrer Vorfahren hatte bei einem Kirchbau eine Hand verloren, *Petersdf.).*

einhändigen, änhändijen schw. [Geh. Spr.]. Mit dem besondern Nachdruck ‚in eigne Hände übergeben'. *Ich hun et* (ein Dokument usw.) *dem Härr Notarius ägehoinjdicht* (Schönbg.). *Ech hun em ed iägehuonjdicht, dat e sij et versqrcht* (Katzendf.). »Der Pfarrer hat mir den Kukurucz Zehenden, welcher den Herrn gebühret von A. 1710 Erst bey meinem Hannen-Ampt in A. 1711 eingehändigt« (1713, Cap. Cib.).

einhängen, änhên st., nösn. *änhê* st. 1. Term. techn. *de Schinn iänhên* (beim Weben, wobei jeder einzelne Faden besonders an eine Schiene gehängt wird, Katzendf.). »dem Steynmecz dy haken eyn zu heen« (1543). — 2. Refl. Übertragen: *sij än äst* (in eine Behauptung, ein Vorkommnis) *änhên* ‚Streit anfangen'. *E hêt sij än alles än* ‚ist ein Streithahn'.

einhauen, änhân st., nösn. *änhân* st. 1. Trans. mit Obj. im Acc. *Mer sielle Gôre lqchen [χ], hâd iän den Eis!* (zum Garn spülen wird das Bach-Eis eingeschlagen, Katzendf.). *De Akkes iänhân, dat se iäm Hûlz bleift štiun* (Ebda.). *E hued em de Schärl* (Schädel) *ägehân.* »Demnach sagt Pittner, er mögt eines etwas thun und einem den Schettel einhauen« (1609, Ger.-Prot.). — 2. Intr. mit *än* (in) verbunden: *än äst änhân.* Besonders: ‚tüchtig essen'. *Se hagen [ʒ] än* (sc. in die vorgesetzte Speise) *wâ de Drieścher. Dî hâd än än dôt Briut* (Alzen). Ebenso moselfr. enhâen.

einheben, änhiewen st. Term. techn. ‚den (ausgetretenen) Fuss des Pferdes in die Sielen hineinheben'. *Det Fârt hôd eusgetrqden, ech moâs ed iänhiêwen* (Katzendf.). Ebenso: *de Dir änhiewen* (wenn sie aus den Angeln herausgekommen ist). *De Fenster änhiewen* (wenn sie z. B. im Herbst statt der *Schalûen* ‚Sommerläden' eingehängt werden; besser: *unhên). De Lîn (Schilerlîn* ‚Schullohn in Korn, Mais usw.') *änhiewen* einsammeln.

einheilen, änhîlen schw. Intrans. *Det Glôs iäs mer iän de Fanjer iägehîlt* (Katzendf.).

einheimisch, änhîmesch. 1. Städt. Halbma. ‚im Vaterlande befindlich'. *Änhîmesch Wuer, Weng.* — 2. † ‚im Hause (im Dorf, in der Stadt) anwesend'. (Gegensatz: *ouswälzich).* »und lief dem Wagner ahn das fenster, aber der Wagner war nicht einheimisch« ‚nicht zu Hause' (1615, Ger.-Prot.). »Verkaufft jemand ein Erbgut / er sol dem Kauffer darum gewerschafft thuen ein Jar vnnd einen tag lang kegen die einheimischen« (E. L. R., 138). »So lang man gewisse kundtschafft hat / das der ausheimische Ehegemal / in frembden Landen bey leben ist / kan das einheimische mit keinem andern nicht heyraten« (E. L. R., 56). »Einheimische Leute, und besonders unsere National Verwandten, sollen sich (am Sonntag) den Wein in ihre Hâuser abholen lassen« (1777, Gross-Scheuern, Nachbarsch.-Art.). »Zu diesem einheimischen holcz« (1584). — DWB. 3, 197.

Einheit, Înhît fem. [Geh. Spr.]. Als schmerzlich vermisstes Ideal einmütigen Zusammenstehens der versprengten sächsischen Kolonien (und nationalen Zusammenschlusses den von Menschenalter zu Menschenalter immer wiederkehrenden Gefahren der Vergewaltigung gegenüber) hat das Wort auch echt volkstümlichen Gehalt. Kästner sieht eine Zeit kommen:

All deng Glittcher sen zerässen,
Lqn zeplackt, gekn̂izt, verschmässen,
Ous äs Frqtum, Blâh uch Môcht:
Sachsen-Înhît, gâde Nôcht. Käst., 45.

einheizen, änhîzen schw. Übertragen: *Ech hun em ägehetzt* ‚habe ihn tüchtig geprügelt' (Gergeschdf.); auch: ‚habe ihm tüchtig ins Gewissen geredet'.

einhellig, † »Haben sie einhellig geantwort: Sie wolten nit, sy kündten den auch nit behalten« (1580). Vgl. *îštämmich.*

einhenken, nösn. **änhingkn** schw. ‚seinen Arm in den eines andern einhängen, um mit ihm Arm in Arm zu gehn'. (Gegensatz: *aushingkn*). Syn. *Kramm Armes gôn.*

einher, fehlt. einhergehen s. *erämergôn* (herum-).

einherbergen, † »Desgleichen sollen sie tun (sc. dem Hannen es melden), wenn sich fremde unbekannte und verdächtige Leute, oder Herumlaufer in der Nachbarschaft aufhalten, oder sich einherbergen wollen« (1777, Gross-Scheuern, Nachbarsch.-Art.). »Es ist der Vorwand mit dem Birthälmer, dass er zu mir eingeherberget gewesen, und ich mit den Zähnen geknirtschet hätte ... ein blosses Gedicht« (1771, Obereheger.).

einhin, änen adv. [nur vor Vokal, *h* und Dental so wie am Satzschluss, sonst *äne,* nösn. *äne*] ‚hinein'. *Gqng änen!* ‚geh' hinein!'; *äne mät der!* ‚hinein mit dir!'. In einigen Wendungen selbständig: *E huet ze def äne gesâhn* (sc. ins Glas, ‚ist betrunken'). *Mer fuere moren änen* (sc. in die naheliegende Stadt). Totenklage: *Ach Gott, wor def* (wie tief) *dâd er mer en änen* (sc. ins Grab), *wonnî selld er mer e weder gewännen?* (Freck). Einige geläufige Verwendungen: *änen dommen* (stopfen), *äne-*

fallen, kun (kommen). *Hoi, hoi,* sagt der Urwegner, *hē sûle mer bǫ̂ld äne kun* ,mit dem Wagen in den Graben geraten'. *Än äst äne kun* ,in eine langwierige Krankheit verfallen'. *Äne lossen, prampen* (drücken), *schessen* (Brot in den Backofen), *änenzappen* (zupfen). *E äs schîn än de siwenzij änen* ,schon in den 70er Jahren'. Hess. eine ,hinunter'. — DWB. 203. schwäb. eine, Schwäb. Wb. 2, 597.

einholen, fehlt. süds. s. *äbrängen* (einbringen); *erdînen* (erdehnen), *erlongen.* nösn. *änholn,* schw., moselfr. enhollen.

(**einhüftig**), **înhaffich,** (*înhäffich,* Agn.), nösn. *ēhaffich (S.-Reen)* ,mit einer (stark) hervorstehenden Hüfte', ,schief gebaut' (wenn die eine Schulter oder Hüfte höher ist als die andre, wodurch die aufrechte Haltung des Betreffenden beeinträchtigt wird). *Wad äs der passîrt, dat te esi înhaffich gîst (worde bäst?).* Auch als Schimpfwort gebraucht (Katzendf.). *De gêst guar ēhǫffich (Wallendf.).*

einhüllen fehlt; s. *äbuckeln, -buddern, mummeln.*

einig, înich, nösn. *ênich.* 1. ,einzig' †. »Hergegen die Leczin geantwortet, das sie das erste Haus von ihres rechten Vaters wegen als ein einige tochter besesse. Zu diesem Haus aber wer sie der nechste erb zur besitzung« (1599, Ger.-Prot.). »solcher schuld mit einem einigen wort nie gedacht« (1583). »und wenn Er herauss ist kommen, so hat ihm bald diesses bald ienes, welches Er zuvor gesagt, sie solt es so und so machen, und wenn es fertig gewessen ist, hats ihm nicht gefallen, darnach hat Er grausamlich geflucht und gescholten, und alles ohn einig gegebene Ursach« (1685). »Ich weiss diess einige, dass sie mit der Reissnerin einer gewissen Fleischerin ihrem jungen einen Brief schreiben lassen, in ihrem Hause« (1737, Cap. Cib.). »ein einiger Jüngling seinen Eltern« (1661, Qu. Kr. 4, 265). — 2. In der Bed. ,artig' (im Benehmen, nur von Kindern), ,hübsch, nett' (dem Aussehen nach von Kindern, jungen Mädchen), ,lieb' (Kind, Mutter). Syn. *schatzich, hērz.* Zu Kindern: *Net schrǭ (mâtz), sǭ înich. Wonn te înich bäst, gin ich der uch äst. Wo te net glej înich bäst, bekist te* (sc. Schläge). *Säch wē înich det Maichen äs (sätzt, špilt, ässt, schlêft).* Auch zu Erwachsenen: *Det Marichen . . . štrich mat der Hônt dem Ointz iwer de Štern 'nt sôt: Sôi einich Ointz, sôi einich!«* ,sei (wieder) gut' (Burzenl. — Volkskal. 1900, 78) — ,ein artiges Gespräch'. Im Zauberspruch:

Et wôren drǭ helich Frâen,
Dē hadden en înich Gešprêch.
Schuster, 314.

Als beliebtes Attribut zu »Schätzchen« mit besonders tiefem Gefühlston:

Än easem Gôrte blēt Rosmarin —
Meinj înich Schǫtzke net gǫngk bähin.
Schuster, 19.

Wor vil se mer madenûnder gegǫngen,
Ach, înijet Harzke meinj. Ebda., 2.

Înijet Druzken »das ist ein stehender, kosender Ausdruck, er sagt so viel und ist so zart, dass er sich nur schwer wiedergeben lässt. ,Niedliches, herziges Mädchen, Trautliebchen' ist ungefähr dasselbe« (Haltrich in H.-W. 40). »Zeuge: Anders nichts, als dass er sie ihr und einige im Reden geheissen« (1766, Obereheger.). Im Waisenlied:

»*Meitchen, am wot woinst (schrǭst) te?«*
Äm menj oinech Meterôe (Mütterchen).
(Draas, Kbl. 17, 103).

— Ganz in die Bed. ,lieb' übergehend: *Der înich Harregôt hêd et warlich uch e winich ôndersch arichte kannen* (Semp, Bezu°lt, 20). — 3. ,eines Sinnes'. *Se se sich nôch ned înich drif, wae se 't môche sellen* (Schönbg.). Nösn. *ênich* ,geeint' *(Wallendf.).* Syn. *enes Sännes; se sen înt.* — 4. Plur. ,etliche', ,mehrere', nur städt. Halbma. und Kanzleispr. Echte Ma. *ichen, echen* (s. d.), *enwevel.* »Auch wenn einige Altschafft zusammenkomt, so gehet Er mit der Pfarrerin darzu, setzet sich nieder, und saufft sich voll« (1713, Cap. Cib.). — Die Bed. 2 gibt gegenwärtig durchaus den eigentlichen Wortsinn wieder. Sie hat sich wohl aus der ursprünglichen Bed. 1 ,einzig' aus Kosebezeichnungen wie ,mein einziges (einzig liebes) Kind' (z. B. in den Totenklagen) entwickelt.

einigen, înijen schw. [Geh. Spr.]. *Se hu sich geînicht. Bae diar Dîlengk kenne se sij am den Hôf ned înijen* (Schönbg.). Echte Ma. *ens* (eines) *wärden.*

—, ênijen ,frei machen'. *Ich wäll mich senjer ênijen* ,ich werde mich seiner zu entledigen wissen' (d. i. sorgen, dass ich ohne ihn bin, Schässbg.). Vgl. *entênijen.* Zu mhd. ænigen. Aus Bertholds Predigten: Wiltû sîn niht ænigen? ænic ,los', ,ledig' Lexer 1, 73. Vgl. Kbl. 4, 82; 123.

einigerlei, † »oder auf ihre Verpflegung auf einigerley Weise Sorge getragen« (1785). Echte Ma. *enwevelerlǭ.*

Einigkeit, Îneget fem. [Geh. Spr., nur unvollkommen aus dem Nhd. eingelautet]. Im Hochzeitsspruch:

Fride, Frǫd och Îneget,
Wąnsche mer dê gange Luodjen!
Katzendf.

Var. *Frit, Frǫd uch Îneget*
Wäinjtschen ij ech zer Hochzet.
Schuster, 125.

(**einisch**), **înesch**, nösn. *ênesch (Wallendf.).* Adj. und Adv. ‚gleich'. Die allgem. Bezeichnung des gleichen Masses, ebenso in lokaler, temporaler wie modaler Beziehung. *Zwîn înesch Šteck* ‚zwei gleich lange, dicke, aus gleichem Material verfertigte Stöcke'. *Ed äs înesch färr bäs Mächelsbärch oder bäs Grîsẻ. Înesch gât, licht, hî, lqngk, gruet, kramm* usw. *Em mǫcht zwie înesch Lêcher* ‚gleich tief, breit'. Im Reim auf die verschiedenen Weine:

Deser eos dem Dînesch,
Den draingkt em înesch.
Reussen, Kbl. 28, 26.

De rêcht, (sc. *Hemt* ‚Hand') *qwer de längk — et doid oinesch woi* (Dä Ôlden, 46).

Se mer înesch uerem glech,
Se mer doch um Härze rech.
Käst., 114.

»Der weil jeder man von hof einesz (= einesch) gelt gibt, so gibt man auch gleich einesch gemein Lanndt vnd Besch dem armen als dem raichen« (1550, Kr. Qu. 3, 503). »das die strasse uber die wisen im winter unnd sommer die welczer (O. N.) einisch gehabt« ‚in gleicher Weise' (1591). »Die Leinwadt sol sie alweg ein Stück 50 Ele inhaben und einisch ausswendig und inwendig sein« (1589, Weberzunft). »Zum fünften soll der Zin einisch gemacht werden auf ein Prob« (1593, Kannegiesserzunft). »da der drey hatterthauff schier gleich und einisch ferr von einander in die kwer auffgeworffen sein« (1570). »denn es ist gewiss, das es ynen nicht eynesch gleich umbs herz gewesen ist« (Dam. Dürr, Hdschr. 518). »Dieweyll die Nachbar nicht einisch reich sein« (1603). — *Ängden înesch* ‚fortwährend', ‚in gleichem Lauf'. *E lew ängden înesch. E riet (seft, pipt, bêrt, kreischt, dräscht, lacht) ängden înesch* ‚ohne Aufhören'. — *înesch mǫchen,* nösn. *ênesch mqchn* ‚ausgleichen' (Flächen, Gartenbeet usw.). — Mundartliche Neubildung nach Analogie von Adjektiven wie *härresch, lǫesch.* Ebenso moselfr. ênescht.

einjagen, †. »Wie vil vnglück wirfft er (der Teufel) den Christen yn den lumpen? Wie fleissig lawrt der vnfromm gesell, biss er einen menschen eingeiagt?« (Dam. Dürr 1573, Hdschr. 754).

einjährig, **îjêrich**. Nur wenn der Ton darauf liegt, sonst *gêrich. Ich hun dem Kniacht [χ] en îgêrich Fârken ägedangen* ‚ein Ferkel von genau einem Jahr' (Schönbg.). Dagegen: *Me gêrich Fellen drẻst* ‚mein jahraltes Füllen leidet an geschwollenen Drüsen' (Ebda.). *E gêrich Fiellen* (Katzendf.).

einkaufen, **äkîfen** schw. 1. In den Städten gegenwärtig von der Beschaffung der Lebensmittel für den täglichen Bedarf. *Äkîfe gôn. Em mess halt sälwester äkîfe gôn.* Von einer schlechten Hausfrau: *Dẻ schäckt uch nor de Mêd äkîfen, dro sǫl se sich net wangdern, dat se hängden uch vîr bedrije wirt.* Die Geis antwortet dem Bären auf die Frage, woher sie komme: *Na, vum Môrt, em mess jô uch qld äst äkîfen* (H.-W., 82). — 2. Auf dem Lande, wo für den täglichen Hausbedarf im Hause selbst gesorgt ist, nur gelegentlich grösserer Veranstaltungen. *Kên de Brielft* (Hochzeit) *iäkîfen* (Katzendf.). — 3. Refl. *sij äkîfen* ‚sich durch Kauf Wohnrecht, Verpflegung usw. erwerben'. Term. techn. ‚durch Kauf in eine Körperschaft gelangen'. »Es fing der Chrestell Maurer erstlich an und sagt zum Actori, er hat sich in die Zech eingekauft« (1615). ‚durch Bestechung zu einem Amt kommen'. »Wenn einer der Brüder beleugt oder betreugt, auch wenn einer sich in ein Amt bettelt oder einkaufft soll Straf gebn den. 60« (1761, Brudersch.-Art., Gr.-Sch.).

—, † **Äkîfes** n. ‚Eingekauftes'. Im Märchen von den sieben Geislein: *De Gîs kǫm glqt vum Môrt hîmen en brôcht qllerhǫnd Äkîfes qf'm Räck* (H.-W., 82).

Einkehr, **Einkehrhaus** fehlt. s. *Letchef, Schingkes.*

einkehren, **äkîren** schw. [Geh. Spr.]. Formelhaft bei der Taufanzeige: *Ech ban ze Erlachberwirden agekîrt unt holden un am de hellich Döuf* (Neustadt i. B.). *Bẻ em Frängt* (Verwandten, auf der Reise) *äkîren.* »Dass er zu des Ministri SchwiegerVatter eingekehret« (1644).

einkerben, **äkärwen** schw. In der Wendung: *Den Numen un de Bûm äkärwen. Em hôt mer iän't Bǫflîsch iägekarft* ‚hat mir vom Speck (in der Bastei) gestohlen' (Katzendf.). Für das eigentliche einkerben aufs Kerbholz gilt *afschnegden* (aufschneiden).

einklagen, **äklôn** schw. *Ich hun en ägeklôt* ‚die Klage gegen ihn bei Gericht erhoben'. *Em heod äse Niuber gloiw ij ägekliut* ‚ich habe sagen hören, man hätte unsern Nachbarn (wegen Schulden) eingeklagt' (Gr.-Sch.).

einklauben, **äklouwen** schw., nösn. *änklau[b]m* schw. *(Wallendf.).* Term. techn. 1. ‚ein

Muster mit der Nadel in die Leinwand einweben, (mit färbigem Garn als Streifen in Tischtücher, Leintücher und Pölster). Syn. *iwerhiewen* (Girelsau). Sodann: ‚beim Weben *(wirken)* ein (farbiges, blumiges) Muster in die Leinwand einweben‘ (Gr.-Sch.). *Ech sql mer de Leist* (roter, blumiger Streifen) *iäkliēwen* (Katzendf.). — 2. *Den schîne Kirel* (Kittel, Rock) *änklaum* ‚den (Frauen-)Rock mit der Hand in sehr feine Falten legen‘ *(Wallendf.* Nur besonders kunstfertige Frauen verstehen sich darauf). — s. *klouwen* (klauben). Die Fäden müssen *geklouft* d. i. einzeln gezählt werden, in die der farbige Einschlag eingenäht bzw. eingewebt wird. Ebenso die Falten des Rocks.

einkleben, nösn. *änklêbm* schw. ‚einschmieren‘. *De klêfst dich jq guar än* ‚schmierst dich ganz ein‘ (mit Lehm, Kot). »ein Kessel, welcher bei dem backoffen e i n g e k l e f t ist« (Inventar *Windau*, 18. Jahrh.). — Zu nösn. *klêbm* ‚mit Lehm verschmieren‘.

einkleiden, äklîden schw., nösn. *änklêdn*. 1. ‚dem Rekruten die Uniform anlegen‘. *More sôl em âsen Honz äklîden* ‚steht er als Soldat ein‘. Neuerdings: *de Sästern äklîden* (die Schwestern der ev. Krankenpflege in Hermannstadt). *Ed äs nôch ned ägeklît* ‚trägt noch nicht das Dienstkleid der Krankenschwestern‘. — 2. Übertragen: ‚einen Gedanken in entsprechende Worte kleiden‘. *Der Härr Vuater wîss schuin, wae e dôd äklîde sôl* ‚wie er diesen Wunsch, Auftrag passend wirksam ausdrücken soll‘ (sc. in einem für den Bittsteller geschriebnen Brief, Schönbg.). *Klît dôd uch deor iän!* ‚bring auch diesen Gedanken (im Briefe) an!‘ (Gr.-Sch.). *Dî hôd iän dæ Wuiert viled iägeklît* ‚vieles vorgebracht‘, ‚eine gedankenreiche Rede‘ (Katzendf.). *Wæ selle mer det geæd äklîden?* (Gr.-Sch.). *E hadd et gor geæd ägeklît* ‚hat die Sache sehr gut dargestellt‘ (Ebda.). — DWB. 3, 215.

einklinken, fehlt; s. *äwerweln* (einwirbeln).

einklopfen, äklôpen schw. Term. techn. ‚eine *Kächen* (Fleischbrühe) oder Sosse mit einem Gemenge von Ei, Mehl, Milchrahm, kaltem Wasser (und Essig) anrichten bzw. verdicken‘ (vgl. *äbræn* ‚einbrennen‘). *Det Krokt äklôpen.* — Christine Schuster, 8. Vgl. *Ägeklôpsel.*

einkneten, äkniedeen st. 1. *De Kês äknieden* eigentlich ‚das Salz in den Süsskäse einkneten‘ und ihn so gar machen. — 2. ‚Milch in den Gebäckteig einkneten‘. *Mer hun nor esu gebqcken* (nur mit Wasser), *mer hqdden net Mäiltsch* (Milch) *zem äkniaden* (Schönbg.).

(einknöpfeln), äknîfeln schw. Intr. *Ed* (das Kind) *äs ägeknoifelt* ‚eingeschlafen‘ (Gr.-Sch.). Vgl. *der Knîfelštrăcker* (der Sandmann) *kit*,

einknüpfen, äknäppen schw. 1. *Hq̂, Štrî än’t Dach äknäppen* (um es so leichter tragen zu können). Besonders: ‚Geld in ein Tuch einknüpfen‘ (bei Besuch des Jahrmarkts oder der Stadt wird von den Frauen das mitgenommene Geld in den Zipfel eines Tüchlein geknüpft und in den Busen gesteckt). *Te messt der de Kretzer än’t Dächeltschen äknäppen* (Schönbg.). *De Zegânan kniäppt de Krojzer iän den Deachziäppen* (in den Zipfel des Kopftuches, Katzendorf). — 2. Bei der Rückkehr vom Taufakt knüpfen die Taufzeugen je einen ‚Zwanziger‘ in den einen Zipfel des seidenen Tuches, womit der Täufling bedeckt ist, ein. Das Beschenken heisst deshalb *ded Äknäppen* (Radeln). *Wevel huest te denjem Guitchen ägeknappt?* (Alzen). Sonstwo wird in den Taufpolster *ägebangden* (s. einbinden 1; ähnlich auch nhd. ‚Angebinde‘, ‚Geschenk‘).

—, äkobern schw. ‚Hanf in Pyramiden aufstellen‘. — Zu *Kober* ‚Kober‘.

einkochen, äkôchen schw. 1. Intr. ‚durch Kochen weniger werden‘. *De Supp, det Wasser äs gqnz ägekôcht.* (Vgl. *äbriejeln.)* — 2. Trans. In der Stadt: ‚Obst durch Sieden und Zuckerzusatz für den Winter konservieren‘. *Æjresch, Biren, Ierpern, Kîrschen, Marällen, Pelsen, Pierschen, Kwidden, Rosinen äkôchen.* Es wird unterschieden: *än Dunst* (sc. *äkôchen; Dunstîpes*, die Früchte werden im Glas durch den Dunst gesotten) und *Ägekôchtsel* (das Obstmark mit Zuckerzusatz gesotten). *Ägekôcht Pelsen* (ohne Zuckerzusatz) geben das *Pelsemus* (‿ ⏑ ⏑). Christine Schuster, 607.

einkommen, äkun st. 1. ‚einfliessen‘ (von Geld, Lohn, Pacht usw.). *Wevel Gield äs äkun?* (bei einem Ball, einer Sammlung usw.). »ist e j n k o m m e n denselben tag hirsch Rump 4« (1604, Almosenrechn.). »so sollen die gütter / so jhnen (sc. den gerichteten Missetätern) durch jhre misshandlung worden vnnd e i n k o m m e n sein / den schadhäfftigen ... widerstellet werden« (E. L. R., 193). — 2. ‚hineingelangen‘ †. »... von denen Leuten welche in der gemein keine vollige Zehendschafft nicht haben und in keine Zehendschafft nicht sind e i n k o m m e n« (1681, Kbl. 18, 96). — 3. ‚eine Eingabe, ein Gesuch machen‘, meist mit dem Zusatz *bittlij äkun*. *Der Millepächter äs weder äm Nôloss äkun. E wôr bittlich bæm Presbiterium äkun, em sîl ’n vum Schillîn befrqn.* — 4. ‚beikommen‘, ‚in den Sinn kommen‘. *Wqd äs der äkun?* ‚was fällt dir ein?‘ (Gr.-Sch.). *Wuot kit der iän, awer biäs te affich!* (Katzendf.). *Doingkt nor niu, et kid ij iän!* (⏑ ‿ ⏑ ‿) ‚es kommt euch schon in den Sinn, ins Gedächtnis' (Gr.-Sch.). *Et kit mer neo ned än* (◡ ◡́ ◡ ◡ ◡́ ◡), *wąt e gesiut hątt* (Ebda.).

Einkommen, Äkun n. [Geh. Spr.]. ‚Jahreseinnahmen'. *E hued e grîs Äkun* ‚hat grosse Einnahmen'.

(**Einkommung**), † »Es sollen Register in der Czech gehalten werden, darinnen soll beschrieben werden und auffgezeignet all einkommungen und aussgaben« (1605).

~, **äkotschen** schw., nösn. *änkutschn* schw. ‚in die Bettdecke hüllen', besonders refl. *ich hu mich gâd ägekotscht* ‚gut eingewickelt'. Moselfr. enkutschen. — s. d. Simplex und oben 1, 259.

einladen, äladen st. 1. ‚hineinladen'. *E wêr wiert, em sîl en iän de Bis* (Büchse) *iäladen ent dervuschæssen* (Katzendf.). — 2. ‚zu einer Festlichkeit usw. laden' [Geh. Spr.]. Echte Ma. *rofen* (rufen). *Af de Brielft iäladen* (Katzendf.). *Der Härr Fąrr huad um Säinjdich zem Iuwentmiul ägeląden* (Schönbg.). Scherzhaft für ‚gestorben sein': *Âser Härrgott hued en zem Fræštäckeln ägeladen ent hued en uch ze Mättąch gehąlden.*

Einladung, Äladungk fem. [Städt. Halbma. und geh. Spr.]. *Mer hun en Äladung af de Ball bekun.*

Einlage, Älôch fem., nösn. *Änluach* ‚Einlage im *Pill* (Polster)'.

einlassen, älossen st. 1. Trans. a) ‚hineinlassen'. »das ich in bey das Koffhaus solt ruffen alda die Wein einczulossen« (1600, Ger.-Prot. Oder zu ‚losen'? s. Losung). — b) ‚mit einem Fett einlassen'. *Ich hu mer det Gezech* (Webgezeug) *ägelossen* ‚mit Öl eingelassen' (Schönbg.). *De ną Fenstern mät Fernst* (Firnis) *älossen.* — 2. Reflex. ‚sich in eine Korporation (Nachbarschaft, Zunft) aufnehmen lassen'. »das keinem Jungen Meister der sich in die Ehrlige Czech ein gelassen hatt for den 3 Jahren ein Lehr Jung aufzusetzen zugelassen soll werden« (1627, Schneiderzunft). »Stephen Schuster der Ehrbarer Binder Zäch mitbruder hat sich eingelassen im Jahr 1665« (Kl.-Schelken, Böttcherzunft). Syn. s. unter ‚eingrüssen'. »Welcher in einer christlichen Nachbarschaft eine Wohnung bestellet und sich in einem Monath in die ehrliche Nachbarschaft nicht will einlassen, dem soll zur Poen Feuer und Wasser versagt seyn« (1729, Nachb.-Art. Reichesdf.). 3. Refl. mit Präp. *mät* und *af.* ‚sich in ein Geschäft, in einen Verkehr einlassen', ‚in eine Meinung eingehn'. *Sich mäd emestem älossen* ‚mit jemandem Verkehr unterhalten'. *Net loss dich mät diem än, dî bedrecht dich doch nor!* Namentlich auch Warnung vor Verkehr mit liederlichen Frauenzimmern: *Net loss dich mäd esi ener än. Än dąt (af dąt) lossen ich mich ned än* ‚darin willige ich nicht ein'. *Mät dem Lichten* (schlechten, charakterlosen Menschen) *sôl em sich ned äliussen* (Gr.-Sch.). *Et* (das gefallene Mädchen) *heot sich ze štark mät diam ägeliussen* (Ebda.). »Als man allhier den Rauch ausfegete, so sagte die Stippes Honnesin zu mir: ich solte mich mit der Gerg Seivertin nicht einlassen« (1759, Obereheger.). »Im vergangenen Jahr undterredet der Nachbar-Hann die Meretrix solte sich nicht mit verdächtigen Personen einlassen« (1687). »In welche straaff ich mich mitt nichten hab wöllen einlassen« (1584). »dass er sich in nichts einlassen wollt« (1584). »in das hat sich der widersacher eingelassen« (1562). »Dornoch hab der Piter eingelassen Järlich fl. 20 zu zalen« (1566).

~, **ilätzich** s. einlützig.

einlaufen, älûfen st. [Geh. Spr. und Kanzleispr.]. 1. Intr. Von Schaden und Mangel gebraucht. Abverlangen der Braut: *wêr awer înijer Mongel mäd ägelûfen, dî eabewasst end eabekungt wêr, sü walle mir den trâe Gott urofen, dî diejenije Mongel uewende wilj* (Gr.-Lasseln). »bin ich auf den gekauften born (Barn) gestigen, in meynung denselbigen zu zelen, hab aber befunden, das des grossen eingelaufenen Schadens wegen das nicht ist kennen geschehen« (1599). »daselbst wie von dem born geredet wurde und desselbigen eingelauffenen Schaden, ich zum Barbier gesagt« (1599, Ger.-Prot.). »solche schaden ingelaufen ist durch etlige leut von der gemein Mellembrig« (1586). »derweil aber ein Unglück mit den ochsen ist eingelaufen, das sie weck sein genommen worden« (1609, Ger.-Prot.). — 2. Trans. »mit blossem Kopf mauren einlauffen« (Krauss, Chron. 1, 380).

einläuten, älogden schw. [Geh. Spr.]. Der Jahrmarkt wird feierlich *ägelokt,* d. i. durch Läuten wird das Zeichen zu seinem Beginn gegeben. Urkundliche Belege aus 1501 und 1531 s. Kbl. 6, 17. »den thorhüttern das sie den Jarmark einleuten« (1571, Vill.-Rechn.). »Der Jahrmarkt soll nach dem Einlauten gehalten werden und folglich Niemanden gehindert sein, zu verkaufen« (1724, V.-A. 27, 549, Art. der Strumpfstrickerzunft).

einlegen, äliejen schw. 1. ‚hineinlegen'. Als term. techn. auf verschiedenen Gebieten. a) ‚Hanf in den Bach zum rösten legen'. *Den Honew äliejen.* (Der Hanf wird in den Bach eingelegt, mit Erde und Steinen beschwert und mit Pfählen befestigt. Das *Honewäliejen* erfordert genaue Arbeit, da sonst der Hanf vom Hochwasser bei Gewittern leicht weggeschwemmt wird.) Zeitbestimmung: *Et wôr äm Honewäliejen* ‚Ende August bis Anfang September'. »Es hat sich begeben, das im vergangnen Jar des Fürsten Flachs und auch einestheils der gemein leut ihrer ist ins Wasser eingelecht worden« (1609, Ger.-Prot.). — b) *Kampest* (Kraut) *äliejen*. (Die Krautköpfe werden von der Oberdecke gereinigt, und in Reihen, gut eingesalzen, in die *Kampestbitt* gelegt.) — c) Wäsche in die *Bechbitt*. »Solte einmahl die Dienstmagd das Gedaiss oder die leinene Kleider und Sachen zum waschen einlegen« (1772, Obereheger.). — d) Fleisch in die Pfanne (zum braten). »er kommt nach Hause und setzt ins Hauss (Diele, Küche) nieder, mein Herrin aber hat den braten in 2 Schüsseln eingelegt, springt auff und fieng auff sie grausam an zu schlagen« (1692, Cap. Cib.). Syn. *Flišch äschnegden*. — e) Wein (in den Keller). »Wer frembden Wein einleget, soll der Nachbarschaft Strafe geben fl. 1« (1729, Nachb.-Ordn. Reichesdf.). »(Auf dem Landtag zu Thorenburg ist beschlossen worden) und hat kein Stadtmonn, so ein eigen Hauss, mehr als 12 Koffen Wein nicht einlögen dörffen. Ein Siedler 4 Koffen« (1550, Kemeny, Fundgr. I, 88). Syn. *äschröden*. — f) Eis (in den Keller). »Acht Tage vor der Fastnacht, als man Eis eingelegt, wusch ich gedeiss« (1669, Ger.-Prot.). — g) *Štälpen mät Mîrtert äliejen* (Hohlziegel als Deckziegel der Dachfirst oder sehr steiler Dächern werden durch Mörtel eingemauert). — h) ‚Achse einlegen'. »Item an den 2 karren das im 3 åssen eingelagt hat« (1528, Qu. Kr. 2, 105). — i) ‚eingelegte Tischlerarbeit'. »Das eingelagtte Hemmelbeht met sampt dem roden weiss seidenen furhangk« (1646, Teilungsprot.). 2. ‚einquartieren'. »warumb hab ihr mir wider gäst eingelegt, wenn ich nicht daheimb bin?« (1669, Ger.-Prot.). 3. ‚Brand legen'. *Det wôr ägelôcht Feier*. Gewöhnlich nur das Simplex *gelôcht Feier*. »oder aber ob das feuer eingelegt worden sei« (1619, Ger.-Prot.). — 4. † ‚eine Handschrift, Verpflichtung einlegen'. »Dieweil ich verstehe, das der A. draj Handschrifften von mir fodert, als dass Sie meinem H(errn) zu trajen Händen wären eingelegt worden« (1650, Ger.-Prot.). »Ich widerspreche diejenige Handschrift, die ich eingeleget, nicht« (1672, Ger.-Prot.). Übertragen überhaupt: ‚eine Verpflichtung übernehmen'. »weiln J. sich nicht nach eingelegtem obligat helt, welches ich in vigore zu erhalten begehre, und selbigen laut dessen eingelegten zu gebührender Poen zu ziehen« (1689, Cap. Cib.). »auch einem löbl. Judicat hierob ein Obligatorium eingeleget, dass, wenn er sich nicht bessern würde, er gescheiden werden solte« (1692, Cap. Cib.). — 5. ‚sich für (wider) Jemanden einsetzen'. »dass ich's ihme untersagt, es solte nicht zum Fernolend gehen, wo der Wachtmeister im Quartier lieget, aus der Ursach weilen ich erfahren müssen, dass wenn ich etwas mit meinem Weibe gehabt, sein sie gleich kommen und haben sich vor sie eingelegt« (1780, Obereheger.). »was lecht ihr euch vör diesen Menschen ein?« (1653). Im Absagebrief des Joh. Honterus an den Rat von Hermannstadt: »So nu aber die öbersten bey vns mich endtlich nit wolten nach kundten lassen zihen hab ich mich wider meine beste gunner, herrn vnd freund nit willen einlegen« (Hont., 211). — 6. Ein Bild einlegen *(sij e Beltchen äliejen)* ‚sich bei Jemandem durch eine Dienstleistung beliebt machen'. *E wûl sich nor e Beltche bä em äliejen. Na äs hie ämgedrêt, äm sech bä den Härrn e Beltchen änzeliejen* (Sch. T. 1896, 112). — 7. ‚bei einer Erbteilung in Rechnung setzen'. »(Kinder, die im voraus bei ihrer Hochzeit von den Eltern Güter empfangen haben, sollen bei der Erbteilung) das, was in auff Hochzeit vnd ir generung geben ist, alles einlegen« (1555, Rechtsgesch. 2, 365). »(Vorempfang auf Studien usw.) sol ja auffgerechnet vnd in die teilung werden eingelegt« (E. L. R., 85). — 8. ‚in die Wettkasse (gegenwärtig *Pingka)* einlegen' (als Einsatz beim Preisschiessen). »hätte die Fiottin den Adolescenten mit dem Hocken nach der Tarchin (Tartsche) zu schiessen nicht verursachet, mit dem, dass sie für ihn eingelegt hat, wäre dies Unglück nicht geschehen« (1608, Qu. Kr. 5, 205). »Niemand soll auf eines andern Schusch (ß) einlegen, bei Strafe 25 Asper« (1737, Ebda. 5, 391). — 9. Ein Spiel: *Hîlzken äliejen*. (Dasselbe Spiel, das man sonstwo ‚Ringlein verstecken' oder ähnlich nennt. Die Mitspieler setzen sich im Kreis herum um einen von ihnen, der den Ring oder das Hölzchen in die zusammengelegten Hände eines der Mitspieler versteckt. Ein anderer ist ausserhalb des Kreises und ‚hütet' d. h. er hat nachher das versteckte Ringlein zu finden. Rät er dreimal hintereinander fehl, so muss er entweder ein Pfand geben — das er am Schlusse, meist mit einem Kuss, auslösen muss, — oder er wird ‚verheiratet' d. h. zwei Mitspieler (meist

Mädchen) geben drei Fingern Namen, von denen er dann einen wählen muss (Katzendf.).

einleiben, † »(Kirchen- und Stadtgüter) sollen irem leib / dauon sie abgerissen / widerum eingeleibt / vnd jene ersetzet werden« (E. L. R., 140).

einleimen, älemen schw. *De Feᵉs ⁱäᵑ't Štᵒᵉltschen ⁱälⁱemen* (Katzendf.).

Einleitbrot, Älîtbrît n. ‚Brot, als Stolargebühr für das *älîden* der jungen Frau, bzw. jungen Mutter'. — s. *älîden.* »An Hochzeiten, wenn die Braut in die Kirch eingeleitet wird, soll der Bräutigam pro introductione suae sponsae dem Rectori geben ein Einleitbrod und Oct. Vini 2., ist denn kein Wein vorhanden, 2 Oct Bier, und einen Rindfleisch, Clotsch und ein Handlich« (Salzer, Volksschule, 43).

einleiten, älîden schw. 1. Term. techn. a) *De gang Frâ ⁱälîden* ‚Einsegnung der jungen Frau am zweiten Hochzeitstag' (Katzendf. und sonst allgem.). Zur Kirche wird zum erstenmal *gebockelt* (geschleiert) gegangen. Die junge Frau wird meist vom ganzen Hochzeitszug geleitet (mit Musik und Maskentreibern), an der kirchlichen Einsegnungsfeier nehmen nur die Brautfrauen teil. Bei der Rückkehr ist das *Verštiᵉlen* (Stehlen) der jungen Frau üblich. Die einzelnen Bräuche dabei s. Mätz 82, 98; Fronius, 79; Wittstock, 93. »Der nicht gehorsamet, dem soll die junge Frau folgenden Tages nicht eingeleitet . . . werden« (1765, Visit.-Art., Meschen). — b) Auch der erste Kirchgang der jungen Mutter nach der Taufe des Kindes wird *älîden* genannt. Dabei wird die junge Mutter von der *Amtfrâ* (Hebamme) oder der eigenen Mutter begleitet. Auf den Altar legt sie eine Kerze, einen Groschen und ein Brot *(det Älîtbrît* genannt) Fronius, 26; Hillner, 45; Wittstock, 80; Sächs. Burzenl., 439. Syn. *de Frâ erouslossen.* Doch wird auch *ouslîden, Ouslîtbrît* dafür gebraucht. Näheres s. oben 1, 328 und *äsätzen* (einsitzen). — 2. ‚hineinleiten' † »Als wir den Hannes Gant (ins Gefängnis) einleiteten« (1677, Ger.-Prot.). — Die Bed. 1 ist in a) (Jungfrauentag) vom feierlichen Geleite zur Kirche hergenommen und sodann auf den Kirchgang der jungen Mutter (Taufe) übertragen worden. Anders J. Roth, Kbl. 15, 122. Vgl. schwäb. eibleite (Schwäb. Wb. 2, 589).

einlösen, älîsen sch. Term. techn. 1. ‚ein Pfand, namentlich auch versetzte Ackerstücke durch Rückzahlung der Schuldsumme zurücklösen'. *Dî kûn de Loinjder senj Duᵃch nemi älîsen* (Schönbg.) — ‚zurücklösen'. »Wenn bewegliche Güter, Kleinodien, Hausrat usw. verkauft werden) die nehesten biss auff die Enckel vnd geschwistert Kinder sollens ein zu lösen macht vnd recht haben« (E. L. R., 136).

einlützig, îlätzich, nösn. *êlätzich.* Allgem. ‚einzeln', ‚alleinstehend', mit dem Hintergedanken, dass sonst das betreffende Ding (Person) mit mehreren verbunden (paarweise) vorzukommen pflegt. Gegenwärtig mehr auf Sachen beschränkt: *En îlätzich Štrump, Schach* (Schuh), *Hintschen* (Handschuh), (der fehlende andere Genosse s. *Geläfter*). *Hoᵉs te en oilätzeje Kretzer?* ‚alleinstehenden Kreuzer', ‚gewechseltes Geld' (Draas). *Ed äs af der Â en oilätzech Oᵉssn* ‚ein Ochs, der sich von der Herde verlaufen hat' (Ebda.). *En îlätzich Îssen* (sc. zu dem ein anderer gehören würde, Mühlb.). *Det Fârt wôᵉr êletzich* (Umgeb. Reps). Auch von Personen: *îlatzich* ‚unverheiratet' (Kronst.). *Îlätzich gôn* ‚einzeln, hintereinander'. (Syn. *Wâ de Hangt nô Bluᵉsendref*). Ältere Belege: »Sonder dy achter streng eynliczig soll man geben den. 1 ½« (1539). »ein einleczig Sinckell« (1570). »ein einlitzich gross Senckel« (1575, *Bistritz,* Cap.). »allein ein einleczig Tisch on ein Rumpf« (Inventar, *Kl.-Bistritz).* »eins ausgenommen, das einletzigen personen zu ihres haus gebrauch und nothdurft macht zu kaufen bleibt« (1570). »die schaff und geissen auch andere fich, so denen von Paplaka eigen sindt, sollen sie auf dem einletzigen hibell (ss. *Häffel* ‚Hügel') halten und weiden« (1584). »Eben wie die ordnung noch yzunder bey stedenn behaltenn wirdt, das mann heüser hat, für die grindigenn und für die siechenn, da sie einletzig lebenn« (Dam. Dürr, Hdschr. 336). »Bald bevilt der vater, er sollt das gebusch scheyden, und ein rutlin einlezig nach dem andern zubrechen« (Ebda., 503). »Item Ein Pahr alt Seidel Spangen vnd ein einlezig Spang« (Teilbrief 1607, Kbl. 12, 111). — mhd. einlützec. »Es sollen auch einläzige leute dem schultheiss geben ein firnzel habern« (Alzei, Gr. Weist. 1, 799). DWB. 3, 229. Köln. eilätzig ‚einzeln' (Hönig, 41); lux. êlätzich; eifl. eiletzig (Hecking, 30); hess. einlützig Crez., 332. Schm. 1, 1548. Schwäb. Wb. 2, 626.

einmachen, ämâchen schw. 1. Term. techn. für verschiedene Verrichtungen. a) *Det Kîrn ämâchen* ‚den Weizen vor dem Säen mit Kalkwasser übergiessen' (so Neustadt i. B. und sonst allgem.). — b) *Feier ämôchen* ‚Feuer im Backofen anzünden'. — c) In der Küche: ‚Gemüse, Gurken zu längerer Verwendung zubereiten'. *Æjresch, Kratzewetz* (Gurken) *Biᵉrtrem (Fiᵉferkrokt) ämâchen.* (Von Früchten s. *äkôchen*). (Ferner in der Stadt): *Ägemâchtet* ‚Fleischbrühe von jungen Hühnern oder jungem Lamm- und Kalbfleisch mit verschiedenen Zutaten'. (Von der *Kächen* unterschieden durch leichteres *äbrên* und zarteres Gemüse, das hier nur Zugabe ist, während es in der *Kächen* die Hauptsache bildet. Daher: *Hengkeln-, Lemmchen, Kǫlfsägemǫchtet,* aber: *Krumpirn-, Ǣjresch-, Appel-, Murekächen.* Doch auch: *Kiesten-* (Kastanien), *Paradeis-* (Tomaten-), *Piterseljenägemǫchtet* (Petersilien-), weil auch hier die Vorstellung der betreffenden Gemüsezutaten überwiegt. Unter *Ägemǫchtet* allein wird gewöhnlich Hühnersuppe (mit Ziweben) verstanden. *Kôch em* (dem genesenden Kind) *na e gâd Ägemǫchtet!* Scherzhaft: *Wonn ich der äst* (etwas, eine bestimmte Neuigkeit) *sôn, fällst te än'd Ägemǫcht* (sc. vor Überraschung, Hstdt.), Christ. Schuster, 122. — d) Kürschnerarbeit. *De Fêl än de Bîss* (Beize) *ämǫchen* (Gr.-Sch.). — 2. Vom körperlichen Befinden, in der Wendung *licht ägemǫcht* ‚in kränklichem Zustand, empfindlich'. *Ech kun ned än't Kǫlt* (ich darf nicht ins Kalte gehen), *ich bän heier licht ägemǫcht* ‚bin leicht zu Erkältungen geneigt'. *Dî äs uch licht ägemǫcht* ‚sieht mir gefährlich krank aus'.

einmähen, ämên schw. ‚Vom fremden Wiesenstück soviel abmähen, dass von ihm nichts mehr übrig bleibt'. Nach dem auf unkommassiertem Hattert bestehenden Besitzrecht wurde ein grösseres Wiesenstück erst beim Mähen unter die (10) Teilhaber in schmalen Streifen aufgeteilt, wobei es oft vorkam, dass dem nicht Anwesenden sein *Dîlchen* (Teilchen) von dem Nachbar *ägemêt* wurde und so ganz verschwand.

einmahnen, † »Darauff der angeklagt in seiner anttwortt anzeigt, das die ausgethane schulden im register lengst eingemahnett, verrechnett worden, und ein iedes teill der erben das seine entpfangen habe« (1565). Echte Ma. *äklôn* (einklagen).

Einmahnung, † »er mag auch drumb von einmanung seiner schulden / nicht abgewiesen werden« (E. L. R., 108).

einmal, îmôl. 1. Gegenwärtig zumeist durch *ist* (einst) vertreten und nur in einigen Wendungen vereinzelt neben *îst* gebraucht, zum Teil mit noch durchschimmernder Zahlvorstellung (*îst* ist volkstümlicher, *îmôl* klingt geziert, städtisch). a) In der Negation *ned emôl. Ned emôl dingk drun!* ‚daran ist gar nicht zu denken!'. *E huet mich ned emôl gegrosst, huet mer ned emôl gedǫngkt. Ned emôl seng Kängt wôren em af der Lech.* (Überall ist dafür auch *ned îst* üblich). — b) *Ich hun der et gesiut, dôt gîd îmiol* (⏑ ⏑́) *net* ‚das geht nun einmal nicht' (Schönbg.). *Eimol gegien, eimol genun, daud as wei geštoulen* (Marienbg. i. B.). *Îmiol am't ûnder geng e än't Letschef* (Wirtshaus, Schönbg.). Sprw. *Drǫmôl ackern äs îmôl mästen. E hued îmôl gedrangken* ‚hat eins über den Durst getrunken', ‚ist lustig geworden'. Rätsel:

Et sanjd äm Bäsch en Nôchtegôl,
Dê frässt e Felen aw emôl.
(Wolf; H.-W., 400).

— 2. In älteren Aufzeichnungen: »Der Klein Michael hat nicht einmal diese fraw geschmehet, sondern nu etlich Jahr her sie oft und zeitlich (ss. *zeklich* ‚oft') zauberisch Hurengeschlecht gescholtten« (1599, Ger.-Prot.). »Ittem man soll auch schawmaster bestellen vnnd halten, dy alle wochen eyns mals dy arbeytt ader das geschueg beschawen« (1539, V.-A. 16, 401). Temporal: »Einmahl war sie zu uns, und da kam der Corporal« (1759, Obereheger.). — 3. In Verbindung mit dem verallgemeinernden *alt (ald emôl.)* ‚manchmal' s. oben 1, 69.

einmargerieren, ämargerîrn schw., nösn. *änmargerîrn* schw. [Städt. Halbma.]. In der Wendung: *Gǫngk, loss dij ämargerîrn* ‚lass dir heimgeigen!' aus der nhd. Umgangssprache (für einmarinieren) entlehnt.

einmauern, ämouern schw. *Fenster, Diren ämouern.* »(einen Kessel) yngemwrt« (1526, Kr. Qu. 1, 675). ‚Gewisses Material zu einer Mauer verwenden': *Dî Bedräjer huad ǫlles nor Štäcker net gûnx Zäjeln ägemiurt* (Schönbg.).

einmengen, ämängen schw. 1. ‚einstreuen' (meist nicht dazu Gehöriges zu einer dadurch verunreinigten Masse). *E hôt Giêršt iän't Kuieren iägemuonjt* (Katzendf.). *Än desem Kuiren äs vil Durt ägemoinjt* (Schönbg.). — *Krumpirn än't Brît ämängen* (sc. beim Backen). *Mer messen uch ämoinjen* ‚auch minderwertiges kochen' (Gr.-Sch.). — 2. Übertragen: ‚sich oder einen anderen in eine (unangenehme) Sache einmischen'. *Hiar huat sich mer Nemest änzemoinjen* ‚das geht Niemand andern etwas an' (Schönbg.). *Dê Ôlden* (sc. die Schwiegereltern) *sîle sij uch ned iwerǫl ämoinjen* (Gr.-Sch.). *E hôt Nuit gehôt, sich dôr iänzemuonjen* (Katzendf.). *Wǫt huad er mich duar ägemoinjt?* (Schönbg.).

einmessen, ämiessen st. 1. ‚messen'. »Die Zehendner sollen das geträdt also im Administrieren messen wie sie es auff dem ort eingemessen haben, und soll von dem ort so man die frucht fährt ein erliger mann unter den eltisten neben dem Zehendner mit der Frucht dahin reisen da sie der Zehender einwehren soll« (1628). — 2. ‚(betrügerisch) so messen, dass weniger herauskommt, als eigentlich an Ware usw. vorhanden ist‘. *En Îmer ämiessen* (beim Weineinkauf). *Der Gewalwer* (Kaufmann) *huat mer en Ial ägemêssen* ‚es fehlt eine Elle von der zugemessenen Leinwand‘ (Schönbg.). *Dôd äs gor en getzich* (sc. Frau), *dae wert sij uch de Sîl ämêssen* (Ebda.). Vgl. *äwejen* (einwägen).

einmischen, ämäschen schw. 1. *Em mes ämäsche, won et longe sąl* ‚man muss auch Minderwertiges kochen, wenn es reichen soll‘ (Gr.-Sch.). *Dê* (sc. die jungen Eheleute) *wedn* (würden) *geet liawen, wo sich net de Schwijeralder ämäsche sîlen* (Ebda.). *Net mäsch dij iwerąl än!* (Ebda.). Gebräuchlicher dafür *ämängen*. — ‚sich in alles einmischen‘: *Dąt štächt de Nues än alle Suppen.* — 2. Beim Kartenspiel: *E hôt wedjer en Kôrtel iägemiäscht* ‚hat betrogen‘ (Katzendf.).

einmummeln, ämummeln schw., nösn. *änmummeln* schw. Refl. ‚sich dicht mit Oberkleidern einhüllen‘ (gegen die Kälte). *Woräm huast te dij esu ägemummelt?* (Schönbg.).

Rîseštôk! Rîseštôk,
Än dem weisse Wängterrôk!
Huest te dich drän ägemummelt.
Kast. 59.

Syn. *äbuckeln, äbuddern.* ndd. inmummeln; köln. enmukkele (Hönig, 43).

einmütig, îmêdich [Geh. Spr.]. Wahl des Zechmeisters: *De Štamme sen oimâdij oegegin, vun enem geede Moister, wâ vum emdern, bäs aw âsen N. N.* (Name und Würde des Erwählten). V.-A. 21, 204 (Agnetheln).

einnähen, änên schw. 1. ‚hineinnähen‘. *Det Gield änên* ‚das Geld ins Hemd, *än't Laibel* (Weste) einnähen‘. *De Ärmel änên* (sc. in den Rock). Scherzhafter Aberglaube: Wenn eine Frau an einem Kleidungsstück näht, das man auf dem Leib hat, muss man einen Zwirnfaden in den Mund nehmen, weil einem sonst der Verstand ans Kleid mit eingenäht wird. *Nea nên ich der de Verštûnd iän* (Katzendf.). — 2. ‚nähen, damit das betreffende Kleidungsstück enger werde‘. *De moæss nôch iänên, ed iäs ze wetch* (Katzendf.).

Einnahme, Änôm fem. [Geh. Spr.]. *Mer hadden en gâd Änôm* (sc. bei einem Balle, einer Veranstaltung usw.). Vgl. auch unter ‚einnehmen‘ 1 b und 2 d.

einnehmen, änin st., nösn. *änni* st. 1. Gegenwärtig fast durchwegs nur in der Bed.: a) ‚Medizin einnehmen‘. *Der Dokter hued em äst zem änin verschriwen. Ed äs Zekt zem änin. Huest te iägenun? Dî hôt vuer de Flî ägenuen* ‚hat gegen die Flöhe einen Schlaftrunk eingenommen‘, ‚ist betrunken‘ (H.-W., 388). »Als mein Hauswirt sie aber befrachte, warumb dass sie so fiel tränk hat e i n g e n o m m e n, antwortet sie, dass ich es habe wollen verschaffen« (1650, Ger.-Prot.). Scherzhaft: *E hôd gead iägenuien* ‚ist betrunken‘ (Katzendf.). Ebenso: *Dî heot hejt schui gead ägenun* (Gr.-Sch.). — b) ‚Geld einnehmen‘. *Wevel hued er ägenun?* (auf einem Ball, bei einer Veranstaltung usw.). *De Schoster hun un desem Giurmert* (Jahrmarkt) *geød ägenun* ‚gute Geschäfte gemacht‘ (Gr.-Sch.). — c) Obsc. *Se hôd iägenuien* ‚ist schwanger‘ (Katzendf.). — d) ‚einschliessen‘. *Äst mäd änin* (durch einen Zaun, durch ein Band, Binder Coll.). *Det Gekretzel* (Unkraut) *nit de Štêk* (Weinstöcke) *än* (Gr.-Sch.). — e) nhd. ‚eingenommen‘ (Kopf, Atem) s. *benun* (benommen). — 2. In der ältern Kanzleisprache in mehrfacher Verwendung. a) ‚hineinnehmen‘. »Die / so Dieben / Rauber oder ander vbelthâter wislich zu sich e i n n e h m e n vnd beherbergen / machen sich jhrer verschuldung teilhafftig« (E. L. R., 166). »Es wird nun 12 Jar sein, dass ich des Georg Clemens Hausfrau von der gassen e i n n a m, dass sie nicht fur Hunger starb« (1619, Ger.-Prot.). ‚In eine Korporation (Zunft, Nachbarschaft) aufnehmen‘. »Item eines worn mir in der Nachbarschaft bei einander, bittet sie uns, das mir sie in die Nachbarschaft sollten e i n n e m e n« (1609, Ger.-Prot.). »soll nicht e i n g e n o m m e n werden (in die Zunft)« (1614, Schusterz.). — b) ‚Zeugen vernehmen‘. »Ehe man fûr Gericht nicht geklaget vnd auff zeugnûs nicht beruffen hat / kan man von rechts wegen Zeugnûs weder stellen noch e i n n e m e n« (E. L. R., 30). »Derwegen als mir die eingefuerete Zeugen von beyden theillen haben e i n g e n o m m e n« (1595). »und uns gebetten, das mir dieselbige (sc. Zeugen) e i n n e m e n« (1567). »dass wir etliche unterschiedliche Personen solten mit dem Eyde e i n n e h m e n« (1671, Cap. Bog.). »dass der Pastor eccl. Czik. Mich. Sixti . von uns begehret etlige Zeugen mitt dem Jurament e i n z u n e h m e n« (1697, Ebda.). — c) (wie nhd.) ‚mit (gefälligen) Worten einnehmen‘, ‚gefangen nehmen‘. *Dê äs dich doräm fuir ären Oidem* (Eidam) *gor štąrk ägenun* (Gr.-Sch.). »Dieweill aber diss Weib, desselben wass Gott dem Weib aufferleget, und wass ihr in der Copulation fürgezehlt worden, gar nichts achtet, sondern sich von dem leidigen Asmodo so gantz und gar hatt lassen e i n n e h m e n« (1636, Cap. Cib.). »Sonsten bin ich oft hinkommen, bey den Leonhard, Dass Er sie geschlagen hat, darnach wiederumb mit schönen Worten eingenohmen, ihr schöne Kleider, Seydel angezogen, die Peltz abgenohmen und schönere angeleget, die Nadelen aussgezogen und andere eingesteckt« (1685, Ebda.). — d) ‚Waren, Geld einnehmen‘. »er mag den erbfal one gefahr einnemen vnd behalten« (E. L. R., 116). »das er das Jar yber Mye hot gehot in der Stat Scheuren mit dyl einnemen vnd ferkeyffen« (1547, Qu. Kr. 3, 76). »ir aynnemen vnnd alle czwgeng des czwayneczygst« (1534, Ebda. 2, 382). welcher eynnemen tuott ynn ainer Summa . .« (Ebda. 2, 383). »von wegen alles Einnemens vnd auch auszgebens der Zeg Mylen« (1547, Ebda. 3, 76. nhd. ‚Einnahme‘). — e) ‚Land einnehmen‘ (wegnehmen). s. Kbl. 33, 114. — DWB. 3, 237.

einnicken, änäcksen (J. K. Schuller) und *änäcken* (Agnetheln), sonst *ändrejen* (-trocknen), *ännoppen;* schwäb. einocke (Schwäb. Wb. 2, 631).

einniſte(l)n, änästeln schw., nösn. *ännästeln;* in der Wendung: *Dî iäs nea uch hiêr iägeniästelt* ‚der (ein Fremder) hat sich im Dorf festgesetzt‘ (Katzendf.). DWB. 3, 240; moselfr. sich enneste(le) n.; holl. nestelen refl. — V.-A. 33, 26.

Einöde, fehlt. s. *west* (wüst). *West Lânt, Štäck; Pustîe* (nösn. *Pustêe).*

—, änoppen schw. ‚einnicken‘ (im Schlaf). *Ich wôr nor e bätzken ägenoppt.* Vom festen Einschlafen: *E noppt wae zefriden än* (Volksfr. Kal. 1898, 140). — s. d. Simplex.

einpacken, äpacken schw. *Ech mes äpacken, ich sûl ewêch.* Bei den vielen und langen Wagenfahrten früherer Zeit auch ‚sich zur Reise rüsten‘. (Dazu gehörte ebenso die Neuausrüstung des Gefährtes wie die Beschaffung von reichlichen Lebensmitteln). Was ein solches *äpacken* zum ‚Landtag‘ od. zur Universität umfasste, vgl. die Schilderung aus dem Repser Stuhl, V.-A. 37, 127 f. Daher in *äpacken* zugleich die Vorstellung der Fülle ‚voll einpacken‘. *Dî huet sij ägepackt* ‚hat sich voll und ganz ausgerüstet‘. Euphemisch: *E hôt sij ed iägepackt* ‚gestohlen‘ (Katzendf.). *Âs Kniacht kemm* (kann) *äpacken* ‚isst gehörig‘ (Gr.-Sch.).

einpaſſen, äpassen schw. *En Štâlfoss äpassen.*

—, äpâtzen schw. ‚einpöckeln‘. *De Zang* (Ochsenzunge), *Schungk* (Schinken), *Huesen* (Hasen), *Langebrôden äpâtzen.* — Zu *Pâtz* fem. ‚Beize‘ ‚(Salz)brühe‘.

einplätſchen, äplætschen schw. ‚durch *plætschen* (mit lautem Krach schlagen) einschliessen‘. *Det Kainjt heot sich de Fainjer ägeplâtscht* (Gr.-Sch.). *De Vijel mät der Hurt* (Fallkorb) *äplætschen. De Hânt, den Zäppen* (Rock-, Kleidzipf) *än de Dir äplætschen. Dî hôt sich det Mel* (Mund) *än de Dir ägeplâtscht* ‚ist mundfaul‘ (Draas). *Emesten äplætschen* ‚einschliessen‘ (durch Zuschlagen der Türe). *En Vijel äplætschen* (sc. durch Zuschlagen der Falle). Besonders: *et hued es hæ ägeplætscht* ‚der Platzregen hat uns in einem Haus, in einem Versteck eingesperrt‘. Ärgerlich auch von (dadurch lästig werdendem) Besuch, der am eigenen Ausgehen hindert: *Mer kangden net kun, et hadd es e Besäck ägeplætscht. Ich sûl glat zeo ich kun, driu plätscht mich de Niuberan än* (Gr.-Sch.). »bin ich mit eingepletscht worden« (1660, Trauschenfels, Magaz. 1, 152). Syn. *ändân* (-tun). In *äplætschen* liegt der Begriff des raschen, gewalttätigen Einschliessens, *ändân* geht mehr auf die längere Dauer. — s. d. Simplex.

iäplêtern schw. ‚ein Glied irgendwohin so *äplêtschen* (an-, einschlagen), dass dadurch eine *Bliuder* (Blase) entsteht‘ (Katzendf.). — s. d. Simplex.

einpöckeln, fehlt. s. *äpâtzen.*

einpredigen, äprädijen schw. 1. Trans. ‚etwas dringend einprägen‘. *Der Farr hôt dên zwê iägepradicht* ‚hat ihnen Einiges recht eindringlich gesagt‘ (Katzendf.). *Ich hun em nia ägeprädicht* ‚habe ihm jetzt tüchtig Verhaltungsmassregeln gegeben‘ (Schönbg.). — 2. Refl. ‚die Eingrusspredigt halten‘. *E huet sij um Sangtij ägeprädicht.* — Syn. *ägressen* (eingrüssen).

einprumpen, äprampen schw., nösn. *änprâmpm* schw. ‚vollstopfen‘. Vom Essen: *e hued ägeprampt* ‚gierig gegessen‘. *Ägeprampt vôl* ‚ganz voll‘. Köln. enprämme ‚einpressen‘, engeprempt ‚voll gestopft‘ (Hönig, 43). — s. d. Simplex.

einquartieren, äkwatîren schw., nösn. *änkwatîrn* schw. *Wuer kwatîrst te dij än? Ech sql menje Frqntch [χ]* (Freund, Verwandten) *îrest iäkwqtîren* (Katzendf.).

Einquartierung, Äkwatîrungk fem. 1. ‚Soldateneinquartierung (während des Manövers)‘. — 2. Scherzhaft. a) ‚Webstuhl‘. *Mer hun Äkwqtîrungk än de Štuf bekun* ‚wir haben den Webstuhl aufgestellt‘ (Schönbg. Der *Wirkšteol* ‚Webstuhl‘ heisst scherzhaft auch *Rittmîster* ‚Rittmeister‘). — b) ‚Ungeziefer‘, ‚Läuse‘. nösn. *E huad Änkwartîrungk. Nammi krqtz dij esubel, de huast hqlij Änkwartîrungk* (nösn.). Vgl. Schwäb. Wb. 2, 632.

einquetſchen, äkwætschen schw., nösn. *änkwâtschn* schw. *Ich hu mer de Hqnt, (de Fänger) ägekwætscht.*

—, ärätschen schw. Intr. ‚durch *rätschen* (gleiten) einfallen, zusammenfallen‘. *De Mouer* *äs ägerätscht.* Auch vom Einsinken des Erdreichs, sei es infolge von Feuchtigkeit im Erdinnern, sei es durch jähe Lage: *Der Roin* (das hohe, jäh abfallende Ufer des Baches) *äs ägerätscht. Ed äs deo nqss, âs Wis äs halwij ägerätscht* ‚ist tiefer gesunken' (Agnetheln). — s. d. Simplex.

einräumen, ärommen schw., nösn. *änraumen* schw. 1. Term. techn. ‚die Wohnstube (Küche) einräumen', d. h. ‚(nach dem Einzug, nach dem Weissmachen)' das Hausgerät wieder an den Ort stellen'. *Ich hun hejt geweisst, neo sôl ich mer ärommen* (Schönbg.). *En Štuw iäriemmen* (Katzendf.). — 2. ‚Raum machen', ‚zugestehn'. † »so muss er vonn solcher erbschaft abstehen vnd ime als dem rechten vnd jüngsten erbe den hoff einräumen vnd vbergeben« (1586, Rechtsgesch. 2, 372).

einrechnen, ärêchnen schw., nösn. *änrâichnen* schw. 1. ‚mit dem Rechen einscharren'. *Zalâtesimm* (Salatsamen) *iärêchnen* (Katzendf.). — 2. ‚einzählen'. *Äs det Gemâcht* [χ] (Schuhvorschub) *äm Luin ägerêchent?* (Schönbg.). »und han Im das geld ein wöllen rechnen, welches sein vatter für das schlagen geben hatt« (1569). — Gegenwärtig vgl. *änhqlden* (-halten).

Einrede, †. Term. techn. der Rechtssprache. ‚Einspruch gegen eine Rechtshandlung (Vertrag, gerichtliche Forderung, Anklage)'. »Eben wie der Klåger schůldig ist seine anklag zu beweisen / also mus auch der angeklagte sein Exception oder einrede bewehren / drum das er durch solche einreden / klåger wird« (E. L. R., 14). »als dann mag er sich mit Inred behelffen« (E. L. R., 28). »das er umb keinen wüst, der ein eynredt doselb im Almasch gethan het« (1568). »die leskircher hetten die (Weiden) gerodt on irgend erredt der Maierpotter« (1559). »die Maierpotter han kein einred gethan« (1559). »Das die alte Mutter einrede habe gethan, da der Son hat lassen einschreiben nach seinem gefallen« (1599). »daselbst erst habe der Kläger einred gethan« (1569). Mehrfach in sinnverstärkenden Verbindungen: »ohn alle verhinderung vnnd einred aller andrer« (E. L. R., 99). »thut aber niemand verbot nach einrede« (Ebda., 135). »vnd seiner einred oder widersprechens / vrsach geben« (Ebda.). »hetten gerodt an iemands widersproch und einredt« (1559). »so aber iemand ein einred oder tadel an den selben personen findet« (1574). DWB. 3, 247.

einreden, äriedem schw. 1. Intrans. † ‚in die Rede fallen', ‚zurecht weisen'. »Wer dem Nachbarvater einreden oder meistern will, er aber heisst schweigen, wer nicht gehorcht soll zur Straf erlegen ₰ 16« (1729, Nachb.-Art. Kirtsch). »Ich hab ihm einmahl selbsten eingeredet, aber auch mich hat er geschmähet« (1702, Cap. Cib.). »Der radt sol dem schulmeister seine besoldung geben, der schulmeister aber seinen mithelffern, auff das sie beyde iren vnterthanen einzureden haben« (Hont., 95). Gegenwärtig *äne rieden* ‚hinein reden', ‚ins Wort fallen' (besser wissend, tadelnd). — 2. Trans. ‚einreden', ‚überreden', ‚glauben machen'. *Wî hut der dqd ägeriet?* ‚dich das glauben gemacht'. Mit refl. Dat. *sij äst äriden. Hia* (er) *wet* (würde) *sij et neo garn äriaden, e wêr net schûlt, awer ed äs ämsäs* ‚umsonst', ‚vergeblich' (Schönbg.). DWB. 3, 247.

einregnen, ärênen schw., nösn. *änrên* schw. *Et hadd es dô ägerênt* ‚der (heftige) Regen hielt uns in einem Hause (unter einem Schopfen, Scheune) fest'.

einreiben, äreiwen st., nösn. *änraibm* st. *De Salf äreiwen. Den Ąrmen iäreiwen, wuon e gichtij iäs* (Katzendorf). *De hôs de Palekesfqdem* (Faden mit dem man den Palukes, wenn er fertig ist, in Stücke zerteilt) *iän de Palekes iägeriwen* (Ebda.). *Em sôl âsem Niuber den Ąrme mät siwenerloi Goist* (mit siebenerlei Spirituosen) *äraiwen, derniu vergoid ed em fuir gewäss* (Gr.-Sch.). *De Pip äreiwen* ‚die Weinpipe ins Fass einreiben' (Ebda.). †. »Item mer man hat genomen eyn fesken vor den. 10, do man erbessin inryfft« (1503, Qu. Gesch. S. 1, 371). (Erbsen wurden früher eingerieben und eingesäuert nach Art des *Kampest* für den Winter aufbewahrt. Vgl. *de Arbes, Fussoien reiwen* ‚die gekochten Erbsen, Bohnen mit dem *Palokesklåppel* umrühren und zerquetschen'). Übertragen: ‚unter die Nase reiben'. »Solchs hett Christus den verklegern können einreiben, aber die zeit seines leidens war verhanden, drumb must er ein aufrürer sein« (Dam. Dürr, Hdschr. 833).

Einreibung, Äreiwungk fem. *Ed iäs esolen štuark Sualf zer iÄreiwengk, dad ech Bliudern hu bekun* (Katzendf.).

einreichen, ärîchen schw., z. B. *e Gesäck* (Gesuch) [Städt. Halbma.]. Echte Ma.: *(en Bittschräft) ägin* (eingeben).

einreihen, ärąn schw., nösn. *änrąin* ‚einfädeln', in verschiedenen techn. Wendungen. 1. *Det Hemt, de Schurz ärąn* ‚in Falten reihen'. *De schwuarz Schîrz* oder *de kraus Schîrz rąid em obm än (Wallendf.).* Gegensatz: *Der gerąit Schurz* ‚die weisse, mit schwarzer Seide gezierte Schürze, die oben bloss eingereiht und nicht in Falten gelegt wird'. Es ist zugleich die Festschürze *(Wallendf.)*. Stark konjugiert: *Ich hu mer hejt det Hemd ägeraen* (Schönbg.). *De Kierl (en Armel) iärân* (Katzendf.). — Im Kürschnerhandwerk: *De Armellêcher ärqen* ,die Ärmellöcher zusammenziehn und rund machen' (Gr.-Sch.). — 2. ,Perlen usw. an einem Faden reihen'. *Ich hu mer de Bietschen* (Perlen) *ägeraen* (Schönbg.). *Motter, de Bêtsche se mer zerrässen.* Antw. *Rq se weder än* (Reussen). — 3. Überhaupt ,einen festen Gegenstand in einen andern tief hineinstecken'. *Den Arm ärqn* ,in den Ärmel hineinstecken'. *Ech hu mer de Fanjer än de Hêchel iägerât* (Katzendf.). *De wirš der de Zuontch dôr nied iarân* ,wirst davon nicht beissen' (Ebda.). *Gaw Ôicht, en nimi* (nicht mehr) *arjer mich, sonst rqn ich der de Ladegaffel än de Bâlen* ,stosse dir die (eiserne) Heugabel (tief) in die Gedärme' (Reussen). *Säch neq, wæ e ässt, e rqt sij anjden det Mêsser än't Mel* (steckt es tief hinein), *dad em dingkt, neq, neq schläppt* (schlitzt) *e sij ed af* (Ebda.). — s. d. Simplex.

einrenken, äringken schw., nösn. *änringkn* schw. *Der Dokter sôl mer de Heint* (Hand) *äringken, ech hu mer se entginzt* ,verstaucht' (Gr.-Sch.).

einreißen, äreissen st., nösn. *änraissn* st. 1. Intr. *Det Papeier, de Leiwent reisst än. Ded uOntch* (Ende) *reisst iän* (beim Zwirn auf der Spule, Katzendf.). Übertr.: ,üblich werden'. *Det Soffen* (Saufen) *äs neo ainjem* (sehr, stark) *bae eos ägerässen* (Schönbg.). *Esu äst terf bae eos ned äreissen* (Ebda.). Auch refl. im gleichen Sinn. »Der Servatius Gross dregt noch hass und neyd uber mich noch sintemal bei mir im Ampt sich ein sach einriess seiner hurerey halben« (1619, Ger.-Prot.). »Und dieweil neben dem Verbot der Heuser Kauf sich was anders einreissen kann, mit Verlobung . .« (1589, Hstdt. Statut, SCHULER-LIBL., Mat. 79). — 2. Trans. a) ,hineinreissen'. *Ich hu mer en Siwen* (Riss in der Form einer 7) *än de Pändel* (Frauenrock) *ägerässen* (Schönbg.). *Det Štiäft reisst iän* (auf der Schiefertafel, Katzendf.). — b) ,zusammenreissen', ,abbrechen'. *En Štuf, Scheier, Štall, Mouer äreissen. Em sôl hejt dae ôlt Schuil äreissen* (Schönbg.). »An dem vergangenen 3. Sonntach des Advents ist in derselben nacht zu mir ein solch Tumult in dem Vorhaus geschehen, das mir haben vermeint, sie würden das haus einreissen« (1652, Ger.-Prot.). DWB. 3, 249.

—, Äricht m. ,Einrichtungsstücke im Haus' (Martinsdf.).

einrichten, ärichten schw., nösn. *än-*. 1. ,einfügen', ,einpassen'. »quattuor novos lapides induxit vulgo eyngericht« (1528, Vill.-Rechn.). »pro una clave et yngericht ad domum Lucae« (1522, Qu. Kr. 1, 379). »hatt drei Rinken gewalt und eingericht« (1662, Almosen-Rechn.). — 2. Refl. ,in eine Korporation eintreten', besonders in eine Zunft, Nachbarschaft, einen Verein. »do richt her sich ein czwyschen erlich Mester« (1492, MÜLLER, Sprdm. 130). »Wenn sich ein gesell in den Ehestanden begibt, so muss sich dass Weib bey die Meisterinn einrichten nach erköntnes der Czechmeister (1605). »nachdem vil Junge Meister alda tzur heltenn (Heltau) weren, welche sich in die tzech einrichten« (Töpferzunftart., 1574). »Gerg Mollnar der Ehrbarer Binder Zäch mit bruder ist eingerichtet im Jahr 1658 den 26. Novemb.« (Kleinschelker Böttcherz.). Syn. s. unter *ägressen* (eingrüssen). »In die Nachbarschaft einrichten« (Kbl. 16, 98; 29, 156). *Mir senj än dqt Verîn ned ägericht* (so wies eine Bäuerin den Sammelboten des Gustav-Adolf-Vereins ab, weil sie meinte, die gesammelten Gelder würden zur Belustigung der Gesellschaft verwendet). — Ins Spital: »Ess soll aber wer sich inss spittal einrichten will, sich also einrichten, dass er mit alle dem, wass er hat . . . sich dahin begeben, vnd soll zum ersten einrichten erlegen fl. 8« (MÜLLER, Hosp. 63). — Besonders auch ,sich in eine Pensions-, Versicherungsanstalt einrichten'. *E huet sich gâd ägericht* ,hat sein Leben hoch versichert'. In diesem Sinne auch: *det Kuiren iärichten* ,versichern' (Katzendf.). — 3. *En Štuf ärichten* ,möblieren'. [Geh. Spr.] *Se sen hîšch ägericht* ,haben teuern Hausrat'. — 4. ,zurecht richten'. *E hôt sich det Læwen güad (fenj) ägericht* ,führt ein gutes, gemächliches Leben' (Martinsbg.). DWB. 3, 250.

Einrichtung, Ärichtungk fem. ,Hausrat' [Geh. Spr.]. *Mer hun es en nq Ärichtungk gekûft.*

—, äripeln schw. ,mit prasselndem Laut einkochen', ,eindörren'. (Von der Milch, Bratentunke).

Uch de Burzen ägerîpelt
Vun der Hätzt, hîrt, wæ se prîpelt
Sachsesch än dem Burzelqnt. KÄST., 62.

s. d. Simplex.

Einroß, (?) »Im Monat Octobris am 17 Tag ist Michel Wedtt mit seinem Volk auf 50 tausend stark durch Burczeland gebrochen und einen schreckligen Einross getan mit Morden, Brennen, Rauben« (1599, Qu. Kr. 5, 376).

einrosten, äruesten schw. *De Schriew* (Schraube) *iäs iägerôst* (Katzendf.). *De Nilde se mer iän de Štrimp* (Sing. ,in den Strumpf') *iägerôst* (Ebda.).

einrücken, äräcken schw. 1. Intr. ‚zum Militär einrücken'. *Wae wid ed es giun, än Harwest mes âs Honz äräcken* (Schönbg.). *E rąckt bæ de Môser* (zu den Soldaten) *iän* (Katzendf.). 2. Trans. [Geh. Spr.]. *Nǫ det* (ein besonderes Ereignis, ironisch eine verkehrte Handlung) *kainjd em uch än de Zedungk* (Zeitung) *äräcken* (Schönbg.).

einrudern, ärâdern schw. ‚einrühren'. *Âr, Miel, Rum* (Milchrahm) *ärâdern.* Im *Fuesnicht-*(Fastnacht)*šprach:*

Mǫcht ous Kukruz iren Drǫer,
Unt sackt Miel uch Schmǫlz uch Âer,
Dǫt de Weiwer râdern än. Schuster, 97.

Neben *äklôpen* (s. d.) gilt *ärâdern* für Verdicken der Suppe durch Zusatz von Milch und ungebranntem Mehl im Gegensatz zu *äbræn,* der Verdickungsart durch Einbrenne. — s. d. Simplex und *afrâdern.*

einrühren, äræren schw. Term. techn. *Mǫlz iäroæren* (beim Schnapsbrennen, Katzendf.).

einrütteln, äroddeln schw. *Der Wuegen* (die Fahrt auf dem stossenden Wagen) *huet mer ded Iessen tichtij ägeroddelt.* — s. d. Simplex.

einrumpeln, ärampeln schw. ‚(mit Getöse) zusammenfallen'. *Der Eis äs u vile Štällen ägerampelt. Det Hous (de Mouer, Scheier, der Štall) rampeld än.* In leicht durchsichtigem Bilde: *Der Backîwen äs ägerampelt* ‚die Frau ist niedergekommen'. »Ein Schwibbogen war eingerumbpelt« (1647). — s. d. Simplex.

eins, † ‚einmal'. »Ich bin eines zu der Weingeltin sollen liegen« (1609, Ger.-Prot.). »und eines lies er mich zu im rufen« (1609, Ger.-Prot.). »und eines kompt der Daniel Haubt hinaufen in die Gemein (1609, Ger.-Prot.) u. ö. mhd. eines, s. *îst* unter ‚ein'. DWB. 3, 259.

einsacken, äsacken schw., nösn. *änsąckn* schw. 1. ‚Mundvorrat zur Feldarbeit, zur Reise, zur Schule, (in den *Eissack, Tǫser* usw. einstecken und) mitnehmen'. Der mitgenommene Mundvorrat selbst (Brot mit Speck, Käse, hartgesottene Eier, Äpfel, für die Reise auch gebratene Wurst oder Schweinefleisch) heisst *ded Ägesacksel* (s. d.). Ohne sich Brot und *Bǫflîsch* einzusacken, geht kein Bauer als Fuhrmann auf die Reise. Wird er sonstwie verköstigt, bringt er das *Ägesacksel* wieder nach Hause. Sparsame *(girtschitije)* Hausfrauen werden damit gespottet, dass sie aufs Feld ein halbes Ei *äsacken* und die andere Hälfte zum Abendessen aufbewahren. *Ąf det Fêlt sąckt em Bruid uch Bǫflîšch än* (Schönbg.). Absolut: *Mer sellen ąf't Fald äsacken* ‚das Essen zum Hinausnehmen auf das Feld besorgen' (Gr.-Sch.). *Trenj* (Kathrein) *sąck än, ech sǫl mê giun* (Ebda). »sollen von nun an die kleineren (sc. Kinder) beständig in die Schule kommen, sollen ihnen einsacken, die Schüller (Lehrer) sollen sie besorgen« (1765, Visit.-Art., Scharosch). — Auch das Bescheren durch den *Krästmǫn,* meist Äpfel, Nüsse, Kuchen, (dazu ein Kamm und eine Rute, Bekokten) in die aufgestellten Schuhe heisst *äsacken. Wat huet der der Krästmǫn ägesackt?* — Scherzhaft auf die reichen Essvorräte der Hochzeit anspielend: Wenn am Abend des ersten Hochzeitstages die Hochzeitsleute des Bräutigams zum Hause der Braut gehen, heisst sie hier der Hochzeitsvater willkommen unter der Voraussetzung, dass sie sich gut eingesackt hätten und versprechen wollten sich gut aufzuführen. *(Er wiart ich dij qwer uch gead ägesąckt hun,* Bekokten). Wenn im Burzenland nur ein Tag Hochzeit gehalten werden soll, deutet es der »Hochzeitswortmann« mit den Worten an »Allein ihr müsst Euch für morgen selber einsacken« (Sächs. Burzenl., 455). Scherzhaft: ‚Geld einsacken'. Von der reichen Mitgift der jungen Frau: *Diam heod em gead ägesackt* (Gr.-Sch.). »haben ihm eingesakt 10 Tukatten« (1623). *Na, dî Klîn (det Klîn,* gemeint ist ein Säugling) *huat sij ägesąckt* ‚hat sich eingesudelt' (Schönbg.) *E hôt sich gead iägesackt* ‚hat gut getrunken' (Katzendf.) — 2. Übertragen: ‚jemandem derb die Wahrheit sagen'. *Ech hun en* (ihnen) *uch agesockt* ‚meine Meinung gesagt' (Talmesch). *Na, dî huad em îst ägesackt!* (Schönbg.). *Em heod em gead iägesackt* ‚er hat Prügel bekommen' (Katzendf.). — Zu *Sack,* also: ‚in den Sack einstecken', schles. ẽisackn, Fromm. 6, 276. DWB. 3, 261.

einsäen, äsên schw. Term. techn. des Kürschnerhandwerks. ‚Das Fell mit *Ąlqbaster* (s. d.) und Kleie einstreuen' (zum weissmachen des Fells, Gr.-Sch.).

(**einsägeln**), **äsâjeln** schw. [Schülerspr., Schässburg]. ‚jemanden anschwärzen' Binder, Coll.). s. d. Simplex und das folgende Wort.

einsagen, † ‚angeben, anzeigen'. »Ich habe gehört, dass der Stinne Merten zu meinem Vater sagte, man hätte die alte Cantorin eingesagt bei der Tortur der Radel On und der Gyermehen« (1732, Salzer, Birth. 138).

einsalben, äsalwen schw., nösn. *änsąlbm* schw. Übertragen: *Wæ heoste der det Hemt weder ägesąlft!* ‚eingeschmiert' (Gr.-Sch.).

einsalzen, äsǫlzen schw., nösn. *än-*. ‚Das (Schweine-)Fleisch und den Speck zu längerer Haltbarkeit einsalzen'. *Det Flîšch äsǫlzen,* »ein fuer saltz ... das mehl in die statt kasten **einsaltzt**« (1571, Vill.-Rechn.).

einſam, însem, nösn. *ênsem.* [Städt. Halbma.]. Das darin liegende Gefühl des Unbehaglichen s. *ǫnsem* (ansam, oben 1, 144). Vgl. noch: *Ich kûn net beštiun iune des Klenen* (diese Kinder), *ed äs mer dij esu ûnsem* (Schönbg.). *Won em gewund äs mät Lejden, äs ed enem gor ûnsem ellîn* (Ebda.). An *ǫnsem* dem Sinne nach angeglichen: *Net liuss mij elloin, ed äs mer gor oinjsem* ‚so bange' (Gr.-Sch.). *Ed iäs mer esi însem* ‚bang' (Katzendorf). Syn. s. *eislich, uritich* (◡◡◡ rum.).

einſammeln, äsummeln schw., nösn. *änsummeln* schw. [Geh. Spr.]. *Dǫd äs en ǫlt, spǫch* (schwach) *Mensch, Gott der Hier kännt en jo näu uch än sai Raich änsummeln (Tekendorf).* Echte Ma. *zesumme klouwen (mer wîlen det Bätzken nôch zesummekliuwen* ‚wir möchten diese Erntereste noch einsammeln', Schönbg.), *afklouwen. (Hejt sôl em de Mäddem ǫfkliuwen* ‚soll man den Ackerzins für die Kirche einsammeln', Ebda.).

Einſatz, Äsatz m., nösn. *Änsǫtz* m. 1. ‚gehäkelter, früher gestrickter Einsatz in Bett- und Leibwäsche, sowie in Frauenkleider'. *En iÄsatz iän em Schurz* (Katzendorf). — Zur Verzierung der Wäsche wurde früher nicht wie jetzt der gehäkelte, sondern der mit der Nähnadel gestrickte Einsatz verwendet. Zwischen die einzelnen Teile und Blätter von Hemden, Schürzen, Joppen *(Guip),* Bett- und Tischdecken wurden nicht *Bîrkeln* eingenäht, sondern die Teile wurden »zusammengestrickt«. Diese Strickerei nun konnte verschiedenartig sein. Gewöhnlich wurden die zusammengehörigen Teile »durchsichtig gesäumt« woran sich meist eine durchbrochene Arbeit schloss — die schmälern *Dômerlêcheltcher* oder die breitern *Mäštergîtcher* — und dann erst wurden sie zusammengestrickt. Diese Arbeit wieder konnte sein *meisenzonjdich,* ganz einfach, oder breiter *det anjeresch Geŝträcksel* oder ganz breit mit Figuren *det Glit, de Pêrschekâr, de Katzentrapp, det Îcheblêt* usw. Letztere Figuren waren oft farbig, und zwar bei weissem Grunde gelb, bei gelbem Grunde rot. Jetzt werden diese Muster gehäkelt. Die gestrickten Einsätze waren zwar mühsamer, aber auch viel schöner, dauerhafter und feiner als die gehäkelten. Heute ist das Stricken fast unbekannt. Das *anjeresch Geŝträcksel* und die *Mäštergîtcher* weisen auf ungarischen Ursprung hin. Auch heute noch kommt es vor, dass reiche Leute die gestickten Männerhemden mit Einsatzstrickerei in dem ungarischen Kleinkopisch bestellen (Reussen). — 2. †, rechtliche Einsetzung in einen Besitz'. »Wo aber jemand were / der (sc. beim Almesch trinken) zu demselben Erbe gerechtigkeit vermeinet zu haben / der sol um der zeit des **einsatzt** (!) vnd einführung ... widersprechen« (E. L. R., 135). DWB. 3, 265.

einſauen, äsâen schw., nösn. *änsǫ̂n* schw. Derb, ärgerlich: ‚besudeln'. *Säch na, wê te dich weder ägesât huest!* (Mit festhaftendem, derbem Schmutz, wogegen *äschmieren* nur leichtere und *äbrǫsseln* nur sofort abklopfbare Verunreinigung bezeichnet). Zu *Sâ* (Sau). Vgl. *versâen.*

einſaugen, äsogen [ʒ] st., nösn. *änsaugn* st. [Geh. Spr.]. *Dê hôt det Licht* (den bösen Charakter) *nôch miät der Miältch iägesiugen* (Katzendf.). *E huat dôd ǫllent mät der Mottermältsch ägesugen* (Schönbg.). *E huad all det Licht än der Fremt ägesugen* (Ebda.). *Det Glâs* (gemeint ist ein gedrechseltes hölzernes Tintenfass) *hôt den Tängk* (Tinte) *guor iägesiugen* (Katzendf.).

einſäumen, äsîmen schw., nösn. *änsêmen* schw. *En Pändel* (Frauenrock), *Hemt, Klît* (Jacke), *Ärmel äsîmen.* Kleidungsstücke werden bei Kindern und jungen Burschen (Mädchen) *af't Wuessen* (aufs Wachsen) eingekauft, müssen daher oft für den ersten Gebrauch durch einschlagen oder einsäumen gekürzt werden.

einſchaffen, äschaffen schw. ‚hereinbringen'; von den Feldfrüchten (Korn). Gewöhnlich *äneschaffen* (hinein-), *äbrängen* (-bringen). »das die frucht **eingeschaffet** wird« (1599, Cap. *Bistritz).* Vgl. Schwäb. Wb. 2, 637.

einſchanzen, äschǫnzen schw. ‚mit einem Graben *(Schǫnz)* umziehn'. *Ich hu mer de Wis ägeschemzt.* (Gr.-Sch.). — Zu *Schǫnz* m. (Graben). DWB. 3, 267 in anderm Sinne.

einſchärfen, äschärfen schw. [Geh. Spr.]. *Ech wäl em et gead äschärfen* ‚eindringlich anbefehlen' (Gr.-Sch.). Syn. *äbängden; iwerîn befielen* (ernstlich auftragen).

einſcharig, îschuerich. Vom Pflug: ‚mit einem Schar versehn'. *En îschôrich Pleach* (Katzendf.). Mehrscharige Pflüge sind nur in neuester Zeit bei uns bekannt. Die alten Pflüge hatten alle nur ein Schar. Die Bezeichnung *îschôrich* ist darum eine neue Bildung.

einſcharren, äschärren schw., nösn. *änschiärn* schw. 1. *Krumpirn, Ǫcher än de Iesch äschärren* ‚Kartoffeln, Eier in die (heisse) Asche einscharren' (sc. damit sie braten). *De Sôm* (Same) *äschärren.* — 2. Insbesondere ‚begraben'. *De Duidelǫd iäscharren* (Katzendf.). Das *äschärren* wird nach der Reihe von den

Mitgliedern der Nachbarschaft (der Bruderschaft) besorgt. »Item wird bewilliget derer 6 Ältesten mit Grabmachen, mit Leichentragen und einscharren mit Recht und Billigkeit in der Nachbarschaft verschont zu werden« (1729, Reichesdf. Nachbarsch.-Ordn.).

einschätzen, äschætzen schw., nösn. *änschâtzn* schw. 1. Term. techn. ‚von Gerichtswegen das Hab und Gut (Zimmereinrichtung, Viehstücke) zur öffentlichen Feilbietung einschätzen (und mit Beschlag belegen; namentlich bei Steuerrückständen für kommunale und kirchliche Umlagen, bei Schuldforderungen usw.). Ausruf des (verächtlichen) Bedauerns: *em heod em qllend ägeschâtzt* (Gross-Schenk). »Zuletzt begehre ich paares geldt vor alle diejenige sachen, welche mir von den H(errn) eingeschetzet sein worden« (1652, Ger.-Prot.). »Ich und der Mathes Wollenweber haben dem Jorg Thaysen eingeschetzet einen Sabel« (1600, Ger.-Prot.). »Die übrigen Sachen Weingärten und Ackerländer sind den Schuldleuten, welche alda in gegen gewesen, eingeschätzt worden« (1667, Ger.-Prot.). — 2. ‚schätzen‘ (bei Erbteilungen). Syn. *urêchnen* (anrechnen). »das die selbige hofstadt seynem vater vor leitenn eingeschetzt worden sei« (1567). »verlassenen weis (Waise), der hett man den hoff an der czucht (Erziehung) eingeschetzt« (1580). »so hetten sie dem Lucas schmidt das Hauss eingeschezt vor frommen leuthen um fl. 40 und im also veralmesth (s. *Almesch)* und auch ein brieff darüber geben« (1563). »es auch dabey gelassen, und ist der Hoff umb fl. 140 dem jüngsten erben eingeschezt worden, welcher den kläger von Stund an mit parm geld abgericht hatt« (1569). — s. d. Simplex.

Einschenk, F. N. Johannes Einschenk 1781 (Qu. Kr. 5, 52). Gegenw. in Kronst.

einschenken, äschingken schw., nösn. *änschingkn* schw. 1. ‚Wein einschenken‘ (bei Hochzeiten usw.). Aufforderung dazu: *Schingkt ä, Vuater! Gott hälw ich!* (Schönbg.) *Schingkt ich't ä, Schwiuger!* (Ebda.) Nur aus neuerer Zeit, da früher die Weinkanne reihum ging. Erst wenn die Kanne zu Ende war, wurde frisch eingeschenkt. Darum der Kantor misverstehend, als man ihn in der Kirche mit dem Worte weckte *Ed äs aus* (nämlich die Predigt), laut anwortete: *Em sql e Fräsched äschingken.* (H.-W., 149). Vornehmer: *Ech bidde sij änzeschingken.* (Syn. *Ich bidde vun dem qlde Weng! Äs ned Ousbrach gefällich?). Af der Hochzet mes em ânen înešch äschingken* (Schönbg.) — 2. Übertragen: ‚(derb) die Wahrheit sagen‘. *Ech hun em ägeschingkt* ‚habe ihm einmal meine Meinung gesagt‘. *Se zarrde* (zankten) *sich, se hu sij ägeschingkt* (Schönbg.). *Ech wiäll em klôre Wenj iäschingken* (Katzendf.). — 3. beim Ballspiel fehlt. s. *afgin* (aufgeben), DWB. 3, 268.

Einschenker, † ‚die Amtsknechte in der Bruderschaft, die die Aufgabe haben, den Wein zu besorgen und einzuschenken‘. Gegenwärtig *Irteknieecht, Källner.* † »Am Ostermontag hora 8 Vesp. höreten wir ein geschrey zum Hannes Wohner, dass sich die Knechte sehr zankten und den einschenkern die Dollmann ausziehen wolten« (1685, Cap. Cib.). Fronius, 51.

einschicken, äschäcken schw. [Geh. Spr.]. *Gielt, e Gesäck* (Gesuch), *en Klôch äschäcken. Em mess neo Bericht* (in einer Prozessache, Scheidungsangelegenheit usw.) *äschäcken* (Gr.-Schenk).

einschieben, fehlt. ‚Brot einschieben‘. s. *schessen* (schiessen), *äschessen.*

einschießen, äschessen st., nösn. *änschâissn* st. 1. Intr. Von den Zähnen, der Milch. *Det Klin äs krangk, ich dingken et wedden* (würden) *em de Zoinjd äschessen* (Schönberg). Trost für eine junge Wöchnerin: *More* (morgen) *wit* (wird) *der de Mältsch äschessen* (Ebda.). Aberglaube: Wenn das Kind weint, schiesst der abwesenden Mutter die Milch ein. *Det Keinjt mess schroin* (weinen), *de Mältsch schesst mer än* (Schönbg.). — 2. Trans. Term. techn. a) *Brîd äschessen* (sc. in den Backofen). Allgem. *De Hongklijen* (zur Hochzeit, zu Festtagen) *än de Backîwen äschessen.* Warnung dabei: *Nq gied Uocht, dad er netch vil iwerdrêt!* (Kronst.). Syn. *ändân.* (Das *äschessen* bezeichnet nur den Akt des Einschiebens selbst, *ändân* die ganze Prozedur samt allen Vorbereitungen dazu). — b) ‚einen Zwickel (am Hemd) einfügen‘. *Ech sql mer hier en Gîren* (Gehre, Zwickel) *iäschessen* (Katzendorf). — c) ‚den Einschlagfaden mittelst Weberschiffchens durch das Fach durchstecken‘. — 3. Refl. [Geh. Spr.]. Nur übertragen: ‚sich in eine Sache einüben‘. *E huet sij än de Sach na gor gâd ägeschuessen, et gîd em vîren* ‚es geht ihm von der Hand‘. *Âs Misch huat sich neo geod än dae Ârbed ägeschôssen* (Schönbg.). — s. d. Simplex in seinen verschiedenen Bed.

einschlafen, äschlôfen st., nösn. *änschlôfm* st. 1. Vom Kirchenschlaf: »Wer vom Schlaff einmahl ist aufgewecket worden und wieder einschläfft, der soll den. 4 Straffe geben« (1720, Nachb.-Ord. Gr.-Sch. Kbl. 29, 120). — Zarter Ausdruck für ‚sterben‘: *äschlôfen; äschlôfen, wô et nemî gâde Morjen hîsst* (Schuller, T. u. Begr. 1, 12). *E äs ängeschlôfn (Mettersdf.).* — 2. Das

Gefühl des leblos werdens der Hände und Füsse. *Der Fuss iäs mer iägeschliffen* (Katzendorf). — 3. Eine Sache, (etwas) schläft ein ‚gerät in Vergessenheit'. *De Sach äs dich neo äge-schliufen, qwer deo* (damals) *riat em* (redete man) *vil dervun* (Schönbg.). *Dât schlêft sonst än* ‚wird vergessen' (Forderungen, ein Anspruch).

einschläfern, äschlêfern schw., nösn. *än-schlêfern* schw. *Gûngk, schlêfer mer de Gangen* (Jungen) *iän* (Katzendf.). *Tunz eruner!* sagt man dabei zum Kind, wenn man es zum Einschläfern auf dem Arm wiegt (Schönbg., *tainx, tanjx!* Agnetheln).

Einschlag, Äschlâch m., nösn. *Änschlâch* n. 1. ‚Schwefelfaden zum Einbrennen der Weinfässer'. *Der Kof Äschlâch gin* ‚der Kufe Einschlag geben', ‚das Fass ausschwefeln'. *Em mess dem Lêjeln* (Fässchen) *Äschlôch gin* (Gr.-Sch.). — Auch den Bienen wird (bei der alten Art der Bienenkörbe) *Äschlâch* gegeben, (wodurch sie getötet werden, so dass der Honig dem Korb entnommen werden kann. Das heisst dann: *den Ämmen uefdân* ‚den Immen schlachten'). — 2. *Äschliech* (Pl.) ‚dünngespaltene, glatte fingerbreite Brettchen, welche man beim Aufwinden des Garns auf den Webstuhl einlegt' (Med.). s. *äschlôn* (einschlagen) 2 f. — 3. F. N. (Übername). Haintz Einschlag (Hstdt., Ende des 15. Jahrh. Verzeichnis der Schneidermeister) DWB. 3, 272 unter 5.

einschlagen, äschlôn st., nösn. *änschlô* st. 1. Intr. und meist unpersönl. ‚schlagend hineinfahren, -fallen'. Vom Blitz: *Et hued ägeschlôn.* Im aufflammenden Zorn: *Dât det Dânderwedder sell änschleô! (Wallendf.).* Im Zorn über ein störriges Vieh: *Dat det hîderlächt Dannerwädder äschlô sil än dich, tâ nedertrêchtich licht Getter! Det Wadder sôl drän äschliun!* (Gr.-Sch.). Wetterregel: *Nôm Lauränzi schlîd et nemî än.* Scherzhaft: *Harr schlâg [ʒ] iä miät Verštûnt, awer niem och dên, dî de iäs!* (Katzendf.). *Nâ, hâ heod et uch štark ägeschliun* (wenn der Speck in der Bastei schon sehr gelichtet ist, Gr.-Sch.). Von unverhofftem Gewinn: *Det hued îst ägeschlôn* ‚hat reichen Gewinn gebracht'. Besonders beim Kartenspiel (Einundzwanzig, *des Tippens),* wenn der Spieler auf zwei Karten ‚einundzwanzig' erhält und sofort den doppelten Einsatz einziehn darf: *Et hued ägeschlôn.* (Syn. bei 2 Ass: *Bum, bum).* — 2. Trans. a) Term. techn. ‚durch Schlagen etwas einstürzen machen'. *Den Îwen (Backîwen) äschlôn.* Bei einem unerwarteten, seltenen (angenehmen) Besuch: *Nea wälle mer den Uewen äschlôn* (H.-W., 379). *Mer moêssen nea dienich den Uiwen iäschliun, wuon er îst ze as kut* (Katzendf.). — b) ‚einen Gegenstand in einen andern hineinschlagen'. α) Namentlich die Hand zur Bekräftigung eines Vertrages. »Drauff han wir auch alle die Hende eingeschlagen, dazu auch der Vatter, die Mutter, ja die Tochter zugleich dem Martino Weber die Hand eingeschlagen« (1671, Cap. Bog.). »Darauf ehr auch dem Inculpato mir und dem Fugrescher die handt einschlug« (1609, Ger.-Prot.). »und (er) hat mir die handt eingeschlagen, er woll keine andere zur Ehe nehmen als mich« (1657, Ger.-Prot.). »worauff sie H. Johanni in der Kammer müssen die Hand einschlagen und versprechen ihm zu dienen, biss sie nur von Ihm wäre frey worden« (1698, Cap. Cib.). Auch mit Auslassung des Objekts. *Schlâg iän!* ‚schliess den Handel ab!' (Katzendorf). β) Nägel, Pfähle einschlagen. *Te sîlt nâ dennij en Nuegel äschlôn än desen Dil* (freigewordenes Plankenbrett) *em wid es en nin.* »Item ingeschlan ad piscinam circa montem patibuli« (1524, Qu. Kr. 1, 548). »eess (Pilotten) ingslan« (1520, Ebda. 1, 245). »17. operarii, qui palos vulgo Es haben eyn geschlagen« (1528, Hstdt. Vill.-Rechn.). — γ) Eier in die Pfanne einschlagen (zum *Ârefângkich* ‚Rührei'). *Wat wällt te xem Ôwendämes?* Antwort: *Na, schlâch [ʒ] en zwê (en wevel) Âcher än.* — δ) [Geh. Spr.] Zum Schluss des Zugangs der Gesellenbruderschaft erheben sich die Brüder. Unter feierlicher Stille spricht der Altknecht: *Zwäschen dese vâr Wängkeln och Woinjden sôl et blaiwen och bewoinjden, wot hâ äs gereet worden. Weo awer net de Štreof wäll ij enxet ned useon, sainjdern hâ än de Lât äschleon.* Dabei schlägt er den Deckel der Bruderschaftslade zu (V.-A. 21, 101).

c) ‚(kräftig schlagend) einen Gegenstand einhüllen'. Term. techn. Schnittreben oder alte Weinstöcke werden in Sand eingeschlagen, damit sie sich bewurzeln und sodann zerschnitten neue Setzlinge abgeben. *Štêk* (Weinreben) *äschliun* (Gr.-Sch.). *Ech hu mer Fêferkreijt* (Pfefferkraut) *ägeschliun* (Ebda.). — d) Term. techn. des Kürschnerhandwerks: *De Fiel äschlôn.* (Wenn die Felle *afgeschlôn* sind, werden je zwei Felle auf die *Ôssekt* aufeinander gelegt, so dass sich das Wasser einzieht.) — e) *En Štrângk äschlôn* ‚noch einmal umwickeln' (umstricken, damit er kürzer wird; Coll. Binder). — f) *De Schinnen äschlôn* ‚dünne Brettchen *(Äschliech)* beim Aufwinden des Garns auf den Webebaum einlegen'. Aufforderung dazu: *Schlâch* [ʒ] *än!* (Gr.-Sch.). — g) »mer sein 45 Römp zwr stattnodt gemolen worden, sein zw dem andern in's schwarz munig Kloster eingeschlagen« (1578 Hstdt., Vill.-Rechn.). DWB. 3, 273.

Einschlagspule, fehlt; s. *Špæltchen* n.

einschleichen, fehlt; s. *äne schlechen*. »Über dies habe Ihr auch dero Mägdlein erzehlet, der Breckner und der andere seyen in dero Stuben gewesen, als die Susanna die Gassen hinunter kommen und zu Ihnen eingeschliechen« (1699, Cap. Cib.).

einschließen, äschlessen st., nösn. *änschlâissn* st. Kranke werden zur Zeit der dringenden Feldarbeiten im Hause eingeschlossen zurückgelassen. *Wot môcht ir de gûnzen Dąch äm Bât, Niuberan?* Antw. *Nq, ich liusse mij äschlessen, em dît mer en Kreoch* (einen Krug) *Wasser uch Bruit bae det Bât* (Schönbg.). Dem Marienkäfer *(Härrgodisken)* verspricht das Kind:

Ich wäll der Mälich (Milch) *gâissn,*
Ich wäll dij än en gälden Trû änschlâissn.
(nösn., SCHUSTER, 341).

~, äschlîwern schw. ‚einschmeicheln'. Refl. *De Meân gid em ąllent* (hinterlässt ihr das ganze Vermögen), *et heot sich bæ är ägeschloiwert* (Gr.-Sch.). — s. das Simplex und *uschlîwern, Schlîwerkatz*.

einschlucken, äschläcken schw., nösn. *änschläckn* schw. Anstandsregel: *Net špärr det Mel esi af, em grąlt* (fürchtet sich), *net dat te înd äschläckst! Nq, nq net säch, wae wonn te mij äschläcke wîlt!* ‚sich mich nicht so böse an!' (Schönbg.). *Ich dingk* (meine gar), *te wällt mij äschläcken!* (Ebda.). *Dî wed* (würde) *uch ąllest äschläcken* ‚habgieriger Mensch, der sich auf Kosten andrer (etwa durch Abackern fremden Grundstückes usw.) bereichert' (Ebda.). Sprw. *Et huot nôch nichen Ômes* (Ameise) *en Bäffelkâ ägeschlackt* (SCHUSTER, 170). *Dî kit näckest ze as, e dingkt, em wied en iäschläcken* (Katzendf.). Tröstende Aufmunterung: *Gûngk nuor, et schläckt dich næmest iän* (Ebda.). DWB. 3, 279.

einschmeicheln, äschmîcheln schw. [Städt. Halbma.]. *E drêt sij änj* (immer) *hæ eräm, e wiäll sij iäschmîcheln* (Katzendf.). Echte Ma. *äschlîwern*.

einschmeißen, äschmeissen st., nösn. *änschmaissn* st. 1. ‚zertrümmern'. *De Fenster, de Schärl* (Schädel) *mäd em Štîn äschmeissen.* — 2. ‚bewerfen' (mit Lehm). ‚einen (Bade)Kessel mit Lehm einfestigen'. »Item uni, qui illud (im Stadtbade) caldar debito modo locavit, ingeschmessen« (1522, Qu. Kr. 1, 386). »Item illis qui caldar extraxerunt et praeparaverunt yngeschmessen« (1526, Ebda. 1, 677).

einschmieren, äschmieren schw. nösn. *änschmiärn* schw. 1. In der Bedeutung ‚mit Salbe, oder einem Brei einschmieren', ‚einfetten'. *Um Giuršsąnniuwent* (nicht Sonnabend vor Neujahr, sondern der Tag vor Neujahr, auch wenn es nicht ein Sonnabend ist) *mes em de Boim äschmeêren* (sc. damit sie im nächsten Jahr reichlich tragen, Gr.-Sch.). *Ich sôl mer de Sillen* (Pferdegeschirr) *äschmeêren* (Ebda.). Sonst hiefür nur das Simplex: *de Schagen, de Sillen schmieren* ‚mit Salbe bestreichen': »Eyner Armer frawen, dy Ingeschmert ist gelegenn, czu beystanndt asp. 25« (Rechn. des Armenkastens 1550, Qu. Kr. 3, 327). — 2. ‚einschmutzen'. *Tiko* (Kathrine), *weo heost te dij esu ägeschmeêrt?* (Gr.-Sch.). Syn. *äbrąsseln*, nösn. *änsurreln* (-suddeln), *beschlabbern, beschmieren*. (In Martinsberg *öusrîchen*. Das Wort wird trans. und intrans. gebraucht, der letztere Gebrauch ist häufiger. *De Stuw öusrîchen* ‚das Zimmer einschmieren' z. B. mit schmierigen Stiefeln. Refl. *sich öusrîchen. Ech hu mich hejt wedder îst öusgerîcht*, sagt z. B. der Mann, wenn er bei schlechtem Wetter mit nassen, kotigen Schuhen und Kleidern vom Feld heimkommt. Vgl. *ousrichten)*.

einschmitzen, †. »Ist von der ganczer Zech beschlossen worden dass kein Meister oder Markschneider von den Gewandmacher Eingeschmitzte schuartz kerrentücher kaufen soll« (1634). — Zu ‚schmitzen' in der Bedeutung ‚färben', besonders ‚Felle schwarz färben'. SCHM. 2, 561.

einschneiden, äschnegden st., nösn. *änschnaidn* st. 1. Intr. ‚in etwas hineinschneiden'. *Sorch, dat te mer ned än de Leiwent äschnegtst.* Ein Riemen, Strang schneidet ein. *Der Huiserêmen hôt mer iägeschnidden* (Katzendf.). — Beim Kartenspiel (Einundzwanzig) auf eine hohe Augenzahl (18 oder 19) noch eine Karte nehmen, wobei eine kleinere Figur erwartet wird. *A wat, ich schnegden än!* — 2. Trans. Term. techn. *Flîšch äschnegden än't Dræfes, Dræfesken* ‚in die Bratpfanne' (die einfachste Art der Zubereitung des Schweinefleisches). »*Gesch.: Geongk mer af'n Sejt mät dainer Gech* (Krautsuppe); *schnejt læwer e wienich Floišch iän, ich bän hangrich wæ e Weulf*« (Zw. Krez., 19). *Ägeschniddä Kratzewetz* ‚Gurkensalat' (Hstdt.). Gegensatz: *Dîssemkratzewetz* ‚Sauerteiggurken'. *De Kampest* (Kraut) *äschnegden.* — 3. *Det Gluos* (Fenster) *äschnegden.* »Item currifici pro aptatione duarum notarum ad bombardam yngesnyden« (1524, Qu. Kr. 1, 552). DWB. 3, 282.

einschöpfen, äschæpen schw., nösn. *änschâpm* schw. Term. techn. für das Einschöpfen des Wassers (mit dem Schöpfeimer) in den Brunnentrog *(Pätztrôch)*. *Schêp iän, dat mer dringken* ‚tränken‘ (Katzendf.). *Mai Menn sôl* (soll, will) *de Gettern äschâpen* ‚mein Mann ist gegangen, dem Vieh in den Trog Wasser einzuschöpfen‘ (Gr.-Sch.).

einschränken, äschringken schw. [Geh. Spr.]. *Mer se sîr ägeschringkt mäd allem. Em moäss sich nea miät dem Hâ* (Heu) *ewienij iäschringken, siäs kid em nied eus* (Katzendf.). Echte Ma.: *Mer messe špuere mät dem Hą̂, säs longd ed es net bäs än de Ousdäch.*

einschrauben, äschrouwen schw. [Städt. Halbma.]. Scherzhaft: *E huet licht ägeschrouft Fess.*

einschreiben, äschreiwen st., nösn. *änschraibm* st. 1. ‚hineinschreiben‘. (Ältere Kanzleispr.). »Jedoch haben sie nicht befolen, iemanden mit namen zu bestimmen, noch auszuzeichnen, auch nicht heissen in die prieff e i n s c h r e i b e n« (1569). »und er vermeint man wirt sie in den theilbrief e i n lassen s c h r e i b e n« (1609, Ger.-Prot.). »Ich bin zum Gerg Tieschler und der Michael Weber geruffenn und damals gehört, das sich der Michael Binder vor einen Bürgen hat e i n lassen s c h r e i b e n« (1600, Ger.-Prot.). — 2. Refl. [Geh. Spr.] *sij äschreiwe lossen* ‚sich (in einen Verein, in die Schule, Zunft usw.) aufnehmen lassen‘. Syn. s. *ägressen* (eingrüssen).

einschroten, äschrôden schw. ‚den Wein in den Keller einschroten‘. *Mer hu näkest mî vile Waijn zem äschriuden* (*änneschriuden*, Gr.-Sch.). In einer Erbteilung: »Dysses Dritteil hat den Keller halb vnd eyn fray e y n s c h r o t e n Weyn vnd Kampest eyn zu legen mit aller Zugehörungk vnd byden vnd Koffen« (1541, Rechts-Gesch. 2, 349). »Das Attestat der Nachbahr aber (verwirft sie), weil Sie Ihnen nicht auss dem Fass Wein zu trincken gegeben, welches sie in den Keller e i n g e s c h r a t e n« (1782, Cap. Cib.). — Das Wort kommt mit der Sache gegenwärtig ab, da der Wein nunmehr zumeist durch Schläuche in die Kellerfässer von aussen hineingelassen wird. — s. d. Simplex und *Schrêder* (Schröter).

einschuhen, äschäjen schw. 1. ‚als Fussbekleidung beim Anziehen des Schuhes benützen‘. Dazu dienen selten Strümpfe, häufiger Fusstücher, im Sommer leinene und hänfene, im Winter wollene. *Ich hu mer Papeier ägeschächt* (gegen grosse Kälte). Refl. *Än diser Kaldjen wôr ed e Gläck vor mech, dad ich mich mat Krûner Flanäll ägeschächt hat* (Kronst.). Scherzhaft: *Wat gîst te si kramm, oder huest te en Lächtschêr ägeschächt?* (Hstdt.). — 2. ‚die Hose in die Stiefelschäfte einziehen‘: *Än desem defe Šchnî (bä deser garštijer Moär) mes em de Huisen äschäjen än de Schâcht* [χ] (Agnetheln). — 3. Bildl. ‚Jemanden schlecht (wie einen Fussfetzen) behandeln‘. *E hes en allent* (nannte ihn mit allen Schimpfnamen), *e schächt en och noch än, e môcht en wâ e Fosstich* ‚machte ihn, behandelte ihn wie ein Fusstuch‘ (Agnetheln).

einschustern, äschostern schw., nösn. *änschâstern* schw. Übertragen: ‚verschustern, verlieren‘. *E huet se Gield (se gą̂nx Vermêjen) ägeschostert. Ich hu menj Krezer guer ägeschostert.* Syn. *äbessen* (einbüssen), DWB. 3, 287. Schwäb. Wb. 2, 645.

einschütteln, äscheddeln, *äschereln* schw., nösn. *änschirreln* schw. ‚einstreuen‘. Term. techn. für das Einstreuen von minderwertigem Futter unter besseres. *Gäf der Bäffel dies Ägescheddelden* (sc. Heu und Stroh. Der Büffel ist der bescheidenere Kostgänger unter dem Rind, Gr.-Sch.). *Te kûst* (kannst) *de Gettern fuir de Nuacht* [χ] *och e winich Štrî äscheddeln* (Schönbg.).

einschütten, äschidden schw., nösn. *änschiddn* schw. 1. ‚hineinschütten‘. *De Biren iän de Backuiewen iäschidden (de Fadern iän't Bêt*, Katzendf.). Mit dem *Maudächtel* wird in der Mühle von jedem Viertel der 16. Teil (ein *Ächtel*) in den Mautkasten *ängeschątt* (nösn., Kbl. 14, 74). — 2. ‚durch hineinschütten füllen, namentlich mit Schlamm (und Schutt) bedecken‘. Bäche führen bei Regengüssen in unserm Bergland viel Erde mit, treten oft über die Ufer und bedecken damit die Wiesen und Felder: *Et* (das Wasser) *huet de Wise gą̂nx ägeschątt, mer mą̂chen heier weder nichen Hą̂. De Wise se gą̂nx ägeschatt* (mit Schlamm). — In der Abforderung der Toten [Geh. Spr.]: *Hadd em* (dem Toten) *awer der Härr esi en harte Krezesbêcher ägeschatt* (Schuller, T. u. Begr. 2, 10).

(**einschweinzen), äschwengsen** schw., nösn. *änschwainxn* schw. ‚einsudeln‘. *Wä huest te dich weder ägeschwengst, tâ Färken, tâ!* Syn. nösn. *änsureln* (einsudeln). s. d. Simplex.

einsegnen, äsêjnen schw., nösn. *änsêgnen* schw. [Geh. Spr.]. Term. techn. für verschiedene kirchliche Handlungen. 1. † Einsegnung des Taufwassers. »Weil die cerimonien des e i n s e g n e n allein mancherley myssbräuch, sonst kein heilickeit dem tauffwasser zubringen, vnd ist nit zu glauben, das dardurch die krafft des heiligen geist in die vnenfindlich creatur kome« (Hont., 75). — 2. Konfirmation. [Geh. Spr.] *Zem äsêjne blaiwen* ‚konfirmiert werden‘ (Schässbg.). *Der Härr Fąrr (der wil-*

erwirdich Härr) heᵉt de Käinjt hejt hoisch ägesêjent (Gr.-Sch.). Syn. s. *mätbleïwen* ‚das heilige Abendmahl empfangen'. *(Det Trenjtchen äs ze Giᵘr mätbliwen* ‚ist voriges Jahr eingesegnet worden' Schönbg.). — 3. Trauung. *E hôt de gang Lᵘotch ⁱägesêjent* (Katzendorf). »*Äm Letschef hueᵈ em es äusgeroffen, äm Letschef hueᵈ em es ägesêjent, äm Letschef hu mer Hochzet gefeⁱert, üᵉne Motter, üᵉne Vuᵉter, üᵉne Gesäster uch Fränjt, awer lastich wôre mer, nemüᵉl ener geng hîmen, e sîl net dreᵃngke sen*« (Meyndt, Gemîn 8). — 4. Einsegnen (Vorsegnen) der Wöchnerin beim ersten Kirchgang s. *fr\u0105šprêchen*, nösn. *fraišpr\u0105ᵉchn* (Gassner, 37) und *älîden* (einleiten).

einsehen, äsæn st., nösn. *änsâi* st. [Geh. Spr.]. 1. ‚lernen', ‚erkennen'. *Et* (ein Mädchen, Kind) *huᵉt mî ägesæn wæ de emdern* (andern) ‚hat einen weiteren Gesichtskreis' (Gr.-Sch.). *Än der Fremt sed em gor Viled än; dehoim bloift em en Oifôlt* (Agnetheln). *Liᵘss mich des Model* (⏑́ ⏑, Muster) *e wenij äsaᵉn* (Schönbg.). *Wæ long sedj er fronjdert?* (verheiratet). Antwort: *Iwermɋre senj et vîrzen Dâch* [χ]. Gegenantwort: *Dɋd iäs en hiᵘsch Zetch, iän der wat* (werdet) *er viled iägesæn hun* (Katzendorf). *Te wiršt et nôch äsæn, dat* — 2. *En (nichen) Äsæn hun* wie nhd. ‚ein (kein) Einsehn haben'. *Der Hemmel wit dij uch îst en Äsaᵉn hun mät dem Wadder* ‚es wird doch auch einmal das Wetter besser werden' (Schönbg.). *Der Hemmel wit dij uch mät mir îst en Äsaᵉn hun* ‚wird auch mein böses Geschick wenden' (Ebda.). *Âser Härrgott wit dich bâld en Äsæ mäd es hun* ‚wird uns gnädig sein' (bei langdauernder schlechter Witterung, bei Krankheit). *Dî Mûn sîl dij en Äsaᵉn hun, ent dâ Frâ ned esu kwiᵃlen* (Schönbg.). *Âs Niᵘberan äs krungk en mes ânen ɋrbeden, dî Mûn huᵃd och nechen Äsaᵉn* ‚unsere Nachbarin ist sichtlich krank und muss doch immer arbeiten, ihr Mann scheint gar kein Verständnis dafür zu haben' (Ebda.). — 3. † ‚Einsicht', ‚Aufsicht'. »umb dass eine löblige Obrigkeit ein scharfes E i n s e h e n auf solche Creditores haben möge« (1710, Kbl. 14, 112). DWB. 3, 290.

einseifen, äsîfen schw., nösn. *änsêfm* schw. einen kranken Fuss, Wäsche, das Gesicht (vor dem Rasieren) *äsîfen*. Übertragen: ‚beschwatzen', ‚übervorteilen'. *E hueᵈ en gâd ägesîft.* Vgl. nhd. ‚über den Löffel barbieren'.

einseitig, îsektich. 1. nösn. *êsaitich.* Term. techn. von einem nur auf einer Seite gemusterten Stoff. (Gegensatz: *bîtsektich*). *Net kâf deses zem Pändel* (Frauenrock), *ed äs îsektich.* Antwort: *Näⁱ, ich wäl uch læwer Bîtsektijet. En Gîp* (Jacke), *îsektich gewirkt.* — 2. ‚von einseitigem Charakter' fehlt. s. *besangder* (besonder).

~, nösn. **änsêlichn** schw. ‚sich (sehr stark) einschmutzen, besudeln'. *Gik uᵃ docherter* (geh herab von dort) *sɋst wiršt te dich nur änsêlichen (Wallendf.).* — Zum Wortstamm mhd. sal ‚trübe, schmutzig' wohl mit Angleichung an das folgende Wort.

einseligen, äsêlijen schw., nösn. *änsêlign* schw. ‚förmlich und feierlich in einen Besitz (ein Amt) einsetzen'. 1. † Von liegendem Besitz (Haus). »So einer ein Haus in der Ehrl. Nachbarschaft kauft, oder durch einen Wechsel bekomen wirdt, demselben sol von der Ehrliger Nachbarschaft das Haws e i n g e s e l i g e t werden« (1563, Nachbarsch.-Ordn. Vgl. Kbl. 15, 87). »Wenn ein Nachbar mit einem Amte begabet und verehret wird, soll er gleichfalls von der Nachbarschaft e i n g e s e l i g e t werden« (Hstdt., Nachbarschafts-Art., V.-A. 20, 133). — 2. In ein Amt. Insbesondere den Pfarrer *äsêlijen* ‚präsentieren', ‚in sein Amt einsetzen' (Kokeltal); nösn. *änsêlign (Passbusch.* Syn. *präsentîren).* — Mit mhd. sellen, seln ‚rechtskräftig zum Eigentum übergeben', zu sal, sale ‚rechtliche Übergabe eines Gutes'; aus einem frühnhd. sälig gebildet. Der isolierte Wortstamm *(*suᵉl, *äsiᵉlijen)* ist an die Sippe mhd. sælec ‚selig' angeglichen worden. — Vgl. auch J. Wolff, O. N. 3, 12 unter Senndorf. Über den sachlichen Hintergrund des uralte Rechtsgewohnheit festhaltenden Wortes s. unter ‚Hausseligung' und besonders die eingehenden Darlegungen J. Wolffs in Kbl. 15, 86—98. Das Wort ist durch die Sippe *Almesch* (s. d.) eingeschränkt worden.

Einseligung, † ‚Einsetzung des Pfarrers in Amt und Würde'. »vnd nach präsentierung und e i n s e l i g u n g, ohne sonderlichen schaden vnd vnfal gegen Haschagen ankommen« (1656, Trauschenfels, Mag. 1, 151). s. einseligen.

Einser, Înser m., nösn. *Ênser* m. 1. Als Zahl- und Zifferbezeichnung fehlt. s. *înt, de Înt.* — 2. ‚alte, gegenwärtig nicht mehr gültige Einguldennote'. *De ôld Înser giᵘn nemmi* (Schönberg). Scherzhaft für ‚Gulden'. *Wevel bekist te af't Jôr?* Antw. *Tousend Înser. E huᵃt mich mät zwî Ênser uᵃgehämpelt* ‚mit einer Kleinigkeit abgefunden' *(Wallendf.).*

einsetzen, äsætzen schw., nösn. *änsätzn* schw. Term. techn. für verschiedene Verrichtungen. 1. nösn. ‚Brot in den Backofen einschieben'. Syn. *äschessen* (-schiessen). — 2. ‚Blumen (im

Herbst) aus der freien Erde ausheben und im geschützten Raum (Keller) aufbewahren'. (Gegensatz: *oussâtzen*). *Ich hun de Blomen ägeşatzt, et kit kôlt* (Schönbg.). — 3. ,Korn, Holz zum späteren Verkauf einlagern'. *De Frucht* [χ] *hatt nechen Prais, mer mosste se äsâtzen* ,zum nächsten Markttag irgendwo einstellen' (Gr.-Sch.). Ebenso nösn. »Wie man aber würft so sacht der W(eise) H(err) lasset das Vorkorn reitern zu der Mahlzeit, ich aber lies in etliche säcke dess selben reitern, das wbertheil aber steuffetten die Weiber, führeten es herauf zum W. H. und s e t z t e n es e i n« (1650, Ger.-Prot.). Vom Pfande: »So der Schuldiger sein e i n g e s a t z t pfandt / on wissen vnd willen des schuldherrens / jhme entrågt / er begehet ein Dieberey dran« (E. L. R., 166). — 4. ,in Amt und Würden (in den Besitz) einsetzen'. *Em sôl moren den Hannen äsâtzen* (Gr.-Sch.). »so sol der verkauffer jn (den Käufer) inn das erb e i n s e t z e n« (E. L. R., 135). — 5. ,etwas in einen Brief beifügen, einschalten' (Binder, Coll.). — 6. † ,ins Gefängnis setzen'. »von wannen ich nach Verflüssung eines Monaths gefänglich e i n g e s e t z e t wurde« (1764, Cap. Cib.). »Es war die magt vom Meltzer weck gelaufen und er sollt sie e i n lassen s e t z e n« (1609, Ger.-Prot.). — 7. ,einem Gefäss den Boden einsetzen'. »Item pro reparatione vasorum boden y n g e s a t z t« (1525, Qu. Kr. 1, 614).

Einsicht fehlt. s. *äsân* (einsehn).

Einsiedel, 1. **Îsedel** m. als Fl. N. auf dem Hattert von Zeiden, zwischen Vledény und Persány (əeserəl ⊥ ɔ ‿, Kbl. 29, 69). Auf der Honteruskarte (1532) als einsydl verzeichnet (Kbl. 1, 87), in späteren Karten, die auf Honterus zurückgehen, als Herbrig E i n s y d l aufgenommen (Kbl. 3, 41). Bei Martin Zeiler, Hungaria: »Inmitten desselben (Waldes) hats ein schlechtes Wirthshauss Herberg Einsidel genannt. Es halten die Cronstädter stets etliche Trabanten darinn, damit man sicher reisen könne« (Kbl. 3, 42). Wie auch der rum. Name irimita (aus gr. ἐρημίτης) bezeugt, geht die Ortsbezeichnung zweifellos auf die Hütte und Kapelle eines Einsiedlers zurück (am Gescheid, *um Geschît*, der hohen, im Urwald gelegenen Wasserscheide zwischen dem Burzenland und dem Alttal, über die zugleich der alte künstlich erhaltene Fahrweg ging). Daran schloss sich eine Herberge für die Wallfahrer zur Kapelle oder die Reisenden überhaupt, deren Blockhäuser zugleich zur Verteidigung dem Altland zu dienten. (In der Stadthannenrechnung aus 1532 ff. Qu. Kr. 2 finden sich zahlreiche Ausgabeposten wie: »pro praeparatione tecti super stabulum novum in eremitae mansione«, »Czaydinensibus pro ponte circa heremitam« usw.). »14 homines haben geraumpt den weg, der auf den Eysidel get« (1547, Qu. Kr. 3, 420). »1601 ist auch der E i n s e d e l ruiniert« (Ebda. 5, 382). »Dieser Wald (Zeidner Wald) ist von herrlichen, schönen, hohen, dicken Buchen und Eichen und fast der gantze Weg durch den Wald mit gelegten Bäumen gleich einer brücken gemacht, weile des Lettens halber sonst übel fort zu kommen wäre« (Martin Zeiler, Hungaria 1690. Vgl. Kbl. 3, 42). Der Zeidner Wald spielt in der Erinnerung an Räubergeschichten etwa die Rolle des Spessart, daher die rechte Staffage für eine Einsiedlerbehausung. (Der Name ist später auf den Herbergswirten übergegangen. Vgl. »ratione homicidarum, qui eremitam cum uxore, liberis ac hospitibus trucidarunt« 1537, Qu. Kr. 2, 520.) — Der Fl. N. noch als *Îsedel* in Hammersdorf und Martinsberg. *Baim Êsidler Brann (Mettersdf.).* Über sonstige Fl. N. nach Feldkapellen s. Kbl. 24, 5; 27. — Dim. *Îsedelchen* ,Stubenhocker' (Nadesch). — 2. [Geh. Spr.] *Îsedler* m. *Dî lieft wâ'n Îsierler* (Katzendf.). *Tea bäst en Îserler* (Schässbg.). — 1. entspricht mhd. einsidele ,Eremit, Waldbruder'. Als Fl. N. also eigentlich ,bei dem E.'. — 2. ist an nhd. Einsiedler angeglichen.

Einsiedler, s. d. vorige Wort.

(**einsimsen**), †. »Item pro stuba getyncht in balnea stuba inferiore et Caldar i n g e s i m s t h (mit einem Gesimse versehn)« (1523, Qu. Kr. 1, 493).

einsinken, äsängken st., nösn. *änsängkn* [ɒ] st. *Af den Loinjdern* (Ländern, Ackerstücken) *äs en Muar, em sängkt bäs iwer't Fossbriad än* ,bis übers Fussbrett, bis an den Knöchel' (Schönberg). *Det Grâw äs gânz ägesangken.* Syn. *ärampeln.*

einsitzen, äsätzen st., nösn. ungebräuchlich. Dafür: *Se äs äm Käntbât, Kändelbât* (auch wenn sie aufgestanden ist, bis zur Einsegnung). 1. ,daheim bleiben', ,zu Hause sitzen' (von Wöchnerinnen, die vier Wochen lang nach der Niederkunft, bis zum ersten Kirchgang, das Haus nicht verlassen dürfen). *Äm Äsätze sen* ,in den Wochen sein'; *än'd Äsätze kun* ,niederkommen'. *Ech mes ellîn arbeden, menj Frâ äs äm Äsätzen* (Schönbg.). *Menj Frâ kûn net mäd af de Hochzet kun, se äs äm Äsätzen* (Ebda.). Beliebter Spass eines Dorf-Münchhausens bei der Schilderung einer grossen Festlichkeit: Alle Kaiser und Könige seien dabei gewesen, nur der Papst habe sich entschuldigt, seine Frau sei *äm Äsätzen. De Frâ sätzt iän* (Katzendf.). »Ich hab bei dem Branttenwein gehöret, das die Kalteisennin sagt, dort komet die braut die Brezin Threin. Sie wird balt einseczen, der Furst wird Path sein, die Königsrichterin wird gode sein, und Michael wird zugefatter bitten mussen« (1599, Ger.-Prot.). »lasst mich mit frieden denn ich nur naylig eingesessen bin« (1619, Ger.-Prot.). »Wie des Actori sein haussfrau mit dem Kindt einsass, kuam er zu mir und bittet mich zu gefatter« (1609, Ger.-Prot.). »Wie die Schusterin mit dem Kindt war eingesessen, gehen ich hinunter und reden sie an, das sie es sagen sollt, wem es wer und bestimbt ir einen Kannengiesserknecht, sagt sie, es ist nicht sein, sondern rechnet die Zeit, als die Landtherren vor weihnachten hir ein waren« (1615, Ger.-Prot.). »den 7. Julii hat ein Meed mit einem Goldschmiedknecht Hochzeit, und den andren Tag sitzt sie ein und bekommt unter Tag und Nocht ein Kind« (1613, Qu. Kr. 5, 429). — In der Zeit des einsitzens (s. *Äsätzwôchen*) wird die Frau vor aller anstrengenden Arbeit behütet, die Gevatterinnen und Verwandten schicken abwechselnd das Essen, das für das ganze Haus reicht *(Gevadderlæwent)* und von dem mancherorts ein Stück Backwerk oder ein *Šträmpel* mit dem Essgeschirr zurückgeschickt wird, damit »die daheim es auch kosten«. Kleinere Arbeiten im Hof und Garten darf die Wöchnerin während des *äsätzens* wohl verrichten, nicht aber den *Dirpel* (Türschwelle) überschreiten. Erst der erste Kirchgang (s. *äliden* ‚einleiten') erlöst sie aus der vorsorgenden Haft (Hillner, 45; Fronius, 25; Wittstock, 80). Syn. *ändân* (-tun). — Verallgemeinert: *e mes äsätzen* ‚muss das Zimmer hüten' (Binder, Coll.). — 2. ‚in sich zusammensinken', ‚sich setzen'. Eine Brücke, ein Dach *sätzt än. Det Dąch iäs iägesêssen. Det Dôch wäll mer äsätzen* (Schönbg.). Von Brot und Gebäck: *Det Brîd äs es ägesiessen, det Miel wôr licht.* Städtisch: *Der Kôch sätzt glej än.* Edle Körperformen sitzen ein, werden entstellt durch Krankheit: *En ägesiessä Nues. Dąt mät der ägesiessäner Nues sîl ech nin?! Dąt brochen ech net. Dæ hu guer dæ gąrštich Krint* (Krankheit) *u sich.* — 3. ‚sich irgendwohin setzen' fehlt. s. *sij äsætzen* (einsetzen) in den Wagen, *afsätzen*, DWB. 3, 297.

—, **äsîwern** schw. ‚(mit *Sîwer* ‚Mundspeichel') einschmutzen'. *Det Kängt huet sij ägesîwert.* s. d. Simplex.

einsmal, †. ‚einmal'. »Zwittracht, welche einsmal gelagt oder vorgleicht sein wordenn« (16. Jahrh. Nachbarsch.-Art. Kbl. 29, 102). »Im letzt abgewichenen Winter um die Fastnachtzeit hatte ich einsmahlen aus dem Wald eine Fuhr Holtz nach Hause gebracht etc.« (1759, Obereheger.). — So und »einstmal« auch bei Goethe für sonstiges einsmals (mhd. eines males, gen.). DWB. 3, 298.

einsohlig, îsîlich, nösn. *êsîlich. E êsîlich Schâch (Bistr.).* »Sollen die schöffen (schaflедernen) frauen schuch nicht lenger als drey vierttell der ehlen lang Sein beyde einsohlig und zweysolig, die einsoligen mögen auch geschmerdt werden« (1610, Kl.-Schelker Schusterzunft).

einspannen, äspannen schw., nösn. *änšpąnn* schw. [Städt. Halbma.]. *Des Kæ* (Kühe) *sen zem iršternôl ägešpannt.* Auch übertragen: *Dæ Lekt sen dô* (in einer Fabrik, bei einer Unternehmung) *îrengklij* (ordentlich) *ägešpannt.* Echte Ma.: *Špann un!* s. *ušpannen* (an-).

Einspänner, Îspänner m., nösn. *Ênšpanner* m. [Städt. Halbma.]. Echte Ma. s. *îspännich.* In der Nähe der Stadt wird auch die ganz nhd. Form gebraucht: *Der Hąst gîd uch (alz) Ainšpänner.*

einspännig, îspännich, nösn. *êšpannich* ‚mit nur einem Pferd'. *Îšpännich fueren. Fræer fâr e mät væren, na fiert e îšpännich.* (Einspännig fahren ist nur in einzelnen ärmeren Gemeinden üblich, sonst gilt es als Schande. Ehrenhafter ist noch ein Ochsen- oder Kühe-, in den Kokelgegenden ein Büffelgespann), DWB. 3, 301.

Einsprache, Äsprôch fem. [Geh. Spr.]. *Äšprôch erhiewen.* Echte Ma.: *derkê rieden.* Syn. *Äšprach* (Einspruch).

einsprechen, fehlt. † »versäumet sein Ambt wenn ohngefehr Sonabendt ihme ein gutter Freund einspricht« (1713, Cap. Cib.). »Morgen 8 Tage war Er in der Statt gewesen und kam nacher Hause, sprach bey uns ein, so kam Sie auch dahin« (1728, Cap. Cib.). Echte Ma.: *urieden* (anreden), *äne sæn* (hinein sehen).

Einspruch, Äsprach m. [Geh. Spr.]. *Äšprach dân* ‚Einwendung erheben' (bei Gericht, in der Gesellschaft gegen eine Behauptung). *Wei dier alber Undrôch än der Komunitêt geštôlt wort, dêd ech glech Äšpräch derkên und esu kôm de Sach ze Fall* (Kronst.).

einst, îst, ‚einmal' (nösn. *emôl).* 1. Mit deutlicher Empfindung des Zahlbegriffs. *Ich bän nor îst dô gewiest. Îst mes ich dąd uch versäcken. Îst ech, îst tâ.* Wenn ein Kind mit einem Apfel prahlt, *gômrije* (begehrliche, schmachtende) Bitte der anderen: *Loss mich nor îst beissen.* Ebenso: *Loss mich nor îst nôch soppen* (schlürfen). Sprw. *Em mess ned alles aw îst friessen* (SCHUSTER, 173). Drohung: *Nor îst nôch* (sc. *sǫlt te det dân) unt te kist (flechst) oussen, (unt te bekist,* ‚bekommst Schläge'). *Kam mer nôch îst!* ‚komm mir noch einmal mit solchen Zumutungen! Beliebt in der Erzählung: *Nor îst, awîst, nor awîst* ‚plötzlich'. Im Märchen: *Se genge, genge, nor îst (nor awîst) sǫge [ʒ] se än der Fernt e grîss Lächt. awîst* ‚plötzlich', ‚im Nu'. *Ech gǫw em înt, awîst šprǫng e af. Oist nor* ‚plötzlich' (Draas). Über einen Simulanten: *Ich wascht em înd eruef, awîst štrækt e den Arm ous.* — 2. Temporal, in die Zukunft weisend: *Îst wid et jo uch za diem kun.* Sprw. *Mer messe guer îst hemmelzen* ‚zum Himmel gehn'. *Mer messe guer îst äme gôn* (SCHUSTER, 228); *îst messe mer guar giun* (Schönbg.). (Für die Vergangenheit nhd. einst, gilt zumeist *vîr Zegden, än ǫlden Zegden, lenger här et wôr emôl;* doch auch als Stossseufzer: *wae wôr ed îst än âser Gemîn!).* — 3. Abgeschwächt ‚jemals'. *Wonnî wiršt ta îst vernâftich (färtich) wärden?!* — 4. Allein oder verstärkt durch das verallgemeinernde *alt* (s. oben 1, 69) ‚manchmal'. *Kam uch îst (ald îst) ze âs! Ald îst* (hie und da) *gelängd esi en Sach, zecklich* (oft) *uch net.* Sprw. *Uch en blängt Krô träfft ald îst de Štæken.* — Ist nicht mit J. WOLFF (Kbl. 4, 13; 37) durch epitetisches *t* aus dem Genetiv-Adverbium mhd. eines zu erklären (das würde **enest* ergeben), sondern aus der alten »superlativen« Form ahd. einêst, altn. einasta, schweiz. einist. Auch der übliche Schwund des *n* vor *s* ist nur aus ursprünglichem *ein—st erklärbar, DWB. 3, 305. Schwäb. Wb. 2, 599. Schweiz. Id. 1, 276. FROMM. 5, 257. Köln. ens, holl. eens geht auf mhd. eines zurück.

einstechen, äštêchen st., nösn. *änštaichn* st. 1. ‚in die Tasche stecken', auch ‚stehlen'. *Huest te det Gield ägeštôchen? Wî huet menj Ûr ägeštôchen? Wô äs me Schnappmiesser?* (Federmesser). *Et wit mer't dich nemest ägeštôchen hun?* Übertragen: ‚hinnehmen, über sich ergehen lassen' (schlechte Behandlung, Grobheit). *Dǫd äs gor e grîss Melôfen* (Maulaff), *mêr* (wenn auch) *sô em diem de däckst Grôfhîten, e štächt se än en schwecht.* 2. ‚ins Gefängnis stecken'. *Se štêchen en än. Pas af, em wit dich nôch îst äštêchen. Dî wôr uch îst ägeštôchen.* — 3. ‚hineinstechen' (z. B. ein Messer). s. *äne štêchen, ärǫn* (einreihen). Über Form und Bedeutungswandel s. d. Simplex.

einstecken, äštäcken schw. Trans. 1. Als verstärktes *štäcken* ‚einen Pfahl in die Erde einrammen'. *Huest te de Rôm* (Weinrebenpfahl) *fiest ägeštäckt? E štît wae ägeštäckt* ‚starr, wie ein neu eingerammter Pfahl in der Erde' (Schönbg.). Übertragen: *Der Sâl (de Štuf) wôr ägeštäckt vôl, dad em sich net wieje kangt.* — 2. In sonstigen Verwendungen ist dafür *äštêchen* (s. d.) gebräuchlich. »darnach wiederumb mit schönen Worten eingenohmen, ihr schöne Kleider, Seydel angezogen, die Peltz abgenohmen und schönere angeleget, die Nadelen aussgezogen und andere e i n g e s t e c k t« (1685, Ger.-Prot.). — s. auch *äštäcken* (einsticken).

—, **îstedlich,** *îšterlich* (⏊ ⏑ ⏑) ‚Holz das nicht gespalten ist sondern aus einem ganzen (dünnen) Stamme besteht', ‚Knüppelholz', dasselbe wie nhd. ‚einstämmig' (DWB. 3, 307), doch mit der Nebenbedeutung des ‚dünnen', ‚schwachen'. *En oišterlich Heolz zâ er *Ôss* ‚ein Stück Holz, ungespalten, wie es gewachsen ist, zu einer Wagenachse zu gebrauchen' (Gr.-Sch.). *Îštedelich Rôm* ‚Weinpfahl aus 4—6 Jahr alten Wurzeltrieben von Waldbäumen', dagegen *Špǫltrôm* ‚aus dickerem Holz gespaltener Weinpfahl' (Gergeschdf.). *Deser Wanjerd äs neǫ weder eîst gešteǫckt! Alles nor dêr eîštedlijer Rêmtcher, drô sellen de Štêk ned eräbrêchen!* (Diese *Rêm* verfaulen nämlich rasch und können den schweren Weinstock nicht tragen; sie brechen bei Sturmwind ab und die Trauben fallen auf den Boden, wodurch grosser Schaden entsteht, Reussen.) Auch als Feuerholz nicht beliebt: *Te heost mer ǫllest oišterlijet brôcht* ‚nur Prügelholz' (Gr.-Sch.). Übertragen: ‚eigensinnig, halsstarrig'. *Dǫd äs en Îšterl* ‚Dickschädel' (Neustadt i. B.). *Awer wîst te, welt vun allen det gresst Wangder as? Det Weif, dôt nätch îšterlich bleift, sangdern senje Fêler asetch nt senj Ârêcht ageštît* (Burzenl. — Volksfr. Kal. 1900, 78). *Säj emôl, wæ îštedlich dier Gang äs* ‚trotzig'. — Wörtlich: ‚aus einem Stamm, Pfosten bestehend'. Zu mhd. studel, stuodel stn. fem. ‚Pfosten', ‚Säule'. Erhalten in nhd. Türstadel ‚Türpfosten' (mhd. türstudel); vgl. oben 2, 132 (unter ‚eilen') »wider den thür stettell«; schweiz. stadeln ‚ein Gebäude aus Baumstämmen aufrichten', (DWB. 10, 2. Abt., 419. Vgl. auch J. WOLFF, V.-A. 27, 602). *-ddl* 〉 *-rl* wie *Keddel* 〉 *Kerl, Feddelbijen* 〉 *Ferlbijen* usw. Das Wort, auch sonst nur vereinzelt (in den angegebenen Orten) gebraucht, fehlt im Nösn.

einstehn, äštôn st., nösn. *änštô* st. Intrans. *[bän ägeštǫnden].* 1. ‚in eine Gemeinschaft (einen Dienst) eintreten'. (Gegensatz: *ousštôn* ‚aus-' und *uestôn* ‚ab-'. Vgl. *Ed äs es bewasst, dad în Zeijt ǫštît, de ûnder än de Nê kit,* Trappold). *Ed äs alz Daika* (magy. Amme) *ageštеunden* (Schirkonjen). *Änšteô* ‚den Dienst antreten' *(Wallendf.). Bä de Môser iäštiun* ,zum Militär einrücken'. (Reminiszenz aus der Zeit des freiwilligen Eintritts, Katzendf.). Syn. »ist angestanden« (intravit, 1503, Qu. Gesch. S. 1, 363; 386). — 2. [Geh. Spr.] ,für etwas eintreten', ,Bürgschaft leisten'.

Alles lǫd af dainer Scheolder,
Unt fuir alles messt tee äštiun.

Arbed, 41.

»Heutt an diesem tag hab ich im etwas gelt heim getragen, für welches ich meines Ödems wegen bey im eingestanden war« (1595). »ob er für seinen Sohn einstehen will« (1657, Ger.-Prot.). »Als der Georgy Henenck das Ross verstollen hat bin ich für in eingestanden, bis er sich mit dem fhurmann verstanden hat« (1619, Ger.-Prot.). »Als wir nun darkhommen und den Miklos Balbierer vmb geld ansprechen, spricht er, ich wil euch geben das wo der Freder vor eich ein will stehen« (1605, Ger.-Prot.). »Vor welche der Herr Kemeny Janos auff eine gewisse Summam geldes eingestanden« (Kraus, Chron. 1, 371). DWB. 3, 309.

einstellen, äštällen schw., nösn. *änštalln* schw. 1. Trans. a) ,Vieh (nach der Weide zum Winter) in den Stall einstellen'. *Em wit neo bôlt de Getter* (das Grossvieh) *äštällen* (Schönbg.). *De Getter zer Most äštallen* (Alzen). *Ech štallen net vil Vä iän, ech hu wienich Hâ* (Katzendf.). — b) † In der ältern Rechtsspr. ,Zeugen, Zeugnis vor Gericht beibringen'. (Syn. stellen.) »Wer zeugen einstellen wil / mus das thun auff die zeit / so jm fur gericht gegeben wird« (E. L. R., 17). »Dieweil inn frembden teidig sachen / die recht zugeben / aus einem Haus so viel zeugen man nur haben mag / einzustellen / wird folgen / das beyd Vatter und son inn frembder sachen neben einander gezeugen mögen« (E. L. R., 25). »Würde auch ein verleumbde ehrlose person zum zeugnüs eingestalt / in einer sachen / so geschehen were / ehe sie ist zu vnehren khomen / sie wird auch darin verworffen« (E. L. R., 23). »In des Wällenwäbers Knecht sachen ist dieser Testis von ihm eingestellet worden« (1650, Ger.-Prot.). »will zeuchnis einstellen, was andern widerfahren ist« (1654, Ger.-Prot.). »Hatt also auch seine Zeugnüs eingestellt wie volget« (1569). »lauten aber der eingesteltter testen fassiones wie folgt« (1661, Cap. Bog.). Einen Rechtsbeistand: »und gebe für einem ersamen Gerichtstuel meinen bluttfreunden pleni potentem potestatem . . . auch weiter Procuratores an allen orthen einzustellen« (1595). — c) ,aufhören machen' [Geh. Spr.]. *Ech warde mer diese Lârm hä iästallen* (Katzendf.). »Uxor habe von ihm verlangt, man möge den Ehestand einstellen« (1796, Cap. Cib.). Hieher gehört auch das *äštällen* beim Kegelspiel. Wer eine Anzahl von Kegeln (gewöhnlich auf je 3 Schübe) umgeschoben hat, *štît (ich štôn af zänen).* Kann ihn, bis er wieder an die Reihe kommt, niemand *äštällen* (gleich viel Kegel umschieben), so hat er die Einsätze gewonnen. Wird er *ägeštǫlt,* so wird das Spiel fortgesetzt, wenn jemand mehr umschiebt *(iwerštällt),* so gewinnt dieser. Spielen zwei Parteien, so gilt nach dem *äštällen* die nächste Wurfreihe doppelt. (Vgl. Kbl. 20, 46). — 2. Refl. [Geh. Spr.] ,sich einfinden' (in eine Versammlung, Gesellschaft). Beim Eintritt ins Hochzeitshaus: *Er hôd es hiêr verlongt, mer štallen es iän* (Katzendf.). »Die Richter haben uns also befohlen, dass sich der Mogelle undt der Petruka fur gericht einstellen sollten und sich rechtfertigen« (1605, Ger.-Prot.). »Da haben die andren erkant, dass sie sehr thörich und unchristlich gehandelt, ist ihnen sehr leid gewesen, und haben willig sich eingestellet« (1640, Cap. Cib.). »Wer sich im Zunder in der Gesellschaft der Jungfern einstellt ₰. 34« (1822 Bulkesch, Brud.-Art.). »Wer sich bey erlaubter, gebotener Wirtschaft nicht einstellet, soll die Wirtschaft helfen aufrichten« (1729 Reichesdf., Brud.-Art.). »Wer sich nicht einstellet, wenn der Altknecht auf den Tisch zum drittenmal schlägt« (Ebda.). Auch für den ständigen Eintritt in eine Korporation: »Andreas Flischer, Andreas Fleischers sonn von Stolzenburg hadt sich auch noch der Ordnung in die Bruderschafft ein gestellet vnd igericht« (1617 Kl.-Schelken, Böttcherz.). Namentlich feierlich-höfliche Wendung: ,sich mit einer Verpflichtung, mit der Abzahlung einer Schuld einfinden'. *Ich štälle mich mät menger Schûlt (mät dem Zǫs) än* ,ich bringe das geborgte Geld (Brot usw.) mit Dank zurück'. Bei Übergabe eines Geschenkes zum Namenstag, einer regelmässigen Abgabe usw.: *Ich štälle mij än.* (Eingewirkt haben wohl Kirchenlieder wie das Abendmahlslied: Ich stell mich ein, o frommer Gott, zu deinem heil'gen Gastgebot.) Wenn zu Pfingsten (früher 1. Mai) die Knechte den Mägden Maibäume setzen, muss sich die Magd zum Dank für die erwiesene Ehre mit *Hibes* und Wein *äštallen* (Neustadt a. H.). Übertragen: † ,sich mit seiner Lebensweise einstellen, sich benehmen'. »Dieser Martinus Kessner Weber hat in die 15. Jahr lang in unserer Nachbarschafft gewohnt und sich dermassen eingestellet, dass wir ihm nichts unehrliches von der gantzen Nachbarschafft nachsagen können, allein wass recht und redtlich: wie es einem Gebaurs Mann zustehet« (1677, Cap. Bog.). — Schwäb. Wb. 2, 652. DWB. 3, 310.

~, **îsterlich**, s. *îstedlich.*

(einstiđen), **äštäcken** schw. Intrans. ‚(senkrecht) hineinfallen'. Übertragen: *Ed äs mer ägeštackt* ‚sogleich in Sinn gekommen' (Hohendorf). — Sonst nur gebräuchlich das Simplex *štäcken* ‚(senkrecht) niederstürzen' und *ämštäcken* (um-).

~, nösn. **êštiglich** übertragen ‚einseitig'. *Än êštiglich Kärl* ‚eigentümlicher Sonderling' *(Bistr.). Än êštiglich Mänjsch* ‚ein Mensch, der seine eigenen Wege geht' *(S.-Reen).* — Zu *Štijel,* nösn. *Štigl* ‚Steig über den Zaun'. Vgl. *îstedelich.*

einstimmen, **äštämmen** schw., nösn. *änštämmen* schw. [Geh. Spr.]. *De Leijt wallen än dôt ned äštämmen* ‚wollen dem Vorschlag nicht beipflichten' (Schönbg.). Üblicher: *bäštämmen.*

einstimmig, **îštämmich**, nösn. *êštämmich. Se hun en îstämmich (zem Farr, zem Hannen) gewielt.* Zusatz: *Et hued em uch ned în Štämm gefêlt.*

~, nösn. **änštingkern**, s. d. folgende Wort.

~, **äštingkseln** [äštiŋksəln ⏑⏑⏑] schw., nösn. *änštingkern* schw. ‚einen Raum mit (leichtem) Gestank erfüllen'. *Nemi rûch, te štingkselst mer de gânz Štuw än.* Auch vom allzuscharfen Geruch einer Blume, einer Pomade. — s. d. Simplex und *Geštingksel* n. ‚(leichter) Gestank'.

einstopfen, **äštappen** schw. *Et kid e Rên, ech moăs enwăfel Zäjeln iäštąppen iän't Dąch* (Katzendf.). Sonst: *Zäjeln änzăn.*

einstoßen, **äštîssen** st., nösn. *änštûssn* st. 1. ‚stossend eindrücken'. *Det Kôlf huat de Dir* (Stalltüre) *ägeštuissen bae der Keo ent huat gesugen* (Schönberg.). *Et huat mer emest de Brück* (die beim Pflaumenschnapsbrennen auf der Pflaumenmaische sich bildende Kruste) *ägeštuissen, der Pâli* (Schnaps) *äs näst wiart* (Ebda.). *En Meur iäštuissen* (Katzendf.). — 2. ‚hineinstossen'. »Item illis, qui fecerunt eess (Piloten, s. Ast) yngestossen circa molendinum Simonis Klompen« (1520, Qu. Kr. 1, 244).

einsträngen, fehlt; s. *umąchen* (anmachen). *Nq, Misch, neo kûst te umôchen* ‚jetzt kannst du einsträngen' (Schönbg.).

einstreichen, **äštrechen** st., nösn. *änštraichn* st. 1. ‚(mit Lehm, Fett usw.) bestreichen'. *Det Läderwärk* (Lederzeug) *mes em aldist* (manchmal) *mät Knôchefätt äštrechen. Det Beibes* (Bienenkorb) *iäštrechen* (sc. mit Lehm, Katzendf.). Sonst ist für das Bestreichen von Herd und Wand mit Lehm nur das Simplex üblich, weiter für das Einfetten des Riemzeugs nur das Wort *schmieren: Munch Frăe kännen de Štuwen* (Häuser) *esi hîsch štrechen uch weissen, wă won et der irschter î Mourer gemącht hăt. Em mess des Sille schmieren, se sen hart wă de Knôchen (Tocken).* — 2. [Geh. Spr.]. *Det Gield äštrechen. Dă štrechen nor det Gield än ent frôgen net vil nô enem. De Profit* (Gewinn) *äštrechen.* »nach dem Debitor das Geld in Gegenwart des Creditors gezehlet hatte, strich er etwas davon . ein« (1768, Cap. Cib.). Syn. nösn. *klêbm* (s. *kliewen* ‚kleben').

einstreuen, **äštrąen** schw., nösn. *änštrąin* schw. Term. techn. für das Einstreuen minderen Futters in besseres. *Te kûst de Gettern uch qld e wenich Štrî äštroien, mer messe špuaren* (Schönbg.). Syn. *äscheddeln* (einschütteln), *ämängen* (-mengen). Übertr. [Geh. Spr.]: *Dî kem* (kann) *gor vil bîs Bemärkungen äštrąen* (Gr.-Sch.).

einstricken, **äšträcken** schw. I. Zu nhd. ‚Strick'. 1. ‚in die Tasche stecken'. *Dă Fienengk* (Pfennige, ‚Geld') *wiršte nôch nied iäšträcken* (Katzendf.). — 2. † ‚in eine Sache verstricken', ‚durch (falsche) Anschuldigung einfangen'. »der sey auch bey das Mensch immer gekrochen, von diesem aber, den sie einstricken wolle, wisse sie nichts« (1701, Cap. Cib.). »dass Studiosus Salmen . . . dixerit, mann will mich einstricken« (1685, Ebda.). »kennet ihr nicht den Wällenweber knecht einstricken, er kompt doch auch zu euch oftmals« (1650, Ger.-Prot.). s. d. Simplex ‚mit dem Strick *(Šträck)* binden', wobei allerdings das Bild in 1. unklar bleibt. Vielleicht soviel wie *äknäppen* (einknüpfen), und *äbängden,* weil das Geld von Frauen in einen Tuchzipfel eingeknüpft getragen wird. (Vgl. in diesem Sinn schwäb. eistricke ‚Patengeschenk geben', Schwäb. Wb. 2, 653). An eine Intensivform zu *äštrechen* (einstreichen) ist wohl nicht zu denken. Zu 2. vgl. DWB. 3, 316. — II. Zu nhd. ‚stricken'. 1. *en Bachštuewen* (Merkbuchstaben) *äšträcken.* — 2. ‚durch stricken verlieren, eingehn lassen'. *Ich hun en puer Maschen ägešträckt* ‚habe einige Maschen unvermerkt fallen gelassen und so den Strumpf enger gemacht'. — 3. *en Fiersch äšträcken* ‚an einen (alten) Strumpf eine (neue) Ferse durch stricken einfügen'. Nösn. *änšträckn.* Vgl. auch *ušträcken* (an-).

einstürzen, fehlt; s. *ärampeln* (-rumpeln).

einsudeln, nösn. **änsurln** schw. *Schîerz dich nur gąad af, dąat te dich näd änsurelst (Wallendf.).* — s. d. Simplex.

einsweder, äñzwäder ,eins oder das andere', ,entweder' (wird noch hie und da gehört, weicht aber dem geläufigeren *äntwäder)*. »Wo sind leutt auff erdenn, die Jesum Christum öffter nennen, als die Ketzer, sie werffenn eynenn Spruch über den anderen aus dem alten vnd newenn testament, welch sie e i n s w e d e r verfelschenn, aber mit gewallt auff ein vnbillich Sach deenenn« (DAM. DÜRR, Hdschr. 201). »die e i n s w e d e r stumm, taub, kreppell wordenn seynn« (Ebda., Hdschr. 335). »E i n s w e d e r wirfft uns gott yns krankbett, da mir zappelnn, klagenn, seuffzenn und wimern« (Ebda., Hdschr. 198). mhd. eines (Gen.) und weder. Vgl. DWB. 3, 339 einweder.

Eintage, Ändâch Pl. nösn. *Ändâich* ,die Zeit des Einerntens', ,Herbst'. (Unter *Härwest* wird speziell der Ertrag der Weingärten verstanden, ,Weinlese'). Allgemein üblich als Terminbestimmung. *Der Misch huat mät dem Trentschen* (Trine) *Huawer gefeort, än d Ändâch* [χ] *selle se sich froinjdern* ,im Herbst gibts Hochzeit'. (Das gemeinsame Haferführen ist das sicherste Zeichen, *dat se sich Jhu wallen*, Schönbg.). *Än d Ändâch wid ed e Giur* (Jahr), *dat me Mûn geštorwen äs* (Ebda.). »*Se hun nor ienzt oind* (sc. ein Lied) *afbreocht, wot de Schwalfker än den Ändâje kên't Mêtsche sanjen*« (Zw. Krez. 27). »Ich bin die nächste Nachbahrin von der Exponetin, kann also auf dieses Punct nur so viel sagen, dass sie in den nächst abgewichenen E i n t ä g e n einmal in aller Frühe zu uns hin kam« (1777, Obereheger.). Wetterspruch: *Wæ de Ändâch* [χ] *sen, esu sen uch de Ausdâch* [χ] ,der (kommende) Frühling' (Gr.-Sch.). Weitere Sprw. s. unter *Ousdæch* (Austage). — *De Ändæch* bezeichnen den ganzen Zeitraum von der Kornernte bis zum einwintern im November. Einzelne Unterabschnitte: *Wonn de Schwalwen zæn* (Anfang September). *Äm de Mächelsdâch* (Ende September). *Wonn em list* (Mitte Oktober). *Wonn der Bäsch derr wit* (Ende Oktober). Vgl. H.-W., 394. — Das Wort ist als Gegensatz zu *Ousdæch* (s. d.), ebenso der Form wie den darin liegenden Gefühlsmomenten nach, gebildet. Im DWB. nicht belegt. Vgl. jedoch von gleicher sinnlicher Anschauung aus: das Jahr geht einwärts (,gegen den Winter'. DWB. 3, 338); der Einwärts ,Herbst' (SCHM. 2, 1008). Andere Belege hiefür FROMM. 5, 330.

eintägig, fehlt. Dafür: *en Dâch âlt; vun enem Dâch.*

eintauchen, fehlt. s. *äntangken* (-tunken).

einteilen, ändîlen schw., nösn. *ändêln* schw. *De Wirtscheft än fôäuf Felder iändîlen* ,Fünf-Felder-Wirtschaft' (Katzendf.). Vor allem von Geld und Arbeit. Das sich die Arbeit (Einkommen) einteilen können gilt als Masstab für einen guten Wirten (Hausfrau). *Se kenne sij et ned ändîlen mät der Arbet* ,schlechte Wirtschaft'. (Syn. *Uštâlt, uštällen* ,an-'). *Der Gebiur mess sich de Arbet gor geod ändîlen* (Schönbg.). *Se* (eine schlechte Hauswirtin) *kâ sij et halt ned ändîlen* (kommt mit nichts aus). Syn. *gedîlsem*. DWB. 3, 320; Schwäb. Wb. 2, 655.

Einteilung, Ändîlungk fem. Wie oben *ändîlen*. Tadel: *Dî hôt nichen iÄndîlengk iän der Wirtschef* (Katzendf.).

(eintitlen) † »der teufel kund den gotlosen feinden nichts so selzames e i n t i t l e n, man glaubts« (DAM. DÜRR, Hdschr. 781). — Vielleicht nach mundartlich *tettlen* ,ins Horn blasen' (s. d.) gebildet.

Eintracht, Întrôcht fem., nösn. *Êntrøâcht* [χ] *(Wallendf.)*. [Geh. Spr.]. *Dæ liewen iän eÎntreocht* (Katzendorf). Beliebt besonders in Satzungen und Entscheidungen der Zünfte und Behörden. »Item ist beschlossen worden aus einer E i n t r a c h t der ganczer Nachbarschaft« (16. Jahrh., Kbl. 29, 102). »in welchem ffreundlichen verstand vnd e i n t r a c h t mir von beiden theilen bis auff diese zeit fridlich geblieben sind« (1559).

einträchtig, intræchtich, nösn. *êntrøâchtich* [χ] *(Wallendf.)*. Adj. und Adv. [Geh. Spr.]. Namentlich in pastoralen Ermahnungen an Eheleute. *Dâd iäs en eîtrâchtich* [χ] *Peôr* (Katzendf.). *Dæ liewen întræchtich zesumme wæ zwie Deifker. Se gion esu eintrâchtich madenounder* (Alzen). *Af diam Hôf liawen de Leijt gor întrâchtich* [χ] *mäd enûnder* (Schönbg.). »dieweil durch zwen getzeigen e i n t r e c h t i g e m und ebenmessigem Bekenntniss gnugsam beweiset wirdt« (1565). *Wian ward er neo zem Fârr nin?* Antw. *De Leijt senj întrâchtij af dem Ruisler Fârr* ,wollen den Rosler Pfarrer wählen' (Schönbg.).

Eintrag, Ändrâch m., nösn. *Ändrâch* m. 1. Term. techn. des Webens. ,Einschlag in den *Wurf*'. (Zumeist Baumwollfäden, welche zwischen die Hanf- oder Flachsfäden eingetragen werden. *Bûwel ä Guern*, sonst *Bûwel ä Bûwel). Ich hun en e Pakett Âfsâtx* (Aufsatzbaumwolle) *uch e Pakett Ändrôch* (Eintragbaumwolle) *gekûft* (Schönbg.). *Et breocht bæ deser Wirk* (Webe) *vil Ändrôch* (Gr.-Sch.). *Mer wirken hænfa Goären mät Beiwel-Ändrôch* (Agnetheln). *Wæveler* (welche Nummer [gen. partit.]) *Bûwel ninste* (nimmst du) *zem iÄndrâch?* (Katzendf.). — 2. Übertragen: ,in die Suppe Eingekochtes'. *Dies Mûn breochen iÄndrâch, wo se iän de Bäsch* *siellen* (d. h. man muss etwas Festes in die Suppe einkochen, nicht nur *dänn Lêwent* ‚dünne Suppe' machen, sonst hält es *de Siet* ‚die Sätte' nicht, Katzendf.). *Âs Kniacht* [χ] *breocht vil Ändrôch* (Gr.-Sch.). *Er huad esu en gruisse Kniacht* [χ], *dî breocht Ändrôch* (Schönbg.). DWB. 3, 324; mhd. intrac m.

eintragen, ändrôn st., nösn. *ändrô* st. 1. ‚hineintragen'. *Mäst ändrô* ‚Mist in die Furche des aufgegrabenen Gartens werfen' *(Bistr.)*. *Bai de Štêk Mäst ändrô* (Ebda.). *Mer hun hejt de Mäst än de Woinjerd ägedriun* (letzte Arbeit im Herbst, Schönbg.). *Štrî ändrôn* (sc. in den Weingarten). *Mer hu Reppen* (Rüben) *bruacht* [χ] *uch gepuizt, desen Iwent selle mer se ändriun* ‚in den Keller hineintragen' (Arbeit des Spätherbstes, Ebda.). *Dî drît sij än* (versieht sich mit Nahrung, isst) *wê der Tôst* (Dachs, Gr.-Sch.). — 2. ‚Geld einbringen'. ‚Ertrag geben'. *Der Honef huat heier vil ägedriun* ‚reichen Ertrag geliefert' (Schönbg.). *Dǫd hued em en hîsch Gield ägedrôn. Det Geschieft drîd em mî än wê senj Amt. Et hôd em Schliej iägedriun* (Katzendf.). *Nǫ, nǫ dôt wit der nôch de Räck vôl Schliaj ändriun* (Schönbg.). »*Ąwer muntch în Plêtsch hued ed ar agedrôn*« (Semp, Bezu°lt, 31). — 3. ‚einen Posten ins Buch eintragen': *iänt Beach iändriun* (Katzendf.). *Der Härr Vuater* (Pfarrer) *huad ed än't Dûfbeoch* (Taufmatrikel) *ägedriun* (Schönbg.). — 4. Term. techn. ‚einweben'. *Ich sôl Buiwel ąfsâtzen en sôl Guarn ändriun* (Schönbg.). *Hued er Bûwel ägedrôn oder Honef? Buiwel än't Guarn ändriun* (Schönbg.). — 5. ‚durch Schlamm einschütten', *de Bǫch äs gǫnx ägedrôn* (Binder, Coll.). DWB. 3, 325; ndl. indragen.

einträglich, ändrêjlich, nösn. *ändrâiglich* *Ded äs net gor en ändrêjlich Geschieft. Der Kuirebâ äs nemî ändrâjlich* (Schönbg.).

eintränken, ändringken schw. [Geh. Spr.]. Übertragen: *Ich wäll em et schîn nôch ändringken!* ‚wills ihm schon noch zu schnupfen geben'. Ebenso ndd. indrenken.

einträufeln, fehlt. s. *äntrepsen*.

eintreffen, äntrêfen st., nösn. *änträfm* st. Intr. *(bän äntrôfen)*. [Geh. Spr.]. *Wonî kun ires Maichen senj* ‚die Angehörigen eurer Marie'. Antw. *Se sûlen dich wae moren äntrêfen* (Schönbg.). »Ich weiss soviel zu sagen, dass ich einmahl ohngefähr zur Friedrichin eintraff« (1772, Oberehegor.). *Wae ich gegrǫlt hun* (gefürchtet habe), *esu äs ed äntrôfen* (Schönbg.). *De Frucht* [χ] (Korn) *äs mäsriuden, et sôl neo nor ned och en Krint* (Krankheit) *bae de Gettern äntrêfen* ‚wenn jetzt noch eine Viehseuche ausbricht, so sind wir verloren' (Schönbg.). *Et träfft än* ‚stimmt, passt' (beim Schätzen, Messen, Rechnen). — Über die abweichende Qualität des anlaut. Dentals s. d. Simplex.

eintreiben, ändreiwen st., nösn. *ändraibm* st. 1. Term. techn. ‚Vieh, das im Verbot weidet, oder fremdes Vieh, das sich auf den Gemeindehattert verirrt hat, in die *Parch* (Pferch) eintreiben'. (Die eingetriebenen Tiere werden sodann gegen eine Lösetaxe freigegeben. Das Recht zum Eintreiben steht den Feldhütern zu, s. *Torbesvueter*, Kbl. 7, 104). Syn. *schätzen*. *Em huad es de Uissen ius de Grommen (de Keo ius dem Verbôt) ägedriwen* (Schönbg.). *Det Vê eus dem Verbǫdanen iändreiwen* (Katzendf.). »auf der strittiger erden das fühe eingetrieben haben (1598). »Also kan auch der herr eines eingetriebenen oder geschatzten viechs / daran einen Diebstal begehen / so ers on wissen vnd willen des eintreibers heimlich abtreibt« (E. L. R., 166). Übertragen: ‚einfangen'. »kompt dann dazu, das solch einer den Richtern in die Schüssel laufft, wird eingezwickt und eingetriben« (Dam. Dürr, Hdschr. 786). »Wie ich nun gewiss berichtiget worden, wie dass gedachtes weib Exponentem zur ungebühr eingetrieben sie zu heürathen« (1676, Cap. Bog.). »Es sagt die Seelerin eines gegen mich das die beckin hett trabanten angeredet, das sie auf den Schneiderknecht sollten lauren, ab sie in mögten eintreiben bey der Clara« (1609, Ger.-Prot.). — Kinderspiel beim Maisschälen *(Kukerutz schîn mąchen)*. Wer einen Kolben mit eingesprengten weissen, roten oder schwarzen Körnern findet, treibt dem andern damit so viele *Gǫsker, Kälfker, Schwenj* ein; dieser muss sich bemühen, ebenso viele gefärbte Körner aufzufinden und die eingetriebenen auszulösen *(ouss'm Schätzštall gewännen)*. *E huet mer zwinzich Kälfker ägedriwen, bäs wonni sǫl ech dê gewännen?* — 2. ‚einheben'. *Em dreift moren den Zois* (Zins, Steuer) *än* (Schönbg.). *Net verwael* (verwühle, vergeude) *de Krezer äm Taback och Pâli, em dreift hejt moren den Zois än, wihär wällt te't derniu nin?* (Ebda.). *Em sôl de Schuilerluin* (Schullohn, Geld- ehemals Naturalabgabe für den Lehrer) *ändreiwen* (Ebda.). In Agnetheln: *aisdraiwen*, wobei die Vorstellung mehr an den Abgabenpflichtigen als an den Empfangsberechtigten denkt. Man sagt dann dort von einem Säumigen: *Vun dem kûn ich de Luin ned aisdraiwen; vun dem kûn em näst gewannen.* DWB. 3, 328; ndl. indrijven, moselfr. endreiwen.

eintreten, äntriedeṇ st. [Geh. Spr.]. In einen Verein, in ein Geschäft. »Balasch yst ingetreten in ein solt czw halb f[asten]« (1503, Qu. Gesch. 1, 361). Echte Ma. *uštôn* (anstehn), *äštôn* (einstehn).

(**eintreugen**), **ändrejen** schw., nösn. *ändraugn* schw. (s. unter *drögen*). Intrans. 1. ,eintrocknen'. *De Branne sen ⁱägedrocht* (Katzendf.). *De Bôch äs gûnx ägedrecht (ägedreᵒcht*, Schönbg.). *Em mes qf't Ändrejen uch äst rêchnen* (Schwund bei Früchten, Fisolen, gedörrtem Obst, Ebda.). Das *ändrejen* bezeichnet gegenüber *ousdrejen* und *verdrejen* (s. d.) ein langsames Schwinden und sich verzehren. — 2. Scherzhaft: *äjedröcht* [χ] ,eingenickt' (Felldf.). — s. d. Simplex. DWB. 3, 330. ndd. indrôgen.

—, äntrepsen schw., nösn. *äntripsn* schw. ,eine Flüssigkeit tropfenweise eingiessen'. *Än'd Ûch äntrepsen.* Übertragen: *Em mes em allest äntrepsen* ,dem Kinde die Aufgabe etc. kleinweise beibringen'. — s. d. Simplex.

Eintritt, Äntrått m. [Geh. Spr.]. *Der Äntrått än't Teâter kost (äs) treissich Krezer.*

eintröpfeln, fehlt; s. *äntrepsen* (ein-).

eintun, ändân, nösn. *ändâ* ,hineintun' in verschiedenen term. techn. 1. ,Haustiere in den Stall einsperren' (zur Nacht oder am Tage zur Vorsorge). *De Bäffel, Hînen, Schweng, Gq̂s ändân. Dâ dq̂t Kq̂lw än, säch det Dîr äs ôfen, et lîft sonst oussen.* »Ich drasch dem Simon Präfling (war bei ihm mit Dreschen beschäftigt) als er dass schwein einthet« (1615, Ger.-Prot.). — 2. ,Frucht in die Säcke tun' (für die Mühle). *Mer sellen än de Mil ändiᵃn* (Gr.-Sch.). *Mer selle baᵉ der Kirich heijd ändeᵒn* (die Kornvorräte werden in den Kammern der Kirchenburg verwahrt. Syn. *sich zer Mil (zem Muᵉrt) schäcken*, Schönbg.). *Mer hun ägedôn, âs Mîsch sq̂l moren än de Mil fuᵉren.* »wo du kannst auftragen und auch das mell (Mehl) einthun, so magstu hir bleiben« (1609, Ger.-Prot.). — 3. ,in den Topf zum Kochen eintun'. (Objekt ist die schon als fertig gedachte Rohspeise.) *De Knedel, Palokes* (Maisbrei), *det Flîšch ändân.* ,*Kampest* (Sauerkohl) in den Topf zum *Krokt* einlegen'. *Mer selle Kreijd ändiᵃn* (Gr.-Sch.). *Det Wasser kôcht, dâ de Palokes än!* (Das Maismehl wird in das kochende Wasser getan, nach einiger Zeit des Kochens wird ein Teil des Wassers abgegossen und mit dem Rest das Mehl zu Brei gerührt. Städtische Kochart rührt das Mehl ungekocht bei langsamen Einguss ins kochende Wasser sogleich zu Brei.) — 4. ,Brotteig in den Backofen zum Backen tun' (*äschessen* bezeichnet nur den einen Teilakt des Einschiebens selbst, *ändân* den ganzen Vorgang. Gegensatz: *ousdân, gewännen).* Hochzeitsvorbereitung: *Mer hun întern det gressich* (grobmehliges) *Brîd ägedôn, det weiss Brîd uch det Hiᵉfich* (Backwerk, *Hq̂ngklich, Klôtsch) backe mer nor kên* (gegen) *Ôwent.* — 5. ,fest, gefangen nehmen'. *Det Wädder (der Rên* ,Regen') *hatt mij äm Guᵉrten dertous ägedôn, ich kangt net hîme kun.* (Syn. *äplætschen.)* Von der Wöchnerin: *de Fræ äs em ägedôn* ,seine Frau ist im Kindbett'. (Syn. *äsätzen* ,einsitzen'.) *Ich bä gq̂nx ägedôn* ,von Geschäften festgehalten'. Absolut: ,ins Gefängnis stecken'. *Em huᵉt diᵉn na ägedôn* ,eingeführt'. *Em huᵉd en hekt af vær Dæch ägedôn. Haf nichen Sorch, em dîd e schîn än.* — Übertragen: ,einengen'. Besonders von der Luft: *ägedôn* ,dumpf'. *Ed äs hæ esi ägedôn (esi ägedôᵃ Laft). Ed äs hæ esi ägedô vun de vile Legden, dat mer et net mî oushq̂lde kennen.* (Vgl. *änen dân* ,hineintun'. Bei *ändân* liegt die Betonung auf dem Gegenstand, der in einen Raum getan werden soll, bei *änen dân* auf dem Raum. *Dâ de Gq̂s än* sc. damit sie nicht frei herumlaufen. *Dâ de Gq̂s änen* sc. in den Stall hinein und nicht sonst wohin). Moselfr. endôn ,Vieh eintreiben'. DWB. 3, 321.

eintunken, äntangken schw. Trans. 1. ,in eine Flüssigkeit hineintauchen'. *Te huᵉst der den Ärmel ägetangkt. Baᵉm buᵃde mes em sich geᵒd änteᵒngken* (Schönbg.). ,den Bissen ins Fett eintunken'. *Em kûn de Bässe nemel* (nicht einmal) *änteᵒngken, det Fatt schwammt haᵉ uch ned um Eᵒwer* ,das Fett schwimmt hier auch nicht am Ufer' (Klage eines Knechtes, dem bei den gerösteten Bohnen die Tunke nicht fett genug ist, Ebda.). *De brædich Hîne mes em ä kq̂lt Wasser äntangken* (sc. wenn man will, dass sie nicht brüten sondern weiter Eier legen sollen). — 2. Übertragen: ,in eine Strafe, in eine unangenehme Sache hineinbringen'. *Diᵉ Kärl hu se gâd ägetangkt* ,dem hat man eine gehörige Strafe zugemessen'. *Dî huᵃt mich baᵉ'm Hq̂nnen* (Dorfrichter) *ägeteᵒngkt* ,angeschwärzt' (Schönbg.). Syn. *äbrôken.* — DWB. 3, 332.

einunddreißig, ainundraissich [Städt. Halbma.], ein Kartenspiel. s. *Nôbel ainundraissich.*

einundzwanzig, înentzwinzich, nösn. *enentzwinxich*, das Hazardspiel vingt-et-un. Es wird Bank gehalten und eingesetzt. Die Karten haben jede einen besonderen Zahlenwert. Der Einsetzer sucht durch nacheinander vom Bankhalter gezogene Karten mit der Zahlensumme auf 21 oder nahe daran zu kommen. Das verhältnismässige Mehr gewinnt, über 21 hinaus scheidet von vorneherein als verloren aus dem Spiel: *ich bän (e äs) trop* (franz. trop). Bei gleicher Zahlensumme gewinnt der Bankhalter, bei 21 auf 2 Kartenblätter (Ass und 10) oder 2 Ass *(bum, bum)* zieht der Einsetzer sofort. — Das Spiel, auch *Waiter* oder *Tippes* genannt, weil das weitere Verlangen von Karten (vgl. *äschnegden* ‚einschneiden') durch *waiter! Blatt!* oder einfaches Tippen mit dem Finger angedeutet wird, ist vor ca. 30 Jahren aus den Städten (durch Soldaten) zunächst als harmloses Spiel mit Bohnen oder Maiskörnern an den Adjuvantentisch gekommen, später aber auch als Geldspiel in das Wirtshaus übergegangen. In *Bezuelt* spielt *Oindres* mit *Itzig* im Wirtshaus *Înentzwinzich* und verliert dabei den Erlös für sein Kalb (Semp, Bezuelt 14). »*Unt dernô bei de Kǫttneren* (Soldaten)? *Wîsst tâ nammî, wei mer oft am Schingk* (Schenke) *beim Înentzwinzich bliwe bas nô'm Uefblôsen, esu dǫt mer hǫnjam* (hinten um) *iwer't Geschatz* (Planken) *an de Kǫssâre kraeche maussten?*« (Ebda., 14). — Andre Kartenspiele: *Af Liewen uch Dît, Faktor, Mariâsch* (◡ ◡ ⊥), *Lustich main Sîbner, Mät dem Wärlchen špatzære gôn, Nôbel ainundraissich, Pipesker, Šchweng, Zegun* (Zigeuner). Vgl. Höhr, 132.

einverleiben, †. »Anno 1716 den 28 Novembris hat sich Laurentzius Eybestorfer sein sohn, Simon Eybestorfer, der ehrligen Zechen einverleibet« (Kl.-Schelken, Böttcherz.). — Syn. s. eingrüssen.

Einvernehmen, Ävernin n. (⊥◡⊥) [Geh. Spr., aber allgem. gebraucht]. Von Eheleuten, verschiedenen Nationalitäten und Konfessionen in einer Gemeinde usw. *Se liewen ä gâdem Ävernin. Bäs dâ wôr e gâd Ävernin än âser Gemîn, nâ äs ed ǫndersch worden. Se hu gor e geod Ävernin mäd enûnder* (Schönbg.). Syn. *sich vernin* (vernehmen).

—, **Äverštǫnt** m. [Geh. Spr.]. In der Hochzeitrede: »*Sæ sôd em* (dem Brautwerber) *senj Bitt ned uef, sangdern mat Gott luiwen unt dǫngken less sæ än mad Äverštǫnd aller ärer læf Frängt det Jawîrt erhǫlden*« (Arkeden, Siebenb.-D. Tageblatt Nr. 1920).

einverstanden, äverštǫnden. [Städt. Halbma.]. *Ech bän äverštǫnden. Mer wôren ned äverštǫnden dermät.* Geh. Spr. *äwällijen.*

Einverständnis, Äverstäntnes n. [Städt. Halbma.]. Geh. Spr. wie im vorigen Wort.

einwachsen. Intr. ‚hineinwachsen', fehlt; s. *äne wuessen. Der Nuegel* [3] *äs mer änegewuessen* ‚eingewachsen'.

einwägen, äwejen st. ‚so wägen, dass weniger herauskommt'. Besondre Praxis der Hanfkäufer am Hanfjahrmarkt. *Dî verflacht Hangt* (der Hanfkäufer) *huet mer æcht Fangt ägewijen* (d. i. weniger vom gekauften Hanf gewogen und gezahlt, als eigentlich vorhanden ist). — Vgl. Adelung 1, 1619. DWB. 3, 337.

(**einwalgern**), **awǫlšchern** schw. (Tartlau), ‚einmengen', besonders ‚ein Stück Wäsche unter andere einmengen'. — Zu *wǫlgern* (nösn.) walgern, wälgern ‚wälzen', ‚rollen'. Kramer, 138; DWB. 13, 1236.

einwälzen, †. »welcher gestalt er von seinem treulosen und übeln weib unerzehlige viel widerwertigkeit und Hertzenleid aussgestanden, als welche sich den schändlichen lastern, der Vollerey, trunckenheit, Dieberey, Untreuheit, betrügerey, Verprasserey, dermassen ergeben und eingewältzet« (1683, Cap. Cib.). s. d. Simplex und unter ‚auswälzig'.

einwälzig ‚von der Gemeinde abwesend' (?). »zu dem mall war des Webers weib nit vorhanden, sondern einweltzig« (1609, Ger.-Prot.). — Sonst auswälzig s. d.

Einwand, Äwǫnt m. [Geh. Spr.]. In Wendungen des Rechts: *Der Tummes huet det Testament gemǫcht* (echte Ma. s. *verschreiwen), qwer senj Duichter môcht Äwänt* (Pl. ⊥⊥) *derkên* (Schönbg.). Syn. *Äšprach* (Einspruch).

einwandern, äwǫndern schw. [Geh. Spr.]. In der Bedeutung ‚sich ansässig machen'. *Dî Zegun äs nor fuir zwä Giuren hiär ägewûndert* (Schönbg.).

einwärts, äwärts [Geh. Spr.]. 1. Adv. *äwärts gôn. Net gǫngk äwärts!* Syn. *Net šturkel der iwer de Fess! Te gîst weder wæ e Kǫlf.* Nösn. *Ä huet Fäess wâe de Ûssn* (Minarken; — ‚stark auswärts gebogen' s. *kräkoschich).* Doch gilt einwärts gehn (wenigstens mit einem Fuss, und mit geschlossenen Lippen sprechen s. *pännen)* als vornehme, feine Art, namentlich bei Mädchen (Hammersdf.). — 2. Präp. »und ich sahe, dass Frau Incta einwärts, Inctus aber, welcher die Schafe hüthete, auswärts dem Zaun mit aufgelegten Armen, auf dem Zaun, sehr nahe zusammen mit einander sprachen« (1756, Obereheger.). Echte Ma. *änenzâ. Et wǫs iänenzeq (iänenhanen) gedrêt* (Katzendf.). *E gäng iänenzeq* (Ebda.).

einwechseln, äwiesseln schw. *Blêsch* (rumänisches) *Gêld iäwîsseln* (Katzendf.; Rumänen, weniger Sachsen, gehn oft des reichern Erwerbs wegen für einige Zeit ins benachbarte Rumänien, *än't Lǫnt).* »Von Dieben aber selber hab ich 2 Thaler eingewechselt, sonsten weiss ich nichts« (1692, Cap. Cib.). *Ich mess mer vun der Guit* (Taufpatin) *Oier* (Eier) *äwêsseln, en mess se der Hien aindendeon* (Schönbg.). »Seine eingewechselte Behausung« ‚im Tauschwege erworbenes Haus' (1696, Cap. Cib.).

einwehren, † ‚ein-, abliefern'. Von Schulden, pflichtmässigen Zahlungen usw. in der ältern Kanzleisprache allgem. üblich und vielfach gebraucht. Ebenso von sonstigen pflichtmässigen Leistungen. »hinfort mit der Sädler Zinss nichts zu schaffen haben, sondern denselben dem H. Burgermeister einwehren und der H. B. M. soll denselben der Stadt jährlich verrechnen« (1541 Hstdt., Statuta). »So hatt er, der Lazar Miklosch die fl. 800 seiner Weisheitt an der Schuldt so ihm mein Schwiger feyr Jörg am bergwerk schuldig und zuthun gewesen ist, par eingewerett und beczalett« (1563). »Der Haussman sol zu rechter Zeit dem Haussherren seinen Hausszins einwehren« (E. L. R., 122). »Janckul Bratul hat einen rump haber nicht eingewert« (1615, Ger.-Prot.). »Das weil Michael Statreitter ahnen Ursach dem Hannes Croner den Zenden hat genommen und weder dem fürsten in sein Ration oder dem hoff Richter eingewehrt« (1609, Ger.-Prot.). »Memoriale wass die Rosynayerer dem herr Joanni Rhott eingewehret haben« (1615, Ger.-Prot.). »Hinführo soll ein jeder junger Meister oder Wochengesell, der das Meisterstück machet und dasselbe einwähren will vor allen andern die 4 ältesten Meister einladen« (1658, Kronst. Böttcher-Art.). »Den Schrott-Lohn sollen sie dem Nachbarvater einwähren« (1729, Reichesdf. Nachbarsch.-Ordn.). »welches gelt mir dem Herr Gallus Lutsch einweret« (1619). Qu. Kr. 3, 73 usw. mhd. (ein)-wern. Im DWB. (3, 338) nur sehr dürftig belegt.

Einwehrung, † ‚Ablieferung von eingenommenen Beiträgen, Schulden, Pflichtzahlungen usw.'. »Summarum aller einwerung Porticae tuet fl. 1232« (1541, Qu. Kr. 3, 83). Syn.: »Summarum alles einwerens« (Ebda.). »Vormerk Einwerunk des asper Zins auf disz jor« (1555, Ebda. 3, 226). »Dy hab ych gegeben auff eynverung der Schespurger yres gels« (1503, Qu. Gesch. S. 1, 377). »Dy sall der honn ayn nemen an ynwerung neben dem Landt« (1527, Qu. Kr. 2, 51). — Im DWB. nicht belegt.

einweichen, äwîchen schw. Trans. ‚zum weich werden in Wasser usw. legen'. Term. techn. für verschiedene Verrichtungen. Brot: *Ich mess mer neo det Bruid äwoichen* (d. i. ich habe keine Zähne mehr, Gr.-Sch.). *Weij och än't Fatt än!* ‚tunke auch in die Bratenbrühe!' (Alzen). (Diese Art des ‚Einweichens' von Brot und *Palokes* ‚Maisbrei' in Bratenbrühe, geriebene Bohnen oder saures Kraut und jede ähnliche Speise ist eine im ss. Volk sehr weit verbreitete Art zu essen. Dass dabei jedes der Essenden mit den Fingern den Brot- oder Palukesbissen an die Gabel spiesst, ehe es damit in die Pfanne oder Schüssel fährt, das empfindet die ländliche Sitte durchaus nicht als anstössig. Die neue Sitte verwehrt nun allerdings diese patriarchalische Art namentlich beim Essen vor Fremden und in grösserer Gesellschaft). — Sauerteig: *Den Dîssem* (Sauerteig) *äwîchen* (s. *Dîssem*). — Wäsche und Leinwand: *Det Gedeis äwîchen* ‚die Wäsche (einen Tag vor dem Waschen) ins Wasser legen'. *Mer messen hejt de Wêšch äwoichen* (Gr.-Sch.). *Mer sellen den Däoch* (die selbstgewebte Leinwand) *äwîchen, mer sellen e bechen uch blîchen* (Schönbg.). — Felle: *De Fêl äwîchen* (Kürschnerhandwerk, Gr.-Sch.). — Strang (wird eingeweicht, um als kräftigstes Zuchtmittel benützt zu werden): *Ned ârsch dich* (mache nicht Umstände einem Freier gegenüber), *ich wîchen en Štrûngk än!* (Schönbg.). Wenn ein Mädchen in eine vorteilhafte Partie nicht eingehn will, wird der Vater von den Verwandten bestürmt, sie zu zwingen: *Kûst te ned en Štrûngk äwîchen?* (Ebda.). Klage der Ehefrau über ungebührliche Behandlung ihres Mannes: *Wonn hî mich nor geschlôn hæt wæ et sich gebîrt, mät dem Palokesklâppel oder mät dem Gôchštæken, näi awer hî wîcht en Štrąngk än.* Nösn. *änwêchn* schw. s. d. Simplex. DWB. 3, 339.

einweihen, äwąen schw. [Geh. Spr.]. Eine Kirche, Schule usw. *Af de Verîn* (Gustav-Adolf-Verein) *sôl em âs noi Schuil äwoien* (Schönbg.). Scherzhaft: *Ich sôl neo det gruiss Däppen* (Topf) *äwoien* ‚in Gebrauch nehmen' (Ebda.). *Dæ Scheggen* [3] *hôste schnêl iägewąt* (sc. wenn das Kind mit den neuen Schuhen sofort in den Schmutz getreten ist, Katzendf.). *Teo huast den noie Pändel* (Weiberrock) *hîšch ägewoit* (sc. wenn der Rock beim ersten Anziehn einen Flecken bekommen hat, Schönbg.). Nösn. *änwąin* schw. — DWB. 3, 339.

einwenden, äwänden schw. [Geh. Spr.]. *E wûl viled äwoinjden* ‚er wollte vieles einwenden', ‚er hatte viele Einwendungen dagegen' (Gr.-Sch.). »Der Benjamin hat auch damals eingewandt es were noch ein Jung draussen und er wüste nicht wenn er sollte kommen, wie es sein würde« (1650, Ger.-Prot.). Nösn. *änwonn* schw. Syn. *äriden* (einreden), *Äšprach* (Einspruch).

Einwendung, †. »habe nicht wollen essen, was sie ihm zubereitet, anderswo in der gassen hin und wider gegangen, wenn er alsdann zu hause kommen, habe er mit Ihr gezürnet, geschlagen, und was der einwendungen mehr sein« (1683, Cap. Cib.).

einwerfen, fehlt; s. *äschmeissen.* »Wie wir nach ihr schickten, wollte sie nicht kommen, so ging ich mit dem kind zu ihr, so warf sie ihm Kohlen ein, und begehret darnach Haar von der Scham von mir und meinem Hauswirten und ruichert es damit, darnach ward es ihm besser« (1654, Ger.-Prot.). Sonst: *Kîle lieschen* (löschen).

einwickeln, äwäckeln schw. ‚in ein Tuch, Papier usw. einschlagen'. »habe sonst nichts, als in einem Leinen Tarnister, als wenn es birn gewesen eingewickelter gefühlet, mit dehme wir nach Hause kommen« (1701, Cap. Cib.). »Sie hätte eine Flasche, in welcher etwa noch eine halbe Wein gewesen wär, in ihrem Hof aufm Zaun eingewiklter funden« (1759, Obereheger.). Zu Anfang des 19. Jahrh. wurde in den Städten das Patengeschenk in den »Patenbrief« *ägewäckelt* (Teutsch, Sachsengesch. 3, 68; vgl. *äbängden* ‚einbinden' und *äknäppen* ‚einknüpfen'). *Te messt det Klinzich geod äwäckeln, ed äs kôld än der Kirich* (die Mütter nehmen auch im Winter die Säuglinge und kleinen Kinder in die Kirche mit, Schönbg.). *Huest te dij uch gâd ägewäckelt kên de Kälden?* Übertragen in verschiedenen Wendungen. *Det Kängd äs nôch gor ägewäckelt* ‚unentwickelt'. — *Te bäst awer gâd ägewäckelt* ‚fett'. Dagegen: *ich bä licht ägewäckelt* ‚empfindlich, kränklich'. (Syn. *ägemącht.*) Von Tieren: *det seng ägewäckeld Îssen* ‚Ochsen von gedrungener Gestalt, runden Körperformen', im Gegensatz zu den *longkfessijen* und *longkbâlijen* ‚mit langen, dünnen Beinen und Bäuchen' (eigentlich mit langen *Bælen* ‚Gedärmen'). — *Dąd äs gor en ägewäckelt Mängtsch* ‚verschlossener Mensch'. *Em kûn näst erius bekun, e äs gor ägewäckelt* (Schönbg.). *Der Fąrr prädicht esu ägewäckelt, dąd em sich näst kliuwe* (herausklauben) *kûn* ‚so schwer verständlich, dass man nichts mit heim tragen kann' (Ebda.). Nösn. *änwäckeln* schw.

einwiegen, äwäjen schw. ‚in Schlaf wiegen'. *Wonn te det Klîn ägewächt huest, mąch Feier!* (Schönbg.). Syn. *änschlêfern.*

einwilligen, äwällijen schw. [Geh. Spr.]. *Wonn te äwällichst, dernô wiesst* (wächst) *sen Härzke weder* ‚wird es wieder froh'. *E hôd iägewallicht* (Katzendf.). Syn. *äbällijen, zâbällijen, sich verwällijen.* Nösn. *änwällign* schw.

Einwilligung, Äwällijungk fem. Nösn. *Änwällijungk* fem. [Geh. Spr.]. *De Äldre wällen de Äwällijungk net gin* (sc. zur Heirat). *Ech gi menj Äwällijungk net, dąd äs Honz det Fis um Âk* (Sophie am Eck) *nit* (Schönbg.). Echte Ma.: *de Äldre wällen net; e (ed) äs en ned ušťändich.*

einwintern, äwängtern schw. Intr. *Mer sen hîsch hemlij ägewängtert. Vîr dem äwängtern messe mer nôch îst än de Štat änen.* — Die Poesie des *äwängterns* schildert in herzerquickender Weise Mich. Alberts »Bauernstube« (Gedichte, 95). Nösn. *änwäntern* schw.

einwirbeln, äwerweln schw. ‚einklinken'. *De Dir iäwierbeln* (Katzendf.).

einwirken, äwirken schw., nösn. *änwirkn* schw. 1. ‚einweben'. *En Schinn, en Zwiäst* (Lücke beim Weben durch einen zerrissenen Faden) *iäwirken* (Katzendorf). Syn. *ändrôn* (-tragen). — 2. ‚den aufgegangenen Teig zu Broten ballen, wobei der Teig mit *Wirkmêl* (meist Maismehl) bestreut wird' (*Bistr.* Süds. hiefür das Simplex.) rheinfr. einwirken ‚einkneten' (Kisch, W. u. W., 172).

einwohnen, † »Macht die Frau ein Theilung mit den Kindern, so zwen Häusser da wären, soll der Mutter eins gegeben werden, den Kindern dass, da der Vatter eingewohnet habe, oder welches das beste ist« (1574). »Thaysz Mertin Naẏ haws, do nyemand ein wond« (1541, Qu. Kr. 3, 134).

Einwohner, Äwuner m., nösn. *Änwuner* m. [Geh. Spr.]. 1. ‚Hausmieter'. *Dąd äs âs ną Äwuner* ‚der neue Mieter unseres Hauses'. »Thomas Eckert Einwoner auf Jacob Fleischers Mairhoff« (1586). — 2. ‚Dorf-, Stadtbewohner', ‚Zugehöriger zu einem Ort'. »ich also, als ein Einwohner dieses Orts (Reps) zu erwehntem Hoffkauf näher bin und bessere Gerechtigkeit zu demselben habe« (als der »Extraneus« 1753). »Joannes Marckes, unser eynwoner einer« (1568). »dass G. Ungar, einwohner unsers Dorfs, für uns erschienen und bittlich angehalten hat: wir solten ....« (1669, Cap. Bog.). Doch wird in älteren Aufzeichnungen (und auch gegenwärtig noch fühlbar) ein Unterschied zwischen dem ansässigen, hausbesitzenden Bürger und den nur zur Miete wohnenden ‚Einwohner' gemacht. »Auch soll jeder Bürger und Einwohner eine Laterne bey seynem Hause haben« (*Bistr.*, 1710, Nachb.-Ordn. Kbl. 14, 113). (Noch flüchtiger als der ‚Einwohner' ist der ‚Bewohner'. DWB. 3, 345). — 3. Pl. Scherzhaft: ‚Ungeziefer', besonders ‚Läuse'. *Mir schengt te huest Äwuner? Net kratz dij esevelt, em dingkt sonst, te hæst Äwuner.*

einwühlen, äwælen schw. 1. Trans. ‚einen Gegenstand (bei Arbeit etc.) mit Stroh und ähnlichen Dingen bedecken, dass man ihn nicht wieder finden kann‘ *Wuer huest te mer de Ackes* (Axt) *na weder ägewælt?* — 2. Refl. a) ‚durch Wühlen in einen Gegenstand hineingelangen‘. *Âs Kraem* (Sau) *mess krûngk senj, se waelt sij än de Mäst än* (das tun die Schweine, wenn sie Hitze haben und Kühlung suchen, Schönbg.). *Det Schwenj heôt sij iägeweqlt* (Katzendf.). *Wae sich de Schwenj än de Muar* (Schlamm) *äwaelen!* (Schönbg.). Übertragen: *Dî huat sij ä viled ägewælt* ‚hat sich mit zweifelhaften Angelegenheiten zu tun gemacht‘. — b) ‚etwas (leicht) beschmutzen‘. *Mer sæn ius, mer se gûnz ägeweolt.* (Entschuldigung, wenn ein Gast die Hausleute bei der Arbeit, oder wenn sie eben vom Felde kommen, antrifft, Schönbg.). Verstärkt: *Mer senj ägewælt wæ de Schwaijn* (Gr.-Sch.). *Te bäs ägeweält wæ e Fârken* (Klosdf.). Strafpredigt, Kindern gegenüber: *Woräm huest te dich na esi ägewælt!* »*Nikes: Cha ämsiäs kroišch ich, usch! Ich wôr änne gerqmpelt, en hu mich gûnz ägeweqlt. Et wit dich drejen*« (Zw. Krez., 18). *Nôch net dea em* (dem Kind) *det hoisch Kloitchen un, et wælt sij än* (sc. bis zum Besuch, zur Feststunde, Gr.-Sch). *Liso, neo net wael der det Pändeltsche glej än* ‚sorge doch auf dein (frisch gewaschenes) Röckchen!‘ (Schönbg.). *Te woilst der dich det Kleid* (Jacke) *ân* (Rohrbach). Vgl. in den Erinnerungen eines ehemaligen Pfarrersjungen: »Nun hiess es am ereignisreichen Sonntagsmorgen, als er den schwarzen Sammtanzug zum erstenmal anziehn durfte: ‚Auf diesen Anzug musst du gut sorgen, du darfst damit nicht im Sande spielen‘. Nach kurzer Zeit kam der Knabe zurück mit der dringlichen Bitte: ‚Mutter, zieh mir diesen Anzug aus und den Wochenanzug *(de Wiertichhîsen)* an; dann kann ich mich auch einwühlen *(äwælen)*‘« (G. A. Schuller, Dorfheimat 4). — Daher: ‚in Gebrauch nehmen‘. *Net wæl allend än!* (sc. zu viel Wäsche zu gleicher Zeit oder rasch hintereinander). Nösn. *änwâln* schw. Syn. *äbrqsseln.* — DWB. 3, 346.

einwurzeln, äwurzeln schw. *Det Bîmtche sekt marôdij ous, ed äs nôch ned ägewurzelt.* Übertragen: *Awer wôršt te ägewurzelt?* (Von einem Mann, der lange ausgeblieben ist, Schönbg.). *Dâ Gewint* (Gewohnheit) *äs bâ diem neo ägewurzelt* (Ebda.). *Dqd* (eine schlimme Gewohnheit, Trinken, Zanksucht, Faulheit usw.) *äs bæ em na schîn esi ägewurzelt, dqt let* (lässt) *e net.* — DWB. 3, 347.

einzahlen, änzuelen schw. *De Bædrqch* (zur Vereinskasse usw.), *de Rât* (Amortisationsrate) *bæ de Kass* (Vorschussverein, Raiffeisenkasse) *änzuelen.* Nösn. *änzualn* schw.

einzählen, änzielen schw. 1. ‚einrechnen‘. *Te bäst schîn ägezqlt* ‚mitgerechnet‘. *Duar terft er mech ned änzialen* ‚auf mich dürft ihr bei dieser Sache nicht rechnen‘ (Schönbg.). — 2. *En Îmer, e Vîrel* (Viertel) usw. *änzielen* ‚beim Kauf so zählen, dass ein Eimer (Viertel usw.) zu wenig herauskommt‘. Vgl. *ämiessen.* Nösn. *änzelln* schw. DWB. 3, 348.

einzäunen, änzengen schw. *De Guarten änzenjen* (Gr.-Sch.). Auch: Ruten in den Zaun flechten‘. *Nâ hued er mer uch dæ hîsch Hasselrâden ägezengt, ich hatt mer se af de Sekt gedôn fîr Rêchešţil.* — Zu *Zong* m. (Zaun).

einzeigen ‚anzeigen‘ †. »Anna gerg Schusters Tochter de insula Chr(istiana) hat auch das vorige wie die Anna eingeczeiget« (1599, Ger.-Prot.).

einzel(n), înzelängän, nösn. *inzeln* [Geh. Spr.]. *En înzelängä Štrump. Et gîd e jêded înzelanjan, niet zwê ent zwê* (Katzendf.). *En oinzelqnja Mainjtsch brecht gor e wenech* (Draas). *Âs Ussn* (Ochse) *kid oinzelqnjan hoim* (Ebda.). »den 24. Tag Octobris hot die ganze Stadt inzleingen dem Herr Botzkay Ihstuan geschworen« (1605, Qu. Kr. 5, 420). »dass er ihn ohn einzelich Ursach erstochen hat« (1617, Qu. Kr. 4, 49). »vndt jeden einsslig mit eigener handt ermordet« (Kraus, Chron. 1, 134). »Underdes aber ist das gemelte korn von Schweinen und thir vernichtet und zu Schanden gemacht wurden. Letzlich hatt er auch ein kegenrasch (Gegen-Kerbstab, d. i. die eine Hälfte des gespaltenen Kerbstabes) eintczlich bey sich gehabt darauf er den tag über aufgesnitten, und abends erstlich das andere kegenrasch, welches zu mir gewesen, zu ienen gehalten« (1599, Ger.-Prot.). — Die Wortform ist aus nhd. einzeln eingelautet (vgl. *Vigeleng* ‚Vöglein‘ im Volkslied) und nach Analogie der Verbaladjektive *all gôän, all lachän* (gehend, lachend) fortgebildet. Echte Ma.: *îlätzich* (einlützig). Vgl. Frisch 1, 221.

einzetteln, änzeddeln *(änzerrln)* schw. ‚einstreuen‘, ‚säen‘, ‚pflanzen‘ (z. B. Bohnen, Kürbissamen usw. in das Maisfeld. Bohnen, Kürbis usw. werden nicht in besonders dafür bestimmten Ackerstücken gepflanzt sondern in lückenhaft bestockte Stellen des Maisfeldes *ägezeddelt.* Ebenso auch der *Honzem* ‚Hanfsame‘, aus dem die *Sêmer* ‚Samenträger‘ wachsen). »Baldt werden es 2 Jahre werden, dass ich zusambt meiner verheyratheten Tochter auf dem Felde in das Kukurutz Bohnen eintzedeln solten«

(1774, Obereheger.). Aber auch Rübensamen und Erdäpfel in die Gruben einlegen: *Âs Misch sǫl de Iertnäss änzeddeln, âs Fiche sǫl se zäschärren!* — s. d. Simplex.

einziehn, änzæn st., nösn. *änzâi* st. 1. Intr. ,in eine neue Wohnung, in einen neuen Wohnort einziehn'. *Det Hous (de Stuw) äs färtich, more selle mer änzæn. Wonnî zæd er na än? Mer kennen nôch ned änzæn, der Däschler äs net färtich.* Einzug des neuen Pfarrers: *Ir Mêtscher kliuft Blomen, môcht en Krûnz, more sôl âs noi Fǫrr änzæn* (Schönbg.). — 2. Trans. ,hineinziehen'. In verschiedenen technischen Verrichtungen. a) Ein Bändchen usw. in ein Kleidungsstück: *Ich ku glech, ich sôl desem Klenen nor e Maschken änzæn* (sc. ins Häubchen, Schönbg.). *Zech det Bandel* (in dörfl. Rede: *de Bonjdel) än!* — b) ,eine Wandrute, Balken, Welle usw. einziehn, ,an geeigneten Ort einfügen'. *Mer sellen de Wemtriad änzæn* (Gr.-Sch.). »ein neu Well eingezogen« (1607, Almos.-Rechn.). »und lies die gantze behausung stelpen und lies noch eine naye Wandruthe einziehen kegem hoffe, haben auch stöcker keffer *(Kêfer* ,Balken') angeposset (angestückt), denn es ware in der Ayselt ganz verfaulet« (1652, Ger.-Prot.). »3 Traff *(Trôf* ,Balken') lossen einziehen« (1680, Almosen-Rechnung). — c) ,die Kettenfäden in die Öhre *(Huisken)* des Webegeschirrs *(Gezoich)* und zwischen die Blättchen des Weberohres stecken' (Gr.-Alisch, Syn. *fedmen).* — d) ,eine Heilwurzel dem kranken Vieh (ins Ohr) einziehn'. *Zech dem Schwaijn Graindjdwurzel ǫn!* (Gr.-Sch.). — e) Obsc. *Se zuocht iän* ,hat Umgang mit Männern' (Katzendf.). — f) Scherzhaft: *Niet bekritt dich* (hab' keine Sorge), *dî zuocht iän* ,trinkt gern' (Ebda.). — g) †. ,(in eine Körperschaft) einberufen'. »ist beschlossen, dass hinfüro nimmermehr Vatter und Söhne, Schwäger und andere Blutsverwandten in dem Ehrs. W. Rath ·beyeinander zu sitzen sollen eingezogen werden« (1541). — h) »Das der Schwarz Francz auf einen Zuch 30 zam tauben eingezogen hab«, (1599, Ger.-Prot.). — i) »vorher sagte mein Mann zu mir, er solte Leder einziehen, ich solte ihm erstlich Wasser tragen helfen« (1766, Obereheger.). — k) †. ,ins Gefängnis einziehn'. »Die Richter sollen auch die eingezogene / die långde mit harten gefengknis nicht plagen« (E. L. R., 157). — l) ,beim Kartenspiel den Gewinnst einziehen' (den Einsatz aller Mitspieler): *Wî gewännt, zecht allend än.* — m) ,eingezogen leben'. »der Richter sol mercken / ob der man selbst keusch vnd eingezogen oder zůchtig gelebt« (Ebda., 186). *E lieft sîr ägezugen. Ed äs guer en ägeziugä Mætschen* ,zurückgezogen', ,bescheiden' (Alzen). — n) ,Wasser mit dem Mund (durch die Nase) einziehn' s. *zurpen.* — 3. Refl. *sij änzæn* ,einsickern' (von Flüssigkeiten, Regen). *Em märkt guer näst, dad et gerênt* (geregnet) *huet, et huet sich schîn allest ägezugen.* DWB. 3, 353.

Einziehhaken, (Apparat zum Durchstecken der Kettenfäden durch Öhre und Webeblatt) s. *Hêkesken (Heeikesken, Federnheeikesken,* Gr.-Alisch).

Einziehholz, Änzæhîlzken n. (kleines Gerät, mit dem man den Hosenriemen in die Hosen einzieht, Katzendf.).

einzig, înzich und *înzgich, oinzgich* (Gr.-Sch.), *einzgich* (Hahnb.). Nösn. *ênzich. Ich hun ned en înzgije Krezer mî. E äs rech, dat e štängkt, en huad en înzich Käinjt* (wird hervorgehoben, wenn der Betreffende sich besonders schmutzig benommen hat, Schönbg.). *Dôt* (das Unangenehme) *hun ich înzij uch ellîn nor dir ze dûngken* (Ebda.). Verstärkt: *Gäf mer uch en Bir!* Antw. *Ech hun nor în-înzich.*

Kǫträntche, Kǫträntche
An der Bǫch,
Et hǫdd en ênzich Hemtche,
Et wauscht ed allen Dǫch.
(Kbl. 9, 65; nösn.).

»Darauf antwort der Thorhüter eh unser ein einsiges Wort redet, und sagt, Ja mir wölln euch entlassen, wen mir die bruk werden aufgezogen haben« (1598, Ger.-Prot.). »ist er zu Abends Tholl und Voll nach hause kommen, und mich ohn einzige Schuld mit dem Stocheysen hinauss geschlagen, also dass ich mich zu dem gewesenen H. Stadt-Haupt-Mann habe müssen reteriren« (1702, Cap. Cib.). »Oder hastu eintzige Schmähwort gehöret von H. Valentino Frank?« (1677, Cap. Cib.). »welche Part nun ins künfftich diese unsere Sentenz wird violieren, soll dem Löbl. Gericht verfallen fl. 20 — ohne eintziges ansehen« (1652, Ger.-Prot.). »Er hätt ihn noch ein eintzichmahl nit ersucht, das er mir ein frach umb die Behausung gethan hätte« (1650, Ger.-Prot.). — Das Wort ist nur in der Verstärkung *în-înzich* volkstümlich, sonst durch *(ned) în, ener, icher,* in der älteren Kanzleisprache auch durch einig, ersetzt.

Einzug, Änzach m., nösn. *Änzǫch* m. [Geh. Spr.]. *Der Änzach des nǫe Farrs.*

einzungen, änzangen schw. Etwas (ein Holzstück, einen Balken) *änzangen* ,einfügen' (Binder, Coll.). — Zu *Zang* fem. ,Zunge' und 'zungenähnliches Ende am Bauholz'. Die Zapfen, mittels deren z. B. die Seitenteile eines Stalltürstockes (einer Eichenbohle) in den Querteil der Decke eingefügt werden, heissen *Zangen* (Zungen). Die oben herausstehenden Zungenspitzen fand man bald technisch wie ästhätisch überflüssig, schnitt sie ab, d. h. schnitt sie gar nicht mehr ein und zu, sondern begnügte sich in dem einen Teil mit einem Keilzapfen, im andern mit einem entsprechenden Einschnitt, nannte die Zusammenfügung aber noch immer nach der Zunge *verzangen* (verzungen, verzüngen), woraus allmählich (wie henken aus hängen) verzünken ward und heute, bei völlig geschwundenem Gefühl für die Herkunft des Wortes, verzinken. (Vgl. auch *Zängken* und *zängen.)*

einzwängen, änzwängen schw. In den Stadtmundarten ist der lautl. Unterschied der Zustands-Verben und der Kausulativa verwischt, in Dorfmundarten noch gut erhalten *(šprqnjen* 'springen', *špronjen* 'sprengen' Agnetheln), so auch beim vorliegenden Wort. Aber in Dorfmundarten noch *änzwonjen* (Agnetheln). Wenn die Jungen Schleudern machen *(Schmeogdern, Schleogdern),* indem sie ein Ende ihres Stockes spalten und in diese Spalte ein Steinchen zwängen, so sagen sie: *mer zwonjen 't Štointschen än des Špôld än* 'wir zwängen das Steinchen in diese Spalte ein'. Doch ist die Konjugation zwischen zwingen und zwängen wie nhd. ins Schwanken geraten: *'t Fârken hoet sich de Foss zwäschen (täschen) de Dill än't Geschätz ägezwonjt* (und *ägezwangen) en kou en nimi erais deosen* (Agn.). Syn. *äkwætschen* (einquetschen).

—, **Eipeldauer,** *Eiplitauer* 'Tölpel' (Schässbg.). Vgl. *Eipelt* (Gr.-Alisch). *Iupelt* 'schlechter Kerl' (Braller). *Uepelt* (Zuckmantel). *Ouepelt* (Maniersch), *Epert* (Durles). — Syn. *Îfqlt, Follesch, Trellesch* (Neudorf), *Ierprefelln, Mâku, Kula* (Draas).

—, nösn. **eiresch,** 'missgünstig', 'neidisch'. *Net sof esu ä eiresch Grêt (S.-Reen); airesch* (Keintzel, Festschr. 47). — Vielleicht aus magy. irígy (in derselben Bed.) umgebildet.

Eis, Eis n. [Städt. Halbma.], echte Ma. (süds. allgem.) m., nösn. *Ais* n. 1. Die Eisdecke auf Bach und Feldern. *Ed äs af de Wisen allend Eis.* Stehende Verbindung: *Schnî uch* [ʒ] *Eis.*

> *En Dækeldach vu Schnî uch Eis,*
> *Lqd af'm Sachseläntche weiss.*
> Käst., 79.

Der Eis xegoit 'schmilzt' (Kl.-Schenk), *dâd af, afentînt. Af't Eis gôn* 'auf die Eisbahn' [Städt.]. Syn. *af de Glätsch, glätschen. Ech giun af den Eis* (Katzendf.). »Der Eyss« (Kraus, Chron. 1, 158 u. ö.). »myr haben geben irrer fyren den ayss auff tzu hauen« (1548, Almosenrechn.). *Mišch -ê, hâ mer en Leom* (Loch im Eis) *än'd Eis, ich sôl det Guare lächen* (Schönbg.). — 2. Übertragen: Als Bild des 'Kalten'. *Kqlt wæ Eis.*

> *Deng Brast äs rin, doch uch kqlt*
> *wæ Eis.* Käst., 25.

Mät dem Eis äm Bâsem sen 'bangen', 'grosse Angst haben' (Med. und sonst). *Se äs änjde mät dem Eis äm Bäasem* (über eine Frau, deren Mann spielt oder ein gefährliches Leiden hat, Ebda.). *Ich bän âne mät dem Eis äm Beosem* 'in steter Angst' (Schönbg.). — Als Bild des 'Glatten'. Vom Wein: *dänn hie glätscht jo wæ der Eis* (Schuster, 97). — *Ze Fqsten qf'm Eis* 'ad calendas Graecas' (H.-W., 395. Vgl. Schwäb. Wb. 2, 669). — *Špäjeleis.* — Lautt. 90. mhd. îs n. Das Wort erscheint in der Ma. durchwegs in der diphtongierten Form (V.-A. 28, 90). [Spuren ehemaliger Nasalierung sind in der Form Īs *(Treppen)* nachweisbar. s. Scheiner, Kbl. 29, 135]. Kisch, V.-A. 33, 265. Im Schwäb. m. in der Bed. 'Eisgang'. rheinfr. ebenfalls m.

Eisapfel, Eisappel m. 'der weisse Astrachan' (Katzendf. und sonst). Nach seiner mattweiss glänzenden Schale so genannt. Syn. *Gluesappel.*

Eisaxt, Eisackes m. Eine stärkere Axtart, mit längerer Schneide als gewöhnlich, zum Aufhacken des Eises im Frühjahr gebraucht. »das er die eyhsekes gestehlet. hat« (1571, Vill.-Rechnung). »mir hon ausgeben an einer Eyschackes 28« (1560, Hstdt. Schusterz.).

Eisbach, Fl. N. †. »Mehr so soll zum Stuhlrichter Ambt gehören und der H. Richter brauchen die Wiesse auff Nependörfer Hattert inwendig der steinernen Brücken gelegen an der Eiss Bach« (1549). Ebenso: »13 Erdoch an der Eissbach« (1777, Kbl. 31, 24). Wohl schlecht getrennt für (gegenwärtig) *Reisbqch* (gehört als: *un der Eisbqch).* Den umgekehrten Vorgang s. unter Neppendorf und *Talsebîtegass* (unter Elisabeth).

Eisbaum, Eisbûm m., nösn. *Aisbôm* m. 'aus Ruten geflochtenes Wehr' (gegen den Eisgang) 'Eisbrecher'. Ursprünglich ein wirklicher Baum als Eisbrecher. Syn. *Millewier.* Moselfr. Eisbôm.

Eisbein, nösn. **Aisbê** n. 'Hüftbein'. altndd. îsbên, niederrhein. eisbên, ndl. ijsbeen, lothr. isbæn 'Schulterblatt beim Schwein' (Follm., 261). Weig. 1, 427. DWB. 3, 362. Schm. 1, 162.

Eisblumen, Eisblomen (Pl.) [Geb. Spr.]. *Dæ hun uch änj Eisbliamen un der Fenster*

(d. h. sie haben kein Holz zum heizen, Katzendf.). Echte Ma.: *De Fenster äs xâgefrîren.*

Eisch, Aisch. 1. O. N. magy. Szász-Új-Ős, rum. Uşu bei *Lechnitz.* Urk. (1332) Uis. »parochia Aessiensis« (1622). Dass der Ort eine ursprünglich deutsche Gründung ist, zeigt das *Szász-* des magy. Namens. Zu vgl. aus dem Stammlande: lux. Eisch (Bach, in die Uᵉlzecht mündend), lux. O. N. Eischen. Ebenso lux. F. N. Eischen und Ösch. — Kisch, V.-A. 33, 64; 34, 32. — 2. F. N. *Eisch, flekt. Eischen. »e y s s h e n n endres« (1526, Heldsdf. Qu. Kr. 2, 17). Eischer F. N. ‚Bewohner von Eisch'. Vgl. lux. F. N. Eischer.

Eischer Grund, Aischer Grạnt m. Tal in *Moritzdf.* s. d. vorige Wort.

Eisdorf, 1. O. N. Deutsche Bezeichnung (Draas) für magy. Jánosfalva im Udvárhelyer Komitat. — 2. Fl. N. Wald bei Meschen. *Ạf Eisterf.* Von J. Wolff (O. N. 1, 32) zum ahd. P. N. Iso gestellt. (Doch ist mit dem von ihm angeführten Isontelke, Urkb. 1, 230 Eibesdorf gemeint). Vgl. moselfr. Eisweiler (Kreis St. Wendel), Isweiler (Kreis Düren). Gleichlautend in der Zips. — J. Wolff a. a. O. und O. N. 3, 22 (Weissdorf); Kbl. 4, 53; V.-A. 33, 64.

—, Eⁱsebet m., nösn. *Aispet* m. *Aisebet* m. (Kl.-Sch.), *Aisebet* n. (Gr.-Sch.). 1. Der Saturei (satureja hortensis L.). Küchengewächs, beim Einsäuern der Gurken und des Sauerkrauts verwendet. Ebenso als Gemüse für eine *Kachen* [χ] (Kronst.). Volksreim:

Treenj, štreeck de Faies bei meenj
Kamm un z'owent schlaf bei mir,
Eⁱsebetkachen [χ] *gist tä mir,*
Ärbeskachen gin ech dir.

Wolkendf., Kbl. 23, 124.

Aisbet (Zeiden). »Eisbett« (1647). Grünen *Eⁱsebet* kauen und im Munde halten hilft gegen Blattern im Munde (Eibesdf.). Syn. *Krouskrokt.* — 2. *Der wäld Eⁱsebet* ‚der Quendel, Feldthymian'. (thymus serpyllum L.), magy. kakukfű, rum. tschimbru selbatik. — 3. In Fl. N. *Aisbet Homm* (Zeiden). — Aus mhd. îsôpe m. (lat. hysôpum), mit epithet. -t. Moselfr. Eisobot. Fuss, 203; 206. Kbl. 29, 70.

—, Eⁱsebetkächen fem. Fleischbrühe mit Eisebet. s. d. vorige Wort und *Kächen.*

Eisel, »Item pro drad, scherwal (wolle) et e y s e l ad bombardam conflandam ... asp. 20« (1526, Qu. Kr. 1, 641). Vielleicht ist eyselt ‚Unschlitt' (s. d.) gemeint, wie das Wort in den Qu. Kr. öfters geschrieben wird.

Eisen, Eisen n., nösn. *Aisn* n. 1. Als allgemeine Stoffbezeichnung. *En Uᵉss* (Achse), *Nuᵉgel, Êt* (Egge) etc. *ous Eⁱsen.* Werkzeuge aus Eisen gelten als fortschrittlich, vornehm. Die Bezeichnung (ebenso *eⁱserän)* trägt deshalb einen gehobenen, prahlenden Ton. In den älteren Quellen (so Qu. Kr. 3, 320) werden verschiedene Qualitäten unterschieden, so: Mittel Eyssenn, ‚mittelstarkes'; schyn eyssenn, ‚Schieneisen, Eisenschiene'; fyrdel eysen; roydt eyssen ‚Radeisen, Radschiene'; kleyn eyssen. Sprw. *Em schmit ded Eⁱsen, derwel et wuᵉrm äs* (Schuster, 244). In bildlicher Verwendung: *štark, fiᵉst, gesangt wạ̊ en Eⁱsen. Dạd ⁱäs ⁱener wạ̊ ded Eⁱsen* ‚ein energischer Mann' (Katzendf.). Zerbrochene Hufeisen usw. werden als *ạ̊ld Eⁱsen* bezeichnet. Aberglaube: Wer solches findet, hat Unglück zu erwarten (H.-W., 316). Bildlich: *Än'd ạ̊ld Eⁱse kun* ‚alt werden', ‚zurückgezogen vom öffentlichen Leben und von öffentlichen Unterhaltungen nach der Weise alter Leute leben' (auch und namentlich von Männern gebraucht, Med. und sonst). *E äs dich näᵃ äm ạ̊lden Eⁱsen* ‚macht und zählt nicht mehr mit' (Ebda.). *Te bäst dich nôch ned äm ạ̊lden Eⁱsen.* — 2. Als Bezeichnung bestimmter Werkzeuge aus Eisen; d. h. verschiedene eben in Verwendung stehende Werkzeuge können einfach als *Eⁱsen* bezeichnet werden. Dim. *Eⁱsken* n. ‚kleines Eisenwerkzeug'. »Da weist er mich etlig schlissel und etlig E y s s k e r« (1619, Ger.-Prot.). *Säj ich nin ded Eⁱsen unt verbrạ̊n der înt* (gemeint ist damit das *Štôcheⁱsen* ‚Schürhaken'). Doch kann *Eⁱsen* je nachdem auch ‚Stemmeisen' usw. bedeuten. Besonders auch das *Hâweⁱsen* ‚Hufeisen'. *Säch, det Ruᵉss wit ded Eⁱse verlạ̊sen. Ded Eⁱsen uᵉfreissen* ‚letzte Kommunion geben'. s. unter *uᵉfreⁱssen* (abreissen). Das kalte Eisen ‚Schwert': »Drumb hat er (Gott) wider solch mutwillige Buben nicht ein Fuchs Schwantz, sondern die Oberkeit mit dem kalten e i s e n gesetzt (Dam. Dürr, Hdschr. 770). Auch: ‚Zange des Zahnarztes'. *Fîr den huᵉlen Zạ̊nd äs nor în Medezin, 't kạ̊ld Eisen! — Hâw-, Plach-* [ʒ], *Štôjeⁱsen; Poy-eisen.* — Lautt. 90. mhd. îsen.

Eisenbahn, Eⁱsebân fem., gewöhnlich dafür einfach *Bân.*

Eisenbeck, F. N. Andreas Eisenbeck (Martinsdf., 1619, Ger.-Prot.). Wohl scherzhaft ‚Schmied'. Vgl. andererseits: *Kipelschmit* ‚Kipfelbäck'.

Eisenberg, Eⁱsembrich m. Fl. N. (Schaas).

Eisenburger, Aisenburjer (⏊⏑⏓⏑) F. N. Den Namen trägt vornehmlich eine alte Schässburger Handwerker- und Beamtenfamilie, deren bekanntester Vertreter der Bürgermeister Martin

Eisenburger (Anfang des 17. Jahrh., TEUTSCH, Sachsengesch. 1, 364) war. Valten Eysembriger (1567, Schässbg.). Johannes Eisenburger (1568, Ebda). Matthias Eisenburger (1677). Matthias Eyssenberger (1708). Gegenw. F. N. in Keisd, Gr.-Alisch.

Eisendraht, Eisendrôt m. Auch nur *Drôt* m.

Eisengerät, Eisegerêt n. ‚Werkzeug aus Eisen'. In der parodistischen Hochzeitspredigt erhält die Braut zur Aussteuer *un Eisegerêt: zwie Schlôfhemder uch en ǭlt Gatch* (SCHUSTER 127).

Eisenglied, Eiseglit n. [Städt. Halbma.].

Meng Kraft wæ̂ en Eiseglit äs na gekrêcht. KÄST. 24.

Eisengraber, † F. N. Clement Eyssengraber (Hstdt. 1548). Vgl. Eisenschneider.

Eisenhammer, Eisenhummer m. ‚Hammerwerk'. Auch nur *Hummer* m.

Eisenhans, Eisenhonnes in HALTRICHS Märchen⁴ Nr. 17. Von FR. W. SCHUSTER, V.-A. 9, 421 mythisch gedeutet.

Eisenhut, 1. F. N. s. unter *eisern* (eisern). — 2. Verbena off. fehlt. Dafür *Eisekrokt* und *Drachekrokt*. Muss, wenn es helfen soll, am dritten Mai gepflückt werden, dann ist es gute Arznei für Tiere. Wenn man rasch fahren will, reibt man die Füsse der Pferde damit und bindet ihnen auch ein Sträusschen unter den Schwanz. In Wein gekocht, vertreibt es die Gelbsucht und Leberkrankheit (Volksfr. Kal. 1909, 111).

—, **Eiseknoddern** (Pl.). Fl. N. (Bekokten). Nach den eisenhaltigen Sandkügelchen benannt. (s. *Knodder.*) *Bæ̂ den Eiseknoddern* (Keisd, Kbl. 9, 84).

Eisenkraut, Eisekrokt n. Verbena offic. magy. galambfű, rum. sporisch. »Des Gerch Berges seine Frau kam zu mir und klaubt eisenkraut vor meinem Lagerholtz« (1657, Ger.-Prot.). Syn. *Drachekrokt.* Vgl. auch Eisenhut. — FUSS, 207.

Eisenleute, ‚Eisenverkäufer'. † »keyn kauffmann soll den eyssen leytten entgegen czyenn vnd kauffen« (1545, SEIV. Lok.-St.).

Eisenrinke, Eiserängk fem. [Städt. Halbma.]. Bei Kästner der Ring, der das Volkstum umschliesst.

Ach! deng Eise-Rängkeltchen
Lǭt verruest äm Wängkelchen. KÄST. 45.

Neben dieser poetischen Verwendung auch volkstümlich, wenn durch das Bestimmungswort die Stärke und Unzerbrechlichkeit betont wird. Die streng volkstümliche Rede braucht kein Bestimmungswort, da genügt: *Rängk.*

Eisensalz, † »eyssen Salcz asp. 8« Eisen in Vitriolöl aufgelöst (unter den Ausgaben für die Mühle, 1557 Qu. Kr. 3, 324). ‚Eisenvitriol' ADELUNG 1, 1633.

Eisenschneider, ‚Münzgraveur'. »wird der Eyssenschneyder und der Koye, ein Goldschmied, eingezogen gefänglich« (1614, Qu. Kr. 5, 510). Vgl. DWB. 3, 373; FRISCH 1, 223, »der die Müntz-Eisen oder die Stämpfel gräbt«. Vgl. Eisengraber.

Eisente, Eisint fem. Glaucion clangula, die gem. Schellente (E. A. BIELZ, Fauna d. Wirbelt. Siebenb. 139). »die Winterhalbente« Anas querquedula (LHRDT.). FRISCH 1, 223.

Eisenvitriol, fehlt; s. *Kafferwasser* (Kupferwasser), Eisensalz.

Eisenwerk ‚Eisenware' †. 1526 klagt der Bürgermeister von Schässburg vor König Ludwig »wie das Handelsleütt, esowohl fremde ausslendische, wie auch einheimische landesgenossen viel an der Zaal zu finden seyn, welche vnser land Siebenbürgen mit Säntzen, Aexten, Karsten vndt dergleichen vielen anderen Eyssenwerken vberführeten« (SALZER, Birth. 65). DWB. 3, 374.

eisern, eiserä(n), nösn. *aisern.* 1. Von Kriegsgeräten und Handwerkszeug. »Eyssen blech, stang« (1536, Qu. Kr. 2, 435). »Item pro reformatione aysen hweth asp. 20« (‚Hut aus Eisenblech' 1522, Qu. Kr. 1, 401; als Spottname: *der aiseran Hot,* Birth.). »Eyserin kugelin« (1513, Qu. Kr. 1, 200). »eisrine keill« (Hstdt. 1753, Schlosserrechnung). »Dem Schmyd vor 2 Eyserrn kyll asp. 5« (1538, Qu. Kr. 3, 72). »ysseren flegel« (Hiebwaffe, 1492). — 2. Werkzeuge. *Der eisera Štâken* ‚eiserner oder hölzerner aber mit Eisen beschlagener Stecken, um Löcher zu machen im harten Boden' (Birth.). »ein gross eysseren Hokken onne ein Schtang« (16. Jahrh., Kbl. 29, 101). *E nǭ beschlôä Wuogen, un dem ned en eiserä Nuogel ze fäinjden äs* (Hochzeitspredigt, SCHUSTER, 127). »1 eisern lichtert« (1581, *Bistr.*). *En eiserän Uess* (Achse; gilt als vornehmes Gefährt). *En eiserä Plach, Êt* (Egge). Kinderscherz. Ein Kind spricht zum andern: *Spräj îst eiserä Gegadder.* Wenn das angerufene Kind auf den Leim geht, bekommt es als Reim darauf zu hören: *Lêk dem Schanner dǫt schwôrz Ladder.* Weiter: *Na, špräch îst eiserän Trôch.* Worauf der Reim: *Lêk dem Schanner dǫt schwôrz Lôch* (Katzendf.). *En eiserän Däppen* ‚Erztopf' im Gegensatz zu einem irdenen. *Eiserä Lat* ‚Geldlade aus Eisen'. »welch gelt dy Ersam Weysen herren in dy Eyssen Lad in das gewelb haben getragen« (1541, Qu. Kr. 3, 136). Foppreim:

Wat? wat?
En eiserä Lat,
Der Teiwel äs de Pat.
SCHUSTER, 336.

»dy schlessel zw der eysseren pyxgen« (1527' Schneiderz.-Prot.). »Item ein klein eysseren Bix« (Nachb.-Inventar 16. Jahrh., Kbl. 29, 103). »ein eiserenn Zappen mit einer Schruffenn« (Ebda.). *En eiserä Kalefôk* ,Eisenblechofen'. — 3. Rätsel: *An eisera Rös frasst ow er fleischera Wis (Schairmêsser* ,Rasiermesser'; Rode, Kbl. 24, 143). Im Zauberspruch gegen die Gicht das stehende Epitheton aller angeführten Dinge, wie Meer, Bär, Eiche, Wurzel, Spatz, Nest usw. (Kbl. 7, 7). Im Märchen (Amor und Psyche) nimmt die junge Frau *en eiseräne Štêken* und zieht *eiserä Werbes* an, um auf langer Wanderung den verscherzten Geliebten zu suchen. *Ded eiserä Schweng,* von FR. W. SCHUSTER mythisch gedeutet, V.-A. 9, 437. Übertragen: *En eiserä Gedûlt, Fleiss. Vun eiseräner Douer. E hued en eiserä Gesangthît (äs en eiserä Mängtsch;* auch nur: *Dî äs eiserän!).* — 4. In Fl. N. *baim aiserne Dôr (Pintak;* vgl. MÜLLER, Sagen² Nr. 61). »Ich ging in seinen Weinberg bei das Eiserne Thor« (Birth. 1768). Gegenwärtig *bêm aisernen Duir* (Ebda.). *Eiseran Diur* (Med.). *Aiseren Grqnt (St. Georgen). Der aissen Brqnn (Tekendf.).* — mhd. îserîn.

~, **eisern** schw. ,schaudern'. *Ed eisert mer derfîr* ,es graut mir davor' (Felmern). »eusern grauen, ekeln, von altd. aisen« (LHRDT.). Dazu: *aiseran* ,einsam, unbehaglich' (Bekokten). Vgl. *iserich* ,unbehaglich', *ed äs mer esi iserich* (Durles), und unter *îsern.* — Das (aussterbende) Wort ist eine Medialform zu mhd. eisen (ahd. egisôn) ,erschrecken', ,schaudern', ndd. eisen ,in Schrecken setzen' (SCHAMB. 55), vom alten Stamme got. agis, ahd. egî ,Furcht, Schrecken'. Vgl. noch Reste des Wortstammes in *eislich* und *êstlich.* — DWB. 3, 364.

Eisgebt F. N. (Neithausen). »Eisgeth« (1763, Ebda.).

eisig, eisich [Geh. Spr.]. *Ed äs eisich kqlt.*

Doch wänn der Schnî zerrampelt,
Wänn't nemmî eisich kqlt. KIST. 74.

eiskalt, eiskqlt [Geh. Spr.]. *De Fess se mer eiskqlt.* Echte Ma.: *Kqlt wê en Eiszappen.*

~, **Eiskell** fem., nösn. *Îskaul* fem. *(Treppen)* ,Eisgrube'. *Ed äs esi kqlt wê än er Eiskell* (Med.). »Eysskaul« (1641). Fl. N. (Weinhalden) *än der êberštn Aiskaul (Heidendf.). Îskaul (Treppen). Än den Eiskellen* (Bulkesch). Ebenso Keisd (Kbl. 9, 83). Lux. Eiskaul fem.

~, **Eislâm** fem., gewöhnlich nur *Lâm* fem. ,eine in das Eis des Flusses eingehauene Öffnung'. s. *Lâm* fem.

Eisler, † F. N. *(Tschippendf.).* — Zu ahd. Isalher. KISCH, V.-A. 34, 32.

~, **eislich**, nösn. *êslich (Minarken)* ,empfindlich', ,schreckhaft', *oieslich* (Zeiden). *Ed äs em êslich (Mönchsdf.).* — Vgl. vielleicht auch in Fl. N.: *äm auesliche Granjt* (Burgberg, Kbl. 34, 34). Das (selten werdende) Wort ist zumeist in der Form *êstlich* erhalten (s. d.). mhd. eislich, ahd. egislîch ,schreckerregend', ndl. ijselijk. Eifel. öserlich ,unwohl, zum ohnmächtig werden' (SCHMITZ 1, 228); lothr. eischlich (FOLLM. 119); bair. aislich (SCHM. 1, 157). Vgl. schles. êsrn (WEINHOLD, Beitr. z. Schles. Wb. 17); in Lippe eisk, äusk ,hässlich', ,verabscheuungswürdig' (also was fürchten macht, FROMM. 6, 59). — Den Wortstamm s. unter *eisern.* — DWB. 3, 379.

~, **Eisrämpler** m. ,der das Eis *rampeln* (krachend sich fortbewegen) macht'. *Der Mates* (24. Febr.) *äs der Eisrämpler* (SCHUSTER, 149). Sodann: *Eisrampler* ,Eisgang im Frühjahr, (Schässbg.). »Wenn der *Eisrampler* im Schaaser Bach herunterkam, dann braucht es, wie 1828, viele Tage, bis man die mächtigen Eisschollen aus der Gasse entfernte« (Schässbg., TEUTSCH, Sachsengesch. 3, 34).

~, nösn. **Aisret** fem. ,lange starke, zur Zertrümmerung des Flusseises dienende Holzstange mit einem Eisenstück an der Spitze'. »Vor ein new eissrith« (1556, V.-A. 3, 55). — Zu nhd. Reide fem. ,Schlagbaum', von demselben Stamme wie mhd. reidel, ss. *brerl* ,Knüttel'. — KISCH, W u. W. 125. (Vgl. auch Schwäb. Wb. 2, 680: † Eisreite ,Platz zwischen den Signal- und Warnungszeichen auf dem Eis'.)

Eiss, Îssen m. Dim. *Îsken* n. ,Eiterbeule', ,Geschwür', besonders der bösartige Karbunkel. Volksetymologisch als ,Ochse' (ss. ebenfalls *Îssen)* aufgefasst und darum scherzhaft: *Tû huest dô en štattlichen Îssen, woräm dreifst te en ned af de Jôrmert.* Syn. *Pätzken* n. — Entspricht lautrichtig mhd. eiz, eize m. ,Eiterbeule', ,Geschwür'. (Zum Wortstamm ,Eiter' gehörig.) Lux. äss, lothr.-lux. ês, êse, êsem (FOLLM., 14). Eifel. Aitzchen (HECKING, 16), köln. Eiz fem., Dim. Eizche n. (HÖNIG, 42), bair. aiss (m. und n.) SCHM. 1, 157; schwäb. eiss(en) Schwäb. Wb. 2, 681. DWB. 3, 382; WEIG., 430; FRISCH 1, 15 »der Eissen«.

~, **Eissack** m. Pl. *Eissäk*, nösn. *Aizqck*. 1. *Aessqck* (Zeiden), sonst *Eissqck* und *Aissqck*. Aus dem Süds. noch *Etsqck* (Törnen), *Etjsqck* (Langental), nösn. durchwegs mit *-z- [-ts-]*. ‚Quersack', ein zweiteiliger Sack, der auf der Achsel getragen wird. Der gewöhnliche Sack erscheint in der Mitte quer durchschnitten, so dass er nur an einer Seite zusammenhängt. Die beiden offenen Hälften, davon eine auf dem Rücken die andre auf der Brust hängt, werden mittelst durchgezogener Schnüre zusammengezogen und verschlossen. Wird der *Eissack* zu Pferde mitgenommen, so hängt je eine Hälfte beidseitig vom Sattel ab (hinter dem Sitz des Reiters). Der *Eissack* ist entweder aus färbiger Wolle, schön gestreift, gewoben (fürs Einkaufen am Sonntag und am Jahrmarkt), oder aus gewöhnlicher Hanfleinwand (fürs Feld). In einzelnen Dörfern wird mit der Herstellung des *Eissacks* geradezu Luxus getrieben. In Reussen z. B. gibt es 4 Arten (ganz- oder halbwollene): 1. gemustert gewebt *(än Ûgen, getêfelt, gefenstert, gešpäjelt, gewêssert)*, 2. *iwerhôwän* (Grund weiss, Figuren und Blumen in allen Farben), 3. gefärbt und gedruckt, 4. gefärbt und gestickt. — In Hahnbach ist der Name erst in neuerer Zeit von den Gr.-Scheuernern übernommen (früher *Briutsqck)*. Gar nicht bekannt und gebraucht ist das Wort zwischen den Kokeln (Zuckmantel, Rode, Hohndf., Maniersch, ebenso in Malmkrog, Jakobsdorf a. H. Schönau), *D.-Zepling*. Hier gilt überall dafür *Brîtsack* (Kerz und sonst). Im Burzenland wird Wort und Sache als rumänisch empfunden. *Dî mät dem Eissqck* ‚Rumäne, Zigeuner' (Heldsdf.). Vom gewöhnlichen *Eissack* wird der (bedeutend grössere) *blêsch* (walachische) *Eissack* unterschieden, der zum Transport von Mundvorräten (namentlich Maismehl) zur Gebirgsweide und zum Herabbringen von Käse usw. dient und nur von Pferden getragen wird (Reussmarkt). In Martinsberg (und sonst im Schenker Gelände) wird scharf unterschieden: *Briutsack* aus grober Leinwand (dient zum Mitnehmen der Wegzehrung, *Ägesacksel)* und *Eissack* aus färbigem, selbstgewobenem Schafwolltuch (dient zur Aufbewahrung von Jahrmarktseinkäufen). In beiden Fällen: *en Eissack, en Briutsack vôl.* Der gleiche Unterschied in Zendresch. — 2. Ältere Belege: »Item pro uno sacco y s s et duobus magnis saccis et griseo panno ad currum domino iudici asp. 17« (1521, Qu. Kr. 1, 333). »Item pro uno sacco y s s, quem dominus Jacobus Clemens cum illa taxa retinuerat« (Ebda. 1, 356). »Item pro .... saccis pro avena et y s s« (Ebda. 1, 461). »Baltasaro pro 2 saccis vulgo y s z z e k asp. 8« (1542, Qu. Kr. 3, 179). Überall im Zusammenhang mit Ausrüstungen zu grösseren Reisen. »Leinwadt, die Fress- und die E i s s s a c k zu futtren« (1657). »und bringt mit sich ein e i s s s a c k. .. ehr sollt in den eissack in die Kammer lassen thun« (1609, Ger.-Prot.). »und hat einen E i s s a c k auf der achsel und einen Pallasch unter dem Armen« (1657, Ger.-Prot.). »ich bandt den I z z a g h selbst auf das Ross und weiss nicht wie mir geschehen ist, denn das gelt sich aus dem Izagh verloren, denn man ein Loch darin hatte geschnitten und weiss nicht wo es ist ausgefallen oder wohin es bekhommen ist« (1619, Ger.-Prot.). »Mit einem E s s - S a c k auf der Achsel« (1773, Obereheger.). »Hab ich gehört, dass als sie Exponenten verlassen, einen sogenannten E s s - S a c k voll mit leinenem Zeuch ... angefüllt und damit gegen Birthälm zu gegangen sei« (1775, Obereheger.). — 3. Der *Eissack* wird hauptsächlich zu Gängen in die Stadt, zum Markt (Jahrmarkt), doch fast ausschliesslich von den Frauen gebraucht. Und zwar dient er besonders dort, wo die Landleute meist zu Fuss in die Stadt (auf den Markt) gehen, auch zum Transport von zu verkaufenden und eingekauften Waren. Dienstmägde tragen und bewahren in ihm ihre Kleider und Wäsche. Ebenso werden in *Eissäken* Kleider und Vorräte für grössere Fahrten verpackt. Nach den älteren Aufzeichnungen dienten sie auch als Geldtaschen. *Den Eissack drôn. Nem der den Eissack af de Räck unt gqngk! Wat hued er äm Eissack?* fragt man die auf dem Marktplatz feil haltende Bäuerin. *Ich drô de Feichbuin* (Bohnen) *am Eizqck (Weilau)*. Darum etymologisiert man in Alzen: *Aissqck* kommt von *aisgion* (ausgehn), denn ohne ihn geht die Alznerin selten aus, nie über den Hattert. Auch der ‚Christmann' bringt seine Geschenke im *Aissqck* (Alzen). In der Schässburger Gegend ist der *Eissack* für die Bäuerin (Sächsin wie Rumänin) bei gewissen Gängen ebenso selbstverständlich wie für den Bauern der *Tqser* (Tornister). *Se huet weder den Eissack af'm Räck, se gît ke Medwesch* (über eine Frau, die viel in die Stadt geht, Meschen). Im *Eissack* bringen die Eltern zum Wochenmarkt dem hungernden Seminaristen Nahrungsmittel auf die Schule:

Den Ąndern qwer mosst der Vôter,
Um Dqnnerštoch uch oft de Motter
Äm Eissqck Futteräšchi brqnjen.

Höhr, L. Ê. 47.

Vgl. auch die anschauliche Beschreibung der Heimkunft:

Nô kêm ij ängklich weder
Än't Sachseläntchen hîm
Unt dêt den Eissack neder
Unt heng mer'n un de Rîm. Käst., 74.

Im Märchen vom *Kenengk Schîtvijel* (Amor und Psyche) sucht das Mädchen auf langer Wanderung den verlornen Geliebten:

Seng Siwepelse packt et
Än Eissack nâ geschwängt. Ebda., 106.

Weniger und nur ausnahmsweise dient er auch zum Hintragen der Essvorräte auf das Feld. *Sack än den Eissąck än!* (Stolzenburg). *Sack mer än Eissack än!* (Kelling). *Mer hu vil Schnidder, ich mosst en det Mättągammes än zwîn Aissâken ze Rôss schąffen* (Agnetheln). *Gungk, bronj mer den Eissąck!* (wird als ‚Essack' verstanden, Bulkesch) *Dia det Briud än Eissack* (Wölz). *Ech hu mer än Eissąck ägepackt* (Arkeden). *Näm dn Aiząck ąnt drąch den Uarbeder ded Âssn (Lechnitz).* Bildlich und übertragen: *Ech nien dij ąf de Räck, wâ en Eissąck* (nämlich so leicht, Wassid). *Te hôst net det richtij Aissackoinjt* (Ende des *Eissack) vuir* ‚du bist nicht am rechten Ort' (Mergeln). *Dî hôt nor qw ener Setj den Eissąck vôl* ‚ist einseitig gebildet' (H.-W., 355). Dagegen: *Dî drît den Eissąck ąf bîde Sejte vôl* ‚ein ganzer Mensch' (Ebda., 141). *E hôt sich hâ den Eissack gefällt* ‚hat sich etwas erwirtschaftet' (Reichesdorf). Aber auch: *E äs mät dem Aissack af'm Räck dervun* ‚er ist, ohne viel mitzunehmen, auf und davon' (Bekokten). *E keûn den Aissack nien* ‚steht vor dem Bankrott' (Draas). Gilt auch als Spottname für einen Unbeholfenen *(Mettersdf.).* Scherzhaft werden auch zwei Äpfel (Birnen, Pflaumen, Kirschen), die an einem Stiel hängen *Eissack* genannt (Reussen). — *Kêseissack (Eissack,* in dem Käse aus dem *Mąres* geholt wird, Stein).

Das Wort ist Lehnwort und geht, wie zuerst Kisch, W. u. W. 40 gesehen hat, über magy. iszák, siebenb.-dial. icák [itsäk] auf eine mlat. bisaccium n. ‚Doppelsack', ‚Quersack' (ital. bisaccia) entsprechende Wortform zurück. (»Bisaccia, mantica, duas peras seu duos saccos habens« Du Cange 1, 688.) Der oben beschriebene Doppelsack ist auf dem ganzen Balkan in Gebrauch. »Auch in Syrien und im Hinterland des Jordan, in Algier und Tunis habe ich ihn gesehen, allerdings in der Form der sog. Kameeltasche. Das Material ist wie bei uns gröbste Wolle« (Mitteil. von E. Fischer, Bukarest). Ein Lastpferd auf der Trajanssäule ist mit einem solchen Doppelsack beladen (Cichorius, Tafel CI). Rum. erscheint das Wort als desagĭ (Plur. als ‚zwei Säcke' verstanden. So allgem. im siebenb. und Balkanrum., Şain. 258). Einfluss auf diese Form hat jedenfalls mittelgr. δισάκιον, neugr. δισάκκι geübt (Körting, 166; Grigorovitza, Dialectul, 27). Einen solchen rum. desagĭ zeigt z. B. das Bild S. 111 bei Manolescu, Igiena ţeranului. In die ss. Ma. ist Wort und Sache augenscheinlich aus dem Magy. gekommen und hat hier (noch nicht restlos) den älteren *Brîtsack* verdrängt. Die Vermittlung ist am leichtesten durch die Szekler Drescher zu erklären, die alljährlich zur Erntezeit in das Sachsenland zogen (vgl. die anschauliche Schilderung Teutsch, Sachsengesch. 3, 65) und in ihrem bequemen icák ihre Ausrüstung für mehrere Wochen mitbrachten. Aus dem benachbarten Szeklerland ist das Wort auch schon in die Kronstädter Rechnungen des 16. Jahrh. (s. oben) eingedrungen. (Gegenwärtig in den sog. Siebendörfern iszák ‚átalvető', Nyelvőr 3, 326; 524; 16, 478.) Magy. schon 1592 »két fûles iszák: mantica«; Comenius in seinem »orbis pictus: a szijárto csinál iszákokat, hippoperas, waidsäcke« Tört. szót. 1, 1634 f. Gegenwärtig im Szekler Dialekt (Umgebung von Draas) icák [itsäk ⏑ ⏊], sonst iszák (M. Tájsz. 1, 962). Vgl. auch den obigen Beleg aus 1619 (Izzagh). Direkte Entlehnung aus rum. desagĭ ist sachlich und lautlich ausgeschlossen. Vgl. besonders den Anlaut und den Akzent. (*Eissack* ⏊ ⏑, aber desagĭ ⏑ ⏊. Ein sonst guter Beobachter, Pfarrer M. Salzer, hörte in der Mitte des 19. Jahrh. von einem alten Bauern in Zendresch für *Eissack* immer *Deissack.* Näheres Nachfragen hat wenigstens für die Gegenwart kein sicheres Ergebnis erzielt). Als im Binnenland die Sachsen (vom 16. und 17. Jahrh. an) mit den Rumänen in Berührung kamen, hatten sie nun schon Wort und Sache im eigenen Besitz und unterscheiden ihn mancherorts (s. o.) ausdrücklich vom grösseren, beim Transport von den Gebirgsweiden gebrauchten *blêschen* (walachischen) *Eissack.* — Die süds. mundartliche Lautform ist als volksetymologische Deutung zu erklären (nach *Eis* ‚Eis'), wie andrerseits in hochdeutschen Aufzeichnungen (s. oben) das Wort öfters als Ess-Sack gedeutet ist. Nösn. -ts- folgt entweder direkt magy.-dial. -ts- oder ist nach sonstiger Analogie (s 〉 ts, magy. székely 〉 ss. tsækel, tsäkel) neugebildet. Der Diphtong lässt ein in der magy.-dial. Vorlage zerdehnten Vokal (wie in der Szekler Ma. überhaupt üblich) erschliessen, doch kommen auch kurze Formen vor, so *Ezack (S.-Reen), Ezqck (N.-Eidisch)*, wie andrerseits durch den Akzent auch kurze Stammlaute gedehnt eingelautet werden (nösn. *Aidesch* ‹ magy. Idécs, rum. Idişa). Näheres s. Kisch, Kbl. 24, 68; 25, 52; W. u. W., 40. Anders J. Wolff, Kbl. 1, 25. Keintzel, Kbl. 25, 27.

—, **Eisschälpen** m., nösn. *Aisschqlpm* m. ‚grosses Eisstück'. Lothr. Isschälpen (Follm. 260). Moselfr. eisschelp. s. *Schälpen*.

Eisschlitten, †. »1 neu Eyss schlithen d. 60« (Hstdt., Wagnerrechnung 1755).

Eisscholle, fehlt; s. *Eisštäck; Zall* (Zille, Agnetheln).

—, **Eisselt** fem. ‚Dachkehle', ‚Iohse', sodann ‚Kehlrinne', eine Schossrinne von grösserer Art, die in den Winkel zweier zusammenstossender Dächer zur Ableitung des Wassers gelegt wird (J. G. Schuller). *Æsselt* (Schässbg.), *Uisselt* (Schaas). »das man die eysselten überall aufhub vnd von neuem macht« (1571, V.-A. 17, 25; Kbl. 5, 95). † »Ano 1753 d. 12 Aug. habe ich ... in der Grossen Schule gedekt und die Eisseln Repparirt .« (Hstdt. 1753, Zimmermannsrechn.). s. auch oben unter einziehn: »in der Ayselt«. — Wie *Æsselt* (vgl. *Æsseltriewen)* zu mhd. uohse, üchse ‚Achselhöhle' mit epithet. -t [der eine ältere Beleg aus 1753 bietet eine Form ohne -t]; ndl. oksel. Die obigen Beispiele zeigen auch den Übergang zur Bedeutung ‚Rauchfangziegel' (Ziegeln für die öfter notwendige Herstellung der Ichsen zwischen Rauchfang und Dach). Vgl. »tessere ehselinga dicuntur unde domicilia sternuntur« (Dieffenb.-Wülck., 468). Bemerkenswert im Prümer Urbar (1222): »axiles vulgariter appellamus esselinge«; in Aachen esling, eysling (J. Wolff, V.-A. 27, 604). Fries. öse, ösling ‚Dachrinne', ‚Dachtraufe' (Doornk.-Koolm. 2, 688). J. Wolff a. a. O. Schm. 1, 163. Weig. 2, 1105.

eissig, **îssich** ‚zornig', besonders ‚bösartig zornig', könnte als in übertragener Bedeutung auf ein verlorenes *îssich* ‚eiterig' zurückgehn (s. schwäb. aissig ‚geschwürig', aber auch ‚heftig', ‚widrig'; ein aissiger Kerle, Schwäb. Wb. 2, 681. Lippeisch: eisig ‚sehr reizbar' Fromm. 6, 59). Vgl. in gleicher Bedeutungsentwicklung *gäftich, êmich*. Doch spricht das Syn. *bikich* (magy. bika ‚Stier') eher für Ableitung von *Îssen* ‚Ochse', falls nicht erst recht *bikich* nur eine scherzhafte Deutung des (nicht mehr verstandenen) alten *îssich* darstellt. In der Ma. durchaus als ‚ochsig' gedeutet. DWB. 3, 383. Den Wortstamm s. *Îssen* unter Eiss.

(**Eisstück**), **Eisštäck** n. ‚Eisscholle'. *Eisštqck* (Katzendf.).

Eisvogel, **Eisvijel** m. (Alcedo ispida).

Eiszapfen, **Eiszappen** m., nösn. *Aiszqpm (Weisskirch). Der Aiszâp* (Birth). *Meng Nuəs äs wæ̂ en Eiszappen. De biäs gefruiere wæ̂'n Eiszappen* (Katzendf.). Rätsel: *Et wurzelt kêm Hemmel ent wiesst kên der Iert* (‚Eiszapfen', Höhr, 60; H.-W., 402).

Eisner, **Aisner** nösn. F. N. »Gertrudis eine verlassene Blasy Eissner von Beyerdorff bürtig« (1579). Mates eyssner (1549). Michael Eisner (Hstdt. 1609). Eisner (1763, *Senndf.), Eissner* (1763 *Mettersdf.*, gegenwärtig *Îsner)*. Gegenwärtig *Aisner (Senndf.)*. Von Kisch (V.-A. 34, 32) zu den mit ahd. îsan (Eisen) zsges. P. N. gestellt.

eitel, **ektel**. 1. In der Bed. ‚leer' fehlt; s. *lädich* (ledig). In der Bed. ‚eitel', ‚stolz' nur in geh. Spr.; in der echten Ma. *härresch* (herrisch), *hiferdich* (hochfärtig). Wenn man sich beim Nähen mit der Nadel sticht: *Ich sql ektel sen än desem Klît* (Hstdt.). — 2. ‚lauter', ‚rein', ‚bloss', ‚nichts als'. *Et wôr ektel Gûld uch Sälwer*. Vom bösen *Hanz:*

Wort vîr eggel Kneist, e Grql,
Wärlich zem Špektakel. Käst. 48.

Det Fârt huet mer de Štrongk (de Silen) edjel Fatze gemôcht ‚in lauter Fetzen zerrissen' (Kronst.). *Errel Loet* ‚lauter Leute' (Zeiden, Kbl. 7, 140; der Lautübergang ist auffallend und das Wort wohl mit *ädel* › *erl* ‚edel' zusammengeworfen). *Et sen ektel Lijen*. Gebräuchlichere Syn. *lokter* (lauter), *näst als* (nichts als), *allent* (alles), *pur* (pur). — 3. F. N. Eytel (1763 Med.). Eitel (1808 Kronst.; 1762 Kirchberg). Gegenw. gespr. *Aitel* (Hundertbücheln, Gr.-Schenk, Hstdt. u. sonst). Lautt. 86. ahd. îtal.

Eitelkeit, **Ektelget** fem. (‿ ⌣ ‿) [Städt. Halbma.].

Me Bêchelche kwaddelt unt
proddelt dernô,
Alz ôw ed en äst run der
Ektelget sô. Käst. 1.

Echte Ma.: *Hîfert* (Hochfahrt); *vîr Härreschem* (herrisch).

Eiter, **Îter** m., nösn. *Eter* m. ‚Eiter', doch beschränkt auf den ‚Eiter in den Augen', ‚Augenschleim'. *Egjr* (Kronst.). *Ech hun nea Îter iän Ûgen wæ̂ en alondj Fârken, ich biän nea qlt* (Katzendf.). Im Wundsegen:

Nun zeug Eiter und Ohm aus diesem Fleisch,
Das gebeut dir Gott der heil. Geist.
SCHUSTER, 307.

Syn. (gebräuchlicher) *Matêri* (⏑ ⏊ ⏑). — Eiter aus einer Wunde s. unter *êmich* und *schwirn*. — Mhd. eiter. Lautt. 118, doch mit der auch sonst vor r-Ableitungen üblichen Kürzung des Stammvokals [brīt, Komp. bredr; klīn, klenr]. In der Hermannst. Ma. erscheint der lange Vokal nach sonstiger Analogie wieder hergestellt. Vgl. auch mnd. und mndl. ether. Die regelrecht verschobene Form mhd. eiȥ, eiȝe s. unter *Îssen* (Eiss).

eiterig, îtrich, nösn. *eterich* [Geh. Spr.]. *îtrich* (Heltau), *êiterich* (Jakobsdorf a. H.), *etcherich* (Burzenl.). Echte Ma. s. *êmich*.

eitern, îtern schw. [Geh. Spr.]. Echte Ma. s. *schwirn*.

Eiwen, Aiwen (⏊ ⏑). 1. F. N. Eywe, -wyn Endris 1536 (Heldsdf., Rotbach, Weidenbach, Qu. Kr. 3, 16 u. ö.). Hannes Eywenth von Schalja (1570). Eiwen (Rosenau, Zeiden). Eiv (1808, Ebda.; 1763, *Bistritz)*. Nösn. *Âif*. — 2. In Fl. N. Vor Eiwentor (Waldname, Zeiden). — s. Eiben.

ekel, äckel, *ackel*, nösn. *ąckel*. *Ed äs mer hejd esu ąckel äm Mel* ‚so übelschmeckend im Mund' (Schönbg.). *Et wêr mer ąckel, det Klîtschen ąf't Bluis unzedeon* ‚es würde mir unbehaglich sein, das Kleid auf dem blossen Leib zu tragen' (Ebda.). *Gêstern wôr det Wadder fränjtchlich, awer na as ed âfränjtchlich; nâ dîd ed enem ackel* ‚jetzt macht es einen gruseln' (Kronst.). — Wohl aus dem Nhd. Die eigentlichen ma. Ausdrücke sind *irkel* und *hâklich*.

Ekel, Äckel und *Ackel* m., nösn. *Ąckel* m. [Städt. Halbma.]. *Ich hun mer en Äckel dru gesän*. Echte Ma. *Grąl*.

ekelich, äcklich. [Städt. Ma.]. Echte Ma. *grâlesch* (Katzendf.).

ekeln, äckeln und *ackeln* schw., nösn. *ąckeln* schw. [Städt. Halbma.]. Echte Ma. *Grąl*. *E huot sich den Grąl dru giessen, gesän, gehîrt. Won ij et* (eine Speise) *nor sân, ackeld et mich, net doun ich soil ed eessen* (Agnetheln).

—, **eker**, als Reimwort in Abzählreimen:

eker beker
Zuker bê HÖHR, 40.

Ekes, F. N. Simon Ekes, Ekesch (1669, Ger.-Prot.).

—, **ekesch**, als Reimwort in Abzählreimen:

ekesch, bekesch
Gender gabel. HÖHR, 41.

Wohl aus *hokus pokus* verderbt.

—, **Êl**, *Êlen* ‚Blutegel' s. unter Egel. Nachzutragen ist, dass in Katzendorf der Blutegel *eÊdes* genannt wird. *Det Kąlf hêd un der Kea wæ'n eÊdes* (wenn man es nicht fortziehen kann, Katzendf.). Die Eidechse selbst heisst dort *Fêimiul*, *'Êl* dagegen ‚Leberegel'. Scherzweise, wenn ein Mensch hustet: *E heôt de 'Êlen* (Ebda.).

—, **-el.** Die oberdeutsche Verkleinerungssilbe (ahd. -ila, -ili) kennt die Ma. nur als wortbildendes Element, ohne dim. Bedeutung, wie *Kläppel* (Knüttel), *Häffel* (Hügel), oder in Verbindung mit dem eigentlich mundartl. Dim. *-chen*, *Štäckeltchen, e Räckeltchen*; s. *-chen*.

—, nösn. **elâi**, zweites Kompositionsglied in dem H.-W., 213 beschriebenen nösn. Laufspiel *Štirm-elâi* (s. d.), wobei das in der Mitte zwischen zwei gegen einander laufenden Paaren stehende Paar mit diesem Ruf *(štirm-elâi)* das Zeichen zum Losstürmen gibt. Im Ausruf ist noch isoliert moselfr. (romanisch) elô ‚da', ‚dort', eluer ‚dahin', ‚auf jene Stellen' erhalten. Eifel. elô, elâr (aus lat. illāc ‚da, dort'. Die entsprechenden roman. Formen bei KÖRTING, s. v.) und eifl. elei ‚hier' (lat. illīc). Lothr. (Sierck) elei, elo ‚hier' ‚dort', lei ‚hier' (FOLLM. s. v.). Also ‚stürm, lauf her'! *(štirmen* ‚Sturm laufen'). Eine ähnliche Zusammensetzung mit einem Imperativ in einer älteren Aufzeichnung aus Felmern. »Die erste sagte gegen mich: Kom Lai (dass ich mitging), ich fiel ab, wollte nicht mit« (1702. Aus einem Hexenprozess, V.-A. 37, 147; doch könnte hier auch eine Entlehnung aus magy. dial. la, lá! ‚sieh da', ott la ‚sieh dort', schriftmagyar. lám! vorliegen, Kbl. 34, 26). — Vgl. auch unter *ê* und *lâ*. Anders KISCH, W. u. W. 103.

—, **Eldäkel** ‚Topfdeckel', s. unter Aulendeckel.

Elefant, Elefant m. (⏑ ⏑ ⏊). 1. *Ous der Flî en Elefante mąchen*. — 2. [Städt. Halbma.]. Wenn zwei Mädchen von einem jungen Mann begleitet werden, oder mit ihm einen Ausflug machen, ist das bloss mitgehende, dem die eigentliche Bewerbung des jungen Mannes nicht gilt, der *Elefant*. Auf die Aufforderung des bevorzugten Mädchens: *Kamm mät!* Antwort: *A ja, ich wäl ich hąldich den Elefanten uegin (ich hun net Last, ir Elefant ze sen)*. Syn. *Schwintzken* (Schwänzchen). *Ich wäll net det Schwintzke sen. Än Össn, Bäffel mąchn* (nösn.).

elementisch, †. ‚verflucht'. »Demnach sagt Accusatus der Gottschendig elementisch Pfaff, neme auch der Teuffel mit haufen bedall« (1609, Ger.-Prot.). — DWB. 3, 406.

—, **Êlemôr** Fl. N. (Keisd, Freck). ‚Sumpf, in dem Blutegel sind'. — Zu *Êl* ‚Blutegel'.

Elend, Êlänt n. (⊥ ◡), *Elänt*, Pl. *Êländer*. nösn. *Êlänt* n.; *Êlant (S.-Reen). Ạlonjt* (Agnetheln). 1. In der ursprünglichen Bed. ‚fremdes Land' noch in der älteren Rechtssprache und in einigen Wendungen. »Würde einem Ehegenossen Wasser vnd Fewer versaget / das ist / inns elend verwiesen« (E. L. R., 56). »(Eine Dirne, die einen Ehemann mit Unrecht der Unzucht anschuldigt, soll) aus dem Lande inn das ewige elend verwiesen« werden (Ebda., 190). »(Handschriften- und Sigelfälschern wird) Wasser vnnd Fewer versaget / also das sie ins ewig elend verschickt / vnd darzu vnehrlich gehalten werden« (Ebda., 181). Es ist bezeichnend für die Enge der Verhältnisse, dass selbst der Nachbarort schon als ‚fremdes Land' galt. Vom Mediascher Magistrat wurde der im Amte untreu befundene Notär Petrus Krach 1664 »ins Elendt nacher Birthalmen verwiesen« (Salzer, Birthälm 184). »Wie ich ins Ellendt vertrieben wurdt, kuam ich oftmals herein in mein geheiss und gesehen das die Actrix bei des Teckoli dienern ist« (1609, Ger.-Prot.). (Vgl. auch Teutsch, Sachsengeschichte 2, 31). »In valle, quae appellabatur Ellend, hoc est exilium« (1521, Med.). Gegenwärtig in der Verwünschung: *Gạng än'd Êlänt! E hued en än'd Êlänt geguecht.* Vielfach gebraucht in Ausrufen, die auf die alte, sinnschwere Verwünschung *(gạng än'd Êlänt)* zurückgehen, zugleich als Nachklang der Schwere dieser Verwünschung. *Wô äm Êlänt büst te esi lạng! Wad äm (wat ded) Êländ äs mät der, dat te net kist?! Nor ointer weor der Zegun hæ̂, wor äm Eiïänt äss e neạ?* (Kl.-Sch.). Ausdruck der Verwunderung, (Staunen, Entrüstung): *Wat ded Êlänt!* ‚ei was gar!', ‚warum nicht gar!' »*Teo gruissed Êlänt — wî huet mî un't dejtsch geduaicht*« (Zw. Krez., 9). *Dau geplạckted Êlänt* ‚nur stückweise erfahrenes und deshalb um so schmerzlicher empfundenes Unglück' *(Bistr.,* Kisch, W. u. W. 116). Syn. s. unter ausheimisch, auswälzig. — 2. Übertragen: ‚Jammer', ‚Unglück'. »Worauf Sie Mutter ihm dann geantwortet: wenn Er ja seine Heirath sich für ein Elend halte, so könne er ja mit fl. 12 seiner Braut los werden« (1777, Cap. Cib.). *Et wôr en Êlänt* ‚grosses Unglück'.

Âs Wîske mosst seng Wangden,
Seng Êlänt wekter drôn. Käst. 107.

Klage des Kindes am Grabe der Mutter: *Motter, Motter! Selle mer na bæ̂ fremden Diren erämgôn? Motter, Motter, wiem selle mer na âs Êlänt klôn?* (Schuller, T. u. B. 2, 29). »*Enno, Ennoenn, kạm schnoil eriän, mer hun hä e gruis Êlänt*« (Zw. Krez., 14). »*Wot hun ech dennich gediun, dạt mich ded Êlänt betrêfe sạl?*« (Ebda., 15).

Dạt sûl em heier kommassîren,
Ded Êlänt hạtt mer nôch gefêlt.
Höhr, L. E. 82.

Dî wîss näst vum Êlänt ‚ist betrunken' (H.-W., 388). Sprw. *Siwen Hạntfrenger virzæ̂n Êländer* ‚wer vielerlei anfängt, bringt es zu nichts'. *E glänzän Êlänt* ‚Titel ohne Mittel'. *Sạldâtestạnd äs e glänzän Êlänt* (H. Schuster, 198). *Det füngklän Êlänt* ‚hohler, äusserer Schein'. Syn. *Nakâs* (◡ ⊥ rum.). *Ed äs en Êlänt mäd em. Ed äs en Êliänt, em wîss noet mî, wuod em sâl* (Katzendf.). *De kis* (du kommst) *wæ̂'d Êliänt* (Ebda.). Allgemeiner Ausdruck misslicher Lage: *Ed äs en Êländ uch e Bekridnes.* Mit einigen kennzeichnenden Attributen. *Det mâzän* (weinende) *Êlänt.* »*O wîh! Wat môcht em kên dit mâzän Êlant*« (Semp, Bezu*lt 41). Insbesondere: *det besôfän Êlänt* ‚delirium tremens', der nervenschwach weinerliche Zustand, der bei manchen Trunkenen dem Stadium der Aufgeregtheit zu folgen pflegt. *Wad äs mäd em?* Antw. *E huet det besôfän Êlänt.* Auch: *det torbelän* (stolpernde) *Êlant* (Sk. Bezu*lt 32). So schildert Dam. Dürr anschaulich das trunkene Treiben der Fastnacht: »Der viert singt vom alten Hiltenbrandt, mancheiner beweint sein trunken elendt« (Aml. 20). Vgl. schwäb. ‚das trunkene Elend' (Schwäb. Wb. 2, 688). *En Hûfen (en Hîfken, Tipesken) Êlänt* ‚in sich zusammengesunkener Mensch', ‚Jammergestalt'. *Säch na det Hîfken Êlänt* ‚ein jammervoll weinendes Kind'. »*Äniršt ärjert sich der Offizîr; wæ̂ hî awer dien Hûfen Êlänt sạch, dier sich net mî afklouwe kangt, feng hî uch un ze lachen unt hạlf dem wermen Ạlden af de Fess*« (Sch. T. 1903, 101). Sächsischdeutsch: »Na, na, wir wollen ja sehen, wie aus dem saprigen Elend ein schönes Kalb geworden ist« (Neuer Volksk. 1909, 133). — Die Urbedeutung dieses »schönen, vom Heimweh eingegebenen Wortes« (DWB. 3, 406) ist ‚Wohnen im Ausland', darnach ‚Verbannung', ‚Fremde', endlich ‚beklagenswerter Zustand', nach ahd. elilenti n. ‚fremdes Land', mhd. ellende. Die Form mit kurzem Vokal taucht in der Ma. noch hie und da auf, doch zumeist herrscht Länge, gewiss durch das Nhd. beeinflusst, vor.

elend, êlänt (⊥ ◡), nösn. *êlänt*. 1. In der Bed. ‚gebrechlich, schwächlich, feig'. *Der äs êlänt wæ̂ en Jepp* ‚mager wie eine Schindmähre'. Herausfordernder Spott: *Tä êländer Kärl!*

Kamm hier tâ êländer Kärl, wonn te Kurâsch huest! »*Na, er sejd en êlänt Kärl* (sagt die Geis zum Wolf), *er kennt ned îst iwer dese Branne šprǫnjen*« (H.-W., 84). *Êländer Mängtsch!* Ins Ethische übertragen: *Ed äs en Aluondjer* ,er ist nichts, hat nichts, taugt nichts' (Katzendf.). *Dea lichter Aluondjer!* (häufigstes Schimpfwort, Ebda.). Syn. *En Palokes* (Maisbrei), *Bekridnes* (Betrübnis), *e miserâbel Kärl* ,minderwertig'. — *Ded äs en êlänt Kächen* ,dünne Suppe'. *En êlänt Flîsch, Prädich, Lîrer, Wirt, Housfræ. Än dem Hôf setch ed êländ ous* (Wolkendf. i. B.). »sie machte indessen Teich zu vulgo Fänckigen und Baumstritzeln, mir hatte sie aus dem ellendesten Teich ein gebecksel bereittet« (1792, Obereheger.). Als Ausdruck höchster Verachtung: *Wat wäll dî êlänt Schoster, Schîlmîster? Tâ êländer Apentîker tâ!* Auch zur Steigerung des Verächtlichen gegenüber Angehörigen einer Nachbargemeinde: *Dî êlänt Tuertler, Ruescher! Esi en êlänt Bangerder!* Als ständiges Beiwort zu ,Leben'. Auf die Frage: *Na, wæ gîd et?* Antwort: *Na ed äs dij en êlänt Liewen!* (Syn. *kammerhieftich*). »Item was auf Elend Leeben verthan ist worden« (1599, Almosenrechn.). — Vom körperlichen Übelbefinden: *Ed äs mer esi êlänt* ,ich fühle mich so unwohl'. 2. Als Adv. zur Steigerung eines Begriffes gebraucht, ,sehr'. *Êlänt štark, êlänt hîsch. Dǫd äs en êlänt štark Mängtsch. Ed as hoet olant kolt* ,es ist heute sehr kalt' (Schaas). *Et sen heier êlänt vil (êländich vil) Krummere* (Kartoffeln) *gerôden* (Martinsdf.). *Et dêt mer êlänt* (⏊ ◡, gesteigert ⏊ ◡) *wî. Budress hîesst em de däck Iertboan; wo se fleje, bromme se êlänt* (Volksfr.-Kal. 1898, 140). *Der Titz nǫm ellîn Partǫ fîr den Ugegräffänen, awer e geng êländ än* (Sch. T. 1902, 108).

Däck Räpp, dês gǫw ed iwerhîft net,
Dänn dǫt wôr ǫlles êlänt dänn.

Höhr, L. Ê. 14.

— mhd. ellende. Die Entwicklung von der ursprünglichen Bedeutung ,im fremden Land' zu ,hilflos' s. unter ,Elend'. Zur Verwendung als Steigerung vgl. Schwäb. Wb. 2, 690. Ebenso Fromm. 5, 220, wo wohl mit Recht auf Einfluss von mhd. ellen ,Kraft' hingewiesen wird. So ist wohl auch im Ss. das nicht mehr verstandene Wort mit dem geläufigen zusammengeworfen worden.

elendig, êländich (⏊ ◡ ◡). Adj. und Adv. [Geh. Spr.]. Wie *êlänt*. *Ed äs hæ êländich kǫlt. Ed äs en êländich Zegun. Aloindich* ,elend, armselig' (Radeln). »wie ellendig mir eingeben sind bey Eurer N. herrschafft« (1593). — Aus dem ältern Nhd.; mhd. ellendec.

Elendsklaue, †. **Äläntklô** fem. [Städt. Halbma.]. (Als Amulet getragen). »Item Ein Elent Klaw« (1607, Teilbrief Albert Huets, Kbl. 12, 108). DWB. 3, 413. Vgl. auch Schwäb. Wb. 2, 691 (gegen »fallende Sucht« getragen).

Elf, †. »ad quandam arborem populeam vulgo dy elff dictam« (1543, zwischen Gr.-Sch. und Mergeln). Gegenw. ebenso als Baumname wie als Fl. N. unbekannt. Vgl. *Bâ der Alf* ,Schwarzpappel', oben 1, 64, unter *Alber*. Demnach als pl. *de Älf* zu fassen.

elf, elf, nösn. *elf*. *En Elwer*. Die Mouillierung (vgl. mhd. eilf, einlif) schlägt zuweilen noch durch: *ealjf* (Zeiden), *eiljf* (Schönbg.). Scherzweise: *Et wid ǫch hǫln* (halten) *vu elf bäs äm zwelf* ,von kurzer Dauer' (*Wallendf.*). Wie alle Zahlworte auch dekliniert: *vun elwen bäs am zwelf; sanjd elwen här woärden ich* ,seit 11 Uhr warte ich' (Agnetheln). *De Elwer* ,dünne, lange Beine'. *Dî mät sengen Elwern kǫ gât lûfen*. Geärgert: *Hief der deng Elwer!* ,komm, geh doch hurtiger!'.

elfzähnig, *elfzängdich, *elfzandich* (Kronst.) ,falsch', ,hinterlistig'. *Ed as ener vun dien elfzandijen* (Kronst.). Sonst dafür überall *grænzängdich* ,grünzahnig', *e Græner* (Streitfort), *Graizǫnt* (*Mettersdf.*). Syn. *verdrêt, gäftich, hangtzängdich, longkzängdich, arzegossich* (rum. arțägos ,streitsüchtig' Braller), *en irkler* ,Nörgler' (Draas). — Das Wort, aus Kronstadt gut bezeugt, gehört nicht zu nhd. Elf, sondern zu mundartlich *Âlf* ,Alp', ,Druckgespenst' (s. oben 1, 81), geht also auf die bekannte hinterlistige Tücke dieses Dämons. Zur Sache s. unter *grænzängdich* (grünzahnig).

Elges, F. N. s. Elias.

Elias, 1. Der Heilige. Aus den Aufzeichnungen seines Grossvaters Roth teilt Wlislocki S. 121 einen Spruch gegen störrige Pferde mit: Man schlägt mit einer Rute, deren Spitze verkohlt ist, die Pferde kreuzweis über den Rücken und spricht: »Der h. Elias gebot seinem Pferde: Stehet stille, das ist Gottes Wille! Und die Pferde standen still. Ich gebiete dir im Namen des h. Elias, du stehest, wann ich will; du gehest, wann ich will; ich bin dein Herr, und du sollst keinen anderen Herrn haben ausser mir«. — 2. P. N. Im 14. und 15. Jahrh. meist in magy. Adelsfamilien. Ferner: Elias Gref (1593, Scharosch). helias schlosser (1556, Hstdt.). — 3. F. N. *Eljes*. »Dy Elyeschen« (ca. 1500, Qu. Gesch. S. 1, 264). »Johannes Eylges« (1629, Qu. Kr. 5, 17). »Hannes

Elgis« (1666). »Elles« (1762, Hstdt.). Ausgestorben in Keisd (Elges, Eilges). Gegenwärtig Klosdf., Seligstadt, Hstdt. Davon — 4. Fl. N. *Elgeshum* (Wiese, Keisd, Kbl. 9, 83).

Elisabeth, 1. Weiblicher Rufname *Lis.* Dim. *Lisken, Lisi, Liso.* Jüngere Frauen n. *det Lis,* ältere fem. *de Lis.* (Allgem.) nösn. *Lisi(chi).* Über die Häufigkeit des unter den volkstümlichen erst an letzter Stelle stehenden Namens s. unter Anna. In älteren Aufzeichnungen und (gegenwärtig in den Städten) auch *Els* (Elsz, Elcz, Elz). »Elys« (1330, Kbl. 23, 59). »Grawen Els« (1527, Qu. Kr. 2, 14). »Hennyn Elsz vidua« (1536 Tartlau, Ebda. 3, 8). »Kaysern Els« (Grossau, 1691, Kbl. 22, 57). »und het gesagt Els Els du bist nicht ein rein magd, du wilt nit dein hembder herfürbringen« (1609, Ger.-Prot.). »Elsebye Gyerd« (1536, Honigbg., Qu. Kr. 3, 11). — 2. Gassenname in *Bistritz (Âlsebitngąss)* und Hermannstadt. Gegenwärtig nhd. Elisabethgasse, mundartlich *Ta(l)sebîtegass* (⏑ ⏑ ⏊ ⏑ ⏑̀, aus **Sangkt Alsebîte Gass),* genannt nach dem Elisabethtor, und dieses wieder nach der Elisabethkapelle daselbst. Einige ältere Aufzeichnungen: »Georg Busnarth bey seynt Elsbytendor« (1485, Qu. Gesch. S. 1, 120). »vor eyn dyrgereydt bay Sankt Elisabet thor« (1543). »baym elzabetenthor in der kyrschner turrenn« (1560). »Bey Elzebüter thor sollen die Kyrsner Meyster sein« (1556). »darnach wie sie umbgegangen sind bey S. Elsebitenthor, hett er wort gehört« (1556, Zeugen-Verhör). »yn Sant Elsebetten Gassen« (1541, Rechtsgesch. 2, 350).

Elischer, F. N. »Petrus Elischer« (1598, Propstdorf). s. Alischer.

Elle, Iel fem. Pl. *Ielen,* nösn. *Êl* fem. 1. ‚die Armspindel oder das Ellenbogenbein' (beide Vorderarmknochen werden hiemit bezeichnet, Birth.). 2. Das Längemass. Ursprünglich hergenommen von der Länge der Armspindel. (Noch gegenwärtig wird beim Messen und Verkauf der selbstgewobenen Leinwand öfters noch mit der natürlichen Elle, von der Ellenbogenspitze bis zur Spitze der geballten Faust gerechnet, gemessen). Sehr schön sind bei Dam. Dürr die natürlichen vom eigenen Körper hergenommenen Längemasse der Grösse nach nebeneinander gestellt: »machen auss eynem glidchen eyn Spann, aus eyner Spanuen eine eel, aus einer eelen ein lofter« (Hdschr. 550). In der zweiten Hälfte des 19. Jahrh. waren in Siebenbürgen zweierlei Ellen zum Messen von Schnittwaren in Anwendung, und zwar *de kurtsch Iel* ‚kurze Elle' (22 Wiener Zoll = 58 cm) und die *Wêner Iel longk Iel,* ‚Wiener Elle' (29·5 Wiener Zoll = 77·7 cm). Beide Ellen waren in ¹/₄ Ellen eingeteilt, kleinere Unterabteilungen gab es damals nicht. Eine in ¹/₄ Ellen geteilte Elle aus dem Jahre 1764 des Baron Brukenthalschen Museums stammt aus Siebenbürgen und ist 24 Wiener Zoll lang. Eine zweite Elle des Museums hat keinerlei Unterabteilungen. Sie stammt aus dem Jahre 1673 und gehörte einem Johannes Preiss Felmeriensis. Sie hat eine Länge von 59·5 cm. Die ‚kurze Elle' des 19. Jahrh. galt als ³/₄ ‚lange (Wiener) Elle'. Hierin liegt auch eine Erklärung für das Kürzerwerden der siebenb. Elle des 18. Jahrh. von 24 auf 22 Zoll. Man schuf damit einen Zusammenhang zwischen dem alten und dem neu eingeführten Mass. Die Landleute messen heute ihre Leinwand noch immer mit einer kurzen Elle und niemals mit einer langen oder mit dem Metermass. Die 24 Zoll lange Elle des 18. Jahrh. war wahrscheinlich nur Handelsmass und wurde mit dem Zollmass eingeführt. In Kronstädter Rechnungen: »thaffett 60 Eln« (1544, Qu. Kr. 3, 248 u. ö.). »mit der ellen oder klain gewicht verkauffe« (1656). Wolltücher mussten von einer bestimmten Länge sein. »und welche unter den 33 Eelen erfunden werden, soll von einer ieden eell erlegen ₰ 25« (1690, Heltauer Wollweberzunft). — Auch als Züchtigungs- und Schreckmittel gegenüber unartigen Kindern wird die Elle benützt. Die Mutter warnt: *Güw Ôcht, zîm der't Mel, ich ku mät der Iel!* — Aberglaube: Kleine Kinder darf man nicht mit der Elle messen, sonst sterben sie. Ebenso nicht den eigenen Körper (Schuller, T. u. B. 1, 25). — Vgl. Lautt. 30 (mit Abweichungen im Nösn.). mhd. elle (elne), ahd. elina.

Ellbogen, Ielebijen m., Pl. *Ielebîjen,* nösn. *Ellebogn* m. *Îelebiugen* m. (Katzendorf), *Ielebiugen* (Birthälm), *ᵉElebuijen* (Agnetheln). Vom unanständigen Sitzen bei Tisch: *E lǫd ängden af den Ielebîjen.* Deshalb in den Strafbestimmungen der Rätscher Bruderschaft (1747): »Wo ein Bruder mit dem Ellenbogen aufs Glatter oder bey der Zusammenkunft auf den Tisch lieget, verfält Er den. 3« (Kbl. 6, 116). In den Dobringer Artikeln (1669): »Weil es vor unehrbar gehalten wird, wenn man mit dem Ellenbogen wie ein Walach auf den Tisch liegt« (Ebda.). Ebenso in Nachbarschaftsartikeln: »Welcher Nachbar mit denen Elenbogen auf den Tisch walachischer weise lieget, und nicht frey aufsitzt soll verfallen d. 2« (1672, Gr.-Lasseln, Kbl. 27, 25). Das Anstossen der Ellenbogenspitze an einen harten Gegenstand verursacht einen eigenartigen zitternden Schmerz. (Vgl. *det Piserchen, Knipchen.) Ich hu mij un den Ielebijen geštîssen, dat mer de Fänger êmesen* ‚dass es mir wie Ameisen bis in die Fingerspitzen läuft‘ (Allgem.). Scherzhaft über den leicht getrösteten Witwer: *Won em sij un de Ielebiugešpätzt štîsst, esi dîd ed enem esi wî, wæ̂ wonn de Fræ̂ šterft, et hîld qwer uch glech weder* (Bulkesch). Beim Aufzählen der Schätzchen:

Dier Fainjer, dier Domen, dier Ielebuijen,
Huot mech meinj Duoch nor ener bedruijen.
SCHUSTER, 7.

Ous dem Ielebijen! oder (mit der Fingerspitze auf die Ellenbogenspitze tüpfend): *cha hähär!* (derbe Abweisung einer gestellten Bitte, Mühlbach und sonst).

Ellen, F. N. »ellen haus« (Honigbg. 1526, Qu. Kr. 2, 18). »ellen merten« (Weidenbach, Ebda. 27). »Ele Gryt« (Weidenbach 1536, Ebda. 3, 23). Vgl. »ollen Tonich« (Ebda.). — Könnte Spottname zu *El* ‚Eule‘ sein. d.

ellenbreit, ielebrît. *Der Jut koift den Däoch* (die Leinwand) *nor, weo e eelebroid äs* (Agnetheln).

Ellenlade, †. ‚Lade von der Länge einer Elle‘ (sie diente zur Aufbewahrung von Geld, Urkunden und Schmuck und stand auf einer Truhenbank). »Eine gemachte Ellen-Laden nebst gutem Schloss fl. 1« (Kl.-Scheuern 1755).

ellenlang, ieleląngk, nösn. *êlnlą̂ngk. Ed iäs nuor ielelûngk* (Katzendf.). Vom Däumling:

Hadd e Bæ̂rtchen ieleląngk,
Ûge wæ̂ är zwinzich. KÄST. 5.

Vom Hunde, wenn es ihm heiss ist: *De Ząny héd em êlnlą̂ngk hâeaus (Bistr.). Det Schapôrel* (Hemdzipfel) *hêt der wider êlnlą̂ngk eraus* (Ebda.).

Eller, F. N. »Michel Eller« (1489, Qu. Kr. 3, 704).

Ellesch, F. N. (Gr.-Kopisch).

—, **Ellewiäring,** Fl. N. *Än Ellewiäring (Treppen).* Von KISCH (V.-A. 34, 32) als P. N. zu lux. Äller (Erle) und mhd. wer ‚Mann‘ gestellt. -ing ist zu beurteilen wie urk. Tripping gegenüber gegenwärtigem Treppen.

—, **Elm** fem. *(Jaad)* ‚Ulme‘ s. d.

Elmacher, †. »vor den elmacheren flor. 1« (1529, Qu. Kr. 2, 165; Einnahmen aus Grabstellen). Wohl: ‚Ölmacher‘. Öl wurde im Burzenland aus Leinsamen bereitet. Noch vor einem Menschenalter kauften Burzenländer auf den Dörfern des Harbachtales den Leinsamen zu dieser Fabrikation zusammen. Im Burzenland wird die Rübe auch dieser Industrie ein Ende bereitet haben.

—, **Elnerŝloa** (⏑⏑⏑) Fl. N. (Weinberg) in Keisd (Kbl. 9, 82). — Der zweite Teil gehört zu *Lą̂* (vgl. in Keisd die Fl. N. *Loarêch, brît Loa, Loawanjert)* ‚Tonmergel‘, im ersten steckt etwa ein P. N. Doch vgl. ebenda † Fl. N. »Kapelners Weyer« (‚Kapellenbewohner‘, ‚Einsiedler‘) wobei gegenwärtig das ganze erste Wort verloren gegangen ist. Vielleicht liegt auch im obigen Wort eine Verstümmelung aus [Kap]*elnerŝloa* vor (Mitteil. vom Ortspfarrer FRANZ SCHULLERUS).

Els, F. N. im Burzenland, 16. Jahrh. (Qu. Kr. 3, 700 u. ö. Elsz, Elcz, Elz). Els (1808, Rosenau). Elsen (1808, Ebda.). Els (1808, Wolkendf.). Elsen (18. Jahrh., *S.-Reen).* Elsen ist die patronym. (schw.) Gen.-Form. In Formen wie: »Hans cirvus (Servatius) elsen son« (1475, Qu. Kr. 3, 629) schimmert der Frauenname Els durch. s. auch F. N. Elz, mit dem es öfter orthogr. zusammengeworfen wird.

Elsbeere, s. *Îrlengsbir* und *Kröefoss* (Krähenfuss).

Elsen, F. N. s. Els.

Elskes, † F. N. (Rotbach). »Elskys pieter« (1536 Honigbg., Qu. Kr. 3, 11 u. ö. im Burzenl.).

Elßner, F. N. (Peschendf.).

Elst, F. N. (Dobring). Übername: *Zerwes* (Servatius) oder *Biere Misch* (‚Bär‘, ein Vorfahre war sehr stark gewesen). Elst-Zörves (1824, Ebda.). Elst (1800, Rätsch). Gegenwärtig auch in Urwegen.

Elster, Ielster fem. Pl. *Ielstern,* nösn. *Ialster* fem. *Êlstr* (Med.). *Oilster* (Denndf.). *Æ̂ljster* (Tartlau). *Äljster* (Honigbg.). Im Süds. überwiegt *Êlster,* nösn. *Ielster, Ialster, Îlster (Gr.-Eidau), Ailster (Kl.-Bistritz), Älster (Birk).* Allgem. Pica caudata. Syn. *Tschagerak, Schagerak* (Schenker Gelände), *Schalaster* (allgem.), *Tschargatz* (Girelsau), *Schargatz* (Scharosch, Irmesch), nösn. *Zârke* (magy. szarka). 1. Gefürchtet als Räuber der Eier und *Hengkeln* (Hühnchen). *Dat sâi dem Teiwel sûle sen* *Êelsteren, se kun unt frêiessen es de Aoier uch de Haingkeltcher* (Hahnbach). Das laute Geschrei der Elstern dient als Bild für Geschwätzigkeit der Frauen. *Ed as ein wei en Êlster* ‚ein geschwätziges, auch dummstolzes Weib‘ (Heldsdf.). Ebenso: *Se iäs nâgîrich wæ̂'n Êlster* (Katzendf.). *Se štilt wæ̂'n Êlster* (Ebda.). *Verschlôn wæ̂ de Ielster. E hued Ûge wæ̂ de Ielster, e sekt allent.* Ihre Geschwätzigkeit trägt ihr in Reussen den Ehrennamen *der Vijel är Špreôchmeister (är Adwokât)* ein. Rätsel: *Et štîd äst qf âser Scheier ent hôd en Kierreâd äm Toppert* ‚Elster‘

(Höhr, 61). Kinderfopperei. Frage: *Wuisste, wâ der Vuegel heisst?* Antwort: *eÊlster*. Gegenantwort: *Wot se schaisst, dąt schmêlzt er* (Draas). Das Kreischen der Elstern deutet auf Gäste. *Pâl hîršt te de Êlster (Schagerak), heit kit der Vuirsichtweis Härr* ‚der Stuhlsinspektor' (Kl.-Schenk). Darum scherzhaft drohend zum Vogel: *Schwech, mer hun hekt näst zem Iessen* (d. h. wir können nicht Gäste bewirten). Doch meist gilt Schreien der Elster als Unheil verkündend. Es gilt in solchem Falle: *Het kid Ärjernes än't Heus* (Honigbg.). Wenn eine Elster über den Weg läuft, kommt eine Neuigkeit in die Familie, aber selten eine angenehme (H.-W., 293). Besonders gilt die Elster auch als Todesbote. Wen kreischende Elstern auf dem Wege begleiten, dem stirbt jemand in der Anverwandtschaft (Malmkrog; Schuller, T. u. B. 1, 32; H.-W., 293). (Geradezu ‚Totenvogel' heisst die Elster in der Eifel: duhdevugel [ʒ], Z. f. rhein. Volksk. 2, 232; 5, 120; 5, 244; 6, 271). — 2. In Fl. N. *Êlsterewängkel* (Girelsau). *Êlsternhâk* (Ebda.). *Êlstrebrich* (Burgbg.). *Än der Êlsterkell* (Ebda.). — mhd. elster (aus egelster). Auf mhd. atzel zurückgehende Formen kennt die Ma. nicht. *Tschagerak, Tschargatz* sind onomap. Neubildungen.

(**Elsternauge**), **Ielsternûch** n., Pl. *Ielsternûgen* [ʒ], nösn. Pl. *Ielsterôgn*. Allgem. das was sonst ‚Hühnerauge' genannt wird, ‚Leichdorn'. Sprw. *Ä nǫe Schage* [ʒ] (Schuhen) *špîrd em de Ielsternûgen* (Schuster, 227). Als Wetteranzeiger: *Det Wadder andert sich, de Êlsternûgen dä mer wî* (Kronst.). Übertragen: *E hued em af de Ielsternûgen getrieden* ‚hat ihn an seiner empfindlichen Stelle getroffen'. Heilmittel dagegen: die *Ielsterôgn* werden mit Knoblauch gerieben und mit *Fuemesch* (Strohasche) bestreut oder mit heiss gemachtem hölzernen Löffelstiel gebrannt *(Mettersdf.*, Gassner, 78). Man schneidet sie auch heraus und hängt sie mit den Worten: *Ich hê dij ąf'n Štâkn, de Ielstern sin dich frâssn* auf den Zaunpfahl (Ebda.). — nndl. aaksteroog. Vgl. im Stammlande: ē·.lstərū·e.χ ‚Hühnerauge' (Cronenberg, Leitner, 28). Elsterogen (Niederrhein, Z. f. rhein. Volksk. 1, 206). Eifel. Elsterau (Hecking, 30). Köln. Ęlsteraug n. DWB. 3, 34 (Egerstenauge); 418. Haltrich, Neg. Id. 30.

Elsternfresser, **Êlsterefrêsser**. So werden angeblich die Gr.-Schenker gespottet (H.-W., 134). Vgl. *Štiglitzfriesser*.

Elter, in älteren Urkunden s. Altar.

Elterlein, fehlt; s. *Ąlf, berofen, hangtsąldrich*. Zur Sache H.-W., 263.

Eltern, **Älder** (Pl.) st. [Geh. Spr.]. In einigen dem Nhd. entnommenen Formeln und in der ältern Kanzleisprache. Besonders in stehenden Verbindungen: *fromm (sêlij) Älder* und zumeist in st. Flexion. *Meng sêlij* (gestorbenen) *Älder* oder *meng Älder, Gott haf se sêlich.* Aufnahme in die Bruderschaft: *en hot se jo uch af des moisêlich Wärlt walle wässen durch är lâf Oilder, dâ se hun awerzivgen* (Gr.-Scheuern, Kbl. 23, 54). Bei der Überreichung des Brautgeschenks spricht der Wortmann: *Esi wässe mer jo âwer uch wuot der leaif Geaut heout walle meauchen mät freuemmen eAildern en heout sa geseaint* (gesegnet) *än ärem hielijen Îsteäunt etc.* (Bekokten). Vom *bîsen Hanz*:

D' Älder hadden nichenfalls
Änär Frąden un em. Käst., 56.

Sprw. *Wat de Älder net schlôn, dąt schlîd âser Härrgott* (Fronius, 25). Von einem guten Wein: *Dì äs vu gâden Äldern.* In der ältern Rechtssprache in Zeugnissen für ehrliche Geburt. »Alzo das her sey geporn recht und redlich, von ehrlichen fromen e l d e r n, beyde von vatir und mutter .« (1473 Art. d. Klausenb. Goldschm.). Als Schimpf: »Item der Rector hette gesagt: Er wolte die Gemein zu schaden bringen, wofern sie es würde leiden, begehrte demnach von ihm den begangenen Diebstall zu beweisen. Item: begehret er ihm die Zigonerey auffzuweisen, was vor e l t e r er gehabt, wo nicht so begehret er die lebendige Sühne von ihm« (1671, Cap. Bog.). Erziehung der Kinder: »Es sollen auch frome E l t e r ihre Kinder und gesinde in der Zucht des Herren erzihen« (1603, Cap. Cib. Visit.-Art.). Unehrerbietiges Gebaren der Kinder: »Was aber darnach das hausregiment belangt, da ist kein trew, kein liebd mehr ynn denn Kindernn kegenn die e l t e r« (Dam. Dürr, Hdschr. 30. — Eine Klage, die in der Bauernbevölkerung noch bis heute leider nur zu berechtigt ist.) Allgem.: »Nachdem dises meines Widersachen E l t e r vor 31 Jahren mit todt verschiden waren« (1580). — In der echten Ma. wird *de äldern (de ältsten)* noch durchaus als Komp. von *ąlt* empfunden und nur als ‚seniores' verstanden. Für ‚Eltern' gilt *Vueter uch Motter*, oder Wendungen mit *âs* (unsrig). *Wuar sôlt te?* Antw. *Ze âsen* ‚zu meinen (unsern, d. h. den nun mehr gemeinschaftlichen) Eltern' (Schönbg.). *Ąf de Säinjdich selle mer ze âsen zem êsse giwn* (Ebda.). Oder der Ausdruck wird gelegentlich umschrieben: *Sô huet jo der Vueter äm Himmel maine Schwôger mät sainder Wîrtän* (die Eltern) *än îrem Îbât gesêgnt mät Laiwesierbm (Mettersdf.*, Gassner, 55). — DWB. 3, 418.

Elz, † F. N. »elczen hans« (1526 Tartlau, Qu. Kr. 2, 24). »elcz laselcz« (Ebda.). »Elczen Pyter« (Brenndf., Ebda. 2, 16). »Elze« (Heldsdf., Ebda. 2, 16). Vgl. den lux. O. N. Elz. s. Els. Doch vgl. auch in der Eifel Elz als Bezeichnung für Wermut (aloxinum), hess. Els. (Z. f. rhein. Volksk. 5, 38).

~, **em** [əm, ŋ]. 1. ‚man'. In Wendungen wie: *wat kǫ̂n em na derfîr? Em kǫ̂n näst mäd em schaffen.* Zögernde oder bescheiden höfliche Antwort auf eine Anregung: *Em wit dich!* (man wird es ja tun müssen). Auch in unbestimmter Anrede: *Em let dǫ̂t sen!* usw. s. unter ‚man'. — 2. ‚ihm'. In Wendungen wie: *dǫ̂t dîd em näst* s. unter ‚er'.

Emberg, F. N. »Martinus Emberg von Nösen. In einer früheren Urkunde: Mart. Amberg und Amberger« (1631).

Embern, †. »Saffer, fefer, Embern« (Hstdt. Vill.-Rechn. 1578) ‚Ingwer' (?). s. Engber.

Embert, F. N. »Velten Embert« (Alzen, 1559).

Embrich F. N. s. Emrich.

~, **ement,** s. jemand.

Emerlyn, F. N. »Toes Emerlyn« (1520, Salzer, Birth. 96).

~, **êmesen** ‚das eigentümliche Kribbeln in Händen und Armen' s. *ômesen* (ameisen).

~, **Emesrän** Fl. N. (Reps). *Baen Emesrän* (Kbl. 7, 118. Nach neuerlicher Umfrage in Reps nicht bekannt).

~, **emest,** *emester,* s. jemand.

~, **êmich,** nösn. *êmich* und *êmichtich* ‚eiterig'. *eimich* (Stolzenburg, Nimesch, Abtsdf. b. Agnetheln, Neithausen, Denndf.), *êimich* Wolkendf. i. B.), unumgelautet: *omich* (Honigbg., u. ö. im Burzenl. *aumich* (Neustadt i. B.). nösn. durchwegs: *êmichtich; âimichtich (Klein-Bistritz), îmichich (Jakobsdf.).* Dagegen *äimich (Nieder-Eidisch). Êmijet* ‚Eiter, auch Schärfe erzeugende Nahrung, Trank' (Binder, Coll.). *En êmich Hokt* ‚zur Eiterbildung bei Entzündungen geneigte Haut'. *Ich hu gor en êmich Hokt* ‚bei mir geht jede Hautentzündung sofort in Eiter über'. *Et wit mer glech êmich, wuan ich mich schnejden* (Rohrbach). *Der Fänger wit mer êmich* ‚beginnt zu eitern'. *Banj der de Fanjer, siäs wit e der êmich* (Katzendf.). *Te huest dô en êmich Pätzken* ‚kleines Hautgeschwür'. *En êmich Wangt. E hod en êmich gebroit* (gebrannt), *geschliun* (geschlagen, Felmern; Syn. *Ich schleon dich wäongt,* Agnetheln). Übertragen auf den Eiter erzeugenden Gegenstand: *Net schäch dich, der Scheoch äs êmich* ‚zieh dir jetzt keinen Schuh an den wunden Fuss an, der Druck des Schuhes erzeugt Eiter' (Schönbg.). Bildlich für gereiztes, leicht aufbrausendes, auch heimtückisches, dann überhaupt für schwächliches Wesen, ‚empfindlich', ‚leicht reizbar'. (Syn. *gêzornich). Daod iäs guor en eâmijet* ‚empfindliches Kind (Mädchen)' (Hahnb.). *Nät sąw esu imichtich!* ‚sei nicht so empfindlich!' *(Weisskirch). Tia bäst en êmich Mäinjtsch* (Durles). ‚im Wachstum zurückgeblieben, schwach'. *Dǫd iäs nuor en êmij Arbet* ‚schwache Arbeit' (Katzendf.). *Dôd äs en êmich* (Syn. *verkwäst) Känjt* ‚elendes Kind' (Zendresch). *Êmich Kärl!* ‚schwacher Kerl!' (Gr.-Sch.). *Ô dî äs gor en êmijer* ‚ein heftiger boshafter' (vor dem man sich lieber hütet, Schässbg., *S.-Reen). Tâ êmijer Kärl!* (so schimpft man einen schwächlichen und doch reizbar-zänkischen Menschen, dem man die Überlegenheit vorhält, Mühlb.). *En êmich Mänjtsch* ‚aufbegehrerisch, hochmütig' (Med.). Auch ‚boshaft, grünzahnig' (Neudf. b. Hstdt.). *En êmich Wirtscheft* ‚heruntergekommene Wirtschaft' (Schässbg.). *Dǫd äs en êmich Harbrich* ‚unreines Hauswesen' (D.-Tekes). *Des Sach wit neo êmich* ‚die Sache fängt an peinlich zu werden' (Schönbg.). *Dǫ̂d äs en êmich Sach* ‚eine Angelegenheit, die zersetzend wirkt'. — Syn. *brǫ̂ndich, îterich, kädich* (Hohendf.), *keedich* (Zendresch), *kiotich (Zepling), kaudich (Kl.-Bistr.), saperich (Mönchsdf.), schwirich (špirich,* Tartlau). — Zu *Ôm* m. ‚Hautgeschwür' s. d., zips. ömig ‚schwärig'. Kuhländchen œmig, emich ‚entzündet, geil, verdorben' (Schröer 27, 194). Lothr. emich ‚eiterig', ‚entzündet' (Follm. 121), bair. ömig (Schm. 1, 78). Kramer, 20. Kisch, W. u. W. 39.

Emmel, F. N. »Emmel« (1808 Zeiden, Rosenau).

Emmelrich. »Claws Emmelrich« (Bauer aus Stolzenburg 1394, Urkb. 3, 93).

Emmerlich, F. N. »Hans Emerlich« (aus Gr.-Scheuern (1468, Qu. Gesch. S. 1, 24). »Jorg Emlrichen (Ende 15. Jahrh., Ebda. 1, 34; wohl dieselbe Person wie Jorg Emrig s. d.). »Anthonius Emerlich« (1569, Kl.-Schelken). »Emmerlich« (1830, Honigberg, Rosenau, gegenw. †).

~, **emperzin** (◡◡◡́), ‚entzweien'. *Ich hu mich emperzit* (Kirtsch, aus rum. împărţire ‚trennen, entzweien').

empfahen, emfên st., nösn. *emfê* st. Nur in geh. Spr. und in älterer Rechtssprache. Echte Ma. s. *bekun, begressen.* — suscipere s. *afnin* (aufnehmen) nur von Tieren, von Frauen (derb) *änin* (einnehmen s. d.). 1. ‚Das heilige Abendmahl empfangen'.

Äm den Ielter geng ich
Krist den Härrn emfeng ich.

Schuster, 361; H.-W. 174.

»Ist sie auch der Zeit zum Hochwürdigen Abendmahl getretten und mit mir sich nicht versöhnet, welches so wol für Gott als für den Menschen ein grosse Sünde, das Hoch-Heilige Abendmahl unwürdig zu empfahen« (1692, Cap. Cib.). ‚Gäste empfangen, begrüssen'. *Mer hǫtte getârt* (angeklopft), *qwer et wûl es niemest emfên* (Zw. Krez., 20). — 2. In Rechnungsaufzeichnungen als term. techn. für Einnahmsposten (lat. entspricht percepi): »Item von Kripseyffen hab ich entpfangen an demselben tag flor. 4, den. 80« (1492, Qu. Gesch. S. 1, 132). Daneben: antpfangen, anpfangen (Ebda. 1, 361; 1, 386); entfangen, -fongen, -phanngen (Qu. Kr. 3, 74 u. ö.). Dagegen als Inf. Substant.: »wegen des Entfeens aus der Zeg Mylen« (1541, Qu. Kr. 3, 73). »So tuet ir Entfeen fl. 203« (Ebda. 3, 132). »Das Entfahen vnd ausgeben« (Ebda. 3, 332). »von allem empfehen und ausgeben seines erligen honnenampts des verschinen 83 Jars rechnung geben« (1584, Hstdt. Nachbarschaftsrechnung). — Sonstiges: »Mit solchen Mahlzeiten, so nehmlich der Altschaft alleine zu empfähen gebühren« (1641, Art. d. Kronst. Kürschner). »Wenn das die Fleischer auf Lammfeele Geld empfähen wollen, sollen sie von niemanden anders, als von denen, in der Stadt wohnenden Kirschneren empfähen« (Ebda.). »über das gab ihr der Bräutigam ein ring zum Zeichen der Verlöbnuss, in Kegenwahrt unser aller, welche sie auch von ihm emfienge« (1677, Kbl. 30, 81). Refl. ‚sich begrüssen'. »Da kamen wir miteinander herunter, biss fürs Fleisch Hackers Türlein, da ging der Glöckner hin, empfieng sich mit seinem Vater, redeten mit einander« (1671). — mhd. enphâhen. DWB. 3, 420. Über die Formen in Praes. und Praet. s. d. Simplex.

Empfahung, †. Entfeunk ‚Empfängnis'. »Samstag vor Marie Entfeunk« (8. Dez. 1547, Qu. Kr. 3, 224; entfovng 2, 162; entphiünck 2, 163; entphengnüs 2, 164). DWB. 3, 421. — s. *emfên* (emphahen).

empfangen, s. *emfên* (empfahen).

Empfängnis, s. Empfahung.

Empfehl, Emfiel m. (fem.). [Geh. Spr., doch nur in den Städten]. *En hîschen Emfiel* (sc. bitte ich auszurichten). Einladung zur Teilnahme an einer Beerdigung: »*Schîn Emfiel* (fem.) *hun ich ôfzeliejen vum N. N.*« (Schässbg., Schuller, T. u. B. 1, 51). — Frühnhd. Empfehl m. und Empfehle fem. DWB. 3, 424.

empfehlen, emfielen st. [Städt. Halbma.]. In der höflichen Wendung der Verabschiedung: *ij emfiele mich.* Echte Ma. *Godd erhǭld ich! Godd erhǭld ich gesangt, alle mädenǭnder!* Scherzhaft: *Emfil dich!* (geh!). Echte Ma. *Zech!* (zieh!). *Gǫngk!* (geh!). *Romm dich!* (räume dich!). *Pack dich!* — Üblich ist der Wortstamm in *befieln* (befehlen). s. d.

empfinden, fehlt. s. *fǣhlen, märken, än Uecht* (Acht) *nin.* »Weil Er sich den Geist Gottes nicht will regieren lassen, wird Ers noch empfinden« (1689, Cap. Cib.).

empfindlich, emfängtlich [nur städt. Halbma.]. Echte Ma. *s. êmich, êstlich,* nösn. *qnsem* (ansam). »so stiess sie ihn auf die Seite, worüber er noch empfindlicher wurde« (1773, Obereheger.).

Empfindung, fehlt. ‚er hat dafür keine Empfindung' *e huet nichen Härz (Ûgen) vir dǭt.*

empor, fehlt; s. *afen* (aufhin) wie hinauf, *afenzâ.* Vereinzelt in Wendungen wie: man geht, reitet *empûer* ‚auf dem gefrorenen Koth' (Wolkendf. b. Schässbg.). Dagegen in der ältern Kanzleisprache: »Solches geldt ist auch auf die behausung geschlagen worden und ist auch empor blieben« (1652, Ger.-Prot.). »Das geld aber hat der Kannengiesser entfangen ausserhalb fl. 40, so noch empor blieben« (1650, Ger.-Prot.). — In Zusammensetzungen s. *af-, afe(n)-,* hinauf-. »Wer unter dem Herr Gott nicht beständig emporstehet« (1822, Kl.-Probstdf., Bruderschaftsart.). [Städt. Halbma.] bei Kästner:

Är Knipcher und är Špätzker
Dǣ schusse schniel empîr. Käst. 27.

empören, fehlt. Echte Ma. *afštôn kên emesten. E štuoiert sij af* (empört sich, wird störrisch) *wǣ e Kokesch* (Katzendf.). *E porrt sich qf* ‚widersetzt sich' (Agnetheln). Im wortarmen Schuldeutsch gilt ‚empören' für alle Vorstellungen des Widerstandes, Kämpfens usw. Z. B. Friedrich der Grosse empörte sich gegen Maria Theresia, ‚fing Krieg mit ihr an'; Luther empörte sich gegen den Tetzel, ‚griff ihn (in den 95 Thesen) an'.

Emrich, Imrich. 1. P. N. »Emericus, Sacerdos de sancto Gotthardo« (1332—1337). »emptum a Emerico carnifice« (1494, Qu. Gesch. S. 1, 148). »Emerig Greb« (Schirkonjen, 1565). »Klein Emrig« (Leblang, 1593). »Emericus Lieb« *(Minarken,* 1599). — 2. F. N. »Jorg Emrig« (1478, Qu. Gesch. S. 1, 40). »Weyss Emrig Clauss« (1552, V.-A. 16, 395). »Jörg Embrich« (1518, Salzer, Birth. 96). »Simon Emrich« (1569, Kl.-Schelken). »Gregorius Emerici« (1599, Hstdt.). »Georg Emerici« (1609, Hstdt.). »Emrich« (1619, Hstdt.). »Emrichs Çerwes« (1593, Katzendf.). »Emerich,

Emrig« (1820, Gr.-Lasseln). »Emrich« (1762, *Jaad, Senndf., Minarken).* »Emrich« *(Wermesch).* Gegenw. Emrich *(Petersdf., Botsch, Heidendf.).* — 3. Fl. N. »In Emrichs Thall ein Weing.« (Maniersch, Cap. Bog. 1680). »Auff Emresch Thall« (Ebda.). Moselfr. Emrich. — Zum ahd. P. N. Embrig (Ambricus). s. auch *Imrich.*

emsig, fehlt. s. *fleissich, kernich* (kernig). »Haben Eur Clar. zu wissen fügen wollen, wie dass Cath. Raubin Einwohnerin diesser königl. Haupt Hermannstadt etlige Testes ... uns vorgestellet, mit embsiger bitt anhaltend, selbige zu jurieren« (1687, Cap. Cib.). »auch abends als eine emsige Hausmutter späte nach Haus gekommen« (1762, Obereheger.).

—, en [ən]. 1. Die alte Negationspartikel mhd. en ist in spärlichen Resten der Zusammensetzung mit dem Verbum *dân* ‚tun' erhalten. Im Kinderrätsel:

De Kellemeller gengen än't Fêlt ôwe grôwen,
Gridegrât kộm um Rệj erôwer,
Wonn Hôrumhangdern hât endôn,
Hât Gridegrât de Kellemeller um Rệj afe gedrôn

d. zu den Schweinen *(Kellemeller* ‚die mit dem Maul in den Erdlöchern') kam der Wolf (der Grätschfüssige) vom Berg herab. Hätte der Hund (der ‚Haaramhintern') nicht getan (d. h. nicht seine Pflicht getan), der Wolf hätte die Schweine am Berg hinaufgetragen (H.-W, 401). »Ich bin zur Inculpata kommen und sagt, nu seit ihr schier gesundt, sagt sie, ich wollt lengst gesund sein, wenn alt zaubrisch huren entdetten (‚wenn .... nicht ihre Kunst ausübten') sei sein heint und gestern nacht uber mir gewesen und mich so zuknutzt (ss. *zeknîtzt* ‚zerquetscht und zerdrückt') das ich schier nicht einem menschen endlich (ähnlich) war« (1609, Ger.-Prot.). — 2. *en* für *ent* ‚und' s. dies! *Mer sôden dich, en sôden uch net* ‚wir sagten ja und sagten auch nicht (schwiegen auch zu Manchem)'. — 3. *en* ‚ein' (s. d.) und ‚in' *(entäschen).* — 4. *en* für *hin* s. enheim.

—, En Bulz mat Têirelt (◡⏗◡⏗◡) ‚Käse mit Palukes' (Zeiden) ist aufzulösen in: *en* (Acc. ‚einen') *Bulz* (rum. bulz ‚Klumpen, Ball', insbesondere Klos von warmem Palukes, in den Käse hineingegeben wird, vgl. Șain. 116; Pușcar. 1, 19) *mat* (mit) *Têirelt* (‚Schafkäse' aus magy. túró). Syn. *Klampen, Klämpchen.* — s. *Bulz.*

Endbüttenreif, †. »Imo 385 End-Büden-Raff angelegt, ein jeder a. d. 3« (Hstdt., Binderrechnung 1753). Gewiss soll das Bestimmungswort End- die Grösse der Bütten, bzw. der Reife bezeichnen. In der Rechnung erscheinen auch Gross und Mittel Büden Raff. Konisch geformte Bütten erfordern Reife verschiedener Grösse.

Ende, Ängt n., nösn. *Ant* n. Die einzelnen Lautformen s. Lautt. 27. 1. räumlich. a) ‚die Spitze, der äusserste Teil eines Gegenstandes'. *Ded Ängt vun der Wuršt.* Gewöhnlich herrscht die Vorstellung einer eindeutigen Ausdehnung vor, wobei die beiden entgegengesetzten Enden superlativ von einander unterschieden werden. *Ded îweršt, nederšt Ängt.* Scherzfrage: *Wê erkennd em un er Wuršt det vederšt uch det hängderšt Ängt? Alles hued en Ängt, nor de Wuršt huet zwie. Dê vum oiweršten Oinjt* ‚die Trauben vom obern, höchsten Teil des Weingartens, also die süssesten' (Gr.-Schenk). *Dộd äs nôch u genem Ängt* ‚die Sache hat noch einen langen Schweif'. *Um Oinjt plätscht de Gîssel* ‚der Erfolg krönt das Werk', auch ‚das Wichtigste kommt zuletzt' (Birthälm und sonst). Merkspruch, wo man beim Auseinanderlösen *(schîden)* der Därme des geschlachteten Schweines zu beginnen habe:

Um Muagenoinjt
Huat Gott de Warlt geschoinjt. (Schönbg.)

Um uOntch, um uOntch,
Diu der Môge wuontch,
Diu fêd em un ze schîden. (Katzendf.)

Et fêlt hê un allen Ängden. Im Hofbann:

Der Himmel hat mich überfallen
Wohl an den heiligen vier Enden.
Schuster, 291.

Von besonderem Gefühlston: *Ded Ängt vum Sachselộnt. Wô det sachsesch Vueterâser en Ängt huet. Brôs* und *Drâs* sind die Endpunkte. Im Gedicht auf Fabinis Tod:

Bê Brôs, um Ängt vum Sachselộnt
Dô grâwe seng Frängd em e Kellchen.
Käst., 75.

Ebenso im Gedicht *En Ôwend ä Brôs:*

Wô de Öwendrît är Bộnt
*Gäldän hued ergu*e*ssen,*
Äs ded Ängt vum Sachselộnt
Durj e Rêch verschluessen. Ebda., 119.

Die Volkssage aus Katzendorf (Nachbarort von Draas) erzählt, dass im Vernichtungskrieg der Zukunft nur *um Summ* (Saum), *um uOntch, diu det sachsesch Vôterâser wuontch,* noch einige Menschen am Leben erhalten bleiben (vgl. Kbl.

21, 68). Schon David Froelichius (Der Uralte-Deutsch-Ungarische, -Zipserische und -Siebenbürgische Landsmann, Leutschaw 1641) schreibt: »Burzenlandia, da das deutsche Vater unser ut vulgo dicitur ein ende hat« (Kbl. 18, 83). ‚An das Ende der Welt'. Unwillig-scherzhafte Antwort auf die Frage: *wuer gîst te?* Antwort: *un ded Ainjt der Wärlt.* (Syn. s. Kbl. 25, 22.) Lokalbezeichnung: *Um Ängt der Gemîn; än der Gass um Ängt.* Da wohnen meist die ärmern Leute (die Reichen *bä der Kirich, hängder der Kirich, af'm Muert). E wund um Ainjt* ‚armer Mann' oder ‚Rumäne' (weil diese fast ausschliesslich am Ende der Gemeinde sich angesiedelt haben). Syn. scherzhaft: *E wund än dier Gqss, undje tai pite ku Zwîrn* (rum. ‚wo man das Brot mit dem Zwirn zerschneidet' d. i. Palukes isst, Med., H.-W. 370). *E hôd um Ainjt fîl* ‚ist der letzte', ‚jüngste Meister' (der jüngste Handwerker hatte beim Feilhalten auf dem Jahrmarkt am Ende der Reihe seinen Platz), übertragen ‚Pfuscher', ‚ist in zerrütteten Vermögensverhältnissen', ‚herabgekommen' (H.-W., 370). — Als Fl. N. *Um Ontch* ‚am Ende' (Galt, Kbl. 8, 42). Vielfach in F. N. (Übernamen). *Mierten um Aindj* (am obern Ende der Gemeinde, Arkeden). *Mišch um Oanjt* (Dobring, seine Frau: *De Mišch um Oandjän).* »Dy Simonin am end« (1485, Qu. Gesch. S. 1, 116). »Der Herr Georg am End von Clausemburg« (1619, Ger.-Prot.). Dafür auch: *Honz dertais* (‚draussen', *Honz dertais Misch* ‚*Misch*, der Sohn des *Honz*, der draussen wohnt', Zied). Zusammengezogen zum F. N. »Hannes Amendtt« (ein Lederer in Klausenburg, 1587; JAKAB, Oklevéltár 2, 142). »Amend« *(Kl.-Bistr.*, 1700). — s. auch 1, 104 unter ‚an'. — Übertr.: *Dô huest te de Sach îst um richtijen Ängd ugepackt. Te häst de Sach um ândern Ängd ufè sellen. Dî fêd ängden um ârïechten Ängd* (Syn. *êpesch) un.* — b) *Ängt* ist auch die ganze Ausdehnung eines Teiles, z. B. der ungleichen Arme eines Hebels: *det kurtsch Ängt, det lqngk Ängt.* Mahnung an einen Grossen: *Erwäsch tâ um kurtschen Ängt, dô et schwêrer äs, en loss die Klenen um lqngken Ängd erwäschen!* Oder wenn die Mutter zum Kind, das tragen hilft, sagt: *Ech begreifen nö um Schaff (Sack), dad et der un dengem longken Ängt net ze schwêr äs.* — c) Allgemein ‚Platz, Ort'. *Un em Ängt* ‚an einem (bestimmten) Platz'. *Aw âsem Ängt* ‚auf unserm Grundstück'. *Mer hun un em Ängt en hîsch Dîlchen* ‚Wiesenteil'. *Ich hun un em Ängt Gield uštôn* ‚bei einer Partei'. *Un em Dîl Ängden* ‚an manchen Stellen' (BINDER, Coll.). *Un em Doil Oinjden* (Gr.-Sch.). *Un en Doil Onjden* (Agnetheln). *U munchen Ängden* ‚mancherorts'. Besonders ein bestimmter Ort, Partei wohin die Bäuerinnen Milch, Gemüse zu tragen haben, Haushaltung wohin sich Dienstmägde gedungen haben. Auf die Frage, ob sie mit dem Milchaustragen fertig sei, antwortet die Bäuerin: *Ich hun nôch en "Onjt* ‚habe noch eine Partei zurück'. Das Dienstmädchen erzählt der Freundin: *E* (ihr Schatz) *sôt, mer sîlen es un în Ängt dängen, dat se* (ihr Schatz und sein Kamerad) *ene Wiech häden.* »Blut ist ann manchenn endenn aus der erdenn wie aus dickenn adern rausgesprungenn« (DAM. DÜRR, Hdschr. 26). ‚An den 4 Enden' im (nhd.) Hofbann:

Vier heilige Jungfrauen sollen kommen,
Die sollen von den vier Enden
Pest, Unglück, Feuer wenden.

WLISLOCKI, 110 (aus Heltau).

»welicher Mester der do wirt halten czwo Werkstat an czwen enden und wo das wer, verbüst in dy Brüderschaft 4 gulden« (1510, Tischlerz.). »und die wog (Wage) sal hengen an einem gemeinen ennd in dem kleinen Ring ader in dem grossen Ring und nicht in des honnen haws« (Hstdt., 15. Jahrh.). »man findet woll ander endt, da man rumpeln und die Meiersack (?) halten kann« (DAM. DÜRR, Hdschr. 917). »Wer aber solch edel blut verachtet, schmehet und lestert, der muss hinunter zur helln trollen und kann nimmermehr an die endt kommen, da got zu schaffen hat« (Ebda., Hdschr. 905). »sie schirrt denn ganzenn tag ann vilenn endenn vnd sucht narung, das sie ir hünkelcher mögt speysenn« (Ebda., Hdschr. 204). »Zum andern, ist neulich die fastnacht verschinen, das an manchen enden die Leut gleich unsinnig gewesen sein fur vbrigen frewden, mit verstellen, mit fressen und sauffen, spillen, mit bungen, lauten, springen und tantzen« (Ebda., Hdschr. 685). »Ein junger mensch aber, schlemmet, prasset, flucht vnd schwirt, er laufft eyne gassen auff, die ander nider, er sucht vberall freud, ynn wirtschaftenn, vnd lesset sich nicht gernn ann den endenn findenn, da die leut klagen« (Ebda., 199). »Wie konnt ihr das thuen und an einem andern ende frainn, wisst ihr nicht was ihr auf ihrem gewissen hat« (1653, Ger.-Prot.). »Item hat er selber bekandt, er wisse geldt gnug, auff dem Witthoff in einem loch gegen den Pfarrhoff. Item er wüste (bekenet er) er wüste einen guten schaar krug voll an einem Ende« (1664, Cap. Bog.). »ess sagt einer unter innen: Wir sein doch in diesser nacht sehr umgelauffen, aber an ein besser e n d e sein wir nicht kommen als her« (1567). — d) † Übertragen als ‚zu zwei Malen'. »Item hatt sie mir 4 rump korn verkauft einen ieden rump ₰ 60, an z w e n e n d e n hab ichs empfangen« (1599.) — 2. zeitlich. a) Allgem. Trost im Leiden: *Et wit dij uch en Ängt nin. Uch det wit dij en Ängt hun. Alles hôd en "Ontch* (Katzendf.). *Dî kḁn nichen Ängt fängden* ‚all zu weitschweifige Rede, Predigt, Auseinandersetzung'. *Kamm na îst zâ em Ängt!* ‚hör doch auf!' *Mḁch der Sach en Ängt!* ‚mach Schluss!' Sprw. *Vil Hḁinjt mḁche bḁld en Ạinjt* (H.-W., 347). *Der Josêfi* (19. März) *mḁcht dem Wäinjter en Äinjt. Gott sḁ Dḁngk, dat des lḁngk Rîs en Äinjt huet, sôt der Schnikeschnuegel, dâ e drḁ Schrätt fär gegḁnge wôr* (SCHUSTER, 171). *Lainjderoinjt, Hainjderoinjt (laijndern* ‚verlängern' heisst das *Lainjdersîl* an den Webeaufsatz anbinden, wenn die Webe zu Ende geht und der Aufsatz nicht mehr reicht. Das hindert aber den raschen Fortgang beim Weben, daher das Sprichwort; Gr.-Sch.). »*De Frâe se weê de Scheppel* (Rad), *änj rond amerängk. Doingkst te, te wěršt um Oinjt, goid et wieder vu vuiren un*« (Dä Ôlden, 38). Im Volkslied:

Schîden, ach schîden wonî nist tâ
en Oinjt?
Won âs Birebûm weiss Ruise
broinjt. SCHUSTER, 30.

Er Sach en Ängt gôn ‚fertig machen' (BINDER, Coll.). *Wu mer dies ufên, se mer bôld um Oinjt* ‚wenn wir solches anfangen, sind wir bald am Ende' (Holzm.). *Wi wîss, wiu dî îst Oinjt nit* (von einem Entgleisten, Schönbg.). *Et gît mät dem Weng (Kampest, Gielt) kên Ängt* ‚auf die Neige'.

Deinj Fess, dâ sen der weâ der
Wäinjt —
Tâ gûldijet Mêtche bleif trḁ bäs
un'd Äinjt. SCHUSTER, 105.

— *Gêlij Ängt* ‚rasches Ende'. *Na det (de Hochzet, de Sach) nḁm e gêlij Ängt.*

De Lâf, dâ num e gêlij Oinjt.
MEYNDT, Gemîn 12.

Gât, licht Ängt: »*Nâ wecht e uch ech nôch ous. Dit nit niche gäkt Ạntch*« (Bezuelt, 3). *Deot nit ned e geod Oinjt* (eine Ehe, ein Trinker, Schönbg.). »und die sach wird kein gut alter auch kein gut e n d nemmen« (1579). »22. Juni verscheidet ... Andreas Hermann, sedis judex, als der letzte Mechanikus und Seifkoch, welcher bis an sein sel. Ende dem Publiko aufrichtig gedient dabei sein Handwerk nach unserer Vorfahren Gebrauch bis ans E n d treiben lassen.

Nun aber ist ein garzes Schüller-Regiment
(bittres Regiment der Literaten),
Das nehmen wir kein gutes E n d«.
(Kalenderaufzeichnung des Orators FABRITIUS 1785; V.-A. 34, 368.)

Übertragen: *um Ängt* ‚gar wohl', ‚etwa' (wie nhd. zuletzt, am Ende). *Um Ängt frängdert dî (dḁt) sich nôch. Te wält dḁd um Ängt nôch lenen?* ‚leugnen'. *Um Ängd äs et ned emôl dî? Um Ängt wält te na net?* — b) Insbesondere das ‚letzte Ende', ‚der Tod'. *Et gît mäd em zem (kêm) Ängt* ‚er ist nahe am Erlöschen'. *E mḁcht kêm Ạnjt* (SCHULLER, T. u. Begr. 1, 12; daselbst auch die Syn. für ‚sterben'). *Det wit ded Oinjt sen* (Schönbg.). *E äs um Oinjt* ‚liegt auf den Tod' (Ebda.). *Sêlij Ängt.* In der Leichenpredigt: *E wôr e fromm Kräst bäs u se sêlij Ängt. Det huet mir me Vueter vîr sengem sêlijen Ängt geschingkt (veršprôchen).* Sterbeseufzer:

Härr gäf mer e sḁnft unt sêlij Ängt,
Dat meng Sîl den Hemmel fängt.

Verstärkt: *det lietzt Ängt. (Ded äs na det Lietzt, um Lietzten.)* »und an seinem letzten E n d e bin Ich auch da gewesen« (1569, Kl.-Schelken). »Ich weis vmb kein Testament nicht, allein das ich vielmahl von Andreas Schwertfeger vor seinem letzten e n d t verstanden« (1600, Ger.-Prot.). — 3. final. ‚Ziel der Gedanken, Absicht, Zweck'. *Ze wad Ängt?* ‚zu welchem Zweck?' (BINDER, Coll.). »sintemahl es mir nicht bewusst zu wass für einem e n d e diejenige zu uns verblieben seien« (1650, Ger.-Prot.). »Darnach hatt sie dass Wasser auss dem Topf in dess Diaconi Holtz über die Achsel gegossen. Zu wass für einem E n d e sie es gethan wird sie wüssen« (1671, Cap. Bog.). »wo wir denn gedachten Zimmermann zu dem ... H. Stadt-Pfarr, als unserm obersten Seelensorger nechst seinem Weib geschickt haben, zu dem E n d e, vielleicht würde des Cl. Viri seine Vermahnung besser hafften« (1694, Cap. Cib.). »Maria Czilliana adv. Fratrem M. Schuleri insonderheit aber Sie einer Bürgschaft von fl. 160 — welche zu gedachtem E n d e (d. i. zu Studien) von . aufgenommen worden, befreyen« (1766, Cap. Cib.). »Es wird Pastori eingebunden, dass Er nicht nach eigenem Gefallen die Gelder anwende, sondern mit Bewilligung der Zuhörer, auch zu dem E n d e sich eines Kirchen Vaters bediene« (1714, Cap. Cib.). »Ich weiss mich zwar zu erinnern, und ist auch gewisslig war, dass ich mitt diessem

Weib mich nicht hatt zu einem andern end, sondern auff ein vnzertrennlige ehegesellschafft unser lebenlang verbunden« (1652, Cap. Cib.). *Sälwängt.* — Lautt. 27. mhd. ende, ahd. enti. m. und n. DWB. 3, 447.

~, **endel** als Reimwort. Abzählreim:

Endel, dendel, schlag mich nicht,
Keine Probe mach ich nicht. Höhr 42.

enden, †. »Die Richter aber sollen alle sachen durch vôllig vnd rechtmessig erkentnûss enden vnd abschneiden« (E. L. R., 3). Echte Ma. *brîden* (bereiten), sowie das Komp. *verängden. (Hued er veroinjt? Antw. Mer hu veroinjt viar den hejdijen Dộch.* Scholten).

~, endert † ‚irgendwo, irgend'. »Das ist unser czechen gerechtikeit und gewonheit, ab endert en erber mester eyn ler jungen het« (1449, Schneiderzunft). »den der moltner vaida hat entpoten der thirken halben, ab das endert ein tirk vorhanden ver« (1528, Qu. Kr. 2, 103). mhd. inder, indert.

Endigung, †. »und also den endligen Seegen des Priesters, welcher bei Endigung der heiligen Mess ausgesprochen wird, abwarte« (1710, Nachb.-Art.; Kbl. 14, 95).

Endivie, Ändîwi(zalật) fem. (◡ ⊥ ◡ ◡ ⊥) Cichorium endivia L. — DWB. 3, 462.

endlich, äntlich, *ängklich,* Adj. und Adv. 1. In der Bed. ‚nach langem Warten', ‚schliesslich' [Geh. Spr.]. Echte Ma. *îst (na kist te îst?).* Vgl. *brîden* ‚fertig werden' *(na, mer hu brît* ‚wir sind damit fertig geworden'). *'Äntlich se mer fiärtich* (Katzendf.). »*Biäst te nia ängklich glât?*« (Zw. Krez. 9).

Nô lọngem Wuerden ängklich
Hun ich meng Frột derun. Kást., 26.

Nô kêm ij ängklich weder
Än't Sachseläntchen hîm. Ebda., 74.

»denn her woll encklig beczolt sein« (1578). »darab sie solches auch weiset, wie ich es aber sehen, so lies es sich entlich ansehen, das es von truden gespenss war« (1699, Ger.-Prot.). — 2. In der alten Rechtsspr. ‚abschliessend', ‚rechtskräftig'. »Haben kauffer vnnd verkauffer / den kauff vmb ein gûtter (Viehstück) entlich beschlossen« (E. L. R., 132). »(Nach dem Tode des Mannes soll die Witwe) in zwey Monat lang entlich teilen« (Ebda., 78). »Solche vbergab aber zu entlicher entschichtung« (Ebda., 146). »Der Jungfraw schwecher sol sie entlich nemen / oder durchs schwerd gericht werden« (Ebda., 189). »Verlest oder weichet eine Ehe person von jrem ehelichen Gemahl / vnd wird drumb peremptorie, das ist / entlichen einmal fûr drey . . . fûrgeladen« (Ebda., 55). — nösn. *äntlich.* — DWB. 3, 464. Zu äŋkliχ (-ntl- 〉 -ŋkl-) vgl. mąŋkl, hąŋkliχ.

Endorfer, F. N. »Endörffer« (1822, Seiden). Auch gegenwärtig.

Endres, P. N. und F. N. s. **Andreas**.

~, **eneget**, im Abzählreim:

eneget,
weneget,
tîchen,
tộchen.
Schuster, 387. Vgl. Höhr, 39.

~, **enewiech dật** ‚dasselbe', ‚das nämliche' (Tartlau), s. unter ‚ein'.

~, nösn. **enewîr** *(geô, leofn)* ‚umher', ‚hin und wieder' (gehen, laufen; *Wallendf.).*

eng, äng, nösn. *ång.* Adj. und Adv. 1. *En äng Hemt, Hîs, Galler* (Kragen), *Wiech, Gass, Hôf.* »Nachbarn, die das Grab zu kurz oder zu enge machen, zahlen 12 den. Strafe« (1777, Nachb.-Art. Gr.-Scheuern). »das wir einen so engen hattert haben« (1581). »der hattert würde vil zu eng sein« (1583). Übertragen: *Dêm iäs et nea uonj* ‚er hat Angst' (z. B. wenn ein Knabe Böses getan hat, Katzendf.). *Dem äs de Gass ze äng* ‚ist betrunken'. — 2. Als Subst. *Ded Äng* ‚die Enge'. *E äs äm Ângen* ‚er ist in der Enge'. — 3. In Fl. N. *Äm ången Grọnt (Bistr.). Äm Oinjen* (Burgberg). *Bai n Ænge (Passbusch). Âng Râich (Baierdf.). Bæ der Engbarch* (hieher? Neppendf.). »Beym Engen-Weg ein ½ Erdoch vicin. sup. Joh. Lünert in den Weiden Ufl. 6« (Burgberg, Teilbrief 1755). »Im Engen vor den Eichen« (1804, Wolkendf.). »Eng ebend« (1570, Stolzenburg). — Lautt. 27. mhd. enge. DWB. 3, 468.

Engber, F. N. (Urwegen, Talmesch, Hstdt.). s. Ingwer.

Engbrüstigkeit, s. *Gebrêch* n.

Enge fem., fehlt; s. *äng* ‚eng'. *Ded Äng* ‚die Enge'.

Engel, Ängel m., *Ängeltchen* n., nösn. *Ångel* m. [Geh. Spr.]. *Ed äs wæ en Oinjeltchen* ‚schön', ‚artig' (von Kindern, Eibesdf.). *Fromm* (artig) *wæn "Onjel* (Katzendf.). 1. Engel im Himmel:

Drậ Ängeltcher gôn Họnd än Họnt,
Vun Hous ze Hous äm Sachselạnt.
Kist. 68.

Von der Milchstrasse:

Net Mängschekängder trọndeln
Jôrhangdert drun, et wọndeln
Nor helij Ängel draf. Ebda. 42.

Von grossem körperlichem Schmerz (z. B. Zahnweh): *E hîrt de Ängel äm Hemmel sängen* (vgl. auch lux. de Engel am Himmel sangen hiᵉren, Lux. Wb. 84). Dagegen auch: *Dî hîrt de Ąnjeltcher äm Hemmel sänjen* ‚ist betrunken‘ (Kbl. 3, 31). *En Anjel a Werbes* (in Bundschuhen) ‚verrückt gekleideter Mensch‘, auch ‚Heuchler‘, ‚Verführer‘ (Kronst.). Sonst: ‚der Rumäne‘. Im Kinderlied:

Ich huird e Klêkeltchi klängen,
De helij Ängel äm Hemmel sängen.
Höhr, 50. Vgl. Kbl. 9, 19.

Im Spruch gegen die Gelbsucht (nhd.):

Ich hab meinen Engel ausgesandt,
er soll leben,
und soll Gottes Herrendienst vermehren.
Schuster, 295.

Scherzrätsel: *Wat mąchen zwelw Oinjel äm Hemmel?* Antw. *En Totzent* (Schaas). »Aber denck lieber freund, das Solchs warhaftiglich des teufels gifft ist, die dir das herz abstossenn und ynn denn himmel füren wirdt, da die engell mit Kolbenn schlagenn« (Dam. Dürr, Hdschr. 384). *En Ängeltche wärden* ‚sterben‘ (zärtlich angewendet bei Kindern, spottend bei missliebigen Alten, Med.). *Ed äs en Ängeltche worden.* Anrede des toten Kindes in der Leichenklage: *Menj ᵘOnjelô! (ᵘOnjeltschen!* Katzendf.). — 2. Im Festbrauch und dramatischen Spiel. Bei der feierlichen Überführung der Bruderschaftslade vom früheren zum neugewählten Gesellenvater *(Laden drôn)* schreiten an der Spitze des Zuges hinter dem Hauptmann die zwei ‚Engelchen‘ *(Oinjeltscher)*. »Es werden dazu zwei hübsche Knaben im Alter von 12—14 Jahren mit mädchenhaftem Antlitz gewählt. Sie sind ganz weiss gekleidet mit bunten Bändern über und über bedeckt. Den Leib umschliesst ein roter Gürtel, auf dem Kopf sitzt ein dreieckiger bunt verzierter Hut. In der linken Hand halten sie kleine Fähnchen aus rotseidenen Tüchern, in der rechten halten sie Stäbe« (Fronius in Kbl. 5, 17 f.; Aus der Vergangenheit und Gegenwart des Marktes Agnetheln, S. 72; vgl. *Urzel)*. Ebenso ist die Hauptfigur beim Umzug der Kinder am Blasiustag das *Oinjeltschen,* ein in bunte Gewänder gekleideter Knabe. Auch in Zeiden begegnet Sache und Name: »Mehr als 120 sogenannte Engelcher gekleideter Schulkinder« erscheinen im Festzug bei Abholung eines neuen Pfarrers nach Zeiden (1828, Qu. Kr. 5, 414 f.). Zwei Engel treten auch im »Königsliede« auf (Teutsch, Bilder 2, 446). Vgl. auch lux. Engelchen ‚weissgekleidetes Kind bei einer Prozession‘ (Lux. Wb. 85). — 3. Als Kosebezeichnung für kleine Kinder. *Meng gûldijed (schatzijed) Ängeltchen, Uᵒnjeltchen* (Gr.-Sch., Syn. s. Kbl. 25, 154). Die jüngere Gode hebt am Tauftag das Kind aus seinem Bett und spricht:

Bedingkt, bedingkt,
Wat Gôd es schingkt.
Ed äs en Onjlenj fenj,
Däm sele mer hoit Guade senj.
Fronius, 21.

— 4. Als F. N. »Caspar Engil« (15. Jahrh., Qu. Gesch. S. 1, 35). »Marcus Engel« (1480 Hstdt., Ebda. 1, 68). »Dy Engelenn« (Ebda. 1, 28). »Martinus Engel« (1567, Bekokten). »Jacobus Engel« (1782, Hamruden). »Engle Closz« (Neustadt i. B. 1526, Qu. Kr. 2, 20). Gegenwärtig: *Oinjel* (Gr.-Sch.), *Oinjel* (Übername für *Krauss,* Holzm.), *Engel (Bistr.).* — *Bäsch-, Muᵉrängel; Flûchângeltche* ‚Flugengelchen‘ (totgeborenes Kind, *Mettersdf.).* — Lautt. 27. mhd. engel, aus lat. angelus, griech. ἄγγελος. DWB. 3, 472.

Engelleiter, F. N. »Johannes Engelleiter« (1793 Pastor, Kastenholz). »Engelleiter« (1810 Grosspold, österr. Herkunft). Die Engleiter'schen Stiftungen, denen das Lutherhaus in Hermannstadt seinen Bestand verdankt, gehn auf den genannten Johannes Engelleiter zurück.

Engelshand, Ängelshąnt fem. [Städt. Halbma.].

Wæ Pärlen un em Hängeltchen
Vun Ängelshąnt gerąt. Käst., 19.

Engental, Ängenduᵉl, magy. Ingodály, rum. Migindal O. N. Ort im Gebiet des Weissbaches, im alten Oberweissenburger Komitat. Eigentlich: *äm ängen Duᵉl* (⏑ ⏑̀ ⏑ ⏊, der Akzent lässt den attributiven, adjektiven Charakter des ersten Teils noch deutlich erkennen), daher auch *Moinjenduᵉl* (Wassid). So auch in ältern Aufzeichnungen: »Honnes König der alt von Mengendhal« (1685, Teil-Prot. Hstdt.). Auf diese verschmolzene Form geht auch die rum. Bezeichnung zurück. Urk. Engudal (1381), Engodal (1394). Vgl. *Næpendref* ‚Neppendorf‘ ⟨ villa Epponis.

Enggässer F. N., nösn. **Angessner** (1505). »Enggässer« (1687, Cap. Cib.). »Engeszner« (1763, *Bistr.).* »Andreas Engesser« (1676, Ger.-Prot.). Eigentlich Übername: ‚der aus der engen Gasse‘.

~, engkai [e·n·kᵉa.e ⏑̀ ⏑]. Adv. ‚wenigstens‘, ‚lieber‘, ‚sogar‘. Verstreut verbreitet in der Umgebung von Hstdt. (Reussen, Stolzenburg, aber als rum. empfunden), Unterwald (Petersdorf, aber nur von den Ältesten gebraucht; Kelling als rum. empfunden), ebenso Umgebung von

Gr.-Sch. (Zied, Braller), Reps (D.-Tekes, als rum. empfunden), Burzenland (allgem. in den Landgemeinden). Fehlt in der Umgebung von Med. und Schässbg. und nösn. *Wonn ej engkai besuofe gewiest wêr, awer ech wôr gânz nächtern* (Braller). *Na, hed ij em engkai e Puer gegien* (Kronst.). *Engkae dąt* ‚wenigstens das‘ (Tartlau). *Engkae gaon ech netch* (Ebda.). *Wôr der Getz dô?* Antw. *Ech hun engkae* (sogar) *mad am geriet* (Ebda.). *Won ech gezuelt hun, bän ij ungkai frą* (Girelsau). *Ungkae äs e na zefriden* (Kerz). *Ded äs nea·engkai fenj Ąrbet* (D.-Tekes). *Dąd äs engkai der Mæ wiert* (Ebda.). Als Sinnverdopplung: *Ingkae se mer kom bezuelt* (Kelling). Syn. *mêr nor; mêr nor e bätzken; lœwer; î e wenich; kom; winichstens*. s. auch *engkaletche*. — Entlehnt aus siebenb.-rum. încai in gleicher Bedeutung [î der dem Rumänen eigentümliche (nasalierte) dumpfe Gleitlaut, der als solcher in Lehnwörtern auch in die ss. Ma. aufgenommen worden ist, aber bald in das i bald in das u hinüberspielt]. Puşcar. (1, 69) vergleicht das nur in Siebenbürgen (und Moldau) vorkommende Wort mit magy. inkább. — Şain., 402. Brenndörfer, 17. Ein eigentümliches Zusammentreffen ist, dass in fränkischen Gebieten (Fulda, Oberhessen) das Wort enke als Beteuerung (‚klar‘, ‚gewiss‘, ‚deutlich‘) verbreitet ist (er weiss es enke; es ist enke wahr ‚ganz sicher wahr‘ Crez. 342; DWB. 3, 481, so dass, wenn das ss. *engkai* nicht so deutlich noch als rum. empfunden würde, an ursprüngliche Verwandtschaft mit einiger Bedeutungsverschiebung gedacht werden könnte.

—, nösn. **engkaletche** (◡◡́◡◡) Adv. ‚lieber‘ (als rum. empfunden, *Pintak*). Vgl. *engkai*. — Direkt aus siebenb.-rum. încalte(a) ‚wenigstens‘. Şain., 403; Puşcar. 1, 69.

England, Änglânt n. [Städt. Halbma.]. Volksetymologisch als ‚Engelland‘ gedeutet. Abzählreim (nhd.):

England, Wengland, Wick und Wehr
Fahren wir ins Engelland,
Engelland ist zugeschlossen,
Schlüssel, der ist abgebrochen.
Steht der Engel vor der Wand,
Hat den Apfel in der Hand usw.

(Katzendf. und sonst.)

Engler, F. N. (1521, *Bistr.*). »Jerg Engler« (1552, V.-A. 16, 395). »Stefan Engler« (1649, *Jaad*). Gegenwärtig *Ângler* (*Wallendf., Jaad, Petersdf.*). Lux. Engilor (873). — Zum ahd. P. N. Angilher. V.-A. 34, 32.

englisch, englesch. *Englesch Fricht* ‚englische Früchte‘, eine Art Bonbons. Auf dem *Blasi* lobt der eine Knabe seinen Wein, er sei süsser: *ech hun awer englisch Fricht drün; der Gewalwer* (Greisler) *siut, dâ wêre bêsser* (sc. wie Zucker), *en möchten en och ruit* (Volksfr. Kal. 1906, 143)

—, **englodin** (◡◡◡́) ‚im Sumpfe stecken bleiben‘ (Umgebung von Gr.-Sch.). *Dæ sen än de Schûlden englodit* ‚stecken bis zum Hals in Schulden‘. *Die äs mät dier Fræ uch englodit* ‚im Elend begraben‘. — Zu rum. glod ‚Sumpf, Lache‘, îngloadă ‚versinkt im Kot‘ (Barcianu 316, Şain. 419).

enheim, †. Albrecht Huet schreibt 1577 in seinem Tagebuch von seiner Erwählung zum Königsrichter: »von dannen mich ein Ersamer w. Rath sambt der gemein e n h e i m beleit« (Kbl. 30, 38). — Man könnte in enheim den Versuch erblicken, das mundartliche *hîmen* (heim-hin) der Schriftsprache anzupassen. Doch liegt es näher, nach Analogie von enhinder (bei Luther, DWB. 3, 482) zu mhd. hin-hinder ein enheim zu mhd. *hinheim anzunehmen.

—, **ênijen** Refl. ‚sich frei machen‘. *E huet sich der Schûlde geênicht* ‚von Schulden frei gemacht‘ (Meschen, nur von ältern Leuten gebraucht). — s. oben 2, 154.

Enkel, Ängkeln n. Pl. *de Æ̂ngkeln*. Dim. *Ängkelchen* n. nösn. *Ingkel* n. Pl. *de Ingkler*. Dim. *Ingkeltchi* n. *Æ̂ngkeln* (Med.). *Ângkeln* (Schässbg.). *Ingkeln* (Kronstadt). *Intcheltchen* (Rode). *Angkeltchen* (Schönbg.). *Êngkeln* (Zuckmantel). 1. ‚Enkelkind‘. Wie alle Familienbezeichnungen meist durch den Taufnamen umschrieben: *Âs Enno, Ditzo* (Andreas) oder *âses Marz sengt (seng Trenjo, Misch)*. Meist nur in geh. Spr. *Ed äs meng Æ̂ngkeltchen*. Im Märchen und Rätsel ist der Hase der Enkel (der Bär der Grossvater).

Det Ângkeltchen hôt glâseran Ûgen.

H.-W., 400. (Vgl. oben 1, 404).

»Der Michael Schenk war der Emrich grooen ir E n k l e n« (1619, Ger.-Prot.). Sprw. *E äs ned en Ängkeln kên dien* ‚reicht lange nicht an ihn heran‘. — *Iwerängkeln*. — 2. Als F. N. Jacob Enckel (1515, Qu. Gesch. S. 1, 561). »Mattes Enkhel« (16. Jahrh., V.-A. 16, 390). — 3. Fl. N. *ąnder* (unter) *Êngkelswąnjert* (Pruden). — mhd. enenkel, eninkel. Dim. zu ahd. ano ‚Ahn‘. *Ängkeln* ist schon verstärkte Dim.-Bildung (mhd. -inklîn). Zur Dehnung im Plur. (meist auch auf den Sing. übertragen) vgl. unter *Appel* (Apfel). DWB. 3, 485.

Enkel, Ängkeln n. ‚Seitenschössling‘, namentlich des Mais'. Sie werden beim dritten *schuewen* (behacken, nösn. *schörn*) entfernt (Kbl. 8, 98). mhd. mndd. enkel, ahd. enchil, zu mhd. anke ‚Glied am Fuss'. In der Ma. ist das Wort lautlich mit Enkel 1 zusammengeworfen. — DWB. 3, 485.

—, **Ennchen**, Koseform für Anna s. d. Vgl. zips. Ennchen (Schröer 25, 259).

—, **Enno**, *Enna*, *Enni*, Kosenamen für Anna s. d.

Ens, F. N. 1762 *(Bistr.)*. — Zu ahd. Aginzo. V.-A. 34, 32. Vgl. Entz.

Ensch, s. Entsch.

Enst, F. N. »Enst Merten« (1609 Schellenberg, Ger.-Prot.).

—, **ent**, abgeschwächt für *unt* (und) s. d.

—, **ent-**, nösn. *änt-*. Präfix in festen verbalen Zusammensetzungen. (mhd. int-, ant-). In der echten Ma. nur sehr wenig gebraucht und meist durch unfeste Verbindungen ersetzt. Von den unfesten Zusammensetzungen *(ue-, un-, af-, ous-)* unterscheiden sich diese durch die Verlegung des Akzentes auf die Stammsilbe mit dem charakteristischen Scheiner'schen Dreitongesetz [ə·nt-g·ä·kkə.n. ◡◡́◡]. 1. Entfernung mit der Nebenbedeutung des Freiwerdens aus einer Haft. (Meist ersetzt durch *ewêch-* ‚weg'). Volkstümlich sind: a) Intrans. *-glantschen*, -glippen' -glitschen, *-glopsen*, -jücken, -schlüpfen, -weichen, -werden, -wischen. — b) Trans. *-ênijen*, *-ginnen*, *-ginzen*, -spenen. — 2. Lösung eines geschlossenen Zustandes. (Meist direkt aus Substantiven gebildet). a) Intrans. *-bômen*, -stocken. — b) Trans. -raten, -raunen, -richten. — 3. Beginnen des durch das Verbum ausgedrückten Zustandes. a) Intrans. *-kinnen*. — b) Trans. -zünden.

entarten, fehlt. s. *ous der Uert* (Art) *schlôn*.

—, **entäschen**. Praep. ‚zwischen', ‚inzwischen'. *Entäschen der Huewer* (Rumes). *Entäschen kqm der Mqn* ‚unterdessen kam der Mann'. Neben dem vokallosen *en-* aber gilt auch *än-*, *äntäschen*, *-zwäschen* (Agnetheln). ndd. entuschen, frühnhd. enzwischen. s. inzwischen und *täschen* (zwischen). DWB. 3, 675.

(**entbaumen**), nösn. **äntbômen** schw. Intr. vom ‚Entstocken' des Holzes gebraucht. *Det Holz äs äntbômt* ‚ist weissfaul geworden' *(Bistritz)*. (Ungespaltenes Holz vermodert, wenn es im Saft liegen bleibt, eben so gespaltenes, wenn es im Feuchten liegt, von innen heraus, wird brüchig, als Werkholz unbrauchbar und auch als Feuerholz von geringem Wert). *entbêimen (Lechnitz)*, *entbæmt (Minarken)*, *entbeomen (Wallendf.)*, *entbäemt (Dürrbach)*. Syn. ausser dem allgem. *entštôken*: *ousruinen* (Petersdorf b. Mühlb.), *entrinnen* (Rätsch), *verputern*, *entschlêefen* (Gr.-Alisch), *erschrockt (Mönchsdf.)*. Vgl. schwäb. verbaumen, bair. derbâumen ‚durch Feuchtigkeit verderben' und erbaumen (Schm. 1, 241: »Ehe das Holz fault und erbaumt«. — mhd. erboumen Mhd. Wb. 1, 230, Lexer 1, 618, DWB. 3, 707 gehört nicht hieher). Zur Sache s. auch unter *entštôken* (entstocken). Kramer, 12.

entbehren, **entbieren** schw., nösn. *äntbiärn* schw. [Geh. Spr.]. *Em kû guor viled entbieren* (Katzendorf). In der älteren Kanzleisprache: »und uns allein der gerechtigkeit, so die andere stwel alle haben lassen entperen« (1583). »(Blutsverwandte, die sich der Waisen nicht annehmen) sollen auch künfftiges erbfals benommen werden vnd entperen« (E. L. R., 67). ‚ohne sein' (mit dem Gen.). »Wie die Nachbar einem ieden eine stroff auflegten, spricht Actor, ich will der Nachbar gut entberen, ging also weck und thet sich selber aus« (1609, Ger.-Prot.). »Ehe dass ich 6 fl. zur straff sollt geben, Ich will lieber das Ampt entbehren« (1672, Ger.-Prot.). DWB. 3, 492.

entbieten, **entbæden** st., nösn. *äntbâidn* st. [Geh. Spr.]. 1. ‚sagen lassen', ‚benachrichtigen', ‚beauftragen'. Verstärkt: *Mäd* (mit) *entbæden*. Term. techn. für Benachrichtigungen aus der Zeit des noch spärlichen Briefverkehrs. *Huest te denger Säster mäd entboden* (durch den in ihren Wohnort reisenden Bekannten sagen lassen), *se sîl kun?*

Aich wäll diem Knêcht och näst
äntbâidn,
Gott der Hier sql in och näst
behâidn. Schuster, 57 (nösn.).

Ich hun em entbuoden, e sîl zeqs kun (Katzendf.). Als Subst. *Mäd Entbæden wit der Wûlf net kleach* ‚durch Entbieten und Sagenlassen wird der Wolf nicht klug' (H.-W., 345; Schuster, 159). »Is sey den sach dass her sey yn den gescheffften seynes Herren so sal er ys mit eynem andern gesellen entpiden der yn vor den gesellen entschuldich« (1508, Schuhknechtsart., Keisd). »(Der Schuldherr darf das Pfand nicht verkaufen) er hab es dann zu drey malen dem schuldiger zuuoren entbotten das ers auslôse« (E. L. R., 110). »der doheim gewesen ist hat mir entpotten, er möcht nicht komen in dem Unfridth« (1510). »Es hatten die gloser am Sannobent vor Ostern mit meinem Son herauf in die Statt dem Stuckert entbotten das er ihnen narung sollt schücken, sonst wolten sie das Feuer ausleschen« (1609, Ger.-Prot.). »und weil es mich sehr schmerzet, entbot ich in kegen schimk, dass sie licht leut weren, dass sie den hoff in fremd hende liessen khommen«

(1615, Ger.-Prot.). »das hab ich geredet, wass ich dir mit den Mennern entbotten hab« (1615, Ger.-Prot.). »und lies fragen, wie es zum Pitter Seiffkoch were, ich sollt es ihm entbieten« (1653, Ger.-Prot.). »Im verwichenen Jahr 14 Tag nach den Fassnachten entbietet mir meines Jungen sein Praeceptor Joh. Salmen, ich solte wass zum abendessen zubereiten, er wolte hinkommen und mitessen« (1685, Cap. Cib.). »Der Prudner Cantor entbietet mit mir, unser Campanator solte ihm die bücher ..« (1671, Cap. Bog.). — ‚(einen guten Tag) bieten'. »Als unser H. Pfarr dem H. Sohn Hochzeit machte, kam eben derselbige Georg zu mir in die Scheuren und sagte: was thut sie? hat sie mir nicht einen guten Tag entbotten?« (1701, Cap. Cib.). — 2. Auch wenn der Inhalt des Entbotenen nicht durch einen Boten vermittelt wird, braucht unsere Ma. *mädentbœ̄den* im Sinne von ‚ansuchen, auftragen, befehlen'. Wenn ein Marktbesucher für einen andern etwas aus der Stadt mitbringen soll, so heisst das Ansuchen um solche Gefälligkeit *mädentbœ̄den* (◡◡⊥◡): *Ich hu mädentboden, âs Fiske sôl mer e Paket Beiwel (en Schurz, Hot) mätbronjen ais der Stądt* (als sei die Beauftragte nur Überbringerin des Auftrages, etwa an den Kaufmann, von dem sie die gewünschte Ware kauft, Agnetheln). Syn. *befi̊elen* (befehlen). DWB. 3, 494.

entbinden, entbängden st., nösn. *äntbänn* st. Intr. ‚ein Kind gebären'. [Städt. Halbma.]. *Menj Duichter hu̯et hejt entbainjden* (Gr.-Sch.). Echte Ma. *se hu̯ed en Gangen (e Mêtche),* allgemein: *e (äst) Klenet, e Kängt bekun. Se äs nederkun. Se äs äm Äsätzen* (Einsitzen). Oder (scherzhafte) Umschreibungen: *Ze âsem Ni̊uber äs der Uiwen zesumme gefallen* (Gr.-Sch.). *Âs Ni̊uberan heod ämgešt̄älpt* (Ebda.). Vgl. Hillner, 18. DWB. 3, 495.

Entbindung, 1. †. als deutsche Übersetzung für ‚Absolution'. »Was aber weiter von menschlichem fal, von der bůss, glauben, vergebung der sünden zu reden ist, mag auff das mal vom priester zugleich mit der entbindung fürgehalten werden« (Hont., 79). — 2. ‚Geburt' fehlt, s. *bekun (e Kängt, e Mêtchen), äsätzen* (einsitzen), *nederkun.* Vgl. das vorige Wort. — DWB. 3, 497.

entblättern, entbläddern schw. [Städt. Halbma.]. Echte Ma.: *De Blädder sen eruegefallen. Der Bûm hu̯et de Blädder gu̯er verlîren.*

Hu s' âs Îrdnungk uch zewäddert,
Âse Frąhîtsbûm entbläddert,
Šprôch unt Glûwe bleift es doch.
Kist. 64.

entblößen, †. »Wer das messer wber den anderen wirtt enttplIessen, den sol man büssen wm ein pfund wax« (1556, Union der Schustermeister, V.-A. 16, 404). ‚mit entblösstem Haupt': *äm blîssen Hîft, râhoi(w)dich* ‚rauhhäuptig' (Agnetheln).

entbotschaften, †. »ich will kegen heim zehen und balder sehen wierdt es gelegenheit haben hinunter zu reisen oder nit, und dir solches entpotschafften oder selbst khommen« (1600, Ger.-Prot.). Vgl. entbieten. Im DWB. nicht verzeichnet.

entbrechen, refl. ‚sich lösen, befreien' †. »So es (die Anschuldigung) aber nit bewert wirdt, oder entbricht sich nach ordnung des rechts mit dem eid« (Hont., 103). »Ich aber entbrach mich, wie ich kundte, dass er mich liess« (1672, Ger.-Prot.). DWB. 3, 502, unter 3 a.

entbürden, ‚entlasten' †. »And. Auner de villa S. Ger(ardi)! Ich hab das korn sollen hilffen zelen, welches im Barn ausgedreschen war, wie sich aber der Bader des zelens selbs eigener Person understanden, fürwendend das, die weill er müssig da legt, kundt er es auch selbs zelen, ich mich solcher sorgen entbirdet hab« (1599, Ger.-Prot.). DWB. 3, 506.

entdecken, entœ̄ken (◡⊥◡) schw., nösn. *entâken* schw. [Geh. Spr.]. In der Bedeutung: ‚ausfindig machen', ‚eine Sache zur Kenntnis bringen'. *Em dôcht, et sîl ni̊ed eu̯skun, neu̯ hu se et di̊enij entêkt* (Katzendf.). »Entdecket einer schmach reden / so die ehr betreffende / vnnd gibt hiedurch dem klåger anreitzende vrsach zur teidig / der sol nicht auch darein bezeugen« (E. L. R., 27).

entdrehen, entdrêen schw. (Rode). Refl. ‚sich entwinden', ‚frei machen'. Syn. s. unter *entênijen.*

Ente, Int fem. Pl. *de Inten,* nösn. *Int* fem. Dim. *ded Intchi* n. Die einzelnen Formen s. Lautt. 28, darunter die auffallenden Gutturalformen [ink] in *Nieder-Eidisch, Tekendf.* (ebenso in *Ober-Neudorf).* Syn. *Ritza, Rutza* [Kinderspr.] nach dem Lockruf: *ratz! ratz! ritz! ritz! ritzi! ritza! rutza!* [vgl. magy. dial. ruca]. Dim. *Ritzken.* 1. Einheimisch ist die gewöhnliche Hausente (anas domestica), in sümpfigen Landstrichen ist auch die Wildente (anas boschas) als *de wäld Int, (de wąldj Int,* Helsdf.) bekannt (s. auch *Ei̊sint).* Durch ihr buntes Federngewand und ihre raschen possierlichen Bewegungen erregt sie mehr als die Gans das Interesse der Kinder und den Volkswitz. ‚wackelnd gehn': *Se gît wœ̄ en Int* ‚watschelnd'. ‚viel reden': *Det Mel* (Mund) *gîd em wœ̄ den*

Inten. Derber: *Det Mel gîd em, wâ der Int der Uersch.* Grob: *Loss der net det Mel gôn wâ der Int der Uersch!* ‚viel trinken': *Te schnadderst wâ ent Int* (Alzen). ‚im Wasser plätschern': *Te pluederst dich wâ en Ingk (Ober-Neudorf).*

Äm Kämpel, ous Štînen
zesummegerq̂t,
Dô schwämme meng Intcher, dq̂d
äs ij en Frq̂t! KÄST., 2.

— 2. Die Ente im Volkswitz und Kinderlied. Das Entengeschnatter wird nachgeahmt:

Ha, ha, ha, dqd äs lastich

oder

Wqt schaffe se, wqt schaffe se?
H.-W. 156.

Im Häufungsreim:

Alle Lotch (Leute) *frôchte mech,*
Wâ menj Int hess.
Schlobrelodre hess meinj Int.
SCHUSTER, 404.

Nösn. *Schlubber de Lieten* (Bachschlamm) *hâess män Int* (Kbl. 9, 67). Sprachscherze: Was ist das: *Äsdelumindas? (Äs de lum Int âs?) Ändrêdindam! (Änn, drê de Ind am!* ruft der Pfarrer von der Kanzel durch die offene Kirchentür der Köchin zu, da er riecht, dass die Ente in der Röhre zu *verperšcheln* anfängt. HÖHR, 35). Zählreim:

Înt,
Te büst en q̂ld Int
HÖHR, 37; SCHUSTER, 400.

De Inte gô barbes,
De Gq̂s gô geschücht.
SCHUSTER, 386.

Füderintchen (im Märchen), *Schnadderintchen* (Ebenso), *Pisemint* (Bisamente). — Lautt. 28. mhd. ente, ahd. anut. Das mundartliche *int* ist Umlaut zu *un-* aus vokalisch gedecktem westg. *an-*. Vgl. *Unterich* ‚Enterich'. Die gutturalisierten Formen gehen wohl auf eine alte Dim.-Form zurück. Vgl. in der Grafschaft Mark ännəkə ⟨ ändeke (FROMM. 5, 62). DWB. 3, 509.

Entenbock, **Intebeack** m. ‚Enterich' (Med.).

Entenbraten, **Intebrôden** m.

Entenei, **Intenq̂chen** n. (Dim.).

Entenfleisch, **Intefllsch** n.

Entengasse, **Integass** fem. (Hstdt.).

—, **entênijen** schw., nösn. *entinijen* schw. Refl. ‚sich frei machen von etwas'. Nur wenig verbreitet (im Kokelgelände und in einigen nösn. Dörfern) *entinijen* (Pretai), *entênijen* (Magarei, Denndf.), *entînijen* (Honigbg.), *entinijen (Mettersdf.), entênicht* ‚quitt, los' (Samml. HAGER). In Zeiden in der Bedeutung ‚sich überwerfen'. Syn. *sich frq̂ (uef)scheddlen, frq̂ mq̂chen, reissen; sij entlädijen, entdrêen, erlîsen, schî mq̂chen* (nösn.), *sich muntuin* (rum., Jakobsdf. a. d. K.); *entgäcken, -wärden, -wäschen.* — s. d. Simplex, oben 2, 154. Schwäb. entonen (Schwäb. Wb. 2, 734).

—, **Intekämpel** m. ‚Tümpel, wo Enten baden'. Fl. N. »Im Antencompell« (17. Jahrh., Holzmengen, Kbl. 6, 42). — s. *Kämpel.*

—, **Intekokesch** m. ‚Enterich'. s. *Kokesch* (Hahn).

—, **Intepoddel** m. ‚Entenpfütze'. s. *Poddel* (Pfütze).

Ententweiher, **Intewq̂er** m.

enterben, fehlt; s. *ärflîs* (erblos), *uedîlich* (abteilig) *mq̂chen.*

Enterich, **Untrich** m., nösn. *Untrich* m. *Untrengk* (Hohndf.). *Anterich* (Wolkendf. i. B.). Syn. *Intebeack* (Med.), *Intekokesch* (Bodendf.). mhd. antreche, ahd. antraho. In untrəŋk (Hohndf.) liegt noch die unverschobene Form vor (vgl. westf. iäntrik) wie in šnidləŋk (nhd. Schnittlauch).

entfahen, empfahen.

entfallen, **enfallen** st. [Geh. Spr.]. *De Motter äs esi schwach, ed entfälld er alles ous den Hängden.* Übertragen: *Ech wqsst et dich, nia äs et mer gemz* (ganz) *entfq̂lln* (Gr.-Sch.). *Ed äs mer entfallen, wat e söt* ‚habe vergessen'. *Det Pâternoster* (der Mut) *äs em entfallen. Det Föterâser entfâl em* (sc. vor Angst und Schreck, H.-W. 369). »hatte er gesehen dass die 7benbürgische rabben (magy. Gefangene) schon hauffen weiss gebunden geführt worden / vnndt ihm der gestalt dass hertz gantz entfallen« (KRAUS 1, 296). *Et wqs em aw îst en Ried entfalln* ‚es war ihm ein (unbedachtes) Wort entschlüpft' (Katzendf.). Echte Ma.: *entwärden, entglopsen* usw. s. unter *entgäcken* (entjücken). DWB. 3, 513.

entfalten, **entfq̂lden** schw. [Städt. Halbma.]. Bei Kästner:

Te wiršt unt messt dij entfq̂lden,
Und ängde präwer dich hq̂lden.
KÄST., 67.

entfärben, fehlt; ‚sich entfärben' *de Farf verlâsen, de Farwe wiesseln. De Farw äs ousgegqngen.*

entfernt, fehlt; s. *für* (ferne).

entfliegen, entflejen st., nösn. *äntflâign* st. 1. Wie nhd. [Städt. Halbma.]. *Der Vîjel äs mer entflîjen.* Echte **Ma.**: *äs mer ewêch geflijen (äs ousse geflijen).* Übertragen: *Ed äs mer entfluijen* ‚aus dem Gedächtnis geschwunden' (Schönbg.). — 2. Volkstümlich in der Bedeutung ‚entfallen'. *Ed* (ein Gegenstand) *entfluch mer aw îst eus der Hûnt* (Katzendf.). DWB. 3, 519.

entfremden, entfremden schw. [Geh. Spr.]. 1. ‚fremd machen', ‚entziehen'. *E huet sich de Kängt gânz entfremt.* »Also ist sein Mutter für gericht gegangen und bitlig ahngehalten damit dass der Jung doch nit der Zech entfrembt werde« (1615, Ger.-Prot.). — 2. ‚(betrügerisch) wegschaffen', ‚(unrechtmässig) vertun', ‚stehlen'. »Entfrembdet der Schuldiger seine gůtter aus seiner gewehre / den Schuldherrn zu betriegen« (E. L. R., 114). »(Vormünder sollen) liegende vnd vnbewegliche gůtter nicht verthuen noch entfrembden« (Ebda., 71). »(Die Witwe darf) ehe der teilung gar nichts aus den Gůtteren auff frembde Personen wenden noch entfrembden« (Ebda., 78). »und die weill seine freund on wissen und willen eines Ersamen weisen Radt des knaben erbschafft zu vergeben, aber dem knaben zu entfrembden, gar keine macht gehabt haben, derhalben ist das halbe Hauss dem knaben Christoff als sein rechtlich erbteill zugesprochen worden« (1565). »Ich hab vom hören sagen das der Jung dem Daniel goldtschmidt etwas entfrembdet habe« (1600, Ger.-Prot.). »Die Pfarherrn sollen nichts vom Pfarhoff und was darzu gehört entfrembden noch abzihen« (1603 Cap. Cib., Visit.-Art.). »Des Burghütters Jungen welcher seiner Schwester Son, denselben hat ehr öffentlich ausgeschrauen, das ehr niemanten anders im Verdacht hat, der im sein bachfleisch het entfremdet als den Jung« (1609, Ger.-Prot.). DWB. 3, 522.

entführen, entfæren schw., nösn. *äntfâren* schw. [Geh. Spr.]. *E heod em det Lefken entfäert* ‚hat ihm das Liebchen weggeschnappt' (Gr.-Sch.). Scherzhaft: *Dôt heot mer qf't Gewäss âs Fisso entfäert*, ‚weggenommen' (irgend einen Gebrauchsgegenstand des Hauses, Gr.-Sch.). »Nicht gar vor zu langer Zeit hat er mir das nun fast erzogene Kind auf der Gassen ergrifen und mir entführet« (1772, Obereheger.). DWB. 3, 523.

—, entgäcken s. entjücken.

entgegen, entkên, nösn. *äntkê* Präp. und Adv. Nur wenig gebraucht, üblicher *kên* (gegen). *Dât huet e entkê mengem Afdrâch gemâcht. Ded äs entkê mengem Wälle* (gewöhnlich: *kê menge Wälle) geschæn.*

Et fêd un ze rênen,
Gott kid entkênen. Höhr, 29.

Dagegen allgemein: *entkê kun, gôn.* Die Mutter zum Kind: *Säch der Vueter kit, lâw em entkên.* Über die Verhärtung des *g* 〉 *k* s. d. Simplex. DWB. 3, 526.

entgegnen, entkênen schw. In der Bedeutung ‚antworten' in städt. Halbma. Echte Ma.: *ântfern, beschîden.*

Wæ wänn zwie Wädder sij äm Mîresch-
tuel begênen,
Är dûss Gepràngkel sich nôch ous wekter
Ferd entkênen. Käst. 136.

DWB. 3, 539.

entgehen, entgôn st., nösn. *äntgô* st. 1. ‚entgleiten'. *De Fess se mer entgàngen* ‚ausgeglitten' (Binder, Coll.). — 2. ‚(unwillkürlich) entfliessen' entrinnen' (vom Blut, Bauchwinden u. ä.). *Ed iäs em entgongen* (bei kleinen Kindern körperliche Entlerung, Katzendf.). *Ed äs em ener entgongen* (sc. ein Wind, Schönbg.). — 3. ‚einer Gefahr, einem Übel ausweichen'. Sprw. *Wien äst betrêfe sâl, dier entgîd em net* (Schuster, 216). »er mag damit der straffen nicht entgehen« (E. L. R., 165). *Ich bän (mer se) nor mät Nît (wæ wî âser) dem Dîd entgàngen* (bei einem Wagenunglück). — 4. Übertr.: *Nea iäs der iäst entgongen* ‚hast etwas verpasst' (Katzendf.). *Ded äs mer îst schädlij entgongen* ‚diese Gelegenheit zu einem nutzbringenden Geschäft ist mir zu meinem Schaden entgangen' (Schönbg.). *Net liuss der des Geliajenhît entgiun* (Heirat oder einen Handel, Ebda.). — Syn. s. unter *entgäcken* (entjücken). DWB. 3, 539.

entgelten, entgälden st., nösn. *äntgäldn* st. [Geh. Spr.]. Wie nhd. *E les en dâd entgälden.* Echte Ma.: *bezuelen. (Dât wit e mer nôch bezuelen.)*

Vîr allen Hälden
Wäll âsem Katner Weiss ich seng
Häldentôt entgälden. Käst. 141.

Sprw. *Kist te mer sälden, messt entgälden* (der teure Kaufmann, Schuster 197). »E. W. wird eines mans halben, nicht ihr viel irer alten gerechtikeiten entgelten lassen« (1569). DWB. 3, 542.

(entgerben), nösn. **äntgarbm** schw. Intr. ‚zu stark aufgehn' (eigentlich ‚der Kraft des Gerbstoffes verlustig gehn'). *Der Dêj äs äntgarft (Bistr.).* Kisch, W. u. W. 53. s. d. Simplex *gärwen* (gerben).

—, entginnen schw. ‚verrenken', ‚verstauchen' (Magarei). — s. *entginzen.*

—, **entginzen** schw. ‚(ein Gelenk) zerren' (eigentlich die ‚Gelenkbänder zerren', durch Sprung, Fehltritt usw.), ‚verstauchen'. Von Hager als »entginsten« verzeichnet (doch wahrscheinlich nur irrtümlich aus *entginzt* erschlossener Inf.). Allgemein verbreitet in Hstdt. (*entchinzen*, Stolzenburg), Unterwald, Mediasch, Schässburg, Schenk, Reps, Burzenland; fehlt nösn. *Den Foss, Arm, Fänger, de Hânt, det Knächel entginzen. E huet sij en Ôder entginzt* (Kelling). Ebenso in Heltau: ‚eine Sehne, ein Gelenk zerren'. *E heôt siech de Feoss entginzt* (Hahnbach). *Der Härr Maurer sôl mer de Hemd* (Hand) *äringken, ech hu mer se entginzt* (Gr.-Sch.). *Der Dommen äs mer dätch, ech hu mer en entginzt* (Peschendf.). Syn. *entginnen; verbreissen, -brinzen, -ginzen* (Törnen, Buszd b. Med., Gergeschdf.), *-näcksn* (nösn.), *-ringken, -štochen; ous der Štäll kun (mâchen).* Die öfter versuchte Zusammenstellung mit nhd. entgänzen ‚ein Ganzes anbrechen, zerstückeln' (J. K. Schuller, Beitr. 16) ist lautlich unbeanstandbar aber sachlich nicht recht durchsichtig. Damit würde auch die Zusammensetzung mit *ver-* nicht stimmen. Am besten müsste das Wort als Iterativbildung zum gleichbedeutenden *entginnen* gefasst werden. Doch ist auch in diesem das Stammwort undurchsichtig. Der Vergleich mit *brinzen* < ahd. *wrankizzan könnte etwa auf ein ahd. *gancizzan ‚springen machen', ‚zerren' führen. Vgl. ähnliche Bildungen in der schweiz. Ma. üsginggen, üsginxen ‚ausschlagen' (Schweiz. Id. 2, 385). Unerklärt verzeichnet ist erginzen ‚schaudernd erschrecken' (Ebda. 2, 387), erginzen ‚auffahren vor Schrecken' (Vorarlberg, Fromm. 3, 531).

—, **entglantschen** schw. ‚entschlüpfen' (Meeburg). Lautmalend, vgl. *entglätschen.*

(entglippen), **entgläppen** schw. ‚entgleiten', ‚entschlüpfen' (aus der Hand, z. B. ein Fisch). Verbreitet im Kokelgelände, Gr.-Sch. und Umgeb. *entgläppen* (Kreisch), *entgloppen* (Harbachtal). *Ed äs mer entgläppt* (Gr.-Sch.). *De Schaiw* (Teller) *entgläppt mer aus der Hânt* (Schässbg.).

Ä Fâlde lôcht de Trenj är Mell,
Ent pleackt um Schurzenzäppen,
Wât sûl se sôn, et wûl er scher
De gânz Kurâšch entgläppen.
Höhr, L. Ê. 17.

Auch übertragen: ein Wort, ein Geheimnis. Syn. *durchgläppen* (Zied), *entglopsen.* — s. d. Simplex *gläppen* (gleiten), ndd. glippen.

entglitschen, **entglätschen** schw., nösn. *äntglätschn* schw. ‚entgleiten', ‚entschlüpfen'. *Ä äs äntglätscht* ‚entschlüpft' (*D.-Zepling*). *Der Fauss entglaxt mer* ‚gleitet aus' (Petersbg.). *entglätschen* ‚entschlüpfen' (Pretai). — s. d. Simplex *glätschen* (glitschen). DWB. 3, 545.

—, **entglopsen** schw. ‚entschlüpfen'; *entglopsen (-gleps-)* (Schässbg.), *entglepsen* (Denndf.), *entgläpsen* (Halvelagen, Birthälm und sonst); fehlt nösn. *E äs mer durch de Fainjer entglopst* (Kelling). *Ed äs mer entgluopst eos den Hoinjden, ich hun et jao niet gešpuiert* (Hahnbach). *Ed äs mer entgläpst* (ein Wort, Hohndf.). *Det Däppen äs em entgläpst* (Med.). *Ed entgläpst der e Foss* ‚entgleitet' (Kl.-Scheuern). Auch scherzhaft von Bauchwinden. *Ed äs mer ener entglopst.* (Deshalb unfreiwilliger Humor des Schuldieners, der auf die Frage des Rektors, warum einige Schüler im Karzer fehlen, sächsisch-deutsch antwortet: »Es sei denn, dass mir einer entglopst wäre«.) Vom *bîsen Hanz:*

Seng Frâ Motter wûl en zwôr,
Špânešch îmôl ropschen,
Hanz verguss munch bätter Zôr,
Bäss e'r kangd entglopsen. Käst. 49.

— Iterativbildung zu *entgläppen* (s. d.).

enthalten, **enthâlden** st., nösn. *änthâln* st. 1. Trans. fehlt; s. *hun* (haben); *äs vun . Det Lêjeln huet* (enthält) *zân Îmer, äs vun zân Îmern.* — 2. Refl. wie nhd. ‚sich zurückhalten', ‚sich beherrschen', doch geh. Spr. *Ich kangt mij ned enthâlden, em det ze sôn, det Kängt ze matzen* (küssen), *ze schrân* (weinen). *Ich keu* (kann) *mich ned enthôlden, nechen Rosinen* (Johannisbeeren) *ze êssen* (Rohrbach).

De Blemmcher
Ned înte sij enthâlde kân,
Se sân än d' Ierd unt schrân unt schrân.
Käst., 84.

Birebâmtche, raisper dich, raisper dich!
Anijet Mâri, enthâlt dau dich, enthâlt
dau dich! (nösn.; Kbl. 9, 65).

»(Der zum Zweikampf herausgeforderte) aber sol sich enthalten / vnnd zur rache angemutter Iniurien, nicht heraus machen« (E. L. R., 179). »Welch gesell sich nit will enthalten am fewrtag und bei seines Meisters Haus nit bleiben kan, und will auf das Krentzlein gehen, der soll bei unser gesellen gehen« (1548, Art. der Schneiderknechte). »Wie ich habe vernommen, als dass mein Sohn zu des Mierten Lederers seiner Schwägerin sein gegangen, so habe ich ihn unterredet, dass er sich daher enthalten sollt« (1652, Ger.-Prot.). »Als er da mir nicht das allergeringste Unrecht beweisen können, und geschehen hat lassen müssen, dass das Kind von niemand anders, als von ihm seye, hat er sich ... meiner völlig enthalten mich nicht mehr annehmen wollen« (Cap. Cib. 1696). »was aber des Cl. viri Gesind anlanget, werden sie sich bloss und allein des Jungen Waldes und des Bongarter Waldes enthalten sollen, sonsten aber soll es ihnen frey stehen, in andern Wäldern zu fällen und auff des Cl. Viri nothdurft zuführen« (1692, Cap. Cib.). »D. Thomas Seraphin cib.: den H. Danielen Malmer hat er erstlig einen offentlichen Verrether gescholten. Darnach hat er den H. Mich. Lutschen gewarnet, als einen gueten Freundt, das er sich von ihm solt enthalten« (1605, Ger.-Prot.). — *Ich enthâlt mij jêden Wîrtes* [Städt. Halbma.]. Echte Ma.: *Ich riet uch niche Wîrt.* — DWB. 3, 549.

enthäupten. »Er wolte Ihr die Nase abschneiden, Seine Hände in ihrem bluth waschen, und mit Freuden auffm Pranger sich enthäupten lassen, und mit spiessen durchstechen« (1679, Cap. Cib.). »ist am 30 Tag des Monats Augusti (1594) der Adel zu Clausenburg aus fürstlichem Befehl . enthaupt worden« (Qu. Kronst. 5, 374). — Über Enthauptung unter dem Galgen s. V.-A. 37, 142. Echte Ma. *kêpen* (köpfen).

entheben, enthiewen st., nösn. *änthêbm* st. [Geh. Spr.]. Wie nhd. in der Wendung ‚der Mühe entheben'. *Âs Trenchen äs na esi grîss, ed enthieft mij aller Mæ.* (Echte Ma.): *Te hoest nê en gruiss Duichter. Et wirt dich vu vilem iwerhêwen.* Oder: *Ich bä müt desem Känjt vu yor vilem iwerhoewen* (Agnetheln). *De Maschînen enthiewen înt na glad aller Arbet.* — DWB. 3, 556.

Entheiligung, Enthelijungk fem. [Städt. Halbma.]. Volkstümlicher: *Entwǫ̂ungk* fem. »Entheiligung oder Geringschåtzung der Sonntåglichen Feyer« (1777 Gr.-Scheuern, Nachb.-Art.).

~, enthêssen schw. ‚die Spannadern zerhauen' (Coll. J. Wolffs). — Vgl. hechsenen ‚die Flechsen des Kniebugs durchschneiden' (DWB. 4, 2, 739). Zu ss. Pl. *Hêssen,* henneberg. hasse ‚Hechse', ‚Kniebug an den Hinterfüssen der Tiere'. Vgl. Schm. 1, 1046.

enthindern. »auf das wir unsers Dienstgesinds an Lehrjungen und gesellen nicht dieses mans und seines gleichen halben enthindert werden« (1569). — Das sonst nicht verzeichnete, fehlerhaft gebildete Wort verdankt wohl nur der mangelhaften Sprachbeherrschung des Schreibers sein Dasein.

enthülsen, fehlt; s. *ouspedern.*

(entjücken), entgäcken schw., nösn. *äntgäckn* schw. Ein aussterbendes Wort, am meisten noch im Schenker Gelände, ebenso in der Umgebung von Med. und nösn. verbreitet; *entgätchen* (Martinsbg.). 1. Trans. ‚rasch wegreissen'. *E hued em äffester* (etwas) *entgǫckt* ‚hat ihm etwas gestohlen' *(N.-Eidisch). Ä huet mer'd äntgǫckt* ‚gestohlen' *(D.-Zepling).* — 2. Intrans. ‚entgehn', ‚entschlüpfen'. *Det Glæs äs mer entgackt* ‚ist mir aus der Hand entschlüpft'. *Ed äs mer entgäockt* (Hahnbach). *Na, bäst te en* (ihnen sc. der Prüfungskommission) *entgackt?* ‚hast du die Prüfung bestanden?'. Freudiger Ausruf (nach einer Prüfung, einer Gerichtsverhandlung): *Ich bän entgeockt* ‚bin frei' (Wölz). *Em froit sich, won em er Prâfungk entgeackt äs* (Schönbg.). *Ich bän entgeackt* ‚bin einer Gefahr, einer schwierigen Lage glücklich entronnen' (Martinsdf.). *E äs êis der Nuid entgäuckt* (Werd). *Dǫ̂d* (ein Wort, eine Behauptung, ein Geheimnis) *äs em nor entgackt* ‚entschlüpft'. »Ist der Horuat Georgh, der ehrvergessen verräterisch Schelm, von Cronstadt entjucket« (1613, Qu. Kr. 5, 464). »Zeitung, dass der Maczyoni Folti und Kany Pall vom Fuersten entjucket sein« (1616, Ebda. 5, 554). »Und wäre er nur einen Tag länger stille gehalten, so hätten ihn die Türken erwischt, aber er war aber schon entjuckt« (1613, Qu. Kr. 4, 35). — Syn. *entglantschen, -glätschen, -schloppen, -schnoppen (Dürrbach), -schuppen (D.-Zepling), -würden, -wäschen.* — s. d. Simplex *gäcken* (jücken) und *afgäcken* (auf-). — Im DWB. nicht verzeichnet.

(entjücksen), nösn. äntgäcksn schw. ‚entgäcken (entjücken s. d.) machen', ‚entschlüpfen lassen'. *E hǫd em est* (etwas) *entgeckst* ‚hat ihm ein Geheimnis verraten' *(Kl.-Bistr.,* süds. intrans. *et wôr em entgackt). Et äs em äntgäckst* ‚wider Willen entfahren' *(Wallendf.).* ‚frech antworten' *(Pintak,* eigentlich ‚ein freches Wort entschlüpfen lassen'). — Iterativbildung zu *entgäcken* (entjücken) s. d. Vgl. auch *äntkäksn.*

~, nösn. **äntkäksn** schw. Intr. ‚entschlüpfen' (von Worten). s. d. Simplex *keksen* ‚giksen', ‚einen gepressten Laut von sich geben'. Kisch, V.-A. 33, 119. Vgl. jedoch auch *äntgäcksen* (entjücksen).

~, entkinen schw. ‚aufkeimen' (Med.) — Zu ahd. kînan ‚keimen'. Das Wort ist ohne Zweifel aus dem Part. Prät. neugebildet (vgl. *schengen, geschinen* zu ahd. scînan). S. auch das Simplex *kinen.*

entkommen, fehlt; s *entwärden* (entwerden). Syn. unter *entgäcken* (entjücken).

entlang, fehlt; s. *oussentous* unter ‚aus'. ‚den Bach entlang' *eussenteus un der Bǫ̂ch* (Katzendf.). *Fôr det Lûnd eussenteus* ‚das Ackerstück entlang' (Ebda.).

entlassen, entlossen st., nösn. *äntlossn* st. 1. Trans. ‚weglassen', fehlt; s. *ewêch* (hinweg) *lossen, schäcken.* (Vom Gesinde: *Krästdǫ̂ch mǫ̂chen.*) »Der greger goldschmidt kam zu uns, wie mir ein Thor hüteten, bat das mir ihn entlassen solten, er hette einen freund zu im zuhr Herbrig« (1598, Ger.-Prot.). — 2. Refl. ‚(infolge von Ermüdung, Schwäche, Schrecken, Krankheit, körperlich oder seelisch) zusammenbrechen'. *E huet sich gǫ̂nx entlossen (äs gǫ̂nx entlossen)* ‚ist ganz kraftlos', ‚kann sich nicht halten, nicht aufrichten'. *E entless sich wæ̂ en Palokes.* »*Der Schemmel entless sich wæ̂ vum Schlǫ̂ch trôfen*« (Sch. T. 1896, 112). *Woräm bäst te esi entlossen?* ‚kraftlos, matt'. »Andere leutt, wenn sie irer übelthaten wegen zum gericht gefürt und abgethan sollen werden, die werden vnmechtig, krafftloss, alle bein, glider und adern sein entlassen« (Dam. Dürr, Hdschr. 893). »schlägt sie gleich in die seiten, dass sie umbfiel, verwand die Augen, entlies sich ganz und gar, sagt zu mir, Bring wasser her, ich hab sie todt geschlagen« (1692, Cap. Cib.). Im Königslied:

> Der König streckt bald seine Füss,
> Sein stolzer Leib sich ganz entliess.

Auch von Sachen gebraucht. *Det Gedois* (Wäsche) *hôt sij entliussen* (nasse Wäsche, die gefroren war, ist weich geworden, Katzendf.). *Der Dîj entlet sich* ‚der Brotteig fängt an zu zerfliessen'. *De Weimere* (Trauben) *fên un sich xe entlossen* ‚beginnen weich (und reif) zu werden'. — DWB. 3, 566. (Die oben unter 2 angegebene Verwendung fehlt hier.)

entlaufen, entlûfen st., nösn. *äntlûfn* st. 1. ‚weglaufen'. *De Rôss se mer entleofen* (Gr.-Sch.). Mahnung des Vaters: *Mik-ê, sorch, dǫt der de Fellen ned entleofen!* (Ebda., die Jungen setzen ihren Stolz darein, Pferde und Füllen zur Herde zu führen). Der Hirt sagt vor dem Ortsamt, das ihn eines Tieres wegen strafen will: *Ech sôn dæ̂ Kâ af, ich kû se net hæ̂den, se entlîft mer ängden än't Verbôt, dernô sǫ̂l êch Strôf zuelen.* »Wenn ein Pursch oder Knecht seinem Heren entlauffen wirdt, so sollen die an demselben orth den Knecht auff Treiben und zurück schicken bei stroff so vill des Knecht sein lohn ist« (1614, Kbl. 24, 101). — 2. ‚(aus dem Gefängnis) entspringen'. *Dea setchs eus, wæ̂ wuonn te îresthar entlûfe wêrš* (Katzendf.). — DWB. 3, 567.

entledigen, ‚frei machen' †. »Oppriana vom Sat (Zoodt) Hausfrau Stoye Muschat, hat sich mit einem eheman vergriffen. Ist für gericht angegeben, aber durch ihren man abgebetten worden, das sie der Hauptstraff vom gericht entlediget« (1599, Ger.-Prot.). »(Der Besitzer eines Schaden zufügenden Tieres) sol entweder den schaden zalen / oder mit dem Thier zu bůssen / vnnd sich des schadens entledigen« (E. L. R., 149). Echte Ma. s. *ousdân* (austun), *entênijen.*

Entlegenheit, †. »Was sie aber gemacht, auch nicht, weiss ich nicht, sintemahl ich wegen Entlegenheit nicht zu schauen konnte« (1775, Obereheger.).

entlehnen, entlînen schw. ‚zu leihen nehmen'. *Gield entlînen. E huet hangdert Gälden xe entlînen genien* (Rumes). *Ich hatt dich net,* klagt der Arme, *ich mosst entlînen.* Syn. *xe lǫ̂ nin, borjen.* Zur Frau ohne Hemd spricht der Mann:

> *Bekrit dich net,*
> *Nom vuer det Hǫngklichbrât,*
> *Hanjden de Füderwäsch,*
> *Entlîn driw en Kîršchen.*
> Haltrich, Märchen 255.

»mer hat man geffurt dyl 26, dy hat man antleynt von Knollen um fl. 1 ₰ 10« (1503, Qu. Gesch. S. 1, 374). »(Der Entleiher) ist aber auch schůldig solch entlônet Gut / mit solcher hut vnd vleis zu besorgen / als sein eygens« (E. L. R., 107). »Hat aber der schuldiger gar gelt entlôhnet vnd entfangen« (Ebda., 103). »Ich bin zur Herr Stephenen khommen und korn sollen entlenen, so hat sie kegen mich geredet das ich ir Landt solt lejen welches sie wolt lassen ackren« (1600, Ger.-Prot.). »Welch gesel aus der laden geltt wirtt entlinen, der sol kein spil thuen bis ehr bezolt« (1556, V.-A. 16, 406). — Vgl. auch Qu. Kr. 2, 84 u. ö. (entlent, entleint). DWB. 3, 570.

entleiben, †. »ein ander / so zwar nicht gemordet / sonder jemanden gewundet hat / im willen jhn zu entleiben« (E. L. R., 170). »Wůrde einer in ruhmorischem gethůmel entleibet« (Ebda., 173). »Drumb ist zum rechten gesatzt / das man einen entleibten nicht hôher dann vmb viertzig Gůlden sůhnen sol« (Ebda., 174). — DWB. 3, 571.

Entleibung, ‚Ermordung' †. »wer solche entleibung begangen hat« (E. L. R., 173). »Vom abtrag / vmb entleibung oder Sůhnen« (Ebda., 174). — DWB. 3, 571.

entlohnen, entlînen schw. [Städt. Halbma.]. Echte Ma.: *ouszuelen* (auszahlen), *uerichten* (abrichten), *belînen* (belohnen).

entnehmen, entnin st. [Städt. Halbma.]. *Ich entnâm dâd ous senge Wirten.* Echte Ma.: s. d. Simplex.

entraten, als ‚entbehren' fehlt; s. *ueštôn* (abstehn).

(entraten), entrôden st. ‚erraten'. In der Rätselfrage. Ein Kind fragt, indem es die geschlossene Hand hochhält: *Entriud, entriud, entrêtsel, wuot hun ech hæ?* (Katzendf.). *Riud, entriut, wât hun ich hæ?* (Gr.-Sch.). Am Schluss einer Rätselfrage, z. B.:

Fuer wæ en Klâl,
Än der Mätten wæ e Blâl,
Hanjden wæ e Špäss,
Entrôt, wât dâd äs.
H.-W., 400. (Die Katze).

E hôd ed entriet (z. B. wer vor der Türe steht und anklopft, Draas). Allgem. Umgebung von Hstdt., Unterwald, Med., Schässbg., *entriuden* (Radeln, Schenk, Reps), *entrêden* (D.-Weisskirch), Zeiden, Tartlau, Honigberg; *entrauden* (Neustadt i. B.), *entrôden (S.-Reen), antreten (Birk), entreôden (Lechnitz).* — Das Wort, in dieser Form ursprünglich augenscheinlich auf das Erraten von Rätseln und Rätselgeheimnissen beschränkt, ist nach Form *(ent-)* und Inhalt durch das aussterbende, alte entraunen beeinflusst, in dessen Stelle es getreten ist, s. d. — ndd. entraden ‚erraten'. Schiller-Lübben 1, 683.

(entraunen), entrüenen schw. (Kreisch), *entriunen* (Halvelagen, D.-Tekes), *entrionen* (Schlatt), *entrüönen* (Nimesch), *entruanen* (Burgberg). In der Kindersprache beim Spiel: *entrân!* ‚errate' (Bulkesch). *Entrânt, wot hun ij än der Hûnt?* (Birthälm, eigentlich: *entrân et, entrân't). Entrânt, wæ vil hâ senj!* (Ebda.). Aus der nicht mehr verstandenen Verschmelzung des Imp. mit dem Pronomen ist ein neuer Inf. gebildet worden: *Küst tä entrânden, wî der Fârr äs? (wod ich hun?* Birthälm). *Entrûnden* (Scharosch a. K.). Von der Lösung eines Rätsels: *Tea huest ed entriunt. Dat mer sain, keust tea entriunen?* (Halvelagen). Übertragen auf gelungene Lösung einer Aufgabe, eines Geschäfts. *Cha, tea hast et dea entriunt* ‚es war dir gelungen' (Ebda.). — Ein schönes, in uralte Vergangenheit zurückreichendes Wort. (Gegenwärtig im Aussterben. *De Âlden hun et gebrocht, de Jange wässen et nemmi. Ed äs e gebeiresch Wîrt.)* Zu got. rûna ‚Geheimnis', altnord. rún ‚Geheimlehre', ahd. rûna, mhd. rûne. Demnach noch in ursprünglicher Bedeutung ‚eine Rune, ein hohes, heiliges Geheimnis auflösen'. (Also nicht eigentlich Kompositum von raunen ‚geheimnisvoll flüstern', sondern direkt vom Nomen gebildet, wie nhd. enträtseln). Es stimmt mit sonstiger Entwicklung völlig überein, dass Wort und Sache, einst dem Gebiete heiligster Verehrung angehörig, allmählich zum Besitz der Kindersprache herabgesunken ist. Doch zeigt auch hier noch die Beschränkung auf Rätselfrage und Ratespiel wenn auch in zerschlissenem Gewande die ursprüngliche Sonderbedeutung und Hoheit von Wort und Begriff. — Das Wort ist auch in der Mundart im Schwinden begriffen und hat seinen geheimnisvollen Inhalt, wie auch seine Bildung *(ent-)*, an das geläufigere *errôden* (erraten) 〉 *entrôden* abgegeben. Parallelen aus sprachverwandten Gebieten haben sich bislang nicht auffinden lassen. Die mundartlichen Formen sind in die Analogie noch einem ahd. *rôna ausgewichen.

entreißen, entreissen st. [Geh. Spr.]. *E entrîss mer'd ous der Hânt.* Echte Ma.: das Simplex, verstärkt durch *ewêch* (hinweg), *mät Gewâlt. E rîss mer'd ous der Hânt. E rîss mer't mät Gewâld ewêch.* In der Totenklage: »*Ach Tranjo, schlaog âf denj Ûgen, säch de schwârz Rûfvijel kun, se wällen dich mer mät Gewaold entraissen*« (Petersdf.; Schuller, T. u. Begr. 2, 35). DWB. 3, 583.

entrennen, entrennen st. ‚durch Rennen (schnelles Reiten) sich aus einer Gefahr befreien': *De Roiwer hâdden de Pale Schoster an der Doälmer Hill ugepackt; loin* (allein) *e wôr en entremt; e hâtt hâlt gor en geeden Heost* (Agnetheln). Darnach: ‚fortlaufen, hastig, trotzig sich entfernen' wie das Simplex. *Weo riend (rend) ät denij eram de gemzen Eowent?* (Von einer lüderlichen Person gesagt, Agnetheln) oder: *Deê e'n* (er ihnen [sc. den Beamten]) *de Weoret* (Wahrheit) *geseot hatt, se hâde bedruijen, nem e sich de Kapp en* (und) *remt* (rannte) *dervun (ewêch).* »Welcher Gesell ohne wissen vnnd Willen der Altknecht, auss der Wirtschafft oder jrthen e n t r e n n e t, der verfält d. 14« (1678, Art. der Schnürmacher; Seivert, St. H. 98). Endlich: ‚einen kriegerischen Streifzug (aus einer Stadt) unternehmen'. † »Den 24. Juli (1612) e n t r e n n e n sie in das Land« (Qu. Kr. 5, 427).

entrichten, entrichten schw., nösn. *äntrichtn* schw. 1. Volkstümlich (vereinzelt) in der Bedeutung ‚schmutzig machen', ‚besudeln'. *E hued em* (sich) *det Klîd entricht* (Petersbg.). *Ir hud ij entricht* ‚beschmiert' (Zeiden, Kbl. 27, 29). Syn. *ousrichten* (ausrichten) in gleicher Bedeutung (auch von der Entleerung kleiner Kinder gebraucht). — 2. ‚benachrichtigen', ‚belehren'. *Ech bän net gâd entricht worden*

(Scharosch b. Sch.). »So iemand ein zweifel in seinem gewissen hat, in welchem er sich selbs aus dem Wort Gotes, nit gnůgsam kan entrichten« (HONT., 77). — 3. ‚in die Richte bringen', ‚(einen Streit) schlichten'. *Ich ką̈ mich mät diem* (mit dem Menschen) *ned entrichten* (BINDER, Coll.). — 4. † ‚eine Summe auszahlen'. »so lang ych yn ganz vnd gar beczalenn vnd entrichten mag« (1544, Rechtsgesch. 2, 352). Vgl. *uerichten* (ab-). — DWB. 3, 584.

entrinnen, entrännen st. Übertragen in der Bedeutung ‚entfliehen', ‚entweichen' [Geh. Spr.]. Im Spruch gegen das Wiesel (es wird ein Dreschflegel und ein Rocken mit Hanf und Spindel in eine Stallecke gestellt):

Wô te e Frâche bäst,
Se nom unt špänn
Oder entränn!
Wo te e Mą̂ntche bäst,
Se nom unt dräsch
Oder entwäsch!
H.-W., 275; SCHUSTER, 287.

»Als der Jüngling mitt einer Darda gestochen war worden, in dem Tabor, hab ich seine brüder vermanet auf ihnen Sorg zu tragen, aber sie haben es nicht gethan, den der eine von Clausenburg entrunnen, der ander achtet nichts auf ihnen« (1599, Ger.-Prot.). »Das er nie kein mall von Kronen entrunnen sey, sonder von hinnen mit urlaub gescheyden sey« (1569). »must auch darnach als die Raubereij auffenbar wardt, in die wallachej entrennen« (1600, Ger.-Prot.). »Der ist entrunen« ‚durchgegangen, ohne den Zoll bezahlt zu haben' (1542, Qu. Kr. 3, 198). Syn. s. unter *entgäcken* (entjücken). — DWB. 3, 587.

—, **entrîren** schw. ‚abrieseln'. Im Rockenlied:

Sæ (die Braut) *štît wuil wæ î Lainjdebûm,*
Dio sech det groain Lûw entrîre wûl.
SCHUSTER, 87. Hier nach Bistr. Album 59.

Über den Wortstamm s. unter *uerîren* (ab-). ahd. intrîsan. — DWB. 3, 583.

entrücken, †. »Wůrden jemanden schuld brieff / oder dergleichen andre zedel oder Register / entruckt oder verhalten« (E. L. R., 164). — DWB. 3, 589.

entsagen, entsôn schw. [Geh. Spr.]. *E hôt dem "Omd entsiut* ‚hat das Amt niedergelegt' (Katzendf.). Echte Ma.: *afsôn* (aufsagen), *uštôn* (abstehn). *E äs kreongk, der Dokter mînt, e messt dem Drängken entsiun* ‚er müsse das Weintrinken aufgeben' (Gr.-Sch.). Echte Ma.: *e messt det Drängke lossen.* — DWB. 3, 591.

(**Entsch**), nösn. **Intsch**, magy. Szász-Encs, rum. Ienciu, bei *Lechnitz.* »Ench« 1386. *Intscher Râich* Fl. N. (ein Berg, *Kirieleis, Jakobsdf.).* Vgl. O. N. Ensch bei Trier. Lux. F. N. Ensch, Ientsch. — V.-A. 33, 66; 34, 33.

entscheiden, entschîden st., nösn. *äntschêdn* st. 1. † ‚von einander scheiden'. »so liess Inctus die fr. Inctam aus der Zeke (Schafwollmantel) aus, sprang mit der Brust auf den zunächst gelegenen Blancken, und stürzete auf der andern Seite dermassen nieder, dass ihm die Füsse in die Höhe kahmen, erhub sich aber wiederum, und eilete dem den Friedhof und Garten entscheidenden Zaun zu« (1756, Oberheger.). »Demnach gantz demüthiglich E. Cl. Ven. wollen doch Gott und die Liebe des Nechsten in obacht nehmen, und meine arme Tochter von diesem losen Menschen entscheiden seyn lassen« (1692, Cap. Cib.). Insbesondere Streitende: ‚(im Frieden) von einander trennen', ‚(rechtlich) befriedigen', mit altem Accus. der Person. »Were aber jrrung / oder hindernůs aus kegenrattung zwischen jn (zwischen Herr und Gesinde) / er (der Richter) sol sie der billigkeit nach entscheiden« (E. L. R., 47). »oder den theilbrieff aufflegen, welcher beide Parth entscheiden wird« (1579, Reps). »bitten eur W. wellen uns mit dem Recht endscheiden« (1580). — 2. Refl. ‚festen Beschluss fassen' [Geh. Spr.]. *Se senj neа entschîden, se siele sich fruonjdern* (Katzendf.). Echte Ma.: *se sen un diem; se hu sich na vernun.* — Syn. *entrichten, -schichten, -schlichten.* — DWB. 3, 596.

entschichten, † ‚schlichten', ‚(im Streite) friedlich trennen'. 1. Von Personen. »das mir kegenwertige sach mith rechten mechten besehen und sie dorin entschichten« (1564, Mühlbach). »Zeugen Val. Berger und Mich. Schuff von Hammersdorf: Wier sein von beiden Thedigern angelangt worden wegen der fünff rumpf korn, so Georgius Kuohner dem Georgio Jung schuldig wer, sie zu vergleichen. So haben wir sie so entschichtet das etc.« (1600, Ger.-Prot.). — 2. Von Sachen. ‚bestrittenen Besitz rechtlich aufteilen'. »Auch sollen jre Håttert allein von der Vniversitet, besichtiget / beritten / vnnd entschichtet werden« (E. L. R., 44). »bemelte hern auch mitt hatterthauffenn den streitigenn hattert von einander entschichtet haben« (1570, Nat.-Univ.). ‚Streitsachen schlichten'. »nach dem mir nach wnser alter löbl. gewonnheit in der Hermanstadt thädigsachen tzu verhören und andere widerwertige sachen zu entschichten bey einander versamlet gewesen (1572, Nat.-Univ.). »Es wil sich aber den gewilkörten Richtern gebühren / die sachen also zu entschichten / wies rådlichen vnd frommen Leuten zu stehet« (E. L. R., 146). »Nachdem wir bei einander versamlet gewesen, nottwendige gescheffte zu verordnen und zu entschichten« (1592, Vertrag der Reichesdf. und Med. Schneiderzunft). Syn. s. *entrichten, entscheiden, entschlichten.* — Im DWB. 3, 598 nicht belegt.

Entschichtigung, †. »Lassen zwo Partheyen .. jhrer sachen entschichtigung / auff wilkörige Richter« (E. L. R., 145). Im DWB. nicht verzeichnet.

Entschichtung, †. »Solche vbergab aber zu entlicher entschichtung« (E. L. R., 146). — Im DWB. nicht verzeichnet.

entschlafen, entschlôfen st., nösn. *äntschlôfm* st. 1. Vom Holz, namentlich vom Stammholz ‚morsch, weissfaul werden'. *Dąt Hûlz iäs alles entschlifen* (Katzendf.). *Det Hûlz äs entschliufen* (Schönbg.). *Det Holz äntschlêft (Bistr.); entschlêefen* (Gr.-Alisch und sonst Umgebung von Schässbg., *Deutsch-Zepling).* Syn. s. unter *äntbômen* (nösn.), *entštôken.* — 2. [Geh. Spr.] würdiger Ausdruck für ‚sterben'. *E äs äm Härrn entschliufen* (Schönberg). Syn. s. Schuller, T. u. Begr. 1, 12. — DWB. 3, 600. (In der Bedeutung 1 nicht verzeichnet).

entschlagen, entschlôn st., nösn. *äntschlô* st. 1. ‚weg, aus der Hand schlagen'. *E heod em'd aus der Hemd* (Hand) *entschliun* (Gr.-Sch.). *E huet mer den Appel entschlôn* ‚aus der Hand geschlagen'. — 2. [Geh. Spr.]. Refl. mit Gen. der Sache, auf etwas Verzicht leisten. Trost im Leide: *Et wôr Gottes Wällen, te messt dich nia diar traurijer Gedeongken entschliun* (Gr.-Sch.). *Entschlôch dich diar boiser Gedeongken* (sc. der Eifersucht), *liuss mer äm Fride liawen!* (Ebda.). Mit Dat. ‚sich einer Sache, Gewohnheit entziehn'. *Entschlöch dich nor dem Soffen!* (Ebda.). »Die neheste Blutfreund zu der Vormündschafft vnd versorgung / mögen folgender vrsachen halben / derselben sich entschlagen« (E. L. R., 68). — DWB. 3, 602.

entschlichten, †. »ob es ein sache sein würde, welche zu entschlichten sein würde«. Gegenwärtig s. d. Simplex *schlichten.* — DWB. 3, 605. Syn. s. unter *entschîden* (entscheiden).

entschließen, entschlessen st., nösn. *äntschlâissn* st. [Geh. Spr.]. Refl. *Ich kangt mich derzâ ned entschlessen.* »In denen nächst verflossenen Weihnachtsferien ein Jahr war ich mit Incto auf die Weihnachtsfeyrtäge nacher Hermannstadt zu gehen entschlossen« (1760, Obereheger). *E wôr fiest entschluessen, mät ze kun.* — DWB. 3, 605.

entschlüpfen, entschloppen schw., nösn. *äntschluppm* schw. 1. Term. techn. Beim Weben: *Hôlt štäll, ed äs mer e Fądem entschloppt* (sc. beim Einfädeln ins Weberohr, Gr.-Sch.). Stricken: *De Mašch äs mer entschloppt.* (Wird sie nicht aufgehoben, entsteht *en Gorr*, Hstdt.). — 2. Sonstige Verwendung: *Ich bän hejt dem Reppe greowen* (Kartoffeln ausnehmen) *entschloppt* (Gr.-Sch.). »*De Farrharrn* (Pfarrer) *sînde sij ous anjere* (ihren) *verštôchane Gemînen erous nt probîrden ze entschloppen, wei se nor vun ast Bêsserem hîrden*« (Burzenl. — Volksfr.-Kal. 1899, 61). — 3. Übertragen auf unbedachte Worte. *Ed äs mer nor entschloppt. Ed äs mer nor esi entschloppt* ‚das Wort ist mir zu schnell herausgeschlüpft'. *Mainj Âsmotter* (Gegenschwiegermutter) *äs esu zornich, et weor mer dij uch e Wuird entschloppt* (Gr.-Sch.). Von einer bewegten Kommunitätssitzung: *Gąnz vîren än iršter Rą sąss der ąlt Wûlf, štätzt sej af de riechten Ielebîjen unt lôcht de Hąnd un ded Îr, dad äm jo näst entschloppe sîl* (Sch. T. 1896, 110). Syn. s. unter *entgäcken* (entjücken). s. d. Simplex. — DWB. 3, 608.

—, nösn. **äntschnâren** schw. ‚entgehen', ‚entwischen' *(Tatsch).* s. d. Simplex *schnärren* ‚sich rasch fortbewegen'.

entschnuppen, nösn. **äntschnoppen** schw. ‚entgehen', ‚entrinnen' (einer Gefahr, einer schwierigen Lage, *Dürrbach, Mettersdf.).* s. d. Simplex. — DWB. 3, 609.

entschuhen, fehlt. s. *ousschäjen.*

entschuldigen, entschäldijen schw., nösn. *äntschäldign* schw. [Geh. Spr.]. 1. ‚sich von einer Schuld (einem Verdacht) frei machen'. »haben Christophorum, so gefangen war aussgelassen, auff das ehr sich mit genuchsamen gezeugen von dem verdacht entschuldigen kunt« (1567). »Christophorus kleger sol sich mit sex Personen glaubwürdigen und ehrligen mit dem Eidt entschuldigen« (1567). — 2. Refl. ‚höflich ablehnen'. »Sagten sie, es haben leut an dein kindt schult und lehret uns, mir sollten dreissigerley Kraut nemen und es daraus baden, die da schult wurden haben, die wurden darkommen, was geschieht, mein Frau macht es also, wie das Bad mit dem Kraudt über dem Feuer hengt, kompt die Weingelten dar und bittet meine Frau umb 2 Rump Korn, darauf sich meine Frau entschuldigt hat, mir hetten nicht Korn, darnach das Weib weggegangen und unser Kindt wurdt gesundt« (1609, Ger.-Prot.). ‚bescheiden eine Wahl ablehnen'.

In dem formelhaften Bericht an das ‚Amt' über die vollzogene Wahl des Altknechts: *Unt worden dij uch vun âsem lepliche Presbiterium uch vun âsem wîlerwirdijen Härr Vueter drâ Brêder än de Wuel gegin* (folgen die Namen). *Se entschäldichte sich genach, bäs en îrlich Brâderscheft štämmt . . . . e* (der Gewählte) *entschäldicht sich genach.* — 3. ‚Sein Ausbleiben (von der Schule, von der Gemeindearbeit usw.) entschuldigen'. *Mer sellen hejt zem Pleoch, mer messen âse Mišch entschäldijen* (Gr.-Sch.). *Hôst te dij entschaldicht?* (Katzendf. Syn. *Hôst te Weniam genuien?* Ebda.). *Ich hu mich vun der Gemoinqrbed entschäldicht* (Gr.-Sch.). »Welche die Leichen werden versäumen und sich bey den Nachbarvätern nicht entschuldigen lassen, sollen gestraft werden um den. 16«. — 4. Höflicher Beginn eines Anliegens beim Pfarrer usw. Bei Anmeldung eines Todesfalles: *Äntschäldijn Se! Ich sai äusgeschackt gewäörn äus diäm îrlijn Träuerhäus vum N. N., wäu der lâif himlesch Vueter den . . durch den Duit vu diser Wält uegenô huet (Ober-Neudf.).* »*Äntschäldijn se Wôel Härr Wirdn, dqtt mer bäs erqf sai ku. Mer wenn en't bekqent mqchn* usw.« *(Mettersdf.*, Gassner, 68). Höflicher Gruss beim Eintritt: *Geqden eÔwent, wê gîd et, sed er kernich gesangt? Entschäldicht, dat mer e wenich zeq ich kun. Ich wîl bidde, menj Zeqkonft sîl ich gefallich sen* (Reussen, Kbl. 31, 21). *Ich bidden ze entschäldijen, dqd ij e Kiejt* (ein wenig) *eräntreaden* (Alzen). Sogar in der missdeutigen Form: *Ich bidden ze entschäldijen, meng Motter äs gestorwen.* Die Dorfrichter eröffnen die Sitzungen mit der Formel: *Entschäldicht ir Härren.* — DWB. 3, 611.

Entschuldigung, Entschäldijungk fem., nösn. *Entschaldijungk* fem. [Geh. Spr.]. Höflicher Eingruss beim Pfarrer oder Beamten: *Ich bidden äm Äntschäldijungk, dad ich štîren.* Anzeige der Taufe beim Pfarrer: *Ich biddn am Äntschaldijungk welîrwirdijer Härr, wâe ed an ju wassntlich sai wit* usw.« *(Weisskirch*, Kbl. 23, 58).

entschwinden, entschwängden st. [Geh. Spr.]. *Ich wqsst et* (eine Geschichte, Ereignis) *geet, ed äs mer qwer neq entschwanjden* ‚in Vergessenheit geraten' (Gr.-Sch.).

entseelen, entsîlen schw., nösn. *äntsîln* [Geh. Spr.]. In der Todesanzeige beim Pfarrer: »*Nau äs u diem äntsîldn Kerper nässn uendert händerštêtich, wqe en zer kqler Ierd än ze hqndijn*« *(Mettersdf.*, Gassner, 86).

entsetzen, entsâtzen schw., nösn. *äntsâtzn* schw. 1. †. ‚absetzen'. »Die Oberkeit sol inn der Vormûndschafft entsetzen« (E. L. R., 74). »er sol seines ampts nicht entsetzt werden« (Ebda., 40). — 2. Refl. †. ‚aus der Ruhe auffahren', ‚(erschrocken) sich widersetzen'. »Doch hatte er sich des thiers mûssen erwehren vnd entsetzen / vnd es also beschediget / er ist drumb nichts schuldig« (E. L. R., 150). Daraus, nur auf die Gemütsbewegung bezogen (doch auch mit der Gebärde des Auf- und Zurückfahrens), gegenwärtig [Geh. Spr.] wie nhd. ‚sich entsetzen'. *Ich entsatzt mich, wê e oussqch. E entsatzt sich nor, wê e dqt sqch.* Echte Ma.: *sich erfêren* (erschrecken), *sich begin* (begeben) *vîr Fêrschel* (Schrecken). »Die ersten entsatzten sich und sprachen: Ist das nicht Davidis Sonn, der Messias« (Dam. Dürr, Hdschr. 497). — DWB. 3, 620.

Entsetzung. »Wird jemand mit gewehr angelauffen / vnd schleget er jn (sc. den Angreifer) in seiner entsâtzung vnd kegenwehr zu todt« (E. L. R., 171). s. entsetzen 2. — DWB. 3, 623.

entspenen, 1. in der Bed. ‚von der Brust entwöhnen' (DWB. 3, 627). s. *uespênen* (ab-). — 2. ‚abspenstig machen'. In der älteren Rechtssprache häufig. »Item Ab das eyn meyster eyn knecht off redet ader eynem anderen meyster den entspenet« (1488 Yrgerzech, Schässbg.; Müller, Sprd. 117). »Der Diebstal heist / vnnd wird also begangen / wenn einer heimlich mit betrug fremb gut / ohn vnd wider seines herren wissen vnd willen angreifft / vnd jemanden abtrâgt vnnd entspônet« (1721 »entwendet«, E. L. R., 162). »Findet jemand sein gut inn frembder gewehr / vnnd klaget es sey jm Dieblich entspônet worden« (1721 »entwendet«; Ebda., 36). »Wie ich den Schadhaftigen fragte, wie viel ihm dieblich entspönt sey, sagt er: Er habe in einem Beutel f. 12 und auch vor 2 Ochsen, die er verkaufft das Geld in einem schächtlein verfasset« (1695, Ger.-Prot.). »causa litigiosa wegen verstolenes gelt, so in der Catharina Behausung ernannten Griechen soll hinkommen vnd entspônet sein« (1638, Rechtsgesch. 2, 375). — DWB. 3, 627. Zum Wortstamm s. oben 1, 37 unter *uešpênen.*

entspringen, entšprängen st. [Geh. Spr.]. In der Wendung: ‚(aus dem Gefängnis) entweichen'. *Te kist, wê wonn te îresthär entšprange wêršt.*

entstehn, entštôn st., nösn. *äntštô* st. 1. In alter Bed. ‚widerstehen', ‚Widerstand leisten' (got. antstandan, DWB. 3, 631 unter 1; vgl. auch unter 2). *Der Iodem* (Atem) *entštiond em* ‚der Atem blieb ihm stehn', ‚er atmete schwer'

(Gr.-Sch.). »als haben so wohl obig billigem Begehren, als der uns gegebenen Commission gemäss, ihr damit nicht entstehen können« (1763, Cap. Cib.). — 2. [Geh. Spr.] wie nhd. *Et kem* (kann) *aus dem äst Lichted* (schlechtes) *entštiun* (Gr.-Sch.). *Wê äs dôd* (ein Gerücht, ein Prozess) *entštemden?* (Ebda.). »also das wir es besorgten, es würdt dem kindt ein unglück entstehn« (1609, Ger.-Prot.). »Als er aber auf dem Heim ist kommen bey Catharinen Kyrchen (zwischen Hermannstadt und Hamlesch) ist im diess unglück enstanden« (1615, Ger.-Prot.). »ist ein newhr Her vber Sibenbürgen entstanden« (Trauschenfels, Fundgr. 117). — DWB. 3, 631.

(entstocken), entštôken schw., fehlt. nösn. (s. *äntbômen*) Intr. ‚weissfaul werden' (vom Holz, insbesondere Stammholz. Das Nähere s. unter *äntbômen* ‚entbaumen'); *entštêeken* (Zendresch). *Det Hûlz äs entštôkt* (Gr.-Sch.). Von Kästner auch vom Erstarren des Pflanzenlebens gebraucht:

Wänn allend af em Field entštôkt,
Wid ed än Dorf uch Štiete lokt.
Käst., 80.

Det Blomeliewen äs entštôkt
Un desem Härwestdâch. Ebda., 150.

Auch gebraucht, wenn Wäsche, Linnen und Wollzeug durch Nässe mürbe werden. (Syn. *vermälzen*). Übertragen: *Ich bän ewenich wâi geuenz entšteockt* ‚ich fühle mich ganz matt', auch ‚erschrocken, entsetzt' (Hahnbach). — Im DWB. nicht verzeichnet.

enttragen, † ‚(betrügerisch) wegtragen', ‚entwenden'. »So der Schuldiger sein eingesatzt pfandt / on wissen vnd willen des schuldherrens / jhme enträgt / er begehet ein Dieberey dran« (E. L. R., 166). »vnd wider stelle er seinem herren dem ers entragen hat« (Ebda., 165). »Vmb das gestolen Gut aber kan anders niemand / dann der herr selbs dem es entragen ist / klagen« (Ebda., 163). »welch gesell eine Puss oder ein Krentzlein entrüg und von hinnen wandert, das wider die gesellen wehr, das sollen die gesellen den Altknechten und die Altknechte den Zech Meistern ansagen« (1548, Art. der Schneiderknechte). Syn. s. abtragen, entspenen. — DWB. 3, 639.

enttreiben, entdreiwen st. ‚betrügerisch entreissen'. *E heod em den Hôf entdriwen* ‚hat ihm den Hof (durch Prozess oder Überbietung) aus den Händen gespielt' (Gr.-Sch.). »Da sagt er, wo ich nit den hoff teurer geben khan so will ich in dem Laurentio Andreae nicht enttreiben« (1615, Ger.-Prot.). »Als ich dem Barthes Wiener lehrjahr dienet, sagt er oftmals wie, dass in sein bruder Matthes Wiener gebeten hette, er wolt im den hof zu tekendorf nicht enttreiben« (1619, Ger.-Prot.). Zu erklären ist unsere Form aus der Bedeutung des Simplex *dreiwen* ‚steigern' (des Preises bei Feilbietungen). *Der Hôf kem hui, de Let driwen en wâ de Nǫrren* (Agnetheln). — DWB. 3, 640, in dieser Bedeutung nicht verzeichnet.

∼, nösn. **änttuschn** schw. ‚stehlen', ‚wegstiebitzen' *(N.-Eidisch)*. — Wohl als ‚enthuschen' zu erklären.

enturlauben, †. »Als aber der Herr Königsrichter nach Buda verreiset, hat es der Teuffel durch die geistliche Praelaten so weit gebracht, dass dieser gutte Mann oder Mönch (Ambrosius) nicht nur aus des Csukás oder Hechten Hauss enturlaubt und ausgejaget, sondern auch aus der Stadt sich zu packen ist gebotten worden« (1650). DWB. 3, 642.

entweder, äntwäder (⏗ ⏑ ⏑). Konj. in der Zusammensetzung *äntwäder-oder*. Nur in städt. Halbma. oder in geh. Spr. *E äs äntwäder än der Štuf oder äm Guerten.* Echte Ma.: *E äs än der Štuf awer* (auch: *odder, ǫdder*) *äm Guerten.* Auch Wiederholung des oder: *Ǫdder det, ǫdder gent mess geschân* (Agnetheln). Dem entsprechend: *Nǫ setst te: Wadder det äs geschâ, wadder gent* (Ebda.). — Übergehend in die Bedeutung — 2 ‚weder — noch' †. »ist beschlossen worden das keiner geflight arbeit endtweder daugen oder Bödemsteck auf die Jahrmarck fihren . soll« (1614 Böttcherstatut, Kbl. 24, 99).

entweichen, entwechen st. [Geh. Spr.]. 1. ‚hinausgehn'. »so sollen dy Herren dy Rychter ym Stadthauss den Herren vom Radt das Urtheyl ansagen vnd darnach aussen tretten vnd entweychenn« (1541, Seivert, St. H. 39). Bei der ‚Auflag' (sonst ‚Zugang') der Gesellen: »Mit Gunst erleg ich mein Auflag Geld Gott zu Ehren, und der Ehrsamen Bruderschaft zu Nutzen. Mit Gunst, dass ich von Tisch und ofner Lad entweiche« (1724, Kbl. 33, 5). — 2. ‚entfliehen'.

Tâ sǫlt mir uch ned entwechen,
Mêr sîl ich der um Kläppeltche
nöschlechen. Schuster, 101.

»Wie der Franck begant zu Sterben, entwich der Weinrich in die Stat und wollt nit mit den Leutten gegen der Helt fliehen« (1609, Ger.-Prot.). »im letzten Jahr schlug Er seine Fr. Schwieger heftig, das selbe kaum entweichen könnt« (1689, Cap. Cib.). DWB. 3, 650.

entweihn, entwân schw. [Geh. Spr.]. *Em sâl de Sangtich ned entwân.* — DWB. 3, 652.

entwenden, nur in älterer Kanzleispr. »Ess soll aber wer sich inss spittal einrichten will alle sein gut bey sich behalten , vnd nirgend anderss wohin fon dem spittal entwenden« (Müller, Hosp. 63). — DWB. 3, 652.

(**Entwer Mauer**) ‚Quermauer'. »In das haus Jn dy Entwer Maur« (1559, Qu. Kr. 3, 329). — Zu mhd. entwer, entwerch ‚quer'. DWB. 3, 654.

entwerden, entwärden st., nösn. *äntwiärn* st. ‚(ohne den Willen des Festhaltenden) freiwerden'. *Der Štîn entwort mer ous der Hânt* ‚der Stein ist, ohne dass ich es wollte, aus der (allerdings zum Wurf bereiten) Hand entflogen'. *Diär äntwit mer nät (Bistr.). T äs mer äntwôrn* (z. B. ein unüberlegtes Wort, Ebda.). Der Lehrer weist den »weitmäuligen Misch« zurecht: »wohl aber erhoffe und ersehne ich die Zeit, wo man über Schule und Lehrer keine solchen Worte mehr zu hören bekommt, wie sie dir heute entworden sind« (Fronius, 152). *Ed äs ener* (ein Bauchwind) *entworden.* »*Pah! schnaddert e jang Gimpel ännen, dier kom îršt der Ackerbâschul entwarde wôr*« (Burzenl.-Volksfr.-Kal. 1899, 60). ‚der Haft, einer Gefahr entrinnen'. *Ed äs ener entworden* ‚ein Gefangener ist durchgegangen'. *Et entwirt mer* (z. B. ein Pferd). *Der Štijlitz äs mer entworden* ‚aus dem Käfig entflohn'. Spottend: *Der Huas wit der äntwiarn, weo te'm nät Sâlz af det Schwinzki strâist! (Wallendf.).* Vom *Honnes Weiss:*

Ôfglech se wê de Hangt schîn äm
dese Bässe närrden,
Der Mîresch wôr net färr mî, e mosst
en doch entwärden. Käst. 137.

Der Ali Bey entwort nor mät gânz
genâer Nît. Ebda., 138.

»jedoch der brieff, wie er uns entworden und aus den henden kommen ist, kan ich nicht wissen« (1569). »Wann wir Ihnen hetten können bekommen, und wer uns nit entworden, wir wolten Inen so abgeschmeirt haben« (1581). »seine gesellschaft aber were entworden und entsprungen« (1591). »Wie nun der Sigmedt wieder zurück gekommen war, sagte selbiger: es sei ihnen Angeklagter, wie sie ihn nach Hause geführet, entworden« (1771, Obereheger.). »Christus aber will seinen feinden nicht entwerden, denn die Stund seines Sterbens war vorhanden« (Dam. Dürr, Hdschr. 766). »bis das mir aber kamen, so entwird ihm die Magd und lauft zu ihrem Vater hinein« (1657, Ger.-Prot.). »mit dem entward ich und sah, dass sie den Stanczul Albucze nieder zur Erde schmiessen« (1677, Ger.-Prot.). — DWB. 3, 654.

entwickeln, entwäckeln schw., nösn. *äntwäckeln* schw. Refl. [Geh. Spr.]. *Det Kaind entwäckelt sich bêsser qls em ducht* [χ] (Gr.-Sch.). *Mer sienj nâgîrich, wê sich des Sqch entwäckelt* (Ebda.). — DWB. 3, 658.

entwischen, entwäschen schw., nösn. *äntwäschn* schw. ‚entrinnen', ‚entgehen'. Das Wort hat einen fröhlicheren, helleren Ton als *entwärden, entgôn.* Zugleich steckt etwas Leichtfertiges, Keckes darin. Einer ernsten Gefahr, wie Krankheit, Unfall, *entwid em (entgîd em),* einer Strafe *entwäscht em,* einem leichteren Übel, wie Prüfung, Schlägen, *entgäckt em, (entglopst, entschloppt em). E äs nôch îst ône Štriuf entwqscht* (Gr.-Sch.). Sprw. *Ed äs nôch nemest der Štrôf entwascht* (Schuster, 210). *Wo mer nor dem Rên entwäsche kainjden!* (Gr.-Sch.). *Mer se geledlij* [geledlij ⏑ ⏒ ⏑] *entwascht* ‚noch glimpflich davon gekommen (Agnetheln). »Er aber ging wiederumb durch einen wüsten Hof durch und entwischt uns stracks über die gass in sein Haus« (1664, Ger.-Prot.). Von Tieren: *Det Dirche wôr ôfen, de Fêrke se mer entwascht* (Gr.-Sch.).

Det Gläck entwäscht,
Wun em't ned um Schôp erwäscht.
Schuster, 247.

Zum Wiesel:

dräsch oder entwäsch!
H.-W., 275; Schuster, 287.

— DWB. 3, 661. Lux. entwöschen.

entwohnen, entwunen schw. ‚sich entwöhnen'. In der alten intr. Form (mit Gen. der Sache) noch erhalten in der Totenklage der Eltern am Sarge des Knaben: *Henzo-numen, wê sâl ich denjer entwunen?* (Schuller, T. u. Begr. 2, 31). — ahd. intwonên. DWB. 3, 661.

entwöhnen, entwînen schw. 1. Trans. In der Bedeutung ‚Kinder von der Brust entwöhnen', nur in städt. Halbma. volkstümlich s. *uespênen* (ab-). »Es wird beschlossen, das Kind innerhalb 4 oder 5 Wochen zu entwehnen, damit das weitere könne vorgenommen werden« (1793, Cap. Cib.). ‚wegbringen': »sie sagten, ich sollte sie daher entwehnen« (1675, Ger.-Prot.). — 2. Refl. [Geh. Spr.]. »*Ech hu mich jo an der Štat vun dese Kledern* (Kleidern) *entwunt*« (Burzenl. — Volksfr.-Kal. 1898, 129). Wie ‚sich gewöhnen' und ‚gewohnt sein' miteinander vermengt werden, so die mundartlichen Formen *entwunen* und *entwînen*. Echte Ma.: *sij ousdân* (austun). — DWB. 3, 662.

Entz, F. N. (1808, Nussbach). s. Ens.

entziehen, entzæn st., nösn. *äntzâi* st., wie nhd. [Geh. Spr. und in der älteren Kanzleispr.]. In der Dankrede der Braut an die Mutter: »*Ich bedungkn mij äm dâe vil gâet Bätzker och Trêptcher, dâe der airem Maul hued entzogn ant mir gê*« (*Mettersdf.*, Gassner, 66). »Darnach als der Aldomasch sollte getrunken werden, wollte der Actor nit darein willigen, sondern sacht: Vater nit entziehet mir den Hof ich bitt euch umb Gotts Willen« (1650, Ger.-Prot.). »in der theilung hab ich gehört, das die Mechel Seivertin sagt, sie wollt das Backhaus von dem vördersten geheuss nicht entziehen« (1609, Ger.-Prot.). »Wenn ihr H. schon den kauf gemacht hätte, so wollte sie mit nichten zulassen, dass es ihren Kindern sollt entzogen werden« (1650, Ger.-Prot.). Refl. ‚sich entziehen'. »Wenn ein Bruder sich von der Kinder-Lehr entzeucht, ohne des Altknecht Wissen, verfält denar 12« (1747, Kbl. 6, 113). — DWB. 3, 664.

entzücken, fehlt. ‚er ist ganz entzückt' *e äs gânz hin.*

Entzückung, fehlt. s. *äm Brôde lân.*

entzünden, enzängen st. [Praet. *enzang, hun enzangen*]. nösn. *änzänn* st. 1. Trans. ‚das Feuer anzünden'. *Mer sellen de Backuiwen enzainjen* ‚das Feuer im Backofen anzünden'. (Dagegen *de Backîwen unzängen* ‚den Backofen selbst in Brand stecken'). Das böswillige Anzünden eines Gebäudes s. *uštêchen* ‚anstechen'. *Det Lächt* (Kerze), *de Lamp enzängen.* Spiel in der Rockenstube: *Wärk enzängen.* (Die groben Hanfreste werden angezündet und in die Luft geschleudert. Die aufflatternde Flamme deutet das *Lefken* ‚Liebchen' an. Vgl. Zw. Krez., 27). »Och dem dy lycht ader der elter entpholen ist der sal dy lychter entzwenden alle virtag (Feiertage; 1508, Keisder Schuhknecht.-Art.). — 2. Refl. ‚aufflammen'. *Det Feier enzängt sich.* Vielfach übertragen. Sehr hübsch: *De Grommen* (Grumet) *enzäinje sich (hu sij enzangen)* ‚die Grumet beginnt (wenn es sofort nach der Heumahd regnet) zu wachsen' (Gr.-Sch.). *Ed äs wæ wonn sij allend enzäinj!* (wenn im Frühjahr alles rasch aufspriesst, Gr.-Sch.). *Der Dach enzanjt sich* ‚das Tagesgrauen beginnt zu leuchten', ‚es wird Tag' (Med. und sonst). *Mer brâchen af, wæ sich der Dâch enzang.* Allgemeine Zeitbestimmung bei Bestellung des Fuhrmanns: *Kut, wo sich der Dâch enzängt,*

Af'm Rêch štôn Îchebîm,
Dæ hî afe langen,
All är Nêst hu gäldä Sîm,
Lichte, wæ enzangen. Käst. 120.

Von Geschwüren und entzündeten Wunden: *Ich hun um Fos en Îsken* (Geschwür), *ed äs ämerängk enzangen. E äs gaanz enzeangen äm Gesicht* (etwa von einem an Gesichtsrose Leidenden, aber auch von einem schwer Betrunkenen, Med.). *Der Fanjer äs em gunx enzangen* ‚eitert' (Katzendorf). Streit, Ärgernis: *Diu heot sich dî Štreijt enzangen* (Gr.-Sch.). Aber auch von aufflammender Liebe: *Deâ ed den Hons sâch, enzung sich seng Hârz; et wûl nichen ûndre wâi än* (Neudorf). DWB. 3, 670. Über die vom nhd. abweichende starke Konj. s. d. Simplex.

entzwei, *änzwie. ‚es ist entzwei', *ed iäs iän zwê gegongen* (Geh. Spr., Katzendf., ahd. in zuei. DWB. 3, 672). Echte Ma.: ‚das Glas ist entzwei' *äs zebrôchen (äs hin).* ‚die Verlobung ist entzwei', *et huet sich zedremert (äs strikat,* ‿ ◡, rum. ‚zerbrochen').

Enyed, Änjät (◡◡) *Onjeten*, O. N. (magy. Nagyenyed, rum. Ajud. Die alte deutsche Bezeichnung ist ‚Strassburg'). »Hannes Weidner von Engetten« (1615, Kbl. 31, 24).

Enyeder, F. N. Dy Engeteren (1478, Qu. Gesch. S. 1, 50). Bloss (Blasius) Engetter (1556). Lucas Engetter (der 1603 †. Bürgermeister von Hermannstadt, 1599, Ger.-Prot.). Derselbe: Dominus Lucas Enjedy (Ebda.). Georg Ennietter (1609, Hstdt.). Gegenwärtig *Enjeter* (Übername: *Mat aus de Wejden)* in Dobring, Urwegen; Enyeder (Bulkesch). — Eigentlich ‚von Enyed stammend'.

—, enzangt, nösn. *änzant* ‚sofort' (mit Hinweis auf die Zukunft). Meist verstärkt (im Affekt, Betonung) zornig geärgert: *Glej enzangt*, nösn. *glaij änzant.* Unwilliger Anruf: *Kamm na îst!* Antw. *Ich ku glej enzangt. Glej enzangt äs ded Iesse färtich.* Beschwichtigung des hungrigen Kindes: *Glej enzangt klôpen ij un det Hierdæk unt de Brôk äs färtich.* ‚beinahe'. *Enzangt fâl ich* ‚beinahe wäre ich gefallen' (Hammersdf.).

Doch schlît pungkt zwelf de Toreštangt,
Wiecht sich de Gîsterwäld enzangt.
Käst., 89.

Entspricht lautgerecht mhd. *iezunt* in gleicher Bed. Vgl. *enzt.*

—, nösn. **Enzelt** ‚Unschlitt', süds. *Âsselt.* s. Unschlitt. Zips. Enzelt n. (Schröer, 25, 259).

Enzian, Inzken n. (eigentl. Inzgen). Der gebräuchliche Enzian (Gentiana lutea L). Auch ‚Enzianextrakt'. In der Apotheke wird verlangt: *Inzken zem Kängd uefšpênen* ‚zum Kind entwöhnen'. *Bätter (garz) wâ Inzken* (Mühlb.). Syn. *Iertgall* (Erdgalle). Vgl. zips. Enzchen (SCHRÖER, 25, 259). Formen mit Verdickung des i > j > g sind schon frühe bezeugt: enzigan, entzgen, DIEFFENB.-WÜLCK, 446.

—, **enzôwent** [ə·ntsö·v.nt ⏑⏊⏑] ‚heute Abend' (in futurischer Bedeutung). Gegensatz: *nâchent* ‚gestern Abend', *moren Ôwent* und: *moren enzôwent* ‚morgen Abend'. Nösn. *änzôbmt. Kud enzôwent z'âs!* ‚am kommenden Abend'. *Wuer gôd er enzôwent?* Verstärkt: *hegd* (heute) *enzôwent*. Von den letzten Sonnenstrahlen:

Unt vun Hous ze Hous se gôn
Allemôl enzôwent,
Äm ze brängen, äm ze sôn:
»Hìsche, gâden Ôwent«. KÄST., 120.

Vom letzten Tag im Jahr:

Et deistert hekt hîsch mèlıch zâ
Vum Morje bäs enzôwent. Ebda., 146.

Die Frau ohne Hemd vertröstet die zur Arbeit mahnende Mutter:

Ąch näi Motter näi,
Dese Morje lätze,
Enzôwent sätzen,
Vil špännen, vil špännen.
HALTR., Märchen 253.

Kam enzôwend än âs Häus,
Ich kun af de Gas eräus.
SCHUSTER, 17.

Tanzreim:

Hopp serake fîr der Dir!
Kam enzôwent, schlôf mät mir!
Ebda., 108.

— In der Vorsilbe *enz-* steckt das abgeschwächte mhd. unze, unz ‚bis'. Darum bei Kästner (s. oben) unbewusst tautologisch: *Vum Morje bäs enzôwent.* Ebenso im Volksmund: *Wuert bäs enzôwent.* — J. K. SCHULLER, Beitr. 16.

—, **enzt**, *enzet, enzter,* nösn. *inzet, inzot, änze (Birk)* ‚jetzt'. Verstärkt: *enzt enzt* [e·ntst·, e·ntst·· ⏑⏊] ‚eben jetzt' (gegenwärtig), *enzt entzangt* ‚eben jetzt', *glej enzangt* (‚sofort', Futur.). *Glad enzt, nor enzt* (‚eben nur', Praet). Allgem. auch in den Formen: *etzt, itzt* (Mühlbach, Schässbg., *S.-Reen, Dürrbach), enzeter (Birk), itzter (Kallesdorf), änzent* (Arkeden), *ietzt* (Grossau). *Än etzijer Zekt; etzt glech; de etzich Môdi äs net hîsch* (Mühlbach). Fluch: *Dat dich't Tannerwieder sull arschlê, ower änze gläch (Birk). »Ąwer Siäster, wa kenn e de Suąnneštäch enzt bekun hun, enzt än diesem Wadder scheint dich gląt nechen Suąnn«* (Zw. Krez., 19).

Vun der Motter heost te enzet
Frälij alles ną̂. Arbet, 45.

Enzt nôch schwumme se (die Bohnen) *äm Wuąsser,*
Hoppten än de Wât,
Enzet nor! wâ iäs et mijlich?!
Se se ugebrât! (Ebda.).

Wänn de Bietklôk Uefschît nit,
Štôn ä Brôs ij enzter,
Unt sân zâ, wâ'd Ôwent wit,
Ugelą̂nd um Fenster. KÄST. 119.

Ausweichende Antwort im Gespräch auf der Gasse: *Wat mą̂cht er? Berêt er ij e wenich? Wat bešprêcht er ich?* Antw. *No, net vil enzt* (Reussen, Kbl. 31, 21). Syn. *glech nâ; nê, nä* (Kronst.); *woa hurtich (Nieder-Eidisch).* — mhd. ietze, iezuo, iezunt, iezent. Die mundartlichen Formen beruhen wohl auf Metathesis. Zu *enzter* vgl. *bą̂lder, bą̂ldijer, emester* usw.

Ependorf, s. Neppendorf.

—, **eperdich** ‚dumm', ‚albern' (Keisd). s. d. folgende Wort.

—, **Epert** m. ‚einfältiger Mensch', ‚Tölpel' (Schässbg.). Vereinzelt: *Epert, eperdich* (Keisd), *Uepelt* (Zuckmantel), *Aepelt* m. (Felldf.), *Upelt* (Arkeden), *Oupelt* (Maniersch), *Epert* (Braller), *Epert* (Draas). *Däa Epert däa!* (Schässbg.). *Ed äs en Epert* ‚Dummrian' (Ebda.). Syn. *alber, Batterhą̂ist (Mettersdf.), Bomêl* (⏑⏊, *Bistr.), Gêpesch, tummer Hangt, tumm Kärl, Ierprefellen, Ifą̂lt, Kokole* (⏑⏊⏑, rum.), *Lîmhôken, Mâfte* (rum.). *Makaleli* (rum.), *Makalepesch, Mâku, Melôfen, Muka* (rum.), *Muntchfault* (Reussen), *Mutalô* (⏑⏑⏊, rum.), *Nemest, Opri* (rum., *Wallendf.), Tälpelt, Tą̂ser(t), Tepp, Tindale* (rum.), *Tinku* (rum.), *Tolesch, Trelesch, Tulak, Tumpes, Zaiku.* — Zu denken ist an Ableitung aus einem P. N. (etwa ahd. Ebarhart). Die auch sonst öfter vorkommende Wandlung der Bed. ad pejus würde hier durch den Anklang an den in *êpesch* vorliegenden Wortstamm zu erklären sein.

—, nösn. **Epesch** Fl. N. *Äm Epesch, ąnderm Epesch (Petersdorf). Epesch (Pintak, Budak).* s. Eichbusch.

—, **êpesch**, nösn. *âbesch, âbich* ‚links', ‚verkehrt', ‚unrecht'. Allgemein verbreitet. Einige auffallendere Nebenformen: *iepesch* (Heltau), *eipesch* (Stolzenbg. u. sonst), *äppesch* (Meschen), *êipesch* (Wolkendf. i. B.), *êefesch* (Rosenau). *êfresch* (Tartlau, Petersbg.), *âbesch (S.-Reen), âberš (Bistritz, Tekendf.), abich (Mettersdf.), arbesch (Birk, Tatsch), aärbesch (D.-Zepling).* 1. ‚die unrechte, verkehrte Seite eines Gebrauchsgegenstandes, namentlich eines Stoffes, Tuches, Gewebes‘, ‚Kehrseite‘. (Gegensatz: *de riecht Sekt). Ed äs af der êpescher Sekt* (z. B. ein Kleidungsstück, dessen Innenseite nach aussen gekehrt ist). *Dinj Deəch* (selbstgewobenes Leinwandstück) *äs hiescher af der êipescher Sît, wæ af giener* ‚wie auf der andern‘ (Kl.-Schenk). *Det Hemd äs êpesch* ‚auf die unrechte Seite gekehrt‘ (Martinsbg.). *Dad as de arbesch Set vüm Hemt (Birk). Da hôst de Kerrel* (Frauenrock) *êpesch un* (Arkeden). *Drê de Pändel* (Frauenrock) *ǫf de êpesch Sejt, et rênt* (Schönbg.). *Ich hun ed ǫf de âbesch Sait gedräit (Weisskirch).* Spottvers (auf Jakob) wenn zwei Knaben sich zanken: *Gêpesch, drê de Gatschen* (Unterhosen) *êpesch!* (Gr.-Sch.). *E hout det Kloit* (Rock, Jacke) *eipesch ugedeien* ‚mit dem Futter nach aussen‘ (Draas. — Mit den Futter nach aussen geht man, um sich zu vermummen und unkenntlich zu machen).

> *Eipesch, eipesch ugedeien,*
> *Heienen, Heienen šteiele geien.* (Ebda.)

Auch: *E huet den Hot êpesch af. Te huest det Däach af de äppesch Sejt gedrêt* (Meschen). *Et lǭid ǫf der âberscher Sait* ‚auf der nicht richtigen Seite‘ *(Bistr.).* Besonders: *Ich gin der înt müt der êpescher Huent* ‚mit der umgedrehten Hand‘ (eine leichte Maulschelle von links nach rechts, Martinsdf.). *Âbesch Hûnt (N.-Eidisch). Enem müt der êpescher* (sc. Hand) *kun* ‚jemanden grob anfahren‘ (Wolkendf. i. B.). *De bekist en Âbesch (Heidendf.).* »und der vorig kam lengst den kleinscheurner und schlug in Ein mal mit flacher hand ins gesicht zum andren Mall aber schlug er in mit Eppescher hand ins gesicht, dass es im als bald braun wordt und blutet« (1615, Ger.-Prot.). Als Schutzmittel gegen das *berofen* (berufen) des Kindes macht die Mutter an sein Hemd ein *âbich Sêmtche* ‚verkehrte Saumfalte‘ *(Mettersdf.*, Gassner 19). *Ded êpesch Onjt* ‚das unrichtige Ende‘. *Êpesch šträcken* ‚umgekehrt, nach der andern Seite stricken‘. *Drǭ Masche rêchts, drǭ Maschen êpesch* (Mühlbach). *Êpesch deunzen* ‚nach links tanzen‘ (Stein). *E huet sij êpesch gedrêt.* Ebenso: jemanden *êpesch* (schief) ansehn (Alzen). — 2. Übertragen: ‚in verkehrtem, unrechtem Sinne‘. *Täe* (du) *verštîst allest êpesch* ‚verkehrt‘, ‚falsch‘ (Martinsdf.). *Dî verštîd uch allend êpesch* ‚verkehrt‘ und ‚im bösen Sinne‘. *Net verštǭnd mij êpesch!* ‚fass, was ich sage, recht auf!‘. *E nǭm ed awer êpesch* ‚wurde darüber (über eine Bemerkung, Witz) aufgebracht, zornig‘. *Woräm nist te ed esi êpesch?* ‚warum fassest du die Sache gleich von der bösartigen Seite auf? *Nǫr net dat e' d êpesch verštît* ‚dass er es nur nicht übel nimmt‘ (Med. u. sonst). Warnung Kindern gegenüber: *Net dǫd ij êpesch verštôn* ‚gebt acht, nicht dass ich den Stock nehme‘ (Schässbg.).

> *Dänn de Menn* (Männer) *verštiun*
> *och êpesch.* Arbet, 41.

E verštîd êpesch ‚versteht keinen Spass‘. *De Kängt wûle mät dem Hangt špilen, awer dî verštând êpesch* (d. h. er fing an zu beissen). *Gäw Uacht* [χ], *der Hoist verštîd êpesch* ‚komm dem Gaul nicht zu nahe!‘ (Schönbg.). *E verštêd ed âbesch (Weisskirch). Ed* (die Frau) *intferd* (antwortet) *enem ânen êpesch* ‚ihre Antworten haben immer eine böse Spitze‘ (Schönbg.). *Nau kit de âbesch Sait* (wenn jemand anfängt, grob zu werden, *Weisskirch). Net sue* (sei) *änjden êpesch!* ‚verkehrt‘, ‚widerwärtig‘ (Martinsberg). *Dǫd äs uch en Êpescher* ‚widerwärtiger Kerl‘ (Ebda.). *En êpesch Kont* (Gr.-Sch.). *En Êpescher* ‚Launensack‘ (Rumes). *E as âbesch ǫfgeštǫnn* ‚verkehrt aufgestanden‘, ‚mürrisch verdrossen‘ *(Weisskirch). Êpesch afgeštûnden* ‚verdriesslich‘ (Wölz). *E äs êpesch ǫfgeluecht* (Wassid). *Tie bäst hetch gûnz êpesch* ‚schlecht gelaunt‘ (Bulkesch). Auch vom Wohlbefinden: *Ed äs mer hegd esi iepesch* ‚unwohl‘ (Heltau). *Dǭd äs êpesch gegǫngen* ‚das ist anders ausgefallen, als man erwartet hat‘. *Ed äs mer êpesch gegǫngen* (Gr.-Alisch). »*Uch an der Štat fallen dierartich Wuelen altch gor êpesch ous*« (Burzenl.-Volksfr.-Kal. 1899, 60). Vorwurf: *Alles êpesch deǭn, nor net wæ em eînt heisst* (Reussen). *E huet de Sach glad êpesch ugepackt (ugefasst). Net štäll dij êpesch!* ‚ungeschickt‘. *En êefesch Mäntsch* ‚linkisch‘ (Rosenau). *Et štîd êpesch. Iepesch Wadder* ‚Wetter‘ (Marktschelken). *En êpesch Wänjt* ‚rauher Wind‘ (Med.). *E âbesch Duach* ‚ein verdrehter Tag‘ *(Wallendf.). En êpesch Katechismus* ‚ein Katechismus, der in Seitenzahl und Anordnung mit den gewöhnlichen Ausgaben nicht übereinstimmt‘ (Seiburg). *E riet êpesch* (Kronst.). *E ret* (redet) *guar abich (Mettersdf.). Hîršte weder êpesch?* (Med.). *Êpesch onfern* ‚eine verkehrte Antwort geben‘ (Kronst.). *Êpesch gedôcht* (Burzenl.). *E geuf mer en eipesch Euntwert* (Stolzenburg). ». und der Bruder will nicht folgen, und gibt dem Altknecht stumpfige

Reden und eppische Antwort, er soll gestraft werden den. 11« (Brudersch.-Art., SCHULER-LIBL., Mat. 184). In der Werbung [Geh. Spr.]: *E hod ned en êpesch Wuirt erholden, sanjdern e Jo-Wuirt* (Mergeln). *Êpesch beschîden* ‚grob, unfreundlich antworten'. *Doi beschoid oind êpesch* ‚fertigt einen kurz ab' (Gr.-Sch.). — 3. In Fl. N. *Am aepešche Grant, aepešche Breach* (Zeiden). — 4. Als F. N. (Übername). »Episch Merthen« (Kronst. 1489, Qu. Kr. 3, 753). »Eppisch Simon« (Kronst. 1496, Ebda. 3, 673). — mhd. ebech, ebich, ebch ‚umgewendet, verkehrt', ahd. abuch, hess. âbich. Die lautrichtige alte Form haben einige nösn. Dorfmundarten bewahrt *(âbich, Mettersdf.)*, sonst ist schon frühe (vorsiebenbürgisch) durch Angleichung an den Guttural der zweiten Silbe Verhärtung des *b* 〉 *p* eingetreten. Vgl. moselfr. neben æ̂wich auch âpsch, æ̂psch; kobl. epsch, thüring. apisch, aipisch. Moselfr. æ̂psch ugədôn ‚verkehrt angezogen'; də æ̂psch Sait; en æ̂pschə Mäntsch ‚ein verdrehter Kerl'. Wat machst də fər ə æ̂psch Gəsîcht? (V.-A. 33, 13); ndl. aafsch. schles. eppisch, eppsch. DWB. 3, 680. KRAMER, 3. KISCH, V.-A. 33, 13.

Epesdorf. »Dem Midwescher Trabanten, der die Mehr von Epesdorff bracht, das es eingenommen sei« (1602). »Gregorius Schuster von Epeschdorff« (1568). »Kegen Epsdorff hinder dem Mittelrück« (1680, Cap. Bog.). s. *Äppeschtref* (Ebesdorf).

Epilepsie, fehlt; s. *schwêr Krint* (schwere Krankheit).

Epistel, Epistel fem. in Angleichung an *Ewegelšen* m. (Evangelium) auch m. (◡◡́◡) ‚der sonntäglich in der Kirche verlesene Abschnitt aus den Episteln des N. T.'. Sie wird *vun der Dûfbit* (vom Taufstein her) verlesen. *De Epistel verliesen. De ǭlt, de nǭ Episteln* ‚die altkirchlichen Episteln und die in der ev. Landeskirche eingeführte neue Reihe'. *De Epistel vum Sangtich Reminiszere. Heier prädicht der wîlerwirdich Härr iwer de ǭlt (nǭ) Episteln.* In der parodistischen Hochzeitspredigt:

Ach, wad äs et vîr e Wiesen!
De Epistel hun ich net geliesen,
Dänn ich kǭ se uch net fängden,
Wäder äs se vîre nôch hängden.
SCHUSTER, 129.

Eponis villa s. Neppendorf.

Eppel, F. N. »Peter Eppell mitbürger zu Clausenburg« (1569). »Eppel Mechel de Veidembach« (1609, Ger.-Prot.). Vgl. F. N. Appel zu mundartlich *Appel* ‚Apfel', verhochdeutscht: »eppel und biren« (1615, Vil.-Rechn. u. ö.).

Eppendorf, †. O. N. ehemalige, im 14. Jahrh. zerstörte Gemeinde bei *Jaad*. Urk. Epp-, Epyndorph, Pettendorf, Neppendorph, Epemezew (magy.). Possessio Pettendorf (1311, Urkb. 1, 299). »Campus Ependorf« (1337, Ebda. 1, 486 u. ö.). — Zum ahd. P. N. Eppo (Koseform von Eber-). Entsprechungen aus dem Stammlande: Eppenberg, Eppendorf, Eppenrod, Eppenbach, Eppenburnen s. bei KISCH, V.-A. 33, 66 und WOLFF O. N. 1, 33. Vgl. auch lux. F. N. Epp. — s. auch unter Neppendorf und Pettendorf.

～, epschan ‚ein lebhaftes, unruhiges Kind' (Wolkendf. i. B.). *Daud as en Feimôl* (Eidechse) oder *en Epschan* (Kbl. 32, 138). Vgl. lux. abes, äbes, ‚Eidechse' (Lux. Wb., 1).

er, das männl. Personalpronomen der dritten Person, hochbetont *hî* [h·ī·], betont ə·, unbetont ə. [h·ī· w.ä.lne.t ◡́◡◡ ‚er und kein andrer will nicht'; ə·w·ä·l·n·e.t ◡◡́◡ ‚er will eben nicht'; ə·w·ä·ln·e·t ◡◡◡́ ‚er will durchaus nicht']. Gen. ungebräuchlich. Dat. *äm* [unbetont əm], Acc. *än* [unbetont ən]. Pl. *sǣ* [unbetont zə]. Gen. *är, ärer*. Dat. *änen* [unbetont än, ən]. Nösn. (Typus *Jaad*) *hî* [unbetont a]. Gen. *sener*. Dat. *im* [unbetont əm]. Acc. *in* [unbetont ən, n]. Pl. *sâ* [unbetont zə]. Gen. *îerer* [īərər]. Dat. *in* [unbetont ən, n]. 1. Der Nom. Sing. *hî (hie, hê)* wird nur gebraucht, wenn ein besondrer Nachdruck darauf liegt, deshalb im Ton musikalisch noch über dem gewöhnlichen Hochton. *Em dingkt, hê wêr et* (Bezeichnung grosser Anmassung, *Bistritz)*. Gleichsam mit einem Rückwärtsdeuten des Daumens ist diese Form des Pron. im Munde der Bauersfrau die gewöhnliche Bezeichnung für ihren Mann. *Hî wäll net* ‚ich wollte schon, aber mein Mann ist starrköpfig'. »*Nikes: Wot verštalld er ich't neǭ esievelt? Enno, kǭm en hiälf mer læwer! Fichen: Hoi* (mein Mann) *äs ewiennij ägeschliufen. Nikes: Nǭ, Jênenô Hiärr, ich hǭdd en uch net gesǣn*« (Zw. Krez. 18). Das altfränk. *h* (BRAUNE, ahd. Grammatik, § 283, Anmerk. 1, a; FRANCK, altfränk. Grammatik, § 170) übt auch in der abgeschwächten Form des Pron. seine Wirkung. *Kit-e?* ‚kommt er?', aber: *Kid-et?* ‚kommt es'. — 2. Der Dat. Sing. *em* vertritt im Burzenland (Petersberg) auch das Reflex. *E hued em* (sich) *det Klîd entricht* ‚schmutzig gemacht'. Zu bemerken: *Et dîd em näst* ‚das tut nichts'. — 3. Pl. Nom. *sǣ* als höfliche Anrede allgemein in der städt. Halbma. Auf dem Lande bis vor Kurzem auf die Honoratioren und Amtsleute beschränkt (das ursprüngliche *Erweist* verdrängend), dringt es allmählich im Verkehr des Städters mit dem

Bauern in die Ma. ein, während die Bauern unter sich noch das *ir* bewahren. — 4. Der part. Gen. Pl. *ärer drą̂, ärer vil* erscheint öfter abgekürzt als *är drą̂, är vil. Wevel Lekt wôren än der Kirch?* Antwort: *Gor är vil* ‚gar viele'. *Är wê vil?* Auch alleinstehend: *Hueste Krezer?* Antw. *Ich hun är* ‚ja, genug'. *Ich hun dij är* ‚ja, einige wenige'. Dadurch wird *är* völlig zum unbestimmten Zahlwort. *Et seng är hê* ‚es sind einige (Menschen) da'. *Är gôn än de Kirich, är bleiwen derhîm* ‚einige — einige'. — Eine Verbindung des Gen. Pl. mit der 3. Pers. Pl. Possessivpron. (eigentlich Verdopplung des Gen. Pl.) zeigt sich in vereinzelten Formen wie: *Ärir Dûchter* ‚ihre Tochter' (von Vater und Mutter gesagt), ahd. iro-iro). — 5. Ebenso Verbindung des 3. Pers. Pl. des Possessivpron. (ursprünglich Gen. Pl. des Pers.-Pron.) mit dem Dat. Pl. als Verstärkung des Possessivbegriffes: *änär, änir* (ahd. im-iro). *Des uerm Kängt schrą̂n* (weinen), *änär (änir) Motter äs esi krąngk (änär Vueter äs geštorwen;* ebenso auch im sächsischen Hochdeutsch: Ihnen ihr Vater ist gestorben). Vereinzelt (besonders in Agnetheln) auch als Verstärkung der 3. Pers. Sing. (masc.) des Possessivpron. als *änts* (ahd. im-sîn). *Et kemen zwæ Mætscher* (Mädchen) *än de Štąt, änts se Brêder wôr äm Špidôl* (Agnetheln). *Det Mætsche mâtzt* (weinte), *wel em änts sen Hais* (ihr Haus, d. h. das Haus der Angehörigen) *verkeift hątt* (Ebda.). So auch: *änts senj Duichter, Goärten* (Ebda.). *Dem Gärtner hoed em traissich Gälde gegin, woram sôl em se ned och änts senjer enem gin?* (Ebda.). *Na sellen de Berjer näst dervun hun, won änts senj Vuirvoären de Bôflæschturn gebât hun* (Ebda.). Ebenso in der Umgebung von Agnetheln. *Dôd äs änts seng Sach* ‚das ist ihre (Pl.) Sache' (Holzm.). *Dą̂d äs änts se Štech* (der Fussteig der Bewohner der Nachbargemeinde), *änx senj Hous* (Martinsbg.). — Scheiner, ss. Ma. 181. Frühm, 38.

~, **er-** als Partikel in *erän* (herein). *erbê* (herbei), *erous* (heraus), *eruef* (herab) usw. s. her-.

er-, er-, nösn. *er- (är- S.-Reen),* mhd. er-, ahd. ur-, ir-, got. us- in untrennbaren Zusammensetzungen fast ausschliesslich mit Verben. Der Ton liegt wie bei *ent-* immer auf der Stammsilbe des Namens [Typus: ər·r·ö·d·n. ⏑⏊⏑], nur in der als der Ma. eigenartig verzeichneten Gruppe (unter I, 5) hat die Partikel, besonders in Emphase, einen Nebenton. *Ed äs esi vil af'm Däsch, mer kennen et ned eriessen* [ə·r·i·ə.sn. ⏑⏊⏑]. I. Gut mundartliche Zusammensetzungen mit Verben. 1. Mit noch deutlich fühlbarer Grundbedeutung, zunächst: ‚aus', ‚heraus', sodann: ‚auf'. a) Intrans. -hungern, *-lêchen-, (-häln),* -wachen. — b) Trans. -bällen, -blasen, -brechen, -denken, -führen, -finden, -heben, -klauben 1, *krupesen,* -lösen, *-poddern,* -raten, -wellen. — 2. Verallgemeinert: ‚in einen Zustand geraten oder bringen'. a) Intrans. -bleichen, -sticken. — b) Trans. -mehren. — 3. Mit Zuspitzung auf das Ziel der Entwicklung oder des Bemühens. (Insbesondre bei Verben der Bewegung ‚jemanden einholen'.) Trans. -dehnen, -folgen, *-fôren,* -langen 1, -leben, *-präcken,* -schnappen, -wischen. — 4. Mit besondrer Betonung des Abschlusses der Entwicklung (Tätigkeit). *er-* bedeutet so viel als ‚fertig-', mit der Nebenbedeutung des Vernichtens. a) Intrans. -frieren, -gehn, -liegen. — b) Trans. -beissen, -blitzen, -brühen, -flammen, -frören, -füllen, -geben, -leuchten, -schlagen, -stossen 2. — 5. Mit besondrer Betonung der Anstrengung, mit der das Ziel erreicht wird. *er-* bedeutet so viel als ‚mit Mühe fertig-'. a) Intrans. -sterben. — b) Trans. -bereiten, -dreschen 1, -essen, -fegen, -halten 1, -heizen, -klauben 2, -kochen, -krauten, -lernen, -machen, -nähen, -pflücken, -sättigen, -schaben, -schätzen, -schleppen, -schuhen, -schütten, -sehen, -tragen, -warten 1, -zählen. — 6. Mit dem Nebenzug, dass die Tätigkeit abgeschlossen erscheint und das Objekt der im Verbum ausgedrückten Tätigkeit dadurch zum bleibenden Besitz gemacht wird. Trans. -arbeiten, -betteln, -dienen, -dreschen 2, -erben, -fahren 1, *-frängdern,* -fuckern, -gattern, -kärgeln, -laufen, *-rackern,* -schachern, -schneidern, -schustern, -sparen, -übern, -wirtschaften.
II. Mit Substantiven s. *-fêrschel.*

erachten, eruechten schw. [Geh. Spr.] ‚schätzen' (der Menge, Grösse, seltner der Güte nach, Binder, Coll.). »Also wie das ros, als ich erachten, dahin komen ist den berg ein, ist es hauptlein (kopfüber) hinein gestiket (gestürzt)« (1599, Ger.-Prot.). »Wir haben das mäl gesehen, welches die Fuerleut in den Tabor bracht haben, und nach unserem erachten vermeinet« (1598). »Ich erachte, E. . werde mir nit für übel han« (1596). — DWB. 3, 694.

Erachtung, †. »er solte dass gantze Capitel bitten, zum andren mit seinem Seelensorger versöhnen, zum dritten die gantze Gemein umb Verzeügung ansprechen, zum vierten seiner weltlichen Obrichkeit nach erachtung Straff erlegen« (Cap. Bog. 1665). — DWB. 3, 695.

~, **eraf** (⏑⏊) ‚herauf', s. d.

~, **eräm** (⏑⏊) ‚herum', s. d.

~, **erän** (⏑⏊) ‚herein', s. d.

erarbeiten, erarbeden schw., nösn. *eruarbedn* schw. ‚durch (schwere od. andauernde) Arbeit erwerben'. *Det hun ich mer allest mäd ĩjänen Hängden erarbet. Ded äs ned erärft, ded äs erarbet. Desen Hôf hu mir zwie* (Eheleute) *es erarbet, mer hadden näst, wæ mer es nạmen.* Leichtfertiges Sprw. *Wuod em sij erfruondjert* (durch Heirat erhält), *mạes em sich nied erạrbeden* (Katzendf.). *Wuod ich miät dem Muolj* (mit dem Mund d. i. mit reden) *bekun, mạes ech mer nied erạrbeden* (Ebda.). *Wạd em mät dem Mel erhộlde kạn, terw em,* (darf, braucht man) *net mät den Hạnjden* (mit den Händen) *erạrbeden* (H.-W., 345. Vgl. SCHUSTER, 244). — DWB. 3, 696.

Erasmus, P. N., F. N. Erasmus Litteratus (1499). Blas Erasman (Erassman, Hstdt., 1479). Hans erassym (1549). Joannes Erasem, civis cibin, (1570). »Erasmus der schulmester von Magerey« (1559). »Bassgen Erasmus schosters ssun« (16. Jahrh., V.-A. 16, 388).

, **erbæ** (◡ ⏊) ‚herbei', s. d.

erbällen, erballen schw. meist Part. *erballt* (◡ ⏊), nösn. *erbạlt* ‚aufgeschwollen', ‚wund' (wenn sich infolge grosser Reibung durch Gehen oder Arbeit die Haut am Fuss oder an der Hand löst und sich eine Blatter bildet). *De Fiesch* (Ferse) *as mer erbäolt* (Zeiden). *Der Fanjer* (Finger) *äs mer erbauelt* ‚eitrig' (nur von Finger und Zehe, Bekokten). *De Iussen hu sich de Fois erbạllt* ‚wund getreten' (D.-Tekes). *Erbaelt Fiäus* (Felmern). Auch sonst Umgebung von Reps: *erballt; erwôlt* (Füsse, Gr.-Sch.); *erwạllt* ‚gequollen, angeschwollen' (Scharosch b. Schenk), *erbauelt* (Bekokten), *erboult* (Neithausen) *erbạlt* (von den Hufen des Viehs, Bogeschdf.; Hohndf. von aufgeschwollenen Fersen); *erbạlt (Bistr.)*. Syn. *afgebạlzen* (Törnen), *afgebîbest* (Rumes), *afgeblôsen, ạfgedoist* (Stolzenbg.), *afgedriwen, afgefäffen (Wallendorf), bälsich, balsterich* (Schässburg), *bältzich (Heidendorf), bamstich, gebạlsen (Nieder-Eidisch), gebạlst, gebạlzt* (Draas), *bạlsich, gebạlst* (Agnetheln) *gedaljzt* (Weisskirch bei Reps); *geplôtzt, verbạllzt* (Bulkesch). HAGER (Reps) verzeichnet ein *erbạllen* ‚erkälten', was offenbar auch auf den durch Frost aufgeschwollenen Fuss (Ferse) geht. — Das seltene und im Aussterben begriffene Wort gehört zu mhd. balle ‚Ballen an Fuss und Händen'. Das entsprechende mhd. erbellen heisst demnach nicht allgemein, ‚ein Glied durch einen heftigen Stoss, worauf gewöhnlich Geschwulst folgt, beschädigen' (Mhd. Wb. 1, 118), sondern ‚(die Füsse) aufschwellen machen', ‚wund gehen', ‚so lang durch das Gehen usw. reiben, bis der Fussballen aufschwillt'. Mhd. zwô dicke sôlen leit er an; daȝ hât er umbe daȝ getân, daȝ er die vüeȝe niht erbelle (LASSBERG, Liedersaal 3, 393; mhd Wb. a. a. O.; LEXER, 1, 611; ‚den Ballen der Hand oder des Fusses verdrehen verstauchen'). In gleicher Bedeutung und Verwendung mhd. (die vüeȝe) verbellen. (LEXER 3, 72); SCHM. 1, 228. DWB. 3, 715. Hieher gehört wohl auch lux. eng erbellt Ron's ‚Rotlauf' (eigentlich ‚aufgeschwollene Rose' Lux. Wb. 89). Die oben angeführten Syn. bezeichnen das Aufgedunsene des ganzen Leibes, namentlich des Gesichtes, *erballt* ist auf Fuss (und Hand) beschränkt. Doch gehen *bälsich, balsterich, bältzich, gebạlsen* usw. im Grunde auf denselben Wortstamm (ahd. belgan ‚aufschwellen') zurück (s. 1, 400 unter *bälsich* und *Bạlstrebliet); erwôlt* (Gr.-Sch.), *erwạllt* (Scharosch) ist in die Analogie von *erwällen* (s. d.) ausgewichen.

erbarmen, erbarmen schw., nösn. *erbuarmen* schw. 1. [Geh. Spr.], mit dem Gen. der Person. ‚sich erbarmend jemandes annehmen'. *De Säster heot sich dier eormer Woisen erbạrmt* (Gr.-Sch.). *Wî wit sich mienjer erbạrmen!* (Alzen). *Em kemm* (kann) *em nemoi hälfen, der Härr sôl sich sainjer erbạrmen* (Gr.-Sch.). *Härr erbạrm dij âser!* (Ebda.). »und ich erbarmet mich irer und nam sie zu mir, dass sie nicht erfror und hungers umbkham« (1619, Ger.-Prot.). — 2. Volkstümlicher im Sinne von ‚bemitleiden' mit dem Acc. der Person. Konstruktion: *Ich erbarmd en unt gộw em ze iessen. Dî Mäntsch iäs zem erbạrmen* (Katzendf.). *E schrî* (weinte) *zem erbarmen. Mer erbạrmen dæ eorem Leijt* (Gr.-Sch.). Von einem grossen Jammer: *Ed äs zem Štîn erbarmen. Ech bän gor erbạrman, ich kûn* (kann) *nemeste schroie sæn* (Schönbg.). Im Waisenlied:

Wol goit der Wäinjt, wol scheppeln de
Garwen,
Wor vil wär'n es de Fremden
erbarmen. SCHUSTER, 35.

Em sộl (terf) en ned erbarmen ‚er hat noch', ‚kann noch' (sc. arbeiten, geben). »Der Klekner sagt auch damals zu diesem Daniele, du armer Kerl Ich erbarme dich von Hertzen, dass dich diese H. bestrikt so unschuldig, denn Ich hab schuldt an ihr« (1662, Cap. Bog.). »Ich erbarme sie und muss sie heuraten« (1676, Ger.-Prot.). — 3. F. N. »Petrus gott erbarmet« (Wölz, 1598). — DWB. 3, 701.

Erbarmen, Erbarmen n. [Geh. Spr.]. *E huet nichen Erbarmen. E kennt nichen (e wîss vu nichem) Erbarmen.* »*E Mentsch, unt glạd en*

Frâ iunen Erbąrmen, mäd em štenrane Gemǣt, äs wǣ en verschmilt Blom, dǣ äm Schâden afgegongen äs« (Zw. Krez., 8). — DWB. 3, 703.

erbärmlich, erbärmlich [Städt. Halbma.]. *Ed äs erbärmlich kąlt, deier* (teuer), *vil.* Echte Ma.: *schêmerlich.*

erbauen, erbân schw. 1. ‚ein Gebäude errichten' fehlt in der echten Ma. Dafür das Simplex. *Wi huet det gebât?; afbân.* In der ältern Kanzleisprache: »wie das des gemelten Kindes sein Haus verbronnen were vnd sie hetten nicht macht noch kraft solches Haus widerumb zu erbauen vnd dem Kind nachzuhalten« (1556, Rechtsgesch. 2 356). — 2. ‚ein Ackerstück zum erstenmal anbauen', ‚urbar machen' †. Von gerodeten Dornenhecken: ». dass solches erb zu ewigen czeitten eines iedens erbeigen sein soll, der es gerottet vnd erbawet hat« (1567, Rechtsgesch. 2, 368). — 3. Übertragen: ‚gemütlich, religiös erheben' [Geh. Spr.]. *Des Prädich huet mich na ìst erbât.* [Städt. Halbma.] *Ich wôr net sîr erbât iwer dąt, wad ich sąch. E wit net sîr erbât sen, wonn e dąt hîrt.* Der sinnliche Hintergrund noch in Wendungen wie: »das Unkraut und böse nicht allein abzuschaffen, sondern auch das gute zu befördern, damit allso der Himmel von uns auff beiden theilen gar richtig erbawt« (1636, Cap. Cib.). — DWB. 3, 705.

Erbe, Ärf n., nösn. *Iärf* n. 1. Allgem. ‚der Erbnachlass'. *Ded Ärf sûl dernô eogekringkt* (ungeschmälert) *u mech kun* (Gr.-Sch.). *Ded äs det gąnz Ärf vu mengem Vueter!* »wo einer styrb so sollen die kindt kein Erb haben in der zech« *(Bistr.* 1549, Schusterz.). — 2. Zumeist aber ist das Wort eingeschränkt auf die Bedeutung ‚ererbtes Ackergut' oder (seltener) ‚ererbtes Wohnhaus' und sodann verallgemeinert als ‚Ackerstück' oder ‚Wohnhaus' überhaupt. a) ‚Ackerstück'. *E hôd Arf* (Grundbesitz) *gekûft* (Katzendf.). *E huat nechen Getter* (Grossvieh), *wae sôl e ded Arf beąrbeden?* (Schönbg.). *E hued en ous sengem Ärf brôcht* ‚um sein Hab und Gut betrogen'. In Wendungen wie der folgenden klingt noch die Vorstellung des Ererbten durch: »*Gemz* (ganz) *och eogedoilt sôl det saksešch Arf och oist ąf man Känjt kun*« (Dä Ôlden, 32). ‚(Erbliches) Grundeigentum' *Arf, Ärf* (Umgebung von Reps, Kbl. 7, 111). b) Schon in der ältern Kanzleisprache begegnet dieser völlige Übergang in die Bedeutung ‚Grundstück'. Den Übergang bilden Wendungen wie: »So dem Schuldherrn des schuldigers erb vom Richter für die schuld wird zu gesprochen / oder were jhm verschrieben worden / solch erb sol . . . offentlich feyl gebotten werden« (E. L. R., 50). »(zogen) denselben darumb zu recht und haben für mir, dieweil ich honn zur selben zeit in der gemein war, getedigt, vermeinten sie hetten grössere gerechtikeit darzu, weil es ires vatters Erb gewesen war, denn die Frembden« (1579). »Dieses Achatz Rill Hausfraw hat durch mich noch im Medstande fur 3 Jahren den Hannes Keyser vermanet, er solt das stukle weingarten, welches fur ihrem erb wer, nicht arbeiten, den es ihr vater angefangen, und auf sie sehe« (1599, Ger.-Prot.). »Georg Rott: Ich hab offt vermanet, das man diesse wuste erde solt roden, den ichs nicht leiden könt, dieweils bei meinem erb gewesen, aber niemant hat darzu thuen wollen bis der Hannes Keyser gerodet hatt« (1549, Ger.-Prot.). Auch im E. L. R. gilt Erb und Erbgut einfach für ‚Ackerstück'. Die Formalitäten bei Kauf und Verkauf eines »Erbs« (E. L. R., 135) s. o. unter *Almesch.* »Des . . . Schwiegervater hat das iezichte streitige erb gar schön gefeget« (1599, Ger.-Prot.). »Sondern die gemeinen Zins und die Mühl und die assper Pfennig soll der H. Burgermeister der Stadt jährlich verrechnen, als andere Ding und gekauft Erb der Stadt« (1541). »Also ist die gemein mit einander eins worden, das man solches erb auf der Kantzell sollt verkündigen« (1609, Ger.-Prot.). »und in solchem ackern kompt ein Weib dahin und unterredet den Mechell Serb mit diesen Worten, das sein Herr kein recht hat zu dem erb« (1609, Ger.-Prot.). »Wo freundt weren zu solchem Erb, sollten sie es aufarbeitten, wo nit so sollten es die nachbar aufrichten« (1609, Ger.-Prot.). »Es wird mitt Verwilligung der weisser Herren alss auch der Alttschafftt den 3 Bürgeren ein stuck Erdt gegeben, einem jeglichen ein 4 theil Landt dass Erb ist im Heltten Graben« (17. Jahrh. Trappold, Kbl. 4, 74). Differenziert: »wenn solch garten erb wiederumb feil mögt werden« (1586). »ein Feld erb, als Weingârten vnnd Wiesen land« (E. L. R., 81). »dass die Weyer Erber (d. i. die in den ehemaligen Befestigungsteichen angelegten Gärten) vmb die Stadt von Einem Fürsichtigen Wohlweisen Rath sowohl auch von der Erliger gemein sollen visitiert werden« (1615, Seiv., Lok.-Stat. 37). — Gegenwärtig allgem. *Ärf* ‚Besitz an Grund und Boden'. *Dô äs vil Ärf. Ded äs meng Ärf* ‚das ist mein Grund und Boden'. *Ich sąl mer nôch e wenij Ärf uschaffen.* — Syn. ‚(ererbtes) Ackerstück': *Ärfdîl; Ärfštäck; Awǣre* (rum.); *Dîl* (Teil); † Erbschaft; *Giats* (Gut, Durles); *Grangt; Grangd uch Bodem; Grangtbesätz; meng Iert;*

meng Îjänet; ïjä Grangt; Moschîe rum.); *Štäck; ugeürft Haw uch Gât; Vermêjen; Wêsn (Pintak).* — c) In Fl. N. *Äm Ärf* (Kastenholz). *De Ärwer; än den Arwern* (Reussmarkt; hier nur als Fl. N., sonst gilt für Eigenbesitz an Grund *Grangt).* In Zusammensetzungen mit P. N. *Af'm Wiᵉweren Ärf* (Girelsau). *Flaschnerärf* (Heltau). — d) Seltner auf ‚Gebäude', ‚Hof' bezogen. »Ittem das dritte Dritteyll ist das hynderst e r b als nemlych dy drey leymerne stuben mitsampt der erden« (Teilbrief 1541, Rechtsgesch. 2, 349). »Als die Michel wädische schlacht alhie bej der Hermannstadt geschahe, so verdinget mir die Fanischerin ir schewr das ich hej (Heu) darin lecht, aber es geschah mir grosser schadt durch des. nachber e r b, welches damals gancz und gar wüst lag« (Hstdt. 1600, Ger.-Prot.). »Der Besodtner hat mich hinausen nach stro geschickt, und mir verlossen, das ich etlige Dill ann einem e r b l e i n solt abreissen und mit bringen denn das e r b sej sein« (1600, Ger.-Prot.). »Meierhof und Müll, so des Pfarres genennet wird, ob sie der Pfarrer für sein Notdurft haben will, soll er solche E r b e r mit seinen Unkosten bessern und bauen« (1605, Qu. Kr. 5, 193). »29.—31. Okt. wurden alle unbewegliche E r b e r beschrieben: die Häuser, Gärten, Meierhöfe, Biengärten etc.« (1741, Qu. Kr. 4, 145). ‚Hofstelle'. »Wol gemuds E r b« (1541, im Verzeichnis der Hofstellen in der Nay Gasz in Kronstadt, Qu. Kr. 3, 129).

Lautt. 34. mhd. erbe. Dem Worte klingt ein besondrer Gefühlston mit, Stolz auf das unantastbare Eigentum an Grund und Boden und zugleich das Verantwortlichkeitsgefühl für die ungeschmälerte Bewahrung dieses Besitzes auf Kind und Kindeskind. »Die Grundlage dieses Dorflebens ist der Grund und Boden, das E r b e, das zum Hofe gehört dieser Grund und Boden aber, der sein ganzes Leben trägt, ist der Stolz des Bauern. Der Beamte ist abhängig von der Gunst der Obern, die selbst wieder auf schwankenden Füssen stehen; er aber ist der Herr, er wählt sich den Pfarrer, den Richter; und mag auch der Feind ihm die Saaten niederstampfen, die Erde kann man ihm doch nicht nehmen. Dadurch aber wird ‚das Erbe' zu einer moralischen Macht, unter die der Mensch sich beugen muss; es darf nicht geschmälert werden, es muss wachsen; deshalb darf der Bauer nur zwei Erben haben, damit das ‚Erbe' gleich bleibe, oder auf den grössern Höfen gar nur einen, damit es durch Heirat sich vermehre. Nicht das Erbe ist um des Menschen willen da, sondern dieser um seinetwillen. Dieses Erbe kann zu tiefem tragischem Konflikte führen, wie gerade in der »Dorfschule« den Höhepunkt der Erzählung der innere Kampf in der Seele des reichen Bauern Tobias bildet, in welchem die Liebe zu den zwei ihm noch übrig gebliebenen Kindern mit der Überlieferung seines Hofes, der nur einen Erben duldet, streitet, bis er vom Seelenschmerze gepeinigt sich entschliesst, den Brandstoss in die korngefüllte Scheune zu werfen« (A. Schullerus, Michael Albert, 76. Eine tiefgehende Erörterung der Vorstellungen und Gefühlswerte, die im Begriff unsres ‚Volkserbes' liegen s. bei Fr. Teutsch, V.-A. 37, 215 ff.). Dieser besondre Gefühlston und zugleich die Übertragung auf ‚Grundbesitz' überhaupt muss vorsiebenbürgisch sein, da im neuen Kolonisationslande die auf dem Grundsatz der gemeinsamen Nutzung beruhenden Besitzverhältnisse den Begriff des Erbes geradezu zurückdrängten. Die Gemeinde als solche war der Besitzer der Dorfmark *(Hattert).* Wald und Weide ist bis auf die Gegenwart herauf hierzulande gemeinsam genutzt worden, die Wiesen wurden bis zum Ende des 19. Jahrh. nach Zehntschaften neu aufgeteilt und verlost, und bezüglich der Ackerländer sehn wir, wie erst allmählich der Eigenbesitz sich entwickelt. Bezeichnend daher, dass z. B. in *D.-Zepling* vor 1848 *Iᵉrf* nur für Weinberge galt, da nur diese Privateigentum waren. Auch die Fl. N. *Arwer* (d. i. ‚Weingärten, die je zum Hof gehören' s. o.) und die mit P. N. zusammengesetzten Fl. N. (s. o.), die wohl ehemalige Privatrodungen bezeichnen, deuten auf das ehemals seltnere Vorkommen von Erbeigentum. Die zu den einzelnen Höfen gehörigen Wiesen, die mit diesen verkauft und vererbt wurden (4—5 mal so gross als die gewöhnlichen *Deler* ‚Teile') hiessen *Hôfwisen.* Über jeweilige Neuaufteilung der Äcker die Jahrhunderte hindurch und die Anfänge des Privatbesitzes vgl. Schuller, Landw. 18. Vgl. auch Kbl. 23, 33 f.; 27, 21; Teutsch, Sachsengesch. 3, 49; 174. Als charakteristisch für Wort und Sache im Übergang von Gemeinbesitz in Erbeigentum mögen hier noch zwei Aufzeichnungen stehen. »Es sein für einen ehrsamen weisen radt in der Hermanstadt persönlich erschienen der ehrwürdig herr Stephanus Grosz, pfarherr, vnd Jörg Eckerdt, der zeit honn, vnd Hanns Czekel, radtgeschworner, vnd Brus Eckerdt, alle zugleich innwohner zu Homersdorff, vnd haben vns zu erkennen geben, wie sie einträchtiklich mit bewilligung der ganczen gemein etlich dornhecken, auff irem hatterdt ligend, auszurotten vnd baumgärten daraus zu machen angefangen, auch etliches baumgartenerb schon allda gemacht vnd verfertigt hetten, iedoch mit harter, schwehrer arbeitt vnd czwischen andern dorffsleuten vnd mittwonnern der gemein sie auch freywilligklich irem pfarrherr herr Stephano Grosz ein stuck, oberhalb den weingärten, die zum widhoff gehören, gelegen, gegeben hetten, das er aus dem seinigen erbaut vnd gepflanczt hatt, vnd solche baumgartenerb mit dieser auffnemung vnd zusag ausgeteilt hetten, das solchs erb hinfort nit mehr gemein, noch auff die höff geteillt werden, sondern zu ewigen czeitten eines iedens erbeigen sein soll, der es gerottet vnd erbawet hat vnd soll auff die kinder vnd nachkommen immerzu succedirn vnd denselben wie andere hab vnd gütter heimfallen« (1567, Kbl. 7, 6). »wass mit verwilligung der Gantzen Gemein ist geschehen, dass an etlichen örteren einer vndt der ander aufgesagt hatt, mancher 3 / 4 / 7 / theilcher, welches der gantzer gemein künfftig soll auffgetheilt werden, dem Reichen wie dem armen, doch mitt solcher Condition, wenn vnsser Herre Gott bessere friedtlige Zeitt solte geben, vndt sich vnsser erbarmen, vndt die Gemein sich mitteinander verwilligten, dass ein jederer wiederumb sein Erbtheil solte besitzen, so soll ein jederer nach inhalt sein Erbtheil haben vndt bekommen, wie sie im gemein buch beschrieben sein« (1707, Trappolder Gemeinbuch, Kbl. 4, 76). — DWB. 3, 708.

Erbe, Ärf m., Pl. *de Ärwen*, nösn. *Ïärf* m. Pl. *de Ärbm*. 1. ‚der Erbende'. *Mir sen de înzij Ärwen. E huet nichen ĝnder Ärwen.* Sprw.: *Mellners-, Bäks-, uch Lejtschewersgäkt* (Gastwirtsgut), *behaltch sij an em Fanjerhäkt* (Fingerhut) *unt kit nätch af den drätten Ärwen* (Kronst.). »da bleibt alles guts, auch aller segen auf die nachkömling, erben und kindtskinder« (1589). »bekennen hyemit dyssem unsserem pryeff vor unss und all unsser erben und nebenerben« (1543). »Gęhet der son oder die tochter on leibliche kinder mit tod ab / vnd lassen hinder sich vatter oder mutter / diese werden allen seitwartz erben fůrgezogen« (E. L. R., 60). »ir wist das ir denn Hoff verkauffth hoth dorzu ir sun Cristophorus eynn erb war, und hoth auss dem selbigen geldth für diesen Hoff gegeben fl. 36« (1564). »sonder seine benantte Hausfrau Anna solt sie alle mit gelth abrichten wnd der nechst erb czum Haus sein« (1600). »gemachte Erben« (d. i. wer als Erbe eingesetzt ist; E. L. R., 89). Nach dem alten Gewohnheitsrecht war der Erbe des Hofes (in Städten des Wohnhauses) der jüngste Sohn. Dafür, dass diese Bestimmung hinter das E. L. R. zurückgeht, hier nur ein Zeugnis. »Conclusum et determinatum est, ut deinceps affuturis semper temporibus inter haeredes utriusque sexus masculus minor natu in haereditatibus paternis succedere habeat et optionem assequatur, inter haeredes vero fǒminini duntaxat sexus similiter femella minor natu succedere et optionem habere semper possit et valeat, priori consuetudine vel potius abusione in hac parte hactenus qualitercunque observata et introducta non obstante« (Univers.-Protokoll 1524, Abschr. Fr. Teutsch). »Gehen die Elter mit Todt ab . der jůngste Erb behelt das haus / vnnd der ander das Feld erbgut. Inn mårcken aber vnd inn Dǒrffern gebůhret zwar dem Jůngsten des (das) Haus erb das Feldgut aber sollen sie gleichwol in gleiche teiler auff theilen« (E. L. R., 81). Dabei galt aber die Bestimmung: »wollte aber der jůngste erb das Haus in der teilung nicht behalten / oder kůnde es vnuermǒgligkeit halben zu sich nicht lǒsen / der ander noch jm der jůngste / wird dasselbe zu behalten recht haben« (E. L. R., 83), was in der Praxis oft genug zur Beseitigung des Erbrechts durch ältere Verwandte oder den Stiefvater führte (Rechtsfälle z. B. Rechtsgesch. 2, 372). »das mir nit gerechtikeit zu der besitzung des Hauss sunder der Jüngster erb, nemlich diser Georgius Weber, den es nit billig wer, das man dem Jüngsten Erben das abtheilen solt« (1563). »Wiewoll aber die besiczung des bemelten haus auff Jǫrg als auff den jüngsten mannlichen erben von rechtswegen thut sehen« (1567, Rechtsgesch. 2, 368). — Mit Erben abgehn ‚sterben'. »im Pfahl er würde mit erben abgehen (sterben)« (1650, Ger.-Prot.). — 2. Übergehend in die allgem. Bedeutung ‚Sohn', ‚Nachkomme'. In der Taufanzeige eines Sohnes: *Ech dongke Gott, dat e äs netch weislöus gelossen an äsem Ïštöunt saiujdern e hued es geseijent mad em gangen Arwen* (Neustadt i. B.). »Petrus Ernst de Honebach: das er mit der ersten und andern Fraw kein erben gehabt, darnach das der Hoff eins ist gewesen« (1599, Ger.-Prot.). ». diser widwen gewesener Hausswirt, verschiden ist, so ist doch hinder Ime beliben seiner Erben einer, welchen wir mit der Muetter schwerlig vom halben Hoff verweisen können, dieweil es sich weitleiffig bewert, das derselbig von Irem Hausswirt redlich und recht erkaufft sey worden« (1580). »Es hat auch der Erben eyner Petrus Wagner, solch Erb fürmals für ettligen Jaren angefangen« (1579). »Es hat mich manches bewogen wegzugehen, nicht aber die Soldaten. Denn einmahl stinckt es ihm schändlich aus dem Maul, und über das habe ich keine Hofnung von ihm zu einigen Erben« (1740, Aussage der angeklagten Ehefrau; Cap. Cib.). Diese volkstümliche Gleichsetzung von ‚Erbe' mit ‚leiblicher Nachkomme' hat auch im grossen Brukenthal'schen Prozess der ev. Kirchengemeinde Hermannstadt den Kern des Streitfalls gebildet. In einem Nachtrag zu seinem Testament hatte Baron Carl von Brukenthal (Oberkapitän von Fogarasch, † 1857) verfügt, es solle durch seinen Universalerben ein Fideikommiss »nach dem Rechte der Erstgeburt für seine männlichen Erben und Nachkommen evangelischer Religion« gebildet werden; nach Erlöschen des Mannesstammes sollte das beträchtliche Vermögen als fromme Stiftung zur Erhaltung der Pfarrkirche, des ev. Gymnasiums, Waisenhauses und zur Unterstützung von Hausarmen durch die ev. Kirchengemeinde von Hermannstadt verwendet werden. Als dieser letztere Fall eintrat, machte ein entfernter Seitenverwandter als ‚Erbe' Anspruch auf die Besitzungen, und nur in langwierigem Prozesswege gelang es, die Entscheidung zugunsten der Stiftungen zu erreichen. »Erben und Nachkommen« ist hier selbstverständlich, wie sonst in königl. Donationen »haeredes et posteritates«, nur die Verdopplung desselben Begriffs ‚Leibeserbe', ‚Nachkomme'. — Lautt. 34; mhd. erbe m.

erbeigen, in der älteren Kanzleispr. »Dass solches erb hinfort nit mehr gemein sondern eines iedens erbeigen sein soll« (1567, Rechtsgesch. 2, 368). Zur Sache s. unter *Ärf* (Erbe) n. — DWB. 3, 713.

erbeißen, erbeissen st. Refl. ‚den Schmerz (Zorn) verbeissen, unterdrücken', ‚ruhig werden', ‚nachgeben' (vom Zorn, Leidenschaft; Binder, Coll.). Eigentlich: ‚sich fertig beissen', ‚mit dem Beissen fertig werden'. *Det Wadder kemm* (kann) *sich nôch ned erbaissen* ‚das Regenwetter will noch kein Ende nehmen' (Gr.-Sch.). *Het sich de Menn* (Mann) *neq erbässen?* ‚hat er sich beruhigt, zankt er nicht mehr?' (Gr.-Sch.; darauf schnippische Antwort: *E wit* (wird) *sich dich verrichten* ‚er wird ja zusehn, was er macht'). — Zu *beissen* (beissen). mhd. erbîʒen. DWB. 3, 714 (in der obigen Bedeutung nicht verzeichnet). Vgl. lux. sech erbeissen ‚an sich halten', ‚seinen Zorn bemeistern' (Lux. Wb. 89). Ebenso lothr. ech hat Meïh mech ze erbeissen ‚meinen Zorn zu bemeistern' (Follm. 124).

(Erbel), nösn. **Iärbel** ‚Ärmel'. In der Wendung: *e äs mer äm Iärbel* ‚es ist mir auf der Zunge'. Frühnhd. Erbel. Kisch, W. u. W. 74. DWB. 3, 715.

Erben, F. N. (Helsdf.). s. Erwin.

erben, ärwen schw., nösn. *iärbm* schw. 1. Intrans. ‚forterben', ‚als Erbe zufallen'. a) Von Hab und Gut. (Syn. *uštärwen* ‚ansterben'). »Es sei dieses Land ein erbendes Kirchenland und pfleget nicht aufgeteilt zu werden, sondern bleibe auf den letzten Erben in Familia« (1676, Ger.-Prot.). In der älteren Kanzleisprache mit ‚an' und ‚auf' konstruiert. an: »ist aber geschicht, das der pecher des Matis sol seyn, doch von eynem Kindt an das andre zu erbenn nach gemeinen Landtbrauch« (1541, Rechtsgesch. 2, 350). »sagen derhalben si juris, das das selbig derselben gütter, auch von unserem Paulo an uns geerbet ist worden, und begeren auch die selbige gütter vom beweglichen und unbeweglichen gutt wie oben bestimpt, aus dem zwe teyl« (17. Jahrh. Ger.-Prot.). »Solche Heertag nun sollen an keinen Freund und Geschwistert nicht erben« (1681, Kbl. 18, 95). auf: »Pfarrherren, welche dem Uhrsprung nach Jobbagyen seindt, sollen zwar havsser in der Hermannstadt kauffen können vnd besitzen, aber nach absterben derselben sollen dieselben nicht Erben auff diejenigen, so den extra statum ecclesiasticum leben, vnd von den Nobilibus angefochten können werden, sondern die havser verkauffet werden« (1651, Rechtsgesch. 2, 383). »Es ist dem also, dass die Wohnung des Actoris seines bruders nun auf ihn den Actor geerbet« (1650, Ger.-Prot.). »Stirbet aber ein Mensch so bleiben die Heertäg auff dem Hoff stehen und erben auff das Kind allein« (1681, Kbl. 18, 96). — b) insbesondere von Krankheiten, (bösen) Gewohnheiten, Makel; *ärwän* ‚forterbend' (Krankheit, böse Gewohnheit), wie nhd. erblich. *Dâd (det Läjen,* ‚das Lügen', *det Soffen* ‚Trunksucht') *äs dô ärwän* ‚das ist ein Erbfehler in der Familie' (in der Gemeinde). *Esu äst arft* ‚ist ansteckend' (Schönbg.). »vnnd die straff frembder laster erbet nicht« (E. L. R., 158). Besonders von Krankheiten: *Hât* (hütet) *ich't fuir dem Trenjchen* (Kathrein), *senj Krint äs arwan* (Schönbg.). Als solche ‚erbende Krankheit' gilt die neuerdings leider mehr als früher sich verbreitende Tuberkulose *(Ouszierungk),* doch meinte der Bauer auch, als ihm 3 Kinder an der Diphtherie gestorben waren: *Des Krint mess denij arwa senj* (Schönbg.). — 2. Trans. ‚als Erbteil empfangen' (Syn. *dîlen* ‚teilen'). a) ohne Beifügung des Objektes. *Dâ wärden îst gâd ärwen. Mir selle vum Mächelbâtschu arwen* ‚wir sind die Erben vom Oheim Michael' (Schönbg.). Sprw. *Vil dâles, schmuel ärwes* (Schuster, 178. Scherzhaft im sächs. Nhd.: Viel Teiles, schmale Erbsen). *Gekt* (gut) *ärwen äs det bêst Hôntfrek* ‚das beste Handwerk' (Kronst.). »also das der mutterliche Grosvatter inn der Mutter linien / das ist / das Drittheil inn den Gůttern des verstorbenen Enckels erbet« (E. L. R., 61). Syn. (scherzhaft): *Âsem Niuber huat henjt en Amme geliussen, net Špâss* ‚unserm Nachbarn hat heut Nacht ein Bienenstock geschwärmt, d. h. sein reicher Schwiegervater ist gestorben und er kann jetzt dick erben' (Schönbg.). — b) mit hinzugefügtem Objekt. *E wit niet vil arwen (dîlen*, Katzendf.). »(Die Kinder verstorbener Eltern) erben in den stammen / das ist / sie entpfahen aus jrer Grosålter verlassener habschafft so viel / wie viel jr Vatter oder Mutter draus geerbet hatten« (E. L. R., 57). Verächtliche Bezeichnung geringer Erbaussichten: *Ir wärd îst vil vum Bâtschu ärwen.* Antwort: *Cha, de lêtxten Iudem* ‚den letzten Atem' (Schönbg.). Lautt. 26. mhd. erben trans. und intrans.

erbereiten, erbrîden schw. ‚(mit Mühe) fertig machen', ‚ganz fertig werden' (mit einer Arbeit, namentlich einer bestimmten Feldarbeit). *Heod er broit?*, seid ihr (mit dem Maishacken) fertig? Antw. *Nê, mer kainjden et bäs Iuwent ned erbroiden* ‚konnten (trotz alles hastigen Fleisses) bis zum Abend damit nicht fertig werden' (Gr.-Sch.). — s. d. Simplex *brîden* (bereiten, ‚fertig werden').

Erbert, †. »Erberds hannis« (Kronst., 1475, Qu. Kr. 3, 749). Zum ahd. P. N. Erbhart oder eher für den üblichen ss. F. N. Herbert mit patronym. Gen. -s. (Wegfall des anlautenden h wie in der Ma. üblich, *eruef* ‚herab usw.).

Erbesdörfer, F. N. »Laurentius Erbesdörffer« (1579, Schässburg). Vgl. den O. *Härwesderf.*

erbetteln, erbäddeln schw., nösn. *erberln* schw. *Der Zegun erbäddelt sij äm Wainjter, wqt e brocht* (Gr.-Sch.). *Der Zegun heqt sich ded Iuwendammes erbäddelt* (Ebda.). Scherzhaft: *Ech hu mer des Laiwent (det Däppen) vu manner Motter erbäddelt* (Ebda.). *Dî hôt sich genqch erbarrelt* (Katzendf.). — Das *erbäddeln* ist der Hauptverdienst der (ortsansässigen) Zigeuner, die im Sommer Sonntags vor dem Gottesdienst, im Winter Tag für Tag die Lebensmittel von den Bauern erbetteln, bei denen sie zu arbeiten pflegen (s. *Stepun*). — DWB. 3, 718

erbfähig, †. im E. L. R. Sehr anschaulich in der Bildersprache der Weistümer wird Erbfähigkeit gekennzeichnet: »Gebåhret ein Ehefrav ein Kind / welches bald in der geburt stůrbe / wirds bewehrlich / das es ein solch kinds geschrey gethan hat / welches inn vier ecken des Gemachs hat mögen gehöret werden / vnnd stůrbe drauff / es wird fůr einen lebendigen Menschen gerechnet / vnnd ist erbpfahig« (E. L. R., 58).

Erbfall, †. »Hat der verstorben weder auff noch absteigende erben hinder sich gelassen / desgleichen auch keinerley geschwestriget nicht / so werden der Brůder vnnd Schwester kinder zum erbfal geruffen« (E. L. R., 64). »Hat der Bastart weder ab noch auffsteigende erben / so werden die negste blutverwandten von der mutter her / inn den erbfal gelassen« (Ebda., 59). — DWB. 3, 719.

Erbfehler, fehlt. s. *ärwen* (erben). ‚das ist ein Erbfehler in der Familie', *dqd äs dô ärwän.*

Erbgemäch, ‚letzwillige Erbverfügung' †. »(Voreheliche Kinder erben, wenn die Eltern) sich erst darnach aneinander zur Ehe nehmen / gehen sie ohn erbgemåch ab zugleich mit den andern noch gebornen; Denn die folgende Ehe verpflichtung / ehelichet die fůrgeborne Kinder« (E. L. R., 58). »Stůrbe auch einer ohne erbgemåch« (Ebda., 63). »Stumme / Daube / Sinnlose / auch die vnmanbare / kőnnen kein erbgemåch nit auffrichten noch machen« (Ebda., 88). Vom Erbgemäch (Syn. Testament), der Verfügung über das ganze Vermögen, wird unterschieden: das Legat oder »bescheiden Gutt« (»bescheiden Dinng«), ein aus dem Gesamtnachlass ausgeschiedenes Sondergeschenk. (Vgl. Rechtsgesch. 2, 429). Zur Sache s. unter Testament. — DWB. 3, 720.

erbgenossen, †. »(der erbende, jüngste Sohn) sol seinem erbgenossen geschwestriget . . . jhre teiler nach der Schåtzung mit gelt erlegen vnd zalen« (E. L. R. 83). — DWB. 3, 720.

Erbgräf, Die Gräfen einzelner Dörfer, die ihre Würde erblich zu machen verstanden. — Das Wort entstammt nur den neueren geschichtlichen Untersuchungen. (Vgl. V. Werner, Ursprung und Wesen des Erbgrafentums bei den Siebenbürger Sachsen. Gotha, 1902. R. Theil, Zur Frage des Erbgrafentums. Kbl. 26, 1; 17; ferner Kbl. 26, 81; G. A. Schuller, in Teutsch, Bilder 2, 11). — Zur Sache s. unter *Grêf* (und *Hann*).

Erbgrint, †. ‚Aussatz'. »Item einer frauen der (!) dem trameter seinen (d. i. den Sohn des Trompeters) geheilt hat als von dem erb grent« (1528, Qu. Kr. 2, 115; 119). — DWB. 3, 721.

Erbgut, Ärfgât, nösn. *Ierfgât* n. *(Lechnitz).* ‚geerbtes Ackerstück'. »Hat ein Stadtman ein Erbgut auff frembdem hattert / er sols daselbs feil bieten lassen« (E. L. R., 134). »Gehet die Klag nicht auff die angenomen Person /

sondern auff ein erbgut wider sie / es sol fůr dem Gericht / welchem das beklagte erbgut vnterlieget / gesucht vnd fůrgenohmen werden« (Ebda., 13). »und daher zu befürchten steht, dass Er das Erbgut auch seiner künftigen Stiffkinder durchbringen möchte« (1776, Cap. Cib.). — DWB. 3, 721.

Erbherr, 1. in der Bed. ‚Besitzer eines Erbes', ‚Grundbesitzer'. Bei öffentlicher Ausbietung eines verpfändeten »Erbes«: »vnd so jemand was mehr / dan der schuld ist / drumb bieten wůrde / sol dem Erbsherrn zu wissen gethan werden« (E. L. R., 50). — 2. ‚Erbfürst, Herrscher'. »Item als der her der richter mit her hans penckner mit czomt her hans fuxen ist geschickt vorden czu kineglich genoden als czu vnserem erb herenn ken prag« (1528, Qu. Kr. 2, 108). Vgl. DWB. 3, 722.

erbieten, erbæden st., nösn. *erbâidn* st. [Geh. Spr.]. 1. Trans. ‚anbieten'. »Die Portschester aber erboten damals meinem Herrn, das er innen 8 tag solt warten, so wolten sie ihm als dann das Geld das halbtheil in der Stadt erlegen, hatten auch nach acht tagen fl. 120, aber sie konnten nicht von wegen des grossen wasser hinüberkhommen« (1600, Ger.-Prot.). — 2. Refl. ‚sich erbötig machen'. *Mer selle bân, de Frängt* (Verwandten) *hu sij erbodden, det Gehîlz* (das nötige Bauholz) *ze færen. E hôt sij erbǫdden, e wiäll es uch hiälfen* (Katzendf.) »Da got die fünff Stett mitt fewr vnd schwebell wolt verbrennenn: Erbeütet sich der herr kegenn denn Abraham, das er seiner furbit wegen gernn wolt verschonenn« (Dam. Dürr, Hdschr. 115). »das er sich järlich auff fl. 10 erbieten solt zu zalen« (1560). »Der Michael Leo hat sich erboten mit dem halben Lohn, es sollte nur nicht vor das löb. Gericht kommen« (1657, Ger.-Prot.). »Sie kompt auch nun nicht den Arztlohn zu fodern, ob wir uns schon mit der Zahlung erbieten« (1675, Ger.-Prot.). — DWB. 3, 723.

erbietig, †. »Dieweil der I(nculpatus) erbiettich ist, zu zahlen, wo er was schuldich wird sein« (1690, Ger.-Prot.). s. auch urbietig (E. L. R., 118). Vgl. *sij erbæden* (erbieten).

erbitten, erbidden st. [Geh. Spr.]. ‚durch Bitten erlangen, herbeirufen'. Sprw. *Vun âsem Härrgott let sich viled erbidden, awer näst erzwängen* (Schuster, 209). »(Wären die Testamentszeugen) vngefehr darzu kohmen / vnnd also nur vom Testatore angesprochen / vnd dar zu erbeten worden« (E. L. R., 88). »Disses zu mehrem grösserem glauben und bekrefftigung disser Quitans haben mir obgedachten Heren, disse benante Hern Erbeten« (1590). »also hat sie mich erbetten dass ich mich ihrer erbarmet« (1615, Ger.-Prot.). — DWB. 3, 725.

Erbiwung, †. »Am Sonntag vor Omnium Sanctorum ist ein gross Erbiwung in der Hermannstadt gewesen« (1550, Ostermayer, Chron. Kemény, Fundgr. 1, 40. »Erdbebung« (Ebda., 51). Vgl. DWB. 3, 722 (erbiben).

Erbland, s. unter *Ärf* n. (Erbe).

erblasen, erblôsen st., nösn. *erblôsen* st. Refl. ‚ausschnaufen', ‚zu Atem kommen'. In rechter sinnlicher Anschauung: »*Der Sacherîs erblâs sij emôl, iwerdrêt sij en puer grîss Liefel Tokâna af de Scheif*« (Volksfr.-Kal. 1903, 98). *Štǫnt štäll, dat mer es e wenij erblôsen!* Dem Kutscher ruft man zu: *Hǫld e wenich, dat sich de Gorren* (Stuten, collect. für Pferde) *erblôsen!* Der oben Ankommende dem Drängen des Freundes gegenüber: *Wuerd ewenich, ech mess mich dediršt erblôsen, dernô wäl ij erzielen.* »*Duer hatt sich der nôi Harr Farr mat senjer Famîli zerackgezugen, am sich den Housrôt e winich ze urdnen. E frôit sich, dat e en Ugeblack sij erblôse kôn*« (Burzenl. Volksfr.-Kal. 1899, 63). Lux. sech erblôsen ‚Atem schöpfen' (Lux. Wb. 89). — DWB. 3, 728.

erbleichen, erblîchen schw. 1. Trans. ‚bleich machen', ‚fertig bleichen', ‚Leinwand so lange bleichen, bis sie ganz weiss wird': *Âs zegeorich* (vorjährig) *Floess wôr net hîsch geruisst, e wôr gemx greo; am dôd äs och der hairich Däoch* (Leinwand) *greo, mer kennen en ned erbloichen* (Agnetheln). — 2. Intrans. ‚bleich werden' z. B. im Schrecken beim Ertapptwerden über einen Fehltritt blass werden, dafür auch *verblîchen: E wôr verbloicht* (Agnetheln) oder mit dem Part. des nicht mehr gebrauchten st. Verbums *erblechen* (bleich sein, weiss sein und werden): *E wôr nor erblächen, wæ mer en iwer'm Kukerutz bekûmen* ‚als wir ihn über dem Maisstehlen erwischten' (Gr.-Sch.). Das verlorene *blechen (blich, geblächen)* und das noch erhaltene *blîchen (blîcht, geblîcht)* stehen zu einander wie *schregden* ‚schreiten' und *schrîden* ‚schreiten machen'. Wie sonst bei verwandten Wortpaaren ist auch hier das Sprachbewusstsein geschwunden und es hat eine Vermischung beider Platz gegriffen. Syn. *sich verfärwen, de Farwe wiesseln.* DWB. 3, 729.

erblich, ärflich, nösn. *iärflich*. 1. Von Besitz und Habe in der ältern Kanzleispr. »das ich meine gerechtikeit und erbliche besitzung des vetterlichen Hofs meinem Pruder zugesagt han« (1571). »was jme aus des verstorbenen Habschafft Erblich zu gestanden wer« (E. L. R., 91). »sonder sie habens müssen lassen scheczen vnd seinem Stieff Vatter ewig vnd e r b l i c h zu besitzen vnd zugebrauchen verkauft« (1556, Rechtsgesch. 2, 356). — 2. Von Krankheiten, Gewohnheiten. [Städt. Halbma.]. *En ärflich Krąngkhît.* Echte Ma. *ärwän* s. *ärwen* (erben). — 3. F. N. Erblich (1762, Hstdt.). — DWB. 3, 731.

erblicken, erbläcken schw., nösn. *erbläckn* schw. [Geh. Spr.]. *Ich verštôch mich hainjder de Dir* (Türe), *elonn* (allein) *det Klonn* (die Kleine) *hątt mich glej erbläckt* (Gr. - Sch.). *Mêr heąt e sich* (obwohl er sich hütete, verbarg), *hun ij en dienij erbläckt* (Katzendf.). — DWB. 3, 731.

erblinden, erblängden schw., nösn. *erbländn* schw. [Geh. Spr.]. Echte Ma. *blängt wärden* und *verblängden* (Agnetheln und sonst; einer der schauerlichsten Schwüre oder Flüche: *Ich sôl verbląnjde, weo et ned esui äs! Verbląnjde sôlt te!).*

Doch wed em nôch îer erblängden,
Alz Trą̂ bæ̂ dem Fræ̂evûlk fängden.
Käst. 11.

Vum helije Kräst:

E schmeisst ich, dad er glej erblängt,
En Tîpche Sąlz än'd Ùch geschwängt.
Ebda., 83.

— DWB. 3, 731.

erblitzen, erblätzen schw. Trans. ‚niederblitzen'. Fluch: *Det heiderlächt Donnerwadder soal dij erblätzen och erlichten* (Alzen). — DWB. 3, 731 (nur intrans.).

erblos, ärflîs. 1. ‚des Erbes beraubt', ‚enterbt'. *Se heod dæ̂* (die Kinder) *arfluis gemącht* ‚enterbt zugunsten eines andern' (Gr. - Sch.). ahd. (Hildebr. - Lied) arbeo laos, altn. arflaus. — 2. ‚ohne Erben'. †. »Geschichts aber / das ein Man ... die andre nimpt / vnnd stůrbe E r b l o s mit dieser« (E. L. R., 80). — DWB. 3, 732.

erblühen, erblæ̂n schw. [Städt. Halbma.]. Echte Ma. *afblæ̂n, afgôn.*

Dô kąn em Sachsewîlštąnt sæ̂n
Unt sachsesch Tugenden erblæ̂n.
Käst. 83.

— DWB. 3, 732.

erbosen, *erbîsen schw. Refl. ‚sich ärgern', ‚zornig werden'. *Mêr wæ̂* (wie immer) *te dich neą erbuist, ich siun* (sage) *der't denich* ‚ich muss dir's doch sagen' (Gr.-Sch.). Sonst (Agnetheln) *verbuist: Net sow* (sei) *ânen* (immer) *esui verbuist!* — DWB. 3, 734.

erbötig, †. »Solches mir ieder Zeit umb eur W. zu verschulden geneigt und e r b e t t i g sein« (1571). s. auch urbietig. — DWB. 3, 734.

erbrechen, erbrêchen st., nösn. *erbrâichn* [χ] st. 1. ‚aufbrechen' (ein Schloss usw.) fehlt; s. *afbrêchen.* — 2. Refl. ‚Speise ausbrechen'. *Motter kamm, det Mai* (Marie) *huet sich nôch zwiemôl erbrôchen, nâ uch mät Blât.* »sie gehe täglich in ein stelchin, allda e r b r ä c h t sie sich und zwickt ihr leib« (1669, Ger.-Prot.). Syn. (häufiger) das Simplex *brêchen, kôtzen, špą̂n,* † undeuen. — 3. Intr. *E äs erbrôchen* ‚hat einen Bruch, Leibschaden' (allgem.). *Wąt fêlt dem Tumes, e wêr* (man sagt, er sei) *äm Špidôl?* Antwort: *E äs erbrôchen* ‚er hat einen Bruch bekommen' (Gr.-Sch.). »und zu mir und zu meiner Frau sagte er, sie sei nicht für ihn, und ich brauche sie nicht, sie ist e r b r o c h e n« (1785, Oberehger.). Vgl. lux. erbrach ‚mit einem Bruch behaftet' (Lux. Wb. 89). Ebenso lothr. (Follm. 125). — DWB. 3, 736. (Bed. 3 nicht verzeichnet.)

(**erbrühen**), **erbræ̂n** schw. Fluch: *Dat dech det Dannerwadder sol dej erbroin!* (Neustadt B.). Vgl. *erblätzen* (erblitzen). — s. d. Simplex.

Erbschaft, fehlt in der echten Ma. 1. nhd. ‚eine Erbschaft machen' s. *ärwen. Dæ̂ hu geärft* ‚sie haben eine Erbschaft gemacht'. ‚Ungewisse Erbschaft' umschrieben: *Äm dą̂t wälle mer es det Brît ned ąf zwô Seijte schmieren* (H. - W., 377). »die Lösung oder so genannte groschket vor die E r b s c h a f f t (Invent. *Jaad,* 17. Jahrh.). — 2. ‚geerbtes Ackerstück', wie *Ärf, Ärfdîl.* In der alten Kanzleisprache. »Ihnen weder behausung noch E r b s c h a f f t auffm Hattert, mit was namen dieselbe genant möge werden, auch kein Hew grass oder Vieh verkauffen, und auff ihrem Hattert frembdes Vieh zu halten vergünnen (1582). »niemandth hoth mocht eynem andrenn seynn e r b s c h a f f t h zu vergeben, und habenn also den kleger bey der besitzung des halbenn Hoffs behaldenn« (1564). »meine e r b s c h a f f t zur helten (Heltau) zu verkaufen« (1584). »E r b s c h a f t e n aber einzukauffen unnd zu verkauffen stehet jeglichem frey und offen« (1681, Kbl. 18, 97). In den alten Teilbriefen z. B. in dem »Samuel Conrad Heydendorffischen Dritteils-Teilbrief« wird der Nachlass unterschieden: »an Paarschaft, an silbernem geschmeydt an höltzernem geräth, an E r b s c h a f f t« und unter dem letzteren Titel werden die Ackerstücke aufgezählt (1692, V.-A. 24, 325). »Wenn etwas auf dem Hattert geteilet wird, so gibt man dem H. Pastor allemal 2 Los, als zum Exempel von Gross (Gras), von Holz, von Kirschländern und von andern teilenden E r b s c h a f t e n« (1689, Kirchenmatrikel in Gr.-Alisch). Syn. *Ärf* n. (Erbe n.). — Im DWB. 3, 738 ist die Bed. 2 nicht belegt.

erbschaften, †,erbfähig sein'. »Würde einem diener / oder einer andrer lediger vnd vnstedter personen / so weder pfandmessig ist / noch erbschafften vermag / fürgeboten / sie mus bürgen geben« (E. L. R., 7). »Welche Schuldiger aber erbschafften vermögen / dörffen keine Bürgen geben« (E. L. R., 144). — Im DWB. nicht belegt.

Erbse, Ärbes fem. (Nur Plur. *de Ärbes*, Sing. *Ärbeskekt* n.). nösn. *Ârbes* fem. Pisum sativum L. 1. Lautliche Eigentümlichkeiten. Unumgelautet: *Arbes* (Heltau, Unterwald, Med.). *Arbes*, Pl. *Arbesen* (Petersbg.), *Ąrbes* (Stolzenbg.), *Oerbes* (Burgberg), *Aorbes* (Zeiden), *Arbetz*, Pl. *Arbetzen* [arbəts ⏑́⏑] (Tartlau). Umgelautete Formen: *Ärbes* (Hstdt. und Umgebung), *Ârbes* (Schässburg, Bulkesch, Donnersmarkt, nösn.), *Aarbes (D.-Zepling)*. — 2. Bedeutung: a) Unter *Ärbes* wird vielfach die ‚Bohne' verstanden. Zuckmantel (dagegen: *klîn Arbes* ‚Erbse'), Hohndf., Rode, Maniersch, Felldf., Nadesch, Zendresch (*knötzlich Arbes* ‚Erbse'); *weiss Arbes* ‚Bohne' (Irmesch, *klîn Arbes* ‚Erbse'); *soier Ârbes* ‚gesäuerte Bohnen' (Belleschdf.). *Giet mer e Kôchen Ârbes* ‚Bohnen zu einem Kochen' (Reussdf.). — b) sonst ‚Erbse'. Die Kochbohne dagegen heisst Pl. *Fussoien* ⏑⏊⏑; *Fussolen* ⏑⏑́⏑, *(tirkesch Bûen*, Draas), *wâlešch Arbes* (Irmesch), *Faibun* (nösn.). Unter Pl. *Bînen* wird zumeist die ‚Pferdebohne' verstanden. — 3. Die Erbse hat in früherer Zeit unter den Hülsenfrüchten den Vorrang eingenommen. Sie wurde in ganzen Gewannen (s. d. Fl. N. unter 4) angebaut, wogegen die Bohnenstaude gewöhnlich nur in das Maisfeld eingesät wird. Während die Erbsen, namentlich das Erbsengericht mit Schweinebraten in den rheinischen Weistümern eine gewisse Rolle spielen, deutet die Bezeichnung der Bohne als *wâlesch Arbes* (s. o. Irmesch) und ebenso die Übernahme der Bezeichnung *Ärbes* für Bohne in den Dörfern zwischen den Kokeln (s. o.) auf spätes Aufkommen der Bohne (s. d.) und Verdrängung der Erbse durch sie. (Vgl. ähnlich die Bezeichnung der Kartoffel als *Reppen* Gr.-Sch.). »Als 1571 die Spitalmeister Binder und Haas in Hermannstadt die Almesswiese mähen liessen, da setzten sie ihren Arbeitern an zwei Tagen nacheinander Erbsen mit Fleisch und Speck vor, ohne befürchten zu müssen, deren Unwillen zu erregen. Ebenso sehen wir bei allen öffentlichen Bewirtungen auch die Erbsen vertreten: sie werden immer wieder in die Kochhäuser geliefert. Selbst die Meschendörfer schaffen Erbsen auf den Hermannstädter Markt: 1503 verkaufte einer daselbst sieben Rump für 3 fl. 75 denare. Und es ist gewiss ein Beweis für ihre hohe Wertschätzung, wenn 1522 der Kronstädter Stadtrichter den umwohnenden Landleuten auf die Kunde von drohenden Bewegungen der Türken verbieten lässt, Weizen und Erbsen an die rumänischen Händler zu verkaufen, damit dann nicht im Belagerungsfalle die nötigen Vorräte mangelten. Ja selbst den ins Feld ziehenden Fuhrleuten wurden noch 1655 Erbsen mitgegeben, wohl auch in ein Fässchen ‚eingerieben', wie dies schon 1503 der Brauch war. Noch im 18. Jahrh. kommen in dem Lassler Teilungsprotokoll vielfach Quantitäten von Erbsen vor, und zwar in grösserer Menge, als etwa heute die Bohnen in den ländlichen Wirtschaften zu finden sind« (SCHULLER, Landw. 68. Erbsen als Sabbathalien V.-A. 23, 236; als Proviant für eine Stuhlsreise V.-A. 37, 129. Vgl. auch J. K. SCHULLER, Herkunft 16). Vgl. dazu folgende Aufzeichnungen aus alten Rechnungen über Verwendung und Genuss der Erbsen. »auf den abent Erbes mit Essig« (1662, Almosenrechn.). s. auch *Ärbeskächen*. »Item drey ferdel erbes asp. 16½« (1528, Qu. Kr. 2, 116). »ein romp erbes« (Ebda. 2, 117). »vm ¾ Erbisz«. Zur Verproviantierung für den »her czwg ken Fwgarasch, Ebda. 2, 123). »Item der Grunoldyn fur gerst vnd erbysz den. 20« (1494, Bewirtung des Königs Wladislaus II, Qu. Gesch. S. 1, 139 u. ö.). »hyrsz vnd erbesson by den turrin«. (Für die Besatzung am roten Turm, Ebda. 1, 368). »Item ffysch vnd erbessz czw hoff gerechint vor fl. 1, den. 48« (Ebda. 1, 373). — Die Erbsenstauden werden in der Scheune (über der Tenne) getrocknet, sodann *gedrieschen*. (Kleinweise: *ouspedern* ‚enthülsen'). Gegenwärtig dienen die reifen Erbsenkörner gekocht (mit Speck und Schweinefleisch), *geriwen* (gerieben, durchpassiert) und *gerîst* (mit Fett und gebratenem Zwiebel bedeckt) im Winter als Mittagessen. *Dreoch Arbes mät Keqmpest* ‚eingesäuertem Kopfkraut' (Bekokten und sonst). Grüne Schotenerbsen werden nur in den Städten gegessen. — 4. Fl. N. »auf dem vordersten Erbes-Berg« (1720, Meschen). »auf den Erbsländern« (1822, Probstdf.). »in der Erbsgewand« (1822, Schönau). »im Erbsfeld« (1825, Giesshübel). »auf der Erbsen-Au« (1720, Scharosch). »am Erbes-Rech« (1720, Hetzeldf.). »auf dem schlechten (ebnen) Erbesland« (1822, Michelsdorf). Gegenwärtig: *Det Arbesgewount* (⏑́⏑⏑⏊, *Botsch). Än der Arbesgewûnt* (Petersberg). *Ârbeshielt (Dürrbach). Äm Ârbeslǫ̂nt (Pintak). Af'm Ärbeslǫ̂nt* (Gr.-Scheuern). *Ârbesdealn (Wermesch). De Ärbesfurlengk* (Mediasch). *Aurbesgranjt* (Zeiden). — 5. Die Erbse in Spruch,

Kinderreim, Brauch und Aberglauben. *Dąd 'äs nuor in wæ'n Ärbes* ‚sie ist so klein' (Katzendf.). *Ed äs nor wæ won em Ärbes weder de Wąnt (Mouer) schmeisst* ‚alles Reden hilft nichts'. Auch Antwort auf die Frage: *Wat sąl ich mąchen?* Antwort: *Schmeiss Ärbes weder de Wąnt!* Ungeduldig ärgerliche Antwort der Mutter auf die dringende Frage des Kindes *Wuot sielle mer êssen?*: *Hiršch och Ôršch och Arbesen* (Katzendorf). »Derselbig (der Teufel) lest sich nicht veriagen mit e r b e s s -blasen, wie man die Kinder erferet« (1572, DAM. DÜRR, Hdschr. 414). »sie wolten nicht ein e r b e s drum geben« (1636 *Bistr.*, Lederer-zunft). — Volksspass, die als vornehm geltende Art, mit geschlossenen Lippen zu sprechen, kennzeichnend. Magd (am Sonntag Morgen): *Frâ Motter, wat selle mer kôchen?* Hausfrau (undeutlich murmelnd): *Ârbes* [ə·ə.bə.s]. Magd lauter: *Frâ Motter, wat selle mer kôchen?* Hausfrau (ungeduldiger), wie oben [ə·ə.bə.s]. Magd wiederholt nochmals die Frage. Hausfrau, geärgert: *Ârbes! dat dech det Wädder, na hun ich mer det Mel ous de Fąlde gerässen!* Var. *Na sąl ich mer äm dech det Mel ous de Fąlde reissen?* — Zusatz: *Na kąn ich ned än de Kirich gôn*, Schässbg.). Spottgruss:

> *Särwes, Särwes!* (servus)
> *Morre kôche mer Ärbes,*
> *Iwermorre Biunen.*
> *Der Deiwel sąl dich hiulen!* (Mod.)

Die kleinen Glocken rufen:

> *Štîndangkel*
> *Kąld Ârbes*

oder

> *Ting tangel*
> *Kąld Ârbes.* HÖHR 33.

Im Kleinkinderspiel:

> *Zîntchen*
> *Bîntchen,*
> *Ârbesken,*
> *Bârbesken,*
> *Plutsch än de Bąch.* Ebda., 6.

Bezeichnend ist auch, dass in der uralten Märchenaufgabe, durcheinandergeworfene Körner zu sichten (Apulejus, Aschenbrödel), im ss. Märchen Erbsen mit Linsen und Hanfsamen gemischt erscheinen. Die Stiefmutter

> *Nąm Ärbes, Honzem, Ląsen*
> *Än der Gemîn af Puff,*
> *Unt rektert se guer durchenąnder.*
> KÄST., 100.

Um von Hexen nicht gehört zu werden (man legt dabei eine Erbse in jedes Ohr):

> *Arbes än d' Îren,*
> *De Trude sellen es net hîren!*
> SCHUSTER, 286.

Die Warzen an den Händen vergehen, wenn man sie mit Erbsen reibt und diese sodann den Backofen wirft (Neustadt i. B.). — *Ärbeslæwent* (Absud der gekochten Erbsen) wird zum Heilen von offenen Wunden benützt *(mäd Arbeslâwent heild em de Waongden*, Alzen; sonst ein Absud von Kleien), ebenso zum *bechen* des Garns. — mhd. arweiȝ, ahd. araweiȝ (zu lat. ervum). Im Plur. ist neben der starken Dekl. *Ärbes* auch die schwache durchgedrungen: *Ärbesen* (so auch in urkundl. Aufzeichnungen s. o.). Zu beachten ist die Tartlauer Form: arbəts, ebenso allgem. *-rv-* 〉 *-rb-*, während sonst nur im Nösn. altes *-rb-* für süds. *-rv-* erscheint (süds. *štärwen*, nösn. *štiärbm)*. Lux. ¹Erbs, lothr. Erbs. — DWB. 3, 739.

erbſen, ärbesen schw., fehlt nösn. Unpersönlich *ed ärbest*, gebraucht vom schwachen Hagelschauer (Graupen) im März und April. *Ed ârbest* (Trappold). Syn. *Grall, grallen; Schouer.* Kbl. 16, 47. — Im DWB. nicht verzeichnet.

—, Ärbeskächen fem. ‚*Kächen* (Fleischbrühe) mit Erbsen'. »gab ich ihnen zum früstuk, mittag und abent E r b e s k u c h e n« (1662, Almosenrechnung). *Haisch (Haritsch* ⏑⏑́, Heidekorn) *och Uršch och Arbeskachen* [χ] ‚Kraut und Rüben' (Heldsdf.). J. K SCHULLER, Herkunft 20.

—, Ärbeslêcher (Pl.) ‚Nähmuster mit ausgenähten kleinen Löchern im Hemd'. *Iusgepedemt* (ausgefranster Hohlsaum) und *Arbeslêcher genêt* (Schönbg.). *Hemt mät den Arbeslêchern* (Keisd).

, Ärbesleldjen (Pl.) ‚Maiglöckchen' Convallaria majalis (Nussbach). s. *Leldjen* Pl. ‚Lilien'.

Erbſenſack, Ärbessack m. »Ich habe den Jungen einmahl uber den e r b s e n s a c k h gefunden« (1600, Ger.-Prot.).

Erbſenſcheuche, Ärbesschîch fem. ‚Vogelscheuche im Erbsenfeld' (Birthälm). Auch übertragen auf ein hässliches Frauenzimmer.

Erbſenſtroh, Ärbesštrî n., nösn. *Ârbesštrî* n. Gilt als feineres Viehfutter. Als Lagerstätte: Wenn die Frauen abends zu lange in der Spinnstube bleiben, so sagt eine scherzweise zur Hauswirtin: *Gûng bruonj Arbesštrî, mir giun huotch niet hîmen* (Katzendf.). Kinderreim (ursprünglich Tanzreim):

> *Hupp dich, zupp dich, Binefî,*
> *Kamm mät mir än't Ärbesštrî!*
> HÖHR, 12; Kbl. 23, 106.

Bei schwerem Todeskampf legt man den Sterbenden vom Federbett weg auf Erbsenstroh (SCHULLER, T. u. Begr. 1, 39). »Denn auf dem Strohsack stirbt man leichter, namentlich aber auf einem Polster mit Erbsenstroh gefüllt, der sofort unter den Kopf geschoben wird« (FRONIUS, 237). Erbsenstrohbäder helfen gegen Verhexung (s. oben 1, 391).

Erbsentopf, Ärbesdäppen n. ‚Topf zum Erbsenkochen'. Im Knabenspiel *Râden hæn* (s. d.):

Ech wôr menjer Härrän iwer't Ärbesdäppe gerôden. HÖHR, 104.

Erbstück, Arfstäck n. ‚Grund und Boden'. *Arfštack* (Kelling). *Ärfštaik* (Rode).

Erbteil, Ärfdîl n., nösn. *Iärfdêl* n. In der Bed. ‚(geerbtes) Ackerstück', wie *Ärf* (Erbe). *Iärwesdêl* n. (Jakobsdf.). »Ich kaufft für ettligen Jaren auch das Erbtheil für fl. 8« (1579). »Das andere Erbtheil auf dem feld hat er ihme nur geliehen und in den brauch gegeben« (1599, Ger.-Prot.). »Folget ietzunder wie eines ieglichen sein gantzer Zinss ist die hoffe vnd das gantze erbtheil zusammen gerechnet« (1684, Kbl. 4, 86). — ‚Gebäude': »dass mir (die Wollweber-Zunft) der Ersamen Zech der gewandtmacher unser erbteyll als nemlig die walkmüll gelegen bie dem sagthor ferkauft haben« (1577, Tuchmacher-Zunft). s. auch unter *Ärf* (Erbe). — DWB. 3, 742.

Ercher, ‚Weissgerber', s. *Ircher*.

Ercher, F. N. »Benck Ercher von Midwesch« (1574). s. unter *Ircher* (Weissgerber).

Erdapfel, Ierdappel m., Pl. *Ierdæpel*. 1. ‚Kartoffel'. Allgemein im Gebiet von Hstdt., Kokelland, Schenk, Reps, Burzenland. Fehlt im Nösn. Syn. s. unter *Iertnąss* (Erdnuss). Die gewöhnliche Bezeichnung ist *Krumpir*. *Ierdâpel griweln* ‚Kartoffeln (aus der Erde herauswühlen und so) ernten'. — 2. In Bekokten *(Eierdeumpel)* die sonst gewöhnlich *Iertnass* (s. d.) genannte wild wachsende Knollenfrucht. — DWB. 3, 745.

Erdbeben, Iertbiewen n. [Städt. Halbma.]. »ist in Hermannstadt eine grosse Erdbebung zweimal auf einander hart gefühlet worden« (Qu. Kr. 5, 264). »ist ein solch gros erdbiwünk geschen« (1605, Kbl. 30, 3). — DWB. 3, 748.

Erdbeerbaum, Ierperebûm m. *Iarpelnbeom (Wallendf.)* ‚Maulbeerbaum'. *Arperebûm* (Birth.). *Ärpelebûm* (Rotberg).

Erdbeere, Ierper fem., nösn. (Pl.) *de Iarpeln (Wallendf.)*. 1. *Eirpr* (Draas), *Ärpel* (Med.), in Dorfma. *Arpel*, Pl. *Ärpeln* (Untersch. *Bûmarpeln* ‚Maulbeere', *Bäšcharpeln* ‚Erdbeere'), Fragaria vesca L. Erdbeerblätter werden zu Tee volksmedizinisch verwendet. *Êrperebladderntê heilt de Gealsuicht* (Gelbsucht), *äs uch fiur de Zuonjt* (Zähne) *gäat* (Alzen, Kbl. 21, 15). *E gîd Ierpere klauwen* ‚geht in die Irre' (Schässbg.). — 2. In Fl. N. »Am Erpernberg« (1680, Gr.-Alisch). »Im Erdbeeren Thal« (1720, Meschen). »Auf dem Erpelenberg« (1822, Bulkesch). *Ierpere Lônt* (Zeiden). — 3. Kinderspiel: *Ierpere klouwen* (Wolf und Kind, HÖHR 101). Rätsel von der Erdbeere: *Et sätzt äst äm Grâs, en hôd e riut Kapchen af* (Kbl. 23, 75). *Et štîd ąf dem Rêch ä Jongche mäd äm ruid'n Kapche* (H.-W., 404). Wetterregel: *Der Urbânus štecht mät senge siwe Pielze vum Îwen eruef ent gîd Ierpere klouwen* (SCHUSTER, 149). Aberglaube: Die erste Erdbeerblüte, die man im Frühjahr sieht, muss man essen, dann bekommt man das Fieber nicht (H.-W. 297). *Bäšchierper, Bûmierper, Græsierper*. — mhd. ertber. köln. Erbel (vgl. ss. *Ärpel*). DWB. 3, 747.

Erdbeerfüllen, Ierperefelln n. (⏊ ⏑ ⏑ ⏑) ‚alberner Kerl' (namentlich jungen Leuten gegenüber gebraucht). Bekannt allgem. Zibinsgegend, Unterwald und Kokelgegend; *Eierperefelln* (Gr.-Schenk und Umgebung). Umgebung von Reps (Draas): ‚ausgelassener, lustiger Kerl'. *Ärpelefelln* (für einen, der hinter den andern zurückbleibt und Nebenwege macht, Halvelagen). In demselben Sinn: *Nq kąmm Iarperefielln! Te bäst zeräckbliwen wai en Iarperefielln* (Hahnbach). *Te bäst en Ierperefelln! Tâ Ärpelefelln!* (Marienbg. a. d. K., zu einem unaufmerksamen Kind). Bezeichnet in Schässbg. mehr ‚Trägheit'. (Derb für faule Weibspersonen gebraucht wie *Kræm* und *Sealäder.)* Syn. *Brôstfelln* (Alzen), *Mädelfelln* (Felmern), *Musfelln* (Marktschelken), *Ierperhoast, Murenaff* (Birthälm), *Birenæfken* (Reussen). Andere Syn. s. unter *Epert*. — Zugrunde scheint das Bild eines mutwilligen vom Wege abschweifenden, daher vom Gefährt zurückbleibenden Füllens zu liegen. (Das gewöhnliche Ärgernis einer Wagenfahrt mit Stuten, die von Füllen begleitet sind. Von Zeit zu Zeit muss dann angehalten und durch Lockrufe *Mutschî! Mutschî*, ⏑ ⏊ ⏑ ⏊ das Füllen nachgerufen werden.) Gemeint ist, dass das Füllen grasend (gleichsam zum *Ierpere klouwen)* am Wegrande zurückgeblieben ist. (Vgl. oben: *e gîd Ierpere klouwen* ‚geht in die Irre' und *Mädelfelln* von *medlen, merrlen* ‚lange verweilen, zwecklos umhergehen, langsam eine Sache verrichten'). Die Bedeutung ist über ‚unachtsam', ‚mutwillig', ‚faul', zuletzt zum Ausdruck allgemeinen Tadels ‚albern' verwischt worden. (Vgl. ‚Trottel' zu ‚trotten', ‚nachtrotten').

Erdbeerhengst, Ierperhoast nösn. **Ierperhoast** m. *(D.-Zepling)* ‚alberner Mensch', dasselbe wie *Ierprefelln* (s. d.).

Erdbiene, Iertbâ fem. ‚Hummel'. *Iertboe* (Zendresch). *Iertbâ* (Katzendf.).

Erdbirne, Iertbir fem. ‚Kartoffel'. Dim. (Pl.) *Iertbircher. Iertbirchen* (Zendresch, nahezu ausschliesslich gebraucht), Mergeln, Schönbg. (Dim. *Iertbircher)*. Gebräuchlicher ist *Krumpir* (Grund-Birne). Die Syn. s. unter *Iertnass* (Erdnuss). — DWB. 3, 748.

Erdboden, Iertbodem m., nösn. *Iärtbodn* m. Nicht nur in der Bedeutung ‚feste Grundlage' sondern auch als Stoffbezeichnung, in Beziehung auf Güte oder Minderwertigkeit als Ackererde. *Der Êertbodem äs rougel* ‚locker' (Rosenau). Bildlich: *E iäs dûf wê der 'Ertbǫdem* (Katzendf.). — DWB. 3, 749.

Erdburger, Iertburjer ‚Ansiedler an einer Erdburg'. Spottname der Bewohner von Marienburg i. B. (Tartlau). Marienburg heisst magy. Földvár (Erdburg). Der Spottname ist wahrscheinlich ein (höhnisch gebildetes) modernes Übersetzungslehnwort. Die Herleitung etwa aus der Zeit, als die gegenwärtige Marienburg (als eine der ersten Gründungen) noch eine Erdburg (s. Erdenburg) war und die später sofort mit Mauern befestigten Gründungen daran ihren Spott geübt hätten, stösst wegen der kurzen dazu verfügbaren Zeitabstände auf chronologische Schwierigkeit.

Erde, Iert fem., nösn. *Iärt* fem. 1. Die Erde als Planet. [Geh. Spr.]. Nur im Gegensatz zu *Hemmel* (Himmel). Im Neujahrswunsch:

Begläckt de geünz Krästenhît
Äm Hemmel uch aw Êrden.
(Reussen.)

Dǫd äs wê Hemmel uch Iert (sc. so verschieden). Das Kinderspiel *Hemmel uch Iert* s. Höhr, 138.

Ed äs en Durchenǫnder
Um Trîn wê äm den Hiert,
En Tummeln, e Gewǫnder
Af Gottes hîscher Iert. Käst. 47.

Af deser Iert dō äs e Lǫnt,
Si hîsch äs nichen ǫndert.
E. Thullner.

— 2. Als Übersetzung vom lat. terra ‚Land', ‚Landstrich' (mit politischem Einschlag), ‚abgegrenzter Verwaltungsbezirk'. »Hievon hat der Lucas Wag. weitter für das Land der Erden Barcza appelliert. Ob wol aber die teydig in die Appellacion ist gelassen worden, so ist doch gleichwol der Lucas Wag. seiner recrimination halben kegen den Blasium Henz, in seiner klag gesezt, etlige tag behalten worden, biss er sich mit bürgschafft kegen seinen widersach frey machet« (1569, Kronst.). »mit sampt vnserem ganczen Radt vnd auch Richtern vnd Honnen vnd Geschwornen dyser Erden Barcza aus allen kynnynglichen merkten vnd dȯrfferen« (1547, Qu. Kr. 3, 77). In gleichem Sinn ein Kinderspiel: *Eus weler Irt kud ir gefliugen?* ‚aus welchem Land' (Kbl. 23, 90). Anders *ädel Iert* s. 6 b.). — 3. ‚Boden'. a) *Ich plêtscht en* (warf ihn) *weder de Iert, dad em de Pâtx kǫm* ‚dass ihm die rote Suppe floss'. *Nor net schmeis et* (ein Geschirr u. ä.) *weder de Iert! Ich schumt mich, ich dôcht de Iert sîl angder mer versängken.* Scherzhaft: *Ich wîl jo gäre lûfe, sôt de Bäffel, awer ich grǫlen* (fürchte mich), *de Iert sängkt angder mer zesumen.* Von den Blumen:

Se sên än d'Iert unt schrǫn unt schrǫn.
Käst. 84.

»Das der Endres Schuster den Vrben Weber zur erden geworffen hette« (1598, Ger.-Prot.). »wirfft den Lucas Geldner das er zur Erden stickt« (niederstürzt, 1609, Ger.-Prot.). »In dem kamen Ihme andere zu hilff, schlugen mich zur erden« (1581). »Petrus Hupprich Mechelsberg. Ich weis das zu sagen, das als wir alda zum Görg Seler herbrichten, so jaget der schott sein Fraw auf die gassen, kömpt ir nach und schlaget sie, das sie etlich mahl zur erden fiehl« (1606, Ger.-Prot.). »wen ich und meine tochter nit umbthaen hetten, so hette mein Shon M. den J. G. wol zu erd geschlagen« (1595). »da sähe er zu der erden nider und redet nicht, aber sein Vater sprach: er hat nicht scholdt daran« (1567, Schönberg). »Quaeritur: was der Dieb darauf gesagt? Organist resp.: kein einiges Wort; er habe immer nur zur Erden gesehen« (1752, Cap. Cib.). »dar gegen aber sollen die Hausherren bedacht sein, das sie die erde oder paniment solches fraitumbs allezeit eben, gleich und gantz und an gewönlichen orten mit cziegel, stein oder brettern bedekt und geflastert sollen halten« (1589).

Durj ause Guertn ged a Štaich,
Dio trǫten zwie Lâfker der Ierde glaich.
(nösn. Kbl. 9, 64).

Der Fussboden im Hause s. *Ären.* — b) *Angder der Iert* ‚im Grab'. »Der Jacob klagt, er hett niemanden, der sein schwaches alter kündt trösten, sondern würd mit trauern unter die erden« (Dam. Dürr, Hdschr. 725). »In dem iar sterben einem frommen Mann weib, Kinder, auff ein ander iar drückt ym der todt die gurgel zu und wirft yn vnter die e r d e n« (Ebda., 754). »das der todt nicht sollt menschen erwürgen und unter die e r d e n werfen« (Ebda., 2). *E äs än der Iert* ‚gestorben‘. *Ed äs schîn e Jôr, dat meng uerem Mąn än der Ierd äs.* »*Nau äs u diem äntsîldn Kerper nässn uendert händerštêtich, wąe en zer kąler Ierd än ze hąndijn*« *(Mettersdf.*, Gassner, 86). *Än de Iert dân* ‚begraben‘, ‚durch Tod verlieren‘. *Än de kæl Iert versorjen.*

Nô kotscht mich gor sächer en
Häffelchen Iert,
Dô schlêft et sich râich af ängden.

Käst., 25.

Dô less hî Klôken uch Bange
(Trommeln) *schlôn,*
Unt less sæ hîsch zer Ierden drôn.

Schuster, 49.

Bei Erwähnung eines Toten: *Me Vueter, Gott haw en sêlij än der Iert.* Derb scherzhaft dem Bauern in den Mund gelegt, der während der Predigt eingeschlafen ist: *Et wąs enzet e Geär* (Jahr), *dad em âse Szirka* (graues Pferd) *schännt* (schindete), *Gott hąw en sêlij än der Iert!* (H.-W., 149). *Dî* (ein ungeratenes Kind), *dąt* (ein Kummer) *brängt mich nôch angder de Iert.* Derb: *Iert kąen* ‚Erde kauen, sterben‘ (Schuller, T. u. Begr. 1, 14). — c) *E gît wæ angder der Iert* ‚gedrückt‘, ‚in schweren Sorgen‘. *Se arbede (hæ arbed em) wæ än der Iert* ‚langsam, träge‘. »Der heyder Donner sollte ihn 9 klafftern in die E r d e schlagen« (1661, Cap. Cib.). Schweigend, ohne auch durch den Grüssenden sich zum Gegengruss verleiten zu lassen, wird das Korn gesäet: *Ich hun ed än de Iert gedôn, âser Härrgott dertîwen sąl et wuesse lossen* (Volksfr.-Kal. 1909, 117). — d) *Iwer Ierde* (besser *iwer Iere*) *ląn* ‚aufgebahrt sein‘. *E lauid üwer Iert* ‚ist tot‘ (Marienburg i. B.). *E ląch nôch iwer Ierden, se zarrde* (zankten) *se sich schuin am de Dîlengk* (Katzendf.). — 4. Als Stoffbezeichnung: *Schwarz, giel, fätt, mueger Iert. De Iärd äs noch klammich* ‚klebrig‘ *(Wallendf.). Schwuarz Iert* ‚Humus‘, auch ‚Mist‘ *(Weisskirch). Dei Frâ hued en Tuerf* (Eigensinn) *wâe de špuerz Iert.* Gegenantwort: *Än der špuerzer Iert wiesst de Frucht um bâsten (Tekendf.).* Vgl. auch im gleichen Sinne: *Än der schwarzer Iert gerêt gât Kîren* (Schuster, 180). *De giel Irt* (wird zur Farbebereitung bei Anstreichen der Zimmer benützt, Kirtsch). »zalt ich 19 zygainern das sie e r d t hinauf in den turn auf das gebin haben getragen« (1578, Vill.-Rechn.). — 5. Uralter Volksglaube klingt in der Bezeichnung der Erde als ‚Mutter‘ wieder. *De Iert, dæ âser aller Motter äs* ‚Mutter Erde‘. Der Nachbarvater spricht zu den Leidtragenden: ». (wir wissen, dass dieser verwesliche Leib nirgends besser ist) *alx dad em en än îrlicher Weis än de kæl Iert versorch, dæ âser aller Motter äs*« (Schuller, T. u. Begr. 2, 8). »*unt holde bittlij un, desen duede Kerper an de Ert ze verscharren, dei âser aller Metcher* (Mutter) *as*« (Neustadt, B.). »*En wossten sei Ôgeheerijn mit tissem entsielten Keerper nissn ąndert ôzefâe ąlz en der läibn Eard ôzevertraun, wäitchn ded onder ąller Motter ês*« *(Kl.-Bistr.,* Bertleff, 20). Damit im Zusammenhang der alte Brauch, dass an einer Stelle, wo ein Mord geschehen ist, niemand vorbeigeht, ohne Reisig oder Erde darauf zu werfen (Schuller, T. u. Begr. 1, 67). — 6. ‚Ackerland‘, ‚angebaute Erde‘, sodann auch ‚Grund und Boden für Gebäude‘, ‚Baugrund‘. a) Allgemein: *Det Kîrn* (Kukerutz, *de Krumpirn,* Kartoffeln) *se schîn än der Iert* ‚schon gesäet‘. *Ną̂ Iert* ‚frischer Boden, in welchem gewisse Arten von Gewächsen noch nicht gestanden haben‘. *Det mes em ä ną̂ Iert sætzen.* »das wie wol vyr Etlichen jaren, Etliche heffe und steker E r t halben zwischen disen gemeinen von vns sy genandt vermetelt« (1450, Heltau). »das die almeger alczeith die e r d e gebraucht haben gegen die Felmer« (1565). »das bey dem furtheffel ein mall der alt geflossen seye do itzt die e r d e ist« (1598). »das die Appestörffer ihn der streyttigen E r d e n ettlich holcz abgehawen undt geschneselt hatten« (1588). »Wie Er (der Pfarrer) die hingegebene Gelder anwende, und ob dieselbige in Beyseyn der Gemeinde verrechnet werden? R. 30 Gulden seyn angewendet worden vor die E r d e, allwo sie . . vor den Pastorem ein Hauss gebauet« (1714, Cap. Cib.). »so will ich sie abhawen lassen und ein schritt e r d t seinen friddenn (Blanken) fürder hineinsetzen« (1570). In den vielen noch gegenwärtig in der Volkssage nachlebenden Hattertprozessen spielen die »strittigen« und »verwarrenen Erden«, d. i. die strittigen Grenzgebiete eine besondere Rolle. (Vgl. Schuller, Landw. 30). — b) Insbesonders stolze Bezeichnung für das Sondereigentum am Ackerbesitz (Syn. *Ärf* ‚Erbe‘ bezeichnet Acker und Wiese, zum Teil auch Haus und Hof. Wie viel Selbstbewusstsein und zugleich Selbstbescheidung liegt doch in der Bezeichnung: *Meng Iert* ‚mein Besitz‘. *Ärf* ‚Erbe‘ deutet die historische Tradition von Geschlecht zu Geschlecht an, *Iert* ‚Erde‘ die abgeschlossene sichere Grundlage des gegenwärtigen Besitzes und Lebens). Gegensatz *gemîn*

‚gemein‘ (*frą* ‚frei‘) *Iert* (s. unter d). »die yerdt ist krws heenrychs« (1559). » wo nit, so wil ich erden aufnemen (‚Grund und Boden kaufen‘), wil Holz füeren und mir einen Hoff bawen« (1580). »dy drey leymerne stuben mitsampt der erden« (1541, Rechtsgesch. 2, 349). »Petrus Resch: Der Thomas Haupt hat fur dem weingarten wüste erde gehat, darin rauhe Streich gestanden und Stump, aber weinreben hab ich nicht gesehen« (1599, Ger.-Prot.). »Zeuge Georg Bölzer de Burgberg: Ich hab einen Holderstrauch an meinem gehius stehen gehabt, auf meiner erden« (1598, Ger.-Prot.). »Wer hette ihm zu gebieten auf seiner erde« (1650, Ger.-Prot.). »Wir wissen dass nicht nur mir sondern auch unsere Voreltern auf derselben erden geackert haben und solches unser eygen ist, haben es auch öfter das Land um den Mädem gegeben« (1654, Ger.-Prot.). »ich solte mich von seiner Erde pakken« (1772, Obereheger.). »Worzu die Schwiegereltern gekommen, und zu mir gesaget: Schere dich weg, du Verlauffener, von unserer Erde, du hast die Stube auf dem Rücken« (1774, Obereheger.). »Das kraut dessen Pflanzen der Sohn in die Erde des Vaters gesetzet hat, soll getheilet werden, weil der kraut garten dem Vater zugehöret« (1776, Cap. Cib.). Dass dieser Sonderbesitz doch noch als Gemeindebesitz galt und von der Gemeinde weiter vergabt wurde (wie z. B. auch Adelsgüter vom König) zeigen Aufzeichnungen wie die folgende: »Thyes Weiss sein Erdt gibtt die gemein Weiss Hannessen zu eigen« (17. Jahrh. Trappold, Kbl. 4, 75). »Welcher einen Weinberg von wüsten aufgegraben und hernacher von uns hinweg will ziehen, soll denselben wieder umsonst hinter sich lassen, weilen er selbigen umsonst bekommen hat, denn es ist Gemein-Erd und bleibt der Gemein« (1676, Zied, V.-A. 7, 369). Weitere Aufzeichnungen über das Verhältnis zwischen »freier Erde« und Sondereigentum s. SCHULLER, Landw. 21 f. Darum in — c) Fl. N., die ein solches Sondereigentum bezeichnen. *Af des Ruit senjer Iert* (Neustadt a. H.). Psychologisch hieher gehört die Bezeichnung *de ädel Iert, af der ädler Iert* ‚Komitatsboden im Gegensatz zum Sachsenboden‘, *Ädelierder* ‚Bewohner des Komitatsbodens‘. Damit werden die Landstriche bezeichnet, auf denen der Ackerboden nicht vom freien sächsischen Bauern, sondern vom *Ädelmąn* bearbeitet wird. Also: ‚Ackerboden in Adelsbesitz‘. Das Nähere und Belege s. unter ‚edel‘ (oben 2, 108). Dem gegenüber die »sächsische Erde«: »so ferren solche jhre recht strack die Sächsische erden vnd hättert (1721, »so fern solche Rechte den Sächsischen Boden und Hättert«) belangen« (E. L. R., 196). Andere Fl. N. gehen auf die Beschaffenheit des Bodens als Ackererde. »Auf der kalten Erd« (1720, Meschen, Almen). »Auf der tiefen Erde« (1822, Gr.-Probstdf.). — d) Im Gegensatz zum Sondereigentum des einzelnen Hofes bezeichnet *frą̂* (frei) und *gemîn* (gemeine) *Iert* den Gemeindebesitz, an dem jeder Bürger gleiches Nutzungsrecht hat, oder der zu allgemeinen Zwecken dient. »der Thomas Haupt hat diese streittige erde einmal mit reben besezet und hat es sein erb geheissen, iezunder aber wolln sie es von ihme nemen und sagen, es sei gemeinerde« (1599, Ger.-Prot.). »Was die gestimpelten Häuser anbelangt, von denselbigen ist also gehandelt und beschlossen worden, dass solche Spatia von Altersher freygelassene Erden, auch künftige Zeit frey und gemeine Erde bleiben soll der Stadt nothdurft zu gutt« (1541). »dise innerhalb gelegene erde sol, wie bishero bei menschen gedenken geachtet ist worden, hinfuran auch alzeit fur gemeine und frei erden gehalten werden« (1589). Reiche Beispiele für die Vergabung von ‚gemeiner‘ Erde zur Nutzung an einzelne Bürger s. Kbl. 4, 75 (aus Trappold, 17. Jahrh.). »Von dieser Gemein Erdt gibt man dem Thyes Fholbortt ein 4 theil Landt« (Ebda.). »Johannis Schuller vndt Georgii Kraussen Lander sein Gemein Erdt« (Ebda.). Aufteilung von »gemeiner Erde« durch das Loos s. Kbl. 9, 34 (*Waltersdorf*, 1794). Hieher gehört auch die Gassenbezeichnung *af der Klener Iert* ‚Kleine Erde‘ (Hstdt.). »Emerich Bydner fon der kleiner erden« (1556). »Auff der kleiner erden gelegen« (1565). (Also eigentlich: ‚auf dem kleineren für Stadtzwecke frei gelassenen Platz‘). — 7. In isolierten Wendungen: *Der Ierde schwêr* ‚in schweren Massen‘. *Se kąmen der Ierde schwêr* ‚in erdrückend grosser Zahl‘. Besonders von reicher Ernte: *Mer hun heier Äpel (Kîrn) der Ierde schwêr. Der Štôk* (Weinstock) *huet Weimern der Ierde schwêr. Der Weng äs zer Iert worden* ‚ist getrunken‘ (BINDER, Coll.). *E lecht* (lügt), *dat sich de Iert bîcht* (H.-W., 365). *E äs fel* (faul) *wê de Iert. De lêw Iert matzen* (küssen) ‚betrunken sein‘ (Ebda.). *Dî ką̂ sich vun der Iert net schîden* ‚betrunken‘ (Ebda.). — 8. Die Erde in Spruch, Reim und Kinderspiel: *Geštîlä Gât kreischt ous der Iert* (SCHUSTER, 210). *Kit der Gerch* (Georgstag, 24. April), *kit det Grâs, wêr schläj em et* (wenn man es auch schlüge) *mät dem Humer än de Iert* (Ebda., 148). Rätsel von der Erde: *Ed äs en schwarz Keâ, dê mêlkt det gą̂nz Lą̂nt. Wem äs dâ bekânt?* (HÖHR, 59; SCHUSTER, 268). *De Pîla huet de Iert gematzt* ‚geküsst' (wenn beim Ballspielen der Ball über die Erde rollt). Kinderreim:

Et lew en Hengkeltchen äm den Heart,
Ent schläoch sich det Däddercke weder de Eart. HÖHR, 56.

Spottreim:

Blader af der Iart,
De Knēcht se nast wiart. SCHUSTER, 121.

Siwe Kängder äm den Hiert,
Freud und Recht!
Niche Kîren än der Iert,
Mącht ich frîlich! Ebda., 124.

Die Erde im Aberglauben: Erde von 7 Gräbern auf den Acker gestreut hält die Sperlinge ab (H.-W., 305; SCHUSTER, 287). — Die einzelnen Lautformen s. Lautt. 31. mhd. erde, engl. earth, ndl. aarde. DWB. 3, 749.

erdehnen, erdînen schw., nösn. *erdên* schw. Allgemein in der Bedeutung (durch rasches Gehn, Laufen, Fahren) ‚einholen'. *Mêr wâ ich lef, ich kangd en ned erdînen. Lûf, te kûst âs Fichen nôch erdînen!* (Schönbg.). *Dreiw-ê* (fahr zu), *vilichtsem kenne mer se nôch erdînen* (Ebda.). *E äs schuin întern dervun, te kesst* (kannst) *en ned erdoinen* (Gr.-Sch.). *Der Rên hądd es erdînt* ‚wir waren vor dem Regen entflohn, aber er hatte uns doch eingeholt' (Kl.-Schenk). Im Märchen vom Fuchs und Igel: *Awer et hąlw em näst, de Hangt erdînden en denich* (H.-W., 61). »*Tummes: Ną, ną! nor ned esu genecklich, ed äs nôch Zejt. Te erdinst denj Nakâs nôch böld geneach*« (Zw. Krez., 7). Von Pfeilen und Spiessen:

Unt Fel und Špess vum Âwer kangt
nicher en erdînen. KÄST., 137.

— Syn. *erfoljen*. Nicht wie mhd. (vgl. auch DWB. 3, 754) erdenen ‚ausspannen' mit sachlichem Objekt (daʒ swert erdenen ‚herausziehn') sondern eigentlich refl. ‚sich dehnen, bis das Ziel erreicht ist', ‚mit langgestrecktem Körper und Arm nach dem Ziel greifen'; zips. derdônen ‚erhaschen'. SCHRÖER 25, 254. KRAMER, 18. KISCH, W. u. W. 33.

Erdenburg, † ehemalige Burg der deutschen Ritter, zwischen Neustadt und Wolkendorf im freien ebnen Felde, nahe am Burzenfluss. So genannt nach dem Material, aus dem sie gebaut wurde, also in der ersten Zeit, da die Ritter nur »castra lignea et urbes ligneas« bauen durften (Erdwall mit Blockverschanzungen). Derselbe Name ist vielfach magy. als Földvár (Erdburg) erhalten, u. a. auch gegenwärtig mit Beziehung auf die (später) aus Steinmauern aufgebaute Marienburg i. B. (Vgl. auch *Iertburjer.*) Der volkstümliche Name für solche Erdburgen ist *Râwerburch* (Räuberburg, vgl. Kbl. 1, 66). »Erdenburg arx« (1345, MÜLLER, Sprd. 15; nach BENKŐ, Milkovia 2, 225). Bei MARIENBURG, Geogr. 2, 357 ist die Burg als »Eulenburg« auf Rosenauer Gemarkung verlegt, ebenso von JOSEF TEUTSCH, (1750, Kbl. 17, 137), aber als »Erdenburg«, zwischen Neustadt und Rosenau. Das dazu gehörige Ackerland soll nach ihrer Zerstörung (1345) an Rosenau gefallen sein, daher der Fl. N. »oberhalb der Erdenburg« (1808, Rosenau).

erdenken, erdingken schw., nösn. *erdingkn* schw. In der Bedeutung ‚ausdenken', ‚ersinnen', namentlich eine Ausflucht, Lüge, aber auch im guten Sinn eine Erfindung, einen brauchbaren Plan usw. Mit Objekt der Sache, und meist mit dem Dat. der subjektiven Beziehung *(sich). E huet sich dąd erdôcht* ‚erlogen'. *E wit sich dich nea en Lijen erdingken* (Katzendf.). *Wî heot sich dâ Lije kennen erdingken?* ‚wer hat so etwas nur auszusinnen vermocht?' (Gr.-Sch.). *Des Lijen heot sich nor âs Niuberan erdôcht* (Ebda.). *qwer wei em enem Môn e licht Zijeltschen uegewune sol, dô kôn ech mer näst erdingken* ‚davon kann ich mir keine Vorstellung machen' (SEMP, Bezuelt 30). Sprw. *Wier det messen erdôcht huet, dien hâd em afhê sellen* (SCHUSTER, 221). »Habt ihr einen Verdacht auf eure Schnur, dass sie aus Feindschaft solches über ihren Mann erdacht?« (1759, Oberehegeŗ.). — DWB. 3, 758.

Erdferkeln, nösn. **Iartfârkel** ‚Hamster' *(Wallendf.)*. Syn. s. unter *Ierthangt* (Erdhund).

Erdgalle, Iertgall fem. ‚Kreuzenziane', Gentiana cruciata L. (Wird bei wehem Finger gebraucht, Gr.-Sch. u. sonst). s. auch ‚Ehrenpreis'. — DWB. 3, 768 ‚Tausendguldenkraut'.

Erdhaufen, fehlt; s. *en Tuppes Iert.*

Erdholz, Ierthûlz n. Pl. *Ierthelzer* ‚der Wurzeltrieb der Reben im Gegensatz zu den Seitentrieben' *(Ässeltriewen). Eirthelzer* (Kl.-Schenk).

Erdhübel, »stunde die Incta bei zween Knechten für ihres Vaters Thor, auf dem Erd-Hübel« (1775, Oberehegeŗ.). Gegenw. d. Simplex *Häffel.*

Erdhund, Ierthangt m. 1. als Bezeichnung des Hamsters. So Neudf. b. Hstdt. und sonst. *Iarthangtchen* (Heltau). *Eierthanjt* (Gr.-Sch.). *Ierthąntch* (Katzendf.). *Ierthânt (Wallendf.)*. Dim. *Ierthäntchi (St. Georgen)*. Syn. *Grätsch* fem.

(*Dürrbach), Hąmster (Heidendorf), Hanterz (Pintak), Hântes (Weilau), Hænzper* (Agnetheln und sonst). — 2. Als Bezeichnung für Dachs (Tartlau, Honigberg). — 3. ‚Ziesel oder Siebenschläfer', ebenso für Wasserratte angewendet (Schässbg.). — Im DWB. nicht verzeichnet.

erdichten, erdichten schw. [Städt. Halbma.]. Echte Ma.: *erdingken* (erdenken). »Dann böse / falsche oder ertichte affterreden / werden mit gleichmessiger straff gestraffet« (E. L. R., 159).

erdienen, erdænen schw., nösn. *erdâin* schw. ‚durch Dienen (als Magd, Knecht) erwerben'. *Det Mêtschen heᵒt sij äst Hoisched* (ein schönes Stück Geld) *erdænt* (Gr.-Sch.). »dass die Fr. Marcusin der Inctae Mutter zu ihm gesagt hätte: wenn ich gewust hätte, dass solcher Händel drauss entstehen solte, wolt ich gesehen haben, wo ich ein Elen Sammet genommen hette, und solt ich ihn erdienet haben« (1697, Cap. Cib.). — DWB. 3, 772.

Erdkastanie, Pl. **Iᵉrtkeisten** (Streitfort), *Iᵉrtkês* (D.-Tekes), *Iᵉrkoᵉs* (D.-Weisskirch b. R.). Dim. *Irkesker, Iᵉrkesker* (Stein) ‚Kartoffel'. — Zu Pl. *Kiᵉsten* ‚Kastanien'. Vgl. auch die scherzhafte Bezeichnung *blêsch* (walachische) *Kiᵉsten* ‚Kartoffeln'.

Erdklumpen, fehlt; dafür *e Klampen Iᵉrt, Schälpen.*

Erdkröte, Iᵉrtkruᵉt fem. Als Schimpfwort (Bezeichnung als Hexe): »unter welchen worten der Weber sagt zum weib, du alt erdtkrot wiltu bey mir leben« (1609, Ger.-Prot.). »Da sagt sie auf frayem Mark, die alt Erdtkrott hat meiner schwester ir kindt umbs leben bracht« (1619, Ger.-Prot.). Als Schimpfwort auch: Iërtkruod (Pl. Kr. Ra.). *Sülsch Iᵉrtkruᵒt!* ‚falscher, ekelhafter Mensch!' (Kronst.). Vgl. H.-W., 292. Echte Ma. das Simplex *Kruᵉt* fem. (s. d.).

Erdnuß, Iᵉrtnass fem. Doch meist nur Pl. *Iᵉrtnäss*, nösn. *Järtnąss* fem. 1. ‚Kartoffel'. In einigen Gemeinden des Schenker Geländes (Seligstadt, Schönbg. *Iᵉrtnutschker*), Mediascher Gegend, vereinzelt nösn. *(D.-Zepling).* — 2. ‚die falsche Kartoffel', essbare Knollen, die aus der Erde gegraben werden. Es werden die Knollenwurzeln verschiedener Pflanzen als (Pl.) *Iᵉrtnäss, Iᵉrtnutschker* bezeichnet. a) Chaerophyllum bulbosum, mit schierlingartigen Blättern, gewöhnlich *Baraboi* (s. d.), *Arebącher* (s. d.) genannt. — b) Lathyrus tuberosus, die wohlriechende rote Wicke oder Platterbse (wird ausgeackert und den Kindern als Näscherei nach Hause gebracht, *Kl.-Bistr.;* die eigentliche Kartoffel heisst hier Pl. *Knæᵃrtzkn).* Ebenso im Burzenland. (Vgl. unten die Belege aus dem Stammlande.) — c) Cypripedium calceolus ‚Marienschuh', ss. *Härrgottschäjeltcher* (Katzendf. und sonst im Repser Gelände). Syn. *Regelsbir (S.-Reen).* — 3. In Fl. N. *Iᵃrtnessdêltcher* (Pl., *Burghalle); de Iärtnässhâm (Hąm*, Pl. *Hâm* ‚umzäuntes Feld' *Petersdorf,* Kisch, W. u. W. 62). *Ertnässgôrten* (Galt, Kbl. 8, 42). Syn. (Pl.) für ‚Kartoffel': *Ąrebôcher, Birebocher, Boreboi* (Draas, s. *Arebôchen), Barebantzken, Gilen* (Gürteln), *Schwênjzgîlen* (‚Schweinshoden' Martinsbg., doch höher Stehenden gegenüber immer mit dem entschuldigenden Zusatz: *wæ mir dich šprêchen;* ähnlich *Hunegijel* fem. Malmkrog). *Iᵉrtbirn, -kês, -näss, -schollen* (Neithausen), *Ingembir (Tekendf.), Knæᵃrtzkn (Kl.-Bistr.), Krumpen* (Kerz), *Krumpirn* (allgemein), *Pinesch* (nösn.), *Pitšôka* (magy., *N.-Eidisch), Pitschotsch* (rum., Retersdf.), *Reppen* (Gr.-Sch., Rohrbach, Kreisch), *Reppcher* (Michelsbg.). — DWB. 3, 775 als lathyrus tuberosus verzeichnet. Lux. Êrdnoss fem., ebenso lothr. Erdnoss, Lathyrus tuberosus. Das Wort ist demnach schon in der unter 2 angegebenen speziellen Bedeutung aus der Urheimat mitgebracht.

Erdnußbüchse, Iᵉrtnässbiss fem. Eine primitiv hergestellte Knallbüchse. Beide Enden eines 5 cm langen Gänsekiels »werden durch ein etwa 3 mm dickes Kartoffelscheibchen durchgedrückt, so dass sich der Gänsekiel beiderseits mit einem Kartoffelpfropfen lädt. Der Stössel wird nun rasch eingeführt, presst wie bei der Hollunderbüchse die Luft zwischen den beiden Pfropfen zusammen und treibt so den einen mit lautem Knall hinaus« (Höhr, 83).

Erdoch, ‚Joch', s. Ertag.

erdreschen, erdrieschen st. 1. ‚fertig dreschen'. Nach einem reichen Zehnten: *Mer hadden esevelt Kîrn än der Scheier, de Driescher kangden et ned erdrieschen.* — 2. ‚durch dreschen sich erwerben'. *Dæ hu sich en wevel* (einige) *Rämp* (sc. Korn) *erdrueschen.* (Als Drescherlohn galt gewöhnlich das 14. oder 15. Viertel und als Daraufgabe noch das letzte Viertel, s. d. Simplex.) »trug auch das erdraschene Korn zu ihr« (1650, Ger.-Prot.). — DWB. 3, 778.

Erdrose, Eartrueₛ fem. ‚Päonie' (Zuckmantel).

Erdscholle, fehlt; s. *Iᵉrtschûrn, Schälpen.* ∼, nösn. **Iᵉrtschûrn** m. ‚Erdklotz' *(S.-Reen).* s. d. Simplex.

Erdstamm, *Iᵉrtštamm m. ‚Stammholz'. »Erdstammen vor Brennholtz zu fällen ist verboten« (1698, Hstdt. Lok.-Stat.).

erdstammen, iertštämmä(n) ‚aus Stammholz' (im Gegensatz zum Astholz). Des *bîsen Hanz*

Freude sind die *iertštämmä Gîsselštǣf*, Peitschenstiele aus Bäumchenstämmen‘ (Käst., 51).

erehren, ‚erackern‘, in einem nhd. Spruch bei Dam. Dürr:

Wer mehr will verzehren,
Denn sein pflug kann erehren,
Der wirdt zu letzt verderben,
Und vielleucht am galgen sterben.

Kbl. 6, 127. mhd. (er)ern ‚ackern‘, ‚pflügen‘.

ereifern, eräwern schw. [Geh. Spr.]. Refl. ‚sich ärgern‘, ‚aufbrausen‘. *Wad eräwerst te dich na esi? Nemmi eräwer dich na esevelt!* — DWB. 3, 784.

ereignen, erîjnen schw., nösn. *erêjnen* schw. 1. [Städt. Halbma.]. Refl. wie nhd. *Wat huet sich Nq̂ed erijent?* Echte Ma.: *Wad äs geschǣn? (geschǣt); wad äs gepassîrt?* — DWB. 3, 784.

Ereignis, Erîjnes n., nösn. *Erêgnes* n. [Geh. Spr.]. Echte Ma.: *Wat geschǣd äs; de Minune* (rum. Wunder).

Ereng, F. N. »Petrus Ereng villicus de Olczna« (1507, Qu. Gesch. S. 1, 451).

ererben, erärwen schw., nösn. *erierbm* schw. ‚durch Erbschaft in den Besitz kommen‘. *Dî hôt sich dq̣d erarft* (Katzendf.). Auch von (schlechten) Eigenschaften. *Heod ir gang Niuber uch schuin dq̂t Zijeltchen* ‚den Zug‘, ‚die schlechte Neigung?‘ Antw. *Cha, cha, ed äs äst erarftet* (Gr.-Sch.). ‚völlig, auferben‘. »Sterben Vatter vnd Mutter / jhre Eheliche kinder als Sôhne vnnd Tôchter / ererben all jre bewegliche vnnd vnbewegliche gůtter« (E. L. R., 57). — DWB. 3, 787.

eressen, eriessen st. ‚völlig, fertig essen‘. *Et wôr eseveld af'm Däsch, mer kangden et ned eriessen. Mer kangden ded Ägesacksel ned eriessen, esevelt hadd em es mätgegin.*

(**erfahen**), **erfên** st. ‚(nacheilend) fangen‘.

Et lew em än de Špê(n),
E kangd et ned erfên. Schuster, 381.

— s. d. Simplex.

erfahren, erfueren st., nösn. *erfuarn* st. 1. ‚durch Fahren erwerben‘. *Dî huet sij äst erfueren* ‚durch Fuhrleistungen erworben‘ (Binder, Coll.). — 2. [Geh. Spr.] ‚eine Neuigkeit vernehmen‘. *Na hued er't schîn erfueren? Hôd er niäst Näes* (Gen.) *erfôren?* (Katzendf.). In der Ansprache des Nachbarvaters an die Leidtragenden: »*Mer hun erfueren, wǣ det Schäcksq̂l dese gâde Nôber uch än e Krq̣ngkebǣt gesatzt hatt* usw.« (Schuller, T. u. Begr. 2, 8). — 3. ‚durch Erfahrung kennen lernen‘. *Te wirŝt ed uch nôch erfeoren, wq̣t de Froinjder äs* ‚was es mit dem Verheiratetsein auf sich hat‘ (Warnung einer ältern Frau an eine junge, Gr.-Sch.). *Niuberan, ich hun esu en Woideocht* (Schmerz) *äm Räck.* Antw. *Friuch dǣ ôlt Simmeschän, dôd äs gor en erfeorä Frâ* (Ebda.).

De ântrq̂est bäst te vu gueren,
Dq̂t hun ich nâ lîder erfueren.
Käst., 11.

— DWB. 3, 788.

erfähren, erfêren schw., nösn. *erfêrn* schw. Trans. und refl. der gewöhnliche Ausdruck für ‚erschrecken‘, ‚plötzlich in Angst versetzen‘. *E huet sij esi erfêrt, dad em ned înt bliwen äs. Hun ich mij erfêrt! ed äs mer ned înt bliwen* ‚bin ganz fassungslos vor Schrecken‘. Umgedeutet: *dad em nätch e Kretzer am Šchap* (in der Tasche) *bliwen as* (Kronst.). *Honz-ê, woräm mâtzt* (weinst) *te?* Antw. *Der Misch huet mij erfêrt* ‚(durch plötzlichen Ruf, oder schreckhafte Gebärde) in Angst versetzt‘. (Beliebtes, leicht in Unart ausartendes Spiel grösserer Kinder mit ihren kleinen Geschwistern. Darum: *Wq̂i kq̂st de och det Känd esu erfêern, et kq̂ jq̂ de Frâs* (Fraisen) *beku! Wallendf.).*

Wä äṇnär Älder mäd e bêren,
Se mät dem Pitterbier erfêren.
Käst. 86.

Ich bän esui erfêrt worden ‚bin so erschrocken‘. *Ned erfêr mich* ‚lass mich mit deiner schreckhaften Nachricht‘. *Mer hadden es alleguer vîr em erfêrt, wǣ e oussq̂ch* ‚hatten Angst vor ihm bekommen‘. Ausruf, zur Lösung des Schreckens: *Schq̣tzijer Vueter* (lieber Gott im Himmel), *hu mer âs dennij erfêirt!* (Kl.-Schenk). *Emesten erfêren* oder *erfêrt mq̂chen. Säch, ij erfeiren dij emôl!* ‚ich will dich Mores lehren‘ (Med.). Im Märchen von den sieben Geislein: *De Zinebäckelcher erfêrde sich, hîrden af ze dq̂nzen* (H.-W., 82). Wortreiche Umschreibung: *Ich waoer q̣wer esi erfäert, ich waoer q̣wer, wâi wuon em mer det Glitwq̣sser hîet geniun* (Hahnbach). Im Märchen: *Der Riwer kq̂m gq̂nz erfêrt bǣ seng Komerâten zeräck.* Sprw. *En huel Wekt* (Weide) *erfêrt de Lekt* (Schuster, 251). Besonders auch: *De Ruess hu sij erfêrt* ‚die Pferde sind scheu geworden‘. »die sich bisweylen eyn rauschendes blat lassen erfeeren« (Dam. Dürr, Hdschr. 74). »Item kam er des nachts heim, hatte solches wesen, geschreih und getummel, das ich mich erfehret und aufstunde vermeinet, es brennet in der Stadt« (1598, Ger.-Prot.). »Da wierdt der Man erfert und spricht: warumb hat er sie (die Türe) versiegelt, so sprechen wir, es ist der hefftlen halben, so ir schwägerlein zu euch gebracht hat« (1605, Ger.-Prot.). »ich ging in den keller und sollt Wein holen, so kompt er mir mölig (ss. *mêlich* ‚leise') in den keller nachgegangen und greiffet mir an die Knẅ kehlen, so ward ich erföhret und sacht« (1657, Ger.-Prot.). — 2. Als Übersetzungslehnwort aus dem Nhd. (wohl zuerst scherzhaft gebraucht) beim Kochen: ‚abschrecken', d. h. zur kochenden Flüssigkeit kaltes Wasser nachgiessen. *De Knerl erfeiren* ‚Knödel abschrecken' (Med. und sonst). Daher der Volkswitz von der sächsischen Dienstmagd, die der kranken Hausfrau meldet: *Ich bidden de Gressknerl wälle net wïch kôchen.* Sie erhält den Auftrag: *Erfêr se emôl!* Nach einer Zeit kommt sie wieder: *Ich bidden, ich kǫ̂ se ned erfêren, ich hu mer uch de Schîfhot afgesatzt* (d. h. sie hatte missverstehend die Knödel ‚erschrecken' wollen und zu dem Zweck sogar wie im Faschingsumzug den Strohhut aufgesetzt). Syn. *verfêren.* — Eigentlich ‚durch *fôren* (mhd. våren ‚lauern') aufschrecken', mhd. erværen. Westerw. ervöhrt ‚sehr erschrocken'. Lux. erfe'eren ‚erschrecken'; schwäb. erfären. Schwäb. Wb. 2, 792. — J. K. Schuller, Beitr. 16. DWB. 3, 791. Haltr., Neg. Id. 23.

Erfahrenheit, »Nimpt sich iemandt solches an / der er keine kunst / lehr noch erfahrenheit nicht hat« (E. L. R., 153). — DWB. 3, 792.

Erfahrung, Erfuerungk fem., nösn. *Erfuarungk* fem. [Städt. Halbma.]. *Ich hun en licht Erfuerungk gemǫ̂cht. Em mess hald ängden trourij Erfuerunge mǫ̂chen.* [Geh. Spr.: *Em mess hald ängden e sellend erfueren.*] — DWB. 3, 793.

erfegen, erfiejen schw. ‚(mit Mühe fertig) putzen'. *Ich hatt mich än dier Muer esi beschlabbert, ich kangt mich kom erfiejen.* »dass er voll Pletleis sein worden, das man ihn nicht hette kennen erfegen« (1652, Ger.-Prot.). *Na det sekt hîsch bæ̂ ej ous, ir Härbrich* (Wohnung) *kǫ̂n ij uch än drǫ̂ Dæ̂je ned erfiejen!* — DWB. 3, 797.

~, Erfêrschel n. ‚(plötzlicher) Schrecken'. *Ded Erfêrschel hadd em de Riet verschlôn* ‚hatte ihm die Stimme benommen'. *Ä mengem Erfêrschel* (in meiner plötzlichen Angst) *wasst ich net, wad ich dâ sûl.* Syn. das Simplex *Fêrschel.* — Zu *erfêren* (s. o.). Wie es scheint mundartliche Neubildung auf *-sal (-rs- > -rš-)*; vgl. *Kierschel* ‚Kehricht' zu *kieren* ‚kehren', wie *Ägeklôpsel, Ägekôchxel* (Ein-).

erfinden, erfängden st., nösn. *erfänn* st. 1. Wie nhd. ‚etwas Neues auffinden'. *Em šprächt, ir Lisken soil den Tummes nin.* Antw. *Wî heot nia uch des Lijen erfaïnjden?* (Gr.-Sch.). *Awêr höst tea dǫd erfanj?* (Katzendf.). Syn. *erdôcht.* — 2. ‚ganz, von Grund aus finden'. *Ich hu mer't nia erfaïnjden, wæ̂ ij et môche sôl* ‚habe es jetzt herausgefunden' (Gr.-Sch.). »doch gar keine weise kunden erfunden, wie wir das Urteil unser Hern Richtern sollen widerkeren« (1567). »Es ist auch zu wissen, dieweil wir's von vnsern Für Eltern also erfunden han, was des Herrn Schulmeisters lohn betrifft« (1592, Salzer, Birth. 101). Von hier aus übergehend in die Bedeutung — 3. ‚befinden'. *Mer hun de Sach esi erfangden* ‚befunden' (Binder, Coll.). »eines hab ich sie auch erfunden, das sie ein hunn hat gekocht und verzehrt es mit der nösnerin ihrer magt« (1609, Ger.-Prot.). »wird aber einer erfunden, der das thun wird und unnöthigen Zank, Hadder anrichten, der soll gestraft werden« (1631, Seivert, St. Hstdt. 62). »dass der A(ctor) die Handtschriften länger bei sich zu halten nicht ist würdich erfunden worden« (1650, Ger.-Prot.). »welcher nun erfunden wird, dass er in diesem Pusch Holtz stehlen wird, soll verfallen f. 12« (1680, Cap. Bog.). »(werden die Nachbarväter) versaumlig erfunden werden, so sollen sie doppelte Straffe geben« (1720, Nachb.-Art., Kbl. 29, 158). — DWB. 3, 798.

erflammen, erflommen schw. Im Fluch: *Det Fair erflumm dich* ‚der Blitz erschlage dich!' (H.-W., 397). — DWB. 3, 801.

erfolgen, erfoljen schw., fehlt nösn. ‚(durch eiliges Gehn, Laufen, Fahren) einholen', ‚ereilen'. *Der Nôber wôr vir âs afgebrôchen, iršt bæ̂ der Štadd erfolchte mer en. Der Honz äs nor întern ewêch, zech* (zieh, lauf), *te kǫ̂st en nôch erfoljen* (sc. wenn du gehörig läufst). *Mer erfolchte se af dem Schôwernǫk* (Martinsdf.). Gegen den Sonnenstich soll man »*mäd em Kientschen* (Kännchen) *kên't fliessä Wuasser schâpen ent sǫ̂l šprêchen: leuf gruiss Suǫnn, de kloi Suǫnn erfolscht dich*« (Zw. Krez., 19). *Mäd em gâden Hǫ̂st kǫ̂ste de Rîwer nôch erfoljen* ‚mit einem guten Pferd kannst du die Diebe noch einholen'. »Meine Sünden haben mich erfolgt« (1754, Ger.-Prot.). »Daselbst wie mir den Walachen scholten, schlug er einen Bawren auf unserem Wagen, das er vom Wagen herab fiell. Indem erfolget uns der Stephan Fleischer auch mitt seinem wagen« (1598, Ger.-Prot.). »Ich war auch am grünen Donnerstag zu Schesburg gewessen, auff dem Heimweg erfolgten wir unsers würdigen H. seinen Knecht« (1671, Cap. Bog.). »Auf der Strassen erfolget mich der Sorban umb die Vesperzeit« (1672, Ger.-Prot.). Übertragen: *De*

Rê̜ hu͏ᵉt mij erfolcht ‚die Reihe trifft mich'. »welchen die Reihe erfolgt zum Irtenträger Amt« (1781, Salzer, Birth. 731). »straff / so jehnen erfolget het« (E. L. R., 159). — Schwäb. erfolgen ‚einholen' (Schwäb. Wb. 2, 794). — DWB. 3, 803.

erfordern, †. »wo es dy Not wyrd erfodern« (1540, Qu. Kr. 3, 79). »Wo es die nott erfoddern wird« (1570). — DWB. 3, 804.

Erforderung, †. »Auff solche erforderung / sollen die gezeugen / so demselben gerichtzwang vnterworffen sein / auch für gericht persönlich erscheinen« (E. L. R., 17). — DWB. 3, 805.

, **erfören** schw. 1. Trans. ‚(lauernd) auffangen' (wie *afförén*, s. d.). *Enem de Rieden erfören* ‚die Worte auflauern'. *Ded Erfören*, der gewöhnlichste Ausdruck für das ‚Auffangen des Balls aus der Luft'. *Des erfôre špiln*, sonst: *dier fôräner* (scil. *Pîla* fem. ‚Ball') *špiln*, im Gegensatz zu *dier lûfäner* (einer schlägt den Ball, die andern suchen ihn zu fangen, bzw. der Ballschläger der einen Partei läuft sofort nach dem Schlag an den Standort der Ballfänger, gleichsam als deren Gefangener und muss beim Schlag seines Parteigenossen an den Ort der Schläger zurücklaufen, ohne je vom Ballwurf der Fänger getroffen zu werden. Geschieht dies zu bestimmten Malen, so verlieren die Ballschläger dies Recht an die Fänger und treten nun selber an deren Stelle); *zem erfôre schlôn* (H.-W., 185; Höhr, 112). — 2. Refl. ‚sich (vom Falle) aufrecht halten'. *E huet sich nôch erfôrt* ‚hat sich noch gehalten, so dass er nicht gefallen ist' (auch übertragen). — Zur Bedeutung s. d. Simplex (mhd. vâren ‚lauern') und *afförén* (auf-).

erforschen, erforschen schw. [Geh. Spr.] ‚aushorchen'. »vleicht kann ich ihn heimlig erforschen« (1615, Ger.-Prot.). »Als man auch Almesch hat sollen trinken, so habe ich vom D(ominus) I(nctus) den kauff erforschet, welches mir angezeiget worden in allen stücken« (1652, Ger.-Prot.). »Als mir nuhn auff dem wege wahren, schickt er mich ahn des schulmeisters Hauss, ich solt pulwer begeren, biss das ich erforsche, ob der schulmeister zurück kommen say oder nicht« (1671, Cap. Bog.). — DWB. 3, 805.

erfragen, †. »man mus erfragen / welcher zum ersten den hader hat angefangen« (E. L. R., 172). »zum zeugnûs einstellen vnd erfragen« (Ebda., 187). »derhalben meine Herrn erfraget, also es gefunden haben« (1569). »Wie ich nun denselben erfraget, ob er Dienste auf diess Jahr angenommen hätte« (1764, Cap. Cib.). »Ich bin von dem czimsenmacher angesprochen worden, das ich sollt gehn und erfragen« (1609, Ger.-Prot.). — DWB. 3, 806.

~, **erfrängdern** schw. ‚durch Heirat erwerben' (Besitz, Vermögen). *Wuonn dî sich dạt nied erfruonjdert, hatt e nïäst* (Katzendf.).

erfreuen, erfrậen schw. [Geh. Spr.]. Trostspruch bei einem Todesfall: *Der Harregôt erfrâ en iäm Îwijen (iän der Îweget,* Katzendf.). Oder bei Nennung eines Toten: *Meng Nôber — der Härr erfrą̂ en — wôr gor e gât Mängtsch.* Beim Eintritt ins Totenhaus: *E heout nia uisgelieden, e heoud iwerštäumden, der Härr erfreau äm sienj Seiel äm îwije Lêwen* (Bekokten). DWB. 3, 807.

erfrieren, erfräsen st., nösn. *erfrâisn* st. 1. Intr. *Motter, ed äs esu kôlt dertaus.* Antw.: *Geongk nor, te wiršt ned erfräsen* (Gr.-Sch.). *Än desem kôlde Wänjter senj de Štêk* (Weinstöcke) *erfruiren* (Ebda.). Der Kinderneujahrswunsch schliesst gern mit dem Satz:

Irer Kê (Kuh) *en krąmmen Hourn,*
Git mer en Krêzer, ech bän erfrourn.
(Kbl. 17, 98.)

Bä dir lą̂n ij erfrûrn sagt im Rätsel der Bach zur Wiese (H.-W., 404). »Simon Schmit befohl unsrem Knecht als der offen gemacht wardt, das er in der mühl solt ligen, aber ich wil es nicht thun, mein herrin saget auch, ir werdt in der mühlen erfraisen, denn es ist kalt« (1600, Ger.-Prot.). Im Waisenlied:

Wat mą̂chst ta ôrmet Mêtchen,
bôrsêlij allîn?
»Na ich wärme mer jo menj
erfruerän Zîn«. Schuster, 44.

Erfrîre seng ‚gegen die Kälte sehr empfindlich'. *Dą̂d äs gor en Erfrîräner.* Scherzhaft, wenn einer sich in der heissen Jahreszeit warm anzieht: *Na, am dies Zetch senj och guor vil Luotch erfruieren* (Katzendf.). Spottend zu dem übermässig empfindlichen: *Tae hoest Gläck mät dem zeddern, säs* (sonst) *erfrirst te* (Agnetheln). — 2. Trans. (statt erfrören s. d.). *De Fess, Nuess, Fänger, ded Îr erfräsen.* Scherzweise für einen hochgelegenen, magern Grund: *Af der Hî, wô de Huesen de Fes erfräsen* (Kbl. 25, 104). DWB. 3, 808.

erfrischen, erfräschen schw. [Geh. Spr.]. *Det Buet huet mich gą̂nz erfräscht. E äs erfräscht hîme kun. De Ûgen erfräschen.* (Echte Ma. für das Letztere: *klêren.)*

Wä sich hîsch de Farwe mäschen,
Wä de Ûge sij erfräschen. Käst., 18.

— DWB. 3, 808.

erfrören, *erfrîren schw., nur im Part. pass. *erfrîrt* gebräuchlich. *Erfrîrt Hängt, en erfrîrt Zî, Fiersch* (Ferse). Sonst werden dafür die entsprechenden Formen von (intr.) *erfrǣsen* gebraucht. »ainer medt so die fiss erfriertt hatt« (1607, Almosenrechn.). — Schwäb. Wb. 2, 795. DWB. 3, 810.

erfuckern, † ‚erhandeln', ‚erschachern'. »Ein geitziger Filtz, der heütt zehen, zwanzig floren erfuckertt, dem lachet sein hertz drüber, und gibt ym eine gestalt, das er morgen, übermorgen, wider etwas zuwegenbring« (Dam. Dürr, Hdschr. 877). »Wüssten die wucherer in einem iar 40, 50 gulden zu erfückern« (Ebda., 813). — Zu bair.-österr. fucker ‚Grosshändler, Wucherer', fuggern, fuckern ‚Handelschaft treiben', ‚wuchern' (Schm. 1, 698). Das Wort geht auf den Namen des reichen Augsburger Handelshauses zurück. Daraus auch magy. fukár ‚geizig'. — DWB. 3, 810; 4, 1, 362, 394. Melich, 108.

erfüllen, erfällen schw. 1. ‚voll machen'. † »welches gelt man aus dem weine erfüllen sol« (1519, *Bistritz*). »Als meine tochter zum andertenmahl hingegangen, nachdem Sie krank gewesen, Ihre Zeit zu erfillen, so hat selbige sich mit dem Marichen zu zanken angefangen« (1713, Cap. Cib.). »(Wenn der Schustermeister in der Laube) nit 12 por an der stangen hott, so soll her wnder dy stang auff 18 por erfyllen« (1559, V.-A. 16, 410). — 2. Übertragen, wie nhd. ‚die Dienstzeit, eine Aufgabe, Pflicht usw. erfüllen'. Bei der Aufnahme in die Nachbarschaft: *Mer wallen âs Flicht och Schaldeged och erfallen* (Draas, Kbl. 17, 99). »so sollt ehr gleich wol widerum das virttel jar bei seinem herren erfillen« (1580, V.-A. 16, 408). — DWB. 3, 812.

Erfüllung, Erfällungk fem. [Geh. Spr.]. Sprw. *Et gîd enem ned e jêt Drûm än Erfällungk* (Schuster, 226). Antwort auf festliche Wünsche (Brautwerbung): *Der Härrgett arhîr dien schîne Wanjtsch, dien dîr hüet gewanjtscht, der Härr les en an Arfallungk gê (Birk)*. — DWB. 3, 813.

Ergast, F. N. (Reichesdf.).

ergattern, nösn. **ergaddern** schw. ‚durch mühsame Arbeit erwerben'. Zu mhd. getern, ndl. gaderen ‚zusammenbringen'. Kisch, W. u. W., 51. Im Süds. ist *ergattern (ich hu mer ded ergattert)* Lehnwort aus dem Nhd. (vgl. auch den Nebensinn: ‚durch List erwerben'). Moselfränk. ergadderen. DWB. 3, 815. V.-A. 33, 67.

ergeben, ergin st., nösn. *ergê* st. Volkstümlich refl. in der Bedeutung ‚nachlassen', ‚aufhören'. *Ed ergit sich* ‚lässt nach' (von Wind; heftigem Regen, heftig auftretenden Schmerzen, Binder, Coll.). Auch persönlich von erregten Menschen. *E hôt sich nea ergin, e ïäs niet mî esi am* (böse) ‚sein Zorn hat nachgelassen' (Katzendf.). *Ergäf dij ïst!* ‚beruhige dich!'. Vgl. lux. sech ergin ‚breiter werden', ‚nachgeben'. — DWB. 3, 816.

ergehn, ergôn st., nösn. *ergô* st. 1. Echt mundartlich. a) Refl. ‚Platz finden', ‚Raum haben'. *Ed ergît sich net (kom)* (Binder, Coll.). Syn. (allgem.) *bedrên*. — b) ‚(eine Strecke) bis zum Ende gehn'. *Te kûst ed* (eine Wegstrecke) *än em Dôch ned ergiun* (Gr.-Sch.). — c) ‚zu Wege gehen', ‚zugehen', ‚sich zutragen', ‚geschehen'. »Drumb lieber freund, so du nichts gewisses glauben wolst, biss das alle leerer, die falschen und frommen prediger miteinander sollen eins werden, so ists ergangen mit deiner Seelenselikeit, du wirst lang mûssen warten« (Dam. Dürr, Hdschr. 1104). »Dass dieses in der Gemein Kertz vor mir ergangen, solches bescheinige ich hiemit« (1694, Cap. Cib.). — 2. [Geh. Spr.]. Wie nhd. *Wî wiss, wǣ ed em nôch ergît*. In der Leichenklage: *Mai Hausveoter äs nemoi, wǣ wid et mer ergiun?* (Gr.-Sch.). *Ed äs em gloiw ij än der Fremt licht ergongen* (Ebda.). *Wǣ äs et der ergongen?* (üblicher: *gegongen*). — DWB. 3, 817.

Erger, Erjer m. ‚Beutelmacher' (Kronst.). Als F. N. (Halvelagen, Keisd). Mit patronym. Gen.-s »Ergersch Hannes« (Binder, Coll.). Vgl. Ercher. — s. Irger ‚Weissgerber'.

—, **Erges** m. ‚Papierbogen' *(S.-Reen)*. Aus (scherzhaft) Kanzleilatein arcus. Auch *Arkes* m. — J. K. Schuller, Beitr. 4.

ergötzen, ergǣtzen schw. [Geh. Spr.]. 1. ‚ersetzen, vergüten', wie mhd. ergetzen. — 2. Wie nhd. ‚(sich) erfreuen'. Ironisch: *E äs gemz* (ganz) *zehqddelt aus der Fremt hoime kun, se* (seine Angehörigen) *kenne sij un em ergâtzen* (Gr.-Sch.). — J. K. Schuller, Beitr. 16. DWB. 3, 820.

Ergötzlichkeit, ‚Ersatz' †. »dass dahero die schmiede weder Bezahlung ihrer Arbeit noch einziges ergötzlichkeit haben« (1526, Salzer, Birth. 65). — DWB. 3, 822.

Ergötzung ‚Vergütung' †. »sie sollen auff auffrichtung vnd ergezung aller Mûhe / kost vnd zehrung / verfallen sein« (1721 »Ergântzung«, E. L. R., 42). »das er hiemit der teutschen Nation Rechtsordnung wioliert und die landkür sampt der ergeczung aller unser ankost, mühe und czerung verfallen hatt« (1579). »Ich bin bei der theilung gewesen zum herr

Leonardo und weiss gewiss zu sagen, dass der Pitter gewandmacher seiner gehabter mühe und dienst von der herr Lonerten fodert ein ergezung« (1615, Ger.-Prot.). — DWB. 3, 823.

ergreifen, fehlt in der echten Ma. s. *begreifen, erwäschen, packen.* »Demnach fiell der Versuck an den Coman und ergriffen sich beide mit dem hohr« (1609, Ger.-Prot.). »das welcher gut Meister aus einer Stadt oder Markt, wo Zech Gerechtigkeit gehalten wird, ohne Urlaub wegziehen wird, derselbig wenn er wieder dahin kommen wolt, nicht angenommen werden, sondern der Ehrl. Zech Willen ergreiffen« (1631, Schneiderart.). — DWB. 3, 827.

ergründen, ergrängden schw. [Geh. Spr.]. Übertragen: *Dǫ̂t* (eine unklare Sache), *dien* (einen verschlossenen Menschen) *kǫ̂n nemest ergrängden. Wî kǫ̂n ed ergrängden?* »Die Hauptlaster pfleget man zwar durch folterung oder peinliche fragen zu ergründen« (E. L. R., 159). — DWB. 3, 831.

ergüten, ergæden schw., das was sonst nhd. ,vergüten'. Gebraucht für das Anrechnen gewisser für das Allgem. verrichteter Leistungen (Binder, Coll.). — Im DWB. nicht verzeichnet.

~, erhält ,stark hungrig', ,heisshungrig', ,vor Hunger erschöpft'. Dasselbe vom Hunger, was *erlêcht* vom Durst. Allgemein in der Umgeb. von Hstdt. und Med. *erheilt* (und *erheilcht*, Stolzenbg.); *erhält* (Gr.-Scheuern). *E ässt, wæ won e erhält wêr* ,heisshungrig'. *E äs erhäalt, wæ e Wûlf* (Med.); *erhält* (Birth.). Ebenso Schässbg. und Umgebung. *Ewas* (war) *esu erhalt* (Arkeden). Umgebung von Schenk und Reps. *E ässt wæ en Erhälter* (Werd). *E iäs neа gunx erhalt* (Katzendf.). Allgemein im Burzenland. *E as erhalt* (Marienbg. i. B.); *erhält* (Zeiden); *erhâlt wei e Wôelf* (Wolkendf.). nösn. nur vereinzelt: *ärhilt (Lechnitz).* Syn. *ausgehillicht (Wallendf.), erhangert, gehieltcht* (Burgberg), *ousgehielt, ousgehangert, ousgehielscht, verhalt* (Fogarasch, Kreisch, Marktschelken); *verhâlt* (Felmern); *verhangert, verkômt* (Reussen); *uegehângert (Dürrbach).* Vgl. *erlêcht.* — Das Wort bezeichnet einen starken Grad von Hunger, ,heisshungrig', während *ousgehielt* und die fortgebildeten Formen *gehielcht, ousgehieltcht* schon die Folge dauernden Hungerns als ,verschmachtet', ,vermagert' bezeichnen. Das Verbum ist direkt vom Wortstamm *hiel* ,ungemästet, mager' (vgl. *Hielschweng* ,Magerschwein', daneben auch *hêlt Schwenj*, Agnetheln) gebildet (nösn. *hêl*, moselfr. hêl, mhd. hel ,schwach, matt'), während *gehieltcht, ousgehieltcht* zu *hieltchen* ,mager, matt machen' gehören (mhd. hellegen, helligen). DWB. 4, 2, 159; 973.

erhalten, erhǫ̂lden st., nösn. *erhǫ̂ln* st. 1. ,zurück, fest halten'. a) Trans. *Ich kangd en* (z. B. einen Hund, der sich freireissen will) *ned erhǫ̂lden. Wonn dæ* (die bestimmte) *Štangt kit, kǫ̂n em en* (einen Mann, der den Zug hat, ins Wirtshaus zu gehn) *ned erhǫ̂lden.* Besonders von durchgeherischen Pferden gebraucht: *Ich kǫ̂ dâi Röss näd erhǫ̂ln* (nösn. und sonst, wenns *bärjän* ,bergein' geht, oder wenn man mit Stuten, die zu Hause junge Füllen haben, heimwärts fährt). Auch ,(dauernd) emporhalten'. *Ich kǫ̂ dät Känt näd erhǫ̂ln* (sc. es ist mir zu schwer, *Bistr.*). »Item sagt sie, man het zum herr Christuf hinein geworfen, das sie das kindt schier nit hetten kennen erhalten« (1609, Ger.-Prot.). — b) Refl. *Ich hu mich neo vum Schliuf ugezâpt* (habe mich nun mit dem Schlaf angezapft, d. i. habe angefangen zu nicken), *neo kûn ich mich ned erhôlden* (Schönbg.). »und sie hetten sich kaum vor ihr kennen erhalten« (1609, Ger.-Prot.). »Zeuge Thomes Wekerlich: Ich hab gesehen, das die alte Rathern den Knecht des Honnen seinen Son von Ross herunter solten zehen des morgens ehe Tag als er in den Waldt solt fahren, aber der Knecht erhielt sich und wolt in gar nichts geben« (1605, Ger.-Prot.). — 2. ,aushalten', ,unterhalten', namentlich ,Kinder (und Eltern) mit dem zum Leben Nötigen versehn'. *Dî kênt senj Käntch geэd erhǫlden, e iäs rech* (Katzendf.). *Sæ* (die Witwe) *erhält sich dich, wæ se wîs uch kǫ̂n. Dî mes uch nöch sengen ǫ̂lde Vueter erhǫ̂lden.* Aber auch hierzulande gilt das bekannte Sprw. *Î Vueter erhäld înder zæ Käinjt, wæ zæ Käinjd ene Vueter* (Schuster, 202). »sich und sein haus damit erhalten könne« (1455). »Seid dass man meinem Man die cech gelagt hat müssen mir uns von dieser wyss erhalten« (1619, Ger.-Prot.). »Mir müssen unser vihe von der Wysen erhalten« (1619, Ger.-Prot.). »Denn ich mich mit diesem meinem Sohn Petro nit hab kennen erhalten« (1650, Ger.-Prot.). »Ich dorff des hoffs nichts, kundt ich die Kinder erhalten, nit das ich höff sollt auffhalten« (1609, Ger.-Prot.). *Emeste mät Hûlz (Kîrn) erhǫ̂lden* ,mit Holz (Korn) versehn'. Sprw. *Det hǫ̂lden huet mij erhǫ̂lden* (d. i. das Vieh nicht verkaufen sondern es halten, bis es einen guten Preis hat, auch und besonders vom Wein gebraucht). — 3. ,beschützen', ,bewahren'. *De Geboier* (Gebäude) *ǫf'm Hôf se geэd erhôlden* (Gr.-Sch.). *Ed äs allest äm geаde Štound erhôlden* (Alzen). Von der Hauswirtschaft gilt: *Der Mǫ̂n sǫ̂l mîren,* *de Frâ sâl erhâlden.*(Schuster, 185). Vom grobgepflügten Acker: *Der Schôrn* (Erdscholle) *erhalt det Kôrn* (d. unter der groben Scholle gedeiht das Korn gut; nösn., Schuster, 153). Scherzhaft, wenn man ein Geschenk erhält: *Nit det de Käinjde mät.* Antw. *Godd erhôld ich de Gewinnt* (Gewohnheit, Gr.-Sch.). »Welchen Sententz dazumall vom Herrn geschehn haben mir auch bey kreften erhalten« (1609, Ger.-Prot.). Insbesonders der gewöhnliche Abschiedsgruss: *Godd erhâld ich!* ‚Gott erhalte Euch!'. Verstärkt: *Godd erhâld ich alle mäd enânder.* (Gegengruss: *Uch ech* ‚auch euch' oder *Godd erhâld ich uch gesangt.) Godd erhâlt-ich* ‚Gott erhalte dich!'. In feierlicher Anrede: *'Âser Härrgodd erhâld ij ent los ich lêewen, deômäd er de Krästdâch (Iuster-, Fuist-, Geôrš-, Numensdâch) neôch vil Geôr ä Gesangd uch Zefridenhîd erlêeft uch iwerlêeft* (Reussen, Kbl. 31, 23). Beim Gevatterbitten: *Âser Härrgodd erhâld âs klî Patchen ent los et zer Îr Gottes gruiss wôssen* (Gr.-Scheuern, Kbl. 23, 55). Als Interjektion (scherzhaft). *Na wonn dâd esi äs, dernô Godd erhâlt-ich Hochzet* ‚wenn das so steht, dann ist's aus mit der Aussicht auf Hochzeit'. (Syn. *Pâtsche bune* rum. ‚guter Friede'.) — 4. Im Sinne von nhd. ‚bekommen', nur in der Wendung *e hued ed erhâlden* ‚hat eine günstige Entscheidung (vom Gericht) durchgesetzt. *Mer hu erhâln* ‚wir haben (eine Wette, ein Spiel, einen Prozess) gewonnen' *(Bistr.).* »Hat ein Eheman seine Ehefraw gesanfftmůttiget / vnd bey jhr erhalten / das sie von jrem vnwillen kegen in abgestanden« (E. L. R., 92). »der kauffer besitzt sein gekaufft erb / vnd erhelts mit rechten« (Ebda., 136). »für dem Richter hab er das recht verloren, und drum für den Radt appelliert, also hab ers erhalten« (1569, Kronst.). Dann überhaupt ‚durch eine Rechtsentscheidung, oder auf rechtlichem Weg erwerben' (vgl. DWB. 3, 835 unter 7). Sprw. *Wâd em mät dem Maul erhâln* (erreichen) *kâ, brauch* [ʒ] *em nät ze erwarbeden (Bistr.).* Sonst dafür: *bekun.* — Nach DWB. 3, 834 ist das Wort erst nhd. bezeugt. Doch erweisen die oben verzeichneten kennzeichnenden Einzelverwendungen ein höher hinaufreichendes Alter. Kisch, W. u. W. 61.

erhandeln, erhândeln schw. [Geh. Spr.]. *Di hôt sich dât ranj* (gering, billig) *erhûndelt* (Katzendf.). — DWB. 3, 837.

erhängen, erhên st. Nur im Kinderreim:

De Tâtre ku mät Štângen,
Der Teiwel huet sij erhângen.
Höhr, 25.
Der Kukuk (Bier) huet sij erhangen.
Schuster, 342; 390.

»biss das mägdlein tasperieret und sich selbst erhangen« (1675, Ger.-Prot.). Sonst s. *afhên* (auf-). — DWB. 3, 837.

Erhardt. F. N. Ambrosius Erhardt (Hammersdf., 1569). — Zum ahd. P. N. Erhart.

erhaschen, ‚ergreifen'. †. »Denn, wie oben gemeldt, als er mich in dem Hoff schmähet, kam ich herunter, und wolt innen mit den Händen erhaschen und fragen, warumb er doch so zorniklig ohne gegebne Ursach« (1595). »Am 13. May sprach der Michael Wayda für offnem gericht: Als er dem Joh. Gürtler biss unter das thor nachgelauffen wer und ihnen erhaschet, wer sein Fraw Mutter kommen und gesprochen« (1595). »Habe den H. Pfahrer auff der kantzel hören sagen: Es liegt mancher auff dem Gestiehle, wie der Wolff in der Hütten und mercket ein Schäffchen zu erhaschen, dass Er auch einiges Wort erhaschen möge« (1761, Cap. Cib.). »auf einmahl, so bald die Volffin zu ihm sagte: du Lumpenkerl! so erhaschte er sie und warf sie zu Boden, sie ergrief ihn am Schlafrock, doch kam es zu keiner ferneren Thätlichkeit« (1764, Cap. Cib.). — DWB. 3, 839.

erhauen, erhên st., nösn. *erhân* st. *Sât štüll, âber ij erhân dich* (nösn.). ‚durch Hauen töten', ‚tot hauen' (Binder, Coll.). *Emenden erhân.* »alda hieg (ss. *häch* ‚hieb') der Draut nach dem Kirtscher und wenn der Sabell sich nicht im in der Hand het herumber gedrehet, so het er den Kirtscher wohl erhauen« (1615, Ger.-Prot.). »und hon auch bei die 50 erhauen« (Qu. Kr. 5, 427). — DWB. 3, 840.

erheben, erhiewen st., nösn. *ärhêbm* st. 1. ‚(ganz) hinaufheben'. *Ich kân et* (sc. das Kind, eine Last) *ned erhiewen* (sc. es ist mir zu schwer). Vielleicht klingt noch alte Vorstellung vom Aufheben des neugewählten Würdenträgers (vgl. *afhiewen* und *afdrôn* oben 1, 253; 290) in der Statutarbestimmung durch: »Item es sal kein Konigsrichter czw einem Burgermeyster erwelt noch erhoben werden« (15. Jahrh. Kbl. 30, 101). — 2. ‚höher heben'. *Der Schôp* (Schopfen) *äs ze dâf, mer siellen en erhiewen* (d. i. mit Erde ausfüllen und so den Boden erheben, Katzendorf). Refl. [Geh. Spr.]. *Ed erhoift sij e Gewadder, de Bliuch ledden* ‚man hört das Wetterläuten bei den Rumänen' (Gr.-Sch.). *De Bliuch erheêwe sich, net Špâs* ‚die Rumänen fangen an wirtschaftliche Fortschritte zu machen, dass es einem angst und bange wird' (Ebda.).

Wîl erwacht zem biessre Liewen
Mät de Blemmchern awerštôn,
Mät de Wûlke mij erhiewen,
Mät de Wûlke wekter gôn. Käst. 31.

»Darauss erhub sich die lesterlig schmehe wort zwischen inen« (1615, Ger.-Prot.). »Etwass zu mitternacht höret ich, das sich ein gebressel erhaub zwischen Pelssenbeimen« (1567, Gr.-Sch.). — 2. Das Part. Praet. Pass. als term. techn. der Weberei Bezeichnung jedes nicht glatten Webemusters. (Es wird in 2 Schäften gearbeitet, doch hebt man die entsprechenden Fäden mittelst Hölzchen empor, so dass ein Muster wird.) *Wąt heod er enxt ąf'm Šteol* (Webstuhl)? Antwort: *Mer wirken erheowen* ‚mit nicht glattem Muster' (Gr.-Sch.). »Ein neu hänffen Beettzieeh, aus und aus, gezwilchtt, mett einer roht erhabener Heufden« (1647, Teilungsbrief). Auch für Webemuster mit Eintrag färbigen Garns. *Ich erheawe vil* ‚webe mit färbigem Garn' (Alzen). — DWB. 3, 840.

erheim, erhîm, nösn. *erhêm* ‚heim', ‚her nach Hause' (vom Standpunkt des zu Haus gebliebenen). Im Kinderreim:

Rîn, rîn, dąd et schitt,
Dąt de Mątter erhêem kit!
Mettersdf., Gassner 39.

»Ich weis das der Joh. Krauss auf Ungern sich redlich gemühet, gelt zuwegen bracht, und das beysamen gehalten, welches er mitt erheymer geführet« (1599, Ger.-Prot.). »Item als der her richter hat geschickt ein priff erhaimer, ob sy villen das folck geben aber gelt czerünck dem diener« (1528, Qu. Kr. 2, 92). »als sein komen erhaimer« (Ebda. 2, 94). »vnd in czerack erhaimer han geschickt« (Ebda. 2, 95 u. ö.) — Für sonstiges mhd. herheim ‚nach Hause' vom Standpunkt des Daheimgebliebenen, während ss. *hîmen* (heim-hin) in älterer Kanzleispr. **enheim** (mhd. hin-heim) ‚nach Hause' vom Standpunkt des Abwesenden bedeutet. DWB. 3, 846.

erheiraten, fehlt. s. *erfrängdern.*

erheizen, erhîzen schw. ‚(mit Anstrengung) warm machen'. *De Štuw äs esi ousgekâlt, mer kenne se ned erhîzen. Et wôr heier esi en Kälden, em kangt de Štuwen ned erhîzen.* — DWB. 3, 848.

—, **erhieseln** schw. ‚sich schicken, fertig machen' (D.-Tekes). Die Hebamme meldet: *Det Mihai Entschen wûl gêstern zem Aolîden* (Einleiten) *kun qwer et koint sich ned erhieseln* (Ebda.). Sonst auch **refl.** *unhîseln* ‚sich bedächtig ankleiden'. — s. d. Simplex.

erhinter, nösn. **erhänder** ‚hieher nach hinten'. *Kam erhänder* ‚komm hieher nach hinten, wo ich bin' *(Bistr.).* mhd. her-hinder. Vgl. erheim, Kisch, W. W. 62.

erhitzen, erhätzen schw. *Te bäst erhätzt, net štąnd um Fenster. Net drängk esi erhätzter!* — Übertragen ‚aufreizen'. »alss dass er die Port desto mehr wider ihn erhitzen würde« (Kraus, Chron. 2, 3). — DWB. 3, 850.

erhoffen, erhöffen schw. [Geh. Spr.]. *Mer erhôfen haier e gesêjent Giur vun âsem Härrgott* (Gr.-Sch.).

erhöhen, erhîn schw. [Geh. Spr.]. In der Wendung: *Na, dî wiäll dên änj* (immer) *erhîn* ‚lobt ihn viel' (Katzendf.).

erholen, erhîlen schw., nösn. *erholn* schw. 1. ‚herbeiholen'. »Was nu in sonderheit inn diesem kurtzen Auszug der rechten / nicht ausdrücklich verfastet ist / sol aus den alten kayserlichen rechts regeln erholet werden« (E. L. R., 5). »Begehre derowegen für dem ganzen E. W. Capitulo von diessem Weib Divortionieret zu sein, dieweill sie in sonderheit auch auff demselben Weg ist, und sich auch solches raths erholet hat bei andern Leuten« (1652, Cap. Cib.). — 2. [Geh. Spr.]. Refl. ‚wieder zu Kräften kommen'. *Wâ goid et dainjem Menn* (Mann)? Antwort: *Ich deongken, e heot sich gemx* (ganz) *erhuilt* ‚ist wieder ganz gesund' (Gr.-Sch.). *E witt sich vun desem Schądde schwêr erhuilen* (sc. wirtschaftlich, Ebda.). *Mer ląchten, mer kainjden es ned erhuilen* ‚so dass wir nicht zu Atem kommen konnten' (Ebda.). *Mer mąessen es neą e wieniј erhuielen* ‚Atem schöpfen' (Katzendf.). Syn. *erpedern.* — DWB. 3, 853.

erhören, erhîren schw. [Geh. Spr.]. Als Antw. auf einen Glückwunsch, Trinkspruch: *Guodd erhîr et!* (Katzendf.). *Der Härr erhîr et!* Am Vortag der Hochzeit werden die Frauen zum Backen geladen. Beim Eintreten grüssen sie: *Geade Morjen, Gott hälf, dad uch det gerêt.* Antw. *Mer bedungken es, Godd erhîr et!* (Gr.-Scheuern). Gruss und Gegengruss: *Mer wanjtsche Gläck! (Gott schingk ich Sêjen!)* Antw. *Mer wanjtschen' d ä glechen (Godd erhîr ich!)* (Reussen, Kbl. 31, 22). Feierliche Antwort auf den Glückwunsch beim Freien: *Auser Härrgett arhîr dien schîne Wanjtsch, dien dîr* (Ihr) *huet gewanjtscht, der Härr les en an Arfallungk gê (Birk).* Glückwunsch bei der Aussaat. Der am Acker Vorbeigehende: *Goutt gäf Seijen och ze deser Ąrbet.* Antwort des Säenden: *Goudd erhîr ed en gäw es Kręft och Gesainjt* (Gesundheit) *derzê* (Draas, Kbl. 17, 95). — DWB. 3, 855.

erhungern, erhangern schw., nösn. *erhängern* schw. ‚aushungern'; *erhangert* ‚ausgehungert', ‚ganz mager'. *Erhangert wai e Wolf (N.-Eidisch); erhängert (Passbusch, Tatsch).* Im gleichen Sinn auch *verhangert* ‚ausgehungert'. *(Ich bän nor net verhangert; nor net vôr Hanger krepîrt).* »Zeckel, welche ihm sturm lauffen dermassen erhungert waren, dass sie schier vmb fielen« (Kraus, Chron. 1, 31). »Die Matte vndt erhungerte Zeckel« (Ebda.). Syn. s. *erhält.* — Lux. erhengeren ‚verhungern'. — DWB. 3, 856.

erhüten, erhæden schw., nösn. *erhâⁱdn* schw. ‚mit Mühe, völlig hüten'. *Em kû sich vuir'm Lichten* (vor dem Schlechten, vor schlechten Menschen) *ned erhaⁱden* (Schönbg.). *Det Gesängt* (das Gesinde) *krecht des Nuᵉchts eräm, ech kǫn et ned erhæden. Em štilt mer de Weᵉmern alle Nuᵉcht, mer kenne se net mî erhæden.* — Im DWB. nicht verzeichnet.

Erichtag, ‚Dienstag'. »Gegeben aus der Hermannstadt am Erichtag nach Philippi vnd Jacobi« (16. Jahrh.). — Aus der bair. östr. Kanzleisprache. Bair. erchtac. Schm. 1, 127. DWB. 3, 857.

~, erijen, *erîjnen* schw. ‚wehren', nösn. *ärrieng* schw. *(S.-Reen). E kanjt sich ned eroije vuir'm anjemen Häongkt* (Agnetheln). *Ech kǫ mich ned erîjne fuᵉr dese Legden* (Heltau, nur noch von alten Leuten gebraucht). *erijen* (Scharosch), *erîjnen* (D.-Tekes), *eruignen* (D.-Weisskirch), *erîjen* (Streitfort). *Em kû sich ned eruijen* (vor den Zudringlichkeiten, Draas). *E kôn sich netch errijnen* ‚wehren' (Petersdf.). *Em kû sich vuier diese lichte Mäcke nied erîjnen* ‚kann sich ihrer nicht wehren' (Katzendf.). »Auch sonst ists offt geschehen, dass das Hauss so voll Omeisen gekrochen, auch in der werckstatt, dass sie sich fast nicht ereignen können, ja in die Töpffen und schisseln, wenn wir gessen, seyn sie gekrochen« (1691, Cap. Cib.). Vgl. *entênijen* in derselben Bedeutung. — Das Wort ist verdunkelt und wohl zu mhd. ænec zu stellen und nicht etwa als er-eigenen ‚sein Selbst bewahren' aufzufassen. Andrerseits ist der nicht mehr verstandene Wortstamm nach dem nhd. Lehnwort ‚ereignen' umgebildet.

erinnern, erännern schw., nösn. *erännern* schw. 1. Wie nhd. [Geh. Spr.]. Beim Gevatterbitten: *Äm iwrije wässe mer es ze erännern, dat Godd âsen Îštûnt gesêjent hôt net nor mäd irdeschen, zejtlij och vergingliche Gædern, sanjdern âs gesêjent hôt mäd er Laiwesfruᵉcht, mäd em Sinchen* (Klosdf.). ‚an etwas erinnern' s. *gewênen, räjen.* — 2. Volkstümlich in der Bedeutung ‚warnen'. *Sij erännere lossen* ‚sich warnen, zum Guten zurückbringen lassen'. *Loss dij erännern!* ‚warnen' (Binder, Coll.). *E let sich ned erännern.* — DWB. 3, 358. — Auch in der Form *erännerijen. Kest te* (kannst du) *dich donn nemoi qf dæ ôlt Hennengkgruiss erännrijen?* (Gr.-Sch.). *Ir Gangen* (jüngere Leute) *wart net diᵃs ôlde Pelšcher gewênen* (werdet Euch nicht mehr erinnern). Antwort: *Nê, mer kennen es ned qw en erännrijen* (Ebda.). *Loss dij erännerijen!* (Binder, Coll.).

Erinnerung, Erännerungk fem., nösn. *Erännerungk* fem. [Geh. Spr.]. Volkstümlich in der Antwort auf Erkundigung nach einem Verwandten usw. *Wæ gîd et nôch irem Vuᵉter?* Antw. *Ich dǫngken der Erännerungk, e mǫcht dich wæ dæ Âlden.* Als ‚Angedenken'. *E wit nichen gâd Erännerungk dohär mät nin.* DWB. 3, 860.

erkalten, fehlt; s. *ouskælen.* Nur in der Kanzleispr. »Es wird bemerkt, wie die Gottesfurcht bey diesen letzten betrübten Zeiten bey uns erkältet« (1710 Nachb.-Ordn., Kbl. 14, 95). — DWB. 3, 862.

erkälten, erkǫlden schw. Refl. in der Bedeutung ‚sich erkühlen'. Mütterliche Mahnung: *Môch dich bêsser än, te wiršt dij erkôlden.* (Unwillige) Antw. *Ai ja wol* ‚warum nicht gar!' (Gr.-Sch.). Vor Erkältung hat der ss. Bauer grosse Angst. Deshalb verwahrt er vor allem Kopf (Pelzmütze bis zu Georgi) und Brust (s. *Brastlatz*), und jede Krankheit wird zunächst als Erkältung behandelt: *E wit sich dich nor erkôlt hun, e sôl schwoⁱssen* (Magarei). DWB. 3. 863. Vgl. *erkælen* (erkühlen).

(**erkärgeln**), ‚abdarben', ‚erwerben'. »Was du mit sünden erkergelst, deinem nechsten seinen sauren schweis abzudieben« (Dam. Dürr, Kbl. 6, 125). Iterativbildung zu erkargen. — DWB. 3, 864.

erkaufen, fehlt. In der älteren Kanzleispr. »derweil ihm sein fatter die Czech erkauffet hatt« (1637, Zunftart. d. Schuster, Schässbg.). »Wenn einer ein Haus erkaufft« (1564, Rechts-Gesch. 2, 357). — DWB. 3, 864.

Erkeb, Erkeben, s. Arkeden.

Erkeber, s. Arkeder.

erkennen, erkennen schw., nösn. *erkann* schw. 1. Volkstümlich in einigen Wendungen der geh. Spr. *E äs esu meᵒger worden, nemoi zem erkennen* (Gr.-Sch.). *E gǫf sich nᵉiet ze erkᵉiennen* (Katzendf.). *Ech dingke, mainj Ongkel* (sonst *Îm*) *wit mich dij uch mäd äst erkennen* ‚mit etwas (in der Erbschaft) bedenken'

(Gr.-Sch.). Der zum Gevatter Gebetene dankt für die ihm gewordene Ehre: *Mer bedungkn es, dąd er es hu*ᵉ*d erkę̂*ᵉ*nt for Fränt (Mettersdf.,* Gassner 27). Abschied der Braut von der Mutter: *Ąnd och vum nau fort, nit schlę̂*ᵉ*sst aier Harz och aier Dîr vor mîr zę̂*ᵉ*. Sę̂*ᵉ*d er* (seht Ihr) *mij omher qwwer qnnher ku* (von oben oder von untenher kommen), *erkânt mij och vum nau fort vor aier Känt, wę̂*ᵉ *der mich bäs hi*ᵉ*r hu*ᵉ*d erkę̂*ᵉ*nt* (Ebda., 66). Werbung: *Äch will ich biddn am äi*ᵉ*r Düchter, wünn der mij är-kännt für äsü an Manjtsche, dad er mer äi*ᵉ*r Düchter willt gi*ᵉ *(Birk). Äst esi erkennen* ‚seine Meinung (sein Urteil, auch ämtlich) also über eine Sache aussprechen' (Binder, Coll.). — 2. In der ältern Kanzleispr. in mehrfacher Bedeutung. a) ‚coire'. »es were dann / das die zwo verwandte Personen / sich aneinander fleischlich e r k a n d t hetten« (E. L. R., 53). — b) ‚erforschen', ‚prüfen'. »er sol von dem weisen herrn dem zechmeister e r k a n n t werden« (1560 *Bistr.*, Art. d. Schuster). »allss den soll es von seynem Meister e r k a n t werden, ob er auch tüchtig darzu (zum Meister) sey« (1675, Art. d. Riemerges.). »mir haben auch noch desselben gelt, dass falsch e r k a n n t ist« (1619, Ger.-Prot.). — c) ‚zu Recht befinden', ‚urteilen'. »e r k e n n e n wir im Rechten« (1598, Ger.-Prot.). »solcher gewalt und frewels halben e r k e n n e n wir zu recht, das die stolczemburger die landsküht f. 60 zu straff verfallen sein« (1570). »was sie (die Richter) e r k e n n e n vnnd finden wůrden« (E. L. R., 145). »der Richter sol drůber e r k e n n e n« (Ebda., 72). »derwegen e r k a n d t worden, das Georgius Lotz solches stück wiss den Bungertern soll zurück geben« (1609, Ger.-Prot.). »So haben mir e r k a n n t, das er auch weiter solches ross halben soll still bleiben« (1609, Ger.-Prot.). — d) ‚zu erkennen geben', ‚mitteilen'. »da hat bemelter actor kürzlich zu e r k e n n e n geben, wie das der iung Peter Haller seliger von des Paul Wolgemuts Kinds Parschafft entpfangen hab f. 500« (1572). »und geben euch E. H. W. zu e r k e n n e n, ob ein gedrungen, gezwungen testament bestehen kan oder nit« (Ger.-Prot., 16. Jahrh.). »Ich will erstlich Einem löblichen Gericht zu e r k e n n e n geben, wie das ich verpflicht bin wegen der praescription zu antworten« (1657, Ger.-Prot.). — e) Refl. ‚bekennen'. »Darnach e r k e n t er sich, das er gesündiget het und kömpt vnns nach, und wil es mit vns gleichen« (1605, Ger.-Prot.). »des andern Tages ist er benebst andern drei Meistern zu mir kommen, und hat sich e r k a n d t, es wäre ihm leid, was er gethan hätte« (1771, Oberegger.). — DWB. 3, 866. — Über die Qualität des Stammvokals s. d. Simplex.

erkenntlich, erkenntlich [Geh. Spr.]. 1. In der Bedeutung ‚erkennbar', fehlt. Dafür umschrieben: *E äs net zem erkennen.* — 2. In der Bedeutung ‚dankbar'. *Ed äs gu*ᵒ*r en erkientlich Manjtsch* (Alzen). *Mer messen es di*ᵉ*m uch erkenntlich zîjen.* — DWB. 3, 869.

Erkenntnis (fem.), in der ältern Kanzleispr. 1. ‚Einsichtnahme', ‚Erforschung'. »Nach dem die Rechte nicht zugeben jemanden ohne genugsame E r k å n d n ů s s zu urtheilen« (E. L. R., Ausg. 1721, S. 4). »auff ehrlicher Leut e r k å n t n ů s« (E. L. R., 95). »Es soll ein Richter nach e r k ä n t n i s s vnd ausweisung der Göttlichen Gerechtigkeit die Straff einem jedem aufflegen« (1563, Rechts-Gesch. 2, 366). — 2. Allgem. ‚(gerichtliche) Entscheidung', ‚Urteil'. »auff e r k a n t n u s s der altknecht« (1691, V.-A. 16, 423). »auff e r k ä n t n ü s s einer weysen zäch« (17. Jahrh., Kl.-Schelken). — DWB. 3, 869.

erkiesen, erkæsen schw. [Geh. Spr.]. Geziert, feierlich: *Ås Misch hu*ᵃ*t sich det Zåkel Maichen zer Brejd* (Braut) *erkæst* (Schönbg.). So auch Birth. Sonst vereinzelt in der Umgebung von Gr.-Sch. sowie im Burzenl. (Neustadt, *erkaisen),* doch zumeist das Simplex (Wolkendf., *gekeist* ‚hat sich gewählt', als Vorrecht des Erstgebornen): *E ka*ᵉ*st nemi drąf* ‚verlangt nicht mehr darnach' *(N.-Eidisch). E käist nôm bastn* (sc. *Štäck, Bistritz).* — DWB. 3, 872.

erklagen, in der ältern Kanzleispr. Refl. ‚vor Gericht klagen'. »und die Reussner sich für E. W. e r k l a g t e n, das die Stolczemburger wider E. W. verbott in Reussner hatterdt gefahren weren« (1569). »da sie vor ihr Majestät sich e r k l a g t habenn« (1570). »wie sie sich der tzeitt inn ihrer besammlungh e r k l a g t hetten« (1574). »Anno 1655 Erscheinen vor einem Erssamen W. W. Rath vnd hatt sich die Mutter dessen e r k l a g e t, wie das . . .« (Rechts-Gesch. 2, 379). Eigentlich ‚sich ausklagen', ‚sein Herz vor dem Richter ausschütten', ‚weinend seine Klage vorbringen'. Eine gemütstiefe Wendung der Rechtssprache, in dieser Bedeutung im DWB. 3, 874 nicht verzeichnet. Vgl. auch: *sich zeklôn* ‚zerklagen', ‚sich in Klagen verzehren'.

erklären, erklêren [Städt. Halbma.]. *Ich hun em't genach erklêrt, dat hî hæ näst mì ze säcken hu*ᵉ*t.* (Echte Ma. *gesôt.) Ich kę̂ mer't ned erklêren.* (Echte Ma. *dæden.) E hu*ᵉ*t sich nôch ängden ned erklèrt* ‚der (zögernde) Werber ist mit seinem Heiratsantrag noch immer nicht herausgerückt'.

Wȧ kênd ich mer'd ǫnderšch erklèren?
Käst., 24.

»protestiren auch mein sache hernachmals allzeit zu bessern, zu erkleren, wo es nott sein würde« (1581). — DWB. 3, 875.

erklauben, erklouwen schw., nösn. *erklaubm* schw. 1. ‚herausklauben'. a) Term. techn. *erklowen*, bezeichnet das Auslösen der Knochen aus dem halbgekochten Suppenfleisch (Kronst.). — b) »dass diejenigen, so künfftig aufruhr zu stifften lust haben, hierauss sich erklauben vndt bespiegellen mögen« (Kraus, Chron. 1, 165). — 2. ‚fertig klauben'. *Ed äs esevelt Mäst än dese Fussoien* (weissen Bohnen), *em kǭ se ned erklouwen.* — 3. Allgem. refl. *sij erklouwen* ‚wieder zu Kraft, Vermögen, Gesundheit kommen', ‚zu etwas kommen'. Gesundheit: *Ech kem mich* (kann mich) *vun deser Krint nôch ned erklauwen* ‚kann noch nicht recht auf die Füsse kommen' (Gr.-Sch.). *Dau huast dij ǫber gǭd erklauft (Wallendf.).* Ebenso von Pflanzen: *Det Kukerutz erklouft sich weder* ‚fängt an sich zu erholen' (nach Hagelschlag, Dürre usw.). Wirtschaft: *Gîd et die jange Legden* (dem jungen Ehepaar) *na biesser än der Wirtscheft?* Antw. *Se fên u sich ze erklouwen* ‚sie fangen an, vorwärts zu kommen'. *E wôr gǭnz af'm Hangt, e erklouft sij awer. Wǭi sich muntch e Mäntsch doch erklaubm kǭ, wänn e flaissij äs! (Wallendf.). Et wit lǫng douern bäs ich mich weder erklouwen* (von einem grossen Verlust, Schicksalsschlag usw.). — ‚sich emporraffen'. *Hie awer erkloft sich, ris et mat bîden Armen u senj Brast* (Burzenl. — Volksfr.-Kal. 1900, 78). — Unpersönl. *Ous diem erklouft sij äst (näst)* ‚aus dem wird noch etwas Rechtes (Nichts)', (von Menschen, Viehstücken, Bäumchen). *Ich hun ängde gesôt, ous diem erklouft sich se Liewe lǫng näst.* — Ein spezifisch ss. Kompositum; s. d. Simplex. Im DWB. nicht verzeichnet.

erkochen, erkôchen schw. ‚fertig, weich kochen'. *Ich woiss net, ich kemm hejt des Arbes (Fussolen) ned erkôchen* (d. h. so hart sind sie, Gr.-Sch.). — DWB. 3, 879.

erkrauten, erkrogden schw. ‚vom Unkraut ganz frei machen'. *Äs det Gekrektsel awer wierent menger Krǫngkhît äm Grȧnzech* (Gemüse) *gewuessen, ich kǭn et kom erkrogden!* — Im DWB. nicht verzeichnet.

erkriegen, ‚erwerben', ‚durch Krieg erlangen'. In der ältern Kanzleispr. »Als wir auf Ungern komen, haben mir bei dem Hannes Kraussen ettwa geltt funden, das er zuvor durch seine arbeit erlanget hatte. Demnach seind mir bei ihme verharret alsolang, das er zum vorigen gelt. noch fl. 26 erkrieget und mitt grosser mühe erlanget hatt« (1599, Ger.-Prot.). Das Simplex in der Ma. nicht gebräuchlich. DWB. 3, 881.

~, erkrupesen, *erkruepesen* (◡ ◡́ ◡ ◡) schw., nösn. *ärkruepese* schw. *(S.-Reen).* Refl. ‚sich emporheben', ‚sich erholen' (besonders von Krankheit, Unwohlsein). *Wâ goid ed irem Fisso* (Sophie), *äs et nemoi krongk?* Antw. *Nê, ich deongken dǫt se frêjen, ed erkrupest sich hoisch hemlich* (Gr.-Sch.). *E huet sij erkrupest* ‚erholt' (gesundheitlich, auch wirtschaftlich). Lux. sech erkrabbeln. s. d. Simplex.

erkühlen, erkȧlen schw. Refl. [Städt. Halbma.] Echte Ma. *erkǭlden.*

erkündigen, erkängdijen schw. 1. ‚auskundschaften', nur in der ältern Kanzleispr. »welche die Richter noch jhrer bescheidenheit werden wissen zu erkůndigen« (E. L. R., 20). »Darauff der Inctus die Abgesandten mit diesem Respons und Antwort remittirt: Er habe den Sammet schon lang in seiner Laden gehabt, und auss gewissen Ursachen herauss genommen sey ihm aber von dannen weg kommen, wüste nicht wohin, habe bey seinen Buben schon inquirirt, und könte nichts erkündigen, wo er hinkommen sey« (1697, Cap. Cib.). — 2. Refl. ‚sich erkundigen' [Geh. Spr.]. *Erkängdich dij îrest dräm!* Höflicher Gesprächsanfang eines Besuchs: *Ich wúl mich nor nô irem Befängden erkängdijen.* Echte Ma.: *frôgen, sij ämfrôgen, sich ämhîren* ‚sich durch Hören in Kenntnis setzen'. — DWB. 3, 884.

~, Erlȧft. »*Tundsem Erlȧft* (Tugendsame Euer Liebden) nannte man von Altersher die Komesin« (Frau des Sachsenkomes). Trausch, Mskpt. Sächs. Hausfr. 1860, 62.

erlangen, erlǫngen schw., nösn. *erlǫngen* schw. 1. Lokal. a) ‚(durch rasches Gehen, Fahren usw. einen Vorausgehenden oder Vorausfahrenden) einholen'. *Ich kangd en nemi erlǫngen.* Im Rätsel von den vier Wagenrädern:

Sȧ (die grossen Räder) *kine de kline*
ned erlǫnge. H.-W., 405 (nösn.).

Sprw. *De Štrôw* (Strafe) *äs lum, awer se erlǫngd înt doch* (Schuster, 210). »als ich ihn erlangte, nahm ich ihm die Axt« (1676, Ger.-Prot.). »Item welchenn gutenn Nachbar die Nachbarschafft (d. die Bewirtung der Nachbarn) erlangenn würde auff denn Nahe Esch Tage .... derselbige sol die Miehe zue im habenn« (16. Jahrh., Hstdt., Kbl. 29, 103). Syn. *erdînen* (-dehnen), *-foljen*. — b) ,das gesteckte Ziel der Fahrt erreichen'. Wunsch der Zurückbleibenden bei der Abfahrt: *Gâd Erlqngen!* (Auch im Sinne von a) ,Ich wünsche, dass ich dich beim Einholen in guter Gesundheit usw. treffe, dass dir auf der Fahrt nichts Schlimmes zustösst'.) — c) Dasselbe in intrans. Verwendung: *Sîl âs Niuber qf dian Hôf erlongen?* ,ob wohl unser Nachbar sein Ziel, auf den Hof zu kommen, erreichen wird?' (Schönbg.). *Em dingk nor, wuar dî Nemest* (Niemand) *erlongt huat* ,wohin es der gebracht hat' (Ebda.). *Wuar dae Štipesan* (Frau des Stephan) *erlongt huat* (wie weit sie gekommen ist), *se mess hîsche* (betteln) *giun!* (Ebda.). — 2. Übertr. a) Temporal. »Die Mânlein wenn sie viertzehen jar erlanget haben« (E. L. R., 87). — b) ,eine Absicht erreichen', ,einen Erfolg haben'. *Te wiršt et ned erlqngen* ,deine Absicht nicht erreichen'. *Ed erlongd e jêder dqt, wuot e sich sqkt* (sucht, Katzendorf). *E huat neo eseveld erlongt* (bei Gericht durch Prozessieren erreicht), *dqd em se Schwiuger zwêhanjdert Gälden zuale mess* (Schönbg.). *Wqt huat e neo erlongt mät senjem Proxäss fâren, dqd em em den Hôf verkîft!* (Ebda.). *E less ned uef (gqf sich nichen Friden), bäss e't ned erlqngt huet. Sîl ij et denij erlongen, dqd ius dir nôch e Mentsch wit?* (Klage der Mutter über ein ungeratenes Kind, Schönbg.). »(Der Schuldner soll dem Gläubiger versprechen) das er alles das / was er aus seiner arbeit / vber seine gebůhrliche Nahrung erlangen mag / jhme auff die schulde geben wolle« (E. L. R., 120). In intrans. Verwendung: *Wiu äs ir Maichen* (Marie)? Antw. *Et huad et gor geod erlongt, ed äs bae er ôlder Frâ* (sc. im Dienst), *et huat schâr näst ze deon* (Ideal aller Dienstboten, Schönbg.). — DWB. 3, 887.

erlängen, ,länger machen'. In der älteren Kanzleispr. »ein Stang ein halb ehl erlengt und gestahlet« (1607, Almosenrechnung). »eine Pfann zu erlengen« (1685). — DWB. 3, 888.

erlängern, erlängern schw. Nur übertr.: *ed erlängert sich* ,die Sache zieht sich in die Länge' (Binder, Coll.). — Iterativbildung zum vorigen Wort.. DWB. 3, 889.

erlassen, erlossen st., nösn. *erlossn* st. 1. Wie nhd. ,entlassen'. *Emesten erlossen* (sc. aus dem Dienst; Binder, Coll.). — 2. ,nachlassen'. *De Štrôf, de Lâtz* (Schulaufgabe), *den Zqs* (Zins, Abgabe) *erlossen*. »umb welches wegen dem Hannen der halb Zenden wirt erlassen« (1609, Ger.-Prot.). — 3. Refl. wie sonst *entlossen*.

Unt schlagen em Näjel durch Hainjd
uch Fess,
Bäs dat sich der Härr Jêsus gäunx
erless. Schuster, 63.

Vgl. DWB. 3, 889 unter 6, b.

Erlaub, Erlûf m. (⏑ ´), nösn. *Erlôf* m. Geh. Spr. und ältere Kanzleispr. 1. ,Erlaubnis zu etwas'. *Mer bidden Erleiw am Earpeln* ,wir bitten um Erlaubnis, uns Maulbeeren (aus dem Pfarrgarten) holen zu dürfen' (Alzen). Mit epithet. *-t*. *Mer biddn aem Erloft, Gevaeterhait ze saeken* (beim Gevatterbitten, *Weilau;* Kbl. 8, 118). »Item so iemandt ein Wein leykeffen (ausschenken) wolt, der sol zum Nachbar Honnen gehen vnd in wmb Erlaub bitten« (16. Jahrh., Kbl. 29, 102). »Wen ein itzlig gesel nicht kompt der sol geben das geltt einem anderen gesellen vnd erlaub biden« (ca. 1600, V.-A. 16, 405). — 2. ,Entschuldigung' (besonders als Höflichkeitseingang bei unziemlich erscheinenden Ausdrücken und Wendungen wie ,Schwein', sodann Ausdrücke für körperliche Funktionen usw.) *Mäd Erlôf ze rêdn* ,mit Respekt zu sagen' (nösn.). Moselfr. Med Erlêf (⏑ ´) ze rêden. Syn. *Mät Rešpäkt ze sôn. Wâ mir jo šprêchen.* — DWB. 3, 890.

erlauben, erlûwen schw., nösn. *erlôbm* schw. [Geh. Spr.]. 1. Wie nhd. *Erlûfste mer, duer ze gôn?* (Echte Ma.: *Terw ich?*) *Ed äs ned erlûft.* (Echte Ma.: *ed äs verboden.* Noch unmittelbarer: *Em terf net.*) *Ech biddn, erlûwe Se mer än de Štqt* ,darf ich in die Stadt gehn' (Med.). *Äs ed erleift am Earpeln* ,wir bitten um Maulbeeren' (Alzen). »man solte doch hierinnen ihnen etwa Fehl zu bescheren verhengen und erleuben« (1649, Bistr. Lederer-art.). In abstrakten Wendungen: *E huet sich vil erlûft* ,ist anmassend'. — DWB. 3, 891.

Erlaubnis, Erlûfnes fem. [Geh. Spr. und Kanzleispr.]. *Äm de Erlûfnes zem Dqnx bidden.* (Echte Ma.: *Äm den Dqnx bidden.*) *Mer hun nichen Erlûfnes.* (Echte Ma.: *Mer terfen net. Ed äs verboden.*) In der Hochzeitseinladung: *Gott giew aich an gaudn Omt* (Abend). *Wa gêd ed aich? said er gesaont? Mer binn* (bitten) *am Erlôfnes, a Wort ze rieden an airer îrlichen Behausungk, wo ir et wallt hiern?* Antw. *Cha, giern (Ludwigsdf.).* Die »Erlaubnis« spielt in den ältern Statuten eine grosse Rolle. Ohne Erlaubnis des Altknechts darf kein Bruder in ein fremdes Dorf gehn (Kbl. 6, 115), ohne Erlaubnis des Pfarrers und »derer Dorffs-Beamten« darf die »Ehrliche Bruderschaft« nicht tanzen (Kbl. 6, 117), vom »Gesellen-Vater« muss die Erlaubnis erbeten werden, »die Bruderschaft Wahrnen zu lassen« (Kbl. 33, 3), ohne Erlaubnis (d. h. ohne vorher um Erlaubnis dazu förmlich gebeten zu haben) »soll keiner vor einem Amtknecht reden, viel weniger schreuen« (1761, Gr.-Sch. Brudersch.-Art.). — DWB. 3, 891.

erlaufen, erlûfen st., nösn. *ärlûfm* st. Nur übertragen. ‚(durch Laufen) erreichen'. *E hôt sich dæ̂ Krûngkhîd aw îst erlûfen* (Katzendf.). *Dąt hôst te der erlûfen* (eine üble Nachrede usw.), *wuon te dehîm blifs, wąs dąt niet* (Ebda.). Refl. ‚sich erfüllen', ‚sich begeben'. »wie sich ettlicher handel des gryty des moldner waida und des istwan mailadt halbenn erloffen habenn, will ich yrer königlich Maiestadtt hir anczeigen« (1533, Armbruster an König Ferdinand). »Sein blut komme vber uns und vber vnser kinder. Solchs hat sich vollkommen an ynen erlauffen« (DAM. DÜRR, Hdschr. 859). »Aber die erfarung lernet, das sich der wunsch offtmals erläuft« (Ebda.). — DWB. 3, 893.

Erle, Erl fem., nösn. *Irl* fem. *Irl (S.-Reen)*. 1. Alnus glutinosa ‚Schwarzerle'. Weniger im sächsischen Binnenland als im sumpfreicheren Alt- und Kokeltal bekannt. Kennzeichnend für die Alttallandschaft ist das *Erlebäschken*, das den Unterlauf der zahlreichen in den Alt strömenden Gebirgsbäche begleitet. (Vgl. die stimmungsvollen Landschaftsbilder von Fritz Schullerus, † 1898, im Baron Brukenthal'schen Museum.) So auch bei Kerz (dem Geburtsort V. Kästners). Vom »Bächlein«:

Ous erläne Nêstcheren hadd ed en
Dąch. KÄST. 1.

De Erle štô kuel unt de Nôchteguel
schwecht. Ebda. 2.

Vom »bösen Hans«:

Klabbert Näster ouszenin
Än em Witz af d' Erlen. Ebda., 54.

Im Reimlied, »wie Peter sein Weib schlug«:

Det lâif em än de Ireln,
Det feng un ze bireln (brüllen).
SCHUSTER, 381 (nösn.).

Et sąs ąndrem Wâemerštôk,
Et sąng wae en Erlentôk.
HÖHR, 14 (nösn.).

(*Erlentôk* ist hier jedenfalls aus *erel Tôk* ‹ *edel Tôk* ‚edele Puppe, Zierpuppe', entstellt.) Sprw. *Ruit Hiur och Ierlenhûlz dæ̂ wôssen nied af geadem Bądem* (Katzendf.). Unwillige Antwort auf die Frage, was es zum Essen gebe: *Hiršch och Öršch och Ierlenhûlz* (Ebda.). — Die Blätter der Erle werden zur Heilung von Geschwülsten verwendet, die Rinde zum Braunfärben. Gegen Erkältungen bei Kindern kocht man in einer Mischung von Wein und Wasser *Mejerûmen-Kuef* und *Luirbeln* (Majoran und gestossene Lorbeerblätter) oder *Posemt* (Krauseminze) mit *Idlenschuel* ‚Erlenrinde' *(Mettersdf.*, GASSNER 75). »pro decem vecturis alnorum vulgo Yrlen ad fundamentum aedificii portae divi Petri« (1532, Qu. Kr. 2, 242). — 2. In Fl. N. *Angder den Erlen* (gegenwärtig Parkanlagen in Hstdt.). *Än Erlen* (Girelsau). *Plâtenerlen* (Freck). »Auff den Erlen« (1680, Gr.-Alisch). »Auf der Sonnseite nebst den Erlen« (1720, Birth.). »Hinter den Erlen« (1720, Ebda.). »Vor den lichten Erlen« (1808, Nussbach). *Vor der Îrl (Pintak). En Îerln (Gr.-Schogen, Jaad), Îrle (Birk).* — Lautt. 47. Mhd. erle, ahd. erila. Die md. ndd. Form Eller (ahd. elira) ist erhalten im Fl. N. *Illberch (Jaad)* s. d. DWB. 3, 894. Moselfr. Irl, siegerl. Irle.

erleben, erliewen schw., nösn. *erlêbm* schw. 1. Wie nhd. ‚lebend erreichen'. *Sîl ich dąt nôch erliewen, dad ous dir uch äst wit? Te wiršt ed erliewen!* ‚du wirst sehn, dass es so, dass es möglich ist, dass es sich ereignet'. Öfters verneint. Derbe Abweisung eines Wunsches oder einer Behauptung: *Dąt wiršt ta ned erliewen! Dąt wiršt te u mir ned erliewen, dad ich dô ąndersch dæ̂cht* (andres dächte), *mêr werd ich hangdert Jôr ąlt.* Schnippische Antwort der Frau auf die Aufforderung des Mannes: *Liuss dôt Genêssel, kąmm hälf mer Mäst ąflądden.* Antw. *Te wiršt et ned erleêwen* (Gr.-Sch.). Gevatteraufnahme: *Ech nien ej ąf zem Gevątter, niet mej uch ąf zem Gevątter, ech veršprêchen ej uch dæ̂ Dâch [χ], dæ̂ es Gädd erliewe let, alle Îr uch Frentschef ze erzîjen* (Maldorf). Glückwunsch zum 70. Jahr: *Ich wängschen, dat te uch nôch ded ôchzichst Jôr ä Gesangthîd erliewe sąlt.* Ebenso in Wünschen zum Neujahr und sonstigen Festen.

Erlêft hu mir det ną̂ Geôr,
'Ôs Gottes Gneôde weder.
(Reussen, Kbl. 31, 23.)

Ich wäl ich Gläck uch Sêje wanjtschen ze desem erlêefte nąe Geôr! (Ebda., Kbl. 31, 22). *'Ąser Härrgod erhąld ich en los ich lêwen, deômäd er de Krästdąch (Iuster-, Fuist-, Geôrš-, Numensdąch) neôch vil Geôr ä Gesangd uch Zefridenhîd erlêeft uch iwerlêeft* (Ebda., Kbl. 31, 23). — 2. Wie nhd. ‚lebend erfahren'. Sprw. *Wad em erlieft huet, dąt wîs em, wad em awer nôch erliewe wit, dąt wîs em net. Sąl ich des Schąnd un dir erliewen! Wad em ned allest u senge Kängden erlieft!* Schmerzensausbruch: *Sąl ij uch dąt nôch erliewen!* »*Wier wîss, wąd ech sonst nôch erlieft hêt mad am«* (Bezu°lt, 30). Als akt. Part. Praet. *Ed äs guor en Erleaftet* ,eine, die viel erlebt hat', ,eine Alte' (Alzen). — DWB. 3, 894.

erlechen, erlêchen schw., nösn. *erlâechtn* schw. ,leck werden'. Allgem. verbreitet. 1. Holzgefässe *erlêchen,* wenn sie längere Zeit leer in der Sonne stehn oder sonst austrocknen, so dass Fugen entstehn oder das Gefäss ganz zusammenfällt. Um das *erlêchen* zu verhüten, müssen die Gefässe *beschwällt (erwallt)* werden. *Det Schaff, de Kof, der Îmer, det Lêjeln äs erlêcht. Mer messen det Schqff erwqllen, ed äs erlêcht* (Gr.-Sch.). — 2. Übertragen ,vor Hitze gleichsam ganz austrocknen, verdursten, verschmachten' (dasselbe in bezug auf den Durst was *erhäln* in bezug auf den Hunger). *Ich bä gqnz erlêcht* ,vor Hitze ganz eingeschrumpft, verschmachtet'. *Mer seinj erläicht* ,durstig' (Brenndf.). *Ich bän erlêcht wâ e Schaff (wâ en Kof). Gäm mer ze drängken, ich bä gemz erlêcht* (Gr.-Sch.). *Des oärem Getter* (Grossvieh) *fqnjden neche Wqsser qf'm Hqttert, se ku gemz erlêcht hoim* (Agnetheln). Besonders von ,durstigen Kehlen'. Spott: *Ellîn, däd äs en Hochzet, hae sql em füer Duršt erlêchen* (Martinsbg.). *Ellîn, wôren erlêcht Gorjeln, dae suffen* (Ebda.). — Mhd. erlechen, nhd. nur vereinzelt bezeugt (doch vgl. lechen ,austrocknend rissig werden'), zum Stamm lech, gegenwärtig verdrängt durch ndd. leck. Schwäb. Wb. 1, 485 auslechnen. Moselfr. erlâecht ,rissig', ,leck'. Lothr. erlecht (Follm. 126). Vgl. auch unter *uelêch* (oben 1, 22).

erledigen, erlädijen schw. 1. [Geh. Spr.]. ,etwas zu Ende bringen'. *Nemi kamm mer mät dem, dqd äs na îst erlädicht.* Auch refl. *Dâ Sach huet sij erlädicht.* — 2. In der ältern Kanzleispr. ,frei machen'. »Bei uns ist grosse noth, mir bedurffen hülff, bei got aber ist der willen und das vermügen, das er uns auss der noth kann erledigen« (Dam. Dürr, Hdschr. 705). »iren Mann aus dem gefengkniss zu erledigen« (1567, Med.). »welche da von auch erlediget und an heim zihen werden denselben mir den Nagy Myklosch zum geleit han geben« (1575). Mit dem Gen. der Sache: »denn was einer bessert vnd bûssen mus / erlediget die andern der straff nicht« (E. L. R., 173). »(Der Bürge) wird der (der Bürgschaft) ehe nicht erlediget« (Ebda., 142). — DWB. 3, 896.

erlegen, erliejen schw. In wenigen und selten gebrauchten Wendungen. 1. *Eisen erliejen* ,ein Stück Eisen aufschmieden' (Binder, Coll.). Öfter belegt in Rechnungen des 16. Jahrh. als ,anschärfen', ,anschweissen', auch ,schärfen'. »Egiptius hot ein Stang erlacht vnd einen Czappen vnd auch ein haw« (1547, Qu. Kr. 3, 420). »von Eyner stayngen zw Erlegen« (Ebda. 3, 326). »pro reparatione antiquae serrae, erlucht« (1525, Ebda. 1, 602) u. ö. »einen zappen erloht« (1607, Almosenrechn.). Ebenso lux. erléen ,Stahl auflegen', eng Âx erléen (Lux. Wb. 92). — 2. In der alten Kanzleispr. ,Geld (Strafgeld, Lohn, Abschlagszahlung) einzahlen'. »was in die Kirchenladden erlegt ist« (1566, Almosenrechnung). »und an dem Hoff hat der Jüngste sun dem Eltesten sein theill mit parm geld erlagt« (1569). »dass sie, die obgenante junge Eheleute, nach erlogter Straffe bey samen wohnen und christlich mit ein ander leben mögen« (1696, Cap. Bog.). »das er alles das, was als Straf darauf stund, sollt erlegen« (1609, Ger.-Prot.). »der Rottgiesser aber den arztlohn redlich erlägt hette« (1598, Ger.-Prot.). »sondern die melnerin must das ubertheil ihnen erlegen und sich darnach vom gusten bezolt nemen« (1609, Ger.-Prot.). »Das weiss ich dass der Mikul zu mir kam und erlegt mir die gerechtigkeit ich solle der Actricis Mutter Wiesenerb feil bitten lassen« (1672, Ger.-Prot.). »eines kompt ehr hinaussen, erlecht ich den zinss biss auf achthalben Pfennig« (1609, Ger.-Prot.). Beim Einzahlen der »Auflage«: »Mit Gunst erleg ich mein Auflag Geld Gott zu Ehren« (1831, Weissbäckerzunft, Kbl. 33, 5). »derselbe sol . . ihre teiler nach der Schåtzung mit gelt erlegen vnnd zalen« (E. L. R., 83). — DWB. 3, 898 (die Bed. 1 hier unter 4).

erleichtern, fehlt; s. *rängern* (ringern).

Erleichterung, fehlt; s. *Rängernes (Ranjernes,* Katzendf.).

erleiden, erlegden st., nösn. *erlaidn* st. 1. Wie nhd. ,leidend erfahren'. *Se huet viled erlidden. Ich mes än diam Haus vil erlejden* (sc. als armer Schwiegersohn in einem reichen Hause, Gr.-Sch.). Von Strafe: »noch (nach) erlidtener straff« (E. L. R., 163). »sondren auch öffter als guts ist, nach wol erliddenen schlägen Nase, Hände und Füsse abhawen und Ohren abschneiden nequiter und furiose in trunkenheit gedrewet, welche stimlung meiner gliedmassen mich so hoch als der thod selber angehen« (1645, Cap. Cib.). »In 8 iaren haben wir in unsrer naberschaff zweimal grossen Schaden erliden durch das feir« (1567, Schönbg). »Ich bin auch zum Joanni binder gewesen, da der Sudie und andere Walachen von unserer gemein mit ihm eins worden seines erlittenen schadens« (1609, Ger.-Prot.). »er aber dazumal ein Pferdt hat, welches mir an unserem erlittenen schaden von ihm wollten nemen« (Ebda.). — 2. ‚ertragen‘. »Diese unbillige und schmälige Wort ich schwer anname, dennoch hab erlitten« (1595). — DWB. 3, 899.

Erlenau, Erlâ fem. *Af der Erlâ* (Petersbg.). *Erlâgruam (Wallendf.).*

Erlenbach, Erlebâch fem. (Hstdt.). »jenseit der Erlbich« (1808, Marienbg. B.).

Erlenbrücke, Erlebräck fem. ‚Brücke über den Erlenbach‘. Fl. N. »Bey Erlen brick ein Erdoch Wiss« (1680, Pruden).

Erlenbrunnen, Erlebrannen m. *Um Îrlbrǫnn* Fl. N. *(Botsch).*

Erlenburg, s. Erdenburg.

Erlengk. »pro uno stang erlengk« (1524, Qu. Kr. 1, 560) ‚Fischerstange zum Erlingfangen‘ (?). s. Erlitz.

Erlengraben, Erlegruewen m. »Aufm Erlgraben« (1680, Gr.-Alisch).

Erlenseifen, Ierleseifen Fl. N. (ein Graben, Kl.-Schenk). s. *Seifen.*

erlernen, erlîren schw. ‚fertig lernen‘. *De Kängt bekun eseveld af* (sc. in der Schule), *se kennen et ned erlîren.* — DWB. 3, 902.

erleuchten, erlichten schw. *En erlicht Hîft* ‚ein offener Kopf‘. Im derben Fluch: *Det heiderlächt Donnerwadder soal dij erblätzen och erlichten!* (Alzen). — DWB. 3, 903.

Erliczib, F. N. »Stephanus Erliczib villicus« (Neudorf 1468, Qu. Gesch. S. 1, 27). Vielleicht verschrieben für Girluczil. Gegenw. *Gierlutschiel* (⏗ ⏑ ⏑ ⏑) ‚Stephan, Sohn des jungen Ger (Georg) Lutsch‘ (mit rum. Dim.-Endung).

erliegen, erlân st., nösn. *erlǫin* st. 1. Wie nhd. ‚vor übergrosser oder zu lange dauernder Anstrengung zusammenbrechen‘. *Ech kǫ nemî, ij erlǫn. Ij erlǫ vîr viler Arbet. Ech mess dij erloan* ‚zugrunde gehn‘ (Alzen). »cujus equus fuerat delassatus vulgo erlegen« (1545, Qu. Kr. 3, 258). — 2. Wie nhd. ‚verliegen‘. (Von Wäsche, die zu lange liegt und zermürbt). *Ed äs erliêjen* (Katzendf.). — DWB. 3, 905.

Erlitz, (Dim.) **Ärlsken** n. (Neustadt i. B.), nösn. *Ärlfäsch (Bistr.).* 1. cyprinus phoxinus. — ahd. erlinc zu erila ‚Erle‘. — Kisch, W. u. W. 43.

erlösen, erlîsen schw., nösn. *erlîsn* schw. *ärlîse (S.-Reen).* 1. In volkstümlicher Bedeutung ‚auslösen‘. a) *Det Flîsch erlîsen* ‚die Knochen aus dem halbgekochten Suppenfleisch herauslösen und die Suppe durchseihen‘ (Med.). Ein eigentümliches st. Prät. *mer hun ed erlîsen* (Gr.-Kopisch). — b) Pass. ‚entbunden werden‘. *De Fră wit vun em Kängd erlîst* (Binder, Coll.). *Äs se* (die Frau) *gläcklij erlîst?* ‚ist sie entbunden?‘. Glückwunsch der ältesten Gode: *Gläcklij äs dâ Štanjt geweist, dâ der erlîst warde set, âser Härrgodd erhǫld ej ir Känd uch ech, domäd er ät ze Îre Gottes erzâ kennt* (Scholten). — 2. In geh. Spr. a) Pass. ‚sterben‘. *Äs ed irem Ôlden* (dem alten Vater) *net bêsser?* Antw. *E äs erlîst* ‚ist tot‘ (Gr.-Sch.). Auch: *e äs erlîst worden.* — b) Im kirchl. Gebrauch. *Erlîs es vun allem Iwel!* Übertragen: *Kamm, erlîs mich vun deser Arbet!* — DWB. 3, 906.

Erlöser, Erlîser m. [Geh. Spr.]. In kirchl. Wendungen: *Kristus, âs Erlîser* (Schuller, T. u. Begr. 2, 10). Seufzer des schwer Kranken: *Ach menj Erlîser!*

erlurchen, erlurchen schw. *Äst erlurchen* ‚etwas aushorchen‘ (Hstdt.), s. d. Simplex. — Im DWB. nicht verzeichnet.

erlustigen, erlastijen schw. [Geh. Spr.]. Refl. *Ed äs Feosnicht, de gang Leijt* (die Jugend) *erlǫstije sich* (Gr.-Sch.). — DWB. 3, 909.

ermachen, ermâchen schw. ‚fertig bringen‘ (eine Arbeit, namentl. die Bearbeitung des Grundes und Bodens). Alternde Bauersleute klagen: *Mer messen ded Arf* (unsern Grundbesitz) *de Kaindjen ǫfdoilen, mer kennen et nemoi ermôchen* ‚wir sind nicht mehr imstande es zu bewirtschaften‘ (Gr.-Sch.). *Se* (reiche, jedoch kinderarme Eheleute) *hun ze vil, se kennen et ned ermôchen* (Schönbg.). *Sîle mer det heijt ermôche kennen?* ‚sollten wir diese Arbeit heute noch fertig bringen können? (Ebda.). — DWB. 3, 909.

ermahnen, ermunen schw. [Geh. Spr.]. *Der Härr Vueter* (Pfarrer) *hued en ermunt* ‚hat ihm ins Gewissen geredet‘. In der älteren Rechtsspr. »Nachdem derhalben auf oben gesagte tag Zeit beyde teil, als der Lucas Wagner Kläger, und Blasius Henz Angeklagter, für uns erschienen, weitter recht von uns zu haben, wir auch allen rechts Handel in irer kegenwart verlesen gehörtt, weitter auch ermanet, ob sie was mehr fürzubringen, solches thuen mögten« (1569, Kronst.). Nach der hochdeutschen Schulsprache: *Der A. huet niche Schîlnôricht bekun, em hued en nor ermunt* ‚mündlich zu grösserem Fleiss ermahnt‘ (während die Schulnachricht eine schriftliche Ermahnung ist). — DWB. 3, 909.

Erman. 1. P. N. Ermen (1329). — 2. F. N. »Petrus Erman de Olczna« (Alzen 1477, Qu. Gesch. S. 1, 230 u. ö.). »Dy Ermanen« (Ebda., Ende des 15. Jahrh.). »Johannes Ermen« (1609, Hstdt.). »Metter Ermen« (16. Jahrh., V.-A. 16, 392). Zum ahd. P. N. Irmin (Ermin). Doch vgl. auch Ermenus ‚Armenier‘ (1506, Qu. Gesch. S.

1, 325; Armenier waren die Händler und Kleinkaufleute, in der Ma. *Hargux* ◡*ɛ* genannt).

ermehren, ermîren schw., nösn. *ermîrn* schw. ‚vermehren'. *E ermîrt sich ded Arf* (Werd). Med., Schässbg., Schenk (Gürteln), Reps; allgemein nösn. *ärmîrn (D.-Zepling). Wonn de Famîlî sij ermîrt* ‚grösser wird' (Unterwald). Dank der Gäste beim *Katmes* (Taufschmaus): *Ich bedungkn mich hesch* (hübsch, schön) *vor ąlles dą̂et, wąd er es hîer huet gerêcht auss-em Sêgn des Hiern. Gott wäll ij ed ermîrn, dąd er et nässn sellt špîrn (Mettersdf.,* Gassner 36). Eingang zur Todesanzeige beim Pfarrer: *Befoint sij eitwes Gödet, dą̂d ermîr der laif Gût ent woind ded Iwel ä Gnôden uef* (Rosenau, Schuller, T. u. Begr. 1, 46). Im Spruch gegen *Bisegrêt* (Gesichtsrose).

Bisegrêt te sąlt gelêsche senj,
Te sâlt dich ned ermîren,
Te sâlt ąmkîren. (Belleschdf.)

In der Hexensage segnen die freundlich angesprochenen *Truden* den aus der Mühle heimkehrenden Bauern: *Godd ermîr det Miel!*, so dass ihm nun das Mehl nicht mehr ausgeht. *(Godd ermîr ij aier Koern! Kl.-Bistr.)* »König Bela gab ihnen ein Confirmation der vorigten Privilegiorum, ja e r m e h r e t auch dieselben« (1610, Qu. Kr. 5, 214). »derweil sein Partei sich täglich e r m e h r e t« (1529, Ebda. 4, 499). — Ein aussterbendes und wie nhd. nunmehr durch *vermîren* verdrängtes Wort. Mhd. *ermêren.* — DWB. 3, 913.

ermelden, in der Bedeutung ‚erwähnen', ‚angeben'. »an dem Freytag für Pfingsten zum e r m e l t e n Hannes Nonn kegen Nadosch« (1677, Cap. Bog.). »also, dass wir hinfüro von e r m e l d t e m H. Schwager nichts anders foddern wollen, als lieb und freundschafft und bekräfftigen solches in gegenwahrt Dom. Rectoris und Cantoris Leschkirchensium« (1678, Cap. Cib.). — DWB. 3, 914.

E r m e n O. N., s. Irmesch.

—, Êrmen Fl. N. *Äm Êrmen* (Hamlesch). s. P. N. Erman.

ermorden, ermîrden [Geh. Spr.], nösn. *ermôrn* schw. *Ij ermeorn mij an disem Âssn, esu gaut schmąckt et mer (Weisskirch). Wonn ej uch esi gê* (jähzornig) *wêr, wâe hie, mir ermîrten es dich* ‚ermordeten uns' (Thalheim). Echte Ma.: *dît schlôn, hi mąchen, lôs mąchen.*

ernach, s. hernach. »es volgt ein ander leben e r n a c h« (Dam. Dürr, Hdschr. 13). »solches urtheyl und sententz ausgesprochen, das die weil der kleger Christophorus seines vatters testament, und auch e r n o c h die teylung mith sampth seinen bluthfreunden gehalden und auch gelobth hoth« (1564).

ernachmals, s. hernachmals. »Es waren aber etwa 100 Heiff damals schon heraber geworffen, von diesen fraget ich ob sie nicht in die czaall und ganze Sum kommen solten, antwortet er, Ja, es würde sich e r n a c h m a l s woll finden« (1599, Ger.-Prot.).

ernähen, ernên schw. ‚den Bedarf an Näharbeit in einem Hause durch eigene Arbeit decken'. *Des Kängt broche vil Wiesch, eeh ką̂ se kom ernên.* DWB. 3, 919 in dieser Bed. nicht verzeichnet.

ernähren, ernieren schw. [Geh. Spr.]. In der Bed. ‚das zum Leben Nötige beschaffen'. *Dąd äs e fleissijer, dî wit sich wuol ernieren* (Katzendf.). (Georgius Schuff wird als »burger und Stadtmann« angenommen, nachdem er sich verpflichtet hat) »in summa christlich will leben vnd sich redlich e r n e h r e n« (1657, Rechtsgesch. 2, 378). Syn. *sich genieren.* — DWB. 3, 919.

ernennen, in der Bed. ‚angeben', ‚erwähnen'. »anzeigend wie Er wegen e r n a n n t e n (erwähnten) Hoffs angefochten were worden« (1637, Rechtsgesch. 2, 384). »Gelt, so e r n a n n t e n Griechen soll entspônet sein« (1638, Rechtsgesch. 2, 375). In der Bedeutung ‚jemanden zu etwas ernennen, ihm ein Amt geben' nach der Schulsprache wohl auch *ernännen: Der Härr Lîrer huet mich zem Notâtor ernąnt.* (Dafür aber besser mundartlich: *bestämmen, mąchen*). — DWB. 3, 921.

Ernst, Ärnst m., nösn. *Iärnst* m. [Geh. Spr.]. 1. Zweifelnde Frage auf ein Anerbieten: *Ich schingken der dese Gälden.* Gegenfrage: *Äm Ärnst?* ‚treibst du nicht nur Spass mit mir?' *Äm Ärnst, wevel verlangst te äm det.* (Echte Ma.: *ône Špâss.)* »so wird der übertrettende Theil . . . gewärtig seyn, dass er dem v. Capitulo fl. 12 Strafe verfallen, und dazu noch mit grösserem E r n s t angesehen, oder gar nach Befinden seiner Vergehungen, dem brachio seculari übergeben werden solle« (1765, Cap. Cib.). »Er sollte Geld schaffen, es sey ihm ein e r n s t« (1560, Ger.-Prot.). — 2. P. N. *Ärnst.* Dim. *Ärni.* [Städt. Halbma.]. — 3. F. N. »Johannes Ernst« (1496, Qu. Gesch. S. 1, 218). »Ernest« (1468, Ebda.). »Dy Ernsten« (Ebda. 1, 31). »Casper Ernst« (1633). »Hannes Ernest« (1679). »Agnetha Pitter Ernstin« (1615, Hahnbach). »Hans Ernst« (1693, Schellenbg.). Gegenw. Schässbg., Hstdt. — 4. Fl. N. »Im Ernst« (1680, Bulkesch). — Zu mhd. ernest, ahd. ernust. DWB. 3, 923.

ernst, ärnst, nösn. *iärnst.* Adj. und Adv. [Geh. Spr.]. *En ärnst Mängsch* ‚ein ruhiger, besonnener Charakter'. *Ich hun en ärnst ermunt, awer e wäll net hîren.* — DWB. 3, 926.

ernstlich, ärnstlich. Adj. und Adv. [Geh. Spr.]. *Der Härr Vueter hued en ärnstlich vermunt.* »Dass thue ich auch, halten Christi leib in Ehren, und darüber hab ich ein ernstlich befehl von Christo, dass ich dass heilichtumb nicht vor die Hunde werffen soll« (1640, Cap. Cib.).

Ernte, Ären m., nösn. *Ârn* m. wird ausschliesslich für den Weizen- und Roggenschnitt im Juli—August und für den Haferschnitt gebraucht *(Huewerären)*, die Wein- und Obsternte wird *Härwest* genannt. (Syn. *det Kukerutzbrêchen; det Krumpiregewännen;* nösn. *ded Appelklaubm; det Liesen).* 1. Gilt als frohe, sehnsüchtig erwartete Zeit, deren Kennzeichen der fröhliche Eifer der Arbeit ist. *Der warem Mentsch wuart schwêr qf den Âren* (Schönbg.). *Tummeld ich!* ‚sputet euch!' Antw.: *Na, mer sellen dich ned än den Äre gôn. Än Äre fueren. Der Ârn kid eruner (Wallendf.). Der Ären äs hâ.* — *E gâd (îrengklij) Ären* ‚reiche Ernte'. *Mer hun en gouden Âure gehuet* (Schirkonjen). *E schwach (licht) Ären.* Die Ernte bedarf hurtiger Arbeit und fleissiger Helfer (s. *Schnidder* ‚Schnitter'). *Än desem Âere geid et schwâier fiur sich* (geht die Arbeit langsam vorwärts), *et râênt vil* (Hahnbach). *Wonn der Ären îst iwern äs, dernô äs det Hart* (die schwere Arbeit) *iwern.* Ältere Aufzeichnungen: »Wie der herr sagt bei Matthäus: Bitet den hern des erndts, das er erbeiter in seinen ehrendten ausssende« (Dam. Dürr, Hdschr. 927). »Im vergangenen Jor, hat ich zum erndt nit Korn, gieng ich zum h. Pfar und befreyet Korn heimen zu führen« (1609, Ger.-Prot). »ich weiss aber nicht eben war es für dem Ern oder gleich im Ern« (1615, Ger.-Prot.). »hab ich bei ihm in dem erndt helfen schneiden« (1609, Ger.-Prot.). »Nach diesem einmahl als ich zu Holtzmengyen im Erndte war« (1692, Cap. Cib.). Zur Ernte sich verdingen war beliebter Brauch der halbbäuerischen Handwerksgesellen in den kleineren Gewerbeorten, darum aber vielfach in den Zunftregeln verboten. »Es ist auch beschlossen worden, dass kein Schuch Knecht umb einen lohn im Ehrren arbeitten und auch die weingertten hütten soll« (1632, Kl.-Schelker Schusterz.). »Es ist auch beschlossen, dass kein Erbar gesell in ehren soll schneiden gehen vmb ein lohn« (1560, Ebda.). (Vgl. auch V.-A. 16, 405, und Salzer, Birth. 66). Ersatz dafür s. unter »Bottag« (V.-A. 16, 403). Ebenso wird den Pfarrern verboten, »den schulmeister im erend vnd weinlesen von den Knaben zu eigner arbeit abzureissen« (Hont. 95). — 2. In sprw. Wendungen: *Der Ären* gilt als die heisse Jahreszeit. *Ed äs esi wuerm wê äm Ären. E hôt se esi gâren wê de Schnî iäm Âren* (Katzendf.). *Äm Âren terf em net krêzen* (kränkeln, wehleidig jammern), *mêr diid* (tut) *enem uch äst wii* (sc. so dringend ist die Arbeit, Klosdf.). Bildlich in Umschreibungen für ‚sterben'. Anzeige beim Pfarrer: »*Mer wenn en't* (wollen es Ihnen) *bekqent mqchn, dqd qnser Härrgott müd qnserem Fränd* (N. N.) *en Ârn huet gehöeln« (Mettersdf.*, Gassner, 86). *Der Aaren as an de Ôlden agerassen* ‚unter den Alten ist ein grosses Sterben eingerissen' (Schirkonjen). — 3. Als Terminbezeichnung: *Äm Ären* ‚zur Erntezeit'. *E Sanktich äm Ären* ‚ein Sonntag im Hochsommer'. *Et wôr äm Ären e Jôr, dat e štûrf.* »Im naechsten Ernd ein Jar vergangen, kam Franzen Jörig zum welten Zincken« (1579). »der kam einsmals im ern 3 iar gelauffen weinet sehr und sagt zu mir« (1567). »Im ernden haben wir holtz gemacht im Wald« (1598, Ger.-Prot.). »Es wirt in den kenftigen Erndt 10 Jar werden, das unser 12 auf Saltzburger hattert dem h. Walentino korn schnitten« (1609, Ger.-Prot.). — 4. Die Ernte gilt als heilige Zeit und ist durch uralte Bräuche ausgezeichnet, die allerdings mit dem Schwinden der gemeinsamen Arbeit gegenwärtig rasch verwittern. (Vgl. darüber Fronius, 122; Heinrich, 17 ff. Reste alten Dämonenglaubens, Ebda. 20 ff.). Voraussage der Ernte: Man sticht in der Neujahrsnacht in ein Brot ein blankes Messer. Die eine Seite ist *der Âren* (Getreideernte) die andere Seite *der Harwest* (Weinlese). Verrostet nun die die Ernte bezeichnende Seite der Messerklinke, so bedeutet das eine gute Ernte (Eibesdf.). Kennzeichnend für die Ernte ist reine, festliche Kleidung, sowie feierliches Begrüssen und Glückwünschen beim Begegnen. (Reiche Beispiele Heinrich 18; aus Reussen Kbl. 31, 22. A. *Wälld er uch eössen?* B. *Wat deûn?* A. *Mer wanjtsche Gläck!* B. *Mer wanjtschen 't ä glechen.* A. *Gott schingk ich Sêjen!* B. *Godd erhîr ich).* Im Einzelnen s. *Ärenhîbes, -krqnz, -kirch, -môl, -viesper.* — *Frucht-, Grommed-, Hq-, Huewer-, Kampest-, Kîre-, Kukerutz-, Oppes-, Reppenären.* — Entspricht nicht der abgeleiteten nhd. Form (mhd. ernede fem. ahd. arnôd m.) sondern auch dem Geschlechte nach ahd. aran m. Vgl. auch *ärnen* und *uernen.* DWB. 3, 928.

Erntedankfest, Ärendangkfäst n. Wird allenthalben an einem **Sonntag Anfang November,**

wenn alles vom Felde eingebracht ist, jedoch nur in Form des Sonntaggottesdienstes gefeiert, wobei die Predigt auf den jeweiligen Ertrag der Ernte Bezug nimmt. Seit neuerer Zeit werden hiebei an einigen Orten Kanzel und Altar mit Ähren geschmückt.

Erntefest, s. Erntedankfest.

Erntefuder, Ärefâder n. ‚Fuder Heu, Korn usw., so gross wie man es auf einem *Ärewuwgen* bringen kann'. In dem Besitzverzeichnis der Mühlbächer Parochie (17. Jahrh.): »die andre (Wiese) in dem Wonsleng, da man auff die fünff Ernfuder Hew kan machen« (Kbl. 10, 28).

—, **Ärenhîbes** m. ‚Gebäck, das den Arbeitern nach Beendigung des Schnittes zum Abendschmaus gegeben wird'. Vgl. *Brîdâchtel.* Denen, die sonst beim Schnitt mitgeholfen haben, wird der *Ärenhîbes* samt dem *Bridâchtel* nach Hause zugeschickt. »Wenn beim Kornschneiden eine Familie früher fertig war als eine befreundete oder verwandte, so half sie dieser. So arbeiteten oft 4—5 Familien zusammen und kamen mit Gesang nach Hause, indem der Hausälteste voranging und den Erntekranz brachte. Zu Hause hatte unterdessen die Hausfrau Kraut zum Erntemahl gekocht und den *Ârenhûbes* gebacken. Während dem Schnitt wurde auch die Erntekirche gehalten, zu welcher die Leute vom Feld mit Gesang heimkamen« (Draas, Kbl. 17, 96). Scherzhafte Mahnung an die Schnitter. *Sât, dąd er färtich wärt, er bekut säs nechen Ârenhuibes* (Gr.-Sch.). — Unter *Ärenhîbes* versteht man mancherorts auch den *Hîbes,* der dem Überbringer des Erntekranzes (s. d.) gegeben wird. — s. *Hîbes.* Heinrich 24, 30; F. W. Schuster, V.-A. 9, 268.

Erntekirche, Ärekirch fem. 1. Früher ein eigner Morgengottesdienst vor dem Kornschnitt. Die Predigt nahm besondern Bezug auf die Ernte. Vor diesem Gottesdienst durfte Niemand mit dem Schnitt beginnen. Vgl. *Ärevi^e^sper.* — 2. Erntedankgottesdienst.

Erntekranz, Ärekrânz m. »Aus den letzten Gängen (des Kornschnittes) wird allenthalben, gewöhnlich von Mädchen, ein Erntekranz gebunden, ein kunstsinnig zum Kranze sich formendes achtfaches Kreuz, oder eine Erntekrone, auch ein wirklicher Kranz, in welchen Kornblumen und andre Blumen hineingebunden sind, oder endlich ein einfacher Kranz« (Heinrich, 24). Der *Ärekrânz* wird vom Schnitter oder der Schnitterin der letzten Garbe oder von der Hausmagd (Hausknecht) oder endlich von einem beliebigen Arbeiter dem Zuge voran ins Dorf getragen und dort dem Hauswirt (Gutsherrn) mit den Worten, er solle ihm gefällig sein, überreicht. Er erhält dafür den *Ärenhîbes* (s. d.). Auf dem Wege durchs Dorf und auf dem Hofe selbst wird der Kranzträger von allen Seiten tüchtig mit Wasser beschüttet. Der Erntekranz wird an der Vortüre oder an der Zimmerdecke aufgehängt, wo er bleibt, bis entweder der Erntekranz des nächsten Jahres ihn ablöst, oder er wird ausgedroschen und die Körner werden unter das Saatgut gemischt *(Birk).* In einigen Gegenden des Unterwaldes wird der Kranz auf den ersten mit Winterweizen besäeten Acker gesteckt. Anderswo (Almen) wird von der Schwesterschaft alljährlich eine länglichrunde Krone angefertigt, geschmückt mit Kornähren, welche über das Schiff der Kirche aufgehängt und bis zur nächsten Ernte aufbewahrt wird. — Da die Schnitter auf den sächs. Dörfern meist Zigeuner, Rumänen und Szekler sind, ist besonders auch die Sitte des Kranzeinbringens vielfach mit fremdem Brauch durchsetzt. Daher auch die öfters sich findende Bezeichnung des Erntekranzes als *Busdugan* (s. d.) und *Kunune* (Schirkonjen). Die eigentl. mundartl. Bezeichnung ist *Kîrebûm* (Kornbaum, s. d.). — Über die der Sitte zugrunde liegenden mythischen Vorstellungen s. Heinrich, 27 ff.; F. W. Schuster, V.-A. 9, 265 ff.

Ernteleiter, Ärelîter fem., nur Pl. *Ärelîtern,* die langen Seitenleitern, die in das Wagengestell eingefügt werden und so den gewöhnlichen *Lîterwuwgen* zum *Ärewuwgen* machen. *De Ârelîtern* (Hohndf.).

Erntemahl, Äremôl n. 1. Das festliche Mahl, das am ‚Erntedankfeste' gefeiert wird (Wolkendf. i. B. und sonst). Vgl. *Brîdâchtel* (Bereitachtel). — 2. Insbesonders auch das grosse Mahl, das der Pfarrer bei Gelegenheit des Verzehntens den dabei beschäftigten Amtsleuten usw. zu geben verpflichtet war. Anschaulich geschildert in den statutarischen Aufzeichnungen des Pfarrers Samuel Czek in Talmesch (1792): »Bey der Erndmahlzeit, welche gleich nach dem Verzehnden des abends auf dem Pfarrhof gehalten wird, gehen etwa 30 ℔ Fleisch, 3 Mass Butter, und ein Sack voll Mehl auf, verstehe zum Brod, Hanklich und Stritzel, wobey zu mercken, dass man hier nicht wie anderer Orten vom Dorf Eyer und Butter dazu bringt, sondern die Pfarrerin muss dieses alles dazu geben, ausser, dass die Predigerin wegen des dem Diacono zufallenden Zehendens etwa ½ Mass Butter und etliche Eier zu bringen pflegt, und die Beamten (wenn Sie von Höflichkeit wissen ein oder) drei Paar Hener. Die Mahlzeit aber besteht aus folgendem: a) Ein neues Kraut, wozu die Beamten das Kraut bringen, wenn einiges im Dorf ist, ist aber keines zu haben, und hat auch die Pfarrerin dergleichen nicht, so kann dessen Stelle auch nur altes Kraut vertreten. b) Reiss bei 2 Henen. c) Neuer Egrisch bey Rindfleisch, wozu die Beamten die Egrisch bringen müssen, wenn sie dergleichen essen wollen. d) Fisch, wenn die Beamten welche bringen. e) Das Gebräth, ein rindfleisch und ein Schöpsen Braten, welche mit in die obige 30 ℔ eingerechnet sind, ein paar gebratene Henen und eine gebratene Gans, wenn die Pfarerin dergleichen selbst hat. f) Das Confect, nehmlich: Hancklich, Stritzel, und Obst, wenn dergleichen leicht zu bekommen ist, und etwa Nüsse, welche aber auch wegbleiben können. g) Das Hauptwesen bei dieser Mahlzeit ist ein guter Wein, davon die Verzehnder so lang trinken, als Sie Lust haben, und es gehen selten weniger dabei auf als 3—4 Eymer. Den folgenden Tag beym Einführen kommt es auf des Pfarers Belieben an, ob er nehmlich den Decimatorem und den Hannen, welche in der Scheuer sind und aufschneiden, mit sich will essen lassen oder nicht. Wenn Sie unverschämt sind, so begehren Sie auch in die Scheuer zu trinken, man ist Ihnen aber nichts schuldig« (Kbl. 29, 120). Davon unterschieden das »grosse Erntemahl«, das der Pfarrer mancherorts der ganzen Gemeinde gab. »Wenn der Wein verhoben ist, so mahnt der Hann zum grossen E r n d m a h l, so der Pastor dem gantzen Dorf vors Einführen giebt und bestimmt den Tag wann Sie es verlangen, da dann die Kirchenmütter den Tag vorher zur Pfarrerin kommen und zum Brod zimsen, selbst kneten und selbst backen, damit wenn das Brod nicht gut oder zu klein gerathen, die Pfarrerin ausser Schuld seyn möge. Wenn dieses geschehen, kommen die Zehndleute von jedem 4tel Dorf, deren 3 4tel seyn, und empfangen ein jedes 4tel 3 Brod, aufs gantze Dorf also 9 Brod. Ein jedes 4tel 3 Lichtkertzen, aufs gantze Dorf also 9 Lichter. Ein jedes 4tel 2 ℔ Speck, aufs gantze Dorf also 6 ℔ Speck und aufs gantze Dorf 24 Eymer neuen Wein, ein jegliches Viertel bekommt also 8 Eymer. Vom Fleischhacker nimmt ein jedes 4tel a conto des Pastoris 20 ℔ Fleisch, aufs gantze Dorf also 60 ℔, welche der Pastor bezahlet und diese 3 4tel suchen sich ein jedes in seinem Bezirk eine Herberge, wo Sie obengenanntes mit einander verzehren« (Ebda., Kbl. 29, 122). »Nach der Decimation gibt der Pastor das E r n d m a h l dem Amplissimo Senatu vnd etlichen auss der 40 Mannschafft. Schickt sonst in die Nachbarschafften Brodt, Speisen und Wein« (17. Jahrh., Mühlbach, Kbl. 10, 29). »Habe auch gehöret, dass man in dem Keller bey dem E r e n d m a h l ein stück dergleichen wachsstock angetroffen hätte« (1713, Cap. Cib.). »Ich als Ambtfrau weiss hievon wie ich dem H. Prediger erzehlet, welcher es auch gesagt wird haben, dass die Kindelbetterin mich angesprochen, ich solte nur gehen, sie hätte schon mit der Pfarrerin geredet und Ihr Kraut gegeben zum e r n m a h l« (Ebda.). Übertragen endlich — 3. auf das Mahl, das jeder Jungverheiratete der Nachbarschaft als Eingruss gibt (Talmesch; besteht aus zwei Essen, abends Sauerkraut, zu Mitternacht Braten, dazu die *Hąngklich)*.

e r n t e n, ărnen schw., nösn. *ărnen.* Von guter Ernte: *Et setch geᵃd eᵘs, de wirš geᵃd ărnen* (Katzendf.). *Huᵃd er noch vil zem ărnen? (Wallendf.).* Sprw. *Wąd em sêt, dąt wid em ărnen* (Gr.-Sch.). *Ârnen wô em net gesêt* (Ebda.). *Dî hueᵈ uch geărnt, dô e net gesêt hueᵗ* ,ist durch Betrug reich geworden'. *Wei em sêt, esu aᵘrnd em och* (Schirkonjen). *Dî nô de Woᵘlke setch* (der ängstlich nach den Wolken blickende und die Ernte zaghaft immer wieder aufschiebende), *dî ąrent nätch* (Marienbg. i. B.). — Mhd. arnen, ernen. Mit differenzierter Bedeutung s. *uᵉrnen* (oben 1, 191) ,Nachlese halten'. — DWB. 3, 930.

Erntevesper, Ărevⁱᵉsper fem. Vesper am Sonnabend Nachmittag zwischen Pfingsten »bis man die ersten Garben auf dem Felde sieht« als Bittgottesdienst für gute Ernte (Zied). Wird jetzt nicht mehr gehalten (Volksfr. Kal. 1909, 119). In der Umgebung von *Bistritz* unter dem Namen der »grossen Vesper« noch in Übung.

Erntewagen, Ârewuᵉgen m. Der grosse, ganzgleisige Arbeitswagen, der durch Einsetzen von langen Seitenleitern (s. *Ărelîter*) verlängert wird (s. *Lîterwuᵉgen*). Wird zum Einführen von Heu, Korn usw. gebraucht. *Mer hun hejt de Ârewâje gericht* (Schönbg.). *Mer hun det Schnejde brît, mer selle neᵒ den Ârewuᵃgen urichten* (Ebda.). In der Totenklage (einer jungen Frau am Sarge ihres Gatten) als Bild des Auseinandergehens der Hauswirtschaft: *Der Âreweᵒagen zescheit sich, der Pläᵒch* (Pflug) *verdeᵉilt sich* (Alzen).

Ernteweter, Ărewädder n. *Gât* (sonniges, warmes), *licht* (regnerisches) *Ărewädder. Der Härrgott gid es geᵒd Ârewadder* (Schönbg.).

e r ö f f n e n, fehlt. s. *afmąchen.* In der älteren Kanzleispr. »Der Altgesell: Mit Gunst, dass ich die Lad eröfne« (1831, Kbl. 33, 4). »Dann wenn nhu die verhörte gezeugnůs für gericht sein eröffnet worden / so wird keiner Partheyen für dem selben gericht / weiter zeugen ein zustellen / nit zu gelassen / es werden dann die sache vnd thädig appelliert« (E. L. R., 22). »Nach verhörter klag Antwort und der gezeugen haben mir ihnen volgenden Sentenz eröffnet« (1609, Ger.-Prot.). — DWB. 3, 934.

erpflücken, erpläcken schw. ‚fertig pflücken'. *Ed äs esu drech, mer kennen den Honef ned erpläcken* ‚wir können mit dem Hanfpflücken nicht zu Ende kommen' (Schönbg.).

erpicht, erpicht (◡ ◡́) in der Wendung: *E äs erpicht draf* ‚versessen' (auf ein Mädchen, auf eine Ehrenstelle usw.). [Städt. Halbma.]. Aus dem Nhd. — DWB. 3, 937.

~, **erpoddern** schw. Refl. ‚sich (allmählich) erholen'. *Äs ir Enno* (Anna) *nöch net gesäinjt?* Antw. *Ed erpeddert sich dich hoisch hemlich* ‚sie erholt sich hübsch langsam' (Gr.-Sch.). — s. d. Simplex. Schuller, Beitr. 16.

~, **erpräcken** schw. ‚erhaschen'. — s. d. Simpl. und unter *afpräcken.*

erquicken, erkwäcken schw. Noch in der eigentl. Bed. ‚erfrischen' gangbar. *Det frasch Wösser hatt mij erkwackt* (Kronst.). Ebenso im alten Minnelied ‚wieder lebendig machen':

Dräckt mech der Reif, der Reiw äs kǫlt,
Fræ Sann wit mej erkwäcken. Schuster, 4.

Ich hu mich drun (an einer Speise, Musik, Predigt) *erkwäckt.* [Geh. Spr.] Der Floh sagt:

Kniäckste mich,
Se erkwiäckste mich,
Dîlste mich,
Dûn dîdtste mich. (Katzendf.)

— DWB. 3, 939.

~, **erracken** schw. ‚durch *rackern* (hart arbeiten) sich erwerben'.

Doch wad ij uch erärft hun unt
wad ij uch errackert. Käst. 141.

— s. d. Simplex.

erraten, errôden schw. *Woräm heod er mer ned äst Ruidet zem Kloit* (ein rotgemustertes Kleid) *gekeuft?* Antw. *Dia det Mell ǫf, woi kemm* (kann) *däinj Gedeongken* (deine Wünsche) *erriuden?* (Gr.-Sch.). *Errôt, wî äs kun?* Aufforderung zur Rätsellösung:

Hiugeštijen,
Krammgebîjen,
Wier dǫ̂t kûn erriuden,
Dier sǫ̂l bâ mer schliufen.
Schuster, 265.

Oder: *Hiu getirmt, schîn gezwirnt,*
Siwe Kasten Nôten,
Sîl e hiu gelîrder sen,
Dî det kǫ̂n errôden. (Kbl. 28, 22).

Vom *bîsen Hanz* in der Schule:

Wasst näst vu gelîrdem Zech,
Hâlf sich mäd errôden. Käst. 50.

Der eigentlich mundartliche Terminus ist *entrôden* (s. d.). — 2. ‚den günstigen Augenblick ergreifen'. *Ir hadd et mät dem Sên erriuden* ‚ihr hattet gerade zur rechten Zeit gesäet' (Gr.-Sch.), *Dî heod ed oist erriuden* ‚hat den richtigen Zeitpunkt (zu einem Unternehmen) erfasst' (Ebda.). Syn. *trêfen, gât trêfen.* — DWB. 3, 941.

erreichen, s. *erdînen* (erdehnen).

Erren, s. *Ären* ‚Fussboden'. »ytem am 13. September leysz ych 500 erren zeychelen (Ziegeln) feyren gob zu faurlon 15 ₰« (1588, Klosterbaurechnung).

Errinke, »Das man 2 Heffer hat gestelth vnd 2 keyl hatt vberlogt, vnd von errincken vnd 2 sporen keyllen zu lohn geben asp. 25« (1551, in den Ausgaben für die Sägmühle, Qu. Kr. 3, 490). — In Er- wird mhd. êr n. ‚Eisen' stecken, also ‚Eisen-rinke'. Das Grundwort ist als *Rängk* fem. gut mundartlich.

~, **Errschel** ‚Hindernis' s. Irrsal.

ersättigen, ersiedijen schw. Wie nhd. *Dî iäs gunz erhallt, e kû sich nied ersiedijen* (Katzendf.). Vorwurfsvoll zum Kinde, das mit dem Essen nicht aufhören will: *Te bäst helet net ze ersiedijen!* Die Zunftehre »beschimpfte« einer dadurch »dass er sich nicht hat können ersättigen mit dem Löffel und hat die Schüssel in die Hand genommen und hat gesoffen daraus« (V.-A. 21, 106). Auch übertragen auf einen Geldsüchtigen, Ehrgeizigen: *Dî äs net ze ersiedijen.* — DWB. 3, 949.

Ersatzgeld, Ersatzgielt n. [Geh. Spr.]. So nannte man zur Zeit des ‚Soldateneinfangens' die Summe, mit der ein Ersatzmann zum Eintritt unter die Soldaten *(angder't Rekel)* erkauft wurde (Alzen). — Im DWB. nicht verzeichnet.

ersaufen, ersoffen st. *[bän ersôfen]*, nösn. *ersaufm* st. ‚ertrinken'. *Et kid e gruiss Wǫsser, et se vil Schwainj äm Greowen ersôfen* (Gr.-Sch.). *E äs äm Ǫ̂ld ersöfen* ‚ertrunken'. *D'äs en Muer, dad em schær erseftt.* Vom Vater eines unehelichen Kindes heisst es: *dier äs än der Krautgaich* (Krautsuppe) *ersôfn (Mettersdf.,* Gassner, 14). Sprw. *Äm Wenj ersoffen är mî wæ äm Wasser* (Schuster, 178). *Sieff! sû'te ersieffen!* ‚sauf! dass du ersaufen solltest!' (so schelten die

Frauen ihre Männer, wenn sie betrunken sind, Katzendf.). *Wonn der Teiwel äm Wǫ̂r ersefft* ‚am Nimmermehrtag‘ (H.-W., 395). — Bildlich: *Di äs äm Lichten ersôfen* ‚ist in allen Schlechtigkeiten bewandert‘. *Dæ̂ ersefft uch än der Wirtscheft* (von einer Hausfrau, die nur Sinn für das Häusliche hat). *Täo ersiefst nôch än der Arbet* (Alzen). Von einem Mann mit reichem Einkommen: *Dî ersefft äm Gielt.* DWB. 3, 950.

ersäufen, ersîfen schw. *De Kæ̂tzker, jang Hangd ersîfen.* Syn. *än de Bǫ̂ch schmeissen* (s. unter *Bǫ̂ch*). »Wenn ein mensch getaufft wird, damit will yn gott nicht e r s e u f f e n, sondern von sünden waschen und reinigen« (DAM. DÜRR, Hdschr. 1068). — DWB. 3, 951.

erschaben, erschuewen schw. ‚mit dem Maishacken *(Kukerutz schuewen)* mit Mühe fertig werden‘. *Heod er broit?* ‚seid ihr fertig geworden?‘ Antw. *Nêe, mer kainjden et bäs Iuwent ned ercheeowen* (Gr.-Sch.).

erschachern, erschachern schw. Wie nhd. *Dî hôt sich geneach erschachert* (Katzendf.). — DWB. 3, 952.

erschaffen, erschaffen schw. [Geh. Spr.]. *Âser Härrgott, dî Hemmel uch Ierd erschaffen huet.* — DWB. 3, 592.

erschätzen, erschætzen schw. ‚ganz schätzen‘. *Em kem et* (kann es) *ned erschätzen, wǫt fuir en Schǫdden det Wadder* (Unwetter, Hagel) *gediun heot* (Gr.-Sch.). *Dôt kemm nemest erschâtzen, wat der Rên wiärd äs* ‚das kann niemand auch nur annähernd schätzen, wie wohltuend dieser Regen gewirkt hat‘ (Ebda.). — DWB. 3, 955.

erscheinen, erschengen st., nösn. *erschain* st. [Geh. Spr.]. 1. ‚sich irgendwo einfinden‘. Im Dank an die zum Leichenmahl Erschienenen: »*Den gǫ̂edn Wälln hu mer gesǫ̂e. Se sai esu zîmlij erschinn*« *(Mettersdf.*, GASSNER, 94). Als Einleitung zur Taufanzeige: *Äch säi arschinne ba'n wirdije Härrn, an krasslich Dûf uxemalden (Birk).* Bei der Wahl der ‚alten Nachbarn‘: »*Hæ̂ erschengen ij uch mäd ease geade Nôbern en wîl bidden*. (Urwegen, Kbl. 4, 117). »Wird einem fûrgeboten vnd e r s c h e i n e t nit« (E. L. R. 10). »in dem Beichtstuhl e r s c h e i n e n« (1720, Kbl. 29, 140). ‚(mit einem Geschenk) sich einfinden‘. »Das ganze Capitel ist auch e r s c h i n e n mit einem schönen weyssen tebich« (1574, Hochzeit Albrecht Huets, Kbl. 30, 37). — 2. Von einer Traum-, Gespensterscheinung. *E iäs mer iäm Drum erschinen* (Katzendf.). Echte Ma.: *vîrkun* (vorgekommen). *Se grǫ̂len* (fürchten sich) *ǫf'm Höf, em šprächt, dî ôlt Mächel wêr en vuir kun*, ‚der Geist des alten Michel sei ihnen erschienen‘ (Gr.-Sch.). — DWB. 3, 955.

erschießen, erschessen st., nösn. *erschâisn* st. [Geh. Spr.]. 1. ‚durch Schiessen Gewinn erlangen‘, vom Jäger, dem die Jagd grossen Nutzen bringt: *Dî huet sich vil Fenengk erschuessen.* Vom Schützen, der auf der Schiesstatt den höchsten Preis erlangt: *Der M. huet sich heier weder den hichste Preis erschuessen, en gäldäne Bêcher.* — 2. ‚durch Schiessen töten‘: *Âs Häongkt wôr anjem* (wütend) *worden, mer mossten en erschessen* (Agnetheln). *Än der ǫnjerscher Zekt* (ungarischen Zeit, Revolution 1848/9) *hoed em de Štefan Ludwich Rôth ä Klaisembrij erschôssen* (Ebda.). Das Töten des Jagdwildes wird nur durch das Simplex ausgedrückt, wie allgemein in deutscher Sprache. Davon überträgt unsere Ma. die Verwendung des Simplex hie und da auch auf die Tötung eines Menschen: *Em hued e geschuessen* ‚man hat ihn erschossen‘, während das Simplex sonst bloss eine nicht tötliche Wirkung des Schusses auf einen Menschen bezeichnet. — 3. In einigen scherzhaften Wendungen. *Ech hun ed esi vergêssen, mêr sî'te* (solltest du) *mich erschæ̂ssen, se wîs ij et n'et* (Katzendf.). *Dî huet sij e Rues erschuessen* ‚hat Felle gekauft‘ (BINDER, Coll.). Bildlich: *Ich wôr gǫ̂nx erschuessen* ‚verblüfft, niedergedonnert‘. DWB. 3, 961.

erschlagen, erschlôn st., nösn. *erschlô* st. 1. ‚tot schlagen‘.

> *Klô, Tarkô, klô*
> *De Vuoter äs geštorwen,*
> *De Kläppel hun en erschlôn.*
>
> SCHUSTER, 45.

»Und wie And. Bathori aus dem land soll fliehen, so wirt er im Czekelland e r s c h l a g e n« (1594, Chronik des Stanislaus Adam Uhrweger). Dafür in der älteren Kanzleispr. öfter das Simplex. — 2. Besonders von Blitz und Hagel. *Dôt hainjdich Wadder* (das Gewitter heute Nacht) *heod ǫf'm Falt zwoin Uissen erschliun* (Gr.-Sch.). *Det Wadder hôd en erschliun* (Katzendf.). *Der Blätz hued en erschlôn.* Deshalb beliebt in Fluchworten: *Det Wadder sûl dij erschliun!* (Gr.-Sch.). *Dat dech der Danner sûl erschlôn hun!* *Dǫt dich der Dander sel arschlû! (Birk).* Verstärkt: *Dat dech det hîder lächt Dannerwädder erschlô sûl! Der Dǫnnerštîn erschlô dech!* (Hohndf.). Verwünschung des sitzengebliebenen Mädchens:

> *Sǫ̂l ich de Bîrten nôch länger drô,*
> *Dǫt der hîder Danner de Kniecht*
> *sûl ärschlô.*
>
> (*S.-Reen*, H.-W. 142; Kbl. 17, 91).

»und oft gehöret das ehr zu seinem weib sagt du alt h ., das dich der hool e r s c h l a g« (1609, Ger.-Prot.). »auff das lächelt er, schluch der Gündischen auff die Achsel und sprach: Martha mein Kind, e r s c h l a g e der Donner die Klein Gergyen« (1687, Cap. Cib.). — 3. Bildl.: *Ich wôr gą̂nz erschlôn* ‚ganz paff, fassungslos, wortlos'. Vgl. DWB. 3, 964 unter 4.

erſchleppen, erschlæpen schw., nösn. *erschlâpm* schw. ‚das Schleppen fertig bringen'. *Âs Fisso* (Sophie) *dænt nemoi bâ âsem Niuber* (Nachbar), *et kemm* (kann) *dia schwêre Gangen ned erschlâpen* ‚sie hat nicht Kraft, den schweren Knaben den ganzen Tag herumzutragen' (Gr.-Sch.). *Mer dringken* (tränken) *de Getter* (Grossvieh) *bæ der Zoip* (Röhrenbrunnen), *mer kennen det Wąsser ned erschlâpen* ‚es ist uns zu viel, das Wasser herbei zu schleppen' (Ebda.). — DWB. 3, 966.

erſchmachtet, erschmôecht [χ] ‚verschmachtet, hungrig' (Rosenau). *Ech bän erschmôecht* (Ebda.). »sondern wie das Maul auffgethan, Sie (die Kerzer) e r s c h m a c h t e Kertzer, Bethler und Lichte Leuthe geschmehet« (1701, Cap. Cib.). »Diesen 11. Januarii sein all die ungrischen Roben nachdem sie gnug gegraben und e r s c h m ä c h t waren, freigelassen worden« (1614, Qu. Kr. 5, 488). — DWB. 3, 966.

erſchnappen, erschnappen schw. ‚aufschnappen'. *Hôd ir Mišch äst ägesæn än der Fremt?* Antwort: *E heot dich muntsch-äst* (manches) *erschnąppt* (Gr.-Sch.). »Von des damahligen Lehrjungen, des Auners diese wort e r s c h n a p p e t: Es ist schad um die schöne Fransen, dass Bening so sie zerhauen« (1697, Cap. Cib.).

Dier schnouft uch äm Štinopplen,
sij Ôdem ze erschnappen. Käst. 134.

— DWB. 3, 967.

erſchneidern, erschnegdern schw. ‚durch Schneidern erwerben'. *Der Niuber heod en hoisch Wirtscheft* ‚der Schneidermeister in der Nachbarschaft hat ein schönes Anwesen'. Antw. *Dî kûm mät dem Kläppel ke Schoingk* (kam mit dem Stock nach Gr.-Sch. eingewandert), *e heot sich dôd ąlles erschneijdert* (Gr.-Sch.). — Im DWB. nicht verzeichnet.

erſchrecken, fehlt; s. *erfêren, erfêrt mąchen.*

erſchrecklich, nur in der ältern Kanzleispr. »das der Jung e r s c h r e c k l i c h seye ausgerichtet worden« (1598, Ger.-Prot.). »Damit aber solchem bösen Exempel mög raht geschafft werden, haben die verletzten personen sich solcher e r s c h r e c k l i g e r übelthat wollen purgiren« (1642, Cap. Bog.). »Von welchem Schält oder e r s c h r ö c k l i c h e Fluch Wörter gehöret werden, der soll . zwei Pfundt Wachs geben« (1720, Kbl. 29, 118). — DWB. 3, 973.

nösn. **erschrockt** *(Mönchsdf.).* Dasselbe wie *entbômt* ‚weissfaul geworden' (vom Holz). s. *entbômen* (entbaumen).

erſchuhen, erschäjen schw. ‚mit Schuhen genugsam versehn'. *Se* (die Kinder) *zerreissen esevelt Schagen, mer kenne se ned erschäjen.* — Im DWB. nicht verzeichnet. Vgl. *beschäjen* (beschuhen).

erſchuſtern, erschostern schw. ‚durch Schustern erwerben'. *Äs dî Tin* (Martin) *e prâf Pursch worden!* Antw. *Cha, di heot sich schuin en wevel hainjdert Gälden erschostert* (Gr.-Sch.). — Im DWB. nicht verzeichnet.

erſchütten, erschidden schw. ‚genugsam giessen'. *Ir heod mâr gebącken* ‚habt mürbes Gebäck gemacht'. Antw. *Ich kainjt dem Doich ned erschidden* ‚konnte dem Teig kaum genug Milch zugiessen' (höchstes Lob für gutes Mehl, das trotz allen Zugiessens immer noch aufquillt, Gr.-Sch.). — In andrer Bed. DWB. 3, 975.

erſchwingen, erschwängen st. [Geh. Spr.]. Wie nhd. ‚aufbringen, beschaffen'. Väterliche Ermahnung: *Me Sann, te brochst ze vil, ech kąn et net mî erschwängen.* — DWB. 3, 978.

erſehen, ersæn st., nösn. *ersâi* st. 1. ‚mit Mühe etwas sehen'. *Iech koun det Nioldenîr* (Nadelöhr) *nami* (nicht mehr) *ersân* (d. h. meine Augen sind zu schwach dazu, Alzen). *Fisken* (Sophie), *kąmm hälf mer fedmen* (hilf mir die Webe einfädeln), *ech kem et* (kann es) *nemoi ersæn* (Gr.-Sch.). *Äm wevel äs ed ąf'm Turn, ech kem et ned ersæn* ‚ich kann nicht so scharf sehn, um es auszunehmen' (Ebda.). — 2. [Geh. Spr.] ‚ausersehn'. *Ich hu mer âsen Andrês* (unsern Andreas aus der Verwandtschaft) *zem Oidem ersæn* (Gr.-Sch.). — DWB. 3, 980.

erſetzen, ersætzen schw., nösn. *ersätzen* schw. ‚vergüten'. *De Getter* (Grossvieh) *sen än't Kukerutzfald ägebröchen.* Antwort: *Ną, de Hirte messen de Schądden ersätzen* (Gr.-Schenk). *Em wid em et dich weder ersætzen* (eine Auslage, eine Mühe). Besonders in formelhaften Wendungen: *»Gott wîl ej u Štąt des Meonjels alles Geats ersätzen!«* (Gross-Scheuern, Kbl. 23, 54). Dank der Gäste nach dem Taufschmaus: »*Mer bedungken es fuer det hiergericht Êssen, Gott der Härr wäll ed ersätzen mät senem Sêjen, domäd er et net špîre mecht* (Maldf.). Dankrede des ‚Wortmanns' vor dem Hochzeitessen nach dem ‚Gaben': *Esu woangschen ech, dad et* (die ‚Gabe') *Godd em* *jêden ersêtze mich«* (Wolkendf. i. B.). Ebenso Schlussdank nach der Hochzeit: »*Walle mer net zweiweln, dad et Godd ous senjem Sêjen ersêtze wit, esu, dat sæ et net špîre mijen* (Ebda.). »Der liebe Gott, so alles vergelten kan, wird solches bey E. Cl. V mit allem guten ersetzen« (1692, Cap. Cib.). — DWB. 3, 982.

ersinnen, fehlt; s. *ousdingken* (ausdenken), *ugin* (angeben).

Ersitz n. ‚Aufenthaltstaxe' (?). »sonder dieses wisse er, das er mit ihm in diese Statt kronen kommen sei, und das ersitz für einen leddigen gesellen hab ausgegeben« (1569, Kronst.). — s. das folgende Wort. Im DWB. nicht verzeichnet.

ersitzen, ersätzen st. ‚durch Sitzen erwerben' [Geh. Spr.]. *E huet sich dąt Riecht ersiessen.* »vnd hats nachmals durch rechtmessige veriarung ersessen« (E. L. R., 139). »und ihr leben lang dieselbig in ruigem beziczung und possession gebraucht, gehabt und ersessen haben« (1570). »Darumb sagen wir, das es unser ist, weil wirs zwaymal auss der frembden Hand genommen und nach rechtliger Praescription nun ersessen haben« (1579). — DWB. 3, 985.

Ersitzung. »von Ersitzung oder verjahrung des gekaufften Gutts« (E. L. R., 131). — DWB. 3, 986.

ersparen, eršpuern schw., nösn. *eršpuarn* schw. 1. Wie nhd. ‚durch Sparen erworben'. *E huet sich tousent Gälden eršpuert. Wąt mer hun, hu mer ąllent salwest eršpeort* (Gr.-Schenk). Die eigentliche mundartliche Bezeichnung ist *eriwrijen* (erübrigen). — 2. Übertragen: *Eršpôr der de Moæ!* ‚spar dir die Mühe!' (Katzendf.). *Te kainjst es des Schemd eršpeoren* ‚du hättest uns diese Schande ersparen können' (Gr.-Sch.). *Te hâst der'd uch eršpoare kannen* ‚du hättest dies nicht zu tun gebraucht' (Alzen). *Dæ Rieden* (diese Worte) *hêtste der kiennen eršpôren!* (Katzendf.). Doch auch: *Špeor der dainj Reêden!* ‚spare die Worte, es hilft dir doch nichts! (Gr.-Sch.). Unmutige Zurückweisung eines Vorwurfs: *Te kangst der des Lîren eršpueren* ‚ich weiss schon, was ich zu tun habe'. — 3. ‚behüten'. »got erspor ewch mit gesundt« (1526). Auch das Simplex in dieser Bedeutung. — DWB. 3, 987.

erst, iršt, daneben auch *îršt*, nösn. *îršt*, die Ordnungszahl. 1. *Der iršt hîsch Dąch än desem Fræjôr.* »ynder erschter kotemper yn der fasten« (1542, Qu. Kr. 3, 224). *Iršter än der Schîl.* (Die Poesie des *Irštet* s. Volksfr.-Kal. 1897, 113). *Irštet!* ruft triumphierend auch das Kind, das zuerst mit seiner Suppe fertig geworden, oder zuerst eine den Kindern zugewiesene Arbeit fertig gemacht hat. (Syn. *Kaiser!*) Zurückweisung: *Wuert nôch, te bäst nôch ląng net der iršt. Ded äs na net glatt ded iršt, wat mer ze dân hun.* »das erst Stwck sol er molen eyn Maria pild einer Elen hoch und das sol er molen mit Lasür und mit planirtem gold« (1520, Tischlerz.). Das erste Stück gilt sonst als missraten. Daher das Sprw. *De iršt Hangt schmeisst em än de Bąch* ‚die erste Arbeit, das erste Unternehmen usw. pflegt zu missraten'. *Ener vun den Iršten* ‚einer der reichsten Bauern des Dorfes' (Syn. *ener vun de Vederšten, vun den Däcken)*. Entschuldigung und Trost: *Ich bän net der iršt* (sc. dem ein solches Versehn passiert, ein Unfall widerfahren ist). *Ded iršt äs, dad em sälwest äst wiss. Ich hadd ed af't iršt trôfen.* Gegensatz: *der lietzt. E äs wäder ener vun den Iršten, wäder vun de Lietzten.* Mit einem Geschenk: *Ded äs meng Iršted uch Lietztet.* »Zum ersten und anderǹmal gewarnet wirdt« (1589). »Wir zeigen E. W. hiemit an ein tedig sach, so zwischen Christophoro Bromner am ersten dem Kleger und G. Franck mit M. Schuster am andrn teil angeklagten Inwonern zum Schöneberg in diesem Stwel sich zu tregt« (1567). Neujahrswunsch:

Ded äs der îršt Dąch äm nąe Geôr
Deô Kristus eąser Hälfer weôr.

(Reussen, Kbl. 31, 22.)

— 2. *Äm iršte Fræjôr* ‚zu Beginn des Frühlings'. *Äm iršte Schlôf.* Beim Gevatterbitten: *Dąd äs ich jo ąch wässlich, dąt mij ąnser Härrgott än mainer îršter Î* (am Anfang meiner Ehe) *huet gesêgnt mäd em Sinchi (Minarken).* — 3. Der Acc. n. wird adverbial gebraucht, als ‚zuerst', ‚vorher'. Sprw. *Wî d' iršt kit, muelt d' iršt. Ded iršt geng ich hîmen, dernô kąm ich hier. Ded iršt messt te äst hun, dernô kąst te äst ufên. Kamm än Hôf!* Antw. *Ded iršt mes ich meng Lætz lîren.* Mancherorts mit dem Blick in die Zukunft: *Ded æršt môche mer det, driu*   Dagegen *än æršt* (s. 5 a) mit dem Blick in die Vergangenheit: *Än æršt wôr et geąt, driu*   (Gr.-Sch.). — 4. Als Adverb. *Ich kun iršt moren un de Rent* (Reihe). *Iršt wæ mer hîme kąmen, hîrd ich, wat geschæ wôr,* »und wie mir gessen hatten, sagten sie es erst, das sie sie geschlagen hatten in der bach« (1599, Ger.-Prot.). Bei hervortretendem Zahlbegriff wird *ded iršt* gebraucht. *Ded iršt messt te det dân, dernô iršt*   ‚erst musst du dies tun, dann erst . . .'. — 5. In Präpositionalverbindungen. Am häufigsten mit a) *än* (in): *än iršt* ‚anfangs', ‚vorher', auch *än iršten. Hî wôr än iršt (än der iršt) Schoster, dernô Letchewer. Loss ich mij än iršt e bätzken erblôsen. Frôg* [z] *än iršt de ǫndern. Lîr än iršt, dernô kam ent wäll rieden. Än iršt wûl e net, dernô gǫ̂f e sich.* Die Mutter zur Tochter: *Kǫm än iršt, dǫd ich dich glât môchen* (dass ich dir die Haare glätte), *driu gǫngk bae de Mêtscher* (Schönbg.). »*Esi drêt sich det Geprîpel ousfærlij än iršt äm'd Iessen uch Drängken, bäs aw emôl . . .*« (Volksfr.-Kal. 1902, 108). »In der Ersten da die M. Z. von der B. Fleischeren ettlige schuldt fodert so leugnet sye der schuldt nichts« (1567). »Ich sagt zu im: hat euch eur frawe gefallen in der ersten, so last sie euch auch nu gefallen« (1567). »In der Ersten als Act. In. geheyrahtet, hat mir derselbe silbernes geschmeidt . gegeben, mich gebetten, auf dieses irgendswo Geld auszuborgen« (1707, Cap. Cib.). »Wem unter beiden erwehnten Persohnen die Ursach ihrer Misshelligkeit zuzuschreiben, weiss ich nicht, wiewohl ich sie öfters hab zancken gehört, in der erste aber gab Acc. dem H. Exp. nicht Stichworte zurück« (1758, Obereheger.). »In der erste hat Acc. ungeachtet dem vielen was ihr Exp. angethan eine lange Zeit grosse Geduld bezeiget und ihm nicht zurück geantwortet, auf die letzte aber fing sie auch getrost an zuwerden« (1758, Obereheger.). »so viel weiss ich dass er sich in der ersten gezeigt als liebte er sie nicht« (1778, Obereheger.). »Auf den Abendt aber wären diese Weiber in der ersten aus dem Garten fortgegangen, die mehr gedachte Officier aber ihnen auf dem Fusse nachgefolget« (1751, Cap. Cib.). Auch gegenwärtig im sächsischen Hochdeutsch: Ich bin in äršt da gewesen (als erster). — b) *mät* (mit). *Ich hu mät dem iršte gemêt (gesêt)* ‚gleich im Anfang' (Binder, Coll.). — c) *ze* (zu). *ze iršt* [Städt. Halbma.]. Echte Ma. *ded iršt.* »so ein meister off dem marcke bei fellen steet, dy selben zu koffen, so sol kein ander meister darumb koffen oder feylschen, als so lange, bis der von dannen geet, der zu dem ersten do bei ist« (1488, Irgerz. Schässbg.). »aber der Juan Kotorra schluge den Opra Mihaj zum ersten hart auf den Rücken« (1598, Ger.-Prot.). »man mus erfragen, welcher zum ersten den hader hat angefangen« (E. L. R., 172). — d) von [Ältere Kanzleispr.]. »Andreas Bomfert de Stoltzwar: 1½ erdoch Landtt ist mir von erst umb fl. 6 zu Pfandtt gesezet worden an Weiserberg gelegen etc.« (1599, Ger.-Prot.). »wie ich zu Constantinopel komen binn, hat mir's der Markus Lutsch gekloget, wie das er Jacoben einen kirschknecht von erst zu Galata lengst bey sich in seinem haus heimlich verhalten hab« (1598, Ger.-Prot.). »Er mach mich nur von erst zu einem schuldiger, so wil ich jn bezallen« (1580). — mhd. êrest [auch sonst *-rst* 〉 *-ršt* in der Ma. allgemein]. Scheiner, Ma. 184. Frühm. 35. Die Präpositionalverbindungen *än iršt, än der iršt* gehn eigentlich auf mhd. êrste fem., ahd. êristi ‚Anfang' zurück. Frühnhd. »in der erste« (DWB. 3, 1004).

erſtatten, erštatten schw. [Städt. Halbma. und Geh. Spr.]. Dank des Bräutigams für die ‚Gabe': *Ech bedungke mej am det klî Geschingk, dôd ir mir hiergericht huet, âser Härrgott mêj ij ed erštueden, duemäd er et net špîre mêcht* (Gr.-Lasseln). In gleicher Wendung *erštu̇rnen (Ober-Eidisch).* »So den Kindern etwas wenigers / als jhr gebûrendes teil betreffen thet / gelassen wûrde / es soll auff ehrlicher Leut erkåntnûs / erstadet werden« (E. L. R., 95). »hernach soll H. Mates des H. F. Hausfrauen von irem rechtlichen und gebürenden theil, nach inhalt des Registers vergnügen und erstaden« (1565). »Als dass her Pfarr sein hundt dess Abrus sein berkech (Berkesch, Hundename) gebissen hatten, fragt mich der Pfar wass ihm zu thun sey, damit der schaden erstattet werde« (1619, Ger.-Prot.). Echte Ma. *zeräck gin, ersætzen, erštu̇rnen.* — DWB. 3, 996.

Erſte, Iršt fem. *än der Iršt* ‚anfangs' s. unter *iršt* (erst) 5 a.

erſtechen, erštêchen st., nösn. *erštäichn* st. In eigentlicher Bed. dafür meist das Simplex: *E hued en geštôchen* (wobei allerdings unbestimmt bleibt, ob der Verletzte an der Wunde gestorben ist oder nicht). »Der dritte sitzt da, siehet wie ein erstochen Geis aber wie die Ferklein im Regenweder« (Dam. Dürr, vom Fasnachttreiben). Spottvers auf eine faule Spinnerin, der der Spinnrocken entfällt:

Der Fuoljeran iär Rôken,
E hat mich bǫld erštôchen,
Huotch e Giur, mǫrn e Giur,
E hat mich bǫld erschliun. (Katzendf.)

Mêr sîte mij erštêche (wenn du mich auch erstechen solltest), *wîs ij et niet mî* (Katzendf.). Übertragen als Ausruf des Entsetzens oder (gemildert) des Staunens. *Motter, det Kaulf hôt sij en Foss zebrôchen.* Antw. *No, ned erštäch mich (nimi erštäch mich)!* (Reussen). *Vôter, ich hu vu menjem Pat zâ Krezer bekun.* Antw. *No ned erštäch mich!* (Ebda.). — Moselfr. *erštæchen.* DWB. 3, 1004.

erſtehen, erštôn st. [Geh. Spr.]. 1. Intr. *Ed erštoit dir un dem Mainjtschen nôch e gruiss Fânt* (Gr.-Sch.). — 2. Trans. ‚bei einer Feilbietung erstehen'. *Em heot gêstern lizitoirt, der Andrês heot den Hôw erštemden* ‚erstanden' (Ebda.). — DWB. 3, 1007.

erſterben, erštärwen st., nösn. *erštiarbm* st. 1. *E kân ned erštärwen* ‚es geht nur schwer mit ihm zu Ende'. — 2. Bildlich: ‚starr, niedergedonnert sein' (vor Schrecken, Erstaunen). *Ich erštûrf nor, wê ich dât hirt.* »Darauff die Predigerin gantz e r s t i r b t sagend: Das haben die Schnitter oder Drescher gethan; kan also nicht wissen, wie er dahin kommen sey« (1683, Cap. Cib.). »Wie ich auf den Abend dem Hutter diese Sache erzählte, e r s t i r b t er nur« (18. Jahrh. Volksfr.-Kal. 1906, 70). — DWB. 3, 1010.

erſticken, erštäcken schw., nösn. *erštäckn* schw. 1. Intr. *Et* (das Kind) *wêr bênô un er Appelgrôtz* (Kernhaus des Apfels) *erštackt. E kiälkt* (hustet), *dat e schêr erštäckt* (Katzendf.). *Âs Liso* (Lieschen) *hqtt de wî Kiel* (wehe Kehle, Bräune), *et sûl es erštäcken* (Gr.-Sch.).

Ai wor wîl ich mij erkwäcken,
Mêr sîl ich driwer uch erštäcken
SCHUSTER, 126.

D'äs hê e Rûch, dad em schêr erštäckt. In derben Flüchen und Verwünschungen. *Sûte* (solltest du) *erštäcken!* (Katzendorf). Wenn jemand Brot, Speck *(Bâflîsch)* gestohlen hat: *Dat hî drun erštäcke sâl!* Wenn jemand ein böses Wort gesagt hat: *Dat hî drun erštackt sûl sen!* Im Reim gegen *Schluksen:*

Wier Bîset riet,
Dier sâl erštäcken. SCHUSTER, 296.

Nia heot mer der Weoner (Wagner) *det Rât verhudelt, dat hî erštäcke sûl!* (Gr.-Sch.). *Dat tâ dengem Vueter än den Âren erštäckt sûlt sen!* »Hierauf erwiederte selbige, dass er e r s t i c k t sein solte noch in seiner Mutter oder vulgo in seiner Nan drinnen« (1767, Obereheger.). Heilmittel gegen ein Gerstenkorn *(Wärr)*: Man feuchtet den Zeigefinger auf der äusseren Seite des Bodens eines gewöhnlichen Wasserkrugs an, drückt damit auf das Auge und sagt,

Esi wai ech dech dräcken,
Sâlt tea erštäcken.
Kl.-Scheuern; Kbl. 23, 146.

— 2. Trans. *Mer kainjde kom det Faier erštäcken* (Gr.-Sch.). *Dat dich de Drâsen erštäcke soilen!* (Agnetheln). »Schlug das wetter . . . ihn den Lederer Thurm ihn die Hermanstadt e r s t i c k e t 2000 Cub. Korn, so auch keines thier genüssen kennen« KRAUSS, Chron. 1, 132. »Wen Gott will e r s t i c k e n, den kann die gantz Welt nicht erquicken« (DAM. DÜRR, AML. 24). — DWB. 3, 1013.

erſtlich, irštlich Adv. [Geh. Spr.] ‚zuerst', ‚vorerst'. Rede des Hochzeitsvaters: *Esi hu sa* (die Eltern) *siech verwallicht, irštlich mät Gott uch müt de leaiwen arichten* (Ihrigen) *än den hielijen Îštäunjt ze trêden* (Bekokten). Rede des Werbers: *Bâ deser feierlicher Geliejenhît wäll ej uch îrštlich Gott dqngken vür senj vâterlich Gâd uch Barmharzeget* (MEYNDT, Gemîn 19). »Nach verhörung, Clag, Antwort und schrifftlige Underweisung haben wir beede, Richter e r s t l i c h e n, darnach auch Geschworne, ein solchen Urteil aussgesprochen« (1580). »Sophia Leugnerin: Als der Paul e r s t l i c h kranck wurde, sagt sein Fraw zu ihme, mir wölln uns zusammen verschreiben« (1599, Ger.-Prot.). »vorher sagte mein Mann zu mir, er solte Leder einziehen, ich solte ihm e r s t l i c h Wasser tragen helfen« (1766, Obereheger.). — DWB. 3, 1014.

erſtoßen, erštîssen st. 1. Term. techn. ‚schärfen' (?). Ein grosser Bohrer wird gestählt und ‚erstossen'. »Item Egyptiis pro terebro magno imponendum calibem et e r s t o s s e n« (1522, Qu. Kr. 1, 405). — 2. Als Fluch: *Sûl dech de Pest erštüssen!* (Hohndf.). — DWB. 3, 1018.

erſtrecken, in refl. ‚reichen'. »wie viel alda gefunden / vnd wie weit sich die Gůtter e r s t r e c k e n kŏnnen« (E. L. R. 99). — DWB. 3, 1019.

—, nösn. **ersturnen** ‚erstatten' *(Ober-Eidisch)*. Dasselbe Wort wie ‚erstatten' *[*ərštuadnən, əršudnən ⟩ əršturnən* wie *Keddl ⟩ Kerl].*

erſuchen, ersäcken schw., nösn. *ersâikn* schw. 1. Wie nhd. ‚bitten'. [Städt. Halbma.]. Echte Ma.: *ugôn, bidden.* — 2. *Emesten ersäcken* ‚in Eifer bringen, reizen' (BINDER, Coll.). *E huet mij esi ersackt* ‚gereizt' (zu bösen Worten, Taten, Ebda. Vgl. DWB. 3, 1026 unter 9). — 3. In der älteren Kanzleispr. ‚aufsuchen'. »bin ich verursacht worden, meine gerechtikeit auch rechtligen beistandt an meinem Pruder zu e r s u c h e n« (1571). »Nachdem nach kurzer Zeit habe ich den D(ominum) I(nctum) durch meine Haussfrau lassen wegen der behausung beschaffenheit e r s u c h e n« (1652, Ger.-Prot.). »wie denn etlichermassen Zeugniss von sich geben haben meine beine welche er also zerschlagen dass ich die liebe kirche nicht hab e r s u c h e n kennen« (1645, Cap. Cib.). »Hatt E. W. wass wider mich so hab ich meinen magistratum da will ich ersucht sein« (1640, Cap. Cib.). — DWB. 3, 1024.

Ersuchung. »machen ihr hierüber hoffnung nach gewisser Zeitt zu hayrathen, welches in ersuchung stehen wird eines Ehrw. Capitulo« (1645, Cap. Cib.). — DWB. 3, 1027.

(**Ertag**), **Ierich** m., nösn. *Iärdoch* m. 1. Gegenwärtig ein bestimmtes Ackermass, gleich einem ‚Joch' (1600 □ Klaftern). Von einem reichen Bauern: *E huet dô siwen Ierij än enem.* Ein *Ierich* Ackererde wird mit 2 *Rämp* (Kübel) Saatkorn besäet, heisst daher auch *e Lânt ze zwîn Rämpen,* ein halber *Ierich* ist gleich einem *Ramplânt.* (Bei der grossen Zerstückelung des Landbesitzes geht die Teilung noch weiter: $^1/_4$ *Ierich* ist *e Lûnt ze zwä* (für *zwie* nach falscher Analogie zu *drä[n]*) *Vîreln,* $^1/_8$ *Ierich* ist *e vîrel Lûnt* ⏑⏑̀⏑⊥, Schönbg., sonst sind die beiden letzteren Flächen als *vîrel Lûnt* und *half vîrel Lûnt* benannt). In der parodistischen Hochzeitpredigt vom Erbgut: *U Wiseniert en Ierich Wis af'm Tureknûp* (Schuster, 132). Sprw. *Wâ te den Ierich bâst, esi drît e der Frucht. (Wâ te den Ierich fliechst, esi bezuelt e dir,* Ebda. 155.) In älteren Aufzeichnungen: »Thomas Tyesen v. 4 Erroch wisen, gelegen an Burger Wyss hab ich gegeben czu mehn Lon f. 1« (1528, Spitalsrechnung). »czwm weerdt (Werd) vor eyn erdoch landt« (1543). »Leonardus Schmid de villa Neponis: Ich und noch 5 meiner geschwestrichet haben von unserer Mutter Velten Schmidin einen halben erdoch land gekaufft umb fl. 9 und 6 Fuhren mist« (1599, Ger.-Prot.). »aber ich muss als der beste bawer 20 erdoch verzinsen« (1562). »es sein auch bey Neppendorff zwen erdoch Ackerlanndt ungetheiltt bliebenn« (1570). »hab dem Miklosen einen erdoch korn verheissen, das rech innen« (1599). »ein 2theil eines Erduchslands« (1680, Cap. Bog.). »Im Habbisch ein klein Erdtuch« (1680, Cap. Bog.). »Item Laurencius Vogner eyn strich Eroch auf der lay« (1577, Roseln, Kbl. 31, 58). »Item vor Birthalmer Loych eynen strich Eroch« (Ebda., Kbl. 31, 58). Als Mindestackermass für die Erhaltung einer Familie: »(Als Gegengabe für die Übergabe des Hofes) der neue Hoffmann demselben Sedler oder Dritteils-Mann verpflichtet sein soll, jährlich einen Erdoch Landt zum Kohren und einen Erdoch zur Sommerfrucht zuzubereiten und zu säen und auch heim in die Scheuer zu führen« (1681, Kbl. 18, 96). »Am sontag dornach hann ych Enntphangen von 4 Erdygenn denn Medem« (1551, Qu. Kr. 3, 311). — 2. Fl. N. *Âf dn Iärdocher. Âf'm Iärdoch (Burghalle). Âf de siess Ierichen* (Roseln). — 3. Im alten Flurbau wurde das gewonnene Kulturland in breite Vierecke von verschiedener Länge zerschnitten (*Gewân* ‚Gewand', *Furleng* ‚Furling'), diese wieder wurden, entsprechend der Anzahl der Anbauberechtigten, in eine Anzahl parallellaufende und gleichgrosse Streifen geteilt, die der Regel nach 12 Schritt breit waren. Diese Teilungseinheit führte den Namen *Ierich* ‚Erdoch' (Schuller, Landw. 14). Eine normale Breite des *Ierichs* (innerhalb einer einzelnen Gewann) wird auch in folgender Aufzeichnung vorausgesetzt: »zu der zeitt weis ich das die stoltzemburger hirsch ein Erroch breitt auff dises stuk erd gesehett« (1569). Vgl. auch Kbl. 7, 99 und die Einzelangaben bei Schuller, Landw. a. a. O., Anm. 2. Da die Länge der Gewanne meist von den natürlichen Schranken des Bodens abhängig (Gräben) war, so hing auch die Breite des Ackerteiles von der Fläche der unter eine bestimmte Anzahl von Wirten aufzuteilenden Gewanne ab. Daher die Bezeichnung: *klîn Ierich, grîs Ierich.* Der Thalheimer sagte: *Än der Gewûndel bâem Roppebäsch sen de Êrijer ned asi griess, wâe än der Gewûndel hanjder der Kirich oder äm lungk Furrlengk.* Jedes aufzuteilende Stück ergab die jeweilig besondre Grösse der einzelnen Teile für die (in Thalheim 43) Berechtigten. Doch könnte die Bezeichnung *klîn Ierich,* nösn. *klî Ierdôch (Wallendf.),* in Verbindung mit Massangaben von 24 Schrittbreite (Schuller, a. a. O.) auch darauf hindeuten, dass andren Ortes dem grossen *Ierich* (24 Schritt) der kleine *Ierich* (12 Schritt) als Teilungseinheit nach bestimmtem Breitemass gegenübergestellt wurde. Gegenw. gilt *Ierich,* wie die erstangeführten Beispiele erweisen, als Ackermass von bestimmter Grösse. Das ist auch die ursprüngl. Bedeutung: mhd. ertac m. ‚Pflugtag', also ‚soviel als an einem Tage mit einem Gespann gepflügt werden kann' zum Wortstamm lat. arare, mhd. ern ‚ackern', der im Ss. nur hier erhalten, sonst durch die Sippe ‚Pflug' verdrängt ist. Die mundartliche Assimilation und Abschleifung mhd. ertac 〉 ieriχ klingt auch schon in den urkundlichen Schreibungen Erroch (s. oben) durch. Die sonstige urkundliche Schreibung Erdoch, Erduch ist gelehrte (irrtümliche) Anlehnung an ‚Erde'. (Die andre Massbestimmung geht von der Aussaat aus: *e Ramplânt* ‚ein Ackerstück für einen *Ramp,* Kübel, Kornaussaat' s. o.) Die Entwicklung der Bed. ist also: 1. Ackermass nach Arbeitsleistung (‚so viel als an einem Tag gepflügt wird'). 2. Zur Zeit der Aufteilung des gemeinsamen

Grundes auf die einzelnen vollberechtigten Gemeindeangehörigen: dieses Ackermass als Normalbesitz in der jeweiligen Gewann. (Vgl. oben den Mindestbesitz eines Sedlers, sowie die Fl. N. als Bezeichnung von Gewannen, die nach solchen *Ierichen* geteilt waren.) 3. Wieder verallgemeinert: ‚Ackermass von bestimmter, nach Flächenmass (und nicht nach Arbeitsleistung) zu berechnender Grösse‘. Kisch, W. u. W. 30.

ertappen, ertappen schw. Wie nhd. *Mer ertąppten en iwer'm Bôchen, glątt wâ e sij e g*e*et [gəet] Štâck der vu schnitt* (Agnetheln). In der alten Kanzleispr.: »einen ertapten Tagdieben« (E. L. R., 169). »so öffters er auff einer groben Lügen ertappet wird« (1720, Kbl. 29, 118). »hetten auch gewacht 3 nachten, in aber keinmall da ertapt« (1609, Ger.-Prot.). »wessentwegen sie denn auch des Hannen seinen sohn einstens inn ihrem Weingarthen mit seines Vaters Ochssen ertappet« (1754, Hstdt. Mag.-Akt.). Syn.: *emesten aw er Lije bekun, erwäschen.* — DWB. 3, 1027.

erteilen, erdîlen schw. [Geh. Spr.]. Segenswunsch zum Essen: *Gott wîl Sêjen erdîlen ze desem Mêltchen* (Reussen, Kbl. 31, 21). *Gott wîl es uch dê Gnôd erdîlen!* — DWB. 3, 1029.

ertragen, erdrôn st., nösn. *erdrö* st. 1. ‚eine Last ganz zu Ende tragen‘. *Nem mer uch äst e*o*, ich kem et ned erdri*u*n* ‚nimm mir auch etwas von der Last ab, ich allein kann sie nicht (bis zu Ende) tragen‘ (Gr.-Sch.). »und so vil gelts do gewesen sei, dass ein mann aber zween kaum hetten mögen ertragen« (1567, Ger.-Prot.). — 2. Meist übertragen von Mühe, Kummer, Sorgen usw. *Ded* (Ärgernis) *äs nemi zem erdrôn. Ech mess mer Hälf secken* (suchen), *ich kem* (kann) *ded Elänt nemoi erdri*u*n* (Gr.-Sch.). Klage der Frau über ihren Mann: *Ich hu vil vun em erdri*u*n, ni*a* kem ich nemoi* (Ebda.). »*Ech zâ kên Amerika, hâ kûn ej et nemi erdrü*e*n*« (Meyndt, Gemîn 6). Trost des Seelsorgers: *Ich bedauern ich sîr Mächel, awer wad âser Härrgott schäckt, mess der Mängtsch erdrôn* (H.-W. 150).

De Wält wôr mer net mî mät
Bräddre verschlôn,
Dô lîrd ich de Hätzt wê de
Kälden erdrôn. Käst., 9.

Ich hu mer't geschwîren, ich
wäl ed erdrôn,
Ich wäll menge Kommer, me
Lît nemî klôn. Ebda., 22.

Vom *bîsen Hanz:*

Wôr derhîm kom zem erdrôn,
Wôrhaft e Bîsakes. Ebda., 49.

— 3. refl. Ein Geschäft, angelegtes Geld, Grundstück *erdrît sich* ‚bringt erwünschten hohen Nutzen‘ (Binder, Coll.). Sonst: *drît sich.* — DWB. 3, 1031.

erträglich, erdrêjlich ‚ertragbar‘. *Wê gîd et nôch?* Antwort: *Na, ed äs dij erdrêjlich.* Negiert: *ed äs net (nemi) zem erdrôn.* Beim Eintritt in die Bruderschaft: *Wonn ij uch kênt hîren uch verštôn, dat der Friden uch de(r) Gesangt bê âs allenthalwen gor erdrêjlich wêr, esi werd et mer jo uch en härzlich Frǫt unzehîre sen.* — DWB. 3, 1032.

ertrinken, erdrängken st. [bän ərdraŋkən]. [Geh. Spr.]. *Sorch, wonn te änefällst erdrängkst te.* Echte Ma.: *ersoffen.* — Aberglaube: Ein Ertrunkener wird gefunden, wenn man in ein gehöhltes Brot ein Licht stellt und es fliessen lässt; da wo das Licht erlischt oder das Brot stille steht, ist der Ort, wo der Ertrunkene sich befindet. — Wenn Jemand in einem Flusse ertrunken ist und nicht gefunden wird, regnet es so lange und schwellt den Fluss an, bis der Tote gefunden ist (H.-W. 309; Schuller, T. u. Begr. 1, 65).

erübern, eriwern schw. ‚ersparen‘. Veraltet, dafür das folgende Wort. — DWB. 3, 1035.

erübrigen, eriwrijen schw., nösn. *eribrign* schw. 1. ‚Ersparnisse machen‘, die eigentliche Bezeichnung für ‚ersparen‘. *Mer ąrbeden, dąt mer ąf de Nu*ə*s štäcken* (dass wir auf die Nase stürzen, d. i. bis zur völligen Erschöpfung), *en kennen denich näst eriwrijen* (Schönbg.). *Mät dem Bedräjen* (mit Betrug) *wit e näst eriwrijen. Mer hun haier näst eriwrije* (auf die Seite legen) *kennen* (Gr.-Sch.). *E hôt n*i*et vil eriwricht* (Katzendf.). — 2. ‚Erfolg haben im Spiel und im ernsten Streitfall‘. *Weler hu*e*d eriwricht?* (Mit Bezug auf Prozess Führende). Antwort: *Ich wîss net, der Proẑäss äs nôch ned ous.* — DWB. 3, 1035.

erwachen, erwachen schw. [bän ərwacht], nösn. *erwąchn* schw. ‚aufwachen‘. 1. *Wonn ich more frâ*e* nor zer Zejt erwąche sîl!* (Schönbg.). »Leonardus des Honnes knecht von Homesdorf: Ich dienet im vergangenen Jhare bey dem Hannes, und einmal waren mir in der Kirchen, da schlieff er in der Kirchen, und Ich wolte Ihn weken und . . aufs Haupt, das er erwachen solt« (1622, Cap. Cib.). Auch die Quellen *erwachen* im Frühjahr, und in der Neujahrsnacht werden während des Läutens die Obstbäume geschüttelt: *Erwqcht zem nôene Gôr! (Mettersdf.*, GASSNER, 54). Syn. *afwachen* (*afwachen* bezeichnet mehr nur den ersten Augenblick des wach werdens, *erwachen* das ganze wach werden und an die Arbeit gehn). — 2. Bildlich: *Se senj ze lûnzem erwqcht* ‚sie sind zu spät an der Sache gewesen, andre sind ihnen zuvorgekommen‘ (Schönbg.). *Et wit schuin îst erwqchen, driu äs et ze lûnzem* ‚sie (die Tochter) wird später zur Einsicht kommen, wie leichtfertig sie ihr Glück verscherzt hat‘ (Ebda.). *Bäst te na erwacht?* ‚hast du's nun endlich eingesehn‘? (Ebda.). Syn. in beidem Sinn: *zâ sich kun.* — DWB. 3, 1036.

erwachsen, erwuessen st. [bän ərwuessən]. In der Ma. nur im Part. Prät.: *erwuessä Kängt (Sin, Dîchter)* neben dem volkstümlichern: *grîss Kängt.* Sonst: *afwuessen.* In der ältern Kanzleispr. in reicherer Verwendung. »Mir wollen den jüngsten auf ein Hantwerk thuen, wenn er erwachset, woln mir in doch auch erhalten« (1571). »des Georgy Webers sein theil lassen ansthen bis er erwuchs, dieweil er nun erwachsen ist, begeren wir .« (1563). »Es wird auch nicht ohne besondere Hertzensbewegung bemerkt . . . dass viele liebe Leuthe wie das liebe Vieh erwachsen« (1710, Kbl. 14, 95). Von Früchten: »Denn der Sonn gotts fürt vns hinaus auffs feld, vnd lernet, wenn mir vmb die Forchenn spaciren gehenn, vnd sehen, wie die Pawrenn ir ackerland phlügenn, egenn, beseenn, und darnach die erwachsene frücht abeernenn, dröschen und genissenn« (DAM. DÜRR, Hdschr. 375). Übertr. auf Streit, böse Gewohnheit usw. »darumb das einige Zwetracht aber Zank nicht erwachsen aber entstehen möge« (1570). »und abgestellt alle böse, unnutz und untüglich Statuta oder gemäch, so in allen Zechen vormahls bis auf gegenwärtige Zeit erwachsen sein« (1539, Töpferz.). »die altknecht sollen den andern aufsehen, das nicht zank vnd hader vnter jnen erwax« (1580, Goldschm. Urk.). — DWB. 3, 1037.

erwägen, erwêjen st. [hun ərvuʒən]. [Geh. Spr.]. *Mer hun erwugen, ôf mer net fræer ewêch sîlen.* (Echte Ma. *Mer hu gedôcht*). Refl. ‚sich zu etwas entschliessen‘. Im Rätsel vom Spinnrocken:

> *'t hqdden är zân sij erwuegen,*
> *Se wûle gärn det Reâ* (das Rauhe)
> *ôfknuegen.* H.-W. 403.

mhd. erwegen. — DWB. 3, 1039; 1048.

erwählen, erwielen schw. [Geh. Spr.]. Echte Ma. das Simplex. Bei der Wahl der beiden ‚alten Nachbarn‘: *Neâ messe jô mer uch sæn, dat mer es zwîn erwielen, dæ äm Geâden unt Bîsen vîr es štô sellen* (Kbl. 4, 117). Auf Nichtannahme der Wahl zu Ehrenämtern bei Nachbarschaft und Bruderschaft stehen Strafen (Kbl. 6, 114; 29, 155). Syn. *erkæsen.* — DWB 3, 1039.

erwähnen, fehlt. s. *gewênen. râjen;* in der ältern Kanzleispr. ermelden, ernennen.

erwärmen, erwärmen schw. ‚(mit Mühe) warm machen‘. *Mai Menn äs kreongk, ich kem* (kann) *em de Hoinjd uch de Fess ned erwarmen* (Gr.-Sch.). In der gewöhnlichen Bed. ‚warmmachen‘ s. d. Simplex. — DWB. 3, 1044.

erwarten, erwuerden schw., nösn. *erwuartn* schw. 1. ‚was (mit Ungeduld) erwarten‘. Der Ton des Ungeduldigen wird verstärkt durch *kom* (kaum), *kangd net* (konnte nicht) u. ä. *Ich kangd et kom erwuerden, bäs ich hîrt, wæ et štênt. E kqn ned erwuerden, e sîl ist frq sen.* — 2. Abgeschwächt wie nhd. ‚erwarten‘. [Geh. Spr.]. *Mer erweorden af de Veronn* (Verein, gemeint ist die Zweigversammlung des Gustav-Adolf-Vereins, neuerdings auch des Landw. Vereins) *âs Frient* (Freunde, Verwandte) *vu Scheorsch* (Gr.-Sch) *Vun diam kest te näst bêssered erweorden* (Ebda.). »wist das ich noch heut dato zu Deesch lig und alda des Hauffen erwartten will« (1553). *Mer hu mî vun em erwuert.* Über eine Schwangere: *Se hued äst ze erwuerden.* — DWB. 3, 1044.

Erwartung, Erwuerdungk fem. In der Wendung: *Âs Niuberan äs weder än Erweordungk* ‚guter Hoffnung‘ (Gr.-Sch. und sonst). — DWB. (3, 1046) in dieser Bed. nicht belegt.

erwaschen, erwieschen st., nösn. *erwâschn* st. ‚(mit Mühe) fertig waschen‘, ‚reinigen‘. *Des Menn beschmoiren det Gedaiss* (Wäsche), *em kem et kom erwêschen* (Gr.-Sch). — DWB. 2, 1046.

erwecken, erwæken schw., nösn. *erwâkn* schw. 1 ‚(mit Mühe) aufwecken‘. *Em kantch en nied erwêken, esi schlæf e* (Katzendf.). — 2. Bildlich: »eine teidigsache . sich erwecket und angefangen hat« (1597). — DWB. 3, 1047.

—, erweddern, s. erwittern.

erwehren, erwieren schw., nösn. *erwiärn* schw. Wie nhd. *Em kq sich vîr diem Mängtschen ned erwieren* (so zudringlich ist er). *Ich kangt mich kom der Hangt erwieren. Ich kangt* (konnte) *mich hejt* (am Sonntagmorgen, wenn die Arbeitszigeuner um ihr Deputat an Mehl, Speck usw. kommen) *der Zegunen ned erwiaren* (Schönbg.). *Em kem* (kann) *sich der Oinjst ned erwiären* (Gr.-Sch.). »Doch hette er sich des thiers müssen erwehren« (E. L. R., 150). »Alle recht vnd gesetze weisents / das man sich der gewalt mit gewalt erwehren mag« (Ebda., 172). »Item ist dieser Zigler selbdritt auf mich komen, willens mich todt zu schlagen, aber ich hab mich ihrer mänlich e r w e r e t« (1599, Ger.-Prot.). »Als ich solches sahe, kunt ich denn nicht anders thuen, sondern must mich zu beschüzung meiner seiner e r w e r e n« (1581). *Ich kǭ mich ned erwieren* (d. i. ich muss dem Verlangen nachgeben). — DWB. 3, 1052.

erweichen, erwîchen schw. ,weich machen'. *Der Iertbodem äs erwîcht.* Bildlich: *E let sich ned erwîchen.* Sprw. *Wier mer 't Kängtche štrîcht* (streichelt), *mer det Härz erwîcht.* — DWB. 3, 1054.

erweisen, erweisen st. [Geh. Spr.]. *Keste* (kannst du) *än der Štǫt net bäs ze âsem Andrês giun?* Antw. *Ich wäll ich dich dia Gefǫllen erwaisen* (Gr.-Sch.). Klage über Undank: *Ich hun dia Lejde muntsch ene Gefǫllen erwisen* (Ebda.). — DWB. 3, 1056.

~, **Erweist** (⌣ ⊥), Titulatur der Amtsgeschwornen auf dem Dorfe. Der *Hann* (Richter) verkündet mit voller eigner Titulatur seine Verordnungen: *Erweist der Härr der Hann der kenenglicher Gemîn N. N., gin ich bekǭnt,* Dagegen durfte sich der ärgerlich aufgebrachte *Inšpäkter* gelegentlich auch die Bemerkung erlauben: *Erweist, er sejd en Iesel.* Übertragen auch auf ältere Funktionäre bei feierlichen Veranstaltungen, Hochzeitväter usw. Der ,Brautknecht' spricht am Hochzeitsmorgen den Hochzeitsvater an: *Erwaist en giade Miorjen, Härr Hochzetveuter! Sienj Erwaist uaf mäd Erwaist Freainjden?* (Bekokten). Scherzhaft von etwas in seiner Art hervorragend Tüchtigem: *Ded äs e Weng, dî hîsst Erweist!* Vom *bîsen Hanz:*

> *Seng grîss Gîssel hess Erweist.*
>
> Käst., 51.

— Zusammengezogen aus ,Eure Weisheit'. »Weil aber unser Herrgott mit dem Amt auch Einsicht und Verstand verleiht, setzt jeder achtungsvoll hinzu: Erweist, Härr der Hann« (Fronius, 209).

erwellen, erwällen schw., nösn. *erwâln* schw. ,aufwallen machen'; daher auch ,mit kochendem Wasser ausspülen', und ,in heissem Wasser leicht aufsieden'. *Mer messen de Lêjeln* (Lägel) *erwǫllen, se rannen* (Gr.-Sch.). *Ich sôl det Krejd erwǫllen, dat mer ed än dian* ,das Weinsteinkraut mit kochendem Wasser überbrühen, bevor es zum Kochen gegeben wird' (Ebda.). Ebenso *erwâlen* ,mit kochendem Wasser brühen' (Rode); *erwällen* ,aufsieden' (Med.); *erwällen*, mit kochendem Wasser Fleisch, Kraut, grüne Bohnen usw. abbrühen, (Schässbg.). »e r w e l l e n, aufkochen lassen. So pflegen die Siebenbürger den Kohl zu erwellen, die gekochte Milch heisst man noch bei einigen Deutschen erwellte Milch« (Mart. Felmer). — Mhd. erwellen. »Wellfleisch heisst in Schlesien das fette Fleisch von Bauch und Hals des Schweines, das im Schlachtkessel aufgesotten und in die Würste geschnitten wird«. DWB. 3, 1059. Kramer, 138. Haltr., Pl. 10.

erwerben, erwärwen st. [Geh. Spr.]. *Em kemm* (kann) *hâ nor mät de Schwainjen äst erwarwen* (Gr.-Sch.). *Der Hôf och det Arf* (Grundbesitz) *äs dem Sǫnn, driu ded Erworwa selle mer dîlen* (aus einem Teilungsvertrag, Ebda.). Echte Ma.: *zâ äst kun; äst erarbeden, erwirtscheften; verdǣnen.* — DWB. 3, 1060.

erwidern, erwedern schw. ,eine Gegenbemerkung machen'. Von einem, der betroffen schweigt: *Ech hun diem Limmel de Grazias geleesen!* Frage: *Wot seot e?* Antwort: *Wot sôl e seon? Och ned oint kanjt e erwedern* (Agnetheln).

Erwin, F. N. »Ervyn, comes de Calnuk« (Kelling, 1271). »Christianus dictus Erwin, villicus de villa Jacobi« (1390). »Johannes Erwin de Paruo horreo« (1380). »Tonch Erwen« (1559, Alzen). »Crestel Erwen von Altzen« (1559, Ebda.). Gegenw. in Alzen. — Vgl. auch F. N. Erben. — Vgl. ahd. P. N. Aroin und Erbwine.

erwirken, erwirken schw. [Geh. Spr.]. *Dôt sôl es âs Deputîrter nê dennich erwirken ä Päst, dǫd em es des* (man uns diese) *gǫrštich Hǫrrbich regulîrt* (Agnetheln).

erwirtschaften, erwirtscheften schw. Namentlich die Aufgabe junger Eheleute ist es, sich durch Fleiss und Sparsamkeit das noch Fehlende im Haushalt zu *erwirtscheften. Se se* [zə· z·e· ⌣ ⌣́] *schîn zǣ Jôr frängdert unt hu sich nôch guer näst erwirtscheft. Wîde fleissij äs, kǭ sich schîn äst erwirtscheften.* — DWB. 3, 1068.

erwischen, erwäschen schw., nösn. *erwäschn* schw. 1. ,(rasch) ergreifen'. a) Mit Obj. *Erwäsch des Gaffel, de Akkes.* Auch nur (mit hinzugedachtem Obj.): *erwäsch! Erwäsch hǣ, un desem Ängt! Erwäsch mer det* ,fass dies an'. Drohung unartigen Kindern gegenüber: *Säch, ich erwäsche glej en Kläppel!* Man scheucht Hund und Katze: *Zech* (zieh!, pack dich!), *ich erwäsche sonst glech de Biessem (det Štôcheisen)!* Die Mutter zum Kind: *Ned erwäsch mij ängden um Keddel!* »*Fichen: Et hälft nestmoi, mer miessen en ǫf'n Šteal dǭsen; erwäšch en un deser Hemt* (Hand), *ej u gener* (an jener, an der andern): *nǫ hî!*« (Zw. Krez. 15). Vom Dieb ,stehlen'. *Gäw Ôcht af dien, net dat e äst erwäscht.* Im Rätsel:

Vǣr Jungfere lûfe sij änjde nô
Unt känne sich ned erwäschen.
(Die 4 Wagenräder); SCHUSTER 273.
Ij erwascht en unt hâld e fiest. Mer erwaschten es ‚fassten uns an der Hand'. *Ich erwäschen dij um Îr, Halx, bǣ den Hôren, un der Nues* ‚fasse dich am Ohr usw.'. *Erwäšch en um Kruegen! Erwäsch dich nor un der ijäner Nues* ‚mach dir nur selbst den Vorwurf' *Uermer Tatter, te huest dij erwascht* ‚betrogen'. »Ich hab yzunder den kolben zu henden, es soll sein, wie ich will, wann ein anderer nach mir in's ampt kompt und den kolben erwischt, der mach's dann auch wie es ym gefellt« (DAM. DÜRR, Hdschr. 787). »Also kam er für den Tisch und zuket die ax heraus aus dem Rock, wolt auf mich schlagen, mein fraw aber erwüschet ihnen« (1599, Ger.-Prot.). »er erwuschet als da ein messer, wolt seinen widerparteir erstechen« (1567). »Da erwuscht der Dischler die schlosserin und that sie zur thür hinaussen und gab ihr ein Strich uber die Achseln« (1615, Ger.-Prot.). »erwischt das messer widerumb, so im zuvor genommen war worden« (1609, Ger.-Prot.). Mit unbestimmten Obj. *Dî hued ed erwascht* ‚dem ist es nun einmal gut geglückt'. Verstärkt: *Dî hued et nâ ist gâd erwascht* (einer, der zu guter Stellung, zu Vermögen, zu einer reichen Heirat gekommen ist). — b) Mit *un* (an.) *Erwäšch um Korf (un de Wasserbîmen, um Däsch, um Bæt* usw. wenn mehrere zusammen einen Gegenstand aufheben oder forttragen sollen). — c) Scherzhaft, refl. *Erwäsch dij un em Štâl* ‚nimm einen Stuhl mit'. *E jêder sǫl sij un em Glǣs erwäschen* ‚jeder soll sein Trinkglas mitnehmen'. — d) Absolut ‚fassen, greifen'. *Et hued erwascht* (von Nägeln, welche eingedrungen sind, von Bauhölzern, welche gut aufliegen usw.). — 2. ‚über etwas bekommen', ‚ertappen'. Den Übergang bilden Wendungen wie: *Em huet de Riwer erwascht. Mer erwaschten de Mêt, wǣ se mät dem Weng ous dem Käller kǫm. Se wûle bǣ der Prǣfungk bedrejen, awer em huet se erwascht. Ich hun en äntlij erwascht de Lumpen, dî mer ängden iwer de Weimere gegǫngen äs. Mej erwäscht net laicht ener! Mǫch nor mǫch, em wit dich doch ist erwäschen. E huet sij erwascht* ‚hat sich bekommen'. »sie wolt ihr ein gut geschenk geben, sie solt nur sagen, sie habe die stadtreutterin vber dem Korn erwuscht, da Sie es gestolen habe« (1599, Ger.-Prot.). — 3. ‚erhalten', ‚bekommen'. »Kompt denn nichts zum marck, so sind lügen benckelcher dargemacht, da sie den ganzen tag sitzen lauren, bis sie einen guten bissen erwischen« (DAM. DÜRR, Hdschr. 31). *Et zuch mer, aw ist hadd ich en Schnôp* (Schnupfen) *erwascht.* Wenn jemand niest: *Na, wô huest te die* (den Schnupfen) *schî weder erwascht?* Besonders: ‚Prügel bekommen'. *E hued en puer erwascht, e wit drun dingken. Gäw Ueċht, net dat te ind erwäscht!* Auch eine böse, besonders venerische Krankheit: *E huet dǫt bǣ de Mueseren* (Soldaten) *erwascht.* — Mhd. erwischen. Moselfr. erweschen. DWB. 3, 1068.

erwittern, erweddern schw. Refl. ‚wieder zu sich kommen' besonders ‚sich von der Kälte im warmen Zimmer erholen' (Schässbg.). HALTR., Plan 42. *Kamm, en erwedder dich, te bäst jo gǫnx gefrueren* ‚komm, erwärm dich, du bist ganz gefroren' (Schässbg.). *Sich vun der Kalden erweddern, sich vum Fêrschel* (Schrecknis) *erweddern* (Med.). ‚sich erwärmen, nachdem man gefroren' (BINDER, Coll.). *Sij erweddern* ‚sich erholen' (Halvelagen). Vgl. mhd. erwittern ‚(das Auge) erlaben, erholen'. — s. d. Simplex. DWB. 3, 1070 unter 3.

erwünschen, erwängschen schw. ‚durch Aufsagen der Wünsche (zu Neujahr) Geschenke erhalten'. *E hôt sich vil erwǫnscht* ‚hat viele Geschenke (Geld, Äpfel, Nüsse) erhalten' (Katzendf.). Allgem. *Et kit mer wǣ erwängscht.*

erwürgen, erwerjen schw., nösn. *erwirgen* schw. 1. Intrans. ‚ersticken'. *E num esolen däck Bässen, ech wiss niet, wǣ e nied erwiercht äs* (Katzendf.). Fluch: *Sû'te* (solltest du) *erwierjen!* (Ebda.). *Et wôr mer e Bässen än de dannrich Kiel kun, ich sûl schǣr drun erwerjen.* Damit der ‚junge Mann' nicht ‚erwürge', löst die junge Frau, der heimlich der Schuh ausgezogen worden ist, ihren Mann mit einer Weinspende aus (Burzenl. 454) *Det se Biren, dad em drun erwercht.* Fluch: *Dǫt tǣ erwercht sûlt sen!* (Birth.). — 2. Trans. *Ich bän esu bois ǫw en, ich kainjd en erwerjen* (Gr.-Sch.). Zum kleinen Kind, als Abwehr stürmender Liebkosung: *Gutzo, te erwerchst mich* (Gr.-Sch.). Syn. *wirgi, wirgi mǫchen* (Kinderspr.). — DWB. 3, 1072.

—, nösn. **Êrz** fem. ‚langsam träge Person'. *Dä bäst än Êrz. Te bäst en Ǣrz (Minarken). Än Ârz* ‚eine die viel will' *(D.-Zepling). Dǫd äs e mol e Êrz* ‚langsamer Patron' *(Waltersdf.).* Vgl. *êrzen.*

erzählen, erzielen schw., nösn. *erzeln* schw. 1. ‚mit dem Zählen (mit Mühe) fertig werden'. *Se hun esevelt Gielt, se kennen et ned erzielen.* — 2. Wie nhd. *De Frâen erzeêle sij än der Gesallscheft gor vilet* (Gr.-Sch.). *Wohär wisst te dǫt?* Antw. *Na em erzilt sij ed af'm Muert.*

Ned erzil tâ mir dût! ,du wirst doch nicht meinen, dass ich dir das glauben soll'. *Net wäll tâ mir hê äst erzielen!* ,mach mir nichts weis'. *Erzil dût denger Frê Nann!* ,deiner Frau Mutter', ,mach das andern weis'. *Erzielt mer en Mêr,* quält das Kind die Grossmutter.

Nôchteguel erzild ich Mêren
Vun der Fraila Gûltfädrôn. Käst., 63.

»Es erzillt aber der eynig Sonn gottes ym heutigen Evang. etliche Zeichen« (Dam. Dürr, Hdschr. 24). »Wir wollen aber die ordnung behalten, und kürzlich reden von den viererley Zuhörern, welch Christus erzillt« (Ebda., 410). »Von andern aber habe ich mir erzehlen lassen, dass er allemahl gleichsam ausser sich gewesen« (1762, Cap. Cib.). *Ich wäll em schuin nôch äst erzielen* ,habe mit ihm noch abzurechnen'. — DWB. 3, 1076.

erzeigen, erzîjen schw. [Geh. Spr.]. 1. *En Wîltôt, Fränjdleget, gâden Dênst erzîjen. Îr erzîjen* ,Ehre erweisen'. Aufnahme in die Gevatterschaft: ... *veršprêchen ij en trâ Gevatter ze senj, end alle dâ Dâch* [χ], *dâ es Gott let liewen, alle Îr och Fraînjtscheft ze erzîjen* (Gr.-Lasseln). — 2. Refl. In älterer Kanzleispr. wie ,sich einstellen'. »Welch gutt Herr und Nachbar das Jahr über nicht lust hat in die Nachbarschaft zu gehen, soll er die Nachbarschaft im Jar einmal halten, oder am Äscher Mittwoch sich erzeügen aufs wenigste mit fl. 1« (1615, Reisperg. Nachb.). ,sich zeigen'. »Darnach nach dem brennen begegnet er mir und sein Vater mit im, ich sagt zu im: nicht erzeige dich den Schönebergern, den sie werden dich fangen, da sahe er zu der erden nider und redet nicht, aber sein Vater sprach: er hat nicht scholdt daran« (1567). — DWB. 3, 1081.

—, nösn. **êrzen** schw. ,langsam verrichten', ,zögern', ,säumen'. Allgem. nösn. Süds. nur aus Schönau bezeugt *(êrzen). E ìrzt long* ,macht lange' *(N.-Eidisch). Wûd êrzt te nau esuvelt? (Weisskirch). êrzen (D.-Zepling).* — Syn. *dâjeln, dänšcheln, drîmen, hoinzen* (Mergeln), *kneddern, knäcken* (Girelsau), *e krêzt ze lang (Lechnitz); tandeln, takeln, tûppen* (Martinsdf.), *târen (wat târst te esi lûng dô? Schässbg.), tästern, tindâlen, trakesen, trandeln, tschintschäspern, tueseln; te bäst mêlich, moalich* (rum.), *madich, rêtich* (Bulkesch), *en Tindâle; se griweln wae de Madden äm Boflesch* (Halvelagen); *te bäst e Getuesel* (Wölz). — ërtsn, mit kurzem Stammvokal ärtsn in *Dürrbach.* Vgl. Lux. êrzen ,einsäen, ohne dass kurz vorher gepflügt worden ist' (Lux. Wb. 95).

erzeugen, in der ältern Kanzleispr. vielfach von zaubermässiger Verursachung von Krankheit, Schaden usw. »als ich es fraget, weiset es mich auf den Ort dahin es gefallen war und sacht sie thut mirs wehe und mich drumet die Caspar schmidin bracht mir milchhyrsch zu essen, sie hab mirs erzeuget, dass ich muss sterben« (1619, Ger.-Prot.). »ich lebe in dem Verdacht als die Schnellen es ihr erzeiget« (1652, Ger.-Prot.). »Eher der Hanns Letz starb war er sehr krank ahn einem Arm und hat auch etlig wort lassen fliegen als ob sein Schwiger und sein Frau ihm etwas erzeiget hetten« (1613, Ger.-Prot.). »ja sie sacht dass sie in dem glauben sterben wollt, dass er mir es erzeigt hat« (1650, Ger.-Prot.). »Mehr, weiss ich, dass die alte Burghütterin bey uns einen wehen Fuss bekommen und gesagt ja das H. Sacrament darauf empfangen, dass Sie die Hannes Göbelin es ihr erzeigete« (1677, Cap. Cib.). Syn. echte Ma. *mûchen, verhäksen.* — DWB. 3, 1086.

erziehn, erzêen st., nösn. *erzâi* st. [Geh. Spr.]. Echte Ma. *afzên, affîkeln.* »Nicht gar vor zu langer Zeit hat er mir das nun fast erzogene Kind auf der Gassen ergrifen und mir entführet« (1772, Obereheger.).

Saksesch hued em mij erzîjen.
Käst. 60.

Sprw. *Wê em sich de Kängd erzecht, esi hued em se.* Echte Ma. *afzên, affîkeln.* — DWB. 3, 1091.

erzünden, erzängen st. *Erzanj det Feir.* Antw. *Et huet sich schiun erzeangen* (Med.). *Der Daach hatt sich gladd erzeangen* ,es war gerade Tag geworden' (Ebda.). Häufiger ist *entzängen.* — DWB. 3, 1101.

erzwecken, erzwäcken schw. ,erzielen', ,zustande bringen'. *Mer werde jô gâren zôlen, lî* (allein) *mer se nimi äm Stemt* (Stand), *et ze erzwäcken* (Reussen). *Se doingken, se erzwäcken uch äst* ,sie hoffen, auch etwas zu erreichen' (Gr.-Sch.). *Em kûn dût hê ned erzwäcken* ,nicht erzielen'. — DWB. 3, 1103.

erzwingen, erzwängen st. *Wat net vu sälwest wit, sûl em ned erzwängen. Dût let sich na îst ned erzwängen.* Sprw. *Vu Gott let sich viled erbidden awer näst erzwängen* (Schuster, 209). — DWB. 3, 1104.

es, ät, nösn. *ät,* das sächliche persönliche Pronomen, hochbetont *ät* [ä·t], betont ə·t, unbetont ə·t. [ä·tväl.n.et., ⏑⏑⏑, ,das Kind selbst will nicht', ə·tv·ä·ln.t, ⏑⏑⏑, ,es will eben leider nicht', ə·tv·ä·l·ne.t ⏑⏑⏑, ,es will durchaus nicht']. Gen. nicht gebraucht. Reste eines für den partitiv. eintretenden reflex. Gen. *sen* [zən], mhd. sîn s. unter *sen*. Dat. *äm* [unbetont əm], Acc. *ät* [ət], Pl. wie bei ‚er' (s. d.). 1. Abweichend vom Nhd. weist *et* nicht nur auf ein Kind (Mädchen) sondern auch auf eine jüngere verheiratete Frau zurück. Nur ältere Frauen, alte Mädchen und Respektpersonen werden als *se* (sie) bezeichnet. *Wo äs det Trenj?* ‚(deine) Frau Kathrine?' Antw. *Ed äs net derhîm.* Im Munde der Erwachsnen: *ät* ‚sie', (die junge Frau, das Mädchen), *se* ‚sie' (die Grossmutter, das alleinstehende alte Mädchen). (Ebenso auch Moselfr.). — 2. Aus Verbindungen wie: *Nid ich't* ‚nehmt es euch' *(Terfe mer es nin?* Antw. *Nid ich't nor!), versorcht ich't* ‚hebt es euch auf', *brôkt ich't än* ‚brockt euch Brot in die Milch (Suppe)' wird das Objekt *et* in Verbindung mit *ich* (Dat. euch) auch in Wendungen hinübergenommen, wo *ich* selbst Objekt, oder ein anderes Objekt vorhanden ist. »*Wot verštalld er ich't neə esevelt?*« (Zw. Krez., 18). *Gid ich't de Hǫnt! Hæt ich't vîr dem Hangt!* Zu bemerken: *Bäst'et zefriden?* Antw. *Ich bän't.* — 3. Bemerkenswerte Fälle des Gebrauchs des unpersönlichen *et.* a) *Et rênt, schnǫt, ärbest, blätzt, dannert. Et trîtscht, wad et kǫn* ‚giesst in Strömen'. *Fuer nâ, dad et dremmert (dad et wäddert, dad et nueft); ed äs dangkel, häll; ed äs kǫlt, wuerm; ed äs en Muer* (Morast), *dad em drän erseff t. Mêr ed uch net rênt, esi trept et doch* (von einem Geschäft, einer Arbeit gesagt, die nur einen kleinen Nutzen gewährt, aber stetig geht, anhält). — b) *Et kratzt dech näst dervun* ‚du gehst dabei leer aus'. *Et geng em un de Kruegen, un'n Hals, un't Liewendich* ‚die Sache nahm eine bedrohliche, gefährliche Wendung'. *Ed äs mer net dräm ze dân* (od. nur *net dräm*) ‚die Sache reizt mich nicht, zieht mich nicht an, ich habe keine absonderliche Neigung dazu'. *Ed äs mer ned înt bliwen* ‚ich habe mich so erschreckt, bin ganz aus der Fassung gekommen'. *Äs ed äm dæ Zekt mät* (od. *bæ*) *dir?* ‚steht's so mit dir?', ‚sieht's so mit (bei) dir aus' (immer nur auf Personen angewandt). *Ed äs e Bekridnes mäd em.* — c) *Et räckt mich* ‚ich bekomme einen innern Anstoss, wenn ich so etwas Widersinniges sehe'. *Et räckt enen, wonn em esi äst unhîrt. Et rampelt* (kollert) *mer äm Boch. Ed êmest mer än de Kniweln* ‚es krabbelt mir in den Fingern'. »aber zum ersten moll, wie ich sie schmert, sagt sie, last mich, denn ich hab diese tag nichts geessen und es kompt mir gar grinn vor die Augen« (1609, Ger.-Prot.). *Et riet sich,* oder *et hîrt sich* ‚es geht das Gerücht'. *Et gîd en Ouskräsch* ‚gibt viel zu reden, macht viel von sich reden, macht Aufsehn'. *Et hued es gefêlt* (sagte der junge Ehemann von Rohrbach, als er — was dort ungewöhnlich und nicht für anständig gilt — schon gegen Ende des ersten Ehejahres die Taufe anzeigen musste), ‚wir haben es nicht so gewollt, es ist uns missglückt'. *Et huet näst af sich* ‚es ist nicht von Belang, hat nichts zu bedeuten'. *Woräm niste ed esi êpesch?* ‚warum fassest du die Sache so verkehrt auf?' — d) *Ed äs mer nor äm schnielen entworden* (ein Wort, ein zorniger Ausruf). *Hî dingkt hî wêr et* ‚er denkt, er allein bedeute etwas'. *Et läppert sich zesummen* ‚eins zum andern getan gibt schliesslich eine erklekliche Summe'. *Wonn et bǫldijer zâ äs* ‚wenn der Krämerladen etwa schon zugesperrt sein sollte'. Acc. *E nid et* ‚er nimmt seinen Weg'. *E nid et kê Bärich* ‚er nimmt seinen Weg bergauf' (Rosenau). *Et dräckt änen* ‚der Weg ist weich'. *Et kennt sij un em* (*um Oussæn* — von der besseren Verpflegung) — *u senjem Wässen* (von der besseren sächs. Schule) — *um Wuilštǫnd* (seit er anders arbeitet, wirtschaftet etc.), *än de Sitten* etc. *Et git sij em* ‚er zeigt Geschick dabei'. *Ed äs mer ned af de* (auch: *zer*) *Hǫnt* ‚nicht handlich, nicht gut anzufassen'. *Et zecht sich* (von einem Weg, einer Entfernung bis zum erstrebten Ziel gesagt, überhaupt zur Bezeichnung der Länge eines Weges z. B. scherzhaft: *Vu Kôpešch ämen zecht et sich nôch e wenich bäs kê Wæn*). *Ed äs Feddel enes Hûlz* ‚ist ganz dieselbe Art, von der gleichen Sorte. *Ed äs Katz wä Mitz* ‚gleichviel', ‚dasselbe'. »(Zur Schlichtung einer Streitsache werden Abgesandte der Agnethler Schneiderzunft nach Hermannstadt berufen) damit es einmal ausgefüret vndt abgeschnitten möge werden« (1650, V.-A. 21, 117). — e) *Et gîd äm* ‚es spuckt, Geister gehen um'. *Et mûltert sich dô äst* ‚es regt sich da etwas, es gibt etwas sich durch ein Geräusch, eine Bewegung zu erkennen'. Hieher gehört auch das ‚unbekannte Etwas' im Rätsel. Z. B.:

Wän em ed ǫfnit grend et,
Wän em et nider dît schwaicht et.

(Die Kette; Kbl. 5, 43).

— e) *Wæ gîd et?* Antw. *Et gît dich, wæ et kǫn. Gîd et nâ mät der Arbet? Et wäll net gôn. Ed äs* ‚die Sache ist fertig'. *Ed äs verbæ mäd em. Ed äs gât. (D'äs gât). Et mǫcht sich* ‚die Sache fängt an sich günstig zu gestalten'. Trost der guten Tante in allen Lebensnöten: *Lot nor, et mǫcht sich schîn! Et gît, wæ ge-*

schmiert (buchstäblich und bildlich gebraucht, von der Arbeit, vom Lernen, vom Fuhrwerk etc.). *Et äs mäd em Mathêi um lietzten* ‚er ist am Ende, in den letzten Zügen'. Anfang einer feierlichen Rede: *Et wid ich jo uch wässentlich uch bekûnt senj* (Gr.-Scheuern). — mhd. eʒ. Das unverschobene pronominale *-t* ist das bekannte Kennzeichen der mittelfränkischen Mundarten (Frank, Altfr. Gramm. 100, Anm. 2; Scheiner, Ss. Ma. 181; Frühm, 38).

-eš, -es Gen. des Inf. bei Bezeichnung von Spielen. *Des Lûfes, Kôches špiln* s. unter *špiln* (spielen).

—, **Êsch** m. Fl. N. *(Birk)*. Vgl. moselfr. O. N. Esch, ebenso moselfr. F. N. Esch. Näheres Kisch, V.-A. 38, 68.

Esche, Iesch fem. *Ieschbûm* m., nösn. *Âschbeom* m. *(Wallendf.)*. Fraxinus excelsior L. *Êschbôm, Âschbôm (Tekendf.)*. 1. Gehört weniger zu den Waldbäumen des sächsischen Binnenlandes. Das Holz wird als Werkholz, namentlich zu Wagnerarbeiten, benützt. *Ieschä Rætšpîchen* (Mühlbach). *E Wuegner ône Âschbôm äs näst wiert (Tekendf.)*. Aus dem Holz werden *Špoichen* und *Neowen* (Naben) gemacht (Gr.-Sch.). *Êschbîmä Kêfer* ‚Balken aus Eschenholz' (Holzm.). Öfter in den Kronstädter Stadtrechnungen über Bauten. »Item pro lignis eschen pro clavis ibidem (in einer Scheune) faciendis« (1520, Qu. Kr. 1, 231 u. ö.) »Item pro vecturis lignorum eschen ad clavos faciendos« (1522, Ebda. 1, 397). Als Schmuck auf dem Friedhof: *Êschbîm*, sogenannt, weil sie aus der Asche der Toten wüchsen (Reussen). In der Volksmedizin: Man bindet die innere Rinde auf die zusammengedrückte Wunde, umwickelt darauf Leinwand und wechselt täglich 2—3 mal mit frischer Rinde (Alzen, Kbl. 21, 15). — 2. In Fl. N. »Meta in loco vulgo Eschham dicto, ubi magnum flumen in fluvium Olt influit« (zwischen Girelsau und Freck, 1580, Hstdt. Stadtb. Gegenwärtig: *Äm Èsch*, Girelsau). *Af'm (hängder'm) Êschelt* (Hamlesch). *Vuir den, än Êschen* (Gürteln, Martinsdf.). Am Aschenberg (Henndf.). »Auff dem escher wasem« (Tartlen, 1556). *Eschelbäkelz, Eschelbäkelzrêch* (Gr.-Lasseln). Vgl. in der Zips: Eschbüschchen (Leibitz), Eschseifen, Eschberg (Neudf. i. d. Zips, Kbl. 27, 73). — *Duewerdæsch*. — Lautt. 24; mhd. esche fem., ahd. asc (pl. esci). — DWB. 3, 1141.

eschen, ieschän s. unter *Iesch* (Esche).

Eschendorf, †. O. N. Vgl. *Êsch*. Näheres Kisch, V.-A. 33, 68.

Escher. »Es soll keiner kein gefess doheim binden ausgenomen die Lay Biden und Escher Biden« ‚Äscher-Bütten' (1614, Kbl. 24, 99). s. *Iescher* (Äscher).

—, **Êscherlûf** n. (Honigbg.), *Êschlûf* (Tartlau) ‚Schnittlauch'. Eigentlich ‚Aschlauch', Allium ascalonium L., jedoch sprachlich an *Iesch* (Asche) und *Lûf* (Laub) angeglichen, sachlich mit *Schnidlengk* ‚Schnittlauch' zusammengeworfen. s. *Ieschlerlengk* (Eschlauch).

—, **Êschken**, s. Asch.

Eschki, F. N. (*Eschki* ◡ ◡), Übername für Johann Jurati (scherzhafte magy. Übersetzung des latinisierten Wortes ‚Geschworner', von magy. eskü ‚Eid', Katzendf.).

(**Eschlauch**), **Iescherlengk** m. ‚wildwachsende Knoblauchraute', auch vielfach für ‚Schnittlauch' verwendet. *Êscherlengk* (Halvelagen), *Iescherlengk* (Taterloch), *°Êscherlengk* (Draas), *Iescherlek* (Kronstadt), *Êescherlek* (Rosenau), *Eiescherlek* (Zeiden), *Êscherlich* (Heldsdf.). Vereinzelt verbreitet in der Umgebung von Hstdt., Unterwald, Gr. und Kl. Kokel, Reps, allgem. im Burzenland. Nebenform *Ieschlengk* (Neudf. b. Hstdt. und sonst), *Eischlek* (Bekokten), *Êschlengk* (Meeburg, *N.-Eidisch*), *Âschloch (Dürrbach)*, *Ąschloch (Mönchsdorf)*, Syn. *Êscherlûf* (Honigbg.), *Êschlûf* (Tartlau), *Schnittleuf (Heidendf.)*, *Schnittlôf* und *Schnittlôch (Bistritz)*, *Schnirlängk (S.-Reen)*, *Schnirlich* (Kronst.), *Schnitzerlek* (Petersberg, Braller und sonst), *Schnislengk* (Kerz), *Krôenzweibel* (Petersdorf bei Mühlb.). Wird als eine Knoblauchsart mit vielen Knollen *(Špêlen)* beschrieben (Abtsdorf a. K.). »Eine Lauchart, deren Zwiebel ebenso aus mehreren einzelnen Zwiebelchen besteht wie der Knoblauch. *Ieschlengk* überwintert, treibt dann recht früh und wird als ‚junger Zwiebel' auf den Markt gebracht« (Neudorf bei Hstdt.). Genau als ‚wildwachsende Knoblauchsraute' bestimmt (Hammersdf.). — Gemeint ist mit dem Namen eigentlich ‚Aschlauch', ‚Schalotte', Allium ascalonium L., sogenannt nach der Herkunft der Lauchart aus Askalon (DWB. 1, 585; mhd. aschlouch). Das nicht verstandene Wort ist volksetymologisch an *Iescher* (Äscher) angelehnt, sachlich mancherorts mit *Schnidlengk* (Schnittlauch) zusammengeworfen worden. Die Nasalierung des Gutturals in der Endsilbe wie in *Schnidlengk, Knoblengk* (-lauch), *Rêdlengk* (Rettig). — DWB. 3, 1142. Vgl. auch oben unter Aschlauch.

—, **Ieschlengk** ‚Eschlauch', s. unter *Iescherlengk*.

Eschtag ‚Nachbarschafts-Richttag', s. unter Aschermittwoch.

—, **Êschwurm** m. ‚schwarze Blattlaus' (Rumes), s. *Ieschenwurm* (Äscher-).

Esel, Iesel m., nösn. *Iesel* m. 1. Im eigentlichen Sachsenland nicht mehr gezogen und benützt. Den Esel kennt der sächs. Dorfbewohner nur als Packträger der mit ihren Schafen die Winterhutweide in der Ebene aufsuchenden rum. Hirten *(Tschobân). E äs wê en Iesel, e huot lungk Üren wê'n Iesel* (Kl.-Schelken). — 2. Als Schelte: *Ta grîsser, tummer, verflachter Iesel! Tâ Iesel!* In der Hochzeitspredigt:

Uch me Klêkner der Ieselskärl
Mäd esi em tume Schärl (Schädel).

SCHUSTER, 130.

Te wiršt jo net fiur en ândern en Iesel viurštallen ,einen Esel abgeben' (Kl.-Scheuern). Sprw. *Wonn et dem Iesel gât gît, gît e af't Eis. Wonn der Iesel af't Eis gît, brächt e den Halz. Won em den Iesel lîft* (lobt), *wuessen em de Îren* (SCHUSTER, 163). »Wie man sagt: wenn der Esell woll steht, so schirtt er mit den füssen« (DAM. DÜRR, Hdschr. 870). *Wat wiss der Iesel vun der Maschketnas? En Iesel än der Fremden, en Iesel weder hîmen* (SCHUSTER, 253). *(En Iesel geng e än de Fremt, en Iesel kqm e hîmen* Ebda., 163). *Wat vum Iesel gebîren äs bleift Iesel.* (Lux. en 'Esel gebu^e^ren, en 'Esel geštu^e^rwen, Lux. Wb. 95). *Iesel bleift Iesel. Näst gîd iwer de Dästle, šprächt der Iesel. Der Iesel segd uch mät dem Ûgešpäjel näst. Wel der Iesel schîn* (fein, hoch) *sängt, mes em en doräm zem Kanter mqchen? Ändiem der Iesel behôrt* (Haare bekommt), *begrôt hî uch.* Scherzhafte Bemerkung zu einem früh Ergrauten: *Bê dir kit der Iesel frê erous.* Antw. *Cha, unt bê dir äs e nôch dertä* (drinnen) *bliwen. Sängd em den Iesel mät dem Kläppel* (Knüttel) *geschlôn hat, huet e'n nemi gärn. Iesel uch Îssen, dqt seng zwîn štattlich Kärl* (SCHUSTER, 164). *Der Îssen äs des Iesel se Geläfter* ,dazu gehǫrige Paar, Hälfte', ,seinesgleichen'. *Wat sql drous wärde, wonn der Îsse bê'm Iesel än de Lîr gît* (SCHUSTER, 164). *Ich dingke schêr, der Îsse wôr bêm Iesel än der Schîl. Der Iesel lîrt ded ABC räcklängän* (er ruft nämlich i-a, i-a, H.-W. 98). Als poetische Reminiszenz aus der kath. Zeit: *afgepîtzt wê e Palmiesel.* — 3. Kinderspiel: Esel, Esel, wer reitet dich! (H.-W., 192). Kinderscherz. Man fragt: *Wê qlt bäst te.* Auf die harmlose Antwort: *zên, elf Jôr,* erfolgt die Gegenantwort: *Âs Härr Farr hadd en Iesel, dî wôr uch glad esi qlt wê tâ* (Kbl. 25, 23). Foppfrage: *Wevel Iesel huet der Megai* (Name eines Grundbesitzers)? Auf die harmlose Antwort *drq Iesel* folgt die Gegenantwort: *Unt tâ bäst der virt.* (Wird aber ein ,Wissender, gefragt, so stellt er die Gegenfrage: *Mät dir oder ônen dech?* Fogarasch). Syn. *Ruess Gottes* (Pferd, das den Heiland getragen hat). — 4. In Fl. N. *Af'm Aesellônt* (Pruden, hieher?) — Die einzelnen Lautformen s. Lautt. 25 mhd. esel. DWB. 3, 1143.

Eselsbegräbnis †. ,Begräbnis ohne Glockenklang und sonstigen Kirchenbrauch'. Ehemals gefürchtetes Droh- und Strafmittel der Kirchenzucht. »Ob auch Jemand am Sonntag mit Käufen und Verkäufen den Sabbath entheilige, Nuss schlägt, Äpfel bricht, oder dgl. thut, fällt er und stirbt, so soll er ein Eselsbegräbnis gewarten« (1650, SCHULLER, T. u. Begr. 2, 42). Knechten, die in Belleschdorf mit Stöcken auf den Gassen herumgingen »wie die Räuber« und bösen Mutwillen treiben, wurde von den Kirchenvisitatoren mit Erfolg damit gedroht (Ebda.). Begräbnis in einem Hühnerkorb als Strafe für Verräterei s. ebda. »Welche in öffentlichen Sünden und Schanden und ärgerlichem Leben ohne alle Bekehrung fortfahren, Gottes Wort und die heiligen Sakramente verachten und in Gottlosem Wesen beharren bis in den Tod, die sollen christlicher Gemeinschaft nicht würdig geachtet werden, man soll ihnen am letzten Ende kein Sakrament reichen, noch sie auf den Gottesacker, wo andre fromme Christen ruhn, begraben, sondern ein Eselsbegräbnis ist ihnen genug, sollen auch von weltlicher Obrigkeit gestraft werden« (1607, Visit.-Art., Kbl. 5, 56). Einige urkundl. Angaben über ,Eselsbegräbnisse': »1700 Sept. 9. Andreas Deck se ipsum laqueo strangulavit, propterea habuit sepultum asinium«. »1706 Martii 18. Martin des Gyura Eidam von Pian, weil er ein Verächter des heiligen Nachtmahls gewesen, ist ohne Klank und Gesang als ein Esel begraben worden« (Kbl. 16, 136). Ebenso 1731 des »Metter Gerg sein Eheweib«, weil sie »versoffen und von ihrem Manne geschlagen gestorben« (Ebda.). (Horvath Georgy ersticht sich selbst und wird) »auss befehl des Fürsten mit 2 rossen vnter den Galgen geschleiffet vndt zu Aschen verbrennet vndt bekompt für seine treye Dienst ein Esselsbegräbniss« (KRAUS, Chronik 1, 47). »Dem Vater habe vor paar Monathen mit einem Esels Begräbniss gedrohet, als einem Verächter des öffentlichen Gottesdienstes« (1764, Gross-Scheuern, Cap. Cib.). — Nach JEREM. 22, 19. »Er soll wie ein Esel begraben werden, zerschleift und hinausgeworfen vor die Tore Jerusalems«. Vgl. »Hundsbegräbnis«. — Im DWB. nicht verzeichnet.

Eselsbrücke, s. *Klutz, Schweng* (Schwein).

Eselsfurz, Ieselsfurz m. 1. »Aber wer von dräuen stirbet, laut des Sprichworts, dem lautet man mit Esels-Fürtzen tisztességvel mondván (magy. ‚mit Respekt zu sagen') aus« (1613, TRAUSCHENFELS, Fundgr. 280 Vgl. DWB. 3, 1152. Das Sprichw. auch bei GRYPHIUS). — 2. ‚Krebsdistel' Onopordum acanthium L. (Hstdt.).

Eselshaupt, Ieselshîft n. Als Schelte: *Tâ Ieselshîft!* »Am Letare Sontag abends, als sein Vater mit meinem Vater geredet hatte, sprach sein Vater zu ihm, nicht halt immer eins, Esels-Haupt, wo ich ein Stück Holtz nehme, will ich dir den Kopf zerschlagen, ich kann nicht stehn für dich« (1799, Obereheger.).

Eselshusten, Ieselshost m. ‚Keuchhusten', nach dem langgezogenen Atemziehn so genannt. *De Kängt hun den Ieselshost.* Syn. *Ieselskiälk* (Katzendf.). — Im DWB. nicht verzeichnet.

—, Ieselskiälk fem. ‚Eselshusten' (Katzendf.). d. Simplex und *kälken* ‚husten'.

Eselskopf, fehlt in der echten Ma. s. *Ieselshift.* »Andre tolle eselsköpff wollenn ann yrenn armenn swachenn frawenn Ritter werdenn, ann denenn beweysenn sie ire Mannbarkeyt vnd redlikeyt« (DAM. DÜRR, Hdschr. 330).

Eselsmilch, Ieselsmältch fem. (In der Apotheke als Volksmedizin vielfach verlangt).

Eselsohr, (Pl.) **Ieselsîren.** Als Schelte: *Säch, ich erwäschen dich glej un dengen Ieselsîren! Emestem Ieselsire mąchen* (man setzt die Daumen der offenen Hände an der Ohröffnung an und bewegt die Hände hin und her, damit andeutend, dass man den, dem es gilt, unverhüllt als einen ‚Langohr' bezeichnet, Mühlb.).

—, esi, s. ein-so, oben 2, 136. Der verbreiteten Form *asi* könnte **all-si* ‚ganz so' zugrunde liegen.

Espe, Asp, *Iesp* fem., nösn *Ąsp* fem. 1. Baumname, die ‚Zitterpappel', Populus tremula L. *Ąspet*, Pl. *Ąspeden* (Peschendf.). Als zähfasriges Holz zu verschiedenen Werkzeugen gebraucht. *Dôt möcht em ius Ąspenhûlz, dôd äs zè* (Schönbg.). Auch zum Leuchten am Herdfeuer beim Spinnen, daher *Lichtąspn (Pintak)* und zum flackernden Feuer für *Kletite* (Pfannkuchen) *backen* beliebt. *Versorch dąt, bäs mer Kletite backen* (Gr.-Sch.). Sonst als Brenn- und Bauholz nicht in hohem Ansehen. Vorwurfsvoll zum Kirchenvater, wenn das Schulholz gebracht wird: *Dąt se lokter nor Aspen! De helzera Lêfel sen ius Ąspenhûlz* (Schönbg.). Beliebt ist die Espe wegen ihres schnellen Wachstums als Umzäunung. — Rätsel: *Wel Heolz grąlt* (fürchtet sich) *ded archst?* Antw. *De Asp, dæ zeddert äinj* (Gr.-Sch.). *Et zeddert* (zittert) *wae en Ąsp vuir Ąinjst* (vor Angst) (Schönbg.). *E groelt* (fürchtet sich), *e zeddert wae en Ąspetblât* (Peschendf.). — 2. In Fl. N. *U der Sonnsait än Ąspen (St. Georgen).* ‚Hinter dem Aspengraben' (Henndf.). »Unter den Aspen« (1777, *Petersdf.*). *Ąspendæiln* (Ebda.). *Espenachen* (Wald, Keisd). *Aspirt* (Asp-hart, Wald; V.-A. 6, 342). »Auf der Aspenn Rennen« (1588, Keisd). *Än Aspen* (Seiburg). »Raue Asp« (Wald, Schaas). *Aspejrôwen* (Ebda.). *Än Ąspen* (Seiburg). *Nąspen* [⟨ än Ąspen] (Weingartenhalde in Gergeschdf.). *Näspendaul* (Eibesdf.). — Legende, wie die Espe zu ihrem Namen gekommen, s. Volksfr.-Kal. 1909, 104. mhd. aspe, ahd. aspe. DWB. 3, 1157.

Esschen. »Johannes currifex fecit duo instrumenta ad currum civitatis ut dicitur esschen« (1501, Qu. Gesch. S. 1, 346). Ist Dim. zu *Uess* (Achse) s. d.

essen, iessen [i·ə.sn., Part. g·i·ə.sn., χu·g·i·ə.sn. ‚ich habe gegessen'], nösn. *âssn* st. Ein Part. Prät. Pass. in aktiver Bedeutung: *giessen* ‚gegessen habend'. *Ich bä, mer se giessen* ‚wir haben unsere Mahlzeit hinter uns'. Ablehnung der Einladung zum Mitessen: *Kut, iesst mät!* Antw. *Ich dąngken, ich bä giessen* ‚bin schon gesättigt'. *Ich mosst ägiessäner ewèchfueren* ‚ich musste abreisen, ohne gegessen zu haben'. 1. Bezeichnung für das der Sitte entsprechende Einnehmen der Mahlzeit (Gegensatz: *friessen* ‚in ungehöriger Art, namentlich auch in ungehörigen Mengen essen'), insbesonders der Hauptmahlzeit. Wie der dadurch bezeichneten Sache eignet auch dem Wort ein würdiger Ton. (Sprw. *Iessen net friessen* ‚das Essen hat in hergebrachter würdiger Weise zu geschehn'). Die Ma. hat darum verschiedene Bezeichnungen zumeist des Tadels über besondere oder ungehörige Art des Essens. a) ‚viel essen': *Te ässt wæ wonn te e Lôch hæst. E ässt, wæ wonn e erhält* (verhungert) *wêr (wæ wonn e e Jôr näst giessen hæt). E ässt wæ'n Driescher. E fällt sij un. E dommt sij un. E mącht sich de Beoch kramm* (Gergeschdf.). *E fottert sich de Muegen. E frässt wæi är sim* ‚wie ihrer sieben' *(Ludwigsdf.). E ässt fir är drą . . .*, nösn. *e ąss, wäe ider drąe (Tekendf.). E ässt, dad em de Gremmle scheppeln,* nösn. *dad em de Grimmche schaipeln* ‚dass ihm die Brosamen vom Munde rollen' (FRONIUS, 40). *Dî ässt net, dî frässt.* b) ‚unappetitlich essen'. *Äs e wenich mêlijer* ‚langsamer'. *Em dingkt, štênt mät dem Hûlz (Kläppel) hängder der* ‚iss nicht so hurtig!'. *Äs e wenich hîsch, ned äss wæ e Fæerken (wæ e Schweng)! Ässt te weder wæ e Fæerkelchen? Net mätsch (schmâtsch) esi,* *wonn te ässt!* (Scholten). *Net zurp* ‚schlürf nicht so sehr (beim Suppe essen)'. Vom *bîsen Hanz* heisst es:

Mącht den Âgeräsemen (Schweinen)
Nichen Schęnd äm Schmætschen.
Käst. 58.

— c) ‚wenig essen'. *E schwach* [ʒ] *Iesser. Hî äs silch äm êssen* ‚isst wenig', ‚schwacher Esser' (Agneth.). *Äs alles, sonst ändert sich det Wädder! (Hîsch Wädder mąchen)* ‚das Vorgesetzte glatt aufessen'. (Gegensatz: *verurzen.*) — d) Syn. *friessen; urzen* ‚unartig essen, so dass Stückchen übrig bleiben'. Kinderspr. *papen. Nene, gä mer papa* ‚Mutter, gib mir zu essen' (Meschen). *Nom papa, schmackt de papa* (Girelsau). Im Märchen von den Fingern: *Däck Budri hadd alles papt.* — 2. Gut und tüchtig essen gilt bei Einladungen als eine pflichtgemässe Ehrung des Einladenden. Hier einige stehende Wendungen für das Anbieten von Speise und Trank und für die Aufforderung zu tüchtigem essen. a) Derbere (scherzhafte) Formen: *Äss, wat der än't Lädder gît! Na äss, bäs dat te zeplætscht* (nösn. *zetrêschst*)*!* So sprach allerdings auch der Hermannstädter zum Gast aus Heltau (berühmt durch seine baumstarken Männer), als er ihm ein Spatzenbein *(Mäšchenšträmpel)* auftischte. Scherzhaft: *Iesst ir Lekt, net legt Hanger* (leidet Hunger) *wæ derhîm!*

Iesst, iesst,
Ir meinj læf Giest!
Ich gin ich ded Allerbiest —
Nor dîd et mer lîd äm dąt,
wad er friesst. Sc ister, 248.

Drängkt und iesst ich vò
de Hokt. K. ., 36.

Als Gesundheitsregel gilt: *Äss, wat der schmackt, unt lekt* (leide), *wat te kąst.* — b) Formen des feineren geselligen Umgangs. [Geh. Spr.]. Der techn. Ausdruck dafür ist *nîdijen* (nötigen). Insbesondere die Schässburger Hausfrauen gelten als Meisterinnen des *nîdijens: Ich bidde sich ze bedænen. Ich bidden zâzelęngen. Ich bidden ned af nîdijes ze wuerden.* (Zusatz: *ich bä gor en licht Nîdijerän).* *Na net dât schî neder* (sc. Gabel und Messer). *Na, net nor esi e Štäckeltchen! Na, net nor esi e Lirgange-štäckeltche* (minderes Stück vom Geflügel)! *Na, ich bidde mer net de Schęnt unzedân* (sc. mit dem Essen schon aufzuhören). — c) Nach dem Essen. *Mer bedęngken es, det hued îst geschmackt! Det hôt giat geschmackt.* (Antw. der Hausfrau: *Et fruat mich, dad et geschmackt hôt,* Rosch). — d) Bei gemeinschaftlichem Mahl dagegen (Zunftmahl, Bruderschaftsmahl) wird gelegentlich auch zum Aufhören mit dem Essen gemahnt. Bei dem Bruderschaftsmahl nach dem Ladenforttragen (s. *Ladendrôn* und *Urzeln)* befiehlt der Altgesell, wenn er merkt, dass die Vorräte bedenklich rasch abnehmen: *De zân (fofzân, zwinzich) Goinjzten ęf de Fess!,* dann müssen sich die Aufgeforderten erheben und das *Gewier* (Esszeug) beiseite legen. (Aus der Vergangenheit Agnetheln, 76). — e) Gruss und Beglückwünschung zum Essen. *Gott gesên ich det Mättôchammes!* Antw. *Kut derzea!* Gegenantw. *Mer bedeongken es, mer hun ed uch gehôt* (Peschendf.). *Gott gesên ed ich!* Antw. *Kut derzæ! (Kut, ent eisst mat!).* Gegenantw. *Ich dongken, mer hun et glat nâ verricht* (Marienbg. i. B.). *Gott gesên ich det Fræštäckeln!* Antw. *Gott dungk ich, kut derzea!* Gegenantw. *Mir hun et schiu gehôt* (Rosch). *Gâden Apetit!* [Geh. Spr.]. Antw. *Wîden näst bekit, dî äs bekrit.* Vergebliches Nötigen. Hauswirt: *Kud erun un Däsch en sätzt nedjer!* Gast: *Ech dungken, net mocht ij e sofelt Mąi, ech hu gêssen, ech bä sat.* Hauswirt: *Na njea, em ässt dij och äm dôt, em sîl net hänjrich wärden, kud erun!* Gast: *Er selt verzôn, ech kü nea wärlich ned êssen* (Stein). Der Volkswitz liebt allerdings besonders dem ‚Herrn Kantor' es anzuhängen, dass er nach anfänglicher Ablehnung zuletzt doch einlenkend fragt: *Wat sôd er întern?* ‚was sagtet Ihr doch vordem?'. — f. Tischregeln. »Wenn einer den Gruss verdrehet oder auslässt, oder ungebührlich Isst, oder für den andern in die Schüssel fährt; oder sich Brod schneidet, wenn er noch hat, oder einer dem andern muthwilligerweisse Knochen oder sonst etwas ungehöriges vorlegt, oder einer dem andern unverschämterweisse das Fleisch von dem Teller nimmt; auch wenn einer schweinisch Isst und Trinkt, auch wenn einer dem andern das leere Glass vorsetzt oder ein Glass Wein umstösst oder mit dem Ellenbogen auf dem Tisch liegt oder das Licht auslöscht, verfällt Den. 6« (Salzer, Birth. 730). — 3. Der Gedanke an das Essen spielt namentlich im Kinderleben eine besondere Rolle, daher eine Hauptfrage des täglichen Interesses: *wat selle mer iessen?* Auf die ungeduldige Frage steht der Mutter eine Reihe typischer Antworten, bald scherzhaft-vertröstend, bald ärgerlich-abweisend zur Verfügung. Kind: *wat selle mer iessen?* Mutter: *Kalefangkeštîn; Kolekwintenęer; Paštêten; Piškôten; Paštêtn och Blaibtort (Bistr.); Alemuäinjen* (Lemonien, Zeiden); *Âgiessänet; wat te huest; wad af den*

Däsch kit; wad af den Däsch geštâlt wit; wat der Hiert git; wat mer hun; wat te bekist; te wiršt jo sâen; wuert, bäs ed af den Däsch kit, dernô wiršt te sâen; wad em es brängt; wat mer giestern hu giessen. — *Brîd uch Štäcker; Brît mät Zang* (Zunge); *Brîd uch Bässen; Brût mät Špucker (Bistritz); Briud uch Laft* (Schlatt); *Faieršté* (nösn.); *Kislengštener; Hangspelsen* (Hundspflaumen); *gebackä Schnôkenzangen* (Gelsenzungen, Grossau); *en Flûr; en Fladen; Pelsen af der Darr gebacken; Krippesschêren; Krippes uch Schnôkefess; Krippesschêren uch Murren* (Mohrrüben) *ä Mältch; Floigrêden* (Flohgräten) *mat Špannwâetknöchen; Palekes mat Buondelscher* (Heldsdorf); *kâlt Palokes; Kolâešche* (Maisbrei) *mät Mûschain* (Mondschein, *Weisskirch*), *mät Klausnburger Lâft; Bikamälch bâe Zâkelnhîft* (Gr.-Kopisch); *kâlt Schässel; Bäschbirn. Hait mâssn mer Uaresslungk fâstn (Bistritz).* — Gereimt: *Wat selle mer iessen?* Antw. *En âlde Biessem. Wat selle mer kôchen?* Antw. *En âlde Blôchen.* Vgl. Kbl. 25, 20. — 4. Einzelne Wendungen und ältere Belege. a) *Sij e Frâesen* (Fieber) *iessen* ‚eine Krankheit anessen'. *Ich hu kê mich giessen* ‚habe mit Widerstreben, mit Abscheu gegessen' (als Ursache für verdorbenen Magen usw. angegeben). *Den Huebcs* (Mehlkuchen) *iessen* ‚sich einander versprechen' (wenn der Bursche um das Mädchen freit, Rosenau). *Mät dem grîsse Liefel iessen* ‚gut leben', ‚an grossem Festmahl (Hochzeit, Kindstaufe usw.) teilnehmen'. *More selle mer mät dem grîsse Liefel iessen* ‚wir sind auf morgen zu einem Gastmahl eingeladen'. *Em mess ned ängde mät dem grîsse Liefel iessen* ‚man muss auch sparsam leben können'. Dass das Essen nicht schmeckt, gilt als Zeichen körperlichen oder seelischen Unbehagens. *Ed äs mer schî lângenhär net gor gât, et schmackt mer näst (wäll mer näst schmacken). Ich iessen dij, awer et schmackt mer net.* In der Totenklage über den Gatten: *Misch, Misch, kam unt säch, wâe trourij et bâe es zâgît; kamm, et schmackt es nichen Iessen* (SCHULLER, T. u. Begr. 2, 33). — *Et verlângt net ze iessen* (ein aufzubewahrender Gegenstand d. i. man kann ihn ruhig, ohne sich zu verkosten aufbewahren). *Wuerm Brît nô enem iessen* ‚das Träuenbrot feiern' (als Umschreibung für ‚sterben', SCHULLER, T. u. Begr. 1, 15). »Auf solches behielt er (der Hausvater) uns (die Freiwerber) zum essen da« (1677, Kbl. 30, 81). »Ist beschlossen, dass hinfüro die Grichen ausser der Stadt weder von essender Speiss noch von Korn, Haber, Heu, Honig, Flachs noch andern Sachen sollen einkauffen« (1630). »Hund und Katzen hon die Leut gessen« (1601, Qu. Kr. 5, 418). »wenn ihr mir zu essen macht, so muss ich mich ja fürchten« (1696, Cap. Bog.). — b) Sprw. *Iessen uch drängken hält Leiw uch Sîl zesummen. Gât giessen äs half giessen* ‚ist halb gesättigt'. *Wier ze špêt kit, ässt hängder der Dir. Fätt iesse mâcht schemmern* ‚verursacht Ekelfieber'. *Äss, drängk ent loss âsen Härrgott en gâde Mân sen.* (Vgl. bei SCHUSTER, 171 ff. die Sprichwörter über Essen und Trinken). *Won em lâng Supp äst, wid em âlt. Hortich bâe der Arbet, hortich bâem iessen* (SCHUSTER, 195). c) In Reim und Scherz:

Hâi štô mer aw enem nâe Biessem,
Mer wile gor gare sess Weinjbrôk
iessen. SCHUSTER, 7..

Im *Hainôl*

Mer troden af de Bêssem,
Mer wile garn êssen. Kbl. 14, 70.

Gôt hîmen (geht heim) *ent iesst,*
Âsen Härr Kanter net vergiesst.
SCHUSTER, 97.

Im Märchen vom *Keneng Schîtvijel* ruft der Prinz:

Gešpannen, gehaspelt, den Däsch
gedâkt,
Dat mer gead êssen. (Alzen, Kbl. 22, 5).

5. Brauch und Aberglaube. Die Anforderungen des sieb.-sächs. Bauern an das Essen sind gering. Mancher *girtschitijen* (geizigen) *Bäuerin* wird nachgesagt, dass sie aufs Feld ein gekochtes Ei *äsackt* und erst recht die Hälfte für's Abendessen aufhebt. Vgl. auch in der parodistischen Totenklage der Witwe: *Ach Honnes, Honnes, wol sopte* (schlürften) *mer, wo mer es en Oeche breaden; ĭst* (einmal) *sopt ir, ĭst sopt ech, mer worden alle bît sâtt. Teângkerleangk hôt nea en Oinjt* (SCHULLER, T. u. B. 2, 36). Der ss. Bauer isst im allgemeinen wenig und dürftig. Die Hauptnahrungsmittel sind gegenwärtig als Zukost zu Brod und *Palokes* Milch (weniger Käse, ganz selten Butter), Schweinefleisch, Speck, Bohnen, sodann die verschiedenen *Lâewent* und *Kächen* (s. d.). Als Festspeise gelten *Krokt* und *Gebrêt* (Bratenarten, namentlich Geflügel), als Gebäck *Hângklich, Hîbes, Rêteschken, Kletiten.* Vgl. im einzelnen noch unter *Bâelekächen.* In früheren Zeiten kamen dazu mehr als gegenwärtig Hirsebrei und Erbsen. Dagegen legt der ss. Bauer ein Gewicht darauf, sich selbst das Essen zu verschaffen, ja öfters auch selbst zuzubereiten.

(Vgl. die prächtige Schilderung des Stolzenburger Dorfdynasten Seivert Mierten: »Er ass stets allein am Tisch. Niemand durfte, wenn er ass, an seinen Tisch treten oder gar sitzen. Hin und wieder ein Enkelchen. Es musste dann aber wohl achtgeben, wie es tunkte und die Speise zum Munde führte und kaute. Jedes Essen bestand aus ½ Pfund Fleisch — Rindfleisch oder Schweinefleisch — und ⅛ Achtel Wein. Er brachte sich das Fleisch vom nahen Fleischhauer auf der blossen Hand; er schnitt sich es zur Tokana zu samt Zwiebel und Kartoffel, er setzte die Pfanne an das Feuer. Niemand durfte auch nur einen Griff tun an sein Essen, sein Esswerkzeug, das Geschirr. Er wusch es auch selbst ab. Ein anderes Essen als dieses ½ Pfund Fleisch und ½ Mass Wein kannte er nur an den Hochfesttagen zu Mittag. Auch dann aber ass er allein« J. PLATTNER, Karpathen 4, 753). Darum das Rätsel: *U welem Däsch schmackt ded Iessen um biessten?* Antw. *Um ĭjänen* ‚am eigenen' SCHUSTER, 282). *Em Fremden (ąndern) de Fes angdern Däsch hên ze lossen,* ist darum Schmach und Elend zugleich. Der Gymnasiallehrer der alten Zeit klagt, *wæ ląng mosste mer de Fess dem Schwijervuॆter angder'n Däsch hê lossen* ‚mussten von ihm leben'. Im Waisenlied:

Wun ich na ku bæ der Fremden
ären Däsch,
Wol bąlt wid em šprèchen: štäund
ąf, nemi äss. Gürteln, SCHUSTER, 34.

Einer neu eintretenden Magd darf man das Essen nicht missgönnen, sonst ist sie unersättlich (H.-W., 321) — mhd. ezzen. DWB. 3, 1160.

Essen, Iessen n., nösn. *Âssn* n. 1. ‚Mahlzeit'. *Kut zem Iessen. Ded Iessen äs af'm Däsch* ‚es ist angerichtet'. Einladung: *Kut hekt ze âs zem Iessen.* Als Zeitbestimmung (im bürgerlichen Haushalt der Stadt 12 Uhr mittags, auf dem Land gelten andre Termine, s. unten): *Esi vîr'm Iessen, nô'm Iessen* ‚am Spätvormittag, am Frühnachmittag'. 2. ‚Speise', ‚Gericht'. *Fąstnâssn* ‚Fastenspeise' *(Bistr.).* — Essenszeit ist auf dem Lande im Winter ungefähr um 11 Uhr *(fræštäckeln),* morgens wird nur etwas Leichtes (Brot, Äpfel usw.) gegessen, gegen Abend (6 Uhr) folgt das *Ôwendämmes.* Im Sommer wird zwischen *Fræštäckeln* und *Ôwendämmes* das *Bâwendämmes* eingeschoben. (Die bei den einzelnen Mahlzeiten üblichen Speisen s. unter *Ôwendämmes, Bâwendämmes* und *Fræštäckeln.)* Unter *Iessen* wird gewöhnlich die Mittagsmahlzeit *(Fræštäckeln)* verstanden. Die Einladung *kut zem Iessen!* bezieht sich vornehmlich auf diese Mahlzeit. »als es aber essens Zeit war, behielt er sie da und schickt mein Herrin zweymahl nach Wein« (1692, Cap. Cib.). — DWB. 3, 1167.

Essener, F. N. »Hans Essener son« (1394, Stolzenbg. Urkb. 3, 94).

Essgewehr, Iessgewier n., *Êssgewier* n. (Almen) ‚Esszeug'. Gewöhnlich nur *Gewier* ‚Gewehr' s. d.

essig, *iessich ‚geniessbar', in *âniessich* ‚ungeniessbar' s. d.

Essig, Iessich Fl. N. *Âssich, Burdâssich (Schönbirk). Êssich* (Wald, Neudf. b. Bstdt.). *Ąfm Âssich (Baierdf.). Äm klene (gruisse) Êssich (Birk). Af'm Êssich* (Radeln). »im niedersten Essig« (1593, Gr.-Scheuern; *Äm Êssich,* ein schlechter, kalter Grund). *Af'm Aessech* (Gassenname, Zeiden, Kbl. 29, 66). *Bauldšern Aessich* ‚Bulgarengasse' (Ebda.). »jenseits der Essigbrücke« (1847, *Botsch*). »In der Essigwiese« (Ebda.). *Êssichfurt* (Arkeden, Kbl. 8, 106). *Iessichbąch* fem. *(Botsch). Âssichpurl* (Pfütze, *Weisskirch). Âssichhî (Senndf.). De Iessichwies (Botsch).* — mhd. ezzesch, esch m., got. atisk n. ‚Saatfeld', ‚Flur'. Doch stimmt diese allgem. Bedeutung wenig zu den ss. Fl. N., die an feuchtem, kaltem Grund haften. Anlehnung an ‚Essig' (wilde Birnbäume zur Essigbereitung) scheint vorzuliegen. Der betreffende Gassenname in Zeiden wird mit einer dort befindlichen Obstpresse in Zusammenhang gebracht (Kbl. 29, 66). DWB. 3, 1140. V.-A. 6, 354; 34, 34. Schwäb. Wb. 2, 864.

Essig, Iessich m., nösn. *Âssich* m. 1. Im bäuerlichen Haushalt eine besonders notwendige und geschätzte Nahrungswürze. Wenn andre Zuspeise zur *Nuerungk* (Brot) fehlt, gilt *Palokes* (Maisbrei) in Essig zu tunken noch immer als entsprechende Beköstigung. Darum gehört das *Iessichlêjeln* (Essigfässchen), *de Iessichflasch, de(r) Iessichkrach* zum selbstverständlichen Inventar der Bauernstube, und *bæm Iessichkrach* sitzen heisst soviel als sonst ‚hinterm Herd', ‚bescheiden zu Hause'. Den Essig bereitete der bäuerliche Haushalt selbst *(Iessich mąchen)* aus den Äpfeln und Birnen *(wäld Æpel, Biren, Iessichæpel, -Biren)* der Hutweide (Fl. N. *Bæ de Birebîmen*), der städtische aus Weinresten *(Wengiessich)*, gegenwärtig dringt der fabriksmässig erzeugte Essig *(Maschîneniessich)* auf der ganzen Linie erobernd vor (s. F. N. Essigmann). »Auf den abent Erbes mit Essig« (1662, Almosenrechn.). Auch in der Volksmedizin spielt der Essig eine bedeutende Rolle. Mit Essig *zecht em* (zieht man) besonders gegen *Schemmern*

(Bläschenausschlag nach zu üppigem Essen) und Drüsenanschwellungen. Mit *Wenjêssich och Knuawlengk och Sq̂lz* wird der Körper eines Gichtischen eingerieben (Nadesch). Wenig Anwert hat der (stark mit Wasser verdünnte) *blêšch* (walachische) *Iessich.* Daher bildlich: *E äs wê der blêšch Iessich* ,kraftlos, ohne Schärfe'. Ironisch: *Štark wê der blêšch Iessich* d. i. eben ,schwach' (allgem.). *Dea biäs esi štuork wê der blêšch Êssich, wuon e halwich Wasser iäs* (Katzendf.). »*Wô hî* (mein Mann) *mer qwer klânest uch en ànzefridä Gesicht môcht, ech wîs em en fenj Arzenôi kên de Gq̂ll. Ech schidden am esu vil Êssij an det souer Lâwent, bas ed am de Gq̂ll zesummenzecht* (Bezuelt, 27). *Der Weng zickt af den Iessich* ,der Wein hat einen Stich ins Essigsaure', auch bildlich von einem sauertöpfischen Menschen. — 2. Bildlich gilt der Essig als Typus des Sauern, übertragen auch auf vergrämte Miene und Gemütsstimmung. *Diser Wai äs sauer wâe der Âssich, mq̂cht Lâbet draus! (Tekendf.).* *Em gedingkt hesch diar häd Âssich geseôfn* ,sieht sauer' *(Wallendf.). Dau saist sauer, em gedingkt, de häst* (hättest) *Âssich gedrûnykn* ,bitterböse Miene machen' (Ebda.). »Neider und hasser trinken alle tag e s s i g, das sie den nehesten mit schlimmen augen ansehen« (DAM. DÜRR, Hdschr. 752). *Alles wit za Êssich, af wat e seijt* (H.-W., 361). — 3. In F. N. »Georg Essig« (1495, Qu. Gesch. S. 1, 199). »Stephanus E s s i g pfarher czum stein in person (Vertretung) der stenner« (1588). Essig (1579, 1764, Hamruden, Hstdt.). — mhd. ezzich, ahd. ezzîh, aus lat. acetum. DWB. 3, 1169.

Essigapfel, Iessichappel ,wilder Apfel, zur Essigbereitung verwendet'. In Fl. N. *Äissegappel* n. *(Botsch).*

—, **Iessichbrôk** fem. ,*Brôk* (Brühe über Brot gegossen) aus *Iessichlâwent* (Essigbrühe)'. Ärmliches aber doch schmackhaftes Gericht des bäuerlichen Tisches. Bildlich: *Ed äs wê wonn te Iessichbrôk giessen hêst* ,sauertöpfische Miene'. — s. d. Simplex.

Essigflasche, Iessichflasch fem. ,grosse (oft 8—10 Liter enthaltende) Flasche, in der im gut bürgerlichen Haushalt der Weinessig gezogen wird'. (Vgl. *Iessichmotter.*) Sie hat ihren bevorzugten Platz auf einem eigenen Wandgestell in der Nähe des Herdes (Ofens) und dient, da der Inhalt durch rote Weinbeeren gern Schillerfarbe zeigt, zugleich als behäbiger Schmuck der Küche oder Wohnstube.

Essiggurke, fehlt; s. d. folgende Wort.

—, **Iessichkratzewetz** m., meist Pl. ,Gurken in Essig gesäuert', unterschieden von *Dìssemkratzewetz* ,Sauerteiggurken'. Beides eigentlich dem bäuerlichen Haushalt fremd und mehr dem städtischen Hause angehörig. — s. d. Simplex.

Essigkraut, Êssichkret n. (Heldsdf.), *Êssichkrokt* (Girelsau), s. *Wengštinkrokt* (Sauerkraut, aus ungesäuerten Krautköpfen gekocht, muss daher mit Essig eingesäuert werden. Es wird nicht *gezeddelt* ,fein geschnitten', sondern in grossen Stücken gekocht).

Essigkrug, Iessichkrach m. (fem.) ,der Krug, in dem der zum Gebrauch bestimmte, aus dem *Iessichlêjeln* oder der *Iessichflasch* entnommene Essig aufbewahrt wird'. *Bêm Iessichkrach sätzen* ,bescheiden zu Hause, hinterm Herd sitzen'. So schon bei DAM. DÜRR: »Wenn solch eynenn offtmals daheim bey dem e s s i g k r u g blibenn sitzenn, vnd kostetenn wie sawr der essig ist, es wurd ynen züchtiger vnd ehrlicher anstehenn« (DAM. DÜRR, Hdschr. 178). Reim bei der Taufe (die Gode *štopt* ,stüpft' den Täufling an verschiedene Stellen der Wohnstube und spricht dazu den entsprechenden Wunsch):

> *Hâ dâ ij än händer den Âssichkrâch,*
> *Ä sq̂ll sainem Vueter känn draim*
> (treiben) *zem Plâch.* (Minarken.)

Im Tanzreim:

> *Dâ'n der Blôch de Blêchä schlach,*
> *Schlach e se mät dem Iessichkrach.*
> SCHUSTER, 141; HÖHR, 58.

In der parodistischen Hochzeitspredigt wird als Mitgift aufgezählt: *un Housgerêt vun em Iessichkrach de Štappen* (Stopfen, SCHUSTER 132). Nösn. *Âssichkrâch* m. — DWB. 3, 1171.

Essiglägeln, Iessichlêjeln n. ,Fässchen, in dem der Essigvorrat (in der Nähe des warmen Ofens) aufbewahrt ist'. Dimin. *Ded Iessichlêjeltchen* n. Das *Iessichlêjeln* als Sinnbild des bescheidenen Daheimbleibens auf dem Herd (wie *än der Êsch*): »Er, Prediger, hätte Ihren Herrn geschmähet, Ihn, alss meinen Mann, lügen geheissen, Sie Inctam anheim zum Essig-Lägeln gewiesen« (1769, Cap. Cib.). Vgl. auch Essigkrug. Spöttisch dem *Wenglêjeln* gegenübergestellt: Von den verschuldeten Weinländern wird erzählt, dass im Herbst, wenn gute Lese war, die verschiedenen Gläubiger ihnen allen Ertrag wegnahmen, so dass sie sich das — *Iessichlêjeln* füllen konnten (SALZER, Birth. 123).

E s s i g m a n n, F. N. ,Essigfabrikant' oder auch ,Verkäufer fabriksmässig erzeugten Essigs'. »Johannes E s s i g m a n n cum Filio eyusdem nominis, pelliones Fogarasch« (1775, Cap. Cib.). Gegenw. Agnetheln, Fogarasch, Hstdt.

Essigmutter, Iessichmotter fem. ‚Essighefe', der verdickte zähe Rest in der Essigflasche, über den zur Bereitung guten Weinessigs immer wieder Reste alten, starken Weins gegossen werden. Eine gute *(štark) Iessichmotter* ist der Stolz der Hausfrau. — Nösn. *Âssichmǫtter* fem. Lux. Essechmudder fem. Lothr. Essechsmu^{e}der. Es ist eigentlich der Essigpilz, Mycoderma aceti. DWB. 3, 1171.

essigsauer, iessichsouer, nösn. *ässichsauer.* Adj Besonders bildlich: *Wat mǫchst te vîr en iessichsouer Gesicht?*

—, Iessichwîchpert fem. Dasselbe wie *Iessichbrôk* (warme Essigbrühe über Brot gegossen). s. d. Simplex.

Eßzeug, Iesszech n. [Städt. Halbma.]. Echte Ma. *Gewier.* Das Esszeug (ausser dem Löffel) zur Hochzeit brachte jeder Gast selbst mit. »Der Bauer greift rechts und links in die Stiefelröhre und holt Messer und Gabel daraus hervor. Das Weib bringt sein Besteck in einem Tuche mit« (Mätz, 75). Es ist moderne Neuerung, dass z. B. im Burzenland die Ortsfrauenvereine gegenwärtig das Esszeug für grosse Hochzeiten anschaffen und ausleihen. Nösn. *Âsszâich* n.

E s t (Pl.) ‚Pilotten'. »Dy e e s t haben gestossen« ‚die Pilotten eingeschlagen habn' (14. Jahrh., Qu. Gesch. S. 1, 1) usw. s. unter Ast.

—, Êst Gassenname (Katzendf.). In Übernamen: *dî un der *Êst* (Ebda.). *Mächel un der *Êst* (Ebda.).

Esther, P. N. Gr.-Lasseln (17. u. 18. Jahrh.). »Esther Rothin aus *Bistritz*« (1768, Obereheger.). Gegenwärtig Hohndf. (Dim. *Essi*), Eibesdf., Kl.-Alisch (Dim. *Âsterchen*). In Übernamen: *Estere Misch* (nach der Mutter genannt, Girelsau).

—, nösn. **êstlich** ‚unbehaglich', ‚ängstig zu Mute', ‚öde', ‚zum ohnmächtig werden' *(t ass mer esu êstlich).* Im Nösn. allgemein verbreitet. *eistlich (Jakobsdorf).* Süds. entspricht *eislich.* Syn. *ǫkel* (ekel), *eislich, eiserän, êsem, grǫm, greisich* (Zied), *pustich, uritich* (rum.), *uertlich.* Die nösn. Form ist durch unorgan. *t* nach *s* erweitert wie nösn. *Branâstel* ‚Brennessel', *Dâstel,* mhd. dehsel. Dass diese Erweiterung schon vorsiebenbürgisch ist, zeigen moselfr. äestlich (Kbl. 23, 136) und lothr. äschtlich, lux. eschtlech neben eschlech (Lux. Wb., 95; vgl. auch moselfr. Brînaistel, ‚Brennessel'). Vgl. auch bair. aistlich, aistiglich ‚schrecklich, furchtbar'. Schm. 1, 168. — Über den Wortstamm (mhd. eislich zu ahd. egî ‚Furcht, Schrecken') s. unter *eislich* und *eisern.* — Kisch, V.-A. 33, 64. Kramer, 21.

—, *Iestrich-, nösn. *Âstrichwurzel* fem. ‚grüne Nieswurz', Helleborus purpurascens L. und ‚Leppwurzel', Veratrum album L. *(Wallendf.).* Als blasenziehendes Mittel bei Krankheiten des Viehs angewendet. (Das Ohr wird durchbohrt und ein Stück Wurzel hindurchgesteckt, wodurch bald Eiterung eintritt.) — In Fl. N. *Âstrich Wisn (Petersdf.).* »(In den) Estrich theilen« (17. Jahrh. Ebda.). (Hieher oder zum folgenden Wort?)

Estrich, Iestrich m., nösn. *Âstrich* m. ‚der (mit Lehm) gestrichene Fussboden des Zimmers', ebenso auch die Bekleidung des Aufbodens mit Ziegeln, (Ziegelstücken) Erde oder Lehm. 1. Wird nösn. dem *brederen Iarn* (Dielenfussboden) gegenüber als der *geklêft Iarn* bezeichnet. (Der Lehmfussboden muss häufig, gewöhnlich alle acht Tage, frisch mit Lehmbrei überstrichen, geglättet, *geklêft* werden *Wallendf.*). »pro laboribus factis in stuba horrei laterum, e s t r i c h awffgedran et beschmessen« (1520, Qu. Kr. 1, 233). »pro Koff ad illa e s t r i c h« (der Lehm wird mit *Kuef* ‚Kornspreu' gemischt, Ebda. 1, 572). »ad e s t r i c k stubæ« (Ebda. 1, 495; wohl nur orthogr. Eigentümlichkeit). »argillam pro faciendo acerato luto vulgo E z t r i c h« (1549, Qu. Kr. 3, 521; für die Badstuben der Stadt). »lass ich die e s t r i c h bessern« (1571, Vill.-Rechn.). — 2. ‚der mit Lehm gestrichene Aufboden'. *Der Êstrij af der Štuw äs nǫ, gât* usw. (Rumes). Es wird unterschieden: *Lîmiestrich, Zäjeliestrich* (Mühlbach). *Den Êstrich afdriun, knadden* ‚kneten' (Katzendf.). *Em wit det Kukerutz uabrêchen, mer messen den Êstrich štrechen.* (Gegen die Maisernte wird der Aufboden hergerichtet, indem man die Ritzen des Estrichs mit Lehm verschmiert, *strecht,* Schönbg.). Beim *Iestrij afdrôn* hilft die Nachbarschaft mit. Taxe dafür: »Für einen E s t r i c h aufzutragen d. 6« (1737, Draas, Nachb.-Art.; Kbl. 17, 94). Lxbg. Eschtrech m. Lothr. Eschtrich m. — mhd. esterîch, ahd. asterîh, ndl. estrik, mlat. astracum aus gr. ὄστρακον ‚mit Scherben und Ziegeln gepflasterter Boden'. Vgl. DWB. 3, 1172. Körting, 111. Anders erklärt Weig. 1, 478 aus mlt. astrum ‚Sternbild', nach den »den Fussboden verzierenden sternförmig zusammengesetzten Steinplatten« Der in die vorsiebenb. Zeit zurückgehende ss. *Iestrich* deutet doch wohl durch seine primitive Technik — Ziegelsteine und -Scherben in Lehm eingelegt — auf die sachliche Richtigkeit der erstgenannten Ableitung.

E t h e l i u s, Emericus E t h e l i u s (1485, Qu. Gesch. S. 1, 107).

etlich, ätlich, nösn. *atlich.* [Geh. Spr.]. Reichlich in älteren nhd. Aufzeichnungen: »wie dass es im woll wislich sei, dass für e t t l i c h Jaren ein theilung gehalten worden« (1567,

Ger.-Prot.). »hat also allein müssen liegen auff dem Strohsack etlich wochen vor Pfingsten« (1697, Cap. Cib.). »sumpt etlich statt geredt« (1571, Vill.-Rechn.). »und im ein virteil weingartt angeben mer ein kuff wein und bestimpt auch ettlich gellt« (1570). »Damals sagte H. Simon es weren 1500 und etlich Häuff. Es wurden auch damals zwen männer ein teutscher vom Herr Simon und ein Walach vom bader zum zehlen, hingestelt« (1599, Ger.-Prot.). »Wie die Kläger der Ross halben waren schadhofftig worden, giengen unser etlige dem spor nach« (1615, Ger.-Prot.). »hernacher sassen wir etlige Frauen auf der gassen« (1657, Ger.-Prot.). »und er die straff auch selbst zu etligmalen gebilligt hat« (1569). »Wie ich aber herunter komen, fraget mich der Merten zum etlichsten mal, ob ihnen der Herr gesehen hab? Ich sagt allweg ich wustes nicht, also schenkt er mir 8 ₰, und hiess darnach das Feuer zu scherren« (1598, Ger.-Prot.). »Und obgleich wol dazumall mein gegenteil sich etlicher massen in Vergleichung eingelassen hat« (1580). In Verbindung mit ‚ein'. »Item eyn etliger dyner hat gefurt priff in dy steyl in lanczgeschefftin czerung ₰ 50« (Anfang 16. Jahrh., Qu. Gesch. S. 1, 376). »Item eynen etligen koch, der do geholffen hat zy dem newen paw« (Ebda. 1, 363). »Item von eynen etligen weuer hat man genomen pachen 6« (Ebda. 1, 372). »27 harnisch, etlich eins hat kein hinderteil« (1569, Schneiderzunft-Prot.). In der Nebenform etslich: »an eyner eczlicher schult« (1540). »In sonderheit aber, weill der von den Tausenden vor etzligen Jahren erregte tumultus contra suum Pastorem ein weites auffsehen noch heut zu tage haben (?) auch woll . ad seram posteritatem haben und behalten wird« (1648, Cap. Cib.). Echte Ma. *ald ener, ald ichen, en puer, är* (ihrer). mhd. etelîch. Doch hat in der Verbindung mit ein auch mhd. iegelich eingewirkt. DWB. 3, 1175 und 1178.

—, **Etschbâch** fem. *(N.-Eidisch)*. s. Etschdorf.

Etschdorf, **Ietschdref**, *Atschdref (Birk)*, magy. Radnótfája, rum. Iernotfaia, Dorf bei *S.-Reen* mit magy. Bevölkerung (Kbl. 14, 108). Urk. Echtorf (Albertus plebanus de E. 1332—1337). Hieher (?) Echy (gespr. etš) de villa Moyzun 1213, Kbl. 31, 99). — Zum ahd. P. N. **Azo** (Kosename zu Ado-, Atto-). Das Nähere s. Kisch, V.-A. 34, 34. Anders J. Wolff, O. N. 3, 26. Aus dem Stammlande vgl. Atsch bei Aachen, udrh. F. N. Etschscheid, Etschenberg.

—, **Etschhielt**, Fl. N. (Halde) in *N.-Eidisch*, s. unter Etschdorf u. *Hielt* (Halde). Vgl. *Ätschert*.

—, **Etschirducher** (Pl.). Fl. N. *(N.-Eidisch)*. s. Etschdorf und *Ierich* (Ertag).

—, **Etschke**, im Kinderreim:

> *Etschke, petschke*
> *Dena de.* Höhr, 42.

—, **Etschmill** fem. *(N.-Eidisch)*. s. Etschdorf und *Mil* (Mühle).

etwa, fehlt in der Ma. s. *villicht, villichtsem.* In nhd. Aufzeichnungen zur Bezeichnung des Ungefähren (DWB. 3, 1182 unter 4): »bekennen, das sie einsmals von Stephan Fleischern geschickt seyen worden zu Cerwes Maurern und in seinem Namen etwa schuld haben gefoddert« (1580). »Georg Schmed famulus Johannis Regers: Als wir auf Ungern komen haben mir bei dem Hannes Kremssen ettwa geltt funden, das er zuvor durch seine arbeit erlanget hatte« (1599, Ger.-Prot.). »Wie das Jr acht mitteinander Fleisch gehackt haben und ettwa schadhefftig worden am einselt« (1579). »so hott J. Marckes M. Sadler gefragett, ob er im auch nu etwan schuldich sai« (1568). »Ich weis das der Michael Khnobner 14 rumpf Habren entpfangen hat aus des Thomas Jung seinen güttern etwar (!) vor anderhalb Jar« (1600, Ger.-Prot.). »nicht das mich der Feirabentth verdenken mochtt, es weren ettwer ander schulden« (1565). — mhd. etewâ, etwan, etewar. DWB. 3, 1182, 1184.

etwas, s. *ätwes.* [städt. Halbma.], nösn. *âfest, âfester (Wallendf.). Dâd üs ätwes ze dänn (ze deier). Te hîscht ätwes ze vil.* Reichlich in älteren nhd. Aufzeichnungen erhalten. »Welche Eltern an ihren Kindern etwas neues auffbringen« (1770, Kbl. 29, 156). »Derweil unsere magt in dem Schoppen oder stall gelegen ist, wo es etwas mit ihr gewesen, so hat sie es irgent hin gethan« (1609, Ger.-Prot.). Darunter als unbestimmtes Zahlwort: »Als der Forgaczi Sigmund bei die Stat kuam, kuamen etwas Haiducken bei die Helt« (1609, Ger.-Prot.). »Der H. Benedic Kleinschelker ist zur jungen Woetchen komen und gesagt, ob sie etwas güter hinweg geben hette, sie antwortet nein« (1598, Ger.-Prot.) Zur Bezeichnung des ‚Ungefähren': »Etwass zu mitternacht höret ich, das sich ein gebressell erhaub zwischen Pelssenbeimen« (1567). »Nun ist er endlich nach langem aussenbleiben ungefähr für etwas mehr als einem Jahr zum Vorschein kommen« (1772, Obereheger.). Echte Ma. s. *äst.* nösn. *âfest, âfester* ist zusammengeschmolzen aus mhd. etewâ-ihtes ‚irgend etwas'. — DWB. 3, 1185.

Etzel, O. N. ‚Hetzeldorf'. Etzel (1695, Kbl. 21, 144). Ezell (1563), Eczelsdorff (1528). s. Hetzeldf.

~, **Etzelôch** (⏑ ⏑ ⏊). Verschrieben *Etelôch* (Kbl. 9, 83). Fl. N. (Kaisd), das äusserste Ende des Riedes *Ǣtzungk* (s. d.). Die Kürzung des Stammvokales des Bestimmungswortes ist durch die Verlegung des Akzentes auf das Grundwort veranlasst. (Zur Benennung vgl. ebenfalls in Kaisd die Unterriede des Riedes *Diewefêlt: Diewen, Diewebadem* und *Diewelôch* ‚letztes Ende des Tales'.

Etzung, »so haben mir auch dortzu gesatzt, wen die E t z u n g vom don seiffen vorthon hin auffwertz zu ziehen der Heltner irem Vije nicht verboden ist« (Heltauer Hattertber., 16. Jahrh.). s. *Âtzengk*.

euch, ech, unbetont *ich;* nösn. *aich.* Dat. und Acc. Plur. der 2. Pers. des Pers. Pron. (Auch Anrede an ältere Personen). *Ich hun ij ed dich genach gesôt. Ich hun ich net gesên. Ich hun ech gerofen (net den Nôber). Ed iäs och* [χ] ‚das gehört Euch' (statt dem richtigeren Gen. Pl. des Person. Pron. *ir,* Katzendf.). *Am och* [χ] ‚euretwegn, euretwilln« (Ebda.). — mhd. iuh iu (iuch).

euer, eier, *ejer,* nösn. *aier.* Gen. Plur. der 2. Pers. des Pers. Pron. und Poss. Pron. erscheinen zusammengeworfen. Betont: *Ded äs eier Schaden, net menger.* Unbetont: *Ir Maichen* (eure Marie) *wôr hê. E iäs ir* ‚er ist euer', ‚gehört Euch' (Katzendf.). In ältern hd. Niederschriften ist mundartl. *ir* (euer) und nhd. ihr öfter durcheinandergeworfen. »Dieses hoben die weysse Hern mit E u r e m (ihrem) eydt vur uns einbekandt« (1568, Kaisd). »e w r e r v i l l (ss. *är vil* ‚ihrer viele'), welche nahe bie unserem Lederer Thorn wohnhafftig sindt gewesen, haben mit auffgehabenen Henden zu Gott . . geruffen« (1644). »Letztlich aber hat sie selber frey öffentlich mit e u r e m (= ihrem) eignen mundt einbekandt, für dem gericht und gesprochen, sie het leysam heim getragen, aber der sack wer nicht e u r (ihr) gewesen« (1600, Ger.-Prot.). »Die Pitter Binderin zeuget, dass sie gesagt hätte zu e ü r e m (ihrem) Vatter, ich hab ihn nicht lieb, ich will ihn nicht lieb han, ich kan ihn auch nicht lieb haben« (1671, Cap. Bog.). Abgekürzt in Titulaturen: *Er Wîlerwirden* ‚Euer Wohlehrwürden' (Anrede des Pfarrers), *Erweist* ‚Eure Weisheit' (Anrede der Dorfbeamten), *Erleift* ‚Euer Liebden' (in der Anrede der Comesin). — mhd. iuwer, iwer.

E u f e m i a, P. N. »Eufemia czw Schobschwgel« (1478, Qu. Gesch. S. 1, 43).

Eule, El fem., Pl. *de Eln,* nösn. *Ail* fem. 1. Die gewöhnliche Nachteule. Syn. *Buhu, Buha, Bugöl* (magy.), *Tschuwik* (Käuzchen). *Se hôt Ûge wê'n* "*Olj* (Katzendf.). *Te bäst wâ en Olj* (d. i. schmutzig und ungekämmt, Denndf.). *E sätzt änj* (immer) *derhîm wê en El* (Gr.-Alisch). *En Oalj* ‚dumme Frau' (Zeiden). Als Totenvogel (Tarteln, Bulkesch und sonst). *De El huet des Nôcht af âsem Birebum äm Guerte wangderhiessich gedôn* ‚Ankündigung eines Todesfalles'. Vgl. Fronius, 232. H.-W., 293. — 2. In Fl. N. *Händer der Ail (Ludwigsdf.). Äm Elegrânjt* (⏊ ⏑ ⏑, Draas). *Äm Elegroewen* (Agnetheln). *Än Ellenwergen (Treppen).* »fur dem E u l b e r g« (Trappold, 17. Jahrh., Kbl. 4, 77). Hieher (?): *Än Elln (Kl.-Bistritz).* — 3. O. N. Eingedeutscht als E i l l e n f a l u für magy. Illyefalva (Qu. Kr. 5, 427 u. ö.). Vgl. auch den O. N. Eulenbach. — *Hôrnail* (nösn.). — Die einzelnen Lautformen s. Lautt. 117. mhd. iuwele, iule. DWB. 3, 1193.

Eulenbach, Ellembich O. N., rum. Dorf bei Leschkirch. Rum. Illenbava, magy. Illenbák. »Illenbach« (1695). Das Dorf, ehemals höchstwahrscheinlich von Kerz aus besiedelt, hat wohl schon im Mongolensturm seine noch schwache deutsche Bevölkerung verloren. Amtliche Nachsiedlung durch Rumänen deutet die auf der urkundlich-amtlichen, nicht volkstüml. Namensform beruhende rum. Bezeichnung an. An Zusammensetzung mit Elch- (ahd. elaho, vgl. den damit zsgs. fränk. O. N. Ellwangen, Württemb. Vierteljahrh. 1890, 116) zu denken verbietet die (geschlossene) Qualität des Stammvokals (anders bei *Schällembrich* s. d.). Vgl. O. N. Eilendorf bei Aachen; Ülenbâch, Bachname bei Bonn. — V.-A. 33, 68.

Eulenberg, Ilbrich m. Fl. N. (Hügel, *Tekendorf).* — V.-A. 34, 35.

Eulenbrunnen, Ailbrânn m. *(Ludwigsdorf).* — V.-A. 34, 35.

Eulenbusch, Ilbesch m. Fl. N. *Äm Ilbesch (Jaad).* — V.-A. 34, 35.

Eulengraben, s. *El* (Eule).

Eulengrund, s. *El* (Eule).

Eulenkaule, Ailnkaul fem. Fl. N. *(Ludwigsdf.).* Vgl. *Kel* (Kaule). — V.-A. 34, 35.

~, **Ailnrâich** n. Fl. N. (Berg, *Kirieleis).* s. *Rêch.* — V.-A. 34, 35.

Eulenspiegel, Elešpäjel m. 1. (Milderes) Scheltwort zur Bezeichn. der Dummheit, Albernheit (allgem.). *Tâ Elešpäjel!* sagt man ebenso zum Kinde, wenn es sich ungeschickt gestellt hat, wie (härter) zum Knecht, zur Magd. »An groben, vnbedachten, ungehobelten E u l e n s p i g e l n aber, die villeucht so zeitlich (ss. *zeklich* ‚oft') beten, wie man ym iar fladen weihet, spüret man nymmermehr keine zucht, keine erbarkeit weder am kniebeugen, weder am hende auffheben noch hutt abzihen« (1576, DAM. DÜRR, Hdschr. 654) »Und weil ich nicht wusse, wer es geschrieben hätte, so fragte ich, wer es geschrieben hätte? worauf sie zu mir sagte: Eylen-Spiegel! ich werde nicht schreiben können« (1737, Cap. Cib.). Als Schelte für ‚Feigling' (Kl.-Schenk). Syn. s. unter *Epert*. — 2. Scherzhaft für *Ûge-špäjel*. — Wort und Sache aus der nhd. Scherzsage. (Vgl. WEIG. 481 nach JEEP ‚verre podicem'.) Noch unverstanden als Eulenspezies gefasst im Kinderkanon:

De Krô, de Šprò, de Nuechteguel,
Der Kukuk, der Zaiku, der Elešpäjel.

— DWB. 3, 1195.

Eulenwiese, Ailwis fem. *(Ludwigsdf.)*. — V.-A. 34, 35.

Eulenwirt, †. »(Unziemliche Spiele, nachts sauffen usw. wird verboten. Wirte, die das dulden, sollen bestraft werden) denn es wirdt durch solche Eülenwirth (»hospites noctuarum«) der iugent vrsach zu allem vbel gegeben« (HONT. 107). Im DWB. nicht verzeichnet.

Eules n. [ǫuləs, »das e hört man kaum, bei ou liegt der Akzent auf o, das u klingt nur schwach nach«] ‚überbauter Torgang', der für gewöhnlich zwischen den rechts und links davon befindlichen Räumen (Stube, Kaufladen usw.) liegt (Rosenau). Der Hauswirt spricht zum Knecht: *Hôld am °Oules štall! Dau ed an'd °Oules.* Um ein Haus näher zu bezeichnen, sagt man: *Gongk duer, ed as e Geboi mad am °Oules. Det Geboi hued en °Oules.* — Das aus Rosenau mitgeteilte Wort wird wohl auf lat. aula zurückgehn. In *-es* steckt ‚Haus' wie in *Backes, Schämpes*.

Euphrasia, P. N. »Euphrasia die Hausswirten Stephani Bromner« (1567).

Eusch, F. N. »Jacob Eusch« (1486, Qu. Gesch. S. 1, 122). — s. unter Eisch.

Eusebius, P. N. »Eusebius« (Diaconus aus Weisskirch, 1762). »Eusebi« (1762, Bodendf.).

Euter, Egder n., nösn. *Aider* n. *Öider* (Felldf.). *Ejder* [ed'dr] (Med.). *Nedjr* (Kronst.). *Nojder* (Bekokten). *Dê git vil Miältsch, se hôd en "Odjer wê e Schêfken* (Katzendf.). Rätsel: *Et säi vaier Štonge, se lange* (reichen) *uch an Himmel ned uch af de Ert net* (die vier Striche am Euter der Kuh, *Birk*, Kbl. 23, 74). Die *Trudden*

Verhäkse nät Kreydern
De Kê un den Egdern. KÄST. 89.

— mhd. iuter, ahd. ûtiro. Zu den Formen mit vorgeschobenen *n* vgl. *Nâst* (Ast), ohne dass allerdings die dort gegebene Erklärung hier anwendbar wäre. — DWB. 3, 1197.

eutern, ejdern schw. bezeichnet das Anschwellen des Euters der Kuh (bei Entwicklung der Milch) als Zeichen des baldigen Kalbens (Birth.). *Se nojdert* (sc. die Kuh) ‚das Euter fängt ihr an zu wachsen' (Bekokten). — DWB. 3, 1198.

evangelisch, ewanjêlesch (⏑ ⏑ ⏊ ⏑), nösn. *ewanjêlesch*. Das gefühlstiefe Wort umschreibt zumeist in Verbindung mit *saksesch (ewanjêlesch uch saksesch)* das Wesen des Volkstums, wie es namentlich gegenwärtig auf nationalen und kirchlichen Zusammenkünften (s. *Gustawadolfverîn, de Verîn)* der Volksgemeinschaft selbst zum Bewusstsein kommt. (Am prägnantesten zusammengefasst im Wahlspruch des Gubernators Samuel Freiherr von Brukenthal, † 1804, »fidem genusque servabo«). Wie auch sonst ist auch im Gebiete der Ma. *ewanjêlesch* erst über einige Mittelstufen zur Bezeichnung der besondern Konfession (gegenüber der röm.-kath. Kirche) geworden. Bei HONT. bezeichnet »euangelice«, »euangelisch« wie in reform. Schriften des Reichs nur ‚dem Evangelium gemäss' (euangelische leer, 65; euangelische warheit, 87; ebenso in der Übersetzung der Reform. HERBERT, Reform. 56), allerdings in Wendungen wie: »auff das nit das euangelisch bekantnis, welches iederman tröstlich ist, allein den pfarhern an dem teil bürdlich sey« (HONT. 73), »Kirchenhirten, so ein euangelisch ordnung nit willen annemen« (Ebda.), »in dem heiligen Abentmal folgen wir auch dem brauch der inn euangelischen Kirchen gehalten wird« (HONT. 77, vgl. auch in der Übersetzung der Reform. »nach gefolget gemeynen prauch euangelischer kyrchen«, HERBERT, Reform. 54) hart an das Konfessionelle streifend. Die geschichtliche Entwicklung, wornach einerseits die Reformation von der Sächs. Nationsuniversität, der politischen Vertretung des Volkes, in die Hand genommen wurde, andrerseits die Konfessionen in Siebenbürgen überhaupt nach nationalen Gesichtspunkten sich zusammenschlossen, brachte es mit sich, dass Jahrzehnte hindurch auch der konfessionelle Charakter durch die politisch-nationale Bezeichnung **saksesch* (saxonicus) angedeutet wurde. (Vgl. überall in den Synodalartikeln des 16. Jahrh. »synodus pastorum Saxonicorum«, »synodus pastorum universitatis Saxonicae«, »synodus provincialis ex utraque gente Saxonica et Ungarica« usw., TEUTSCH,

Urkb. 2. Bd.). Erst auf der Synode zu Mediasch 1599, als durch die Erhebung des Kardinals Andreas Bathori auf den Fürstenthron von konfessioneller Seite der nationalen Kirche Gefahr drohte, bezeichnete sich der sächsische Klerus als »clerus Saxo-evangelicus« (Teutsch, a. a. O. 2, 275; in den Landtagsartikeln wird schon seit 1552 die »pars euangelica« von der »pars papista« unterschieden). Im Reich draussen ist allerdings das Wort in eigentlich konfessionellem Sinn zum erstenmal wie es scheint gerade auf Siebenbürgen angewandt worden. (»Das gantz Sibenburg ist lutherisch wie mans nendt und evangelisch worden« Buckers Briefwechsel mit Philipp, III, 394, 1. März 1546, Z. f. d. Wf. 13, 15). — Gegenwärtig decken sich *ewanjêlesch* und *saksesch* und werden ernstgemeint in feierlichen Bekenntnissen national-kirchlicher Feste, scherzhaft in der Umgangssprache wechselseitig gebraucht. *Net riet katôlesch* (hochdeutsch), *riet doch* [ʒ] *ewanjêlesch!* ‚unterhaltet euch doch in der sächs. Ma. und nicht hochdeutsch!' (Das Hochdeutschsprechen war in der Zeit des Absolutismus, 1849—1861, Kennzeichen der fremden, meist katholischen Beamten. Zur Zeit der Gegenreformation war die sächsische Mundart eine Hauptwehr gegen die jesuitische Propaganda. Vgl. auch *mueseresch* ‚hochdeutsch', d. i. Sprache der fremden, hochdeutsch sprechenden *Mueser* ‚Soldaten'.) Ebenso scherzhaft: *ewanjêlesch Hengkeln* ‚Brathuhn auf besondre sächsische Art (mit Speckfülle) zubereitet'. (Vgl. tyúkfi töltve szász módon, Radvánszky, Régi magyar szakácskönyvek I, 101). — DWB. 3, 1199.

Evangelium, Ewanjelium (⏑ ⏑ ⏑́ ⏑ ⏑) m. und n. Die Ma. hat das Wort in zwei Schichten erhalten, in einer älteren, aus der vorreformatorischen Zeit stammenden, gekennzeichnet durch das m. Geschlecht (vgl. lothr. Ewejeli, Ewešeli m., Follm. 129) und die Media *g, der Iwegeljen* (Neudf. b. Hstdt., Gr.-Lasseln, Neudf. b. Schässbg. und sonst, eine Mischform *Evanjieljem,* Katzendf.), und in einer protestantisch-reformatorischen Schichte, als Neutrum und mit dem Wittenberger *j (ded Ewanjelium).* 1. Der allsonntäglich verlesene oder als Predigttext erläuterte Evangelienabschnitt. Die ‚Evangelien erster Reihe', d. die altkirchlichen Perikopen, sind in der ev. Landeskirche seit 1874 durch die ‚Evang. zweiter Reihe' ergänzt worden. Doch gelten im Volksbewusstsein nur die erstern als die eigentlichen Evangelien. *Der Iwengeljen vun der Hochzet zc Kånàn* (so für Kana) usw. »Welcher nach verlessung des e v a n g e l i i kompt, es sey in der frühe oder vesperpredig, derselbig soll gestrafft werden umb den. 2, er habe ein ampt oder nicht« (1691, Lehrknecht-Art., V.-A. 16, 420). »(Wer erst kommt, wenn das) E v a n g e l i u m auf dem Predigtstuhl ist verlesen worden« zahlt den. 5 (1747, Rätsch, Brudersch.-Art., Kbl. 6. 113). Von einem zu tiefgründigen Prediger: *E riet dich genach, wat dî ded Ewanjelium erämzaddert!* ‚was der das Evangelium zerpflückt'! *Wat dî sôt, dậd äs Ewanjelium.* — mhd. evangelie m., ahd. euangêlio m. DWB. 3, 1199.

Ewa. 1. Weibl. P. N. »Ewa una paupercula« (1478, Qu. Gesch. S. 1, 55). Gegenwärtig nur städtisch. Früher vereinzelt auch auf dem Lande üblich (Rohrbach, Kbl. 9, 70). — 2. F. N. *Aiwe* (geschr. Ewa) Übername (Weisskirch b. Reps). *Êwe af'm Êk* (Katzendf., gespr. auch *Âf, ruid Âf;* »Ewen Mechel,« 18. Jahrh.). »Ewa Jörg« (1593, Katzendf.). »Eva, Evan« (18. Jahrh., Ebda.). »Eve« (1764, Reps). Evi, Übername für Roth *(Wermesch).* Vgl. auch F. N. Eiben, Eiwen.

—, ewêch, s. hinweg. »e w e k hat genommen« (16. Jahrh.). »do man den czens e w e g hatt gefwrth« (1490, Qu Kr. 3, 811).

Ewert, F. N. »Dy Endris Ewerden« (1479, Qu. Gesch. S. 1, 42). »Tais Ewert« (1593, Seiburg). »Emericus Ewerth« (1588, Meschen). »Evert« (1763 *Bilak, Treppen*). Gegenwärtig *Êwert* als Übername für Wolf *(Ober-Neudf.). Iewert* (Kaisd). — s. unter Ebert.

ewig, îwich, nösn. *èwich.* 1. *Och dî wit nied îwich liewen, mêr äis e esi kôrich* ‚stark' (Katzendf.). Verstärkt: *îwij och* [ʒ] *emer* ‚immerdar'. *Dìe wit iewej och emer dee* (dort) *blaiwen* (Draas). Im Kindervers vom Floh:

Doiste (tust du) *mej ąf de glæneje*
Kuelen,
Se bün ech fuer iewej
verlueren. (Draas).

Näst douerd ìwich spricht scherzend auch die Hausfrau, wenn sie den neugekauften Krug am ersten Tag fallen lässt. *Dậd îwich Gemâz* (Weinen) *kênd enen (înt) hi mậchen* ‚hinmachen', ‚zur Verzweiflung bringen'. — 2. Religiös-sittlich, im Zusammenhang der Vorstellungen von einem ewigen Leben. *E äs zer êwijer Rậ ku* ‚ist gestorben' *(Mettersdf.,* Gassner, 82). *E äs än'd ìwich Liewe gegạngen.* Beileidsformel beim Besuch im Totenhaus: *Gott trîst de Bedræften und erfrậ irem Vueter (Misch* usw.) *de Sîl äm îwije Liewen!* (Schuller, T. u. Begr. 1, 52).

Dæ fært se nö enậnder,
Än'd ìwich Hîmetlậnt Käst. 74.

Anknüpfend an die volkstümlichen Paradiesschilderungen scherzhaft: *Et gît hæ̂ zâ wæ̂ äm īwije Liewen* ,voll von Lustbarkeit', ,fröhlich'. In geistig-sittlicher Beziehung. [Geh. Spr.]:

Passionsblomm dæ̂ lîrt legde mich,
Dem Îw'jen zâgewǫ̂nt. Käst., 22.

— 3. Abgeschwächt für ,unabsehbar lange Zeit dauernd'. »Die Bürgerschafft in den Städten wird unter einem aristocratischen Regiment eines innern und ewigen Raht von zwölff Herren / und einem äussern / von hundert Männern regieret« (Tröster, Dacia, 208). Sodann in feierlichen Wendungen der Rechtsspr.: »Auch an etlichen örtern mit czimlichen festungen befestiget haben als ir eigentumb zu ewigen czeittenn zubesiczen« (1589). »Ehe man für Gericht nicht geklaget vnd auff Zeugnûs nicht beruffen hat / kan man von rechtswegen Zeugnûs weder stellen noch einnemen. Wûrden sie derwegen fûr klag vnd antwort eingenohmen / die kegenparth mag sie verwerffen / es were dann / das jemand die fûhren wolt zum ewigen gedâchtnûs / folgender vrsachen halben« (wenn die Zeugen ins Ausland reisen, oder schwer krank sind E. L. R, 30). »(wenn jemand seine Appellation) lest sencken / er mus ewig schweigen« (Ebda., 41). »also das sie ins ewig elend verschickt werden« (Ebda., 181). »sie habens (das Haus) seinem Stieff Vatter ewig vnd erblich zu besitzen vnd zugebrauchen verkauft« (1556, Rechtsgesch. 2, 356). Besonders bei Kauf und Verkauf. *Kîfen aw īwich* ,kaufen', im Gegensatz zu bloss *kîfen* (z. B. ein Grundstück) ,pachten' *(N.-Eidisch).* Lautt. 121. mhd. êwic. — DWB. 3, 1200.

Ewigkeit, Îweget fem. [Geh. Spr.]. In der Todesanzeige: *Mer broinjen en triurech Bûtscheft, dat der Gott der Härr âsen Mätbröder N. N. ius deser Zetjleged än de Îweget zö sech uogerofen huot* (Schuller, T. u. Begr. 1, 46). Im parodistischen Vaterunser: »*Menj Fræ̂ huot de Kerl* (Kittel, Rock) *versatzt, unt kôn en netch mî ouslîsen und esu bleift e versatzt vun Îweget ze Îweget*« (Kronst., Kbl. 22, 53). Übertragen: ,(ungebührlich) lange Zeit'. *Dî iüs en Îweget* (sc. aus, wenn einer mit einer Bestellung warten lässt, Katzendf.). *Er segd en Îweget net kun.* Nösn. *Êweket* fem. — DWB. 3, 1205.

Ewkwrysch, F. N. »Dy Ewkwryschin czw Hannis von Myttuis« (1479, Qu. Gesch. S. 1, 45). Nach alter (magy.) Schreibung als *ököröschin* zu lesen, aus magy. ökörös ,Ochsenbesitzer, ,Ochsenwirt'.

Ewles, Ewlesch, O. N. ,Gr.-Alisch' s. Alisch (unter Alesius).

Examen, Ägsâmän n. (◡ ⏊ ◡). 1. ,Schulprüfung der Kinder am Schlusse des Schuljahres' (früher zumeist in der letzten Woche vor Ostern). *De Kängt hun Ägsâmän.* »Ob er jährlich, in Gegenwart des Pastoris und der Obrigkeit und der Eltern der Schulkinder, eine besondre Prüfung, ob und was sie gelernet, anstelle, oder Examen halte?« (Instruktion für die Schulvisitation 1765; Teutsch, Sch.-O. 1, 289). Ein Prüfungsprogramm für das Examen publicum des Gymnasiums in Hermannstadt aus 1678 s. Kbl. 8, 82—86. — 2. Als Nachklang eines abgekommenen kirchl. Brauches. *Ägsâmänštǭnt* ,Verlobung' (Wolkendorf i. B.). Die Brautzeugen bitten den Pfarrer, *en Ägsâmänštǭnt mäd en* (den Brautleuten) *xe hǭlden* ,die Verlobung vorzunehmen' (Ebda. Vgl. »darzu wird das Examen dienen, so vorher soll gehen vor der Hochzeit, darzu sich alle fromme Christen willig sollen finden und halten; wo sie das aber versäumen oder verachten, sollen sie nicht gekauft (getraut) werden« Articuli, 1577; G. D. Teutsch, Urkb. 2, 205).

examinieren, ägsaminîren schw. [Städt. Halbma.]. *Wat ägsaminîrst te mich na esi?* Häufig in der älteren Schulsprache. »Rathsam wäre, dass die Studiosi nicht ehnder Zur Peregrination schreiten sölten, bis sie ab inspectore scholae et decano suo examinirt würden« (1722, Teutsch, Sch.-O. 1, 134).

Exekutor, Äksekûtor, *-ter* m. (◡ ◡ ⏊ ◡). *Ed iüs iener wæ̂'n Eksekûter* ,einer, der alles nach Kommando gehn lassen will' (Katzendf.). *Dǭt* (ein Kind, dem man etwas versprochen hat) *štît wæ̂'n Äksekûtor hüngder enem.* Dem Nhd. entlehnt.

Exempel, Ägsämpel n. (◡ ⏊ ◡) ,Lehre', ,Beispiel'. [Geh. Spr.]. »Die Prediger sollen nicht nur predigen allein sie geben mit irem leben vnd wercken andern leuten ein exempel zu christlicher tugent« (Hont. 67).

Meng Lirer
Hu mer vun de gâden Ǭlden
Munch Eysämpel virgehǭlden.
Käst.

Vom *bisen Hanz*

Nit doräm ir schatzich Lekt,
Un em en Eysämpel. Käst., 56.

»Gibt jemand träncke die frûchte aus mûtterlichem leib ab zu treiben ob gleich dieses nit zu schaden gereicht doch dieweils zum bösen exempel gereichet / so verlieret solche person ein theil jhrer gütter« (E. L. R., 161). Aus dem Nhd. (lat. exemplum). — DWB. 3, 1207.

𝔢𝔵𝔱𝔯𝔞, äkstra. [Geh. Spr.]. ,besonders'. *Dî wäll änj 'äst Äkstraet hun* (Katzendf.). — Aus dem Nhd. (lat. extra).

𝔈𝔵𝔱𝔯𝔞𝔟𝔦𝔯𝔫𝔢, Äkstrabir fem. (⏑ ⌣ ⏑). *Em wit der nichen Äkstrabire (Äkstrapelse) brôden* ,man wird mit dir nicht besondere Umstände machen'. Nach nhd. Extrawurst usw. neugebildet.

𝔈𝔵𝔱𝔯𝔞𝔴𝔲𝔯𝔰𝔱, Äkstrawuršt fem., nösn. *Ekstrawûršt* fem. *Diär wäll âne* (immer) *en Ekstrawûršt hun (Bistr.).*

E y d l e f f, F. N. »Thies Eydleff auss der hermanstatt« (1559, Nat.-Arch.). Vgl. F. N. Adleff.

E y l i s c h e r, F. N. »Jacob Eylischer« (1485, Qu. Gesch. S. 1, 113). s. Alischer.

E y n i s, F. N. »Jacob Eynis« (1480, Qu. Gesch. S. 1, 80).

E y s e n, nösn. F. N. 1563. Zum ahd. P. N. Isan. Vgl. lxb. F. N. Eisen. V.-A. 33, 69; 34, 35.

E y s g i o, F. N. »Andreas Eysgio« (15. Jahrh. Qu. Gesch. S. 1, 585). vgl. Eisgedt.

E y s t a c h, F. N. (1754, Hstdt.). Zum P. N. Eustachius.

F.

f, f. 1. Als Buchstabenname *Äff* n. und fem.; *det (de) klî, grûss* (süds. *klî, grîss*) *Äff.* — 2. In der Schülersprache (nösn.): ‚nicht hinreichend in der Klassifikation', weil f an dem Gymnasium zur Bezeichnung ungenügender Leistungen dient. *Wavel Äff huast te?* Antw. *End äm Daitschn ąnd end äm Ängerschn. Wô te mer noch emôl e(n) Äff hemeholtst* (nach Hause bringst) *zeschlô ich der dn Scherl guar (Bistr.)* — 3. In Abzählreimen wird es hie und da als Anlaut des zweiten Reimwortes gebraucht: *Âbel, fâbel, dominê. Aier, faier, hubb. Äkete, fäkete. Affeti, faffeti. Aberdi, faberdi.* Höhr, 39 ff.; Kbl. 27, 27. — 4. *ff. E verštêd ed aus dem Awäff* (nösn.) [Städt. Halbma.], wie in den meisten deutschen Dialekten und im Nhd.: ‚er versteht seine Sache gut'. Nach dem ff (fortissimo) in der Musik. Vgl. DWB. 3, 1213. — Echte **Ma.**: *Diär ką et, diär verštêd et* (nösn.). — 5. Über die lautgeschichtliche und phonetische Bed. des ss. *f* s. besonders Wolff, Kons. 36 ff.

—, fâbel im Abzählreim:

Äkete, päkete, zuckete mê,
Âbel, fâbel (Var.: *fibel, fabel*) *dominê.*
Höhr, 39 ff.

Fabel, Fâbel fem. [Städt. Halbma.]. ‚Geschwätz, unwahres Gerücht'. *Dąd äs jo nor en Fâbel* (Schässbg.). — Echte Ma.: *En Backesmêr, ed äs nur Geprurel,* süds. *Geproddel, Gebrąe, ąnnîdich Geretsel, de Lait rêdn vill, wänn der Dąch lągk äs* (nösn.). — Zu lat. fabula, aus dem Nhd.

fabelhaft, fâbelhąft [Städt. Halbma.]. 1. Adj. *Dąd äs jo fâbelhąft,* ‚das ist ja grossartig' (Schässbg.). — 2. Adv. *Dier Mänsch gefällt mer fâbelhąft* ‚ungemein' (Ebda.).

fabeln, fehlt; s. *prątschn, prîpeln, proddeln.*

F a b e r, † F. N. (‚Schmidt') 1394 (Stolzenbg., V.-A. 10, 362); 1480 (Med., Kbl. 13, 78); »Paulus F a b e r« (1491, Kronst.); »Simon F a b e r de Thartla« (1509, Qu. Gesch. S. 1, 505); 1570 (Hstdt.); 1585 (Agnetheln); 1593 *(Jaad).*

faberdi im Auszählreim:

Ekerte peckerte
Zuckerdinê,
Aberdi faberdi
Dominê. Höhr, 40

F a b i, **Fâbi** (nösn.). 1. F. N. 1601 (Kronst.); 1646 (Schässbg.); 1764 *(St. Georgen, Dürrbach)*; 1830 (Weidenbach). »Faby« (1764, *Bistritz*); »Phabi, Fabbi, Fabie« (D.-Teckes, Kbl. 24, 97). Gegenwärtig: *Dürrbach, Bistritz, Wermesch, St. Georgen.* Fabi ist gen. patron. zu lat. Fabius. — 2. Fl. N. *Ąf der Fâbikaul (Wermesch).*

F a b i a n, lat. Fabianus. 1. Ursprünglich P. N. »Viro F a b i a n o Crocher« (1545, *Bistr.*). »Zeuge F a b i a n Tellman von Agnietlen« (1580, Schenk. Stuhlsger.). Heute nicht mehr gebräuchlich. — Danach diente der Fabianstag (20. Januar) oft als Zeitbestimmung. »An sendt F a b i a n i« (1519, Arch. *Bistr.*). »Am tag F a b i a n i« (1536, Qu. Kr. 3, 10). — 2. Fabianus, † F. N. 1404 war ein Fabianus Oberrichter, 1522—1529 ein anderer Stadtpfarrer von Bistritz (Klein, Gesch. der Deutschen in Nord-Siebenb. 58; Wittstock, Beitr. zur Reform.-Gesch. des Nösnergaues, 9); 1536 (Rosenau). Davon der F. N. Fabiani. — 3. Fabian, F. N. (1722, Hstdt.); gegenwärtig in Schaas, Dunnesdf., *S.-Reen, Bistr.* und sonst. — 4. In die Ma. eingelautet: »F a b j a n« (1618, Schässbg.); »F a b j e n« (1763, Med.). »Georgius F a b y g e n Einwohner und Mitbürger der kön. Herrmanstadt und ältesten der Ehrl. Riemner Zechen« (1648, Riemerz.-Art.). Mundartlich: *Fąbijen, Fąbich* (Schässbg., Schotsch, 12). Gegenwärtig Fabich, F. N. (Schässbg.). — 5. *Fabjen, Fabjenbrąnnen,* Fl. N. (Bussd). Das erstere für Weinberge wie ebenda *Hąltrich, Gunesch* (gleichfalls F. N.) für Weinbergshalden. — [Fabjen 〈 Fabian, wie Demgyen 〈 Damian, Dengyel 〈 Daniel]. Zu Fabius.

F a b i a n i, F. N. (1702, *Senndf.*; 1859, *Bistr.*) Gen. patron. von **Fabianus,** zu Fabi, Fabius.

F a b i a n u s, s. Fabian.

Fabini, F. N. **Fabîni.** »Andreas Fabini« (1765, Med.). Gegenwärtig in Med., Schässbg. und sonst. — Gen. patron. zu Fabinius. — Weiterbildung aus Fabi. Schotsch, 12.

Fabinius, F. N. »Georgius Fabinius past. eccl. Stolzvar.« (1648, Cap. Cib.). »Fabinus« (1646, Schässbg.); 1701 *(Bistr.)*. — Zu Fabius.

Fabjen, F. N., s. Fabian.

Fabri, † F. N. 1468 (Qu. Gesch. S. 1, 15); 1597 (Med.); 1626 (Hstdt.); 1648 *(Bistr.)*; 1697 (Hohndf.); 1764 (Stein). — Gen. patron. zu Faber.

—, **Fæbrich**steig, *Fæbrich*wiesen Fl. N. (D.-Kreuz, Kbl. 8, 6). Viehberg?

Fabricius, s. Fabritius.

Fabrik, Fabrik fem. (⏑ ⏊). 1. † In älterer Kanzleisprache ‚Gewerbe': »(Die Strumpfwirker) durch ihre Fabrique mehreren Nutzen zuzubringen sich versprechen« (1724, Strumpfwirker-Art., V.-A. 27, 544). — 2. Gegenwärtig wie nhd. ‚Werkstätte mit grösserem Betrieb', *Dachfabrik* (Tuchfabrik), *Tabạckfabrik*. Auch ‚Sägemühle': *E uᵃred* (arbeitet) *bai der Fabrik ze Wậideršdref* ‚in der Sägemühle in Waltersdorf' *(Petersdf.)*. — 3. Assoziation zu gemeinsamem Arbeitsbetrieb ‚Einigung': *de Hâterfabrik* ‚Hutmachergenossenschaft mit Fabriksbetrieb', *Râimerfabrik, Ledrerfabrik (Bistritz)*. Für richtigeres: *Hât-(Hot-), Râimen-(Reme-), Ledder-(Lädder-)Fabrik*. — Junges, erst seit etwa 30 Jahren in die Ma. aufgenommenes Lehnwort. Aus nhd. Fabrik, das seinerseits über frz. fabrique auf lat. fabrica ‚Kunst, Werkstätte' zurückgeht.

Fabrikant, Fabrikant m. (⏑ ⏑ ⏊) ‚Fabrikbesitzer'. *Dachfabrikant* ‚Tuchfabrikbesitzer' (Schässbg.). Wie Fabrik und seine Zusammensetzungen ein junges Lehnwort.

Fabrikarbeiter, Fabrikạrbeder m. (Schässbg.) [Städt. Halbma.].

Fabrikel, † n. oder fem.? Das Wort erscheint zuerst in der Siebenb. Quartalschrift 5, 258 (1796) für ‚Locke' in *Bistritz*. »Fabrikel (Locken), de huferdigen (hoffährtigen) machen sich Fabrikel«. Heute ist es nicht mehr gebräuchlich, so dass sich nicht entscheiden lässt, ob es fem. (wie Haltr., Plan 10 und Kramer, 21) oder n. war (wie Schuller, Beitr. 16 angab). Schuller stellt das Wort a. a. O. zu niederl. Favoritjen ‚falsches, gekräuseltes Haar' und Favoren ‚allerlei Zieraten an den Kleidern', wodurch man sich bei Damen beliebt macht, ihre Gunst (favor, faveur) erlangt. Follmann, Lothr. Wb. 23 führt ein Pabrikel an, das wohl mit unserem Worte zusammengehört, zur Erklärung denkt er an franz. papillote. Die Ableitung beider Worte von favor, faveur wird die richtige sein, das P- für F- in lothr Pabrikel kann danach als volkstümliche Angleichung an franz. papillote betrachtet werden.

Fabrikmädchen, Fabrikmêtchen n. ‚Mädchen, das in einer Fabrik beschäftigt ist' (Schässbg.) [Städt. Halbma.].

Fabritius, F. N. »Fabricius« 1599 *(Treppen)*; 1639 (Cap. Cib.); 1657 (Hstdt.); 1700 *(Bistr.)*; 1808 (Kronst.). »Fabritius« 1614 (Gürteln); 1708 (Hstdt.); 1764 (Schässbg.); 1765 *(Bistr.)*; 1830 (Tartlau). Fabritius hiess auch die Familie von Herrmannsfeldt s. V.-A. 29, 412. Gegenwärtig in Hstdt., Schässbg., Agnetheln, Kronst. In *Bistr.* eine österr. Form: Fabritz, *Fâbritz*. — Zu Faber. Schotsch, 12.

fabrizieren, fabrizîrn schw. [Städt. Halbma.]. *Wạt fabrizirsd de dô?* ‚was machst du da?' von einer feinen oder unscheinbaren Arbeit, halb scherzhaft (nösn.). *Ich sạl mer äst fabrizîrn* ‚zurechtmachen' *(Petersdf.)*. — Zu lat. fabricari.

Facanetel, s. Facieletlen.

Facetius, † F N. (?) »Facetius Elias Alesio Transylvanus«, in Leipzig immatrikuliert 1665/6. V.-A. 10, 393. (Ein Sachse?).

Fach, Fach [x] n. Pl. *de Fächer* [χ], nösn. *Fạch* n. Pl. *de Gefạcher, det Fạck, de Gefạcker (Ob.-Neudf.)*. Für das Simplex ist in der sinnlichen Bedeutung, besonders nösn., mehr das zusammengesetzte *Gefạch* gebräuchlich (s. d.). 1. ‚Abteilung einer Räumlichkeit, eines Kastens'. *De Biršt äs ned än desem Fach* ‚nicht in dieser Abteilung des Kastens'. — 2. Übertragen: ‚das Gebiet menschlicher Tätigkeit, auf dem jemand sein Geschick zeigt'. *Det schloit ned ä me Fạch* ‚das ist nicht das Gebiet, auf dem ich mich auskenne' (Draas). *Dậd äss nät mai Fạch* ‚davon verstehe ich nichts' (nösn.). *E hu͏ͤt jo bai dn Soldâtn och Fạch bîs* (streng, eifrig) *ze sai kệ de Fârt* (Pferde) ‚es gehört zu seiner Tätigkeit' *(Petersdf.)*. Vielleicht kann hier *Fạch* auch nhd. Fug bedeuten (vgl. die Wendung: Mit Fug und Recht) und hiesse dann ‚an Recht und Pflicht des Soldaten denken' zu eifrigem Bemühen, sich und sein Pferd zur Tüchtigkeit zu erziehen, s. Fug. — 3. ‚das Gebiet wissenschaftlicher Tätigkeit' [Städt. Halbma.], wie nhd. *Ich hu mer Detsch zem Fạch geweilt* (Draas).

Aich bän fast an maine Fächer,
Ạnd bän mainer Sạch mer sächer.

Schulle Mdtn 4.

Däschladefach, Schuᵃrfạch (nösn.), *Schubladefach*. — mhd. vach. Lautt. 18.

***-fach, -fach,** nösn. *-fạch* (in adjekt. und adverb. Zusammensetzungen). 1. Adj. *îfach, drạfach, vệr-*

fach, villfach. Än ä̂infach Sąch (Petersdf.), e enfąch Vą̂ltchi ‚Veilchen' (nösn.). *En droafąch Schnäär* (Schässbg.), *drą̂efąch Ueret* ‚Arbeit' *(Petersdf.).* — 2. Als Adverb: *Et sejt doch sîr îfach ous. Nom et drą̂fach* (Schässbg.). — Ausser *îfach* und *drą̂fach* sind die Zusammensetzungen mit *-fach* nicht volkstümlich, auch nhd. sind Bildungen wie einfach, zweifach etc. jünger als die Zusammensetzungen mit -falt. DWB. 3, 1221. Kluge 122; vgl. *-fachig, -fächig.*

(**Fachbogen**), **Fąchbuegen** m. ‚der Bogen, mit dem die Wolle gefacht wird' (Schässbg.). s. fachen.

Fächel, Fâichel [χ] n. (nösn.). ‚Schleier, Schleiertuch', der dünne, feine Bockelschleier, den die Bäuerin in der Festtagstracht auf dem Haupte trägt, so dass seine Zipfel auf dem Rücken lang herabhangen. Das erste *Fâechel* macht der Bräutigam seiner Braut zum Geschenk (Gassner, 58). *Mer schlegern* (schleiern) *de Braut müt dem saidene Fâechel (Petersdf.).* — Urk. »Ein alt Faichel« (Cap. *Bistr.*). — Syn. *Schlîjer* (Schleier). — An eine direkte Entlehnung der nösn. Form aus dem magy. fátyol ist nicht zu denken, da die Erweichung des magy. ty = tch 〉 ch ohne Analogon wäre. Vielmehr wird mit DWB. 3, 1221 an der Ableitung aus mhd. faile = franz. voile, lat. velum festzuhalten sein. [*Fâichel* steht neben Fächel, wie *Hâichel* neben Hechel]. Dass mit dem deutschen Fächel magy. fátyol, rum. fatiol ‚Schleier' in näherem Zusammenhang steht, ist wahrscheinlich, aber nicht allerseits zugegeben. Vgl. Jacobi, 15. Die süds. Form des Wortes, *Fâtjel, Fâtchel* (s. d.) dagegen lässt entschieden an magy. fátyol ‚Schleier' denken.

—, **fächeln** schw. ‚sich eines feinen Haarsiebs bedienen' (Med.), *fatcheln* (Neithausen), *fâtcheln* (Petersdf. bei Mühlb.). Während das Syn. *dä̂slen* über das ganze Gebiet der Ma. verbreitet ist, findet sich unser Wort nur sporadisch an der grossen Kokel und im Unterwald. Es fehlt ganz im Nösn. und im Burzenland. — Zu *Fąchel-, Fâtchelzîms* s. d.

fächeln, fâicheln schw. (nösn.) ‚gelinde wehen' (vom Winde). *De Lôft fâichelt (Kl.-Bistr.), de Ląft fä̂ichelt (Petersdf.).* Im Süds. nicht bekannt. — Die nhd. Bed. fehlt in der echten Ma., dafür *Lą̂ft mą̂chn*, städt. Halbma. sagt *fecheln.*

fachen, fachen, nösn. *fąchn* schw. ‚Wolle schlagen'. *Der Hotter fącht de Wąll müt dem Fąchbuegen* (Schässburg). Zu nhd. fachen. s. Weigand 1, 487.

Fächer, Fecher m., nösn. *Fecher* m. [Städt. Halbma.]. Wie nhd. *Mät dem Fecher Ląft mąchn (Bistr.).* — Junges Lehnwort. — s. und *(Sąnne) Werl.*

-fachig, -fächich, *-fêchich,* nösn. *-fąchich.* Volkstümlich sind auch hier (wie bei -fach) nur: 1. *îfêchich. Hê det Klîd îfêchich ąf* ‚ohne Falten' (Katzendf.). *Mąch der det Fuessdoch nur êfąchich (Petersdf.).* s. einfachig. — 2. *zwifêchich* ‚doppelt'. *Det Fêter u menjem Rouk äs zweifeicheeh* ‚zweimal gefaltet' (Draas). Besonders: *E gît zwifêchich* ‚stark gebückt, gekrümmt' (Schässbg.). *E gäng guer zwêfąchich (Petersdf.).* — s. zweifachig. — 3. *drą̂ifąchich* (nösn.). *De huast der ją dn Pündel* (‚Hemd, Unterrock') *drąifąchich iberänąnder geluacht, e äs der guer verkräppelt* (nösn.) ‚hat viele Falten bekommen'. — 4. *vârfąchich, villfąchich* (nösn.). Im Süds. bewirkt die Endung -ig *(ich)* nicht nur Umlaut des *a* in *e*, sondern in vielen Maa. tritt auch Erweichung des *ch* in (fach) *fêch* zu *j* ein: *Oifêjich, zwêfêjich, vârfêjich. E wôr esui krongk worden ąf'm Fêlt, e kem nor* *:êfêjich hoim. Niem 't Goäre* (Garn) *vârfêjich, möch en štąrken Dreat* (Nähdraht des Schusters) (Agnetheln). — Auffällig ist neben dem süds. Umlaut das nösn. *-fąchich.* Doch wird nösn. die Bildungssilbe *-ich* auch sonst ohne Umlaut gebraucht, besonders in jüngeren Wörtern: *suppich* (zu *Sup*, Suppe), *ê-hąffich* (zu *Hąff*, Hüfte) u. a.

Wie die Zusammensetzungen mit *-fach,* sind auch die mit *-fêchich* nicht allzu hohen Alter. Mhd. sagte man drîvalt, drîvaltec. — Syn. *-flirich.*

Fachmann, Fachmân m., nösn. *Fąchmą̂ (-mąnn)* [Städt. Halbma.]. *Aich sai än diär Sąch nät Fąchmąnn (Petersdf.).* — Es scheint dies nhd. Lehnwort erst in neuester Zeit aus der Stadt auch in die Dorfsmundart gedrungen zu sein. Im Süds. gilt es zunächst für Besitzer von Spezialkenntnissen in den eigentlich geistigen Berufszweigen, wird dann allerdings auch von Trägern handwerklicher Berufe im Anspruch genommen.

(**Fachsberg**), **Fuesprich,** *Foessprich* Fl. N. (Agnetheln), nicht weit vom *F.* auch der *kloi Foessprich,* beides lehmige Berge, an denen Feldfrüchte und Gras nur schwach gedeihen. Das Bestimmungswort *Fuess, Foess* ist in der Ma. nicht mehr gebraucht, entspricht aber dem hd. (bair.) Fachs ‚Haar', schweiz. ‚Haar', ‚Gras, schwaches Heu'. Vgl. nhd. Fächsung ‚Ernte und Ernteertrag'. Die Verhochdeutschung Fussberg oder gar Fuchsberg muss ebenso abgelehnt werden wie in Tschapertsch der nhd. Fl. N. Fassberg, vielmehr muss auch dieser zu einem *Fuessprich* werden, ‚mit magerem Ertrag', schon weil ‚Fass' unserer Ma. nicht geläufig ist. Auch Kelling hat den Waldnamen »*Äm Foessbrich*«. Urk. »Faistberg«, »faysberg«, »fosberg« (1549, Schönbg., V.-A. 17, 573).

Fächser, fehlt. s. Räuber, *Wasserschnatt.*

Facieletlen, † ‚Schnupftuch, Handtuch, Tellertuch'. »Idem plab (blau?) facilet 50 flor. 1 asp. 25« (Kbl. 4, 46). »Item Ein Vierekig facieletlen mit goldt fländern und Perlenn rondt herumb sambt zedlen dran« (1607, Kbl. 12, 119). »Item 2 facieletlenn mit Knöpfen und flendrenn mit Spuelen gold geneth« (Ebda.). »(Einem Mädchen werden ins Grab mitgegeben) Perlenborten, Gehänge, Armbänder, Ketten, Perlen Vortuch und Facanetel« (1648 Kronst., Deutsche Fundgr. N. F., 339). »Alss er aber wegen der einen Wunde am lincken Schlaff, welche er ihm selbst ihn eill mit seinem facenettlein vndt tuch verbunden, ermüdet. (Kraus, Chron. 2, 70). »Falzened (Valzened) 520« (Qu. Kr. 3, 589). Das Wort geht unmittelbar auf mlat. faciletum zurück, das z. B. in den Qu. Kr. »ziemlich häufig ist; faciletum wieder gehört wohl zu lat. facies, also ein Tuch, welches das Gesicht verdeckt ‚Schleier, Antlitztuch', oder das zur Reinigung des Gesichts dient ‚Schnupftuch, Handtuch'. Anders DWB. 3, 1218 und Weigand 2, 771.

—, **fäck**, *fäck, fäck.* Refrain in der Erzählung von Hühnchens Tod. Lautmalend vom Tod durchs Ersticken.

Brokt mir Wasser gien,
Wasser ech himen drön,
Hintche wäll fäck, fäck, fäck.
Schuster, Volksl. 366.

Fackel, Fackel fem., nösn. *Fąckel* fem. ‚flammend brennender Stab als Licht' (Weigand). 1. ‚Pechfackel', wie nhd. *Det dæinen Holz* (das tannene Holz) *bräet wâ de Fąckel* ‚hell, klar' *(Petersdf.).* — 2. ‚Petroleumfackel am Wagen'. *Gick, zünn de Fąckel u, mer säe sąnst näst baim fuern (Petersdf.).* — 3. ‚Raupenfackel'. *Mer hu de Bæim mät der Fąckel geputzt* ‚von Raupennestern gesäubert' *(Petersdf.).* — 4. ‚Hanfstengel, der zum Leuchten dient, um die Kerze zu sparen'. *Licht mer e kieit* (‚ein wenig') *mät der Fockel* (Alzen). — Ausser dem Hanfstengel diente als Fackel auch der innere Teil von Weidenruten, deren äussere Teile, meist drei, der Fassbinder in langen Streifen abschnitt und ihrer Zähigkeit wegen zur Umwindung der Fassreif-Enden, bei deren Zusammenfügung, verwendete. Mit dem Schwinden der hölzernen Fassreife ist auch dieser Gebrauch des zähen Weidenbastes und sind damit die bei seiner Abschälung sich ergebenden langen Weidenstäbchen mehr und mehr geschwunden. Auch die zunehmende Herrschaft des Zündhölzchens hat die Fackel und ihren Gebrauch zu kurzer Beleuchtung allmählich ausgeschaltet. Aber auch die ersten Zündhölzchen hiessen bei uns *Fąckeln,* demin. *Fackeltscher* und einer ihrer Verkäufer erhielt in Schässburg den Namen *Fąckle-Misch. Gä* (gib) *mer e Fąckeltchen* (Schässbg., Vorst.). (Ins siebenb. Rum. als faculiţa ‚Zündhölzchen' übernommen.) — Volksgl.: Wer mit der Fackel spielt, nässt das Bett. *Wie mät der Fąckel špielt, soicht än't Beit* (Draas). — 5. An das Grimmsche Märchen vom Gevatter Tod erinnert der auf der weit verbreiteten Anschauung vom Brennen und Erlöschen des Lebenslichts beruhende Volksaberglaube, dass die Seelen der Verstorbenen Fackeln seien (Schuller, T. u. Begr. 1, 41). — *Bierfoakel, Roppen-*(Raupen-), *Wögen-*(Wagen-) *fackel.* — Lautt. 18. mhd. vackel, das mit ahd. facchala auf lat. faex zurückgeht.

Fackelzug, Fackelzach m., nösn. *Fąckelząch* m. [Städt. Halbma.]. *En Fąckelzäach brąnjen* (Schässbg.), *än Fąckelząch mąchn (Bistr.).*

facken, facken, nösn. *fąckn,* schw. 1. a) Allgemein: ‚mit Hast oder Ungestüm nach etwas greifen, schnappen' (von Menschen und Tieren gebraucht). *Dea der Gang vum Wôge fąlle sûl, fąckt e nô em en heald en* (Meebg.). »Darnach du dich labest in der letzten stunden, wen du must von allen creaturen vrlaub nemen, wenn du liegest noch der lufft fochen und schnappen« (Dam. Dürr, Handschr. 962). Auch verstärkt durch *ficken* im Rätsel:

Et läefe vêr nackten
Ąf der Â ąfn;
Se fickte, se fackte
En kąnjde sech net erfąckn.
(Die 4 Räder des Wagens, Draas).

Der Hąnt huat mer noô der Hûnt gefąckt, e woll mich baissn (Wallendf.). — b) In speziellerer Bed. ‚zugeworfene Gegenstände auffangen'. Beim Zuwerfen von Ostereiern, Äpfeln, Hüten etc. heisst es: *Zâi* (*lot sâi* = lasst sehen), *käst de fâckn? (Tekendf.).* Besonders beim Ballspiel: *Äm wąt huast te de Ląpta* (Ball) *nät gefąckt? Fąckt-ê* (Zuruf s. oben unter *-ê*), *ich wierfe (schlu) e Kuktche* (‚einen hohen Bogen', *Tekendf.).* In *Kl.-Bistr.* heisst eine Art des Ballspiels, wobei der Ball von einem Spieler hoch geworfen und von den andern aufzufangen gesucht wird: *Ąf't Focken špilln,* die Spieler rufen sich dabei ermunternd zu: *Fock. Fock!*

Aus andern Dialekten ist diese Bedeutung nicht bekannt. Syn. *fên* (fahen), *fôren*. — 2. ‚stechend schmerzen' von dem häufig wiederkehrenden, stechenden Schmerz in Zähnen, offenen oder besonders eiternden Wunden. *Et fąckt mer än der Hąnt, dąd ich mer nät hälfn känn (Bistr.).* Auch vom abnehmenden Schmerz: *Et fąckt mer, et wit nôgâi (Petersdf.).* — Das Wort ist zu facken (DWB. 3, 1229) zu stellen, (einer Intensivbildung von mhd. fâhen?), wozu sich noch bair. ficken ‚kurze, rasche Bewegungen hin und her machen' und westerw. fackeln ‚hin- und herbewegen' anführen liessen. s. auch ficken. Zur Bedeutung 2 stimmt etwa henneberg. fucken ‚jucken, kratzen, bei einem Hautausschlag oder einem Floh- oder Ameisenbiss, Brennesselstich'. — Die Grundbedeutung der ganzen Wortsippe ist die rasche Bewegung, seis des menschlichen oder tierischen Körpers, lebloser Dinge oder des Bluts. Lautt. 18.

—, **fäcken,** s. ficken.

—, **Facketatum** m. ‚ein freier Nachmittag der Dorfschuljungen' (Wolff). Aus lat. fac totum.

—, **Facketô** m. *(Bootsch)* ‚Laterne'. Haltrich Plan, 10. — Zu magy. fakadó ‚entspringend, entstehend'? Die Bedeutung ‚rasch aufflammend', die hier etwa zugrunde läge, findet sich weder im Nyelvt. szót. noch im M. Tájsz.

Fackler, † F. N. 1764 (Reps); »Daniel Fackler Cibin.« (1791, Prot. Cap. Cib.); »Fakler« 1632 (Gergeschdf.); 1687 (Hstdt.); 1721 (Kronst.). Der Name gehört kaum zu Fackel, eher zu ahd. faclan ‚schütteln', nhd. fackeln ‚hin und her schwanken'.

Fackner, F. N. 1825 (Weingarten). »Fakner« 1825 (Bussd, Kelling, Petersdf. bei Mühlb.). Vielleicht nur Nebenform zu Fackler und zu ahd. faclan gehörig, oder zu facken.

Fädchen, Fäddemchen n., nösn. *Fâdntchi (Fâtchi)* n. Urk. »aber der keddel war oben mit einem mayen rotten feddemchen gezeuchnet« (1615, Nat.-Arch.). *Ed äs der e Fäddemtchen um Rôk hê bliwen* (Schässbg.) — s. Faden.

fade, fât adj. und adv., nösn. *fât* [Städt. Halbma.]. Wie nhd. von Speisen, Menschen, Geschwätz. *Et schmąckt fât* (nösn.). *T äs e fât Kärl* ‚ein langweiliger Mensch' (nösn.). *E fât Geprurrel* ‚ein geschmackloses Geschwätz' (nösn.). — Aus dem Nhd. (zu franz. fade).

fädeln, fedeln *(fereln)* schw., nösn. *fêreln (Bistritz).* Wie *fedmen* wird auch *fedeln* zur Bezeichnung der eigentlichen Bedeutung ‚einen Faden in das Nadelöhr ziehen' nicht häufig gebraucht, dazu dient gewöhnlich das Kompos. *äfedeln.* In Schässbg., Schenk, Birth., Reps ist neben *fedmen* auch *fedeln* in übertragener Bedeutung gebräuchlich. *Ich hądd uch glech en Poddel gefiedelt* (Zw. Krez., 18). *fedlen* ‚treffen' (Birth.). *ferln* (Reps). *E ferlt det Schlässellôch net* (Schässburg). Beim Nägeleinschlagen: *ich fereln em det Hîft net* (Ebda.) Vom Dorn, den man sich in den Fuss getreten:

Ech geng änt Gêssken
Unt ferlt e Schlêssken (oder *än't Fessken).* Schuster, Volksl. 267.

— *äfedeln.* — Nhd. fädeln < mhd. vedemen, frühnhd. fädenen. Dieselbe Entwicklung, daneben auch nhd. Einfluss, ist bei unserem Worte anzunehmen. *-dl-* > *-rl-* wie auch sonst in der Mundart.

fädemen, fedmen schw., nösn. *fidnen, finnen (Wallendf.), fideme (S.-Reen).* 1. ‚den Faden in die Nadel einfädeln' *den Faddem än de Nôlt fedmen,* auch trans. *de Nôlt fedmen. Ich känn't nät fidnen, (det Îr u der Nôrl) d äs ze dąngkel (Bistr.).* Doch wird das Simplex in dieser Bedeutung nicht gern gebraucht, gewöhnlich das Kompos. *äfedmen.* — ‚die Kettenfäden durch das Öhr des Webegeschirrs *(Gezoich)* und durch die Zwischenzähne des Webeblattes (nösn. *Rûr*) durchstecken' (Gr.-Alisch). Syn. *änzâen* (einziehen) s. d. — 2. Allgem. ‚eine Öffnung finden', ‚treffen'. *De Mous hat det Lôch gefedemt* (‚war entschlüpft', Petersbg.). »*Se wird schun uch ellîn de Dirr fedmen*« (Semp, Verspillt 17). *E fidnt de Dîr näst (Bistr.). Alle Peddel fedmen* ‚in alle Pfützen treten'. — Auch übertragen ‚treffen, erraten'. *Ech hun et licht gefedemt* (Kronst.). *Ich hadd et gât gefedemt.* Ironisch: *Ta huast et gefedemt!* (Petersbg.). *Nq, dau huast et gefidnt! (Bistr.). Ä hued et gefidmt* ‚zufällig getroffen' *(S.-Reen).* Drohend: *E wit sij et finnen! (Wallendf.).* — *af-, äfedmen.* — Zu Faden, mhd. vedemen.

Fädemhäkchen, Fiedemheeikesken n. (Gr.-Alisch u. sonst), Vorrichtung zum Durchziehen, *fiedemen,* der Kettenfäden am Webstuhl durch *Rûr* und *Gezoicher.* s. *Hêkesken* (Häkchen). Die Herstellung eines solchen Häkchens geschieht, indem ein Ästchen eines Birkenstäbchens kurz und dann Stäbchen wie Ästchen möglichst platt zugeschnitten werden, damit das Werkzeug sowohl durch die Ösen des *Gezejes* wie zwischen die Plättchen des *Ruirs* gesteckt werden kann. Übrigens geschieht das Einziehen der Fäden in das *Gezech* meist ohne Anwendung dieses Häkchens.

Faden, Fadem m., Pl. *Fädem,* nösn. *Fuadn* m., Pl. nösn. *Fâdn.* Dem. *Fäddemchen* n., *Fądem-*

chen n. (Kronst.), nösn. *Fâdntchi (Fâtchi)* n. 1. a) ‚Faden beim Spinnen, Weben, Nähen, Binden'. Beim Spinnen gilt es als Zeichen des Fleisses und der Kunst, gleichmässig dünne Fäden zu drehn. *Dau bäst prǭf, de špännst schî* oder *schî Fâdn (Petersdf.).* Gelingt es nicht, so heisst es: *Gäw Ueecht, der Fuedn kit der greôf* (Ebda.). *Dîršt kit et schî, denô kit et greôf, denô wâi Messeldrêtcher ǫnd denô raisst der Fuedn ue* (Ebda.). Über den gesponnenen Faden s. Garn. — Beim Weben werden die Fäden auf den Webstuhl gespannt. *Em nit de Fâdn än de Gezaijer, än't Rûr än, ǫnt det Rûr dêd em än de Wirklued (Petersdf.).* Damit sie sich nicht verwirren, werden sie oft mit einem Brei aus Kleie *(der Schlicht)* gestrichen, *de Fâdn schlichtn* (Ebda.). *Verkniddert, verwäckelt, verwôrn, verhǫspelt, vergaddert Fâdn mâs em ǫfpidnen* (Ebda.). Geschieht es dennoch, dass die Fäden reissen, dann werden die gerissenen Enden wieder geknüpft. *Knäpp diän Fuedn, e äs widder zerrässn* (Ebda.). Ein Faden kommt mit der Spule *än de Schätz* (als Einschlag). Beim Nähen: *Em mâiss dn Fuadn än de Nôrl änfidnen* (nösn.). *Se fedemt de Fadem än de Nôlt. Der Fadem äs mer entschloppt.* — *Der Schoster drêt de Fadem,* bevor er damit näht. Dieser aus mehreren Einzelfäden gedrehte Nähfaden heisst darum *Drôt* m. s. d. (Draht). Deshalb im Spottlied:

Mêtche! wêilt te de Schoster nien?
Nâi! Motter, nâi!
Em hîsst mich sonst de Schosteran
Uch de Fädemdrêeran.

Schuster, Volksl. 114.

Rǭe mer de Betšn (Perlen) *än disn Fuedn än (Petersdf.). Piärln ǫw än Fuadn rǭin* (nösn.). — b) Bei seiner häufigen Verwendung und grossen Anschaulichkeit sind Wendungen, in denen der Faden eine Rolle spielt, zahlreich. *Dǫd äs ener wä e Fǫdem* ‚ein langer, dünner Mensch'. *Det Firrchen* (Dem. von *Furr* fem.) *äs groat wä e Fodem* (Alzen). *E äs afm Fadem* ‚er ist herabgekommen'. *Se Liewen heid un em Fǫdem* ‚ist in grosser Gefahr' (Draas). *Se Lewen hêt nôch nor un em Fǫdem* (Agnetheln). Mit mythischem Hintergrund (Grimm, Mythologie[3] 385 f.): *Der Fǫdem äs em aisgegongen* ‚er ist gestorben' (Ebda.). *Dô (wô) der Fadem um schînsten äs, dô zereisst e* als bildl. Ra. für: ‚das einzige Kind einer Familie stirbt'. Aber auch: *der Fadem* (‚Redestrom') *äs mer eosgegongen* (Gr.-Sch.). *E huat nichen draijn Fuadn mî ǫfm Räck* ‚ist ganz durchnässt' *(Bistr.).* Ebenso lux.: kên drechene Fuedem um Leif mei hun. *Em kǫ̂n e wä en Fǫdem äm de Fǫnjer wäckeln* ‚man kann mit ihm machen, was man will' (Schässbg.). *E let nichen gâdn Fuadn u em* ‚hat alles an ihm zu tadeln' *(Bistr.).* Ebenso: Er losst kän guden Fadem an em, Follmann, 131. *Âmen* (‚Jemanden') *um Fuadn hu* ‚jemanden festhalten' *(Bistritz).* Syn. *um Sêltchi hu.*

Ǫnd hê štǭlt än hefflich Bitt:
»Terf ich ku än de Visitt?«
Ǫnser Franz wuard ängeluadn!
Nǫ! nau hǫddn s en jo um Fuadn.

Schuller, Mâtn 49.

De Paloks mät dem Fadem schnegden. Die *Paloks* wird nicht wie das Brot mit dem Messer, sondern mit starkem Zwirnsfaden geschnitten, indem man den Faden mit beiden Händen fasst und auf dem Hanklichbrett, auf dem die *Paloks* liegt, straff gespannt unter die *Paloks* und dann durch sie hindurch emporzieht. Daher: *De Palöokes schnetj em mät dem Fǫdem* (Schässbg.). *Wêe wonn et mät dem Fadem uegeschnidde wêr* ‚jeder Verkehr ist abgebrochen'. Schässburger Spottwort auf die Mediascher: *De Medwescher schnedjen de Kluetsch* (Schässbg.: *Klôtsch*) *mät dem Fadem* (Schässburg: *Fǫdem*). Hiebei wandelt die Spottlust, um sich nur ja genug zu tun, auch das Wort *Klôtsch* in *Kluetsch* (wie schässbg. *Nôs,* med. *Nues*), trotzdem *Klôtsch* in beiden Mundarten gleich klingt. ‚feiner Faden' s. *Wäft,* ‚grober Faden', aus mehreren einzelnen gedreht zum Nähen von Leder, s. *Drôt* (unter Draht). — *Driselfadem, Hêftfadem, Sedjä Fadem, Zwirnsfadem.* Auffällig ist Fl. N. *Sedde (Seigde)fǫdem* für eine Weinhalde (Birthälm, Meschen). — 2. ‚Herbstfäden, Altweibersommer'.

De Blädder verdrejen,
Der Härwest äs hêe,
Seng Fädemcher flejen
Um Hemmel erbêe. Käst. 16.

s. Herbstfäden. — 3. ‚Faser der Hülsenfrüchte'. *De grâe Faibun sai voller Fâdn, äm dǭt sai se zêi* (zähe) *wâe der Hǫnt (Petersdorf).* 4. Im Abergl. »Symbolisch zu binden reichte ein Zwirns- oder Seidenfaden hin« Gr., Rechtsaltert. 182. Auch im Abergl. unseres Volkes dient der Faden zum Einbinden, Festbinden des Bösen, dass es nicht schaden kann, zuweilen auch des Guten, dass es nicht weichen kann. a) Durch Ein- oder Abbinden mit einem Faden (bevorzugt ist der rote oder der Seidenfaden) werden Krankheiten geheilt. »Kompt sei dahin und sagt das Kindt hat den nachtskrisch und nimbt einen fadem und bindt denselben dem Kindt umbs Haubt« (1615, Nat.-A.). »Sie aber kompt zu uns und bindt dem Kindt ein rihen gorren fadem umbs haubt« (Ebda.). Durch den roten Faden, den man mit einer Nadel an den Türpfosten heftet, wird der *Gôdengränt* geheilt (Gergeschdf., Hillner 50). Will man sich vor *Zätern* sichern, so bindet man einen Faden an den Finger (oder an den Fuss, *Petersdf.).* Warzen werden dadurch vertrieben, dass man so viele Knoten in einen Faden knüpft, als man Warzen hat. Den Faden muss man unter die Dachtraufe legen (wohl damit durch den Regen die durch den Faden schon gebannte Krankheit ganz fortgeführt werde). — b) Aber auch das Gute kann durch den Faden festgehalten werden. Wenn man zwei junge Leute zusammenbringen will, so nimmt man Fäden von ihren Kleidern und bindet sie zusammen *(Petersdf.).* Wollen sich zwei Freundinnen vor Unglück bewahren und sich Glück in der Liebe sichern, so müssen sie in der glückbringenden Johannisnacht, wo ja auch die unterirdischen Schätze blühen, zusammen einen Faden spinnen, indem die eine den Rocken hält, die andere spinnt. Den Faden müssen sie teilen und aufbewahren. H.-W., 273, 287. Um das Korn vor Vögelfrass zu sichern, zieht man einen Faden durch Mehl, das mit Wasser zu einem dicken Brei verrührt wird, dann gehen zwei Männer mit dem Faden quer über das Kornfeld, indem der eine in der einen, der andere in der anderen Furche geht.

Das Wort erscheint in zwei Formen. Süds. hat allgemein kurzen Vokal und *-m,* nösn. ebenso allgemein langen Vokal und *-n. Fadm* (Med.), *Fadem* (Hstdt., Mühlbach), *Fǫdm* (Kronst.), *Fǫdem* (Schässbg., Agnetheln, Zuckmantel u.s.). Auch urk. »Und mir sehen das der fadem weck war« (1615, Ger.-Prot.). »das man die Feddem eben kundt in der Haut« (Ebda.). — *Fuᵃdn (Bistritz), Fuᵉdn (S.-Reen), Foidn (Mettersdf.), Feᵘdn (Jaad), Fǭdn (Kl.-Bistr.).* Derselbe Wechsel in der Quantität des Stammvokals findet sich in der Moselgegend; z. B. Fodem in Sierck, aber Fuᵉdem im nahen Diedenhofen (Follmann). Dagegen erscheint in den Schwestermundarten durchgängig -m: Fodem an der Mosel, Fadem (Fąrrem) bei Crez. 1, 361, Faddem in Köln, Farm im Siegerl., Fuᵉdem im Lux. usw. Was zunächst den Quantitätswechsel des Stammvokals betrifft, so ist er insoferne lautgesetzlich begründet, als sowohl die süds., als die nösn. Formen vollkommen lautgerechte Entwicklungen aus mhd. vadem sind. Derselbe Quantitätsunterschied zeigt sich z. B. auch in den analogen laden *(laden: luᵃdn),* Sattel *(Sǫddel: Suᵃrl),* Schaden *(Schǫden: Schuᵃdn).* Ferner ist süds. *-m* altes Sprachgut, wie in *Bêssem, Bodem, Bâsem* u. a. Dieses Auslaut *-m* ist nun nach *-d-* auch sonst nösn. aus phonetisch leicht begreiflichen Gründen zu *n* geworden, z. B. *Bodn, Èdn* (Eidam), *Ôdn* (Atem). Durch den nösn. Schwund des *-ə-* ist nämlich *-m* gezwungen mit dem Dental eine innigere Verbindung einzugehen, d. h. zu *-dn* zu werden. Zur Erklärung der nösn. Länge und des auslaut. *-n* braucht also nicht nhd. Einfluss angenommen zu werden. — Lautt. 17, auch 18 (süds.), 6 (nösn.). Ahd. fadum, fadam; mhd. vadem.

(**fädenig**), **fädemich** adj., nösn. *fâdnich* ‚voll zäher Fasern', besonders von Hülsenfrüchten. *De Faibun, de Ârbes sai fâdnich (Bistr.). De Bìne se fädemich* (Schässbg.). *De Kolerab äs fädemech* (Draas). *Em* (man) *mess de grân Buine kôchen, ī* (ehe) *se fademich sen* (Agnetheln). — Lux. fuᵉdemech ‚fadenartig'. — Zu Faden 3.

fadenscheinig, fehlt; s. *lidwich, Brannewasser.*

(**Fabian**), **Fâdiân** m., nösn. *Fadiân* [Städt. Halbma.] ‚ein langweiliger Mensch'. *Te bäs e Fâdiân* (Schässbg.). — Von *fât* mit der bei Schelten nicht seltenen undeutschen Endung *-iân, -ân* gebildet. s. *Lungân, Prostân, Schebiân, Schmutziân* u. a.

~, **Fâferkraut**, *-lâbet.* s. Pfeffer-.

Faff, F. N., **Fąff** D. N. (Trappold). 1827 (Bonnesdf.), 1856 (Wölz). »Faff, Phaff, Pfaff« (D.-Tekes, Kbl. 24, 97). »Faffe« (Rosenau, Marienbg., Qu. Kr. 2, 14, 19). »Faffen (1525 Kronst., 1536 Rosenau, 1510 Tartlau). »Pfaffen (Genit. sing. wie das vorige Faffe) Anna« (Qu. Gesch. S. 1, 580). — s. Pfaff.

~, **Fąffelden**, Fl. N. s. Pfaff. Zusammensetzung aus *Pfaff-Halden. Dies der Form und lokativen Verwendung nach ein Dat. und Acc. Plur. Weil aber der Flurteil dieses Namens als Einheit gefasst wird, hat der Plural auch singulare Verwendung, vgl. *der* (nom. sing.) *Tąckelden, Hiršelden, Bäckelde-Groᵉwen* (Flurnamen in Agnetheln).

~, **Faffennîdenhûlz**, *Fǫfmkappel, Faffendair,* s. Pfaffen-.

~, **faffeti** im Auszählreim:

Affeti, faffeti
Domine. Höhr, 40.

~, **Fąqądô** (⏑⏑⏊) n. ‚Gasthaus, Wirtshaus' *(D.-Zepling).* Aus magy. fogadó. Jacobi, 14.

Nyelvt. szót. 1, 884. Auch rum. făgădău (◡◡–◡) ‚Wirtshaus'.

Fagott, Fagott (◡–) fem. (nösn. und süds.) *E blêst af der Fagott (Bistr.).* Aus dem Nhd.

(**fahen**), **fên** st., *faᵒen* (Zeiden i. B.), nösn. *fê* st., *fâe (Kl.-Bistr.), fī* (mit nasal. i, *Baierdf.*), *fing (Mettersdf.).* Praes. 2., 3. Pers. *fêst, fêt.* Praet. *feng* (Hstdt., Med., Mühlb. und nösn.), *fäng* (Schässbg.), *fung (Wallendf.).* Part. *gefangen, gefangen, gefongen, gefange (Jaad), gefange (Kl.-Bistr.).* Imp. *fê.*

I. Trans. mit Objekt. 1. ‚Tiere fangen'. *Fäsch, Krippes fên. Mais, Fairl fê* (nösn.). Ra. *Der Rôk wour* (scil. *esu xerassen*), *dat xâ Katxen en Möus netch fê kennen* ‚hatte so viel Löcher' (Nussbach i. B. und sonst fast allgemein und in vielen andern Formen verbreitet). *Flî fên. Ich kûn de Rôss net heime bronjen* (nämlich von der Weide), *ich kanjt nechent fên unt xe Foss kanjd ich se net draiwen* (Neudf. b. H.). *De Roiwer fên de Rôss mäd er Guggel* (Kugel) *un em longke Soil; dâ schmaisse se 'n* (sie ihnen) *am den Halx* (Agnetheln). Kindervers beim Spielen an den Fingern oder Zehen kleiner Kinder:

Det gänj än de Bäsch,
Det fänj en Hâsken,
Det brôcht et,
Det kôcht et,
Der däck Buta had et
gor freissen. (Draas.)

Besonders Vögel fangen. *Laistern, Mäschen, Nôchtegallen, Pitxigusch, Štiglitx fên.* Scherz: *Wällt te e Mäschken?* Knabe, erfreut: *Cha! Jui!* Antwort des Fragers: *Gong en fê der oint!* Knabe enttäuscht: *bek!* (bək) (Agnetheln). Von der oft vergeblichen Mühe und immer geringen Einträglichkeit des Vogelfangs sind übertragen Wendungen wie die folgenden: *Dî än Ausdâje* (im Frühling) *sich net rackert, kan än Ändâje* (im Herbst, zur Erntezeit) *Laistere fên* (Schuster, Volksl. 150). *Nau kännst de gô Vegel fê* ‚wenn einem etwas missraten ist' *(Bistr.).* — Hunde fängt der Henker *(Päti)* mit dem *Arkân* (s. d.). Daher die Ra.: *Em mâis en mät dem Arkân fê* ‚er ist schwer zu etwas zu bewegen' (nösn.). Mittel gegen Langeweile: *Wat sal ich dân?* Antw. *Fê Mäcken* (Schaal, Neustadt) oder *fê Mäschn (Bistr.).* Kindervers:

Fei, fei Vijeltschen
Âsem Gangchen en Zijeltschen. (Draas.)

Abergl. *Êdesen fên.* Wer es versteht Eidechsen zur rechten Zeit (vor dem Georgstag) zu fangen, der hat für das Jahr eine heilkräftige Hand und kann Halsgeschwüre heilen, *de Êdes xân.* Kbl. 27, 111. — 2. ‚Menschen fangen, gefangen nehmen'. »Demnach kommen die trabanten und fangen den Schneiderknecht« (um 1610, Ger.-Prot.). »Da ist des Kaisers Brief öffentlich verlesen, und den Schatzmeister einen Verräter genannt und in Bann gethan und befohlen, ihn wo möglich zu fähen« (um 1620, Qu. Kr. 4, 510). Besonders in der Ra.: *xe de Muesern, Katnern* (Soldaten) *fên,* weil in der Zeit vor der allgemeinen Wehrpflicht die jungen Leute vor dem harten, langdauernden Militärdienst ins Gebirge oder in die Wälder flüchteten und gefangen werden mussten. Eine köstliche Schilderung derartiger Fangszenen s. bei Fronius, 169 ff. Nösn.: *Dâxemol feng em de Knêcht mät dem Sêl bai de Muaser (Petersdf.).* Im Spiel: *Lûf, ich fê dich.* Als Mittel gegen Langeweile wird noch empfohlen: *Leuf am de Beum ent fê dich* (Schlatt). *Kud er fê špilln? (Bistr.)* s. *Fêes* (‚Fähens'). ‚Fangen (gefangen setzen) lassen'. »Denn Sie dreüet mir immer, mit den Herrn, dass Sie mich wolt fangen lassen« (1689, Cap. Cib.). — 3. Leblose Dinge fangen. *De Pila fên.* Syn. *facken, fôren.*

II. Trans. ohne Objekt von der Empfängnis bei Frauen und weiblichen Tieren. *Âs Kê* (Kuh) *hoet gefongen* (Draas).

III. Refl. *De Laft fêt sij än der Schaier; de Kringket hat sich em um Fâss, u der Hânt, äm Gesicht gefangen* (‚hat begonnen', nösn.). *E hôt sech ä senjen ŝjäne Wuerte gefangen* [Städt. Halbma.]. — ab-, an-, auf-, aus-, be-, ein-, er-, emp- verfangen. — *Fên* zeigt die ursprüngliche Form des nhd. fangen, mhd. vâhen, ahd. fâhan mit Schwund des inlaut. -h-. Über den Umlaut s. Zeitschr. f. d. Philol. 10, 162; er ist dadurch bedingt, dass in der Ma. die Verben mit ahd. -âh- (fâhan, hâhan), in deren Entwicklung der Umlaut nicht berechtigt ist, zusammengefallen sind mit den Verben mit ahd. -âj- (drâjan, mâjan, sâjan u. a.), wo -j- den Umlaut bewirkt hat. *Fing (Mettersdf.)* hat nichts auffälliges, da in derselben Ma. auch *hing* (*hê,* hängen), *ming* (*mê,* mähen), *sing* (*sê,* säen) gesprochen wird. — In Zeiden scheint in *faᵒen* eine nicht umgelautete Form erhalten zu sein, wie etwa auch im Kronst. Glossar (V.-A. 26, 103): complectere, ůme foen. — Lautt. 80. mhd. vâhen, vân, schon ahd. neben fâhan auch fâen.

(**Fähens**), **Fêes** (Schässbg. und sonst süds. fast allgemein), *des Fênes* (Scholten) *špillen,* in der Kindersprache auch *Fêâsch špillen* (Schässbg.). *Und na špille se Fêes* (Hîmw. 53), nösn. *fê špilln.*

Fangspiel (fangen spielen). Zuerst werden die Mitspieler ausgezählt. (Auszählreime s. HÖHR, 38 ff.; SCHUSTER, Volksl. 384 ff.). Der letzte ist Fänger. Auf seinen Ruf laufen die Mitspieler aus dem *Pick* oder *Zick* (Ziel, Rettungsplatz), und der Fänger sucht sie zu haschen. Wer gefangen wird, bevor er das *Pick* wieder erreicht, muss die Rolle des Fängers übernehmen und wird von den andern (an manchen Orten, z. B. in Scholten, rumänisch) verspottet. Vgl. HÖHR, 101; Kbl. 19, 105. — *Fêes* ist Gen. des Infin. zu *fên*, wie *Ạfsprạnjes, Numeroffes, Špeckes, Zäjeltrêfes* u. ä. Im Nösn. fehlt es, man sagt einfach *fê špilln.* Dieselbe Endung *-es* erscheint in lux. Fânges (FOLLM., 133).

(**Fäher**), **Fêer** m., nösn. *Fêer* m. [Städt. Halbma.] ‚Fänger'. Selten gebraucht, meist in den Zusammensetzungen: *Mäckefêer* ‚Vorrichtung zum Fangen der Fliegen', *Vijlfêer*, nösn. *Vegelfêer* ‚Vogelfänger', Schelte s. d. Vom Fänger im Fangspiel (s. d. vorige Wort) sagt man: *e äs* (er ist); fragend: *Wî äs?;* zurufend (im Augenblick, wo er gefangen wird und dann die Rolle des Fängers übernehmen muss): *te bäst!*

fähig, fêich adj., nösn. *fêich* [Städt. Halbma.]. *Zâ e su äst äs hê nät fêich (Bistr.).* — Echte Ma.: *e äs ämštạnt* (◡ ⊥).

fahl, fâl adj., nösn. *fual* [Städt. Halbma.?] ‚bleich'. *Vun dertous schin e fâl Schnîlächt erän* (Volksfr.-Kal. 1905, 110). ‚verblichen, unansehnlich'. *De Laimet* (Leinwand) *kit mer fuel, et schlêt sich mer fuel* (beim Wirken, wenn die Leinwand nicht weiss ist, *Petersdf.*). S. auch *sual* (nösn.). Das Wort scheint im Süds. ganz ausser Gebrauch gekommen zu sein. Das vom Volksfr.-Kal. gebrauchte *‚fâl'* ist dem Nhd. entlehnt, es müsste das Wort *fuel* (Schässburg: *fôl*) lauten und seine Verwechslung mit *fôl* ‚voll' wäre unvermeidlich, wie denn die unberechtigte Nebenform *fuel* (voll) dieser Verwechslung ihr Dasein dankt. Hieher *Fôl* (s. d.).

Fahmtorte, s. Faum.

Fähnchen, urk. †. »Ein stal in das fenchen« (1548, Nat.-A.). »Ad vexillum vulgo fenchyn asp. 18« (1547, Qu. Kr. 3, 423).

Fahne, Fân fem., nösn. *Fân* fem. [Städt. Halbma.]. 1. Wie nhd. ‚Zeugstück an einer Stange als Abzeichen besonders von Vereinen'. *Wî sọl de Fân drôn?* (Bei Schulfesten u. dgl.). *Ạf de Fân lûfen* ‚in die Wette laufen auf die als Ziel ausgesteckte Fahne' (am Maifest, Schässbg.). *De Fân än der Kirch ousštêchen* ‚an hohen Feiertagen die Bruderschafts- oder Turnerfahne hissen'. *Se sai mät der Fân ạf der Laich gewêst* (beim Begräbnis von Vereinsmitgliedern, *Bistr.*). — Auch urk. »Item dem schnaider das her drey fannen geflicht hat asp. 6« (1529, Qu. Kr. 2, 166). »Am dritten tag darnach bin ich im Rathhauss vor Einem Ers. w. Rath und den Hundert Mannen declariret worden, von dannen mich Ein Ers. w. Rath sambt der gemein heim beleit, der Statt fan vorher getragen« (1577, SEIV., St. H. 70, wo für ‚heim' ‚sein' steht). Zu den Insignien des siebenbürgischen Fürsten, mit denen er von den Vertretern des Sultans »confirmirt« wurde, gehörte auch die Fahne neben »Buzgahn (‚Streitkolben'), Szabel, Hut vndt köstlichen Federpusch, sampt angerüsten ross (besonders Sattel), vndt anderm zugehör« (KRAUS, Chron. 2, 209 und 1, 362). »16., 17., 18. Oct. (1748) halten die Schulknaben das Gallifest solenn mit Fahnen, Trommel und Seitengewehr« (Qu. Kr. 4, 153). s. *Fændeln* (Fähnlein). — 2. † ‚Abteilung von Soldaten'. »Allda waren 3 Fahnen deutsche Fuszknecht« (KEMÉNY, Fundgr. 1, 184). »Eine Fahn teütsche reüter« (KRAUS, Chron. 1, 142). Daher auch die Ra. »sich vntter dass Fahn begeben« ‚wieder Soldat werden' (KRAUS, Chron. 2, 375). — Die echte Ma. gebraucht das Demin. *Fændeln* n. Daraus mag sich die eigentümliche Tatsache erklären, dass KRAUSS, (Chron. 1, 255; 2, 69; 2, 106; 2, 375) Fahne auch als n. gebraucht. Mit dem Begriff war für ihn durch sein ss. *Fændeln* das neutrale Genus so fest verbunden, dass er es auch dort anwendet, wo es keine Berechtigung hat. Weder ahd. fano noch mhd. van erscheint je als n., beide sind m.

Fahnenfutteral, fehlt; s. *Tock.*

Fahnenmeister, † (KRAUS, Chron. 2, 407) = Fähnrich?

Fahnenmutter, Fânemotter fem., nösn. *Fânenmọtter* fem. [Geh. Spr.]. Die Frau, welche die Fahne in ihrer Besorgung hat, auf Dörfern gewöhnlich die Pfarrerin.

Fahnenträger, Fânendrâjer m. (Schässbg.), nösn. *Fânenträïjer* m. [Städt. Halbma.]. »Dem Fendldreger 1½ M. fl. 6« (V.-A. 14, 369). — »Fanentrager« F. N. (1497, Kronst., Kbl. 13, 84).

Fahnenüberzug, fehlt; s. *Tock.* »Item zwo Tocken auf zwe Fendlen« (V.-A. 14, 368).

Fahnenweihe, Fânenwậi (nösn.) [Geh. Spr.]. Die Fahnenweihen gehören heutzutage zu den grössten Festlichkeiten der Dörfer. — Im Süds. gilt dafür das mehr Konkrete: *det Fændeln-äwậən* ‚das Fähnlein-einweihen'; am meisten entspricht der Ma. eine Umschreibung *dâ em det Fændeln äwật.*

Fähnlein, Fændeln n., nösn. *Fändel* n. (und fem.). Plur. *de Fændler (Petersdf.).* Demin.

Fændeltchen n., nösn. *Fândeltchi* n. 1. Die älteste Bedeutung von Fahne ‚Tuch, leichtes Zeug' schimmert noch durch in Wendungen wie: *Et hêt sij âne saidn Fândeltcher ąf dn Räck (Bistr.).* Ebenso FOLLM., 131. Auch urk. »Manch arglistige Bestia und Hur mit solchem Fähndelen vom Haupt bis auf die Füss herumerpranget« (Qu. Kr. 4, 263). — 2. ‚Kriegsfahne, Vereinsfahne, Fähnlein der Kinder'. »Erstlich geston die erste 2 Fendlen von Taffendt wie folgt« (1598, V.-A. 14, 368).

Wæ Fændelcher floddern
Se hîh iwrem Bäsch (de Härwest-
fädemcher). KÄST.,

Hons, gongk äm e Fândle bidden
zem Herr Farr. SCHULLER, Ged. 18.

Se hû Fândel ausgešteochn ‚haben mit Fähnchen einen Platz bezeichnet' *(Wallendf.). De Turner hû de Fândel eraus geštôchn* (nösn.). *E huet det Fændeln erausgehongen* (Gr.-Lasslen) ‚an hohen Feiertagen die Fahne in der Kirche ausstecken'. *De Känder gô mät Fândel(tcher) äm Ząch (Bistr.),* beim Umzug durch die Strassen der Stadt beim Schulfest, wobei jeder Knabe ein buntes Fähnlein in der Hand hält. — Das ausgesteckte Fähnlein war das Zeichen der Marktfreiheit. »Es soll kein Fremder in mittler zeit frei sein Frucht auf dem Markt zu kaufen, allein am Donnerstag Nachmittag und der Marktrichter soll am Donnerstag schuldig sein das Fendlein dazu verordnet in den Rumpf (s. *Rąmp*) aufzustechen zu einem Zeichen des Freythums« (V.-A. 17, 270). »Darumb soll er (der Marktrichter) alle Montag nach Mittag und am Dienstag vor Mittag das Fendlein ausstechen« (1662, Kbl. 6, 74). Denn mit der Aufrichtung der Fahne wurde das Volk versammelt (GRIMM, Rechtsaltert. 161). Die Fahne war auch das Zeichen der Belehnung (s. Fahne). Die Übertragung der königsrichterlichen Gewalt erfolgte infolgedessen durch die feierliche Übergabe der Fahne (Kbl. 6, 74). Bei der feierlichen Installation des Sachsengrafen Huet wurde 1577 vor dem Zuge eine Fahne einhergetragen. (s. oben, Huets Bericht). — 3. † ‚Die unter einem Fähnlein vereinigte Kriegerschar'. »Vier Fähndlen Landsknecht in die Hermannstadt, 2 Fähndlen Landsknecht kegen Cronen« (Qu. Kr. 4, 512). — 4. ‚Windfahne auf dem Dache'. *Det Fêndeln, det Fêndelchen* (Birthälm). »Jacob sclosser hat gemacht das fendlen auff den newen turrin« (1504, Qu. Gesch. S. 1, 378). — 5. ‚der Schwanz des Fuchses' (HALTRICH, Tiers. 64). — *Fændeln* geht auf mhd. venelîn zurück, wie das auslaut. *-n* deutlich beweist. Dagegen ist nösn. *Fândel* entstanden aus mhd. venel. Dasselbe *-el* erscheint nösn. auch sonst als Demin. suffix z. B. *Hängkel* (‚Hühnchen'), *Reckel* (Röckchen), *Jąngeltchi, Têkeltchi* u. a. m. Das Demin. *Fændeln* wird einem verständlich, wenn man moderne Fahnen mit dem vergleicht, was die Landsknechte Fahne hiessen. Das *-d-* erscheint aus euphonischen Gründen eingeschoben [ebenso: *ândeln,* Hendel < Henel, Rendel < Renel], wie übrigens in fast allen Schwestermaa. Fändel, Fu°ndel (Lxb.), Fêndel (Falkenberg), Fåhndel (Aachen), Fändele (Eupen), Fändel (Köln), vaandel (niederl.). Das fem. *de Fândel (Bistr.),* neben dem gewöhnlichen n. ist nhd. Einfluss zuzuschreiben. — Lautt. 7. mhd. venelîn und venel. — Syn. *Štandârt (Reen), Štaumptert* (Rode).

Fähnrich, † urk. »Den zween Fendrigen fl. 8« (V.-A. 14, 367). »Der Zechmeister einen zum Fändrich aussucht« (1656, Kronst. Goldschm.-Art.). »Der Wintzer Soldaten Fändrig« (KRAUS, Chron. 1, 255). — »Fandrich« F. N. (1653, Schässbg.). »Fähnrich« F. N. (1835, *Ober-Neudf.* für Weinrich?).

fahrbar machen (einen Weg) s. *dräften,* Trift.

Fähre, fehlt; s. *Schäff* (Schiff, Gr.-Sch.) und *Zäll* (Zille).

fahren, fuᵉren st., nösn. *fuᵃrn* st. Der Stammvokal ist grosser Veränderung fähig, s. Lautt. 5. Praet. *fäᵃr* (Med.), *feᵃr* (Birth.), *fâr* (Hstdt., *Bistr.*), *fâᵘer (Weisskirch), fäᵘer (Kl.-Bistr.).* Urk. »Item wenn mir irgent fauren« (1615, Ger.-Prot.). Opt. *fær* (Hstdt.). *fâr (Bistr.).* Part. *gefôren* (Schässbg.), *gefuᵃrn, gefuᵉrn* (nösn.), *gefuᵉrn* (Hstdt., Med., Mühlb.), *gefûren* (Birth.). Urk. »Den Pôckhner ist von uns geforen« (1553, B. M.). — 1. a) *fuᵉren* bezeichnet zunächst ‚die schnellere Bewegung auf einem Fuhrwerk im Gegensatz zu der langsameren des Gehens'. *E äs fôrän kun* ‚fahrend gekommen' (BINDER, Coll.). *Se ku gefuᵃrn (Bistr.). Špôn u ąnd fuᵉr, de kist behæinder* (behender) *zeräck (Petersdf.). Fuᵉr nôm Dokter, bäs dąt te (dąte) ze Fauss gêst, känn e* (er, der Kranke) *štiärbm* (Ebda.). Dem sächs. Bauern gilt es als Schande längere Strecken zu Fuss zu gehen, wenn er sein eigenes Gespann hat. Daher das Sprw. *biesser licht fuᵉren, wæ härresch ze Foss gôn* (SCHUSTER, Volksl. 233) oder *basser licht fuᵉrn, alts gaᵘt gû (Petersdf.).* Ebenso lux. Besser schlecht gefuᵉr ewe[i] štolz gângen. *Mät dem (ąf dem) Wuᵉgn, mät dem (ąf dem) Schliddn fuᵉrn* (nösn.). Die Ma. macht einen feinen Unterschied dazwischen, ob man mit oder auf etwas fährt.

Ich bän mät dem Wuegn gefuern, sagt der Wirt, der sein Gespann selbst lenkt, aber *mer sai ąf dem Wuegn gefuern* sagen die, welche mit dem Besitzer des Wagens (untätig) mitgefahren sind *(Petersdf.)*. Der Unterschied ist verschwunden in der modernen Wendung: *mät der* oder *ąf der Aisnbân fuarn* (nösn.). *E fiärt nur mät Ôessn, e kit nät vum Flâkn (Petersdf.)*. *Mîr fuern âne nur mät zwæi Fârt, ąber diser hâe ąnląngst* (wörtlich ‚unten neben', ‚der Nachbar abwärts') *fiärt och êšpännich* (Ebda.). *Zupack fueren* (Wolkendf. i. B.), *mät Špätz fuern (Petersdf.)* ‚ein Tier geht vor der Deichsel, zwei andere neben die Deichsel gespannt'. Ärmere Leute fahren *mät Špätz*, ackern *mät Špätz*, wobei ein (oft geborgtes) Pferd voran, die beiden (eigenen) Kühe oder Ochsen dahinter gespannt werden. *Mer fuern mät drąe, ent äs äm Drättl* (Drittel, *Petersdf.)* dreispännig fahren, wobei alle 3 Tiere nebeneinander gehen. Syn. *am Legôe gôn* (Wolkendf. i. B.). *Mät vâr* (4) *Fârt fuern (Petersdf.)*. *Nur de Grâbm* (Grafen) *terfm mät vâr Fârt fuern* (Ebda.). *Mät siesen* (Sechsgespan) zu fahren gebührt dem Bischof. Deshalb: *Det Hemmelrech kit ned ängde mät siese gefueren* von bescheidenem und doch erfolgreichem Wirken. Von der Art des Fahrens. *E fiärt nur hesch mæilich* (‚mählich, langsam') *(Petersdf.), hesch hemlich* (heimlich), *ląnzem* (langsam). Süds. *hemlich* ‚langsam'; *ląnzem* ‚spät'. »*Hîsch hemlich äm Schrätt gäng uch det Redjen* (Reiten) *'nt Fueren un*« (Volksfr.-Kal. 1899, 62). Derber: *wâi e Schnâkelhôrn* (Schnecke, *Bistr.*), *wâe än Laus, em dingkt de Fârt wêrn em hingąngen (Petersdf.), de Rôss, de Kâi, de Ôssn wêrn em krepîrt (Bistr.)*. *Äm Schrätt, (äm) Kalupp* (Galopp) *fuarn* (nösn.). *Dąd geng âneent* (immer eins ‚fortwährend') *wâe der Himmeldąnder, mer faurn jo och âne Kalupp (Petersdf.)*. Von zu schnellem Fahren: *E fiärt wâi det Tąnnerwedder (Bistr.), wâe e Tîrijer* (Törichter), *Verąffter, wâe e Drąchn (Petersdf.)*. *E fiert wâ e Veraffter* (Birth.). Es gilt als Ehrenleistung bei der Beförderung hoch gestellter Herren, schnell zu fahren. Es erging einem Fuhrmann übel, der die Mahnung des Fahrgastes: *Stât* (langsam) Bauer! als: ‚Stark' misverstand und die Tiere bis zu rasender Eile antrieb; nicht weniger übel auch jenem, der die Mahnung: Langsam Bauer! als sächs.: *longst am* (längs um) »seitwärts, am Rande des Strassengrabens« deutete, wo es noch holperiger und die schnelle Fahrt um so unangenehmer war. *Gruadaus (Bistr.), schlecht vörn (Petersdf.) fuern*, ‚gradeaus fahren' der Gegensatz ist *zirkn, hachi* (hierhin), *dochi* (dahin) *brinzn* ‚ausweichen, zur Seite fahren'. — b) Präpos. Wendungen. Ziel. *Än Wôelt fuern* ist die Winterbeschäftigung des Nösner Bauern, der die Stadt Bistritz mit Holz versorgt. »Kompt die Stengen Haenesin und spricht, f o h r t noch einmall in den waldt, die koblen ochsen werden nit verkalben« (1615, Ger.-Prot.). *Än de Štądt fuern (Petersdf.)* ‚zum Wochenmarkt in die nächste Stadt fahren', doch wird es meist nur von Hermannstadt und Bistritz gemeint s. Stadt. *Af den Dąstich fuere mer än de Štadt* (‚nach Hstdt.') *mät Gearšt* (Rothberg). *Mer feoren än de Štadt* (‚nach Hstdt.', Kl.-Sch.). *Mät wąt fuert er än de Štądt* (‚nach Bistr.', *Petersdf.)*. Dagegen sagt man in der Umgegend von Schässbg. *ąf Schêssprich*, bei Med. *kê Medwesch fôren*. Ebenso *än Muark* (Markt) *fuern* (‚nach Reen', *Botsch*). *Mer fuern mät Zwibbel nô Klausnburich, mät Appel än de Dorne* (Dorna), *kêm Ræi* (‚nach Reen', *Petersdf.*). *Än de Mill, zer Mill fôren*. Besonders: *Zem Plauch fuern* ‚zum Pflügen (wörtlich: zum Pflug) im Frühjahr' *(Petersdf.)*. Weil es die erste grössere und eine der wichtigsten Arbeiten des Landmanns ist, singt das Mädchen, das die Gewerbetreibenden verschmäht:

Ech wal dech hun! ech wal dech hun!
Dau bast der Geböuer, unt fieršt zem
Pląch. SCHUSTER, Volksl. 116.

Bait Brêchn fuern ‚zum Pflügen im Sommer' s. ackern. »das die Stolczemburger wider E. W. verbott in Reussner hattert g e f a h r e n weren« (1569, Nat.-Arch.). — Richtung. *Iwer Hattert fôren* ‚auf einen andern Hattert, auf die Gemarkung einer andern Gemeinde fahren' gibt Ziel und Richtung zugleich an. *E äs ibber Hąttert gefuern* ‚kommt nicht gleich nach Haus' *(Petersdf.)*. »*Wällt te iwer Hąttert ąckre fueren?*« ‚auf dem Gebiete einer andern Gemeinde Wirtschaft treiben' (Zw. Krez. 7). »Ich hab gesehen das dieser man über die bruken ist sollen f a h r e n, die die gemein gehalten hat« (1598, Ger.-Prot.). *Ibber de Wisn fuern (Petersdf.)* ist besonders im Frühjahr, wenn die Wagenräder tiefe Furchen schneiden, verpönt. Aus demselben Grunde darf man bei nasser Witterung nicht *ibber de Læinder* (Ackerländer) *fuern*. Viel Ärgernis gibt es, wenn der Landmann auf unkommassiertem Hattert sieht, dass ihm jemand durch das Kukurutzfeld gefahren ist, was beim Kleeanbau zwischen Kukurutz geschehen muss, da es auf unkommassiertem Grund keine richtigen Feldwege gibt, der Klee aber früher geerntet werden muss als der Kukurutz oder Hafer. Daher die unwillige Klage: *'D äs mer schu widder ener mät dem Klî durch t Tirkeschkôrn (durich de Huawer) gefuern (Petersdf.). Af der Kêserštrôss, afm Wêch* (Gegensatz: *nebm um Wêch,* süds. *longst dem Wêch), äm Wêch* (Gegensatz: *ibber de Wisn) fuern. Nebm um Wald, nebm u der Bach fuern. Aus dem Hôf, aus der Gemâi aussn, än dn Hôf änne fuern, um Raich* (*Rech*, Berg) *afm* (hinauf), *uam* (hinab), *bärjaus, bärjän,* diese auch süds., *af der Emt* (Ebene) *uam* (abwärts) *fuern (Petersdf.). Händernhi* (hinterhin) *fuern* ‚ins Gebirge fahren' (Ebda.). — c) Vom uneigentlichen Fahren. Mythologische Bedeutung kommt der Wendung *âser Härrgott fiert mät senjem Wuegen ibber de Wûlken* zu (Grimm, Myth. 1, 138), die vom Donner (s. d.) gebraucht wird. Nach einem Aberglauben, der zur Zeit Dürrs lebendig gewesen sein muss, fahren Hexen auf dem Mantel. »So hat der böse feind vil böser zu nichtiger huren, die durch des teufels kunst können wetterladen, die den kuen die milch stelen, die auff besenen reiten, auff dem mantel f a r n« (Aml. Dam. Dürr, 37). — 2. Daneben bezeichnet *fôren* auch ‚eine leichtere Art des Transportes, im Gegensatz zu tragen'. *Mät dem Kuarchi* ‚einem kleinen Karren', *mät dem Hantwäigeltchi, mät dem Schlittchi fuarn* (nösn.), wobei der Mensch zieht. *Mer sin* (sollen) *bai de Bach fuarn,* mit einem Handwägelchen Wäsche zum Bach führen' *(Bistr.).* — 3. † ‚Fuhren machen'. »Item Thyes Rab hat g e f f o r e n py dem turrin mit 6 phertin eyn gantz wach« (1503, Qu.-Gesch. S. 1, 373). — 4. Übertragen wird *fôren* seltener gebraucht als im Nhd.

Wiäre gaut schmiärt,
Fiärd och gaut

‚wer vorwärts kommen will, muss mit Geld schmieren, bestechen' (*Petersdf.* und sonst).

Auch von gutem Essen und Trinken, als der Vorbedingung guter Arbeit:

Gât schmieren,
Gât fuoren. Schuster, Volksl. 117.

Auch westerw. Wæ gôt schmêart, dæ gôt fêart. — Meist in Verbindung mit bezeichnenden Präpositionen, wobei neuhochdeutscher Einfluss stark geltend wird.

Mät dem flachn Zuabich (Säbel) *fârn*
Se dem Matzki (P. N.) *ibbern Räck.*

Schuller, Mâtn 37.

»So wollt sie machen das die augen im aus dem haubt würden f a r n« (1615, Ger.-Prot.). *Ed äs zem aus der Haut fuarn* [Städt. Halbma.?, *Bistr.*]. ». . . ihr mit beiden Händen unter das Hemmet f u h r« (1769, L. K. A.). »F e h r t ihm mit dem finger um mundt herumb« (1615, Ger.-Prot.). *Et fiert mer än de Zänjd, än de Foss, än de Hant* ‚vom Schmerz', echte Ma.: *et schôsst (schusst, schesst) mer . . De Angst äs mer än de Glädder gefuarn (Bistr.),* echte Ma.: *sich erfêren. Äs der Deiwel än dech gefûren?* (Birth.). *Et dûselt nor esi und fâr änj än de Läft* ‚emporfahren' (Hîmw., 5). »Das Landt welches wegen sich diese Thädig hat gehaben, ist dieser zwajer Thädiger bruder gewesen, nu ist der Z . . . . d a r e i n g e f a h r e n und hat nach des Richters gebott nit wollen fragen, sondern mit gewaldt geackert und besehet« (1600, Ger.-Prot.).

Doch dô fâr der Hanni drän:
Widd e Offissîr dich wänn (wollen),
Langen mîr — zem Dannerwedder —
Vu drai Hiärtn nät de Ledder,
Äm draus Schâgn zem gewänn.

Schuller, Mâtn 11.

— 5. † ‚verfahren'. »Gehet bey einem man vnuersehens ein fewr auff / man sol gelinder mit jhme f a h r e n vnd handlen« (E. L. R., 154). — 6. Refl. *Än disem Wuagn fiärd et sich näd ibbel* [nösn., Städt. Halbma.]. — 7. Aberglaube: Wenn die Schwangere auf dem Wagen rückwärts gekehrt fährt, so geht die Entbindung in verkehrter Weise von statten (Hillner, 14). — 8. ‚beweglich', †. In älterer Rechtssprache. ‚fahrende Habe, fahrendes Gut'. »So sol mit dem ersten in der pfändung / die f a r e n d e h a b e werden angetastet« (E. L. R., 46). »F a r e n d e h a b e aber / kan ein jeder vermachen / wem vnnd wie er wol« (Ebda. 98). »Verleiet einer dem andern was hausraths / sylberen Geschmeids / Kleidung / Pferd / oder was anders (das man beweglich oder f a r e n d Gut nennet / vnnd das man haben / tragen / treiben / oder sonst brauchen mag) . . .« (Ebda. 107). »er aber weder an Erbschafften noch f a r e n d e n güttern nichts vermag« (1569, B. M.). — s. auch *karlîzen.* — ab-, an-, auf-, aus-, be-, durch-, ent-, er-, fort-, nach-, neben-, über-, ver-, zerfahren. — Lautt. 5. ahd. faran, mhd. varen.

Fahrgelegenheit, Fuergelíejenhît fem., nösn. *Fuargelegnhêt* fem. [Städt. Halbma.]. *Wo ich Fuargelegnhêt fänn, wäll ich kun (Bistr.),* wie nhd. Häufiger das Simplex: *mät Gelegnhêt* s. d.

fahrlässig, fehlt; s. nachlässig.

Fahrstraße, fehlt; s. das Simplex und Fahrweg.

Fahrt, Fuert fem., nösn. *Fuart* [Städt. Halbma.].

Et štächt mer wä den Âlden
Det Rîsen äm Geblæt.
Nô villen erre Fuerten
Kąm hier är Hîfke frą,
Und mącht sich zâ em Guerten
Des rêjich Westeną. Käst., 70.

Än desem Ląnd äs en Gemîn,
Si înich wä e Guerten,
En hescher hun ich net gesæn
Af alle menge Fuerten. Thullner.

Urk. »Item Cloren hans das im die pix genon ist vorden als du sein geselschaf erschlon sein vorden off der vart asp. 25« (Qu. Kr. 2, 116). Nicht mundartlich, aber urkundlich belegt erscheint Fahrt im Sinne von Mal (so auch bair. Fart [fort] Schmeller 1, 759 auch DWB. 3, 1265) »Er were ein fort sampt seiner hausfrawen zu Prosdorff aufgefaren« Herm. Archiv, Urk. V, Nr. 731 (ein fort ‚ein Mal'). Weil man in alter Zeit Reisen nicht so sehr zu Wagen, als zu Pferd machte, hat unsere Ma. statt Fahrt (ss. *Fuert, Fôrt)* in obiger Bedeutung das Wort *Rätt* ‚Ritt' verwendet: *af dese Rätt* ‚auf dieses Mal' *af zwîn Rätt* ‚zu zwei Malen' (auf zween Ritte). — Glückliche Fahrt! *gläcklich Štrôss! (Bistr.).* — Auffahrt, Durchfahrt, Hoffart.

Fährte, Fêrt fem., nösn. *Fêrt* fem. [Städt. Halbma.]. *Ich bän em ąf der Fêrt* (nösn.). — Echte Ma. *Špôr* n., süds. *Špîr, Špûr* n.

Fahrweg, Fuerwêch m. Im Gegensatz zu Gehweg, Steig. *Hier terfe mer net mät dem Wuegen* (sc. *fueren*), *ded äs ned e Fuerwêch, 'd äs nor e Štech.*

Fai, F. N. (18. Jahrh. *S.-Reen;* 1822, Bulkesch), »Fay« (1684, Trappold, 1822, Seiden). Mit genit. -en: »Fayen Endris« (1536, Tartlau), »Fayen Tong« (1536, Honigberg). Gegenwärtig in Bulkesch (»Fai«), in Seiden (»Fey«). s. Foi.

—, **Faibun,** s. Feigbohne.

Faidel, F. N. s. Feidel.

Faidt, F. N. 1762 (Weidenbach i. B.). Zu Feidt, Veit.

—, **faier** im Auszählreim:

Aier, faier, hubb. s. oben 1, 63.

Fail, F. N. 1762 *(S.-Reen),* 1808 (Kronst.).

Faisberg (V.-A. 17, 547), s. Fachsberg.

Faisel, Faysel, F. N. s. Foisel.

Faisinger, F. N. (Schässbg.), Schotsch, 12.

—, **Faisket,** O. N. aus magy. Fűzkút, um 1500 Fůsget, rum. Fiscutu (Koloscher Kom.) bei *Lechnitz* (V.-A. 34, 36).

Faissner, † F. N. (1505, *Bistr.*); zu dem O. N. Faisza (magy.) bei Med. s. Füssen.

—, **Fąistgrêf,** F. N. s. Pfingstgräf.

—, **Fąitâsch,** *Faitâsch* m., nösn. *Foitâsch* m. 1. ‚der Schiesspfropf', der beim Laden (des Vorderladers) auf das Pulver gesetzt wird. *Säch dô lîft der Huas, gäw em Foitâsch* ‚schiess' *(Bistr.). Der Fuss bekąm Foitâsch* ‚wurde angeschossen' (Ebda). »Sie aber habe ihn funden, dass Er Schrott in die Flint geladen und den Faytasch aus dem Maul hineingestossen« (1763, Cap. Cib.) — 2. Übertragen: *Ich wiärn der schu Foitâsch gê* ‚ich werde dir Füsse machen', ‚dich zur Eile nötigen' *(Bistritz). Fąitâsch bekun* (Schässbg.) ‚zur Eile gedrängt werden'. Auch obscön von der geschlechtlichen Begegnung: *Faitâsch gin* beziehungsweise *bekun.* Von der zerstörenden Wirkung des Pulvers, die der *‚Fąitâsch'* erfährt, übertragen auf alles Zerstörte: *Der Bika äs es än den Honef kun en hoed ąllent Faitâsch drais gemôcht, er breocht en nimi ze hącken* (Agnetheln) ‚der Stier ist uns in den (neben dem Bach zur Trocknung nach dem Rôssen aufgestellten) Hanf gekommen und hat alles (lauter) Faitasch draus gemacht (ihn in kleine Stücke zerzaust), als hätte er der Hausfrau die nächste Arbeit daran, das Hacken, ersparen wollen'. — Aus magy. fojtás ‚der Pfropf auf der Ladung' (Kramer, 28; Haltr., Plan 140; Jacobi, 14).

—, **Fäitê** m., nösn. *Faiti* m. und n. ‚färbige oder schwarze Stickwolle', mit der Tischtücher und Leintücher gestickt werden. Das schwarze Garn, mit dem die Hemden gestickt werden, heisst dagegen *Hąllerguern. Dät Faiti äs ąnnetz, et zerraisst âne ent (Petersdf.). Rût, blô, schwuarz Faiti* (nösn.). — Aus magy. fejtő ‚farbiges Garn von Baumwolle'. Faiti ⟨ fejtő, wie Menki ⟨ menykő, Felschi ⟨ felső, Mänti ⟨ mente. — Kramer, 23; Haltr., Plan 140; Jacobi, 15.

—, **Faitigenêssel** n., *Feitigenâissel* n. *(Kl.-Bistr.),* die mit *Faiti* genähten Tischtücher, die als Zimmerdekoration an die Wände gehängt werden. *Blao, rût Feitigenâissel (Kl.-Bistr.).* — Zu *Faiti, Fäitê.*

Faitohaube † »Faito Hauben, gelbsternigte« (1762, V.-A. 7, 315). Zu Faiti, oder dem zugrunde liegenden magy. fejtő?

—, **Fäjendref,** s. Feigendorf, O. N.

Fakesch, F. N. »Hannes Fäkeschin« (Cap. Bog.), »Johannes Fakesch« (1708, Ebda.), »Catharina Fakeschin« (1765, Talmesch), lat. »Fakesius« (1739, Schotsch 12). Gegenwärtig in Burgberg, Gr. und Kl.-Alisch, Talmesch. — Gebildet wie Hiemesch, Kattesch, Reimesch, Wallesch (mit

-hausen? Kbl. 11, 54), od. wie Gunesch, Bartesch? — Zu facken?

~, **fäkete** im Auszählreim:

Äkete, fäkete,
Zukete nêdj. Höhr, 40 f.

Fakler, s. Fackler.

Fakner, s. Fackner.

~, **Fąkorąt** n. *(Bistr.)* ,unbeschlagenes, noch gelbliches Wagenrad'. Zu magy. fakó ,gelblich, fahl'. s. *Fąkowuᵃgn.* Kisch, N. W. u. W., 123. M. Tájsz. 1, 535: fakó kerék.

~, **Fąkowuᵃgn** m. *(Bistr.)* ,unbeschlagner, noch gelblich erscheinender Bauernwagen' Kisch, N. W. u. W., 123. Zu magy. fakó ,gelblich, fahl'. s. *Fąku* und *Fąkorąt.* M. Tájsz. 1, 535: fakó szekér.

Fäks fem. ,böses Weib'. Urk. »Und zu demmahl gesagt: Ja mein Weib ist auch nur ein Fex« (1692, Cap. Cib.). Das Wort gehört mit Feg ,böses Frauenzimmer' (Eupen), Feeg ,ein listiges, auch freches Frauenzimmer' (Aachen), Fäg ,böses, freches Frauenzimmer' (Köln), holl. veeg, feeks ,männersüchtige Frauensperson', oberd. Fex zusammen. Die Ableitung ist unsicher. DWB. 3, 1225. Weig.[5] 1, 527. Kluge[7], 134. — s. auch *Ge-fäks.*

~, **-fäks,** s. *Bärlefäks.*

~, **Faktor** ein Kartenspiel, eine Art Mariage, von den ,Adjuvanten' gern gespielt. Als *Faktor* wird der Ober einer vorher bestimmten Farbe bezeichnet. Wer den Faktor erhält, haut mit einem hölzernen Löffel alle Mitspieler in die flache Hand, mit Ausnahme des als Mitspieler gewählten. Der Spielgewinn besteht ebenfalls im Recht, Schläge mit dem hölzernen Löffel auszuteilen (Schönbg.).

Faktor m. † ,Geschäftsträger'. »Vndt hat der Betthlen Gabor von der Zeit ihm mit der Republick von Venedig solche Kuntschafft erwecket, dass er bey seines lebenss Zeiten grosse correspondens vndt gewerbschafft mit denselben gehabt insonderheit mit seinen Factoren einem Venedischen Kauffmann Daniel Nys« (Kraus, Chron. 1, 56). Lat. factor.

Faktur, †. »(Es) sollen sich die jetzige und künftige Meister befleissigen, alle dergleichen Faktur (,vielerlei schöne und saubere Waren') zu erlernen« (V.-A. 27, 551). — Zu lat. factura ,Verfertigung', factor ,Verfertiger'.

~, **Fąku** m., nösn. *Fąko* m. ,blassgelbes Pferd oder Rind, der Falbe'. *Ed äs e Fąko (Petersdf.).* Auch D. N. *Faku (D.-Zepling).* Unmittelbar aus magy. fakó ,falb, blassgelb', wie andere Tiernamen. An einen Zusammenhang des magy. fakó mit Falke ,fahles Pferd' wird man trotz der von Jacobi 14 vorgebrachten Bedenken glauben dürfen. Das Wort kann über eine slav. Ma. ins Magy. gedrungen sein.

Fakultät, rechtswissenschaftliche Fakultät in Hermannstadt. Während des Bestandes dieser von der sächs. Nation 1844 errichteten, 1851 an den Staat übergebenen und von diesem 1883 aufgehobenen Akademie hiess es von Studenten: *E äs dich nâ e grìss Študänt af der Fakultêt;* auch: *e gìd af de Fakultêt.* Der Volksmund wandelte das Wort auch in *Fakletêt* und *Fakulitêt.* Gymnasiasten fühlten sich geehrt, wenn Studenten der *Fakultêt, Fakultisten,* mit ihnen umgingen. — Vgl. Fr. Teutsch, Sch.-O. 2, LIV ff.

Falbel, Fąlber fem. ,Falte an einem Kleid' *(S.-Reen).* Haltrich, Plan 29. Aus dem Nhd. *l* 〉 *r* dissimilierend.

~, **Fälbel** fem. (nösn.) ,Pelzware', wohl dasselbe wie Falbel.

~, **fälbich,** *e fälbich Kîršch* ,Kürschen, Pelz mit kurzen, schwarzen Haaren' (nösn.). Zu dem vorigen (Bertleff).

~, **Fâle** fem. ,Prahlerei, Hochmut'. *Dò as uch nor de Fâle mâre, und derhandjer as nast* (Brenndörfer 17). *Dąd äs jo och esu än Fâle mâre* ,ein Mensch, der prahlt, aber nicht viel wert ist' *(Petersdorf).* Zu rum. falǎ mare ,grosser Stolz'.

~, **Falekusch** (◡◡—), Fl. N. (Schönau). »Das Looss vorm Falekus; Wiese im Falekus« (1822, L. K. A.). — Aus dem Rum.?

Fälfes, s. *Fälpes.*

~, **Fälfesrûs** fem. (nösn.) Paeonia officinalis L. Wegen der *Fälfes* ähnlichen Blüte [volksetymol.]. Syn. *Fälpesblom* und *Faltesrûs.* Zu *Fälpes.*

Falk, F. N. »Stephanus Falk« (1600, Reussmarkt), »Falck« (1723 *Bistr.,* 1764 Reps), »Martin Falck und uxor Anna« (1774, Schässbg.), »Falk« 1810 (Petersdf. b. Mühlb.), 1825 (Bussd, Weingarten, Weingartskirchen). — Gegenwärtig in Reps, Schässbg., Mühlbach, Denndf., *Bistritz* und sonst. Aus mhd. valke ,Falke'.

Falk, O. N., magy. Szász-Fellák, rum. Felacu bei Kirieleis im Komitate Szolnok-Doboka. Vgl. Falk, O. N. in Lothringen, Kreis Bolchen. Dazu: »Falcker« F. N. (1764, *Lechnitz*), »Falker« D. N. *(N.-Neudf.)* = einer aus Falk. »Felker« F. N. (1648, *Bistr.*). »Felcker« (1683 *Petersdf.,* 1764 *Dürrbach).* — Gegenwärtig in *Lechnitz* und sonst im Nösnerland. — *Falker Râich* gegen Falk gelegener Berg *(Kirieleis).*

Falkaune †,schweres Geschütz', das Kugeln von 2—4 kg warf. »9 falkaunen« (Kraus,

Chron. 2, 355). Mlat. falcona, eine Bildung zu mhd. valke ‚der Falke'.

Falke, fehlt; s. Mäusler, Stossvogel, Wichtel.

Falkenberg, Fl. N. (Zied). Vgl. Falkenberg i. Lothr.

Falker, F. N. und D. N., s. Falk.

~, **Fâlkn**, D. N. *(Wallendf.)*, s. Valentin.

Falkner, F. N. (Kronst.). — Aus mhd. valkenære, valkener.

Falkonet ‚kleine Falkaune, Kanone' †. »de quinque bombardis vulgo Falkenetelen« (1543, Qu. Kr. 2, 655). »tormentum vulgo ein Falkenetlen« (um 1550, Ebda. 3, 480). »ein Falkonetl« (1600, V.-A. 14, 372). »Brennen die Falkaneten auch loss« (Kraus, Chron. 1, 216). — Diminutivbildung zu mlat. falcona ‚schweres Geschütz, Falkaune' [eigentl. ‚Falke'].

Fall, Fall m., nösn. *Fąll* m. 1. Im eigentlichen Sinne wird das Wort nur in städt. Halbma. gebraucht, die echte Ma. zieht das Verbum (subst. Verbale) vor. *Dąt wôr en ąrch Fąll, e hôt sich derbæ den Ąrmen zebrôchen* (Schässbg.). Dorfsmundart: *Dôt wôr en angem Fąllen* . . »Denn vnuersehene vnfål . . . als auffruhr / brunst / håuser fål« (E. L. R., 128). *Det Wąsser hôt nichen Fąll* (Schässbg.). — 2. Übertragen. a) † ‚Entehrung einer Jungfrau, Untreue einer Frau'. »Soviel aber habe ich von ihm gehöret, dass er des Hunnenbächer von hier seine Frau um des Draser sein Enkeln, mit welchem seine Tochter Anna zu fall gekommen, soll gefraget haben« (1756, L. C. Akt.). »Behelt auch der man sein trewlos Weib bey sich inn der ehe / nach dem er seines fals recht ist jnnen worden« (E. L. R., 185). — b) † ‚Vergehen'. »Die Oberkeit mag jhme den ersten freuel vnnd fall vbersehen« (E. L. R., 191). ‚Sündenfall'. »Den hausvetern kann ich kein ander neues iar geben, als die hau, welch got dem Adam nach dem faal auf die achsel gelegt« (Dam. Dürr, Aml. 25). — c) ‚Vorfall, Ereignis'. [Städt. Halbma. und Geh. Spr.]. *Diär Fąll äs mer noch nät vôrkun (Bistr.). Et hąt sich der Fąll getre^u^fn, dąt (Wermesch). Dąt üs næ der Fąll gewiest* (Schässbg.). *Äm nîdije Fall. Se wîle læwer än em ą̂ndere Fąll ze Dænste štôn* (als beim Begräbnis; Schuller, T. u. Begr. I, 51). — d) † ‚Rechtsfall'. »Diewel sich aber tåglich newe fåll vnd sachen zutragen / drumb ist es vnmůglich / das man die Gesåtze dergestalt fassen kőnne / das sie ausdrůcklich von allerley fållen reden / noch einem jedem fall ein sonderlich recht machen kőnnen« (E. L. R., 5). — e) ‚Im Fall'. »Darauf sagt er, wer hat mir in dem fahl zu gebieten« (1604, Ger.-Prot.). Auch als Conj. *Am Foll a hatt emesten belaidicht* (Rode). *Äm Fąll ij en sâi, wäll ich em et sô (Bistr.)*. — f) ‚falls' [Städt. Halbma.]. *Fąlls er zea em gôt* (Schässbg.). Echte Ma.: *äm Fąll*. — Zus. Ab-, An-, Aus-, Bei-, Ein-, Knie-, Todes-, Trauer-, Über-, Ver-, Zu-, Zwischenfall.

Fallbrücke, Fallbräck fem., nösn. *Fąllbräck* fem. 1. † ‚Fallbrücke als Teil der früheren Befestigung der Städte'. »ad pontem fal« (1512, Qu. Kr. 1, 163). »Item pro duobus lignis vulgo Oechen feest (‚Eichenpfosten') ad fallbrück« (1535, Ebda. 2, 385). »cadivus pons vulgo Faal Breck« (1539, Ebda. 2, 642). — 2. ‚die Brücke, die man heute auf den Dörfern über den Graben gelegt hat, auf den man früher die Fallbrücke herabliess'.

Falle, Fall fem., nösn. *Fąll* fem. 1. ‚Fangwerkzeug zum Fangen von Mäusen, Ratten, Iltissen usw.'. *Det Fairl* (Iltis) *frässt es de Hên* (Hühner) *gu^a^r, mer mâ^i^ssn än Fąll ąfštalln (Bistr.)*. — 2. Übertragen. *Enem en Fall ąfštällen* ‚in die Falle locken'. *E wäll mer ned än de Fall gôn* ‚will sich nicht täuschen lassen'. »von denjenigen Koszaken so ihnen die pfallen vndt stricken gemacht« (Kraus, Chron. 2, 52). — Syn. *Kluks*. — Mhd. valle. — *Faierlengk-* (Iltis-), Fuchs-, Maus-, Rattenfalle. Dazu: *Wolbesfąll*, Fl. N. *(Kl.-Bistr.)*, auf der Fall, Fl. N. (1827, Bonnesdf.). — Mhd. valle.

fallen, fallen st., nösn. *fąlln, fą̂ln (Jaad)* st. 2., 3. sing. praes. *fälst, fält*, nösn. *faltst, falt* (auch sonst; natürlich ist *a* Umlaut von *ą*). Praet.: *fâl* (Mühlb.), *fûal* und *fąąl* (Med.), *fêl* (Birth.), *fæl (S.-Regen), feil (Jaad.), fäiel (Kl.-Bistr.), fâel (Tekendf.), faul (Petersdf.), fål (Bistr.)*. Müller, Sprdm. 208: *feyl*. Part. *gefallen* (Mühlb., Birth.), *gefalln* (Med.), *gefąlln (Bistr.), gefą̂ln (Jaad)*.

I. Intrans. 1. ‚fallen im eigentlichen Sinn'. a) herab-, hinabfallen'. *Štaich nor esu huch, de wist fąlln* ‚vom Baume' *(Tekendf.)*.

Et falle vun dem Liewensbûm
De Hîschen, de Jąngen, de Ą̂lden.
Käst., 76.

Wæ det Oppes heier fällt! De Âpel fąllen hair štąrk (Schässbg.).

Wänjd gąngk,
Bire falle mir,
Štille bleiwen dir. Höhr, 29.

Gefąllen Holz ‚gefallenes Astholz'. Solches durften die Armen heimtragen, im Winter auf Handschlittchen führen. »22. Maii ist ein solch Hagel gefallen über die Stadt und Vorstadt«

(1615, Qu. Kr. 4, 47). »Am grünen Donnerstag ist ein sehr grosser Schnee gefallen« (1646, Ebda. 4, 230). *Der Hôl fällt ned aiṇjden än t Kîren, e fierd uch ąld îst durch de Štappeln* (Schuster, Volksl., 226). *Der Schauer, der Dâ fallt (Petersdf.).* »Feür felt vom Himmel« (Kraus, Chron. 1, 135).

Et kangd dich
Uch net en Nêldchen än Iere
fallen. Thullner, R. 12.

Em werd e Nêltchen än Äre fąllen hieren (Litschel, Lisi 5). *E fâl än de Kąlichkaul* (Kalkgrube), *än Gruabm* (‚oberirdische Wasserleitung‘), *vum Dąch eruaf (Bistr.).* Scherzhaft:

Jin, bin, bun
Kąck der Motter än de Trun.
Lûf wedder t Štuwenâk,
Fąll än t Rîsebât. Höhr, 22.

— b) ‚umfallen‘, besonders von gehen lernenden Kindern und überhaupt von Menschen. *Gäw Uecht, de wist fąlln! (Petersdf.)* ruft die Mutter dem Kinde zu. Oder *säch der af de Wiech, sonst fälltst te af de Nues* (Schuster, Volksl. 247). Ist es gefallen, so wird es getröstet: *Kamm, ich hebm dich ąf* oder *Hopa! d'äs näst (Bistr.).* — Syn. in der Kindersprache: *bucken, buckabuckimąchen.* — Auch mit Praepos.

Dai Juden, dai Juden erfêrde sech
Und faulen ąlle häiṇjder sech.
Schuster, Volksl. 63.

E fällt ąf de Štîn, zer Dirr än de Štûf, zem Fenster aussen, ąf de Nues, ąf dn Bauch (nösn.), *ąf de Räck, ąf de Sekt. E fällt wâ e Sack* (Mühlb.), *wâ e Mielsack, wâ e Kampesštreunk* (Birth.). — Reflexiv in der Wendung *sich ze dît fallen. Dat de dech ze duet failst* (Zendresch; Schuller, T. u. B. 2, 35). *Dau wist dich noch emôl ze dût fąlln (Bistr.).*

Em riet sich înder nôch ze dît,
Als em sich fällt ze dît.
Schuster, Volksl. 41.

— Daraus entwickelt sich leicht die Bedeutung ‚getötet werden, sterben‘. Besonders urk. »Was nur etwa betagte leut waren, musten durch das schwert fallen« (Kraus, Chron. 2, 164). »Graff Palfi . . . dem türckischen General . . mit einer pistollen eines versetzet, alss er aber von dem schuss nicht fallen wollen, hat er ihn mit dem pallas (‚Reitersäbel‘) durchstochen vndt gefellet« (Ebda. 2, 336). In einer der neun Teufelsfragen des Märchens: *Wad äs fąf, und äs e nätzlich Däiṇj? Wier fąf štark Îssen huot, kąn en grîss Last afladen; wun der virt fällt, špannt e de fąften un* (Schuster, Volksl. 284). — Gelegentlich auch von leblosen Dingen: *der Bûm fällt.* — c) ‚abfallen‘. *E gêd esu lǫng mät dn Schâgn, bäss se em vu dn Fäiss fąlln (Bistr.). Der Räime* (Riemen) *fäiel em vu dn Fäiss (Kl.-Bistr.). Det Himt fallt em vum Räck (Bistr.).* — d) *zehôf* (‚zu hauf, zusammen‘) *fąlln. Det Haus, de Schaier fallt zehôf (Bistr.). Det Schąf äs guar ärlâicht, et fallt zehôf* ‚ist so getrocknet, dass die Dauben zusammenfallen‘ (Ebda.). — e) Andere Wendungen. »Alss die wasser gefallen beginnte der Vortrab der Türcken bei Barkau vber die Schiffbrücken zu Marschiren« (Kraus, Chron. 2, 335). »Wenn nun solcher Gestalt das Loos gefallen« (1717, Schuler-Libl., Mat. 60). Sprichwörtl. und schon halb übertragen: »das ein armer durch verzug manchmal mit seiner gerechtigkeit muss durch den korb fallen (‚durchfallen‘)« (Aml., Dam. Dürr, 33). »Wo aber Vneinigkeit vndt Zwispalt sich darinnen (im weltlichen, geistlichen und Hausregiment) erhebet, muss ess fallen vndt vntergehn« (Kraus, Chron. 2, 32). — 2. Übertragen. α) Ohne Präpos. a) »In derselben (Sache) ist er gefallen (‚unterlegen‘), hat appelliert, und dornoch darvon abgestanden« (1569, B. M.). — b) Bei Zeitbestimmungen: *De Ûstern, de Fąistn fąlln haier frâi, špêt (Bistr.). Der Lâichnzer* (Lechnitzer) *Jôrmok* (Jahrmarkt) *fallt ąw än Sąnntoch* (Ebda). Urk. »Auf der Strass nach Campolung zu, allwo Jährlig Eliae ein grosser landt Jahrmarck felt« (Kraus, Chron. 1, 12). — c) Von moralischem oder materiellem Fall: *Wî hî štecht* (steigt), *kąn def fąllen* (Schässbg.). *E gefąllen Mètchi, än gefąllen Mêt* ‚verführt‘. Gefallene dürfen in der Kirche nicht mehr im Gestühle der Mädchen sitzen, dürfen den Borten nicht mehr und bei der Trauung auch den Kranz nicht tragen (Gassner, 64.). — — d) ‚im Preise fallen‘. *Det Flîsch äs gefąllen* (Schässbg.). *Det Vâi äs, de Schwai, de Gâiter* (‚Grossvieh‘) *sai gefąlln (Bistr.).* — Syn. nachlassen. — e) ‚schwer fallen‘. »Nichts . fällt mir härter, als wofern man mich thue schwören« (1777, L. C. Akt.). »Dieweile fast männigkligen der Borger-Pasteyen angefangener Baw misshellig will fallen, als begehret Eine Ehrlige Gemein gedachter Pasteyen perfection . ehestens zu verschaffen« (1678, Hstdt. Lok.-St. 64). Echte Ma.: *Et kit mer huart;* oder auch: *Et fällt mer schwêr,* milder: *Kit mer net gât.* — β) Meist in Verbindung mit Präpos., besonders urk. a) ‚feindlich ein- oder ausfallen‘. »17. Jan. fallen die Kurutzen auf

Tartlau« (1704, Qu. Kr. 4, 118). »Ist dasselbe (des Bathori Volk) auss aller ordtnung auf dass plündern der thoder cörper g e f a l l e n« (Kraus, Chron. 1, 13). »Die 16. Augusti f a l l e n die Zekel aus Rosenau . . heraus« (1612, Qu. Kr. 4, 153). »Mitlerweill f e l t der Thumis auss dem Schantz« (Kraus, Chron. 1, 213). »Bald darauf f a l l e n bei 4000 Mann zu Pferd und zu Fuss bei Honigberg über den Alt« (1704, Qu. Kr. 4, 118). Sie fallen zusammen ‚packen sich handgreiflich' (Binder, Coll.). »Wer sich mit andern bälget, ins Haar f ä l l e t oder gar schläget« (18. Jahrh., Reichesdf. Brud.-Art.). »Wurde der Schuldherr / on gewalt des Gerichts / in seines Schuldigers Gůtter f a l l e n vnnd pfånden« (E. L. R., 114). — b) ‚über etwas herfallen' besonders von Heisshungrigen. *Se fallen drif, wê de Rumeser iwer den Âjresch. E fällt zäa wê der Mąldierfer än t Hemmelbrît* (‚Oblaten', Schässbg.). — c) ‚an jemanden fallen', (nach dem Rechte politischer Macht, wie nach dem Erbrecht). »Alldieweil der Tyrann Báthori Gábor in der Hauptstadt residieret, f a l l e n alle Städt in Siebenbürgen an ihn« (1612, Qu. Kr. 4, 219). *Det Ąckerlânt vu mainem Vąter äs u maich gefąlln (Bistr.).* »Die abgetheilte Wohnung / f e l t den kindern aus der erster ehe heim« (E. L. R., 81). »Welche Summa im Vertrag getheilltt worden ist auff drei theill also das auff ein jedes theill g e f a l l e n sein fl. 800« (1564, B. M.). *Ê Drättel fallt ąf maich, ded ânder ąw in (Bistr.).* Auch ‚einer Meinung beistimmen': »Alss solchess das Landt inne wardt, f i e l l e n sie auch daran« (Kraus, Chron. 1, 87). — d) † ‚abfallen'. »Was von Grüz-, Stampf- und Walkmühlen für Profit f i e l e ?« (1754, Qu. Kr. 4, 453). ‚abtrünnig werden': »Dass landt (‚der Landtag') f e l t zu Nössen von der Port« (Kraus, Chron. 2, 146). — e) † ‚in etwas geraten'. »wegen meines Weibes Untugend, begehre ich die Scheidung, dass ich nicht in was ärgeres f a l l e und gerathe« (1683, Cap. Cib.). »(Die Klausenburger) f i e l l e n in grosses Schräcken vndt angsten, wussten nicht wie sie der sachen raht finden solten« (Kraus, Chron. 2, 63). »Barcsai Fürst f e l t ihn schwere gedancken« (Ebda. 1, 365). — γ) Bildliche Ra. Aus dem Hd. entlehnt: [Städt. Halbma. und geh. Spr.] *Em fällt ąf de Frack, wonn em det hîrt* ‚vor Erstaunen'. Aber auch echt mundartlich: *Der Appel fällt net fär* (‚weit') *vum Bûm* (Schuster, Volksl., 251). *Dąt fallt ąf maich* ‚die Verantwortung trage ich'. *Ąser Härrgott fällt net mät der Dirr än t Hous* (Schuster, Volksl., 207). *Et fällt niche Bûm aw ene Šträch* (volkstümlicher: *Häch* ‚Hieb'; Ebda., 234). »Welcher dem andern in die Rede f e l t, der hatt verfallen ein pfundt wags« (1484, B. M.). *Ich hątt kum ugefąngen, fâl e mer än t Wôrt (Bistr.).* — Ferner ist wohl altes, ursprüngliches Sprachgut zu erkennen in Wendungen, wie: *E äs ned ąf t Mell gefąllen* ‚er hat ein gehöriges Mundwerk' (Schässbg.) *E äs näd ąf dn Scherel (ąf t Hêft) gefąlln* ‚ist ein kluger Kopf' *(Bistr.).* Aus derselben Anschauung heraus lux.: net op d Nues gefal sin (Lux. Wb., 99). *E äs mer aus dem Ierbel* (Ärmel) *gefąlln* ‚ist mir unlieb geworden' *(Petersdf.).* Scherzhaft: *E äs afenzâ* (‚aufwärts' eigentlich ‚aufhinzu') *gefallen* ‚hat statt der Strafe Beförderung erfahren'.

II. Scheinbar (durch Ellipse) trans. *E fällt det Däppen* (den Topf) *ä Štäcker* ‚er fällt so, dass der Topf in Stücke geht'. *E Lôch än d Iert fallen* ‚beim Fallen ein Loch schlagen'.

III. a) Fallen machen, ‚zu Falle bringen'. *Sorich, tąt et nät fąlln mąchst!* zu grösseren Kindern, wenn sie kleinere Geschwister beaufsichtigen sollen, wobei aber die Absicht des zu Falle bringens mit ausgedrückt wird *(Bistr.).* — b) Fallen lassen. Eigentlich: *Em dingkt de Hant wêrn em aus Lêm, e let ąlles fąlln* ‚es entfällt seinen Händen' *(Bistr.).* Auch euphem. für cacare (Ebda.). Übertragen: ‚einen Kandidaten fallen lassen': *U diän äs nät zem dingkn, diän mâiss em fąlln lossn (Bistr.).* — Zus. ab-, an-, auf-, aus-, *ousse-*, be-, durch-, ein-, *änne-*, ent-, ge-, herab-, nieder-, über-, um-, ver-, zer-, zu-, zurückfallen. — Lautt. 18. — mhd. vallen.

Fallen, Fallen n., nösn *Fąlln. Durch t Fąlln lîrn de Känder gô* (nösn.). Im Südsiebenb.: *Mät Fallen.* Substant. infin. von fallen I. 1. b).

fällen, fällen schw. [Städt. Halbma.]. 1. ‚Holz fällen' fehlt, s. abhauen, *bäschen* (Gr.-Lasseln), schlagen. Die Wendung des Schutzsegens

Dat mich niche Wasser schwällt,
Uch niche Bûm fällt

Schuster, Volksl. 290.

ist einfache Übertragung aus dem Nhd. † Bei Kraus zuweilen ‚töten': »alss er aber von dem schuss nicht fallen wollen, hat er ihn mit dem pallas durchstochen vndt g e f e l l e t« (Chron. 2, 336). — 2. † In der älteren Rechtssprache: ‚Recht, Urteil fällen'. »Ehe das Recht wird g e f å l t vnd ausgesprochen« (E. L. R., 21). »Ein Vrtheil / so auff vnrecht vnnd falsch anzeigen wider den abwesenden g e f å h l t« (Ebda., 37). Faktit. zu fallen ‚fallen machen'.

F a l l e n a c k e r, Fl. N. (Rothberg). — Zu Falle.

fallende Sucht, fehlt; s. *de schwêr, hinfallend Krinkt* (Krankheit). Die Form *hinfallend* ist aus dem Nhd. entlehnt; echt mundartl. würde sie lauten: *hifallän.* Urk. »(eine) dirne, welche wegen der fallender Sucht czu dienen vntüchtig« (1601, Bistr. Arch.).

~, **Fällenger Wängert,** *îweršt Fällenger Wängert, angder de Fällengern,* Fl. N. (Grossau). Der Name deutet wohl auf eine erloschene Siedlung **Fällengk,* analog gebildet wie *Källengk, Källenger.*

Faller, † F. N. (1791, *Bistritz*), Fahler (1697, Hstdt.).

fallieren, fallîren schw., nösn. *fallîrn* schw. 1. Wie im Nhd. ‚zahlungsunfähig werden'. *E hot fallîrt* oder *e äs fallîrt* [Städt. Halbma.]. Echte Ma.: *E lq̂d af'm Boch* oder mehr ohne Bild: *E äs ze Grangt gegongen; hu*e*t Pankrot gemq̂cht.* — 2. ‚Misserfolg haben'. *Mät diäm Štäck* (Theaterstück) *hu*a*d er fallîrt. Er sid jo nur nät fallîrn mät di*ä*m Wq̂ldkôf* (nösn). mhd. fâlieren ⟨ it. fallire ‚betrügen, bankerott werden'.

fällig, fällich adj., nösn. *fällich* adj. [Städt. Halbma.]. *Der Wessel, der Hausză*i*s, der Ză*i*s, de Schold äs fällich* (nösn.). Zus. bau-fällig.

Fallische F. N. (um 1500, Neustadt i. B.), »Falsche, Fôlsche, Folcze« (1486, Kronst.).

~, **Fallmerhomm,** Fl. N. (Roseln).

Fallobst, Falloppes, *Fallîpst* n., nösn. *Fqll-oppes* n. *Det Fqllu*e*pes äs hair dê*e*r. Aus dem Fqlloppes mqchn mer Appelwai* (nösn.). Sonst: *gefqllän Oppes.*

Fallschessel, -schissel, F. N. s. Fellschissel.

Falltor, Falldîr n., nösn. *Fqlldôr* n. 1. † ‚Falltor als Teil der früheren Befestigung der Städte, ein Tor, das man an Seilen oder Ketten niederlassen und aufziehen konnte'. »Item pro uno laqueo, quo faldŵr trahitur sursum« (1508, Qu. Kr. 1, 126). »coadiutoribus faldor facientibus« (1524, Ebda. 1, 577). »pro reparatione valvae (teutonice: faldor)« (1527, Ebda. 2, 46). Dazu *Baim Fqlldôr,* Platz in der Ob. Vorstadt *(Bistr.).* — 2. ‚von selbst zufallendes Zauntor am Ende des Dorfes gegen das bebaute Feld, damit das Vieh nicht hinauskann'. Ebenso Schm.[1] 1, 522. *Der Schmädt* (Schmidt) *um Falldu*e*r.* D. N. (Maniersch). Besonders in Fl. N. »Auf der Hinterbach vor dem Fall Thor« (1808, Marienbg. i. B.). Auswendig dem Falltor (Rothberg). Innerhalb dem Falltor (Gross.-Alisch). Beim grossen, kleinen Falltor (D.-Weisskirch). *Det Fq̂ldôr (Deutsch-Budak). Bæ dem Fi*a*ldi*u*er* (Pretai). *Falldîrhîrschken* [*-hîrschken* zu mhd. hurst ‚Gesträuch'] (Marienburg bei Schässbg.). Blaschfalltor (Keisd). *Af dem Âltfolter* (Neithausen). Ob wohl auch der † F. N. Failder, Falyder (1701, Heldsdf. i. B.) hieher gehört? Oder sollte dieser wie manche Formen der obigen Namen auch an Bildungen mit Feld denken heissen? Lautet doch das Feld in der Mundart neben *Fi*e*lt, Fe*a*lt* auch *Falt.* Und Feldtore kamen und kommen wohl noch immer namentlich dort vor, wo die Zufahrt ins bebaute Feld durch das Brachfeld erfolgt.

Falltüre, s. *Schlôcht.*

Falmisch, Falmesch m. und fem., nösn. *Fu*a*lmesch* fem. Der Singularis ist nicht überall gebräuchlich, dafür der Plur. *de Falmešchen* (Hermstdt., Med.), *de Fqlmešchen* (Schässbg., Kronst.), *de Fu*a*[l]mešchn (Wallendf.).* 1. ‚verkohlte, fliegende, noch glühende Teilchen von verbranntem Stroh, Papier usw.', ‚Flugasche'. *Et brâ*i*t štu*a*rk, et flâ*i*gn Fu*a*lmešchn eräm (Wallendf.). De* (da) *âs Schair bræt, flugen de Fqlmeschen bäs qf't Feild* (Draas). *Et bru*e*cht de Falmešchen bäs vi*u*r e*a*set* (Med.). *Net dqt de Fqlmešchen äst unzqnjen* (Schässbg.). Urk. »Wird eines oder des andern Haus Frau befunden, dass sie ... die Falmeschen . in die Bach schüttet, ... die soll ohne Barmherzigkeit gestrafft werden« (1720, Nachb.-Art., Neustadt i. B.). s. *Glânzter* (Agnetheln) und Kohle. — 2. Die *Falmesch* spielt im Aberglauben eine Rolle, sie hilft gegen mancherlei Leiden. Wird ein Kind von irgend einer Krankheit befallen, so wird ihm ein mit Essig angefeuchteter und mit *Fu*e*mesch* bestreuter Teig aus Kornmehl und Eiweiss auf den Bauch gebunden. *Fu*e*mesch* vom verbrannten Hemd eines Epileptischen hilft gegen die Krankheit. Auch verbrennt man das Tuch, mit dem das Kinn eines Gestorbenen aufgebunden war, und nimmt davon *Fu*e*mesch* gegen die hinfallende Krankheit ein. Hühneraugen reibt man mit Knoblauch und bestreut sie mit *Fu*e*mesch* (Gassner, 75, 77, 78). Das Wort ist auch in den Schwesterma. vertreten: Fu[e]lmesch (Lux. Wb., 122), Folmesch (Diedenhofen, Sierck bei Follm. 170), Fo[a]lmesch (in der Eifel). Es geht auf mhd. valwische zurück, mit Übergang des w ⟩ m wie in wir ⟩ mîr, mhd. zwelver ⟩ *Zwelmer* (nösn.), mhd. swalwe ⟩ *Schwülm (Burghalle).* Damit konkurriert die lautlich einwandfreie Ableitung aus franz. flammèche. Das Verhältnis von mhd. valwische (ahd. falauiska) zu franz. flammèche und ss. *Falmesch* ist noch nicht genügend geklärt. s. DWB. 3, 1291; Schm.[1] 1, 523; Kbl. 24, 128; 27, 4; V.-A. 26, 190; 33, 79; 35, 140, 257, 276.

~, **Falos** (◡ ◡́) m. *Ed äs e Falos* ‚stolzer, prahlerischer Mensch' *(Petersdf.).* Dazu wohl auch der D. N. *Faluške* (⏑ ⏑́ ⏑, *O.-Neudf.*). — Aus rum. fălos ‚prahlerisch, grosstuend'. Nicht direkt hieher gehört süds. *Falott* (s. d.). — Zu *Fâle* s. d.

—, **falossich** (⏑ ⏑́ ⏑) Adj. *Dạ̊d äs e falossich Mäntsch (Petersdf.)* ‚einer der sich gern lobt, aber wenig tut'. mit -ich (-ig) von rum. fălos gebildet. s. *Falos*. — Zu *Fâle* s. d.

—, **Falott** (⏑ ⏑́) m. [Städt. Halbma.] ‚stolzer Mensch, Geck', auch ‚herabgekommener Nichtstuer'. Über das Oberd. aus franz. falot ‚wunderlich', ‚Geck'.

—, **Fälpek** n. Fl. N. (Nadesch). Zwei Weinhalden: *Ạ̊ld und nạ̊ Fälpek* (Haltr., Plan 86).

—, **Fälpes** n., nösn. *Fälfes* n. Pl. *Fälpeser*, nösn. *Fälfeser*, Demin. *Fälpesken*, nösn. *Fälfeskn, Fälfeski*. — 1. ‚geflochtener breiter Rutenkorb' zum Tragen von Holz, Dünger, Erde, Obst. *Änt Felpes dea mer de Biren, de Äpel, de Pelsen* (Neustadt i. B.). »*ạnt läissn ạch de Haun ạnt te Felbeser zreck*« (Bertleff, Kl.-Bistr. Ma., 28). *Äm Fälpes drôn.* »Sein Weib wäre vielleicht deswegen böse, weil sie in dem ersten Jahr kein Kind gehabt hätte, und sie würde wünschen, man solle ihr die Kinder mit dem F e l p e s darschütten« (1777, L. K. A.). — 2. Ra. *Der Mạ̊ holt mät dem Fälfes än t Haus, de Frâ drêd ed äm Schurz aussn (Bistr.).*

Härr, hälw es,
Aus dem Trôch än t Fälfes. (Ebda.).

Härr helw es
Bäs än't Fälpes,
Ous dem Fälpes än den Trôch,
Ous dem Trôch än t Lupeslôch.
Höhr, 51; Schuster, Volksl. 333.

Derber:

Harr halw es,
Mat dem Uersch am Falpes.
Kronst.—Bartholomä

Vom Verschwender:

Ous dem Kasten
Än det Fälpes,
Ous dem Fälpes
Af de Müst. Schuster, Volksl. 179.

Fealpes, däcket Fealpes ‚plumpes Frauenzimmer' (Med.). *Daud äs uch esi e Fälpes, en däck Fälpes* ‚plumper, dicker, schwerbeweglicher Mensch' (Schässbg.). *Deik wei e Falpeske* sagt man von kleinen, dicken Kindern. Weil die *Fälpeser* nicht grade Muster von Reinlichkeit zu sein pflegen, nennt man ein schmutziges Frauenzimmer *Fälpes, lichtet Fälpes, Fälpeskati*. Scherzhaft: *E Fälpes vel Sạnnelächt, uch e Sạck vel Schâden* ‚ein Korb voll Sonnenlicht und ein Sack voll Schatten'. Syn. *E Furz mäd er Hingk* (nösn.). Scherzfrage: *Wad äs dạ̊t, et segd ous wâ e Fälpes und äs e Fälpes?* — Im Süds. ist allgemein *-p-*. *Fälpes* (Hstdt., Schässbg., Reps, Birth.), *Falpes* (Burzenland), nösn. *Fälpes (S.-Reen), Felbes (Kl.-Bistr.), Falfes (Weisskirch), Fälfes (Bistr.* und sonst). Das Wort findet sich auch in Hessen: Füllfass, Föllwes (Vilmar, Idiot., 111), ebenso im Siegerl.: Felvez (Schmidt, Siegerl. Ma., 49). Die seit Wolff, Kons., 38 bei uns allgemein angenommene Gleichung *Fälpes, Fälfes* = mhd. felwe + vaz (‚Weidenkorb') begegnet im Nösn. keinen Schwierigkeiten. Auch *b* 〈 *f* in *Felbes (Kl.-Bistr.)* hat Analogien in *buarbes* (barfuss), *Firbes* (-fuss). Dagegen ist das süds. *Fälpes* bis jetzt das einzige bekannte Beispiel des Wandels *p* 〈 *f*. Zu bemerken ist, dass im Stammlande felwe allein schon in der Bedeutung ‚Korb (zum Fischen) vorkommt' (Gr. Weist. 2, 528). — *Gerâichfälfes, Mästfälfes*.

—, **Fälpesbîch** fem. 1. ‚der obere Rand des Weidenkorbes *(Fälpes)*, der aus einem fingerdicken Holze gemacht wird'. — 2. *De Fälpesbîch mạ̊chen.* Der Schaffner der Bruderschaft muss *de Fälpesbîch mạ̊chen*, d. h. er muss alle Gänge in Bruderschaftsangelegenheiten willig tun (eigentlich rund herumgehen), die ihm der Altknecht aufträgt (Fronius 51, 59).

—, **Fälpesbleam** fem. (Kl.-Alisch), nösn. *Fälfesblâm* fem. (Kramer 22), Paeonia officinalis L. (Paeonia vulgaris). Im Auszählreim:

Obra dobra Fälpesbleam,
Köm der Mellner mät der Schütz,
Köm der Mellner mät der Mätz.
Höhr, 44.

— Zu *Fälpes*. Syn. *Buschor, Faltesrûs, Fälfesrûs, Gärjerîs*.

—, **Fälpesgraben**, Fl. N. (Weidenbach i. B.). Zu *Fälpes*.

—, **Fälpesmôcher** m. (Birth.) ‚Korbmacher'. Zu *Fälpes*. — Weil meist Zigeuner die *Fälpeser* machen, gilt für *Fälpesmạ̊cher* auch *Fälpeszegun* (wie *Kiesselzegun, Schmittzegun*). *Mer woärde schui long här ạw en Fälpeszegunen; de Fälpeser sen es goär* (alle) *hin* (zerbrochen), *mer hun och ned oi gemzet* (ganzes) *mî* (Agn.). Die armen Zigeuner schleppen oft übermenschliche Bürden an solchen Erzeugnissen ihres Gewerbfleisses auf dem Rücken den Marktorten zu und bieten sie dort meist durch Ausrufen in den Gassen feil, am liebsten gegen Nahrungsmittel (Speck und Maismehl).

falsch, fạ̊ltsch, nösn. *fạ̊ltsch* adj. und adv. 1. ‚unecht, gefälscht, unrichtig, unwahr'. »Item

Falsche oder böse Thaller« (1607, Kbl. 12, 106). *E fǫ̂ltsch (licht) Fǫ̂wer* (Fünfer, Fünfgulden-, jetzt Zehnkronenbanknote), *Sêserchi* (‚Sechserchen' = 20 Hellerstück) *(Bistr.). Der Jut huat fǫ̂ltsch Gewichter* (Ebda.). *E mässt mät er fǫ̂ltscher Êel* (Ebda.). *Dä Frâ hoed en fǫltsche Girkel am* ‚unechten Gürtel' (Draas). *Fǫ̂ltsch Zant. Fǫ̂ltsch Fuerf* ‚Schminke' (nösn.). »Falsche vnrichtige schriefften« (E. L. R., 45). »Der wissentlich ein falsch Testament / zeichnet / besigelt oder solchs durch andern zu geschehen verschafft« (Ebda., 181). »Wer falsche zeugen vnd bewernůs auffrichtet« (Ebda., 180). »Falsche oder ertichte affterreden« (Ebda., 159). »jren eyd hierauff verpflichten / das sie falsches nichts ansagen wollen« (Ebda., 19). »Als sich aber hernach der rechte Bruder einstellte, wurde jenem das falsche Siegel (Zeichen seiner Falschheit, Unechtheit) an die Stirne gebrannt und enthauptet« (um 1750, Qu. Kr. 4, 101). — Auch adverbial: »Wo iemand falsch gezehnt (den Zehnten gegeben) hott« (1599, Cap. *Bistr.*). *E huat fǫ̂ltsch geschwôrn (Bistr.). E sǫnjd esi fǫ̂ltsch* (Schässbg.). — Syn. *êpesch, licht.* — 2. ‚treulos, unredlich'. *E fǫ̂ltsch Mänjsch, e fǫ̂ltsch Fränjt* (Mühlb.). *De Lieit sie guor fôltsch* (Alzen).

Gedingk doch, Schatz, denjer fǫ̂ltscher Trǫ̂,
Gedingk qwer dad et dich net gerǫ̂.
Schuster, Volksl. 29.

»warumb thut die Gemein die augen nicht auff, denn der Gelassener Honn ist ein falsch Mensch« (1676, Cap. Bog.). »Wisset ihr, dass Gerig Bell ein ungerecht Mensch, ein falsch Richter« (1676, Ebda.). »*Sôl em sich uch än der Stǫdt noch erzielen, wâ fôlsch mir kên âs ïje Känjd senj?*« (Litschel, Lisi 70). *Die hoet näst Fǫ̂ltschet u sech* (Draas). *E špillt fǫ̂ltsch. E sekt* (sieht), *riet* (redet) *fǫ̂ltsch.* Besonders ‚falsche Augen, falsche Zungen'. Die falschen Augen haben die Wirkung des ital. malocchio, des bösen Blicks, die falschen Zungen sind die Ursache des ‚Berufens'. Deshalb heisst es in dem Zauberspruch gegen das ‚Berufen':

Dê zwê fǫ̂lsch Ûgen, dê dea sǫ̂gen (sahen),
Dê zwô fǫ̂lsch Zangen, dê dea sprǫ̂chen,
Dê droa geauden derkên! Fronius, 20.

Andere Sprüche s. bei Schuster, Volksl., 292 f. Syn. *bîs.* — 3. ‚zornig, feindlich'. *E äs fǫ̂ltsch ǫf mich* ‚ist mir feindlich gesinnt' (nösn.), wobei das Hinterlistige, Heimtückische, das in *fǫ̂ltsch* steckt, den Gefühlston gibt. Ebenso im Hess. ‚auf einen falsch sein' von einem nicht offen auftretenden, sondern zurückgehaltenen, aber um so nachhaltigern Groll (Crez., 362). Auch in Eupen ist fälsch = ‚aufgebracht' (Eup. Wb., 38). *Fǫ̂ltsch Laft* ‚rauher, der Gesundheit feindlicher Lufthauch' im Frühjahr, wo man der warmen Sonne traut, während der Wind noch hinterlistig kalt ist. Vor der *fǫ̂ltscher Laft* muss man besonders die kleinen Kinder hüten (Hillner, 46). — [In *fǫ̂ltsch* erscheint aus euphonischen Gründen unorgan. *-t-*]. — Syn. *afsiessich, grâsnâkich.* Lautt. 1. — mhd. valsch aus lat. falsus.

Falsch m. ‚Betrug, Fälschung' in der älteren Rechtsspr. † »Verkaufft einer ein Gut zweymal gantz / als jetzt diesem / vnd folgent darnach auch jenem / der begehet den falsch« (falsum committit. E. L. R., 182). »Diese alle / so sie solches geůbten falsch vberwunden werden / werden auff peen des falsch angezogen« (‚vor Gericht gezogen', E. L. R., 181). »Vnd die gesatze Cornelia auff morderey / zauberey vnnd allerley falsch gestellet vnd gemacht sein« (Ebda., 156). — Heute noch nhd. ‚ohne Falsch'. Substant. zu falsch, mhd. valsch m.

Falsche F. N., s. Fallische.

—, Fälschê n. † ehemaliges Staatskleid der sächs. Beamten zum Umhängen. »Ein Escherfarb Kannewatz Felschö mit Toppelt Taffentt gefuttert fl. 25« (1607, Kbl. 12, 113). »Ein alt granatt Felschö mit Strepenn fl. 8« (1607, Ebda.). »Zu einem weitten felschy« (1629, Med. Mat.-Buch). »Dasz burgerische feltschi« (1703, Hstdt. Mat.-Buch, Kbl. 10, 129). — Zu magy. felső ‚das obere', also ‚Obergewand'. s. Jacobi, 15; Haltrich, Plan 98. M. Tájsz. 1, 634 (unter Fölső 2). [-i ⟨ ő wie in *Mängki* ⟨ magy. mennykő.]

fälschen, fältschen schw., nösn. *fältschn* schw. [Städt. Halbma.]. Wie nhd. — *E hôt det Testament gefältscht* (Schässburg). *Än Wessel fältschn (Bistritz)* Dagegen Wein fälschen s. *pantschen.* Geld fälschen s. *nômǫ̂chen* (nachmachen). Urk. »so ein meister seyn arbeit felscht« (1547, Bistr. Arch.). — Zus. verfälschen. — Faktit. zu falsch, mhd. velschen.

Fälscher, Fältscher m. [Städt. Halbma.]. *Wenj-, Gêlt-fältscher.* Echte **Ma.** für jenes *Pantscher.*

(**Falscherei**) ‚Falschheit' †. »Sitzen heut etliche beinander, reden freündlich, bruderlich zusamen, so sein die herzer voller falscherei« (Aml. Dam. Dürr, 38). — Zu falsch, gebildet wie nhd. Schererei, Lauferei.

Falschheit, Fǫ̂ltschhît fem., nösn. *Fǫ̂ltschhêt* fem. *Dǫ̂t hôd em mer nor aus Fǫ̂ltschhît* *gedôn* (Schässbg.). *De Fǫ̂ltschhêt äs guar grûss ǫndern* (unter den) *Lait* (Leuten, nösn.). Urk. »Spûren die Richter falschheit vnd betrug inn der zeugen einbekåntnûs« (E. L. R., 22). »Von Falschheit / vnnd Sachen / dardurch man vnehrlich wird« (Ebda., 180).

-falt, **-fǫ̂lt,** s. Einfalt.

—, **Fǫ̂ltchi,** nösn. s. Veilchen.

Falte, **Fǫ̂lt** fem., nösn. *Fǫ̂lt* fem., *Fǫlk (Kl.-Bistr.).* Pl. *de Fǫ̂lden,* nösn. *Fǫ̂ldn.* 1. ‚Falte an Kleidern.' *Der Rôk äs licht gemǫ̂cht, e mǫ̂cht ǫf'm Räck Fǫ̂lden* (Schässbg.).

Wǫt selle mer es mei undân?
En hîsche Pändel, Fǫ̂lden drof.
Schuster, Volksl. 73.

Det Kloid äs voll Fǫ̂lden (Draas). *Der Kirrel mǫcht Fǫ̂ldn (Bistr.). De Schâgn dräckn et, et huat lauter Fǫ̂ldn äm Štrump (Bistr.). Leach dea Schurz an hiesch Fôlden* (Alzen). *De Fǫlk um Gerâit* (‚am Kleid', *Kl.-Bistr.*). *Richt dij an de Fǫ̂ldn* ‚nimm dich zusammen' (nösn. Kisch, N. W. u. W 125). Urk. »Zu einer Hassgett mit faldenn« (1629, Med. Mat.-Buch, Kbl. 10, 128). Syn. *Fǫlber, Gerǫ̂issel, Kräppel, Sedjel.* ‚Falten machen' s. *kǫffen, krippm, verkräppeln, zoppern.* — 2. ‚Falte an Mund, Gesicht, Stirne'. *Det Mel ous de Fǫ̂lde reissen* (s. unter *Ärbes* ‚Erbse').

Ä Fǫ̂lde lôcht de Trenj är Mell
End pleackt um Schurzenzäppen.
Höhr, L. Ê. 17.

Gǫ̂w ed e Getuef, Gehell,
Mosst e uch mät kreischen,
Und si vill e kangt det Mell
Ous de Fǫ̂lde reissen. Käst., 52.

De Ǫ̂lt huat Fǫ̂ldn genauch äm Gesicht ‚Runzeln' *(Petersdf.).* Spottwort über eine kokette Alte: *Dæ̂ gêf vil dräm, wo se sich de Fǫ̂lden ouss'm Gesicht bijele kæ̂nt.*

Draf zuch e se Gesicht ä Fǫ̂lden,
Wä wonn e schî Senâtor wêr.
Thullner, R. 78.

Niet leach de Štiern än e sielen Fôlden (Alzen).

Ir Männer än dem Sachselǫ̂nd,
Wat kroust er de Šteren ä Fǫ̂lden?
Käst., 76.

— *t* 〉 *k* in *Fǫlk (Kl.-Bistritz)* wie in *Falkesrûs, Fâlkn.* Lautt. 1. — mhd. valte.

falten, **fǫ̂lden** st., nösn. *fôin (S.-Reen), fǫ̂l[d]n (Bistritz), fǫlkn (Kl.-Bistritz), fǫ̂ldnen (Wallendf.)* schw. Präs. 2, 3. *fältst, fält* (V.-A. 10, 436), daneben *fǫ̂ltst, fǫ̂lt.* Prät. *fäalt* (Med.), *fôlt* (Kronst.), *fǫ̂lnt (Wallendf.).* Part. *gefǫaldn* (Med.), *gefôlden* (Kronst.), *gefǫ̂lnt (Wallendf.).* 1. ‚Kleider, Stoff falten'. *Fôlt dea Schurz hiesch* (Alzen). *E gefǫlkt Kiddel (Kl.-Bistritz). Mer hun de Wêsch gefǫ̂lden* (Schässbg.). *Det Däschdeach äs licht gefǫ̂lden* (Ebda.).

Unt säch em än d Ûgen
Unt priess mer seng Hǫ̂nt,
Unt fǫ̂lt mer ä Bûgen
Seng atlassä Bǫ̂nt. Käst. 113.

Urk. Die »gefallten Seydel mit Kutten« (V.-A. 14, 202). »centuplicare, hundertfach falden« (15. Jahrh., Kronst. Glossar, V.-A. 26, 102). — 2. ‚die Stirne in Falten ziehen'. *Hie fôlt de Štern* (Kronst.). — 3. ‚die Hände zum Gebet falten'. *Fǫ̂lt de Honjd end bêt* (Draas). *Te fǫ̂ltst de Hänjd und šprächst: Härr hälw es* (Hîmw. 4). — 4. *De Hǫ̂nklich fǫ̂lden* ‚den Teig mehrfach übereinanderschlagen' (Hîmw. 29). Die *gefǫ̂ldän Hǫnklich* ist die vornehmste, die setzt man den höchsten Ehrengästen vor. — Syn. zusammenlegen. — Zus. *ǫffǫ̂lden, zesummefǫ̂lden.* Das Verbum hat im Süds. seine ursprünglich starke Flexion (mhd. vielt, gevalten) beibehalten, doch beginnt die schwache Flexion im Präs. einzudringen, wie *fǫ̂ltst, fǫ̂lt* neben *fältst, fält* beweisen. Im Nösn. ist das wenig gebrauchte Verbum wie im Nhd. schwach geworden. Ja, es findet sich dazu (als Analogiebildung zu *fidnen* u. ä) eine Weiterbildung mit *-en fǫ̂ldnen. Fôln* und *fǫ̂ln* mit Assimilation des *d* an *l* (wie *hǫ̂ln* 〈 halten, *kǫ̂ln* 〈 kalten) ist zu vergleichen mit siegerl. fâle, lux. fâlen. Der Übergang *t* 〉 *k* in *fǫlkn (Kl.-Bistritz)* erklärt sich [wie in *Falkesrûs, Fâlkn*] durch gutturale Artikulation des *l.* Lautt. 1. mhd. valten.

Falten, † F. N. 1685 *(Petersdf.),* 1764 (Reps, Seiburg) 1808 (Nussbach i. B.). — Zum P. N. Falten = Valentin s. d. — Dazu Fl. N.: Ober dem Faltenbrunnen (Jakobsdf. b. Schässbg.). *Faltesgrängdchen* (Gr.-Scheuern).

Fälten, F. N. 1691 (Schellenbg.). — Dazu *Fältenhǫm,* Fl. N. (Schässbg., Fronius, Flora 17). — Zu P. N. Falten, Felten = Valentin s. d.

Faltenkittel, **Fǫ̂ldekerl** m. (auch *-keddel)* [Städt. Halbma.]. *E Mêtchen än half štietescher Klîdungk ä Štiweln uch Fǫ̂ldekerl begrosst den Dokter* (Volksfr.-Kal. 1905, 108).

Falter, fehlt; s. *Fluter, Pillangôchen, Špechhûlz, Summervogel.*

—, **Faltesgrängdchen** Fl. N. (Gr.-Scheuern). s. Valentin.

—, **Faltesrûs** fem. (*Bistritz,* Kramer 22), *Falkesrûs (Kl.-Bistritz), Fâtesrûs (Waltersdf.),*

Paeonia officinalis L. aus [Drei]falt[igkeit]srose, weil sie um den Dreifaltigkeitssonntag blüht (KISCH, N. W. u. W. 128). — Syn. *Fälpesbleam, -rûs.* Das *-k-* in *Falkesrûs* erklärt sich wie *Fâlkn* neben *Fâlten* (= Valentin); in *Fâtesrûs* ist Schwund des *l* vor Dental eingetreten, wie in *Wąideršdref* = Waltersdorf.

faltig, fąldich, nösn. *fąldich, fąldnich, fąlgich (Kl.-Bistritz)* adj. *De Kerl äs heisch fąldech* (Draas). *Dernô nąm et sich mät der riechter Hąnd de fąldije Keddel* (Hîmw., 1). Adv.: *Ich hu 't Gerâid fąlgich versoegt (Kl-Bistritz).* — Syn. *kąffich, kräpplich, verkräppelt, zoprich.* — Zu Falte, mhd. valtic. — Nösn. *fąldnich* geht zurück auf *valtenic (,faltenig'). *g d* in *fąlgich* wie *k : t* in *Fąlk, Falkesrûs, Fâlkn.*

-fältig, -fäldich in *îfäldich* s. einfältig. — mhd. veltic.

Fältsch, F. N. »Dy Ffalschin« (1479, Qu. Gesch. S. 1, 40). »Simon Fâlcz« (15. Jahrh., Ebda. 29). »Mathes Fältsch« (1599, Kl.-Scheuern, B. M.). »Mathias feltsch« (um 1610, Kl.-Scheuern, Nat.-A.), »Georg Feltsch« (1680, Gr.-Alisch, Cap. Bog.). — Vgl. F. N. Filtsch. — Ist als Kosename zu einem ahd. Kompositum mit Volc- zu erklären, gebildet wie *Lutsch, Fritsch.*

~, Fältschbräi n. *Fältsch*-brennen ,Waldbrand' *(Kl.-Bistritz)* s. *Fielsch.*

~, Fâlz fem., Pl. *Fâlzen* (Gergeschdf.) ,die Satteldecke, welche beim Reiten unter den Sattel gelegt wird, Pferdedecke'. Dagegen *Losslengk* ,die Schafwolldecke, womit sich die Menschen in der Nacht zudecken'. *Fâlz* ist in anderen Ma. nicht bekannt, wohl aber Falz, Fälz, Fälsz ,Filz', mit dem vielleicht das heute nur noch von alten Leuten in Gergeschdf. gebrauchte *Fâlz* in Zusammenhang steht, mag dies aus Filz bestehen oder ein Wollgewebe (grober Kotzen) oder ein Schaffell sein.

Falz m., **Fąlz** fem. (oder m. Schässbg.), das Werkzeug, mit dem der Gerber die Felle auf der Aasseite reinigt, falzt. Es ist ein breites Messer mit zwei Griffen, das seinen Namen daher hat, dass seine Schneide scharf geschliffen und dann an der äussersten Spitze sorgsam mit dem Stahl umgebogen wird, bis sie einen Falz bildet, also gefalzt wird. s. falzen und das folgende Wort.

Falz, Fąlz m. Einschnitt in Brettern, Umbiegung an Blechtafeln zum Zwecke ihrer Zusammenfügung; Umbiegung der Schneidenspitze am Falzmesser, das deshalb kurz *Fąlz* heisst (s. d. vorige Wort).

Falzbaum, Fąlzbôm m. (nösn.), dasselbe wie *Fąlzbąck* (s. d.).

Falzbock, Fąlzbąck m. (nösn.), ein hölzernes Gestell, das mit einem Ende zur Erde reicht, während das andere durch zwei Beine gestützt ist. *Af dem Fąlzbąck fąlzt em det Ledder (Bistr.).* Süds. *Fąlzback, -bock.*

falzen, fąlzen schw., nösn. *fąlzn* schw. term. techn. in verschiedenen Gewerben. — Beim Tischler: ,Fugen machen, in denen die Bretter aneinander gefügt werden'. *E sąll den Dirštock fąlzen* (Schässbg.), auch ,Hohlkehlen machen'. — Beim Gerber: *det Fêl fąlzen,* das Fell auf der Aasseite schaben, so dass die noch hängenden Fleischstücke abfallen; aus diesen wurde früher in einer besonderen Werkstätte (*det Lemes* < Leim + haus) Leim gekocht (Schässburg). Nösn. heisst diese Arbeit *firbm* oder *schiärn* (scheeren), während *fąlzen* das Egalisieren der Felle bedeutet. Dabei wird das Fell auf dem *Fąlzbąck* (s. d.) mit der *Fąlz* (s. d.) gleich dick gemacht. Je nachdem, was für einer Behandlungsweise das rohe Fell ausgesetzt war, heisst es *aus dem Âscher fąlzn* oder *aus dem Lû* (Lohe) *fąlzn (Bistr.).* Dieselbe Arbeit hat gelegentlich auch der Bauernschuster *(der gebairesch Schâster)* an seinen Fellen vorzunehmen. Da das *Fąlzen* viel Genauigkeit und Geschicklichkeit erfordert, so sagt man: *det Fąlzn äs än känstlich Uarbet, wiär se nät verštêt, verfąlzt det Ledder (Bistr.).* Die Arbeit hat ihren Namen von dem Werkzeug, der *Fąlz.* — Beim Spengler: Das Umbiegen der Blechtafeln an ihrem Rande, um sie ineinander fügen zu können. Dabei wird die Fuge mit der Zange *(Däkząng)* gebogen und mit dem Schlägel niedergeschlagen *(gefąlzt).* Beim Buchbinder wird Papier mit dem Falzbein *(Fąlzbîn)* gefalzt. Lautt. 1. — mhd. velzen, ahd. falzen.

Falzened, s. Facieletlen.

Falzfleisch, Fąlzflîsch n. heisst der Fleischabfall beim Falzen der Felle, aus dem früher Leim gekocht wurde. s. falzen.

Falzhobel, Fąlzhobbel m. Hobel, mit dem der Tischler *fąlzt,* Fugen in die Bretter hobelt. s. falzen.

Falzmesser, Fąlzmêsser n. Messer, mit dem der Gerber die Felle auf der Aasseite schabt, falzt, dasselbe wie *Fąlz* (s. d.). s. falzen.

Falzzange, Fąlzząng fem., nösn. *Fąlzząng.* Zange mit flachen Kneipen. s. falzen.

~, Famberen fem. *(Weisskirch),* eine Frau, die Kleinhandel treibt, indem sie ihre Ware anbietet. Dagegen ist *Pruagleren (Bistr.)* das Höckerweib, das seinen bestimmten Standplatz hat. Süds. **Femberän.* — Zu *fambern (*fem-*

bern). — *Pruagleren* aber wäre süds. **Pruegleràn (Prôgl .)* mit unverschobenem Anlaut, es entspricht in der Masculinform *Pruagler* dem hd. bayerisch-österreichischen Fragner, Pfragner = Kleinhändler (Schm. 1, 812) — Im Süds. gilt dafür *Frætschler, Frætschlerän.* s. d.

—, **fambern** schw. (nösn.), *fâmbern (Wallendf.)* ‚Kleinhandel treiben'. *Se fambert mät Appel an den Haiser (Bistr.). Mit dam Fambern hun ich zâ Geldn zehâf* („zu Hauf') *beku (Kl.-Bistr.).* Das Wort ist nur im Nösn. belegt, aus dem übrigen Gebiet der Ma. fehlen Nachweise; es würde süds. *fembern* lauten. — Es ruht auf der Zusammensetzung *Pfennwert* ‚Pfennigwert', (geringes) Geld wert, Ware, die solchem Wert entspricht, woraus das bayerische pfennwerten = Kleinhandel treiben, dem unser Wort in Bildung und Bedeutung gleich kommt. *a* für sonstiges *e* in der ersten Silbe ist nösn. und burzenl. *Fanek, Fanenk* für sonstiges *Fennengk* = Pfennig (Geld). Der Wandel *w* zu *b* auch im Bayerischen: ein pfenbert brots, mit zwayn pfenbert brots. s. Fenbart. Ausfall des *t (d)* aus der Gruppe *rt (rd)* ist allgemein siebenbürgisch: *ąntfern* aus *ąntwerden.* — Schm. 1, 432.

Familie, Famîli fem., nösn. *Famîli* fem. [Städt. Halbma.]. *Se hądn än îrem Haus nur enne, diäre nät aus îrer Famîli wąr (Senndf.). Huast te och Famîli (Bistr.)? E Mäntsch ône Famîli* (Ebda.). Echte Ma.: *De Fräntschaft, mai Lait, Aiern* (die Euern), *Zäin(t)schef, (Passbusch), Ugehêssel, Unhąngk, Gehâk.* Im Süds. bedeutet *Famîli* zunächst: Kinder; *dî hued en grîss Famîli* (sogar: *vil Famîli*) = *dî huet vil Känjt* = *dî hued e schwêr Hous.* Dann aber umfasst das Wort auch die Verwandten weiterer Grade: *Dê se gor en grîss Famîli.* Damit meint man in städt. Halbma. nicht nur zahlreiche Kinder derselben Eltern, sondern auch die weitere Verwandtschaft, die im Volksmund *Frängtscheft* heisst. *Dôt wird en gruiss Hochzet sen; dâ* (die Brautleute) *hun ąlle boid en gruiss Fränjtschef,* auch: *en gruissen Ugehongk* (Angehang). In verächtlichem Sinn heisst man die ganze Familie *det gąnz Gehäbbel.*

famos, famôs adj. [Städt. Halbma.]. Lobend: *der Ball wôr famôs.* Tadelnd: *Na, tâ bäst mer e famôs Kärl.* — Aus dem Nhd., welches wieder auf lat. famosus zurückgeht.

Fandert, † F. N. 1762 (Hstdt.), 1779 *(D.-Zepling),* 1822 *(Bistr.)* = Faginrât zu mhd. vagen ‚willfahren' oder einer westgerm. Entsprechung des got. faginôn ‚sich freuen', wie Kandert < ahd. Kuonrât. Der Stammvokal ist lang, wie Faindert (1779) beweist.

—, **Fândleng,** Fl. N. (Nimesch), daneben *Fândleng Bäschken* (Ebda.).

—, **Fänek,** *Fänengk* s. Pfennig.

Fanescher, Fänescher, F. N. s. Fenescher.

Fanesmet, Fanne-Schmits usw., F. N. s. Pfannenschmidt.

Fang, Fąng m., nösn. *Fąng* [Städt. Halbma.]. *E hôt en geade Fąng gedôn, gemącht* (Schässbg.). Echte Ma. gebraucht das Verbum.

fangen, s. fahen.

—, **fängstern** s. *fängtern.*

—, **fängtern,** *fängztern* schw., nösn. *fäntern, fantern (S.-Regen)* schw. 1. ‚fortjagen, abweisen'. Aus dieser Grundbedeutung lassen sich die andern ableiten. Fortjagen geschieht gar oft mit Schelt-, Schmäh- und Drohworten, ja mit Schlägen. Abweisung ist an sich zugleich Zurechtweisung. So erklären sich auch die vielen Umschreibungen, die dem Wort zu teil geworden: *Et wûl es ener Âpel stielen, awer ech fängtert mer'n* = jagte ihn mit derben Worten fort; *ich wäll dich fänjtern,* will dir helfen (Leschkirch).

> *Dô messt em näst ąnderd als*
> *Fängtern uch kuranzen* (zurechtweisen). Käst. 56.

Em wid ich fäntern, Androhung an ungezogene Kinder *(Wallendf.).*

> *Und nichen Schnîlaft fängtert*
> *Det Vâh vu senger Wît* („vertreibt'). Käst. 71.

Fäntjern, feintjern ‚stöbern, aufjagen, aufschrecken' (Kronst.), *fängztern* ‚drohend abweisen' (Med.), ‚strafen mit bösen Worten' (Schenk), *fänjztern* ‚schmähen, abkanzeln' (Rohrbach), ‚Prügel androhen' (Reps). Syn. *štämpern, af't Lûfen nien, 't Mel štappen* (je nach der Verwendung des Wortes). — 2. Im Burzenland heisst *fänjtern* auch ‚worfeln, werfen des Weizens nach dem Drusche zum Zwecke der Reinigung von Spreu'. — *ue-, ousse-, fortfängtern.* Der Wechsel von einfachem *n* im Oberland (Nösen und Reen) mit *nj* und *ng* des Altlandes und *njtj* des Burzenlandes entspricht dem Vokalismus dieser Gebiete. — Schuller, Beitr. 17.

—, **Fangthûlz** n. ‚der Spund' (Binder, Coll.). Syn. *Štappen, Štêpel.* Zu *Fangt-* in *Fangtlôch* s. d.

—, **Fangtlôch** n. (Reichesdorf), *Fäongtlôch* (Birth.), *Feangtlôch* (Med.); fast allgemein süds. ‚das Spundloch am Fass'. Zu lux. Pont f. ‚Spund' mndl. punt. Pontelach n. ‚Spundloch'. Daraus ist auf mhd. pfunt, phunt zu schliessen, das auf lat. puncta zurückgeht. s. Weigand 2, 937.

~, **Fangtštêpel** m. ‚Spund' (BINDER, Coll.). — Zu *Fangt(-lôch)*.

~, **Fâni,** P. N. *(Senndf.)* und † F. N. Fani *(Wermesch)*. — Zu Stephan, Stephani (⏑ ⏊ ⏑) mit Abfall der unbetonten ersten Silbe wie Mîss ⟨ Bartelmîss (⏑ ⏑ ⏊), Bartholomäus, Theiss ⟨ Mathîes (⏑ ⏊ ⏑), Mathias.

Fankeschi † F. N. 1722 (Hstdt.).

~, **Fąngkich** (n) m., nösn. *Fąngkoch* m. s. Pfannkuchen. Meist in dem Kompos. *Ârəfąngkich* ‚Eierpfannkuchen'. — Dazu F. N. Fankuch, 1496 (Qu. Kr. 3, 674). Fanckoch, 1543 (Ebda. 2, 653). Fankig 1785 (Kronst.).

~, **Fängklemänz** ‚Flittergold'.

Doch märkt sich nâ de Brôden
Dä angem Skarrebänz (‚böse Sieben'),
Se hadd ald äst errôden
Vu Gûld uch Fängklemänz. KÄST., 108.

— Zu funkeln, *fängkeln* gehörige Neubildung Kästners; im Volksmunde nicht vorhanden.

~, **Fanni** fem. 1. weibl. P. N. [Städt. Halbma.]. *Fanni, Fann. De Fannitant.* — 2. D. N. Fâni Titz (Kerz). — 3. Auf dem Dorfe Kuhname, Stutenname.

Ellîn et bleiwt es dich de Virág,
Uch wonn de Fanni flîte gît.
THULLNER, R. 19.

Âs Fanni kǫ̂ lûfe wæ̂ niche Rôss rühmt der Pfarrerknecht und fügt selbstbewusst und zugleich entsagend hinzu: *Wonn der Härr Vueter mich less, ech werd de Mueser guer iwerkun,* nämlich beim Wettrennen. Aus dem Nhd. nach der englischen Koseform für Franciska.

~, **fäntern** s. *fängtern.*

~, **fäntjern** s. *fängtern.*

~, **Fanysten,** *Foaenzten,* Fl. N. (Zeiden). Kbl. 29, 65.

~, **Fâpt** n. (nösn.), *Fâp* (BRENNDORFER, 17). 1. ‚Nesselausschlag', besonders der Ausschlag, der durch die Haare des Prozessionsspinners hervorgerufen wird. Masern. — 2. Das Gift, das den Ausschlag verursacht. *Dao wâs Fapt ąf där Æ̂ch* ‚Prozessionsspinner' *(Kl.-Bistr.). Em hued em Fâpt gegien* ‚hat ihn vergiftet'. — Zu rom. fapt ‚Verhexung'. — Auch *Fâp* m.

Faraschy † ‚ein Kleidungsstück'. »Zu einem faraschy (Heltauer kleydt)« (1629, Mediasch. Materge-Buch). »das Farasy« oder »Heltawer kleydt« (1703, Kbl. 10, 130).

-farb, -farf *(w)* als Adj.: Noch heute braucht die Ma. *-farf* ‚farbig' als Adj. (Adv.). *De Bingk ün ûser Kirich sen esi hîsch sälwerfarw ugešträchen. Rûsnfąrf* (nösn.). »Ein Silber Farbes Führ Tuch« (Schürze) (Herm. Mag. Akt. 1795). »ein gutt Feyländisch Violfarb Dolmann mit silbernen Hefften« (V.-A. 8, 158). »ein feenfarb drap d'orenes Tuch« (Qu. Kr. 4, 325).

Farbblume, Fuarfblâm, Pl. *Fuarfblâmen,* nösn., der Farbstoff, mit dem die Tschismenmacher die Felle rot färben, ein Gemenge aus den Blättern des Dostes (Origanum vulgare L.) und getrockneten Apfelblättern. s. Farbe.

Farbbürste, Fuarfbîršt fem. Die Bürste, mit der die Felle beim Färben gestrichen werden *(Bistr.)*.

(**Farbbütte**), **Fuarfbitt** fem. *(Bistr.)*, Bottich, in welchem die Farbe zum Färben der Felle angesetzt wird.

Farbe, Farf fem., nösn. *Fuarf* fem. *Foap (Kl.-Bistr.), Fôr* (Alzen). Pl. *Fąrwen,* nösn. *Fuarbm.* 1. ‚Farbe des Gesichts'. *E hôt en gesäangt Fąrf* (Schässbg.). *E huat nichn Fuarf* ‚ist krank, kränkelt' *(Bistr.). E bekit wider Fuarf* ‚wird wieder gesund' (Ebda.). Die Vorstellung ist dabei die, dass nur die gesunde Röte dem Gesicht Farbe gibt. *E hout guor en licht Fôr* (Alzen) ‚ist krank'. *E gefallt mer nät, e huat esu än besąnder Fuarw äm Gesicht (Bistr.). De huast än Fuarf wâi e Dûder* (Ebda.). Nach heftiger Erregung oder Anstrengung: *E äs rût wâi e Krippes, fąngkrût.* — 2. ‚Farbe an Kleidern'. Im allgemeinen hat der ss. Bauer noch Freude an auffallenderen Farben, wenngleich sich der nivellierende Einfluss der Städte, zumal im wirtschaftlich entwickelten Burzenland, immer mehr auch dadurch geltend macht, dass die farbenprächtige Kleidung eintönigem Schwarz-Weiss weichen muss. Besonders sind tiefes Blau und helles Rot beliebt, wobei weniger der Gefühlston mitspricht, den diese Farben als Nationalfarben in den politischen Kämpfen der letzten Jahrzehnte erhalten haben, als vielmehr der noch nicht abgestumpfte Farbensinn des stets in der farbenliebenden Natur sich bewegenden Landmanns. Hieher gehört der Brauch, dass an Sonn- und Festtagen Männer und Frauen, sogar Kinder mit bunten Blumensträussen sich zum Kirchgang rüsten. Am konservativsten ist auch hier die Frau, die stets in roten oder bunten Tüchern und blauem Kittel *(Keddel, Kerl)* zu sehen ist und deren Festtagsgewand auch heute noch ein Beweis der Farbenfreude der Trägerinnen ist. Nur bei Trauerfällen (und in der Fastenzeit) ist es üblich, schwarze Kleidung der färbigen vorzuziehen, man trägt schwarze Röcke, schwarze Tücher. Rote Bänder, sonst so beliebt, sind in der Trauerzeit verpönt (SCHULLER,

T. u. Begr. 2, 53). Auch blau, weiss und grün gelten als Trauerfarben (Girelsau).

De Fqrf vun desem Klît gefällt mer net (Schässbg.). *De Farf gîd em ue, aus. De Sqnn zaicht de Fuarw eraus* ‚bleicht' *(Bistr.). De Farf huet sij uegescharwelt* ‚durch Wetzen abgeschabt'. *De Farf verschesst, schesst ue.* Urk. »Ein hübsch Galler Leinwadten Drech tuch *(Drechdach* ‚Handtuch'), mett allerlei farff (Gen. oder dann als Adjekt. ‚farbig' zu verstehen) Seiden rohtt benehtt« (Mitte des 17. Jahrh., B. M.). Ra.: *Tâ riedst uch, wei der Blqntch vun der Fqrw!* (Burzenl.). Übertragen: »Letztlig klage ich widerum kegen ihn ein Calumnien, darum das er sein sachén untei zwen farben, oder scheinen und wegen suchet« (1569, B. M.). »ihn allen sachen, reden vndt handellen ist die bloss warheit zu grob man muss sie zuvor radbrechen, vermantellen vndt mit farb anstreichen« (Kraus, Chron. 2, 78). — Farbe ist in verschiedenen Gewerben gebräuchlich. Der Gerber gebraucht Holz- (s. Farbholz) und Eisenfarben (holzessigsaures Eisen), während der Tschismenmacher sich zum Färben seiner Ziegenfelle aus Dost und Apfellaub eine eigene rote Farbe braut. Früher blühte die Tuchfärberei in Kronstadt und Schässburg. — 3. ‚Farbe der Häuser, Bäume, Eier etc.' Die Häuser werden am liebsten weiss oder gelb angestrichen, selten ist ziegelroter oder hellblauer Anstrich, häufig dagegen blau-rote Ornamente auf weissem oder gelbem Grunde. Das dunkle Grün der Bäume, des Feldes heisst wie im Ahd., Mhd. »braun«. *De Bêm sai haier brau vor grâinem* (nösn). *Wol hîesch brom äs det Fêlt* (Trappold). *Dqt nint de Fuarf, halt de Fuarf* ‚behält den Anstrich'. *Der Wai huad än hesch Fuarf* (nösn.). — 4. ‚Farbe im Kartenspiel'. Es gibt vier: *Härz (Rût), Sî (Grœn), Ǣker (Aichel), Schäll. Mät wqt fer ener Fuarf kist te? Schäll äs Adû (à tout, Bistr.).* — Davon übertragen: *Kamm eraus mät der Farf,* wie lux. net mat der Fârf eraus wöllen ‚Farbe bekennen'. — Zus. *Nôfuarf* (nösn.), *Remnerfqrf.* — Wie Faden hat Farbe in der Ma. eine Form mit kurzem Vokal: *Farf* (»mit reinem kurzem a«, Wolff), *Fqrf* (Birth., Schässbg., Burzenl.) und eine mit langem Vokal: *Fuarf* (nösn.), *Fôr* (Alzen). Dasselbe Verhältnis findet sich in den Schwestermaa.: *Foref* neben *Fuarf* (Sierck), Fârf (Lux.). Beides sind lautgesetzliche Entwicklungen, s. Faden. Nösn. *Fuarf* hat im Pl. *Fuarbm,* denn w + n 〉 b + m, unter Ausfall des stummen e. *Foap (Kl.-Bistr.)* mit Schwund des *-r-* wie *bqabes (barbes,* barfuss), *Abes* (Erbse). — 5. Als Adj. s. -farb. — Die Form *Fôr* (Alzen), nur noch von alten Leuten gesprochen, beweist, dass das Wort Farbe das substantivierte Femininum des Adjektivs *far (farwes* ‚gefärbt') farbig ist; denn *Fôr* ist gerade so gebildet wie *gôr* (aus *gar, garw)* ‚gar, gegärbt, ganz, völlig, all'. — Lautt. 17. — mhd. varwe.

Färbel, Färbel n. Das bekannte Kartenspiel. *Färbel špillen.* Meist in der magy. Form *Färbli.*

färbeln, färbeln schw. ‚Färbel spielen'.

färben, färwen schw., nösn. *farbm* schw. *De Fiäl farbm* ‚Felle rot oder schwarz färben'. Die grösseren Felle werden von den Gerbern mit der Bürste gestrichen *(mät der Fuarfbîršt gešträchn),* die kleineren getunkt *(getqngkt),* d. h. durch die Farbe gezogen. Die Tschismenmacher färben ihre Felle in der Art, dass immer je zwei Felle mit der zu färbenden Seite aufeinander gelegt und an den Rändern aneinander genäht *(vernêt)* werden. In den so entstandenen Schlauch wird die heisse Farbe gegossen und dann auf einem Tische durch Heben und Senken der Felle an den Fussenden so lange hin- und herbewegt, bis die Felle fertig gefärbt sind. Dann werden sie noch geglänzt *(geglätzt, Bistr.).* — Urk. »Es trug sich einmahl zu, dass mich mein gewesener Herr zum Drottloff umb seinen Lehrjungen, etliche fell zu farben, schicket« (1692, Cap. Cib.). Von lebenden Tieren: »mit 10 geferbten Türkischen rossen« (Kraus, Chron. 1, 42). — *Wall, Dach färwen. Ech hun det Klît zem färwe gegien.* »Denen Strumpfwirkern wird vergönnet, für ihre Noth wolle zu färben« (1724, Strumpfwirk.-Art.). — *Âer farbm* (nösn.). *Farw mer en Ôchen* [χ] *riut* (Alzen). Syn. *gelwen* (s. auch Ei). — ‚durch Färben fälschen'. »Welche aber Gůlden můntz zum betrug fårben / werden am leben gestrafft« (E. L. R., 183). — Refl. *De Appel, Waimern farbm sich* (nösn.) ‚werden reif'. — *färwen* hat altes *w,* das im Nösn. vor *m* lautgerecht 〉 *b* geworden ist. — mhd. verwen.

Farbenkasten, Farwekasten m., nösn. *Fuarbmkqstn* m. [Städt. Halbma.]. Dafür auch *Farweschachtel, -lædchen,* jeder Behälter zum Aufbewahren von Farben.

Farbenspieler, Farwešpiller m., der Schmetterling.

De Rîsekiewer mät der Grunn
Und alle Farwešpiller kun
All fängkelä geflîjen. Käst. 37.

Farbenwahl, ein Spiel. Die beiden Grössten der Mitspieler wählen sich je eine Farbe, reichen sich dann die Hände, erheben diese und bilden so einen Bogen, durch den die übrigen durchgehen müssen. Der letzte wird beim Durchgehen durch Sinkenlassen der Arme zurückgehalten, muss sich eine der beiden Farben wählen, welche die Bogenbildenden haben, und muss sich auf Seite dessen stellen, den er gewählt hat. Wer zuletzt die meisten auf seiner Seite hat, hat gewonnen (H.-W. 192, Höhr 100).

Färber, Färwer m., nösn. *Farwer* m. 1. Die Färber färbten Stoffe, Leder und bildeten früher eigene Zünfte, so in Kronst. u. s. Heute erscheint die Färberei nur in Verbindung mit grösseren fabrikähnlichen Betrieben. »Hat ein Handwercker / Werckmeister oder Fårber / etwas zu machen oder aus zu butzen auff genohmen« (E. L. R., 123). — *Färwer* hat altes *w*. Mhd. verwære. Nösn. würde man *Fârwer* als Umlaut zu *Fuarf* erwarten, *â* ist zu *a* verkürzt wie in *arjern, margeln*. — 2. Dazu: »Fferwer« F. N. (1496, Qu. Kr. 3, 741). »Dy Fferberen« (1478, Qu. Gesch. S. 54).

Färber, ein Spiel. Einer steht als Färber in der Mitte, die anderen wählen sich je eine Farbe. Wer nun nicht aufmerkt, wenn seine Farbe aufgerufen wird, muss ein Pfand geben. Höhr, 141.

Färberei, Färwerę̂ fem., das Gewerbe der Färber; der Ort, die Werkstätte, wo gefärbt wird.

Färberkamille (Anthemis tinctoria L.), s. *Schlepblom, giel Gehonnesbleamen.*

Färberkessel, Färwerkiessel m., der Kessel der Färber zum Bereiten der Farbe, s. Farbkessel.

Farbholz, Fuarfholz n. (nösn.), Farbstoffe zum Färben der Felle aus Holzarten, gegenwärtig besonders Fernambukholz (Caesalpinia echinata Lam.) zum Rotfärben und Blauholz (Haematoxylon campechianum L.) zum Blau- und Schwarzfärben.

färbig, farwich, *färwich* adj. und adv., nösn. *fuarwich, farwich* adj. und adv. Als *farwich* werden die bunten Farben bezeichnet; weiss, schwarz und grau sind nicht *farwich. E farwich Klît. Won te det Waiss gewêschen hôst, nô fê glech mät dem Färwijen un* (Schässbg.). *Färwich Glâs.* Das *Färwije* erscheint dem Burzenländer als »affig« oder »wallachisch« (Sächs. Burzenl., 426), dagegen gilt sonst das Bunte als Zeichen der Freude. *Et gêt nau wider fuarwich* ‚trauert nicht mehr' (nösn.). Der Hochzeitspolster, das Geschenk der Mutter, ist mit farbigen Bändern geschmückt, ebenso die »Rösschen« im Rösschentanz (Fronius, 76). Und wenn der Bräutigam mit der Braut in die Stadt fährt, so hängt er den Pferden *fuarwich Zotteln* an das Geschirr, oder bunte Tücher (nösn.). Syn. *tarkich.* Vgl. *-farf.*

Farbkessel, Farfkiessel, *Fuarfkâssel* m. *(Bistr.),* Kessel, in dem die Farbe zum Färben der Felle gekocht wird (bei Lederern und Tschismenmachern).

(**Färbweinbeerchen**), **Färfweimercher** pl. (Hstdt.). Phytolacca decandra L., die Scharlachbeere, wurde früher hie und da zum Färben des Weines kultiviert, daher der Name. Magy. festőszőllő. — Syn. *Alkermes.*

Fardall, auf, vor der Fardall Fl. N. (Martinsdorf).

—, **Fareschguorten,** *Fareschwis,* Fl. N., s. Pfarrer-.

—, **färgeln** (nösn.), s. *ferjeln.*

Färger, Färjer m., der Lenker der Fähre, der Plätte, die bei der Überfahrt über grössere Flüsse dient. In dieser Form stammt das Wort aus Kerz, dessen Bewohner zur Feldarbeit über den Alt hinüber müssen. *Sæt, net dad er ze lq̂nzem* (spät) *kut, sonst gît der Färjer zem Fræštäckeln, dernô kend er ned iwern (iwer den Âlt). Farjer* (Martinsbg.). — Syn. *Schäffer.* s. Ferge.

—, **Færike** fem. *(Petersdf.)* ‚Farnkraut'. — Zu rum. fericea ‚Tüpfelfarn'.

—, **fąrkąln** schw. *(D.-Zepling),* von den seitlichen Bewegungen eines Schlittens am Abhang oder bei rascher Wendung. — Zu magy. farkal ‚mit dem Schwanze wedeln' (Jacobi, 15). Syn. *schängdern, schänjzeln.*

Farkasch, F. N. »Farcosch Clos (Farkis, -kasch, -kesch, -Lux)« (1475, Qu. Kr. 3, 621). »Farkusch Piter« (1480, Ebda. 3, 688). »Petrus Farkas« (um 1510, Qu. Gesch. S., 546). — Dazu Fl. N.: Am Farkasberg *(Fąrkeschbarch),* im Farkas-Thal (*Farkeschtuel,* 1720, Bussd). *Am Fuerkeschwangkel (Birk), Fąrkeschbäsch* (Irmesch). (*Forkeschgass* [Med.]. »Farkasgesser Thor« Kraus, Chron. 1, 28; s. Furkeschdorf). Zu magy. farkas ‚Wolf'.

—, **Fârken** in *Hassle fârken* ‚Laubfrosch' (Rosenau), *Fêrken* (Wolff). — Dazu lässt sich stellen oberhess. Fråker, Frêkel (Crez. 1, 392). Alle diese Worte gehen zurück auf eine Gutturalform von Frosch ohne die Ableitungssilbe -sk, wie sie im angels. frogga, engl. frog, dial. frock ‚Frosch' vorliegt. Vgl. Weigand[5] 1, 591 und Kluge[7], 152.

—, **Färnerziemes** fem. ‚ein feineres Haarsieb' (Schässbg.). Syn. *Dæstzîms, Fâtchelzims.*

—, **Farnesch,** *der hanjderšt Farnesch* Fl. N. (Reps). — Dazu: n. *Farneschhei* Fl. N. (Stein).

—, **Farneschhei,** Fl. N. bei Stein. — Farnesch + hagen. — Wohl zu *Farrn.*

Farnkraut, fehlt. s. *Bierekrokt, Færike, Fuerel, Wurmgekraidich.*

—, **Farôner,** *farônesch* s. Pharaoner, pharaonisch.

Farr, F. N. s. Pfarrer.

Farre, Färren, *Farren* m. fehlt nösn. ‚Stier, Zugstier'. *Der Farren šprąinjt af de Kea. De Käa bä de Fąrre færen* (Schässbg.). Auch übertragen: *Dąd äs ener wä e Forrn* (Draas) ‚so stark wie ein Stier'. *Die Moun ·loift hąnjdern Frân wä e Forrn* (Ebda.).

Hæ prąngkle sich und zärren
Drą Vîlker, et git Mêr,
Se štîsse sich wæ Färren,
Als kêm t vun âgefêhr. Käst. 72.

Urk. »pro uno tauro vulgo ferrhen« (1539, Qu. Kr. 2, 642). »Einen ferren oder Stier« (1667, Nat.-A.). Gebräuchlicher sind die Zusammensetzungen *Bikafärren, Bûfarn,* Büffelfarre. Dem am Abend mit der Kuhherde heimkehrenden *Bikefarren* rufen die Dorfkinder nach:

Bikefarren,
Kląpp de Karren (Kerne)
Kląpp s' ąw âsem Uiwešto in!
Niem mij ąf de Herner,
En schmaiss mij än de Derner,
Niem mij än en Trîjeltschen,
En schmaiss mich wâ e Vîjeltschen.
(Agnetheln).

Der *Farren* genoss das Vorrecht, auch auf »verbotenen« Feldern zu weiden, ohne vom Feldschütz eingetrieben, *geschätzt,* zu werden. Beträchtlichen Schaden, den der Einzelne dadurch litt, vergütete die Gemeinde, kleinern musste der Einzelne tragen. Ein alter, noch aus moselländischen Weistümern belegbarer Brauch war's in Birth. »das das gemeine (‚der Gemeinde gehörende') Thier Winters vnd Sommers seine herbrig auffm Pfarhoff hat, als da sein farren und Büren (‚Eber')« (1623, Salzer, Birth. 447). — Lux. Fâr m. ‚Stier, Bulle', mhd. varre. *Färren* ist wie nhd. Farre schwach geworden.

Farrembecher, F. N. s. Förrenbach.

Farsch, F. N. 1744 (Kronst.), 1765 (Rothbach); gegenwärtig in Kronst., Nussbach, Schirkanyen, Honigberg. Ebenso moselfr. Farsch, F. N.; Farschweiler (bei Saarburg). O. N. — Zu Pfarrer *(Farr)* in der für Zusammensetzungen im Süds. charakteristischen Genitivform *Farrsch,* die im Burzenland als F. N. gilt.

, **Fąrschbäsch,** *-ierijer.* Fl. N. s. Pfarrer-

—, **Fârt** und Zusammensetzungen s. Pferd.

—, **fârtą,** *fąrtą, fârta.* Zuruf an Tiere, um sie zum Fortrücken der Hinterfüsse zu bewegen. Aus magy. fartolj! (farolj)! imperat. zu fartolni ‚mit dem Hinterteil seitwärts oder rückwärts gehen'. M. Tájsz. 1, 549.

—, **Fartschelhom** m. Fl. N. Wiese in *Nieder-Eidisch.*

Farzegraben (hd.) Fl. N., *Farzegrüewen* (Nussb. i. B.). Nach dem Spitznamen Farz, den sich einer zuzog, der im Gehen Bauchwinde laut fahren liess, und hinter dem die liebe Jugend spottend rief: *Firz-Farz! Firz-Farz!* Auch das Anrüchige bleibt als Spottname haften.

Farzloch, Fąrzlich, *Farzlich* n. Im Scherz und Spott für Arsch. Scherzhafter oder schadenfroher Bericht über einen Jungen, der in der Schule gezüchtigt worden: *Der Härr Räkter nem en* (ihn) *iwer't Knâ en* (und) *wąscht em en wevel ąf't Farzlich, dat e au wî kroisch* (Agnetheln).

—, **färzeln,** s. *ferzeln.*

Fasan, Fasân m. [Städt. Halbma.], in die Ma. eingelautet *Fąsunen* m. (Schässbg.), nach Hahn *Hunen.* Auch in andere Ma. ist das Wort eingelautet, z. B. altbair. der Fas-Hahn, das Fas-Huhn.

—, **faschê** (◡ ⏊), nösn. *faschê* [Städt Halbma.]. *Se se schî weder faschê mäd enąnder* (Med.). *Er wiärt faschê wiärn (Bistritz).* Aus franz. fâché oder fâcheux über das Österr.

—, **Fąschengen** (Rohrbach). *Schlôch mer gial Fąschengen än* ‚schlage mir gelbe Ösen ein'. Das Wort ist sonst nicht belegt, die Ableitung dunkel.

Faschine, † »Fatschinen, dass sein Reusserpuschen« (Kraus, Chron. 2, 382). — Aus franz. fascine ‚Reisigbündel'.

Fasching, Faschengk, *Faschingk* m., nösn. *Faschingk* fem. 1. ‚Fastnacht'. So besonders urk. »Item sabbato ante faschangum« (1506, Qu. Kr. 1, 102). »Am freytag vor dem faschang han mir gelawen (geliehen) den von Merrembwrg« (1508, Ebda. 1, 186). »Am freytag nach dem phaschanck« (Ebda.). »Alss er jn dye stat ist kwmmen ffor dem fassenk« (1534, Br. M.). »Am suntag for farschank« (1543, Qu. Kr. 3, 220). — 2. Die Zeit vom Geschwornen Montag bis zum Aschermittwoch, die frohe Zeit, in der die meisten Tänze des Jahres gehalten werden. *Mer hun haier än ląngk, än kurtsch Faschingk* (nösn.); (süds. *en ląngke, kurtse Faschingk*). »Ist er Inctus ein Nachts Schwärmer? In der Fasching habe er etwas mitgemacht, und auch comödien besucht« (1771, Cap. Cib). Im Fasching werden die Hochzeiten gefeiert (auf dem Lande im Spätherbst, namentlich um den Katharinentag), denn in der Fastenzeit sind Lustbarkeiten verpönt. Der Fasching ist auch die frohe Zeit für die Spinnstuben. Wenn es mit dem Spinnen zu Ende geht, so besuchen sich die Frauen der verschiedenen Spinnstuben in mancherlei Vermummung gegenseitig und singen sich an (s. ansingen). Den Beschluss der Spinnstuben bildet (auch immer noch im Fasching) das sog. *Ausschingken* (s. ausschenken). Dazu bringt jede Frau, die in der Spinnstube gewesen ist, Esswaren und Getränke mit und es wird eine Lustbarkeit veranstaltet, von der man oft das ganze Jahr hindurch erzählt, und die mit Tanz und Gesang bis tief in die Nacht hineindauert *(Petersdf.)*. Der letzte Tag des Faschings ist die Fastnacht (s. d.). An diesem Tage wird in Braller und sonst der Fasching (ein mit weissem Tuch umwundener Strohmann) nach vorhergegangenem Gericht von der Bruderschaft zum Tode verurteilt und verbrannt (H.-W., 284). — 3. In Trappold geschieht das als Abschluss der frohen Zeit vor der ernsten Adventzeit am Tage nach dem Andreastag. Der ‚tote Fasching' wird, nachdem man Tag und Nacht vorher getanzt hat, mit einem Trauermarsch zu Grabe getragen und verbrannt. Hier ist der Fasching zum Repräsentanten auch der andern festfrohen Zeit des Jahres geworden. — Über die noch dunkle Ableitung des oberd. Fasching vgl. Kluge[7] 127, Weig.[5] 1, 502. — mhd. vaschanc.

Faschingskrapfen, Faschengkkrąpp fem., nösn. *Faschingkskrąpf* fem., das beliebteste Faschingsgebäck, das besonders in den Städten zur Fastnacht in keinem Hause fehlen darf. Wie der Fasching ist auch dies Gebäck aus Österreich in das Gebiet der Ma. gedrungen, die übrigens dies Gebäck auch mit dem ihr mehr entsprechenden Namen *Kneddel* oder dem Simplex *Krąppen* benennt.

Faschingszeit, Faschengkszekt fem. [Städt. Halbma.], geziert für das volkstüml. *Faschingk*, die Zeit vom Geschwornen Montag bis zum Aschermittwoch.

~, faschîrn schw. [Städt. Halbma.]. *E faschîrt Brödn* ‚Braten aus gehacktem Fleisch', s. Schuster, Küche und Haushalt, 282. Aus dem Nhd., zu franz. fâcher?

Fasel-, Fuaselschwein- nösn. in Zusammensetzungen. 1. *Fuaselgurr* fem. ‚Zuchtstute'. »Ein jung faselschwein« (1597, Bistr. Cap.). *Fueseldäjer* n. ‚Zuchtsau' (Burzenl.). — *Gefuesel* ‚Gesindel' s. d. (Haltrich, Plan 133). — Lux. Fu°selschwein, eifl. Fâselschwein, aachn. Fasel ‚ein mageres Schwein', hess. Fąssel ‚Zucht jungen Viehs'. — 2. Dazu der nösn. F. N. »Faysel« (1505 *Bistr.*, 1684 *Petersdf.*), »Foszel« (1505, *Bistr.*), »Foisel« (1763, *Petersdf.*). Gegenw. Foisel (ma. *Fuasel, Fuesel*) in *Petersdf.*, *O.-Neudf*, *Waltersdf.* — Auch moselfr. F. N. Fasel, Fahsel, Feisel. — Mhd. vasel ‚Zuchtstier, -eber'.

faseln, fâseln (Schässbg.), mit Umlaut *fæselen* (Med.), schw., nösn. *fuaseln (Wallendf.)*, mit Umlaut *fæseln (S.-Reen)*, schw. ‚Junge bekommen', jedoch auf gewisse niedere Tiere beschränkt. *Der Howse fâselt* (Draas). *De Hussen fueseln* (Kelling). *Âs Kątz hôt gefâselt* (Schässbg.). Nur Hasen und Kaninchen (Rumes, Schässbg., Kelling, Kronst., *S.-Reen*), Mäuse (Kronst., Barthol.), Hunde (Kronst., *S.-Reen*), Katzen (Schässbg., *S.-Reen, Wallendf.*) faseln. — Urk. ‚sich vermehren'. »Einer, der ein zimlichs vermögen hat..., der will keinen müssigen phennig bei ihm wissen, sie mussen alle f a s e l n und mehrbringer sein« (Aml. Dam. Dürr, 43), vgl. das frühnhd. Sprw. Unrecht Gut faselt nicht (DWB. 3, 1338). — Zu vergl. ist auch moselfr. fu°selen ‚sich vermehren' (von Pflanzen) und hess. fąssele ‚fruchtbar sein, gedeihen'. Zu mhd. vasel (s. Fasel), frühnhd. faselen.

faseln, fâseln, *fueseln* (Med.) schw., nösn. *fâseln* [Städt. Halbma.] ‚schwatzen'. *Nemmi fâsel!* (Schässbg.). Ein modernes Lehnwort, für das die echte Ma. *pątzeln, potjeln, prîpeln, proddeln, schlabbern* gebraucht. Zu frühnhd. fasen, ahd. fasôn.

(faselnackig), fueselnackich adj. ‚ganz nackt', entweder zu *fâseln, fueseln*, also so nackt wie ein neugebornes Tier (vgl. »Mutter nackt« bei Kraus. Chron. 1, 42) oder wahrscheinlicher zu nhd. Fase, Faser also ‚bis auf die Fasen des Hemdes bloss'. Wenn die letzte Ableitung richtig ist, muss das Wort als nhd. Lehnwort betrachtet werden, das in der Ma. an *fueseln* angeglichen ist. — Syn. *štiwichnacktich.*

Faser, Fâser fem. [Städt. Halbma.]. *Det Flêsch huat grôf, schî* (feine, dünne) *Fâsern (Bistr.)*. *Wurzelfâsern.* Echte Ma.: *Fês* (beim Tuch), *Wirzeltcher.* Beim Fleisch: *Flaks.*

faserig, fâserich adj. [Städt. Halbma.]. *Det Flêsch äs fâserich (Bistr.)*. Echte Ma.: *fêsich, flækich, flaksich.*

~, Fasîr m. »In der R. A.: rot im Gesicht wie ein *fasîr*, wohl nicht von Vezier«, sondern von südd. Visir ‚rot wie eine Larve, Maske' (Schuller, Beitr. 17).

(Fasling), Fueslengk n. ‚die Jungen' (auch von Menschen), syn. *Felîe, Gefuesel*, mit verächtlichem Nebensinn. Zu *fâseln, fueseln.*

Faß, Fass n. [Städt. Halbma.]. *Et sen zwie Fass Weng ąfgangen.* Bei der Weinlese rechnet man auf *zwie, drą̂ Fass.* Im Rätsel von der

Kuh: *Vîr wä en Gaffel, än der Mättent wæ̂ e Fass, hängden wæ̂ e Bêssem* (Gr.-Scheuern). Auch in Kronst. *än der Mättelt wei e Fôss* (Kbl. 23, 56, 74). Deutlich ist die Übernahme aus dem Nhd. im Spottvers:

Katreintchen
Sätz ǫft Schweintchen,
Rekt kên Hanedeintchen,
Bränj e Fass Weintchen.

Höhr, 28; Schuster, Volksl. 353.

— Die echte Ma. kennt das Wort nur als Weinmass *(drǭ Fass Weng)*, sonst *Kof, Lêjeln* (kleineres Fass), nösn. *Lêgel* (jedes Fass), *Virzijer, Fufzijer.* Alt ist es indessen in der Zusammensetzung *Fälpes* (s. d.).

Faßberg, Fl. N. »Hinterm F a s s b e r g« (Tschapertsch, Kbl. 10, 27) ist nicht eine Zusammensetzung mit Fass, sondern gehört zu Fachsberg s. d.

Faßbinder, fehlt; s. *Bedner*, nösn. *Bänder.*

Fäßchen, Fässken n., nösn. *Fâsskn* n. Während Fass der echten Ma. fast ganz fremd ist, scheint das Demin. nicht nhd. Eindringling zu sein. *E Fâsskn zem Audrängk, Wærdse änmąchn;* ferner die Zusammensetzungen *Audrängkfâsskn, Bątter-, Mêl- Präntsfâsskn* (nösn.) machen den Eindruck alten Sprachguts. Auch im Süds. wird wohl *Fässken* gebraucht, mehr als Fass, aber nur für völlig fassende, d. i. verschlossene Gefässe und mehr nur zur Bewahrung von Flüssigkeiten: *Weng-, Bær-*, auch *Kratzewetz-Fässken,* aber viel häufiger *Lêjeln;* für Gefässchen zu andrem Gebrauch, die auch unverschlossen sein können, hat das Süds. die Namen *Bittchen, Tenntchen, Stąntchen (Kampest-Bittchen* und *-Tenntchen, Batter-, Kês-Stąntchen).* Davon der D. N. *Det Fessken* für einen Mann (Stolzenbg.) und Fl. N. *det Fässken* (Durles). — Syn. *Burbänts, Berbinzkn.* Urk. »Mer man hat genomen eyn f e s k e n vor do man erbessin inryfft« (1503, Qu. Gesch. S. 371). »Item pro duobus vasculis, f e s k e r, ad illos albos panes imponendos« (1520, Qu. Kr. 1, 281). »Pro octo vasculis vulgo f e s z k e r ad pulveres bombardicos« (1534, Ebda. 2, 370). »Im eussersten gywell pay dem thor sain 14 F e s g e r mit pulver« (1556, Br. M.). »Pro vasculo, vulgo f e z k y n in quo pisces sunt missi« (1539, Qu. Kr. 2, 606). »1 f e s z c k e n plech« (1547, Ebda. 3, 426). — Das Wort hat noch die allgemeinere Bedeutung ‚kleineres Gefäss aus Holz' wie ja das deutsche Fass ursprünglich nicht nur die heute am meisten gebräuchliche Bedeutung ‚Weinfass' hatte. s. DWB. 3, 1358.

Faßdaube, fehlt; dafür das Simplex. s. Daube; die Einkerbung in den Fassdauben zur Einfügung des Bodens heisst *Guergel (Wallendf.), Suach (Bistr.), Sîrch* (Rode).

fassen, fassen schw., nösn. *fąssn* schw. [Städt. Halbma.]. 1. ‚erfassen, ergreifen'. *Ich fassn de Šteal* (Schässbg.). Echte Ma. *begreifen, erwäschen, nîen. Den Ammen fassen* ‚den Bienenschwarm einfangen' (Schönbg.). »Kompt ein Immen vndt schwarm Bayen von weitem her geflogen . werden g e f a s t« (Kraus, Chron. 1, 238). — Auch übertragen: *E fąsst den Entschląss (Bistr.).* »andern gedancken f a s s e n« (Kraus, Chron. 1, 367). »schicken ihm demnach einen Rathsherrn H. Lucam Seiller entkegen ihm zu sagen, dass er einen andern weg für sich f a s s e n soll« (Ebda. 1, 17). ». . hörete ich, dass J. den A. zu heyrathen keinen Unwillen hatte, worvon Sie aber den g e f a s s e t, weiss ich anders nichts« (1699, Cap. Cib.). *Wäi sich nou der Râiberhâiftmâ beckt* ., *fąsst sich disser Mentsch en Mäot* (Bertleff, Kl.-Bistr. Ma. 23). — 2. ‚erhalten'. *Ech hu menje Gehąlt gefąsst* (Schässbg.). *Mer hu hait gefąsst* (scil. *Kommissbrût*) in der Sprache der Soldaten, wenn sie ihre Quantität Brot erhalten (nösn.). Süds. auch: *Lênengk fassen* in gleichem Sinn. *En Grąel fassen* oder *fên* ‚Abneigung haben, Abscheu fühlen': *Et hoed e selln Greol gefasst (gefonge) kên en (fuir em), dąd et nimi leewe wäll mäd em.* (Über eine auf Ehescheidung sinnende junge Frau gesagt, Agnetheln). — 3. ‚einfassen, mit etwas überziehen'. *Än Štê, Erlštê än Golt, Sälwer fąssn* (nösn. Handwerkerspr.). »Item kain mester sal kain glass in golt f a s s e n pey des hantwercks eren« (1494, Goldschm.-Art.). »Item seratoribus quod 53 hocke pixen appromptuaverunt, zu f a s s e n« ‚in die Gewehrladen einzufügen' (1529, Qu. Kr. 2, 146). — 4. † ‚verfassen, schriftlich festsetzen'. »Solch gethanes zeugnůs sollen die geschworne Schreiber in schrifften klårlich auffmercken vnd f a s s e n« (E. L. R., 20). »Es sol aber keine teidig vber drey jar lang / nach dem sie ist fůrgenommen / oder inns recht g e f a s s e t worden / auffgeschuben noch verlengert werden« (Ebda., 32). »Drumb ist es vnmůglich / das man die Gesätze dergestalt f a s s e n kônne« (Ebda., 5). — 5. Refl. ‚sich fassen'. *E wąs ausser sech vor Oinst, elloin e hąt sech bąld gefąsst* (Draas). ‚sich gefasst machen'. »haben sie sich das Schloss zu bestürmen g e f a s t gemacht« (Kraus, Chron. 2, 62). — Lautt. 18. — mhd. vazzen. Das Wort ist auch in die Dorfmaa. aus dem Nhd. gedrungen, in echter

Ma. ist es nicht üblich, dafür *sich ergien, zâ sich kun.*

Faßhahn, fehlt; s. *Pip* fem., das Hähnchen an der Pipe *Litchen* n. (Keisd. *S.-Reen*).

Fassung, Fąssungk fem. »Pro impactione, vulgo fassung, duarum bombardarum« (1532, Qu. Kr. 2, 243). Zu fassen 3. *Et wôr hait Fąssungk* ‚Brotverteilung' (nösn.). Zu fassen 2. [Städt. Halbma.].

Faßspund, s. *Dopp, Fangdhûlx, Štappen, Štêpel.*

fast, fast, adv. [Städt. Halbma.]. — 1. ‚beinahe'.

Mosst em nôch ä senger Nêh
Fast kathôlesch wärden. Käst., 52.

Besonders urk. »mit fast vnerträglicher mühe arbeit vnd viellen Vnkosten« (1676, Hstdt. Lok. Stat. 53). »Hab ich offtermal meltungen vnd fast gemeine (‚fast allgemein') beklagungen hierûber mit angehôrt« (E. L. R., Vorrede). — Echte Ma.: *bänô* (beinahe) und *schär* (schier). — 2. Auch in der ursprünglichen (fast ist adv. zu fest), bei Luther noch sehr gebräuchlichen Bedeutung ‚sehr'. »10. Zum grossen detriment Gemeines Fisci im Soldisch an gefegten Teichen Mauren und schönen Obstbeumen vnwiderbringliger schade fast eingerissen« (1676, Hstdt., Lok. Stat. 49). »Ewre Hausshaltung ist mir sonst nicht fast bekant« (1579, B. M.). — Die Ma. kennt den (nhd.) Unterschied zwischen fest und fast nicht (s. fest). — 3. *fast, fąst* in der Zusammensetzung *Grâlfąst* m. ‚der Furchtsame, Ängstliche'. Spottend und scheltend zu einem in übertriebenem Masse Ängstlichen: *Säch, tee bäst dennij e Greolfąst* (Agnetheln). — mhd. vaste, ahd. fasto.

Fastbüchel, Fl. N. »eine kleine Hochebene« bei Reps (V.-A. 37, 143).

Faste, Fast fem., Plur. *Fasten,* nösn. *Fąst* fem., Plur. (wenig gebräuchlich) *Fąstn.* — 1. ‚Enthaltung von Fleischspeisen, besonders aus religiösen Gründen'. »Eine Faste aufnehmen« ‚sich zu fasten verpflichten' (Binder, Coll.). »Er hielt die Parole, wie der Hund die Fasten« (Qu. Kr. 4, 294). Es wird unterschieden die einfache Faste und die schwere Faste. s. Fasttag. — 2. ‚die Zeit, wo das Fasten üblich ist oder gewesen ist'. Besonders die Zeit vor Ostern. *Än der Fąst* ist danach eine Art Zeitbestimmung und bezeichnet die Zeit vom Donnerstag nach dem Aschermittwoch bis zum Ostersonnabend. »Am mitwoch in der Fasten« (1520, Arch. *Bistr.*). »Am anderen suntag in der fasten« (1543, Qu. Kr. 3, 220). »Am dritten (firten) suntag in der fast« (1543, Ebda.). »Zur halber fast ist mein schwager herein khommen« (1604, Ger.-Prot.). »Geschehen am myttich zu halb fastenn« (Hstdt., Mag.-Prot. 1540, S. 124), Ma. heute noch: *zer, än der hąlwer Fast. Än der Fąst terw em net dąunzen* (Schässbg.). *Än der Fąst dêd em de schwuarx Dâicher än der Kirch ąf dn Fälter (Petersdf.).* In einigen Gegenden wird der Plur. *de Fąsten* gebraucht (Birth.). — Diese Zeit ist die ernsteste des Jahres. Wenn der übermütige Jubel des Aschermittwochs (s. d.) verrauscht ist, was freilich auch am Donnerstag oft noch nicht ganz der Fall ist, dann darf bis zu Ostern nicht mehr getanzt werden, man darf auf der Strasse nicht pfeifen oder singen, Knechte, die das tun, werden dafür bestraft, ja in einigen Gegenden verbietet die Sitte in der Fast rote Bänder am Hute zu tragen (Fronius 55). — Die Spinnstube, der Besuch der Zusammenkünfte der Mägde durch Knechte wird eingestellt. Da laute, lärmende Freude in der Fast unziemlich ist, werden in dieser Zeit keine Hochzeiten abgehalten. An bestimmten Tagen, besonders am Freitag, wird auch kein Fleisch, nichts Fettes genossen. Dieser katholische Brauch, der in den Städten wohl längst verschwunden ist, hat sich auf dem Lande (zum Teil auch durch die stete Berührung mit den häufig fastenden Rumänen) bis heute erhalten. Fastenzeit, Fastwoche. — 3. Auch die Zeit des Advents heisst *Fąst* s. *Adväntsfast.* Zum Teil schreibt die Sitte für diese Zeit dasselbe vor wie für die Fastenzeit vor Ostern, Tänze, Hochzeiten, Pfeifen, Singen auf der Strasse gelten ebenfalls für unziemlich, fasten am Mittwoch oder Freitag ist üblich, wie ja der Advent (s. d.) überhaupt einen ernsten Charakter hat. — 4. Im Aberglauben spielt die sogenannte schwarze oder schwere Fast eine Rolle. Wer bestohlen worden ist, braucht nur »die schwarze Fast aufzunehmen« d. h. eine schwarze Henne zu nehmen und mit ihr an 9 Freitagen nichts zu essen. Der Dieb wird das Gestohlene zurückbringen oder sterben (Haltr., Aberglaube 29). Die schwere Fast kann man auch durch einen anderen aufnehmen lassen (Müller, Sagen 126). — mhd. vaste. — 5. Dazu (?) der F. N. Fastenn (1520, Kronst.), Fastin, Festin (1541, Kronst.), oder wahrscheinlicher Gen. patronym. zum F. N. Fest, Fiest.

fasten, fasten schw., nösn. *fąstn* schw. Präs. 2. 3 sing. *fast,* nösn. *fąst.* 1. ‚sich der Speise, besonders des Fleisches enthalten'. a) Bei feierlichen Anlässen, aus religiösen Gründen. Das früher übliche Fasten ist seit der Zeit der Reformation immer mehr geschwunden, in den

Städten ist es nicht mehr üblich, auf dem Lande fast nur dort, wo die Berührung mit Rumänen, die sehr oft fasten, vorhanden ist. Gefastet wurde am Mittwoch (dem Tag, an dem Jesus verraten wurde) und Freitag (dem Todestag Jesu). Die vollkommene Enthaltung von Speise, wie sie im Mittelalter üblich war, findet sich wohl nirgends mehr als Sitte eines ganzen Dorfes, wohl aber als frommer Brauch Einzelner. Dagegen gilt der Freitag auch heute noch als halber Fasttag. Auch ausserhalb der Fastenzeit wird an ihm in kleinbürgerlichen und bäurischen Verhältnissen nicht leicht Fleisch gegessen, das gewöhnliche Mittagmahl sind *gerîst Faibun* (nösn.), Bohnen mit gerösteten Zwiebeln (*Gerîstsel)*. Und am Karfreitag wird in einigen Gegenden auch der Genuss der Milch neben dem des Fleisches als unstatthaft angesehen. Dagegen ist erlaubt der Genuss von Fischen, heute besonders von Heringen, die an die Stelle der früher zahlreich gezogenen Fische (s. d.) getreten sind. Das Fastengebäck ist der *Bêgel* (nösn.), der in der Fast, besonders aber am Karfreitag von den *Bêgeljąngen* feilgeboten wird *(Bistr.)*. In der Redewendung zu *Kl.-Bistr.: Hait hu mer emal faesten gâssen* hat das Partizipium *fąsten* (für *fastend)*, süds. *fastän, al fastän,* adverbielle Funktion ‚wie Fastende tun, wie es in der Fastenzeit üblich ist'. — Auch der Trauertag, an dem jemand gestorben ist, wird gelegentlich zum Fasttag (Schuller, T. u. B. II, 54). — b) ‚überhaupt sich der Speise enthalten', freiwillig oder unfreiwillig, dann auch ‚darben'. Scherzfrage: *Wąt dâ de Zigun äm Wänter?* Antw. *Se fąstn* ‚sie leiden Hunger' (nösn.). *Itxt ässt e Hängkel* (‚Hühnchen') *och Paštêtn, nô disem ką̂ e fąstn* (vom Verschwender, *Bistr.*). So kommt das Wort im Sprichwort zur Bedeutung ‚sich bescheiden'.

Wohär wärd er Miel nien?
Sôt de ą̂lt Schwijer.
»Ous dem Begelkasten
Są̂l em derhîm fasten«.
Sôt de Jang glech weder.

Schuster, Volksl. 136, 178.

Alkomm ką̂n em se drôn de Lasten,
Dê enem afgebert seng hekt,
Sî dat sich nâ gewienen un't Fasten
Uch sier gâd evanjêlesch Lekt.

Thullner, R. 30.

Aus der Bed. ‚darben' ergibt sich der Nebensinn des Unangenehmen. *E set, wa wonn e siwe Wôche gefasst het* (Wolkendf. b. Schässbg.). Vom pharisäischen Fasten, dann auch vom Verschwender sagt der Draaser: *E fąst mät Bąfloisch* (Bachfleisch) *och Wuršt.* — 2. ‚sich des Beischlafs enthalten'. *E äs ellê, e mâiss fąstn* (nösn.). *Se led îrn Mą̂ fąstn* von Verweigerung der ehelichen Pflicht. (nösn.). — 3. Im Aberglauben: Das Fasten hat reinigende, schützende Kraft. Durch Fasten bereitet man sich zur Befragung des Eheorakels vor, das man am Tag des Andreas oder Thomas vornimmt (scil. um sich den Heiligen geneigt zu machen, Mätz 22); und wenn man am Freitag fastet, kann man dadurch böse Geister bannen, besonders wenn es ein rum. Pope tut (Schuller, T. u. B. 2, 64). Daraus folgt, dass man, wie man sich positiv durch Fasten schützen, negativ seinem Feinde schaden kann. Man kann nämlich den Tod eines schlechten Menschen dadurch herbeiführen, dass man durch gewisse Leute, die das verstehen, »auf ihn fasten« lässt. Dann sieht man, wie er allmählich auf stehenden Füssen vergeht (Schuller, T. u. B. 1, 66). s. Faste 4. Im frühnhd. heisst einem fasten ‚ihn durch Fasten ehren'. — mhd. vasten, ahd. fastên. Lautt. 18.

—, **fąsten,** *fąstän* part. zu fasten, s. d.

Fastenspeise, fehlt in der echten Ma., nur in den Städten dem Hochdeutschen nachgebildet: *Fastespeis.* Die beliebteste Fastenspeise, die auch ausserhalb der Fastenzeit am Freitag gegessen wird, sind *(fąstich) Biunen, Faibun* (Bohnen), die ohne Fleisch oder Fett zubereitet werden. s. auch *Bikemälich* und Fastimbiss. Am Karfreitag, dem Fasttag κατἐξοχήν, werden besonders in den Städten marinierte Häringe und Bretzel *(Bêgel)* als gestattet betrachtet.

—, **fästich** in *buifêstich* (Katzendf.) ‚das Gesicht voller Ausschlag', *gêlfästich* (nösn.) ‚gelblich'. Vgl. dazu hess. blâchvüstigh ‚sehr bleich', gelvüstigh ‚quittegelb', die von Pfister (in den Nachträgen zu Vilmars Id., 327) zu niederd. vüstig ‚tüchtig' gestellt werden. — s. *Fäst* (Fist).

(**fastig**), **fastich,** adj. ‚in der Fastenzeit gestattet' vom Essen. *Fąstich Bînen* (Schässbg.). Bohnen, die ohne Fett oder Fleisch zubereitet werden. Deshalb: *de Hąngklij äs schêr fastich,* wenn an Fett und Eiern gespart wird. Alle Speisen, die nach griech.-kath. Anschauung zum fasten geeignet sind, heissen *fastich* (rum. de post). — Zu Faste.

(**Fastimbiß**), **Fąstämmes** n. Fastenspeise ohne Fett und Fleisch (Binder, Coll.).

Fastnacht, Fuesnicht fem., nösn. *Fuesnicht* fem. 1. ‚der Tag vor dem Aschermittwoch'. Als Zeitbestimmung. *U der Fuesnicht, äm de Fuesnicht, vor der, nô der Fuesnicht (Petersdf.)*. So auch in älterer Sprache. »An dem metwig vor pfosznog« (Qu. Kr. 2, 286). »Am montag vor fasznacht« (1542, Ebda. 3, 137). »Am freitag vor fosnach« (1555, Ebda. 3, 320). »Im vergangenen 1566 Jare for ahn der Fastnacht hat mir der Bartmes Fleischer bekant« (1567, Br. M.). »Der Lux Wagner hatt geratt izt 3 Wochen für Fassnacht 10 Jar verschienen, mit meiner Schwyger Hochzeit gehat« (1569, Br. M.). »Vierzehn tag vor fosnacht« (um 1610, Ger.-Prot.). »Zwischen fasnacht und ostern« (Ebda.). »14 Tag nach den Fassnachten« (1685, Cap. Cib.). — Als der letzte Tag des Faschings hat die Fastnacht eine traurige Bedeutung für die übrig gebliebenen Mägde, denn mit diesem Tage schliesst die erste, in den Ortschaften, wo alle Hochzeiten des Jahres an einem Tage stattzufinden pflegen, die einzige Heiratsperiode des Jahres. Daher der verzweifelte Faschingsseufzer:

Harze Fuesnich kist te widder?
Inxet e Jôr bliw ich widder.
Wô ich inxet iber e Jôr noch âne
dn Bôertn drû,
Sąll der Dąnder de Knêcht erschlû.

(Petersdf.)

Vgl. Schuster, Volksl. 103; Kbl. 17, 91; Gassner, 50. — 2. ‚die letzten Tage des Faschings‘. Die ursprünglichere Bedeutung des Wortes ‚Tag und Nacht vor dem Aschermittwoch‘ ist allmählich verblasst, so dass in einem Teile des Nösnerlandes wegen des Bistr. Wochenmarktes (am Dienstag) schon der Montag *Fuesnich* heisst, sonst neben dem Dienstag auch der Aschermittwoch selbst. Diese Tage sind die frohesten des ganzen Jahres, in denen die tollste, übermütigste Laune herrscht. *Te šprąnjz, wæ won et Fousnech weir* (Draas). Diese Zeit heisst *de gruis Fuesendich*, im Gegensatz zum Geschwornen Montag, *der klener Fuesendich* (Neithausen). Diese übermütige, tolle Festfreude spricht aus Fastnachtssprüchen wie den folgenden:

Fuosnich šprąch,
Hegd uch more wêr e lastich Dąch,
Wun de Knedel uch Kletiten
Kêimen af dem Wäing geridden.

Oder

Der læf Fuosnich kid erun,
Nana mes em bakelûtschen,
Hîss Krąppen, däck Knedel,
Brît Fungkij, uch Kletiten —
Dąt se jô âs ąlt Sitten —
Kąlde Brôde, lungk Wuršt,
Dąt mer hun en geadn Duršt.

Schuster, Volksl. 96 f.

Über diese Freude, die nicht selten ausartet, klagt Dürr: »Weil übermorgen ein grosser feirtag ist, die liebe fassnacht, da dann die tolle bruder dem einen tag zu liebe die gantze wochen über dem Saufftteuffel mit vleis dienen: so muss ich zum beschluss ein Vermanung thun zum gotseligen christlichen leben« (Aml. Dam. Dürr, 19). — Der Tag beginnt mit dem *Bakelûtschen*, wobei als Festgebäck *Krąppen, Fungkich* (Pfannkuchen), *Klôtsch* erzeugt werden. Da sich zur Feier der *Fuesnich* meist grössere oder kleinere Gesellschaften zusammenzufinden pflegen, so geht es schon bei dem Backen oft recht lustig her. Hier werden die Pläne für die späteren Vermummungen und Aufzüge geschmiedet. Denn keine *Fuesnich*gesellschaft lässt es sich nehmen, *îrnt äst* (irgend etwas) *vôrzegæi (Petersdorf)*. In den Städten haben die üblichen Umzüge den Zusammenhang mit der Vergangenheit verloren, sie erwachsen aus persönlicher Willkür, auf dem Lande dagegen hat sich trotz des eindringenden Neuen noch vielfach altes Fastnachtstreiben erhalten. Allerdings treten schon in Dürrs prächtiger Schilderung der Fastnachtsbelustigungen keine besondern Züge hervor, aber so wie am Ende des 16. Jahrh. pflegt es im grossen und ganzen auch heute noch zuzugehen. »Da sihet man den wunder was ein itzlicher fur gnad hat die fassnacht zu feieren. Was iung hausveter sein, in denen das iung, wild blut nicht gantz verkocht ist, die setzen sich zusamen auff die weinstüll, die scheiden sich selden vor dem schönen hellen tag, trinken nur darnider, biss offt cheiner kein wort mehr sprechen kann. Dem andern wird das haupt zu schweer, der legt sich auf den tisch und schlefft im ein seed erab. Der dritt sitzt da, sihet wie ein erstochen geiss, aber wie die ferclein im regenweder. Der viert singt vom alten Hiltenbrandt, mancheiner beweint sein trunken elendt. Die hausmütter aber, dieweill sie nicht durffen zum wein gehen und den mansleuten gleich zechen, so suchen sie ander freud, damit sie die fassnacht heiligen: das etliche weiber die schleier verwerfen, setzen peltzhütt auff, verstellen sich in mannskleider, reihen von einer nachbarin zur ander, riechen wo man irgents phannkuchen gebacken hat. Die grossknecht kauffen einen vierzigen wein, sauffen, spielen, die magd warten des tantzens auss. Lezlich die ierling (‚Jährlinge, Jungen‘), wenn sie sich auf irem krentzlein voll getrunken haben, die ziehen kappen ubers haupt mit schellen, aber kriechen irgents in ein rauchloch, beschmeeren die angesichter mit Russ, lauffen wie die iung lucifern in der gassen« (AML. DAM. DÜRR, 20). Sich zu vermummen *(sich verštâln)* ist auch heutigentags noch die grösste Freude an der *Fuesnich.* Um diese Zeit wird der Erbsenbär durch die Dörfer geführt, und der Fuchs umgetragen (Kbl. 3, 39). *De Verštǫldn* stellen dabei oft komische oder satirische Szenen aus dem Leben dar. Solche Darbietungen sind bekanntlich die Veranlassung zu den Fastnachtsspielen des Mittelalters (Hans Sachsens, Volzens) gewesen. Bei unseren Bauern ist es natürlich nicht zu stereotypen immerwiederkehrenden Spielen gekommen, wie bei den reichen Gewerbetreibenden in Nürnberg oder Worms. Aber was Gervinus von den Fastnachtsspielen sagt: »Unanständigkeit ist die Seele des Fastnachtspiels«, das gilt zum Teil auch von den Darbietungen der *Fuesnich;* vor einem derben Wort, einer unanständigen Geberde schrecken die *Verštǫldn* nicht zurück. Das gehört mit zu dieser über alle Schranken schäumenden Tollheit. Neben diesen Fastnachtsspielen, die nach der jeweiligen Laune der Darsteller und den Tagesereignissen stets wechseln, weil das Publikum neues wünscht, gehen die alten Fastnachtsbräuche einher, die trotz der Ungunst der Verhältnisse mit Zähigkeit festgehalten werden. Ein solcher Brauch, die Wahl des Aschenhannen (s. d.), ist 1658 in Zeiden abgeschafft worden (Qu. Kr. 4, 295). Zu einem andern, einer Art kriegerischer Aufführung, dem sog. hastiludium, das auch mit Vermummung verbunden war, steuerte die Stadt Kronstadt bei, wenigstens erscheinen unter den Ausgaben der Stadthannenrechnung für 1522 mehrmals bibales (Trinkgelder) zu diesem Zweck (Qu. Kr. 1, 416, vgl. auch 3, 91 und ‚abreiten'). Der Schwerttanz (s. d.) wurde an der *Fuesnicht* aufgeführt. Uralt ist das Fahren mit dem Pflug am Aschermittwoch. Die jüngeren Knechte spannen sich an einen Pflug und fahren damit unter grossem Geschrei und Peitschengeknalle von den beiden Altknechten getrieben durch die Gemeinde *(Petersdf.).* Es kommt diesem Spiel auch mythologische Beziehung zu (GR., Mythologie 237 f.). Ein alter Brauch ist es, dass zwei oder drei Knechte auf der Strasse Asche (in *Petersdf. Huaberkuaf* ‚Haferkaff') ausstreuen. Denn von der Asche, mit der man das Haupt bestreute, hat der Aschermittwoch seinen Namen. Auf die alte, weit verbreitete Sitte des »Todaustragens« geht der Brauch zurück, den Fasching zu begraben, was durch parodistische Leichenzüge, in Neustadt i. B. durch das Spiel mit dem *Fuesendichkôlf* (s. d.) geschieht. In Agnetheln ist als Fastnachtsbrauch althergebracht das *Urzellûfen* (s. d.), während in Gergeschdf. das Gansabrennen üblich ist (s. *ueregden* ‚abreiten'). In der Repser Gegend werden die Frauen ‚ausgeschuht' (Kbl. 6, 32, s. auch ausschuhen), in Bodendorf gehen Burschen an der *Fuesnicht* von Haus zu Haus *de Mêd lîsen,* wobei man sich wie beim ‚Ausschuhen' durch Geschenke (Gebäck, Getränk, Geld) loskauft (Kbl. 7, 140). Auf das Loskaufen kommt es auch in einem Neppendorfer (nichtsächs.) Faschingsbrauch an (Volksfr.-Kal. 1909, 115). Vgl. zu diesen Bräuchen auch WLISLOCKI, 61 ff. — s. Aschermittwoch. — 3. Weil an manchen Orten (besonders in der Schässburger Gegend) die Richttage in den Dörfern am Dienstag vor Aschermittwoch abgehalten wurden, ist die Bezeichnung *Fôsnicht* auch auf diese Richttage übergegangen. In Urwegen wurden sie mit feierlichem Gottesdienst eröffnet, darauf folgte die Versammlung des Richttags, am Aschermittwoch das gemeinschaftliche Essen und Umzüge (Kbl. 4, 117). — Eine ähnliche Einrichtung ist es, wenn Ausgruss und Eingruss der Bruderschaft an einem besondern Festtage, an einer *Fuesnicht,* abgehalten werden (s. Ausgruss). — 4. Im weitesten Sinne bedeutet *Fuesnicht* ‚die ganze Zeit des Faschings', doch nicht allgemein. Diese Bedeutung ist bezeugt aus den Städten (Kronst., Hstdt., *Bistr.*). In Mühlb. wird ein Unterschied gemacht zwischen *der Fuesenicht* (= ‚Fastnacht') und *dem Fuesenicht* (= ‚Fasching'), wobei augenscheinlich das Geschlecht von *Faschingk* übergegangen ist auf *Fuesenicht.* — s. Fasching. — *Fuesnicht* geht auf mhd. vasenaht, vasnaht zurück. Der Ableitung von älternhd. faseln (KLUGE) gibt unsre Ma. gegen WEIGAND[6] 1, 505 recht. Sie hat nirgends das *-t* im Bestimmungswort und mhd. vastnaht (von fasten) würde in ihr Formen wie Fasnich, Fąstnicht ergeben. Aus *Fuesnicht* ist mit Apokope des *-t Fôsnich* (Schässbg.), *Fuesnich* (Hstdt., *S.-Reen*), *Fuasnich (Bistr.), Foasnich* (Zendresch) entstanden. Wobei aber oft in einer und derselben Ma. noch beide Formen nebeneinander stehen, so ist *Fuesnicht* und *Fuesnich* in *S.-Reen, Fôsnicht* neben *Fôsnich* in Schässbg. bezeugt. Am weitesten geht das nösn. *Fuesich* (KRAMER, 23), das in moselfr. Fuesicht einen Genossen hat. Durch Einschub eines *-d-* (aus euphonischen Gründen) wie in nösn. *Dǫnder* ist das burzenl. *Fuesendich* geworden; dabei ist bereits das Gefühl vorhanden, man habe es nicht mehr mit einer Nacht, sondern mit einem Fast-tag zu tun (vgl. Sächs. Burzenl., 477). *Fâsnt (Kl.-Bistr.)*

hat durch die Tonlosigkeit der zweiten Silbe erklärbaren Schwund des *-h-* vor *t* in ‚Nacht' (vgl. *hent* ‚heute Nacht'), während gerade die Ma. von *Kl.-Bistr.* sonst *h* vor *t* zu *k* verhärtet (*frâukt* ‚fragte'). Dieselbe Entwicklung zeigt lux. Fu°send (Sierck). *Mettersdf.* hat neben dem regelmässig gebrauchten *Fuesnicht* ein *Fueselt* (GASSNER, 50), das etwa als Analogiebildung durch Anlehnung an Wörter wie *Tiongselt* (Deichsel), *Uesselt* (Achsel) erklärt werden mag, da sonst *-n-* nicht 〉 *l* wird. Oder ist es selbständige Ableitung von *fueseln* (faseln)? Entstellung ist *Fuasrich* (KISCH, N. W. u. W., 50). — Lautt. 5. Mhd. vasenaht, vasnaht — Dazu der F. N. »Foessnacht« (Qu. Gesch. S. 1, 30).

(**Fastnachtskalb**?), **Fuesendichkôlf** n., ein Fastnachtsspiel. Kinder in Papierhüten mit bunten Fransen, Larven vor dem Gesicht und Schellen an den Kleidern ziehen ein Puppenpaar (Mann und Weib in altmodischer Tracht) auf schief gestelltem Rad durch die Gassen, so dass sich die Puppen in rasendem Wirbel drehen (Neust. i. B., Sächs. Burzenland, 482 f.). Der Brauch geht auf die Sitte des »Todaustragens« zurück. Die Bedeutung des Grundwortes in *Fuesendichkôlf* ist dunkel, mit *Kôlf* ‚Kalb' scheint kein Zusammenhang zu bestehen (Kbl. 27, 107).

—, **Fuesnichkuku** (⊥ ◡ ⸓ ◡) pl. *(Petersdorf)* heissen die Knechte, die an der Fastnacht (am Aschermittwoch) in Vermummungen durch die Gemeinde ziehen, besonders die an den Pflug gespannten. s. Fastnacht. — Das Grundwort ist rum. cucu ‚der Kuckuck', das wie das mhd. gouch die Bedeutung ‚Tor, Narr' angenommen hat.

(**Fastnachtslatein**), **Fuosnichlateinj** n. Fastnachtssprüche, welche die »Kantoren« (Lehrer der untersten Klasse) mit den Mädchen, die »Schulmeister« (Lehrer der oberen Klasse) mit den Knaben einübten, um sie den Eltern daheim vorsagen zu können. Dafür erhielten die Lehrer zum Danke Gebäck. Die Sprüche bestehen aus einem ergötzlichen Gemisch von deutschen und lateinischen Worten.

> Bakenalia = *Fuosnich*,
> friptus = *Fungkich*,
> *sauret Sąlz*,
> *Fatt = det Schmąlz*,
> *Lengdach = en Dach*,
> *Štiwel = der Schach*,
> porcus = *det Schweinj —*
> *bräinjt äsem Härr Kąnter en*
> *Âchtel Weinj!*
> *Ded äs det Fuosnichlateinj.*
>
> SCHUSTER, Volksl. 9 und 448.

—, **Fuesendichlâwend** n., eigentl. ‚Fastnachtssuppe' heisst in Kronst. scherzhaft das Schneewasser, das um Fastnacht gelegentlich *lâwend*- (‚dickflüssige Suppe') artigen Charakter annimmt. — Zu Fastnacht.

Fastnachtsspiel, fehlt. Urk. »Der H. Pastor hat die ganze Fastenzeit über das Fassnachtspiel über C gespielet« ‚ihn verspottet wie im Fastnachtsspiel' (1672, Cap. Bog.).

Fastnachtszeit, Fuesnich-, Fuesendichzegt fem. ‚die Zeit der Fastnacht, des Aschermittwochs'. »Im letzt abgewichenen Winter um die Fastnacht-Zeit, hatte ich einsmahlen aus dem Wald eine Fuhr Holtz nach Hause gebracht« (1759, Obereheger.). »Genug aber kurtz vor der Fassendzeit kam ich an einem gewissen Abend auss der Gass heim« (1780, Ebda.). Fassendzeit ist mit Anlehnung an *Fuesendich* gebildet. Die Form *Fâsnt (Kl.-Bistr.*, lux. Fu°send), die hier am besten entspräche, kommt in süds. Maa. nicht vor.

Fastwoche, Fąstwôch fem. ‚die Wochen der Faste'. »Item dem herren dem schaczmeister haben wyr auff dy Beczalung czu Phengsten auff trinitatis gescheen sellde, iecz auff Erst vast Wochen (‚in der ersten Fastwoche') In paren asperin flor. 60« (scil. »geben«, das ausgefallen ist; 1526, Qu. Kr. 1, 635).

fatal, fatâl, adj. und adv. (◡ ⊥) ‚verhängnisvoll, unangenehm'. *Däd äs än fatâl Geschicht* (nösn.).

> *Der Kanter štît af'm Prädichštâl:*
> *»Im Namen Gottes!«* *Ded äs fatâl,*
> *E kąn net wegter, e bleift hên.*
>
> THULLNER, R. 16.

— Zu lat. fatalis. Das Fremdwort wird auch vom Landvolk gebraucht, ist aber nirgends in die Ma. eingelautet.

—, **Fâtchel** m. 1. ‚Schleier'. — 2. †‚Dünne Florschürze'. »Diessen (den vornehmeren Frauen) werden auch die Potyolat und Fatyol Schürtze (doch ohne Gold und Silber) nicht abgeschlagen« (1689, Kbl. 31, 74). »Andere Jungen Herrens Weibern sollen den Fatyol bleiben lassen« (Ebda.). — Aus magy. fátyol ‚Schleier'; s. auch Fächel, das im Nösn. gilt, während *Fâtchel* süds. ist.

—, **fâtcheln**, s. facheln.

—, **Fâtchelzîms** fem. ‚Florsieb, feines Sieb'. *Fâtchelzîemess* (Schässbg.), *Fâtchelzems* (Birthälm), *Fąchelziems* (Med.). Mit der *Fâtchelzîms* siebt man feineres Mehl, das feinste Sieb ist aber die *Dæstzîms*. — Gehört entweder direkt zu magy. fátyol, fátyolszita ‚feines Haarsieb', oder zu *Fâtchel*. Syn. *Dæstzîms, Färnerziemes*.

Fater, F. N. 1484 (Qu. Gesch. S. 104). Fatter (1763, Denndf.). s. Vater.

~, **Fâteskirch,** die Bergkirche in Hetzeldf. (Müller, Sagen 280). Fâtes ⟨ Fâltes = Valentins-?

~, **Fâtsch** fem., nösn. *Fâtsch* fem. ‚Wickelband, Windeln aus Leinwand‘ 1. ‚Windeln der Kinder‘. *De Fâtschn richtn* gehört zu den Vorkehrungen zu einer Geburt. Neben den notwendigen Kleidungsstücken für den erwarteten Erdenbürger liegen 3—7 Paar *Fâtschn* bereit (Gassner, 12). Es gibt davon drei Arten: das kurze Nabelband aus Leinwand *(Nuewelfâtsch)*, das etwas längere leinene Windelband *Kotschefâtsch, (Wäckelschnâr)* und das um die äussere Hülle des Säuglings *(den Wäckelpill)* gewickelte gestrickte oder gehäkelte Windelband (nösn. *Wäckelbânt*). Die *Fâtschen* werden an einigen Orten aus Gewandsäumen *(Sälwoinjdern)* verfertigt (Hillner, 11), sie sind oft Familienerbstücke und werden von der Mutter der schwangeren Tochter geschenkt. — 2. ‚Wickelband, mit dem man kranke Füsse (gegen Krampfadern usw.) umwindet‘. *Ich mâiss mer de Fâtsch äm dn Fâss machn, e äs mer guar afgelûfm* (nösn.). — Das Wort gehört zu lat. fascia. Es findet sich auch in andern deutschen Maa. So vor allem in den Schwesterdialekten: eupen. Visch ‚Windel‘, aachn. Fiesch ‚Windel‘, eifl. fieschen ‚in Windeln wickeln‘. Dennoch ist mit Kisch (V.-A., 33, 71) anzunehmen, dass das Wort nicht aus dem Stammland mitgebracht ist, denn die Gleichung Fiesch = *Fâtsch* begegnet Schwierigkeiten. Vielmehr ist *Fâtsch* aus österr. Faatschen, Fåtschen entlehnt. Es spricht dafür auch, dass das Wort in den Zipser Maa. verbreitet ist, die dem Einfluss des Österr. noch mehr ausgesetzt waren als das Ss.; vgl. Fâtsch (Paul-Braunes Beitr. 19, 320), Fâtsch (Mràz, A dobsinai német nyelvjárás, 62), fatscheln (Schröer, 25, 260). Wir werden für die Mundarten an der Mosel und für das Ss. getrennte Entwicklung anzunehmen haben. Dort ist unter franz. Einfluss fascia ⟩ Fiesch geworden (s. V.-A. 35, 114), hier unter österr. Einfluss ⟩ Fâtsch. — Mit rum. fașie (◡ ⏊ ◡) hat *Fâtsch* nichts zu tun, das zeigt der Akzent. — Syn. Wickelband, -schnur.

~, **fätscheln** dasselbe wie *fitscheln* (s. d.).

~, **fâtschen** schw., nösn. *fâtschn* schw. ‚mit Wickelbändern umwinden‘. 1. Kleinen Kindern werden auf dem Dorfe Hände und Füsse *gefâtscht, ägefâtscht,* damit sie sich durch das Spiel der Hände nicht *erfêren.* — 2. ‚Kranke Beine umwinden‘. *Ich hu mer dn Fâss fâtschn mâissn, esu wî huat e mer gedô (Bistr.).* — *affâtschen, änfâtschen.* — Zu *Fâtsch.* Vgl. damit eifl. fieschen ‚das Kind mit der Wickelbinde umbinden‘.

~, **Fätschkêchen** n. ‚Schwalbe‘ *(D.-Zepling).* Diminutivbildung zu magy. fecske ‚Schwalbe‘. Vielfach bezeichnet unsere Ma. den beliebten Vogel mit dem Diminutivum *Schwalfken, Schwolfken.* Diesem Zug zu zarter Bezeichnung folgt die Zeplinger Ma. auch dem Lehnwort gegenüber.

~, **Fattebiärich** m. (◡ ◡ ⏊ ◡) Fl. N. *(Treppen).* Urk. »Auf dem Fattenberg« (1714, Cap. *Bistr.*). — Zu Fattendorf.

~, **Fattebrann** m. ‚ein Feldbrunnen‘ *(Mettersdf.).* — Zu Fattendorf.

~, **Fattefâlt** fem. (◡ ◡ ⏊), Weinhalde und Hattertteil zwischen *Csepan* und *Mettersdorf (Mettersdorf).* — Zu Fattendorf.

~, **Fattemoer,** *ôlt Fattemoer* fem. Fl. N. *(Mettersdf.).* — Zu Fattendorf.

Fattendorf †, *Fattndref* n. 1. Fl. N. *(Mettersdf.).* Nach Müller, Sagen 281 ff. ist in dem Wiesengrund, der heute *Fattndref* heisst, einmal ein Dorf gestanden. Tatsächlich bestätigt König Bela in einer Urkunde des Jahres 1243 die an die deutschen Grafen Lentink und Herman gemachten Schenkungen: Fatateleke videlicet Bachunateleke et Chegeteleke (Urkb. 1, 71). Die Villa Fata (1366) ist später samt ihrem ganzen Hattert an die Gemeinden *Mettersdf.* und *Treppen* übergegangen, deshalb erscheinen auch heute noch in der Gemarkung der beiden Gemeinden so viele Fl. N., in denen das erste Kompositionsglied das alte Fata ist (s. die vorangehenden und folgenden Artikel). Dieses Fata ist im Mühlb. Progr. 1879, S. 34 f. von J. Wolff mit dem P. N. Fato in Verbindung gebracht worden, ebenda hat Wolff geistreich versucht es mit got. fatha ‚Zaun‘ zu erklären. Aber die Namen der anderen Prädien, die mit Fata immer zusammen genannt werden, tragen fremdartiges Gepräge, so dass es verwunderlich wäre, wenn nur dieser eine Name deutschen Ursprungs wäre. Bachuna und Chege (1243) sind schwerlich deutsche Namen, denn mit Szász-Czegő kann Chege kaum in Zusammenhang gebracht werden. Und *Zigndref* (Hattertteil in *Treppen*) kann lautgerecht aus Chege entstanden sein. Später erscheint neben diesen dreien noch ein viertes Prädium, das nicht minder fremden Ursprung verrät. »Nach dem ir hattert, so neben dem Times (Szamos) were und auf den stosse, Edelerdt were gewest zu alten Zeiten und diese vier dörfer Fatha, Bochnia, Czegeo und

Tekes genant dagelegen« (1589, Kbl. 5, 87). Danach ist es wahrscheinlich, dass auch Fatha kein deutscher Name ist, trotz des bair. Fattendorf. Es wäre recht wohl möglich, dass diese »dörfer« ältere Siedlungen waren, die die Sachsen vorfanden, dass also gar nicht Deutsche sie gegründet und benannt haben, wenn sie schon 1243 (also kaum zwei Menschenalter nach der Einwanderung) an deutsche Grafen verschenkt wurden; es liesse sich sogar die Behauptung wagen, dass wir in der Tatsache der Schenkung eine Art Handhabe der Datierung der Einwanderung dieser beiden Gemeinden besitzen, die sich durch ihren Dialekt in wesentlichen Punkten von den Brüdern im Nösner Gau unterscheiden. — Wie freilich dieses fremde Fata zu erklären wäre, wird sich ebensowenig sagen lassen wie bei Bachuna und Chege. — 2. Fl. N. Wald zwischen Gross-Kopisch und Jakobsdorf, wo früher ein Ort dieses Namens gewesen sein soll (Müller, Sagen 283).

—, **Fąttewǭlt** m. Waldname *(Mettersdf.)*. — Zu Fattendorf.

—, **Fąttndrêsch** m. ein Wiesengrund *(Treppen)*. — Zu Fattendorf.

—, **Fąttnêchn** Pl. Wald *(Mettersdf.)*. — Zu Fattendorf.

—, **Fąttnhąttert**, Fl. N. *(Mettersdf., Treppen)*. Urk. »Auf dem Fattenhattert« (1714, Cap. *Bistr.)*. — Zu Fattendorf.

—, **Fąttnhî** fem. Fl. N. *(Mettersdf.)*. — Zu Fattendorf.

Fatyolschürze † s. Fâtchel 2.

—, **Fätz** fem., nösn. *Fätz* fem. *(Petersdf.)*. 1. Spitze, kurze Pfähle, die an dem oberen Rand des Zaunes quer (also senkrecht auf den Zaun) eingeflochten werden. Diese Pfähle bilden das Gerippe für einen zu beiden Seiten des Zauns angebrachten wagrechten Zaun *(den Fätzzong)*, auf dem das Dach des Zaunes ruht (Fronius, 114). Sonst heissen jene Pfähle *Fätzštæken* (s. d.). — 2. Das Dach des Zaunes selbst, das auf dem *Fätzzong* ruht, und aus Stroh, Dornen, Reben, Hanfstengeln *(Honewônen)* besteht. *Mer hun de Fätz gemącht* (Seiden). Sonst auch: *det Gefätzel mąchen, den Zong fätzen.* — Vgl. auch *Atz. Fätz* ist von Wolff (V.-A. 27, 606) zu hess. henneberg. Fitzgerte ‚die aus Buchen, Haseln oder Hainbuchen entnommene, meist gespaltene Gerte, welche zum Einflechten in die Schalhölzer dient', ferner eifl. fitzen ‚Fitzhölzer in eine Wand flechten' gestellt worden. Es liesse sich dazu noch anführen: fetse ‚gerissenes fingerdickes Holz zwischen die senkrecht stehenden Hölzer einer Lehmwand flechten' (Münch, Ripuar. Gramm. 61). Die Grundbedeutung ist aber, wie DWB. 3, 1695 und Weigand⁵ 1, 540 beweisen, nicht ‚Rute', sondern ‚äusserstes Ende, am Kleide Saum', was vorzüglich zu unserem Fätz passt, das auch ‚das äusserste Ende, der Saum des Zaunes' ist. Die Wortsippe ist sehr verbreitet und hat sich in die verschiedensten Bedeutungen gespalten (vgl. Weig.). Die hess. henneberg. Entsprechungen haben vom Verbum fitzen (mhd. vitzen ‚weben') ihre Bedeutung erhalten. Nichts zu tun hat Fätz trotz des ähnlichen Klanges mit lux. Fäsch ‚Reisigbündel', das auf lat. fascia zurückgeht. — mhd. vitze fem.

—, **Fätzel** n. (Schaas) ‚das wagrechte Geflecht von Ruten am obern Ende des Zaunes' = *Fätz*. Zu *Fätz* mit dem Dimin.-Suffix *-el*. Dagegen ist das verstärkte *Gefätzel* wohl mit *-sel* gebildet, wie *Gešpǭissel, Geštrācksel* usw.

—, **fätzeln** schw. ‚wagrecht zäunen' (Schaas), dasselbe wie *fätzen* 1 ‚dem Zaun eine *Fätz*, ein Dach machen'. Wie *fätzen* von *Fätz*, aber mit der Endung *-eln* gebildet, wie *schnuffeln* neben *schnuffm, schnäppeln* neben nhd. schnippen, *griseln* (zu mhd. gris- in gris-gramen) *gräscheln* (zu mhd. grüsch), *fläckeln* zu *fläcken* u. a.

—, **fätzen** schw. fehlt nösn. 1. ‚dem Zaun ein Dach aufsetzen, ihn mit einer *Fätz* (s. d.) versehen'. *Wun em den Zong gât fätzt, douert e uch zwinzich Jôr* (Kelling). Ein ‚*gefätzt Zong*' ist also ein Zaun mit einem Dach, dessen Grundlage ein Querzaun ist, im Gegensatz zum ungedeckten oder nur mit Dornen gedeckten Zaun, der nur zu kurzem Gebrauch dient und darum auch in seinem Geflecht nur leicht, nur mit weit auseinander liegenden einzelnen Ruten hergestellt, nur *gehuecht* nicht eigentlich *gezengt* ist. s. *Fätzzong* 2. — 2. Erweitert zur Bedeutung ‚decken, die Hausfirste mit Stroh decken'. *De Dauchfîršt äs mät Štrî gefätzt* (Bekokten). — 3. *E gefätzt Zong* ist in einigen Ortsmundarten jeder geflochtene Rutenzaun, im Gegensatz zu dem bloss aus Dornen oder übereinander geworfenem Reisig gebildeten Zaun (Wolkendorf b. Schässbg.), er gilt deshalb für vornehmer als der *derän Zong* (Dornenzaun). — Gehört mit *Fätz* zusammen, doch ist im Verbum der Nebensinn des mhd. vitzen ‚weben, danach flechten' stärker ausgeprägt als im Substantivum.

—, **Fätzes** n. im Sprchw. vom Verschwender:

Det Schingkhous äs ôfgebrât,
Em hôd e Fätzes dôrgebât.

Schuster, Volksl. 179.

Scherzhafte Bildung aus *Fätzen* in der Wendung *ed äs Fätzen* (s. Fetzen) ‚zugrunde gerichtet'.

-es ⟨ mhd. hûs wie in *Backes, Kôches, Kûfes, Lemes, Rôtes, Schämpes, Schingkes, Schlaifes, Säiches.*

~, **Fätzštâken** m., fehlt nösn. 1. ‚der kurze Querstecken im Zaundach, in der *Fätz,* gewöhnlich aus Eichenholz, weil er längere Zeit dauern soll' (süds. allgemein). — 2. Der dickste Stecken beim Zaun heisst auch *Fetzštâken* (Schlatt). Syn. *Štâken.* — Die Ra.: *Et rênt Fätzštâken* ist entstanden zur Bezeichnung des Regens mit sehr dicken Tropfen, die schnell fallen und die in ihrer parallelen Fallrichtung dem Auge erscheinen, wie die parallelen *Fätzštâken* und ebenso gross, wie diese. A: *Na net gongk, sä wâ štark et rênt!* B: *Ich mess gô mêr rên et Fätzštâken;* vgl. *et rênt Špess.* — Zu *Fätz.*

~, **Fätzzong,** *-zonj* m. (Malmkrog). 1. ‚der Dachzaun' = *Fätz.* Der Teil des Zauns, der durch Einzäunen der *Fätzštâken* die wagrechte Grundlage des Daches bildet, heisst *Fätzzom* (Gr.-Lasseln). — 2. »Jeder feste (in der Regel auch gedeckte Zaun), im Gegensatz zum leichten, schief aufwärts geflochtenen *Huesenzong,* Hasenzaun« (Busd). — 3. »Jeder aus Ruten geflochtene Zaun *(gefätzt Zong),* der Etterzaun, dem der ungeflochtene Dornenzaun *(derän Zong)* gegenübersteht« (V.-A. 27, 606). — Zu *Fätz.*

(**Fauche**), **Fôch** fem. (nösn.) ‚aus dem Getreide beim *Fôchen* aufliegende Spreuflocke'. Auch in Zusammensetzungen wie *Faierfôch, Wäntfôch,* vom Blasen des Windes (nösn.). *Schnîfôch* ‚Schneewehe' (nösn.). Im Süds. nicht bekannt. — Zu *fôchn* ‚fauchen'; vgl. hess. Voche »darf jegliches Gebläse meinen« (Pfister, Nachtr. zu Vilmars Idiot., 322).

fauchen, fôchen schw., nösn. *fôchn* schw. ‚blasen'. 1. Trans. ‚durch Blasen reinigen' besonders Hülsenfrüchte und Kukuruz. *Det Tirkeschkôrn fôchn (Bistr.).* Man schüttet Kukuruz in ein *Fälpes* und bringt es durch Schütteln mit dem Windzug in Berührung, so dass die häutige Spreu fortgeblasen wird. *De Faibun fôchn,* Fisolen durch Blasen in der Hand reinigen. Auch ‚Heisses durch Blasen kühlen': *Det Krektdappen fôchen* (Kronst.), den Krauttopf aufrütteln, dass sein Inhalt besser auskühle. *Fôch de Kirschen* (in der Schüssel, Hstdt.). *Det Biggelaisn fôchn (Bistritz),* die Kohlen im Bügeleisen durch Schwingen zum Glühen bringen. — Zu dieser Bedeutung lässt sich westerw. Voche, Vocht vergleichen ‚eine Vorrichtung zum Reinigen des Getreides'; auch fôche ‚Feuer anblasen' (Köln). — 2. Intrans. ‚keuchen, schnauben' von Mensch und Tier.

Seckt d' Frâ Motter, wai se fôcht
Mät der Hungklich än dem Schôcht.

Im Hochzeitslied der Frau Löprich, Schuller, Ged. 17.

— Ebenso oberhess. fochen ‚laut und schwer atmen'. — 3. Causativ ‚heftig atmen machen, Brust und Bauch in Bewegung setzen'. Von heftigem Lachen oder Weinen: *Et* (das Mädchen) *grinn, ded ed et fâcht (Kl.-Bistr.). E lacht, tâd ed en fôcht (Bistr.).* Auch vom Schnauben der Tiere. *Et fôcht em de Saitn (Bistr.)* sagt man vom Pferde, wenn es nach heftiger Anstrengung verschnauft. Dagegen wird das Wort beim Fauchen der Katzen und Hunde nicht gebraucht (s. dafür *bäffen*). — 4. Daraus hat sich bei Kästner die Bedeutung ‚zittern, schwanken' entwickelt. *E fôcht* ‚atmet zitternd wie einer, der sich heftig angestrengt hat'.

Un der Huech (Hecke)
Kuckt en Suech (Sägemühle)
Durch de Erlebládder,
Dâch uch Nôcht,
Dat se fôcht,
Siecht se Dannebrädder. Käst. 78.

Wâ äm Wängd det Nêstche
(Ästchen) *fôcht!*
Ô! em mes ed angderštätzen,
Sonst zeknatscht et nôch vîr
Prôcht. Ebda., 59.

— mhd. fochen, nicht pfûchen, auf das das nhd. fauchen zurückgeht, mit dem unser Wort also nicht ganz identisch ist. *o* ist gedehnt, wie sonst vor stimmlosen Gutturalen; vgl. *Lôch* (Loch), *lôkn* (locken), *Rôkn* (Roggen). Doch lässt manche unserer Bedeutungen auch an nhd. fachen, facheln ‚durch Bewegung Wind machen' denken z. B. das Feuer anfachen (durch Blasen).

Fauckos Johannes, F. N. (1522, Qu. Kr. 1, 451). Sächsisch? Vielleicht verschrieben für Fankosch (= Fankoch)? (Ebda. 1, 358).

faul, fell, *foul* adj., nösn. *faul* adj. 1. Die erste Bedeutung des Wortes, die sich in faulen, verfaulen findet und die dem ahd. fûl allein eignete, ‚verwesend mit üblem Geruch, verfault' ist der Ma. abhanden gekommen. Das zeigt Kraus, der das Wort noch in dieser Bedeutung gebraucht. »danenher die feindt . . . alle mauren vndt heimlige Öhrter durchgegraben vndt durchwiellet, wie die maden einen faulen Kass« (Chron. 1, 9). »haben sie ihm die Kugel mit zuch pflastern beginnen zu gewinnen biss endtlich das fleisch vmb die Kugel faul worden« (Ebda. 1, 208). Das zeigen aber auch die Schelten *felled Ôss* (Aas), *feller Ôrsch, fellet Dear* oder Wendungen wie *e äs faul, tǫt e štängkt* (nösn.), die heute alle nur übertragen gebraucht werden. — Hieher gehört Faulbaum (s. d.); auch der Fl. N. *än Falzam* (= faul Zaun?, *Jaad*)? — 2. Daraus entwickelte sich die Bedeutung ‚morsch, mürbe', dann auch ‚unfruchtbar, steril'. Dass dieser Bedeutungswandel in der Begriffssphäre des Wortes liegt, zeigt deutlich das stammverwandte lat. putridus, putrefacere, die beide den Nebensinn ‚locker, mürbe' haben. Diese Bedeutung muss man wohl annehmen bei den vielen Fl. N. mit faul, die durchaus nicht immer sterile, unfruchtbare Riede bezeichnen. *De folj Â* (Au, Felmern), *de foul Uesekt* (Gr.-Schenk), *hanjder der fel Uofsekt* (Abtsdf.), *fǫule Beachelz* (Birth.), *am faile Furleg* (»im faulen Furleck« 1808, Heldsdf. i. B.), *faul Gewǫnt* (»auf dem faulgewand«, *St. Georgen*), *än der fell Gewûnt* (Belleschdf.), *ǫf em foule Gruam* (Graben, *Passbusch*), *fel Hêlt* (Wolff, Ortsn. 1, 38; Meschendf., Felmern, Katzendf., Bekokten, Magarei u. a.), *faul Hialt (Jakobsdf., Treppen), faul Hêlt (Nieder-Eidisch), Faulhialtner Râich (Jakobsdf.), af der fueler Sekt* (Kastenholz), *de faul Deln,* urk. »In faulen deelen« *(Heidendf.),* dazu *Fauldêler Wǫlt, Fauldêlndual* (Ebda.). Auch »F a u l b a c h« (Qu. Kr. 4, 241)? An einen Zusammenhang mit dem ostfries. fîl ‚unbebaut, öde' ist wegen der nösn. Formen, die immer *faul* haben, nicht zu denken (Wolff, Ortsn. 1, 37). — ‚faul werden' s. *entbômen, entschlôfen, entštôken.* — 3. ‚schlecht, unnütz', wie das, was verfault ist. *Dǫt sai guar faul Ausrêdn* (nösn.). »sich enthalten von vngebürlichen f a u l e n possen vnd vnnuczem schelten ader wortstychen« (1543, Herbert, Reformation, 53). »Da er sich ausredet, er hette es nicht können aufschreiben der zeit kurze wegen, seyen nur f a u l e ausreden« (1599, Ger.-Prot.) [wohl nur in geh. Spr.]. — 4. ‚träge'. a) Von Tieren. *Dǫd äs e faul Ôss* (Ochs, *Petersdf.*). *Der Bäffel äs guer e faul Gâiter* (Tier, Ebda.). Im Rätsel vom Schwein:

> *Ed äs e fell uch garstich Ôs* (Aas).
> *Et hôt det Kûlter un der Nôs.*
>
> Fronius, 46.

— b) Von Menschen. Der fleissige ss. Landmann verabscheut nichts so sehr als träges, faules Wesen. Deshalb hat er denn auch eine Reihe von Ausdrücken, die dies Wesen auf das schärfste tadeln. Am gelindesten ist noch das einfache faul. *E faul Kärl, Mêtchi, Jǫng* (nösn.), *Dêrn, Grêt* (Schässbg.); stärker: *Dǫd äs dich diär faul Mäntsch* (nösn.). *Diär äs och ze ǫllem ze faul (Bistr.).* Steigerungen sind von hier aus leicht möglich bis zur derbsten Grobheit. *Ed äs jo hǫld och vu diär fauler Uart (Gǫttungk,* nösn.). *Dâ faulet Volk (Petersdf.). Dao fǫler Štreck (Jaad). Tie feljer Štrongk!* (Agnetheln). *Hêw der de Fâiss, dâ faulet Štäck Flêsch (Bistritz). Tâ feler Ôrsch* (Schässbg.). *E fell Dêr, Gedêr* (Ebda.). *Dâ fauler Hǫnt, dâ verfaulder! (Bistr.). Dâ faulet Schwai!* (Ebda.). *Tâ fouled Ôs. Štängkfouled Ôs tâ! E äs esu faul, tǫt hê štängkt vor Faulem (Bistritz). E äs štängkich foul* (Mühlbach). Auch die Vergleiche sind nichts weniger als schmeichelhaft. *Foul wâ de Muer, wâ e Bäffel* (Rumes), *än Bäffelkâ (Bistr.). Faul wâi der Hǫnt* (Ebda.). *Foul wei e Mastbueren* (Misthaufen, Semp, Verspillt 15). *Foul wâ en Ôs* (Aas). *Fauel wâe der Putregâi* (Mist, *Petersdf.*), *fell wâ de Iert.* — Zahlreich sind auch die syn. Namen für faule Leute: *en âgerädert* (‚ungerührt') *Paloks* (Rumes), *en asich* (aasig, Zuckmantel) *Dudâsch* (Rosenau), *Lontesch* (Schuller, Beitr. 39), *mǫdich, Mǫddesǫck, Mǫsslengk* (Schässbg.). Von faulen Leuten geht die Rede: *des Ôbmst blâi de Kirbes (Bistr.)* oder *Fouel Lekt hu gäre Feierdǫch* (Schuster, Volksl. 190). Ihnen ruft die Wachtel zu:

> *Bäck der'n Räck*
> *Dau fauler Šträck* (nösn.).

— c) Elliptisch in der Wendung ‚nicht faul' in eifriger Erzählung. *Aich nät faul, erwǫscht en ǫnd schmäs en eruaf* (nösn.). »Ich aber nicht f a u l, sondern wurff zurücke, wodurch ihr das Kennback verletzet wurde« (1775, L. K. A.). Wie im Nhd. — Dazu der F. N. »F a w l Jorg« (2. Hälfte des 15. Jahrh., Qu. Gesch. S., 34). Das ahd. fûl hat sich in der Ma. in mannigfacher Weise entwickelt: *faul* (nösn.), *foul* (Hstdt., Kronst.), *fol'* (Rode), *föl'* (Zuckmantel), *fell* (Schässbg., Med., Birth.). Die Zusammenstellung zeigt, dass der Weg von der Länge zur Kürze über die Mouillierung des *l* gegangen ist. — Lautt. 113, 117. mhd. vûl, ahd. fûl.

~, Faulängk m. (nösn.), Schelte für eine faule Person. Von faul mit der im Nösn. besonders häufigen Ableitungssilbe *-ängk* (-ing) gebildet.

F a u l b a c h †, Ô. N. (1655, Qu. Kr. 4, 241), »durch die F a u l b i c h« (1663, Ebda. 278), *Foulbech* (Wolkendf. i. B.), *Fiulbrich* (Rosenau i. B.), ‚Holbach', magy. Holbák, rum. Holbacu westl. von Kronst. — Dazu *Fiulbrichgruowen* Fl. N. (Rosenau i. B.). Zu faul?

Faulbaum, Fellbûm m., nösn. *Faulbôm* m. 1. Wie im Nhd.: Rhamnus frangula L. (Fronius, Flora von Schässbg., 26). Dafür häufiger *Hangtshûlz* (Hundsholz, s. d.) und *Pqlwerhûlz* (Pulverholz, s. d.). Die schwarzen Früchte heissen *Tentkîrschen (Kl.-Bistr.)*. Wohl von dem weichen, morsch scheinenden und faulig riechenden Holze (deshalb auch nhd. Pulverholz). — 2. ‚Berg- und Spitzahorn', Acer pseudoplátanus und platanoides L. *(Wallendf., Bistr.)*. Entweder wegen des fauligen Geruchs oder weil das Holz weich ist. — 3. ‚Wegdorn' (Haltrich, Plan 71). Welcher Dorn ist damit gemeint? Prunus padus L.? — 4. Scherzhaft sagt man in *Kl.-Bistr.* zu Kindern, die mit der Heugabel ins Heu gehen, oder zu Arbeitern, welche sich beim Heumachen nicht recht sputen, sich im Schatten herumdrücken usw.: *Dei Gqfel is hqlich qs* (encl.) *Foelbûm.*

Faulborn, Felldôrn m., nösn. *Fauldôrn* m. Prunus padus L.? — Dazu der Fl. N. *Fauldêrn* (pl.) *(Heidendf.)*.

faulen, fellen schw., nösn. *fauln* schw. ‚durch faule Gärung aufgelöst werden'. Von Früchten: *De Âpel fellen hair štqrk* (Schässbg.), *de Kalerâbi, de Iērdnäss fauln* (nösn.), dafür lieber das stärkere Kompositum verfaulen. Vom Fleisch. »Item was fleysch man domyt (mit Branntwein) bestreycht es sey rô ader gesoten das faulet ader erstinck nijt« (1509 Heltau, Kbl. 2, 54). Auch vom Körper des Menschen. »Weinsauffer, trunkenbolt, wenn sie messig lebeten, der mund wurd nicht stinken, lung und leber nicht faulen« (Dam. Dürr, Hdschr. 871). *E fault lqnghär* (nösn.) ‚ist lange tot'. ab-, an-, aus-, verfaulen. Auch lux. steht faulen neben follen wie ss. *faulen* neben *fellen* (Lux. Wb., 102). — mhd. vûlen.

faulenzen, faulänzen schw. [Städt. Halbma.] ‚faul sein'. In echter Ma.: *erämhäwern* (nösn.), *lätzen, af der Bierenhokt lqn* oder faul in Verbindung mit Verben (s. faul). Im Süds. ist *feulänzen, feljäonksen* echt mundartlich, dagegen wäre *af der Bierenhokt lqn* mehr der Stadtmundart zuzuweisen. Vom Faulen heisst es: *Dî qrbet glqtt näst, dî goid ânen nor feljäongksen eram, ais enem Wängkel änn emdern* (Agnetheln). — Aus dem Nhd. Von faul mit der Ableitungssilbe -enzen (ahd. -enzôn) gebildet.

Faulenzer, Faulänzer (⏑ ⏑́ ⏑) m. [Städt. Halbma.]. 1. ‚fauler Mensch'. *Dqd äs e Faulänzer* (nösn.). Die echte Mundart gebraucht dafür faul in Verbindung mit bezeichnenden Substantiven (s. faul). — 2. ‚Linienblatt', weil es einem die Mühe abnimmt, Linien zu ziehen. *Gick, hol mer dn Faulänzer (Bistr.)*. Auch nhd. ‚Hülfsbuch, -tafel zum mühelosen Rechnen'. — Aus dem Nhd.

—, **Faulenzia** (⏑ ⏑́ ⏑ ⏑) fem. zunächst scherzhaft, sodann gut volkstümlich für Influenza, weil man bei dieser Krankheit oft gar nicht krank scheint. Eine naheliegende moderne Verdrehung im Anschluss an faulenzen; sie findet sich auch in Lux. und sonst.

(**Faulfrauensuppe**), **Faulfrânsupp** fem. (nösn.), süds. *Fellfrâeküchen* fem., *Faulfrânlâbet* n. (nösn.), Rindsuppe mit eingetropftem Ei, oder gebröseltem Mehl und Eiern oder mit Gries. Sie ist rasch zu machen, daher der Name. — Zu faul.

Faulheit, Fellhît fem., nösn. *Faulhêt* fem. *Dqd äs nor Feltchhît* (Schässbg.). *Wider dai Faulhêt äs schold dru (Bistr.). De štängkst vor Foulhît* (Kronst.) ‚der höchste Grad der Faulheit'. Im Loblied auf seine Heimat Agnetheln rühmt Daniel Schmidt, der Vater des Komes Konrad Schmidt, von den Agnethlern, dass sie *de Feljhoit hqssen*, ein Ruhm, den wir für unser ganzes Völkchen in Anspruch nehmen. — Zu faul.

faulig, foulich adj., nösn. *faulich* adj. *Faulich Appel, Flêsch, Holz* (nösn.). *Foilich Päddem* (Galt). Das Wort bezeichnet das erste Stadium der Fäulnis. Syn. *ugrêdich, unzäckich* (s. d.). — Zu faul.

—, **Fauln**, *Faulschker* (Pl.). s. Veilchen.

Fäulnis, Failnes fem. (nösn.). [Städt. Halbma.]. Echte Ma. *Det Holz äs entbômt* (nösn.), *entschlôfen, entštökt*. Der erste Grad der Fäulnis wird bezeichnet durch *unzäckich* (anzickig, s. unter diesem Worte weitere Syn.), *ugrêdich* (nösn.). Völlige Fäulnis durch *štängkich* (stinkend), *verfellt* (verfault). — Aus dem Nhd. Darum der echten Ma. auch im Süds. fremd. Selbst der Städter empfindet die Wendung: *Ed äs ä Fellnes iwergegangen* als gekünstelte Übersetzung.

Faulpelz, Faulpiälz m. [Städt. Halbma.] zur Bezeichnung fauler Menschen. Pelz = Haut, Fell. — Aus dem Nhd.

(**Faulstein**), **Feolštîn** (Nussbach, Neustadt i. B.). »‚Faulsteine' werden heute noch im Burzenland die Tuffsteine genannt« (Qu. Kr. 3, 1100). »putres lapides vulgo Faulstein« (1535, Qu. Kr. 2, 419). »vecturae lapidum vulgo Full stain« (1547, Ebda. 3, 412). »10 fuhren fawl stein« (Ebda. 3, 492). — Zu faul 2, Faulstein also ‚weicher, zerfallender Stein'.

Faultier, Felldâr n. (Birth.), nösn. *Fauldâr* n. (⏑́ ⏑̀) [Städt. Halbma.] zur Bezeichnung fauler Menschen. Echte Ma. nur unter Wahrung des adj. Charakters von faul und mit entsprechender Betonung (⏑ ⏑) *feul Dær,* zur Bezeichnung einer faulen weiblichen Person, s. faul. — Aus dem Nhd.

Faum, Faum m. [Städt. Halbma.] ‚Schlagsahne'. *Der Faum qf dem Kaffê (Bistr.). Faum mät Piškôtn* (als Nachspeise bei Nachmittagskränzchen). Die Verbildung, die in solchen Kränzchen vielfach herrscht, schafft mit der nhd. Nebenform von Faum, mit Fahm, auch eine sächs. *Fâmtort,* Fahmtorte, Schaumtorte (Hstdt.). Sonst ist für nhd. ‚Schaum' *Schom,* nösn. *Schaum* gebräuchlich. Frühnhd. Faum. Nebenform zu mhd. veim, ahd. feim, ‚Schaum, Abschaum'.

fäumen, schw. Nebenform zu feimen s. d.

—, Äm Faur, Fl. N. (Stolzenbg.).

Faurman, F. N. s. Fuhrmann.

Fauser, F. N. *(Bistr.).* — Zu lothr. fausen ‚gründlich säubern' (Follm., Lothr. Wb. 135). Aus Deutschland zugewandert.

Faust, Foust fem., Pl. *Feist, Feest* (Med.), nösn. *Faust* fem., Pl. *Faist* (nösn.). Dim. *Faistchen* (Kirtsch), *Faistchi, Faistki, Faiskn* (nösn.). 1. ‚die geballte Faust'. *E schlâch mät der Faust qf dn Däsch, tqd et krqcht (Bistr.). Diär schlêt glaich mät der Faust drän* ‚ist ein gewalttätiger Mensch' (Ebda.). *E lqngd en mät der Faust, tqt e Tulai* (tolvaj magy. ‚Räuber, zu Hilfe!') *kräsch* (Ebda.). *Isch ginn der Faist* (gewöhnliche Drohung, Alzen). *Än Allen-Dqch-Sanktich . . . schlêt det Dqnnerwedder nur aus der Gurjel unt mät der Faust* (H.-W., 344). *E drqid em mät dem Fänger* ‚im Spass', *mät der Faust* ‚im Ernst' *(Bistr.). De Faust zîjen,* (nösn.:) *waisn* ist eine ernste Drohung. Ironisch: *mät der Faust heschdâ* (‚schöntun' ‚schlagen', nösn.). *E wäscht sich de Nuas mät der Faust* ‚hat keine Lebensart' (nösn.). Die Frau, die vor dem Richter geklagt hat, ihr Mann habe sie damit geschlagen,

Mät wqt
De Nôss hie flîecht ze drejen,

fährt fort:

E flîecht
Sich mät der Faust ze schnejzen.
Höhr, L. Ê. 18.

Manche Spiele pflegt man *qf Faist* zu spielen, beim *Katzelôch* (einem Spiel mit Knöpfen) z. B. gibt der Gewinner den Verspielern so viel Püffe (nösn. *Pump*), als er Knöpfe gewonnen hat (Kl.-Schenk, Kbl. 20, 25). s. knuffen, *Pump.* — R. A. *Et pqsst wæ de Foust qf't Ûch* ‚es stimmt nicht zum besten zusammen'. *Dâi Gub* (Jacke) *passt qf den Kirrel* (Kittel), *wâi de Faust qf't Ôch* (nösn.). Auch von unharmonischen Farben: *Dqt Rût och dqt Grâi passen wâi de (än) Faust qf't Ôch* (Ebda.).

Ich bän — spräicht Weiss — und bleiwe
mät jêdem Blâdeströpen
E Sachs, wat nätzt mer alsi en
ängresch Adelswôpen?
Verzqt mer, dqt wedd passe just wä
en Foust af't Ûch.
Kast. 141.

Ebenso lux. 't passt ewe[1] eng Fauscht op en Â, und sonst. — *Af êjän Faust* ‚auf eigene Faust', wie im Nhd., weil die geballte Faust leicht den Nebensinn ‚Gewalt' erhält. — 2. Die geballte Faust gilt auch als Mass. Den Bedeutungsübergang zeigen Wendungen wie: *Et huet Backer* (Backen) *wæ de Foist* ‚so dick wie eine geballte Faust' (Waldhütten), s. faustdick; oder: *Dqt Kanjd äs nuer wâ en Faist* (Alzen). Über ein ungezogenes Kind: *Dî Fratzen! E äs nor wa'n Faist en hoed e selle fläck Melj* (Agnetheln). »So haben wir einmals dem Herman ein stück wie ein Faust im Busen funden« (1579, Stolzenburg, B. M.). »In diesem Jahr (1839) ist der Flachs nirgends so schön gewesen, als in Zeiden, nämlich 7 Fäuste« (Qu. Kr. 4, 340). Faust war früher auch im Nhd. das Höhenmass für Pferde (= 10·5 cm). Die Glieder des menschlichen Körpers empfehlen sich überhaupt als natürliche Masse, auch Finger, Elle, Fuss werden so verwendet (s. Gr., Rechtsaltertümer, 100 f.). — 3. In einigen Wendungen hat Faust die Bedeutung ‚geballte Hand' verloren und wird gebraucht wie ‚Hand'. Burschikos: *Gämm mer dai Faust (Bistr.),* wie nhd. ‚die Faust bieten'. *Diär huet Faist wâi e Blôch* ‚plumpe Hände' *(Bistr.). E huet prostich (Štäcker) Faist* ‚grobe Hände'. Zürnend: *Näd graif mät daine Faist duer, de wist mer wider äst hinmqchn!* (nösn.). R. A. *Sich de Faist vôl lqchn* (nösn.) oder an das Hd. angelehnt: *E lacht sich än det Faistchen* (Kirtsch) ‚sich ins Fäustchen, heimtückisch, schadenfroh lachen', eigentlich sich in die hohle Hand lachen, um das Lachen zu verbergen. Auch lux. sech d' Feischt voll lâchen. Im sächs. Hochdeutsch scherzhaft »Friedens-Fäuste« als Übersetzung von *Fridensfêst* (d. i. Pfosten des *Fridens* ‚Bretterzauns'). Mhd. vûst. Lautt. 114.

Faust. Von Dr. Faust erzählen mehrere siebenb. Sagen Wunderdinge, die aus seinen übernatürlichen Kräften flossen (Müller, Sagen 113 ff.).

faustdick, foustdäck adv., nösn. *faustdäck* adv. In der R. A. *E hued et foustdäck hängdern Îren,* nösn. *e huad et faustdäck händer dn Ûrn. Dî hout et faistdäck honjder den Iuren* (Alzen) ‚ist ein durchtriebener, pfiffiger, auch heimtückischer Mensch'. Ebenso henneberg. er hats faustdick hinter den Ohren sitzen ,ist sehr gescheit, begabt'; lux. et faušten deck hanner den O^ueren hun, auch im Nhd. Der eigentliche Sinn der R. A. ist ,er hat einen so dicken Kopf, dass er auch hinter den Ohren faustdick ist', woraus sich die Bedeutung ,gescheit' so gut entwickeln konnte, wie ,durchtrieben, heimtückisch'. — Zu Faust 2.

Fäustel, † ,Fausthammer' (zum Zerkleinern der Steine etc.). Urk. »Item pro $^1/_2$ cent. ferri ad duos föstel« (1526, Qu. Kr. 1, 664). »Valentinus faber paravit unum blech ad bombardas, terebrandas (Bohrer?) vnd ein festel« (1538, Ebda. 2, 537). Syn. s. *Baross* (rum.), *Pîrel.*

(**fäusten**), **fousten**, mit Umlaut *faisten* schw., nösn. *faustn* schw. ,mit Fäusten schlagen'. Jemanden fäusten (Binder, Coll.). *Nammi faust en! (Bistr.).* Im Süds. fast nirgend mehr in Gebrauch. Urk. »So habe er sie unter vielen Flüchen erschrecklich gefäustet« (1763, Cap. Cib.). »Zum vierten sahe ich, dass er seinem H. Vater ein weisses leyenes Leibel vom Leibe herunter riss und ihn faustete« (1775, L. K. A.). — *zefausten* (zerfäusten). — Zu Faust. Auch westerw. fausten; ahd. fûstôn.

Fäustling, Feistlengk, *Faistlengk* m. (Schässbg.), nösn. *Faustlängk* m., Pl. *Faistlängk*. 1. ,Handschuh ohne Finger, aber mit einem Daumen, Fausthandschuh'. Der Gegensatz dazu ist *der Fängerhintschen* (meist Plural) ,Handschuh mit Fingern'. Dazu westerw. Fäustling m. — 2. † ,Fausthammer, Fäustel' (s. d.). »Pro duabus föslingk« (1523, Qu. Kr. 1, 488). »Pro tribus feslingk (saxifragis)« (1524, Ebda. 1, 560). — 3. F. N. »Fäustling« (1810, Broos). — Syn. *Schi^erlengk.* — Von Faust mit der Bildungssilbe -ling gebildet, wie *Fängerlängk* (zu ,Finger'), *Hôslängk* (zu ,Hose'), süds. *Fesslengk* (zu ,Fuss'). — mhd. viustelinc.

Faxe, Faksen Pl. ,Possen, Umstände'. *Wat mąchst te weder fîr Faksen?* ,Dummheiten, albernes Zeug'.

Är flipsen, är maksen
Und mąche vill Faksen. Käst. 89.

Nammi mąch esufel Faksn, kamm, sätz nidder ąnd äss ,Umstände machen' *(Bistr.).* — Dazu der Spottname *Faksi* (Meschendf.). — Das Wort ist schwerlich altes Sprachgut, obwohl es auch in den dörflichen Maa. erscheint und auch in den Schwestermaa. wohl belegt ist. Z. B. lux. faxen ,spassen', eifl. Faxemacher ,Spassmacher', aachn. Faxe ,Possen' usw. Es ist vielmehr aus dem Nhd. in die Ma. eingedrungen und eine Ableitung von facken, fickfacken, wie hess. Fiksfakse zeigt. s. Weig.[5] 1, 508; Kluge[7], 129.

—, **Fäksîrblom** fem. oder *Fäksîrnäjelsblom* fem. ,Kranzrade' (Agrostemma coronaria L.). — Syn. *Summetblom;* vgl. V.-A. a. F. 3, 180 und Haltr., Plan 71 und 77. — Zu *fäksîrn?*

—, **fäksîrn** (nösn., G. Bertleff 2, 19) ,plagen, quälen'. — Zu lat. vexare, *f* < *v* wie in *figelîrn, fisitîrn.*

Fay, F. N. s. Fai.

Faylders, Fayldyrs, F. N. (1536, Weidenbach i. B.). s. Falltor.

faylendisch †. Eine Tuchart im Med. Matergebuch (Kbl. 10, 129). — s. fein 1.

Faysel, F. N. s. Fasel.

—, **Fâze**, Fl. N. *(Burghalle, Kuschma, Schönbirk).* — Zu rum. fațǎ ,Sonnseite'.

—, **Fazêt** (◡ ⏊) m. *(Bistr.)* ,mürrischer, verdriesslicher Mensch'. *Dau bäst emôl e Fazêt.* — Wie *fazêtesch* zu lat. facētus ,freundlich', mit einer bei Fremdwörtern nicht seltenen Verkehrung des eigentlichen Wortsinns ins Gegenteil.

—, **fazêtesch**, adj. (◡ ⏊ ◡) ,mürrisch, griesgrämig', ein seltenes, nur noch von alten Leuten gebrauchtes Wort im Nösn. und Burzenl. (Kramer, 23). *Ed äs gu^ar e fatschêtesch Mäntsch (Wallendf.).* Schwerlich zu bair. Fastidi und franz. fachée (wie Schuller, Beitr. 17 will), mit denen kein lautlicher Zusammenhang besteht, sondern kakophemistisch zu lat. facētus eigentlich ,zierlich, freundlich', wofür besonders die Betonung spricht. S. das vorige Wort.

—, **fê** in *nä fê* und *nä fê Jąntschi (Bistr.).* Drohung: ,na warte, dir will ichs zeigen!' Im Süds. auch Ausdruck der Entschlossenheit, des Selbstbewusstseins und damit der Aufforderung an den Hörer, dass er diese persönlichen Eigenschaften beim Sprecher getrost voraussetzen, keineswegs bezweifeln solle: *Nä fê, ech wäll em* (ihm, der als Gegner gedachten Person) *schuin Härr, M^eun, Fąrr, Hąnn sen* ,sei gewiss, (sei unbesorgt, zweifle nicht) ich will ihm schon Herr, Mann, Pfarrer, Hann (Richter) sein, will ihn meine persönliche und amtliche Autorität empfinden lassen' (Agnetheln). Aus magy.: ne félj! ,fürchte dich nicht'. Dafür verwendet unsere Ma. im ganzen Umfang der Bedeutung auch die eignen Worte: *Net (näst) fercht dich, bekrit dich!, net grậl!* nösn. *nät sąw* (sei) *ąngest!*

—, **Fe^ärmesdel**, Fl. N. (Weinberg und Wald, Birth.). »Im Fuhrmanns Thal« (1720, Birth.). Wohl zum F. N. Fuhrmann (s. d.). Dazu *Feärmesdelbau^ch.* Ähnliche Bildungen finden sich auch sonst: *Wollesteln* (in lokativer Form), *Wollestelgroewen* (Agnetheln).

Febrikant † ,Fieberkranker, der am kalten Wechselfieber *(Frir* und *Frîr,* vgl. auch *Haimôsch* und *Hodjemôsch)* leidet'. »Man nimmt von drei Gasseneckhäusern je eine gute Messerspitze voll Mörtel, tut selben in scharfen Essig und gibt dem Febrikanten kurz vor dem Paroxismus zu trinken«. »Der Febrikant muss 3, 5, 7 mal gefroren haben, denn die gehabten Paroxismi müssen impar sein« (Haltr., Plan 111 f.). — Zu lat. febris von einem mittellat. febricare? Gebräuchlicher ist in hd. Schriften Febricitant (von febricitare).

Februar, **Februâr** m. ,der zweite Monat'. Der siebenbürgische Februar ist oft der kälteste Wintermonat.

Der Februâr
kǫ̂n ǫlt mî wæ̂ der Januâr.

Schuster, Volksl. 147.

Dazu sind die Wintervorräte schon ziemlich aufgezehrt.

Äm Februâr
äs de Wuršt schîn râr.

Es ist deshalb nicht nur eine Scherzfrage, wenn man fragt: *Ä welem Mênet êssen de Lejt um wenichsten? (Äm Februâr).* Kein Monat wird von armen Leuten so gefürchtet wie der Februar. Er heisst denn auch *Hoartmainet* (*Kl.-Bistr.*, vgl. den Monatsnamen Hartung) oder, da er besonders den Zigeunern hart fällt, *zigânesch Mênet (Bistr.), zegânesch Läecht (Kl.-Bistr.). Vîr em Februâr grǭlt der Zegun um mîsten* (Schuster, Volksl. 148). Aber auch der Sachse sagt, wenns Ende Januar lichter *(lächter)* wird: *Mer terfen nôch ned ǫf d' Aisdâch (χ) hôfen; der Špirkel äs nôch zeräck.* Mit Rücksicht auf den gefürchteten Schaden durch Märzfrost soll der Februar aber auch nicht zu warm sein: *Och dî äm Hiemmel* (Petrus) *hǫtt geseot, em soil äm Februar lâwer en hangrije Woulef sân, wâ en Gebairen äm Hiemt* (Agnetheln). *Februâr* ist nicht volkstümlich, es beginnt erst in die Dorfmaa. einzudringen, der eigentliche Name dieses Monats ist *Špirkel* (s. d.), das freilich in den Städten schon völlig verdrängt ist. Der fränk. Name Hornung (s. Einhard, Leben Karls des Grossen, cap. 29) ist ganz unbekannt.

—, **fêchen** schw. »Will man wissen, wer von 2, 3 etc. Personen zuerst sterben wird, so legt man die Fäuste abwechselnd um einen langen Stock (wie wenn die Städter beim Ballspiel *schwademîren);* wessen Faust am Ende des Stockes oben kommt, der stirbt zuerst. Das nennt man *fêchen* oder fäusten« (Schuller, T. u. B. 121). Das Wort, das allein von G. Schuller an der angeführten Stelle aus Arkeden bezeugt ist, gehört zu mhd. veige, ahd. feigi, ags. faege, alts. fêgi ,zum Tode geweiht'. Es hat heute noch diese Bedeutung in Rheinfranken, auch niederl. veeg ,dem Tode nahe' (Kluge[7], 130).

Fechsung, **Fäcksengk** fem. [Städt. Halbma.] *De Fäcksengk äs ned esu vil wêrt wä de Ausseit* (Draas). Das aus dem österr.-deutschen stammende Lehnwort ist der eigentlichen Ma. fremd, würde auch etwa *Fiessengk* lauten, vgl. Fachsberg *Fuessprich.* Echte Ma.: *Ârn* (Ernte).

fechten, **fiechten** st., nösn. *fechtn* st. und schw., *fêchten* (Burzenl. und *Kl.-Bistr.)* schw. 1. ,fechten, kämpfen'.

Doch de Gîster — sach! Se fêchten,
Wall der Fondch es gîstich knêchten,
Hetch noch, wei de Leiwer dau.

Sächs. Burzenland, 417.

— 2. ,mit den Händen oder Armen heftige Bewegungen (im Affekt) machen, gestikulieren', *mit dn Hand fêchtn (Kl.-Bistr.).* — 3. ,betteln gehen' [Städt. Halbma.]. *E wäll læ̂wer fiechte gôn, wæ̂ ǫrbeden* (Schässbg.). Über den Bedeutungswandel kämpfen 〉 betteln, s. DWB. 3, 1388. Das Kompositum *ufiechten* ,anfechten' veranlasst durch die 3. P. Sing. Präs. *uficht* und durch das Part. schw. Beugung *ugeficht* die Verwechselung mit *ufichten* ,anfeuchten', der zufolge eine wenig gebildete Frau getrost die hd. Wendung sprach: Das feuchtet mich nicht an, für: das ficht mich nicht an. — mhd. vechten.

Fechter, † F. N. (1532, Kronst.), ffechter (1549, B. M.). — Zu fechten (s. d.).

Fechtmeister, **Fiechtmîster** m. [Städt. Halbma.]. *Fiechtmîster än der Kadetteschîl.*

Feck, F. N. (Gross-Kopisch, Reussmarkt, Dunnesdf., Kreisch u. s.), *Fêken* D. N. in Meschendf., Feek, F. N. (Retersdf.) »rot lynen feken« (1526, Neust. i. B.), feyk F. N (1526, Weidenbach i. B.) — Koseform zu den P. N. mit ahd. Fulc, vgl. Fock, Föck.

—, **feckeln**, s. *fîkeln.*

—, **Feddel**, s. Fiedel.

—, **feddern** schw., nösn. *fiddern* schw. 1. trans. † ,fördern, vorwärtsbringen, vorsehen, versehen' (mit etwas). »Ittem welcher gesell seyn masterstuk beweysen will, der soll zu gelassen vnd gefüdert werden« (1539, Schusterzunftart.); »doch so dass sie für alle dueg *(Dâich* = Tage) mit dem geschweg *(Geschâich* = Geschuhe, Schuhwerk) den gemeinen marck sollen fyder n« (1551, Cap. *Bistr.*, Schusterzunftart.); »seine studia damit zu füdderen« (16. Jahrh. Cap. *Bistr.)*. »Im seine generung helffen fürderen« (1569, Br. M.). »das er die wegen fůdern sol« (Qu. Gesch. 1, 8). »die Meister ihn Städten oder Märken gefidert sollen werden« (1578, SALZER, Birth. 738). — 2. Reflex. ‚sich sputen, sich beeilen'. *Fedder dich!* ‚beeile dich'. *Hoi, sach, dat de dich fedderst!* (Kronst.).

Dertiff wȫ schûkelt
Det Kuern eräm;
Et štrabbelt unt gûkelt,
Als wänn et nor nêm
Det Tâwern mät Zeddern:
Nor schnêl aus dem Tôl!
Huh! wȫ sich feddern
De Rôken zemôl.
Volksfr.-Kal. 1899, 100.

— Auch urk. »haben sonderlich vil zu tafeln um die Zeit, wenn sich ein iede hausmutter sollt zur kirchen füddern« (DAM. DÜRR, AML. 46). »Ursach dessen . dass ich .. zu ihr sagte, sie sollte sich feddern, weil ich das Korn zugleich mit in die Mülle nehmen wollte« (1759). — Syn. *sich tummeln*, Gegensatz *tuseln*. — Zu mhd. vürdern, ahd. furdiren. Spätmhd. und mitteld. sind Formen ohne *r* gebräuchlich, so schon 1429 füederen, mit Assimilation mitteld. födern. Deshalb ist der Übereinstimmung mit Zipser Formen (fŷdr̥n, PAUL-BRAUNES, Beitr. 19, 295; fidern, Mraz, Dobs., 38) nicht allzu grosse Bedeutung beizulegen. — Vgl. *vedderšt* (vorderste), *foddern* (fordern).

—, **fedderšt**, s. vorderste.

—, **fedeln** schw. s. fädeln.

—, **fedemen**, s. fädemen.

Feder, **Fädder** fem., nösn. *Fedder* fem. mit auffallender Länge *Fîder (Jaad), Fêder (Kl.-Bistr.)*. 1. ‚Vogelfeder'.

Der Gejer keint net niukun,
E hochelt sich,
E štrochelt sich,
E zuch de Faddern iwer sich. HÖHR, 11.

Im Volkslied:

Et sâz e kläi wald Vegeltche
Af ender grâinder Zwäich
Mer wan der dein wald Federtcher
Mat ruidem Gold anbann.
Kbl. 26, 55, *Passbusch.*

Gâs-, Inten-, Hênefäddern. Fäddre schlessen, nösn. *Feddern schlâissn* (die Federn vom Kiele abrupfen, um weiche Bettfedern zu erhalten) ist die Winterbeschäftigung für ältere Leute oder Dienstgesinde, wenn keine dringendere Arbeit ist. Um das Unmögliche auszudrücken, singt das Volkslied:

Ai woni warden ich wedder kun?
Won de schworz Rôwe waiss
Fäddern hun.
SCHUSTER, Volksl. 23, 76; SCHULLER, T. u. B. 2, 31.

— Ra.: *De Feddern wuessn em* ‚er wird keck, übermütig, wie junge Hähnchen' (nösn.). *Nor net dąd em der de Fäddern štutzt* ‚das Handwerk legt' oder *sorch der af de Fäddern!* ‚nimm dich in Acht!' *Sąf râuich, sonst ich ruisse der de Feddern aus (Tekendf.)*. Von der unangenehmen Lage, in die der Landwirt gerät, wenn ihm ein Viehstück Federn mit dem Futter mitgefressen hat, sagt man bei Schwangerschaft aus unehelichem Verhältnis: »*et hoed en Fadder mätgêssn*« (Agnetheln, HILLNER, 10). *Laicht wâi än Fedder* (nösn. u. sonst). Die Federn sträuben: *sich pąddern, pluddern* (nösn.), auch: *sij ąfpoddern, -porren.* — Nicht nur Vögel, auch andere Wesen haben ein Federkleid. So haben die Hexen ein gänseartiges Aussehen, denn ihre Füsse sind mit weissen Federn bedeckt *(Kl.-Bistr.*, Kbl. 22, 64*)*. Der Federkönig (HALTR., M. 47) hat einen glänzenden Federmantel. — 2. Danach ‚Federn, die man als Schmuck trägt'. *Guar Said och Feddern huat se ąf dem Hât (Bistr.)*. »Einen χoltock (‚Federbusch') mit weissen Feddern alt eingebunden ... gekauft hat« (1567, Nat.-A.). »Da mussen die hoffleüt mit Sammat, mit seiden angekleidet werden, die federn, die Rosssattl und zaum mussen mit silber, mit gold uberzogen sein« (DAM. DÜRR, AML. 30). Davon die Ra.: *Enem Fäddern ąfštêchen* ‚ihn unnötigerweise loben, eitel machen'. *Em štächt dem ze vil Faddercher af* ‚man verdirbt ihn durch zu viel Lob' (Alzen). — 3. ‚die Federn im Bett', meist Gänse und Entenflaumfedern oder *geschlôssen* (s. schleissen) *Hênefäddern*, das *Ägefedder*. *Bäste schîn än de Fäddern* ‚im Bett'? — Ra. *sij ous de Fäddre mąchen* oder *hiewen* oder *krechen* ‚aufstehen'. Zu einem Langschläfer: *Na cha, tâ krechst nor ous de Fäddere, wonn der de Sann än d' Üge schengt.* — 4. ‚die Schreibfeder' Früher *de Gąsfadder* (Gänsefeder, Birth.), jetzt *de Štôlfedder (Bistr.)*. *De Fadder krątzt, schraift licht, lêt nimî* (lässt nicht mehr, Agnetheln). Die letzte Ra. war die häufigste in der Schülersprache. Mit ihr begründeten die Kinder die Bitte an den Lehrer, die Feder neu zu ‚schneiden' oder doch zu ‚verbessern'. Übertragen:

Ech wäll em schî genâ afpassen,
Dat hî uch allend äne sæxt,
Dat hî de Fädder gât sich wæxt.
(d. h. seine Sache mit der Feder gut macht). THULLNER, R. 76.

Dier as gor gekt an der Fädder ,führt eine gute Feder' (Kronst.). Im weiteren Sinne überhaupt von der Beschäftigung mit gelehrten Berufen.

Dæ es drât, de Wädderwûlk
Widd uch dech beræren,
Wirst uch îst fîr First uch Vûlk
Schwierd uch Fädder færen. KÄST.,

»Summa: wo die Feder (,die Vertreter der gelehrten Berufe') wendet (,aufhört'), da wendet alles gar, man kann ohnen Schullerer nichts aussrichten« (DAM. DÜRR AML., 44). — 5. † ,Federn an Pfeilen'. »Wen ein Czenschyzermester (wohl *Zêschnätzler* [F. N.] ,Pfeilschnitzer') hamlich aufkauft Federen ist verfallen puss« (1538, Br. M.). Hieher wohl auch: »A Joanne Schuller emimus vulgo karesz und Rot feddern 100 . . . asp. 25« (Qu. Kr. 3, 119; kaum zum Schmuck 100 für 25 asp.!). — 6. ,die Federn in Möbeln als Ersatz für Bett- und Polsterfedern'. »*(Der Dîwân) hoppt înt nemmi, nor un ennem Änjd äs nôch en Fädder*« (Volksfr.-Kal. 1905, 89). Danach auch andere mechanische Vorrichtungen. *De Fedder än der Uhr, um Wuagn.* Urk. »an eine Muskete ein Fedderchen gemacht« (1660, Nat.-A.). »4 federn an den czappen (am Mühlrad?)« (Qu. Kr. 2, 490). »vor stol und Eysen, das man 6 gros federen hot gemacht, asp. 26« (Ebda. 3, 74). Federn werden in den Qu. Kr. (1, 675; 2, 532) als Werkzeug in Steinbrüchen neben eisernen Keilen genannt. »pro 2 cuneis ferreis et federen saxifragis factis« (1526). — 7. Feder als ,Mass'. $^1/_{16}$, bzw. $^1/_{24}$ Lot Silber hiess um 1710 eine Feder (V.-A. 32, 97). Das Quecksilber kauft man auch heute noch in Federn (in einem Gänsekiel) *än Fedder Quâksälwer (Bistr.).* — 8. ,Feder als Pinsel'. Mit dem Flaum der Gansfeder, *mad er Gâsfädder,* bestreicht man Hochzeitsgebäck mit Eiweiss oder flüssigem Zucker; die Spitze vom Flaum der Hühnerfeder *(Fädderchen)* holt tropfenweis Öl zum Schmieren; ganze Flügel *(Fäderwäsch)* dienen als Kehrichtbürsten. Zus. *Dâchfädder* (s. Balken), *Hâtfädder.* — 9. Dazu (?) der F. N. Feder (Probstdf.), Fedder (1763, Schaas) oder = ahd. Fridehere? Lautt. 33. — mhd. veder, ahd. federa. [Nhd. ê ist sekundär, um so auffälliger ist *Kl.-Bistr. Fêder*].

Federbett, Fädrebæt n., nösn. *Feddernbât* n. 1. ,das Bett, dessen untere Zieche *(Ägefedder* ,Eingefieder') mit Federn gefüllt ist'. Das *Fädderebæt* gehört zu den Ausstattungsstücken der Braut und des Bräutigams und es ist der grösste Ruhm der sächs. Bäuerin, ihr Federbett auch mit Federpolstern oft bis an die Decke aufzubauen. Deshalb erzählt der Hochzeitsredner, er habe *e wîch Fädderebæt ous fafzæ Fäddern* erhalten (SCHUSTER, Volksl. 132). Die Weichheit ist das hervorstechendste Merkmal dieses Federbetts, je weicher, desto wärmer ist es. Der Bauer schläft nicht darauf, sondern auf dem Strohsack, das Federbett ist nur Zierde des besseren Zimmers. *Dî breocht niche Fädderebât* sagt der Volkswitz vom Trunkenen. s. Bett, *Agefedder* (Eingefieder) ,Tuchet'. — Das Bestimmungswort ist entweder der Plural *Fäddern,* oder die Zusammensetzung ist eigentlich eine Zusammenziehung aus *fädderä(n) Bæt.* Noch hört man oft aus der Betonung des Grundwortes diese Entstehung des Wortes heraus. Schon unter *Bæt* allein versteht die Bäuerin ein federnes, im Gegensatz zum *Štrîsack,* nur wenn dieser Gegensatz besonders stark hervortreten soll, heisst es: *Ned e Štrîsack, e fädderä Bæt* (⏑́ ⏑ ⏑ ⏑́). — 2. Aberglaube: Das Federbett muss man unter dem Sterbenden fortziehen, denn auf dem Strohsack stirbt man leichter (FRONIUS, 237). — 3. *Der Fêderbett* (Jude, der Federbetten anbietet oder gebrauchte kauft) ist in Birth. der Schrecken der Kinder. *Der Fêderbett kit und nit dich mät* (Kbl. 25, 62) sagt man zu ungehorsamen Kindern, denen man sonst den *Ferô* oder den *Zudri (Baubau)* zitiert.

Federbusch, Fädderpuschen m., nösn. *Fedderpuschel* m. *Der Fêderpuschl bi dn Schandârn (Kl.-Bistr.). Es Hennes wûl sij en Fadderpusche môchen en hoet dem Hunnen de Schwemz gemz aisgerässen* (Agnetheln). Urk. »Item 3 grosse Federpusch, vnd 8 kleine Federpusch zu denn Tartzenn« (Kbl. 12, 120). »einen Sammet Hut mit einem grossen weissen Feder Pusch« (KEMÉNY, F. 1, 302). — Syn. *Schôp* (Schopf bei Vögeln), *Puppes.* — Zu Feder.

(Federgriff), Fädderegräff m. dasselbe wie Federstiel.

Federklauber, † ,Schmeichler'. »Wer die warheit pfeift, dem zuschlecht man die pfeiffen am haupt. Dargegen ein schmeichler ein federklauber [eigentlich einer, der einem die Federn von den Kleidern klaubt, um sich lieb Kind zu machen]. und einer, der Otem feil tregt, der kompt behend auff« (DAM. DÜRR AML., 32).

Federlade, Fedderluat fem. *(Petersdf.,* ,Behälter zum Aufbewahren von Federn'. Dem. *Fêderlâtcher (Kl.-Bistritz).* — Syn. *Pennâl, Tippertchi, Kepperchen.*

federleicht, fäddderlaicht adj. Echte Ma.: *Laicht wāi än Fedder* (nösn. und sonst).

Federlein. »Hat einer nicht ein gewandtsröcklein, ein schön hembd mit seiden benehet, hat er nicht ein weiss parhiesken und ein Federlein auf dem hutt stechen, der darf am Sontag nicht bei die Maydt gehen« (DAM. DÜRR AML., 41).

Federlekgewand, Fl. N. (Honigberg i. B.). — Zu mundartlich *Gewǫ̂nt, Gewônt* (Gewann), wofür auch *Gewǫ̂ndel* und *Furlengk* üblich sind.

Federmarkt, †. »Desgleichen sollen thun (nämlich sich niederlegen) die unmessigen, das sie sich bezeiten zum federmarck klauben, wenn sie ire noth gessen und getrunken haben« (DAM. DÜRR AML., 26). Die Wendung soll bedeuten ‚sich zu Bett legen', also etwa: ‚sich dorthin scheren, wo viele Federn sind'.

Federmesser, Fäddermiesser n., nösn. *Fêdermâsser* n. *(Kl.-Bistr.)* ‚Messer zum Schneiden der Federn'. Gewöhnlich war nur der Lehrer im Besitz eines solchen Messers. Er schnitt den Schülern die Federn. Jetzt nicht mehr recht volkstümlich. Echte Ma.: *Knerlwirjer, Schnǫppmiesser* (s. d.).

Federmotte, Fäddermôt fem. Schmetterlinge aus der Familie der Kleinschmetterlinge (Pterophoridae) mit federig gespaltenen Flügeln.

federn, fädderän adj. (nur in Verbindung mit Bett). Besonders im Volkslied oder gebundener Sprache.

De Mêtcher liecht em af fädderä Bâter,
De Gange liecht em af šteneran Trâpen.
FRONIUS, 37; SCHUSTER, Volksl. 71, 351.

oder

Em bât de Mejden an e fädderä Bât,
De Knêchten an en Dornenhâk.
SCHUSTER, Volksl. 10; HÖHR, 20.

Die Gans im Rätsel:

Et goid iwer de Bräck
Ent droit det fadra Bât af'm Räck.
(Schaas, Kbl. 28, 74.)

federn, fäddern schw., nösn. *feddern* schw. ‚elastisch sein' [Städt. Halbma.]. *Diser Štâl, Wuagn feddert gât* (nösn.). *Et terf net fäddern, 't mess gor fiest štôn.* — Zu Feder 6.

Federpfeil, ‚Pfeil, an den eine Feder angehängt wird, die sich beim Herabfallen dreht' (H.-W., 193; HÖHR, 79). — Syn. *Fitschifail, Zîn,* nösn. *Fitschifail, Zê.*

Federpfuscher, sächs.? Schelte bei FRONIUS, 243 (wohl = Federfuchser).

Federspitzchen, Fädderšpätzken n. ‚die Stahlfeder', ohne Federspule, -kiel (Hohendf.).

Federstiel, Faddreštäll m. (Birth.), nösn. *Fedderštill (Bistr.),* bei Stahlfedern das Heft, das beim Schreiben gefasst wird, bei Gansfedern ‚der Federkiel'. Auch lux. Fiederštil.

Federvieh, fehlt; s. *Hînegedǽr.*

Federwagen, Fedderwuagn (nösn.) [Städt. Halbma.]. Echte Ma.: *Hintô* (s. d.).

(**Federwat?**), **Fedret** m.? n.? »Name eines zwillichenen Zeuges«.

Des awer drô jô Iltishet,
Gefottert Hiuse mät Fedret.
1809, SCHULLER, Ged. 21.

Das Wort ist heute nicht mehr gebräuchlich, dem Versmasse der zitierten Stelle nach scheint es kein deutscher Stamm zu sein (◡ ◡́); ausser der Betonung, die aber auf verstärktem Nebenton *(*-â-)* beruhen mag, stehen der Ableitung aus mhd. vëderwât ‚Bettzeug', schwäb. Federrit lautliche Bedenken nicht entgegen.

Federweiß, Fêderwaiss n. ‚Federalaun (Halotrichit oder Asbest) zum Bestäuben von Schuhen und Handschuhen'. Das Wort ist in die Ma. nicht eingelautet, sondern hat hd. Form.

Federwisch, Fädderwäsch m. ‚Flügel von der Gans oder Ente zum Staubwischen, Reinigen etc.'. Im Märchen (HALTR., M. 255) singt der Bräutigam, wie er mit der unordentlichen Frau tanzt, die kein Hemd, sondern vorne *det Hǫngklichbrât* und hinten *den Fäderwäsch* hat:

Hopp, hopp, hopp,
Vuer Brädder, Brädder top,
Hǫnjden mät dem Fäderwäsch,
As dǫ̂t net än lǫstich — — juh, juh, juh!

— Gebräuchlich ist auch *Flädderwäsch* (Flederwisch s. d.).

—, fedmen, s. fädemen.

—, Fedn m. (nösn.) ‚Melone' s. *Päddem.*

Fedret, s. Federwat.

Fee, Fê fem. [Städt. Halbma.]. *Te setjz wǽ en Fê aus* (Schässbg.). — mhd. feie aus franz. fee zu lat. fata ‚Schicksalsgöttin'.

Feenhand, Fêenhǫ̂nd (poet.).

Der Sanneštrôl wǽ Fêenhǫ̂nt
Dier štroppeld uef är Nôchtgewǫ̂nt.
KIST. 39.

feenfarb †, ‚herrlich gefärbt?' »ein feenfarb drap d'orenes Tuch« (Qu. Kr. 4, 325).

—, Fêferkreokt, *Fâferkraut* s. Pfefferkraut.

—, Fêferlanjd fem. ‚Pfefferlinde', Tilia parvifolia L. (FRONIUS, Flora 24).

Feffer, F. N. (1543, Qu. Kr. 3, 228). s. Pfeffer oder Pfeiffer.

~, **Fefferôn** (◡◡⏊) m., *Fifferôn* fem. (Kronst., Barthol.), nösn. *Fefferôni* m. ‚spanischer Pfeffer, Paprika, besonders die grünen Schoten' (Kramer, 23; Haltr., Plan 71). *Fifferôni*, Spottn. für einen kleinen, leichterregbaren Menschen *(Bistr.)*, s. *Fifferik*. — Mit Lautverschiebung aus ital. peperóne ‚span. Pfeffer'.

Fegefeuer, Fiechfeier n., nösn. *Fêchfaier* n. Ra.: *E äs wâi äm Fêchfaier, e huat nichn Râ (Bistritz)*.

fegen, fiejen schw., nösn. *fêgn* schw. ‚reinigen, sauber machen'. 1. † ‚Harnisch, Waffen von Flecken reinigen'. »Quod arma sunt emundata vulgo dasz man ein Harnysch hot gefegt, asp. 20« (Qu. Kr. 3, 581). Daher die Zunft der Schwertfeger, deren (Med.) Artikel aus dem Jahre 1538 sich im Br. M. (Seiv. Urk.) befinden. — 2. ‚Kleidungsstücke von Schmutz, Staub reinigen'. *Mer fêjn det Kloid* (Draas). *Ich sql mer de Schäuge fiejen* (Rohrb.). — Syn. *lächen, piutzen* (Med.). — 3. ‚Bäche, Graben, Brunnen von Schlamm und Unrat reinigen'. »Mer ist gefecht worden der graben der mayster wayr« (1548, Sächs. Schneider-Prot.). »Den 2. April den Pharahonern, dass sie die Baderau gefeicht hun« (1617, Med.). Bei der grossen Bedeutung, die die Bäche und Brunnen, zumal in Kriegszeiten hatten, ist es begreiflich, dass die Nachbarschaftsordnungen das Bach- und Brunnenfegen als eine wichtige Pflicht der Nachbarn betrachteten. »So einem die Bach czu fegen gebotten wirdt vndt kimpt nicht, verfelt d. 4« (1563, V.-A. 20, 131). »Noch 1768 beschlossen die Quergässer (in Hstdt.), dass jeder Nachbar persönlich zum Brunnenfegen kommen müsse« (V.-A. 34, 290). In Kronst. besorgte diese Arbeit ein eigener Bachfeger (s. Bach). Ebenso in *Bistr.* zuweilen die »Pharaonen« (Zigeuner). »den Pharaonen vor Gräbenfögen d. 50« (1604, *Bistr.* Arch.). Bei der einst intensiv betriebenen Fischzucht mussten auch die Weiher gefegt werden: »als mir Czeg Meister den Wayer haben lassen fegen, haben mir aussgegeben« (1663, Salzer, Birth. 338). In Landgemeinden gehört auch heute noch das Fegen der Feldbrunnen zu den Obliegenheiten der Bruderschaften. An einem arbeitsfreien Tage ziehen die Knechte auf den Hattert hinaus, *de Bränn fêgn (Petersdf.)*. — Syn. *pîtzen, rommen, schätzen, schrôden*. — 4. ‚Ofenröhren, Rauchfänge säubern'. *Ich sql de Rîr fiejen* (Rohrb.). *Käppe fiejen* (Kronst). Davon der Rauchfangkehrer *Käppefiejer* (Ebda.). 1619 bezahlt man in Hstdt. 2 Zimmerleute, welche »die inselten (‚Kehlrinnen, Dachrinnen') fechten« (V.-A. 27, 603); »keppenfeger so ihm stadthaus gefegt d. 75« (1591, *Bistr.* Arch.). »Welche die Feuerstellen und Keppen nicht fegen« (1695, V.-A. 37, 115). — Syn. *kiärn* (kehren), *krqtzen*. — 5. *De Štqll fiejen* (allgemein) daneben auch: *de Mäst gewännen*. Zur Abweisung der Gemeinschaft mit einem Niedergestellten: *Ich hun nôch näkent de Štqll mät dir gefiecht*, auch: *de Schweng mät dir gehât*. *Det Schämpes, Uafträtt* (‚Abtritt, Abort') *fêgn* (nösn.). Auch übertragen derber ärztl. Rat: *Fiech der det Schämpes* ‚sorge für leichten Stuhl'. — Syn. *ausfêgn* (nösn.) *qpfêgn (Kl.-Bistr.)*. — 6. ‚den Garten von Unkraut reinigen'. *Ich fiejen hoit äm Guarten* (Rohrb.). *Ich fiejen mir hetj det Gewirz* (‚Gemüse', Schässbg.).

Wol fiechten äm Sommer
De Mêden de Furen (Furchen,
‚Gehwege im Garten'). Höhr, 15.

De Piterselch uch de Murre fiejen (Birthälm). Auch urk. »Die Weingärten waren gar nicht gearbeytet allein aus dem Kraut wenig gefeget« (1604, Ger.-Prot.). — Syn. *kreogden* (krauten). — Den Hochwald von Unterholz reinigen *Wqlt fêgn*; die Hutweide von Strauchwerk säubern, *de Hâtwêt fêgn (Petersdf.)*. Deshalb absolut: *mer gô fêgn* ‚zu einer dieser Arbeiten gehen' (Ebda.). Urk. »Erstlich den Klein Rebrern gern vergönnet und frey geben, das sie .... die weiden, irlen und ander baumwerck, so darin aufgewachsen, auszrotten und sogut, als sie mögen, fegen, raumen« (1589, Kbl. 5, 88). — 7. *Keuren och Kukurutz fîjen* ‚Weizen und Mais von Unkraut bzw. von Schösslingen reinigen' (Stein). Syn. für Reinigen des Weizens: *Krogden* ‚jäten'. — 8. Kakophem.: ‚stehlen'. *Gaw Oecht* (χ) *Sus, et fîacht* (χ) *der ener dâe hiasch Blome vum Fenster; te blaifs ône se, wô te se ned än de Štüf (w) nist enz Ôwent* (Neudf.). *Dqd än det Wadder (râre soil) de lichte Roiwer, e hoet mer't Schlôss gefeecht vum Goärten, mät Narf mäd qllent* (Agnetheln). In der Gymnasiastensprache: *Krästbêm fêgn* ‚Christbäume stehlen', d. h. die von Gönnern bereitgestellten, ihres Schmucks entkleideten Christbäume zur Dekorierung des Tanzsaals abholen *(Bistr.)*. — 9. Übertragen: ‚auszanken', wie nhd. ausputzen. *Säch, ich fiecht mer en* ‚habe ihn gründlich ausgezankt'. *Fiej en* (den faulen Knecht) *ist îrengklich!* — Syn. *ausfiejen, ausputzen*. — 10. Refl. *sich fiejen* ‚sich fortmachen, sich drücken'. *Sach* [χ] *ent fêch dech hähar* (von hier!) (Draas). — Zus. ab-, ausfegen. Lautt. 25. mhd. vegen.

Fegendorf, s. Feigendorf.

Fegendorfer, Fiegendorfer † F. N. (1. Hälfte des 17. Jahrh. Schässbg.). Zum O. N. *Fägenderf, Fäjenderf* (Feigendorf).

Fehde, fehlt; s. *Štrejt, sich veràwi^e^rten, têdijen.*

Fehl, † ‚Mangel, Fehler'. »Ich hab des Schiemens Caspers Schleiffring besehen und hab befunden das kein fel daselbst ist gewesen« (1598, Ger.-Prot.). — Zus. Fehlbitte, -griff, -tritt; fehlfinden, -gehen, -wissen. Mit Wechsel des Geschlechts aus mhd. væle fem. (zu altfranz. faille) s. fehlen.

Fehl, **Fêl** F. N. *(Kuschma, Petersdf.).* Zu mhd. veil (‚feil'), vgl. F. N. Fail und moselfr. F. N. Fehlen.

Fehlbitte, Fêlbitt fem. »Oft tut der Brautwerber auch eine Fehlbitte« (Fronius, 69). Zu Fehl (s. d.).

fehlen, fêlen schw., nösn. *fêln* schw. 1. ‚einen Missgriff tun'. a) Mit persönl. Subjekt. »*Det Lisi hu^e^t nor kên æs, ir qwer hut Gott kênif* (gegenüber) *gefêlt*« (Litschel, Lisi 30). »Man wurd an diesem herrn nit felen« (‚ihm gegenüber keinen Fehler begehen', 1547, Nat.-A.). *E hot si^e^r gefe^i^lt* (Draas). *E hu^a^t štu^a^rk gefêlt dermät, tąt e nät kun äs (Bistr.).* — Besonders in der formelhaften Wendung. *Verząit, wô ich êst hu gefâlt [l'] (Kl.-Bistritz).* »*Wô e gêlich* (jählich ‚vielleicht') *ho^e^t gefêlt bai inem qwiwer baim u^e^ndern, hô^e^lt em ąlles ze gą̂^e^t*« (Gassner, 93; Ebda. 24, 36). Gewöhnliche Bitte der Gäste und auch der Dienstleute beim Abschied. — Syn. *greschin* (rum. greși), *sich verkąpern* (nösn.). — b) Unpersönl. mit Dativ der Person ‚misslingen, fehlschlagen'. »Es fehlt ihm« ‚er ist ungeschickt' (Binder, Coll.). *Âs Klener gìt schu^i^n, qwer et fêld em noch aldîst* ‚es gelingt ihm nicht immer, er stolpert, fällt wohl auch' (Schönbg.). Urk. »von alten klugen Herren ist es nicht rühmlich gewessen, doch fehlet ess offt zu Zeiten auch solchen vndt wigen weniger denn nichts« (Kraus, Chron. 1, 68). »kehren vnverrichter sachen abermal zum Bürgermeister, welcher da erst vernimpt, dass die sach gefählet« (Ebda. 1, 28). »damit nicht Gabor, wenn es jenen fehlete, wiederum ins Schloss könnte entweichen« (Qu. Kr. 4, 36). — 2. ‚mangeln, nicht vorhanden sein'. Mit Subjekt. *Det Trutchi hu^a^t hait gefêlt (än der Schûl, Bistr.). Drą̂i Gäldn fêln mer noch, denô hu ich de Kraizer gu^a^r zehôf (Bistr.). De Fenengk* (Geld) *fe^i^le mer* (Draas). »Das gelt was vonn uns auff die 2000 ff. geffelt« (1522, Nat.-A.). *Det Fâ^e^der* (Futter) *fêlt mer än disem Wänter (Petersdf.). Och noch ded Âssn fêld en, nät nur de Klêder (Bistr.). Wąt fêlt der?* ‚bist du krank' (Ebda.). Ironisch: *Nq dą̂t kent mer ją nau noch fêln,* wenn einem Unangenehmes bevorsteht oder *diär kent mer noch fêln* von unangenehmem Besuch (Ebda.). — Unpersönl. *Et fêlt hæ un allen Ängden. Et fêld em e Râtchi* ‚ist nicht ganz bei Trost' *(Bistr.).* — mhd. vêlen aus franz. faillir, lat. fallere.

Fehler, Fêler m., nösn. *Fêler* m. *Fâiler (Kl.-Bistritz)* ‚Mangel, Schaden', bei Menschen und Tieren in leiblicher und moralischer Hinsicht, aber auch an Sachen. Zugrunde liegen die Vorstellungen des Irrens und Mangel habens. 1. ‚Schade' als Folge von Irrtum oder ungenügender Kenntnis. *Der Fêler än der Le^i^went, um Röck, un de Klîdern, um Dą̂ch.* Der Fehler beim Meisterstück war strafbar mit 50 Pfennig (Strumpfw.-Art. 1724, V.-A. 27, 548). *Są̂^e^kt dn Fêler ąf dem Bodn* sagen die Aufträger der Suppe bei Hochzeit und Leichenmahl (Gassner, 68, 94) ‚esset alles!' (sc. dort liegen die süssen Beeren, *de wælesch We^i^mern*). *Dau mąchst vill Fêler baim Râ^i^chnen, Zêchnen, Lêsn, Schraibm. De U^a^rbet äs voller Fêler* (nösn.). — ‚Fehler machen' *greschinn* (rum.), *än Gurr mąchn* (nösn.). ‚Fehler gut machen' *de Schwu^e^rt ouswæzen;* natürlich auch nicht übertragen: *Fêler mą̂chen, Fêler weder gât mą̂chen. Wonn em en Fêler gemą̂cht hu^e^t, mes em ed äsæn (sôn) unt mess sich Mæ gi^e^n, dad em e weder gât mą̂cht.* — 2. ‚Mangel' in körperlicher, geistiger, moralischer Beziehung, meist ohne den Nebensinn des lat. fallere.

a) *Trątz dem villn Wisitîrn*
Ąllersaits och Auskultîrn
Konnt hê mät dem bastn
Wänn (Wollen)
Och näd enne Fêler fänn.

Schuller, Mâtn 3.

E hu^a^d än Fêler um Fâss, u der Hą̂nt, um Harz, u der Ląng, um Mu^a^gn, wodurch der Mangel zugleich als ein dauernder, unheilbarer oder angeborner bezeichnet wird. Deshalb *e hu^a^d än Fêler* oft euphemistisch ‚Bruch'. *Wæ äs ir Hons frą̂ worde vum Militâr, dî štark grîss Pursch?* Antwort: *E hu^e^d en Fêler, di^e^n uch de Dokter net glech są̂gen* [3]. Syn. *Schąędden, Mąckel.* — b) *Diär hu^a^t gu^a^r än ibeln Fêler u sich, e äs gaizich, naidesch* usw. *Ed äs gu^a^r e grûss Fêler, wänn det Ą̂i geschaiter sai wäll wâi de Hê* (nösn.). *De Fêler gô ąf dn Laid eräm* ‚sie werden davon geplagt' *(Bistr.). Ąnser Härrgott hu^a^t dem Mäntschn sai ę̂jen Fêler ąf dn Räck gebąnn ąnd ą̂nderer Laid îrn ąf de Brąst* (Ebda.). *Ai, ded äs e gât Weng!*

Antwort: *Oha, awer e hued en Fêler! Na, wæ esi? E äs ze deier (ed äs nicher mî).* — Syn. *Hibe* (rum.). Zu fehlen, wie Treffer zu treffen.

fehlerhaft, fêlerhaft adj. [Städt. Halbma.]. Echte Ma. *voller Fêler;* süds. auch: *vôl Fêler.* Doch auch hiefür wird lieber die Umschreibung gebraucht: Statt *e schreift fêlerhaft* sagt man: *E mącht Fêler (vil Fêler) äm Schreiwen.* In attributiver Verwendung wird immerhin auch das Adj. gebraucht: *De Museer* (,das Militär') *mustern nor fêlerhaft Rues ous.*

(**fehlfinden**), »jemanden fehlfinden« ,auf Untreue, auf einem Fehler ertappen' (Binder, Coll.). Sonst nicht bekannt.

fehlgehen, fêlgôn.

Læwer ämkîre wæ fêlgôn.
Schuster, Volksl. 249.

Ich bä fêl gegongen sagte die alte Frau, die zwei gleiche Häuser nicht unterscheiden konnte und in den unrichtigen Hof getreten war. — Zu Fehl (s. d.).

Fehlgriff. »Hat er (der Bruder) einem Mädchen gegenüber einen Fehlgriff getan, der die Ehrbarkeit beleidigt, so bestimmen die Bruderschaftsartikel die Strafe« (Fronius, 55). — Zu Fehl (s. d.).

fehlschießen, fêlschessen, nösn. *fêlschâessn* st. Aus dem Nhd. ist der Ausruf *fêlgeschôssen* auch in die städt. Halbma. aufgenommen, als Triumph über den Gegner im Streit der Meinungen und Interessen, dessen Angriff erfolglos abprallt. Sonst einfach: *fêlen äm, mät dem Schass* oder *bæhi(n) schessen.*

Fehltritt, Fêlträtt m. Von einer Gefallenen (im Ton des Erbarmens): *Ded Ueremchen hued en Fêlträtt gedôn (begongen).* Statt dieser Zusammensetzung erscheint nach Binders Coll. in der Redewendung: ,Er hat nicht einen fehlen Tritt getan' das Bestimmungswort als Adjektivum fehl. In dieser Funktion ist fehl im DWB. nicht verzeichnet, auch in unserer Ma. sonst nicht belegt.

(**Fehlung**), **Fêlengk** fem. »Es ist eine Fehlung geschehn« ,ein Irrtum unterlaufen' (Binder, Coll.). — Zu Fehl.

(**fehlwissen**), **fêlwässen** »Er hat sich fehl gewusst *(,gewąsst')*« (Binder, Coll.). Soll wohl heissen: Hat ein Bewusstsein davon gehabt, dass er in Irrtum befangen sei (einen Fehler begangen habe). Ist sonst der Ma. fremd.

—, **Feibesch** m. ,Fladen', ,Brotkuchen in der heissen Asche gebacken' (Marktschelken). Von sonstigem Gebäck: *zê, hart wæ der Feibesch.* — In *-besch* steckt jedenfalls dasselbe Wort wie in *Kæbesch* ,Kuhfladen'. (Von Kisch, Kbl. 27, 3 zu lat. bovisc-, franz. bouse, provenz. boza, buza gestellt).

Feidel *(Fairl)* F. N. *(Heidendf., Ob.-Neudf., Bistr.).* — Dim. zum P. N. Veit, lat. Vitus vgl. Faidt, (s. d.), moselfr. F. N. Feith, O. N. St. Vith.

Feidner †, F. N. (1678, Schässbg. Progr. 1853, 37). [Weidner?] Oder einer aus Feid, Feit, vom O. N. St. Vith, s. das vorige Wort.

Feier, Feier fem., nösn. *Faier* fem. [Städt. Halbma.]. *An (en) Feier uehąlden, än (en) Faier veruštąldn* (nösn.). »dw dy osterlich fyer vergangen was« (um 1536, Müller, Sprdm., 188). — Aus dem Nhd., mhd. vîre, ahd. fira, mlat. feria. Die echte Ma. zieht die Umschreibung durch Verben vor: *en Dąch, en helijen Dąch feiern, hąlden* (s. d.).

Feierabend, Feierôwent m., nösn. *Faierôbmt* m. 1. ,Aufhören mit der Tagesarbeit, Ruhe nach der Arbeit'. *Mąch' nau Faierôbmt* ,hör auf zu arbeiten' *(Bistr.).* — Übertragen: *Faierôbmt mąchn mäd âmen* ,jemandem seine Meinung sagen, brechen mit ihm'. — Syn. *Krästoch mąchn* (s. Christtag). — Besonders in der Handwerkersprache. Wenn die Betglocke *(Bietklôk)* ertönte als Zeichen, dass die Dämmerung eingebrochen und es Zeit sei, Gott für das vollendete Tagewerk zu danken, legte der Gesell die Arbeit nieder und machte Feierabend. *Gąngk, sô en Faierôbmt* oder *se sin Faierôbmt mąchn* (*Bistr.*, V.-A. 37, 525). Vgl. lux. Feierôwent mâchn. — 2. Danach ,die Arbeit, die Gesell oder Lehrling bis zum Feierabend zu liefern hat, das Arbeitspensum'. *E ąrbed ąf de Faierowend* ,mit der Verpflichtung einer gewissen Tagesleistung' (Agnetheln). Der fleissige Arbeiter hatte dadurch Gelegenheit zu Mehrverdienst. *Dąt wôr e flaissich Uarbeder, diär konnt u enem Dąch zwî Faierêbnt mąchn* (nösn.). Was über den Feierabend gearbeitet wurde, hiess *Iberštäch (Bistr.).* Schon urk. »ein Gesell, der im Sommertag macht fünfzig Kacheln, der soll auch ein Stück, das ist ein rohr, machen zum Feyrabendt« (1539, Töpferzunft-Art.). »Ein Gesell soll vor einen Feierabend oder Tagwerk haben D(enarios) 8. Der Feierabend aber soll sein ein gross Paar Strümpf oder drei Weiberstrümpfe« (1724, Strumpfwirker-Art.). — Syn. *Dowrengk* (Tagwerk). — 3. Dazu der F. N. Feierabend (Hamlesch, hier Name von österr. Transmigranten, 1750). »Dy Ffyrobentten« (1478, Qu. Gesch. S. 1, 58). »feyrobinth« (1490, Qu. Kr. 3, 664). Feyerabenth

(1505, *Bistr.*). »des Hannes Feirabentt verlassne Widwe« (1565, Br. M.). — Zu Feier. mhd. vîrâbent ‚Vorabend eines Festes', erst frühnhd. ‚Ruhezeit am Abend'. Lux. Faierôwend (Follm., 162).

Feierkleid, f.; s. die einzelnen Teile der Kleidung (Hose, Hut, Kleid, Pelz, Rock, Schuh). In der Ma. nicht gebraucht. Statt dessen gilt Umschreibung: *hîsch, sangktich* (sonntagmässig statt *sâongdijij* ‚sonntäglich') *ugedôn*.

—, Feierlengk m., Pl. *Feierlengk*, nösn. *Fairl (Bistr.)* n. (u. m.?), Pl. *Fairl, Faierlengk (Kl.-Bistr., S.-Reen), Fîrlek* (Kronst., Barthol.), Pl. *Fîrleger*. ‚Iltis' (Putorius foetidus Gray). *Det Fairl huat mer qlle Hên gefrâssn (Bistr.)*. Süds. *Der Faierlengk hoet mer de Hîne godr freêssen* (Agnetheln). Knaben, denen es gelungen, den gefährlichen Hühnerdieb zu fangen (s. *Kluks*), tragen ihre Beute wie im Triumph in der Nachbarschaft umher, erbetteln dabei gelegentlich Belohnungen für die Vernichtung des Feindes. Ra. *E hôt Ûge* [ʒ] *wâ e Faierlengk* (H.-W., 351), *scharf Euge wâ e Feierlengk* (Schlatt), *de Ûge gôn em wäi em Fìrlek* (Kronst., Barthol.). — Dazu der D. N. *Fierlek* (Rosenau i. B.), im Anschluss an diese Ra. — *Feier-, Fair-* in *Feierlengk, Fairl* gehört zu spätlat. furo (von Linné für den Albino des Iltisses, das Frettchen = Putorius furo L., auch in die Zoologie eingeführt), das auf lat. fur zurückgeht. Lautliche Bedenken erheben sich gegen diese Ableitung nicht (Kbl. 27, 4; V.-A. 33, 71; 35, 138). *-l-* ist Diminutivendung, *-engk* Ableitungssilbe, die besonders bei Wörtern roman. Herkunft nicht selten ist; vgl. *Rêdängk*, nösn. *Panâtängk, Fîrŝchängk, Audrängk*. Das Tier heisst auch in der Eifel Feⁱjer (Lux. Wb. 455) und zu aachn. Fûr stimmt unser *Fîr-* (i. B.). Dagegen gehören die scheinbar verwandten *Fô* (Tarral, Ma. v. Falkenberg, 50), Voh (Follm. 169) = mhd. vohe oder = Voa- in Voadir (s. u.), wobei -dir als ‚Tier' gefasst und fortgelassen wurde, ferner Veⁱdeⁱer (Lux. Wb. 455), Fyeder (Münch, ripuar. 112), Voadir (Follm. 169) = lat. putorius nicht hieher. Undeutlich ist das Verhältnis zu Feⁱs m. (Lux. Wb. 106).

—, Feierlengkhot m., burzenl. *Fîrlekhekt* m., fehlt nösn. ‚Iltishut, Hut mit Iltispelz verbrämt'. Der Bauer der Schässburger Gegend setzt ihn nur bei besonders feierlichen Gelegenheiten auf (Fronius, 112); die Knechte in Nadesch z. B. bei dem »Reihen« am Aschermittwoch (Kbl. 15, 133); er wird dem Toten in den Sarg mitgegeben (Schuller, T. u. B. 1, 56). Im Burzenland tragen ihn nur die älteren Frauen in den Gemeinden des Unterlandes als Teil der Kirchentracht (Sächs. Burzenl., 491). Urk. »Feurling« (1762, V.-A. 7, 315). Es gab je nach der Verbrämung halbe und doppelte *Feierlengkhet*. »Im Winter (gestattet die Hermannst. Kleiderordnung) einen halben Feierling, Kutscher und Inaschen schwartze Mitzen« (1752, B. M.). »Topelt feyerling Hütte« werden in Gergeschdorf verboten (Kbl. 22, 113), ebenso in Birthälm »denen Manns-Personen«: »Die doppelten oder zweibrämigen Feuerling-Hüte mit Kappen von ausländischem Tuch« (Salzer, Birth., 570). — Syn. *Kuschma*, Marderhut.

feiern, feiern schw., nösn. *faiern* schw. [Städt. Halbma.]. 1. ‚feierlich begehen', zunächst kirchliche Festtage, heilige Tage *helich Dâch*. Statt und neben *feiern* wird *hun* (haben), *hqlden* (halten) gebraucht: *De Bleoch* (Walachen, Rumänen) *och de Katôleschen hu vil helich Dâch* [χ], *dâ mir Sqksen net hôlden* (Agnetheln). Unwillig bemerkt der sächsische Bauer diesen Umstand namentlich zur Zeit dringender Erntearbeit: *D' Arbet wäll net vuir sich geon; det Geblêch* (die walachischen Arbeiter) *hoet het weder helijen Dôch* (Ebda.). *Geburtsdqch, Numensdqch faiern (Bistr.)*. »*Äm Letscheff hu mer Hochzet gefeiert*« (Meyndt, Gemîn 8). — 2. † Urk. in der ursprünglichen Bedeutung (besonders in der Handwerkersprache) ‚von der Arbeit ruhen, nicht arbeiten'. »welcher gesell zu sant lasla (St. Ladislaus) tag wird feiern, der sal das wochen lon verloren haben« (1485, Hstdt., Schneiderzunftart.). »Item velch knecht den montag fyrt der sal dy gancz woch fyren« (15. Jahrh., Kronst., Kürschn.-Art.). »sollen die Mester yn (den schuldigen Gesellen) erberlichen richten, also das sy ym gepitten fyer wochen zu feyeren« ‚ohne Lohn und Arbeit zu bleiben' (1520, Hstdt. Tischlerzunftart.). »welch Kürschknecht am Montag nicht arbeitet und zur Straf die ganze Woche ohne Lohn feiren muss« (1640, V.-A. 27, 542). »Darumb schau E. G. was ir zu thun habt, nicht feirt (‚säumt') lange, sunder kümpt« (1535, V.-A. 29, 554). »Am Sontag sollen sich from Christen vleissig zur Kirchen gehalten, von ihrer Handarbeit feuren« (1604, Art. Visit., Cap. Cib.). »der Sathanas (so nimmer feyret)« (1648, Cap. Cib.). — mhd. vîren.

Feiertag, Feiertâch m., fehlt nösn. [Städt. Halbma. und geh. Spr.]. ‚Festtag, Tag der Ruhe'. 1. Kirchlicher Festtag, ausser dem Sonntag; namentlich heissen die hohen christlichen Feste *Feiertâch*, erhalten im Gruss an solchen Tagen: *Gläcklich (gesêjent) Feiertâch! Mer wôre bâm*

Härr Fąrr gläcklich Faiertâch (χ) wänjtschen (Agnetheln). Politisch gebotener, zum Teil sogar kirchlich begangener Festtag: *Um Kenengksgeburtsdąch* [ʒ] *äs Feiertąch; mêr nor det Omt mes uch an de Kirich gôn.*

— 2. *Det Blommeliewen äs entštôkt*
Un desem Härwestdąch,
Und wekt uch brît klängt ned e Lokt,
De Wält huet Feiertąch. Käst., 150.

Sprw. *Fouel Lekt hu gäre Feiertąch.* Schuster, Volksl. 190.

— Echte Ma. *Îrdąch* (Ehrtag), *helich Dąch.* — 3. Urk. »dy Kerczen ... zolmen auff czwudyn ... (in der Kirche) am ithlichen (itzlichen = jeden) Feyertag« (ca. 1500, Bistr. Kürschnerart.). »Am sontag oder an andren gemeinen feyertägen« (1565, Seiv. Lok. St. 26). »welcher gesell .. macht im ein Feyertag in der Wochen, ohn seines Herrn Wissen und Willen, der soll sein straff nit wissen, die in erfolgen würdt« (1548, B. M.). »Wenn dass wir gesellen sein versamlet, so soll keiner ein feyrtag geben zu trincken« (1556, B. M.; V.-A. 16, 404). — 4. † F. N. Feyertag (1505, *Bistr.*). Feyertach, Feyrtag, Feiertag (1585—1611, B. M.). Feuertag (1616, Hstdt, Kraus, Chron. 1, 49; 1753, *Bistr.*). Feiertag (1644, Hstdt., B. M.). — Zu Feierte. Die Zusammensetzung ist aus *Feiert* + *Dąch* erfolgt, wie die Erhaltung der Tenuis *t* (aus *t* + *d*) beweist. *Feier* + *Dąch* gäben *Feierdąch.* Vgl. mhd. vîretac. s. das folgende Wort.

(**Feierte**), **Feiert** fem. Pl. *Feierten,* nösn. f. ‚Der festliche Umzug der Bruderschaften oder Zünfte', ‚Fest überhaupt'. »*De Flîscher uch de Däschler hun än de Kuwôch* (kommende Woche) *är Feirten*« (Haltrich, Neg. Id., 56). »Vor der Lade (die zum neuerwählten Gesellenvater getragen wurde) tragen meist Engel d. h. Kinder oder jüngere Gesellen in weissen Kleidern, die mit Blumen und Bändern geschmückt waren, das Wappen«, darauf folgten Tiergestalten (Ochs, Ross, Bär), Spassmacher usw. (V.-A. 3, 313). — Urk. »Sollen die Feyerten also gehalten werden« (Meschner Brudersch.-Art., vgl. auch V.-A. 3, 313; 12, 182). »Am jarmarkt montach in der feiert haben mir ausgeben« (1635, Salzer, Birth., 340). »In anno 1770 hielten mir Csissmenmacher Knecht just zu den Osterfeiertägen die sogenandte Feyert oder einen Tantz« (1772, L. K. A.). Die gezwungene *Feiert* ist eine Festlichkeit, an der jeder Bruder teilnehmen muss, wie *der geboddän Îrten* (s. Ürte). »Wie man sich bei der so genannten gezwungenen Feyert verhalten soll« bestimmt der 5. Artikel der Bruderschaftssatzungen der Schustergesellen in Birthälm (1820, Salzer, Birthälm, 330, 730). — Dazu der † F. N. Feyrt (1499, Qu. Kr. 3, 680)? — Zus. *Kleberfeiert.* — Zu feiern, von dem das Wort mit der ahd. Bildungssilbe -ida abgeleitet ist, die zwar meist an adj. tritt (armida, blîdida, heilida, hôhida usw.), gelegentlich aber auch von Verben Abstrakta bildet z. B. fullida (fullen), hônida (hônen), antlâʒida (zu lâʒʒan), pihaltida (zu haltan), gihwerbida (zu hwerban) u. a.

—, **Feif,** *Feifsack* s. Pfeif-.

feig, fîch adj., nösn. *fêch* adj., wie nhd. [Städt. Halbma.]. *Te bäst e fîch Heangt.* »*Fiegh Maemmen brocht em nét derxa*« (Aufruf des Jahres 1809). Auch ‚schüchtern': *Na riet, net bäs e si fîch* (Schässbg.). Für dies auch die Zusammensetzung: *gefîjlich. Dî woiss näkent* (niemals) *wâ e mäd em Mentschen e Wuirt reede sôl, e äs esui gefoijlich* (Agnetheln). — mhd. veige. Syn. *êstlich, fêrschelich, frikossich.*

Feigblatter, Fejeblôdern Pl. (Hstdt.), mit Schwund des -ch- *Feibläadern* (Nadesch). ‚Hämorrhoiden'. Spott über einen zaghaften Hämorrhoidarius: *Gongk tee* [əe] *hoim en sorch der ąf denj Fejebleodern (mäd Erleif ze reeden* [əe]*).* Aber auch voll ernster Teilnahme: *Dî äs zeklich* (oft) *gor krongk, e hoet mät de Fejebleodern (wâ mir sprêchen), dich mät den Hemeroeden ze deen.* [əe]. Als Heilmittel dient »Klappergras *(Klapper)* in Bachwasser gekocht« (Nadesch, Kbl. 28, 63). — Syn. *Fechwuerx* (Feigwarze), *Käpôrsch.* — DWB. 3, 1443. — Mhd. vîc(blâtere).

Feigbohne, Faibeln Pl. (Hstdt., vgl. Haltr., Plan 71), heute aber im Süds. nicht mehr gebraucht, dafür *Fussoi(en), Buin(en),* nur nösn. *Faibun (Bistr.), Faichbuin (Tekendf.), Feichbûn (Kl.-Bistr.)* ‚Phaseolus vulgaris, L.' nicht ‚Lupinus', was Feigbohne sonst ist (z. B. ndrhein. Feichbôn). *Der Buert hêd em vôl Faichbuina (Tekendf.). Waiss, blô, rût, gešpringkelt Faibun. Nidder, Štąngen-Faibun (Bistr.). Šprächlich* (bunte) *Feichbûn (Kl.-Bistr.). Gedraicht Faibun* ‚getrocknete Bohnenstengel' (nösn.). *Faibun* zu essen gilt nicht für fein, deshalb euphem. auf die Frage: *Wąt hud er gâssn* (gegessen)? *Räphêntcher* (Rebhühnchen, *Bistritz).* Als Speise: *Grâi* (grüne), *waiss, gerîst* (geröstete) *Faibun.* Scherzhaft: *lûfen Faibun* ‚Feigbohnensuppe, die treibende Wirkung hat'. — Ra.: *E xillt* (zählt) *sainer Frâ de Faibun än't Däppm* (von einem Geizhals, *Bistr.*). — D. N. *Fechbuin (D.-Zepling).* — Syn. *blæch, rût Huddeln (Kl.-Bistr.), Buinen, Fussoien* (Fisolen). — mhd. vîcbône, ahd. fîgbôna, so genannt, weil die Bohne gepulvert als Heilmittel gegen Feigwarzen (s. d.) benützt wurde. [Ausfall des -ch- auch in *Fîmôl*, vgl. moselfr. Fei(ch) ‚Feige'].

—, **Feichbûnlâbet** n. *(Kl.-Bistritz)*, Suppe aus *Feichbûn* mit gerösteten Speckstückchen obenauf, auch *Faibunsupp* fem. *(Bistr.)*.

Feigbohnenstange, *Faibunštǫng* fem. (nösn.). 1. ‚der Stecken, an dem die Bohnen gezogen werden'. *De Faibun zâi sich u den Faibunštǫngen ǫfm* (hinauf, *Bistr.*). Im Süds. dafür: *Fussoie(n)-Štong. Buine(n)-Štiewel.* — 2. ‚lange, dürre Person'. *Dǭd äs än Faibunštǫng (Bistr.), diär äs dänn wâe än Faibunštǫng (Petersdf.).* Im Süds. dafür: *Hôpstǫng* (von übergrossen, magern Frauen). — Zu Feigbohne.

Feige, Fech fem. Pl. *Fejen*, nösn. *Faich* fem. Pl. *Faign*. 1. Die bekannte Südfrucht. *E Krǭnz Faign* (nösn.). Auch urk. »Item feygen proprie emptum pro regia majestate« (1494, V.-A. 14, 223). Auf Grund von Matth. 7, 16: »Fygen von den destlen« (1536, Müller, Sprdm. 196). — 2. ‚Ohrfeige, Schläge'. *Wällte en Fiech?* (Alzen), vgl. aber dazu auch ndl. veeg m. ‚Streich', aachn. fêge ‚schlagen'. — 3. Obscön ‚vulva' (wie *Pels*, ebenso ital. fica). — 4. Ra. *Em wid ich schîn de Fech weisen* ‚mit Hohn abweisen' (Hstdt., Seiv., Novellen 2, 75; Kbl. 27, 28). In stummer Geberdensprache wird der Daumen zwischen Zeige- und Mittelfinger der geballten Faust hervorgesteckt (aus Italien far la fica). — Mhd. vîge zu provenc. figa (lat. ficus).

(**feigen**), nur refl. *sich fîjen, e fîcht sich* ‚sieht lieber von ferne zu mit den Händen in den Taschen' (H.-W., 353). Zu feig. — mhd. veigen ‚feige werden'.

Feigenbaum, Fejebûm m., nösn. *Faignbôm* m. (Ficus Carica L.), wird zuweilen als Zier- und Zimmerpflanze gehalten. Urk. »off en welden fygen bõm« (um 1536, Müller, Sprdm. 205). Dazu im Kronst. Glossar das Adj. »[ ]um, figbõmen« (15. Jahrh., V.-A. 26, 97).

Feigendorf, **Fägendorf**, *Fäjendref* O. N., magy. Mikeszásza, eine bis zum Ende des 18. Jahrh. noch teilweise sächs. Gemeinde an der grossen Kokel. Urk. »Fugindorf« (1357), »Villa Fugonis« (1365), »Feygendorf« (1532), »Fegendorff« (1605), »Feydorf« (1624, Qu. Kr. 4, 224). Zum ahd. P. N. Fucco, Fuge (Wolff, Ortsn. 1, 35). Vgl. O. N. Fockendorf im Kr. Lennep. — Dazu der F. N. Fegendorfer, Fiegendorfer (Schotsch, 12), Fugendorffer (s. d.).

Feigheit, Fîchhît fem., nösn. *Fêchhêt* fem. [Städt. Halbma.], wie nhd. — Syn. *Frikosse, Šchigerâie.*

Feigling, Fîjlengk (Hstdt.), *Fiejleng* m. (Birth.) [Städt. Halbma.]. — Echte Ma.: *Ed äs en Hueseschaisser, Gatcheschaisser, Schlepschaisser; Kakerade* (◡ ◡ ◡́ ◡, *Kl.-Bistr.*); oder umschrieben: *Dau schaisst der och glaij ün de Hôsn (Bistr.).* Süds. auch etwas weniger drastisch: *Dî dît sij uch glej än de Hîsen. E äs gor en Onjstijer, gor e Frikossijer* (Bildung vom rum. fricosu ‚furchtsam'), mit Spottlob *gor en Tǫpferer, Getîrschtijer.*

Feigwarze, Fechwôrzen Pl. ‚Hämorrhoiden' (Haltrich, Plan 110). Syn. *Fejeblôdern* (Feigblatter), *Käpôrsch.* — mhd. vîc(warze). Vgl. dazu auch lux. Feîch ‚Auswuchs am Unterleib der Kühe'.

Feigwurz (Ficaria ranunculoides), s. *Hengkelzalôt.*

feil, fîl adj. und adv., nösn. *fêl* adj. und adv., feel (Müller, Sprdm. 219) ‚verkäuflich', wie nhd. 1. Als flektiertes Adj. (als Attribut) †. »Eben unter dieser Straf (1 Zentner Wachs) wird auch dieses begriffen, dass Keiner dem Andern in den Kauf solle greifen, soll auch die feile Waare nicht aufsprengen« (1721, Kürschn.-Art.). — 2. Besonders in Verbindung mit Verben (wobei feil als letzter Bestandteil eines Objektes, bzw. Subjektes, ebenfalls attributive Verwendung aufweist, etwas feil bieten ‚es als eine feile Sache Andern anbieten'). † ‚feil backen' = zum Verkaufe backen. »alda solt ich eines bey der nacht feill backen« (1609/15, Ger.-Prot.). — ‚feil bieten' *fîlbǣden* ‚zum Kaufe anbieten'. Urk. »Den zu Thobesdorff haben mir die Weingerthen offmal fehel bitten lassen« (1563, B. M.). Pfänder mussten drei Markttage nacheinander vor der Pfarrkirche öffentlich feil geboten werden, dann erst konnten sie verkauft werden. Ebenso musste des Schuldners Erbe, bevor es in den Besitz des Gläubigers überging oder verkauft wurde »erstlich durch den gerichts diener / drey Sontåge nach einander folgend / entweder fůr der Pfarkirchen / oder auff dem Marck / offentlich feyl geboten vnnd ausgeruffen werden« (E. L. R., 50). Deshalb in der Klage vor Gericht: »Das zweytheil am Flachslandt zur auen stehet dem Hannes Beutner zu, und der Merten Fleischer wil das Zweytheil haben, Das drittheil aber hat er ohne feilbeitten gekauffet« (1599, Ger.-Prot.). — ‚feil bringen'. † »Aber welcher frembdt Fleyscher am osterabendt ader zu osterzeitten nicht Fleisch feyl pringen würdt« (1539, Fleischer-Art.). — ‚feil haben' *fîl hun. E hôd um Ǫnjt fîl* (H.-W., 370), ursprünglich: ‚er ist der jüngste Meister', weil der nach alter Ordnung am Ende der Reihe der Verkaufsbuden seine Waren feil bot; dann übertragen ‚er ist in misslichen Verhältnissen' (bietet sein letztes Besitzstück feil). Urk. Nach den Artikeln der Schässburger Kürschner »soll keyn mester an zwen steten f e e l haben unter der löben« (1484, V.-A. 27, 623). Ebenso in *Bistr.*: »Item Eesz zol auck keyn mayster In Czwen stetyn f f e e l habyn wnter der löbyn« (ca. 1500, Bistr. Progr. 1864, 38); »(nostri homines) sollen nicht f ö l haben« (1541, Qu. Kr. 3, 89). »Keyn meister soll gemacht oder gelött schlüssel f e e l haben« (1547, Bistr. Arch.). »Wenn sie (die Griechen) mit der wahr herein kommen sollen sie in den gewöhnlichen gewelbern 14 tag f e y l haben« (1634, Seiv., Lok.-St.). *Der Koärefredij äs nee* [əᵉ] *nor en hǫlf ǫder och glǫtt neche mî helich Dôch, de Hempfrenger* (Handwerker) *hu goär* (alle) *foil* (Agnetheln). Dies ‚feil haben' unterscheidet sich in der Bed. kaum von ‚feilhalten' *fîlhǫlden,* dem gewöhnlichsten Ausdruck für ‚Ware auf dem Markt feilbieten', wo es noch geschieht. Kürschner, Schuhmacher, Hutmacher, Riemer, Seiler halten ihre Ware noch feil, die anderen Gewerbsleute tun es nicht mehr. Doch ist hierin der Ortsgebrauch verschieden. *Ạf dem Muark, ǫf dem Jôrmok, än der Zail fêlhǫldn (Bistr.). Âpel fîlhǫlden.* Ra. Scherzhaft auf die Frage: *Wǫt sǫll ich dân?* Antw. *Hǫlt Mellôfe fîl,* oder: *Wat mǫchst te?* Antw. *Ech hǫlde Moljôfe fîl* (Kbl. 25, 21; Höhr, 18; ebenso auch Follm., 132). *Grǣnzech* (‚Gemüse'), *Muresôm, Piterselch fîlhǫlden* ‚Mauerblümchen sein, beim Tanz sitzen bleiben' (Schässbg. und sonst). Voll Teilnahme: *Ded Uᵒremchen! Et gîd af niche mî Ball. Ängde mosst et Piterselch fîlhǫlden;* oder schadenfroh: *Grǣnzech sǫ̂l et fêlhǫlden, det Âverschǣmt!* — ‚feil machen' = mitteilen, dass etwas verkauft werden solle (Binder, Coll.). »Nach solchem macht der Balbierer der Bürgen ihr Erbteil f e i l« (1609/15, Ger.-Prot.). — ‚feil sein'. *Dǫt Kourn mes em sier foil senj, säs* (sonst) *heite et ned esu balich verkouft* (Draas). *Det Mêtchen äs en feel* ‚sie wollen es verheiraten' (Gr.-Sch.). Sprw. *E jêder lîft* (lobt), *wad em fîl äs* (Schuster, Volksl. 241). *Gongk, deohän dich deng Euge loiden, tee* [əᵉ] *feler Strongk, te bäst mer schui longhär foil,* zum faulen Knecht bei vorzeitiger Entlassung aus dem Dienst (Agn.). »ir solth die ander Helffth des Hoffs, wo sie f e h e l ist nicht in frembde Hendt lossen« (1564, B. M.). »Welcher (Weingarten) im f e i l gewesen zu verkaufen« (1609/15, Ger.-Prot.). »Wo dem vatter sein dritteil f a i l wer« (Hstdt. Mag.-Prot. 1552, S. 254). — ‚feiltragen' *fîldrôn* ‚zum Kaufe anbietend herumtragen'. »Kurz hernach sahe ich, dass eine Zigeunerin vor dem Heltauer Thor wohnhaft diese zwey stück f e i l getragen hat« (1707, Cap. Cib.). Übertr. »Den Kopf f e i l tragen« ‚an lebensgefährliche Orte gehn, im Krieg, beim Waldschutze' (Binder, Coll.). — mhd. veil, ahd. feili.

(Feilbeck), Fîlbǣk m., nösn. *Fêlbâk* m. ‚nichtzünftiger Brotbäcker', eigentlich ein *Bǣk,* der Brot zum Verkaufe auf dem Markte bäckt. Besonders Frauen: *Fêlbâken* ‚Brot- und Semmelverkäuferin' *(Bistr.), Fîlbǣkän* (Hstdt.). »Angneyt dy f f e y l b e c k e n« (1479, Qu. Gesch. S. 1, 46). »wiewol etliche F e i l b å c k i n n e n auf den Mårckten Brod verkauffen« (Tröster, 199). »Item im (*em,* man) hat genomen prot von den F e l b e c k e n« (Qu. Gesch. S. 1, 367). »Es sollen die F e i l b e c k i n n e n fleissig untersuchet und ihre Anzahl auf 30 Personen reducieret werden« (1713, V.-A. 27, 470). Bezeichnend für ihre niedre gesellschaftliche Stellung ist folgende Stelle einer Kleiderordnung: »Classis 9na Hierzu werden gezehlet Dienst Knächte, und Mägde, Drabanten, Szabadas, F e i l B ä c k e, Tagelöhner« (1752, Hstdt., B. M.). s. feil backen.

Feile, Fel fem., nösn. *Fail* fem., Dimin. *Felchen,* nösn. *Faieltchi.* Wie nhd. ‚Werkzeug zur Bearbeitung des Eisens', dagegen heisst die Feile, mit der Holz bearbeitet wird, *Rąšpel* (Raspel). *Der Schlôsser ǫrbet mî mät der Felj, wâ mät dem Hummer* (Agnetheln). *Mät der Felj sôl em det Mêsser net wâzen, em ropescht ze vil dervun oe* (ab); *nor de Seech* [əᵉ] (Säge) *sôl em feljen* (Agnetheln). Die weit verbreitete Form *Felj* mit mouilliertem *l* und hellem an *i* grenzendem *e* stimmt im Laut überein mit *felj* (umgelautet aus *foul* ‚faul'), ebenso *Melj* ‚Meile' mit *Melj* (neben *Moul*) ‚Maul'. — Urk. ‚Feilen, mit denen in der Sägemühle die Sägen gefeilt werden': »Jacobus serator fecit duo instrumenta ad molam seream proprie ut dicitur f e y l e n« (1501, Qu. Gesch. S. 1, 346). »Das man die F e y l czu der Seeg Nay hot gemacht« (1550, Qu. Kr. 3, 490). Auch m. (hieher?): »Vor Stol den f y l czu stelen asp. 3« (Qu. Kr. 3, 74). »Das man dy 2 f e y l hot gehawen, asp. 8« (Ebda., 75). — mhd. vîle.

feilen, felen schw., nösn. *failn* schw. wie nhd. *Der Schlueosser kǫ̂n en Schlässel dennich hescher felen, wǣ der Schmitzegun.* Übertragen. »noch weiss ich nie, das man uns die ohren so g e f e i l t hat« ‚getadelt hat' (Dam. Dürr Aml., 21). Syn. *scharweln.* Zus. s. ab-, aus-, durch-, fortfeilen. — mhd. vîlen.

(Feilhauer), Felhǣer m. ‚einer der Feilen haut'. Nur noch wenige Meister betreiben das

Gewerbe des Feilenhauens im Kleinen, durch Handarbeit. Urk. »ginsed („jenseits") filhouerss (F. N.?) seym hauss« (1515, Müller, Sprdm. 168).

Feilschaft, †, ,Ware' (um 1750, V.-A. 34, 302).

feilschaften, † ,handeln' (um 1750, V.-A. 34, 303). Dazu (?) der F. N. Feilschiffter (1722, Hstdt., V.-A. 32, 414). Vielleicht auch einer, der an Pfeile die Holzbestandteile (Stiel, Schift) machte. — Zu Feilschaft.

feilschen, f. s. *fambern*, *jôrmerkn*, südš. *jôrmerden* (jahrmarkten), *togmâlen*. Urk. »zo zal keyn ander meyster darwmb (um die Felle) koffen oder feylschen« (1488, Schässbg. Irger-Art.).

Feilschiffter, F. N. (1722, Hstdt. V.-A. 32, 414). s. unter Feilschaft, feilschaften.

—, **Failšpêzirem** m. (nösn.), *Zirem* (zu magy. szirom, szirony ,schmale gefärbte Lederstreifchen zum Ausnähen der Gürtel'), der durch Messingfeilspäne, die auf die Aasseite des Felles gelegt werden, grün gefärbt wird. Dasselbe ist *Grâišpôzirem* (Grünspanzirem). — Die Färbung des *Zirem* mit sonstigen Farben geschah in andrer Art, natürlich durch die Riemer selbst; erst in neuer Zeit ist ihnen die gerade bei der Grünfärbung nicht eben angenehme Handhabung abgenommen.

(**Feilträger**), **Fîldrâjer** m. ,Feilbieter, Trödler'. Dafür auch *Ämdræjer* ,Umträger'. *Weohür hoest te desen hîsche Schurz?* Antwort: *Vun em Amdrâjer hun ij e gekeift* (Agnetheln). s. feiltragen.

feimen, **fîmen** schw. 1. ,den Schaum abheben'. Die Köchin muss dabei den auf der Suppe hin und her schwebenden Schaum mit dem Löffel zu fangen suchen; darum auch *feim det Heilzken aus dem Wôsser* (Neust. i. B.) *fîm de Mack ous der Maltch* (Kronst.), aber auch: *det Klein* (*Klîn*, Säugling) *faemt nô'm Momesch* ,sucht nach der Mutterbrust' (Zeiden). — 2. Der Schaum der Milch ist deren Bestes, daher ,*de Rûm fîmen*' (Kronst.). Ebenso hess. Crez. 1, 368; Spiess, Id. 58; nhd. abfeimen. Danach ,die besten Bissen aus etwas herausfischen'. *E fîmt det vellich* (ganze) *Flîšch ous der Schassel* (Kronst., Bartholomä). Von der ursprünglichen Bedeutung fast losgelöst, bis zum Begriff des diebischen Erhaschens: ,entwenden' *e hot gefîmt* („hatte entwendet', Schässbg.). — 3. ,in etwas herumwühlen, mit den Händen herumfuchteln, jemandem mit den Händen wie in feindlichem Angriff nach dem Angesicht fahren'. *E fîmt mer nô den Ûgen* ,er fuchtelt mir vor den Augen herum' (Kronst., Barthol.). — Zu nhd. Feim, mhd. veim, ahd. feim ,der Schaum'. s. auch Faum. — mhd. veimen.

fein, **feng** adj. und adv., nösn. *fain* adj. und adv. 1. ,dünn, subtil'. [Städt. Halbma.]. *Miel, vum fenjtsten* (Schässbg.), *fain Laimet, Himder, Hôsn* (*Bistritz*). *Mät fenjem Schôder beštrât* (Volksfr.-Kal. 1905, 90). »ein gutt Feynländisch Violfarb Dollman mit silbernen Hefften« (V.-A. 8, 158). »Ein braun feinlindisch seittel (*Segdel*) oben mit samt ist geacht f. 12« (1647, B. M.; für löndisch, ländisch ,aus Lund' s. Qu. Kr. 3, Gloss. unter Tuch). — Echte Ma. *schîn* (schön), doch meist nur von Geweben, Gespinst und Gewächs gebraucht: *schîn Hemt, Fądem, Halmchen, Kläppeltschen* (Agneth.). — 2. ,brav, gut' von Dingen, Mensch und Tier. *D äs än fain Mälich, d sai fain Appel, Bîrn* (*Bistr.*).

Dô lât e na äm schînen Hemt
Mät Talepąnchern hîsch geblemt,
Mät Bîrkeln drun, gor feng uch schîn,
Et wôr det hescht än der Gemîn.
Käst., 4.

Fain Fârkel, e fain Räntchi (Rindchen, *Bistr.*). *Et sai fain Lait* ,gutmütige, brave Menschen' (*Weisskirch*). *E fenj Katner* (Soldat), *Kont* (Kunde, Haltr., Plan 135). *E fain Kärl, Jąng* (*Bistr.*). *E fain Frâichi, Mêtchi* (*Petersdf.*). — Auch adv. ,gut'.

En kûm e woarem Sąnneschenj
En drecht de Kuckuck hîsch uch fenj.
Höhr, 26.

»*Na wêr et fenj, wunn e Gejer hei wêr. Frälech wêr et fenj*« (Semp, Veršpillt 4). *E verštêt mich gąnz fain* ,recht gut' (*Bistr.*). *Et schmąckt fenj* (Schässbg.). »Es ist lôblich vnd fein geordnet / vnd auch zum rechten gesatzt« (E. L. R., 105). *Fain uarbedn, rêdn* (*Bistr.*). *Hekt hued âs Bäschef feng geriet* (Hstdt.). *D äss fain* (*Bistr.*) ist die deutlichste Form der Zusage und Zustimmung, ebenso *ną fenj* (allgemein)! Syn. *schnît* (Haltrich, Plan 48). — Von dem nösn. *fain*, das seine Entsprechungen im Lux. von Diedenhoven und Sierck hat (Follm., 160), bis zum gutturalisierten *feng* in Hstdt. (dazu feng in Nordlux.) bilden *fên* (Rode), *fen* in *S.-Reen* (ohne Palatalisierung oder Gutturalisierung) und das palatalisierte *fenj* (Birth., Schässbg.) die Übergänge. Auffällig ist nss. *fain*, für das man nach *mai, dai, sai fai* erwarten sollte. Man mag mit Kisch (V.-A. 33, 71) annehmen, dass *-n* ursprünglich nicht im Auslaut stand, wogegen aber mîniu, dîniu, sîniu 〉 *mai, dai, sai* zu sprechen scheinen, oder aber, dass wir das Wort durch Vermittlung des Hd. erhalten haben, wofür auch spricht, dass es im ahd. ganz fehlt und erst um 1200 ins Mhd. gedrungen ist (KLUGE[7], 130). Jedenfalls wäre dann die Entlehnung aus dem Mhd. sehr früh erfolgt, da das Wort süds. eingelautet ist. Für verhältnismässig hohes Alter zeugt auch der nösn. Komp. *fainter* (Eup. finder), der in Analogie zu *klî, klinter, frum, frumter, vôl, vôlter* gebildet ist. — mhd. fîn aus franz. fin, ital. fino.

Feind, Fânt m., nösn. *Fâint* m. (faent, um 1536, MÜLLER, Sprdm. 196). 1. Wie nhd. ‚Gegner, Widersacher'. *Dod äs meng ärchst Fânt. Mainem arichstn Fâint mecht ich däd Èlänt nät wäntschn (Bistr.); »sich richtn af, kê de Fâint«* (Bistr. Progr. 1867, 7).

Wâ? ich sîl net saksesch rieden,
Saksesch dingken, saksesch bieden?
Ô, dât rêt mer nor e Fânt! KÄST., 60.

Nätch soll mer 't Harz wî däŋj,
Wann lekter Fôntch ich säŋj
Âm mich eram. HERFURTH, Saksesong.

Ich grâlen, ich warde mer nor Fûent muche bâe de Geminlegden, sagte zaghaft der Dorfrichter, als ein städtischer Sommergast ihn aufforderte, dem Verkauf finnigen Schweinefleisches zu wehren, das ein Rumäne dort feilbot (Michelsberg). Urk. »Was brauchts viel Wort: Ich bin ihm von Hertzen Feind, ich kan ihm den Eyd mit gutem Gewissen nicht halten« (1692, Cap. Cib.). »Er konte nun mehr kein andächtig Vatter unser für sie mehr betten, denn sie seyen alle seine Feind« (Cap. Bog.). Im 17. Jahrh. wurde das Schiessen auf ein Ziel als »fand-*(Fând-)*schiessen« und »Tarcs(Schild-)schiessen« geübt (V.-A. 37, 448). — 2. Besonders ‚der böse Feind, Teufel' [Geh. Spr.]. »*Und esu hâlden ech bittlej un, dat der worem Hîd och durch de helech Douf än âser krästlecher Kirch än âse Krästeglouwen afgenun wärde mich und esu der Gewâlt des bîse Faindes entrasse wârt*« (Taufanzeige, Rosenau i. B., HILLNER, 31). »So hat der böse Feind vil böser zu nichtiger huren, die durch des teufels Gewalt können wetterladen .« (DAM. DÜRR, AML., 37). Ebenso bei CREZ. (1, 191) dr bîs Feind ‚Teufel'. 3. Der adjektive (participiale) Charakter des Wortes klingt noch durch in der ma. Fassung: *E äs mer gor fânt* ‚gar feindselig gegen mich', so wie in: *De bäst mer fôint* ‚du bist mir zuwider, ich mag dich nicht' *(Kl.-Bistr.)*, wo die alte Partizipialbedeutung, die in ahd. fîant noch lebendig war, ungleich stärker sich zeigt, als im nhd. Feind. — mhd. vînt, ahd. fîant.

Feindert, F. N. *(Botsch)*. Umlautsform zu Fandert (s. d.) = ahd. Faginhart mit euphon. -d-.

Feindesgewalt, »durch vnuersehene brunst / einfallent der gebew / gemeine feindes gewalt« (E. L. R., 124).

feindlich, fântlich adj. und adv., nösn. *fâintlich* adj. und adv. [Städt. Halbma.].

Feindschaft, Fântscheft fem., nösn. *Fâintschaft* fem. [Städt. Halbma.]. *Zwäschn diän zwî äs än Fâintschaft zem ze Grant gô (Bistritz).* Statt dessen umschrieben: *dâ se gor angem aw (kên) enûnder,* oder: *dî äs mät genem gor zornich; dâ hu sich; sâ sich net gärn; künne sij uch net rechen; schlô sich dît.*

(feindsinnig), fâentsennich adj. (Birth.).

Feink, F. N. (i. B. an verschiedenen Orten), s. Fink.

Feinscheker, † F. N. (1722, Hstdt., V.-A. 32, 332).

Feinsilber ‚feines, reines Silber' †. »Item feinsilber M.(ark) 15«, »feinsilbers« (1572, MÜLLER, Sprdm. 229).

Feinweber, F. N. (Maniersch, Zendresch, *Bistr.*). *Foinwoiwer* (Maniersch).

—, **Feirhassi**, D. N. *(D.-Zepling)*. — Magy. fehérházi.

Feiri, F. N. (Hstdt.), Feyri (1824, Grosspold), wohl eine Emigrantenfamilie.

feist, faist adj. [Städt. Halbma.]. *Dâd äs e faist Kärl* (Schässbg.). Echte Ma.: *däck* (dick), *fatt* (fett).

Feist, F. N. (1615, Schässbg.), Feust (1623, Ebda.). Prädikativname zu fest.

Feistel, F. N. (1810, Mühlbach), eine Durlacher Familie (MÖCKEL, Transmigranten 14). Zu hd. Fäustel?

feisten, faistn schw., nösn. *fêistn (Kl.-Bistr.)* ‚pedere, stille Winde lassen'. Statt dessen süds. *blessen, en Bless lossen,* auch im Gegensatz zu *furzen, en Furz lossen* ‚laut Winde lassen'. — mhd. vîsten: allgemein in deutschen Mundarten (österr. feisten, CREZ. fisten, Eupen, vîste, LUMTZER faestn).

(Feister), Faister m. (nösn.) ‚stiller Bauchwind'. *E hat ja nur än Faister gelossn.* Zu feisten (s. d.).

(feistern), feistern schw. (nösn.), dasselbe wie *faistn,* zu dem es eine Art Iterativbildung ist.

Feisthuber, F. N. (1821, Kronst.). Nicht sächsisch, wohl Name eines österr. Transmigranten.

—, **Feiti**, s. *Faiti.*

Fejfer, F. N. (1722, Hstdt.), Feifer (Rode, Kbl. 10, 131). s. Pfeifer.

—, **fêkeln**, s. *fîkeln.*

Fekelt, † F. N. (1792, Marktschelken). Diminutivform zu den mit ahd. fulc ‚Volk' zusammengesetzten P. N. vgl. den F. N. Föckel.

Fekesch, † F. N. (1680, Kl.-Alisch). Umlautform zu Fakesch (s. d.).

fel in *de fel nät* ‚ganz und gar nicht'; rum. fel ‚Art', de fel ‚allerlei', also *de fel nät* oder *näst* ‚auf keine Art'.

Felber, † F. N. (1394, Stolzenburg, V.-A. 10, 371). — Zu Felber, spätmhd. velwer? Das Wort ist sonst der Ma. unbekannt. Oder = Felmer?

Felchner, † F. N. (1494, Kronst., Qu. Kr. 3, 670). Umlaut zu Falckner, mhd. valkenære, frühnhd. felkener.

Felczmacher, F. N. s. Filzmacher.

Feld, Fielt n., nösn. *Fiält* n. 1. Allgemein ‚die offene Fläche' im Gegensatz zur Gemeinde, dem Dorf, der Stadt. »*Dâ wą̂r e Mansch äussn gąngen ąf det Fielt dich, ant fląch*« (*Wermesch*, Bertleff, Nösn. Volksspr. 1, 10). *Net hâan* (hier innen) *än der Gemoin, dertais ąf'm Fcelt* [əᵉ] *sölt te bewaisen, dat te net greolst* [əᵒ] (Agneth.). Urk. »hette der Stephan Waida .. den Luppul vndt Koszaken gerne auff das flache feldt gelocket« (Kraus, Chron. 1, 203). — Syn. *dertaus* (draussen). — So erhält die Wendung ‚über Feld reisen' *iwer Fêlt rîsen* die Bedeutung ‚aus der Gemeinde hinaus, in die Fremde ziehen'. Weigerung des alten Vaters zu den fern wohnenden Kindern zu übersiedeln: *Leot ir Kängt, er selt men ôlt Knôchen nemi iwer farr Feelder* [əᵉ], *iwer siwen Hâtert schlâpen.* Der Altknecht wird der Bruderschaft vorgestellt: »über Feld und Hattert wird er verpflichtet sein zu reisen in Bruderschaftsgeschäften« (Fronius, 52). Und Dam. Dürr schreibt (Aml. 45): »So sein denn die kaufleut und handwerker, die lassen sich manchen iarmarck hindern, das sie uber feld reisen und kein predig nicht hören«. Gelegentlich wird es deshalb strenge verboten »am Sonntag über Feld zu reisen« (Qu. Kr. 4, 236). Hieher gehört wohl auch die Ra.: *äm wegde Fielt senj*, von etwas, das noch lange zu erwarten ist oder überhaupt nie eintreten wird. So in der scherzhaften Klage des Kanzlisten:

Ä menge Schäppre špîren
Ich ned en Kretzer Gield,
Me Bą̂flîsch uch meng Îren
Sen nôch äm wegde Field. Käst. 91.

— † In älterer Schriftsprache wird dieser allgemeine Begriff des Feldes als offene Fläche übertragen auf den ‚Kampfplatz', der meist solch offene Fläche ist. So gebraucht Kraus die Wendungen »inss feldt« ziehen (Chron. , 38). »auss dem feldt ziehen« (Ebda. 1, 72), »zu feldt bleiben« (Ebda.) als term. techn. für ‚Kriegführen'. Noch weiter steht Feld direkt für ‚Krieg'. »Liesse der Betthlen Gabor alda ihm feldt etligen der vornehmsten Kaput machen vndt die häupter abschlagen« (Kraus, Chron. 1, 73). »Hierauf ist das Kriegsvolk in Burzeland kommen und bis in das dritte Monat zu Feld gelegen« (Qu. Kr. 4, 516). Darnach die Ra. ‚das Feld behalten' = siegen. »Sintemmal mir verhoffen, in diser Sachen das Feldt zu erhalten« (1595, B. M.). »dass feldt vndt den Sieg behalten« (Kraus, Chron. 2, 71). — Im freien offenen Felde wurde die Gauversammlung abgehalten: »Igitur (nos Ludovicus) . praecipimus, quatenus . in campis conveniatis pro vestro communi colloquio« (1379, Kbl. 6, 18). — 2. † ‚die Gemarkung' ohne Rücksicht auf ebene Fläche oder Hügel, bebautes oder unbebautes Land. »Stück vndt munition so ihm Croner feldt stehen blieben« (Kraus, Chron. 1, 19); »auff dem Torenburger Feldt« (Ebda. 1, 40); »ihm Görlitzer [Görzer] feldt« (Ebda. 1, 57). — Es kommt in diesem Gebrauch des Wortes zum Ausdruck, dass das ganze Feld, der gesamte Boden der Gemeinde gehört, es ist »die altdeutsche Markgenossenschaft« im kleinen. Das Feld ist in diesem Sinne nicht Privatbesitz, sondern es herrscht Feldgemeinschaft. In Gemeinden mit Dreifelderwirtschaft ist diese uralte Bedeutung des Feldes als Gemeindeeigentum bis zum heutigen Tage teilweise herrschend geblieben. Noch heute werden die Arbeiten auf dem Felde in diesen Gemeinden auf das Gebot des Ortsamtes zu gleicher Zeit verrichtet; vordem fiel das unbebaute Feld an die Gemeinde zurück. »Der einzelne Mann, der den Acker bebaute, war nicht unbeschränkter Eigentümer desselben, als solcher galt im Sachsenland vielmehr die Gemeinde«; »es hat dieser Mangel des Privateigentums bis in unsere Zeit herab gedauert und dauert heute noch auf einzelnen Feldmarken unserer Dörfer« (V.-A. 13, 158 f.; vgl. Kirchhoff, Beitr. 12 f.). s. **Mark**. Allmählich hat sich dieser Zustand geändert, vom 16. Jahrh. an beginnen Rodungen Privater, damit breitet sich der Eigenbesitz einzelner aus, aber bei der Aufteilung von Gemeindegut an die Gemeindeglieder wird auch noch im 19. Jahrh. ausdrücklich vorbehalten, dass das Aufgeteilte nur vom Vater auf den Sohn vererbe, aber niemals veräussert werden dürfe, sondern nach erbenlosen Besitzern wieder der Gemeinde verfalle. Und die Gross-Schenker beschliessen: »Der Villicus, samt einem ehrsamen Rath soll keine Theilung es sey im Wald oder im Feld pflegen ohne mit Wissen einer ehrbaren Altschaft« (1638, V.-A. 7, 360). Allerdings begegnen bereits viel früher Grundverkäufe von seiten der Gemeinde an Private, jedoch nur zu bestimmten Zwecken (SALZER, Birth. 45), so dass die Feldgemeinschaft dadurch nicht gestört wurde. Einzelne Teile der Dorfmark gehören auch heute noch der Gemeinschaft, z. B. der Wald. Vgl. darüber und über den Übergang der Dorfmark in Privateigentum überhaupt V.-A. 17, 556 ff. — s. *Brôchfêlt* (Brachfeld), *Ärf* (Erbe), *luesen* (losen). — Aus dieser Anschauung heraus erklärt es sich, dass die Gemeinde das Recht hat, auch Privatbesitz zu ‚verbieten', d. h. für bestimmte Zeit oder bestimmte Zwecke der Nutzniessung durch ihre Besitzer zu entziehen (s. *Verbôt, Ôssnverbôt*). *Verboddä Fêlder, Wąlt.* »Dahero verstehet sich an und vor sich selbst, dass die zwey verbothene Felder, auf welchen die reifen Sommer- und Winterfrüchte also auch das Heu eingesammelt wird, fleissig conservieret und auf diese verbothene Felder bey Leibe kein Vieh zur Unterhaltung getrieben werden soll« (1713, V.-A. 7, 341). »Die Verbottene Felder sollen mit allem Ernst in Verboth gehalten werden« (1694, SALZER, Birthälm 686). Ist die Zeit vorüber, oder der Zweck erreicht, zu dem die Felder ‚verboten' wurden, so werden sie wieder ‚freigesprochen' (V.-A. 7, 341), dadurch wird das Feld frei. 1686 wird geklagt, »dass des würdigen H. Sohn Michael zween Joch Ochsen, da dass Feld frey gewesen, geschlagen, tödtlich verwundet« (Cap. Cib.). — Ursprünglich gehörte der Gemeindebesitz aber auch zur Markgenossenschaft im weitern Sinne, so dass die Feldmark untergegangener Gemeinden an die Volksgemeinschaft zurückfiel, die sie unter die benachbarten Gemeinden aufteilte (V.-A. 13, 158). Die Gaue behielten sich — wohl bei der Ansiedlung schon — die gemeinsame Benützung einzelner Felder, Feldmarken vor, die Prädien, so die »Wossling« im Schässburger Stuhl (vgl. Schässbg. Progr. 1856, 46); das Feld »Thurzon« bei Reps. Eines dieser früheren Prädien heisst geradezu *frąi Falt* ‚freies Feld' *(Kl.-Bistritz)*, s. *Frątem* (Freitum) und *frą̂* (frei). — 3. ‚der bebaute Boden' und einzelne Teile desselben nach der Fruchtfolge, jedoch so, dass auch noch Wald und Wiese darunter verstanden wird. a) Bei Dreifelderwirtschaft unterscheidet man an vielen Orten nach der Lage des Bodens: *îweršt, mättelst, nedderšt Fielt,* die abwechselnd *Kûren* (Korn-), *Kukurutz- und Bröchfielt* heissen. Auch urk. »im niedersten Feld, im obristen Feld« (1680, Durles). »10. Julii ist der Bathori Gabor mit seinem Heer auf dem mitteltesten Feld geschlagen worden« (Qu. Kr. 4, 45). Bei der ursprünglichen Zweifelderwirtschaft sind die Felder wohl als ‚erstes', ‚zweites' bestimmt worden. Darauf deutet »in dem ąnderen feld« (im Hstdt. Kirchenb., V.-A. 11, 337), dem ein »erstes Feld« entsprochen haben muss. Das *Kûrefielt* heisst auch *Wängterfielt,* weil der Weizen *(det Kûren, Kîren)* im Herbst gesät wird, das *Kukerutzfielt* ist das *Sommerfielt,* auch *Hôwerfielt* (Reps). Im *Kûrefielt* wird fast ausnahmslos *Kûren* (‚Weizen') gebaut, seltener *Rôken* (Roggen), *Ueleng* (Spelt), *Hôwer* (Hafer). Ebenso ausnahmslos wird dann im zweiten Jahre auf demselben Feld, das nun *Kukerutzfielt* heisst, *Kukerutz, Tirkeschkôrn* (Mais) gesät, seltener *Hôwer* (Hafer, *Huewerfielt*) und in neuerer Zeit *Klî* (Rotklee). Zwischen den Maisstengeln werden *Kirbes,* süds. *Kerbes* (Kürbisse) oder *Fussoien, Faibun* (Fisolen) oder *Bîhnen* (Saubohnen) gezogen. Danach dient der Wechsel der Felder als eine Art Zeitbestimmung: *Wonn äm nedderšte Fêlt Kûren äs,* oder nösn. *wâi äm êberštn Fiält tirkesch Kôrn wôr.* In diese Bezeichnung werden nicht mit einbezogen die Teile der Gemarkung, die alljährlich benützt werden, so *de Hunnefdêln* (Hanfteile), *Hunnefhâm* (Hanfhamm), *Honewâ* (Hanfau), *Honeflonjder, Honefdîlungen, Honefhomm, Krautgârtn,* süds. *Kampestgærten, Krekgærten* (Krautgärten), *Wängert* (Weingärten) usw. Eine besondere Stellung nimmt auch, wo er noch vorkommt, der *Meddem* ein (s. d.), ebenso die mit gewissen Amtsstellen verbundenen Grundstücke: *Farrsch-Ląnt, Prädijer-Wis, Hannen-Homm.* »Hat der Hann in einem jeden Feld Einen Erdoch Acker Land gehabt« (Hstdt. Archiv 1755, Neudörfer Beamtengebühren). Gelegentlich begegnet man auch andern Bezeichnungen der drei Felder, die nicht von ihrer Lage hergenommen sind. So hiessen 1737 die drei Kronstädter Felder: Bleschdörfer Feld, Mittelfeld, Neustädter Feld (Qu. Kr. 4, 141). *Das Fêlt dâun affen* (Schirkonjen). *Det Fêlt anjden um Moärt, det Fêlt genst der Hill* (Agnetheln).

Auf die frühere Zweifelderwirtschaft deutet urk. »wo nur zwei felde sein, da korn und haber untereinander ist« (1579, Cap. Bistr.).

b) Diese 3 Felder werden dann in Riede geschieden, die seltener mit einfachen Prädikativnamen *(det grüess, det klêi Fêlt,* Schirkonjen; *ruit Fialt, Minarken; brît Field,* Zied; *nâ Fêlt,* Stein), meist mit eigenen Flurnamen bezeichnet werden. Hie und da werden sie nach Nachbargemeinden benannt: *Pêtscherfêlt* (Meeburg), *Burgôer Fialt (Pintak), Gôrner Fialt (Gross-Schogen), Noišterfêlt* (Rosenau i. B.), Schaaser Feld (FRONIUS, Flora von Schässbg. 23). Auch sonst ist *Fêlt, Fielt* ein recht häufiges Kompositionsglied von Fl. N. Zum Beweise diene folgende (unvollständige) Zusammenstellung: *Âfielt* (Heltau), *Angerfêlt* (Hetzeldorf), *Bauchfialt (Treppen), Fąttefâlt (Mettersdf.), Fialtwiss (N.-Eidisch), Feldzange (Ober-Eidisch), Hąifiält (Waltersdf., Windau, Ober-Neudf.), Hängderbąchfielt* (Heltau), *Hangerfêlt* (Agnetheln), *Muerfêlt* (Birth.), *Messigfêlt* (Jakobsdf. b. Schässbg.), *Rerfêlt* (Honigberg i. B.). *Sandesfêlt* (Schässbg.), *Schiewesfielt* (Heltau), *Štialznfialt (Pintak), Šterefêlt* (Klosdf.), *Ungerfâlt* (V.-A., 34, 136), *Woarfêlt* (Meeburg). Über die mögliche Verbindung *Fieltdîr, Fialt-, Faltdîr* für *Falldîr* s. Falltor! — c) Arbeit an und auf den Feldern. Allgemein sagt man, wenn man zur Feldarbeit hinausgeht *ąf, än't Fêlt gôn.*

Wun de flaissich Geboure fræ afštôn,
Unt fræ af't Fielt mät de Plüje gôn.
SCHUSTER, Volksl. 5.

Ąf't Fêlt äsacken (einsacken). Bei der Rückkehr heisst es, *e kit vum Fielt. Det Fielt ubân* (anbauen), *det Fielt rommen* (räumen). *Det Fêlt ämfridijen, ämmąchn, ämzonjen (-zengen), änhoejen* ,mit einem Zaun, einem Hage versehen'. — Das grüne, kraftstrotzende Feld ist wie die dunkelgrünen Laubbäume *brom, brong* (braun). *Wol hiesch brom äs det Fêlt* (Trappold, Kbl. 6, 26). — Sprw. und Ra.:

Det Fielt huod Ûgen
Der Bäsch huod Iuren.
(,auch das offene Feld kennt keine Heimlichkeit') SCHUSTER, Volksl. 210.

Net mąch e Gesicht wæ e Fielt vôl Teiwel (Ebda. 246). Euphem.: *Dei kein dem Fält* ,der After beim Schwein', weil es beim Heimweg diesen Körperteil dem Felde zukehrt (Tartlau i. B.). — Feldumgehen im Abergl. Wer sein Saatfeld vor Sperlingen schützen will, muss in der Frühe vor Sonnenaufgang nackt um das Feld herumgehen, ohne mit jemand zu sprechen oder hinter sich zu sehen *(D.-Zepling*, Martinsbg.). In Halwelagen muss dies in der Johannisnacht geschehen. Zugrunde liegt die alte Anschauung, dass durch das Umgehen das Land erworben, also in diesem Falle gewissermassen dem Feinde neu abgewonnen wird (GR., Rechtsaltert. 86). — Feldzauber, s. SCHUSTER, Volksl. 289; MÜLLER, Beitr. zur Geschichte des Hexenglaubens 61; GR., Mythol. 2, 1042 f. [*Fielt* erscheint vielfach mit diesem kurzen Spaltvokal, nösn. *Fiält* oder *Fialt*, in einigen Ma. erscheint Länge *(Fêlt*, Schässbg. und Umgegend, Burzenland, Haferland; *Fâlt, Mettersdf.)* oder einfache Kürze *(Fält, Kl.-Bistr.)*, 1528 ist f e i l t, f e y l t (Qu. Kr. 2, 103 f), um 1536 f e e l t (MÜLLER, Sprdm. 198) bezeugt.] — Lautt. 31. mhd. velt.

Feldahorn (Acer platanoides campestre L.), fehlt; s. *Flaschenhûlz, Mąssholtert, Mąlxbûm.*

Feldampfer, Fieldąmpert m. ,Sauerampfer' Rumex acetosa L. (V.-A. a. F. 3, 202). Der Ma. ist geläufiger das syn. *Makrisch, Ôssnząny, Piperik* (s. d.) oder (kultiviert) das Simplex *Ąmpert* (s. d.).

Feldarbeit, Fieldarbet fem., nösn. *Fiälduarbet* fem. *Ąf de Fiälduarbet gô* (nösn.). Dafür gewöhnlich *ąf't Fiält gô* oder mit Bezeichnung der einzelnen Arbeit *zem Plâch fuarn, än't Hąi gô; schôrn* usw. *gô; Kîre schneyden, Honef pläcken.* Die Arbeiten auf den Feldern werden in nichtkommassierten Gemeinden auch in neuester Zeit noch vom Gemeindeamt angeordnet und müssen gleichzeitig ausgeführt werden, zumal dort, wo gewisse Feldteile (Wiesen) nur unmittelbar vor der Ernte unter die Berechtigten aufgeteilt werden.

Feldarbeiter, Fieldarbeder m., nösn. *Fiälduarbeder* m. Unter Landleuten, also in der eigentlichen Ma. nur: *Arbeder*, oder dann nach der jeweiligen Arbeit: *Hacker, Mêer (Mâder). De Fiälduarbeder sai haier widder daier (Bistr.).* Wenn der Geldlohn früher auch bedeutend geringer war als jetzt, so kamen auch damals schon die Feldarbeiter hoch genug zu stehen dadurch, dass nicht nur der einzelne Arbeiter beköstigt werden musste, sondern auch seine daheim gebliebenen Angehörigen. Wie viel obendrein unsere Zigeuner den langen Winter hindurch an ihren sächs. Arbeitgebern (stäpânu) zehrten, das haben diese kaum jemals berechnet.

Feldaufseher, s. *Torbesvôter, Fieltschätz, Prowisor, Hatterthæder, Fielthæder.*

Feldbalsam, Fêltbąlsem m., verschiedene nicht gebaute Arten von Mentha (so silvestris, aquatica, arvensis L., austriaca Jacq.). Das Simplex *Bąlsem* bezeichnet meist die kultivierte Krauseminze (M. crispa L.), doch ausserdem wie nösn. *Pâlsem (Kl.-Bistr.), Pąisem (Bistr.)* auch die oben genannten Arten. s. Balsam, *Kruedebąlsem.*

Feldbau, Fieltbâ m. [Städt. Halbma.]. Echte Ma.: *Det Field ubân* (s. anbauen). Städt. Rede: *der Gebouer lieft vum Fieltbâ;* dörfliche: *der Gebiuer liaft hanjder'm Pläach, vun dem, wat e afm Fêld arbet* (Thalheim).

Feldberger, F. N. (1743, Hstdt., V.-A. 16, 650). Felperger (1722, Ebda., V.-A. 32, 336).

Feldblume, Fiältblâm fem. nösn. [Städt. Halbma.] Der Landmann macht gewöhnlich keinen Unterschied zwischen Garten- und Feldblumen.

(Feldbruder), s. *Torbesbrâder* (Haltrich, Neg. Id. 22).

Feldbrunnen, Fieltbrannen m., nösn. *Fiältbrqnn* m. Einfache Grube, in der sich Grundwasser sammelt, heisst schon Brunnen; die Fassung einer Quelle erfolgt durch Steine, durch einen hohlen Baumstumpf (rum. butulô) oder durch Eichenbretter. Sorgfältig gefasste Brunnen sind vielfach in Raine eingebaut, ganz gedeckt; das Wasser fliesst durch hölzerne oder eiserne Rohre ab, unter die Trinkgefässe zur Füllung gehalten werden können (*Ränn* ‚Rinne'). Bei ergiebigen Quellen wird das Wasser gesammelt in Trögen, zu Tränken für die Tiere. Diese Tröge liegen bei unebenem Boden der Länge nach talwärts, am untern Ende von einem Holzgerüst gestützt, so dass je der nächste Trog etwa um die Troghöhe tiefer zu liegen kommt als sein Vorgänger. Die Seitenansicht solcher Tröge gleicht der einer Treppe, bei der die Stufenbreite gleich ist der Länge der Tröge. Diese sind immer so gelagert, dass die Tiere von beiden Seiten Zutritt haben. Der Trog der Feldbrunnen heisst *Kqmp* oder *Trôch*, auch *Pätz-(Prätz)-tròch*, doch gilt dies mehr für den Trog beim Hofbrunnen, s. Pfütze, Brunnen und Trog. Anders die *Zîp, Zîperbrannen* s. d. Die Feldbrunnen zu reinigen gehört zu den Obliegenheiten der Bruderschaft (Fronius, 61). Feldbrunnen bieten oft die Namen für angrenzende Feldriede: *bâm kôlde Brqnnen, bâ der îwerschter Rann* (Agnetheln), *baem Štôkbrannen, bäe den Trîejen, baem Butuleo* (Thalheim).

Felderbe, Fêldärf n., Pl. *Fèldärwer* ‚ererbtes Feldgut'. Es bestand dabei in der früheren Zeit die Voraussetzung, dass dieses Feldgut zwar vom Vater auf seinen Sohn oder seine andern Erben überging, aber eigentlich immer Besitz der Gemeinde blieb. Beim Ankauf von adligem Besitz fiel diese Voraussetzung fort. So verkauft die Witwe des Magisters Petrus de Almakerek (1406) ein Grundstück in Birthälm einem Birthälmer Bürger Johann Bollart »ipsi praefato Johanni suisque heredibus praesentibus et futuris«, also zu ‚erbeigentümlichem Besitz' (Salzer, Birth. 662). Im 18. Jahrh. (bis 1809) waren diese *Fêldärwer* neben den Weingärten die einzigen Privatgrundstücke, der ganze übrige Hattert war Gemeindeeigentum (*S.-Reen*, V.-A. 3, 299). s. Feld 2. Urk. »Gehen die Elter mit Todt ab / vnnd lassen jren kindern ein haus in der stadt / vnd ein Feld erb / der jüngste Erb behelt das haus / vnnd der ander das Feld erbgut« (E. L. R., 81). Gemeinhin versteht die Ma. unter dem Simplex *Ärf* solches Feldgut: *Dî huet net nor Štuwen och Hîf* (Höfe) *genüoch, dî hued uch gor vil Ärf* (Grundbesitz, wobei selten der Zusatz gemacht wird: *afm Fielt.* s. *Ärf* (Erbe).

Felderweg, Fl. N. (Zeiden i. B.).

Feldflasche, fehlt; s. Flasche und *Tschutrq*.

(Feldfrieden), Fieltfridden m. 1. ‚Feldzaun'. Ursprünglich der Frieden, die Unstörbarkeit des Besitzes, dessen äusseres Zeichen der umgrenzende Zaun ist. s. *Fridden* (Frieden). Die zum Anbau von Flachs und Hanf vorbehaltenen Teile des Feldes, die *Fluessâ, Honnefâ*, wurden früher zum Schutz gegen Tiere eingezäunt. Jeder Mitbesitzer am eingezäunten Feldstück hatte auch ein Stück des Zaunes zu machen, der nach der Ernte wieder entfernt ward. Die grossen angebauten Feldteile wurden gegen das dem Weidegang frei gegebene Brachfeld meist durch lebende Hecken abgegrenzt. Nur an den Stellen der Zufahrten und Zugänge mussten Zäune errichtet werden. — 2. ‚Querzaun am hintern Ende des Gartens, wo dieser ans Feld stösst' (Seiden). Syn. *Boddemxong* (Bodenzaun).

Feldgeist, s. *Âlf, Muerlef.*

Feldgemeinschaft, s. Feld 2.

Feldgrille, fehlt; s. *Hæxel.*

Feldgrund, Fieltgrangd m. Feldgründe waren ursprünglich an den Hof gebunden (Schuler-Libl., R. G. 3, 230), erst spät wurden sie, losgelöst vom Hofe, erblich (E. L. R. 81). Der Ausdruck Feldgrund ist mehr von der wissenschaftlichen Darstellung geprägt, als vom Volksmund. Dieser nennt solchen mit einer Hofstelle verbundenen Grundbesitz: *Hôflonjder, Hôfdîlungen* (sing. *Hôflqnt-dîlunk*), *Hôfzâgehîr, Hôflôs.* Nach dem Hof nennt ja das deutsche Rechtsverhältnis solchen Besitz die ‚Hufe', ob diese nun räumlich fest an den Hof anschloss, oder davon entfernt lag. Die Zuweisung von Gemeindegrund an Gemeindebewohner geschah nach den Höfen. Auch die Gemeindelasten hafteten am Hof. In vielen unserer Gemeinden hat das *Hôflôs* bis in die jüngste Vergangenheit aufrecht bestanden. s. Hof.

Feldgut, † »das Feldgut aber sollen sie gleichwol in gleiche teiler auff theilen« (E. L. R. 81).

—, **Fielthâzel** m., nösn. *Fiälthâzel* m. ‚Feldgrille‘ Gryllus campestris L. — d. Simplex, das süds. allein gebraucht wird.

Feldhirse, fehlt; s. *Mochert*.

Feldhüter, Fielthæder m., nösn. *Fiälthâider*, auch *Hatterthæder*. Gewöhnlich das Simplex *Hæder* (Hüter). Syn. *Âichter (Wallendorf)*, *Fieltschätz* (Feldschütz), *Schätzer* (Schützer), *Torbesvôter*.

Feldkirchen. Es hat solche zur kathol. Zeit gewiss auch bei uns gegeben, die Tatsache lässt sich aber nur aus Fl. N. erschliessen (Kbl. 24, 6; 24, 27 s. auch Kapelle). *Um Zerwes* (Gr.-Sch.) *anjder Sankt Nikolaus* (Ebda.). *Af sent Guist* (Schönbg.), *Kapaunerrâich (Petersdf.)* u. a.

Feldlauch, fehlt; s. *wült Zwibel* (Allium Scorodoprasum L.).

Feldmark, fehlt; s. *Hattert* (Hattert).

, nösn. **Fiältmäsch** fem. [Städt. Halbma.]. Geziert für das Simplex *Mäsch* (s. d.) ‚Sperling‘; die echte Ma. macht keinen Unterschied zwischen Stadt- und Feldsperling.

Feldmaus, Fieltmous fem., nösn. *Fiält-maus* fem. [Städt. Halbma.]. Echte Ma. gebraucht das Simplex. *De Mois hün esonjen Schqdde gedêen* (Denndf.).

Feldmohn, fehlt; s. *Kokeschblom* (Hstdt.), *rit Kîreblom, Farrerün* (Pfarrerin), *tîrich Muachblâm* (Kisch, N. W. u. W. 106).

F e l d o r f, **Felderf** O. N., eine der dreizehn Gemeinden zwischen den Kokeln, deren Bewohner nach alter Sage früher in dem benachbarten Egrestő gewohnt haben sollen. Wolff (Ortsn. 1, 36 ff.) versucht die Deutung Feld-dorf, die lautlich unmöglich ist, oder die lautlich ebenso schwierige Ableitung Füllen-dorf, oder er denkt an *fell* = faul (s. faul). Da Fell sich lux. als F. N. und O. N. (an der Mosel) findet, so könnte der O. N. am natürlichsten damit in Zusammenhang gebracht werden. Schwierigkeiten bereiten aber auch dieser Zusammenstellung der magy. und rom. Name des Ortes (Fületelke, Chilitelk), deren *i*-Laut in der Stammsilbe schwer aus sächs. *-e-* zu erklären ist. So bleibt nur übrig zu sagen, dass Sachsen den magy. Ort Fületelke besiedelten und den *i*-Laut in Fül, rum. Chil ganz der Ma. gemäss in Fäl wandelten und das telke als ‚Dorf‘ verdeutschten. Dem widerspricht auch das urk. Material nicht: »villa Felanteluke« (1366, Müller, Sprdm. 25). 1484, F i l l e n d o r f f, P h i l l e n d o r f (V.-A. 16, 361). 1513 erscheint F e l d o r f f (V.-A. 10, 176), 1676 F e l d d o r f f neben F e l d o r f f (Cap. Bog.), 1680 F i l e n d o r f. — Ra. *Ze Fellderf jêen de Wölf am Êlter*, Spottwort auf die Felldorfer, unter denen der F. N. Wolf häufig ist, und die gemeinsächsisches *g* als *j* aussprechen. (Feldorf gehört zu den sog. *j*-Gemeinden).

(**Feldpferd**) ‚Kampfross‘ †. »Betthlen Gabor bringet eine grosse menge F e l d t p f e r d mit sich« (Kraus, Chron. 1, 55).

—, **Feldrąf** O. N., rum. Feldră, magy. Földra. Man mag wie bei Feldorf (s. d.) an moselfr. Analogien denken oder an volksetymologische Umbildung des rum. Feldra.

Feldratte, nösn. **Fiältrątz** fem. (V.-A. 33, 73), gewöhnlich *Bômrqtz* (Baumratte, Wühlmaus, Arvicola amphibius Desm.). Die Mundart kennt nur das Simplex.

Feldreiter, †. »es will manch unerfarn, unzeitig f e l d r e ü t e r dem besten knecht in der gmein gleich sein« (Dam. Dürr, Aml. 48). -reüter gehört mit älternhd. Reuter zu mlat. rutarius ‹ ruptarius ‚Räuber, Krieger‘, hat also mit reiten nichts zu tun (Weig. 2, 579).

Feldrichter, fehlt; s. *Schätzergrêf* (Schützergraf), *Torbesvôter*.

Feldscher, Fältschear *(Kl.-Bistr.)* ‚Arzt ohne Universitätsstudien‘. Urk. »H. F e l t s c h e e r e r« (1698, Salzer, Birth. 374). »f e l d t s c h e e r« (Kraus, Chron. 2, 407).

(**Feldschütz**), **Fieltschätz** m., nösn. *Fiält-schätz* m. ‚Feldwächter‘, in den Dörfern nicht eigentlich Beamte, sondern junge Männer der Gemeinde, die auf ein Jahr bestellt werden. — Urk. »Dem f e l t s c h ü t z e n« (1543, Nat.-A.), »den F e l t s c h e t z e n« (1607, Ebda.), »den zwen f ö l d t s c h e t z e n iren lohn gantz geben« (1608, V.-A. 19, 88). — Auch † F. N. »F e l d s c h ü t z« (1610, Hstdt.). s. Feldschützer. — Dazu der Fl. N. *Fieltschätzwängkel* (Hstdt.). Dieser Flurname deutet an, dass den Feldschützen ein Stück Feld zur Mahd oder zur Weide für ihre Tiere gegeben ward. Solche Natural-Entlohnung sollte der Schädigung des Feldertrages durch den Feldschütz selbst vorbeugen. Und doch kann man auf manchem Dorf die Beschwerde hören: *Cha, de Fêltschätz selle jô häeden, lî* (allein) *sâ salwent dien asi vil Schadden* (Thalheim). Syn. das Simplex *Schätz* (Schütz), dann *Âichter, Hæder* (Hüter), *Schätzer* (Schützer).

F e l d s c h ü t z e r † F. N. (1643), F e l d s c h ü s s e r (1644), F e l d t s c h i e s s e r (1662, Schotsch, 12). Die Formen Feltschissel, Feltschiessel lassen ein näheres Verhältnis zu Fellschissel und Fallschüssel vermuten (s. d.). Oder einfach Weiterbildung zu Feldschütz, dessen Simplex wenigstens nösn. *(Petersdf.)* tatsächlich *Schätzer* (für *Schätz*) heisst.

Feldsperling, fehlt; s. *Fielt-*, *Kîre-*, *Hirschmäsch.*

Feldstein, s. *Wąck* (Wacke).

Feldstück, † ‚Kanone'. »300 Mann von der Infanterie mit einigen Feld-Stücken« (Qu. Kr. 4, 111).

Feldstuhl, fehlt; s. *Tâberštaul.*

Feldtasche, fehlt; s. *Tąsert.*

Feldtaube, **Fiältdauf** fem. (nösn.), Columba palumbus und turtur L., gewöhnlich *wäld Dauf* genannt. Süds. *wält Deuf (Douf), wąl't Daif (Diuf* u. ä.*).*

Feldwanze, s. *Mierkäp* fem.

Feldwebel, **Fältwêbel** m. wie nhd. Junges nhd. Lehnwort, es ist nirgends der Ma. eingelautet, vgl. die entsprechenden andern milit. Bezeichnungen: *Fîrer* (Führer), *Fraiter*, *Gefraiter*, *Kąprąl* (Korporal).

Feldwiege, s. *Schôk*, *Tschock.*

(**Feldwiese**), **Fieltwiss** fem. Fl. N. *(N.-Eidisch).*

Feldzungen, **Feltzange** Pl., Fl. N. *(O.-Eidisch).*

—, **Felelat** (◡◡◡́) fem. eine Art ‚Versicherung des Viehes, namentlich der Pferde gegen Diebstahl'. Pferdebesitzer zahlten jährlich eine Abgabe an berüchtigte Rossdiebe (vielfach an die Hirten selbst), wofür diese dafür hafteten, dass die bestimmten Pferde nicht würden gestohlen werden. *Ech hu meng Ruess än de Felelat* (auch *ąf Felelat) gegien* (Kbl. 26, 39). *Nq, meng Huist se sächer, der G.* (Name des Versicherungsagenten oder Diebes) *hoet Felelat genün* (Neudorf), vgl. *Kolak.* Das Wort geht auf rum. felelat (zu magy. felelet ‚Verantwortung') zurück.

F e l g (1494, Qu. Kr. 3, 471), F e l l g (1700), F e l s c h (1661, Schässbg.), F e l t s c h † F. N. s. F ä l t s c h.

Felge, **Fälch** fem., Pl. *Fäljen*, nösn. *Fallich* fem., Pl. *Fallijn, Fâlign (Petersdf.).* Wie nhd. ‚Teil des Radkranzes, der an den äussern Enden der Speichen befestigt wird'. Auftrag an den Wagner bei der Bestellung von Wagenrädern: *Te sôlt mer qwer deer gewoessaner Falšchen nin, net deer* [əᵉ] *geseechter* [gəzèᵉχtər] (Agnetheln), weil die Wagner statt der seltenen, teurern, krumm gewachsenen Holzstücke gern billigere, gesägte zu Felgen verwenden. Urk. »spechen und f e l g e n« (1597, V.-A. 14, 367). »Ittem ein f e l c h dran gemacht« (1578, Nat.-A.). — Syn. *Krämlängk* (Krümmling) ‚Felge des Mühlrads'. — Dazu der Fl. N. *Falng* (Falŋ) *lînder (Burghalle)*, an deren Stelle früher ein Buchenwald gestanden haben soll, dessen Holz vorzügliche Felgen gegeben hätte. Das ahd. *-g-* ist in der Ma. in den Auslaut gekommen und es zeigt sich nun (wie sonst nach *l*) eine geschlossene Entwicklungsreihe von *g* 〉 *tsch* (vgl. über diese Erscheinungen V.-A. 35, 43). *Fallich* (nösn.), *Fąiltch* (Birthälm), *Falgjen* (Wolff, Kons. 56), *Fäaltch* (Mediasch), *Faltsch* (Abtsdf.), *Failtsch* (Draas). Die letzte Stufe *-tsch* nur im Auslaut, mit unorganischem *t* wie in *Mäntsch* (Mensch) *fąltsch* (falsch). Auch inlautend klingt in *Faldšchen* neben und für *Falšchen* dieser unorganische, bloss euphonische Dental noch durch wie in Hstdt. *Fäldjen* neben *Fäljen.* Vgl. *Fellengk.* — mhd. velge, ahd. felaga.

—, **Felîe** (◡◡́◡) fem. Zweisilbig gesprochen *Felî* (◡◡́). 1. ‚grosses Stück' (Brot, Palukes). Von einem Vielesser sagt man: *Dî ässt (frässt) wâ är dreᵒ* [drēo] (drei); *sä nor, wâ e sįj oin Felî neo der emdrer vum Bruit schnejt. Mir goär eessen* [èessn] *ned esevel* [əsevəl] *wâ dî eloin* (Agnetheln). 2. ‚Familie' mit verächtlichem Nebensinn. *Dąd äs än Felîe!* (nösn.). Das Wort stammt aus rum. felie (◡◡́◡) ‚Stück, Schnitt', dann (in der Umgebung von Bistritz) auch ‚Verwandtschaft' (Alexi, Rum.-Deutsches Wörterbuch, 164).

—, **Felinebrąnnen** m. (Trappold, Müller, Sagen 291).

F e l k e l, † F. N. (1610, Gr.-Sch.). ‚Völkel', zu *Fîlk*, ahd. folc, vgl. Fekelt.

F e l k e n i u s, s. Filkenius.

F e l k e r, F. N. (1565, Hstdt.), F e l c k e r (1683, *Petersdf.* 1705, *Bistr.*, um 1800 *Waltersdf.*), V ö l k e r (Streitfort); gegenwärtig *Felker* in *Lechnitz*, *Jakobsdf.* Zum O. N. Falk s. auch Falker, oder zu Filk (ahd. fulc).

Fell, **Fiel** n., Pl. *Fiel* und *Fieler*, nösn. *Fiäl* n., Pl. *Fiäl* und *Fiäler.* I. ‚Haut der Tiere'. 1. Die unbearbeitete Tierhaut; es wird im Gegensatz zu DWB. 3, 1496 für gewöhnlich kein Unterschied gemacht in der Bezeichnung der Tierhäute, alle heissen *Fiel.* Von den wilden Tieren sind bekannt: *det Fussfiel*, Sprw. *et wit* (wird) *dich uch en Iwergąngk sen, sôt der Fuss, dâ em em det Fiel iwer de Îren zuch* ‚auch das Schwerste lässt sich ertragen'. Auch der Bär hat ein *Fiel*, deshalb das Sprw. *bäs em de Biere net hôt, terw em det Fêl net verdräungken* (H.-W 91). *Hąntesfiäl* (Dachsbalg), *Huasnfiäl* (Hasenbalg); im Winter werden sie gesammelt und dann an die Juden verkauft, die von Dorf zu Dorf ziehen und sie aufkaufen. Auch urk. »F e l l e als Otter, Biber, Fuchs, Märder und Wölf unausgearbeitet« (1640, Kürschner-Artikel). — Grössere Bedeutung haben natürlich die Häute der Haustiere. *Gêssfiäl*, süds. *Gîssfiel*, früher

in entwickelter Lederindustrie gegerbt, werden gegenwärtig meist importiert. *Schôffiäl, Lǫmfiel, Rängtsfiel, Kǫlffiel.* Auch Hund, Katze, Maus, Kaninchen, sogar das Schwein haben ein *Fiel.* Das synonyme *Hokt* (Haut) wird von Tieren nicht gebraucht oder nur im Verkehre der Gewerbsleute als term. techn. Balg (s. d.) ist ganz durch *Fiel* verdrängt. In andern süds Maa. hat sich der gewerbetechnische Unterschied dahin entwickelt, dass *Hokt, Heokt* die rohe Tierhaut bezeichnet, *Ladder, Lädder* aber für die grosse gegerbte, *Fiel, Fêl* für die kleine gegerbte Haut gebraucht wird. *Gorre-Ladder, Scheoffêl,* beide, wie sie vom Gerber dem Schuster und Riemer geliefert werden (Agnetheln).
Urk. »welche (Kuh) er ein weil im Fellen hangend gehalten, das Fleisch war ungestalt bluttig und etherig« (1599, Ger.-Prot.). »als wir das Fehl (eines Ochsen) abnahmen, so zerplätscht der leib« (1676, Cap. Bog.). — Die Zünfte sorgten strenge dafür, dass ein Angehöriger einer Zunft nicht Felle kaufte, die zu kaufen nur Angehörigen eines andern Gewerbes zustand. »und dy schuester die do ledder würcken sollen kein feel kaufen oder ferarbeyten das den kyrschnern oder yrgeren zustehet« (1551, Bistr. Schusterzunft-Art.). Zur Bezeichnung unbearbeiteter Felle findet sich in Urkunden öfter der Zusatz »rauh« oder »roh«. »etlich hundert rawe ungerlender ffeel« (1572, Bistr. Ledrerzunft-Art.). »Allerhand rohe Felle ausserhalb oder auswältzig zu verkaufen« (soll keinem Meister zugelassen sein; 1640, Kürschnerzunft-Art.). »Keinerlei rohe Felle von Lämmern sollen den Handschuhmachern auf dem Markt frei sein zu kaufen« (V.-A. 27, 537). — An dem unbearbeiteten Fell unterscheidet der Gerber verschiedene Teile. *Ôssait* (Aasseite), süds. *Ôssekt* oder *ded Ôss* heisst die fleischige Seite, die andere ist *der Narbm, der Närf (w),* um den Schwanz herum heisst es *det Schält,* vorne *der Scherl, Schäddel, der Nqckn,* wo der Fuss sich am Bauche reibt, sind die Weichen *(Flêmen),* am Bauche *ded Êwer (vôl, schlqmpich Êwer).* Das Fell des unausgewachsenen Rindes s. *Pitlängk, -langk.* — 2. ‚die bearbeitete Tierhaut'. a) Beim Kürschner: *det Fiel ousarbeden* (alle Arbeit am Fell). Dem geht voraus das Abziehn *(uazên)* und *afšpeln* (‚mit Stäbchen zum Trocknen aufspreizen'), das heute meist der Fleischhauer bestellt. Die eigentliche Arbeit beginnt mit dem *wêchn* (weichen, süds. *det Fiel äwîchen*). Darauf folgen (nösn.): *de Fiäl wâschn,* (süds. *wieschen*), *qf der Ôssait* (Aasseite) *flêschn* (‚vom anhaftenden Fleische reinigen'), *än t rên Wqsser dâ* (‚in reines Wasser legen'), *mät Klqin* (Kleie), *Sqlz och Alau bêssn,* (süds. *mät Klqen, Sqlz uch Long bîssen*) oder *beklqin, än de Bêss änmqchn; än der Bèss kwällt det Fiäl* (syn. *buol wärden*), *dô wid ed e puarmol gedrêt* (‚gewendet'); danach folgt: *de Fiäl draign* (‚trocknen', s. drögen), *faichtn, fîchten* (feuchten), *änschlô, äschlôn (än dn Gruabm schlô* und dann je 2 Felle mit der Aasseite aufeinanderlegen, dass sich das Wasser besser einzieht), *mät dem Fàss zedên* (süds. *mät dem Foss zedînen*) (dehnen, indem mit dem Fusse das eine Ende des Felles auf der Erde festgehalten wird), *mät der Štrâk* (‚Strecke'. ein Werkzeug) *ausštûssn, u der Garbqngk* (⟨ *Garfbqngk* ‚Gerbebank') *zelauchn* (die 3 letzten Arbeiten wollen das Fell glatt machen), *widder draign* (.nochmals trocknen'), *mät der däcker Schuaf* (‚Schabe', ein Werkzeug) *än de Lingkt nî* (‚der Länge nach schaben', wörtlich: nehmen), *än de Wait mät der schuarfer Schuaf pêkeln* (‚der Breite nach schaben'), *waiss mqchn* d. h. *mäd Ąlebqster och Klqin änsêi* (‚einsäen', bestreuen), *mät der Schuaf änraibm, qf der Rum* (‚Rahme', ein Holzgestell) *leddern.* Daneben sind süds. auch andere term. techn. gebräuchl.: *de Fiel afzên* ‚zum Trocknen aufspannen', *de Fiel af t Wasser afschlôn* (dasselbe wie nösn. *än dn Gruabm schlô,* die Felle werden mit weitem Schwung flach auf das Wasser aufgeschlagen), *de Fêl ousbîzen* (‚beizen', Rumes), *ousfärtijen* ‚mit Gipsmehl bestreuen' (womit die Arbeit am Fell beendigt ist). Die Kürschner arbeiten heutzutage meist folgende Fellarten aus: *Hammel-, Schôf-, Kirlân- (gekolft Lämtcher* ‚geschorene Lämmchen'), *Lǫm-* (Lamm-), *Gîss-* (Geiss-), *Fäšchotterfiäl* (»Otter fel« 1545, Qu. Kr. 3, 305), früher auch Fuchs- und Marderfelle. — Urk. »kyrschner fel« (1546, Qu. Kr. 3, 366) oder »Clayn kyrschner fel« (1545, Ebda. 3, 293). *Sêhqntfiäl* (Seehundsfelle), *karmašchîn* (⏑ ⏑ ⏊, karmoisinrote), *grâi Zirem-* (zu magy. szirony) *fiäl* werden heute fertig gekauft und zur Verbrämung oder in Stickformen als Zierat verwendet. Der Kürschner unterscheidet ferner *Wänterfiäl* (Winterfell) mit der fester sitzenden Winterbehaarung (»wynter feel« 1547, Qu. Kr. 3, 30) und *Summerfiäl* mit der loseren Sommerbehaarung, die zu Pelzwerk nicht geeignet sind. In Urkunden erscheinen Fellarten, die (dem Namen nach) heute unbekannt sind: »tirkisch feel« (1528, Qu. Kr. 2, 126), die ursprüngl. Benennung für heutiges ‚Saffianleder' vgl. holl. turksch leer ‚türkisches Leder', ‚Saffian'. »4 zatyanysch fell« (1542, Qu. Kr. 3, 137). »zattyness fel 360« (1544, Ebda. 3, 248).

»vntter dijszen kauff szeyn Rut zatyaness fel vorckaufft worden 80« (1546, Ebda. 3, 371). Diese ‚zatyanischen Felle' sind gleichfalls Saffianleder; das rum. saftian, serb. sàktijan (‚Saffian') haben gleichfalls -tχ-Laute wie die ursprüngliche pers. Benennung sachtjan. Wort und Sache sind unserem Gewerbe verloren gegangen und erst in der Neuzeit durch das nhd. Saffian wieder zugekommen. »Krop feel« (Qu. Kr. 3, 339), von den Herausgebern der Qu. Kr. als »Halsteile des (Fuchs-) Felles, Fuchskehlen (?)« erklärt. Dagegen hat sich die ursprünglichere Benennung noch erhalten in *karmašchîn Fiäl* (nösn.), die in den Qu. Kr. 3 als »khar-, karmissy-, myszy-, myssy-, myschy- (einmal verschrieben caryschy), maschin-, menschyn fell« öfter erscheinen. Es sind karmoisin (hochrote) Felle. Rum. carmajin (◡◡◡) zeigt noch deutlichern Zusammenhang mit arab. qirmizi ‚scharlachrot, mit Kermes gefärbt' als das roman. carmoisin, cramoisin. *Sâmesch Fiäl* (oder *Ledder*) ist weiches gelbes Schafleder s. sämisch. — b) Beim Gerber (nösn.). Der Gerber macht einen Unterschied zwischen *Fiäl* (von kleineren Tieren), *Haut* (von grösseren Tieren) und *Ledder* (fertig ausgearbeitete Tierhaut). Ebenso wird unterschieden das rohe, noch frische und das getrocknete Fell *(grâi* ‚grünes', *gedraucht Fiäl)*. Die erste Arbeit des Lederers ist das Reinigen von Schmutz und Blut *(rênign)*. Getrocknete Felle werden vorher eingeweicht *(än't Wąsser wêchn)*. Dann folgt *de Fiäl kälkn* (‚in Kalk einlegen' s. *Ìescher*), *mät dem Schêraisn vu der Ôssait flêschn* (von Fleischteilen säubern). *wâssern* (wässern, damit der Kalk abgeht), *glättn* (glätten), *bêssn* (mit Hühner-, Tauben- oder Hundekot beizen), *mät štąmpijn* (stumpfen) *Aisn vu der Ôssait uafzäi, den Narbm straichn* (das Fell auf beiden Seiten schaben), *gärbm* (oder *det Fiäl kid än t Lû* ‚kommt in die Lohe'), bis das Fell *bôl* (s d.) ist, was der Fall ist, wenn es mit Gerbstoff vollgesogen ist. Danach folgt als letzte Arbeit das *zârichtn* (zurichten), das aber eigentlich eine Folge von mehreren Arbeiten ist: *det Fiäl auswâschn* oder *wâschn* (von der Lohe reinigen), *mät dem Štûssštê, dem Štûssaisn* (modern: *ąf der Štûssmaschîn) glątt štûssn* (durch Stossen und Zerdrücken der Narbe glätten), *farbm* (färben). Das ungefärbte Fell wird noch eingefettet *(schmiärn)*, das gefärbte *geglätzt* (‚glänzend gemacht'). s. Leder. — II. ‚die Haut des Menschen', aber nur in derber, zorniger oder erregter Redeweise. *Det Feil äs em äm Gesicht ąfgepątzt* (Draas). *Diem hued em t Fiel îrentlich gegärft* ‚der hat eine tüchtige Tracht Prügel erhalten' (Mühlb.). *Ich schlû dich, dąt der det Fiäl guar ąftrêscht (Petersdf.). Ich drêschen dich, bäs der't Fêl afreisst* (Jakobsdf.). *Af't nackt Fiel schwieren* ist die feierliche Art der Eidesablegung mit blossen Füssen, ohne Gürtel. — Auch andere Häute [Städt. Halbma.]: *Geherefêlkringkt* ‚Gehirnhautentzündung', *Brastfiel-, Bochfielentzängdungk.* — Übertragen in Ra. *»Wier dèn Zwenen än de Klôc kit, diem zâe se det Fêl iwer de Ûren«* ‚betrügen' (N. Volkskal. 1908, 145). Scherzhaft und euphemistisch vom Schwerkranken, zu dem der Geistliche geht: *»E witt sich nau det Fiel verhuendeln«* (Gassner, 82). *Diär huad e däck Fiäl, e Fiäl wâi e Bäffel* ‚ist unempfindlich in seiner Grobheit' *(Bistr.)*. — Besonders häufig in der Schelte: *tea lichtet Fiel!* ‚elende Kreatur'. *Ed as e licht Fêl* (Kronst.), *e ąnnätz Fiäl*, verstärkt *e Schwainzfiäl*, diese alle meist über leichtfertige Frauenzimmer gesagt *(Bistr.)*. — Syn. s. unter Dirne 2. — ‚Fellabziehen' s. auch *berbekan* (◡◡◡). — Zus. *Schurzfiel.* — Lautt. 31. mhd. vel.

Felldörffer, Földorffer, Fülldörffer, † F. N. (17. Jahrh., Schässbg., Schotsch, 12). — Zu Feldorf.

Felleisen, fehlt; dafür das nhd. *Bindel* (Bündel): *e kąm mät dem Bindel hier*, über einen gesagt, der nur mit geringer Habe sich irgendwo niedergelassen.

—, **Fellengk**, pl. *Fellenger*, Name einer Weingartenhalde in Grossau; *ä mengem Felleng, angder de Fellengern, än de Fellengern.* Das Wort ist dunkel, vgl. Felge.

Felleitner, † F. N. (1794, Hstdt.), Felleiter (1750, Heltau), Emigrantenfamilie.

—, **Fellen** n. ‚Asthma', nösn. fehlt. *E huet det Fellen* (Birth, Agneth.). — Syn. *der kurtsch, schwêr Ôdn* (nösn.; süds. *Ôdem*), *det Trudegôn* (Neust. b. Schässbg.). s. Füllen (zu voll).

—, **Fellen** s. Füllen.

—, **Fellenhillchen**, Fl. N. (Eibesdf.). — Zu *Fellen* (Füllen). Wohl ein dem Dorfe nah gelegener Flurteil, wohin die Füllen im ersten Sommer mit ihren Müttern auf die Weide gehen.

Feller, † F. N. (1500, Kronst.). Zu Pfeiler? Füller?

Felles, † F. N. (Honigbg. i. B.). — Felles ist frühnhd. Nebenform zu Felleisen (mhd. velîs, franz. valise, Kluge[7], 131). Dazu? vgl. Fieles oder Fels?

(**Fellglitzer**), **Fiälglätzer** m. *(Bistr.)*, gewöhnlich *Glätzer* (s. d.), ‚der die Felle glänzend macht'. — Urk. »Seiner Profession ein Fellglitzer« (1788, *Bistr.)*. Im Registr. avenarum

(Hstdt., 1753) erscheint ein Mich. Bitter, der als ‚Fehl Glitzer' bezeichnet ist.

(**Fellkäse**), **Fi^e^lkês** m. (Schässbg.), *Fêltauerlengk* ‚Käse in Schläuchen aus Schaffellen'. In diesen Hüllen ist der Käse angeblich fester und haltbarer als der etwa in Holzgefässen, in *Štânt-chen*, der nach dieser Aufbewahrung ‚*Štânttauerlengk*' heisst (s. *Toucrlengk*). Syn. *Butchkès*, *Temeltkès*, *-tauerlengk*, *-brense*, *-brinse*, *Tàmelpränz* (nösn.), *Bulderkês* (rum.).

Fellscher, † F. N. (Gr.-Kopisch) ‚Fälscher'

Fellschissel, † F. N. (1644, Schässbg.), Füllschüssel (1615, Ebda.), Vollschissel (1619, Ebda.), Falschissel (1680, Gr.-Alisch), Feldtschessel (1653, Schässbg.), Feldschüssel (1762, Probstdf.). Andere Formen s. SCHOTSCH, 12; s. auch Feldschützer! ‚Vollschüssel' oder ‚fülle Schüssel' (DWB. 4, 515). F. N. (aus Spottnamen), die so gebildet sind, finden sich mehrfach: Cromphol z (1505, *Bistr.*), Nasswetter (*Kl.-Bistritz*, *Waltersdorf*), Newnmester (= Neumeister, 1419) od. imperat. Namen: Deckendisch, Schlagfrei (*Bistr.*).

Fellwerk, ‚Aufputz auf Kleider aus Pelz, Felle'. † »Kein Frau soll nicht Felwerk koffen«, »geledert Felwerk« (1484, Schässbg. Kürschnerzunft-Art.). »des felwerks halben« (1549, Bistr. Schusterzunft-Art.). »die leder noch fehlwerk zu stümmeln« (1649, Ledererzunft-Art.). »das nymandt felwerck Leder nach (noch) ander war, welcher die Hanndtwerker bedwrffen, auffkauffe« (Artikelbuch der sächs. Nationsuniversität 1544—63, S. 95).

Fellwesch, † F. N. (1536, Neustadt i. B.), »Fellwschyn Czyrwysz« (1536, Brenndf., Qu. Kr. 3, 12).

Felmer, † F. N. (1522, Heldsdf. i. B., Qu. Kr. 1, 460; um 1610 Rothberg, um 1700 Mühlb., 1722, Hstdt.). Fellmer (1701, *Bistr.*; 1763, Schässbg.). »Martino Foëlmer de Kis-Ludos« (1598, Ger.-Prot.). Über den Historiker Martin Felmer (1720—1767) s. WITTSTOCK, Heltau 11 f., V.-A. 13, 541 und oben 1, XIII—XV. Latin. Felmeri († F. N. Rothbach i. B.). Ahd. P. N. Filomar ‚vielberühmt', nhd. F. N. Vilmar; moselfr. F. N. Föllmer.

Felmerer, ‚einer aus Felmern' † F. N. (1646, Schässburg; 1718, Holzmengen; 1764, Seiburg; 1857, Fogarasch). — Zum O. N. Felmern.

Felmern, **Fälmern** O. N. bei Fogarasch, magy. Felmér, rum. Felmera. Urk. villa Welmer (1206), Felmer (1486), in den Qu. Kr. (1, 513; 2, 284; 3, 93 und sonst) stets Felmer. Die Einwohner heissen in Reps *de tum Felmerer* (H.-W., 133). (Das *-n* am Schlusse des Wortes ist ein Überrest von -heim; oder Dat.?) Zum F. N. Felmer. — Dazu Felmerbach, der durch Felmern fliesst (LENK 1, 335).

—, **felmign** ‚ich empfehle mich Ihnen'. Gruss (*Bistr.*, KISCH, N. W. u. W. 44) aus *(ij em)feln mij 'n* infolge der Betonung (⏑ ⏑ ⏑́ ⏑ ⏑).

Felper, † F. N. (1509, Qu. Gesch. S. 1, 558). s. Felber.

Fels, **Felsen**, **Fäls** (KÄST.), *Fälsen* m., nösn. *Fälsn* [Städt. Halbma. und Geh. Spr.]. Kästner liebt das Wort und seine Zusammensetzungen. Die Felsenkette der Südkarpathen zog des Dichters Auge und Seele mächtig an. Seine Heimat Kerz liegt am Fuss dieses Gebirges.

Wô sich Fäls un Fäls erhi^e^wen
Affen än de Wûlke štri^e^wen
Hemmelhî
Lâd e Sî. KÄST.,

— Doch auch die echte Ma. gebraucht das Wort, aber daneben lieber die tautolog. Zusammensetzung *Štîfäls* und *Štên* (Stein). — Zusammensetzungen bei Kästner: *Fälsekäller* (-keller, S. 12), *-ki^e^ssel* (-kessel, S. 11), *-rätzen* (-ritzen, S. 12), *-schlucht* (S. 13), *-špâlden* (-spalten, S. 14), *-štîn* (S. 153), *Fälsenhous* (S. 13), *-hîft* (-haupt, S. 152). — Dazu der Fl. N. Felsgrund (?, Kreisch). — mhd. vels.

Felsche, Felsches (1749, Holzmengen). F. N. s. Falsche.

—, **Felschê** s. *Fälschê*.

(**felsen**), **fälsän** adj. ‚aus Felsen bestehend' [Städt. Halbma.].

Felsendorf, O. N. (*Fäldsenderf*, Schässbg., *Fe^a^lzenderf*, WOLFF, Kons. 17), rum. Felza, magy. Földszin. Földsintelke (1305). Velsendorf (1340, WOLFF, Ortsn. 38). LENK (1, 374) schreibt »Felzendorf, Filzendorf, Fölzendorf«. Ein ‚Keltermann de Filtzendorff' ist Zeuge im Streit zwischen Gross-Lasseln und Dunnesdf. (1561, Artikelbuch der sächsischen Nat.-Univ. 1544—63, S. 112); BIELZ, Handb. 417: »Felsdorf«. WOLFF (Ortsn. 38 f.) stellt das Wort zu Fels, bemerkt aber »unter den siebenb. O. N. findet das Wort freilich keinen Gefährten«. Auf lux. Filsdorf (ma. Felschtref) deutet KISCH (V.-A. 33, 72) und leitet beide vom F. N. Filz, Felz (s. *Fältsch*, *Filtsch* F. N.) her. Lautlich sind beide Ableitungen einwandfrei. Zu ahd. fulc oder den damit gebildeten P. N. vgl. F. N. Feltz, Fulz. — Dazu der † F. N. Feltzendörffer (1688, Schässbg.), D. N. *Felsendîrfer* (Werd).

Felten, F. N. und P. N. s. **Valentin**.

Feltens, F. N. s. Valentin.

Felthel, F. N. (1804, Schässbg.) Diminutivbildung von Felten = Valentin.

Feltsch, F. N. s. Fältsch.

Feltschel, F. N. (1637, Schässbg.) Diminutivableitung zu Feltsch (s. Fältsch).

Feltz, † F. N. (1636, Tartlau i. B.) s Filz, oder zu ahd. fulc ‚Volk' vgl. den hd. F. N. Folz. s. *Fûlz*.

Feltzendörffer, † F. N. (1688, Schässbg.) zu Felsendf.

Femch, F. N. (1599, Ger.-Prot.), »Femch vidua« aus Honigberg (1526, Qu. Kr. 2, 18), Fômch (1536, Rotbach), Femg (1777, Neudf. b. Hstdt.), Femgy (1691, Stolzenbg.), Femich (1507, Neudf. b. Hstdt.), Femmich (1599, Ger.-Prot.), Femig (um 1620, Hamlesch; 1659, Neudf. b. Hstdt.), Femmig (1746, Cap. Cib.; 1810, Petersdf. i. U. W.), Femming (1614, Leschkirch). Heute in Neudf. (Thalheim). — Auch P. N. Femig (um 1500, *Bistritz*). — Aus lat.-griech. Euphemja (⏑ ⏑́ ⏑ ⏑) < Euphemia mit Abfall der ersten unbetonten Silbe, wie F. N. Tontch < Antonjus < Antonius. Plonch < Aplonjus < Apollonius. *-i-* ist aus euphonischen Gründen eingeschoben wie in *Lillich* (Lilje) usw.

Femel, Femmel m., nösn. *Fimmel* m. Cannabis sativa L. 1. ‚der männliche Hanf', der ausgerauft wird, während man den weiblichen *(Sêmer, Mêsch)* zur Samenbildung stehen lässt. *Fimmel pleckn (Kl.-Bistr.)*, süds. hiefür: *Honef, Gewirk pläcken*. Urk. »hanff vnd femell« (1657, Sieb. Quartalschr. 1859, 95). »Wobey aber der Brauch oder vielmehr der Missbrauch von langen Zeiten eingerissen ist . . . ., dass ein jeglicher von den 4 Beamten bey Verzehndung des Fémels und des Flachses vorher einen Bossen (ein Bündel von 10 [16] *Raisten*) herausnimmt« (1752, Talmesch, Kbl. 29, 121). — 2. ‚die männliche Blüte der Gurke' (Tartlen). Abergl. Will man viele und dicke Gurken haben, so muss man die männlichen Blüten *(Femmel)* in die Schweineherde werfen, wenn sie ausgetrieben wird oder heimkommt (Ebda., Kbl. 4, 28). — — Das Wort ist in deutschen Maa. stark verbreitet und findet sich auch in den Schwesterdialekten (Crez. 1, 369; Lux. Wb. 108; Follm. 160, Els. Wb. 1, 116; DWB. 3, 1638). Man hielt ursprünglich die zarten Hanfstengel für die weiblichen und nannte sie lat. femella (sc. cannabis), woraus unser *Femmel* entlehnt ist. Dagegen sah man die stärkern Stengel für die männlichen an und benannte sie lat. mascula, woraus unser *Mêsch* kommt. Dieser ursprüngliche Irrtum in der Erkennung und Benennung des Hanfes ist in der Sprache verblieben und so bezeichnet *Femmel* den männlichen, *Mêsch* (*Sêmer*, s. diese) den weiblichen Hanf.

Femger, † F. N. (1646 und später, Hstdt.), Femiger (1639, Mediasch, 1761, Kronst.), Femyger (1496, Qu. Gesch. S. 1, 5), Femger (1646, Hstdt.), Foemiger (1708, Hstdt.), Feminger (1712, Med.; Kronst.). Die ma. Aussprache zeigt Femier (= *Femjer*, Qu. Gesch. S. 1, 205). Weiterbildungen zu Femch, Femg, Femig.

—, **femmeln** schw., nösn. *fimmeln* schw. ‚den männlichen Hanf ausraufen'. Dies geschieht meist nicht auf dem eigentlichen Hanfacker, wo man vielmehr die Stengel beiderlei Geschlechtes wachsen lässt; wohl aber entfernt man die männlichen *Femmel* vom Maisfeld, wohin einige Hanfsamenkörner zur Samenerzeugung mit eingestreut werden. Weil die *Femmel* diesem Zwecke nicht dienen, gönnt man ihnen den Platz im Maisfelde nicht. Urk. »Als ich im Hanffemmeln war, so kam seine Frau und ihre Mutter beÿ mir vorbei« (1761, L. K. A.). — Syn. *Fimmel pläckn* (s. pflücken). Ebenso ist *femmeln* in den verwandten Maa. gebräuchlich (s. Belegstellen unter *Femmel;* dazu noch Franck, 244: »Eerst in het oudere Nnl. voorkomende in de vormen fēmeln en fimelen . met de beteek. ‚hennep uitzoeken'«. — Zu *Femmel* (Femel).

—, **Femmelraist**, ‚Bündel männlichen Hanfs' s. *Femmel* und *Raist*. Gewöhnlich *Honefreist, -raist*, s. d.

Fenbart, s. Fenwart.

—, **Fenchdeler**, *än den Fienchdelern, -dilchern* Fl. N. (Pretai). — Zu mhd. fenech, mlat. panicium ‚wilde Hirse'?; sonst scheint das Wort sich in der Ma. nicht zu finden.

Fenchel, Fîntchel m., nösn. *Fintchel* m. Foeniculum vulgare Mill. Der Absud davon wird den Kindern gleich nach der Geburt gegeben und dient auch bei Kindern als Bauchschmerzen stillende Arznei. Das Öl der Samen gibt Getränken gutes Aroma, *Pâli mät Fîntchel usǽtzen* — Zus. *Bierefîntchel* (Bärenfenchel). — mhd. venichel aus lat. foeniculum.

Fenchelsame, Fîntchelsôm m., nösn. *Fîntchelsôm* m. ‚Arzneimittel'. Urk. »Vir den sweren Odem und auch die Frucht im Leib zu sterken. Nimm Finhzell-Som und stoss klein und koches in Hong und ess oft dovon! Es hilft«. »Vir den Haust (Husten). Nimm Fintzel-Som und Dell-Som und wailt (wilden) Kimm-(Kümmel-)Som, koches in Wein« (Kbl. 31, 96).

Fendrech, F. N. s. Fähnrich.

Fenediger (sc. Dukaten) †»tischen (zwischen) deinen seindt 2 fenediger vnd 2 twᵉrkkischen« (1563, Bistr. Progr. 1896, 81) = Venediger.

Fenes, 1. O. N., magy. Szászfenes, rum. Feneşu, urk. Fenes, Zazfenes, Fenes Saxonica (1297—1336), bei Honterus fenisch bei Klausenburg, eine früher jedenfalls sächs. Gemeinde. — 2. F. N. (um 1610, Heltau; Fönes, 1737, 1763, *Mettersdf.*). — Dazu *Fênesrotbrqnn* (Ebda.). — Vgl. Fentsch, O. N. (bei Diedenhofen), Fensch F. N. (lux.), Finsch-Mühle (lux.), Fensdorf O. N. (Koblenz). V.-A. 34, 37; 33, 72.

Feneser, F. N. (1505, *Bistr.*), Fenesser (1521, Ebda.; 1604, Kronst.), Fenser (1657, *Bistr.;* 1685, *Csepan;* 1763, *Treppen*), Fenescher (1524, Hstdt.; 1660, Bulkesch), Fenischer (1522, Kronst.), Fanischer (1600, Ger.-Prot.). — Zum O. N. Fenes. — Vgl. Finscher F. N. (lux.), Finsæus P. N. (1214, lux.).

Fenffer F. N. (1641, Stolzenbg.), s. Fülfer 2.

—, **fenjtchern** schw. ‚entwenden' (Burzenl.). *fängtern.*

Fenk, F. N. s. Fink.

Fenkisch, F. N. (1475, *Bistritz;* 1505, Schässbg.; 1609, Hstdt.), Fenkesch (1763, Schässburg), Feingkesch (1625, Ebda.), Fynkes (1507, *Bistr.*), Fenkess (1722, Hstdt.), Finkes (1681, Schässbg.). — Patronym. Ableitung vom F. N. Fink oder Funk (s. d.).

—, **Fennengeskretch,** Fennengks. Pfennig.

Fenster, Fenster n. (und fem.), Pl. *Fenster* und *Fenstern,* nösn. *Fintster* n., Pl. *Fintster.* 1. wie nhd. ‚Öffnung am Hause, durch die Tageslicht eindringt'. *De Fintster zûbednen* ‚mit Brettern vernageln' (nösn.). *Zem Fenster ousseséen. Det Fenster bæm Juden* ‚Auslage'. Das Gesims unter dem Fenster ist *der Katzesêssel* (Haltrich, Plan 45). Urk. »der finsteren geleich« (‚in einer Richtung mit dem Fenster', 1515, Müller, Sprdm. 168). »Vor 2 groess rygell, das man die lad an hat gemacht vor dy groess fynster ym groen kloster« (1543, Nat.-A.). »Mehr bekennt er auch das (sie) mit ihren augen gesehen, das der knecht wer vor dem essen in einem hembt gangen und hett dem K. R. in den Fynster geschossen« (1556, B. M.). »Da rüffen wir 3mal zur Funster hinein, bis das wir sie erweckten« (1567, Schönbg., Ebda.). »Item das messer so ihr der trobant geben hatt zu brach sie auf 2 theill und worff es zum finster hinaus«; »damals den Leütten langst den Finstern gegangen als ein Hurenjäger« (1676, Cap. Bog.). »also sollen frauen und Junkfrauen heüsslich sein, nicht den ganzen tag langst die zeil rennen, die fenstern und schindeln auff den dachern zeelen« (Dam. Dürr, Aml. 25). »Oben den Finstern gegen der Gassen ein angestrichen Rum« (1680, Cap. Bog.). — *Houl Fenster* ‚fensterähnliche Vertiefung in der Wand' (Draas). »21-mo Sollen die Meister fleissige Achtung geben, dass, wo sich entweder bei Abbrechung oder Ausbesserung alter Gebäude oder Mauren und dergleichen auf einer Seite einige Zeichen des Eigenthums, als hohle Fenster et cetera finden, solche alle Zeit in altem Stande gelassen werden mögen« (1738, Maurerz.-Art.). — Selbstmörder werden nicht durch die Tür hinausgetragen, sondern durch das Fenster hinausgeschoben (Schuller, T. u. Begr. 2, 44). — 2. ‚das Material, das zum Verschluss der Fensteröffnung dient'. Früher im 17. und 18. Jahrh. wurden dazu gewöhnlich *Schlæmen, Schlemen* (s. d.), nur in vornehmen Häusern Glasscheiben benützt (Salzer, Birth. 295). *De Fenster af-, zâmqchen* ‚öffnen, schliessen', ungestümer *afreissen, zâplætschen. De Fenster ous-, ânhiewen* ‚aus den Angeln heben, einhängen'. *De Fenster(n) deddern* (zittern), nösn. *de Finster schoddern. De Fenster(n) se bedqft, bedäft. De Fintster sai guᵅr ugelûfm* ‚angelaufen' (nösn.). *De Fenster äs zâgefrîren* ‚so voll Eisblumen, dass man von der Glasscheibe nichts sieht' (Gr.-Schenk). Scherzhaft *Fenster mqchen* ‚Fensterscheiben zerschlagen' (Mühlbach). Urk. »(Das) man dy glaes fyntzter (gemacht hat in) dye henderscht schtub« (1550, Qu. Kr. 3, 535). »Die glasserne fenstern, so sie des wenigen bley wegen alles zerdrimmert, wahren ihn schliemene verwandelt« (Kraus, Chron. 1, 45). — Im Aberglauben. Das Fenster muss man öffnen, wenn jemand gestorben ist (Schuller, T. u. Begr. 1, 40) und schliessen, wenn jemand geboren wird (Hillner, 24). Auch darf man das Kind nicht in das offene Fenster heben, sonst kommt seine Seele in die Gewalt böser Geister (Ebda., 25). Man verhütet den Tod eines neugebornen Kindes in einem Haus, wo schon mehrere Kinder gestorben sind, wenn man das Kind durch das Fenster hinausgibt und zum Fenster wieder hereinnimmt (Ebda., 38). — 3. Scherzhaft *e huat toppelt Fintster* ‚er trägt eine Brille' (nösn.), wobei der uralte Vergleich des Fensters mit dem Auge festgehalten ist. Übrigens gilt in natürlichem Sinn *toppelt Fenstern* („Doppelfenster") zu haben bei Dorfbewohnern als Zeichen gewissen Wohlstandes. — 4. ‚Fensterähnliche kleine Quadrate an Stoffen und ähnliches', namentlich an Stickmustern. *E Štoff mät Fintstercher (Bistritz).* s. fenstern. — Süds. wird (mit Ausnahme einiger Gemeinden im Burzenl., u. zwischen den Kokeln) ziemlich allgemein *Fenster, Fänster,* nösn. allgemein *Finster, Fintster* gebraucht. Dieselben Vokalqualitäten zeigen die Schwestermundarten: ripuar. hat -e- (MÜNCH, Ripuar. Gr. 141; Eupener Wb., 39), gelegentlich auch lux. (Sierck), dagegen hess., köln. In älteren Urkunden erscheint gewöhnlich -i- (s. o.). Das Fem., das bei FELMER (1764), heute in Gr.-Sch., Agnetheln, Wolkendf. B., Brenndf. u. s. erscheint, hat seine Analogien im Lothr. und Mittelfränk., wo das Wort allgemein als fem. gilt (KLUGE[7] 132; TARRAL, Falkenberg 89; Köln u. s.). Das Genus des lat. fenestra ist hier bewahrt, während Fenster sonst unter dem Einfluss von ahd. ougatora (‚Augentor'), anord. vindauga (engl. window, eigentlich ‚Windauge'), die Neutra waren und die Fensteröffnung bedeuteten, das sächliche Geschlecht angenommen hat. — Zus. *Kąp-, Küller-, Kuchel-, Štall-, Wängterfenster.* — mhd. venster, mitteld. auch vinster aus lat. fenestra.

Fensterband, Fensterbânt n. ‚eisernes Verbindungsband zwischen dem äussern und innern Teil des Fensterstocks'. s. Band 1.

—, **Fintsterbâtschi**, nösn. (eigentlich ‚Fensteronkel') heisst in der Kinderspr. der mit Fensterscheiben Handel treibende, von Dorf zu Dorf ziehende slovak. Glaser (Kbl. 26, 102), sonst *Fero* (s. d.).

Fensterblei, Fensterblą̂ n., nösn. *Fintsterblą̂i* n. ‚Bleiumfassung der kleinen Butzenscheiben', besonders bei Kirchfenstern.

Fensterbrett, Fensterbri^e^t n., nösn. dimin. *Fintsterbrettchi* n. ‚das vorspringende Brett der Fensterbrüstung'.

Af sengem Fensterbri^e^tchen
Dô štîd et (das Blümchen), *wę̂ gezocht.*
KÄST., 26.

Urk. »Pro asseribus fenestrarum vulgo fenster breder« (1547, Qu. Kr. 3, 395). — Im Aberglauben. »*Nai (9) Schibbercher vum Finsterbrett*« gehören mit andern Dingen zu den notwendigen Ingredienzien des Äscherchenkochens (*Wallendf.*, Kbl. 23, 91).

Fensterflügel, Fensterflijjel m, nösn. *Fintsterfliggel* m., wie nhd. Meist das Simplex. *Mąch och nur dn êberštn* (oberen) *Fliggel ąf (Bistr.).* — Syn. *Litchen* n.

Fensterglas, Fensterglâs, *-glu^e^s* n., nösn. *Fintsterglą̂s* n., wie nhd. Syn. mit *Fensterscheif* (Fensterscheibe) Im 17. und 18. Jahrh. wurden auch an Schulen noch ziemlich allgemein statt des Glases *Schlę̂men, Schlemen* (‚Rindsblasenhaut') verwendet. Deshalb um das Alter zu bezeichnen: *Der Mo^u^nykl stąmmt no^u^ch aus deir Zetch, de et niche Fensterglâs gą̂w* (Draas). Sonst macht die Ma. einen Unterschied zwischen *Glu^e^s* ‚Glas als Gattung, Stoff' und *Glę̂s, Glâs* ‚Glas', ‚Gefäss, Gerät aus Glas'. Darum heisst es: *Fensterglu^e^s, Glu^e^sschaif (w.),* aber *Glâs, Glę̂s* ‚Flasche, Becher'.

Fensterguckerin (= Müssiggängerin).

De Schu^e^lerün
De Fensterkuckerän.
SCHUSTER, Volksl. 452.

Über Faule sagt man auf die Frage: *Wot doit dî (dâ) dennij ânen? Ną, e (se) sęjt de gemzen Dôch zem Fenster aissen* (Agnetheln). Ebenso verächtlich ‚Fensterbeisserin' DWB. 3, 1523.

Fensterhaken, Fensterhôken m., nösn. *Fintsterhôkn* m. ‚die Haken, mit denen die Fensterläden in schiefer Stellung oder ganz geöffnet gehalten werden'. Gewöhnlich das Simplex: *Štall dn Lu^a^dn müt dn Hêkn ąf (Bistr.). Mąch de Hêken än* (in die Kloben), *un de Laden, net dat der Wängt se zâschlît.* Im Süds. bedeutet *Fensterhôken* auch Fensterangel, also den Haken, in den der Fensterflügel eingehängt wird wie *Dirhôken* ‚Türangel'. *Em kąn de Wängterfenster ned unhên; et fêld aw ener Sekt der angderst Hôken* (Hstdt.). Syn. *Špraizhôken, Špraiz.*

fensterig, fensterich adj., nösn. *finstrich* adj. 1. ‚mit viereckigen Fenstern versehen' (Draas). — 2. ‚mit fensterförmigen Öffnungen'. *Der Himmel äs finstrich, wiär wêss wid et rên (Petersdf.).* — 3. ‚mit kleinen viereckigen Mustern'. *Fensterich Laiwent,* auch die Zus. *grûss-, klîfinstrich; grûssfinstrich Schâssburjer Zaich (Bistr.).* — Zu Fenster.

Fensterknebel, Fensterkni^e^wel m. Auch das Simplex mit entsprechendem Zusatz. Diente früher häufiger als jetzt zum Verschluss der Fenster. Heute durch den *Rijel* ersetzt. s. *Vu^i^rraiwer* (Vorreiber).

(**Fensterknopf**), **Fensterknûp** †. In der Ma. nur das Simplex *Knûp* für den Metallknopf (-knauf), der die Handhabe bildet bei Öffnung und Schliessung von Fenstern und der in herrschaftlichen Häusern kostbar war. Hieran denkt der Chronist bei der Erwähnung zerstörter oder geraubter Dinge: »Tische, Bänke, Thüre, schöne Fensterknöpfe« (Qu. Kr. 4, 37).

(**Fensterkopf**), **Fensterkôp** m., Pl. *Fensterkêp* ‚der über und unter der Fensteröffnung liegende kurze Balken, die beiden wagrecht liegenden Teile des Fensterstockes im gezimmerten Hause (Blutrot), dann auch der ganze Fensterstock'. Urk. »holcz czu den fensterkeppen« (1494, Müller, Sprdm. 140). »das er zwen fenster köpf und 2 thirgeredt macht« (1571, Nat.-A.). Sehr häufig in den Qu. Kr. »Item pro duobus fynsterkepp« (1524, 1, 556). »Item pro uno fynster kop secto ex lapide« (1526, Ebda. 650). »2 fensterkepp« (1532, Ebda. 2, 243). »A Joanne Fechter emimus vulgo 3 Beschlon fenster kep« (1549, Ebda. 3, 521). Das Wort Kopf ist sonst der Ma. unbekannt, deshalb braucht *-ô-* in *-kôp* nicht gegen diese Zusammenstellung zu sprechen, der Vokal erscheint in den urk. Belegen ohne Zweifel als Kürze; vgl. V.-A. 27, 607; DWB. 5, 1769 und schles. Fensterkopp ‚Fensterbrett' (Weinhold, Schles. Wb. 46).

Fensterkreuz, Fensterkrez n., nösn. *Fintsterkraix* n. ‚die kreuzförmigen Mittelstücke des Fensterrahmens'.

Fensterladen, Fensterladden m., nösn. *Fintsterluadn* m. ‚Jalousie'. *E mạcht dn Finsterlạ̊dn ạf (Klein-Bistritz). Dedìršt schlach der Wänjt de Fensterläden eräm, allkomm kanjd em se mät dem helzerünne Kniewel fiestmạ̊chen* (Volksfr.-Kal. 1905, 89). Statt der Zusammensetzung liebt die Ma. den Gebrauch des Simplex mit einem attributiven Zusatz: *Mạ̊ch zâ de Ladden un de Fenstern, sonst wô e schwèr Wädder kit, schmeisst et bäs än de Štuf.* Wie gegen Witterung bot der frühere zu einem Brett gefügte Laden ebenso wie gegen Einbruch mehr Sicherheit, als der heutige durchbrochene Laden, dessen einzelne Brettchen leicht geöffnet wie geschlossen werden können. Doch gelten diese modernen für vornehmer: *Dî hoet Schạlu* (◡ ◡́) *(Schạlúgạddern) un de Fenstern, hürresch, fängkelan ugešträchanen* (Agnetheln).

Fensterloch, Fensterlôch n., nösn. *Fintsterlôch* n. 1. ‚Fensteröffnung ohne Holzverschalung'. — 2. ‚die Öffnung des Fensterrahmens, die für die Glasscheibe bestimmt ist'. *E Fenster mat enem Läuch* (Marienbg. i. B.).

Fenstermacher, Fenstermạ̊cher m. als Gewerbetreibender von Salzer, Birthälm 84 (1522) erwähnt. Auch F. N. »Pitter fenstermacher« (1609, Hstdt. Ger.-Prot.).

fenstern, fenstern schw. besonders das Part. *gefenstert,* nösn. *gefintstert.* 1. ‚mit Öffnungen wie Fenstern versehen'. »in den Nath gefensterte Hemden, dadurch entblösset wird, was die natürliche Ehrbarkeit will zugedecket haben, werden verboten sub poena fl. 4« (1664, Salzer, Volksschule 41). — 2. ‚mit fensterförmigen Mustern genäht'. *E gefenstert Eissack* (Reussen). In der eigentlichen Bedeutung ‚ein Haus mit Fenstern versehen' findet sich das Wort nicht. — s. fensterig. — mhd. venstern.

Fensterpfosten, Fensterfôst m. ‚die senkrechten äusseren Pfosten oder Balken des Fensterstocks' alter Bauform.

(**Fensterpfühl), Fensterpill** m., nösn. *Fintsterpill* und *Fintsterfill* m. gewöhnlich das Dim. *Fensterpilltchen,* nösn. *Fintsterpilltchi* ‚Fensterkissen'. Oft Gegenstand der Verlockung zu jugendlicher Torheit: *De Študänten* (Gymnasiasten) *hun dem W J. en Fensterpill geštîlen; em huet se erwascht und špärrt se af de Sangtij*

Fensterrahmen, Fensterrum fem., nösn. *Fintsterrum* fem. ‚Fensterstock'. *De Fensterrum ärätzen* (s. einritzen). — Syn. *Fensterkôp,* -stock, *-štedel.*

Fensterriegel, Fensterrijel m. *Rijel* (mit umschreibendem Zusatz). ‚Riegel zum Verschluss des Fensters'. Früher war dafür der Knebel in Verwendung.

Fensterscheibe, Fensterscheif fem., nösn. *Fintsterschaif* fem. ‚Glasscheibe am Fenster'. *E hôd en Fenstreschaif zeschlôn* (Schässbg.). Auch: *Gluesscheif* ohne weitern Zusatz.

—, **Fensterštedel** m. (Nadesch) ‚Fensterstock' *Der Fensterštedel wid ägesạtzt* (V.-A. 27, 602). s. Thür-*štedel.*

Fensterstock, Fensterštock (und *-stôk*) m., nösn. *Fintsterštôk* m., wie nhd. ‚das starke lotrechte Holzstück im Fensterrahmen' aber auch ‚der ganze Fensterrahmen'.

Fenverth, † F. N. (1722, Stolzenbg.). s. Fenwart.

Fenwart, Fenwert † ‚geringe Ware'. »Item auss der obern war oder fenwart han mir vorkaufft her peter Engel vnd andrisch Schwler fenbart pro flor. 267 asp. 25« (1528, Qu. Kr. 2, 125); »welch gelt ist bekummen aus den fenwerden, dy Bartus Fwx von yn hot gekauft« (1542, Ebda. 3, 137), »Thyrkesch fenwert« (= »Thyrkysche gieter«; 1543, Ebda. 3, 141 und sonst). — Dazu der F. N. Fenverth (1722, Stolzenburg) und *fambern* (s. d.). Aus Pfenigwert eigentlich ‚was einen Pfennig wert ist' dann ‚Kleinigkeit'. DWB. 7, 1671.

Ferber, F. N. s. Färber.

—, **Ferbes** n. Pl. *Ferbes* und *Ferbeser,* nösn. *Firbes* n., Pl. *Firbeser* und *Firbes.* ‚Schuhoberleder, Vorschuh am Stiefel'. *Det Firbes äs ze klî for diän Schâch (Bistr.). 't Ferbes äs nôch štạrk un dê* [ėe] *Schäogen* [ɜ] *te koust se nôch* [ɜ] *oist toppele leossen* (Agnetheln). — **Urk.** »4 to Sollen die Herren Lederermeister keine Geissfelle oder geschwärzte Kälberhäute zu Ferbesen ausschneiden und verkaufen, mithin auch keine Model zu Ferbesen gebrauchen« (1714, V.-A. 27, 483). »Des Daniel Krauss sein

Weib brachte ihm einesmahls ein paar Schächte er solte ihr einen Vorschub daran machen, so nehete er ihr die Fürbis auch an« (1792, L. K. A.). — Ein in seiner Form auf fränk. Sprachgebiet beschränktes Wort; hess. Fürbes, Firwes ‚der Füssling von Strümpfen‘. Der sachliche Zusammenhang ergibt sich sofort aus der Schilderung bei Crez. (1, 395): »Nicht selten trägt man diesen unteren Teil der Strümpfe, nachdem von ihnen das Oberteil, welches die Wade bis zum Knie bedeckt, abgeschnitten worden ist, noch über die Strümpfe und gebraucht sie auf dem Felde beim Arbeiten als Schuh, indem man die Fussohlen noch mit Tuch oder Hutfilz unterlegt, welcher am Rande aufgenäht wird«. Es erscheint auch im Zips.: Fürbs (Schröer 25, 262), Fŷrps (Paul-Braune, Beitr. 19, 295), wo es als eines der zahlreichen fränk. Elemente dieser Ma. zu erklären wäre. Mit dem Verbum *firbm*, an das es anklingt, hat das Wort nichts zu tun, vielmehr entspricht *b* hier organischem *f* und das Lux. Wb. hat mit seinem Virfouss eine ursprünglichere Form unseres *Firbes* bewahrt, sie gehen beide zurück auf mhd. vürvuoȝ ‚Socke‘ (eigentlich ‚Vorfuss).

Ferbruth, »dy Ferbruth Jacoben« (Qu. Gesch. S. 1, 29), † F. N.? oder verbrüht *(verbrǣt)*?

Ferch, **Fiarich** (nösn.), sonst s. *Parch* (Pferch).

(**Ferde**), **Fert** fem., nösn. fehlt; ‚Ferne, Entfernung‘. *Ous der Fert kunn. Ich sǫ̂ch dich ais der Fert* (Alzen). *Ous der Fert zâsǣn* ‚sich nicht in die Nähe trauen‘.

Wǣ wänn zwīe Wädder
Mîresch-Tuel begênen,
Är dûss Geprǫngkel sich nôch ous
wekter Fert entkênen. Käst., 136.

Än de Fert gôn.

der Borjermîster štǫ̂lt
Sij än de Fert. Höhr L. E. 31.

Scherzfrage: *Wenni äs der Zegunn e Mäntsch?* Antwort: *Än der Fert.*

Dô wīl ich em erzielen,
Wǣ 't gīd uch än der Fert,
Wǣ sich der Mängtsch mess kwielen
Und doch e jêder errt. Käst., 74.

— Mit dem ahd. Suffix -ida gebildet, wie abweichend vom nhd. auch *Hecht* (Höhe), *Lengt* (Länge) u. a.

Ferderreuter, F. N. (1762, Schweischer), Förderenter, wohl verschrieben für Fördereuter (1731, Reps, V.-A. 37, 619). — Zu *ferder* (fürder). Über -reuter s. Feldreiter.

Ferdinand, P. N. Koseform *Ferri* [in Städten]. Hd. Ferdinand aus span. Fernando, Hernandò < ahd. Herinand.

Ferel, F. N. »clesel ferel« (14. Jahrh., Müller, Sprdm. 17). s. Ferl.

—, **fereln**, *ferlen, fêreln* s. fädeln.

—, **-fêren**, s. *erfêren, Fêrschel, verfêren.*

Ferentzi, F. N., Färäntzi F. N. (Hstdt.). — Aus magy. Ferencz ‚Franz‘.

Ferenz, F. N. (Heldsdf., Rosenau i. B.), Ferentz (1873, Brenndf.). Der *Färänz* (Übername, Schönbg.). — Magy. Ferencz ‚Franz‘. — — Dazu (?) *bäm Ferenzgreuwen* Fl. N. (Felmern) oder ‚beim fernsten Graben‘? s. fern.

—, **Ferestâr** (⏑ ⏑ ⏑́) m. (nösn.) ‚Fenstermacher, mit Glasscheiben Handel treibender, von Dorf zu Dorf ziehender Slovak‘. In Süds. treiben solch Handels- und Wandergewerbe vielfach Rumänen aus der Gegend von Klausenburg; die sprechen zum Teil auch magyarisch und heissen darum ausser *Fensterblôch*, Ferestrár auch Gläšár (rum.) und ablakos (magy. ablak ‚Fenster‘). — Zu rom. ferestrar (⏑ ⏑ ⏑́) ‚Glaser‘.

—, **Ferfmêsser** s. *Firbmiesser.*

Ferge, **Farjen** m. ‚Schiffer, Fuhrmann‘ (Martinsbg., Kbl. 27, 29). — Mhd. verje. -*n* ist epithet. wie auch sonst. s. Ferger.

—, **Fergelbuegen** (ʒ) m. (Schässburg), nösn. *Firgelbogn* m., mit Schwund des inl. -*r* *Figelbogn* m. *(Kl.-Bistr.)* ‚Fiedelbogen‘. — Aus mhd. videlboge mit Anlehnung an *ferjeln* ‚schlecht auf der Geige spielen‘.

Ferger, **Färjer** m. ‚Ferge, Schiffsfuhrmann‘. Der Gebrauch des Wortes ist beschränkt auf Orte, die an grössern Flüssen liegen. Aus Kerz kennt es auch unser Dichter.

Der jang Färjer sekt er zâ,
Lacht und flīt ä gâder Râ. Käst. 78.

Ebenso Ferjer ‚Ruderer, Ferge‘ bei Crez. 1, 370, Färjer ‚Fährmann‘ (Lux. Wb. 101), Fiër ‚Ferge‘ (Follm., 158). — Dazu der † F. N. Ferger Mechel (Schirkonjen). — *Färjer* ist eine Weiterbildung aus mhd. verje, verge.

Ferheczs † ‚die Wage am Wagen‘. »Ittem war die eine farheczs zu brochen« (1578, Nat.-A.). »Ittem war die ein ferheczs zubrochen und ein felg daran (an den Wagen) gemacht« (1615, Nat.-A.). — Zu magy. felhércz ‚Wage am Wagen, Wagentritt‘.

Ferien, **Fêrien**, Pl. wie nhd. [Städt. Halbma.]. Volkstümlich *Wakanz* (⏑ ⏑́, mlat. vacantia).

—, **ferjeln** schw., nösn. *färgeln* schw., *firgeln* schw. 1. ‚auf der Violine stümperhaft herumstreichen'. *Nemmi fergel oist ąf deir Gech!* (Draas). — 2. ‚mit einem schlechten Messer herumschneiden'. *Wąt färgelst te nau esubel u diäm Flêsch? (Bistr.).* Süds. daneben auch *ferkeln* [fėr .] und *gerjeln* [gėrjəln]. — Ebenso moselfr. ferjelen. Die Grundbedeutung ergibt sich aus bair. fergeln ‚an etwas hin- und herfahren, -fegen, -reiben, -wetzen'. — mhd. virgelen ‚hin- und herfahren'. Iterativbildung zu mhd. vern ‚fahren'?

Ferkel, Færkeln n., Pl. *Færkeln* (Mühlb.), Dim. *Färkeltchen,* nösn. *Fârkel* n., Pl. *Fârkel,* Dim. *Fârkeltchi. Fąrkel (Jaad).* 1. ‚das junge Schwein'.

De Kræm, dæ fąnd em mätten drän
Mät siwe Færkle ląen,
Dæ schnouft und gruintcht, de Færklen
drän,
Dæ lesse sij et dąen. Käst., 145.

Færkeltcher ąfzæn ist eine Kunst, die auch gelernt sein will, besonders wenn es *e Schûwer* (Schober ‚eine Menge') *Færkeln* sind. Gar leicht sieht mans dem Ferkel an, dass es *ameritich, âbätzich, schmudrizich* (nösn.), *verkrupt, verbątt* ist. Man sagt dann (nösn.) *det Fârkel äs äm Hąntsąlder,* süds. *'t Fârken äs verhanjtsôldert* (Agnetheln). (Weitere Syn. s. unter *ameritich*). Urk. »Der dritt sitzt da, sihet wie ein erstochen geiss, aber wie die f e r c k l e i n im regenweder« (Dam. Dürr, Aml. 20). »Ich hab gesehen, das der Matthes Schuster des Lucae Vestners sau also gebunden hat gehabt, das sich zu besorgen war, sie wurde die F e r c k l e n verwerffen« (1599, Ger.-Prot.). »2 f e r c k e l n« (1615, Nat.-A.). »Ich weis gewiss, dass die F ä r c k l e i n dem Hannes sein« (1642, Cap. Cib.). »Ein Span f e r k l e n« (1690, Nat.-A.). »ein F e r k e l n« (1691, Ebda.). — 2. ‚ein unsauberes, unreines Kind'. *Dâ bäst emôl e Fârkel (Bistr.). Tâ Færkelen* (Mühlb.). *Te hoest dij än der Moär geweelt* [gewe͏ͤlt], *wâ e Fârken* (Agnetheln). — 3. Die kleinen Getreidebündel (so viel man bei einem Bücken schneidet) heissen auch *Færkeln* (Bulkesch, Heinrich, 20), wie in Urwegen *Puicher* (‚Hühnchen'). — Syn. *Bonzken, Botschi, Botschken, Bunjsken* (Kinderspr.), *Hatzgedê* (nösn.). — Zus. *Brôtfârkel, Špąnnfârkel* (Spanferkel). Mhd. verkel neben verkelîn, verhelîn, Dim. zu mhd. varch ‚Schwein'. In dem Schluss-n des Süds. hat sich das -n der Diminutivendung -lîn noch erhalten. â hat auch das siegerl. Fârkl. — s. auch *Færken* (Ferken).

ferkeln, færkeln schw., nösn. *fârkeln* schw. 1. ‚Junge werfen' von der Sau. *De Kræm huet gefærkelt.* Scherzhaft: *dat der Ues* (Ochs) *fârkelt,* wenn man Kindern ungestüme Bitten nach nichtigen Dingen erfüllt. — 2. Übertragen auf das Nasenbluten: *Ech trêfen dich weder de Nues, dat se der glech fârkelt* (Abtsdf.). *De Nues hued em gefärkelt* ‚geblutet' (Mühlb.). — 3. ‚sich erbrechen'. Syn. *brêchen, kôtzen, spąen.* — Zu Ferkel gebildet wie *fellnen* zu *Fellen* (Füllen).

Ferkelzehnte, Færkelnzænden oder lieber umschrieben: *Zænden vun de Færkeln.* Der Zehnte musste, wie von Lämmern, Bienen u. a. auch von Ferkeln geleistet werden. Der Ferkelzehnte wurde in Birthälm seit 1827 viele Jahre hindurch mit 5 fl. abgelöst (Salzer, Birth. 250).

(**Ferken**), **Færken** n., Pl. *Færken,* nösn. fehlt. a) ‚junges Schwein', übertragen auch ‚unreine Kinder'. *De Færken hu mer de gąnze Guerten afgegriwelt. Fârken afbrängen, affîkeln* (‚aufziehen'). *De Færken uešpênen* (der Muttermilch entwöhnen). *En îplich* (schwaches), *môger Fârken. Det Færken ueštêchen. De Færken kwąrzen* (grunzen), *tschicken* (quicken). Im Beschwichtigungsreim:

Mairoblüoch
Huat de Schüef
Huat se hangder de Gârten,
Bronj en Sąck voll Fârken,
E waisset, e rûdet, e schwąrzet,
gešprängkeldet,
Bronj dem Hanno ouch ênt mät. Höhr, 2.

Sprw. *Wôr em t Fârke krât* (kraut), *dôr* (dorthin) *gîd* (geht) *et.* Zu Kindern: *Te bäs ägeweâlt* (eingewühlt, ‚beschmutzt') *wæ e Fârken* (Klosdf.). *De bast e Fârken* ‚du benimmst dich unanständig' (Kronst.). *E sejd ois wâ e Fârken* (Birth.). *Er êsst, schmâtscht wâ de Fârkeltscher,* zu unanständig essenden Kindern. — Bei keiner Verlobung dürfen Ferkel fehlen (Mätz, 75). Mythologische Beziehung kommt dem *Jörschfârken* (Jahrsferkel s. d.) zu. — Zus. *Brôtfârken* (Bratferkel). — Urk. »ein F a r k e n« (1628, Salzer, Birth. 168). »F e r k e n 15 Dr.« (1631, Ebda. 172). »Er hätte verstolen F ä r c k e n fleisch hilffen essen« (1676, Cap. Bog.). »ein bratt f e r k e n« (1658, Nat.-A.). *Færken* ist nur im Süds. und auch hier nicht allgemein verbreitet. In den Gemeinden des Gross-Kokler Komitates und im Burzenland wird es gebraucht, bei Hstdt. ist *Færkeln* gebräuchlich, im Nösn. allgemein nur *Fârkel. Færken* ist ein niederrhein. Bestandteil unserer Ma. Im Niederd. wird ‚Ferken' für ‚Ferkel' gebraucht, nndl. varken ‚Schwein'. Wie *Færkeln* ist es Diminutivbildung zu ahd. farh.

(**ferkenen**), **fârken** für *fârkenen* schw. (Wolff) ‚Junge werfen' von der Sau, ‚ferkeln'. *De Krêm fârkent.* — Zu *Færken.*

Ferl, F. N. (1406, Hstdt.).

—, **fêrlonjan** adv. ‚jählings, plötzlich' (Kronst.). *fêrlonjan sich zirken* ‚sich wenden', *fêrlanjan* ‚von ohngefähr' (Reps). *-lonjan* zu mhd. -lingen, ahd. -lingun, Adverbsuffix. *fêr-* entspricht ahd. fâra, mhd. vâre, nhd. (Ge-)fahr.

—, **fermekan** (◡ ◡ ◡́) schw. ‚bezaubern, es jemanden antun'. *Em hued e fermekat* (Brenndörfer, 17). — Rum. fermeca (◡ ◡ ◡́) ‚verhexen, bezaubern'.

fern, fär adj. und adv., nösn. *fiär* adj. und adv., Komp. *färter, ferter,* am häufigsten *ferder* [férder], nösn. *fierter (Petersdf.), firter (S.-Reen),* Superl. *um ferršten* [férrschten]. 1. ‚weit, entfernt im Raume'. a) Adj.

E fært se än de färe Bäsch,
E brêt se wæ en græne Fäsch.
Schuster, Volksl. 386.

Aus em fearne Lând (Bertleff, Kl.-Bistr. Ma. 33). *Em hoert e fear Laudn* (Läuten, *Kl.-Bistr.*). *Ech sâl en färe Wiech mâchen* (Schässbg.). — Urk. »Ein Kantor bestellt die grössten und die in den Gassen die förstensind zu Aufsehern auf den Gassen« (1765, V.-A. 23, 234). — Dazu die Fl. N. *de Ferŝthield* (Scharosch), *bæm ferste Gruowen* (Kastenholz), auch *bäm Ferenzgreuwen* (Felmern)? Fernste Altenberg (? Zied), im försten Scheure (D.-Weisskirch). *Faur Hêld* (? Schirkonjen, Sächs. Burzenland 522). »Auffm Ferrn Feld, bey den Bircken« (1680, Cap. Bog.). Pfarrgrundstücke »im fernen Felde« (1808, Nussbach i. B.). Weingärten in den Fernen (1856, Wölz). *Af em Fernplatz* (? Reussen) *Fiärwaidner Gruam, Fiärwaidnwiss (Nieder-Eidisch).* — b) Adv. *Wei farr hu mer nôch bas an de Stâtt?* ‚wie weit ists noch bis zur Stadt' (Kronst.)? *Äs et nôch fär?* (Schässbg.). *Weor sâlt te?* — *Niet farr* (Kl.-Schenk). *Der Guerten äs nor en Ûgebläck far* ‚ganz nahe' (Birth.). *Se sai guar fiar ausenûnder (Wallendf.).* »*Wier fär wierfe wäll, nit sich den Dräft*« ‚gibt sich einen Schwung' (Schuster, Volksl. 252). *Fär fôren, gôn.* Ra.: *Dî wit net fär šprängen.*

Vill gešprangen,
Net fär gangen.
Schuster, Volksl. 230.

Fear vum Wâlt (Kl.-Bistr.). Verstärkt: *e wôr färr ewêch* (Mühlb.). *Mêr zicht er wejd och farr, äm gemze Lemd eram, en bêssere Fârr wâ den D . . . fer bekud er net* (Agnetheln). *Dês gleche gârstije Mensche fânjt em net, wejd och farr* (Ebda.).

Ech wall e kitzke ferder štôn.
Höhr, L. E. 81.

Urk. »Fürwar mir wöllen nit dargehen, denn es ist ferr, und darzu ists seer hizig« (1581, B. M.). — c) Weitere adverbielle Verbindungen: *vu färrem* ‚von weither'.

Ich bæ gor vu färrem kun,
Nêmlij ous dem blêsche Lânt.
Schuster, Volksl. 126.

— In geh. Spr. *vu färn: Froangd vu farn und nô* (Wolkendf. i. B.). — d) *vu färnst* ‚aus der Ferne, von weitem'. *Mer sâgen* (sahen) *en vu färrenst kun.*

Si gräscheld et vu färrenst. Käst., 136.

Lelje štôn und toppelt Vâlen
Nor vu färnst. Ebda., 58.

Urk. »Daher kompts, wenn der todt die gottlosen von fernst durch einen zaum grüsset und anblickt, durch ein klein fiberlein, so wissen sie nicht, wo sie fur furcht bleiben sollen« (Dam. Dürr, Aml. 67). »volgen Christo nach, doch von fernst mit grossen furchten« (Dürr, Hdschr. 779). — Ebenso altköln. von verrens. DWB. ferns 3, 1539. — 2. Von der räumlichen Entfernung übertragen besonders in Sprw. und Ra. »*Fär vum Schass* (Schuss) *äs sächer*« (Schuster, Volksl. 248), »*der Appel fällt net fär vum Bûm*« (Ebda., 251), »*ed äs fär bäs än Hemmel*« (Ebda., 209), *diär wid och nät fär špranjen* ‚nicht weit kommen'. *Dî äs fär kun* (iron. ‚der hats weit gebracht').

Äm färrsten Härzenswängkelchen.
Käst., 21.

Esi fär äss e färtich ‚er ist so ziemlich fertig'. *Ech gien gäre nô, esi fär ich kân. En fär Fræ Mâm* ‚eine entfernte Anverwandte'. Urk. »also das der ein grad nehenter ist / dem andern so ein grad ferner stehet / jmmer fürgezogen werde« (E. L. R., 64). — 3. Zeitlich entfernt. *Der Krästdâch äs esi färr erbæ kun. De Îstern se nemmi färr. Esi färr wôre se kun, dernôden fenge se ândered un* (Schässbg.) [Geh. Spr.:] *Wâ mer Gêt* (Gott) *schaldich säi üzeraûfe, dat a ües üch färnir arhole wîl (Birk).* »sol solich Hanthwerck sich des (dessen) verrer czw gebrawchen verpoten vnd nydergelegt seyn« (1505, Bistritzer Weberzunft-Art.). »Weil wir uns aber dazumahl nit verrer (‚weiter') verstanden« (1580, B. M.). — 4. *Esi färr, dat*

‚so weit, dass' [besonders in geh. Spr.]. »*En hot se behæ̂t fiur Feir, Kräch uch Wasserschniut* (Wassernot) *bäs esi far, dat se jo uch deiglich w^{e}oren det helich Ôwendmôl ze empſên*« (Gross-Scheuern, Kbl. 23, 54). *Den îrlichen Fra^{i}njden.zer Îr, bäs a sü^{e} fär, dąd ich auch derze^{u}n erwo^{e}sse bän* (Rode). — 5. Als Konj. ‚so fern'. Besonders urk. »wie weit oder ferrn es jnen in die Chur (ins Belieben) gestalt. wird« (E. L. R., 146). »Der sol komen mit erberen laytten und sol pitten mit fleis, das sy yn aufnehmen als fer als er frümm und erber geporen ist« (1520, Tischlerzunft, B. M.). »Wie woll sy vns mit nichten gestrafen kynnen, das myr von der leer der heiliger vetter abgewychen weren, doch so feerr sy vorsteen, das dy erste vnsere heilige vetter die apostollen gewesen seyn« (1543, Honterus, Reformation). — Der Kompar. ist mit *-ter* gebildet, wie *nênter* (näher), *frâ^{i}nter* (früher). mhd. verre, ahd. ferro. Lautt. 26.

~, **Fêrn** ‚Forelle', s. Fohre.

Ferne, s. (Ferde).

Fernencz, F. N. (1506, Kastenholz). s. Ferenz.

Fernengel, (*Farnonjel* [⏑ ⏊ ⏑] Agnetheln), F. N. Vernengel (1483, Schönbg.), Fernengel (1578, Hstdt.), Farnengel (1631, Agnetheln), Farnengel (1762, Hstdt.). Gegenwärtig Fernengel in Hstdt., Schässbg., Med., Agnetheln, Reussen, Seiden u. s. — Nach dem Hausnamen ‚zum fernen (alten) Engel', wie Kaiser, König und ähnliches.

Fernenger, † F. N. (1506, Kastenholz) wohl = Fernengel.

Ferner, F. N. (1490, Hstdt.; 1819, Gross-Pold; 1857, Gr.-Scheuern); zu mhd. verne; vgl. nhd. Firner ‚vorjähriger Schnee'.

fernher, färhär adv. ‚aus der Ferne'. *E grosst* (grüsst) *schî vu färhär. E kit vu färhär* ‚aus dem Auslande'. *Di^{e}r äs net färhär* ‚nicht weither, nichts Besonderes'.

fernhin, färren adv. [geh. Spr.]. *Gott bronj ich färren* (Gruss, Reussen). Sonst nur *färr*, das ebenso das Verweilen an einem Ort, wie das Zielen nach ihm bedeutet.

(fernig), fernich adj. und adv., nösn. fehlt; ‚ranzig, gelblich'. Namentlich vom Speck. *Fernich Bą̂flîsch. Det Fatt as fernich* (Kronst. Barthol.). *De Bą̂flîsch äs fernich worden. Näst recht dem Zegunnen esi gât wæ̂ fernich Bą̂flîsch.* Auch substantiviert: *Det Fernich*, das Ranzige, die gelbe Schicht am Speck. — Syn. *rintschich, schmirklich*. Aus mhd. verne ‚vorjährig', auch bair. schweiz. fernig ‚vorjährig'. Denselben Bedeutungswandel wie *fernich* zeigt eupen. färn ‚ranzig', siegerl. firnich »stark schmeckend, von altem geräuchertem Fleisch, welches an den Knochen sitzt und dadurch wie das darin enthaltene Mark einen etwas ranzigen Geschmack bekommt«.

Fernolend, F. N. (1742, Schässbg.; 1764, Schweischer, Hamruden, D.-Weisskirch; 1780, Meschen; 1808, Kronst.; 1830, Tartlau), Fernolendt (1763, Draas, Schässbg.). Gegenw. Fernolend (D.-Weisskirch, Draas, Schweischer), Fernolendt (Meschen). — Dazu der Fl. N.: vor Fernolenshügel (Denndf.). — Die ma. Form *Fernôlent* (⏑ ⏊ ⏑) lässt auf mhd. vern + ole ‚altes, vorjähriges Öl' schliessen, zu dessen patronym. Genit. epithet. *-t* hinzugetreten ist. Vgl. die F. N. Fernengel; nhd. Firnhaber (‚vorjähriger Hafer').

~, **Fêrnz** fem., Pl. *Fêrnzen* (Denndf.) ‚Finne am Schwein'.

(fernzig), fernzich adj. ‚ranzig', dasselbe wie *fernich*. — Zu *Fêrnz?*

~, **Ferô** m. in der Ra. *der Ferô kit* (Gr.-Alisch), womit kleine Kinder geschreckt werden. Gemeint ist der slovakische Glaser, der mit dem Rufe »Ferost! (‚Fenster')« durch die Dörfer zieht und seine Glasscheiben anbietet. Ähnliche Schreckgestalten: *der Mâjo* (Fronius, 30), *der Zudri* (*Zudernjut* ‚Lumpenjud').

~, **Ferrèn**, s. Fohre.

Ferrentz, F. N. (1808, Heldsdf. B.), s. Ferenz.

~, **Fêrschel** n., nösn. *Fêrschel* n. *(Wallendf., S.-Reen)*. 1. ‚Schrecken, Furcht'. »*Nq det Fêrschel wäll ij äm Sänn hôlden*« (Zw. Krezer, 17). *En anjem* (‚böse'), *grîss Fêrschel. Jêses, wôr dą̂d e Fêrschel!* (Schässbg.). *Mer wôren än esollem Fêrschel* (Med.). *Det Fêrschel hu^{e}t sich mer än de Fess gelossen* (Ebda.). *Sich vum Fêrschel erweddern* (erwiedern, ‚erholen', Ebda.). Urk. »Daran hat der Schimers Casper kein Schuld, den das ros aus ferschel dahin (zugrunde) gegangen ist in der tunkeler nacht wie der donner geschlagen« (1599, Ger.-Prot.). »Ich weis aber nicht ist es aus ferschel dahin khomen oder nicht« (1599, Ebda.). »sie habe zu ewrer mutter gesacht, es say ihr ein gross Ferschel zu kommen, sie wolt liber des tages nicht sein auffgestanden« (1636, Cap. Bog.). »Da ist die junge Frau in ein Ferschel gekommen« (1772, L. K. A.). — 2. ‚Schreckbild, Scheuche'. *Se äs hi^{e}sch* (‚hübsch') *wæ̂ e Fêrschel*, ironisch. — 3. ‚Schreckhafter Mensch, Hasenfuss, Tölpel' (so besonders nösn.). *Nät sąf* (sei) *esu e Fêrschel (Wallendf.). O dâ Fêrschel! (S.-Reen). Er setj uch e verze^{a}kt* (verzuckt ‚zusammenfahrende')

Fêrschel (H.-W., 35). — Zus. *Erfêrschel, verfêrschelt.* — Zu mhd. vӕre, ahd. fârî (Nebenform zu dem gewöhnl. fâra) mit dem Suffix -sel gebildet, das nach r 〉 schel wird; vgl. nösn. *Kiärschel,* süds. *Kierschel* (zu kehren). Zum Stamme vgl. *erfêren, verfêren.*

—, **fêrschelich** adj., nösn. *fêrŝchlich* adj. ‚schreckhaft, scheu'. *Wiär wid esu fêrŝchlich sai (Wallendf.).* — Syn. *ạngest* (angst), *êstlich, fîch* (feige), *frikossich.* — Zu *Fêrschel.* Nordeifl. fê(r)schlich (anders V.-A. 35, 139; 298).

—, **Ferŝchizel** (◡◡—́), s. *Freschezel.*

Ferse, Fiersch fem., Pl. *Fierschen,* nösn. *Fiärŝt* fem., Pl. *Fiärŝtn* (aber *Fiersch, S.-Reen*), *Fiesch* (Zeiden i. B.). 1. ‚am Fuss'. *En erfrîrt Fiersch. De Fiesch as mer erbäolt* (Zeiden i. B.). Ra. *De Fiersche krân* (krauen) ‚schmeicheln', stärker *Rôtz ạft Bạck schmieren* (Schässbg.). Sprw. *Won em dem Gebauren de Fiersch krât, geschwạllen em de Fess* ‚wird er übermütig' (H.-W., 349). Im scherzhaften Zorn zu Kindern: *Ich drên der de Fierschen hanjden* (Klosdf.) wie nösn.: *Ich ŝtâichn der det Hêft zwäschn (täschn) de Ûrn* (auch süds.). — 2. ‚am Strumpf'. *De Fiärŝt äs mer zerrässn* (nösn.). *En Fierŝch ä- (u-) ŝträcken* ‚an einen alten Strumpf eine neue Ferse anfügen'. Ra. *E gîd af de Fierschen* ‚es geht ihm schlecht' (eigentlich hat keine Schuhe, so dass er auf den Strümpfen gehen muss). — 3. ‚am Schuh'. *Gäf dem Fârt* (Pferd) *de Fêrschen* ‚die Sporen' (Draas). »*Wai dis ạbber meaktn* (merkten), *ded en de Mậser of dn Fearŝtn wârn*« (Bertleff, Kl.-Bistr. Ma. 22). *E nậm sech ạft Fierschken* ‚floh' (Draas). Sonst auch: *af't Fessken* (Füsschen).

E wậndt sich ạf de Fierschen necklich
End ŝtinnt, wǣ sonst net gor ze zecklich.
Höhr, L. Ê. 43.

-sch nach r wie in *Piersch* (persicum), *Kîrsch* (kirse, cerasum), *Hîrsch* (Hirse). Ebenso siegerl. Fǣersch. — Nösn. ist ein epithet. -t zu dem Stamm hinzugetreten, vgl. lux. Fiescht, hess. Fârschde, zips. Fǣrŝt. -ŝt wie in (nösn.) *Bîrŝt* (Bürste), *Dûrŝt* (Durst), *Giärŝt* (Gerste), *Wûrŝt* (Wurst). — Schwund des -r in *Fiesch* (Zeiden i. B.); ebenso an der Mosel: Fescht, rip. Fêesch, zips. Feaŝt (Mraz). — mhd. versen, ahd. fersana. Lautt. 31.

Fersengeld, Fierschegêlt n. in der Ra. *Fierschegêlt zôlen* ‚davon laufen'. *Dî mosst en dair Fierschegeilt bezôlen* ‚musste stark laufen'. Urk. »haben sie aus furcht der Polen Ferschengeldt gegeben« (Kraus, Chron. 1, 284). — Syn. *ŝtinn,* süds. *ŝtinnen, ŝtiweln* (stiefeln). Über die Bedeutung der Ra. s. DWB. 3, 1546; Weigand[5] 1, 522.

—, **Ferŝtner,** D. N. (Werd) ‚Forstwart'. s. Förstner und Förster.

fertig, färtich adj. und adv., nösn. *fiärtich* adj. und adv. wie nhd. 1. Attributiv ‚paratus'. *Färtich Klîder, Schậgen; e färtich Haus. E färtich Mänsch* ‚hat eine Lebensstellung'. — 2. Prädikativ. a) ‚bereit'. Auf die Frage des Kindes: *Wonni gô mer nea,* unwillige Antwort: *Wonn ich färtich bä, glech!* »*Nadam hê näu zem Gaud* (*Jaad,* O. N.) *det Gehelz zäu em Häus feartijer hot*« (Bistr. Progr. 1867, 23). Urk. »Auss dessjenigen Mannes Mund welchem es wiederfahren habe es zu Hamlesch gehöret, welcher es auch zu zeigen [‚zeugen, bezeugen'] fertig ist« (1713, Cap. Cib.). Ra. *'t äss wider fiärtich* ‚sie (eigentlich es) ist guter Hoffnung' *(Bistr.). Der Taiwel* (Teufel) *äs fiärtich* ‚das Unheil (Zorn, Hader) ist da' *(Bistr.).* — b) ‚zu Ende'. *Fiärtich sai. Mät diäm bän ich fiärtich, nau fê ich äst ậndered u (Bistr.). Dî äs färtich* ‚ist betrunken', auch ‚ist mit seiner Wirtschaft, seinem Vermögen zu Ende', ebenso: ‚ist dem Tode geweiht'. Syn. *äs hin, äs weck.* — *Mîr zwî sai fiärtich mädenậnder* ‚wir haben nichts mehr miteinander zu schaffen' (nösn.), syn. *mer hu brît, ed äs ous mäd es.* Das hd. fertig mit der Bedeutung ‚bis zu Ende, völlig' wird oft umschrieben oder durch eigene Verba ausgedrückt, ‚fertig machen': *brîden* (*berêdn* ‚bereiten'), *sich bemǣen* (‚bemühen', Kirtsch), *verrichten* (Rosenau i. B.); ‚fertig sein': *une sai, une ku* (anhin sein, kommen, nösn.), *glât seng, ạller seng* (s. WB. 1, 67). Sonst steckt diese Bedeutung in der Präposition, mit der Verba verbunden werden. ab- (backen, dreschen etc. s. WB. 1, 3), auf- (*ạfschlätzen* ‚fertig schleissen', *ạfschmiern* ‚fertig schmieren', *ạfschnegden* ‚fertig schneiden', so dass nichts mehr vorhanden ist, was man schleissen und schneiden oder womit man schmieren kann), besonders häufig aus- (backen, *bisern, drejen, kreischen,* lernen, machen, *prîpeln,* reden, richten, wachsen), endlich (mit der Nebenbedeutung des ‚mit Mühe') er- z. B. *erschuewen* ‚fertig hacken'. — mhd. vertec, ahd. fartîg, eigentlich ‚bereit zur Fahrt'. Lautt. 31.

fertigen, färtijen schw., nösn. *fiärtijn* schw. [Städt. Halbma.] ‚zu Ende bringen', bisweilen wird *vạllen* (vollends) dazugesetzt (Binder, Coll.). Echte Ma.: *ausfärtijen, brîden* (bereiten). Zus. *ufärtijen* (abfertigen). Urk. ‚abfertigen'. »fertigten ihre Gesandten hinab nach Midwesch« (um 1670, *Bistr.*). s. oben 1, 14 f.

—, **ferzeln** schw., nösn. *färzeln* schw., *fir-*

zeln schw. von schrillem, unangenehmem Geräusch. 1. Iterat. zu *furzen* (Malmkrog). In der nösn. Variante zum »Begräbnis des Hühnchens« (Haltrich, M. 264):

Tschâ Laisker!
Hûdă Maisker!
Tąt de Râtcher kirzeln,
Tąt de Maisker firzeln.

— 2. ‚schlecht geigen'. *E kôn nor ferzeln* (Leschkirch). *Dea nedder dă Gech, nemmi ferzel esefelt* (Schässbg.). *Ňammi färzel esubel ąf diär Gaich (Bistr.).*

E Gejer, en ąlder, dier regd
e vîrun,
Dier gecht en und ferzelt, just wă
en Zegunn. Käst. 89.

s. *Geferzel* n. — Syn. *ferjeln.* — 3. Vom schrillen Kreischen der Räder:

Det Rât, dąt kerzelt
Und drêt sich eräm,
Et kwickt und ferzelt
Und schirrt sich näst dräm.
Volksfr.-Kal. 1899, 99.

— 4. ‚mit schlechtem Messer schneiden'. *Mät dem Miesser firzeln (S.-Reen).* — Syn. *färgeln, gärgeln, girgeln.* Iterat. zu furzen, oder verwandt mit *ferjeln* (s. d.) und dann zu mhd. varen gehörig. Wegen der Bildungssilbe vgl. *ferjeln, gerjeln, kerzeln* (zu mhd. kerren), die alle ähnliche Geräusche bezeichnen. Nösn. steht *färzeln* neben *firzeln* wie *färgeln* neben *firgeln.*

—, **Ferzlich** n. ‚Steiss, After' (i. B.). *Det Ferzlich dît mer wî.* s. Farzloch.

fesch, fesch adj. [Städt. Halbma.]. *Ich wôr ją och emôl e fesch Mêtchi (Bistr.).* — Moderne Entlehnung aus dem Österr.

Feschener, F. N. (1479, Hstdt.). — Weiterbildung zu Fischer (Fischner).

Fescher, F. N. s. Fischer.

Fese, Fês fem., meist Pl. *Fêsn* (nösn.). 1. ‚die feinen Fäden der Baumwolle, der Waldrebensamen und ähnliches'. *De Fêsn flâign (Wallendf.). Der Rock äs der voller Fêsn (Bistr.).* — Danach auch ‚Flaumfeder' *(S.-Reen).* Syn. *Plom.* — 2. ‚fadenförmige Früchte, Halmspitzen'. *Fêsker* Pl. ‚Halmspitzen' (Streitfort), sonst im Süds. nicht häufig. Im Kronst. Glossar (V.-A. 26, 89): »dispanc, lowch fesin« ‚Lauchsamen'. s. auch *Fiesketchen.* — Auch im Lux. (Fies), Eifl. (Fâs), bei Follm., 157 (Fes, Fies, Fues). — mhd. vese, ahd. fesa ‚Spreu'.

fesenich, fêsnich adj. (nösn.) ‚voll feiner Fäden, Härchen'. *De huast dij um Räck gąnz fêsnich gemącht* (nösn.). — Zu Fese.

fesig, fêsich adj. (nösn.), wie das vorige ‚faserig'.

Feslingk, Festel s. Fäustling, Fäustel.

—, **Fêsnesch** (scil. *Waimer*) fem. ‚weisser Gutedel' eine Weintraubensorte (Hohndf., Zendresch und nösn.). Ra. *De Fêsneschn sai ald emôl guar zudrich* ‚zerzaust, lockerkörnig' (nösn.). — Syn. *Fîst, Rässer.* Vielleicht zu *Fêsn, fêsnich* (s. Fese, fesenich).

—, **Fessberich** m. (Fl. N., Weinhalde, *Weilau*).

Fessel, Fiessel fem., *Fêsser* n. (Birth., Reps), nösn. *Fâsser* fem., *Fiesser* fem. *(S.-Reen).* 1. Wie nhd. ‚hemmendes Band'. *Mąch dem Fârd än Fâsser u dn Fâss (Petersdf.). Det Fêsser* soll nicht nur das Pferd auf einen bestimmten Weideplatz bannen, sondern es auch gegen Diebstahl schützen. Es besteht darum aus starker Kette und wird versperrt, namentlich bei längerem nächtlichem Weidegang. Zur Fesselung auf kürzere Zeit und bei Tag wird ein aus Hanf lose gedrehtes dickes Seil, *det Špûsel* (‚Spannseil') verwendet (Thalheim). Auch übertragen:

De Wierkesch und ded Ackerlônd
Se frälich härrlich Sachen,
Wô Štädder und Gebour de Fônd
Mät Kănhît kô verlachen,
Dier alles ze zerštîre säkt,
Ôs gônz lăw Wärld (wô ed em
gläckt?)
Ä Fiessle säckt ze schlôen.
(1809, Kbl. 14, 65).

— 2. Als Strafmittel besonders in Urk. »Sie wäre alsbald in der Schule in ein Fesser gelegt worden, und am folgenden Freytag habe man Sie in die Stadt gebracht« (1765, Cap. Cib.). »21. Juli (1650) schlägt ein Weber sein Kind tot und muss zur Straf in Fesseln gehn« (Qu. Kr. 4, 105). — Syn. Poy (s. d.). — 3. ‚das Fussgelenk beim Pferde ‚Fesselgelenk?' (Birth.). — Ursprünglich sind die Formen mit *-r-*, während *-l-* erst durch das Nhd. eingedrungen ist. (mhd. vezzel, ahd. fezzil bedeutet ein Band, woran etwas getragen wird, ‚Schwertgehenk', dagegen mhd. vezzer, ahd. fezzara ‚hemmendes Band', s. Kluge 7, 133). Vgl. lux. Gefăsser, zips. Fesser. *Fâsser, Fêsser* sind lautgesetzl. Entwicklungen wie *gâssen, gêssen* (gegessen), *gâster, gêstern* (gestern). — mhd. vezzer, ahd. fezzara, alts. feter (m.).

fesseln, fiesseln schw. [städt. Halbma.], *fêssern* schw. (Birth., Reps und sonst), nösn.

fâssern, fiessern (S.-Reen). 1. ‚Pferde durch Fussfesseln am Fortlaufen hindern und gegen Diebstahl schützen'. *De Fârt (de Rôss) fâssern (Petersdf.). Mêr hǫdd ich de Gorre gefêssert, hoed em mer se dennich verštuilen; de Roiwer hun de Fêsser zebrinzt* (Agnetheln). Davon: *e gêt wâ gefêssert* ‚langsam' (Gergeschdorf). — 2. † ‚Menschen durch Fesseln am Gehen hindern' (Zeichen irgendwelcher Verpflichtung). Urk. »(der Schuldherr kann den Schuldner) ein gantzes Jar lang gefessert mit Haussarbeit versehen / vnnd jhnne zur abbezalung auff jeden tag / fůnff pfenning rechnen« (E. L. R., 120). — mhd. vezzern, ahd. fezzarôn; vesseln erscheint erst im 15. Jahrh. im Anschluss an Fessel.

~, **fessen** schw., nösn. *fissn* schw. (Bistr. Festg., 53). 1. ‚überlisten'. *E hued en ourengklich* (ordentlich) *gefesst* ‚übervorteilt' (Marienbg. i. B.). — 2. ‚unerlaubter, verstohlener Weise etwas fortnehmen' [Kinderspr.]. »fisen (föasse) wird in der Wetterau vom Schaben und Putzen der Rüben und Kartoffeln gebraucht. Es wird auch auf Personen übertragen, die um ihr Geld gebracht, geprellt werden« (Crez. 1, 374). Es wird hier zu fasen gestellt »Fasern entfernen«. Vielleicht mit *fissn* (hess. fisseln) ‚futuere' verwandt (s. d.).

Fest, Fäst n., nösn. *Fäst* n. [Städt. Halbma.]. Die echte Ma. kennt das allgemeine Wort nicht, sondern bezeichnet die einzelnen Feste. — Zus. *Schûlfäst* (Schulfest), *Volksfäst* (Volksfest). Aber auch in Zusammensetzungen vermeidet die Ma. gern das Wort Fest: *Numens-, Geburts- Krästdǫ̂ch*, nicht *-Fäst*. — Über Feste im 16. Jahrh. vgl. Teutsch, Sachsengesch. 1, 278 f. — Mhd. fest (aus lat. festum).

fest, fiest adj. und adv., nösn. *fast* adj. und adv., *fiest (S.-Reen).* 1. ‚unbeweglich'. *Än fast Bräck* ‚sicher' (nösn.). *Der Diel* (‚Diele, Brett') *äs feist ugepeilt* (Draas). — Im Fassbinderreim:

Bäinjt — bäinjt — bäinjt fiest
Rîf, Rîf, hǫ̂lt fiest.
Höhr, 32; Schuster, Volksl. 345.

Se (die Herbstfäden) *sen e Gešpillchen,*
Dǫ̂t nemmermî riest,
Se hê sich unt Schmillchen (Riedgras)
Und kneddern et fiest. Käst., 16.

Moch den Uissen fêst! Bänn de Katn faster ‚schlinge die Kette fester'! (nösn.).

Zwiemôl gebangden
Fiester befangden.
Schuster, Volksl. 192.

Hǫ̂lt fêst! (Schässbg.); vgl. *fêstmǫ̂chen*. Hieher wohl auch die Fl. N.: In den festen Wiesen (Kelling, Kbl. 10, 44), am feisten Berg (D.-Weisskirch), vgl. nhd. fester Boden. — 2. Ungezwungen, weil nach dem Augenschein, überträgt die Sprache die Vorstellung ‚fest' auf die Bedeutung ‚ganz nahe'. »*Âs Gräungd äs fêst un irem*« (Litschel, Lisi 9). *De Schaier* (Scheune) *äs fast um Schwainzštǫ̂l, der Hôf äs fast u der Bǫ̂ch* (nösn.). Urk. »Zu Petersberg fest an dem Pfarrhof« (Qu. Kr. 4, 481). — 3. ‚unveränderlich'. *Dǫ̂t mäiss fast* (‚unverändert') *blaibm, u diäm terf em näst weggeln* (‚nichts in Bewegung setzen, ändern', *Bistritz*). Urk. »Welche Artikulos ieglicher Zeichen Meistern fest vnd steiff behalten (soll)« (1598, Müller, Spr.-dm. 236). »soll man billig zu allen czeiten steiff und fest zuhalten« (1636, Lederer-zunft.-Art., *Bistr.*). — 4. ‚stark, derb'. *Fiest wæ en Îch, wæ en Eisen. Dǫ̂d äs e fêst Kärl* (Schässbg.). *Gäw em e feistet* ‚einen derben Schlag' (Draas). *Fast Bredder, e fast Haus, e fast Kläppel* (nösn.). *Begraift e(n)* (ihn) *fêst, net dǫt e ij entwäscht. Mer kun ich glech ze Hälf.* — Hieher der F. N. Fest (1721, Schässbg.), Fiest (1667, Schässbg.; *N.-Eidisch*). — Syn. *prostich*, stark. — 5. † ‚sehr'. »Dy wurczel (de lappa) yn veyn gesoden vndt getruncken ist fast gwt wor (für) das keychen« (1. Hälfte des 16. Jahrh., Kbl. 2, 54). »All dieweil das Weib den herrlichen Trank geschmecket, hat sie nicht fast wollen trinken« (Qu. Kr. 4, 241). — 6. Übertragen: ‚gut bewandert' (eigentlich ‚unbeweglich, unerschütterlich') [Städt. Halbma.?].

Aich bän fast än maine Fächer
Ǫnd bän mainer Sǫch mer sächer.
Schuller, Mâtn 4.

Nösn. *fast* ist Umlautsform (also nicht = alts. fast); dasselbe *-a-* erscheint neben regelmässigem *-â-* (für altes Umlauts-*e*-) auch in *Backel* (zu backen), *Fanneck* (Pfennig), *latzt* (letzte), *rann* (rennen); vgl. köln. ‚fass, fest'. — mhd. veste, ahd. festi, fasti. Lautt. 25.

Fest (1721), Fiest, Fist (Schässbg. 1667, Schotsch, 12), Fiest (Nadesch), † F. N. Prädikativnamen zu fest.

Feste, † ‚Befestigung, befestigtes Schutzwerk', wofür lat. castrum, arx, magy. vár erscheint. »Item eodem die de ewselt (Unschlitt) das man gesmelczt hat awff der festenn« (1511, Qu. Kr. 1, 150). Besonders im Namen der Törzburg. »Das einnemen aus der Zeg Mylen bey Thertsch fest« (1535, Qu. Kr. 2, 391 u. s.). »Thyrtsch feest« (1544, Ebda. 3, 246). »Türchfest« (KEMÉNY, F. 1, 16). »ausserhalb Tirschfest« (KRAUS, Chron. 2, 17). — Zu fest.

Festessen, Fästiessen n., nösn. *Fästâssn* n. [Städt. Halbma.]. s. *Îremôl* (Ehrenmahl).

festigen, fehlt; dafür *befiestijen* (befestigen). Urk. »Wie sonst eyns zum andren feesthicht (‚festgesetzt') ist worden, ist mir nicht im gedechnüs« (1568, B. M.).

Festin, F. N. Patronym. von Fest.

festlich, fästlich adj., nösn. *fästlich* adj. [Städt. Halbma.]. — Syn. *feierlich, hîsch.*

festmachen, fiestmâchen schw. ‚befestigen'. »*Detiršt schlach der Wänjd de Fensterläden eräm, allkomm kanjd em se mät dem helzeränne Kniewel fiestmâchen*« (Volksfr.-Kal. 1905, 89). — Übertr. *de Sqch fêst mâchen* ‚unabänderlich machen' z. B. *de Fronjder* (die Heirat). — Im Abergl. ‚unverwundbar, uneinnehmbar machen'. Eine Mauer ‚macht man fest', wenn man einen lebendigen Menschen einmauert (MÜLLER, Sagen 99). — s. fest 1 und 2.

Festschießen, fehlt. Festschiessen fanden im 16. Jahrh. öfter statt. Die Städte trugen durch Stiftung von Preisen und Belohnungen selbst dazu bei (V.-A. 13, 98; Kbl. 15, 21; Qu. Kr. 1, 260, 261; 2, 397, 449, 512; u. s.).

festsetzen, fiestsætzen schw., nösn. *fastsâtzn* schw. [Städt. Halbma.]. *Den Dâch fastsâtzn (Bistr.).* Syn. *beštämmen.*

feststehen, fiestštôn st., nösn. *fastštô* [Städt. Halbma.]. »*De Hiftämräss štôn awer schî fiest*« (Volksfr.-Kal. 1905, 91).

feststellen, fiestštällen schw., nösn. *fastštalln* schw. [Städt. Halbma.]. — Echte Ma.: *ousmätteln* (ausmitteln), *ousmâchen.*

Festtag, fehlt; s. *helich Dâch* (heiliger Tag), *Îrendâch* (Ehrentag). Urk. »V. Unterlässet er die Festtäge zu publicieren« (‚Buss- und andere Feiertage von der Kanzel vorauszuverkündigen', 1667, Cap. Cib.).

~, **Fêter**, D. N. *(D.-Zepling).*

Fetschdorf, O. N., nach LENK v. TREUENFELD (Geogr. Lex. 1, 361) ‚Radnótfája'. Verlesen oder verschrieben statt I^e^tschdorf, s. Etschdorf.

~, **fetscheln**, s. *fitscheln.*

fett, fätt adj., nösn. *fatt* adj. 1. Ursprünglich von Tieren ‚wohlgenährt'. *Fätt Vâh* (Vieh); *e. fatt Hu^a^s* (Hase), *Ôss* (Ochse), *Hammel; e fatt Hängkel* (‚Hühnchen'), *Lâmtchi, Schôf, Zäckel* (Zicklein), *Räntchi; än fatt Hê* (Henne), *Kâh* usw. (nösn.). Sprw. *Des Härrn Ûch mâcht det Ru^o^s fätt* (SCHUSTER, Volksl. 188). »*Det Libegâsske* (‚Gänschen') *wûl emôl än de Bäsch gôn, et sîl sich fätt mâchen*« (Ebda., 371). Besonders *e fätt Schwenj.* Sprw. *Det Schwai wêss nät, vu wqd et fatt wit* (*Bistr.*, H.-W., 99; SCHUSTER, Volksl. 162). Unwillige Antwort auf die Frage: *Wat sâl ich mâchen?* Antwort: *Ais em fatten Špen en Bauchen* (Heldsdf. i. B.). ‚fett werden': *ulu^a^dn* (anladen, nösn.), *Bqflêsch mqchn* (nösn.), *Bâchen usætzen* ‚ansetzen', *sich mêsten.* — 2. Darnach von Menschen, scherzhaft oder verächtlich mit denselben Wendungen wie vom Schweine. *Nq, dau wist âne fatter (Bistr.),* syn. *de liädst u* (lädest an). *E äs fatt wâi e Schwai* (Ebda.). *Fatt wâ en Appel* (Wolkendf. i. B. und sonst), *fatt wæ e Babeschken* (Gr.-Sch.). *E schwobbelt vuer fättem, e zepqtzt, zeplâtscht* (nösn. *zetrêscht*) *schär vuer fättem* (HALTRICH, Neg. Id. 24). Doch auch anerkennend: *E äs gor hoisch fatt* ‚ein stattlicher Mann' (Gr.-Sch.). Im Kinderspiel:

Hæ äs et fätt,
Hæ äs et môger,
Hier hôt det Mäuske gekackt,
Plutsch än de Grôwen!

SCHUSTER, Volksl. 324; HÖHR, 7 f.

— Syn. *de Backer hên em, e äs gâd ügewäckelt* (eingewickelt), *pôetsich* (Rode). — † ‚die Fetten' auch = ‚die Reichen'. »Wenn nicht Gott der Herr das beste dabei gethan, und etliche von den Fetten dieser Welt geholt« (1650, Andr. Oltharius). — 3. Von Speisen. *An fatt Supp, Tokâne. Det Flîsch äs mer ze fätt.* Sprw.:

Fäd Iessen
Mâcht schemmern.

SCHUSTER, Volksl. 174.

Übertr.: *det Kraut fatt mqchn* ‚eine schwierige Aufgabe lösen', besonders ironisch *diär wid det Kraud och fatt mqchn,* süds. *'t Krokt fätt mâchen.* — 4. Von anderen Dingen. *Fätt Iert* ‚fruchtbare, von Dünger fette Erde'. So auch KÄST., 126:

Kîrefielder se bebâen
Fätt vum Tirkeblât.

»Fetter Mörtel« ‚kalkreicher' (BINDER, Coll.). *E fätt Ämmen* ‚ein honigreiches Bienenvolk, ein vermögender Mann'. *Diär hu^a^d än fatt Ränt* ‚gute Pfarrente' (nösn.). — Fett ist die niederd., unverschobene Form (nndl. vet, engl. fat) für oberd. verschoben. feist und von Luther aus seinem Dialekt in die nhd. Schriftsprache eingeführt; unserer Ma. ist die unverschobene Form ursprünglich eigen.

Fett, Fätt n., nösn. *Fattet* n. *Det Fätt vum Schwenj. Det Fädd ousbrôden* ‚Speck ausschmelzen' (syn. nösn. *det Fattet auslossn). Det Schmier hôt vil Fätt gegien.* — Syn. *Schmqlz* (Schmalz). Auch vom Menschen: *Diar hu^a^t* *nät winich Fattet ugesątxt (Bistr.).* — *Det Fatted ąf der Supp* (nösn.). Sprw. *Enem det Fatt(et)* (südს. *ded Îwer8t) vu der Supp uaschâpm* ,das Beste fortnehmen'. *Det Fätt schwämmd îwen* (oben; Schuster, Volksl. 221). — Das Fett als Zusatz zu Speisen. Im Kinderreim:

Râder, râder an der Fann (Pfanne),
Dâ e kitzke (,ein wenig') *Batter dran*
Oder e kitzke Fatt,
Dad et net verbrât. Höhr, 69.

Täangk änt Fätt ,in die Bratentunke' (Schässbg.). *Weich och änt Fatt än* (Alzen). *De Ierdnäss hun det Fatted ängesogn.* Foppfrage: A. *Kist de mät?* B. *Wôr?* A. *Än Uorsch nô Fätt* (Med.). Zur Bezeichnung grösster Armut: *Dâ* (die) *hun ned emeol ąf'm Lichtert e wennich Fatt* (Agnetheln). Fett ist für den Zigeuner das Begehrenswerteste: *Wonn ech der Koiser wêr, woil ich 't Fatt mät dem Lêfel soppen* (Ebda.). — Danach ,das Gedeihen': *De klî Käinjd hun det Fädd angderm Pil* ,gedeihen im Schlafe'. — Hieher (?) der F. N. Fett (1722, Hstdt.), od. Dim. zu den mit ahd. fridu gebildeten P. N. — Zus. *Biere-* (Bären-), *Fäsch-* (Fisch-) *Fuss-* (Fuchs-), *Gâs-* (Gänse-), *Hôse-* (Hasen-), *Hiene-* (Hennen-), *Hanjds-* (Hunde-), *Inte-* (Enten-), *Kapauner-*, *Schwenjts-* (Schweins-) *fätt.* — *Fätt* ist das subst. Neutr. zu *fätt.* In Wendungen wie *täangk änt Fätt, det Fätt ousköchen, e schwobbelt vuer Fättem* kann es ebensogut als Adj. wie als Subst. aufgefasst werden. Das nösn. *Fattet (Bistr.), Fättet (S.-Reen),* das in *Fąttet* (Hohendorf) und *Fąttes* ,Eierschmalz' (Zuckmantel) zwischen den Kokeln interessante Entsprechungen hat, lässt sich vergleichen mit ags. faeted, siegerl. Fäddet.

(**Fettapfel**), **Fättappel** m., eine Apfelsorte.

Fettbüchse, Fättbiss fem., nösn. *Fattetbiss* fem. ,Blechgefäss zum Aufbewahren des Schweinefettes'. *Schitt det Fattet hêsser* (,in heissem Zustand') *än de Fattetbiss! (Bistr.).*

Fettendorf, **Fettendref** Fl. N. (Birthälm, Malmkrog, Agnetheln). So heisst ein Wald bei Birthälm und ein Teil des Malmkroger Hatterts, der jetzt der Gemeinde Abtsdorf gehört. Trotzdem sich in Geschichte und Sage keine Kunde davon erhalten hat, weist der Name ziemlich bestimmt auf eine Niederlassung hin. — Urk. Fetundorf (1392). »Pfarrerswiese in Fettendorff vor dem Beerenloch« (1720, Birthälm, L. K. A.). — Zum ahd. P. N. Fato oder Feito; vgl. Wolff, Ortsn. 1, 39 f.; V.-A. 17, 533.

~, **fätteščhich** adj. ,voll, rund', von Kindern, jungen Tieren (Binder, Coll.). *Tâ bäst e fatteščhijet* redet man ein gut genährtes kleines Kind an. — Zu fett.

Fettflecken, Fättflâken m., nösn. *Fatt(et)flâkn* m. *Der Rock äs der vôl Fattflâkn (Bistr.).* Manchmal wird in derber Weise die Ursache jener *Flâken* genannt: *Te huest dich betrepst.*

Fetthenne, fehlt; s. *Läweskrîtj.*

~, **Fetzelbîr** m. ,Goldamsel', Oriolus galbula L. *E fetzelt wâ e Fetzelbîr* ,schluchzt wie eine Goldamsel' (Gergeschdf.). — Über *Fetzel-* s. d. folgende Wort, *-bîr* = magy. -bîrô, einer volksetymol. Umdeutung zu pirók ,Pirol', wie die gleichbedeutenden *Figlibîrô* (Med.), *Finglobîrô (S.-Reen), Tschuklobîrô* (Schässbg.) beweisen, wo das Bestimmungswort vielleicht magyarisch ist. Doch lässt sich mit gleicher Berechtigung auch an das mhd. bruoder piro ,Goldamsel' denken (s. Jacobi, 35).

~, **fetzeln** schw. ,weinen' (Gergeschdf.), nösn. *fitzeln* (Bistr. Festg. 53). Ein Zusammenhang mit dem Lutherschen ,fetzeln' oder wetterau. ,fitzeln' oder ss. *fätzeln* scheint nicht zu bestehen.

Fetzen, Fätzen m., nösn. meist im Plur. *Fätzn.* 1. ,ein abgerissenes Stück'. *E Fätzke mat Liejerpâli afliejen.* Die Bedeutung ist in echter Ma. dem Worte fast nur in der Verbindung mit Verben geblieben; so ist es Ausdruck für starke Zerstörung geworden. *Ech zedannern dich hojd af hanjdert Fätzen* (Klosdf.). *E schlâch* [3] *et, tąd et guar Fätzn geng* ,zu grunde ging' *(Bistr.). Det Fârt huet mer de Štrongk Fatze gemôcht* (Kronst). *Ich mąchen allest Fätzen ous der.* Fast ganz prädikativ ist das Wort im Nösn. geworden, wobei das naive Sprachgefühl es kaum mehr als Substantiv empfindet. *Det Däppm* (,Topf') *äs Fätzn* ,in Scherben'.

Fätzn äs och det Gehîrn;
Ąber — äst wänn mer probîrn,
Hąllich (,vielleicht') *wit det Ränd*
ich blaibm. Schuller, Mâtn 21.

— Syn. *Fląndern gô.* — Im Abergl.: Fetzen in Schwefel und »Schmeer« getaucht und an Fäden über das Saatfeld gehängt vertreiben die Spatzen (Heinrich, 14). Streicht man das Vieh mit einem Fetzen von den Kleidern eines Gehängten, so wird es fett (Schuller, T. u. Begr. 1, 66). — Syn. *Fląnder, Flam, Ząder.* — 2. Da ,Fetzen' oft die Nebenbedeutung ,gross' hat, so wird *Fätzen* zur Verstärkung vor *Mänsch, Känjd* u. a. vorgesetzt. *E Fatzenmänsch* ,ein dicker, wohlgenährter Mann' (Kl.-Alisch), *e Fätzekänjd* ,ein grosses Kind' (Gr.-Probstdf.), *daod es e Fetzekänjd* ,ein ungeschlachtes, grosses

Kind' (Wolkendf.), *e Fätzn Lǫnd, Wǫlt* (nösn., BERTLEFF), *e Fätze Bruit (en Felî, e Remmel Bruit)* ,grosses Stück Brot' (Agnetheln); vgl. ,Fetzen-Kerl' im Henneberg., Fätz ,grober, gemeiner Mensch' (Köln.), ,ein Fetzen Mannskerl' (CREZ. 1, 371), ,e Fetze Brot' (FOLLM., 158), ,e Fatznkarl, Fatzenfräd' (FROMM. 1, 141). — 3. ,Rausch' *Diärhuad än Fätzn* (nösn.), eigentlich ,einen grossen Rausch'. — mhd. vetze.

Fetzer, F. N. (Hstdt.). — Zu mhd. vetze ,Fetzen' oder zu fetzen (in der Gaunersprache) ,arbeiten' (DWB. 4, 1345).

(Fetzflecken), Fätzflâken m. in der Ra.: *ech zerreissen dich ä Fätzflâken* ,in kleine Stücke'. Pleonast. Bildung zur Verstärkung des Ausdrucks.

feucht, ficht adj., nösn. *ficht* adj., daneben [in städt. Halbma.] *faicht* adj. ,nass' oft mit dem Nebenbegriff des Modrigen. *Ficht Wêsch*, vom Tau etc. angefeuchtete Wäsche; *e faicht Kaller (Bistr.).*

Mer wunden äm Gymnasium,
Âs Kummer hess Kraderium,
Wel sä gor ficht uch schämmlich štǫngk.
HÖHR, L. E.

Das Wort wird nicht häufig gebraucht und bezeichnet dann immer einen schwachen Grad von Nässe. Syn. (mit beschränktem Bedeutungsgebiet) *länt*, süds. *längt* und *lǫnjt, nǫss, sǫpich*, süds. *sǫmpich* (,sumpfig'), *sǫprich, sitrich.* — Zus. *ufichtich* (anfeuchtich), *ufichtn* (anfeuchten). — mhd. viuhte, ahd. fûhti. [Altes û ist wie sonst vor *-ht, -hs* gekürzt, dagegen lux. fîcht].

feuchten, faichtn schw. (nösn.), term. techn. im Ledererhandwerk: *de Fiäl faichtn* ,die Felle (nach dem *Bêssn*) anfeuchten' *(Bistr.).* — mhd. viuhten. Das Wort ist, wie der Stammvokal beweist, erst aus dem Nhd. aufgenommen.

Feuchtnis † »vligo, ert netcze, fuchtnis« (Kronst. Glossar, V.-A. 26, 71).

Feuer, Feier n., Pl. *Feirer;* i. B. *Firr* n., nösn. *Faier* n., Pl. *Fairer.* — A. Das Feuer als verheerendes Element. 1. ,Feuersbrunst'. *Det Feier brächt ous, gîd ous, äs ousgegangen* (s. unten!), *äs ausku* (nösn.) ,ausbrechen'. Urk. »Gehet bey einem man vnuersehens ein fewr auff / man sol gelinder mit jhme fahren vnd handlen« (E. L. R., 154). »Widerumb ist das Feur in der Altstadt zu Cron aufgangen« (Qu. Kr. 4, 155), »ja auch in den Wäldern sind allenthalben viel Feurer, welche fast nicht zu löschen gewesen sein, ausgegangen« (Ebda., 199). Die heutige Bedeutung von ,ausgehen' mit Bezug auf das Feuer ist meist nur noch ,erlöschen', ,aufhören', nicht mehr ,entstehen', ,anfangen'. *Det Feier šprêt sij ous, brît sij ous. Det Feier dälpen* ,kleiner machen, niederschlagen', *erštäcken, det Faier lâschn* (nösn.). Feuer und Wasser sind die zwei gefürchtetsten Feinde der mittelalterlichen Stadt und der heutigen Dorfgemeinde. Die Umständlichkeit der Feuererzeugung brachte es mit sich, dass man oft aus der Nachbarschaft in einem Gefäss Feuer (Kohlen) holte. Das Gefäss musste gedeckt getragen werden. Ein Verstoss gegen dies Sicherheitsgebot ward von der Nachbarschaft bestraft: »Thomas gross sein Jung hatt dass fewr unzugedeckt getragen« (Hstdt. Nachbarsch.-Buch, Nr. 109). Auch wer das Feuer auf dem eignen Herd nicht genugsam hütete, was namentlich durch den Brand eines Rauchfangs als erwiesen galt, hatte Strafe von der Nachbarschaft zu gewärtigen. Und doch konnte Menschenvorsicht nicht aller Gefahr begegnen. Deshalb die Bitte: *»vor inem bîsn schnieln Duit, vor Faier ǫnt vor Wǫsseršnuit behǫed ǫus, lâewer Härrgott«* (GASSNER, 33; HÖHR, 49). Und die Braut dankt der Mutter: *»Er huet mich behâet vor Faier ǫnt vor Wǫsser«* (GASSNER, 66). »Item Maister Thomas steyn meczen, das er das geschucz czw Fwgaras behuet hot vor dem fuer« (1528, Qu. Kr. 2, 123). *Feier älięjen, uštèchen,* (nösn. *ulêgn* oder *lègn)* ,Brand stiften' gilt als eines der ärgsten Verbrechen; das Feuer folgt dem Brandstifter nach dem Glauben des Volkes auf der Spur über Stock und Stein, Wasser und Wehr (H.-W., 309). Es kann heute noch gelegentlich geschehen, dass ertappte Brandstifter vom Volke auf das härteste gestraft (gelyncht) werden. Prozesse gegen Brandstifter begegnen nicht selten. Urk. »Als wer ich ein brenner, der sie mit und durchs Feir, in grossen Schaden het bracht« (1567, B. M.). Einen Knecht, »welcher seinem Herren mit fewr gedraiet«, will das Volk an Ort und Stelle richten (1636, Bistr. Arch.). — Man suchte sich gegen das Feuer auf mancherlei Art zu schützen. Am einfachsten, wie es 1560 in Kronstadt geschah, wo »alle Löffen oder Tornätzen und hohe Schindldacher abgebrochen worden des Feiers wegen« (Ostermayersche Chron.). Später wurde das Feuerlöschwesen organisiert. Die Nachbarschaften waren zugleich die natürlich gegebenen Feuerwehrmannschaften. »Diese nachfolgende personen sollen sich, wofer eser (*îrnster* ,irgendwo'?) feir ausginng, alsbalt ein jeder mit eynem schaff zu seinem zehendtmann Hannes Lieffen finden lassen und was er inen befelen wirt, dem sollen sie nachkhomen, als das sie alsbalt ein jeder mit einem schaff zum feir lauffen und helfen leschen« (1570, Hstdt., Kbl. 3, 70). »Enstehet eine Feüers Brunst, so sollen in denen Nachbarschafften zum Feüer Hacken zwey Männer, zum Eymer ein Mann, und zur Leiter zwey Männer bestellet seyn und mit diesen Werk Zeügen zum Feyer kommen, die andere Nachbar sollen in zwey Theil abgetheilet werden, da denn die eine Helffte mit Aexen, die andere Helffte mit Wasser Gefäss zulaufen soll« (1720, Gr-Schenker Statut). Heute hat jede Ortschaft ihre organisierte Feuerwehr. — Das Feuer gilt denn auch als unwiderstehliche Naturkraft und causa efficiens; für Schaden, der durch Feuer verursacht wird, trifft einen keine Verantwortung. »So das Pfand inn den Hånden vnd gewalt des pfandschaffters verloren oder durch Fewers gewalt vmbkômpt / er soll des keinen Schaden tragen« (E. L. R., 108). — Die Volksphantasie beschäftigt sich viel mit diesem Feinde. Deshalb die Rätsel: *Wonn et Wąsser drängkt, si šterwt et. Wąt äs dąt?* („Feuer").

Îwen dês dat der Vôter gebuere wid,
Sätzt der Sąnn ąf em Dąch („Feuer
und Rauch"). FRONIUS, 45.

— Ra.: *Feier uch Flomm.* Auch im Fluch: *Faier och Fląmm än dich!* »Nur einmal kam der Fohlenhengst herbeigerannt und schnaubte Feuer und Flammen« (HALTRICH, M., 40). Es ist uralte Alliteration (GR., Rechtsaltertümer 7). — Abergl.: Wenn die Hunde zum Himmel gekehrt heulen, so steht eine Feuersbrunst bevor (H.-W., 291). Man kann sich aber davor schützen durch eine Ringelnatter (WITTSTOCK, 63), oder dadurch, dass man den Schatten eines Vorübergehenden in das Haus einmauert (Ebda., 60), oder indem man Sprüche dagegen gebraucht (s. SCHUSTER, Volksl. 303 f.). Ist das Feuer ausgebrochen, so kann es mit Brot gelöscht werden (H.-W. 299, 309; Kbl. 15, 10), auch kann man es aufhalten, wenn man mit einem Siebe dagegen winkt, oder einen Weiberunterrock auf eine Stange hängt und auf dem Hofe aufstellt (*Birk*, Kbl. 20, 127; H.-W., 310). Das Feuer greift nicht weiter, wenn ein Pfarrer im Ornat dreimal um die Brandstätte reitet (H.-W., 309). — 2. Mythologische Beziehung lässt sich in folgenden Ra. und Flüchen finden. *Det Fair erflum dich!*

Dąt det Fair dich hätt zelicht!
Wuart nau, dau verbräider Zâkel.
SCHULLER, Mätn. 38.

Dąt dich det blô Feier! (H.-W., 256) *Det hällesch Feier sûl dich verbræn!*

Špôt nor, špôt,
Am Himmel äs ä Gôt,
E wit mech errätten
Und dech änt häellesch Fair
schäcken. H.-W., 177;

Dei sieft och det hallesch Foier neôch eus! (Katzendf.). — *E špuckt Faier* ‚berstet vor Zorn' *(Bistr.). Der špuk Faier* (ein rasch aufbrausender Mensch, D. N. *Wallendf.*). — Vgl. GR., Mythol.³, 151 ff. — Urk. »ist feyer vom Himel gefallen« (1599, TRAUSCHENFELS, Fundgr. 117). »Ob Jemand . mit dem Donner, Hagel, Feuer schelte« (1617, V.-A. 3, 6). — B. Das Feuer im Dienst des Menschen. a) ‚Herd-, Ofenfeuer'. *Feier zicken* ‚aus dem Feuerstein Funken schlagen', jetzt mehr nur im Spiel der Kinder, früher die gewöhnliche Art, Feuer zu entzünden. Der gewöhnliche Ausdruck ist *Faier mąchn, uzänn* (nösn.), *entzängen* (süds.). Im Backofen auch: *Feier ämąchen.* Dabei rufen die Kinder dem Feuer zu:

Bræ, Feier, bræ!
Der Willi štît derbæ,
Der Vueter kâft e Lämmchen
Mät em Zizemämmchen,
De Motter kâft en Kachen
Und mącht det Feier lachen,
Bræ, Feier, bræ!
SCHUSTER, Volksl. 339; HÖHR, 30.

oder gehaltvoller die grösseren Mädchen:

Brâi, Faierchi, brâi!
Ich hu mai Lâifkn gesâi.
Et geng nô Špê,
Et woll mich fê;
Et geng nô Špąchn,
Et mącht mich ląchn. (Bistr.)

Brąe, Faiertche, brąe!
Ich hu mai Ląefke ląnghär
nässņ gesąe. GASSNER, 39.

Det Faier gêd u, äs ugąngen (nösn.), *hôt sich enząngen.* Brennt es nicht, dann heisst es: *Et wäll näst brâi (Bistr.), det Firr bruet wei e Furz an der Lątâren* (Heldsdf. i. B.). Brennt es, so sagt man: *det Firr bretch* (Kronst.), *det Faier dubbert äm Obm* ‚flackert hörbar', *wąlgert* ‚brennt mit qualmendem Rauch' (nösn). *Det Hûlz äs nąss, det Faier pisert* (Birth.). *Äm Faier kibbern* (nösn.), *kiwern, štôchen* (süds.) ‚schüren'. So auch Dam. Dürr: »keren wider umb, füllen das kraut und stochen das Feur« (DAM. DÜRR,

AML. 46). Bei zu häufigem Schüren: *Nammi uarbed u diäm Faier, de wist et ganz vermạchn (Bistr.). Net liej esi vil un ạft Feier, de wist uštêchen* (den Ofen und Rauchfang in Brand setzen).

Nana kit der Wäinjd vun iuwen
End verwdlt es det gât Feir.

SCHULLER, Ged. 12.

Zem Faier baidâ, bai't Faier dâ, oder absol. *baidâ* ‚beitun, Essen zum Feuer stellen' (nösn.). *Sâtz bâ zer Paleokes* ‚setz bei zur Palukes'! Der Topf, in dem Palukes (Maisbrei) gekocht werden sollte, ward auf glühende Kohlen gesetzt. Heute ist schon fast in jeder Hütte eine Kochplatte. *Det Feier äs ousgebrât, ousgegangen; äs ausgạngen* (nösn.), *det Faier gêd aus (Bistr.). Det Feier ousmạchen, ouslieschen.* Dies sagt man nur vom Ofen-, Herdfeuer, vom Brand dagegen nur mit dem Simplex: *Der Wänjt geng esui stạrk, mer kanjden 't Faier net lêschen* (Agnetheln). — Ra.: *Der Špirkel* (Februar, gefürchtet wegen seiner Kälte) *hîscht Feier.* »Das Feuer geht mir aus« ‚ich friere' (BINDER, Coll.). *Ich brâi der ent, tạt der de Ôgn Faier gê* ‚Feuer, Funken geben' *(Bistr.). Faier ạndern Bauch (Uarsch) mạchn* ‚antreiben, aneifern' (nösn). Drohung: *Ich wäll der glaich Faier ạnder dn Bauch mạchn* ‚dir Füsse machen' *(Bistr.).* Im eigentlichen Sinne erzählt man von jüdischen Fuhrleuten, dass sie ihren ermüdeten Pferden, um sie zu grösserer Eile anzutreiben, brennende Heubüschel unter den Bauch halten und ihnen auf diese Art *Faier ạnder dn Bauch mạchn* (nösn.). *E äs Faier och Flạmm for äst* ‚voll Eifer sein'. Der höchste Eifer ist der der Liebe: der kann *durch't Feier gôn. E goit durch 't Faier am et* (Agnetheln) ‚in seiner Werbung um die Geliebte'.

Fir dech kangd ich wôgen und allend
erdrôn (ertragen),
Wêr fir dech durch 't Feier gegangen.

KÄST., 23.

Und wenn dem höchsten Eifer nicht immer der höchste Erfolg zuteil wird, so weiss das Sprichwort den Trost: *E jêt Feierchen huot mêr nor Rûch; rênd et net, se trepst et, gid et net Feier, se gid ed doch Rûch* ‚auch der Kleine hat sein Gutes'. b) † ‚Herd, Heimstätte'. »die ihr Feuer und Rauch in dem Lande haben« (1692, Ledererzunft-Art., *Bistr.*). Danach der term. techn. der Rechtssprache ‚Feuer und Wasser versagen'. »Diese alle / so sie solches geůbten falsch vberwunden werden / werden auff peen des falsch angezogen (‚vor Gericht gezogen') vnnd wird ihnen Wasser vnnd Fewer versaget / also das sie ins ewig elend verschickt. werden« (E. L. R., 181). »Wůrde einem Ehegenossen Wasser vnd Fewer versaget / das ist / inns elend verwiesen / jre Ehe wird dardurch nicht gescheiden« (Ebda., 56). »Welcher in einer christlichen Nachbarschaft eine Wohnung bestellet und sich in einem Monath in die ehrliche Nachbarschaft nicht will einlassen, dem soll zur Poen Feuer und Wasser versagt seyn« (18. Jahrh., Reichesdorfer Nachbarschaft). — c) † ‚Scheiterhaufen, Strafe durch Verbrennen oder Brennen, Sieden etc.' »Die můntz fålscher werden mit dem brand vnnd fewer gestrafft« (E. L. R., 183). »Jene aber / so geweihete oder Kirchengůtter aus den Kirchen verstelen / werden mit dem Fewer gestraffet« (Ebda., 168). — d) Durch das Soldatenlied

Schlagt an, gebt Feuer und ladet schnell,
Weicht keiner von der Stell

hat sich *Feier gien* ‚Feuer geben', ‚schiessen' auch in der Ma. zum Teil noch erhalten, wie es urk. lebt: »geben stark feüer auf dess Bathori verworeness Volck« (KRAUS, Chron. 1, 14); »aber nichts ausrichten kônnen, ohne das er mit Feůr herein geschossen« (um 1670, *Bistr.*). Leider lebt ‚*Feier gien*' als ‚Brand legen' nicht nur als Wort, sondern auch als Tat noch fort: *Ich sạch me Sîl* (das gestohlene) *bâm G . l um Wuegen* [3], *awer ich schwich, dänn ich grạlen, dî licht Mäntsch git mer Feier.*
e) Hieher der † F. N. Fevers, Feyers, Feyres? (1480, Kronst.). — f) Im Abergl.: Während der Saatzeit wird niemandem Feuer gegeben (HEINRICH, 7). 1711 wurde von einem »Wallachischen Ketzer meister« das Vieh durch ein Feuer gejagt, um es vor der Rinderpest zu schützen (Kbl. 5, 113). Hat jemand Blasen auf der Zunge und will davon frei werden. so spuckt er ins Feuer und sagt: *Asü sạll diem sâi Mäul verbrâ dier-a riet vü mir* (*Birk*, Kbl. 20, 126). Im Sterbezimmer darf kein Feuer brennen (GASSNER, 83), und die Schwangere darf sich nicht mit dem Rücken nahe ans Feuer stellen, sonst wächst die Frucht an (Ebda., 10). Wer mit Feuer spielt, pisst ins Bett (HILLNER, 52; H.-W., 204). — Syn. (in der Kinderspr.) *Bišchi (Passbusch).* — C. ‚brennende Schmerzen'. a) *Loufä Feier* (laufendes Feuer) ‚ein brennender Ausschlag am Körper', der plötzlich mit Röte und Jucken erscheint und ebenso plötzlich wieder verschwindet (Urticaria, Nesselausschlag). Man heilt ihn, indem man in einem Mehlsack schläft (Schässbg.) oder indem man Sprüche dagegen sagen lässt. Etwa:

Maria ging durch einen grünen Wald,
Da fand sie einen glühenden Brand;
Aufnahm sie den glühenden Brand,
(und sprach): Feuer du sollst gelöscht sein,
Ohne Wasser ohne Wein,
In des wahren Herrn Jesu Christi
seinem Namen,
Amen! SCHUSTER, Volksl. 303.

— Urk. »Die Georg Wagnerin von Lasslen büsset für das Feuer (heilt das F.) also (folgt ein Spruch)« (1650, V.-A. 3, 23). — b) ,Brand an Wunden' (SCHUSTER, Volksl. 489). Auch vom Schmerzgefühl bei Geschwulst, bei der *Blôder* heisst es: *se bræt wæ Feier.* — Zus. *Platoniumfaier* (nösn.). — c) ,eine Magenkrankheit' (SCHUSTER, Volksl. 489). — Mhd. viur, ahd. fiur. Lautt. 115. Zu dem nösn. *Faier* sei lux. (Sierck) Faier angeführt, zum burzenl. *Firr* ripuar. (MÜNCH, 53) Fȳr, engl. fire.

Feuerbock, fehlt; s. *Brǫntert.*

Feuerbrand, **Faierbrǫnt** m. wie nhd. Gebräuchlicher das Simplex *Brǫnt* (Brand).

(**Feuerbröckchen**), **Feierbrêkelchen** ,Feuerfunke'.

De Læf äs 't Mierzeklêkeltchen,
Mät diem det Läftche špillt,
De Læf e Feierbrêkeltchen,
Dǫt def äm Härze killt (,glimmt').
KÄST., 20.

(**Feuerbühne**), **Faierbî** fem. (nösn.) ,Vorrichtung, damit der heisse Rauch nicht unmittelbar an das Strohdach schlägt'. s. Haus und *Lêf* (Laube).

Feuerdrache, fehlt; s. *Ludêrx* m.

Feuereimer, **Feierîmer** m., nösn. *Faierêmer* m., als Löschwerkzeug gebraucht. Nach früherer städt. Ordnung mussten mindestens zwei solcher Eimer in jedem Hause vorhanden sein und bei einem Brand von Hausgenossen zum Wassertragen verwendet werden.

Feuereisen, 1. **Foireisen** n. (Malmkrog) ,der Stahl zum Feuer schlagen' (WOLFF); das Feuereisen trug früher jeder Bauer am ,Riemen' (Gürtel). Sonst dafür *Štôl.* Vgl. DWB. 3, 1590. Gebildet wie Feuerstein *Feierštîn.* — 2. *Feier-Eisen* (Hstdt.). *Dǫd äs e Feiereisen!* Über einen jüngern Menschen gesagt, aus dessen Wesen es wahrhaft sprüht von Funken des Geistes und der Willensstärke.

Feuerfunke, **Feierfangken** m. Dafür lieber das Simplex *Fangken.* Abergl. Wenn ein Funke aus dem Feuer springt, schütte man Salz darauf, dann muss jeder, der zur Türe hereintritt, auf den Punkt sehen, wohin der Funke gesprungen ist, und hat er einen bösen Blick, so schadet er niemandem (H.-W., 298).

feuergefährlich, **feiergefêrlich** adj., nösn. *faiergefêrlich* adj. *Dǫd ǫlt Gerämpel äs jǫ faiergefêrlich (Bistr.).*

Feuergeist, fehlt; s. *Ludêrx* m.

(**Feuergereize**), **Feiergerîz** n., nösn. *Faiergerêx* n. ,trockenes, leicht Feuer fangendes Brennmaterial'. Urk. »Feüer-Gereitz« (1696, Siebenb. Quartalschr. 1859, 127). »Auf den Stuben Boden soll kein Heu, Stroh und dergleichen Feur Gereitze geschlagen werden, bey Strafe der Confiscation« (18. Jahrh., Med. Feuerlöschordnung). »Wenn sie wegen der Rauchfänge und dem Feuer Gereitze den Bericht erstatten« (18. Jahrh., Med. Statuten). — Zu mhd. gereiꝫe ,Aufreizung' s. *Gerîx* (Gereize); *Feiergerîx* ist also ,was Feuer erregt' oder ,für das von sonsther erregte Feuer leicht empfänglich ist'.

Feuergezeug, † ,Feuerzeug'. Aber er hat immerzu fürgezeig bei sich« (1567, Schenk, B. M.). DWB. 3, 1593.

(**Feuergiebel**), **Fuiergiwel** m. (Peschendf. und sonst mit entsprechender Vokaländerung) ,hoher gemauerter Giebel zum Schutz vor Feuer' s. Feuermauer.

Feuerhaken, **Feierhôken** m., nösn. *Faierhôkn* m., Pl. *Faierhêkn.* 1. ,Haken zum Niederreissen brennender Balken'. Urk. »czalt ich ein feierhocken« (1571, Nat.-A.). »Es sollen auch in jeder Nachbarschafft 4 Feuerhöcken, 4 Leitern und 10 Lederne Eimer beygeschaffet, und diese sollen allezeit fertig gehalten werden« (1710, Bistr. Nachbarsch.-Ordn., Art. 6). »Eine jede Nachbarschafft soll sich anschaffen 3. einen Feyerhacken, 4. einen ledernen Eimer .« (1720, Gr.-Sch. Statuten). »Entstehet eine Feüers Brunst, so sollen in denen Nachbarschafften zum Feüer Hacken zwey Männer bestellet seyn« (Ebda.). »diejenige Nachbar, welche die Feuer Hacken zur Brunst tragen« (18. Jahrh., Med. Feuerlöschordnung). — 2. ,Büchse, Gewehr'. Der Lauf eines »langen Feuerhackens« aus Schmiedeeisen wird im V.-A. 37, 445 beschrieben.

Feuerhengst, **Faierhôst** [. . heᵒst] m. (Agn.), nösn. *Faierhǫ̂ᵉst* m. ,ein eisernes Gestell, auf das man das zu verbrennende Holz legt', dessen lange Scheite man wiederholt nach der Feuerstelle schieben muss (bei offnem Herdfeuer und bei den frühern Kachelöfen). Dasselbe wie Feuerhund, *Brǫntert,* Herdhund. — Urk. »Der Feuer-Hengst pro Brondtert« (1693, Kbl. 29, 36). »zwei Feuerhengste (hoist)« (*Pintak,* Bistr. Cap.).

Feuerherd, Feierhêrt m., s. *Hêl* (Hölle), *Hiert* (Herd). Abergl. Eine Person zwingt man zur Gegenliebe, wenn man Haar von ihr beim Bestreichen des Feuerherdes mit in den Lehm der Feuerstelle einstreicht (Mätz, 24).

Feuerherr, Faierhiär m. (nösn.). Er war von der Nachbarschaft bestellt und hatte die Wohnungen nach Feuergefährlichem zu visitieren. Urk. »also ists höchst nöthig, dass in jeder Nachbarschafft 6 Feuer Herren bestellet werden, welche auf die Feuerstellen nach äuserstem Fleiss und Vermögen achtung geben« (1710, Bistr. Nachbarsch.-Ordn., 6. Art.). Solche Organe der Wachsamkeit gab es auch in den süds. Nachbarschaften, doch ohne dass sie den nösn. Namen hatten.

Feuerhexe, Faierhäks fem. ‚eine Hexe, die alles weiss, in alles eingeweiht ist' (Kbl. 22, 34; Kisch, N. W. u. W., 61).

Feuerhund, Feierhangt m. (Reps, Rumes, Schässbg.), worauf die Scheite auf dem Herde gelegt werden. Dasselbe wie *Brǫntert*, Feuerhengst, Herdhund.

Feuerinspektor, dasselbe wie Feuerherr. »Die Herren Feuer Inspectores sollen auch über die Gräben und Brünnen inspection haben« (1710, Bistr. Nachbarsch.-Ordn.).

~, Feierkejt n. ‚Feuerfunke', Schelte für unruhiges Wesen (Haltrich, Plan 131). Über das Grundwort s. *Kekt.*

Feuerkugel, †‚Bombe'. »globos ignivomites, vulgo Feyr kwglen« (1535, Qu. Kr. 2, 429). »ob er schon auch letzlig mit gantzen glünnden Feur kugelln schissen lassen« (Kraus, Chron. 2, 47).

Feuerleiter, Feierletter, *-lîter* fem., nösn. *Faierletter* fem. Sie gehörten wie die ledernen Eimer und Feuerhaken zu der notwendigen Ausrüstung der »Nachbarschaft«. »die Feuer Leitern und Feuer Hacken an den Ort der Brunst zu tragen und die Feuer-Leitern dahin anzusetzen, wo es nöthig und wohin sie befehliget werden« (18. Jahrh., V.-A. 7, 328).

Feuerlilie, Feierleich fem., nösn. *Faierlilich (gêl Lilich),* Lilium bulbiferum L. und Hemerocallis fulva L. (V.-A. A. F. 3, 192, 194).

Feuerlöschwesen, fehlt. Solange die Nachbarschaften bestanden, ist es ihre Aufgabe gewesen, entstehende Feuersbrünste zu löschen. Es gehören deshalb zum Inventar der Nachbarschaft »4 Feuerhöcken, 4 Leitern, und 10 Lederne Eimer« (1710, Bistr. Brudersch.-Ordn.) oder »jede Nachbarschaft soll sich anschaffen 3. einen Feyerhacken, 4. einen ledernen Eimer, 5. eine gutte lange und starke Leuter, 6. zwey gutte Schrott-Leitern« (1720, Gr.-Schenker Statuten), ausserdem mussten die Nachbarn mit Äxten und Wassergefässen zu Hülfe eilen. Gegenwärtig haben die Nachbarschaften diese Pflicht an die »freiwillige Feuerwehr« abgetreten, die in jeder Ortschaft besteht.

Feuermauer, Feiermour fem., nösn. *Faiermauer* fem. 1. ‚feuerfeste Schutzmauer'. *De Faiermauer kêm Nôber* ‚gegen den Nachbar hin' *(Bistr.).* Urk. »(Gross-Wardein) gleichsam eine feuermauer dess Römischen reichs« (gegen die Türken; Kraus, Chron. 2, 359). — 2. †‚Rauchfang'. »eine feuermauer oder kip« (Kraus, Chron. 1, 273).

Feuermörser, Faiermeršchel m. (nösn.). *Em schâisst mät Faiermêršchel, de Faiermêršchel fälln* ‚füllen, laden' *(Bistr.). -l* ⟨ *-r* dissimilierend.

feuern, feiern schw., nösn. *faiern* schw. 1. Intrans. ‚glühen, erhitzt sein' (fehlt nösn.). *Det Bǫck faierd em wâ e Kuilen* (Agnetheln). *De Heokt* (Haut) *feiert mer.*

Et feire mer de Kniwel. Käst. 92.

— 2. Trans. Die nächstliegende transitive Bedeutung ‚glühend, heiss, feurig machen' ist nicht gebraucht. Selbst das Kómpositum *äfaiern* ‚einfeuern' hat kein unmittelbares Objekt, sondern nur den Begriff, dass einer Feuer (hinein) in den Ofen gemacht, in weiterem Sinne dann das Zimmer eingeheizt habe. *Te hoest gêd ägefaiert* sagt man, wenn man die Wärme in einem Gemach als übermässig empfindet (Agn.). Dagegen wird es übertr. auch mit Objekt gebraucht: ‚schlagen, werfen'. *Ich faiern dich, tǫt de Wǫsser hêscht (Bistr.). E feierd e(n) wedder de Ierd, dad em de Knôche krachen.* Vgl. lux. engem eng feieren ‚jemanden ohrfeigen'. — Auch ‚schiessen'. *Mät Kanônen, Bissen, Gewieren, Flinten än de Fônd, mät Štînen än de Hangd* (Hunde) *feiern* (Mühlbach). — Zus. *oussefeiern; äfaiern* ‚einheizen'. — mhd. viuren.

Feuerordnung, † ‚Ordnung, wie man Feuersbrünste zu löschen habe'. So handelt der 6. Art. der Bistr. Nachbarsch.-Ordnung (1710) »von der Feuer Ordnung«.

Feuerpfeil, † ‚Brandpfeil'. »iacula ignita (vulgo Feyr Feyl)« (1535, Qu. Kr. 2, 424).

Feuerrohr, † ‚Flinte'. »mit ihren Stücken vndt feürrohren« (Kraus, Chron. 2, 103). s. auch Feuerhaken 2.

feuerrot, feierrît adj. und adv., nösn. *faierrût* adj. und adv. *Det Gesicht äs em faierrût (Bistr.). Näa weiss ich, wî mer de Gîrkel geštüalen hoet. Sǫchst te net, wâe dî . . . faierruit* *wort, däa mer dervü rêaten* (Neudf. b. H.). *E feierrît Klîd, Hous.* Vom Fuchs:

Et gîd e Mq̂n äm Bäsch eräm,
E hôt e feirrît Mänte (,Mantel') *un.*
H.-W., 400.

Urk. »ist der himel feyerrott vnd erlicht worden« (1599, Trauschenfels, Fundgr. 117). Vgl. *fq̧ngkrût* (funkrot). — Auch henneberg. und lux. (Diedenhofen, Sierck) ist diese Verstärkung von rot durch Zusammensetzung mit Feuer- gebräuchlich.

Feuersbrunst, fehlt; s. *Bronst* (süds.), *Brq̧nst* (nösn., Brunst) und Feuer. Urk. »Es ist leyder allzuwohl bekandt, wie oft diese arme Stadt (*Bistr.*, 1680, 1692) durch die schädliche Feuers Brünsten, sogar in den lezten Ruin verfallen« (1710, Bistr. Nachbarschafts-Ordnung, Art. 6). — Die Feuersbrünste sind die gefürchtetsten Ereignisse, besonders bei den häufigen feindlichen Einfällen, alle Chroniken erzählen davon.

Feuerschaufel, fehlt; s. *Âschbretsch, Štôch* [3] *eisen, Štôchlâffel* (nösn.). Im Aberglauben: Kräuseln sich Immergrünblätter, auf eine heisse Feuerschaufel in der Neujahrsnacht gelegt, so bedeutet das Glück (H.-W., 284). Die Feuerschaufel wird bei Nacht dem Kinde in die Wiege gelegt, um den Alp abzuwehren (Hillner, 24).

Feuerschwalbe, Feierschwalf fem. (Rohrbach), Hirundo rustica L. Abergl. Das Haus, an dem sie ihr Nest baut, ist sicher vor Feuersgefahr (Haltrich, Abergl. 26).

Feuersflamme, fehlt; Urk. »(der couragiertesten und stärkesten Nachbarn) Pflicht seyn soll, sich am nächsten an den Feuersflammen auf die Gebäude zu begeben« (18. Jahrh., V.-A. 7, 329).

Feuersgefahr, Feiergefôr fem., nösn. *Faiergefôr* fem. wie nhd. [Städt. Halbma.].

Feuersnot, **Faieršnuit** fem. (nösn.) nur in [geh. Spr.]. Urk. »im Fall der Feuers-Noth« (18. Jahrh., Med. Feuerlöschordn.).

Feuerspritze, Feieršprätz fem., nösn. *Faieršprätz* fem., wie nhd. 1796 kauft die Gemeinde Birthälm eine neue Feuerspritze um 100 fl. (Salzer, Birth. 254).

Feuerstätte, fehlt; s. *Feieršträll* (Feuerstelle), *Hêl*, Herd, *Wileštîn.* Urk. »Wird eine Nachbarin nachlässig erfunden werden, bey denen Feuer Stäten, dass sie nicht Sorge träget, poena oct vini 1« (1672, Gr.-Lasslen, Nachbarsch.-Art.).

Feuerstein, Feierštîn m., nösn. *Faierštê* m. zum Funkenschlagen. »*Ech bekq̂m un Ädelštînen: en däcken, däcke Kislengštîn ous der Bq̂ch, derzâ en Feierštîn, dier niche mi Fangke gq̂f*« (Schuster, Volksl. 132). Scherzhaft: *Wq̧t sin mer âssn?* Antwort: *Faierštê (Bistritz). Wunn der dät gaud Âssen nät schmq̧ckt, fräss Faierštê (Tekendf.). Huest te Fennenk* (,Geld')? Ironische Antwort: *Ajô Faierštê* (Ebda.). — Fl. N. *Af de Foierštenner* (Streitfort). — Syn. *Flinteštîn.*

Feuerstelle, Feierštäll fem., nösn. *Faierštâl* fem. ,der Teil des Herdes, wo die Kohlen liegen'. *Schiar der dq̂i Pinesch* (Kartoffel) *än de Faierštâl än, se breôdn der dick deô noch genaoch (Wallendf.).* Die Feuerstelle in der dem frühern Kachelofen angebauten *Kalefôk* war als Sammelstelle der Kohlenmenge, auf der viele Holzscheite das Feuer unterhielten, viel weiter, als die der heutigen Plattenkochherde, die in Bauernhäusern zugleich Heizherde sind. An der Feuerstelle ging das Feuer selten aus. Entweder erzeugte ein guter Klotz bis in die Nacht hinein wärmende Glut, die sich bis gegen Morgen erhielt und auf die dann von neuem Feuer gemacht ward oder man scharrte die Glut über Nacht mit Asche zu. Zumal wenn alle Familienglieder den Abend ausser dem Hause zubrachten, hiess es: *Môch de Kuile goär zesummen af de Faierstall, än de Mättent, en scharr se zê* [zeᵉ]; *deo äs ed um warmsten, deo geo se ned ais bäs mer hoim kun* (Agnetheln). An die Feuerstelle knüpft sich das Behagen, das wir empfinden im Gedanken an den heimischen Herd der Bauernstube, der unser Dichter kein »seliger Heim« vergleichen kann. Zur Feuerstelle fühlt Alles sich hingezogen, denn von ihr entströmen mit der Wärme jene Lichtstrahlen, die mit ihrem gaukelnden Schein wie mit Zaubergewalt die Seele gefangen nehmen. So ist die Feuerstelle dem Empfinden der Volksseele die trauliche, ja die heilige Stätte des Hauses. Das Volksempfinden haftet so gern am sinnlich Wahrnehmbaren. Darum erfüllt es die Alten mit einer gewissen Wehmut, dass sie bei den neuen Öfen die Feuerstelle und darauf die behagliche Glut nicht mehr schauen können. *Em set bâ ech och neche Faier.* Auch damit lehnte ein alter Vater die Übersiedlung zu seinem Sohn, dem Pfarrer, ab. Er wollte nicht scheiden von seiner Feuerstelle. — Aberglaube. Man sucht von dem Geliebten eine Haarlocke zu bekommen, streicht sie in den Lehm beim Bestreichen der Feuerstelle, und der Betreffende heiratet das Mädchen (Salzer, Birth. 590; Mätz, 24). In der Neujahrsnacht:

Wē Pockes (Buchsbaum), *än de Feir-*
štäll hekt (heute)
Gelôcht, sich drängelt (sich kräuselt)
fräsch,
Si bleift der Frängd, dien et be-
dekt (bedeutet),
Uch kernich, wē e Fäsch. Käst., 148.

Urk. »Der Nachbarschaft aber müssig gehen, sei soviel, als des Brunnens, des Backhauses und der Bach, des Feuers und der eigenen Feuerstelle entbehren zu müssen« (1606, Art. der Heiligleichnamsgasse in Kronst., Fronius 84). »Welche die Feuerstellen und Keppen nicht fegen« (1695, V.-A. 37, 115). »Also ist höchst nöthig, dass in jedweder Nachbarschaft 6 Feuer-Herrn bestellet werden, welche auf die Feuerstellen nach äusserstem Fleiss und Vermögen Achtung geben« (1710, V.-A. 7, 336).

Feuerteufel, fehlt; s. *Špǭitaiwel* (Speiteufel).

Feuervögelchen, Faiervijeltchen n. ‚Rotschwänzchen, Rubicilla phoenicurus und titis L.' (Schässbg.).

Feuerwanze, fehlt; s. *Häckelmiärz* (nösn.).

Feuerwaffen, fehlt; über Einführung und Gebrauch der Feuerwaffen vgl. Teutsch, Sachsengesch. 1, 152; Roth, Kunstgewerbe 19.

Feuerwehr, Feierwier fem., nösn. *Faierwiär* fem. Neubildung nach der Schriftsprache. *Frǭiwällich* (freiwillige) und *Zwǭngsfaierwiär*. Sie haben von den früheren Nachbarschaften und Zehntschaften die Pflicht übernommen, Feuersbrünste zu löschen.

Feuerwerk, †. 1. ‚Mine', ‚alles was als brennbarer Stoff zur Artillerie gehört'. »Pro una lamina ferri vulgo czu dem fayerwerk« (1540, Qu. Kr. 2, 643). Harz und »sonst zum Feuerwerk gehöriges Gezeug« (1597, V.-A. 14, 366). »Nach diesen warf er Raquetten und sonst viel Feuerwerk hinaus auf den Feind« (Kemény, F. 1, 262). »liess er vill feuerwerck vndt raketellen in brod backen« (Kraus, Chron. 1, 31). »hatten die Jesuuiten vndt etlige Päbstische Herren, heimligerweiss alda zu Cassau dess Fürsten gewöhnlige herbrig vnttergraben vndt Feüerwerck einlegen lassen« (Kraus, Chron. 1, 149). »grosse Stücke, Mörser, Pulver, Kugeln, Schwefel, Feuerkugeln, Feuerwerk u. dgl.« (Qu. Kr. 4, 17). — 2. Zur Belustigung. Der Büchsenmeister mischt bei Festen und Lustbarkeiten nach den Regeln geheimer Kunst ein »Feuerwerk« zusammen (V.-A. 14, 398).

Feuerwerker, Feierwärker m., nösn. *Faierwärker*. 1. † ‚einer, der sich aufs »Feuerwerk« versteht'. »die Püchsenmeister vndt feürwercker« (Kraus, Chron. 2, 102). — 2. Gegenwärtig ‚Charge bei der Artillerie'.

Feuerzange, fehlt; s. *Klǭft*. — Abergl. Man legt sie dem Kind als Schutz gegen den Wechselbalg in die Wiege (Gassner, 18). s. Feuerschaufel.

Feuerzauber, fehlt. Abergl. Bei anhaltender Dürre tragen Mädchen, angeführt von einer Frau, alle splitternackt eine gestohlene Egge hinaus aufs Feld in einen Bach. Dort zünden sie auf jeder Ecke der Egge ein Flämmchen an und lassen es eine Stunde lang brennen (Kl.-Logdes, Müller, Sagen² 123). Vgl. auch Feuer, Abergl.

Feuffer, F. N. (1500, Hstdt.), Feufer (1506, Stolzenbg.), Feufferd (1693, Ebda.). s. Pfeifer.

Feuler, F. N. (Bodendf., Kbl. 10, 113).

feurig, feirich adj., nösn. *fairich* adj. 1. ‚feuerrot glänzend'. *De Wǭlkn sai fairich (Bistr.).* Urk. »Welches Tages vmb 5 Uhr zum Abendt sich ein erschröckliges himmelsszeichen sehen liess, ihn dem der Himmel gantz feürig erschien« (Kraus, Chron. 2, 179). — 2. ‚eifrig' in übertragenem Sinn. *E fairich Pursch, Fārt* (nösn.), *Ruess.*

Und wänn uch se Bläck vill feirijer wôr,
Und hescher se Klīd und vill schwärzer
seng Hôr:
Wôr seng Trǭ doch längst schî verlîren.
Käst., 24.

Nach der Bibel: *Fairich Kuile sôlt te denem Fônd* [Feᵉnd] *af't Hoift lǭdden, te sôlt em Gêts* (gen. part.) *dēn* [Geᵉts deᵉn]. — 3. Besonders ‚feuriger Mann = Irrwisch'. Sie pflegen schon in der Dämmerung auf den Bergen herumzulaufen (Pretai, Kbl. 16, 66). Eigentlich sind es aber die abgeschiedenen Geister derer, die bei ihren Lebzeiten die Grenzsteine zum Schaden ihrer Nachbarn verrückten (Kbl. 5, 134). Ebenso sind es im Henneberg. »nächtlich umgehende Übeltäter« (Spiess, Id. 59). Feuriger Drachen s. Drache 1 c. — mhd. viuric. Lautt. 115.

F. E. W., Abkürzung für ‚fürsichtig, ehrsam, weise' in Urkunden. s. fürsichtig.

Fexer, † F. N. (Honigbg. i. B.). Zu Feck?

Feyerabend, F. N. s. Feierabend.

Feyers, Feyres, F. N. s. Feuer.

Feyertag, F. N. s. Feiertag.

Feyffer, F. N. (1643, Kronst.). s. Pfeifer.

Feyk, † F. N. (1526, Weidenbach i. B.). s. Feck.

Feyschirsz brosz (Ambrosius) F. N. (1526. Nussbach, Qu. Kr. 2, 21). Verschrieben für Fleyschirsz (Fleischers)?

Fez, fehlt; dafür *Tirknkappeltchi* (nösn.).

ffelwirthyssen? »von mechlychssem gewant och firt halb doch unden und oben czwa und och von ffelwirthyssen gewant« (1478, B. M.). ffel = mhd. phellel, phel ‚feiner Seidenstoff' aus mlat. palliolum? wirthyssen? Dasselbe wie fwlfürtisch? (s. d.).

Fferr, † F. N. (1488, Schenk, V.-A. 17, 590), auch Pher (1483, Ebda.). s. Pfarr(er).

Ffföle, † F. N. (um 1510, Hstdt.).

Ffymfwer, F. N. (1480, Hstdt., Qu. Gesch. S. 95). s. Fünfer.

Ffyttewer Hannis, F. N. (1485, Hstdt.).

F. G(n)., Abkürzung für ‚fürstliche Gnaden', den Titel des Fürsten in Urkunden.

—, **Fî** n. (und fem.) für ältere, die Dim. *Fichen, Fick, Ficka, Ficke, Fisken* für jüngere Personen; nösn. nur das Dim. *Fichi* n., Koseform *Fidi*, Abkürzung für ‚Sophie'.

Woram sîle mer net dûnxen,
Sôt de xoppermellich Fî.

SCHULLER, Ged. 14.

Unt det Fiche šprächt vum Hiert.

SCHUSTER, Volksl. 98.

Anna, Maria, Fike Biessembäinjdersdûchter (Ebda., 127). Im Scherzspott sagt der Mann zur Frau: *Fî ê, tê* [tə^e] *känst fuir de Koiser Kêcha* (χ) *sen* (Köchin sein); nach einer Pause: *wonn âs Sê* ([Sə^e] ‚Sau') *der Koiser wêr* (Agnetheln). — Urk. »Als balt sie zu mir hinein komen war, sagt die Fieh, das dich gott schende« (1599, Ger.-Prot.). »Wenn ich zu unserer Fi sage: mazze (küsse) mich hieher zweimal, so mazt sie mich dreimal« (1793, L. K. A.). — Auch im Niederhess. Fîe (VILMAR, Idiot. 101).

Fiaker, Fiaker m. [Städt. Halbma.] ‚Mietsdroschke'. Gemeint ist zumeist der ‚Landauer' im Gegensatz zum *Ainšpänner*. — Aus dem Oberd. (wiener.) nach franz. fiacre; vgl. KLUGE[7], 134; WEIG.[5] 1, 527.

—, **Fiakerer** m. ‚Mietkutscher' *(Bistr.)*. — Zu Fiaker.

—, **Fiärich** m. (nösn.). s. Pferch. Im Süds. mit unverschobenem *p* im Anlaut: *Parch, Parich. Dê* [ə^e] *mir än de Schuil gengen, špilde mer an der Parrich* (Agnetheln). So nannte man einen früher im Burgfrieden gelegenen Platz, auch nachdem die äussere Mauer schon lange gefallen war.

Fibel, Fîbel fem. ‚ABC-Buch'. Aus dem Nhd., nach dem Niederd. Fibel (= Bibel); vgl. KLUGE[7], 134. *De Känjt šprêchen nê* [nə^e] *Fîbel; dê* [də^e] *mir än de Schuil genge, seode mer ABC-Bäoch* (Agnetheln). Frage: *Ä welem Bäoch bäst te?* ‚In welchem Buch liesest du?' Antw.: *Nôch nor äm ABC-Bäoch; loin* (allein, aber) *ąf den Uisterdôch doit mich der Härr Kanter än 't Tsalmebäoch* (Ebda.). Ebenbürtig mit dem Psalmbuch war der ‚Kinderfreund', dann kam Katechismus und Bibel. So deuteten die Lesebücher die Unterrichtsstufen an und die Promotion von einer zur andern drückte man aus im Wort: *Der Lîrer dît* (tut) *det Kängt ouss 'm Bach än 't . . . Bach.*

Fibes, † F. N. (1466, Hstdt.). Fybes (1468), Ffybesch (1480), Fybisch (1495, Qu. Gesch. S. 609).

Fichte, Ficht fem., nösn. *Ficht* fem. [Städt. Halbma.]. Die echte Ma. kennt den (hd.) Unterschied zwischen Fichte (Rottanne, Picea excelsa, Lk.) und Tanne (Weisstanne, Abies alba, Mill.) nicht, sie nennt beide und alle Abarten *Dąnn, Donn* (Tanne), ebenso die Frucht aller Nadelholzarten *Dąnnâpel.* — Dazu der moderne Waldname *Fichtewältchen* (Hstdt.), der aber ins Sprachbewusstsein keinen Eingang findet. — mhd. viehte.

Fick, F. N. (1638, Schässbg.); ahd. Ficcho, Koseform zu den mit fridu gebildeten P. N.

—, **Fickelbîer** m. ‚Goldamsel, Pirol' (Kirtsch). *Fickelbîer, Fickelbîer, fickel* (schüttle) *mer en Birr eruof* (herab); vgl. *Fetzelbîr, Figlibîrô, Finglobîrô, Tschuklobîro,* die alle dasselbe bedeuten.

fickeln, fickeln schw. (i. B.), nösn. *figgeln* schw. 1. ‚wackeln machen', ‚schütteln' (fehlt im Nösn.). Syn. *wickeln*, das mehr verbreitet ist. *Fickel de Birren!* (Kirtsch). — 2. ‚futuere'. Im Burzenl. nur von Hunden: *Der Rit fickelt de Zauk.* Nösn. auch vom Menschen. — Zu ficken; henneb. vögeln ‚coire'.

ficken, fäcken schw., nösn. *fickn* schw. (V.-A. 33, 73). 1. ‚mit einer Rute schlagen'. *Feok de Bodor* (Ochsenname)! (Gergeschdf.). *E fäckt mät der Gîssel, mäd er Räat* (Schässbg.). *Der Gang fäockt de Gorr mät der Korbâtsch anjder de Beoch; dâ* (die) *dêd en Sątz en schmoiss de Gangen eroe* (Agnetheln). Sprw. *Um Ängt fäckt (plätscht) de Gîssel.* — Syn. *schmäcken.* — 2. ‚futuere'. — Grundbedeutung ist ‚reiben' oder ‚kurze und rasche Bewegungen hin und her machen'. Hess. ficken ebenfalls in beiden Bedeutungen (zu figere, Kbl. 31, 81). Frühnhd. ficken, verwandt sind *fącken, fitscheln* u. ä.

—, **Fickes,** *Fickes, feler Ôrsch* (SCHUSTER, Volksl. 348), Spottvers auf Sofia *(Fick)* als Ruf des Finken. s. *Fî.*

—, **fiddern,** s. *feddern.*

fidel, fidêl, adj. [Städt. Halbma.] ‚munter, aufgeweckt'. *E fidêl Pursch (Bistr.), e Fidêlchen* ‚ein lustiges Kind'. Auch in abfälligem Sinn: *Dî lieft fidêl af der hîer Schîl; seng Älder hæ dehîm känne — špueren.* Aus nhd. fidel, das zu lat. fidelis gehört.

—, **Fîdentäss** m. ‚Schelm' (Med.), *Fîdentäst* m. ‚gebrechliches Elend' (HALTR., Plan 132). Ähnlich *Tîsentäst* (s. d.).

Fides, F. N. (Petersbg. B.), Fiddes († Brenndf., Kbl. 9, 143).

—, **Fidi,** D. N. *(Petersdorf), Fidi Hanni.* Koseform für Sophie (s. *Fî*).

—, **fidnen,** s. fädenen.

Fidner, † F. N. lat. »Johannes Fidnerus« (1599, Cap. Bistr.). — Zu *fidnen* (fädenen)?

Fiduz, Fidûz m. (süds. und nösn.) ‚Vertrauen'. *Ich hu winnich Fidûz derzâ; der Fidûz wid em vergô* (*Bistr.* und sonst, nur städtisch). Ebenso lux. köln. Fiduz m. — Zu lat. fiducia.

Fieber, Fæwer n., nösn. *Fîber* n. *Det Fæwer häld un, äs nea eosgebrangkest* ‚ausgebrochen' (Med.). Sonst heisst *ousbrangksen* ‚austoben', Perf. *huet ousgebrangkest* ‚hat ausgetobt', ‚hört auf'; *det Fæwer dälpen* ‚unterdrücken'. Dafür auch: *'t Frâsen oedraiwen* ‚das Frieren abtreiben'.

Diär huat jo det schlaichnd Fîber.
SCHULLER, Mâtn. 30.

Det hätzich (hitzige) *Fîber* ‚Typhus' (KISCH, N.W. u.W. 45). — Urk. »Nym clein salcz vnd honig vndermy[sch] das wol durch einander, das ist g[ut] vor das fewer« (1547, Qu. Kr. 3, 425). »Wie ich aber mit einem Fieber kranck wurde« (1764, Cap. Cib.). — Trotz mhd. vieber, ahd. fiebar (aus lat. febris) ist das Wort wohl erst aus dem Nhd. eingedrungen. Die echte Ma. gebraucht: *Fræsen* (Frieren), *Frîr, Haidmâs, Hätzt* (Hitze), *Linguore, Rit.* Am Fieber krank werden = *'t Fræse bekun;* krank sein = *'t Fræsen hun, mät dem Fræse seng.* Das Fieber nimmt (packt) den Kranken: *Det Fraesen num mij asi štoerk* (Neudf.), oder schüttelt ihn: *scheddelt mij asi angem* (Thalheim).

Fieberhitze, Fæwerhätzt fem. [Städt. Halbma.]. Echte Ma. nur mit dem Simplex: *E lqid* (liegt) *än der Hätzt (Bistr.). De Hätzt* wird vom Volk als Gefolge des eigentlichen Fiebers (Frostgefühls) gefasst; darum sagt man vom Kranken, der an Wechselfieber leidet: *'t Fræsen äs verbæ, e huet nâ Hätzt.*

fiebern, fæwern schw., nösn. *fîbern* schw. [Städt. Halbma.]. Echte Ma.: *e freist un der Frîr; det Fræsen, der Rit scheddeld en, e huet de Frîr, det Fræsen; de Frâsekrint* (Agn.).

Fieberwurzel, Fæwerwurzel fem. ‚Wurzel der Eberwurz', Carlina acaulis L., die früher wegen ihrer schweiss- und urintreibenden Wirkung als »eine gegen das Fieber sehr dienliche Pflanze« (Lhrdt.) geschätzt wurde.

Fiebick, † F. N. »Benjamin Fiebick Buchführer« (1616, Hstdt., Kbl. 4, 3); vgl. F. N. Viebig (Trier).

Fiedel, Feddel fem. 1. Für ‚Instrument' nicht gebräuchlich, s. *Gech* (Geige). Violine. — Dazu der † F. N. Fidel? »Christel fidel« (1394, V.-A. 10, 372). — 2. † ‚ein hölzernes Werkzeug von der Gestalt einer Fiedel, in welches Hals und Hände, später die Füsse eingezwängt wurden'. Eine deutliche Schilderung (wohl aus eigener Anschauung) gibt FRONIUS[3], 171 von diesem Marterinstrument. »Die meisten Väter spannte man in die *Feddel,* d. h. man band ihnen die beiden Hände vorn zusammen, nötigte sie, die Knie durch dieselben hindurchzustecken und schob dann ein Holzstück zwischen Hände und Knie durch, dass sie gekrümmt dasitzen mussten wie Igel«. s. auch GR., Rechtsaltert. 725. In Urk. sehr häufig erwähnt. Es war die leichteste Art der Folter und wurde zur Bestrafung leichterer Vergehen verwendet. In den Dörfern scheint ihre Verwendung bis ins 19. Jahrh. hinein gedauert zu haben. »Carnifices duo in fyddel includendi« (1548, Nat.-A.). »Pro 3 vulgo Fydlen ad leprosos explorandos [in den Badestuben] dedi mensatori asp. 10« (1549, Qu. Kr. 3, 511). »der selbig Her Bartholomeus dreiet diesem Christophoro, er wolt innen darumb in die Fedel stellen« (1567, Schönbg. B. M.). »Des Ziglers weib ist 2 mal im feddel gestanden zu Helsdorff« (1599, Ger.-Prot.). »... werden mehr solche gotteslästerliche wort von ihr gehört . ., so soll sie ohn einziges vorbitten in die Feddel gestehlt oder mit dem Stein gestrafft werden« (1695, Cap. Bog.). Noch im Jahre 1819 scheint sie in Dobring in Gebrauch. — Und zwar wurden besonders Vergehen gegen die Kirche und Verletzung der Ehrfurcht gegen die Eltern, auch Schmähsucht, damit bestraft. »Dieselben wo man sie findet, das sie so mutwillig on ursach die Predig verachten, die soll man fahen, und sie den andern zu eynem beybild in die fidell seczen« (TEUTSCH, Urkundenbuch der Landesk. 1, 72; s. auch SALZER, Volksschule 1862, 8). »Wer am Sontag oder Feyer-Tägen arbeitet . . ., der wird wegen geschehener Entheiligung des Sabaths mit den Fehdel oder Geigen gestraft werden« (Dobringer

Kirch.-Art.). »Vorzeiten im Bapstumb haben die alten grossen ernst braucht, damit die iugendt im gehorsam, in der Zucht ist erhalten worden, das sie bei einer ieden gemein ein stock, ein fiddl (wie mans nennt) auffgerichtet haben; damit hat man den ienigen öffentlich schand angelegt, welch ir eltern schmeheten und verunehreten« (DAM. DÜRR, AML. 54; s. auch SALZER, Volksschule 1862, 19). »Diese Frau hab ich nun 4 Jar in den Feddel stellen lassen ihres bösen mauls halben« (1599, Ger.-Prot.). Schandenhalber wurden Verbrecher und Feinde unter die Fiedel begraben: »dahin auch die leiber (des getöteten Barcsay und seiner Begleiter) inss dorff Repa ... von den Pauren auss erbarmung schlechter weiss auss befehl der Commission vntter die Feddel begraben worden« (KRAUS, Chron. 2, 151). — Dazu der Gassenname *Feddel* in Leblang, weil in ihr der Pranger stand. 1650 schreibt Andr. Oltharius »auff dem Marckt bey der Feddel oder Cyppo«. — 3. Dazu gehört auch die Ra.: *Feddel, Ferl* (Schässbg.) *enes Hûlz*, nösn. *'t äs Firl enes Holz* ‚gleich übel, gleich leichtsinnig'. *Fuss uch Wûlf äs Feddel enes Hûlz* (H.-W. 95, 376). Von Eheleuten: *Un äm äs doch mî, wâ un är.* Antw. *Ai, dâd äs Ferrel enes Hûlz* (Med.). *Dä zwîn se Feddel enes Uort* (‚Art'). Die Ra. *ed äs Feddel enes Hûlz* soll, da sie nur in schlechtem Sinn gebraucht wird (Kbl. 6, 6), bedeuten: Alle *Feddeln* sind aus einem Holz, d. h. gleichviel aus welchem Holz sie sind, sie sind immer übel (anders Kbl. 8, 30 f.); *enes* ist alter flektierter Genetiv. — [Die Gleichung mhd. videl = *Feddel* begegnet keinen Schwierigkeiten, das nhd. -ie- ist sekundär].

Fiedelbogen, Feddelbîjen, *Ferlbîjen* m. (Schässbg.), nösn. *Firlbogn* m. (V.-A. 26, 201), burzenl. *Forelbûgen* und *Ferlbougen* [ɜ] m. Iron.: *Gruᵉd, gewuᵉssen wâ e Feddelbîjen. De Eoss* (Achse) *äs wâ e Feddelbujen* (Gr.-Sch.). — Syn. *Fergelbuᵉgen* (Schässbg.). *Der Schuᵉilgang* [nicht nur ‚Schuljunge', sondern der früher im Dienst des Rektors stehende Knabe, der auch besondern Musikunterricht genoss und dafür bei musikalischen Aufführungen als Sopransänger (Diskantist) verwendet ward] *hqdd oist fôlsch gesangen, ent der Räkter wôr esuᶦ zornich, dqt 'n* [dass er ihn] *än der Kirich mät dem Feddelbujen iwer't Hoift schläᵒch* (Agnetheln). Daher die Klage mancher späterer Lehrer, die in solchem Diskantistendienst ihre musikalische Ausbildung begonnen: *Ich hu genach beku mät dem Feddelbîjen, bäs ich sänge gelîrt hun.* — Die Formen mit *r* ⟨ *d* haben ihre Entsprechung in Siegerl. Ferrelbôᵃge. Ebenso wie *Feddel* ⟩ *Ferl* wird *Keddel* ⟩ *Kerl.* — mhd. videlboge.

fiedeln, feddeln schw., nösn. *firln* schw. (V.-A. 33, 74) ‚schnell, eifrig und schlecht auf der Geige spielen'. — Syn. *ferzeln, ferjeln,* süds. auch *krqtzen.* Auch im Hunsr. firrele. mhd. videlen.

fiedern, ‚mit Federn versehen'. † »Item pro 800 telis pennis ornatis, gefydert« (1522, Qu. Kr. 1, 378); »dy dy cyeen (*Zîn* ‚Pfeil') gefydert haben« (1529, Qu. Kr. 2, 148). — Abgeleitet von Feder.

Fiedler, F. N. *(Bistr.,* Med.*).* »Simon Ffydeler« (1479, Hstdt.). — Zu fiedeln und Fiedel, mhd. videlære.

Fieffes, † F. N. (1550, Zeiden, Qu. Kr. 3, 592). — Patronym. zu Foof?

Fieger, F. N. (1822, Kl.-Probstdf.). Figer (1765, Frauendf.). s. Füger, ahd. fuogâri ‚Ordner'.

Fieles, F. N. (Kronst.), Filles (1716, *Bistr.),* Files (1765, Ebda.), Felles († Honigbg. i. B.). Zu Felles, frühnhd. Nebenform zu Felleisen? Oder wahrscheinlicher aus Theophilus (⏑ ⏑ ⏑́ ⏑), von dem aber diese Betonung nicht bezeugt ist; vgl. Filipp (⏑́ ⏑) neben Lipp (landl., Neppendf.).

Fielk, F. N. s. Filk.

Fielkel, † F. N. (1760, Reissdf.), Filkel (1810, Schässbg.). — Zu Fielk, vgl. den nhd. F. N. Völkel.

Fielker, F. N. (Kronst., Langenthal, Scholten); »lourenz filker« (1394, Stolzenbg., V.-A. 10, 371), Filker (1762, Hstdt.). — mhd. P. N. Volkêr, ahd. Fulchar zu ahd. fulc ‚Volk'.

Fielschenloch, Höhle bei Kronst. (MÜLLER, Sagen 127). s. *Fintschellôch.*

Fieltsch, F. N. s. Filtsch.

—, **Fieltsch** n. (Gr.-Sch.), nösn. *Fiᵃltsch* n. *(Waltersdf.)* ‚hohes, büschlig verwachsenes Gras, das schwer abzumähen ist' an nassen oder hochgelegenen Orten (Gr.-Sch.). Im Nösn. hat sich die Bedeutung ‚Gras' verloren, es findet sich nur die Wendung *Fiᵃltsch brâᶦ, et brâᶦt Fiᵃltsch,* wenn bei Waldbränden sich der intensive Rauch des verbrennenden Riedgrases bemerkbar macht. *Et mäss eärnt* (irgendwo) *Fältsch hu gebräᶦt (Kl.-Bistr.).* — Der naheliegenden Zusammenstellung mit nhd. Filzgras (vgl. DWB. 3, 1632) stehen (besonders für das Nösn.) lautliche Bedenken entgegen. Auslaut. *z* ⟩ *tsch* wäre möglich, wie in *kurtsch* (kurz), aber *-iᵃ-* entspricht mhd. ahd. *e* nicht *i;* deshalb mhd. vilz, ahd. filz = nösn. *Fälz* nicht *Fiᵃlz.* Bei der Unsicherheit in der Behandlung des *i* und *e* (schon im Ahd.) und der nahen Berührung dieser Vokale in mitteld. Ma. (s. WILMANNS Deutsche Gramm. 1,

285), ferner mit Rücksicht auf ags. engl. felt ‚Filz‘ wäre ein (frühzeitiger) Zusammenhang von *Fiältsch* und ahd. filz schliesslich doch denkbar.

—, **Fiemel**, s. *Femmel*.

Fien, † F. N. (ca. 1636, Tartlau i. B.).

—, **Fierbetor** (⏑⏑⏑⏑́) m. spottweise ‚Koch‘ (BRENNDÖRFER, 17). — Rum. fierbetor, ferbetor (⏑⏑⏑́) ‚Branntweinbrenner‘.

—, **Fierich**, *Fiarich, Fiaricht* (Nadesch) n. (und m.) ‚plötzlich auftretender, stechender Schmerz‘. 1. ‚Ohrenstechen, Zahnschmerzen‘ (in D.-Kreuz *reissä Fierich* ‚reissendes *Fierich*‘). Spruch dagegen:

Jesus Christus geng än de grône Wǫ̂ld
Mät em brôane (brennenden) *Brônt,*
Dî lǫ̂sch en ône Wasser uch ône Wen,
Su sǫ̂l der Fierich ausgelôsche sen.
Fuer aus tä štêchäner Fierich,
Fuer aus tä frêssäner Fierich,
Fuer an de Döfen der Granjd,
Düo dech Christus der Härr verbanjd.
Irmesch, Kbl. 16, 68.

Andere Sprüche s. SCHUSTER, Volksl. 298 f.; FRONIUS, 21; WLISLOCKI, 98. — 2. ‚Kolik, Rheuma‘. Als Heilmittel dagegen werden ausser Beschwörungsformeln (s. o.) empfohlen: das *Ischerchen* (s. Äscher); oder: ein alter verrosteter, von einem Weinfass abgesprungener Reif wird zu Kohlen verbrannt, die Kohlen abgelöscht und das Wasser vom Kranken getrunken, die Kohlen werden rückwärts über den Kopf geworfen (H.-W., 266). Oder: der Patient verschluckt drei kleine Stückchen vom Riemen des Gürtels (FRONIUS, 29). — Mhd. verch ‚Leib, Leben, Blut‘; aus derselben Anschauung heraus sagt man bei rheumatischen oder neuralgischen Schmerzen *de Ôdern* (Adern) *dâ em wî* (nösn.). Vgl. DWB. 3, 1528.

—, **Fiert**, Pl. *Fierten* (Kronst.). *Mät ôl Fierten* (Kronst., HALTR., Plan 55) ‚Gefährte, Genosse‘? s. *Gefiert*.

—, **Fiertoch** n. (nösn., BERTLEFF) ‚Pferdepferch‘. Zu *Fiärich* (Pferch)?

—, **Fiessketchen** n. ‚etwas sehr kleines‘. *Uch net wê e Fiessketchen* ‚gar nicht‘ und ‚gar nichts‘ (Schässbg.). *Fiess* umgelautet aus *Fuess*, dies aber entspricht genau einem oberdeutschen (schweiz.-bair.) Fachs ‚Haar‘, auch ‚dünnes, auf magerem Boden wachsendes Gras‘. s. (Fachsberg). Das Dim. *Fiessken* ‚Härchen‘ musste nochmals verkleinert werden durch *Ket'*, das nicht nur das einzelne Korn jedes Samens bedeutet, sondern überhaupt ein kleinstes Teilchen, das einzeln noch seine Gattung vertritt. *Fuessket', Fiessket'chen* ist sonach gleichbedeutend mit *Hôrket'*, *Hôrket'chen*, das die Ma. in gleichem Sinne gebraucht: *Uch net wê en Hôrket'* Wenn man *Fiesketchen* mit Fase (Faser) in Zusammenhang bringen wollte, so gäbe gewiss auch dies eine Erklärung, aber dann wäre *Fiesket'* im Bestimmungs- wie im Grundwort gleichbedeutend (vgl. *Honefkejt* das einzelne Fädchen des Hanfbastes). Deshalb liegt die Erklärung im Anschluss an *Fuess* ‚Fachs‘, ‚Haar‘ und an die analoge Ra. mit *Hôrkejt* näher.

Fiest, † F. N. (Nadesch, Schässbg., *N.-Eidisch*). s. Fest.

—, **Fifferik** (⏑⏑⏑́) m., scherzhafte Bezeichnung für kleine, lebhafte Menschen, ‚Pfefferkorn‘ *(Bistr.)*. — Zu rum. piper ‚Pfeffer‘. *-p-* verschoben wie in *Fefferôn* aus ital. peperone.

, **Fifferôn**, s. *Fefferôn*.

—, **Fîfken** n. ‚das blaue Eichhorn‘ (HALTR., Plan 63), ‚der Siebenschläfer‘ (FRONIUS, 133), Myoxus glis, Schreb.; das Fell des Siebenschläfers. Dazu adj. *fiwen, fiwän* und *fîwich*. — Zu mhd. vêch, ahd. fêch ‚bunt‘? Dafür scheint ffyhen zu sprechen, das unter ausgeführten Waren (auch Fellen) erwähnt wird (1546, Qu. Kr. 3, 368) und jedenfalls das Fell des Myoxus glis bezeichnet. Für *f (w)* neben *ch* wäre zu vergleichen: *Hôschuewen* O. N. neben *Hôschuegen* [3], *Kniwel* neben *Knächel (?), Hiwel* und *Häfel* neben nhd. Hügel. *Fî-* für mhd. vêch erscheint auch in *Fîmel* (s. d.).

Figer, F. N. s. Fieger und Füger (ahd. fuogâri ‚Ordner‘).

—, **fîgern**, refl. er »fîgert sich« ‚ist sehr feige‘ (BINDER, Coll). — s. feig.

—, **Figlibîro** m. ‚Goldamsel‘ (Med.), vgl. *Fetzelbîr, Fickelbîer, Finglobîro, Fogelbîro, Tschuklobîro*.

Figuli, F. N. Als Namen von Lehrerfamilien im ganzen Gebiet der Ma. verbreitet, verkürzt Figli (Heldsdf. i. B.), latinis. für Depner, Teper, Töpfer. Urk. 1523 (Cap. Cib.), bei den Schulvisitationen des 18. Jahrh. (1762—1765) in den Kirchenbezirken *Bistr.*, Hstdt., Kronst., Med., Reps, Schässbg.

Figur, **Figûr** fem., nösn. *Figûr* fem. [Städt. Halbma.], wie nhd. *E huad än štatûresch Figûr* ‚eine stattliche Gestalt‘ (nösn.). *Figûren äm Tǫ̂nz, ǫf dem Pupaier, aus Holz, aus Štê.*

Är gesse Blǫ̂, en Stadtfrämâm
Dä list ous de Figûren (des Kartenspiels).
KÄST., 148.

Der Pl. im Sinne von ‚Ziererei, Verstellung‘. Zum Gast, der sich bis aufs Äusserste nötigen lässt: *Na net mǫ̂ch nâ esevel (esoln) Figûren.*

~, **fijelîrn** schw. (nösn.) ‚herumschwärmen'. *Nammi fijelîr af der Gass eräm (Bistr.).* Süds. nicht nachgewiesen. Zu lat. vigilare. *v* 〉 *f* wie in *fäxîrn, fisitîrn.*

~, **fîkeln** schw., nösn. *feckeln* schw. ‚pflegen, hüten' oft mit dem Nebensinn des nutz- und zwecklosen Pflegens. 1. ‚Menschen, besonders kranke, schwächliche Kinder pflegen, erziehen'. »*Soad bedungkt Gruis* (Grossmutter), *dad er mech hgot gruis fîkeln hälfen*« (Pruden, Schuller, T. u. B. 2, 31). *Ech hun e gefoikelt wâ en blanjden Heost* [He°st] (‚Hengst' Agnetheln). *En Krangken am (afm) Bêt, än der Štuf fîkeln* (Med.). *Se wid et nôch long fîkeln* ‚die Mutter wird die Tochter noch lange hüten' (d. i. diese wird sitzen bleiben, Ebda.). Tadelnd: *Wat feckelst te der diän Zigunn baim Haus* ‚wozu hältst du ihn in deinem Hause' *(Bistr.).* Urk. »Wahr, dass die Krankheit der Klägerin eine wahre Krankheit gewesen, und sich dieselbe nicht aus Faulheit von dem Artzt hat im Bette von der Mutter hegen oder feckeln lassen?« (1795, L. K. A.). — 2. ‚Tiere, Pflanzen pflegen'. *En Blam fîkeln* (Rumes). *De Hengkeln fîkeln.* Iron. *Det Gekraidich* (‚Unkraut') *feckeln (Bistr.).* Zur faulen Magd, die das Blumengärtchen nicht sauber hält: *Fisken ê, tê foikelst det Gekreksel wâ won et Rossettel* (‚Reseda') *wêr* (Agnetheln). — 3. Übertragen auf leblose Dinge. *Ich wîss net zea wat te dat Klît fîkelst* ‚schonst' (Med.). Von getrockneten Blumen:

> *Wat geng mich de schêbich Gekretzel*
> (‚Unkraut') *dänn un,*
> *Wat sûl ij et fîkelen ä menger Trunn?*
>
> Käst., 10.

Ironisch: ‚eine Krankheit schonend behandeln, gleichsam pflegen, so dass sie zunimmt'. *Et faikelt de Krint* (1867, Bekokten), *e fîkelt det Fräisen* (‚Fieber', Rumes). — Zus. *af-* (auf-), *verfîkeln.* — Syn. *afhêken.* — Zu dem Worte sind zu stellen lux. verfekeln, eifl. foehkeln, köln. feukele; sie gehören alle zu lat. focillare, das schon im klass. Lat. ‚wieder ins Leben zurückbringen, erquicken' bedeutet und dessen Stamm fo- (foveo, fomentum) die Grundbedeutung ‚erwärmend hegen und pflegen' hat. Die Sache ‚am Herde wärmen' beleuchtet vortrefflich das Weistum aus Schengen an der Mosel (1624, Hardt, S. 659): »In der winterzeit, da das eysz angehet, soll jedermahn, weib und kindt, als die führer anruffen, anstundt laufen, die seill (sc. der Fähre) halten, . dermassen, wan ein fraw . ihr keindt bey dem feuwr hielte (ss. *fîkeln*), solt sie dasselb auff das beth ungewickelt werffen und zu der ponthumb lauffen«. — Kisch, Kbl. 27, 4. V.-A. 33, 72.

~, **Fil**, s. Pfühl.

Filendorf, O. N. (1680) für Feldorf (s. d.), ss. Übersetzung von *Fellderf* ins Nhd. (*Fellen* = Füllen).

Filf, F. N. s. Filp.

~, **Fîlhâst**, s. Fohlenhengst.

Filk *(Fîlk),* F. N. (1624, Schässbg.; 1705, *Bistr.),* Filck (1715, *Bistr.*), Fhilck (1684, Trappold), Fielk (Schässbg. u. sonst). — Dazu der Fl. N. *Fielkesoachen* (Keisd). — Ahd. Fulco, Koseform für die mit fulc-, mhd. volc- zusammengesetzten P. N., vgl. Fielker, Filtsch, Folberth u. ä.

Filkeni, F. N. *(Bistr.),* Filkeny (1697, Hohndf.), Filckeni (1752, *Bistr.).* Filkenus (1762, *Budak*), Filkenius (1682, Schässbg.; 1762, Neithausen; 1763, *Wallendf.),* Fhilckenius (1684, Trappold). — Latinis. Form des F. N. Filk, in den ältern Matrikeln werden oft beide Namen für dieselbe Person nebeneinander gebraucht. Filken ist schwacher gen. patron. zu Filk und noch jetzt gebraucht: *Filk-en Hanni* ‚Johanna Filk'. Vgl. Dorfi, Graffi, Schulleri.

Filou, Filû m. [Städt. Halbma.] ‚Spitzbube, durchtriebener Kerl'. *Dad äs e Filû (Bistr.).* Über das Nhd. aus dem Franz. filou ‚Spitzbube', selbst im Akzent (◡ ⊥) entnommen.

Filp, F. N. (D.-Teckes, Katzendf., Marienburg, Rode), 1605 (Kronst.), Filpp († Streitfort). Als patron. Genet. Filpes (D.-Teckes); in der ursprünglicheren Form Filip (Agnetheln ◡ ⊥, Frauendf.), Filepp *(N.-Eidisch);* mit verschobenem *-p* Filf (Trappold), Fylew (1509, Hstdt.), Filff (1793, Trappold). D. N. Filipp *(Passbusch),* Filp *(Pintak).* — Zu Philipp. — Dazu die Fl. N. *de Filpesch Kolštêt (Pintak), Filffgruawen* (Wald, Trappold).

Filpes F. N. (D.-Teckes). — Patronym. Ableitung zu Filp.

Filstich, † F. N. (1688, Kronst.), Filstech (um 1500, V.-A. 16, 391), Fillstich (1569, Klausenbg.; 1621, Kronst.), Vielstich (1612, Kronst.). ‚Einer der viele Stiche tut', ‚Schneider'.

Filter, Filter n., wie *filtrîren, Filtrîrbeggel* (-beutel), *-hott* (-hut), *-papeir* (-papier), *-štîn* (-stein), *-trichter* ganz junge, aus dem Nhd. entlehnte term. techn. (Hstdt.). Hin und wieder auch in mehr sächsisch eingelauteter Form: *Fälter.* — Zu mlat. filtrum, das auf ahd. filz ‚Filz' zurückgeht; franz. filtrer ‚durchseihen'.

Filtsch *(Fîltsch),* F. N. (Hstdt., Rätsch), Filsch (1722, Kl.-Scheuern), Fieltsch (1722,

Hstdt.; Gr.-Alisch), Filtz (V.-A. 32, 424). — Vgl. O. N. Filsch (bei Saarburg). — Koseform zu Filk *(Fîlk)*.

Filz, Filz m., nösn. *Fälz* m. Verdichtete Wolle. *Schâgn aus Fälz (Bistr.). Det Hôr äs der verkêzt wâi der Fälz* (Ebda.). Danach jede Decke aus Filz. *De Fâlz* ‚Pferdedecke' (Gergeschdf.). Im Süds. vielfach mit *l' Fäljz*. »Item pro uno felss ad sellam« (1505, Qu. Kr. 1, 97); »pro uno felcz ad sellam equi provincialis (1509, Ebda. 1, 139); »stratum vulgo eyn felcz ad bombard. magn.« (1547, Nat.-A.); »vor zwen feltz« (1570, Bistr. Cap.). — Hieher der F. N. Feltz (1636, Tartlau i. B.) oder zu Filtsch, Filk? — Mhd. vilz.

Filzhut, Filz-, *Fälzhot* m., nösn. *Fälzhât* m. Vom groben, aus Wollfilz erzeugten Bauernhut auch: *Wallhot* ‚Wollhut'. Gegensatz: *Štrîhât* (Strohhut), süds. daneben auch *Schîfhot*. — Zu Filz.

filzig, fälzich adj. [Städt. Halbma.]. *Der Štoff äs esi fälzich* (Schässbg.). Echte Ma. (vom Haar) *verkêzt* (nösn.), süds. *verkôzt, verzôkt*.

Filzmacher, † ‚Hutmacher'. »In turrim der Fylczmacher« (1538, Qu. Kr. 2, 543); »dy feylsmacherr [haben gebenn] asp. 25« (Ebda. 3, 324). »Fylczmacher thurn« (1562, Müller, Sprdm. 225). »Orben Andreas Czechmeister der Felzmacher Czech zu Cronnen« (1605, B. M.). »Anna Andreae Gross, hiesigen Feltzmachers Eheweib« (1687, Cap. Cib.). Heute dafür: *Hotter, Hâter* (‚Huter'). Dazu der † F. N. Filczmacher (1489, Kronst.), Felczmacher (2. H. 15. Jahrh., Hstdt.). In den Steuerregistern (Qu. Gesch. S. und Qu. Kr. 3), auch Ffylcz-, Vylcz-, Feylcz-, Fôlcz-, Fwlczmacher geschrieben. Filtzmacher (1722, Hstdt.).

Filzschuh, s. *Pątsch* (nösn.). Im Süds. wird in städt. Halbma. *Filzschach*, Pl. *Filzschagen* [ʒ] gebildet: *Dî lekt gor štark um Gicht* oder: *äs gor štark reomâtesch; e drîd ängde Filzschagen.*

—, Fîmel fem., nösn. *Faimôl (Wallendf.), Fâmuᵉt (O.-Neudf.), Fîmôt (S.-Reen)*. 1. ‚der gefleckte Salamander, Feuersalamander' Salamandra maculosa Laur. *Ich hu widder Faimôl gesâi (Wallendf.)*. — Dazu der Fl. N. *Fîmelpoddel* (Thalheim), *bâᵉm Fîmel-, Fiᵉmelpoddel. Fiᵉmelgrąbm (Kl.-Bistr.)*. — 2. ‚Kaulquappe' (Kronst., Barthol.). — Syn. *Kailang (S.-Reen)*. — 3. ‚kleine Würmer im Darm bei Kindern' (Haltrich, Plan 63). — 4. ‚Eidechse' (Draas, Katzendf.). Abergl. *Wiᵉ sech en Fîmêl iwer de Hund leit loufen, liᵉrt* (lernt) *ąllest rąnj* (‚leicht', Draas). *O jê, et wôr mer en Fîmel än de Bêsem* [Bəᵉsem, Busen] *gekrôchen, dê* [əᵉ] *ij äm Grâs schlef; ich hu mij e sui erfêrt, dąt mer och ned oind äs bliwen* (Agnetheln). — 5. ‚lebhafte unruhige Menschen'. *Dôt as en Fîmôl!* (Kronst., Barthol., vgl. Kbl. 32, 138) *En Fîmôl!* Schelte für ein keifendes böses Frauenzimmer (Sächs. Burzenland, 460). Damit lässt sich vergleichen aachn. Fimel fem. ‚ein zartes, stilles Frauenzimmer', zips. Fêml ‚Salamander' (Mraz, 103), Femmel m. ‚Blindschleiche' (Schröer 44, 291). — Mhd. vêch mol ‚bunter Molch'; die Formen mit auslaut. *-t* gehen auf die mhd. Nebenform molt zurück.

—, fîmen, s. feimen.

Fimmel, s. Femel.

Finanzen, Finanzen Pl. 1. Wie nhd. ‚Staatseinkünfte, Organe zur Einhebung derselben'. *Mer selle bâ de Finanzen* ‚aufs Steueramt'. *E äs bâ de Finanzen* ‚dient als Finanzwachmann'. — 2. Davon: *e äs Finanz* ‚Finanzwachmann'. D. N.: *Finanz* (Meeburg, Bekokten). Drohend gegen ungehorsame Kinder: *Schwech, sonst gen ich de Motter de Finanzen* ‚schweig, sonst gebe ich deine Mutter den Finanzwachleuten' (Marienburg)! Am schwersten empfand das Volk die Amtshandlungen dieser Organe in Dingen, die früher dem Belieben Jedes anheimgestellt waren, nun aber vom Staat als sein Recht in Anspruch genommen werden, etwa Tabakbau, Branntweinbrennerei u. ä. *De Finanzen hu mer den Tabak mät dem Ząbijen* (Säbel) *oᵉgehân en walle mij och nôch štreᵒfen* (Agnetheln). Der in seinem Unwillen dies klagte, hatte die ihm behördlich gestattete Fläche von 20 □ Klaftern dahin verstanden, das zu bebauende Stück dürfe 10 Klafter lang und ebenso breit sein. Auch im Punkte des Rechtes zur Nutzung von Früchten kann sich das Volk nur schwer bekehren zum Gehorsam gegenüber dem Staatsmonopol. Und wenn die Organe oft um Mitternacht ins Haus dringen und eine Übertretung gegen die Vorschrift des Branntwein-Brennens feststellen, da sind es nicht Segenswünsche, die aus dem Bauernhause den *verflachte Finanzen (Finanzern)* nachfolgen. Die Plackereien der *Finanzer* geisseln köstlich die Literae obscurorum virorum von Fr. Fr. Fronius (Siebenb. Quartalschrift 1860). — 3. † Der Sing. in der mittelalt. Kanzleisprache ‚Betrug'. »Alss demnach das Landt .. erkennet, dass die Versicherung dess Budai Veszeren (Ofner Veziers) vndt hilffleistung dess Römischen Keyssers lauter Finantz vndt lügen sei« (Kraus, Chron. 1, 364); »mit gewaldt vndt finanz« (Ebda. 2, 16).

— Älternhd. Finanz zu ital. finanza, mlat. finantia ‚öffentliche Geldleistung, eigentlich Schlussleistung‘.

(**Finanzer**), **Finanzer** m. 1. ‚Finanzwachmann‘. *Der Misch äs Finanzer* (nösn). — Syn. *Finanz, Grȧnšpiecht* (Grünspecht). — 2. † ‚Wucherer‘. »Kompt ein armer nothdurfftiger gesell, dem ein noth anligt undt geldt entleenen muss, derselbig findet selten einen erbarn frommen Mann, ders umbsonst thun sollt, sondern findet eitel wucherer, finantzer, die zwar gern geld weg lihen, aber von hundert gulden 10 auch 15 zum auffsatz zu geben« (Dam. Dürr, Aml. 43). — Zu nhd. Finanzen, älter nhd. Finanz fem. ‚Wucher, unredliches Geldgeschäft‘ ⟨ mlat. finantia ‚öffentliche Leistung, Schlussleistung‘ zu lat. finis.

(**Finanzerei**), † ‚Betrug in Rechnungen, Geldgeschäften‘. »Wůrd es aber gemerckt vnnd offenbart / das der erbe . . . zu verforteilen die andern / mit heimlicher finantzerey / einen betrug begangen het« (E. L. R., 84). »doch soll hierin kein gewalt noch muthwillen oder aber finantzerey an ihnen ehe der Zeit geübet und gebraucht werden« (1627, V.-A. 36, 361). — s. Finanzer.

finden, fängden st., nösn. *fänn* st., *fänne (S.-Reen), fenne (Jaad)*. Prät. *femt* (Harbachtal), *fǫant* (Med.), *fǫnd, fûnd (Wallendf.), se fâne (Kl.-Bistritz)*. Part. *fäangdn* (Med.), *fangden* (Hstdt.), *fanjden* (Harbachtal) unter dem Einflusse des Nhd. auch mit *ge-, gefangden, gefanjden, gefǫnn* (nösn.), *gefonne (Jaad, S.-Reen)*. 1. Trans. a) ‚leblose Dinge finden‘, suchend oder zufällig.

Schingke, schingken
Nemmi nien,
Fäinjde, fäinjden
Weder gien. Schuster, Volksl.

Gesäinjt,
Dǫt vil verleist uch fäinjt,
Loss ous denjem Hous geschwäinjt.
Ebda., 189.

Scherzhafte Frage, wenn ein Kind gefallen ist: *wat huest te fainjden* (Kirtsch). Häufig im Sprw. *E jêd Sǫck fandch sich senje Boindel* (Semp, Vrspillt 14); *e jêd Däpchi fänt saine Dâkel* ‚jedes Mädchen findet seinen Freier‘ (nösn.). *Diär Ącke widd em doch och e Hâlf (än Still) fänn* ‚einen Ausweg‘ *(Bistr.). De Bâbe* (‚Märzsturm‘) *keim* (kann) *wejder det Lòch net fojnden* ‚will nicht aufhören‘ (Stein). *Af âgekierde Bingke fäinjden de Riwer* (Schuster, Volksl. 212). »Wir finden« ‚lesen viel‘ im Weingarten (Binder, Coll.). Besonders urk. »Item mir han funtden 31 weyst hyszer (‚wüste Häuser‘) yn dyszem czeysz (‚Zins, Steuer‘, ‚Steuerbezirk‘)« (1496, Qu. Kr. 3, 803). »am Mythwoch Nach Vincenti 1527, da hab ich fwnden gelt yn der laden« (1527, Qu. Kr. 2, 14). »Dieweil aber H. Marckes geklaget hatt, er het nicz (‚nichts‘) funden an güttern bey dem Hoff« (1568, B. M.). »Findet jemand sein gut inn frembder gewehr« (E. L. R., 36). »Ich weiss das mir Zeim, Sillen und andere Ding, das mir im Taber des Jahrs verloren, in des Merten Fleischers Sack funden haben« (1599, Ger.-Prot.). »Hatte alsbald die Bötzsch (‚Perle‘) funden, da der Knecht zuvor hin und wider war gangen« (1661, Cap. Bog.). »Ich hab gehöret von der Mechel Gierischin, dass sie in ihres Mannes Schieb (‚Tasche‘) ein Schnufftuch funden« (1696, Cap. Bog.). »Eines mahls rieffe mir A. und funden einen verschimmelten Beeltschen (‚Kuchen‘) in ihrer Trugel« (1765, L. K. A.). »dass man einen Schneper bey ihm funden, welcher fremde trugen (Truhen) aufschlisset«, »weil nicht das geringste vom corpore delicti bey ihm funden wird«, »hatt er eine thür an der Kirchen offen funden, welche zum Knecht galanther dienet«, »was habt ihr mir in Händen funden« (1753, Hstdt. Mag.). — b) ‚Mensch und Tier finden, antreffen‘. *Des Mêtcher fängde nichen Uenier* (‚Abnehmer, Freier‘). Bei der Taufe: *Am Nummen des Harrn lossn mer ich, am Nummen des Harrn fann mer ich (Weisskirch)*. In der Leichenklage: *Ąwwer aus Fränt witt nammi sai zem fänn* (Gassner, 88). Im Volksspruch:

Špôt nor, špôt!
Äm Hemmel äs e Gôt;
Dier wirt dech fäinjden,
Mät allen denje Säinjden.
Schuster, Volksl. 208.

Bei vergeblicher Suche nach gestohlenen Pferden: *Ech dingken, dâ Gorre sâ* (sehen) *mir nimî; mer hun dich* (ja, doch) *nê ä siwe Gemoinen och* [3] *ǫf siwen Hâterden ânen oinesch geseokt, en hu se net fanjden* (Agnetheln). Urk. »Mer Hab ich gebenn von 1 kleynen khynd, das Man funden hadt, 1 Jor czu czyhen« (1560, Qu. Kr. 3, 330). »Petter Hallern und Herr Hannes Bengnern persönlich funden« (1563, B. M.). »Zum andren das E. U. W. nach der Fetell hat geschickt, und in auch in einer Herberg mitteinander funden hat« (1579, Ebda.). »Das eben solcher mensch in solchen Kleidern sol im Wald todt funden sein« (1598, Ger.-Prot.). »wir . gingen dem gestank nach, und funden balt einen strempel (‚Schenkel‘) von einem menschen« (1598, Ebda.).

»Ich hab gehort das ehr sagt wo er das medtchen zu hauss f e n d t bey seiner frauen, so wollt ehr sie beide in die bach tretten« (1610, Ger.-Prot.). »meine Obrigkeit wird mich wol wissen zu f i n d e n« (1612, Bistr. Cap.). »Am Sonnabend kam der junge Mann nacher Hauss und f i n d die junge Frau im Hoff« (1772, L. K. A.). »Demnach spricht der H. Bürgermeister, wen ir hinauss kömpt, so nempt Ross, wo ir sie f e n d t« (1600, Ger.-Prot.). »Dieweil sie aber die Ross verschnittend f u n d e n« (1635, Bistr. Arch.). — c) Abstrakta als Objekte. *En Ouswiech fänjden.* »*Dô werd em schlesslich schî Rôt fänjden*« (Volksfr.-Kal. 1905, 93). »*Ạlz op se gêgnsaitich ênt bai dem ạndern ier Lêbnsgleck wiern fenne*« *(Kl.-Bistritz,* Bertleff 18). *Wat te der säckst* (suchst), *wiršt te fäinjden* (Schuster, Volksl. 253).

E gât Wîrt
Fäinjt en gâden Îrt. Ebda., 250.

De Wôrhît fäinjt sälden en Uštällungk (Ebda., 218). Urk. »Dem Tamasch meinem diener soll man auch seinen willen f i n d e n« (1505, B. M.). »Die arme schuler f i n d e n desgleichen solch treu am volck wie man inen phlegt zu lohnen« (Dam. Dürr, Aml. 18). — Speziell ‚ein Urteil finden'. »Daraus auch gefolget / das man des Rechts vngewis / im vrtheil f i n d e n gewancket / vnd zweyffelechtig worden« (E. L. R., Vorrede). »Ehe der Richter das Vr(t)heil f i n d e t / sol er alle gelegenheit vnd gestalt der teidig vleissig auskůndigen« (Ebda., 5). — Auch absolut, ohne Bezeichnung des Objekts. »geloben auff dem / was sie erkennen vnnd f i n d e n (‚als Urteil, Beschluss') wůrden zu gestehen« (Ebda., 145). — d) Andere Verwendungen: ‚erkennen, halten'. *Dạt fänn ich nät for gât (Bistr.).* »als f i n d e t eine gesambte löbliche Universität ... diensamb und gut« (1724, Strumpfw.-Art.). »und er sich ungehorsam läst f i n d e n« (1615, B. B.). ‚irgendwohin finden, treffen'. *Der Hạnt fänt nät erän* (zur Tür, zum Tor, *Bistr.).* Tiere, die zum erstenmal auf der Weide sind, *fängden net hîm.* Auch vom Trunkenbold sagt man das. *Wonn e des Eowest besôfen äs, fạnjt e net hoim. Se* (seine Angehörigen) *geon derneo ạf de Gạss en seken en* (Agnetheln). »An einen Ort f i n d e n« (Binder, Coll.). Frage, nachdem man einem den Weg gezeigt hat: *Wist te nau fänn? (Bistr.). Ich fạnt mer äm hurtijn* (‚in der Eile') *det Maul nät* ‚wusste nicht, was ich sagen sollte' (Ebda.). Vom Hungrigen: *E fạnjt det Mel och* [ʒ] *äm Däongkeln* (Agnetheln). — 2. Refl. *E ergit, e fänt sich drän* (nösn.). *Dạt wit sich schu fänn* ‚wird sich ergeben' (nösn.). *Et kû sich fanjden, dạd em mät Duid uakit* (Schönbg.). *Et fänt sich nâmest, tạt* (dass) *e det Haus sell ibernî (Bistr.).* Urk. † ‚sich irgendwo einfinden'. »Das haben wir gemercket, dass wo eins in der Arbeit gewesen, hat sich das andere gleich auch da g e f u n d e n« (1697, Cap. Cib.); »sondern auch nach der auf vorhergegangene Warnung geschehene Entlassung auss dem Dienst bey der Abend- und Morgen-Dämmerung sich als Wäscherin mehrmahls zu Incto g e f u n d e n« (1770, Ebda.). — ‚Sich finden lassen' hat die passivische Bedeutung ‚irgendwo gefunden werden, sich irgendwo einfinden, befinden'. »Wer sich nicht f i n d e n lesst zum (‚bei dem') herrn stadthannen« (1567, Nat.-A.). »damit wir uns gegen sie (‚in der Stellung gegen sie, als ihre Feinde') f i n d e n lassen« (1599, Bistr. Cap.). »Der Ungar sagt wollan ich soll auch auff Leschkirch, Lass dich auch da f i n d e n« (1600, Nat.-A.). »Befahl er (nämlich) der Nathan Schneider er sollt sich in dem Backhauss nicht lassen f i n d e n, sonst werde es ihm übel ergähn« (1610, Ebda.). »VII. Hatt er sich mit grossem Aergernüss in einem gantzen jahr nit zum Hochwürdigen abendmall f i n d e n lassen« werfen die Hahnebacher ihrem Pfarrer vor (1667, Cap. Cib.). »So offt mein Wagen jrdents hin ist gegangen, hat sie sich bey demselben f i n d e n lassen« (1694, Ebda.). — Zus. abfinden, auffinden, befinden, einfinden, empfinden, erfinden, herausfinden, vorfinden. — Nösn. *fänn, fenne* hat Assimilation des *d* an *n,* wie lux. fannen und finnen, siegerl. fenne, oberhess fene, zips. fenn; ebenso *bänn* (binden), *uzänn* (anzünden). Im Süds. findet sich palatalisiertes *fänjden* neben gutturalisiertem *fängden,* das Schlussglied der Reihe gibt köln. finge, aachn. fenge. Vereinzelt steht *faonden* (Rode). mhd. vinden, ahd. findan. Lautt. 48.

finbig, fängdich adj. [Städt. Halbma.]. *As dôt nätch e fandjich Käntch!* (Kronst.).

F i n d l i n g, auf dem Findling, unter dem Findling, Findlingswäldchen Fl. N. (Nimesch). In der Bedeutung ‚gefundenes Kind' hat unsere Ma. dieses Wort jüngerer nhd. Sprachbildung ebensowenig nachgebildet wie das Wort Findelkind, die Übersetzung des franz. enfant trouvé.

(**Findzettel**), †. »Er sol vber alle die Gůtter f i n d z e d e l (inventarium) machen / so der verstorben an seinem tődtlichen abgang vermůget hat« (E. L. R., 116).

F i n e n b e r g e r, † F. N. (1722, Hstdt.), F i n u m b e r g e r (1708, Ebda.), F i n n e n b e r g e r (1718, Schässbg.), F i m b e r g e r (1735, Ebda.), F i n b e r g e r (1755, Ebda.) s. Schotsch, 13.

Fines, F. N. (Bulkesch).

Finesse, Finäss (◡◡́) fem. ‚Schlauheit, Haarspalterei' [Städt. Halbma.]. *Dąd äs nur än Finäss* ‚nicht ernst zu nehmende Haarklauberei' *(Bistr.)*. Über das Nhd. aus dem Franz. finesse ‚Feinheit'.

—, **Finetti** (◡◡́◡) in der Ra. *e äs um (ąf em) Finetti* ‚er ist am letzten angelangt' *(Bistr.,* Schässbg., Med.). — Zu ital. finire, vgl. die Ra. falla finita ‚mach ein Ende!' Aus der Sprache der Kaufleute, der das Ital. viele Ausdrücke geliefert hat. Anders Follm., 160.

Finger, Fänger, *Fänger* [ń] m., nösn. *Fänger* m. 1. Die fünf Finger. Namen der Finger: *Dommen, Zîchfänger, Mättelfänger, Gûldfänger, der klî Fänger;* nösn. *Dummen, Zêchfänger, der mättelst Fänger, Goldfänger, der klî Fänger.* Vom Volke unterschieden werden aber eigentlich nur der Daumen (s. d.) und der kleine Finger, die andern Namen sind aus dem Hd. eingedrungen. In der Kindersprache heissen die Finger (beim Daumen beginnend): *Tocki, Picki, Licki, Tschicki, Micki.* Die »Fingermärchen« sind sehr gebräuchlich, ein Beispiel:

Det gê̊t an de Bąsch,
Det fą̊t de Fąsch,
Det brą̊nt se hêm,
Det brą̊t se,
Dät klîbes (‚kleine') *frast se.*

Zeiden i. B.; vgl. Höhr, 9; Gassner, 40; Schuster, Volksl. 325; Lux. Wb., 100.

Wegen ihrer Beweglichkeit sind die Finger überhaupt ein beliebtes Spielzeug und die Mutter gebraucht es auch oft, wenn sie den kleinen Schreihals zur Ruhe bringen will. (Vgl. Höhr, 6, 9; Wb. 1, 239). Im Kinderkanon:

Der Fänjer,
Der Dommen,
Der Ielebîjen.

Schuster, Volksl. 397.

— Besondere Bedeutung hat neben dem Daumen der kleine Finger. Ist jener der Starke unter den fünf Brüdern, so dieser der Kluge, Pfiffige, der mehr weiss, wie die andern. Im Märchen (Haltr., M.[3] 259) rettet er die andern aus Verlegenheiten; er sagt seinem Besitzer Geheimnisse. Daher auf die Frage: *Wohär wîst ta dą̂t?* die Antw.: *Me klî Fänjer hôt mer't gesôt* (vgl. Lux. Wb., 99). *E hůed ed äm klenne Fänger* ‚er versteht es, kann es ausgezeichnet' (Mühlbach und sonst). Ironisch zur Verspottung unberechtigten Schmerzes: *Dêt der det klî Fängerchi wî? (Wallendf.).* — Scherzhaft werden die Finger auch *Špäcken* (längliche Speckstückchen zum Spicken des Bratens; Haltr., Plan 127) oder *Arkeder Lächtschêr* ‚Arkeder Lichtschere' (H.-W. 141) genannt. Ra. Binder (Coll.) verzeichnet die Wendung: »Es kostet fünf Finger und einen Griff«, heute in der Ma.: *Et kost fą̂f Fänger uch* [ʒ] *en Gräff* ‚ist gestohlen'. *Verwichen hadd e em de fôⁱf Fanjer af't Back* (Backe) *geštampelt* ‚ihm eine Ohrfeige gegeben' (Kronstadt). — Selbst gesetzliche Preisbestimmung erfahren die Finger je nach ihrer Bedeutung: Während der abgeschlagene oder gelähmte Daumen mit 10 Gulden, wird »der anderer Finger oder Zahn (Zehen) einer / mit fůnff Gůlden gesůhnet« (E. L. R., 175). — 2. Der Finger dient als Mass, wie Atem, Faust, Fuss (vgl. Grimm, Deutsche Rechtsaltert. 100 f.). »Item sollen die Dienstmägde keine ausländische Fronsen einmachen. Sie seyen denn nur Fingers breit« (1689, Kbl. 31, 75). *Det Bą̂nd äs Fängeršch brêt* oder *zwî, drâⁱ, vâr Fänger brêt* (nösn.). *De Âxef* (‚Quelle' sonst *Ôder* genannt) *kid en Fanjer däck* (sonst, wie auch nösn. *Fängeršch däck) eraus* (Bulkesch). Im Volkslied:

Wêr ej e klî wält Vijeltchen,
Esi klî wǣ me Fängerchen.

Schuster, Volksl. 43.

— Zur Bezeichnung grosser Armut oder der Verwaisung: *Ed äs geblibm wâⁱ der Fänger, et hůad näst (Bistr.). E äs ellîn wǣ der Fänger* oder *wǣ der nacktich Fänger.* Scherzhaft zu Kindern, indem man den Finger gegen sie ausstreckt: *Diser äs nąckich* (nösn.). — 3. In Verbindung mit Adj. *E hůat lą̂ngk Fänger* ‚stiehlt' (nösn.) wie fast allgemein hd. Süds. auch: *longk Fänger mąchen,* im Burzenl. *kramm Fanjer möchen* ‚stehlen'. *E wî Fänger, e schwirich Fänger.* Dagegen hilft das *Bâkeltchen* (s. d.), *u dn wîne Fänger e Backeltchi mąchn (Bistr.). Es Fisken* (unsre Sophie) *hoᵉt gor en anjeme wîe Fąnjer, 't hoᵉt de gemz Noᵉcht* (χ) *näst geschleᵒfen. — Na, wot môcht er em?* (zur Heilung). — *Gebreᵒdanen Zwaibel!* (Agnetheln). Einer will die Heilung besser verstehen und rät: *Et są̂l de Fänger ä Klą̂ᵉ bůeden* ‚ein Fingerbad in Kleie nehmen'. — Syn. *Wurem* (Wurm). — *E däck, butich Fänger* (nösn.). — 4. In Verbindung mit Verben. a) Als Subj. im Nom. *Der Fanjer schwirt mer* (Katzendf.), *wit mer êmich. Der Fanjer äs mer erbą̂lt* (Bekokten), *de Fąnjer se mer gąanz afgekwalle vum Kąalden* (Med.), *geschwąlln, änząnn,* süds. *entzangen, erfrôrn* (nösn.), süds. *erfrîren, štuarich* (nösn.), *gą̂nz gebacken* ‚starr vor Kälte', *ąfgetrêscht* ‚die Haut ist geplatzt' *(Bistr.). De Fänger ziddern mer.*

De Fänger êmesen (ameisen). Sprw. *Wąt de Ôgn sâ* (sehen), *losse de Fanger nät štô (Ludwigsdf.). Der Fäinjer lirt den Uersch scheissen* ‚gibt anmassende Belehrung' (SCHUSTER, Volksl. 238). Syn. *Der Obm verwaist der Kalefok* (nösn.). *De Fänger pątzn* ‚knacken beim Ziehen in den Gelenken', gilt als Zeichen der Verliebtheit. — b) Als Obj. im Acc. »das er doch hett ein ehrlich auskommen mit seinen armen kindern, die offt ires abbruchs halben mussen in der asch sitzen, die finger saugen, barfuss, nackend gehen, mangel und noth leiden« (DAM. DÜRR, AML. 18). Scherzhafte Antwort auf die Frage *wąt sąll ich mąchn? štäch der dn Fänger änt Maul* (zornig *än Uarsch*) *ąnt tsutzel dru (Bistr.). Sich de Fänger dernô lâkn* ‚höchlich zufrieden sein' *(Bistr.). Ich verbrâi der ent, tąd em der ąlle Fänger kannt* (Ebda.). *Gäf der Frit, de verbrâist der de Fänger* ‚misch dich nicht ein, du kommst zu Schaden' (Ebda.). *Wun em enem de klenne Fäinjer zicht, greift em nô der Hąnt* (SCHUSTER, Volksl. 243). *Ed äs esu dąngkel turtaus* (draussen), *tąd em de Fänger vor dn Ôgn nät sait (Bistr.). Den Fänger dâ* ‚unterschreiben' (von Analphabeten, die auf das frischgeschriebene Kreuz den Finger drücken). *De Fänger hąldn* ‚Taufzeuge sein' (beide nösn. und süds.). *Sich de Fänger erfrîrn* (nösn., süds. auch *erfræsen*), *verbrâi* ‚verbrennen', *ąfschouern, ąfraibm (Bistr.), afwieschen,* durch Scheuern, Reiben, Waschen Wunden an den Fingern erhalten (die geschlossene Haut reisst auf, wird offen, wund), *plêetern* ‚quetschen' (Katzendf.), *zeschlô, zeschnaidn* (nösn.), *entginzen* ‚verstauchen', *verštochen* etc. — c) Mit Präp. *Nau kąst te der u dn Fänger* (süds. auch *un de Kniweln*) *lutschn* oder *tsutzeln* ‚am Hungertuche nagen' *(Bistr.).* Scherzhaft: *Wat sąl ich mąchen?* Antwort: *Lutsch der um Fänjer* (HÖHR, 18). »*E Mąn brocht nor de Hąnt ze wiejen* (‚zu bewegen'), *se hêd un em jêde Fäinjer en Fræ*« (SCHUSTER, Volksl. 184). »*Nâ kôn ich mer un de Fanjern ąllest eruewklawiren*« (SEMP, Veršpillt 18). *Em wid en schu ąf de Fänger kloppm* ‚die Bäume wachsen nicht in den Himmel' oder *diän mâissn mer ąf de Fänger kloppm* ‚ihm das Handwerk legen' *(Bistr.). Enem ąf de Fänger sâi, kuckn* ‚achtgeben' (Ebda.). *Et mess en arch* (sonst: *angem*) *af de Fänger gebræt hun* (‚er muss in arger Verlegenheit gewesen sein'), *dat e det Hous verkûft huet* (Rumes). *Dąt huat e sich nur aus dn Fänger gezutzelt* ‚gesogen, es ist falsche Verleumdung' *(Bistr.).* »Das Erste bestunde in diesem, dass man Ihnen ihr Gebrechen nicht allein dann und wann zugutt helte, durch die Finger sehe, sondern Ihnen auch zuweilen Recht gebe« (1715, Cap. Cib.). *Em mess uch aldîst durch de Fänger sæn.* Vgl. Et muss än alt durch d' Fengere kucken (Sierck, FOLLM., 160). *Et lîft, rutscht, tschusst mer durch de Fänger (Bistr.).* »Soll ich mich in diesen oder jenen Finger schneiden?« ‚das kleinere Übel wählen' (BINDER, Coll.). Wenn die Entscheidung schwer ist, lautet die Antwort: *Et dîd înesch wî, schnegden ich mij än dese Fänger oder ä genen. Än de Fänger nî; wąt dau emôl än de Fänger nintst, äs tschâri* (‚zerbrochen', *Bistr.). Mät dn Fänger uar(b)edn, ąfkniddern* (‚verworrenes Garn entwirren'). Im Süds. *Mät de (Fängern) Honjden arbeden* ‚sich leiblich anstrengen', etwa auch im Gegensatz zur geistigen Arbeit, *mät dem Hîft arbeden,* was für leicht oder gar für Müssiggang gilt. *Mät dn Fänger pätschn* (‚zwicken'), *piddern* (‚ohne rechten Zweck herumarbeiten'), *testern* (‚spielen') (»testern, h. mit den Fingern an etwas spielen«, 1756, Kbl. 22, 25), *tuppm* (‚tupfen, leicht berühren'). *Mät dem Fänger ąw âmen* (‚jemanden') *waisn (Bistr.). E drąit mät dem Fänger* feiner als *mät der Faust (Bistr.). Mät de Fängern knatschen* ‚schnippen, ein Schnippchen schlagen'. »Aber er hat mit dem Finger geknatschet und gesaget, was fragen ich darnach« (1600, Nat.-A.). »Vnd als ich ihn ex officio ermane, dass er sollte zufrieden seyn, ist er herumgesprungen, mit dem Finger geknütscht vnd gesagt: »Ich bin Decanus .« (1623, Kbl. 23, 96). »*Ech bü gor e gedäldich uch e gätharzich Mensch, em kû mech am en Fąinjer wäckeln*« (LITSCHEL, Lisi 18).

t konnt n ibbern Fänger wänn ‚winden'.
SCHULLER, Mâtn. 18.

— 5. Die Ra. ‚der Finger Gottes' findet sich nur in geh. Spr. »Da wurde er durch die Finger Gottes angewiesen in dieser Freunde ihr Haus« (FRONIUS, 68). — 6. Abergl. Wenn einem die Finger gelb werden, so stirbt man selbst oder jemand aus der Familie (SCHULLER, T. u. B. 1, 28). — 7. Aus ss. *Fąnjer* lässt sich auf einen Zusammenhang des Wortes mit fangen nicht unmittelbar schliessen (wie es im DWB. 3, 1650 geschieht), da die ss. Formen lautgesetzlich mhd. vinger, ahd. fingar entsprechen. Allerdings sind der Formen dieses Wortes innerhalb der Ma. viele. Es findet sich mit einfachem *-n- Foener* (Zeiden i. B.), *Faoner* (Rode), mit Palatalisierung *Fänjer, Feąnjer* (Felldf.), *Fanjer* (Zendrisch), *Fânjer* (Birth.), *Fonjer* (Kronst., Barthol.), mit Gutturalisierung *Fänger* (nösn., Hstdt.). Die Zusammenstellung zeigt deutlich den

Weg des Übergangs vom helleren Vokal über die Palatalisierung (durch *ĩ?, SCHEINER, Ma. SS. 173) zum dumpferen. — Mhd. vinger, ahd. fingar. Lautt. 48.

Fingerchen, Fänjerchen n., nösn. *Fängerchi* n. 1. Dim. zu Finger. Die Mutter spricht beruhigend zum weinenden Kind: *Na loss nor menj Hârzken, mer bǫnjden det wî Fǫnjerche mäd em wîchen* [ǝ¹] *Zǫdderchen, dernô bäs mǫrren hîld* [ǝ¹] *et* (Neudf.). — 2. ‚Fingerring'; fehlt nösn. *Det Fängerchen un de Fänger uštêchen. Mê ha! Trizken* (Katharina), *weᵒhär hoᵉst te dôt hîsch Fǫnjerchen? — Nǫ — weᵒhär? Vu menem Lefken!* (Agnetheln). Vgl. mhd. vingerlîn. Dim. zu vinger, ‚Fingerring'.

Fingerhandschuh, Fängerhintschn Pl. *(Wallendorf)* ‚Handschuh mit Fingern' zum Unterschied vom *Faistlängk, Feistlengk*, wo nur der Daumen eine besondere Hülle hat. S. *Schiᵉwlengk.*

Fingerhut, Fängerhot m., nösn. *Fängerhât* m. 1. *Ich hu mer de Fängerhot wedder ugebât* ‚verloren'. — Im Rätsel: *Ed äs e klîn Haisken, et hôt mî wǫ heᵃngdert Fenstercher* (HÖHR, 61; vgl. SCHUSTER, Volksl. 270).

> *Ed äs klinter wâⁱ än Maus*
> *Ǫnt huᵃt mî Fintster wâⁱ des*
> *Kêser sai Haus.* *Heidendf.*

— 2. Die Blume Digitalis heisst *Fingerhût*, der Name ist also in die Ma. nicht eingelautet. — 3. Im Reihen ist die Rede vom ‚blauen Fingerhut' (Campanula?).

> Blauer, blauer Fingerhut,
> Steht der Jungfrau gar so gut,
> Jungfrau, die muss tanzen
> In dem grünen Kranzen.
> Schäflein, Schäflein knie dich,
> Knie dich zu Füssen,
> Gestern Abend sah ich dich
> Einen Knaben küssen.
> Küsse, wen du willst.
> *Bistr.*, vgl. HÖHR, 95.

Fingerknöchel, s. *Kniwel.*

Fingerkraut, s. *Gǭsblemcher, Goᵃsblämcher* (Gänseblümchen, Potentilla anserina L.).

(Fingerling), Fängerleng m. (Mühlb.), nösn. *Fängerlängk* m. *(Wallendf.)* ‚der Finger eines Handschuhs', gebildet wie *Dommlengk* (Däumling), Fäustling, *Hôslängk* (nösn. ‚Fuss der Hose'); süds. *Fesslengk* ‚Füssling' (noch aus der Zeit, da jeder Fuss seine besondere, oft auch von der des andern Fusses verschieden gefärbte Bekleidung hatte). Dazu Fingerlingsbrunnen, Fingerlingsplatz, Fingerlingsstiege in Hstdt. »bey v i n g e r l i n s Brun« (um 1450, MÜLLER, Sprdm. 56). »F y n g e r l i n x prwnn« (1496, Gesch. S. 225).

fingern, fäⁱnjern schw. ‚auf den Saiten Töne greifen'.

> *Hiᵉ kǭn uch af der Gech gejen,*
> *Nor wîss e net ze fäⁱnjern*
> *Uch de Bîje net ze štrechen.*
> SCHUSTER, Volksl. 130.

fingernackend, † »Wie ich aber solches sollt verrichten, ging ich bei die Actrix, welche auf dem ruck f i n g e r n a c k e n d lag auf dem beth gestreckt« (um 1610, Ger.-Prot.).

(fingernackig), fängernąckich adj. (nösn.). ‚ganz nackt'. Vgl. fingernackt und fingernackend.

fingernackt, fängernackt adj. ‚ganz nackt, splitternackt, nackt wie ein Finger' (BINDER, Coll.; Lhrdt.). Urk. »die Edelfrauen haben sie (Bastas Soldaten) f i n g e r n a c k e t aussgezogen« (um 1670, *Bistr.*). Richter trägt dem Borger (Gemeindediener) auf: *Gong en fâr de Stangka än, en štäj ed än 'n Arräst bäs morren. Derneᵒ selle mer em e wevel af den Oärsch gin. Dôt licht Schemdeᵒs* (‚Schandaas') *äs gêstre weder fǫnjernǫckt durch de Wôrgǫss gegongen* (Agnetheln).

Fingernagel, Fängernuᵉgel m., nösn. *Fängernuᵃgel* m. Abergl. Den kleinen Kindern muss die Mutter die Nägel zum erstenmal abbeissen, sonst lernen sie stehlen. Auch die später abgeschnittenen Fingernägel muss man sorgfältig verstecken. Aus den Flecken der Fingernägel weissagen die Zigeunerinnen (H.-W., 313, 314, 317).

Fingerring, fehlt; s. Fingerchen und Ring. — Abergl. Wenn der Fingerring zerspringt, so bedeutet das Tod (SCHULLER, T. u. Begr. 1, 34).

fingersbreit, fängerschbrît, nösn. *fängeršchbrêt*, adj. und adv. (eigentlich alter Gen. compar. mit *brêt* zusammengesetzt, breit, wie eines Fingers Breite, in, von Fingers Breite, fingersbreit). *Det Bǫnd äs fängerschbrêt* (nösn.). Über solche Genetive vgl. *honjtsbrît* ‚händsbreit', d. h. so breit, wie Hände sind; *iᵉlebrît* ‚von Ellenbreite' (so breit, wie eine Elle lang ist).

fingersdick, fängeršchdäck adj. und adv. (nösn.). *Fängeršchdäck Bǫflêsch. Der Knaist äs der fängeršchdäck äm Gesicht* (*Bistr.* und süds.).

(Fingersiegel), † »Ob Thomae und Johannis Czink Vater das F i n g e r S i e g e l selber aufgedrückt habe?« (1775, Cap. Cib.).

Fingerspiele, s. H.-W. 175, 193; HÖHR, 86, 136.

Fingerspitze, Fängerspätzt fem., nösn. *Fängeršpätz* fem. ,Auf die Fingerspitzen schlagen' *knibeln* (nösn.); süds. *af de Tuip schleon;* alle Fingerspitzen mussten zusammen getan werden zu einer *Tuip* und der Lehrer führte den Schlag mit einem breiten Lineal. — s. *Tuip.* ,soviel man mit zwei Fingerspitzen nehmen kann' *e Tipche,* so viel man mit allen Fingerspitzen nehmen kann, *en Tuipvel* (aus *vôl* ,voll').

—, **Fingk**, s. Finte.

—, **fingkeln** schw. ,stehlen' (Malmkrog). *Se fingkeln mer de Raim* (,Rebenpfähle'). S. Finte und finteln.

Fingler, F. N. (1762, Schorsten). Fingler ist Benennung des Goldfingers (DWB. 3, 1649), oder = Finkler? Dies wiese auf Zusammenhang mit den vorhergeh. Worten.

—, **Finglobîro** m. ,Goldamsel' Oriolus galbula L. *(S.-Reen), Fingombîro* m. *(Tekendf.).* Vgl. *Fetzelbîr, Fickelbîer, Figlibîro, Fogelbîro, Tschuklobîro.* Das Bestimmungswort ist magy. Ursprungs (so Jacobi, 35) oder volksetymologische Umdeutung zu (Vogel-) Piro = Pirol; vgl. Kisch, N. W. u. W. 19; Weig.[5], 2, 431.

Fingstgräb, F. N. (1763, Senndorf). s. Pfingstgräf.

Finke, Fängk m., *Fengk* m. (Kronst.), *Fängk* fem. (Birth., Denndf.), nösn. *Fängk* fem. (u. m. unter hd. Einfluss). Pl. *Fängken.* 1. Vogelname. Der Finke ruft:

Fickes, Fickes, feler Örsch,
Wonn te net gešpąnnen hôst,
Drąch Wegden äm.

Höhr, 31; Schuster, Volksl. 348; H.-W., 154.

Mit *Fängk* wird gewöhnlich der Buchfink (Fringilla coelebs L.) bezeichnet, in Kronst. heisst er auch *Pintsch* m. (rom. pinchiu). Der Bergfink (Fringilla montifringilla L.) wird *Nikowitz* m., oder *Baschfengk* ,Buschfink' (Kronst.), der Flachsfink (Acanthis cannabina L.) *Mierzzeisken* n., nösn. *Zaiskn* n. genannt. *Dästelfängk* für *Štiglitz, Štijelz* ist städt. Halbma. — Zus. *Kneistfingk* (Brenndorf i. B.), *Mästfängk* (Mistfinke). — 2. Dazu der F. N. Fink (1586, Kronst. 1763, *Bistr.;* heute i. B., Hundertbücheln), Fynk (um 1510, Weidenbach i. B., Qu. Kr. 3, 5). Fenk (1675, Rosenau i. B.; heute in Rosenau, Kronst. Hundertbücheln). D. N. *Fengke Marz* (Hundertbücheln). — Dazu die Fl. N. Beim Fenk (Werd); *Fengkebarch* (Reichesdf.), *bäm Fängkebrannen,* urk. »beym Fincken Brunnen« (1680, Gr.-Alisch). — Zum fem. *Fängk* vgl. ripuar. Fengk fem. (Münch, 141), eupen. Fänk fem. — mhd. vinke, ahd. finko.

(**Finkenpflücker**), **Fängkepläcker** m. ,Finkenrupfer', Spottname für arme Leute, die sich mit Vogelfang befassen (Kronst., Kbl. 28, 148).

Finkes, F. N. (1681, Schässbg.) s. Fenkisch.

Finne, Fänn fem., nösn. *Fänn* fem. *Det Schweng huet Fännen.* Im *Wunnenes*-Spiel:

Prädich, prädich dä ännen,
De Kirch äs vôl Fännen. Kbl. 19, 106.

— mhd. vinne. Wolff verzeichnet *Fänn* ,Hexe'; vielleicht gewinnt unter dieser Bedeutung der Vers »*De Kirch äs vôl Fännen*« etwas mehr Inhalt. Freilich bleibt *Fänn* als Wort unklar. Vgl. bair. Pfinne, Finne. Nach dem cimbr. finnig in übertragener Bedeutung (,unrein, unlauter') und nach dem bei Schm. angezogenen: Das Weib sich pfinnig an thet röthen (,ward brennrot vor Zorn') liesse sich ja wohl auch die Bedeutung ,Hexe' für *Fänn* ableiten, aber es fehlen sonstige Belege. Vgl. Pänjz, pänjzen.

finnig, fännich adj., nösn. *fännich* adj. *E fännich Schwai, fännich Bąflêsch, fännich Flêsch.* Urk. »von den ffennigen schweynen« (16. Jahrh., B. M.).

Finssberg, Fl. N.? s. Lenk v. Treuenfeld, Lex. 1, 364.

finster, fenster adj. [städt. Halbma.], die echte Ma. gebraucht *dąngkel* (dunkel), *dunster,* vom Blicke *grass, zornich.*

(**finsterlingen**), **fensterlqenen**, Adv. ,ohne Beleuchtung' (Zeiden i. B.); *fensterlqenen an de Koaler gien.* Sonst: *ône Lächt, äm Dangkeln.* — Zu finster mit dem mhd. Adverbsuffix -lingen, ahd. -lingun, nhd. dafür -lings, vgl. *fêrlonjan; -ng-* ist auch sonst in diesem Ortsdialekt entgutturalisiert; z. B. *Foener* (Finger).

Finstermacher, F. N. (um 1610, Hstdt.). s. Fenstermacher.

Finsternis, Fensterness fem. [Städt. Halbma.]. »*Def Fensterness äs af der Bîn*« (Volksfr.-Kal. 1905, 95). »Er hätte sie in der Fünsterniss allein mit dem Gesellen in der Stube funden« (1782, Cap. Cib.). Mehr der Ma. angemessen ist: *Dangkelhît,* sogar *Däongkelget* (Agnetheln); am angemessensten Umschreibung in adjektivischer Form: *Ed äs dangkel.*

Finte, Fint fem. ,List'. *Dąd äs ją nur än Fint (Bistr.).* Daneben gilt nösn. auch *Fingk,* zu lat. fingere (Kisch, N. W. u. W. 45), fincta, woraus über ital. finta und franz. feinte nhd. Finte. Zu *Fingk* vgl. *Tängk* (auch nösn. in *Petersdf.: äm Tängk lossn)* aus lat. tincta. s. d., folgende Wort.

—, **finteln** schw. ,lügen, ausweichend antworten', auch ,schimpfen' (Med.). Neben *finteln* gilt auch das mehr in die Ma. eingelautete *fingkeln* (vgl. *Mangkel, Mântel* ‚Mantel', *Tängk, *Tängkt, Tänt* ‚Tinte', *Fingk, Fint* ‚Finte'). Setzen wir aber *finteln* = *fintern* (wie *fišpeln* = *fišpern*), so entspricht *fintern* auf ein Haar dem schon ganz eingelauteten *fängtern*, dessen Bedeutungen ‚schimpfen' und ‚stehlen' ebenfalls denen von *fintern* und *fingkeln* gleich kommen, da *fingkeln* nach einer Mitteilung aus Malmkrog nur »scherzweise« für sonstiges stehlen gebraucht wird, also für einen Diebstahl, der halb im Scherz verübt wird, mehr mit List, mit einer Finte, als mit ausgesprochener Bosheit.

Fints, F. N. (1825, Blutrot). Umlautsform zu ahd. funs ‚bereit'?

Fintschenloch, Höhle bei Kronst. (Müller, Sagen, 127), *Fintschellôch* (Rosenau i. B.). Auf den slavischen Totengott Flinsch zu beziehen? (Kbl. 31, 69).

fipsen, fipsen schw. ‚mausen, stehlen'. »*Härr Lîrer, der Ke^a^nzen Tschick* (Name) *hôt mer menj Gîssmämmen aus dem Šchäp* (Tasche) *gefipst*« (Haltr., Neg. Id. 51). — nhd. fipsen (DWB. 3, 1671) ‚schnalzen, fingerschnellen', wobei das ss. Wort den Nebenbegriff des ‚raschen, schnellen' betont.

—, **Fîr**, D. N. *(Minarken, Senndf., Lechnitz), Fir (Kallesdf.), Firzi (D.-Zepling), Firiwie^w^er* (Gr.-Alisch), *Firra (N.-Eidisch)*. — Zu Saphira (⏑⏊⏑), vgl. den Zigeunernamen Samfiri (⏑⏊⏑). Seltene Frauennamen erscheinen auch sonst als D. N. und F. N. vgl. *Bu^a^rber, Bâbi* (Barbara), Femich (Euphemia), *Rebäck* (Rebeka), *Sâri, Zoor* (Sara), *Taini* (Christina).

—, **Fîrâgel**, Beiname des Todes, wenn er als schwarzer Hund mit feurigen Augen gedacht wird (Schuller, T. u. B. 1, 5).

—, **firben**, *firbm* schw. ‚das Fleisch auf der Aasseite der Haut abschaben' (term. techn. des Lederergewerbes, *Bistritz, S.-Reen). Gefirpt Ledder* ‚gefaltetes Leder' *(Wallendorf). De Schâster* (‚Rotgerber') *firben zem Rê (Reen) uch am Wänter bäem Mîresch* (Haltr., Plan 87). Das Wort ist heute veraltet, die Arbeit des *Firbms* heisst heute (mit nhd. Worte) *schiäⁿrn* (scheren). s. Fell. Urk. »Wen es (das Leder) ist gefirfft, legen sie es in kalt Wasser« (1594, Nat.-A.). — mhd. vürben ‚reinigen, säubern, putzen, fegen', ahd. farbjn (Graff 3, 680).

—, **Firbes**, s. *Ferbes*.

—, **Firbmi^e^sser**, *Firmi^e^sser* n. *(S.-Reen), Firfmâsser* n. *(Bistr.), Ferfmêsser* n. (Schässbg. Haltr., Plan 87) ‚Messer mit Griff an beiden Enden zum *firben*', es wurden oft alte Sensen dazu verwendet, deshalb das syn. *Sênes* (Sense). — vgl. moselfr. Firfmæsser (V.-A. 33, 73), lux. Femesser ‚Wirkmesser' (Gerberei). — Zu *firben*.

—, **Fîrel** n. s. Viertel.

—, **Firfbôm** m. *(Bistr.)*, das Gestell auf dem die Felle *gefirbt* wurden, gewöhnlich ein auf die Hälfte gespaltener entrindeter Baumstamm. — Zu *firben*.

—, **Firflêsch** n. (nösn.) ‚der Fleischabfall beim *firbm*', aus dem früher Leim gekocht wurde (s. Fell).

—, **Firgelbogn** (nösn.). s. *Fergelbu^e^gen*.

firgeln schw. neben *färgeln (Bistr.)* ‚mit einem schlechten Messer schneiden', ‚auf der Geige hin und her fahren' s. *ferjeln*. — mhd. virgelen (DWB. 3, 1672).

—, **firkeln** schw. (Med.) ‚mit einem schlechten Messer schneiden', ‚mit der Sprache nicht heraus wollen', ‚lügen'. *Nemmi firkel näa esefelt eräm* ‚red doch endlich!' — Dazu *Gefirkel*. — mhd. virkeln ‚hin- und herfahren' s. *firgeln, ferjeln*.

—, **Firkesch**, *Firkisch* m., Speise aus geriebenem Teig, in Salzwasser aufgekocht und mit Zwiebeln in Fett geröstet *(Lechnitz)*. Verächtlich: *Aich sqll âne Firkisch frâssn?* (Ebda.).

—, **Firl** in der Ra. *ed äs Firl enes Holz(es)*. s. Fiedel.

firnig, s. fernig.

Firnis, Fernzt m., *Ferenz* m., *Forenz* (Kronst.), nösn. *Firnst* und *Firnais* m. ‚lackartige Flüssigkeit'. Auch der Bauer weiss, was die Tünche bedeutet: *Em mucht* (‚macht, überstreicht') *des ǫlt Fenstern nor e wenich mät Firnais, glech warde se wâ^e^ nô^e^*. — Urk. »8 Legel fernisz vnd therpentyn« (1547, Qu. Kr. 3, 426). »Fürneiss« (1721, Kbl. 27, 113). — mhd. virnîs, vernîs (aus gr. lat. berenice, Kluge[7], 137).

firnissen, im part. praet. *gefernzt* ‚mit Firnis überstrichen'. — Urk. »Quod 1 pixis in ladulam est imposita vulgo Grien gefyrrenst« (1547, Qu. Kr. 3, 70). »Gute geferuzte Bettspann« (V.-A. 8, 159); »ein schwartz geferenczt lehnbank« (1618, V.-A. 17, 58). — Zu Firnis, mhd. virnîsen.

—, **Fîrschängk** (nösn.) s. Pfirsich.

First, Fîršt fem., nösn. *Fîršt* fem. ‚Dachgiebel, oberste Dachkante'. *De Fîršt äs mät Štrî gefätzt* (Bekokten). Zum First gehören auch die Querbalken (Hahnenbalken) des Dachstuhls, so heisst es (Kbl. 16, 51) in der Sage: es »kam nur einmal eine Frau auf *de Fi^e^ršt*« der Tenne (Kreisch). — Urk. »wie wir die First aufm Dach dieses unseres Hauses ganz neu haben lassen ausflicken« (Qu. Kr. 4, 209). Übertragen: Über einen leicht zu höchster Leidenschaft Erregbaren, sagt man in geh.

Spr.: *Dî äs glej äm hichste Štock*, oder: *iwer de Firšt oussen, îwen, oussen* neben: *ous dem Heisken* (Hstdt.). *Se šprêchen* (‚man sagt'), *dî ąffich* (irrsinnige) *H wêr meonlächtich, en wêr am Mättnoecht* (⏑ ⏊) *aiss'm "Turrefenster ąf de Firšt af'm Kirchendôch bäs und Onjt gegongen och weder zeräck. Loin* (allein) *em tîrft doun ned ąw e kraischen, säs fall e glej eroe. — Härr behât!* (Agnetheln). — Schon im mhd. findet sich neben dem m. ein fem. diu virst, auch hess. Firschde (Vilmar, 103; Crez. 1, 373), lux. Fî(r)scht sind fem.

(firsten), **fîršten** schw. ‚den First eines Strohdaches machen' (Wolkendf. bei Schässbg. und sonst) neben *de Firšt mąchen.* Es ist erklärlich, dass die Ma. für den schwierigsten Teil an der Herstellung eines Strohdaches, das Machen des Firstes, auch ein besonderes Verbum geprägt hat (wie *bedemen* ‚bödenen', ‚einem Fass den Boden einfügen').

Firstenbrich, O. N. s. Fürstenburg (Hidvég). Daneben auch *Fîštembrich* (burzenl. Form, Müller).

Firstendorf, O. N. (1382, V.-A. a. F. 2, 148), »terra Firstendorff nunc habitatoribus destituta« (1384, Müller, Sprdm. 29), Firsthindorff (1385, Wolff, Ortsn. 1, 41) untergegangenes Dorf bei Hamlesch. »Firstendorf ist zuverlässig das Dorf auf der Firste, auf dem Gipfel des Berges« (Wolff). Lautlich steht auch dem Zusammenhang mit Fürst nichts im Wege.

(Firstholz), **Firšthoulz** n., Pl. *Firšthelzer* ‚Kreuzhölzer, die das Stroh auf dem Dach halten' (Wolff). s. *Špîrhelzer.* Auch *Krôenhûlz (-helzer)* genannt, weil auf den über das Dach empor stehenden Enden gerne die Krähen einen Ruheplatz suchen.

(Firstleiter), **Fîrštletter** fem. (Peschendorf). Eine Leiter, die bis in die *Fîršt* (der Scheune) reicht, also eine ‚lange Leiter', auch *Schaireletter, Scheirelîter.* Jahre, in denen diese Leiter oft gebraucht wird zur Bergung alles Feldersegens, sind dem Landmann erwünscht; dagegen klingt's wie Klage über Knappheit des Feldertrages, wenn es heisst: *Haier breoche mer de Schaireletter net.* Zu geringern Vorräten gelangt man auch über eine kürzere Leiter.

Firstziegel, fehlt; s. *Kąmpzâigel* (nösn.), *Štälp, Štrâ.*

—, **firz**, in nösn. *Schlirum-firz* (‚saurer Wein') entspricht moselfr. Fi(r)z, lux. Fîz ‚Obstwein', köln. Viez ‚Apfelwein' (Kbl. 31, 23).

—, **firzeln**, s. *ferzeln.*

—, **Fisâsch** (⏑ ⏊) fem. ‚Gesicht' mit dem Nebensinn des Verächtlichen. *Ich gê* (gebe) *der ent än dai Fisâsch* (nösn.). Auch im Scherzspott: *Mät dier Fisâsch wällt tâ änt Teâter gôn. Na, em let dech duer ned ännen.* In wirklichem Spott über ein hässliches Gesicht: *Dæ Fisâsch!!* Mit dem Zusatz: *Zem Kängduefšpênen!* auch für Abwesende verständlich. Aus franz. visage ‚Gesicht, Antlitz'.

Fisch, **Fäsch** m., nösn. *Fäsch* m., *Fiesch* m. *(Jaad).* 1. Ra. »Solcher griff wird yziger Zeit fur die geschwindeste klugheit gehalten, wenn einer sein bekentnüs also kan verblümen, verdreen und verborgen halten, das niemand merken kann, ists fisch aber fleisch« (Dam. Dürr, Aml. 58). *Gesand, wæ der Fäsch äm Wasser.* Bei der Rückkehr von der Taufe spricht die Gode, indem sie das Kind über den Tisch hält:

Mer hąeln dich iwwern Däsch,
De sątt (sollst) *wuessn wâe e Fäsch.*
Gassner, 32; Schuster, 321; Kbl. 23, 58.

Fäsch ône Grêden ‚Prügel' (Hstdt.), ebenso *e huet Fäsch, ägesąlzän Fäsch bekunn. Gesälzt Fäsch* ‚gesulzte Fische' (nösn.). *Gebackä Fäsch* ‚in Fett gebackene Fische', dasselbe *eusgebackä, gebriudä Fäsch.* Oft nur dem Reim zu lieb:

Ech wänschen ich e gäldän Däschken
Ąf jêdem Ǣk e gebriudä Fäschken.
Höhr, 52.

Auch ganz sinnlos:

Wuer gîst te?
An de Basch nô Fasch. Neustadt i. B.

Hoia, Papa, kit der Moi,
Štächt dich än de gruesse Sąck,
Droit dich än de Boirebäsch
Bæ den däcke butą Fäsch. Höhr, 2.

Im Rundreim:

De Špêcht sai äm Bäsch,
Äm Wąer sai de Fäsch
Tiri tritu! Schuster, 102.

Im Fingerspiel:

Det gîd än de Bäsch,
Det fêd än Fäsch etc.
Schuster, 325; Höhr, 9.

— *Græn Fäsch* ‚grüne (= frische, Gegensatz dürre, getrocknete) Fische', »vor grienn fisch« (Einnahme, 1552, Qu. Kr. 3, 312). Doch wird heute der Sinn der formelhaften Ra. nicht mehr empfunden, so dass *græn Fäsch* ein sagenhafter ‚Leckerbissen' wird.

Dô ich kąm vuer der fremden
ären Däsch,
Se ąsse se dier græner Fäsch.
H.-W., 240; Mätz, 62.

Bei Dam. Dürr: »Einem gemeinen Mann bekompt sein treüg brodt, sein rohe bachfleisch und wasser besser, denn manchem hern sein edell wein, grünefisch und rephüner« (DAM. DÜRR, AML. 24). ‚schlafen wie ein Fisch'.

De Gruissen kit gegongen
Än dem græne Sommer,
Se broingd en heisch Štreissken
En leicht et der qf't Brästchen,
Dqt de schleifst wæ en Fäschken.

HÖHR, 1.

De Fäsch pilesn ‚aufstören'. »Wenn ein Bidner aber gebauer etlich kinder hat, vergisst seines beruffs und will schier alle tag mit guten gesellen die fisch in der Bach steubern« (DAM. DÜRR, AML. 42). — 2. Sprw. *Der Fäsch wid um Scherl štängkich* (nösn.). *Det Fäschken hat de Bäffelkæ friessen. De grîss Fäsch friessen de klennen. En glæde Fäsch kqn em net hqlden* (SCHUSTER, Volksl. 169). — 3. Fischzucht war in früherer Zeit in den sächs. Städten gepflegt. »wenn man dy weyr vischt sullen sey dy visch helffen vorkewffen« wird im 15. Jahrh. Hermannstädter Beamten vorgeschrieben (Kbl. 30, 101). Fische waren ein beliebtes Essen (vgl. Fischteich). Selbst auf den Dörfern müssen Fische in grösserer Menge vorhanden gewesen sein, 1494 werden nur zu dem Zweck zwei Ratsherrn nach Burgberg geschickt, um Fische zu besorgen (V.-A. 14, 199 und V.-A. 17, 551). Nach Kronst. werden um 1500 eingeführt »mixti fisch zôm (‚Säume, Last für ein Saumtier') $^1/_2$« (Qu. Kr. 3, 1). »ffysch hat man gekaufft« (1503, Qu. Gesch. S. 268). »Item myr hon awsgegeben an narunck wegen nemlich an Heneren vnd an pfischen vnd an bruth vnd wein« (etwa 1530, Marienbg. i. B.). »Am Wayr vnd fyschen vnd an der Wisen haben mir gar keyn theill« (Hstdt. Mag.-Prot. 1532, S. 63). Um uralte Fischereitechnik handelt es sich auch bei Ausdrücken wie *qfschielzen, qfšpeln, dqmmen, kqpern, kintern, râdern, Schäffbôm, štaiern, vergîrn.* Fischarten: *Buarbm* (Barbe), *Järlfäsch* (Erlitze), *Ferrn* (Forelle), *Giffen, Grändel* (Gründling), *Kuareskn* (Karausche), *Minnen, Ôlket* (Aal), *Rûtfäsch* (Bitterling), Rymfisch (1494, V.-A. 14, 223), *Semling* (Leschkirch), *Štint* (i. B.), *Štîrel* (Stör), *Štêbaisser* (Beissker), *Wqller* (Wels), *Weissfäsch* (Ukelei). — mhd. visch, ahd. fisk. Lautt. 40.

Fischangel, s. das Simplex und *Humen* (Hamen).

Fischbehälter, s. Fischhalter und *Klouer* fem.

Fischbein, dafür *Grêt,* meist Pl. *Grêden* (Gräten). In städt. Halbma. *Fäschbîn* (neben *Fäschknôch*) als Einlage am Brustteil von Frauenkleidern. Urk. »Darauf ist mir die Geschwulst auffgebrochen, mir besser worden, und hat man mir Fischbeine (gräthen) auss dem Kinn heraussgenommen« (1693, Cap. Cib.).

Fischblase, Fäschblôs fem., nösn. *Fäschblôs* fem.

fischen, fäschen schw. nösn. *fäschn* schw. 1. ‚Fische fangen'. Fast nur in Ra., da das Fischen bei der Armut der siebenbürgischen Bäche an Fischen fast gar nicht gebräuchlich ist (s. Fischer und Fischerzeche). *Ich gô fäschn, ich wôr fäschn (Bistr.)*; gebräuchlicher *Fäsch fê* (süds. *fên* fangen). In übertragener Bedeutung: *Äm dræwe* (Trüben) *fäschen*; auch mehr in Zusammensetzungen: *Bäs dat dî afm Rêch sich leong beducht* (χ), *fäscht dî äm Wängkel em det Fäschken ewêch* (die von jenem erhoffte reiche Braut). Auf die Frage, woher die Kinder kommen, antwortet man in Rosenau i. B.: *ech hun ed am Gespreng* (‚Springquelle') *gefäscht* (HILLNER, 17). — Urk. »Es hat sich zugetragen, wie ich in einer mittlerzeit fischen bin gewest« (1581, B. M.). »dass auff 4000 vntter dem eiss fischen vndt verrecken müssen« (KRAUS, Chron. 2, 52). — 2. † Das Simplex für ‚ausfischen'. »Wenn man dy wayr fischt, sollen sy dy Visch helffen vorkewffen« (SEIV., Lok. St. 8). — Zus. auf-, aus-, heraus-, wegfischen. — mhd. vischen, ahd. fiscôn.

Fischer, Fäscher m., nösn. *Fäscher* m. 1. ‚einer, der das Fischen als Handwerk betreibt'. Während es früher Fischerzünfte gab, das Fischen also tatsächlich handwerksmässig betrieben wurde, ist es heute zur Beschäftigung von Tagedieben, Romänen oder Zigeunern, hie und da auch zu einer Art Sport herabgesunken. Fischer, die sich als Gewerbsleute betrachten, gibt es nirgend mehr. Urk. »Istwan der fesser« (1475, Kronst.). »fesser« (MÜLLER, Sprdm. 194). »[P]iscator, feysscher« (Kronst. Glossar, V.-A. 26, 78). »Piter der fescher« (1541, Tartlau). »Georgius Aiff seines Handwercks ein Fischer« (1721, Bistr. Matrikel). — 2. Davon der F. N. Fescher (um 1475, Qu. Gesch. S. 29). »Blaesz (Blasius) fescher« (1475, Kronst.). »bros (Ambrosius) fesscher« (1526, Tartlau i. B.), »tyss (Matthias) fesscher« (1526, Rosenau i. B.). »Nicolaus Fescher von Kyszdt« (1568, B. M.). Fescher (1579, *Bistr.*; 1763, *Minarken*), Ffescheuer (1479, Qu. Gesch. S. 45). Hochd. Fischer, Fyscher, Fyschers, Fyschersch, ffyszscher, Foscher, Phischer (1475, Kronst.), Fyscher, Ffischer (1479, Hstdt.), Fwscher (1505, *Bistr.*), fisscher, fysshert (1526, Marienbg. i. B.), fysshercz volff (1526, Honigbg. i. B.), Fischer (1614, Schässbg.), latin. Piscator (1454, *Bistr.*). Gegenw. Fischer (Kronst., Schässbg., Bodendf., *Bistr.*, *Minarken* u. s.). — 3. Dazu Fl. N. *Bei Fescherschgrâbm (Kl.-Bistritz),* Fischerwinkel (Weidenb. i. B.), Fischersweiher (Keisd). Fesserszham (Qu. Gesch. S., 200), *Fascheresch Gewandjschen,* urk. »im 2. Fischer-Gewändchen« (1808, Kronst., Blumenau), *af em Fäscherrêch* (Gierelsau), ferner der Gassenname *Fäschergqss* (Fischergasse, *Bistr.*), Fischergasse (Keisd, Kbl. 9, 44). Mhd. vischære, ahd. fiscâri.

Fischerei, Fäscherâ nösn., *Fäscherqi* fem. ‚das Gewerbe der Fischer', heute fast verschwunden. Urk. »Auch also mit der fysscherey, das sie das Wasser verbietten« (1560, *Bistr.*, Müller, Sprdm. 223). ‚Beschäftigung mit Fischen, das Fischen'. »Es ist von Alter Gewohnheit her legaliter observieret worden, dass man zwischen denen sogenannten Zwei Brucken nicht hat fischen dürfen, sondern diese Fischerey dem Löbl. Magistrat pro usu publico bey allen Zeiten Winters und Sommers verboten gewesen« (1713, *Bistr.*, V.-A. 7, 345).

Fischerkogel, † ‚Rock oder Mantel für Fischer mit Kapuze'. »zu einer fischer oder Paur kügell« (1629, Med. Mat.-Buch). Das Grundwort zu mhd. kugel, kogel, häufiger gugel, mlat. cucula ‚Kapuze'.

Fischerzeche, Fäscherzêch fem. ‚Fischerzunft'. Es gibt heute keine mehr, früher bestanden sie wohl in allen Städten, für Kronst., *Bistr.*, Schässbg. zeigt der häufige F. N. Fescher, Fischer, dass in ihnen das Fischen handwerksmässig betrieben wurde. In Med. ist die Fischerzunft ausdrücklich bezeugt (Werner, Zunfturkunden), für Hstdt. ebenso: »in ihrem eigenen und der gantzer Fischerzech und Bruderschaftspersonen namen als Kläger« (1582, Hstdt., B. M.). Vgl. V.-A. 17, 263.

Fischfett, Fäschfätt n., *Fäschfattet* n. (nösn.) ‚Lebertran', vgl. *Fäschîl.* Moselfr. Feschfätet (Kisch, N. W. u. W., 44).

Fischgarn, Fäschgoarn (Agnetheln), dafür *Humen* (Hamen); für das sonst süds. Simplex *Nætz* s. Fischnetz. Urk. »fysch garhen, rete piscatorium« (um 1540, Qu. Kr. 3, 54). »pro 1 reti piscatorio vulgo Fysch Garhen« (1544, Ebda. 3, 67).

Fischgräte, dafür das Simplex *Grêt* (Gräte), meist Pl. *Grêdn.* »Fisch-Gräten« werden nach Dam. Dürr (zum Schutz gegen Zauber) in einen Knoten gebunden mit »krotenknochen, menschenbein, haarlepen, Zwibelschalen«, »irgents unter den Dürpl« gelegt (V.-A 27, 601).

Fischhalter, Fäschhqlder m. ‚Behälter für Fische, Fischteich'. *De Fäschhqlder ouslossn, uelossn* ‚das Wasser aus dem Fischteich ausrinnen lassen'. Urk. »10. Maii lassen wir den pro fl. 7 von den Wolkendörfern gekauften Fischhalter oder Trock im Hof aufsetzen« (1681, Qu. Kr. 4, 205). — DWB. 3, 1686. — Syn. *Klouer* (V.-A. 26, 78), *Wqr* (Weiher). — Dazu der Fl. N. *bäm Fäschhqlder* (D.-Kreuz).

Fischheckler † ‚der Fische im kleinen verkauft, Fischhöker'. »Ein schneider bleibt auch nicht bei dem gewandt, sondern nimpt vil händel darneben fur, wird ein seiffmacher, fischheckler etc.« (1572, Kbl. 6, 125). »pitter Korscher Fischheckler« (1578, Nat.-A.). — Heckler zu Hucke ‚Bündel, Rückentraglast'. 1562 bei Mathesius, Sarepta oder Bergpostill 173 gleichfalls ‚Höckler' für ‚Höker'.

(Fischhürde), Fêschhuert fem. *(Kl.-Bistr.)* ‚Fischreuse, Flechtwerk zum Fischfang'; ebenso moselfr. Feschhûrt (V.-A. 33, 70). — mhd. visch + hurt.

—, Fischi (⏑–) n. ‚grosses gestricktes oder gehäkeltes Busentuch der Frauen' [Städt. Halbma.]. Aus franz. fichu ‚Busentuch'.

Fisching, F. N. (1825, Bussd.), Fising (Gergeschdf.). Dasselbe wie Fasching?

(Fischkammer) † ‚Kammer zur Aufbewahrung der Fische'. »Von herr hannes grewen von wegen den fesch khomernn« (1557/8, Qu. Kr. 3, 325). »fysch khomernn« (Ebda., 327). Vgl. V.-A. 17, 278. Es gab um 1550 in Kronst. 18, aus denen die Stadt Einkünfte zog. Auch in Hstdt.: »wurden aber gleichwoll vber Nacht ihn den Fischkamern auf dem grossen ring eingesperrt« (Kraus, Chron. 1, 16).

—, Fischkal, s. Fiskal.

—, Fischkus, s. Fiscus 2.

Fischknoche, Fäschknôch fem. (süds. und nösn.) ‚Fischbein' (s. d.). *Se huat Fäschknôchn äm Laif* (‚Leibchen, Bluse', *Bistr.*).

Fischmarkt, Name eines Platzes in Kronst. »das wax haws off dem fisch marck« (1525, Qu. Kr. 1, 593). »Fysch Mark« (1541, Ebda. 3, 129).

Fischnetz, Fäschnætz in städt. Halbma. selten für das Simplex *Nætz.* Zum Vergnügen wird Fischfang *mät der Ongel* betrieben, zum Erwerb und zur Nutzung *mät dem Nætz.* s. *Humen* (Hamen), *Wôt.*

Fischöl, Fäschîl n. ‚Lebertran' (Hstdt.).

Fischotter, Fäschotter fem., *Fäschnôter* fem. (Hstdt.), nösn. *Fäschôter* fem. Lutra vulgaris Erxl.

Das Fell wird in schmalen Streifen zur Einfassung der Sonntagspelze *(Kîršchen)* der Bauern verwendet.

Fischreiher, Fäschriejer m., nösn. *Fäscherejer (Petersdf.)*, Ardea cinerea L., auch Ardea purpurea (nach E. A. Bielz). — Syn. *Griejer* (Tartlau i. B.), *Kokestirk* (Kl.-Schenk).

Fischreuse, s. Fischhürde.

Fischrogen, fehlt; s. *Ikri* pl.

Fischrücken, Fl. N. (1727, SALZER, Birth. 272).

Fischteiche, s. *Wŷr* (Weiher). Als Orte, wo die beliebteste Fastenspeise gezüchtet wurde, hatten die Fischteiche im 15. und 16. Jahrh. eine grosse Bedeutung. Zumal in den Städten ist in dieser Zeit oft und oft von ihnen die Rede (vgl. Qu. Kr. Indices unter Kronstadt, Teiche und Weiher; TEUTSCH, Sachsengeschichte 1, 83; ferner für *Bistritz* BERGER, Urkundenregesten I und II). Bis tief in das 18. Jahrh. hinein wurden in Hstdt. die Teiche der Zünfte und Privatleute mit Fischen besetzt gehalten (V.-A. 34, 177). Aber auch in den Märkten wurden Fische gezogen. So besass die Weberzunft in Birth. noch um 1660 einen Fischteich, der nicht nur zu eigenem Gebrauch, sondern auch zum Verkaufe Fische lieferte (SALZER, Birth. 314, 338). Nach Reps schickte G. Rákoczy I. seine Fischer, in den Fischteichen des Stuhls zu fischen (V.-A. 37, 191). In Agnetheln hatten die einzelnen Zünfte ihre Teiche, Weiher, nach denen auch die Flurbezeichnungen *bâm Bednerwôer* [əᵒə], *Schosterwôer* bis heute gelten. Selbst auf den kleineren Dörfern gab es vor der Reformation Fischteiche (Kbl. 15, 4; V.-A. 14, 199; 223).

Fischweiher, s. Fischteich und *Wŷr* (Weiher). — Im Fischweiher, Fl. N. (Werd).

Fischzucht, s. Fisch 3. und Fischteich.

Fischzug, † »f e s c h z w g« (MÜLLER, Spr.-dm., 194).

Fiscus †. 1. ‚Sammelkasten' (oder ‚Fond'?). Bei Kirchen- und Leichenzeremonien sollte nach dem Vorschlag »eines gewissen Schulcollega« in Hstdt. ein ständiger »Fiscus« aufgestellt werden, dessen Einkünfte der Schule zufallen sollten (V.-A. 34, 336). Auch die Schulkasse in Schässbg. wurde »Fiscus« genannt (TEUTSCH, Sachsengeschichte 1, 508). — 2. *Fischkus* ‚Staatsschatz'. In dieser eingelauteten Form ist das Wort, seit die Staatsgewalt einen oft beträchtlichen Teil von den Zehnteinkünften der sächsischen Geistlichen für sich in Anspruch nahm, ebenso wie das Wort *Fischkälzænt* zur Bezeichnung des weggenommenen Zehntteiles in den Verwaltungsschriften auf dem Königsboden nur zu oft gebraucht. Lat. fiscus ‚öffentliche Kasse'. Über die Fiskalprozesse auf dem Königsboden s. Teutsch, Gesch. d. Siebenb. Sachsen 2, 114 ff.

fiseln, fiseln, *fisselen* schw., nösn. *fisern* schw. 1. ‚dünn regnen'. Syn. *siwerzen, siwern.* — 2. ‚die Art der Darmentleerung, bei der flüssige Exkremente abgehen, Diarrhöe mit Blähungen' (Hstdt.). — 3. ‚das Geräusch beim Braten des Apfels' (Bekokten), sonst hiefür *pisern.* vgl. köln. fisele, hess. fisseln, eifl. fiseln, siegerl. fiseln, lux. fiselen ‚fein regnen', vielleicht zu mhd. viseln ‚Fransen' (WEIG.[5], 1, 538, DWB, 3, 1691) oder zu mhd. vîsen, anord. fîsa, dän. fise ‚farzen', wozu auch fisten und *feistern* gehört.

—, **Fîsentäst** m. ‚gebrechliches Elend'. s. *Fîdentäss* und *Tîsentäst* (HALTRICH, Plan 132).

Fisi *(Fîsi, Wîsi)* F. N. in Med., Frauendf., *S.-Reen;* dasselbe wie Wisi, zu magy. vizi ‚Wasserer'. Übergang des *v* 〉 *f* wie in lat. *fijelîrn, fisitîrn* u. a.

—, **fisitîrn** (nösn.) ‚visitieren' (BERTLEFF, Beitr. zur Nösner Volksspr. 2, 19).

Fiskal, Fiškâl m. ‚Rechtsanwalt in öffentlichen Diensten', eigentlich ‚Vertreter des Fiskus'. Zus. *Komitâts-, Štqdtfiškâl.* Mlat. fiscalis, zu lat. fiscus ‚Staatskasse'.

Fiskalquarte, ‚eine Quarte des Zehntens der sächs. Geistlichen', von dem Fürsten Báthori 1580 erst gepachtet, dann von dem Fiscus ohne Pacht für sein Eigentum erklärt, vgl. TEUTSCH, Sachsengesch. 1, 255 ff.

Fiskalzehnt, s. Fiscus 2.

Fiskalzigeuner, Zigeuner, die im Dienst des Fiscus Gold wuschen, vgl. über sie V.-A. 36, 392.

—, **Fiškus**, s. Fiscus 2.

Fisole, Fussoi fem., meist Pl. *Fassulen* (◡◡́◡, Reps), *Fassuln* (Kronst.), *Fussolen* (Gr.-Schenk), *Fussuolje* (Katzendf.), *Fussoien* (Hstdt.); mit Umbildung des rum. fussaică, das als Fruchtgattung nur singular ist, zu einem pluralen *Fussaiken* (Martinsdf., Bulkesch, Kirchberg); nösn. fehlt. 1. ‚Kochbohnen' (phaseolus), im Gegensatz zu *Bînen* (Bohnen, ‚Pferdebohnen', faba), aber auch gleichbedeutend damit: *Weiss, tarkich, gešprängkelt Fussoien, afzǣä* (Hstdt.), *štijerä* (Gr.-Sch.), *štiewlich* (Rumes) *Fussoien* ‚Stangenbohnen'. *Hochfassullen* (Reps), *hochä Fussoien* ‚Zwergbohnen'. *Ich bän uch gewuossen wǣ de Fussoien äm Wiech* ‚nicht ohne Sorge emporgekommen' (Kelling). — *Fussoien sæzen* ‚pflanzen', *af-, ousmqchen, af-, ouspedern* ‚die Bohnen aus den Schoten lösen'. Im Lügenliedchen:

Ech sąch (3) *emôl zwô Douwen*
De Fussoie klouwen.

SCHUSTER, Volksl. 377.

— Dazu die D. N. *Fassule* (Rosenau i. B.), *Fussaike* (Birth., Bussd). — 2. Kochbohnen als Gericht. *Fussoien kôchen.* Im Scherzlied:

Vouter, Motter, liewt er nôch
Än dem ąlden Puppeslôch
Wô ąs Mai Fussoie kôcht.

Holzmengen, Kbl. 24,

De Fussoie se guer afgepatzt ‚die Schale ist aufgeplatzt'. *De Fussoien durchrêren* ‚durch ein Sieb durchdrücken', *durchgerêrt, gerîst* (geröstete) *Fussoien, barbes* (barfuss) *Fussoien* ‚Bohnen ohne Fleisch'. *De Fussoien afwärmen.* In Häusern der Armut sind *Fussoien* ein oft wieder kehrendes Gericht. Es schien der Magd darum wunderlich, dass das Pfarrerkind sich zum Geburtstagsgericht *weiss Fussoien* ausbat. Darunter versteht man reife Bohnen, gekocht und zu Brei gerührt, während *grên Fussoien* ‚grüne Bohnen' gekocht und in Essig gesäuert ein in Siebenbürgen sehr beliebtes Suppengericht sind. — Urk. »Fusolyen« (1691, Nat.-A.). »In Pretai bringen sie Erbsen und was arme Leute haben, in Bussd unterschiedlich Fussaika Erbsen« (1765, Bussd, V.-A. 23, 236). — Abergl. Während der Schwangerschaft darf die Frau niemals Fisolen in ihre Schürze schütten, sonst bekommt das Kind einen Hautausschlag (HILLNER, 13). — Syn. nösn. *Faibun* (Feigbohne), Kindersprache: *Keke*; vgl. *Ärbes* (Erbse). — Aus gr. lat. phaseolus über das mhd. phasôl, vasôl (◡ ⏑́). Das Wort fehlt zwar im Nösn. und in den Schwestermaa., ebenso in Schässburg, ist aber kaum aus dem Magy. oder Rum. entlehnt. Vielmehr ist das szekler. faszuly (⏑́ ◡, M. Tájsz. 1, 551), das sonst im Magy. paszuly heisst, als Entlehnung aus burzenl. *Fassulen* anzusehen (wie magy. lencse ⟨ *Läntsch*). Dafür spricht vor allem der Gegensatz in der Betonung des magy. und ss. Wortes, der bei der Annahme einer Entlehnung aus dem Magy. unerklärlich wäre, dagegen durch das magy. Betonungsgesetz für das Lehnwort faszuly sich ohne weiteres erklärt. Das dial. rum. fusole (◡ ⏑́ ◡), neben dem gewöhnlichen fasole, geht ebenso auf *Fussolen, Fussoien* zurück. Nicht erklärt ist dadurch freilich die Vokaldifferenz *Fassulen: Fussolen.*

—, **Fussoieštiewel** m. ‚Bohnenstange' (Rumes) neben *Fussoieštêken, -potschen, Buineštiewel.* s. *Štiewel.*

—, **fišpeln** schw. ‚sich oft und lebhaft bewegen'. Dazu *Gefišpel* n. ‚unruhige, sich wichtig machende Person' (Hstdt.), ‚ein Gerät, das schnelle Bewegungen macht', z. B. **Garnwinde, Haspel**; ‚die schnellen Bewegungen' selbst (der Pl. im ‚Ge' ausgedrückt). *Dât dąt Gefišpel nâ îst af de Sekt, et vergûkeld enem d Ûgen* [3] oder: *Hîrt nâ îst af mät dem Gefišpel.* — Syn. *fitscheln.* Zu vgl. bair. fispeln ‚schnelle Bewegungen machen' und *fispern,* mit dem es vielleicht indentisch ist.

fispern, fispern schw., nösn. ‚schnelle Bewegungen machen, herumlaufen'. *Dau fisperst hait och vil (Bistr.)!* Dazu *Gefisper* n. ‚ein lebhaftes, unruhiges Kind'. — Zu vgl. ist neben bair. fispern ‚schnelle Bewegungen machen', schwäb. fispern ‚sich schnell und geräuschlos bewegen', noch aachn. fespele ‚am Feuer sitzen und sich damit beschäftigen, bald einige Kohlen aufzunehmen, bald zu stochern usw.', wohl dasselbe wie *fišpeln.*

—, **Fissebrannen,** Brunnen (Magarei). — Zu *Fiss* (Füchse)?

—, **Fissel,** Fl. N. *Um Fissel, der Fisseler Gruam* (Graben), *de Fisseler Borte* (‚Brunnen') in *Botsch.*

—, **Fisser,** *äm Fisser,* Weingartenhalde *(Wermesch).* — Zu *Fiss* (Füchse)? V.-A. 34, 38.

—, **Fissewangert,** *äm Fissewangert,* Weingartenhalde *(Treppen).* — Zu *Fiss* (Füchse)? Zwischen *Fissel, Fisser, Fissewangert* besteht jedenfalls ein Zusammenhang, die Ableitung von *Fiss* (Füchse) begegnet nicht nur lautlichen Bedenken *(Fisseler Gruam).*

—, **Fissken,** Dim. zu *Fiss,* und dies neben *Fissô* Koseform zu *Fî* (Sophie).

Ai, hât dąt lîdich Handsche (Hündchen) *geschwijen,*
Wêr der Getz zem Fisske geštijen.

Kbl. 24, 5.

Name für Mädchen und junge Frauen; ältere Frauen dieses Namens heissen *Fichen,* ganz alte *Fî.* Doch ist hierin der Brauch verschieden.

—, **Fissken** n. ‚der kleine Rest Hanf oder Werg am Spinnrocken' (Schenk). — Zu rum. fus ‚Spindel, Spule', das wegen des gleichen Klanges formell mit *Fuss* (Fuchs) zusammenfiel, dessen Dem. *Fissken* ist. Vgl. ital. fuso, franz. fuseau, lat. fusus ‚Spindel'.

—, **fissn** schw., nösn. 1. ‚stechen'. *De Wâspelz* (Wespe) *huat mich gefisst (Bistr.).* In *Kl.-Bistr.* ist das *Fissn* ein derber Spass: die Kinder schneiden sich Haselstöckchen, brennen sie an den geschärften Spitzen an und halten sie an schlafende Gespielen, um sie zu wecken.

2. ‚futuere' (V.-A. 33, 74). Im Südd. ist das Wort nicht bekannt. — Bei Crez. 1, 374 fisseln ‚futuere'. Vielleicht dasselbe wie *fessen* (s. d.).

Fist, Fäst m. (nösn.) ‚stiller Bauchwind'. Dazu wird von Kisch (N. W. u. W. 44), auch *-fästich* (s. d.) in *gêl-fästich* gestellt. — mhd. vist. s. feisten, Feister, feistern.

—, **Fîst** fem. *(S.-Reen)*, eine Weintraubensorte, auch *Fêsnesch (Bistr.)*, *Rässer*, magy. kövér szőlő genannt.

Fistel, Fistel fem. wie nhd. ‚hohe Stimme, eiterndes Geschwür' [Städt. Halbma.]. *E ri^e^d än der Fistel. E hu^a^d än Fistel um Zǫ̂nt* (nösn.). Aus lat. fistula ‚Röhre, eiterndes Geschwür'.

—, **Fistigoi** (⏑⏑–) fem., eine aus Weidenrinde verfertigte Flöte mit zwei Schallöchern, zum Unterschied von der *Flûr*, die nur ein Schalloch hat (Brenndörfer, 17). Nach dem Fem. *Flûr* ‚Pfeife' ist das rum. masc. fistigoiu in sächs. Gebrauch ebenfalls fem. geworden. Rum. fistic mit der Endung -oi.

—, **fitâgn** schw. ‚herumspionieren' *(S.-Reen)*. — Zu szekl. fitat (Dialektform für magy. firtat) ‚suchen, spionieren', ferner fitakos-orru ‚Spürnase' (M. Tájsz. 1, 596).

—, **Fitê** m. ‚Blechofen' *(D.-Zepling)*. Magy. fűtő ‚Ofen' (M. Tájsz. 1, 658).

—, **fitsche,** lautmalend in dem Rätsel:

Det gîd of dem Wi^e^ch, det môcht ketsche,
fitsche,
Of dem Räck drît (trägt) *et ketsche,*
fitsche,
Ôgen fâ^e^r uch Uiern fâ^e^r, vâ^e^renzwinzich
Händ uch Fâ^e^ss.
‚Pferd und Reiter'; Kbl. ", 45.

fitscheln, fitscheln (Hstdt.), *fôtscheln* (Kronstadt), *fetzeln* (Kronst.-Barthol.) schw., nösn. *fitscheln* schw. ‚oft und unnötig hin- und hergehen' (fahren).

De Gûldfäschker fitscheln u se erun.
Käst., 2.

Er fitschelt widder ǫnnîdich durich de Dîer (Wallendf.). Nemmi fetschel mer eräm! (Rumes).

Fitscheln (auf der Gasse herumstreichen)
mâ^i^ss't Melitta gô! Schuller, Mâtn 11.

Über Leute, die gern in die Stadt fahren: *Schǣr allen Dǫ̂ch messen dǣ än de Štatt fitscheln.* — Dazu *Gefitschel* n. — Vgl. hess. futschelen, moselfr. witscheln ‚sich unstet hin- und herbewegen' (wahrscheinlich aus mhd. fickzen, Iterativbildung zu ficken); nhd. fitschen ‚oft zur Tür aus- und einlaufen' (Kisch, N. W. u. W. 44), ferner das folgende Wort und DWB. 3, 1693; Weig.[5] 1, 539.

fitschen, fitschen schw., ‚mit der Peitsche, der Rute durch die Luft streichen, dass ein pfeifender Ton entsteht' (Arbegen). — Iterat. zu ficken (s. d.).

Fitschepfeil, Fitschifail und *Fitschefai* m. und n., nösn. *Fitschifail* m. ‚Pfeil zum Flitzbogen', im Süds. auch für alle Teile dieses Knabenspielzeugs gebraucht: *Vu^e^ter, t Fitschifail äs mer zebrôchen* (welcher Teil immer zerbrochen ist), auch ‚ein rasch hin und her laufendes Kind' (nösn.). Tautol. aus mhd. vitzer (‚Pfeil') und mhd. pfîl, vgl. lux. Fitschefeil, henneberg. Pfitschepfeil. Kisch, N. W. u. W. 46.

—, **Fitz,** *Fitzö^e^, Fitzken,* Koseform für Sophie (Schirkonjen).

—, **fitzeln,** s. *fetzeln.*

—, **Fitzku,** seltener *Fitzkô* m., nösn. *Fitzko* m. 1. ‚flinker, munterer, auch leichtfertiger Mensch'. *Dât äs jǫ och nur esu e Fitzko (Bistr.).* — 2. Als Name von Ochsen *(Petersdf.)*, Pferden (Kbl. 5, 8) gebräuchlich. — 3. ‚Warmbier' (Kisch, N. W. u. W., 46). — Magy. ficzkó ‚Bursche'.

Fitzner, F. N. (1794, Schässbg., Schotsch 13).

—, **Fi^u^lbrich** O. N, *Fi^u^lbrichgrôwen* Fl. N. s. Faulbach.

—, **fiwän** adj., dasselbe wie *fîwich.* Urk. »Die Fiwen Kierschnen sollen dem gemeinen Mann verboten sein« (1651, V.-A. 3, 19). Zu *Fîfken* (s. d.).

—, **fîwich** adj., in der Verbindung *fîwich Kîršchen* ‚ein Frauenpelz mit grauem Fell (des Siebenschläfers) verbrämt'. Urk. »Weiter werden die Fiewige Kirschen verbothen« (1762, Med. Lokalkonstr., V.-A. 7, 317). — Zu *Fîfken* (s. d.). In *fîwich* könnte *-w-* für *-ch-* (*fîwich* < **fîchich* < mhd. vêchich) durch Dissimilation eingetreten, danach der labiale Halbvokal vor *-k-* in *Fîfken* in die labiale Spirans übergegangen sein.

fix, fiks adv., in der Verbindung mit fertig. *De Schâgn sai fiks ǫnt fiärtich* ‚ganz fertig' *(Bistr.)*., süds. *fiks uch (och) färtich.* Lat. fixus ‚fest'.

—, **Fixel,** D. N. für »Hartig« *(O.-Neudf.)*.

—, **Fîzäck** n. (Seiburg, Reps), echte Kamille, matricaria chamomilla L., sonst *Zäckfî.* Zu magy. székfű ‚Kamille'.

—, **Fîzer** m., nösn. *Fîzer* m. 1. ‚die Gabel unten am Wagen, der Halter', um das Zurückgleiten des Wagens beim Aufwärtsfahren zu verhindern, auch *Katz* und *Tǫrtǫ, Tǫrtô* (magy. tartó) genannt (Haltrich, Plan 92; Arbegen). — 2. Als Schelte für leichtfertige Menschen, ähnlich wie *Fitzkô* (s. d.). *Ed äs dich esi e jä^a^ng*

Fîzer (Schässbg.). »Ich hab gehört, dass Herr Valentinus zum Herrn Johanni sagt über Tisch des Trinkens halber: Ihr seid ein leicht Fiezer. Darauf antwortet Herr Johannes: So müsst ihr ein noch leichter Fiezer sein als ich, denn ich hab noch nie meine Schand für Leutten auf dem Tisch gewiesen wie ihr« (1623, Kbl. 23, 97). Unverständlich (zum folgenden?) heisst es im Spottgedicht:

> *Mêtche! wält te 'n Däpner nien?*
> *Näi, Motter, näi!*
> *Em hîsst mich drô de Fîzerän*
> (die die Töpferwaren gleichsam
> brät?, vgl. auch *Fotsch*)
> *Uch de Lêmkniederän;*
> *Näi, Motter, näi!* SCHUSTER, Volksl. 113.

fîzern schw. 1. ‚oberflächlich braten', meist von Obst gebraucht. *Æpel, Quidden, Reppen* (Rüben) *fîzern.* Gehört aus lautlichen Bedenken kaum mit schwäb. pfistern ‚bähen', Pfister, mhd. pfister, lat. pistor ‚Bäcker' zusammen (SCHULLER, Beitr. 17), sondern ist wohl wie *fiseln* 3 und ähnliche lautmalend. — 2. ‚fortjagen'. *Ich wäll dich dohär fîzern* (Schässbg.). Syn. *fäntern, fänstern, fêgen.*

fl, in Urk. Abkürzung für Floren (s. d.).

flach, flach, adj. und adv., nösn. *flach,* adj. und adv. [Städt. Halbma. und Geh. Spr.]. 1. ‚eben, breit, weit ausgedehnt' vom Feld. *Det flach Lânt, de flach Wis* (nösn.); »*et wâr e Mansch af det Fiëld, ant flach gangen*« (BERTLEFF, Nösner Volksspr. 1, 10). Echte Ma. dafür *iewen* (eben), *gruat* (grade). Urk. »off en placz, dat es off en flach feelt« (um 1536, MÜLLER, Sprdm. 206). »hette der Stephan Waida den Luppul vndt Koszaken gerne auff das flache feldt gelocket« (KRAUS, Chron, 1, 203). — Dazu die Fl. N. auf dem Flachenfeld (Trappold), Flachberg (Keisd). 2. ‚eben' vom Dach fehlt; dafür *lêich* (HALTR., Plan 17); von Gefässen *än flach Schässel, Schaif* (Scheibe, Teller), dafür *drîch (S.-Reen* und sonst). — 3. Von der Breitseite von Werkzeug und Waffen. *E gaw em ent mät der flacher Hânt (Bistr.).* »So schlug ich mit der flacher akes darzwischen« (1583, Nat.-A.).

> *Mät dem flachn Zuabich* (‚Säbel') *fârn*
> *Se dem Matzki* (‚Matthias') *ibbern Räck.*
> SCHULLER, Mâtn 37.

Dafür auch *brît: mät der brîder Hânt (schlôn), net mät der Foust.* — 4. Adv. *Wänn e mät dem Känd u dn Dîrštôk ulangt, štuppt e em dn Scherl gânz flach* (nösn.). Mit *irchen* ‚gerben' verbunden: ‚glatt obenhin gerben'. »Welch Gesell an einem Tag einen flachgeirgten Pelz kann machen, solchem soll man geben ein Woch d. 25« (1640, Kürschner-Art.). Das Grundwort zu mhd. irch ‚Bock, weissgegerbtes Bockleder'. mhd. vlach, ahd. flah.

Fläche, Fläch fem., nösn. *Fläch* fem. [Städt. Halbma.]. 1. ‚Ebene', ‚Oberfläche'. So von der Ebene des Burzenlandes:

> *Drezæn saksesch hiesch Gemînen*
> *Loien štattlich än der Fläch,*
> *Wei e Krônz vun Ädelštînen*
> *Ugeroit um Sälwerbäsch.* TR. TEUTSCH.

Von dem ruhigen Spiegel des Altflusses:

> *De Ôwendläftcher schwämmen*
> *Um Âld eräm und kämmen*
> *Seng Fläch mäd längdem Hoch.* KÄST. 40.

— Dazu (?) die Fl. N. Auf der Fläche (Henndf., Meschendf., Jakobsdf. bei Schässbg.), *af der Flêch* (Hohndf.), *ainder der Flêch* (Rode), *af der Flêcht (Birk),* auf der Flechte (Kreisch), *Flêchbäsch* (Maldf.), im Flechenbusch (Jakobsdf. bei Schässbg.). — 2. ‚die breite Seite der Waffen'. »Item einmal hette der Fleischer einer mit dem Spies auf den Kopff geschlagen mit der Flach« (1598, Ger.-Prot.). — mhd. vleche.

Flachmühle, s. Mühle; Flachmühlrad *Lîfer* (Läufer).

Flachs, Fluess n. und m., nösn. *Fluass* n. und m. Linum utitatissimum L. 1. ‚die ganze Pflanze', ‚Lein'. Im Rätsel:

> *Ech wôssen aus der Ierd*
> *En klîde jêde Mân,*
> *De Kîser uch de Kenning*
> *Si wæ de Baddelmân.*
> Gr.-Scheuern; Kbl. 28, 56.

Mer sellen zem Fluess ackern ist die Bezeichnung des Pflügens für den Flachsanbau. Es wird nicht eher gesät, als bis der Urbanus vom Ofen herunterkommt (also nach dem 25. Mai). Es werden unterschieden die Wurzeln *(Šturzen),* Stengel *(Štonjel)* und Spitzen *(Knorzen).* — 2. ‚der Bast, der zur Leinwand verarbeitet wird'. Um den Bast zu erhalten, wird die Pflanze zur Zeit der Reife, d. wenn die Samenkapseln *(Knorzen)* sich bräunen, wie der Hanf, ausgerissen und in Bündel *(Raisten)* gebunden. Diese Arbeit ist das *Fluesspläcken* (pflücken, raufen), das wie jede Feldarbeit sogar als Zeitbestimmung dient, »im nechsten Flachsplecken« (1600, Ger.-Prot.). Die Bündel werden an der Sonne gut getrocknet und die Samenkapseln auf glatter Holzunterlage mit glattem Holzhammer zerklopft und so der Leinsamen *(Laisem)* gewonnen, der früher namentlich im Burzenland zur Ölbereitung verwendet ward. Damit der Bast sich vom Stengel löse, wird der Flachs, wie auch der Hanf, *än de Bǭch ägelôcht* ,eingelegt': *em ruisst, riusst, riosst, rîesst, rîsst, rûsst* den Flachs. Aber auch von ihm selber, der diese Prozedur erfährt, sagt man (intrans.): *der Fluess rîsst.* Während darauf die gröbern Holzstengel des Hanfes durch die *Hack gehackt,* zerbrochen werden, geschieht dies beim Flachs durch Klopfen mit demselben glatten Hammer *(Fluessklapper),* mit dem die Samenkapseln ab- und zerschlagen wurden. Um die zerschlagenen Holzstengel völlig vom Bast zu entfernen, wird der Flachs mit der *Brech gebrêcht,* geschüttelt, um eine runde Stange *(den Wisebûm* geschlagen, *geschlôn),* was wiederholte Male geschehen muss. Trotzdem bleiben noch viele kleine feine Holzteilchen, *Ônen,* im Flachsbast stecken, können nicht einmal durch Hechel *(Hêchel)* und Bürste völlig entfernt werden, die die Bäuerin anwendet, wenn sie den Flachs zu kostbarem, feinem Gespinst zurüstet, sondern fallen erst aus, wenn die einzelnen Fasern beim Spinnen aus dem Bündel gezogen werden, um sich zum Faden drehen *(spännen)* zu lassen. Selbst in den Mund kommen der Spinnerin solche *Fluess-Ônen,* wenn sie die noch ungesponnene Bastfaser netzen oder mit den Zähnen zu längerem feinerem Faden zerdehnen will. Der gehechelte Flachs muss glänzend hellgelb sein. Deshalb der Vergleich *Hôr wæ der Fluess. Dî Zôp äs hiesch geal wâ Flâss* (Alzen). Auch die gröberen Fäden, *det Wiärk* (Werg), finden Verwendung. Der Flachs wird nach *Štîn* (Stein = 25 Pfund) gewogen, nach *Reisten* gezählt, 10 *Reisten* (an einigen Orten 16) geben einen *Bûssen, Bûssen, Bîssen,* 10 *Bûssen* ein *Gebanjdel.* Urk. »das des Webers kinder eines (,einst') auf (,etwa') 40 r e i s t e n F l a s s zu mir brachten und wolten sie verkaufen« (um 1610, Ger.-Prot.). *Det Fluessšpännen;* wird dabei der Flachs rund um den Spinnrocken gebunden, so heisst diese Form *Kotch* fem., *Kaier, Wäckel* m.; wird er dagegen nur auf einer Seite der Rockenstange befestigt, so ist das ein *Zôken, Zôk. Det Fluesswiewen, Flæssänet wirken.* Dabei bildet Flachsgarn den *Wirf* (Kette), Baumwolle den Eintrag. — Der Anbau des Flachses ist seit der gesteigerten Einfuhr von Baumwolle stark zurückgegangen, im Nösnergau z. B. wird er nirgend mehr gebaut. 1899 waren in Agnetheln noch 50 Joch damit bebaut. In Urkunden wird er häufig erwähnt. »Man hat ihrer Schwester f l a s s verstollen« (1609, Ger.-Prot.). »Als des Actoris sein weib und die Inculpata vor verschienenen (,vergangenen') Tagen f l a s s in die Bach sollten einlegen, wurden sie der stellen halben uneins« (1615, Ebda.). Im 18. Jahrh. wurde der Repser Flachs geschätzt, oft erscheint er als Geschenk. »F l a c h s dem Grafen Cornis verehret« (1722, V.-A. 36, 387). Auch die häufigen Fl. N. beweisen, dass der Anbau des Flachses früher allgemeiner war als heute, vgl. Flachsau, dann *u dem Fluassberich (Weilau), Fluesbierich (Weisskirch), Fluesdêiln (Wallendf.), ąf dn Flǭessdâeln (Kl.-Bistr.), de Fleoussdeller* (Felmern), *af de Fluossdîlungen* (Reussen, Felldf., Probstdf.), *äm Flôssgôrten* (Arkeden, Katzendf.), *Flôssgoa(r)tn (Jaad), Floussgourten,* urk. »unter den Eichen im Flachsgarten« (1808, Wolkendf. B.), *de Flôssloinder* (Zendresch), *Flôsliunjder* (Bekokten), *af der Fluessierd* (Magarei). Hieher auch die Grabennamen *Fliussbǭch (D.-Zepling), Fluessegruewen* (Dobring)? Hieher Flachshölle (Keisd), Flachsrode (Magarei)? — 3. Abergl. Der Flachs wächst, wenn man zu Ostern Mädchen und Frauen begiesst (Heinrich, 11). Ein Rocken mit Flachs oder Hanf, ein Dreschflegel und eine Spindel, in die Stallecke gestellt, schützen das Vieh vor dem Wiesel (Haltrich, Abergl. 18), das *Fluessraiske* (Flachsbündel) das Kind vor dem Wechselbalg (Gassner, 18). — mhd. vlahs, ahd. flahs. Lautt. 9. Die Assimilation des *-h-* hat Analogien in allen rhein. Maa. (vgl. Anzeiger f. d. Altert. 21, 261).

Flachsader, Flaksôder fem. ,Sehne, Flechse'. Dafür häufiger *Ôder* (Ader). *De Flaksôdern (Ôdern) um Hǭlx dâ mer wî (Bistr.).* Auch nur das Bestimmungswort *Flaks. Der Flîscher huet mer esi licht Flîsch gegien; et se lokter Flaksen; wæ sǭl em dæ iessen?* — Mit Flechse (s. d.) nach Weig.[5] 1, 547 zu Flachs.

(Flachsahnen), Fluessônen pl., nösn. *Fluassôn* pl. ,Holzfaserabfall des Flachses'. Im Hochzeitslied (beim ,Ausschenk'):

Si vil der Kuerekegder,
Si vil der geader Zegden;
Si vil der Flôssuinen,
Si vil der geader Jôr.

Mätz, 93; Schuster, Volksl. 85; Wittstock, 95.

Über das Grundwort s. *Ôn* (Ahne).

Flachsaue, Fluessâ fem. als Fl. N. (Werd, Abtsdf., Nimesch, Neuthausen, Gr.-Alisch, Burgbg., Stolzenbg., Brenndf. i. B., Keisd, Meebg.), *Floessa* (Agnetheln, Thalheim), *Fluassâ* (Schönbg., *Heidendf.). Än der Flǭsser* (wie *Hêršcher, Kl.-Bistritz).* Urk. »auf der F l a c h s a u« (1720,

Bussd). Oft Gassenname mit dem Nebensinn der Geringschätzung, weil die ärmeren Leute (die *Flossâner, vun der Fluessâ*) darin wohnen, vgl. *Reppâ.* Dazu die Fl. N. *Fluasser* (Flachsauer) *Bräckeltchi (Lechn.), Flqssergruebm,* urk. »im flaxgraben« *(Wallendf.),* »auf den flassergraben« (1540, Senndf.). Hieher *Flessebâch* (Bulkesch)? Im Flachsaugraben (Klosdf.).

Flachsboße, Fluessbûssen m. ‚ein grösseres Bündel Flachs', bestehend aus 10 (an einigen Orten 16) *Reisten* (Reisten). s. Flachs.

fläch̃sen, flæssän adj., nösn. *flâissen* adj ‚aus Flachs'. *Flæssä Laiwend, e flæssän Hemt, Schnetzeldâch. E flâissen Laimdâch* (Leintuch) *Dâicheltchi (Bistr.).* Auch übertragen:

Doch wier tridd ouss em Glät dîrt mät
flæssä blonden Hören? Käst., 135.

Der Flâssân (‚der Gelbhaarige'), D. N. (Katzendorf). Hieher gehört auch *flessän Dûrt,* auch *blô Kîreblomm* ‚blaue Kornblume', Centaurea cyanus L. (auch der Flachs blüht blau), Gegensatz zur ‚roten Kornblume', wie an einigen Orten Kornrade, Adonisröschen und Mohnblume genannt werden. s. *Durt* (Dort). Urk. »umb ein Stück Leymbeth flessyn« (1528, B. M.). »Vor flessen Leywedt« (1558, Qu. Kr. 3, 325). »Flessen pilzichen« (1572, Mühlbächer Arch.). »11 flessen dreybletrig leintucher« (1575, Bistr. Cap.). »Ein flessen hembt und bauwallin hembder« (1610, Ger.-Prot.). »an den Schattert ein Flessen stuck leinwadt für fl. 4.50« (1616, Werner, Med. im 17. Jahrh., 9). »1 Flessen Drechduch root gestreffen mit Zeddeln« (1647, B. M.) »4 flessen 1 wircken Kleill garan« (1647, Ebda.). »ein Flesen Schortz mit einem erhabenen Streiffen« (1659, Neudf. b. Hstdt.). »nebenn der grober Wirkener Leinwadt, Henffen, Flessen, wund halb baumwallin Leinwadt« (1651, Salzer, Birth. 737). — Mhd. vlechsîn. Mit Assimilation des -h- hess. flessen, lux. flässen.

fläch̃sern †, dasselbe wie flächsen. Hat in der Ma. nie gelebt, nur in alter Kanzleisprache. »Zwen stucker leinwandt, eines flessern das ander henfen« (um 1610, Ger.-Prot.).

Flachsfink, Acanthis cannabina L. s. *Mierzeisken, Zaiskn.*

—, Fluessgebänjdel n. ‚ein Bund Flachs' = 100 *Reisten* (Reisten) und 10 *Bûssen* (Bossen). Mehr üblich: *Gebänjdel Fluess* (dies als Genetiv verstanden). s. Flachs.

Flachshaar, Fluesshôr n., nösn. *Fluasshôr* n. [Städt. Halbma.]. Echte Ma.: *Hôr wâi det Fluas.* (nösn.).

Flachsklopfer, Fluessklapper m., der Hammer, mit dem die gröberen Holzstengel des Flachses zerschlagen und die Samenkapseln entfernt werden. s. Flachs 2.

Flachskraut, Linaria linaria L. s. *wält Lîwemeltcher* pl. (Löwenmaul).

Flachsland, Fluesslânt neben *Fluessdil.* 1. ‚ein einzelnes in der Flachsau gelegenes Ackerstück'. *Mer sellen nâ dennich de Fluess uch sên; nor qs Lqnt äs nôch net ·gesêt.* — 2. das ganze Flurstück, das mit Flachs bebaut ward und das oft nur für ein Jahr aus dem unbebaut bleibenden Drittel des Gemeindefeldes ausgenommen, eingefriedigt und an alle Gemeindeglieder ausgeteilt ward, während es in den beiden andern Jahren wieder seinen eigentlichen Besitzern zufiel. Auch zu anderweitigem Anbau vergab die Gemeinde zeitweilig gegen Entgelt solche Teile des Brachfeldes. s. *Fluessâ* (Flachsau) und *Fluassdêil, Flôslonjder* (Flachs 2) Urk. »Als man das Flachsland austheilte« (1630, Salzer. Birth. 312).

Flachsleinwand, Fluesslaiwent fem., nur in alter Kanzleisprache; die Ma. wählt lieber Umschreibung mit dem Adj. *flæssä Laiwent.* Urk. »Für 2 Halbstück Flachsleinwand den Herrn Cibiniensibus« (1685, V.-A. 37, 610).

Flachsreiſte, Fluessreist fem., nösn. *Fluassraist* fem. ‚das kleinste Flachsbündel', s. Flachs, Flachsbosse, *Fluessgebanjdel* — *Fluesrais(t)ke,* kleiner Besen aus Flachsstengeln *(Mettersdf.).*

Flachsſame, Fluessôm m., nösn. *Fluassôm* m. Im Süds. sehr selten; fast ausschliesslich: *Laisem, Læsem, Lqsem* (Leinsame).

Flachsſeide, Cuscuta epilinum Weihe. Nur das Simplex: *Sekt.* Daneben und dafür: *Deiwelszwirn* (Teufelszwirn), *Werbesschneärn, Zipergrâs.*

Flachsteil, s. Flachs 2.

Flachsverzehnten, † ‚Zeit, wo der Zehnte vom Flachs eingehoben wird'. »An dem Flachsverzehenden kam ich nach Hauss gantz nass und wolte mich ausskleiden in der Schule« (1674, Cap. Cib.).

Flachswerg, Fluesswierk n. wird im Süds. als solches besonders unterschieden vom Simplex, womit nur Haufwerg gemeint wird. Auch das *Fluesswierk* wird zu grobem Gespinst verarbeitet, namentlich von minder geübten Spinnerinnen. Auch manches Stengelteilchen, *Ôn(t)chen,* kommt dabei mit ins Garn. s. das Simplex und *Ôn* (Ahne). Urk. »Contra cabucam. Item nem schlaff epel von den rosen dôrnern vndt reyb sey kleyn vndt dornach nem das veiss won eyn ey vndt menges myt floss werck vndt thw das dar vber« (1509, Heltau).

(**Flachzange**), **Flachzang** (⏑ ⏑) fem., kleine Zange zum Ausdehnen der Felle (Haltrich, Plan 90). Vgl. *Fǫlzzang* (Falzzange). Die Betonung der beiden Teile beweist, dass ‚flach' als Adjektiv empfunden wird und darum das Wort in seine Teile aufzulösen ist.

—, nösn. **Flǫck** m. *(Bistr.,* V.-A. 33, 74) nur in der Wendung *Flǫck mǫchn* ‚Platz machen'. Süds. nicht gebraucht, vgl. fläm. Flack n. ‚Ebene, glatter Boden'.

—, **Flackerfeild** (Trappold), *af der Flackerwiss* (Talmesch). Zum F. N. Fleck, Fleg oder zu *Flǫck* (s. d.).

—, **Flacker-Fiecht** in der Beschwörungsformel gegen das *Fiericht:*

»*Tâ Flacker-Fiecht, wô gîstâ hin?*«
Za mengen hellije Wärken. Kbl. 27, 27.

Fiecht ist nichts anderes als *Fiericht*, *Flacker-Fiecht* also ‚glühendes, fieberheisses *Fierich*' (s. d.).

flackern, **flackern** schw., nösn. *flǫckern* schw. 1. ‚lodern, brennen'. *Det Faier, det Štrî, de Kierz flǫckert. Dälp dôt Faier ewenich! Et flǫckerd esui hui, dǫt sich de Koip enzǫnjt* (Agneth.). — Syn. *dubbern* (‚knisternd brennen'), *wǫlgern* (‚mit Rauch brennen'). — 2. Übertr. ‚im Gesicht, vor Erregung glühen', auch infolge Übergenusses geistiger Getränke. »*Wei em enem Štrîmòn nätch ze nô kun terf mat der Kierz, sonst flǫckert e, esu bast uch tâ. Uch dir terf em mat der Wôrhît nätch ze nô traden, sonst flǫckerst tâ am Zûren*« (Neuer Volkskal. 1908, 175). *Sàt nor, wâ dî um Âk wedder flǫckerd äm Gesicht; em dingkt ned emdersch loin e messt sich glej enzǫnjen* (Agnetheln). — Zus. *ǫfflackern* (aufflackern). — mhd. (spät und zuerst in rhein. Quellen) vlackern. Zusammenhang mit flagrare wird angenommen (Weig.[5] 1, 542).

—, **flǫckern** schw. *(Klein-Bistritz)* ‚lachen'. *Wäi se widder flǫckern!* Wohl Intensivbildung zu *flättern* (s. d.).

Flad, F. N. (1494, Hstdt.). vgl. den hd. F. N. Flat und mhd. vlât ‚Sauberkeit, Zierlichkeit'. — Dazu der Fl. N. *Flatgrûwen* (Reussdf.).

—, **Flāddermous,** *Flädderzmous* s. Fledermaus.

—, **fläddern,** s. flattern.

—, **Flädderz** fem. ‚mit heftigem Jucken verbundener Nesselausschlag' (Haltr., Plan 111; Med., Mühlb.); von der *Zätter* dadurch unterschieden, dass diese eine genau abgegrenzte Stelle bildet, während die *Flädderz* zerstreut in grösseren oder kleineren Flecken auftritt. — Syn. *Lûfä Feier* (laufendes Feuer). — Zu mhd. vledern, vladern ‚flattern, flackern', wozu auch die Vorstellung des syn. *lûfä Feier* stimmt.

Fladen, **Fladen** m., Pl. *Fladen* und *Fläden*, nösn. *Flǫdn.* 1. ‚dünner, flacher Kuchen' aus gröberem Teig, früher gewöhnlich in runder, kupferner Form gebacken. Nach der ein- oder aufgelegten Zugabe unterscheidet man: *Appel-, Pelsen-, Urdafladen,* hiefür auch: *Mältch-* oder: *Klǫmpeflǫden.* Namentlich dieser gilt in einfachen Verhältnissen in gewissem Sinn als ‚Leckerbissen: *Ir selt hejt gêt* [əᵉ] *lêwen* [əᵉ]; *de Ruidan hoed en Flǫde gebǫcken, wâ e Pläochrât* (Agnetheln). Unwillige Antw. auf die Frage: *Wat selle mer iessen? En Fladen. De Fladen ousdrên, schmiärn.* Im Fastnachtslied:

Mir zer Îr unt sech zem Schǫden
Backe sai Kletite, Fladen.
Schuster, Volksl. 98.

Im Lied der Frau Löprich:

Nâ äs alles af de Staden (‚zur Stelle'),
Uch der Uiwen äs gekêrt,
Broingt den Huibes uch de Fladen,
Sât (seht), *dǫt gen de Hungklich schmêrt.*
Schuller, Ged. 15.

— Syn. *Bêltschen, Hǫngklich, Hîbes.* — Dazu die Fl. N. Flademoor (Neustadt bei Agnetheln), *Fladewisken* (Gierelsau), *bǫim Flǫdebǫchel* (χ) (Trappold). — 2. Derb scherzend ‚starker Schleimauswurf'. *E špeokst Fläden* (Med.). *E schnext sich en schmaisst enem de Flǫde vuir de Fess, dǫd ed enen ǫckelt* (Agnetheln). — Zus. *Rôzfladen* (Rotzfladen, Bezeichnung eines ungezogenen Kindes). — 3. ‚Kuhfladen' (Kisch, N. W. u. W. 46). Im Süds. gewöhnlich mit dem Bestimmungswort: *Mästflǫden.* — mhd. vlade, ahd. flado. Im seltenen Pl. *Fläden* ist die alte starke Flexion noch erhalten.

(**Fladenbrett**), **Fladebriet** n., *Fläderbràt* n. (Bulkesch). 1. ‚Nudelbrett', Brett, auf dem Mehlspeisen überhaupt bereitet werden. — 2. Vulgär figürlich ‚dicker Hintere' (Hstdt.). — Syn. *Hangklichbriet.*

(**Fladenscheibe**), **Fladescheif** fem. ‚kupferne Backform, in der die Fladen gebacken werden' (Med.). Syn. *det Bâken, Bâken.*

Flader, F. N. (1500, Hstdt.). — s. *Flâder* (Fluder).

—, **Flâder** s. Fluder.

—, **Flǫder** m. s. Flarre.

(**fladern**), **flâdern** schw., nösn. und süds., term. techn. der Tischlerei, ‚die Adern *(Mêschen)* des Holzes beim Anstrich nachahmen'. *E geflâdert Kǫstn, Bât, Däsch.* — Zu nhd. Flader, ‚geädertes Holz', mhd. vlader.

—, **fladri** im Abzählreim: *flidri, fladri, Flädermous* (Schuster, Volksl. 386).

—, **Flâdrich** n. (nur süds.) ‚Mühlengerinne', nösn. dafür *Flâder* (Fluder), »*dät Fliadrich*« ‚Mühlenwehr, Damm' (1867, Bekokten); *Flädrich* (Hammersdf.); urk. auch ‚das Gerinne bei den Fischweihern'. Häufig in Urk. (Rechnungen). »Auf das sagwer (Wehr beim Sagtor) vor den floderich« (1543, Nat.-A.); »ligna czu eeszen (‚Pflöcken') czu denn czuen fludrychen... vnd an den grossen roden wayr czum flodrych« (1547, Hstdt.). »Vor einen Dill in das flaudrich zu legen d. 16« (1556, Med.); »umb ein grus holtz tzum Fludrich d. 28« (1558, B. M.); »bey das fludrich zum Risten (des Hanfs) 55 dyl« (1578, Nat.-A.). »Item seyn 3 fueren mist tzu dem flaudrich oder Brecken bie dem sochtor (Sagtor) gefüert worden« (1605, Nat.-A.). »Der Fludrich am Weier« (1677, Hstdt.). — s. auch *Bedderach*. — Ableitung von *Flâder* (Fluder).

—, **flą̂en** s. fläuen.

—, **Flą̂er** n. ‚Gewölke, Gewitter' (Seligstadt). *Dą̂t Flâer wit dich iwr de gą̂nzen Hattert gezivje sen* (Ebda., Kbl. 25, 104). — Dazu der Fl. N. *Äm Fläuer* (Heltau, Michelsberg)? — Zur Wurzel bla- in blasen, lat. flare; Fla- ⟨ bla- wie in *Flô* (mhd. blahe).

—, **Flâgen**, *Flâjen*, hd. Flaigen O. N. 1. *Ąlt-Flâgen*, Alt-Flaigen, magy. Felek, rum. Felacu östl. von Schässbg. Dazu die Fl. N. Altflagner Gerad (‚Grat', Wald) und hinter Flagen (Keisd, Kbl. 9, 82), *Flagener Högeres* (Arkeden). — 2. Neuflaigen (Bielz, Handb. 417; Haltrich, Plan 81), magy. Szederjes. — 3. Dazu aus der Hochzeitsrede (Schuster, Volksl. 128): *Ich wėss wol, wad ich študîrt hun än de Flâjner Wegden* (Weiden). — 4. Dazu der D. N. *Flâjner* (Neustadt bei Agn.) und der F. N. Flagner (1605, Zeiden; 1804, Schässburg), Flegner (Streitfort), Pflagner. Gegenwärtig in Kronst., Reps, Neust. bei Schässbg., Schaas, Maldf. — *Flâgen* = magy. Felek.

—, **flagra**, im Rätsel vom Bettelmann:

> *Et geng e Mą̂n viur Mą̂nesdiur,*
> *Hagra, flagra heng em viur.*
>
> Schuster, Volksl. 263.

—, **Flägschôk** fem. ‚Feldwiege', ‚eine mit Stricken an der Zimmerdecke angebrachte hängende muldenförmige Schaukel, in die das Kind zum Schlafen hineingelegt wurde'. Heute nicht mehr üblich (Rosenau i. B., Hillner 20).

—, **Flâigeltsbiärich**, Fl. N. *(Bistr.)*, modern hd. ‚Flügelsberg', dem *Flâigeltsbiärich* lautlich nicht entspricht. Lenk v. Treuenfeld (1, 370) hat auch einen Flageberg »auf der Gränze zwischen der Kukelburger Gespanschaft und dem Schäsburger sächsischen Stuhl«.

—, **Flaikû** m. ‚flatterhafter Mensch, Bummler' (Schässbg.). — Zu rum. fleac ‚Geschwätz', un fleac de om ‚Schwätzer, Taugenichts'.

—, **flą̂in** s. fläuen.

—, **Flaischar hick!** neben *Paifar hick, hick, hick!*, der beim Reihen der Knechte am Aschermittwoch in Nadesch übliche Spottruf; die letzte Form gilt als richtiger (Nadesch, Kbl. 15, 137).

—, **Flâk**, in der Ra. *Flâk-Flą̂ndern (Bistr.)*. *Ed huad sich det Kletchi Flâk-Flą̂ndern gerässn (Bistr.)*. Im Süds. unbezeugt, nur Flander, s. d. — Zu *Flâk* (Fleck), tautologische Verstärkung.

—, **Flakô** m. (◡ ⏊) ‚ungehobelter Mensch, Tölpel', Pl. *Flakê (Bistr.)*. *Dą̂t äs e Flakô! Dą̂d sai Flakê!* Im Süds. mehr anklingend an die rum Quelle [Fləkə^u]: *Flokô* ◡ ⏊. Diese Vokalumtönung des rum. ä (ə) in sächs. o war der Anlass zur Vermengung des rum. flăcău ‚strammer Bursch' mit dem von uns als Substantiv gebrauchten rum. adj. flocosu ‚zottig, derbhaarig'. Mit diesem Wort spotten wir den grossen Schäferhund, der oft bis in den Sommer hinein die zottigen Winterhaare trägt. Und weil oft Menschen von Hunden rumänischer Schäfer in Siebenbürgen angefallen werden, ist uns der grosse zottige Hund zugleich auch der bissige, den wir ebenfalls *Flokos* heissen: *Sä nor, wot vuir e Flokoss hâ kut; e wird es baissen; mer hun ned e Kläppeltschen än Honjden. Bäck dij am en wevel Štoin* (Agnetheln). Weiter überträgt die Ma. den Namen *Flokos* auch auf den in ihr *Flokô* klingenden rum. flăcău ‚Bursch' und versteht entgegen dem Rum. darunter einen ‚ungehobelten grossen, derben, oder auch tölpelhaften Menschen'. Der Plural von rum. flăcău, flăcăi wird sächs. *Flockêi*, auch wohl *Fleckêi* [Fləkê] gespr. und bezeichnet ‚derbe Menschen' und ‚grobe, zottige Schäferhunde'. Diese Pluralform flăcăi, *Flokêi* ist schliesslich *Flokê* geworden und gilt auch als Singular. s. *Flokê*. Rum. flăcău (◡ ⏊ ◡) ‚Junggeselle', ‚Bursch'.

Flamme, Flomm fem., nösn. *Flą̂mm* fem. 1. ‚Feuerflamme', fast nur in städt. Halbma. und geh. Spr. gebräuchlich, die Dorfmaa. machen keinen Unterschied zwischen Feuer und Flamme. *Det Faier brâit mät grûsser Flą̂mm* (nösn.). *En gewaldich, grîss, klî Flomm. De Flomm schlîd af* (schlägt, lodert auf). »*E ferchterlich Wanjd, dî schmoiss de Flomm vun Hous ze Hous*« (Zw. Krez., 25). Im Rätsel:

> *Wel Feier huot Flomm*
> *Unt bræt doch net?*
>
> Schuster, Volksl. 283.

E äs rîd äm Gesicht wê en Flomm (vom Trinker). *E äs Faier och Flǫmm derfor (Bistr.). Et* (sie) *wort wâ en Flomm, dâ em vun der geštîläner Masch riet* (Gesichtsröte als Verräterin). — Die rote Feuerflamme wird auch *Fuss* (Fuchs) genannt (H.-W., 13). — Die Flamme beim *Giald-blâi* (Geldblühen bei verborgenen Schätzen) sieht man wohl, spürt sie aber nicht. Deshalb erzählt der *Jaader* vom Schatzgräber: *e heil de Hând iber de Flamm en de Buerte* (‚Baumhöhle') *ond e feult, de Flamm breitn niessn.* — Mythischen Hintergrund hat das Märchen von der Flammenburg (Haltrich, M. 85). — 2. ‚funkelndes Licht' (der Gestirne etc.).

Vil tousent Lächtcher glisern
Unt floddern nâ und pisern
Mät âsichtberem Dôcht
Unt schnetze sich und richten
Är Flemmcher, äm ze lichten
Dem Peljer durch de Nôcht. Käst. 41.

— 3. In der Studentensprache ‚Liebchen'. *Mai Flǫmm kid och duar (Bistr.).* Syn. *Gonst.* Mhd. vlamme, ahd. flamma. Lautt. 14.

flammen, flommen schw., nösn. *flǫmmen, flummen* schw. 1. ‚der Hitze aussetzen, sengen'. *Det Lêgeln flommen.* — 2. ‚schlagen' (nösn.). *Ich hu en geflǫmmt (geflummt).* Für 1 und 2 sonst auch umgelautet: *flemmen* s. d. nächste Wort. Vgl. damit hess. flammen, flummen, eifl. flummen ‚schlagen'. — 3. Das Part. Prät. ‚gestreift' (ursprünglich ‚rot gestreift'); »*vum blô uch weiss geflommde Štrump*« (Hîmw., 8). Vgl. nhd. ‚geflammter Kardinal' (eine Apfelsorte). DWB. 3, 1715. — Mhd. vlammen.

flämmen, flemmen schw., nösn. *flammen* schw. 1. ‚sengen'. *E flemmt det Schwenj* ‚sengt das Schwein mit Strohfeuer' (Birth.). *En Fôst* (Pfosten), *Štêken* (Stecken), *Rôm* (Weingartenpfahl), *Pôl* (Pfahl) *flemmen* ‚am Ende leicht anbrennen', stärker *ubrên* (anbrühen), damit sie in der Erde weniger leicht faulen. — 2. Übertragen ‚betrügen, überlisten'. *Dên hôd er îst geflemmt! E huad en geflammt* (Kramer, 26). Urk. »Es vergieng darüber keine vierthel Stunde, so sagte er: Der Zigänner hat mich doch geflämmt« (1768, Cap. Cib.). Auch ‚abtrumpfen'. Zwei Mergler ritten an einem Agnethler vorüber, als er am Zaun seine Mähre schann (schund). Die Agnethler sind ja *Gorreschänner* (Rossschinder). Da rief der eine Mergler: »Guten Morgen, guter Freund! Habt ihr hier eure Fleischbank?« *Chia, chia, fuir de oärem Streossele͡jt* (Strassenleute) antwortete der Agnethler und schann weiter, »Sagt ich dirs; er wird dich verbrennen *(flemmen)*«, sprach der zweite Mergler (H.-W., 132). — Umlaut zu flammen. Zur Bed. ‚überlisten' vgl. DWB. 3, 1715; Schm. 1, 791; Follm. 164 und engl. to flam ‚belügen'.

—, -flamst in *zeflamst* ‚zerfetzt' (Kronst.) gehört zu Fleme ‚Bauchfett, Nierenfett' (nösn. *Flêmen* ‚Weichteile in den Flanken der Tiere'), dann ‚Fetthaut', bedeutet also eigentlich ‚zerfleischt, in kleine Stückchen gerissen, wie das Fett an den Eingeweiden'. DWB. 3, 1768.

Flander, Flonder fem., nösn. *Flǫnder* fem., gewöhnl. im Pl. 1. ‚Fetzen, Lumpen'. *De Flondern hêe* (hängen) *vun em. Et huat nur Flǫndern ǫf sich* (nösn.). Ra. *Et gêt Flǫndern,* verstärkt *Flâk, Flǫnder* ‚zerreisst in kleine Fetzen'. *Det Kled äs der guar Flǫnder* ‚ganz zerrissen' (nösn.). *Me Schurz äs allent Flander. E lêft wâi der Horgesch* (ung. Münze = 17 Kreuzer) *än Flǫndern* ‚ein stilles, ruhiges, üppiges Leben'. Auch als Schelte: *Dau Flǫnder!* (nösn.). Süds. daneben auch das dem Rum. entlehnte *Bulandra, Bulendra.* Stärker ist das syn. *Zudder,* süds. *Zadder, Zǫdder.* Andere Syn. *Flarr, Flietsch, Flinder, Flintsch, Flantsch, Frons.* — Zus. *zeflondern* (zerflandern). — 2. ‚Flitter' (nösn., V.-A. 33, 74; Kramer, 26). Vgl. *Flindercher* ‚Flimmergold'. So auch urk. »ir flendren und auch gelt aussm beutel geben« (1579, B. M.). »wie das der St. Bierkoch ein Poschen weiss kronchen Federen mit goltt und Flenderen geschmücktt im an hette gebotten zu verkaufen« (1595, Ebda.). — DWB. 3, 1722. Henneberg. Flanner ‚leichter zerreissbarer Stoff zu Kleidern'. Das rum. flandură ‚Fetzen' ist aus dem Sächs. entlehnt.

—, Fländermôs fem. (Tartlau i. B.) ‚Fledermaus'. — Zu *flandern* (flattern).

flandern, flandern schw. und *flendern* schw., fehlt nösn. ‚flattern'. Ein am Geisselstab befestigtes Tüchlein *flendert* (Malmkrog). *De Blieder vun de Bîmen flendern än der Laft. Det longk Hôr flondert em* (Heldsdf. i. B.). Von Vögeln wird es nicht gebraucht. Solche Bewegung bei lebenden Wesen heisst *ploddern (Ploddermais* ‚Fledermaus'). Mehrmals bei Kästner:

Se (de Härwestfäddemcher) flandern
und flijern
Zesummegerafft. Käst., 16.

Und Blied u Blietche flandert
Glatt wê e Segdebǫnt. Ebda., 47.

Et flandern als Bîrteflietschen
(Bortenbänder)
Vil gäldä Wûlken erun. Ebda., 66.

Alle von der weiblichen Jugend um Hals und Hüfte gern getragenen frei schwebenden Bänder *flandern* im Gehen, bei Luftzug. — DWB. 3, 1722.

Flandern, fehlt. Auf den ersten Blick sagt man wohl, es sei des Reimes wegen im (hd.) Volkslied:

Du bist von Flandern
Und liebst 30 andere.
Bulkesch; Kbl. 23, 111.

In der Ma. aber wäre der Reim ein echter *Flǫndern : ǫndern.* Über diese Brücke hüpfte die Volksphantasie zu Flandern ‚Flattern' um den Flatterhaften zu zeichnen, der 30 andere liebt.

Flandrer. »Flandrenses priores« nennt um 1195 der päpstliche Legat Gregorius die sächsischen Ansiedler in Siebenbürgen, danach sind sie öfter so genannt worden und daraus ist die Meinung entstanden, sie seien aus Flandern eingewandert. Dem gegenüber ist daran festzuhalten, dass der Name Flandrenses nichts mehr ist als eine »Kolonistenbezeichnung«, die wie Saxones von Kolonisten verschiedener deutscher Stämme gebraucht wurde. Weder für Flandrenses noch für Saxones hat die Ma. einen Ausdruck. Vgl. Ukb. 1, 4. Teutsch, Sachsengesch. 1, 13. Keintzel, Herkunft 37. Kbl. 24, 17; 29, 141.

—, **flandrich** adj. *(S.-Reen).* »Die herkömmlichen Speisen am Scheibenabend waren: Gerstenkächen, flandrig Kraut, Gänsebraten und Hühnerbraten, Hanklich« (V.-A. 3, 318). — Zu *Flonder* (Flander).

Flanell, Flanäll m. (⏑ ⏑́), nösn. *Flanäll* m. ‚leichtes Wollenzeug'. *Waiss, rût, blô, tąrkich* (‚bunt'), *gemustert Flanäll. Reckel* (Röckchen), *Hôsn, Blûsn, Laifker* (Leibchen) *aus Flanäll* (nösn.). *Krûner Flanäll,* der in Kronst. am Ufer des Kanals auf der Flachszeile verkauft wurde, deshalb auch *dies vun der Beoch* genannt (Zeiden i. B.). Aus *Flanäll* ist auch die äussere, aus weissem Wollentuch bestehende Hülle des Wickelkindes, die danach einfach ebenfalls *Flanäll* heisst. *Bronj mer de Flanäll! Äs der Flanäll gedrecht?* Natürlich daneben auch: *flanällä Kotsch* (s. flanellen). — Aus dem Nhd., das auf engl. flannel, franz. flanelle, ital. fianella, Dimin. zu altfranz. flaine ‚Wollzeug' beruht.

flanellen, flanällän adj., nösn. *flanällen* (⏑ ⏑́ ⏑) ‚aus Flanell', *flanällä Keddel, Gatch, Klîd, Fotter, Fossdach* ‚Kittel, Frauen-Unterrock', ‚Männerunterhose', ‚Kleid, Rock', ‚Futter', ‚Fusstuch' aus Flanell. Solches alles zu haben ist Zeichen eines gewissen Wohlstandes und gewährt Beruhigung angesichts eines strengen Winters. *Tâ kǫ̂st tratzen än de Wängter mät denge gâde flanälläne Sachen* (‚Kleidern').

—, **flangkern** schw., fehlt nösn. ‚funkeln, glänzen'. Nur bei Kästner:

Und är Zeddernôld (Zitternadel, zum Anheften des Bockelschleiers) *gor rîn*
Flangkert wâ Kallfangkeštîn. Käst., 44.

Vill Štiedtcher unt Märt unt Gemînen
Dâ flangkern als Ädelgeštîn. Ebda., 67.

Man mag bei diesem allem Anschein nach von Kästner geschaffenen Worte an bair. Flank ‚Funke', hd. flunkern ‚schimmern' denken.

—, **Flängkesch** m., nösn. *Flängkesch* m. (Bistr. Festg., 54) ‚unbeholfener, flegelhafter Mensch'. *Gungk te lungker Flaingkesch* (Draas)! *Bäst tau dionich e Flängkesch* (Rohrbach)! *Ed äs e gäat lǫngk Flängkesch ent verštît dennich näst* (Mediasch). Syn. *Lergesch.* Vgl. bair. Flank, Fiänkel ‚männliche Person von verwahrlostem Aussehen', eigentlich ‚Fetzen, Lumpe'; lux. Flantes ‚lang aufgeschossener Mensch'. Über *k* neben *t* vgl. *fingkeln* neben nhd. Finte; *Mǫngkel* neben nhd. Mantel. DWB. 3, 1722. Schuller, Beitr. 17.

Flanke, fehlt; s. *Dänn* (Dünne). *Flêmen.*

flankieren, flangkîren schw., nösn. *flangkîrn* schw., häufiger in der Zus. *erämflangkîren* (herumflankieren) ‚sich müssig herumtreiben'. *E flankîrt sich de Zekt nor eräm* ‚schlägt die Zeit im Müssiggang tot' (Rumes). Sonst ohne terminative oder objektive Erweiterung. Nhd. flankieren aus franz. flanquer ‚(an der Seite) sich herumbewegen' zu flanc ‚Weiche, Seite'.

—, **Flantsch** fem., nur Pl. *Flantschen* neben *Flintschen.* s. Flander.

—, **fläntschn** schw. ‚das Gesicht verziehen' (nösn.). Süds. nicht bekannt. — s. *flintschn.* Zu mhd. vlans ‚Maul', hess. flenzen, österr. flenschen ‚das Gesicht verziehen'.

—, **Flanz,** in der Ra. *Flanz mąchn* ‚vornehm tun' [Städt. Halbma.]. *Flanz mąchn känn e, ąber sąnst verštêt e nät vill (Bistr.).* Die im Süds., speziell in Hstdt. hie und da vernommene Form *Flǫ̂nz* dürfte um so weniger der Anfang der Einlautung des Wortes in die Ma. werden, als diese schon am gleich lautenden Wort für ‚Pflanze' nur ein sehr selten gebrauchtes Gattungswort besitzt, neben dem das besondere Artwort *Plǫ̂nz* für Gemüsesetzling älteres Recht hat. Aus dem Österr. vgl. Flanst ‚Dampf', flanzen ‚dampfen, rauchen', zur Bed. die Ra. »Mach nicht so viel Dampf« (Umstände).

—, **Flą̂nz** fem. s. Pflanze.

—, **Fläppes** fem., fehlt nösn. 1. ‚Weidenpfeife‘, ‚Pfeife aus einem Federkiel‘. Die Enden werden flach geschabt und geben beim Hineinblasen durch die Schwingungen der dünnen Blättchen einen schnarrenden Ton. *Mer sellen es en Fläppes mąchen.* Eine abschlägige Antw.: *Cha, en Fläppes (en Flûr).* — Syn. *Biərchen, Furxer, Gunzn, Pąrtschn, Purz.* — 2. *En Fläps* ‚ein plauderhaftes Mädchen‘ (HALTRICH, Plan 11). — 3. Als Abschluss des Abzählreims mit flachem Schlag auf den Rücken: *Obra, dobra, Fläppes* (HÖHR, 42; SCHUSTER, Volksl. 384). Das Wort ist nicht onomatopoetisch (H.-W., 193), sondern gehört mit der weitverbreiteten Sippe des Wortes Flappe ‚offner Mund‘ (DWB. 3, 1724) zusammen. Vgl. lux. Flapp ‚Schlag, Ohrfeige‘, Flappes ‚ungelenker Mensch‘; eifl. flappen ‚schlagen‘; hess. Flappe ‚klatschender Schlag‘, Flabbes ‚Pfannkuchen‘, lux. Flapp ‚breiter Strich Landes‘. Gemeinsam ist allen diesen Formen die Vorstellung des Breiten, Flachen, die vielleicht auch in mhd. vlans vorherrscht. Danach wäre ein Zusammenhang mit der Wurzel fla- anzunehmen (flach, lat. plaga, placenta, griech. πλάξ, πλακοῦς).

—, **Fläppesburch,** Fl. N. (Marpod). Zu F l ä p s ‚Philippus‘ (MÜLLER, Sagen 260.

—, **fläppesen** schw.; fehlt nösn. ‚auf der *Fläppes* blasen‘ (Gr.-Schenk).

—, **Fläpsdref,** O. N. magy. Szász-Fülpös, rum. Filpişu micu bei *S.-Reen,* auch *Fläps, Flaps, Fläpse, Klê-Flaps (D.-Zepling)* genannt. Urk. P h i l p u s (1291), K y s e b f i l p u s (1319). Zu *Fläps* ‚Philippus‘. Vgl. WOLFF, Ortsn. 1, 41; V.-A. 33, 74; 34, 38 und den F. N. P h l e p s.

—, **Flärgesch** m. ‚unbeholfner, langer Kerl‘ (KISCH, N. W. u. W. 46). Syn. *Lärgesch, Lergesch.*

Flärre, Flärren m., nösn. *Flarr* fem. und *Fląrrn* m., *Fląder* m. *(Wallendf.).* 1. ‚Riss in der Leinwand‘ (nur nösn. *Flarr*). *Ich hu mer än Flarr änt Kled gerässn* (nösn.). *Ich hu mer an Flarr gemącht (Weisskirch).* — 2. Danach ‚das abgerissene Stück, Fetzen‘. *E Flärren ous dem Klîd erousgerässen.* »Sondern mussen zurissen wirbes (‚Bundschuhe‘) umbspannen, da die f l e r r e n einer eelen lang nachschlepen« (DAM. DÜRR, AML. 55). — 3. Mit ähnlichem Bedeutungswandel wie *Fätzen* (Fetzen) ‚ein übermässig grosses Stück‘ (mit dem Nebensinn des Verächtlichen). *E Flärren Hongklich, Brît. Ed äs dich e Flärren Iərt, awer et drît* (trägt) *näst* (Med.). — Ebenso *Geflärr* ‚ein unförmlich grosses Ding‘. — Zus. *zeflârn (Wallendf.).* — mhd. vlarre ‚vlerre, breite, unförmliche Wunde‘; vgl. hess. Flerr ‚grosses Maul‘. Flarre ‚Wunde‘; eupen. Flärr m. ‚Ohrfeige‘. Dieselbe Wurzel fla- wie in Fladen, *Fläppes,* flach u. a., sie weist auf die Grundbedeutung ‚breit‘ hin (DWB. 3, 1724.

flärren, flarrn schw. (nösn.) ‚weinen‘. Ebenso moselfr. flärren. DWB. 3, 1725. Vgl. nhd. plärren. — Zu *Flarr* (Flärre).

Flasche, Flasch fem., nösn *Fląsch* fem. Dim. *Fliəschken,* nösn. *Flâschkn.* 1. † ‚Gefäss aus Zinn, Blech oder Holz‘. »Czylhocke pixen 10 myt 10 puluer f l a s s e n (1528, Qu. Kr. 2, 124). »Meyster Fransz hat auch eyn pyx aber (‚oder‘) kleyn F l a s s« (1527, B. M.); »ein blechen F l a s c h« (1575, Bistr. Cap.); »ein F l a s c h wie ein Paputz« (1607, Kbl. 12, 57); »als er kegen Scharosch fuhr, füllte man ihm 3 Achtel Wein in die hölzerne F l a s c h e« (1637, SALZER, Birthälm 169). Die hölzerne Feldflasche heisst heute selten *Flasch,* sondern meist *Tschutrą* (magy. csutora). — 2. Heute ‚Gefäss aus Glas mit engem Hals‘ (mit ganz engem Halse, so dass die Flüssigkeit gluckst, wenn sie ausströmt, heisst das Gefäss nösn. *Klucker* m.). *En Flasch (vôl) mät Wasser, Iəssich, Pâli, Weng. De Flasch af-, zeəštappen* (auf-, zustopfen), *scheddeln, afscheddeln* (schütteln), *ousflą̂ən* (‚ausspülen‘), *fällen* (füllen). In Ra. spielt die Weinflasche eine Rolle. *Dî hôt de Flasch gärn* (Alzen). »*Uch ener, diər gâren hąinder der Flôsch sôss*« (Neuer Volkskal. 1908, 170). *Lœwer są̂l der grîss Torn ämfallen, wœ en Flasch vôl Weinj* (SCHUSTER, Volksl. 178). Der Pfarrerknecht, der den üblichen Morgentrunk erhalten soll, spricht zur Pfarrerin, die das dazu bestimmte Becherchen nicht gleich findet: *Na ich bidden, dą̂t mucht dich näst; de Frâ Motter są̂l mer nor de Fląsch gên, me Mel hält glad e Bêcherche vôl.* Eine Flasche Wein schickt an einigen Orten der Pate ins Haus des Täuflings, zur *Kaimes* (s. d.). Hieher die Zus. *Âichtelsfląsch.* »6 ä c h t e l s F l a s c h e n n«, »E i n 2 ä c h t e l s F l a s c h« (1607, Kbl. 12, 117), *Hąlfâichtelsfląsch* (nösn.), urk. »½ ä c h t e l s f l ä s k e n« (1647). *Literflasch-; Iəssich-, Pâli-, Wasser-, Wengflasch.* — 3. Übertr. Im Reihenspiel singen die Kinder von der Biene:

> *Bise, bise bą̂,*
> *Krej än t Hą̂!*
> *Hôwertêschken,*
> *Huəntch (Mälch) äm Flêschken.*
> *Plutsch än de Bą̂ch.*
>
> SCHUSTER, Volksl. 340; HÖHR, 26.

Scherzhaft vom Nasenschleim der Kinder: *Det Fliəschken hêt der* (Med., *Birk).* Daneben auch:

Klêkelcher (,Glöckchen'). — 4. † ,Form zu Metallarbeiten?' »Quod 1 vectura laterum (Ziegel) vulgo czu f l a s s e n est ducta ad propugnaculum cerdonum« (1550, Qu. Kr. 3, 576); vgl. DWB. 3, 1726. — 5. Abergl. Wenn die Schwangere leicht gebären will, soll sie kurz vor der Geburt in eine gläserne Flasche blasen (Scharosch, HILLNER, 25). — mhd. vlasche, ahd. flasca, mlat. flasca. Lautt. 18.

flaschen, fląschen schw., refl. ,sich fügen, passen'. *Et flącht sich geat* ,eines passt gut zum andern' (H.-W., 376). — Ein seltenes Wort, von dem schon Mätz (1860) schrieb: schon »fügt sich«, was sich früher »flaschte«. — Vgl. niedersächs. flasken, holst. flaschen ,gelingen' (DWB. 3, 1726; FROMM. 5, 56; WEIG.[5], 1, 564).

(**Flaschenbaum**), **Flaschebûm** m. ,Baum, aus dessen Holz Flaschen gedrechselt werden', ,Erle' (Gr.-Schenk), ,Ahorn' (acer platanoides, pseudoplatanus und campestre L., die nicht unterschieden werden). Syn. *Astdwern, Mąlzbûm.* — Zu Flasche 1.

Flaschendrechsler, Flaschendrêssler m. *(S.-Reen)* ,Drechsler, der hölzerne Flaschen macht'. Die Flaschendrechsler bildeten früher in Kronst. eine eigene Zunft; vgl. GROSS, Verzeichnis der Kronstädter Zunft-Urkunden 2.

Flaschenfutter, ,Behälter für Flaschen' fehlt; Urk. »Lange altväterische Flasche in einem F l a s c h e n - F u t t e r« (1682, Cap. Cib.); »ein ander kleneres mit acht Fläschkern« (1691, Nat.-A.). Heute Flaschenkeller.

(**Flaschenholz**), **Flaschenhûlz** n. ,Ahorn', dessen Holz zu hölzernen Flaschen verwendet wird. s. *Flaschebûm* (Flaschenbaum).

Flaschenkeller, Flaschekäller, nösn. *Fląschnkaller* m. *(Bistr.)* ,geflochtener Flaschenkorb, zur Aufbewahrung und leichteren Beförderung von Flaschen'. — Dafür 1607 »Keller Tok« (Kbl. 12, 120). Im Süds. wird nur eine feste hölzerne Lade mit Fächern für die einzelnen Flaschen ein *Flaschekäller* genannt.

Flaschenkorb, Flaschekorf m., nösn. dafür *Fląschnkaller.*

Flaschenkürbis (Cucurbita lagenaria) fehlt; s. *Hêwerkerbes* (Heberkürbis), *Zækerbes* (Ziehkürbis).

Flaschenschraube, † ,Schraube zum Verschluss an Blechflaschen'. Urk. »Sixto cantrifusori (Zinngiesser), quod aliquot f l a s c h e n S c h r ü w e n paravit« (1541. Qu. Kr. 3, 123). — Vgl. ROTH, Kunstgewerbe 55.

—, **Flaschinettel** (⏑⏑⏑́⏑) n., nösn. *Flaschinettl* n. ,Leierkasten, Drehorgel'. Österr. Dim. zu Flascheuet ,kleine Flöte von hohen Tönen' (DWB., 3, 1727), franz. **flageolet.**

F l a s c h m a n, F. N. (1. Hälfte des 16. Jahrh., *Bistr.*). Wohl = Flachsmann ,Mann mit flachsblondem Haar'; vgl. F l a s s b a r t.

F l a s c h n e r, † F. N. »Johannes F l a s c h n a r« (1440, B. M.), »Martino F l a s s n a r o« (1497, Hstdt.), F l a s n e r (1490, Hstdt.), »Wolfgang F l a s c h n e r« (Hstdter Dechant 1524). — Vgl. oberd. Flaschner ,Flaschenmacher, Klempner'. — Dazu der Fl. N. *Flaschneräriw* (,Flaschnererbe' s. Erbe, Heltau).

Flaser, Flæser n., nösn. *Flâser* n. 1. ,Linden- oder Kirschbaumrinde, durch die das Leder an der Schuhferse gestützt und gesteift wird'. Zur Frühlingszeit, wenn der Saft in den Bäumen trieb, zogen die Schuster *än de Bäsch am Fläser.* Dabei schälten und vernichteten sie die jungen Linden so sehr, dass die Forstbehörde hindernd einschritt. — 2. ,Afterleder'. *Det Flæser äs hin.* Umlautform zu mhd. vlaser ,geädertes Holz', vgl. »flasir am Schuch« (1480, WEIG.[5] 1, 545).

(**Flaserdecke**), **Flæserdæk,** nösn. *Flâserdâk* fem. ,Lederstreifen zum Belegen des *Flâsers*' (KISCH, W. u. W. 30), auf das sie *ąfgepąppt* (aufgepappt, geklebt) wird. Zwei bis dreifaches Leder und die dazwischen eingelegte Lindenrinde bewirkten die beträchtliche Stärke und Steifheit am Fersenteil des Bauernstiefels.

F l a s s b a r t, † F. N. (1480, Kronst.), mit patronym. Genitivendung F l o s p e r c z (Flossbert-s) Thys (um 1490, Qu. Kr. 3, 689). Flachs- (,Gelb'-)bart.

—, **flätchern,** s. *flättern* (flittern).

—, **Flatgrûwen,** *Än dem Flatgrûwen* (Weinberg, Reussdf.). — Zum F. N. F l a t od. mhd. vlât.

—, **Flatsch** m. ,schwatzhafte Person' (nösn.), süds. nicht belegt. Vgl. köln. Flatsch fem. ,schwatzhafte Person', Flatschmûl ,Schwatzmaul'.

—, **Flatsch** fem. (nösn.) ,Schlag, Ohrfeige'. *Ich gê der än Flatsch, tąt de mij äm Sänn haltst (Bistr.).* Süds. dafür *Plætsch, Plâtsch.* Lautmalend, od. verwandt der Wurzel in *Fläppes,* vgl. mhd. vlatsche, hess. Flatsch ,klatschender Schlag', lothr. Flatsch ,Ohrfeige'.

—, **flatsch!** *flatsch!* (nösn.). Interjekt. bei klatschenden Schlägen, lautmalend wie klatschen, *plâtschn.*

—, **flatschn** schw. (nösn.) ,schallend mit der Hand schlagen'. *E schlâch mich, tąd et flatscht. Nammi fladšch ed esuvel! (Bistr.).* Auch vom Aufschlagen grosser Regentropfen. *Hîr, wâi et flatscht* (Ebda.). Süds. nur *plâtschen* gebraucht. — Zu *Flatsch.*

flatterig, flodderich, *fludderich,* adj., fehlt nösn. ,flatterhaft, oberflächlich'. *E flodderich*

Mäntsch, Mêdchen. — Zu *floddern* (flattern); vgl. eifl. fludderig ‚flatterhaft angezogen‘.

flattern, floddern schw., nösn. *flǫddern, fluddern* schw. Iterat. *flutchern* (nösn.). Auch mit unverschobenem Anlaut *plodderu, plǫddern* (Agnetheln). 1. ‚unruhig sich hin und her bewegen‘. Von einem Vogel, der flatternd das Freie sucht: *Ed äs e kloi Buhu an de Koip gefǫllen en äs än de Rîr erä gekrôchen; hîrt nor, wâ e plǫddert* (Ebda.). Vom brennenden Licht. *De Fackeln floddern. Det Lächt floddert* (Gr.-Schenk).

> *Vill tousent Lächtcher glisern*
> *unt floddern.* Käst.

Von den Herbstfäden:

> *Wǣ Fǣndelcher floddern*
> *Se hî iwrem Bäsch,*
> *Se špillen unt ploddern*
> *Äm Štappelfi^e^lt fräsch.* Käst. 17.

De Mäsch (Spatz) *flutchert,* schlägt mit den Flügeln, ohne recht vorwärts zu kommen *(Bistr.).* — Syn. *flandern* (flandern), *flijern, flitscheln.* — Zus. *af-, ver-, zefladdern.* — 2. ‚Sterben‘ (V.-A. 33, 74). *E wid flǫddern* ‚ist sterbenskrank‘ *(Bistr.).* — Mhd. vladeren und vlôderen. s. auch *Flodder, Fludder, Fluddergatschen.*

—, **flättern,** s. flittern.

Flattersinn, Flǫddersänn m. [Städt. Halbma.] (nösn.) ‚Leichtsinn‘ (Kisch, N. W. u. W. 46).

flattersinnig, floddersännich (Birthälm) [Städt. Halbma.], *flöddersannich* (Zuckmantel), adj. ‚flatterhaft‘. *E floddersännich Mêdchen.*

(**fläuen**), **flǭen** schw., nösn. *flǭin* schw. ‚spülen, waschen‘. *Det Fass, det Schaff, det Glǣs flǭ^e^n,* für *de Wêsch* (Wäsche) *flǭ^e^n* wird im Süds. gewöhnlich *lächen* gebraucht. Im Nösn. fehlt *lächen,* deshalb *flǭin* auch von der Wäsche. *Ich bän glaich mät dem Wâschn fi^e^rtich, ich sǫll nur noch flǭin (Wallendf.). Sich det Mell flo^a^en (eo^u^sflo^a^en,* Med.). Übertr. in der Ra. *sich de Gorjel flǭ^e^n* ‚trinken‘, oft mit tadelnder Nebenbedeutung. *Der hu^e^t sich wedder det Gorjelche geflôet, e äs wâ der Štîn, e ku sich nemmi wiejen* (Birth.). »*Esu mauss hî nor mat Wôsser sich den durštijen Hôls flǭien*« (Semp, Verspillt, 6). *Kamm drängk emôl, flǭ der den Zîren u^e^wen.* »*Hu^e^st ta villecht Sarjen? Kǫmm, drängk! Der Weng flǭit se ewêch*« (Neuer Volkskal. 1908, 152). — Zus. *ous-, u^e^flǭen.* — mhd. vlöuwen, ahd. flewan.

—, **Flǭ^i^schǭf** n. ‚ein kleines niedriges Holzgefäss zum *flǭin,* ausspülen der Teller etc.‘ (nösn.). Im Süds. nur umschrieben: *Schi^e^jken zem Flǭ^e^n,* aber: *Lächschi^e^fken,* auch *Spǣlschaff, Spâlschaff.*

Flaum, Plomm fem., nösn. *Plaum* fem., meist Pl. *Plaumen,* Dim. *Plaimtcher.* 1. ‚feine Feder‘. *De Plaimtcher sai em noch um Bauch* beim Hühnerrupfen *(Bistr.).* — 2. ‚Federflaum‘. *De Plomen äm Pill* (Pfühl, Polster), *äm Bǣt.* Im Rätsel:

> *Em klôpt de Bǣter äm Hemmel ous,*
> *De Plǫmme fläjen durch't gǫ̂nz Hous.*
> Schuster, Volksl. 269.

Te hu^e^st dij af'm Pill gewǣlt, te bäst vôl Plommen af'm Räck. — 3. ‚Wolle der Rohrkolben *(Kelfker, Tǫtterkolbm,* Typha latifolia L.)‘. — Mhd. plûme, lothr. Plaum, köln. Plümm, lux. Plaum zu lat. pluma (V.-A. 35, 84). — Altes *p* im Anlaut wie in folgenden: *pätschn* (mhd. phetzen), *Pi^e^rsch* (Pfirsich), *Pill* (Pfühl), *Pip* (Weinpipe), *pipm* (zu Pfeife), *Pîps* (mhd. pfiphiȥ), *pläckn* (pflücken), *Plǭnx* (Pflanze), *Ple^a^ch* (Pflug), *Pô* (Pfau), *Pôs, Pêskn, pu^e^ssn* (zu fränk. possen), *Pôl* (Pfahl), *prǫmpm* (obd. pframpfen), *Prom* (Pflaume), *(schrämpen)* part. *geschrampen* (bei Luther ‚geschrumpfen‘) u. a.

Flaumfeder, Plommefedder fem.

flaumig, plommich, nösn. *plaumich* adj., daneben durch nhd. Einfluss *flaumich* adj. *Det Gewǭnt* (‚Tuch‘) *wirt plommich, wonn emd af de Pill dût.*

—, **Flä^u^r,** *Am Flä^u^er,* Fl. N. (Heltau, Michelsberg) vielleicht zu *Flǭ^e^r* (s. d.).

Flaus, Flaus m. ‚Studentenrock‘ [Städt. Halbma.]. — Nhd. Flaus.

Flause, gewöhnl. Pl. **Flousen,** nösn. *Flausn* ‚Lügen, Aufschneidereien‘. Besonders in der Ra. *Flausen mǫchen* ‚leere Ausflüchte suchen, aufschneiden‘. Urk. »in persona selbst (Fürst Sigismund Báthory) mit vieler Ceremonie, und Flaussen ministriret« (1595, Trauschenfels, Fundgr. 33). — Vgl. lux., lothr., henneb., eifl., hess. Flausen, aachn. Fluisen ‚leere Ausflüchte, Lügen‘. — Zu mhd., mndl. vlûs ‚zottiges Fell‘, holl. fluisje, aachn. Fluis ‚Quaste, Troddel‘ (also ‚Sache ohne Bedeutung‘) verwandt mit Flaus. DWB. 3, 1737. Weig.[5] 1, 546. Kluge[7], 139.

Flausenmacher, Flousemǭcher m., nösn. *Flausnmǫcher* ‚schwatzhafter Mensch, Aufschneider‘. Besonders Spottname für die Med. *Ed äs och e Midwescher Flausnmǫcher (Bistr.).* Dem Spötter erscheint seine Waffe am wirksamsten, wenn er bei ihrem Gebrauch die Med. Ma. nachahmt: *Fle^o^semǭcher.* — Zu Flause.

Flazleng, † F. N. *(Kl.-Bistritz).* Wohl = Flehssling (Flachsling ‚blonder Mensch‘).

—, **Fleadern Oinders**, D. N. (Schweischer). s. *Flâder* (Fluder).

—, **Fleâschke** fem. ‚Ohrfeige' (Brenndörfer, 17). — Rum. fleașcă ‚Ohrfeige'. Vgl. sächs. Hd.: e paar Flasche ‚ein paar Ohrfeigen'.

—, **Flêch**, *Flêcht* in Fl. N. *Ạinder der Flêch* (Rode), *af der Flêch* (Hohndf.), *Flêchbäsch* (Maldf.), *ạf der Flêcht (Birk)*. — Zu Fläche? oder zu Flechte?

Flechner, Flechtner, Flochtner F. N. (letztes Viertel des 15. Jahrh., Qu. Kr. 3). Flechtner (1604, V.-A. 37, 620). Dasselbe wie Flegner, Flagner (s. *Flâgen*, 4) oder zu flechten, ‚Flechtenmacher'.

Flechse, Flaks fem., nösn. *Flaks* fem. ‚Sehne, Muskelfaser'. *Ech hu mer en Flaks gedînt* ‚gedehnt, gezerrt'. *De Flaksn um Fâss, u der Hạnd dâ mer wî* (nösn.). *Flaksn äm Flêsch* (nösn.). Das Wort erscheint im Hd. erst seit dem 17. Jahrh. und wird zu Flachs (DWB. 3, 1738; Weig.[5] 1, 547) oder lat. flexus (Kluge[7], 139) gestellt. An eine späte Entlehnung aus nhd. Flechse ist wegen des Vokals (-a-) nicht zu denken, ebenso ergibt aber die Ma. kaum ursprüngl. Zusammenhang mit Flachs (*Flaks: Fluess*). — Syn. *Mêschen*.

flechsich, flaksich adj., nösn. *flaksich* adj. ‚sehnig, faserig'. *Flaksich Flêsch (Bistr.)*. — Zu *Flaks* (Flechse). — Syn. *mêschich*.

Flecht, † F. N. (1662, Schässbg.).

Flechte, Fliecht fem., nösn. *Flêcht* fem. 1. ‚Wagenkorb' aus Weidenruten. *Äst, wot gäqd ändreit, sen de Fleachten* [χ] (Michelsbg., dessen Bewohner vielfach geschickte Korbflechter sind). *Ich hu mer Zegune beštạlt, se selle mer en Fliecht mạchen* (Schässbg.).

> *T hâibm en mêlich än puar Knêcht*
> *Ạw än Wuagn än de Flêcht.*
>
> Schuller, Mâtn. 20.

Besonders häufig in Urk. »plecta, flechte« (Kronst. Glossar des 15. Jahrh.). »pro duobus magnis flecht ad currum exercitualem« (1521, Qu. Kr. 1, 350). »1 scirpea vulgo flecht in kwchy (kocsi)« (1539, Ebda. 2, 618). »vor die flechten« (1570, Bistr. Cap.). »auf den gantz glesigen offnen Kotschi ein flecht« (1571, Nat.-A.). Der Fürst begehrte »noch mehr Wägen mit Flechten und Kobern in den Tabor« (1598, V.-A. 14, 369). »unter der Fleecht« (1680, Cap. Bog.). — 2. † ‚Fischreuse' aus Weidenruten in den Qu. Kr. »pro uno flecht ad piscinam« (1521, 1, 301); »pro scirpea (eyn flecht) ad usum piscationis« (1527, 2, 40); »pro una scirpea vulgo flecht, ad piscinam« (1538, Ebda. 535). — 3. † ‚jedes Geflecht aus Binsen oder Weiden, Matte'. »Die Frau ist garstig auff einer Flechte gelegen, und hat die Franzosen (‚Syphilis') gehabt« (1694, Cap. Cib.). Vgl. *Hîrtchi*, süds. *Hirtschen* (Hürdchen). — 4. ‚Flechte auf der Haut' fehlt, s. *Zätter*. — 5. Hieher (?) die Fl. N. Auf der Flechte (Kreisch), *ạf der Flêcht (Birk)*. — Mhd. vlehte, Lautt. 25.

flechten, fliechten, *flichtn* st., nösn. *flechtn, flîchtn (Jaad)* st.; Prät. *flucht* (Med.), *flûcht (Jaad)*, *flicht* (Agnetheln). Part. *geflucht* (Birth.), *geflûcht (Jaad)*, *geflicht* (Agnetheln), *gefluechten* (Mühlb.), *geflochtn (Bistr.)*. *En Gîssel, Paitsch, en nô Bâlz* (‚Schlinge an die Peitsche' Blutrot), *det Hôr, en Krạnz, en Zôp, Zêpcher fliechten*. Im Wiegenlied:

> *Ech wall dech wëschen, kömmen,*
> *Dech fluchten und afrömmen.*
>
> Zeiden, Hillner, 47.

Än Zau flechtn (nösn., s. *zain* ‚zäunen'), dazu das Sprw. *De Zöng sen ned iwerạl mät Brôtwîršte geflucht*. *Flêchtn, Hîrtcher* (Hürdchen), *Kerf* (Körbe), *Štrî, Têkn, Têkeltcher, Zecker flechtn* (nösn.). *En geflucht Štuf* ‚Haus mit Riegelwänden', *en Štuf ous (mät) Râden geflucht* ‚ein Haus, aus Ruten geflochten und mit Lehm verklebt', dasselbe *en gezengt Štuf*. *Kukurutz* (nösnisch *Tirkesch Kôrn*) *fliechten* ‚Kukuruzblätter flechten, um die Kolben besser aufheben zu können'. — Syn. *štiewen*. — Zus. *af-, verfliechten*. — Mhd. vlehten. Das Wort ist in seiner Abwandlung schwach geworden, doch werden das (seltene) Prät. und das Part. zum Teil noch stark flektiert. *flichtn* (Med.), *flechtn (Bistr.)* mit Vokalkürzung für lautgesetzliches *fliechten* und *flêchtn*.

Flechtenmacher. 1. ‚der Flechten, d. i. Wagenkörbe und (früher) Fischreusen macht'. — 2. F. N. Belege für 1 und 2: »Dy Flechtemacherer« (1479, Hstdt.), »Flechtsmacher« (1646, Schässbg.), »Flechtenmacher« (1691, Michelsbg.; 1732, Kronst.). Gegenw. Flechtenmacher, F. N. in Kronst. — Zu *Fliecht* (Flechte).

Flechterei, fehlt. Korbflechterei aus Weidenruten (s. *Fliecht* ‚Flechte', *Korf* ‚Korb') und Binsenflechterei (s. *Têk, Zecker*) sind in einigen Gemeinden Hausindustrie (Schuller, Bauernhof 40). Der Landwirtschaftsverein ist bestrebt diese zu verbreiten. In jüngster Zeit ist in Reps der Versuch gemacht worden, das Handwerk zum Kunstgewerbe zu entwickeln.

Flechtgang im Zaun s. *Äder*.

Flechtner, F. N. s. Flechner.

Flechtreis, s. *Witt* fem.

Fleck, Flecken, Flæk, Flæken m., nösn. *Flâk, Flâkn* m. 1. ‚Stück Zeug zum Ausbessern'. *E Flækn af em Rôk, der Hîs, den Schagen.* Sprw. *Em mâiss dn Flâkn dem Sąck nô dâ* ‚man muss sich nach der Decke strecken' (nösn.). Spottweise von Brautleuten, die nicht zusammen passen: *Se gê sich wâe der Flâkn ąf dn Sąck* (Gassner, 54). Wohl die meisten süds. Maa. kennen diese Bed. von *Flæken* ‚Zeuglappen zum Flicken' nicht, sondern brauchen hiefür *Fläcken* ‚Flicke, Flicken' (s. d.). Ja sie machen geradezu einen Unterschied zwischen beiden: *Der Fläcken ąf'm Kloid äs ned esui gąrštich, wâ der Flâken* (Agnetheln), wobei dies letztere Wort unzweideutig vom äusserlichen Schmutzflecken hinüber spielt auf den sittlichen Flecken der Trägheit s. unten 4. Urk. »Dass diesselbige Ihrem Sohn Simoni befohlen, von dem Gewandmacher Lehr Jungen Flecken zu kauffen, zween lederne pfüle darauss zu machen« (1686, Cap. Cib.). — Hieher gehört wohl auch die Ra.: *ä Fätz-Flâken reissen;* nösn. *Flâk-Fląndern raissn, zerraissn* ‚in kleine Fetzen reissen'. *Ded Kletchi, det Däpm* (‚Topf') *äs Flâk-Fląndern gąngen (Bistritz).* Es sind dies tautologische Verstärkungen wie *Fitschifail, Schnickeschnuegel* u. a. — 2. ‚kleineres oder grösseres Stück Fleisch', besonders die Seitenteile des Hammels, Teil der Dünne beim Rind. *Flæken af dem Rûst, af de Kiule gebrôden.* So erhält das Wort die Bedeutung ‚kleines Stückchen', die uns auch in *Fläckel* (Fleckel) entgegentritt. Urk. »Er hat sich selbst gerühmet, dass Er dem Prediger mit dem Pallas (eine Art Schwert) auffgepast hätte, und so er auss der Stuben herauss kommen wäre, wolle selbigen auff Flecken gehauet haben« (1701, Cap. Cib.). Oft aber hat *Flæken* den Nebenbegriff des Zähen, Harten, Sehnigen, Ungeniessbaren. Darum der Unwille der Hausfrau über solches Fleisch: *Wot sąl ich näa mät diem Flâke kôchen!* — 3. ‚Stück Land', ‚Ort'. *E Flæken Wiss, e hîsch Flæken Iert.* — Hieher gehören Fl. N. wie *Räschflâken* (Stolzenbg.), *Sąlzflâken* (Gergeschdf., Freck). In lokaler Bedeutung hat sich das alte vlec am stärksten erhalten. Scherzfrage: *Af welem Flæk schlêft em um bêsten?* (Antw. Auf der eigenen Hand). »*Endlich asu vun em Flâk begênt a sich mät sainer Frâ*« (Treppen, Bertleff, Nösn. Volksspr. 1, 18). *Dâi Sąch äs och âne af enem Flâk (Bistr.). Em kit hait nät vum Flâk(n)* (nösn.). Haltr. (Neg. Id. 25) verzeichnet *ąf dem Fleck, vum Fleck,* das wegen seines Vokales auffällt, zu erwarten wäre *Flæk. E kit net vum Fleck* (Schässburg). Süds. hat für *Flâk* in dieser Bedeutung lieber *Ställ: De Prozäss štoit nôch ânen än ener Štall. Em kit het ned ais der Štall* (Agnetheln). Die Redewendungen Haltrichs aber mit den auffälligen Formen Fleck verlieren das Auffällige, wenn man bedenkt, dass *Flæk, Flæken* ‚Platz, Stelle' übertragen worden auf den Fuss und Fussteil, der auf dem Platz steht, ja auf den Schuh und Schuhteil, auf den *Fleck,* den Absatz. In diesem Sinne hat unsere Ma. für das hd. auf dem Fleck, vom Fleck: *af'm Fleck, vum Fleck* (mit sehr hellem *e*): *e drêt sij af der Stall, ąf'm Foss, ąf der Fêrsch* (Ferse), *ąf'm Fleck, ąf'm Šteckel* (‚Absatz') *am* ‚er kehrte auf der Stelle, auf dem Fuss, auf der Ferse, auf dem Absatz um', welche Redewendungen natürlich noch mehr temporale als lokale Funktion haben. — Die Bedeutung ‚grösseres Dorf' ist der Ma. eigentlich fremd. *Muerktflæken* ist hd. Lehnwort. In älterer Schriftsprache findet sich diese Bedeutung zuweilen. »Verwüestet alle umleiende Dörfer und Elecken« (1660, Qu. Kr. 4, 256). — 4. ‚andersfarbige Stelle', durch Schmutz, Fett usw. erzeugt. *Flæken äm Hemd, äm Rôk, än der Hîs, um Hott. En Flæken ous dem Hemd ouswieschen, vum Rôk ouspîtzen, vum Poppeier ouskrątzen, vum Däsch, Štâl uewäschn* (nösn.). *Der Flâkn äs ausgąngen* (nösn.). *Flæken af den Æ̨peln.* »Damals seind 8 schwarze Fleken funden worden« (1598, B. M.). — Syn. *Tątsch* fem. — In übertragener Bedeutung: Noch vor einem halben Jahrh. erschien dem besorgten Vaterherzen der Bart des von der hohen Schule heimkehrenden theologischen Sohnes als ein *Flâken ąf'm goistliche Kloit.* Klage der Frau im Ehestreit gegen ihren Mann, dem ein arger Fehltritt seiner Jugend nachgewiesen worden: *Die Flâke kûn e sich nimi oawêschen.* — 5. ‚abnorm, hässlich od. krankhaft gefärbte Stelle am menschlichen Körper'. *E äs voller Flâkn äm Gesicht (Bistr.).* Dagegen hilft Märzenschnee, der schönen Teint macht, aber auch gegen andere Flecken nützt. »*Wat sîr vursichtich Letch senj, dei versorge sich vum Mierzwôsser vor't gonz Jôr, am sich dermat de Flêken ze rînijen*« (Volksfr.-Kal. 1907, 83). *E huad en esu geschlô, dąt e vôl blône* (‚blau, blutunterlaufen') *Flâkn äs (Bistr.).* Blaue Flecken erhält man auch, wenn man böse Geister bei ihrer Arbeit stört (Kbl. 22, 65). Noch ärger sind *schwąrz Flæken;* »mit dem nicht genug, sondern vom Tisch heraussgezogen, mit Füssen getreten, etliche schwarze Flecken, 2 auf den Birtzel, 2 auf die Schulter,

2 auf die Schinbein« (1623, Kbl. 23, 95). Ra. in leidenschaftlicher Erregung: *Ich schle^o^n dich, dąt te schwąrz wiršt. Flæken äm Ûch* (Auge). Dagegen weiss die Volksheilkunst eine Menge Mittel anzugeben. Vor allem hilft das ‚Besprechen'. »Die Seimen Bernerdin die kann für die Flecken im Aug büssen (‚Heilmittel angeben'?)« (1650, Bogeschdf., V.-A. 3, 22). Eine Formel dagegen s. unter ‚Auge' 1, 300. Andere Sprüche s. SCHUSTER, Volksl. 310 f.; V.-A. 10, 83. Auch andere Mittel helfen. »Nimm von einer Taub das Blutt unter dem rechten Flügel, tues ins Aug! Die Flecken vergehn« (um 1600, Kbl. 31, 96). Auch ein Blutstropfen aus dem kleinen Finger tut dieselben Dienste (*Birk*, Kbl. 20, 126). — Zus. *Knaist-, Schmutter-, Schmutzflâken; Bêss-, Lijeflâken.* — Mhd. vlec und vlecke. Unter dem Einfluss des Nhd. ist das ursprüngliche *Flæk* durch *Flækn* immer mehr zurückgedrängt worden, es hat sich erhalten in festen Verbindungen *(Flâk-Fląndern)* und in lokaler Bedeutung *(af em Flæk).*

Fleck, Fleck m., nösn. *Fleck* m. ‚Absatz am Schuh'. *Ed äs en hîferdijet, et hu^e^t Fleck nor wæ e Værkretzerštäck. De Fleck beschlôn* ‚Eisen aufschlagen'. *Te hu^e^st mer en ze kli^a^ne Fleck gemôcht* (Rohrbach). — Syn. *Ąfsątz* (Aufsatz), *Šteckel, U^e^satz* (Absatz). — mhd. vlec. *Fleck* ist Lehnwort aus der oberd. Handwerkersprache, die lautgesetzliche Entwicklung aus mhd. vlec ist *Flæk(en).* Solche Entlehnungen begegnen in der Handwerkersprache oft, vgl. Rahm.

Fleck, † F. N. Fleg (um 1500), Fleck (1524, Qu. Kr. 1, 564), Flek (1549, Kronst.; 1630, Schässbg.), flektiert »dem flekhen Paulen« (1560, Qu. Kr. 3, 327). D. N. *Flêken* [ə^e^] *Hennes* (Agnetheln). — Zu Fleck.

(Fleckbohrer), Fleckbîrer m., nösn. *Fleckbôrer* m., gröbere Ahle der Schuster zum Festnageln des *Fleck* (Schuhabsatzes). Dafür sonst *Fleckôl, -e^o^l* ‚Fleckahle' nicht *Fläcknôlt,* wie unter Ahle dieses Wörterbuchs verzeichnet steht. Mit dem Werkzeug wird weder gebohrt, noch genäht, sondern es wird mit dem Hammer durchs Leder geschlagen. *Derr Fleckbu^i^rer üs ze daik* (Rohrbach). — Zu Fleck.

(Fleckel), Fleckel, nösn. *Fleckel,* meist Pl. ‚eine Art Nudeln', die in kleine Vierecke geschnitten werden. *Ägebrât Fleckel* ‚eingebrannte Fleckelsuppe' (Hammersdorf), *Schunknfleckel* ‚Schinken mit Nudeln'. In die Ma. eingelautet: *Flâkeltchersupp (Bistr.),* süds. *Fleckelsupp* oder nur *Fleckel.* — Dim. zu Fleck, aus dem Oberd. entlehnt, vgl. bair. Flecklsuppm.

flecken, flæken schw., nösn. *flâkn* schw. ‚Flecken machen'. *De Âpel flæken. Ded Oppes flâkt* (nösn.) — Zu Fleck.

(flecken), flecken schw., dem Schuh den Fleck, den Absatz machen. Mit der *Fleckôl* wurden früher von den Tschismenmachern die aufeinander geklebten Lederflecken, die den *Fleck* bilden, am Rand durchlöchert, so dass lange Holznägel durch diese Löcher bis zwischen die Fersenteile des Schuhes, in das *Flæser* drangen und so den *Fleck* am Schuh festhielten.

(Fleckenstein), Flêkeštîn m. (Reps), *Flâkeštei^n^* m. (Malmkrog), *Floikeštu^i^n* m. (Denndf.) ‚Kupfervitriol' (HALTRICH, Plan 79).

fleckig, flækich adj. und adv., nösn. *flâkich* adj. und adv. ‚mit Flecken verunreinigt'. *Flækich Æpel, Birren. Flâkich Klêder* (nösn.). *De hu^a^st der de Gup gu^a^r flâkich gemącht (Bistritz).* Häufiger *tarkich. Te messt de Špäjel uch de Fenster pîzen. Se seng esi flækich, dat mer es schumen.* — Zu *Flæk* (Fleck). mhd. vleckic.

Fleckseife, Flæksîf fem., Seife zum Ausputzen der Flecken. Auch *Flâkesoif* (Agnetheln), und zwar ist nur diese Bildung der Sache entsprechend, da *Flæksîf* eigentlich Seife ist, die fleckt, Flecken bereitet, nicht vertilgt.

Fleckwasser, Flækwasser n., Mittel zum Ausputzen der Flecken. Richtige Bildung wäre *Flækewasser* s. d. vorige Wort.

—, fleddern schw. (i. Burzenl.), fehlt nösn. ‚schleudern'. — Syn. *sodern* (Schässbg.). — Vgl. schweiz. flaudern. Mit *floddern* (flattern), mhd. vlederen mag Zusammenhang bestehen.

Fledermaus, Fläddermous, *Fladderm^e^us, Flädderzmois* (Hohndf. und sonst) fem., nösn. *Fleddermaus* fem. Auch mit unverschobenem Anlaut *Pladder-, Ploddermous* (Agnetheln, Neustadt und sonst). 1. ‚Flattertier' aus der Gattung Vesperugo und Vespertilio, besonders Vespertilio murinus Schreb. Der unheimliche Flatterer, der dem naiven Gefühl als ein sehr sonderbares Geschöpf erscheint, beschäftigt auch die Phantasie unseres Volkes. Abends, wenn sie fliegt, darf man mit blossem Kopfe sich nicht im Freien aufhalten, sonst verstrickt sie sich in das Haar und kann nicht mehr daraus gelöst werden (vgl. FOLLM., 166). Deshalb singen die Kinder:

Fläddermous,
Pladdermous,
Net kamm mer än t Hôr,
Net kamm mer af t Hîft,
Sonst schlôn ich dich dît.

SCHUSTER, Volksl. 343; HÖHR, 28.

Deshalb wird das harmlose Tierchen nirgends gern gesehen. Vielleicht alte Beschwörungsformeln sind Verse wie die folgenden:

Fleddermaus
Flaij än t Haus,
Kamm zem rûdn Tûrn eraus.
KISCH, W. u. W. 166.

oder

Fladderschmeos
Floj än det Heos,
Kąmm zer âlder Käpp ereos.
HÖHR, 28.

Im Abzählreim:

Flidri fladri
Fläddermous,
Nomm dich ąf t Fessken
Tâ bäst ous.
SCHUSTER, Volksl. 286; HÖHR, 42.

— 2. † Übertr. ‚unangenehme Nachricht, Brief‘ (wie DWB. 3, 1746; KLUGE,[7] 140 ‚Steckbrief‘). »weil Er (Pemfflinger) auch auff dasselbe (Edikt) nicht gleich alsbald . sich allermassen accommotiret und wider Gott den Herrn setzen oder kämpfen wollen, als ist im folgenden 26-sten Jahr diese Flader Mauss und Scharffer Aries oder Sturmbock Ihm zu Hause geschickt worden« (1650, Oltharius). — Zu mhd. vlederen ‚flattern‘, vledermûs also ‚Flattermaus‘.

Flederwisch, Flädderwäsch m., nösn. *Fledderwäsch* m., *Flêderwêsch* m. *(Kl.-Bistr.)*. 1. ‚Gans- und Entenflügel zum Staubwischen‘. *Mät dem Fledderwäsch den Štôf* (Staub) *kiärn, det Kiärschel* (‚Kehricht‘) *summeln* (nösn.). Scherzhaft beim Begräbnis eines bösen Weibes:

Ąnd dau 'm de Ąlt ąf 't Begriewnes drauk (trug),
Dô numm der Fąff den Flederwasch
Ąnd mąckt nock drąimôl: wasch, wasch, wasch!
Ąnd marsch de Ąlt an 't Grąf.
Passbusch, Kbl. 26, 56.

Im Süds. erscheint an einigen Orten *Fädderwäsch* neben *Flädderwäsch*, während es nösn. ganz unbekannt ist.

Zem Grunnepuer uch zem Gebaert
Hatt hie en Honnefbäsch,
Und af dem Wikser (Hut) *hîsch gepaert*
Zwîn štąttlich Fädderwäsch. HÖHR, 54.

Abergl. Der Flederwisch schützt das Kind vor dem Wechselbalg *(Wesselbąlich*, GASSNER 18). — 2. ‚langer oder dicker Schnurrbart‘. *Diär huat Fledderwäsch! (Bistritz). Štutz der dai Fledderwäsch!* (Ebda.).

Herr Käräküsch (Kerekes)
Mät dem däcke Flädderwäsch.
HÖHR, 37.

Hieher der Spottname »Flederwisch« (Waldhütten). — Schon mhd. vederwisch und vlederwisch nebeneinander. Zu mhd. veder (Feder) oder vlederen (flattern).

Fleg, F. N. (um 1500, V.-A. 16, 386). s. Fleck.

Flegel, Fliejel m., nösn. *Flegel* m. 1. ‚Werkzeug zum Dreschen‘. Als Teile des Flegels werden unterschieden: *de Hąnthôch* (bei FRONIUS verschrieben *Hûnddôch*) für *Hąnthôf* ‚Handhabe‘ (vgl. *Hôschuegen* und *Hôschuewen*), *de ledderän Kapp, det Remchen* (das die Kappen verbindet) und *der Fliejelskläppel* (Klöpfel). Vgl. FRONIUS, 115. Den Takt des Dreschens mit dem Flegel gibt das Kinderverschen an:

Er messt erous,
Er messt erous,
Et hälft ich näst.
SCHUSTER, Volksl. 346; HÖHR, 32.

Scherzhaft im Spinnstubenlied:

Bäs der Brêjem de Fliejel drêt,
Hat de Brockt det Hemt genêt.
Holzmengen, Kbl. 24, 25.

Noch deutlicher singt man (in der Rockenstube oder am Jungfrauentag) auf künftigen Ehekrieg deutend:

Wâe konnt dier Geli (Georg) *dn Flegel ämdring* (umdrehen),
Wâe konnt dôet Fiki (Sophie) *det Laimdąecheltche ning* (nehmen).
GASSNER, 53; vgl. SCHUSTER, Volksl. 91.

»Nähren sie sich aber von dem Flegel (‚Dreschen des Getreides‘) etc. so sollen sie geben Trit. Metr. ½« (1726 Reps, V.-A. 37, 650). Gewissermassen um das Kraftwerkzeug des Mannes zu verspotten, springen die Frauen beim Taufschmaus über einen Flegel (*Mettersdf.*, GASSNER 35). Der Dreschflegel hat die Kraft das Vieh gegen das Wiesel zu schützen (V.-A. 9, 310), und in früherer Zeit, wo jeder Landmann ihn gleich bei der Hand hatte, war er eine gefährliche Waffe. »Zwei Fussbohten ihn Kotzen, werbes, auff die Walachische manier an den füssen bekleidet, mit pflegelln ihn Henden« (KRAUS, Chron. 2, 233). Eiserne Flegel erscheinen unter anderen Waffen im 15. Jahrh. »8 ysern flegell« (1449, B. M.; vgl. MÜLLER, Sprdm. 74 f.). — 2. ‚grober Mensch‘ (eigentlich ‚Bauer‘), auch ‚schlechter Mensch‘ (Kl.-Schenk). *Tâ bäst e Fliejel!* ‚Lümmel‘. Syn. *Flakô* (nösn.), *Flängkesch, Fletz* (*Wletz* für *Blôch*), *Lärgesch, Limmel, Lûrem.* Auch urk. »Ein ieder grober Pauer und Flegel kan solches leicht zu wegen bringen« (1650, Oltharius). »Welche Knecht oder Jungen in seiner Stelle nicht fein still und sitzam sitzet sondern die Füsse wie ein grober Pflegel ausdehnet« (1720, Kbl. 29, 119). — Mhd. vlegel, ahd. flegil aus lat. flagellum ‚Peitsche', um 400 n. Chr. auch ‚Dreschflegel'.

flegelhaft, fli̯ejelhaft adj. und adv., nösn. *flegelhqft* adj. [Städt. Halbma.]. *E fli̯ejelhaft Mänsch. E benit sich sîr fli̯ejelhaft.* Echte Ma.: *Fli̯ejel* oder *barossich, grôf* (grob), *âbändich.*

Flegelsbaum, Unter Flegelsbaum, Fl. N. (Malmkrog). — Zu Flegel?

Flegelsklöpfel, Fli̯ejelsкläppel m. ‚der Klöpfel des Flegels, der auf die Garbe schlägt' (Abtsdf.).

flehen, fehlt. Urk. ‚beweinen'. »Getzi flehete mit heissen Zähren den schädlichen Untergang der armer verratener Kroner« (1612, Qu. Kr. 4, 32).

flehlig, fehlt. Urk. »Kommen Schreiben von der Port, welche der Banffi Sigmund vndt die andern Legaten auss dem Judecula vndt gefangnüss, anss landt schreibt, flehlig vmb hilff vndt errettung anhalten« (Kraus, Chron. 1, 378). — mhd. vlêhelîch.

Flehssling, F. N. (1601, *Bistr.*). Ohne Zweifel wie Flazleng ‚Flächsling', ‚Mensch mit flachsblonden Haaren'.

Fleimlingk, † F. N. (1614, Schässbg.).

Fleisch, Flîsch n., *Flei̯tsch* n. (Wolkendf. i. B.), *Fligšch* n. (Kronst., Barthol.), nösn. *Flêsch* n. — A. Im engern Sinne ‚essbares Fleisch', besonders von den Haustieren. 1. ‚das rohe Fleisch'. a) Allgemein: *Vum Uessen terf em näst qndert verlqngen wǣ geat Flîsch* (auch übertragen ‚man kann vom Dummen nicht alles verlangen'). *De Kâ äs gâd äm* (im), *um* (am) *Flêsch* (nösn.) ‚fett'. »Besser am Fleisch sein, ins Fleisch kommen (z. B. das Schwein kommt ins Fleisch), vom Fleisch fallen« (Binder, Coll.). *Bäffel-* (Büffel-), *Gqs-* (Gänse-), *Hammel-* (Hammel-), *Hengkle-* (Hühner-), *Inte-* (Enten-), *Kqlfs-* (Kalb-), *Lûm-, Lqm-* (Lamm-), *Puika-* (Indian-), *Rängds-* (Rinds-), *Schôft-, Schôf-* (Schaf-), *Schwenge-* (Schweine-), *Uesse-, Ïsseflîsch* (Ochsenfleisch). *Biärn-* (Bären-), *Huasnflêsch* (Hasenfleisch). — Urk. »hamelflesch und kalpflesch emptum« (1494, Hstdt.); »vor Schaff flesch« (1570, Bistr. Cap.); »Rindtfliesch« (1671, Nat.-A.). *Weiss, rût Flîsch. De Fäsch hu waiss Flêsch, det wält Schwai huat rût Flêsch* (nösn.). Ra. *Mer giu Fleisch qfhiewen* ‚Fleisch sammeln, um damit eine Tanzunterhaltung zu veranstalten' (Rohrbach). Am Kinderfest, *Blâsi,* gehen die Knaben unter Führung eines mit bunten Tüchern als *Onjeltschen* (Engelchen) bekleideten ältern Knaben von Haus zu Haus singen. Dabei erhalten sie meist Fleisch *(äst un de Špäss)* auch Schmalz *(äst än't Däppen)* ‚in den Topf' (der Sammelspiess und -topf ist gemeint); auch wohl *e Štämpche Läeht* (‚ein Stümpfchen Kerze') und schliesslich eine Geldgabe. — Übertr.: Bei Dam. Dürr ‚Fisch oder Fleisch'. »wenn einer sein bekentnüs also kan verblümen, verdreen und verborgen halten, das niemand merken kann, ists fisch aber fleisch« (Dam. Dürr, Aml. 58). — b) Das Fleisch beim Fleischhauer. *Fätt, môger, durchšpäckt* (gespicktes) *Flîsch. Hîsch, garštich Flîsch. Fräsch, urächich* (anrüchiges), *unzäckich* (‚halb verdorbenes'), *bäcksich* (nösn.), *štängkich* (stinkendes) *Flîsch. Gât, licht* (schlechtes) *Flîsch. Det Flêsch huad e kaid än Štäch (Bistr.).* s. *Hoit* (‚stinkendes Fleisch'). *Flîsch zem Kôchen, Brôden, Dinstn, zer Tokâne. E kitzken* (‚ein wenig'), *e grûss Štäck Flîsch. Flêšch ône Knôchn, Flêšch ône (mät) Zâwôch* (Zuwage, ‚Zugabe', nösn.). *Flîsch mqchen* ‚alle Hantierungen des Fleischers'. *Det Flêšch än Kantâr hê* (‚im ganzen wiegen'), *u de Rêm uhê* ‚an den Rahmen, das dazu bestimmte Gestell anhängen' (nösn.). *Det Flîšch afschuelen* ‚das ganze Tier in seine Teile zerlegen', dagegen *det Flîšch qfhâen* ‚in kleine Stücke zum Verkauf zerteilen'. *Em hât hejt Flîšch af* ‚wenn ein Tier verunglückt ist, von dem jeder Hausbesitzer nehmen muss' (Schönbg. und sonst). s. *Hopsche. Ausschrôdn* (modern) dasselbe wie *afhâen.* — Fleischteile (nösn.). Beim Rind: *Scherl, Hqlz, Garf, Schaumbrôdn, Jôchbrôdn, Štäch, Scholder, Schaumschâl, vedderšt Fâss, Brqst, Brqstflâkn, hänteršt Virtl, Ôberschual, Waischualbrôdn, Schwqnzštäck, Špqriff, Riff, Ôberschualflâkn, Mèsch, hänteršt Fâss, Nârnbrôdn.* Beim Schwein: *Schleggel, Ôberschâltchi, Däckräppich, Dännräppich, Karminârl, Nârnbrêtcher, Scholder, Brqst, Scherl, Kêlbrôdn, Schungk, Hqmtchi, Schmiär, Lêber, Nârn, Lqng, Zqng, Hîrn, Gekrîs.* Bei Kalb, Hammel, Schaf: *Schleggel, Räckbrôdn, Karminârel, Brqst, Scholder, Scherl, Lêber, Paischl* (beim Kalb). — c) Das Fleisch in der Zubereitung: *Flîsch kôchen, brôden, dinstn. Det Flîsch wêschen, ändân* ‚in den Topf zum Kochen', nösn. *baidâ, erklôwen* (erklauben) oder *erlîsen* (erlösen) ‚die kleinen Knochen und Knochensplitter vom gekochten Fleisch ablösen und die Suppe seihen', *det Flîsch afschnegden, zerschnegden. Flîsch afkôchen* ‚aufkochen lassen, um es haltbarer zu machen', *iberbrôdn, iberharschn* ‚ein wenig braten, dass es haltbarer wird' (nösn.), *iberharschn* auch ‚zu rasch braten, so dass das Fleisch eine harsche Oberfläche erhält'. *Flîsch äschnegden* ,Schweinefleisch in die Pfanne einschneiden'. *Flîsch äbrôden* ,Schweinefleisch im Winter braten und zum Gebrauch im Sommer durch Einlegen in Schweinefett konservieren'. *Det Flêsch kloppm* (klopfen), um es mürbe zu machen. *Flêsch um Špäss, än der Fqnn, än der Rîr* (Ofenröhre), *äm Bqckobm, qf dn Koln, qf der Plqtt brôdn* (nösn.), *Flîsch äm Fätt bqcken. E Bâkeltche Flîsch qf den Kieole brôden* (Seiden). *Flîsch hacken* (s. *Gehacksel).* Ohne Fleisch kochen s. *barbes* (barfuss) *kôchen. Mâr* (mürbes), *zuart* (zartes), *zê* (zähes), *huart* (hartes) *Flêsch* (nösn.). *Det Flêsch äs zê wâi't Ledder, huart wâi Holz, wâi der Hqnt. Haudich Flêsch.* Ra.:

Bai Bruid och Flêsch,
Äs e jêder hesch. (*Tekendf.*).

Krokt genach, Flîsch än der Îrnung, von einer nicht sehr splendiden Hochzeit. *Uch en Lous äm Krokt äs biesser wæ niche Flîsch* (Schuster, Volksl., 171). *Det Flîsch äsqlzen* ,pökeln'. *Det Flîsch afhên* (aufhängen) ,durch Räuchern selchen', dafür nösn. *än Röch, än de Käpp* (Rauchfang) *hê. Gerêchert Flêsch* ,Rauchfleisch', oft bis tief in den Sommer hinein des Landmanns Leckerbissen. Im Volkslied:

Äm Sommer äs et (det Læwken)
gur verbræt,
Schîr wæ gerüchert Flîsch.
(Holzmengen).

— Abergl. In das Rauchfleisch kommen Maden, wenn man nicht bei abnehmendem Mondlicht schlachtet *(bai uanienem Lâicht uafdêt). Det Flêsch pâtzn* (beizen). — Zus. *Bqflêsch, Firfflêsch, Štrinflêsch.* — B. Im weiteren Sinn ,die Muskeln, im Gegensatz zu den Knochen, besonders am Leibe des Menschen'. *Wuor der Vuoter schlît, do wiest det Flîsch, wuor e Fremder schlît, dô fäld ed uof* (Schuster, Volksl. 202; H.-W., 346). *Bäs aft Flîsch,* von einer Fleischwunde; stärker *bäs qf de Knôchn* (nösn.). Im Liede:

Hie wid ech lîden langst en Štreoch
Birkereaden,
Und wid ech ir Flîsch schlôn, dad et
wid bleaden.
Mätz, 60; Schuster, Volksl. 80.

De Haud äs em uagqngen, em said em det rî (roh) *Flêsch (Bistr.). Däck Flêsch* ,Oberschenkel'. *De Nênôlt* (Nähnadel) *geng em änt däck Flêsch. Wält Flîsch* ,auswachsendes Fleisch' an Wunden. *Vum Flêsch fqlln* ,mager werden' (nösn.). Beliebtes Schreckmittel bei unruhigen, unfolgsamen Kindern:

Hanz sq̂ hîsch,
De Rât hîscht Flîsch.
Fronius, 31; Schuster, Volksl. 335.

Man hört, wie die Rute pfeift: *Flîsch, Flîsch* (Höhr, 16; Schuster, Volksl. 349). Die stärkste Drohung ist: *ech mqchen Flîsch ous der* d. h. ,ich zerschlage dir die Knochen, dass du zum Fleischklumpen wirst'. *Flîsch uch Bläat* formelhaften Wendungen. Gegen das Berufen:

Dâi zwê bîs Ôgn, dâi dich sqgn,
Dâi dîr dai Flêsch och Blât benqmen.
Kisch, Nösn. W. u. W. 9; Gassner, 21.

Wunsch beim Auftragen der Speisen auf Hochzeits-, Tauf- und Leichenschmäusen: *Näe wîl Gott der Härr gên, dqt e jetwät, die dervu genest, dad ed em ze Flîsch uch ze Blüet gerêede mêch* (Johannisdf.; vgl. Schuller, T. u. B. 2, 49). Urk. »dass mich wundert, wie ihr das F l e i s c h nicht gantz aussgefaulet« (1692, Cap. Cib.). Hieher auch die Schelte: *e licht Štäck Flîsch* ,ein fauler Mensch'. *Dqd äs dir e Štäck Flîsch* ,ein grosser fauler Kerl'. »*Mir maussen qrbeden, bas âs de Knôche pqtzen, und esu e Štack Flîsch, wei dit, gît schlimpern eram*« Semp, Veršpillt 15). Rätsel:

Îwe Flîsch,
Angde Flîsch,
Än der Mättent Hûlz (der Sattel).
Schuster, Volksl. 273.

— Eine besondere Bedeutung hat im Abergl. das ,alte Fleisch' *(q̂ld Flîsch).* Kindern, die mit der engl. Krankheit behaftet sind (in denen der Wechselbalg steckt), wird durch *kôchen* (kochen) das alte Fleisch (des Wechselbalgs) in junges verwandelt. Frage dabei: *Q̂lt Frâ (Hâr), wat kôchst te?* Antwort: *Q̂lt Flîsch, et sôl gang warden* (Wlislocki, 94). Umgekehrt heisst es (aus anderer Vorstellung heraus) beim ,Ausbacken' des Kindes: *Ôlt Hiaf, wat backst tea?* Antwort: *Gang Flîsch sq̂l ôlt warden* (Kbl. 23, 145). — C. † Im biblischen Sinne ,Sinnlichkeit', im Gegensatz zur Sittlichkeit; »ir sinn steht nach zeitlicher wolust, damit nur dem f l e i s c h der willen funden werdt« (Dam. Dürr, Aml. 67). — D. ,Fleisch des Obstes'. *Der Appel huat wêch, huart Flêsch. Bûlzich, piälzich Flêsch* ,hartes, holziges Fleisch'. — E. † F. N. F l e s c h (1503, Qu. Kr. 1, 3), vgl. lux. F. N. Flesch; F l e i s c h (1622, Schässbg.). — mhd. vleisch, ahd. fleisk, altnord. flesk ,Speck, Schweinefleisch'. Merkwürdige Gutturalisierung (mit Verkürzung des Stammvokals) zeigt *Fligšch* (Kronst., Barthol.) wie in *hikschen* (heischen) u. a.

Fleischaxt, Flîschackes fem. Beil zum *Ąfhân* (Aufhauen) des Fleisches.

Fleischbank, Flîschbąngk fem., nösn. *Flêschbą̂ngk* fem. 1. ‚Schlachtbank'. In älterer Schriftsprache, aber nur übertr.: die Bauern »opferten sie (die Kronstädter) dem Gabor auf die Fleischbank« (1612, Qu. Kr. 4, 25); »denn sie hatten sie auf die Fleischbank geschicket« (1612, Ebda., 4, 24); »welcher (Gyulai) . . . dem Boldovai . . . Sechshundert Katner (Soldaten) zugeschicket, aber auf die fleischbank wie wir hören werden« (KRAUS, Chron. 2, 66). Im Spottlied aus dem Jahre 1848:

Siben Honwêd u ene Štrąngk!
De Koschud u de Flîschbąngk,
Den Bem u de Galjen.
SCHUSTER, Volksl. 66; vgl. HÖHR, 44.

— 2. ‚Ort, wo das Fleisch verkauft wird'. *E verkêft än der Flêschbą̂ngk.* Die Fleischbänke waren (in Hstdt.) frühe schon geschlossene Hallen und ursprünglich (um 1424) Privateigentum, sind aber später in den Besitz der Stadt übergegangen (V.-A. 11, 385). Dafür musste auch in Kronstadt eine Art Pacht gezahlt werden. »Mer hab ich Entpfangen von 8 flesch Bynken fl. 1 asp. 46 ½« (Qu. Kr. 3, 324). Andere urk. Belege: Der Hermannstädter Rat gestattet, dass die Schuster auf dem kleinen Ring »bei den Fleischbenken und zwischen der löben oder gebew . . . eine Löbe oder Baw aufrichten möchten« (1466, Hstdt. Schusterz.). »fleschbenk« (1524, V.-A. 4, 34). »zu Cronen bei den Flechsbinken« (1609, TRAUSCHENFELS, Fundgr., 251). — Syn. *Bąngk* (Bank), *Kummer* (Kammer), *Lâu* (Laube). — 3. Übertr. ‚Hosenschlitz'. *Säch, de Flîschbąngk štît der ôfen.* Obscön. über eine Frau mit starken Brüsten und Hüften: *dǽ hued en gât Flîschbąngk* (vgl. *Ägefedder*). — mhd. vleischbank.

Fleischbeil, fehlt; s. *Flîšchackes, Âkeskn* (nösn.). Urk. »Ich hab gesehen das die Fleischer von beiden Parteien zusammenlaufen die Wallachen mit ihren Fleischpeylen und Preglen« (um 1610, Ger.-Prot.).

Fleischbraterin, Flîschbrôderän fem. ‚eine keifende, zankende Person', eigentlich Marktweib, das vom Verkauf gebratenen Fleisches lebt (Schässbg.).

Fleischbrühe, fehlt; s. *Kächen* und *Lǽwend.*

fleischen, flîschen schw., nösn. *flêschn* schw. ‚das Fleisch von der Aasseite des Felles durch Schaben entfernen' (technischer Ausdruck der Kürschner). *De Fiäl ąf der Ôssait flêschn.* Vgl. HALTRICH, Plan 90. s. auch *schôwen* (schaben). — Mhd. vleischen. DWB. 3, 1756.

Fleischer, Flîscher m., nösn. *Flêscher* m. 1. ‚Fleischhauer, einer der Vieh schlachtet und Fleisch verkauft'. Im Spottlied:

Mètche, wält te 'n Flîscher nien?
Näi, Motter, näi!
Em hîsst mich drô de Flîscherän
Uch de Bǽlebrutschlerän.
Näi, Motter, näi! SCHUSTER, Volksl. 113.

Die Fleischer sind als grobe, derbe Leute bekannt. Schon in den ältesten Zunftordnungen wird der Fleischer, der Mann oder Frau in der Fleischbank unanständig behandelt, mit Geldstrafen bedroht. TEUTSCH, Sachsengesch. 1, 86. Deshalb heisst es im Sprw. *Et gît nichen Grôfhît iwer des Flîscher senj. E ret wâi e Flêscher* (nösn.). Auffällig ist die Ra. *E lîrt Flîscher* für: *de Flîscherą̂.* — Der unzünftige Fleischer heisst *Häntäsch* (magy. hentes). Urk. »Den Fleysscheren han mir gelawen 50 flor.« (1505, Qu. Kr. 1, 176). »Den Fleschern für Flesch auf fürstlig nottdurft fl. 185« (1610, Bistr. Arch.). »Die walachischen fleischer damit sie ernst mögen vermannt werden, das sie gut fleisch schaffen vnd aushauen mögen« (1625, SEIV., Lok. St. 41). — Die Fleischhauer standen unter strenger Kontrolle. »Die Fleischer sollen täglich auf zwen Bänken feil halten und des besten Viehes schlachten, darauf sollen zwen Herren, einer aus dem Rat und einer aus der Gemein täglich aufmerken, damit man recht mit dem Gewicht umgehe, die Leute auch nicht aus Mutwillen von den Fleischern aufgehalten werden bei Straf fl. 1« (WERNER, Med. im 17. Jahrh., 13). »Die Menge des zum Aufhauen zugelassenen Fleisches und den Preis des Pfundes bestimmt (um 1750 in Hstdt.) der Rat über Vorschlag des Marktrichters, der einem Probeschlachten beizuwohnen und die Viehpreise in Evidenz zu halten hat. Fleisch, das irgendwie verdächtig erscheint, wird weggenommen und den Arrestanten sowie den Insassen der Armenspitäler zugewiesen« (V.-A. 34, 303). Vgl. TEUTSCH, Sachsengesch. 1, 85. Dass die zünftigen Fleischhauer den nichtzünftigen *Häntäsch* niemals gern gesehen haben, ist leicht verständlich. — 2. F. N. Zuerst lat. Carnifex (1394, Stolzenbg.; 1441, *Bistr.*), später Lani (1727, *Bistr.*), Flesser (1479, Hstdt.), Flescher (Ende des 15. Jahrh., Hstdt.; 1503, Kronst.; 1505, *Bistr.;* 1508, Stolzenbg.),

Fleysser (1479, Hstdt.), Fleyscher (1485, Hstdt.), Fleischer (Ende des 15. Jahrh., Hstdt.; 1541, *Bistr.;* 1567, Schässbg.; 1580, Agnetheln; 1599, Heltau), Flischer (1638, Schässbg.; 1661, Hstdt.; 1824, Baassen), Fliesser (1647, Schässbg.). Gegenw. Fleischer (in fast allen Gemeinden). — D. N. *Flîscher* (Frauendf., Bussd, *Birk*), *Flêscher (Baierdf., Lechnitz, Heidendf., Petersdf.), Fleischer* (Gr.-Sch.). — 3. Dazu die Fl. N. *Um Fleischer*, urk. »am Flescher« (1763, *Dürrbach*), *bæm Flîscherlǫnd* (Kastenholz), *det Flîscherrêch, de Flîscherwis* (Hstdt.), »Fleischer-Reg« (Befestigung, 1760, Kronst.), *am Fliescher Štêch* (Rosenau i. B.), *äm Flîscherhaom* (Med.), *vüar der Flîscherkel* (Neudf. b. Hstdt.), Fleischerkeule (Keisd), *Flêschergruabm (Bistr.)*; ferner die Gassennamen *Flîschergass* (Hstdt.), urk. »yn der Fleyssergassen« (1480), »in der Fleschergassen« (1462, Hstdt.), *Flêscherdîrl, Flêscherdîrlgąss (Bistritz)*. — Mhd. vleischer ‚Henker', erst später ‚Fleischhauer'.

Fleischerdamm, Flêschertǫ̂m m. *(Bistr.)* frühere Befestigungsanlage s. *Tǫ̂m* (Damm).

Fleischerei, Flîscherą̂ fem., nösn. *Flêscherą̂i* fem. ‚das Gewerbe der Fleischer'. *E lîrt de Flêscherą̂i*, daneben süds. auch: *e lîrt* (nösn. *e wit*) *Flîscher* (ähnlich auch über das Erlernen andrer Gewerbe: *E lîrt Hotter* u. ä.).

Fleischergeselle, Flîschergesäll m., nösn. *Flêschergesall* m. ‚Gehilfe des Fleischers'.

Fleischerherde, Flêscherhiärt nösn., Herde Viehs, die den Fleischern gehört. Urk. »von 5 keyenn (Kühen) Bey der flescher hertenn« (1552, Qu. Kr. 3, 313).

Fleischerhund, Flîscherheangt m., nösn. *Flêscherhąnt* m. ‚grosser Hund'.

Zem Treinjtsche ban ich gangen,
Nor en hąlf Štangt;
Dô hun ij uch en Flì gefangen
Wâ en Flîscherhangt. SCHUSTER, 119.

— Syn. *Schôfshangt* (Schafshund, Schäferhund). Auch als Schelte:

Zâkel, bâkel
Drê den Dâkel
Büs ä genne Greangd,
Dea verfleachter Flîscherheangd.
HÖHR, 21.

Fleischerin, Flîscheräu fem., nösn. *Flêscheren* fem. Sie heisst im spottenden Volksmunde auch *de Bælebrutschlerän*, nösn. *Bâlnmutschleren*, weil sie die *Bæln* (Gedärme) wäscht (SCHUSTER, Volksl. 113).

Fleischerknecht, Flîscherkniecht m., nösn. *Flêscherknêcht* m. ‚Knecht, der bei einem Fleischer dient', früher ‚Fleischergeselle'. — Dazu der F. N. Fleysserknetth (1479, Hstdt.).

Fleischermesser, Flîschermiesser n., nösn. *Flêschermâsser* n.

Dô nǫ̂m e sich det Flîschermiesser
Unt geng bæ 'd Uefdân. THULLNER, R. 69.

(fleischern), flêschern schw. (nösn.) ‚wie ein Fleischer gefühllos im (lebendigen) Fleisch herumschneiden'. *Dâi flêschern der nur esu um Laiw* (Leib) *erämmer* (nösn.). Wohl als abfällige Äusserung über die heutigen Ärzte, die mehr als die frühern zu chirurgischen Operationen schreiten. — Zu *Flêscher* (Fleischer).

fleischern, flîscherän adj. ‚aus Fleisch'. In Rätseln:

E knâcheran (χ) Gesicht,
E fleischeran Gebârt (der Hahn).
Alzen, Kbl. 23, 4; vgl. FRONIUS, 44.

An aisera Röss frasst ow ar fleischeraner Wiss (*Schairmêsser* ‚Rasiermesser', Rode). *En helzeran Dapen, draw e flîscheran Dêkel* (‚Abort', Kronst.). — Mhd. nur vleischîn. *flîscherän* ist gebildet wie *eiserän, helzerän, knêcherän*. DWB. 3, 1757.

Fleischertürl, Flêscherdîrl n. *(Bistritz)* ‚Ausfallpforte in der Stadtmauer', deren Besorgung den Fleischern anvertraut war. Davon *Flêscherdîrlgąss* (Fleischertürlgasse), urk. »bey fleschergesser Thürli« (1602, Bistr. Arch.).

Fleischerweiher, Flîscherwą̂er m. ‚Fischweiher der Fleischer'. »Fleischer Wair« (1660, TRAUSCHENFELS, Mag. 1, 154). »Fleischer Wayer« (Ebda., Fundgr. 391).

Fleischerzeche, Flîscherzêch fem., nösn. *Flêscherzâich* fem. ‚Zunft der Fleischer'. Urk. »In die Posthay bei dem Heltner thor ist Herr Casper Guest und Kyren Tong zu Hauptleuten erwelet und die Fleischer Zeche, und die Sadler, die seeler sollen bei Innen sein« (1556, B. M.).

Fleischerzeug, Flîscherzech n. ‚Handwerkzeug des Fleischers'. Sogar in der alten Kanzleisprache mit mundartlichem Wurzelvokal »dass Fliescher Zeug« (Hstdt. Teil-Prot. 1687), vgl. auch »Kliedschaft« *Klîtscheft* ‚Kleidung', »thiel« *Dîl* ‚Teil' (Ebda.).

Fleischhacker, fehlt; s. *Flîscher* (Fleischer) und *Häntäsch*. In Urk. häufig für Fleischer; »welcher in der zech der fleischhaker will auffgenommen werden, soll von frommen eltern, ehrlig geboren ... sein« (1570, Nat.-A.). »Welche Fleischhacker in Städten an gewöhnlichen Tagen Lämmer abziehen und das Fleisch verkaufen« (1640, Kürschnerz.). »Sie habe nicht Fleisch nehmen wollen, biss sich der Fleischhacker gewaschen« (1746, Cap. Cib.). »Diesen verschaffen einige Kroner Fleschhacker das Fleisch« (1789, Qu. Kr. 4, 402). Dazu der F. N. Fleischacker (1625, Schässbg.; 1663, Salzer, Birth. 277) für Fleischer wie das Beispiel des Königsrichters Andr. Fleischer zeigt, der (Qu. Kr. 4, 192) einmal Fleischhacker genannt wird. Ebenso wird die Hstdt. Fleischergasse einmal Fleischhacker Gasse genannt (1751, Cap. Cib.), das Fleischertürl (s. d.) in Hstdt. erscheint als Fleisch Hackers Türlein (um 1690). — Die Mundart kennt das Wort nicht.

Fleischhauer, s. *Flîscher* (Fleischer), *Häntäsch*. — Hieher der F. N. Fleyshower (1394, Stolzenbg., V.-A. 10, 372) für späteres Fleischer.

fleischig, flîschich adj., nösn. *flêschich* adj. *E flêschich Ôss* (‚Ochs'), *Schwai, Appel. Des Kâ huᵉt gor e flîschij Egder, se git net vil Mältch.* — Mhd. vleischic.

~, Flîschkächen fem. ‚*Kächen* (Brühe) mit Fleisch' (Sächs. Burzenl., 421).

Fleischkammer, Floischkummer (Agn.), sonst dafür *Bąngk, Flîschbąngk, Flîschlîf* (Fleischlaube), *Kummer* (Kammer). In Urk. »Als sie aber bey die Fleischkammer kommen, hab sie die Predigerin bey der Hochzeit gesehen« (1692, L. K. A.). »bey der Fleisch-kammer in Neu-Dorff« (1746, Cap. Cib.). — Dazu der Fl. N. *Flîschkummer* (Wald, Abtsdf.). »Erde neben der Fleischkammer« (1825, Weingartskirchen).

Fleischkasten, Flîschkąsten m. in der Ra. sich den Fleischkasten (‚Sarg') machen lassen, ‚sterben' (Schässbg., Bekokten, Schuller, T. u. B. 1, 14).

Fleischkerler, Fleiszkerler, F. N. (1722, Hstdt.).

Fleischlaube, Flîschlîf fem., fehlt nösn. ‚Ort, wo Fleisch feilgeboten wird' (s. *Lâf*, Laube). — Dazu der D. N. *Gotschleng bæ der Flîschlîf* (Maniersch). — Ra. *Säch, de Flîschlîw äs der ôfen* ‚der Hosenschlitz'. — Syn. *Bąngk, Flîschbąngk, Kummer*. Urk. »Es soll auch ein Pix (Büchse) gemacht werden, welche vnter den Armen einer, sie alle Marktag in die fleischleiff sonderlig bey die frembde fleischer tragen soll« (1625, Müller, Hospitäler 63). »Den nächstkünftigen allhiesigen Palmarum Jahrmarkt würden es 2 Jahre werden, dass Zeuge ... vor der Fleisch-Leiff-Thüre auf der Hack-Bank gesessen« (1770, L. K. A.).

fleischlich, fehlt. Urk. »Es were dann / das die zwo verwandte Personen / sich aneinander fleischlich erkandt hetten« (= copula carnalis, E. L. R., 53). ‚fleischlich sich vermischen' in alten gerichtlichen Protokollen ständiger Ausdruck für ‚geschlechtlich miteinander verkehren'. — Mhd. vleischlich.

Fleischmade, Flîschmôt und *-mat* fem., nösn. *Flîschmuᵃt* fem. ‚Made der Schmeissfliege (Musca vomitoria) und der Fleischfliege (Sarcophaga carnaria)'.

Fleischmücke, Flîschmäck fem (V.-A. 33, 267). Gewöhnlicher das synon. *Schmätzmäck* (‚Schmeissfliege').

Fleischstock, Flîschštôk m. ‚der Klotz, auf dem das Fleisch vom Fleischer aufgehauen wird' *(S.-Reen)*. s. *Štôk* (Stock).

Fleischtunke, s. *Tangkes*.

Fleischweiherchen, Fl. N. (Zied). s. Fleischerweiher.

~, Flîschzîker m., nösn. *Flêschzecker* m., ‚Binsenkorb zum Tragen von Fleisch, Wurst und ähnl.' s. *Zîker*. Urk. »Fleischcicker« (1691, Nat.-A.).

Fleischzettel, Flîschzeddel m. ‚Zettel für Bestellungen beim Fleischer', auf Pfarrhöfen scherzhaft auch von den versandten Wörterbuchzetteln' gebraucht, die sich gut dazu eignen (Kbl. 25, 68).

Fleiß, Fleiss m., nösn. *Flaiss* m., »flysz« (Müller, Sprdm. 193). 1. ‚redliche Bemühung'. *Nor Gläck uch Zeâfall hun em et brôcht, net se Fleiss.* Die Ma. gebraucht statt des Abstraktums lieber Umschreibungen durch das Adj. *fleissich* oder seine Syn.: *wonn em flaissij äs, wird em rech.* Urk. »Das willen wir mit ganczem Fleisz thwn« (1469, Müller, Sprdm.). »Dy herren dy haben ym den czyns verlassen durch das wasser wegen, das er das mit fleyssenss varten sal« (1496, Qu. Kr. 3, 804). »haben wir Peter Lutsch und Paul Scherer allen müglichen Fleiss und beistandt verheissen« (1565, Nat.-A.). »Hat derhalben mit allem Fleis an uns begert« (1578, B. M.). »Die Vormůnd vnd versorger sein verpflicht / mit solcher sorg vnnd fleis / der Waisen hab vnd gut zu verwalten« (E. L. R., 68); »zu nottůrfftiger zucht / lehr / vleis vnd redlichen vbungen« (Ebda., 73). »Er ist aber auch schůldig solch entlônet (entlehntes) Gut / mit solcher hut vnd vleis zu besorgen / als sein eygens« (Ebda., 107). ‚Fleiss haben'. »So er da wer, solt er Henrichen befelen, das er Fleis zum Pulver haben (‚darauf Acht haben') solt« (1598, B. M.); »ir wollt Fleiss haben zum rossen« (1600, Bistr. Cap.). — 2. *Mät Fleiss* ‚absichtlich'. *E huᵃd et nät mät Flaiss gedô, e huat mich mät Flaiss geschlô*. Dafür auch in ganz unlogischer Bildung: *ze Fleiss.* Urk. »hielte mich mit Fleiss lang in meinem Gewelb auff, nur zu sehen, wer da herauss kommt« (1692, Cap. Cib.), vgl. DWB. 3, 1765. Ebenso lux. eppes mat Fleiss mâchen, zips. met Flais (MRAZ, 33). — mhd. vlîz, ahd. flîz.

Fleissglocke ‚Frühglocke, Morgenglocke'. »Item mer ein ryemen in die flays klock asp. 2« (1529, Qu. Kr. 2, 168).

fleißig, fleissich adj. und adv., nösn. *flaissich* adj. und adv. 1. Adj. »*Dæ jûldich, fleissich Heunjd*« (SCHULLER, T. u. B. 2, 29). *D äs fleissich Uart* (Art, Gattung).

't wôr e monter flaissich Blât.
SCHULLER, Mâtn 4.

E fleissich Mêtchen, Gang (Junge), *Mān, en fleissich Fræ, Dîrn.* Formelhafte Anrede beim Vorübergehen an Arbeitende: *Sed er fleissich?*, danach oft als Gruss: *Änjde fleissich?* (Kl.-Sch.). »Er ist ihm (Acker, Weingarten u. dgl.) fleissig« ‚recht tätig darin' (BINDER, Coll.). Von den Agnethlerinnen verkündet ihr Dichter Dan. Schmidt den »*Rom flaissijer Goärešpanneranen*« (Garnspinnerinnen); und von den Männern:

Wên em âne flaissich sôch,
Wôr der Ongenitler.

Urk. »Ist aber unsere fleyssig Bitt an E. N. W. .« (1564, B. M.). »Drum ist meyne fleisige bit E. N. W. wolle sich des armen Mans ahnnemen« (1580, B. M.); »auf sein vleissig anlangen und bitten« (1600, Nat.-A.); »halten sie mit fleisschen bitt an« (1646, Bistr. Ledererz.); »bei fleissigem nachsehen« (1767, L. K. A.). — 2. Adv. *Fleissich arbeden,* doch werden sinnlichere Wendungen bevorzugt, z. B. *e uarbed wâi är zwî* (nösn.), *wæ är siwen* (s. W. B. 1, 176); *e arbet fleissich wæ en Ômes, wâi än Bāi* (nösn.). Urk. in Verbindung mit verschiedenen Verben: »Bitten derhalben E. W. fleissig wolt beider Klag und Antwort . . verhören« (1567, B. M.). »Jedoch ist auch disses vnser begehren, dass sich die Schulmeister ehrbarlig, trewlig vnd fleissig halten« (1568, TEUTSCH, Sch.-O. 1, 22). »Man hette meine prieff sollen vleissiger ansehen« (1569, B. M.); »bitten E. N. W., wolle diese sach fleissiger besichtigen« (1579, B. M.); »man sol eines jedes schlag / vleissig erfaren vnd beschawen« (1583, E. L. R., 172). »Dagegen handelt ein armer pflegvatter vleissig vnd trewlich« (Ebda., 74). »Jeder Hausvater soll auf das Feuer und Licht wie auch auf die Öfen und Rauchfänge fleissig sorgen« (Med. Statut).

— Syn. *æwrich* (eifrig), *bemæt* (bemüht), *mæhaft, mæhaftich* (mühhaft). — mhd. vlîzec.

fleißiglich, fehlt; urk. »sait flaissiklich gepeten« (1472, Bistr. Arch.).

—, **flêken** schw. ‚zausen' (Med.). Auch mit unverschobenem Anlaut *plêken* (Agnetheln). *Et kem e fremt Häongd iwer den Zeong än âse Goärte gešprangen, bâ de Pelsen* (Pflaumen). *Âs zwîn dêde sij iwer en — loin dâ plêkte mer en. Dî kit nimî* (Agnetheln). s. *plêken.*

—, **Fleketz** (⏑ ⏑́) m. ‚Lümmel, Grobian'. *Dąd äs dir e Fleketz.* — Zu rum. flăcăuț, Dim. zu flăcău ‚Bursche'. Oder zu *Flockos* (s. d.).

—, **Flekou** m. ‚nachlässiger, unbeholfener, junger Mann, Lümmel' (BRENNDÖRFER, 18). — Rum. flăcău ‚Bursche'.

Fleme, Flêmen Pl. ‚Weichenteile beim Fell, wo der Fuss sich am Bauche reibt' (nösn.). Dazu *ze-flamst?*, vgl. DWB. 3, 1768. Vgl. *Blîsten, Schlompen, Êwer.*

flennen, fehlt; s. *flintschn, flînzen, jrintchen* (Rode)

—, **Flent,** Fl. N., urk. in der Flent (1720, Hetzeldf.).

Fleppesburg, s. *Fläppesburch.*

Fleps, Flepsch, F. N. s. Phleps.

—, **Flepsdorf,** O. N. s. *Fläpsdref.*

Fleschner, (1523, Cap. Cib.) neben Flaschner (s. d.).

—, **Fless-,** *Flesse-* in Fl. N. *Än de Flessen, af dem Flesserêch, af der Flessebach* (Bulkesch), in den Flessern (Giesshübel), *en den Fleschchen* (? Rode), *nedderšt Flessgass* (Grossau). — Zu Fluss.

—, **Fless,** F. N. (Kastenholz). Dazu Fl. N. *äm Flessesche Wängkel* (Ebda.).

—, **Fless,** *Fläss* ‚Katarrh'. s. Fluss.

Flestenturm, Name der Hunyadiburg in *Bistr.*, vgl. O. N. Flesten (Eifel). — TEUTSCH, Sachsengeschichte 1, 129; V.-A. 33, 75.

—, **Fleterwêchen,** s. *Flittrawêchen.*

fletschen, fehlt; s. *blæksen;* Syn. *lachn iber dn Hantszānt* (nösn.), *de Zonjt waisen.*

—, **fletten,** s. flöten.

—, **Fletter,** D. N. s. flöten.

—, **Flettenhûlz** (TRAUSCH, Msc. 15). Flöten-, Pfeifenholz? Holz, woraus die Holzpfeifen (Fluira) der rum. Schäfer gemacht werden?

—, **Fletz** m. (Med.). 1. ‚Flegel, Lümmel'. *Net saa e solle Fletz! E benit sich wæ e Fletz. Ed äs e Fletz.* — 2. Danach geringschätzige Bezeichnung der Walachen. *Et begênde mer siwe Fletz.* Dafür (1. und 2.) häufiger *Wletz,* hie und da sogar *Bletz* (Anlehnung an *blêsch* und *Blôch*). — vgl. hess. Flaez, henneberg. Flêz (DWB. 3, 1734).

F l e y s s e r k n e t t h, F. N. (1479, Hstdt.). s. Fleischerknecht.

Flîbrich, Fl. N. (Hahnebach).

—, **Flick**, *Flâk, Flǫndern* ‚ganz zerrissen' (nösn., BERTLEFF), gewöhnlich *Flâk, Flǫndern*. s. *Flâk* (Fleck).

F l i c k a, F. N. (Meschen, Rode, Kbl. 10, 131).

Flicke, Fläcken m. 1. ‚Flecken (Flicken), womit ein Loch am Kleide geflickt wird' (Mühlb. und sonst). Im Rätsel vom Hahn:

Ous Egiptelônt kom ìst e Môn
Mat tousend Flacken ugedôn.
SEMP, Veršpillt 7.

Wohl nur unter nhd. Einfluss für *Flæken* (Flecken). Doch scheidet unsere Ma. genau: *Fläcken* (nicht nur von Webstoffen und Leder, auch vom Holz und Metall) ‚ein Stück, das zur Ausbesserung einer schadhaft gewordenen Stelle dient'. *Em* (man) *dîd en Fläcken af det Klît, de Schach, de Blǫngken, de Kiessel;* aber *Flæken* ‚eine meist bei gleichzeitiger anderer Färbung schadhaft gewordene Stelle': *Fättflæken, Tängkflæken, Ruestflæken, Schämmelflæken.* s. Flecken. Sprw. *E Fläcken äs biesser wæ e Lôch.* — 2. *Fläcken* ‚Kleidung', vom konservativen Bauern gebraucht, wenn er geringschätzig von der Kleidung des Städters redet, zumal dessen, der aus dem Bauernstande stammt. In diesem Sinne nennt er das städtische Kleid: *blô Fläcken* (Pl.); einer der sie trägt, ist ein *blôfläckijer*, wobei *blô* nur die Verschiedenheit der Farbe von der früher meist einfach weissen des Bauernkleides bezeichnen soll, wozu die Frau selber das Garn gesponnen und zu Leinwand gewirkt und aus dieser die Kleidung genäht, für die sie, ehe sie zu spinnen begann, durch Zubereitung des Hanfes und Flachses so fleissig vorgearbeitet hatte.

(**flickeln**), **fläckeln** schw., nösn. *fläckeln* schw. (*Wallendf.*) ‚flicken', Part. *gefläckelt.* Im Rätsel vom Backofen *gefläckelt och geštäckelt, mät kenner Neôlt zägenêt (Wallendf.*, vgl. Kbl. 23, 77; SCHUSTER, Volksl. 271). Gebildet wie *geštäckelt*, mit dem es in diesem Rätsel reimbildend wirkt.

—, **flickeln** schw. ‚mit der Rute schlagen' sich bewegen' (bei Kästn.).

Und wänn det Fræjôr flickelt
Mät senger Wängschelrât. KÄST., 27.

Wä se schnängke, wä se flicklen
(de Leljen)! Ebda., 58.

= ficken (s. d.).

flicken, fläcken schw., nösn. *fläckn* schw. ‚ausbessern mit Flecken'. 1. Ursprünglich ‚Kleider, Stoffe, ausbessern'. *De Hiusen, de Rôk, det Hemt, de Gatchen* (Unterhosen), *de Schâgen fläcken; Sâk, Laimdâicher* (Leintücher) *fläckn* (nösn.). Im Wiegenlied:

De Motter hæt de Lämmcher
Ent fläckt dem Känjt de Hemtcher,
Schlôf, Känjtche, schlôf. HÖHR, 2.

Im Rätsel vom Mond:

Et sätzt en Daif (Taube)
En fläckt en Haif
En deit mì Štäch wä Štarn um
Hemmel. Alzen, Kbl. 23, 78.

In der Wetterregel zum Laurentiustag (10. Aug.):

Laurenzi
Fläck't Mänti (Pelzrock),
Fläck et bǫlt
Et wit na kǫlt. Kbl. 24, 101.

Spottvers:

Štäder, fläck der den Öersch mät
Läder.

Urk. »Item dem schnaider das her drey fannen (Fahnen) g e f l i c h t hat« (1529, Qu. Kr. 2, 166). »An dem Kutschi die Deck lassen f l e c k e n 22 d.« (WERNER, Med. im 17. Jahrh. 9). — Übertragen: *Net dat ich der den Toppert* (‚Hosenboden') *fläcken* ‚prügeln' (*kalfâtern* s. HALTRICH, Plan 23). — Zus. *befläcken.* — 2. Danach (besonders in älteren Schriften) auch ‚Dächer, Häuser, Mauern etc. ausbessern'. *Det Schändel-, Štrî-, Zäigeldǫch fläckn* (nösn.). *E gefläckt Hous* (Kbl. 4, 130). *Den Kâssel, det Begâissrätschel* (‚Giesskanne') *fläckn* (nösn.). Im Unterhaltungsreim:

Ideschken, Kideschken, tânzol mek,
De Kireschkniecht hadden de Bangen
(Bunge, Pauke) *gefläckt,*
Se sǫssen und drǫngken und zugen
dervun
Und štruchen den Ture mät Sauer-
mältch un. HÖHR, 15.

— Urk. »Item carpentariis (Zimmerleute) pro laboribus scampnorum ac aliis ibidem in balnea stuba hospitalis g e f l e c k t asp. 16« (1521, Qu. Kr. 1, 300). »Item pro reformatione fornacis (g e f l i c k t) in praetorio asp. 5« (1523, Ebda., 505). »Item 15 febr. liess ich den ofen in der grossen schuel f l i c k e n« (1618, V.-A. 17, 58). »Item Erasmo seratori pro reparatione duorum cellariorum (Flaschenkeller?) et futeralis scutellorum (Schüssel) g e f l i c k t asp. 12« (1523, Qu. Kr. 1, 525); »den kessel zu f l e c k e n« (1570, Bistr.

Cap.). »Item pro helwer (*Halwer* ‚Axtstiele') et draber („Tragbahren') g e f l e c k t« (1524, Qu. Kr. 1, 556). »Item pro reparatione tecti eiusdem balneae stubae g e f l i c k t« (1525, Ebda., 612); »wmb dy stat herumb an allen postayen f l i c k e n loosen« (1555, V.-A. 16, 639); »czw dem bakhaus wnnd czw denn anderen heyssern czw f l e k h n n 4150 schayndelnn« (1557, Ebda. 3, 325); »dahin es auch verordnet ist, das man solt die dächer erhalten, die alt mauren f l i c k e n« (DAM. DÜRR, AML. 16). Nach der Zerstörung der Stadt Bistritz durch Basta lässt man die Stadtmauer »f l e c k e n« (1602, V.-A. 12, 430). »Mer vor f l i c k e n am schoppen und friden« (1570, Bistr. Cap.). s. *klätern*. »Hierauff sprang M. Grossin hinzu und riss ein Stück heraus und sagte: Ich will mir kaum die Schliemen damit f l i c k e n« (1768, L. K. A.). — 3. Körperteile flicken ‚heilen'. Am Körper flicken ‚durch Arzneimittel nachhelfen', an sich flicken ‚sich durch häufig angewandte Arzneimittel bei leidlicher Gesundheit erhalten' (BINDER, Coll.). »Aber er hat sich mit gerauft und geschlagen, das er des nachts ein g e f l i k t nasen aber g e f l i k t haupt heimbracht hat« (DAM. DÜRR, AML. 48). *Ed äs dich nuor en gefläockt Gesäongheit* (Alzen). *Schwech, sonst fläcken ich dert Mell!* ‚stopfe ich dir den Mund' (Hahnbach). Das ss. Prät. und Part. *fläackt, gefläockt* ist Analogiebildung zu *vräackt* (verrecken) und ähnlichem. — mhd. vlicken, verwandt mit Fleck. Lautt. 40. s. Flicke.

Flicker, Fläcker m. In Zus. *Kiessel-* (nösn. *Kâssel-*) *fläcker* (Kesselflicker), *Tockefläcker* ‚Handwerker (besonders Schuster), der sich hauptsächlich mit Reparaturen beschäftigt', eigentlich ‚Scheidenflicker'. Dazu der D. N. *Fläcker (Waltersdf.)*. Auch als Schimpfwort: »einst hörte ich ihn, den Mich. Henneng über seinen Schwiegervater also sagen: der F l i c k e r, ich will mir ihn wol lehren« (1764, L. K. A.). DWB. 3, 1776.

Flicknadel, Fläcknôlt fem., nösn. *Flecknaolt (Kl.-Bistr.)* ‚Ahle'. *Wierbes* („Bundschuhe') *fleckt em mit der decker Flecknaolt (Kl.-Bistr.). Schî Flecknaolt* ‚Riemerahle' (Ebda.). — Trotz des Grundwortes *Nôlt* ‚Nadel' wird dies Wort für ein Werkzeug gebraucht, das eine Ahle ist. Wohl braucht der Schuster auch eine Nadel zum Nähen mit überwindlichen Stichen, also mit einer Hand, z. B. beim Aufnähen des Futterleders an das Oberleder des Schuhes. Das ist eine Nadel mit flach geschliffener, etwas gekrümmter Spitze. Aber wegen der Schwierigkeit, die der Durchstich durch zwei Lederstücke dieser Nadel bereitet, werden die Löcher oft auch mit einer gekrümmten Ahle vorgestochen, weshalb auch auf diese Ahle der Name *Nôlt* ‚Nadel' von Unkundigen übertragen ward. Die stärkste unter den geraden Ahlen ist die, die der Schuster zur Durchlöcherung der als Erhöhung (Absatz) an der Schuhferse auf einander geklebten harten Sohlenlederstücke braucht. Der Absatz heisst in der Ma. *Fleck* (s. d.), daher diese starke Ahle *Fleckôl*. Die Vermengung von Ahle und Nadel und damit die Verwirrung gedieh noch weiter, als man das Bestimmungswort von *Fleckôl* auf Nadel übertrug und aus der *Fleckôl* eine *Fläcknôlt* machte, als ob der Näher beim Flicken eine andere Nadel brauchte, als die gewöhnliche. Diesem Vorgang sprachlichen Unverstandes dankt das vorliegende Stichwort sein Dasein. Auch unter ‚Ahle' dieses Wörterbuches erscheint *Fläcknôlt* als ‚Ahle'. Kein Schuster mit einigermassen richtigem Sprachgefühl wird Ahle und Nadel miteinander vermengen. Die Ahle dient immer nur zur Durchlöcherung des Leders, die Nadel immer zum Nähen, gleichviel, ob sie selbst gleichzeitig auch die Löcher sticht, oder diese von der Ahle vorgestochen werden. — Syn. *Schosternôlt* (Schusternadel).

Flickschuster, Fläckschâster m. (nösn.), süds. *Schoster*. — Syn. *Butzer, Fuscher* (Pfuscher), *Kerpatsch, Tockefläcker*.

Flickwerk, fehlt; s. *Gefusch* (Gepfusche), *Gepątx, Gebutx*. Urk. »Item pro una clave ad cistam in praetorio ac aliis laboribus, f l e c k w e r k in ea factis« (1523, Qu. Kr. 1, 523).

—, Fliderfronsen pl. ‚flatternde *Fronsen*, Bänder'. Im Lied der Waise:

Hieschet Mêtche bän ich,
Wiesche, backe kǫ̂n ich,
Fliderfronsen drôn ich,
Af der Gąss gôn ich.

SCHUSTER, Volksl. 36; vgl. H.-W., 243.

Flider- gehört zu *fleddern* (flattern).

—, flidri im Abzählreim:

Flidri, fladri, Fläddermous.

SCHUSTER, Volksl.. 386.

Anklang an *fleddern* (flattern), s. *Fliderfronsen*.

Flieder, fehlt. 1. Sambucus nigra L. s. *Hontert, Holtert* m. (Holunder). — 2. Syringa vulgaris L. und persica L. s. *Lîrber* m. (Lorbeer).

Fliege, fehlt; s. *Mäck* (Mücke).

fliegen, fläjen st., nösn. *fläign* st., 2. Pers. *flechst*, nösn. *flaichst;* Prät. *fluch*, pl. *flugen* [ʒ], nösn. *fluch, flugn;* Part. *gefliugn* [ʒ], nösn. *geflogn;* Imp. *flech*, nösn. *flaich*. Der Unterschied der alten io- und iu-Formen (Inf. ahd. fliogan, aber 3. Pers. Sing. fliugit), der in unserer Ma.

noch erhalten ist, beginnt auch hier zu schwinden, so dass nicht alle süds. Maa. Inf. *fläjen*, aber *te flechst, e flecht* sagen, sondern viele nur *e* als Vertreter von io und iu brauchen; das Nösn. hält dagegen an diesem Unterschiede durchwegs fest, vgl. *flâign : flaichst*. 1. Vom Flug der Vögel und Insekten. *De Vegel, Fleddermais flâign* (nösn.). In Kinderverschen:

Klapperštorch!
Flej iwer de Bärch,
Flej iwer det Rêch,
Flech fär ewêch,
Kamm weder geschwäinjt,
Unt bräinj es e gûldich, klinzich Käinjt. Schuster, 343; Höhr, 28.

Tschôka (Krähe), *Marôka*
Flaij än de Bqtterbitt
Sô mer, wänn de Mqtter kit.
Bistr., vgl. Höhr, 26; Gassner, 39.

Zaiku (Eichelhäher), *lalaiku*
Flech qf de Birebûm,
Säch, wonn de Tqtre kun. Höhr, 28.

‚Der Vogel fliegt' heisst ein beliebtes Spiel (Höhr, 140). Im Rätsel von der Elster: *et flecht äst durch de Lqft, an höt an lqngk Kairreqt* (Kehrrute) *hanjder sich* (Rode). *De Summervegel (Flutter), de Kêfer, Môtn flâign* (nösn.). Das *Härrgodîsken* (Marienkäfer, Cocinella septempunctata) wird aufgefordert, kommende Gefahren anzukündigen:

Härrgodîsken
[Flej qf't Stîssken (Haufen, Rainchen)*]*
Flej qf de Bîrebûm (Papplebûm, än Himmel)
Säch wun de Tqttre kun (de Motter kit)
[Ich gin der Mältsch och Bruit].
Schuster, 341; Höhr, 25; Gassner, 40.

Ra. *Wonn de Bäffel fläjen* ‚ad Graecas calendas'. *De wiršt och Verštqnt beku, wänn de Bäffel flâign (wänn de Birbêm rût Appel drô, qf dn Nämmermîesdqch, Bistr.).* Frage: *Wonni kist te?* Antw.: *Wonn de Bäffel fläjen.* — Syn. *Cha, Pelsen, wonn de Fellcher äm den Èlter gôn.* Sprw. *Flech, wunn der de Flijjel gewuosse sen!* — 2. Wie die Vögel fliegen die Wolken durch die Luft.

Fläjet, fläjet, ir Wûlken,
Wô sellt ir fläjen hin?
Höhr, 14; Schuster, 21.

Die Seele ist ein aufwärts fliegender Geist (Schuller, T. u. B. 1, 41). Ebenso fliegen die Geister. Der Alp *(Ąlf)* fliegt im Wirbelwind durch die Luft und auch die Druden *(Truden)* können fliegen (Hillner, 25). Von fliegenden Drachen erzählt man in Wurmloch (H.-W., 310). Das *Gebrêch* (Kinderkrankheit) kann man heilen, wenn man es zum Fortfliegen auffordert:

Gebrêch, Gebrąch,
Flech mät desem Rûch iwer't Dąch.
Hillner, 49.

— 3. Übertragen auf rasche, schnelle Bewegung.

Schampanjer-Štappe flejen
Bäm Kômes un't Gebinn. Käst., 93.

Ich gien der înt, dat der de Zonjd än Hąlz flejen.

De Wirfel flugen qf dęn Däsch.
Höhr, L. Ê. 45.

Besonders von Menschen. *Gäw Uacht, de flaichst än de Muar* (in den Strassenkot), *täschn de Fârt* (Pferde, nösn.). *E kit [al] fläjän* ‚in fliegender Eile'. Im Spottvers:

Rejin
Flej un t Gebin.

— 4. ‚verfliegen'. *Fläjä Salf* ‚flüchtige Salbe', *fläjä Gîst* ‚Salmiakgeist' (Hstdt.). — 5. ‚sterben'. *Menj Fræ sûl fläjen* ‚war nahe am sterben'. — 6. ‚fliegen lassen'. Ra. Reden fliegen lassen ‚Worte hören lassen' (Binder, Coll.). Zus. *qf-* (auf-), *ous-* (aus-), *ousse-* (hinaus-), *änne-* (hinein-), *uabm-, uewen-* (hinab-), *qfm-* (hinauf-), *ämen-* (um-, weiter-), *ämerängk-* (ringsum-), *zefläjen.* Das nösn. *flâign* hat (unter dem Einfluss des damit verbundenen guttur. *-n*) altes *-g-* bewahrt, wie *folgn* (folgen), *frôgn* (fragen). — mhd. vliegen, ahd. fliogan. Lautt. 140.

Fliegenthal, Fl. N. (1720, Birth.), gegenwärtig *Flîjendel* (Weinberge und Wald, Birth., Magarei), urk. auch »Furm Phlügelthall, Fliegendol« (Salzer, Birth. 58). Derselbe Stamm wie in nösn. *Flâigeltsbiärich (Bistr.)?*

Flieger, Fl. N. »Unter, an dem Flieger« (1825, Wölz).

fliehen, flæn st., fehlt nösn. Prät. *flæt*, Part. *geflæt.* Meist nur Imper. *flæ*, nösn. *flâe (Botsch)* [Geh. Spr.].

1. *Patchen liâf, wôss, bloâi!*
*Ąlles *Augläck vun dir floâi.*
Schuster, 321.

Äs flâen de Sorgen, mir bleiwen vergnächt. Litschel, Lisi 5.

Ich hatt mer't geschwîren, dich nemmi ze sæn,
Ich wûl denge Bläck, wûl deng Ugesicht flæn. Käst. 25.

»*Flê ewêch! dat ich keêren*« (Zw. Krez., 10). *Flâ iwern* ‚geh auf die Seite' (Alzen). *Flâ deohär, flâ ewêch,* auch nur *flâ!* die entschiedenste Aufforderung, zu weichen (Agnetheln). Wenn der Vater dem Kind gegenüber dies Wort braucht, dann kann das nächste Wort schon lauten: *säs pǫtxt et* ‚sonst klatscht es' (von Schlägen). *Ech flêd en* ‚hütete mich vor ihm' (Martinsdf.). — 2. Urk. »Noch dem Jahr aber sol er frey gelassen / dem schuldherrn sich vereyden vnnd versprechen / das er . nirgend hin fliehen wolle« (E. L. R., 120). »Wiewoll die Jünger alle auss dem garten geflawen waren« (DAM. DÜRR, Hdschr. 779). »In der beschwerliger Zeit vor etligen Jaren wie das gesindell herein war geflauen« (um 1610, Ger.-Prot.). »Die Haiduken und Zekel sein geflauen« (1611, TRAUSCHENFELS, Fundgr. 259). — Trans. mit Objekt im Acc. ‚vor jemanden fliehen'. »Wenn einer einen hund fleücht, so laufft er ihm erst nach« (KRAUS, Chron. 1, 161). — ‚etwas fliehend in Sicherheit bringen'. »Zyrbul missus est ad Sarkan ut ipsis dicat ut pecora abigere debeant, vulgo sollen flyen« (1540, Qu. Kr. 2, 684). »vermeinet als wen sie gütern dahin gefliehet hetten« (1598, Ger.-Prot.). »Alss schriebe er dass alle Sächssische dörffer alless geschoss bey die Stadt fliehen sollten« (KRAUS, Chron. 2, 155). — mhd. vliehen, ahd. fliohan. Das Wort ist in die Ma. in den wenigen Orten, wo es gebraucht wird, als nhd. Lehnwort eingedrungen, natürlich mit Ausnahme des volkstümlichen Imperativs.

fließen, fleesen st., nösn. *flâissn* st., 3. Pers. Präs. *flesst*, nösn. *flaisst;* Prät. *fluss*, nösn. *fluss, flussn;* Part. *gefluessen*, nösn. *geflôssn.* 1. Im eigentlichen Sinne von Flüssigkeiten ‚rinnen'. *Det Wasser flesst än der Bǫch, äm Grôwen, äm Fluess,* nösn. *äm Rǫichi* (‚Gosse'). Sprw. »*Kên't fliessa Wuasser schâpen*« ‚vergebliches Beginnen' (Zw. Krez., 19). *Et flesst vil Wasser än der Bǫch uewen, dǫt nemest dräinjkt* (SCHUSTER, Volksl. 220). *Bäs dǫt dǫt geschait, wirt noch vil Wǫsser än der Bǫch uabm flâissn (Bistr.). Det Gielt kid enem uch ned än der Bǫch gefluessen,* dass mans zum Fenster hinauswerfen müsste.

> *Bäs det Wasser flesst iwer·zê* (zehn) *Štîn,*
> *Äs et weder rîn* (auch sprichwörtlich von moralischen Defekten). SCHUSTER, 224.

Wô et nät flaisst, tripst et ‚etwas kommt doch' (nösn.). Aber nicht nur Wasser *flesst,* auch Moor, Sumpf ist oft so schaukelnd, dass man sagt, sie fliessen: *längst der flessäner Muer, af der flessäner Muer* (Fl. N.). Ra. *Wê de Bǫch flessen* oder (nösn.) *Bǫch flâissn* von Getränken, die für solche Verschwendung zu kostbar sind. *Der Wenj, de Mälch flesst af dem Däsch, flaisst äm Järn* (‚Fussboden', nösn.). Im alten Fastnachtlied:

> *Hejd äs e lastich Dǫch,*
> *Hejt selle mer lastich liewen!*
> *Der Wenj flesst wâ de Bǫch*
> *Ir gûldich schatzich Riewen* (Reben)*!*
> *Net wärt des Bronje mât* (des Bringens müde)*!*
> *Wot sess äs, schmackt uch gât.*

Det Blât flaisst em aus dem Fâss (südś. *Foss*), *u der Hǫnt, iber det Gesicht* (nösn.). *De Zêren* (Zähren) *flessen em iwer de Backer.* Im Lied vom Waisenmädchen:

> *Et flussen em de bätter Zêren,*
> *Dad ed en Štîn mosst rêren.*
> SCHUSTER, Volksl. 43.

> *'t hǫlf em näst, diäm jǫngen Blât,*
> *Mer sai Zêrn Bǫch geflôssn;*
> *Ǫnser Mächel hǫtt zwelf Ôssn*
> *Ǫnd der Hanzi hǫtt nur zwî,*
> *'t mâisst dn Mächel dännich nî.*
> SCHULLER, Mâtn. 18.

— *De Nuas flaisst der* (nösn.). *Flessen* ist mehr als *trepsen* (tropfen), weniger als *tschureln* (‚rinnen', nösn.). — 2. Übertr. *Flessä liesen* ‚fliessend lesen'. »*Liese kangd et sîr gât uch flessän*« (Hîmw., 2). — Aus etwas fliessen, ‚folgen'. »Dieweil kinder erziehen aus der natur fleusset« (E. L. R., 59). *De Wîrt fliessen em gor hiesch vum Miel* (Maul, Alzen). — Zusammenfliessen, ‚einkommen'. *Det Giält flaisst än de Kass* (nösn.). *Dǫt flesst allest än t Allodium, än de Schîlfont.* Zus. *ue-* (ab-), *ous-* (aus-), *änne-* (hinein-), *ousse-* (hinaus), *iwer-* (über-), *ver-, ze-(zer-)flessen. Fleksen* in Kronst., Barthol. ist ähnlich guttural. wie *Fligsch, higschen.* mhd. vliezen, ahd. fliozan. Lautt. 138.

—, **Flietsch** fem., *Flêtsch* fem. (Marpod), *Flaitsch* (Rode), *Flintsch* fem. (Stein), Dim. *Flätschken* (Med.), *Flaitschjen* (Rode) ‚bunte Zopfbänder der Mädchen, die lang über den Rücken herabhangen' (Sonntagsschmuck). Das Wort fehlt im Nösn. und im Burzenl. Sonst ist es in der Nähe der Städte mit der alten Tracht im Schwinden begriffen, und der Bauer gebraucht im Gespräch mit Städtern statt des unverstandenen *Flietsch Bǫnt* (Band) oder *Masch* (Masche). Syn. sind *Frons* (Franse), *Zälpen. Gebleamt, Krîner* (Kronstädter) *Flietschen. Än Flietsch än den Zôp äflichten,*

Und e blont Zêpchen äm Genäck,
Geflicht mät Masche, Fronse, Flietschen.
KÄST. 86.

Ra. *Flondern und Flietschen* (WOLFF). Lange, gewundene Bänder heissen überhaupt *Flietsch* (Gr.-Sch.). *E Rôken mäd er ruider Flietsch* (Zw. Krez., 12). Die *Flietsch* (ein rotes Band) trägt der Vater am Stock, wenn er ein Mädchen beim Pfarrer zur Taufe anmeldet (HILLNER, 29) und KÄST. (66) spricht von *Bîrte-*(Borten)*flietschen. En Flêtsch af dem Hot* (Arbegen). *De Flietschen am't Hîft, äm Zôp* (Klosdf.). »*Wąram nist te der de fąstich Fleêtsch* (das Band der Fastenzeit) *auss em Zôp*« (Zw. Krez., 30). — *Fletschker* ‚schwarze Baumwollitzen' (Gierelsau). Urk. erscheint das Wort häufig in Kleiderordnungen, jedoch, wie es scheint, erst seit der Mitte des 18. Jahrh. »An Ehren Tägen« sind jungen Frauen »die rothen Flitschen« erlaubt (1756, Stein). »Bänder, Fransen und Flatschen« (1762, Med., V.-A. 7, 315). »Ausländische Bänder, Frantzen und Fletschen« werden den Frauen im Med. Stuhl verboten (1767, SALZER, Birth. 571). »Die Flitschen sollen nicht bildige, sondern schatige und schmattige sein« (1795, Katzendf.). »Die Mädchen sollen nicht mehr als zwei Flêtschen, eine um den Kopf gebunden und eine im geflochtenen Haar haben« (1838, Arkeden, FRONIUS, 95). — Das Wort hat mit ‚Flechtschnur' nichts zu tun (Kbl. 20, 68). Es gehört vielmehr mit den verwandten lux. Flettsch, eifl. Flotsch, hess. Flatsche zu franz. floche, lat. *flocca ‚Quaste, Troddel'.

—, **Flijjelmäschken** n. in der Kindersprache ‚Vöglein' (Med.). Aus *Flijjel* (Flügel) und dim. *Mäschken* (‚Sperling') zusammengesetzt.

—, **flîjern** schw. (bei Käst.) ‚flattern'.

Se flandern und flîjern
Zesummegerafft. KÄST., 16.

Dąd äs ze Ruess der Bascha, et flîjert
se Gewąnt. Ebda. 184.

Wor flîjerd äm Wängd sich meng Hôr
weê der Fluess. Ebda., 28.

— Dazu *Geflîjer, verflîjern,* causat. zu *fläjen* (fliegen), wie *štîwern* ‚stöbern' zu *štæwen* ‚stieben'. Während aber *štîwern* seine causative iterative Funktion bewahrt hat, war *flîjern* schon zu Dürrs Zeit seines causativen Wesens verlustig gegangen, hiess nicht mehr ‚fliegen machen' sondern ‚fliegen, flattern'. »Fur die zuschnitten hüttlein gibt inen gott solch löcherichten, das die haar so lang eraussen flögern, wie die Cronen federn« (DAM. DÜRR, AML. 55). ahd. flogarôn. DWB. 3, 1812: flogern. Nur in der Zus. *verflîjern* ‚verscheuchen' klingt noch die echte Bedeutung durch, z. B. über Hühner gesagt, die der Geier *verflîjert,* in Angst jagt, dass sie sich verfliegen.

flimmern, fehlt; s. *zemesen, zwätern (vurn Ûgen).*

Flinder, Flinder, Dim. *Flindercher* ‚Flimmergold' (bei Käst.).

Et blangkern un allen Îrten
De Štärncher als Flindercher drun.
KÄST., 65.

Vgl. DWB. 3, 1799.

—, **Flinder-Flander** ‚ganz zerfetzt, ganz zerrissen' *(S.-Reen).* Tautologische Bildung wie *Flingk-flangk,* nhd. Kling-Klang, Sing-Sang; zu *Fląnder* (Flander).

—, **Flinderšbiärich,** Fl. N. (Berg, Kallesdf.), V.-A. 34, 39.

—, **Flindri** m. ‚leichtsinniger (ursprünglich zerfetzter) Mensch' (KRAMER, 27; V.-A. 26, 195). Zu *Flinder, Fląnder* ‚Fetzen'.

—, **flingern** schw. ‚flattern' (im Burzenl.). Wohl dasselbe wie *flîjern.* Alle diese Wörter berühren sich nahe in Form und Bedeutung.

—, **Flingk-Fleangk** ‚wenn jemand unnütz herumredet' (Malmkrog, WOLFF). *Dąd äs e Flingk-Flangk* ‚leichtsinniger Mensch' *(Bistr.).* — Vgl. lux. Flinkfank ‚Tand, leichtsinniger Mensch', hess. Flink-Flank ‚leichtfertiger Mensch'. Tautologische Bildung zu mhd. vlanc ‚Funke'. Rum. fleancă ‚Maul', treancă-fleancă ‚Geschwätz' berührt sich nur zufällig mit *Flingk-Flangk.* Magy. flink-flank (in der Gegend von Nagybánya, M. Tájsz. 1, 602) stammt aus dem Deutschen.

flink, flingk adj. [Städt. Halbma.]. Ironisch *E äs flingk weê der Bier.* Aus dem Nhd., in die Ma. nicht eingelautet. Die echte Ma. gebraucht für dieses (auch im Nhd) junge Wort *bedrêt, geschnaperich, hurtich, jutchich, necklich* oder Subst. wie *Ômes* (Ameise), *Ômesekenengk* (Ameisenkönig), *Schnąp, Schnąpgêkel, Schnąphansel* (Schnappgökel), *Wišpel.* — Dazu der Spottname *Flingk* scil. hat er sein Vermögen durchgebracht (Rosenau i. B.). — Im Mhd. fehlt das Wort, es erscheint nhd. erst 1691 (bei Stieler) aus niederl. flink.

flinkern, flingkern schw. ‚flimmern, glänzen' (bei Käst.).

Et flingkert de Klîtchen und fängkelt.
KÄST. 66.

Dąt flingkerd und flangkert
Weê Ädelgeštîn. Ebda., 17.

s. DWB. 3, 1801 und die Bemerkung zu *flingern.*

—, **flînschern** schw. ,flattern' (im Burzenl.). Iterat. zu *flingern.*

—, **Flintâsch** m. ,leichtfertiger Mensch' *(Bistr.). Dąd äs ją nur esu e Flintâsch.*

Flinte, Flint fem., nösn. *Flint* fem. ,Schiessgewehr'. *Mät der Flint schâissn* (nösn.). *Et štêd em wâi dem Judn de Flint,* wenn eine Tätigkeit nicht recht zu einem Menschen passen will (nösn.). *Tęâ hôst en Rêtz* (Rotz, Nasenschleim) *wâ en Flint uch en Hîft wâ en Kerbes* (Scholten, Kbl. 19, 108). Urk. »Schlosser für Hacken, Flinten und Musketen bessern« (1717, V.-A. 37, 333). »Wohin er mit seinem Bruder mit der Flint gelauffen« (1766, Wermesch, L. K. A.). — Im Nösn. häufiger als das syn. *Gewiär* (Gewehr), im Süds. *Biss* (Büchse). — Zus. *Toppelflint* (Gewehr mit Doppellauf). Aus dem Nhd. entlehnt, von engl. flint, mhd. vlins ,Kiesel, Feuerstein'. Das Wort findet sich im Nhd. seit etwa 1650.

Flintenstein, Flinteštîn, besonders der Pl. *Flinteštîn,* scherzhaft: ,gekochte Rüben, die wie Flintensteine geschnitten werden' (Haltr., Plan 103), Spottname für zu fest geratene oder nicht hinlänglich gekochte Zugaben zur Suppe oder Mehlspeisen: *Greskneddel* (Griesknödel) *sellen dąt seng?! Ai Flinteštîn seng et! De Schwâbe sprêchen iwer des Knedelcher* ,Wasserspatzen'. *Mir kænde læwer šprêchen: Flinteštîn.* Flintensteine (,Feuersteine') waren an der Flinte angebracht, aus ihnen wurden durch ein stählernes Rädchen Funken geschlagen, welche das Pulver in der Pfanne entzündeten. Diese ursprüngliche Bedeutung findet sich urk. Unter den Feldrequisiten der auszurüstenden Soldaten werden 1744 aufgeführt: »Auf jeden M(ann) 4 Flinten-Steine« (Hstdt. Progr. 1889, 15).

—, **Flintsch** fem., gewöhnlich Pl. *Flintschen.* 1. ,Fetzen, Lumpen' (Hstdt., Rohrbach, Reps). *Ed hêd un der wâi Flinschen* (Trappold). *E hæd äm sich, dat de Flintsche fläjen* (Kbl. 8, 106). *Ich zerreisse dij ä tousent Flintschen. Flintschen vun der Heokt* (Hautfetzen).

Wat geng mich de schêbich Gekretzel
(,Unkraut') *dänn un,*
Wat sûl ij et fîkeln ä menger Trunn?
Ich hun et ze Flintschen zerässen.
Käst., 10.

Vgl. *zeflintschen* ,in Fetzen zerreissen'. — 2. Übertr. ,liederliches Frauenzimmer, Hure' *(Kl.-Bistr.).* — Vgl. *Zadder* (Zuder). s. *Flitsch* ,weinerliche Person' *(Bistr.).* — Zu *flînschern,* dem Iterat. von *flingern,* also ,ein lose flatterndes Stück'?

—, **Flintschkątz** fem. ,Kind, welches viel weint' (nösn.). Syn. *Hailkuader* (Heulkater), *Schnaufkątz* (Schnaufkatze). Dafür süds. *Mâzkądder.* — Zu *flintschn.*

—, **flintschn** schw., auch *fläntschn* schw. ,das Gesicht verziehn, weinen' (nösn.). *Wąt flintschst te nau hait dn gąnzn Dąch (Bistr.).* — Süds. nicht gebraucht. — Vgl. hess. flenzen ,widerwillig an die Arbeit gehen', lothr. flentschen ,schmeichelnd bitten', eup. flänsche ,schmeicheln', alle zu mhd. vlans, vlensel ,verzerrtes Maul'. DWB. 3, 1851.

—, **Flips** fem. ,mutwilliges, leichtfertiges Mädchen' (Wolff). Sonst dafür *Flitsch.* — Vielleicht zur selben Wurzel wie *Fläppes,* vgl. westerw. Flappes ,Possenreisser'. Dazu *flipsen, flipsich.*

—, **flipsen** schw. ,lachen, schäkern' (bei Käst.).

Purschen! terft mer nemmermî
Palemitzker schnipsen,
Læwer selld er fräsch uch frî
Mät de Mêtchre flipsen. Käst., 35.

Är flipsen, är maksen
Und mąche vill Faksen. Ebda., 89.

— Zu *Flips* (s. d.).

—, **flipsen** schw. (Med.). 1. ,mit einer Explosion anzünden'. *Kut, mer gô flipsen* ,mit einem aus Salpeter, Kohle und Schwefel selbstbereiteten Pulver Feuerwerk machen' (Kindersprache). *Det se flipsän Zanjthîlzker* ,leicht, mit Explosion entzündliche Zündhölzchen'. Aber auch: *'t Feier äs ousgeflipst* ,mit einem letzten Aufflackern erloschen'. — 2. ,unruhig, ohne rechten Grund kommen und gehen'. *Ech wiss net, wad er hegd ängden än enem durch de Diren* (Türen) *ze flipsen huet! Ed äs nichen Râ!* Vgl. hiezu *fišpeln.* Lautmalend; vgl. die Interj. flips. DWB. 3, 1803.

—, **flipsich** adj. ,leichtfertig' (Wolff). — Zu *Flips* (s. d.).

—, **flîrich,** nösn. *flêrich* adj. nur in der Zus. mit Zahlwörtern *îflîrich, zwieflîrich, drąflîrich, siweflîrich* ,ein-, zwei-, drei- siebenfach'. In allen Mundarten gebraucht. Mit abweichendem Vokal: *tausentflârich* (Gassner, 66). — Urk. »2 flirige Fronsen« (1631, B. M.). »Ein gautt Boumwollen kessen Zech mett 3 fluriche n roden Burttlen herumb« (um 1650, B. M.). — Zu *Flûr* ,Flöte, Falte am Ärmelrand' (s. d.).

flispern, flispern schw. ,flüstern' (bei Kästn.).

Wänn alle Läftcher flisperen,
Wänn allent sängt unt klängt.
Käst. 19.

Lautmalend, vgl. *fišpeln, pispern* und ähnliches.

—, **Fliti** m. ‚Schelte'. *Dôd as e Fliti* (Kronst.). Zu *flîten, flitten* (flöten)?

—, **Flitsch** fem. ‚liederliches Mädchen' (im Burzenl.) ‚junges, naseweises Frauenzimmer' (Kisch, N. W. u. W. 47). s. *Flintsch*, mit dem das Wort vielleicht identisch ist. Dazu *flitscheln* (s. d.). Zu vgl. köln. Flitsch fem. ‚Dirne'. S. auch *Flips*.

—, **flitscheln** schw. *(Bistr.)*, *flitsche (S.-Reen)* ‚sich unstät und zwecklos hin- und herbewegen', ‚im Wasser plätschern' (Bistr. Festg. 54; Kisch, N.W. u.W. 47); vgl. *fitscheln* und DWB. 3, 1805.

Flitter, fehlt; s. *Flander, Flinder, Flutter, Fodergetâsch* (nösn.). Urk. »kein Flieder sollen gesehen werden weder bei Grossen noch bei Kleinen« (1651, V.-A. 3, 19).

—, **Flitter** m. ‚Schmetterling' *(Schönbirk)*. Dim. *Flitterchen* n. (Hohendf.). Daneben häufiger *Flutter*. Syn. *Špechhûlz*. — Zu *fleddern, floddern* (‚flattern'), vgl. lothr. Flitter ‚Schmetterling' (Follm., 167), mittelengl. fliteren ‚flattern'.

—, **Flitteraisn** n. (nösn.), dasselbe wie *Flittercher* s. d.

—, **Flittercher** Pl. ‚Eisengriffel zum Beschreiben der Ostereier mit Scheidewasser' (V.-A. 33, 75); vgl. lothr. Fleitercher ‚Federmesser', hess. Flît ‚Aderlasseisen', die oft an Klappmessern angebracht wurden, mhd. vliete, fem., aus griech.-lat. phlebotomum (DWB. 3, 1797; 1805).

flittern, flättern schw., nösn. *flätchern, flackern, flattern (Kl.-Bistr.)*, *flattern* (Kronst.) schw. ‚laut lachen, laut lachend schwatzen, kichern'. *Nemmi flätter mer esi vill* (Schässbg.). *Dî kan näst wæ flättern* (Med.). *E flätchert esuvel, em dingkt, e wêr verraft (Wallendf.). Et wôren dô vil Mâtwällijen zesummen; se flätterde bæ ôfäne Fenstern, dat de Legd af der Gass štô bliwen.* — Dazu das Subst. *Geflätter, Geflätcher.* — mhd. vlittern, hess. flittern ‚kichern'. Nösn. *flätchern, flackern* sind gutturalisierte (Iterativ-) Formen zu flättern (DWB. 3, 1807; Weig.[5] 1, 555).

—, **Flittrawêchen** n. (Gr.-Lasslen, Schönbg.), *Fleterwêchen* n. (Schaas) ‚Mundharmonika'; vgl. nürnberg. Flöttrawêr ‚Querflöte' aus franz. flûte travers(ièr)e, ital. flauto traverso.

Flitzpfeil, s. *Fitschifail*.

—, **Fliussbâch** fem. Bachname *(D.-Zepling)*. — Zu Flachs? oder tautolog. Bildung zu *Flôss* (s. d.)?

—, **Flô** n. (Hstdt., Rohrbach und sonst), *Fleo* n. (Agnetheln), nösn. *Flô* fem. *(S.-Reen)* ‚grosse, groblinnene, häufiger wollene Decke auf die Jahrmarktszelte, zum Korntrocknen' usw., ‚Plache'. Bei Hochzeiten wurde das *Flô* früher auch als Dach über den offenen Herd gespannt (V.-A. 3, 317). Beim ‚Fuchsprellen' werden die Mitspieler in der *Flô*, dem *Flôdach* emporgeschnellt (H.-W., 194). An Stelle des wollenen Tuches, des *Fleo*, das dem Meister auf der Reise zum und vom Marktort auch als warme Hülle diente, ist in neuerer Zeit zur Verwendung als Zelt die Theerdecke getreten, die ja freilich gegen Regen bessern Schutz gewährt. Doch kennt und benützt man selbst in Hermannstadt noch das wollene *Flô*. — mhd. blâ, blahe, vgl. lux. Flo ‚Wolle', wetterau. plâ ‚Wagendecke', zips. plê[u] ‚karriertes Tuch der Hirten'.

Flochtner, F. N. (um 1480, Kronstadt). s. Flechner.

Flocke, Flôk fem., nösn. *Flôk, (Schnî-) plôk* fem. 1. ‚Schneeflocke'. *Et schnoat däck Fliokn* (Alzen). *Et schnôt* [əº] *Plêk wâ de Lenjdächer* (Agnetheln). Im Wiegenlied:

Wol fläjen de Wûlken,
Wol soust der Wäinjt
Wol štæwen de Flôken
Ämerängk! Schuster, Volksl. 323; vgl. Fronius, 30; Höhr, 3.

Zus. *Schnîflôken, Schnîplôk.* — 2. ‚Wollflocke'. Urk. »Welcher Meister Kammwolle od. Flocken in seine Arbeit mengen und befunden wird, soll die Arbeit verspielen« (1724, Strumpfwirker-Art.). *-Flôk* ist Lehnwort aus dem Nhd., in *-plôk* darf man altes Sprachgut sehen. — mhd. vlocke, ahd. floccho, zu *-plôk* s. mitteld. plocke.

—, **Flocke** (◡ ◡́) m. ‚ein grober, zottiger Schafshund', übertragen: ‚ein grosser, derber Mensch'. — Zu rum. floc ‚Flocke', flocos ‚zottig'. s. aber auch Flakô.

Flockenblume, fehlt. 1. Centaurea jacea L. s. *ruid Hangerkrîtj (-krokt)* (Kbl. 26, 30), *Pisemknîp* Pl., *Pisem* m. Sing. und Pl., nösn. *wält Pisemblâm* (Bisamblume). — 2. Centaurea Cyanus L. s. *Kûrebleam (-blom)* (Kornblume), *blio Hangerkrîtj* (Kl.-Sch.), *Hangerkrokt* (Thalh.).

—, **flockossich** (◡ ◡́ ◡) adj., nösn. *flockossich* adj. ‚derb, grob', ‚hoffährtig' *(Kl.-Bistritz)*. *E flockossich Mäntsch.* Zu *Flockos* (s. d.). Die nochmalige adjektivische Weiterbildung dieses rum. Adjektivs flocosu durch eine deutsche Endung *-ig* wird diesem Wort immer mehr zur Einlautung in unsere Ma., wenn auch nur in die des flachen Landes, verhelfen.

—, **Flockos** (◡ ◡́) m., nösn. *Flockos* (◡ ◡́) m. ‚zottiger Hund', übertr. ‚Flegel, Grobian'. *Tea bäst e Flockotz* (Seligstadt). Auch mehr eingelautet in die Ma.: *Flockes* (◡́ ◡) *Fluckes* (s. dies) in beiden Verwendungen. s. *Flocké*. Rum. flocos ‚zottig'. Vgl. *Fleketz*.

—, **Flôdach** (-tuch) n. dasselbe wie *Flô*.

—, **Flodder** fem., meist Pl. *Flodderen* ‚faltige oder gereihte Verzierungen' an Schürzen und sonstigen Kleidungsstücken (am Hemde). *De Armel* (am Hemde) *mät den Flodderen* (Neustadt). Zu *floddern* ‚flattern'. Aus derselben Anschauung heraus ist *Fluddergatschen* und franz. volant (loser Besatz, Kleiderfalte, eigentlich ‚fliegender Teil des Kleidungsstückes') entstanden.

—, **floddern** und *fluddern* schw., nösn. fehlt. Wie das synonyme *lappern* ‚trinken', und zwar nach Art des Hundes und der Katze, indem die Flüssigkeit durch die an der Spitze zu einer Schaufel gebogene Zunge in den Mund geführt wird. Daher ‚mutwillig sein beim Trinken' (Wassid), ‚oft trinken' ohne eigentlich durstig zu sein. *Nemmi fluddert!* ‚wenn Kinder alle Augenblicke trinken' (Med.).

(De Intcher) fluddern und nušcheln
zem Zektverdre^i^f. Käst., 2.

Bą uch Flutter kun erbæ,
Ous dem Ki^e^lch den Dâ (Tau)
ze fluddern. Ebda., 58.

Scherzhaft auch von Erwachsenen ‚kneipen': *Kut mer gô fluddern!* Aber auch bitterer Ernst und schwere Sorge klingt aus dem Wort über den Trunkenbold: *Iwer E^o^mlengk* (Atemlänge) *goit e iwer d' Ąlmerô en floddert.* Oder: *Dî bre^o^cht neche mî Bêcherchen; ais der Fląsch floddert e, ąw oist äs se ladich* (Agnetheln). Syn. *lappern, schlubbern* (alle tonmalend). Eines Stammes mit Flut, fliessen, Fluder. Vgl. schweiz. Fludder ‚Nasenschleim' (DWB. 3, 1827).

(**flögern**), **flîjern** ‚flattern' (vom Haar). s. dies.

Floh, Flî fem., Pl. *Flî*, nösn. *Flû, Flu^i^* fem., Pl. *Flî* ‚Pulex irritans'. *De Flî beissen, štêchen, zwicken. De Flî säcken* (suchen), *fên* (fangen), *knäckn, pątzn.* Wenn dieser keines gelingt, mindestens *ju^e^gen* [ʒ], *goe^j^en* ‚jagen': *Go^e^ch* (χ) *der de Flî, net nem se goär mäd af't Bât, se baissen dich, dąt te net kôst schle^o^fen!* (Agnetheln). *De Flî seng af* ‚munter'. Ra. und Sprw. Zur Bezeichnung der Höhe des Hanfes: *de Frælekt kenne sich bæm Pläcken de Flî säcken* (scil. ohne dass man es sieht). *E sâikt Flî* ‚ist wählerisch beim Essen' (nösn.). *E äs êverschæmt* (unverschämt) *wâ en Flui* (Birthälm). *Ed as em en Flû iwer de Liewer gekröchen* ‚ihm ist Unangenehmes passiert' (vgl. Semp, Veršpillt 9). *Enem än Flû änt Ûr sâtzn* ‚jemandem durch unangenehme Mitteilungen Unruhe bereiten' (nösn.). Bauernregel:

Wun de Flî štêche, kit Rên.
Schuster, Volksl. 152.

Drohung (gegen Kinder): *Der Tobî* (Tobias) *štîd af dem Rêch end knäckt Flî* (Meschen). *Dî hôt fu^e^r de Flî ägenu^e^n* ‚hat gegen die Flöhe eingenommen, ist betrunken'. *Näm der bæ Zegden en Flî än't Bæt* ‚heirate bald'. *Læwer än Sack vôl Flî hæde, wæ en licht Fræ;* vgl. lux. t ess leichter e Sâk Flî he'den we' e verle'ft Frâmensch. *Wun de Flî ne^i^sten* ‚ad Græcas calendas' (Marienbg. i. B.). *Diär hirt de Flî nâ^i^stn* ‚hört das Gras wachsen' *(Bistr.). Net mąch ous er Flî en Bäffelkâ, en Bi^e^ren, en Elefąnten. Ê äs vôl Fanek* (‚Geld'), *wâ^i^ der Hant voller Flî (Bistr.).* Im Spottvers:

Em bât (bettet) *de Mejden alle gor*
*hu^i^* (hoch),
De Knêcht reden (reiten) *aw er*
geräinjelder Flu^i^.
Schuster, Volksl. 11.

Zem Tre^i^njtsche bän ich gangen,
Nor en hąlf Štangt;
Dô hun ij uch en Flî gefangen
Wâ en Flîscherhangt. Ebda., 119.

Dem Reim zu liebe:

Merz, Šterz
Dreif (de Kälwer) än det Štrî
Dąt se sprąnje, wæ de Flî.
Höhr, 23; Fronius, 36.

Im Lügenmärchen:

Dân de Flî de Wu^o^gen zuch,
Dân de Mäck den Torn ämfluch,
Dąt wôre lastich Zegden.
Schuster, Volksl. 377.

Rätsel und Scherzfragen:

Ded äs e klî Gedâ^e^r,
Ded baisst wa är vâ^e^r. Kbl. 5, 45.

Doiste mej ąf de glænije Ku^e^len,
Se bän ech fu^e^r i^e^wej och emer
verlu^e^ren. (Draas).

Wä vil Flî gôn än en Ramp? Antw. *Nichen, se šprängen ewêch. Wad äs det Bi^e^st un der Flî?* Antw. *Dąt se ned anjem* (wütend) *äs,* ‚keine Tollwut hat'. *Wæ kit de Flî af den Turn* (nösn. *Wâ^e^ dred em de Flu^i^ ąf dn Tu^i^rn,* Gassner, 30)? Antw. *Schwarz. Wat furn Angderschîd äs zwäschen em Elefanten uch zwäschen er Flî?* Antw. *E grisser.* — Zus. *Hi^e^neflî* (Hühnerfloh). — mhd. vlô, vlôch, ahd. flôh sind m., dagegen ist das Wort auch in den Schwestermaa. fast allgemein fem., vgl. Eupen.

Flu fem., ripuar. Flu fem., köln. Fluh fem., elberfeld. Floh fem., zips. Flô fem. (Mraz, 65). — Lautt. 132.

—, **Flîebächel** m. ‚einer, der viele Flöhe hat' (Birth.). — Zu *Bächel* (Bühel), syn. *Flîsack* (Flohsack).

Flohbiß, Flîbäss m., nösn. *Flîbäss* m. *Vun Flîbäss bekit ed Blödern* (nösn.), besser *wänn et de Flî baissn.*

Flohdreck, Flîdrâk m. ‚Kotflecken von Flöhen in Hemden' etc. (nösn.). *Det Himt (det Laimdâch) äs der vôl Flîdrâk* (nösn.). Verblümt: *De Flî huet det Špîr* — obendrein vornehm: *de Visitkart* — *gelossen.*

Flöhe † Pl. ‚Fussfesseln'. »Mich. Folbert für Pojen öder Flöhe an die Arrestanten 3 fl. 68 Den.« (1718, Reps). — Syn. Poje. Bitter ironisch = Floh (weil sie an den Füssen sitzen)?

(**flöhen**), ***flîen** ‚fliehen machen' †. Nur urk. refl. schw. ‚sich flüchten'. »die Unger so sich in unsere Stadt geflôhet« (um 1670, *Bistr.*). Die Bildung ist ähnlich der von erfrören ‚erfrieren lassen', stöbern ‚stieben machen'. s. *flîjern.*

(**Flohgräte**), Pl. **Floigrêden** (Heldsdf. i. B.). Auf die Frage der Kinder: *Wat selle mer kôchen (êssen)?* Antw. *Floigrêden mat Španwetknôchen* (Kbl. 22, 14; 25, 21).

Flohhüter, Flîenhêder m. mit richtiger, starker Beugung: *Flîhêder.* Im Sprw. *Flîenhêder wêr licht sen* ‚Flohhüter sein ist eine üble Sache', ‚mit Dingen, die einen nichts angehen, soll man sich nicht zu schaffen machen' (Schuster, Volksl. 170).

Flohkraut, Flîkrokt n. 1. ‚Plantago psyllium L., betäubender Wegerich' (Haltrich, Plan 71; V.-A. a. F. 3, 199). — 2. Polygonum persicaria und amphibium L. ‚Flohknöterich'. — Syn. *Woi-Eugekretj* (‚Wehaugenkraut', Heilkraut gegen wehe (kranke) Augen). — Dagegen heisst Pulicaria und Mentha pulegium, die nhd. gewöhnlich als Flöhkraut bezeichnet werden, in der Ma. nicht *Flîkrokt.* Die beissenden Früchte des Flohkrautes gelten als Mittel gegen Flöhe, daher der Name.

—, **Flîneister** m. ‚Haarspalter, Splitterrichter' (im Burzenl.). »*E as e Flîneister*« (D. Volkskal. 1912, 201). — Eigentlich ‚einer, der die Flöhe niessen hört'; vgl. lux. d Fle[i] ne[i]schten he[i]eren. Ebenso ist gebildet nösn. *Krippesnäister* (‚Krebsniesser') in derselben Bedeutung.

Flohnest, Flîenäst n., nösn. mit richtiger, starker Beugung, wie auch sonst *Flînäst* n. ‚Ort, wo viele Flöhe sind'. *Dât Dâkeldoch äs e Flînäst (Bistr.).*

Flohpulver, Flîpulwer ‚Insektenpulver' n. [Städt. Halbma.].

Flohsack, Flîsack m. ‚einer, der viele Flöhe hat'; syn. *Flîbächel* und *Flîtqeser.*

Flohsamen, Flîsôm m., der Same von Plantago psyllium L., der als Mittel gegen Flöhe gilt.

Flohschiß, Flîschäss m., Kot der Flöhe.

—, **Flîtqeser** m. ‚Flohsack' (Schässbg.). Grundwort *Tqeser* (s. d.).

—, **Flôk,** *Af der Flôk,* Fl. N. (Gr.- und Kl.-Scheuern). Vgl. *Flqck.*

Flor, Flôr m. ‚dünner Stoff' [Städt. Halbma.], meist die Zus. *Trauerflôr. Mqch dern Flôr u (qf) dn Hât (Bistr.).* DWB. 3, 1816. Kluge[7], 142. Weig.[5] 1, 557. Aus dem Schulunterricht. Lehrer: *Wat hîsst dqt:* Athens höchster Flor beginnt? Schüler, dumm und verlegen, sagt, was ihm sein schalkhafter Hintermann einflüstert: *D' Athêner wôren trourich, se drage* [ʒ] *Flôr af den Hetten.*

Flor, Flôr m. ‚Blüte, Gedeihen' [Städt. Halbma.]. Ra. *äm Flôr sai.*

Zwinzich Jôr t Melitta wôr
And et wôr äm hichstn Flôr.
Schuller, Mâtn 11.

Urk. »(Bethlen G.) ist ein rechter Pater Patriae gewessen, lasset das landt Sübenbürgen ihn allem Flor, vndt besser erbaut alss es funden« (Kraus, Chron. 1, 84). »Er aber selbsten, der Wayda, entwischet mit etzlich Wenigen in sein Land, kompt gekrochen ohnen Flor wie ein Hirt ohnen Schaf« (1664, Qu. Kr. 4, 288). »Die Häuser, welche itzt im Flohr sein« (1804, *Petersdf.*, Gemeinbuch). — Zu lat. flor, floris ‚Blüte', in flore esse, ital. esser in fiore ‚in Blüte stehen'.

—, **Flôr** fem., s. *Flûr.*

—, **Flor,** *Flôrfêlt,* s. Flur.

Flor, Florer, † F. N. (um 1615, Stolzenburg, Hammersdf.) = Flurer ‚Flurhüter' (DWB. 3, 1852)?

—, **flor** ‚frei, von einem Raum, wo keine Gebäude mehr stehen' (Binder, Coll.).

Florēn † in Urk. ‚Gulden'. Münze aus Gold, später auch aus Silber. »Denarii scilicet centum valent florenum auri unum« (1467, Bistr. Arch.), vgl. Kbl. 23, 65 f. Von dem florenus aureus (= 100 Denar) wird am Ende des 15. Jahrh. der florenus parvus (= 50 Denar) unterschieden (Qu. Gesch. S. 1, 7). Um 1600 »hatt der fl 100 denar oder 20 groschen, der groschen 5 denar, der pfenning 2 heller«, deshalb »resoluir den Floren Hungerisch in 100 Pfenning, den Pfenning in 2 Helbling« (Kbl. 6, 37). Nach

Ungleichs Rechenbuch (Kbl. 6, 37 f.) gab es um diese Zeit neben dem ungar. Gulden (Ufl.) noch den Wiener (Wfl.) und rhein. Gulden (Rhfl.). 1 Wfl. = 8 Schilling = 60 Kreuzer = 240 Pfennig = 480 Heller. 1 Wfl. = 1 Rhfl. 4 Ufl. = 5 Wfl. Der Wfl. ist in unserem Gelde etwa 70 Heller wert, der Ufl. also 88 Heller. 1 Floren ist die häufigste Strafe. »Item so ein meister dem andern das gesindt entspent oder abhendigh macht, der sall gestrafft werdenn umb einen florenn« (1547, Bistr. Arch.). »Erscheinet derohalben der fürgeladene nicht zum ersten fürgebieten / vnd tritt in keine antwort nicht / er verbüst dem Richter ein fl.« (E. L. R., 10). Florēn ist ursprünglich eine Florentiner Goldmünze aus dem 11. Jahrh. (ital. fiorino von fiore ‚Blume', dem Stadtwappen von Florenz).

Florian, † F. N. (Michelsbg.), lat. Florianus, F. N. (1659, Hstdt. Progr. 1896, 204). »Thomam Floryes« (1506, Sedes Müllembach). Ursprünglich P. N. Florian (1526, Marienbg. i. B.). »wszwalsz lwcas floryanus« (1526, Nussbach i. B.). — *Floriân* heisst ein Reihenspiel, bei dem gesungen wird:

Florian, Florian
Hat geschlafen sieben Jahr.
Sieben Jahr sind herum,
Dreht sich unser N. N. um.
N. N. hat sich umgedreht,
Hat den schönen Kranz verdreht.

Bistr., vgl. Kbl. 19, 106; Höhr, 90.

Florianus zu lat. flos ‚Blume', florere ‚blühen'.

—, **Florike** (◡ ◡́ ◡), Name für Kälber und Kühe. Rum. Florică, P. N. und florica ‚Blümchen', Feminin einer Adjektivbildung zu lat. flos, floris ‚Blume'.

florisant ‚blühend'. »zumalen, da seine drinnigte Leute wegen ihrer gar zu grossen Armuth keinen grossen Verlag, welches zu einem florisanten Stand der Manufacturen vor Allem nöthig sei, haben« (1715, V.-A. 27, 458). — Franz. florissant ‚blühend'.

—, **Flôrziemes** fem. ‚feinstes Haarsieb' (Haltr., Plan 89). — Syn. *Dąstziems, Fâtchelziemes*, die aber nicht so feines Mehl geben wie die *Flôrziemes*. Das Grundwort auch: *Zimz*, Pl. *Zimzen*, Verbum *zimzen* ‚sieben'. — Zu *Flôr* (Flor) ‚feines Gewebe'.

Flösscher, F. N. (1526, Rosenau i. B.). s. Fleischer.

Floß, Fluess, *Flôss* n., Pl. *Flêsser* (Kronst.), Dim. *Fliesken;* nösn. *Flûz* fem. (V.-A. 33, 76), *Flîz* fem. (Kisch, N. W. u. W. 47) ‚Rinnsal, kleiner Bach, Gosse'. *Det Fleisken* ‚Abfluss der oberird. Wasserleitung' (von **Flouss, *Fleuss*) (Marienbg. i. B.), *det Gešprängkflôss* ‚Abfluss des *Gešprängks*' (‚Springquelle', Kronst.).

Und šchapp!
Verbrêt e 'm înt, dat äm de Kapp
Vum Hîft eruew änt Fliesske fluch.

Thullner, R. 28.

— Urk. »aquaeductum vulgo floss« (1535, Qu. Kr. 2, 410). »rivulum vulgo floss paraverunt« (1539, Ebda. 2, 641). — Dazu die Fl. N. *det Flöes, afm Flöes* (Schirkonjen), *am Flôss* (Gergeschdf.). »oben am Floss« (Zeiden i. B.). »jenseit dem Floss«, »im Woistel zwischen Flössern beim Kupen« (1720, Birth.). »im Flosenn«, »im Flossengrund«, »in den Flossen« (1822, Bulkesch). Grabennamen: Buchenfloss (Rothbach i. B.), Hattertfloss (Honigbg. i. B.), *Gräweldeflôss, Meungzeldeflôss* (Gr.-Kopisch), *Patschtauleflîesskcn, Sederdauleflîesskcn* (Eibesdf.), beim Schräwenflosz (Felsendf.), *Štênesch Flôss* (Nussbach i. B.). — mhd. vlôʒ, vgl. wetterau. Floᵘss ‚Gosse'. DWB. 3, 1818. Nösn. *Flûz* beruht auf -tj- (= got. flautja) [tj 〉 tt 〉 z], süds. *Flôss* auf -t- [t 〉 ʒ]. So vereinigt scheinbar dieselbe Sache in den beiden Formen *Flôss* und *Flûz* die Wurzel für ‚fliessen' mit dem daraus gebildeten Kausativstamm für flözen ‚fliessen machen'. Aber eben doch nur scheinbar und äusserlich. Denn jenes *Flôss* unserer Ma. heisst nicht eigentlich an die Bewegung des Wassers denken, an das Fliessen, sondern nur an den Weg, den das Wasser nimmt, an die Rinne, in der es fortläuft. Diese Rinne bleibt und heisst *Flôss*, auch wenn kein Wasser drin fliesst. Bei *Flûz* aber und *Flîz* denken wir nur an das Fliessen, an die Bewegung, die das Wasser macht, und an die Kraft, die dieser Bewegung inne wohnt und die sich als bewegende Kraft mitteilt auch den Gegenständen, die mit dem Wasser in Berührung kommen. Eine *Flîz*, als Vorrichtung zum Flözen, ist ohne Wasser nicht denkbar. Als Name auch für das vom Wasser Getragene (Holz) lenkt es unsere Aufmerksamkeit mehr auf dies, als auf den Träger. s. Flösse.

—, **Flossâner** m. ‚einer aus der *Fluessâ*' (Flachsau), wie in einigen Gemeinden die aus einer aufgelassenen Flachsau entstandene Nebengasse heisst. Deshalb auch mit spöttischem Nebensinn ‚ein Armer aus der Nebengasse', dafür öfter *Fluessgiesser, ener vun der Fluessâ* (s. arm und Flachsau). — Nach rum. Flossan ‚Bewohner der *Fluessâ*' (in rum. Entlehnung Flossa) mit der rum. Endung -an gebildet, woran die deutsche Endung -er gefügt wurde. Also eigentlich ‚ein Flachsgässer, wie die Rumänen sie heissen‘. Nach dem rum. Plural *Oltăni* bilden wir ebenso *Oltăner* ‚einer von den Alttalbewohnern‘. In der Übernahme des rum. Wortes liegt zugleich Spott.

floßäugeln, fluesîgeln schw. (Med.), *flôsîgeln* (Agnetheln, Reichesdf.) ‚fliessende Augen haben, weinen‘, besonders vom grundlosen, beständigen Fleunen der Kinder. DWB. 3, 1820.

Flöße, Flîz fem., nösn. *Flîz* fem. ‚Floss aus Baumstämmen‘ (in fester Fügung zu Zwecken der Überfahrt über grössere Flüsse, besonders Mieresch und Alt). *En Flîz mqche, qw er Flîz fuarn* (nösn.). *Ider mader* (‚wie viele‘) *fuerd er af de Flîze? (Birk).* Baumstämme, die auch nur leichter zusammengebunden werden, eben zur Beförderung auf dem Wasser, bilden eine *Flîz.*

Hä drît seng lastich Flîzen
Der Mîresch af'm Räck. Käst., 128.

— Floss zum Fischfangen s. *Wôt* fem. — Urk. »auff Flöttzen, wie mans heist, das ist auff denen höltzern so zu sammen genagelt gewessen«, »die eine Flöttz« (Kraus, Chron. 1, 67). Zu mhd. vlôȝ m. und n., ahd. flôȝ m. und n., mit dem es indessen in der Bedeutung nicht ganz identisch ist; in der Form stimmt es zu der mhd. Nebenform vloeȝe fem. Im frühnhd. ist Flösse fem. gebräuchlich (Luther: 1 Kön., 5, 9), daneben auch Flotze (»an zwein Flotzen« 1504, Hansjakob, Der Theodor). *Flîz* hat -*z* wie *Frôz* (zu mhd. vrâȝ). Vgl. lux. Fleizn, hess. Flize fem., köln. Flûz fem. s. Weig.[5] 1, 559.

flößen, flîzen schw., nösn. *flîzn* schw. ‚fliessen machen‘. 1. ‚die Erde fortschwemmen‘. *De Ierd äs zem gressten Dîl ewêch geflîzt. Der Plâtschrên hued än de Wanjerten anjem* (‚arg‘) *geflîzt* (Birth.). Daneben auch *wieschen* ‚waschen‘ und die Zusammensetzungen *ous-* und *ewêchwieschen, nien* ‚nehmen‘. Bei Luther: »die tropfen flötzen die erden weg« (Hiob. 14, 19). — Zus. nösn. *änflîzen* (einflössen). — 2. ‚Flosshandel treiben‘. *De Rêner flîzn qf dem Mîresch* (nösn.). Die Reener selber brauchen daneben: *Flîzenhôndel draiwen, Flîzenhändler sen.* — 3. ‚harnen‘ (von Kindern, nösn.). Süds. nicht bezeugt. — Mhd. vlœȝen, Faktitivum zu vlieȝen, aber schon bei Luther flötzen (Hiob. 14, 19), wie bereits im Mhd. vretzen das Faktitivum zu vressen ist. Vgl. hess. flêze, köln. flûze, lux. fleizen.

Flößenholz, Flîzenhûlz n. ‚die zu Flössen vereinigten Baumstämme‘ (Birth.). Ra. *E pietzt en eus wä en Flîzenhûlz* ‚tadeln‘, weil das Flössenholz durch das lange Liegen im Wasser und das Reiben an den Nachbarstämmen rein gefegt wird (Leschkirch). — Ebenso köln. Flûzenholz ‚Floss-Stammholz‘. — Syn. *Tutelholz* (magy. tutajfa).

Flößenseil, Flîzesîl n. ‚Seil, das beim Flössen verwendet wird‘ *(Birk). Dau bast loungk wa a Flîzesîl* ‚ein hochgewachsener Mann‘ (Ebda.).

Flößenszekler, Flîznzâkel m. (nösn.). 1. Szekler, die als Flösser verwendet werden. — 2. Spottname für die Reener, die sich mit Flosshandel auf dem Mieresch beschäftigen. s. Haltrich, Plan 59; H.-W. 33, 137.

Flößer, Flîzer m. ‚der beim Flössen verwendet wird‘ (nösn.). s. *Flîznzâkel.* — mhd. vlœȝer, lux. Fleizer.

Floßgalle, Fluessgqllen pl. ‚chronische, wässerige Anschwellungen der Gelenke der Pferde‘ (Birth.). mhd. vlôȝgalle. DWB. 3, 1822.

Flöte, Flêt fem. [Städt. Halbma.]. *Af der Flêt špiln, blôsn* (nösn.). Vgl. *Fläppes, Flûr, Pîpes.* Urk. »3 grosse Flötten sambt den Krumbbogen«, »1 Diskant Flöttel« (1598, Seiv. St. H. 61). — Ganz moderne Entlehnung aus dem Nhd. (in die Ma. nicht eingelautet).

flöten, flîten schw., nösn. *fletn*, burzenl. *fletten* schw. Part. Prät. *geflît*, nösn. *geflett;* niemals ‚Flöte blasen‘, sondern ‚pfeifen‘ (von Menschen und Tieren). *De Gange flîten.* Im Rundreim:

Tiri trita!
Âs Knêcht kq fletn.
Schuster, Volksl. 102; vgl. Höhr, 57.

Mät dem Meol, mät der Flûr flîten (Med.), für das letztere gewöhnlich *flûren. Mät der Pîpes flîten = pîpesen.*

Huost te Nît,
Se flît,
Bis se weder iwre gît.
Schuster, Volksl. 255.

All flîtän gôn, kun. Auf abendlichen Gängen ist *fletten* ein auch bei den sächs. Burschen beliebter Sport, durch den sie nicht nur untereinander sich verständigen, sondern selbst ihren Gefühlen der Sehnsucht oder des Spottes Ausdruck geben oder sonst sich geltend machen. Wenn einer *mät de Fqnjern flett*, so hat das besonders schrillen Ton. Bei Knaben ist *fletten* in der Dunkelheit ein Mittel zur Verscheuchung der Furcht, tatsächlich ein Erweis von deren Vorhandensein: *Hîrt nor, wol äwrich dî flett, e mess anjem grôlen* [ô = ə°] (Agnetheln). Von der Nachtigall:

Dô flît de Nôchteguel. KÄST., 71.

— Ra. *Ech flîten em äst* oder *înt*, nösn. *ich wäll der äst (ent) fletn* (oder *hâstn, hosten* husten) ‚etwas verweigern'. *E wit der înt flîten* ‚dich aufsitzen lassen'. *Ech flîten draf* ‚verzichte darauf', vgl. lux. op eppes flêten. *Dier flît ous dem lietzte Lôch* ‚es geht zu Ende mit ihm' (wirtschaftlich, besonders gesundheitlich). *De kännst fletn dernô* ‚es ist verloren' (nösn.). »*Esu wei ta flitst, mauss ech dernô dônzen*« (SEMP, Veršpillt 11). *Der hôd än der Kirch geflît* ‚etwas Schlechtes getan' (Hahnb.). Urk. »Lischen ich will flötten und wollen tantzen« (1713, Cap. Cib.). »Wenn ein gutter Bruder in die Hand plätschet oder flöttet, soll Er verfallen eine Moss Wein« (1747, Rätsch, Brudersch.-Art.). »Wird einer auf der Wirtschaft flötten« (18. Jahrh., Wurmloch). — Zus. *nôfletn.* — Aus nhd. flöten, älternhd. fleuten.

flöten gehen, flîte gôn, nösn. *fletn gô* ‚verloren sein, zugrunde gehen'.

Uch wonn de Fanni (eine Kuh)
flîte gît. THULLNER, R. 19.

Aus dem Nhd., jüd. pleite (Nebenform feleta) gehen. WEIG.[5] 1, 560. KLUGE[7], 143.

Flöter, Flîter m., nösn. *Fletter* m. ‚einer der mit den Lippen pfeift'. Dazu der D. N. *Fletter* (Rosenau i. B.).

(**Flötist**), **Fletist** m. ‚der die Flöte bläst'. *E äs Fletist bai dn Turner* (‚Musikkapelle'), dörflich: *bâe de Musikanten, Adjuvanten, Bandisten.* Als Spott für einen nichtssagenden Redner: *Dî êlänt Fletist!* (Hstdt.). — Dazu der D. N. *Fletiste Mächel* (Reussen).

—, **Flotsch** fem. ‚Haare zwischen den Füssen und unter den Armen' (Schlatt). Auch sonst in obscön. Redewendungen. s. *Gehêr.* Pl. von rum. flocea fem. ‚Flöckchen' zu floc ‚Flocke'. Vgl. aber auch die altrom. Entsprechungen zu *Flietsch.*

—, **flotschen,** s. *flutschen.*

Flotten, † F. N. (1520, Qu. Kr. 1, 264).

Flötten, Fl. N. »eine halbe Theilung im Flötten« (1808, Wolkendf.).

—, **Flôzen** m. ‚klebriges, zusammensinkendes Brot' in der Ra.: »*Läwer en Dôzen, wä en Flôzen*« (SCHUSTER, Volksl. 174). Wohl zu fliessen.

—, **flôzi** im Spottvers auf *Misch* (Michael):

Mischkôzi!
Kramm dôzi!
Kramm flôzi!
SCHUSTER, Volksl. 354.

Dem Reim zuliebe aus *Flôzen*, wie *dôzi* (= *Dôzen*) beweist.

Flubacher, † F. N. (1810, Reussmarkt) = Flutbacher (obd.), vgl. niederd. Flottbeker.

—, **flubachern** ‚so trinken, wie der Flubacher', d. i. abwechselnd schwarzen Kaffee und Wein trinken (Unterwald). s. d. vorige Wort.

Fluch, Flach m., nösn. *Flâch* m., *Fleuch* m. *(Jaad)* ‚böser Wunsch, Verhängnis'. Dass ihn der Fluch! (BINDER, Coll.).

Wohär der Fliach iousgît
Duor e uch zeräckkîrt.
SCHUSTER, Volksl. 214.

'D äs wâi e Flâch af diam Mäntschn (Bistr. und sonst). Urk. »Wnd zu der zeitt auff den phluch wirdt auch dem Stephen Keben seiner einem kindt ein armen lam« (1581, Kbl. 8, 37). Flüche s. unter *Danner* (Donner), *Feier* (Feuer), *erschlô* (erschlagen), *verkilln* (verkohlen), H.-W., 396 f. Die derbsten Flüche (obscönen Inhalts) sind magy. und rum. Ursprungs. — Mhd. vluoch, ahd. fluoh. — Lautt. 93.

fluchen, flachen, *flechn* (im Burzenl.) schw., nösn. *flachn, flâchn* schw. ‚scheltend Böses anwünschen'. *Nät flach* [ʒ] *esuvel* (nösn.)! *Det Moul mî zem Flächen wei zem Sêgnen afdänj* (burz.). *Dî fläocht wâ en Hoit* (Heide). *Et durchgoid enen, wonn em hîrt, wâ dî fläocht* (Agnetheln).

Gen (Jene) *flachen dîrt und schimpfen*
ä gottvergiessner Ried,
Des sängken af är Knä sich und allent
sängd und biet. KÄST., 184.

— Häufiger als *flachen* sind die syn. *lästern, lêstern* (lästern), *schâln*, süds. *schälden* (schelten). — Zus. *verflachen.* — ‚mit etw. fluchen' besonders in Urk. »der mutter aber, die in getragen hat, flucht er mit alten huren, mit frantzosen, drussen und blatern« (DAM. DÜRR, AML. 54). — »Ich weis, das die Peter Krecherin immer mit danner, mit notern, mit blick fluchet« (1599, B. M.). »Ich hab gehört das er mit hooll (Hagel) und Donner auf sein weib hatt geflucht« (um 1610, Ger.-Prot.). — Das Fluchen ist fast in allen Nachbarschafts- und Bruderschaftsordnungen auf das strengste verboten worden (vgl. V.-A. 3, 6; Kbl. 29, 118). »Graylich schweren, fluchen, schelten und lestern ist ein grayl für Gott, der solches nicht ungestraft lest. Darumb sollen fromme Hauslawt ihr Kind vnd Gesind darumb straffen wnd sich selbs für solchen schweren sinden hütten, denn fluchen wnd lestern trifft oftmals seinen eigenen Herrn« (SALZER, Volksschule 19). — Abergl. Geister, wie der

Pfarrer vom Bednerberg, können nur durch kräftiges Fluchen gebannt werden (MÜLLER, Sagen, 21; SCHULLER, T. u. B. 2, 65). — mhd. vluochen, ahd. fluohhôn. Der ursprünglich lange Stammvokal ist in der Ma. gekürzt worden; vgl. zips. fluchn (mit kurzem Vokal).

Flucher, fehlt. In der Ma. durch das Verbum umschrieben. Urk. »Diejenigen so die Flucher und Flucherinnen den Nachbarvätern nicht anzeigen, sollen gleicher Strafe unterworfen sein« (1695, Repser Nachbarschafts-Art.). »Derjenige aber so den Flucher höret, und es dem Nachbar Vatter nicht anzeiget, soll der Nachbahrschafft einen Gülden verfallen« (1720, Gr.-Schenker Statut).

Fluchrede, fehlt. Urk. »Weiss der citirte Zeuge, dass H. Johann scharffen scheld- und fluchwort wider sie geredet, der Zeuge soll solche fluchreden eigentlich anmelden« (1698, Cap. Cib.).

Fluchwort, fehlt. »Von welchem schröcklige Schelt- und Fluchwörter gehört werden, sollen zur Strafe geben fl. 1« (1695, Repser Nachbarsch.-Art.).

Flucht, Flucht fem., nösn. *Flucht* fem. 1. *De Flucht nien.* [In Dorfsmundarten meist mit χ.] Wenn das Wort auch beschränkt ist in seinem Gebrauch, so bewahrt doch diese Redewendung die Erinnerung an die Gefahren, die unser Volk in vielen Kriegen vergangner Jahrhunderte getroffen und aus denen es sich oft nur durch die Flucht hinter die Mauern der Kirchenburgen oder ins Dickicht der Wälder oder in fremde Länder rettete. *Bâ Noecht och hǫlwich nǫckt mossten d oärem Letj de Flucht nin. Wo se zeräck kemen, femde se nor de Pustî* (Verwüstung, Agnetheln). *E nǫ̂m de Flucht dohennen iwwern, wat gid et, wat hued et.* »*Se ergreffen zelatzt ǫch nǫch de Flûcht*« (BERTLEFF, Kl.-Bistr. Ma.). Aber auch um die Eile des Fleisses bei der Arbeit an zu deuten: *Äm Âren hoed em net Zetj hanyderm Däsch ze sätzen; doun ässt em och nor wâ ǫf der Flucht, äm Foären* (Agnetheln). Oft auch verbunden mit *lûfen: 't Vûlk num de Flucht en lef.* Dafür meist Umschreibungen mit Verben wie *lûfen* (laufen), *rann, rännen* (rennen), od. *Fuge* (s. d.). ‚In die Flucht jagen' *ǫft Lûfm nî* (nösn.). Urk. bei Kraus öfter: »dess Landes furcht vndt fluchten« (Chron. 1, 263); »gibet ohne Hut, ungegurt, wehrloss, die Flucht« (Chron. 2, 42). »Die Zekel gaben die Flucht« (1690, Qu. Kr. 4, 112); »Der sich mit den Seinen beizeiten in die Flucht gegeben hatte« (1612, Qu. Kr. 4, 32); »biss sie die Flucht genohmen« (KRAUS, Chron. 2, 61). 2. Prägn. ‚die magyar. Revolution 1848/49', in der die Bewohner fliehen mussten *(S.-Reen). Än der Flucht, vor der Flucht.* Süds. dafür: *än der ǫnjeršcher Zetj.* Auch urk. Flucht = Krieg: »Viele tausend Menschen und viele Tausend stuck Vieh und Effecten derer Inwohner sind in vorigen Tarter- und Türcken Fluchten .. mittelst diesen Moeniis, fortalitiis et Castellis erhalten worden« (Hstdt. Arch. 1754). — mhd. vluht.

flüchten, flichten schw., nösn. *flichtn* schw. 1. † Trans. ‚in Sicherheit bringen'. »In der boser Zeit, wie das gross Unglück uber uns kuam, hat ich etwas zum Zimsenmacher geflüchtet« (um 1610, Ger.-Prot.). »Es hat mir die H. Gregieren oft geklagt das sie gelt zur Fischerin hat geflichtet und sie kundt ihr nichts abgewinnen« (um 1610, Ebda.). — 2. Intrans. und reflex. ‚fliehen'. *De Gôder (Jaader), de hattn kenn renne, worn en de Štât geflicht (Jaad).*

Schnipst gor munch în Honnefreist,
Schmäss sich drun ze flichten. KÄST.,

Se hǫddn sich än Wǫ̂lt geflicht (nösn.). — Ahd. fluhten ‚fliehen machen'.

flüchtig, flichtich, adj. adv., nösn. *flichtich* adj. adv. ‚fliehend'. 1. Von Menschen. *Er said hǫlich flichtich* von jemandem, der rasch geht oder läuft *(Bistritz).* Mit Hindeutung auf die Ursache des flüchtigen, schnellen Wesens, auch übertragen: *E flichtich Frânzimmer* ‚leichtsinnig, flatterhaft'. — Besonders urk. »In Laster-Thaten aber soll der Verbrecher am Orth der begangenen That, mit Recht fürgenommen werden, er wäre denn flüchtig« (E L. R., 8); »sich untereinander getrieben, bis zur obersten grossen Brucken, da sie dann von einander flüchtig worden« (um 1670, *Bistr.*); »Kurtz vor des Andres Günthers Flichtigwerdung« (1759, L. K. A.). — 2. Von Tieren (besonders Pferden) *flichtich wiärn* ‚durchgehen' (nösn.). *De Rôss sai em flichtich gewôrn, de Büffel wiärn flichtich (Bistr.).* Süds. dafür *lûfen: De Ruess seng em* oder *müd em gelûfen* (scheu geworden). — 3. † Vom Wasser: »mit Vorwendung, dass bei so gutten wetter auf der gefrost die reisse gefügliger geschehen künte, alss wenn der Eiss auffbreche vndt die wasser flüchtig wurden« (KRAUS, Chron. 2, 255). — 4. Von Abstrakten [Städt. Halbma.]. *Det flichtich Liewen, de flichtich Zekt.*

Und wel Natûr gor sangderbôr
Ǫ̂s flichtich Liewen dekt (deutet),
Si wässt: det Fræ̂jôr wangderbôr
Dǫ̂d äs ǫ̂s Jugendzekt. KÄST., 20.

— mhd. vlühtec.

Flüchtung, Flichtengk fem. ‚Flucht' *(Wermesch). Neu der Flichtengk vor dn Tqttern* (Ebda.).

flücke, fläck adj., nösn. *fläck* adj. 1. ‚zum Fliegen fähig, flügge'. *Âs Schwalfker* (Schwälbchen) *qf'm Štqll sen nê* [ǝ°] *bôlt* [ǝ°] *fläck* (Agnetheln). — 2. Übertragen: »Ein Mensch ist flügge *(fläck)* = keck, unverschämt« (BINDER, Coll.). *Net sq̂ esi fläck!* (Schässbg.) Besonders in der Ra. *Täo hôst e fläck Mell* (Hahnbach), nösn. *dau huast e fläck Maul* ‚ein loses, unverschämtes Maul'. — mhd. vlücke, ahd. flucchi. In allen Schwestermundarten: lux. fleck, siegerl. fleck, eupen. flöck, hess. fleᵃck, eifl. flöck; die gegenwärtige nhd. Form flügge ist niederd.

—, **fläckmelich** adj. *Wiem äs dî fläckmelich Gang?* (Über einen Jungen, der ungebührliche Reden geführt, Agnetheln).

—, **Fluckes** (⏑́⏑) m. ‚grober, plumper Mensch' (Hstdt., Med.). Auch ‚grosser Hund'. Man möchte das Wort nicht zu rum. flocos wie *Flockos* (⏑⏑́) stellen, wenn man den Akzent und eupen. Flockes ‚minderwertiger Mensch' in Erwägung zieht, sondern möchte sagen: Wie rum. flocos zu floc, so gehört *Fluckes, Flockes* zu mhd. vlocke; *Flockos* und *Fluckes* wären also Parallelbildungen und zur Bildungssilbe wäre zu vergleichen: hess. Flappes (*Fläppes* zu Flappe, flappen). Aber mehr als Akzent und Bildungssilbe entscheidet der Wurzelvokal, und der müsste bei Zusammenstellung von *Flockes* und *Fluckes* mit mhd. vlocke in der Ma. *ô*, das Wort also *Flôkes* lauten. So kann man denn nur sagen, dass durch die deutsche Bildungssilbe *-es* und durch den Akzent das rum. Lehnwort flocos in der Form *Flockes* (⏑́⏑) in die Ma. eingelautet erscheint.

—, **Fludder** fem. ‚flatterhafte Frau' (Med.). *Dq̂d äs en Fludder!* Zu **fluddern* (flattern) *Fluddergatschen.*

—, **Fluddergatschen** Pl. ‚Winden, kultivierte Convolvulusarten' (wörtlich etwa ‚Flatterhosen' nach den weit offnen in einen langen Hals auslaufenden Blüten) in Bulkesch. Zu **fluddern* (‚flattern'), dessen Iterat. in nösn. *flutchern* erhalten ist.

—, **fluddern** schw. ‚flackern' (nösn.). *De Kiärz fluddert.* Süds. daneben auch: *det Lächt verfluddert, verfloddert.* flattern und flackern berühren sich in der Bedeutung. Zu mhd. vlôderen.

—, **fluddern** schw. s. *floddern.*

Fluder, Flâder n. ‚Mühlgerinne' (nur nösn.). Dafür ss. die Ableitung *Flâdrich* (s. d.). *Det Flâder mqchn, richtn.* Dazu (?) der D. N. *Fleadern Oinders* (‚Andreas beim Fluder'?, Schweischer). Urk. »pro catenis an das F l a e d e r bey der Reissgass d. 90« (1594, Bistr. Arch.). Hieher auch die (Qu. Kr. 3, 1099) als ‚Fluttor' erklärten »cataractam vulgo f l w t d o r« (1549, Qu. Kr. 3, 523) und »inga vulgo Goch ad f l o w d e r« (1549, Ebda., 527). — mhd. vlôder, ahd. flôdar, fluodar; lux. Flader (Sierck). Derselbe Stamm wie in Flut, fliessen, *flq̂in*, wobei bemerkt wird, dass der Stammvokal nicht streng in derselben Ablautreihe geblieben ist.

Flug, Flach m., nösn. *Flqch* m. [Städt. Halbma.]. Echte Ma. gebraucht das Verbum. Über den guten Schützen sagt der Städter: *e träfft de Vijel äm Flach;* der Bauer: *e träfft en äm Fläjen (Flejen)* oder ganz verbal: *e träfft en, och wonn e flecht.*

Flugasche, s. *Falmesch.*

Flügel, Flijjel m., nösn. *Fliggel* m. 1. ‚Flüge des Vogels, des Schmetterlings und Käfers'. a) Eigentlich: *De Fliggel hê em* (nösn.). *E plqddert sich de Flijjel* ‚schüttelt das Gefieder', syn. *sich plqddern.*

Kit der Adler frê erous,
Plodderd af und šprît senj Flijjel.
KÄST., 13.

Na šprît hie sich de Flijjel ous
Unt fluch dem Gûltschmid än
det Hous. SCHUSTER, Volksl. 5.

De Fliggel štutzn, štämmeln (nösn.). *De Flijjel ousreissen, zebrêchen.* Dies geschah oft von Schuljungen in der Zeit, da sie noch mit Gänsekielen schrieben. Aus der menschenleeren Gasse ward die Gänseschar in einen Hof und Stall getrieben und *geplackt* ‚gepflückt' d. h. es wurden die schönsten Federn der Flügel ausgerissen: *Der Oimrich och der Krêmer hun dem Grêf de Gôs* [ǝ°] *gepläock̇t, en hun ener de Flijel zebrôchen. Der Grêf hoet se verkleot. Se beku mät Rêden* [Reᵉdn] (Ruten) *än der Schuil* (Agnetheln). — b) Auf menschliche Verhältnisse übertragen in Ra.: *E lêt de Flijjel hên* ‚lässt den Mut sinken, ist traurig'; syn. *let de Nues hên, äs bekritt. Em huad em de Fliggel geštutzt* ‚den Übermut genommen' (nösn.). *E huat widder Fliggel beku* ‚es geht ihm wieder gut' *(Weisskirch).* »*Wun de Jange Flijjel hun, fläje se ous*« (SCHUSTER, Volksl. 205). »*Der bêst Vuegel wêr det Schweinj, wun et Flijjel hât*« (Ebda., 162). »Pfarhern und Leyen kruchen inen (den Gönnern der evang. Lehre) unter die f l ü g e l und hilten zusamen« (DAM. DÜRR, AML. 61). — 2. ‚Der Arm des Menschen' (auch: ‚ein flatterndes Kleid' *[Pändel]*). *Ich erwäschn (begraifm) dij um Fliggel qnd schmaissn dich glaich zer Dîr aussn (Bistr.).* Auch süds., doch wird dabei unter *Flijel* nicht nur der Arm des hinaus Geworfenen verstanden. Dieser kann auch am Kleid gepackt werden: *Ich schmaissen dij um Pändel* (Kittel) *oussen.* »Dann so hat unser H. Georg im Blumenstück nur ein einziges Violen Sträuchel Aestchen abgerissen, welchem derselbe (der Gärtner) eine dichte Ohrfeige gegeben, und mit dem Flügel zum Thor hinaus geführt und stehen lassen« (1727, SCHULLER, Aus vergilbten Papieren 4). — 3. ‚Seitenstück' an verschiedenen Gegenständen. *Der Fliggel um Finster, u der Dîr* (nösn.). *Der Flijel um Êlter* (Altar). »zw einem Rock mit flwgeln« (1499, MÜLLER, Sprdm. 144). »2 alas vulgo fligel ad currus civ.« (‚die beweglichen Seitenteile der Wagendecke', 1545, Qu. Kr. 3, 286). — mhd. vlügel, im ahd. ist das Wort noch unbekannt, zu fliegen.

Flügelhorn, Flijelhîrn n., nösn. *Fliggelhôrn* m., das Musikinstrument.

Der Burchhâlner wǫndersâ¹ss
Än dn Fliggelhôrn blâ¹ss.
SCHULLER, Mätn. 28.

Modernes Lehnwort, doch fast überall durch die Musik treibenden Adjuvanten eingeführt, im Genus an *Hôrn* (Horn) angelehnt.

Flügelmann, Flijjelmąnn ‚der an den Enden einer Soldatenabteilung stehende Mann'. Der hd. Soldatensprache entlehnt, aber eingelautet und allgemein üblich. Flügelmann zu sein, gilt als eine gewisse Ehre, da durch seine Mithilfe die Bewegungsübungen schön gelingen.

flügeln, flijeln, nösn. *fliggeln* schw. 1. ‚den Flügel eines Vogels durch Schuss oder Wurf verletzen'. Von Menschen: *E äs geflijelt* ‚hat (durch Krankheit usw.) einen Stoss erlitten'. 2. ‚flattern'. *Det lǫngk Hôr fliggelt em ǫwemôl zëschlecht* (‚pfeilgrade') *än de Läft (Petersdf.).* Süds. in der Bed. 2 nicht bekannt. — Zu *Fliggel* (Flügel).

Flügeltür, Flijjeldir, nösn. *Fliggeldîr* fem. ‚Tür mit auseinandergehenden Flügeln' [Städt. Halbma.]. Moderne Entlehnung aus dem Nhd.

Flügelwerk, † ‚Geflügel'. »(Die Schulknaben) bekamen vieles von Flügelwerk und Geld zum Geschenk« (1748, Qu. Kr. 4, 153). »besorgete ich einem gewissen Wachtmeister in seiner Abwesenheit das Fliegelwerck; in Diensten aber bin bey keinem Officier gestanden« (1764, Cap. Cib.). Auch MÄTZ (100) spricht von dem »Flügelwerk«. In Hstdt. erscheint unter dem Erfordernis für ein Hochzeitmahl 1795 auch »Flügelwerk«. DWB. 3, 1845.

(Flugengelchen), nösn. **Flûchângeltche** n. ‚totgebornes Kind' *(Mettersdorf,* GASSNER, 14). »*Flǫᵒgangeltchi mainet, Tolipânknêpchi harzet*« (SCHULLER, T. u. B. 2, 33). s. Engel.

Fluger *(Flûger)*, F. N. (1599, *Bistritz*), Pfluger (1700, Ebda.), Pflüger (1709, Ebda.), Flucher (1702, Ebda.). Gegenw. in *Bistritz*. = Pflüger, nicht aus der **Ma.** hervorgegangen, die das Wort pflügen nicht kennt und nicht eingelautet (es wäre **Plâⁱjer*, süds. *Pläjer* zu erwarten), sondern oberd. Ursprungs.

—, **Fluirâsch** m. (⏑ ⏑́, ⏑́ ⏑), nösn. *Fluirâsch* m. ‚Flöter, der auf einer Hirtenflöte spielt'. Dazu der D. N. *Fluirâsch* (Gr.-Sch.). — Rum. **flueraş** (⏑ ⏑́) ‚Flötchen, Flöter' zu fluer und fluera ‚Hirtenflöte'.

—, **flummen** (nösn.). s. flammen.

—, **Flummercher** pl. ‚Zündhölzchen' (nösn.). — Zu *flummen* (flammen).

—, **flunder** in der **Ra.** *et gèt flunder* ‚es geht in Fetzen' wie sonst *et gêt Flǫndern* (s. Flander) (*Bistr.*, Festg. 54).

flunkern, flungkern schw. ‚lügen' [Städt. Halbma.] *Diär flungkert guᵃr vil* (nösn.). *Nemmi flungker!* Moderne Entlehnung aus dem Nhd.

—, **flupsn** schw. ‚übervorteilen' (KISCH, N. W. u. W. 47). Vgl. *flipsen.*

—, **Flûr,** *Fluᵉr* (Kronst.) fem., nösn. *Flôr, Flôᵉr (S.-Reen)* fem., Dimin. *Flîrchen,* nösn. *Flêrchi.* 1. ‚Hirtenflöte', eine Flöte mit 6 Löchern, bei der von oben hineingeblasen wird wie bei der Klarinette. Sie heisst auch *blêsch Flûr* (‚walachische Flöte'), weil sie von Rumänen gespielt und verkauft wird. *Der Tschobân* (Schafhirte) *blêst af der Flûr.* — 2. ‚Flöte aus Weidenrinde'. *De Gange möche sich Flûren ous Wedjerâden* (Weidenruten, Petersbg. . B. und überall). Im Frühjahr, wenn der Saft in die Weidenschösslinge emporsteigt, schneidet man von einer Weidenrute ein fingerdickes Stück etwa 20—30 cm lang ab und löst durch Klopfen mit dem Taschenmesser *(Krueᵉdeschänner,* Krötenschinder; nösn. *Knerelwirjer)* auf dem Knie oder Schuh den Bast. Dabei werden Bastlösereime gebraucht, um die Rinde unversehrt vom Holz lösen zu können. Von den uralten Reimen (vgl. GR., Mythol.[3] 1190) sind Kbl. 19, 76 f. und HÖHR, 75 f. einige zusammengestellt, z. B.:

Huile, huile sâffen,
En birkanne Štâffen,
En helzeranne Kläppel,
Âsem Felln drǭ iwer de Räpper.

Am oberen Ende (Mundstück) der Pfeife wird das Windloch geschnitten. Darüber wird der halbrunde Pfropfen *(Flûrendob)* im **Mundstück** der Weidenröhre so angebracht, dass der Luftstrom daneben vorübergehen kann. So entsteht eine offene Lippenpfeife, die man in eine gedeckte verwandeln kann, indem man am unteren Ende den Abschnitt des herausgezogenen Weidenzweiges als Stöpsel *(Štappen)* in die Röhre einfügt. Daher das Sprw.:

Wi^er de lǭd än de Wegden
Kǭ laicht Flûre schnegden.

Schuster, Volksl. 231.

Burzenl.: *Wi^er an de Wedje satzt, kô läicht Flûre schnedjen* ‚wer im Überfluss sitzt, kann sich manches erlauben, was Ärmeren versagt ist'. *Enem de Flôr än't Maul gê* ‚einem auf den Weg helfen'. Im Rätsel:

Än dem Bäsch schnei^d em et,
Än dem Dorf klängd et.

— Von der *Flûr* ist zu unterscheiden die *Fläppes (der Furzer, det Bi^erchen* ‚Bärchen'), die ohne Mundstück in der Art gemacht werden, dass ihr oberes Ende zusammengedrückt und flach geschabt wird. — 3. Das Dim. *Flîrchen,* nösn. *Flêrchi* wird für jedes Pfeifchen gebraucht. *E Flîrchen ous Zacker; e Flêrchi um Gêsselštill* (‚Peitschenstiel). *Hasselnässflîrchen. Dǫt Flêrchi klängt hesch, e schî* (hochstimmiges) *Flêrchi* (nösn.). Übertr. *Dâi hu^ad e Flêrchi,* von scharfer, hoher Stimme (nösn.). *E hu^ed en Štamm, wäi e Flîrchen* (Petersbg. B.). — ‚Kleine Flöte, Metallpfeife', besonders urkundl. »Mit einem Türkischen Flörchen, welches ein Türkischer Soldat geblasen« (Trauschenfels, Fundgr. 304). »(das wetter) erschluge ihm Thörnlein ligendt vndt dass Flörchen blassendt einen ausslendischen Trometer« (Kraus, Chron. 1, 55). — Syn. *Pîpes.* — Zus. *Orjelflûr* (Orgelpfeife). — 4. ‚eine Art gestickter Manchette am Ärmelrande', vor den *Preisen* angenäht und mit *Krêpeln* geschlossen (Hammersdf., Schellenbg. und sonst), so genannt, weil sie mit ihrer enganliegenden Röhre (der Ärmel ist sonst bedeutend weiter) einer Pfeife gleichen. Hierher gehört *-flîrich,* nösn. *-flêrich* ‚-fach' in Zusammensetzung mit Zahlwörtern *zwi^e-, drǭ-, siweflîrich* s. *-flîrich.* — 5. ‚der Knochen des Oberarms' (Rumes, wie im ganzen Unterwald). So heisst rum. fluerul piciorului (wörtlich ‚Flöte des Fusses') ‚das Schienbein'. Auch nösn. (Kisch, N. W. u. W. 47). — 6. Übertr. Da die *Flûr* etwas ganz Unbedeutendes ist, hat das Wort (unter dem Einfluss von *flûren* ‚Bauchwinde lassen', *sich beflûren* ‚sich besudeln') allgemein die Bedeutung ‚nichts' angenommen. *Mer beku en Flûr* ‚rein nichts'. Wenn man etwas als unwahr oder als unmöglich bezeichnen will, sagt man *en Flûr!*, verstärkt *na, cha, en Flûr! en Flûr mäd er Hingk* (Henkel, Schässbg.). Aus derselben Anschauung heraus in Hamburg: ja Fleuten! Auf die neugierige Frage der Kinder nach dem Essen: *Wat selle mer i^essen?* Antw. *En Flûr.* — Syn. s. unter essen. — *Flûr, Flôr* ist nicht aus Flöte, flauto entstanden (Kramer, 27), sondern aus rum. fluer ‚Flöte', das seinerseits mit ital. flauto, franz. flûte zusammenhängen mag.

Flur, Flauer fem. ‚Feldmark, Feldfläche'. *Wô drei^wst te dich an der Flauer eram?* (im Burzenl.). Das Wort ist nur im Burzenland gebräuchlich, sonst steht dafür *Fêlt, Hǫttert.* Die Hausflur heisst *Lîf, Lêf* fem. (Laube). Urk. ist Flur ‚die bebaute, aber vor und nach dem Anbau abgeweidete Feldfläche', während *Brôch* (Brache) das zeitweilig nicht bebaute Feld heisst. »Aber wenn die Hundertbüchler dahin an dem stuck erde saat haben werden, so sollen die Seligstädter auch daran eine gewand säen der flor halben zu halten, wie landrecht ist« (1563, V.-A. 17, 554). »weil aber auch der Landbrauch dieser ist, dass wo flor oder frucht eines Hatterts gegen flor oder frucht des benachbarten Hatterts ist, dass nur daselbst eine Gemein wider die Andere, ein jeddere halben fridden (Umzäunung) halten muss« (1587, V.-A. 17, 556). »Wer sein Ross und Vieh in der Flaur halten will, soll selbes an einem Pälseil halten bei Straf 1 fl.« (17. Jahrh., V.-A. 17, 567). — mhd. vluor m.

—, flûren schw., nösn. *flôrn* schw. 1. ‚die Hirten-, Weidenflöte blasen', ‚pfeifen'. »*Der Hanzi wiss na net, sǫl e mät der nǫer Paitsch lǣwer flûren oder plǣtschen*« (Hîmw., 64).

Frǣ bäs Ôwents hîrd em en
Flûren, tettle, plǣtschen. Käst., 53.

— 2. Bildl. Ra. *Wôrt nor, ich wäl der äst flûren (flîten, hosten, môlen),* abweisende Antwort auf eine Zumutung, in derselben Bedeutung *ech hun der geflûrt. Ech flûren (flîten) draf* ‚verzichte darauf'.

der Madâm
Aw är Geri^et ze flûren. Käst., 148.

— 3. ‚cacare' (Schässbg.). Dazu Ra.

a bê ab!
Em flûr der än de Kapp.

Ebenso nösn. *em flôr (schaiss, dâ) em af de Glǫtz.* — Zus. *sich beflûren.* — 4. Hieher gehört vielleicht auch das folgende. — Zu *Flûr.*

—, **flûren** schw. ‚trinken' (Hstdt., i. Burzenl.). *E flûrt garen* (Petersbg. B.). — Zus. *sich beflûren* ‚sich betrinken'. — Vgl. *fluddern* ‚oft trinken', das Wort ist wohl identisch mit dem vorhergehenden.

—, **Flûrendob** m. ‚der Pfropfen am Mundstück der *Flûr'*, während der Pfropfen am Ende *Štappen* (Stopfen) heisst (Brenndf. i. B.).

Flurer, † F. N. (1612, Schässbg.). s. Flor, Florer ‚Flurhüter' (DWB. 3, 1852)?

—, **flûrich** adj. (Schellenbg.). *Flûrich Ärmel* ‚Ärmel mit *Flûren'*, mit enganliegendem, schwarzgesticktem Ende, deshalb auch ‚in Falten gereihter Ärmel'. s. *-flîrich* (mit Umlaut). — Zu *Flûr* 4.

Flurschütze, Flûrschätz m. [Städt. Halbma.]. Echte Ma.: *Âichter, Fieltschitz, Hæder, Schätz, Schätzer.*

Fluß, Flass m., Pl. *Fläss*, nösn. *Flqss* m., Pl. *Fläss*, Dim. *Fliessken*. 1. ‚Strömung'? »denn er viel schlamb und koth mit sich brächte und in dem Harbachgraben den fluss der Harbach verschüttet« (V.-A. 17, 553). — 2. ‚fliessendes Gewässer'. Volkstümlich ist nur das Dimin. *Fliessken*, während *Flass* nur in städt. Halbma. oder in geb. Spr. gebraucht wird. Echte Ma. *Bqch, grîss Bqch* fem. Das Dim. gehört dem Laute nach zu mhd. vlôȥ (s. Floss), dem Sprachgebrauch nach aber auch zu mhd. vluȥ (Fluss); es berühren sich deshalb die Bedeutungen ‚kleiner Fluss' und ‚kleiner Abfluss, kleine Gosse'. Besonders in Gedichten:

Wat štît ze senge lâwe Fessen?
Dô šprängt e Brännche kâl (kühl),
Dqt dîlt sich än zwê Flêsker,
Dæ dreiwen zwê Millerâd.
SCHULLER, Ged. 2; vgl. SCHUSTER, Volksl. 40.

Motter meng, zâ menge Fessen
Lîd e Fliessken ous dem Quäll.
KÄST., 32.

Alle Fliessker sachsesch kännen.
Ebda., 62.

Vil sälwrä Fliessker schlimpern.
Ebda., 72.

Doch dringt das richtige Sprachgefühl durch, indem die hausbackene Rede unter *Flêssken* nur die kleine Gosse versteht, statt des ungebräuchlichen *Flässken* ‚Flüsschen' aber *Bêchelchen* hören lässt oder zu allergewöhnlichst *Gruewen* sagt, das nicht nur die ‚Wasserrinne' bedeutet, sondern auch ‚eine geringe Menge fliessenden Wassers' darin: *Ded äs ned en Bqch, 'd äs nor e Gruewen.* Rätsel: *Wier lîft ône Fess?* Antw. *Der Flass.* Woher kommen die Kinder? *Der Flass* (besser *de grîss Bqch) brängt se* (HILLNER, 19; Kbl. 25, 23). Abergl. Wenn jemand in einem Flusse ertrunken ist und nicht gefunden wird, regnet es solange und der Fluss schwillt so lange an, bis der Tote gefunden ist (H.-W., 309). Das Flusswasser gilt als besonders heilkräftig (*Minarken*, Kbl. 23, 136), ja, wer sich im Flusswasser wäscht, das nicht gegen die Strömung, sondern der Flussrichtung nach geschöpft wird, der hört die Druden (HILLNER, 25). Urk. »der Graben des obbemelten Fleschens« (17. Jahrh., V.-A. 17, 553). — Dazu die Fl. N. »unten am Flessken« (1680, Gr.-Alisch), »über den Fluss« (1808, Tartlau), vor der Flusstelle (?, Schaal), *zwäschen de Flassen* (Rothbg.), *bäm schwarze Flass* (Talmesch), *bäm kqlde Flass* (Freck), *äm drätte Fläss* (Nussbach B.); *qnder Flqsskirfich (Senndf.), Brqnneflqss (N.-Eidisch).* D. N. *Piter Misch um Flqss* (Wurmloch). — 3. † ‚Flussbett'. »Wiewol es aber nu ein lange Zeit sey, das der Times (Szamos) den gemelten alten flus gelassen hette« (1589, Kbl. 5, 87). »Erstlich den klein Rebrern frey geben, das sie den alten flus, da er vermacht ist, aufmachen sollen« (Ebda., 88). 4. † ‚Abtritt'. »1615 18. aug. gab dem Ziganer der den flus fegt in der schul sein gewönligen lon d. 40« (1615, V.-A. 17, 58). Eigentlich ist die Gosse gemeint, die oft durch private, namentlich aber durch öffentliche Höfe meist gedeckt (also als Kanal) geführt ward, um die menschlichen Abfälle fortzuschwemmen. Dass die Wässerlein solcher Kanäle in tiefern Stadtteilen wieder an die Oberfläche traten und den Unrat mit sich führten, das wird dem heutigen Geschlecht fast wie ein Märchen erscheinen. — 5. *Waiss Flâss* ‚weisser Fluss, Leukorrhöe' (Birth., Hstdt.). — 6. ‚fliessender Schnupfen'. *E hôt den Flqss* (Kronst.). Sonst mit dem Pl.: *Ich hun de Fläss* (Agnetheln, Schaal und sonst). — 7. »Flüsse werden die undurchsichtigen und durchsichtigen Spatarten genannt, mit Beisatz der Farben, z. B. roter, blauer usw. Fluss« (J. K. SCHULLER, V.-A. 8, 148). — 8. ‚Rheumatismus' (WOLFF). — Zus. *Iwerflass* (Überfluss). — mhd. vluȥ, ahd. fluȥ.

Flußbarsch (Perca fluviatilis oder Cyprinus aspius), fehlt; s. *Min* m.

Flußgraben, †. Urk. »nachdem am flussgraben augenscheinlich zu sehen ist, das er vom berg herab grossen schlamm und sand mit sich führt« (17. Jahrh., V.-A. 17, 552).

—, **flqssich** (i. Burzenl.) ‚mit dem Schnupfen behaftet', ohne Umlaut zu *Flqss* ‚Schnupfen' (s. Fluss 6).

flüssig, flessich, nösn. *flässich* [Städt. Halbma.]. Süds. nicht von *Flass*, sondern wie *flessän* von *flessen* gebildet. Echte Ma. *schlubbrich.* — mhd. vlüʒʒec, ahd. fluʒʒic.

Flüssigkeit, Flesseget fem., nösn. *Flässeket* fem. [Städt. Halbma.]. Im Rätsel: *Et huet nichen Rîfen nt huet zwêerloi Flasseket* („das Ei", SEMP, Veršpillt 7). — ‚Schale Flüssigkeit' s. *Lurke.*

Flußinsel s. *Grâinjst* fem. (Kl.-Schelken).

Flußjungfer (Libellulidae), fehlt; s. *Štrîschneider, Wqsserhâider* (nösn.), *Wasserjangfer* (KÄST.), *Wqssermantchi* (nösn.).

Flußmuschel, s. *Krôdentriegelchen,* nösn. *Kruadntregeltchi* („Krötentröglein"), *Krôdescherfker* (Gehäuse der Familie der Unionidae, besonders der Unio pictorum).

flüstern, flistern schw. [Nur städt. Halbma.] Echte Ma. *flispern, pespern.*

—, **fluštrich** adj. ‚eilfertig, gedankenlos, flatterhaft' (Hstdt.). Derselbe Stamm wie in **fluddern* (flattern), *Fluddergatschen.*

Flut, Flât fem. [Städt. Halbma. und geh. Spr.]. Burzenl. *Flätt, Flättch.*

Gott mîr (mehre) *ir Bruit,*
Schätz och (χ) *vuir Nuit,*
Vuir Gleat uch Fleat. HÖHR, 52.

Die *Flât* = Fluten (BINDER, Coll.). *Ze Half ir Lejt, de Flättch kit* bei Überschwemmung der Bäche nach heftigen Regengüssen (Neustadt, Wolkendf. i. B.), Kbl. 1912, 3. Im Aberglauben. Woher kommen die Kinder? *De Fläât hôt se brôcht* (Denndf.). Der Wurzelvokal will sich wie bei *Flâderich* nicht in die Ablautreihe von Fluss und fliessen fügen.

—, **flutchern** s. *flutschern.*

Flutgraben, Flâtgruewen m. (Birthälm). 1. † ‚Mühlgraben, Mühlkanal'. »pro melioratione muri in flwdgrawen« (1520, Qu. Kr. 1, 234). »pro labore gecher ad flwd grawen« (1525, Ebda. 1, 605). — 2. ‚Wassergraben', der zum Schutz vor Platzregen quer durch den Weinberg geführt wird (Birth.). — Zu Flut.

flutig, † ‚stark angeschwollen' von Bächen und Flüssen. Nur urk. »so hetten sie (die Kl.-Rebrer) sich zum höchsten zu förchten, wen das wasser flautig würde, das es nicht mit einem starkken und ungestummen trub den gantzen flus in den Auszlauf brechte« (1589, Kbl. 5, 87). »ess war aber die Tisza (Theiss) zur straff der Keysserischen dazumahlen sehr fluhtig, vndt dermassen ergossen dass sie allenthalben aussginge« (KRAUS, Chron. 1, 104). »seien alle kleine gewässer flutig worden« (Ebda. 1, 255).

—, **Flutrich** m. ‚Überschwemmung' (Keisd, HALTRICH, Plan 11; BINDER, Coll.). Vielleicht = *Flâdrich?*

—, **Flutsch** fem. ‚Pfütze, Lache' (KISCH, N. W. u. W. 47). Süds. nicht bekannt. s. *flutsch.*

—, **flutsch** adv. ‚nass'. *E äs flutsch (-nqss).* Sonst (Agnetheln) nur mit unverschobenem Anlaut und nur mit nachfolgendem *nqss: plutsch nqss,* ganz nass. s. *flutschnqss.* — Zu nhd. flütschig ‚nass'.

—, **flutschen,** *flotschen* schw., nösn. *flutschn* schw. 1. Trans. ‚waschen, spülen' (V.-A. 33, 76). — 2. Intrans. ‚im Wasser schaukeln' (WOLFF), vgl. *pluetschen* ‚beim Bad mit Händen und Füssen ins Wasser schlagen'. *Et flutscht mer än dn Schâgn* (nösn.), von jenem eigentümlichen knatternden, plätschernden Ton, der entsteht, wenn der Fuss in das im Schuh befindliche Wasser tritt. — Dazu *Geflutschel.* Vgl. schweiz. flutschen ‚waschen', DWB. 3, 1862 ‚mit vielen Tränen weinen'.

—, **flutschern** schw. (Hstdt.), nösn. *flutchern* schw. 1. ‚flattern'. *Der Summervogel flutchert än der Štuw eräm, de Vegel flutchern (Bistr.). De Fleddermaus flutchert.* Süds. meist *plqddern.* — 2. ‚flackernd brennen'. *De Kiarz flutchert (Weisskirch).* Süds. hiefür *floddern, verfloddern.* Iterativbildung mit Vokalkürzung zu mhd. vlôderen, s. *floddern, Fluddergatschen.* Vgl. hess. flatchern ‚flattern'.

—, **flutschnqss** ‚durch und durch nass' (nösn.). *Ich bän flutschnqss, de Schâgn* (Schuhe), *Klêder sai mer flutschnqss (Bistr.).* — Süds. ist dafür *plutschnass* gebräuchlich. — Syn. *bâlnqss* (süds. *nqss wâ'n Bâl*), *wutschnqss.* — Zu *flutschen.*

—, **Flutter** m. und n., besonders das Dim. *Flutterchen,* nösn. *Flutter.* 1. ‚Schmetterling, Tagfalter'. *Der Flutter flecht vu Blâm ze Blâm* (Kronst.). »*E Flutter dî fliuch am de Štreoch eram*« (MEYNDT, Gemîn 14).

Ich kqnd ìst en Flutter, ich kqnd
ìst en Rîs,
Der Flutter wôr mät sengem
Flijjelchen hîsch
Vu Blemmchen ze Blemmche
geflîjen. KÄST., 28.

Der Wegdebûm um Rînchen
Schlach Palemitzker ous,
Um Bangert fluch ellînchen
E Frâjörsflutter ous. Ebda., 128.

Mät Flutterchre špilld et (das
Abendlüftchen),
Mqcht 't Härzken e schwêr. Ebda., 110.

Fluttercher, dâ wekter zâen,
Gien de Blemmchre, wä se blâen
Sachsesch ärre schîne Gross. Ebda.

— Syn. *Flitter, Rupmschaisser* (nösn.), *Špechhûlz, Summervegeltchi* (Sommervögelchen). — 2. *Flutter* oder *Fluttercher* ist der Silberflitter (kleine, runde, silberglänzende Plättchen) auf Hemden und Mützchen der Kinder, an Gewändern usw. *(Kl.-Bistritz).* — Zu *Fluddergatschen, flutchern* ‚flattern'. Vgl. *Flitter,* tirol. Flutter, schwäb. Fluttersch. Danach ist rum. flutur ‚Schmetterling' aus dem Ss. entlehnt, nicht umgekehrt, oder ist die lautliche Übereinstimmung zufällig.

—, **flutze** schw. ‚aufflammen, platzen' vom Pulver, Zündhölzchen *(S.-Reen).* — mhd. vlokzen, Iterat. zu flackern (Bistr. Festg. 54).

—, **Foalen,** *Fǫ̂len,* Matthiola annua Sweet. ‚Levkoje'. *Giel Foalen,* Cheiranthus Cheiri L. ‚Goldlack'. s. Veilchen.

F o a l e r, † F. N. (1764, Schässbg.). Mundartliche Form für Feyler? s. Fuoler.

Fobinje m. D. N. (Gr.-Alisch). Rum. fă bine ‚tu gut', ‚tu mir die Gefälligkeit', ‚sei so gut'.

—, **Fôch** fem. ‚aus dem gefochten Getreide auffliegende Spreuflocken' (Kisch, N., W. u. W. 48). Vgl. Fauche. — Zu mhd. fochen.

—, **Fôch,** *fôchen* s. Fauche, fauchen.

—, **Focher** m. ‚Handblasebalg der Messerschmiede' (Kisch, N. W. u. W. 48). — Frühnhd. focher, aus mlat. foculare (Seiler, Lehnw. 2, 179).

—, **fochern** schw. ‚anfachen'. Zu *Focher.*

F o c k e n This, F. N. als patronym. schwacher Genit. = nhd. F. N. Fock, Koseform für die mit Volk zusammengesetzten P. N.

—, **fodder** adv. nur in Verbindung mit Negationen: ‚nicht sehr, nicht gut'. *Det Wadder äs net fodder, et gît mer net fodder* (Birth.). *Et dreit net fodder ǫf* ‚es bedeutet nicht viel' (Rohrbach).

Doch hued er net ze fodder getummeld
ich zer Schlôcht. Käst. 189.

Mhd. voder neben vorder ‚voranstehend' vorzüglich'. s. vorder.

—, **födderšt,** s. vorder.

F o d e r, F. N. (1500, Kronst.) = Fodor magy. für F. N. Krauss.

—, **Fodergetâsch** m. ‚ein feiner, engspiralig gewundener Draht zur Anfertigung von Kunstblumen' (*Bistr.*, Festg. 55), im Handel ‚Silber-, Goldbouillon, Krausgespinst oder Glanzkraus'. Er wird in die Blumen des »*Sibngeštirtchi*« (s. d.), des Bräutigamsträusschens und des Bortenschmuckes eingeflochten *(Dürrbach).* Magy. fodorgatás ‚Krümmung, Krausung' zu magy. fodor ‚kraus', fodorni ‚kräuseln'.

F o d o r, † F. N. (1478, 1708, Hstdt.; 1800, Kl.-Scheuern; 1822, Michelsdf.) = magy. fodor, Übersetzung des ss. F. N. Krauss, wie Fejér für Weiss usw. Auf magy. Urkunden erscheinen die sächsischen Namen, soweit sie übersetzbar sind im 15. und 16. Jahrh. oft in magy. Form. Der Bistritzer Oberrichter Thermann erscheint als Mezaros (mészáros ‚Fleischer'), Thomas Werner unterschreibt als Zewch (szűcs ‚Kürschner'), Valentin Kugler als Zabo (szabó ‚Schneider') und Andreas Beuchel nennt sich Hassy (zu has ‚Bauch'). Vgl. *Bistr.* Festg. 85 f.; *Bistr.* Progr. 1911, 59.

—, **Födröt,** s. *Fedret* (Federwat).

F o e c k, † F. N. (aus Hessen, Tobsdf.) = F. N. Fock zu Volk, s. Focken.

F o f f e l d, bei Lenk v. Treuenfeld, Siebenb. Lexikon 1, 371, O. N., s. Hochfeld.

—, **fogâlen** in *ufogâlen* ‚aufreizen, necken' (Zendresch). — Zu magy. ki-foggat ‚ausforschen' (Háromszék)?

F o g a r a s, **Fugresch,** rum. Făgăraş, Stadt im Komitate Fogaras mit vorwiegend rum. Bevölkerung. Urk. F o g r a s (1291). In den Qu. Kr. ist im 16. und 17. Jahrh. die ss. Form des Namens *Fugresch* nicht selten neben Fogaras. Über die Gründung von Fogaras s. die Sage bei Müller, Sagen 277. Den Einwohnern wird die spottende Nachrede begangener Eulenspiegeleien angehängt. Daher die Ra. *tummer Kärl,* gröber *tummer Hangt vu Fugresch. Te bäst e Fugrescher.* — Syn. *Belleschdîrfer, Rumeser.* Vgl. Haltrich, Plan 58; Kbl. 24, 139. — Dazu *Fugrescher* Adj. und Subst. Die Dialektform erscheint auch in Urkunden: »entwuschen ... die Fayndt über den Altt in F u g r i s c h e r landt« (1600, Nat.-A.); »ein f u g r ä s c h e r Drobant« (um 1610, Ger.-Prot.). — Bekannt und beliebt ist der *Fugrescher Tabak.* Der wilde Hans

Štul de Fugrescher Tabak
Dem Papa vum Rimchen (Rähmchen).
Käst., 52.

Se pippten (rauchten) *nêmlich wâ de*
Tirken,
Mêr nor drech Blädder vun de Birken,
Et lǫngden hǫlt zem »Fugrescher«
Gor sälden ärir Kretzercher.
Höhr, L. Ê. 39.

Auch mit Schwund des -r- nach -g-: *Fugešer, ǫf de Fugešer Geormert; der Fugešer* (Essigmann) *ǫf der Bôch* (Agnetheln und sonst). — Häufig als F. N. im süds. Gebiet der Ma. F o g a r a s c h e r

(1782, Schässbg.; gegenwärtig Schirkonjen, D.-Teckes, Taterloch, Denndf., Keisd, Malmkrog und sonst); Fogerascher († in Reussmarkt); Fograscher (Keisd, Schässbg., Kl.-Probstdf., Heldsdf. i. B.); »Hannis fwgeryscher« (15. Jahrh., Müller, Sprdm. 97); Fugrescher († Schässbg.); »Dy Fugarascheren« (2. Hälfte des 15. Jahrh., Hstdt.); »Jacob Fugarischern« (1580, B. M.). Gelegentlich begegnet auch die magy. Namensform: »Dy Ffwgrasin« (= Fogarasi-in, 1479, Hstdt.), Fogaraschi († Marktschelken und Schirkonjen). — In Fl. N. *Veüer em Fugrescher Deoul* (Tal, Felmern). — Magy. Fogaras, adj. Fogarasi.

—, **fogdich** adj. ‚blätterig', in der Ra. *fogdich Krokt* ‚blätteriges Sauerkraut' (Wolff), im Gegensatz zu *flandrich* (s. d.) *Kraut, Wærdse* (rum. varză) ‚kleingeschnittenes Sauerkraut'.

Fogel, F. N. (1485, Hstdt.), Fogelgen, F. N. (um 1500, Ebda.). — s. Vogel.

—, **Fogelbîro** m. ‚Pirol, Goldamsel' (nösn.). Vgl. *Fetzelbîr, Figlibîro* = mhd. vogel + biro, piro ‚Pirol', lautmalend nach dem Ruf des Vogels.

Fogt, F. N. (Neustadt i. B.). Nichtsächs. vgl. hd. F. N. Vogt, Voigt, ss. Foith.

Fohle, Fuigel m., Pl. *Fuigel* ‚Zuchthengst' (Gergeschdf.). Vgl. die folgenden Wörter. — Mhd. vole. Diphthongierung des Stammvokals (> -ui-, bzw. -iu-) ist der Ma. gemäss, dazu kam Einschub des Gutturals für -j- der Entwicklungsstufe *Fuijel*, die auch in der tautol. Zusammensetzung *Fuijelhâst* neben *Fuilhâst* begegnet.

Fohlen, nösn. **Foln** m., Pl. *Feln* ‚unverschnittenes, männliches Pferd, Hengst' niemals wie im Nhd. ‚junges Pferd, Füllen'. Im Gegensatz zu *Foln* ist *Hâist* ‚das verschnittene männliche Pferd, der Wallach', wie ahd. hengist, mhd. hengest. Die spezielle Bedeutung ‚unverschnittenes Pferd' fehlt dem mhd. vole, ahd. folo, hat sich also in der Ma. sekundär entwickelt. — Süds. ist dafür *Fîlhâst*, im Burzenl. *Fûler* gebräuchlich. Ra. *E gât Foln wit bländ qber* (oder) *lum* (lahm) von Hengsten und Männern (nösn.). — mhd. vole, mniederd. volene.

(**Fohler**), **Fûler** m., Pl. *Fûler* ‚Zuchthengst, unverschnittenes männliches Pferd' (i. Burzenl.), wie *Fuigel* (Gergeschdf.), *Foln* (nösn.). Zu frühnhd. fohlen ‚Füllen werfen', auf das männliche Pferd übertragen, also *Fûler* = Pferd, das fohlt ‚Füllen zeugt'?

(**Fohlhengst**), **Fîlhâst** m., nösn. *Fôlhaist* m. *(S.-Reen)* ‚unverschnittenes männliches Pferd, Hengst', dagegen *Hâst, verschnidän Hâst* ‚Wallach, verschnittenes Pferd', s. *Foln* (Fohlen). *Diar Fuilhaist äs hîsch* (Rohrbach). *Mer wôre bâm Fiolhoist* (mit der Stute, Rosch). Neben *Fuil-* erscheint auch die durch Einschiebung des j (Gutturalisierung des halbvokalen -i-) zerdehnte Form *Fuijel* als Bestimmungswort der tautol. Zusammensetzung und aus dieser Zwischenstufe hat das Gergeschdorfer *Fuigel* sich entwickelt s. o. Übrigens benützen unsere Gemeinden zur Pferdezucht Vatertiere staatlicher Gestüte. Aus dem Verkehr unserer Bauern mit dem Militär ist das nhd. Hengst auch in die Ma. als *Hängkst* eingedrungen und dadurch das *Fîlhâst* im Gebrauch beschränkt worden. Haltrich schreibt im Märchen vom Zauberross »Fohlenhengst« (Haltr., M. 39). *Fîlhâst* = mhd. vole + hengest ist eine tautol. Verstärkung wie nösn. *Fitschifai(l)*, süds. *Schnickeschnôgel*.

Fohre, Ferren m. u. fem., meist Pl. *Ferren* (Hstdt.), *Forren* (Kronst.), nösn. *Fêrn* m., Pl. *Fêrn (Waltersdf.)* ‚Forelle, Salmo fario L.', der bekannte Süsswasserfisch.

Ferre, Kripes, Štrudel, Torten,
Det genesst tâ, alle Sorten.
Schullek, Ged. 85.

Tampeld än de Bâch und grapscht
Nö de Ferrefäschkern. Käst., 86.

— Syn. *Foräll, Pistrangk (S.-Reen).* Urk. »Item eodem die Forhen emptum numero 165« (1494, V.-A. 14, 224). Im Kronst. Glossar »truta, forin« (15. Jahrh.). »Pro 2 scriniis trutarum vulgo fôrrhen« (1534, Qu. Kr. 2, 351). »pro 700 trutis vulgo fôrryn siccatis« (1535, Ebda. 2, 406). »25 vivas auratas vulgo fôrren« (1545, Ebda. 3, 265). »ein kuff gekauftt zu den fören oder fisschen« (1626, Nat.-A.). Mark. Fronius erzählt (1705) die Anekdote von den Wolkendörfern, die auf die Anordnung des judex Deidricus »die alten Zinsen und grosse Förren (Forellen)« zu bringen, einen Wagen voll alter Sensen und den grössten Stier (Farren) in die Stadt gebracht hätten (Schullerus, Vorgesch. 11). — Dazu der † F. N. Forhen (1494, Hstdt.), mit der Diminutivendung -chen Forrengin, Forrenchyn (ca. 1500, Ebda.), Fôrenchyn, Forinchen, Fornchen (1515, Ebda.), lat. »Forrenchio Cibiniensi« (1522, Qu. Kr. 1, 418). — Dazu der Fl. N. *am* (im) *Ferregruewen* (‚Forellengraben', Zeiden i. B.), wohl auch der O. N. *Formbich* (s. d.). — mhd. vorhen, ahd. forhana; bayr. Förch, schwäb. Förre. Daraus ist mit der Diminutivendung -el das nhd. Forelle gebildet.

Föhre, Fêr fem., Pl. *Fêrn* [Städt. Halbma.]. Dazu der moderne Waldname *Fêrnwaltchi (Bistr.)*. — Ganz junges Lehnwort, der echten

Ma. unbekannt, die für alle Nadelholzarten *Dạnn, Donn* (Tanne) gebraucht.

—, **Foi** m. ‚Blasebalg‘ (i. Burzenl.). *Der Zigun blêst mat dem Foi ant Fir.* — Rum. foi ‚Blasebalg‘ (BRENNDÖRFER, 18).

Foi, F. N. (1762, *S.-Reen),* Foy (1847, Ebda.), Phoi (1676, Birth.). — Fay?

Foisel, F. N. *(Petersdf., O.-Neudf., Bistr.).* s. Fasel, Faisel.

Foit, F. N. (1678, Zeiden; 1808, Rosenau; 1830, Brenndf. i. B.). Gegenw. Foith (Kronst., Marienbg., Zeiden i. B.). — Entweder = Faidt, Feidt (Vitus, nhd. Veit) oder wahrscheinlicher zu mhd. voget, Nebenf. voit, ahd. fogat, mlat. vocatus ‚Rechtsanwalt‘. Vgl. den hd. F. N. Vogt, Voigt.

—, **Foitâsch** m. ‚Flintenpfropf‘ (nösn.) s. *Fọitâsch.*

—, **Foizeạk** m. ‚echte Kamille‘, Matricaria chamomilla L. (Kl.-Schenk). Sonst heisst diese offizinelle Pflanze *Zäckfî* (= magy. székfű ‚Stuhlkraut‘), hier sind die beiden Komposita vertauscht. s. *Fîzäck.*

Foyt, F. N. (1515, *S.-Reen*). s. Foit.

—, **Fôl** fem. (Schässbg., Zendresch), nösn. *Fuel* (scil. *Weimern*) fem. *(S.-Reen)* ‚weisser Honigler‘, Formiana argentea, eine Weintraubenart von geringer Güte (in Siebenbürgen, während sie sich sonst bewährt hat), bei der Neuanlage der Weingärten nicht mehr gebaut. Weil sie minderwertigen Wein liefert, geht von ihr die Ra.: *Fuel äs de Kwuel* (Qual, *S.-Reen).* — Syn. *Dännschælich, Frinkesch.* Lautlich = ahd. falo, mhd. fal, nhd. fahl ‚gelblich‘, zu dem es auch begrifflich gehören mag. Holz und Trauben sind gelblich, die Sorte heisst auch magy. sárga (gelb) szőlő, sárga dinka, sárga Margit.

Folbert, F. N. (1678, Hstdt.; 1758, *Bistr.;* 1792, Meschendf.), Folbort (1623, Schässbg.), Fholbortt (1684, Trappold), Folbart (1628, Schässbg.), Folbarth (1764, Reps), Foulbarth (1583, Kronst.), Follbert (1648, *Bistr.*), Foalbert (1665, Schässbg.); gegenw. gewöhnlich Folberth geschrieben, *Folbert, Fuolbert* (Heldsdf. i. B.) gesprochen und über das ganze Gebiet der Ma. verbreitet, besonders häufig in Schässbg., Med. und Umgebung. — Vgl. moselfr. F. N. Volbrecht, hd. F. N. Volpert = ahd. folcberaht, wonach unsere Form in echter Ma. *Fûlbert* lauten würde, dem obiges Kronst. *Foulbart* entspricht.

Fölck, † F. N. (1644, Schässbg.), mit patron. -en »folken hans« (1526, Petersbg. i. B.), Fölken (1622, Ebda.), Fölcken (1680, Rode), latinis. Fölkenius (um 1620, Keisd). — Zu ahd. folc; vgl. *Fĭlk,* Filkenius.

Folckerd, † F. N. (1677, Cap. Bog.) = ahd. folc-hard.

Folcze, F. N. s. Fallische.

—, **Földrekâl,** *ạf der Földrekâl* (-kaule) Fl. N. *(Jaad),* zum rum. O. N. Földra, s. *Feldref.*

—, **Fôlebrannen** m. Fl. N. (Stein, Kbl. 7, 118). Die Form ist natürlich, wie die meisten Fl. N. lokativ: *(bæm) vôle Brannen* (vollen Brunnen).

Folge, Folch fem., Pl. *Foljen* (Bekokten), *Folšch,* Pl. *Folšchen* (Gr.-Sch.). Gewiss auch an andern Orten gebraucht. 1. ‚Zeitfolge, Wirkung‘, nach dem Nhd. und darum nur in städt. Halbma. *Än der Folch* (‚später‘, echte Ma.: *nôgôns-gons* ‚nachgehends‘) *bedôcht e sich dennij ọndersch en kạm weder zeräck. Dạt seng de Folje* (echte Ma.: *dạt kit*) *vum Sofen!* — 2. ‚Stütze, Hebstange‘, ein Werkzeug, durch das die Zimmerleute Balken in eine Höhe heben, zu der sie mit den Händen nicht reichen können. Namentlich bei Aufstellung der Dachsparren dient die *Folšch.* Diese ist eine 5—6 m lange und entsprechend dicke Tannenstange. Etwa 50 cm vom obern Ende der Stange ist mittels Bohrloches ein Seil in sie eingezogen und an den Enden verbunden. Dies Doppelseil wird von unten um den zu hebenden Balken und dann um das kurze Ende der *Folšch* gelegt und so die Last an diese befestigt, nötigen Falles durch Drehung der Stange und dadurch bewirkte Spannung des Seiles. Mit etwa zwei *Folšchen* kann man ein zusammengefügtes Dachsparren-*(Kêfer-)*paar in die senkrechte Lage und so hoch heben, bis die Zapfen an deren untern Enden in die zugehörigen Löcher in den Deckenbalken *(Trôf)* eingefügt und die Sparren auch mit den Nachbarsparren in senkrechter Lage befestigt sind. Zieht man dann die *Folšch* abwärts, so streift sich die Seilschlinge über das obere Ende der *Folšch* los. Diese ist im Grunde die Hälfte von der Hebevorrichtung, die die Zimmerleute Schere, *Schêr,* nennen und die aus zwei Balken besteht, um deren obere Enden ein Seil oder eine Eisenkette lose geschlungen wird. Werden die untern längern Enden der Scherenbalken auseinandergebracht, so öffnet sich zwischen den obern kürzern Enden ein Winkel, eine Gabel, deren Arme fähig sind, selbst schwere Hölzer zu tragen. Diese Vorrichtung ermöglicht, Balken zu einer Höhe zu heben, zu der Menschenhände nicht reichen. Die Aufstellung von Brunnensäulen, Scheunenpflöcken u. dgl. geschieht mittelst solcher *Schêren,* wobei die zu bewältigende Last entweder in der von den beiden Balken gebildeten Gabel oder — noch sicherer gegen Absturz — in der um die Balken gewundenen Doppelkette ruht, und von oben durch die Balkenenden gehalten wird. — Zur Erklärung des Wortes lässt sich etwa bemerken: Nach KLUGE, Etymol. Wb. 131 ist Felge mit befehlen verwandt. Man kann noch einen Schritt weitergehen und sagen: auch folgen ist mit befehlen verwandt, beide haben die gleiche Wurzel. Eine schöne Zusammenstellung beider brauchte ein Schellenberger Bauer, der vor dem Ehegericht über seine Frau klagte: *Wonn ij em äst befielen, wäll et* (es = sie) *mich net befoljen.* Was ist folgen anderes, als sehen (got. saihvan, lat. sequi) auf den und gehen nach dem, der den Weg weist mit Wort (Befehl) und Vorbild? Diese Erklärung von folgen als einer Bildung vom pass. Partizipialstamm got. fulh und aus so naher Beziehung zu dem dazugehörigen Aktivstamm got. filh lässt sich wohl sachlich wie sprachlich eher rechtfertigen, als die von BEZZENBERGER gegebene, wonach folgen ‚voll gehen' sein soll. Mit Recht ist KLUGE (145) mehr geneigt, diese Erklärung abzulehnen, als ihr zuzustimmen. Mit folgen aber ist auch Folge erklärt. Die Folge als Nachfolge, Gefolge, Anhang ist Stütze für den, dem sie folgt und anhängt. Unsere *Folšch* ist eine Stütze, vgl. lat. fulc-ire ‚stützen' (ital. folcire, rätr. fulšer), dessen Stamm dem germ. (got.) fulh ganz entspricht, s. auch bayr. pfalzen ‚unterstützen'. — Die *Folšchen,* als die Werkzeuge bei Aufstellung der Dachsparren, sind ebenso ein Eigentum der Nachbarschaft, wie die Feuerhaken, die bei Brandgefahr dem Niederreissen dienen. [J. Roth].

folgen, foljen schw., nösn. *folgn* [-gn] schw. 2. Pers. *foljst, folchst,* nösn. mit Svarabhakti *folichst,* 3. Pers. *foljt, folcht,* nösn. *folicht.* Prät. *foljten, folchten,* nösn. *folichtn.* Part. prät. *mer hu gefolcht,* nösn. *mer hu gefolicht.* 1. Von Personen: ‚hinterdrein gehen'. a) Im eigentlichen Sinne nur urkundlich, die lebendige Ma. gebraucht dafür *händer enem gô, kamm händr u mer* (nösn.). *Net kqmm ânen hqnjder mer, gongk špillen!* (Unwillensäusserung der Mutter über das Kind, Agnetheln). Aber auch in eigentlichem Sinn meist in Zusammensetzung, urk.: »wnd zol der leich noch volgyn czw der Kyrchen: wnd zol wider ffolgyn basz vor dasz hawsz« (ca. 1500, *Bistr.,* Kürschner-Art.). — b) Übertr. † »Von rechts wegen mus der klåger dem angeklagten inn sein recht folgen« (‚vor seine Gerichtsbarkeit, vor sein zuständiges Gericht', E. L. R., 12). — c) Die Ma. gebraucht das Wort ausschliesslich in der Bedeutung ‚gehorchen'. Zunächst von Kindern: *Wällt te glaich folgn!* (nösn.). *E folicht mer guar näst* (nösn.). *Dqd äs e Kängt, dqt net folšche kenn.* Im Zuchtreim:

Foljen, hîren,
Wier de net wäll hîren,
Dê wird em lîren,
Dqt e't wird špîren. HÖHR, 17.

Aber auch von Erwachsenen. *De Frâ folicht em nät* (nösn.). *Et wäll mer net foljen* (häufige Klage des Mannes über die Frau, vor dem Ehegericht). *Sai äs geschaiter wâi hê* (‚klüger als er'), *qber e folicht er jq nät, e drängkt waiter* (nösn.). Seltener von Tieren: *dqt Gâiter folicht jq näst* (nösn.). Auch urk. »Wo sie aber nicht folgenn wolten Das man ihnnen als dan das Handtwerck legen solte« (1587, Schusterz.-Art.). »Zu der Zeit alss P. B. noch in der Fleischergass wohnet, ist sein ieziges Weib öfters zu mir kommen, klagend, Er schluge Sie, deswegen ich selbigen unterredete, Er antwort, Sie wolte nicht folgen« (1689, Cap. Cib.). »Als Inctum sein H. Vatter geschlagen, Er getrotzt und gesagt: Schlagt Vatter, Ich folge Euch nur nicht, einen Theuffel werdet ihr hinein, den andern hinaussschlagen« (1699, Ebda.). — 2. Von Dingen (nur in Urk.). a) von Hab und Gut: ‚zu eigen sein, zugehören'. »gestolen gůtter / sollen jren rechten herren folgen« (E. L. R., 168). »was das los gibt, soll einem allein folgen« (1599, Bistr. Cap.). — b) Danach besonders in der Wendung: ‚etwas folgen lassen' = ‚ausfolgen, zukommen lassen, in eines andern Besitz übergeben'. »Haben mir im dise ofne verkund (Urkunde) seines trauen Dienst wnd ehrligen Wandels gunstlich wnder wnserem geuenligen (gewöhnlichen) Handsigil volgen lassen« (16. Jahrh., B. M.). »darumb sagen wir, wenn (‚es sei denn') das die Erben den verklagten ir gelt heimstellen, sollen sie denselben das Land lassen folgen« (1579, B. M.). »er kan auch dieselben inn seinem erbgemåch (‚Testament') nicht ausschliessen / sondern mus jhnen jre Legitimam . . folgen lassen« (E. L. R., 93). »Item den 22. Oktober hat man zuerst das edle Salz hier im Burzenland folgen lassen« (Qu. Kr. 4, 311). »Dieser Frauen Kind, hab ich die Zeit über welche sie hier gewesen, gespeiset . . Ihr (der Frau) aber hat ihr man (Mann) die Kleider nicht wollen folgen lassen, also dass sie fast nacket gegangen« (1700, Cap. Cib.). »Habe auch demselben wein auff borg gegeben und nicht ehender mich bezahlt machen können biss demselben nicht den Vorschlag gegeben, dass Er mir den mist solte auss seinem Hoff folgen lassen« (1713,

Ebda.). In dieser Verwendung auch in der Ma. noch lebendig: *Der Grêf hoet mer de Kê* [əe] *ägedeon en wäll mer se net leosse folšchen, mêr ij em gezoält hu, wot der Hąnn hątt geseot* (Agn.). — c) Das Part. ‚folgend' wird im E. L. R. zur Bezeichnung zeitlich aufeinander folgender Ereignisse gebraucht. »Verkaufft einer ein Gut zweymal gantz / als jetzt diesem / vnd folgent darnach auch jenem / der begehet den falsch« (E. L. R., 182). »Denn die folgende Ehe verpflichtung / ehelichet die fůrgeborne (‚vor der Eheschliessung gebornen') Kinder« (Ebda.). »so lang bis das sie (die Pfänder) drey folgende Marcktâge auff dem Marck offentlich werden feyl geboten« (Ebda., 48). In Überschriften, hinweisend auf das, was räumlich wie begrifflich darunter verzeichnet ist: »Folgen etliche gemeine Statuta vnd Ordnungen diser königlichen Stadt Hermanstadt« (urk. häufig). — d) Konsekutiv: ‚daraus folgt'. »Dieweil inn fremden teidig sachen / die recht zugeben / aus einem Haus so viel zeugen man nur haben mag / einzustellen / wird folgen / das beyd Vatter vnd son / Man vnnd Weib / vnd zween leibliche Bruder / inn frembder sachen neben einander gezeugen mögen« (E. L. R., 25). »Denn so man von rechts wegen / allen rechtmessigem vnd redlichen verspruch vnnd vertragenen dingen / gestehen sol vnd mus / wird folgen das auch ein jeder dem gestehen (soll) / was er selbst fůr sich auff nimpt« (Ebda., 104). Auch mit Subjekt: »werden auff den schaden / so draus volget / den aufzurichten / verpflichtet« (Ebda, 153).

Wie bei Felge ist auch bei folgen im Südს. Mouillierung des -l- für organisches -lg- eingetreten, neben *foljen* finden sich *foldjn, foltcht* (Med.), *foldšchn* (V.-A. 35, 43), *folšchen* (im Burzenl., Harbachtal), *foltscht, foljtscht* (Agn.). Mit *foljen* ist siegerl. folje, lux. foljen zu vergleichen. Im Nösn. hat diese Entwicklung infolge des Schwundes des stummen e einer andern Platz gemacht, indem das -n im Auslaut sich an das -g des Stammes angeschlossen und den Nexus gŋ gebildet hat. Zur Worterklärung vgl. Folge. — mhd. volgen, ahd. folgên.

folgsam, folchsem adj. [Städt. Halbma.]. »*Bedîngk, ich bidden dich, en bleiw âs harz uch folchsem Duichter*« (Litschel, Lisi 24). Die echte Ma. gebraucht das Verbum *są̂ (bäs) hîšch ent folch! Sof fromm* (still) *en foljtsch* (Agnetheln).

Fölkel, † F. N. (1783, Zied), mit patron. s. Fölkils (1536, Zeiden, Neustadt i. B.), wohl = Fielkel, zu ahd. folc.

Fölken, F. N. s. Fölck.

Folkend, F. N. (Maldf., Rode), Folkendt (1680, Rode). — Zu ahd. folc, wohl = Fölken, Folken F. N. mit epithet. -d (-t) oder = ahd. folcnand.

Folker, † F. N. (ca. 1500, Hstdt.; im 17. Jahrh., *Lechnitz*); Fölker (1524, Hstdt.); Fölcker (1678, Schässbg.). Entweder = Felker (zum O. N. Falk s. d.) oder = mhd. Volkêr zu ahd. folc. Vgl. Fielker F. N.

Follert, F. N. (Hstdt.). Nicht ss.

~, **Follesch** m. ‚Tölpel, Dummkopf' (Neudf. bei Hstdt.). *Dea bäst e Follesch!* Sonst gilt in dieser Bedeutung: *Tollesch.* — Syn. s. unter *Eipeldauer.*

Follinger, F. N. (1722, Hstdt.). Zu Füllingen (Lothringen) oder Villingen (Baden) oder Pfullingen (Württemberg). Nicht ss.

Folmer, F. N. »Hannes folmer weber« (1610, Hstdt.). Wohl = Felmer (s. d.). Die Form *Folmer* (für *Folmerer, Folmerner*) wäre über die ma. Entwicklungsstufen *Falmer, Fąlmer* (für Falmerer in Falmerer Hill ‚der jähe Berg nach Kobor hin') zu erklären. Vgl. *Braller, Brąller* für *Brallerer* ‚Bewohner von Braller'; *bâ Brąller Wêch* Fl. N.

~, **folossich** (⏑ ⏑́ ⏑) adj. ‚protzig, prahlerisch' (Med.). *E folossich Mäntsch.* — Zu rum. folos (⏑ ⏑́) ‚Nutzen, Gewinn'.

~, **Folossîe** (⏑ ⏑ ⏑́ ⏑) fem. ‚dummer Stolz, Protzentum' (Med.). *Dą̂d äs en Folossîe bæ̂ dên Legden.* — Zu rum. folos ‚Nutzen, Gewinn' mit rum. Endung gebildetes fem., im Rum. in dieser Form und Bedeutung nicht gebräuchlich.

Fölsch, † F. N. (1557, V.-A. 16, 397). »michel föllsch« (1424, Kronst.). »dy Ffolschin« (1480, Qu. Gesch. S. 1, 70). »Fölsche« (1497, Kronst.), »Folschen« (1480, Ebda.). = Filtsch? oder = Fallische?

~, **Folšch** s. Folge.

Folscher, F. N. (1597, *Pintak*).

~, **-folter** in Fl. N. *af dem Ą̂ltfolter* u. ä. s. Falltor.

Folter s. Tortur.

Folterung, fehlt. Im E. L. R. »Die hauptlaster / so den hals angehen / pfleget man zwar durch folterung oder peinliche fragen zu ergrůnden« (159).

~, **Foltje** m. ‚Vielfrass, Dickwanst' (nösn.). *Dau bäst e Foltje.* Rum. folte ‚Dickwanst'.

Foltmis, † F. N. (1496, Kronst.); Fölmisz (1486, Ebda.); Föltmes, Foltmas (1522, Ebda.). Mit Lautverschiebung und Metathesis aus Ptolemäus (also **Foltemîss*), wie *Bartelmîss* aus Bartholomäus?

Föltschius, F. N. (1657, Hstdt.). Latin. Form für Filtsch.

—, **Fonggruewen** m., Grabenname (Heldsdf. B.).

Fonck, F. N. s. Funke 4.

—, **Fonkisch,** D. N. *(Kl.-Bistr.).* Zu Funk F. N.

Fonn, F. N. (Hstdt.). Nicht ss.

Fonnerum n. ,ein hölzernes Werkzeug zum Glätten der Schuhsohle' (Rohrbach). *Det Fonnerum äs mer zebrôchen* (Ebda.).

—, **Fonntschich** und *Fonngtschich* (Agnetheln und sonst) neben sonstigem *Fąngkich* in *Âre-fąngkich* s. Pfannkuchen.

Fönser, † F. N. *(Treppen).* s. Fenser (Fenes).

Foof, F. N. (Kronst., Rothbach, Nussbach B.). s. Pfaff. — Dazu der Moorname *Fôfen-oiermuer* (Pfaffenauermoor, Rothbach i. B.).

—, **Föokendel,** *äm Föokendel* Fl. N. (Magarei).

foppen, foppen schw., nösn. *foppm* schw. [Städt. Halbma.]. Echte Ma. *bedräjen,* nösn. *be-drâign* (betrügen), *bezwejen, tschufeln.*

—, **Fôr** m. »den gar kein Tier mag, den man aus der Wiese auszurotten trachtet und den sich die Frau Mutter in den Garten setzt« (Talmesch, Volksfr.-Kal. 1909, 101).

—, **Fôr** fem. (Alzen) s. Farbe.

—, **Fôrchen** n., Pl. *Fôrcher* ,das Fangen, Erhaschen', in der Ra. *Fôrchen špillen* (Med.) zur Bezeichnung des Ballspiels, bei dem der hoch geworfene oder geschlagene Ball aufgefangen wird. Unter der spielenden Dorfjugend hat das Wort einen Hauch von Zärtlichkeit. Liebende rufen einander zu: *Schmaiss mer, schlôch mer e Feorchen* ,wirf, schlag den Ball so, dass ich ihn leicht fangen kann'. *Ną cha (χ)! Dôd äs näst: Der* (Name des Burschen) *schloid ânen dem* (Name des Mädchens) *Feorcher. Derneo mir sellen zêsân* (zusehen). — Ein Subst. *Fôr,* zu dem *Fôrchen* das Diminutiv wäre, gibt es nicht, s. *fôren,* von dessen Wurzel *Fôrchen* gebildet ist wie nhd. Liebchen von lieben.

Forchtner, † F. N. (*S.-Reen,* V.-A. 3, 291).

Förder, † F. N. (1661, Hstdt.).

Förderenter, F. N. (1731, Reps, V.-A. 37, 619). Wohl verschrieben für Fördereuter, Förderreuter, s. Ferderreuter.

förderlich †, nur in älterer Sprache als Adv. furderlich und fůrderlich ,besonders, vor allem'. »mit allerlei notwendigen Dingen, Fürderlich aber mit Korn, Mel, Salz und Holz« (1491, Müller, Sprdm. 124). »dass er auch nicht genugsame Ursachen (habe), warumb er solchen vertragbrieff furderlich vom H. Haller begerett« (1563, B. M.). »Erstlich was die stimlung des Registers belangett darum die Kleger furderlich den H. Mathes Pontzler betheidigen« (1565, B. M.). »noch leschet (erlischt) die verschuldung / fůderlich so die that fůrs gericht komen ist« (E. L. R., 165). — mhd. vorderlîche ,vorzüglich, vorzugsweise'.

fordern, fordern schw., nösn. *foddern* schw. ,verlangen'. 1. Dinge als Objekt. *Ich foddern et* (das Geld, Geschenk) *näst mî vu em* (nösn.). In der lebendigen Ma. wird das Wort im Sinne von ,Rechtsanspruch erheben' gebraucht, während *hîschen,* nösn. *hêschn* (heischen) ,Wohltat erbitten, betteln' heisst. Häufig ist es in Urk. »Bastky foddert von Croneren 25.000 fl.« (Qu. Kr. 5, 351). »das ich kein gelt mer dor vor fodern sol« (1524, Hauskaufbrief, Bistr. Arch.). »als der vaida hat gelosen das im (man) den czekelen di 50 phenvngck sol foderen« (1528, Qu. Kr. 2, 100). »ich hab auch etwas schult alda zu fodern« (um 1610, Ger.-Prot.). »ich sollt mit im dahin zum gusten gehen und solches gelt fodern« (Ebda.). »hat vns losen foderen ein podem prot (Botenbrot) das der son haim ist komen aus thyrkei« (1528, Qu. Kr. 2, 95). »so sey her kommen und den lon gefoddert« (1561, Nat.-A.). »habenn mir den teyl prieff thuenn fodrenn« (1564, B. M.). »Wolt jemand / einen Dorffsman fůr Gericht laden / der mus vom Stadt oder Marcks Richter / den zeichen zum fůrgebieten fodern« (E. L. R., 8). »Denn es wer jha der billigkeit nicht gemäss / das der Man keuschheit von der Frawen fordert / welche er selbst nicht beweiset« (E. L. R., 187). »so foddern ich von rechts wegen die straff der Calumnien« (1569, B. M.). »mit dem gemeinen Klockelein den Almess lassen fodderen« (1625, Müller, Hosp. 63). — Eigentümlich ist die Verbindung mit an. »so mag er durch den gerichtsdiener / an seinem Widersacher recht fodern vnnd pfande« (E. L. R., 48). — Selten ist ein ganzer Satz Objekt. »darum fodern ich von rechts wegen, das er mir genugsame bürgen beyd« (1569, B. M.). 2. † Personen als Objekt, wobei das ,vor, vorwärts', das im Stamm des Wortes steckt, deutlich wird. »das ich hab vor recht gefordert (,vor Gericht bestellt') lang Barteln« (1515, B. M.). »drum hab er auch die Czeech ins recht gefoddert und mit ihr geteidiget« (1569, Ebda.). »So jemand zeugen stellen wil / er sol sie mit des Richters gebot fodern lassen« (E. L. R., 17). »aber man foddert den Herrn Stuels Richter aufs Rathaus« (1605, Ger.-Prot.). »soll er (der Bürgermeister) zuvor den Hundertmann wortmann zu ihm forderen« (1634, Seiv., Lok.-St. 42). ,zum Zweikampf herausfordern' [städt. Halbma.]. *E huad en ąf Pistôln gefordert* (nösn.). — Auch in der Bedeutung ,auffordern', ‚bestimmen', ‚wählen'. »Im Jor 1605 ist der Ehrwirdig Her Her Marcus Walpinus von Rosnau ghefodert vnd zu Cronen bhestedicht zum Farrhern« (TRAUSCHENFELS, Fundgr. 250). — Zus. *ufordern* (abfordern), *affordern* (auffordern), *zeräckfordern* (zurückfordern). Im ganzen Umfang der Ma. — auch in den ältern Belegen — erscheint fast durchgängig *foddern,* die mitteld., auch Luther geläufige Form des Wortes. Dabei hat sich durch Dissimilation der beiden aufeinander folgenden -r- das erste -r- an -d- assimiliert, wie in *feddern* (mhd. vürderen neben vudern), *vedderšt* (mhd. vorderst), *witt* aus wirt ‚wird'. — mhd. vordern, daneben vodern, ahd. fordarôn, eine Bildung von fordar ‚vorder'.

fördern, s. *feddern.* In älterer Sprache. »Hat einer mit rath vnd that den diebstal helffen fördern vnnd begehen« (E. L. R., 164).

Förderniß, Federnes n., »auch heute noch gebräuchlich« (WOLFF), wenn auch selten, ‚Förderung, Unterstützung'. Urkundl. »czu eynem Nucze dem Hantwerck vnd Födernis« (1488, MÜLLER, Sprdm. 116). »ausgenummen wann wer bewerlich kuniglich Arbeth het, zu solcher Arbeth mag er halden mer gesellen zw fwdernuss kinniglicher majestet« (1494, Goldschm.-Art. Hstdt.). »welcher gesell seines herren hauss vnert oder beschemt der selbig sal kein er noch Fuderniss czwyschen vns nit haben« (1499, Schneider-Art. Hstdt.). »ob sie was mehr zu sagen haben / das jnnen vnd jren sachen zum behûlff vnd födernûss dienen möge« (E. L. R., 5). — mhd. vürdernisse.

Förderung, fehlt. In Urk. »zur Fürderung seiner tedig sachen« (1569, B. M.). »han uns derhalben bitlig angelangett, das mihr sie verheren und das selbige gezeigniss in zu Fürdrungk einer gerechtikeitt schriftlig günen und geben wolten« (1576, B. M.). — mhd. vürderunge.

Fore, † F. N. (1488, Kronst.) = Christophorus (⏑⏑⏑́⏑)?

Forelle, Foräll fem. [Städt. Halbma.]. Echte Ma. *Ferren* (Fohre). Über die Entstehung des nhd. Forelle (= mhd. vorhen + dem. -le) vgl. KLUGE, 146; WEIG. 1, 569.

—, **fôren** schw., *fogern* schw. (Kronst.), nösn. *fôrn* schw. ‚mit den Händen etwas Fallendes auffangen'. 1. Besonders beim Ballspiel. *De(n) Pîla* (nösn. *de Lqpta) fôren* ‚den Spielball auffangen'. *E Guptchi (e Kuktche, Tekendf.) fôren* ‚den in hohem Bogen geworfenen oder geschlagenen Ball fangen' (nösn.). Deshalb die Aufforderung zum Ballspiel: *Fôr! Zâi* (= *lot sâi* ‚lasst sehen'), *kqst te fôrn?* (nösn.). *Zem fiôren* heisst in Kl.-Schenk, *der feoraner* (scil. *Oärt* ‚Art') in Agnetheln ein Ballspiel, bei dem es gilt, den hoch emporgeschlagenen oder geworfenen Ball zu erhaschen. Vom *bîsen Hanz* singt Kästner:

> *Weller kangt gewätzt wä hî*
> *Klepsch uch Pîla fôren.* KÄST., 54.

— 2. Das Wort wird aber auch in Verbindung mit anderen Objekten gebraucht. Jeder geworfene oder herabfallende Gegenstand kann *gefôrt* werden. *Fôr den Appel* (der vom Baum herabfällt)! *Fôr de Kqpp* (‚die zugeworfene Mütze')! Abergl. Um den *Gôdngränt,* südś. *Gîdegrängt* (Kopfgrind) zu heilen, *fôert em Muendq̂,* ‚fängt man Mondtau' auf, indem eine alte Frau dreimal morgens vor Sonnenaufgang im Mai aufs Feld geht und ein Hemdchen des kranken Kindes auf den Weizen breitet. In dem so gewonnenen Wasser muss das Kind gebadet werden (GASSNER, 76). — Das Wort findet sich unter den »alt-dacisch-teutschen« Wörtern Jos. TEUTSCHS (1756): »fohren, h. mit den Händen etwas fallendes auffangen« (Kbl. 22, 24). — Syn. *fqckn* (facken), *fên* (fahen). — Zus. *ufôrn* ‚jemanden etwas Geworfenes wegfangen' (nösn.), *affôren, erfôren.* — Dazu das Subst. *Schangkefôrer* (‚Schmarotzer', SCHULLER, Beitr. 187). — 3. Refl. *sich fôren* ‚immer wieder auf die Füsse zu stehen kommen'. *E huet sij af de Fess gefôrt* ‚das Übel überwunden' (Med.). Häufiger ist in dieser Verwendung das Komp. *affôren* (s. d.). — mhd. vâren ‚nach etwas streben, trachten'. Es liegt also *fôren* eine ganz andere Anschauung zugrunde als dem syn. *fqckn,* das mehr das rasche Zugreifen ausdrückt. Zu vgl. ist eifel. fôren ‚trachten, streben', das die alte Bedeutung bewahrt, die in unserem Worte sich zu ‚auffangen' verengt hat. Das burzenl. *fogern,* neben dem auch *foern* gehört wird, ist durch Gutturalisierung des zerdehnten Vokals zu erklären, wie in *Meoger* [ʒ] neben *Meoer* ‚Mauer'.

—, **fore veste** ‚plötzlich, unvorbereitet'. — Rum. fără veste (BRENNDÖRFER, 18).

—, **Fôrer** m., nur in der Zusammensetzung: *Schangkefôrer* s. dies.

Forgatsch, † F. N. (1572 und später, Kronst.; 1822, Langenthal). Die Familie ist magy. Ursprungs (aus Krizba, Qu. Kr. 3, 875), aber im 17. Jahrh. sind ihre Vertreter in Kronstadt gut sächsisch und in hervorragenden Stellungen. »Valent. Forgatsch Honn . der Stadt Kronstadt« (1630, B. M.). Michael Forgatsch ist 1605, Thomas Forgatsch 1621 Ratsgeschworner »zu Cronen« (B. M.). Magy. F. N. Forgács, Forgách.

Forgebeig, s. Furgebeig.

Forhen, Forrengin, † F. N. s. Fohre.

—, **Fôrhom**, *äm Fôrhom*, Fl. N. (Galt) = Pfarrham?

Forisch, *Fôrisch* F. N. *(Bistr.)*. Urk. Fors (1702, *Jaad*), Forsch (1763, *Bistr.*). — Vielleicht = -forus in Christo-phorus (⏑⏑–⏑). Die Lautform (-isch) scheint auf magy. Abstammung zu deuten. Gegen den Zusammenhang mit dem burzenl. F. N. *Farsch* (substantivierte Adjektivbildungen *Farresch, Härresch* sind ja der Ma. gemäss) spricht -*ô*-.

Forkert, F. N. (Kronst.).

—, **Forkeschgass**, Forkeschgasse, Gassenname (Med.). Urk. »per plateam furkazij« (1508, Med.). Eigentlich: ‚Gasse, die nach Furkeschdorf führt' (s. d.).

Forkeschtor, **Forkeschdiur** n., Tor in Med. Urk. »A. 1633. In diesem Jahr ist die Postav jentzet dem Forkeschthor bei dem Schneider Wayr gebawet« (Werner, Med. im 17. Jahrh. 1). — Zum magy. P. N. Farkas s. *Forkeschgass.*

Form, **Forem** fem., *Form*, Pl. *Formen* und *Forrem*, nösn. *Furem* m., Pl. *Firem*, Dim. *Ferremchen*, nösn. *Firemtchi* n. 1. ‚die äussere Gestalt im Gegensatz zum Inhalt'. *De Form zem Torte-, Šträtzelbacken* ‚die Blechform, in der gebacken wird'. *Gäf hiär diän Furem* ‚Backblech' (nösn.). Besonders das Dim. *Firemtchi* ‚Form zum Ausstechen von Gebäckformen aus Teig'. *Der Furem, iber diän em dn Hât zaicht* (nösn.). »formen czw den kuglen czw giessen 6« (1528, Qu. Kr. 2, 124). — 2. ‚das äussere Aussehen'. Von Kleidungsstücken. *Dai Hât huat nichen Furem, gäf diän Schâgn än orntlijn* (ordentlichen) *Furem* ‚dass sie ordentlich aussehen' (nösn.). — Von Kindern, die den Eltern, Grosseltern ähnlich sind. *Dǭd äs ją gąnz diär Furem (Bistr.)*. Besonders das Dim. *Ich kann der de Känder um Firemtchi, det Firemtchi git mer et* (nösn.). Süds. in dieser Verwendung: *Dǭd äs dies Uert; ech kennen dâ Gangen nor dem Oärt neo.* Syn. *Moddel* (Agnetheln. Über eine nicht schöne Frau: *Nǫ, glǫdd en hîsch Moddel* (–⏑) *hoet se* oder: *ais er hîscher Moddel äs se dich net*). — 3. ‚Muster'. *Wocher huaste dian Furem ausgesâi* ‚das Stickmuster abgenommen' *(Wallendf.)?* *Ed äs qw än Uart wâi diar Furem* ‚ungefähr wie jenes Muster' (Ebda.). »Nur das vnnsers Herren genad dy form (Muster für Goldschmiedarbeit) selbss hath lassen machen« (1493, Müller, Sprdm. 131). — Syn. nösn. *Morel* (Model). — 4. Ganz losgelöst von sinnlicher Bedeutung ‚Art, Weise' [Städt. Halbma. und ältere Spr.]. *Än diar Form let sich dǭt nät durichfârn* (nösn.). Im E. L. R. »auff form vnd weise des Edlen rechts« (Vorrede), »nach gestalt vnd form / wie im nechstfolgenden titel auffgemerckt« (65). »Im verthuen der pfände / sol diese weis vnd form gehalten werden« (111). — Mit dem nösn. m. *Furm* ist zu vgl. aachn. der Form ‚das hölzerne oder knöcherne Scheibchen in einem übersponnenen Knopfe', bayr. der Furm, Pl. die Fürm. — mhd. forme aus lat. forma.

Forman, † F. N. (1509, Hstdt.) = Fuhrmann (s. d.).

—, **Formenduel**, Fl. N. (Hammersdf.) — Zu Fuhrmann? s. *Feärmesdel* (Birthälm) und das vorige Wort.

formieren, fehlt; urk. ‚festsetzen, in feste Form fassen'. »so haben sie diese nachfolgenden Satzungen artikelsweise formieret« (1640, Kürschner-Art.).

Formschindeln † ‚geformte, zugeschnittene Schindeln'. »scindulae — vulgo Form Schyndelen« (1547, Qu. Kr. 3, 414). — Zu Form.

(**Forrembach**), **Formbich**, *Forembrich* O. N., im Fogarascher Komitat, magy. Porumbák, rum. Porumbacu; bei Bielz, Handbuch 411 »Bornbach«, bei Lenk, Geogr. Lexikon 1, 36; 1, 347 »Warmbach« genannt. In die Glashütte, die hier seit alten Zeiten bestand, liess G. Bethlen Glasmacher aus Venedig kommen. Für die mundartliche Form des O. N. ist bedeutsam die Krausische Angabe »zur Forembach ihm Fograscher landt« (Chron. 1, 57), wo -bach noch sprachlich empfunden scheint, wie der Artikel beweist; so sagt heute noch der nösn. Bauer *mer sin zer Dirrbǭch.* — »Warmbach«, das auch Qu. Kr. 3, 542 aus dem Jahre 1550 erscheint (»ad Fogaras et Warmbach«) mag volksetymol. Erklärung sein. Wenn der O. N. deutschen Ursprungs ist, so hängt er jedenfalls mit *Forren, Ferren* (‚Forelle', s. Fohre) zusammen, nicht mit warm. Dann wäre der rum. Name Porumbacu aus »Formbach« dem Rum. eingelautet. Magy. Porumbák ist = rum. Porumbacu.

(**Forrembächer**), **Formbijer** m. 1. ‚einer aus *Formbich* (Porumbák)' (Freck). Urkundl. »ohne ichenne schuldt nam der Thurn knecht dem Formbacher das Ross« (1600, Ger.-Prot.). — 2. Dazu der † F. N. Farrembecher (1564, Kelling). — Zu *Formbich* (Forrembach).

forrydt †, ‚Wage am Wagen'? »vor 2 Redtt wnnd vor gestell vnnd forrydt an den Mil wogen asp. 43½« (1557, Qu. Kr. 3, 323). Wohl dasselbe wie ferheczs (s. d.) = magy. fölhércz.

—, **Forschembor,** *af der, fur der, än der Forschembor* Fl. N. (Wald, Abtsdf.).

forschen, forschen schw., nösn. *forschn* schw. [Städt. Halbma.]. Echte Ma. *sij erkändijen, frögen, sich ämhîren.*

Forschner, † F. N. (1767, *Bistritz*) = Forschtner = Forstner?

Förster, Ferster m. [Städt. Halbma.], in die Ma. zum Teil eingelautet *Ferštner, Ferschner* ‚Förster, vereinzelt auch Forstwart'. In neuester Zeit haben in Ungarn die meisten Ämter angeblich Steigerung des Ansehens erfahren, indem dem Titel der Träger ein ‚Ober' vorgesetzt worden; so heissts auch bei uns denn: *Îwer-Feršter, -Ferštner, -Ferschner.* — Dazu der † F. N. Forster (1517, *Bistr.*), Forschter (1521, Ebda.). Vgl. R. Schuller, Wolfgang Forster, Schässbg. Programm 1890. Hieher der F. N. Forschner (1767, *Bistr.*)? — Dazu die D. N. *Ferster (Heidendorf), Ferštner* (Werd). mhd. forstære.

Forstwart, Forstwart m., ganz modernes Lehnwort, früher auch *Feršter, Ferštner.* Gegenwärtig ist *Forstwart* nicht identisch mit *Feršter* und ebensowenig mit *Wąlthæder.* Jenes weicht allmählich vor dem Titel: *Îwerferšter;* dies bezeichnet einen im Wald wohnenden Besorger. Jener ist dem *Forstwart* über-, dieser ihm untergeordnet.

fort, fort ist im Süds. bloss in wenigen Zusammensetzungen und in Verbindung mit andern Adverbien in der Form *fîrt (fûrt, fuirt, fuirt, fûert, fûrt)* gebräuchlich, dagegen im Nösn. stark verbreitetes Sprachgut; durch den mitwirkenden Einfluss des Nhd. hat es auch in den Dorfmaa. die übrigen Adv., die eine Entfernung ausdrücken, verdrängt. *Ewêch,* das es im Süds. in den meisten Funktionen vertritt, fehlt dem Nösn. ganz, *dervun* fast ganz, bloss *ua-* (ab-) wird neben *fort* in Verbalkompositionen gebraucht. Es erscheint nie als Präp., sondern nur als Adv.

I. ‚von einem Orte weg'. A. In selbständiger Geltung wird es fast gar nicht gebraucht. Der starke Befehl *fort hacher!* (hierher, ‚von hier') ist bloss elliptischer Ausdruck für *gick* (geh') *fort hacher!* — B. In der Zusammensetzung mit Verben ist es häufig. Jedes Verbum, das eine Bewegung zum Ausdruck bringt, kann im Nösn. mit *fort* verbunden werden, wobei der alte Zusammenhang mit ‚vor', der im mhd. vort ‚vorwärts, voran' noch lebendiger war, zutage tritt. Denn *fort* fordert gewöhnlich Angabe des Ausgangspunktes, während Ziel und Richtung unbestimmt bleiben können. Dabei kann zur Verstärkung des Ausdrucks der Bewegung und Entfernung ausser den entsprechenden Präpositionen und Substantiven noch *-här* hinzutreten. *Zâit den Däsch fort vu der Wąnt här! Se sai aus der Štądt här fortgezogn.* Es wird besonders gern bei Verben im Imp. gebraucht, wo es in dem Sinn eine Art Verstärkung bildet, dass es nur ein ‚hinweg' andeutet, das ‚wohin?' aber unbestimmt lässt. *Gick* (geh') *fort aus dem Rôch!* (Rauch). 1. Zunächst ist *fort* mit Verben verbunden, die an sich eine Bewegung bezeichnen, um dieser Bewegung die Bedeutung des ‚sich entfernens' zu geben. *-dureln,* -fahren, -fallen, -fliegen, -fliessen, *-flutchern,* -gehen, *-glätschn, -hopsn,* -kommen, -kriechen, -laufen, -reisen, -reiten, -rennen, -rücken, -rutschen, -schiessen, *-schippeln,* (süds. *-scheppeln*), -schleichen, -schlüpfen, -schwimmen, -springen, -splittern, *-tâbern,* (süds. *-tâwern*), *-taichn, -tąmpeln, -tepeln, -trêschn,* -treten, *-tschureln, -tschussn,* -ziehen. Refl. sind zu solcher Funktion Verben gekommen, die mit Bewegung eigentlich nichts zu tun haben, sich fort-*frandern,* (süds. *-frängdern*), -machen, -tasten, -verlangen. Durch die Verbindung mit *fort* reihen sich auch Modalitätsverben hier an. -bleiben, -dürfen, -können, -lassen, -müssen, -sein, -sollen, -wollen. — Hieher gehören auch die Zusammensetzungen mit Subst. Fortzucht, -zug, da sie vom Verbum abgeleitet sind. — 2. Am häufigsten ist es in der Verbindung mit trans. Verben, denen *fort* erst die Bedeutung ‚entfernen, wegbringen' gibt. Dabei sagt die Komposition mit *fort* mehr als etwa die mit *ua-* (ab-), die Trennung wird dadurch eine vollkommene: *Uaschnaidn* ‚abschneiden', *fortschnaidn* ‚wegschneiden', ‚durch Schneiden völlig entfernen'. Am stärksten kommt das beim Imp. zur Geltung, wo *fort* fast ausnahmslos in der bevorzugten Haupttonstellung direkt hinter dem Verb. steht (V.-A. 37, 501). *Tschąck fort dâi Knôchn, loss nur det Flêsch!* So werden gebraucht: -barbieren, -beissen, -bekommen, -bestellen, -betrügen, -beugen, -blasen, -bohren, -brechen, -bringen, -brühen, -bügeln, -bürsten, -denken, -drängen, -drehen, -drücken, -ekeln, -fahen, *-fäntern,* -fegen, -feilen, -feuern, -fischen, *-flâin,* süds. *flân,* -fressen, *-frettn,* -führen, -geben, -graben, -hacken, -hauen, -helfen, -hobeln, -holen, -jagen, -jucken, -kämmen, *-kąpern,* -kehren, *-kibern,* süds. *-kiwern,* -klopfen, -kratzen, -lecken, -leiten, -lenken, -nagen, -nehmen, *-pätschn,* -pflücken, -picken, -pumpen, -putzen, -raspeln, -räumen, -rechnen, -reiben, -reissen, -rücken, -rufen, *-rupeščhn,* süds. *-ropeščhen,* -schaffen, *-schäpern,* -schenken, -scheuern, -schicken, -schieben,

-schiessen, -schlagen, -schleppen, -schleudern, -schmeissen, -schnappen, -schneiden, *-schnuppern*, *-schuppern*, -schütteln, -schütten, -schwemmen, -sengen, -spalten, -splittern, -spritzen, -stechen, -stöbern, -stossen, -stutzen, -tragen, -treiben, *-tschąckn*, -waschen, -werfen, -wetzen, -wischen, -ziehen, *-zuddern*, süds. *-zaddern*, -zupfen, *-zutzeln*. — Intrans. -faulen. — 3. Bei einigen Verben verbindet sich mit der Grundbedeutung noch die Nebenbedeutung ‚jemanden etwas unberechtigt und früher fortnehmen'. Sie wird verstärkt durch Zusätze wie *vor der Nuas, vor maine Ôgn*. -dingen, -essen, -fahen, *-kąpern*, -kaufen, -klauben, -mähen, -saufen, -trinken, -tunken, *-zurpm*. — 4. Mit Verben, welche Zustände oder Bewegungen ausdrücken, verbindet sich durch die Zusammensetzung mit *fort* die Bedeutung ‚an eine andere Stelle bringen', das Ziel bleibt unbestimmt. -binden, -geben, -halten, -hängen, -heben, -legen, -leihen, -schöpfen, -setzen, -stellen, -tun, -wechseln. Auch intrans. -erben, -sehen, -sitzen, -stehen, -treten. — 5. Aus dem Nhd. übernommen und deshalb nur in städt. Halbma. gebräuchlich sind Verbalkompositionen, denen *fort* die Bedeutung ‚weiter (in der Entwicklung)' gibt. -bilden, -bringen, -helfen, -kommen, -pflanzen, -schleppen. — Von Verben sind Substantivkompositionen wie Fortgang, Fortschritt abgeleitet, wobei die Substantiven, nicht aber auch die zugehörigen Verben aus dem Nhd. übernommen wurden.

II. ‚von einem Zeitpunkte an'. a) Selbständig. »von dem mal fort, das der Thorhüter geschlagen worden ist, hat er kein Wasser können behalten« (1598, Ger.-Prot.). »von dato fort« (1615, Seiv., Lok.-St. 35). In geh. Spr. »*Ąnd och vum nau fort*« (Gassner, 66). »*Sąit mer ąch vu nou hin foert Vąter*« (Bertleff, Kl.-Bistr. Ma. 17). Echte Ma. *vu nau här fort. Vu nau här fort mâissn mer hąlt mî* (mehr) *špuarn*. Verstärkt wird *fort* durch *âne* (s. *ängden*) und erhält dann die Bedeutung ‚fortwährend'. *Sai mer nät ânefort dôgewêst?* So wird im Süds. *ängdefîrt*, in Kronst. *änjdjfûrt* gebraucht.

Se wässt mer änxesacken
Mäer Bîjel ängdefîrt. Käst., 99.

Än ennem fîrt, nösn. *än ennem fort* ist ebenfalls ‚fortwährend'. *Em mâiss än ennem fort rann. Diäm gêt det Maul än ennem fort.*

Ach Motter! ir sekt en Ijel,
Dier kickt än ennem fîrt. Käst., 99.

Fîrd uch fîrt ist aus dem Nhd. eingedrungen. Im Rätsel vom Spinnrad:

Et lîft fuert uch fuert,
Und kitt doch nemmi vun dem Uert.

Und bąd und beschwur ich dich net
fîrt und fîrt?
Ämsonst wôr me Rôt, wôr me Bläck
uch me Wîrt,
Ämsonst se gescheppelt meng Zêren!
Käst., 24.

Die echte Ma. gebraucht neben *ängdefîrt* und *fîrd uch fîrt* lieber das syn. *ängden înesch* und *ängden än enem*. — b) Die Kompositionen sind nicht mundartlich, sondern aus dem Nhd. übernommen. Verba: -bestehen, -fahren, -führen, -gehen, -leben, -sagen, -setzen, -zechen. Subst.: Fortsetzung. Adj.: fortwährend. Adv.: fortbass. — mhd. vort, räumlich und zeitlich ‚vorwärts, weiter', zu vor. [Im Nösn. wäre *ô* zu erwarten, Kisch, Bistr. Ma. 20.]

fortan, fehlt. Dafür süds. *dohär ämmen, häehär ämmen*, nösn. *vu nau här fort*.

fortbarbieren, fortbalbîrn schw. (nösn.). *Balbîr der fort dąt Hôr!* (nösn.). Im Süds. *uebalbîren: E hoet sich de Grunnen oebąlbîrt, e äs Fąrr worden.* Findet sich im DWB. nicht.

fortbass †‚weiterhin'. »Denn hie stets klar, das Christus seinen Jüngern und allen bevolen hat die ubrigen brocken aufzuklauben, das mir seine gaben mit ehren sollen annemen und auff ein fortbass hinlegen« (Dam. Dürr, Kbl. 6, 124). Im DWB. nicht verzeichnet, sonst fürbass.

fortbeißen, fortbaissn st. (nösn.). *Der Hąnt huad em e gąnz Štäck vum Fänger fortgebässn* (stärker als das syn. *uagebässn*, nösn.).

fortbekommen, fortbeku st. (nösn.) ‚entfernen'. *Diän Mäntschn ką em och näst fortbeku* ‚als lästigen Gast'. Auch von Dingen. *Ich hu den Flâkn* (‚Schmutzflecken') *doch fortbekun.*

fortbestehen, fortbeštô st. (nösn.) ‚weiter dauern' [Städt. Halbma.]. *Der Verên, de Zaidungk beštêt noch waiter fort.*

fortbestellen, fortbeštalln schw. (nösn.) ‚jemanden durch einen neuen Auftrag sonstwohin schicken'. *Huast te en fortbestąlt dochert? wiär wêss, wâi ląng tąt e noch wuart.*

fortbetrügen, fortbedrâign st. (nösn.) ‚durch Betrug fortlocken'. *De Känder fortbedrâign*, wenn sie in Gefahr sind oder einen hindern. *De wällist mich nur fortbedrâign* sagt das Kind zu seiner Mutter, wenn sie es irgendwoher fortlocken will und es die Absicht merkt.

fortbeugen, fortbêgn st. (nösn.) ‚auf die Seite beugen'. *Bêch der fort dn Hât aus dn Ôgn (Bistr.).* — Gewöhnlicher das Simplex, ferner *mąchn, fortmąchn.*

fortbilden, fortbildn schw. refl. ‚sich weiter ausbilden' [Städt. Halbma.]. *Der Mäntsch mâiss sich jǫ fortbildn, sǫnst blaift e e Gâiter (Bistr.).*

Fortbildungsschule, Firtbeldungksch̑il, nösn. *Fortbildungksschûl* fem. [Städt. Halbma.]. *E gêt jǫ och schu än de Fortbildungksschûl* (nösn.). Echte **Ma.** *Ôwentschîl* (Abendschule), ja nach der frühern ausschliessl. Beschäftigung: *Schraifštangt* (Schreibstunde, Neudf. b. H.).

fortbinden, fortbänn st. (nösn.) ‚an eine andere Stelle binden'. *Diser Nǫst händert hâi, ich mâiss en fortbänn. Den Hǫnt, de Kâ fortbänn.*

fortblasen, fortblôsn schw. (nösn.) ‚durch Blasen entfernen'. *Den Štôf vum Däsch fortblôsn. Blôs der fort de Fêsn vum Rock! De Lǫft blêst ent schär fort*, bei heftigem Wind.

fortbleiben, fortblaibm st. (nösn.) ‚wegbleiben' [Städt. Halbma.]. *Diär blaift hait widder lǫng fort.* Echte Ma. *kit lǫng näst*, süds. *kit lǫng net, bleift lǫng.*

fortbohren, fortbôrn schw. (nösn.) ‚durch Bohren wegbringen'. *Den Nuagel aus dem Brett fortbôrn*, süds. *erous bîren.*

fortbrechen, fortbrâichn st. (nösn.) ‚abbrechen'. 1. Trans. *Gäw Uacht, de wist dâi Schnuat* (‚Pfropfreis') *fortbrâichn* ‚ganz abbrechen', *uabrâichn* ‚abbrechen, aber so dass es noch hängt'. — 2. Auch intrans. *De Schrauw äs warlich* (‚wirklich') *fortgebrôchn!*

fortbringen, fîrtbrängen st. Man kann ihn (Menschen, Ochsen) kaum fortbringen ‚er ist sehr träge'. Einen Menschen nicht fortbringen können ‚wegen Zudringlichkeit'. Übertragen: jemanden fortbringen ‚mit Mühe ernähren' (Binder, Coll.).

fortbrühen, fortbrâi schw. (nösn.) ‚durch Brennen entfernen'. *De Wuarx, det Pätzkn mâiss em fortbrâi, sǫnst vergô se nät.*

fortbügeln, fortbigeln schw. (nösn.) ‚durch Bügeln wegbringen'. *Fǫldn aus em Klet fortbigeln.*

fortbürsten, fortbîrštn schw. (nösn.) ‚durch Bürsten entfernen'. *Än Flâkn aus dem Rock, de Muar* (‚den Strassenkot') *vu dn Hôsn fortbîrštn.*

fortdenken, fortdingkn schw. (nösn.) ‚aus den Gedanken entfernen' [Städt. Halbma.?]. *Ich känn mer dǫ̂t* (Angenehmes, Unangenehmes) *aus mainem Lêbm nät fortdingkn.* In dieser Bedeutung ist die Ra. im Nhd. nicht gebräuchlich, dafür ‚wegdenken'.

fortdingen, fortdängen st. (nösn.) ‚unberechtigt früher dingen'. *Em huat mer de Mêt, den Knêcht fortgedǫngen. Ed äs nammi hesch, wâi sich de Lait de Gesänder* (Gesinde) *fortdängen.*

fortdrängen, fortdrângen schw. (nösn.) ‚beiseite drängen, verdrängen' [Städt. Halbma.]. *Haitzedǫ̂ch drângd em ent iberǫllhär fort.*

fortdrehen, fortdrê schw. (nösn.) refl. ‚sich wegwenden'. *Drê dich fort, ich bešprätzn dich!* Ra. *sich dn Räck fortdrê* ‚den Rücken kehren'. *Wâi em sich dn Räck fortdrêt, äs der Taiwel fiärtich* ‚ist das Unheil da'. Süds. nur das Simplex und nicht reflexiv: *de Räck drên* ‚weggehen' (etwa von Hause). Das (auch im Nösn. gebräuchliche) Simplex verlangt in dieser Wendung den Dat. der beteiligten Person *âmen den Räck drê* ‚jemandem den Rücken kehren, ihn abweisen, im Stich lassen' (die Umworbene den Werber oder dieser sie).

fortdrücken, fortdräckn schw. (nösn.) ‚beiseite drücken'. 1. Trans. ‚etwas oder jemanden beiseite drücken'. *Den Däsch, den Štâl fortdräckn.* Besser dafür das Simplex von *räcken. Der Misch huat mich fortgedrǫckt.* Im Süds. *uedräcken*, einen Rivalen beseitigen, den Sieg über ihn erringen. — 2. Refl. ‚sich entfernen' [Städt. Halbma.]. *E huat sich fortgedrǫckt.*

~, fortdureln schw. (nösn.) ‚wegrollen'. *Der Kraitzer, der Knêfel äs mer fortgedurelt, ich känn en näst fänn.* — Syn. *fortschippeln, forttepeln.*

fortdürfen, fortterfm schw. (nösn.) ‚weggehen dürfen'. Gewöhnlich negiert. *De terfst mer nät fort hacher!* (‚von hier').

fortekeln, fortäckeln schw. (nösn.) ‚durch unangenehmes Betragen wegbringen' [Städt. Halbma.]. *Esu än tummen Hǫnt mâiss em fortäckeln, wô em en ǫndersch nät fort känn beku.* Echte Ma. *fortfrâssn*, süds. *ewêch friessen*, für ‚ekeln' *ǫckeln.*

~, Fortel n. s. Vorteil.

forterben, fîrtärwen schw., nösn. *fortärbm* schw. ‚durch Erbschaft in eines andern Besitz übergehen'. *De Lander ärbm fort vum Vater ǫf dn Sǫn.* Süds. auch refl. *sich verärwen.* »Die Krankheit e r b t f o r t« ‚steckt an' (Binder, Coll.). — Urk. »also dass er es (das Land) soll verzinssen, vndt soll auch f o r t t e r b e n« (1684, Trappold, Kbl. 4, 74).

fortessen, fortâssn st. (nösn.) ‚unberechtigt früher essen'. *E ässt mer ǫlles fort bäs ich kun* (komme).

fortfahen, fortfê st. (nösn.) ‚durch Fangen wegnehmen'. *Em huad em dn Hǫnt fortgefǫngen.* Auch ‚früher wegfangen'. *Nau fêst te mer dn Summervogel vor der Nuas fort!*

fortfahren, fîrtfu^e^ren st., nösn. *fortfu^a^rn.* 1. ‚sich durch Fahren entfernen'. *Mai Mqtter äs fortgefu^a^rn. Fu^a^rn* bezeichnet die Tätigkeit allgemein ohne nähere Beziehung, *u^a^fu^a^rn (se sai itzt u^a^gefu^a^rn)* den Beginn des Wegfahrens, *fortfu^a^rn* ist der gebräuchlichste Ausdruck für ‚wegfahren'. — 2. † ‚beharren'. »sie aber nach unserer Vermanung nichts haben gefragt, sondern sein in ihrem Wesen f o r t g e f a h r e n« (um 1610, Ger.-Prot.). — 3. ‚eine begonnene Sache weiter führen': *De Nêber wallen dich net, qwer dî däckschadelich H. fêrt* [e^•^] *dennich fuirt mät dem Bâ; mir foäre fuird äm Prozäss, bäs se net geschoide sen* (Agn.).

fortfallen, fortfqlln st. [Städt. Halbma.] ‚entfallen'. Nur übertr. *Dqt fallt fort* ‚entfällt, kommt nicht in Betracht'.

—, **fortfäntern** schw. (nösn.) ‚fortjagen', das verstärkte Simplex (s. d.). Drohung: *Säch, wâ^i^ wiärn ich dich fortfäntern!*

fortfaulen, fortfauln schw. (nösn.) ‚durch Faulen abfallen'. *Dqt Štäck äs fortgefauelt,* stärker als *u^a^gefauelt,* das erstere bezeichnet den vollendeten, das letztere den noch dauernden Zustand.

fortfegen, fortfêgn schw. (nösn.) ‚wegputzen'. *Den Schmutz, de Mu^a^r, det Fattet* (Fett) *aus dem Iärn* (‚Fussboden') *fortfêgn.* Die Komp. *u^a^-* (ab-), *ausfêgn* sind nur in der spezielleren Bedeutung ‚den Stall vom Miste reinigen' gebräuchlich; das Simplex *fêgn* wird durch *fort* verstärkt, so dass *fortfêgn* einen stärkeren Grad derselben Bedeutungsnuance wie das Simplex zum Ausdruck bringt.

fortfeilen, fortfailn schw. (nösn.) ‚durch Feilen entfernen'. *Ded îršt mâisst te dâ^i^ Bailn* (aus einem Messer) *fortfailn qnd denô fortwâtzn. Dem Nu^a^gel dn Scherl fortfailn.*

fortfeuern, fortfaiern schw. (nösn.) ‚auf die Seite schlagen'. In zorniger Rede *faier en fort, diär gêt näst ellê* (‚von selbst').

fortfischen, fortfäschn schw. (nösn.) (eigentlich ‚durch Fischen') ‚wegnehmen'. *E fäscht mer de bast Štäckeltcher aus der Schässel fort. E hu^e^d em et fortgefäscht* ‚ein Mädchen weggeheiratet'.

—, **fortflq^i^n** schw. (nösn.) ‚durch Spülen entfernen'. *Flâkn aus der Wâsch fortflq^i^n.* Im Süds. ist *flqn* nur der letzte Schritt in der Reinigung. Flecken können nur durch das dem *flqn* vorausgegangene Waschen unter etwaiger Anwendung von Reinigungsmitteln entfernt werden.

fortfliegen, fortflâign st. (nösn.) ‚wegfliegen'. *Der Vogel, der Summervogel, der Kêfer flaicht fort. Der Drqchn, det Ballôntchi flaicht der fort. Mir schaint, de Gedqngkn sai der widder fortgeflogn.*

fortfliessen, fortflâ^i^ssn st. (nösn.) ‚sich durch Fliessen entfernen'. *De Bredder flâ^i^ssn fort. Wô* (‚wenn') *e grûss Wqsser kit, flaisst em Haus och Kâ^i^ och Schwai och alles fort.*

—, **fortflutchern** schw. (nösn.) ‚wegflattern'. *De Fleddermais flutchern fort qnt ku widder.*

—, **fortfrandern** schw. (nösn.) ‚sich durch Heirat an einen andern Ort begeben'. *Det Marichi hu^a^t sich fortgefrandert, et hu^a^d än Burichâner* (Burghallner) *genû.*

fortfressen, fortfrâssn st. (nösn.) eigentlich ‚durch Fressen entfernen', nur in der übertr. Bedeutung ‚jemanden (böswillig) aus einer Stelle entfernen'. *Nâmest sqnst hu^a^t mich dochert* (dorther) *fortgefrâssn, wâ^i^ diä^r^.*

—, **fortfretln** schw. (nösn.). ‚durch starkes Reiben entfernt werden'. *Det Ledder um Wu^a^gn äs fortgefrett.* Häufiger in dieser Bedeutung die Komp. *u^a^-* (ab-), *durich-* (durch-) *gefrett.* Über den Stamm des Wortes s. das Simplex.

fortführen, fortfârn schw. (nösn.). 1. ‚durch Führen entfernen', ‚abführen'. *Mäst, Appel fortfârn. De Šchandârn hun en fortgefârt.* — 2. Übertr. † ‚einen Prozess weiter führen'. »Entstehen zwischen der Bůrgerschafft rechtshåndel vnd teidig sachen / sie sollen erstlich fůr Gericht angehen / vnd darnach / . fůr den rath f o r t g e f ů h r e t werden« (E. L. R., 3).

Fortgang, Fortgqngk m. (nösn.) ‚Fortschritt'. *Dâ^i^ Sqch hu^a^d än Fortgqngk, hu^a^t nichen Fortgqngk. Et hu^a^t nichen Fortgqngk mät diä^a^n Mäntschn* ‚er gedeiht nicht', körperlich, geistig und wirtschaftlich. Urk. »damit derselbe Baw desto schleuniger einen F o r t g a n g undt auff das eheste einen gewünschten Aussgang erreichen möge« (1677, Seiv., Lok.-St.).

fortgeben, fîrtgi^e^n, nösn. *fortgê* st. ‚einem andern etwas geben, weggeben'. 1. *Ich hu mai Mâsser fortgê. Nät gäf der qlles fort!* — 2. Speziell ‚vermieten'. *Mer hun qnser Haus fortgê.* Syn. *ausgê* (ausgeben). — 3. Im Spiel der Kinder: Eins gibt dem andern im Scherz einen Schlag und spricht dabei: *Gäw et fuirt!*

fortgehen, fîrtgôn st., nösn. *fortgô* st. 1. ‚sich durch Gehen entfernen'. *Nät gick fort, blaif noch! Se wôrn schu fortgqngen, wâ^i^ mer du^a^r kqmen* (nösn.). *E äs schîn fürtgegqngen* ‚weggezogen' (Grosspold). »Alsso g e i n g e n wir f u r t, biss das ein ieder heimkam« (1567, B. M.). — 2. ‚sich entwickeln, fortschreiten'. »Damit aber die Stadtarbeit schleuniger möge f o r t g e h e n, ist beschlossen . . .« (1681, Werner,

Mediasch im 17. Jahrhundert 11). In geh. Spr. (Hochzeitslied):

Doräm goid uch hæ̂ unt dûᵉrt
De Verlongen änjde fûᵉrt (‚geht immer weiter, du verlangst immer mehr‘),
Unt der Mänjtsch mät senjem Dingken
Kûn et doch net oᵘndresch lingken.

SCHUSTER, Volksl. 82.

—, **fortglätschn** schw. ‚weiter gleiten, weggleiten‘ (nösn.). *Det Schlitchi äs ǫnder mer fortgeglǫtscht.*

fortgraben, fortgruᵃbm st. (nösn.) ‚durch Graben entfernen‘. *De Iärd, den Štraifm fortgruᵃbm.*

forthaben, forthun schw. (nösn). in der Verbindung mit wollen ‚jemanden fortwünschen‘. *Se wänn en lǫnghär fort hu, e gêt jǫ ǫber näst.*

forthacken, forthąckn schw. (nösn.) ‚weghauen‘. *Hǫck de Knôchn fort!*

forthalten, forthǫ̂ldn st. (nösn.) ‚an eine andere Stelle halten‘. *Hǫ̂l et fort vum Obm, ed wid ubrâⁱ.*

forthängen, forthê st. (nösn.) ‚an eine andere Stelle hängen‘. *Den Rock, det Dâch, de Wâsch aus der Sǫnn forthê.*

forthauen, forthân st. (nösn.) ‚durch Hauen entfernen‘. *De Bêm aus dem Guᵃrtn forthân. De Klôn vu dn Fâⁱss forthân* (beim Schweineschlachten).

forthebeu, forthêbm st. (nösn.) ‚an eine andere Stelle heben‘. *Det Schǭf* (Schaff) *aus dem Rê* (Regen) *forthêbm.*

forthelfen, fîrthälfen st., nösn. *forthälfm* st. 1. ‚einen wesentlich unterstützen‘, ‚ihm Unterhalt geben‘ (BINDER, Coll.). — 2. Ironisch ‚einen entfernen‘. *Diäm wänn mer schu forthälfm.* — Syn. *fortfrâssn* (fortfressen).

forthobeln, forthobeln schw. (nösn.) ‚durch Hobeln entfernen‘. *Den Knorn aus dem Brett forthobeln.*

fortholen, fortholn schw. (nösn.) ‚abholen, wegholen‘. Nicht ganz dasselbe wie *uᵃholn* (abholen) oder wie *mätholn* (mitholen), sondern mit der Nebenbedeutung des zornigen Abholens, wie auch sonst die Verbindungen mit fort- diese Bedeutung annehmen, z. B. *De Wîršt uᵃholn* ‚früher (zur Räucherung) übergebene Würste abholen‘, *ich hu de Wîršt fortgeholt* (‚im Ärger abgeholt‘), *dô wêrn se pune lume nät* (niemals) *gerêchert* (geräuchert worden).

—, **forthopsn** schw. (nösn.) ‚sich durch Hüpfen entfernen‘. *Hesch mêlich üss e fortgehopst. Der Krader hopst fort.*

fortjagen, fortjuᵃgn schw. (nösn.), *fortgǭgn (Kl.-Bistr.)* ‚durch Jagen entfernen‘. Von Tieren nicht gebräuchlich, dagegen von Menschen *de Mêt, den Knêcht fortjuᵃgn* ‚aus dem Hause jagen‘. *E huᵃt sich de Frâ nau schu zem zwetnmol fortgejuᵃcht, ed äs dich doch än Schǭnt.*

fortjucken, fortgäckn schw. (nösn.) ‚durch Jucken entfernen‘. *E huᵃt sich de Rif fortgegäckt.*

fortkämmen, fortkâmen schw. (nösn.) ‚durch Kämmen entfernen‘. *Kâm der de Feddern, de Fêsn aus dem Hôr,* stärker, mit unwilliger Betonung *kâm der fort de Fêsn aus dem Hôr!*

—, **fortkǫpern** schw. (nösn.) ‚wegfangen, wegnehmen‘ (von Menschen). *E huᵃt sainem Nôber den Knêcht, de Braut fortgekǫpert,* weil sie ihm besser gefallen, als die eigenen, weil er sich an ihnen ‚vergafft‘ hat (*kǫpern* zu mhd. kapfen ‚gaffen, staunen‘).

fortkaufen, fortkêfm schw. (nösn.) ‚früher kaufen‘. *E huᵃt mer de Hängkel* (Hühnchen), *de Ǟᵉr* (Eier), *det Holz (vor der Nuᵃs) fortgekôft.*

fortkehren, fortkiᵃrn schw. (nösn.) ‚durch Kehren entfernen‘. *Nämm der dn Bâssem ǫnd kiär fort dâⁱ Špê* (Holzspäne) *aus dem Iᵃrn.*

—, **fortkibern** schw. (nösn.) ‚durch *Kibern* (wühlen) entfernen‘. Eigentlich *de Iᵃrt, den Mäst fortkibern* ‚auf die Seite wühlen‘, wenn etwas gesucht wird. — Übertr. *Mer wänn en schu fortkibern* ‚einen unangenehmen Menschen durch wühlende Umtriebe wegbringen‘.

fortklauben, fortklaubm schw. (nösn.) ‚früher und ohne Recht wegklauben‘. *Dâⁱ Hǫntsbrêdn* (‚Hundsbraten‘, Schelte) *hu mer de Waimercher guᵃr fortgeklauft.*

fortklopfen, fortklopm schw. (nösn.) ‚durch Klopfen entfernen, wegklopfen‘. *Den Štôf, det Mêl vu der Gup, dem Rock, den Hôsn fortklopm.*

fortkommen, fîrtkun st., nösn. *fortku* st. 1. ‚vorwärts kommen‘. a) *E kǫ̂n ous de Fessen net fîrtkun.* »In (mit) den Füssen schlecht fortkommen können« ‚mit Anstrengung gehen‘ (BINDER, Coll.). — b) Auch mit dem Nebensinn: ‚über eine kleine Notlage hinüber kommen‘. *Mer hun 't Bruit broit* (aufgegessen) *en kennen net bǫcken; dǫt mer fuirt kun, hun ich vun der Neoberan e Bruid entlînt* (Agnetheln). Auch substantiviert: *Glǫtt zem Fuirtkun hu mer dich, loi* (allein) *morren, iwermorre broide mer't, derneo messe mer dennich bǫcken* (Ebda.). — c) ‚aufbrechen, zu fahren anfangen‘ *sæt nâ, dad er îst fîrt kut* (neben *dervu kut*). Urk. »vielleicht auss trieb seines Gewissens, und dass er gesehen, dass er mit fernerem laugnen nicht fort kommen könnte« (1697, Cap. Cib.). — 2. ‚auf die Seite geraten, verloren gehen‘. *Sorich, tǫt der det Mâsser nät fortkit (Bistr.).*

fortkönnen, fortkänn schw. (nösn.), wie nhd. *E känn nät fort hacher* [3].

fortkratzen, fortkrǫtzn schw. (nösn.) ‚durch Kratzen entfernen‘. *Den Flâkn, de Rif fortkrǫtzn.*

fortkriechen, fortkrâichn st. (nösn.) ‚sich kriechend entfernen‘ (von Insekten, Reptilien). *Der Kêfer, der Schnâkelhôrn* (Schnecke), *de Êdess* (Eidechse) *kraicht fort.*

fortlassen, fortlossn st. (nösn.) ‚wegziehen lassen‘. *Nau lossn ich dich nammi fort, blaif derhêm!*

fortlaufen, fortlûfm st. (nösn.) ‚sich laufend entfernen‘. *Der Hǫnt, det Rôss, de Kâ äs fortgelûfm. Lûft er widder fort, Känder? De Frâ äs em fortgelûfm* ‚hat ihn verlassen‘. Zum Besuchenden, der sich entfernen will: *De bäst jǫ nur itzt kun, de wist jǫ nät schu fortlûfm.*

fortleben, fortlêbm schw. (nösn.) ‚weiter leben‘ [Städt. Halbma.]. *Der Mäntsch lêft och nô dem Dût fort.*

fortlecken, fortlâkn schw. (nösn.) ‚durch Lecken entfernen‘. *Zǫcker, Hunich vum Däsch, Štâl fortlâkn.*

Fortleff, F. N. *(Bistr.)*, Fortloff (1763, *Treppen*). — Ahd. P. N. Forti + Wolf. Vgl. moselfr. F. N. Forth, ferner die F. N. Ad-leff, Bert-leff. V.-A. 34, 39.

fortlegen, fortlêgn st. (nösn.) ‚beiseite legen‘. *Lêch fort det Brett aus dem Wêch.*

fortleihen, fehlt. Urk. »(der Spittäler) soll ess (das Ackerland) aber nicht macht haben andren fort zu leyhen« (Müller, Hosp. 64).

fortleiten, fortlêdn schw. (nösn.) ‚leitend fortführen‘ [Städt. Halbma.]. *Led en* (den Blinden) *fort (aussn) aus disem Gemêsch!* (‚Gewühl‘).

fortlenken, fortlingkn schw. (nösn.) ‚lenkend entfernen‘. *De Rôss fortlingkn (aus dem Wêch ǫf de Wis, nebm u der Bǫch här än Wêch).*

fortmachen, fîrtmǫchen schw. Refl. ‚gehen, zu gehen anfangen‘ (Binder, Coll.). Wohl sehr wenig gebraucht; dafür umschrieben: *mǫchen dad em fîrt kit.* s. fortkommen. — Urk. »von dannen er sich abermall bis in den Stall fortgemacht hat« (1622, Cap. Cib.). »kurtze Zeit aber darauf, verliess ich ihn, und machte mich fort« (17. Jahrh., Ebda.). »mit dieser Condition, . dass sie sich aus dem Stuhle sollen fortmachen« (1641, Reps). — Echte Ma.: *sich rommen.*

fortmähen, fortmê schw. (nösn.) ‚unberechtigterweise vor dem Besitzer mähen‘. *Em huat mer de Grâmet, det Grǫs guar fortgemêt.*

fortmüssen, fortmâissn st. (nösn.) ‚wegziehen müssen‘, süds. *dervu messen. Se hu fortmâissn, môrn mâiss ich fort.* Urk. »oft sind sie auch ohne Sattel fortmüssen« (Qu. Kr. 4, 306).

fortnagen, fortknuagn schw. (nösn.) ‚durch Nagen entfernen‘, süds. *uəknuəgen* [3]. *De Mais hu det Pupaier guar fortgeknuacht, nau wiərn se u dn Wîršt ufê* (anfangen). Das Komp. mit fort besagt auch hier mehr als *ua(f)knuagn* (abnagen), welches das Hauptgewicht auf nagen legt (ohne dass das Abgenagte auch entfernt wird), während in *fortknuagn* das endgültige, vollständige Entfernen vor allem zum Ausdruck kommt.

fortnehmen, fortnî st. (nösn.) ‚wegnehmen‘, süds. *uənien. De Wâsch vum Šträck fortnî.* Oft mit der Nebenbedeutung des Gewaltsamen. *Det gǫnz Mêl huad em em fortgenû, et wôr licht* (‚verdorben‘). Bei Überschwemmungen: *de Bǫch nint em schär det Haus fort.*

—, **fortpätschn** schw. (nösn.) ‚durch *Pätschn*, Zwicken, Kneipen entfernen‘. *Dem Nuagel dn Scherl mät der Pätschzǫng, Flêsch, Haut mät dn Nâgel* (Fingernägeln) *fortpätschn.*

fortpflanzen, fîrtflânzen schw., nösn. *fortflǫnzn* schw. [Städt. Halbma.]. Wie nhd. — Für die Bedeutung ‚an eine andre Stelle pflanzen‘ s. *fortsâtzn* (fortsetzen).

fortpflücken, fortpläckn schw. (nösn.) ‚durch Pflücken, Rupfen entfernen‘. *Pläck fort dâi Feddercher!* (beim Hühnerrupfen). *Dem Paredais de Blettcher fortpläckn (uapläckn, uaknǫtschn).*

fortpicken, fortpäckn schw. (nösn.) ‚wegpicken‘. *De Hängkel hu de Kaider* (Maiskörner) *vum Štrǫngk* (des Maiskolbens) *guar fortgepäckt.*

fortpumpen, fortpumpm schw. (nösn.) ‚Wasser durch Pumpen entfernen‘. *Det Wǫsser aus dem Kaller fort-(erauss-)pumpm.*

fortputzen, fortputzn schw. (nösn.) ‚durch Putzen entfernen‘. *De Muar vu dn Schǫgn, Klêder; det Geschwainx, Kiarschel aus dem Järn* (‚Fussboden‘) *fortputzn.*

fortraspeln, fortrǫspeln schw. (nösn.) ‚durch Raspeln entfernen‘ [Städt. Halbma.]. *Rǫšpel fort vu der Sôl* (Schuhsohle), *vum Schlässel, wǫt ze vil äs.*

forträumen, fortraumen schw. (nösn.) ‚ab-, wegräumen‘. *Raum der fort dai Sǫchn vum Däsch!* — Refl. ‚sich packen‘. *Raum dich fort hacher* (‚von hier‘)!

fortrechnen, **fortrâichnen** schw. (nösn.). ‚mit dem Heurechen entfernen‘. *Det Hâi ǫnder dem Wuagn, ǫnder dn Fârd här forträichnen.*

fortreiben, **fortraibm** st. (nösn.) ‚durch Reiben entfernen‘. *De Flâkn aus dem Âsszaich fortraibm.*

fortreisen, **fortrêsn** schw. (nösn.) ‚wegreisen‘ [Städt. Halbma.]. — Echte Ma. *fortzâi* (fortziehen).

fortreißen, **fortraissn** st. (nösn.) ‚durch Reissen entfernen‘. *Nät raiss der fort det Zudderchi* (‚Fetzchen, womit Wunden verbunden werden‘)!

fortreiten, **fortraidn** st. (nösn.) ‚sich reitend entfernen‘, wofür es der gewöhnlichste Ausdruck ist. *De Hussârn sai fortgeridn* (scil. um nicht wieder zu kommen).

fortrennen, **fortrann** schw. (nösn.) ‚sich rennend entfernen (ohne Ziel)‘. Von Tieren. *De Fârd, der Bäffel, det Ränt* (Kalb), *de Ôssn sai em fortgerǫnnt* (ohne dass man weiss, wo sie sind). Von Kindern. *Nau äs mer der Hanzi wider fortgerǫnnt.* Häufiger als das syn. *fortlûfm* (fortlaufen).

fortrücken, **forträckn** schw. (nösn.). 1. Trans. ‚durch Rücken entfernen‘. *Den Däsch vu der Wǫnt här forträckn.* — 2. Intrans. ‚abrücken, wegrücken‘. *Räck fort vum Obm, de vergrêzt der de Hôsn!*

fortrufen, **fortrâfm** st. (nösn.) ‚wegrufen‘. *Ich râfm dich denô schu fort* allgemein ‚weg‘, während *aussn, änne* etc. bestimmte Richtungen angeben. — Urk. »(ich) will euch darnach f o r t r u f f e n« (um 1680, Bog. Cap.).

—, **fortrupeschn** schw. (nösn.) ‚durch öfteres Reiben entfernen‘. *Nammi rupesch, de rupescht der jǫ de Haut fort.*

fortrutschen, **fortrutschn** schw. (nösn.) ‚sich rutschend entfernen‘. *E rutscht ǫf dn Knâi fort.*

fortsagen, **fîrtsôn** schw., nösn. *fortsô* schw. ‚weiter sagen‘. ‚Eine Erzählung, ein Gerücht weiter ausbreiten‘ (Binder, Coll.); »man soll es nicht fortsagen« ‚man kann es kaum glauben‘ (Ebda.). *Ed äs, dǫd em t net fuirtseot; um Onjt freocht em enen dram* (am Ende wird man wegen solcher Mitteilung zur Verantwortung gezogen). Der gewöhnliche Ausdruck ist nösn. *waiter sô.* — † In Nachbarschaftordnungen ‚Anordnungen des Nachbarschaftsvaters von einem Nachbar zum andern der Reihe nach weitersagen‘. »Welcher Nachbar die Hawdt (die Nachthut, Wache in der Nacht) nicht f o r d t s a g t, und seinenthalben bleibt anstehen, also oft das geschicht verfelt derselbige d. 10« (1563, Hstdt.). »Welch Nachbar die Nachthwt nicht versehen wird nach gebot der Herren, und wird nicht hüten nach (noch) die Hut f o r t s a g e n, soll gestraft werden .« (1582, Hstdt.). »Welch Nachbar die Sontagshütt versäumet, und dieselbige auch nich f o h r t s a g e t t, soll in jedesmahl zur straff geben Den. 8« (1704, Repser Nachbarschafts-Art.). »Wer den Zeiger (das Täfelchen, das als Zeichen einer Anordnung herumgegeben wurde?) nicht f o r t s a g t (eigentlich die Anordnung, die mit der Übergabe des Zeigers angesagt wurde) bis auf den dritten Tag, soll der Nachbarschaft verfallen d. 10« (18. Jahrh., Reichesdf.). Sonst bedeutet Zeiger, *Zîjer,* das am Haus nach der Gasse hin angebrachte Zeichen des in jenem Haus geübten Schankrechtes. Und *den Zîjer fîrtsôn* hiess dem Nachbar die Mitteilung machen, dass sein Vorgänger jenes Recht jetzt nicht nützen wolle, dies darum dem Nachfolger (Nachbar) vorzeitig zustehe, oder dass der Vorgänger sein Recht genützt und dies rechtmässig und -zeitig dem Nächsten anheim falle. Das Rechts-Symbol, Wappen der Nachbarschaft, mit dem mündliche oder schriftliche Mitteilungen von Haus zu Haus in Umlauf gesetzt wurden, heisst: *der Zîchen* (‚Zeichen‘).

fortsaufen, **fortsaufm** st. (nösn.) ‚saufen, was für einen andern bestimmt war‘. Von Tieren. *Nau saift der Schärgǫ dem Tschinosch* (Ochsen) *det gǫnz Gesêfich fort.* Derb, im Unwillen von Menschen. *Wǫt saifst te mer dn Wai fort, de lesst mer jǫ näst.*

fortschaffen, **fortschǫffm** schw. (nösn.) ‚wegbringen, wegtragen‘ (ohne Zielangabe). Von Menschen und Tieren. *Em huad en nau fortgeschǫfft* (den Kranken, den Verbrecher). *Hu se sich det Schwai noch âne nät fortgeschǫfft?* Von leblosen Dingen wird es im Sinne von ‚wegtragen‘ wie das noch häufigere *fortdrô* (forttragen) gebraucht, doch hat *fortschǫffm* oft den Nebenton des Unwillens, der *fortdrô* fehlt.

—, **fortschäpern** schw. (nösn.) ‚bei Seite schieben‘. *De Kâ huad en mät dem Hôrn fortgeschäpert.* Das Verbum ist Iterativbildung zu süds. *schäppen* ‚durch einen Stoss, Schlag, Ruck schieben‘ dafür auch *en Schup, Schupergien.* — Syn. *schupern.*

fortschenken, **fortschingkn** schw. (nösn.) ‚als Geschenk weggeben‘. *Dǫd äs e su e gât Mäntsch, diär schingkt sij och noch det Himt vum Räck fort.*

fortscheren, fehlt; s. *sich rommen,* nösn. *säch, tǫt de waiterkist!* — Urk. »sie sey eine Canaille, Bestie, sie solle sich von ihm fortscheeren und vor seine Augen nicht kommen« (1746, Cap. Cib.).

fortſcheuern, fortschauern schw. (nösn.) ,durch Scheuern entfernen'. *Täntnflâkn aus dem Bärn* (,Fussboden'), *den Schmutz vu der Tôfelt* (Schultafel) *fortschauern.*

fortſchicken, fortschäckn schw. (nösn.) ,durch Schicken entfernen'. Von Dingen wird es nicht recht gebraucht, dagegen häufig von Menschen. *Huᵃst te de Mêt widder fortgeschäckt?* Auch in der speziellen Bed. ,aus dem Hause schicken'. *Dät Schwaintsfiäl* (Schweinefell, Schelte) *äs ze näst* (taugt nichts), *ich mâⁱs et fortschäckn.* Der Ausdruck ist nicht so scharf wie das synon. *fortjuᵃgn* (fortjagen).

fortſchieben, fortschîbm st. (nösn.) ,durch Schieben entfernen' [Städt. Halbma.]. — Echte Ma. *scherjen, räcken, schäppen,* nösn. *fortschuppern.*

fortſchießen, fortschâⁱssn st. (nösn.). 1. Trans. ,wegschiessen'. *E huᵃt mer dn Zê* (,Pfeil') *fortgeschôssn* ,abschiessen'. *Gäw Uᵃcht, de schâⁱsst der den Fänger fort.* — 2. Intrans. ,davoneilen'. *E schuss fort* (im Ärger, Unwillen) *wâⁱ der Taiwel.*

—, **fortschippeln** schw. (nösn.) ,wegrollen'. Von kleineren Dingen (wie *fortdureln*). *Det Kigeltchi äs mer fortgeschippelt;* meist von grösseren wird das syn. *forttepeln* gebraucht.

fortſchlagen, fortschlô st. (nösn.) ,wegschlagen'. *E huᵃt mer dn Appel aus der Hânt fortgeschlô. Den Mêrtert* (Mörtel) *vu der Wânt fortschlô.*

fortſchleichen, fortschlaichn st. (nösn.) ,sich schleichend entfernen' [Städt. Halbma.]. *E äs fortgeschlächn* oder refl. *e huᵃt sich fortgeschlächn.*

fortſchleppen, fîrtschläpen schw., nösn. *fortschlâpm* schw. 1. ,durch Schleppen entfernen'. *Em huᵃd es haint Nuᵃcht det Holz fortgeschlâpt.* — 2. Übertr. »Jemanden fortschleppen« ,ernähren, unterhalten' (Binder, Coll.). — 3. Refl. Über einen noch nicht völlig Genesenen. A.: *E äs nôch net gesangkt.* B.: *Na ich hun e jô af der Gass gesân.* A.: *Cha, awer e schläpt sich nor esi fîrt.*

fortſchleudern, fortschlaudern schw. (nösn.) ,wegschleudern' [Städt. Halbma.]. *Der Schliddn huᵃt mich fortgeschlaudert.*

fortſchlüpfen, fortschluppm schw. (nösn.) ,entschlüpfen'. *Der Fäsch äs mer fortgeschluppt.*

fortſchmeißen, fortschmaissn st. (nösn.) ,wegwerfen'. Das gewöhnliche Verbum zur Bezeichnung eines ziellosen Wegwerfens, im selben Sinne wird seltener *fortwiärfm* (fortwerfen) gebraucht; die Ma. bevorzugt das derbere Wort. *Schmaiss fort dât Geschwainx, de wist et jâ näd än de Fänger nî.* Von wertlosen oder verdorbenen Dingen. *Dai Ûr* (Uhr) *äs och gât zem fortschmaissn. Det Flêsch, de Wûršt äs nur zem fortschmaissn* (scil. *gât*). Refl. ,sich wegwerfen'. *Ed* (das Mädchen) *huᵃt sij u diän hiärgelûfene Mäntschn fortgeschmässn (Bistr.),* dem Nhd. nachgebildet.

fortſchnappen, fortschnâppm schw. (nösn.) ,wegschnappen'. *Der Hânt huᵃt mer det Flêsch fortgeschnâppt; der Kokesch* (Hahn am Gewehr) *huᵃt mer e Štäck Haut fortgeschnâppt.*

fortſchneiden, fortschnaidn st. (nösn.) ,wegschneiden'. *Schnaid fort det Flêsch vu dn Knôchn!* Bei Operationen: *Em huᵃd em schär de gânz Hânt, dn Fâss fortgeschnidn.*

—, **fortschnuppern** schw. (nösn.) das verstärkte Simplex, ,naschen'. *Se hu mer âlles fortgeschnuppert.*

fortſchöpfen, fortschâpm schw. (nösn.) ,aus einem Gefässe (in ein anderes) schöpfen'. *Aus diäm Schâff mâⁱsst er det Wâsser fortschâpm* ,denn das Gefäss wird gebraucht'. Dagegen ,abschöpfen' s. *uᵃschâpm* und *feimen* (feimen).

Fortſchritt, Fîrtschrätt m., nösn. *Fortschrätt* m. [Städt. Halbma. und geh. Spr.]. *Hiᵉ äs ängde fîr de Fîrtschrätt. Bai diäm Jângen said em nichen Fortschrätt* (nösn.). — Syn. *Fortgângk.*

Fortſchrittsbauer, Fortschrittsbauer m., halb spöttisch und verächtlich (hochdeutsche Wortform!) für Zöglinge der Ackerbauschulen, von denen der Bauer alten Schlages nicht viel hält.

—, **fortschuppern** schw. (nösn.) ,durch schnellen Stoss beiseiteschieben', das verstärkte Simplex. Von Menschen gebraucht. *Schupper en fort docher, e äs es doch nur äm Wêch.* Ebenso moselfr. fortschuppern. — Zu mhd. schupfen, Intensiv. v. schieben.

fortſchütteln, fortschirreln schw. (nösn.) ,durch Schütteln entfernen'. *Schirrel der fort dn Štôf* (Staub) *vu der Gup* (Joppe).

fortſchütten, fortschidn schw. (nösn.) ,wegschütten'. Das syn. *ausschidn* hat grösseren Bedeutungsumfang, *fortschiddn* wird (wie *fortschmaissn*) vom Wegschütten verdorbener Getränke gebraucht. *Schidd et* (das Geträuk) *fort, et äs doch ze näst* ,nichts nütze'!

fortſchwemmen, fortschwâmen schw. (nösn.) ,wegschwemmen' [Städt. Halbma.]. *Det latzt grûss Wâsser huᵃd em de Schwai fortgeschwâmt,* echte Ma.: *fortgenû* (fortgenommen). Syn. *flîxen* (flössen).

fortschwimmen, fortschwämmen st. (nösn.) ‚sich schwimmend entfernen'. *De Fäsch sai, der Kripes äs fortgeschwǫmmen.*

fortsehen, fortsâi st. (nösn.) ‚wegsehen, beiseitesehen'. Aufforderung an einen, der unliebsame Dinge sieht: *Säch fort, wô et der nät gefallt!*

fortsein, fortsai st. (nösn.). *Se sai fortgewêst, nau sai se ǫber widder dehêm.*

fortsengen, fortsângen schw. (nösn.) ‚durch Sengen entfernen'. Aufforderung beim Sengen der geschlachteten Schweine: *Sâng em fort dâi puar Bôrštn, Hêrcher, Plaimtcher* (Flaumhaare).

fortsetzen, fîrtsätzen schw., nösn. *fortsâtzn* schw. 1. wie nhd. ‚in einer Beschäftigung fortfahren' [Städt. Halbma.]. Auch in geh. Spr. In der Ansprache des Altknechts beim Eintritt in die Bruderschaft: »so denken sie nun auch, sie könnten ihr Leben so einsam und allein nicht fortsetzen und bitten also alle guten Brüder, sie auch in unsere ehrliche Bruderschaft anzunehmen« (Fronius, 49). — 2. Im Nösn. ‚an eine andre Stelle pflanzen', wofür auch *versâtzn* (versetzen) gebräuchlich ist. *Versâtzn* ist aber mehr term. techn. für diese Beschäftigung, während *fortsâtzn* das einmalige, durch besondere Gründe verursachte Tun ausdrückt. *Sâtz dn Zwibel fort aus dem Schâdn* (Schatten), *dô wit e nät beklaibm.*

Fortsetzung, Fîrtsätzungk fem., nösn. *Fortsâtzungk* fem. [Städt. Halbma.], wie nhd.

fortsitzen, fortsätzn schw. (nösn.) ‚sich an eine andere Stelle setzen'. *Sätz fort aus dem Fintster, dô zaicht et* (‚ist Zugluft').

fortsollen, fortsin st. (nösn.). *Wänni sǫllt te fort? E soll* (sollte) *wâi môrn fort, e wid ǫber noch blaibm.* Wie bei den andern Verbindungen von fort mit Hülfszeitwörtern und Modalitätsverben tritt hier die frühere adverb. Geltung des Wortes hervor.

fortspalten, fortšpǭl(d)n st. (nösn.) ‚durch Spalten entfernen'. *Mät der Ąckes Šplittern vum Holz, e Schait vum Bôm fortšpǭl(d)n.*

fortsplittern, fortšplittern schw. (nösn.) ‚absplittern'. *Vum Däšch äs e Štäck fortgešplittert.*

fortspringen, fortšprängen st. (nösn.) ‚sich springend entfernen'. *De Flû* (Floh) *äs mer fortgešprǫngen.*

fortstechen, fortštâichn st. (nösn.) ‚durch Stechen entfernen'. *Em huad em det Geschwîr fortgeštôchn* ‚ganz entfernt', *ǫfgeštôchn* ‚geöffnet'.

fortstehen, fortštô st. (nösn.) ‚auf eine andere Stelle treten'. *Štǫnt mer fort aus dem Wêch* ‚geh beiseite'.

fortstellen, fortštalln schw. (nösn.) ‚wegstellen' [Städt. Halbma.]. *Den Bâicher vum Däsch fortštalln.* — Echte Ma. *fortdâ* (forttun).

fortstöbern, fortštêbern schw. (nösn.) ‚wegjagen' [Städt. Halbma.]. *E huad se geštêbert,* verstärkt *fortgeštêbert vu dn Bîrn.*

fortstutzen, fortštutzn schw. (nösn.) ‚kürzend entfernen'. *Ze wǫt huast te nau daine Bêm de Nâst guar fortgeštutzt?, de huast se gǫ̂nz vertschufelt* ‚verpfuscht'.

—, **forttâbern** schw. (nösn.) ‚wegziehen'. *Sai se schu fortgetâbert?* ‚umgezogen'. *Se tâbern hǫlich gǫ̂nz fort aus Wǫ̂ideršdref* ‚wegziehen'. — Zu magy. tábor, s. *tâbern.*

(**Forttag**?), **Fuertdǭch** m. ‚Tag der Herdenvergabung' (Binder, Coll.).

—, **forttaichn** st. (nösn.) ‚wegschleichen'. Ein seltenes Wort, das nur im Perf. gebräuchlich ist. *E äs fortgetächn.*

—, **forttǫmpeln** schw. (nösn.) ‚sich stolpernd entfernen'. *E tǫmpelt hesch mêlich fort.*

forttasten, forttąstn schw. (nösn.) refl. ‚sich tastend entfernen' [Städt. Halbma.]. *E tąst sich u der Mauer fort.*

—, **forttepeln** schw. (nösn.) ‚wegrollen'. — Trans. *Det Lêgel* (lagella, Fass), *det Ąndersâtzel* (Wäschebottich), *det Schǭf forttepeln.* — Intrans. *Det Rǭt, det Špûltchi* (Spule), *det Sêserchi* (Sechserchen = 20 Heller, urspr. 6 Kreuzerstück) *äs fortgetepelt.* Süds. *schepeln.*

forttragen, fîrtdrôn st., nösn. *fortdrô* st. 1. Im Nösn. der gewöhnliche Ausdruck für ‚wegtragen' ohne bestimmtes Ziel. *Hun se den Däsch schu fortgedrô?* (unbestimmt, wohin). *Hu se en gedrô?* (mit Voraussetzung des Zieles). — 2. Speziell *de Lat fîrtdrön* ‚die Zunft-, Bruderschafts-, Schwesterschafts-, Nachbarschaftslade vom alten zum neuen Vorstand tragen', was mit bestimmten Formalitäten und Festlichkeiten verbunden ist. — Auch substantiviert in der Zusammensetzung: *Lǫdefuirtdreon. Hejt hun de Schoster Lǫdefuirtdreon.* Das war im Leben eine so wichtige Sache, dass sie sogar als Terminbestimmung diente: *Di štorf glǫd um Lǫdefuirtdreon* (Agnetheln).

forttreiben, fortdraibm st. (nösn.) ‚durch Treiben entfernen'. *Draifst te der de Gâiter fort?* Auch ‚stehlen'. *Haint Nuacht huad em* (man) *em de Ôssn aus dem Štǭl fortgedribm.*

forttreten, forttrêdn st. (nösn.) ‚beiseite treten'. *Tritt fort vu der Schluacht* (‚Kellerhals'), *dâi äs nät fast, se wit nôgê* (nachgeben, ‚einwärts fallen'.

forttrinken, fortdrängkn st. (nösn.) ‚jemandem etwas unberechtigt wegtrinken'. *Nät* *drängk mer dn gąnxn Wai fort, de kennst mer dich och äst lossn.* Derber *fortsaufm.*

—, **forttschąckn** schw. (nösn.) ‚durch Hauen *(tschąckn)* entfernen'. *Tschąck dąt Ant* (Ende) *fort* ‚vom Balken'.

—, **forttschureln** schw. (nösn.) ‚wegrinnen'. *Det Wąsser äs fortgetschurelt.*

—, **forttschussn** schw. (nösn.) ‚weggleiten'. *Gäw U^a^cht, det Schlittchi* (Schlittchen) *tschusst der fort, denô kännst te em nôrann* (nachrennen).

forttun, fortdâ st. (nösn.) ‚wegtun, beiseite legen'. *Dâ fort de Gešpiltcher ąnd u^a^rbet! Den Štâl vum Däsch, den Kąstn vu der Wąnt här fortdâ.*

forttunken, forttąngkn schw. (nösn.) ‚früher und ohne Recht tunken'. Mit Objekt. *Er tąngkt mer de Rôm* (Milchrahm), *det Fattet* (Fett) *gu^a^r fort.*

fortverlangen, fortverląngen schw. (nösn.) ‚sich wegwünschen' (wohl nur städt. Halbma.). *E verląngt sich fort derhêmhär.* Von Militärpersonen, die Versetzung wünschen: *E verląngt sich ląnghär fort aus Klausnburich, ąber em dêd en sąnst nîrest* (nirgendshin).

fortwährend, fîrtwi^e^rent adv., nösn. *fortwiärnd* adv. [Städt. Halbma.]. — Echte Ma.: *fu^e^rd uch fu^e^rt* (Schässbg.), nösn. *âne fort; ânen än enem* und *ânen oint* (Agnetheln).

fortwaschen, fortwâschn st. (nösn.) ‚durch Waschen entfernen'. *Flâkn aus Himder, Gątchn* (‚Unterhosen'), *Klêder, aus dem Tärn fortwâschn.*

fortwechseln, fortwesseln schw. (nösn.) ‚wechselnd weiter geben'. — Trans. *se hu de Gâiter fortgewesselt* ‚gegen andere getauscht'. — Intrans. *Se wesseltn vu diär Hôfštâl fort* ‚tauschten Haus und Hof gegen andere um' *(Senndf.).*

f o r t w e i s e n † ‚ausweisen, wegschicken'. »Für einen Bachen und einen Schafkäs, welcher einem moserischen Capitán, dass er seine Compagnie f o r t g e w i e s e n, verehret 6 fl. 25 Den.« (1664, Reps, V.-A. 37, 277).

fortwerfen, fortwi^ä^rfm st. (nösn.). 1. ‚wegwerfen'. *Wirw em fort de Ląpta!* (Ball). Gewöhnlich aber wie das nhd. wegwerfen mit verächtlichem Nebensinn. Zu Kindern, die Schmutziges, Hässliches in den Händen haben: *Pui ha, wirf fort! wąt hu^a^st te än der Hąnt? Wirf fort dâi Pelsn, se sai gu^a^r verschämmelt!* Derber aber gewöhnlicher ist das syn. *fortschmaissn.* — 2. refl. ‚sich wegwerfen' (durch eine verächtliche, tadelnswerte Tat) [Städt. Halbma.?]. *Der Mäntsch sąll sich nät fortwiärfm. E wirft sich fort* ‚setzt sich in den Augen anderer herab'.

fortwetzen, fortwâtzn schw. (nösn.) ‚durch Wetzen entfernen'. *De Bail aus dem Mâsser fortwâtzn.*

fortwischen, fortwäschn schw. (nösn.) ‚wegwischen'. *Wäsch fort de Mälich* (‚ausgegossene Milch') *vum Däsch. Wäsch der fort den Schwêsst* (Schweiss) *vu der Štîrn, det Blât vum Gesicht.*

fortwollen, fortwänn schw. (nösn.) ‚weggehen wollen'. *Der Miki* (Michael) *wäll fort vu sainem Mêster, et gefallt em dô näst.* Zum Besuchenden, der sich entfernen will: *ną, wällt te nau schu fort, blaif noch!*

fortzechen, fîrtzêchen [Städt. Halbma.].

Ändiessen zêchen
De lastich Bräder monter fîrt.
THULLNER, R. 35.

—, **fortzeppern** schw. (nösn.) ‚wegstreuen'. *Det Mêl fortzeppern,* besser *verzeppern,* z. B.: *Nät verzepper de Kląin!*

fortziehen, fortzâi st. (nösn.). 1. Trans. ‚beiseiteziehen'. *Zaich fort den Wu^a^gn, den Schliddn, den Sąck!* — 2. Intrans. ‚abziehen'. *De Tąttern zugn fort. De Mu^a^ser* (Soldaten) *zâi fort.* — ‚umziehen'. *Môrn zâi mer fort aus disem Haus.* — ‚in ein anderes Dorf, eine andere Stadt ziehen'. *Wänni zâid er fort* (scil. *nô Klausnburich, kê Wu^a^lndref, kê Amerika).*

Fortzucht, Fîrtzucht fem. ‚das Ausziehen' (BINDER, Coll.).

—, **fortzuddern** schw. (nösn.) ‚wegzerren' (in unfreundlicher Art). Fast nur in unwilligem Tone. *Wąt zudderst te mich nau widder fort* (am Ärmel, an der Hand)? *Nät zudder mer det Dâch* (‚Tuch'), *Dâkeldoch* (‚Decktuch') *fort!*

Fortzug, fehlt. Bei Kraus ‚Weiterziehen': »angesehen dass der Türckische K(aiser) auch ihm f o r t z u c h war« (Chron. 1, 65).

fortzupfen, fortząpm schw. (nösn.) ‚plötzlich wegnehmen, wegzerren'. *Bevor det Rôss mich schlâch, ząpt ich de Hąnt noch fort.*

—, **fortzurpm** schw. (nösn.) ‚ohne Recht wegschlürfen' (Getränke). *De zurpst mer de Supp, de Mälich fort.* — Zu lat. sorbere s. *zurpm.*

—, **fortzutzeln** schw. (nösn.) ‚durch Saugen, Lutschen entfernen'. *Zutzel der fort vum Fänger dn Ząćker!* Zu Kindern, die an den Fingern lutschen: *De wist der dn Dummen* (Daumen) *noch emôl fortzutzeln, gäw U^a^cht!*

F o s b e r g, Fl. N. (Jakobsdorf). »post montem f o s b e r g« (1549, V.-A. 17, 573). s. Fachsberg.

—, **foscheln,** s. *fotcheln.*

—, **fotcheln** schw. ‚im Dunkeln tappen' (Stolzenburg, WOLFF). Vielleicht verschrieben für *foscheln (fu^o^scheln)* das nach Angabe eines Stolzenburgers ähnliche Bedeutung hat.

Fösling, Föstel s. Fäustling, Fäustel.

—, **Föšpân** m. neben *Iwergešpân* ‚Obergespan'. Seit der Zertrümmerung des Königsbodens 1876 ist das Wort auch in unsere Ma. eingedrungen. Daneben auch *Fîšpân*, dies auch übertragen auf jeden Gewaltigen, im Spott sogar auf solche weiblichen Geschlechtes. *Wonn der Fîšpân kit, dernô messe mir schwejen* (gemeint war die für böse gehaltene Mutter der Schwiegertochter; Neudorf b. H.). — Magy. főispán. Jacobi, 15,

—, **Fôss-** in Fl. N. *Fôsshêlt, af de Fôsswiesen* (Arkeden). — Zu schweiz. Fachs ‚schlechtes Bergheu'? s. Fachsberg.

—, **Fossbrich** in Fl. N. *vîr dem Fossbrich, îweršt Fossbrich, angderm Fossbrich* (Rothberg), *Fossbrich* (Dobring), »am Fossberg« (Henndf., D.-Weisskirch), »am Phosbergreg« (Martinsdf.), »Fosberg« (1567, Jakobsdorf bei Schässburg). s. Fachsberg.

—, **Fossken** n. ‚eine ganz leichte Kopfbedeckung aus Filz' (Kronst.).

—, **Fossô** im Kinderreim = Fuss.

Zînô lǫngk,
Fossô gǫngk!
næ̂o näck!
Pudro däck, däck, däck!

Schuster, Volksl. 324.

Föst, † F. N. (1567, Schässbg.). s. Fest, Fiest.

—, **Fote** fem. ‚Schürze, die statt des Rockes vorn und rückwärts getragen wird'. *Af dem Dorf gô se nôch mat der Fote* (Brenndörfer, 18). — Syn. *Kretinze, Ketrinze* (rum. cătrință). Rum. fotă ‚Schürze'.

—, **Fotsch** Pl. ‚Abfälle vom Lehm' beim Töpfer (Agnetheln). — Dazu der Übername *Fotsche Binder* (Agnetheln). Auch direkt Spottname. Ein damit bedachter hiess Schüller. Der war mit vielen seiner Landsleute, eben auf einer Jahrmarktfahrt begriffen, bei der Schillerfeier 1859 auf dem grossen Ring in Hermannstadt anwesend. Der dabei oft gehörte Name Schiller liess einen Spötter fragen: *Hoed er gehuirt, wot fuir e gruiss Härr âs Fotsch worden äs?* Und direkt zu dem mitlachenden Verspotteten: *Hîr ê Fotsch, te koust dich bedingken* ‚kannst stolz sein'.

—, **fotscheln** s. *fitscheln*.

—, **Foulbech** O. N. s. Faulbach.

Fracht, Fracht fem. ‚Fuhre', ‚Beförderung'. In städtischer Handelsverkehrssprache in neuer Zeit eingebürgert, auch im Sinne von ‚Beförderungsgebühr'. *De Fracht kit,* aber auch *äs hî* (‚kommt und ist hoch').

Frachtbrief, Frachtbrâf m., nösn. *Frachtbrâif* m. [Städt. Halbma.] ‚Postbegleitadresse', ‚Eisenbahnfrachtbrief'.

Frack, Frack m., das bekannte Kleidungsstück für Männer [Städt. Halbma.]. Moderne Ra. *Dî äs äm Frack* ‚ist betrunken' (Kbl. 3, 27; H.-W., 384). *E fâl af den Frack* ‚vor Erstaunen'. Nösn. *um Frack hun* ‚festhalten wider Willen', in Analogie zu der Ra. *um Zäpm hun.*

Och de Buarten konnt gât mackeln
Ąnd verštând sij ąf det Packeln:
Kąm e Pursch, hątt se'n um Frack,
Ąnd diär mącht och nämol »Mack!«

Schuller, Mâtn 48.

— Iron. von einem schlecht sitzenden Frauenrock *dąt hued än Frack u (Bistr.)!* Scherzhaft wird der Frack *Schwalbenschwanz* oder *Schnîbel* (Haltrich, Plan 48) genannt. Der Zendrescher Pfarrerknecht nannte ihn ganz ernsthaft: *E Laibel mäd em Schwûnz.* — Das Diminutiv *Frackchen* bezeichnet ‚einen enganschliessenden, nach städtischem Schnitt bereiteten Frauenrock' (Alzen). *Na, dąt huet sich nâ uch esi e Frackchen ugezîjn* (Ebda.). — Aus dem Nhd., wo das Wort seit der Mitte des 18. Jahrh. erscheint, aus engl. frock = franz. frac, mlat. froccus ‚Kutte, Rock'.

Frackschößel, Frackschêsel n., Pl. *Frackschêsel* ‚die Schösse des Frackes' [Städt. Halbma.]. *Ech fallen af't Frackschêsel* scherzhaft oder ironisch von wirklicher oder gemachter Verwunderung. *Um Frackschêsel erwäschn* ‚um jeden Preis festhalten'. — Das Grundwort ist oberd. Schössel, Dim. zu Schoss ‚von der Mitte des Leibes niedergehender Teil des Rockes'.

fraczasz s. franczas.

Fradinger, F. N. (1822, Gr.-Probstdf.). — Zum O. N. Fratting (bei Znaim in Mähren). Nicht ss.

—, **Frâforlen**, Fl. N. (Durles). Wohl aus *Frâforlengk = frą̂ Furlengk,* früher ein freier Gemeindebesitz.

Frage, Frôch fem., Pl. *Frôgen* [ɔ], nösn. *Frôch* fem., Pl. *Frôgn.* 1. ‚Anfrage'. *Däd äs nau och emôl än Frôch! Än tumm, än geschait Frôch.* Die echte Ma. vermeidet das Subst. wie alle Abstrakta und gebraucht lieber das Verbum. In geh. Spr. ‚eine Frage tun' = werben (März, 36). »*Esu hu se ja eerštlij en Frâok kedâo. Esu konntn dis ja net jâo nąch nâe änfern*« (Bertleff, Kl.-Bistr. Ma. 15). *Ed äs dich nor am en Freoch (Ufreoch) ze dên* [eᵉ] (Agnetheln). In Urk. häufig. »yn der gestalt eyner frog von den geldtnern« (1526, Bistr. Arch.). »haben die Schuster herrn diese frog zu uns gethan« (1572, Bistr. Ledererzunftart.). — 2. ‚Verhör‘. »Nachdem solches alles hatt der Herr Michael auf unsre frag offentlich für uns bekannt« (1571, B. M.). »Die hauptlaster / so den hals angehen / pfleget man zwar durch folterung oder peinliche fragen zu ergründen« (E. L. R., 159). — 3. Übertr. [Städt. Halbma.]. Ra. *Dąd äs ją noch de Frôch* ‚ist zweifelhaft‘, *dąd äs nichen Frôch* ‚ohne Zweifel‘. ‚Wissenschaftliche Frage‘. »doch weil in hernoch lauffenden jharen / etliche nicht geringere felle vnd fragen mit eingelauffen« (1583, E. L. R., Vorrede). — Zu fragen, mhd. vrâge.

fragen, frôgen [3], *frêjen, friejen* (Zeiden i. B.) schw., nösn. *frôgn, fräugn (O.-Neudf.), fraugn (Kl.-Bistr.), frêgn* schw. Präs. 2., 3. Pers. nösn. *frêchst, frêcht, frôchst, frôcht.* Prät. *freicht* (Kl.-Schenk), nösn. *frôcht, frêcht, fräukt (Kl.-Bistr.),* Müller, Sprdm. 188 frocht. Part. Prät. *gefrôcht, gefrêcht,* nösn. *gefrôcht, gefrêcht,* gefrogeth (1564, Mühlb.). 1. Ohne Objekt. Unwillige Antwort auf lästiges Fragen: *Nät frôch âne!* (nösn.). Sprw. *Frôgen* [3] *uch lîren brängt munchen ze Îren. Frôgen äs laichter wæ ąntfern.* Urk. Wo nicht genügend Verdachtsgründe vorhanden sind, »sol man nit bald durch die marter fragen« ‚durch Foltern verhören‘ (E. L. R., 160). *Tumm, geschait frôgn.* Adv. näher bestimmt durch *vill. Nammi frêch vill, mąch et!* (nösn.).

Jąngfer Krauss'n Tôrichi,
Ône dąddem vill noch frôcht,
Zem Mettąchmol Lâbet kôcht.

Schuller, Mâtn 2.

Auch im Sprw. *Wier vil frôcht, git net gärn.* Oft auch mit Personen als Objekt, woraus sich die adverbielle Geltung des *vill* deutlich ergibt. *Ich wiärn en ją noch vill frêgn!* (nösn.). — 2. Mit Obj. im Acc. a) Besonders von Personen. *Gick, frêj en! E sąll nur maich frêgn* ‚ich werde ihm die rechte Antwort nicht schuldig bleiben‘. Unwillig bei unberechtigten Fragen *ną, maich frêchst te, frêj in!* (nösn.). Doch steht nach einem Acc. der Person meist ein abhängiger Satz; in der lebendigen Rede gewöhnlich ohne Fragewort. *Gick, frêj en, kit e, ąber kit e nät.* Nicht selten (in städt Halbma., geh. Spr. und älteren Belegen immer) mit ob, wie usw. *Ich frêcht en ją, ôf e well kun, e huat mer ąber näst geąntfert* (nösn.). Auf dem Markte: *Niche Mäntsch huat mich och nur gefrôcht, wąd ich hu well* ‚nach dem Preise gefragt‘ (nösn.). Urk. »An dem XIII. tag sso byn ich gegengen zu dem stulssrichter und hab yn gefreget ab her zu gericht ssytzen wurde« (1515, B. M.). »Ich froget aber auch ob sie die bindel und czwrbrochene garben auch czeleten« (1599, Ger.-Prot.). »so hies H. Joannes den Winnes Georgen auff den Pfarrhoff komen, und fragt in, ob sie ichen (‚irgendeinen‘) Pfarrherrn hetten« (1609, Cap. Cib.). »hat zu meinem Vater gesagt, wie er ihn fräget wie ihme geschehen wer, der Albert M. hat Schueld an mir« (1598, Ger.-Prot.). Auch passiv. in geh. Spr. *Dô wöerdn sai gefrôcht, off se sich ąngezwąngen ąnd ąngedrąngen ze diser Î* (Ehe) *begêbm* (Gassner, 57). — Speziell heisst fragen mit Acc. der Person ‚werben‘. »*Ich soil dich frêjen*« (Zw. Krez., 17). Neben *hîschen* ist es der übliche Ausdruck für das feierliche Werben des Bräutigams um die Braut. Im Burzenl. geht der Bräutigam in das Haus der zukünftigen Schwiegereltern und fragt, ob sie mit ihm als Schwiegersohn zufrieden sein könnten. Danach heisst der Freier der »Frager« *(Frôger),* die Braut die »Fragerin« *(Frôgeran)* (Sächs. Burzenl., 442). Sonst nimmt sich der Bursche zu diesem Zweck einen nahen Verwandten als Brautwerber oder »Wortmann« an die Seite, dem die althergebrachten feierlichen Reden, die bei dieser Gelegenheit üblich, bekannt und geläufig sind (Fronius, 67). Auf das *Frôgen* folgt dann der *Ąlmesch* und das *Verdrängken* (Vertrinken). Auch zips. frôgn = megkérni a leány kezét (Mráz, Dobs. 34).
b) Mit sächl. Objekt. *Nammi friöch esevelt,* nösn. *nammi frôch esuvel!,* das vielleicht unter 1. gehört s. *vill frôgen.* Hie und da in Urk. »auf solche worth wer dornach des angeklagten Hausswirtten radth zu frogen zum Erbaren Lörentz Deef in woner zu Kellenck gegangen« (1564, B. M.). Rat an Unkundige: *Frôch nor, et sôt der't schîn emest. — Wonn em net woiss, mess em dich freogen.* — 3. Mit präpos. Objekt. a) Am gewöhnlichsten ist das Objekt mit ‚nach‘. *Gick, frêch nô dem Hąnt, nô dem fremdn Härrn!* ‚sich erkundigen‘ (nösn.). Da jede Erkundigung eine innerliche Teilnahme voraussetzt, so hat das negative *nät frôgn nô âmen* allmählich die Bedeutung ‚sich nicht kümmern‘ angenommen. *Wąt frêgn aich vill nô diäm?* von Personen und Dingen gesagt. *Mai Sąnn frêcht nät vill nô mîr* (nösn.). *Nô saine Kraitzer frôgn ich näst* (nösn.). Es ist der höchste Grad von Verlassenheit (bei Vergnügungen etc.), wenn es von jemandem heisst *et huat nâmest* (‚niemand‘) *och nur gefrôcht nô em* (nösn.). Urk. »das der Mark Richter gesagt solt haben, er fraget weder nach Königs Richter noch Burgermeister« (1598, B. M.). »saget das er nach den nachparn

gar nichts fraget« (1606, Ger.-Prot.). »Was fragen wir nach dem Pfarr, wenn ich nur den Sohn bekommen kan?« (1676, Cap. Cib.). »hat nach des H. Richters gebott nit wollen fragen« (1600, Ger.-Prot.). »sie aber nach unserer Vermanung nichts haben gefragt« (um 1610, Ebda.). »Item sagt er ich frogen nach meinem leben nichts« (um 1610, Ebda.). Bei Feilbietungen: *Wî git mî? Ich frôgen zem îrschten — zem zwêten — unt — — wî git mî? Git nemest mî? zem îrschten, zwêten unt drätte Môl.* — b) ‚um‘. »*Ech hu schu vill Letch* (Leute) *dram gefrôcht*« (Neuer Volkskal. 1909, 107). *Frôch äm dąt Giält, wô te bai en gêst.* »Den fürsten drum zu fragen« (KRAUS, Chron. 1, 302). — c) ‚auf‘. *Ich friogt ąf den Oinz* ‚fragte nach Andreas‘ (Kl.-Schenk). — 4. Unpers. *et frêcht sich noch, ôf dąt wôr äs* [Städt. Halbma.]. — 5. Über Fragepartikeln s. *gält, ŭjan* (ugyan). — Zus. an-, aus-, be-, nach-, umfragen. — Neben *frôgen* ist fast überall *frêjen, frêgn* im Gebrauch, das nicht auf mhd. vrëgen, eine Nebenform zu vrâgen, zurückgeht, sondern als Umlautsform zu ahd. frâgên zu betrachten ist. Auch hess. frêje. — mhd. vrâgen, ahd. frâgên.

Frager, Frôger m., *Frôgeran* fem., so heissen ‚Freier‘ und ‚Braut‘ bei dem feierlichen *frôgen* (‚werben‘) im Burzenl. (s. fragen, 2 a).

Fragnerin †, ‚Krämerin‘, ‚Hökerweib‘. »Gertrud dy fragnerin« (1485, Qu. Gesch. S. 1, 112). Wohl noch nicht ganz F. N. ist es in »Dy Michel Fragneren« (1478, Ebda. 1, 53). — mhd. pfragner, ahd. pfragenari zu ahd. pfragina ‚Handel‘, mhd. pfragen ‚Markt, Handel‘. s. *Fratschlerän,* nösn. *Pruagleren.*

fragweis †, ‚durch Ausfragen, Verhören‘, ‚in Form einer Frage, mit einer Frage‘. »Hierauf hat der Herr Richter ohne befragung eines ersamen Rads nicht urteilen wollen, drum das ein beysorg war, diese antwort möcht allein, frages weis, in die Apellation fallen« (1569, B. M.). »1. Ist H. Thomas Zeugniss verworffen, auch das andere nicht, ob es schon aus fragweis geschehen, und ist auch nicht gewandlet worden« (1599, Ger.-Prot.). »(sind die ehrbare Männer) für uns kommen in Fragweis, naemlich von uns zu bescheiden und zu entrichten, welche Gemeine etc.« (1560, V.-A. 17, 574).

Fragzeichen, Frôchzîchen nösn., *Frôchzêchn* n. [Städt. Halbma.]. Ra. *Händer diäm štêt noch e grûss Frôchzêchn* ‚das ist noch sehr zweifelhaft‘ (nösn.). Im Schulunterricht oder bei der häusl. Nachhilfe: *Wæ hisst em dąt Zîchen mäd er Zwê uch mäd em Pungkt drangder?*

Frain, † F. N. (im Burzenl., Kbl. 10, 90). — Dasselbe wie Fraye, mit patronym. Gen. auf -en, zum F. N. Frei, Frey.

—, **Frâisndref** O. N., magy. Friss, rum. Frișu, urk. Greseph (1319, Urkb. 1, 339) rum. Dorf bei *Gr.-Schogen.* Vgl. Freisdorf O. N. im Lothr. Kreis Bolchen (V.-A. 34, 39).

Fraitsches, † F. N. (ca. 1630, Tartlau i. B.). s. Frätschkes und Fritsch.

frakturisch, fraktûresch adj. 1. mit Bezug auf die Schrift: ‚nach Art der Druckschrift‘ (wörtlich ‚gebrochen‘). *Der S. F. hoᵃt mer den Numen än't Tsąlmebäoch geschriwen, mät fraktûrešche Bäochštoewen, esui hîsch wâ gedräocht.* Klage einer Mutter: *Ech kôn* [əᵒ] *net lêse* [əᵉ] *wonn des Känjt schraiwen; ech kôn nor Fraktûreschet lêsen, mir Mêtscher lîrden net schraiwen* (Agnetheln). — 2. Von Menschen ‚eckig, mit Eigenheiten behaftet‘.

Dä wô sæ ąlt gląt ze fraktûresch
Äm wôr, dernô word hiᵉ štatûresch,
Nąm sich en därwe Jux eraus,
Feᵃr är durch Zuᵉrn och Hifertštrauss.

Neuer Volkskal., 1907, 181.

Im Nösn. ‚umständlich, pedantisch, genau‘ (Bistr. Festg. 55). *Dąd äs guᵃr e fraktûresch Ąlder (Bistr.).* — Vgl. die nhd. Ra. Fraktur mit jemandem sprechen ‚derb, grob mit ihm reden‘.

Frakturschrift, Fraktûrschräft fem., süds. häufiger: *fraktûresch Schräft, Bachštuᵉwen,* ‚gebrochene, eckige Schrift‘. Von einem Pfarrer wurde erzählt: *e kont Fraktûrschräft schraibm wâᵉ niche zweter (Petersdf.).* Das Bestimmungswort aus lat. fractura ‚Bruch‘.

—, **Fræmen** m. ‚zilinderförmiges Eisen zum Ausdehnen‘ (HALTRICH, Plan 90).

Francisci, F. N. (1579, Hamruden; 1599, Stolzenbg.; 1683, Kronst.; 1763, *Treppen;* 1765, *Bistr.;* 1887, Reussdf.), Franciscus (1614, Schässbg.; 1707, Kronst.). — Latinis. aus Franz.

franczas, † »ligna empta infirmis fraczasz« (1500, Qu. Gesch. S. 1, 345). »Item ligna empta franczasis« (1501, Ebda., 357). Ein deutsches Wort? Die Bedeutung ist unbekannt.

—, **Franderzêptchi** n. (nösn.) ‚Zöpfchen, das mit besonderer Sorgfalt geflochten ist‘, solche Zöpfchen gelten als Zeichen der Heiratslust. *Det Franderzêptchi hêt der.* — Zu frandern. — Syn. *Fronjderlapen.*

—, **Frânem,** *Frânzem* s. Frauen(s)name.

—, **Frąnjdreran** fem. ‚weibliche Vermittlerinnen bei Werbungen‘ (im Burz.). Verwandte, Hebammen, hie und da Zigeunerinnen werden ausgesandt, um die Stimmung im Hause der

Braut oder des Bräutigams zu erforschen. (Sächs. Burzenl. 442).

—, Frängder fem., burz. *Fronjder, Frąnjder, Frandjer* fem., nösn. *Frander* fem. ‚Heirat, Eheschliessung'. »*Vor dem Ûsterdôch as nichen Rieet vun âser Fronjder*« (SEMP, Veršpillt 4). Ra. *De Frander huat sij em noch nät eruagelossn* ‚er hat noch kein Bedürfnis zu heiraten' *(Bistr.). Dî hôd en geat Franjder gedôn* ‚hat vorteilhaft geheiratet'. *E hued et gäkt trôfen mat senjer Frandjer* (i. Burzenl.). *De Froinjder undrôn, zesummenbronjen, nor zesummebasteln. En mässrôdä Frängder. De Frängder äs ousenąnder* ‚es wird nichts aus der Heirat'. »*Dem wird de Froinjder uch kun, wei dem Fellen* (Füllen), *bas em at un den Hôlder gewunt*« (Neuer Volkskal., 1908, 169).

gor zecklich
Fällt uch de Frängder êpesch ous.
THULLNER, R. 60.

Doch wî sich dichtich ugeschmiert,
Vîr dien äs drô de Frängder Gäft.
THULLNER, K. 55.

— Zu *frängdern.*

—, Frängderdûchter, nösn. *Franderdôchter* fem. ‚heiratsfähige Tochter'. Höflich zu Eltern, deren älteste Tochter konfirmiert worden ist: *Ąnd er huat nau än Franderdôchter äm Haus?*

Ąnd nô ennem vôln Jôr
Ed än Franderdôchter wôr.
SCHULLER, Mätn. 10.

—, Frängdergedąngken Pl. ‚Heiratsgedanken'. Die verdrängen alle andern, darum: *Dî hoed enzet Fronjdergedongken äm Hoift, dî dingkt enzet ned u senj Arbet* (Agnetheln). Zurechtweisung an einen Zerstreuten: *Mir schengt, te huest Frängdergedąngken.*

—, Frängderknieecht m., nösn. *Franderknêcht* m. ‚heiratsfähiger junger Mann'. Für den *Kniecht* beginnt die Heiratsfähigkeit, wenn er vom Militär frei geworden ist. Im Volkslied:

Schliecht unt riecht
Læfte mich de Fräinjderkniecht,
SCHUSTER, Volksl. 37.

— Zu *frängdern.*

—, Fronjderlapen m., Dim. *Fronjderläpchen* n. ‚Stirnhaar, das als Zeichen der Heiratslust gilt'. *Der Fronjderlapen hêd em änjden afm Štern* (auf der Stirne) ‚sie möchte gern heiraten' (Roseln). »*Dąt hîsst guer näst — dąt Fronjderläpchen*« (Reichesdorf). Von ihm singt der Bursch:

Af der Štern hêt dir e Schnirkel,
Ront gedrêsselt, wä en Zirkel,
Dess zên Hêrcher süede (sagten) *mir*
Alles, wot ech wull vun dir.
MEYNDT, Gemîn 12.

— Zu *Fronjder (Frängder).*

—, Frängdermêt fem., nösn. *Frandermêt*, Dim. *Frängdermêtchen Frandermêtchi.* ‚heiratsfähiges Mädchen'. Nach der Konfirmation gilt auf dem Lande das Mädchen als *Frängdermêt* (MÄTZ, 18). *Haier hu mer nät vil Frandermêt* (konfirmierte) *bekun.* — Zu *frängdern.*

—, frängdern, *fränjdern, frunjdern* (Zendrisch) schw., nösn. *frandern (Bistritz), frändern (S.-Reen).* 1. Refl. ‚sich verheiraten'. Dafür ist *sich frängdern* der allgemeinste Ausdruck.

Gott gress dich, Härzlefke si fräsch,
esi hîsch,
Meng Zekt dä äs äm, säch ich ku
vun der Rîs,
Ich ku menge Kommer ze längdern,
Ich ku jo, mät dir mich ze frängdern.
KÄST., 9.

Frängdern bezeichnet nicht die Eheschliessung (s. trauen), auch nicht einzelne Phasen des Übergangs aus dem Stande der Ledigen in den der Verheirateten, sondern die ganze Veränderung, die sich durch eine Heirat im äusseren und inneren Leben der Brautleute vollzieht. Danach beginnt die ernste Sache der *Frängder* (s. d.) eigentlich schon mit dem *Veršprêchen*, dem ersten öffentlichen, aber noch nicht bindenden Einverständnis der beiden Brautleute. Darauf folgt die Werbung, das *Frôgen* (Fragen), *Hîschen* (Heischen), nösn. auch *Verlągen* (s. auch anhalten, begehren, dingen gehen, Handschlag). Die erste Zusage wird durch das Vertrinken *(Verdrängken)*, den *Gewässbâichert* (‚Gewissbecher', nösn.), *Îrnbąchert* (Ehrenbecher, *Mettersdf.*) befestigt, was früher (und heute noch in einigen Gegenden) durch das *Frąn* (Freien) oder *Îjänmąchen, Dungkn* (‚danken', *Mettersdf.*), *Rängewiesseln* (Ringe wechseln) auch gesetzlich feste Form gewann. In den Städten folgt auf das *Verlągen* (die Werbung durch den Bräutigam) das *Änfräntschąftn* (‚Einfreundschaften', *Bistr.*), das eigentliche Verlobungsmahl, wobei nahezu jeder alte Brauch abgekommen ist oder gegenwärtig noch schwindet. — Auf Werbung und Verlobung folgt dann die Hochzeit *(Hochzet)* mit ihren mannigfachen Vorbereitungen und Nachspielen.

Mancherlei Erwägungen bestimmen das Schicksal der Brautleute. *Et* (das Mädchen) *sąll sich nät fortfrandern* ‚in eine andere Gemeinde heiraten' (nösn.), was der Bauer in berechtigtem Lokalstolze für kein Glück hält, trotzdem es sehr oft eines ist. *E huᵉt sich af de Bairenhôf frängdert* (‚aus dem Vaterhause in ein anderes Haus'). *E mâⁱss sich aus dem Haus frandern,* wenn mehrere Brüder da sind, von denen einer (der jüngste) grösseres Recht auf das Elternhaus hat. *E wit sich zem Taini Miki än't Haus frandern* (nösn.). *Ed huᵃt sich zem Budek* (O. N.), *zem Nq̂ⁱndref* (O. N.), *än de Lâⁱchnx* (O. N.), *gefrandert* (nösn.). Zu einem dem das Warten zu lange dauert, sagt man: *na dernô frängder dich!* Im Zorn ruft es die Mutter der Tochter bei Meinungsverschiedenheiten zu: *Wô et der net Rêcht äs, se fränjder dich.* Indessen ist es leider Sitte geworden, dass keine Zeit zu Meinungsverschiedenheiten bleibt, dass vielmehr das Mädchen oft zu frühe in die Ehe tritt. Deshalb die Ra.: *Ed äs noch nämol orntlich aus dem Âⁱchi gekrôchen, äs noch nät draich* (‚trocken') *händer'n Ûren* (‚Ohren'), *q̨nd et wäll sich och schu frandern. Hait ze Dq̂ch frandern sij och de Känder* (nösn.). *Am Härr, sôl et sich schui fronjdern, 'd äs nôch nor e Känjt* (Agnetheln). Aber auf der andern Seite gilt es für schimpflich, wenn die Tochter des Hauses lange nicht unter die Haube kommt. Dann heisst es derb: *Dq̂d äs nau och än q̂lt Gur* (‚alte Stute') *et kennt sich dich och emol frandern.* Auch der Junggeselle darf (auf dem Lande) nicht zu lange mit der Heirat warten, wenn er sich den scharfen Zungen nicht aussetzen will, die fragen: *Wäll diär q̂lt Batterhq̂ⁱst* (Butterhengst) *niche mol sich frandern* (nösn.)? *Af wel Prinzässän wäll dî nôch wôrden? E äs nie* (nun) *bq̂lt zem Gespæ̂t bâᵉ der Briederscheft. E äs der Grîessvôter lonjst dîᵉ gange Pîrschkern* (Thalheim). Tröstend sagt man zu Kindern, die gefallen sind, sich weh getan haben: *Loss nur sai, et vergêt der schu, bäs tq̨t de dich franderst* (nösn. und süds.). — Urk. »welcher sich v o r e n d y r t adyr mester werden wil« (1469, Müller, Sprdm., 85); »der sich eher f r e n d e r t, ehe dass er sein Meisterschaft ader Meisterstück beweiset« (1520, Tischlerzunftart., Hstdt.). »Das ich mich aber alhie als einen freyhen menschen angezeigt hab, darzu hab ich recht gehabt, dieweil sich ia meine Frau, ee den ich, v e r e n d e r t hat« (1569, Kronst., B. M.). »Ich ab mich kegen hamlesch (O. N.) f r e n d e r t und wonnen auch itzunder da« (1609, Ger.-Prot.); »ich will mich mein leben lang nit f r e n d e r n« (um 1610, Ebda.); »wen sich ein Ehrbar gesel f r e n d r e t hat« (1614, Kbl. 24, 100). »Ich habe Ihn auch gewarnet, Er solle Sich in Obachtnehmen, es wäre ja auch besser sich zu f r e n n d e r n, wenn Er nicht könte ohne Weib leben« (1728, Cap. Cib.). — *Frängderes špillen* ‚verheiraten spielen' vom Kinderspiel. Wenn zu junge Leute heiraten wollen: *dæ̂ wälle Frängderes špillen,* nösn. *dâⁱ špilln Frandern.* — 2. Intrans. ‚heiraten'. Im Infin. Präs. und im Partiz. Präter. *Te bäst nôch net zem frängdern, te kq̂st det Brît nôch net uschnegden. Zem frandern gehîrn âne är zwê,* sagt man, wenn eines das andere nicht will (nösn. und süds.).

Dâ ich schîn zem fränjdere wôr
Kq̂men uch lastich Purschen dôr;
Ich nq̂m mer dennij en q̂lden.

Schuster, Volksl. 37.

Hæ̂d ich gewast, wæ̂'t Fräⁱnjdern äs,
Se bliw ich meⁱnjem Vuᵒter q̨f em Hiᵉrt.

Ebda., 38.

Det Frandjeren ass q̨llemôl uch en Sq̨ch q̨f't Glack (im Burzenl.). In der Hochzeitsrede:

Enner huᵒd um fräⁱnjdere Last,
Dem q̂ndre wird uch dq̂t verhasst.

Schuster, Volksl. 132.

Dî hôt sich geᵃt frängdert oder *dî äs geᵃt frängdert* ‚hat eine Wohlhabende geheiratet'. Iron. *Nq̨, dau bäst gq̂t (nät licht) gefrandert* ‚du bist gut daran' (nösn.)! *Dâⁱ sai licht gefrandert* ‚leben in Unfrieden' (nösn.). Sprw. *Emôl licht gebq̨ckn, emôl licht gebaicht, dq̂t vergêt, q̨ber licht gefrandert nät* (nösn. und süds.). *Diär äs lq̨nghär gefrandert* ‚nicht mehr ledig'. *Frängdert Lekt* ‚Eheleute'. Von hier aus beginnt sich das Verbum in dieser intrans. Funktion auch über das refl. auszudehnen. Schon hört man bei weniger sicherem Sprachgefühl (in den Städten und Märkten) *et wit aus dem Haus frandern* und ähnliche Wendungen. *Mir fronjdern haier nôch net* ‚unsere Tochter (Sohn) wird heuer noch nicht heiraten'. — 3. Trans. ‚verheiraten'. *Sai Aldern wänn et frandern. Aier Dôchter äs noch ze jq̨ng, wälld er se schu frandern?* »*Wâᵉ wällt ir q̨ns frandern*« Litschel, En vereitelt Kommass., 9). *Mer sellen desen Harwest och en Duichter och en Sq̨n fronjdern. Dôt breocht vil. Mer blaiwen oärem Lejt* (Agnetheln). — Zus. *u-* (an-), *er-*, *fort-*, *verfrängdern.* — Mhd. sich verenderen ‚sich verändern, verheiraten', lux. sich verännern, siegerl. sech verannern.

—, Frängderpursch, *Franderpursch* m. *(Bistr.)* ‚heiratsfähiger Bursche'. *De Franderpurschn* *wôrn guar dô. Pursch* ist im Gegensatz zum *Knicht*, dem jungen Landmannssohn, der Gehilfe des Gewerbetreibenden. Doch wollen (im Süds.) auch die Bauernsöhne nicht mehr *Knicht* genannt sein, sondern *Purschen*. Jener Name wird nur Dienstknechten beigelegt. — Zu *frandern*.

Franiel, † F. N. (1808, Kronst.).

Frank, *(Frangk, Frungk, Frǫngk)* F. N. (1372, Hstdt.; 1522, *Bistr.*; 1569, Birth.; 1580, Agnetheln; um 1610, Burgbg.; 1620, Schässbg.; 1808, Kronst.); gegenwärtig in den Städten, dann Probstdf., Roseln, Trappold, Leschkirch, Agnetheln, Michelsbg. u. s. Ein Träger dieses Namens (Königsrichter Valentin Frank) wurde von Leopold I. geadelt, seine Nachkommen nannten sich Frank von Frankenstein (Hstdt. und *Bistr.*). Franck (1479, Hstdt.; 1505, *Bistr.*; 1567, Schönbg., Mergeln, Gr.-Schenk; um 1610, Med.). »Steffan Frang« (1519, Nat.-A.; 1679, Schässbg.). In mundartl. Form Fronk (1722, Hstdt.). Mit patronym. -en (schw. Gen.) »franken melhonen« (zu diesem vgl. *Mäl Hǫnn* = Michael Hann in Neudorf b. Hstdt. Oder ist . . honen verlesen für . hones?) (1526, Marienbg. i. B.); »Francke Melchrin, ‚Melchiorin'« (1536, Ebda., Qu. Kr. 3, 13). Umgelautet Fränk (s. d.), mit Diminutivendung Frenkel (s. d.). — Dazu die Fl. N.: Im Frankenhamm (Denndorf), *bä de Frangkeländern* (Talmesch), *än Fräungkegreanjt* (Bekokten). — Vgl. den nhd. F. N. Frank = Franke.

Fränk, F. N. (1810, Kelling: gegenwärtig Mühlb., *Bistr.*). — Durlacher Namensform für Frank = Franke. s. Möckel, Transmigranten, 19.

*Frankendorf, O. N. urk. Frinkfalva (1592), heute magy. Kő-frinkfalva, rum. Frânceni de Peatra, im Szoln.-Dob. Komitat. Das magy. Frinkfalva, rum. Frânceni weist auf den F. N. Frank (V.-A. 34, 39).

Frankensteyn, † F. N. (1372, Hstdt.). — Der Name wurde später vom Königsrichter Valentin Franck als Adelsprädikat angenommen. s. Frank.

fränkisch, fringkesch adj., fehlt nösn. 1. ‚französisch'. »zu einem frankischen reittrock« (1629, Med. Materge-Buch). — 2. In der Ma. bloss als Name der Traubensorte ‚weisser Honigler' (von Fabini im Med. Progr. 1860, 24 »Formiana argentea« genannt) bei Mediasch und Birthälm gebräuchlich. Von ihrer grossen Tragfähigkeit heisst es:

> *Fringkeschštôk*
> *Git der Mêt de Bîrten uch de Rôk,* oder
> *Bronjt de Mûngkel uch de Rôk.*

— Vgl. Z. f. d. Phil. 9, 141 »multa sunt genera vitis . . francum et hunesch [Heunisch]«. Magy. heisst eine Abart (in der Gegend von Waitzen) fehér frankos. — Sonst wird diese Sorte *dännschälich*, in Schässbg., *S.-Reen*, *Fôl* genannt (s. d.).

Frankreich, Frąnkrech, nösn. *Frǫnkraich*. Ra. *E lêft wâi ǫnser Härrgott än Frǫnkraich* auch süds. ‚behäbig, recht gut'; ebenso sagt man in Lux. l[i]ewen ewe[i] Gott a Frankreich (lux. Wb. 117). Auf üppiges Leben deutet auch die Ra.: *Tau bäst hǫlij än Frǫnkraich gewiest (Tekendf.)*, wenn jemand *tschämmert* (‚Bläschenausschlag am Munde bekommt').

Franse, Frons, *Fronz* fem., gewöhnlich Pl. *Fronsen*, Dim. *Fronzker, Frenzker* (Kl.-Schenk), nösn. Pl. *Fransn*. 1. ‚breites (gewöhnl. seidenes) Band', das um die Stirne gewunden oder im Haar und langherabhängend am *Bîrten* (Borten) getragen wird (bei Hstdt., Mühlb., im Burzenl.; im Nösn. fehlt diese Bedeutung). Um die Stirne gewunden heisst das Band auch *Ämboindfronz*, in der *Kwâtsch*, woran die Bockelnadeln gesteckt werden, *Kwâtschfronz*. Das *Heftel* hängt *un der Heftelnfronz* um den Hals, und an den Hemdärmeln werden schmale *Hemdfronzker* angebracht (Gr.-Scheuern). *En Frons af dem Hot* (Arbegen), *un der Guip* (‚Joppe', Neudf. b. Hstdt.). Die *Fronsen* gehören somit zum Sonntags- und Brautstaat des Bauernmädchens. Deshalb ist es das tiefste Weh, das die ‚Braut am Alt' klagend ausruft:

> *Hä wäll ich sätzen und e klôn*
> *Unt niche Schlîjerdach mî drôn,*
> *Uch nichen Krällen, nichen Fronx*
> *Und îwich klôn äm mengen Honx.*
>
> Kást., 4.

Die *Fronsen* sind gewöhnlich bunt, *färwich*, und Zeichen der Freude. Wie sie den Sonntagsstaat zieren, so helfen sie bei freudigen Gelegenheiten mit, Freude zu erregen. Die Aussteuer wird mit ihnen geziert.

> *Wô äs der Pill* (‚Pfühl, Polster des Bräutigams') *mät Fronse klîn?*
>
> Kást., 4.

Färwich Fronsen sind deshalb beliebte Geschenke. So fragt die Mutter den heimkehrenden Sohn:

> *Ech frôcht dich, sô mer läwer Honz,*
> *Huest tâ mer brôcht en farwich Fronz?*
>
> Thullner, R. 80.

Blô Frǫnzen trägt die Bäuerin am Hut, ihn fest zu binden (Gr.-Scheuern). Auch in anderen Farben sind *Fronsen* beliebt. »grün Bogasia zu den Fransen (an die Fahne) 6 Ellen« (1598, V.-A. 14, 368). »Item Ettlig Eelenn rotthe fronsen zusammen gewicklett« (1607, Kbl. 12, 119). *Geblemt* (geblümte) *Fronsen* heissen auch *Partîr* (Bordür-) *frensen*, *Frenzken* ‚Umfassung aus blumigem Sammt' (am Pelz, Haltrich, Plan 90). Diese buntfarbigen Bänder werden der gestorbenen jungen Frau ins Grab mitgegeben (Schuller, T. u. B. 1, 57). — Aber auch *triurich Fronsen* ‚traurige Bänder', sie sind meist schwarz, auch blau, weiss und grün (Gierelsau). Am *Buerten (Bîrten)* sind an einigen Orten statt der sonst gebrauchten *riuden*, *blôen*, *weissen*, *gielen Fronsen*, *Gûld*- oder *Sälwerfronsen* üblich, so in Gr.-Scheuern, Neudf. b. Hstdt. Sie waren vor 2 Jahrh. nur den Vornehmsten gestattet. Die Masslosigkeit des Luxus von heute geisselte eine alte Frau, indem sie auf sehr grosse Missernte hinwies: *Hoed er äst ûndert verdâent? Dingkt er, âser Härrgott säch net, wod er draift mäd ire Gûld- uch Salwerborten?* (Neudf. b. Hstdt., wo die Goldfransen *Borten* heissen). »Güldige Fronsen doch auch nicht zu prächtig, dörffen die Rahts Herren und fürnehmen Patricier Weiber, aber auch nicht über 4 Ender tragen« (1689, Kleiderordnung, Cap. Cib.). In älteren Kleiderordnungen ist auf die *Fronsen* überhaupt streng geachtet worden. Den Schneidern wird 1631 zugelassen »braune Kerntuch Mäntel zu machen von 14 Giren und ganze seidene Borten darauf zu nähen, aber keine Fronsen nicht«, ferner werden ihnen »nur halb seidne Frensker« und »2 flirige (‚zweifach nebeneinander genähte') Fronsen« erlaubt (1631, B. M.). »Die Dienst- und gebäurisch Mägd können der breiten Fronsen auch entbehren« (1651, V.-A. 3, 19). »Darinnen sollen die Herren-Töchter die Gold-Schnüre nicht zum gemeinen Brauch machen, sondern mit ehrlichen Fronsen content sein« (1651, Salzer, Birth. 569). »Fronsen im Schlaf (= Schläfen) zu tragen wird (für Pfarrerinnen und Lehrerinnen) verboten seyn, poena 2«, ebenso »viele Fronsen zwei oder drei oder vierfache rund um verschnüret oder mit Sammet verbrämt sollen sie nicht tragen« (1664, Salzer, Volksschule 41). »Item sollen die Dienstmägde keine ausländische Fronsen einmachen« (1689, Kbl. 31, 75). »Welche Magd einen breitern Borten und ausländische oder gesprenckelte Fronsen wie auch breitere wird tragen soll so wohl den Borten, als die Fronsen verlieren« (1720, Gr.-Schenk). »Siebenbürger Fronsen«, »sogenandte schlechte (‚einfache') Welentze Fronsen« (1762, V.-A. 7, 315, 317). — Syn. *Bând* (Band), *Flietsch*, *Gällertchi*, *Gekrippel*, *Galôn*, *Masch*, *Zälpen*, *Zêp* (i. B.). — Auch übertr. in der Ra. *des Geschicht huat noch Fronsen* ‚ist noch nicht aus, hat noch ein Nachspiel' (Schönbg.). — 2. Ein Band, welches aus einem festgewebten Streifen besteht, von welchem nach einer Seite Zacken (Wolff) oder lose Fadenenden hängen (Mühlb.). — 3. ‚Diese losen Fadenenden selbst' (nösn.). *De Fransn hê em u dn Hôsn, um Kirrel.* Es ist der schärfste Tadel, wenn man von einer Frau sagt, sie liesse an einem Kleidungsstück die *Fronsen hên* (trage es zerrissen). — Aus nhd. Franse, das auf franz. frange ‚Franse' zurückgeht. Lux. Fronz ‚Gefältel' (zu franz. fronce ‚Falte') hat damit direkt nichts zu tun.

(Fransengras), **Fronsegrâs** n. ‚Bandgras' in Gärten, Phalaris arundinacea L. Daneben auch *Maschegrâs*.

Fransenmacher, **Fronsemâcher**, *Frontzmâcher* m. 1. Verfertiger von *Fronsen*. Sie bildeten eigene Zünfte, so in Med. und Hstdt., vgl. Werner, Zunfturkunden; V.-A. 27, 510. — Urk. »am andern Tag hat die Fronssenmacherin ihr einen Mantel gegeben« (1689, Cap. Cib.). — 2. F. N. Fransenmacher (1667, Schässbg.), Fruntzmacher (1722, Hstdt.). »Ich habe unterschiedlich mahl zum Fronsenmacher mit J. getruncken, manchmahl umb Geld, auch auff borg« (1702, Cap. Cib.). — Zu *Frons* (Franse).

(fransig), **fronsich** adj. ‚mit Fransen, bandartigen Einsätzen'. *Ed äs e fronsich Hemt* (Schönbg.). — Zu *Frons* (Franse).

Franz. 1. Zunächst P. N. *Frûnz*, *Frânz* (Schirkonjen), *Frônz* (Rosenau i. B.), modern in den Städten *Franz*, Dim. *Fransi*. Der Name ist als Taufname auch in bäuerlichen Kreisen früher weit verbreitet gewesen, so erscheint er 1691 mehrmals in Heltau, oft in den Qu. Kr. (besonders 3). Das beweisen die zahlreichen D. N., die meist auf P. N. zurückgehen; z. B. *der Frunz* (Trappold), *Fremz* (Agn.), *Fronz* (Rode), *Frounzen Henz* (Werd), *Franzen Hans* (Reussmarkt), *Frûnze Mân* (‚Muhme, Tante', Gattin des Oheims *Frûnz*, Kerz), *Frûnze Pâl* (Felmern), *Frûnzen Tschik* (Wurmloch), *Fronzen Titz* (Michelsbg.). Gegenwärtig ist er im Schwinden begriffen und findet sich eigentlich nur noch in den Städten. Spottvers:

Frinze, Frûnz,
Roff âsen Hînen af den Dûnz.

Höhr, 23.

— 2. F. N. Mundartl. Form: Frunz (Reussmarkt), Fruntz (Reussen, † Urwegen), Frontz

(† Kronst.-Barthol.). — Franz, *Frûnz*, i. B. *Frônz*, nösn. *Frq̂nz* (1556, Kronst.; 1691, Freck; 1824, *Botsch*). Gegenwärtig im Burzenl., bei Schässbg., *Bistr.* — Frantz (1372, Hstdt.; 1680, Gr.-Scheuern; 1762, *Botsch;* 1763, Trappold; 1808, Heldsdf., Nussbach i. B.; 1833, *Bistr.*). Gegenwärtig in Heldsdf. i. B. und sonst. — Mit patron. Gen. -en: Franzen (1579, Hstdt.), Fransen (1636, Tartlau i. B.), Frantzen (1641, Kronst.), »Franczen Hans« (1526, Heldsdf.). Vgl. die D. N. *Frûnzen Tschick, Fronzen Titz.* — Mit Diminutivendung Franzel (Keisd), Frenzel (Denndf.). — Umgelautet (aus lat. Franciscus): »awff sant frenczen tag« (1498, Müller, Sprdm. 115). Frentz (1505, *Bistr.;* 1810, Mühlb.). Gegenwärtig in Hstdt., aber als Name eines Frankfurters. Vgl. lux. F. N. Frentz. — Frintz (1680, Cap. Bog.). Gegenwärtig in Johannisdf., Zendresch, Zuckmantel. *Frinx* D. N. *(Wermesch).* — Dazu (?) die Fl. N. *af'm Frunz* (Dobring). »auff dem Frantzen« (1514, Stolzenbg. und Reussen). *Frinzenhêlt* (Keisd). — Zu mlat. Franciscus ‚der Franke'.

Franziskaner †. In allen Städten gab es vor der Reformation Franziskaner, so liessen sie sich angeblich 1444 in Med. nieder. Nach ihnen ist die Hermannstädter Franziskanergasse *(Franzìškânergass)* benannt, wenngleich das dortige Kloster meist nur ein einziges Mitglied des Ordens beherbergt.

Fränzkes, † F. N. (1636, Tartlau i. B.). — Von Franz mit der burzenl. patron. Endung -kes gebildet wie Frätschkes zu Fritsch, Lörintzkes zu Lorenz.

Franzose, Franzîs und *Frq̂nzîs* m., nösn. *Franzûs* m. 1. ‚Bewohner, Abkömmling Frankreichs'. *Ed äs ned en Detscher, ed äs dij e Franzîs.*

Mir Dejtschen liesen, wæ mer schreiwen,
Gq̂nz q̂ndersch awer der Franzîs.
Thullner, 31.

Urk. »Für Töpfe als der Mikes hier gelegen und auch ein Franzos« (1680, Reps, V.-A. 37, 291). — 2. Danach † F. N. »Franczyoz« (1472), »Franczossz« (1479), »Franczosin« (1494, Hstdt.). — 3. Der Pl. *Franzîsen,* oder volksetymol. an *Frûnz* (Franz) und *Huise* (Hosen) angeschlossen *Frûnzhuisen* (Birthälm), nösn. *Franzûsn (Petersdf.), Fremzuisen* (Agnetheln) ‚Lustseuche, Syphilis'. *E huet de Frûnzuisen* oder *de Huise vôl* (Birthälm). *Em sôt, e hät de Franzûsn, ich känn 't q̂ber nät glæibm (Petersdf.).* — Auch urk. »Das Hannesz Hesz czemersman Lerincz seinn frau hat gehelt von den franczosenn, hun ich im gebenn fl. 2« (1553, Qu. Kr. 3, 314). »der mutter aber, die in getragen hat, flucht er mit alten huren, mit frantzosen, drüssen und blatern« (Dam. Dürr, Aml. 54). »Die Frau ist garstig auff einer Flechte gelegen und hat die Franzosen gehabt« (1694, Cap. Cib.). — DWB. 4, 62. — Aus dem Nhd.

französisch, franzîsesch adj., nösn. *franzêsesch* adj. [Städt. Halbma.]. *E franzîsesch Dq̂nz, Beach. En franzîsesch Lîrerän, Bonn. Et gêt nô der nq̂nster* (neuesten) *franzêsescher Môdi ugezogn (Bistritz).* Urk. »Karabelyische Dragoner auf 50 Mann und unnütze französische Völker [lasten] auf der Armut fast in allen Gemeinden« (1680, V.-A. 37, 289).

—, **Fræsekringkt** fem. ‚Wechselfieber', nicht eigentlich ‚Frierkrankheit', da es nicht eine Zusammensetzung mit dem Verbalstamm *Fræs* ist, deren Form *Fræskringkt* lauten würde, sondern mit dem Nomen *Fræsen,* der Krankheit des Fiebers, darum lieber als ‚Fieberkrankheit' zu umschreiben (Mediasch, Hohndf., Agnetheln); dasselbe wie *Fræsen* (eigentlich Frieren, dann Fieber). *E freist mät* oder *un der Fræsekringkt* ‚er leidet am Wechselfieber' (Med., Agnetheln). — s. *Fræsen* (Frieren).

—, **Fræsem** s. Freissam.

—, **Fræsen** n., nösn. *Frâisn* n. ‚Fieber' s. frieren und *Fræsekringkt.*

—, **fræserich** adv. *Ed äs mer fræserich (gq̂nz fræserich)* ‚ich beginne zu frieren' (Binder, Coll.). Eigentlich für *fræsenich,* darum oft auch umschrieben: *Ed äs mer esui neo Fræsen* (als witterte der Mensch die kommende Krankheit). — Zu *fræsen* (frieren). Vgl. engl. fréorig, nhd. frierig (DWB. 4, 203) ‚frierend, fröstelnd'.

—, **Fråss** fem., nösn. *Frâss* fem., mit epith. t *Frâst* fem. *(S.-Reen)* ‚Gehirnkrampf bei Kindern', ‚Fraisen'. *De Fråss scherreld et.* Auch von Erwachsenen. Der Aufschneider erzählt, was er gesehen habe:

Schleongen, lengker wæ eas Hq̂nn äs,
Kruеden, dat înt scherlt de Fråss.
Thullner, R 59.

In Flüchen: *Dat dech de Fråss räcke sûl! De Frås sûl dich trêfen* (Mühlb.). Im Nösn. nur die Wendungen *et* (das Kind) *huat de Frâss, em bekit de Frâss;* z. B. *Ich wôr esu q̂ngest gewôrn, ich bekq̂m schär de Frâss.* Im Jahre 1719 wurden in Hermannstadt mehrere Fälle von »Fraass, innerliche Fraass, Hitze mit Fraass« angemeldet (Hstdt. Progr. 1893, 10). Gegen die *Frâss* hilft die Asche eines Stückchens vom Glockenseil mit Wasser gemischt (Eibesdf.). Besser bewährt es sich aber, wenn man die Kinder vor grossem Schrecken hütet, denn der ist die Ursache der Krankheit (nösn.). Auch schweres Zahnen verursacht *Frâss.* — Zu mhd. vreise, ahd. freisa ‚Gefahr, Not, Schrecken'. Mundartl. -â- ⟨ mhd. ei noch in *pâzn* (mhd. beizen), *hâklich* (nhd. heiklich), die aber wahrscheinlich beide oberd. neuern Ursprungs sind. Epith. t wie *Frâst (S.-Reen)* hat auch schon mhd. vreist und zips. Frôst. Zu vgl. ist auch moselfr. frässlich ‚schrecklich'. Aus deutschen Ma. ist magy. frász ‚nyavalyatörés' (M. Tájsz. 1, 637) und slav. frasu entlehnt.

—, **Frässegruowen**, *genst dem Frässegruowen* Fl. N. (Talmesch).

(**frassig**), **frąssich** adj. (nösn.) ‚heisshungrig'. *E frąssich Gâiter frässt ąlles (Bistr.).* Süds. von nirgendher bezeugt. — Nhd. (mit Umlaut) frässig, gefrässig, mhd. vræzec entsprechen nicht genau, dagegen niederl. vratig.

—, **Frâter** D. N. (Durles). Der Träger war Gefreiter beim Militär = *Fraiter* scherzhaft für *Gefraiter* (Gefreiter, ‚vom Schildwachtstehen Befreiter'). Vgl. rum. dial. fraiter, domnu fraiter, magy. frajter (M. nyelvtört. szót. 1, 991). Die unbetonte Vorsilbe fällt ab. Die Beziehungen zum Militär werden als ein Aussergewöhnliches im einförmigen Bauernleben gern auch als Anlass zur Namengebung genommen: Einer, der bei der Gendarmerie gedient, heisst *der Šchandâr,* seine Frau *det Šchandârchen* (Michelsberg). Weniger harmlos nannten spitze Zungen eine jüngere Frau *‚de Fîrerän',* weil ihr ein schmucker Führer (Unteroffizier), der zu den Feiertagen heimgekommen war, auf dem Tanz etwas auffällig den Hof machte (Thalheim).

Frati, † F. N. »Frati Stephen« (1697, Hohndf.).

—, **Frâtje** *de Krutsche,* nösn. *Frâtje je Krusche* ‚Busenfreund'. *Mat diem ban ich Frâtje de Krutsche* (Brenndörfer, 18). *Dâi zwî sai och âne Frâtje je Krusche* ‚stecken immer beisammen' (nösn.). — Rum. frate de cruce, eigentlich ‚Kreuzbruder'.

—, **Frâetjef** s. Freihufe.

Frätschkes, F. N. (Kronst.). — Zu Fritsch (Koseform der mit Fried- gebildeten P. N.) mit der verkleinernden patron. Endung -kes gebildet, vgl. Fränzkes, Lörenzkes.

—, **Frâtschlerän**, *Fratschlerän* fem. ‚Hökerweib' (Schässbg., Hstdt.). — Syn. *Femberän, Krötschlerän,* nösn. *Pruagleren.* Ein oberd. Lehnwort. Fratschlarin ‚die gerne viel fragt oder spricht' zu fratscheln (iterat. zu fragen) ‚plaudern, frageln' (Lesachtal, Fromm. 2, 343). Bei Schm. »fradsch·ln« ‚wiederholte, besonders indirekte Fragen stellen', »die Frätschlerinn, das Frätschelweib (Fradschlwei')«.

—, **frątt** adj. und adv. (Birth.), nösn. *frątt* adj. und adv. ‚wundgerieben'. *De Haut äs em guar frątt* ‚rötlich, angegriffen' bei Kindern (durch Reibung oder Pissen hervorgerufen, nösn.). — mhd. vrat ‚halbfaul, wundgerieben', vgl. hess. fratt ‚wundgerieben' (Crez. 1, 388), *fretten* ‚wundreiben'.

Fratz, **Fratz**, *Fratzen* m., nösn. *Frątz* m. 1. *Frątze schneiden* oder *mąchen* ‚Gesichter schneiden' (Schässbg.) [Städt. Halbma.]. Sonst süds. nicht gebraucht, dafür aber *Gefrässer* (Gefrisse, Gesichter) *schnegden.* — 2. In echter Ma. nur als Schelte für wilde, ungezogene Kinder. Zunächst in zorniger, erregter Rede. *Ir änätz Fratzen. Te bäst en oisgelossa Frątz! Nimmi zarrd ich, ir gewadderdich Frątzen!* (Kl.-Schenk). *Na tae gedannerdijer Fratzen!* (Klosdf.). *Ta verflachter Fratzen, te hôst widder nichen Friden* (Ebda.). Im Lied vom bösen Hans:

> *Wôr der Hanz en angem Gang,*
> *E gebläcktich Fratzen.* Käst. 48.

Im Nösn. nur unter Kindern *dau Frątz! dąd äs e Frątz* in städt. Halbma. — Dann aber auch in gleichgiltiger Redeweise:

> *De Kekesch krên, de Hîne gackzen,*
> *Än der Gemîn de Fratze mackzen*
> (‚plärren'). Käst. 86.

Im scherzhaften Neujahrswunsch:

> *Ech wantschen ich zem nąe Jôr . . .*
> *Aüer Kummer vôl Rątze,*
> *Aüer Štuf vôl Frątze.*
> Schuster, Volksl. 95; Höhr, 51.

Schliesslich auch verwundert, ja staunend und bewundernd. *Ta gebläcktijer Fratzen, tâ!* ‚wer hätte dem das zugetraut!' — Aus älternhd. Fratz, Fratze, das auf franz. frasque ‚toller Streich', ital. Pl. frasche ‚Possen', frasca ‚grüner Zweig, Busch' (als Wirtshauszeichen) zurückgeht. In derselben Entwicklungsreihe wie ss. *Fratzen* liegt Goethes »Seht doch den Fratzen« (frechen Kerl, Götz v. Berlich. I, 1; Jubil.-Ausg. 10, 6) und eifl. fratzig ‚eigensinnig'.

frätzen, †. »(Alle Kürschnermeister sollen gute Arbeit machen) nicht gefrätzt mit rothem schwarzem oder mit anderlei Farb Leder oder Zwirn gemacht« (1640, V.-A. 27, 543). = verätzen ‚zu sehr ätzen'? oder zu älternhd. Friess, Früss ‚krauser Zierat', franz. friser, engl. frieze ‚kräuseln'?

Fratzengesicht, † ‚Zerrbild, ins Lächerliche verzerrtes Gesicht‘. »Ein silbern Löffel mit einem Fratzen Gesicht« (1695, V.-A. 8, 151). — Zu nhd. Fratze ‚alberne Person, Narr‘. Die Belegstelle ist älter als die Belege im DWB. 4, 1, 70 oder bei WEIG. 1, 576.

Frau, Fræ̂ fem., Plur. *Fræ̂n,* Dim. *Fræ̂chen,* nösn. *Frâ* fem., Plur. *Frân, Frâne (Tekendf.),* Dim. *Frâichi.*

I. Die älteste Bedeutung des Wortes, wie sie in ahd. frouwa vorherrscht, ist ‚Herrin‘. a) Sie findet sich urk. »mit verhǒrung jhrer Herrn oder frawen« (E. L. R., 47), scheint aber der lebenden Mundart in dieser allgemeinen Bedeutung verloren gegangen zu sein, dafür ist Herrin gebräuchlich *(Härrän,* nösn. *Härren, Hiären).* Doch findet diese Ehrenbezeichnung noch darin ihren scharfen Ausdruck, dass die Ma. nur vom Sachsen spricht: *e Mǫ̂n uch seng Fræ̂,* vom Rumänen, Zigeuner aber: *e Blôch uch seng Blêchän (Zegæ̂nän).* — b) Mit der Einführung der Reformation ist auch der früher gebräuchliche Name ‚unserer lieben Frauen‘ (Jungfrau Maria) geschwunden. Er begegnet auch in Urk. selten, weil erst nach der Mitte des 16. Jahrh. die deutschen Urkunden häufiger zu werden beginnen: »den nechsten Montag nach v. l. Frawentag« (1427, MÜLLER, Sprdm. 52). »dieselben sollen vierzykh gulden nemlich 20 gulden der Stat und die übrigen 20 gulden unser lieben frawn kirchen zu der Hermanstad zu bezallen verfallen sein« (1486, Leinweberzunft-Art., Hstdt.). »Item welch meister des leuchter warten sal vnd nicht wart an dem suntag an wnsser liben frawen kirch« (15. Jahrh., Kronst. Kürschner-Art.). »dy Kerczen off wnserem Altare der lieben frawen« (ca. 1500, Bistr. Kürschner-Art.). »zu der bruderschaft vnser lieben frawen«, »am freitage der besuchung vnserer lieben frawen« (um 1500, Bistr. Arch.). Hieher gehören aber wohl die O. N. und Fl. N., die mit Frau gebildet sind, wie *Fræ̂nderf* (Frauendf.), Frauenberg, Frauenkirch(en), *Frǫ̂nbäsch (Mettersdf.), bam Frâgrôwen* (Werd), *vîr em Fræ̂engräfken* (Talmesch), *Frâewêch* (Burgberg), *Frâewis* (Gergeschdf.). — c) Von wundertätigen, bösen oder guten Frauengeistern finden sich nur Spuren. Frau Hulda, die im fränkischen Sprachgebiet daheim ist (GRIMM, Mythol. 1, 245), erscheint in den Fl. N. *Fraholtebrǫnnen* (Nadesch, TEUTSCH, Sachsengesch. 1, 18), *Fraholtegrôwen* (Nadesch, HALTRICH, Aberglaube 12; HALTRICH, Plan 83; MÜLLER, Sagen 30). Und HILLNER, 27 führt aus Rosenau i. B. an, dass man früher glaubte, die ungetauft gestorbenen Kinder kämen in den *Frauhûlderǫien,* wo sie zur Zeit des Frühlings- und Herbst-Äquinoktiums über den Ort ihrer Geburt hinüberzögen (s. Hulda). *De weiss Fræ̂,* die weisse Frau ist nicht immer die Bringerin des Glücks, als die sie als Jungfrau gelegentlich erscheint (MÜLLER, Sagen 31; vgl. GRIMM, Mythol. 2, 915 ff.), vielmehr hat sie dort, wo sie auftritt (in Meschen, Agnetheln, Hstdt. und sonst), Unglück im Gefolge, ja auch der Tod nimmt die Gestalt einer weissen Frau an (SCHULLER, T. u. B. 1, 9). — *De helich Fræ̂en* (gewöhnlich drei) sind dagegen gütige Wesen, die dem Menschen in der Heilung von Krankheiten helfen. So heisst es in der Besprechung gegen das »*Gebrêch*«.

Et wôren drǫ̂ helich Frâen,
Dæ̂ haden en înich Gešprêch.
Ir helich Frâen,
Git mir ir înich Gešprêch
Unt nit vu menjem Känjt
Det lîderlich Gebrêch.

SCHUSTER, Volksl. 314.

Auch beim *Ischerche kôchen* werden die drei heiligen Frauen angerufen s. Wb. 1, 205. Ähnliche Formeln gegen das Blutharnen der Kühe, gegen Gelbsucht zum Blutstillen *(Botterfræ̂en)* s. Kbl. 7, 7; WLISLOCKI, 91; SCHUSTER, Volksl. 315. Diese heiligen Frauen sind den weisen Frauen deutscher Märchen und Sagen zu vergleichen (s. darüber GRIMM, Mythol. 1, 368 f.). — Zu diesen halbmythischen Gestalten gehören auch die Frauen (Nymphen, Wasserfrauen), die in Bächen und Brunnen wohnen und als Schreckgeister für Kinder dienen. *De Bǫ̂chfræ̂, Kakelfræ̂* fordern alljährlich ihr Opfer (V.-A. 10, 118; MÜLLER, Sagen 35); *de Brannefrâ broŋ̂t de Känjt* (Kbl. 25, 23; vgl. H.-W. 163 und das anziehende Märchen *de Brannefræ̂* von ANNA SCHULLERUS, Sächs. Hausfr. 1912, 167). Aber sie zieht die Kinder auch in den Brunnen: *Net dǫt te an de Branne sejtst: de Brǫnnefrâ kid en nit dich* (Agnetheln). *De Boke(l)frâ kid ǫnd se nint dich, wô te nät hesch bäst (Bistr.). Hôkefrâ* (vgl. *Hôkemǫ̂n*) heisst ein Kinderspiel in Rosenau i. B. (Kbl. 15, 25), *Hêkelfrâ* in *Jaad* die *Brannefræ̂.* Hieher gehören noch die Wald- und Wasserfrauen der Sage (MÜLLER, Sagen 32 f.). — Ganz vermenschlicht ist *de bîs Frau, dǫ̂ide Mälich känn verhäksn (Wallendf.)* oder *de ǫ̂lt Frâ,* die in der Beschwörung von Krankheiten und Tieren eine Rolle spielt:

Friden,
En ǫlt Frâ trid en

H.-W., 276.

(s. Wb. 1, 87 und *Häks* ‚Hexe‘). In dem entstellten Spottvers:

Halleluja Kirbeskiärn,
Ålt Frân furzn giärn. (Bistr.).

— d) Die alte Bedeutung ‚Herrin‘ ist zum Titel verblasst in dem (meist proklitischen) *Frê, Fre, Frâ, Fra,* das ehrend Anreden vorgesetzt wird. »yn kegenwertykaith der orberen frawen Katherin Greff Jacobyn« (1527, Qu. Kr. 2, 14). Die Pfarrerin wurde vor einigen Jahrzehnten noch allgemein als *Frä Motter,* verstärkt *tugentsem Frä Motter,* im Burzenl. *tugendsem Frâ, tugendsem Frâ Faran* angeredet, während gegenwärtig durch städtischen Einfluss *de gnêdich Frâ* vordringt, das ländlichen Ohren feiner klingt, als das patriarchalische *Frä Motter.* Die Anrede erscheint auch im Urk.: »Es hat sich zugetragen, das die Frau Mutter vor verschienener Zeit der Incatta (in causam attracta) (Angeklagten) unterscheidlich etvas gelt gelauen ‚geliehen‘ hat« (um 1610, Ger.-Prot.). Dieselbe Anrede verlangte die gute Sitte im 18. Jahrh. von den Kindern der Mutter gegenüber (V.-A. 34, 332). In der Ma. ist sie nur in geh. Spr. gebräuchlich; z. B. im Volkslied:

Ich satzt drą̂ Rîsen, drą̂ Rîsen
Menjer Frä Motter angder de Wą̂nt.
Frä Motter giet mer na de Hą̂nt:
Ach hêrz Frä Motter, na kun ich
net bą̂lt. SCHUSTER, Volksl. 31.

Fre Mątter nennt die Nösner Bäuerin heute noch die ältere städt. Bürgerfrau, in Agnetheln der Gesell die Meisterfrau (Agnetheln, 33). Auch *Frâ Grîss* (Grossmutter) erscheint in geh. Spr. *De Frâ Grîss sûl än de Kirch gôn* (HÖHR, 14). *Tugentsem Fre Lâif* (Frau Liebe) heisst die Pfarrerin in *Weisskirch* (Kbl. 23, 58), »tugendsame Frau« hiess die Königsrichterin (Reps, V.-A. 37, 126); auch in Hermannstadt die Gattin des Königsrichters Valent. Franck: »das die Tugentsame Fraw H. Felten Franken ihre sach hat Richtig gemacht bis in das 1654 Jahr was sie in die Ehrlige Nachbarschaft ist schuldig gewesen« (Herm. Nachb. B. Nr. 53). — *Fre Säster* (Frau Schwester) ist ursprünglich Anrede der Tante (Schwester des Vaters, der Mutter), dann auch vertrauliche Anrede älterer Frauen zur Bezeichnung weitschichtiger Verwandtschaft *(Bistr.).*

Känder, wässt er,
Aich bän im än Uart Fre Säster.
SCHULLER, Mätn 30.

Auch urk. schon so. »Die Gerg Agnöttiern ist zur Pfareren von Altzen khommen und gesagt: hört ir Frau Schwester ich hab euch bezahlet« (1600, Gerichts-Prot.). Sonst (Schässbg.) ist *Frä Säster* vertrauliche Anrede der Bäuerin durch den Bürger. Syn. nösn. *Nêne.* Im Burzenland, wohl auch sonst, heisst im Verkehr der Geistlichen die Gattin des Amtsbruders *Frâ Ąmtssaster.* Als vertrauliche Anrede älterer Frauen der weiteren Verwandtschaft ist innerhalb des ganzen Mundartgebietes in den Städten und den höhern Gesellschaftsschichten der Marktorte auch *Frê, Fre Mâm* (Frau Muhme) gebräuchlich.

De Fre Mâmen, mêlich, laut,
Sôdn: »Härrijê! — än Braut!«
SCHULLER, Mätn. 44.

während das Volk *Mân, Meân* (‚Muhme‘) sagt. Jede ältere Frau kann mit *Frâ (Fre)* angeredet werden. Doch ist die ehrende Ansprache meist Städterinnen oder Bessergestellten gegenüber üblich. *Frâ Bâkän* nennt das Dienstmädchen die Backfrau, die der Bürgersfrau nur als *Nôberän* gilt (Kbl. 20, 8). Doch ist *Frê Nôberän* die gewöhnlichste Anrede zwischen gleichgestellten Bürgersfrauen.

Frâ Nôberän, Frâ Nôberän.
Loą̂t mer ire Rîsekrą̂nz,
Dąd ich gôn ąf den Dą̂nz. HÖHR, 10.

Frœ Mîsterän, nösn. *Fre Mêsteren* (Meisterin) nennt der Gesell die Frau seines Meisters. *Fre Dokteren* (Arztesgattin), *Fre Lîreren* usw. In den Städten wird es erst in der Gegenwart üblich bei Anreden *Frâ* auch vor Namen zu setzen. *Frê Hîtschän, Fre Fûlzen* usw. Danach von Standespersonen auch in gewöhnlicher Rede mit dem Artikel: *De Frä Profässorän huat mer't erzą̂lt.* Sogar wie im Nhd. ohne -in: *de Frä Buart* (F. N. Barth), was aber noch deutlich als fremd empfunden wird. — Einmal wird im Volksliede Frau (wie im Mhd.) vor Nachtigall gebraucht.

Ze Krînen, ze Krîne vir em Borjerdîr,
Do štând en hîsch grên Länjt dervîr.
Se wôr îwe brîd uch angde schmuol,
»Duor afen, duor afe, Frê Nôchteguol«.
SCHUSTER, Volksl. 6.

II. ‚Frau, Weib‘ im Gegensatz zum Mann. 1. Von Menschen, ohne Rücksicht auf das Alter oder den Stand, einfach das weibliche Geschlecht betonend. In dem Märchen:

Litum titum târchen
Et sätzt e gûldich (bleâdich) Frâchen
Angderm Fenster en lącht (schrą̂t)!
HALTRICH, M. 152; H.-W., 282.

Dabei ist hier ebenso wie in dem identischen Draaser Märchen von der *ga ga guntsem Frâ* (Kbl. 19, 109) mit *Frâchen* und *Frâ* ein unverheiratetes Mädchen gemeint. *Et wâschn en Puer Frâne baem Brqnne (Tekendf.)*, es können auch Mädchen darunter sein. *Iwwerôel sai de Mung âne vôrhi, nur qff em Käntdêfn sai de Frqen* (‚das ganze weibliche Geschlecht') *vôrhi* (Gassner, 33). Hie und da wird die Braut als *Frœ Brokt, Frâ de Breokt* angeredet (Mätz, 57). Ganz allgemein ist auch das Sprichwort von der Frauenweisheit *lqngk Hôr qnt kurtsch Verštqnt* (nösn.). Dabei wird in der Rede und Anrede ein Unterschied gemacht zwischen alten und jungen Frauen. Die junge Frau redet man mit *tâ, te*, nösn. *dau, de* an und bezeichnet sie mit *ät, et* (es), die alte Frau wird mit *ir, îr, er* angeredet und mit *sœ, sai, se* bezeichnet. — Hieher gehört auch *Fraila* (s. Fräulein) und die früher in Bürgerkreisen allgemein übliche Anrede des unverheirateten Mädchens *Jangfer* (Jungfer, Jungfrau). — 2. Davon ist nicht scharf zu trennen die gewöhnlichste Bedeutung ‚Eheweib, verheiratete Frau' im Gegensatz zum unverheirateten Mädchen. a) Denn unter *Frœ, Frâ* versteht die Ma. vor allem diese. »Item kain mester sal keinen nit fwderen noch Arbeth geben der Anderswo ein f r a w helt byss her sein f r a w her zw vns pringt« (1494, Kronst. Goldschmiede-Art.). »Item czwo orem (arme) f r a v e n« (1526, Qu. Kr. 2, 22). »hat euch eur F r a w e gefallen in der ersten *(än der Îršt*, am Anfang), so last sie euch auch nu gefallen, wiewol sie alt ist« (1567, B. M.). »als das er im teutschen Land ein f r a w bei leben hab« (1569, Kronst., Ebda.). »nam er ein spies und schliege dem Rhadul Schonte auf den ruken einmal oder dray. Darauf schluge er auch ein F r a w nieder« (1598, Ebda.). »Da sagt sie, nein er ist nicht ihr, er ist einer F r a w e n in der Stadtt« (1599, Ger.-Prot.). So auch in der lebendigen Ma. Beim *Bäffelštrigeln* denkt der junge Bursche an seine Auserkorne: »*O, da gâdet Kâchi, dau holst mer doch mai Frâchi*« (Litschel, Vereitelt Komm. 8). *Wänni ku de Frân?* (nösn.). *Än jqnggefrandert, jqng, qlt Frâ* (nösn.). *En uageschett, geschett* (geschiedene) *Frâ* (nösn.). *Mai, sai Frâ. Dem Nôber sai Frâ, dem Times Miki* (D. N.) *sai Frâ. De klôä* (klagende) *verwîst Frâ* (‚Witwe', Reussen). Sprw. *E Mqn brocht nor de Hqnt ze wiejen, se hêd un em jêde Fäinjer en Frœ. De iršt Frœ vu Gott, de zwiet vun de Mänjtschen, de drätt vum Deiwel.* — b) Verheiratete Frauen werden im Hochzeitsliede der Frau Löprich angeredet:

Na ir gûldich schatzich Frâen,
Wô det änjgd'n esi fiurtgît,
Wid em nichen dûnze sâen,
Und dqt wêr mer wirklich Lât.
Schuller, Ged. 13.

Von dem Tage an, wo die junge Ehefrau beim »Ausschenk« mit dem Zuruf der Gespielinnen verabschiedet wird:

Hîrt hier, de Frâ de Breokt!
Wat mir ech wälle sôn:
Iren Îmqn selt er lœwen,
De jang Kniecht losse gôn (Mätz 98),

bis sie als Grossmutter ins Grab gesenkt wird, trägt sie den Ehrennamen *Frœ, Frâ. Ed äs än Frâ* sagt man zurechtweisend, wenn jemand die junge, noch kindliche Frau für ein Mädchen hält, *nammi än Mêt!* (nösn.). Und man kann der auf die junge Würde der Tochter stolzen Mutter keine grössere Freude bereiten, als wenn man erstaunt fragt: *et wit jq hqlich nät schu än Frâ sai?* (nösn.). *Esi jang unt schîn en Frœ?* — Dieser »Ehrenstand« beginnt am Tag nach der Hochzeit, dem *Jqngfrândqch.* Nach alter Gewohnheit werden auf dem Lande an diesem Tage der jungen Frau das Zeichen des Mädchenstandes, die langen Haarzöpfe, zum Teil, abgeschnitten. Denn statt des Bortens muss sie von nun an die Haube tragen, unter der lange und dicke Zöpfe keinen Platz haben. Es erscheint die verheiratete Frau bei festlichen Gelegenheiten mit der offen getragenen Haube, über der sonst das Kopftuch befestigt wird. Ohne dieses sich öffentlich zu zeigen, gilt als unordentlich. »Den F r a u e n soll es verboten sein, bloss in der Haube auf die Gasse zu gehen unter der Strafe Den. 9« (1695, Repser Nachbarschafts-Art.). Im höchsten Ehrenschmuck ist die junge Frau aber, wenn sie *gebockelt, gemockelt, gekrînt, gemôdjert, geschlanjert, geschlîjert, geschlodert* am Jungfrauentage zum ersten Male zur Einsegnung in die Kirche geht. Über der Haube trägt sie das *Schlîjerdach*, nösn. *Schlegerdâch* (Schleiertuch), das mit vielen Nadeln, *Bockelnôlden*, kunstvoll festgesteckt ist (Mätz, 80). Darüber an manchen Orten *de Krälltcher* (Korallen). Der Kirchenpelz verhüllt das *schîn Hemt*, nösn. *schî Himt* (schöne, feine Hemd), *den Rôk* (blauen Kittel). In dieser Tracht zeigt sie sich an manchen Orten der Pfarrerin am *Jangfrœndqch* und erscheint sie von nun an in der Kirche, wo sie den letzten Platz unter den Frauen zugewiesen erhält, für den sie eine kleine Gebühr zu entrichten hat. Wo die Nachbarschaften bestehen, wird die junge Frau feierlich unter bestimmten Formen aufgenommen (vgl. Kbl. 23, 54 und Nachbarschaft). Wenn sie *äst q̧f sich halt* (etwas auf sich gibt), tritt sie auch in den *Fræverîn*, nösn. *Frânverên* (Frauenverein) ein. Damit ist sie äusserlich in die Reihe der Frauen aufgenommen. In den Städten sind von dieser äusseren Wandlung des Mädchens zur Frau kaum noch Trümmer vorhanden, der alte Eigenbrauch hat hier dem Fremden Platz machen müssen. — c) Die Tracht und das äussere Ansehen der Frau wird wirkungsvoll gehoben durch ihre Schönheit. Denn die Kleidung allein bedeutet noch nicht viel. *Än pucklich* (‚bucklige') *Frâ mq̧cht och det hescht Gerêt* (‚Kleidung') *nät hesch. Ed äs âne än Buha* (‚hässlich'), *mer hêd et sich noch emôl esubel Flq̧ndern* (‚Fetzen') *q̧f dn Räck.* Während die Anschauung des Städters von Frauenschönheit durch individuelle Neigung und eigenen Geschmack mitbestimmt wird, hat sich auf dem Lande ein fast festes Ideal herausgebildet. Wenn die Frau des Mannes *Ôgnšpäigel* (Augenspiegel) sein soll, eine Frau an der er Freude hat, so muss sie diesem Ideal sich nähern. Sie darf nicht *schîn* (dünn) *zem Zebrêchen, e schî Frâchi* (ein zartes Frauchen) sein, d. h. nicht von unscheinbarer Gestalt, dann auch nicht von simplem Wesen, sonst sagt man bedauernd: *Ed äs dij e klî Knutzel, en wrem Wermchen,* nösn. *'t äs nur esu e Nutzkn.* Vielmehr muss sie gross gewachsen sein, dann heisst es von ihr *d äs än štq̧ttlich, än hesch* (hübsch) *Frâ* (nösn.), süds. *en kernich, en rêklich, hîsch gang Frâ,* sonst *än gq̧rštich, schäntlich Frâ* (nösn.), süds. *net hîsch, gq̧rštich, nô er êpešcher Model.* Dabei soll sie nicht klein (nösn. *e Geštäppkait, en kling Dopp*), aber auch nicht lang und hager sein, sonst ist sie *en Bînestang* (Bohnenstange), *Hq̧gech* (Heugeige, Heuschrecke), *Hôpštang* (Hopfenstange), *Lärmštang, e Bîneštîger;* nösn. *än Faibunštq̧ng* (Feigbohnenstange), *Huiert (Mettersdf.), Kräck* (Krücke), *Schlauder, Schmauder, Štarlegans (S.-Reen), Štrâinx.* Aber auch vor dem andern Extrem muss sie sich hüten, zu dick zu sein, wenn sie nicht *än däck Bätsch, Dopp, Dure* (nösn.), *Plottesch, Pluntsch* gescholten werden will. Vor allem verfällt eine plumpe Figur unnachsichtlichem Spott. *Dq̧d äs en Bäffelkea, än Baschtut* (nösn.), *en Drunekea* (Med.) *en Trun, en Kirchemotter* (Siegbüchel), *än Trull* (nösn.), *e Fälpeskati (S.-Reen), e Getq̧mpel, Getq̧pel, Getrq̧mpel, en Trq̧mpel.* Zum Schönheitsideal der Frau gehören auch blaue Augen, breite Stirne, blondes (sogar rotes) Haar, volle, rote Wangen, *ruit däck Bq̧cker.* — d) Ihre Würde muss die Frau aber auch durch ihr Tun und Lassen, durch innere Tugenden erweisen. Vor allem muss sie keusch und treu sein. Es ist die ärgste Schmach für eine Frau, wenn von ihr erzählt wird, *ed äs e licht Reckel, e Muster* oder stärker *ed äs en Raita, Ren, štædich Gor, lîfich Zauk, licht Štrænx, e licht Fiäl* (Fell, nösn.), *e licht Läder, Lûder,* am stärksten *en Hâr, än Hurel, Kurwe.* »Wirtt ein gesel gesehen werden mitt einer o f f e n b o r e n f r a u e n gehen, den soll man bussen wm ein halb phund wax« (1556, V.-A. 16, 403). Aber mit grosser innerer Berechtigung bestimmt daneben das E. L. R., 187: »Denn es wer jha der billigkeit nicht gemäss / das der Man keuschheit von der F r a w e n fordert / welche er selbst nicht beweiset«. Sprw. *Læwer en Sack vôl Flî (en Hiert Huosen) hæde, wæ en licht Fræ. Det Ruos uch det Gewier (de Ûr uch de Bis) uch de Fræ sq̧l em nemeste lq̧n.* — Zum Ideal einer rechten Frau gehört ihre Wirtschaftlichkeit und Häuslichkeit. »Also sollen f r a u e n und Junkfrauen heüsslich sein, nicht den ganzen tag langst die zeil rennen, die fenstern und schindeln auff den dachern zeelen« (DAM. DÜRR, AML. 25). *Der Mq̧n sq̧l äbräinjen (mîren), de Fræ sq̧l zesumenhq̧lden. De Fræ kq̧ mî mät dem Fîrdach, Schurz* (‚Schürze') *oussendrôn, wæ der Mq̧n mät dem Lengdach ännendrît (mät dem Wuegen hîme bronjt).* Oder nösn.: *Der Mq̧ holt mät dem Fälfes (mät dem Laimdâch) än't Haus, de Frâ drêd* (trägt) *ed äm Schurz aussn.* So wird es nicht gerne gesehen, wenn die Frau *ze vil q̧f sich hêt* (in der Kleidung nicht spart). *Dq̧d äs en afgedannert Buhu, en Krô, en Pô* (Pfau), *en Mq̧del, Maschkura, Putztôk, Summertôk* (nösn.), *en Tschuha,* stärker *e Gešpêt, Schq̧sselt* (‚Scheusal'), *ed gêt wâi e Pq̧lmêsel (Bistr.).* Die Frau soll ein bescheidenes Wesen an sich haben. Hochmut wird streng verurteilt. *Dq̧d äs e Schämpes, än Zänz* ‚hochnasiges Ding', *än Tôk* ‚steifes, fades Wesen', *än Ziperîs, Zisemise, e Ziseminchi* ‚zimperliche Person'. *De Fræ sq̧l net de Hîsen un hun,* hat sie das Regiment doch in den Händen, so wird sie *Fîšpân* (magy. főispán), *Dragôner, Hussâr, Raita* gescholten. Dagegen ist es kaum Tadel, wenn gesagt wird *de Frân sai vum Taiwel,* wenn einer ihres Geschlechts der Schalk hinter den Ohren sitzt. Ein Lob ist *än tq̧trich* (‚eine tatkräftige') *Frâ.* Eine teilnahmslose *(en merresch,* Katzendorf) oder dumme, einfältige Frau *(Blêchän, Jâpe, Kâke, Lola, Schabenîna, Schapenq̧n)* ist ebenso unbeliebt wie die schwatzhafte, zanksüchtige.

En Iᵉlster, e Schalaster, än Kǫrlật, än Zârke (nösn.) ‚schwatzhaftes Weib'. *Batertrud, Bruᵃske* (rum.), *Hällerijel, Häks, Krô, Magarx* (⏑ ⏑́), *Päck, Pärnîtsch* (⏑ ⏑́), *Pätsch, Pätschxang, Skabänx, Skarebänx, Zegǣnän, Kort-, Schattertzegǣnän* ‚zänkische, unverträgliche Frauenzimmer'. *De Frân prureln* (süds. *prodeln*) *vil; em terf sich nät kämmern äm der Frân îr Geretsel* (nösn.). Ebenso wird unordentliches Wesen auf das schärfste verurteilt. *Ed äs e Gešpâl, än Hure-dure* (nösn.), süds. *Hura-dura, en Krǣm* (‚Sau'), *Murnsau* (nösn.), *Rušchulla* (⏑ ⏑́ ⏑) und *Brušchulla, Brušchatz* (⏑ ⏑́), *Rawata* (⏑ ⏑́ ⏑), *än Schlǫmp, Schmurl, Schmudel, blêsch Kirch, e Seᵃläder.* An solch unerquickliche Eigenschaften denkt man, wenn man im Rat an den Junggesellen: *Nomm der bǣ Zegden en Wǫ̂nx (Flî) än't Bǣt* der Frau auch diese Ehrennamen gibt. *En ôld Mûn äs wâ en ôld Kûm* (Kamm), *en ôld Frâ äs wâ en ôld Hâ* (Haue) ‚die Frauen sind noch im Alter mehr wert als die Männer' (Birth.). — Die Frau ist aber auch des Mannes bester Arbeitsgefährte.

De Frâᵉ wiᵉsche, backe, kôchen
Unt fliᵉjen (pflegen) *es uch de Knôchen.*
Schuster, Volksl. 185.

Ausser den Arbeiten in der Hauswirtschaft, wie Kochen, Backen, Waschen, ist die Frau des kleinen Bürgers in dessen Handwerk mittätig. Die Frau des Tschismenmachers z. B. hilft beim *Beštâiᵉchn* (bestechen, ‚Vorder- und Hinterteile des Schaftes aneinandernähen'), *Blâmen nê* (‚Blumen auf das Fersenstück mit gelbem Zwirn nähen'), *Vernê* (‚die zu färbenden Felle zu Schläuchen zusammennähen'); die Frau des Kürschners muss *šticкn, irgn* (Namen und Ziffern *mät schîne Štâch ǫfnê), verwälxn* (‚säumen, einfassen'), *boitn* (‚Aufputz aufnähen', magy. bojt), *Knêfel* (Knöpfe) *mǫchn, ausfiärtijn,* die Frau des Riemers hilft *bai dn faine Ziremuᵃrbedn (Blâmen nê, Schlêfel nê)* und beim *pickeln* (‚vorgedruckte Muster mit kleinen Ösen versehen'). Die Frau des Landmanns vollends ist bei allen Arbeiten dabei, vor allem besorgt sie aber neben der Hanfbereitung, dem Spinnen, Weben, der Verfertigung der Kleider fast ausschliesslich den Weingartenanbau. Von der ss. Bäuerin kann man zumeist sagen: *Ed äs än flaissich Frâ* (nösn.). Und mit Recht sagt das Sprichwort *Häinjder er fleissijer Frǣ wiweld et.* Es liegt mehr Lob als Tadel in dem nösn. Spruch:

Wänn de Frân wâschn och bǫckn
Sätzt en der Taiwel händer'm Nǫckn.

Neben der grossen Zahl von Schelten für andere weibliche Fehler begegnen merkwürdig wenige für Faulheit und Nachlässigkeit. *Ed äs än Štrurl, än Zänxepänxe* (nösn.). Süds. heisst die gelindeste Bezeichnung für eine faule: *Trandlerän,* den höchsten Grad der Faulheit deutet an: *foulet Ôss.* Oft sieht man Frauen Arbeiten verrichten, die sonst den Männern vorbehalten sind. Infolgedessen ist das Verhältnis zwischen den Ehegatten in den meisten Fällen ein besseres, als man nach der grossen Anzahl allzufrüher Heiraten und nach der oft ganz merkwürdigen Art, wie die beiden Eheleute *sich zesummengefǫnn hun,* schliessen dürfte. Streit und Zank sind Ausnahmen, und das Sprw. *en âgeschlôä Frǣ, en âgesǭlzän Hîrsch* ist wohl mehr Neckvers als Ausdruck wirklicher Volksmeinung. Vielmehr gilt auch hier, was sie ins Danziger Schöffenbuch schrieben: »so denne wir manne dy ffrauwen vor das beste . . . halden uff erden« (Marienwerder Programm 1878, 19). Die wahre Meinung der Männerwelt ist gewiss im Wort: *En gêt* (gute) *Frâ äs iwer Allent* ‚ihr kommt nichts gleich'. Und wenn auch mancher Schlag gegen die Frau dem starken Geschlecht zur Schmach nachgesagt werden muss, so ist noch mehr zur Ehre der Frau zu sagen, dass sie manchen Ausbruch der Rohheit gehindert, indem sie mit Berufung auf das Jesuswort die noch ungeschlagene Wange dem Mann zum Schlage hin hielt, und ihn dadurch entwaffnete und beschämte. Selbst auf die Fremdnationalen der Sieben-Richtergebiete musste die sächs. Kultur wirken, indem sie durch geordnete Rechtspflege den Rohen zur Verantwortung zog, wenn er die Frau misshandelte: »Vonn Gomscha der dye Zwo frawen hatt gehabtt dass er dye erst fraw hott geschlagen wyrrschag fl. 1« (Selischter Rechnung 1549, Hstdt. Urk. NCP. 1317). Über die Wandlung der Stellung der Frau zum Mann im 17. und 18. Jahrh. vgl. V.-A. 34, 320 ff. — e) Besondere Rücksicht geniesst die schwangere Frau, von der es heisst: *Se äs, se äs än der Hoffnungk, än ǫ̂ndern Ämštänt,* spottweise *se gêt ausenǫ̂nder, se wit bǭld zetrêschn* (s. schwanger). — f) Die rechtliche Stellung der Ehefrau ist auf dem Lande eine etwas andere als in der Stadt. Die Gattin des Landmanns betrachtet ihr väterliches oder mütterliches Erbteil als ein vom Vermögen des Gatten gesondertes Gut. Daraus entspringen die meisten Streitigkeiten zwischen den beiden Gatten. Das kann so weit gehen wie bei den Burzenländer Eheleuten, die nicht nur die Grundstücke, sondern auch Vieh, Fruchtkufen und Hühner, sogar die Ausgaben für die Erziehung sorgfältig gesondert hielten (Sächs. Burzenl., 461). Über die Erbberechtigung der Frau galt, für alle Ehen, die vor 1853 geschlossen worden, die Bestimmung »das aus allen gütteren / dem man das zweiteil (2/3) / vnd der frawen das dritte teil / gebůhren soll« (E. L. R., 75). — Die Handwerkerfrau des Mittelalters durfte nach dem Tode des Gatten sein Gewerbe noch weiter ausüben, aber nur mit Beschränkungen. »Kein Frau soll nicht Felwerk koffen« (1484, Schässb. Kürschnerz.). »das keyn fraw keyn sneiderwerck sal feil han is zy gra ader bla« (15. Jahrh., Hstdt.). Andrerseits wurden gewisse Erleichterungen gewährt. — g) Abergl. Bietet eine alte Frau dem Säugling die Brust an, so wird er ein Lügner (Gassner, 18). Begegnet einem eine alte Frau, so hat man kein Glück. — Syn. *Bâbe, Housîr, Nênä.* — Zus. *Appelfrâ, Kôchesfrâ, Ommfrǣ, Sêchfrâ, Wittfrâ, Zutzelfrâ.* — 3. Das Dim. *Frǣchen* bedeutet bei Tier und Vogel das ‚Weibchen‘, im Gegensatz zum Männchen *Mą̂ntchen.* Gegen das Wiesel legt man Rocken, Spindel und Dreschflegel in den Stall und spricht:

Wô te e Frǣche bäst,
Se nomm unt špänn
Oder entränn!
Wô te e Mą̂ntche bäst,
Se nomm unt dräsch
Oder entwäsch.

Bilder aus der vaterl. Gesch. II, 94; Schuster, Volksl. 287; V.-A. 9, 191; H.-W., 275.

Det Frâichi vu er Mäsch, vum Kanârienvogel (nösn.). Für ersteres süds. scherzweise auch *Frǣ Mäschän.* Auch von Käfern und Schmetterlingen. *De Frâicher sai grisser wâi de Mantcher.* — Ebenso auch im lothr. Wb. Frächen ‚das Weibchen von Tier und Vogelgattungen‘ (Follm., 172). — 4. Weibliche Hafteln heissen ebenfalls *Frǣchen,* nösn. *Frâichi. Gäf mer det Frâichi vum Däsch.* — mhd. vrouwe.

Frauenabend, Frǣenôwent m., nösn. *Frânôbmt* m. ‚Abendunterhaltung der Frauen (Frauenvereine)‘. »(Am) andern lustigen Frauen-Abend« (‚zweiten Zunfttag‘, 1808, Salzer, Birthälm, 349). *Um latztn Frânôbmt* (‚Veranstaltung des Frauenvereins‘) *sai vil Frân gewêst (Bistr.).* Die moderne Entwickelung des Frauenlebens hat auch in unsere stille Welt als Gegenstand, wenn auch nicht der Verhandlung und Entscheidung, so doch als solchen von Vorträgen die Frage nach dem Stimmrecht der Frau hereingeworfen. Dass unsere Frauen in besondern Versammlungen, Frauenabenden, diese Frage ablehnen und nur die der Frauenberufe erwägen, zeugt gewiss von gesundem Sinn.

Frauenapfel, Frǣenappel m. eine Apfelsorte.

Frauenarbeit, Frǣenarbet fem., nösn. *Frânuarbet* fem. s. Frau.

Frauenberg, O. N., magy. Asszonynépe, rum. Asiuipu, bei Nagy-Enyed (Bielz, Handbuch, 531; Lenk v. Treuenfeld 1, 74), vgl. Frauenberg, O. N. bei Euskirchen (Rheinprovinz) und im Fürstentum Birkenfeld; Basaltberg bei Beltershausen (Kassel). — V.-A. 33, 77.

Frauenbusch, Frą̂nbäsch, *äm Frą̂nbäsch* F. N. *(Mettersdf.)* urk. im Fraunbusch (Bistr. Cap.). — vgl. die hübsche Sage bei Müller, Sagen 337. — Zu Frau I b.

Frauendorf, O. N. **Frǣnderf,** magy. Asszonyfalva, rum. Frua, sächs. Dorf bei Med. Urk. Villa dominarum (1322, Wolff, Ortsn. 1, 42). Frauendorff (1510, V.-A. 3, 68). vgl. die Sage über die Entstehung des Namens (Müller, Sagen, 387). — Dazu der D. N. *Frǣndîrfer* (Burgberg), *Frândîrfer* (Bulkesch) und der F. N. Frauendorfer (Ebda.), »Hannus Frawendorffer« (ca. 1500, Hstdt.), »Blas Frauendörffer« (1690, Heltau).

Frauengemecht † ‚Frauenschuhe‘. »Item Calceos talearios femineos duodecim wulgo frauen gemecht pro fl. 1« (1504, Med., V.-A. 3, 39). — Vgl. *Gemǣcht, Gemâcht* [χ], nösn. *Gemâicht* (mhd. gemechte) ‚Vorschub an Schuhen‘, im Gegensatz zu neuen Schuhen. Früher oft ein Bestandteil der Entlohnung des Dienstgesindes. Neben dem Geldbetrag des Lohnes und neben andern Kleidungsstücken erscheint oft im Geding auch: *e Puer ną̂ Schagen* [z] (‚Stiefel‘), *uch e Gemâcht* [χ].

—, **Frǣegeprorel,** *-prodel,* nösn. *Frângeprurel* n. ‚Altweibergewäsch‘. *Ą̂nnetz Frângeprurel! (Bistr.).*

(**Frauengeredsel**), **Frǣegerietsel,** *-geriet,* nösn. *Frângeretsel* n. ‚Frauengerede‘. *Dą̂d äs e ą̂nnîdich Frângeretsel* ‚unnötiger Tratsch‘.

Frauengesellschaft, Frǣegesälltscheft fem. nösn. *Frângesallschą̂ft* fem. [Städt. Halbma.]. — s. *Krinzkn* (Kränzchen), *Sobor* (rum. sobor), *Spännštuf* (Spinnstube). Für ländliche Spinn- oder Unterhaltungs-Gesellschaft meist nur das Simplex *Gesälltschef.*

Frauengestühle, Frǣegestâl n., nösn. *Frângeštâl* n. Gestühle, in dem die Frauen in der Kirche sitzen. »*Äm Frǣegeštǣl host emest*« (Hîmw., 7). *E ą̂lt hesch Frângeštâl (Bistr.). Âs nôe Fraoegestâel hoet a solen breit* [breit] *Bingk, en hoed uch Lîanen, em sätzt asi gäat drân* (Neudf. b. H.).

Frauengürtel, fehlt; dafür *Špǫngelä Gîrkel* (s. Gürtel). Urk. ohne Diminutivendung: »Frawengurthen« (1543, Qu. Kr. 3, 245). Meist mit Diminutivendung: »Thyrkesch frawen girtel« (1543, Qu. Kr. 3, 141); »Herin (härene) frawen gyrtel« (1543, Ebda., 142). »Ein gantz Silberinn frawen girtell«, »Zwo Kettenn zu den frawen girtlen« erscheinen bei der Teilung von Huets Vermögen (1607), später »ein alt Frau Gürtel« (1695, V.-A. 8, 153). Als wesentlicher Teil des festlichen Frauengewandes erscheint der Gürtel in allen Teilungsbüchern der Städte und Dörfer.

Frauengut, † ,das Gut der Frau'. »von freuem gutten willen von allem meynem frauen gutt, erb und hab, beweglich und unbeweglich ein fray guttwillig testament gethan« (alter Test. Brief).

Frauenhaar, Fræenhôr n. 1. In eigentlichem Sinn wird meist nur das Simplex gebraucht. Für das einzelne Haar: *Hôrkejt;* Quelle vieles Verdrusses, wenn deren eines in einer Speise gefunden wird. Üppiger Haarwuchs veranlasst, dass am Hinterkopf ein gut Teil des Haars beim Übertritt des Bauernmädchens in den Frauenstand abgeschnitten wird. Nur so viel bleibt übrig, dass es in zwei dünnere Zöpfe geflochten und um den Kopf gewunden unter der Frauenhaube Raum hat. — 2. ,Haarfarn', Adiantum CapillusVeneris L., gegen Brustleiden verwendet (V.-A. a. F. 3, 179). — 3. ,Mauerpfeffer', Sedum acre L. (Fronius, Flora v. Schässburg, 33).

Frauenhaube, Fræenhouf fem.; nösn. *Frânhauf* fem. Gewöhnlich das Simplex. Die Haube ist das Zeichen der verheirateten (oder verheiratet gewesenen) Bauernfrau. Bei festlichen Gelegenheiten wird sie offen, sonst durch das Tuch verdeckt getragen (nösn.). s. Frauenhaar.

Frauenhemd, Fræenhemt n., nösn. *Frânhimt* n. Plur. *.hemder.* Die oft unbedeckt getragenen Teile des Frauenhemdes, Brustteil und Ärmel, werden so gearbeitet, dass sie zugleich, namentlich bei jungen Frauen, als Schmuck dienen. Die Brustteile sind durch aneinander gereihte feine Falten geziert, die in Grösse und Richtung verschieden sich oft zu geradezu künstlerisch schönen Formen fügen. Die so gereihten, *gerôͤt,* Brustteile des Frauenhemdes, die beim Tragen durch eine starke Nadel vereinigt werden, heissen *Westcher,* Sing. *Westchen* (Thalheim), sonstwo wohl auch *Latz, Brast.* Die Ärmel, am feinen, *schînen, Hemt* durch besondere Weite ausgezeichnet, werden am Handgelenk zusammengefasst durch breite, oft bunt bestickte Säume, die *Flûren.* Diese Schmuckteile des Hemdes sind zugleich aus feinerem Stoff als die übrigen Teile. An Hemden, deren ganzer Oberteil zur Sommerzeit unbedeckt getragen wird, ist dieser ganz aus feinerer Leinwand gemacht, entweder aus *bûwelänem Dach* (Flachswirf und Baumwoll-Eintrag) oder dann aus feinster Baumwoll-Leinwand *Ponz,* daher *ponzän Hemt,* während der stets von einem Kittel bedeckte untere Teil des Frauenhemdes, der zugleich eine Art Unterrock bildet und in einigen Orten *Pändel* heisst (s. auch *Gîren* und nösn. *Laim),* meist aus gröberem Stoff, *bûwelänem,* od. aus ganz grobem, *hæ̂nfänem Dach* besteht. Nur grobe Arbeitshemden sind ganz *hæ̂nfän.* Mindestens solche zeigt der Nachlass auch der ärmsten Frau »1 groff ... Frauen hembdt« (1647, B. M.). Nur die Bäuerin wird als tüchtig geachtet, die aller Arbeit mit dem Hanf und Flachs, mit Spinnen und Weben und Nähen kundig ist. An Regentagen wird im Bauernhaus geschneidert. Mutter und Töchter versehen alle Glieder der Familie nicht nur mit Hemden, sondern mit der *gǫ̂nzer Klîtscheft.*

Frauenhut, Fræenhot m., nösn. *Frânhât* m. [Städt. Halbma.]. *Se mǫcht Frânhâit (Bistr.).* Die Bäuerin trägt bei festlichen Anlässen die Haube *(Hauf),* sonst ein buntes Kopftuch oder (im Sommer) den *Štrîhot* (Strohhut), *Schîfhot,* diesen an manchen Orten auch über dem Tuch und der Haube.

—, Fræekentesch m., gewöhnlich das Simplex *Kentesch* (s. d.) ,Frauenkleid'. Heute wohl nur noch in den Grenzgebieten der sächs. Ma. gebraucht. Urk. »Zu einem Frauenkentess« (1629, Med. Matergebuch). — Das Grundwort = magy. köntös ,Gewand, Kleid'.

Frauenkirch(en), O. N. wird von Lenk v. Treuenfeld (1, 167) bei Boldogfalva, Boldogasszonyfalva, rum. Săntă Mariă (einem Dorfe bei Med.) angeführt. Es liegt in altem Siedlungsgebiet und grenzt an Füssen und Michelsdorf (Szász-vesszős), in der Nähe liegt Szász-Csávás, bei Bielz, Handb., 455 Treukirch. — Im Volksmund allem Anschein nach nicht oder nicht mehr gebräuchlich.

Frauenkleid, Fræeklît n., nösn. *Frânklet* n. [Städt. Halbma.]. In echter Ma. werden die einzelnen Teile benannt. s. *Ämgedâssel, Gîrkel* (Gürtel), *Heftel, Käntesch, Keddel* (Kittel), *Kîrschen* (Kürschen), *Kurteichen, Lungêchen, krauss Mǫ̂ngkel* (Mantel), *Pändel, Rôk* (Rock), *Schirz, Seggel* (Seidel), *Skurtêchen, Špang* (Spange), *Wigân, Wisitel.* vgl. dazu Hillner, 8. Wittstock, 110.

Frauenkrankheit, Fræekringkt fem., nösn. *Frânkrângkhêt* fem. ‚Unterleibsleiden der Frauen' [Städt. Halbma.]. *Wąt fêld em?* Antwort: *Ed huᵃt dij och esu än Frânkringket, se sin kê Schâssburich mäd em* (scil. zur Operation, nösn.).

Frauenkranz, † ‚Brautkranz'? »ihren Frauen Krantz aber hielte er an das brennende Licht, so dass das Kopf Tuch verbrannte« (1763, Cap. Cib.).

Frauenmann, Fræemân m. »einer, der den Frauen im guten Sinn geneigt ist« (Fronius, 215).

Frauenmantel, Fræemąngkel m., nösn. *Frânmângkel* m. [Städt. Halbma.]. s. *krauss Mângkel, Seggel* (Seidel). Urk. »Welch mester der enen frawen mantel uer geit van vnder (‚vergibt, verkauft billiger als um') 3 c golden« (15. Jahrh., Hstdt.).

Frauenminze, Fræemenz fem. (Hstdt.), *Fræmälz* (Mühlbach), *Frâmänsel* (Gr.-Alisch), *Frâemensel* (Agnetheln), *Fræmaisel* (Stein), nösn. *Frâ(n)mälz* fem., Tanacetum balsamita L.

Frauenpelz, fehlt; s. *Kîrsch(en)* (Kürschen). Urk. »eyn frawn pelcz den eyn fraw czirlich wol mag tragyn« (1534, Bistr. Kürschn.-Art.).

Frauenrock, fehlt; s. *Keddel* (Kittel), *Pändel, Rôk* (Rock), *Schurz*.

Frauensache, Fræᵉsach fem., nösn. *Frânsąch* fem. In der Ra. *Dâd äs Frąnsąch (der Frân ir Sąch). Uirdneng äm Haus ze hâlden äs Frâᵉsach* (Zwîn Kr., 11).

Frauenschänder, † ‚qui feminis stuprum affert'. »Wie hat Gott . . . vber solche Frawenschender nicht seine rach von stundt an gehen lassen« (Kraus, Chron. 1, 10).

Frauenschiffchen? † »Zum edlen frawenschiffken« (1629, Med. Matergebuch, Kbl. 10, 128).

Frauenschmuck, s. *Bockelnôlt, Fängerchen* (Fingerchen), *Gîrkel* (Gürtel), *Hiᵉftel* (Heftel), *Kräl* (Koralle, Glasperle), *Rängeltchen* (Ringlein).

Frauenschuh, Fræeschach, der Sache entsprechend meist Plur. *Fræeschagen* [ʒ], nösn. *Frânschâgn*, im Gegensatz zum *Monzschach* ‚Mannsschuh', sonst gewöhnlich das Simplex. 1. In der Handwerkersprache: *Schwuᵘrz, rût Frânschâgn*. Die eigentliche Ma. versteht unter *Schach* immer Stiefel mit Schäften, während der moderne Schuh *Topangk, Paputsch, Stiwlett* heisst. Früher trugen die Frauen als festtägliche Fussbekleidung *goissa* (geisslederne) *Schäᵒgen*, nur am Werktag *rąnjderanen* (rinderne). Namentlich die Sonntagschuhe hatten noch in der ersten Hälfte des vorigen Jahrh. in manchen Gemeinden gekräuselte Schäfte, und wurden davon *Kreiselschagen*, hie und da auch *Iplikschagen* genannt (s. diese). Von *Frâeschäᵒgen* musste der Gesell eine grössere Zahl von Paaren als Tagesleistung, »*Faiereᵒwent*« arbeiten, als von *Monzschäᵒgen*. Nach einem von vielen Menschen besuchten Jahrmarkt klagt der Meister: *Dąd ät det Wadder, ech hu gêt* [eᵉ] *gegeᵒrmert* (gejahrmarktet), *em hoᵉt mer 't hescht Poär Frâeschäᵒge verštuilen* (Agnetheln). Urk. »ein par frawen schuegen mit zwen solen sollen geben werden d. 16« (1539, Bistr. Schusterz.-Art.); »ein bar frauenschuechen« (1572, Müller, Sprdm. 228); »ein pahr stibel vndt ein pahr fraw schuge« (Kl.-Schelker Schusterzunft). — 2. Dim. *Frânschäᵢgeltchi* n. ‚Akelei', Aquilegia vulgaris L. (Kisch, N. W. u. W., 134). — Dagegen heisst Frauenschuh (Cypripedium Calceolus L.) *Härrgotschäjelcher*, nösn. *Härgotschâigeltchi, Mänschnschägeltchen (Kl.-Bistr.)*.

Frauen(s)name, Frânem n. (Umgebung von Schässbg.), *Frânum* (Reps), *Fraᵒnem* fem. (Rode), »das Fraunem = ein Weib, erwachsener weibl. Mensch« (Binder, Coll.), nösn. *Frânzem (Bistr.), Frâssem (D.-Zepling)*. Wenn die D.-Zeplingerin von ihresgleichen spricht, sagt sie *Frâsem*. »Ein *Mansnem* ist doch immer mehr wert als zehn *Frânem*« (Fronius, 116). Urk. »Wûrd ein freye Person oder lediger gesel / von einem geschwechten Frawesnam / vmb jre ehr / so er jr mit verspruch der ehe beuommen solt haben / angesprochen« (E. L. R., 187). In der Ausgabe von 1721 ist es nicht verstanden oder als Saxonismus empfunden und durch »Weibes-Bild« ersetzt worden. *Frânem* geht auf mhd. frouwen-name, *Frânzem, Frâssem* auf frouwesname zurück und ist durch Analogie zu *Mąnzem* entstanden; vgl. hd. Frauenname, mhd. wîbesname im Gegensatz zu Mannesname. Name hat hier die Bedeutung ‚Person'. DWB. 4, 74.

Frauenstube, † ‚Gemach für Frauen'. Urk. »mer kauft ich in die fraustuben« (1571, Nat.-A.).

(**frauentörig**), **frântîrich** adj. ‚frauensüchtig' (nösn.). *Diär äs frântîrich* (Ebda.). Süds. nicht bezeugt.

Frauentracht, s. Frauenkleid.

Frauenverein, Fræeverîn m., nösn. *Frânverên* m., der jüngste unter den ss. grossen Vereinen, der aber doch schon nahezu in jeder Gemeinde besteht [Geh. Spr.]. *Än den Frânverên gô. Der Frânverên fârt äst ąf.* Der Frauenverein ist so volkstümlich geworden, dass es die grösste Ehre für eine Frau ist, seinem Ausschuss anzugehören; in einigen Gemeinden ist es Sitte, die Satzungen des Vereins eingerahmt als Bild in die gute Stube zu hängen (SCHULLER, Bauernhof 8).

Frauenvereinsball, Fræverînsball m., nösn. *Frânverênsball* m. [Städt. Halbma.]. Die Tanzunterhaltung des Frauenvereins gehört zu den beliebtesten des dörflichen Winters. Damit bürgert sich auch das Wort gegenwärtig in die Dorfmaa. ein. »*Wot gid et Nǭᵉt, ir Frân? Dǭt mer bǭld Frâᵉnveronsball hunn*« (Zw. Krez., 23).

Frauenvolk, Fræevûlk n., nösn. *Frânvolk* n. dasselbe wie *Frânem;* doch bezeichnet dies mehr die einzelne Frau, *Fræevûlk* aber alle Frauen, ihr Geschlecht.

Doch wedd em noch îer erblängden,
Als Trǭ bæ dem. Fræevûlk fängden.
KÄST., 11.

Det Frânvolk wôr schu dô, wâⁱ mer duᵅr kǭmen (nösn.).

Frauenwirt, †,Wirt von liederlichen Frauen, Bordellbesitzer'. »(Duldet ein Mann den Ehebruch seines Weibes wissentlich) der wird als ein gemein f r a w e n wirth oder kuppler gehalten« (E. L. R., 185).

Frauenzimmer, Fræenzimmer n., nösn. *Frânzimmer* n. [Städt. Halbma.]. Bei KRAUS 1. ,Frauengemach' »vndt hatten selbige Knaben ihr Losament vndt bleiben stetz ihm F r a w e n Z i m m e r« (1, 58). — 2. ,Weibliches Gefolge'. »(Joh. Rehner) vereheliget sich mit einer von Adel auss den F r a w e n z i m m e r n des Kayssers« (1, 48). — 3. ,weibliche Person' *'d äs e Fræenzimmer, 'd äs ned e Mǭn.* Dim.: *dǭd äs en hærz Fræenzimmerchen.*

(**Frauesbild**), † Urk. mit Mannsbild zugleich erwähnt und wohl nur analog zu diesem gebildet: »Die Ledig Personen, sie seien mansbild oder frauesbild, so nicht dinenn willen, die sollen Zynnsoz gebenn« (Herm. Arch. Artikelbuch der sächs. Nat.-Univ. 1544—1563 S. 57).

Fräulein, Fraila fem. und n., nösn. *Fraile,* Dim. *Frailachen, Fraila, Fraieln* fem. und n., Dim. *Frailachi.* 1. Das mundartliche Dim. zu *Fræ, Frâ* ist *Fræchen, Frâichi* (s. Frau). *Fraila* ist nicht ein Beispiel für altes erhaltenes -lîn, wie Lumtzer (P. B. Beitr., 19, 306) für zips. Frâele annimmt, sondern ist aus oberd. Fräule entlehnt. Es erscheint früh in einer Anweisung, wie man sich Epidemisch-kranken gegenüber benehmen solle. »Item krancke undt abgestorbene Menschen soltu nicht besuchen, auch nicht ansehen, Ich geschweige küssen, Wie unsere Ungesaltzene Crohner F r ä u l e thun« (1530, Kbl., 8, 122). Gegenwärtig wird *Fraila* liebkosend von jungen Mädchen gebraucht. »*Nǭ, ni diᵘ — âs klî Fraila!*« (Hîmw., 77). Der Bauer redet junge vornehmere Mädchen (die Töchter des Pfarrers, Notärs) als *Fraila* an, wendet das Wort aber sonst nicht an. Mit dem Nebensinn des Vornehmen, Ungewöhnlichen wird im Märchen die *Fraila Gûltfädrôn* genannt.

Nôchteguᵉl erzild ich Mêren
Vun der Fraila Gûltfädrôn.
KÄST., 68.

— 2. Dagegen ist das nösn. (in die Ma. nicht eingelautete, eigentlich bair. österr.) *Frailain Zizipê* Benennung einer gezierten zimperlichen Jungfrau mit stark spottendem Einschlag. *Em dingkt, dau wêršt det Frailain Zizipê! (Bistr.).* Süds. *Zizibê.* — 3. Neben *Fraila* findet sich im Nösn. und Süds. als Bezeichnung für eine (ledige) Handarbeitslehrerin eine modernere Entlehnung aus dem Nhd. *de Fraieln. De Fraieln huᵅt mer et gewisn.* Nösn. auch nachgesetzt bei Namen: *De Brôserfraieln, de Rainerfraieln.* Das Genus dieses *Fraieln* ist durch *Frâ* und *Fraila* beeinflusst. Das n. *Fraieln* (ebenfalls modern) erscheint als Anrede an eine unverheiratete Person, wo das Mittelalter ,Jungfer' gebrauchte. *Fraieln Schmidt,* jüngeren gegenüber auch vor dem Rufnamen: *Fraieln Lotti, ku se e winich hiär! (Bistr.).* In süds. Dorfschulen hört man die Kinder zu ihrer unverheirateten Lehrerin ,Frau Lehrerin' sagen. — Anderer Art als *Fraila, Fraieln, Frailain* ist henneberg. *Frâile, Frêle* ,Grossmutter' (eigentlich ,kleine Frau'). — mhd. vrouwelîn, vröuwelîn, Dim. zu vrouwe.

Frauenleute, Frâᵉletch ,Frauen' (i. Burz.), »Frauleut, Mannsleut« (BINDER, Coll.), als Plur. zu *Frânem* (Frauenname) empfunden, also entsprechend dem *Fræevûlk,* doch vornehmer als dies. »*Et huᵉt longk Hôr und en kurze Verštônt. Dôt senj de Frâᵉletch alle guᵉr*« (SEMP, Veršpillt 7). Urk. »nemlich das dise gezeigen (,Zeugen') weren gewesen lose F r a w l e i t, die von hören sagen gezeigeth hetten« (1568, B. M.). — Vgl. lux. Fralait, Plur. zu Framensch (FOLLM., 172).

F r a u m e n, Klage der Magyaren zu Klausenburg: »dass die Hungern in ihrem F r a u m e n keinen Fortgang haben mögen« KEMÉNY, Fundgr. I, 104. ,Frommen'?

F r a u t l i g e r, † F. N. (1576, Hstdt.; Kbl. 3, 43).

F r a y, F r a y e, † F. N. »Fraye Blosz, Veltin« (1536, Honigbg. i. B.). — Vgl. den hd. F. N. Frey. F r a y e ist aus F r a y e n auslautgesetzlich verkürzter Gen. patron. zu F r a y.

frech, frêch adj., nösn. *frech* adj. [Städt. Halbma.]. *Dî hôt e frêch Gesicht. E frech Mäntsch* (nösn.). »*En annatz frêch Dôchdeiw* (‚Tagedieb‘)« (D.-Volkskal. 1912, 202); »seiner frecher zungen halben« (E. L. R., 117). — Echte Ma.: *ousgelossän* (ausgelassen), *ạnnätz* (unnütz), *ạnverschâmt* (unverschämt), *âbonjdich* (unbändig).

Frechheit, Frêchhît fem., nösn. *Frechhêt* fem. [Städt. Halbma.]. *Dạ̊d äs na doch en Frêchhît!* Urk. »Es is ein gemein laster / dz etliche offtmals aus lauterem mutwillen vnd frecheit / frommer Leut ehren vnnd guttes gelimpff ... pflegen zu verletzen« (E. L. R., 176).

Freck, O. N., magy. Felek, rum. Avrigu, »früher deutsches, gegenwärtig fast ganz rumänisches Dorf« (1857, Bielz) bei Hstdt., urk. Fryk (1465, Müller, Sprdm. 78). »so die zwo Nationes Deutschen und Walachen zum Freck verführen« (1582, B. M.). — Dazu das Adj. *Frecker*. »8 freker dyl (‚Bretter‘) und 8 zaklisch dyl« (1571, Nat.-A.). Ebenso der † F. N. Frecker (1615, Hstdt.; Honigbg. i. B.) und der Grabenname *Frecker Bạ̊ch*. — Vgl. urk. O. N. Frecklo (Lacomblet, Urkundenbuch, 1129), Vreggana (Ebda., 941); gegenw. O. N. Frechen (bei Köln), Freckeisen (lux.), Freckmühle (bei Bonn), Freckhausen (Rgbez. Köln), Freckingen (Lothr.), ferner »Freckesch Thall« (Fl. N., Johannisdf.), Freck = nhd. F. N. Frick < Fricco, Koseform der mit ahd. fridu- gebildeten P. N. — s. Haltrich, Tiersage, 13; Akad. Bl. 8, 77; V.-A. 33, 78; 34, 143; 38, 201 f. — Magy. Felek, rum. Avrigu sind lautgesetzlich aus Freck entstanden.

—, **freckeln** schw. (nösn.) ‚öfter reiben, sich wetzen‘. *Nät freckel dich u der Dîr! E freckelt sich wâi e Bäffel (Bistr.)*. — Das aussterbende, süds. nicht bezeugte Wort ist Iterativform (neben *frettn*) und geht auf lat. fricare zurück. Ebenso lux. frekeln, eifl. frickeln, freckeln und ohne iterat. Bedeutung fracken (Hecking, 34).

Freckesch Thall, »im Freckesch Thall« Fl. N. (1680, Johannisdf., Cap. Bog.). Ableitung zu ahd. Fricco, vgl. Freck.

Fredel, Freidel, Freudel F. N. s. Friedel.

—, **Frêdi**, *Frêt* s. Alfred.

Frei, F. N. (Marienburg i. B.), Frey (1810, Mühlb.) s. frei und F. N. Frain, Fray.

frei, frạ̊ adj. und adv., nösn. *frạ̊i* adj. und adv., Komp. *frạ̊er*, nösn. *frạ̊inter*, Superl. *äm frạ̊sten*, nösn. *um frạ̊intstn*.

I. Die ursprünglichste Bedeutung des Wortes ist ‚lieb‘ (Weig. 1, 578; Kluge, 148) und es ist verwandt mit freien, Freund, Friede. 1. Daraus ergibt sich, mit ähnlichem Bedeutungswandel wie im lat. liberi ‚Kinder‘, liber ‚frei‘, die Bedeutung individueller, persönlicher Freiheit; negativ ausgedrückt ist einer frei, der in seinem Tun nicht durch einen fremden Willen bestimmt ist. a) ‚freier Wille‘. Der Tochter, die sich über den Ehemann beklagt, hält der Vater entgegen: *De huast 'n jo aus frạ̊inem Wälln genû, et huat dich nâmest gezwạngen. Wô te et näd aus frạ̊inem Wälln dêst, loss lâber štô* ‚lass es lieber bleiben‘ *(Bistr.)*. Sehr oft in Urk. »wie der Herr Mathes iren Hauswirtt seliger gedechnuss, wider Recht aus seinem fraien Willen gefenglich hatt lassen nemen« (1565, B. M.). »Nachdem sie von mir auss irem frayen Willen sich von mir abgezogen und anderswohin sich begeben hat« (1579, Ebda.). »aus grimme vnd freyem Willen« (E. L. R., 172). »(es) soll in der ehrlicher Zech freiem willen stehen, wie hoch sie solchen strafen wollen«, der in »zechlose Örter allda zu arbeiten gehet« (1640, Kürschn.-Art.). Eben deshalb, weil er in seinem Willen nicht durch andere bestimmt ist, trägt der freie Mensch die Verantwortung für sein Tun. »Das ich mich aber alhie als einen freyhen menschen angezeigt hab, darzu hab ich recht gehabt« (1569, B. M.). Von der Erbschaft hatte »der jüngste erbe die freye wahl«, »das beste oder letzte zu wehlen« (E. L. R., 83).

b) † ‚frei sein, in seinen Entschlüssen ungehindert sein, dürfen‘, dahinter der Inf. In alten Zunfturk. »Item das keyn Mayster Irs Handtwerks, ausserhalb der genanten Irer czeche, vom Montag bys auf don Dynstag czu mittag garn tzu kauffen nicht frey seyn (soll)« (1486, Hstdt. Leinweber-Art., B. M.). »ab einem solchen Ler Jungen sein Herr stirbt ee dy zeit her umb kumpt ein solcher Jung sal frey sein zw erwellen einen andern Herrn der frey zu halden ist einen Jungen« (1494, Hstdt. Goldschmiede-Art.). »kein mester sal nit frei sein zu halten mer wann (‚als‘) czwen gesellen auf das fylst (‚höchstens‘)« (1494, Ebda.). »sonder eyn jeder master soll fray seyn, sych mit den lewten czu vergleichen wie er kann ader mag an (ohne) alles verpot« (1539, Bistr. Schuster-Artikel). »Item keyn fremder kauffmann ssoll czwischen yermerken fray sseyn zu verkauffen alleyn mit dem stück« (1545, Seiv., Lok.-St. 24). Auch im 17. und 18. Jahrh. »Item soll Niemand frei sein, allerhand Felle oder gemacht Arbeit mit Jemanden ausserhalb der Zech feil zu haben bei Verlust der Ware« (1640, Kürschner-Art.). — c) ‚unverheiratet, ledig‘. »(Wenn) eyner auss den gesellen eyner freyen tochter auss dem becher ader sůst auss eynem andren gefess von dem gemeynen weyn trinckon bewt oder mit eyner frayen tochter offenbar kuest« (1508, Keisder Art.). *Wô te dât Mêtchi hu wällst* (‚zur Frau‘), *dâd äs frâi* (od. *zem hun*) *(Bistr.)*. — d) † ‚von Abgaben, Steuern befreit‘. »Item der dorhwter ist freye« (1526, Qu. Kr. 2, 24). »Ein Jahr sollen die Länder frei sein, im andern aber sollen sie zehn Cub. Trit. erlegen« (1721, V.-A. 36, 363). »die H. des gantzen Raths sollen in den Häusern da sie innen wohnen frey sitzen, sondern alle andere Häuser so sie haben sollen sie verzinsen nach marckzahlung der Stadt« (1541, Hstdt. Statut, B. M.). »von des freyen saltcz wegen« (1507, Müller, Sprdm. 160). — e) ‚durch Schuld, Versprechen usw. nicht gebunden‘. *Vu mîr aus sqll e frâi sai* ‚ich mache keine Ansprüche mehr‘ (nösn.). »er soll von mir fray sein« (um 1610, Ger.-Prot.). »dz beid kauffer vnd verkauffer / auff gleiche recht verbunden seien / damit nicht allein der Verkauffer gebunden / vnd der kauffer mit vorteil frey sey« (E. L. R., 133). »der glaubiger mag es ohn hindernůs frey verkauffen« (Ebda., 110). ‚offen, vor aller Augen oder Ohren‘. »Ich sage es frei« (Binder, Coll.). *Ret doch frâi eraus, wänn te äst wällst! (Bistr.)*. »Nw redstw fray herws« (um 1536, Müller, Sprdm. 193). »hat ers auch gleich fray gesagt« (um 1610, Ger.-Prot.). »Frei (‚laut‘) zu Hilfe kreischen« (Binder, Coll.). *E krîsch frâ ze Hälf.* »auff welche seines Dieners anredung der W. Herr gleichsam ihn grosse Furcht gereth, fangt frey an zu lauffen, alss wenn man ihn jagte« (Kraus, Chron. 1, 51). Vgl. die verstärkte Funktion von frei im Obd. ‚frei oft‘, ‚frei viel‘ = sehr. — f) ‚nicht gefangen‘. *E äs frâi, äs frâi gewôrn. E Dêl vu qnsern Lait wuardn frâi* ‚aus der Gefangenschaft‘ (G. Bertleff, 20). — s. freilassen. Hier ist anzuschliessen die Ra. *vu dn Muaser (Soldâtn, vum Militêr) frâi wiärn* (nösn.) ‚nicht zum Militär assentiert werden‘. — — g) ‚nicht mehr beschäftigt‘. »frei sein = die Arbeit beendigt haben« (Binder, Coll.). *Nau bän ich frâi, wô te wälltst, känn mer nau gô (Bistritz)* [Städt. Halbma.]. — Hieher frei-bekommen, -geben, -haben. — h) Im Abzählreim:

Ent, zwê, drâi,
Dau bäst frâi (nösn.).

— i) Ra. *Dî hôd e frâ Benîen* wie nhd. ‚der hat ein freies Benehmen‘, ‚ist frech, unverschämt‘ [Städt. Halbma.]. — 2. Danach ‚politisch frei‘. Von einzelnen wie von ganzen Gemeinden. Der Gegensatz sind die Leibeigenen oder Jobbagyen (s. d. und Robot). a) Freie Geburt verlangten die Zünfte von ihren Lehrlingen. »(Wer in die Zeche aufgenommen werden will) soll ehrlich geboren, frei teutschen Geblüts und kein Leibeigner sein« (1724, Strumpfw.-Art.). — Vom personifizierten Korn:

Et huet det ned erwîjen,
Äs frî (froh) *nor, wel et frâ,*
Seng Hälmcher gôn unt bîjen
Unt sô sich allerlâ. Kist., 46.

— Dazu die F. N. Frei, Frey, Fray, Frain. — b) Der grössere Teil der deutschen Siedlungen in Siebenbürgen war von Anfang an frei. Besonders in politischer Beziehung erfreuten sich die Kolonisten weitgehender Freiheitsrechte. Sie kannten keinen Herrn über sich als den König (oder seinen Stellvertreter, den von ihm eingesetzten Königsrichter), daher hiess das Land, das sie bewohnten, bis in die neueste Zeit der Königsboden (s. d.). Daneben gab es auf dem sogenannten Komitatsboden (zum Teil später gegründete) unfreie Siedlungen, die mehr oder weniger empfindlich bis 1848 adligen, nichtsächs. Grundherren untertan waren. Daher wird in älteren Schriften ein Unterschied zwischen den »königlichen Gemeinen« und den »edeln Dörfern« gemacht, zwischen *Kenengksbodem* und *Ädelbodem, Sqkselânt* und *Zâkellânt*. »das die edle leut ihre Jobagyen, wo sie ihnen zahlen was recht ist frei sollen lassen ziehen« (1560, Müller, Sprdm. 223). Aus dieser Freiheit der Ansiedler floss zunächst das Recht der freien Wahl ihrer Beamten. Dies Recht, durch den goldenen Freibrief (s. d.) verbürgt, dauerte bis zur Aufhebung des Königsbodens (1876). »Sintemal die Deutschen in Siebenbůrgen hiemit begabet vnd befreyet sein / das sie jre amptleut / . . . jährlich nach Weinnachten / durch gemeine freye wahl vnd stimmen der Gemeinen / aus jres raths verwandten vnnd geschwornen / zu erwehlen macht vnd recht haben« (E. L. R., 2). Das Recht der freien Pfarrerwahl haben die Gemeinden bis zum heutigen Tage. Zu dieser politischen Freiheit der Bewohner des Königsbodens, zu dem seit etwa 1500 alle freien Gemeinden gehörten, kam hinzu die wirtschaftliche und kulturelle Unabhängigkeit. Die sächs. Kaufleute und Handwerker genossen Freiheit von den landesüblichen Zöllen, und ihre Pfarrer und Lehrer durften sich ungehindert im deutschen Auslande die Vorbildung holen. s. *Frâimqnneskänt* (Freienmanneskind). — c) Da die ss. Städte im Mittelalter nahezu unabhängig waren, sich nach innen vollkommen frei regierten und auch nach aussen hin oft nur übermächtigem Zwange sich fügten, nannten sie sich nach dem Vorbilde deutscher Freistädte ‚frei'. »die Frey-Haupt-Hermannstadt«, »die freye Stadt Nösen«, auch »der kgl. freie Markt Birthälm«. »in der Hermanstadt und in andern freyen Städten« (1587, Müller, Sprdm. 232). »aller fraier Städte vnd Märkten dises Landes« (1588, Salzer, Birthälm 336). »inn den Städten vnd freyen Märcken« (1598, Müller, Sprdm. 234). »*Ąnd dis Štǫdt äs ne^{u}* (nach) *di^{e}r Zait än Frǭ^{e}štǫdt gewe^{u}rn*« (G. Bertleff 1, 9). In Deutschland hiessen Freistädte, freie Städte, die Städte, die ursprünglich Sitz eines Bischofs, sich unabhängig gemacht hatten und einen eigenen Staat bildeten (Bremen, Lübeck). Die Stellung unserer Städte schwankt zwischen den unabhängigen (späteren) Freistädten und den sogenannten Reichsstädten des Mittelalters, die nicht unabhängige Staaten waren, aber selbständige Verwaltung besassen, nach den Zeitumständen hin und her, entspricht aber im ganzen mehr dem Bild der letzteren. — Davon auch auf die Zünfte, die eine selbständige Stellung einnahmen, übertragen. »sich redlich in die freye Zechen einrichten solten« (1587, Müller, Sprdm. 232). »(Städte und Märkte) so von alters her fraie Czechen halten«, »sachen so sich dan in benennter vnserer fraien Czechen zuzutragen pflegen« (1588, Salzer, Birthälm 336). »in die Städte oder Märkte, da frei Zech gehalten wird« (1714, V.-A. 27, 462). — d) In besonderem Sinne wird *frǭ* vom gemeinsamen Besitz gebraucht. *De frǭ Ie̥rt* (‚freie Erde', ‚Gemeinbesitz') steht hier dem *ĭjäne Grangkt* (‚Privatgrund') gegenüber, denn sie hat keinen sichtbaren Besitzer, sie ist also scheinbar frei. Ursprünglich galt der gesamte sächs. Grundbesitz als *frǭ Ie̥rt*, im Gegensatz vor allem zu der adligen Herrenerde, wo man den Besitzer oft nur allzusehr sah und spürte. Daneben gab es aber noch *frǭ Ie̥rt* im engeren Sinne, den gemeinsamen Besitz der Dorf- oder Markgenossen, im Gegensatz zu *Ärf* (Erbe) (s. Wolff, Agrargeschichte 20 ff.; vgl. Freiland, Freitum, Freiung). So wird in Hstdt. der Boden unter den vorragenden Stockwerken der Häuser »frey und gemein Erden« genannt (1698, Schuler-Libl., Mat. 114). Daran erinnern die Fl. N. Freiberg (Abtsdf.), *äm frǭ^{e} Grangkt* (Braller), *de frǭ^{e} Wi^{e}ss* (Arkeden), »Ein Erdoch bei den Frey wiessen met korn beseett« (17. Jahrh.), *um Frâtom* (Galt). Von einem ungeteilt gebliebenen Stück eines Hofes auf der Wiese in Hermannstadt heisst es: »Czwischen welcher theylung bleibt nach (noch) eyn dreieckig stuck erdt, welchs dan aller drayer dritteyler gemeyn ist vnnd fray« (Hstdt. Mag.-Prot. 1541, S. 141). Im Nösner Gelände *ǫfm frǫin Falt (Kl.-Bistr.)*, von dem die Sage erzählt, es habe niemandem gehört, aber als Rodna noch die Hauptstadt von Siebenbürgen war (sic!), habe man auf dem Wege dorthin in diesem freien Felde übernachtet. Später hat es die Baron Löwenthalsche Familie in Besitz genommen, von ihr haben die Kl.-Bistritzer und Jaader es gepachtet *(Kl.-Bistr.)*. — 3. Von den Menschen wurde der Begriff der ‚Unabhängigkeit, Unbeschränktheit' auch auf menschliche Tätigkeiten, auch auf Dinge übertragen und mit ‚frei' bezeichnet. — a) In Urkunden von Abstrakten menschlicher Tätigkeit. »ein fray Gericht über lebendigen und Todten« (1541, Schuller, Munic. Const. 70). »dasselb hab ich den Aldomasch gesegnet, das es im freyen kauff verkaufft ist« (1579, B. M.). Bei Krauss »freier Raub« ‚ungehinderte Plünderung' als Strafe für Ungehorsam. »lasset er ad 1. April allen Zeckeln (Szeklern) vndt Varmegyen (Komitaten) gebiettendt vntter die Hermannstadt beruffen vndt freien raub aussrufen« (Kraus, Chron. 2, 55; ebenso 2, 30; 2, 48). — b) Von konkreten Dingen. ‚unbeschränkter Jahrmarkt, zu dem jeder Zutritt hat'. »frembde sollen dergleichen schlosser arbeitt nicht herczu brengen allein am frayen iarmarck« (1547, Bistr. Arch.). »Es soll Niemanden frei sein, in die Städte und Märkte keinerlei Kürschnerarbeit hineinzubringen, viel weniger feil zu haben oder zu verkaufen, ausgenommen zu den freien Jahrmärkten bei Verlust der Waaren« (1721, Kürschnerz.-Art.). — ‚offene Strasse'. »Mit diesem nicht gnug, sondern er ist mir auff die frey gass nochkommen« (1595, B. M.). »demnach endtlig die falschen Czimener . den leib auff die freye gassen ihn den kot geworffen« (Kraus, Chron. 1, 205). »in der freien Strassen« (1642, Bistr. Arch.). Auch im 18. Jahrh.: »weil der Stegen zu Leschkirch auf freier gasse gefänglich genommen worden« (1752, Cap. Cib.); »auf der freien Gass« (1758, L. K. A.). In geh. Spr. *Ąwer nau konnt hê sich nit ǫf der fraier Gǫss ǫfhǭldn* (Gassner, 55). Gegenwärtig in städt. Halbma. *än't Frǭ gôn.*

Kamm Mêtchen, šprüng än de Rǭ^{e}n
Unt drê mät mir dij äm Frǭ^{e}n.

Neuer Volkskal. 1909, 101.

Auch ‚offenes Feld'. »welcher irgendwo Kirchen Land, eigen Land, es sey in der Auen oder im freyen Felde hat« (1693, Gr.-Sch.). — s. freistehen. — Ra. *Det Fiäld äs frâi* ‚zur Weide freigegeben'. Nach der Ernte werden bei Dreifelderwirtschaft die abgeernteten Äcker und die in demselben Felde liegenden Wiesen als Weide benützt. Der Viehaustrieb erfolgt, wenn das Feld vom Ortsamte *frâigê,* also frei ist (s. freigeben). Urk. »das die edle leut den kwnigs Dorffern das brochfeld nicht fray geben sunder stecz das viehe eintreiben« (1560, Müller, Sprdm. 223). »derweil das feldt frey war« (um 1610, Ger.-Prot.). »dass des würdigen H. Sohn Michael zween Joch Ochsen, da dass Feld frey gewesen, geschlagen, tödtlich verwundet« (1686, Cap. Cib.). Dagegen ‚frei Land', das keinen Besitzer hat: »Mir seind bey dem almesch gewesen, als des Thiess Wohlman Schwägerin Gertrud ihme ihren (?) das landtt ganz und gar verkaufft als frey landtt darzu niemants mehr wer« (1599, Ger.-Prot.). Auch ‚freie Kunst' (wie nhd. aus dem Lat.). »Schickt aber der Vatter seinen erwachsenen Son in frembde land / freyer kunst vnd studirens halben« (E. L. R., 86). — 4. ‚unentgeltlich, ohne Bezahlung, umsonst' (durch Zahlung nicht beschränkt). »in den 3 Jahren gibt man ihm einen Gulden und alle Jahr 2 Hemder und Frei-Geschüch (*Geschæch* ‚Schuhe')« (1614, Birth. Fleischerart., Salzer, Birth. 742). »(Der Meister soll dem Lehrjungen) in den Lehrjahren freie Schue geben« (1724, Strumpfw.-Art.). Modern (aus dem Nhd.): *frâi Gedringk, frâi Âssn, frâi Kwartîr och Kost.* — Dazu Frei-bad, -essen, -tisch; frei-halten.

II. Daneben hat *frâ* die Bedeutung ‚los' (eigentlich ‚befreit'), besonders in Verbindung mit den Hilfszeitwörtern *wärden* (werden) und *senj* (sein). a) *frâ wärden,* nösn. *frâi wiärn.* ‚entwischen, entlaufen'. *Det Fârt wit der frâi wiärn.* »Weil er frey wirt denen aus den henden« (um 1610, Ger.-Prot.). ‚Aus den Händen gleiten'. *Det Mâsser witt der frâ qnt gêt der än de Hânt.* Negiert. *E witt nammi frai* ‚muss sterben' (Gassner, 82). *Vu diäm Mäntschn känn em och nammermî frâi wiärn* ‚den kann man nicht abweisen'. *Ich gê mer jo genach Mâi, qber vu dn Scholdn kâ ich doch näst frâi wiärn* (nösn.). — b) *Frâ senj vun äst* (oder *âmen*). ‚verlieren' (eigentlich von etwas widerwillig befreit werden). *Ich bän frâi vum Mâsser* ‚habe es verloren'. *Ich bän dn Knêcht frâi* (nösn.). Danach auch von Tieren. *Ich bän de Schweng gôr frâ* ‚habe keine mehr'. Schadenfroh in der Ra.: *E äs frâ dervun wæ Abraham vun Zendresch,* wenn einer von etwas glaubt losgekommen zu sein und er sieht sich nachher getäuscht oder wenn jemandem ein Wunsch abgeschlagen wird (H.-W., 140; vgl. Kbl. 7, 60; WB. 1, 26). Mit frohem Nebenton: *Nq de Kâ sai mer frâi, wänn mer nau nur och dn Bäffel frâi kendn* (könnten) *wiärn (Bistr.).* Vom Gen. bei mhd. vrî hat sich in der Ma. nichts erhalten. — c) Aber auch in Verbindung mit anderen Verben, wobei *frâ* ganz die Funktion einer Präposition angenommen hat und viel mehr verwendet wird, als frei im Nhd. In der Bedeutung berührt es sich mit *u(f)* (ab), insoferne es auch das Entfernen, Trennen zum Ausdruck bringen will, und mit *fort.* Doch erscheint es mehr mit Verben verbunden, deren Objekte Menschen oder Tiere, also lebende Dinge sind, während die ursprüngliche Bedeutung dem Worte doch noch so weit anhaftet, dass es zu Verben, die Dinge oder Abstrakta als Objekte neben sich haben, nicht gern hinzutritt. s. frei-binden, -bitten, -brühen, -drücken, -gehen, -graben, -hauen, -heischen, -kaufen, -lassen, -lösen, -machen, -nehmen, -reissen, -sagen, -schiessen, -schneiden, -schütteln, -sprechen, -weichen. Der nösn. Komp. *frâinter* ist gebildet wie *înter* (zu ehe), *frâinter* (frühe) usw. — mhd. vrî, ahd. frî. — Über den Wandel *î* ⟩ *â* s. Capesius 10 ff. Lautt. 124.

Freibad, Frâbuet n. ‚Bad ohne Zahlung'. »dor noch dingt man auch eyn frei pad fur dy gantze czech«, wo frei noch als Adj. betrachtet werden kann (1485, Hstdt. Schneiderzunftbuch). s. WB. 1, 390.

freibekommen, nösn. **frâibeku** st. *Mer hu frâibeku* ‚Ferien erhalten' *(Bistr.).*

Freiberger, F. N. (1722, Schässbg.). Zum O. N. Freiberg (in Mähren, Sachsen, Steiermark und sonst). Nicht ss.

Freibeuter, † ‚Räuber, der ungestraft Beute macht', oft sind dies entlassene Soldaten. Als Schelte bei Krauss. »(Rakoczi) hat demnach aller derer Joszagen vndt gütter, so mit dem Barcsai entflohen, durch seine Freybeiter vndt Eördegh lelkü rauben vndt plündern lassen« (Chron. 2, 8); »stellet der Fürst Kemeny 600 Fussknecht, so dass meiste Freybeiter oder Szabad Legeny waren, zur rechten seiten eines Waldes« (Chron. 2, 240, wo allerdings durch Schreib- oder Druckfehler Freyleiter steht).

freibinden, frâbängden st., nösn. *frâibänn* st. ‚losbinden'. *De Kâ, det Fârt vu der Kräpp frâibänn.* Dem in ‚frei' liegenden Begriff (‚lieb', ungehemmt') entspräche es, dass man leblose Dinge eigentlich nicht freibinden könnte. Wenn man doch auch auf sie das edle Wort ‚frei' anwendet, so denkt man daran, dass auch Lebewesen höchster Art von leblosen abhangen: *Mậch frậ, bängt frậ det Sîl vum Rǣt, säch, te huest et vergiessen, ed äs nôch gehemmt.*

freibitten, frậbidden st., nösn. *frậibidn* st. [Städt. Halbma.]. *De Känder vu der Schûl frậibidn* (nösn.). Echte Ma. *uaheschn* (abheischen). Im Süds. dafür mehr: *sij Erlûfnes nien.*

Freibrief, Frậbrǣf m., nösn. *Frậibrâif* m. [Städt. Halbma., Geh. Spr.]. ‚Urkunde zur Bürgschaft für bestimmte Freiheiten'.

Deng Burje, se kännen zefallen
Und un denge Frậbrǣfen allen
Lot sạt se sich knuegen de Werm.

Käst., 67.

Von allen Freibriefen hat der sogenannte »goldene Freibrief« (1224, Teutsch, Sachsengesch. 1, 26) die grösste Bedeutung für die Entwicklung des ss. Volkes gehabt. — In der Handwerkerspr. ist *Frậibrâif* die Urkunde, die dem Gesellen über seine erfolgte Freisprechung ausgestellt wurde. s. freisprechen. Süds. in dieser Bedeutung nicht gebraucht s. *Lêrbrǣf.*

(**freibrühen**), **frậbrǣen**, nösn. *frậibrâi* schw. ‚losbrennen'. *De Faiermêrschel* (Feuermörser) *frậibrâi.* Auch in übertragener Bedeutung: *E wôr esi ägedäldich, e kangt nemi u sich hậlden, e mosst nâ frậbrǣen* (eine lange zurückgehaltene Mitteilung machen).

freidenkend, frậidingknt [Städt. Halbma.]. *Ed äs e frậidingknt Mäntsch* ‚mit freieren, nicht beschränkten Ansichten' *(Bistritz).* Im Süds. wäre hier nur die gewöhnliche Partizipialform, also *frậ dingkän,* möglich.

freidrücken, frậdräcken schw., nösn. *frậidräckn* schw. ‚losdrücken' [Städt. Halbma.]. *De Biss, de Flint, det Gewiär frậidräckn.*

(**Freie**), **Frôi** fem. (im Burzenl.) ‚Brautwerbung'. Die »Freie« wird beim Pfarrer angezeigt, wenn der »Frager« das Jawort erhalten hat. »Nachdem ich in das Alter gekommen bin, mich in den heiligen Ehestand zu begeben, bin ich gekommen, Euer Wohlachtbarwürden die Freie anzuzeigen« (Sächs. Burzenl., 443). Auch Frei schicken ‚werben'. »18. Jan. schicke ich öffentlich Frei durch den Reverendus Vir Herrn Thomam Gräff« (1679, Qu. Kr. 4, 202). — Mhd. vrîe ‚Brautwerbung', das im Nhd. durch die parallele Ableitung Freite (mhd. vrîâte) ‚Brautwerbung' ersetzt ist.

freien, frậen schw., nösn. fehlt; ‚frei machen'. 1. † In Zunfturk. und im E. L. R. ‚befreien'. »welcher meyster freyt eyne knecht ee das her gematericht (s. Materge, Matergen) der selbig mester ist der Czech vorfallen 1 gulden« (1485, Hstdt., Schneiderz.-Art.). »er sol vom Richter gestraffet werden / vnd gleichwol dadurch des zeugens nit gefreyet / sonder nichts desto weniger sein Zeugnůss zu sagen / verbunden sein« (E. L. R., 18); »werden die Vormůnder der versorgung gefreyhet« (Ebda., 71); »ehe den Schuldherrn jre schulden nicht aller werden ausgericht / werden die Schuldiger nicht gefreyhet« (Ebda., 116); »(das verbotene Gut) sol ehe dem Beileger nicht werden zugestalt / der Richter freihe es jm dan widerumb« (Ebda., 127). — 2. *Den Dậnz frậen* ‚die Erlaubnis zum Tanz von Pfarrer und Richter erwirken' was Pflicht der Altknechte ist (Fronius, 51, 59; Sächs. Burzenl. 482). — Zu frei.

freien, frậen schw., nösn. *frậin* schw. ‚werben'. 1. Urk. bezeichnet ‚freien' meist die Werbung überhaupt, wie nhd. »Weleher der do leet freyen ee das er geschnytt (‚zugeschnitten hat')« (1484, Schässbg., Kürschner-Art.). »wan das ein knecht freyen schycket ee das herr (er) das meyster stuck macht« (1549, Bistr. Schusterz.-Art.). »Hat einer jhme ein jungfraw zur Ehe gefreyhet / vnd jnnerhalb zweyen jaren im Land einheimisch / mit jhr Hochzeit zu machen vnterlassen« (E. L. R., 54); »ich sollt ihr sagen ob ihr herr frayet oder nicht« (um 1610, Ger.-Prot.). — Auch der unbefangene Volksmund gebraucht das Wort in dieser allgemeinen Bedeutung.

Me Lefken dật sôt: Na wier hǣf dii geglûft,
Dad emmend af Ierde wǣ tâ wêr verschûft?
Säch dîrt kit me Bredjem zem frậen,
Dräm sekst te äm Fenster mich lậen.

Käst., 10.

E tappt ännen 'nt gänj frôien (Kronst. Kal., 1905, 3).

Fêd em un ze frận,
Se fêd em un ze kận (Var.: *Hun de Lekt ze kận*),
Fêd em un ze gejen,
Se fêd em un ze schwejen.

Fronius, 67; Schuster, Volksl. 185.

oder kürzer:

Frậen git ze kậen,
Gejen brạnjt schwejen. H.-W., 346.

Im Spruch beim Reihenspiel der Kinder:

Sûle mer regde frậen,
Än de Domenậen,
Der Kratzewetz wôr uch dô,
Der Hepentep kậm uch nô.

Haltrich, Abergl., 14.

— 2. Gegenwärtig versteht man darunter verschiedene einzelne Abschnitte der Werbung. Im Burzenl. geht dem ,Freien' das *Frôgen* (Fragen) voraus, worauf der *Frôier* die *Frôi* (,Freie', ,Freite') beim Pfarrer anzeigt (Sächs. Burzenl., 442). Bei MÄTZ, 35 bezeichnet freien »allgemein den Akt des Werbens, spezieller das Werben durch zweite Hand«, in *Mettersdorf* folgt auf die persönliche Werbung des Burschen erst das *frôen* durch den *Frôemung* (Freimann), wozu die Gross-Scheuerner Nachbarsch.-Art. zu vergleichen sind: »die Freyleute sollen nach vollendetem Gottesdienst freyen gehen« (1777). Bei FRONIUS 70 erscheint das Freien als letztes Stadium der Werbung (vier Wochen nach dem »Vertrinken«). Dieses Schwanken erklärt sich daraus, dass das Wort wahrscheinlich niemals recht volkstümlich war, wie es auch gegenwärtig meist durch die Syn. ersetzt wird. s. *uerieden* (abreden, Talmesch), *unhǫlden* (anhalten), *frôgen* (fragen), *Hǫntschlǫch* (Handschlag), *hîschen* (heischen), *verlǫngen* (verlangen), *af't Verlange gôn, Ränge wiesseln;* vgl. *unzîjen* (anzeigen), *afbâden* (aufbieten), *Brokt mǫchen.* Sonst heisst das *Frǫen* auch *Honjtsche gin* ,Händchen (Handschlag) geben', das ,Vertrinken' aber *Breoktmôchen* (Agnetheln). — Das Wort findet sich im reinen Mhd. nicht, sondern erscheint erst im frühen Nhd., es ist dem Mitteld. (auch Hess.) eigen, was ebenfalls für den schwankenden Gebrauch in der Ma. bezeichnend ist; vgl. DWB. 4, 105; WEIG. 1, 580; KLUGE, 149. — Lautt. 124.

Freienmanneskind, Frâimanneskänt (_◡◡◡) n. ,ein freier Bürger' im Gegensatz zum Leibeigenen *(Jobâdjn)* und zum Adligen *(Erlmǫ̂). Diän brauchn mer nät, diär äs nät Frǫimǫnneskänt.* Süds. nicht gebraucht. KISCH, N. W. u. W., 177; vgl. mhd. vrîman. s. *Fromonzkänjd.*

Freier, Frâer m., nösn. *Frǫier* m. ,Brautwerber, Bräutigam', während die eigentlichen Brautwerber, die für den Bräutigam die offizielle Werbung besorgen *Frǫmǫn, Frǫlekt* heissen [wohl nur geh. Spr.]. »*Aes e Froier vor dem Hous, hohlt en fehst negy lasz œn ous*« (Platt. Kr. Ra.). Im Volkslied:

Et sǫl e Mäidche guer frâi ǫfštû,
Et sǫl guer frâi nô Wǫsser gû,
Et begîn em drǫi Frǫier am Wieje gû.
Passbusch, Kbl. 26, 56.

Špänn, Taini, špänn!
Säch der Frôer kid erän,
Schmaiss dn Rôkn wider de Wuent,
Lôf dem Frôer än de Huent.
Mettersdf., GASSNER, 50; vgl. SCHUSTER, Volksl. 19.

An die begehrte Person des Freiers ist mancher Aberglaube geknüpft. *Um Ôbmd terf em nät auskiärn, em kiärt sich dn Frǫier aus.* Kocht das Spülwasser (das sich nur erwärmen soll), so kommt dem Mädchen in dem Jahr kein Freier *(Bistr.).* Als Orakel in der Neujahrsnacht:

Paputsche wierfe s' iwer't Hîft,
Fällt dier är Špätz kê vîren,
Si kid e Frǫer, wâ em glîft,
Und frängdert se än Îren. KÄST., 148.

Die Ra. *ǫf Frǫršfäiss štô* ,heiraten wollen' stammt aus dem Nhd. — Dazu wohl der F. N. Freyer (Frauendf., Kbl. 11, 41), »freyers mechel« (1526, Weidenbach i. B.). — Mhd. vrîer.

Freiessen, Frâiessen n. ,Essen, wofür nichts zu zahlen ist'. s. *Kokwîn* (coquina).

Nor wenich wôren esi gläcklich,
Dǫt zem Mättǫch se gǫnz erkwäcklich
Vun der Fra Laitnerän Kokwîn,
Dǫt hîsst Froǫêssen, dreagen hîm.
HÖHR, L. E. 47.

freigeben, frâgin st., nösn. *frǫigê* st. *Em huat dn Känder frǫigê* ,Ferien gegeben' (nösn.). *De Birren frǫgin* ,die (wilden) Birnen zum Gebrauche sammeln lassen'. *Det niderŠt Fiält hu de Grêbm* (,das Ortsamt') *for de Fârt frǫigê* ,zur Weide' (nösn.). *Ed äs mer 'n Bäffel un em Kampestšträangk erštäackt, em hatt gêstern zem Iegläck de Kampestgârte frôe gegên* (Thalheim). — s. freimachen 1 b und freisprechen 6.

freigebig, frâgiewich adj., nösn. *frǫigêwich* adj. [Städt. Halbma.]. *E frǫigêwich Mäntsch. Nät sǫw esu frǫigêwich!* (nösn.). »dass sie . . bey Gelegenheit ausswärtiger Jahrmärkte zum Schaden ihrer Wirtschaft nicht allzu freygebig seyn sollen« (1765, Cap. Cib.). Echte Ma. durch Umschreibung: *dî git gärn, dîlt gäre mät.*

freigehen, frâgôn st., nösn. *frǫigô* st. ,losgehen'. *Gäw Uacht, det Gewiär wit der frǫigô!* (nösn.). Auch übertragen:

Nau gäng de Geschicht îršt frǫi.
Fannek braucht em vill wâi Hǫi.
Bäll, Picknick och ǫnder Sǫchn
dâi mâisst em jo mät nau mǫchn.
SCHULLER, Mätn. 10.

freigraben, frâigruabm st. ,durch Graben blosslegen'. *Den Bôm, de Wurzeln frǫigruabm,* um den Baum leichter *gewänn* (,entfernen') zu können. *Wâe se nau det Leigeltchi frǫegegruebm hǫdn, zugn se hemen (Dürrbach).*

freihaben, frâ hun, nösn. *frǫihun* schw. *De Känder hun frǫi* ,haben Ferien'. »verlangt der Commandierende General von Wallis, nur die Kirchenländer (vielleicht: Pfarrs-) frei haben (‚von Abgaben befreit sein'?) sollten, die andere aber verzinsen« (1732, Qu. Kr. 4, 349).

freihalten, frâhâlden st. ‚für einen die Zeche zahlen', echte Ma. *oushâlden*. ‚die öffentlichen Arbeiten für einen mitleisten' (BINDER, Coll.) [Städt. Halbma.].

Freihandzeichnen, Frâhântzîchnen n., nösn. *Frâihântzêchnen* n. [Städt. Halbma.].

freihauen, frâihân schw. (nösn.) ‚durch Hauen blosslegen'. Beim Behauen eines Eichstamms: *Em mâiss dn Kiärn vum Waissn frâihân, det Waiss äs ze näst* (nösn.). Im Süds. heisst das Zurichten des Holzes zur Verwendung an einem Gebäude: *behân, oushân* s. d.

freiheischen, frâhîschen schw., nösn. *frâiheschn* schw. Refl. *sich frâihêschn* ‚um die Erlaubnis bitten, weggehen zu dürfen' (nösn.). *Huad er ich frâigehêschn? Nê. Nâ wuart, aier Mâtter wid ich schu gê!* (nösn.). »Ich mich fraj geheischen hab und von im Licentz begeret« (1600, Ger.-Prot.). »Haben uns derwegen ein mahl von unsrem Hauptmann freygeheischen« (Ebda.). Im Süds. dafür in städt. Halbma.: *sich ousbidden*, das auch Dienstleute nach dem Vorbild ihrer Herrschaften gebrauchen.

Freiheit, Frâhît fem., nösn. *Frâihêt* fem. [Städt. Halbma.]. 1. ‚Erlaubnis'. *Ich mer de Frâihêt, mich e winich niderzesätzn.* »(Die Schuster sollen) in der Löben oder Baw alle dinstag und Jarmarkt aus sondrer Freiheit ire schuch und arbeit feil haben« (1466, Hstdt., MÜLLER, Sprdm. 81). ‚Vorrecht'. »freyheiten rechte und fürgeben derselbigen meyster« (1491, Bistr. Schusterz.-Art.). *De raich Lait hu guar vil Frâihêtn* (s. auch Freitum). — 2. ‚Freiheit' im Gegensatz zur Knechtschaft. »alle Jobbagyen, so vntter die Hermannstadt kommen vndt dieselbe stürmen vndt besteigen helfen wolten, denen solte erstlig freier raub vndt zum andern die Freiheit von der leibeigenschafft gegeben vndt zugelassen werden« (KRAUS, Chron. 2, 48). — s. frei 2. Die Freiheit ist von jeher unseres Volkes Palladium gewesen, auf das aufmerksam gesorgt wurde. Das ganze Mittelalter ist für die ss. Städte und Stühle eigentlich ein einziger Kampf um die politische Freiheit gewesen, zunächst gegen die Erbgrafen in der eigenen Mitte, dann gegen Türken und die eigenen Fürsten. So bestimmte die Universität 1613 (8. Art.): »Quia virtus nobilitat hominem und Freiheit macht den Menschen edel, pflegt man zu sagen; weil nun nicht schöner Freiheiten allhie sein können, quam libertates Saxonum und die Sachsen wegen derselbigen rechte Edelleute sind, wenn sie der Edelschaft recht gebrauchen: sollen derowegen alle diejenigen, so ihnen damit nicht genügen lassen, sondern adelige Vorrechte haben wollen und adelige Güter kaufen und sich dem Adel insinuieren, zu keinem Ehrenamt zugelassen werden« (TEUTSCH, Sachsengesch. 1, 355). Aus dem Kampf um die politische Freiheit, die endgiltig verloren gegangen ist, ist ein Ringen um kulturelle und wirtschaftliche Selbständigkeit geworden. Der Verlust jener alten Freiheit aber ist oft schwer beklagt worden und den Alten unter uns, die andere Zeiten gekannt haben, wird es heute noch schwer, mit Kästner zu rufen:

Hu s' äs Îrdnung uch zewäddert,
Âse Frâhîtsbûm entbläddert,
Šprôch und Glûwe bleift es doch.
KÄST., 64.

Freihof, fehlt. In Edelhöfe und Pfarrhöfe hatte bis zum Jahre 1848 die Staatsgewalt kein Recht gegen den Willen des Besitzers einzudringen; diese Höfe hatten eine Art Asylrecht, es durfte auf ihnen nicht verhaftet oder gepfändet werden. Die Hausgenossen der Pfarrer standen infolgedessen unter geistlicher Gerichtsbarkeit, ja wer in den Pfarrhöfen Sicherheit suchte, konnte von der weltlichen Behörde ohne Einwilligung des Pfarrers nicht verhaftet werden (TRAUSCH, Schriftstellerlexikon 3, 443).

(**Freihufe**), **Frâetjef**, *afm Frâetjef* Fl. N. (Gergeschdf.). Angeblich eine sumpfige, an der Hattertgrenze von Törnen gelegene Wiese, auf der nur *Rîr* und *Bess* gedeiht. Durch diese Bodenbeschaffenheit wie durch die Entfernung des Ortes vom Dorf ist ein Zusammenhang des Wortes mit Friedhof *(Fritef)* ausgeschlossen, dessen alte Form Freithof solchen Zusammenhang gestatten würde. Dagegen deutet *frâ* auf ein freies Stück Land, d. i. entweder auf ein öffentliches, das bei der Aufteilung des Grundbesitzes keinem Gemeindebürger als Eigentum zugefallen, also frei, Gemeindegut blieb, oder in dem Sinne eine Freihufe (Freihof) war, dass es als ein keiner Dienstbarkeit unterworfenes Landgut galt. Zur Freiheit dieses Landstückes in beidem Sinn fügt sich gut die Verwendung desselben: Es ist das *Frâetjef* genannte Stück sowohl auf dem Gergeschdorfer wie auf dem Törner Gebiet je mit den Pfarrerstellen dieser Dörfer verbunden, das Gergeschdorfer gehörte früher zum Teil auch zu dem Amte des Hannen (des Dorfrichters). Die sprachliche Erklärung des Wortes ist nur Vermutung: Entweder *Frâitjef (Frâitchef)* Freiheithaft (Freiheit habend, der Freiheit teilhaft), *Frę̂ᵉt* ‚Freiheit‘ wie *Er-Weᵉist* ‚Ew. Weisheit‘; *chef, jef* ‚haft‘ mit Schwund des t wie in *Gesallschef* (Agn.); oder *Frę̂ᵉtjef* ‚Freihufe‘; *frę̂ᵉ* frei, in Gergeschdf. mit hellem e wie burzenl. *frôᵉ*; Hufe aber wie Hof durch Akzentverlust mundartl. *-hef (Frithef). Frę̂ᵉhef* 〉 *Frę̂ᵉjef,* wie nhd. geschehe im Munde jedes Dorfpredigers beim Gesang des Vaterunser zu geschêje, geschêdje wird und wie *hê (h)erän* (Zuruf an Tiere, die in den Stall getrieben werden) auch ohne Rücksicht auf das nhd. h, das in der Ma. ja gar nicht vorhanden ist, einfach zur Vermeidung des Hiatus zu *hēj erän* und dies zu *hêdjerän, hêtjerän* wird (Marpod, Kirchberg). Dem Einwurf gegenüber, es sei dies d, t wohl Endung der 2. Pers. Plur. an dem als Verbum gedachten *hê* ‚geh‘, muss bemerkt werden, dass die Form mit d und t gesprochen wird, auch wenn nur ein Tier getrieben wird.

freikaufen, frękîfen schw., nösn. *frę̂ikêfm* schw. ‚loskaufen‘. *Ich hu mich frę̂igekôft* ‚ich habe mich mit Geld von einer drückenden Verpflichtung befreit‘ *(Bistr.).* Neben dieser allgemeinern mehr der städt. Ma. eignenden Bedeutung hat das Wort im Süds. die besondere echt mundartliche: ‚sich durch Zahlung einer immerhin grossen Summe von der Militärpflicht befreien‘. Nur Wohlhabende konnten das tun. Gewiss mit heimlichem Neid beklagte die arme Mutter dies Missverhältnis: *Der dertif* (dort über [die Gasse]) *hoᵉt sen ąlle boit frô* [ə°] *gekeᵉift vun de Moᵉsern, — âs oärmer mess geᵒn ä farr Lonjder, esui vil Geᵒr. Wî woiss sâ mer e mî. Ąch wî, ąch wî!* (Agn.). — Am Jungfrauentag muss der Ehemann die junge Frau, die ihm Vermummte zu stehlen suchen, gegen grosse Versprechungen freikaufen (Fronius, 79). Vgl. damit den Namen *Kîfen* (nösn. *Kêfen*) für ‚Trauung‘ (auch verbal ‚trauen‘), worin die alte Auffassung der Ehe als eines Kaufes zutage tritt (Mätz, 66; Wittstock, 91; Gassner, 63).

freikommen, † ‚frei werden, entkommen‘. »(Lupul) schlägt sie in die Flucht, . dass er, der Kemyn Janos, mit sehr wenigen wunderbar frei kompt« (1652, Qu. Kr. 4, 236).

Freiland, † ‚der Gemeinde gehöriges Land‘. Als die Mühlbächer Stadtbehörde im Jahre 1764 auf Drängen der Bürger zwei Felder (das Piener und Petersdörfer) aufteilen wollte, erfuhr sie zu ihrer Überraschung, dass einige Bürger »zwischen dem Freyland Eigentum« besässen (Wolff, Agrargesch. 21). — Vgl. frei, Freitum, Freiung, *Frę̂tjef.*

freilassen, fręlossen st., nösn. *frę̂ilossn* st. 1. ‚loslassen‘. *De Gâᵉiter (Kâᵉi, Ôssn, Rôss) frę̂ilossn* ‚auf die Weide lassen‘ (nösn.); zur Tränke: *Leoss frô* [ə°] *de Getter* (bind sie von der Krippe frei). Auch zur Rast, darum *froᵃläässen* ‚rasten lassen‘ (Scholten), weil dabei die Tiere losgelassen werden. Während sie Rast und Nahrung suchen, tut solches auch der Mensch, darum hat *froᵃläässen* geradezu die Bedeutung ‚rasten‘. Unwillig zu dem, der einen festhält: *Loss doch frę̂i!* (nösn.). ‚Den Gefangenen aus dem Gefängnis entlassen‘. *Te kist wâ e Froᵃgeliᵒssaner* ‚wie aus dem Gefängnis‘ (Alzen). *Wänni wid em en nau frę̂ilossn?* (nösn.). »(Als ich) in (den »Purgermeister«) des Hannes F. freilassenshalben gebetten han, hat er gesagt: Er ist mein gefangener nicht« (1565, B. M.). ‚Laufen lassen, nicht gefangen nehmen‘. »Desgleichen die, so Diebe, Mörder oder Räuber, hätten greiffen mögen, und Geld oder ein Theil des geraubten Guts genommen und sie frey gelassen, verbrechen auch wie jene« (Schuler-Libl., Rechtsgesch. 2, 319). ‚Einen Bauchwind von sich geben‘. *E huᵃd ene frę̂igelossn* (oder *gelossn, Bistr.).* ‚Das Wasser in die oberirdische Wasserleitung fliessen lassen‘ *(Bistr.). Ed wôr uᵃgeschlô, hait huad em det Wąsser ąber wider frę̂igelossn* (Ebda.). Unklar ist die Bed. in der folgenden Zeugenaussage: »Ich habe nach der Versprechung den H. Pfarrer gefraget, ob Er mich copulieren wolte ., worauff der Pf. gesagt, ich sollte es nur beschleinigen, ehe dass Dorff frey gelassen würde, es könte ja vor sich gehen« (1713, Cap. Cib.). — 2. ‚von einer Pflichtleistung entheben‘. *Dâ ich dem Hąnne sôt, me Vuᵉter wêr esi hąrt krongk, less e mich glech frę̂ vun der Gemînarbet* (bei Hstdt.). *Gongk nor ąw en Lâxt än de Schuil, šprâch, der Härr Räkter soil dich derneᵒ frô* [ə°] *leᵒssen; mer messen zem Pläᵒch* (Agn.). — 3. Von einer Pflichtleistung entheben heisst deren Nichterfüllung erlauben, in weiterem Sinn allgemein ‚gestatten‘ †. »er (der Richter) sol dem Schuldherrn freylassen / das pfand aus zu bieten vnd zu verkauffen« (E. L. R., 111). »und soll dieses (die Griechen zu beaufsichtigen) dem Marcks Richter ernstlich befohlen undt freygelassen sein dass er soll fleissig darauf achtung geben« (1634, Seiv., Lok.-St. 45). »Wolle spinnen klauben und dergleichen soll ihr (der Witwe eines Meisters) freigelassen sein« (1724, Strumpfwirk.-Art.).

freilich, frälich adv., nösn. *frälich* adv. ‚allerdings‘. 1. Bejahend ‚sicherlich‘. *Ai frälich! Än der Štąd as uch e gûnx ûnder Liᵉwen* (Litschel, Lisi 15). *Hun aich Sästern gehuᵉt, oder net? Te huᵉst fralich gehuᵉt (Tekendf.,* Kbl. 20, 65). — 2. Einschränkend, so dass man danach einen Satz mit ‚dennoch', ‚trotzdem' erwartet. *De Wänd wêre jo frälich mät hîsche Beldern verklipst* ‚aber dennoch nicht hübsch' (Volksfr.-Kal. 1905, 89).

Frälich, munch î Mǫ̂n kǫ̂ lärmen,
Dat mir dich der Appetit
Uch zem frängdre guer net kit (und
trotzdem würde ich heiraten).
SCHULLER, Ged. 35.

— 3. Ironisch bejahend, in der Tat verneinend, gilt im ganzen Gebiet der Ma. *Nǫ chǫ frälich äs der Bier der bêst Dinzer* (H.-W., 91). *Mer wiern jo der Mêt bezualn?* Antw. *Cha frälich!* ‚fällt mir nicht ein!' *(Bistr.)*, vgl. V.-A. 37, 490. — mhd. vrîlîche. Der urspr. lange Stammvokal ist in der Ma. durchweg verkürzt.

(freilicher), †. »Gedenck freilicher, das es nicht eine gering sünd sei« (1572, DAM. DÜRR, Kbl. 6, 125). — Zu freilich 1.

freilösen, frǫ̂lîsen schw., nösn. *frǫ̂ilîsn* schw. ‚loslösen' [Städt. Halbma.]. *De Mark vum Bräif frǫ̂ilîsn* (nösn.). Von den Kornähren:

Verpusern uch seng Hêrcher
Sich hæ uch dô ald îst,
Si hu sij ännär (‚ihre') *Êrcher*
Doch ängde frǫ̂gelîst. KÄST., 46.

freimachen, frǫ̂mǫ̂chen schw., nösn. *frǫ̂imǫchn* schw. 1. Trans. a) ‚befreien'. Wenn ein Tier sich die Füsse in etwas verstrickt hat: *Mǫch et frǫ̂i, et wit fǫlln ǫnd sich de Fäiss zebräichn* (nösn.). *E wäll sich dn Sǫnn vum Militêr frǫ̂imǫchn, ed wid ǫber nät gô* (nösn.). s. freikaufen. Auch von leblosen Dingen: *Der Bômšträtzel äs mer ugehǫngen, ich kǫ̂ en näst frǫ̂imǫchn* (nösn.). — b) † ‚dem allgemeinen, freien Gebrauch überlassen', syn. *frǫ̂igê*. »Dahero wird einmal vor allemal aus Obrigkeitlicher Gewalt befohlen, keine Sommer-Frucht in die Winter-Felder anzubauen, es mag ein Samen seyn, wie er immer genennet werden mag. Widrigenfals wird man die Felder auf künftigen Bartholomäi [24. Aug.] freymachen, unangesehen dass die Sommer-Früchte hie oder da stehen werden« (1713, V.-A. 7, 346). — 2. Refl. ‚sich befreien'. Im eigentl. Sinn: *De Rǫtz huat sich gefǫngen, se wit sich näst mi frǫ̂imǫchn. Ich bän än än Dôrn ängehǫngen, wâi wiärn ich mich nau frǫ̂imǫchen?* (nösn.). — Auch übertragen: *E huad sich nau doch frǫ̂igemǫcht* ‚seine Schuld abbezahlt' (nösn.); »sich von einem frei machen« ‚bei ihm die Schuld tilgen' (BINDER, Coll.). *Vu esu ener Uarbet mäiss sich der Mäntsch bǫ̂lt frǫ̂imǫchn* (nösn.). — † ‚sich von einem Verdacht reinigen'. »weder sich ... durch recht fray gemacht, als durch der öberkeit desselben orts urteil und Freyspruch« (1569, B. M.). »solchen verdacht angesehn ist erkannt worden, das Inculpatus Adam selbt drit Personen sich mit dem Eidt soll frey machen« (1609, Ger.-Prot.).

(freimächtig), † ‚ermächtigt'. »die h. ‚Herren' Mariävallenses aber sollen freimächtig sein (‚das Recht haben'), solch ihre erde zurückzuloesen« (1669, V.-A. 17, 548).

Freimahl, Frǫ̂môl n. Es ist der Abschluss der feierlichen Verlobung und wird meist »von der Braut veranstaltet, mitunter von beiden Parteien bestritten« (MÄTZ, 38). — Zu *frǫ̂en* (freien).

Freimann, Frǫ̂mǫ̂n m., nösn. *Frǫ̂imǫ̂, Frôemung (Mettersdf.)* m., Plur. *Frǫ̂lekt*, nösn. *Frǫ̂imanner* ‚Brautwerber, Beistände der Brautleute'. Beide Verlobungszeugen heissen *Frǫ̂manner, Frǫ̂lekt*, im engern Sinne ist *Frǫ̂mǫ̂n* aber nur der Brautwerber des Bräutigams (MÄTZ, 37). Er vertritt den Bräutigam bei der offiziellen Werbung, die er in wohlgesetzten Worten vorbringt (GASSNER 55; MÄTZ 27 ff., SALZER, Birth., 590 f.). Deshalb heisst er auch *Wîrtmǫ̂n* (Wortmann), während der Zeuge der Braut *Ôdǫngker* (Abdanker) genannt wird (s. W. B. 1, 7 f.). Die Aufgabe des *Frǫ̂mǫ̂n* ist es ferner, *de Brokt uezebidden* ‚die Braut für den Bräutigam auszubitten'. An einigen Orten treten die *Frǫ̂lekt* mit dem Bräutigam vor den Altar (SCHULLER, Bauernhof 15), sonst gehen sie in feierlichem Zuge ihm zur Seite hinter der Braut zur Kirche. In der Ballade vom Mädchen und den zwei Rittern:

O Härr, o Härr! Et wiern je nit
Ritter sai,
Et wiern je dain zwî Frôelait sai.
GASSNER, 51; SCHUSTER, Volksl. 19.

Das Wort erscheint nicht selten in Urk. »Den herr Nicolaum Pfarherrn zur Auen (Grossau) als freymann hab ich zum khönigs Richter geschickht« (1574, Alb. HUET, Kbl. 30, 36); »hatt mir Hans Jacob der Vatter also geantwort, was der Frayman dem Paul Kauffman angezeugt hatt des Hoffs halben, das will Ich In geweren« (1569, B. M.). »wir werden morgen Freyleyt her bemühen« (um 1680, L. K. A.); »den Morgen, als die Freu Leuthe gehen solten« (1699, Cap. Cib.); »weilen ich dieses nebens einem reinen Jurament mit meinen dazumahlen gehabten Werbern oder Frye Männern ihme darthun oder bezeugen kan«

(1692, Cap. Cib.). »dass seine Braut ihr von sich in Gegenwart Ehrlicher Frey-Männer gegebenes Ja-Wort zurücknehme« (1780, Cap. Cib.). vgl. nhd. Freiersmann ‚Brautwerber'.

Freimaurer, fehlt; vgl. über ss. Logen V.-A. 12, 446 ff.; 13, 1 ff.

freinehmen, fr̨ǭnin st., nösn. *fr̨ǭⁱnî* st. ‚loslösen' [Städt. Halbma.]. *Ich känn det Pupaier nät fr̨ǭⁱnî.*

—, **Freⁱnztchen.** Im Volkslied:

Brêche mer de raiwen (‚reifen
Ästchen')
Vuᵉr de grânen ôf
[Af dad în înich Freⁱnztchen
vun donnen erôwer fęârt.
Wî fęârd et, wî fęârd et?
Honnes hess dieᵉr Knieᵉcht].

Schuster, Volksl. 12.

Lautlich Dim. zu *Frouⁿnz* ‚Franz', aber da es nur ein Femininum bezeichnen kann, zu Franziska, vgl. nhd. Fränzchen, wie es vielleicht in der (nhd.) Vorlage des Liedes hiess, das entweder entstellt wieder gegeben ist, oder überhaupt der Ma. nicht entspricht. (s. die nicht sächsischen Formen *raiwen Ästchen* für *raif Nêstcher; af dat* für *dot; vun donnen* für *dôhär;* die Gleichstellung der Form *fęârt* in *erôwer fęârt* für *fiᵉrt* ‚fährt' mit *fęârt* ‚führt, führte').

freireißen, fr̨ǭreⁱssen st., nösn. *fr̨ǭⁱraissn* st. Refl. *De Gâⁱter* (‚Tiere') *raissn sich fr̨ǭⁱ. E sanjt, dat sich de Gîs fr̨ǭraissen* (H.-W., 379).

Freireiter, † eigentlich ‚freier Reiter', dann Schelte, s. Freibeuter. »Im November ist auch der Lieutenant Weissmüller mit viel Musketierern und Freireitern nach Zeiden gekommen« (1705, Qu. Kr. 4, 305). »1705 den 19. April plündern und rauben die Freireiter aus der Stadt und die Rätzen alles, was sie hier bekommen können« (Ebda., 4, 89).

freisagen, fr̨ǭsôn schw. 1. † ‚Jemanden von einer Verpflichtung lossprechen'. »Szo haben yn dy weyssen hern derselbigen Sache frey gesaget« (1515, B. M.); »also ist es dabey blieben und ein yder hott den andren fray gesagt« (1568, Keisd). »R. D. verfeldt dem Judicat f. 6., weil er seinen Knecht den er noch nicht frey gesagt fürm weltlichen Judicat persequiert hat« (1696, Klein-Alisch, Bog. Cap.). »1687, 22. März von Einem Ampl. Senatu und Centumpatribus einmütigst concludiret worden, dass der Herr Notarius Conradi von dem Honnenampt frei gesagt, dasselbe bei seinem Leben nicht zu betreten« (Werner, Med. im 17. Jahrh., 9). Der Gläubiger sagt den Schuldner »frey, quitt und ledig«. »das mir yn mitsampt seynenn erbenn hynfort zu ewigenn zeyttenn aller guetter des Dominici Fux halben frey, quit vnd ledig sagen« (Hstdt. Mag.-Prot. 1532 S. 63). Es wird diese Formel in Quittungen sogar in lat. Form übertragen: »eosdem d(ominum) judicem et juratos presentibus reddimus quittos et expeditos« (Nic. d. Gherend, Quittung an d. Bistr. 1525). — 2. † ‚aufkündigen', ‚einen Kauf rückgängig machen' (dadurch, dass man die Verpflichtung zu Kauf oder Verkauf aufhebt). »sonder wölen den (Hof) freysagen« (1580, Schenker Stuhlsger.). »Ich weis nichts anders einzubekennen allein das dieser Thomas Koel sein 3 theyl an dem hoff vor einem Jar frey gesaget hat« (1606, Ger.-Prot.). »kompt der Seivert am andern tag und sagt das hauss fray« (um 1610, Ebda.). »solches wie ichs vernamb, must ich im den Zenden frey sagen« ‚den Kauf des eingegangenen Zehnten (Getreide usw.) verweigern'? (um 1610, Ebda.). — 3. † ‚für selbständig erklären'. »Item kain mester sal nit frey sein seinen lerjungen frey zwsagen seiner lerjar halben, wann her wil« (1494, Hstdt. Goldschm.-Art.). »So ein meister seinen Sohn will fray sagen, so soll solches geschen in Kegenwart der gantzen Czechen« (1605, Kronst. Filzm.-Art.). — s. freisprechen. — 4. ‚einem das Leben absprechen'. *Der Dokter sôd e fr̨ǭ* (Gr.-Sch.), für sonstiges: *gid en ąf.*

Freischaft, in der Ra. »in die Freischaft« bringen ‚der Braut irgend ein Geschenk mitnehmen', das bei einer Ablehnung zurückgeschickt wird (i. B., Mätz, 38).

Freischer, †. Das Wort findet sich im Trappolder Gemeinbuch vom Jahre 1684 253 mal (Kbl. 4, 88), ist aber sonst in dieser Form nicht bezeugt, nur ein einziger Beleg dafür ist bisher noch gefunden worden (in einem Briefe aus dem Jahre 1702) »und ietzo, da er gantz auff die Neige kommen, solte er ein halb loth, von (wohl: vn = vnd!) anderthalb froscher zinsen (‚zahlen')« (Kbl. 4, 135). Den Gebrauch zeigen Wendungen wie die folgenden: »2 Loth 3 Freischer«, »anderthalb Loth vndt 4thalben Freischer«, »3 Loth 3thalben Freischer«, »anderhalb Loth anderhalben Freischer«, »ein Loth 2 Quinten vndt ein Freischer«, »4 Loth einen halben Freischer«, »2 Loth ohne Freischer«, »2 Loth ohne anderhalben Freischer«, »3 Loth ohne 2 Freischer« (Kbl. 4, 85 ff.). — Sache und Wort müssen auseinander gehalten werden. In dem Trappolder Gemeinbuch von 1684, der Hauptquelle für *Freischer*, erscheint dies Wort und die daneben stehenden Kategorien Loth und Quintel, wie G. Schuller, Kbl. 4, 88 f. nachgewiesen hat, sachlich nicht zur Bezeichnung bestimmter Gewichte oder Münzen, sondern als Besteuerungseinheiten. Die Worte aber sind aus frühern Zeiten beibehalten worden, in denen sie nicht nur Verhältniszahlen zur Bemessung von Steuerbeträgen darstellten, sondern wirkliche Werte, Münzen, in denen jene Beträge einmal vom Steuerzahler entrichtet wurden (vgl. Denar und Mark). Das † ss. Wort *Fraischer, Freischer* entspricht dem Münznamen Friesacher, der, wie Heller und Thaler nach Hall und Joachimsthal, nach dem Prägort Friesach (in Kärnten) hiess. Diesen Namen hat gewiss auch Wenrich (Kbl. 8, 113) mit Freisacher gemeint. Ob es nun altd. Friesacher oder Frîsacher gelautet haben mag, so entspräche dem Namen ss. *Fraisacher, Freisacher (e fraist, freist,* mhd. vrieset; *e blaift, bleift,* mhd. blîbet). *Fraisacher* aber wird gesprochen *Fraisəcher,* wie *Budaker Budəker,* in völliger Abschleifung des Vokals **Fraischer, *Budker.* Nun schwindet das Wort *Fraischer* aus dem Sprachgebrauche. Späte Enkel des Geschlechtes, dem es noch geläufig war, schauen nur das Schriftbild und lesen Freischer, **Fraischer* (gutturales ch in *Fraisəcher* wandelt sich in palatales; von diesem Stadium der Doppelkonsonanz sχ ist bis zu š nur ein Schritt, wie z. B. gegenwärtig griech. σχ in Ischias, Schisma 〉 nhd. sch); wenn nicht immer **Frais-cher* [fraisχər] gesprochen worden ist (vgl. nhd. Mäuschen, Häuschen). Noch erübrigt zu bemerken, dass Friesacher Pfennige in Ungarn seit dem 13. Jahrh. im Handel waren. Darauf deuten viele Münzfunde (vgl. Luschin-Ebengreuth, Allgemeine Münzkunde und Geldgeschichte des Mittelalters und der neuern Zeit S. 112). In den westlichen Kulturländern, mit denen Ungarn Handel trieb, kursierten Friesacher Pfennige und kamen auf dem Handelswege auch nach Ungarn. Ihr Name galt übrigens auch für solche Pfennige, die nicht aus Friesach stammten: Auch die in Friaul (in Foro Julio) durch die Patriarchen von Aquileja geprägten Denare heissen Frisatici (für Frisacici wie fritatus für fricatus, Freisachi) und weisen in ihrem Namen auf Friesach, Freisach. Selbst von dieser mehr adjektivischen Form Frisaticus (Frisacicus) ‚Friesachischer' liesse sich unser *Fraischer* erklären, das dann substantiviert worden. Diese »Frisatici« begegnen in österr. Urkunden von 1168 bis 1357 (Ebda., S. 247, 248) und waren auch in Ungarn in Geltung. Fünf (in Oberungarn sechs) solcher »Frisatici« hatten den Wert eines Grossus (Groschen, Bartal, gloss. latin. med. aevi 284). Groschen aber sind den Älteren unter uns noch durch die Kinderhände gegangen. Die allergeringste Münze war der halbe Friesacher, F r e i s c h e r, der halbe Pfennig, Denar, dessen sächs. Name *Hälwlengk* ‚Hälbling' noch in unserm Sprachbewusstsein lebt, wenn wir von geringwertigem sagen: *Ed äs och ned an Halwlengk wêrt* [əᵉ] (Agn.). Übrigens ist es fast zu verwundern, dass der Name für diese *Fraischer*-Münze nur an zwei Orten urkundlich bezeugt wird, an einem mehr als 200 mal, am andern nur einmal. Diese eine Form F r o s c h e r ist vielleicht verschrieben für F r ö s c h e r, das der Schreiber nach dem mundartl. *Freischer* gebildet, als ob die kleinen Münzen nach den Fröschen oder Fröschchen, *Frôsch, Frousch,* Pl. *Freisch,* dim. *Freišken* benannt worden seien, wie wir Kinder in Scherz und Liebkosung so nennen (s. d.). — s. auch Lot und Quinte(l).

freischießen, frą̂schessen st., nösn. *frą̂ischą̂issn* st. 1. ‚Feuerwaffen losbrennen'. *De Flint, de Pistôl frąischą̂issn. Schäisst se (de Bîss) frei ąnt wieft* (wirft) *se en de Štaudn* (Bertleff, Kl.-Bistr. Ma. 22). Im Spottvers:

> *Liss*
> *Mät der Biss,*
> *Moren äm droą̂*
> *Schess se froą̂.* Höhr, 22.

— 2. *De Wängert frą̂schessen* ‚durch Schiessen das Zeichen geben, dass die Weingärten auch von Nichtbesitzern betreten werden dürfen'. Nach beendigter Weinlese schiessen die Weingartenhüter nämlich ihre Büchsen los, wenn sie ins Dorf zurückgekehrt sind, für die ärmeren Kinder, Zigeuner usw. das langersehnte Zeichen, dass sie Nachlese halten dürfen.

freischneiden, frą̂schnegden st., nösn. *frą̂ischnaidn* st. ‚losschneiden'. *Det Bąflêsch vum Šträck, det Flêsch vum Bąflêsch frą̂ischnaidn. Em dingkt, em häd en vum Gąlgn frą̂igeschniddn* (‚er sieht aus wie ein Landstreicher', *Bistr.*). Südsl. nur in der Verwendung: ‚etwas, was frei, abgeschnitten sein soll, aber nicht völlig abgeschnitten ist, nun ganz abschneiden'. *Schnegd et frą̂, säj et hèt nôch e wenich* (etwa Speck, Leinwand).

freischütteln, frą̂scheddeln schw., nösn. *frą̂ischirreln* schw. Refl. ‚sich von einer lästigen Aufgabe befreien, sie ablehnen'. *Ich wiärn mich dät mol nät frą̂ischirreln känn. Schirrel dich frą̂i* ‚nimms nicht an'! (nösn.). Zu einem viel Beschäftigten: *Tâ lesst der allent afladden, dæ̂ Ą̂ndre scheddle sich vun allem frą̂.*

Freisinger, F. N. (1608, Schässbg.). Zum O. N. Freising (i. Bayern). Nicht ss.

freisinnig, fråsännich adj., adv., nösn. *fråisännich* adj. [Städt. Halbma.]. *E fråisännich Fårer* (Pfarrer, nösn.). *Der H. prädicht gor fråsännich, der Sch. gor šträng dogmâtesch.*

freisprechen, fråsprêchen st., nösn. *fråišprâichn* st. 1. Wie nhd. ‚von einer Beschuldigung freisprechen'. »Beweiset der Klåger nit sein anklag / der beklagte wird frey gesprochen« (E. L. R., 14); »hat er die Heltner aller schuld frey gesprochen« (um 1610, Ger.-Prot.). *Det Gericht hued en fråigešprôchn* (nösn.).

Špot nur, špot!
Äm Himmel äs e Gott;
E wirt maich fråišprâichn,
Daich wirt e än de Hâl štâichn. (nösn.)

Auch ‚von einer Verpflichtung befreien' »(der Meister soll) freigesprochen sein, dem Knecht nicht weiter nachzugehen« (1640, Kürschn.-Art.). ‚Einen lästigen Zwang aufheben': »19. Jan. wird die Stadt freigesprochen (nach Erlöschen der Pest), und den 20. darauf ein Dankfest gehalten« (1720, Qu. Kr. 4, 129). — 2. In der Handwerkersprache bedeutet *fråšprèchen* ‚den Lehrling zum Gesellen erklären' (eigentlich ‚von der Verpflichtung, Lehrjunge zu sein, freisprechen'). »Hat aber ein Meisterssohn bei seines Vaters Lebenszeit eine Zeit schon an dem Handwerk gearbeitet solcher soll freigesprochen werden und an Gesellen Statt arbeiten« (1724, Strumpfstr.-Art.). *Wâi e fråi gešprôchn äs, såll e än de Fremt zâi (Bistr.).* Mit dem ‚Freisprechen' waren bestimmte Gebräuche und Ordnungen verbunden, die heute verschwunden sind. Der Lehrjunge musste sein Können durch eine Probearbeit *(det Prôbštäck)* erweisen, die bei den Csismenmachern etwa aus einem *Faierôbmt* (s. Feierabend) *Simpelschågn* (genähte Schuhe) bestand. Dies Probestück wurde vom *Åmt* (dem Vorstand der Zunft) in Gegenwart des angehenden Gesellen geprüft und das Ergebnis ihm vom *Zâichvåter* in feierlicher Ansprache mitgeteilt. Darüber erhielt der Geselle als Zeugnis den sogenannten *Fråibrâif, Lìrbrêf*, der ihm das Recht zum Eintritt in die *Brâderschåft* (Bruderschaft, Gesellenvereinigung) gab. An das *Frâišprâichn* schloss sich das unvermeidliche Festmahl an, das der neue Geselle bestellte, oder für das er einen Betrag in Geld an die Zunft bezahlte. Auch der ‚Eingruss' in das zweite Stadium seines Handwerkerlebens, in den Gesellenstand und in die Gesellschaft seiner neuen Genossen war mit Kosten verbunden. — 3. In einigen nösn. Gemeinden heisst die kirchliche Einsegnung der Wöchnerin *Fråišprâichn.* Das *Fraišpråechn (Mettersdf.)* erfolgt etwa vier Wochen nach der Geburt. Der Vater erscheint dann mit der Bitte um Vornahme der kirchlichen Feier bei dem Pfarrer. Im Süds. für *fråšprêchen* öfter *frâlossen Der Härr Fårr let et* (die Wöchnerin) *net frå, bäs de vêr (siess) Wôchen ned äm sen.* Erst nach dem *Fraišpråechn* darf die Mutter das Haus verlassen und ihre gewohnte Beschäftigung in Hof und Feld wieder aufnehmen. Sie wird also gewissermassen von der Verpflichtung freigesprochen, im Hause bleiben zu müssen (Gassner 37), vgl. *äliden* (einleiten) und *ze Kirchn gô.* — 4. ‚konfirmieren' (i. B. und sonst süds.), eigentlich ‚vom weiteren Schulbesuch befreien'. Spottend: *Mir schentch, dech hued em ous dem Kindergarten froigešprôchen* (Semp, Veršpillt 6). *Um Pålmsäongdich šprächt der Härr Fårr de Känjt frå.* — 5. Wie *fråsôn* wird *fråšprêchen* bei schweren Krankheitsfällen gebraucht. *Der Dokter hôd en frågešprôchen* ‚für unrettbar erklärt' (Wolkendf. b. Schässbg.). — 6. ‚zur allgemeinen Benützung freigeben' †. »Dahero verstehet sich an und vor sich selbst, dass .. auf diese verbothene Felder bey Leibe kein Vieh zur Unterhaltung (‚zur Weide') getrieben werden soll, bis zur selbigen Zeit, da die Früchte und das Heu eingesamlet und also die Felder freygesprochen werden« (1713, V.-A. 7, 341). — s. freigeben und freimachen.

Freisprechgeld, † ‚die Taxe beim Freisprechen des Lehrlings' (s. freisprechen 2). »Bey den Handwerckern erstern Classe, ist das Aufding = Geld auf 3. rfl. und das Freysprechgeld auf 6. rfl. in der zweyten Classe, das Aufding Geld auf 2. rfl. und das Freysprech-Geld auf 4. rfl. zu bestimmen« (1774, Med., Salzer, Birth., 724).

(**freisprechig**), † ‚redselig'. »Ich kann hievon nichts anderes sagen, als bey Versamlungen, dass er mitgetrunken und etwas freysprechiger, als sonst war, wurde« (1762, Cap. Cib.).

Freispruch, † ‚freisprechendes Urteil' »durch der öberkeit desselben orts urteil und freyspruch« (1569, B. M.).

(**Freissam**), **Fræsem** ‚Epilepsie, fallende Sucht' (Schuster, Volksl. 487). Das Wort scheint heute der lebenden Ma. unbekannt oder mit *Fræsen* (Frieren, Fieber) zusammengefallen zu sein. Für das letztere spricht, dass einmal (bei Gassner, 16) *Frâisn* als ‚gefährliche Krankheit' bezeichnet wird, wie sonst die fallende Sucht *(geférlich, schwêr Kringket)*, ferner dass Freisam,

Frisam, Früsam um die Mitte des 17. Jahrh. in Beschwörungsformeln gegen die Krankheit tatsächlich in Kirchenvisitationsberichten aufgezeichnet wurden, vgl. V.-A. 3, 26 f.; SCHUSTER, Volksl., 479 f. Meist ist in den Formeln (s. SCHUSTER, Volksl. 298 f.) Ferch (s. *Fiärich*) und Beermutter (s. d.) mit Freisam verbunden.

Das Freisam und das leidlich Ferch
die stritten zu hauf über dies klein
Kind etc.

Früsam und die Beermutter
sie gingen durch einen grünen Wald etc.

Dass es sich dabei nicht um *Fræsen* (‚kaltes Fieber, Wechselfieber'), sondern tatsächlich um Epilepsie handelt, beweisen mehrere Stellen dieser Formeln wie etwa folgende: Auf die Frage, wohin das Früsam und die Beermutter gehen, sagen sie:

»Wir sollen in ein Dorf gehen«,
Was sollt ihr im Dorf thun?
»Wir sollen Bein und Blut brechen«.

oder

Christus der Herr fragt es
»Frisam, Stechen und reiszen wor
solltu gehen?«
»Ich soll zu dem und dem Kranken
gehn«.
»Was solltu da machen?«
»Ich soll ihm sein Blut lecken,
und soll ihm sein Glieder strecken,
und soll ihm sein Bohr aufsetzen.

— Zu mhd. vreissam, vreisam ‚schrecklich, entsetzlich', vgl. köln. Freissem ‚Gesichtsausschlag', aachen. Freesem ‚Grind'. DWB. 4, 1, 121. SCHM.: »Die Fraissam, die fallende Sucht«. s. das stammverwandte *Frâss*.

Freistadt, s. frei II c.

freistehen, frâstôn st., nösn. *frâištô* st. [Städt. Halbma.]. *Der Bôm štêt frâi* ‚ohne umgebendes Buschwerk', *det Haus štêt frâi* ‚ungeschützt, dem Wind und Wetter ausgesetzt'. Unpersönlich: *Et štêt der jâ frâi ze gô, wô et der nät gefallt* (nösn.).

freistellen, frâställen schw., nösn. *frâištalln* schw. ‚gestatten' [Städt. Halbma.]. Bei Teilung einer Erbschaft: *Mer hun em et frâigeštâlt ze wêeln* (wählen), *wäll e det Haus hun qber de Töfelt* (‚kommassiertes Grundstück', *Bistr.*).

Freitag, Frektich, *Frejtich, Frejdich* m., nösn. *Fraitoch* m., *Fretuch* m. *(S.-Reen)*. 1. Der 6. Tag der Woche, ‚Tag der Freia', ‚dies Veneris'. Er dient als Zeitbestimmung. »am frytag for Sendt mathys tachg« (1493, Qu. Kr. 3, 812). »an fryttagh nach Ostern« (1505, Ebda. 1, 176). »am freitag vor Simonis wnd Judae« (1506, Ebda. 180); »am freytag vor (nach) dem phaschanck« (1508, Ebda. 1, 186); »omb ffrytag Nach margarette« (1525, Kbl. 30, 23). Die mundartliche Form bewahrt »beim Fischen . am Frychtech und soundbett« (1560, Ausg. der Hstdt. Schusterzunft). *Riselän Frejtuch* heisst der Freitag der *riselän Wôch*, wo die Trauben blühen (HALTR., Plan 97). *Karefraitoch* (nösn. Karfreitag), süds. *Kôre- Koare- Kuerefrejtich, -frektich.* — 2. Der Freitag im Abergl. Der Freitag gilt als »verworfener Hexentag« (GR., Myth. 2, 1092). Damit hängt vielleicht zusammen, was die Wetterregel behauptet, *um Frektij ändert sich gären det Wädder.* Damit hängt aber sicherlich zusammen, dass der Freitag fast allgemein als Unglückstag gilt. Am Freitag darf man keine Reise unternehmen (HALTRICH, Abergl. 24; H.-W., 288). Wenn der Neumond auf einen Freitag fällt, so hat das viele Unglücksfälle den ganzen Monat hindurch zur Folge (SCHULLER, T. u. B. 1, 23). Freitagskinder sind Unglückskinder (HILLNER, 26), zum mindesten werden aus ihnen keine guten Menschen (GASSNER, 14). Am Freitag darf das Kind nicht zuerst in die Wiege gelegt, noch getauft werden (Ebda. 19, 25). Dagegen ist der Freitag für alles Hexenwerk wohl geeignet. Die schwarze Fast (s. d.) ist am wirksamsten, wenn man sie an 9 Freitagen vornimmt (H.-W., 292), und durch Fasten am Freitag kann man Geister bannen (SCHULLER, T. u. B. 2, 64). Das Tellerorakel (s. d.) ist wirksam am Freitag (H.-W., 318). (Ehe-) Frauenarbeit aber bringt an diesem Tage wenig Segen (die Frauen müssten ihn feiern, denn er ist der Frîa, der Schützerin der Ehefrauen, geweiht). Am Freitag spinnt man nicht (V.-A. 9, 190), an diesem Tage darf man nicht backen (Wb. 1, 382), kämmen bringt Ausschlag (H.-W., 288), besonders am Freitag in der *riselän Wôch* soll man im Weingarten nicht arbeiten (Weingartenbearbeitung ist Frauenarbeit). Müttern und ihren Kindern half Frîa auch, denn sie steht den Ehen vor (GR., Myth. 1, 280). Die Wöchnerin, die sich versehen hat, (oder die Mutter, die schon geboren hat) setzt sich deshalb am Freitag 7 (oder 9) Wochen hindurch auf die Türschwelle mit dem Gesicht gegen die Strasse gekehrt, das hilft dem Kinde (HILLNER, 12; H.-W., 288). Weil Frîa die Göttin der Fruchtbarkeit war, treibt man das Vieh (besonders die Kühe) gern am Freitag auf die

Weide *(Wallendf.)*; am Freitag zwischen den Marientagen (2. Februar, 25. März) ist es gut zu säen (HALTRICH, Abergl., 17); am Freitag muss man den Essig aufgiessen, dass er gerate (H.-W., 288). So kommt es, dass der Freitag nicht allen Menschen Unglück bedeutet (vgl. MÜLLER, Sagen 66), sondern dass er Freitagskindern auch Glück bringt (Brenndf. i. B.). — 3. Als Tag des Wochenmarktes ist der Freitag trotz der schlechten Meinung, die der Volksglaube über ihn hat, von vielen Orten gewählt worden. So ist *Frektich* geradezu auch Name für ‚Wochenmarkt'. *De Lejt vun den Amgemoinen ku mät dem Dräᵒk af de Frejdich kên Ongenîteln* ‚auf den Wochenmarkt'. Und wenn die Marktbesucher oft spät abends und überlaut heimwärts ziehen, heisst es von ihnen: *Dâ hu weder long Frejdich gehôlden* ‚den Markt hinter dem Glase lang ausgedehnt'. Über die Bewohner des Marktortes aber, wo an einem andern Wochentag Markt gehalten wird, sagt das Scherzwort: *Dâ hôlden de Frejdij um Dǫnnerštich (Sǫnneᵒwent).* — 4. Als F. N. Frytag (1479, Hstdt.); Frytack, Fridtag (1485, Ebda.), Frytthoch (um 1500, V.-A. 16, 383), Frychtag (1486, Hstdt.), Freitag (2 H. des 15. Jahrh., Ebda.; 1505, *Bistr.*); Freytag (1599, Neppendf.; 1671, Halwelagen; 1810, Broos); Freitach (1642, Bekokten). Hieher gehört wohl auch der F. N. Fretchis, Fretches (1536, Tartlau) < **Fretuches* = *Fretuch* (Freitag) mit der dem Burzenl. eigentümlichen patronym. Genetivendung -s.; vgl. Frätschkes, Schmitts. Ferner »dy fretgenen«, »Fretchynen« (1536, Tartlau) ‚die Frau des Fretgen, Fretchyn' < *Fretegen < *Fretugen = Fretug + (patronym.) en. — Gegenwärtig Freitag (*Frektich, Fretuch,* Gr.-Alisch, Halwelagen, Pruden, Holzmengen), *Freytag* (Halwelagen). Als D. N. *Fredugen Hanni* (Ebda.). — Mhd. vrîtac, ahd. frîatag. Das sonst in Tag und in seinen Zusammensetzungen verschobene -t ist in diesem uralten Worte als inlautend gefasst und in den meisten Maa. nicht verschoben worden. Zu *Frektich* (Hstdt.) und *Frejdich* (Agnetheln) ist eifl. Fregdich zu vergleichen.

Freitisch, Frǫdäsch m., nösn. *Frǫidäsch* m. ‚Konvikt'. *Der Froidasch* am Gymnasium in Kronst. Urk. »Studenten so den Freytisch geniessen« (1785, *Bistr.*). s. auch *Kokwîn.*

Freitum, Frǫitum n. (Zendresch). 1. ‚Freiheit, Vorrecht, Privilegium'.

Ous äs Frǫtum, Blæ̂ (Blüte) *uch Môcht,*
Sachsen-Înhît, gâde Nôcht! KAST. 45.

Besonders in Urk. »Welcher wider der Statt fraytumb wird handelnn auch (auss) seynem eygenen Willen der soll mit nichts mer czalen, als mit seinem Haubt« (1541, MÜLLER, Sprdm. 215; vgl. KURZ, Magazin 1, 243). »Gab ihnen auch Freythumb gemauerte Stadte zu bąuen, und dass sie im Lande die Dritte Nation seyn solten« (1568, KEMÉNY, F. 1, 90). »gemeine Priuilegien vnd freythůmmen der Sachsen inn Siebenbůrgen« (E. L. R., 44). »so haben wir sie auch in ihr bestimptes altes freythum, da das unbedacht vergeben, wider wollen zum theil einsetzen« (1589, Kbl. 5, 89). »freythumb vnd vollmacht habenn zw kauffen« (1598, MÜLLER, Sprdm. 233). »der Hannes Keyser wil nu freythumb haben zu eines andern erde« (1599, Ger.-Prot.). »im fall er nicht wie andere sassen zins geben (will), sollen die judices Senkenses denselben keines freitumbs auffm hąttert geniessen lassen« (1651, V.-A. 17, 563). »In diesem Jahr wurden die Zeidner des Freitums entblösset, dass ihre Gemeine nicht mehr ein Markt, sondern ein schlechtes Dorf soll heissen« (1614, Qu. Kr. 4, 38). »mit sonderlichen und gewissen Freythumen und Praerogativis begabet« (1618, SALZER, Birth. 323). Auch von unbedeutenderen Rechten. »Geb doch mancher all sein gutter drumb, wenn er allein mit dem freithumb begnadet wurd, das im sein leben lang kein zaan, kein aug noch haupt wehe that« (DAM. DÜRR, AML. 66). »Ja ich wil meinen Kindern wass bessers hinterlassen als ihr, nemlich ein Freythumb in der welt zu ziehen, wo sie hin wollen« (um 1680, Cap. Bog.). — 2. ‚Freigut, Prädium'. Den Bedeutungsübergang mag folgende Stelle einer Nösner Urkunde deutlich machen: »welche erdt und daselbs die ackerland, wisen und wäld diesen freythum gehabt hette, das sie alle iar und zu jeder Zeit des iars im verbott weren gewest« (1589, Kbl. 5, 87). Danach konnte leicht der Name ‚Freitum' von den bestimmten, gesetzlich oder gewohnheitsrechtlich festgesetzten Eigenschaften des Bodens auf diesen selbst übertragen werden. So findet sich Freitum als Name für gemeinsamen Besitz einer Markgenossenschaft (eines ganzen Stuhls oder einzelner Teile desselben). Ein solches Freitum, das ‚frei' war, weil es keinen (Privat-)Eigentümer hatte, sondern der Gemeinschaft gehörte, hat sich im Repser Stuhl unter dem Namen *Frǫtom* (Galt) bis zum Jahre 1875 erhalten, wo es unter die Gemeinden, die bis dahin zur Benützung berechtigt waren, aufgeteilt wurde (vgl. darüber V.-A. 36, 314 ff.; 13, 158; MÜLLER, Sagen 321).

Aber auch sonst begegnet das Wort als Bezeichnung der Sache. So wird der Gemeinde Kleinschelken ein Wald im sogenannten Freytumb geschenkt: »Quod quamvis ipsi ab antiquo more praedecessorum suorum quadam silva communi, sedi eorum derserviente, vulgo Freytumb dicta, usi et freti fuissent« (1523, V.-A. 12, 305). Und in einem Hattertstreit zwischen Seligstadt und Hundertbücheln wird entschieden: »Die Seligstädter sollen die erde ... friedlich gebrauchen und in den Stuel, nachdem dieselbe erde stuelsfreithum gewesen, sollen sie zu seiner gewöhnlichen Zeit zween Gulden zahlen und erlegen« (1563, V.-A. 17, 546). In Schässburg wird »unanimi voto beschlossen, dass hinfort 1. Niemand aufm freythumb fur dem ersten Sontag hart nach Margarethae sol hinauss gehen zu mehen oder das freythumb zu bestechen bei Straf fl. 5« (1629, Ebda. 568). So darf man wohl in *Frątem, Frątom* das sächsisch-deutsche Wort für das lat. Prädium sehen (vgl. Teutsch, Sachsengesch. 1, 57). Solche ‚Freitümer' gab es im ganzen Gebiet, das die Sachsen besiedelt haben. Ausser dem *Frątum* bei Reps s. »Branischwald« (Hahnbach), »Creuzerfelth« (Talmesch), »Fettendorf« (Birth.), *Fręifalt (Kl.-Bistritz)*, »Gemeye« (Gr.-Scheuern), »Hîrel« (Leschkirch), Kuschma oder *Âen (Kl.-Bistritz)*, »Sidel« oder *Händerbäsch, Nąihąttert (Mettersdorf, Bistritz)*, »Smilefeld« (Gr.-Schenk), »Zekes« (Unterwald), »Weissdorf« (Meschen), »Wodeschwald« (Schorsch), vielleicht »Einsydln« (Zeiden), vgl. Müller, Hosp. 46; Kbl. 1, 87. Vgl. auch *Fręstjef* (Gergeschdf.). — 3. Befreiung von Gemeindeabgaben und Arbeitsleistungen (worauf Gemeindebeamte, Lehrer, Geistliche, Adjuvanten, die Hebamme usw. Anspruch haben) wird in manchen Gemeinden *det Frątum* genannt. — mhd. vrîtuom ‚Freiheit, Privileg'.

Freitumsbrief, † ‚Freibrief'. »einen Freytumb oder Zechbrief under derselben E. N. W. verwilligung und Verfertigung günstiglichen vergünnen und mitteilen« (1578, B. M.).

Freiung, † ‚Werbung'. »Der Inctae ihre Schwester, die junge Fleischerin langte mich an noch ehe die Freyung mit denen in Utro erwehnten beiden Partheien vor sich ging« (1760, L. K. A., Obereheger.). — Zu freien, das substantiviert statt ‚Freiung' gebraucht wird.

Freiung, Fråungk (Fl. N., Gr.-Scheuern). 1. † ‚Befreiung, Entlassung'. »Nach solchem mir weitter bei ihrer G. (‚beim Fürsten') mit mundlicher supplication angehalten der Darabanten Frewhung wegen, welche ihre fürst: Ck: auch alsbalt, sampt der adelichen söldner, und von den teutschen gegebenen Wägen frey gesagt« (1575, B. M.). — 2. Gleich ‚Freitum' erscheint auch *Fråungk* als Name für Gemeinbesitz. *Fråungk*, Name der Gemeinweide der Dörfer Gr.-Scheuern (und Hahnbach). Wolff, Agrargesch. 21. Von Salzer wird aus der Zeit um 1695 als Teil des verpfändeten Fettendorf »die Freiung« erwähnt (Salzer, Birth. 198); als Fl. N. ist diese Bezeichnung in Birthälm heute nicht gebräuchlich.

freiweichen, fråwîchen schw., nösn. *fręiwêchn* schw. ‚durch Anfeuchten oder Aufweichen loslösen'. *De Rôm äs u 't Däptchi ugedraucht, de mâisst se fręiwêchn. De Sôl äs fręigewêcht, det Flâser huat sich vum Leder fręigewêcht* (nösn.). Im Süds. nicht gebräuchlich. Das allgemeine *frąmâchen* und das intrans. *frąwärden* erhält durch den Zusatz *äm Nassen* o. ä. nähere Begründung. Sonst gilt *afwîchen, zewîchen* ‚sich auf- und loslösen durch Weichwerden', so wie in entsprechendem aktivem Sinn.

freiwillig, fråwällich adj. und adv., nösn. *fręiwällich* adj. und adv. [Städt. Halbma.]. 1. Wie nhd. *De fręiwällich Faierwiär* (Feuerwehr), im Gegensatz zur Zwangs- *(Zwångks-)* feuerwehr. »So hab ich ein frewwillig testament gethan und gestifft« (1571, B. M.). »Solcher eyde / wird ein lediger / frey williger Eid in rechten genant« (E. L. R., 34). *Ich hun em et fręiwällich zâgesôt* (nösn.). — Echte Ma.: *ous frąem Wällen*. Auch verstärkt durch -lich. »sie auch freywilligklich irem Pffarrherrn ein stück oberhalb den weingärten gegeben hatten« (Kbl. 15, 11). — 2. † freiwillig sein = ‚das Recht haben'. »wird er darnach Willens seyn anderswo sich zu versuchen, so soll er freywillig seyn aufzustehen und einen andern Herrn vom Zechvater begehren« (1648, Riemer-Art.). — s. frei sein. — 3. ‚vor der zwangsweisen Stellung zum Militärdienst gehen': *Der Stipes äs froiwallich* (⏑ ⏊ ⏑) *bâi de Moaser ägeštûnden*. Früher galt der Grund zu solchem Tun nicht als ganz lauter. Heute suchen selbst Bauernburschen vorzeitigen Militärdienst. Auch Studierte, auch Herrenkinder müssen ja als *ȷ̂êrich Fràwällijer* dienen.

(Freizeit), Frôezait fem. ‚Zeit der Brautwerbungen' *(Mettersdorf)*. Als Variante wird gesungen:

Harze Frôezait (neben dem gewöhnlichen
harzer Fuesełt) kist te wider?
Inzet e Gôr bliw ich iwer. Gassner, 50.

—, Freketzel (⏑ ⏑ ⏊), Spottname (im Burzenl.).

Brenndörfer, 75. — Rum. frecățel ‚Nudel'. Vgl. im Nhd. ‚nudeldicke Dirn'.

—, **Frellesch** m. ‚Tölpel' (Neudf. b. Hstdt.). — Syn. s. unter *Eipeldauer*.

fremd, fremd adj. und adv., nösn. *fremt, frimt* adj. und adv. Auch Subst. 1. ‚aus einem andern Lande', ‚aus einer andern Gemeinde'. »Item Ob eyn mayster heth wasz czw vorkawffyn: wnd gib dasz eynem wolochyn: aber swsth (*sqst* ‚sonst') eynem f r w n d y n (verschrieben für f r e m d y n): auff dem marck czw tragyn czw vorkawffyn« (ca. 1500, Bistritzer Kürschnerzunft-Art.). »Aber welcher f r e m b d t Fleyscher am osterabendt ader zu osterzeitten nicht Fleisch feyl pringen würdt, der soll das ganz iar nicht frey sein, fleisch herein zu pryngen« (1539, B. M.). »Item keyn f r e m b d e r kauffmann soll czwischen yermerken fray seyn zu verkauffen alleyn mit dem stück« (1545, Seiv., Lok.-St. 24). »in f r e m b d e land« (E. L. R., 86), »doch sein Brůder / blutfreunde / Nachbar / vnd hattert oder fůrgenossen zum kauff nehenter / dann die purr f r e m b d e n« (Ebda., 134). »ein stadtman / oder frembder« (Ebda., 8). »Ich des nachts gehöret, das der f r e m b d t man umb hilff kriesch« (1605, Ger.-Prot.); »ist beschlossen das die stadtleütt sich nit sollen mit f r e m b d e n vergesellen« (1631, Nat.-A.). In den Dorfsgemeinden auf Komitatsboden sprachen zuweilen die »fremden Männer«, »ein aus den Aldermännern der Nachbargemeinden zusammengesetztes Schiedsgericht« Recht (Teutsch, Sachsengesch. 1, 482). *Ech bä fremd än deser Gemîn. E fremt Mqn, en fremt Fræ, e fremt Hirt. E frimt Knêcht, än frimt Mêt, e holt sich e Frimdet* (‚eine Frau aus einem andern Dorf', nösn.). Im abgeschiedenen kleinen Ort ist das Erscheinen einiger Fremden ein E r e i g n i s: *Kud än't Fenster (af de Gass) et ku Fremden!* Die zum Marktort aus den Nachbargemeinden Kommenden sind Fremde: *Et kun hejt vil Friemden qf de Moärt* (Agnetheln). — Gegensatz *änhîmesch* (einheimisch). — Fremden mussten die Knechte ihre Plätze in der Kirche einräumen (Fronius, 55). — Fremden nichtdeutschen Blutes war die Niederlassung auf dem Königsboden überhaupt verwehrt (vgl. Teutsch, Sachsengesch. 1, 262 f.). Deutsche konnten gegen höhere Taxen auch in die Zünfte aufgenommen werden (V.-A. 27, 549). Aber der Besuch der Vor- und Nachjahrmarkttage ist bis in die Gegenwart hinein Frqmden nicht gestattet. — Syn. *ouswälzich*, aus dem Nhd. übernommene Verstärkungen *štockfremt* (stockfremd), *wältfremt* (wildfremd). — 2. ‚nicht derselben Familie, demselben Hause angehörig'. *Än disem Haus huat schu mai Grûssvqter gewunt, dät kit näst än fremt Hant* (nösn.). »so wil ich meinen Hoff verkauffen zu Agnetlen, und hieher gen Kelleneck kommen gezogen, ee das ich den halben Hoff in f r e m b d e Henth lass« (1564, B. M.). *Wiäm äs dqt fremt Känt am Hôf? (Bistr.)*. Zurechtweisend: *Sai mîr Fremdn, sai mîr nät dai Brâider!* (nösn.). »Jemanden von etwas fremd machen« ‚nicht miterben lassen' (Binder, Coll.). Dagegen heisst *fremt mqchn* in nösn. Handwerkersprache ‚aus der Arbeit entlassen'. Vgl. nhd. fremd sein ‚keine Arbeit haben' (von Handwerksburschen). »Werden aber vom Rath f r e m b d e tůgliche personen / den Waisen zu pflågvåtteren gesatzt« (E. L. R., 67). »Wolte jemand seinem Ehegenos / oder purr f r e m b d e n (auch wenn sie zum selben Gemeinwesen gehören) in seinem erbgemåch (‚Testament') etwas vermachen« (Ebda., 94). »weder an seine freund noch an die f r e m b d e n« (1625, Müller, Hosp. 63). — *Fremt Gåiter. Dät Schôf äs nät qns, däd äs e fremdet. Qw em fremdn Lqnt qckern, qw er fremder Wis mê* (mähen, nösn.). *Friemt Schwenj se mer än de Goärten (kun) en hu mer allent zegriwelt* (Agn.). — Das Fremde, in seinem Wesen dem eigenen nicht verwandte, erscheint hart und unfreundlich. Deshalb die Klagen der Waisen im Volkslied:

Dâ ich kqm vuer der Fremden är Dir,
Se sôde se: »teâ gehiršt net mir«.

Dâ ich kqm vuer der Fremden är Faier,
Se sôde se: »det Hûlz äs daier«.

Oder:

Ech geng, ech geng bæ des Fremde senj Dir,
Si sôt der Fremd, ech wêr ze vil.

Ech geng, ech geng bæ des Fremde senjen Däsch,
Si rackt der Fremd det Brît vum Däsch.

Wol goit der Wänjt, wol scheokeln de Hoejen (‚Hagen, Hecken'),
Wor vil weeren es de Frömde ploejen (plagen). Schuster, Volksl. 31 f.; H.-W., 239 f.; Schullerus, Brot 8.

— Gegensatz *frängtlich, Frängt*. — 3. Daraus entwickelt sich leicht die Bedeutung ‚abgeneigt, feindlich gesinnt'. »er ist mir, der Sache etc. nicht fremd« (Binder, Coll.). Besonders urkundlich. »sie sagt mich dunket auch also, weil er so f r e m b d t zu mir ist« (1599, Ger.-Prot.)

»Welches alles Sie, Catharinam, gegen ihren Ehe Mann ganz fremb de gemacht hat« (1775, Cap. Cib.). »(Getzi) offenbarte ihnen (seinen Freunden) seine Meinung, welche auch nicht fremde sind, sintemal sie nun des vielen Krieges überdrüssig waren« (1613, Qu. Kr. 4, 35). — 4. ,nicht zur eigenen Person gehörig', ,eines anderen Dinge betreffend'. *Wąt wäll aich mich än fremt Sąchn ännemângen* (hineinmengen), *dąt gêt maich näst u (Bistr.). E fremt Uząch* (Anzug, Ebda.). Zum Teil verwischt sich hier der Unterschied von 2. *Än fremt Kâ* kann *nät mai Kâ,* oder *näd ąnser Kâ* sein. — Im übertragenen Sinne. Oft im E. L. R. »Nimpt sich einer frembder teidig sachen an / ohne des Principals oder selbs Klågers / persônliche Kegenwert vnnd befehl« (E. L. R., 15). »in frembden geschåfften« (Ebda., 90). »fortheilich (für sich selbst) mit frembdem schaden vnd nachtheil« (Ebda., 72). Auch später. »Wer sich unterstehet auss einer Nachbarschafft in einer andern in frembde Handel zu mengen der soll ohne Gnade gestraffet werden« (1720, Gr.-Schenker Nachbarsch.). Danach auch ,unbekannt'. *Dąd äs mîr fremt* ,davon weiss ich nichts'. — Das Wort ist nicht in allen Gebieten der Ma. und nicht in allen Bedeutungen gerade volkstümlich, es kommen auch Umschreibungen vor. *E äs nät hacher, są(n)sthàr* u. ä. In älterer Schreibweise wird unorg. b eingeschoben, das man gelegentlich auch gesprochen hört. — mhd. fremde, ahd. fremidi zu ahd. fram ,fort', got. fram ,fern von'.

Fremde, Fremt fem., nösn. *Fremt* fem., süds. vielfach mit vorklingendem i *Friemt* ,das Ausland', ,andere Städte oder Dörfer'. Gegensatz *derhîm, dehîm. Wâ gefälld et der än der Fremt?* (,fern von der Heimat, im Dienst usw.'). »Ich habe mir die Eltern in der Fremde gesucht« sagt die Waise im Dienste anderer (Binder, Coll.). »Wandert aber der . in der frembde« (E. L. R., 138). Der bildende Einfluss der Fremde ist nie verkannt worden, vielmehr hat neben dem gelehrten Beruf der Geistlichen vor allem der Handwerkerstand viel Gutes aus der Fremde mitgebracht (vgl. Roth, Kunstgew. 60). Deshalb bestimmen Zunftartikel ausdrücklich, dass »nach Erfüllung der vier Jahr aber (,oder') zwei Jahr in die Frembde zu gehen« jeder Gesell genötigt sein soll (1734, Goldschm.-Art.). Noch heute sagt man in der Handwerkersprache vom abwesenden Gesellen: *E sąll, e zaicht, e gêt än de Fremt, e äs än der Fremt, e kid aus der Fremt,* und *e wôr ląng än der Fremt* ist kein unbedeutendes Lob und eine grosse Empfehlung. Es heisst freilich daneben auch im Sprw.: *En Iesel än de Fremt, en Iesel weder hîmen.* Auch auf den wars anzuwenden, der nach kurzem Verweilen in einer Stadt die städtische Mundart sprach, weil er nach Aussage seiner eiteln Mutter *än der Friemt de Motteršpreoch* (die Heimatmundart) *vergêssen* hatte. Aber im Grunde ist es doch die rechte Volksmeinung: *Än der Fremt wit e sich de Hêrn schu uašt ûssn* (nösn.).

Äm Trîtscher (,Regen'), *äm Špirkel*
(,Kälte') *durch Däck uch durch*
Dänn,
Durchzuch ich de Längder mät
hîderem Sänn,
Ich špätzt än der Fremd mer de
Îren (Ohren),
Munch Nätzlijet gâw et zem lîren.
Käst., 9.

Tadelnd heisst es: *Vun dir sąl de Fremt nôch vil uehobeln.* — mhd. vremede.

Fremdling, fehlt. Dafür *ouswälzich* und *e Fremder,* nösn. *e äs nät hacher,* süds. *net hâhär.* Urk. »die Jenigen so fremdling sein, überhandnemen« (1582, B. M.). — mhd. vremdelinc.

Fremdwort, Fremtwîrt n., nösn. *Fremtwôrt* n. [Städt. Halbma.]. *Ed äs nät sąksesch, ed äs e Fremtwôrt,* wobei man auch *fremt Wôrt* schreiben könnte.

(Fremdezettel), Fremtzerl m. (nösn.) ,Arbeitszeugnis' zur Entlassung aus der Arbeit. *Wô e nät wäll, wâi aich wäll, äs em glaich der Fremtzerl fiärtich (bekit e dn Fremtzerl)* (nösn.). — Vgl. die Ra. *fremt mąchn* ,aus der Arbeit entlassen' (nösn.).

—, **Fremzichtialt** n. Fl. N. *(D.-Zepling).*

Frenckel, † F. N. (um 1400, Hstdt.), Ffrenkel, frenkel (1452, Hstdt.). Der Form nach umgelautete Diminutivbildung zu Frank.

—, **Frênstel,** *baem Frênstel* Fl. N. (Stein).

Frentz, F. N. »enderes frenczin« (14. Jahrhundert, Müller, Sprdm. 19). Umlaut zu Franz (s. d.).

Frentzel, F. N. (1452, Müller, Sprdm. 59; gegenwärtig in Denndf.). Dim. zu Franz (s. d.).

—, **frês** adj. ,lachsrot' [Städt. Halbma.]. *En frês Blûs. Lâicht, dąngkelfrês* (nösn.). Wie alle modernen Farbenbenennungen aus dem Franz. Zu fraise ,Erdbeere', also ,rot wie eine Erdbeere'.

—, **Freschezel** (◡◡◡́) m. Waldname *(Petersdf.),* auch *Feršchizel* m. — Rum. frășețel (◡◡◡́) m. kleiner (Buch-)Eschenwald. — Dazu *Freschezelkämp (Petersdf.)* ,Wasserrinnen (s. *Kamp)* im *Freschezel (Feršchizel)*'.

F r e s e, F. N. (1480, Kronst.). F r e y z e (1541, Ebda.), F r y z e (1493, Ebda.) »f r e y s kloss« (1526, Tartlau i. B.). Mit patronym. -en. »F f r e y s e n hannes« (1482, Kronst.), F r e y s z e n, F r i s y n (1489, Ebda.), F r e i z e n (1537, Ebda.). Für denselben »F r e s e jerg« erscheinen auch die Schreibungen F f r ö z e, F r ô s e n, F r o s e n, F r o s s y n (Qu. Kr. 3, 685), so dass die Qualität des Stammvokals nicht sicher ist. F r e s e ist ‚Friese‘ (ahd. Friso, niederd. Frese, mlat. Fresones, Frisones), vgl. Friesenhengst F. N. Hermannstadt. F r o s s y n, F r o s e n könnten auf F r o s i n a deuten (s. d.).

Freßbauch, Frêssböch [x] m. ‚Vielfrass, Nimmersatt‘ (Kronstadt). *Dôd as e Frêssböch!* (Ebda.).

fressen, friessen, *frêssen* st., nösn. *frâssn, frêssn (Jaad)* st. 2. 3. Pers. Präs. *frässt, frässt,* nösn. *frässt, frässt.* Prät. *frqass* (Med.), *frqss,* nösn. *frqss.* Condit. *frêss,* nösn. *frêss.* Part. Prät. *(ge)friessen, (ge)frêssen,* nösn. *gefrâssn.* 1. Der gewöhnliche Ausdruck für das Fressen der Tiere. a) *De Kâ, der Ôss, det Fârt, det Ränt frässt Hqi, Grqss. Der Hqnt huat det Flêsch, de Kqtz de Mälich gefrâssn. De Schwai frâssn Kirbes, de Hèn Kaider* (‚Körnerfrüchte‘). *Der Fuss huad es de Hängkel guar gefrâssn. Det Fairel frässt es de Hên. Der Wolf frässt Schôf, Lammer. Der Biär huad än Ôssn gefrâssn* (gewöhnlicher *geschqfft*). *De Ruppm* (Raupen) *frâssn de Bêm. De Flî frâssn mich.* »Sameit ich scheez ym hymel, do sy wedder rost, noch maden verczeren, f r e s s e n, czw knagen« (um 1536, MÜLLER, Sprdm. 197). »sie sollen nur das grass bezahlen, welches sie auf der wiess haben f r e s s e n« (1697, Cap. Bog.). — *Gäf dn Gâiter ze frâssn!,* südS. *gäf de Gettern ze friessen. Hun de Schwenj schîn ze frêsse bekun?* So bekommt der Inf. *ze frâssn* gradezu die Bedeutung ‚Futter‘. *Richt det ze frâssn* ‚richte das Futter (für Schweine etc.) an‘ (nösn.). *Det ze frâssn for de Sau äs noch nät fiärtich* (Ebda.); südS. wird der durch zu verstärkte Inf. in dieser Funktion nicht gebraucht. — *Gêlich* (‚jählich, plötzlich, rasch‘), *mêlich* (mählich) *frâssn. Dqt Schwai äs hait erhängert, et frässt ze gêlich. Det Fârt huat nichen Hqnger, et frässt näst* (s. auch *nušcheln*). Das Schwinden der Fresslust ist das erste Zeichen von Krankheit. *Ich wêss nät, wqt dem Schârgq* (Tiername, magy. ‚gelb‘) *fèlt, e wäll näst frâssn* (nösn.). Besonders bei Mastschweinen spielt die Fresslust eine grosse Rolle. *Wô de Schwai esu waiter frâssn, wâi bäs itzt, känn mer se bäs nôm* (nach dem) *Krästoch* (kurz vor oder nach dem ‚Christtag‘ pflegt man die Schweine zu schlachten) *hqldn (Bistr.).* b) Ra. Drohung ungehorsamen Kindern gegenüber: *Säch der Mummu* (‚Mu-mu, Kuh, Ochs, Stier‘) *kit, a frasst dich* (Nadesch), *na kit der Makabô* (nösn. *de Bokabû* ‚die Kuh‘) *en frässt dich* (Klosdf.). Von einem alten, kindischen Manne: *Dem freêssen de Âumesen det Briut eos den Hoinjdjen.* Von bekümmerten oder gelangweilten Menschen: *Er sätzt dô, wæ wonn ich de Hînen det Brît hæde frêssen. E said aus, wâi wänn em de Krôn det Brût hädn gefrâssn* (nösn.). — Sprw. *Wier sij än de Klqe mäinjt, die friessen de Schwenj. Wun em dij un den Trôch dit, se fräss!* Von einem faulen Menschen: *De Lais wiärn en noch frâssn* (nösn.). *De Luefleis* (Lobläuse) *frêssen en* ‚das Lob steigt ihm zu Kopfe‘. In Flüchen: *Huet der Hangt de Bqche* (‚Speckseite‘, das wertvollste Stück des Schweines) *friessen, na friess e komm uch den Zängderleng* (‚Kiefer‘, das wertloseste Stück, SCH. T., 1886, 69). *Dat dech de Hangt friesse sûlen!* Verstärkt: *Dat dir de Hojnt dejn Bâle* (‚Gedärme‘) *frêsse sûle!* (Stein). *Dqt dich de Hqnt sen hu gefrâssn!* (nösn.). »Du wirst mir morgen in mein revier kommen, die Hunde sollen dich f r e s s e n« (1682, Cap. Cib.), wo der Fluch zugleich noch deutliche Drohung ist ‚ich werde dich töten, dass dich danach die Hunde f r e s s e n‘. Ebenso: *Dat dech der Schuiwâr* (*det Gejerschôf* ‚Aasgeier‘, Seiden) *friesse sûl!* (Marktschelken). *Tqt der de Krôn de Knôchn sen hu gefrâssn!* (nösn.). *Dat dech de Schwenj sûln hu frêssen!* (Scharosch). »Ich hab gehöret, das die Peter Krecherin sagt . . ., da neme es der teuffell, f r e s s e n es die seye« (1599, Ger.-Prot.). *Dqt dich de Muadn sen frâssn!* (nösn.). — 2. Von Menschen ‚unmässig oder unanständig essen‘. — a) eigentlich ‚essen wie ein Tier‘. *E frässt wæ en Driescher, wæ e Bîrštebängder; wæ e Wûlf; wæ e Schweng, e Bôrich. Dî ässt net, dî frässt. Iessen äs net friessen. E frässt fîr är drq. E frässt wâi ider drqi* (nösn.). *E frässt wæ är siwen.* »Fur das gutt brodt, welchs sie vorzeiten in der elter heüser nicht mögten und den hunden wurffen, müssen sie schimlich brodt aber krosten f r e s s e n, wenn sie ir eigen hern werden« (DAM. DÜRR, AML. 55). »Gehe du verfluchtes Thier, zu deiner verfluchten Mutter friss und sauf mit ihr« (1689, Cap. Cib.). Häufig in Spottversen:

> *Heir, heir hên de Bîm* (‚Kirschbäume‘)
> *beladen,*
> *Lot nea nor de Štädder* (Städter) *kun.*
> *Denn dei friessen uch de Maden,*
> *Wonn se nor ze soffen hun.* HÖHR, 24.

Zeikel (‚Szekler'), *Beikel, häkel de Gois,*
Schann de Knouchen, fräss det Floisch. Kbl. 17, 107.

Fritz, štibitz, štîbes,
Fräss en ǫ̂lden Hîbes. Höhr, 21.

Ebenso *fräss en ǫ̂lt Repp, fräss mer heangdert Grôzen, fräss en štängkich Hîn* (Höhr, 21, 23). Auch verächtlich von geizigen Menschen. *Se vergännt sich nämol e Štäckeltchi Flêsch, nê, se frässt âne Murrn och Iärtnäss (Bistr.).* — b) Übertr. *Fräss nâ, wat te der ägebrôkt huest* ‚büsse, was du verschuldet hast'. *Teo weršt uch ǫllest frêssen* ‚du möchtest das ganze Erbe haben'. *Diär mecht ǫlles frâssn* ‚ist habgierig' (nösn.). *Wonn e kênt, werd hie alles schu mat den Ûge* [γ] *frêssen* ‚sich nichts entgehen lassen' (Kronst.). »diese waren derjeniger die vntter der Hermannstadt Eördigh lelkü genennet würden vndt lauter eissen, Mauren vndt menschen f r e s s e n vndt verdeien wolten« (Kraus, Chron., 2, 71); »vermeinten, sie wollten sie alle lebendig f r e s s e n« (Qu. Kr. 4, 19). Im höchsten Zorn: *Ich kend en frâssn* (*zerraissn*, nösn.). *E setj wǣ won' int frêsse wil. E frässt mer det Lêbm* ‚verursacht mir grossen Ärger' (nösn.). »nimbt das messer und spricht Du hast mich f r e s s e n (‚mich wirtschaftlich zugrunde gerichtet'), aber ich will dich auch zeichnen, sticht also den actorem in den Leib« (um 1610, Ger.-Prot.); »darauf sagt ehr, oder will sei mich ganz und gar f r e s s e n« (Ebda.). So erhält das Wort in Urk. die Bedeutung ‚vernichten, töten', besonders durch zauberische Mittel. »Er hatt mir einen Sohn f r e s s e n, er wirdt mir auch den andren f r e s s e n« (1641, Cap. Cib.). »Darüber protestiren sie abermall, dass er sich der Rev. vir solte erklären, wie er dies meine den Prediger f r e s s e n« (um 1680, Cap. Bog.). »denn sie haben meinen Herren g e f r e s s e n« (1677, Cap. Cib.). In einem Hexenprozess »lass ab von dem, was du vor hast, du f r i s s t mir mein Kind« (1702, V.-A. 37, 139). »Da sagte er am andern Tag, die Jones Ängerin hätte ihn f r e s s e n« (1702, Ebda., 147). Hieher das Sprichwort: *Wier dich, sonst frässt em dich.* — *Diär frässt de Bäijer* (Bücher) wie nhd. Unwilliges Erstaunen drückt die Frage aus: *Wiär huat nau mî diäs* (gen.) *gefrâssn! (Bistritz). De huast hǫlich Schwâm* (Schwämme) *gefrâssn* ‚bist wohl nicht recht bei Sinnen' (Ebda.). *Hâtzel frâssn* ‚Hausgrillen fressen', ‚schlecht aussehen' (nösn.). *E said aus, em dingkt e frêss âne Hâtzel* (Ebda.). Noch derber: *Firz friessen, e sejd ais, wâ wonn e Firz frêss* (Agnetheln). »Da sihett denn ein armer teufell einen klumpen geld, wenig gütlein an, nimpt die alte auff ein grass und muss heu mit ir f r e s s e n« (Dam. Dürr, Aml. 51). *Em dingkt, e hät de Geschaithêt mät dem Lâfel* (Löffel) *gefrâssn* sagt man von einem Menschen, der mit seinem Wissen, seiner Erfahrung prahlt *(Bistr.).* — Flüche: *Dat dech de Balegrîss (štängkich) friesse sûl!* (V.-A. 9, 250). Bei widerwilliger Zurückgabe: *Nämm, fräss der et* (nösn.). — Auch in Verbindung mit Präpos.: *De Adwokâte friesse mäd ous der Schässel. Den Ärjer ä sich frêssen* ‚mühsam unterdrücken'. »Der Bapst, Cardinarn, Bischoff, Münch und pfaffen beissen alle zeen an im auss und f r e s s e n sich an dem einen Mann zu todt« (Dam. Dürr, Aml. 56). *E hued en Bieren un em friessen* ‚hält grosse Stücke auf ihn' (Hstdt.). Unwillige Frage: *Wǫt huast te u em gefrâssn? (Bistr.).* »sie haben euch den Teuffel auff das Haupt f r e s s e n« (1676, L. K. A.). Im Fingerspiel:

Det Klîn (der personifizierte kleine Finger)
Frässt en (den Hasen) *ellîn.* Höhr, 9.

— 3. Von leblosen Dingen ‚verzehren, verbrauchen'. a) eigentlich: *Ze vil Mäst det Kîre frässt. Der Rôst frässt det Aisn* (nösn.). *Dâi Passiôn frässt nät winich Fannek* ‚kostet nicht wenig Geld' (nösn.). *De Biss frässt mî wâ wot se bronjt* ‚die Jagd ist nicht einträglich'. *Dǫ̂t Haus (de Schaier) frässt em noch det gǫ̂nz Vermêgn,* wenn einer einen Bau unternimmt, der über seine Verhältnisse geht (nösn.). »Der silbernen (!) Girtel habe das Haus f r e s s e n« (1747, Cap. Cib.). *De aisern Ebm* (Öfen) *frâssn vil Holz* (nösn.). — b) Uneigentlich:

Der Nekt (Neid)
Frässt de Lekt.

De Gedǫ̂ngke frêsse mich. In der Totenklage über den Mann, der am Freitag gestorben ist: *O Frietich, Frietich, dêr mir mê Gât* (Gut) *frêssen haot* (Schuller, T. u. B. 2, 34). *Dǫ̂t* (Steuer, Ausgabe) *frässt mich* (Binder, Coll.). *De kännst mer nät glêbm* (glauben), *wâi maich dǫ̂t* (ein unangenehmes Erlebnis) *frässt* (nösn.). Passiv. »damit dem teüfell im meisten gedienet, und des armen volcks saur schweis f r e s s e n wird« (Dam. Dürr, Aml. 31). Mit Präpos. *Et* (Krankheit, Leid) *frässt u mer* (nösn.). *Wî fǫ̂ltsch schwirt, un dem frässt et.* Stärker ist das syn. *sich verfrêssen.* Aus dem Nhd. *de Anzefridenhît frässt äm sech.* »*Dǣ ängden ärjer äm sich frässt*« (1809, Aufruf). — Zus. ab-, an-, auf-, aus-, *aussn-*, durch-, ein-, *äne-*, fort-, ver-, zerfressen. — mhd. ver-ëʒʒen, vrëʒʒen

(ëʒʒen verstärkt durch ver-), schon ahd. freʒʒan, got. aber dreisilbig fraitan. Nösn. *frâssn* ist auch Umlautsform, vgl. *frąssich.*

Fressen, Frêssen n., nösn. *Frâssn* n. 1. a) ‚Futter für Tiere'. *Richt dem Schwai det Frâssn* (nösn.). — b) In abfälligem Sinn auch ‚Futter für Menschen'. In frühern Zeiten, wo die Ernährung der Arbeiter die meisten Kosten veranlasste, hiess es: *Der Luin wâ der Luin! Dî wêr dich! Lân* (aber) *dąt vil Frêssen! Wat kost dąt!* Heute würde die Klage umgekehrt lauten. Dass übrigens das den Arbeitern zur Nahrung Gebotene oft ein wirkliches Fressen war, davon zeugt die Gegenklage des Arbeiters: *Bâe diem Frêsse sąl ech uch nôch dâenen uch schwêr arbeden!* Übertr. *e gefąnnen Frâssn. Dąd wôr jo diäm e gefąnnen Frâssn* ‚eine unerwartet sich darbietende günstige Gelegenheit', süds. *e fangdä Friessen.* Moselfr. e gefonne Frêssen ‚ein willkommener Fund'. — 2. ‚Schmerzen'. *Ich hun äm Bauch (än der Sait) esu e Frâssn ąnd ich wêss nät vu wąt (Bistr.). E Frêssen* ‚Reissen' bei Gicht usw. (BINDER, Coll.). Als Krankheit erscheint 1719 »Fressen in der Seite« (Hstdt. Progr. 1893, 10). — Nom. verb. zu *friessen* (fressen).

Fresser, Frêsser m., nösn. *Frâsser* m. 1. ‚viel essender, wenig arbeitender Mensch'. *Dąd äs e Frâsser, e ąnnätz Frâsser.* Grund zur Abweisung eines Freiers, eines Verwandten: *Mer wänn es hąlich diän Frâsser än't (bai't) Haus nî* (nösn.). Dagegen wird von einem der viel isst, das Verb. gebraucht. *E frässt wâi e Drâscher* (s. fressen). — 2. ‚der Mund' (i. Burzenl., WOLFF). *Nemmî schląch der de Friesser äm näst* Abweisung des Schwätzers, der über nichtige Dinge lange Reden halten will (Burschikose Sprache in Schulinternaten). — Zus. *Drækfreisser* (‚Wiedehopf'), *Štrîfrâsser* (‚junges Rind'). — mhd. vreʒʒer.

F r e s s e r s, F. N. (1475, Kronst.) neben Flessers, Fyschers für denselben Mann gebraucht (Qu. Kr. 3, 629).

Fresserei, Friesserą̂, nösn. *Frâsserą̂i* fem., kakophem. für ‚üppiges Gastmahl' [Städt. Halbma.]. Gewöhnlich mit dem Verb. umschrieben. *Äm kit nät zehôf* (zuhauf, ‚zusammen') *äm ze frâssn (Bistr.). E solen Gesälltscheften seng ĳentlich nor grîss Friesserąen, alld îst uch Sofferąen* (Hstdt.). Urk. »F r e s s e r e y e n aber, und Sauffereyen, Suspece Zusammenkünfften derer Jungen Gesellen, Frauen und Jungfrauen, Tänzereyen, werden hiemit gänzlich verbothen (am Sonntag)« (1710, Bistr. Nachbarsch.; vgl. V.-A. 7, 333; Kbl. 14, 95). »Demnach sollen 14. an den Sonntägen alle F r e s s e r e i e n eingestellet werden« (18. Jahrhundert, Dobring). — mhd. vreʒʒerîe.

Freßloch beim Schweinestall (HALTRICH, M. 130), auch mundartlich?

Freßsack, Friesssack m., nösn. fehlt. 1. In der neuesten Sprachbildung der fast zum Beruf entwickelten Touristik auch für ‚Futtersack' gebraucht. Müsste freilich in diesem Sinne mundartlich richtig *Frôzsack* lauten s. *Frôz* ‚Futter'. — 2. Meist nur in übertr. Bedeutung ‚Vielfrass' [Städt. Halbma.]. — Aus dem Nhd.

Freßsucht, Frêsssucht fem., nösn. *Frâsssucht* fem. ‚krankhafte Esslust' [Städt. Halbma.]. *E huat de Frâsssucht* ‚pflegt gewöhnlich viel zu essen' *(Bistr.).* Gewöhnlich umschrieben: *e frässt wâi är drąi,* scherzhaft *de huast hąlich e Lôch* (ʒ) *äm Bauch* (Ebda.), *dî frässt wâ zerässen, wâ e Woulef* (Agnetheln).

F r e s t e l, F. N. (1722, Neppendf., V.-A. 32, 376), wohl dasselbe ist F r e s t e r, F. N. (1722, Hstdt., Ebda. 32, 394).

F r e t c h e s, F r e t c h i s, F. N. s. Freitag 3.

F r e t c h y n e n, F r e t g e n e n, F. N. s. Freitag 3.

F r e t s c h e k e u l, auf F r e t s c h e k e u l Fl. N. (Probstdf.).

fretten, nösn. **frettn** schw. 1. ‚reiben'. *De fretst der de Hôsn ąf dem Štâl. Ich hu mij u der Mauer gefrett,* dafür süds. *ropschen.* — 2. ‚sich mühsam durchschlagen'. *E frett nur.* Dafür gebräuchlicher *e frett sich kum durich. Ich wäll mich hąlich mät diäm erämfrettn.* Hieher die Ra. *ed äs dich e Gefrett* ‚ein mühseliges Leben' und *Fretter* ‚Pfuscher'. — Dazu *ąf-, durich-, erämzefrettn.* Auch süds., aber nur in städt. Halbma. Aus lat. frictare zu fricare. Vgl. ital. frettare, franz. dial. fretter; ausserdem franz. frotter, span. frotar. Schon mhd. aus diesen roman. Formen vretten ‚wund reiben'. SCHM.[2] 1, 620. DWB. 4, 140. WEIG.[5] 1, 583. V.-A. 33, 268.

Fretter, nösn. **Fretter** m. ‚schwacher Mensch, Stümper, Hudler'. *Dąd äs jo nur esu e Fretter! De wist doch nät bai diäm Fretter der de Schâgn toppeln lossn, wąt verštêt diär (Bistr.). Dau Fretter!* (Ebda.). Süds. ‚Schwächling in der wirtschaftl. Lebensführung' [städt. Halbma.]. — Ebenso bair., hess., im Lesachtal und sonst. — Zu *frettn* (fretten) 2.

Fretterei, fehlt. Dafür *Gefrett.* »Alle Störerei, Hudlerei und F r e t e r e i (‚Pfuscherei') so auf Tischlerei mit aller Handarbeit von den Rieplern wird gearbeitet« (1604, Tischlerz.-Art.). — Zu *frettn* (fretten) 2.

—, **frêtzen** schw., nösn. *frêtzn* schw. a) ‚füttern'. 1. ‚Tiere füttern, weiden lassen'. *De Räntgâiter frêtzn* (nösn.).

Der Krîsrôt fiert špatzæren
Mät Væ̂re gât gefrêtzt. Käst. 93.

— Absolut ‚Rast halten' (nösn.). *Mer sin noch frêtzn, denô ku mer och nô. Wô wälld er frêtzn?* In dieser Bedeutung süds. *ætzen.* s. *ætzen* (ätzen). — Syn. *fittern* (füttern). Unwillig: *Dät Kǭlf hu mer wider ämesǭnzt* (umsonst, ‚ohne Nutzen') *gefrêtzt* (nösn.). — Syn. *fîkeln.* — 2. ‚Müssiggänger, Schmarotzer aushalten'. *Ech hun e lǭng geneach gefrêtzt. Bäs wänni wällt te daine Êdn* (Eidam) *noch frêtzn? (Bistr.) Na, em frêtzt dien uch äanîdich* (Med.). *Esui äs der licht Zegun; ich hun e mät senem gemze Gehabbel de gemze Wänjter gefrêtzt* [ə^e], *e soil mer äm Sommer ǭrbeden; e kid awer net* (Agnetheln). »wenn du einen Pankert tregst, wer will dir in fretzen« (um 1610, Ger.-Prot.). — b) Mit Bedeutungsverschiebung im Obj. ‚abweiden, fressen lassen'. *De Frucht mät dn Gâiter frêtzn* (nösn.). Süds. dafür: *ufittern.* Häufiger haben so die Zus. *ue-* (ab-), *ǭf-* (auf-), *er-, verfrêtzen* das Futter als Obj. im Acc. neben sich. »9000 Haydocken lägeren sich in Croner Wies 8 Tag uber und verfretzen das Gras auf« (Qu. Kr. 5, 381). Von einem Vielesser: *Dî frässt jeo wâ är drô* [ə°] *wî koun dên* [ə^e] *erfrêtzen* (erfüttern = satt füttern, Agnetheln). — *frêtzen* mit Umlaut zu *Frôtz* (s. d.); nicht genau entspricht mhd. veretzen, vretzen, das nösn. etwa **frâtzn,* süds. *fræ̂tzen* lauten würde; vgl. ferner *ætzen* (ätzen).

Freude, Frǭt fem., nösn. *Frǭit* fem. 1. Abstrakt wie nhd. a) »Einer hat diesem sein freüd fur ubell« (Dam. Dürr, Aml. 38). *Tâ huest uch nor dôn en Froid, wun tâ de Mensche verhetze kôst* (Semp, Veršpillt 5). *E hat sen gresst Frôet derun* (Birth.). *Wǭt hun aich nau noch vor än Frǭid um Lêbm, sänt* (seit) *mer der Sǭn (de Frâ) äs geštorbm* (nösn.). »Da hat der vater solchen freüd (nicht m., sondern *e solen* ‚solch eine' *Frǭt)* am kindt« (Dam. Dürr, Aml. 8).

Dä wad äs en gresser Frǭt,
Als em ässt und dûnzt sich sǭtt.
Schuller, Ged. 13.

Nǭ, dâi Lait hǭdn än Frǭit iber dǭt Gläck! E šprǭng âne huch vor Frǭit (Frǭidn), e schlêt det Rǭt vor Frǭit (nösn.). »vor frayden« (um 1536, Müller, Sprdm. 190). *Et huat sai Frǭid u diäm heschn Klet* (nösn.). »*Mät Thrêne wird erkûft de Frôt*« (1809, Aufruf). *De huast mer de gǭnz Frǭit verdorbm. De Frǭit said em* (sieht ihm) *aus dn Ôgn.* Pl. besonders in geh. Spr.:

Wæ̂ sîl ich gûldjer Härr! net schrǭn,
Dô angden alle meng Frǭde lǭn. Käst., 3.

Em setch en Frôid (Heldsdf. i. B.), nösn. *em sait sai Frǭit dru* ‚man sieht seine Freude dran'. — b) Ra. ‚Freude schiessen' †. »schisset man fraydtt zu Cronen« (Trauschenfels, Fundgr. 119). »als man freud schossen wegen dem neuen Fürsten« (1601, Reps, V.-A. 37, 164). »An diesem Tag hat man auch zu Cronen Freud geschossen« (1613, Qu. Kr. 4, 170). In vollerer Form: »eine grosse anzahl der Burger . . auch zu Freuden geschossen haben« (um 1670, Bistr. Arch.). — In geh. Spr. (Glückwünschen) wird *Frǭt* mit andern Abstrakten formelhaft verbunden. Bei der Hochzeit:

Fride, Frǭd uch Îneget
Wǭnsche mer dê gange Luodjen (jungen Leuten).
Katzendf., vgl. Schuster, Volksl. 125.

Der Bräutigam verspricht dem Schwiegervater: *Dae Daech, dae äes Gott läewe lät, wäll ej ej alle Îr uch Frued erzîjen* (Martinsbg.). Ähnlich der Wunsch für den Täufling bei der Taufe in *Mettersdf.: Dǭt mer Îr ǭnd Frôet sin sǭe vun em* (Gassner, 34, 36). Am Neujahrstage:

Ech wänschen oich uch zea deser Zegt
En îwich Froǭd uch Sêleget. Höhr, 52.

Beim Grabe heisst's vom Tod: *dǭnn der Duit kid uch za aus a glecher Weis unt (Gott der Härr) wid aus ǭfniên a sanj îwich Froid uch Harrleget* (Blutrot). So auch urk. »Den 21. Februar ist von dieser bösen Welt durch den zeitlichen Tod abgefodert des ältesten Lyszen Georgii Töchterlein in die ewige Freud« (1663, Qu. Kr. 4, 276). *Mät Frǭid och Lǭst.*

Diär mǭcht, wâi hê konnt och wǭsst,
Däpm (‚Töpfe'), *Kêp* (‚Krüge') *mät*
Frǭid och Lǭst. Schuller, Mätn. 1.

— 2. Konkret ‚Fest' [Geh. Spr.]. *Emendem ze Îren uch ze Frǭde kun* ‚zum Hochzeitsfest' (Binder, Coll.). *Frǭt* ‚Tanzunterhaltung der Bruderschaften' (Ebda.). Den Übergang der Bed. zeigt die Einladung zu Hochzeiten, Taufen: *Mai Bâtschi (Nêne) led ich bidn, Er selt (Se sen) och dêlnî* (teilnehmen) *u e winich Frǭit, kun bai e winich Frǭit* (nösn.). — Mhd. vröude, ahd. frewida.

Freudenfeuer, Frǭdefeier n. »es ist kein stadt, kein schlos noch dorf, da man nicht solt halten ein freüdenschissen, freudenfeuer« (Dam. Dürr, Aml. 29). Über Freudenfeuer in der Christ- und Neujahrsnacht s. V.-A. 9, 442; 494.

Freudengeschoß, † ‚Schiessen vor Freuden‘. »11. Nov. ist dieser Tag hoch feierlich gehalten worden mit Gottesdienst und Freudengeschoss wegen des Tyrannen Todes G. Bathori« (1613, Qu. Kr. 4, 47). — s. Freudenschiessen, Freudenschuss.

freudenreich, frǭderech adj. [Geh. Spr.].

Ech wänschen oich, lâw Aldjer menj
(Eltern mein),
Mät qlle Franjden änsgemên
E froǭderech noǭ Giur. HÖHR, 52.

Freudenschießen, †. »Wenn gewaltiger könig und fürsten kinder geboren werden, da sihet man wunder, wie die leüt prangen und triumphirn, es ist kein stadt, kein schlos noch dorf, da man nicht solt halten ein freüdenschissen« (DAM. DÜRR, Aml. 29).

Freudenschuss, †. Bei der Installation des Fürsten Sigismund Bathori »schoss man von der Stadtmunition Hacken und Büchsen und Falkanettel auch etlichemale ab, war eine ziemlich Freudenschuss« (WERNER, Med. im 17. Jahrh., 2). — s. Freudengeschoss, Freudenschiessen.

Freudenstündchen, Frǭdeständtchen n. [Geh. Spr.]. Der Bauer bittet den Pfarrer am dritten Pfingsttag auf ein Freudenstündchen zum Tanze (Album, 27). — s. Freude 2.

Freudenzähre, Frǭdenzêren Pl., *Frǭidnzêrn* pl. (nösn.). *De Frǭidnzêrn schippeldn em* [Städt. Halbma.]. Echte Ma.: *de Zêrn schippeln em vor Frǭit (Frǭidn). E schrǭt vîr Frǭt.*

freudig, frǭdich adj. und adv., nösn. *frǭidich* adj. und adv. [Städt. Halbma.?]. *Dǭd äs e frǭedich* (‚froher‘) *Mänsch, em dingkt, de Kâu hâd em zpê* (zwei) *Rändcher bruecht (Tekendf.). Nau sǭll ij ich emôl äst frǭidijet erzeln* (nösn.).

Frǭidich ’t Harz dem Hanni schlâch.
SCHULLER, Mâtn 8.

Heier äs e Sêjen afm Fielt! De Lekt zǭn esi frǭdij (mät Frǭd) än d’ Arbet. Die echte Ma. sagt *voll(er) Frǭit, mät Frǭt.* — Fehlt im Ahd. und Mhd.

freuen, frǭn schw., nösn. *frǭin* schw. Refl. ‚Freude empfinden‘. Ursprünglich stand das Obj. im Gen. »vndt des sandigen besch auf die linke handt sollen gebrauchen vndt sich frewen beide gemeinen« (Mitte des 15. Jahrh., MÜLLER, Sprdm. 23). Heute: *Ich frǭin mich iber äst* ‚über ein Erlebnis, ein glückliches Ereignis‘. Mit dem Gen. nur noch in der Ra. *sich saines Lêbms frǭin,* die wohl aus dem Nhd. stammt (vgl. V.-A. 37, 544). Auch mit einem Nebensatz als weiterem Obj. *E frǭit sich (driber), tǭt e wider gesǭnt äs gewôrn* (nösn.). Ungewöhnlicher: *Ich frǭin mich u diäm heschn Klet, u diär Blâm* bei sinnlichen Wahrnehmungen, in neuerer Analogie zu *Frǭit hun u äst. E frǭit sich wâi e Känt, e Kinek (Bistr.).* Das Subst. *Frǭt* in Verbindung mit *hun* (haben) wird häufiger gebraucht als das Verbum *sich frǭen.* Mhd. vröuwen, ahd. frouwen, frawjan zu froh.

Freund, Frängt, *Fränjt, Fränt* m., Pl. ebenso, nösn. *Fränt,* Pl. ebenso; fem. *Frängdän,* nösn. *Fränden.* Die Grundbedeutung des Wortes ‚Liebender‘ (got. frijônds ‚Freund‘ ist Part. zu frijôn ‚lieben‘) ist im Laufe der Zeit immer allgemeiner geworden, so dass sie in einigen Fällen kaum noch durchschimmert. 1. ‚Blutsverwandter‘. *Nô Frängt* ‚nahe Verwandte‘ = solche erster Grade, *färr Frängt* = solche weiter Grade. a) Sehr häufig in Urk. »Wo ein gesel aus der Bruderschaft hir in der Stadt krank würdt, der da nicht freundt hat« (1556, B. M.). »die Anna die Peter Schneyderin ist unser noh Freinden« (1565, Ebda.). »Ich habe kein mehr Freunden den sie ist« (1565, Schässbg.). »einer Hoffstadt halben, so den unmindigen Erben ane wissen der nechster Freundt verkaufft sei« (1567, Med.). »so ist der Jung dem Erberen man dem Hanes schuller yn der Hermanstadt, seinem freunt vberantwort worden« (1571, Nat.-A.). »Wider seine angeborne Freund vnnd rechte Schwäger / . . . sol niemand zeugnůs zu geben / gedrungen werden« (E. L. R., 26). »angewandten Freunden« (Ebda., 94). »do da czw maall sich keyn Frend des Hauses (obj.) hatt wollen annemen« (1599, Ger.-Prot.). »weil unser Frindt bey leben gewessen ist« (Ebda.). »Die freundt darnach Theilung hielten« (1605, Nat.-A.). »Ess sollen aber nach seinem Todtt alle seine Gütter

dem gemeinen Armut bleiben, vnd

kein freund, ess sey gleich Vatter oder Mutter, oder geschwestreget, noch ander freund kein theil zu fodderen macht haben« (1625, MÜLLER, Hosp. 63). »Darauff sagt er: Würdiger H. die Göbelin ist ein wenig unser Freundin« ‚weit anverwandt‘ (1677, Cap. Cib.). Die ‚Freunde‘ allein hatten das Recht zu erben, deshalb »Zweytheilsfreündt«, Verwandte des Mannes, dem zwei Drittel des gemeinsamen Vermögens — kurz Zweitel genannt — zufiel, während »Drittheilsfreündt« die Verwandten der Frau genannt werden, der ein Drittel des Vermögens gebührte (1652, Nat.-A.). — Besonders in der Wendung ‚Freund zu etwas‘ = ‚der nächste im Anspruch auf etwas‘, †. »und protestiren, das mir uns die nechste Frindt zur besitzung des Haus zayhen (‚behaupten‘) zu sein« (um 1600, Ger.-Prot.). »In meiner kegenwart hat der Tobie Kierschner kegen den Hanns Lutschen sagt, das nit neher Freundt zu seiner gütter sein werden denn seine leibliche Kinder« (1606, Ebda.). »wo freundt weren zu solchem Erb sollten sie es aufarbeitten« (um 1610, Ebda.). »Als aber dieser Greger Funk ... ein Freundt zum selbigen Hoff gewest« (um 1615, Ebda.). — Auf Hochzeiten ‚hielt' man die ‚Freunde' oder ‚schenkte ihnen aus', gewöhnlich am zweiten, oft aber auch an späteren Tagen nach der Hochzeit (vgl. SALZER, Birth. 596). Daher die Verbote: »Bei denen Hochzeiten werden alle Tractamenter und alles Tantzen ausser dem ersten Trauungstag und dem darauf folgenden sogenannten Freundausschenken völlig verboten« (1760, SCHULER-LIBL., Mat. 50). »An schon oft gedachter Hochzeit wie man hiesigem Gebrauch gemäss nach gehaltener Hochzeit die Freunde halten solte, ging ich zu diesem Freunde Halten auch hin« (1775, Keisd, L. K. A.). — b) Wie in den meisten deutschen Mundarten, besonders im Hess., Henneb., Siegerl., Lux., Lothr., auch im Zips. bedeutet auch im Ss. in lebendiger Mundart das Wort fast ausnahmslos ‚Verwandter'. Der alten adj. Geltung des Wortes entsprechend wird seine Verbindung mit dem Pron. poss. vermieden. *Ed äs mer e Fränt* oder mit dem best. Artikel *e äs mer der Fränt, aich bän em ją der Fränt* (nösn.). Aber auch ohne Artikel. *Mir se jo nô Fränjd. Mer sen dich Fränjd eos der siwenter Schässel* ‚so weit verwandt, dass sich die Verwandtschaft kaum nachweisen lässt' (Med.) *Mer sai Fränt vu Âdam ąnd Êwa hiär (Bistr.).* Bei dieser fast adj. Verwendung des Wortes steht gewöhnlich ‚mit'. *Ich bän Fränt mäd em. Said er näd och Fränt mäd em? Ę äs mät der gąnzer Štądt Fränt* (nösn.). In den oft noch recht patriarchalischen Verhältnissen unserer Dörfer spielt die Rücksicht auf *de Fränt* eine grosse Rolle. Die nächsten Anverwandten sind es, die zu den Festen des Hauses eingeladen werden müssen, selbst wenn man mit ihnen uneinig ist. *Wâi äs der X. näd ąf der Hochzet, äss e nät Fränt? Ai jô, ąber se sai ją licht mädänąnder* (nösn.). Im Süds.: *Se seng zornich, gor zornich aw (mäd) enąnder.* Deshalb auch die verwunderte Frage: *Wâi kit diär duar, äs diär och Fränt?* Am *Bâlenôwent* (dem Abend vor der Hochzeit) geht ein Abgesandter aus dem Haus des Bräutigams in das Haus der Braut und ladet *de nậ Fränt* auf einen Trunk Wein und einen Tanz ein (FRONIUS, 72). Vorher schon hat man *sich ängefräntscheft (Bistr.).* Die Verwandten geleiten den Bräutigam am Hochzeitstag zur Braut, wo er unter anderem spricht: *(et) messe sij uch uafnien Vâter ze Vâter, Mietter ze Mietter, Freainjt ze Freainjt* (Bekokten). s. an-, aufnehmen. Den *Fränt* (süds. *Frängden)* lässt man zuerst die Nachricht von einem freudigen Familienereignis zukommen *(Bistr.)*, denn *»all gekt Frentch mäd âniren Aiijdern frôie«* sich über *läif Känjder* (Rosenau, HILLNER, 9). Dieses Zusammengehörigkeitsgefühl stützt der Brauch, dass an grossen Festtagen Kinder und Eltern den Grosseltern *gläcklich Helichdâich* wünschen *(Bistr.* u. sonst).

Ech wänschen oich, lâw Aldjer menj,
Mäd alle Franjden änsgemên
E froqâderech noq̂ Giur. HÖHR, 52.

In allen wichtigeren Familienereignissen wird Familienrat gehalten. In seiner Werbungsansprache sagt der *Frôemung* (Freimann ‚Werber') vom Freier: *(Hê) hątt sich denô mät saine Âldern och gąedn Fränt verwällicht än dien helijn Ìštąent zem trêdn* (GASSNER, 56). Und im Volkslied klagt das Mädchen:

Mer wöulen es nien, de Frainjt wöulen net,
Mer wöulen es scheiden, und kainjden net.
SCHUSTER, Volksl. 25.

So ist *treorä Franjt* mit Recht feststehende Form der Anrede in der Totenklage (Reussen), wenngleich das Sprw. mit seiner Warnung nur zu oft Recht behält: *Lâf* (lobe) *de Fräinjt, wunn te mäd e gedîlt huost.* — Kollekt. in geh. Spr. *Frängd* für *Frängdscheft.*

Hegd enzôwend oder more frœ̂ gor frœ̂,
Wonn de bît Frängt („beiderseitigen Familien") *zesume wärde kun.* MÄTZ, 57.

— Vgl. hess. Fraind, siegerl. Frenn, moselfr. Frent, henneb. Frönd, lothr. Frind »bezeichnet zunächst nur den Verwandten« (VILMAR, 110). Auch mhd. vriunt, ahd. friunt haben diese Bedeutung. — 2. Daneben findet sich, zumal in städt. und geh. Spr., auch die weitere Bedeutung ‚liebgewonnener Mensch', ‚amicus'. a) »Die ehrsame Meister sollen einer gegen dem andern als Freund und Brüder gesinnet sein« (1640, Kürschner-Art.). »mit seinem frendt und nachbar arbeiten« (1636, Bistr. Lederer-Art.). In geh. Spr. Der Pate dankt für die ihm angetane Ehre: *Mer bedungken es, dąd er es hued erkąent for Fränt* (GASSNER, 27). In Rosenau i. B. singen die Gespielinnen der jungen Frau am Jungfrauentag:

Dä huest nä näst mî ze schaffen bä âser
Sästerschaft;
Dä huest dir en Hîmet (Moun) geschafft;
Dôt wälle mir dir gännen
Und bleiwen denj Frendjännen. HILLNER, 8.

Et huat sich schu wider än ǫndern Fränd ǫfgezwickt (Bistr.). Sprw.:

Aller Legden är Fräinjt
Äs nemeste Fräinjt.
SCHUSTER, Volksl. 218.

Aus dem Nhd. auch:

Fräinjd än der Nît
Gôn tousend aw e Lît. Ebda., 224.

— Ra. *Nät Fränt sai* ‚uneinig werden'. *Wô tau dǫ̂d esu mǫchst, sai mer nammi lǫng Fränt (Bistr.).* »Hierauf sagt der W. H.: wo das für sich gehet, werden wir nicht Freund sein« (1696, Maldorf, Cap. Bog.). Mit Bedeutungsänderung *niche Fränt vu äst sai. Ich bän niche Fränt vu Hǫnt, Kǫtzn, vu fattem Schwaineflêsch* (nösn.). — *Ich hun en heangrije Fränjt* sagt man, wenn man beim Essen noch einen Bissen (oder ein Stück) schneidet und noch einen auf dem Teller hat (Schässbg.). — Die echte Mundart setzt zu *Fränt* gewöhnlich noch entsprechende Adj. hinzu, um dem Worte die Bedeutung ‚amicus' zu geben (vgl. KLUGE, 150). *Dǫ̂d äs mîr guar e gât Fränt* (nösn.). *Esu gäng ij och* [3] *aus än der haidichtn Mǫrgnštǫnd vu enem gǫ̂edn Fränt bäs bai dn ǫndern* (GASSNER, 27). *Schu mai Vǫter wôr em e gât Fränt* (nösn.). *Mai bast Fränt, e licht Fränt* (Ebda.). *Mer kann es nät nur sänt* (seit) *gâster, mer sai guar ǫ̂lt Fränt (Bistr.). Ed äs mer e lâif Fränt* (Ebda.). Halb tadelnd: *dâi zwî sai däck Fränt* ‚sie stecken immer beisammen'. Vgl. moselfr. deck Frent. *Der Uaremst huat nichn Fränt* (nösn.). Eigentümliche, zunächst scherzhafte Verbindungen sind: *Fränjt Pǫlwerturn* ‚guter Freund' (Schässbg.). *Fränjt Gottes. Na wê gîd et, Fränjt Gottes? Te huest Rêcht, Fränjt Gottes!* (Mühlb.). Das Dim. *Frängtchen:*

Af gât saksesch gît me Frängdchen,
Det gebläcktij Ôwendwängdchen,
Bê det Rîsken än de Gass. KÄST., 62.

— b) Auch als nahezu farblose Anrede wird Freund gebraucht. In Briefen als Eingang. »gwtte frynde vnd besunder gwtte gynner« (1469, MÜLLER, Sprdm. 85). »saynem gyner wnd fraynd« (1472, Ebda., 88). »forsichtige Weisse Hern wnd frindt« (1526, *Bistr.).* »Namhaftige und fürsichtige weise lieben Hern, und günstige Freundt, unsern gruss und Freundschafft« (1563, Mühlb.). Danach auch sonst in Anreden. »so wer der ... über die Bach komen und Frid geschrieen, Frid lieben Fraind Frid« (1556, B. M.). Bei Ansprachen in bäuerlichen Versammlungen: *Îr lâif, îr gât Fränt. Îr jǫng Fränt. Frendj, Frendjan,* besonders höflich *înich Frendjan* redet im Burzenland der Städter die Bauern an (Sächs. Burzenl., 417). Auch in Hermannstadt. In der Anrede des Höhergestellten: *Ir gât Frängt! (Ir gât Lekt!).* »Darauff schlug ich ihn auff die Achsel, und sprach zu ihm: Verstehet euch gutt ihr gutte Freund, ihr möget alle beyde zu schaden kommen« (1677, Cap. Cib.). Oft mit dem Nebenton der Herablassung. *Fränt Hanzi, wänni kud er es nau de Bêm schnaidn?* (nösn.)

Hîrt Frängt Mattes uch Frängt Lokes,
Kud entzôwent zer Palokes. Kbl. 24, 5.

Cha, mai lâber Fränt, dâi Sǫch äs doch e winij ǫndersch! — 3. Freund als † F. N. (1744, 1800 Kronst.). — mhd. vrünt neben vriunt, ahd. friunt ‚Freund'. — Lautt. 41, 65.

freundlich, fränjtlich, *frängklich* adj. und adv., nösn. *fräntlich* adj. und adv. ‚leutselig, voll liebevoller Gesinnung'. 1. Als Adj. *E fräntlich Mänsch. E frängklich Mêtchen. Dǫ̂t schmaisst fräntlij Ôgn* ‚sie ist kokett' (nösn.). *E frängklich Benien.* »in welchem ffreundlichen verstand vnd eintracht mir von beiden theilen bis auff diese zeit fridlich geblieben sind« (1559, Nat.-A.). Bei brieflichen Grüssen: »Vnszeryn fruntlichen grwsz vnd alles gwttes zcuvor« (1469, MÜLLER, Sprdm. 85). »Meyn fryntligen grws wisset czv vor« (1472, Ebda., 87). — 2. Als adv. *Ich hu gǫ̂nz fräntlich gerel mäd em (Bistr.). E gêt guar fräntlij äm mät dn Lait* (nösn.). Dafür wird lieber das syn. *hesch* (hübsch) gebraucht.

Zem Rîsken uch kǫ̂m e, zem Rîske
gor klîn,
Ämploddert et frängklich, — und
less et ellîn. KÄST., 23.

Urk. »darumb sie sich freintlich gleichen sollen« (1569, Nat.-A.). »lieber brueder Urban, mir hoben uns doch nun freundlich verstanden« (1579, Ebda.). »Sitzen heut etliche beinander, reden freündlich, bruderlich zusamen, so sein die herzer voller falscherei« (DAM. DÜRR, Aml. 38). »Darzu innen auch freundtlig hab ermanet« (1595, B. M.). »Das Ubertheil was der Knecht hat, soll aus seinem befel freundttlich getheilet werden« (1599, Ger.-Prot.). — Gegensatz *âfräntlich* (unfreundlich). — Syn. *nedertrêchtich* (niederträchtig, ‚herablassend'). — Zus. *schaissfräntlich* (nösn. und süds.). — mhd. vrüntlich neben vriuntlich. Moselfr. frentlech.

Freundlichkeit, Frängtleget, nösn. *Fräntleket* fem. [Städt. Halbma.]. *Sai Fräntleket äs guar grûss, em terw er ǫber. nät trân (Bistr.).*

Freundschaft, Frängtscheft, *Frentschuft* fem., nösn. *Fräntschef(t), Fräntschąft* fem. 1.,Verwandtschaft, Sippe'. *En grìss, klî Frängdscheft. En ousgedînt Frängdscheft. De gânz Fräntschef wôr zehôf.* »auss verwiligung der gannczer freundtschafft« (1571. Nat.-A.). *Âlle Käinjd ius der Friäntschef.* Zur *Frängdscheft* gehören die »angeborne Freund« (E. L. R., 26) oder »von blutswegen angewandte Freunde« (Ebda., 94), also ,Vater, Mutter, Geschwister', aber auch im weiteren Sinne die *ägebädä* (eingebetene) *Frängdscheft,* also Schwager, Schwägerin und ihre Familien. So bezeichnet *Frängdscheft* die Verwandtschaft im weitesten Sinne. — Scherzhaft oder scheltend: *dai pucklich* (,bucklige, elende') *Fräntschąf (Bistr.).* In diese Sippe muss man feierlich aufgenommen werden, was vor der Hochzeit geschieht. »zum andern sie auch durch heyrattung in der Pfarrerin freindtschaft kommen« (um 1610, Nat.-A.). *Sij än de Frängdscheft afzenien* ist die notwendige Vorbedingung einer rechten Trauung. Mit feierlichen Ansprachen »bittet« man sich gegenseitig »in die Freundschaft ein«. s. annehmen, aufnehmen, *äfränjtschewen* (,einfreundschaften'); FRONIUS, 73. Die Sippe, die auf diese Art entsteht, bildet den festesten Gemeinschaftsverband der dörflichen Gemeinde. *Mir hâlden de Frängdscheft* ist nicht nur der Ausdruck für die Tatsache des Zusammenhaltens, sondern auch für das Bewusstsein der Machtfülle, die darin liegt. Zunächst in rein persönlichen Angelegenheiten. »sein Schwiger Mutter het gesagt, wo ich nit freundtschaft mit ihr hielt . ., würd der Teufel euch alt zwe nemen« (um 1610, Ger.-Prot.). Bei den älteren Gliedern der *Frängdscheft* sucht man Rat, aus der *Frängdscheft* nimmt man Paten und *Frâlekt* (,Brautwerber'), aus ihr den Danksager bei Leichenbegängnissen (s. *u*e*dąngken* ,abdanken'). Das sind nach ländlicher Anschauung durchaus nicht rein persönliche Angelegenheiten, sondern Dinge, die den Grund der Zusammengehörigkeit der *Frängdscheft* bilden. Der *Frängdscheft* steht es auch heute noch zu, bei all diesen *Gelegnhêtn* entscheidend mitzusprechen. *Se hun ed än der Fräntschąf(t) ausgemącht* (nösn.). *De Fränjtschuft hu*e*d et gebacken* ,hat es zusammengebracht' z. B. eine Heirat (Med.). »Weiss der Zeuch dass nach solchem Eheverlobnüss am Margarethen Jahrmarck der Susanna Ehrl. Freündschafft den Hochzeit Tag angesätzet haben« (1699, Cap. Cib.). Auch in anderen Familienangelegenheiten. »Da man das Volk under Hadat erschlagen, . han mir die Freundschaft auf ein neues versamlen lassen« (1571, B. M.). »es kompt die freundtschaft und bitten für die heillose verflucht kinder« (DAM. DÜRR, Aml. 55). (Dabei wird Freundschaft in älteren Schriften kollektiv empfunden und mit dem Pl. des Prädikates verbunden). — Am deutlichsten ist das Bewusstsein der Zusammengehörigkeit der *Frängdscheft* in wirtschaftlicher Beziehung. Haus und Hof gehören eigentlich nicht dem jeweiligen Besitzer, sondern der *Frängdscheft,* die bei seinem Tode wieder in ihr Recht tritt. Bei schweren Arbeiten und grösseren Bauten helfen sich die Glieder der *Frentschuft* (Sächs. Burzenl., 425). Sie schaffen — höchstens verstärkt durch die nächsten Nachbarn — das hölzerne Baumaterial aus dem Gebirgswald sowie Mauermaterial herbei und helfen beim *qfstalln* der Scheunen, Dächer usw. (allgemein). Die *Frängdscheft* hatte früher und hat auch heute noch bei Kauf und Verkauf ein gewichtiges Wort mitzusprechen. »wo schon des Klegers Freundtschaffth den selbigen halben Hoff vergeben heth« (1564, Mühlb., B. M.). »so zeigt er mir an, wie ers der Freundschafft angebotten hett und sie wolten es nicht behalten« (1579, B. M.). »wie er dem Actori und der Freundtschaft das (Erb-)theil ausgab« (um 1610, Ger.-Prot.). »Die gemein aber wollt nichts geben und also must des Actoris haussfrau sambt der freundtschaft gelt als fl. 120 schaffen« (um 1610, Ebda.). *Dâd Haus sąll än der Fräntschąf blaibm, terf näd u än ânder, fremt Fräntschąf ku (Bistr.).* »Das ihre Kinder vom ersten manne die nehesten weren, und ihnen, ihres rechten Vatteren Hoff, nit in frembde Freundtschaft, entczogen würde« (1592, B. M.). Hieher gehört es, wenn Kirchenäcker »Freundschafts-Länder« genannt werden, »welche der Kirche den Mädem zahlen« (1720, Hetzeldf.). Es handelt sich um der Kirche gehörige Grundstücke, welche die »Freundschaften« in Erbpacht hatten. — So wird die *Frängdscheft* ein dörflicher Machtbegriff, gewöhnlich sind die bestehenden Parteien streng nach *Frängdscheften* gesondert. *Wiär wôr dô* (,in einer Versammlung')? Antw. *Nq nur dem däckn Gottschick sai Fräntschąf* (verächtlicher *Felše* nösn.). *Se wi*a*rn en dij och* (ʒ) *än't Âmt wêln, e äs jo och aus di*a*s* (eines bekannten Parteiführers) *sainer Fräntschoft (Petersdf.).* So kommt in kleinen Verhältnissen *Frängtscheft* fast zur Bedeutung ,Partei': *Enzt äs de*e*s Däcke seng Frängtschef îwen un än âser Gemîn.* Deshalb heisst es im Eid der Ratsherren von Hstdt.: »daran nicht an wil seen frewndschaft gewinszt oder gab« (1481, MÜLLER, Sprdm. 95). — Vgl. moselfr. Frentschef, henneb. Fröndschaft, hess. Fraindschafd, ,Verwandtschaft'.

— 2. Die abstrakte nhd. Bedeutung des Wortes, die lat. amicitia entspricht, ist der lebendigen Ma. wenig geläufig. Das Nösn. gebraucht dafür auch ausnahmslos die Form *Fräntschqft*, so dass daneben *Fräntschef*, *Fräntschqf* (,Verwandtschaft‘) dem naiven Sprachgefühl fast als ein anderes Wort erscheint. a) *En däck Frängdscheft* ,eine intime‘, *en qlt Frängdschaft* ,eine langdauernde Freundschaft‘. Sprw. *Âlt Fräinjtschaft hqld än Îren. Och de däckst Fräntschqft bekid qldemôl e Lôch* ,hört auf‘ (nösn.), vgl. die nhd. Ra. bekommt einen Bruch. Ebenso werden gebraucht: *De Frängdscheft uebrêchen, afsôn, dîlen*, besonders *brîden* (bereiten) ,mit Freunden zerfallen‘. *Bæm dîlen dìld em zeklich* (,oft‘) *de Frängdscheft. Der Duit verwarrt de Fränjtschef.*

Si hu mer de Lœw uch de Frängdscheft
nâ brît. Käst., 10.

De Frängdscheft äs ousenqnder. De Fräntschqft huad e Lôch. God erhqlt de Fräinjdschaft! — *se douert net lang* (Schuster, Volksl. 225). — Zus. *Backesfränjtschuft* ,eine rasch geschlossene intime Freundschaft, die aber voraussichtlich nicht von Dauer sein wird‘. »damals hat mich der Aegidius Köhl F r e u n d s c h a f t wegen (,aus Freundschaft‘) abgetrieben« (1599, Ger.-Prot.). — b) In geh. Spr. oft mit anderen Abstrakten formelhaft verbunden (s. Frieden). *Alle dæ Dâch* (x), *wqd es Gott let liewe, selle mer es Îr uch Frändscheft erzejen* (Eibesdf.). »yn eren vnd yn f r y n t s c h a f t« (1469, Müller, Sprdm. 86). »(den) wain herren ... czu einer danksagung vnd f r a i n t s c h a f t gegeben ... fl. 108« (1544, Qu. Kr. 3, 218). Der Altknecht (Vorsteher der Bruderschaft) erkennt und bekennt es als Inbegriff seiner Amtspflicht, »*mät Lâw och Fränjtscheft de Brâdern ze dânen*« (Agnetheln). »Das mir nun heut dato an nix mer von zu fodern noch begeren sollen, allein gunst und f r e n t s c h a f f t« (1590, B. M.). Auch als Eingang von Briefen. »F r e n t h s c h a f f t vnd gunst zams liben herrn ze kronstadt« (1516, Müller, Sprdm. 168). »Namhafftige fürsichtige Weise Herren und Freindt unseren gruss und F r e i n d s c h a f f t mit windtschung allerglickseliger wolfartt czuvor« (1565, B. M.). — mhd. vrüntschaft neben vriuntschaft, zu den Formen mit *-schef, -schqf* sind ahd. friuntscaf, ags. frēondscipe, altsächs. friundskepi zu vergleichen.

freundschaftlich, frängdscheftlich adj., nösn. *fräntschqftlich* adj. [Städt. Halbma.]. *Ich gê der dn fräntschqftlijn Rôt, mqch dqt! (Bistr.).* — Ganz junges Lehnwort, auch im Nhd. erst seit dem 18. Jahrh. belegt.

Freundschaftsland † ,der Familie, Verwandtschaft in Erbpacht überlassene Grundstücke‘ s. Freundschaft 1. Doch tritt das Recht der Kirche, der gegenüber solches Erbpachtverhältnis vornehmlich bestand, im Namen *Kirchelqnt, Mäddemlqnt* stärker hervor.

Freundstück, Frängtstück n. *Dqd äs e Frängdštäck* ,etwas sehr Liebes‘ (Binder, Coll.).

Frevel, † ,üble Tat, Verbrechen‘. »welcher gesell . wold auffstan von seinem herren in eynem f r e f f e l« (1485, Schneiderz.-Art. B. M.). »welcher ader mit eynem steyn oder sûst mit eynem lethlichen gerech (verlesen für: tethlichen ,tätlichen‘ oder ,tötlichen‘ geret ,Gerät‘, ,Waffe‘?) yn (in) f r e v e l wirfft« (Müller, Sprdm. 164). »yn (in) v o r e w e l löfft« (1508, Keisd. Art.). »Welch Mester ybyr den anderyn chycht (,zieht‘) eyn messer adyr eyn ſschwerdt yn v o r e e w e l l, der soll gepyst vor eyn gl. wax« (1508, Salzer, Birth. 680). »die Oberkeit mag jhme den ersten f r e u e l vnnd fall vbersehen« (E. L. R., 191). »Dann die iniurien werden aus vielerley vmbstenden gesteigert vnd hârter auffgemessen / als aus des f r e u e l s that vnnd geschicht selbst« (Ebda., 177). »Wird einer auss muthwillen oder v e r e b e l die fruh oder vesperpredig versaumen« (1691, V.-A. 16, 421). »nach Gelegenheyt des V e r e b e l s«, »wegen seines V e r e b e l s« (1582, Hstdt. Nachbarsch.). Als n. »ess wurde der Stadt vmb solches f r e w e l hart gedreiet« (Kraus, Chron. 1, 46). — mhd. vrävel, ahd. fravalî ,Kühnheit, Frechheit‘. s. *ferâbeln* (freveln).

frevelhaftig, † ,verbrecherisch‘. »Dess Bethlen Ferentz sein v e r e b e l h a f f t i g e Jobbagyen sindt diese:« (16. Jahrh., Bistr. Arch.). — s. Frevel und freveln.

freveln, frâbeln, *ferâbeln* ,Übles tun, sich vergehen‘ (Haltrich, Plan 49). »Verâbeln ,Anstoss erregen‘« (Bertleff, Idiot.). *Wänn em ener nur e Wôert frâbelt, e sôd em esutchen* ,sagt ihm solche‘ (sc. unangenehme Worte, *Petersdf.). Ich hu êst gefrâbelt* ist der gewöhnliche Ausdruck für sonstiges ,fehlen‘, in geh. Spr. *(Kl.-Bistritz): hqld es ze gäut, wô mer êst hu gefrâbelt.* Urk. »Dornoch einer wirt wbertreden oder f e r e f f e l n, dornoch wirt man ihn auch bussen« (1556, V.-A. 16, 404). »welcher ersam gesel kegen die meister f e r e b l e n wirtt« (1560, Ebda., 406). »kegen die meister wirt v e r e b l e n, es say mit stroef oder suntt arbet oder ungehorsam« (1580, Ebda., 408). — mhd. vrevelen, mitteld. virebeln zu virebil, frevel (ver + ebel) ,kühn, frech‘; lautlich mit nösn. *verâbeln* (verübeln) zusammengeworfen.

freventlich, † ,kühn, frech, verbrecherisch‘.

»freventlich dawider sein wird« (1520, Bistr. Schusterz.-Art.). »Nachdem das Er solches nit hat mögen mit keiner seiner frewentlichen gewalt handlen, was Er gehandlet hatt« (1565, B. M.). »seines mutwillens vnnd freuentlichen gesuchs / oder teidig halben« (E. L. R., 9). — mhd. vreven(t)lich neben vrevellich.

frevlich, †. »ader ausz seyner gethyrstikeyt frefflich, mit worten adir mit werken . . . off leynen adir widersperrin« (1473, Müller, Sprdm. 91). — mhd. vrevellich.

Frey, F. N. (1745, Schässb.; 1810, Mühlb.). s. frei.

Freyd, F. N. »von Gross Schelken« (V.-A. 16, 377).

Freymann wird im 18. Jahrh. der Abdecker genannt (V.-A. 20, 106). Vgl. DWB. 4, 1, 117: Freimann, Freiknecht.

Freyschlag, † F. N. (1709, *Bistr.)*. Vgl. F. N. Schlagfrey.

Freyst, † F. N. (1468, Müller, Sprdm. 84).

Freysteter, F. N. (um 1500, V.-A. 16, 383).

—, -frêz in *Gefrêz* zu *frêtzen* (s. d.).

Frezlerin fem. ‚Hökerweib‘, urk. »Fremde Frezlerinnen sollen in allem wass sie zu verkaufen bringen, ausserhalb dem Sonntag, Dienstag und Freytag nicht frey sein etwas zu verkaufen« (1707, Schuler-Libl., Mat. 141). — s. *Frætschlerän.*

Frick, P. N. »Frichco de Alba Ecclesia« (1332—1337, Mon. Vat. Hung. 1, 100). Gegenwärtig Frick F. N. (Med., aus Deutschland). Ahd. Fricco P. N., Koseform der mit ahd. fridu zusammengesetzten P. N. Vgl. nhd. F. N. Frick, Fricke, ebenso Friedrich, Fritsch und O. N. Freck.

Fricz, F. N. s. Fritsch.

Friedberg, F. N. (Magarei, Kbl. 10, 98). Dagegen Friedenberg Adelsprädikat Joh. Kinders. (s. J. K. Schuller, Aus vergilbten Papieren).

Friede, Frieden, Frit, Friden m., nösn. *Frit, Fridn* m. 1. Abstrakt wie nhd. a) ‚Friede zwischen Völkern oder Staaten‘. In lebender Sprache nicht häufig. *Et wit wider Fridn wiärn* (nach dem Krieg, nösn.). *Wäi štêd et noch mät dem Fridn?* (zwischen streitenden Mächten, nösn.). In älterer Sprache begegnet es den unruhigen Zeiten entsprechend, in denen man den Frieden mehr zu schätzen wusste, häufiger. »doch der fried biss (böse) gewest wer« (1578, Nat.-A.). »die weill aber frid ghemacht wor, kerten sie aus Burzenland zu ruk« (1610, Trauschenfels, Fundgr. 259). »Ihn diessem Jahr ward . . . zwischen dem Römischen K.(aiser) vndt dem Rakoczi friden tractiret« (Kraus, Chron. 1, 115). »anders würde kein fridt werden« (Ebda. 1, 372). »mit underschied der Zeit, als nemblich Fried und Unfried oder andrer Strafen Gottes« (1689, Kleiderordn., Cap. Cib.). — b) ‚Einigkeit zwischen Nachbarn, in der Familie‘, dann in einigen Wendungen ‚Ruhe, Stille‘. *Ed äs niche Fridn zwäschn en* ‚sie leben im Unfrieden‘ (nösn.). *Äs noch âne nät Fridn täschen en?* (zwischen den Nachbarn, nösn.). *Wei mir Saksen gor zetchlich âsen Dackscharl afsêtzen, am nast uch weder nast es de Friden verquasten* (‚den Frieden verderben‘, eigentlich ‚verlegen‘, Burzenl.). *Mer sai Laid äm Fridn* ‚wir leben miteinander im Frieden‘ (nösn.). *Se lêbm äm Fridn mädänq̂nder* (nösn.). In geh. Sprache formelhaft mit ähnlichen Abstrakten verbunden. *Ich wanjschen ich Frit, Frq̂d uch Frîleget* (Reussen).

> *Frit, Frq̂d uch Îneget*
> *Wänjtschen ij ech zer Hochzet.*
>
> Schuster, Volksl. 125.

Än em Friden uch Gesangt in formelhaften Glückwünschen (Reussen). *Frid uch Gesangthît.* Auch urk. »dasselbs (in Hstdt.) sein gemeines fridens halben diese nachfolgende Artikel beschlossen wordenn«. (1564, Schuler-Libl., Mat. 73). »und sie haben's auch gebraucht bei 35 Jar mit allem Frieden« (1579, B. M.). »wenn es auf ein friden köme und hat ehr 1000 Haulder (wohl Hauder ‚Hüter‘ oder *Hq̂lder, Haulder* ‚Halter‘) so kundt ehr nit bey dem leben bleiben« (um 1610, Ger.-Prot.). — Besonders häufig aber sind Verbindungen mit Verben, die oft den Charakter stereotyper Ra. annehmen. ‚Friede sein‘. »Ich hab auch einmahl gegen in gesaget warumb bringt ir die ohsen heim es mus nun Friedt sein« (‚ihr müsst nun in Frieden miteinander leben‘ (1600, Nat.-A.). Im Zorn zu lärmenden, sich zankenden Kindern: *Nq, nqu äs ôgnbläcklich Frit!* Kürzer: *nq nau Frit! sqnst wäll ij ich glaich nôhälfm* (nösn.). Ebenso *Friden äm Porl!* (Schässbg.). Ganz kurze, aber nachdrückliche Drohung *Frit!* Mit anderem Tone gesprochen erhält dieses *Frit!* die Bedeutung ‚basta!, abgemacht!‘ »*Ech biän nea oist esui! Wot main äs, äs main! Frit!*« (Zw. Krez., 11). Verstärkt mit *âmän* (amen)! (s. WB. 1, 97). *Denô äs Frit* ‚dann ist nichts mehr über diese Sache zu reden, es ist vorüber‘. *Cha, sqnst* (‚in früheren Zeiten‘) *wänn de Mêtcher heme kq̂men* (aus der Kirche usw.), *denô wôr Frit!* ‚dann hiess es arbeiten‘, sagt die tadelnde Mutter zu den Töchtern *(Bistr.)*. — Syn. *denô huat de arem Sîl än Râ* ‚dann hat die arme Seele eine Ruhe‘ (nösn.). In der Beschwörungsformel gegen Maulwürfe:

Friden,
en ǫ̂lt Frâ trid en. H.-W., 276.

— ‚Frieden haben‘. »Ich hab keinen Frieden niemals« ‚lebe in Unruhe‘ (1681, Cap. Cib.). *Ta verflachter Fratzn, te hôst weder nichen Friden!* ‚sitzt wieder nicht ruhig‘ (Klosdf.). — ‚Frieden geben‘. »Wird jemand . . . dem Hochzeit vater nicht frieden geben (‚ihn in Ruhe lassen‘) poena d. 16« (1672, Gr.-Lasseln, Kbl. 27, 24). »Er wolte ja nicht zu der Bestie gehen, wenn Sie ihm nur Frieden gebe« (1721, Cap. Cib.). »schertzeten mit einander, da sagte der Wachssmann: Treng, Treng gieb Fried, aber ich greiffe dir dran« (1766, L. K. A.). »begehrte, dass er ihr Frieden geben möge« (1777, Ebda.). *Gäf Frit, nät uarbet dô* (nösn.). *Gäf mer (gämmer) Frit!* ‚lass mich in Ruhe‘ (nösn.).

»Lott mich«, kräšch et, »nau zefriddn,
Aich nî näst diän ǫldn Schliddn!
Mät dem Mächel get mer Frit!«
Schuller, Mätn. 18.

Mit Dat. der beteiligten Person (reflex.). *Gäf der Frit* ‚bleibe ruhig‘. Drohend zu Kindern: *Gäf der Friden, bäs räuich suanst bekist te* (Rohrb.).

Gäf der Frit,
Der Mummes kit. Höhr, 16.

Auch Erwachsenen gegenüber:

Net pätscht Matthes, gid ich Frit.
Schuller, Ged. 12.

Bei gewagten Unternehmungen: *Gäf der Frit mät diäm Geschäft, dǫ̂d äs nät for daich* (nösn.). Anders dagegen im Dank auf einen Gruss: *Godd erhǫ̂ld ich.* Antw. *De Friden* (zu ergänzen *gëw e ich),* aber auch als Gruss z. B. eines Weggehenden: *Nǫ, de(n) Friden!* Mit Negation ‚nicht rasten‘. *Der Teiwel git sich nichen Frit. Diär git sich nau nichen Frit, bäss e net fiärtich äs* (nösn.). — ‚Frieden gebieten‘, †. »Item Wenn dy Genannten (‚Kommunitätsmitglieder, Geschworne‘) friden gebitten wo man sich schlecht So sal man In geharsamkeit halden« (Seiv., Lok.-St. 13; Khl. 30, 101). »Wenn der Zechmeister Frieden gebiett« (1484, Schässbg. Kürschner-Art.). — ‚Frieden schaffen‘, †. »Darumb so bitte ich E. N. W. das Ir mir Frieden wolt schaffen (‚Ruhe verschaffen‘)« (1581, B. M.). »Sie solle ihm Frieden schaffen (‚ihn in Ruhe lassen?‘), sonst wolle Er sie viertheilen« (1746, Cap. Cib.). Dafür gegenwärtig *Fridn mǫchn* (nösn.). *Ǫnder diän zwê mâis em och âne nur Fridn mǫchn, ǫnd et hälft âne näst (Bistr.).* — Syn. *hîsch Wädder mǫ̂chen.* — ‚mit Frieden lassen‘ (‚in Ruhe lassen‘) †. »sǫ liess er mich mit friden« (um 1610, Ger.-Prot.). »Darumb ich ihn unterredt, er sollt den Jungen mit friden lassen« (um 1610, Ebda.). »Lass du mich mit Friede denn Ich nicht allein hiervor bürge bin, sondern das ganze Dorff« (um 1680, L. K. A.). »Sie sollten Sie nur mit Friede lassen, denn sie wolle nicht bei Ihn gehen« (1765, Ebda.). Gegenw. *lioss mich ä Frit!,* wie schon urk. »lasset sie in friden« (1600, Nat.-A.), nösn. *loss mich zefridn* (s. zufrieden). — Syn. *ä Râ lossen.* — Gegensatz *Ǫnfriden,* süds. *Âfriden* (Unfrieden), zus. *zefriden* (zufrieden). — 2. ‚Bretterzaun‘. Davon ist auch der Pl. gebräuchlich: *Friden,* nösn. *Fridn. Mer messen es kên de Jôrten an Fride mǫ̂chen* (Zuckmantel). *Der Zau* (Rutenzaun) *äs dô zenäst, dô mâis em än orntlichn Fridn mǫchn* (nösn.). *E huch, nider Fridn* (nösn.). *De Bredder vum Fridn sai frǫ̂i gewôrn* (nösn.). *Den Fridn klätern, ausbassern* ‚ausbessern‘ (nösn.), süds. *pǫssern. Der Fridn wegelt* ‚steht nicht fest‘, *iberschlêt sich* (‚fällt um‘), *lǫ̂id af der Iärt. Den Fridn vergê* (‚zur Reparatur übergeben‘), süds. *verdängen, ǫfhêbm, richtn, štaiern, ǫnderštaiern* ‚stützen‘. *Den Fridn niderraissn. Der Büffel huat mer dn Fridn iberschlô. Der Hǫnt šprängt ibern Fridn. Der Fridn äs e su huch, dǫd em driber šprängen känn. Ibern Fridn krâicln, ǫnder em Fridn durichkrâichn. Ibern Fridn sâi* (sehen), *durich dn Fridn (durich de Rätzen) kuckn,* was als Zeichen der Neugier oder Missgunst Erwachsenen recht übel genommen wird. »Darum heisst noch bis heutigen Tag der Hofzaun der Hoffrieden und deshalb bestraften die alten Statuten noch im 17. Jahrh. den Gesellen mit Stockstreichen, wenn er über den Zaun in den Hof des Meisters stieg und so den Hoffrieden brach und noch heute bedrohen die Dobringer Nachbarschaftsartikel die Frau, die in den Nachbarhof hinüberschmäht oder die Nachbarin durch oder über den Zaun schilt, mit einer schweren Busse« (Teutsch, Bilder 2, 57). Sehr häufig in Urk. »Item als des honnen sein edem (Eidam) sich pekytz *(sich bekätzt* ‚sich zu tun gemacht‘) hat . . . von vegen eines frides« (1528, Qu. Kr. 2, 103). »den friden zu bessern«, »mer vor flicken am schoppen und friden« (1570, Cap. Bistr.). »man hat Jörigen gesehen das er über den Frieden zur Thamess schmiden gestiegen wer« (1579, B. M.). »ein jeddere (von zwei Nachbarn) halben fridden halten muss« (1587, V.-A. 17, 556). »Ich weis das zu sagen durch den Frieden gesehen hab« (1604, Ger.-Prot.). »Die Darabantin . . . hat vnns viel holtz über den Frieden genommen« (1605, Ebda.). »den Zimmerleytten so im Stadthauss die Frieden gemacht d. 80« (1606, Bistr. Rechnungsb.). »hawet er auch noch dem Nachparn über den Frieden« (1606, Ger.-Prot.). »Es soll auch in der stadt kein zaun geduldet, sondern dillene fridden gehalten werden« (1631, Nat.-A.). »wegen mangel dess Holtzes gleichssam aller garten der vnttern Stadt Friden vndt geschützer *(Geschätzer)* wurden abgebrochen vndt verbrennet« (KRAUS, Chron. 2, 249). »Welcher lehr-knecht ... seinem herrn die frieden besteigen wird« (1691, V.-A. 16, 424). Die Überwachung der Instandhaltung der *Friden* gehörte mit zu den Aufgaben der Nachbarschaft. »Ein jeder Nachbar soll gegen seinen Nachbar am Hof und Garten guten Frieden halten« (18. Jahrh., Reichesd. Nachbarsch.). Vgl. V.-A. 37, 118 f. — Eigentümlich und für den Bedeutungswandel des Wortes bezeichnend ist der Gebrauch desselben in Draas, wo *Friden* nicht der Zaun, sondern die — nicht weiter bezeichnete — Grenze der aneinanderstossenden Grundstücke im gemeinsamen Hofe oder Garten bedeutet, auch ohne diese besondere Beziehung: ‚Grenze', darum *Fridefôst* ‚Grenzpfahl', dessen Pl. *Fridefêst* Einer als ‚Friedensfäuste' ins Hochdeutsche übersetzte und ein andrer auch in dieser Umnennung die Plankenpfähle als die besten Schutzwaffen (Fäuste) für den Frieden zwischen Nachbarn bezeichnete. »Der ‚Frieden', bis zu welchem dem einzelnen Hauseigentümer auch im Grundbuche der Hof eingetragen ist, befindet sich in den Fällen, wo die Hauseigentümer je die Hälfte des Hofs haben in der Mitte desselben« (STEPHANI, Draas 50). »Hinter der Scheune zeigt der eigentliche Obstgarten ... wieder keinen durch Planken aufgeführten ‚Frieden'« (Ebda, 52). *Än Friden mąchen* hiess zunächst nur ‚den Streit zwischen den Nachbarn schlichten', dann auch ‚ihn durch den sichtbaren *Friden* sichern'. DWB. 4, 187 und VILMAR, Idiot. 110 denken an den umgekehrten Weg: zuerst ‚Zaun', dann ‚Frieden'. — Die Bedeutung ‚Zaun' hat das Wort auch im Hess., Bayr., Zips. Vgl. nhd. einfried(ig)en. — Neben der starken Form *Frit* findet sich *Friden*, ohne dass gesagt werden könnte, dass ein durchgreifender Unterschied bestünde. Doch wird (das ältere) *Frit* niemals für ‚Zaun' gebraucht, während *Friden* fast durchwegs das st. *Frit* ersetzen kann, woraus man ebenfalls auf die sekundäre Entwicklung der Bedeutung ‚Zaun' schliessen darf. — mhd. vride (für beide Bedeutungen), ahd. fridu.

Friedel, ursprünglich P. N. »frydil schreteryn« (14. Jahrh., Hstdt.); dann F. N. »dy Ffrydelen, dy Friddelynn« (1478, Hstdt.); Frydel (1486, Ebda.; 1488, Schässbg.); Jerg Frytel (1500, Hstdt.); Fridel (1509, 1722, Hstdt.); Friedel (1824, Grosspold); Fredel (1396, MÜLLER, Sprdm. 31; um 1610, Grossau; 1722, Hstdt.; 1763, Trappold); Freddel (1691, Hammersdf.); Fredal (†Michelsbg.); Froedel (1646, Henndf.); Freudel (1769, Hstdt.); Freidel (1526, Zeiden; 1808, Weidenb. . B.), mit patron. -s Freidils (1526, Zeiden i. B.). Gegenwärtig Fredel *(Fredele Sim*, Hammersdf., Trappold, Agnetheln, aber hier in starker Beugung mit patron. -s *Freddels Gesch*, Georg Freddel; *dî licht Fredel*, ein berüchtigter Dieb des Namens). Freidel (i. B.). Dazu der Fl. N. Fredelsloch (bd.) (Schässbg.). — Friedel ist Dim. zu den mit fridu zusammengesetzten ahd. P. N. (ahd. Fridilo). Vgl. aber auch mhd. vriedel ‚Liebster, Buhle'.

Friedelt, F. N. (1685, *Baierdf.*; 1696, *Bistr.*; 1743, *Petersdf.)*; Fridelt (1599, Bistr. Cap.; 1646, *Bistr.*; 1763, *Wermesch, Treppen)*. Gegenwärtig Friedelt in *Bistr.* und *Treppen.* Ahd. P. N. Fridolt, Fridwalt (fridu + walt). Das -t scheint organisch, da niemals eine Form ohne t begegnet.

Friedenfels, Adelsprädikat des Hermannstädter Senators Martin Drotleff, 1816 verliehen; am bekanntesten ist geworden der Staatsmann und Schriftsteller Eugen von Friedenfels (Kbl. 32, 35). Ihm zu Ehren die Hauptstrasse der neuen Villen-Anlage auf der Hallerwiese in Hermannstadt: Friedenfelsstrasse.

(Friedenschar), Fridnschuar n. ‚brettlange, aus mehreren übereinanderstehenden Brettern bestehende Plankenabteilung' (KISCH). *Düd Fridnschuar äs noch gât, ąber ginet wit sich iberschlò (Bistr.). E puar* (‚einige') *Fridnschuarer hu mer nau gericht* (Ebda.). Im Süds. ist nur die umschriebene Wendung gebraucht: *e Schuer äm* oder *um Friden (Bląnyken, Geschütz).* — Zu Frieden 2; das Grundwort entspricht mhd. schar ‚Abteilung', nhd. Schar (das nur in speziellem Sinn von milit. Abteilung gebraucht wird).

Friedensengel, Fridensängel m. *Kiste (kist te) als Fridensänjel?* ‚Friedensvermittler'? [Städt. Halbma.]. Im Süds. dafür mehr *Fridensbot, -štäfter.* Noch häufiger durch's Verbum: *Bronjst te Friden?*

Friedenskette, †. »Friedenskette« hiessen die Artikel der Heiligleichnamsgasse in Kronst. von 1606 (FRONIUS, 83).

Friedenswort, Fridenswîrt n. Sprw.:

E Fridenswîrt
Äs änjden um Îrt.

SCHUSTER, Volksl. 237.

Friederike, P. N. s. *Fritzken.*

Friedglocke, †. »In summa, wanns Bet- und Friedglock ist soll aller Tanz ein Ende nehmen« (1617, V.-A. 3, 8). Gewöhnlicher, aber auch nur urk., ‚Friedglockläuten'. »1 Propositio dass er sich bey verrichtettem Friedklogenlauten als zu verechter Zeit verschlossen, dahin da er nicht weiter zu thun gehabt« (1664, Cap. Bog.). »Wenn einer im Winter bey der Nacht nach Friedklocklauten nicht nach Hause geht« (18. Jahrh., Nachbarsch. Baassen). »für das Friedglock (vulgo) leuten fl. 1« (1680, Nadesch). »Das Friedklockläuten, zur Winterszeit um 9 Uhr soll auch bei dieser Gemeinde von neuem eingeführet werden« (1802, Kbl. 35, 87). — Syn. *Biet-, Betklôk* (Betglocke). *Noechtkleok* (Agnetheln).

Friedhof, Frîtef, *Frit(h)ef* m., fehlt nösn., höchstens dass das nhd *Frîthôf* auch in sächs. Rede gehört, aber deutlich als fremd empfunden wird. 1. In Urk. findet sich noch die älteste Bedeutung ‚eingefriedigter (weil zu schonender) Raum um die Kirche', ohne dass damit notwendig die Vorstellung des Begräbnisplatzes verbunden wäre. »das ich . verkoft habe ein hûs of deme kornmargte bey Unslat Stephan, magistro Nyclo Jenkwitz, ef deme Freythofe geheysin, vmme tûsint geldin« (Hausverkauf in Hstdt., Urkb. 3, 501). »Den forichten kalk abczuseczen vnd Fraithof zu keren« (1550, Qu. Kr. 3, 590). »in des Ginz Wardenerss von Reichen Khorn Khaull auff den Fryedthoff zu Reichen gelegen hwnndert vnndt sechzehn Rhomp Khoren eingeschüdt worden« (1583, Kbl. 18, 22). »dem Vicario oder Commissario so unter dessen seine Processionem Solonnem (solennem) auff dem Friedhoff (‚Huetplatz') sampt seinem andern geschmeisse gehalten« (1650, Olthard.). Vielleicht auch »niemand soll unehrlich hantierung auff dem fritthoff treiben« (Dam. Dürr, Aml. 47). *Fritef* heisst heute noch an vielen Orten der von der Mauer umgebene Platz der Kirchenbefestigung (Radeln, Müller, Sagen 17; D.-Teckes, V.-A. 36, 359, 364). — 2. ‚Begräbnisplatz'. *Af de, än de Fritef gôn.* Im Kindergebet:

> *Ąf de Frithôf trąd ich,*
> *Ąller Sîle bąd ich,*
> *Aller Sîlen î Gebôt:*
> *Helf es âser Herrgott!* Höhr, 50.

»und wie man den H. K. richter hat abgehalten er solt nit dar auf den Fridhoff gehen« (1556, B. M.). »Auff dem friedt Hoff von einem grossen grab undt grosser Leich fl. 1« (1634, Seiv., Lok.-St. 46). *Äm Fritef fiejen. Et ląt longhär äm Fritef. Än de Fritef begruewen.* Besonders im Volkslied:

> *af dem Schêsbrijer Turn äs en grîss*
> *Schalmą,*
> *af dem Keiser Fritew äs alle Trą*
> (scil. begraben). Mätz, 50.

> *Fræ Motter! fræ Motter wuor hud*
> *er't geschackt,*
> *Det härzgelæft meinj?*
> *»Ech hun et geschackt af de Frithôf,*
> *dô sąl et schlôfen de lange Schlôf.«*
> Schuster, Volksl. 48.

> *Begrueft mech äm Fritef am (afm*
> ‚auf dem') *iweršten Âk*
> *End flunzt am* (‚um') *det Grâf mir*
> *en Dernerhâk.* Meyndt, 6.

> *Af em Frittef äs et trourich,*
> *Însem štôn de Lecherîn*
> *Unt de Græsker pespre schourich*
> *Äm de kąlde Marmelštîn.* Käst., 31.

Im Zorn über die Untreue des Geliebten:

> *Ai, af dem Fritef štîd e Bûm,*
> *Duer em de Kniecht uknäppe sûl.*
> Schuster, Volksl. 6.

— Das Wort ist im Nösn. und teilweise im Burzenl. nicht gebräuchlich. Dafür in geh. Spr. *Ącker Gottes* (Gassner, 93), sonst *Gąosriech (Botsch), Grąssguartn (Bistr.), Hąarluis (Lechn.), Kirfich* (nösn., wohl die ursprünglichste Bezeichnung), so auch Kronst. *Kirfich* aber als ‚Kirchplatz, Kirchhof' (durch Metathese), *Lechguerten* (Neustadt i. B.), *Schmirzgârtchi (Bistr., Petersdf.)*, »unter den Linden« (Birth.), *anjder de Boimen, anjder den Êschboimen, af'm Begrâwnes* (Agnetheln). — Dazu die Fl. N. *Bem Frithof* (Hohndf.), *bäm Lechefrithef* (Halwelagen), *üawen um uch eangden um Fritef* (Neudf. b. Hstdt.), *afm Frątchef* (? Gergeschdf.), *bâm Begrâwnes* (Agnetheln). — 3. Aberglaube. Der Friedhof ist auch bei den Ss. der Tummelplatz der Geister, deshalb ist es nicht rätlich, um die Mitternachtsstunde auf den Friedhof zu gehen (Schuller, T. u. B. 2, 70 ff.). Erde vom Friedhof hat schützende Wirkung, sie hält die Sperlinge vom Acker ab (Heinrich, 14; H.-W., 305), befreit Kinder vom Fieber (Ebda., 271), der Mutter macht sie den Sohn vom Militär frei (Schuller, T. u. B. 2, 58). Schwangere dürfen keine Blumen auf den Friedhof tragen (Gassner, 9). — Mhd. vrîthof, ahd. frîthof zu ahd. frîtan, fridôn, mhd. vrîten ‚schonen'. Unser *Frittef* an Friede angelehnt, nur *Frątchef* (Gergeschdf.)

erinnert noch an die Wurzel ‚frei' und an die alte Nebenform Freithof (s. Friedhofmauer). Nur lässt die Lage dieses *Frǫ̈etchef* die gewöhnliche Deutung als ‚Friedhof' kaum zu.

Friedhofblume, Fritefblommen pl. 1. ‚einzelne graue Haare auf dem Haupt' (Gr.-Sch.). — 2. Das Dim. *Frithofblemchen* (wohl *Fritefblemcher!*) bezeichnet ‚einen schwächlichen, kränklichen Menschen' (Med.).

Friedhofhüter, Fritefhæder m. ‚Hüter des Friedhofs', besonders in Dörfern, wo der Friedenhof im Kirchenkastell war, das ohnehin einen ständigen Wächter erforderte, der meist *Burchhæder* hiess und heisst. »Ich bin ein abgesanter von dem Fridhoffhitter«, »(ich) hörte bald darauff, dass die Fritthoffshüterin sprach« (um 1680, L. K. A.). »Georgius Fischer, Friedhoffhütter in Lásslo« (1760, Ebda.). — Ra. *sich mät dem Fritefhæder frängdern,* euphem. für ‚sterben' (Schuller, T. u. B. 1, 15).

Friedhofmauer, Fritefmouer fem. ‚Mauer um den Friedhof'. Urk. »bei Aufbauung der abgefallenen Freydhoffmauren« (1728, Salzer, Birth. 251).

Friedhofshalle, fehlt; s. *Schoppm* (nösn., Schopfen), *Tornâz.*

(Friedhofstube), †, ‚Wohnung auf dem Friedhof'. »Weill der Pfarhoff so bawfellig, auch über der Friedhoffstube begehre ich, dass solches besichtiget werde« (Hstdt. 1648, Cap. Cib.).

Friedhoftüre, Fritefdir fem. s. auch *Lechendirchen* (Leichentürchen).

friedlich, fridlich adj. und adv., nösn. *fritlich* adj. und adv. [Städt. Halbma.]. *E frîtlich Mäntsch,* echte Ma.: *e râich* (ruhiger), *štäll Mäntsch* (nösn.). *E fridlich Liewen.* In geh. Spr. bei der Abdankung der Leichenbegleitung durch den Ortsrichter im Namen der Angehörigen: »*And se* (sie) *wenschn ich disn Gefǫlln en fridlijern Falln zereck ze dâo, wêi et de Wêishæt for sî hǫt beschlǫssn*«, wo es vielleicht für ‚fröhlich' (das in der Ma. fehlt) steht *(Kl.-Bistr.).* Urk. »in welchem ffreundlichen verstand vnd eintracht mir von beiden theilen bis auff diese zeit fridlich geblieben sind« (1559, Nat.-A.). »so haben mir das Hauss dem Lucas schmid fridlichen auch hinfurt zu besitzen zugeteilt« (1563, B. M.). »dieweil er auch über das, den Hoff nun lange Jar her fridlich besessen hat« (1580, Ebda.). — Mhd. vridelîch.

(Friedreis), Fritreis n. ‚Reis eines Krautes, das vor Gefahren schützt', ‚Wünschelrute'. In der Zauberformel aus einem Schässbg. Hexenprozess:

Ich geng durj en dangkle Wǫ̂lt,
dô begênt mer e Mǫ̂n, dier wôr ǫ̂lt,
de Ûge wôren em gebrôchen,
de Häinjt wôren em veršprôchen,
dat se mer net schuede kangden
durch Krist des Härre senj helich fǫ̂f
Wangden.
(Unt brêche mer e Fritreis ä meinj
Hǫ̂nt.) Schuster, Volksl. 291.

Vgl. Müller: Hexenprozess, 61; Sagen, 75.

Friedrich. 1. Zunächst P. N. **Fridrich,** Koseform *Fritz,* nösn. *Fritzi,* Dim. *Fritzken,* nösn. *Fritzichi,* nicht nur in den Städten und Märkten, sondern auch auf dem Lande (Seiden, Tobsdf., Reussdf., Abtsdf.: *Fritze Bàtschu).* Spottverse:

Pelse Fritzi,
Tanda ritzi. Haltrich, Plan 55.

Fritz, štibitz, štîbes,
Fräs än ǫ̂lden Hîbes.

Fritz, Widiwitz, klener Buretz (Schwamm, kleiner Mensch),
Krej än de Kotetz (Schweinestall).
Höhr, 21; Schuster, Volksl. 355.

Drohung: *Fritz, Fritz — der Remner Misch* (‚Peitsche') *kit* (H.-W., 141). — 2. Als F. N. Fridrich (1389, Gr.-Schenk; 2. Hälfte des 15. Jahrh., Hstdt.; 1589, *Bistr.;* 1615, Schässburg; 1763, *Wermesch;* 1772, Kl.-Schelken); Friderich (1603, Hstdt.; 1820, Grosspold); Friedrich (1596, Kronst.; 1618, Schässbg.; 1703, *Pintak;* 1708, Hstdt.; 1703, *Bistr.;* 1808, Rosenau, Zeiden i. B); Fredrich (1625, Schässbg.). Als patron. gen. Fridrichs (1475, Qu. Kr. 3, 629); lat. Friderici (1683, Hstdt.). Gegenwärtig Friedrich (Hstdt., Kerz, Pretai, Bekokten, Bogeschdf., *Wermesch).* — Dazu die Koseform Fritz, Fritsch (s. d.), die Ableitung Friedriger (s. d). Ahd. fridu-rîch.

Friedriger, **Fridrijer,** F. N. (1710, Schässbg.; gegenw. in Schässbg. und *Bistr.);* Fridriger (1722, Hstdt.). Ableitung von Friedrich mit -er.

Friedsam, F. N. (1639, Cap. Cib.; 1691, Burgbg.; 1762, Hstdt.; 1822, Seiden); Fridsam (1722, Hstdt.; 1763, *Bistr.).* Gegenw. Friedsam (Bulkesch, Heltau, Seiden, Schönau), auch als D. N. (Braller). — Mhd. vridesam ‚friedfertig'.

Friedsmann, F. N. (1762, Gürteln; 1817, Probstdf.; gegenw. in Hstdt., Henndf., Braller). Fritzmann (1557, *Budak;* 1775, Stolzenbg.; gegenw. in Hahnbach, Stolzenbg.). Bekannt ist der Budaker Pfarrer Fritzmann, gräzis. Irenæus (aus Leschkirch, gest. 1557). Im Nösn. sonst ohne -s- Frydmann (1499, *Mettersdf.);* Fridmann (1505, *Bistr.)*; Fridma (1521, Ebda.). — Ahd. fridu + man.

frieren, frǣsen st., nösn. *frâⁱsn* st. 2., 3. Pers. Präs. *freist, freist, fruist* (Tartlau i. B.), nösn. *fraist, fraist.* Prät. *frur* (Med.), nösn. *frûr, fruir (S.-Reen).* Kondit. *frir* (Med.), nösn. *frîr.* Part. Prät. *gefriurn* (Med.), *gefrîren,* nösn. *gefrôrn; gefruiren* (Agnetheln, Schenk, Reps), *gefrueren* (Schässbg.), *gefrûren* (Burzenl.). I. Wie nhd. ‚Kälte empfinden'. *Ich frâisn,* niemals *maich fraist;* syn. *ed äs mer kǫ̂lt. U de Hant, u de Fâiss, u de Fänger, u de Zîn, u 't Hêft frâisn* (nösn.). Mehr besagen die Kompos. ge-, erfrieren. *Ich bä gǫ̂nz gefrîren* ‚steif vor Kälte'. *De Fänger, de Zîn sai mer gǫ̂nz gefrôrn* (nösn.). *Der Fâss äs em erfrôrn,* faktit. *e huat sich de Fänger erfrîrt. E wäll glech frǣsen* ‚es wird ihm (nach Krankheiten) leicht kalt, er ist empfindlich' (Binder, Coll.). *E freist, dad em de Zänjt klappern, dat e dederzt,* nösn. *tǫd ed en schirrelt, tǫt e sich nät hälfm kǭ (känn). Ech frâsen wâ en Zegun* (Abtsdf.). *Ich fruir wâe e Zegui (Tekendf.). Ich frûr wâi e Hǫnt. Gefrôrenet* ‚Gefrornes', *e verkêft Gefrôrenet.* Ra. *Gefrôrenet vu der Gǫss* ‚gefrorner Pferdemist'. — Übertr. in der Ra. *E wôr qwemôl wâi gefrôrn* ‚erstarrt vor Schreck, Überraschung' (nösn.), *e wôr glech gefrîren* ‚fühlte sich schuldig', ‚überwiesen', ‚konnte nichts erwidern'. — Aborgl. Das neugeborne Kind wird mit Wasser bespritzt, dann friert es nie (Gassner, 13). — Zus. ab-, an-, durch-, ein-, er-, ge-, zufrieren. Faktit. *erfrîrn.* — Das alte s in *frǣsen,* auf das schon Felmer (1764) aufmerksam macht, hat in den Schwestermaa. Genossen: hess. freusen (freust), fröⁱsen, eupen. freise, siegerl. frêse, aachn. frese, dagegen lux. freieren (Sieck). Die Rhotazierung ist auf das Prät. beschränkt geblieben wie im mhd. vriesen, vrôr (neben vrôs), gefrorn, während ahd. bloss im Pl. und Part. des Prät. -r- zeigt: friosan, frôs, frurun, gifroran. Analogiebildungen wie frierst, friert zu frieren finden sich in der Ma. nicht, sie hat vielmehr durchweg den alten Unterschied zwischen vriesen (ahd. friusan) und vriuset (ahd. friusit) gewahrt. — II. Der subst. Inf. *Frǣsen* n., nösn. *Frâisn* dient zur Bezeichnung des Fiebers. Besonders das Wechselfieber wird so genannt, das vor allem mit Schüttelfrösten verbunden ist, doch heisst im weitern Sinn jedes Fieber *Frǣsen,* es ist für fieberhafte Zustände der gewöhnlichste Ausdruck. *Det Frǣse scheddeld en. Et schirrelt mich wâi 't Frâisn* (nösn.).

Et feng zeglech mij un ze scherlen,
wǣ wonn det Frǣse mij erwäsch.
Höhr, L. Ê. 38.

Das *Frǣsen* beginnt gewöhnlich mit Schüttelfrösten. *Det Frǣsen häld un, git nô, hîrd af. Âs Tritz huet sanjt drǭ Wôchen det Fraisen* (Rohrb.). *Et nit* (nimmt) *mich det Frâsen viur Uonjst* (‚Angst', Alzen). *Egrôlt* [eº] *vuir'm Räkler, 't Frâse scheddeld en, wonn em de Schuil nor gewênt* (Agn.). *Sij e Frǣsen iessen* ‚sich eine (fieberhafte) Krankheit anessen'. *E huad Âgersch gâssn, nau wit e det Frâisn beku (Wallendf.). E fîkelt det Fräisen* (‚zu schonend behandeln', Rumes). Auch von zu langem Baden bekommt man *Frǣsen* s. WB. 1, 391. Deshalb die abwehrende Formel: *Frǣsen, Frǣsen, net kamm iwer mech* (Höhr, 81). Bei jungen Müttern stellt sich oft *Mälchfrǣsen* (Milchfieber durch starke Milchansammlung) ein; es wird dadurch erregt, dass »die Milch der Mutter zu Kopfe steigt«, *de Mälich äs er änt Hêft* (Haupt) *geštign* (nösn.). Gefürchteter ist das gefährliche *Wôchebǣtfrǣsen* (‚Kindbettfieber'), das oft tötlich verläuft. s. auch *Frǣsekringkt.* — Syn. *Fǣwer* (Fieber), *Frir, Haidmâs, Hojdemôsch* (magy.), *Hätzt* (Hitze), *Linguore* (rum., Nervenfieber), *Rit.* — Vgl. köln. Freese n. ‚kaltes Fieber', friesen DWB. 4, 203. — Unter den sehr zahlreichen Heilmitteln nehmen die Abschreckmittel die erste Stelle ein, wobei stillschweigend das Wesen der Krankheit als böser Geist vorausgesetzt wird, den man abhalten muss. Eine dicke Spinne wird in eine Nusschale hineingelegt und diese mit einem Stückchen Leinwand fest zugebunden. Am Halse getragen schützt diese Nuss vor dem *Frâisn* (nösn.). — Dasselbe bewirkt ein seidenes Band aus einem Grabe (Schuller, T. u. B. 2, 58). Man hält das *Frǣsen* auch ab, wenn man an die Zimmertüre schreibt:

Fieber bleib aus
Ich bin nicht zu Haus.

Die drei ersten Erdbeerblüten schützen vor dem Fieber (Volksfr.-Kal. 1909, 108). Auch wer bestimmte (unheimliche) Dinge trinkt, schützt sich vor *Frâisn.* Der Nabelschnurrest neugeborner Kinder, getrocknet, zerstossen und mit Wasser gemengt, ist ein solches Heilmittel (Gassner, 16). Oder man nimmt 9 *Schlaichn* (Regenwürmer), an anderen Orten 9 Wurzeln vom *Wäntergrâⁱ* (Immergrün, Vinca minor L.) und gibt sie in ein Glas Branntwein (oder alten Wein). Wenn man dieses Getränk trinkt, bleibt man vom Fieber verschont. Beliebt ist es auch, das *Frǣsen* fortzuzählen oder fortzuwerfen. Man nehme den ersten Tag 1 Pfefferkorn, den zweiten 2 und so fort bis 30, darauf komme man rückwärts auf 29, 28 usw. bis auf 1 Pfefferkorn, es wird, kein Fieber mehr vorhanden sein. — Ist der Kranke ein Mann, so nimmt eine Frau unter der linken Ferse her etwas Erde weg, trägt sie zum Bach und streut sie ins Wasser. Dabei spricht man:

Bäs dąt dis Lärd widder ąnder mai
Fierŝt kit,
esu ląng sąll och det Frâisn ausblaibm. (nösn.)

Ähnlich H.-W., 272. — Man schneidet dem Kranken die Nägel von Händen und Füssen (auch Haare) ab und gibt das ganze in *Kolæsche (Paloks,* Polenta), den man dann einem Hunde in 9 Bissen (man muss sie aber rückwärts zählen) vorlegt. Dazu spricht man:

Wâi diser Hąnt den Kulæsche
huet gefrâssn,
esu sąll e och det Frâisn frâssn. (nösn.)

Wenn die Knaben gebadet haben und sich vor Erkältung fürchten, stopfen sie sich die Ohren zu, schütteln sich und sprechen:

Ech gin dem Ræwer det Freisen,
Dæi git et sene Keinden. (Zeiden i. B.)

Man schreibt den Namen des Fiebers *än de Käp* (in den Rauchfang), dass der Rauch ihn und zugleich das Fieber mitnehmen kann (H.-W., 378). Nützt die aufgewandte Mühe nichts, dann greift man zu einem stärkeren Mittel. Man wälzt den Kranken bei Sonnenuntergang auf einen Grabhügel dreimal hinauf und dreimal herab und führt ihn dann nach Hause, aber auf einem andern Wege als auf dem man gekommen ist. Dabei lässt man etwas von dem Kranken fallen, wer es aufhebt, wird krank, der Kranke danach aber gesund (nösn.). Vgl. Kbl. 5, 119. Daher die Warnung vor dem Aufheben von Dingen, die an der Strasse liegen: *Gäw Oecht* [χ], *net dat te äst afklaifst* (Agn.). — Der Heilkunde etwas näher stehen die Heilmittel der Hausapotheke: Absud von *Hintschnmącher, Bairelmącher* (‚Hirtentäschel', Capsella bursa pastoris L., *Wallendf.), Tausndgäldnkraut* (Erytraea centaurium L., nösn.), *Guar* (‚Schafgarbe', Achillea millefolium L., nösn.), *Rämpwurzel* (‚Osterluzei', Aristolochia clematitis L., Gr.-Sch.), *wäld Hôp* (‚Hopfen', Humulus lupulus L., Gassner, 76), ausserdem Wermutwein (Ebda., 76). — Am besten wird wohl fahren, wer den Rat des spasshaften Arkeders befolgt:

E Fussemänte, e nǭ Pôr Scheagn,
e lämmerän Heât,
dæ drǭ senj fur det Fræse (‚Frieren'
und ‚Fieber') *geât.* Kbl. 7, 140.

Oder den ähnlichen Rat des witzigen Hutmachers aus *Bistritz,* der der fieberkranken Frau eines Rumänen *rôdn* (raten) sollte und zum grössten Vergnügen seiner sächsischen Zuhörer (augenscheinlich mit Benützung echter Formeln) die Krankheit also beschwor:

Hâtze, kâtze,
Wällt te nät, denô mâist te;
Wällt te nät vergô,
Frâssn dich de Krôn.
E fe(l)bich Kîrsch,
E mąddern Hât
Äs äm Wänter for't Frâisn gât.
Lǫi dich gnêdich gât woll nidder,
Dâk dich gât woll zâ,
Schlôf än gâder Râ.

— Wie weit bei der Bedeutungsentwicklung *Fræsen* 〉 Fieber das sinnverwandte *Frâs* und ein etwa vorhandenes vom selben Stamm wie *Frâs* (mhd. vreise ‚Schrecken') gebildetes *Fræsem* (s. d.) unbewusst mitgewirkt haben mag, lässt sich nicht ausmachen.

Fries, Früss †, ‚krauses, tuchartiges Wollenzeug'. »7 Ellen blauen Früss« (1746, Hstdt. Progr. 1890, 24). — Älternhd. Früss (Gryphius) aus franz. frise ‚kräuseln'. s. Weig. 1, 586.

Friesel, † F. N. (1829, Schässbg.).

Frieseln, Frîseln und **Friseln** Pl., nösn. *Friseln* Pl. ‚Hautausschlag'. In der Arzneikunde ‚Miliaria', das aber nicht eine eigene Krankheit, sondern Begleiterscheinung anderer Krankheiten ist. Die Ma. bezeichnet deshalb verschiedene Krankheiten als *Frîseln:* Masern (Baassen), Röteln *(Kl.-Bistritz,* sonst *Rireln),* Scharlach (V.-A. 33, 78). *Et hôt de Frîseln.* Das Wort ist wohl Lehnwort aus dem Nhd., wie mosel- und rheinfr. Frisel. Nach Kluge, 151 scheint das niederd. frisln identisch mit Riseln, dem unser *Rereln* entspricht (fr- + risel), nach Weig. 1, 586 gehört Frieseln zu frieren.

Friesenhengst, F. N. (Hstdt.), vgl. Frese.

~, Frike fem., nösn. *Frike* fem. ‚Angst, Furcht'. *E huet Frike!* — Rum. frică ‚Furcht, Angst'.

~, Frikoss (◡ ◡́) m., nösn. *Frikoss* m. ‚furchtsamer Mensch', ‚Hasenfuss'. Auch süds. hie und da üblich. *Dąd äs e Frikoss!* — Rum. fricos ‚scheu, ängstlich' zu frică ‚Angst'.

~, frikossich (◡ ◡́ ◡) adj. ‚furchtsam'. *Ed as gôr (gor) e frikossijet* (Brenndorfer, 18). — Syn. *ąngstich, êstlich, fêrschelich, fîch* (feige). Von rum. fricos mit deutscher Endung.

~, Fringkesch, Traubensorte s. fränkisch.

Frinkfalva, s. *Frankendorf.

~, **Frintschenbach** (?). Nach der Siebenb. Quartalschr. 3 (1793), 104 befindet sich unweit Rosenau eine Höhle »Ferenz« oder »Frentschen«, die von den sächs. Landleuten *Frintschenbach* soll genannt worden sein. Über die Frintschhöhle s. auch Jahrb. d. Karp.-Ver. 1884, 20; 1886, 171 u. das folgende Wort.

Frintschenloch (Müller, Sagen 127), *Frintschelôch* fem. (Rosenau i. B.), s. *Fintschellôch*. Vgl. Kbl. 31, 69; V.-A. 6, 357. Form und Ableitung des Wortes sind unsicher.

Frintz, F. N. s. Franz 2.

~, **Frir**, *Frîr, Frier* fem., fehlt nösn. und im Burzenl., ‚das kalte Wechselfieber'. *E freist mät der (un dėr) Frir, dat e dederzt. De Frîr nûm mich* ‚das Fieber griff mich an' (Med.). — Syn. *Fæwer* (Fieber), *Fræsen* (Frieren), *Rit.* Heilmittel dagegen s. unter *Fræsen* (Frieren) und H.-W., 270 ff. — Das Wort gehört zum selben Stamm wie *fræsen*, doch ist das Verhältnis dazu unklar. Vielleicht ist an eine Bildung mit ahd. -î, also etwa *friosî, richtiger *friusî zu denken, woraus mit Rhotazismus nhd. Frier, Friere hätte werden können, das unsere Ma. entlehnt hätte. Aber nhd. Frier gibt es nicht; weiter hätte unsere Ma. als regelrechte Form nur *Fræs* oder *Frær* entwickelt und endlich dient ahd. -î sonst meist zur Bildung von Adjektivabstrakten (ahd. hôhî, tiufî), nur ausnahmsweise zur Bildung von Verbalabstrakten (toufî ‚Taufe'), nie erscheint diese Bildungssilbe mit dem Stamm starker Verben verbunden. Für unser *Frîr* bleibt nur die Möglichkeit einer Ableitung von einem Kausativum got. *frausjan ‚frieren machen', das wir in erfrören *erfrîren* haben. *Frîr* wäre die Krankheit, die frieren macht, Frost verursacht.

Frisam, s. Freissam.

frisch, fräsch, *frasch* und *frąsch* (i. B.) adj. und adv., nösn. *fräsch, frasch* adj. und adv. Komp. *fräscher*, Superl. *um fräschsten*, nösn. *um fräschstn*. 1. ‚neu, unverdorben'. a) besonders von Lebensmitteln. *Fräsch Batter*, Gegensatz *ousgelossä Batter; fräsch Mälch, fräsch Ąer, fräsch Brît, fräsch Kippel, Semmel, fräsch Flîsch.* »guet, frijsch und gesundt Fleysch« (1539, Fleischh.-Art.). *Fräsch Wûršt, Wuršt*, Gegensatz *gerêchert, gerîchert Wûršt.* Oft durch Part. näher bestimmt: *fräsch gekôcht Mälich, Hîrsch, Supp; fräsch gelôcht Ąer; fräsch gebackä Brît; fräsch ąfgehân, fräsch gebrôdn Flêsch* (nösn.). — b) auch von anderen Dingen. *Der Appelbôm bekit fräsch Bledder,* nachdem ihm die ersten durch Krankheit abgefallen sind (nösn.). Der Rosenstock sagt:

Wæ uch mir fräsch Blietcher dreiwen,
Wänn'd äm Fræjôr afentînt. Käst., 60.

De Blâmen sai noch fräsch ‚nicht verdorrt' (nösn.). *Fräsch Dâ* (Tau) dient zur Heilung von Augenkrankheiten. *E fräsch Kæbesch* (‚Kuhfladen').

Doch der Hanz dier lef ewêch,
Geng vil læwer buеden,
Zuch sij ous bæm Milleštêch
Af de fräsche Muеden (‚Reihen frischgemähten Grases'). Käst., 50.

Et ląit fräsch Schnî ąf der Gąss (nösn.). — Dabei erhält *fräsch* die Nebenbedeutung ‚wiederholt'. »ist der Mako Gerg . komen mit 2000 frihse Katnern« ‚neuen Soldaten' nach den früher angekommenen (1603, Trauschenfels, Fundgr. 248). »Lesset einer seine klag . sencken / vnd klaget nicht auff frische schmachrede« (E. L. R., 178). *Dâ e fräsch Däschdûch* (Tischtuch) *af den Däsch,* das alte ist schmutzig. *E fräsch Himt. Em mâiss e fräsch Dąch* (Dach) *mąchn,* das alte ist schadhaft (nösn.). *De Bąngk äs fräsch ugeštrôchen* (so für: .. *gesträchen). Em sąl e fräschet äschingken* (vgl. die Anekdote bei H.-W., 149). — Hieher gehören die adv. Wendungen *ąf't fräsch, vu fräschem. Ich hun de Wunluin fuier en hąlw Guer ąf't fräsch gezuelt* (Litschel, Lisi 49). *Et wit mer nau och ze tumm, em ed âne vu fräschem ze sô (Bistr.).* »das der Paul Schlosser offters zu ihme in der Wirtschaft gewesen seye, und hab immer frisch ausgezahlet« (1599, Ger.-Prot.). — 2. ‚gesund, munter', besonders in geh. Spr. *Dąe se im dôet frasch* (gesund) *Bląet nąmmen ąnt dôet licht* (krank) *gôbn* (Gassner, 78). *Fräsch rieden* ‚munter reden' (Binder, Coll.). *Ach, înich læf Gešpilden, hąld ir ech nor fräsch! ech sąl ewêch, es mess dervun* (Mätz, 49).

Gott gress dich, Härzlefke si fräsch, esi hîsch.
Käst., 9.

Häufig in der Verbindung mit gesund. »das ich frys wnd geswnd pyn« (1472, Müller, Sprdm. 87). *Dî äs fräšch uch gesangd.* Im Volkslied (Weihnachtsgruss des Burghüters):

Aller Legden är Treinj
sąl hekt fräšch uch gesangt seinj!
Schuster, Volksl. 95.

Meinj hærzer Vôter, bleift gesangd uch fräsch.
Ebda., 29.

Fräšch och gesąnt wâi der Fäšch äm Wąsser (Bistr.). ‚frisch und fröhlich'. *Bæ dem (Wenj) hoffe mer fräšch uch frîlich ze senj* (Mätz, 61). *Nem Urlef vun denjem fräsche Meat* (Ebda., 58).

⏑⏑ ‚unbedacht, rasch‘, †. »Bringt jemand einen Nachtsdieben in frischer that / vmbs leben« (E. L. R., 169). Vgl. DWB. 4, 209. — ‚frischauf‘, †. »Sie als mein Weib unterdessen zuhauss frisch auff mit den Soldaten gelebet« (1692, Cap. Cib.). — 3. ‚kühl‘. *Gäf mer emôl fräsch Wasser! Fräsch Wedder.* Als Beginn eines Gesprächs: *Dąd äs hait fräsch!* Antw. *Cha, 'd äs kąlt.* — 4. Der F. N. »Frisch« (1484, Hstdt.; 1701, Heldsdf. i. B.; 1706, Schässbg.), »fressch jorych« (1526, Heldsdf. i. B.), »Fresch« (1536, Ebda.) gehört eher zu Fritsch (s. d.). — mhd. vrisch, ahd. frisk. Lautt. 40.

Frischling, fehlt; dafür *Brælengk, Briellengk* (Brühling); *Pläckläng*k, das Fleisch *Pläckflêsch* (nösn.). Urk. spät. »vor 2 Frischling 2 fl. 62 Dr.« (1730, Salzer, Birth. 330). — mhd. vrischlinc neben älterem vrischinc.

Friseur, Frisêr (⏑ ⏊) m. [Städt. Halbma.]. Im Munde von Männern geziert für das gewöhnlichere *Rasîrer* und *Balbîrer*. Die vornehme Frauenwelt freilich kennt nur den *Frisêr* und die *Frisês.*

frisieren, frisîren (⏑ ⏊ ⏑) schw., nösn. *frisîrn* schw. [Städt. Halbma.]. *De Fre X. let sich jêdn Dąch frisîrn. Ich bän noch nät frisîrt (Bistr.).* In der scherzhaften Hochzeitsrede:

Uch me Klêkner der Iselskärl —
Mäd esi em tumme Schärl,
Huot sich de Hôr net frisîrt,
Wâ ed esi em Kärl gebîrt.

Schuster, Volksl. 130.

Aus dem Nhd., franz. friser ‚die Haare kräuseln‘.

Frisierkamm, Frisîrkąm m., feinerer Kamm. Als Vorlage dient *de Frisîrmorel* (-model), als Werkzeug bei seiner Erzeugung *de Frisîrsêch* (-säge, bei Kammachern, *Bistr.).*

Frist, fehlt. Urk. »Es wird auch dem Testatori nit gewehret / seinem schuldiger die schulden im Testament zu verlassen / oder nach seinem willen frist jhme zu geben« (E. L. R., 100). »Drumb mus der / so auff anleyhung oder borg nimpt / zu gewissen zaltâgen vnd fristen / bezalen« (Ebda., 103).

fristen, fehlt. Urk. ‚am Leben erhalten‘. »Dieses Jahrs wird zum Richter erwählet den 21. Augusti Herr Michael Goltschmit. Gott frist ihn« (1641, Qu. Kr. 4, 228). »Gott frist ihn mit langem Leben« (1653, Ebda. 4, 236).

Frisur, Frisûr (⏑ ⏊) fem. ‚Haartracht‘ [Städt. Halbma.]. *Än huch Frisûr. De Frisûr hêt der qw ener Sait, äs der zedrąckt, fallt der eruaf* (nösn.). Aus dem Nhd., franz. frisure.

Frisyn, F. N. s. Frese.

Fritsch, F. N. Zunächst Fryths (1480, Hstdt.); frycz (15. Jahrh., Kronst.); Fricz (1492, 1501, Ebda.); Fricss (1500, V.-A. 16, 389). »Merten Fritz de Vurpodt« (1610, Nat.-A.). Frittz (1722, Hstdt.). Mit -e, -en, der Endung des patron. Gen.: Frytze (1493, Kronst.); Fritzen (1515, Hstdt.). Dann Frytsch (1478, Hstdt.; 1507, Schellenbg.; 1537, Kronst.); Frietsch (1691, Schässbg.); Fretsch (1648, Wolkendf.); Fritsch (1492, Hstdt.; 1521, Kronst.; 1617, Schässbg.; 1715, *Bistr.;* 1762, *S.-Reen;* 1763, Med.; D.-Kreuz; Arkeden; 1810, Reussm.). Latinisiert Fritscherus (1613, Bistr. Cap.). Als patron. Gen. Fryschen, frytschen, Fritschen (1486, Kronst.). Gegenwärtig nur Fritsch im ganzen Gebiet der Ma., besonders in den Städten und in den Dörfern des Schässbg. Kirchenbezirks. Dazu der Fl. N. *Fritschebäsch* (Wald, *S.-Reen).* — Fritsch ⟨ Fritz ist Koseform der mit -fridu zusammengesetzten P. N., vgl. Lutsch ⟨ Lutz, Filtsch neben Fulz zu Volk. u. a. In der Eif. und Lux. ebenfalls Fritsch.

Fritz, F. N. s. Fritsch und Friedrich 1.

—, **Fritzken,** *Fritzi* n., nösn. *Fritzi* n. Dim. und Koseform zu Friederike (nur in den Städten).

froh, frî, *friu* adj. und adv., nösn. *frû, frui* adj. und adv.; Komp. *frîer,* nösn. *frûnter, fruinter,* Superl. *um frîsten,* nösn. *um frûntstn, fruinstn.* Als Adj. fast nur in geh. Spr. *E hôd e friu uch frą Hârz* (Reussen).

Obmds noch mät gâdn Dängen
Mąlg (molk) *ed ąnder frûnem Sängen.*

Schuller, Mätn. 8.

Danach steht ein abhängiger Nebensatz als Objekt, wenngleich [in städt. Halbma.] ein Objekt mit *iber* (über) möglich ist. *Ed äs frû iber det Uarembąnd, det Geschingk.* Die Ma. verbindet ‚froh sein‘ gern mit ‚um etwas‘: *Dâ se gor frui am dâ härresch Fronjder* (wenn eines in eine viel vornehmere Familie geheiratet). *Dies uiwen un es* (die Nachbarsleute nach aufwärts) *sen esui frui am dê* [əe] *Gangen* (einen spät geborenen Stammhalter), *se verwässe sich net vuir Frôd* [əo] (Agnetheln). Tadel an den Verschwender: *Te wiršt nôch frui senj am verschammelt Bruit, woärt nor!* (Ebda.). Auch in diesen Fällen ist aber der Nebensatz volkstümlicher. *Ed äs frû, tąd ed e Uarembąnt huat beku. Er kännt frû sai, tąd ed ich nät noch lichter* (schlechter) *äs gąngen* („ergangen‘, nösn.). *E wôr sîr frû. Ich bän frû driber. E äs frui, em dingkt em hâd em e Rôss geschingkt* (Tekendf.). Sonst: ... *wâ wonn em em* (man ihm) *e Goisske geschingkt hât; e häd ün Tärno* (Terno, ital. ‚Dreitreffer in der Zahlenlotterie') *gemącht (Bistr.). Frûnter konnd em nau nammi sai, wâi diär Mäntsch, dâ e saine Sąn* (Sohn) *sąch* (nösn.). Aus dem Nhd. die Ra. *e äs frû wâi e Schnîkinnek* (nhd. Schneekönig ,Zaunkönig'). Auch als Adv.

Iwrem Sî
Schwieft e frî (der Adler). Kist., 13.

— Mhd. vrô, ahd. frô (frawêr). Das nicht umgelautete nösn. *frû* entspricht lux. frû, eifl. frû, trier. frû. Der süds. Umlaut ist wohl vom Komp. (ahd. frawiro, frôiro) aus in alle Formen eingedrungen. Die nösn. Komparativendung *-nter* beruht auf Analogie zu *schînter* (zu ahd. scôni), *klinter* (zu ahd. chleini), bei denen das *-n* zum Stamm gehört, mit unorgan. *t*. An das -t der indogerm. Komparativendung, die in griech. -τερος vorliegt, ist nicht zu denken.

fröhlich, frîlich adj. und adv., fehlt nösn. 1. ,froh, munter', meist in geh. Spr. *E hôd e fromm uch frîlich Gemût.*

Ir Gesälle kud; ir fräsch Gesällen!
Unt pläckt den frîliche Mêden de Špällen.
Schuster, Volksl. 27.

Gedongkt sąi Gott, die hued är (der Gattin) *en frîlichen Ubläck gegien mad em jongen Arwen* (Hillner, 30). *Frîlich Ôwent* heisst in Seligstadt der Abend vor der Hochzeit, der Polterabend (Kbl. 8, 116). *E frîlich Erwachen* wünscht man beim Schlafengehen [in städt. Halbma.]. Beim Tode: *Jöt* (Gott) *verläą uch desem sailech verštąrwänen Mätbräąder en frąilich Âferštaiengk* (Felldf.). Vgl. Schuller, T. u. B. 2, 8; WB. 1, 241. *Bâ dem (Wenj) hoffe mer fräšch uch frîlich ze senj* (Mätz, 61). Urk. »wir hatten einen wirth, der ist müde, darumb daheim frelig wöllen sein« (1598, B. M.). — 2. F. N. *(Frîlich)*. »Dominico frylich« (1549, Hstdt.), Frolich (1518, Ebda.), Frölig (1529, Ebda.), Frölich (1598, Ebda.; 1763, Wolkendf. i. B.; 1779, Fogaras; 1790, Leschkirch), Fröhlich (1629, Schässbg.; 1768, *Bistr.)*. Gegenw. Fröhlich (Schässbg., Trappold, Propstdf., Reussdf., Leschkirch, Gr.-Scheuern, Michelsbg., Rosenau, Brenndf. i. B.). Vgl. lux. F. N. Frölich. — Mhd. vrœlich, ahd. frôlîh, frawalîh.

Frohling (hd.), Fl. N. (Zied).

frohlocken, frolocken, nösn. *frôlockn* schw. [Städt. Halbma.]. Nhd. Lehnwort. Dagegen ist *früelâiken* in Rode als echtes Dialektwort anzusehen. »(Der Redner will) darüber frohlocken *(früelâiken)*, falls der Wohlehrwürdige Herr Vater bei guter Gesundheit wäre« (Schuller, T. u. B. 1, 48). *Et werd mich früelâiken,* wenn das Kind in bester *Jesâindheit* wäre und bliebe, sagt der Taufpate beim Betreten des Taufhauses. Das Wort, das im Aussterben begriffen ist, geht direkt auf mhd. frôleichen (Kluge, 151), *frôlecken zurück, das zu got. laikan, ags. lâcan ,springen' gehört. Mit ,locken' hat auch ,frohlocken', die nhd. Umdeutung aus frôleichen, nichts zu tun.

Frohnleichnam, fehlt; dafür aus dem Nhd. entstellt: *Frolaichnam, um F.* s. Fronleichnamstag.

Frohsinn, Fruisänn m., dazu das adj. *fruisännich* (Birth.) [Städt. Halbma.]. Äusserst wenig verbreitet.

Fromann, † F. N. (15. Jahrh., Hstdt.), Frumman, Fromman (um 1490, Kronst.). Entweder zu fromm (fromm + Mann) oder mit Metathesis zu Fuhrmann (so in den Qu. Kr. 3, 880).

fromm, fromm adj., nösn. *frumm* adj., mit Umlaut *fremm* (Marienbg. i. B., Scheiner, Ma. 139); Komp. *frommer,* mit Umlaut *fremmer,* nösn. *frummter;* Superl. *um frommsten,* nösn. *um frummtstn.* 1. In der Mundart hat sich die allgemeinste ältere Bedeutung ,tüchtig, rechtschaffen' in festen Verbindungen der gehobenen Sprache erhalten. *Frommer Lekt är Känjd* ,braver Leute Kinder' (Binder, Coll.). s. auch *Frommonsen, Frommonssan, Fromonzkänjt.* — »*en bän auferzaugen warden an der Forcht Gottes än eauser frommer krästlicher Jemainj* (Gemeinde) *zwäschen îrlichen unt frommen Luegden äre Känjden*« (Rode). *Frommen Laidn ze Îrn (Mettersdf.).* Fast zum Titel erstarrt in der Danksagung an die Leichenbegleitung: »*Än Airen* (Ehren) *selle bestemmt senj, äm fäderšten: Wiolerwairdich Härrn, Schailer-* (Schullehrer-) *härrn, wąise Härrn, fromm Löit und tugentsem Wąiwer*« (Felldf.). — Häufig in älteren Schriften. »soll dann der frum König umb sovil gelts komen« (1535, V.-A. 29, 540). »Ey dw frumer wnd getraer knecht« (um 1536, Müller, Sprdm. 206). »Die Dienstmägd, die frommen leütten nit dienen wöllen« (1565, Seiv., Lok.-St. 30). »der würt sprach: dieser Hunt muss hinaussen, ich hab in nicht geruffen, sonder from leutte« (1567, B. M.). »dieser Hunt ist mir lieber, den der frumpst man im Schoneberg« (1567, Ebda.). »die verpfändete Gütter werden / noch erkäntnüs fromer Leut eingesetzt vnd zu geeygnet« (E. L. R., 49). »wies rådlichen vnd fromen Leuten zu stehet« (Ebda., 146). »Weil wir aber dazumal obbestimbten Petrum Kleess gerecht, auffrichtich und frumb erfunden« (1597, B. M.). »Ich weis das der Bloch von Formbach ein fromm Bloch ist« (1600, Ger.-Prot.). — 2. Damit berührt sich die Bedeutung ‚ehrbar‘ (Gegensatz ‚liederlich‘). In diesem Sinne wurde in alten Zunfturk. von den Lehrjungen verlangt, dass sie von ‚frommen‘ Eltern geboren, von den Meistern, dass sie ‚fromm‘ seien. »zo zoll her wissyn wer her sey: ob her von frwmmen Lewtyn isth Oderr nicht« (um 1500, Bistr. Kürschnerz.-Art.). »Ittem zum ersten, welcher yn dy czech auffgenommen will werden soll eelich geporen vnd frum seyn« (1539, Schusterz.-Art.). »Welcher auff das Handwerk kommen will, es sey Meyster gesell oder lehriung, der soll Ehelich geboren seyn und frum« (1599, Schlosserz.-Art.). Auch in Zeugenaussagen, besonders von Frauen: »das ich gesagt hab, wo er redlich und from von seiner Mutter geboren were, so solte er herauss kommen« (1581, B. M.). »ich wil iedem ein gut geschenk geben, so frumb ich ein Fraw bin« (1599, Ger.-Prot.). »so (du) ein lose Huer bist, so wirstu (wohl: nit) heraus komen, bistu aber ein fromm man, so wirstu heraus komen« (1599, Ebda.). »Der Bungenschleger wer ein verhuert abgeritten lotre schalk, ein Pankert, wil er's nicht leiden, er gehe zu den Herren und mache sich from« (1599, Ebda.). »Sie aber schämte sich ein wenig Leber dahin zu bringen, denn Sie war ein fromm gutes Weib« (1692, Cap. Cib.). Auch mit Präpos. »Als dem Actori die braut war zugesaget, kompt Incatta am andern tag zu mir und offenbarts das der Actor nit fromb wer von ihr« (um 1610, Ger.-Prot.). »Ich habe gehöret, dass ein Gespräch ausgegangen die Catharina sei mit dem Grafen nicht from gewesen« (1755, L. K. A.). Ebenso neben »meinethalben«: »Ich hab im Rathaus gehört das der Dobrincker die Incatta fragt, ob eines schult am andern het, saget sie, ehr ist meinethalben fromb« (um 1610, Ger.-Prot.). In lebendiger Ma. nur im Volkslied:

Häd icht, häd icht Îren! (Ohren)
Em mess ned alles hîren;
Em hîrt gor vil af deser Wält,
Wat frommen Îren net gefällt.

Schuster, Volksl. 41.

In der Einladung zum Hochzeitsmahl: »als mit frommen Freuden zu geniessen« (Pruden, Mätz, 43). — 3. Die Ma. kennt das Wort fast nur in der engeren Bedeutung ‚gutmütig‘. *E fromm Mänjtsch* ‚ein sanfter, stiller Mensch‘ (Binder, Coll.). Sprw.:

Allze fromm
Geniert (genährt) *sich kom* (kaum),
Half Zegun
Kit dervun.

»der selbich (Simeon) was frwm, gerecht, wnd goczfertig« (um 1536, Müller, Sprdm. 187). »Der Stepfen Prustorffer saget, er der schott ist ein fromm mensch, aber die Fraw ist wütig, wenn sie anhebet« (1606, Ger.-Prot.). Hieher gehört wohl auch das Formelhafte der geh. Spr. *e fromm uch frîlich Gemüt.* — Iron.: *E äs fromm wê e Wûlf.* — Von Kindern ‚gehorsam, folgsam‘. *Der Misch, det Mâjo äs e fromm Känjt. Sqf frumm, denô holn ich der äst, wänn ich heme kun* (nösn.). *Sof fromm en foltsch!* (Agnetheln). *Sq̂ ställ, sq̂ fromm, der Mummes kit. Bäst te fromm, erzielen ich der Mêren. Wô te än der Kirich net fromm bäs, se schmeisst dich der Härr Farr mät der Bibel* (Klosdf.). Wenn das Kind während der Taufe nicht schreit, erzählen die Paten: *Däd äs qber emôl e Frummet!* (nösn., vgl. Hillner, 38).

Und gid et (gibt es) *Kängd äm Hous dertän,*
Schloppt e durch 't Schlässellôch erän,
Sackt än de Frommen tousent Sachen.

Käst., 81.

— Ironisch im Sprw. *De Käinjt se fromm, wo se schlôfen* (Fronius, 25). — Denselben Bedeutungswandel zeigt henneb. fromm, das ‚still, ruhig‘ bedeutet und besonders von Kindern gilt, die der Wartung noch bedürfen. — 4. Noch enger ist die Bedeutung, wenn *fromm* auf Tiere bezogen wird. *E fromm Ruess* ‚ein Pferd ohne Unarten‘, *e frumm Ôss* ‚ein sanftmütiger Ochs‘. *Anser Fqku* (Tiername) *äs guer e frumm Gäiter* ‚ein ruhiges Tier‘. *De Bäffel sai dem Taiwel, se sai qldemôl näd e winich frumm* (nösn.). — Auch hess. wird fromm von sanftmütigen Tieren gebraucht (Vilmar, 111). — 5. Wie nhd. fromm ‚rechtgläubig‘ wird das Wort in echter Ma. gar nicht gebraucht, dafür sagt sie *helich* (heilig). *E helich Mäntsch,* das freilich oft auch spöttischen Nebensinn erhält. Syn. auch *fremmich* (frömmig). Städt. Halbma. sagt in diesem Sinne von einem altgläubigen Prediger, *e gefallt mer nät, diär äs mer nau doch ze frumm (Bistr.).* — 6. Als F. N. Den Übergang vom Adj. zum F. N. zeigt deutlich »der frumm Schuster« (1541, Kronst.). »Fromm« (1679, Ebda.; 1702, *Bistr.;* 1762, *S.-Reen;* 1763, Med.). Mit patron.-es »Frommes« (1497, Kronst.), »Fromes« († Honigberg i. B.). — Gegenw. Fromm (Kronst., Baassen, *S.-Reen, Bistr.).* — Ablaut ist vielleicht F. N. Frühm (s. d.). — Mhd. vrum (eigentl. Subst.), ahd. fruma ‚Nutzen‘ (vgl. zu Nutz und Frommen) gehören zu ags. fram ‚tapfer‘, altnord. framr ‚vorzüglich‘ und sind desselben Stammes wie ahd. got. fram ‚vorwärts‘; vrum ist also ursprünglich etwa ‚förderlich‘.

Frommen, fehlt; urk. »auch ahpgesehen den nutzen vndt frommen, welcher . . erwechst« (1628, Siebenb. Quartalschr. 1859, 92). — Ahd. fruma ‚Nutzen, Vorteil', dasselbe wie fromm s. d.

frommen, fromme schw. *(S.-Reen)* s. V.-A. 26, 192. Wie nhd. es frommt mir. Sonst der Ma. fremd, aus dem Nhd.

(frömmig), fremmich adj. ‚fromm in religiösem Sinn' (Mühlb.). — Mhd. vrümec.

Frömmigkeit, Fremmeget fem., nösn. *Fremmeket, Frimmeket* fem. [Städt. Halbma.].

frömmlich, †. 1. adv. zu fromm ‚ehrbar, tüchtig, rechtschaffen'. »nicht anders den ehrbarlig, auffrichtig und frömblich sich verhalte« (1491, Bistr. Arch.). »Der Knecht hat dem Georg Thaisen frömlig gearbeitet« (1498, B. M.). »daher erlich wnndt frwmlich awss (‚uns') rechenschoff hatt genn« (1532, *Senndf.)*. »und ich darumb E. W. frumlich umb verczaiunck gebetten wolt haben« (1563, B. M.). »szo freimlich haltten die vnszeren den Aydt« (1564, Bistr. Progr. 1896, 84). »wo er sich frömlich steln wird« (1569, Kl.-Schelken). »so warr so du das gorn dorvon tregst, so war soll es dir nitt frömlich ghen« (1581, Kbl. 8, 37). »wisse nichts unbilliges von ihr zu sagen, allein was recht und fremblig seye« (1598, Ger.-Prot.). »sondern er hat sich allezeit in seinem ganzen Handeln und leben recht und fremlich verhalten« (1598, Ebda.). »Aber ich hab in auch frömlich bezahlet« (1604, Nat.-A.). — 2. Dazu (eigentlich zu dem mhd. adj. vrumelich) der F. N. »Frwmlich« (um 1500, Hstdt.), »Frymlich« (1525, Ebda.). — Mhd. vrumelîche, mit Umlaut vrümelîche.

~, Frommonsen Pl. ‚Knechte, die zur Hochzeit einladen' (Bulkesch, Pruden; Mätz, 42). — Mätz denkt dabei an »frommen Mannes Sohn« (s. *Frommonssan, Fromonzkänjd). -monsen* wird indessen als Pl. zu dem dial. »Mannesname« (DWB. 4, 74; auch köln.) zu fassen sein, das z. B. in nösn. *Mǫnzem,* Pl. *Mǫnzem* (aus **Mǫnznem,* süds. *Monzem)* vorliegt. Die Einzahl *(-san* > *-sen)* ist bei der Mehrheit der Hochzeitbitter sinnlos. *From-* oder *Fro-* (es lässt sich aus der einzigen Angabe bei Mätz nicht entnehmen, ob wir es mit einer offenen oder geschlossenen Silbe zu tun haben) lässt sich auf *fromm* oder *frǭ* (dessen *ǭ* in Lokalmundarten auch *ô* ist) zurückführen. Sachlich ist das letzte (zu *frǭn* ‚freien') vorzuziehen. Das Wort ist übrigens heute in Pruden nicht mehr üblich und soll, soweit die Erinnerung zurückreicht, für »Hochzeitbitter« auch nicht gebraucht worden sein (Mitteilung von Pfarrer Ernst). In Bulkesch heissen heute die Hochzeitbitter gleichfalls nicht *Frommonsen,* sondern der Bitter wird als *Froamonssqnn* angeredet. Mätz kann also auch falsch berichtet worden sein. s. Freimann und das folgende Wort.

~, Frommonssan m. ‚vertrauliche Ansprache eines Mannes' (Schuller, Beitr. 19), ‚ein gewöhnlicher Ausdruck unter dem gemeinen Volk, wenn sie einen Knaben liebreich anreden wollen' (Lhrdt.). Urk. »da spricht sein schwager gegen den Jungen! Nun fromm mans son, bedenkh gar eben dein gewissenheyt« (1605, Ger.-Prot.). In Bulkesch sagt der Hochzeitsbitter nach der Begrüssung, er habe noch ein paar Worte anzubringen, wenn er wüsste, *se werde net wedr ich senj.* Darauf antwortet der Hochzeitvater: *Se wärdn net weder es senj. Fâr nor fuͤert än denjem Berof, Froamonssqnn* (◡ ◡́ ◡)! Doch sagte ein Gewährsmann in Bulkesch *Frommonssqnn* (◡ ◡́ ◡), was für Schullers Angabe sprechen würde. Das Wort ist also wohl identisch mit *Frommonsen* (wenn das letztere nicht bloss auf fehlerhaftem Bericht beruht) und als »freien oder frommen Mannes Sohn« zu deuten. Die Herleitung von »Frauenmensch« (Schuller, a. a. O.) will lautlich und sachlich nicht entsprechen.

~, Fromonzkänjt (◡ ◡́ ◡) n. ‚wildfremder Mensch' (Med.). *Wat fuͤr e Fromonzkänjd äs dǭt?* (Ebda.). — *monz-* ist ohne Zweifel ‚Mannes', *Fro(m)-* lässt sich als *fromm* ‚tüchtig, ehrbar' (s. besonders die urk. Belege unter fromm 1) oder als *frǭ* (frei) auffassen. Sachlich wäre hier *fromm* vorzuziehen. s. *Frommonsen, Frommonssan* und Freienmanneskind.

Fron, F. N. (1480, Kronst.; 1691, Heltau; 1754, Schässbg.). Am bekanntesten ist Matthias Fron(ius), Ratsherr in Kronst., Herausgeber des E. L. R. (1583). — Mit patron. -e, -en. Frone, Fronne, Fronen (1475, Kronst.; 1526, Zeiden i. B.), Frwene (1536, Wolkendf. i. B.), Frwenyn (1536, Zeiden i. B.), Frune (1536, Brenndf. i. B.). — Mit patron. -s. Ffronsch Merten (1486, Hstdt.). Vgl. Farsch zu Pfarr(er). — Mit Umlaut Fröhn († Michelsbg.), Frühn (1793, Heltau). — Latin. Fronius (1570, Kronst.; 1617, Schässbg.; 1690, Hstdt.; 1691, Hammersdf.). Gegenwärtig in der Umgebung von Med. und Hstdt., ferner in Heldsdf. i. B. Seit 1600, wo die latin. Form häufiger wurde, haben den Namen viele Pfarrer und Lehrer getragen. Bekannt ist Fr. Fr. Fronius, der Verfasser der ‚Bilder aus dem ss. Bauernleben' († 1886). — Frony (= Fronii; 1633, Hstdt.). — Vgl. den moselfr. F. N. Frohn. — Zu mhd. vrôn ‚Gerichtsbote, Büttel'.

Frondienst, fehlt; s. *Härrnarbet* (Herrenarbeit), *Robot.*

—, **Froner**, F. N. Daneben vielleicht auch Fröner. Nur urk. belegt in Frwenyrs piter (1536, Zeiden i. B.).

Fronleichnamstag, fehlt; dafür in vorreform. Zeit ‚Gottesleichnamstag'. »Item an dem hochlöblichen tag Gocz leychnamsz Tag: do zol sich eyn Ider mayster schicken: mith seyner frawen wnd zeynem gesind: dasz her zey pey der meesz« (ca. 1500, Bistr. Kürschner-Art.). »Zw gotzleichnamstag sallen alle gesellen gen mit Kertzen vor iren Ersamen mestern In der processio« (1494, Kronst. Goldschm.). Auch »an dess heiligen lichnams tag« (1508, Keisder Art.). Vgl. Kronst. *Helichlechnemgôss* ‚Heiligleichnamsgasse'.

Front, Front, nösn. *Front* fem. 1. ‚Vorderseite'. *De Haiser štô guᵃr än der Front* (Gegensatz *äm Hôf, äm Guᵃrtn). Än de, u de Front bân.* — 2. ‚gerade Linie in der Aufstellung der Soldaten'. *Bæ̂ de Muᵉsern mes em än der Front gôn, net wæ̂ em wäll.* Über das Nhd. aus ital. fronte ‚Stirnseite, Vorderteil' zu lat. frons ‚Stirne'.

Frosch, Fruᵉsch m., Pl. *Friᵉsch*, nösn. nur vereinzelt im Pl. *Fresch (Kl.-Bistritz), Friäsch (Treppen).* 1. Bezeichnung für Angehörige der Ordnung Anura des Tierreichs ‚Froschlurche', besonders Ranae. *De Friᵉsch kwąrken, kwąrkesen* ‚quacken'. Ihr Quacken sagt Regen an: *De Friᵉsch kreⁱschen nô Rên.* Das Wort ist nur in den Städten (Hstdt., Med.) und Märkten (Birthälm, Zeiden i. B.) gebräuchlich. Viel häufiger sind die Syn. *Baika* (magy. béka, Rode), *Bruᵃske* (rum. broască ‚dicke Erdkröte, Bufo vulgaris'), *Krader* (der gewöhnliche Ausdruck für alle Froschlurche), *Kruᵉt* (Kröte), *Murkes* (Erdkröte, Bufo vulgaris), *Regel* (Unke, Bombinator). In der Kinderspr. wird der Frosch auch *Hîpertîperchen* n., scherzhaft *de blêsch Nôchtegôl* genannt. Für den Laubfrosch (Hyla arborea) sind die Bezeichnungen *grâⁱ* (süds. *græ̂n) Krader, Laubfrosch* (städt. Schuldeutsch), *Hąsselfärken* (Neustadt i. B.) üblich. — 2. ‚Zärtlichkeits-Schelte für Kinder': *tâ Fruᵉsch* (Hstdt.). *Nǫ säch nê* [eᵉ], *wot dî Frêsch koun* (Agnetheln, neben *Krader).* — 3. *Fruᵉsch* heisst auch das eiserne Band an den beiden Enden der Stehwage des Wagens. — 4. *Frosch* ‚die Kimme, der überstehende Fassdaubenrand'. Böttcherei, *Bistr.* Süds. dafür auch *Kruᵉt, Gegarjel.* — Mhd. vrosch, ahd. frosk.

Froschblumen, Frêschblemmen Pl. ‚der goldgelbe Hahnenfuss', Ranunculus auricomus L. (Jakobsdf. b. Schässbg.). — Syn. *Boglârchen.*

Froscher, †. s. Freischer.

Froschlaich, fehlt; s. nösn. *Kruᵃdngeretz* n.

Froschlöffel, Alisma Plantago L., fehlt; s. *Kratschekretj* (Grᵉ-Sch.).

Frosen, F. N. s. Frese und das folgende.

Frosina, P. N. »von meyner widersacherin Frosina, welche meyn weib gewesen ist« (1574, B. M.). Danach auch F. N. »Frosieen Mechel« (1701, Heldsdf. i. B.). Die Formen Frossyn, Frosen, die neben Frese (s. d.) erscheinen, lassen die Vermutung zu, dass Frese und seine mannigfaltigen Nebenformen Umlaut zu Frosina seien. — Zu dem gr. P. N. Euphrosina. Abfall der ersten (unbetonten) Silbe erscheint sonst nur vor betonter zweiter Silbe.

Frost, Frost m., fehlt nösn. [Städt. Halbma.]. Echte Ma.: *grîss Kąlden, Gefräst.* Bericht über die Erscheinung meist durch das Verbum *gefræ̂sen.*

Frostbeule, Frostbel fem., nösn. *Frostbail* fem. [Städt. Halbma.]. Äusserst selten gebraucht. *E huᵉt Frostbeln um Foss. De Frostbailn sai em ąfgąngen* (nösn.). — Echte Ma. *Schnäfelz.*

fröstelu, fresteln, nösn. *fresteln* schw. [Städt. Halbma.]. Äusserst wenig gebraucht. *Ich fê u ze fresteln (Bistr.).* — Echte Ma. *et gêt mer ąldemôl gąnz kąld iber'n Räck; ich beku Gąⁱshaut.*

fröstig, †. »von wegen dieser fröstigen Winterschtzait« (1558, V.-A. 6, 318).

—, **Frôtz** fem., nösn. *Frôtx* fem. 1. ‚Futter für Tiere'. *Ed äs nichn mi Frôtx ąf dem Fiᵃlt* (nösn.). Auch umschrieben durch: *Ed äs näst mî ze friᵉssen afm Fiᵉlt;* oder auch durch: *ze fittern: Ich hun näst mî ze fittern.* — 2. ‚Essen für Menschen', in verächtlichem Sinn. Entrüstet: *Se sǫl enem näᵃ esi en Frôtx af den Däsch bronjen!* (Med.) Über die viel essenden Arbeiter: *Dâ breoche gor vil Freᵒx* auch *Gefrêtx. Schąff nê aissen det Gefrêx hahär* ‚die Überreste von einer Mahlzeit'. *Det Gefrêx* (Gefütter) *kæ̂nt nê oist ąfhîren* (Agnetheln) ‚die Anlässe, Mahlzeiten zu bereiten'. Aber auch: *Det Gefrêss kæ̂nd afhîren* ‚der unmässige Genuss könnte aufhören' (Agnetheln). Hieher gehört fräz fem.: »(die greuliche Heyduggen) mit der fräz nicht content« (um 1612, V.-A. 22, 352). In der gleichen Bed. wie *Frôtx* zu vgl. lux. Ôz ‚Atzung'. Die Begriffe ‚Futter', ‚Speise' liegen so nahe an ‚Essen', ‚Speisen', dass schon im Altdeutschen Übergänge aus einem in den andern möglich sind. So ist mhd. vrâȥ, ahd. frâȥ einmal gleich unserm *Frôtx,* bedeutet aber auch ‚Fresser', ‚Vielfrass', wofür wir wohl ebenfalls eine Bildung von ‚fressen' haben, aber mit kurzem a: *Frąss.* Unsere Ma. hat die Kausativa und deren Ableitungen strenger

bewahrt: Wie *Frôtx* gilt bei uns *Flîtx, Flûtx* neben *Flôss,* während mhd. nur vloeȝe, vlôȝ ist.

—, frotzeln schw., nösn. *frotzeln* schw. ,verspotten'. *E frotzelt înd ängden* als Entschuldigung, wenn Knaben sich geprügelt haben und zur Rede gestellt werden (Med.). *De wältst mich hąlich nur frotzeln* mit einem unannehmbaren Antrag usw. *(Bistr.).* Das Wort ist kein echtes Dialektwort, findet sich auch auf dem Lande nicht, es ist vielmehr Lehnwort aus österr. frotzeln mit derselben Bedeutung.

—, frôtzen schw., dasselbe wie *frêtzen* (s. d.).

—, Frôtztąisder m. (nösn.). Eigentlich ,Futtersack', übertragen ,Fressack, Vielfrass'. *Dau Frôtztąisder!* (nösn.). — Zu *Frôtx,* das Grundwort s. *Tąser* (,Sack', ,Tasche'). Vgl. *Âtztąser.*

F r u a u f f, † F. N. ,früh auf'. »Stephan f r ẘ o f f« (1462, Hstdt.). »Lassel F r ẘ o f f, F r a w f f« (1479, Ebda.). »F r u a u f f« (1494, Ebda.). »F r y a u f f« (um 1500, Ebda.). »f f r u a u f f« (1549, Ebda.). Vgl. DWB. 4, 288.

Frucht, Frucht (fruxt und fruχt) fem., nösn. *Frucht* fem. 1. In echter Ma. nur in der Bedeutung ,Getreide' (Weizen, Korn) üblich, darum auch *Kîren, Kuiren* für *Frucht* [χ] gebraucht im Sinne von ,Weizen und Roggen'. a) *Dąd äs gâd Iärt, dâi drêt guar vil Frucht* (nösn.). *Wæ te denj Läinjder bâst, esi drô se der Frucht. Gäf Mäst, denô bekist te och Frucht* (nösn.). *De Frucht sê,* süds. *sên.*

> *Dâu de Frucht gesêt wôr,*
> *Kąm det Mêtche weder duor.*
>
> Schuster, Volksl. 45.

De Frucht štêt licht (schlecht), *gât. De Frucht huad entkimt* (gekeimt), süds. auch in starker Beugung: *huet gekinnen, kit hešch eraus. Em sait sai Ląst u der Frucht, wâi de Häichelzæint äs se erausku. De Fruicht äs dänn, wâe mät der Iul* (Ahle) *gesątxt* (Schönbg.). *De Schôgner frêtzn de Frucht mät dn Schôf* ,lassen im Herbst die Schafe im grünen (Winter-)Getreide weiden'. *De Frucht huat gât, licht gewäntert. Nau känn mer de Frucht mät dn Gâiter frêtzn* (,durch das Vieh abweiden lassen'), *se äs xe näst* (,missraten'). *De Frucht äs hesch, ąber det Tirkeschkôrn* (Kukurutz) *äs schwąch* (nösn.). *U diär Sait aussn hummer (hun mer) haier vil Frucht. Ed äs än Êlänt, de Frucht iberschlêt sij es guar, se lqit ąf der Iärt* (durch Wind, Platzregen). *De Frucht hêft sich wider, štît weder af. Em huad es de Frucht zetrêdn, xefuarn. Durich de Frucht xe fuarn, äs näd erlôft* (nösn.). *De Frucht schneiden, hîme færen, drieschen. De Frucht let gât* (,lässt gut'), *gid aus* (beim Drusch, nösn.), *äs wæ Ärbes* oder auch: *git wenij än't Vîrel, äs gedrackt* (vom Mehltau), *äs geschrampen* (auch bei Luther: geschrumpfen), *äs nor wæ Kim. Sommerfrucht, Wängterfrucht.* Urk. »und die noth trieb uns dahin, das mir alle tag unser gesindell bey die f r u c h t auf den hattert musten schücken« (um 1610, Ger.-Prot.). »Der meiste Teil hat sich umb Pittersberg gelägert und daselbst fast alle die F r ü c h t e verdorben« (1683, Mai, Qu. Kr. 4, 211). »wunderte mich darüber, bis ich sahe, dass die Steinerin . . mit der Sophia Schusterin, aus der F r u c h t oder Kukurutz herauskam« (1754, Cap. Cib.). »(Des Woiwoden Michael Völker) droschen die F r ü c h t e aus« (Qu. Kr. 4, 54). — b) Auch das gedroschene Getreide heisst *Frucht. Mer hu noch* (ȝ) *än zwinzich Liter Frucht äm Hambâr* (Fruchtkasten, nösn.). *Huad er de Frucht gemâssn? Ousgemêssä Frucht. De Frucht äs es faicht (nąss) gewôrn, mer mâissn se ąfdêln,* zum trocknen (nösn.). *Kut, mer sin de Frucht ąfnêi* (die aufgeteilte sammeln). Frage: *Wąt sidd er an der Štądt?* (sc. *Bistr.).* Antw. *Mer hu Frucht zem verkêfm* (nösn.). *Wiär wêss, ląngd* (reicht aus) *es* (uns) *de Frucht; mer hu nichen mi Frucht* (nösn.). *De Frucht äs es ousgegangen.* — Die unreine Frucht, die Nachfrucht heisst *Uechter* (Achter). — Auch hess. und lothr. bedeutet Frucht im engern Sinn »Roggen oder Weizen«. — 2. ,Leibesfrucht', †. »dieselbe gebe jres leibs f r u c h t einem eheman« (E. L. R., 189). »Gibt jemand trăncke die f r ů c h t e aus mŭtterlichem leib ab zu treiben« (Ebda., 161). — 3. Übertragen ,Ertrag', †. »vnd behelt jm fůr sich desselben (Legates) gebrauch / f r ů c h t e vnd niessung auff sein lebenlang« (E. L. R., 100). — 4. Bildlich. ,Erfolg, Nutzen', †. »Welches zweyffels ohn / ohne sonderliche nutz vnd f r ů c h t e Gemeines standes nicht wird abgehen« (E. L. R., Vorrede). »damit sie ihr Vornehmen, desto besser vndt gefügliger zu f r ü c h t e n bringen mögen« (Kraus, Chron. 1, 33). »ihndem selbige Pastei auch noch biss ietzt zu stundt nie recht auss gefüllet vndt auff der Pasteyen zu f r ü c h t e n gebracht kennen werden« (Ebda. 1, 69). »Alss nun ihm Februar mit treffliger vnd gleichssam vnerleidliger kalten die belagerung der Hermannstadt mit weniger f r u c h t continuiret worden« (Ebda. 2, 50). — 5. Aberglaube. Zusammengewachsene Früchte (Pflaumen, Kirschen) darf die Schwangere nicht essen, sonst gebiert sie Zwillinge (Hillner, 13). — mhd. vruht, ahd. fruht, aus lat. fructus. Lautt. 73 und 81. Die Formen mit χ erklären sich durch die palatale Artikulation des vorhergehenden

Vokals (vgl. Formen wie *Fruicht, Fruecht)*, durch welche die gutturale Aussprache des *-ch-* *-x-* (der ursprünglichen und häufigern Entsprechung des lat. -c-) erschwert wurde.

fruchtbar, fruchper, *frichtber* adj., nösn. *fruch(t)ber* adj. [Geh. Spr.]. Im Neujahrswunsch: »*den ädle Wenjštôk und alle frichtber Bîm*« (Reussen, Kbl. 31, 22). *E fruchper Jôr.* Urk. »[V]ber =. fruchber« (V.-A. 26, 71). Die echte Ma. gebraucht dafür *ädel* (edel), *mâchtich* (mächtig), *wôssich, gât, rech, gesêjent.* — mhd. vruhtbære.

Früchtel, Frichtel n., nösn. *Frichtel* n. ‚unnützer Mensch'. *Nǫ, dǭd äs e gât, râr, licht Frichtel* (nösn. und süds.). Auch das Dim.:

Mät mir än enem Zôtus wôr,
Et se gewäss nea virzich Jôr,
Ze Schêssbrij än dem Seminâr
E Frichtelche gor fenj uch râr.

Höhr, L. Ê. 51.

— Syn. *en râr Eesgôf* (Med.). — Aus österreich. Früchtel in derselben Bedeutung, dim. zu Frucht.

Fruchthäuschen, ‚Häuschen, Zelle zum Aufbewahren der Getreidevorräte' (in Kirchenburgen). »In diesem und dem folgenden Jahr werden die alten verfallenen Fruchthäuschen auf der hintern Seite des Kirchhofs von neuem aufgebauet« (1807/8, Zeiden). Sonst dafür *Kummer* ‚Kammer'. *Em hoet dem Hâjer Kuire geštuilen ais der Kummer ǫfm Fritef* (Agnetheln). — Sonst wurden zur Aufbewahrung des Getreides *Kôrnkauln, Kîrekellen* angelegt.

Fruchtkasten, Fruchtkasten m., fehlt; s. nösn. *Hambâr.* Auch im Süds. steht dafür, mehr nach der jeweiligen Verwendung: *Kîrekasten, Huewerkasten* u. dgl.

fruchtlos, fruchtlîs, nösn. *fruchlôs* adj. und adv. *(Kl.-Bistr.)* nur in geh. Spr. »*Nadam ǫber ǫlle ier Bemäi fruchlôs ous is gefǫlln*« (Bertleff, Kl.-Bistr. Ma., 19). Echte Ma.: *ämsonst.*

Fruchttonne fem., s. *Bätsch* ‚hohes Fass mit offnem Querboden'.

Fruchtzehnte, Fruchtzænden, nösn. *Fruchtzan* m. Daneben häufiger nach den einzelnen Gattungen: *Kîrenzænden, Huewerzænden* usw. Vgl. darüber Teutsch, Art. der geistl. und weltl. Univ., 23.

—, **Fruesrot** Fl. N. *(Mettersdf.)*, zu einem F. N. *Frû* (Froh), also ‚Rodung des Froh'.

frühe, fræ, *frôi* (Zendersch) adj. und adv., nösn. *frâi* adj. und adv. Komp. *fræer*, nösn. *frâinter*, Superl. *um fræsten*, nösn. *um frâintstn.* 1. Als Adj. selten. *Um fræe Morjen.* In der Zuss. *Fræjôr, Frækirch,*

Obmds noch mät gâdn Dängen
Mǫlg ed ǫnder frûnem Sängen,
Ǫnd än frâiner Morgnštǫnt
Sij äm Haus e Känd befǫnt.

Schuller, Mätn. 8.

Zem fræen Afštôn wæken ‚zu frühem Aufstehen (1—2 Uhr morgens) wecken'. (s. aufstehn). — *Et wôr noch äm frâine Frâijôr* ‚in der ersten Zeit des Frühlings' (nösn.). *Äm frâine Hiärwest.* Sprw.: *Fræ Dǫnner, špêt Hǫnger; špêt Dǫnner, fræ Hǫnger*, donnert es früh im Jahr, so hat man später Hunger zu erwarten, denn der Speck, den man beim ersten Donner anschneiden darf, geht dann auch früh zu Ende (s. *Bǫflîsch).* Donnert es spät in den Herbst hinein, so ist im nächsten Frühjahr Teuerung zu erwarten, denn ein lässiger Herbst bedeutet strengen Winter. *Frâi Oppes* ist Übersetzung des nhd. Frühobst. — 2. Adv. ‚früh am Tage'.

Ät woul e Mätche fræ afštôn
Unt woul gor fræ nô Riûse gôn.

Schuster, Volksl. 46.

Se hässe (hiessen) *mich fræ ǫfštiun,*
Se hässe mij än de Kirch giun. Höhr, 50.

Tadel: *De mâisst hǫld e winich frâinter ǫfštô* (nösn.). Ironisch: *Cha, de mâisst frâinter ǫfštô, wô te maich dru wälltst beku* (nösn.). Sprw. *Fræ afštôn bräinjt Brîd än't Hous, špêd afštôn drîd ed ous. Frâi des Morjest* (nösn.). *Diär äs âne guar frâi des Morjest ǫf* (Ebda.). *Kamm more fræ* (‚morgen früh') *zâ mir! Iwermore fræ.* Nösn. dafür gewöhnlich *môrn, ibermôrn des morjest.* Doch auch: *môrn frâi si(n) mer Schwai uafdâ. Dǫstich fræ* (Dienstag frühe). Vorwurfsvoll: *De häst och e kait* (‚ein wenig') *frâinter* (‚zu früherer Tageszeit') *ku känn!* (nösn.); dagegen *wänn te e kaid î* (eher) *ku wêrst, häst te äst sâi känn* (Ebda.). *De Sǫnn gêt nau âne frâinter ǫf* (Ebda.). — ‚früh im Jahre'. *De Kirschn mâis em guar frâi pôstn* (‚pfropfen'), *sǫ(n)st beklaibm se näst* (nösn.). — Allgemein ‚in der ersten Zeit', Komp. ‚eher'. *E äs fræ kun* (ohne Rücksicht auf die Tageszeit).

Trǫtz alledêm wôr hie wæ änjden
Den Ôwent fræer bæ de Fränjden.

Höhr, L. Ê. 45.

Frâinter ǫber špêter (früh oder spät) *kid ed jǫ doch derzâ* (nösn.). — ‚vor der Zeit'. *De Fre Mǫtter äs frâi ǫlt gewôrn.* Gewöhnlich verstärkt mit *ze* (zu). *Diär äs ze frâi geštorbm. Ze fræ huet sich nôch nemest gefrängdert.* Im Süds. dient zur Zeitbestimmung »früh am Tag, im Jahr, in der Lebenszeit« auch das Adv. *bǫlt* für *fræ:*

Mer messe morre bòld ąfšteon, mer selle bąeken. Mer sêden de Hoewer gor bôld änn Aisdâjen, et wôr nôch Schnî ąfm Fêlt. De Motter äs dên oärme Känjden ze bôlt geštorwen, 't wit wî ärirer senj (Agnetheln). — Syn. *zegdich* (zeitig), *bąlt* (adv.). — Der nösn. Komp. *frâinter* erklärt sich wie *frûnter* (s. froh) als Analogiebildung (vgl. moselfr. freᶦter); aus ihm ist das unorgan. -n auch in die Deklination gedrungen. — mhd. vrüeje, vruo; ahd. fruoji, fruo.

Frühe, Fræ fem., nösn. *Frâint* (neuer auch *Frâi*) fem. ‚frühe Tageszeit'. *Hojd än der Frea* (Schaas). »so kam er in der f r ü e« (1677, Cap. Cib.). Binder, Coll. führt *än der Fræden* (vgl. *bezejden* ‚bei Zeiten', ‚früh') an, das heute kaum irgendwo zu hören ist. Gewöhnlich verstärkt *än aller Fræ*, nösn. *än ąller Frâint* ‚am frühesten Morgen'. *Hait wôr ij än ąller Frâint schu mê* (mähen, nösn.).

Den ąnderte Morje
Glej än aller Fræ. Kist., 8.

»Er habe offt des Hannen seinen Sohn, in aller F r ü h e, da die Sonne noch nicht auffgegangen, von dem Pfarrhoff herauss sehen gehen« (1694, Cap. Cib.).

Mątzki! (P. N.) *Môrn än ąller Frâi*
Sąltst te nô dn Fârd mer sâi.
Schuller, Mätn. 36.

Noch stärker: *Än ąller Härrgots Frâint äs ed* (das kleine Kind) *schu ąw ąnd led ent nammi schlôfm (Bistr.).* — Abergl. Die Morgenfrühe hat zauberkräftige Wirkung. Krankheiten an Augen und Körper werden in der Frühe am leichtesten geheilt (Schuller, T. u. B. 2, 58; Kbl. 23, 136). In der Frühe vor Sonnenaufgang muss man das Feld umgehen, das man vor Sperlingen schützen will (H.-W., 280). Denn »bei Sonnenaufgang flieht der Zauber; vor Sonnenaufgang wirken die bannenden Sprüche am besten« (Ebda., 289). Syn. Umschreibungen für die Zeitbestimmung ‚in der Frühe': *mät sąmt dem Dôch* ständige Formel für den Zeitbeginn der öffentlichen Arbeiten; *wo sich der Dôch enząnjt; î Doeχ* (Agnetheln). — Süds. *Fræ* geht auf ahd. fruoî, nösn. *Frâint* (mit epenthet. -n- s. *frâinter)* und *Fræden* (alter schw. Dat.) auf ahd. *fruoida zurück. Vgl. moselfr. Freᶦt.

Frühgeburt, Frægeburt fem., nösn. *Frâigeburt* fem. [Städt. Halbma.]. *Ed äs än Frâigeburt; se huad än Frâigeburt.* — Echte Ma.: *se äs verwiert wôrn* (nösn.).

Frühgottesdienst, fehlt; s. *Frækirch* (Frühkirche), *Mâtn* (Metten).

Frühjahr, Fræjôr, *Frâguer* (Birth.) n., nösn. *Frâijôr, Fräigâoer (Kl.-Bistritz)* n. ‚Frühling'. *Et gêt kêm Frâijôr* (nösn.). *Det Fræjôr kit. Esi kit det Fræjôr* ‚nämlich mit Regen und rauhem Wetter'.

Woll kit det Fragiur äm Biäšch um
Rêch —
Doi Bûm wit weder græn. Zw. Krez., 28.

Det Fræjôr äs vergangen. Det Frâijôr äs voriff (‚vorüber', nösn.). Erwartung und Sehnsucht nach dem Frühling: *Loss nur det Frâijôr sąll ku, et wid mer schu wider basser* (nösn.). *En hîsch Fræjôr. E gąrštich, muarich Frâijôr* (nösn.). — Als Zeitbestimmung. *Äm Fræjôr. Äm Frâguer lieft der Mänsch weder af* (Birth.). *Net ląng na disser Zeit wârn emall em Fräigâoer en atlich Besterzer em Wąlt* (Bertleff, Kl.-Bistr. Ma., 23). *Am Frâijôr blâi de Klopezeltoher* (‚Schneeglöckchen', nösn.). Sprw. *Äm Frâguer gid e Îmer Rên en Âchtel Muer* (Kbl. 29, 73; vgl. Schuster, Volksl. 148). *Äm iršte Fræjôr,* nösn. *äm frâine Frâijôr, frâi äm Frâijôr, äm Frâijôr behant* ‚bei Beginn des Frühlings'. *Špêt äm Frâijôr* oder *äm Frâijôr špêt* ‚gegen Ende des Frühlings, im April'. Syn. *bôlt, lemzem* ‚langsam = spät' *äm Frâgeor (än Aisdâjen). Äm vergąngene Frâijôr, äm Frâijôr vor em Jôr, vor zwê Jôr* (nösn.). *Äm Frâijôr e Jôr vergąngen* (Ebda.). *Verwichn* (neulich) *äm Frâijôr* (Ebda.). — Acc. *e jêt Fræjôr. Ech fên e jêt Fræjôr en Êdes. E jêt Frâijôr ku de Šterich zâ es.* — ‚Frühling' und ‚Lenz' sind der Ma. ganz unbekannt. Neben *Fræjôr* dient *Ousdæch* (Austage) zur Bezeichnung dieser Jahreszeit. Diesem Worte kommt besonders auch nach den urk. Belegen (s. Austage) das höhere Alter zu. Auch Umschreibungen sind nicht selten. *Äm de Gerjendąch* (Georgstag, 24. April). *Won et græn wit. Won der Kukuk kreischt. Won de Schwalwe kun. Won de Krader, de Mirkes* (Reps, ‚Frösche') *sanjen.* Dazu ein adj.: *frâijêrich Kôrn* ‚Weizen aus dem Frühjahr' *(Treppen).* — Bräuche und Aberglaube. Im Frühjahr war das Todaustragen üblich, von dem sich nur Anklänge erhalten haben (s. Tod und Fastnacht; Kbl. 20, 43 f.). Die Sonntage im Frühling eignen sich besonders zur Heilung Augenkranker (Schuller, T. u. B. 2, 58). Wenn man im Frühling die erste Schwalbe sieht, muss man sich ausschuhen und die Fusssohlen untersuchen; findet man ein weisses Härchen dran, so wird man glücklich. Wenn es zuerst im Frühjahr donnert, so muss man sich dreimal überschlagen; das ist gut gegen Rückenweh (Haltrich, Abergl. 27). Wenn es im Frühjahr frühzeitig donnert, so ist das ein Zeichen für ein gutes Jahr *(Birk)*. Wenn es einmal gedonnert hat, kann man den Speck anschneiden (s. W.-B. 1, 374). — Frühjahr ist im Hd. ein junges Wort, das sich mhd. nicht findet, aber auch das Wetterau. kennt nur Froijôr, keinen Frühling. (Vgl. Weig. 1, 593. DWB. 4, 293.)

Frühjahrsblumen, Fræjôrsblommen Pl., nösn. *Frâijôršblâmen* Pl. *De Frâijôršblâmen fê u ze blâi* (nösn.). Solche Frühlingsblumen sind: *Branduschn* (Crocus), *Klopczeltcher* (Leucoium), *Kokeschblâmen* (Erythronium dens canis), *Krônfâisker* (Scilla), *Lêberblâmtcher* (Hepatica), *Schnîklêkeltcher* (Leucoium und Galanthus), *Zerrelblâmtcher* (Galanthus).

Frühjahrsluft, Fræjôrslaft fem., nösn. *Frâijôršlqft* fem. ‚Frühlingswind'. *De Frâijôršlqft gêt. Bäs emôl de wuarem Frâijôršlqftn ku, denô wit der Schnî schu uagô* ‚schmelzen' (nösn.). In Hstdt. und Umgebung dafür: *der Talmescher* sc. *Wängt. De Sann dreift en dij uch ewêch, desen däcke Schnî, awer gqnz wirt e nor uagôn, wonn der Talmescher kit.* s. Talmesch.

Frühjahrslust, Fræjôrslast fem.

Fræjôrslast unt Sannescheng
Glänzt es allebîden. Kast., 114.

Frühjahrswetter, Fræjôrswädder n., nösn. *Frâijôršwedder* n. *Haid äs e richtich Frâijôršwedder* (nösn.) [Städt. Halbma.].

Frühjahrswind, Fræjôrswängt m.

Hadde Plemmcher (Fläumchen) *wij*
uch längt,
Wæ e klinzich Hæsken,
Dqte kên de Fræjôrswängt
Schnuppert mät dem Næsken. Kast., 34.

Frühkirche, Frækirch fem., nösn. *Frâikirich* fem. ‚Morgengottesdienst', früher auch in den Städten, heute nur auf dem Lande (auch nicht allgemein). Während früher der Besuch für Knechte, Lehrjungen und Mägde obligat war, werden diese Gottesdienste, wo sie noch vorhanden sind, fast gar nicht mehr besucht. *Än de Frækirch logden. Se kun ous der Frækirch hîmen. De Frækirch äs ous. Än de Frâikirich gêt, kit nâmest. Nor un de grîessen helijen Dâjen äs nôch de Frâekirch* (Thalheim).

Frühling, fehlt. s. Frühjahr.

Frühlingssafran, Crocus vernus s. *Brandusch* fem.

Frühm, F. N. (1671, *Bistr.*; 1716, *Petersdf.*; 1763, *Wermesch*), »Frim« (1642, *Jaad*; 1762, *Botsch*), »Früm« (1649, *Bistr.*), »Frihm« (1649, Ebda.; 1763, *Windau*), »Friem« (18. Jahrh., *S.-Reen*). — Gegenw. Frühm *(Frîm)* in *Jaad, Kl.-Bistritz, Wermesch, Weilau, Bistr.* D. N. *Friem (Botsch)*. — Dazu der Fl. N. *det Frîmesch Râech (Pintak)*. Frühm mag Umlautsform zu mhd. vrum sein, vgl. vrümec, wenn gleich zu dieser Annahme das -î- in *Frîm* nicht stimmt; wahrscheinlicher gehört es mit dem eifl. O. N. Prüm zusammen.

Frühmahl, Fræmôl †, nösn. *Frâimôl* †. Dafür im Süds. der substantivierte Infinitiv *det Fræštäckeln* (s. d.) in verbaler Form ‚das Frühmahl einnehmen', subst. ‚Frühmahl'. »die zwen Commissarij vor mir unter dem fan (Fahne) gangen sein welche zum fruemal sambt dem ganzen Rath und Eltisten hundertmannen meine gest sein gewest auf 5 tisch« (1577, Huets Installationsfeier, B. M.). *Fræštäckeln* war die am späten Vormittag, ungefähr 11 Uhr, an Festtagen bei Heimkunft vom Gottesdienst, gehaltene Hauptmahlzeit des Tages. Offenbar diese meint Huet mit seinem fruemal.

Frühmesse, †. »Item dy Kerczen . . . zolmen auff czwndyn czw der vesper Merczwder (mehr = ferner zu der) frwmesz«. »ffrwmesz vnd hoomesz« *(Humes* = Hochmesse; um 1500, Bistr. Kürschn.-Art.). — mhd. vruomësse.

Frühmeßzeit, †. »in ampt der früemeszeyt« (1543, Herbert, Reformation 58).

Frühprediger, † ‚der im Frühgottesdienst predigt'. »Wohlverdienter Früh Prediger« (1669, Hstdt.). Amt und Name seines Trägers als *Fræprädijer* waren in der Mitte des vorigen Jahrh. in Hstdt., im 18. Jahrh. in *Bistr.* noch üblich; heute sind beide geschwunden.

Frühpredigt, (*Fræprädich) †. »Auss der fruhpredig sollen sie (die Lehrjungen) befliessen seyn alsbald nach hausse zu gehen« (1691, V.-A. 16, 421).

frühreif, fræreif adj., nösn. *frâiraif* adj. *Frâiraif Appel, Bîrn* (nösn.). *Se sai frâiraif* [Städt. Halbma.]. Echte Ma. *nûtraif* (notreif; nösn.). Süds. *nitreif*.

Frühstück, Frûštuck n., nösn. *Fruštuck* n. Dim. *Fræštäckel* n., nösn. *Frâištäckel* n. 1. *Frûštuck* ist die erste Mahlzeit des Tages. Auf dem Lande (sofort nach dem Aufstehn) meist ein Stückchen Brot, hie und da ein Gläschen Wein oder Schnaps dazu (Orendi, Die Gemeinde *Ober-Neudf.*, 16). In Städten meist etwas später (7, 8 Uhr) Milch oder Kaffee.

E schnært sij un de qlt Opintschen,
E heng den Tqser un de Seit,
Dê štqppt e vôl mät græne Pelsen,
Dqt wôr senj nôbel Frûštuck heit.
Höhr, L. Ê. 54.

Einladung an die Hausgenossen: *Kut bai t Fru-štuck. Fruštuck âssn (Bistr.).*

Treng-ê! Det Frûštuck!
THULLNER, R. 37.

Haid âssn mer emôl Kolæsche zem Fruštuck. Urk. »zum frustuck« (1615, Nat.-A.). »nach der Predig aber sassen mir zum fruistuck, welches sich ein wenig verzog bis gegen den abent«, gemeint ist hier die ‚Hauptmahlzeit', das *Fræštäckeln* (um 1610, Ger.-Prot.). »nimm nun mit diesem frühestück verliebt« (KRAUS, Chron. 2, 253). »Es soll auch ein Lehrjung sampt seinem Meister ein Fruhstuck auf zwei Tisch zu geben schuldig sein« (1640, Kürschn.-Art.). »ist meines Mannes Bruder Johannes Homm zu unss kommen an einem Dienstag zum Frühstück« (1689, Cap. Cib.). — Übertragen. »da sie doch zuvor die gantze Stadt wie ein Frühstück (‚leicht zu bewältigen') geachtet« (um 1670, Bistr. Arch.). Vgl. DWB. 4, 322. — 2. Das Dim. *Fræštäckel*, süds. auch als substantivierter Infinitiv *Fræstäckeln* (Umgeb. von Schässbg., HALTRICH, Plan 102), nösn. *Fräištäckel* bedeutet dagegen die Hauptmahlzeit, auf den Dörfern im Sommer etwa um 8 Uhr *(nôm Sêfm* ‚Säufen, Tränken der Tiere'), in den Städten gegenwärtig um 12 Uhr, während sie in früherer Zeit um 11 Uhr stattfand. Das *Frâištäckel* besteht gewöhnlich aus einer Wasser- oder (in den Städten) Fleischsuppe. *As det Frâištäckel noch net fiärtich?* (nösn.). *Mer mâissn em det Frâištäckel haid qft Fiält schäcken.* Gruss: *Gzîn ich* (Gott segne Euch sc. *det Fräištäckel)! Antw. Kut derzâ (Petersdf.).* Süds. *Gott gesên ich* usw. Urk. »nachdem er auf der Flucht gewesen und das Frühstückel zu Alesch hat einnehmen wollen« (1602, V.-A. 37, 202). »6. July hab ich mich von dannen (Gr.-Pold) auffgemacht, das Frü-stückel zu Millenbach gehalten« (KEMÉNY, Fundgr. 1, 287). »zum früstükel« (1660, Nat.-A.). Dazu der † F. N. »frustuckel« (14. Jahrh., Neppendf., MÜLLER, Sprdm. 17)? — *Frûštuck* ist oberd. Lehnwort, wie magy. frustuk, rum. dial. fruştuk (◡ ◡́). *Fræštäckel* dagegen echt mundartl. Dim. zu spätmhd. vrüestüc. Vgl. zips. Frîšteckl (Mráz).

(frühstückeln), fræstäckeln schw., fehlt nösn. Als Nom. verb. *Fræštäckeln* n., fehlt nösn. 1. Als Verb. ‚die Hauptmahlzeit einnehmen'. *Hôd er gefræštäckelt?* »allda frühstückelt« (1658, KEMÉNY, Fundgr. 1, 287). — Syn. *mättqch(ʒ)-ämmesen* (mittagimbissen). 2. Als Subst. *det Fræštäckeln* ‚die (erste) Hauptmahlzeit', in den Städten um 12 Uhr, auf dem Lande im Winter um 10—11 Uhr, im Sommer früher. Als zweite (oft einzige) Hauptmahlzeit gilt das *Ôwendämmes* (Abendimbiss). Gruss: *Gott gesên ich det Fræ-štäckeln* (Rosch und sonst). Antw. *Mer bedungken es, kut derzeq̂ (mer bidden derzeq̂).* Gegenantw. *Nor ä Gottes Numen* (Reussen). Oder wenn der Vorübergehende angeredet wird: *Kut zem Frâ-štäckeln!* Antw. *Nqr ä Gottes Numen* (Hohndf.). Meist mit ‚zu'. *Zem Fræštäckeln richten. Zem Fræštäckeln hîme gôn. De Kängt zem Fræ-štäckeln roffen. Emesten zem Fræštäckeln äladen.* »zum Früstückellen rindtfleisch« (1666, Nat.-A.). Kulturhistorisch bezeichnend: »In der ersten Ankunft soll ein Jeder Rossknecht und Schuller (Schullehrer) zum Frühstückeln ein halb Achtel Wein zu gewarten haben« (1669, SALZER, Volksschule 2, 46). — Auch *emesten det Fræštäckeln schäcken.* »da gab er vnns ein frustüklen« (1600, Ger.-Prot.). »als er nach Hause kam, gab ich ihm das Früh-Stükeln« (1766, L. K. A.). — Zu *Fræstäckel* (Frühstückel).

(Frühstückelnzeit), Fræstäckelnzekt fem. *Äm Fræštäckelnzekt.* Auch nur: *Ämt Fræ-štäckeln* (um die Zeit des *Fræštäckelns).* »des Morgens vmb frustiklen Zeit« (1600, Ger.-Prot.). — Zu *fræštäckeln* (frühstückeln).

frühstücken, frûstucken schw., nösn. *fru-štuckn* schw. ‚das Frühstück, die erste Mahlzeit einnehmen'. *Gôt fruštuckn! Huad er gefruštuckt?* »Item eines (einst) drescht der Mechell Reuss in meiner Scheier Korn, bis er gefruestuckt hat« (um 1610, Ger.-Prot.). — Zu *Frûštuck* (s. Frühstück 1).

Frühstückglocke, †. »sondern wartet offt biss zum Frühe Stuck Klog oder ja auch woll 11 Uhr« (1667, Cap. Cib.).

frühzeitig, fræzegdich adj. und adv., nösn. *frâizaidich* adj. und adv. wie nhd. in geh. Spr. In der Totenklage: *Esu frq̂zaidich schedd îr vu aus* (GASSNER, 89). *Frâizaidich Faibun* (Feigbohnen), *Appel, Kirschn, Paredais* (nösn.). — ‚zu früh geboren' im D. N. *der frâizaidich Bantschi (Petersdf.).*

—, Frûn m. ‚ein Knochen, mit dem man bei weiten Stichen die Fäden nachzieht' (bei Schneidern; Schässbg.). Wohl dasselbe wie nhd. Pfriem, mhd. pfrieme ‚Eisenspitze zum Bohren'. Zum langen Vokal -û- und auslaut. *-n* ist isl. prjônn ‚Stricknadel', norw. prjona zu vergleichen. KLUGE, 349; WEIG. 2, 416. Das Wort scheint in Schässbg. heute unbekannt oder fehl geschrieben zu sein, Gewährsmänner nannten das Werkzeug nur *Frîm.*

Früsam (1656, V.-A. 3, 26), s. Freissam.

Fryschysen, † F. N. (1463, Müller, Sprdm. 61). Vielleicht frisch-îsen ‚frisch + Eisen' oder fry- (frei-) schysen (-schiessen).

—, **Fuale** fem.? ‚Bauch, Dickwanst'. Rum. foale m. ‚Bauch'.

—, **Fualnwuirzl** ‚Veilchenwurzel' (Gassner, 75). — s. *Foal*.

—, **Fuasel**, F. N. s. Fasel.

—, **Fuassbrich** Fl. N., *um Fuassbrich* (Weinhalde, *Treppen*). s. Fachsberg, dessen lautgerechte nösn. Entsprechung es ist.

Fuchs, Fuss m., Pl. *Fiss*, Dim. *Fissken*, nösn. *Fuss, Fûss (Mettersdf.)* m., Pl. *Fiss*, Dim. *Fisskn, Fisski*. (Das Fem. Fohe, Fehe ist unbekannt.). 1. Als ‚Tiername' für Canis vulpes L. a) *Der Fuss huad es haint* (heute Nacht) *de Hèn guar geschąfft*, süds. . . *de Hîne guer genun*. Wegen seiner Schädlichkeit wird der Fuchs stark verfolgt. Gelingt es einen zu fangen oder zu töten, so wird er oder sein Balg im Dorfe von Haus zu Haus, oft auch in den Nachbarorten von Kindern (meist Walachen) herumgetragen. Sie erhalten dafür ein Stückchen Fleisch oder Speck und gebrauchen bei dieser Bettelei den Spruch:

Mer branjen ij en ąlde Mûn,
Dier de Hine pläcke kûn,
Schmiert em nor de Klöen
En undermôl wit e se losse štöen.
Haltrich, Tiers., 8.

Wenn von ihm gesprochen wird, heisst er traditionell *der Gevatter Fuss*, wobei ursprüngliche Verwandtschaft mit Wolf und Bär vorschwebt (Haltrich, Tiers. 6). In der Tiersage und im Märchen spielt er als das häufigste der grösseren Tiere und infolge seiner Eigenschaften eine grosse Rolle. Vgl. H.-W., 29 ff.; Haltrich, M. 269 ff. Die Erzählung gebraucht dabei von ihm bezeichnende Eigenschaftswörter meist in Verbindung mit *Kärl* (Kerl): *Der ąnnätz* (unnütze), *licht* (schlechte), *wädrich* (wetterige ‚mutige'), *gewäddert* (gewetterte), *gedąnnert* (gedonnerte ‚unternehmende'), *durchgriwelt* (durchgrübelte ‚pfiffige'), *glât* (glatte), *hemlich* (heimliche ‚bedächtige') *Kärl* (Haltrich, Tiers. 7; H.-W., 95). Oft wird er mit umschreibenden Namen benannt: *dî äm giele Mänte, Kôtzen, dî mät der Kierräat* (Kehrrute), *dî mät dem Obenwäsch* (Ofenwisch), *der Bäschfarr*, nösn. *Bäschfuare (Passbusch), Schälpentrieder* („Schollentreter'), Schleicher, echt mundartlich *Schlecher* (Tröster, 235), *Siweklach* (Siebenklug, Landw. Bl. 1911, 22). Niemals wird er merkwürdigerweise ‚Reinhart' genannt, so dass eine Entlehnung der ss. Tiersagen aus mhd. Tierepen (Reineke, Fuchs) schon deshalb nicht anzunehmen ist (H.-W., 25). In den Märchen ist der Fuchs der kluge, hilfreiche Zauberer (Ebda., 14). — b) Scherzfragen. *Ąf welen* („welch eine') *Set* (Seite) *fällt der Fuss, wonn em e schesst?* Antw. *Ąf dæ rû* (rauhe). *Wänni äs der Fus e Fuss?* Antw *Wänn e ellê* (allein) *äs, sąnzt sai et Fiss. Wô lân der Bier, Wûlf unt Fuss äm Fride bæ enąnder?* Antw. *Bæm Kiršchner. Wąt fer Numen kennen der Bier, Wûlf unt Fuss net hîren und ausštôn?* Antw. *De Jäjer uch de Kiršchner.* Rätsel. Vom verwandtschaftlichen Verhältnis des Bären, des Wolfes, des Fuchses und des Hasen:

Se wunen än em grænen Haus,
Der Grîssvôter hôd en brome Kôtzen un,
Der Vôter hôd en grôen,
Der Sann en feierrîden,
Det Ângkeltchen hôt glæserän Ūgen
Uch zwê Terntcher af em Hîft.
H.-W., 400; vgl. Schuster, 276.

Vom Fuchs:

Et gîd e Mąn äm Bäšch eräm,
E hôd e feirrit Mänte. Ebda.

In Kinderversen meist ohne rechten Sinn des Reimes wegen:

Der Bäsch bræd (um Änjt),
Der Fuss huet sich de Schwąnz verbræt
(oder *versänjt*).
Schuster, 342; Höhr, 25; Fronius, 38.

Ähnlich:

Der Fuss lift äm Kuern
En hôt sich de Fess (det Schwinzken)
verluern. Haltrich, Tiers. 43.

Der Fuss wêor ruit,
Ich bidden ąm e Štäckeltsche Bruit.
Kl.-Schenk.

De Tirke ku mät Štąngen,
Der Fuss hôt sich erhąngen. Höhr, 13.

— c) Der Balg des Fuchses ist ein beliebtes Pelzwerk. *E huat Fus um Piälx. Mät Fuss fâtterd em de Reck* (nösn.).

Des awer drô jo Iltishet
Gefottert Hiuse mät Fedret,
Verräffä („verbrämt') *Rêk mät Fuss,*
Draf Knîfel wæ de wælesch Näss.
Schuller, Ged. 21.

»Fronsen hat seine Tochter etc., Gewand und Perpet, Brustpelz mit Fuchs verriffen« (1765, V.-A. 23, 244). — Übertr.: *Dî hôt de Fus äm* ‚ist ein listiger Mensch'. — d) Im Aberglauben.

Wenn bei einer Reise ein Fuchs über den Weg läuft, hat man Glück. Ein bellender Fuchs zeigt eine willkommene Neuigkeit an. Wenn aber die Wölfe und Füchse in einem Ort bis mitten auf den Platz kommen, dann ist die Teuerung nicht fern (HALTRICH, Abergl. 24, 30). Und träumt man von Füchsen, so wird man mit hinterlistigen Leuten zu tun haben (WLISLOCKI, 166). Über Fuchsumtragen s. Todaustragen (Tod). — 2. Das listige verschlagene Wesen des Fuchses verlockt zum Vergleich mit dem Menschen. a) Listige, durchtriebene Menschen (Männer) heissen deshalb *Fuss.*

Nea zem Verhîr ruf ûgebläcklich
Hie de zwîn Fiss. HÖHR, L. Ê. 43.

Dąd às e Fuss, verstärkt *e licht* (schlechter), *e ąlt, schlâ* (schlauer), *durchdriwen* (durchtriebener), *durchgriwelt* (durchgrübelt) *Fuss. Nam dej än Uecht, diem as nätch zem trâen, dier as gor e schlâ Fuss* (Kronst.) oder *dî bekit dich drun, dî bedrecht dich* (Hstdt.). *Ed äs e riecht Fuss.* Auch mit ‚wie'. *Dî äs wæ e licht Fuss* (Alzen). »dass sie ihn, alss einen F u c h s s ihm garn haben« (KRAUS, Chron. 1, 24). »Es hat sich aber dieser Tyrann (Gabriel Báthori) in sein Reich eingedrungen wie ein F u c h s, regieret wie ein Löwe und ist gestorben wie ein Hund« (1613, Qu. Kr. 4, 36). *Fissken!* Spottname für rothaarige Mädchen (Gr.-Alisch). *Tâ rîthîwdijer Fuss* ist ein doppelter Schimpfname, denn dem Rothaarigen ist überhaupt nicht zu trauen. Vgl. das Märchen von den drei Rotbärten (HALTRICH, M. 6 und H.-W., 95). — b) Ra. *E hued Ûge wæ e Fuss, de Ûge fängkeln em wæ dem Fuss.* — Recht häufig sind Sprw., die sich auf das listige verschlagene Wesen des Fuchses beziehen. Schon die moralischen Nutzanwendungen der Tiersagen werden als Sprw. weitergegeben. *Dî äs e gât Dokter wæ der Fuss, dîde senj Krąngke frässt* oder *der Fus äs e gât Dokter. Dî gît mäd enem äm wæ der Fuss mät dem Hôsn, wæ der Kirščhner mät dem Fuss. Cha, alle Fiss wärden um Änjt frą. Des Fuss senj Fäsch bezueld em deier.* Aber auch losgelöst von der begleitenden Sage werden diese und ähnliche Sprw. gebraucht. *Et hôd ąlles en Iwergąngk, sôt der Fuss, wæ em der Kîrščhner det Fêl iwer de Îren zuch* ‚alles nimmt ein Ende'. Deshalb: *Læwer Kîrščhner wæ Fuss* ‚lieber Hammer als Amboss'. *Dem Fus äs net ze trân, uch wun em dingkt, e wêr dît. E Fuss sorcht geât ąf de Hienen. Der Fuss verlent* (verleugnet) *sich net. Fus uch Wûlf äs Fedel enes Hûlz* ‚der Schlaue und der Habgierige sind aus einem Holz, gleich übel'. *Fus uch Wûlf zärre sij* (zanken) *uch nôch bæm Kîrščhner än der Bit.* Nur der *Kanter* (Schullehrer) ist auch dem Schlauen überlegen: *Der Kanter hued de Fuss bedruegen,* was aber auch ironisch gemeint wird, wie *der Alber huet den Teiwel bedrîjen.* (Vgl. *Wulpäs* ‚vulpes, Seminarist'.) Am meisten gefürchtet wird der Schlaue vom Furchtsamen: *Der Hôs vergässt det Vôtereâser, wun e de Fuss sekt.* — c) Spiele. ‚Fuchs'. Die Spieler bilden einen Kreis, den Rücken nach aussen gekehrt, die Arme darüber verschränkt, und sehen auf den Boden. Einer geht mit einem zusammengedrehten Handtuch herum, spricht: »Der Fuchs geht um, schaut euch nicht um« und gibt einem das Handtuch. Dieser schlägt damit seinen Nachbar zur Rechten und verfolgt ihn einmal um den Kreis herum (Zied; Kbl. 20, 138). Sonst wird dabei gesprochen:

Ich geng än de Bäsch Räoden hân,
Ich sûl menjem Härrn e Štifke bân,
Ich häoch se krąmm uch schleacht,
Menjem Härre wôr ąlles reacht.
Ich kûm bæ en ôlt ôlt Fusslôch
Ent häoch em înd iwer't Ôrschlôch.
HÖHR, 103.

Vgl. DWB. 4, 336. ‚Fuchs aus dem Loch', bei der Stadtjugend beliebt, wird gespielt wie sonst in Deutschland. ‚Fuchsprellen'. Vier starke Burschen fassen ein *Flôdach* (‚Zelttuch') an den vier Zipfeln und schnellen einen, den man ins Tuch geworfen, immerfort in die Höhe (H.-W., 194). — d) Eine eigentümliche, nicht ganz klare Redensart ist das »Fuchs schiessen«: »Wird einer in der Bruderschaft von Gewalt des Weins F u c h s schiessen (= sich erbrechen?), so wird er der Bruderschaft verfallen den. 16« (1672, Hstdt. Fleischhauer-Brudersch.). — 3. Zur Bezeichnung roter Tiere (Pferde) wird das Wort nicht gebraucht, höchstens ist der Vergleich möglich *det Fârd äs rût wâi der Fuss,* was aber zugleich einen Tadel einschliesst. Der ‚Fuchs' (Pferd) wird mit *giel* bezeichnet oder erhält den Namen *Schârga* (magy. sárga ‚gelb'). — 4. ‚die rote Flamme', die beim Backofen herausschlägt oder an einer über dem offenen Feuer gehaltenen Pfanne emporschlägt. — 5. *Fissken* ‚der kleine Rest Hanf oder Werg am Spinnrocken' (Schenk) gehört nicht zu Fuchs sondern zu rum. fus ‚Spindel, Spule', das wegen des gleichen Klanges als Fuchs gefasst und dessen Dim. mit *Fissken* ‚Füchslein' identifiziert wurde. — 6. Moderne Entlehnung aus dem Nhd. ist *(klî, grûss) Fuks* in der Schülerspr. als Bezeichnung der Eckflügler Vanessa polychloros L.

und Vanessa urticae L. — 7. Hieher gehört vielleicht *Fuss*, in der Gymnasiastenspr. ‚junger Student', das nach dem Vorgange des Nhd., aus dem es entlehnt wurde, als ‚Fuchs' behandelt und in die Mundart eingelautet wurde. *E tumm Fuss, krqmmer* (krummer) *Fuss*. Vgl. Kluge, 153; Weig. 1, 593. — 8. D. N., F. N. und Fl. N. a) D. N. *der Fuss* (Gergeschdf., Gr.-Alisch, Thalheim, Maniersch, *Waltersdf.* und sonst) nach dem roten Haar oder geistigen Eigenschaften. — b) F. N. »Fuchs« (1402, Urkb. 3, 271; 1598, Hstdt.; 1691, Neudf. b. Hstdt.; 1702, *Petersdf.*; 1722, Gr.-Scheuern; 1810, D.-Pien; Neustadt i. B.). »ffux pitter« (1424, Kronst.). »Fux« (1475, Ebda.; 1528, Schirkonjen). »Ffux Lenarth« (1478, Hstdt.). »Fwx« (1507, Kronst.). »hans fucks« (1528, Ebda.). »Fuxen« (1528, Ebda.). »Fux« (1532, Hstdt.). Daneben aber auch in mundartl. Form: »fus« (1464 in Burzenl., Müller, Sprdm. 61). »Fws, Fwss, Fwsz« (um 1500, Hstdt.). »Phusz« (1483, Schenk). »Fwsse bartis« (1548, Kronst.). »Stephan Fwszen« (um 1500, Hstdt.). »Fwsken« (1510, Ebda.). »Fufs« (1559, Braller; 1571, Schellenbg.; 1615, Neudf. b. Hstdt.; 1661, Hstdt.; 1717, *Petersdf.*; 1763, *Bistr.*, *Treppen*; 1783, Zied; 1810, Rätsch, Kelling). — Gegenw. Fuchs (Hstdt.), Fuss (Hstdt., Gr.-Scheuern, *Bistr.*, Halvelagen, Pruden, Gr.-Lasseln). Vgl. den niederd. F. N. Vos, Voss. — c) Fl. N. *Af der Fusse* (Fuchsau, *Jaad); äm Fussprich* (Fuchsberg, *Wallendf.); af em Fussberich* (Bekokten); *Fussbarch* (Reichesdf.); auch hochd. Fussberg (Probstdf.); »unter dem Fussbrech Weg« (1822, Michelsdf.); *um Fussbrichkûpen* (Gr.-Kopisch); *Fussbäsch* (Fuchsbusch, Reichesdf.); *am Fussbasch (Weisskirch)*; »im Rohr und beim Fuchsbrunnen« (1822, Schönau); *hänjder de Fuißsbächele* (Fussbühel, *Birk); »*im Füchsgen« (1680, Durles); *Fussgruowen* (Schlatt); *Fusshomm* (Kl.-Schenk); *Fusshill* (Reichesdf.); *Fusskaul* (V.-A. 33, 80); *bâ de Fusslêcheren* (s. Fuchsloch); *qfm, um, anjderm Fussroin* (Agn.); *äm Fustel* (Fuchstal, Abtsdf.); *bâmFusswqr* (Hstdt.); *Fusswängkel (S.-Reen)*. Vielleicht gehören hieher auch: *äm Fisser* (Fuchsauer? sc. *Wängert, Wermesch) äm Fissewangert, händer Fissnwangert (Treppen)* mit auffallendem Umlaut. *Fuss* hat wie alle Schwestermundarten am Rhein und an der Mosel, in die aber das oberd. Fuchs einzudringen beginnt (lux. Fûss neben Fox), Assimilation des -h- an -s. Auch im Kronst. Gloss. »wlpis, fuz« (14. Jahrh., V.-A. 26, 82). — Mhd. vuhs, ahd. fuhs. — Lautt. 73.

Fuchsau, -berg, -brunnen, -bühel, -busch, *-homm, -hill, -kaul* Fl. N. s. Fuchs 8, c.

Fuchsbalg, fehlt; s. *Fussfêl* (Fuchsfell). Urk. »Ich habe nach der Versprechung den H. Pfarrer gefraget, ob Er mich copulieren wolte, und demselben einen Fuchsbalch verehret« (1713, Cap. Cib.).

füchseln, fikseln schw. ‚stehlen' (nach Art der Füchse) bei kleineren Diebstählen (Hstdt., Leschkirch) [Städt. Halbma.]. Die Wortform beweist Entlehnung aus dem Nhd. — DWB. **4, 342.**

fuchsen, fussän adj., nösn. *fussen* adj., eigentlich ‚aus Fuchs', d. i. ‚Pelz aus Fuchsfell'; dorfsmundartl. *fussan. E fussen Pielz. Det Fussemänte* (eigentl. *det fussen Mänte), auch Fussamenti* (⟨ *fussan Mänti*, Kl.-Schenk), nösn. *e fussen Mänti* ‚Mente (Rock) mit Fuchspelz gefüttert'. Als Mittel gegen das *Fräisn* (Kälte) werden gerühmt:

Än lammeren Kiršch, e fussen Mänti
och (3) *e mqderen Hât,*
Dâi drqi sai for det Fräisn gât.
Kisch, N. W. u. W. 83.

Sprw. *Dî hôt det Fussemänte äm* ‚ist ein Geriebener' (H.-W., 356).

Ach Ounjz, ach Ounjz (Andreas) *äm*
fussenen Hot,
Wô tea net riut Paputsche kîfst,
Esi git der deng Schwijer e licht
Beschît. Holzm.; Kbl. 24, 5.

Bei der Beliebtheit des Fuchspelzes als Futter bis ins 18. Jahrh. hinein begegnet das Wort öfter in Urk. »eyn fuxen kůrsen« (15. Jahrh., Müller, Sprdm. 51). »Meinem diener Christoffen lass ich die alte fuchsin Schaube« (1505, B. M.). »Da will ein itzlicher betler Sammat, füchsenschauben, krumm Madern hütt und Granat tragen« (Dam. Dürr, Aml. 40). »welche aber immediate von den Dörfer herein kommen, denen sollen die Füchsene Fütter gewehret seyn« (1689, Kbl. 31, 74). — mhd. vuhsîn.

fuchsen, fuksn schw. (nösn.), meist refl. ‚sich ärgern' [Städt. Halbma.]. *Ich hu mich hait näd ibel gefukst iber en (Bistr.).* Aber auch trans. *Nor dqt fukst mich, dat* usw. ‚ärgert mich'. Aus nhd. ‚fuchsen' entlehnt.

Fuchsfell, Fussfiel n., nösn. *Fussfêl. Âses Harr Fqrr se Mänti äs gûnx mät Fussfêl gefottert, net nor verbrêmt; det Brêm äs waiss, ois Fusskial* (‚Fuchskehle', Neudf. b. Hstdt.).

Fuchsfett, Fussfätt n., nösn. *Fussfattet* n. in der Ra. *dî äs mät Fussfätt geschmiert*, nösn. *mät Fussfattet geschmiart* ‚ein listiger, pfiffiger Mensch'. — Syn. *mät qllen Sqlbm geschmiart* (nösn.), *mät alle Wassere gewêschen.*

Fuchsfleisch, Fussflîsch n. In Scherz- und Neckworten, in denen es gilt, den Sprechenden zum *vergapern* (zum ‚Versprechen‘) zu bringen. *Âs Fritz ässt rît* (wohl: *rî 't) fätt Fussflîsch* ‚roh das fette Fuchsfleisch‘. *Frass fatt verrackt Fussflîsch* (Höhr, 33 f.).

Fuchsgraben, Fussgruewen ‚Graben mit Fuchslöchern‘, in Fl. N. s. Fuchs 8 c. Auch die Bildung mit patron. e (en) ist möglich: *Fussegruewen* ‚Graben, der dem Fuchs *(Fuss)* gehört. — Ra. *Wohär kun de Kängd?* Antw. *Ous dem Fussegruewen* (Gr.-Lasseln).

Fuchshut, Fusshet m. ‚die mit Pelz verbrämte schwarze Samthaube der Frauen‘ (Brenndf. i. B., Kbl. 33, 171).

Fuchsia, Fuksia fem., Pl. *Fuksien*, aus Süd- und Mittelamerika stammende Garten- und Zimmerpflanze, eine Gattung der Önotherazeen. Auch in die Ma. eingelautet: *Fuksiân* (⏑́ ⏑ ⏑) m., angelehnt an die aus dem Rum. stammenden *Lungân, Prostân* (⏑ ⏑́), aber mit deutscher (lat.) Betonung. *Fukselcher* Pl. (Bulkesch und sonst). Eigene Dialektbezeichnungen sind: *Kläckeltcher* ‚Glöckchen‘ *(Kl.-Bistr.)*, *Tingeltcher* zu *tingeln* ‚herabhängend hin- und herbaumeln‘ *(Deutsch-Budak)*. Aus derselben Anschauung heraus ist lothr. Bämbelcher (zu bampleⁿ, baumeln) gebildet (Follm., 21).

fuchsig, füchsig, fussich, fissich adj., nösn. *fussich* adj. ‚fuchsrot‘; vom Haupthaar; *fissich Hôr;* ‚rötlich, verschossen‘ von Sammt etc. *Der Summet wirt fussich* ‚erhält einen rötlichen Schimmer‘ (nösn.). *Det Dach wit bǭld fussich.* Auch von überreifen Trauben *fissich Weimern* (wegen der Farbe oder dem verdorbenen Geschmack, Med.). — Auch köln. fussig ‚rötlich, verschossen‘.

Fuchskehle, Fusskiel fem. ‚Pelz von der Kehle des Fuchses‘, kostbarer als die übrigen Teile. Deshalb am Dolman des Geistlichen als Verbrämung verwendet (Sächs. Burzenl., 492) und den »Mitgliedern der Löbl. Communität« »zu tragen verbothen« (1762, Med. Lok.-Stat.).

fuchskehlig, fusskielich adj. *Nä hun de Farrhärre guer fusskielich Mäntier. Ä fræern Zegden tûrft nor der Dekânus det fusskielich drôn, de Farrhärren hadden nor giel fussä Brêm.*

Fuchsklaue ‚Futter aus dem Pelz der Füsse des Fuchses‘. »F u c h s - K l a u e n e s Futter« (1762, V.-A. 7, 318).

Fuchsloch, Fusslôch n., nösn. *Fusslôch* n. 1. ‚der Bau des Fuchses‘. *Dǭd Râij* (süds. *Rêch* ‚Berg‘) *äs vôl Fusslêcher, duar mâis em gô, wänn em Fiss wäll schâissn* (nösn.). Dazu der Spottvers:

Sam (Samuel), *Bam, Burlôch,*
Krej än 't štängkich Fusslôch.
Höhr, 21.

— 2. Davon übertr. ‚schmierige Wohnung‘, weil der Fuchs seine Höhle verunreinigt (Kisch, N. W. u. W. 97). — Auch ‚Versteck‘ für Obst (Äpfel, Birnen) in Stroh und Heu, damit es von anderen nicht gefunden werde (Kinderspr., Gr.-Alisch). Sonst heisst solch Versteck: *Mokt* ‚Maut‘, als habe der Verstecker die entwendeten Obststücke als rechtmässige Maut dem Eigentümer abgenommen. — 3. Häufig in Fl. N. *Fusslôch (Tekendf., Heidendf.*, Schässbg.). Urk. »im F u s s l o c h«, gegenwärtig *händer, ǫnder dem Fusslôch (Baierdf.)*. »quarta meta esset et sit signata in loco qui dicitur f u c h z l o c h« (1346), »f ů x l o c h« (1469, Stolzenbg., Urkb. 2, 35). Gewöhnlich im Pl.: *Bæ de Fusslecheren* (Hstdt., Rätsch); *ba de Fusslaichern* (Bekokten); *af de Fusslêcheren* (Gr.-Scheuern); »an den F u s s l ö c h e r n« (17. Jahrh., Reussmarkt); *anjder de Fusslêchern* (Dobring); »unter den F u c h s l ä c h e r n« (1630, Marpod). Im Burzenl.: *bäi de Fusslêchern* (Petersbg.); *af de Fusslêchren* (Schirkonjen); *an de Fusslêchern* (Heldsdf.); »vor den F u c h s l ö c h e r n« (1808, Tartlau). Nösn.: *Fusslêcher (Gr.-Schogen); Fusslæcher (Weilau); Fussläicher (Dürrbach); Fûslecher (Jaad); ǫndern Fusslæcher (O.-Neudf.)*. — Dazu *Fusslôchzwillen* (Fl. N., Schässbg.); *am Fisslêcherwâr* (Fl. N., Galt). — Vgl. den hess. Fl. N. Fuchsloch (Crez. 1, 392) und DWB. 4, 349. — 4. F. N. »f u c h z l o c h« (14. Jahrh., Neppendf., Müller, Sprdm. 18). — Zu Fuchs.

Fuchslunge, Fusslang fem., fehlt nösn. *Ed äs en Fussleang* ‚ein pfiffiger Mensch‘ (Haltrich, Plan 132). Fuchslunge und Hirschhorn wurden als Arzneimittel verwendet (1497, V.-A. 14, 196). Die Fuchslunge gilt sonst als wertlos und wird selbst vom Hunde verschmäht. Deshalb wird auf die Frage der Kinder *wat êsse mer hekt nôch* abweisend geantwortet *Fusslangen!*

Fuchsmajor, Fuksmajôr und *Fussmajör* m. wie nhd. in der Studentensprache ‚Vorsitzender der Füchse‘.

F u c h s m e n t e, **Fussemänte** n. ‚das mit Fuchsfell besetzte Mänte‘ (s. d.). — s. fuchsen.

Fuchsnacken, Teil des Fuchspelzes †, urk. »F u c h s - N a c k e n samt dem Rucken« (1762, V.-A. 7, 318).

~, Fusspamp ‚Seitenteile des Fuchspelzes?‘. »Besseres Bräm als F u c h s P a m p«, »mit Fuchs-Rücken samt der P a m p verbrämte Peltze« (1762, Med. Kleiderordnung).

—, **Fusspränz** m. (nur nösn.), eigentl. ‚Fuchskäse‘, dann ‚geringfügige Sache‘ in der Ra. *dâd äs nät Fusspränz* ‚eine ganz respektable Sache‘. — Das Grundwort s. *Pränz*, süds. *Brense, Brinse* (rum. brinze).

(**Fuchsrain**), **Fussroin** Fl. N. (Agnetheln). — s. Fuchs.

fuchsrot, fussrît adj., nösn. *fussrût* adj., dafür lieber die Umschreibung *rît wæ e Fuss.* In Hstdt. nach dem Hochd.: *„fussrît“* aber nur vom menschlichen Haupt- und Barthaar. — Syn. *feierrît*, nösn. *fqngkrût.*

Fuchsrücken ‚Rückenteile des Fuchspelzes‘ †. »Hassek von Fuchsrecken« (1550, B. M.). »mit Fuchs-Rücken verbrämte Peltze« (1762, V.-A. 7, 317).

Fuchsschwanz, Fussschwânz m., nösn. *Fussschwânz* m. 1. ‚der Schwanz des Fuchses‘. Er wird bei Kürschnern als Handwerkszeichen herausgehängt, obgleich die Kürschner sich heutzutage mit der Ausarbeitung von Fuchsfellen nicht mehr befassen. (Aberglaube. Einen Fuchsschwanz soll man auf dem Aufboden bewahren, um das Gebäude vor dem Blitz zu sichern. Wlislocki, 166.) s. *Fusszôgel.* — 2. Übertragen ‚Züchtigungsmittel‘. »Drumb hat er (Gott) wider solch mutwillige Buben nicht ein Fuchs Schwantz, sondern die Oberkeit mit dem kalten eisen gesetzt« (Dam. Dürr, Hdschr. 770). Vgl. die nhd. Redensart mit dem Fuchsschwanz streichen ‚Streiche geben‘ (DWB. 4, 352). — 3. Werkzeug der Tischler, auch in sächs. Werkstätten hochdeutsch benannt.

fuchsschwänzen, † ‚schmeicheln, sich beliebt machen‘ (eigentlich ‚jemanden mit dem Fuchsschwanz streicheln‘) mit dem Acc. »derselbe (Legat) aber den Bathori nicht gefüchsschwantzet, sondern seines Herrn befehl treylig verrichtet« (Kraus, Chron. 1, 37).

Fuchsschwanzgras (Panicum, Alopecurus oder Phleumarten), fehlt; s. *gât Mauchert* m. (nösn.), süds. *Mochert.*

Fuchstal, -weiher, -winkel in Fl. N. s. Fuchs 8, c.

fuchsteufelswild, fusstaiweltswält adj. (nösn.). *E wuard qw emôl esu fusstaiweltswält, dqd em näst mî kont rêdn mäd em (Bistr.).* Aus dem Oberd. s. DWB. 4, 1, 357.

Fuchswamme, † ‚Bauchteil des Fuchspelzes‘. »Item an eyn fuxen kůrsen sal man legen XII fux wamen« (15. Jahrh., Kronst. Kürschn.-Art.). Vgl. *e wqmmen Fâter* („Futter aus der Wamme des Fuchses‘, nösn.). Süds. dafür nur umschrieben: *Fussfiel vum Boch*, nur in städt. Halbma. die Entlehnung aus dem Nhd. *Fusswammen*, im Gegensatz zu den echt mundartl. *Fussräck* und *Fusskiel.*

Fuchszagel, Fusszuegel [ʒ] m., *Fusszôjel* m. (Kronst.), fehlt nösn. ‚der Schwanz des Fuchses‘ s. Fuchsschwanz.

Fuchtel, Fuchtel fem. ‚liederliche Weibsperson, Hure‘ [Städt. Halbma.]. Trotz der rhein. Entsprechungen ist das Wort als Lehnwort aus dem Oberd. anzusehen; vgl. das gleichbedeutende bair.-österr. Fuchtel. Die eigentliche Bedeutung ‚Degen mit breiter Klinge‘ fehlt. — Zu nhd. fechten.

fuchteln, fuchteln schw. ‚mit der Rute (mit der Hand) herumschlagen‘ [Städt. Halbma.]. Gewöhnlich das zus. *erämfuchteln.* Über den Geistlichen, der seine Rede mit vielen Handbewegungen begleitet: *E fuchtelt ze vil mät den Hängden än der Laft eräm.* — Aus dem Nhd. zu fechten.

fuchtig, fuchtich adj., nösn. *fuchtich* adj. [Städt. Halbma.?]. *E fuchtich Mäntsch. Wqt bäst te haid esu fuchtich?* — Syn. *biserich, kuerich, wält* (wild), *zornich* (zornig). Lehnwort aus dem Oberd.-Österr.

Fuckerer, † ‚Wucherer‘. »Das sein die verzweiffelt fückerer, die grossen abbruch geldts wegen im land machen« (Dam. Dürr, Aml. 43). Sachlich ist das Wort = Fucker (Fugger) ‚Grosskaufmann, dann Wucherer‘, das Dürr wohl von Luther her kannte (vgl. DWB. 4, 362) und das nichts anderes ist als der Name der Rothschilds des Mittelalters, der schwäb. (Augsburger) Kaufmannsfamilie der Fugger. Diesen Zusammenhang hat aber Dürr nicht mehr empfunden und in Anlehnung an Wucherer, die Ableitung von wuchern, fückerer gebildet, wie wenn es aus fuckern entstanden wäre (s. das Folgende), während das Umgekehrte der Fall ist.

fuckern, † ‚wuchern‘. »Wie vil Juden leben in den Stedten zwischen den Leien, die sich nicht mit irem beruff und handwerk genehren, allein mit fuckern, mit ubersetzen, lügen und betriegen« (Dam. Dürr, Aml. 42). — Zu Fucker ‚Grosskaufmann, dann Wucherer‘ s. d. vorige Wort. — Aus demselben auch magy. fukar ‚geizig‘.

—, **Fuckešderf**, *äm Fuckešderf* Fl. N. (Med., Meschen), wohl dasselbe wie *Furkeschderf* (Fuckesdorf).

Fuder, Fæder n., nösn. *Fâider* n. Pl. *Fâider* und *Fâiderer* ‚Wagenladung‘. 1. Im eigentlichen Sinn. *E Fæder Hq̂, Kîren, Holz, Dûlden* (Astholz), *Štæken* (Stecken), *Rådn* (Zaunruten), *Mäst* („Dünger‘), *Lêm*, süds. *Lîm, Sq̂nt. Hîsch, gât Fæder. E Fæder afladen, ue(f)laden.* Geringschätzig: *äs dät nau och e Fâider, däd äs jo* *nur e Fâiderchi* (nösn.). *E kurtsch (klî) Fâider* auf dem *kurtschn Wuagn, e lặngk (grûss) Fâider* auf dem *lặngkn Wuagn.* »ein fuder holcz« (1494, Müller, Sprdm. 140). »ein fueder lem« (1528, Qu. Kr. 2, 111). »vmb 2 fueder hols off das rothaus« (1528, Ebda. 2, 112). »28 fiedercher Sant« (1547, Ebda. 3, 418). »37 feyder holcz« (1551, Ebda. 3, 309). »1 feider holcz« (1555, Ebda. 3, 319). »Eynn feyder lem« (1556, Ebda. 3, 323). »6 Fuhder Mist« (1599, B. M.). »vor ein Fuetter Holcz« (1602, Bistr. Arch.). »for eyn feyder holz den. 39« (1674, *Bistr.*, Rechnungsb. der Fassb.). »ein Futter Holtz« (1680, L. K. A.). — Ra. *Enem Besôfene waicht em mäd em Fâider Hặi aus* (nösn.); süds. *Em Besôfäne wecht em mäd em Fæder Hặ ous.* Einladung zum Essen an sich Weigernde: *Ed äs niche Fæder esi hî geladen, dat net nôch* (3) *en Gaffel vôl draf gît,* nösn.: *Ed äs niche Fâider esu huch geluadn, tặd em nät noch än Plauder kent drặf schmaissn.* Im sinnlosen Spottvers:

Mâzkặder, Hînendặder,
Môch dem Krêmer det Dirchen ặf,
Hîl e Fæder Štâken,
Te kặst äm Ôrsch mich lâken. Höhr, 23.

— 2. *Fâider* (sc. *Hặi* ‚Heu') gilt als Mass zur Bezeichnung der Grösse einer Wiese. *Än Gereddcr* (Fl. N.) *hu mer än Wiss vu zâ* (zehn) *Fâider (Petersdf.).* Ungefähr ‚vier Fuder' sind ein Katastraljoch, d. h. werden von einem Joch geerntet. Das Holz verkauft man *mät der Lôfter* (Klafter) oder *mät dem Fâider* (nösn.). Eine *Lôfter* hat gewöhnlich 3 *Fâider. Wặt kost det Fâider Holz? (Bistr.).* Das *Fâider* besteht aus *dem veterštn* (vordersten) *och hänterštn Štûss, der hänteršt Štûss* wird oft für sich allein verkauft, es ist aber mehr darin als die Hälfte des Fuders. Doch ist auch hierin der Marktbrauch fast an jedem Ort besonder. — 3. *Mät dem Fæder* hat die Bedeutung ‚in grosser Menge, viel'. *Mai Sặn dingkt, aich kent de Fannek mät dem Fâider aussnschmaissn* (nösn.).

Und uch de Nederländer Špitz
Verkîft em mät dem Fæder.
Schuller, Ged. 25.

De Štadder gô mät saidene Klêder, ặber de Scholdn hu se mät dem Fâider.

Gäw ặndre Gield uch Gûld uch Gæder,
Si vill se wängsche mät dem Fæder,
Mir schingk en Härz fîr Vûlk uch Rêcht.
Käst., 83.

Ebenso *e Fâider Känder* ‚viele' (nösn.). Wenn ihrer viele auf einem Wagen sitzen: *Er segd e gặnz Fæder; et brocht na nor de Wisebâm, dat mer ich bängden.* — mhd. vuoder, ahd. fuodar. Der Umlaut *Fæder, Fâider,* urk. feyder, feider erklärt sich aus Formen wie ahd. fuodir (abgeschwächt aus fuodar) oder als Analogiebildung zum Pl. *fuoderir ⟨ *fuodarir (vgl. lamb, Pl. lembir).

füderlig, † ‚förderlich, besonders, zumal'. »also es gefunden haben, das es bissher bey uns nicht sey gewönlig gewest, füderlig dieweil der Lucas Wag: der Actor sey« (1569, Kronst., B. M.). — Zu füdern *(feddern).*

fudern, füdern s. *feddern.*

Fudernis, s. Fördernis.

fuderweise, fæderweis adv., nösn. *fâiderwais* adv. *Fâiderwais huad em es det Holz geštoln.* Öfter dafür *mät dem Fâider.* Urk. »mit wagen fuderweis zugeführt« (Kraus, Chron. 1, 179).

—, Fuerel n. ‚Farnkraut' (Haltrich, Plan 71). *Foareln* Pl. *(Kl.-Bistr.).* — Zu eupen. Faare m. Das Verhältnis zu nhd. Farn, mhd. und ahd. farm ist wegen des Schwundes von -m- oder -n- vor -el nicht ganz klar.

—, Fuerttặch ‚Tag der Herdenvergabung' (Binder, Coll.). Zu fort?

Fug, Fach m., nösn. fehlt. In lebender Ma. selten gebraucht. *E huet Fach dervun ze gôn* ‚es steht ihm frei, er hat Gelegenheit davonzugehen'.

En Hochzet äs en lastich Sach
Ä Štêten und Gemînen,
Se gid es ze de Froade Fach,
Und sîle mer s' entlînen.
Schuller, Ged. 50.

Häufiger in Urkunden (besonders bei Kraus) ‚Gelegenheit'. »mit wass vor fug vndt gelegenheit er sein ermahtetes vndt erfrorenes Volck widerumb sicherlig in sein landt bringen möge« (Kraus, Chron. 1, 270). »mit guttem füge« (Ebda.). »dass (die herbrig) wenn der Fürst alda einlossiren würde, mögte mit fug auffgesprenget werden« (Ebda. 1, 149). — Fug haben ‚passende Zeit oder Gelegenheit zu etwas finden'. »vntter wehrend dessen Gefangnüss hatte der Bathori gutten fug mit der Rahtherrn weiber etlige zu erlustigen« (Kraus, Chron. 1, 21). »derweill aber .... keine Part gefüglich den andern anzugreifen fug hatte« (Ebda. 2, 69). — »Mit gutem Fug« auch ‚wie sichs gebührt'. »Was meine Expensen seyn gewesen, will ich auf nechste Session mit gutem Fug auch beybringen« (1692, Cap. Cib.). — mhd. vuoc.

—, Fuga, *Fuge* fem., nösn. *Fuga* fem. ‚Flucht'. In den Ra.: *E nit de Fuga, sij af de Fuga nin* ‚flüchten, reissaus nehmen'. Syn. *sij af 't Fessken* *nin (mąchen), sij af 't Lûfen nin.* Auch trans. *emesten af de Fuga (af 't Lûfen) nin* ‚jemanden verjagen'. — Rum. fuga ‚Flucht', a lua fuga ‚fliehen', wörtlich ‚die Flucht nehmen, ergreifen'; lat. fuga.

Fuge, Fach fem., *Fäoch* fem. (Agnetheln), Pl. *Fäogen* (3). Die Stelle, wo zwei Teile an einer Holz-Bauarbeit zusammenkommen. *Der Ruid äs en Zammermoun wâ en Däschler. Deo sejd em nechen Rätz än der Fäoch* (Agn.).

Fuge, Fouch fem., aus dem Nhd.; nur in der Sprache der alten Kantoren, deren Spezies nun wohl ganz ausgestorben ist; zur Bezeichnung des Tonstückes, in dem die Darstellung des musikalischen Gedankens durch Ablösung der Stimmen bewirkt wird. Das rasche Tempo solch musikalischen Gefüges schliesst zunächst eine gewisse Schwierigkeit für die Darstellung ein und lässt den Namen des tonmässigen Gefüges, der Fuge, hinübergleiten in die umdeutende Benennung der Fuga, der Flucht.

Fügebank, Fäjebąngk neben *Fächbąngk* fem., nösn. *Fâichbąngk* fem., Werkzeug der Tischler. Zwei starke Bretter, die auf Füssen stehen; zwischen sie werden die zu fügenden Bretter eingeklemmt *(ängešpąnnt)*, teils durch *verkaieln* (verkeilen), teils durch *schraubm* (schrauben), und dann mit *der Fâichhobel gefâicht*, d. h. an der Kante geradlinig gehobelt. Die Fügebank der Fassbinder ist ein Bock, von dem ein Ende auf den Boden reicht, während das andere durch zwei Füsse gestützt wird. In der Mitte ist das scharfe Messer eingelegt; diese Bank heisst auch *Štûssbąngk* ‚Stossbank' *(Bistr.)*. Diese Fügbänke wurden in *Bistr.* von der Zunft (der Fassbinder) für die jungen Meister angeschafft und von diesen allmählich abbezahlt. Darauf deuten Eintragungen im Rechnungsb. der Fassbinderzunft: »Lôrentius Lusch Resstirt an der f a c h b a n k fl. . . .« (1727); »ahn der f e i g b a n c k bleibt er (der Erbe) schuldig« (1600, Bistr. Arch.).

Fügehobel, Fächhobbel, nösn. *Fâichhobel* fem., Werkzeug der Tischler, mit dem die Bretter zum Fügen gehobelt, *gefâicht* werden. *De Fâichhobel* wird beim Tischler von einem Arbeiter gehandhabt, während man bei Zimmerleuten oft *Fâichhobel* sieht, die für zwei Arbeiter bestimmt sind, hier zieht der eine und der andere stösst an der mit dem Hobel verbundenen Handhabe. Der Hobel wird auch als ‚Fugrauhbankhobel' bezeichnet.

fügen, fäjen schw., nösn. *fâign* schw. 1. In der Handwerkerspr. ‚aneinander passen'. Bei Tischlern ‚zwei Bretter durch den Fughobel genau zu einander passend machen'. *Zwê Bredder u(n)änąnder fâign, de Bredder zem Iârn* (‚Fussboden') *fâign*, was mit *der Fâichhobel* auf der *Fâichbąngk* (s. d.) geschieht *(Bistr.)*. Bei Fassbindern: *Daugn* (Dauben), *Bedn* (Böden) *fâign*, dabei werden die Schmalseiten, die aneinander gefügt werden sollen, *iber de Štûssbąngk geštûssn (Bistr.)*. *Der Bedner hoet de Deoge* [3] *licht gefächt, de Kof rannt. Em sejt de Rätzer täschent den Deogen. Deo hälft neche Schmêren* [e[e]] (Agn.). »Item off dem vmblauf von 32 clamen das ym (man) di stayn czu samen hat g e f y e g t dem schlosser flor. 1« (1529, Qu. Kr. 2, 168). In gewöhnlicher Rede ist häufiger die Zus. *zesummefäjen*, nösn. *zehôffâign*. — 2. ‚zufügen', ‚verursachen' †. »So offt ein thier wider sein art vnd natur schaden f i e g e t / mag man wider den herrn / auff schaden klagen« (E. L. R., 151). — 3. ‚verfügen' mit folgendem Inf. †. »als f ü g ich ewr lieb zu wissen« (1481, Müller, Sprdm. 94). »f ü e g e n eur N. W. hiemit zuwissen . . . . wie das heut dato für unsern H. Richter tedig weis erschienen sind« (1580, B. M.). »f ü g e n hiemit E. W. zu wissen, wie das wir unseren Herrn Burgermeyster sampt zwehn Herren kegen Hof abgefertiget haben« (1600, Bistr. Arch.). »Wir Burgermeister, Königs- und Stuhlsrichter f ü g e n hiemit Allen und Jeden zu vernehmen, dass sein vor uns erschienen« (1640, Kürschn.-Art.). Aus dieser Verwendung des Simplex hat sich in der Kanzleisprache des 18. Jahrh. das Kompositum ‚zufügen' entwickelt = jemandem einen Bescheid, Auftrag usw. zur Kenntnis bringen, zustellen: »Einem Löblichen Magistrat der Königl. Freyen Haupt-Herrmannstadt zuzufügen«. Auch ohne Inf. »Wir Bürgermeistere F ü g e n tzw ewigem gedechtnus hiemitt, iedermennigklich wem es gebürth, anzeigendt« (1598, Müller, Sprdm. 233; vgl. Kbl. 31, 92). — 4. Refl. ‚sich darein ergeben' [Städt. Halbma.]. *Fäch dich! De Motter hat sij än ded avermegdlich* (Unvermeidliche) *gefächt.*

> *Bæ si em Âgläck äs et gât,*
> *Wô sich der Mäntsch mät kąldem Blât*
> *Än't Schäcksôl fächt.* Thullner, R. 39.

— Mhd. vüegen, ahd. fuogen.

F u g e n d o r f f e r †, F. N. (1394, Stolzenbg.). »Michil f u g e n d o r f e r« (Ebda., V.-A. 10, 371). Zum O. N. Feigendorf (s. d.), urk. Fugendorf, villa Fugonis.

F ü g e r, F i g e r, F. N. (Frauendorf, Schässbg.). — Zu fügen, ahd. fuogâri ‚Ordner'.

füglich, figlich adv. [Städt. Halbma.]. »damit Er in seiner arbeit f ü g l i c h (‚in geeigneter, angemessener Weise') möge fortkommen« (1682,

V.-A. 15, 547). »Da aber die 3 Nationes keinen erfunden, der füchlicher regieren kundt« (als Martinuzzi, KEMÉNY, Fundgr. 1, 33).

Fugresch, s. Fogaras.

Fugrescher, F. N. s. Fogarasch(er).

fügsam, fächsem adj. [Städt. Halbma.]. Wie nhd. *E fächsem Känjt.* Dafür auch: *ge-fächsem.*

fühlen, fælen schw., nösn. *fâln, feiln (Jaad)* schw. 1. ‚tasten, betasten‘, um zu erkennen, ob etwas kalt oder warm, weich oder hart ist. *Fæl em de Štirn, de Brast. Fâl, äs det Wasser äm Däpn noch nät wuarem* (nösn.).

Net schrąt Ząr, de Däppe kôchen,
Fâlt, det Krockt äs uch bąld wîch.

SCHULLER, Ged. 14.

Nô der Hätzt, nôm Fîber fâln (beim Kranken, nösn.). — Übertr.: *enem af den Ząnt fælen,* nösn. *ąf dn Ząnt fâln* ‚auf die Probe stellen‘.

Sachsesch Mältch hun ich gesîjen,
Sachsesch hued em mîj erzîjen;
Kud und fælt mer af den Ząnt.

KÄST., 60.

— 2. ‚empfinden, ein Gefühl haben von etwas‘. *Ich fâeln de Muerter* (modern: *den Schmierz) nâmi (Tekendf.).* — Syn. *špîrn* (spüren). *Špîrst te noch äst* (von einem Schmerz)? Antw. *Ich fâln näst mi (Bistr.).* s. *Gefæl* (Gefühl). »da fragt ich innen, ob er noch wass feilet wühetag (nösn. *Widâich* ‚Schmerzen‘), darauff sprach er, dass Haupt thutt mir gar wehe« (1568, Gr.-Schenk, B. M.). Der Kranke äussert sich über den operativen Eingriff des Arztes: *Der Dokter kąlaicht un enem eräm schnegden; hie fæld et net, wæ wî et dît.* — Besonders in der Ra. *sich de Hant, de Fâiss, de Knôchn nät fâln* als Folge grosser Anstrengungen, grosser Kälte (nösn.). *Ech fæle mer menj ąlt Knôche net vîr Mædem, vîr Kälden.* Refl. (nach dem Nhd.) ‚ein erhöhtes Selbstgefühl haben‘ *e fâlt sich (Bistr.).* — Mhd. vüelen, ahd. fuolen ‚tasten, fühlen‘, ein mitteld. Wort, das dem Oberd. und Schwäb. unbekannt ist, erst seit Luther allgemein hd.

Fühler, Fæler m., nösn. *Fîler* m. [Städt. Halbma.] ‚die Tastwerkzeuge der Insekten, Schnecken usw.‘. Süds. auch in der Ra. *de Fæler ousštræken.* — In echter Ma. heissen die Fühler der Schnecke nösn. *Hôrn,* Pl. *Hêrn* (Horn), süds. *Hîrn, Hâirn,* das in der tautologischen Benennung der Schnecke *Schnâkenhuirn* als pars pro toto zum Grundwort wird (s. *Schnâkenhuirn, Schnækenhîrn).* Im Reim hierauf: *Schnâkenhuiren, wais mer d' Uiren* wird dann der Fühler als Ohr gefasst. — Nur nhd. üblich, dem mhd. und ahd. unbekannt, dafür horn.

Fuhre, Fâr, *Faur* (im Burzenl.) fem., fehlt nösn. 1. ‚Fahrt, Reise‘ mit dem Wagen, im Sinne von ‚öffentliche Arbeit‘, die oft als drückende Verpflichtung vom Bauern empfunden wird, weil sie unentgeltlich und oft zu den ungünstigsten Zeiten geleistet werden muss. »Was aber deren ihr Fur betrifft ist den Herrn des landes woll bekanndt was man sonst geben hat«; »vor die Fuhr ist (auffgangen) fl. 2« (1565, Bistr. Arch.). »Von wegen des grossen Beschwernuss, mit welchem die Wayda die arme stadt vnd Dörffer beladen, als mit furren mit andern Reisen« (1560, MÜLLER, Sprdm. 223). »von 100 laczen dy fuer herab auch asp. 10« (1533, Qu. Kr. 3, 24). »Dy fuer der dyl . . facit fl. 75 asp. 21« (1539, Ebda., 72). »30. Juni kommt das Herren-Salz . . an Die Fuhr mussten die Dörfer verschaffen« (1728, Ebda. 4, 133). Besonders schwer wird die ‚Fuhr, bei militärischen Transporten: *Haier äs bâi âs 't Manêber; drô messe mer gor vil Feâren deân.* — 2. ‚Wagenladung, Fuder‘. Die echte Mundart gebraucht *Fæder,* während *Fâr* unter dem Einfluss des Schriftdeutschen mehr der städt. Sprechart eigen ist. Den Bedeutungsübergang von ‚Fahrt‘ zu ‚Fuder‘ erklärt die Erwägung, dass die Last schon eine bedeutende sein muss, wenn zu ihrer Beförderung die menschliche Kraft oder die eines Tragtieres nicht ausreicht, vielmehr ein Wagen, eine Fahrt nötig ist; die Wagenladung schliesst in sich eine Wagenfahrt, Vermittelung von dieser zu jener bietet etwa folgende Belegstelle: »Item Sabbaths-Schänder, welche des Sonntags früh . . . hinaus in die Weinberge, Baum- und andere Gärten, um Obst, entweder zu Fuss, zu Pferd, oder auch mit Fuhr (‚fahrend‘ oder auch ‚fuderweise‘) einzubringen, eilen« (1710, Bistr. Nachbarschafts-Ordnung), oder »vor di four zw fireon asp. 44« (Ziegel; 1553, Qu. Kr. 3, 315). *En Fâr Hą, Štrî;* »ein Fuhr Stroh« (1691, Nat.-A.); *en Fâr Hą afbängden, afladen, ueladen. E sätzt af der Fâr.* Die Wagenladung Heu ist zugleich ungefähres Mass für Wiesen. *E hôt nor ze fąf Fâren Hą.* 4—10 Fuhren geben einen *Buern,* 10—20 eine *Dräst.* Ra. *Nichen Fâr äs esi grîss, dad em net nôch* [3] *än Gaffel vôl draf kênt dân* (BINDER, Coll.). s. Fuder. »Item seyn 3 fueren mist tzu dem flaudrich oder Brecken bie dem sochtor gefüert worden« (Hstdt. Almosen-Rechn. 1605). *En Fâr, zwô Fâren Kukurutz, Arbes, Wäcken. En Fâr Hülz schnegden, afhæn.* »hatte ich einsmahlen aus dem Wald eine Fuhr Holtz nach Hause gebracht« (1759, L. K. A.). *En Fâr Dill.* »eyn fur dyl« (1494, MÜLLER, Sprdm. 140).

»32 fůrenn kalk« (1513, Qu. Kr. 1, 199). »wie der kalk aber fertig wurdt, holeten mir desselbigen kalk zwo fauren« (um 1610, Ger.-Prot.). »von XX furen sant czu füren« (1494, Müller, Sprdm. 139). »mehr lies ich darzu füren 14 Furden sandtt« (1578, Nat.-A.). »3. Junii bringen die Zeckel etlich Führen Ruten und Stecken bei die Lederer-Mühl« (1681, Qu. Kr. 4, 206). — *Fæder* wird von jeder Wagenladung gebraucht, selbst in dem allgemeinen Sinn einer über Bedarf oder Gebühr grossen Menge, die eine Wagenladung ausmachen würde: *der Vueter liecht ängden e Fæder (Hûlz) un, ent mącht e Feier, wæ än der Häll. Fâr* dagegen bezieht sich auf bestimmte Fahrten und Fuhren (Landwirtschaft, Bauwesen) und begreift immer zugleich den fahrenden Wagen mit. — Mhd. vuore, ahd. fuora, mitteld. vûre.

führen, færen schw., Prät. *fârt, fäart* (Med.), nösn. *fârn, feiern (Jaad)*, Prät. *fârt, feuert (Jaad)*. Urk. Prät. »faurtt« (1558, B. M.). *fâren, fêrt, gefêrt* [əᵉ] (Harbachtal). I. Trans. 1. In eigentlichem Sinne ‚fahren machen, in Bewegung setzen‘. a) von leblosen Dingen ‚ein Fuhrwerk, auf einem Fuhrwerk fortschaffen‘. *Ech færen de Wôgen, de Schlidden hîm. Zâigeln, Sąnt, Holz (Hûlz) fârn* (nösn.). *Bredder, Beln* (Bohlen), auch *Oppes, Appel, Bîrn än de Štądt, bai de Bân* (zur Eisenbahnstation) *fârn* (nösn.). Dagegen *mät Kôrn, Appel än de Štądt fuarn* ‚zum Verkauf fahren‘ (nösn.).

Sôt glech, wąt mącht der Busse Breader,
Äs hie geštąrwe, fært e Feader.
Höhr, L. Ê. 43.

»die Schieffleut / Fuhrleut / Kråtschmer vnd Gastgåber / was sie zu fůren auffnemen« (E. L. R., 124). — Ra. *Wad en Mäck fære kąn* ‚sehr wenig‘ (Binder, Coll.). »das her hat gefurt ij [2] owen czyglen« (1494, Müller, Sprdm. 139). »leysz ych 500 erren zeychelen feyren« (1588, Bistr. Arch.). »Ittem auf eys feyern fl. 1 d. 54« (1674, Rechnungsbuch der Bistr. Fassbinder). »von XX furen sant czu füren« (1494, Müller, Sprdm. 139). »mehr lies ich darzu füren 14 Furden sandth« (1578, Nat.-A.). »als man auf dem wayr gearbett hott hott man flech (Pflöcke) aussen gefurdt« (1559, B. M.). »dylen czu fieren« (1539, Qu. Kr. 3, 72). »das Francz 94 Ronen (*Ron* ‚Baumstamm‘) pey dy zeg Myl hot gefuert« (1540, Ebda.). »das er bey der schiemerin (F. N.?) garthen in den bosen weg 1 Fuder reiser fueret« (1571, Nat.-A.). »vor denn lem czw feiern« (1555, Qu. Kr. 3, 319). »ytem mer faurtt ych ym aynen bachen auff dasz geberch« (1558, B. M.). — Syn. *schąffen* (schaffen). *Mäst færen* ‚Dünger auf die Felder führen‘ ist eine wichtige Arbeit des Landmanns. In kommassierten Gemeinden geschieht es das ganze Jahr hindurch bei entsprechender Witterung. Auf unkommassierter Dorfmark ist auch das *Mäst færen* eine von den Arbeiten, die von allen Grundbesitzern gleichzeitig bestellt werden müssen. Vgl. Markgraf, Das mosell. Volk, 34. Das erste Mistführen (nösn. *ded îršt Mästfârn)* fällt in die Zeit kurz vor dem *Brêchen, Brôchen* (s. d.). Da es die erste grössere Sommerarbeit mit dem Zugvieh (nach dem Frühjahrsackern) ist, werden dabei die jungen Ochsen *(Tulek)* an das Ziehen gewöhnt. Dabei gilt es auch seinen ganzen Viehstand zu zeigen. *Se fârn Mäst mät vâr Wâgn, e fârt Mäst mäd âicht Ôssn.* Das zweite Mistführen *(det zwet Mästfârn)* wird im Herbst vorgenommen. Danach dient der Ausdruck auch als Zeitbestimmung: *äm îrštn, zwetn Mästfârn* (nösn.). Standespersonen gegenüber sagt man auch: (statt *Mäst) schwuerz Iert fârn.* — *Em fært* (Draas) ist techn. Ausdruck für ‚Weizen heimführen‘, wofür sonst *äfæren*, nösn. *änfârn* gesagt wird. Auch urk. »Am sonntag noch bartolomey hannych awsgebenn von dem khornn, das herr Antoni vom honsperg ynn das armut hat gelassenn, zw schneydenn vnndt zw firenn, fl. 3 asp. 40« (1551, Qu. Kr. 3, 309). s. oben: einführen. — ‚mit sich führen, mitnehmen‘ (ohne nähere Bezeichnung des Mittels). »was dy herrn Thys Seler, Lux Czeres wnd Peter Snyder dem wayda czů goben (‚als Gabe, Geschenke‘) gefůrt han« (1508, Qu. Kr. 1, 187; czu goben kann auch als Infinitiv gefasst werden: *ze gôwen)*. »Diese Köpp *(Kêp* ‚Pokale, Krüge‘) sein vom herr Steffen Greissingk am freytag vor Joani in die hermanstatt gefurett worden« (1553, Ebda. 3, 251). Hieher gehört wohl auch die unklare Notiz: »Item vigili calceos gemecht, das der kůnig hat gefůrt asp. 7« (1508, Ebda. 1, 127). Auch ohne Fuhrwerk ‚in Bewegung setzen, fortführen‘ [Geh. Spr.].

Gôd ir lâwer en broinjt Reiser,
Sorcht, net soinjt (sengt) *ich det*
Gebârt (Gebärte, ‚Bart‘),
Dat der Wängd ned af de Heiser
Îrend ichen Fangke fârt.
Schuller, Ged. 12.

— b) ‚Tiere oder Menschen leiten, führen‘. α) Zunächst auf einem Fuhrwerk. *Den Krąngkn än de Štądt, bai'n Dokter fârn* (nösn.). *Em huad e mät Dille* (Dielen, ‚Brettern‘) *gefäart*

‚er ist gestorben‘, eigentlich ‚man hat ihn begraben‘ (Med.). *Ech færen ij än de Bäsch.* Der dankbare Landmann zum Pfarrer: *For dät* (den erwiesenen Gefallen) *wäll ich se och emôl än de Štądt fârn* (nösn.). *E fârt sai Braut šputzârn (Bistr.).* Von Tieren natürlich selten. *Mer hu den Štrîfrâsser* (Strohfresser ‚Saugkalb‘, das am Stroh nur zum Vergnügen nagt), *de Fârkel, de Lâmtcher än de Štądt (bai dn Flêscher) gefârt* (nösn.). — β) Dann auch ‚leiten‘ (ohne Fuhrwerk). *De Kâ, det Fârd ąf dn Muark fârn* (nösn.). Das Süds. braucht lieber: *schaffen, lîden,* weil *færen* zu unmittelbar an ein Fuhrwerk denken heisst. Sprw. *Em sąl det Mêtche ned af de Jôrmert færen. Em huat dn Ôssn ąf de Schluachtbąngk gefârt (Bistr.).* Süds. *af de Schlôbräck* ‚Schlagbrücke‘, weil der Fussboden wie in einem Stall *gebräckt* ist. *Det Känt känn noch nät gô, em mâis et fârn. Den Krąngkn fârn. E nąm ed u der Hąnd ąnd fârt et bai sai Mątter. Um Uarem* (Arm), scherzhaft: *Um Hingkel(tchi) fârn,* in städt. Halbma. geziert: *Pär Arm gô. De Braut fârn* auf dem Weg zur Kirche s. *Brautfærer* (Brautführer). *De Breokt iwer den Ôlt færen,* nösn. *de Braut fârn* heisst das bekannte Spiel, bei dem flache Steine über eine breitere Wasserfläche so geworfen werden, dass sie mehrere Male auf die Oberfläche aufschlagen, aber nicht untersinken; vgl. Höhr, 82. Auch nhd. ‚Brautführer‘. Das tertium comparationis des bildlichen Ausdrucks ist die Behutsamkeit und Sorgfalt, mit der der Stein geworfen und die Braut geführt wird. Doch kann auch die sinnlichere Beziehung mitwirken, als ob man die Braut auf dem Steine gleichsam trocknen Fusses über das Wasser führe. *Schlidde færen:* Es gehört zu den Aufmerksamkeiten des Burschen die Geliebte zu einer Schlittenfahrt einzuladen: *Der Getz un der Bräck drêt sich štark äm't Mächele Gritz; um Sanktich nô der Viesper hatt e et Schlidde gefârt, än em härrešchen ungesträchane Schlidden. Wiär huad ich gefârt* ‚waren Anführer‘? (bei irgend einer Schlechtigkeit, *Bistr.).* ‚Wegführen‘.

Se faurdn se aus îres Vąters Ląnt
Bäs an det Ruiseląnt. Schuster, Volksl. 55.

Unwillige Antw. auf die Frage: *Wôr gîst te? Wuer mich menj Sänn færen* oder *wuer mich d'Üge lîden.* — Syn. *lîden* (leiten). ‚Beschützend geleiten‘. So im Grusse *Gott fær dich gläcklich!* (Mühlbach und sonst, nicht nösn.). Sprw. *Îrlij Uermed fært än Hemmel,* wobei das Objekt (*enen,* ‚einen‘) durch Ellipse weggelassen ist. Aber auch im Zorn:

Wô te mer net wällt gien,
Wird dich der Deiwel nien
Und færen än de glœnich Häll. Höhr,

— c) Schon halb übertragen, aber noch mit sinnlicher Bedeutung ‚einen Fluss ableiten‘ † »das wir wol ihrentwegen ihnen (den Klein Rebrern) frey geben möchten in den alten flus den times (Szamos) zu leyten und f u r e n« (1589, Kbl. 5, 87). — 2. Übertragen. a) Bildliche Ra. Wie im nhd. werden *än Apräl færen* für ‚täuschen, drankriegen‘, *un der Nues færen* für ‚hinhalten, verzögern‘ gebraucht. »alss aber der Legatus gesehn, dass er ihn den April g e f ü h r e t worden« (Kraus, Chron. 2, 262). *Dąt Mêtchi fârd en nau schu e gąnz Jôr u der Nuas eräm* (nösn.). Urk. »Ich bin auch ein mahl zu ihm zum essen gewesen, da sagt ich, warumb das die procuratores die obrigkeit hin undt weder f ü h r t e n« (1600, Ger.-Prot.). Stärker ist: *Emesten iwer'n Gąsdrâk færen* ‚jemanden überlisten, übertölpeln‘. b) ‚zu Ende führen‘. *Wänn em äst ufêt, mâis em ed och u'd Ant fârn.*

And et fârt dâi Sąch zem Ant
Mät guar zidderijn Hant.
Schuller, Mâtn. 14.

— c) *Proxäss færen. Se fârn nau schu än wavel Jôr Proxäss mäd enąnder, wiar ąber gewänn wit, wêss ąnser Härrgott* (nösn.). »Wurd jemand aber zum andern mal new vrtheil Brieff vom Fürsten ausnemen / seine verlorne teidig zum dritten mal zu f ů h r e n, er sol der verhörung gewehret werden« (E. L. R., 15). Ebenso auch *Krâich* (Krieg) *fârn.* — d) ‚ein Leben führen‘. *Se fârn e licht Lêbm mädenąnder, se lêbm wâi Hąnd och Kątz* (nösn.). *Diär Knaistfängk* (Geizhals)! *Fannek huat e genach, ąber e fârt e Lêbm wâi e Hąnt* (vergönnt sich nichts, *Bistr.).* »Protestieren derowegen solenniter, dass es unss soll frey stehen sein leben wie er es g e f ü h r e t zu ducieren« (1688, Cap. Cib.). — e) *det Wîrt færen.* Ursprünglich ohne tadelnden Nebensinn: »mir han die wortt wol also g e f u r t t, als hett ich in verwechsellt« (1570, B. M.). »der Nachbar Vater f ů h r e t das Wort in der Versammlung« (1777, Nachb.-Art., Gr.-Scheuern). Dann aber besonders *det grûss Wôrt fârn* ‚sich vordrängen, vorlaut reden‘ *Dąt äs guar e grûss Maulmącher, diär wäll âne det grûss Wôrt fârn* (nösn). — f) ‚anführen‘, †. »die kegenparth mag sie (die Zeugnisse) verwerffen / es were dann / das jemand die f ů h r e n (lat. producere) wolt zum ewigen gedächtnůs« (E. L. R. 30). »Denn in frembden geschäfften hinderts nicht / aus einem haus mehr zeugen (bei Testamenten) zu führen (lat. adhibere)«, wo es aber auch die sinnliche Bedeutung ‚vorführen‘ haben könnte (Ebda., 90). »nachdem sie aber auch in irer Klag furen und begeren von mir alle Schulden« (1565, B. M.). Auch mit einem Nebensatz als Objekt: »Nachdem sie aber in irer Klag füren, das noch mer Pletter (Blätter) hinderstettig (‚rückständig‘) weren« (1565, Ebda.). — g) ‚zu Gemüte führen‘ [in geh. Spr.]. »*Än iwrije Sachen kûn ij uch ze Gemût fairen, wat der lâw Geot hoet walle mâchen*« (aus der Rede des Wortmanns nach dem Auftragen der Speisen auf der Hochzeit; Johannisdf.) »damit sie (die Richter) mit ernst zu Gemütte führen / das sie nicht den Menschen / sondern den Herren das Gericht halten« (E. L. R., Vorrede). Bildlich: ‚essen‘, ‚geniessen‘. *Wô te der dâd allent* (eine beträchtliche Menge von Speisen) *ze Gemêt fêršt, wiršt te schêr sât wêrden.* — h) ‚Aufsicht führen‘. *Afsicht fêren* [Städt. Halbma.]. Syn. *hêden* (hüten). *De Wirtschaft fêren. Sai Dôchter fârd em dich de Wirtschaft, sänd* (seit) *em de Frâ ještorbm äs.* Verwandten Sinnes und mit Beziehung auf den Pflichtenkreis von Gemeindebeamten: *'t Rejister, de Rechnengk fêren.* — i) ‚zum Verkauf halten‘. *Dât fêre mir net* [Städt. Halbma.]. Hieher vielleicht auch: »dabei auch andere der Nation Heimligkeiten, Zinses contributiones, vndt dess Wein Zeichens vndt Saltz führens beschaffenheit vermeldet« (Kraus, Chron. 1, 192). Es könnte hier indessen auch die eigentliche Bedeutung ‚zuführen‘ vorwalten. — k) ‚abführen‘ (?) ‚abzahlen‘, †. »seinen Freunden Joachimo bidner und Simoni bidner an der bezolung des furgenanten halben Hoffs fl. 15 gefüreth« (1564, Mühlb., B. M.). — II. Intrans. *De wist schu sâi, wuar dât fârn wit. Et fârt ze näst Gâdem. Esutche Gegribel fârt ze näst* ‚ist unnütz‘ *(Bistr.).* »füret die Appellation nicht zu bequemer zeit zum ende« (E. L. R., 41). — ‚Der Weg führt dahin, dorthin‘ fehlt, dafür *gêt kê* . . . . — III. Refl. *sich fêren. De Gange fêre sech* ‚die Knaben fahren Schlitten‘ (Draas). Scheint neben *Schlidde fuoren, Schlidde rannen* nicht weit verbreitet zu sein. — Zus. ab-, *uäbm-*, an-, auf-, *afm-*, aus-, *aussn-*, ein-, *ënne-*, ent-, fort-, nach-, über-, ver-, vorbei-, zu-, zurück-. — mhd. füeren, ahd. fuoren, Faktit. zu faran, lux. fe'eren.

Führer, Fêrer m., nösn. *Fârer* m., daneben *Fîrer* m. 1. *Fêrer, Fârer* ‚einer, der führt‘. »ohne schuldt oder vnuorsichtiges treiben des fürers« (‚Viehtreibers‘; E. L. R., 154). *Mer hun halt nechen Fêrer än der Gemîn. Âs Hann äs ze wîch.* In städt. Halbma. ‚Bergführer‘. *Wô mer af dn Kâihôrn wänn, wiärn mer es än Fârer nî (Bistr.).* — 2. ‚Fuhrmann‘ in F. N., wobei aber auch an ‚Fahrer‘ *(Fôrer, Fuarer)* gedacht werden könnte. »Fwrer« F. N. (1505, *Bistr.),* »Führer« F. N. einer Emigrantenfamilie (um 1750, Heltau). — 3. *Fîrer* ‚Unteroffizier zwischen dem Korporal und Feldwebel, Führer eines Zuges, Zugsführer‘, in die Ma. nicht eingelautet. *E wôr Fîrer bai dn Soldâtn, Muesern, Šchandârn; bai dn Hônwêt* (magy. honvéd ‚Landwehr‘; nösn.). *E huad alz Fîrer än Itâlien gedâint* (nösn.). — Hieher gehört der D. N. *Fîrer* (Bekokten, Seligstadt, *Petersdf., Burghalle). Der Fîrerfarr* ‚ein (rom.) Pfarrer, der als Führer beim Militär gedient hatte‘ (Gr.-Schenk). — Mhd. vuerer.

(Fuhrgeißel), † ‚Geissel, Peitsche des Fuhrmanns‘. »er aber hat kein ander gewehr den die Fuergeissel« (1598, Ger.-Prot.).

(Fuhrgeleite), † ‚Geleite eines Fuhrwerks, als Schutz (?)‘. »Ductoria duo vulgo furgelet« (1547, Nat.-A.).

Fuhrknecht, Fârknieckt m. ‚Knecht eines Fuhrmanns‘. Entspricht einem hd. Führknecht (von führen *fêren);* müsste nach Fuhrknecht *Fârknieckt* lauten (von *Fâr* ‚Fuhr‘). Urk. »Ordnungk fon den taglönern, furknechten und irem lon«; »was die Fuhrknecht belanget, die mit der wochen dienen« (1565, Seiv., Hstdt. Lok.-St. 29). — Dazu der F. N. »Niclos Fwrknecht« (15. Jahrh., Hstdt.); »Michaeli furknecht« (1549, Ebda.).

(Fuhrladelädchen), Fäerlatlätchen n. (Werd) ‚kleines Lädchen, das in der Lade des Kutschensitzes angebracht ist‘.

Fuhrleute, s. Fuhrmann.

Fuhrlohn, Fârlîn m., nösn. *Fârlû* m. und *Fauerlû* m. ‚Lohn des Fuhrmanns für eine Fahrt‘. *Wavel* (wieviel) *Fârlû zuald er bäs än de Rodne? (Bistr.). Sätz af! et kost nichen Fârlû* (nösn.). Besonders vom Lohn der Fuhrleute, mit denen der Handwerker die Jahrmärkte der Marktflecken in der Nähe der Städte besucht. *Der Fârlû frässt nau bâlt dn gânzn Profit (Bistr.).* »Seyn die dill fon dem obersten fridhof hinvnder gefurt worden furlon dorfon den. 20« (Hstdt. Almosen-Rechn. 1604). »Mer hat magister Valentinus awss gegen (‚gegeben‘) awff . . . vurlon« (1516, Qu. Kr. 1, 213). »gob zu faurlon 15 ₰« (1588, Bistr. Arch.). »d. 60 mitt fauerlon mittall« (1682, Bistr. Fassbinderz.). — Ra. *Der Deiwel nid en, awer ech zôlen de Fârlîn derzû* ‚habe auch meinen Schaden davon‘ (Binder, Coll.). — Mhd. vuorlôn.

Fuhrmann, Fârmân, *Fauermôn* (Burzenl.) m., Pl. *Fârlegd (-lt), Fäuerletch* (Burzenl.), nösn.

Fârmą̂, Fârmol (Bistr.) m., Pl. *Fârlait, Fauerlait.* 1. Nur in der Bed. ‚einer, der für Bezahlung mit einem Fuhrwerke Personen oder Sachen führt‘. *An Fârmol dängen, de Fârlait sai daier, se hêschn vil Fârlû (Bistr.). Mer wêre kun, awer mer kangden nichen Fârmą̂n afdreiwen. Dem Fǣrmą̂n de Fǣrlîn zôlen. E gât, licht Fârmą̂* (nösn.). *E besöffm Fârmą̂* ist der Schrecken der vom Jahrmarkt heimkehrenden Gewerbsleute, *äntweder e iberschlêd ent än Gruabm, ąber e fiärd enem ą̂ndern än Wuagn, ê Gehetz huad em mäd'n (Bistr.).* — Sprw. *Uch e Fârmą̂n, dî nemmi plǣtsche ką̂n, hîrt det Plǣtsche gärn.* — Die Fuhrleute hatten vor der Erbauung der Eisenbahnen eine grössere Bedeutung als heute, die Vorstädte waren zumeist von Fuhrleuten bewohnt, die sich nun entweder anderen Berufen zugewendet oder auf Fuhrleistungen beim Baugewerbe beschränkt haben. Im Mittelalter waren sie die unentbehrlichen Diener des Handels und Verkehrs, wenn gleich sie niemals eine sozial hervorragende Stellung gehabt haben. In Hstdt. erscheinen z. B. die Fuhrleute in einer Klasse mit »Dienstknechten und Mägden, Stadtdienern, Taglöhnern« (Schuler-Libl., Mat. 151). Ihrer sozialen Stellung ist es wohl zuzuschreiben, dass ‚Fuhrmann‘ und ‚Fuhrleute‘ urk. weniger oft erscheinen, als man erwarten sollte. »den fůrleůten flor. 22« (1514, Qu. Kr. 1, 203). »fuerleyd« (1544, Ebda. 3, 75). »die Schieffleut / Fuhrleut / Krâtschmer vnd Gastgâber« (E. L. R., 124). »Da er nu gegen Lipa kömpt wolt er die fuhrleut nit abzahlen« (1600, Ger.-Prot.). »Dieweill nun aber kein Ross da gehalten wird, sollen sie, der Vatter, vnd spittäler (*Špidêler* ‚Leiter eines Spitals‘) ... führleut dingen, vnd mit dem fuhrmann einss werden alss gut sie kennen« (1625, Müller, Hosp. 63). »den faur leiden f 1 d·65« (1678, Bistr. Fassbinderz.). »dem fauerman« (1680, Ebda.). — 2. F. N. »Fuer-, Ffur-, Fur-, For-, Ffwr-, Fwrman« (15. Jahrh., Hstdt.). »furman« (1479, Kronst.). Einmal auch noch mit Artikel: »Clôsz der fwrmann« (1496, Qu. Kr. 3, 764). »furman Crasten« (1494, Müller, Sprdm. 139). »Fwrman« (1505, *Bistr.*). »fuerman« (1599, Hstdt.). »Bartesch faurmann« (um 1610, Ebda.). »Phuerman« (1640, *Wallendf.*). »Furmann« (1763, *Mettersdf.*; 1765, *Bistr.*). »Fuhrmann« (1700, *Bistr.*; 1763, *Waltersdf., Petersdf., Windau, Jaad*; 1808, Kronst.). »furman« (1479, Kronst.). Mit Metathesis: »Fromman« (neben fwrman zur Bezeichnung desselben Mannes; Qu. Kr. 3, 749). Mit patron. -es: »Fromes« (1496, Kronst.). Der Mundart angenäherte Form: »Föurmä« (1593, *Jaad*); »Furmun« (1704, *Bistr.*). Gegenwärtig Fuhrmann, nösn. *Fârmą̂* (Kronst., Rosenau, *Bistr., Wallendf., St. Georgen, Mettersdf.*). — Vgl. lux. F. N. Fuhrmann. — Dazu (?) der Fl. N. *Feärmesdel*, Weinberge und Wald, *Feärmesdelbauch* (Birth.). Urk. »Im Fuhrmanns Thal, jenseit dem Graben« (1720, Birth.). — Mhd. vuorman, Pl. vuorliute.

(**Fuhrsattel**), †. »Pro 1 sella vulgo fuer Zadel, stych ryemen und steg rôff« (1541, Qu. Kr. 3, 110, 179).

Fuhrwagen, †. »zo sal heer eynen gweten fwr wagen machen« (um 1490, Wagner-Art.).

Fuhrweg, fehlt; dafür *Fôrwiech* (Fahrweg). Im Fl. N.: »Jenseit der Kokel: im langen Fuhrwege« (1822, Gr.-Probstdf.).

Fuhrwerk, Fârwärk neben *Fuerwärk* ‚Fahrwerk‘, fehlt nösn. [Städt. Halbma.]. Beide, wie auch *Gefiert* nur im Sinne der Verachtung also = minderwertiges Fuhrwerk. Vgl. *Batâr* (◡ ⊥, rumän.), *Landauer, Kaläss, Karutz, Wuegen, Schlidden.*

—, **Fuigel**, s. Fohle.

—, **fuikaschich** adj. ‚zu Spässen geneigt‘ *(Petersdf.)*. Die Form weist auf das Rum., in dem aber ein entsprechendes Etymon sich nicht findet. Im Rum. der Zigeuner wurde fuikasch gehört.

—, **Fûistbächele** (Dat. Pl.), *hanjdern Fûistbächele* (Fl. N., *Birk*). Das Grundwort ist *-bächel* ‚Bühel‘, das Bestimmungswort vielleicht dasselbe wie in süds. *Fuesprich, Foestprich.* s. Fachsberg.

Fulber, † F. N. »Petrus Fulber von Hahnenbach« (1409, Urkb. 3, 484).

—, **Fûler**, s. Fohler.

fülfurtisch, s. fwlfürtisch.

Fulkend, F. N. (1621, Schässbg.). s. Folkend.

—, **Fûlkesseifken**, *ä Fûlkesseifken*, Fl. N. (Neudf. b. Hstdt.). *-seifken* ist Dim. zu *Seifen* ‚Graben‘, *Fûlkes* gehört zu ahd. folc oder zu einem davon gebildeten P. N., vgl. Fulkun.

Fulkun, P. N. (1252, Urkb. 1, 78; »terram ... quae quondam Fulkun Saxonis fuerat«). — Zum ahd. P. N. Fulco, Folchuni (folc). Vgl. die F. N. Filtsch, Fulz.

(**Füllde**), **Felt** fem., nösn. *Filt* fem. ‚Menge‘, eigentlich ‚das Erfülltsein von einem Gegenstande‘. *Ed äs heier vun allem de Felt* ‚heuer ist alles in Hülle und Fülle geraten‘. Daraus entwickelt sich leicht die Bedeutung ‚Überfluss‘ (bei Dam. Dürr). »Denn es ist der willen gottes, das mir ... der füllt brauchen dem nechsten zu dienst« (Dam. Dürr, Kbl. 6, 123). »das die vilt der göttlichen gnaden ist in im leibhafftig gewahret« (DAM. DÜRR, MÜLLER, Gottesdienst 36). Fülle (ahd. fullî) ist der Ma. ganz unbekannt, sie gebraucht neben *Felt* (ahd. fullida zu fullan) in der Bedeutung ,in Hülle und Fülle' *genach* (genug), von Obst: *zem Schwai fittern* oder rum. Ausdrücke (s. *potop)*. Für das nösn. *Filt* wäre nicht fullida, sondern vollide (zu voll) als ahd. Entsprechung anzunehmen, fullida müsste **Fält* ergeben. Auch bei Fülle ist doppelte Ableitung (von ahd. fol und fullan) möglich (vgl. DWB. 4, 484 ff.). Übrigens wäre *Felt, Filt* auch als ,Vielheit' zu erklären, wie *Weist* als ,Weisheit' in der Anrede *Er Weist* = Eure Weisheit. In der Komparation wird doch auch *vil, veller, um vellsten* gebraucht. Das Wort, von dem DWB. a. a. O. angegeben ist, es finde sich im Nhd. nicht, kommt also wenigstens in dieser Ma. vor.

Fülle, nösn. *Fäll* fem. 1. Für ,Fülle, Überfluss' s. das vorige Wort. Urk. »wie dass arme verblinte Volk die Völle dess Volkes gesehn« (KRAUS, Chron. 1, 7). — 2. ,Füllung, Füllsel'. *De Fäll än Tortn, baim Hängkel.* Für das letztere gewöhnlich *Fällsel, Gefällsel.* — Mhd. vülle, ahd. fullî.

Füllen, Fellen, *Fillen* (Neudf. b. Hermannstadt) n., nösn. *Filln* n. Dim. *Fell(en)chen, Felltschen* (Agn.), *Fel(len)tschen* (Kronst.), nösn. *Fillntchi, Fillichi (St. Georgen).* 1. ,das Junge des Pferdes'. Ankündigung der Geburt eines Füllens den Kindern gegenüber: *Mer hu e Fillntchi beku* (nösn.).

Dâ ich emôl e Fârd hatt,
Bekqm ij uch [ʒ] *e Fellen,*
Mihaha hîsst me Fellen.
SCHULLER, Ged. 7.

Fellen afzdn. Det Fellen uešpênen ,der Muttermilch entwöhnen'. *E gesangd, kîr,* süds. auch *kirr* (kirres), *tîrich* (töriges ,übermütiges') *Fellen. E krqngk Fellen fikeln. Âs Fellchen drâst* (,hat einen Kropf'). *Det Felln äs es drqfgqngen, verrqckt* (,verreckt', nösn.). *Det Fillntchi špillt, šchlêt hän* (hinten) *aus. E gêrich Feellen* ,ein einjähriges Füllen'. *Det Fellen un de Wuegen urqn* ,leicht anbinden, dass es nicht wegläuft'. *Det Filln äs mät der Gurr än der Štât* (,Pferdeherde', nösn.). *Det Filln äs es zeräckgeblibm* (süds. *zeräck bliwen), ich wiärn em fletn* (,pfeifen', nösn.). — Übertr. auf menschliche Verhältnisse'. *E äs tîrich wâi e Filln* ,übermütig' (nösn.). *Kir wiršt tâ senj, wei e Fellentschen* (SEMP, Verspillt 14). *De Felle schlôn uch hanj ous, esu lang se qf der Fellewît senj* (Burzenl., Neuer Volkskal. 1908, 168). *Dêm wird de Froinder uch kun (vîrkun* ,erscheinen') *wei dem Fellen, bas em ad un den Hôlder gewunt* (Ebda., 169). — Der Wolf heisst *de Nôchtegôl, dê Felle frässt;* daher die Ra. *e hôd et hqnjder'n Îren wê der Wûlf det Fellefrêssen* (H.-W., 94). Im Rätsel:

Et sainjd äm Bäšch en Nôchtegôl,
Dê frässt e Fellen awemôl.
SCHUSTER, Volksl. 278.

— Eigentümlich wird in dem Rätsel von der Kleidertruhe *en helzren Guder, lainän Bâln, en iesnern Filn* (GASSNER, 31) der Schlüssel *en iesnern Filn* genannt, nach mündl. Mitteilung, weil der Schlüssel wie das Füllen fortlaufe und wieder zurückkomme. — Syn. *Motschken,* nösn. *Munsel, Mutschefellen.* Einjährige Füllen heissen auch *Gêrlek* (Jährling, Wolkendf. i. B.), welcher Name sonst für einjähriges Schwein *(Gêrlengk)* gilt. — 2. Von jungen übermütigen Menschen wird *Fellen* ausser in bildlicher Redeweise nur in Zusammensetzungen gebraucht. s. *Brôst-, Ierpere-* (Erdbeer-), *Mädel- (Märl-), Mutsch-, Nqckefellen.* — 3. D. N. *Felle Mächel* (HALTRICH, Plan 56). Fl. N. *Um Fellenhillchen* (Eibesdf.). — 4. In Tartlau i. B. heisst die Schellsieben *det verschammelt Filn.* — 5. Auch im Aberglauben erscheint das Füllen. So redet man den Zendrischern nach, sie hätten aus einem Kürbis einst ein Füllen ausgebrütet (HALTRICH, Plan 58), und in der Sage erscheint ein schwarzes Füllen als Gespenst (Schweischer, MÜLLER, Sagen 57), was man auch mythologisch deuten könnte. Die Milz des Füllens war nach einem alten Rezept gegen die Epilepsie (»die besse Krenkt«) gut. »Nimm von einem Fillen die Meltz in einem Morser zustossen« (Kbl. 31, 96). — Mhd. vülîn, ahd. fulîn.

(Füllen), Fellen n. ,Asthma' (Birth., Agn.). *E huet det Fellen* ,ist asthmatisch, kurzatmig'. — Syn. *kurtsch, schwêr Ôdem; dämpfich, rîfschlêchtich.* Ableitung von voll (man vgl. die Ra. *ich bä vôl Ôdem)* und an das gleichlautende, aber begrifflich weit abstehende *Fellen* (Füllen ,junges Pferd') angelehnt.

füllen, fällen, *foljen* (Stein) schw., Prät. Pl. *fällden,* Part. *gefällt,* nösn. *fälln* schw., Prät. *fqlldn,* Part. *gefqllt.* I. Trans. 1. ,ein Gefäss, einen Raum vollmachen', oft verstärkt mit *vôl* (voll). *Fäll det Schqf* (Schaff) *vôl! Mer hu det Qndersâzel mät Wqsser gefqllt. Det Lêgel fälln* (nösn.). »mer vor fellnn (der Fässer) vnnd schrott asp. 14« (1556, Qu. Kr. 3, 322). Im Herbst Wein einkaufen und einlegen. *Weo hoed er gefällt? Mer kanjden ä Kôpesch net fällen, mer mosste kê Wôlthâde foären* (Agnetheln).

Auch schriftdeutsch: »Da ich aber vor Gott bezeugen kann, dass ich auch heuer keinen Tropfen wein gefüllet, in den vorigen Jahren aber sehr selten über zwey fass herein gebracht« (1753, Hstdt. Arch.). *Pill mät Federn fälln, den Štrîsąck mät Štrì, Tirkeschkôrnbledder fälln* (nösn.). Von der sorglichen Mutter, deren Sohn vom Urlaub zum Militär zurück muss: *Se fälld em dn Aitsąck* (nösn.). Ra. *e hôt sich hâ den Eissack gefällt* ‚hat hier etwas erworben, erwirtschaftet' (Reichesdf.). *Haier fälln mer es det Vîrel* (Scheunenviertel), *det Kôrnhaus, dn Kaller* (nösn.)

Rên, rèn, rên (regne)!
More gô mer sên,
More sè mer Kiren,
Wuossen es de Êren,
Fällen es de Scheiren. HÖHR, 29.

— ‚Korngruben füllen', †. »dy (Kornkaul) hat eyn man gefolt fom sches« (1515, Schässb., MÜLLER, Sprdm. 167). »Den Schrettern ist von einem Ersamen weisen Raath fergüntt, das niemand sonst, allein nur sie, die Korn kaulen füllen sollen« (1564, SEIV., Lok.-St. 25). Hieher gehört auch *gefąllt Kraut,* süds. *gefällt Krokt,* bei dem kleingehacktes Fleisch in Krautblätter gewickelt wird. Ebenso *Ardê, Kalerâbi fälln. Hängkel fälln* ‚Hühner mit *Gefällsel* (einem Gemenge aus Schmalz oder Speck, Ei und Brot) vor dem Braten füllen' (nösn.). Sprw. *Krokt fällt de Hokt,* nösn. *Kraut fällt de Haut.* Mit dem Dat. der beteiligten Person *sich den Bauch fälln* ‚sich vollessen' (nösn.), wofür man auch *sich fällen* sagt. Bei gutem Appetit: *Der frässt vil, bäs e sich dâ loongk Bâle fällt* (Gr.-Sch.). »Denn das der fromme got eynem mehr beschert, als dem andern, geschicht nicht drumb, das mir alles yn unser Beüch sollen füllen« (DAM. DÜRR, Kbl. 6, 126). »wenn sie nur den hals können füllen und ihre seeten erwischen« (DAM. DÜRR, Aml. 52). Auch übertragen. »das ir in wollt veriagen und einen andern in seine stell ruffen, der euch den kragen füllen (‚Vorteile, Vorrechte gewähren') werde« (Ebda., 18). *Enem* (einer weiblichen Person) *de Boch fällen* ‚sie schwängern'. Dem Nhd. entstammt die Ra. *en Läck (ous-) fällen.*

nor än der Nît
De fêlent Läck ze fällen,
Unt dad es gât de Wirtschaft gìt,
Behîft (behauptet) *de Frâ de Wällen.*
SCHULLER, Ged. 80.

— 2. Die Flüssigkeit, die in ein Gefäss gefüllt werden soll, ist Objekt. *Mälich än de Fląsch, Nafta än de Ląmp fälln, Wai änt Lêgel, Wąsser änt Schąf, Rätschel, Däppm fälln.* »(Es blieb den armen Bearbeitern der Weinberge nicht einmal soviel Wein,) dass sie sich den Essig füllen konnten« (SALZER, Birth. 208). Doch nicht von Flüssigkeiten allein. In die Totenklage, die eine Freundin für einen Topf voll Erbsen besorgen sollte, liess sie in ihre wortreichen Klagen von Zeit zu Zeit die Worte einfliessen:

Ir Hârzer menjer, ir —
Fällt mer de Ârbes noch nar zwir! (füllt mir die Erbsen nur noch zweimal).
SCHULLER, T. u. B. 2, 29.

»Item 4 qui laboraverunt in posthey montis sancti Martini gefwlt terram fl. 1 asp. 4« (1524, Qu. Kr. 1, 576). *De Wûršt än Duarem fälln* (nösn.), süds.: *än de Bâl.* — II. Refl. ‚sich voll essen'. *Te huost dich weder gefällt, wâ e Buerch,* derber *wâ e Schwenj.* Hieher gehört (nach DWB. 4, 508) *gefąllt Miärzvąltcher, Tulipâncu,* wofür gewöhnlich *toppelt* (doppelt) gesagt wird: *Toppelt Schnîklèkeltcher* (Leucoium vernum, *Bistritz), toppelt Vąlcher* (nösn. und süds.). *(Ge-)Fällsel.* — Zus. an-, auf-, aus-, ein-, *änne-,* er-, nach-, verfüllen. — mhd. vüllen, ahd. fullan ‚voll machen' zu ahd. fol (voll). Auffällig ist gegenüber süds. *fälldn, gefällt* das nösn. Prät. Pl. *fąlldn, gefąllt* (ahd. fulltun, gifullt neben gifullit). Der Umlaut des nicht recht gebräuchlichen Konjunktivs *fälldn* (ahd. fulltîn) und des Präs. *fällt* (ahd. fullit) ist hier Indikativ Prät. nicht zur Geltung gelangt, so dass das Nösn. älteren Lautstand aufweist.

(**Füllengurre**), **Fellegorr** fem., nösn. *Fillngurr* fem.; hie und da *Fillegorr* fem. ‚Stute mit jungem Füllen; solche Stuten werden auf besondrer Weide und an vielen Orten von den Eigentümern selbst gehütet' (Martinsdf.). *Âs Mischo* (Michael) *mosst hetj bâ de Fillegorren, am dąd üss e ned än de Schiul kun* (Ebda.). *Fille(n)* ‚Füllen' und *Gorr* (mhd. gurre) ‚Stute'.

Füllenherde, Fellenhierd(t) fem. Gewöhnlich weiden die Füllen nicht gesondert von den Pferden. (s. *Fillegorr,* Füllenhut und *Štât).* »Füllenherde« (Zeidner Denkwürdigkeiten, 28).

Füllenhirt, Fellenhirt neben *Fellenhîrt* m. ‚Hirte der Füllenherde'. »Iuon Homorosian, der zum Füllenhirten aufgenommen worden war« (1776, V.-A. 36, 388).

Füllenhut, ‚Füllenherde'. »Den 25. August rauben die Kurutzen den Tartlauern die völlige Füllen-Hut samt vielen Pferden und Rindvieh« (1706, Qu. Kr. 4, 69).

Füllenweide, Fellewît fem. (Burzenl.). *De Felle senj ąf der Fellewît.*

Füller, Fäller m., nösn. *Fäller* m. ‚Gefäss zum Füllen von Flüssigkeiten, kleiner Trichter' (Schässbg.). Haltrich, Plan 87; Neg. Id. 46. Haltrich mag das Wort aus seinem *(S.-Reener)* Heimatsdialekt gekannt haben, wo *Faller* das gewöhnliche Wort für das (in der dortigen Ma. unbekannte) Trichter ist. Das Nösn. scheint es sonst nicht zu kennen, von einem alten Manne wurde (ungefragt) als Sprw. gehört: *Müt dem Fäller ką̂ em enem näst änfälln* ‚Nürnberger Trichter' *(Bistr.)*. Auch in Birth. *der Fäller*, in Marktschelken das Dim. *Fällerchen* (S. Volksfr. 1894, 350) ‚Seiher, Seihtrichter'. — Mhd. vüller. In dieser Bedeutung im DWB. 4, 513 nicht verzeichnet; dafür vom selben Verbum ‚Füllhals'.

füllnen, fellnen schw., fehlt nösn. ‚Füllen werfen'. *De Gorr fellent, hu^e^t gefellent.* Von Haltrich (M., 99) auch ins Hd. getragen: »Die Stute ist in den Wolken und hat gefüllent«. — Ra. *Wunn der Hu^e^st (U^e^s) fellent* ‚wenn der Hengst (Ochse) Füllen wirft, ad Graecas Calendas'. *Wi^e^r det Glück höt, dem fellnen uch de Gîss* (Geissen). — Übertr. *Ich gi^e^n der înt, dat der de Nu^e^s fellent* (‚blutet', Kbl. 5, 9). — Abgeleitet von *Fellen* (Füllen); vgl. schweiz. füllenen ‚Füllen werfen'.

Fullo, F. N. (1623, Schässbg.).

Füllohn, †‚Lohn für das Füllen der Fässer'. Urk. »pro uno magno musto fel lon, srat lon, vecturis« (1512, Qu. Kr. 1, 165).

Füllsel, Fällsel n., fehlt nösn., ein Gemenge aus Speck (oder Schmalz), Ei und Brotkrumen (Brösel), mit dem die Brathühner gefüllt werden. Dafür häufiger *Gefällsel.* — Spätmhd. vülsel. Auch zips. Felzl.

Füllstein, † Pl. ‚Steine zum Ausfüllen, Schotter'. »lapides parvi vulgo fell stain« (1549, Qu. Kr. 3, 520). — Mhd. fullestein ‚Stein zum Füllen des gegrabenen Fundamentes'.

Füllwein, † ‚Wein zum Auf-, Nachfüllen der Fässer'. »vor fel weynn vnnd Schrott« (1556, Qu. Kr. 3, 321). »Fulwein« (Ebda. 3, 477). — DWB. 4, 524.

Fülsch (1680, Gr.-Alisch), Fültsch (1699, Cap. Cib.), F. N. Andere Schreibung für Filtsch (s. d.) und das folgende Fulz, neben dem es steht wie Fritsch neben Fritz, Lutsch neben Lutz.

Fulz, F. N. (1790, Birth.); Fultz (1728, Ebda.); Fvvlcz (1505, *Bistr.)*. Gegenw. Fulz *(Fûlz)* in Scharosch, Tobsdf., *Tekendf., Bistr.* Ahd. Folzo, Koseform zu den mit folc (Volk) zusammengesetzten P. N. Vgl. Fritz zu Fried-, Lutz zu Lud-.

—, **Fûm** m., nösn. *Fum* m. ‚Stolz, Hochmut, Einbildung'. *E hu^e^d e sollen Fûm, e gîd înt schê^e^r äm* (Med.).

Ąnt dâi Schwijer, dą̂t Gebrumm,
Dâi hąt gu^a^r än grûssn Fum.
Schuller, Mätn 8.

Auch bei Brenndörfer (60): *e hu^e^d en Fum* ‚ist eingebildet'. — Zu rum. fum ‚Rauch, Einbildung', zu dessen kurzem Vokal das *-û-* in süds. *Fûm* allerdings nicht stimmt; aber Zusammenhang mit *Faum* (‚Schaum') verbieten lautliche Bedenken.

—, **fûmich** adj. ‚hochmütig, aufgeblasen' (Med.). — Zu *Fûm.*

Fummel, Fummel fem. (nösn.). 1. ‚Glättschiene', Holzwerkzeug zum Glätten der Sohle bei genähten Stiefeln, welches erst nach Benützung der Raspel und des Glases zur Anwendung kommt (bei Bauernschustern, *Bistr.)*. Syn. *Raifhelzkn* (Reibhölzchen). — Dazu auch ein Verbum *fummeln* ‚mit der *Fummel* glätten' (Ebda.). — 2. ‚vulva'. Zu nhd. fummeln ‚reiben'. Zu 2 vgl. hess., aachn., köln. vummeln ‚betasten, befühlen, auch in obscöner Weise anfassen', henneb. fommel(n) ‚coire'. Zu 1 lux. Fummeler ‚Glättschiene'. — DWB. 4, 525 f.

Fund, fehlt; die Ma. gebraucht das Verbum *fängden* (finden).

Fundament, Fundamänt (⏑ ⏑ ⏑́) n. 1. ‚Grundmauer, Grundbau'. *Det Fundamänt ausgru^a^bm, mąchn. Det Fundamänt äs fi^ä^rtich.* Dafür in echter Ma. lieber *Grąnt,* süds. *Grangt* (Grund). — 2. ‚Begründung', †. »Nachdeme es in erfahrung kommen, wie nemblichen unterschiedliche hiesiger Statt Einwohner von unsers Herrn Königs Richters gefangenschafft sinistre ohne eintziges fundament urtheilen und plaudern« (1703, Kbl. 15, 67). — Über das Nhd. aus lat. fundamentum ‚Grund'.

Fundation, † ‚Grundlegung, Bauplan'. »nicht nach des F. W. H. Fundation vndt abmessen (ist die oberste Bastei bei dem Goldschmiedturm aufgebaut worden)« (Kraus, Chron. 1, 69). — Lat. fundatio zu fundare (fundieren).

fundieren, fundîren ‚durch Legung eines Fundamentes gründen'. Nur als term. techn. des Maurers, in städt. Halbma.; der echten Ma. fremd. »Es ist alhie weiter zu wissen dass ihn wehrender reiss des F. W. H. Martini Eyssenburgers Consulis die Oberste Pastei bey dem Goldschmidt thurm innerhalb 16 Wochen nach dem sie der F. W. H. vor seinem aufbruch Fundirt hatte, von grundt aufbawen vnd aufrichten lassen« (Kraus, Chron. 1, 69). — Zu lat. fundare.

fünf, fâf, nösn. *fâf*. Der Stammvokal ist grosser Veränderung fähig, s. Lautt. 44 und unter 5. 1. Als Zahlwort steht *fâf* zur Zahlbestimmung unflektiert vor Substantiven. *Fâf Männer (Mân), fâf Fræn, fâf Kängt; fâf Štqnt*, süds. *Štangden, Dâich, Mênet, Jôr* (nösn.). »Funf Creucz« (um 1550, Qu. Kr. 3, 250). »funf handraicher« (1547, Ebda. 3, 417). »der anderer Finger oder Zahn (,Zehen') einer / mit fůnff Gůlden gesůhnet« (E. L. R., 175). Hieher gehört das erstarrte *fâfmol* (zu mhd. mal ,Zeitpunkt'). Ebenso ist *fâf* flexionslos, wenn es mit *unt*, tonlos *-en, -e* vor oder mit *och* (auch) nach anderen Zahlen steht. *fâwenzwinzich, fâwefufzich; hqnderdochfâf. E verdænt fâwentzwinzich (of den Ôrsch).* Ra. *E känn nät bäs qf fâf* (häufiger *drâi*) *zeln* ,er ist ein dummer Mensch' *(Bistr.). Em kand* (man kennt) *em qlle fâf Fänger*, wenn jemand eine Ohrfeige erhalten hat (Ebda.). *Ich biddn dij äm de fâf Wqndn Kristi* ,um Gottes willen' (Ebda.). Im Scherzrechnen:

Foâf
Te bäst en âlt Schôf.
Schuster, 401; Höhr, 37.

Foâfmôl foâf äs foâwentzwinzich,
Beiss de Krqsten qlle klinzich. Höhr, 37.

— 2. Substantiviert dient *fâf* zur Bezeichnung einer Anzahl von Fünfen. Auch so ist es im Nösn. unflektiert gebräuchlich, im Süds. im Dat. immer wie ein Pl. *fâwen. Dâi Fâf*, aber auch *vu diän Fâf* (selten *Fâbm*, süds. nur *vun die Fâwen) wör ener lum* (lahm, nösn.). *Âlle Fâf sai fortgqngen* (Ebda.). Auch als Zeitbestimmung zeigt es im Nösn. und Süds. im Dat. Reste der früheren Flexion. Man sagt *ed äs äm Fâf*, aber *nô Fâbm, nô fâwen* (nach Fünf), *vu Fâbm här fort* (von Fünf an) *kâst te mät mer rêdn (Bistr.).* — 3. Substantiv *de Fâf* fem. neben dem m. *Fâwer* als Name des Zeichens für die Zahl fünf. — 4. F. N. »Fwmf« (1408, Müller, Sprdm. 36). Vgl. den F. N. Ffymfwer. — 5. Während der Schwund des -n- vor altem -f dem Ss. allgemein eigen ist, erscheint er in diesem Worte nicht konsequent durchgeführt. Es finden sich Formen, wo der Nasal erhalten ist, besonders im Nösn. *fennef (Kl.-Bistr.*, so wird es gesprochen, nicht *feuöf*, wie Lautt. 44 steht), *femf (Jaad), fũngef* (mit stark nasalem Wurzelvokal, *Senndf), fqngef* neben *fâf (D.-Zepling)*, aber auch süds. *femf* (Bekokten). *[Kl.-Bistr.* und Bekokten haben allerdings auch für Zins *Zens* und *Zems.]* Daneben ist im Nösn. der Schwund des -n- unvollständig in *fĩef (Mettersdf.), fũef (Treppen), fũäf (Baierdf., Wallendf.)*, in denen stark nasalierter Vokal gehört wird. Ähnliche Nasalierung zeigt sich in dem triphthong. *foẽef* (Zuckmantel). Zu dem Übergang des alten i 〉 â, ô, u[1] etc. nach dem Schwund des folgenden -n- vgl. Fromm. 7, 18 ff.; 191 ff. Übrigens ist der Schwund des -n- auch dahin zu verstehen, dass es vor dem dentalen -f zunächst nicht schwand, sondern zu -m- ward: griech. πέμπε, germ. fimf, süds. *femf (Jaad*, Bekokten). Das -m- dieser Form bewirkte durch seinen vokalischen u-Charakter eine Form *fèuf* (diphthongisch), daraus *fəuf, fəof* (Agnetheln), *fouf, fauf, fquf, fâf.* Alle diese Formen können gewiss auf unserm Mundartgebiet belegt werden, auch wenn die Lauttafel sie nicht ausweist. Dass die eine und andere dieser Formen noch besondere Entwicklungen erfuhr, beweisen Formen, die auf *fouf* sich gründen: *fouf 〉 foif, foef, fuəf, fũəf*, neben *foif* gilt vielfach *fuif.* Zu *fennef, femf*, vgl. lux. fonnef; zu den Formen mit Schwund des -n- krefeld. fôf, wuppert. fouf, dazu alle ndd. Ma., ndl. vyf, engl. five. — mhd. vünf, vinf, ahd. finf, fimf. Lautt. 44.

fünfblätterig, fâfbläddrich adj., nösn. *fâfbleddrich* adj. *Fâfbläddrich Klî* bedeutet noch grösseres Glück als der *værbläddrich.*

Fünfeck, Fâwæk n., nösn. *Fâwâk* n. *E Fâwâk xêchnen* [Städt. Halbma.].

fünfeckig, fâwækich adj., nösn *fâwâkich* adj. *Det Lqsthaus äs fâwâkich. Fâwækich Torren* (an alten Burgen).

—, Fâwîmerlêjeln n., nösn. *Fâwêmerlêgel* n. ,ein Fass, das fünf Eimer hält'. *E Fâwêmerlêgel beštalln, mqchn, kêfn, mät Wai fälln. E völ, ledich Fâwêmerlêgel. Det Fâwêmerlêgel äs hqlwich geledicht* (nösn.). Urk. »ein 5 Eymer legellen voller Taller« (Kraus, Chron. 1, 270). — Über das Grundwort s. *Lêgeln* (lagella).

Fünfer, Fâwer m., nösn. *Fâwer, Femwer (Jaad)* m. 1. Die Zahl fünf als Zahlzeichen, neben dem fem. *de Fâf* ,die Fünf'. *Mqch diän Fâwer hescher. Dâd äs e grûss Fâwer.* 2. Geldstück, Banknote als Zusammenfassung von fünf kleineren Einheiten. »2 funffer Ducaten« (1607, in Huets Nachlass). »vill Müntz alss Pfünffer (,Fünfpfennig') vndt klein geldt« (Kraus, Chron. 1, 74). »geldt, vorauss pfünffer groschen« (Ebda. 1, 130). »Tocaten seyn 23. Toller 2. . . . Ittem fayffer flo. 4« (1674, Bistr. Fassb.). »fuwer fl. 5, Klein alt geldt fl. 4« (1697, Ebda.). »In Fünffern fl. 15·25« (1710, V.-A. 8, 147). Gegenw. *Fâwer* ,eine Zehnkronen-(früher Fünfgulden-)banknote'; *Fâwerchen*, nösn. *Fâwerchi* ,ein Zehnheller-(Fünfkreuzer-)stück'. Ähnl. wurden oder werden gebraucht: *Värerchi* (Viererchen), Siebener,

Neuner, *Zæ̂nerchen, Zwelmer* (Zwölfer), *(Sälwer)-Zwinzijer.* 2. Dazu der F. N. »Cristel Ffymfwer« (1480, Hstdt.); »Fenffer« (1641, Stolzenbg.). Ebenso »Hannis Ffẘmffphennycher«, oder »Ffẘmffphennych, Ffẘmffpfenning, Ffumffenuck, Fwmpphennick« (1480, Hstdt.). Auch sonst erscheinen Münznamen als F. N., vgl. Bähnisch, Die deutschen Personennamen 82; Egenolf, 19. Gegenw. auch ‚der unter der Hausnummer 5‘. — Mhd. vünfer.

fünferlei, fą̂werlą̂ adv., nösn. *fą̂werlą̂i* adv. wie nhd. Auch subst. *Duar* (in eine Suppe etc.) *kit fą̂werlą̂i änne (Bistr.).*

fünffach, fą̂ffach adv., nösn. *fą̂ffąch* adv. *E mâis et fą̂ffąch bezualn,* auch subst. *det Fą̂ffąch bezualn. Fą̂ffach Bûwel zem Štrimpšträcken,* für *fą̂ffäddemich.*

fünffachig, fą̂ffêchich, *fą̂ffąchich* (nösn.). *De Gêssel äs fą̂ffąchich geflochtn (Bistr.).* Süds. *fą̂ffêchich* entspricht hd. -fächig. — Zu fünffach.

fünfhörnig, fą̂fhernich adj., in der Bezeichnung *fą̂fhärnich Gaffel* ‚Hand‘ (Haltrich, Plan 127). Vom Zigeuner sagt man: *Dî ässt mät der fą̂fhernijer Gaffel.*

fünfhundert, fą̂fhangdert, nösn. *fą̂fhąndert.* Es steht (wie fünf) immer unflektiert vor Substantiven. *Fą̂fhąndert Mäntschn, Schôf.*

Fünfkreuzerstück, Fą̂fkretzerštäck n., nösn. *Fą̂fkraizerštäck* n. s. *Fą̂werchen* (Fünferchen).

Fünfkronenstück, Fą̂fkrîneštäck (⏑́ ⏑́ ⏑ ⏑) n., nösn. *Fą̂fkrûnenštäck* n. Silbermünze im Werte von fünf Kronen (seit etwa 1900 im Gebrauch).

fünfmal, s. fünf.

Fünfpfennig, -er, F. N. s. Fünfer 2.

fünfte, fą̂ft, *fòift* (Burzenl.), nösn. *fą̂ft, fenneft (Kl.-Bistr.).* Ordinalzahl zu *fą̂f* (fünf). *Äm fą̂ftn Jôr.* »am fimften (fymften) suntag« (1542, Qu. Kr. 3, 220 f.). *Det (der) fą̂ft Dêl. Zem fą̂ftn Mol.* »czu dem fvmften mȯl« (1528, Ebda. 2, 120). — Ra. *Diär äs och det fą̂ft Rą̂d um Wuagn* ‚ist überflüssig‘. — Subst. *E äs Fą̂fter* ‚hat die 5. Stelle als Schüler in seiner Klasse inne‘ (nösn.). *Haid äs der Fą̂ft* (des Monats). Als Zählung von Teilen in statutartigen Schriften steht in alter Kanzleisprache vor der neutralen substantivisch behandelten Ordnungszahl die Präposition zu mit dem Artikel: »zum fieften« (Statut über Beamtengebühren in Rothberg 1755, Hstdt. Arch.). Fast klingt im »fieften« die mundartliche Form »fuiften« an. — mhd. vünfte, ahd. fimfto.

Fünftel, Fą̂ftel n., nösn. *Fą̂ftel* n., eigentlich *det fą̂ft Dêl,* daher *-t-* (aus *t* + *d*).

fünfteln, fehlt; vgl. *-kwinteln* in *verkwinteln* (nösn.).

fünfzehn, fafzæ̂n, *faizên* (Abtsdf.), *faifzæ̂n* (Agnetheln), nösn. *fofzæ̂(n), fufze, fùfza (Jaad),* Ordinalzahl *fafzæ̂nt, fofzæ̂nt,* nösn. *fufzânt.* Die *Virzendæ̂ch* (Vierzehntage) der Ma. erscheinen als Termin im E. L. R., 135 als ‚fünfzehn Tage‘: »der sol inn durch des gerichts diener / widersprechen vnd verbot thuen / vnd bis auff den funfftzehenden tag fůr gericht erscheinen«. Das entspricht genau dem einfachen Zeitmass für gerichtliche Vorladungen, das den Umfang einer Woche durch die Formel »auf den 8. Tag« bestimmte. Das ist wohl allgemein üblich in der deutschen Sprache bis heute. — Während *fą̂f* auf mhd. vinf zurückgeht, entspricht *fofzæ̂, fufze* spätahd. funf, woraus es ohne Dehnung des Vokals entstanden ist. Vgl. hunsr. kobl. fufze(n). Im Gegensatz dazu zeigt *fùfza (Jaad),* das neben *femf* (fünf) steht, Ersatzdehnung für den Ausfall des Nasals.

fünfzig, fą̂fzich, *fôfzich, fofzich* (Schaas), *fąifzich* (Kronst.), nösn. *fufzich, fûfzich (Jaad),* süds. oft *fuifzich.* Ordinalzahl *fofzichst,* nösn. *fufzichst.* Unflekt. *Fąifzich* und *fòifzich Galdn* (Kronst.), *fofzich Kretzer; fufzich Häller* (nösn.). Auch flekt. (subst.). *Se äs än Fufzijn* ‚steht im Alter zwischen 50 und 60 Jahren‘ (nösn., ebenso süds. und nhd.). — †. Der Fünfzigste (nämlich Teil) ist eine Abgabe nach bestimmten Erzeugnissen s. Zehnte. Die Gunzendorfer zahlen z. B. an den Almosenfond in Hstdt. alljährlich den Schaffünfzigsten (1548, V.-A. 38, 114, 166, 237). — *Fofzich, fufzich* sind von spätahd. funf ohne Ersatzdehnung, *fôfzich, fûfzich* mit Ersatzdehnung gebildet; ebenso *faifzich* über *feufzich s. fünfzehn. Vgl. lux. fofzech, hunsr. wetterau. fofzich. — mhd. vumfzec neben vünfzec.

—, **Fufzijêmerlêgel** n. s. Fünfziger 2.

Fünfziger, Fą̂fzijer m., nösn. *Fufzijer* m. 1. ‚Mann im Alter von 50 oder etwa 50 Jahren‘. *E kent e gât Fufzijer sai* ‚tief in den Fünfzigen stehen‘ (nösn.). Scherzweise auch über eine Frau desselben Alters: *en Fą̂fzijerän.* — 2. ‚Fass mit 50 Eimern Inhalt‘, wofür nösn. auch *Fufzijêmerlêgel,* wogegen im Süds. nur kleinere Fässer *Lèjeln* heissen. *E huad än Puar Fufzijer äm Kaller. De Fufzijer sai em guar vôl* (nösn.). »2 fünfziger Meth« (1578, Nat.-A.). — So wurde früher häufiger ‚Vierziger‘ gebraucht. — 3. ‚Hundertkronennote‘ (eigentl. ‚Fünfzigguldennote‘). *Gik, wessel disn Fufzijer! (Bistr.).* — Ableitung zu *fofzich* (fünfzig) mit -er, wie *fą̂wer* von *fą̂f.*

Funifex, F. N. (1507, Hstdt.), lat. für Seler, Sèiler (s. d.).

Funk, F. N. s. Funke 4.

Funke. Funken, Fangk fem., **Fangken** m., nösn. *Fąngk, Fąngkn* m. (und fem.). Dim. *Fängk(el)chen*, nösn. *Fängkeltchi*. 1. ‚Feuerfunke‘, dann ‚glühende, feurige Punkte‘ überhaupt. *De Fąngken flâign huch än de Ląft* (nösn.). *De Fangken šprätzen. Der Feierštîn git Fangken. Sorj af de Fangken! De Ląft nit de Fąngkn* (nösn.). *Ed äs niche Fąngkn äm Obm. Ąnder der Âsch brâid e Fängkeltchi.* Über einen rasch dahin fahrenden Wagen: *E fêrt* [əe] *dąd et Fäongke git* (Agnetheln). Von einem ‚Stern‘:

Färr nor brǣd e Fängkeltchen,
Klinzich, wǣ en Gremmel. Käst., 121.

— Daran ist angelehnt *Kale-fangkeštîn* (zu lat. carbunculus). — Bildlich in der Ra. *Ich gien der int, dat der de Feangken ous den Ügen šprätzen; dat der de Fängke schnarren* (Rode). *Ich gê der ent, dąt de guar Fąngkn saist* (siehst, nösn.). — 2. Übertr. ‚der letzte Rest‘. a) Besonders von Abstrakten. *Wô noch e Fąngkn vu Ïrgefâl än der äs, denô näm dich zesummen* (nösn.). *Än diäm Mäntschn äs och nät e Fąngkn vu Schum.* Doch gebraucht die Ma. lieber Verba als diese abstrakte Ausdrucksweise: *e schumt sich guar näst.* »es war alt (‚hie und da‘) noch ein fünkelein glauben in yren herzen« (Dam. Dürr, Hdschr. 779). »Etliche sein solch unbarmherzig hund, bei denen kein funcklein liebd nicht wird gespürt« (Dam. Dürr, Aml. 52). — Syn. *Zängken*, nösn. *Ząngkn* (mit etwas allgemeinerer Bedeutung). — b) Danach ‚der letzte Sprössling‘. *Ich hun nôch nor desen enen Feangken. Dae* (in einem Hause) *sen alles gestorwen, ed äs nor î Feangke nôch* (Gr.-Lasseln). *Ed äs nor der oinzich Feangken dio* (Kl.-Schenk). In der Totenklage am Sarge des Gatten nennt die Gattin die mehreren hinterbliebenen Kinder »*ir hârz menj Fängkeltcher*« (Kl.-Scheuern). — 3. Auch als Schelte *tea lichter Feangken!* ‚du schlimmer, schlechter Kerl‘, nösn. *e licht Fąngkn*, etwa aus der Anschauung heraus, dass ein Funke gar leicht nutzlos versprüht. Vgl. moselfr. e lîcht Fank, henneb. Fankele ‚leichtfertiger, lockerer junger Mensch‘. DWB. 3, 1318 wird Zusammenhang mit Fant vermutet, Ebda. 4, 1, 593 wird das Wort in dieser Bedeutung zu Fink gestellt, was unsere Ma. ausschliesst. — 4. Hieher gehört der F. N. Funk. Ffonck (1480, Hstdt.); Fonck (1507, Ebda.); Fonk († *D.-Budak*); Funk (1523, Gr.-Scheuern; 1614, Hstdt.; 1615, Stolzenbg.; 1704, *Bistr.*); funck (1533, Hstdt.); Funck (1549, Ebda.; 1765, *Bistr.*). Latin. Funkius (1614, Hstdt.). Gegenwärtig Funk (Haschagen). Dazu auch die Ableitungen: *Fongkisch* (D. N., *Kl.-Bistritz*), Fünkesch, Fenkisch (F. N., um 1510, *Bistr.*). — Vgl. lux. F. N. Funck, Funk. — mhd. vunke, ahd. funcho. Lautt. 66. Zum Genus, das für *Fangk* des Süds. und auch für *Fąngk* des Nösn. feminin ist, während *Fangken, Fąngken*, die mehr der städt. Ma. eigen sind, wie nhd. männlichen Geschlechtes sind, vgl. mittelniederd. vunke fem., mittelniederl. vonke, neuniederl. vonk fem.

fünkeln, fängkeln schw., nösn. *fängkeln* schw. ‚wie Funken leuchten‘. 1. ‚von wirklichem Glühen‘. *Et fängkelt noch e Keltchi än der Âsch.* In dieser Verwendung ist das Wort nicht häufig und deutet nur auf das Leuchten, das von einem glühenden Körper ausgeht; die unmittelbarere Wärmewirkung wird durch *glǣnich seng* ‚glühend sein‘ angedeutet: *glǣnich Kîlen* im Gegensatz zu *dît Kîlen*. — 2. Mehr wird es in übertragenem Sinne gebraucht. So ist es ein Lieblingswort Kästners. a) *De Štärn fängkeln. Säch wâi de Štiärn fängkeln, et wit kąlt wiärn* (*Bistr.*, auch süds.). Vgl. et fenkelt vor Kêlt (Follm., 137).

Doch wänn de Štärncher fängkeln,
Mess e (der Môn) begǣmelt (‚beschwichtigt‘) *zwängkeln* (‚blinzeln‘)
En schînen Ôwentgross. Käst., 41.

— b) *De Ûge fängkeln. De Ôgn fängkeln em vor Frâit (Bistr.). Ed hôt gor fängklän Ûge* ‚klare Augen‘. Aber auch von Trunkenen: *Säch wâi diäm de Ôgn fängkeln ąnd e huat noch näst gedrąngkn* (nösn.) oder: *De Ûge fängkeln em wâ em Kądder* (vor Sinnenlust) oder: *Se fängkeln em zem Entząnjen, e hoet sich voel gesôefen* (Neudf.). Scherzhafte Verwünschung: *Dąt dir denj Ûge sûle fangkeln* (H.-W., 396). Vgl. lux. mat den Âe fenkelen ‚angetrunken sein‘. — c) Im weiteren Sinne kann *fängkeln* von allem gebraucht werden, wovon ein (reflektierter) Lichtschein ausgeht, wofür das Nhd. ‚glänzen‘ gebraucht (besonders bei Käst.). Vom Wasser des Bächleins:

Et spillt mät de Fäschkern, als wêre se seng,
Unt gliserd und fängkeld äm Sannescheng. Käst., 2.

Von den Wolken:

Wǣ mät fängkelänne Sîmen
Wîlkeltcher um Hemmel zǣn. Ebda., 31.

Von Edelsteinen, Metall, Glas. *De Štê fängkeln em um Rängeltchi* (nösn.). *De Piäreln fängkeln.*

Det sälwerän Geschirr fängkelt. Säch, wâi dât Glâs än der Sonn fängkelt (nösn.). — Sprw. *Ed äs net ollest Guelt, woet faingkelt* (Draas). — Auch bildlich:

Messt hescher uch frâer
Tâ înijet Sachselânt,
Messt härrlich dich erhiewen
Büst jô äm Vîlkerliewen
E fängkelän Ädelgeštîn. Käst., 67.

— d) Dann auch von Dingen und Menschen mit ‚glänzender' Schönheit. *Det Mèdchen äs hiesch, dod et faingkelt* (Alzen). *Det Haus fängkelt vor Nâinem (Bistr.,* süds. *fîr Nâem). Der Däšch äs esu hesch gewqscht, tqt e fängkelt* (Ebda.). *Ed äs esi rîn, dqd et fängkelt.*

Und alle Farwešpiller (‚Schmetterlinge') *kun*
All fängkelä geflîjen. Käst., 38.

— Syn. *blangkern* (‚blunkern'). Part. präs. attributiv mit tadelndem Nebensinn: *Det fängklän Êlänt* ‚hohler, erborgter Schein'. *Dô äs dîj uch nor det fängklän Êlänt.* — Zus. *Fängklemänz, Gefängkel* (Gefünkel), *fängklich* (fünklich). — Mhd. findet sich umgelautetes vünkeln nicht, sondern nur vunkelen (Iterativform zu vunken), im frühen Nhd. ist es nicht selten (DWB. 4, 605), das Subst. Fünkeln auch bei Goethe; in deutschen Mundarten findet es sich gleichfalls, wetterau. finkele, zips. finkln, lux. fenkelen.

funkelnagelneu, fangkelnuegelnâ adj. und adv., nösn. *fqngkelnuagelnâi* adj. und adv. ‚neu wie der vom Schmieden noch funkelnde Nagel'. *E fqngkelnuagelnâi Plauch* (nösn.). *Ed äs fqngkelnuagelnâi.* — Syn. *nuegelnâ, spônnâ* ‚spanneu', *špaonôgelnoe* (Neustadt i. B.). Die Zusammensetzung ist in deutschen Mundarten weit verbreitet (hess., henneb., lux.), was für höheres Alter spricht, als das Nhd. vermuten lässt, wo sie erst 1789 literar. fixiert erscheint.

funkelneu, fqngkelnâi adj. ‚neu, dass es noch funkelt, glänzt'. *Fqngkelnâi Schâgn, e fqngkelnâi Uzqch, Klet (Bistr.).* Auch süds. Ebenso henneb., bair.

(fünklig), fengklich adj. (Burzenl.), nösn. *fängklich* adj. ‚funkelnd', im Burzenl. und Nösn. statt des süds. Partiz. *fängkelän. E huat fängklij Ôgn. Fängklich Piäreln, fängklich Knêfel* ‚Knöpfe', auch ‚Offiziere' *(Bistritz). Mer hu näst vu diän Fängklijn* ‚wir haben kein Geld', antwortet der Bauer dem zum Kauf einladenden Handwerker (Ebda.). *E fengklich Êlant* (Kronst.). — Vgl. bair. fünklig, schles. finklig.

funkrot, fqngkrût adj. (nösn.) ‚rot wie ein Funke'. Dafür süds. *feierrît* ‚feuerrot'. *E äs fqngkrût äm Gesicht* vor Zorn, Aufregung *(Bistr.).* Vgl. henneb. funkelrot.

Funse, Funz fem. (nösn.) ‚dunkel brennende Unschlittkerze'. Süds. nur *Funzel* in städt. Halbma. Über Verbreitung und Bedeutung des Wortes vgl. DWB. 4, 1, 613; ferner henneb. Fonse, zips. Fonze; über die Ableitung aus Funk Weig. 1, 600. s. d. folgende.

Funsel, Funsel fem. (Kisch, N. W. u. W., 50), dasselbe wie *Funz* (s. d. vorige Wort), von dem es Ableitung mit -el ist. — Vgl. hess. Fonsel, henneb. Funsel ‚Öllampe'. DWB. 4, 1, 614.

Funtsch, F. N. (1680, Zuckmantel), Funsch (1710, Schässbg.). Gegenwärtig Funtsch (Zuckmantel, Felldf., Nadesch). — Zu Funk, wie Fulz, Filtsch zu Volk; bei der Dentalisierung des Gutturallautes nach -n (n + k + z) musste der Guttural schwinden, gab aber dem Zischlaut verstärkte Exspiration (k + z 〉 tsch).

—, **Funtenäle** (⏑⏑–⏑), *bai den Funtenäle,* Fl. N. *(Kallesdf.),* eigentlich ‚bei den Quellen, kleinen Brunnen' Artikelloser Plural des von rum. fontână, gesprochen: funtina ‚Brunnen' gebildeten Diminutivums *funtinäa* (mit Artikel: funtînäoa aus *fontănella), la funtinèle (Fl. N., Reschinar). Mit dem Artikel würde diese Form lauten funtînèlele. Der Artikel ist im Reschinarer Fl. N. wie im Kallesdorfer mit gutem Grund ausgeblieben, weil der Fl. N. eine Gegend bezeichnet, wo (mehrere) Quellen sind und diese allgemeine Bezeichnung den bestimmten Artikel nicht verträgt. Dass wir diesen Artikel in unserer Ma. dennoch setzen, das fliesst aus der Vorstellung, dass wir die Bestimmtheit des allen Kundigen bekannten Ortes, wo Quellen sind, auf diese Quellen selbst übertragen: ‚bei dem Orte, wo Quellen sind' = ‚bei den Quellen'. Im Süds. würde auch die beim Nösn. wegfallende Dativendung -n stehen: *bæ de Funtinälen.*

—, **Funtwisen,** *än de Funtwisen* (Fl. N., Pretai).

Fuoler, F. N. († Keisd), Fueler (1773, Schässbg.). s. Foaler und Feuler.

—, **Fuostreng** (Wald), *Fuostrengrêch* (Berg), Fl. N. (Trappold). *Fuost* wohl = dem oft wiederkehrenden *Fuess* vgl. Fachsberg: *reng, rengk* vielleicht aus *Räck* ‚Rücken' bei Antritt des zweiten Grundwortes *Rêch* korrumpiert. Vgl. die umgekehrte Entwicklung von *Furrlek* neben *Furrlengk.*

für, fîr, *fuir,* nösn. *for, fur (S.-Reen), fär (Jaad),* in tonloser Silbe *fer,* Präpos. und Adv. *Fîr* (für) ist mit *vîr* (vor) im ganzen Gebiet der Mundart lautlich zusammengefallen, die Behandlung der beiden Wörter liesse sich also streng genommen nicht trennen, da man bei einigen Wendungen nicht entscheiden kann, zu welchem der beiden nahe verwandten Wörter sie mit mehr Berechtigung zu stellen sind. Aus praktischen Gründen schliessen sich die folgenden Ausführungen indessen dem hochdeutschen Sprachgebrauch an und behandeln die Präpos. *fîr* (für) nur, soweit sie mit dem Acc. verbunden wird, alles andere ist bei *vîr* (vor) zu finden. Über das Verhältnis der beiden Partikeln zu einander s. DWB. 4, 1, 617 ff.

I. Präpos. mit dem Acc. 1. Voranzustellen ist die Bedeutung ‚an Stelle', ‚statt', die deutlich noch auf den Zusammenhang mit vor hinweist. So schon urk. »So dem Schuldherrn des schuldigers erb vom Richter für die schuld wird zugesprochen / oder were jhm verschrieben worden ...« (E. L. R., 50). »Fur das gutt brodt, welchs sie vorzeiten in der elter heüser nicht mögten und den hunden wurffen, müssen sie schimlich brodt aber (oder) krosten fressen, wenn sie ir eigen hern werden« (DAM. DÜRR, Aml. 55). »vor das lant« (Qu. Kr. 2, 51). In lebender Ma.: *Loss maich for daich (Kuarteln* etc.) *špiln!* (nösn.). *Aich sqll hqlich for in uarbedn* (seine Arbeit verrichten), *qnt hê sätzt qnt sait zâ?* (nösn.). In ganz anderem Sinne sagt man: *Ich mâiss for in (for mai Känder) verdâin* ‚verdienen' usw. *Em schumt sich for en, wô e esutchen Sqchn mqcht (Bistr.). For dât zebrôchn Schirbel werd aich nau doch e qnderet duardâ* (Ebda.). Scherzhaft antwortet man auf die Aufforderung (zum Baden, Trinken usw.) mitzugehen, wenn man verhindert ist: *Gick, drängk, buad och for maich* (nösn.). Ra. *dn Bqchn for de Wûršt riskîrn* ‚viel Geld opfern und doch wenig verdienen' (KISCH, N. W. u. W. 175). ‚als Bürge für einen anderen einstehen'. *Ich bän gâtgeštqn for en. E huat näd ibel bezualt for en (Bistr.). Se verklô den Vqter for dn Sqn* (Ebda.). *Ich hun än Hqnger for är zâ* ‚wie ihrer zehn' (Ebda.). *E ässt for drâi (wâi är drqi*, Ebda.). Sprw. *Geštqngk fuer Dqngk.* — Syn. *štqtx, uštqtt* (statts, anstatt; nösn.). — 2. Daraus entwickelt sich die Bedeutung ‚gleich als ob ...'. »O der schändtligen that vndt Tyraney dass ein Christ den andern ... verkauffen vndt für hundtsfleisch verportiren soll« (KRAUS, Chron. 1, 16). »ja man hat an etlichen Örteren Menschenfleisch vor Schweinenfleisch verkauft« (1603, Qu. Kr. 4, 44). *E kôft et for orntlich Tirkeschkôrn* (Mais), *qnd et wôr nur qnnetz Geschwainx (Bistr.). Der Bäffel frässt de Štangel* (Kukurutzstengel) *for Zqcker* (Ebda.). *Et* (die Ware) *gêd qf for Zqcker* (Ebda.). *Em drâch en for dût fort* (Ebda.). Hieher gehört die adverbielle Wendung: *fîr gewäss*. »Gleich als hätte er für gewiss gewusst, dass er nicht mit dem Leben würde zurückkommen« (1612, Qu. Kr. 4, 29). »auff diesmahl muss er sterben für gewiss muss er iezund sterben« (1644, L. K. A.). »*Bäs morren äs ich fuir gewäss näst moi*« (‚bis morgen seid Ihr gesund'; Zw. Krez., 17).

Dqtt ze Zaidn gât diär äs,
Sâid er bqlt nau for gewäss.
SCHULLER, Mâtn 17.

— 3. ‚in Anbetracht, mit Rücksicht', meist in Sätzen, welche negativer Behauptung gegenüber bejahen. *For esu än Lumpm äs och dqt licht Fiäl* (die Dirne) *gât genach (Bistr.). For de Uarbet vu em Gesalln äs diär Schâch doch nät licht* (Ebda.). *For än Blôchn äs dqt hesch gehqndelt.* — 4. Danach wird ‚für' auch zur Umschreibung des Dativus gebraucht »*Nüe er Zejt ürend et Gott ... dat e weder vun desem Štûnde wor erlîst worden, am hie sîl xär er Štätx senj für senj Motter uch Gesästerder*« (MEYNDT, Gemîn 19).

Dôcht ned un de Kummer klîn
Mät de rîde Meiskern,
De Korrex (Karzer), *gebât zem Lîn*
Fîr esollen Zeisker. KÄST., 50.

Fîr Grîss uch Klîn en Frqt. Ebda., 19.

Fîr munchen äs et zwuer e Grous.
THULLNER, R. 64.

»*De Lœf ... huet sij qfgedôn fîr alle dœ, dœ un dqt Dirche klôpten*« (Volksfr.-Kal. 1905, 90). — 5. ‚zum Vorteil oder zum Nachteil' mit mitklingender innerer Anteilnahme. *Dqd äs gât, licht* (schlecht) *for in. Dqd äs näst for dâi Frâ (Bistr.).* »eine fersorgerin, die da fürss Armut kochen und baken soll« (1625, MÜLLER, Hosp. 64). »ausz disem gelt sint Herr Merten Draudt czalt for den knecht auff dem schlos fl. 12« (1543, Qu. Kr. 3, 144). *Ded äs fuir de eorem Seelen* sagt man, wenn man die an dem Backtisch klebenden Teigreste zusammenscharrt und auf die Kohlen vor dem Backofen wirft (Gr.-Sch.). *Det Wasser äs wedder fur de Menschen nôch fur det Vœ xem drängken. En Ämlôch fîr de Schîl. Dâi Blâmen wiärn for qnsern Guartn sai* (oder *gât sâi for qnsern Guartn). Dqd äs for de Kqtz* ‚unnütz'. Im Sprw.: *De Râde se net fîr de Katzen, em sql se de Käinjden häinjder de Špäjel štêchen. Sql em sij ängden nor fîr qndre kwieln?* Mit innigerem Gefühlston:

Fîr dech kangd ich wôgen und allend
erdrqn, KÄST., 28.

Hat langhär Kwuel uch Schmärzen
Fîr't Mêdeschken äm Sänn. Ebda., 97.

Ich hu grûss Ångst for mai Känder, e äs guar ąngest for sai Lêbm (Bistr.). In anderem Sinne dagegen: *Ij âssn Bîrn for mai Lêbm giärn,* wo das Leben gewissermassen der Preis für den Genuss ist (Ebda.). *E gąf gärn allent fîr't Allgemîn.*

Wirst uch îst fîr First uch Vûlk
Schwierd uch Fädder fœren. Käst., 7.

»*Düe* (beim Militär) *hie uch en Zejt fîr't Vueterlûnt štüe mösst*« (Meyndt, Gemîn 19). Besonders in Verbindung mit einem (persönl.) Pronomen. *Wô et zâ äst* (zu einer Wahl usw.) *kit, bän ich for daich (Bistr.). Hie hâd et jüe glech ägesân, dąt dât net fîr ä gewiest wêr* (Reichesdf.). *For daich kent ich ąlles dâ (Bistr.). Diär soricht nur for saich, e äs guar e grûss Hamessit* (Ebda.).

Ded äs fîr dech en prächtich Lîr.
Thullner, R. 29.

Säch, dad äs fîr âs zwîn en Sach! Se wôr fîr âs det Špäll gewąnnen. Ra. »er sieht (auf einem fremden Hofe usw.), was für ihn ist = nimmt (stiehlt)« (Binder, Coll.). In geh. Spr. (Totenklage): *Se* (die Hände des Verstorbenen) *warden net mî fuer mech ąrbeden* (Zendresch). Die Wendung *fîr sech* nimmt völlig adverbialen Charakter an.

Heislich Gläck goit net niu aussen,
Wäll nor fuir sech blœn. Zw. Krez., 47.

E uarbet štäll for saich, ąnd kämmert sij äm näst ąndert (Bistr.). »(Barcsay) fluchss widerrumb repliciret ess stünde ihn seiner macht nicht ohne Vorwissen des Budai Veszeren (Ofner Veziers) solche grosse fehl vor sich zu verrichten« (Kraus, Chron. 2, 81). Hier hat »für sich« fast die Bedeutung ‚selbständig‘, die es dann in der Ra.: *e äs for saich* (‚arbeitet für sich, auf eigene Rechnung, ist selbständiger Meister‘) völlig annimmt. In den Artikeln der Hstdt. Goldschmiede ist das »für sich sein«, weil es zugleich die Ausstossung aus der Zunft bedeutet, höchste Strafe: »Welcher das übertretten wirt das erst mall ein Mark Silber, das ander mall sey her fur sich« (1494). *Dąt wêr ąlles noch for saich* (das wär alles für sich), *...inn . (Bistr.). E wor for saich* ‚war bei- *Fîre...*(zur Befriedigung eines Bedürfnisses)‘ über »ohne ...Kranken einem Höhergestellten gegenfůrers«...raucht (Ebda.). *U och for sich* (an und *hun halt nei's dąt niche Êlänt* (nösn.). — ‚für *äs ze wich.* †. »sol der Spitaller, wie fiel er will fur sein noth selbst zu sich nemen« (1625, Schässbg. Progr. 1856, 64). »Denen Strumpfwirkern wird vergönnet, für ihre Noth Wolle zu färben, es sei mit Indig, blau, braun oder mit andern Farben« (1724, V.-A. 27, 551).

6. ‚zum Schutze gegen ...‘. In alten Rezepten: »Item vor dy fychen in dem Menschen: nem grẘne kyrschen vnd czv stôss dy kleyn« (1509, Kbl. 2, 53). »dieses sei gutt furs reissen im leib, ieyns fur die geelsucht, wider ein anders fur den blutgang, fur den schwindel im haupt« (Dam. Dürr, Aml. 66). »Vir den Om (‚Eiter‘)«, »vir das Wasser«, »vir den Haidmahs (‚Fieber‘)« (Kbl. 31, 95). *For det Frâisn gid et muntche gât Mätteltchi (Bistr.).*

Mischmasch gąw et for dn Dûršt.
Schuller, Mâtn 50.

Sprw. *Fîr den Dîd äs niche Krokt gewuossen* (Schuster, 200). *Det Rödn hälft for't Berâfm (Bistritz).* Scherzhaft: *Diär huat for de Flî ängenû* ‚ist betrunken‘ (Ebda.). Vgl. Kbl. 3, 31; H.-W., 388. In der Beschwörungsformel (s. Wb. 1, 205): »*Det moechen ech fuer det Berofân, fuer det Gefongân, fuer dąe vil bîs Uegen, dąe det Gängkchen uesuegen*«. — 7. ‚zu‘ (mit finaler Nebenbedeutung). »vor das Menthi (magy. mente ‚Kleidungsstück‘) so dem Vitez Miklosch mitt Mardern gefütert ist verehret fl. 25 d. 40« (1603, Bistr. Arch.). *Blêch fîr de Šträtzel. Em brocht de Rum fîr de Belder. For't Pôstn* (Pfropfen) *äs äm Frâijôr de bast Zait* (nösn.). *For't Erämkrâichn ąf dn Bêm sai mer mai Klêder ze schuat (Bistr.). Em mäis ent for'd ąnder hął(d)n* ‚man muss einen Unterschied zu machen wissen‘ z. B. am Sonntag nicht Wochenkleider anziehen (Kisch, N. W. u. W. 38). *For wąt birrelst de* (weinst du)? *For wat* (wozu) *wêr dąt? (Bistr.).* »So fůr eine schuld (= zur Abstattung einer Schuld) / mehr dann ein Bůrg / inn bůrgschafft sein gestanden / es mag ein jeder derselben / auff die gantze schuld angesprochen werden« (E. L. R., 143). *Mer hu schu Plątz och for daich* ‚dich unterzubringen‘, *Plątz for't Hąi än der Schaier (Bistr.).*

Hi schleff wœ en Ratz
Und hat hekt morjen weder Platz
Fîr Gullâsch mäd em halwe Brît.
Thullner, R. 70.

— 8. Bei Zeitangaben. »die heutige Fatentin die Agnetha, so 2 Jahr bey Herrn Fuss gedienet hat, und sich für diesesmahl in des Herrn Kains Backhaus in der Elisabeth-Gassen liegend, aufhält« (1763, Cap. Cib.). *Fîr en Virtelštangt. Fîr siess Štangden. Ich hun de Wunluin fuier en hąlf Guer ąf't Fräsch gezuelt* (Birth.). Aber: *E pacht des Wis ąw e Jôr (Bistr.); e äs ąf drąi Jôr* (zum Militär) *ängerąckt* (Ebda.). *Det Gêlt langd em fîr se gąnz Liewen. Em sąl sich næmôls fîr îwich bängden.*

Trêfn ich en nana hängder de Îren,
Hi huet drô fîr seng Dæch genach.
THULLNER, R. 12.

Wänn mer Urlef messe nî,
Dâ mer't net fur aine (immer). *S.-Reen.*

For hait wôr et nau genach, môrn äs och e Dąch (nösn.). *Fîr hegd Ôwend, fîr morre fræ. Em mącht Audrängk än for'n Wänter, e halt sich dn Wai for dn Summer. Fîr d'irscht* ‚zum ersten'. *For emöl kennt et jo nau noch gô, aber zem zwettnmol sąll et mer nammi vôrku (Bistr.). For ditmôl* (SEMP, Verspillt 11). »einmal vor allemal« (V.-A. 7, 346); *emol for ąllemôl* (nösn.). *Fîr gewênlich.* Eigentlich zu vor gehören die Wendungen: *Schrätt for Schrätt, Dąch for Dąch.* — 9. Bei Zahl- und Preisangaben. »dy han wir gescheczt vor ij (2) gulden czu Hundert pfenigen« (1419, MÜLLER, Sprdm. 44). a) Bei Kauf und Verkauf wird für mit der Ware oder der Arbeit, welche die Zahlung bedingt, verbunden. »vor kumpast, vor czwyvel« (1494, MÜLLER, Sprdm. 141). »for drey fyrttel korenn d. 87« (1531, *Senndf.).* »vor viehe auff die Bauck fl. 25« (1602, Bistr. Arch.). »vor den Borten fl. 1«, »vor den Schleyer 15 D« (1718, V.-A. 7, 355). »Ein Geselle soll vor einen Feierabend oder Tagwerk haben D. 8« (1724, Ebda. 27, 548). »was zu zahlen sei vor 1000 Stelp oder Strey (‚Firstziegel')« (Ebda. 27, 639). »Ich hab czalt vor 2 kyll vnd vor hewer asp. 14« (1538, Qu. Kr. 3, 71). Dafür wird häufig ‚um' gesetzt: »vm ein Schyn Eysin« (1544, Ebda. 3, 74). »die arme schuler finden desgleichen solch treu am volck wie man inen phlegt zu lohnen mit ochter (s. achter 2) und ungerechter massen fur den dienst, das sie der ganzen gemein das iar uber fürstehen« (DAM. DÜRR, Aml. 18). *Wąt gist te mer for de Wiss? Wąt huaste beku for dai Appel?* (nösn.). *For Fârlû hun ich äicht Güldn bezualt (Bistr.).*

»Wat wällt te fîr des Sachen
Tâ hîschet Kängt wol hun?«
»Se sen — er terft net lachen —
Fîr Gielt net ze bekun.
Ich hîschen ellîn, nor ze schlôfen
Bæ irem Härzlæfsten en Nôcht;
'd äs wärlich — ich sôn ich ed ôfen —
Blâtwenich fîr alle des Prôcht.« KÄST., 109.

mir werden ône Trênen
Vuer de Musik âs Gêlt verdænen.
HÖHR, L. Ê. 41.

Em huat de Hîrtn gedąngen, e Âichtel Tirkeschkôrn beku se for det Schwai (nösn.).

Ech zæn nâ hîmen bæ meng Fræ,
Dad ich zâ mengem Matzke kun
Fîr des hîsch tulipąnich Trun.
THULLNER, R. 38.

— b) Aber auch der Preis kann mit *fîr* verbunden werden. *Ich biddn for Kraizer* . ist die gewöhnliche Bitte des Kaufenden. *Hol Sąlz for e Sêserchi!* (nösn.). »*Ned amsiäs hest te der fuir nein Kriezer Štiärk än de weisse Piändel gebijelt*« (Zw. Krez., 22). »for 57 fl« (Qu. Kr. 1, 756). *Mer hun em et schär (for) ämsąnst gê* (nösn.). Allgemein: *Fîr Gield äs det* (Ware etc.) *net ze bekun. Hâi* (im Bad, (Gasthaus) *bekid em for sai ęjen Giäld näst* (nösn.). Grösster Schimpf in den politischen Kämpfen: *For Giäld äs diär ze ąllem ze hun.* — 10. In Verbindung mit Verben. ‚für etwas halten'. »(Minya Waida) wirdt dess Morgens thodt funden, wie ihm geschehen, darff nicht fragens; der gemeine mann darffe es vor einen halben oder auch gantzen schlag halten« (KRAUS, Chron. 2, 54). *Ich hąl(d)n en for än orntlichn Mäntschn, for än Nąrrn (Bistr.,* dagegen *ich hąldn en zem Nąrrn* ‚an der Nase herumführen'). *Diär halt sich for guar geschait* (Ebda.). Mit Ellipse (aus dem Nhd.): »*Nast for ûgäkl* (ungut)!« (SEMP, Verspillt 8). — ‚gelten'. »*Em kangt villicht esiguer fîr gewiesche gälden*« (Städt. Halbma., Volksfr.-Kal. 1905, 89). ‚erkennen' in Urk. und geh. Spr. »erkennen wir vor billig, dass die R.[everendi] V.[iri] monatlich geben sollen 5 fl« (1653, V.-A. 17, 275). »so wolten sie ihn (Barcsai) auch vor einen Fürsten erkennen« (KRAUS, Chron. 1, 368). In der Zusage zur Gevatterschaft: »*Mer bedungkn es, dąd er es huet erkąent for Fränt*« (GASSNER, 27). In der Bitte der aus dem Vaterhaus scheidenden jungen Frau: »*Erkânt mij och vun naufort vor aier Känt*« (Ebda., 66). *Für asü an Manjtsche ürkänn (Birk).* — ‚schelten' †. »denn vntter dem teutschen Adel, die Kauffleute wie reich sie seien nur vor Pfeffersäck gescholten werden« (KRAUS, Chron. 1, 53). Sonst wird schelten mit dem Acc. verbunden. *E schâld en än êländn Mäntschn* (nösn.). — ‚schätzen'. *Nid icht, oder schâtzt er es net fuir iglich?* (‚zu gering', Gr. Sch.). — ‚haben, nehmen, aufnehmen'. »Dw solt myr es auch nicht fire vbel habenn ich hette dir gerne eher das goldt geschikt« (1564, FISCHER, Gesch.

d. Bistr. Gymn., 83). »Einer hat diesem sein freüd fur ubel« (DAM. DÜRR, Aml. 38). *Em terf em't net fuⁱr en Iwel (fîr iwel) nin* ,man darf ihm nicht übel nehmen'. *Em mauss ǫlles for gaut nî* ,zugute halten' (nösn.). *Ich nî et for Iärnst ǫf* (nösn.). — ,ansehen'. *Diär let sich giärn for än Härrn usâi* (nösn.). ,es gehört sich'. »Werden verbothen Sammetene und mit Zobel verbrämte Winter-Hüthe, weilen der Sammet nur vor Leute von vornehmen Stande gehöret« (1762, Med.; V.-A. 7, 320). *For än Fǫrrer gehîrt sich, schäckt sich dǭt nät* (nösn.). — ,danken', besonders in geh. Spr., während in echter Ma. diese Verben meist mit um verbunden werden, z. B. *ich bedǭngkn mich äm't Brût* (daneben *for't Brût*, nösn.). »*Sǫft bedǫngkt for däi viel Tridd ǫnt Schritt, däi der hǫt gedâᵒ foer mich*« (BERTLEFF, 16). »*Dem lêiwe Gott ze dǫngken fuᵒr dä vilfǫltich Gniud und Gläcksêlegeł*« (D.-Kreuz. HILLNER, 29). Ähnlich in Reussen (Kbl. 31, 22). *Ich bedǭngkn mich (bedǫmmich) for dn gâdn Rôt (Bistr.). E hatt fuⁱr de Beglidungk eᵒgedungkt* (s. WB. 1, 7). — ,bitten, beten'. *Fîr emeste bieden* ,für einen Kranken (in der Kirche) beten'. *Hait hued em for de ǭlt G. gebêt. Wê der Mächel fîr seng Frê biet* (THULLNER, R. 42). »aufm predigstul vor mich bitten lassen 5 iar« (1505, MÜLLER, Sprdm. 156). In städt. Halbma.: *mer wiärn den Dummen* (Daumen) *for dich* (einen Prüfungskandidaten) *hǭldn* (nösn.). — ,strafen'. *Wê Gott de Mäntschhît fîr är Sängde štrôft mät der Sängtflât, wird de Kängden schîn än der Schîl erzǭlt* (THULLNER, R. 36). *Nǫ wuᵃrt, for dät wirst dau vu dainer Mǫtter schu beku (Bistr.).* »Was Illyefalu vor seine Widerspenstigkeit erlitten, ist offenbar« (Qu. Kr. 4, 67). — ,loben'. *Em loft en for (äm = um) sai Rêd iber't sauer Bâr (Bistr.).* — ,versprechen'. »er ist des ohne schuld / allein (ausser) er hette fůr schaden (,Ersatz') versprochen« (E. L. R., 107). *Der Mäntsch mess fîr ǫllest sälwest äštôn.* — ,sorgen'. *For dǭt loss dau nur maich sorgn; e soricht licht for sai Känder* (nösn.). »Im Radthaus sitzen nur 13 personen, die für die Stadt sorgen« (DAM. DÜRR, Aml. 39).

De sachsesch Ängel allen drǭ,
Se hissen Âschûlt, Lêiw uch Trǭ.
Dê sorje fîr es âverwǭndt,
Et blêt durch sê det Sachselǭnt.

KÄST., 69.

— II. Adv. im Interrogativum ,was für ein' (vgl. dazu FRÜHM, 47 f.; V.-A. 37, 586). *Wat fâr e Mäntsch! (Jaad). Wǫt fer än Frâ wôr hâi? (Bistr.).* In der Totenklage: *Wǫt fuᵉr en Mǭn, wǫt fuᵉr en Mǭn hǫd ich* (SCHULLER, T. u. B. 2, 34). *Wǫtfer ener? (Bistr.).* Der Pl. und Gattungsbegriffe stehen ohne ein: *Wǫt fer Lait? Wǫt fer Fannek, wǫt fer Giält? (Bistr.).* Urk. »Am anderen tag nach aller kyndlein tag haben mir auf dem Rothaws verrechent, was vor gelt auf dem Rothaws ist pliben« (1541, Qu. Kr. 3, 126). »Im geringsten ist mir nits bekannt was die Dreslerin bey ihrem forigten man und auch bey dem itzigten man vor ein leben gefuret hatt« (1609/15, Ger.-Prot.). mhd. (md.) vure, vur, vore, ahd. furi ist »gewissermassen eine Umlautform von vor« (ahd. fora). Im Mitteld. ist schon bei Jeroschin »vor« immer für »für« und »vor« gebraucht, die wetterau. Maa. kennen kein vor mehr, sondern nur für (fîr), das für »vor« und »für« gebraucht wird. Es finden sich beide Worte nirgends nebeneinander im Gebrauch (CREZEL. 1, 394). Dasselbe ist in unseren Maa. der Fall. Doch wird erst eine genaue Aufnahme der Ortsdialekte feststellen können, wo das umgelautete *fîr* und wo *for (fur)* gesprochen wird. Im allgemeinen ist jenes dem Süds., dieses dem Nords. zuzuweisen.

Füraezen, †. »hobelwerk mit molen und füraezen versehen« (1617, Nat.-A.). — Vielleicht dasselbe wie Füratze, Wasserfurche' (DWB. 4, 656); hier auf die ausgehobelten ,Furchen', Vertiefungen bezogen?

fürbass, † ,weiter'. »sult verbasz keynen bryff awff nemen« (1649, MÜLLER, Sprdm. 86). »wyl her vorbass bey dem Marck bleyben« (1508, Ebda. 163). »Zugesprochen also, das er in auch fürbas fridlich besitzen soll« (1564, B. M.). Älternhd. ebenso.

—, **Fürbichgruᵒwen** (Grabenname), *aun der Fürbich* Fl. N. (Girelsau). mhd. fure-bach ,Furch(en)bach'? Vgl. den nösn. Fl. N. *Fûrtgruᵃm* (Furchengraben).

Furche, Furr fem., nösn. *Fûrt, Furr (S.-Reen)* fem. Dim. *Furrchen* und *Firchen*, nösn. *Fîrtchi*. 1. ,durch den Pflug geschnittene Vertiefung auf Äckern'. *En gǭnz Furr, zwô gât Furren ǫckern. Grôt, kramm Furre mǭchen, ǫckern. Bleiw än der Furr.* »*Wô em einzet, mär 's och Wǭld do, doch de Fuerdn och de Bemêkung von Hufštelln sei ka*« *(Jaad,* BERTLEFF, Nösn. Volksspr. 1, 22) *Mer senj Dǭch fîr Dǭch än der Furr* ,beim Ackern' Beim Pflügen *goid oin Uissen än der Furr, der emder lonjst der Furr,* auch: *ǫf der Furr,* weil das Erdreich neben der Furche etwas höher liegt als in der Furche. Beim Einspannen: *vun der Furr* ,rechts', *lanjst der Furr* ,links' (D.-Pien). »Denn der Sonn gotts fürt vns hinaus auffs feld, vnd lernet, wenn wir vmb die Forchenn spaciren gehen« (DAM. DÜRR, Hdschr. 375). »so lange nur ein fuer Wüste erde in unserem Felde gefunden wird« (1626, V.-A. 36, 362). »fand ich die Hannes Gobelin auff meinem Widdhoff Land, dass sie zwey Fuhren geackert hatte« (1677, Cap. Cib.). »Ich säete das Korn und zeichnete dem Knecht biss wohin, dass er die Fuhr auff 2 Vierthel Korn ... machen solte« (1696, Ebda.). Die auch nach dem Ackern sichtbare ‚Vertiefung durch den Pflug‘: »die Tong Weberen hatt auch honff neben wnsz an wnser furen, so spricht sie keghen mich, so war du die fur (den Hanf in der Furche) pleckst, so war kann es dir nit zu gut gehen« (1581, Nat.-A.). Wie bei den Hof- und Gartenstellen der *Fridden* der ernste Mahner ist zur Achtung vor des Nachbars Eigentum, so im freien Feld die Furche. Solche Schranken zu überschreiten, gilt nicht nur für strafwürdig, sondern für ehrlos. Der Abackerer ist *bekräschen* ‚übel beleumdet‘ in der Gemeinde. Dem muss man in eigentlichem Sinn *de Furr waisen.* Die beiden *Furren* heissen, der Lage nach, *de îwerŝt* und *de nedderŝt Furr,* auch in Teilungsbüchern oft in mundartlicher Form »die Niederst Furr« (1753, Thalheimer Teil-Brief). — Auch in übertragener Bedeutung in Ra. *än de Furr brängen fæ̂ren* ‚in Ordnung bringen, einen Menschen zur Ordnung zurückführen‘ (wie den Ochsen am Pflug, wenn er aus der graden Furche abgewichen ist). *Än der Furr bleiwen* ‚bei der Sache bleiben‘, ‚die Ordnung befolgen‘. *Fräŝch än der Furr senj* ‚mit einer neuen Arbeit beschäftigt, von einer neuen Sorge geplagt sein‘. *'D üs nur, bäs em än de Fûrt kit* ‚frisch begonnen, halb gewonnen‘ *(Petersdf.).* — Zus. *Uefur* (Abfurche), *Wąsserfûrt* (Wasserfurche). Mit *Furr* als Bestimmungswort: *Furrnôber* ‚unmittelbarer Nachbar im Feld‘. — 2. ‚Vertiefung auf Gartenbeeten‘ zur Aufnahme des Samens, besonders das Dim. *Den Zwibbel sêd (sætzt) em ä Furren. Em mącht Firtcher, ąnt strą̂it den Räipsôm* (Rübsamen) *drän* (nösn.). — 3. ‚Vertiefung zwischen zwei Gartenbeeten‘, ‚Gang, Fussteig‘; fehlt nösn. *De Furren ueŝtêchen* ‚die Gartenwege abstecken‘. Die kleinen Gehwege, die die Gemüsebeete trennen, heissen auch *Fircher. De Fircher uetrieden* ‚durch abtreten die einzelnen Beete von einander scheiden‘. Nösn. *Ræintchi* (zu Rain, *Petersdf.). Au îst plætscht der Rên eruew und äm Ûgebläck wâren de Furre vôl Wasser. Än der Furr lą̂n de Æpel längst enąnder. De Weimeregeländer un der ląngker Furr; de kurtsch Furr. Un der Furr ämen hun mer Fussoie gesatzt.* »endlich nahm er den Weg durch ihren Weingarten und ging also in der Furre hinunter« (1765, L. K. A.). *De Furre fiejen* ‚die Gartenwege von Unkraut säubern‘.

Wol kôchten de Murren,
Wol fiechten äm Sommer
De Mêden de Furren. HÖHR, 15.

Ebenso wird *de Furren schuewen* ‚schaben‘ gebraucht. »er rieffe mich in die Tornadz (magy. tornácz ‚Gartenhaus‘) und sagte: ich solte keine furren schaben, sondern in des Johannes Schenkers garthen gehn« (1762, L. K. A.). — Auch als ‚Grenze zwischen zwei Grundstücken‘. »Ein Obstgarten zwischen Pfarrers- und Knabenschulgarten, der aber vom letztern durch keine Umfriedigung, sondern bloss durch ein Furchen getrennt ist« (1822, Bulkesch, L. K. A.). Dafür auch *de Schlâ, Schlâp (gôn, mą̂chen), de Rät (mą̂chen)* für die durch Gehen bewirkte Vertiefung im Gras, dessen Fläche vor der Mahd unter die Eigentümer verteilt ward. — 4. Fl. N. Die nösn. Form *Fûrt* ‚Furche‘ ist der Funktion *Furt* (= Furt ‚Übergang über einen Fluss‘) verlustig gegangen, die sich im Süds. *Furt* erhalten hat. Beide, nösn. *Fûrt* wie süds. *Furr,* erscheinen auch als Fl. N.; beide natürlich in der erweiterten Bedeutung ‚Furche‘ als Länge, und der noch weitern aller Äcker von derselben Furchenlänge, des *Furrlengks,* weil nur diese Bedeutung als Riedname verwendbar ist. Dass auch süds. *Furt* sich dazu eignet, lehren die vielen süds. Fl. N. mit *Furt,* die bei ‚Furt‘ behandelt werden, auch wenn sie wie *Hoifurt* (‚hohe Furt‘) eher zu ‚Furche‘ als zu ‚Furt‘ zu passen scheinen. Dagegen gehören die nösn. Fl. N. mit *Fûrt* wie die süds. mit *Furr* = *Furrlengk* hieher. *De Fûrtn (Tatsch).* »zwischen den Furcher« (1808, Tartlau); *än der lą̂ngk Fuirt (Mettersdf., Treppen); de krąmm Fuirt (Treppen); kramm Furr* (Rumes); *af der huier Furr* (Brenndf. i. B.); *hiu Furr* (Nussb. i. B.); *un der schwêrer Furr* (Hahnb.); kalte Fuhr (hd., Martinsdf.). »die Niederpfur; auff der Niederster Pfürr« (1657, V.-A. 30, 407; 409). »jenseit der breiten Furche bei den Goldt Gruben« (1808, Marienbg.). *Bim Læiner Füert (Kl.-Bistr.); ąf dem Fûrtgruam;* urk. »furtgraben« (Tschippendf.); *iwwen un der Furschbräck* (hieher?, vielleicht verschrieben für *Farschbräck,* Abtsdf.); *ąf der Schâdnfûrt (Wallendf.);* Teufelsfurche (hd., Felldf.). — 5. Aberglaube. In die Furchen soll man sich nicht niederlegen, sonst wird man krank (Tartlen). — Süds. ist *Furr,* nösn. *Fûrt* mit Ausnahme der Reener Gemeinden allgemein gebräuchlich. Beide Formen gehen auf ahd. furuh, mhd. vurch zurück, aber auch ein Fure erscheint (1541 im Schweiz.). Formen ohne Guttural sind am Oberrhein, Lux., Eifl. (Fur, Dim. Firchen), im Niederl. (voor), Engl. (furrow) gebräuchlich. Aber auch *Fûrt* mit epithetischem -t ist nicht ohne Analogien, vgl. elsäss. Furcht, wetterau. Forcht. Langer Vokal begegnet in moselfr. Fû°r, siegerl. Fô°r, falkenberg. Fûr, zips. Fûr, eupen. Fôr, auch westfäl. Fôr. Im Süds. Furr ist der Vokal ausnahmsweise nicht gedehnt (Wolff, Kons. 64). — DWB. 4, 426; 673 f. Weig 1, 601; Kluge, 154.

furchen, furren schw. ‚Furchen mit dem Pfluge ziehen' (Birth.). Das Wort hat wohl überall die besondere Bedeutung: die Schlussfurche ziehen, die als Grenzfurche dient und auch vom Nachbar nicht verwischt werden darf. Die technische wie rechtliche Bedeutung dieser Furche und des *Furrens* tritt besonders da zutage, wo ein Acker nicht überall gleich breit ist. Da werden gegen das schmale Ende hin die Furchen immer kürzer: nur die letzte Furche zieht dann über die ganze Ackerlänge. Diese Furche ziehen heisst *furren: Mer seng nâ färtich; ich sâl nor nôch furren.* — mhd. vurhen, ahd. furhan, daneben furen.

Furchengenosse, †. ‚Nachbar, Besitzer eines anstossenden Grundstücks' s. *Furrennôber* (Furchennachbar) »furgnos sint swertzel henel obent« (14. Jahrh., V.-A. 11, 333); »oben doran ist furgenos michahel sager« (Ebda., 334; Müller, Sprdm. 17). »yst fwr genos« (Ebda., 336). »doch sein Brůder / blutfreunde / Nachbar / vnd hattert oder fůrgenossen (1721: Fur-Genossen) zum kauff nehenter / dann die purr frembden« (E. L. R., 134). »Desgleichen sol auch der Vorgenoss (1721: des Ackers Nachbar oder Fur-Genoss) gewarnet (‚verständigt') werden / wenn ein acker sol verkaufft werden« (Ebda., 135). — mhd. vurch-genôʒe ‚einer dessen Acker von dem des andern bloss durch eine Furche geschieden ist' (Lexer).

Furchennachbar, Furrennôber neben *Furrnôber* m., fehlt nösn. ‚unmittelbarer Nachbar', ‚Besitzer eines anstossenden Grundstücks'. »dessen niederst Fur Nachbar ist Petrus Winckler« (1680, Mahldf., Cap. Bog.). »Furnachbarn« werden am Ende des 17. Jahrh. im Kleinscheuerner Kirchenbuch erwähnt (Kirchl. Blätter 1913, 246).

Furchenzwiebel, Furrenzwibbel m. ‚in Reihen *(Furren)* gezogene Zwiebeln'. *Der Furrenzwibbel wit hescher, wẽ dî, dien em nor af't Lânt sêt.* — Zu Furche 2.

Furcht, Forcht fem., nösn. *Furicht* fem. [Geh. Spr.]. »*Ânt mat gruisser Foricht weur a gângen*« (Bertleff, Nösn. Volksspr. 1, 15). »*Aus Furicht vor dn Tâttern*« (Ebda. 1, 11). Besonders in der Verbindung *Forcht Gottes, Forcht des Härrn. Der himmlesch Vâter gäiw ich esuvel Krâft, dâd ìr dât Klî an der Furicht Geottes âfzâe kennt (Weisskirch); dât säi ed än der Forcht des Härrn âwerzẽn* (Hillner, 37); *en der Foercht Gottes ofzeerzäi* (Bertleff, Kl.-Bistr. Ma. 15). — Urk. häufig. »volle uns gnadiclich aus der grosser forchten erledigen« (1534, Brief Armbrusters an König Ferdinand); »sy quam alle gar eyn forcht an« (um 1536, Müller, Sprdm. 199). »auch nie nicht Forcht halben« (1569, B. M.). »der jugend vnuerstandt vnnd forcht halben« (E. L. R., 72). »waren auch in grossen Forchten« (1600, Ger.-Prot.). »denn da keine Straf ist, da ist auch keine Forcht noch Ordnung« (1613, B. M.). »mit grosser engst und forcht« (1610, Ger.-Prot.). A. *Wî äs der bêst Wânjerthâder?* B. *Na woiss ech!* A. *De Forcht!* (Die Scheu vor der Übertretung, die Furcht dabei ertappt zu werden). Seit Kraus erscheint Furcht. »der W. Herr gleichsam ihn grosse Furcht gereth« (Kraus, Chron. 1, 51). »dess Landes furcht vndt fluchten« (Ebda. 1, 263). »so lag mein Herrin auch auf dem Bett fur Furcht« (1689, Cap. Cib.). »so kam mir die Anna H. entgegen und war voller Furcht« (1792, L. K. A.). — Das Wort ist nicht volkstümlich, dafür wird *Ângst* oder die rum. *Frike, Šchigerâie* gebraucht. — Mhd. vorht, ahd. forhta.

furchtbar, forchtper adj. und adv., nösn. *furchtper* adj. und adv. [Städt. Halbma.]. *Da bäs e forchper Mäntsch!* Als adv. allgem. steigernd ‚sehr': *forchper štronj, hârt, forchper licht, souer, bätter, forchtber legden.* Doch ist diese Verwendung natürlich beschränkt nach dem Inhalt der Wörter, denen *forchtper* zugesetzt wird.

fürchten, ferchten schw., Prät. *fûrcht* [χ] (Rumes und sonst), nösn. *ferchtn* schw. ‚fürchten, befürchten' [Geh. Spr. und Städt. Halbma.]. Trans. und refl. *Net fercht dich! Ich ferchtn, dâi Sâch wid licht ausgô. Ich ferchtn mich vor diäm, wât nô kit.* Bezeichnend für den seltenen Gebrauch des Wortes ist die Erzählung von dem Schulknaben, der den Schulspruch *em sâl den Härrn ferchten* bis nach Hause in *em sâl de Härre werjen* (‚die Herren würgen') umänderte. Die echte Ma. gebraucht *sij erfêren, grâlen, ângest sai* (nösn.), süds. *Ongst legden.* Volkstümlich ist nur die Wendung *Sängt ferchten* geworden, dessen Stammformen neben *fercht, gefercht* nach *terfen, tûrft, getûrft: fûrcht* (Optat. *fîrcht)* [χ], *gefûrcht* [χ] sind.

Na, ferchst te dennich nichen Sängt?
Dingkst tâ denn ned u Fræ uch Kängt?

THULLNER, R. 66.

Unt fîrchte mer net Sängden,
Mer wängschten es, bæ gâdem Weng
Sîl îwich ąs gąnx Liewe seng
En emmerwêrent Hochzet.

SCHULLER, Ged. 52.

In Urk. »das wir, f ö r c h t ich, so ir uns nit balt zu hilf kompt« (zugrunde gehen, 1535, V.-A. 29, 554). »darfür darft ihr euch nicht f ö r c h t e n« (1566, B. M.). »aber sie f ö r c h t sich er würde nicht standt haben« (1567, Ebda.). »aber ich dorfft nicht reden, ich f o r c h t mich des lebentss« (1567, Gr.-Sch.). »Des haben wir uns sehr g e f o r c h t e t (1567, Schönbg.). »Der f u r c h t e t nicht die wellt / er f u r c h t e t nicht strick, schwert, die hitzt des feurs« (DAM. DÜRR, Aml. 56). »er f u r c h t e sich nicht für dem aufhengken« (1599, Ger.-Prot.). »sondern es ist sich vill mehr zu f ü r c h t e n« (1644, Cap. Bog.). »es war mir auch bang und f u r c h t mich« (1687, Cap. Cib.). »f u r c h t e mich aber in die Stube hinein zu gehen« (1767, L. K. A.). — Dass *ferchten* gesprochen wird, beweist Zusammenhang mit alten Formen (nhd. Entlehnung hätte **firchten* ergeben), trotzdem das Wort nicht volkstümlich ist. — mhd. vürhten neben vörhten, ahd. forhten.

fürchterlich, ferchterlich adj. und adv., nösn. *ferchterlich* adj. und adv. [Geh. Spr. und Städt. Halbma.] ‚schrecklich'. *E fêrchterlich Gešpenst (Kl.-Bistritz).* Auch steigernd ‚gross', ‚sehr'. *Ich hun än ferchterlijen Dûršt. E ferchterlich Fæwer. E äs ferchterlich zornich.* — Syn. *graiserlich, angem (anjem), štąrk, hąrt.*

furchtsam, forchtsem, nur in städt. Halbma. Die echte Mundart hat *fêršchlich, onjztich,* das Part. *grâlän,* das Subst. *Grâlfąst* oder das dem Rum. entlehnte und durch die deutsche Bildungssilbe -ig eingelautete *frikossich.* — Urk. »man sol die peinigung an dem / so am f o r c h t s a m s t e n ist / oder der jüngste anfahen« (E. L. R., 160).

F ü r d e n h a m e r, F. N. (1644, Schässbg.). Vielleicht = für (vor) den (dem) Hammer.

fürder, ferder adv., nösn. fehlt; wie nhd. ‚weiter nach vorn', ‚weiter'. *Ängde ferder derhîmhär* ‚immer weiter von Hause'.

Ferder ammen mî gewätzt
Nòch bedriwsemer unt rêjer,
Nûm ded Omt sej un de Špätzt
De gelîrde Farr, Herr Grêjer.

SCHULLER, Ged. 76.

Ô Krîne, Štat de Îren,
Ä mî ich dich gesæn,
Ä schwêrer mosst ich špîren
De Schmärz bäm Ferderzæn.

KÄST., 151.

Et ferder nien ‚die Sache weiter betreiben, an eine höhere Instanz appellieren'. *Richt* oder *nemm et ferder* sagt der Altknecht deshalb zu schuldigen Knechten (FRONIUS, 56). Ebenso »f ü r d e r beginnen zu thadigen« (1676, Cap. Bog.). — In der Bedeutung berührt sich *ferder* mit dem fast gleich lautenden *ferter* (Komp. von fern, *färr).* Darum auch für diese Bedeutung *ferder: E äs ä Schwêden; dôd äs vil ferder wâ Wânen* (Agnetheln). — Urk. »(Der Schuldner darf das Pfand auch von einem dritten) mit bezalung des gelts / drumb es sein Pfandschaffter hat f ŏ r d e r ausgesatzt / heimlösen« (E. L. R., 109). »sondern hat die sache f ü r d e r zu besehen für E. U. W. durch den Weg der Appellation genommen« (1567, Schässbg., B. M.). »Folgendes tages, alss die Armee f u r t e r gezogen« (KRAUS, Chron. 2, 384); er denkt dabei an sein sächs. *ferter* (Komp. von fern) und schreibt -t-, wo er -d- schreiben sollte. Auch in adj. (attribut.) Stellung *ferder Frängt* ‚entferntere Verwandte'. Nach dem Grad der Verwandtschaft richtet sich die Teilnahme an Festlichkeiten: *Hoed em och dâ ąf de Hochzet geroffen? Da senj dich vil ferder Franjt wâ mir* (Agnetheln). »Die f ů r d e r e freund aber / als Schwester kinder Vattersbrůder vnd dergleichen« (E. L. R., 94). Mhd. vürder, mitteld. Nebenform vörder (Luther: förder), Komp. zu fort.

fürderhin, †. »wie bishero also auch f ü r d e r h i n frei sein« (1713, V.-A. 27, 470). Dafür: *hinfîrt, hæhär ämmen.*

fürdern, †. s. fördern und *feddern.*

F u r e r, auch F f u r e r, F w r e r, F f u r e r (‚Fuhrer, Fuhrmann'), F. N. (15. Jahrh., Hstdt.). s. Fuhrmann.

F u r e s c h, F. N. (1669, Schässbg., aus Nadesch); F u r t s c h (1711, Ebda.). SCHOTSCH, 13.

—, **Furfatzkn** n. ‚Schürze' (Kronst.). — Eigentlich ‚Vorfetzchen', wohl scherzhaft zu ‚Fetzen'. s. Fürtuch, Fürstück.

furflichtig, † ‚flüchtig Schulden halber'. »Da wird Jesus abermal nicht f u r f l i c h t i g, wie sonst einer, der durch wasser laufft, durch dornhecken, durch wald, über berg und ebend, nur das er lenger mög brodt essen« (DAM. DÜRR, Hdschr. 744). — DWB. 4, 728.

Fürgabe, s. Vorgabe.

Furgebeig, † ‚Brustriemen am Pferdegeschirr'. »f ü r g e b e i g« (um 1550, Qu. Kr. 3, 478). »ein f u r g e b e c h zum sattel« (1586, Bistr.

Teilungs-Prot.) »Item Ein alt schlechtt weiss beschlagenn Furgebeig fl. 8«, »Item Ein alt gelb Forgebeig mit einem Turkess« (1607, Huets Nachlass, Kbl. 12, 112). — Vor + gebeig zu Bug ‚Vorderbrust des Pferdes'. Mhd. vürgebüege. DWB. 4, 734.

fürgebieten, s. vorgebieten.

Fürgezeig, † ‚Feuer(ge)zeug'. »aber er hat immerzu fürgezeig bei sich« (1567, Schenk, B. M.). Vgl. *Schraiwegezech* ‚Schreibzeug', aber oft nur vom Tintengefäss gebraucht (Agnetheln). — s. Feuer.

Fürheiden, Fl. N. s. *Fürriden* und *Furhîwden, Fîrhîwden.*

—, **Furrhîwden** *(un den Furhîwden)* Pl. ‚das Ende am Acker, wo der Pflug gewendet wird', eigentlich (zu)* Furchenhäupten. — Fl. N. »vor den fwr Haffdin« (1521, Urkb. des Med. Kap., 68). »auf den Fuhrhaupten zurück« (1720, Birth., L. K. A.). Aus *Furrhîwden* 〉 *Fürrhîwden* und schliesslich *Fîrhîwden*? ‚Vorhäupten'. So in Rothberg, Bulkesch; vgl. J. K. Schuller, V.-A. 6, 358. Syn. *Uwonjden* (Neudorf, Agnetheln). *Gewûndel* (Thalheim). s. Fürheiden und Fürriden. — Auch nieders. Forhöfd.

Furie, Fûri fem., *(Bistr.)*. Von einer wütenden Frauensperson. *Dǭd äs ün Fûri! (Bistr.)*. Auch süds. Auch ‚Wut'. *Ich kǭm än ün Fûri* (Ebda.). »alss dess Kovats Gergely noht vndt gefahr der Rakoczi ersehen, ist er ihn eigener perschon mit grosser Furi, denselben zu erretten, gerant« (Kraus, Chron. 2, 70). — lat. furia.

Furier, Furîr m. ‚Unteroffizier, der die Aufsicht über das Quartierwesen seiner Kompagnie hat und zum Quartiermacher auf Märschen gebraucht wird' (Weig.). *Et kǭ nemest špoksen iwer en Furîr* (Schuster, Volksl. 198). Urk. »(dem Herrn) Furir Johanni Schmidt« (1696, Salzer, Birth. 189). »Bey jeder Comp. sollen 6 Corporale, 1 Furir, 2 Furir-Schützen, 2 Tambours und 1 Feldscheerer sein« (um 1745, Hstdt. Progr. 1889, 15). — mlat. fodrarius zu ags. fôder, ahd. fuotar ‚Futter'. DWB. 4, 751.

Furierschütz, Furîrschitz m. ‚Offiziersdiener', eigentlich ‚einem Furier als Diener beigegebener gemeiner Soldat'. »2 Furir-Schützen« (um 1745, Hstdt. Progr. 1889, 15). — Zu Furier.

—, **furisch** ‚heimlich, verstohlen' (wie der Dieb tut), ‚hastig, flüchtig'. *Mer hun nor po (pe) furisch gearbet* ‚schleuderhaft', weil uns der Regen immer wieder verjagte (Brenndörfer, 18), auch wegen anderer Störungen eine Arbeit *pe furisch* (◡ —́) machen, dann auch nur ‚schleuderhaft machen'. *Pe furisch iessen* ‚rasch ein leichtes Essen einnehmen'. — rum. pe furiş ‚verstohlen'.

Furke, Furk fem., nösn. *Furk*. Dim. *Firkeltschen*. 1. ‚Astgabel'. »*dü Furk*« ‚der oben in zwei Äste sich teilende Stamm eines Baumes' (1867, Bekokten). Syn. *Zwǫck*. *Firkeltschen* ‚die Astgabel, womit man einen Rosenstrauch bei der Eindeckung für den Winter an den Boden heftet, damit er nicht emporschnellt' (Alzen). s. *Hôken*. — 2. ‚gabelförmiger Bestandteil am rückwärtigen *(hänjderšten)* Wagengestell'. *De Furk äs zebrôchen.* Ein guter Wirt hat schon Ersatz vorgesehen. Die *Furk* muss natürlich gewachsen sein. Wenn der Bauer ein dazu geeignetes Holz im Wald erblickt, holt er's heim und birgt es an trockner Stelle, bis ihm Gelegenheit zur Verwendung kommt. Urk. »Currifici für ein Radt, nev Deissel, langket, wage, furk« (1636, Cap. Bistr.). — Dazu wohl der F. N. Furk (Honigbg. i. B.). Vgl. die nhd. F. N. Furk, Forke, Furcken. Dazu vielleicht Furkesdorf (s. d.). — mhd. vurke ‚Gabel' aus lat. gleichbedeutend furca. Vgl. eifl. Furk ‚Astgabel', Furkel ‚Gabel des Wagens', oberhess. Forke ‚Heugabel'. DWB. 4, 1, 756. *Furk* ist altes Sprachgut, dagegen *Furke* (s. das folgende) neu aus dem Rum. entlehnt.

—, **Furke** in der Ra. *sich Furke zaudn* ‚sich heftig (gleichsam mit der Heugabel) zanken' (nösn.). Süds. nicht bezeugt. — Nach rum. a avea de furcă cu cineva ‚sich heftig zanken'. Dazu (?) »Furka« F. N. (1636, Tartlau i. B.).

—, **Furkesdorf** *(Fuckeschdref)* ursprünglich eine Dorfsgemeinde, war schon 1474 gänzlich untergegangen, so dass König Matthias ihr Gebiet zwischen Mediasch und Meschen zu teilen befahl (Werner, Med. Progr. 1872, 27; Römer, Meschen, 8 ff.). Daher der Fl. N. *Fuckeschderf* (Med., Meschen). Urk. »villa Furkasy« (1356), »farkasteleke« (1421), »furkasdorff, furkesdorff« (1423), »ex parte territorii Furkazii« (1510). Vgl. darüber V.-A. 17, 549 f.; 21, 293 f.; 30, 420 f. Kbl. 32, 49. — Zum F. N. Farkas (s. d.) oder wahrscheinlicher mit Wolff, Ortsn. 1, 43 zu F. N. Furk, wozu vielleicht auch *Forkeschgass*. Vgl. Forkscheid (Hof im Kreis Wipperfürth). *Fuckeschderf -dref*, wie gegenwärtig in Med. und Meschen ausnahmslos gesagt wird, aus älterem **Furkeschdref* hat auffälligen Schwund des -r, der sonst nur vor Dentalen gelegentlich eintritt, *wischt, wit* für *wirscht, wirt,* aber auch *Ąrkel* wird für und neben *Ąckel* gesprochen, vgl. *Fugešer* für *Fugrešer* ‚Fogarascher' (Agnetheln), Schwund des r nach g.

—, **Furketnuagel** m. ‚der Nagel, der die *Furk* (s. d.) und mit ihr das rückwärtige Wagengestell an die zwischen den beiden Achsen liegende Verbindungsstange *(Lǫngket)* befestigt' (nösn., *Petersdf.)*, süds. *Furknuegel* und *Furtnuegel* (s. d.). Das Wort ist analog zu *Lǫngketnuagel* (s. d.) gebildet.

~, furkich, »*furkig*« ,zweiästig' (zufolge natürlichen Wachstums; 1867, Bekokten). *E furkich Rêcheštil haljt bêsser, wa e gešpöldaner* (Agn.). — Zu *Furk* 2 (s. Furke).

~, Furknuegel m., nösn. *Furknuagel* m. *(Pintak)* ,der Nagel, der durch die *Furk* und den *Lǫngkert* gesteckt wird und so das *vedderšt* und das *hünjderšt Geštäll* des Wagens verbindet'. Daneben auch *Furtnuegel* (Rothbg., Kastenholz), nösn. auch *Furketnuagel* (s. d.).

~, Furkoichen n. ,kleine Gabel' (Brenndorfer, 18). — Dim. zu rum. furcoĭ ,grosse Gabel, Mistgabel'.

Furlengk m. und n., *Furlek* n. (Burzenl.), nösn. *Fûrlängk* m., Pl. *Furlenge, Furrlenger, Furleger* (Burzenl.). 1. ,eine zusammenhängende Reihe von Grundstücken im freien Feld', ursprünglich ein Stück Land, in dem die Furchen nach derselben Richtung und in derselben Länge gezogen werden konnten. *Dier ackert gürn iwer den Furlek iwern.* »Dass nechste Furling wass an unser Feldt stosset« (1627, V.-A. 36, 362). »Eben im selben Fuhrlang bey den Äpfelbäumen« (1659, Kbl. 10, 26). »zeucht durch zwey Fürling« (1681, L. K. A.). »vor diesem Furrlung« (1720, Ebda.). »im Fuhrling, da der Steg herauskommt« (1720, Birth.). s. *Gewand* (Gewanne). Deutlich wird diese Bedeutung noch empfunden, wenn vor *Furlengk* ein Zahlwort tritt, *äm iršten, zwieten* usw. *Furlengk.* Aber bereits diese Verbindung erscheint erstarrt in Fl. N., und noch mehr ist das der Fall bei den Verbindungen mit bestimmenden Adj. oder Subst., wo die alte Bedeutung im Fl. N. fast nicht mehr empfunden wird. »jenseit dem Graben, im ersten Fuhrling« (1720, Birth.). »im ersten Fuhrleng« (1822, Gr.-Probstdf.). »im ersten Furleck« (1808, Tartlau i. B.). »im I. Fuhrling über den Bach« (1808, Rosenau i. B.). »im 1. Furlig dem Seiffen zu« (1808, Marienbg.). »im ersten fuhrling« *(Wallendf.*, Bistr. Cap.). *Am* (im) *1., 2., 3. Furleg* (Marienbg. i. B.). »Im andern Fürling« (1680, Zuckmantel). »im vierten Fuhrling« (1720, Birth.). *Det* (der) *federšt, mättelst, hǫnjderšt Furlengk* (Kirtsch, Neudf. b. Hstdt.). »im Busch im niedersten (federsten) Fuhrling« (1680, Gr.-Scheuern). »im fordersten Fuhrling« (1720, Birth.). »im mittelsten Fuhrling« (1720, Ebda.; 1680, Gr.-Alisch). *Äm Mättelfurleng* (Kl.-Scheuern). »im hindersten Fürling« (1680, Schmiegen; 1810, D.-Pian). »im hintersten furling« (Inv., *Kl.-Bistritz)*. »im Niedersten Fürlung« (1659, Neudf. b. Hstdt.). »auf dem Ebend im niedersten Furrlung« (1720, Scharosch). »am obersten furlenck« (1575, *Bistr.)*. »im obern Furling« (1822, Bulkesch). *Det longk Furlek* (Petersbg. i. B., Neustadt i. B.), *lǫ̂ngk Fûrlängk (D.-Zepling, Petersdf., Waltersdf., Lechnitz), lǫ̂ngk Fuirlängk (Birk), lǫngk Fûerlingk (Jaad), äm lǫngke Furlengk* (Kastenholz), *der lungk Fûrlengk (Botsch)*. »Im langen furlengk« (1548, Kronst.). *Äm longk Furrlengk* (Agn.), wobei die Nominativform des Attributes *longk* mit Verlust seines adjektivischen Wesens mit dem Subst. zu einem Gebilde des Flurnamens erstarrt ist, vgl. *um spätz Rêch* (Thalheim). »auff den langen furlingen« (1602, Holzm.). »Im langen Furdling beim Mettersdörffer Weg« (vom Schreiber an *Fûrt* ,Furche' angelehnt; 1645, *Bistritz)*. »im langen Fuhrlang« (1659, Kbl. 10, 27). »in den lancken Fürlingen« (1659, Neudf. b. Hstdt.). »im langen Furrlung« (1720, Waldhütten). »an dem langen Fuhrleng« (1777, *Petersdf.)*. »im langen Furleg« (1808, Kronst.-Blumenau). »im langen Furleck« (1808, Heldsdf. i. B.). *Um Kurtschfurlengk* (Abtsdf., Waldhütten, Maniersch), *än de kurtsche Furlenge* (Neudf. b. Hstdt., Bulkesch). »im kurtzen Fürling« (1680, Cap. Bog.). »am kurtzen Furrlen« (1720, Waldhütten). »im kurtzen Fuhrlang an der Bach« (1822, Michelsdf.). »im kurzen Furling« (1822, Seiden). »in den kurzen Furlingen« (1822, Schönau). *Äm krǫmm Furrleng* (Roseln), *am kromme Fûirlengk (Birk)*. »im krummen Furhlang« (1659, Kbl. 10, 27). »im krumen Furling« (1680, Maldf., Schmiegen). *Äm špätze Furlengk* (Rosch, Probstdf.), *naus Furleg* (Brenndf. i. B.). »am nassen Furley« (wohl Schreib- oder Druckfehler für Furleg, Zeiden, Kbl. 29, 67). *Äm lâe Furlengk* (Petersbg. i. B.), *der fläjä Furlengk* (Med.), *der Ärbesfurlengk* (Ebda.). »im Attigs-Furling« (Zeiden, Qu. Kr. 4, 90). *Det Batterfurlek* (Neustadt i. B.). »im Flachsfahrlig« (hieher? Zeiden B.). *Af em Hängklichfurlengk* (Grossau), Kapellenfurleck (Tartlau i. B.), Klettenfurlek (Zeiden i. B.), *Klôsfurlek* (Wolkendf. B.), *Štêfurlengk* (Durles), *am Uetschfurlek* (Zeiden i. B.), *Wadefurlek* (Wolkendf. B.), *Wierfurlengk* (Alzen). — s. auch Ertag. — 2. Danach dient *Furlek* auch zur Bezeichnung einer ungefähren Entfernung: *E Furlek far, drôi Furleger far* (Kronst.-Barthol.). »gyngen an dem tag en eyn castel, das was LX fwrlwng (»in vicum distantem stadiis sexaginta«, Vulgata) von Jerusalem, wnd heys, Emaus« (um 1536, MÜLLER, Sprdm. 188). »so etwa zwei oder drei Furleng lang vom Fürstenhoff ist« (KRAUS, Chron. 1, 85). »etwa 3 fürleng lang« (Ebda. 1, 103). »In diesem Monat ist der Altfluss zwischen Doboly und Ilyefalva 1½ Furlek (Furleck, S. 179) lang aussen geblieben« (1742, Qu. Kr. 4, 144). — 3. ‚Fussteig im Felde' (TRAUSCH, Msc.). Wo? Die Bedeutung erklärt sich übrigens aus dem Umstand, dass an der Stelle, wo zwei *Furrlenger* mit den Furchen-Enden aneinander grenzten, gestattet war, zu Fuss zu gehen, der Fussteig sich also von selbst bildete. Durch Übergriffe ward er freilich auch zum Reitsteig, sogar zum Fahrweg und so Anlass zu viel Verdruss. — Das engl. Längenmass furlong ‚⅛ engl. Meile', das eigentlich ‚Furchenlänge' bedeutet, legt die Vermutung nahe, dass wir es bei *Furlengk* mit *Fur* + *lǫngk, lǫngk* (‚eine Furche lang') zu tun haben, was für das Nösn. und Süds. lautlich vielleicht möglich wäre. Dem steht aber das Burzenl. *Furlek* unüberwindlich entgegen, das ohne Zweifel auf *Furch-ling (»Furchlink« schrieb auch St. L. Roth) hinweist, vgl. nösn. *Piär-längk* zu *Piär* (Pferch), ferner *Fosslengk, Hös-längk* und ähnliches.

—, **Furlengksûm** m. ‚Saum eines *Furlengk*, Ackersaum'.

Hæ̂ insem uch ellinchen
E Kretz um Furlengksûm.

— Zu *Furlengk*.

fürliebnehmen, s. vorliebnehmen.

Fürm, urk. Pl. zu Form (s. d.). »3 fürm zum handtwerck« (bei einem Seiler; 1573, Bistr. Teilungs-Prot.). Süds. noch heute *Fėrm*, neben *Formen*, nösn. *Firem*.

Furner, F. N. (1361, MÜLLER, Sprdm. 24).

Furnier, Furnîr, *Fornîr* (⏑ ⏑́) n. (fem.) ‚dünne Holzblätter, womit feinere Tischlerarbeit belegt oder ausgelegt wird' (Handwerkersprache der Tischler und städt. Halbma.). *Det Furnîr wgešprǫngen.* Aus nhd. Furnier, das auf franz. fournir, ital. fornir ‚mit etwas versehen' zurückgeht, die wieder von ahd. frumjan ‚frommen' abgeleitet sind. DWB. 4, 782. WEIG. 1, 602.

Furore, Ferôre in der Ra. *dâi macht nau emôl Ferôre* ‚macht Aufsehen mit Kleidern und ähnl.' (*Bistr.*, städt. Halbma.). Sonst auch *Ferori, Furori.* Aus nhd. Furore, ital. furore ‚Raserei'.

—, **Fürrenzoll** m, *e Fürrenzoll* (?) ‚ein kleiner Mann' (Kl.-Schelken, Kbl. 25, 143). = *Fir Zoll* ‚so lang wie ein Zoll'?

—, **Fürriden,** *af de Fürriden*, Fl. N. (Reussdf.), wohl dasselbe ist »auf den Fürheiden« (hochd., Klosdf.). s. *Furrhîwden.*

fürsichtig, eigentlich ‚vorsichtig' (s. d.). ‚Fürsichtig (Ersam) Weise' (abgekürzt F. E. W.) war der Titel der höheren Beamten der Städte und Stühle. *Ech wôenjtschen dem gnêdijen fuersichtsweisen Harren e glaiklich nô Jôr* (Neujahrswunsch, Galt, H.-W., 133). »die fürsichtig ersam weyss Herren Gaspar Schneider u. Merten Pöldner« (1545, B. M.). »wider denn Edlenn fürsichtigen weisen Herren Peter Haller Konigsrichtern in der Hermanstatt« (1563, Ebda.). »fursichtig Ersam weis Herren« (1565, Ebda.). »der Fürsichtigen Herrn Officialium Rationes« (1678, SEIV., Lok.-St. 61). Am vollständigsten ist der Titel in der Vorrede des Eygenlandrechts: »Edle, Fürsichtige, Namhaffte, Woll Weise Herrn«. — Es ist die Übersetzung der im Kurialstil üblichen Epitheta für die sächsische Nation »prudentes ac circumspecti«.

Fürsichtigkeit ‚Vorsicht(igkeit)'. »Hierin aber kann man der Burzländer Geistlichen Fürsichtigkeit nicht genug loben« (Qu. Kr. 4, 182).

Fürsorge, Fîrsorch u. *-sorich, Fîrsǫrch* fem., nösn. *Fòrsorich* fem., noch in der alten Bedeutung ‚Vorsorge'. *Fuersǫrj äs ünjde geat. Näm der äst mat zer Fòrsorich.* s. Vorsorge.

Fürsprech, † ‚Anwalt'. »Es wird auch dem Fůrsprech (lat. patronus) / so eine teidig geführet vnnd geschiermet hat / gewert inn derselben nachmals zeugnůs zu geben« (E. L. R., 26). mhd. vürspreche, ahd. furisprehho ‚Anwalt'. DWB. 4, 833.

Fürst, Fîrst m., nösn. *Firšt* m. 1 Allgemein ‚Herrscher eines Landes'. »wenn gewaltiger könig und fürsten kinder geboren werden, da sihet man wunder, wie die leüt prangen« (DAM. DÜRR, Aml. 29).

Wirst uch ist fîr First uch Vùlk
Schwierd uch Füder fæ̂ren. KÄST.,

— Danach auch als Vergleich *e wunt, lêft wâi e Firšt* (nösn.). — 2. Speziell ‚die Fürsten von Siebenbürgen' (etwa 1540 — 1690). »Welches alles / zweyffels on / nur hieraus kommen / das vnser Sachssen recht aus lauter gewonheiten administrirt vnd gehandelt / weder in schriefften gefasset / noch der Fürsten Consens vnd sterckung oder bekrefftigung nicht erlanget haben« (E. L. R., Vorrede). »des Fürsten Taffel«, »des Fürsten gerichts Taffel« (Ebda., 39 f.). »an vnsers gnedigsten Herrn vnnd Fürsten hoff« (Ebda., Vorrede). Die Rechnungen der Städte und Märkte sind (besonders nach 1600) voll von Leistungen für den Fürsten und seinen Hof. Es seien angeführt: »für gewurtz ihn des Fürsten Kochhauss fl. 215 d. 68« (1609, Bistr. Arch.). »Dem

Vngrischen Prediger der dem Fürsten gepredigett hett fl. 1« (Ebda.). Im Jahre 1628 wurden in »des Fürsten Koches« und auf »des Fürsten ration« aus Birth. Fleisch und Gewürze geliefert (SALZER, Birth. 168). Vgl. TEUTSCH, Sachsengesch. 1, 445 ff. Als zum Hofstaate gehörig werden von SALZER (Birth, 170 f.) angeführt: des Fürsten Schreiber oder Secretarius samt Dienern, Doktor, Moossersche (soldatische) Pfarrherr, Schuler, Deaken (Steuerbeamte, Kanzlisten), Hofdiener, Lovásmester (Pferdemeister, Stallmeister), Kutschisch (Kutscher), Wildschiesser, Hundscapitain oder Hundwärter (magy. »Kutya Petzér«), Schalmejer (Musikanten), Leuffer, Hofrichter, Borkostolo (magy. borkostoló ‚Weinkoster, Mundschenk'), Weinkäufer, Hünnenführer, Ochsentreiber, Viehkäufer, Schaffner. — 3. Dazu der F. N. Fürst (1676, SALZER, Birth. 277; 1710, Schässbg.), wie Kaiser, König nach den Firmenschildern der Häuser in den Städten (eigentlich ‚zum Kaiser, zum Fürsten'). Dazu auch die Fl. N. »im Fürstengrund« (1567, Mergeln), hinter Fürstenscheuern (hd., Neustadt b. Schenk), wohl auch *der Firštebrǫnnen* (Scharosch), von dem die Sage geht, der Fürst Apafi habe sein reiches Wasser in einer Rohrleitung unter dem Kokelflusse durch in sein Schloss in Epeschdorf geleitet, wo es als Springbrunnen wieder zutage getreten sei. — mhd. vurste, ahd. furisto.

Fürstecken, † ‚Stecken zum Vorstechen der Löcher, in welche die Hauptstützen der Jahrmarktsbuden gestellt werden'. »Ich kann mit guttem Gewissen eingestehen, dass ich von dem Inquisit nichts anders erkauft, als vor nächst abgewichenem Catharinä Tag einen Für-Stecken, womit wir die Löcher zu unsern Schatterten an Jahrmärkten zu machen pflegen« (1769, L. K. A.). Eigentlich: Vorstecken, würde in der Ma. *Vìrštæken, Vorštêken* (Burzenl.), *Vôrštâkn* (nösn.) lauten.

Fürstenarbeit, † ‚Arbeit für den Fürsten', oft in Weissenburg oder (Gross-) Wardein geleistet und dann Weissenburger oder Wardeiner Arbeit genannt. »Der Fürst (Georg Rákoczi I.) und dessen Begleitung liessen bei den Handwerkern (in Birth. und sonst) arbeiten und der Betrag wurde den Lieferanten bei Einhebung der ‚Aufschläge' an ‚Fürsten-Arbeit' ‚nachgelassen'. So dem kleinen Bedner ‚an Fürsten-Arbeit' 1 fl. 35 Dr. (1637). Dem Schneider ‚an Fürsten-Arbeit' 2 fl. (1639). 1640 dem Jacob Maurer ‚an Fürsten-Arbeit' 2 fl. 92 Dr.« »1643 ‚Frantz Tischlern an Fürsten-Arbeit nachgelassen 10 fl.'« (SALZER, Birth. 173).

Fürstenbarn, † ‚für den Fürsten bestimmter Getreidehaufen'. »siehe du handelst selbst nicht recht in dem du das korn aus dem Fürsten boren klaubest« (1676, Ger.-Prot.). Würde in der Mundart *Firštebuⁿren* lauten. — Zu Barn. s. Zehnten (Quarte, die dem Fürsten gehörte).

Fürstenbrief, † ‚Brief, Schreiben des Fürsten', mit dem dieser auf einen Prozess Einfluss nimmt oder Vorrechte verleiht, wozu er nach der Verfassung des Landes kein Recht hatte. »Selige Kayser haben befohlen / das die Richter / Fůrstenbrieff / so wider recht erlanget vnnd ausgenommen sein / im rechten mǒgen verwerffen« (E. L. R., 38). Dafür auch »fürstliche Briefe«: »Drumb werden auch keine vertragene sachen mit Fůrstlichen brieffen nicht auffgehaben« (Ebda., 148).

Fürstenburg, O. N., magy. Hidvég, rum. Higicu, nördl. von Kronst., ein Dorf mit magy. Bewohnern, heute *Firstembrich* (Rothbach i. B.) genannt. Schon vor der Fürstenzeit so genannt: Furstenbrich, Fyrstempurg, Fwrstebrich, Fwrstenburg, fvrstembrich (1480, Qu. Kr. 3, 694); virstenburch (1486, Ebda., 3, 647); Furstenberg (1488, Ebda. 3, 659); Fwrstenbwrch, Firstembrich, Fẘrsthen bẘrg (1493, Ebda. 3, 721); Furstenbergk (1520, Ebda. 1, 285); Fyrstenbergk (1521, Ebda. 1, 337); Furstenbrigh (1523, Ebda. 1, 518). Aus all diesen Formen klingt das heutige *Firstembrich* immer wieder heraus, das ‚Fürstenburg' entspricht und zu Fürst gehören kann. Oder zu First? Vgl. Firstendorf.

Fürstendiak, † ‚Kanzlist, Steuerbeamter des Fürsten'. »Weil sie zum ersten Mal vergebens kommen, sind auch Fürsten-Diacken hier gewesen, die Stadt zu praedieren (lat. praedari) auf fl. 600, quod etiam factum« (1681, Qu. Kr. 4, 205). »Zwei Fürsten Deaken, welche zum andern Mal ausgeschrieben wegen des Fürsten Jobagyen 3 fl.« (1670, V.-A. 36, 387). — Zu magy. deák ‚Student, Studierter', früher ‚Schreiber, Sekretär' aus lat. diaconus. s. Diak und Fürstenschüler.

Fürstenhof, † ‚Hof, (Land-) Haus des Fürsten'. »etwa zwei oder drei Furleng lang vom Fürstenhoff« (KRAUS, Chron. 1, 85).

Fürstenkorn, † ‚für den Fürsten bestimmter Weizen, Zehntquarte'. 1638 mussten die Bewohner des Repser Stuhles »das Fürstenkorn« aus »Kaiserland« (Keisd) nach Udvarhely in das Schloss führen (V.-A. 37, 629). Nicht der einzige Fall von Frohndienst dieser Art.

Fürstenrat, † ‚Rat des Fürsten, Ministerium'. »Alss dass landt (‚der Landtag') dess Fürsten

Verantwortung angehöret ., hat das landt den Fürstenraht zu reden gesetzet (‚zur Rede gestellt'), warumb sie solches ohne Vorwissen dess landes gethan« (KRAUS, Chron. 1, 305). — Vgl. über Aufgaben und Pflichten des Fürstenrates TEUTSCH, Sachsengesch. 1, 448. Dem Fürstenrat gehörte seit 1607 (Albert Huet) der Sachsengraf ohne Wahl an.

Fürstenschüler, Firstenschuiler m., (von HALTRICH aus Draas verzeichnet) ‚Kanzlist, Beamter'. Des Fürsten »Schuler« erhalten um 1640 Geld für Wein (SALZER, Birth. 170). s. Fürstendiak. Die Schuler können übrigens eher die »scolares« sein, die Kirchensänger, die den liturgischen Teil des Gottesdienstes am Fürstenhofe versahen. Vgl. auch AUNER, Kbl. 36, 45 ff.

Fürstentum, † ‚Regierung eines Fürsten', ‚einem Fürsten untertäniges Land', von 1540 bis 1690 von Siebenbürgen gebraucht. »Alldieweil sich der Kemyn Janos des siebenbürgischen Fürstentumb anzumassen willes ist« (1660, Qu. Kr. 4, 261). »Obschon aber der Barcsai Akos . . dass Fürstenthumb nicht annehmen wollen« (KRAUS, Chron. 1, 355). »In solchem seinem Furstenthumb aber grosse Tyranney in dem Lande verübet« (um 1670, Bistr. Arch.).

fürstlich, firstlich adj. und adv., nösn. *firšllich* adj. und adv. 1. ‚zum Fürsten gehörig', ‚vom Fürsten'. »mit Fůrstlichen brieffen« (E. L. R., 148). »Fůrstliche Dilacion brieff« (Ebda., 106). »hab fürstlich Mandat bracht« (1580, B. M.). Besonders im Titel des Fürsten: »Euer Fürstlichen Gnaden Edelleut« (1634, SEIV., Lok.-St. 43). »auf I.(hro) F.(ürstliche) Gn.(aden) Begehr« (V.-A. 37, 603). »ein geheimer Rat Sr. Durchlaucht Fürstl. Gnaden Georgii Rakotzi« (Qu. Kr. 4, 296). — 2. *E firštlich Lêbm fârn, firštlich lèbm,* häufiger *lèbm wâi e Firšt (e Grâf)* ‚in Überfluss oder über seine Verhältnisse leben' *(Bistr.).* Süds. daneben: *wâ der Kìser, der Kenengk, wâ e Grâf, Barôn.* — mhd. vürstlich, vürstlîche.

Fürstück, † ‚vorderes Stück eines Brustpelzes'? »Item Wer eyn master wel werdyn In der Kwinglichyn stat Nözyn off dem Hanttwerck desz Kwrschnerwercks der zol sneydyn drey stück Dasz Erste eyn frawn pelcz dem eyn fraw czirlich wol mag tragyn: Dasz Andere eyn fyrstwcker ar (einer) frawn: aber ar Juncfraw: Dasz dritte eyn leyppelcz« (um 1500, Bistr. Kürschnerz.-Art.). Vgl. älternhd. fürstücken ‚ein Stück vorn ansetzen'.

Furt, Furt fem., nösn. fehlt; vgl. *Raisch.* 1. ‚passierbare Stelle bei einem Bächlein oder Graben' (Arkeden), ‚untiefe Stelle, an der ein Wagen durch einen Bach und Fluss fahren kann'; *bâ Fräck äs en Furt iwer den Âlt; 't word es nor wuerem, dâ mer äm Zâdeistern durchfâren.* — 2. ‚schmaler, engpassartiger Steig' (Mühlb.). »Item illis qui fwrt fecerunt in prato foenili« (1523, Qu. Kr. 1, 487). Die zweite Bedeutung berührt sich eng mit der von Furche 3. Deshalb liegt die Vermutung nahe, ob wir es hier nicht mit demselben Worte zu tun haben, sie wird aber abgewiesen durch das -t, das in süds. Maa. bei *Furr* (Furche) durchweg fehlt. Überdies ist der häufige Fl. N. *bâ der Furt* für ‚Furche' zu unbestimmt, während er als ‚Furt' auch ohne nähere Bestimmung bezeichnend sein kann. — 3. Fl. N. *Fûrt* (Wiese, Draas); »auf der Furt« (hd., Gr.-Alisch); *bâ der Furt* (Arkeden, Felsendf., Rosch); »bey der Furth gegen dem Aresel« (1712, Bodendf.); »jenseit dem Floss bei der Fuhrt« (1720, Birth.); »unter der Furt« (hd., Felsendf.); »bei der obern Furth« (Sächs. Burzenl., 522); *Hoifurt* (Brenndf. i. B.); »bey der mitlicher furt«; »iuxta mittyl furt« (14. Jahrh., V.-A. 11, 335; 333); jenseits der mittleren Furth (hd., Denndf.); jenseits, bei der tiefen Furth (hd., Ebda.); bei der alten Furt (hd., Agnetheln); bei der breider Furt (hd., Marienbg. i. B.); »auf der breiten furth« (15. Jahrh., MÜLLER, Sprdm. 32); bei der krummen Furth (hd., Denndf.); *bâ der štennerijer Furt* (Kastenholz); *bîs Furt* (Stolzenbg.); *hanjderm gaujen* (jähen) *Foirtschen.* Urk. (1717) »das jähe Pförtchen« (Zeiden i. B.); »bei der gehe furtth« (1556, Tartlau i. B.); *Zpille-* (Zwillen-) *furt* (Brenndf. i. B.); bei der Gesässer (O. N.) Furth (hd., Werd); am Büchel bei der Furthbrücke (hd., Denndf.); »oben an der Bärenfurth« (1808, Wolkendf.); *bâ der Beklefurt, bâ der Èssichfurt* (Arkeden); »Koisfurth« (hieher?, Nussb. i. B.); *bâ der Lämpeschfurt, än der nąsser Furt* (Agn.); Münchfurth (Schässbg.). Die Kleinprobstdorfer benützen auf Frauendorfer Hattert in der Nähe von Klein-Kopisch eine particula terrae, Königsfurth appellatae (1578, sonst király réve ‚Königsfähre'; F. TEUTSCH). — mhd. vurt, ahd. furt. Vgl. Frankfurt, Schweinfurt, Oxford.

Fürtuch, † ‚Schürze'. »schön weitt ffürfuch« (1573, Bistr. Teilungs-Prot.). »Item 3 ander Schöne Leinwadin weit fortucher mit bortlenn« (1607, Huets Nachlass, Kbl. 12, 118). »1 schön börtlich fürtuch« (1638, Bistr. Teilungs-Prot.). »die A. hienge die Fenster mit Ihrem Fürtuch und andern Sachen zu« (1778, L. K. A.). Dafür in lebender Ma. *Schurz* m. (vgl. SCHULLER, T. u. B. 2, 70). — spätmhd. vortuoch, furtuch. Vgl. lothr. Firduch, henneb. Fürtuch, bair. Furtech ‚Schürze'. DWB. 4, 920.

Furunkel, s. *Blâtschwiärn* (Blutschwären).

—, **Fürwis**, Fl. N. (Michelsbg.). Gespr. *Füär-wis* (⏊◡) ‚Vorwiese', die vor einem Ackerstück liegende Wiese; ausgedehnt auf eine grössere Wiesenfläche dieser Art und als Fl. N. gebraucht.

Fürwitz, † ‚vorlautes Wesen'. »alle die, so mehr aus mutwillen vnd fůrwitz zu verteidigen jre bôse vnd vngerechte sachen / dann die warheit oder was recht ist zu erkůndigen« (E. L. R., Vorrede). In städt. Halbma. dem Hd. nachgebildet: *Vîrwätz*. — mhd. vürwitze ‚Neugierde'.

fürwitzig, fîrwätzich adj. [Städt. Halbma.]. ‚neugierig'.

> *Štǫ̂ch* [3] *uch* [3] *än de Rôkeštuf*
> *Se fîrwätzich Nǟsken.* Käst., 54.

— mhd. vürwitzec.

Furz, Furz m., Pl. *Firz*, nösn. *Furz* m., Pl. *Firz* ‚lauter Bauchwind'; der lautlose heisst süds. *Bless*. *E štuark Furz* (nösn.). *E Furz, tǫd et krǫcht* (nösn.). *E štängkich Furz*. *Än Furz lossn*, feiner *ene lossn*.

> *'t wôr emôl e Mǭ,*
> *Diär hâiss Tǫlepǭ (Tilipǭ* ‚Tölpel'),
> *Tǫlepǭ hâiss e,*
> *Sibm Firz lâiss e.* Bistr.

Ed äs em e Furz äntwôrn (entworden), *ed äs em ener äntwôrn (Bistr.)*. Auch süds. *entworden, entschloppt, entgongen*. Euphem. *De Gatschen, de Huisen gräscheln* (knirschen) *em* (Seligstadt). — In Verbindung mit Adj. und Adv. *Furz lǫngk, lǫng*, als Zeitmass ‚ganz kurz'. *Et* (z. B. ein Tanz) *wǭs nor Furz lungk* (Hamruden). *Alle Furz lǫng*, nösn. *ǫlle Furz lǭngk* (V.-A. 37, 532) ‚jeden Augenblick' mit ärgerlicher oder spöttischer Betonung. *Alle Furz lǫng kit e en hält mij af*. *Dier bleift än de Rieden alle Furz lǫng štêchen*. Vgl. Follm., 178; oberhess. Zeitschr. f. hd. Ma. 1908, 133. — Syn. *allen Ûgebläck, iwer Ismlengk* (Atemlang), *alle Piff*, andere Syn. s. WB. 1, 214. Auch ‚sehr klein' von Kindern: *E äs nor Furz liungk* (Bodendf.). — ‚*Furz frîlich*' ‚munter wie ein Fisch im Wasser', auch ‚von heiterem Naturell'. *Giestern ducht em, e sîl štärwen, hejd äss e Furz frîlich*. *Dî äs ängde Furz frîlich* (Med.). — Ra. Derb abweisend: *Cha, en Furz! Furz — tirt Falli, ed äs näst* (Med.). Im Scherz: *Wat wit der helij Kräst bränjen?* Antw. *En Furz af'm Brietchen, e Fîrzken än em Maschkädelchen* (Hstdt.), unwilliger *än Furz mäd er Hingk* (‚Henkel', nösn.). *E Furz mät drǭ Knäden* ist eine Rarität wie *e Fälpes vel Sǫnnelächt uch e Sǫck vel Schâden* (Schatten). *E äs aw en Furz gepôst* („gepfropft") ‚ein schwächlicher Mensch' (Haltrich, Plan 132); *dier äs ǫf dn Furz gepôst* ‚der ist gut dran' *(Bistr.)*. Verächtlich: *Em wid em bǭlt mät Firzen af de Lech logden* ‚wenn einer sehr elend, schwach ist' (Med.). Sonst tut man solchen letzten Dienst nur denen, die sich auf der Gemeindearbeit zu Tod quälen. *Dî mǭcht gärn de Furz zem Dǫnner*, nösn. *den Furz zem Dǫnner mǫchn* ‚aus einem Floh einen Elefanten machen'. Vgl. moselfr. aus em Fûrz en Donnerschlâch mâchen. Syn. *aus er Flû än Bäffel mǫchn*. *E äs wǟ der Furz äm Reiter* (Reuter) ‚ein unentschiedener, unsteter Mensch', nösn. *e äss wâi der Furz äm Lotiärn* ‚weiss nicht, wo ein und aus'. Auch mit anderer Bedeutung: *Et* (das Feuer) *bruet wei e Furz an der Lǫtâren* ‚schwach' (Heldsdf. i. B.). Volkstümliche Heilmethode: *Leiwer en Furz an de Laft, wei en Kroizer an de Apentîk* (Neustadt i. B.). Auch von verratener Heimlichkeit: *Wänn em än Furz let, wêss et de gǭnz Nôberschǫft (Bistr.)*. — Entwischt einem Buben ein Wind, so nehmen ihn die andern beim Ohr und der Übeltäter muss pfeifen (Birth.). — Zus. *Bäffel-, Rôssfurz* (Bovist), *Iesels furz* (Krebsdistel), *Nannefirzken* (Nonnenfürzchen, ein Gebäck). — mhd. vurz (nicht vor dem 12. Jahrh., entspricht aber der Lautverschiebung nach genau dem griech. πέρδω (perdo), lat. pedo). DWB. 4, 950 f.

—, **Furz** fem. ‚Weidenflöte', dasselbe wie *Furzer* 2 (Gr.-Sch.). Von der eigentl. Weidenflöte *(Flûr)* dadurch unterschieden, dass die Basthülle am Mundstück nur dünn geschabt ist und so die Flöte einen brummenden, pfeifenden Ton gibt, während in die *Flûr* durch Stöpsel und Schallöffnung ein regelrechtes Mundstück eingefügt ist. Syn. *Bierchen* ‚Bärchen' Instrument, das brummt (wie der Bär). Vgl. oberhess. Fąrze ‚Pfeife ohne Stöpsel' aus Weidenrinde. — Zu *furzen*.

(**Furzader**), **Furzôder** fem. (nösn.) ‚Gedärme', ‚imaginäres Organ zur Erzeugung von Bauchwinden' (Kisch). *De Furzôder äs em zetrêscht* („geplatzt") *for Lǫchn (Bistr.)*. *De wiršt ter* (dir) *jo glaich de Furzôder zerraissn* sagt man zu einem, dem eine Arbeit zu viel ist (Ebda.). Vgl. nhd. Farzader (DWB. 3, 1334), lux. Fûrzôder (V.-A. 33, 268). Zu ahd. âder ‚Ader'.

—, **Furzâle** (◡⏊◡) fem. ‚Knirps' (Kisch, N. W. u. W. 50). — Zu *Furz* mit der rum. Endung -alä < lat. -(u- oder a-)la. Vgl. *Rintschesâle* und ähnliches.

—, **Furzbâl** fem., dasselbe wie *Furzôder*. *De Furzbâl äs der zetrêscht (N.-Wallendf., Bistr.)*. Fluch: *Dǫd et der än sel lichtn än dai Furzbâl!* (Ebda.).

Furzbalg, Furz(n)bâlich m. ‚Kind, das *furzt*‘ *(N.-Wallendf., Bistr.)*. Spottvers:

Hanni, Danni Furznbâlich,
Lâk mij äm Uarsch mät hêssem Kâlich!
Ebda.

(**Furzbengel?**), **Firzboinjel** m. (Schaas; i in *Firz* für u, wie in Heltau, Neudorf, *Birk* und sonst), dasselbe wie *Furzbögel*. Im Rätsel vom Wagen und Kutscher: *Vaer reo Oillen* (rauhe Eulen, ‚Ochsen‘), *vaer Štepeštoillen* („Räder‘), *en Firzboinjel draf* (Schaas). Kbl. 23, 76. Für *Boinjel* sonst auch *Bonjdel*.

(**Furzbeutel**), **Furzbögel** statt *-begdel* m., nösn. *Fürzbögel* m. *(Birk)* ‚einer der häufig furzt‘. Als Schelte für Kinder: *Dê klener Furzbögel, hâlt der det Mell!* (Kl.-Scheuern). Derber: *Tê klener Schaisser!* (Agnetheln). Im Rätsel vom Wagen: *Vaier wäiss Wolkn* (die Ochsen), *vaier Tschibbelbalkn* (die Räder), *der Fürzbögel* (der Kutscher) *draf (Birk)*. — Zu *Bögel* ⟨ ahd. bûtil s. Beutel. Zur Bedeutung vgl. nhd. Farzbüchse ‚crebro pedens‘, Furzfass ‚podex‘.

—, **Furzekusch**, *Furzikusch* (⏑⏑⏑́), meist Pl. ‚Krieche‘ (s. *Krâich)*, übertr. (dann m.) ‚unruhiger, unsteter Mensch‘. — Zu Furz mit der rum. Endung -(c)uș ⟨ lat. -(c)usc(us). Vgl. *Brandusch, Tchiperusch.*

furzen, furzen schw., nösn. *furzn* schw. ‚laute Bauchwinde fahren lassen‘. *Dau bäst e Schwai, de huast wider gefurzt* (nösn.). Im Spottvers:

Mierz (Martin), *Štierz,*
Dreiw de Kâlwer af de Urzen,
Dat se štattlich lîre furzen.
Fronius, 36; Höhr, 23.

Derber ist *scheissen*, syn. *sich beflûren, däften, en Furz lossen, bliessen* ‚einen lautlosen Wind lassen‘. — Ra. *Ech furzen draf* ‚ich gebe nichts drauf‘. *Ech wall em eint furzen (scheissen)*, derbe Abweisung (Burzenl.) *Sichen ône furzen äs en blêsch* (walachische) *Hochzet ône Musik* (H.-W., 130). Sprw. *Wier en wegden Uorsch huot, kâ laicht furzen* ‚wer im Überfluss sitzt, kann sich manches erlauben‘ (Schuster, Volksl. 232). *Än de Wêt furzen* ist des Teufels letzter Trumpf (Haltr., M. 130). — Zus. *aus-, befurzen*. — Furzen erscheint im Nhd. erst seit dem 14., 15. Jahrh. DWB. 4, 954. Germania 20, 34. Niederd. ist furten gebräuchlich, lux. fûrzen; unsere Mundart kennt Formen nicht, die dem nhd. farzen entsprächen. mhd. verzen, ahd. ferzan.

Furzer, Furzer m., nösn. *Furzer* m. 1. Von Menschen ‚einer der furzt‘. — D. N. *Furzerwôgner* (Gr.-Alisch). — Da das Furzen ein abwehrendes Mittel gegen Teufel und Teufelsspuk ist (DWB. 4, 952), werden Hexen, Zauberinnen *Furzerän* genannt. So heisst es, wenn beim *Berofen* alle Mittel erschöpft sind: *Hê kâ nor de âlt Furzerän hälfen* (Fronius, 19). — 2. Dasselbe wie süds. *Fläppes* ist nösn. *Furzer* ‚eine Weidenflöte ohne Stöpsel, deren Mundstück flach geschabt wird und die tiefe knarrende Töne von sich gibt‘. *Aus diäm wit sai Lefdoch* (seine Lebtage, negiert ‚niemals‘) *nichen Flôr, mąch* [ʒ] *än Furzer draus (Bistr.)*. Syn. *Bierchen* (s. Bär), *Fläpes, Gunzn, Pârtschn, Purz.* Ebenso hess. Fârze ‚die aus der Weidenrinde gemachte Pfeife ohne Stöpsel‘. — Zu furzen.

—, **Furzfôrer** m. ‚einer der Fürze auffängt, einem am Schürzenband hängt‘. Im Spottvers:

Zapzuegel, hänjden nô,
Furzfôrer bäst te dô!
Schuster, Volksl. 352; Höhr, 23.

— Zu *fôren* ‚auffangen‘ (s. d.).

furzfröhlich, s. Furz.

(**Furzgökel**), **Furzgêkel** m. (Leschkirch), was sonst *Schnâppgêkel* m. ‚Hampelmann‘, ‚Hanswurst‘. Über das Grundwort s. *Gêkel* (Gökel).

—, **Furzkastel** n. ‚Kind, welches *furzt*‘. *Dau Furzkastel (N.-Wallendf., Bistr.)*. — Zu *Kastel* (Kasten).

—, **Furzkaucheln** n. ‚Marille‘, feiner ‚*Maroill*‘ (Heldsdf. i. B.).

Furzknoche, Furzknôch fem., nösn. *Furzknöch* fem. ‚Steissbein‘. *Sêtz dij af deng Furzknôch! De Furzknöch dêd em wi* (nösn.). Dim. *Furzknêchelchen* ‚Endwirbel der Wirbelsäule‘ (s. Arschknochen). — DWB. 4, 958.

furzlang, s. Furz.

—, **Furztâser** m. (Radeln), *Furztoistert* m. (Burzenl.), dasselbe wie *Furzbögel* ‚stinkender Windsack‘. Im Rätsel vom Pflug: *Vâr râ Oiln* (rauhe Eulen ‚Ochsen‘) *och zwiu Schipscholn* (Scheibschalen ‚Räder‘) *och der Griwlr* (Grübler ‚Pflugschar‘) *hanj, och der Furztâsr* („ein Knabe‘) *draf* (Radeln). s. *Furzbögel* und *Tâser* ‚Futtertasche‘.

Fusch, F. N. »Marzel Fuschs viduus« (1623, Schässbg.). »Fusch« (1659, Neudf. b. Hstdt. 1800, Schässbg.).

—, **Fuscher**, s. Pfuscher.

—, **Fušchitusch** m. ‚ein unordentlicher, sich übereilender Mensch‘ (Bistr. Festg., 55; Brenndorfer, 19). — Kaum aus rum. fugituș, zu fugi ‚laufen‘ (Brenndorfer), da das Wort von Rumänen als nichtrum. empfunden und dafür fugitiv gebraucht wird, sondern aus szekl. fuzsitos ‚halber Narr‘ (M. Tájsz. 1, 650), das auf lat. fugitivuș zurückgeht.

—, **Fuschke** fem. 1. ‚hin- und herlaufende, bei keiner Arbeit ausharrende Person‘. — 2. ‚schlechte Grasart, die sich vor der Sense beugt und nicht gemäht werden kann‘ (Bistr. Festg., 55). — Von KISCH, N. W. u. W. 51 zu rum. dial. fușcă fem. gestellt, das zu rum. fugi ‚laufen‘ gehört.

—, **fuschkein** (⏑⏑⏑́) schw. ‚schrill pfeifen‘ mit dem Finger im Munde. — Rum. fiscăi, fișcăi, fușcăi ‚schrill pfeifen‘ (Kbl. 24, 69; BRENNDORFER, 60). Die rum. Ma. von *Bistr.* gebraucht aber meist flișcăi.

—, **fuschkich** adj. ‚unstet, ohne Ausdauer‘ (KISCH, N. W u. W., 51). — Zu *Fuschke.*

Fusenecker, F. N. »clos fusenecker« (14. Jahrh., MÜLLER, Sprdm. 19). s. Fysnacker.

—, **fusetich** (⏑́⏑⏑) adj. ‚zornig‘ (Schässbg.). — Syn. *wädrich* (widrig).

—, **Fusi**, D. N. *(Botsch), Götschoster (Götz Schoster) Fusi* (Bulkesch). Koseform für Sofia (Ebda.). Sonst dafür auch *Fisi, Fissi, Fisken* (Agnetheln).

Fuß, Foss, *Fuoss* (Kl.-Scheuern) m., Pl. *Fess, Fiess* (Ebda.), Dim. *Fessken,* nösn. *Fâss, Fauss, Feuss (Jaad)* m., Pl. *Fâiss, Fäiss (Kl.-Bistr.), Feiss (Jaad),* Dim. *Fâisskn.*

I. ‚Fuss des Menschen‘. A) Im eigentlichen Sinne wie nhd. Fuss ‚der untere Teil des Beines‘ vom Knöchel abwärts. So wird das Wort meist gebraucht, wenn ein bestimmendes Adj. hinzutritt. *Ed huat klî Fâiss,* die für schön gelten. Im Volkslied:

Säch mer ǫf menj gûldich Fess,
Riut Paputschen drôn ich,
Backe, wiesche kǭn ich.

Der Gegensatz sind *grûss Fâiss, grîss Fess,* stärker *Trêder, diär huat Trêder* (nösn.), oder *Zwelwer* (Zwölfer). *Esi grǫmpich* (plumpe) *Fess, wa tâ huest, hun ech nôch bǣ nemende gesǣn. Monchicher* (mhd. manec + iht + einer) *huet lungk, schmuel Fess wǣ de Fussaikaštiawel* (‚Fisolenstangen‘, Bulkesch). — *Mät barbese Fesse gôn* (Med.). »er wer ein lang mensch mit barbesen feessen gewesen« (1567, B. M.). *Nät gik mät 'n blûssn Fâiss (buarbeser) äm Iärn eräm (Bistr.).* Zornige Zurechtweisung, wenn man jemand auf den Fuss getreten hat: *Huest te nichen Ûgen, tritt der af denj îjä Fess!* — Übertragen: *aw îjäne Fesse štôn* ‚auf eigenen Füssen stehen‘. *Dî wit senj Duech ned lîren, aw îjäne Fessen ze štôn* ‚selbständig zu werden‘. — Danach auch ‚der untere Teil des Strumpfes: *Ich sǫll mer u dn Štrump än fräschn Fâss ušträckn (Bistr.).* In Verbindung mit Verben lässt sich die Bedeutung ‚Fuss‘ von der zweiten (‚Bein‘) nicht reinlich scheiden. — B) ‚der ganze Fuss‘, nhd. ‚Bein‘ (Ober-, Unterschenkel und Fuss). a) *Däck, hesch, waiss, rên, schmutzich, wêch, ront, nǫckich Fâiss. E huat Fâiss wâi de Helzker* (nösn.), süds. *Zänjthîlzker. E huet Fess wǣ en Bǭchštielz. Fess wai de Štêlzen* (Kl.-Scheuern). Scherzhaft. *E huet licht ägeschrouft Fess* (‚krumme Beine‘). Von Kindern: *De harz menj Fessker, wol* (‚wie‘) *kenne se loufen!* (Bulkesch). — *Der riecht, längk Foss, der lurz* (‚linke‘) *Fâss* (nösn.). *E hôd en bîse Foss* ‚mit offener eiternder Wunde‘. Gründe der Weigerung einer Braut den Bräutigam zu heiraten: »1. Weil er die Sponsalia verzögert, 2. Weil er trunken zu mir kommen ist, 3. Hat er böse Füsse« (1785, Cap. Cib.). »Incta erwiedert, er hats verläugnet, dass er einen bösen Fuss habe« (1793, Ebda.). So heisst es dann auch *der geat Foss,* wenn der andere *bîs* ist. *E huad wî Fâiss* (‚wehe‘, ‚kranke Beine‘, *Bistr.).* — b) Fuss als Subjekt. *De Fâiss dâ em wî* (nösn.). *De Fâiss sai mer geschwǫlln* (nösn.). *Erballt Fess. De Fess sen em ǫfgelûfen* ‚angeschwollen‘. *Der Foss äs em afgebrôchen* ‚die Wunde hat sich geöffnet‘. *Der Fâs äss mer ängeschlôfm (Bistr.). De Fess wänn em nemmi dǣnen. De Fâiss wänn mich nammi drô* (tragen, nösn.). *Ich gô, esu wait mich mai Fâiss drô* ‚ich gehe und komme nicht wieder‘ (im Ärger, nösn.). *De Fâiss sai mer esu schwêr, ich känn mich kum erschlàpm* (nösn.). *De Fess wallen nimî* (Agnetheln). *De Fess se mer entgǫngen* ‚ausgeglitten‘ (BINDER, Coll.). *De Fâiss sai mer ausgeglǫtscht* (nösn.). *E Foss äs em entgläpst* (Kl.-Scheuern). *der Fauss entglatzt mer* (Petersbg. i. B.). *E märkt nur emôl, dǫd em sai Fâiss lûser wuardn* ‚dass die Fesseln nachliessen‘ (nösn.). — Sprw. *Drängk Gorjeltchen* (Gurgelchen), *drängk, dernô kǭn det Fesske* (Füsschen) *barbes gôn* (Eibesdf.). Im Tanzreim:

Hêft ij ǫf, îr lâibm Fâiss,
Râipmlabet schmǫckt guar sâiss.
Î, ju! Hunebǭss,
Diäre nâichtn Dêssem frǭss.
KISCH, N. W u. W. 43.

Drêd ij ir menj lǣf Fess,
Reppelâwent schmǫckt gor sess.
HALTRICH M., 207.

— c) Fuss als Objekt im Dat. und Acc. Dat. *Ich bä menje Fessen ze schwêr.* Acc. *De Fâis uanî, em huad em den Fâs ua mâissn nî* (‚amputieren‘, nösn). *Läft* (lüfte) *der de Fess, Šturkelemattes* (Kl.-Scheuern). *Hief der de Fess!* ‚flink!‘. *(. . de Šträmpel, de Štimpel.) E kǭ sich de Fâiss kum schlâpm* (‚vor Müdigkeit, Krankheit', *Bistr.).* Im Spottreim auf Katharina *(Trenj):*

Treenj, štreeck de Faiess bei meenj,
Kamm unzôwent (‚abends'), *schlôf bei mir,*
Eisebetkachen gist tä mir,
Arbeskachen gin ech dir. Wolkendf. i. B.

Mittel gegen lange Weile. *Wat sǫl ich dân?* Antw. *Râk de Fess än de Läft* (Neustadt b. Agnetheln). »Welche Knecht oder Jungen in seiner Stelle nicht fein still und sitzam sitzet sondern die Füsse wie ein grober Pflegel aus dehnet, der soll der Bruderschaft den. 12 Straffe geben« (1720, Kbl. 29, 119). *Enem de Hant och Fâiss bänn.* Übertragen. *Diäs senj Arbet huat Honjd uch Fess. Dǫt Geprurel, Geschraiftsel huat weder Hant noch Fâiss.* Gewöhnlich (refl.) mit dem Dat. der beteiligten Person. *E lîft sich de Fâis uaf, ǫnd e verricht doch näst (Bistr.). Dôd ǫf der Hill hoet sich de Fess oegeleife bäs et zem Breoktmôche kem* (Agn.). *Ich gien der än Fos än Uersch* ‚ich jage dich fort' (Birth.). *Ded îršt ret e hesch mät mer, denô git e mer doch nur än Fâs än Uarsch (Bistr.). Wänn em dich nammi brauch, bekist te än Fâs än Uarsch* (Ebda.). Von Betrunkenen. *E verwäckelt sich de Fâiss* (nösn.). *Dî sükt sich de Fess, e kǫ̂ sich de Fess net fänjden.* Von raschem Laufen. *Se lefen, nor net dat se sich de Fess verluren.* — *Sich de Foss entginzen,* nösn. *verštauchn. Sich de Foss uschlôn. Kraich nur duar ǫfm, de wiršt fǫlln ǫnt der dn Fâss zebrâichn* (nösn.). »Der Prediger soll ein Fuss zerbrechen, wo er mehr in die Hamersdörffer Kirche gehe« (1681, Cap. Cib.). *E klôt sich dn Fâss* ‚klagt über Schmerzen am Fuss' (nösn.). *E klôt de Foss, de Fess* (Binder, Coll.). *Sich de Fess ôfwäschen, ämwäckeln. Fess mǫchen* ‚zur Eile antreiben'. *Nätch dǫd ech der Fæiss môchen* (Burzenl.). Scherzhaft. *Nämm der de Fâiss än de Hant, ǫf dn Räck ǫnt rann!* wenn's jemandem eilig ist (nösn.). — Sprw. *Wun em dem Gebouren de Fess kræt* (kraut), *se geschwalle se 'm* ‚wird er übermütig'. *Em ǫ̂ndern de Fess angdern Däsch hê* (hängen) *lossen* ‚sich von ihm erhalten, aushalten lassen', ‚schmarotzen'. *E huet dich senjem Schwijervueter uch zæ Jôr de Fess äangder den Däsch hê lossen* (Med.). *Dǫd äs uch ener, dî de sich de Fess gärren angder en fremden Däsch hêt.* Auch nösn. *sich de Fâiss ǫndern Däsch hê* ‚sich füttern lassen'. DWB. 4, 1, 976. — Ra. *Fâiss beku* ‚gestohlen werden'. *Ich fänn det Sêgeltchi* (kleine Säge) *näst, et mâiss Fâiss hu beku (Bistr.).* — ‚Fuss abschneiden und aufschlagen', eine Figur im Schwerttanz der Kürschner. s. Wb. 1, 34. Ebenso ‚Fuss und Kopf abschneiden': »Die beiden vordern Tänzer erwischen gegenseitig ihre Schwerter an der Spitze, halten eins nach unten in die Nähe der Füsse, das andere nach oben in die Höhe des Halses, wenden sich um und tanzen gegen die andern, die alle tanzend zwischen den beiden Schwertern hindurch springen (eine äusserst schwierige und gefährliche Figur)« (1852, Kbl. 19, 119). — † ‚Fuss halten = Stand halten, ausharren' (bei Kraus) »thut einen frischen angriff dermassen, dass der Buquoi nicht anders vermeint ess were mit ihm geschehen, helt doch gleichwoll fuss, vndt schantzett sich ein« (Chron. 1, 64). »Alss nun endtlig der Radak Imre sampt den teütschen Völckern noch Fuss hielten« (Ebda. 2, 241). »hat der Fürst Rakoczi stricte begeret, dass landt sollte sich erkleren, ob ess bei ihm stehen, vndt fusz halten wolt« (Ebda. 1, 341). »so wolten sie ihn (Barcsai) auch vor einen Fürsten erkennen, vndt ihn lieb vndt leidt steten Fuss bei ihm halten« (Ebda. 1, 368). — d) Präpos. Wendungen. ‚an'. *Ich hu e Geschwir, än Schwiärn um Fäss.* Scherzhafte Antw. auf die Frage: *Wǫt fêld em? E huad e Knâi um Fâss. E huat Blǫ̂i (Lǫ̂i) u'n Fâiss* ‚kommt nicht von der Stelle' *(Bistr.). Âmen* (‚jemanden') *u dn Hand och u dn Fâiss bänn* (‚binden', nösn.). *Um Fâss erwäschn, hǫ̂ldn; u dn Fâiss vum Bâd* (Bett) *eruabrrzâi* (‚herabziehen', nösn.). *Ich frâisn u de Fâiss (Bistr.).* Über ein Lynchgericht unter der Jugend: »*Mer gǫ̂wen em, mer lirden e Môräs. Är zwin erwaschten en un de Fessen, är zwîn un den Honjden ent häwen en än de Läft mät dem Uersch afenhin. Dæ Ǫ̂ndere schlaygen e wat se nor kangden, bäss e genach hatt*«. ‚auf'. *Et lǫ̂it mer äst ǫf dn Fâiss, de* (du) *sätzt mer ǫf dn Fâiss,* wenn man im Bett liegt *(Bistr.).*

Se wören imôl ausgereackt
Bäs Mättǫ̂chs ǫf de Fessen.
Höhr, L. Ê.

»Vor dem Thürlein hab ich gesehen, dass des Hannens sein Sohn, des H. Pfarrers Dienstmagd, stehend auff den Füssen, in den Armen gehabt« (1694, Cap. Cib.). *Af de Fessen sen* ‚gesund sein'. Seufzer eines schwer Kranken: *Ǫ̂ch, wonn ech nor nôch oist af de Fess kêm!* (Agn.). *Dî äs gât af de Fessen* ‚ist tätig, flink'. »Rakoczi so noch entpor vndt auff den Füssen were« (Kraus, Chron. 2, 33). *Hǫ̂lt dij af de Fessen, net loss dich! Se äs af schwêrem Foss* ‚schwanger' (Hillner, 9). Auch: *schwêr ze Foss.* Ebenso nhd. DWB. 4, 1, 974. Im Trinkspruch des Wortmanns beim Taufmahle ·

Gött gäw, dąt ed (das Kind) *ąf de Föisse bliw* (Rosenau i. B., Hillner, 40). *Ąw em grùssn, huchn, nôbeln Fàss lèbm* ,über seine Verhältnisse', wie nhd. (nösn.). *Diär štêd ąf schwąchn Fàiss* in eigentlicher, meist aber in übertragener Bedeutung ,es geht ihm schlecht' (nösn.). *En Kringkt (Krąngkhît) af de Fessen drôn (nôdrôn)* ,lange unbewusst mit sich herumschleppen'. *Af wuermem Foss ämkîren* ,eine Sache nicht lange unausgeführt lassen'. *Häppen* (nösn. *hopsn* ,hüpfen') *aw enem Foss. E gockelt, tschockelt, tangelt nur ąf dn Fàiss* ,kann sich kaum auf den Beinen halten' (nösn.). *E ką̂ nammi ąf dn Fàiss štô* (Ebda.) *Af de Fesse verdrejen*, nösn. *ąf dn Fàiss verdraugn* ,auf den Füssen verdorren, zugrunde gehen'. *E vergîd af de Fessen* ,siecht dahin' (auch vor Kummer). *Ąf de Feisse vergît se* (Burzenl.). »gehen wie die verscheigten ein iar, ein halbs, verdorren auf den f ü s s e n, biss sie lezlich auch von dannen scheiden« (Dam. Dürr, Aml. 10). »der fur ubriger kargheit auff den f u s s e n verdort« (Dürr, Kbl. 6, 124).

Sonst patzt (zerspringt) *der Brokt*
der Brejemräng,
Und af de lêtzte Fesse
Gît sonst är Gläck de Kripesgongk.
Schuller, Ged. 50.

— †. In präpositioneller Verbindung ganz zum Adv. erstarrt: ,sofort' (lat. vestigiis instans). »hat er oben gedachten seinen Hoffdiener fein gemach auf dem F u s s nach geschikket« (Kraus, Chron. 1, 171). »dass ihnen der Gabor auf dem F u s s nacheilte« (Qu. Kr. 4, 21). »alss aber die Türcken ihnen auff den f ü s s e n sein« (Kraus, Chron. 2, 269). — *Ąf de Fess hälfen* ,jemanden wieder emporbringen' eigentlich und übertragen *Hälf mer af de Fess, ich bä gefallen! Hąlich känn em em wider ąf de Fàiss hälfm, et wèr Schuad äm en* (nösn.). *Ąf de Fàiss štalln* eigentlich ,einen Betrunkenen, Verschlafenen aufrichten', dann auch ,jemandem aufhelfen'. *Hun näd aij en* (den Undankbaren) *ąf de Fàiss geštąlt, ąnt düd äs nau der Dąngk derfor (Bistr.). Sij ąf de hänteršt Fàiss štalln* ,sich wehren', wie das gejagte Wild *(Bistr.)*, ebenso trier.: Mer muss sich off de hönnerscht Fiess stellen. »dass er den armen veriagten Herrmanstedern nicht alsso baldt widerumb würde auff die F ü s s e bringen« (Kraus, Chron. 1, 35). — † Urk. nimmt in der Wendung ,auf den Fuss stellen' in Verbindung mit bezeichnenden Adj. Fuss fast die Bedeutung ,Art und Weise', ,Mass', ,Recht' an. »biss ihn Gott widerumb auff frischen F u s s stellen mögt« (Kraus, Chron. 2, 187). »(die Meister sollen sich befleissigen) sich auf den deutschen F u s s von Tag zu Tag zu setzen und sich zu bessern« (1724, Strumpfwirk.-Art.). Auch ohne ,stellen'. »so sind jedoch an diesem Jahrmarck die Standes Gelder von denen Wägen auf den alten F u s s und mit eben dem vigore colligirt worden« (1727, Schuller, Aus vergilbten Papieren 10). — *Sij af de Fess mą̂chen*, gewöhnlich *sij af't Fessken nin*, nösn. *sij af't Fàisskn mąchn* sich aus dem Staube machen'. *Nom dij af det Fessken!* ,lauf'!

Hąt dì meatwällich Zottefoss
Sij ąf det Fesske schnêl genuen
Unt zuch [3] *ąll schwejän štäll dervun.*
Neuer Volkskal., 1907, 185.

Als Schluss des Abzählreims:

Nom dij af 't Fessken!
Tâ büst ous! Schuster 386.

Auch ,sich aufmachen': *Ich hät mich dich haid och e winich fràinter ąf det Fàiskn mąchn sin* (sollen, nösn.). Elliptisch in der Aufforderung des Altgesellen an die Gesellen aufzustehen: *De zę̂n (faifzę̂n, zwinzich) Gąnjzten* (Jüngsten) *ąf de Fess!* (Agnetheln). — Syn. *e nąm sij af 't Fierschken* (Ferschen). — ,aus'. *De Känjd ous de Fesse bekun* ,in die Schule schicken, dass sie nicht hindern' (Fronius, 40). Aber auch von Erwachsenen. *Ich mess mer dên ous de Fesse bekun.* »sachen (,sahen'), wo es unfletig stunde, raumeten auff und thetens auss den f u s s e n« (Dam. Dürr, Aml. 47). Gegensatz *ąndern Fessen.* — *E äs schwąch aus dn Fâiss* ,hat kranke, schwache Beine' (nösn.). Vom Gichtkranken: *E koun aiss de Fessen hąlt net dervun* (Agn.). — ,bei'. *De Kątz lâch mer haint bai 'n Fàiss* (nösn.). Im Gebet:

Ich hurd e Klêkeltchi klängen,
De helich Ängel äm Hemmel sängen,
Ech schlef bae Gott dem Härre sene Fess
Gor sess. Höhr, 50.

— Vgl. *zen Fâissn* (nösn.). — ,durch'. »den di rauber durch den f u e s geschosen han« (1528, Qu. Kr. 2, 113). Gegenwärtig *än Fâss schâissn* (nösn.), südś. *än de Foss.* — ,in'. *Ed umest mer än dn Fàiss* ,prickelt mir in den Füssen'. *Ed êmest mer än de Fessen.* s. WB. 1, 96. *Ich hu dn Krąmpf äm Fâss* (nösn.). *E äs schwąch än de Fessen* ,geht unsicher' (Binder, Coll.). *Der Krump äs mer än de Foss kun, au wî, au wî!* (Agn.). Sprw. *Wad em net äm Hift huet, mes em än de Fessen hun. E huat sich mät der Ąckes än Fâss gehân.* Vom Betrunkenen: *Dèm hôt der Wenj än de Fess geschlôn. Mir let sich der Wai glaij än de Fâiss, ich terf nichn drängken* (nösn.). Auch *de Angst lâiss sich mer än de Fâiss.* — ‚mit'. *Se äss mäd em Fâss äm Grâf* (nösn.). *Em wid e bâlt müt de Fesse vîrous drôn* ‚auf den Friedhof tragen'. *Nät mäd em Fâss terf se mer mî än 't Haus kun!* (nösn.). *E äs müt dem längkn Fâss voraus qfgeštqn,* lux. mam lenke Fo"ss t e^i^scht opgeštâne sin; auch süds. *mäm (müt dem) längke Foss t' îrscht qfgestemden* (Agnetheln). *Müt dn Fâiss qw äst (qw enem) dâmern. Müt de Fesse klangeln,* nösn. *müt dn Fâiss tangeln* ‚sitzend die herabhängenden Beine schaukeln lassen', davon sagt man auch *E leokt dem Daiwel qf de Lech* (Birth.), *den Mais* (‚den Mäusen') *qf de Laich laudn* (nösn.). *Müt de Fesse schlôn, štinen* (nösn. *štrin), štrampeln. Müt dn Fâiss štrqmpeln, tqpešchn, trqpm, äm Dqngkeln tqpm* (nösn.). In der Handwerkssprache: *De Fiäl müt dn Fâiss zedên* ‚zerdehnen', ‚das mit dem Fuss auf dem Boden festgehaltene Fell mit den Händen dehnend ausziehen' *(Bistr.).* — ‚mit den Füssen treten' † (gegenwärtig *dâmern).* »die vor genant stat Constantinopel, dy mit den vnsaubristen Füͤssen getretten ist« (1454, Müller, Sprdm. 67). »Dieselben treten das liebe brodt, die brocken mit fussen« (1572, Dam. Dürr, Kbl. 6, 127). »also nam des Michael Vayda sein Mayrer den Walachen mitt den Fissen und vberstelpet ihnen« (1598, Ger.-Prot.). — ‚mit den Füssen hängen' †. Heute nur mit ‚an': *Mêr nor un de Fesse sîl em en afhên* (Unwillensäusserung über einen Übeltäter). »mit den Fůssen und Achseln auffgehangen« (um 1670, *Bistr.).* »wie er denn dess Forgats Hadnagy mit den Füssen auf den grossen Ring hencken lassen« (Kraus, Chron. 1, 15). »welcher (Hauptmann) Gabor hernach mit den Füssen zur Strafe derselben That hat lassen aufhenken« (Qu. Kr. 4, 29). — ‚über'. *Net šturkel der de Fess* ‚geh nicht einwärts mit den Füssen'. *E fallt sij iber sai čjen Fâiss* von Betrunkenen (nösn.). — ‚unter'. *Dis Känder sai mer âne qnder dn Fâiss* (hinderlich, nösn.); süds. nur: *än de Fessen* für: *äm Wiech, dô ech ze gôn hun.* Das Süds. meidet ‚unter', weil es zu sehr die Vorstellung von ‚mit Füssen getreten werden' weckt. »Auch wird das weib nicht erschaffen auss den Füssen Adae, deswegen, das sie dem Mann nicht unter den Fussen liegen soll, noch mit füssen getreten werden« (Dam. Dürr, Aml. 52). »es wären ihr aber Leute unter die Füsse gekommen, dass sie es nicht hätte thun können« (1772, L. K. A.). — ‚von'. *De Schâgn fqlln em schär vu dn Fâiss* ‚sind so zerrissen, dass sie fast abfallen' (nösn.). — ‚vor'. *Ich gin der înt weder de Ûgen, dat se der glech vîr de Fess fqllen! Ich schmaissn em et* (das geliehene Geld etc.) *glaich vor de Fâiss* (echter *än de Ôgn,* nösn.). — ‚zu'. *Ze Foss gôn,* nösn. *ze Fâss gô.* Unwillige Frage: *Nq, ze Fâss solte gô? de wist behant zerückku* (nösn.). *Dî äs geat ze Foss* ‚ein tüchtiger Fussgänger'.

> *Uch ech hadd e Fræjôr, uch ech hadd en Mq*
> *Wôr rästich* (rüstig) *ze Foss und wô mâdich* (mutig) *ze Ruess.* Käst., 23.

Sprw. *Biesser licht fuoren, wæ härresch ze Foss gôn.* ‚zu Füssen fallen', wofür die Ma. *qf de Knæ fqllen* sagt: »Ich verhoff Gott wirdt vns auch selber alszo viell gebenn das myr nicht andere lewtten czw fwsz doerffen fallen« (1564, Fischer, Gesch. d. Bistr. Gymn. 83) *Ze'n Fâissn štô* ‚am Fussende des Bettes'. Süds. noch ohne Umlaut: *ze de Fossen* (Gegensatz: *den Hoiwden).* So im Gebet:

> *Än Ôbnt sin mer schlôfn gû,*
> *Sibn helich* (heilige) *Ângel sin müd es ku,*
> *Zwî ze'm Hêbm,*
> *Zwî ze'n Saitn,*
> *Zwî ze'n Fâissn,*
> *De sibmt sqll es dâkn,*
> *Anser Härr Jesus Christus*
> *Sqll es gesqnd afwâkn.*
> Petersdf. vgl. Schuster, Volksl. 359; Höhr, 51.

»dy saczt sich czw den fwssen des herren, ader sås bey synen fwssen« (um 1536, Müller, Sprdm. 204). e) Syn. Ausdrücke. In der Kinderspr. *Fossi, Possi,* nösn. *Babichi.* Deshalb in de Kinderspr.: *Pû ünnen de Fossi än't Putsc* ‚steck die Füsse in den Schuh'.

> *Zîno lqngk,*
> *Fossô gqngk,*
> *Næo näck,*
> *Pudrô däck, däck, däck.* Höhr, 6.
>
> *Zîlongkeltchen,*
> *Fossgongkeltchen.* Ebda., 8.

Scherzhaft wird für *Foss* auch *Haksen, Šträmpel, Štêlzen* gebraucht. — Zus. *Knäckfoss, Štræk foss* (‚Tod'), *Trudefoss* (Drudenfuss), *Zottefos.* (‚Sonderling'). — f) Abergl. Mit dem linken Fuss aufstehen bedeutet Ärger, Leid oder Unglück. *De Dîden mes em mät de Fessen t fäderšt drôn* ‚mit den Füssen voraus tragen' (Wittstock, 62; G. Schuller, T. u. B. 1, 15). Ein Angehöriger stirbt dem, der mit einem Fuss geschuht, mit dem andern bloss herumgeht (G. Schuller, T. u. B. 1, 26). Wenn der linke Fuss anschwillt, ist das ein sicherer Vorbote des Todes (Zeiden, Ebda. 1, 28). — C) Fuss als ‚Mass'. Den Übergang zu dieser Bedeutung vermitteln Wendungen wie: *Te hôst en Armen wæ me Foss. Drqi, vâr Fâss* (statt dem gewöhnlichen Pl. *Fâiss) lqngk (Bistr.).* Der *Fâss* ist etwa $^1/_3$ m (die Länge eines Mannesfusses), in Österreich genauer 0·316 m. Vgl. als Mass *Schach,* Pl. *Schach* und *Schäch* (für *Schâch,* Pl. *Schâgn* ‚Schuh'). *Fâsshuch, -lqngk, -brêt;* süds. nur: *Schachhî, -longk,* aber *Fossbrît.*

II. ‚Fuss von Tieren'. Säugetiere, Vögel, Gliederfüssler haben Füsse. *Ich wêss nät, wqt der Szêke* (magy. szőke ‚blond, hellrot', Kuhname) *um Fâs äss, e geschwälld er* (nösn.). *Se schlêt mät dn Fâiss* (Ebda.). *Det Fârt hängkt* (hinkt) *mäd (qw) em ved(t)erštn, mäd (qw) em hänterštn Fâss* (nösn.). Im Rätsel von der Kuh:

Vær Gonganen (die Füsse),
Vær Honganen (die Zitzen des Euters).
Fronius, 45.

Krankheiten an den Füssen der Haustiere s. *Maukn, Saich* (Seuche), *Škâle.* — Sprw. »Wie man sagt: wenn der Esell woll steht, so schirrt er mit den f ü s s e n« (Dam. Dürr, Hdschr. 870).

Und der Hirsch, der hescht vun allen,
Späjeld uef sich nô Gefallen,
Schnängkt det Hîft, tqpscht mät de Fessen,
De Komrâten ze begressen. Käst., 14.

Vom Jagdwild ist hergenommen die Ra.: *sij qf de hänteršt Fâiss štalln* ‚nicht nachgeben wollen, *(Bistr.).* Von schwachem, kaltem Boden: *Wûe sich de Huesen äm Sommer de Fess gefrâsen* (gefrieren, Birth.). *E* (der Kuckuck) *hqdd en giale Foss en frôss* (Höhr, 26). *Dâi Hê huat štrimpich* (‚mit Federn bewachsene'), *gulich* (‚nackte', von rum. gol) *Fâiss* (nösn.). Vom gebratenen, dann auch vom lebenden Geflügel, heisst der Fuss *Šträmpel,* ebenso der Froschschenkel. Scherzhaft gebraucht man von Tieren, besonders gemästeten Schweinen auch *Štimpel,* das sonst die Bezeichnung für Tisch-, Stuhlfuss ist. — Dem *Mqikêfer,* den *Špännwâtn* (Spinnen) *de Fâiss ausraissn,* grausames Spiel der Kinder, besonders am Weberknecht *(Mâder,* Phalangium parietinum) geübt, dessen ausgerissene Füsse noch lange nachzucken. — Zus. *Bierefoss* (Bärenfuss), *Huasnfâss* (Hasenfuss), *Krônfâiskn* (Krähenfüsschen, Scilla bifolia ‚Blaustern'), *Ropefoss* (Raupenfuss), *Schnôkefoss;* ausserdem kann *Foss* zu jedem Namen eines Tieres mit Füssen hinzutreten.

III. ‚Fuss an Geräten, Gefässen, Dingen'. *Der Fâs um Däsch, um Štâl, um Hiärt* (Herd), dafür in echter Ma. *Štimpel, der Štimpel äs weglich,* süds. *wicklich.* Das dreifüssige Schusterstühlchen (nösn. *Štâltchi,* südš. *Stæltchen)* heisst im Rätsel aber auch *Drqfoss* (Dreifuss), das sonst nur Name eines dreifüssigen Gefässes ist. *Der Lqmpmfâs* (Fuss der Lampe, nösn.). *Drqfoss,* Dim. *Drqfesskên* ‚dreifüssige Bratpfanne', ‚dreifüssiges Eisengestell', wofür im Südš. lieber *Rîst, Rîstchen* gebraucht wird (s. Dreifuss). Zu hübschem Wortspiel dient Fuss im Rätsel: *Der Zwîfoss* (Mensch) *hiocht qf em Druefoss* (Schusterstuhl) *en maucht en Nuefoss* (neuen Fuss, ‚Schuh'), *derVærfoss* (ein vierfüssiges Tier, Hund oder Schwein) *kûm en nûm den Nuefoss, der Zwîfoss nûm den Druefoss en schmîs en huanjderem Vârfoss, der Vârfoss less den Nuefoss fqllen* (Eibesdf.); vgl. Schuster, Volksl. 261. *Fâiss* heissen auch die vier Stützen, auf denen der obere Teil des Schlittens ruht *(Bistr.).* — Abergl. Späne vom Herdfuss, vom Tisch sind nötig zum *Ieschercheh kôchen* (s. Äscher) gegen das ‚Berufen' (Hillner, 22). — ‚Fuss eines Berges'. *Äm Fâss des Ziliterbärich* ‚am Fuss' (Bertleff, Nösn. Volksspr. 1, 25). Südš. nicht gebraucht. *Räckfâss,* urk. »am Reckfuss« (1648, Bistr. Arch.). Fl. N. am Fuss eines Bergrückens *(Bistr.).* — Lautt. 98, 99. mhd. vuoʒ, ahd. fuoʒ, mitteld. vôʒ. Im Südš. ist lautgesetzliche Kürzung des Stammvokals eingetreten.

—, Fussaike, s. Fisolen.

Fußangel, Fossqngel fem., *Fossqngeln liejen,* um Diebe fernzuhalten [Städt. Halbma.].

F u s s A ü g l, F u s s E y g l †. »F u s s A ü g 2 Fässchen«; »F u s s E y g l 1 Fässel«; »F u s s A ü g l 1 Vässl« werden in den ersten Jahren des 18. Jahrh. in mehreren Türmen Hstdts. als Waffen zum Angriff oder zur Verteidigung angeführt (V.-A. 29, 376, 378). Die nähere Bedeutung ist aber nicht bekannt (= Fussangel?).

Fußbad, Fossbuet n., nösn. *Fâssbuat* n. *E Fossbuet nin. De Fâiss dâ mer esu wî, ich mäiss mer e Fâssbuat mqchn (Bistr.).*

Fußball, Fûssball m., nösn. *Fûssball* n. *Fûssball špilln.* In die Ma. nicht eingelautet. Aus dem Nhd. [Städt. Halbma.].

Fußbank, fehlt; s. *Bingkel* und *Bingkeltchen* (zu Bank).

Fußboden, fehlt; s. *Ärren,* nösn. *Järn, Êstrich,* nösn. *Âstrich* (Estrich), in Ställen *Bräck* (Brücke).

—, Fussbôm m. (nösn.); Dim. *Fûssbaimtcher (Klein-Bistritz)* ‚Buchsbaum' (Buxus sempervirens L.). *Det Mqntštäck u de Faif* (Pfeife) *äs aus Fussbôm (Bistr.).* Eine nur dem Nösn. eigentümliche volksetymologische Umdeutung des älteren *Bussbôm* in Anlehnung an *Fuss* (Fuchs). Ebenso hess. Fuessbaum, nass. Fussbaum neben eifl. Bussbôm (V.-A. 33, 80). Nhd. Fuchsbaum ist Glycyrrhiza glabra L. ‚Süssholz, *sâiss Wurzel*'. — s. *Pokes* (Buchs).

Fußbote ‚der seinen Weg zu Fuss macht', †. »zwei Fussbohten, so Hermansteder Diener waren ihn Kotzen, werbes, auff die Walachische manier an den füssen bekleidet, mit pflegelln ihn Henden« (Kraus, Chron. 2, 233).

Fußbrett, Fossbriet n., nösn. *Fâssbrett* n. ‚der Fuss vom Knöchel abwärts', ‚die Fussohle'. *Der Niol* (Nagel) *äs em durch't Fossbreit durchen* (Kl.-Schenk). *Em sängkt bäs iwer't Fossbriad än* ‚bis an den Knöchel' (Schönbg.). *De Moär kit enem bäs iwer't Fossbrêt* [ə] (Agnetheln). *Em mâiss bäs iber't Fâssbred än der Muar gô (Bistr.).* — DWB. 4, 1, 1017.

Fußdecke, Fossdâk fem., nösn. *Fâssdâk* fem. ‚Decke auf die Füsse' [Städt. Halbma.]. *Wäckel der de Fâiss gâd än de Fâssdâk, ed äs kǫlt* (nösn.). Echte Mundart: *Dach* (Tuch), *Dæk* (Decke), auch mit dem Zusatz: *af* oder *iwer de Fess, Knæ*.

Fußeisen, fehlt; für ältere Sprache s. Poyen, Poyeisen.

—, **Fussemänte** s. fuchsen.

—, **fussen** schw. ‚braten' (D.-Weisskirch). *Êrtkêss [ᵉê] fussen* (Ebda.). Ein Gewährsmann sprach *Iᵉrtkês* ‚Erdkäse', = Erdapfel, wofür sonst *Iertnass*, Pl. *Iertnäss* gebraucht wird; *fussen* kannte er nicht; es kann wohl mit magy. főzni ‚kochen' zusammenhängen, dessen Bedeutung in die verwandte des Bratens übergegangen wäre.

Füssen, O. N., magy. Faisz(a), rum. Feisa, rum. Ortschaft nordw. von Med., im Kl.-Kokler Komitat. In der Ma. wohl *Faissen*. Dazu der F. N. Faissner (s. d.; Bielz, Handb. 414). *Faissen* ist Lokativ (Dat.) zu rum. Feisa, magy. Faisz *(ze Faissen).*

Füsser, Am Füsser (hd.), Fl. N. (Wald, Wolkendf.).

Fußfall, †. »(es wurde) einhelligklig geschlossen auf zu sein, vndt seiner F.(ürstlichen) G.(naden) einen demütigen Fussfall zu thun« (Kraus, Chron. 1, 76).

Fußfessel, fehlt; s. *Fâsser* (Fessel) und Poy.

Fußgänger, Fossgonjer und *-gänger* m., nösn. (nicht eingelautet in städt. Halbma.) *Fâssgänger*, häufiger Umschreibung durch das Verb: *ener, diär ze Fâss gêt.* 1. ‚einer der zu Fuss geht'. Scherzhafte Bezeichnung des Lassler Kapitels als *Fossgonjer Kapitel,* weil die (armen) Pfarrer zu Fuss zu den Versammlungen gehen mussten. Vgl. *Hîsereme* (Hosenriemen) *Kapitel,* nösn. *Tǫisder* (‚Futtersack' s. *Tǫser) Kapitel.* Übertr. *Fossgǫnjerbuinen* für sonstiges *hochä Bînen* ‚niedrige, nicht rankende Bohnen' (Schässbg.). — 2. † Urk. ‚Fussoldat'. »besonders die fossgenger kriegsknecht« (1579, Cap. Bistr.). »Welcher inn den Krieg mittwandert, dem sol man von der gemein zu hilff und beistannd geben auff alle tag wie ernach folget: einem fusgenger mit einem spiess d. 4« (Kbl. 3, 53). — mhd. vuozgenger.

-füßig, -fessich, *-feissich* (Burzenl.), nösn. *-fâissich* nur in Zus.: *zwê-, drǫ-, vær-, schwêrfessich,* nösn. *schwêsstfâissich* (schweissfüssig). Süds. *schwîssfessich.*

Fußknecht, † ‚Soldat zu Fuss'. »man hat gehalden ffuszknecht, dy do wardt haben gehalden auff dem gepurg« (1503, Qu. Gesch. S. 1, 374). »mit den fws knechten« (1520, Qu. Kr. 1, 263). »Item den fues knegten vor die pang« (1528, Ebda. 2, 111). »bei die 400 Mann Fussknechte« (Ebda. 4, 26). spätmhd. (15. Jahrh.) fussknecht.

Füßling, Fesslengk, *Fosslengk, Feisslek* (Burzenl.) m., nösn. *Fâisslängk, Fâsslängk* m. ‚das Bein einer Hose, Bekleidung des einen Fusses'. *Der Fosslengk un der Hues, un der Gatsch* (magy. gatya ‚Unterhose'). *Der în Fesslengk äs ze longk. Em mess de Hîsen uewen drên, wonn em se ouszecht, dat de Fesslengk zwiefêjich wärden, sonst fedemd em gor schwêr bæm Undân.* »Item wy einer fusslinck wil machen au gestrickt hosen« (1499, Müller, Sprdm. 145) — Auch ‚der untere, den eigentlichen Fuss bekleidende Teil des Strumpfes' (V.-A. 33, 69), wofür gewöhnlich *Fâss* (Fuss) gesagt wird (nösn.). — Spätmhd. (15. Jahrh.) fuessling ‚unterer Teil des Strumpfes', so auch im Nhd. — Zu Fuss.

—, **Fussoi** s. Fisole.

Fußpartie, Fosspartî fem., nösn. *Fâsspartî* fem. ‚Ausflug zu Fuss', gebräuchlicher als *Fossrîss* [Städt. Halbma.]. *En hîsch, grîss Fosspartî iwer de hî Ränn bäs kê Petrośeny. Se sin än Fâsspartî qf dn Kâihôrn* (Gebirgsname) *mąchn (Bistr.).* — s. *Partî* (Partie).

Fußpfad, fehlt; s. *Fossštech* (Fussteig).

Fußreise, Fossrîs fem., nösn. *Fâssrês* fem. ‚Reise zu Fuss' [Städt. Halbma.]. *En Fossrîs angdernin* (unternehmen). *Än Fâssrês mąchn (Bistr.),* war früher in Schülerkreisen eine Ferienfreude, um die die heutige Jugend infolge der modernen Verkehrsmittel ärmer geworden. Dafür jetzt s. *Geberchspartî.*

Fußrück, Fossräck m. ‚der obere Teil des eigentlichen Fusses' (Birth.), sonst *Räst.* — nhd. Fussrücken.

Fußsack, Fosssack m., nösn. *Fâsssqck* m. ‚Sack aus Pelzwerk zum Warmhalten der Füsse', besonders auf Reisen [Städt. Halbma.]. *E Fâsssqck aus Lqmfiäl. Zaich* (zieh) *der dn Fâsssqck gâd qfm* (‚hinauf'), *tqt de nät fraist (Bistr.).*

Fußsocke, Fossêk fem. (Haltr., Neg. ld. 43), Dim. *Faussêkel,* nösn. (nicht eingelautet) *Fusssock,* Pl. *Fussockn,* dasselbe wie ‚Socke'. In Hstdt. *Foss-Sôk* m. (in Anlehnung an Strumpf) ‚kurzschäftiger Männerstrumpf', Pl. *Foss-Sêk.* Urk. »Item der herr Hon fuess sekelch 3 asp. 9« (1514, Qu. Kr. 1, 205). *E Puar Fussockn kêfm. Ze grûss, ze klî Fussockn. Fossêkn ous Woll.* Abergl. Wenn man jemanden die Fussocken in der Thomasnacht kocht, wird er zur Gegenliebe gezwungen (Mätz, 24). Vgl. Fusstuch.

Fußsohle, Fosssîl, *Fosssuil* fem. (Birth., Agn.), nösn. *Fâsssôl* fem. *(Bistr.)* [wohl städt. Halbma.]. In adverbieller Verbindung häufiger die Umschreibung: *um Foss ångden, un der Sîl.* — Abergl. Kleine Kinder darf man nicht an den Fussohlen kitzeln, sonst lernen sie nicht gehen (Schässbg., Hillner 52). Will man wissen, ob ein Kranker mit dem Leben davonkommt, so schmiert man seine Fussohlen mit Speck und wirft diesen einem Hunde vor, frisst er ihn, so genest der Kranke, verschmäht er ihn, so stirbt er (G. Schuller, T. u. B. 1, 21). Heilsam ist beim *Gebrêch* Knoblauch, der im Unschlitt von 3 Leuchtern gebraten und auf die Fussohlen gestrichen wird (Fronius, 29). Wenn man im Frühling die erste Schwalbe sieht, muss man sich ausschuhen und die Fussohlen untersuchen; findet man ein weisses Härchen daran, so wird man glücklich (Haltr., Abergl. 27).

Fußspur, fehlt; s. *Špîr, Špôr, Trqpp.*

Fußstapfe, Fâssštqppeln (Pl. des Dim., nösn.). Süds. dafür: *Špîr, Špûr, Trqpp.* Ra. *än âmest sai Fâssštqppeln trêdn,* meist tadelnd. *De wist jo näd än diäs sai Fâssštqppeln sin trêdn! (Bistr.).* Urk. »Also haben wir in unserm Vorfahren Fussstaffel (Fües-Staffel, 1631) wollen eintretten« (1541, B. M.). — Syn. *Trapp.* — Zu -staffel vgl. DWB. 4, 1, 1047.

Fußsteig, Fosssštech m., nösn. *Fâsssštaich* m., wie nhd. Gemeinhin süds. statt dessen nur das Simplex. *Der Fâsssštaich gêd iber de Wis, denô iber de Lander. E štail, gruat Fâsssštaich. Än desem Štech kennd er bäs än de Wqnjert geon* (Agn.). Man geht ‚im' *äm Štech,* wie *äm Wiech,* nicht auf *af* ihm. In Fl. N. »an der Bellesdorffer Hüll beym Fuss Steich« (1680, Schmiegen). »Unter dem Woistel Fusssteig« (1720, Birth.). »bei dem sog. Bleschen Fusssteige« (1822, Kl.-Probstdf.); *angwenich dem Fqssštech* (Grossau), *bäm Huindierfer Fossštech* (Halwelagen), *bâim Nanjderfer Štech* (Thalheim).

Fußtapfe, Fâsstqppn Pl. (nösn.). Süds. unbezeugt. Vgl. moselfr. Fôsstappen (V.-A. 33, 70).

Fußtritt, Fossträtt m., nösn. *Fâssträtt* m. [Städt. Halbma.]. *E gqw em än Fâssträtt.* »Weil die Zechmeister das ganze Jahr hindurch vielfältige Fusstritt (‚Gänge') haben« (1656, Kronst. Goldschm. Art.).

Fußtuch, Fossdach, *Faussdich* (Burzenl.) n., Pl. *Fossdächer, Fäissdächer* (Ebda.), *Fossdich* (Agnetheln, aber Pl. wie sonst), nösn. *Fâssdach, Faussdauch* n., Pl. *Fâssdâicher.* ‚Fetzen, Lappen, mit dem die Füsse umwickelt werden', Ersatz für Strümpfe und Socken, von den Landleuten fast ausschliesslich getragen. 1. In eigentl. Bed. *Nämm der och de Fâssdâicher. Nämm der vil (mî* ‚mehr') *Fâssdâicher* ist gewöhnlich Aufforderung beim Anprobieren der Schuhe, die besonders bei Kindern gerne möglichst gross *(zem Wuassn)* gekauft werden. Auch gegen die Kälte *mess em vil Fossdächer äschäjen* ‚einschuhen', darum im Winter grössere Schuhe haben. *Wallä* (wollene) *Fossdächer. Pî, dî hoet knaistigh, štängkich Fossdächer, dad em grôlt* [əᵒ] (Agnetheln). Scherzfrage: *Wani schlô sich de Zegune mat den Fâssdâecher?* (wenn es schneit). Im Fastnachtsreim:

> *Ir Letj, dî ich hedj înt wäll läjen* (lügen),
> *Dî sql sich mät dem Fossdach schäjen*
> (schuhen). Schuster, Volksl. 99.

— 2. Übertr. *E behqndeld înt wæ e Fossdach. Te bas a menjen Ûgen nät mî wai e Fassdech* (Kl.-Alisch). *Ech bän net de Fossdach!* Auch als Schelte *ed as e licht Faussdich* ‚ein nichtsnutziges Frauenzimmer' (Kronst.-Bartholomä). »sondern achten sie (die Gattinnen) für fusstücher und haderlumpen« (Dam. Dürr, Aml. 52). Vgl. nhd. einen für einen Fusshader (-lumpen) achten, halten. DWB. 4, 1, 1056. — Ra. *Diem kôchen, bræn uch de Fossdächer,* nösn. *de Fäissdâicher kôchn, brâi em* ‚er hat grosse Eile, sich aus dem Staub zu machen'. Wenn jemand aus einer Gesellschaft forteilen will: *Bläiw! em kôcht der jo net de Fossdächer* (Gr.-Schenk). Vgl. es kochn om di Fusticher ‚ist unruhigen Bluts' (Mráz, Dobs. nyelvj. 100). — Abergl. *Em gedingkt, dqt häd em de Fqaissdqaicher gekeôcht (Wallendf.)* sagt man von einem, der sich von einem Frauenzimmer nicht losreissen kann. Damit der lange Zeit in der Fremde weilende

Geliebte heimkehre, werden seine Fusstücher in einem um Mitternacht unterhalb des Mühlrades stromabwärts voll geschöpften Topfe gekocht (Kisch, N. W. u. W. 29). Ein Stück gekochten Fusstuchs, auf dem Herzen getragen, erwirbt deshalb Liebe (H.-W., 273). Als Mittel gegen das *Gebrêch* wird empfohlen: Man nimmt, wenn das kranke Kind ein Mädchen ist, vom Vater, ist es aber ein Knabe, von der Mutter das Fusstuch aus dem rechten Schuh, taucht solches in Urin ein und schlägt es dem Kinde um die Stirne (H.-W., 262). Ein Hirte hängte einmal bei Mondschein seine nassen Fusstücher auf einen Zaun, um sie zu trocknen. Das ärgerte den Mond und er nahm den Hirten hinauf zu sich, wo er noch heute mit den Fusstüchern zu sehen ist (Kisch, N. W. u. W. 29). — mhd. vuoȥtuoch.

Fußvolk, Fossvûlk n., fehlt nösn.; dafür nur ‚*Volk*' n. Süds. *Fossvûlk* im Gegensatz zum *Regdänen* ‚Soldaten, die zu Fuss gehen'. *'d äs mer lâwer, dąd ês* (unser) *Misch bâm Fossvoulk äs, bâ de Rejdane kwêle* [əͤ] *se d' oärem Moͤser gor hąrt* (Agnetheln).

Fußweg, Fosswieͤch m., fehlt nösn. *Der Fosswiej äs afgetrieͤden.* Dafür lieber *Štech.* — s. Fussteig.

Füst, F. N. (1452, Müller, Sprdm. 59; 1664, Schässbg.). »Fust« (1673, Schässbg.). — Vgl. hd. F. N. Fust.

—, **Fuštchê** (◡ ⊥) Pl. ‚zwei Holzstäbchen, die zwischen dem Garn am Webstuhl stecken'. Sie spielen im Abergl. eine Rolle. Will man wissen, ob das zu gebärende Kind ein Mädchen oder ein Knabe sei, so nimmt man die *Fuštchê*, »reicht sie einem Kinde, bindet ihm die Augen zu und führt es vor die Gassentüre. Dreimal schwenkt das Kind die Stäbchen über dem Kopfe und schleudert sie dann fort. Wenn es hierauf mit unverhüllten Augen sie aufheben geht, muss es darauf achten, ob es zuerst einen Mann oder eine Frau erblickt, woraus das Geschlecht des kommenden Kindes ersehen wird« (*Mettersdf.*, Gassner, 11). Ähnlich reitet in *St. Georgen* die schwangere Frau selbst mit den Stäbchen und verbundenen Augen zu diesem Orakelspiel auf die Strasse (Hillner, 12). — Rum. fuşteiu, Pl. fuşteii, dial. fuštchê¹ (◡ ⊥) gesprochen ‚Leitersprosse'. Mit fuştel ‚Weberrute' zu fus ‚Spindel, Spule, Achse, Welle'.

—, **fut** adv. ‚sehr'; in *futnärresch* ‚sehr lustig, komisch' (Haltrich, Plan 11), nösn. *futnarresch (Bistr.).* s. *Futikärl.*

—, **Futâsch** m. ‚Durchfall, Diarrhöe'. *E hueͩd den Futâsch* (Haltrich, Plan 127; Jacobi, 15). — magy. futás ‚das Laufen', vgl. *Lûfen* ‚Durchfall'.

—, **futcheln** schw. ‚schrill pfeifen' (Schässbg.). — magy. fütyöl, auch futyol? Lautmalend?

—, **Fut(e)ritsch** (◡ ⊥), Dim. *Futeritschken* ‚das Heimchen' (Gergeschdf.). Mit dem *Futritsch* schreckt man die Kinder (Kirtsch, Kbl. 25, 62). — Auch Kosename für ein flinkes Mädchen (Schönbg.). — Der Form und Betonung nach ein rum. Wort. Etymon unbekannt.

—, **Futikärl** m. ‚nichtsnutziger, schuftiger Kerl' (Schuller, Beitr. 19). — Über das Oberd. (kärnthn. Futikärl ‚Schuft') zu franz. foutu ‚verloren'. Vgl. eifl. futti, els. futi, lothr. futi, köln. futtü ‚verloren, unbrauchbar'.

futsch, futsch adv., nösn. *futsch* adv. *futsch gôn* ‚zerbrechen, verderben'. *Ed äs futsch* ‚ist hin'. — Ebenso hess., henneb., lothr., lux. und sonst; wohl lautmalend.

Futter¹, Fâder, *Fæder* (Birth.), *Fêder [əͤ]* (Agn.), *Feͣdr* (Zeiden) n., nösn. *Fâder* n. ‚Viehfutter', meist in getrocknetem Zustand. *En dêm Jôr wôr Fäͣder geneͤach. Der Kloi* (Klee) *äs gor e gêąt Feͣder* (Kl.-Sch.). *Haier mässn mer't Fâder gât besorgn. Mer hu bąld niche mi Fâder, mer sai ąfm Bodn* (scil. der Scheune, nösn.).

> *Sôt glech, wąt mącht der Busse Breͣder,*
> *Äs hieͤ geštąrwe, fært e Feͣder?*
> Höhr, L. E., 43.

— Syn. *Frôx.* — vgl. moselfr. Fôder. — Lautt. 98. — ahd. fuotar, niederl. voeder, ags. fôdor ‚Futter'.

Futter², Fotter n., *Fäkter* (i. Burzenl.) n., nösn. *Fâter* n. 1. ‚Überzug, Umkleidung', wofür auch *Futterâl* und *Tok.* »Ein Nurnnbergerisch glokengeschir gantz vberguldt ihn einer Tok oder Futter« (1607, Kbl. 12, 110). »pro 1 teca candelarum vulgo kerczen futter« (1542, Qu. Kr. 3, 153). *Det Fâter u der Dîr, Dîrfâter* ‚die hölzerne Bekleidung des Türstocks' (nösn.). — 2. ‚Unterfutter in Kleidern etc.'. *Det Fotter äm Rôk, än dem Mąngkel, äm Pêlz. Fotter ous Flanell. Fâter aus Pąrchet* (Barchent, nösn.). Scherzhaft: *Fotter ous Brąnnewąsser* ‚dünn'. *E fenstrich, geštreift, weiss, fąrwich tarkich* (buntes) *Fotter. E wuͣrem, dänn, schwąch, zerrässn, zeschlätzt Fâter (Bistr.). E wąmmen Fâter* ‚aus der Wamme des Fuchses verfertigt' (Kisch, W. u. W., 169). »fuchszin futter 2« (1548, Qu. Kr. 3, 465). »welche aber immediate (unmittelbar) von den Dörfer hereinkommen, denen sollen die zobelne hütte und gelbe Czischmen wie auch die Füchsene Fütter gewehret seyn« (1689, Kleiderordn., Cap. Cib.). »das maderin (marderne) futter aus der roter damasket schauben« (um 1510, MÜLLER, Sprdm., 157). Hieher auch: »czu dem (Fla-chen-)keller ein fueter of das rothaüs« (1528, Qu. Kr. 2, 112). *Det Fotter hêften, unnên, undriseln, ạfschlôn; uaftrann* ‚abtrennen' (nösn.). *Det Fotter äs ze kurtsch, longt iwerntif.* — mhd. vuoter, mitteld. *vûrer, aus dem durch Brechung des *u* burzenl. *Fükter* geworden ist. Lautt. 95.

Futteral, Futterâl (◡ ◡ ⊥) n., nösn. *Futterâl* n. ‚Hülle', ‚Umkleidung'. *Gäf mer det Okelâr* (Brille) *aus dem Futterâl (Bistr.).* »Item pro melioratione futerall vasculorum stanneorum« (1521. Qu. Kr. 1, 331). — Syn. *Tok* (für Fahnen, Messer). — Aus mlat. futrale (zu ahd. fuoter ‚Futter').

—, **Futterâsch**, *Futterâšchi* fem. ‚Futter, Esswaren'. Kostgänger beklagen sich: *Däd äs ün Futterâsch ze Schwai fittern (Bistr.).*

Den Ândern qwer mosst är Vôter,
Um Dannerštoch uch oft de Motter
Äm Eissąck Futterâšchi brąnjen.
HÖHR, L. E.,

Durch den Verkehr mit dem Militär ist dies Wort auch in die Volksmundart übergegangen: *mer hun nichen mî Futterasch; wonn nâ nor d' Ousdǣch kêmen!* Auch urk. »Derer Hannen Diener ihre Schuldigkeit ist, vor die Gäste die futrasi hinzutragen, wo sie einlogieret sind« (1775. Halvelagen, V.-A. 8, 100). »viel Rossvieh ist wegen der Kälte und Mangel der Futteraschi krepiert« (1732, Zeiden, Qu. Kr. 5, 387). Das vielfach scherzhaft gebrauchte Wort ist durch Vermengung von franz. fourrage und gleichbed. hd. Futter entstanden. Vgl. lux. Fudrasch, bair. Fuedrasch. DWB. 4, 1, 1076.

—, **futterasieren** †. ‚sich mit Futter versehen', ‚Futter geben' (1670. MILES WÜRGENGEL 243).

Fütterei, † ‚Futter' ‚Fütterung'. »diejenige Türcken, so vmb fütterei ausszogen« (KRAUS, Chron. 2, 29). — Zu füttern.¹

Futterer, †. 1. ein »Fwtterer« ‚ein Knecht, der das Vieh füttert' (15. Jahrh., Ausgaben der Hermannstädter Prov.). mhd. fuoterere, vüeterære. 2. ‚Schelter' ‚Schimpfer' s. futtern. *Wot hoet dî ôlt Futterer weder?* ‚worüber schimpft er wieder?' (Agn.).

Futterkrippe, fehlt. s. *Buerndich, Kąmp, Rûft* (Raufe), die Öffnung zum Futtereinwurf *Rûftlêcher*.

Futterleder, Fotterlädder n. *-ladder* (Birth., Agn.), *det Fâterledder* n. ‚weiches Leder zum Aufnähen und Aufkleben auf Stiefelschaft *(Schwecht)*, Sohle und *Firbes* als Futter'. Das Schaffell diente als *Fotterlädder*, ein ganzes Fell als Schürze, *Schurzfêl*, der Zimmerleute, Schmiede, Fassbinder. *Det Fâterledder äs hin, det Ledder äs noch gât (Bistr.).* »Alle Sohl- und Futter-Lederarbeit« (1723, V.-A. 27, 480).

futtern, fattern schw., nösn. *futtern* schw. ‚fluchen. schelten'. *Hoi futtert, dąt mir es gląd erfêerden* ‚erschraken' (Kl.-Sch.). *Ich mâist ewinich futtern, denô geng ed qwemôl (Bistr.).* Das Wort, nach Vilmar erst 1806—1814 aus gemeinfranz. foudre völlig üblich geworden, ist über das ganze deutsche Sprachgebiet verbreitet. In verw. Maa hess. fudder; köln., eup., aachn. futtere, eifl., henneb. futtern.

füttern¹, fittern schw., nösn. *fittern* schw. 1. ‚Vieh füttern'. *De Gâiter*, (‚Güter' ‚Vieh'), *de Fûrt, de Ôssn, de Kâi, de Schwai fittern* (nösn.). Spott.: *Te fitterst wǣ mäd Iunen* ‚schlecht' (s. Ahnen), vgl. *hieltchen*. Auch prägnant: *huast te gefittert?* ‚dem Vieh sein Futter gegeben' (nösn.). Bes. von der Rast. *Än der Nassôt* (Naszod, O. N.) *fittern mer.* Ra. *Haier hu mer Apel zem Schwai fittern,* auch auf menschliche Verhältnisse übertragen: *et sai nau esu vel Schâster (Adwokâtn), em kent Schwai dermät fittern (Bistr.).* — Syn. *âzen* (ätzen¹), *frêzen, ze frâssn gê* (nösn.). — Zus. ab-, auf-, aus-, durch-, verfüttern. — 2. ‚von Menschen mit der Nebenbedeutung des Mästens; *Fitter en mer gât, e wit sich schu erholn* (nösn.). *E fittert sich näd ibel* (Ebda.). Süds. auch in der Bedeutung: ‚essen', von einem Vielfrass: *Säch dî kạ fittern* ‚der kann viel essen'. Meist im Partiz. Praet. *E äs gefittert wǣ e Bier;* derber: *wǣ e Schweng. Det Mêdchen äs gefittert wǣ en Bǣkän. E äs nät licht gefittert* ‚fett' *(Bistr.).* Bildl. *Der Brąstpêlx äs em ägegongen* ‚zu eng geworden'. — mhd. vüetern, ahd. fuotiren.

füttern², fottern, *fäktern* (im Burz.) schw., nösn. *fâtern* schw. 1. ‚mit einer Verkleidung versehen' (bei Tischlern). *De Dîr fâtern* ‚auspolstern' zur Abschwächung von Geräuschen, Lärm (nösn.). In Urk. ‚Türen mit Holz verkleiden'. »Bartholomeo mensatori de una ianua ad turrim portae corporis Christi facta et eam gefwtert« (1525, Qu. Kr. 1, 616). »Pro ostio vulgo dyr blot ex ligno tiliae gefuettert asp. 32« (1538, Qu. Kr. 2, 544). »Mer zu futtern czwo tyren des auswendigen turrens bay purger thor« (1543 Nat.-A.). Die Repser »futtern« die Tore auf der Burg, ‚versehen sie mit schützendem Material' (166?, V.-A. 37, 271). Wägen füttern ‚mit Brettern ausschlagen'. »Item dem kẘchenmaister des kẘnigs das er die wegen fẘderen sol« (1467, Ausgaben der Hermannstädter Prov.) [oder ‚fürderern‘ = vorwärtsbringen?]. »setzeten ihn ihn einen mit Dillen gefütterten Wagen« (KRAUS, Chron. 2, 151). Auch in alter Kanzleispr. mit nicht umgelautetem *u*. »Wer schiesst mit einer gefutterten (‚mit Werg und Tuchlappen umwickelten‘) Kugel (mit der das Ziel leichter getroffen wird), der verfällt einen Asper« (1737, Qu. Kr. 5, 391). »ein alt gefuttert menthi (Hstdt. Teilprot. 1687). — 2. ‚mit Unterfutter versehen‘. *Den Rôk fottern. E licht gefäktert Rôk* (Kronst.). *Mät Flanäll, müt Pąrchet* (Barchend) *mät Štoff* (‚Tuch‘), *mät Sait fâtern* (nösn.). *Mät Fälz gefâtert Schâgn* (Ebda.). *Än Piälz mät Fussfiäl, Ląmfiäl fâtern* (Ebda.). »vnd moch (‚mag‘ ‚kann‘ ‚darf‘) sy auch mit leymat gar (‚ganz‘) *fotteren* (Hstdt. Schneiderzunft 1522). »man sol dy lang norremberger Seydel nycht myt leymat gar vnder fotderren alleyn nor osselgeren« (1529, Hstdt. Schneiderz.-Art.). »vor das Menthi so dem Vitez Miklosch mitt Mardern gefütert ist verehret« (1603, Bistr. Arch.). »1 Skarlat Menthe mit grün damasskct gefutert« (1604, Bistr. Arch.). »mit Toppelt Taffentt«, »mit grienem Taffett«, »mit bogasia vnd Taffeta«, »mit Luchsenn«, »mit wammen«, »mit Marder«, »mit Zobell gefuttert« (1607, Kbl. 12, 113 f.). »mit Zobel vndt Mardern gefuhtert« (KRAUS, Chron. 1, 233). »Die Harlatz Mäntel soll für (vorn) mit Taffent gefüttert werden« (1631, Schneiderz.-Art.). — 3. Übertr. Ra.: *E fottert sich de Muegen* ‚isst viel‘. *Ech wäll der den Ôersch featern* ‚dich prügeln‘ (Klosdf.). — Zus. ausfüttern. — mhd vuotern (neben umgelaut. vüetern), niederl. voederen.

Futtersack, s. *Tąser.*

Futtertrog, fehlt. Dafür das Simplex *Trôch* hie und da auch *Trąke* (rum. troacă). s. *Kąmp.*

Futterüberrest, fehlt. s. *Urxen.*

Fütterung, Fitterungk fem., nösn. *Fitterungk* fem. [Städt. Halbma.]. *Nau kit de grûss Fitterungk* einer hungrigen Kinderschar *(Bistr.).* Echte Ma. *ze frâssn gê, Mąst.* Urk. ‚Fouragierung‘. »3000 Völker auff die Sakmany (magy. zsákmány ‚Beute‘) oder Fütterung aussgeschickt« (KRAUS, Chron. 2, 22). »auff füterung vndt Speise zu suchen« (Ebda. 2, 239). — Zu füttern.[1]

Futterwerk, †. ‚Pelzwerk zu Unterfutter‘. »och sal keyn man keyn stückwerck arbeden aws wendichs hantwercks. Is sey an futerwercks oder an wyltwercks« (15. Jahrh. Kronst. Kürschn.-Art.). »haben die Kirschenen von köstligem Fuhterwerck machen lassen« (KRAUS, Chron. 1, 233).

—, futuz in mehreren sehr derben Flüchen rum. Ursprungs (rum. fututi ‚ficke dir‘). *Futux morxitē!* (nösn.).

Futux morxi! lûf dervun,
Wuerd ich wal dich schu bekun.
BRENNDÖRFER.

Rum. futu-ţi morţii (teĭ) ‚(deine) Toten‘. *Futux dumnjesôutôu!* rum. futu-ţi Dumnezeŭ tăŭ ‚deinen Herrgott‘. *Futux Mârjata!* rum. futu-ţi Maria ta ‚deine Maria‘. — Ra.: *de futux pomâne* ‚umsonst‘, *e wal alles nor de futux pomâne* rum. futu-ţi pomăna ‚deine Almosen, deine Gabe‘ (BRENNDÖRFER 19). — Zu rum. fute, lat. futuere.

Futz, nösn. *Futz* fem. ‚weibliche Scham‘. Derber Fluch: *Än dai Futz!* (nösn.). Im Kronst. Glossar: »vulua, bawch tẘr vel fot« (V.-A. 26, 71). Gegenwärtig im Süds. nicht bezeugt, dafür *Mutz.* Vgl. nhd. Fotze, Fut, Futz. (Ursprüngl. ‚Mund‘, VILMAR, 278), ferner Futz, liederliche Dirne‘ (FOLLM., 178).

futzen, futzen schw., nösn. nicht bezeugt. ‚beschlafen‘, ‚geschlechtlichen Umgang haben‘. *Mat der Zup futzen* (Marienbg. B.). Schelmenlied:

Ech sôch emôl zwîn Krutzen
Än em Štifken futzen,
Ich sôch mer menjen Iwerwanjder,
Wâ dâ Krutzen futze kanjden. Birth.

In einem der gemeinsten Zotenlieder: »*Dâ der Blôch de Blêchä schlach*« heisst es:

Nanâ kit e er un de Mutx,
Nanâ, Blôch, nâ säj en futx!

— Syn. *ficken, figeln, nâjeln, pêlen, verbræen, verkellen.* — Zu Futz.

Fux, F. N. (1517, Kronst.; 1532, Hstdt.). s. Fuchs.

—, Fuzenîsner m. Spottname für die Bistritzer. *De Bistritzer se Fuzenîsner,* denn man sagt ihnen nach, dass sie nach der Herkunft befragt, antworten: *Ich bän vu ze Nîsn* (von zu Nösen). SCHUSTER, Volksl. 199, 470. Daher die spöttisch teilnehmende Frage an einen Nösner (Bistritzer): *Wąt mąche noch de Fuzenîsner.* Der Schimpf liegt in dem obszönen Klang des Wortes.

Füzkút, O. N. s. *Faisket.*

F. W., Abkürzung für ‚fürsichtig, weise‘. s. fürsichtig.

Fwerstadt, eine Stoffart? (1629, im Med.

Materge Buch, Kbl. 10, 129). Wohl eher = Vorstadt, das als ‚Vorstadtmantel' in den Hermannstädter Schneiderzunft - Matergebüchern einen von Vorstädtern getragenen Mantel bezeichnet. In der Vorstadt wohnten ja meist die von den Dörfern in die Stadt übersiedelten Leute. Diesen aber verwehrte die Kleiderordnung das Tragen städtischer Kleider.

Fwl, F. N. (auch Ffwll, Ffẘl, 1478, Hstdt.). Auch Fföle (um 1510) = faul?

fwlfürtisch, fwlfurtisch †. ‚Bezeichnung einer Stoffart' »von fwlfürtischem gewant« (1485, Hstdt. Schneiderz.-Art., Br. M.; vgl. Müller, Sprdm. 105; Teutsch, Sachsengesch. 1, 164). Die Bedeutung ist unklar. Ist die Schreibung fwlfürtisch richtig (Müller liest fwlfurtisch, Teutsch schreibt »Fülfurtisch«), so liesse sich bei -fürtisch an O. N. Furth oder Fürth denken, deren es im oberd. Gebiet mehrere gibt, (wie auch von Nürnberger, Speierer Gewand die Rede ist). Dann könnte fwl- ‚voll, ganz' sein, vgl. in denselben Zunftart. »von halb pernischem gewant« und nhd. Ganz-, Halbseide. fwlfürtisch wäre demnach etwa ‚ganz Fürthisch'. Dass. wie ffelwirthyssen?

fychen ‚Viehchen = Würmer?' »Item vor dy fychen in dem Meynschen: nem grẘne kyrschen vnd czv stôss dy kleyn myt kernen gar, vnd gẘess essich dar vber vnd lôss das stane byss auff den triten tag, vnd drinck dan das zo wyrste gesund« (1509, Kbl. 2, 53).

Fygemawl †. F. N. (1487, Hstdt. Qu. Gesch. S. 1, 127). — Feige (aus dem) Maul? Oder etwa mit der Grundform: *Getz mät dem fîje Mel, Moul* ‚zaghaft im Reden', das Gegenteil von: *Mät dem fläcke Mel* ‚keck im Wort', ‚unverschämt'.

Fynkes, F. N. »Leonardus Fynkes de Bistricia« (1507, Qu. Gesch. S. 334). s. Fenkisch.

Fyrbögen (?) »Von Jorg Seleren: das ich ihm hab lassen holen 2 wein von fyrbögen hab ich Entphangen fl. 2 d. 32« (Hstdt. Spitalsrechn. Br. M.). Wohl verschrieben oder verlesen für Ayrbögen (Arbegen).

Fysnacher, Ffysnacher (1478, Hstdt.), Fysnecker (1485, Hstdt), Fysneker (1525, Gr.-Scheuern), F. N.

Fysser, F. N. »Jacobus Fysser« (1415, Müller, Sprdm., 38), wohl = Fischer. Oder zu O. N. Füssen?

Fyst, F. N. (1649, Schässbg.). s. Füst.

FSC
www.fsc.org
MIX
Papier | Fördert
gute Waldnutzung
FSC® C083411

Kolibri 360 GmbH
Ferdinand-Jühlke-Straße 7
99095 Erfurt, Deutschland
produktsicherheit@kolibri360.de